JN440108

pH INDICATORS[a]

pH Indicators		pH Transition Intervals	
Cresol red	pink	0.2	1.8 yellow
m-Cresol purple	red	1.2	2.8 yellow
Thymol blue	red	1.2	2.8 yellow
p-Xylenol blue	red	1.2	2.8 yellow
2,2′,2″,4,4′-Pentamethoxy-triphenylcarbinol	red	1.2	3.2 colorless
2,4-Dinitrophenol	colorless	2.8	4.7 yellow
4-Dimethylaminoazobenzene	red	2.9	4.0 yellow–orange
Bromochlorophenol blue	yellow	3.0	4.6 purple
Bromophenol blue	yellow	3.0	4.6 purple
Methyl orange	red	3.1	4.4 yellow–orange
Bromocresol green	yellow	3.8	5.4 blue
2,5-Dinitrophenol	colorless	4.0	5.8 yellow
Alizarinsulfonic acid sodium salt	yellow	4.3	6.3 violet
Methyl red	red	4.4	6.2 yellow–orange
Methyl red sodium salt	red	4.4	6.2 yellow–orange
Chlorophenol red	yellow	4.8	6.4 purple
Hematoxylin	yellow	5.0	7.2 violet
Litmus extra pure	red	5.0	8.0 blue
Bromophenol red	orange–yellow	5.2	6.8 purple
Bromocresol purple	yellow	5.2	6.8 purple
4-Nitrophenol	colorless	5.4	7.5 yellow
Bromoxylenol blue	yellow	5.7	7.4 blue
Alizarin	yellow	5.8	7.2 red
Bromothymol blue	yellow	6.0	7.6 blue
Phenol red	yellow	6.4	8.2 red
3-Nitrophenol	colorless	6.6	8.6 yellow–orange
Neutral red	bluish-red	6.8	8.0 orange–yellow
4,5,6,7-Tetrabromophenolphthalein	colorless	7.0	8.0 purple
Cresol red	orange	7.0	8.8 purple
1-Naphtholphthalein	brownish	7.1	8.3 blue–green
m-Cresol purple	yellow	7.4	9.0 purple
Thymol blue	yellow	8.0	9.6 blue
p-Xylenol blue	yellow	8.0	9.6 blue
Phenolphthalein	colorless	8.2	9.8 red–violet
Thymolphthalein	colorless	9.3	10.5 blue
Alizarin yellow GG	light yellow	10.2	12.1 brownish-yellow
Epsilon blue	orange	11.6	13.0 violet

[a]Adapted from *pH Indicators*, E. Merck and Co.

Grades of Chemicals

Grade	Purity	Notes
Technical or commercial	Indeterminate quality	May be used as a cleaning agent or in very preliminary exploratory work. Should not be used in analytical work.
C.P. (Chemically pure)	More refined, but still unknown quality	
U.S.P.	Meets minimum purity standards	Conforms to tolerance set by the U.S. Pharmacopoeia for contaminants dangerous to health
A.C.S. reagent	High purity	Conforms to minimum specifications set by the Reagent Chemicals Committee of the American Chemical Society
Primary standard	Highest purity	Required for accurate volumetric analysis (for standard solutions)

Concentrations of Commercial Reagent-Grade Acids and Bases[a]

Reagent	F. Wt.[b]	M^c	% by Wt	Density (20°) (g/cm³)
H_2SO_4	98.08	17.6	94.0	1.831
$HClO_4$	100.5	11.6	70.0	1.668
HCl	36.46	12.4	38.0	1.188
HNO_3	63.01	15.4	69.0	1.409
H_3PO_4	98.00	14.7	85.0	1.689
$HC_2H_3O_2$	60.05	17.4	99.5	1.051
NH_3	17.03	14.8	28.0	0.898

[a]These are approximate concentrations and cannot be used for preparing standard solutions.
[b]Formula weight.
[c]Molarity.

NIST Tolerances for Volumetric Glassware, Class A[a]

Capacity (mL) (Less Than and Including)	Tolerances (mL) Volumetric Flasks	Transfer Pipets	Burets
1000	±0.30		
500	±0.15		
100	±0.08	±0.08	±0.10
50	±0.05	±0.05	±0.05
25	±0.03	±0.03	±0.03
10	±0.02	±0.02	±0.02
5	±0.02	±0.01	±0.01
2		±0.006	

[a]Corning Pyrex glassware and Kimball KIMAX, Class A, conform to these tolerances.

Fundamental Physical Constants

Avogadro's number (N) $= 6.022 \times 10^{23}$ atoms/g-at wt $=$ mol^{-1}
Boltzmann constant (k) $= 1.38065 \times 10^{-23}$ J/K $= 8.6173 \times 10^{-5}$ eV/K
Gas constant (R) $= 8.3145$ J/(mol · K)
Planck constant (h) $= 6.6261 \times 10^{-34}$ J · s $= 4.1357 \times 10^{-15}$ eV · s
Velocity of light (c) $= 2.99792 \times 10^8$ m/s

Gary D. Christian · Purnendu K. Dasgupta · Kevin A. Schug

ANALYTICAL CHEMISTRY

Seventh Edition

제7판

분석화학

분석화학교재연구회

WILEY

자유아카데미

역자 서문

내가 Christian의 분석 화학 교재를 처음으로 접한 것은 1990년 대학에 부임한 후 화학과 학부생을 대상으로 하는 분석 화학과, 의예과와 치의예과 학생을 대상으로 하는 임상분석 화학을 강의하면서부터이다. 당시 4판으로 출간되었던 Christian 교수의 Analytical Chemistry는 다른 교재에 비하여 비교적 요점만 다루고 임상분석 실험실이나 환경 분석 실험실에서 행해지는 실제적인 문제를 본문 내용과 예제 및 연습 문제에서 다양하게 다루고 있어 의과대학 예과나 생명과학과 학생을 대상으로 하는 교재로 가장 적합한 것으로 판단되었다. 그 뒤 개정판을 내면서 새로운 내용이 추가되었으며, 특히 2014년에 개정된 이번 7판은 원서의 저자 서문에도 기술된 바와 같이 많은 변경이 있었다.

7판에서 가장 크게 변한 것은 집필진이다. 이 책은 1971년 초판이 발간된 이래 지금까지 한 명의 저자, Christian에 의해 집필되어 왔으나 이번 판부터 Purnendu Dasgupta 교수와 Kevin Schug 교수가 공동 저자로 참여하고 있다. Dasgupta 교수와 Schug 교수는 University of Texas at Arlington 화학과 현직 교수로, 분석 및 환경화학 분야에서 왕성하게 연구와 교육 활동을 하고 있는 저명한 학자이다. Dasgupta 교수는 1977년 Louisiana 주립대학에서 분석화학 박사학위를 받고 지금까지 이온 크로마토그래피, 대기분석, 환경 분석 관련 논문을 400여 편 출판하고 20여 종의 특허를 소유하고 있는 중견 학자이고, Schug 교수는 2002년 박사학위를 취득한 젊은 교수로, 주요 연구 분야는 질량 분석, 시료 전처리, 분리 분석과 연관된 기초 및 응용 연구이며, 이외에 화학교육에 관한 연구도 수행하고 있는 젊은 학자이다. 반면 Washington 주립대학교 명예 교수인 Christian은 현재 교재의 집필과 분석과학지, Talanta의 편집인으로 활동 중인 원로 교수이다. 이번 7판부터 중견 및 신진 교수가 공동 집필로 참여하게 된 것은 빠른 속도로 변화하는 최신 분석기술에 대한 심도 있는 소개로 교재의 질을 높이고 아울러 본인이 은퇴한 후에도 향후 본 교재가 지속적으로 출간되게 하기 위한 Christian 교수의 장기 포석으로 추정된다.

특히 7판 개정에 주도적인 역할을 한 Dasgupta 교수는 우리나라를 여러 차례 방문하고 여러 한국인 제자와 공동연구자를 가진 친분이 있는 학자이다. 본 교재는 일본어, 중국어, 스페인어 등 여러 언어로 번역되었으며 특별히 이번 한국어 번역판 출판에 축하 메시지까지 보낸 것은 Dasgupta 교수의 한국에 대한 각별한 애정의 표시로 보이며 이 자리를 빌어 역자를 대표하여 감사드린다.

이번 7판에는 번역판 축사에서도 언급되었듯이 현재 분석 현장에서 사용되고 있는 "현재의 기구, 현재의 기술"을 다루고 있다. 또 불확정도와 표준 편차의 의미를 강조하고, 엑셀과 같은 스프레드시트 프로그램을 이용하여 *t*-시험과 같은 통계적 처리법도 다루고 있다. 이 7판 번역판이 교수, 학생, 그리고 연구 종사자들이 "현재의 기술"을 익히고 응용하는 데 보탬이 되기를 바란다.

번역판을 냄에 있어 본 판의 번역진은 원문의 뜻이 정확히 전달되도록 번역에 최선을 기하였으나 오해의 소지가 있거나 심지어 잘못 번역된 부분도 있지 않을까 염려가 된다. 이 부분들은 발견되는 대로 신속히 교정해 나갈 것을 약속드리며, 아울러 책을 교재로 사용하는 교수님들과 학생들도 잘못된 것을 지적해 줄 것을 부탁드린다. 출간 후에라도 수정 사항이 있을 경우에는 홈페이지(www.freeaca.com) 자료실에 제공 예정이다.

끝으로 7판에 대한 번역판이 출판되도록 노력해 주신 자유아카데미 임직원들을 비롯하여 편집부 여러분께 감사를 드린다.

2015년 2월

출간에 대한 저자의 축하 메시지

As the person who took the lead in revising/rewriting this Edition of Christian's time-tested text on Analytical Chemistry, it gives me great pleasure to know that once again this text is being translated into Korean, especially as I have many friends and former students in Korea. Teaching analytical chemistry in 2015 and going forward must adapt to the times – if we simply keep adding things to an already crowded slate, it becomes an impossible task. I suggest that we teach what we do today – make use of the tools that everyone has already readily available. Although everyone in my generation learned how to calculate square or cube root of numbers long-hand, I know of know one that does that today. In a similar vein – I suggest we teach students the importance of recognizing the implications of uncertainty and standard deviation, show them the formula as to how its calculated but then show them how to do this or *t*-tests, etc. in common spreadsheet programs as in Excel, where such functions are already built in. Along with my senior and junior colleagues Gary Christian and Kevin Schug, I wish this translated edition great success.

Purnendu Dasgupta

차례

1장
분석 목표: 분석 화학자가 하는 일 1

2장
분석 화학에서의 기본 도구와 조작법 19

3장
분석 화학에서의 통계와 자료 처리 59

4장
우수 실험실 운영 기준: 품질 보증 및 시험 방법 검증 123

5장
화학량론적 계산: 분석자의 업무 141

6장
화학 평형의 개념 179

7장
산－염기 평형 211

8장
산－염기 적정 269

9장

착물화 반응 및 착물화 적정 307

10장

무게 분석 및 침전 평형 327

11장

침전 반응 및 침전 적정 349

12장

전기 화학 전지 및 전극 전위 367

13장

전위차 전극과 전위차법 383

14장 산화-환원 및 전위차 적정법 419

15장 전압-전류법 및 전기 화학 센서 447

16장 분광 화학법 459

17장 원자 분광법 525

18장 시료 준비: 용매 추출 및 고체상 추출 553

19장 크로마토그래피: 원리 및 이론 569

20장
기체 크로마토그래피 591

21장
액체 크로마토그래피와 전기 이동 619

22장
질량 분석법 703

23장
반응 속도법 분석 737

24장
측정에서의 자동화 753

홈페이지(www.freeaca.com)에 제공

25장
임상 화학 C1

홈페이지(www.freeaca.com)에 제공

26장 환경 시료 채취 및 분석 EN1

홈페이지(www.freeaca.com)에 제공

G장 유전자-유전체학 및 단백질체학: DNA 염기 서열 결정 및 단백질 프로파일링 G1

부록 A 분석 화학 문헌 763

부록 B 수학적 연산의 복습: 지수, 로그 및 근의 공식 767

부록 C 상수표 771

홈페이지(www.freeaca.com)에 제공

부록 D 실험실에서의 안전 S1

홈페이지(www.freeaca.com)에 제공

부록 E 웹에서의 주기율표 P1

부록F
해답 779

홈페이지(www.freeaca.com)에 제공
실험 E1

기구의 사용

무게 분석

산-염기 적정

착물화 적정

침전 적정

전위차 측정

산화-환원 적정

전위차 적정

분광학적 측정

원자 분광법

고체상 추출과 크로마토그래피

속도론적 분석

흐름 주입 분석

조실험 E72

찾아보기 787

1장
분석 목표: 분석 화학자가 하는 일

"우리의 지식이 숫자로 측정되거나 표현되지 않는다면 그 지식은 얼마 되지 않는다."
— Lord Kelvin

1장 URLs

학습 목표

이 장에서 배울 중요한 내용은 무엇인가?

- 분석 과학은 물질의 화학적 특성, 즉 무엇이 얼마나 있는지를 다룬다.
- 분석자는 어떤 정보가 실제 필요한지를 알고 대표 시료를 취해야 한다.
- 측정은 거의 고유적이지 않아서 조작을 통하여 높은 선택성을 얻을 수 있다.
- 측정을 위한 적합한 방법을 선택해야 한다.
- 유효화는 중요하다.
- 분석 화학을 다루는 유용한 많은 웹 사이트들이 있다.

분석 화학은 물질의 화학적 특성과, 그것이 무엇이며(정성 분석) 얼마나 있는가(정량 분석) 하는 두 가지 중요한 질문의 답에 관한 것이다. 우리가 사용하고 소비하는 모든 것은 화학 물질로 되어 있으며 우리의 일상생활에서 많은 물질들의 화학적 조성에 대해 아는 것은 중요하다. 분석 화학은 화학이 관련되는 거의 모든 분야, 예를 들면 농업, 임상, 환경, 법의학, 제조, 금속, 제약과 같은 분야들에서 중요한 역할을 한다. 비료의 질소 함량은 그 가치를 결정하며, 음식물은 농약과 같은 오염 물질들과, 바이타민 함량과 같은 필수 영양소들을 위해 반드시 분석되어야 한다. 우리가 숨 쉬는 공기에는 일산화 탄소 같은 독성 기체가 포함되었는지 분석되어야 하며 당뇨병 환자들은 혈당량이 관찰되어야 한다. 사실, 모든 질병들은 화학 분석에 의해 진단되어진다. 범죄자의 손에서 화약의 미량 원소를 찾아내면, 총이 그 손에서 발사되었다는 것을 밝힐 수 있다. 제품의 질은 적절한 화학적 조성에 달려 있고 그 구성 성분 함량을 측정하는 것은 **품질 보증(quality assurance)**의 필수적인 부분이다. 강철 속의 탄소 함량은 그 강철의 질을 결정하고, 의약품의 순도는 그 약의 효능에 영향을 미친다.

Lord Kelvin (William Thomson, 1824~1907)

모든 것은 화학 물질로 되어 있다. 분석 화학자들은 무엇이 얼마나 있는지를 결정한다.

이 책에서는 이러한 서로 다른 유형들의 분석을 수행하기 위한 도구와 기술들에 대해 다룰 것이다. 교재 웹 사이트에는 여러분들이 사용할 수 있는 엑셀 프로그램들과 그 사용의 예를 설명하는 비디오들을 포함하여 훨씬 유용한 보충 자료들이 있다.

1.1 분석 과학이란 무엇인가?

분석 화학을 기술한 위 설명은 분석 화학의 영역에 대한 개요를 제공한다. 분석 화학의 영역을 더 구체적으로 기술하려는 여러 가지 시도들이 있었다. Charles N. Reilley 박사는 "분석 화학은 분석 화학자가 하는 모든 것이다"(참고 문헌 2)라고 말하였다. 분석 화학의 영역은 단순 화학의 경계를 넘어 확장되었고, 많은 사람들이 이 분야를 기술하기 위하여 "**분석 과학**(*analytical science*)"이라는 명칭을 사용할 것을 주장하였다. 이 용어는 "분석 과학에서의 교육과정의 발전"이란 워크샵에 대한 미국국립과학재단(NSF)의 보고서에서 사용되었다. 이 용어조차도 분석 기기의 발전과 응용에 대한 인식을 제대로 반영하지 못하고 있다. 어떤 이들은 **분석 과학과 기술**(*analytical science and technology*)이라는 용어를 사용할 것을 제안하고 있다(참고 문헌 3).

유럽 화학회연방은 1992년에 대회를 개최하여 K. Camann이 제안한 다음의 내용을 채택하였다. [*Fresenieus' J. Anal. Chem*. **343** (1992) 812~813]

> **분석 화학은 물질 세계의 통찰에 필요한 … 물질 시료에 대한 다음의 네 가지 기본 질문의 답에 필요한 수단과 방법을 제공한다.**
>
> - **무엇을?**
> - **어디서?**
> - **얼마나?**
> - **어떤 배열, 구조, 형태?**

이 표현은 분석 과학의 정성적, 공간적, 정량적, 구체적 측면을 다루고 있다. 미국화학회의 분석 화학 분과에서는 분석 화학의 정의를 내렸는데, 그 일부를 발췌하면 아래와 같다.

> **분석 화학은 자연 및 인공 물질의 화학적 조성을 측정하기 위한 더 나은 방법을 추구한다. 분석 화학의 기술들은 물질 속에 존재할 수 있는 물질들을 확인하고, 확인된 물질의 정확한 양을 결정하기 위하여 사용된다.**
>
> **분석 화학자는 수많은 분야들의 필요에 기여하고 있다.**
>
> - **의학에서 분석 화학은 의사들의 질병 진단과 회복 진행 분석을 돕는 임상실험의 기초이다.**
> - **산업에서 분석 화학은 원료를 시험하고 화학적 조성이 매우 중요한 최종 생산품의 품질 보증을 위한 수단을 제공한다. 수많은 가정용품, 연료, 페인트, 의약품 등은 소비자에게 팔리기 전에 분석 화학자가 개발한 절차에 의해 분석된다.**
> - **환경의 질은 분석 화학 기술을 이용하여 의심되는 오염물들을 시험함으로써 평가된다.**
> - **식품의 영양가는 단백질과 탄수화물과 같은 주성분과 바이타민, 미네랄과 같은 극미량 성분에 대한 화학적 분석에 의해 결정된다.**
>
> **분석 화학자는 또한 범죄학, 고고학, 우주과학과 같은 다양한 분야에서 크게 기여한다.**

1935년에 미국 국립표준원(NBS)에 근무하던 앞서가던 분석 화학자 G. E. F. Lundell에 의해 발표된 "사물의 있는 그대로의 분석"이란 제목의 흥미로운 논문(*Industrial and Engineering Chemistry*, *Analytical Edition*, 1933, **5**(4), 221~225)에서 우리가 분석하는 이유와 분석 과정을 기술하였다. 이 논문은 교재 **웹 사이트**에 등록되어 있다.

분석 화학자가 하는 것

사회에서의 분석 화학의 중요성에 대한 간략한 견해가 우리의 생활과 도구 그리고 능력에 영향을 미치는 예들과 함께 다음 논문에 수록되어 있다. (Gary Christian, Chiang Mai, "분석 화학이 하는 것: 한 개인적 견해", Journal of Science, 2005, 32(2), 81~92: http://it.science.cmu.ac.th/ejournalDetail.php?journal_id=202)

1.2 정성 분석과 정량 분석: 각각은 우리에게 무엇을 말해 주는가?

분석 화학의 교과는 **정성 분석**(**qualitative analysis**)과 **정량 분석**(**quantitative analysis**)으로 구성되어 있다. 전자는 시료 속에 존재하는 원소, 이온, 화합물이 무엇인지를 다루고(시료 속에 특정 물질의 존재 여부가 관심일 수도 있다.), 후자는 하나 이상의 성분들이 얼마나 존재하는지를 다룬다. 시료는 고체, 액체, 기체, 혼합물일 수도 있다. 손에 묻은 총기 화약 잔여물은 얼마나 있는지는 알 필요가 없고 존재 여부에 대해서만 알면 되지만, 석탄의 가격은 원치 않는 황 불순물의 함량비에 의해 결정된다.

정성 분석은 우리에게 어떤 화합물이 있는지를 알려주고, 정량 분석은 그것이 얼마나 있는지를 알려준다.

분석 화학은 어떻게 시작되었는가?

이것은 좋은 질문이다. 실제로 일부 도구들과 기본적인 화학 측정 자료는 기록된 가장 오래된 시기까지 거슬러 올라간다. 최초의 금 분석은 스가랴서 13장 9절을 참조할 수 있다. 바빌론 왕이 이집트의 파라오인 Ammenophis 4세(BC 1375~1350)에게서 받은 금을 화로에 넣어 본 후 "무게가 작다"라고 불평을 한 기록이 나온다. 실제로는 금의 가치를 평가하기 위한 것이 분석 지식을 얻는 주동기였다. Archimedes(BC 287~212)는 Hieron 2세의 금관을 비파괴적으로 분석하였다. 그는 왕관과 동일한 무게의 금과 은 덩어리를 물이 가득 찬 항아리에 넣고 세 가지 각각에서 넘친 물의 양을 측정하여, 왕관에서 넘친 물의 양이 금과 은에서 넘친 양의 사이에 있음을 밝히고 왕관이 순금으로 되어 있지 않다는 것을 입증하였다.

현존하는 가장 오래 된 문헌에 의하면 저울은 신으로부터 기원되었다고 한다. 바빌로니아 사람들은 BC 2,600년에 표준 추를 만들고 그것을 매우 소중히 여겨 성직자들만이 사용하였다.

연금술사들은 오늘날 우리가 아는 정량 분석의 기초를 형성하는 화학적 지식을 축적하였다. Robert Bolye이 그의 1661년도 저서 *The Sceptical Chymist*에서 **분석자**(analyst)라는 용어를 처음 사용하였다. Antonine Lavoisier는 분석 저울을 사용하여 질량 보존에 대한 주의 깊은 정량적 실험을 하였기 때문에 "분석 화학의 아버지"로 불린다(Lavoisier는 실제는 세금 징수원이었고 과학은 취미로 하였다. 그는 프랑스 혁명 동안 세금 징수원의 활동으로 인해 1793년 5월 8일에 단두대에서 참수당하였다).

무게 분석법은 17세기에, 적정법은 18~19세기에 개발되었고 적정법의 기원은 1729년 Geoffroy로 거슬러 올라간다. 그는 식초에 고체 K_2SO_3를 가해 기포가 생기는 것이 멈출 때까지의 양으로 식초의 산도를 평가하였다. 1829년에 Gay-Lussac은 0.05%의 상대 정확도와 정밀도를 갖는 은의 함량을 분석하였다.

분석 화학 교재들은 1800년대에 나오기 시작하였다. Karl Fresenius는 1845년에 독일어로 쓴 *Anleitung Quantitaven Chemischen Analyse*를 발간하였다. Wilhelm Ostwald는 1894년에 *Die wissenschaflichen Grundagen der analytischen Chemie*라는 제목의 분석 화학의 과학적인 기초에 영향력이 큰 교재를 발간하였다. 이 책에서 평형 상수를 사용하여 분석 현상에 대한 이론적인 설명을 소개하였다(6장과 다른 장들에서의 적용에 대해 그에게 감사드린다).

20세기에 들어, 기기 분석 기술들이 크게 진보하였다. Steven Popoff의 1927년에 발행된 *Quantitative Analysis*의 2판에는 전기 화학 분석, 전도도 적정법, 비색법이 포함

Robert Bolye이 1661년에 발간된 The Sceptical Chymist라는 제목의 책에서 "분석자(analyst)"라는 용어를 처음 사용하였다.

Antonine Lavoisier는 질량 보존에 대한 정량 실험을 위하여 정밀 저울을 사용하였다. 그는 "정량 분석의 아버지"로 여겨지고 있다.

Karl Remigius Fresenius (1818~1897) 1846년에 정량 분석에 관한 교재를 발간하였다. 이책은 6판까지 개정판이 나왔으며 이 분야의 표준이 되었다. 그는 또한 분석 화학 분야의 최초의 저널인 *Zeischrift Fur Analytische Chemie*를 1862년에 발간하였다.

Wilhelm Ostwalt(1853~1932)는 1894년에 영향력이 있는 교재 *Die Wissenschflichen Grundlagen Der Analytischem Chemie* (*The scientific fundamentals of analytical chemistry*)를 발간하였다. 그는 분석 현상과 평형 상수를 설명하는 이론을 소개하였다.

고유적 분석은 드물며, 선택성은 적절한 준비와 측정으로 얻을 수 있다.

[2000년 전의 저울, 한 왕조 AD 10, 대만 국립박물관, 타이베이, G. D. Christian의 수집품 중에서]

되었나. 물론 오늘날의 분석 기술들은 상당히 진화하여 정교하고 컴퓨터에 의해 조절되는 분석 기기들이 포함되어 고도의 복합 분석과 극히 낮은 농도의 측정도 가능하게 되었다.

이 교재는 여러분들에게 분석의 기초를 가르치고 대부분의 분석 문제를 다룰 수 있는 수단을 제공한다. 행복한 학습 여정이 되길 바란다. 이 분야의 진보에 대해 더 알고 싶다면 참고 문헌 8을 보라.

정성 시험은 선택적인 화학 반응이나 분석 기기를 사용하여 이루어질 수 있다. 질산은이 포함된 묽은 질산을 용해된 시료에 가하였을 때 흰색 침전물이 생기면 할로젠화 이온이 존재함을 알려 준다. 어떤 화학 반응에서는 발색이 되어, 예를 들어 케톤과 같은 특정 유형의 유기 화합물의 존재를 알려 준다. 적외선 스펙트럼은 유기 화합물 또는 그 화합물의 작용기에 대한 "지문"을 제공한다.

선택적(**selective**)과 **고유적**(**specific**)이라는 용어는 분명히 구별해야 한다.

- **선택적인** 반응과 시험은 서로 다른 물질들에서 일어날 수 있지만 관심이 있는 물질들에 더 높은 선호도를 보인다.
- **고유적** 반응이나 시험은 관심이 있는 물질에 대해서만 일어난다.

불행히도 아주 소수의 반응들만이 실제 고유적이며 많은 경우에는 선택적이다. 선택성은 여러 가지 전략으로 획득할 수 있다. 다음은 몇 가지 예이다.

- 시료 준비(예: 추출 또는 침전)
- 기기화(선택적 검출기)
- 목표 분석물 유도체화(특정 작용기를 가지는 유도체)
- 시료 성분들을 분리하는 크로마토그래피

정량 분석에서는, 혈액에는 포도당이 있다는 것을 알고 있는 것과 같이, 종종 전형적인 시료의 조성을 알고 있는 경우가 있다. 분석자는 더 어려운 정량 분석을 수행하기 전에 정성 시험을 해 볼 필요가 있다. 현대의 분석용 측정 기기들은 때때로 충분한 선택성을 제공하여 정량적 측정이 정성적 측정을 동반하는 경우가 있다. 그러나 단순한 정성 시험이 보통은 정량

(Merk KGaA의 승인하에 재게재)

분석보다 더 빠르고 비용이 더 저렴하다. 정성 분석은 역사적으로 무기물과 유기물의 두 가지 분야로 나누어져 있다. 전자는 화학 입문 과정에서 다루어지고, 후자는 학생들이 유기 화학 교과를 마친 후에야 다루어진다.

예를 들어 정성과 정량 분석을 비교할 때 올림픽 경기에서 금지된 약물 시험에 수행되는 일련의 분석 절차를 고려해 보자. 자극제, 스테로이드제, 베타-차단제, 이뇨제, 마취제, 진통제, 부분 마취제, 진정제와 같은 500여 종류의 활성 물질들을 포함하는 금지 약물 목록이 있다. 이들 중 일부는 대사물로서만 검출 가능하고, 많은 선수들을 신속히 검사해야 하므로 각 물질에 대한 자세한 정량 분석을 수행하는 것은 실제적이지 못하다. 분석에서는 신속한 선별 검사 단계, 물질 확인 단계, 가능한 정량 단계의 세 가지 단계가 있다. 신속한 선별 검사 단계에서 소변 시료를 "정상" 시료와 구별되는 부류의 화합물이 존재하는지를 신속히 시험한다. 사용되는 기술에는 면역 분석법, 기체 크로마토그래피-질량 분석법(GC-MS), 액체 크로마토그래피-질량 분석법(LC-MS)이 포함된다. 약 5%의 시료에서 금지된 것인지 아닌지 모르는 확인이 필요한 알려지지 않은 화합물의 존재를 나타낸다고 하자. 선별 검사에서 의심스러운 시료는 검출된 화합물의 특성에 따라 새로운 준비 과정(가수 분해, 추출, 유도체화)을 진행시켜야 한다. 그런 다음, 기체 크로마토그래피/질량 분석기(GC/MS)의 고도의 선택적 조합을 사용하여 그 화합물이 무엇인지를 정확히 알아낸다. 이 기술에서는 복잡한 혼합물들은 기체 크로마토그래피로 분리되고 그 화합물의 분자 구조 자료를 제공하는 질량 분석기로 검출된다. MS 자료는 기체 크로마토그래피로부터의 용리 시간과 더불어 주어진 검출된 화합물의 높은 존재 가능성을 제공한다. GC/MS는 고가이며 시간이 많이 소모되는 기술이어서 반드시 필요한 경우에만 사용된다. 다음의 물질 확인 단계에서는 일부 화합물들은 음식, 약처방, 내생성 스테로이드로서 일반 생체에 매우 낮은 농도로 존재할 수 있으므로 정밀하게 정량하여 양이 증가하였음을 확신할 수 있어야 한다.

이 책은 주로 정량 분석을 다룬다. 다른 분석 기술들의 응용성을 생각해 본다면, 생명 과학, 임상 화학, 환경 화학, 직업 건강 및 안전 분야, 산업용 분석들로부터 예들을 찾아볼 수 있다.

이 장에서는 분석 과정을 간략히 묘사한다. 자세한 내용들은 다음 장들에서 설명할 것이다.

1.3 시작: 분석 과정

문헌 조사와 분석 방법의 선택에 대해서는 *The Encyclopedia of Analytical Chemistry*(참고문헌 9)에 있는 유용한 단원을 참조하도록 교재 **웹 사이트** 부분을 보라.

그림 1.1에 일반적인 분석 과정을 나타내었다. 모든 과정에 분석 화학자가 관여해야 한다. 분석자는 문제 해결자이고 무엇을, 왜, 어떻게 하는가를 결정하는 분석팀의 핵심이다. 대부분의 분석 유형에 공통된 단위 조작에 대해 아래에 더 자세히 나타내었다.

문제의 정의 — 실제 알고자 하는 것이 무엇인가? (모든 것이 반드시 필요한 것은 아니다.)

"많은 이들에게… 화학적 분석의 목적은 시료의 조성을 아는 것이다. … 시료의 분석이 분석 화학의 참된 목표가 아니며, 분석의 진정한 목표는 문제를 해결하는 것이라는 점에서 .. 그것은 작은 일부분일 수 있다." H. A. Latinen, 논설: 분석의 목적, *Anal. Chem.* **38** (1966) 1441.

분석자는 분석 절차를 고안하기 전에, 누구에 의해, 어떤 목적으로, 어떤 유형의 시료가 분석되어야 하는지, 어떤 정보가 필요한지를 알아야 한다. 분석자는 의뢰인과 의사소통을 잘 해야 한다. 분석 중 이 단계가 아마 가장 중요할 수 있다. 의뢰인은 환경보호국(EPA)일 수도 있고 산업계 화학자, 기술자나 여러분의 할머니일 수도 있다. 그들 각각은 기준이나 요구가 서로 다를 수 있고, 화학적 분석이 무엇을 포함하고 의미하는지에 대해 서로 이해하여야 한다. 서로 이해할 수 있는 언어로 의사소통하는 것이 중요하다. 누군가 여러분의 책상에 병 하나를 올려놓고 "이 속에 무엇이 있는지" 또는 "이것은 안전한 것인지"를 묻는다면 천만 개의 알려진 화합물과 순물질들이 있다고 설명해야 할지도 모른다. "이 속에 어떤 원소들이 있는지를 알기 원한다."라고 말하는 의뢰인이 몇 개의 원소만을 알기 원할 때에는 원소당 20달러씩 85개의 원소 모두를 분석하면 총 1,700달러의 비용이 든다는 것을 이해시킬 필요가 있을 것이다.

분석이 수행되는 방법은 필요한 정보에 따라 달라진다.

일반인들이 복제하여 시장에 팔아 돈을 벌기를 원하는 화장품을 들고 분석 화학자에게 올지도 모른다. 내용물을 알아내기 위해 수많은 복잡한 분석이 요구되고 이를 위해서는 상당한 비용이 든다는 사실을 깨달으면 그들은 자신들의 목표를 항상 재고하게 된다. 한편, 한 어머니가 그녀의 십대 아들이 바이타민 C라고 주장하는 흰색 정제를 들고 와 이것이 불법 마약이 아닌지 두렵다고 한다면, 그것이 무엇인지를 결정하는 것은 쉽지 않지만 그것이 아스코브산(바이타민 C)과 같은 반응을 나타내는지를 확인하는 것은 쉬울 것이다. 따라서 어머니의 근심을 덜어 줄 수는 있을 것이다.

"안전한 것" 또는 "하나도 없는 것"이라는 개념은 정의하거나 이해하는 것이 어려운 것일 수가 있다. 누군가에게 그들이 마시는 물이 안전하다고 말하는 것은 분석자가 말하는 것이 아니다. 여러분들이 할 수 있는 것은 분석 데이터를 정확도의 범위와 함께 제공하는 것이다. 그것이 마실 수 있을 만큼 안전하다고 결정하는 것은 아마도 의뢰인이 다른 전문가에 의존하여 해야 한다. 또한 절대로 결과를 "0"이라 보고해서는 안 되며 측정 장비/기기의 검출 한계 이하라고 보고하라. 우리는 분석 방법과 장비에 의해 제한을 받는다. 그러나 일부 현대 분석 기기들은 예를 들어 1조분의 1 정도의 극미량 또는 극미 농도를 측정할 수 있다. 이것은 정책 입안자들을 종종 정치적 성격의 딜레마에 빠지게 한다. 물속에 화학적 유출물의 농도가 0이어야 한다는 법이 통과될 수가 있다. 그리고 검출 능력이 그 화학 물질의 자연 발생량보다 훨씬 낮은 농도까지 혹은 그것을 타당하게 줄일 수 있는 농도 이하까지 가능할 수 있다.

일단 문제가 정의되면 시료를 어떻게 취해야 하며, 얼마나 필요하며, 분석 방법이 어느 정도의 감도를 가지며, 정밀도와 정확도가 얼마나 되어야 하며,[1] 방해물을 제거하기 위하여 어떠한 분리 방법이 요구되는지를 결정해야 한다. 극미량 성분의 분석은 일반적으로 주성분만큼의 정확도는 필요치 않지만 분석 과정에 미량 성분이 오염되지 않도록 많은 주의가 필요하다.

우리가 분석을 수행하는 방법은 여러분의 경험과 사용 가능한 장비, 비용 그리고 관여하는 시간에 달려 있다.

일단 필요한 측정을 알게 되면, 사용되는 분석법은 여러 가지 방법 및 기기에 대한 분석자의 기술과 훈련도, 사용 가능한 시설, 장비, 분석 기기, 요구되는 감도와 정밀도, 사용할 수 있는 비용과 예산, 분석 시간, 최종 결과 도출 시간 등과 같은 여러 가지 인자들의 영향

[1] 정확도는 측정된 값과 참값 사이의 일치되는 정도를 나타낸다. 정밀도는 같은 양을 반복적으로 측정하였을 때 측정된 값들 사이의 일치되는 정도를 나타낸다. 이러한 용어들은 3장에서 더 자세히 논의된다.

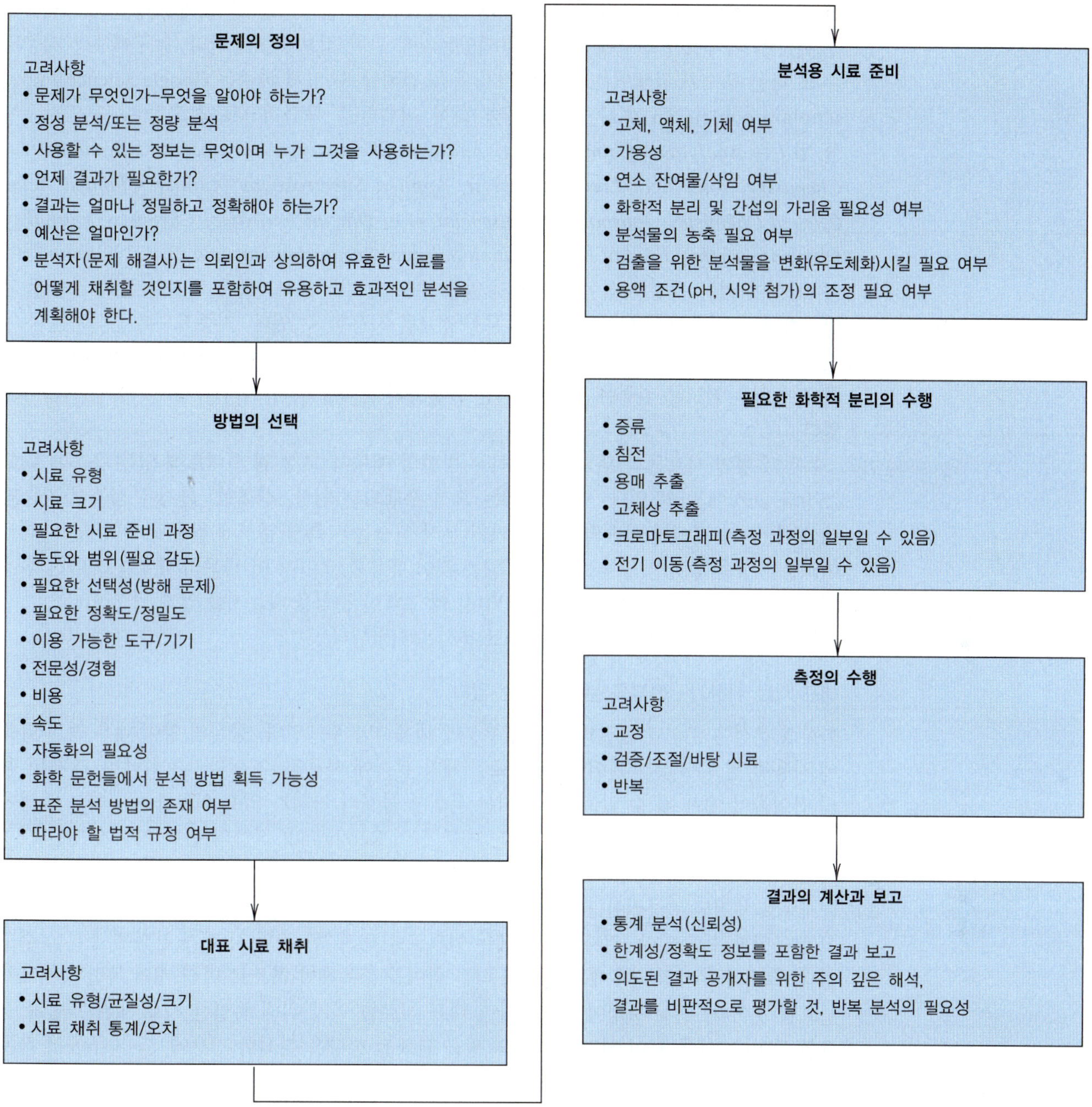

문제의 정의

고려사항

- 문제가 무엇인가–무엇을 알아야 하는가?
- 정성 분석/또는 정량 분석
- 사용할 수 있는 정보는 무엇이며 누가 그것을 사용하는가?
- 언제 결과가 필요한가?
- 결과는 얼마나 정밀하고 정확해야 하는가?
- 예산은 얼마인가?
- 분석자(문제 해결사)는 의뢰인과 상의하여 유효한 시료를 어떻게 채취할 것인지를 포함하여 유용하고 효과적인 분석을 계획해야 한다.

방법의 선택

고려사항

- 시료 유형
- 시료 크기
- 필요한 시료 준비 과정
- 농도와 범위(필요 감도)
- 필요한 선택성(방해 문제)
- 필요한 정확도/정밀도
- 이용 가능한 도구/기기
- 전문성/경험
- 비용
- 속도
- 자동화의 필요성
- 화학 문헌들에서 분석 방법 획득 가능성
- 표준 분석 방법의 존재 여부
- 따라야 할 법적 규정 여부

대표 시료 채취

고려사항

- 시료 유형/균질성/크기
- 시료 채취 통계/오차

분석용 시료 준비

고려사항

- 고체, 액체, 기체 여부
- 가용성
- 연소 잔여물/삭임 여부
- 화학적 분리 및 간섭의 가리움 필요성 여부
- 분석물의 농축 필요 여부
- 검출을 위한 분석물을 변화(유도체화)시킬 필요 여부
- 용액 조건(pH, 시약 첨가)의 조정 필요 여부

필요한 화학적 분리의 수행

- 증류
- 침전
- 용매 추출
- 고체상 추출
- 크로마토그래피(측정 과정의 일부일 수 있음)
- 전기 이동(측정 과정의 일부일 수 있음)

측정의 수행

고려사항

- 교정
- 검증/조절/바탕 시료
- 반복

결과의 계산과 보고

- 통계 분석(신뢰성)
- 한계성/정확도 정보를 포함한 결과 보고
- 의도된 결과 공개자를 위한 주의 깊은 해석, 결과를 비판적으로 평가할 것, 반복 분석의 필요성

그림 1.1 분석 단계

을 받는다. 주어진 **시료 형태(sample type)**에 대한 **분석물(analyte)**(결정되어야 할 성분)의 정량을 위해 참고 문헌들 속에서 하나 이상의 표준 절차들을 얻을 수 있다. 이것은 그 분석법이 다른 유형의 시료 분석에도 반드시 적용될 수 있음을 의미하는 것은 아니다. 예를 들어 지하수에 대한 EPA 표준 분석법은 오폐수의 분석에 적용하면 잘못된 결과를 줄 수 있다. 화학 문헌(저널)들도 많은 상세한 분석법들을 제공하고 있다. 미국화학회에서 발행하는 *Chemical Abstract*(http://info.cas.org)은 문헌 검색을 시작하기 좋은 곳이다. 그 속에는 전 세계 주요 화학저널에 있는 모든 논문들의 요약문들이 있다. 연간 및 누적 색인들을 볼 수 있고 대부분의 도서관들에는 컴퓨터 검색 시설로 그것을 사용할 수 있다. 여러분의 도서관이 Chemical Abstract Service에서 Scifinder(www.cas.org/products/scifindr/index.html)를 구독하고 있다면, 그곳은 검색을 시작하기 가장 좋은 곳일 것이다. *Web of Knowledge*의 일부

분석물이란 **분석되는** 시료이며 그것의 농도가 **결정**된다.

*Chemical Abstracts*는 가장 좋은 문헌 공급원이다.

인 Web of Science (www.isiwebofknowledge.com) 도 문헌들을 찾기 매우 좋은 곳이다. 특정 논문이 어디에서 누구에 의해 인용되었는지에 관한 정보를 제공한다. 누구에게나 제공되는 또 다른 우수한 검색원은 논문과 저자 등을 검색할 수 있게 해주는 Google Science (http://scholar.google.com) 이다. 주요 분석 화학 저널들을 독립적으로 참고할 수도 있다. 이들 일부는 *Analytical Chimica Acta*, *Analytal Chemistry*, *Analytical and Bioanalytical Chemistry*, *Analytical Letters*, *Analyst*, *Applied Spectroscopy*, *Clinica Chimica Acta*, *Clinical Chemistry*, *Journal of the Association of Official Analytical Chemists*, *Journal of Chromatography*, *Journal of Separation Science*, *Spectochimica Acta* 그리고 *Talanta* 등이다. 관심이 있는 특정 분석이 기술되지 않을 수도 있지만 분석자들은 적절한 분석 기법을 고안하기 위하여 주어진 분석물에 대한 문헌 정보를 사용할 수 있다. 최종적으로 분석자는 주어진 시료에 대한 분석 방법을 개발하기 위하여 자신의 경험과 지식에 의존해야 할 것이다. 부록 A에 있는 참고 문헌들은 몇 가지 다른 물질들의 분석을 위한 여러 가지 절차들을 기술하고 있다.

특정 유형의 시료들의 분석을 수행하는 방법의 예들이 교재 웹 사이트에 있는 응용에 관한 25장과 26장에 나와 있다. 이들 장에는 흔히 수행되는 임상, 생화학, 환경 분석들이 기술되어 있다. 이 교재에서 서술되는 여러 가지 분석 기술들은 특정 분석에 활용될 수 있다. 따라서 여러분은 응용에 관한 장들을 끝까지 읽는 것이 유용할 것이며 이 과목의 대부분을 마친 후에 실제 시료의 분석에 어떤 과정이 수행되며, 왜 그러한 분석을 하는지를 알게 될 것이다.

문제가 일단 정의되면, 다음 단계들로 분석은 시작된다.

대표 시료 취하기– 전부를 분석할 수는 없다.

화학적 분석은 분석할 물질의 작은 일부분에 대해서만 수행된다. 물질의 양이 매우 적고 다음에 사용될 필요가 없는 것이라면, 시료 전체가 분석에 사용될 수 있다. 손에 남은, 발사된 총의 잔여물이 예가 될 수 있고, 더 흔히는 분석할 물질이 가치가 있고 시료를 채취하는 과정에서 변화되어서는 안 되는 것들이 있다. 예를 들어 Rembrandt 작품이 진위 여부에 대한 시료 채취는 작품에 손상을 가하지 않도록 극도의 주의가 필요할 것이다.

시료로 채취되는 물질이 고체, 액체, 기체일 수가 있다. 또한 시료의 조성이 균일할 수도 있고 불균일할 수도 있다. 전자의 경우에는 임의로 취해진 "한 줌의 시료"가 분석에 충분할 수도 있다. 그러나 후자의 경우에는 시료에 따른 차이를 주목해야 하므로 여러 개의 독립된 시료가 필요할 것이다. 전체 조성이 필요하다면 대표 시료를 얻기 위해 특별한 시료 채취 기법이 필요할 것이다. 예를 들어 선적된 곡물의 평균 단백질 함량을 분석할 경우에, 각 자루에서 적은 양의 시료를 취하거나 전체 선적물의 열 번째 자루를 시료로 할 수 있으며, 그들을 합하여 **총괄 시료** (**gross sample**) 를 얻을 수도 있다. 시료 채취는 물질이 크다면 이동되고 있을 때 여러 곳의 채취가 가능하므로 가장 좋다. 입자의 크기가 클수록 총괄 시료도 커져야 한다. 총괄 시료는 크기를 수 g으로 줄여 **실험실 시료** (**laboratory sample**) 를 얻고 수 g을 다시 수 mg인 **분석 시료** (**analysis sample**) 로 줄여 분석할 것이다. 크기를 줄이는 것은 분석을 위해 부수어 채로 걸러 균일한 분말을 얻는 과정을 포함하여 여러 단계로 부분을 취하고 섞는 과정이 필요하다. 고체, 액체, 기체 시료를 채취하는 방법들이 2장에서 논의된다. 공간적 구조를 고려해야 한다면 균일화를 해서는 안 되며 공간적으로 구별하여 시료를 채취해야 한다.

총괄 시료는 시험되는 물질의 여러 부분으로 구성되어 있다. **실험실 시료**는 균질화한 후에 취해진 총괄 시료의 한 부분이다. **분석 시료**가 실제 분석되는 것이다. 시료 채취법에 대해서는 2장을 보라.

생물 체액의 경우에는 시료가 채취되는 조건, 예를 들어 환자가 방금 식사를 하였는지 아닌지 등이 중요할 수 있다. 혈액의 조성은 식사 전후로 크게 달라지므로 여러 가지 분석을 위하여 수 시간 동안 금식을 한 후에 시료를 채취한다. 콜레스테롤 수치를 점검하는 사람들은 혈액 채취 전에 12시간까지도 금식이 필요하다. 포도당 보존과 혈액 응고 방지를 위해 플루오린화 소듐과 같은 보존제가 시료가 채취될 때 가해질 수 있는데, 이들이 특정 분석에 영향을 미칠 수도 있다.

혈액 시료는 혈액 전체를 분석할 수도 있고, 특정 분석의 필요에 따라 혈청이나 혈장으로 분리하여 분석할 수도 있다. 대부분의 경우에 적혈구 외부 물질들의 농도(세포외 농도)가 생리적 상태에 대한 중요한 척도이기 때문에 혈청 또는 혈장을 취해 분석한다.

채취한 혈액를 수 분간 방치하면 그 속의 수용성 단백질 **피브리노겐(fibrinogen)**이 칼슘 이온이 관여하는 복잡한 일련의 화학 반응을 일으켜 불용성 단백질인 **피브린(fibrin)**으로 변환되는데, 이것이 젤 형태의 **피떡(clot)**을 형성한다. 혈액의 적혈구와 백혈구는 피떡 형성 과정에 필요한 것은 아니지만, 피브린의 그물망에 잡혀 피떡에 포함된다. 피떡이 형성되면 그것이 오그라들면서 딸기색의 액체인 **혈청(serum)**이 빠져나오는데, 이것은 뭉쳐지지 않고 오랫동안 액체로 유지된다. 피떡 형성 과정은 헤파린이나 시트르산 염(즉, 칼슘 착화제)과 같은 **항응고제(anticoagulant)**를 조금 가하면 방지된다. 혈액 채취병은 색으로 표시되어 첨가제 포함 여부를 구별한다. 피떡이 형성되지 않은 전체 혈액의 분액을 분석할 수도 있고, 적혈구를 원심분리하여 연분홍색의 남은 **혈장(plasma)**을 분석할 수도 있다. 혈장에서 피브리노겐이 제거된 점을 제외하면 혈청은 혈장과 화학적 조성이 동일하다.

혈청은 피떡이 형성된 혈액에서 분리된 액체이며, 혈장은 피떡이 형성되지 않은 혈액에서 분리된 액체이다. 혈장은 혈청과 동일하나 엉기는 단백질 피브리노겐을 함유하고 있다.

다른 물질들의 시료 채취에 대한 자세한 사항들은 특정 분석 영역들에 대한 참고 문헌들에서 얻을 수 있다. 일부 인용들은 이 장의 끝에 있는 참고 문헌들을 보라.

시료를 다루고 저장할 때에는 오염, 손실, 분해, 그리고 시료환경 변화 등을 막거나 최소화하기 위해 각별한 주의가 요구된다. 일반적으로 (1) 용기, (2) 공기, (3) 온도/열 또는 (4) 빛에 의한 시료의 오염과 변형을 막아야 한다. 또한 법적 절차가 포함될 수도 있는 분석에서는 일련의 보호 관리가 확보되어야 하고 요구된다. 예를 들어 O. J. Simpson 사건에서 시료를 다루는 사람들이 보호 관리 없이 시료들을 더운 차의 트렁크에 넣는 모습을 보여 주는 TV 뉴스 영상들이 있었다. 이것이 실제 분석과 분석할 시료의 정확도에 영향을 주지 않을 수도 있지만, 분석 결과를 불신할 수 있는 논쟁거리가 된다.

시료가 변형되거나 오염되지 않도록 주의가 필요하다.

시료들은 공기와 빛으로부터 차단되어야 한다. 예를 들어 시료가 공기 중의 이산화 탄소와 반응하는 알칼리성 물질일 수도 있다. CO_2 함량을 분석하는 혈액 시료는 대기로부터 차단되어야 한다.

시료의 안정성이 고려되어야 한다. 예를 들어 포도당의 분해를 최소화하기 위해 플루오린화 소듐과 같은 보존제가 혈액 시료에 첨가된다. 물론 보존제가 분석을 방해해서는 안 된다. 단백질과 효소는 방치하면 변성되는 경향이 있으므로 지체 없이 분석하여야 한다. 미량 성분들은 저장하는 동안 용기의 벽에 흡착되어 손실이 일어날 수 있다.

소변 시료는 불안정해서 인산 칼슘이 침전되기도 하고 금속 이온이나 관심의 대상인 다른 물질들을 포획하기도 한다. 소변에 보통 빙초산을 시료 100 mL당 1~2 mL 가하여 산성(pH 4.5)으로 유지하여 침전을 막을 수 있다. 소변도 혈액, 혈청, 혈장, 생체 조직 시료와 마찬가지로 냉동시키면 장기 보관할 수 있다. 탈단백질 혈액 시료는 처리하지 않은 시료보다 훨씬 안정하다.

부식성의 기체 시료는 종종 용기와 반응한다. 예를 들어 이산화 황은 상당히 까다롭다. 자동차 배기가스에서 SO_2는 배기구에 응축된 수증기에 녹아 손실된다. 그런 경우에는 응축이 일어나지 않는 온도에서 작동하는 현장 분석기로 배기가스를 분석하는 것이 최선이다.

분석을 위한 시료 준비 – 변화시킬 필요가 있을 수 있다.

시료를 분석하는 첫 단계는 분석할 양(즉 시료의 부피와 무게)을 측정하는 것이다. 측정한 시료의 양에서 백분율 조성을 계산할 필요가 있을 때도 있다. 분석 시료의 양은 분석에 요구되는 정밀도와 정확도로 측정하여야 한다. 0.1 mg의 감도를 가지는 분석저울이 보통 무게 측정에 사용되는데, 0.01 mg까지 측정되는 저울의 사용이 점차 늘어가고 있다. 고체 시료는 건조 상태에서 분석하므로, 시료가 건조시킬 온도에서 안정하다면, 무게를 측정하기 전에 110~120℃의 오븐에서 1~2시간 동안 건조시키고 데시케이터에서 냉각시켜야 한다. 일부

첫 번째로 여러분이 해야 할 것은 분석할 시료의 양을 측정하는 것이다.

시료들은 친수성이 강해 더 높은 온도와 더 긴 시간(밤새)이 필요할 수 있다. 취할 시료의 양은 분석물의 농도와, 분리 및 측정에 시간이 얼마나 필요한지에 달려 있다. 주성분의 정량에는 시료 100 mg이면 되지만 미량 성분 분석에는 수 g이 필요할 수 있다. 보통은 측정 시에 분석의 정밀도에 대한 통계 자료를 얻고 신뢰할만한 결과를 얻기 위하여 **반복 시료(replicate sample)**가 취해진다.

고체 시료는 대부분 용액으로 만들어야 한다.

분석이 성격상 비파괴적일 수도 있다. 예를 들어 시료를 X선으로 쪼여 재방출되는 X선으로 분석하는 X선 형광법으로 페인트 속의 납을 측정할 때와 같은 경우이다. 하지만 흔히는 측정을 위해 고체 시료를 녹여 용액의 형태로 만들어야 한다. 무기 물질들은 여러 가지 산과 산화-환원제 또는 착화제가 있는 용매에 녹는다. 항산성 물질들은 산 또는 염기와 함께 용융 상태로 만들어 묽은 산이나 증류수에 녹을 수 있도록 해야 한다. 예를 들어 탄산 소듐과의 용융은 산에 녹는 탄산염을 형성한다.

재 만들기는 유기물을 태우는 것이고, **삭임**은 유기물의 습식 산화이다.

그 속의 무기 성분, 예를 들어 미량 금속을 분석해야 하는 유기 물질들은 **건식재 만들기(dry ashing)**로 분해할 수 있다. 시료를 전기로에서 400~700℃로 가열하여 천천히 연소시키면 묽은 산에 녹는 무기 잔여물을 남긴다. 또 다른 방법으로는 유기 물질들은 산화성 산과 함께 가열하는 **습식 삭임(wet digestion)**으로 분해할 수 있다. 질산과 황산의 혼합액이 흔히 사용되며 과염소산 삭임은 완전 산화 삭임에 사용된다. 이는 최후의 특별 추출 수단이며 폭발의 위험이 있으므로 반드시 흄후드에서 진행해야 한다. 생물 체액은 때로는 직접 분석할 수 있다. 그러나 더 흔히는 단백질이 분석을 방해하므로 제거해야 한다. 건식재 만들기와 습식 삭임을 하면 단백질이 제거된다. 또는 단백질을 여러 가지 시약과 반응시켜 침전시킨 후 거르거나 원심 분리하면 **무단백질 거름액(protein-free filtrate, PFF)**을 얻을 수 있다.

분석물이 성격상 유기물이라면 이러한 산화성 방법들은 사용될 수 없고 시료에서 추출 또는 투석하거나 시료를 적절한 용매에 녹여야 한다. 분석물의 비파괴적 측정이 가능할 수도 있다. 한 예가 근적외선 분광법을 사용하여 단백질을 먹이 시료에서 직접 정량하는 것이다.

대부분의 경우 시료 용액의 pH를 조절해야 한다.

일단 시료가 용액의 형태로 있으면 분석의 다음 단계(분리 및 측정 단계)를 위해 용액 조건을 조절하여야 한다. 예를 들어 pH를 조절하거나 다른 성분으로부터의 방해를 "막기" 위해 시약을 첨가하기도 한다. 분석물을 시약과 반응시켜 측정과 분리에 적당한 형태로 변화시키기도 한다. 예를 들어 착색된 화합물로 변화시켜 분광법으로 분석할 수도 있다. 분석물을 휘발 가능한 물질로 변화시켜 기체 크로마토그래피로 분석할 수도 있다. Fe_2O_3 형태의 철을 무게법으로 분석하려면, 모든 철이 철의 보통 형태인 3가 철(Fe^{3+})로 되어 있어야 한다. 한편, 철을 다이크로뮴산 이온과의 반응에 의한 부피법으로 정량하려면 반응 전에 철을 모두 2가 이온으로 변환시켜야 하므로 시료 준비 과정에 환원 단계가 포함되어 있어야 한다.

항상 바탕 시료를 측정해야 한다.

용해 및 용액의 준비에 사용되는 용매와 시약은 고순도(시약급)이어야 한다. 높은 순도인 경우에도 그 속에 미량의 분석물이 포함될 수 있다. 따라서 미량 분석에는 반복적으로 **바탕 시료(blank)**를 준비하여 분석하는 것이 중요하다. 이론적으로 바탕 시료에는 분석에 사용되는 알려지지 않은 모든 화학 물질들이(물을 포함하여) 같은 양으로 구성되어야 한다. 바탕 시료 결과를 분석 시료 결과로부터 뺀 다음 시료 용액 중의 분석물의 알짜 농도를 결정한다. 바탕 시료의 값이 클 경우에 분석 결과가 믿을 수 없을 수도 있다. 때때로 완벽한 분석용 바탕 시료를 만드는 것이 불가능할 수도 있다.

필요한 화학적 분리의 수행

방해물을 제거하고, 측정에서 적당한 선택성을 제공하며 더 나은 감도와 정확도를 위한 사전 농축을 하기 위하여 분석자는 한 번 이상의 분리 단계를 수행해야 한다. 분석물의 손실을 최소화하기 위해 배경 시료로부터 분석물을 분리하는 것이 좋다. 분리 단계에는 침전과 혼합되지 않는 용매로의 추출, 크로마토그래피, 투석, 증류 등이 포함될 수 있다.

측정의 수행 – 방법은 분석자가 정한다.

분석물의 정량 측정에 실제 사용되는 방법은 존재하는 분석물의 양과 요구되는 정확도와 정밀도가 가장 중요하지만 수많은 요인들에 달려 있다. 사용 가능한 많은 기술들은 선택성, 감도, 정확도, 정밀도, 비용, 신속성 등의 정도가 모두 다르다. 분석 화학 연구는 종종 이러한 변수들이 특정 분석이나 분석 기술들에 어떤 관계가 있는지를 따져 하나 이상의 변수들을 최적화한다. **무게 분석법**(**gravimetric analysis**)은 침전시켜 선택적으로 분리를 하고, 침전물의 비선택적 질량 측정을 한다. **부피 분석법**(**volumetric analysis**) 또는 **적정법**(**titrimetric analysis**)에서 분석물은 농도가 알려진 시약과 반응시켜 소모된 부피를 측정하는 **적정**(**titration**)의 과정을 수행한다. 물리적 또는 화학적 성질의 변화가 반응의 완결을 알려 준다. 무게 및 부피 분석은 천분의 1(0.1%) 또는 그보다 나은 수준의 정확도와 정밀도를 가진 결과를 제공한다. 그러나 이 방법들은 극미량 적정이 수행될 수도 있지만 비교적 많은 양(밀리몰 또는 밀리그램)의 분석물이 필요하므로 주성분의 측정에만 적합하다. 부피 분석은 무게 분석보다 더 신속히 할 수 있어 적용 가능할 때 더 선호되는 방법이다.

분석 기기들은 무게 및 부피 분석법보다 더 선택적이며, 감도가 좋지만 정확도가 더 낮을 수 있다.

기기 분석 기술들은 많은 분석에서 활용되며 **기기 분석학**(**instrumental analysis**) 분야를 이루고 있다. 이들은 시료의 물리적 특성, 예를 들어 전기적 성질 또는 전자기파의 흡수 등의 측정에 기초한다. 실제 예로는 자외선, 가시광선, 적외선을 활용하는 분광법, 형광법, 원자 분광법(흡광, 발광), 질량 분석법, 핵자기 공명 분광법(NMR), X선 분광법(흡광, 형광), 전기화학 분석법(전위차법, 전압–전류법, 전해 분석법), 크로마토그래피(기체, 액체), 방사화학법 등이 있다. 기기 분석 기술들은 일반적으로 고전적인 분석 기술들보다 감도가 더 좋고 선택성이 좋으나 지수로 1에서 5% 내외로 덜 정확하다. 기기 분석 기술들은 비용이 훨씬 더 많이 드는데 특히 초기 자본 투자면에서 그렇다. 그러나 분석물의 수에 따라 특히 인력 비용을 고려하면 더 낮을 수 있다. 이 방법들은 더 신속히 분석하며 자동화될 수 있고 한 번에 여러 개의 시료를 분석할 수 있다. 크로마토그래피 기술은 복잡한 혼합물을 분석하는 데 특히 유용하다. 이 방법은 분리와 측정 단계가 통합되어 있다. 분석물들과 서로 다른 정도로 상호 작용하는 적절한 물질들로 채워진 컬럼을 통해 성분들이 용리되면 분리가 일어나고, 분리된 성분들이 컬럼 밖으로 나오면 적절한 검출기에서 감지되어, 분석물의 양에 비례하는 일시적 봉우리 신호가 나온다.

표 1.1에는 이 책에서 다루는 여러 가지 분석법들을 감도, 정확도, 선택성, 속도, 비용의 측면에서 서로 비교하여 나타내었다. 주어진 값들은 특정 적용에는 한계를 벗어나기도 하고 그 방법들을 다른 용도에도 사용할 수 있지만, 이들은 전형적인 적용에서의 대푯값들이다. 적정법에서 결정된 농도가 이보다 더 낮을 경우에는 적정법의 완전한 측정을 위하여 분석 기기의 사용이 필요하다. 하나 이상의 분석 기술이 적용 가능할 때에는 분석 기술의 선택은 물론 장비의 사용 가능성, 개인적 경험 그리고 분석자의 선호도에 의해 결정된다. 예를 들어 강물의 질산 이온 농도를 백만분의 1 이하(sub ppm)로 정량하는 경우에 질산 이온을 환원시킨 후 다이아조화 반응으로 색을 띠게 하여 분광 광도법으로 분석할 수 있다. 치약 속의 플루오린화 이온은 이온 선택성 전극을 사용한 전위차법으로 정량할 수 있다. 휘발유 속 복잡한 탄화수소의 혼합물은 기체 크로마토그래피로 분리하여 불꽃 이온화 검출기로 정량할 수 있다. 혈당은 포도당과 산소의 효소 반응 속도, 즉 측정 산소의 감소 속도 또는 과산화 수소의 생성 속도를 측정하여 반응 속도론적으로 정량할 수 있다. 은 막대의 순도는 질산에 적은 양의 시료를 녹인 후 염화 이온으로 AgCl을 침전시킨 후에 정제된 침전물의 질량을 측정하여 무게 분석법으로 정량할 수 있다.

대부분의 방법들은 표준물로 교정을 해야 한다.

분석물을 정량하는 여러 가지 방법들은 **절대적**(**absolute**) 방법과 **상대적**(**relative**) 방법으로 분류할 수 있다. 절대적 방법은 분석물의 양을 계산하기 위하여 정확히 알려진 기본 상수, 예를 들면 원자량을 사용해야 한다. 예를 들어 무게 분석법에서는 염화 이온의 정량에서 AgCl의 생성과 같이 화학적 조성을 알고 있는 분석물의 불용성 유도체를 만들어 질량을 측

표 1.1 여러 가지 분석법들의 비교

방법	근사 범위	근사 정밀도	선택성	속도	비용	주용도
무게법	10^{-1}~10^{-2}	0.1	나쁨-중간	느림	낮음	무기물
적정법	10^{-1}~10^{-4}	0.1~1	나쁨-중간	중간	낮음	무기/유기물
전위차법	10^{-1}~10^{-6}	2	좋음	빠름	낮음	무기물
전기 무게 분석법, 전기량법	10^{-1}~10^{-4}	0.01~2	중간	느림-중간	중간	무기/유기물
전압-전류법	10^{-3}~10^{-10}	2~5	좋음	중간	중간	무기/유기물
분광법	10^{-3}~10^{-6}	2	좋음-중간	빠름-중간	낮음-중간	무기/유기물
형광법	10^{-6}~10^{-9}	2~5	중간	중간	중간	유기물
원자 분광법	10^{-3}~10^{-9}	2~10	좋음	빠름	중간-높음	무기-다원소
크로마토그래피-질량 분석법	10^{-4}~10^{-9}	2~5	좋음	빠름-중간	중간-높음	유기-복합 성분
속도론적 분석법	10^{-2}~10^{-10}	2~10	좋음-중간	빠름-중간	중간	무기/유기/효소

정한다. 침전물은 분석물의 알려진 분율로 구성되는데, 이 경우에는 Cl의 분율 = wt Cl/ wt AgCl = 35.453/143.32 = 0.24737이다.[2] 따라서 무게를 측정한 침전물에 함유된 Cl의 양을 얻는 것으로 간단한 일이다. 무게 분석법, 적정법, 전기량법은 절대적 방법의 예들이다. 그러나 대부분의 다른 방법들은 상대적이며 알려진 농도의 용액과의 비교(교정 또는 표준화라 불림, 아래를 보라)를 필요로 한다.

분석 기기 표준화

교정 곡선은 농도의 함수로서의 기기 응답을 나타낸다.

대부분의 기기 분석 방법들은 상대적이다. 기기들은 어떤 용액의 물리적 특성에 기인한 신호를 기록한다. 예를 들어 분광 광도계는 시료에 흡수되는 광원으로부터의 전자기 복사선의 분율을 측정한다. 이 분율을 농도를 알고 있는 분석물에 의한 흡수 분율과 비교하여 분석물의 농도와 관련지어야 한다. 다시 말하면, 기기 분석법은 **표준화**(**standardized**) 되어야 한다.

기기 감응은 분석물의 농도에 선형 또는 비선형으로 관계된다. 교정은 농도를 알고 있는 일련의 분석물의 표준 용액을 준비하여 (대부분은 시료와 같은 방법으로 이들을 다룬 후에) 이들 각각에 대한 기기 감응을 측정하여 농도에 대한 반응의 **분석 교정 곡선**(**analytical calibration curve**)을 구함으로써 수행된다. 그림 1.2는 질량 분석법 실험으로 얻어진 교정 곡선의 예를 보여 준다. 미지 시료의 농도는 교정 곡선을 사용하여 기기 감응으로부터 결정될 수 있다. 현대의 컴퓨터로 조정되는 기기들은 이것을 전자적으로 혹은 디지털적으로 수행하

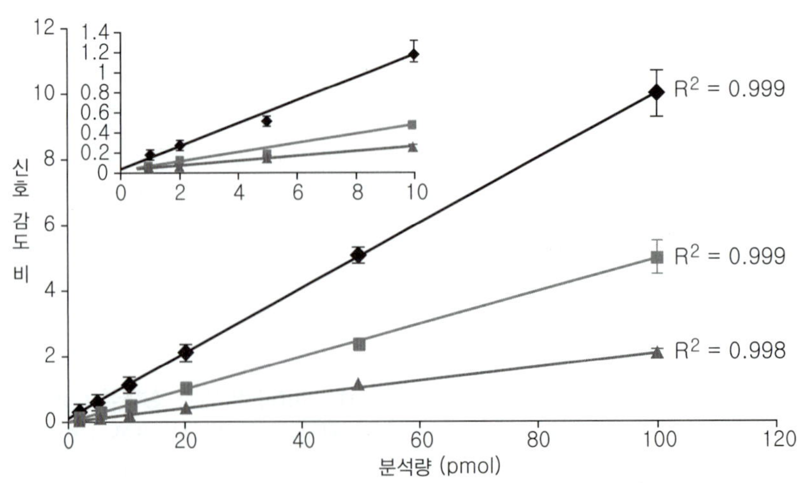

그림 1.2 바탕도움 레이저 탈착 이온화(MALDI)-질량 분석법과 이온성 액체를 사용한 단백질 측정을 위한 교정 곡선 (St. Louis에 있는 Washington University의 Michael Gross 교수의 재발간 승인하에 게재)

[2] at wt = 원자량; f wt = 화학식량

여 농도 결과가 직접 얻어진다.

표준물 첨가법

시료 바탕은 분석물의 기기 반응에 영향을 줄 수 있다. 그런 경우에는 교정을 **표준물 첨가법**(**method of standard addition**)으로 수행할 수 있다. 시료 일부에 알고 있는 양의 표준물을 소량 첨가하면 표준물 때문에 신호가 증가한다. 이 방법에서는 표준물이 분석물과 같은 환경에 놓이게 된다. 이 교정 기술은 특정 기기를 사용할 때 더 자세히 논의될 것이다.

표준물 첨가 교정은 시료 바탕의 영향을 극복하기 위해 사용된다.

표준물 첨가법의 자세한 내용과 그것을 사용한 계산에 대해서는 17.5절과 그 절의 추가 웹 사이트를 참조하라. 20.5절은 크로마토그래피에서 이 방법의 사용을 예시하고 있으며, 예제 14.8은 전위차법에서 어떻게 사용되는가를 예시하고 있다. 교재 웹 사이트에 있는 실험 33(원자분광법)과 35(고체상 추출)은 표준물 첨가법을 사용하고 있다.

내부 표준물 교정 곡선법

기기 감응은 때때로 기기 조건의 변화로 한 측정에서 다음 측정으로 옮겨갈 때 변화되어 정밀도가 떨어지는 결과를 줄 수 있다. 예를 들어, 기체 크로마토그래피에서 해밀톤 마이크로주사기로 주입되는 시료 또는 표준물의 부피가 변할 수 있다(2장을 보라). 원자 흡광 분광법에서 시료 주입을 위한 기체 흐름과 시료 흡입 속도에서 요동이 있을 수 있다. 이런 유형의 요동을 보상하기 위하여 내부 표준물 교정 곡선법을 사용할 수 있다. 여기서 시료 분석물과 화학적으로 유사한 일정한 농도의 다른 분석물을 측정되는 모든 용액에 가한다. 두 물질에 대한 신호가 기록되고 분석물의 농도에 따른 내부 표준물 신호 대 시료의 신호 비로 그래프를 그린다. 주입된 시료의 부피가 생각하는 것보다 10% 낮다고 한다면 각 신호는 10% 감소되지만 주어진 시료의 분석물 농도에서 신호 비는 일정하게 유지된다.

내부 표준물의 사용 예시에 대해서는 17.5절(원자 분광법)과 20.5절(기체 크로마토그래피)을 보라.

결과의 계산과 데이터 보고

일단 준비한 시료 용액에서 분석물의 농도가 결정되면 그 결과를 사용하여 원 시료 속의 분석물의 양을 계산할 수 있다. **절대적** 또는 **상대적인** 양으로 보고할 수 있다. 보통은 정확도를 나타내는 평균값과 함께 백분율 또는 백만분의 1(ppm)과 같은 상대적 조성으로 나타낸다. 3회 이상의 반복 분석을 수행하여 분석의 정밀도, 예를 들어 표준 편차를 보고할 수 있다. 정밀도를 아는 것은 결과에 포함된 측정의 불확실도를 알려 주기 때문에 중요하다(3장을 보라).

분석자는 분석 결과의 중요성에 대해 전문적인 조언을 해야 한다.

분석자는 결과가 타당한지 그리고 초기에 진술된 분석 문제와 연관성이 나타나는지를 비판적으로 평가해야 한다. 의뢰인은 종종 과학적 배경 지식이 없어 보고된 값을 복음서처럼 생각한다는 것을 기억하라. 분석자만이 그 값을 옳게 볼 수 있으며, 분석 결과가 무엇을 나타내는지에 대해 "의뢰인"과 상호 의사소통을 잘하는 것이 중요하다.

1.4 방법의 검증: 방법의 유효성 입증

분석에서 정확한 결과를 얻기 위해서는 상당한 주의가 요구된다. 오차에는 두 가지 유형, 즉 **우연**(**random**) 오차와 **계통**(**systematic**) 오차가 있다. 모든 측정에는 어느 정도 부정확성이 존재하므로 결과에는 예를 들어 Gauss 분포와 같은 임의 분포가 생긴다. 이것의 범위를 좁힐 수 있도록 실험을 고안할 수 있지만, 그 분포를 완전히 제거할 수는 없다. 계통 오차는 일관되게 한 방향으로 결과가 치우쳐 있는 것을 나타낸다. 이러한 오차들은 시료 매트릭스(matrix)가 기기 신호를 억제하여 생길 수도 있고, 분석 저울의 추가 높거나 낮은 쪽으로 편향되어 오차가 생길 수도 있으며, 시료가 충분히 건조되지 않아 생길 수도 있다.

분석 방법을 검증하는 가장 좋은 방법은 조성을 알고 있는 표준 기준 물질을 분석하는 것이다.

분석 기기의 적절한 교정이 정확성을 확보하는 유일한 첫 번째 단계이다. 분석 방법을 개발할 때 시료에 알고 있는 양의 분석물(시료 속에 존재하는 것 이상의)을 첨가하여야 한다. 같은 절차에 의해 결정된 시료 속에 존재하는 겉보기 양을 공제한 후 그 분석 절차에 의해 결정되는 양은 가해진 양에 가까워야 한다. 이것이 확실한 접근법은 아니지만 의도된 분석물이 측정될 수 있다는 것은 보장한다. 이것은 시료 속의 방해물이 측정되지 않는다는 것을 보장하는 것은 아니다. 새로운 분석법은 시료 결과를 다른 공인 분석법에 의한 결과와 비교하여 더 나은 검증을 할 수 있다. 여러 공급원으로부터의 공인 표준 물질 또는 기준 물질들을 분석하여 사용 중인 분석법의 정확도를 확인할 수 있다. 예를 들어 물속의 살충제나 토양 오염물 등을 분석하기 위한 환경오염관리 표준 물질들이 시판되고 있다. 미국 국립표준연구원(National Institute of Standard and Technology, NIST)에서는 다른 바탕 조성(예, 강철, 낙엽 등)으로 구성되어 특정 분석물의 함량이 공인되어 있고 적어도 두 가지의 독립적인 분석 방법으로 세심하게 측정된 표준 기준 물질(standard reference material, SRM)을 제공한다. 정부 기관이나 회사가 제공자를 모르는 사발통문식 시료 또는 분석에 참여하는 실험실에 무작위로 관리용 시료가 보내지는 눈가림 시험(실험실에는 분석 전에는 어떠한 값도 제공되지 않는)을 위한 시료들을 제공할 수 있다.

표준물은 간헐적으로 시료와 함께 분석하여야 한다. **관리용 시료**(*control sample*)는 적어도 매일 분석하여야 하고 시간에 따라 결과를 그래프로 나타내어 **품질 관리도표**(*quality control chart*)를 준비하여 그 분석 방법의 알려진 표준 편차와 비교해야 한다. 측정된 양은 시간에 관계없이 일정하고 가우스 분포를 가지는 것으로 가정한다. 측정된 값이 알려진 값에서 표준 편차의 두 배 밖으로 벗어날 확률은 20분의 1이고, 2.5배 밖일 확률은 100분의 1이다. 이것을 넘어서는 값들은 기기가 잘못되었거나 시약들이 변질되었거나 교정이 부적절하게 되었거나 하는 보상할 수 없는 오차가 있음을 제시한다.

우수 실험실 실습 기준(검증을 위한 실습)은 분석의 정확성을 보장해야 한다.

정부 규정은 공식적 또는 법적 목적으로 사용될 때 주의 깊게 확립된 실험 계획안과 방법 및 분석의 유효성을 요구한다. 우수 실험실 실습 기준(good laboratory practice, GLP) 지침은 분석의 유효성을 보증하기 위해 확립되었다. 물론, 이상적으로는 이들이 모든 분석에 적용된다. 4장에서 상세히 논의할 것이다.

1.5 분석과 정량: 두 용어의 의미는 다르다

시료를 **분석하여** 분석물의 양을 **정량하는** 것이다.

분석한다(*analyze*)와 **정량한다**(*determine*)라는 용어는 다른 의미를 가지고 있다. 우리는 시료가 부분적으로 또는 모든 성분이 **분석되었다**(**analyzed**)라고 말할 수 있다. 측정되는 물질들을 **분석물**(**analyte**)이라고 하며, 분석물을 측정하는 과정을 **정량**(*determination*)이라고 한다. 따라서 혈액 속의 염화 이온 함량을 분석할 때 우리는 염화 이온의 농도를 정량하는 것이다.

시료 속 구성 성분은 **주성분**(**major**, >시료의 1%)과 **소량 성분**(**minor**, 0.1~1%), **미량 성분**(**trace**, <0.1%)으로 분류할 수 있다. 10억분의 1 이하의 성분은 **극미량 성분**(**ultratrace**)으로 분류된다.

분석은 **완전**(**complete**) 분석일 수도 있고 **부분**(**partial**) 분석일 수 있다. 즉 모든 구성 성분들을 정량할 수도 있고, 선택한 성분만 정량할 수도 있다. 대부분의 경우에 분석자는 특정 화합물 또는 원소에 대해 또는 특정 유형의 화합물 또는 원소들에 대해 분석을 의뢰받는다.

1.6 일부 유용한 웹 사이트

우리가 언급한 여러 가지 문헌과 도서, 그리고 부록 A(분석 화학 문헌)에 나열된 목록들에 덧붙여, 분석 화학자들에게 유용한 보충 자료 공급원으로 수많은 웹 사이트들이 있다. 물론 이들은 종종 바뀌기도 하며 새로운 사이트가 생기기도 한다. 그러나 아래 사이트들은 많은 유용한 정보들을 제공하는 출발점이 될 것이다.

교재 동반 사이트(Testbook Companion Site)

1. www.wiley.com/college/christian 7판 교재에서 Instructor Companion Site를 택하라. 이는 할당된 사용자명과 비밀번호를 요구한다. 이 사이트에는 이 책에 대한 추가 문제, 프레젠테이션, 워크시트 그리고 실험 등의 유용하고 많은 보충 자료들이 들어 있다.

교재 동반 사이트는 강사와 학생들을 위한 중요한 보충 자료들을 제공한다.

화학 일반

2. www.acs.org 미국화학회 홈페이지. 저널, 학회 모임, 화학 관련 뉴스, 검색 데이터베이스(Chemcial Abstract를 포함하여) 등 유용한 것이 많다.
3. www.chemweb.com 이 곳은 화학자를 위한 가상 클럽이다. 이 사이트에는 화학에 관한 데이터베이스와 목록이 있고, 분석 화학과 같은 특정 분야에 맞추어진 토론방이 있다. 무료이니 가입하도록 하라.
4. www.rsc.org 영국 왕립화학회 홈페이지. 미국화학회와 대등한 사이트
5. http:micro.magnet.fsu.edu/primer/java/scienceopticsu/powersof10/index.html 양성자로부터 지구에서 천만 광년 떨어진 은하수를 시각적으로 보여 주는 "10가지 장엄한 광경의 힘"을 경험해 보라.

분석 화학

6. www.analyticalscience.org/index.php 미국화학회 분석 화학분과의 홈페이지. 이곳은 분석 화학에 관련된 전 세계 모든 인터넷 사이트로 연결해 준다.
7. http://wissen.science-and-fun.de/links/index.php?e-id11&basis= (CH) Analytical Chemistry 이곳은 전 세계 대학과 다른 사이트들로 연결해 주는 분석 화학 연결 센터이다.
8. www.nist.gov/mml/ 미국 국립표준기술원(NIST) 물질측정실험실의 홈페이지. 화학, 생물, 재료과학을 위한 측정에 대한 국가 기준실험실이다. 표준 기준 물질의 공급원
9. http://www.rsc.org/Gateway/Subject/Analytical 미국화학회와 대등한 영국왕립화학회에서 분석 과학에 대한 정보를 제공하는 곳
10. htpp://www.anachem.umu.se/jumpstation.htm 분석 화학의 스프링 보드로서 분석 화학 공급원의 포괄적인 주석이 있는 목록을 제공하는 Umea 대학의 인터넷 사이트
11. www.asdlib.org 분석과학전자도서관(ASDL). 분석 교수법과 기술을 다루는 엄선된 웹 사이트 목록을 제공하는 사이트
12. www.acdlabs.com Advanced Chemistry Development는 분석 방법의 도움으로 여러 가지 예측 및 모형화 도구들을 제공하는 것을 전문으로 하는 회사. 화학 구조를 그리는 소프트웨어인 ChemSketch 데모판을 무료로 제공한다.
13. www.asms.org 미국질량 분석학회 공식 웹 사이트. 보편적 분석 기술인 질량 분석 기술에 대한 초급 및 고급 정보들을 제공한다.

질문

1. 분석 화학이란 무엇인가?
2. 정성 분석과 정량 분석의 차이를 구별하시오.
3. 분석 절차에서 이루어지는 일반적인 단계들을 요약하여 각 단계를 간략히 서술하시오.
4. 분석과 정량, 시료와 분석물의 차이를 구별하시오.
5. 바탕 시료란 무엇인가?
6. 분석 화학에서 흔히 사용되는 측정 기술들을 나열하시오.
7. 분석 화학에서 사용되는 분리 절차들을 나열하시오.
8. 기기 분석을 정의하시오.

9. 교정 곡선이란 무엇인가?
10. 고유적 반응과 선택적 반응의 차이를 구별하시오.
11. 표 1.1로부터 다음의 분석들을 수행하기 위한 방법을 제시하시오: (a) 식염 속 NaCl의 순도, (b) 식초 속 아세트산의 함량, (c) 수영장 물의 pH

논리적 사고

분석 화학에서는 논리적 사고의 역할이 가장 중요하다. 여기에 Stanford **대학의 Richard Zare 교수**가 좋아하는 논리적 뇌를 위한 티저가 있다.

소금(NaCl) 용액이 전기 분해되면 (−)극에서 수소가 발생하고, (+)극에서 염소가 생성된다.

$$Na^+ + e^- + H_2O = NaOH + \tfrac{1}{2} H_2$$
$$Cl^- - e^- = \tfrac{1}{2} Cl_2$$

전기 분해 전지가 작은 밀폐된 방에 설치되어 있고 바깥에 세 개의 스위치가 있는데, 그중 하나만이 전지를 켤 수 있다. 여러분이 원하는 만큼 스위치를 켜고 끌 수 있지만 그 방에는 단 한번만 들어갈 수 있다. 모든 스위치는 초기에 꺼져 있다. 어느 스위치가 전지를 켜는지를 어떻게 결정할 것인가? 해답은 웹 사이트에서 찾아보시오.

추천 참고 문헌

일반

1. J. Tyson, *Analysis. What Analytical Chemists Do*. London: Royal Society of Chemistry, 1988. A brief book that very succinctly discusses what analytical chemists do and how they do it.
2. R. W. Murray, "Analytical Chemistry IsWhat Analytical Chemists Do," Editorial, *Anal. Chem.*, **66** (1994) 682A.
3. D. Schatzlein and V. Thomsen, "The Chemical Analysis Process," *Spectroscopy* **23** (10), October (2008) 30. A nice summary in six pages of the analytical process, including sampling, sample preparation, and analysis of results. Examples include molten metals, water, and ores. (www.spectroscopyonline.com)
4. Ihde, A. J. *The Development of Modern Chemistry*. Harper and Row: New York, 1964. Provides an account of the development of chemistry, including early analytical chemistry.
5. T. Kuwana, Chair, *Curricular Developments in the Analytical Sciences*, A Report from Workshops held in 1996 and 1997, Sponsored by the National Science Foundation.
6. R. A. DePalma and A. H. Ullman, "Professional Analytical Chemistry in Industry. A Short Course to Encourage Students to Attend Graduate School," J. *Chem. Ed.*, **68** (1991) 383. This is a description of an industrial analytical chemistry short course for teachers and students that Proctor & Gamble Company scientists deliver at universities and colleges on invitation, to explain what analytical chemists do in industry. The emphasis is "The analytical chemist as a problem solver."
7. C. A. Lucy, "How to Succeed in Analytical Chemistry: A Bibliography of Resources from the Literature," *Talanta*, **51** (2000) 1125. Surveys the literature for advice on how to purchase equipment, how to write a manuscript, and how to get a job in analytical chemistry.
8. G. D. Christian, "Evolution and Revolution in Quantitative Analysis," *Anal. Chem.*, **67** (1995) 532A. Traces the history of analytical chemistry from the beginning of humans.

백과사전 및 편람류

9. R. A. Meyers, editor-in-chief, *Encyclopedia of Analytical Chemistry*. Chichester: Wiley, 1999–2010. A 15-volume set, with volumes on theory and instrumentation and on applications, presented in 623 articles.
10. P. J. Worsfold, A. Townshend, and C. F. Poole, editors-in-chief, *Encyclopedia of Analytical Science*, 2nd ed. London: Elsevier/Academic Press: 2005. A 10-volume set with comprehensive coverage of the practice of analytical science. Covers all techniques that determine specific elements,

compounds, and groups of compounds in any physical or biological matrix.

11. J. A. Dean, *Analytical Chemistry Handbook*. New York:McGraw Hill, 1995. Detailed coverage of conventionalwet and instrumental techniques, preliminary operations of analysis, preliminary separation methods, and statistics in chemical analysis.

시료 채취

12. F. F. Pitard, *Pierre Gy's Sampling Theory and Sampling Practice*. Vol. I: *Heterogeneity and Sampling*. Vol. II: *Sampling Correctness and Sampling Practice*. Boca Raton, FL: CRC Press, 1989.
13. P. M. Gy and A. G. Boyle, *Sampling for Analytical Purposes*. Chichester: Wiley, 1998. An abridged guide by Pierre Gy to his formula originally developed for the sampling of solid materials but equally valid for sampling liquids and multiphase media.
14. P. M. Gy, *Sampling of Heterogeneous and Dynamic Material Systems*. Amsterdam: Elsevier, 1992.
15. G. E. Baiulescu, P. Dumitrescu, and P. Gh. Zugravescu, *Sampling*. New York: Ellis Horwood, 1991.
16. J. Pawliszyn, *Sampling and Sample Preparation for Field and Laboratory*, Wilson & Wilson's Comprehensive Analytical Chemistry, D. Barceló, Ed., Vol. XXXVII. Amsterdam: Elsevier Science BV, 2002.
17. P. M. Gy, "Introduction to Theory of Sampling I. Heterogeneity of a Population of Uncorrelated Units," *Trends Anal. Chem.*, 14(2) (1995) 67.
18. P. M. Gy, "Tutorial: Sampling or Gambling?" *Process Control and Quality*, **6** (1994) 97.
19. B. Kratochvil and J. K. Taylor, "Sampling for Chemical Analysis," *Anal. Chem.*, **53** (1981) 924A.
20. B. Kratochvil, "Sampling for Microanalysis: Theory and Strategies," *Fresenius' J. Anal. Chem.*, **337** (1990) 808.
21. J. F. Vicard and D. Fraisse, "Sampling Issues," *Fresenius' J. Anal. Chem.*, **348** (1994) 101.
22. J. M. Hungerford and G. D. Christian, "Statistical Sampling Errors as Intrinsic Limits on Detection in Dilute Solutions," *Anal. Chem.*, **58** (1986) 2567.
23. J. P. Lodge, Jr., Ed. *Methods of Air Sampling and Analysis*, 3rd ed. Boca Raton, FL: CRC Press, 1988.
24. American Public Health Association. *Standard Methods for the Examination of Water and Wastewater*. 22nd ed. http://www.standardmethods.org/

방해물

25. W. E. Van der Linden, "Definition and Classification of Interference in Analytical Procedures," *Pure & Appl. Chem.*, **61** (1989) 91.

표준 용액

26. B. W. Smith and M. L. Parsons, "Preparation and Standard Solutions. Critically Selected Compounds," *J. Chem. Ed.*, **50** (1973) 679. Describes preparation of standard solutions of 72 inorganic metals and nonmetals.
27. M. H. Gabb and W. E. Latchem, *A Handbook of Laboratory Solutions*. New York: Chemical Publishing, 1968.
28. http://pubs.acs.org/reagents/, American Chemical Society Committee on Analytical Reagents.

교정

29. H. Mark, *Principles and Practice of Spectroscopic Calibration*. New York: Wiley, 1991.

표준 기준 물질들

30. H. Klich and R. Walker, "COMAR—The International Database for Certified Reference Materials," *Fresenius' J. Anal. Chem.*, **345** (1993) 104.
31. Office of Standard Reference Materials, Room B311, Chemistry Building, National Institute of Standards and Technology, Gaithersburg, Maryland 20899.
32. National Research Council of Canada, Division of Chemistry, Ottawa K1A OR6, Canada.
33. R. Alverez, S. D. Rasberry, and G. A. Uriano, "NBS Standard Reference Materials: Update 1982,"

Anal. Chem., **54** (1982) 1239A.

34. R. W. Seward and R. Mavrodineanu, "Standard Reference Materials: Summary of the Clinical Laboratory Standards Issued by the National Bureau of Standards," *NBS* (NIST) *Special Publications* 260 – 271, Washington, DC, 1981.

35. *Standard Coal Samples*. Available from U.S. Department of Energy, Pittsburgh Mining Technology Center, P.O. Box 10940, Pittsburgh, PA 15236. Samples have been characterized for 14 properties, including major and trace elements.

2장
분석 화학에서의 기본 도구와 조작법

"먼저 사실을 정확히 알아야 네가 바라는 대로 변형할 수 있다."
– Mark Twain

2장 URLs

학습 목표

이 장에서 배울 중요한 내용은 무엇인가?

- 실험 노트 기록법
- 시약급 화학 약품의 사용
- 분석 저울 사용법
- 부피 측정용 유리 기구와 사용법
- 유리 기구 교정법
- 산과 염기 표준 용액 제조법
- 시료 취급용 일반 실험실 기구
- 무게 분석법을 위한 침전물 제조 및 거름법
- 고체, 액체, 기체 시료 채취법
- 분석 물질 용액 준비

분석 화학은 사실을 알기 위해 측정을 한다. 본 교재를 통해 분석자들이 사용할 수 있는 구체적인 분석 장비와 기기들을 구체적인 측정 기술에 적합하게 논의할 것이다. 그러나 몇 가지 표준 항목들은 대부분의 분석에 공통적으로 활용되며 실험을 수행할 때 필요할 것이다. 이런 내용을 이 장에서 논의하는데, 여기에는 분석 저울, 부피 측정용 유리 기구, 건조기, 거르개 등과 같은 기구들이 있다. 이러한 장비들의 물리적 조작법에 대한 상세한 설명은 장비의 유형과 조작법이 실험에 따라 변할 수 있기 때문에 실제 장비를 보고 해당 실습을 할 때 실험 강사로부터 듣는 것이 가장 좋다. 우수 실험실 기술들에 대한 일부 일반적인 절차들은 진행하면서 언급할 것이다.

실험을 수행하기 전에 이 단원을 반드시 읽도록 하라.

교재 동반 사이트 **www.wiley.com/college/christian.** 7판 교재의 Instructor Companion Site를 선택하라. 할당된 사용자명과 비밀번호를 요구할 것이다. 이 사이트에는 이 교재에 대한 추가 문제, 프레젠테이션, 워크시트 그리고 실험 등의 유용하고 많은 보충 자료들이 들어 있다.

분석 실험실에서 흔히 사용되는 유리 기구와 장비들의 사진이 본 교재 웹 사이트에 있으니 참조하라.

2.1 실험 노트 — 여러분의 가장 중요한 기록물

분석 실험실에서는 그 밖의 어떤 곳에서보다 청결과 정돈이 가장 중요한 사항이라는 것을 먼저 깨달아야 한다. 이것은 실험 노트를 질서 있게 유지하는 것에도 적용된다. **모든 실험 데이터들은 수집되는 즉시** 잉크로 영구히 기록되어야 한다. 분석 실험실에서 실험을 수행하다보면 이러한 정리 정돈이 얼마나 이로운지 알 수 있다. 먼저, 실험 데이터를 재정리하여 다시 쓰는 시간을 절약할 수 있다. 조직적으로 데이터를 쓰도록 훈련하면 분석 실험을 수행할 때 더 체계적으로 할 수 있고 따라서 실수를 줄일 수가 있으므로 추가로 시간을 더 절약할 수 있다. 둘째로, 중간중간에 기록을 잘하면 측정 또는 교정 시에 생길 수 있는 오류 여부를 알 수 있

잘 보관된 실험실 기록들은 신뢰할 수 있는 분석을 하는 데 도움을 줄 것이다.

다. 데이터를 종이쪽지에 써서 나중에 모아서 옮기지 않고 직접 노트에 기록하면 부정확하게 옮겨지거나 손실되는 것을 막을 수 있다.

분석 화학자 및 분석 응용 실무 훈련에 있어서 직접 수행한 관찰과 측정에 대해 실험 노트를 사용하는 것은 특히 중요하다. 범죄와 관련된 법적 문제나 특허와 관련된 산업체 연구실에서 완벽한 문서화는 특히 중요하다. 산업체 연구실에서는 특허 우선권 확보를 위해 그 일에 익숙한 다른 사람이 실험 노트에 날짜를 기록하고 증인으로 서명한다.

적절히 기록된 데이터가 있는 실험 노트가 잘 보관된 예가 다음에 있다. 여러분의 실험실에서 미지의 소다 재를 부피 분석법으로 분석한 예시이다. 이것은 실제 계산과 수치적 절차를 생략한 요약본이다. 완벽한 기록 보관을 위하여 여러분의 실험 노트에 계산 절차를 포함하여 필요하다면 나중에 오류를 추적할 수 있도록 해야 한다.

날짜: 2013년 9월 7일

미지의 소다 재의 분석

원리: 소다 재를 물에 녹여 표준 염산 용액과 브로모크레졸 그린으로 적정. 염산 용액은 표준 탄산 소듐 용액으로 표준화함. 탄산 소듐과 미지의 소다 재를 구별하여 무게를 잼.

참조 문헌: 실험 8

적정 반응: $CO_3^{2-} + 2H^+ = H_2CO_3$

표준화

$$M(\text{HCl}) = \frac{\text{mg Na}_2\text{CO}_3}{\text{f wt Na}_2\text{CO}_3(\text{mg/mmol}) \times \frac{1}{2}(\text{mmol Na}_2\text{CO}_3/\text{mmol HCl}) \times \text{mL HCl}}$$

$$= \frac{\text{mg Na}_2\text{CO}_3}{105.99\ (\text{mg/mmol}) \times \frac{1}{2} \times \text{mL HCl}}$$

	#1	#2	#3
병 + 시료	24.2689 g	24.0522 g	23.8597 g
시료 제외	24.0522 g	23.8597 g	23.6269 g
Na_2CO_3의 질량(g)	0.2167 g	0.1925 g	0.2328 g
Na_2CO_3의 질량(mg)	216.7 mg	192.5 mg	232.8 mg
뷰렛 눈금값	40.26 mL	35.68 mL	43.29 mL
초기 값	0.03 mL	0.00 mL	0.02 mL
순 부피	40.23 mL	35.68 mL	43.27 mL
몰농도	$0.1016_4\ M$	$0.1018_0\ M$	$0.1015_2\ M$

평균: 0.1016_5

표준 편차: 1.6 ppt

범위: 2.8 ppt

소다 재

$$\%\ \text{Na}_2\text{CO}_3 = \frac{M \times \text{mL} \times \text{f wt Na}_2\text{CO}_3 \times \frac{1}{2}\ (\text{mmol Na}_2\text{CO}_3/\text{mmol HCl})}{\text{mg 시료}} \times 100$$

$$= \frac{0.1016_5\ (\text{mmol/mL}) \times \text{mL} \times 105.99\ (\text{mg/mmol}) \times \frac{1}{2}}{\text{mg 시료}} \times 100$$

	#1	#2	#3
병 + 시료	25.6728 g	25.4673 g	25.2371 g
시료 제외	25.4673 g	25.2371 g	25.0027 g
시료의 질량(g)	0.2055 g	0.2302 g	0.2344 g
시료의 질량(mg)	205.5 mg	230.2 mg	234.4 mg
뷰렛 눈금값	35.67 mL	40.00 mL	40.70 mL
초기 값	0.00 mL	0.01 mL	0.05 mL
순 부피	35.67 mL	39.99 mL	40.65 mL
% Na_2CO_3	93.50%	93.58%	93.42%

평균: 93.50
표준 편차: 0.9 ppt
범위: 1.7 ppt

실험 노트의 모든 빈 자리를 채우기보다는 추가용 페이지(계산과 요약을 위해 오른쪽 페이지를 남기고 왼쪽 페이지도)를 남겨둘 것을 권장한다. 여러분의 데이터는 올바른 개수의 유효 숫자로 기록되는 것이 중요하다. 유효 숫자는 3장에서 논의되며 실험을 시작하기 전에 이 내용을 반드시 학습해야 한다.

측정과 계산에서 정확한 유효 숫자의 수는 분석에서 적합한 의미를 부여하는 데 결정적 역할을 한다. 3장 참조

실험 노트의 문서화

실험 노트는 분석 화학자로서 여러분의 일에 대한 기록이다. 이것은 여러분이 하는 모든 것을 문서화한다. 그것은 보고서, 발간물, 규정에 따라 제출하는 자료의 출처이다. 회사의 제품 또는 서비스의 성공과 실패가 그 문서화를 얼마나 잘하는가에 달려 있다. 실험 노트는 특허 문제, 정부 규정 문제(유효성, 검열, 법적 조치 등), 그 유사 문제에 대해서 법적 문서가 된다. "기록되지 않은 것은 행해지지 않은 것"이라는 점을 명심하기 바란다. 실험 노트는 특허의 기초를 형성하는 여러분의 독창적인 아이디어를 기록하는 곳이어서 언제 그러한 아이디어가 떠올랐는지 어떤 내용이었는지를 기록하는 것은 중요하다.

잘 쓰여진 실험 노트의 특징은 무엇인가? 각자의 선호에 따라 달라질 수 있지만 여기에 몇 가지 좋은 규칙이 있다.

- 양장본 노트를 사용하라.
- 페이지 번호를 연속적으로 빠짐없이 적어라.
- 잉크로만 기록하라.
- 페이지를 절대 찢지 마라. 쓰지 않은 페이지는 선을 그어 표시하라.
- 매 페이지에 날짜를 기록하고 서명하라. 그리고 보고를 한 다음 다른 사람에게 "읽고 이해되었음"이라 서명하게 하고 날짜를 기록하게 하라.
- 과제명을 기록하고 왜 그것을 수행하는지, 어떤 참고 문헌들을 활용하고 있는지를 기록하라.
- 실험 데이터를 얻은 날에 모든 데이터를 기록하라.

현대의 분석 기기 소프트웨어들은 분석자가 적절한 교정에 기초하여 기기 신호로부터 직접 데이터를 수집하고 저장하고 계산하게 해준다. 소프트웨어와 교정의 유효성은 분석의 나머지 부분에 대해 그리고 4장에서 논의되는 우수 실험실 실습의 부분으로서 매우 중요하다. 많은 전자 노트북과 정리 도구들이 상용화되어 나와 있는데, 여러 가지 형식으로 노트의 데이터를

저장하고 정리하는, 예를 들어 데이터 파일이나 스프레드시트와 같은 매우 좋은 기능들을 가지고 있다. 덧붙여, 궁극적으로 종이 노트를 완전히 대체하는 것을 목표로 하는 소프트웨어에 기초한 실험실 정보 처리 시스템(laboratory information management system, LIMS)도 있다. http://en.wikipedia.org/wiki/Laboratory_information_management_system.

2.2 실험실 재료 및 시약

표 2.1에 흔히 사용되는 실험실 기구의 제작에 사용되는 재료들의 성질을 나열하였다. 비커, 플라스크, 피펫, 뷰렛과 같은 실험실 기구에 사용되는 재료는 붕소규산염 유리(상표명: Pyrex, Kimax)이다. 더 특정한 사용을 위한 경우에 내화학성, 열안정성 등에 대해 우수한 여러 가지 다른 재료들이 있다.

거의 모든 분석에서 시약급 화학 약품을 사용한다. 일차 표준 물질은 부피 분석용 표준 용액의 제조에 사용된다.

화학 물질의 다른 등급들에 대해서는 본 교재의 **표지 안쪽**에 목록으로 나와 있다. 일반적으로 **미국화학회(ACS) 시약급**(*reagent-grade*) 또는 **일차 표준급**(*primary standard*) 시약만이 분석 실험에서 사용할 수 있다.

미국화학회는 기본 실험실 시약의 순도와 질을 평가하기 위한 시험법 개요를 발행하고 있다. 미국화학회를 기준으로 하지 않는 시약급 화학 물질은 공급자에 따라 다를 수 있는 제조업체 자체의 시약 사양에 맞추어져 있다.

시약급 화학 물질들은 순도에 대한 최소 기준이 맞아야 할 뿐만 아니라 함유 불순물의 분석에 대한 보고가 라벨에 인쇄되어 제공되어야 한다. 일차 표준 물질은 적어도 99.95%의 순도를 가져야 한다. 이들은 분석되어 라벨에 인쇄되어야 한다. 이들은 시약급 화학 물질보다 더 비싸고 표준 용액의 제조나 적정으로 용액을 표준화하는 데 사용된다. 모든 화학 물질이 일차 표준 물질로 제공될 수 있는 것은 아니다. 예를 들어 분광용 또는 액체 크로마토그래피/질량 분석 등급과 같이 특별한 용도를 위한 특별 등급의 용매들도 있다. 이들은 특정 응용에 방해될 수 있는 불순물을 제거하도록 특별히 정제된다. 이와 같이 극미량, 특히 10억분의 1(ppb) 수준으로 원소의 불순물에 대해 더 자세히 정제되고 시험된 "반도체급" 산들도 있다.

제조업체와 함께 미국 국립표준기술원(National Institute of Standard and Technology, NIST)도 일차 표준 화학 물질을 제공한다. **NIST 특별 발행물 260**은 표준 기준 물질(standard reference material, SRM)의 목록을 제공하고 있다(SRM 프로그램의 정보와 기준 표준물 목록을 보려면 http://ts.nist.gov/ts/htdocs/230/232/232.htm을 참조하라). 기준 표준물들은 구성 성분들이 주의 깊게 분석된 합금과 같은 복합 물질이며, 이들은 분석 절차를 확인하거나 교정하는 데 사용된다.

상업적으로 제공되는 산이나 염기의 농도들이 **표지 안쪽**에 목록으로 나와 있다.

2.3 분석 저울 — 가장 중요한 도구

무게를 재는 것은 시료를 측정하고 표준 용액을 만들기 위해 거의 모든 분석에서 요구되는 부분이다. 분석 화학에서는 다소 작은 몇 g의 무게에서 몇 mg 또는 그보다 작은 무게를 다룬다. 표준 실험실 무게 측정은 전형적으로 유효 숫자가 세 개에서 네 개까지 이루어진다. 따라서 무게를 측정하는 기구는 정확하고 정밀해야 한다. 이를 달성하는 복잡한 방법들이 있지만 사용되는 가장 유용한 만능 기구가 **분석 저울**(**analytical balance**)이다.

저울은 질량을 측정한다.

오늘날 사용되는 대부분의 분석 저울은 전자식 저울이다. 기계식 홑접시 저울은 현대 분석 실험실에서는 더 이상 사용되지 않는다. 전자 또는 디지털 저울의 교정은 하나의 무게를 다른 것과 비교하는 것에 기초한다. 영점 이동과 공기 부력과 같은 요인들은 모든 유형의 저울에서 고려되어야 한다. 우리는 실제로는 무게보다는 질량을 다룬다. 물체의 **무게**(**weight**)는 중력에 의해 그 물체에 가해지는 힘이다. 이 힘은 지구 위의 위치에 따라 다르다. 한편 **질량**(mass)은 물체를 구성하는 물질의 양이며 불변하는 값이다.

표2.1 실험실 재료들의 성질

물질	최대 작업 온도 (°C)	열충격 감도	내화학성	참고
붕소규산염 유리	200	150°C 변화까지 견딤	가열 시 염기 용액에 의해 조금 변함	상표: Pyrex (Corning Glass Works), Kimax (Owens-Illinois)
연유리		매우 약함	염기 용액에서 변함	붕소 무첨가, 상표: Corning
항염기성 유리		붕소규산염보다 약함		
용융 석영	1050	매우 우수	대부분의 산과 할로젠에 강함	용융에 석영 도가니 사용
고함량 실리카 유리	1000	매우 우수	붕소규산염보다 염기에 더 강함	용융 석영과 비슷 상표: Vycor(Corning)
도자기 도자기	1100(유약) 1400(무유약)	우수	매우 좋음	
백금	약 1500		대부분의 산과 용융염에 견딤. 1000°C 이상에서 왕수, 혼합 질산염, 사이안화물, 염화물에 의해 변함. 금, 은, 다른 금속과 합금 형성	이리듐, 로듐과 합금을 형성하면 강도 증가. 용융 및 HF 처리용 백금 도가니
니켈과 철			금속으로 오염된 용융 시료	과산화물 용융을 위해 니켈 및 철 도가니 사용
스테인리스강	400~500	매우 우수	진한 HCl, 묽은 H_2SO_4, 끓는 진한 HNO_3를 제외하고 염기 및 산에 견딤	
폴리에틸렌	115		알칼리 용액, HF에 강함. 많은 유기 용매에 약함(아세톤, 에탄올에는 OK)	유연한 플라스틱
폴리프로필렌	120	매우 우수 강한 산화제에는 약함	투명, 여러 용도로 폴리에틸렌을 대체	
폴리스타이렌	70		HF에는 강하나 많은 유기 용매에 약함	다소 깨어지기 쉬움
테플론	250		대부분의 화학 물질에 비활성	극미량 금속 분석용 시약 및 용액 저장용으로 유용. 산소 투과됨

현대의 전자식 저울들은 무게 재기가 편하며 기계식 저울에 비해 오차도 거의 없고 완전히 못쓰게 되는 기계적인 문제도 일어나지 않는다. 추를 선택하고 마이크로미터와 저울대를 돌려 읽고 접시를 고정하는 조작들이 필요치 않아 측정을 빨리 할 수 있다. 그림 2.1은 디지털 디스플레이 전자식 저울을 보여 준다. 전자식 저울의 작동 원리는 그림 2.2에 나타나 있다. 기계식 저울에 있는 추나 칼날 받침도 없다. 접시가 움직이는 걸이(2)의 팔에 놓여 있고 이 움직이는 부분은 전자기력에 의해 균형을 이룬다. 걸이의 위치가 측정 장치를 영점 위치로 되돌리는 전자식 위치 추적기(1)에 의해 관찰된다. 보상 전류가 접시에 놓인 물체의 질량에 비례한다. 이 전류값이 디지털 신호로 마이크로프로세서에 보내져서 해당 무게 값으로 변환되어 디지털 디스플레이에 나타난다. 용기의 무게는 자동으로 빠진다.

이런 저울들은 1895년에 Angstrom이 처음 보여 준 전자기력 보상 원리를 사용한다. 그러나 이들은 여전히 하나의 무게를 다른 무게와 비교하는 원리를 사용하고 있다. 저울은 알려진 무게로 영점을 맞추거나 교정되어야 한다. 시료가 접시에 놓이면 그것의 무게는 전자적으로 알려진 무게와 비교된다. 이것이 자체 교정의 한 형태이다. 현대 저울들은 영점이 오락가락하

그림 2.1 전자식 분석 저울 (Denver Instrument사의 승인 하에 게재)

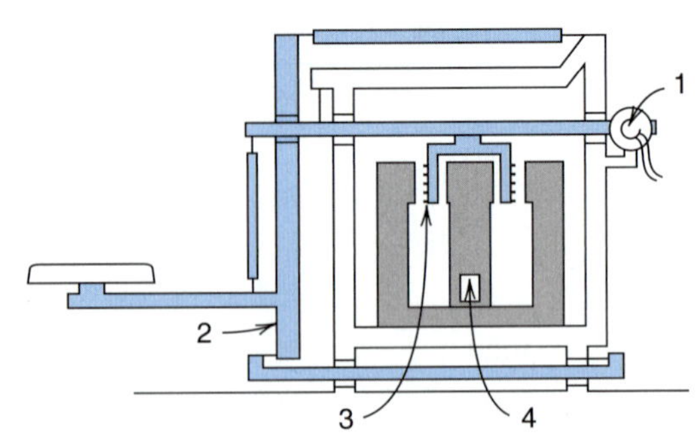

그림 2.2 전자식 저울의 작동 원리. 1. 위치 추적기, 2. 걸이, 3. 코일, 4. 온도 센서 (K. M. Lang, *American Laboratory*, March, 1983, p. 72, American Laboratory Inc.사의 승인 하에 게재)

는 문제와 건물의 진동에 기인한 변화를 평균화하는 것을 보상할 수 있는 특성을 갖추고 있기도 한다.

단일 스위치 하나로 저울을 켜고 끌 뿐만 아니라 영점을 맞추고 접시 위의 용기 무게를 자동으로 공제할 수도 있다. 전기 신호로 결과가 얻어지기 때문에 개인용 컴퓨터로 쉽게 처리하여 저장할 수 있고 무게 측정 시의 통계값들도 자동으로 계산된다.

감도가 높을수록 가격은 고가이다. 0.1 mg까지 측정할 수 있는 저울은 약 2,000 달러 미만이지만 미량 저울은 10,000 달러이상 한다.

전자식 분석 저울은 측정 무게 범위와 정확도에 따라 구입될 수 있다. 전형적인 표준 분석 저울은 160~300 g의 최대 측정 크기를 가지고 있고 0.1 mg까지의 정확도를 가지고 있다. 반미량 저울(감도 0.01 mg, 최대 하중 200 g), 미량 저울(감도 1 μg, 최대 하중 30 g), 극미량 저울(감도 0.1 μg, 최대 하중 2 g)들이 시판되고 있다.

전기 화학적 석영 저울은 1 ng (10^{-9} g)의 변화를 검출할 수 있고 최대 100 μg까지의 측정이 가능하다. 이 저울은 특정 진동수, 예를 들면 10 MHz로 진동하는 석영 결정판을 활용한다. 이 진동수는 질량 변화와 함께 변하여 기기에서 측정되는 진동수 변화가 질량 단위로 변환된다. 석영판 위에 금 박막이 입혀져 있고 이 금 기판 위에 알고자 하는 물질을 입혀 측정한다. 금 표면 위의 원자 또는 분자 단일층의 몇 퍼센트 정도밖에 안 되는 질량 변화가 측정되며 시간에 따른 질량 변화도 측정할 수 있다. 이러한 저울들은 공기 미립자 측정기에 사용되기도 한다. 예를 다음 사이트에서 살펴보라. http://www.kanomax-usa.com/dust/3521/3521.html.

더 오래된 기계식 저울은 지렛대 원리를 사용한다. $M_1L_1 = M_2L_2$, L_1과 L_2는 지렛대 두 팔의 길이, M_1과 M_2는 해당 질량. L_1과 L_2가 같도록 조절하면 $M_1 = M_2$가 된다.

기계식 홑접시 저울

전자식 저울이 기계식 저울을 대부분 대체하였지만 여전히 기계식 저울이 일부 사용되므로 2장의 교재 웹 사이트에 기계식 홑접시 저울을 설명하였다.

Burns의 돼지 무게 재는 법: 1) 똑바른 나무판을 구해 톱질용 버팀목에 놓고 균형을 맞추어라. 2) 나무판 한쪽 끝에 돼지를 올리고, 3) 다른 한 쪽 끝에는 나무판이 완벽히 균형을 이룰 때까지 돌멩이를 쌓아라. 돌멩이들의 무게를 주의 깊게 추정해 보라. − Robert Burns

이러한 저울들은 정밀 지렛대를 기반으로 하여 시소 기구처럼 지렛대의 각 끝에 놓인 두 질량(즉 하나는 모르는 질량, 다른 하나는 표준 추)을 비교한다. $M_1L_1 = M_2L_2$의 관계가 적용된다. 홑접시 저울은 지렛대 길이가 다르며 시료가 놓인 지렛대의 끝에서 시료와 같은 질량의 추를 제거하는 방법으로 작동된다. 자세한 내용은 교재 **웹 사이트**를 보라.

반미량 및 미량 저울

지금까지의 논의는 일반 분석 저울에 제한하였다. 이러한 저울들은 0.1 mg까지의 감도를 가지고 측정 최대 무게는 160~300 g이다. 이 저울들은 대부분의 일상적인 분석용 무게 측정에 만족스럽게 작동된다. 이러한 종류의 모든 분석 저울은 저울대 및 접시의 질량을 감소시키거나 저울대의 길이를 증가시키거나, 저울대의 무게 중심을 변화시키거나 하는 등의 감도에 영향을 주는 변수들을 변화시켜 감도를 더 좋게 할 수 있다. 저울대가 재래식 저울의 저울대만큼 견고할 필요가 없기 때문에 저울대에 더 가벼운 재질을 사용할 수 있다.

대부분의 정량적인 무게 측정은 0.1 mg까지 한다.

반미량 저울(*semimicrobalance*)은 0.01 mg까지의 감도를 가지고, 미량 저울은 약 0.001 mg (1 μg)까지의 감도를 가진다. 이러한 저울의 최대 하중은 재래식 저울보다는 더 작고 사용 시에 더 많은 주의가 요구된다.

영점 표류

저울의 영점 설정은 정해진 상수가 아니며 한번 설정하고 잊을 수 있는 것이 아니다. 저울의 영점은 온도 변화, 습도, 정전기 등과 같은 많은 요인들로 인해 변한다. 그러므로 영점 설정은 저울을 사용하는 기간 동안 적어도 30분마다 확인되어야 한다.

진공 속의 무게 — 가장 정확한 무게

저울에서 측정하는 무게는 공기 속의 무게를 나타낸다. 물체가 공기의 부피를 대체할 때 대체된 공기의 무게만큼 그 물체는 부력을 받게 된다. (**Archimedes의 원리**(**Archimedes' principle**) – 분석 화학이 어떻게 시작되었는가에 대한 1장의 상자 속 내용을 보라.) 공기의 밀도는 0.0012 g/mL(1.2 mg/mL)이다. 만일 표준 추의 밀도와 측정하려는 물체의 밀도가 같다면 동일한 부력을 받으므로 측정되는 무게는 부력이 없는 진공에서의 무게와 같다. 두 밀도가 현저하게 다르다면 부력 차이가 생겨 측정에서 작은 오차가 생기게 되고, 어느 하나가 다른 것에 비해 부력을 더 받게 되어 균형이 이루어지지 않게 된다. 그러한 상황은 밀도가 매우 큰 물체[예를 들어 백금 용기(밀도=21.4), 수은(밀도=13.6)]를 측정할 때나 가볍고 부피가 큰 물체[예를 들어 물(밀도≈1)]를 측정할 때 일어난다. 세밀한 측정에서는 이 오차를 보정해 주어야 한다. 비교를 위해, 저울에서 사용하는 표준추의 밀도는 약 8이다. 홑접시 저울에 대한 부력 보정에 대해서는 참고 문헌 14를 보라(참고 문헌 10에는 홑접시 저울에 대한 표준추의 보정에 대해 나와 있다).

1 mL의 부피를 가지는 물체는 1.2 mg만큼의 부력을 받는다.

대부분의 경우에 있어서 부력에서 오는 오차는 백분율 조성 계산에서는 상쇄되어 없어지기 때문에 보정이 필요하지 않다. 백분율 비에서 분자(표준 용액의 농도나 침전물의 무게로서)와 분모(시료의 무게로서)에서 같은 오차가 생긴다. 물론, 모든 무게 측정은 오차를 일정하게 유지하기 위하여 같은 유형(같은 밀도)의 용기에서 이루어져야 한다.

무게를 측정할 때 사용되는 용기의 부력은 상쇄되기 때문에 무시된다.

진공에서의 보정이 사용되는 예가 유리 기구의 보정이다. 유리 기구로 옮기거나 담겨 있는 물 또는 수은의 질량이 측정된다. 특정 온도에서 그 액체의 밀도 값을 사용하여 그것의 부피를 질량으로부터 계산할 수 있다. 이런 경우에서조차 부력 부정은 약 천분의 1 정도 밖에 되지 않는다. 무게를 측정하는 대부분의 물체들은 부력 오차를 무시할 수 있다. 공기 속 물체의 무게는 진공에서의 무게에 대해 다음의 식으로 보정될 수 있다.

부력 보정은 유리 기구 교정에서는 공통적으로 상당한 의미가 있다.

$$W_{\text{vac}} = W_{\text{air}} + W_{\text{air}}\left(\frac{0.0012}{D_o} - \frac{0.0012}{D_w}\right) \tag{2.1}$$

W_{vac} : 진공에서의 무게(g)
W_{air} : 공기 속에서의 무게(g)
D_o : 물체의 밀도
D_w : 표준추의 밀도
0.0012: 공기의 밀도

황동의 밀도는 8.4이고 스테인리스강 추의 밀도는 7.8이다. 물체를 물로 하여 계산해 보면 보정치가 천분의 일 정도밖에 되지 않는다는 것을 확신할 수 있다.

예제 2.1

같은 부력 보정이 알려진 밀도의 표준추로 교정되는 기계식 및 전자식 저울에 대해서도 적용된다.

피펫을 교정하는 편리한 방법은 피펫으로 옮겨지는 물의 무게를 측정하는 것이다. 주어진 온도에서 물의 밀도를 사용하여 옮기는 부피를 계산할 수 있다. 20 mL 부피의 피펫을 교정한다고 하자. 마개달린 플라스크의 빈 무게가 29.278 g이다. 피펫을 사용하여 물을 그 플라스크로 옮겨 무게를 측정하니 49.272 g이었다. 저울 교정에 황동 표준추가 사용되었다면 옮겨진 물의 무게를 진공 속의 무게로 교정한 값은 얼마인가?

풀이

증가된 무게는 공기 중 물의 무게이다.

$$49.272 - 29.278 = 19.994 \text{ g}$$

물의 밀도는 1.0 g/mL(10~30°C까지 유효 숫자 2개−표 2.4를 보라.)이다. 따라서

$$W_{\text{vac}} = 19.994 + 19.994\left(\frac{0.0012}{1.0} - \frac{0.0012}{8.4}\right) = 20.015 \text{ g}$$

■

예제 2.2

밀도가 7.8 g/cm^{3}인 스테인리스강 추를 사용한다면 예제 2.1의 피펫으로 옮기는 물의 무게는 얼마인가?

풀이

계산이 끝날 때까지 반올림하지 말라. 그러면 다음과 같이 같은 값이 얻어진다.

$$W_{\text{vac}} = 19.994 + 19.994\left(\frac{0.0012}{1.0} - \frac{0.0012}{7.8}\right) = 20.015 \text{ g}$$

이것은 표 2.4의 부력 보정이 어떠한 유형의 표준추에서도 유효함을 보여 준다(아래의 유리기구 교정을 보라). ■

무게 측정에서의 오차의 원인

영점 표류 및 부력을 포함하여 오차를 낳는 여러 가지 가능한 원인들을 언급해 왔다. 주변 온도 또는 측정되는 물체의 온도 변화가 대류에 의한 공기의 흐름으로 인해 영점 또는 정지점을 표류시키는 오차의 가장 큰 원인이 된다. 뜨겁거나 차가운 물체는 주변 온도와 같아지도록 해야 하고 흡습성 시료는 특히 습도가 높은 공기에서 수분을 흡수할 수 있다. 측정 전이나 측정 중에 시료가 공기에 노출되는 것을 최소화해야 한다.

무게 측정을 위한 일반적인 규칙

이러한 규칙을 반드시 숙지하라.

여러분이 사용할 특정 저울에 대한 세부적인 조작법을 여러분의 교수가 설명해 줄 것이다. 주된 목적은 먼지와 부식 방지를 위해 모든 부품들을 보호하고 시료나 용기를 올릴 때 오염되거나 변질되는 것을 피하며 공기 대류에 의한 표류 오차가 생기지 않도록 하는 것이다. 분석 저울의 유형에 상관없이 측정을 하기 전에 숙지해야 할 몇 가지 일반적인 규칙은 아래와 같다.

1. 측정할 물체를 맨 손으로 다루지 말 것. 깨끗한 종이나 집게를 사용할 것.
2. 상온에서 측정하여 공기 대류가 일어나지 않도록 할 것.

3. 저울 접시에 직접 화학 시료를 올리지 말고 용기(무게 다는 병이나 무게 다는 접시)나 시약 종이에 올려 측정할 것. 흘린 시약은 항상 즉시 부드러운 솔로 쓸어 제거할 것.
4. 측정을 시작하기 전에 항상 저울 상자 문을 닫을 것. 공기 흐름은 저울 값이 일정하게 유지되는 것을 방해한다.

현대의 디지털 저울 속에 사용자가 다룰 수 있는 표준추가 들어 있지는 않지만 부식이 문제를 야기할 수 있다. 휘발성이 있는 부식성 물질들(예: 아이오딘이나 진한 HCl)은 저울 속 열린 용기에 담아 무게를 측정해서는 절대 안 된다.

고체 시료의 무게 측정

흡습성 시료의 무게를 측정할 때에는 차이에 의한 무게 측정을 사용할 필요가 있다.

비금속 고체 화학 물질들은 **무게 다는 병**(**weighing bottle**)에서 무게를 달고 건조한다. 일부 무게 다는 병들이 그림 2.3에 있다. 이들은 표준 규격의 경사진 갈아 맞춘 연결마개로 되어 있으며 흡습성(hygroscopic, 공기 중에서 물을 취하는) 시료들은 이 병에서 마개를 꽉 막고 무게를 측정한다. 반복 측정은 **차이**(**difference**)를 취해 측정하는 것이 편리하다. 무게 다는 병 속 시료의 무게를 측정하고 일부 정량을 덜어서(가볍게 두드리는 방식으로) 시료를 녹이기에 적합한 용기로 옮긴다. 그리고 무게 다는 병과 시료의 무게를 다시 측정한다. 무게 차이로부터 옮겨진 시료의 무게가 결정된다. 다음 시료를 또 덜어내고 무게를 측정하여 무게 차이로 옮겨진 시료의 무게를 결정하는 방법을 반복한다. 이 방법의 예가 소다 재 실험에 대한 실험 노트에 나와 있다.

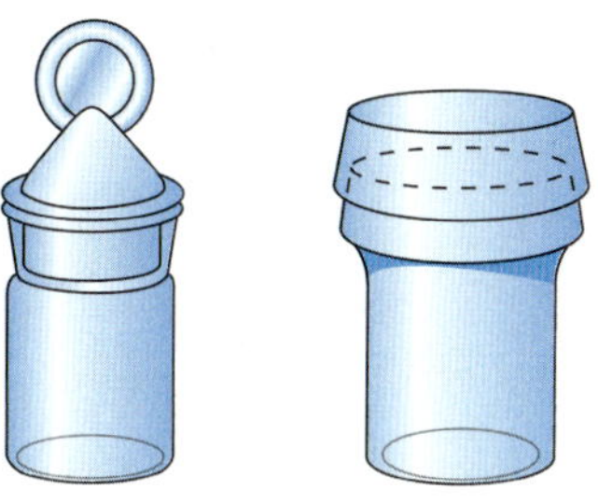
그림 2.3 무게 다는 병들

이 방법에 의하면 첫 번째 시료에서만 두 번 측정하고 나머지 각 시료에 대해서는 평균적으로 한 번의 측정만 이루어진다. 그러나 각각의 무게는 두 번의 무게 측정의 차이로 계산되어 전체 실험 오차는 두 번의 무게 측정의 결합된 오차로 주어진다. 흡습성 시료의 경우에는 **마개를 막은 무게 다는 병**을 사용한 차이에 의한 무게 측정을 해야 한다. 그렇지 않다면 무게를 측정하기 전에 공기에 노출될 수밖에 없다. 공기에 노출되어도 영향을 받지 않는다면 병의 마개를 닫을 필요는 없다.

직접 무게 측정(**direct weighing**)을 위해 **무게 다는 접시**(**weighing dish**), 무게 다는 종이, 무게 다는 보트형 용기가 사용된다. 접시, 종이, 보트형 용기 등은 빈 채로 측정하고 시료를 올리고 측정한다. 이런 방법은 각 시료에 대해 두 번의 측정을 요구한다. 무게가 측정된 시료는 가볍게 두드려서(tapped) 옮긴다. 직접 측정은 시료가 비흡습성일 경우에만 만족스럽다.

매우 세심한 무게(수십 mg 또는 그 이하) 측정을 하고 있을 경우에 무게에 영향을 줄 수 있는 외부 물질로 무게 다는 용기가 오염되지 않도록 주의해야 한다. 용기를 잡은 손에서 땀이 묻어나면 상당히 심각하기 때문에 그렇게 되지 않도록 특히 주의해야 한다. 용기를 종이로 다루는 것이 가장 좋다. 다른 방법은 골무를 사용하는 것이다. 이것은 보호 장갑의 손가락 부분과 유사하다. 고체 시료는 종종 일정한 무게가 될 때까지 건조되어야 한다(예를 들어 0.5 g 시료에 대해 ±0.5 mg). 플루오로탄소로 이루어진 실험 기구 같은 고절연 물질은 쉽게 대전되어 무게 측정에 영향을 받는다. 이온화 방사선원이 내장된 솔을 사용하여 무게 측정 전에 부드럽게 그 물질을 쓸어주면 대전된 전하를 제거하여 주므로 이의 사용을 권장한다.

액체 시료의 무게 측정

액체의 무게 측정은 보통은 직접 측정으로 이루어진다. 시료 액체를 무게가 측정된 용기(무게 다는 병)로 옮겨서 측정 동안의 증발을 막기 위해 마개를 닫고 무게를 측정한다. 만일 액체 시료를 피펫으로 분액을 덜어내어 차이에 의한 무게 측정을 한다면 피펫 내부를 옮긴 후에 여러 번 잘 씻어주어야 한다. 옮기는 동안 피펫의 끝에서 시료의 손실이 생기지 않도록 주의해야 한다.

무게 측정의 유형 — 얼마나 정확해야 하는가?

정량적인 계산에 포함되는 단지 일부의 무게 측정에서만 분석 저울을 이용한다.

분석 화학에서 수행되는 무게 측정에는 두 가지 유형이 있다: **어림**(**rough**) 무게 달기 또는 **정확한**(**accurate**) 무게 달기. 유효 숫자 두 개 또는 세 개까지의 어림 무게 달기는 측정되는 물질의 양을 몇 퍼센트 내까지만 알 필요가 있을 때 사용된다. 예로는 녹여서 나중에 알고 있는 표준 용액으로 표준화할 시약의 무게를 측정하거나 건조하여 나중에 무게를 정확히 측정할 시약을 일부 취할 때, 있는 그대로 단지 첨가되는 시약 또는 용액 조건을 조절하기 위한 시약 측정 등의 경우를 들 수 있다. 즉 무게가 분석 결과의 계산에 포함되지 않을 때에는 어림 무게 달기만이 필요하다. 어림 무게 달기는 분석 저울을 사용할 필요가 없고 윗접시 저울을 사용하여 수행할 수 있다.

정확한 무게 달기는 분석하려는 시료의 무게, 즉 무게 분석법에서 건조된 생성물의 무게 또는 정량 분석에서 표준물로 사용되는 건조된 시약의 무게를 얻기 위해 사용되는데, 이들은 일반적으로 유효 숫자 네 개까지 알아야 하거나 분석 결과를 계산하는 데 사용된다. **이들은 분석 저울에서만 수행되며 흔히 0.1 mg까지 측정된다.** 미리 정해진 정확한 양의 시약 무게(예: 0.5000 g)를 다는 경우는 거의 없지만 근사적 양(약 0.5 g)의 정확한 무게(예: 0.5129 g)를 측정하는 경우는 있다. 어떤 시약들은 분석 저울에서 무게를 다는 경우가 없다. 예를 들면 수산화 소듐 알갱이는 흡습성이 강해 계속해서 습기를 흡수한다. 주어진 양의 수산화 소듐의 무게는 재현성이 없다(순도도 알려져 있지 않다). 알려진 농도의 수산화 소듐 용액을 얻기 위해서는 수산화 소듐을 어림 무게 달기를 하여 녹인 용액을 산 표준 용액으로 표준화해야 한다.

2.4 부피 측정용 유리 기구 — 필수 기구

용액의 정확한 부피 측정은 무게 분석법에서는 필요 없지만 용액이 포함된 거의 모든 유형의 분석에서는 필수적이다.

부피 플라스크

부피 플라스크는 정확한 부피를 담는 용기이다.

부피 플라스크는 일정 부피로 용액을 묽히는 데 사용된다. 부피 플라스크는 1 mL에서 2 L 이상까지 여러 가지 규격으로 나와 있다. 그림 2.4에 전형적인 부피 플라스크를 나타내었다. 이러한 플라스크는 메니스커스(모세관 작용으로 관 속에 있는 물 윗면의 오목한 곡면–그림 2.10을 보라.)의 바닥이 기구의 목에 새겨진 눈금선에 닿을 때 표시된 온도(20 또는 25°C)에서 정확한 부피를 **담도록** 고안되어 있다. 유리의 열팽창 계수가 작아서 주변 온도의 작은 변화에 대해 부피가 일정한 것으로 간주할 수 있다. 이러한 플라스크에는 **"TC"**라고 표시되어 있는데 이것은 담기 위함(to contain)을 나타낸다. 눈금 실린더와 같은 조금 덜 정확한 용기들도 "TC"로 표시된다. 많은 이런 용기에는 제조업체에 의해 직접 측정의 불확실도가 표면에 새겨져 있다. 예를 들어 250 mL 부피 플라스크에는 "±0.24 mL" 또는 오차 0.1%로 표시되어 있다.

그림 2.4 부피 플라스크

처음에 적은 양의 묽힘액(흔히 증류수)을 빈 플라스크에 넣는다. 유리가 흡착을 잘하기 때문에 시약을 절대 건조된 유리면에 직접 가하면 안 된다. 부피 플라스크를 사용할 때 용액을 단계적으로 제조해야 한다. 고체든 액체든 묽힐 시약을 플라스크에 넣고 묽힘제를 넣어 플라스크의 약 2/3까지 채운다. 이때 플라스크 입구의 갈아 맞춘 연결부에 시약이 붙어 남지 않도록 주의한다. 혼합이 잘 되도록(고체의 경우에 잘 용해되도록) 묽힘제를 눈금까지 가하기 전에 잘 흔들어주는 것이 도움이 된다. 마지막으로 메니스커스의 바닥이 보정선의 표시에 잘 맞도록 묽힘제를 가한다. 메니스커스의 위 플라스크 목에 물방울이 남아 있다면 휴지로 묻혀 제거한다. 또한 갈아 맞춘 연결마개를 잘 건조해야 한다.

용액은 다음과 같이 최종적으로 철저히 혼합된다. 마개를 엄지나 손바닥으로 단단히 잡고 플라스크를 뒤집어 5~10초 동안 격렬히 흔든다. 위를 바로 하고 용액이 플라스크의 목 부분에서 내려가도록 가만히 두었다가 다시 적어도 10번 정도 이 과정을 반복한다.

주의 고가의 시약으로 용액을 준비할 때 만일 액체의 부피가 교정선을 넘었다 하더라도 다음과 같이 하여 용액을 사용할 수 있다. 사시에 의한 오차가 생기지 않도록 하면서 플라스크 목 부분에 얇은 종이 띠를 붙이고 연필로 그 위에 메니스커스의 위치를 표시한다. 플라스크에서 혼합된 용액을 철저히 제거한 후 플라스크를 교정선까지 물로 채운다. 그리고 뷰렛이나 적은 부피의 눈금 피펫으로 플라스크에 물을 가해 메니스커스가 종이띠의 표시까지 올라오게 한다. 가해진 부피를 확인하고 기록하여 농도 계산 시에 수학적으로 보정한다. 값싼 시약인 경우에는 새로 용액을 만들면 된다. 부피가 교정선 표시를 넘어가면 선을 넘어간 부피를 알아내지 않고서는 정확한 농도 계산을 할 수 없다. 플라스크 속의 성분이 대체 불가능하고 값비싼 경우에는 부피 플라스크를 채울 때 매우 주의해야 하고 인내심을 가져야 한다.

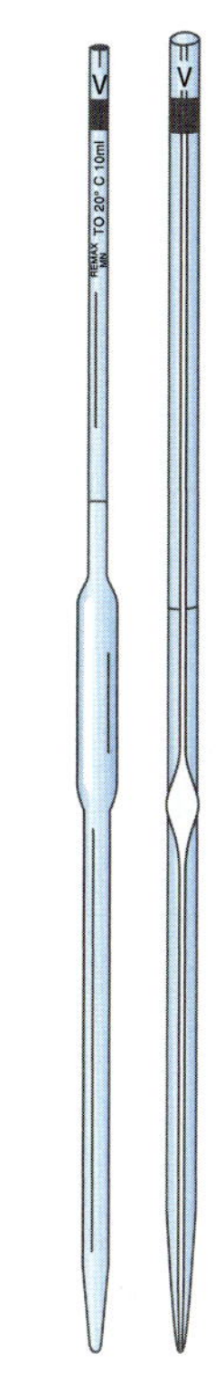

그림 2.5 이동 또는 부피 측정 피펫

피펫

피펫은 일정 부피의 용액을 옮길 때 사용된다. 용액에서 일정 분량(**분액, aliquot**)을 전달하기 위해 흔히 피펫이 사용된다. 분율을 확실히 하기 위해 분액이 취해지는 원 용액의 부피를 알아야 한다. 용액이 증발되거나 묽혀지지 않는 이상 원용액이 모두 있어야 하는 것은 아니다. 피펫에는 흔히 사용되는 두 가지 형태, 즉 **부피 측정(volumetric)** 또는 **이동(transfer)** 피펫과 **눈금(measuring** 또는 **graduated)** 피펫이 있다(그림 2.5, 2.6 참조). 눈금 피펫이 변형된 **임상용(clinical)** 또는 **혈청용(serological)** 피펫도 있다.

피펫은 주어진 온도에서 특정 부피를 전달하도록(**to deliver**) 고안되어 있어 **"TD"**라고 표기되어 있다. 플라스크와 마찬가지로 온도가 조금 변하더라도 부피가 일정한 것으로 간주된다. 피펫은 용액을 흘려 내리고 피펫의 유리벽에 남아 있는 박막층(배출막)을 고려하여 교정되어 있다. 이러한 배출막은 옮기는 시간에 따라 다소 변하는데, 보통은 용액에 다른 힘을 가하지 않고 중력에 의해 흘러내리도록 하고 용액이 옮겨지면 즉시 피펫을 제거한다. 흘러내리는 시간을 일정하게 유지하도록 해야 한다.

부피 측정 피펫은 정확한 부피를 옮긴다.

부피 측정 피펫은 하나의 부피만을 전달하도록 고안되어 있기 때문에 정확한 측정을 위해 사용된다. 일반적으로 유효 숫자 네 자리의 정확도를 가지며 적절한 교정을 한다면 다섯 자리까지도 얻을 수 있다. A급 이동 피펫의 허용 오차에 대해 표지 안쪽에 있는 표를 참조하라. 눈금 피펫은 여러 부피 간격으로 표시된 단일 굵기관 피펫이다. 이 피펫은 내부 지름의 불균일성이 전체 부피에 상대적으로 영향을 크게 미치기 때문에 부푼 관 모양으로 된 부피 측정 피펫에 비해 정확도가 떨어진다. 또한 배출막이 옮기는 부피에 따라 변한다. 옮기는 부피마다 피펫을 교정하는 노력을 기울이지 않는다면 잘해야 유효 숫자 세 자리의 정확도를 가질 수 있다.

대부분의 부피 측정 피펫은 소량의 일정 부피가 피펫 끝에 남아 있는 채로 옮기도록 교정된다. 따라서 이것을 흔들어 떨어뜨리거나 불어 내면 안 된다. 용액을 옮길 때 피펫은 수직으로 잡고 끝을 용기의 벽에 닿도록 하여 튀지 않고 부드럽게 옮겨지도록 한다. 그러면 피펫 끝에 남은 적당량의 부피는 용기의 벽면에 대한 인력으로 빠져 나온다.

어떤 피펫은 **불어내는(blowout)** 형태가 있는데 이 유형에는 끝 부피를 모두 포함하도록 교정되는 눈금 피펫이 포함된다. 용액의 최종 부피는 끝부분을 불어내어 교정된 양을 옮겨야 한다. 이런 종류의 피펫은 위쪽에 한두 개의 **갈아 만든 띠나 고리(ground bands or ring**, 이것은 피펫의 부피를 나타내기 위한 색 기호를 사용하는 색 고리와는 혼동되지 않는다.)가 있어 쉽게 확인된다. 용액은 중력에 의해 완전히 흘러내릴 때까지 불어내어서는 안 된다. 용액의 이동 속도를 증가시키는 불어내기는 배출막의 부피를 변화시킨다.

부피 측정 피펫은 100에서 0.5 mL 또는 그 이하까지의 크기들로 나와 있다. 눈금 피펫과 혈청용 피펫의 용량은 25에서 0.1 mL까지 있으며 눈금 피펫이 사용자가 원하는 특정 부피로 교정되어 있다면 특히 작은 부피의 정확한 측정에 사용될 수 있다. 더 큰 측정 피펫은 보통은 빨리 옮길 수 있도록 흘러내리는 속도를 빠르게 하고 정확히 읽을 수 있도록 관이 굵다.

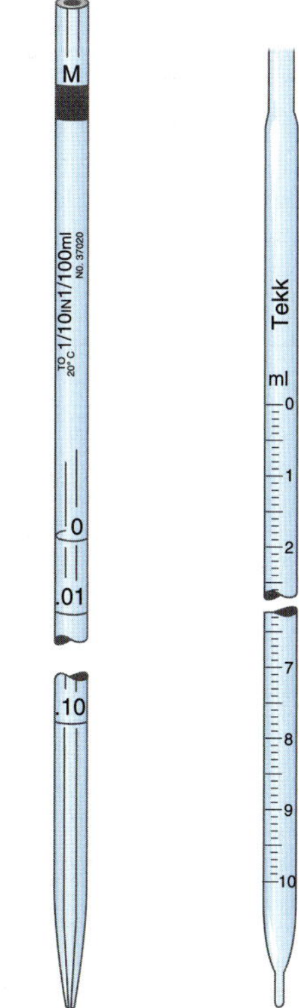

그림 2.6 눈금 피펫

피펫을 사용할 때 용액을 채운 후에 끝의 바깥 부분을 잘 닦아 건조하게 유지해야 한다. 물 이외의 용매가 사용되거나 점성이 있는 용액이라면 새로운 용매나 용액에 대해 재교정하여 흘러내리는 속도의 차이가 반영되도록 해야 한다.

피펫은 고무 피펫 벌브, 피펫 펌프 또는 다른 피펫용 장치를 사용하여 채울 수 있으며 피펫을 사용하기 전에 물로 채우고 옮기는 과정을 실습하라. **어떤 용액도 입으로 빨아 피펫을 채우거나 불어내어서는 안 된다.**

주사기 피펫

주사기 피펫은 마이크로리터 부피를 옮기는 데 유용하다.

이 피펫은 가시용량 및 미량 측정에 모두 사용될 수 있다. 주사기 위의 교정 표시는 매우 정확하지 않을 수 있다. 매번 미리 정해진 위치까지 막대 피스톤을 끌어당기는 스프링 장치 같은 자동 이동 장치를 사용한다면 재현성은 매우 좋다. 이런 방식으로 이동되는 부피는 용액이 막대 피스톤에 의해 배출되기 때문에 배출 오차가 없다. 이동되는 부피는 정확히 교정할 수 있다. 마이크로리터 주사기 피펫은 기체 크로마토그래피에서 시료를 주입할 때 사용한다. 대표적인 이 유형의 피펫이 그림 2.7에 나와 있다. 이들은 바늘 끝으로 되어 있으며 허용 오차는 다른 마이크로 피펫만큼 되며 추가로 이 주사기의 용량 내에서는 어떤 부피라도 옮길 수 있다. 주사기는 총 부피가 0.5 μL만큼 작은 것도 있다. 이렇게 작은 주사기는 가는 선 막대가 바늘 내로 들어가고 주사기 전체 부피가 바늘 내부에 있게 된다.

위의 주사기 피펫은 일반 피펫에서는 배출막이 문제가 되는 점성이 있는 용액이나 휘발성 용매를 정확히 옮기는 데 유용하다. 주사기 피펫은 신속한 이동에 적합하고 신속히 옮김으로써 다른 용액과 철저히 혼합시키는 데 적합하다.

두 번째 유형의 주사기 피펫은 그림 2.8에 나와 있다. 이 유형은 통상의 절차에 따라 고정량(또는 가변량)의 부피를 신속히 한 번에 처리할 때 편리하게 사용되며 분석 화학 실험실에서 널리 사용되고 있다. 이것은 젖지 않는 작은 일회용 플라스틱(예: 폴리프로필렌) 용기를 사용하여 배출막 오차와 오염을 줄여준다. 엄지 버튼으로 스프링이 장착된 막대 피스톤을 흡입 멈춤 위치와 배출 멈춤 위치로 조작한다. 안전한 옮김을 위해서 배출 멈춤 위치는 흡입 멈춤보다 더 멀리 있다. 시료는 막대 피스톤과 절대 접촉하지 않고 플라스틱 용기 안에 들어 있게 된다. 이러한 피펫은 0.1~5000 μL 용량까지 나와 있으며 부피에 따라 1~2% 상대 편차 또는 더 나은 재현성을 가지고 있다. 이 유형의 가변부피 피펫은 전형적으로 0.1~10 μL, 20~200 μL, 100~1000 μL, 500~5000 μL의 정해진 부피 범위에서 용액을 옮길 수 있다. 관련 분석 절차에서 여러 종류의 피펫을 사용하고 있다면 측정의 일관성을 유지하기 위해 항상 동일한 방법으로 사용하는 것이 중요하다(예를 들어 100 μL를 옮길 때는 20~200 μL 피펫으로 항상 100 μL에 맞추어 한 번에 옮기는 것과 같이).

부피의 정확한 값은 몰라도 재현성이 있어야 한다.

때로는 이 유형의 피펫이나 다른 마이크로 피펫으로 옮기는 용액의 실제 부피를 상대적인 측정에 사용하기 때문에 알 필요가 없을 때도 있다. 예를 들어 측정에 사용되는 분석 기기를 교정하기 위하여 시료와 표준 용액을 같은 부피로 동일한 피펫을 사용하여 옮길 수 있다. 이 경우에 옮길 때의 정밀도가 옮겨지는 절대 부피보다 더 중요하다. 유럽에서 피펫 교정에 대한 유럽 표준절차는 독일 DIN 126650을 따른다(해당하는 국제 표준절차는 ISO 8655이다). 교정 방법은 무게 시험법에 기초한다(물의 무게 측정). DIN 표준절차는 정확도와 정밀도에 대한 분리된 한계를 주지 않고 백분율 정확도와 표준 편차의 2배(즉 옮기는 절차를 95% 신뢰 수준으로 고려하는)가 합해진 결합된 오차 한계를 사용한다(표준 편차와 신뢰 한계에 대한 논의에 대해서는 3장을 참조하라). 표 2.2에 전형적인 단일 채널 이동 피펫에 대한 DIN 오차 한계를 나열하였다. 표 2.3에는 전형적인 가변 부피 단일 채널 피펫에 대한 정확도와 정밀도를

Joseph Gay-Lussac (1778~1850)이 최초로 뷰렛을 고안하였고 뷰렛과 피펫을 명명하였다.

그림 2.7 Hamilton 마이크로리터 주사기

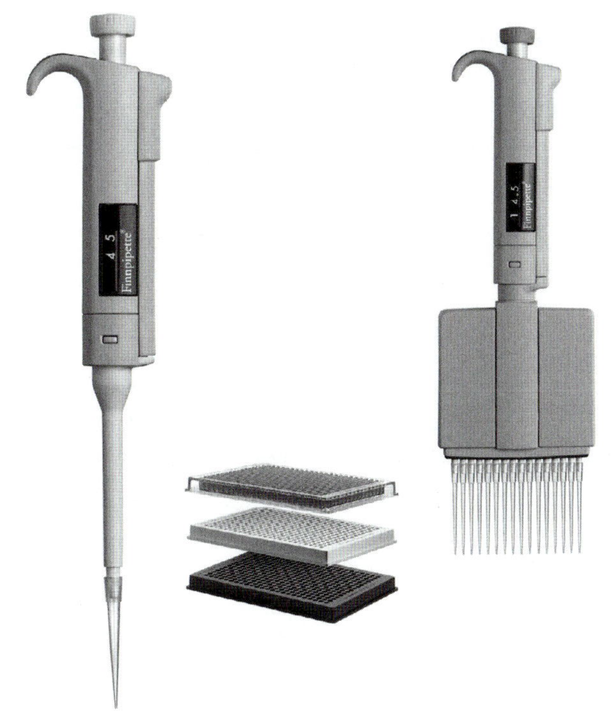

그림 2.8 단일 및 다채널 디지털 이동 피펫과 마이크로홈판 (Thermo Fisher Scientific의 승인 하에 게재)

나열하였다.

수동으로 조작하는 주사기 외에 자동 반복 옮김이 가능한 전자조정 모터-구동 가변 용량 주사기가 있다. 주사기에 전기적으로 구동되는 주사기 펌프를 사용하여 매우 천천히 용액을 주입한다면 stick-slip 현상으로 인해 펄스 흐름이 생길 수 있다. 주사기에 값싼 자동 주입기를 사용하여 실험실에서 제작할 수 있다[예를 들어 "값싼 자동 전기유압식 주사기 주입기" P. K. Dasgupta and J. R. Hall, *Anal. Chim. Acta* 221 (1989) 189를 참조하라]. 또한 12 또는 16 채널로 동시에 옮길 수 있는 다중 주사기가 있는 피펫을 구입할 수도 있다. 이것은 수천 개의 시료를 다루는 생물 공학 또는 임상 화학 실험실에서 사용되는 마이크로홈판으로 용액을 옮기는 데 유용하다(그림 2.8). 대표 제조업체들로부터 (www.thermoscientific.com/finnpipette 또는 www.eppendorf.com) 이동 피펫에 대한 더 많은 정보를 얻을 수 있다.

표 2.2 단일 채널 고정 부피식 배기 피펫에 대한 DIN 12650 오차 한계[a]

명목 부피 (μL)	최대 오차 (μL)	상대 오차 (%)
1	±0.15	±15.0
2	±0.20	±10.0
5	±0.30	±6.0
10	±0.30	±3.0
20	±0.40	±2.0
50	±0.80	±1.6
100	±1.50	±1.5
200	±2.00	±1.0
500	±5.00	±1.0
1000	±10.00	±1.0
2000	±20.00	±1.0
5000	±50.00	±1.0
10000	±100.00	±1.0

[a]이 한계값들은 제어되는 환경에 있는 제조업체들에 적용되는 값임. 검사를 일반 실험실 환경에서 사용자에 의해 수행된다면 표의 한계값은 두 배가 될 수 있음.

Thermo Labsystems Oy, Finland의 승인 하에 게재

표2.3 단일 채널 가변 용량 Finnpipette 모델 F1

범위(μL)	증액량(μL)	부피(μL)	정확도		정밀도[a]	
			(μL)	(%)	s.d(μL)	CV(%)
0.2~2 μL	0.002 μL	2	±0.050	±2.50	0.040	2.00
		1	±0.040	±4.00	0.040	3.50
		0.2	±0.024	±12.00	0.020	10.00
0.5~5 μL	0.01 μL	5	±0.080	±1.50	0.050	1.00
		2.5	±0.0625	±2.50	0.0375	1.50
		0.5	±0.030	±6.00	0.025	5.00
1~10 μL	0.02 μL	10	±0.100	±1.00	0.050	0.50
		5	±0.080	±1.50	0.040	0.80
		1	±0.025	±2.50	0.020	2.00
1~10 μL	0.02 μL	10	±0.100	±1.00	0.080	0.80
		5	±0.080	±1.50	0.040	0.80
		1	±0.035	±3.50	0.030	3.00
2~20 μL	0.02 μL	20	±0.20	±1.00	0.08	0.40
		10	±0.15	±1.50	0.06	0.60
		2	±0.06	±3.00	0.05	2.50
2~20 μL	0.02 μL	20	±0.20	±1.00	0.08	0.40
		10	±0.15	±1.50	0.06	0.60
		2	±0.06	±3.00	0.05	2.50
5~50 μL	0.1 μL	50	±0.30	±0.60	0.15	0.30
		25	±0.25	±1.00	0.13	0.50
		5	±0.15	±3.00	0.125	2.50
5~50 μL	0.1 μL	50	±0.30	±0.60	0.15	0.30
		25	±0.25	±1.00	0.13	0.50
		5	±0.15	±3.00	0.125	2.50
10~100 μL	0.2 μL	100	±0.80	±0.80	0.20	0.20
		50	±0.60	±1.20	0.20	0.40
		10	±0.30	±3.00	0.10	1.00
20~200 μL	0.2 μL	200	±1.2	±0.60	0.4	0.20
		100	±1.0	±1.00	0.4	0.40
		20	±0.36	±1.80	0.14	0.70
30~300 μL	1 μL	300	±1.8	±0.60	0.6	0.20
		150	±1.5	±1.00	0.6	0.40
		30	±0.45	±1.50	0.18	0.60
100~1000 μL	1 μL	1000	±6.0	±0.60	2.0	0.20
		500	±4.0	±0.80	1.5	0.30
		100	±1.0	±1.00	0.6	0.60
0.5~5 mL	0.01 mL	5000	±25.0	±0.50	10.0	0.20
		2500	±17.5	±0.70	7.5	0.30
		500	±10.0	±2.00	4.0	0.80
1~10 mL	0.02 mL	10000	±50.0	±0.50	20.0	0.20
		5000	±40.0	±0.80	15.0	0.30
		1000	±20.0	±2.00	8.0	0.80

[a]s.d = 표준 편차, CV = 변동 계수

출처: http://fscimage.fishersci.com/image/D11178~.pdf

뷰렛

뷰렛은 가변량의 용액을 정확히 옮길 때 사용된다. 이것은 주로 표준 용액을 시료 용액에 **종말점**(**end point**, 반응이 완결되는 것이 검출되는 점)까지 가하는 **적정**(**titration**)에서 사용된다. 일반 적정에 사용되는 재래식 뷰렛은 0~50 mL 사이에 0.1 mL 간격으로 눈금이 새겨져 있다. 그림 2.9에 이러한 뷰렛이 있다. 옮기는 부피는 내삽으로 가장 작게는 0.01 mL(±0.02 또는 ±0.03 mL까지도 무난함)까지 읽을 수 있다. 10, 25, 100 mL 부피 뷰렛뿐만 아니라 2 mL만큼 작은 용량(0.01 mL 간격으로 표시되어 0.001 mL까지 추정할 수 있는)의 마이크로 뷰렛도 나와 있다. 0.001 mL(1 μL)까지 눈금이 새겨진 0.1 mL 용량의 초마이크로 뷰렛은 마이크로 적정에 사용된다.

피펫에서와 같이 재래식 뷰렛은 배출 속도가 일정하지 않다면 변할 수 있는 배출막 문제가 있다. 연습 시에 분당 약 15~20 mL의 꽤 느린 속도로 이동시키고 이동 후에 수초간 기다려서 배출이 완전히 이루어지도록 한다. 실제 실험을 수행 시에는 종말점 가까이에서 분당 몇 방울씩 이동되므로 흐르는 속도와 배출 속도 사이에는 차이가 없다. 종말점에 아주 가까이 되면 잠금 꼭지를 살짝 열었다 닫고("cracking") 뷰렛 끝이 적정 용기의 벽에 닿게 하여 한 방울의 일부만 이동되게 한다. 그 흐른 일부 방울을 증류수를 사용하여 용액 속으로 씻어낸다.

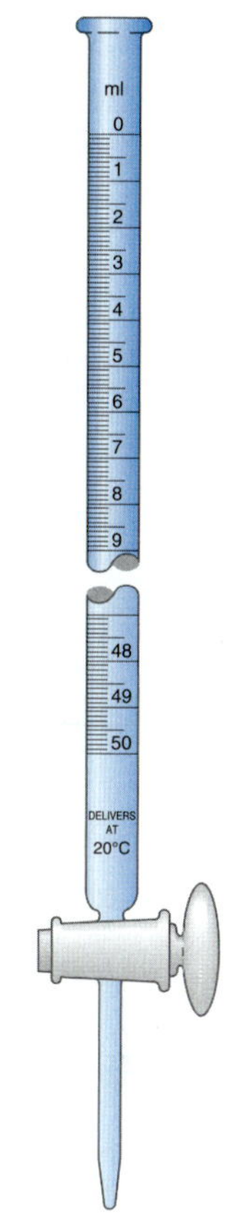

그림 2.9 일반 뷰렛

피펫과 뷰렛은 측정할 용액으로 씻어라.

부피 측정용 유리 기구의 사용과 관리

부피 플라스크, 피펫, 뷰렛을 사용할 때의 주의점에 대해 언급하였다. 여러분의 실험 강사가 이들 기구의 각각을 사용할 때 자세한 사용법을 알려 줄 것이다. 몇 가지 일반적인 주의사항과 실험실 기술에 대해 논의해 보자.

유리 기구에서는 청결이 가장 중요하다. 먼지나 기름막이 존재한다면 액체가 균일하게 흘러내리지 않고 벽면에 물이 끊어지고 물방울을 남기게 된다. 그런 상황에서는 교정을 하여도 오차가 생긴다. 초기 세척에서는 실험실 세제로 씻고 물로 헹구는 것을 반복해야 한다. 그런 다음 묽은 질산으로 씻고 물로 헹구어야 한다. 뷰렛 솔이나 시험관 솔을 사용하여 뷰렛이나 플라스크 목을 세척할 수 있다. 그러나 이때 목의 내부에 흠이 생기지 않도록 주의해야 한다. 피펫은 세제가 안쪽 면을 다 덮도록 돌리며 세척한다. 매우 효과적인 시판되는 세척 용액도 있다.

피펫과 뷰렛은 적어도 두 번은 채울 용액으로 헹구어야 한다. 만일 기구가 젖어 있다면 먼저 물로 헹구어야 한다. 준비가 되어 있지 않은 경우에는 사용할 용액으로 최소 **3번**은 씻어야 한다. 매번 뷰렛이나 피펫의 오분의 일 부피로 씻는 것이 적절하다. 부피 플라스크의 경우에 이전에 사용한 용액으로 젖어 있었다면 나중에 표시까지 물로 채워질 것이기 때문에 3배 정도의 물로 씻으면 되고 말릴 필요는 없다.

분석용 유리 기구는 유기 화학 실험실에서 흔히 적용되는 방법으로 기구를 건조기에서 말리거나(이것은 교정한 유리 기구의 부피에 영향을 줄 수 있다.) 수건으로 닦아 말리거나 아세톤 같은 휘발성 유기 용매로 씻는 일(오염을 야기 시킬 수 있는)을 하지 말아야 한다. 유리 기구가 항상 건조되어 있을 필요는 없다. 더 좋은 방법은 그것을 채울 용액으로 유리 기구를 씻는 것이다.

측정 부피를 읽을 때 주의할 점은 눈높이 오차, 즉 관찰자의 눈을 메니스커스 그리고 눈금에 잘못 맞추어 생기는 오차를 피하는 것이다. 정확한 눈의 위치는 메니스커스와 같은 높이에 두는 것이다. 눈의 높이가 메니스커스보다 높다면 읽는 부피는 취한 부피보다 더 작아지고 눈의 위치가 너무 낮다면 그 반대가 된다.

뷰렛과 피펫의 부피를 읽을 때 눈높이에 의한 오차를 주의하라.

유리 기구는 사용 후에 물로 즉시 헹구는 것으로 충분히 세척될 수 있다. 유리 기구가 마르게 되면 세제로 세척을 해야 한다. 부피 플라스크는 마개를 막고 보관해야 하며 증류수로 채워놓는 것이 더 좋다. 뷰렛은 증류수로 반드시 채워야 하며 사용하지 않을 때에는 고무마개로 막아두어야 한다.

유리 기구를 자동 세척할 수 있는 시판되는 유리 기구 세척기들이 있다. 이 기계들은 세척 및 헹굼 시에 세제와 증류수를 사용한다. 예로서 L. Choplo의 "The benefits of Machine Washing Laboratory Glassware Versus Hand Washing" *Amer. Lab.* October. (2008) 6 (http://new.americanlaboratory.com/914-Application-Notes/34683-The-Benefits-of-Machine-Washing-Laboratory-Glassware-Versus-Hand-Washing/)와 M. J. Felton, "Labware Washers" *Todays' Chemist at Work*, November. (2004) 43 (http://pubs.acs.org/subscribe/archive/tcaw/13/i11/pdf/1104prodprofile.pdf)

정확하고 정밀한 적정을 위한 일반적인 비결

뷰렛이 테플론 잠금 꼭지로 되어 있으면 윤활이 필요하지 않는다.

여러분의 뷰렛이 테플론 잠금 꼭지로 되어 있다면 윤활을 해줄 필요가 없다. 그 꼭지가 새지 않도록 잘 잠겨 있는지 확인하고 너무 꽉 물려 회전이 잘되지 않도록 해서도 안 된다. 만일 뷰렛이 갈아 맞춘 꼭지로 되어 있다면 꼭지에 그리스를 발라야 된다. 실리콘 그리스가 아닌 꼭지 그리스를 얇고 균일하게 바르고 구멍 가까이에는 아주 적게 발라서 구멍으로 그리스가 들어가지 않도록 주의한 다음 꼭지를 넣고 회전을 시켜본다. 그리스가 균일하고 투명하게 층을 이루고 꼭지에서 새지 않아야 한다. 너무 많은 그리스가 사용된다면 뷰렛 관 안으로 들어가서 뷰렛 끝을 막게 될 것이다. 이런 경우에는 가는 철선을 사용하여 뷰렛 끝과 꼭지 구멍에서 그리스를 제거할 수 있다.

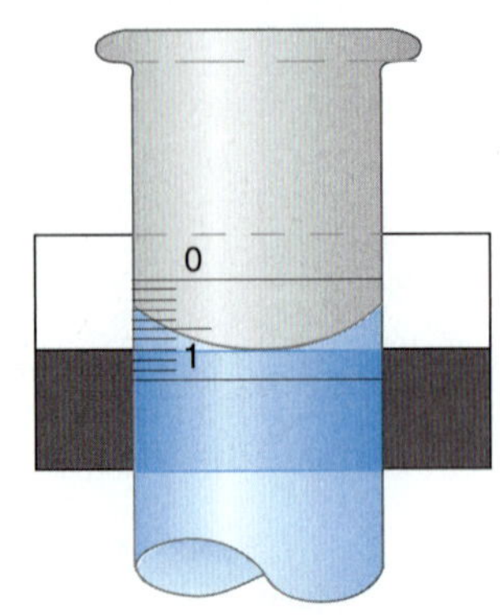

그림 2.10 뷰렛용 메니스커스 표시기

다음은 뷰렛을 옮길 용액으로 채운다. 일단 영점 표시부 위까지 채우고 꼭지를 열어 끝부분까지 용액이 들어가게 한다. 끝에 공기가 남아 있는지를 확인하라. 조금이라도 공기가 남게 되면 적정 동안 빠져나오면서 눈금에 오차를 주게 된다. 꼭지를 재빨리 열고 닫아 적정액이 뷰렛 끝에서 빠져나오게 하고 용액이 흐르는 동안 끝을 가볍게 두드려 공기 방울을 제거한다. 뷰렛의 관에는 공기 방울이 없어야 한다. 만일 있다면 뷰렛이 깨끗하지 않기 때문이다.

뷰렛의 초기 눈금값은 영점 표기부까지 천천히 빠져나오게 하여 취한다. 배출막이 메니스커스까지 완전히 내려갈 때까지 몇 초간 기다린다. 50 mL 뷰렛의 경우 뷰렛 눈금을 0.01 mL까지 읽는다. 초깃값은 0.00 mL가 될 수도 있고 이보다 더 클 수도 있다. 눈금을 읽을 때 손을 뷰렛 뒤에 놓거나 메니스커스 표시기를 사용하면(그림 2.10) 더 정확하게 읽을 수 있다. 메니스커스 표시기는 흑백 두 부분으로 되어 있는데, 검은 부분을 메니스커스의 아래쪽에 위치시킨다. 눈의 위치를 잘 맞추어 눈높이 오차를 피한다.

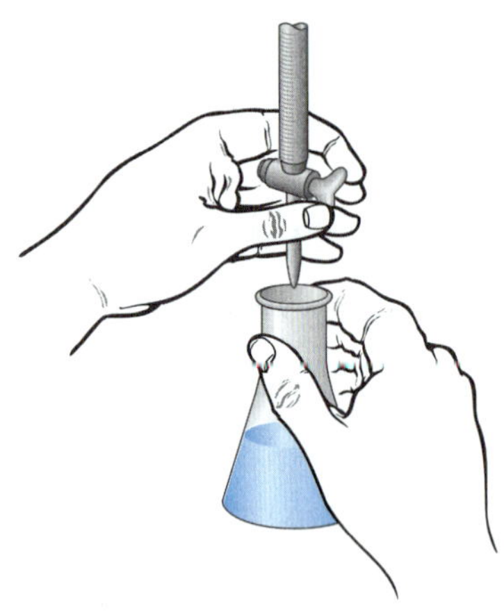

그림 2.11 적정을 위한 적합한 기술

적정은 삼각 플라스크 속에 있는 시료 용액으로 수행된다. 플라스크를 흰색 바탕 위에 놓고 뷰렛 끝을 플라스크 목 안쪽에 위치시킨다. 뷰렛 꼭지를 왼손으로 다루고 오른손으로는 플라스크를 흔든다(그림 2.11). 뷰렛을 이렇게 잡으면 꼭지를 약간 안쪽으로 누르게 되어 꼭지가 새는 것을 막아준다. 자석 막대와 젓개를 사용하면 용액을 더 효과적으로 저을 수 있다.

적정이 진행됨에 따라 적정액이 가해지는 부분에 부분적으로 과량이 되면서 지시약의 색이 변하나 적정액이 용액에서 분산되어 시료와 반응을 하면서 원래의 색으로 돌아온다. 종말점이 가까워지면 묽은 용액이 모든 적정액과 완전히 반응하도록 혼합되어야 하므로 원래의 색으로 돌아오는 시간이 길어진다. 이 점에 도달하면 적정을 멈추고 플라스크의 벽면을 증류수로 씻어 내린다. 뷰렛 끝의 한 방울은 약 0.02~0.05 mL이고 부피를 0.02 mL까지 읽을 수 있으므로 종말점 가까이에서는 한 방울을 나누어야 할 필요가 있다. 한 방울의 일부만이 뷰렛 끝에 나타나도록 꼭지를 천천히 돌렸다 닫는다. 이 일부를 플라스크 벽면에 묻히고 증류수로 씻어 내리거나 유리 젓개 막대로 옮긴다. 한 방울의 일부만 첨가되어도 종말점에서는 색이 갑자기 그리고 "영구히"(적어도 30초 이상 지속) 변한다.

첫 적정 자료를 사용하여 차후의 적정은 종말점 부피까지 빨리 진행할 수 있다.

적정은 보통 3번은 수행되어야 한다. 첫 번째 적정을 수행한 후에 시료의 무게와 적정액의 몰농도로부터 다음 반복 적정을 위한 근사적인 부피를 계산할 수가 있다. 이 계산으로부터 적정 시간을 절약할 수 있다. 눈금 읽기에서 오는 오차를 피하기 위해 부피는 0.1 mL보다 더 작은 자리로 계산되어서는 안 된다.

적정이 완료되면 남은 적정액을 절대 원 용액에 다시 섞으면 안 되고 폐기해야 한다. 적정액의 pH가 4~8 사이에 있지 않거나 배수구로 버릴 수 있는 목록에 있지 않다면 재활용 용기로 처리해야 한다.

전위와 같은 용액의 물리적 특성을 측정하여 종말점을 결정한다면 적정은 전극을 꽂을 수 있게 자석 젓개가 들어 있는 비커에서 수행될 수 있다.

유리 기구의 허용 오차와 정밀도

미국 국립표준기술원(NIST)에서는 여러 가지 부피 측정용 유리 기구들에 대해 허용 오차와 절대 오차를 규정하고 있다. 교재의 표지 안쪽에 이들 중 일부가 목록으로 나와 있다. 25 mL보다 큰 부피는 허용 상대 오차가 천분의 1 이내이지만 이보다 작은 부피는 더 커진다. 부피 플라스크, 뷰렛, 피펫의 옆에 표시된 "A"라는 알파벳은 A급 허용 오차를 가지는 기구임을 나타낸다. 이것은 옮기는 부피의 정밀도와는 무관하다. NIST 규격에 맞는, 즉 NIST 공인 부피 측정용 유리 기구는 구입이 가능한데 비공인 유리 기구에 비해 상당히 고가이다. 값싼 유리 기구들은 NIST 규격 값보다 2배 정도의 허용 오차를 가진다. 하지만 이러한 값싼 유리 기구를 NIST 규격만큼 또는 그보다 더 나은 수준으로 교정하는 것은 간단한 일이다(실험 2 참조).

A급 유리 기구는 대부분의 분석에 사용할 수 있을 정도로 충분히 정확하다. 이들은 NIST 규격으로 교정될 수 있다.

50 mL 뷰렛에서 눈금의 정밀도는 약 ±0.02 mL이다. 뷰렛은 항상 두 번 눈금을 읽기 때문에 전체 절대 오차는 ±0.04 mL가 된다. 상대 오차는 옮기는 전체 부피에 반비례한다. 50 mL 뷰렛으로 적정할 때 1 ppt의 정밀도를 가지려면 약 40 mL의 적정액을 사용해야 한다. 더 적은 용량의 뷰렛은 적은 양의 부피에서 정밀도를 올리기 위해 사용될 수 있다. 피펫들은 특정 값의 눈금 정밀도를 가지지만 부피 피펫에서는 단 한 번의 눈금읽기만 필요하다.

각 눈금 읽기에서 분산이나 불확실도는 산술적 합이다. 3장의 오차의 전파를 보라.

표2.4 유리 기구의 교정

	A	B	C	D	E	F	G	H
1	**Table 2.4 Glassware Calibration**							
2	Weight in vacuum assuming stainless steel weights, density 7.8 g/mL.							
3	Glass expansion for borosilicate glass, 0.000025 mL/mL/ °C.							
4	The actual spreadsheet is available on the website (Table 2.4).							
5	Save it to your desktop, and use it to calculate calibrated volumes of glassware.							
6	Substitute into the appropriate Cell B, at temperature t, the weight of water							
7	in air, obtained from the glassware at the temperature of the measurement (Cell A).							
8	The calibration volume at the temperature, t (Cell D), and at 20 °C (Cell F), is calculated.							
9	Round the calculated values to the appropriate number of significant figures, usually							
10	four or five.							
11								
12	**t, °C**	**Wt. H_2O**	**Wt. in**	**Vol. at t,**	**Glass expansion,**	**Vol. at 20°C**	**Density,**	
13		**in air, g**	**vacuum, g**	**mL**	**at 20°C, mL**	**mL**	**g/mL**	
14	10	1.0000	**1.0010**	**1.0013**	**-0.000250**	**1.0016**	0.9997026	
15	11	1.0000	1.0010	1.0014	-0.000225	1.0017	0.9996081	
16	12	1.0000	1.0010	1.0015	-0.000200	1.0017	0.9995004	
17	13	1.0000	1.0010	1.0017	-0.000175	1.0018	0.9993801	
18	14	1.0000	1.0010	1.0018	-0.000150	1.0020	0.9992474	
19	15	1.0000	1.0010	1.0019	-0.000125	1.0021	0.9991026	
20	16	1.0000	1.0010	1.0021	-0.000100	1.0022	0.9989460	
21	17	1.0000	1.0010	1.0023	-0.000075	1.0023	0.9987779	
22	18	1.0000	1.0010	1.0025	-0.000050	1.0025	0.9985896	
23	19	1.0000	1.0010	1.0026	-0.000025	1.0027	0.9984082	
24	20	1.0000	1.0010	1.0028	0.000000	1.0028	0.9982071	
25	21	1.0000	1.0010	1.0031	0.000025	1.0030	0.9979955	
26	22	1.0000	1.0010	1.0033	0.000050	1.0032	0.9977735	
27	23	1.0000	1.0010	1.0035	0.000075	1.0034	0.9975415	
28	24	1.0000	1.0010	1.0038	0.000100	1.0037	0.9972995	
29	25	1.0000	1.0010	1.0040	0.000126	1.0039	0.9970479	
30	26	1.0000	1.0010	1.0043	0.000151	1.0041	0.9967867	
31	27	1.0000	1.0010	1.0045	0.000176	1.0044	0.9965162	
32	28	1.0000	1.0010	1.0048	0.000201	1.0046	0.9962365	
33	29	1.0000	1.0010	1.0051	0.000226	1.0049	0.9959478	
34	30	1.0000	1.0010	1.0054	0.000251	1.0052	0.9956502	
35								
36	Formulas are entered into the boldface cells above as indicated below. They are							
37	copied down for all temperatures. See Chapter 3 for setting up a spreadsheet.							
38	**Cell C14:**	$W_{vac} = W_{air} + W_{air}(0.0012/D_o - 0.0012/D_w) = W_{air}(0.0012/1.0 + 0.0012/7.8)$						
39		=	B14+B14*(0.0012/1.0-0.0012/7.8)			Copy down		
40	**Cell D14:**	V_t (mL)= $W_{vac,t}$ (g)/D_t (g/mL)						
41		=	C14/G14			Copy down		
42	**Cell E14:**	Glass expans. = (t – 20) (deg) x 0.000025 (mL/mL/deg) x Vt (mL)						
43		=	(A14-20)*0.000025*D14			Copy down		
44	**Cell F14:**	$V_{20o} = V_t - Glass_{exp}$ =		D14-E14		Copy down		

최상의 정확도를 위한 유리 기구의 교정

예제 2.1은 유리 기구 교정에서 교정에 사용되는 부력 보정, 즉 진공에서의 무게로 보정하는 데 식 2.1이 어떻게 사용되는지를 예시해 준다. 진공에서의 물의 무게를 주어진 온도에서의 물의 밀도로 나누면 부피로 변환된다.

표 2.4는 대기압에 있는 공기 중 물 1 g에 대해 7.8 g/cm^{3}의 밀도를 가지는 스테인리스 강철 추로 부력을 보정하여 계산된 온도에 따른 부피 값들을 목록으로 나타내었다. 그 유리 기구에 담긴 물의 무게나 옮기는 물의 무게로부터 교정되는 유리 기구의 부피를 알기 위해 이 표를 사용할 수 있다(이 값들은 밀도가 8.4 g/cm^{3}인 청동 추를 사용한 경우와 크게 다르지 않다. 예제 2.2를 보라). 20°C의 표준 온도에서 교정된 유리 부피는 붕소규산염 유리(Pyrex 나 Kimex) 용기의 온도에 따른 팽창과 수축(부피 측정용 유리 기구는 1°C당 약 0.000025의 팽창 입방 계수를 가지기 때문에 1°C당 0.0025%의 변화, 즉 1 mL의 경우 1°C당 0.000025 mL의 변화가 생긴다.)에 대한 약간의 조정이 포함되어 있다. 물은 20°C 근처에서 1°C당 약 0.02% 팽창한다. 표 2.4에 있는 물의 밀도를 사용하여 상대적 밀도비를 취해 부피(농도) 보정을 할 수 있다.

교재 **웹 사이트**에서 표에 나타난 식과 함께 표 2.4의 스프레드시트를 얻을 수 있다. 측정 온도에 해당하는 B 셀에 있는 공기 중 물의 무게를 플라스크나 피펫 또는 뷰렛에서 얻은 무게로 대체하여 온도 20°C와 t°C에서의 계산된 교정 부피를 얻을 수 있다. 3장에서 스프레드시트를 사용하는 방법에 대해 논의할 것이다. 교재 **웹 사이트**에는 또한 시료 밀도의 함수로서 진공에서의 무게에 대한 백분율 오차의 표와 그림도 있다.

높은 고도 지역에서 사는 사람들에게 공기 밀도는 0.0012 g/mL(해수면에서)보다 약간 더 작다. 예를 들어 5000피트 높이에서는 약 0.0010 g/mL이다. 웹 사이트에서 다운받은 표 2.4의 스프레드시트를 사용할 때 C14 셀의 공식에 적절한 값으로 대체하고 새 공식을 열(column)에 복사해야 한다.

예제 2.3

(a) 표 2.4를 사용하여 예제 2.2(강철 추)의 20 mL 피펫의 부피를 계산하시오. 온도는 23°C로 가정한다. (b) 유리의 수축에 따른 20°C에서의 해당 부피를 구하시오. (c) 물의 밀도와 공기 중에서의 무게를 사용하여 계산된 부피와 진공 중 무게를 사용하여 계산된 부피를 비교하시오(예제 2.2).

풀이

(a) 표 2.4로부터 23°C에서 공기 중 1 g당 부피는 1.0035 mL이다.

$19.994\ \text{g} \times 1.0035\ \text{mL/g} = 20.064\ \text{mL}$

(b) 20°C에서 23°C에 대한 유리 수축은 0.0015 mL(0.000025 mL/mL/°C × 20 mL × 3°C)이므로 20°C에서 피펫의 부피는 20.062 mL이다.

(c) 23°C에서 물의 밀도는 0.99754 g/mL이므로 진공에서의 무게로부터

$$20.015\ \text{g}/0.99754\ \text{g/mL} = 20.064\ \text{mL}$$

이다. 따라서 진공과 공기 중에서 같은 값이 얻어진다. ■

예제 2.4

염산 용액을 제조하여 일차 표준 물질인 탄산 소듐으로 표준화하였다. 표준화하는 동안의 온도는 23°C이었고 농도가 0.1127_2 M로 결정되었다. 미지 시료를 적정하기 위해 이 산을 사용할 때 실험실의 난방기가 고장 나서 용액의 온도가 18°C이었다. 이 적정액의 농도는 얼마인가?

풀이

$$M_{18°} = M_{23°} \times (D_{18°}/D_{23°})$$
$$= 0.1127_2 \times (0.99859/0.99754)$$
$$= 0.1128_4\ M$$

(유효 숫자와 아래 첨자의 숫자의 의미는 3장을 참고하라.) ■

유리 기구 교정 기술

유리 기구는 일반적으로 용액을 채우고 옮길 때 얻을 수 있는 최대 정밀도인 유효 숫자 5개까지 교정한다. 따라서 물의 순 무게가 다섯 자리까지 되어야 한다. 유리 기구가 10 mL보다 크다면 1 mg까지 무게를 측정하면 된다는 것이다. 따라서 더 감도가 좋은 분석 저울을 사용할 필요 없이 윗접시 저울로 쉽고 편리하게 수행할 수 있다. [만일 부피값이 커서 소수점 이하까지 고려할 필요가 없다면(예, 99) 네 자리수면 충분하다. − 유효 숫자에 대해서는 3장의 논의를 참조. 예를 들면 10 mL 피펫을 교정한다면 실제 옮기는 부피는 9.997 mL가 될 것이다. 이것은 피펫이 10.003 mL를 옮기는 것으로 교정된 것과 같이 정확하다(두 경우에 마지막 유효 숫자는 만분의 1이다).

1. 부피 플라스크 교정. 부피 플라스크를 교정하기 위하여 우선 깨끗하고 건조된 플라스크와 마개의 무게를 측정하라. 그리고 플라스크를 증류수로 표시선까지 채워라. 목 부분에 물방울이 있어서는 안 된다. 만일 있다면 종이 티슈로 묻혀 제거하라. 플라스크와 물은 상온으로 온도 평형을 이루고 있어야 한다. 채워진 플라스크의 무게를 측정하고 물의 온도를 0.1°C까지 기록하라. 무게의 증가량이 플라스크에 담겨진 물의 공기 중 무게이다.

2. 피펫 교정. 피펫을 교정하기 위하여 무게를 측정할 물의 부피를 고려하여 건조된 고무마개가 있는 삼각 플라스크 또는 유리 마개가 있는 무게 다는 병의 무게를 측정하라. 피펫을 증류수로 채우고 적절한 피펫 사용 기술로 물을 플라스크나 무게 다는 병으로 옮겨라. 그리고 증발에 의한 손실을 막기 위해 재빨리 용기의 마개를 닫고 피펫으로 옮겨진 물의 공기 중 무게를 얻기 위해 다시 무게를 측정하라.

3. 뷰렛 교정. 뷰렛을 교정하는 것은 부피를 여러 번 옮기는 것을 제외하면 피펫 교정 절차와 유사하다. 뷰렛의 내부 관은 완벽한 실린더가 아니고 약간의 굴곡이 있을 수 있어서 실제 옮겨지는 부피는 부피가 증가함에 따라 뷰렛에 표시된 명목 부피에서 약간 크거나 작을 수 있다. 매번 뷰렛을 채우고 건조된 플라스크로 명목 부피만큼씩 옮겨서 총 부피의 20%(예를 들면 50 mL 뷰렛에 대해 각 10 mL)에 해당되는 증액량마다 부피를 확인할 것이다(뷰렛은 옮길 때마다 새로 채워서 증발에 의한 손실을 최소화한다. 뷰렛을 한번만 채워서 같은 플라스크로 연속적으로 옮길 수 있다. 그러나 이때는 재빨리 옮겨야 한다). 명목 부피와 비슷해야 하지만 옮겨지는 부피가 정확해야 할 필요는 없기 때문에 상당히 빨리 옮길 수는 있다. 그러나 배출막 때문에 10~20초 정도는 기다려야 한다. 명목 부피에 대한 부피 교정 도표를 준비하여 각 점 사이를 직선으로 연결하라. 중간 부피는 직선의 내삽으로 얻을 수 있다. 50 mL 뷰렛에 대한 전형적인 부피 교정은 약 ±0.05 mL 범위에 있다.

교수 선호 실험

Illinois 대학의 Alex Scheeline 교수 제공

이 실험은 뷰렛 교정을 위한 더 정밀하고 최적의 다른 방법을 보여 준다.

저울의 측정 공간에 물이 든 비커를 놓고 그 안의 공기가 수증기로 포화되게 한다. 뷰렛을 채우고 저울의 위쪽에서 뷰렛의 끝을 넣어 측정접시 위의 비커로 뷰렛의 용액이 흘러 내려갈 수 있게 한다. 저울의 영점을 맞추고 뷰렛의 눈금을 읽는다.

이제 뷰렛에서 한번에 1 mL보다 작은 양을 배출시킨다. 부피를 기록하고 저울이 안정화되면 질량을 기록한다. 뷰렛에서 배출하는 것을 100번 정도까지 계속해서 진행한다. 이것을 세 번 반복한다. 매번 눈금을 읽을 때마다 배출된 부피를 계산하고 그래프로 그려라. 그리고 아래의 질문에 답하라.

- 제조업체에서 표시한 기준 표시와 여러분이 수행한 교정 뷰렛 중 어느 것이 더 정밀한가?
- 데이터들이 매끄러운 한 곡선으로 나타나는가? 아니면 매끄러운 곡선에서 상당한 변이가 있는가?
- 교정 점의 수를 최소화하려면 ±0.01 mL까지 교정을 하는 경우 어느 정도의 측정 간격으로 해야 하는지에 대해 알 수 있는가?
- 여러분의 뷰렛 교정 결과를 다른 두 학생의 결과와 어떻게 비교할 수 있는가?
- 뷰렛 교정의 결과를 무시한다면 얻을 수 있는 최대 정밀도는 얼마인가? ■

예제 2.5

50 mL 뷰렛을 매번 뷰렛을 채우고 명목 부피를 옮기면서 10 mL씩 교정을 하는 경우에 아래의 데이터를 얻었다.

뷰렛의 읽은 눈금 (mL)	옮겨진 물의 무게 (g)
10.02	10.03
20.08	20.03
29.99	29.85
40.06	39.90
49.98	49.86

옮겨진 부피에 대한 부피 보정값의 그래프를 그리시오. 물의 온도는 20°C이고 스테인리스강 추를 사용하였다.

풀이

표 2.4로부터 (자동 계산을 하려면 웹 사이트의 표 2.4를 사용하라.)

$$W_{vac} = 10.03 + 10.03(0.00105) = 10.03 + 0.01 = 10.04\text{ g}$$

$$\text{Vol.} = 10.04\text{ g}/0.9982\text{ g/mL} = 10.06\text{ mL}$$

같은 방법으로 다른 값들에도 적용하여 아래의 표로 나타낼 수 있다.

부피 (mL)	실제 부피 (mL)	보정값 (mL)
10.02	10.06	+0.04
20.08	20.09	+0.01
29.99	29.93	−0.06
40.06	40.01	−0.05
49.98	50.00	+0.02

보정 부피에 대한 명목 부피 (y 축)의 그래프를 그려라. 명목 부피로 10, 20, 30, 40, 50 mL를 사용하라. ■

유리 기구의 선택 — 얼마나 정확해야 하는가?

정량 계산에 관여하는 특정 부피만이 정확히 측정할 필요가 있다.

무게를 측정할 때와 같이 측정하거나 옮기는 시약이나 시료의 부피를 정확히 알아야 할(정확한 측정) 경우가 있다. 그리고 근사적인 측정만이 필요한 경우(어림 측정)도 있다. 0.1 M의 염산 표준 용액을 준비하고자 하는 경우에 진한 산의 정확한 부피를 측정해서 알고 있는 부피로 묽히는 것만으로는 시판되는 산의 농도를 정확히 알 수 없기 때문에 표준 용액을 제조할 수가 없다. 따라서 근사적인 용액을 준비하여 표준화해야 한다. 표지 안쪽에 있는 표를 보면 시판 염산은 약 12.4 *M*임을 알 수 있다. 0.1 *M* 용액 1 L를 준비하려면 약 8.1 mL를 취해 묽혀야 한다. 이때 이 부피를(또는 묽히는 데 사용되는 물을) 정확히 측정하는 것은 시간 낭비이다. 10 mL 눈금 실린더나 10 mL 측정 피펫이면 충분하고, 이 산을 눈금이 없는 1 L 병에서 묽히는 것으로 충분하다. 달리 보관 중인 표준 용액을 정확히 묽히기를 원한다면 이동 피펫을 사용하고, 묽히는 것은 부피 플라스크에서 해야 한다. 실제 분석 측정의 일부분으로서 부피 측정은 그 분석 측정에서 요구되는 정확도와 정밀도로 수행되어야 한다. 이것은 일반적으로 네 자리 유효 숫자의 정확도를 의미하며 이동 피펫과 부피 플라스크가 필요하다. 이것은 시료의 정확한 양을 취하고, 정확히 무게를 측정한 시약을 사용하여 표준 용액을 제조하는 것을 포함한다. 뷰렛은 적정과 같이 가변 부피를 정확히 측정하는 데 사용된다. 분석에서 적절한 용액 조건을(pH 조절을 위한 완충 용액과 같이) 제공하기 위해 사용되는 시약을 준비할 때에는 매우 정확할 필요는 없다. 따라서 덜 정확한 유리 기구, 예를 들면 눈금 실린더와 같은 기구면 충분하다.

2.5 염기 표준 용액 제조법

수산화 소듐(*sodium hydroxide*)은 보통 염기가 필요한 적정에서 적정 시약으로 사용된다. 이것은 상당량의 물과 탄산 소듐이 포함되어 있어 일차 표준 물질로는 사용될 수 없다. 탄산 소듐은 완충 용액을 만들어 종말점을 결정하기 어렵게 하기 때문에 정확한 적정을 위해서는 NaOH에서 제거되어야 한다. 게다가 페놀프탈레인 지시약으로 NaOH를 표준화한다면 CO_3^{2-}도 HCO_3^-까지 적정되어 이로 인한 오차가 생기며, 만일 메틸오렌지를 지시약으로 쓰게 되면 CO_3^{2-}가 CO_2까지 더 적정되게 된다. 다시 말해 HCO_3^-와 더 반응하여 NaOH의 유효 몰농도는 더 증가하게 된다.

탄산 소듐은 거의 포화된 수산화 소듐 용액에서는 녹지 않는다. NaOH의 무게와 같은 양(mL 부피)의 물에 NaOH를 녹여 편리하게 제거할 수 있다. 이 용액을 며칠간 가만히 두면 녹지 않는 Na_2CO_3가 가라앉게 되고[1] 맑은 윗 용액을 따라 내거나 석영섬유 필터가 있는 구치 도가니 필터로 걸러내면 된다. 이 절차는 K_2CO_3는 녹기 때문에 KOH 용액에는 적용되지 않는다.

NaOH 포화 용액을 준비하여 Na_2CO_3를 제거하라.

공기 중 CO_2는 물에 녹는다. 고도의 정확성을 요구하지 않는 일상적인 정량 분석에서는 물에 있는 탄산이나 CO_2 불순물에 의한 오차는 작아서 무시할 수 있다. 그러나 높은 정확도가 필요한 경우에는 산–염기 적정용 특히 염기 용액을 제조하는 데 사용되는 모든 물에서 CO_2는 제거되어야 한다. 이것은 편리하게 물을 끓여서 식히는 것으로 해결된다.

수산화 소듐 용액을 제조하고 표준화하는 것에 대해서는 실험 7을 보라.

수산화 소듐은 보통 일차 표준 물질인 프탈산수소 포타슘(potassium hydrogen phthalate, KHP) 일정량을 적정하여 표준화될 수 있다. KHP는 아세트산과 유사한 약산($K_a = 4 \times 10^{-6}$)이어서 페놀프탈레인 지시약으로 종말점을 결정할 수 있다. 수산화 소듐 용액은 플라스틱이 코팅된 유리병에 보관하여 염기에 의한 유리의 부식을 막고 공기 중 CO_2의 흡수도 막아야 한다. 만일 병이 개방되어 있다면 **Ascarite II**(NaOH를 함유한 규산염 섬유)나 소다석회($Ca(OH)_2 = NaOH$) 관으로 입구를 보호해야 한다.

2.6 산 표준 용액 제조법

염산은 염기를 적정하기 위한 가장 널리 사용되는 적정 시약이다. 대부분의 염화물은 가용성이며 염산과의 부반응은 거의 일어나지 않으며 다루기도 쉽다. 일차 표준 물질인 끓는점이 일

[1] CO_2는 대부분의 유기 고분자를 투과할 수 있는 반면 강한 염기는 유리를 녹인다. 이 모순을 해결하는 방법은 유리병 안에 폴리에틸렌 봉지를 넣고 고무마개를 사용하는 것이다.

정한 염산을 제조할 수 있긴 하지만 일반 염산은 일차 표준 물질이 아니며 진한 염산을 묽혀 대략적 농도의 용액을 제조한다. 정확한 실험에서는 NaOH 용액의 경우에서처럼 그렇게 중요한 것은 아니지만 용액 제조에 사용되는 물을 끓여야 한다. CO_2는 강산에서는 용해도가 작고 용액을 흔들기만 해도 빠져나간다.

염산을 제조하고 표준화하는 것에 대해서는 실험 8을 보라.

HCl 용액의 표준화에는 일차 표준 물질인 탄산 소듐이 일반적으로 사용된다. 단점은 메틸 레드나 메틸 퍼플 같은 지시약을 사용할 때 용액을 종말점에서 끓이지 않는다면 종말점이 그렇게 선명하지 않다는 것이다. 끓이지 않고 하는 경우에 개질된 메틸오렌지를 사용하면 되지만 종말점이 선명한 것은 아니다. 또 다른 단점은 Na_2CO_3의 화학식량이 작다는 것이다. 사용하기 훨씬 편한 다른 일차 표준 물질은 트리스(하이드록시메틸)아미노메테인(THAM), $(HOCH_2)_3CNH_2$이다. 이것은 흡습성이 없지만 꽤 약한 염기($K_b = 1.3 \times 10^{-6}$)이며 화학식량도 작다. 그러나 방출되는 CO_2에 의해 종말점이 복잡해지는 문제는 없다. HCl이 탄산 이온 시료를 적정하는 데 사용되는 것이 아니라면 이것을 일차 표준 물질로 사용할 것을 권장한다.

이차 표준 물질은 일차 표준 물질보다 덜 정확하다.

표준화된 NaOH 용액이 있다면 이 NaOH 분액을 적정함으로써 HCl 용액을 표준화할 수 있다. 종말점은 선명하고 적정은 훨씬 빠르다. 이 경우 NaOH 용액은 **이차 표준 물질(secondary standard)**이다. NaOH 표준화에 포함된 오차는 HCl 용액의 정확도에 또한 반영된다. 적정 플라스크 속으로 CO_2가 흡착되는 것을 최소화하기 위해 염기를 HCl로 적정하는 것이 아니라 HCl을 염기로 적정한다. 이때 페놀프탈레인이나 브로모티몰 블루를 지시약으로 사용한다.

2.7 시료를 다루는 그 밖의 기구들

질량이나 부피를 측정하기 위한 기구 이외에도 분석 절차에 흔히 사용되는 수많은 다른 장비 항목들이 있다.

혈액 채취기

주사기/바늘(Sylinge/needle)은 **진공채혈관(vacutainer)**[2]으로 혈액 시료를 모으기 위해 사용된다. 유리나 플라스틱 주사기에 스테인리스강 바늘이 일반적으로 사용된다. 시료 속의 미량 성분(금속 같은) 분석에는 특별한 주의가 필요하지만 보통은 오염 문제는 없다. 진공채혈관은 고무마개가 있는 진공 시험관이다. 바늘의 한쪽이 정맥에 삽입된 후에 다른 쪽에서 진공채혈관을 누르면 마개를 통해 바늘이 관으로 들어가고 혈액이 진공채혈관 안으로 빨려 들어오게 된다. 혈장이나 전혈이 분석되는 경우에는 채혈관에 항응고제가 들어 있어 혈액이 응고되는 것을 방지한다.

미량 분석을 위해 적은 양의 혈액을 채취할 때에는 정맥 채혈 대신에 손가락 채혈을 한다. 약 0.5 mL 정도의 혈액은 소독된 침으로 손가락을 찌른 후 짜서 작은 채집관에 모을 수 있다. 혈당 측정 장치를 위한 채혈에서는 손가락 채혈을 주로 사용한다.

데시케이터

오븐에서 건조된 시료나 시약은 무게를 달기 전에 데시케이터 속에서 냉각되어야 한다.

데시케이터(desiccator)는 무게를 달기 전에 또는 냉각시키는 동안 시료를 건조된 상태로 유지시키거나 어떤 경우에는 젖은 시료를 건조시키기 위해 사용된다. 건조되었거나 강열된 시료나 용기는 데시케이터에서 냉각된다. 그림 2.12는 전형적인 유리 데시케이터를 나타낸다. 데시케이터는 공기가 차단되어 낮은 습도를 유지하는 용기이다. 습기를 흡수하기 위해 염화 칼슘과 같은 건조제를 바닥에 넣는다. 이러한 건조제는 소모되는 시간에 따라 주기적으로 교체되어야 한다. 건조제는 교체될 시간이 되면 습기로 인해 외관상 젖어 보이거나 덩어리져 보이게 된다. 데시케이터 안에는 보통 자기로 된 판을 두어 무게 다는 병, 도가니 및 다른 용기들

[2]여러분이 채혈하는 훈련을 받지 않았다면 채혈을 하려고 시도해서는 안 된다. 일반적으로 훈련된 기능사만이 채혈을 하도록 하게 할 것이다.

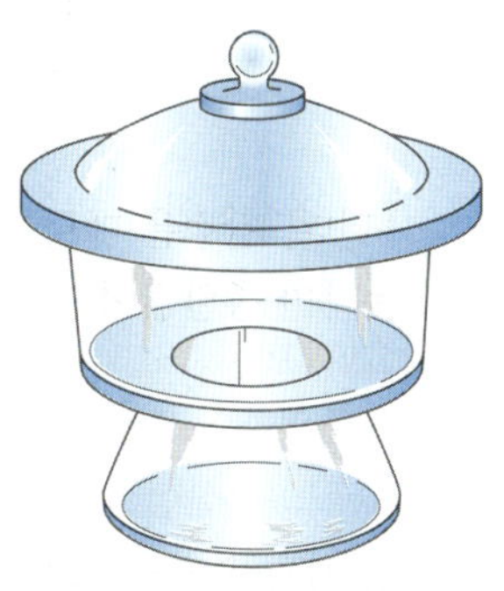
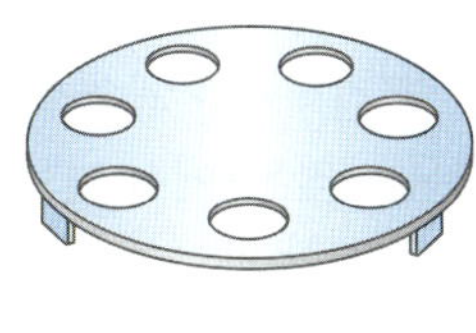

그림 2.12 데시케이터와 데시케이터 판

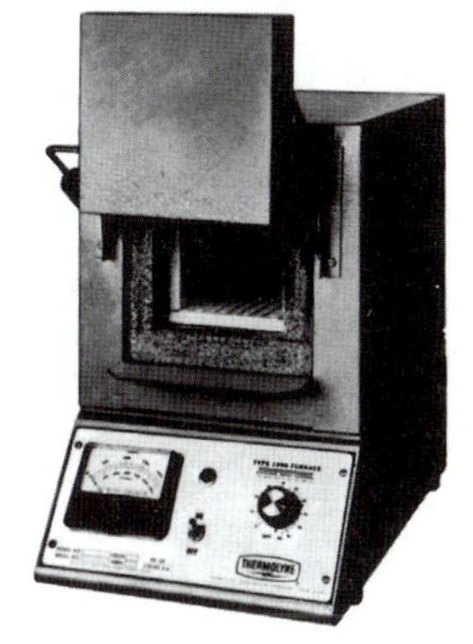

그림 2.13 덮개 전기로(Arthur H. Thomas사의 승인 하에 게재)

을 그 위에 올려놓는다. 데시케이터 상부의 갈아 맞춘 유리 테두리에 잠금 꼭지 그리스를 발라 공기가 차단되도록 한다. **진공 데시케이터(vacuum desiccator)**는 진공을 걸 수 있도록 상부에 가지가 달려 있어 내용물을 건조된 공기에 보관하는 것이 아니라 진공 속에서 보관한다.

공기에서 유입되는 습기는 천천히 제거되고 건조제가 계속해서 공기에 노출되면 수명이 단축되기 때문에 데시케이터의 뚜껑은 필요할 때가 아니면 열면 안 된다. 벌겋게 가열된 도가니나 다른 용기들은 데시케이터에 넣기 전에 약 60초 정도 식혀야 된다. 그렇지 않으면 데시케이터를 닫기 전에 데시케이터 속의 공기가 가열되고 냉각되면서 속에 부분 진공이 걸린다. 이렇게 되면 데시케이터를 열 때 공기가 급격히 유입되면서 시료를 흩뜨리거나 손실이 일어나게 한다. 뜨거운 무게 다는 병은 데시케이터에 넣을 때 마개를 닫으면 안 된다. 냉각되면서 부분 진공이 걸리고 마개가 너무 꽉 끼이게 된다. 마개는 데시케이터 속에 무게 다는 병과 함께 두어야 한다.

널리 사용되는 건조제와 그 특성을 표 2.5에 나타내었다. 산화 알루미늄, 과염소산 마그네슘, 산화 칼슘, 염화 칼슘, 실리카젤은 각각 150, 240, 500, 275, 150°C에서 재생할 수 있다.

전기로와 오븐

덮개 전기로(muffle furnace, 그림 2.13)는 시료를 높은 온도로 강열하거나, 침전물을 무게 다는 형태로 변환하거나, 무기물 분석 전에 유기물을 태워버리기 위해 사용된다. 500°C가 넘는 온도에서는 일부 금속도 손실될 수 있기 때문에 온도를 조절하는 수단이 있어야 한다. 덮개 전기로에서는 1200°C까지 온도를 올릴 수 있다.

건조 오븐(drying oven)은 무게를 달기 전에 시료를 건조하기 위해 사용된다. 그림 2.14에 전형적인 건조 오븐이 나타나 있다. 오븐은 균일하게 온도를 올리기 위해 통풍이 되도록 되어

그림 2.14 건조 오븐 (Arthur H. Thomas사의 승인 하에 게재)

표 2.5 흔히 사용되는 몇 가지 건조제

건조제	용량	조해성[a]	상품명
$CaCl_2$(무수)	높음	있음	
$CaSO_4$	중간	없음	Drierite(W. A. Hammond Drierite Co.)
CaO	중간	없음	
$MgClO_4$(무수)	높음	있음	Anhydrone(J.T. Baker Chemical Co.) Dehydrite (Arthur H. Thomas Co.)
실리카젤	낮음	없음	
Al_2O_3	낮음	없음	
P_2O_5	낮음	있음	

[a]수분을 흡수하여 액체가 되는, 생성되는 액체를 주의하라. 예를 들어 P_2O_5는 H_2PO_4를 생성시킨다.

있다. 일반적인 건조 온도는 약 110°C이지만 많은 실험실 오븐들은 200~300°C까지 온도를 올릴 수 있다.

후드

증기 후드(fume hood)는 화학 약품이나 용액이 증발되는 경우에 사용된다. 염소산이나 과염소산 용액이 증발될 때에는 그 증기는 포집되거나 과염소산 작업용으로 특별히 설계된 흄 후드(즉 과염소산에 의해 부식되지 않도록 제작된)에서 기화가 진행되도록 해야 한다.

층흐름 후드는 깨끗한 작업 공간을 제공한다.

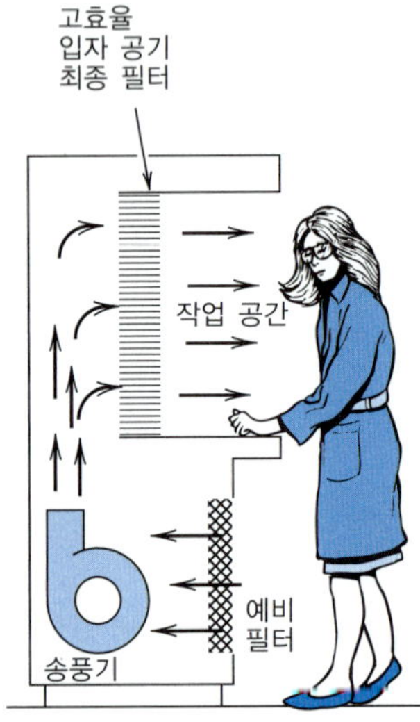

그림 2.15 층흐름 작업대 (Dixion Inc.사의 승인 하에 게재)

미량 금속 분석과 같은 미량 분석을 수행할 때에는 오염이 되지 않도록 주의해야 한다. 실험실 공기가 후드로 빨려 들어가면서 시료를 거쳐 가기 때문에 일반 증기 후드는 실험실에서 가장 "더러운" 장소 중의 하나이다. **층흐름 후드(laminar flow hood)**나 작업대는 매우 깨끗한 작업 공간을 제공한다. 거르지 않은 실험실 공기를 작업 공간으로 끌어들이지 않고 사전에 걸러진 공기의 흐름이 작업 공간을 거쳐 실험실 쪽으로 나가게 된다. 양압이 걸려 거르지 않은 공기가 작업 공간으로 들어가지 않도록 되어 있다. 그림 2.15에 전형적인 층흐름 작업대를 나타내었다. 고효율 입자 공기(HEPA) 필터가 공기 중의 0.3 μm보다 큰 입자들을 모두 제거해 준다. 증기가 발생하여 작업자에게로 불어오면 안 되는 경우에는 수직 층흐름 작업대가 사용된다. 유독한 증기를 배출할 수 있는 설비도 있다. **생물학적 유해 물질용 후드(biohazard hood)**들도 현대의 많은 분석 실험실 또는 임상 실험실에서 볼 수 있다. 이들은 배출용 후드와는 다르다. 이들의 주요 목적은 감염성 물질들을 작업할 수 있는 안전한 장소를 제공하는 것이다. 이들은 고광도 자외선 램프를 갖추고 있어 작업 전후에 켜서(작업 동안에는 켜면 안 된다.) 작업 공간을 살균할 수 있다. 모든 분석자는 생물학적 유해 물질을 다루기 전에 적절한 훈련을 받아야 한다.

씻기병

침전물이나 용액의 정량적인 이동, 침전물의 세정에 사용하기 위해 어떤 종류들의 **씻기병(wash bottle)**은 분석 실험실에서는 손쉽게 사용할 수 있도록 구비되어 있어야 한다. 이들은 그림 2.16에 나타낸 바와 같이 여러 가지 모양과 크기로 시판되고 있다. 한편, 그림 2.16(b)에 보인 것과 같이 넓적 바닥 플라스크와 유리관으로 만들어 쓸 수도 있다.

원심분리기와 거르개

원심분리기(centrifuge)는 혈액을 혈청, 혈장, 침전되는 단백질 같은 부분으로 분리해야 하는 임상 실험실에서는 특히 활용도가 높은 장비이다. 많은 실험실에는 **초원심분리기(ultracentrifuge)**도 갖추고 있다. 이 장비는 대용량으로 더 고속으로 회전시켜 시료 성분을 더 쉽게 분리할 수 있다. 원심분리 거르개는 여러 가지 분자량의 차단 필터를 갖추고 있다. 이들은 일회용 원심분리관으로 되어 있고 수평으로 놓인 거르개에 의해 분리된다. 특히 생물학적 시료를 윗부분에 놓고 원심분리를 하면 저분자량 물질은 투명한 거름액으로 빠져나오고 고분자량 물질은 거르개에 남게 된다.

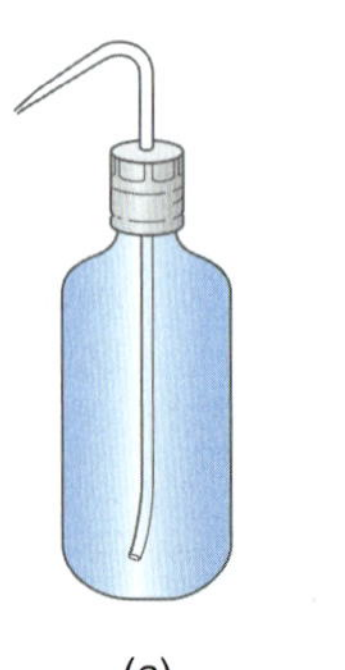

(a)

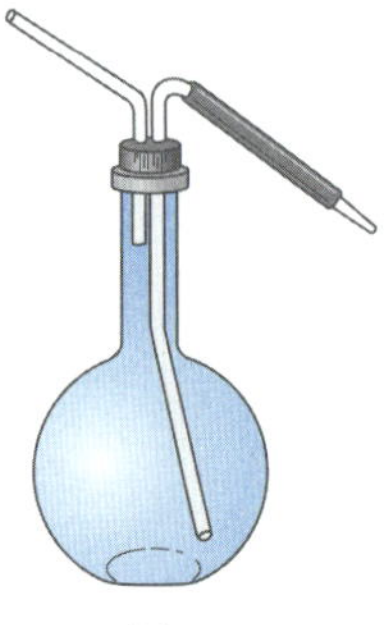

(b)

그림 2.16 씻기병:
(a) 폴리에틸렌, 짜내기 형
(b) 유리, 불어내기 형

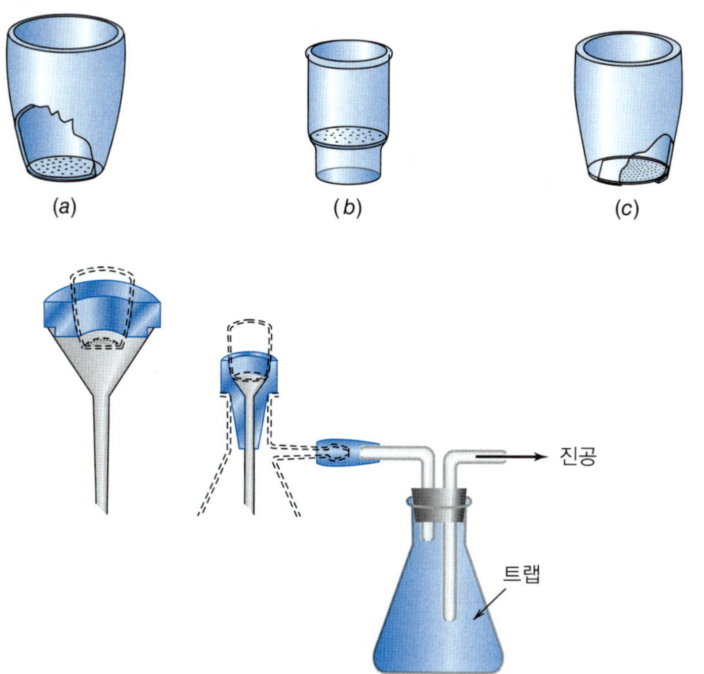

그림 2.17 거름 도가니들: (a) Gooch 도가니; (b) 소결 유리 도가니; (c) 자기 거름 도가니. [진공에 연결, 포집병]

그림 2.18 도가니 지지대

무게 분석법에서 침전물을 거르는 거르개에는 여러 가지 유형이 있다. Gooch 도가니, 소결 유리 도가니, 자기 거름 도가니가 그림 2.17에 나타나 있다. **Gooch 도가니(Gooch crucible)**는 바닥에 구멍이 뚫려 있는 자기로 되어 있고 유리 섬유 여과판이 그 위에 놓여 있다. 유리 섬유 여과판에서 미세 침전물을 거르게 된다. **소결 유리 도가니(sintered-glass crucible)**는 세밀(F), 중간(M), 거친(C) 다공질의 소결 유리 바닥으로 되어 있다. **자기 거름 도가니(Porcelain filter crucible)**는 다공질의 유약을 바르지 않은 바닥으로 되어 있다. 진한 알칼리 용액은 유리를 부식하므로 유리 거르개를 사용하지 않는 편이 좋다. 여러 가지 다른 유형의 도가니 재료에 대한 최대 작업 가능 온도에 대해 표 2.1를 참조하라.

수화된 산화 철과 같은 젤 형태의 침전물들은 거름 구멍을 막기 때문에 거름 도가니에서 걸러서는 안 된다. 거름 종이에서조차 그러한 침전물들의 거르기는 느리게 진행된다.

거름 도가니들은 거르기용 플라스크에 장착된 **도가니 지지대(crucible holder**, 그림 2.18)와 함께 사용된다. 플라스크와 흡인기 사이에는 안전 포집병이 연결된다.

재 없는 거름 종이(ashless filter paper)를 사용하면 무게 분석법에 의한 정량 분석을 하는 데 유용하다. 거름 종이는 태워 없애고 침전물은 무게 측정에 적합한 형태로 변환하여 분석할 수 있다(10장 참조). 여러 가지 유형의 침전물에 대해 사용할 수 있는 다른 등급의 거름 종이들이 있다. 일부 Whatman 거름 종이의 종류에 대해서 표 2.6에 나타나 있다.

거르기 기술

거름 종이를 잘 맞추어 놓으면 거름 속도를 증가시킬 수 있다. 적절히 접힌 거름 종이가 그림 2.19에 나타나 있다. 거름 종이는 원뿔 모양으로 접는데 두 번째 접을 때 끝이 조금 맞지 않도

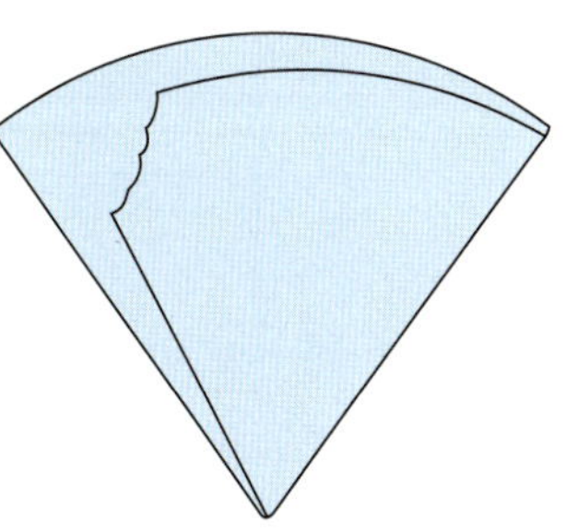

그림 2.19 적절히 접힌 거름 종이

표 2.6 Whatmann 거름 종이

침전물	Whatmann 번호
매우 미세(예: $BaSO_4$)	50 (2.7 μm)
작거나 중간(예: AgCl)	52 (7 μm)
젤형 또는 큰 결정(예: $Fe_2O_3 \cdot xH_2O$)	54 (22 μm)

http://www.whatmann.com/QuantitativeFilterPapersHardenedLowAshGrades.aspx 참조

록 접고(약 0.5 cm 떨어지게) 안쪽 끝의 1 cm 정도를 찢어버린다. 이렇게 하면 깔때기에 잘 맞아 공기 방울이 끌려 들어가는 것을 막아준다, 접힌 거름 종이를 깔때기에 놓고 증류수로 적신다. 깔때기 관이 증류수로 차면 거름 종이를 깔때기 쪽에 눌러 잘 밀착되도록 한다. 잘 맞으면 공기 방울이 깔때기로 빨려 들어가지 않는다. 관에 들어 있는 물의 무게에 의해 제공되는 흡입에 의해 거름 속도가 증가된다. 거르기는 바로 시작해야 하고 많은 침전물들이 거름 종이 "위로 올라가는 경향"이 있기 때문에 거름액을 깔때기 속 거름 종이의 1/3에서 1/2 이상 넣어서는 안 된다.

침전물은 여과를 시작하기 전에 가라앉도록 둔다.

침전물은 여과를 시작하기 전에 비커 속에서 가라앉도록 가만히 두어야 한다. 그러면 투명한 액체 대부분은 따라 낼 수 있고 침전물이 거름 종이의 구멍을 막기 전에 빨리 여과를 할 수 있다.

여과액을 따라 내거나 침전물을 옮길 때에는 손실이 일어나지 않도록 특히 주의해야 한다. 이것은 그림 2.20에 예시된 것과 같이 젓개 막대나 씻기병을 적절히 사용함으로써 수행할 수 있다. 세척액은 증류수가 아님을 주목하라(10장 참조). 용액은 유리 막대에 대고 부어서 따라 낸다. 이때 유리 막대는 튀지 않고 거르개로 잘 흘러가도록 안내하는 역할을 한다. 침전물은 비커에 있는 동안 대부분 잘 씻겨진다. 모액이 다 따라진 후에 비커의 옆면을 몇 mL의 세척액으로 씻고 앞에서처럼 침전물이 가라앉도록 가만히 둔다. 세척액을 거르개로 붓고 이러한 씻는 절차를 두세 번 반복한다. 그림에서 보인 것과 같이 한손으로 유리 막대를 대고 다른 한 손으로 비커를 잡고 침전물을 거르개로 옮긴다. 그리고 씻기병으로 세척액을 비커로 뿌려 씻어 낸다.

침전이 비커에 있을 때 세척한다.

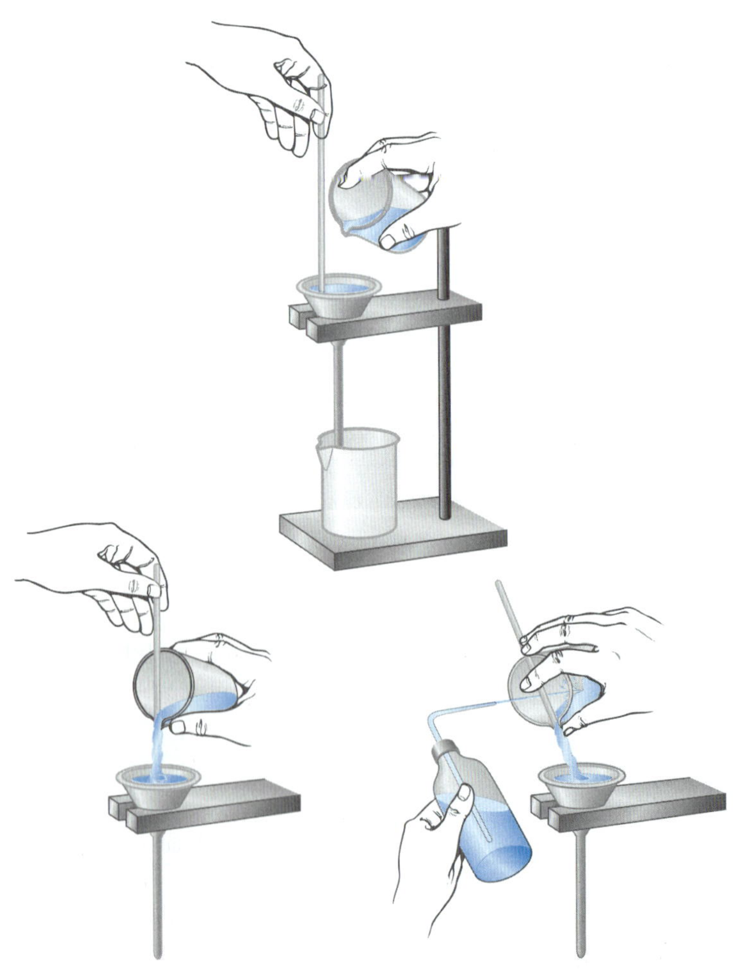

그림 2.20 침전물을 옮기는 적합한 기술

무게 분석법에서처럼 침전물이 정량적으로 수집되어야 한다면 침전물의 마지막 부분은 유리 막대에 유연한 고무 긁개가 붙은 **고무 폴리스맨 주걱**(**rubber policeman**) (그림 2.21)을 적셔 벽면을 긁어 제거해야 한다[rubber policeman이라는 이름의 기원에 대해서는 J. W. Jenssen, *J. Chem. Ed.* **85** (6) (2008) 776을 보라]. 비커와 고무 폴리스맨 주걱에서 느슨해진 나머지 침전물들을 씻어내라. 만일 침전물들을 거름 종이로 긁어모은다면 고무 폴리스맨 주걱 대신에 재 없는 거름 종이 조각으로 비커 벽면을 긁어 마지막 침전물들을 제거하고 거름 종이에 같이 합친다. 이 때 족집게를 사용해야 한다.

그림 2.21 고무 폴리스맨 주걱

침전물들이 거르개로 옮겨지면 세척액을 다섯 내지 여섯 등분으로 나누어 씻는다. 한 번에 많은 양으로 씻는 것보다 나누어 씻는 것이 훨씬 효과적이다. 거르개의 위쪽 가장자리를 둘러 세척액을 부어 침전물을 원뿔로 내려가도록 씻는다. 세척액은 매번 다 내려가도록 기다린 후에 다음 세척액을 붓는다. 세척액의 마지막 몇 방울은 침전제에 대해 시험을 하여 세척이 완결되었는지 확인한다. 한정된 용해도, 즉 K_{sp}로 인해 세척된 액에는 일부 침전물이 남아 있다. 그러나 충분히 씻은 후에는 이 양은 검출되지 않는다.

세척이 완료되었는지를 시험하라.

2.8 침전물의 강열 — 무게 분석법

침전물을 자기 거름 도가니에서 강열한다면 적은 열에서 수분을 먼저 제거해야 한다. 강열은 덮개 전기로에서 수행하거나 버너로 가열하여 할 수 있다. 버너를 사용하려면 거름 도가니는 자기 도가니나 백금 도가니에 넣어 불꽃의 환원성 기체가 거르개 구멍으로 확산되어 들어가지 않도록 해야 한다.

침전물이 거름 종이에 수집되었다면 침전물을 포함한 원뿔 모양의 거름 종이를 먼저 깔때기에서 제거하여 위쪽 끝을 평평하게 한 다음 모서리를 접어 안으로 들어가게 한다. 그런 다음 위를 접고 종이와 내용물을 도가니에 넣어 대부분의 침전물이 바닥에 놓이도록 한다. 거름 종이는 건조되어 태워 없어져야 한다. 도가니는 그림 2.22에 보는 바와 같이 삼각 지지대에 약간 기울여 놓고 도가니 덮개를 살짝 덮는다. 버너의 낮은 열로 시료가 튀기지 않도록 수분을 제거한다. 열을 점차 증가시키면 수분이 방출되면서 종이는 탄화되기 시작한다. 불꽃의 환원성 부분이 도가니로 들어가지 않도록 주의를 해야 한다. 나오는 연기가 갑자기 증가하여 종이에 불이 붙기 시작하면 버너를 제거해야 한다. 종이가 불꽃에서 흩트러지면 도가니 덮개를 재빨리 완전히 덮어 불을 끈다. 탄소 입자들이 의심의 여지없이 덮개에도 달라붙는다. 이들도 결국에는 완전히 연소되어야 한다. 최종적으로 더 이상 연기가 안 나오면 불꽃 온도를 점차 증가시켜 탄화된 종이를 태워 없앤다. 잔여 탄소들이 벌겋게 달아오르지만 불꽃을 내어서는 안 된다. 도가니 속과 덮개의 모든 탄소 성분들이 타서 없어질 때까지 계속해서 가열한다. 도가니와 침전물이 이제 강열될 준비가 되었다. 강열은 사용하는 버너나 덮개 전기로의 가장 높은 온도로 계속되어야 한다.

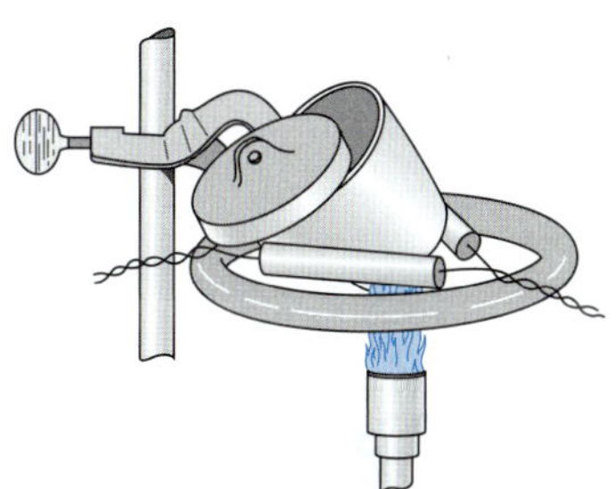

그림 2.22 종이를 태워 없애는 동안 삼각 강선에 지지된 도가니와 덮개

초기 강열은 천천히 하라.

침전물을 건조하려면 도가니도 일정한 무게가 되도록 침전물이 거름 도가니에 수집되거나 도가니로 옮겨지기 전에 건조되어야 하고(1시간 가열하고 식혀서 무게를 측정하고 다시 가열하는 식으로 일정한 무게가 될 때까지 반복한다.) 침전물을 강열하려면 마찬가지로 미리 도가니도 일정한 무게가 되도록 강열해야 한다. 일정한 무게는 분석 저울로 연속 측정하여 약 0.3 내지 0.4 mg 내로 일치하였을 때 도달한 것으로 간주된다. 최초 가열 후에는 시간을 반으로 줄여도 된다. 도가니는 무게를 측정하기 전에 적어도 반 시간 동안 데시케이터에서 식혀야 한다. 붉게 달구어진 도가니는 데시케이터에 넣기 전에 붉은색이 사라지도록 식혀야 한다(도가니를 옮길 때는 녹에 의한 오염을 최소화하기 위해 니켈 도금 또는 스테인리스강으로 된 도가니 집게를 사용하라). 덮개가 닫힌 도가니의 무게를 측정하기 전에 도가니 가까이에 손을 두어 복사열이 없는지를 확인하라(만지지는 마라).

침전물을 넣기 전에 도가니를 건조시키고 무게를 측정하라.

2.9 고체, 액체, 기체 시료의 채취

처음 분석을 배우는 학생들은 대표 시료를 취하는 방법에 대해서 거의 관심을 두지 않는 측면이 있다. 이것은 학생들에게는 주어지는 시료들은 균일하고 대표적인 시료로 간주되기 때문이다. 그러나 이 과정은 분석에서 가장 중요한 부분이다. 측정의 유효성과 정확성은 시료를 취하는 과정에 의해 제한된다. 시료 채취가 적절히 이루어지지 않는다면 이는 일련의 분석이 잘못되게 하는 연결 고리가 된다. 혈액 시료의 채취 동안 그리고 채취 후 혈액 시료의 적절한 취급에 생명이 때때로 달려 있을 수 있다. 만일 분석자에게 시료가 주어지고 시료 채취 과정에 적극적으로 참여하지 않았다면 얻어진 결과는 "받은 그대로의 시료"에만 기인한 것일 수 있다. 초기에 언급하였던 시료의 보호관리 과정이 문서화되어야 한다.

시료 채취에서 중요한 통계적인 고려사항에 대해서 3장을 보라.

많은 전문 학회에는 주어진 물질의 표본 채취를 위해 구체적으로 정해진 지침이 있다[미국재료시험학회(ASTM: www.astm.org), 국제공식분석 화학자협회(AOAC International: www.aoac.org), 미국공중보건협회(APHA: www.apha.org)]. 경험과 통계학을 적절이 적용함으로써 이러한 물질들의 정확한 분석이 수행될 수 있도록 시료 채취가 이루어질 수 있다.

문제는 전체를 대표하는 표본을 얻는 것이다. 이러한 표본을 **벌크 시료(gross sample)**라고 한다. 이 시료의 크기는 수 그램에서 수 파운드까지 변할 수 있다. 대표 벌크 시료가 얻어지면 다루기 좋은 충분히 작은 크기로 줄여야 할 수도 있다. 이것을 **시료(sample)**라고 한다. 일단 시료가 얻어지면 그것의 일부, 즉 분취량이 분석된다. 이러한 분취량을 **분석 시료(analysis sample)**라고 부른다. 같은 시료에 대한 여러 번의 반복 분석은 분리된 분취량을 취해 수행된다.

시료 채취와 분석에서 재현은 중요한 고려 사항이다.

임상 분석실에서 벌크 시료는 크지 않고 균일하기 때문에 보통은 사용하는 데 만족스럽다. (예, 혈액이나 소변 시료) 분석 시료의 양은 수 밀리리터에서 수 마이크로리터까지 될 수 있다.

고체, 액체, 기체 물질들의 벌크 시료를 얻을 때 관련되는 일부 문제점들을 살펴보자.

1. 고체(solid). 고체 물질은 물질의 불균일성, 입자 크기의 다양성, 입자 내부의 불일치 등으로 인해 시료 채취가 다른 물질들에 비해 더 어렵다. 가장 쉽지만 신뢰하기 어려운 시료 채취는 무작위로 뽑듯이 채취하여 대표하는 것으로 가정하는 것이며 이것을 **임의채취 시료(grab sample)**라고 한다. 임의채취 시료는 취하는 물질이 균일한 경우에만 만족스러운 결과를 줄 수 있다. 신뢰할 만한 결과를 얻기 위해서는 시료가 아주 균일하지 않다면 벌크 시료용으로 총 물질의 1/50에서 1/100 정도까지 취하는 것이 가장 좋다. 입자의 크기가 클수록 벌크 시료의 양은 많아야 한다.

시료 채취 (the Chemical Heritage Foundation의 Othmer 도서관의 저널 소장본에서)

크기가 매우 큰 고체 물질에서 시료를 채취하는 가장 쉽고 타당성 있는 시기는 그것이 움직이고 있을 때 취하는 것이다. 이런 방법에서는 전체 시료의 어떤 부분이라도 시료 채취가 가능해진다. 따라서 전체의 모든 부분을 대표할 수 있는 분취량을 얻을 수 있도록 체계적인 시료 채취가 수행될 수 있다.

시멘트 포대를 싣고 내릴 때 매 50번째 포대를 취하거나 각 포대에서 시료를 취함으로써 대표 시료를 얻을 수 있다. 손수레로 곡물을 운반할 때 대표되는 손수레의 곡물을 취하거나 각 손수레에서 곡물을 한 삽씩 떠서 취할 수도 있다. 이렇게 취한 모든 분취량을 모아 벌크 시료로 사용한다.

2. 액체(liquid). 액체 시료는 균일한 편이어서 대표 시료를 훨씬 더 쉽게 취할 수 있다. 액체는 확산만에 의한 경우에는 매우 천천히 혼합되므로 균일 혼합물을 얻기 위해서 흔들어야 한다. 물질이 정말 균일하다면 한 번의 임의채취 시료로 충분하다. 이 방법은 혈액 시료를 취하는 경우에 모든 실제적 목적에서 만족스럽다. 일부 시료들의 조성은 취할 때마다 다를 수 있다. 소변 시료의 경우가 그러하다. 따라서 특정 시간에 한번 채취된 시료보다는 24시간 동안 수집된 소변 시료가 일반적으로 대표 시료로 간주된다.

생물 체액을 시료로 채취하는 경우에 채취하는 시점이 매우 중요하다. 혈액의 조성은 식사 전후에 상당히 변한다. 많은 임상 분석에서 환자가 수시간 동안 단식을 한 후에 시료를 채취한다. 포도당 보존을 위한 플루오린화 소듐과 같은 보존제나 항응고제를 혈액 시료를 채취할 때 첨가하기도 한다.

혈액 시료는 **전체 혈액**(*whole blood*)으로 분석할 수도 있고 특정 분석의 필요에 따라 **혈장**(*plasma*)이나 **혈청**(*serum*)으로 나누어 분석할 수도 있다. 대부분의 경우에 적혈구 외부 물질의 농도(세포 밖 농도)가 생리적 조건에 대한 의미 있는 표식이 된다. 그래서 혈장이나 혈청이 주로 분석을 위해 취해진다.

생물 체액을 시료로 채취하는 경우에 대해서는 교재 웹 사이트의 25장을 보라.

액체 시료가 균일하지 않고 양이 작다면 흔들어서 즉시 취해야 한다. 예를 들어 액체 속에 가라앉는 입자들이 있을 수 있다. 많은 양의 액체는 옮긴 후에 또는 파이프 속에 있다면 철저히 혼합되었을 때 펌프를 통해 지나간 후에 채취하는 것이 가장 좋다. 가만히 있는 많은 양의 액체는 다른 수위에서 분취할 수 있는 장치인 **"몰래" 시료 채취기**(*thief sampler*)로 시료를 취할 수 있다. 시료를 다른 깊이에서 수직으로 취하는 것보다 대각선으로 취하는 것이 좋다. 분리된 분취액을 독립적으로 분석하여 그 결과를 결합할 수도 있고 분취액을 합하여 하나의 벌크 시료로 만들고 반복 분석을 수행할 수도 있다. 후자의 경우가 분석의 정밀도에 대해서 알 수 있기 때문에 더 선호된다.

3. 기체(gas). 기체를 시료로 채취하는 일반적인 방법은 진공 용기로 시료를 채취하는 것이다. 특별히 처리된 스테인리스강 금속통(canister)이나 반응성이 없는 플루오린화 폴리바이닐(Tedlar) 봉지가 흔히 사용된다. 시료가 재빨리 수집될 수도 있고(임의채취 시료) 작은 구멍을 통해 천천히 봉지를 채우도록 오랜 기간에 걸쳐 수집될 수도 있다. 임의채취 시료는 대부분의 경우에 만족스럽다. 예를 들어 호흡 시료를 채취할 때 피검사자는 공기를 뺀 봉지로 불어넣거나 마일라 풍선을 불어 부풀리게 할 수도 있다. 자동차 배기가스는 공기를 뺀 큰 플라스틱 봉지로 수집된다. 시료 용기가 놓인 주위 온도에 의해 시료가 수분으로 과포화될 수도 있다. 그러면 수분은 시료 채취 후에 시료 채취 용기 속에서 응축되어 관심이 있는 분석물(예, 호흡 속의 암모니아나 배기가스 속의 아질산)이 응축된 수분에 의해 제거될 수도 있다. 분석물을 회수하려면 시료 용기는 가열되어야 하고 시료는 가열된 이동관을 통해 옮겨져야 한다.

환경 시료의 시료 채취에 대한 더 많은 것은 교재 웹 사이트의 26장을 참조하라.

수집된 기체 벌크 시료의 부피는 알려질 수도 있고 알 필요가 없을 수도 있다. 기체 시료 속의 특정 분석물의 **양**이 아니라 **농도**가 주로 측정된다. 물론 시료의 온도와 압력이 부피를 결정하여 농도를 결정하는 데 매우 중요하다.

여기서 언급되는 기체 시료 채취법은 혈액 속의 CO_2나 O_2 같은 액체 속에 녹아 있는 기체들에 관한 것은 아니다. 이러한 시료들은 액체 시료로 취급되며 따라서 액체 속에서 기체를 측정하는 것으로 또는 측정 전에 액체에서 기체를 방출하여 다루어진다.

2.10 분석물의 건조 및 용액 제조 방법

시료가 채취된 후에는 분석이 계속 진행되기 전에 보통은 분석물 용액이 먼저 제조되어야 한다. 시료의 건조가 필요할 수 있고 무게와 부피가 측정되어야 한다. 시료가 이미 용액 상태라면(예: 혈청, 소변, 물) 분석물의 추출, 침전, 농축 등의 전처리가 이루어져야 할 수 있다. 시료가 용액이 아니어도 이러한 절차는 필요할 수 있다. 이 절에는 무기물과 유기물의 용액을 만드는 일반적인 수단들이 기술된다. 금속과 무기 화합물들을 다양한 산이나 염기 융제에 녹이고, 무기 성분을 정량하기 위해 유기물이나 생체 물질을 분해하는 것(습식 삭임이나 건식 재 만들기를 통해), 생체 시료 중 유기 성분 또는 무기 성분을 분석할 때 방해하지 않도록 생체 물질들로부터 단백질을 제거하는 것을 포함한다.

시료의 건조

시료는 보통 다양한 양의 흡수된 수분을 함유하고 있다. 일반적으로 무기물의 경우 무게를 측정하기 전에 시료는 건조되어야 한다. 건조는 보통 105~110°C의 건조 오븐에 시료를 1~2시간 동안 놓아둠으로써 이루어진다. 이외 다른 부수적인 물, 즉 결정 내에 포집된 물과 같은 물들을 제거하기 위해서는 더 높은 온도가 필요할 수도 있다.

건조 과정에서 시료의 분해와 부반응이 고려되어야 한다. 열적으로 불안정한 시료들은 데시케이터에서 건조될 수 있는데 빨리 건조하려면 진공 데시케이터를 쓸 수도 있다. 열에 약한 물질이 들어 있는 시료에서 많은 양의 물을 제거하기 위해서는 냉동건조기(freezer dryer)를 사용할 수 있다. 이 장치 내의 용기에 시료를 넣기 전 또는 시료를 장치에 부착하기 전에 시료는 냉동되어야 한다. 건조하지 않고 무게를 측정할 필요가 있다면 결과는 '있는 그대로'이며, 이를 기반으로 보고해야 한다.

식물이나 조직 시료는 보통 가열하여 건조한다. 이러한 시료들에 대한 분석 결과를 보고할 때 사용되는 여러 가지 무게 기반(습식, 건식, 재)에 대한 토의에 대해서는 1장을 참조하라.

시료 용해

시료를 측정하기 전에 분석물을 용액으로 만들려면 일반적으로 일종의 조작이 필요하다. 생물학적 시료의 경우에 단백질과 같은 방해 물질을 제거해야 한다. 복합 시료들은 원심분리 거르기를 해야 하기도 한다(우유 속의 과염소산 이온이나 아이오딘화 이온은 원심분리 거르기 후에 크로마토그래피로 정량된다). 시료 준비 방법에는 두 가지 유형이 있다. 하나는 시료 바탕을 완전히 분해하는 방법이며, 다른 하나는 비파괴 또는 부분 파괴를 하는 방법이다. 전자는 분석물이 일반적으로 무기물이거나 측정을 위해 무기 유도체로 변환해야 하는 경우(예: 유기 질소를 암모니아로 변환하는 Kjeldahl 분석–아래 참조)에만 사용될 수 있다. 식품 속의 아이오딘은 전체 산화 삭임에 의해 HIO_3로 변환한 후에 정량한다. 완전 분해 삭임은 주로 유기물 바탕 속에 있는 미량 원소 분석을 수행할 때 전형적으로 사용된다.

무기질 고체의 용해

강한 무기산은 많은 무기 물질들에 대해 좋은 용매이다. **염산**(*hydrochloric acid*)은 환원력이 수소보다 큰(전극 전위가 수소보다 큰) 금속을 녹이는 데 좋은 용매이다. **질산**(*nitric acid*)은 산화력이 강한 산이어서 대부분의 일반 금속과 비철 합금 그리고 '산에 녹지 않는' 황화물을 녹일 수 있다.

과염소산(*perchloric acid*)은 가열하여 물을 제거하면 무수 상태에서 매우 산화력이 크고 효율적인 산이 된다. 대부분의 금속을 녹이고 미량 유기물을 분해한다. 이것은 쉽게 산화되는 물질들, 특히 유기 물질들과 매우 격렬하게 반응하기 때문에 특별히 주의하여 사용해야 한다.

산이 시료를 녹이지 못하면 용융을 사용한다.

오늘날 일부 분석 기기는 매우 감도가 좋다. 유도 결합 플라스마 질량 분석기(ICP-MS)는 예를 들어 반도체급 규소 속의 미량 불순물을 측정하는 데 필수적이다. 규소 시료는 질산과 플루오린화수소산의 혼합액에 녹인다. 이러한 극미량 분석을 수행하기 위해서 물론 산은 초순수해야 하며 이러한 초순수 "반도체급' 산들은 매우 비싸다.

일부 무기 물질은 산에 녹지 않는다. 그때에는 용융 상태에서 산이나 염기성 **융제**(**flux**)와 **융합**(**fusion**)을 하여 녹여야 한다. 시료는 시료 대 융제 비를 약 1 대 10 또는 20으로 융제와 혼합하여 적당한 도가니에서 융제가 용융될 때까지 가열된다. 보통은 30분 정도 지나면 용융액이 투명해지고 반응이 완료된다. 냉각되어 형성되는 고체는 묽은 산이나 물에 녹는다. 융합 과정 동안에 시료 속의 녹지 않는 물질은 융제와 반응하여 가용성 생성물을 형성한다. 탄산소듐이 가장 유용한 염기성 융제의 하나이며 산에 녹는 탄산이 생성된다.

무기물 분석을 위한 유기물의 분해 — 연소 또는 산에 의한 산화

동식물의 조직, 생물 체액, 유기 화합물들은 산화력이 있는 산이나 산 혼합물과 함께 끓이는

습식 삭임(**wet digestion**)이나 덮개 전기로에서 높은 온도(400~700°C)로 가열하는 **건식재 만들기**(**dry ashing**)에 의해 일반적으로 분해된다. 습식 삭임에서는 산이 유기 물질을 산화시켜서 이산화 탄소, 물 그리고 다른 휘발성 생성물로 변환시켜 제거되고 염이나 무기물 조성의 산을 남기게 된다. 건식재 만들기에서는 공기 중의 산소가 산화제로 작용하여 유기 물질들은 연소되어 없어지고 무기 성분의 잔여물을 남긴다. 건식재 만들기 동안에 보조 산화제(예, $NaNO_3$)가 융제로 사용될 수도 있다.

1. 건식재 만들기. 유기 물질과 생물 물질의 분석에 거의 같은 빈도로 여러 가지 유형의 건식재 만들기와 습식 삭임의 조합이 사용될 수 있지만, 아마도 다른 화학 산을 사용하지 않는 건식재 만들기가 가장 흔히 사용된다. 미량의 납, 아연, 코발트, 안티모니, 크로뮴, 몰리브데넘, 스트론튬, 철은 잔존 또는 휘발에 의한 손실이 거의 없이 회수될 수 있다. 건식재 만들기에서 자기 도가니가 일반적으로 사용될 수 있다. 납은 약 500°C가 넘는 온도에서는 혈액이나 소변에서와 같이, 특히 염화 이온이 존재한다면 휘발될 수가 있다. 납의 경우에 백금 도가니는 잔존에 의한 손실을 최소화하기 때문에 선호된다.

건식재 만들기에서 유기 물질은 태워 날려 보낸다.

시료에 산화력이 있는 물질을 첨가한다면 재 만들기 효율이 향상된다. 질산 마그네슘이 가장 유용한 보조제의 하나이다. 이것을 사용하면 위에 언급된 원소에 덧붙여 비소, 구리, 은의 회수가 가능하다.

액체와 젖은 조직은 덮개 전기로에 넣기 전에 수증기 중탕이나 약한 열로 건조한다. 전기로의 열은 점차적으로 최대 온도까지 올려서 급격한 연소나 거품의 형성을 막아야 한다.

건식재 만들기가 완료된 후에 잔여물은 뜨거운 진한 염산 또는 6 *M*의 염산 1~2 mL로 용기에서 녹여내어 플라스크나 비커로 옮겨 다음 처리를 진행한다.

다른 건식 방법에 **저온재 만들기**(**low-temperature ashing**)가 있다. 라디오파 진동수 방전을 사용하면, 매우 반응성이 커서 저온에서 유기물을 공격하는 활성 산소 라디칼을 생성시킬 수 있다. 100°C보다 낮은 온도를 유지하여 휘발 손실을 최소화할 수 있다. 용기나 대기로부터의 원소의 유입을 줄이고 잔존 손실도 줄일 수 있다. 방사성 추적자 연구로부터 17가지 대표 원소들이 유기물의 완전 산화 후에 정량적으로 회수됨이 확인되었다.

유기 화합물의 경우에 **원소 분석**(**elemental analysis**)(예: 탄소 또는 수소의 분석)은 흔히 시료관에서의 **산소 연소**(**oxygen combustion**)와 차후의 연속 흡착 과정을 통해 이루어진다. 가열된 백금 보트에 들어 있는 시료를 통해 산소가 지나가면서 탄소는 CO_2로, 수소는 H_2O로 정량적으로 변환된다. 이러한 연소 기체들은 적당한 흡착제가 들어 있고 미리 무게가 측정된 연이은 흡착 관을 지나가게 된다. **Ascarite II**는 CO_2 흡착에 사용되며 **Dehydrite**(과염소산 마그네슘)는 H_2O 흡착에 사용된다. 흡착관들의 무게 증가량은 시료에서 방출된 CO_2와 H_2O의 측정 양이다. 이 기술에서 세부적 사항들이 중요하므로 여러분이 이 방법을 사용하고자 한다면 원소 분석에 대한 더 광범위한 교재를 참조하기 바란다. 현대의 원소 분석기는 더 자동화되어 있고 이들은 연소 기체들을 크로마토그래피로 분리하여 열전도도 검출기로 검출하여 분석한다. –20장 (http://www-odp.tamu.edu/publications/tnotes/tn30/tn30_10.htm 참조)

2. 습식 삭임. 건식재 만들기 다음으로 질산과 황산의 혼합물에 의한 습식 삭임은 두 번째로 가장 흔히 사용되는 산화에 의한 방법이다. 보통은 적은 양(예: 5 mL)의 황산을 많은 양의 질산(20~30 mL)과 섞어 사용한다. 습식 삭임은 흔히 Kjeldahl 플라스크(그림 2.24)에서 수행된다. 질산이 유기 물질 대부분을 분해하지만 마지막 미량까지 분해할 정도로 뜨거워지지는 않는다. 삭이는 과정에 질산은 끓어 없어지고 황산만이 남아 진해지며 흰색 SO_3 연무가 발생되고 플라스크에서 환류하기 시작한다. 이때 용액은 매우 뜨거워지며 황산이 남은 유기 물질에 작용하기 시작한다. 상당한 양의 또는 내구성이 큰 유기 물질이 남아 있다면 탄화가 일어날 수 있다. 유기 물질이 계속 남아 있다면 질산을 더 첨가할 수 있다. 용액이 투명해질 때까지 삭임을 계속한다. 모든 삭임 과정은 증기 후드에서 실행해야 한다.

습식재 만들기에서 유기 물질은 산화력이 있는 산으로 산화된다.

훨씬 더 효율적인 삭임 혼합액은 질산, 과염소산, 황산을 부피비로 3:1:1로 섞은 것이다. 이 혼합액 10 mL이면 10 g의 신선한 조직이나 혈액을 분해하는 데 충분하다. 과염소산은 탈수되고 뜨거울 때 매우 효과적인 산화제이며 미량의 최종 유기물을 비교적 쉽게 분해한다. 질산이 끓어 없어지고 과염소산 연무가 나타날 때까지 시료를 가열한다. 이 연무는 SO_3보다 덜 진하지만 플라스크를 더 쉽게 채운다. 뜨거운 과염소산은 보통 SO_3 연무가 나타날 때까지 끓이는데 이 연무가 나타나는 것은 모든 과염소산이 기화된 것임을 알려 준다. 유기 물질 대부분을 녹여 분해할 수 있도록 초기에 충분한 질산이 가해져야 하며 시료가 건조되는 것을 방지하도록 황산이 존재해야 한다. 그렇지 않으면 과염소산으로 인해 폭발할 위험이 있다. 과염소산을 포함하는 모든 삭임에는 특별히 과염소산 작업용으로 설계된 후드를 사용해야 한다. 전형적으로는 질산–황산 삭임을 먼저 수행하여 더 쉽게 산화되는 물질들을 제거하고 과염소산 삭임을 수행한다.

과염소산은 매우 조심스럽게 사용되어야 한다.

과염소산 삭임에 몰리브데넘(VI) 촉매를 첨가하면 훨씬 더 효율적으로 이루어진다. 물과 질산이 증발하자마자 산화가 격렬히 진행되어 거품이 생기게 되고 수초 이내에 삭임은 완료된다. 삭임 시간이 상당히 줄어든다.

질산과 과염소산의 혼합액도 흔히 사용된다. 질산이 먼저 끓어 없어지는데 건조될 정도로 과염소산이 기화되지 않도록 주의해야 한다. 그렇지 않으면 격렬한 폭발이 일어날 수가 있다. 이 방법은 여러분이 삭임 절차에 상당한 경험이 없다면 **추천되지 않는다. 과염소산은 유기물이나 생체 물질에 직접 가해지면 절대 안 된다.** 항상 과량의 질산을 먼저 가하라. 과염소산으로 인한 폭발은 일반적으로 과산화물의 형성과 관련이 있으며 폭발 직전에 이 산의 색이 짙게 변한다(예, 황갈색). 에탄올, 셀룰로스, 다가 알코올과 같은 특정 유기 화합물은 뜨겁고 농축된 과염소산을 격렬히 폭발하게 만든다. 이것은 과염소산 에틸의 형성에 기인하는 것으로 추정된다.

질산, 과염소산, 황산의 혼합물을 사용하면 아연, 셀레늄, 비소, 구리, 코발트, 은, 카드뮴, 안티모니, 크로뮴, 몰리브데넘, 스트론튬, 철을 정량적으로 회수할 수 있다. 납은 황산을 사용하는 경우에 종종 손실된다. 질산과 과염소산 혼합물은 납에 사용할 수 있으며 위의 모든 원소에도 사용할 수 있다. 셀레늄의 손실을 막으려면 과염소산을 사용해야 한다. 과염소산은 강한 산화력을 유지하며 낮은 산화 상태의 휘발성 셀레늄 화합물의 생성을 낳는 탄화를 막아 준다. 수은을 함유한 시료는 건식재 만들기를 해서는 안 된다. 수은과 수은 화합물의 휘발성 때문에 환류 장치를 사용하여 열을 가하는 습식 삭임을 해야 한다. 수은 분석에서 유기 물질을 부분 파괴하기 위해서는 저온 또는 상온 절차가 선호된다. 예를 들어 혈액에 비해 비교적 적은 양의 유기 물질이 포함된 소변 시료에서 수은은 1가 구리나 염산 하이드록시아민에 의해 금속 수은으로 환원될 수 있고 유기 물질은 과망가니즈산 포타슘으로 상온에서 분해될 수 있다. 그런 다음 수은은 용해될 수 있고 분석을 계속한다. 소변 속의 수은은 Fenton 시약(Fe^{2+}와 H_2O_2)을 사용하여 무기 물질로 변환한 다음 강력한 환원제인 수소화붕산 소듐을 가한 후 원소 증기로서 정량할 수 있다.

Kjeldahl 삭임에서 질소는 암모늄 이온으로 변환되어 암모니아로 증류되고 적정된다.

많은 질소 함유 화합물들은 질소를 황산 암모늄으로 변환하는 **Kjeldahl 삭임**(**Kjeldahl digestion**)으로 정량할 수 있다. 삭임 혼합물은 황산과 황산의 끓는점을 올려 분해 효율을 증가시키는 황산 포타슘의 혼합물로 되어 있다. 또한 구리나 셀레늄 같은 촉매가 첨가된다. 유기 물질이 분해되고 나면 수산화 소듐을 가해 용액을 염기로 만들어 암모니아를 과량의 염산 용액으로 증류시킨다. 여분의 염산을 표준 염기 용액으로 역적정하여 수집된 암모니아의 양을 결정한다. 시료 화합물의 질소 백분율 조성을 알고 있으면 정량한 질소 양으로부터 화합물의 양을 계산할 수 있다. 이것이 단백질 함량을 정량하는 가장 정확한 방법이다. 단백질에서 삭임 동안에 황산 암모늄으로 변환되는 질소의 조성은 정해져 있다. 더 자세한 내용은 8장을 참조하라. 참조: 물론 다른 질소 함유 종이 존재한다면 질소 정량은 단백질 함량을 정확히 반영하지 못한다. 6개의 질소 원자가 있는 값싼 유기 아민 염기인 멜라민을 분유에 첨가하여 겉보기로 "단백질" 함량을 증가시킴으로써 많은 중국 유아들이 사망하는 놀라운 사례가 중국에서 일어나기도 하였다.

건식 및 습식재 만들기는 각각 장점과 한계가 있다.

여러 가지 산화 방법들의 상대적인 장점들이 광범위하게 연구되어 왔지만 보편적이며 일반적으로 적용할 수 있는 건식재 만들기는 없을지도 모른다. 건식재 만들기는 단순함과 다른 시약이 첨가되지 않기 때문에 오염에 의한 양의 오차가 비교적 없다는 점에서 추천된다. 건식 산화의 오차는 원소의 증발과 용기의 벽면에의 잔존에 의한 손실에 기인한다. 용기에 흡착된 금속은 다음 분석하는 시료를 오염시킬 수 있다. 습식 삭임은 신속성(비록 실험자의 주의가 더 필요하지만), 낮은 온도 유지, 잔존에 의한 손실이 없다는 점에서 더 우수한 방법으로 생각된다. 습식 삭임에서 생길 수 있는 주요 오차는 반응에 필요한 시약에 들어 있는 불순물의 도입에 기인한다. 이 문제는 시판 시약급 산들의 순도가 점점 더 높아지고 있으며 특히 고순도 산들이 값이 저렴하지는 않지만 시판되고 있어 최소화되고 있다. 재 만들기 또는 삭임에 필요한 시간은 시료와 사용하는 기술에 따라 다르다. 건식재 만들기에서는 2~4시간이 일반적이며 습식 삭임에서는 30분에서 한 시간이 일반적이다.

마이크로파를 활용한 시료 전처리

마이크로파 오븐은 시료의 신속하고 효율적인 건조와 산 분해에 널리 사용되고 있다. 실험실용 마이크로파 오븐은 가정용 오븐의 한계를 극복하도록 특별히 고안되어 있다. 마이크로파 삭임의 장점은 용해 시간을 수 시간에서 수 분으로 줄이고 사용하는 시약의 양을 줄여 바탕 수준을 낮출 수 있다는 것이다.

1. 마이크로파는 어떻게 가열하는가? 마이크로파 영역은 주파수 범위가 300~300,000 MHz (3×10^8 ~ 3×10^{11} Hz, 시작 파장은 1,000 μm−그림 16.2 참조)이며 전자기파의 스펙트럼 영역 중에서 적외선과 라디오파 사이에 놓인다. 마이크로파는 전기장과 이에 수직인 자기장으로 구성되어 있다. 전기장은 마이크로파 발생원과 쪼여지는 시료 사이의 에너지 전달에 관여한다. 마이크로파 에너지는 분자에 두 가지 방법, 즉 쌍극자 회전과 이온 전도에 의해 영향을 미친다. 쌍극자 회전이 보통은 더 중요하다. 마이크로파 에너지가 시료를 통과할 때 쌍극자 모멘트를 가지는 분자는 전기장에 따라 배열이 될 것이며 극성이 클수록 전기장과 더 강한 작용을 할 것이다. 이러한 분자 운동(회전)으로 인해 가열된다. 쌍극자 모멘트와 유전상수의 함수인 에너지 전달은 분자가 빨리 이완할 수 있을 때 가장 효율적이다. 즉 이것은 분자의 이완 시간이 마이크로파의 주파수와 맞을 때이다. 고분자와 같은 큰 분자들은 천천히 이완되지만 온도가 일단 증가하면 더 빠르게 이완되어 더 효율적으로 에너지를 흡수할 수 있다. 물과 같은 작은 분자들은 공명하는 마이크로파 에너지보다 더 빨리 이완하여 공명 주파수보다 훨씬 빨리 움직이고 가열됨에 따라 에너지를 덜 흡수한다.

이온 전도 효과는 전기장 하에서 이온종이 한 방향 또는 다른 방향으로 이동하기 때문에 생긴다. 전기장으로부터 에너지가 전달되어 이온 상호 작용으로 용액의 가열을 가속시킨다. 이온 전도성은 온도에 따라 증가하기 때문에 가열이 됨에 따라 이온은 마이크로파를 더 많이 흡수한다. 탈이온수는 천천히 가열되지만 염이 가해지면 빨리 가열된다. 물론 산은 좋은 전도체이므로 빨리 가열된다.

마이크로파는 분자를 회전시키고 이온을 이동시켜 가열한다.

따라서 마이크로파 에너지는 쌍극자 회전에 기인한 분자의 이동과 이온 전도성에 기인한 이온의 이동을 일으켜 가열한다. 마이크로파 에너지는 물질에 따라 다른 방법으로 상호작용을 한다. 금속과 같은 반사성 물질은 좋은 열전도체이다. 이들은 가열되지 않지만 대신에 마이크로파 에너지를 반사한다(마이크로파 오븐에 금속을 넣는 일은 많이 대전된 금속 조각과 다른 금속 조각 사이에 전기 방전이 일어나기 때문에 좋은 연습이 아니다). 마이크로파에 투명한 물질들은 마이크로파가 투과되어 가열되지 않기 때문에 절연체이다. 마이크로파를 흡수하는 물질들, 즉 여기서 논의되는 분자와 이온들은 마이크로파를 받아들이고 가열된다. 마이크로파 에너지는 너무 낮아 화학 결합을 깨뜨리지는 못한다(합성 시에 화학 반응을 가속시키기 위

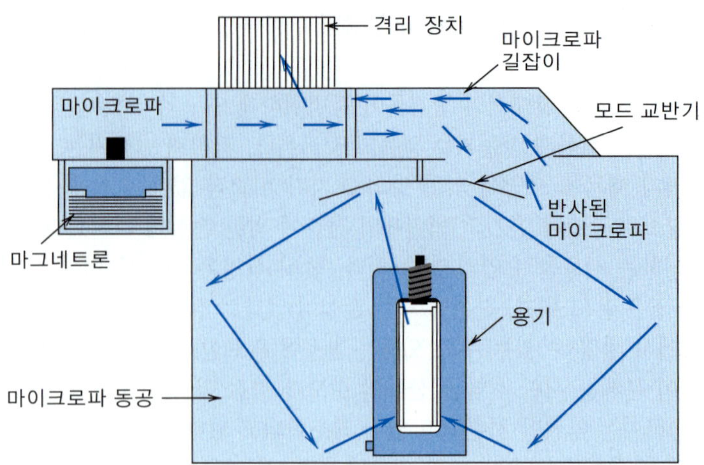

그림 2.23 마이크로파 장치의 도식[G. Le Blanc, *LC/GC suppl.*, **17** (6S) (1999) S30] (*LC/GC Magazine*의 승인 하에 게재)

해 마이크로파 에너지를 활용한다는 것은 흥미로운 점이다). 마이크로파 반사성 물질과 절연성 물질의 특성들을 활용하여 마이크로파 삭임 장치를 설계한다.

가정용 마이크로파 오븐은 작은 시료를 가열하는 데 사용하지 않는다.

2. 실험실 마이크로파 오븐의 구조. 초기에는 가정용 마이크로파 오븐을 실험실 용도로 사용하였으나 곧 개조가 필요함을 알게 되었다. 실험실 시료는 조리되는 식품 시료보다 보통은 훨씬 작고 오븐의 마그네트론에 의해 발생되는 에너지 중 작은 일부만 흡수된다. 시료에 의해 흡수되지 않는 에너지는 마그네트론으로 되돌아가 과열되어 장치를 태우며 또한 아크 현상을 일으킨다. 그래서 실험실용 오븐은 표류하는 에너지로부터 마그네트론을 보호하도록 설계되었다. 이러한 오븐의 주요 구성 요소(그림 2.33)는 마그네트론, 격리 장치, 마이크로파 길잡이, 동공, 모드 교반기들이다. 교반기는 에너지를 여러 방향으로 분배하는 기능을 한다. 강자성 물질로 되어 있으며 마그네트론과 파동 길잡이 사이에 놓이는 격리 장치는 동공에서 되돌아오는 마이크로파를 팬으로 냉각되는 세라믹 물질 쪽으로 굴절시켜 마그네트론으로 가지 못하게 한다.

조리에 사용되는 마이크로파 주파수가 화학 반응에도 좋은 것으로 판명되었으며 표준형은 2450 MHz이며 1200 W의 전력이 일반적으로 사용된다.

3. 산 삭임. 삭임은 일반적으로 테플론 PFA(과플루오린알콕시 에틸렌) 또는 폴리카보네이트(절연체)로 된 밀폐된 플라스틱 용기에서 수행된다. 이것은 오븐 속에 산 연무가 생기는 것을 피하기 위해서이며 다른 좋은 점도 제공한다. 압력이 증가하여 끓는점이 올라가서(산이 과열된다.) 삭임이 더 빨리 일어난다. 또한 휘발성 금속의 손실이 일어나지 않는다. 최신 오븐들은 압력과 온도 조절 장치를 제공하고 있다. 마이크로파 에너지에 투명한 광섬유 온도 탐침을 사용한다. 온도 조절 장치는 분자의 분해가 일어나지 않을 정도의 낮은 온도를 유지하여 마이크로파 보조 분자 추출에 오븐을 사용할 수 있게 해주었다.

시료 기질의 부분 분해 또는 비파괴

정량하려는 물질이 유기물인 경우에는 시료 준비에 비파괴적 방법을 사용해야 한다는 것은 명백한 일이다. 금속 원소의 정량에서도 때로는 특히 생물 체액 시료의 분자 구조를 분해할 필요가 없다. 예를 들어 혈청이나 소변 속의 여러 금속들을 원자 흡광 분광법으로 정량할 수 있는데 이때 시료 또는 묽힌 시료를 직접 불꽃으로 흡입시킨다. 토양과 같은 고체 물질의 구성 성분은 적절한 시약으로 추출된다. 그러한 분석물을 추출하기 위해서는 철저한 분쇄와 혼합 그리고 환류가 필요하다. 토양으로부터 많은 미량 금속들을 1 *M* 염화 암모늄 또는 아세트산 용액으로 추출할 수가 있다. 셀레늄 같은 일부 금속은 휘발성 염화물이나 브로민화물로서 증류될 수 있다.

무단백질 거름액

생물 체액 속의 단백질은 많은 분석물을 방해하므로 비파괴적 방법으로 제거되어야 한다. 단백질을 침전(응집)시키는 여러 가지 시약이 있다. 트라이클로로아세트산(TCA), 텅스텐산(텡스텐산 소듐과 황산의 혼합), 수산화 바륨과 황산 아연의 합(중성 혼합물)들이 흔히 사용되는 시약의 일부이다. 측정된 부피의 시료를 측정된 부피의 시약으로 처리한다. 단백질의 침전이 일어나면 (약 10분) 시료를 원심분리하거나 건조된 거름 종이로 거르고 씻기는 하지 않는다. **무단백질 거름액(protein-free filtrate**, PFF)의 분액을 취해 분석을 한다. 때로는 분자량 선택 원심분리 거르기를 사용할 수 있다. 특정 유형의 무단백질 거름액을 준비하고 세부 사항과 이 거름액이 필요한 실험에 대해서는 25장(시료의 채집과 보존 부분)의 교재 웹 사이트에 주어져 있다.

무단백질 거름액의 제조에 대해서는 교재의 웹 사이트에 있는 25장을 보라.

건조와 용해를 위한 실험실 기술

고체 시료를 무게 다는 병에서 건조할 때 병에서 뚜껑을 제거하고 엎지르지는 것을 피하기 위해 뚜껑과 병을 비커에 넣고 시계 접시로 덮는다. 그리고 일부 확인할 수 있는 것을 비커 위에 놓는다.

시료를 건조하고 녹일 때 주의하라.

무게가 측정된 시료는 비커나 삼각 플라스크 속에서 녹일 수 있다. 용해 시에 조금이라도 거품이 일면 시계 접시로 용기를 덮는다. 용해가 완료되면 용기의 벽면을 증류수로 씻어 내리고 시계 접시도 씻어, 씻은 액이 모두 용기에 들어가도록 한다. 용액을 증발시켜 부피를 줄여야 할 경우도 있을 수 있다. 이런 경우에는 비커를 시계 접시로 덮고 증발이 되도록 열어 두는 것이 가장 좋다. 용액이 끓어오르지 않도록 낮은 열을 가하고 수증기 중탕이나 온도 조절 가열판을 사용하는 것이 좋다.

용해시킬 때 **Kjedahl 플라스크(Kjeldahl flask**)를 사용하면 용액이 튀거나 끓어올라 힘들어지는 것을 피할 수 있다. Kjeldahl 플라스크는 삭임을 할 때에도 유용하게 쓸 수 있다. 이 이름은 Kjedahl 질소 분석에서 시료를 삭일 때 사용하는 원래의 용도에서 유래되었다. 이 플라스크는 모든 유형의 유기 시료 습식 삭임과 금속의 산 용해에 적합하다. Kjeldahl 플라스크는 10~800 mL까지 다양한 크기로 시판된다. 이들 중 일부가 그림 2.24에 나와 있다. 시료와 적절한 산들을 이 플라스크의 둥근 바닥에 넣고 기울여서 가열한다. 이렇게 하면 "끓어 올라" 손실되는 위험이 없이 산을 끓이거나 환류할 수 있다. 이 플라스크는 불꽃으로 가열할 수도 있고 여러 개의 시료를 동시에 가열하는 Kjedahl 삭임대에서 특별한 전열 장치로 가열할 수도 있다.

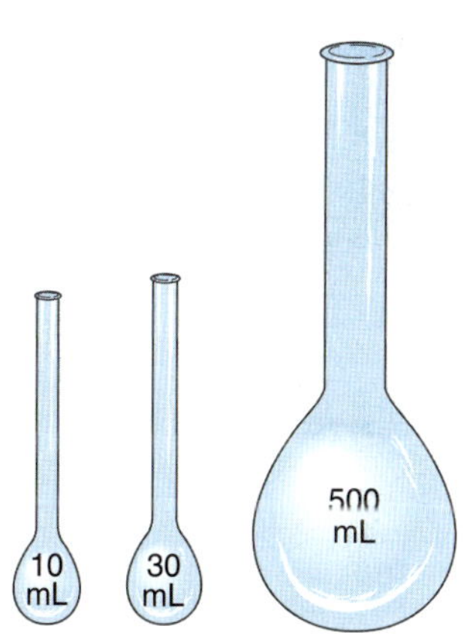

그림 2.24 Kjeldahl 플라스크

2.11 실험실 안전

어떠한 실험이라도 시작하기 전에 실험실 안전 절차에 익숙해야 한다. 교재 웹 사이트에 있는 부록 D에 일반 안전 수칙들이 논의되어 있다. 여러분은 실험을 시작하기 전에 반드시 이 자료를 읽어야 한다. 여러분의 강사가 실험실에서의 실험 조작과 화학 물질의 폐기에 대한 상세한 지침과 규칙들을 알려줄 것이다. 미국화학회에서 발간한 **대학 화학 실험실에서의 안전**(*Safety in Academic Chemistry Laboratories*) (참고 문헌 31)을 참고할 수도 있다. 이 안내서는 개인 보호 및 실험실 진행 절차, 추천 실험실 기술, 화학적 위험성, 물질안전보건자료(MSDS), 안전 장비, 위급상황 절차, 유해 화학 물질에 노출된 경우 직업안전보건청(Occupational Safety Health Administration, OSHA)과 환경보호국(EPA)의 실험실 표준절차 등에 대해 논의하고 있다. 무기 및 유기 과산화물의 취급 방법에 대해서 자세하게 논의하고 있으며 공존할 수 없는 화학 물질들의 광범위한 목록도 나와 있고 가연성 및 인화성 액체용 용기의 최대 허용 용량들도 목록으로 나와 있다. 이 자료가 풍부한 책자는 학생뿐만 아니라 강사들에게도 숙독할 것을 추천한다. 이 책자는 Washing DC에 소재한 미국화학회(1-800-227-5558)에서 무료로 1권씩 배포하고 있다.

실험을 하기 전에 실험실 안전 수칙과 절차를 잘 숙지해야 한다. 부록 D와 강사가 제공하는 자료들을 읽어라. 참고 문헌 31의 무료 배포본을 얻어라.

실험실에선 항상 눈을 보호하라.

(Merck KGaA의 승인 하에 재게재)

또한 미국화학회에서 발간한 **실험실 종사자를 위한 폐기물 취급 안내서**(The Waste Management Manual for Laboratory Personnel)도 정부 규정들에 대한 개요를 제공하고 있다.

교수 선호 문제

George Washington 대학의 Alkos Vertes 교수 제공

Turin 수의의 연대 결정 – 시료 채취 문제

Turin 수의의 진위와 연대를 확인하기 위하여 여러 방법들이 제시되어 왔다(http://en.wikipedia.org/wiki/Shroud_of_Turin). 그들 중 하나가 1988년에 행해진 방사성 탄소 연대 측정이다. 독립적인 분석을 위해서 시료가 세 곳의 개별 실험실로 보내졌다. 자세한 내용은 http://www.shroud.com/nature.htm에 나와 있다. 이 중요한 시료가 어떻게 얻어졌는지와 각 실험실에서 사용된 서로 다른 실험실 준비 절차들이 이 논문에 자세히 기술되어 있다. 다른 알려진 고대의 섬유로 된 세 개의 비교용 시료가 다루어졌으며 같은 방법으로 분석되었다. 그 논문을 보고 결과를 살펴보라. 논쟁이 종결되었는가? ■

질문

1. 부피 측정에 사용되는 기본 기구들을 설명하시오. 각 기구는 부피를 담기 위한 것인지, 옮기기 위한 것인지를 밝히시오.
2. 분석 저울의 원리와 작동법을 설명하시오.
3. 미량 저울이 왜 분석 저울보다 더 감도가 좋은지를 설명하시오.
4. 유리 기구에 표시된 TC와 TD는 무엇을 의미하는가?
5. 차이에 의한 무게 측정법을 설명하시오.
6. 저울 사용 시의 일반 규칙들을 설명하시오.
7. HCl과 NaOH 표준 용액을 제조하는 방법을 설명하시오.
8. 유기 및 생체 물질의 건식재 만들기 및 습식 삭임의 원리에 대해 설명하시오.
9. 무기 물질을 용해하는 두 가지 주요 수단을 설명하시오.
10. PFF가 무엇이며 이것은 어떻게 만드는가?
11. 유기 물질들을 분해할 때 과염소산을 안전히 사용하기 위해서 피해야 할 조건에는 무엇이 있는가?
12. 총괄 시료, 시료, 분석 시료, 임의 시료는 각각 무엇을 말하는가?
13. 마이크로파로 시료를 가열하면 어떤 일이 일어나는가?

문제

유리 기구 교정 및 온도 보정

14. 25 mL 부피 플라스크를 교정하기 위하여 22°C로 유지된 증류수를 표시까지 채운다. 마개로 막은 건조된 플라스크의 무게는 27.278 g이고 채워서 마개로 막은 플라스크의 무게는 52.127 g이다. 저울은 스테인리스강 추를 사용한다. 플라스크의 부피는 얼마인가? 표준 20°C에서는 그 무게는 얼마인가? 표 2.4(교재 웹 사이트에서 볼 수 있다.)에 공기 중에서의 플라스크 무게를 넣어 얻은 값을 비교하시오.
15. 25°C에서 25 mL 피펫을 강철 추를 사용하여 교정한다. 옮겨진 물의 무게는 24.971 g이다. 피펫의 부피는 25°C와 20°C에서 얼마인가?
16. 20°C인 겨울철에 50 mL 뷰렛을 교정하기 위하여 아래의 자료를 사용한다. 여름철 30°C에서 이 뷰렛을 사용한다면 보정값은 어떻게 달라지는가?

뷰렛 눈금 (mL)	보정값 (mL)
10	+0.02
20	+0.03
30	0.00
40	−0.04
50	−0.02

17. 21°C에서 용액을 제조하여 29°C에서 사용한다. 제조 시의 표준 농도가 0.05129 *M*이라면 사용 시에는 얼마인가?

교수 선호 문제

Marshall 대학의 Bin Wang 교수 제공

18. 0.1 mg까지 읽을 수 있는 전자식 분석 저울의 경우에 측정할 수 있는 최대 질량은 얼마인가?
(a) 500~1000 g; (b) 100~300 g; (c) 10~20 g; (d) 수 g 또는 그 이하
19. 공기, 교정 추, 소금의 밀도가 각각 0.0012 g/mL, 7.8 g/cm^3, 2.16 g/mL이다. 공기 중에서 측정된 소금(NaCl)의 겉보기 질량이 15.914 g이라면 참 질량은 얼마인가?

추천 참고 문헌

시약 및 표준물

1. *Reagent Chemicals, Specifications and Procedures*, 10th ed. Washington, DC: American Chemical Society, 2005.
2. *Dictionary of Analytical Reagents*. London: Chapman & Hall/CRC, 1993. Data on over 14,000 reagents.
3. J. R. Moody and E. S. Beary, "Purified Reagents for Trace Metal Analysis," *Talanta*, **29** (1982) 1003. Describes sub-boiling preparation of high-purity acids.
4. R. C. Richter, D. Link, and H. M. Kingston, "On-Demand Production of High-Purity Acids in the Analytical Laboratory," *Spectroscopy*, **15**(1) (2000) 38. www.spectroscopyonline.com. Describes preparation using a commercial sub-boiling system.
5. www.thornsmithlabs.com. Thorn Smith Laboratories provides prepackaged materials for student analytical chemistry experiments (unknowns and standards); www.sigma-aldrich.com/analytical. A supplier of standard solutions.

분석 저울

6. D. F. Rohrbach and M. Pickering, "A Comparison of Mechanical and Electronic Balances," *J. Chem. Ed.*, **59** (1982) 418.
7. R. M. Schoonover, "A Look at the Electronic Analytical Balance," *Anal. Chem.*, **54** (1982) 973A.
8. J. Meija, "Solution to Precision Weighing Challenge," *Anal. Bioanal. Chem.*, **394** (2009) 11. Discusses, in detail, quantitative corrections for minor variations in the apparent mass of a stainless steel weight relative to a platinum weight as air density changes (the apparent mass of the stainless

steel weight increases relative to that of the platinum weight as the air density is reduced).

무게의 교정

9. W. D. Abele, "Laboratory Note: Time-Saving Applications of Electronic Balances," *Am. Lab.*, **13** (1981) 154. Calibration of weights using mass standards calibrated by the National Institute of Standards and Technology is discussed.
10. D. F. Swinehart, "Calibration of Weights in a One-Pan Balance," *Anal. Lett.*, **10** (1977) 1123.

부피 측정용 기구의 교정

11. G. D. Christian, "Coulometric Calibration of Micropipets," *Microchem. J.*, **9** (1965) 16.
12. M. R. Masson, "Calibration of Plastic Laboratory Ware," *Talanta*, **28** (1981) 781. Tables for use in calibration of polypropylene vessels are presented.
13. W. Ryan, "Titrimetric and Gravimetric Calibration of Pipettors: A Survey," *Am. J. Med. Technol.*, **48** (1982) 763. Calibration of pipettors of 1 to 500 μL is described.
14. M. R. Winward, E. M. Woolley, and E. A. Butler, "Air Buoyancy Corrections for Single-Pan Balances," *Anal. Chem.*, **49** (1977) 2126.
15. R. M. Schoonover and F. E. Jones, "Air Buoyancy Corrections in High-Accuracy Weighing on Analytical Balances," *Anal. Chem.*, **53** (1981) 900.

실험실 청결

16. J. R. Moody, "The NBS Clean Laboratories for Trace Element Analysis," *Anal. Chem.*, **54** (1982) 1358A.

시료 채취

17. J. A. Bishop, "An Experiment in Sampling," *J. Chem. Ed.*, **35** (1958) 31.
18. J. R. Moody, "The Sampling, Handling and Storage of Materials for Trace Analysis," *Phil. Trans. Roy. Soc. London, Ser. A*, **305** (1982) 669.
19. G. E. Baiulescu, P. Dumitrescu, and P. Gh. Zugravescu, *Sampling*. Chichester: Ellis Horwood, 1991.

시료 준비 및 용해

20. G. D. Christian, "Medicine, Trace Elements, and Atomic Absorption Spectroscopy," *Anal. Chem.*, **41** (1) (1969) 24A. Describes the preparation of solutions of biological fluids and tissues.
21. G. D. Christian, E. C. Knoblock, and W. C. Purdy, "Polarographic Determination of Selenium in Biological Materials," *J. Assoc. Offic. Agric. Chemists*, **48** (1965) 877; R. K. Simon, G. D. Christian, and W. C. Purdy, "Coulometric Determination of Arsenic in Urine," *Am. J. Clin. Pathol.*, **49** (1968) 207. Describes use of Mo(VI) catalyst in digestions.
22. T. T. Gorsuch, "Radiochemical Investigations on the Recovery for Analysis of Trace Elements in Organic and Biological Materials," *Analyst*, **84** (1959) 135.
23. S. Nobel and D. Nobel, "Determination of Mercury in Urine," *Clin. Chem.*, **4** (1958) 150. Describes room temperature digestion.
24. G. Knapp, "Mechanical Techniques for Sample Decomposition and Element Preconcentration," *Mikrochim. Acta*, **II** (1991) 445. Lists acid mixtures and uses for digestions and other decomposition methods.

마이크로파 삭임

25. H. M. Kingston and L. B. Jassie, eds., *Introduction to Microwave Sample Preparation: Theory and Practice*. Washington, D.C.: American Chemical Society, 1988.
26. H. M. Kingston and S. J. Haswell, eds., *Microwave-Enhanced Chemistry: Fundamentals, Sample Preparation, and Applications*. Washington, DC: American Chemical Society, 1997.
27. H. M. Kingston and L. B. Jassie, "Microwave Energy for Acid Decomposition at Elevated Temperatures and Pressures Using Biological and Botanical Samples," *Anal. Chem.*, **58** (1986) 2534.

28. R. A. Nadkarni, "Applications of Microwave Oven Sample Dissolution in Analysis," *Anal. Chem.*, **56** (1984) 2233.

29. B. D. Zehr, "Development of Inorganic Microwave Dissolutions," *Am. Lab.*, December (1992) 24. Also lists properties of useful acid mixtures.

30. www.cem.com. CEM is a manufacturer of laboratory microwave ovens.

실험실 안전

31. *Safety in Academic Chemistry Laboratories*, 7th ed., Vol. 1 (Student), Vol. 2 (Teacher), American Chemical Society, Committee on Chemical Safety. Washington, DC: American Chemical Society, 2003. Available online at http://portal.acs.org/portal/PublicWebSite/about/governance/ committees/chemicalsafety/publications/WPCP_012294 (vol. 1) and http://portal.acs.org/portal/ PublicWebSite/about/governance/committees/chemicalsafety/publications/WPCP_012293 (vol. 2).

32. *The Waste Management Manual for Laboratory Personnel*, Task Force on RCRA, American Chemical Society, Department of Government Relations and Science Policy. Washington, DC: American Chemical Society, 1990.

33. A. K. Furr, ed., *CRC Handbook of Laboratory Safety*, 4th ed. Boca Raton, FL: CRC Press, 1993.

34. R. H. Hill and D. Finster, *Laboratory Safety for Chemistry Students*. Hoboken, NJ:Wiley, 2010.

35. M.-A. Armour, *Hazardous Laboratory Chemicals Disposal Guide*. Boca Raton, FL: CRC Press, 1990.

물질안전보건자료(MSDS)

36. http://siri.org/msds. Online searchable database, with links to other MSDS and hazardous chemical sites.

37. www.env-sol.com. Solutions Software Corporation. MSDS database available on DVD or CD-ROM.

3장
분석 화학에서의 통계와 자료 처리

"진실은 완고한 것이지만, 통계는 훨씬 유연하다."
– Mark Twain

"모든 통계의 43.8%는 쓸모없는 것이다."
– 작가 미상

"사람들은 무엇인가를 증명하기 위해 통계를 쓰지만, 그들 중 14%만이 통계를 안다."
–Homer Simpson

3장 URLs

학습 목표

이 장에서 배울 중요한 내용은 무엇인가?

- 정확도와 정밀도
- 측정 오차의 형태
- 계산과 측정에서의 유효 숫자
- 절대 및 상대 불확정도
- 표준 편차
- 오차의 전파
- 관리도
- 통계: 신뢰 한계, t 시험법, F 시험법
- 결과의 거부
- 최소 제곱법 도시와 결정 계수
- 검출 한계
- 시료의 통계
- 시험 능력 분석
- 스프레드시트 사용하기
- 교정 곡선 도시를 위한 스프레드시트

보통은 분석 자료를 수집한 다음에 자료 처리를 하지만, 실험실에서 실험을 수행할 때 통계 분석에 대한 지식이 필요하기 때문에 이 교재의 앞부분에서 자료 처리를 다루고자 한다. 수집된 자료의 중요성을 이해하고 각 분석 단계의 한계를 설정하기 위해 통계가 필요하다. 자료가 무엇을 의미하는지를 제대로 이해하여야만 비로소 실험 계획(시료의 양, 측정의 정밀도, 반복 측정 횟수 등)을 수립할 수 있다.

분석 자료를 처리할 때 스프레드시트를 활용하면 통계와 다른 계산들을 효율적으로 할 수 있다. 여러분은 우선 이론을 완전히 이해하기 위해 필요한 다양한 계산에 대한 상세한 내용을 교재 전반에 걸쳐 배우게 될 것이다. 그러나 일상적인 계산에 이 소프트웨어를 사용할 때 어떠한 장점이 있는지 보여 주기 위해 스프레드시트 계산도 소개한다. 이 장에서는 스프레드시트의 원리에 대해 소개할 것이다.

3.1 정확도와 정밀도: 차이가 있다

정확도는 과녁의 중앙에 얼마나 가까이 맞추었는가를 나타내고, **정밀도**는 각각의 점들이 얼마나 가까운가를 나타낸다. 정밀도가 좋지 않으면 정확도를 확보하는 것은 거의 불가능하다.

정확도(**accuracy**)란 측정값이 참값과 일치되는 정도를 말한다. 절대적인 참값은 거의 알 수 없으므로 정확도의 현실적인 정의는 측정값과 일반적으로 참값으로 **인정한** 값 사이의 일치도라고 말할 수 있다.

시료와 유사한 조성의 표준 시료를 비교하는 것처럼, 좋은 분석 기술을 이용하여 "알고 있는" 시료와 측정법에 대한 지식의 한계 내에서 측정 방법의 정확도에 대한 합리적인 가정에 도달할 수 있다. 표준 시료의 값에 대한 정확도는 궁극적으로 확실성의 한계를 가진 측정에 의해 결정된다.

좋은 정밀도가 정확도를 보장하는 것은 아니다.

정밀도(precision)는 같은 양을 반복하여 측정했을 때의 일치되는 정도라고 정의된다. 즉 정밀도는 결과의 재현성을 말한다. 정밀도는 표준 편차, 변동 계수, 자료의 범위, 평균의 신뢰구간(예 95%) 등으로 표현된다. 정밀도가 좋다는 것이 반드시 정확도도 좋다는 것을 의미하지 않는다. 그 예로 계통 오차가 존재하는 분석을 들 수 있다. 시료를 희석하는 데 사용하는 피펫의 부피에 오차가 있을 수 있다. 이 오차는 정밀도에는 영향을 미치지 않으나 정확도에는 영향을 미친다. 한편 대단히 드물기는 하지만, 정밀도는 비교적 나쁘나 경우에 따라서는 상당히 좋은 정확도를 얻기도 한다. 모든 분석은 알려져 있지 않은 것을 대상으로 하기 때문에, 정밀도가 높으면 그만큼 참값을 얻을 확률도 커진다. 정밀도가 낮은데도 불구하고 정확한 값을 얻으려고 한다면 그것은 바람직하지 못하다. 분석자는 되도록 정확한 값을 얻으려고 반복 측정을 하는 경우가 많다.

"과녁을 맞추려면, 우선 총을 쏘고, 당신이 얼마나 많이 과녁을 맞추었는지 이야기하라."
—Asheleigh Brilliant

이 개념은 그림 3.1의 과녁과 같이 나타낼 수 있다. 여러분이 연습에서 쏜 몇 개의 총알이 모두 과녁 중심에 들었다고 가정해 보자(왼쪽 과녁). 이것은 정확하고 정밀하다. 가운데 과녁에서는 정밀하지만(흔들리지 않은 손과 눈) 정확하지는 않다. 아마도 총의 가늠쇠가 잘못 설정되었을 것이다. 오른쪽 과녁에서는 정밀하지 못하여서 아마도 부정확할 것이다. 따라서 정확도를 얻기 위해서는 정밀도가 좋아야 하지만, 정밀도가 정확도를 보장하지는 못한다는 것을 알 수 있다.

나중에 살펴보겠지만, 여러 번 측정하게 되면 신뢰성이 증가한다. 필요한 측정 횟수는 필요로 하는 정확도와 방법의 재현성에 따라 결정된다.

3.2 가측 오차—규칙적이다

가측 오차 또는 계통 오차는 불규칙하지 않으며, 측정에서 무언가를 잘못했을 때 발생한다.

측정량의 정확도와 정밀도에 영향을 미치는 중요한 두 가지 오차가 있다. **가측 오차(determinate error)**는 말 그대로 측정할 수 있으며, 예방하거나 보정할 수 있는 것이다. 이것은 부피를 측정할 때 보정하지 않은 피펫을 사용했을 때처럼 일정한 값을 가질 수도 있다. 또는 부피 측정마다 오차가 다른 뷰렛을 사용하였을 때처럼 그 양이 변하는 경우도 있으나, 그 원인을 설명할 수 있으며 또한 보정할 수 있다.

오차는 시료의 양에 비례하는 경우도 있고, 복잡하게 변화하는 경우도 있다. 그 변동은 침전으로 인해 용해도가 감소하는 것(음의 오차)과 같이 자주 한쪽으로 치우친다. 그러나 그 방향은 양 또는 음의 오차로 불규칙적이다. 그 예로 온도 변화에 의한 용액의 부피와 농도의 변화를 들 수 있다. 이것은 용액의 온도를 측정하여 보정할 수 있다. 이와 같이 측정 가능한 가

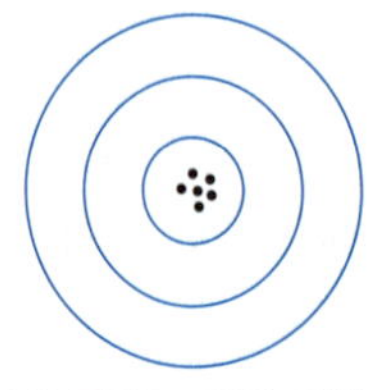
좋은 정밀도, 좋은 정확도

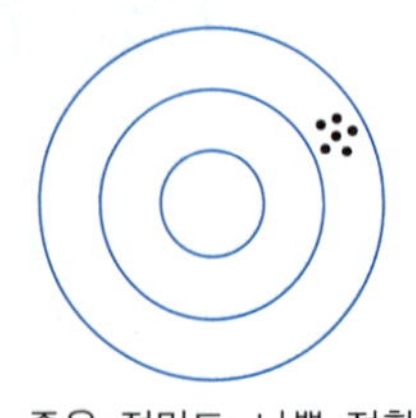
좋은 정밀도, 나쁜 정확도

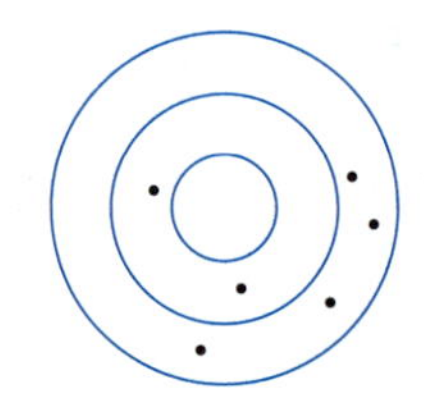
나쁜 정밀도, 나쁜 정확도
(대칭적이라면 정확할 수 있다)

그림 3.1 정확도 대 정밀도

측 오차는 **계통 오차**(**systematic error**)로 분류한다.

일반적인 가측 오차는 다음과 같다.

1. 기기 오차. 보정을 하지 않은 유리 기구와 같은 결함이 있는 장치를 포함한다.
2. 조작 오차. 개인적인 오차를 포함하며, 분석자의 경험과 조작할 때 주의를 기울임으로써 줄일 수 있다. 조작 오차는 조작의 점검표를 참조함으로써 최소화할 수 있다. 이 오차를 발생시키는 원인은 용액을 옮기거나, 시료를 녹일 때 거품이 생기거나 넘칠 때, 시료를 충분히 건조하지 않았을 때 등이다. 이것들은 보정하기가 어렵다. 그 외의 개인 오차로는 계산할 때에 수학적 오차와 측정할 때의 편견 등이다.
3. 방법 오차. 분석 오차 중 가장 심각한 것이다. 위의 모든 오차는 최소화하거나 보정이 가능하지만, 그 방법의 고유한 오차는 측정법의 조건을 개선하지 않는 한 변화시킬 수가 없다. 이에 대한 원인으로는 불순물의 공침, 침전물의 약간의 용해도, 부반응, 불완전 반응, 시약 중의 불순물 등이다. 때로는 **바탕 시약**(**reagent blank**)을 측정함으로써 간단히 오차를 보정할 수도 있다. 바탕값은 첨가한 시약만을 측정하여 얻은 값이다. 일반적으로 시료를 측정한 값에서 바탕값을 빼준다. 그러나 좋은 바탕 시료 분석만으로 정확한 측정을 보증할 수는 없다. 만약 시료에 있는 분석물이 의도한 분석물 이외의 다른 물질과 감응하는 방법이라면 방법을 바꾸어야 한다. 오차가 허용 범위를 벗어났을 때는 다른 분석법을 강구해야 한다. 그러나 종종 더 좋은 방법이 없어 기존의 방법을 이용할 수밖에 없는 경우도 있다.

바탕 시약을 측정하는 것은 항상 좋은 생각이다.

가측 오차는 오차의 특성이나 계산법에 따라 **더해주거나 곱해줄 수** 있다. 계통 오차를 검출하기 위한 일반적인 방법은 시료(극파)에 일정량의 표준 물질을 첨가하고 그 복구율을 측정하고(1장의 "방법의 유효성" 참조) 극파 복구 또한 원하지 않는 분석 물질(예: 방해물)로부터의 감응을 보정할 수는 없다는 것을 명심해라. 기준 시료를 분석하는 것도 방법 오차나 기기 오차를 추적하는 데 도움이 된다.

3.3 불가측 오차—불규칙하다

두 번째 종류의 오차는 **불가측 오차**(**indeterminate error**)이고, 우연 오차 또는 임의 오차라고도 하며, 어떤 측정에서도 일어나는 실험적 불확정도를 나타낸다. 이와 같은 오차는 같은 분석자가 같은 조건으로 연속적으로 측정할 때에도 작은 차이에 의해서도 발생하며, 예측이나 평가를 할 수 없다. 우연 오차는 불규칙적으로 분산된다. 그러므로 일련의 측정 결과로부터 가장 그럴듯한 결론에 도달하기 위하여 수학적인 확률의 법칙을 적용한다.

불가측 오차는 불규칙적이며 피할 수 없다.

수학적인 확률을 설명하는 것은 교재의 범위를 벗어나지만, 불가측 오차는 **정규 분포**(**normal distribution**) 또는 **가우스 곡선**(**Gauussian curve**)을 따라 분포한다고 말할 수 있다. 이와 같은 곡선을 그림 3.2에 나타내었다. 기호 σ는 무한히 많이 측정했을 때 모집단의 **표준 편차**(*standard deviation*)를 나타내며, 이 정밀도의 척도가 그림 3.2와 같이 정규 모집단 분포의 퍼짐을 설명한다. 여기에서 매우 큰 오차는 거의 없고, 양과 음의 오차가 거의 비슷한 빈도로 일어난다.

불가측 오차는 분석자가 외부 조건 조절과 보정에 한계를 가지거나 오차가 유발하는 원인에 대해 인식하지 못하는 데에서 기인된다. 몇 가지 우연 오차는 물질의 고유 성질에서 기인한다. 예를 들어 방사성 핵종 ^{129}I 이 시료로 고려될 때이다. 동위 원소는 오랫동안 안정하여 짧은 시간 동안에는 감지할 만한 수의 변화가 없을 것이다. 그러나 충분한 양을 취하였을 때

"감지할 수 있는 오차가 그 정의에 의해 제한적이지만, 감지할 수 없는 오차는 한없이 다양하다." – Tom Gibb

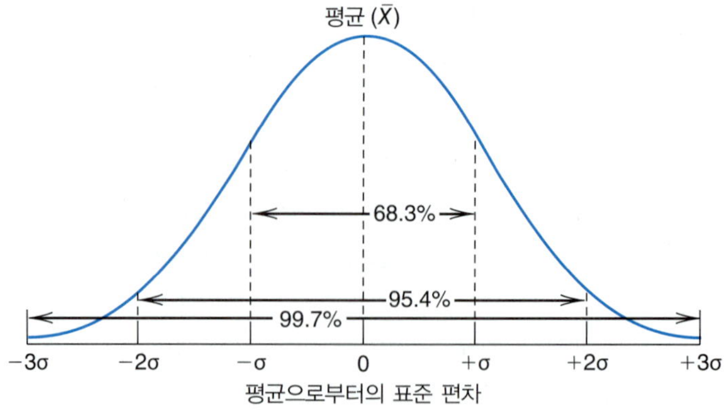

그림 3.2 정규 오차 곡선

에는 반감기로 볼 때 매 60초마다 붕괴가 일어남을 기대할 수 있다. 사실은 매 60초가 아니라 평균 60초에서 변동이 있을 것이다. 때로는 조건을 변화시킴으로써 미지의 오차를 제거할 수도 있다. 물론 실험상의 모든 우연 오차를 제거하는 것은 불가능하지만, 분석자들은 허용 수준 또는 유의 수준 이하로 줄이는 노력을 해야만 한다.

3.4 유효 숫자: 얼마나 많은 숫자를 필요로 하는가?

측정의 마지막 숫자는 약간의 불확정도를 가진다. 여러분은 그보다 더 많은 숫자를 포함시킬 수 없다.

일련의 분석 과정의 정밀도는 정밀도나 정확도가 가장 낮은 측정에 의해서 결정되며, 이를 제외한 나머지 측정을 보다 정확히 하려는 노력은 소용이 없다. 유효 숫자의 개수는 **측정 결과를 측정의 정밀도에 부합하도록 표시하는 데 필요한 숫자의 개수**라고 정의된다. 어떠한 측정이든지 유효 숫자의 마지막 수는 적어도 ±1만큼의 불확정도를 가지기 때문에, 유효 숫자의 개수는 알고 있는 모든 숫자에 불확실한 한 자리를 더한 것이다. 보고되는 값에 일반적으로 불확실한 한 자리 이외의 자릿수를 포함하는 것은 비상식적이다. 여기서 각각의 자릿수는 특별한 실제의 양을 나타내는 것이다. 예를 들어 237은 100이 2개, 10이 3개, 1이 7개임을 뜻한다. 이 숫자가 최종 보고된 값이라면, 불확정도가 단위 자릿수에 있다는 것을 의미한다(즉 ±1).

0이란 숫자는 측정값의 중요한 부분이거나 단지 소수점 이하의 자리를 나타내기 위한 것일 수 있다. 측정에서 유효 숫자의 개수는 소수점의 자릿수와는 무관하다. 92,067이란 숫자를 예로 들면, 이 수의 유효 숫자는 소수점의 위치와는 무관하며, 5개이다. 92,067 μm, 9.2067 cm, 0.92067 dm, 0.092067 m는 모두 같은 측정값을 각각 다른 단위로 나타냈을 뿐이며, 유효 숫자의 개수는 같다. 0.092067이란 수의 9보다 앞에 있는 0은 단지 소수점의 자리를 나타내기 위한 0이며, 유효 숫자의 개수와는 관계가 없다. 소수점 뒤에 있는 0은 중요할 수도 있고, 다만 소수점의 위치를 표시하기 위한 것일 수도 있다. 727.0에서 0은 소수점의 위치를 나타내기 위한 것이 아니라 유효 숫자의 일부이다. 소수점 앞에 0이 나오면 애매할 수도 있다. 만약 다른 숫자 사이에 0이 나오면 중요한 것이다. 92,067이 그러한 경우이다. 936,600에서는 0이 단지 소수점의 위치를 나타내기 위한 것인지, 유효 숫자에 포함되는 것인지 판단할 수 없다. 이와 같은 경우에는 유효 숫자만 수로 쓰고, 자릿수는 10의 지수로 나타내는 것이 좋다. 따라서 9.3660×10^5는 유효 숫자가 5개이고, 936,600은 유효 숫자가 6개이다. 때로는 모든 자릿수가 유효 숫자임을 표시하거나 모호함을 피하기 위하여 936,000과 같이 마침표를 숫자 뒤에 찍기도 한다.

예제 3.1

아래 수들의 유효 숫자의 개수를 적고, 어느 0이 유효 숫자인지를 지적하시오.

0.216; 90.7; 800.0; 0.0670

풀이

0.216	유효 숫자 3개
90.7	유효 숫자 3개, 0은 유효 숫자
800.0	유효 숫자 4개, 모든 0이 유효 숫자
0.0670	유효 숫자 3개, 마지막 0만 유효 숫자

500이라고 쓰인 수는 500±100을 의미할 수 있다. 5.00×10^2이라고 쓰인 수는 500±1을 의미한다.

측정값의 마지막 숫자의 중요성에 대해서는 다음과 같이 설명할 수 있다. 학생들이 같은 자를 사용하여 막대의 길이를 측정하였다고 하자. 자의 눈금은 1 mm 간격이며, 0.1 mm까지 내삽하여 눈금 사이를 읽을 수 있으나 마지막 숫자는 불확실하다. 다음과 같은 측정 결과를 얻었다고 하자.

565.4 mm
565.8 mm
565.0 mm
566.1 mm
565.6 mm (평균)

절대 불확정도와 상대 불확정도

측정 또는 계산의 결과가 수로 표현될 때, 그 수의 마지막 자리는 ±1 정도로 불확실하다는 것을 내포한다. 위의 예에서 책상의 폭이 565.6 mm라고 말하는 것은 그 값이 565.5와 565.7 사이에 있다는 것으로 이해해야 한다. 그 수의 불확정도 또는 **절대 불확정도(absolute uncertainty)**는 10분의 1 단위, 0.1 mm이다. Washington의 Seattle과 Texas의 Arlington 사이의 거리가 2.99×10^3 km라면, 불확정도는 10 단위이고, 절대 불확정도는 10 km이다. – 이 수는 2980과 3000 km의 범위를 나타낸다. **상대 불확정도(relative uncertainty)**는 절대 불확정도를 그 수의 값으로 나누어 준 값으로, 처음의 경우 상대 불확정도는 0.1/565.6 또는 5656분의 1, 두 번째 경우는 $10/2.99 \times 10^3$ 또는 299분의 1이다.

수의 불확정도는 종종 절대 불확정도를 말한다. 상대 불확정도는 절대 불확정도를 수로 나눈 값이다.

불확정도의 전파

우리는 숫자로 덧셈, 뺄셈, 나눗셈, 곱셈과 같은 산술 연산을 수행한다. 사슬이 그것의 가장 약한 결합보다 강할 수 없는 것처럼, 연산의 결과가 계산에 포함된 가장 큰 불확정도를 갖는 수보다 더 확실할 수는 없다. 그러나 덧셈과 뺄셈에서 가장 큰 불확정도가 보존되며, 최종 결과는 가장 큰 절대 불확정도를 갖는 수보다 더 정확할 수는 없다. 만약 내가 56쿼터(55에서 57)를 가지고 있고, 여러분이 2300페니(2299에서 2301)를 가지고 우리의 자원을 합치면, 결과는 쿼터보다 더 작은 불확정도를 가질 수 없다. 반면에 Texas의 Arlington에서 Washington의 Seattle까지 운전을 할 때, Kevin이 주행 기록계를 읽어 거리가 2990 km(2980~3000, 상대 불확정도 299분의 1)라 하고, Gary가 시간을 측정하여 27시간(26~28, 상대 불확정도 27분의 1)이라고 하였다. 속도를 계산하려 한다면, 거리를 시간으로 나누어야 하고 그 결과는 가장 큰 상대 불확정도인 27분의 1보다 더 정확할 수 없다.

덧셈과 뺄셈 – 절대적으로 생각하라

덧셈이나 뺄셈은 유효 숫자가 몇 개인가를 결정하는 데 소수점의 위치가 중요하다. 각각의 원자량으로부터 Ag_2MoO_4의 분자량을 계산하는 경우를 생각해 보자(Ag=107.870 amu, Mo=95.94 amu, O=15.9994 amu, amu=원자 질량 단위).

덧셈과 뺄셈의 답은 가장 적은 유효한 단위를 포함하는 숫자와 같은 수의 단위를 갖는다.

몰리브데넘(Mo)의 원자량은 0.01 amu까지만 알려져 있으나, Ag와 O는 각각 0.001과 0.0001 amu까지 알려져 있다. 몰리브데넘을 포함하는 화합물의 화학식량을 0.01보다 정확하게 알 수 없다. 그러므로 Ag_2MoO_4의 분자량에 대해 알 수 있는 가장 정확한 값은 375.68이다. 덧셈과 뺄셈에서 모든 수는 계산하기 전에 최소의 유효 숫자까지 반올림하여 두어도 좋으나 답의 일관성을 얻기 위해서 한 자리를 여분으로 더 구해 놓고 최후에 반올림하는 것이 좋다.

Ag	107.87	0
Ag	107.87	0
Mo	95.94	
O	15.99	94
O	15.99	94
O	15.99	94
O	15.99	94
	375.67	76

곱셈과 나눗셈 –상대적으로 생각하라

곱셈과 나눗셈의 답은 연산에 포함된 수 중 가장 부정확한 것보다 더 정확할 수는 없다.

많은 측정의 보고된 값의 마지막 자리는 불확실하다. 이것은 측정값에서 마지막 유효 숫자이며, 그 뒤의 어떤 숫자도 무의미하다. 이 측정값을 써서 곱셈과 나눗셈을 하게 되면 이 불확실한 수도 수학적 연산 과정을 통해 전달되므로 답의 불확실한 자리의 수는 제한된다. 곱셈이나 나눗셈에서 답이 가지는 상대 불확정도는 연산에 포함된 수 중에서 가장 큰 상대 불확정도를 갖는 수와 같다. 답은 연산에 포함된 유효 숫자의 개수가 가장 적은 수의 확실한 자릿수보다 많은 자릿수를 가질 수 없다. 연산에서 유효 숫자의 개수가 가장 적은 값이 두 개 이상일 때에는, 소수점에 상관없이 절대적인 수가 가장 작은 것이 결과를 지배한다. 예를 들면 0.0344와 5.39는 유효 숫자의 수는 같지만, 0.0344가 더 큰 상대 불확정도를 갖는다(344의 1을 539의 1과 비교하라).

예제 3.2

최대의 유효 숫자를 가지도록 아래 계산의 답을 구하시오.

$$\frac{\left(\dfrac{97.7}{32.42} \times 100.0\right) + 36.04}{687}$$

풀이

$$\frac{301_{.36} + 36.04}{687} = \frac{337_{.4}}{687} = 0.0491_1$$

첫 번째 계산에서 가장 큰 상대 불확정도를 갖는 숫자는 97.7이고, 결과는 301.36이다. 덧셈을 할 때까지 다섯 번째의 숫자를 추가적으로 남겨두고, 나눗셈이 세 개의 유효 숫자를 가지므로 네 번째에서 반올림한다. 나눗셈 단계에서 으뜸 숫자는 687이다. 그러나 답의 절대적인 크기가 이보다 작으므로 한 자리를 더 남겨두어야 한다. 첫 번째 단계에서 $301_{.4}$로 반올림하였다면 이 값은 $337_{.5}$이었을 것이고, 최종 답은 0.491_3(아직 실험적인 불확정성 이내)이었을 것이다. ■

예제 3.3

아래 숫자 쌍 중에서 곱셈과 나눗셈의 결과를 조절하는 가장 큰 상대 불확정도를 갖는 수를 고르시오.

(a) 42.67과 0.0967 (b) 100.0과 0.4570 (c) 0.0067과 0.10

풀이

(a) 0.0967(유효 숫자 3개)

(b) 100.0(둘 다 4개의 유효 숫자를 가지지만, 이 값의 불확정도는 1천분의 1이므로 4600분의 1보다 크다.)

(c) 0.10 [둘 다 2개의 유효 숫자를 가지지만, 이 값의 불확정도는 10%(10분의 1)이므로 약 70분의 1보다 크다.]

예제 3.4

최대한 많은 유효 숫자를 가질 수 있도록 아래 계산의 답을 구하고, 가장 큰 상대 불확정도를 갖는 수를 나타내시오.

$$\frac{35.63 \times 0.5481 \times 0.05300}{1.1689} \times 100\% = 88.5470578\%$$

풀이

가장 큰 상대 불확정도를 갖는 숫자는 35.63이다. 따라서 답은 88.55%이고, 연산에서 다섯 자리 이상을 남기는 것은 의미가 없다(다섯 번째 수는 넷째 자리로 반올림할 때 사용한다). 여기서 100%는 소수점을 옮기기 위해서 사용된 것이므로 절대수이고, 무한히 많은 유효 숫자를 가진다(2와 4 같은 수식의 계수와 Ag_2MoO_4의 FW를 계산하는 데 사용한 Ag와 O의 원자량은 절대수이고, 무한히 많은 유효 숫자를 가진다). 35.63의 상대 불확정도는 최대 3600분의 1이고 답은 최대 3600분의 1의 상대 불확정도를 가진다. 따라서 답은 적어도 이 정도(즉, 약 8900분의 2.5)의 상대 불확정도를 가진다. 이 계산의 목적은 어떤 숫자의 최소의 정밀도를 답으로 나타내고자 하는 것이지만, 불확정도의 크기도 알아보고자 하는 것이다. **마지막 숫자는 측정한 유효 숫자에 의해 결정된다**(일련의 측정을 할 때도 마찬가지로 각각이 비슷한 수준의 상대 불확정도를 가지도록 노력해야 한다). ■

소수점이나 부호에 관계없이 답이 으뜸 숫자보다 작을 경우에는, 최소의 불확정도를 나타내기 위해 답에 추가적으로 한 자리 수를 더 남긴다. 그러나 그 마지막 한 자리는 아래 첨자로 표시하여 더 의심된다는 것을 표시한다.

아래 첨자는 마지막 결과에서 더해진 불확정도를 표시하기 위해 사용한다. 이 것은 결과의 상대 불확정도가 연산에 이용된 최소의 확실한 수를 갖는 수보다 작을 때 이용한다.

예제 3.5

다음 연산을 합리화하시오.

$$\frac{1.001 \times 10^3 \times 99.89}{1.006 \times 10^2 \times 1120} = 8.87_4 \times 10^{-1}$$

풀이

연산에 관여된 모든 수의 유효 숫자는 4개로 같다. 수 1.001×10^3이 가장 큰 상대 불확정도, 1001분의 1을 갖는다. 만약 마지막 결과에 같은 수의 유효 숫자를 유지시키려면, 상대 불확정도는 8874분의 1로 거의 한 자릿수가 다른 불확정도를 갖게 된다. 그래서 마지막 자릿수를 첨자로 표현하였다.

곱셈과 나눗셈에서 연산의 각 단계로부터 구한 답을 유효 숫자만 남기고 반올림해도 된다. 그러나 최종 답의 일관성을 위해서 최종 계산까지는 한 자리를 더 남기고, 최후에 이를 반올

림하는 것이 더 좋다. ■

모두 함께 놓기

유효 숫자의 중요성을 요약할 때, 두 가지 의문점이 있다. 첫째는, 어느 정도로 정확하게 결과를 알아야 하는가의 문제이다. 시료 중에 포함된 어떤 화합물의 함량이 12%인지, 13%인지를 알고 싶으면, 모든 측정은 ±1%의 최종 오차를 갖게 하면 된다(여러 단계의 측정과 연산을 포함하는 측정인 경우도 포함된다). 예를 들어 시료 약 2 g을 달아야 한다면, 0.1 g까지만 무게를 측정하면 된다. 둘째는, 필요한 각 측정들을 어느 정도로 정확하게 할 수 있는가 하는 것이다. 흡광도를 측정할 때는 세 자리(예를 들어 $A=0.447$)까지만 그 값을 읽을 수 있기 때문에 시료의 무게를 달 때 세 자리(예를 들어 6.67 g) 이상 정확하게 눈금을 읽는 것은 무의미하다.

일련의 측정 중에서 어느 측정값이(소수점과 상관없이) 다른 값에 비해서 작은 경우에는 그 측정을 한 자리 정도 더 정밀하게 측정하는 것이 타당하다. 이것은 다음과 같이 설명할 수 있다. 같은 질량을 가지는 두 개의 물질을 같은 정밀도로, 예를 들어 0.1 mg 또는 1000분의 1의 정밀도까지 무게를 달 때를 생각해 보자. 하나의 측정값은 99.8 mg이고 다른 것은 100.1 mg이라 하면, 같은 저울을 사용하여 같은 정확도로 측정하였지만, 같은 정도의 상대 불확정도를 갖게 하기 위하여 한쪽이 다른 하나보다 유효 숫자의 개수가 더 많다. 이것은 최종 결과가 계산에 포함된 가장 큰 상대 불확정도를 가진 수보다 더 작은 상대 불확정도를 가질 때, 가장 마지막 단위를 첨자로 쓴 것과 관련이 있다.

일련의 측정 중에서 가장 큰 상대 불확정도를 알고 있는 경우에는 그 수를 크게 하거나(예를 들어 시료의 양을 늘린다) 가능하다면 유효 숫자보다 한 자리 더 측정함(예를 들어 한 자리 더 무게를 측정함)으로써 전체의 정확도를 높일 수 있다. 이것은 어떤 하나의 측정값의 상대 불확정도가 다른 값보다 더 클 때 그 수의 불확정도를 다른 값의 불확정도에 가깝게 하기 위한 유용한 수단이다.

덧셈과 뺄셈의 경우, 분석 과정에서 **절대** 불확정도가 같도록 측정하고, 곱셈과 나눗셈에서는 **상대** 불확정도가 같도록 그 양을 측정하여야 한다.

계산 단계에서는 여분으로 한 자리를 더 남겨놓고, 최종 해답을 구할 때 반올림하는 것이 좋은 방법이다.

"당신이 구한 답을 한 번 더 점검해 보시오—누군가에게 말하기 전에."
—Edmund C. Berkely

덧셈/뺄셈 그리고 곱셈/나눗셈이 모두 포함된 계산에서는 각 단계를 분리해서 처리해야 한다. 실제 계산을 할 때 좋은 방법은 최종 답을 구하기 전까지는 중간 계산에서 추가로 한 자리를 더 남겨두는 것이다. 전자계산기를 사용할 경우에는 모든 수를 마지막까지 그대로 남겨둔다. 계산기가 나타내 주는 모든 수가 옳다고 가정하지 말아야 한다. 항상 여러분이 기대하는 답의 크기를 가늠해야 한다. 여러분이 2%를 기대한다면 0.02까지 읽고, 100을 곱하는 것은 잊어도 된다. 여러분이 20%를 기대하고 답이 4.3이라면, 아마도 계산이나 측정에서 오차를 유발한 것이다. 항상 되물어라: 상식적인가? 숫자가 합리적인가?

로그 – 가수를 생각하라

대수에서 역대수로 변환하거나 또는 그 반대로 하는 경우에는, 계산하는 수와 로그의 가수(mantissa)의 유효 숫자의 개수는 같다(부록 B의 로그의 활용 참조). 가수의 모든 0은 유효 숫자이다. 예를 들어 $2.0\times10^{-3}\ M$ HCl 용액의 pH를 $\text{pH} = -\log[\text{H}^+]$ 식으로 계산한다고 가정해 보자.

$$\text{pH} = -\log 2.0\times10^{-3} = -(-3+0.30) = 2.70$$

pH = 2.70에서, "2"는 지표, "70"은 가수라 부른다. 로그에서 가수의 유효 숫자의 개수가 최종 값의 유효 숫자의 개수를 결정한다. 가수에서의 0들은 유효 숫자로 센다.

여기서 −3은 지표(10^{-3}에서 나온 수)이며, 소수점의 자리를 결정하는 수이다. 0.30은 로그 2.0의 가수이며, 두 개의 숫자를 갖고 있다. 따라서 용액 농도의 유효 숫자는 2개이지만, pH(로그)값은 3개이다. 역대수에서도 마찬가지로 구하는 답은 가수와 같은 자릿수의 유효 숫자를 가진다. 0.072의 역대수는(가수의 .072가 3개이므로) 1.18이고, log 12.1은 1.083이 된다(1은 지표이고, 가수는 .083, 즉 3개이다).

3.5 반올림

유효 숫자의 맨 마지막 자리 다음 수가 5보다 클 경우에는 반올림하고, 5보다 작을 경우에는 버려서 최종의 유효 숫자를 값으로 취한다.

마지막 숫자가 5일 때, 항상 짝수가 되도록 반올림한다.

$$9.47 = 9.5$$
$$9.43 = 9.4$$

최후의 숫자가 5일 때 유효 숫자의 마지막 숫자가 짝수가 되도록 반올림한다.

$$8.65 = 8.6$$
$$8.75 = 8.8$$
$$8.55 = 8.6$$

이렇게 하는 것은 5의 앞에 있는 마지막 유효 숫자가 짝수이거나 홀수이거나 확률은 통계적으로 같다는 데 기반을 두고 있다. 즉 충분히 여러 번 시료 채취를 하게 되면 5의 앞자리 숫자는 짝수이거나 홀수가 되는 횟수는 같아질 것이다. 유효 숫자가 아닌 모든 숫자는 한꺼번에 반올림해야 한다. 짝수 법칙은 마지막 숫자가 정확하게 5로 떨어질 때만 적용한다(예를 들어 ... 51은 이렇게 하지 않는다). (예를 들어 네 자리의 유효 숫자를 원한다면 45.365는 45.36 인 반면, 45.3651은 45.37로 반올림한다.)

3.6 정확도의 표현 방법

공인된 참값이 있어 비교할 수 있는 경우에는 측정의 정확도를 나타내기 위한 여러 가지 방법과 단위가 있다. 각각의 경우에 비교를 하기 위한 "참"값이 있다고 가정한다.

절대 오차

참값과 측정값과의 차이는 부호를 포함하여 **절대 오차**(**absolute error**)라고 하며, 측정값과 같은 단위로 표현된다. 2.62 g의 시료가 2.51 g으로 측정되었을 때, 절대 오차는 −0.11 g이다. 측정값이 몇 개의 측정의 평균일 경우에 그 오차를 **평균 오차**(**mean error**)라고 한다. 평균 오차는 참값과 개별 실험값과의 부호를 포함한 차이의 평균으로부터 계산된다.

상대 오차

절대 오차나 평균 오차를 참값에 대한 퍼센트로 나타낸 것이 **상대 오차**(**relative error**)이다. 앞의 예에서 상대 오차는 $(-0.11/2.62) \times 100\% = -4.2\%$이다. **상대 정확도**(**relative accuracy**)는 측정값이나 평균값을 참값에 대한 퍼센트로 표시한 것으로, 위의 경우 $(2.51/2.62) \times 100\% = 95.8\%$가 된다. 여기서 어떤 값도 "참값"임을 알 수 없고, 상대 오차 또는 정확도는 서로 다른 두 측정의 평균에 기반을 둔다는 점을 강조해 둔다. 표준 물질로부터 공인된 값이 없는 한, 참값은 가정이다.

상대 오차는 퍼센트 이외의 단위로도 표현된다. 매우 정확한 실험에서는 상대 오차는 보통 1% 이하이므로 보다 작은 단위를 사용하면 편리하게 된다. 1%의 오차는 100분의 1에 해당한다. 그것은 또한 1000분의 10에 해당된다. 이 후자의 단위는 작은 불확정도를 나타내기 위하여 자주 사용된다. 이 불확정도는 **천분율**(**part per thousand**)로 표현된다. 수 0.11은 2.62의 천분율로 표현되며, 2.62의 0.11분율 또는 1000분의 42로 표현된다. 천분율은 측정의 정밀함을 표시할 때 사용된다. 훨씬 더 작은 양, 백만분율(1 ppm = 100만 분의 1), 10억분율(1 ppb = 10억분의 1)이 사용되기도 한다.

예제 3.6

분석 결과가 36.97 g이다. 이를 공인된 값 37.06 g과 비교하면 상대 오차는 몇 ppt인가?

어떤 것이 더 큰 상대 오차를 갖는가: 395ppb 또는 0.412 ppm?
풀이: ppm에 1000을 곱하면 ppb의 값이 된다. 그래서 나중 값은 412 ppb이고 명백하게 395 ppb보다 크므로 더 큰 오차이다.

풀이

$$\text{절대 오차} = 36.97\ \text{g} - 37.06\ \text{g} = -0.09\ \text{g}$$

$$\text{상대 오차} = \frac{-0.09}{37.06} \times 1000‰ = -2.4\ \text{천분율}$$

%가 퍼센트를 의미하는 것과 같이 ‰는 천분율을 의미한다. ■

3.7 표준 편차—가장 중요한 통계

"재현성이 문제가 된다면, 단 한 번만 시험하시오." –작자 미상

분석 결과는 항상 그 **정밀도(precision)**를 함께 표시하여야 한다. 정밀도를 나타내는 여러 가지 방법이 있다.

무한개의 실험값의 표준 편차 σ는 이론적으로 다음 식으로 주어진다.

$$\sigma = \sqrt{\frac{\sum (x_i - \mu)^2}{N}} \tag{3.1}$$

평균, $\bar{x} = \Sigma(xi/N)$

여기서 x_i는 개별 측정값, μ는 무한개의 측정값의 평균값(이것은 "참값"을 나타내어야 한다)이다. 이 식은 엄밀하게는 $N \to \infty$의 경우에만 성립되며, 여기서 N은 측정 횟수이다. 실제로는, 유한개의 측정값에서는 평균 $\bar{x}$에 대한 개별 측정의 편차를 계산해야만 하며, 확신할 수는 없지만 $\bar{x} \to \mu$로 간주한다. $\bar{x}$는 $(\sum(x_i/N))$으로 구할 수 있다.

N번의 측정에 대하여 어떤 기준값으로부터 N개의 독립적으로 변화하는 편차 값을 계산할 수가 있다. 그러나 선택된 기준값이 평균값, $\bar{x}$일 경우에는 개별 편차(부호를 포함하여)의 합계는 필연적으로 0이 되어야 하므로 $(N-1)$개의 편차의 값을 알면 N번째 편차는 결정된다. 즉 평균값으로부터 독립된 편차는 $(N-1)$개뿐이므로 $(N-1)$개의 값을 알면 마지막 값은 결정된다. 실제로 평균값의 계산에 한 개의 **자유도(degrees of freedom)**가 사용되며, 나머지 $(N-1)$개의 자유도는 정밀도의 계산에 사용된다.

4회 이하의 측정에서 s를 계산하는 다른 방법은 3.15절과 식 3.17을 참조하라.

결과적으로 N 대신에 자유도의 수$(N-1)$를 사용하면 **유한개의 실험 자료의 추정 표준 편차** s는 (일반적으로 $N<30$), 무한개의 자료의 표준 편차 σ에 더욱 가까워진다($N-1$이 $\bar{x}$와 μ의 차를 조정한다).

$$s = \sqrt{\frac{\sum (x_i - \bar{x})^2}{N-1}} \tag{3.2}$$

s의 값은 σ의 추정값에 불과하므로 실험 횟수를 증가시키면 σ에 가까워진다. 일반적인 분석에서는 적은 수의 측정을 다루므로 정밀도는 불가피하게 s로 표시된다.

예제 3.7

아래 분석 결과의 평균과 표준 편차를 구하시오.

15.67, 15.69, 16.03 g

풀이

x_i	$x_i - \bar{x}$	$(x_i - \bar{x})^2$
15.67	0.13	0.0169
15.69	0.11	0.0121
16.03	0.23	0.0529
$\sum$ 47.39	$\sum$ 0.47	$\sum$ 0.0819

$$\bar{x} = \frac{\sum x_i}{N} = \frac{47.39}{3} = 15.80$$

$$s = \sqrt{\frac{0.0819}{3-1}} = 0.20 \text{ g}$$

마지막 보고서에 이 결과를 적절히 표시하는 방법은 15.8 ± 0.02 g(평균 ± 표준 편차)이다.

표준 편차는 또한 다음과 같은 식을 이용하여 계산할 수도 있다.

$$s = \sqrt{\frac{\sum x_i^2 - \left(\sum x_i\right)^2/N}{N-1}} \tag{3.3}$$

이것은 계산기를 이용하여 계산할 때 유용하다. 실제로 많은 계산기들이 각각의 입력된 자료로부터 표준 편차를 자동적으로 계산하는 표준 편차 프로그램을 가지고 있다. 모든 스프레드시트는 열이나 행으로 입력된 자료의 평균과 표준 편차를 계산할 수 있다. 마이크로소프트 엑셀에서 그와 같은 함수는 AVERAGE와 STDEV이다. 자세한 내용은 3.19절에서 논의될 것이다.

예제 3.8

식 3.3을 이용하여 예제 3.7의 자료로부터 표준 편차를 구하시오.

풀이

x_i	x_i^2
15.67	245.55
15.69	246.18
16.03	256.96
$\sum$ 47.39	$\sum$ 748.69

$$s = \sqrt{\frac{748.69 - (47.39)^2/3}{3-1}} = 0.21 \text{ g}$$

예제 3.7과 0.01 g의 차이를 보이지만, 편차가 적어도 ±0.2 g이므로 이 차이는 통계적으로 중요하지 않다. 이 수식을 적용하여 x_i^2를 계산할 때, 여분의 숫자 한두 개를 더 남기는 것은 중요하다.

지금까지의 표준 편차의 계산은 1회 측정에서 발생할 수 있는 오차에 대한 평가이다. 무한 개의 모집단에서 취한 N개의 측정값의 산술 평균은 개별 측정값보다 "참값"으로부터 덜 분산될 것이다. N 값이 커질수록 분산은 작다. 즉 N이 매우 커지면 표본의 평균은 모집단 평균 μ에 가까운 값이 되며, 분산은 0에 가까워진다. N번의 측정에서 구한 산술 평균은 1회 측정값보다 신뢰성이 $\sqrt{N}$배 높다. 4회 연속 측정에서 얻은 평균의 우연 오차는 1회 측정했을 때의 절반이 된다. 다시 말하면 N회 연속 측정에서 구한 **평균의 정밀도(precision of the mean)**는 개별 측정값의 편차의 N의 제곱근에 반비례한다.

정밀도는 측정 횟수의 제곱근에 비례하여 향상된다.

$$\text{평균 표준 편차} = s_{\text{평균}} = \frac{s}{\sqrt{N}} \tag{3.4}$$

RSD = $s/\bar{x}$; % RSD = $(s/\bar{x}) \times 100\%$

평균 표준 편차를 **표준 오차**(*standard error*)라고도 한다.

표준 편차를 평균값에 대한 분율로 표시한 **상대 표준 편차**(**relative standard deviation**: RSD)로 나타내기도 한다. 이것은 항상 평균에 대한 **퍼센트**(% rsd)로 나타내며, 종종 **변동 계수**(**coefficient of variation**)라고도 한다.

예제 3.9

무게를 반복 측정하여 다음과 같은 결과를 얻었다: 29.8, 30.2, 28.6, 29.7 mg. 개별 측정에 대한 표준 편차와 평균에 대한 표준 편차를 구하시오. 이것들을 절대(측정의 단위) 또는 상대적(측정값의 퍼센트, %)인 값으로 표현하시오.

풀이

x_i	$x_i - \bar{x}$	$(x_i - \bar{x})^2$
29.8	0.2	0.04
30.2	0.6	0.36
28.6	1.0	1.00
29.7	0.1	0.01
$\sum$ 118.3	$\sum$ 1.9	$\sum$ 1.41

$$\bar{x} = \frac{118.3}{4} = 29.6$$

$$s = \sqrt{\frac{1.41}{4-1}} = 0.69 \text{ mg(절대)}; \frac{0.69}{29.6} \times 100\% = 2.3\%\text{(변동 계수)}$$

$$s_{\text{평균}} = \frac{0.69}{\sqrt{4}} = 0.34 \text{ mg(절대)}; \frac{0.34}{29.6} \times 100\% = 1.1\%\text{(상대)}$$

예제 3.9에서, 변동 계수(cV)를 1.0%로 줄이기 위해서는 얼마나 많은 관측을 해야 하는가? 풀이: 여러분은 현재 네 번의 관측을 하였고 2.3배의 cV의 개선을 원한다. 필요한 총 관측수 $= 4 \times 2.3^2 \simeq 21$

측정의 정밀도는 측정 횟수를 증가시킴에 따라 개선된다. 다시 말하면, 그림 3.2에서 정규 곡선의 퍼짐 $\pm s$는 측정 횟수가 증가하면 작아지고, 측정 횟수가 무한히 커지면 0에 접근한다. 그러나 식 3.4와 같이 평균의 표준 편차는 측정 횟수에 정비례하여 감소하지 않고, 측정 횟수의 제곱근에 비례하여 감소한다. 이것은 정밀도를 약간 향상시키기 위해서는 측정 횟수를 타당하지 않을 정도로 대폭 증가시켜야 된다는 것을 말한다. 예를 들어 표준 편차를 10분의 1로 줄이려면 측정 횟수를 100배 늘려야 한다.

실제로 유용한 반복 측정의 한계는 우연 오차의 표준 편차가 가측 오차나 계통 오차(오차의 원인을 알 수 없고, 보정해 줄 수 없다면)의 크기와 거의 같아질 때까지이다. 측정에서 계통 오차는 반복 측정으로는 제거할 수 없기 때문이다.

"통계학적 계산이 맞기 위해서는 무작위성이 필요하다."
—작자미상—

정규 분포 곡선에서 s의 중요성은 그림 3.2에 나타내었다. 그 곡선에서 수학적으로 처리를 통해 개별 측정의 68%가 평균으로부터 표준 편차 내에 분포되어 있고, 95%는 표준 편차의 2배 범위에, 99%는 2.5배 이내의 범위에 분포되어 있는 것을 나타내고 있다. 따라서 개별 측정값의 68%는 $\bar{x} \pm s$ 범위에, 90%는 $\bar{x} \pm 2s$ 범위에, 99%는 $\bar{x} \pm 2.5s$ 이내에 있다고 가정하는 것이 좋다.

무한한 수의 측정으로 참값은 $\bar{x} \pm 2s$ 95% 시간의 범위에 놓일 것이다. 신뢰 한계와 예제 3.5를 보라.

실제 이와 같은 퍼센트 범위는 무한 번 반복 측정하였을 때에 성립된다. 참값이 $\bar{x} \pm 2s$ 이내에 있는 것이 95% 확실하다고 생각할 수 없는 두 가지 이유가 있다. 첫째는, 측정 횟수가 제한적일 수밖에 없고 측정 횟수가 적으면 그만큼 불확실하기 때문이다. 둘째는, 정규 분포 곡선에서는 가측 오차는 고려하지 않고 우연 오차만을 고려하고 있기 때문이다. 실제 가측 오차가 있는 경우에는 정규 분포 곡선은 참값에 벗어나게 된다. 측정값이 s 범위 안에 존재한다는 것에 대한 실제적인 확실성의 추정은 **신뢰 한계**(*confidence limit*)를 계산하여 얻을 수 있다(아래 참조).

어떤 측정값의 정밀도를 나타내는 방법은 확실히 다양하다. 어떤 값을 $\bar{x} \pm y$라고 보고할 때, 여러분은 항상 이를 만족하는 조건, 즉 $\pm y$에 어떻게 도달하는지를 정량적으로 보고해야 한다. 예를 들면 그것은 s, $2s$, s(평균), 변동 계수 따위로 나타내기도 한다.

통계학에서 편리한 **분산**(**variance**)이라는 용어가 있다. 이것은 표준 편차의 제곱 s^2이다. 이 용어를 오차의 전파와 F-시험법(F-test)(3.12절)에서 사용할 것이다.

분산은 s^2과 같다.

3.8 오차의 전파 — 단순히 더해지는 것이 아니다

앞에서 유효 숫자에 대하여 논의할 때, 곱셈이나 나눗셈의 답의 상대 불확정도는 연산에서 상대적으로 가장 불확실한 것의 상대 불확정도보다 더 좋을 수 없다는 것을 언급하였다. 또한 덧셈, 뺄셈에서 답의 절대 불확정도 또한 연산에서 가장 큰 절대 불확정도를 갖는 수의 그것보다도 좋을 수 없다. 불확정도에 대한 특별한 지식 없이도 불확정도는 각 수의 마지막 자리 ±1인 것으로 가정하였다.

개별 수에 대한 불확정도를 알면 답의 실제 불확정도를 계산할 수 있다. 개별의 수의 오차는 계산을 통해 상대적으로 또는 절대적으로 전달되며, 이는 그 연산이 곱셈인지 나눗셈인지, 또는 덧셈인지 뺄셈인지에 따라 다르다.

덧셈과 뺄셈 — 절대 분산을 생각하라

다음 덧셈과 뺄셈에 대하여 생각해 보자.

$$(65.06 \pm 0.07) + (16.13 \pm 0.01) - (22.68 \pm 0.02) = 58.51\ (\pm ?)$$

나타낸 불확정도는 각각의 값에 관한 우연 오차 또는 불가측 오차이며, 그 수의 표준 편차로서 표시되어 있다. 합계의 최대 오차는 표준 편차로 나타내면 ±0.10이 된다. 즉 모든 불확정도가 같은 부호를 가질 때 +0.10이나 −0.10이 된다. 불확정도의 최솟값은 모든 것이 우연히 상쇄되는 경우로 0.00이 될 것이다. 이러한 극단적인 상황은 잘 일어나지 않으며, 통계적인 불확정도는 이들의 사이 어딘가에 존재한다. 덧셈과 뺄셈의 경우에 적용되는 **절대 불확정도**(*absolute uncertainty*)는 가감성이 있다. 가장 가능성이 있는 오차는 **절대 분산**(*absolute variance*)의 합의 제곱근으로 나타낸다. 즉 답의 절대 분산은 개개의 분산의 합이 된다. $a = b + c - d$에 대하여 다음과 같다.

덧셈과 뺄셈의 절대 분산은 가감성이 있다.

$$s_a^2 = s_b^2 + s_c^2 + s_d^2 \tag{3.5}$$

$$s_a = \sqrt{s_b^2 + s_c^2 + s_d^2} \tag{3.6}$$

위의 예에서는 다음과 같이 계산한다.

$$\begin{aligned} s_a &= \sqrt{(\pm 0.07)^2 + (\pm 0.01)^2 + (\pm 0.02)^2} \\ &= \sqrt{(49 \times 10^{-4}) + (1 \times 10^{-4}) + (4 \times 10^{-4})} \\ &= \sqrt{54 \times 10^{-4}} = \pm 7.3 \times 10^{-2} \end{aligned}$$

그 결과의 답은 58.51 ± 0.07이 된다. ±0.07은 절대 불확정도를 나타낸다. 이것을 상대 불확정도로 나타내면 다음과 같다.

$$\frac{\pm 0.07}{58.51} \times 100\% = \pm 0.1_2\%$$

예제 3.10

여러분이 미량의 유로퓸이 포함된 같은 무게의 모나자이트 모래 시료 3개를 받았다. 세 광석 분석 결과 유로퓸의 함량이 각각 397.8 ± 0.4, 253.6 ± 0.3, 368.0 ± 0.3 ppm이다. 이 광석의 평균 유로퓸 함량과 절대 불확정도와 상대 불확정도는 각각 얼마인가?

풀이

$$\bar{x} = \frac{(397.8 \pm 0.4) + (253.6 \pm 0.3) + (368.0 \pm 0.3)}{3}$$

합계의 불확정도는

$$\begin{aligned} s_a &= \sqrt{(\pm 0.4)^2 + (\pm 0.3)^2 + (\pm 0.3)^2} \\ &= \sqrt{0.16 + 0.09 + 0.09} \\ &= \sqrt{0.34} = \pm 0.58 \text{ ppm Eu} \end{aligned}$$

따라서 절대 불확정도는

$$\bar{x} = \frac{1019.4}{3} \pm \frac{0.6 \text{ ppm}}{3} = 339.8 \pm 0.2 \text{ ppm Eu}$$

나눈 수 3에는 불확정도가 포함되지 않으므로, 유로퓸 함량의 상대 불확정도는 다음과 같다.

$$\frac{0.2 \text{ ppm Eu}}{339.8 \text{ ppm Eu}} = 6 \times 10^{-4} \quad \text{또는} \quad 0.06\%$$

곱셈과 나눗셈 — 상대 분산을 생각하라

다음의 연산에 대하여 생각해 보자.

$$\frac{(13.67 \pm 0.02)(120.4 \pm 0.2)}{4.623 \pm 0.006} = 356.0\ (\pm ?)$$

곱셈과 나눗셈의 상대 분산은 가감성이 있다.

여기에서는 **상대 불확정도**(*relative uncertainty*)가 가감성이 있고, 가장 가능성이 있는 오차는 상대 분산의 합의 제곱근으로 표현된다. 즉 답의 상대 분산은 개별 상대 분산의 합이 된다. $a = bc/d$에 대하여

$$(s_a^2)_{\text{rel}} = (s_b^2)_{\text{rel}} + (s_c^2)_{\text{rel}} + (s_d^2)_{\text{rel}} \qquad (3.7)$$

$$(s_a)_{\text{rel}} = \sqrt{(s_b^2)_{\text{rel}} + (s_c^2)_{\text{rel}} + (s_d^2)_{\text{rel}}} \qquad (3.8)$$

위의 예에서

$$\begin{aligned} (s_b)_{\text{rel}} &= \frac{\pm 0.02}{13.67} = \pm 0.0015 \\ (s_c)_{\text{rel}} &= \frac{\pm 0.2}{120.4} = \pm 0.0017 \\ (s_d)_{\text{rel}} &= \frac{\pm 0.006}{4.623} = \pm 0.0013 \end{aligned}$$

$$(s_a)_{\text{rel}} = \sqrt{(\pm 0.0015)^2 + (\pm 0.0017)^2 + (\pm 0.0013)^2}$$
$$= \sqrt{(2.2 \times 10^{-6}) + (2.9 \times 10^{-6}) + (1.7 \times 10^{-6})}$$
$$= \sqrt{(6.8 \times 10^{-6})} = \pm 2.6 \times 10^{-3}$$

절대 불확정도는

$$s_a = a \times (s_a)_{\text{rel}}$$
$$= 356.0 \times (\pm 2.6 \times 10^{-3}) = \pm 0.93$$

그러므로 답은 356.0 ± 0.9가 된다.

예제 3.11

250.0 mL의 시료에서 25.00 mL씩 3개를 분취하여 질산은 용액으로 적정하여 다음과 같은 결과를 얻었다: 36.78, 36.82, 36.75 mL. 시료 250.0 mL에 들어 있는 염화 이온의 불확정도는 몇 mmol인가? $AgNO_3$의 몰농도는 0.1167 ± 0.0002 *M*이다.

풀이

평균 부피는

$$\frac{36.78 + 36.82 + 36.75}{3} = 36.78 \text{ mL}$$

표준 편차는

x_i	$x_i - \bar{x}$	$(x_i - \bar{x})^2$
36.78	0.00	0.0000
36.82	0.04	0.0016
36.75	0.03	0.0009
		$\sum$ 0.0025

$$s = \sqrt{\frac{0.0025}{3-1}} = 0.035 \qquad \text{평균 부피} = 36.78 \pm 0.04 \text{ mL}$$

적정된 Cl^- mmol = (0.1167 ± 0.0002 mmol/mL) (36.78 ± 0.04 mL) = 4.292 (±?)

$$(s_b)_{\text{rel}} = \frac{\pm 0.0002}{0.1167} = \pm 0.0017$$
$$(s_c)_{\text{rel}} = \frac{\pm 0.035}{36.78} = \pm 0.00095$$

$$(s_a)_{\text{rel}} = \sqrt{(\pm 0.0017)^2 + (\pm 0.00095)^2}$$
$$= \sqrt{(2.9 \times 10^{-6}) + (0.90 \times 10^{-6})}$$
$$= \sqrt{3.8 \times 10^{-6}}$$
$$= \pm 1.9 \times 10^{-3}$$

Cl^- mmol의 절대 불확정도 (mmol)는 다음과 같다.

$$4.292 \times (\pm 0.0019) = \pm 0.0082 \text{ mmol}$$
$$25 \text{ mL 중 } Cl^- \text{ mmol} = 4.292 \pm 0.0082 \text{ mmol}$$
$$250 \text{ mL 중 } Cl^- \text{ mmol} = 10(4.292 \pm 0.0082) = 42.92 \pm 0.08 \text{ mmol}$$

최종 답을 구하기 전까지 계산에서 한 자리를 더 남겨두는 것을 기억하라. 여기서 결정된 절대 불확정도는 시료의 양에 비례한다. 예를 들어 시료의 양이 두 배일 때 절대 불확정도가 일정한 값을 유지하는 것이 아니다. ■

계산이 곱셈/나눗셈 및 덧셈/나눗셈이 섞여 있을 때에는, 이의 불확정도는 복합적인 형태로 구해야 한다. 한 번에 하나의 계산을 하고 불확정도는 각 단계에 계산해야 한다.

예제 3.12

각각 무게가 2852, 1578, 1877 lb인 철광석 화물 세 개를 받았다고 하자. 무게의 불확정도는 ±5 lb이다. 광석을 분석한 결과, 철의 함량은 각각 36.28 ± 0.04%, 22.68 ± 0.03%, 49.23 ± 0.06%이었다. 철 1톤당 300달러를 지불한다면, 세 화물에 대해 얼마를 지불하여야 하는가? 또한 지불의 불확정도는 얼마인가?

풀이

각각의 화물 중 철의 무게를 불확정도와 함께 계산할 필요가 있다. 그다음에 이 값들을 더해 철의 총무게와 불확정도를 구한다. 무게의 상대 불확정도는 다음과 같다.

$$\frac{\pm 5}{2852} = \pm 0.0017 \qquad \frac{\pm 5}{1578} = \pm 0.0032 \qquad \frac{\pm 5}{1877} = \pm 0.0027$$

분석의 상대 불확정도는

$$\frac{\pm 0.04}{36.28} = \pm 0.0011 \qquad \frac{\pm 0.03}{22.68} = \pm 0.0013 \qquad \frac{\pm 0.06}{49.23} = \pm 0.0012$$

화물에서 철의 무게는

$$\frac{(2852 \pm 5\ \text{lb})(36.28 \pm 0.04\%)}{100} = 1034.7(\pm ?)\ \text{lb Fe}$$

곱셈 결과의 상대 표준 편차를 먼저 계산한다.

$$(s_a)_{\text{rel}} = \sqrt{(\pm 0.0017)^2 + (\pm 0.0011)^2} = \pm 0.0020$$

$$s_a = 1034.7 \times (\pm 0.0020) = \pm 2.1\ \text{lb}$$

$$\text{첫 번째 화물의 Fe lb} = 1034.7 \pm 2.1\ \text{lb}$$

(전체 계산에서 한 자리를 더 남겨서 계산할 것이다.)

$$\frac{(1578 \pm 5\ \text{lb})(22.68 \pm 0.03\%)}{100} = 357.89\ (\pm ?)\ \text{lb Fe}$$

$$(s_a)_{\text{rel}} = \sqrt{(\pm 0.0032)^2 + (\pm 0.0013)^2} = \pm 0.0034$$

$$s_a = 357.89 \times (\pm 0.0034) = \pm 1.2\ \text{lb}$$

$$\text{두 번째 화물의 Fe lb} = 357.9 \pm 1.2\ \text{lb}$$

$$\frac{(1877 \pm 5\ \text{lb})(49.23 \pm 0.06\%)}{100} = 924.05\ (\pm ?)\ \text{lb Fe}$$

$$(s_a)_{\text{rel}} = \sqrt{(\pm 0.0027)^2 + (\pm 0.0012)^2} = \pm 0.0030$$

$$s_a = 924.05 \times (\pm 0.0030) = \pm 2.8\ \text{lb}$$

$$\text{세 번째 화물의 Fe lb} = 924.0 \pm 2.8\ \text{lb}$$

$$\text{총 Fe} = (1034.7 \pm 2.1\ \text{lb}) + (357.9 \pm 1.2\ \text{lb}) + (924.0 \pm 2.8\ \text{lb})$$

$$= 2316.6\ (\pm ?)\ \text{lb}$$

여기서 절대 불확정도를 이용한다.

$$s_a = \sqrt{(\pm 2.1)^2 + (\pm 1.2)^2 + (\pm 2.8)^2} = \pm 3.7 \text{ lb}$$

$$\text{총 Fe} = 2317 \pm 4 \text{ lb}$$

1 ton = 2000 lb이므로, 300달러/ton은 0.15달러/lb와 같다.

$$\text{가격} = (2316.6 \pm 3.7 \text{ lb})(0.15\text{달러/lb}) = 347.49\text{달러} \pm 0.56$$

그러므로 347.50달러 ±0.60을 지불해야 한다. ■

예제 3.13

수산화 소듐 표준 용액을 사용하여 페놀프탈레인 종말점까지 적정하여 식초 중 아세트산(HOAc) 의 함량을 결정하려고 한다. 약 5 mL의 식초를 무게 다는 병에 넣고 분석 저울을 사용하여 무게를 달았더니 시료의 무게는 5.0268 g이었다. 1회 측정에 대한 불확정도는 ±0.2 mg이다. 수산화 소듐은 알려진 무게의 고순도 프탈산 포타슘으로 정확하게 표준화하였고, 세 번의 적정을 한 결과 각각 0.1167, 0.1163, 0.1164 *M*이었다. 시료를 적정하는 데 36.78 mL의 수산화 소듐이 사용되었다. 뷰렛 눈금의 불확정도는 ±0.02 mL이다. 식초 중 아세트산은 몇 %인가? 결과에 표준 편차를 포함하시오.

풀이

시료의 무게를 알려면 무게를 두 번 측정하여야 한다. 빈 무게병과 병과 시료의 합. 각각 ±0.2 mg의 불확정도를 가지므로 시료 무게(두 무게 차)의 불확정도는

$$s_{\text{wt}} = \sqrt{(\pm 0.2)^2 + (\pm 0.2)^2} = \pm 0.3 \text{ mg}$$

수산화 소듐 몰농도의 평균은 0.1165 *M*이고, 이것의 표준 편차는 ±0.0002 *M*이다. 마찬가지로 사용된 염기의 부피는 뷰렛의 눈금을 두 번(처음과 나중) 읽어야 하며, 총 불확정도는

$$s_{\text{vol}} = \sqrt{(\pm 0.02)^2 + (\pm 0.02)^2} = \pm 0.03 \text{ mL}$$

	A	B
1	N1	0.1167
2	N2	0.1163
3	N3	0.1164
4	STDEV:	0.000208
5	Cell B4:	
6	STDEV(B1:B3)	

(3.20절 참조)

아세트산의 몰수는 적정에 사용된 수산화 소듐의 몰수와 같고, 따라서 아세트산의 양은 다음과 같다.

$$\text{mmol HOAc} = (0.1165 \pm 0.0002)\text{mmol mL}^{-1}(36.78 \pm 0.03)\text{mL}$$

$$= 4.284_9\,(\pm ?)\,\text{mmol}$$

앞에서 개별 상대 표준 편차의 제곱의 합의 제곱근으로 상대 표준 편차를 구하였다.

$$(s_{product})_{\text{rel}} = \sqrt{[(\pm 0.0002/0.1165)^2 + (\pm 0.03/36.78)^2]} = \pm 0.0019$$

4.285를 곱해서 표준 편차 *s*를 구한다.

$$s = \pm 4.285 \times 0.0019 = 0.0081$$

4.285 ±0.0081 mmol의 아세트산은 분자량 60.06 mg/mmol을 곱해서 mg HOAc로 변환하여(아세트산의 화학식량의 불확정도는 무시할 수 있다고 가정한다) 257.3_1 ±0.49 mg HOAc를 얻는다.

아세트산의 % 함량을 구하기 위하여 시료의 질량 5026.8±0.3 mg으로 나누어야 한다.

$$\%\text{HOAc} = 257.31 \pm 0.49 \text{ mg}/5026.8 \pm 0.3 \text{ mg} \times 100\% = 5.119\,(\pm ?)\%\ \text{아세트산}$$

다시 상대 표준 편차를 이용하여 계산해야 한다.

$$(s_{product})_{\text{rel}} = \sqrt{[(\pm 0.49/257.3)^2 + (\pm 0.3/5026.8)^2]} = \pm 0.0019$$

5.119를 곱해서 0.01이라는 표준 편차를 얻으면, 최종 결과는 5.12±0.01 wt% 아세트산이다.

증가된 불확정도를 결정하는 주된 요인은 수산화 소듐 용액 몰농도의 분산이다. 이는 2장에서 논의한 대로 주의 깊은 검정의 중요성을 시사한다. ■

3.9 유효 숫자와 오차의 전파

먼저 언급한 바와 같이 계산에서 총 불확정도가 답을 얼마나 정확하게 알 수 있는지를 결정한다. 바꾸어 말하면, 불확정도로 유효 숫자의 수가 정해진다. 다음과 같은 예를 들면,

$$(73.1 \pm 0.2)\,(2.245 \pm 0.008) = 164.1 \pm 0.7$$

답의 유효 숫자의 수는 오차의 전파에 의한 불확정성에 의해 결정된다.

처음 숫자는 세 자리이지만 네 자리를 취하는 것은 정당하다. 실제 불확정도를 표시하였으므로, 여기서는 첨자로서 여분의 자리를 표시할 필요는 없다. 곱한 수의 최대 상대 불확정도는 0.008/2.245 = 0.0036이며, 답의 최대 상대 불확정도는 0.7/164.1 = 0.0043인 것에 주목하라. 따라서 오차의 전파로 인해 답은 최소 불확실한 수보다 덜 정확하게 된다. 실제의 불확정도를 알고 있을 때 최대 상대 불확정도를 가진 수가 반드시 최소의 자릿수를 갖지 않아도 된다. 예를 들어 78.1 ± 0.2의 상대 불확정도는 0.003이고, 11.21 ± 0.08의 상대 불확정도는 0.007이다.

다음 계산을 생각해 보자.

$$(73.1 \pm 0.9)\,(2.245 \pm 0.008) = 164.1 \pm 2.1 = 164 \pm 2$$

이제 답의 불확정도는 일의 자리에 있으므로 그 이상의 수는 무의미하다. 이 예에서는 다른 곱하는 수의 불확정도는 매우 작으므로 가장 큰 상대 불확정도를 갖는 수(73.1)와 답의 불확정도는 유사하다(±0.012).

예제 3.14

아래 계산이 적절한 유효 숫자를 가지도록 불확정도를 구하시오.

(a) $(38.68 \pm 0.07) - (6.16 \pm 0.09) = 32.52$

(b) $\dfrac{(12.18 \pm 0.08)\,(23.04 \pm 0.07)}{3.247 \pm 0.006} = 86.43$

풀이

(a) 답의 절대 불확정도를 계산하면 ±0.11이다. 그러므로 답은 32.5 ± 0.1이다.

(b) 답의 상대 불확정도는 0.0075이고, 절대 불확정도는 0.0075 × 86.43 = 0.65이다. 그러므로 비록 다른 수들이 네 자리임을 알고 있다고 해도 답은 86.4 ± 0.6이다. 네 번째 숫자에는 상당한 불확정도가 있고, 이들이 답의 불확정도를 만든다. 답의 상대 불확정도는 0.0075이고, 다른 숫자 중 가장 큰 상대 불확정도는 0.0066으로 비슷하다.

교수 선호 문제

Seton Hall 대학의 Nicholas H. Snow 교수 제공

왜 모든 오차가 전파되는가?

오차의 전파는 분석 방법의 정밀도를 결정하고 이해하기 위한 가장 유용하고 직관적인 방법이다. 산업체에서 정밀도는 중요하다. 분석자는 상품이 바르게 생산되었는지 결정하기 위하여 똑같은 과정을 수백 내지 수천 번 실행하도록 요구할 수도 있다. 산업체 과학자들은 그들의 화학 분석 방법의 정밀도를 향상시키기 위한 상담에서 방법을 평가하기 위한 방법으로 오차의 전파를 사용하여 제안된 향상을 도출하였다.

예로서 β-카로틴의 분석에서, 다음 단계는 과정의 일부이다. 이 과정을 사용하기 위한 분석

자들의 요구는 ±2% 미만의 정밀도이다.

(1) 50 mg의 β-카로틴을 100 mL 부피 플라스크에 옮기고 그 부피를 만든다.
(2) 피펫을 이용하여 5 mL를 다른 100 mL 부피 플라스크에 옮기고 묽힌다.
(3) 피펫을 이용하여 5 mL를 25 mL 부피 플라스크에 옮기고 묽힌다.

유리 기구와 저울의 불확정도 – 교재의 표지 안쪽의 A급 유리 기구를 참조하라(A급이나 B급 유리 기구를 이용한다고 가정하고 불확정도를 비교한다).

유리 기구	불확정도	상대 불확정도(%)
100 mL 부피 플라스크 A급	±0.08 mL	0.08
100 mL 부피 플라스크 B급	±0.16 mL	0.16
25 mL 부피 플라스크 A급	±0.03 mL	0.12
25 mL 부피 플라스크 B급	±0.06 mL	0.24
5 mL 부피 플라스크 A급	±0.01 mL	0.2
5 mL 부피 플라스크 B급	±0.02 mL	0.4
분석 저울	±0.0002 g	0.4

유리 기구들 간의 이동이 포함된 과정에서 상대 불확정도는 수식에서 곱해진 것과 유사한 방식으로 더해진다. 위 과정의 이러한 부분은 100 mL 부피 플라스크 두 번, 25 mL 부피 플라스크 한 번, 5 mL 부피 피펫 두 번, 그리고 두 번의 무게 측정하는 단계이다(무게의 측정은 항상 차이에 의한 것임을 명심하라).

A급의 유리 기구를 이용한 상대 불확정도는 다음과 같다.

$$\sqrt{0.08^2 + 0.08^2 + 0.12^2 + 0.2^2 + 0.2^2 + 0.4^2 + 0.4^2} = 0.65\%$$

B급의 유리 기구를 이용한 상대 불확정도는 다음과 같다.

$$\sqrt{0.16^2 + 0.16^2 + 0.24^2 + 0.4^2 + 0.4^2 + 0.4^2 + 0.4^2} = 0.86\%$$

전체 방법은 이러한 방식으로 표준 물질과 시료를 만드는 것을 포함한다. 이외의 기기 분석과 계산 단계, 아마 전체 불확정도는 A급은 대략 ±1.3%, B급은 ±1.7%로 주어질 것이다. ±2%보다 좋아야 된다는 요구로 이러한 결과는 실수, 서툴거나 다른 기술을 사용할 여지가 별로 없다.

현저한 향상은 무게의 측정을 비싸고 작동이 어려운 마이크로저울을 사용함으로써 소숫점 하나를 첨가하는 정도로 이룰 수 있다(불확정도를 0.04%로 감소시킨다). 이것은 시료 준비 단계에서 A급을 사용할 때 0.33%, B급을 사용할 때 0.66%의 불확정도를 줄 것이다(계산해 보라!).

오차의 전파는 가장 좋은 방법과 그것과 연관된 계산을 **할 수 있다**는 것을 우리에게 말해 준다. 자신만의 시료로 과정을 실행시켜 생긴 우리 자신의 표준 편차는 무슨 과정이 **진행되는지** 말해 준다. 만약 큰 차이가 있다면, 일반적으로 우리의 수행이 오차의 전파를 이용해서 예측된 수행보다 덜 정밀하다는 것이고, 그다음에 무엇이 잘못되었는지 더 연구를 해야 한다. 사업에서 오차의 전파는 비용과 정밀도가 필요한 여러 번 수행되어야 하는 과정을 평가하는 가장 간단하고 유용한 도구이다. ■

3.10 관리도

품질 관리도(quality control chart)는 측정이 통계학적으로 허용 범위 내에 있는 것을 확인하

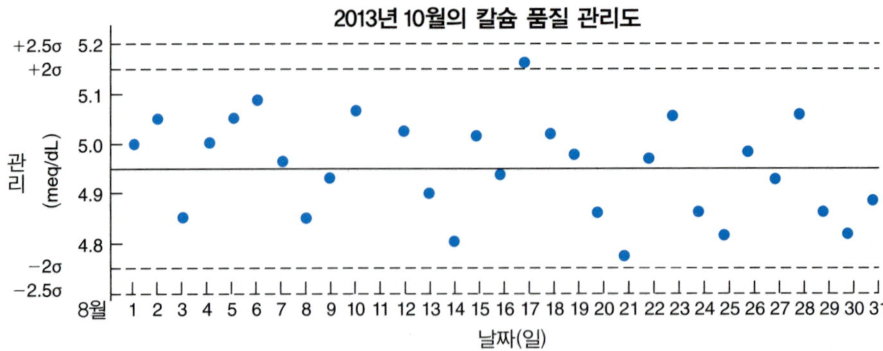

그림 3.3 전형적인 품질 관리도

는 것이 목적이며, 일정하다고 가정할 수 있는 측정값을 시간에 대하여 도시한 것이다(가우스 분포를 가진다). 그것은 시료를 측정하는 중간에 측정한 표준 물질의 측정값을 날짜에 대하여 도시한 것일 수도 있다. 관리도는 알고 있는 값 또는 기댓값을 나타내는 중앙선과 한 쌍 또는 두 쌍의 한계선, 즉 **내부 관리 한계(inner control limit)** 와 **외부 관리 한계(outer control limit)** 로 이루어진다. 일반적으로 측정 과정의 표준 편차(σ 값에 대한 좋은 어림값)는 알려져 있어서 관리 한계를 정하는 데 이용된다.

관리도는 "알고 있는" 관리 시료를 주기적으로 분석하여 작성한다.

관리도의 예를 그림 3.3에 나타내었다. 이 예에서는 매일 시료를 분석하는 도중에 함께 분석한 혼주 혈청(pooled serum) 시료 또는 관리 시료(control sample) 중의 칼슘을 분석한 결과를 도시한 것이다. 개별 측정값이 우연히 이것을 초과하는 확률은 1/20뿐이므로 유효한 내부 관리 한계는 표준 편차의 2배이다. 이 선은 경고 한계를 나타낼 수도 있다. 외부 관리 한계는 2.5σ이거나 3σ이며, 이 경우에는 계통 오차가 없으면 측정값이 이 범위 밖에 있을 확률은 각각 1/100 또는 1/500이다. 보통 일련의 시료(예를 들어 20개의 시료)마다 1개의 관리 시료를 분석하므로 하루에 여러 개의 관리 시료 측정값을 얻고 이들의 매일 평균값을 도시할 수도 있다. 이 평균값의 우연한 퍼짐은 개별 측정값에 비해 $\sqrt{N}$배 작을 것으로 예상된다.

측정값이 한 방향으로 치우쳤을 때, 즉 도시한 점들이 중심선의 한쪽에 치우쳐 있을 때는 특별한 주의가 필요하다. 이것은 관리가 잘못되어 있거나 측정에 계통 오차가 있는 것을 뜻한다. 측정점이 관리 한계의 바깥쪽으로 나가는 경향이 있으면 측정에 하나 이상의 가측 오차가 있는 것을 나타내므로, 분석자는 시약의 변질, 장치의 오작동, 환경이나 다른 영향 등을 점검할 필요가 있다. 이와 같은 경향은 시약의 오염, 부적절한 검정, 잘못된 표준 물질, 또는 관리 시료 세트(lot)의 변화 등의 신호이기도 하다.

3.11 신뢰 한계 — 얼마나 확신하는가?

한 벌의 자료에 대한 표준 편차를 계산하면 특정한 방법이나 분석법에 대한 고유의 정밀도를 알 수 있다. 그러나 자료의 수가 많지 않을 경우에는 그것만으로는 실험적으로 구한 평균값 $\bar{x}$가 참평균값 μ에 얼마나 가까운지 아무것도 모른다. 이와 같은 경우에도 통계 이론을 적용하면, 주어진 확률 내에서 실험으로부터의 평균값과 표준 편차에 의하여 정의되는 참값의 범위를 추정할 수 있다. 이 범위를 **신뢰 구간(confidence interval)** 이라고 하며, 이 범위의 한계를 **신뢰 한계(confidence limit)** 라고 한다. 참값이 그 범위 내에 있을 가능성을 **확률(probability)** 또는 **신뢰 수준(confidence level)** 이라고 하며, 보통 퍼센트로 나타낸다. 신뢰 한계는 표준 편차 s(식 3.2)로 표현한 다음 식으로 주어진다.

참값은 신뢰 한계 내에 존재하며, 신뢰 한계는 기대하는 신뢰 수준에서 t를 사용하여 평가한다.

$$\text{신뢰 한계} = \bar{x} \pm \frac{ts}{\sqrt{N}} \tag{3.9}$$

여기서 t는 자유도에서 기대하는 신뢰 수준에 따라 결정되는 통계 인자이다. 자유도는 측정 횟수보다 1이 적은 값이다. 서로 다른 신뢰 수준과 자유도 v에서의 t의 값을 표 3.1에 나타내었다. 신뢰 한계는 단순히 t와 평균 표준 편차 또는 평균 표준 오차로도 불리는(s/N)의 곱임을 기억하라[**1회 측정**$(N=1)$, **x에서의 신뢰 한계는 $x \pm ts$로 주어지고, 이것은 평균의 신뢰 한계보다 $\sqrt{N}$배 크다**].

예제 3.15

분석 화학 실험실에서 소다회 시료를 염산 표준 용액으로 적정하여 분석하였다. 세 번 분석을 실시하여 다음과 같은 결과를 얻었다: 93.50, 93.58, 93.43% Na_2CO_3. 95% 신뢰 수준에서 참값은 어떤 범위에 있는가?

풀이

평균은 93.50%이고, 표준 편차 s는 0.075% Na_2CO_3이다(절댓값-스프레드시트로 계산하라). 95% 신뢰 수준, 자유도 2에서, $t = 4.303$이고,

$$\text{신뢰 한계} = \bar{x} \pm \frac{ts}{\sqrt{N}}$$

$$= 93.50 \pm \frac{4.303 \times 0.075}{\sqrt{3}}$$

$$= 93.50 \pm 0.19 \text{ wt\%}$$

따라서 가측 오차가 없는 경우에 참값이 93.31~93.69% 내에 존재한다고 95% 신뢰한다. 무한히 많이 측정한 경우에 참값이 표준 편차의 2배 이내에 들어갈 것이라고 95% 신뢰할 수 있음을 주목하라(그림 3.2). $v = \infty$일 때 $t = 1.96$(표 3.1)이므로, 신뢰 한계는 실제로 평균의 표준 편차의 2배 정도임을 알 수 있다(큰 N에서 σ에 근접한다). ■

신뢰 수준이 너무 높으면 범위가 넓어서 임의의 수를 닥치는 대로 포함한다. 신뢰 수준이 너무 낮으면 범위가 좁아 가치가 있는 임의의 수를 제외하게 된다. 90~95%의 신뢰 수준이 일반적으로 합리적이라고 받아들여지는 수준이다.

그림 3.2에서 측정값의 95%가 2σ 내에 들어갔던 것과 비교하라.

교수 선호 문제

Texas Tech 대학의 Dimitri Pappas 교수 제공

평균의 표준 오차로부터 주어진 오차를 갖기 위한 최소 측정 횟수를 어떻게 계산하는가?

평균의 표준 오차(SE)는 시료 수의 제곱근과 역수 관계가 있다. 어떠한 분석에서도 측정 통

표 3.1 여러 신뢰 수준에서의 자유도 v에 대한 t 값[a]

	신뢰 수준			
v	90%	95%	99%	99.5%
1	6.314	12.706	63.657	127.32
2	2.920	4.303	9.925	14.089
3	2.353	3.182	5.841	7.453
4	2.132	2.776	4.604	5.598
5	2.015	2.571	4.032	4.773
6	1.943	2.447	3.707	4.317
7	1.895	2.365	3.500	4.029
8	1.860	2.306	3.355	3.832
9	1.833	2.262	3.250	3.690
10	1.812	2.228	3.169	3.581
15	1.753	2.131	2.947	3.252
20	1.725	2.086	2.845	3.153
25	1.708	2.060	2.787	3.078
∞	1.645	1.960	2.576	2.807

[a] $v = N - 1$ = 자유도

계의 적절한 향상을 위해서 무수히 많은 시료를 요구한다는 점이다. 특별히 요구되어지는 신뢰 구간 또는 허용 오차가 알려져 있거나 특정화되어 있다면, 평균의 표준 오차의 가장 유용한 응용 분야 중 하나는 시료의 수를 예측하는 것이다. 시료의 수에 따라서 표준 편차가 많이 변하지 않는다는 가정이 필요하지만 항상 논리에 맞지는 않다.

예제

분석을 위하여 명목상으로 동등한 일련의 시료를 취하였다. 아주 적은 시료의 무게를 재어 보니 시료의 평균 무게가 9.78 g이고, 표준 편차는 0.09 g이다. 시료 평균이 모평균으로부터 0.02 g의 오차를 가지려면 시료의 무게를 몇 번 재어야 하는가?

식 3.9와 표 3.1로부터 무한 모집단의 95% 신뢰 구간(CI)은 다음과 같음을 주목하라.

$$\text{CI} = \bar{x} \pm 1.96\ (\text{SE})$$

우리는

$$95\%\ \text{신뢰도에서 CI} = 9.78 \pm 0.02\ \text{g}$$

를 원한다.

만약 1.96(SE)가 0.02이면

$$\text{SE} = \frac{0.02\ g}{1.96} = 0.0102\ \text{g}$$

$$\text{SE} = \frac{s}{\sqrt{N}}\ \text{이므로,}\ N = \left(\frac{s}{\text{SE}}\right)^2 = \left(\frac{0.09}{0.0102}\right)^2 \simeq 78\ \text{이다.}$$

이 경우에 시료의 크기는 78회의 측정이 적절한 평균의 표준 오차를 나타낼 것이다. 이 간단한 연습이 특히 시료의 채취가 어렵거나 분석의 시간이 오래 걸릴 경우의 실험을 계획하는 데 유용하다.

이 예제와 반복 과정을 이용한 예제 3.26과 비교하라. 다른 접근법(궁극적으로는 동등한)을 사용한다면, 이 방법은 첫 번째 반복값을 줄 것이다. 우리는 표 3.1을 사용하여 두 번째 반복을 수행할 수 없다. 왜냐하면 78은 표에서 $n = 25$와 $n = \infty$ 사이의 값이기 때문이다. 더 확장된 표를 찾아야 할 필요가 있을 것이다. 예를 들면 www.jeremymiles.co.uk(이 웹 사이트의 다른 링크를 가 보라)에서, 70~95 시료의 95%의 수준에서의 t 값이 1.99이다. 이것으로 80 시료의 두 번째(마지막) 반복값을 줄 것이다. 많은 수의 시료는 이러한 접근(그리고 첫 번째 반복)으로 필요한 최소의 수의 시료의 수를 알 수 있다. ■

3.7절과 그림 3.2로부터 참값이 $\pm 1\sigma$ 안에 존재한다는 것을 68% 신뢰하였고, 참값이 $\pm 2\sigma$에 들어갈 것을 95%, 참값이 $\pm 2.5\sigma$에 들어갈 것을 99% 신뢰하였던 것을 기억하라. 표준 편차를 주어진 신뢰 구간으로부터 평가할 수 있고, 그 반대도 가능하다는 것을 기억하라. 95% 신뢰 구간에서 평균이 27.37 ± 0.06 g이면, 적절히 많은 측정을 한 경우라면 이것은 표준 편차의 2배이므로 표준 편차는 0.03 g이다. 표준 편차가 0.03 g임을 안다면, 이 신뢰 구간은 68% 신뢰 수준에 해당함을, 표준 편차가 0.06 g이라면 95% 신뢰 수준임을 알 수 있다. 측정 횟수가 적다면 t 값은 커지며 측정 횟수에 비례해서 변화한다.

측정 횟수가 증가하면 t와 $s/\sqrt{N}$은 모두 감소하며 신뢰 구간도 좁아진다. 측정 횟수를 증가시키면 참값이 주어진 범위에 있을 신뢰 수준은 높아진다. 반대로 말하면 측정 횟수가 증가하면 주어진 신뢰 수준에서 신뢰 범위는 좁아진다. 그러나 마치 평균값의 표준 편차와 같이 t는 $s/\sqrt{N}$의 증가에 따라 지수적으로 감소한다(표 3.1 참조). 그러므로 궁극적으로는 시료의 분석 횟수가 증가하여도 신뢰성을 향상시킬 수 없는 점에 도달된다.

3.12 중요성 시험—차이가 있는가?

새로운 분석 방법을 개발할 때는 종종 그 방법의 결과와 공인된(아마도 표준적인) 방법의 결과를 비교하는 것이 바람직하다. 그와 같은 경우에는 새로운 방법과 공인된 방법과의 사이에 중대한 차이가 있는지를 어떻게 말할 수 있을까? 다시 한 번 그 답을 위해서 통계적으로 검토해 보자.

어떤 결과가 다른 결과와 통계적으로 중요한 차이가 있는지에 대한 판단은 두 방법간 평균의 차이뿐 아니라 활용 가능한 자료의 양과 그들의 분산의 차이에 따라 다르다. 우연히 벌어진 일이 아니라는 것을 확신하기 위해서는 얼마나 많은 차이가 있어야 하는지를 보여 주는 통계표가 있다. t 시험법은 평균의 차이를, F 시험법은 자료들의 퍼짐 사이에 차이가 있는지를 판단한다.

F 시험법

F 시험법은 두 분산이 통계적으로 다른지를 결정할 때 사용된다.

F 시험법은 표준 편차에 기초하여 두 가지 방법 사이에 중요한 차이가 있는지를 알아보기 위한 방법이다. F는 두 가지 방법의 분산에 의해 다음과 같이 정의되며, **분산(variance)**은 표준 편차의 제곱이다.

$$F = \frac{s_1^2}{s_2^2} \tag{3.10}$$

여기서 $s_1^2 > s_2^2$이다. 두 개의 서로 다른 자유도 v_1과 v_2가 있으며, 각각의 경우에 대하여 자유도는 $N-1$로 정의된다.

식 3.10에서 계산된 F 값이 주어진 신뢰 수준에서 표의 F 값을 초과하였을 때는, 두 방법의 분산 사이에는 중요한 차이가 있다. 95%의 신뢰 수준에서의 F 값을 표 3.2에 수록하였다.

비디오: 풀이

F 시험법은 Excel에서 할 수 있다. 선호하는 방법은 "Data Analysis"에 Add-In으로 설치한다. Video Solver와 책의 **웹 사이트**의 Data Analysis Regression에 Add-in의 설치법이 토의된다. 또한 3.24절에 논의된다. 설치 이후에 Data Analysis 아이콘이 도구 상자의 오른쪽 끝에 나타난다. 이 아이콘을 클릭한다. Drop-down 메뉴가 나타나면 "F-test Two Samples for Variance"를 선택한다. 다른 상자가 나타날 것이다. 첫 번째 자료 세트를 "Variable 1 Range"로 선택하고, 두 번째 자료 세트를 "Variable 2 Range"로 선택한다. 원하는 신뢰 수준을 "alpha" 값으로 선택한다. Alpha 값이 0.05이면 신뢰 수준 95%를, 0.01이면 99%의 신뢰 수준을 의미한다. 고정된 값은 0.05이다. F 시험법의 결과가 3열 10행의 상자에 나타나고 변수 1

표 3.2 95% 신뢰 수준에서의 F 값

	$v_1 = 2$	3	4	5	6	7	8	9	10	15	20	30
$v_2 = 2$	19.0	19.2	19.2	19.3	19.3	19.4	19.4	19.4	19.4	19.4	19.4	19.5
3	9.55	9.28	9.12	9.01	8.94	8.89	8.85	8.81	8.79	8.70	8.66	8.62
4	6.94	6.59	6.39	6.26	6.16	6.09	6.04	6.00	5.96	5.86	5.80	5.75
5	5.79	5.41	5.19	5.05	4.95	4.88	4.82	4.77	4.74	4.62	4.56	4.50
6	5.14	4.76	4.53	4.39	4.28	4.21	4.15	4.10	4.06	3.94	3.87	3.81
7	4.74	4.35	4.12	3.97	3.87	3.79	3.73	3.68	3.64	3.51	3.44	3.38
8	4.46	4.07	3.84	3.69	3.58	3.50	3.44	3.39	3.35	3.22	3.15	3.08
9	4.26	3.86	3.63	3.48	3.37	3.29	3.23	3.18	3.14	3.01	2.94	2.86
10	4.10	3.71	3.48	3.33	3.22	3.14	3.07	3.02	2.98	2.85	2.77	2.70
15	3.68	3.29	3.06	2.90	2.79	2.71	2.64	2.59	2.54	2.40	2.33	2.25
20	3.49	3.10	2.87	2.71	2.60	2.51	2.45	2.39	2.35	2.20	2.12	2.04
30	3.32	2.92	2.69	2.53	2.42	2.33	2.27	2.21	2.16	2.01	1.93	1.84

비디오: 자료 회귀 분석

과 2의 평균, 분산, df, F, P 꼬리, F Critical 꼬리가 주어진다(88쪽의 다른 시료의 비교를 위한 t 시험법을 보라). 출력의 왼쪽 끝에 있는 출력 범위 버튼을 누르고 상자의 셀을 지정하라. F 값이 항상 >1일 것이다. 만약 <1이라면, 자료를 바꾸어라. 두 번째 자료 세트를 "Variable 1 Range"로 선택하고, 첫 번째 자료 세트를 "Variable 2 Range"로 선택하라. 출력이 F의 임계값을 줄 것이다.

예제 3.16

지금은 거의 쓰이지 않는 Folin-Wu법으로 알칼리 용액 내에서의 글루코스와 구리 이온(Cu^{2+})의 반응으로 인산몰리브데넘산을 헤테로폴리 블루라 불리는 몰리브데넘 블루로 환원시킨다. 엑셀에서 F 시험법을 이용하여 이 문제를 풀어 보라.

여러분이 혈청 중 글루코스 함량을 결정하기 위해 새로운 비색법을 개발하고 있다고 하자. 여러분이 얻은 결과와 비교하기 위해 표준 방법인 Folin-Wu 방법을 선택하였다. 같은 시료에 대해 다음과 같은 두 세트의 반복 분석 자료를 얻었다면, 여러분이 개발한 방법의 분산이 표준 방법과 중요한 차이가 있는가?

	여러분의 방법 (mg/dL)		Folin-Wu 법 (mg/dL)
	127		130
	125		128
	123		131
	130		129
	131		127
	126		125
	129		
평균 ($\bar{x}_1$)	127	평균 ($\bar{x}_2$)	128

풀이

$$s_1^2 = \frac{\sum (x_{i1} - \bar{x}_1)^2}{N_1 - 1} = \frac{50}{7-1} = 8.3$$

$$s_2^2 = \frac{\sum (x_{i2} - \bar{x}_2)^2}{N_2 - 1} = \frac{24}{6-1} = 4.8$$

$$F = \frac{8.3}{4.8} = 1.7_3$$

만약 $F_{calc} > F_{table}$이면 비교되는 분산들이 현저하게 다르다. $F_{calc} < F_{table}$이면 분산들은 통계학적으로 같다.

F 값이 1보다 크도록 분산되었다. $v_1 = 6$, $v_2 = 5$일 때 표의 F 값은 4.95이다. 계산한 값이 이보다 작으므로 두 방법의 정밀도에는 중요한 차이가 없으며, 표준 편차는 우연 오차로부터 발생하며 시료에 의존하지 않는다고 결론지을 수 있다. 통계학적으로 간단히 말하면, 여러분의 방법이 잘 수행되어졌다. 좀 더 세밀히 F 시험법으로 보려면 Michigan 대학의 Michael D. Morris 교수가 제공한 3장의 **웹 사이트** 보충을 보라.

Excel을 사용하여 F 값을 계산한 **웹 사이트** 비디오를 참조하라. ■

비디오: F 시험법

Student t 시험법 — 방법에 차이가 있는가?

t 시험법은 측정한 두 세트가 통계적으로 다른지를 결정하는 데 사용된다. 만약 $t_{calc} > t_{table}$이면 선택한 신뢰 수준에서 두 자료 세트는 현저히 다르다.

분석자는 두 가지 다른 방법으로 얻은 결과 사이에 통계적 차이가 있는지, 즉 이들 방법이 모두 같은 것을 측정하고 있는지 결정해야 될 때가 자주 있다. t 시험법은 이와 같은 비교에 매우 유용하다.

이 방법에서는 두 가지 다른 방법으로 측정된 두 세트의 반복 측정 자료를 비교한다. 이때 한 가지 방법은 **시험적인 방법**이고, 다른 방법은 공인된 방법이 사용된다. 유사한 방법으로 당뇨병 환자의 모집단의 특별한 분석물의 혈액 농도와 대조군에서 측정한 값을 비교한다. 통계적인 t 값을 계산하고 그 값을 주어진 신뢰 수준에서의 실험 횟수에서 표의 값과 비교한다(표 3.1). 계산한 t 값이 표의 t 값보다 **클 때**는 주어진 신뢰 수준에서 두 방법으로 얻은 결과에는 **중요한 차이**가 있다. 계산값이 표의 값을 초과하지 않았을 때는 선택한 신뢰 수준에서 두 방법 사이에는 중대한 차이가 없다. 그러나 이것이 두 방법의 결과가 동일하다는 것을 나타내는 것은 아니다.

t 시험법이 사용되는 여러 가지 상황과 여러 가지 방법이 있다. 다음의 경우를 생각해 보자.

1. 분석 결과를 정확히 알거나 여러분의 실험 방법으로 기대된 값보다 훨씬 더 나은 정확도를 가지는 공인된 시료를 가지고 있다. 여러분은 그와 같은 시료를 그 시험 방법으로 여러 번 공인된 값과 특정화된 정확도에서 여러분의 방법으로 얻어진 평균값에 차이가 없는지 분석한다.

2. 공인된 값의 정확도 또는 표준화된 방법으로 측정한 표준 편차가 무시하지 못할 만하다는 것 이외에는 위의 상황과 같다. 표준화된 방법으로 반복 측정한 값과 시험 방법으로 반복 측정한 값을 비교한다. 이것은 **평균의 비교에 의한 t 시험법**이라고도 한다. 두 측정의 측정 횟수가 같을 필요는 없다.

3. 공인된 기준 표준이 없고 새롭게 개발된 방법과 다른 방법을 가끔 비교한다. 기준 표준이 존재한다 하여도 오직 한 가지 농도를 측정하는 오직 한 가지 방법일 수 있고 그 방법을 사용되어질 전체 농도 범위에 확장될 수 있는지 체크하는 것이 필요하다. 관심 있는 농도 범위로 확장된 **많은 수의 시료**를 취한다. 모든 시료는 두 부분으로 나눈다. 한 세트는 기준 방법으로 분석하고, 다른 세트는 시험 방법으로 분석한다. 생성된 분석 결과의 쌍을 **짝지은 t 시험법**이라 하여, 특정된 신뢰 수준에서 두 방법에 의하여 생성된 결과가 통계학적으로 다른지 결정하는 데 사용한다. 이 시험은 다른 상황에도 유용하다. 예를 들면 다음 질문에 답하는 데 사용될 수 있다. 새로운 약이 야기하는 혈압의 변화가 다른 것과 통계학적으로 다른가? 많은 사람들이 연구되어지고 각각 두 번의 혈압 변화를 조사한다. 한 번은 약 1을 복용하고 다른 한 번은 약 2를 복용한다. 하나의 짝지은 t 시험법 측정 세트와 같은 수의 시료 자료가 필요하다.

4. 여러분은 서로 연관되지 않은 두 시료 집단을 비교하기를 원한다. West virginia 산 석탄에 포함된 황의 함량과 Pennsylvania 산 석탄의 황의 함량이 다른가? 알츠하이머에 감염된 뇌세포의 검시에서 나온 알루미늄의 함량과 대조군이 다른가? 이 경우에 상기의 예에서 다른 두 시료 집단이 검사되고 각 집단의 수가 같을 필요는 없다. 이러한 종류의 t 시험법은 두 그룹으로 나눌 수 있다: (a) 두 시료 세트의 분산 또는 표준 편차를 비교하였을 때 통계학적으로 같을 때(즉 F 시험법으로 결정된), 두 시료 세트를 **동종 산포**(*homoscedastic*)라고 하고, (b) 두 시료 세트의 분산 또는 표준 편차를 비교하였을 때 통계학적으로 다를 때, 두 시료 세트를 **이종 산포**(*heteroscedastic*)라고 한다.

합동 표준 편차. 합동 표준 편차의 개념은 t 시험법에 자주 사용되므로 먼저 논의한다.

합동 표준 편차는 어떤 방법의 정밀도를 추정하는 개선된 방법으로 사용되며, 또한 쌍을 이룬 두 세트 자료의 t 시험법에서 정밀도를 계산하는 데 사용된다. 분석 방법의 정밀도를 표현하기 위해 한 세트의 자료에 의존하는 것보다는 여러 세트의 분석을 수행하는 것, 예를 들어 다른 날에 다른 시료를 분석하는 것이 좋을 때가 있다. 각 세트의 불가측(우연) 오차가 같다면, 각 세트의 자료를 통합할 수 있다. 이렇게 하면 한 세트에서 얻은 것보다 높은 신뢰도로 그 방법의 정밀도를 구할 수 있다. **합동 표준 편차(pooled standard deviation)** s_p는 다음 식과 같다.

$$s_p = \sqrt{\frac{\sum (x_{i1} - \bar{x}_1)^2 + \sum (x_{i2} - \bar{x}_2)^2 + \cdots + \sum (x_{ik} - \bar{x}_k)^2}{N - k}} \qquad (3.11)$$

두 방법의 분산을 t 시험법에 적용하기 전에 같다고 가정하기보다는 F 시험법을 적용할 수 있다.

여기서 $\bar{x}_1, \bar{x}_2, \ldots, \bar{x}_k$는 분석의 k 세트 각각의 평균값, $x_{i1}, x_{i2}, \ldots, x_{ik}$는 각 세트의 개별 측정값이다. N은 총 측정 횟수로서$(N_1 + N_2 + \cdots + N_k)$와 같다. 20회씩 5세트를 분석하였다면 $k = 5$이고, N은 100이 된다(시료의 수는 각 세트마다 반드시 같지 않아도 된다). $N - k$는$(N_1 - 1) + (N_2 - 1) + \cdots + (N_k - 1)$에서 얻게 되는 자유도이다. 즉 각 세트마다 자유도 1을 잃는다. 이 식은 각 세트 자료의 표준 편차에 대한 식을 결합한 것을 나타낸다.

1. 기준값을 알고 있을 때의 t 시험법. 식 3.9는 참값 μ를 나타내는 것으로, 다음과 같이 쓸 수 있다.

$$\mu = \bar{x} \pm \frac{ts}{\sqrt{N}} \tag{3.12}$$

식 3.12를 사용하여 신뢰 구간(즉 $\bar{x} + ts/\sqrt{N} \sim \bar{x} - ts/\sqrt{N}$)을 계산할 수 있고, 그 구간이 예측된 값을 포함하는지 알아본다.

이 식을 다음과 같이 바꾸어 쓸 수도 있다.

$$t_{\text{calc}} = (\bar{x} - \mu)\frac{\sqrt{N}}{s} \tag{3.13}$$

만약 결정된 신뢰 구간에 기대하는 값(즉 μ)이 포함되면, 결정이 알려진 값과 통계학적으로 다르지 않다고 여길 수 있다.

경우에 따라서 시료 또는 기준 표준물의 참값 μ의 좋은 예측은 높은 정확도로 알려져 있거나, 전형적인 실험실 분석에서 가능한 상대 정확도보다 더 높을 수 있다. 많은 금속들과 몇몇 순수한 화합물은 99.999, 심지어 99.9999%로 고순도의 형태로 얻을 수 있다. 시료 내의 금속과 그러한 화합물을 분석한다면, 식 3.12를 이용하여 시험 방법에서 얻은 값이 통계적으로 공인값과 같은지의 여부를 결정할 수 있다. 불확정도가 공인된 값으로 특정화된 경우에도 같은 접근을 할 수 있고, 이 불확정도는 시험한 방법으로 얻은 결과의 표준 편차보다 훨씬 작은 경우이다. 우리의 목표는 우리의 방법으로 얻은 결과가 공인된 값과 다른지를 보는 것이다. 이 방법의 다른 응용은 측정된 값의 세트가 전술한 규정 한계를 넘는지 결정하는 것이다. 예를 들면 물속의 플루오린의 함량.

예제 3.17

여러분이 생물학적 시료 중 미량의 구리를 측정하기 위해 습식 분해 후 원자 흡수 분광 광도법으로 분석하는 방법을 개발하고 있다고 하자. 이 방법을 평가하기 위해 공인된 표준 기준물질을 구입하여 분석하였다. 다섯 번에 걸쳐 시료를 채취하고 분석한 결과 평균 10.8 ppm, 표준 편차 ±0.7 ppm을 얻었다. 수록된 기준값은 11.7 ppm이었다. 여러분의 방법은 95% 신뢰 수준에서 공인된 값과 비교하여 통계적으로 옳은 결과를 냈는가?

풀이

$$t_{\text{calc}} = (\bar{x} - \mu)\frac{\sqrt{N}}{s}$$

$$= (10.8 - 11.7)\frac{\sqrt{5}}{0.7}$$

$$= 2_{.9}$$

$\bar{x} - \mu$가 음수이므로 t_{calc}의 절댓값을 취한다.

다섯 번 측정하였고, 따라서 자유도는 4이다. 표 3.1로부터 95% 신뢰 수준에서 표의 t 값은 2.776이다.

$t_{\text{calc}} > t_{\text{table}}$이기 때문에, 여러분의 과정으로 얻은 값이 통계적으로 참값과 다르다는 것을

95% 신뢰한다(표 3.1을 보라 – 우리는 t_{table}이 99%에서 4.6인지 99% 신뢰하지 못한다). 그러나 대부분의 작업은 95%의 신뢰 수준에서 진행된다. 여러분의 과정은 불일치하는 원인을 찾고 수정하지 않으면 받아들여지지 않을 것이다. 여러분은 둘 중의 하나를 택할 수 있다. 예를 들면 여러분의 방법이 설명되지 않은 철의 부정적인 방해를 받을 수도 있다. ■

식 3.13으로부터 정밀도가 향상되면, 즉 s의 값이 작아지면 t의 계산값이 커지는 것에 주목하라. 따라서 표의 t 값이 계산값보다 작아질 경우가 많아진다. 즉 정밀도가 향상되면 우연이 아닌 차이를 가려내기 쉽게 된다. 식 3.12를 다시 보면, 이는 s가 감소하는 것을 의미하며, 따라서 두 방법의 차이$(\bar{x}-\mu)$는 우연 오차에서만 기인하는 차이가 된다. 이것이 의미하는 것은 매우 통상적으로 감소된 s 값을 나타내는 많은 시료를 분석할 때 통계적으로 중요한 차이를 찾을 수 있다.

2. 두 방법의 평균 비교. 두 세트의 자료에 응용할 때에는 식 3.13의 μ 값은 두 번째 세트의 평균값으로 대치된다. 평균값의 표준 편차 역수$(\sqrt{N}/s)$는 둘 사이의 차이의 값으로 대치되어 다음과 같다.

$$\sqrt{\frac{N_1N_2}{N_1+N_2}}\bigg/s_p$$

여기서 s_p 값은 식 3.11에서 N_1과 N_2의 시료 수를 갖는 두 세트의 개별 측정값의 합동 표준 편차이다.

t 시험법을 적용하기 전에 두 방법이 통계적으로 동일하다고 가정하기보다는 *F* 시험법을 두 방법의 분산에 적용할 수 있다.

$$t_{calc}=\frac{\bar{x}_1-\bar{x}_2}{s_p}\sqrt{\frac{N_1N_2}{N_1+N_2}} \tag{3.14}$$

이것은 다음에 소개될 두 방법을 비교할 때, 즉 하나의 시료를 두 가지 다른 방법으로 분석할 때 이용될 수 있다.

두 방법 사이의 평균의 비교에 t 시험법을 적용하려면, 두 방법이 같은 표준 편차를 가져야 한다. 이것은 처음에 F 시험법으로 확인해야 한다.

예제 3.18

철(III)를 유기 붕소 "바구니" 화합물을 사용하여 결정형으로 침전시키는 새로운 철(III)의 무게 분석법을 개발하였다. 이 방법의 정확도는 광물 속의 철을 분석하여 암모니아로 침전시킨 후, $Fe(OH)_3$를 연소시켜 얻은 Fe_2O_3의 무게를 다는 표준 침전 방법을 이용한 결과와 비교하여 확인하였다. 각 시료 중 % Fe를 보고한 결과는 다음과 같다.

시험 방법	기준 방법
20.10%	18.89%
20.50	19.20
18.65	19.00
19.25	19.70
19.40	19.40
19.99	$\bar{x}_2$ = 19.24%
$\bar{x}_1$ — 19.65%	

두 방법에 중요한 차이가 있는가?

풀이

x_{i1}	$x_{i1}-\bar{x}_1$	$(x_{i1}-\bar{x}_1)^2$	x_{i2}	$x_{i2}-\bar{x}_2$	$(x_{i2}-\bar{x}_2)^2$
20.10	0.45	0.202	18.89	0.35	0.122
20.50	0.85	0.722	19.20	0.04	0.002
18.65	1.00	1.000	19.00	0.24	0.058
19.25	0.40	0.160	19.70	0.46	0.212
19.40	0.25	0.062	19.40	0.16	0.026
19.99	0.34	0.116			$\sum(x_{i2}-\bar{x}_2)^2 = 0.420$
		$\sum(x_{i1}-\bar{x}_1)^2 = 2.262$			

$$F = \frac{s_1^2}{s_2^2} = \frac{2.262/5}{0.420/4} = 4.31$$

이 값은 표의 값(6.26)보다 작다. 따라서 두 방법은 비슷한 표준 편차를 가지며, t 시험법을 적용할 수 있다.

$$s_p = \sqrt{\frac{\sum(x_{i1}-\bar{x}_1)^2 + \sum(x_{i2}-\bar{x}_2)^2}{N_1+N_2-2}}$$

$$= \sqrt{\frac{2.262+0.420}{6+5-2}} = 0.546$$

$$\pm t = \frac{19.65-19.24}{0.546}\sqrt{\frac{(6)(5)}{6+5}} = 1.2_3$$

자유도 9(N_1+N_2-2), 신뢰 수준 95%일 때 표의 t 값은 2.262이다. 따라서 두 방법으로 얻은 결과에는 통계적인 차이가 없다. ■

하나의 시료에 대해 두 가지 방법으로 비교하는 것보다는, 호환성이 있는지 비교하기 위해 한 가지 방법으로 분석한 두 시료에 대해 위의 보기와 같은 방법으로 비교할 수 있다.

Excel Data Analysis Add-in으로 평균의 비교 t 시험법을 할 수 있다. 하지만 짝지은 자료가 필요하다. 이것의 사용을 다음의 예에서 설명한다. NIST의 스테인리스 철 기준 표준 물질(SRM) 73c 분석 인증서(http://www-s.nist.gov/srmors/certificates/73c.pdf)에 네 명의 분석가가 분석한 % Mo 값을 다음과 같이 보고하고 있다: 0.089, 0.092, 0.095, 0.087. 여러분이 개발한 새로운 분석 방법으로 같은 SRM의 네 부분을 분석한 결과 값이 0.090, 0.094, 0.098, 0.096% Mo이다. 보고된 NIST의 평균값은 0.091이고, 여러분 결과는 0.094이다. 차이가 상당한가?

두 자료 세트를 엑셀의 작업창에 입력한다. NIST 결과를 A1:A4에 넣고, 여러분의 결과를 B1:B4에 넣는다. Data/Data Analysis를 선택하고 아래 메뉴의 "*t*-test: Paired two sample for means"를 선택한다. 새로운 자료 입력창에 A1:A4를 "변수 1 영역", B1:B4를 "변수 2 영역"에 입력한다. 두 개의 평균이 차이가 있다고 할 이유가 없으므로 상자에서 "Hypothesized Mean Difference"를 선택하고, 초깃값을 0으로 남겨 놓는다. 열의 맨 위의 레이블이 "NIST 자료"와 "나의 자료"라면, 레이블 상자로 선택할 수 있고, 엑셀은 1행을 무시할 것이다. 우리는 제목이 없으므로 레이블 상자를 선택하지 않는다. 알파는 F 시험법에서와 같은 기호로 초깃값은 $\alpha = 0.05$이고 신뢰 한계는 95%이다. 시험 준비가 되었다면 엑셀은 결과를 표기할 3열 14행이 필요할 것이다. "출력 범위"를 선택하고 출력을 시작할 D1을 지정한다. 첫 번째 열의 초기 넓이에 들어갈 내용이 너무 넓다. 열 제목 D를 클릭하고 오른쪽 경계에서 이중 선택을 한다. 열의 넓이가 자동으로 내용이 맞도록 넓혀질 것이다. 출력은 단측 검정, 양측 검정의 평균, 분산, 자유도(df), 계산된 t 값(t-Stat), 임계 t 값이다. 계산된 t 값이 음수이지만 크기만 고려하면 된다. 만약 B열을 변수 1로 하고 A열을 변수 2로 하였다면, 크기가 같은 양의 값이 나올 것이다(해보아라!). 단측, 양측 검정은 정규 분포의 양쪽 반을 또는 한쪽만을 고려한 것이다. 한 자료 세트가 다른 자료 세트보다 큰(또는 작은) 경우의 비교는 단측 검정이 적당하다. 분석 화학에서는 일반적으로 하나의 자료 세트가 다른 데이트 세트보다 크거나 작거나 제한이 없다. 그러므로 여러분은 t-임계 양측 값을 계산된 값과 비교해야만 한다. 현재 2.08의 t_{calc} 값이 임계값 3.18보다 작다. 그러므로 95%의 신뢰 수준에서 여러분의 결과는 NIST의 결과와 현저하게 다르지 않다.

3. 짝지은 t 시험법(paired t-test). 아래의 짝지은 t 시험법은 한 종류의 다른 시료를 다른 두 방법으로 얻은 결과를 비교한다. 새로운 방법 또는 방법 간의 상호 비교를 평가를 위해 선호되는 짝지은 t 시험법을 여기에서 설명한다. 새로운 방법은 자주 다른 양의 분석물을 함유한 여러 개의 다른 시료를 자주 통용되는 방법과 분석함으로써 검정한다. 이러한 경우에 t 값은 약간 다른 형태로 계산된다. 각 시료는 한 번만 측정한다. 각 시료에 대한 한 쌍의 측정값에서의 차이를 계산한다. 차이의 평균 $\bar{D}$를 계산하고, $\bar{D}$로부터의 각각의 개별 편차를 표준 편차 s_d의 계산에 사용한다. t 값은 다음 식으로부터 구한다.

$$t = \frac{|\bar{D}|}{s_d}\sqrt{N} \tag{3.15}$$

$$s_d = \sqrt{\frac{\sum (D_i - \bar{D})^2}{N-1}} \tag{3.16}$$

여기서 D_i는 각 시료에 대하여 두 가지 방법으로 측정한 값의 부호도 포함한 개별 차이이다. $\bar{D}$는 모든 개별 차이의 평균값이다.

예제 3.19

여러분이 혈액 요소성 질소(BUN) 함량을 결정하는 새로운 분석 방법을 개발하고 있다고 하자. 여러분의 방법이 일상적인 실험실에서 결정하는 시료의 농도 범위 내에서 표준 방법과 매우 다른지 판단하고 싶을 것이다. 두 방법의 정밀도는 비슷하고, 여러 가지의 개별 시료에 대한 두 세트의 결과는 다음과 같다.

비디오: 짝지은 시료에 대한 t 시험법

시료	여러분의 방법 (mg/dL)	표준 방법 (mg/dL)	D_i	$D_i - \bar{D}$	$(D_i - \bar{D})^2$
A	10.2	10.5	−0.3	−0.6	0.36
B	12.7	11.9	0.8	0.5	0.25
C	8.6	8.7	−0.1	−0.4	0.16
D	17.5	16.9	0.6	0.3	0.09
E	11.2	10.9	0.3	0.0	0.00
F	11.5	11.1	0.4	0.1	0.01
			$\sum$ 1.7		$\sum$ 0.87
			$\bar{D} = 0.28$		

풀이

$$s_d = \sqrt{\frac{0.87}{6-1}} = 0.42$$

$$t = \frac{0.28}{0.42} \times \sqrt{6} = 1.6_3$$

비디오: 엑셀로부터 짝지은 t 시험법

95% 신뢰 수준과 자유도 5일 때 표의 t 값은 2.571이다. 따라서 $t_{calc} < t_{table}$이고, 이 신뢰 수준에서 두 방법 사이에 중대한 차이는 없다. ■

일련의 시료에 적용한 짝지은 t 시험법 문제의 두 가지 예를 **웹 사이트**의 두 개의 예인 짝지은 시료에 대한 t-시험법과 엑셀로부터 짝지은 t-시험법으로 보여 주고 있다.

99% 신뢰 수준에서의 검정은 매우 중요하나, 보통 95% 신뢰 수준에서의 시험도 중요한 것으로 생각된다. 즉 계산으로 얻은 t 값이 작으면 그만큼 두 방법 사이에는 중요한 차이가 없음에 대한 확신도 높아진다. 너무 낮은 신뢰 수준(예를 들어 80%)을 취하면 두 방법 사이에 중요한 차이가 있다고 잘못 결론짓기 쉽다(I형 오차라고 한다). 반면 신뢰 수준이 너무 높으면 인지하기 위해 너무 많은 차이가 있어야만 한다(II형 오차라고 한다). 유형 I과 유형 II가 무엇을 의미하는지 3.19절의 심화 학습을 참조하라. t의 계산값이 95% 신뢰 수준에서 표의 t 값에 가까우면, 그 두 방법이 크게 다른지를 명확하게 하기 위하여 더 많은 시험을 해야만 한다.

4. 다른 시료를 비교하기 위한 t 시험법. 엑셀을 이용하여 설명할 것이다. 다음 문제를 생각해 보자. 인접 국가의 우물물의 플루오린 함량(mg/L)이 다음과 같이 결정되었다. 국가 B의 플루오린의 양이 국가 A의 물과 비교하여 통계학적으로 다른가?

국가 A	국가 B
0.76	1.20
0.81	1.41
0.77	1.69
0.79	0.91
0.80	0.50
0.78	1.80
0.76	1.53

F 시험법으로 두 세트의 자료가 통계학적으로 분산이 다른가를 먼저 결정한다. 3.12장에 설명한 대로 F 시험법을 수행하라. B열의 자료를 변수 1로, A열의 자료를 변수 2로 입력하라(반대로 입력하면 F<1을 얻을 것이다). F 시험법의 출력은 왼쪽 아래와 같다. 자료 세트에서 확실히 다른 분산을 얻는다(그렇지 않다면, Data/Data Analysis/t-test: Two Sample: Assuming Equal Variance을 이용하라). 그러므로 Data/Data Analysis/t-test: Two Sample: Assuming Unequal Variances를 선택하고 다시 B열의 자료를 변수 1로, A열의 자료를 변수 2로 입력한다. t 시험법 결과는 오른쪽 아래와 같다. t_{calc} 값 2.93이 임계 양측 시험법 t 값 2.44보다 크므로, 국가 B의 우물물의 플루오린 함량은 95%의 신뢰 수준에서 통계학적으로 다르다.

분산의 F 시험법

	변수 1	변수 2
평균	1.2914286	0.781429
분산	0.2114476	0.000381
관측	7	7
df	6	6
F		555.05
$P(F < f)$ 단측		5.8E-08
F 임계 단측		4.283866

t 시험법

	변수 1	변수 2
평균	1.291429	0.781429
분산	0.211448	0.000381
관측	7	7
가상 평균 차이	0	
df	6	
t Stat	2.93175	
$P(T < t)$ 단측	0.013114	
t 임계 단측	1.94318	
$P(T < t)$ 양측	0.026227	
t 임계 양측	2.446912	

3.13 결과의 거부: Q 시험법

일련의 반복 분석을 했을 때 결과 중 하나가 다른 것들과 현저히 다르게 나타날 수 있다. 그런 경우, 그 결과를 버릴 것인지, 남겨둘 것인지를 결정할 필요가 있다. 의심스러운 결과가 우연한 변동보다도 우연 오차에 기인된다고 말할 수 있는지의 여부를 판단하는 데 사용될 수 있는 일정한 기준은 유감스럽게도 현재는 없다. 극단적인 값들은 통계적 계산을 바람직하지 못한 방향으로 바꾸기 때문에, 즉 표준 편차나 분산(퍼진 정도)을 증가시키고, 평균값을 변화시키기 때문에 분석자들은 이들을 제거하려고 한다. 의심스런 결과를 얻을 때 어떤 특정한 오차가 발생했다는 판단이 섰을 때에만 거부할 수 있다. 자료를 수집할 때 확실히 알고 있는 오차가 있다면, 그 자료는 보유해서는 안 된다.

Finagle의 3 법칙: 자료를 수집할 때 모든 시험법 밖에 있는 숫자들이 전부 옳다고 하는 것은 실수이다.

통계적 시험법에서와 마찬가지로 경험과 상식을 기반으로 특정한 관찰의 유효성에 대한 실질적 판단이 가능하다. 숙련된 분석자라면 주어진 방법의 정밀도를 어느 정도 알고 있고, 결과가 의심스러운지에 대한 인식을 할 수 있는 경우가 많다.

어떤 방법의 표준 편차를 예상할 수 있는 분석자는 평균값의 $2s$ 또는 $2.5s$의 범위 밖에 있는 자료를 버릴 것이다. 왜냐하면, 그것은 20회에 1회 또는 100회에 1회 정도 일어나는 현상이기 때문이다.

어느 측정값을 거부할 수 있는지를 결정하기 위하여 여러 가지 통계적 시험법이 제안되고 사용되어 왔다. 그 모든 것들은 통계적으로 중요한 측정값이 존재할 수 있는 범위를 정하고 있다. 그 모든 것에서 어려움은 그 범위를 정하는 것이다. 그 범위가 너무 좁으면 완벽한 좋은 자료를 버릴 위험이 있다. 반대로 너무 넓으면 잘못된 측정 결과를 남겨두게 된다. 제안된 몇 가지의 시험법 중에서 ***Q* 시험법**(***Q* test**)은 측정값의 수가 비교적 적을 때에도 통계적으로 가장 신뢰할 수 있는 방법 중 하나이며, 시험법이 필요할 때 추천된다. 데이터를 증가하거나 감소하는 순으로 배열하고 비율 Q를 계산한다. 자료 세트가 크다면, 엑셀의 Data/Sort 함수를 이용하면 자료를 오름차순 또는 내림차순으로 정리하는 데 도움이 될 것이다. 의심스러운 수치와 가장 가까운 수치와의 차(a)를 최댓값과 최솟값의 차이인 범위(w)로 나눈다. 여백의 그림을 참조하면 $Q = a/w$이다. 이 비를 표에 있는 Q 값과 비교한다. 이 값이 표의 값과 같거나 클 때는 의심스러운 측정값을 버릴 수 있다. 표 3.3에는 90%, 95%, 99% 신뢰 수준에서의 Q 값을 나타내었다. Q 값이 측정 횟수에 대한 표의 값을 초과하였을 때에는 예를 들어, 95% 신뢰 수준에서 명확한 오차가 그 값에 있음을 확신하며, 그 의심스러운 측정값은 거부할 수 있다.

Q 시험법은 "동떨어진 값"이 가측 오차에서 비롯된 것인지를 판단할 때 사용된다. 그렇지 않으면 그 값이 "예견된 우연 오차"이고, 값을 보유해야 한다.

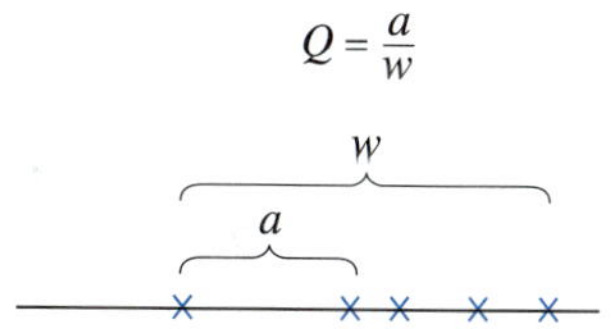

"자, 이제 사건의 순서는 아무런 규칙이 없다." – Dan Rather, TV 뉴스 앵커

표 3.3 다양한 신뢰 수준에서의 거부 지수, Q[a]

측정 횟수	신뢰 수준		
	Q_{90}	Q_{95}	Q_{99}
3	0.941	0.970	0.994
4	0.765	0.829	0.926
5	0.642	0.710	0.821
6	0.560	0.625	0.740
7	0.507	0.568	0.680
8	0.468	0.526	0.634
9	0.437	0.493	0.598
10	0.412	0.466	0.568
15	0.338	0.384	0.475
20	0.300	0.342	0.425
25	0.277	0.317	0.393
30	0.260	0.298	0.372

[a]출처: D. B. Rorabacher, *Anal. Chem.*, **63** (1991) 139.

$Q_{calc} > Q_{table}$이면, 그 자료는 동떨어진 값일 수 있고, 버릴 수 있다. 특히 결정해야 할 값이 가까운 것이라면 확실히 하기 위해서는 더 많은 측정을 하는 것이 좋다.

예제 3.20

다음은 혼주 혈청으로부터 분취하여 염화 이온의 농도를 결정한 자료이다: 103, 106, 107, 114 meq/L. 하나의 값이 의심스럽다. 그 값이 우연 오차에서 기인한 것인지를 95% 신뢰 수준에서 판단하시오.

풀이

의심스러운 자료는 114 meq/L이다. 이 값은 가장 가까운 107 meq/L에서 7 meq/L 떨어져 있다. 114에서 103까지의 범위는 11 meq/L이고, Q 값은 7/11 = 0.64이다. 표에서 4회 측정에 대한 Q 값은 0.829이다. 계산한 Q 값이 표의 Q 값보다 작으므로, 이 의심스러운 값은 우연 오차에 의한 것이며 거부해서는 안 된다. ■

동떨어진 값을 버리기 힘들다면 중앙값을 보고하는 것을 고려하라.

측정 횟수가 작을 때는(예를 들어 3~5개) 이 기준에 의한 거부하기 이전에 측정에서의 모순이 상당히 크며 잘못된 결과를 남길 수도 있다. 평균값은 이상한 값의 영향을 크게 받기 때문에, 이러한 상황에서 산술 평균은 매우 변하게 된다. 이 이유 때문에 소수의 측정값으로부터 이상한 값을 버릴 수 없을 때에는 평균값보다는 중앙값을 보고하는 것을 권장한다. **중앙값(median)**은 측정값을 크기의 순서로 배열하였을 때 홀수개의 결과일 때는 한가운데 오는 값이고, 짝수일 때는 중앙의 두 값의 평균이다. 중앙값은 이상한 값의 영향을 그다지 크게 받지 않는 장점이 있다. 위의 예에서 중앙값은 맨 가운데 있는 두 값의 평균, 즉 (106 + 107)/2 = 106이다. 이 값을 평균값 108과 비교하면, 평균값은 이상한 값의 영향을 받은 것을 알 수 있다.

3~5개의 측정 자료에 대해서 그 정밀도가 기대한 것보다 상당히 나쁘며, 또한 측정값의 하나가 다른 것과 현저하게 다를 때의 자료를 처리하려면 다음과 같은 방법을 사용하도록 한다.

1. 특정 측정값이 실제로 의심스러운지 여부를 판단할 때 판정하는 방법에 타당하다고 생각되는 정밀도를 평가한다. 두 개의 측정값이 매우 근접한 경우 세 개의 측정값이 있으면, Q 시험법은 적절하지 못할 때가 많다(이 절의 끝에 있는 설명 참조).
2. 명확한 오차가 있는지의 여부를 알기 위하여 의심되는 값이라고 생각되는 자료를 점검한다.
3. 새로운 자료가 수집되지 않았을 때는 Q 시험법을 한다.
4. Q 시험법 결과 동떨어진 값을 보유해야 하는 경우에 자료수가 적으면 평균값보다는 중앙값을 보고한다.
5. 최후의 수단으로 별도의 측정을 한다. 새로운 결과가 먼저 얻은 결과 중에서 명백히 유효한 결과와 일치하면, 그 의심스러운 결과는 버려야 한다. 그러나 동떨어진 값을 거부할 수 없을 때는 중앙값을 보고한다.

Q 시험법은 세 개의 자료 중에서 두 개가 같을 때에는 사용할 수 없다. 이때 Q 시험법에서는 a는 w와 같고, Q 계산값은 언제나 1과 같으므로, 편차의 크기에 상관없이 언제나 세 번째 값을 버리게 되기 때문이다. 네 개의 측정값 중에서 세 개가 같은 경우 등에도 똑같이 적용된다. Q 시험법을 수행하기 위한 계산기/애플넷은 웹사이트에서 구할 수 있다(즉 http://asdlib.org/onlineArticles/ecourseware/Harvey/Outliers/OutlierProb1.html).

동떨어진 값을 시험하는 유용한 방법들이 있다. ASTM International(이전에 American Society for Testing and Materials로 알려진)이 추천하는 방법은 **동떨어진 값의 Grubbs 시험법(Grubbs Test for Outlier)**이다. 이 방법은 단일 변량의 자료 세트의 동떨어진 값을 검출

하는 데 유리하다. 이것은 자료가 정규 오차 곡선을 만족한다고 가정한다(제한된 자료 세트를 결정하기는 어렵고 $n \geq 7$일 때만 Grubbs 시험법이 가치가 있다). 그러나 $g_{critical}$ 값(아래 참조)이 $g = 3-6$으로 얻을 수 있고 예측값으로 사용할 수 있다). 평균($|X_i - \overline{X}|$이 최대)으로부터 가장 먼 자료를 결정하고 그 차이를 표준 편차, s로 나눈다. 이 값을 Grubbs 시험법 통계, g라고 한다. 계산된 g 값이 원하는 신뢰 수준에서 표의 임계값 $g_{critical}$보다 크면 그 자료는 버릴 수 있다.

95%와 99%의 신뢰 수준에서의 Grubbs 임계값을 포함한 Gurbbs 시험법의 설명이 3장의 **웹 사이트**에 있다. 예제 계산이 더 많은 응용성이 있도록 참고 논문과 함께 제공된다. 유용한 온라인 계산기가 http://www.graphpad.com/quickcalcs/Grubbs1.cfm.에 있다.

3.14 적은 세트의 자료에 대한 통계

앞 절에서 정규 분포 모집단에 대한 중앙값(평균, $\bar{x}$), 결과의 퍼짐(표준 편차, s), 신뢰 한계(t 시험)를 평가하는 방법들을 논의하였다. 이 통계적 값들은 모집단이 클 경우 엄격하게 적용된다. 분석 화학에서는 전형적으로 10개 이하의 결과를 다루며, 어떤 분석에서는 2개 또는 3개일 수도 있다. 이와 같이 작은 세트의 자료에 대해서는 다른 평가가 더 적절하다.

모집단이 큰 경우를 위한 통계는 모집단이 작은 경우에 대해서는 엄격하게 적용되지 않는다.

앞 절의 Q 시험법은 작은 세트의 자료에 대해서 고안되었고, 의심되는 결과를 다루는 몇 가지 규칙을 이미 언급하였다.

중앙값이 평균보다 좋을 수도 있다

N개의 값을 오름차순 또는 내림차순으로 정렬하였다면, N이 홀수일 때, 한가운데 오는 수가 중앙값이다. N이 짝수이면 중앙의 두 수의 평균이 중앙값이다. M으로 표시하는 중앙값은 중앙값을 평가하는 데 사용된다. 이 값은 평균 x처럼 관련 없는(동떨어짐)값에 의해서 크게 영향을 받지 않는 장점이 있다. 표 3.4에 나타낸 중앙값의 효율 E_M은 "참(true)" 평균값에 대한 두 가지 평가(평균과 중앙값)의 시료 분포 분산의 비율로 정의한다. 이 E_m 값은 2회 측정(여기서는 중앙값은 반드시 평균과 같다.)일 때 1부터, 측정을 많이 하였을 때 0.64까지의 값을 가진다. 효율 계산에서 얻은 값은 다음과 같은 뜻을 내포하고 있다. 예를 들어 100회 측정하였을 때 효율은 0.64이며, 이때의 중앙값은 64회 측정으로부터 계산한 평균보다 모집단의 중앙에 있는 값에 대한 더 많은 정보를 준다. 10회 측정의 중앙값은 $10 \times 0.71 = 7$회 측정 시의 평균과 같은 정보를 효과적으로 나타낸다. 중앙값은 Q 시험법에서처럼 큰 오차의 존재 여부를 판단하기 위하여 이용하는 것이 바람직하다. 정규 모집단으로부터 3회 측정하였을 때 3개

측정 횟수가 작을 때는 평균보다는 중앙값이 더 참값을 잘 대표한다.

평균은 산술 평균인 반면, **중앙값**은 값의 세트에서 중앙의 값이다. 평균은 중앙값보다 단지 몇 개의 값이 현저하게 부정확한 동떨어진 값에 의하여 극단적인 영향을 받을 수 있다.

표3.4 **2~10회 측정에 대한 효율과 변환 인자[a]**

	효율		범위 편차	범위 신뢰 인자(t)	
측정 횟수	중앙값(E_M)	범위(E_R)	인자(K_R)	$t_{r0.95}$	$t_{r0.99}$
2	1.00	1.00	0.89	6.4	31.83
3	0.74	0.99	0.59	1.3	3.01
4	0.84	0.98	0.49	0.72	1.32
5	0.69	0.96	0.43	0.51	0.84
6	0.78	0.93	0.40	0.40	0.63
7	0.67	0.91	0.37	0.33	0.51
8	0.74	0.89	0.35	0.29	0.43
9	0.65	0.87	0.34	0.26	0.37
10	0.71	0.85	0.33	0.23	0.33
∞	0.64	0.00	0.00	0.00	0.00

[a] 출처: R. B. Dean and W. J. Dixon, *Anal. Chem.*, **23** (1951) 636.

의 값 중 가장 좋은 2개(근접한 2개)의 평균보다는 중앙값이 더 낫다.

표준 편차 대신 범위

범위는 4회 이하의 측정 자료에 대해서는 표준 편차만큼 자료의 퍼짐을 나타내는 좋은 척도이다.

측정 횟수가 적은 자료에 대해서는 범위 *R*은 결과의 퍼짐을 나타내는 데 매우 효과적이다. 범위는 가장 크게 기록된 값에서 가장 작게 기록된 값을 빼서 얻는다. 표 3.4에서 보는 바와 같이 범위의 효율 E_R은 실제로 4회 이하의 측정에 대한 표준 편차와 거의 일치한다. 표준 편차는 여전히 주어진 자료에 대한 가장 좋은 평가로 알려져 있지만, 측정 횟수가 적을 경우 퍼짐을 평가하는 데는 빈약하기 때문에 범위 *R*의 효율성이 상대적으로 높다. 범위를 측정 횟수에 무관한 퍼짐의 척도로 전환하기 위해서는 표 3.4에 나타낸 **편차 인자(deviation factor, *K*)**를 곱해야 된다. 이 인자는 *R*이 모집단의 표준 편차를 반영할 수 있도록 범위 *R*을 조정해 준다. 이것을 *Sr*로 나타낸다.

$$s_r = RK_R \tag{3.17}$$

예제 3.9에서 무게를 4회 측정한 결과의 계산된 표준 편차는 0.69 mg이고, 자료의 범위는 1.6 mg이다. 4회 측정에 대한 K_R을 곱하면 $s_r = 1.6 \text{ mg} \times 0.49 = 0.78 \text{ mg}$; s와 s_r은 비슷하다. 측정 횟수가 증가할수록 범위의 효율은 표준 편차에 비하여 상대적으로 감소한다.

중앙값 *M*은 관련없는 값들의 영향을 최소화하기 위하여 표준 편차를 계산하는 데 사용될 수도 있다. 예제 3.9를 다시 보면 표준 편차는 0.69 mg이 아니라 중앙값 29.8을 이용하여 계산된 0.73 mg이다.

범위를 이용한 신뢰 한계

t_r로 표시되는 신뢰 한계는 식 3.9의 *s*를 대신하여 범위로부터 얻어진 s_r과 이에 해당되는 다른 *t* 표를 이용하여 계산될 수 있다. 그래도 역시 범위로부터 다음과 같이 직접 신뢰 한계를 계산하는 것이 편리하다.

$$\text{신뢰 한계} = \bar{x} \pm Rt_r \tag{3.18}$$

*R*을 s_r로 바꾸는 인자는 표 3.4에서 나타낸 것과 같이 99%와 95% 신뢰 수준에서 t_r에 포함되어 있다. 식 3.18을 이용하여 예제 3.15에서 95% 신뢰 수준으로 계산된 신뢰 한계는 $93.50 \pm 0.19(1.3) = 93.50 \pm 0.25\%$ Na_2CO_3이다.

3.15 선형 최소 제곱법 — 올바른 직선을 어떻게 도시할 것인가?

분석 화학에서는 교정 곡선과 같이 자료들을 자주 직선으로 도시한다. 그래프를 그리는 것, 즉 곡선을 맞추는 것은 정확한 분석 자료를 얻는 데 매우 중요하다. 미지 농도를 계산하는 데 사용하는 것이 교정 곡선이다. 직선성과 일관성이 미지 시료의 계산에서 정확성을 결정한다. 모든 측정은 어느 정도의 불확정도를 가지며, 따라서 직선으로 도시할 수 있다. 때때로 분산된 점 사이에 자를 대고 "직관적"으로 가장 좋은 직선을 간단하게 그을 때가 있다. 보다 좋은 방법은 통계적 방법을 응용하여 자료들에 가장 가까운 직선을 찾아내는 것이다. 오늘날 사용되는 스프레드시트의 통계 함수를 활용하면 올바른 직선을 그을 수 있고, 심지어는 적절한 비선형 곡선도 그을 수 있다. 우선 곡선을 맞추는 데 포함된 계산과 통계적인 평가에 대해 배울 것이다.

직선이 관측과 분석물의 양의 관계 모형이라는 것을 주목해야 한다. 임의의 숫자 세트에 무턱대고 최소 제곱법(아래 참조)을 적용할 수 있다. 그것은 선형 모형이 적절하다는 것을 의미하지는 않는다. 아마도 로그 형태나 *S*자형으로 조절해야 할 수도 있다. 자료를 모형에 적용하

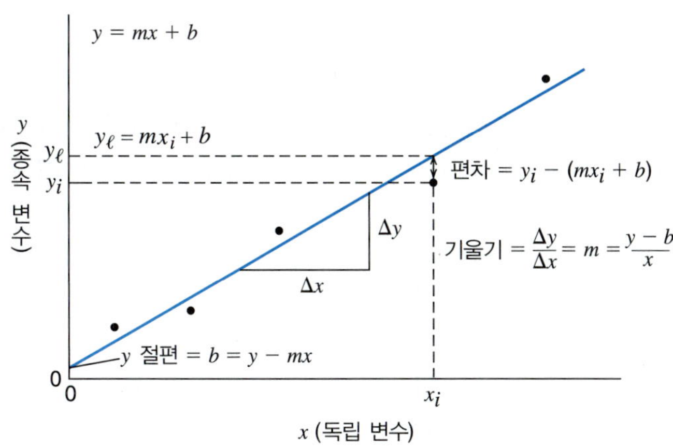

그림 3.4 직선 도시

는 것이 아니라 모형을 자료에 적용해야 한다. 어느 정도 다루기 쉽기 때문에 선형 시스템을 선호하나, 계산의 용이성 때문에 비선형성을 무조건 회피해서는 안 된다.

직선 관계가 있다고 가정하면, 데이터는 다음 식을 만족한다.

$$y = mx + b \tag{3.19}$$

여기서 y는 **종속 변수**, x는 **독립 변수**, m은 **직선의 기울기**, b는 y축 **절편**이다. y는 보통 측정되는 변수이고, x의 변화에 따르는 함수로 도시한다(그림 3.4 참조). 분광 광도법의 교정 곡선에서는 y는 측정된 흡광도, x는 표준 용액의 농도이다. 여기서 문제가 되는 것은 m과 b의 값을 정하는 것이다.

최소 제곱법 도시

일련의 실험의 점들을 통한 가장 좋은 직선은 통계적으로 **직선으로부터 각 점의 편차의 제곱의 총합이 최소가 되는** 직선을 나타내는 것이다. 이것이 **최소 제곱법**(**method of least square**)이라고 알려진 방법이다. x가 고정 변수(예를 들어 농도)이며, y가 측정 변수(분광 광도법에서 흡광도, 크로마토그래피에서 피크 면적)일 때는 주어진 $x(x_i)$의 값에서의 y의 직선으로부터의 수직적인 벗어남이 흥미롭다. y_l이 **직선상**의 값이면 $mx_i + b$와 같다. 따라서 그 차의 제곱의 합 S는 다음과 같이 나타낸다.

$$S = \Sigma(y_i - y_l)^2 = \Sigma[y_i - (mx_i + b)]^2 \tag{3.20}$$

이 식에서 독립 변수 x에 대해서는 오차가 없다고 가정한다.

S가 최소(S_{mim})가 될 때, 가장 좋은 직선이 된다. S_{mim}은 S를 m과 b에 관한 S의 도함수를 0으로 하여 m과 b를 구하면 다음과 같이 얻어진다.

최소 제곱으로 구한 기울기와 절편이 가장 적절한 직선을 정의해 준다.

$$m = \frac{\sum(x_i - \bar{x})(y_i - \bar{y})}{\sum(x_i - \bar{x})^2} \tag{3.21}$$

$$b = \bar{y} - m\bar{x} \tag{3.22}$$

여기서 $\bar{x}$는 모든 x_i의 평균값이고, $\bar{y}$는 모든 y_i의 평균값이다. 계산에서 차를 구하는 것은 번거로우므로, 식 3.21은 다음과 같이 바꾸어 계산하는 것이 계산기를 사용할 때 간단하다.

$$m = \frac{\sum x_i y_i - [(\sum x_i \sum y_i)/n]}{\sum x_i^2 - [(\sum x_i)^2/n]} \tag{3.23}$$

여기서 n은 데이터의 수이다. 스프레드시트를 곁에 두고 많은 계산기로 x-y 데이터 세트에 대해서 선형 회귀를 수행하면 m과 b값을 얻는다.

예제 3.21

시리얼 시료 중의 리보플라빈(바이타민 B)은 5% 아세트산 용액에 녹이고 형광의 세기로부터 정량한다. 일련의 표준 용액을 농도가 증가하는 순서대로 형광의 세기를 측정하여 교정 곡선을 작성하고 다음과 같은 결과를 얻었다. 최소 제곱법을 이용하여 교정 곡선을 위한 최적의 직선을 얻고 시료 용액 중의 리보플라빈 농도를 계산하시오. 시료의 형광 세기는 15.4이다.

리보플라빈, μg/mL(x_i)	형광의 세기 임의의 단위(y_i)	x_i^2	x_iy_i
0.000	0.0	0.0000	0.00
0.100	5.8	0.0100	0.58
0.200	12.2	0.0400	2.44
0.400	22.3	0.160_0	8.92
0.800	43.3	0.640_0	34.6_4
$\sum x_i = 1.500$	$\sum y_i = 83.6$	$\sum x_i^2 = 0.850_0$	$\sum x_iy_i = 46.5_8$

$(\sum x_i)^2 = 2.250$ $\qquad n = 5$

$\bar{x} = \frac{\sum x_i}{n} = 0.300_0$ $\qquad \bar{y} = \frac{\sum y_i}{n} = 16.7_2$

풀이

식 3.23과 3.22를 이용하여

$$m = \frac{46.5_8 - [(1.500 \times 83.6)/5]}{0.850_0 - 2.250/5} = 53.7_5 \text{형광 단위/ppm}$$

$$b = 16.7_2 - (53.7_5 \times 0.300_0) = 0.6_0 \text{ 형광 단위}$$

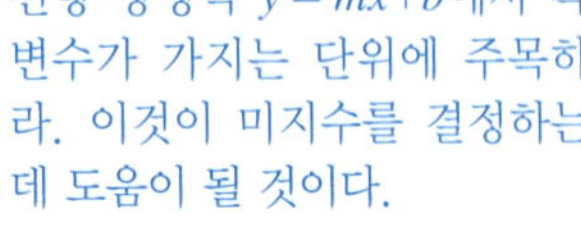

선형 방정식 $y = mx+b$에서 각 변수가 가지는 단위에 주목하라. 이것이 미지수를 결정하는 데 도움이 될 것이다.

계산을 할 때는 최대한 많은 개수의 유효 숫자를 보유한다. 실험적으로 얻은 y 값은 소수 첫째 자리뿐이기 때문에, m과 b를 계산할 때 소수점 아래 첫째 자리에서 반올림할 수 있다. 직선의 방정식은 다음과 같다(FU = 형광 단위; ppm = μg/mL).

$$y(\text{FU}) = 53.8(\text{FU/ppm})x(\text{ppm}) + 0.6(\text{Fu})$$

시료의 농도는 다음과 같이 계산된다.

$$15.4 = 53.8x + 0.6$$

$$x = 0.27_5\ \mu\text{g/mL}$$

실제 직선을 얻으려면 충분히 떨어져 있는 임의로 두 개의 x 값을 취하여 그에 상응하는 y 값을 계산하고(또는 반대로), 이 점들을 연결하여 직선을 얻는다. 절편값 $y = 0.6$($x = 0$ 일 때)을 한 점으로 사용할 수도 있다. 0.500 μg/mL일 때, $y = 27.5$이다. 실험 자료와 최소 제곱법으로 그린 직선을 그림 3.5에 나타내었다. 이 그림은 엑셀을 이용하여 직선의 방정식 및 상관 계수의 제곱(두 변수간의 일치도에 대한 척도이며, 지금은 무시하고 추후에 논의할 것이다)을 도시하였다. 자동으로 다른 그림들을 그릴 수 있는 프로그램이 있지만, 기울기와 절편에 대한 계산값은 서로 일치한다.

모든 점은 표준 최소 제곱법으로 동등하게 취급되도록 주의하라. 같은 크기의 상대 편차에 대하여 그것의 낮은 끝과 비교하여 더 높은 x, y값에 대하여 효과적으로 더 큰 가중치를 준다. 참고 문헌으로 예를 들면, Strutz, T.: *Data fitting and Uncertainty*. Vieweg + Teubner Berlag, 2010. 그리고 J. A. Irvin and T. I. Quickenden, "Linear Least Squares Treatment When There are Errors in Box x and y," *J. Chem. Ed.*, **60** (1983) 711–712. ■

비디오: 엑셀에서 그리기

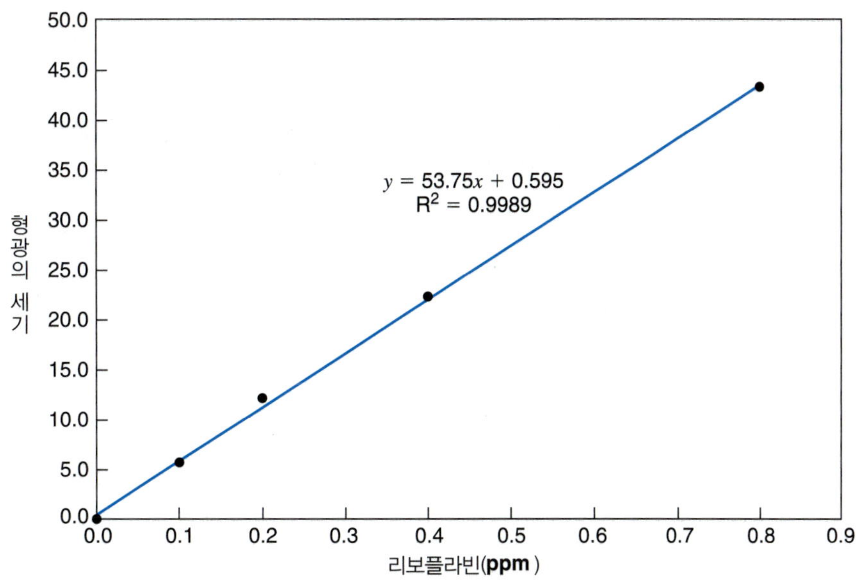

그림 3.5 예제 3.21 자료에 대한 최소 제곱법 도시

웹 사이트에 엑셀을 이용하여 최소 제곱 도시(Plotting in Excel)와 오차 막대(Error bars)를 묘사한 **비디오** 클립을 참조하라. 3.20절의 엑셀의 사용에 관한 비디오를 먼저 보라.

기울기와 절편의 표준 편차 — 미지 시료에 대한 불확정도를 결정한다

비디오: 오차 막대

미지 시료에 대한 불확정도로부터 오차의 전파를 활용하여 방정식의 m과 b의 표준 편차를 계산할 수 있다.

최소 제곱선 위의 각 데이터 점은 y축의 선에 대해 정규(가우스) 분포를 나타낸다. 선으로부터 각 y_i의 편차는 식 3.20에서와 같이 $y_i - y_l = y - (mx + b)$이다. 이들 각 y축 편차들의 표준 편차는 식 3.2와 유사하지만, 기울기와 절편을 정의하는 데 두 개의 자유도가 사용되기 때문에 자유도가 2 더 적은 식으로 주어진다.

$$s_y = \sqrt{\frac{\sum[y_i - (mx_i + b)]^2}{N-2}} = \sqrt{\frac{\left[\sum y_i^2 - \left(\sum y_i\right)^2/N\right] - m^2\left[\sum x_i^2 - \left(\sum x_i\right)^2/N\right]}{N-2}} \tag{3.24}$$

이 값은 또한 **회귀 표준 편차**(*standard deviation of regression*) s_r이라고도 한다. 최소 제곱선의 기울기 m과 절편 b는 각 y값의 불확정도와 관계가 있기 때문에 m과 b의 불확정도를 얻기 위해서는 s_y가 사용될 수 있다. 기울기에 대해서

$$s_m = \sqrt{\frac{s_y^2}{\sum(\bar{x} - x_i)^2}} = \sqrt{\frac{s_y^2}{\sum x_i^2 - \left(\sum x_i\right)^2/N}} \tag{3.25}$$

여기서 $\bar{x}$는 모든 x_i 값의 평균이다. 절편에 대해서는

$$s_b = s_y\sqrt{\frac{s_y\sum x_i^2}{N\sum x_i^2 - \left(\sum x_i\right)^2}} = s_y\sqrt{\frac{1}{N - \left(\sum x_i\right)^2/\sum x_i^2}} \tag{3.26}$$

식 3.19로부터 최소 제곱선이 나타내는 미지 농도 x_i를 계산할 때 y, m, b의 불확정도는 모두 전파되며, 그것으로부터 미지 시료에 대한 불확정도를 구할 수 있다.

예제 3.22

예제 3.21의 최소 제곱법으로 얻은 직선에 대한 기울기, 절편, y에 대한 불확정도 및 리보플라빈 농도를 결정할 때 15.4 FU의 형광 세기를 갖는 시료의 불확정도를 구하시오.

풀이

모든 불확정도를 구하기 위해 $\sum y_i^2, (\sum y_i)^2$, $\sum x_i^2$, $(\sum x_i)^2$, m^2 값이 필요하다. 예제 3.21에서 $(\sum y_i)^2 = (83.6)^2 = 6989.0$; $\sum x_i^2 = 0.850_0$; $(\sum x_i)^2 = 2.250$, $m^2 = (53.7_5)^2 = 2.88_9$이다. $(y_i)^2$ 값은 $(0.0)^2$, $(5.8)^2$, $(12.2)^2$, $(22.3)^2$, $(43.3)^2 = 0.0$, 33.6, 148.8, 497.3 1874.9이고, $\sum y_i^2 = 2554.6$이다. 식 3.24로부터

$$s_y = \sqrt{\frac{(2554.6 - 6989.0/5) - (53.7_5)^2(0.850_0 - 2.250/5)}{5-2}} = \pm 0.6_3 \text{ FU}$$

식 3.25로부터

$$s_m = \sqrt{\frac{(0.6_3)^2}{0.850_0 - 2.250/5}} = \pm 1.0 \text{ FU/ppm}$$

식 3.26으로부터

$$s_b = 0.6_3\sqrt{\frac{0.850_0}{5(0.850_0) - 2.250}} = \pm 0.4_1 \text{ FU}$$

따라서 $m = 53._8 + 1._0$이고, $b = 0.6 \pm 0.4$이다.

미지 리보플라빈의 농도는 다음과 같이 계산된다.

$$x = \frac{(y \pm s_y) - (b \pm s_b)}{m \pm s_m} = \frac{(15.4 \pm 0.6) - (0.6 \pm 0.4)}{53_{.8} \pm 1_{.0}} = 0.27_5 \pm ?$$

오차(덧셈에서는 절대 분산을, 나눗셈에서는 상대적 분산을)의 전파에 대한 원리를 적용하면, $x = 0.27_5 \pm 0.01_4$ ppm을 계산할 수 있다. ■

스프레드시트를 이용한 회귀 표준 편차와 같은 미지 시료의 표준 편차 계산은 16장을 보라.

3.16 상관 계수와 결정 계수

상관 계수(**correlation coefficient**)는 두 변수 사이의 상관성의 척도로 사용된다. 변수 x와 y가 함수 관계가 아닌 상관관계에 있을 때(예를 들어 두 변수가 서로 직접적으로 의존하지 않는 경우) 어느 x값에 대응되는 "최적" y는 구하지 못하고 "가장 가능성이 높은" y를 얻을 수가 있다. 측정값이 가장 가능성이 높은 값에 가까울수록 x와 y는 상관관계가 보다 명확하게 된다. 이와 같은 가정은 상관의 정도를 알기 위한 여러 가지 수식적인 척도의 기초가 된다.

Pearson 상관 계수(**pearson correlation coefficient**)는 계산에 가장 편리한 것 중 하나이며, 다음과 같이 나타낸다.

$$r = \sum \frac{(x_i - \bar{x})(y_i - \bar{y})}{ns_x s_y} \tag{3.27}$$

여기서 r은 상관 계수, n은 측정 횟수, s_x는 x의 표준 편차, s_y는 y의 표준 편차, x_i와 y_i는 각각

변수 x와 y의 값, $\bar{x}$, $\bar{y}$는 각각의 평균값을 나타낸다. 계산으로 차이를 이용하는 것은 번거로우므로, 식 3.27은 다음과 같이 간편한 형태로 바꾸어 쓸 수가 있다.

$$r = \frac{\sum x_i y_i - n\bar{x}\bar{y}}{\sqrt{\left(\sum x_i^2 - n\bar{x}^2\right)\left(\sum y_i^2 - n\bar{y}^2\right)}} = \frac{n\sum x_i y_i - \sum x_i \sum y_i}{\sqrt{\left[n\sum x_i^2 - \left(\sum x_i\right)^2\right]\left[n\sum y_i^2 - \left(\sum y_i\right)^2\right]}} \tag{3.28}$$

식 3.28은 매우 복잡하게 보이지만 계산기를 사용할 수 있으면 r의 계산에 가장 편리하다. 계산기로 선형 회귀를 실행하여 r 값을 직접 계산할 수 있다. 식이 내장되어 있다.

r의 최댓값은 1이며, 이것은 두 변수 사이에 완전한 상관이 있는 경우이다. r 값이 0($\sum x_i y_i = 0$일 때 생긴다)일 때는 두 변수는 완전히 독립적이다. r의 최솟값은 -1이며, 음의 상관 계수는 가정한 의존성이 실제 존재하는 것과 반대인 것을 나타내며, 역의 관계에서는 양의 계수를 갖는다.

상관 계수가 1 근처인 것은 두 변수, 예를 들어 농도와 흡광도와 같이 직접적인 관계가 있음을 의미한다.

예제 3.23

여러분의 분석법을 x로, 표준 방법을 y로 사용하여 예제 3.19 자료에 대한 상관 계수를 계산하시오.

풀이

다음과 같이 계산할 수 있다. $\sum x_i^2 = 903.2$, $\sum y_i^2 = 855.2$, $\bar{x} = 12.0$, $\bar{y} = 11.7$, $\sum x_i y_i = 878.5$. 따라서 식 3.28로부터,

$$r = \frac{878.5 - (6)(12.0)(11.7)}{\sqrt{[903.2 - (6)(12.0)^2][855.2 - (6)(11.7)^2]}} = 0.991$$

■

상관 계수는 기기의 측정 변수와 시료 농도와의 상관의 정도를 확인하기 위하여 검정 곡선에 대해서도 계산할 수 있다. 일반적으로 $0.90 < r < 0.95$는 중간 정도, $0.95 < r < 0.99$는 좋은 직선, $r > 0.99$는 훌륭한 직선성을 나타내는 교정 곡선인 것을 나타낸다. 주의 깊게 실험하면, $r > 0.999$ 이상의 교정 곡선을 얻을 수 있다.

상관 계수는 독립 변수와 종속 변수에 같은 무게를 둔다. 그러나 과학적 측정에서는 항상 이와 다르다. r 값은 실제 보증된 상관성보다 더 직선성이 좋은 것처럼 느끼게 하는 경향이 있다. r 값이 0.98보다 작으면 직선성은 상당히 나타나며, 0.9보다 작으면 실제로는 매우 나쁘다. 실제 직선성에 얼마나 가까운가에 대해서는 상관 계수의 제곱, r^2가 더 좋은 척도가 되며, 대부분의 통계 프로그램(엑셀을 포함한 그림 3.5 참조)에서 계산해 주는 값이다. $r = 0.90$은 $r^2 = 0.81$에 해당하고, $r = 0.95$는 $r^2 = 0.90$과 같다. 직선성은 "9"의 개수로 판단된다. 3개의 9(0.999) 또는 그보다 더 많은 9는 매우 좋은 직선성을 의미한다. 우리는 r^2을 직선성의 척도로 사용할 것이다. 그리고 이것을 **결정 계수**(**coefficient of determination**)라고 한다.

결정 계수(r^2)가 더 잘 맞는 척도이다. 기호에 따라서 "r^2"과 "R^2"이 혼용된다.

두 방법 사이에 높은 상관 정도가 있으나(1에 가까운 r^2), t 시험법 결과에 따라 결과들 사이에 통계적인 중요한 차이가 있을 수 있다. 예를 들어 한 방법에 일정한 가측 오차가 있다면, 이러한 일이 일어날 수 있다. 이때 그 차이는 중요하고(우연이 아니고), 두 결과 사이에 직접적인 상관성이 있다[r^2은 1에 가깝지만 기울기(m)는 1이 아니며, 절편(b)은 0이 아니다]. 원리적으로 경험적인 보정 인자(상수)를 적용하여, 분석하는 농도 범위에서 각 방법의 결과를 같게 만들 수 있다.

3.17 검출 한계—0이 되는 경우는 없다

앞의 논의에서는 특정한 신뢰 수준에서 분석의 신뢰성을 평가하는 통계적 방법들을 다루었고, 이것은 결국 방법의 정밀도에 의해서 결정됨을 설명하였다. 모든 기기적 방법은 어느 정도의 잡음이 있고, 이것은 검출할 수 있는 시료 양의 한계와 관련이 있다. 이 잡음은 바탕값이나 바탕 신호의 정밀도를 충실하게 반영하며, 중요한 바탕값 신호가 없을 때도 나타낼 수 있다. 이것은 광전자 증배관의 암전류의 요동, 원자 흡광 기기의 불꽃 흔들림, 그 밖의 인자에 의해 생길 수 있다.

일반적으로, 평균 바탕 신호의 표준 편차의 3배와 같은 신호를 주는 농도를 검출 한계로 받아들인다.

검출 한계(limit of detection, LOD)란 바탕값과는 통계적으로 구분되는 가장 낮은 농도 수준이다. 검출 한계를 정의하는 방법은 다양하다. 예를 들면 일련의(또는 연속적으로 기록된) 바탕 신호를 측정할 때 피크 사이의 잡음의 2배에 해당하는 농도를 검출 한계로 간주할 수도 있다(그림 3.6 참조). 일반적인 받아들여지는 LOD의 정의는 다음과 같다. LOD는 바탕 신호 표준 편차의 3배 이상의 신호를 나타내는 농도를 말한다. 바탕 잡음의 피크 간격의 2배와 바탕선의 표준 편차의 3배를 비교하는 것이 유용하다. 그림 3.6에 도시한 것과 같이 연속적인 검출은 무한한 횟수의 관측과 유사함을 주목하라. t 표(표 3.1)에 따르면, 99%의 관측은 2.576 표준 편차 구간에 포함된다. 잡음의 피크 간격은 ~2.6 표준 편차와 동등하고, 이의 2배인 ~5 표준 편차는 3배의 표준 편차 기준보다 더욱 엄격한 기준이다.

예제 3.24

바탕 용액을 사용하여 아스피린 알약의 순도를 결정하기 위해 분광 분석법에서 일련의 바탕 흡광도를 얻었다. 흡광도는 각각 0.002, 0.000, 0.008, 0.006, 0.003이었다. 1 ppm 아스피린 표준 용액의 흡광도는 0.051이었다. 검출 한계는 얼마인가?

풀이

바탕값의 표준 편차는 ± 0.0032 흡광도 단위이고, 바탕값의 흡광도는 평균 0.004 흡광도 단위이었다. 검출 한계는 $3 \times 0.0032 = 0.0096$ 흡광도를 나타내는 분석 시료의 농도이다. 표준 시료만의 값은 $0.051 - 0.004 = 0.047$이다. 1 ppm에 해당하는 검출 한계는 $(0.0096/0.047) = 0.2$ ppm이고, 총 흡광도는 $0.0096 + 0.004 = 0.014$이다. ■

정의에 의해 검출 한계에서의 정밀도는 약 33% 정도이다. 정량적인 측정에서 정량 한계(limit of quantitation, LOQ)는 일반적으로 LOD의 약 3.3배, 바탕선의 표준 편차의 10배로 받아들이고 있으며, 위의 예에서는 약 0.7 ppm이다.

보다 확고한 통계적 기반을 둔 검출 한계에 대한 개념을 세우려는 시도가 많이 있었다. 인체에 사용하기 위한 의약품규제 국제조화 회의(ICH, 4장 참조)에서는 승인을 위한 분석 방법

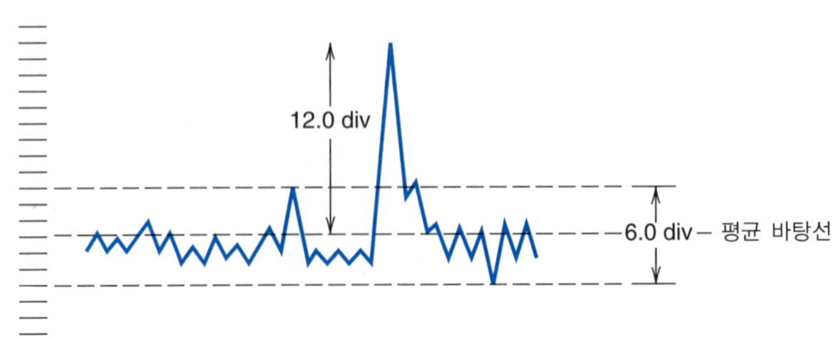

그림 3.6 검출 한계의 기본이 되는 피크 사이의 잡음. 바탕값의 변동폭은 연속적으로 기록되는 바탕 신호로 나타나며, 분석 시료의 측정은 피크 신호로 나타난다. "검출 가능한" 분석 시료의 신호는 바탕 신호 평균 변동폭으로 그린 선보다 높은 12div가 되어야 한다.

의 가이드라인을 제안하였다. 분석 방법 검증을 위한 ICH Q2B 가이드라인은 근접한 한계 수준에서 감응의 표준 편차 s와 검정 곡선의 기울기 또는 감도 S의 표준 편차 s에 기반을 둔 계산을 제안하였다. 검출 한계(LOD)에 대해

$$\text{LOD} = 3.3(s/S) \tag{3.29}$$

정량 한계(LOQ)는

$$\text{LOQ} = 10(s/S) \tag{3.30}$$

감응의 표준 편차는 바탕 신호의 표준 편차, 최소 제곱법의 회귀선으로부터의 편차에 대한 표준 편차, 또는 회귀선의 y 절편의 표준 편차에 의해 결정된다. 엑셀의 통계 함수는 마지막 2개를 얻는 데 사용될 수 있다.

국제순수응용화학연맹(IUPAC)은 식 3.29에 적절한 측정 횟수에 대한 95% 신뢰 수준으로부터 나온 3을 사용한다. 물론 신뢰 수준은 측정 횟수에 따라 변하며, 7~10회의 측정을 한다. 검출 한계는 실제 실험 시 대략적인 가이드라인으로, 지나치게 정밀하게 측정하려고 노력하지는 말라. LOD의 훌륭한 IUPAC 정의에 대하여 더 자세하게 보기 위하여 Long and Winefordner의 논문 [Anal. Chem. 55:712A(1983)]가 많이 추천된다.

3.18 시료 채취의 통계—얼마나 많은 시료를, 얼마나 많이?

타당한 분석 시료를 얻는 것은 아마 분석 중에서 가장 중요한 부분일 것이다. 여러 형태의 물질(고체, 액체, 기체)의 물리적인 시료 채취는 2장에서 논의하였다. 여기서는 시료 채취의 통계적인 고찰을 다룬다.

결과의 정밀도 — 시료 채취가 중요하다

종종 분석의 정확도와 정밀도는 측정 단계보다 시료 채취에 의해서 제한을 받는다. 분석의 전체에 걸친 분산은 시료 채취 분산과 남아 있는 분석 과정의 분산의 합이 된다. 즉

$$s_o^2 = s_s^2 + s_a^2 \tag{3.31}$$

만일 시료 채취로 인한 분산을 알고 있으면(예를 들어 관심 있는 물질을 여러 번 시료 채취하고 정밀한 측정 방법으로 분석함으로써) s_a를 $\frac{1}{3}s_s$보다 작게 감소시킴으로써 줄일 수 있다. 예를 들어 시료 채취에 대한 절대 표준 편차가 3.0%이고, 분석에 대한 절대 표준 편차가 1.0%이면, $s_o^2 = (1.0)^2 + (3.0)^2 = 10.0$ 또는 $s_o = 3.2\%$이다. 여기서 부정밀도의 94%는 시료 채취에서 기인한 것이고, 단지 6%만이 측정에서 기인한 것이다(s_o가 3.0%에서 3.2%로 증가되면, 0.2%가 측정에 기인한다). 만일 시료 채취가 상대적으로 정밀하지 못하다면, 정밀하지 못하지만 신속한 방법으로 여러 번 분석하는 것이 낫다.

우리는 실제로 참값과 참값의 분산에 관심이 있다. $s_{\text{total}}^2 = s_g^2 + s_s^2 + s_a^2$이 계에 들어 있는 분석물의 "참" 가변성일 경우 총 분산은 s_g^2이며, 이 값이 분석의 목표가 된다. 화학 분석의 신뢰성 있는 해석을 위해서 시료 채취와 분석의 분산은 전체 분산의 20%를 넘지 않아야 한다 [M. H. Ramsey, "Appropriate Precision: Matching Analytical Precision Specification to the Particular Application," *Anal Proc.*, **30** (1993) 110 참조].

분석 방법의 분산이 시료 채취의 분산의 1/3 미만이면, 분석 방법의 정밀도를 향상시켜서 얻을 수 있는 것이 거의 없다. 그보다는 덜 정밀해도 신속한 방법으로 보다 많은 시료를 분석하는 편이 낫다.

"참값"

많은 물질 중에 있는 분석물의 함량에 대한 참값의 범위는 주어진 신뢰 수준에서 t 시험법으로 얻을 수 있다(식 3.12). 여기서 $\bar{x}$는 특정 분석물에 대한 분석 결과의 평균이고, s는 이전의 유

사한 물질의 분석 또는 충분한 시료가 있을 경우에는 현재의 분석으로부터 얻어진 개별 시료의 표준 편차이다.

시료의 최소량

시료 채취 분산에 근거하여 불균일 물질에서 적절하게 시료 채취하기 위한 통계적인 지침이 개발되었다. 여러 가지의 입자가 잘 섞인 집단에 대한 개별 증가량의 최소 크기는 **Ingamell 시료 채취 상수**(**Ingamell's sampling constant**, K_s) 로부터 산정될 수 있다.

$$wR^2 = K_s \tag{3.32}$$

시료 양이 많을수록 분산이 작다.

여기서 w는 분석 시료의 무게이고, R은 시료 조성의 원하는 **상대** 표준 편차 퍼센트이다. K_s는 68% 신뢰 수준과 1% 시료 채취의 불확정성에 대한 무게를 나타내며, 이것은 w의 무게를 가진 일련의 시료들의 측정으로부터 나온 표준 편차로부터 얻는다. 사실상 이 식은 시료 채취 분산이 시료 무게에 반비례함을 말한다.

예제 3.25

밀 시료 중의 질소 함량 분석에 대한 Ingamell 시료 채취 상수는 0.50 g이다. 분석에서 시료 채취의 정밀도가 0.2% RSD가 되려면 몇 g의 시료를 채취하여야 하는가?

풀이

$$w\,(0.2)^2 = 0.50\text{ g}$$

$$w = 12.5\text{ g}$$

모든 시료를 분석하는 것이 바람직하지 않음을 기억하라. 12.5 g의 벌크 시료는 곱게 갈아, 수백 mg의 균일한 물질을 분석한다. 시료가 균일하게 되지 않으면 벌크 시료 모두를 분석해야 한다. ■

시료의 최소수

분석 결과 주어진 신뢰 수준을 갖기 위하여 필요한 각 시료의 증가량의 수는 다음 식에 의해서 산정된다.

$$n = \frac{t^2 s_s^2}{g^2 \bar{x}^2} \tag{3.33}$$

여기서 t는 원하는 신뢰 수준에 대한 t 값, s_s^2은 시료 채취 분산, g는 분석 결과 평균 $\bar{x}$의 **수용 가능한** 상대 표준 편차이다. s_s는 **절대** 표준 편차로서 $\bar{x}$와 단위가 같으며, n은 단위가 없다. s_s와 $\bar{x}$는 예비 측정 또는 사전 지식으로부터 얻는다. g는 $s_x/\bar{x}$와 같으므로 n을 다음과 같이 쓸 수 있다.

$$n = \frac{t^2 s_s^2}{s_x^2} \tag{3.34}$$

s_s와 s_x는 모두 같은 것을 나타내는 한, 절대 또는 상대 표준 편차로 표시될 수 있다. 처음에 n은 미지의 값이므로 주어진 신뢰 수준에 대해 t 값은 처음에 추정하며, n을 계산하기 위하여 반복 과정이 이용된다.

예제 3.26

혼합한 광석 시료 중의 철 함량이 약 5%(wt/wt)이고, 시료 채취의 상대 표준 편차 s_s는 0.021(2.1% RSD)이다. 95% 신뢰 수준에서 상대 표준 편차 g가 0.016(1.6% RSD)이 되기 위해서는 몇 개의 시료를 취해야 하는가[즉 5% 철 함량의 표준 편차 s_x는 0.08%(wt/wt)]?

풀이

식 3.33과 3.34 중 어느 것을 사용할 수 있다. 후자를 사용하면, 95% 신뢰 수준에서 $t = 1.96$ (표 3.1에서 $n = \infty$일 때)이다. 임시 n을 계산한다. 그런 다음 이 n 값을 이용하여 보다 가까운 t 값을 구하고, 다시 n을 계산한다. n 값이 일정해질 때까지 계속한다.

$$n = \frac{(1.96)^2(0.021)^2}{(0.016)^2} = 6.6$$

$n = 7$, $t = 2.365$일 때

$$n = \frac{(2.365)^2(0.021)^2}{(0.016)^2} = 9.6$$

$n = 10$, $t = 2.23$일 때

$$n = \frac{(2.23)^2(0.021)^2}{(0.016)^2} = 8.6 \equiv 9$$

식 3.33을 사용해도 같은 결과를 얻는지 살펴보라.

도전: 이 문제에 Professor Pappas의 접근을 적용할 수 있는가? 여러분이 얻은 필요한 시료의 수는 얼마인가?

식 3.33은 대량 시료 중 분석 성분의 농도가 **가우스 분포(Gaussian distribution)**를 가질 때, 즉 x를 중심으로 표준 편차 내에 68%의 값이 있거나 또는 표준 편차 2배 이내에 95%의 값이 있는 경우에 대해 성립한다. 이 경우에 모집단의 분산 σ^2는 참값에 비해 작다. 만일 농도가 **Poisson 분포(Poisson distribution)**를 따른다면, 즉 참값 또는 평균값 $\bar{x}$가 모집단의 분산 s_s^2에 근사하도록 마구잡이 분포를 따른다면, 식 3.33은 어느 정도 단순화된다.

$$n = \frac{t^2}{g^2\bar{x}} \cdot \frac{s_s^2}{\bar{x}} = \frac{t^2}{g^2\bar{x}} \tag{3.35}$$

s_s^2은 $\bar{x}$와 같기 때문에 식의 오른쪽 부분이 1과 가깝게 되나, 단위는 상쇄되지 않음에 유의하라. 이 경우, 농도의 분포가 넓을 때 분석으로부터 오는 대푯값을 얻기 위해서는 더욱 많은 시료가 필요하다.

만일 분석 시료가 덩어리 또는 부스러기라면 시료 채취 수단은 더욱 복잡해진다. 부스러기는 분리된 층으로 보고 각각 채취된다. 덩어리 물질이 격리되어 있거나 층상을 이루고 있으며 평균 조성이 필요하다면, 각 층으로부터 취하는 시료의 수와 층의 크기는 비례해야 한다.

3.19 심화 학습: 시험 능력 분석

Michigan 대학의 Michael D. Morris 교수 제공

통계학적으로 유효한 결과를 얻기 위하여 얼마나 많은 시료가 필요한가? 물론 이 답은 필요한 신뢰 수준과 집단의 변화에 의존한다. 이 질문에 대답하는 화학자들은 드물고, 대표적으로 동등한 물질들은 같거나 거의 같다고 가정하는 경향이 있다. – 오직 기기의 정확도와 정밀도가 문제라 생각한다.

그러나 이러한 가정은 사람, 동물, 식물에는 적용되지 않는다. 몇몇 사람들은 미국에서 나타나는 아이오딘 영양 결핍에 이의를 제기하고 있다. – 이 가설의 진실성을 위하여 얼마나 많은 사람이 아이오딘을 섭취해야 하는가?

또한 몇몇 새로운 용어를 소개해야 한다.: 중요성의 통계학적 검정은 항상 귀무가설을 사용한다. 예를 들어 *t* 시험법의 귀무가설로는 두 집단이 통계학적으로 다르지 않다는 것이다. 검정은 보통 **귀무가설**(*null hypothesis*), 즉 측정된 매개 변수와 기준 매개 변수 사이에 차이가 없다는 것을 확인하거나 거부하는 것을 기술한다.

검정은 **유형 I 오차**를 가지고 있다고 말한다 – 사실일 때(확률 = α) 귀무가설이 거부되는 것. **유형 II 오차**는 거짓일 때(확률 = β) 귀무가설이 거부되는 것이다.

통계 **시험 능력**은 귀무가설이 거부되는 확률이다(즉 이것은 유형 II 오차를 발생시키지 않는다). 유형 II 오차의 확률은 위음성률(β)라고 한다. 그러므로 시험 능력은 $1-\beta$와 같다. 시험 능력이 클수록 가능한 유형 II의 오차는 작다. 시험 능력 분석은 주어진 신뢰 수준에서 통계학적 시험 결과가 받아들여지는 최소의 시료 수를 계산하는 데 쓰일 수 있다.

귀무가설의 간단한 예: 여러분 동네의 5세 소년의 평균 키가 2세 소년의 평균 키와 같다. 모든 5세 소년과 2세 소년의 키를 철저하게 측정하고 평균과 차이를 계산해야 할 것이다. 좀 더 실용적인 접근은 각 연령의 집단의 임의의 시료를 측정하고 차이를 계산한다. 만약 차이가 0이 아니라면 귀무가설을 부인할 수도 있다.

중요한 문제는 얼마나 많은 5세 소년과 2세 소년이 필요한가이다. 너무 많이 이용하면 비용과 시간이 많이 들지만 너무 적게 하면 결과가 의미가 없어질 수도 있다. 어떤 신뢰 수준에서 0이 아닌 차이가 의미하는 것이 무엇인가?

통상적인(그러나 임의의) 신뢰 수준들이 이용된다. 우리는 유형 I의 오차가 작기를 원하므로 $\alpha = 0.5$를 택한다. 우리는 유형 II의 오차가 작기를 원한다. 즉 정확하게 차이($1-\beta$)를 검출하기 위한 확률이 크기를 원한다. 시험 능력 0.8을 일반적으로 택한다. 이것은 연구가 80%의 시험 능력이 있고 최소라고 취급되고 이것은 미국 국립 보건원(National Institutes of Health)에서 인정할 것이다.

전형적으로 두 집단의 같은 수 *n*의 측정(물체)이 사용되어진다. 평균값들은 X_1과 X_2이고 두 집단의 분산(우리 예에서 키)의 평균은 s_2이다.

간단한 예가 충분할 것이다.

여러 가지 경우가 있지만 가장 중요한 두 가지만 고려할 것이다.

주어진 차, $d = d_{\min}$가 $p = 0.05$ (95% 신뢰 수준)에서 양과 음의 방향으로 중요하면 $2\alpha = 0.05$이다.

두 방향을 포함하는 표준 편차의 수는 $z_{2\alpha} = 1.96$이다. 이 경우에 두 집단에서 필요한 시료의 수는 다음 식으로 주어진다.

$$n > 2(sZ_{2\alpha}/d)^2 \tag{3.36}$$

일반적으로 우리는 $d_{\min}$이 얼마인지 모르나 여기서 예를 들어 1 cm로 특정화할 수 있다. 질병관리센터에서 출간한 아동 성장 자료(http://www.cdc.gov/growthcharts/)를 이용하여 두 나이 집단의 표준 편차를 추정할 수 있다. 성장 도표로부터 2세 소년은 $s \approx 2.5$ cm, 5세 소년은 $s \approx 3.5$ cm로 표준 편차를 추정할 수 있다. *s*값으로 두 집단의 평균 표준 편차를 구할 수 있다. 즉 $\frac{1}{2}(2.5 + 3.5) = 3$ cm

$$n > 2(3 * 1.96/1)^2 \tag{3.37}$$

이 경우에 식 3.37을 사용해서 $n > 69.1$을 계산할 수 있다. 그러므로 최소의 시료의 수는 70이다. 전형적으로 두 집단에 같은 수를 배분하므로 최소한 35명의 2세 소년과 35명의 5세 소년이 필요하다.

지정된 유형 II의 오차 비율을 성취하기 위하여 통계학적 시험 능력을 지정하는 것이 통상적이다. 주어진 통계적 시험 능력(일반적으로 80%)은 참 차이를, $\delta > \delta_1$ 갖는다. 여기서 δ는 참 차이이고, δ_1는 구하는 문턱 참 차이이다.

그러므로 평균들 사이의 측정된 차이가 d라면, 다음과 같을 때 중요하다.

$$\delta_1 > (z_{2\alpha} + z_{2\beta})SE(d) \tag{3.38}$$

이고,

$$SE(d) = \frac{s}{\sqrt{n}}\sqrt{1 - \frac{n}{N}} \tag{3.39}$$

β가 유형 II의 오차이므로(위음성률), $1-\beta$는 정확하게 차이가 보고될 95%의 확률이다. 그러므로 $\beta = 0.2$, $z_{2\beta} = 1.64$이다.

$$n > 2\left[\frac{(z_{2\alpha} + z_{2\beta})\, s}{\delta_1}\right]^2 \tag{3.40}$$

위의 자료를 이용하고, $\delta_1 = 2$ cm를 취하면 다음을 계산할 수 있다

$$n > 2[(1.96 + 1.64)3/2]^2 = 58.3 \tag{3.41}$$

또는 $n > 59$이다.

요약하면, 전체 집단의 크기가 알려져 있으면 측정 오차를 예측할 수 있고, 중요성(또는 신뢰 한계)과 시험 능력이 정의되면 필요한 개체의 수가 정의될 수 있다.

P. Armitage, G. Berry and J.N.S. Matthews, *Statistical Methods in Medical Research*, 4th Ed. Malden, MA: Black Science, Inc., 2002가 심화 학습에 좋은 참고 문헌이다.

> Morris 교수가 제공한 box-and-whisker 그림, 신호 대 잡음 비, 히스토그램, 비가우스 히스토그램 그리고 균등화/정규화, 이분법 검정에서의 감도와 특정도, 수신 조작 특성(ROC) 등을 포함한 여러 가지 주제를 다룬 교재의 PowerPoint™에 대한 **웹 사이트**를 참조하라.

3.20 분석 화학에서 스프레드시트의 사용

스프레드시트는 자료 분석과 도표의 작성 등과 같은 다양한 기능을 위해 사용하는 소프트웨어 프로그램이다. 스프레드시트는 자료 정리, 반복적인 계산, 계산한 것을 그래프나 차트 형태로 만드는 데 유용하다. 그것들은 예를 들어 표준 편차나 다른 통계 함수 등의 사용자가 입력한 자료들로부터 계산하도록 하는 함수들이 탑재되어 있다. 현재 가장 많이 사용되고 있는 프로그램이 마이크로소프트 엑셀이다. 우리는 설명에서 엑셀 2010을 사용할 것이다.

문제가 있다면 엑셀의 도움을 이용하라. 각 함수를 어떻게 수행하는지 단계별로 보여 준다.

여러분은 아마도 스프레드시트 프로그램을 사용한 적이 있고, 이미 기본적인 기능에 익숙할 것이다. 그러나 우리는 분석 화학에 응용할 수 있는 유용한 특성들을 여기에서 요약할 예정이다. 또한 엑셀은 툴바의 도움말에서 자세한 정보를 제공한다.

여러분은 California 주립대학 교수가 만든 엑셀 스프레드시트 사용법에 관한 매우 훌륭한 사용법을 참고할 수 있다: http://www.csustan.edu/tutorial/Excel/index.htm. 자료와 수식의 입력, 셀 서식, 그래프 그리기, 회귀 분석 등을 포함한 스프레드시트의 기본적인 기능이 설명되어 있다. 비록 엑셀의 오래된 버전을 기초로 한 자료이지만 유용하다고 판단할 것이다. 엑

스프레드시트 교육 csustan: 기본 함수

셀 2010 사용 방법에 관한 초급 과정은 http://www.gcflearnfree.org/excel2010/1에서 찾을 수 있다. 이 책의 웹 사이트에서 Introduction to Excel이란 제목의 비디오를 찾을 수 있을 것이다. 이것이 다음에 나오는 항목들에 대해서 익숙하도록 할 것이다. North Carolina 주립대학의 http://www.ncsu.edu/labwrite/res/gt/gt-menu.html이 엑셀에서 그래프 그리는 방법을 제공하고 있다.

스프레드시트 교육 ncsu: 엑셀에서 그래프 그리기

스프레드시트는 A, B, C … 로 명칭을 붙인 열(column)과 1, 2, 3 … 으로 숫자를 붙인 행(row)으로 배열된 셀(cell)을 구성한다. 각 셀들은 B3의 예처럼 열의 문자와 행의 숫자로 정의된다. 그림 3.7에 몇 가지 셀을 넣은 식 별명을 나타내었다. 마우스로 개별 셀을 클릭하면 **활성화 셀(active cell)** (셀에 굵은 테두리가 생긴다)이 되고, 활성화된 셀은 위쪽 수식 입력줄의 왼쪽에 나타나게 되며, 셀의 내용이 입력줄의 f_x 옆에 수록된다.

셀 내용 채우기

여러분은 특정 셀에 **문장**, **숫자**, **수식**을 입력할 수 있다. 수식은 스프레드시트 용도의 핵심으로 많은 수들에 같은 계산을 반복하여 적용할 수 있게 한다. 두 개의 서로 다른 20 mL 피펫을 사용하여 옮긴 물의 무게를 알기 위해 플라스크와 물의 무게의 합과 빈 플라스크의 무게의 차이로부터 물의 무게를 계산하는 과정을 설명하려고 한다. 각 단계를 따라가면서 그림 3.8을 참고하라.

엑셀 아이콘(또는 마이크로소프트 엑셀 프로그램 중의 시작/모든 프로그램/마이크로소프트 오피스/마이크로소프트 엑셀 2010)을 클릭하여 엑셀의 스프레드시트를 연다. 여러분은 텍스트, 숫자, 그리고 수식을 입력할 것이다. 특정 셀을 활성화하기 위해 그 셀 위에서 두 번 클릭한다. 다음과 같이 입력한다(셀에 입력한 정보는 엔터키를 눌러 입력한다).

A1 셀: Net weights
A3 셀: Pipet
A4 셀: Weight of flask + water, g
A5 셀: Weight of flask, g
A6 셀: Weight of water, g

셀을 두 번 클릭하여 교정할 수도 있다. 그리고 문장을 편집한다(또한 수식 입력 줄의 문장도 편집할 수 있다). 한 번 클릭하면 이전의 문장이 새로운 문장으로 교체된다. 긴 문장을 쓰려면 A 셀을 넓혀야 한다. 맨 윗줄의 A와 B 사이의 선에 마우스를 놓고, 모든 텍스트가 보일 때까지 드래그하면 된다. 또한 전체의 셀을 선택하여(A, B 등으로 표시된 셀의 제목을 클릭하여) Home 탭에서 서식/열폭 자동 맞추기를 클릭하여 셀의 폭을 조절할 수 있다.

	A	B	C	D	E
1	A1	B1	C1	etc.	
2	A2	B2	C2	etc.	
3	A3	B3	C3	etc.	
4					
5					

그림 3.7 스프레드시트의 셀

	A	B	C	D
1	Net weights			
2				
3	Pipet	1	2	
4	Weight of flask + water, g	47.702	49.239	
5	Weight of flask, g	27.687	29.199	
6	Weight of water, g	20.015	20.040	
7				
8	cell B6=B4-B5			
9	cell C6=C4-C5			
10				

그림 3.8 셀 내용 채우기

셀 B3: 1
셀 C3: 2
셀 B4: 47.702
셀 C4: 49.239
셀 B5: 27.687
셀 C5: 29.199
셀 B6: =B4-B5

'='을 타자하고, B4에서 클릭하고, '−'을 타자하고, 다시 B5를 클릭함으로써 수식을 입력할 수 있다. 서식에서 B4 셀에서 C6을 소수점 이하 3자리까지 표시하도록 할 필요가 있다. 셀 블록의 한쪽 모퉁이를 클릭하고 그 블록의 다른 모퉁이까지 드래그하여 그 셀 블록들을 활성화한다. 메뉴 바에서 숫자/숫자를 클릭하고, 소수 자릿수를 '3'으로 조절하고 확인을 클릭한다.

C6 셀에 수식을 첨가할 필요가 있다. 여러분은 그것을 다시 타자하여 입력할 수 있다. 그러나 B6 셀의 수식을 복사하는 더 쉬운 방법이 있다. 마우스 끝을 B6 셀의 오른쪽 끝모서리에 놓고 C6 셀까지 드래그한다. 이것이 수식을 C6 셀에 복사한다(더 많은 피펫 행이 있으면 오른쪽에 다른 셀들을 추가한다). 또한 다른 방법으로 활성화된 셀에 수식을 채울 수도 있다.

B6를 두 번 클릭한다. 이것은 셀의 수식과 이 수식을 가진 다른 셀의 윤곽을 보여 준다. C6에 대해서도 마찬가지로 한다. 한 번 또는 두 번 클릭하여 셀을 활성화시켰을 때, 수식이 수식 입력줄에 나타남을 주목하라.

엑셀 스프레드시트의 작성 방법에 대한 웹 사이트의 비디오를 참조하라.

비디오: 엑셀의 도입

스프레드시트의 저장

메뉴 바에서 「파일: 다른 이름으로 저장」을 클릭하여 방금 생성한 스프레드시트를 저장하라. 예를 들면 피펫 검정과 같은 파일 이름을 문서 맨 밑에 적는다. 그리고 나서 클릭하여 저장한다.

스프레드시트의 인쇄

메뉴 바에서 Page Layout/방향 설정을 클릭한다. 보통 시트는 세로로, 즉 $8\frac{1}{2}\times 11$인치 종이에 인쇄한다. 행이 많을 때는 가로로 인쇄할 수 있다. 눈금선을 인쇄하고 싶을 때는 Page Layout/눈금선/인쇄를 클릭한다. 이제 인쇄할 준비가 되었다. MS Office 아이콘을 클릭하면 인쇄가 된다. 스프레드시트에 작업한 영역만 인쇄될 것이며, 행과 열 식별자는 인쇄되지 않는다. 종이에 표시되기를 원하는 부분을 선택하여 인쇄할 수도 있다. 인쇄를 선택하면 엑셀이 전체를 인쇄할 것인지 선택된 부분만 인쇄를 할 것인지 물을 것이다.

상대 참조와 절대 참조

위의 예에서는 수식을 복사할 때 **상대 참조**(*relative reference*)를 사용하였다. B6 셀의 수식은 한줄 위 셀의 값을 그보다 한 줄 더 위의 값에서 빼준다. C6 셀에 복사된 수식은 그 위의 셀에 대해 같은 계산을 한다는 것을 말한다.

때때로 각 계산에서 특정한 셀, 예를 들어 상수와 같은 특정값을 포함할 필요가 있는 경우가 있다. 이렇게 하기 위해서는 수식에 **절대 참조**(*absolute reference*)를 명시할 필요가 있다. 이는 예를 들어 $B$2와 같이 행과 줄의 식별자 앞에 '$'을 둠으로써 할 수 있다. 행과 열 모두의 앞에 이 표시를 두는 것은 행이나 열을 옮겨갈 때에도 변하지 않고 절대 참조로 남게 된다.

서로 다른 숫자들로부터 평균을 계산하기 위한 스프레드시트를 만들어서 이것을 보여 줄 수 있다. 스프레드시트에 다음과 같이 채워라(그림 3.9 참조).

	A	B	C	D
1	Titration means			
2				
3	Titn. No.	Series A, mL	Series B, mL	
4	1	39.27	45.59	
5	2	39.18	45.55	
6	3	39.30	45.63	
7	4	39.22	45.66	
8	Mean:	**39.24**	45.61	
9	Std.Dev.	**0.053150729**	0.047871355	
10				
11	**Cell B8=**	SUM(B4:B7)/$A$7 Copy right to Cell C8.		
12	**Cell B9=**	STDEV(B4:B7) Copy right to Cell C9.		
13	We have boldfaced the cells with formulas entered.			

그림 3.9 상대 셀 참조와 절대 셀 참조

A1: Titration means
A3: Titn. No.
B3: Series A, mL
C3: Series B, mL
B4: 39.27
B5: 39.18
B6: 39.30
B7: 39.20
C4: 45.59
C5: 45.55
C6: 45.63
C7: 45.66
A4: 1

각각의 적정 번호(1에서 4까지)를 쳐서 입력할 수 있지만 자동으로 수가 하나씩 증가하도록 하는 방법도 있다. 채우기/연속자료를 클릭한다. 열과 선형을 체크하고, 단계값을 1로 두고 종료값에 4를 입력하고 확인을 클릭한다. 2에서 4까지의 값이 스프레드시트에 삽입된다. 또한 채우려고 하는 셀(A4부터 시작하여)을 활성화시킬 수도 있다. 그때는 종료값을 삽입하지 않는다. 연속 자료를 입력하는 다른 방법은 A5 셀에 =A4+1이라고 타자하여 입력하는 것이다. 그런 다음 A5로부터 아래로 끌고, 채우기/아래쪽을 클릭한다(이것은 상대 참조이다). 또는 A5를 활성화하고, 셀 오른쪽 아래 모퉁이를 클릭하고 A7 셀까지 드래그한다. 이것은 다른 셀의 수식을 자동으로 복사하거나 증가값이 연속적이다.

이제 B8 셀에 수식을 삽입하려고 한다. 이것은 합계를 적정의 수(A7 셀)로 나누는 것이다.

B8 : = sum(B4 : B7)/$A$7

오른쪽의 C8 셀에 복사할 때 **절대 참조**를 해야 하기 때문에 나눗수에 $ 표시를 넣는다. 수평과 수직 모든 방향으로 복사할 때에도 절대 참조를 해야 하므로 행과 열 주소 모두의 앞에 $ 표시를 한다. 'sum(B4 : B7)'은 B4 셀에서 B7 셀까지 일련의 수의 합계를 구하는 프로그래밍 **명령어(syntax)**이다. 셀 주소를 입력하는 대신 "=sum("을 입력하고, B4 셀에 클릭하고 B7 셀까지 드래그한 다음 ")"을 입력해도 된다. 이제 A 시리즈의 평균을 계산되었다. B 시리즈에 대해서도 마찬가지로 한다. B8 셀을 활성화하고, 오른쪽 아래 모퉁이를 클릭한 다음 C8 셀까지 드래그한다. 평균이 계산되었다. C8 셀을 두 번 클릭하면 수식에 나눗수가 같음을 알 수 있고(**절대 참조**), 그러나 합계는 **상대 참조**이다. 나눗수를 절대 참조하기 위한 $ 표시를 타자하지 않았으면 수식은 상대 참조라고 가정하여 C8 셀의 나눗수는 B7 셀이 될 것이다.

비디오: 절대 셀 참조

위의 특별한 예를 설명한 '절대 셀 참조'라는 제목의 **비디오**를 이 책의 **웹 사이트**에서 발견할 수 있을 것이다.

엑셀의 통계 함수 사용

엑셀은 여러분 스스로 수식을 적은 곳에 계산을 수행하는 데 이용할 수 있는 다양한 수학적 그리고 통계 함수를 가지고 있다. 자동으로 평균을 구하는 통계 함수를 연습해 보자. 비어 있는 셀을 활성화시키고, 툴바에서 수식/입력/함수를 클릭한다. 삽입함수의 창이 나타난다. 범주 박스에서 통계를 선택하면 다음과 같은 창이 나타난다.

진보된 통계 함수를 쓰려면 무료 분석 도구팩(Analysis ToolPak)을 설치하라. 3.23절 참조

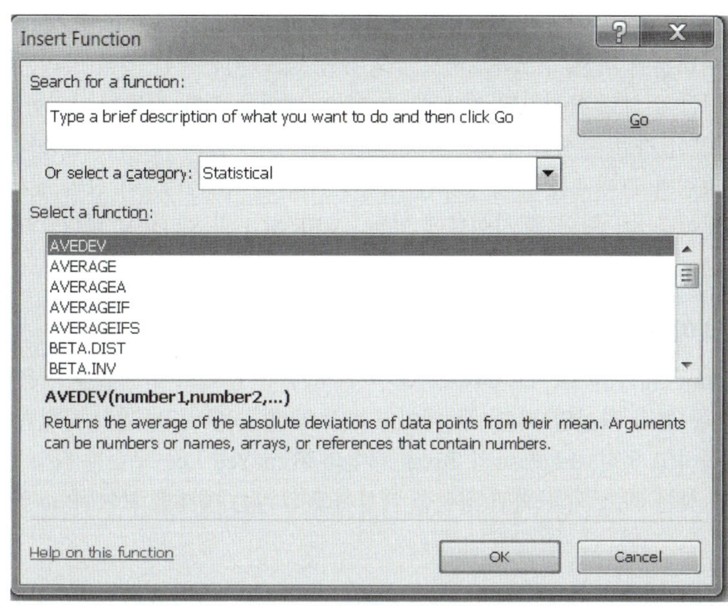

함수 선택 창에서 AVERAGE를 선택하고 확인을 클릭하면 새로운 창이 나타나고 Number 1 창에 B4:B7을 입력하고 확인을 누른다. 여러분이 수식을 세워 계산한 것과 같은 답이 나타날 것이다. 또한 = average(B4:B7)이라는 명령어를 사용하여 평균을 계산할 수도 있다. 이것도 연습해 보라.

자료들의 표준 편차도 계산해 보자. B9 셀을 활성화시키고, 이번에는 통계 함수 중에서 STDEV를 선택한다. 다른 방법으로는 B9 셀에 = stdev(B4 : B7) 명령어를 타자하여 계산할 수 있다. 이제 수식을 C9 셀에 복사한다. 식 3.2를 사용하여 표준 편차를 계산하고 엑셀값과 비교해 보라. 시리즈 A에 대한 계산은 ±0.05 mL이다. 스프레드시트의 값은 물론 반올림하여 ±0.05 mL로 해야 한다.

AVERAGE와 STDEV라는 제목의 두 개의 비디오를 이 책의 웹 사이트에서 찾을 수 있을 것이다.

편리한 명령어

엑셀은 계산을 간단히 수행하기 위한 다양한 수학과 통계적인 명령어를 가지고 있다. 수식의 하부 메뉴 f_x 밑의 통계 함수 카테고리와 수학/삼각에 있는 통계 함수의 이름을 정독하라. 이 교재에 유용한 몇 가지는 다음과 같다.

수학/삼각 함수		통계 함수	
LOG10	주어진 수의 상용로그값을 계산한다.	AVERAGE	일련의 수의 평균을 계산한다.
PRODUCT	일련의 수의 곱을 계산한다.	MEDIAN	일련의 수의 중간값을 계산한다.
POWER	거듭제곱한 수를 계산한다.	STDEV	일련의 수의 표준 편차를 계산한다.
SQRT	제곱근을 계산한다.	VAR	일련의 수의 분산을 계산한다.

명령어를 타자하고 위에서 한 것처럼 셀의 범위를 괄호 안에 넣는다.

비디오: 평균

이 설명은 여러분이 다른 스프레드시트에 응용할 때도 기본적인 것을 알려준다. 여러분은 이 교재의 어떠한 수식도 활성화된 셀에 쓸 수 있고, 계산을 위해 적절한 자료를 삽입할 수 있다. 그리고 다양한 자료 분석을 수행할 수 있다. 예를 들어 농도 대 기기 감응의 교정 곡선과 같은 자료의 그림과 그래프를 통계 함수를 사용하여 만들 수 있다. 이 장의 뒷부분에서 이에 대해 설명할 것이다. 이 책의 **웹 사이트**에 있는 AVERAGE와 STDEV **비디오**에서 위의 함수의 사용법을 보여 준다.

비디오: STDEV

책 웹 사이트의 예제들

Bringham Young 대학의 Steven Goates 교수가 책의 웹 사이트에 엑셀을 이용한 신뢰 한계 계산, 최소 제곱 회귀 직선의 계산, 두 데이터 세트의 평균을 비교하는 t 시험법에 관한 교육용 예제를 제공하고 있다. El Paso의 Texas 대학의 Wen-Yee Lee 교수는 작업선을 이용하여 미지의 농도를 찾는 최소 제곱 회귀 직선을 계산하고 그리는 예제를 보여 주고 있다.

3.21 스프레드시트를 사용한 교정 곡선의 도시

독자적인 그래프 프로그램이 더 많은 적용성을 제공한다 하여도 엑셀을 포함한 대부분의 스프레드시트 프로그램은 이미 언급한 최소 제곱 계산 및 통계학적 계산 이외에도 그래프 그리기, 표 만들기 등이 가능하다. 엑셀을 사용하여 그림 3.5에 도시한 그림을 그리는 데 예제 3.21의 자료를 이용할 것이다.

새 스프레드시트를 열고 다음을 입력한다.

A1 셀: Riboflavin, ppm (문장에 적합하도록 칼럼의 넓이를 조정)
B1 셀: Fluorescence intensity
A3 셀: 0.000
A4 셀: 0.100
A5 셀: 0.200
A6 셀: 0.400
A7 셀: 0.800
B3 셀: 0.0
B4 셀: 5.8
B5 셀: 12.2
B6 셀: 22.3
B7 셀: 43.3

셀 서식에서 A열의 숫자는 소수점 이하 셋째 자리까지, B열은 소수점 이하 첫째 자리까지 표시하도록 한다.

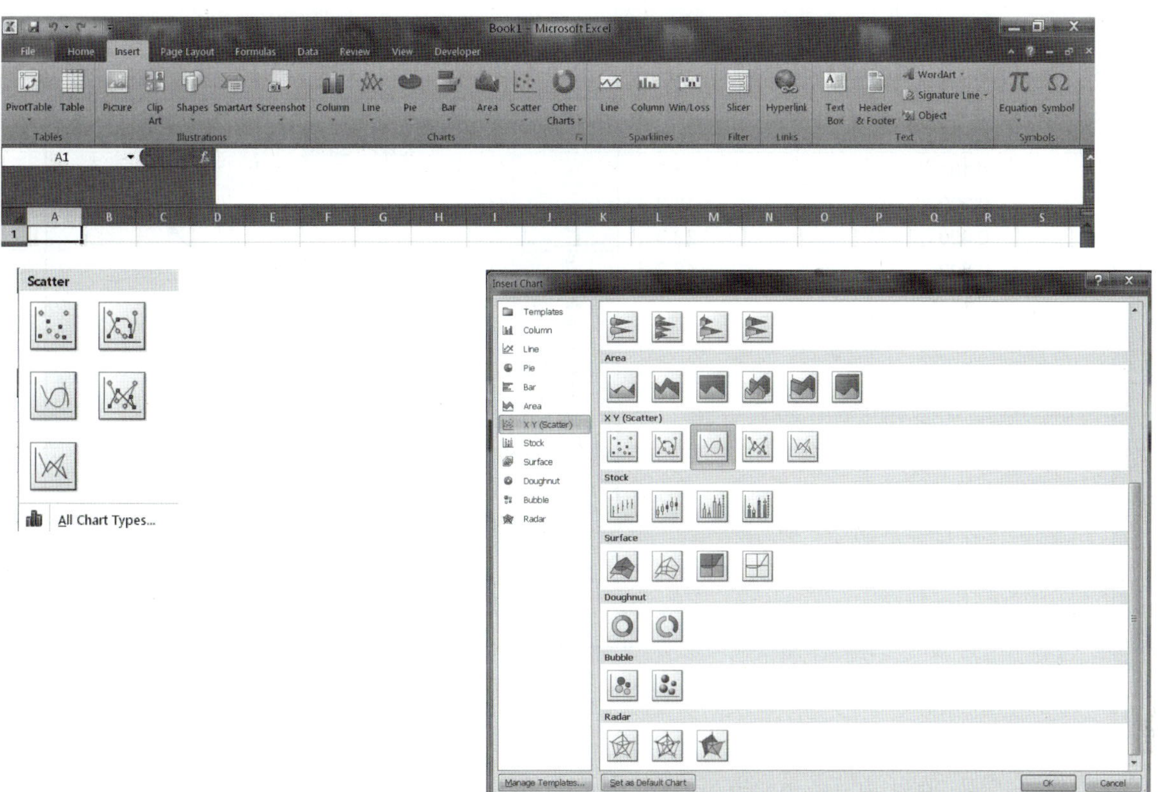

엑셀 2010의 메뉴 바의 "삽입"을 클릭하면, 중앙에 도표 옵션이 나타날 것이다. "산포"를 클릭하여(좌측 하단의 하부 메뉴) 산포도를 가장 많이 이용할 것이다. 산포도의 좌측 상단 선택(그림을 보라)은 자료가 점으로 연결선 없이 나타날 것이다. 우측 상단의 곡선(운형-맞춤이라고도 한다)은 자료들은 부드럽게 연결하고, 곡선의 좌측 중앙은 자료의 점이 없이 부드러운 곡선으로 나타나고, 우측 중앙은 자료점들을 직선으로 연결하고, 우측 하단은 직선이 보이지 않는 자료 점들의 연결로 나타난다.

엑셀 2010을 이용하여 어떻게 그리기를 준비하는지 보여 준다. A열과 B열에 있는 숫자를 선택한다. 홈 바의 오른쪽에 삽입, 열, 모든 차트 형태를 선택하고 산포도를 표시한다. 확인을 선택하면 그림이 나타난다(삽입 아래의 산포를 직접 선택해도 된다). 그리기 도구가 보이도록 선을 클릭하여 통계학적 자료를 추가하고 추세선을 선택한다. 선형 추세선을 선택하고 차트에 식 보이기와 R 제곱 값 보이기를 선택한다(이것들은 추세선 옵션에 있다). 닫기를 클릭하면 자료들이 차트에 추가된다. 축의 이름을 첨가하기 위하여 그리기 도구 밑의 Layout을 선택하고 축제목을 클릭한다. 일차 수평축과 수직축을 선택하면 차트에 이것들이 추가된다. 여러분은 실제 제목을 입력할 수 있다. 오른쪽의 시리즈 기호를 삭제할 수 있다. 그리기 도구/디자인에 있는 다른 시트에 차트를 그릴 수도 있고 차트 이동을 선택하라. 자료를 그리는 예제가 이 책의 웹 사이트에 엑셀에서 그리기라는 제목의 비디오로 있다.

비디오: 엑셀에서 그리기

3.22 기울기, 절편, 결정 계수

우리는 일련의 자료에 대한 기울기와 절편, R2를 그림을 그리지 않고도 엑셀의 통계 함수를 활용하여 계산할 수 있다. 새로운 스프레드시트를 열고, 예제 3.21의 자료를 그림 3.10와 같이 A3 : B7에 입력한다. A9 셀에 Intercept를, A10 셀에 Slope, A11 셀에 R^2을 입력하고,

	A	B	C	D	E	F	G
1	Riboflavin, ppm	Fluorescence intensity					
2							
3	0.000	0.0					
4	0.100	5.8					
5	0.200	12.2					
6	0.400	22.3					
7	0.800	43.3					
8							
9							
10							
11							
12							
13							
14							
15							
16							
17							
18							

Calibration Curve

y = 53.75x + 0.595

R^2 = 0.9989

Fluorescence intensity

Riboflavin, ppm

그림 3.10 스프레드시트에 교정 그래프 넣기 (시트 1)

B9 셀에 커서를 옮기고, 입력의 수식/삽입에서 통계를 선택하고 아래로 내려 함수 중에서 INTERCEPT를 선택한다. 나타난 창의 'Known_x's에 A3:A7을, 'Known_y's에 B3:B7을 입력한 다음, 확인을 누르면 B9 셀에 절편이 표시된다. 이제 다시 B10 셀으로 커서를 옮기고 아래로 내려 Slope를 선택하고 마찬가지 배열을 입력한다. 기울기가 B10 셀에 나타날 것이다. 다시 B11 셀로 커서를 옮기고 반복하고, 내려서 RSQ를 선택하면, B11 셀에 R^2이 나타난다. 여러분의 결과를 그림 3.10과 비교해 보라.

비디오: 절편 기울기와 r 제곱

위의 예제가 이 책의 웹 사이트에 기울기, 절편 r^2(Intercept slope and r^2)이라는 제목의 **비디오**로 설명되어 있다.

3.23 다른 통계를 위한 LINEST

엑셀의 LINSET 프로그램은 일련의 자료에 대한 몇 가지 통계 함수, 특히 기울기와 그 표준 편차, 절편과 그 표준 편차, 결정 계수, 표준 오차, 그리고 여기서 다루지 않은 다른 것들을 빠르게 수행할 수 있게 한다. Linst는 스프레드시트의 2개 행에 총 10개의 함수를 자동으로 계산한다.

새로운 스프레드시트를 열고, 위에서와 같이 A3:B7 셀에 예제 3.21과 같은 교정 자료를 입력한다. 그림 3.11을 참고한다. 통계 자료가 10개의 셀에 나타날 것이므로, 그들의 표지를 만들자. 우리는 그들의 표시를 B9:C13 셀에 다음과 같이 입력할 것이다.

A9 셀: slope
A10 셀: std. devn.
A11 셀: R^2
A12 셀: F
A13 셀: sum sq. regr.
D9 셀: intercept

	A	B	C	D	E
1	Riboflavin, ppm	Fluorescence intensity			
2					
3	0.000	0.0			
4	0.100	5.8			
5	0.200	12.2			
6	0.400	22.3			
7	0.800	43.3			
8					
9	slope	53.75	0.595	intercept	
10	std. devn.	1.017759	0.419633	std. devn.	
11	R^2	0.998926	0.643687	std. error of estim.	
12	F	2789.119	3	d.f.	
13	sum sq. regr.	1155.625	1.243	sum sq. resid.	

그림 3.11 통계를 위한 LINEST

D10 셀: std. devn.
D11 셀: std. error of estim.
D12 셀: d.f.
D13 셀: sum sq. resid.

B9:C13 셀을 선택하고 수식 f_x를 클릭한다. 통계 함수를 선택하고 아래로 내려 LINEST를 선택하고 확인을 클릭한다. Known_y's에 B3 : B7 배열을 입력하고, Known_x's에 A3 : A7 배열을 입력한다. 그런 다음 상수와 통계 라벨이 붙은 모든 박스에 "true"라고 입력한다. 이제 키보드를 사용하여 계산을 한다. Shift 키를 누른 상태에서, Ctrl을 누른 다음 엔터키를 누른다. 통계 결과가 선택된 셀에 나타난다. 셀의 배열의 함수를 수행할 때는 항상 이러한 키보드를 동시에 누른다. B9 셀에 기울기와 10 셀에 기울기의 표준 편차, C9 셀에 절편, C10 셀에 절편의 표준 편차가 표시된다. 결정 계수는 B11 셀에 나타난다. 예제 3.22와 계산한 표준 편차를 비교하라. 예제 3.21과 그림 3.5과 기울기, 절편, R^2 등을 비교하라.

C11 셀에는 추정의 표준 오차(회귀 분석의 표준 편차)가 있고, 추정한 y 값의 오차에 대한 척도이다. 이 값이 작을수록 수들이 직선에 가까워진다. 다른 셀에는 여기서 다루지 않는 다른 값들이 주어진다. 즉, B12 셀에는 F 값이, C12 셀에는 F에 대한 자유도, B13 셀에는 회귀 값의 제곱의 합, C13 셀에는 나머지 제곱의 합이 표시된다.

최소 제곱의 직선에 몇 개의 유효 숫자를 남길 것인가? 표준 편차가 그에 대한 대답을 준다. 기울기는 1.0의 표준 편차를 가지므로 기울기를 $53.8 \pm 1._0$이라고 쓴다. 절편의 표준 편차는 ±0.42이므로 0.6 ± 0.4라고 쓴다. 예제 3.22도 참조하라.

위의 예제를 이 책의 웹 사이트에 LINEST **비디오**에서 설명하고 있다. 자료 분석에서 "회귀" 함수가 모든 회귀-관련 인자들을 계산하는 데 가장 강력한 도구일 것이다. r, r^2, 절편과 기울기(X 변수 1로 표시된 것) 결과만 제공하는 것이 아니라 그것들의 표준 오차와 95% 신뢰 수준에서의 상한과 하한을 제공한다. "상수는 0"을 클릭하여(0의 농도에서 감응이 0이라는 확신이 있을 때) 원래의 값을 지나는 직선을 찾는 옵션도 제공한다. Data Analysis Regression이라는 제목의 비디오에서 이것의 사용 방법을 이 책의 웹 사이트에서 설명한다. 이것의 사용에 대한 설명은 16장의 16.7절의 끝 부분에 있고, 예의 적용은 20장의 20.5절, 23장의 예제 23.1과 23.2에 있다.

비디오: LINEST

비디오: 자료 회귀 분석

3.24 통계 소프트웨어팩

엑셀은 툴 메뉴 밑에 있는 분석 도구팩(Analysis ToolPak)의 추가 확장 기능을 통해 몇 가지 통계 함수를 제공한다. 화면의 좌측 구석의 MS Office 아이콘을 선택하고 엑셀 옵션/확장과 분석 도구팩을 체크한 후 확인을 누른다. 다시 스프레드시트로 되돌아온다. 이제 도구 메뉴로 가면 오른쪽 구석에 자료 분석을 볼 수 있다. 다른 유용한 기능으로 Solver 확장을 같은 방법으로 설치할 수 있다. 자료 분석 링크를 클릭하면 F 시험법, 여러 형태의 t 시험법, 회귀(이것은 r^2, 불확정도 및 최상의 피팅을 제공한다.)를 포함한 18개의 프로그램의 목록을 볼 것이다. 이를 가지고 실험을 할 때, 이것이 상당히 유용함을 알 것이다. 해 찾기의 활용은 6장에서 서술하였다. 또한 기본적이면서 보다 고급의 통계적 계산을 위한 다른 상업용 소프트웨어 패키지의 목록은 교재 웹 사이트를 참조하라.

교수 선호 문제

Alberta 대학의 James Harynuk 교수 제공

예로서 최소 제곱 계산을 이용하여 엑셀을 어떻게 사용하는지에 관한 훌륭한 교육용 비디오가 Journal of Chemical Education(JCE)에 있다. 이것은 http://jchemed.chem.wisc.edu/JCEDLib/WebWare/collection/reviewed/JCE2009p0879WW/index.html에 있다.

이것은 JCE에 등록하고 이용할 수 있으며 사용자명과 암호가 필요하다. 여러분의 학교가 독자로 등록되어 있다면 사용자명/암호 없이도 접속할 수 있으며, 학교에서 사용자명과 암호를 받을 수도 있다. 그렇지 않다면 담당 교수가 접속이 가능하다면 요청해 보라.

사용된 특정된 방정식들은 다른 교재의 전판에 있던 것을 기초로 하거나 이 책에서 스프레드시트를 어떻게 생성하는지 배울 때의 것을 조절할 수도 있다. 예를 들면 기울기를 구하기 위한 식은 식 3.23을 재배열한 것이다(분자와 분모에 모두 n을 곱하면 식 3.23을 얻을 수 있다). 스프레드시트를 만들어서 예제 3.21에 적용하고 같은 답을 얻는지 시도해 보라. ■

질문

1. 정확도와 정밀도의 차이를 설명하시오.
2. 가측 오차, 불가측 오차란 무엇인가?
3. 다음은 연구실에서 자주 문제가 되는 오차이다. 각각의 오차를 가측 오차와 불가측 오차로 분류하고, 가측 오차는 다시 기기 오차, 조작 오차, 방법 오차로 분류하시오.
   (a) 무게를 단 미지 시료가 흡습성이 큰 물질이다.
   (b) 기체 크로마토그래피로 정량한 혼합물 중의 한 성분이 칼럼 충전물과 반응하였다.
   (c) 어느 방사성 시료를 같은 조건으로 여러 번 측정하였더니, 그때마다 조금씩 다른 값을 얻었다.
   (d) 분석에 사용한 피펫의 끝이 깨졌다.

문제

통계 문제에서 처음에는 손으로 계산하고, 그다음 엑셀의 통계 함수를 이용하시오. 그리고 같은 답이 얻어졌는지 살펴보시오. 책의 웹 사이트를 참조하여 문제 14~18, 20, 21, 25~30, 37~40을 풀어보시오.

유효 숫자

4. 다음 수의 유효 숫자는 몇 개인가?
   (a) 200.06, (b) 6.030×10^{-4}, (c) 7.80×10^{10}
5. 다음 수의 유효 숫자는 몇 개인가?
   (a) 0.02670, (b) 328.0, (c) 7000.0, (d) 0.00200
6. $LiNO_3$의 화학식량을 정확한 유효 숫자로 구하시오.
7. $PdCl_2$의 화학식량을 정확한 유효 숫자로 구하시오.
8. 다음 계산의 답을 최대의 유효 숫자의 자리까지 구하시오.
   $50.00 \times 27.8 \times 0.1167$
9. 다음 계산의 답을 최대의 유효 숫자의 자리까지 구하시오.
   $(2.776 \times 0.0050) - (6.7 \times 10^{-3}) + (0.036 \times 0.0271)$

10. 청동 시료 중 구리의 함량을 분광 광도법으로 정량하려고 한다. 시료 약 5 g을 달고, 흡광도(A)는 0.001 단위까지 읽을 수 있다면, 시료는 어느 정도까지 정확하게 달아야 하는가? (단, 시료 용액은 흡광도의 오차가 가장 작은 범위, $0.1 < A < 1$이 되도록 묽히는 것으로 한다.)

결과의 표현

11. 102 meq/L의 염화 이온을 포함한 표준 혈청 시료를 은 이온을 사용하여 전기량 적정으로 분석한 결과 101과 93 meq/L의 값을 얻었다. 다음을 각각 구하시오.
(a) 평균값, (b) 평균의 절대 오차, (c) 상대 오차(%)

12. 하나의 핵연료 펠릿이 관리 지침선 내에 있는가를 확인할 목적으로 무게를 단 결과 그 값은 127.2, 128.4, 127.1, 129.0, 128.1 g이었다. 다음을 각각 구하시오.
(a) 평균값, (b) 중앙값, (c) 범위

13. 다음 값의 절대 오차와 상대 오차(%와 천분율 단위)를 구하시오.

	측정값	공인된 값
(a)	22.62 g	22.57 g
(b)	45.02 mL	45.31 mL
(c)	2.68%	2.71%
(d)	85.6 cm	85.0 cm

표준 편차

14. 놋쇠 시료 중의 주석과 아연의 함량을 분석한 결과 다음과 같은 결과를 얻었다. 각각의 분석의 표준 편차와 변동 계수를 구하시오.
(a) Zn: 33.27, 33.37, 33.34% (b) Sn: 0.022, 0.025, 0.026%

15. 물의 경도를 측정하여 102.2, 102.8, 103.1, 102.3 ppm $CaCO_3$의 결과를 얻었다. 다음을 각각 구하시오.
(a) 표준 편차, (b) 상대 표준 편차, (c) 평균 표준 편차, (d) 평균 상대 표준 편차

16. 은 합금 중의 은 함량을 분석하여 95.67, 95.61, 95.71, 95.60% Ag와 같은 결과를 얻었다. 다음을 각각 구하라.
(a) 표준 편차, (b) 상대 표준 편차, (c) 평균 표준 편차, (d) 평균 상대 표준 편차

교수 선호 문제

El Paso의 Texas 대학의 Wen-Yee Lee 교수 제공

17. 10,000 세트의 차량용 브레이크가 80%가 닳았을 때의 거리를 기록하였다. 평균은 64,700마일이고 표준 편차는 6,400마일이었다.

(a) 50,000마일보다 짧은 거리에서 80%가 닳을 분율은 얼마인가?

(b) 생산자가 50,000마일 미만에서 브레이크의 80%가 닳았을 때 무료로 교환해 준다고 했다면, 백만 개의 상품에 대해서 몇 개의 여분의 브레이크가 더 필요한가?
정규 확률 분포로부터 Z 값을 계산해야 하고, 이것으로 가우스 곡선 아래의 면적을 구해야 한다. www.intmath.com/Counting-probability/14_Normal-probability-distribution.php를 보아라. 다음의 웹 사이트에는 Z 값으로부터 면적을 구하는 데 사용하는 표준 정규(Z) 표가 있다: www.statsoft.com/textbook/distribution-tables.

오차의 전파

18. 다음 계산의 답의 불확정도를 구하시오.
(a) $(128 \pm 2) + (1025 \pm 8) - (636 \pm 4)$
(b) $(16.25 \pm 0.06) - (9.43 \pm 0.03)$
(c) $(46.1 \pm 0.4) + (935 \pm 1)$

19. 다음 계산의 답의 절대 불확정도를 구하시오.
(a) $(2.78 \pm 0.04)\,(0.00506 \pm 0.00006)$
(b) $(36.2 \pm 0.4)/(27.1 \pm 0.6)$
(c) $(50.23 \pm 0.07)\,(27.86 \pm 0.05)/(0.1167 \pm 0.0003)$

20. 다음 계산의 답의 절대 불확정도를 구하시오.
$[(25.0 \pm 0.1)(0.0215 \pm 0.0003) - (1.02 \pm 0.01)\,(0.112 \pm 0.001)] \times (17.0 \pm 0.2)/(5.87 \pm 0.01)$

교수 선호 문제

Texas Tech 대학의 Jon Thomson 교수 제공

21. **기후 변화와 불확정도의 전파.** 많은 요소들이 지구의 기후 변화를 야기할 수 있다. 오존층에서의 이산화 탄소와 메테인과 같은 온실 기체의 변화, 지표면의 유효 반사도, 대기 중에서 햇빛을 흡수하거나 산란시킬 수 있는 nm-μm 크기의 에어로솔 입자의 존재 등이다. 어떤 효과들은 기후에 가열의 영향을 주고, 다른 것들은 지구와 대기를 냉각할 수 있다. 기후 과학자들은 각각의 독립적인 효과의 복사력 값(W/m^2)을 부여하여 그것들을 기록하고, 모든 경쟁적인 과정의 **알짜 효과**를 모두 합하여 결정하려고 한다. 음의 값은 지구와 대기를 차게 하는 반면에, 양의 복사력 값은 따뜻하게 한다. 알짜 복사력(ΔF_{net})은 평균 온도 변화($\Delta T_{surface}$)와, 보통 0.3~1.1 K/(W/m^2)의 값을 갖는 기후 민감 매개 변수(λ)를 이용하여 연관되어질 수 있기 때문에 이러한 접근법은 직관적이다.

$$\Delta T_{surface} = \lambda \times \Delta F_{net} \tag{3.42}$$

기후 변화에 관한 정부간 협의(IPCC)는 최상의 복사력 값을 예측하고 각 효과와 연관된 불확정도를 제공하기 위하여 많은 과학자들의 일을 연구하였고 아래의 그림과 표에 나타내었다.

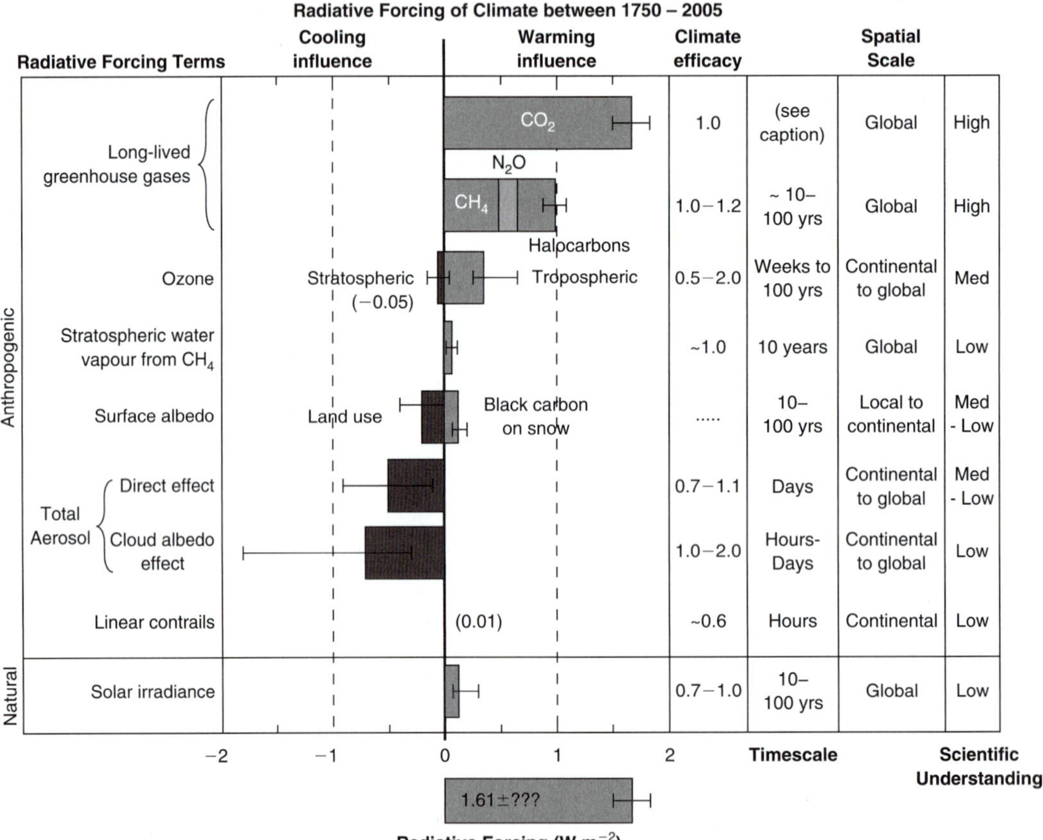

Figure Credit: "Climate Change 2007: The Physical Science Basis" Intergovernmental Panel on Climate Change (IPCC).

Climate Effect	Best Estimate ± Uncertainty (W / m^2)
Long-lived Greenhouse Gases	2.61 ± 0.26
Tropospheric and Stratospheric Ozone	0.30 ± 0.22
Surface Albedo	−0.10 ± 0.20
Direct Aerosol Effect	−0.50 ± 0.36
Indirect Aerosol Effect	−0.70 ± 0.7

불확정도의 전파를 이용하여 자신에게 물어라.

(a) 복사력 항들의 합이 1.61 W/m^{2}이다. 이 예측값과 연관된 불확정도는 얼마인가? 전체의 불확정도

에 가장 큰 영향을 준 항은 무엇인가?

(b) 기후 민감 매개 변수로 0.7 ± 0.4 K/(W/m^2)을 이용했다면 지표면의 온도 변화는 얼마이겠는가? 이 예측과 관련된 불확정도는 얼마인가?

(c) 1850년대부터 지금까지 기계적 온도 기록으로 지구 표면의 온도가 대략 0.8°C 증가하였다고 할 수 있다. (b)에서의 계산과 동일한가?

신뢰 한계

신뢰 한계와 연관된 엑셀을 기본으로 한 문제는 Bringham Young 대학의 Steven Goates 교수가 제공하였고 웹 사이트의 보충을 참고하시오.

22. 어느 용액을 표준화하여 다음과 같이 몰농도를 얻었다. 0.5026, 0.5029, 0.5023, 0.5031, 0.5025, 0.5032, 0.5027, 0.5026 *M*. 가측 오차가 없다고 가정하고, 몰농도의 참평균값이 95% 이내의 확률로 존재할 범위를 구하시오.

교수 선호 문제

Villanova 대학의 Amanda Grannas 교수 제공

23. 여러분이 분석 시험 실험실에서 일하고 있고 감독관으로부터 오래된 pH 미터를 교체하기 위해서 새로운 것을 구입하라는 지시를 받았다. 가능한 네 개의 공급업체를 알았고, 각 pH 미터의 성능을 평가해야 한다.

pH가 5.5로 알려진 용액이 있다. 네 개의 다른 pH 미터로 10번씩 용액의 pH를 측정하여 얻은 값이 다음과 같다.

A사 pH 미터	B사 pH 미터	C사 pH 미터	D사 pH 미터
5.6	5.5	5.8	7.0
5.8	5.6	5.9	6.9
5.6	5.5	6.0	6.8
5.5	5.6	5.9	7.0
5.6	5.6	5.3	6.9
5.7	5.6	5.6	6.9
5.6	5.4	5.7	7.0
5.7	5.5	5.8	6.8
5.1	5.5	5.9	6.9
5.6	5.4	5.1	6.9

다른 요소(가격, 용이성 등)들이 같으면 어떤 회사의 제품을 실험실에 사도록 제안하겠는가? 이유를 설명하시오.

24. 이온 선택성 전극으로 혈액 중의 소듐을 정량하여 다음과 같은 결과를 얻었다.
139.2, 139.8, 140.1, 139.4 meq/L

가측 오차가 없다고 가정하고, (a) 90%, (b) 95%, (c) 99% 신뢰 수준에서 참값이 존재하는 범위를 구하시오.

25. 가로수 잎 중의 납의 함량을 다이싸이존과 반응시켜서 분광 광도법으로 정량하였다. 3회 분석 결과에 대한 표준 편차는 2.3 ppm이다. 90% 신뢰 한계를 구하시오.

교수 선호 문제

El Paso의 Texas 대학의 Wen-Yee Lee 교수 제공

26. 7개의 정상 개체의 혈구의 수가 마이크로리터당 520만, 480만, 540만, 530만, 510만, 490만, 550만 개이다. 나의 혈구의 수는 마이크로리터당 450만 개이다. 나의 혈구의 수가 너무 낮은가? 얼마나 신뢰하는가? 여러분의 답을 설명할 통계를 제시하시오.

27. 전기량 적정으로 혈청 중의 염화 이온을 정량하였더니 표준 편차가 0.5 meq/L였다. 3회 정량하였을 때의 95% 신뢰 한계를 구하시오.

교수 선호 문제

El Paso의 Texas 대학의 Wen-Yee Lee 교수 제공

28. 토양에 94.6 ppm의 유기 농약이 있음을 표준 기준 물질로 확인하였다. 여러분의 분석값은 99.3, 92.5, 96.2, 93.6 ppm이다. 95%의 신뢰 수준에서 여러분의 결과가 기대한 값과 상당히 다른가? 결과가 어떻게 나왔는지를 설명하시오.

29. 문제 40에서 표준화 실험 결과에 관하여 90% 신뢰 수준에서 용액의 몰농도에 대하여 참값의 범위를 구하시오.

교수 선호 문제

Marshall 대학의 Bin Wang 교수 제공

30. 주어진 화합물에 있는 Cl을 반복적으로 분석한 결과 %Cl이 2.98, 3.16, 3.02, 2.99, 3.07로 나왔다. (a) 이들 값 중 90%의 신뢰 수준에서 통계학적으로 거부될 값이 있는가? (b) 참값이 3.03%라면, 여러분의 결과가 알려진 값과 일치한다고 95% 신뢰할 수 있는가?

중요성 시험

31. 혈액의 크로뮴 농도와 어느 질병과의 상관성을 조사하기 위한 연구를 하였다. 병을 앓았던 사람과 건강한 사람의 혈액을 분석하여 그 결과를 비교해 보았다. 다음 결과로부터 두 집단의 차가 우연인지, 실제의 차이인지를 판단하시오.

건강한 사람 집단(ppb Cr): 15, 23, 12, 18, 9, 28, 11, 10

환자 집단: 25, 20, 35, 32, 15, 40, 16, 10, 22, 18

교수 선호 문제

El Paso의 Texas 대학의 Wen-Yee Lee 교수 제공

32. 추운 겨울날 임의의 9명의 천식 환자의 산책 전과 후의 최대 호기류율(PEFR)을 비교한 것이다. 아래 표에 보여 준 바와 같이 한 열은 산책 전의 PEFR값이고, 다른 한 열은 산책 후의 PEFR값이다. 같은 행은 같은 환자를 나타낸다. 95%의 신뢰 수준에서 산책 전과 후의 PEFR 값이 크게 다른가?

	호기류율 (L/min)	
피험자	산책 전	산책 후
1	312	300
2	242	201
3	340	232
4	388	312
5	296	220
6	254	256
7	391	328
8	402	330
9	290	231

33. 와인 중의 알코올을 정량하는 효소법을 기체 크로마토그래피법(GC)과 비교하여 평가하는 실험을 하였다. 같은 시료를 각각의 방법으로 여러 번 분석하여 다음과 같은 결과(% 에탄올)를 얻었다.

효소법: 13.1, 12.7, 12.6, 13.3, 13.3

GC법: 13.5, 13.3, 13.0, 12.9

95% 신뢰 수준에서 효소법은 GC법과 같은 결과를 보인다고 말할 수 있는가?

34. 혈청 중의 크레아티닌을 알칼리성 피크르산염과의 반응으로 발색시켜서 비색법으로 정량할 때의 정밀도를 평가하는 실험을 하였다. 방법의 정밀도를 평가하기 위하여 한 세트를 분석하기보다는 수일간에 걸쳐서 다른 시료에 대하여 여러 번 분석하였다. 다음 흡광도의 자료로부터 합동 표준 편차를 구하시오.

1일째(시료 A)	2일째(시료 B)	3일째(시료 C)
0.826	0.682	0.751
0.810	0.655	0.702
0.880	0.661	0.699
0.865		0.724
$\bar{x}_A = 0.845$	$\bar{x}_B = 0.666$	$\bar{x}_C = 0.719$

35. 원자 흡수 분광 광도법(AAS)과 새로운 비색법으로 혈액 시료 중의 칼슘을 정량하여 반복 실험한 결과가 보고되었다. 다음 자료에서 판단하여 두 방법의 정밀도에 중요한 차이가 있는지 판단하시오.

AAS법 (mg/dL)	비색법 (mg/dL)
10.9	9.2
10.1	10.5
10.6	9.7
11.2	11.5
9.7	11.6
10.0	9.3
평균 10.4	10.1
	11.2
	평균 10.4

교수 선호 문제

Saint Anselm College의 Mary K. Donais 교수 제공

36. 질문은 다음과 같다. 방법의 정확도를 평가하기 위하여 품질 관리 시료를 이용하고, 두 방법, 시료의 동종성과 자료의 정밀도를 비교하기 위하여 중요성 시험을 하라. 4학년 학생의 연구 과제에서 학생들에 의해 수집된 실제 자료를 기초로 한 문제이다.

대략적인 동전의 나이를 예측하기 위하여 고대 로마의 황동 동전의 납의 함량이 이용될 수 있다. 각 동전의 납의 농도의 변화는 한 자리 퍼센트에서부터 20% 이상일 수 있다. 한 방법은 전열기를 이용하여 시료를 소화시킨 후 불꽃 원자 흡수 분광–광도 측정법을 이용하여 황동 동전의 납을 정량화하는 것이다. 하지만 전열기의 온도를 제어하기가 어렵고, 또한 전열기 표면의 온도가 고르지 않다. 물론 소화 용액을 정량적으로 이송하는 것이 필요하다. 용량 용기 내의 소화 뭉치의 온도를 제어 가능한 조절 장치를 사용한 더 효과적인 방법이 개발되었다. 두 가지 소화 방법을 이용하여 얻은 자료가 아래와 같다. 네 개의 동전(1~4로 표시)를 반으로 나누어(a와 b로 표시) 소화시키고 분석하였다. 또한 표준 기준 물질, NIST SRM 872를 두 방법으로 분석하였다. 공인된 물질의 납의 함량은 4.13 ± 0.03%이다. 자료를 평가하시오. 정확도와 정밀도를 말하시오. 황동 동전 내의 납의 동종성이 정밀도에 어떻게 영향을 미치는가? 한 방법이 더 좋은가? 또는 두 방법이 다른가? 이것을 어떻게 정량적으로 보여줄 수 있는가?

동전	전열기 방법(%)	소화 뭉치 방법(%)
1a	14.44	15.37
1b	8.41	7.24
2a	23.77	24.14
2b	27.23	24.87
3a	6.34	6.77
3b	8.04	7.34
4a	16.16	17.20
4b	19.07	18.26
NIST SRM 872	4.21	4.12

웹 사이트 보충에 풀이를 위한 엑셀 파일이 있다.

37. 다이크로뮴산 포타슘은 산화제이며 철(II)을 적정하여 부피 분석을 할 때 사용된다. 다이크로뮴산 포타슘은 그대로 녹여서 일정한 농도의 표준 용액을 만들 수 있는 고순도 물질이지만, 그 용액을 일정량의 고순도 철선이나 전해 철 시료의 경우와 같은 것으로 조제하여 아는 철(II)로 표준화한다. 이것은 산화 적정 생성물인 철(III) 이온의 색이 지시약(적정의 종말점 검출에 사용되는)의 색을 방해하므로

오차가 생기는 수가 있기 때문이다. 0.1012 *M*로 만든 용액을 표준화하여 다음과 같은 결과를 얻었다.
0.1017, 0.1019, 0.1016, 0.1015 *M*
적정하여 얻은 값과 조제한 값이 통계적으로 다르다고 생각하는가?

38. 핵연료 공업에서 받아들이거나 수송하거나 사용한 플루토늄의 양은 상세하게 기록된다. 받아들인 플루토늄을 각각 주의 깊게 분석하여 순도와 그 전량을 납품자가 보고한 값과 일치하는지를 점검한다. 이제 수송되어 온 플루토늄을 분석한 결과 99.93, 99.87, 99.9, 99.86%라는 결과를 얻었다. 납품자가 제시한 순도는 99.95%였다. 이 물질을 수용할 수 있는가?

교수 선호 문제

Villanova 대학의 Amanda Grannas 교수 제공

39. 여러분이 환자의 집에서도 싸고 빠르고 혈액 내의 콜레스테롤 수치를 측정할 수 있는 새로운 방법을 개발하였다(당뇨병의 글루코스 시험처럼). 특허를 취득할 수 있도록 여러분의 방법을 입증해야 한다. 아래의 정보와 여러분의 새로운 방법의 효율성을 평가하기 위해 이미 배운 여러 가지 통계학적 방법을 사용하시오.
   (a) NIST가 만든 인간 혈청 내의 콜레스테롤의 표준은 182.15 mg/dL이다. 여러분이 이 표준물을 네 번 측정하여 얻은 값이 181.83, 182.12, 182.32, 182.20이다. 여러분의 값이 같은가?
   (b) 같은 시료(NIST 시료가 아닌)를 여러분의 방법으로 포괄적으로 여러 번 평가하여 콜레스테롤 측정의 "허용된" 방법이 되었다.
   (c) 여러분은 FDA에 많이 있는 비평가들에게 기회를 주고 싶지 않다. 여러분이 얻은 결과와 허용된 방법을 많은 다른 시료들을 측정하여 비교하였다. 아래의 자료를 이용하여 콜레스테롤을 측정하는 여러분의 분석 방법과 허용된 방법을 비교하시오. 여러분의 결과가 허용된 방법과 일치하는가?

시료 번호	여러분의 방법(mg/dL)	허용된 방법(mg/dL)
1	174.60	174.93
2	142.32	142.81
3	210.67	209.06
4	188.32	187.92
5	112.41	112.37

t 시험법과 연관된 엑셀을 기본으로 한 문제는 Bringham Young 대학의 Steven Goates 교수가 제공한 **웹 사이트**의 보충을 참고하라.

Q 시험법

40. 어느 용액을 표준화하여 얻는 몰농도는 다음과 같다.
0.1067, 0.1071, 0.1066, 0.1050
이 결과 중에서 하나를 95% 신뢰 수준에서 우연 오차로서 버릴 수 있는가?

41. 문제 14의 자료 중, 어느 것이 95% 신뢰 수준에서 거부할 수 있는 것인가?

42. 어느 분석법의 정밀도를 평가하여 다음과 같은 결과를 얻었다. 22.23, 22.18, 22.25, 22.09, 22.17%. 22.09%라는 자료를 95% 신뢰 수준에서 유효한 측정값이라고 말할 수 있는가?

교수 선호 문제

El Paso의 Texas 대학의 Wen-Yee Lee 교수 제공

43. 경찰이 뺑소니 사건을 맡아, 빨간색 차량용 페인트의 상표를 알고자 한다. 빨간색을 만드는 산화 철의 백분율을 피해자의 차량에서 조사하여 다음과 같은 값을 얻었다. 43.15, 43.81, 45.71, 43.23, 41.99, 43.56%
   (a) 위의 모든 수를 90%의 신뢰 수준에서 페인트 시료 내의 산화 철의 평균 백분율을 구하는 데 포함시킬 수 있는가?
   (b) (a)의 답을 기초로 하여 믿을 만한 수만으로 평균과 평균 표준 편차를 계산하시오.
   (c) 경찰이 용의자를 찾았고, 용의자 차의 앞 범퍼에서 빨간 페인트 시료를 얻었다. 산화 철의 백분율은 5번의 측정으로 (42.60 ±0.44)%(평균 표준 편차)임을 알았다. 당신은 경찰이 95%의 신뢰 수준에서 뺑소니 사건의 범인을 바르게 찾았다고 생각하는가?

적은 세트의 데이터에 대한 통계

44. 문제 15에서 범위로부터 표준 편차를 산정하시오. 그 문제에서 계산된 표준 편차와 비교하시오.
45. 문제 25에서 범위를 이용하여 95% 신뢰 수준에서 신뢰 한계를 산정하고, 표준 편차를 이용해서 그 문제에서 계산된 값과 비교하시오.
46. 문제 29에서 범위를 이용하여 95%와 99% 신뢰 수준에서 신뢰 한계를 산정하고, 표준 편차를 이용해서 그 문제에서 계산된 값과 비교하시오.

최소 제곱법

47. 예제 3.21의 직선의 기울기를 식 3.22를 이용하여 계산하시오. 또한 식 3.23을 이용하여 계산값과 비교하시오.
48. 소변 속의 인을 정량하기 위하여 인산의 표준 용액을 몰리브데넘(VI)과 반응시킨 다음, 특정의 파란색을 발색시키는 인 몰리브데넘의 착물을 환원시켜 교정 곡선을 작성하였다. 흡광도 A의 측정값을 인의 농도에 대하여 도시하였다. 다음 자료로부터 최소 제곱법으로 직선을 구하고, 소변 중의 인의 농도를 계산하시오.

P (ppm)	**A**
1.00	0.205
2.00	0.410
3.00	0.615
4.00	0.820
소변 시료	0.625

49. 문제 48에 대해서 최소 제곱법으로 구한 직선의 기울기와 y절편의 불확정도, 소변 시료 중의 인 농도의 불확정도를 계산하시오.

최소 제곱과 연관된 엑셀을 기본으로 한 문제는 Bringham Young 대학의 Steven Goates 교수가 제공한 웹 사이트의 보충을 참고하라.

최소 제곱 그림그리기와 연관된 엑셀을 기본으로 한 문제는 El Paso의 Texas 대학의 Wen-Yee Lee 교수가 제공한 웹 사이트의 보충을 참고하라.

교수 선호 문제

Michigan 대학의 Michael D. Morris 교수 제공

50. 최소 제곱 선형 피팅이 적절하지 않고 쓰이면 안되는 상황을 설명하시오. 최소한 두 가지의 중요한 경우가 있다.

상관 계수

51. 다음의 자료로부터 곰팡이가 만들어낸 독소의 양과 배지 중에 가한 효모 추출물의 양(%)과의 상관 계수를 구하시오.

시료	효모 추출물(%)	독소 (mg)
(a)	1.000	0.487
(b)	0.200	0.260
(c)	0.100	0.195
(d)	0.010	0.007
(e)	0.001	0.002

52. 문제 51에서 배양한 곰팡이의 건조한 무게는 다음과 같다. 건조된 무게와 생성된 독소의 상관 계수를 구하시오.
(a) 116 mg, (b) 53 mg, (c) 37 mg, (d) 1 mg
53. 혈청 중의 콜레스테롤을 정량하기 위하여, 콜레스테롤 산화효소의 효소 반응을 이용하여 콜레스테롤과 산소를 반응시키고, 그때 산소의 감소량을 산소 전극으로 측정하는 새로운 방법이 개발되었다. 몇 개의 시료에 대하여 그 결과를 종래의 Lieberman의 비색법과 비교하였다. 다음 자료에 대하여 t 시험법으로 두 방법에 통계적 중요한 차이가 있는지 검토하고, 상관 계수를 구하시오(단, 두 방법의 정밀도는 같은 정도로 가정하라).

시료	효소법 (mg/dL)	비색법 (mg/dL)
1	305	300
2	385	392
3	193	185
4	162	152
5	478	480
6	455	461
7	238	232
8	298	290
9	408	401
10	323	315

검출 한계

54. 형광 분석법으로 식물에 있는 알루미늄을 측정하려고 한다. 7개의 준비된 바탕값은 형광 세기가 0.12, 0.18, 0.25, 0.11, 0.16, 0.26, 0.16 단위이다. 1.0 알루미늄 표준 용액은 형광 세기가 1.25이다. 검출 한계는 얼마인가? 이 수준에서 전체 값은 얼마나 되겠는가?

교수 선호 문제

El Paso의 Texas 대학의 Wen-Yee Lee 교수 제공

55. 분광 광도법에서, 빛의 흡광도를 이용하여 분석 물질의 농도를 측정한다. 9개의 바탕 시료를 측정한 결과 0.0006, 0.0012, 0.0022, 0.0005, 0.0016, 0.0008, 0.0017, 0.0010, 0.0009를 얻었다.
   (a) 최소 검출 신호를 찾으시오.
   (b) 일련의 표준 용액을 이용하여 검정 곡선을 만들었다. 표준 물질들의 농도와 흡광도를 다음 표에 나열하였다. 흡광도는 단위 없는 양이다. 교정 곡선의 기울기를 구하시오(단위를 포함하여).
   (c) 검출 한계 농도를 찾으시오.

농도(ppb)	흡광도
0.01	0.0078
0.10	0.0880
0.50	0.4467
1.00	0.8980
2.50	1.8770

시료 채취 통계

56. 교각의 페인트 시료 0.4 g에 대해서 납 함량을 정밀한 방법($<1\%$ 상대 표준 편차)으로 분석한 결과 상대 시료 채취 정밀도(R)가 5%였다. 이 값을 2.5%로 향상시키기 위해서 몇 g의 시료를 채취하여야 하는가?

교수 선호 문제

El Paso의 Texas 대학의 Wen-Yee Lee 교수 제공

57. (a) 당신과 친구들이 크리스마스 때 M&Ms 사탕 공장을 방문하였다. 문을 들어설 때 200,000개의 빨간색 M&Ms와 50,000개의 녹색 M&Ms가 바닥에 쏟아졌다. 마구 줍기 시작하여 1000개의 M&Ms를 모았다. 대략 몇 개의 빨간 M&Ms를 주웠겠는가?
   (b) 위의 질문에 계속하여, 이러한 경우가 여러 번 발생한다면 **녹색** M&Ms 회수율의 절대 표준 편차는 얼마인가?

58. 광석 시료 속의 구리 농도는 약 3%(wt/wt)이다. 만일 시료 채취 정밀도가 0.15%(wt/wt)라면, 95% 신뢰 수준에서 5%의 상대 표준 편차 퍼센트를 얻으려면 얼마나 많은 시료를 분석해야 하는가?

통계 이상의 실생활에서의 시료 채취

교수 선호 문제

Carthage College의 Christine Blaine 교수 제공

59. 대부분이 아니라면 많은 경우의 환경 시료 채취의 문제는 단순히 통계학적인 고려 이상의 것이다. 언급했듯이, 전형적으로 가장 큰 오차를 발생하는 과정은 관심 있는 분석물을 대표할 시료를 얻는 과정이다. 환경학적 시료이거나 시료 채취 영역이 넓다면 대표 시료를 얻는다는 것은 도전이다. 분석을 위한 시료 채취에 집중한 다음 두 예를 살펴보자.

(a) Wisconsin 주 당국자가 최근에 당신에게 Michigan 호수의 연어의 수은 오염도를 분석 의뢰하였다. Michigan 호수의 표면적은 22,000제곱 마일이 넘는다. 시료를 수집할 때 연어와 연관된 어떠한 인자들을 고려해야 하는가?

(b) 가축 농장에서는 종종 기생충 퇴치를 위해 roxarsone이라는 비소를 포함한 화합물 소량을 닭의 사료와 섞는다. 연구 결과 대부분의 roxarsone은 가축에 의해 배설된다(*Environ. Sci. Technol.* **2003**, 37, 1509–1514). 시간이 경과하면 roxarsone은 비소산, AsO_4^{3-}로 변형되어, 실험실 분석에 있어서 두 화학종의 농도 모두가 필요하다. 당신은 비소 화합물이 없는 닭장이 가까운 1에이커에서 시료를 채취하도록 임명되었다. 어떻게 시료 채취 구역을 설정할 것인가? 언제 이 지역에서 시료를 채취할 것인가? 어떤 다른 형태의 시료 채취를 할 수 있는가?

물론 이러한 문제에 확실한 해답은 없다. 제안된 방법이 해답지에 있다. 시료 채취의 경우에 Blaine 교수와 상담하라.

추천 참고 문헌

통계

1. P. C. Meier and R. E. Zund, *Statistical Methods in Analytical Chemistry*, 2nd ed. New York: Wiley, 2000.
2. J. C. Miller and J. N. Miller, *Statistics and Chemometrics for Analytical Chemistry*, 4th ed. Englewood Cliffs, NJ: Prentice Hall, 2000.
3. J. C. Miller and J. N. Miller, "Basic Statistical Methods for Analytical Chemistry. A Review. Part 1. Statistics of Repeated Measurements." "Part 2. Calibration and Regression Methods," *Analyst*, **113** (1988) 1351; **116** (1991) 3.
4. A series of article on Statistics in Analytica Chemistry by D. Coleman and L. Vanatta, *Am. Lab.*: **Part 24**-Glossary (November/December (2006) 25; **Part 26**–Detection Limit: Editorial Comments and Introduction, June/July (2007) 24; **Part 30**–Statistically Derived Detection Limits (concluded), June/July (2008) 34; **Part 32**–Detection Limit via 3–Sigma, November/December (2008) 60; **Part 34**–Detection Limit Summary, May (2009) 50; Part 35–Reporting Data and Significant Figures, August (2009) 34; **Part 40**–Blanks. Go to their website at www.americanlaboratory.com, click on article/archives, and you can search by title.

Q 시험법

5. R. B. Dean and W. J. Dixon, "Simplified Statistics for Small Numbers of Observations," *Anal. Chem.*, **23** (1951) 636.
6. W. J. Blaedel, V. W. Meloche, and J. A. Ramsay, "A Comparison of Criteria for the Rejection of Measurements," *J. Chem. Educ.*, **28** (1951) 643.
7. D. B. Rorabacher, "Statistical Treatment for Rejection of Deviant Values; Critical Values of Dixon's 'Q' Parameter and Related Subrange Ratios at the 95% Confidence Level," *Anal. Chem.*, **63** (1991) 139.
8. C. E. Efstathiou, "A Test for the Simultaneous Detection of Two Outliers Among Extreme Values of Small Data Sets," *Anal. Lett.*, **26** (1993) 379.

품질 관리

9. J. K. Taylor, "Quality Assurance of Chemical Measurements," *Anal. Chem.*, **53** (1981) 1588A.

10. J. K. Taylor, *Quality Assurance of Chemical Measurements*. Boca Raton, FL: CRC Press/Lewis, 1987.

11. J. K. Taylor, "Validation of Analytical Methods," *Anal. Chem.*, **55** (1983) 600A.

12. J. O. Westgard, P. L. Barry, and M. R. Hunt, "A Multi-Rule Shewhart Chart for Quality Control in Clinical Chemistry," *Clin. Chem.*, **27** (1981) 493.

최소 제곱

13. P. Galadi and B. R. Kowalski, "Partial Least Squares Regression (PLS) : A Tutorial," *Anal. Chem. Acta*, **185** (1986) 1.

검출 한계

14. G. L. Long and J. D. Winefordner, "Limit of Detection. A Closer Look at the IUPAC Definition," *Anal. Chem.*, **55** (1983) 712A.

15. J. P. Foley and J. G. Dorsey, "Clarification of the Limit of Detection in Chromatography," *Chromatographia*, **18** (1984) 503.

16. J. E. Knoll, "Estimation of the Limit of Detection in Chromatography," *J. Chromatogr. Sci.*, **23** (1985) 422.

17. Analytical Methods Committee, "Recommendations for the Definition, Estimation and Use of the Detection Limit," *Analyst*, **112** (1987) 199.

18. *ICH–Q2B Validation of Analytical Procedures: Methodology* (International Conference on Harmonization of Technical Requirements for Registration of Pharmaceuticals for Human Use, Geneva, Switzerland, November 1996).

시료 채취 통계

19. B. Kratochvil and J. K. Taylor, "Sampling for Chemical Analysis," *Anal. Chem.*, **53** (1981) 924A.

20. M. H. Ramsey, "Sampling as a Source of Measurement Uncertainty: Techniques for Quantification and Comparison with Analytical Sources," *J. Anal. Atomic Spectrosc.*, **13** (1998) 97.

21. G. Brands, "Theory of Sampling. I. Uniform Inhomogeneous Material," *Fresenius' Z. Anal. Chem.*, **314** (1983) 6; II. "Sampling from Segregated Material," *Z. Anal. Chem.*, **314** (1983) 646.

22. N. T. Crosby and I. Patel, eds., *General Principles of Good Sampling Practice*. Cambridge, UK: Royal Society of Chemistry, 1995.

23. S. K. Thompson, *Sampling*, New York: Wiley, 1992.

스프레드시트

24. D. Diamond and V. C. A. Hanratty, *Spreadsheet Applications in Chemistry Using Microsoft Excel*. New York: Wiley, 1997.

25. H. Freiser, *Concepts and Calculations in Analytical Chemistry: A Spreadsheet Approach*. Boca Rato, FL: CRC Press, 1992.

26. R. De Levie, How to Use Excel in *Analytical Chemistry and in General Scientific Data Analysis*. Cambridge, UK: Cambridge University Press, 2001.

27. J. Workman and H. Mark, "Statistics and Chemometrics for Clinical Data Reporting, Part II: Using Excel for Computations," *Spectroscopy*, October, 20 (2009) Chapter 2. www.spectroscopyonline.com.

28. E. J. Billo, *Excel for Scientists and Engineers: Numerical Methods*. Hoboken, NY: Wiley, 2007.

4장
우수 실험실 운영 기준: 품질 보증 및 시험 방법 검증

"중력은 어떻게든 이겨낼 수 있지만, 때때로 문서작업은 불가항력이다."
– Werner von Braun

4장 URLs

학습 목표

이 장에서 배울 중요한 내용은 무엇인가?

- 우수 실험실–무엇이고, 어떻게 적용하는가.
- 시험법 검증: 선택성, 직선성, 정확도, 정밀도, 감도, 측정 범위, LOD, LOQ, 견고성
- 품질 보증: 관리도, 기록, 능력 시험
- 전자 기록
- GLP 정보를 제공하는 공인 기관

1장에서는 정량 분석을 수행하는 일반적 원리를 기술하였고, 2장과 3장에서는 시료 채취 방법과 통계 및 적절한 데이터 처리와 해석에 대한 부분을 논의하였다. 시험분석자로서 여러분이 이러한 일반적인 지침을 따른다면 대개 적절한 측정을 수행할 수 있고, 잘 확립된 방법을 사용한다면 만족스럽고 정확한 결과를 얻을 수도 있을 것이다. 그러나 그 결과가 어떤 용도로 사용되느냐에 따라 이런 정도로는 의뢰인의 요구를 만족시키기에 충분하지 않을 수 있다. 특히 법적인 규제나 법의학 분석의 경우라면 법정에서 이 모든 결과를 변호할 수 있어야만 한다. 이런 이유로, 미리 기술된 또는 문서화된 한정된 범위 내에서 작성된 분석 결과들이 정확하다는 것을 최대한 검증할 수 있는 접근 방법으로 **우수 실험실 운영 기준**(*good laboratory practice: GLP*), **방법 검증**(*method validation*), **품질 보증**(*quality assurance*) 등의 개념들이 분석 실험실에서 발전되어 왔다. 미국 환경보호국(EPA), 미국 식품의약국(FDA) 등 미국의 여러 정부 기관과 미국 공인 분석화학자협회(AOAC), 미국 재료시험협회(ASTM) 등 민간 기관 등에서 GLP 또는 방법 검증, 품질 보증 등에 대한 자체적인 지침을 발표하였다. 아래에서 이러한 지침들 중 몇 가지 사항들을 간략히 살펴보겠지만, 모든 지침들은 공통의 요소들을 포함하고 있다. 먼저 GLP의 기본적인 요소들부터 기술하여 본다.

최소한의 기준이 되는 것은 분석 시험의 목적, 경험, 가능한 시험법, 시간과 비용의 제약 등에 근거하여 품질 보증 과정을 어떻게 수행할 것인지를 정하는 데 있어 실험실 관리자와 시험분석자들이 상식적 판단력을 가져야 한다는 것이다. 인증된 지침들을 철저히 준수할수록 여러분이 얻은 결과들에 대한 확신은 더욱 커지게 된다. 적절한 분석이라는 것은 시료를 받아서 일회성 분석을 행하는 것 이상이라는 사실을 명심해야 한다. 방법을 검증하고 제대로 문서화

하지 않으면 분석에 들인 노력과 시간, 비용 등이 쓸모 없게 될 수도 있다.

우수 실험실 운영 기준은 왜 필요한가?

이 질문에 대한 대답은 대체로 명백하다. 그러나 세계 최고 수준의 분석 실험실 중 하나인 미국연방수사국(FBI)이 겪은 곤혹스러운 사건으로 잘 설명될 수 있다. 1995년 Oklahoma시 Alfred P. Murrah 연방 건물에서 폭파 사건이 발생하여 건물의 일부분이 완전히 붕괴되고 168명이 사망, 그 외 수백 명의 사람이 부상을 당한 세계의 주목을 끈 사건과 관련된 사례이다. 당시 FBI는 사건 현장에서 수거한 폭발물을 분석하여 재판에 증거물로 제출하였다. 모든 배심원들은 사건의 모의에서 폭파, 일급살인죄의 적용 등 모든 면에서 Timothy McVeigh에 대해 유죄라고 판단하였다. 그러나 검찰 수사 상의 취약점을 찾던 McVeigh의 법률 변호인 측은 최근에 작성, 배포된 FBI 실험실에 대한 157쪽의 법무부 보고서를 제시하였는데, 이 보고서에는 의도적으로 조작된 방침과 지침들에 대해 수많은 사례들이 게재되어 있었다(단지 3쪽만 증거로 채택되었다). 그 보고서는 다른 수백 건의 고소 사건과 관련하여 폭발물 분석 실험실 오염에 대해 제기한 수백 건의 불만을 수집한 실험실 내부 고발자에 의해 야기된 18개월간의 조사 결과 보고서였다. 그 내부 고발자는 심지어 그 재판에서 증언까지 하였다! 비록 법무부 조사팀이 오염에 대한 증거를 찾아내지 못하였고 내부 고발자의 진술이 대부분 입증되지 않았지만, 조사팀은 시험 결과에 대한 불충분한 문서화, 실험 보고서 작성에 대한 부적절한 준비, 기록의 관리 및 보존 시스템의 부적격 등의 사실들을 발견하였다. 법무부는 관리적 측면에서 검증 절차와 방법을 수립하고 시행하는 데 실패하였다는 결론을 내리게 되었다. 조사 결과 미국 범죄연구 실무자 협회/실험실 인정위원회(ASCLD/LAB)의 인정을 받는 것을 포함하여 실험실 업무 지침과 절차를 바로잡고 개선하기 위한 약 40개의 권고 사항이 제시되었다. 실험실이 제정한 몇몇 시행 지침을 보면:

- 증거물을 분석한 개별 검사자는 개별적인 보고서를 작성하고 서명해야 한다.
- 모든 사건 파일에는 기록, 출력물, 도표 및 그 외에 결론을 도출하는 데 사용된 데이터 기록 등을 보관해야 한다.
- 실험실은 기록 보존과 복구 시스템을 반드시 개발해야 한다.
- 증거물을 취급하고 오염을 방지하기 위한 명문화된 절차를 정비해야 한다.

현재, FBI 실험실과 관련한 이러한 쟁점들 중 많은 부분이 다른 많은 실험실에도 그대로 적용되는 것은 아니다. 그러나 우수 실험실 운영 기준 정립의 중요성을 나타내 주고 있다. 만약 FBI가 이러한 지침에 대해 관심과 노력을 좀 더 기울였다면 사건의 조사 과정에서 이 같은 소동은 벌어지지 않았을 것이다.

4.1 우수 실험실 운영 기준이란 무엇인가?

우수 실험실 운영 기준에 대한 정확한 정의는 누구, 어떤 목적으로 하는지에 따라 달라진다. 넓은 의미의 정의에서는 실험실의 조직, 관리, 인력, 시설, 설비, 운영, 방법 검증, 품질 보증, 그리고 기록의 보존 등과 같은 사항을 포함하기도 한다. 목적은 분석 과정의 모든 단계가 유효하다는 것을 입증하는 것이다. 특별히 강조되어야 할 측면들은 실험실에 따라 달라질 것이다.

우수 실험실 운영 기준들은 경제협력개발기구(OECD)와 국제표준화기구(ISO) 등과 같은 국제기구에 의해 확립되어 왔다. 국가 기관에서는 법적 문제가 수반되는 물질을 분석하는 실험실에 대해서는 반드시 준수해야 하는 규정들로서 그 목적에 따라 채택하고 있다. 예를 들면 의약품 제조, 식품, 환경적으로 중요한 시료 등의 분야이다.

GLP는 "실험실에서 생성되는 결과의 품질과 정확성을 확보하기 위한 관점에서 의무적으로 고려해야 하는 일정한 조직에 의해 확립된 규정집, 운용 절차, 그리고 실행 지침 등"으로 정의될 수 있다(M. Valcarcel, *Principles of Analytical Chemistry*, Berlin: Springer, 2000, p. 323). 그 기준들은 모두 표준 운용 절차(SOPs)와 품질 보증 부서(QAU) 등 두 가지 공통 요소를 포함하고 있다. **표준 운용 절차(Standard operating procedures**: SOPs)에는 실험실에서 수행하는 활동들을 구체적으로 상세하게 기술한다. 예를 들면 시료연계 관리 방법, 시료의 취급과 전처리, 분석 방법, 기기 유지 관리, 기록 관리 등에 관한 것들이다. 시험분석자나 기술자들에게는 그들이 따라야 할 구체적인 시료 분석 실험 절차가 제공되어야 한다. 실험실 구성원의 훈련과 경험의 수준이 실험실에 따라 서로 다르기 때문에 비록 고도로 훈련된 분석 화학자들의 경우에는 별로 필요하지 않다 하더라도, 일반적으로 과학 출판물 등을 통해 주어지는 개발된 방법들보다는 좀 더 상세하게 기술되어야 한다.

GLP는 올바른 결과가 보고되었음을 확인해 준다.

실험실에는 모든 방법에 대한 SOPs가 있어야 한다.

품질 보증 부서는 일반적으로 실험실과는 독립적으로 실험실이 소속된 상위 조직의 관리자에게 보고하게 된다. QAU는 품질 보증 절차를 수행할 책임을 가지고 있으며, 때때로 실험실에 대한 감사를 포함하여 지속적으로 그 절차를 평가해야 한다.

QAU는 GLP가 이행되고 있다는 것을 확실히 해야 하는 책임이 있다. 실험실의 모든 사람은 그것을 따라야 한다.

4.2 분석 방법의 검증

방법 검증은 분석 방법이 사용하고자 하는 의도에 적합한 분석 데이터를 제공한다는 것을 문서화 또는 증명하는 절차이다.

첫째 문제와 요구사항을 명확히 하고, 그 요구에 맞는 방법을 선택하라.

검증 과정의 기본적인 개념은 두 부분을 포함하고 있다.

- **문제**(*problem*)와 데이터 요구 사항
- **방법**(*method*)과 시행 특성

제1장에서 언급하였듯이, 분석 과정은 분석자가 그 문제를 규정하는 데 참여하는 경우, 즉 적절한 문제들이 제기되어 있다는 사실을 확인한 경우에는 한층 수월해진다. 데이터 요구사항이 불명확하거나 비현실적일 때, 필요 이상으로 너무 정확한 시험 방법을 채택한다면 분석 측정 비용이 불필요하게 높아질 수도 있다. 또는 시험 방법이 요구된 수준보다 오히려 그 정확성이 낮은 경우에는 불충분하게 되고, 시험 방법의 정확도를 모르는 경우 의심스러운 결과를 얻게 된다. 시험 방법 개발과 검증의 첫 단계는 기본적으로 의도하는 목적에 맞는 시험 방법의 규격과 같은 최소한의 요구사항을 수립하는 것이다. 얼마나 정확하고 정밀해야 하는가? 목표 농도는 얼마인가?

방법론의 체계

제 1장에서 분석을 어떻게 진행할 것인가를 정립하는 일반적인 절차에 대해 기술하였다. 방법론의 체계(표 4.1)는 다음과 같이 생각할 수 있다.

기술 → 분석 방법 → 절차 → 규약(프로토콜)

이러한 단계들은 어떤 특정 목적에 맞는, 궁극적으로는 검증된 방법이 될 수 있는, 위에 열거한 검증 특성에 초점을 맞춘 시험 방법을 개발하는 데 있어서 매우 중요하다. 도달해야 할 또는 사용되어야 할 체계상의 수준은 필요에 따라 정해진다.

표 4.1 분석 방법론의 체계[a]

	정의	예
기술	구성 정보를 제공하는 데 유용한 과학 원리	분광 광도법
방법	선택된 측정 목적에 맞는 개별 기술의 적용	아황산 가스 측정을 위한 파라로스아닐린법
절차	시험법을 사용하는 데 필요한 사항을 기술한 지침	ASTM D2914 대기 중 아황산 가스 함유량에 대한 표준 검사 방법 (West-Gaeke Method)
규약	분석 결과가 주어진 목적에 대해 인정받기 위해 반드시 따라야 하는 정의된 지침들	대기 중 아황산 가스 검출에 대한 EPA 기준 방법(파라로스아닐린법)

[a]J. K. Taylor, Anal. Chem., 55 (1983) 600A. American Chemical Society 출간

기술(**technique**)은 구성 정보를 얻기 위해 선택된 과학 원리이다. 분광 광도법은 준비된 시료 용액에 의해 흡수된 빛의 양으로부터 농도에 대한 정보를 제공한다. **방법**(**method**)은(적절한 화학 작용을 사용한)기술의 적용이다. 따라서 이 방법은 주어진 분석물에 선택성을 가져야 한다. **절차**(**procedure**)는 방법을 사용하는 데 필요한 사항을 기술한 지침들로 구성되어 진다(이것은 넓은 의미의 GLP 영역으로 들어가게 된다). 표준 방법의 단계에까지 도달할 필요는 없다. 마지막으로 **규약**(**protocol**)은 결과가 주어진 목적에 맞게, 예를 들면 미국환경보호국(EPA)의 규제나 조치 등에 대해 인정을 받기 위해서 예외 없이 반드시 따라야 하는 명확히 규정된 지침들이다. 즉 특정의 매트릭스 내에 있는 특정의 분석물에 대해 정확한 결과를 얻을 수 있다고 검증된 방법을 말하며, 이것이 **기준 방법**(**reference method**)이 되는 것이다. 이것은 파일럿이 매번 비행할 때 쓰는 체크리스트와 유사하다. 착륙기어가 접혀 있을 때, 착륙의 개연성을 감소시킨다. 이와 유사하게 분석규약/체크리스트는 pH가 부적절하거나 단계를 빠뜨리는 개연성을 감소시킨다. 만약 절차가 검증되었다면, 지시에 따른 시행을 통한 모든 측정은 믿을 만한 결과를 나타낼 것이다.

검증 과정

비록 의사결정을 하는 데 도움을 줄 수 있는 명확히 규정된 절차나 지침들이 존재한다 하더라도 방법을 검증하기 위한 요구사항이나 따라야 할 절차 등은 전문가적인 판단이 필요한 사안이다.

정부나 국제기구 등이 적절한 방법 검증, 특히 법적 인정에 필요한 지침들을 내놓고 있다. 일반적으로 그 지침들은 다음과 같은 연구들을 포함하고 있다.

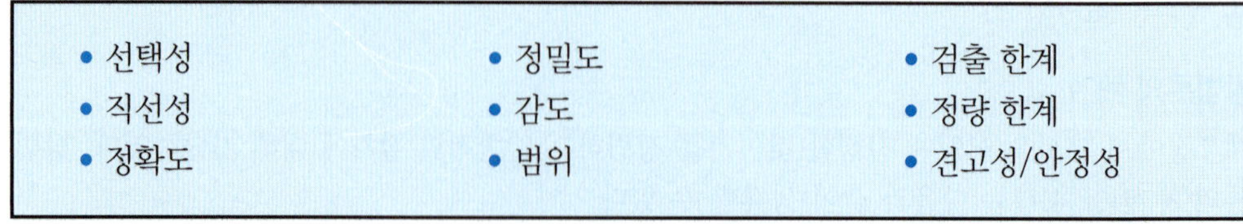

이러한 것들은 분석법을 개발하는 과정에서 행한 최상의 것들이다(만약 어떤 방법이 요구되는 감도를 가지고 있지 않다면 어떻게 시험을 진행할 것인가?). 그림 4.1은 검증 과정을 총체적으로 보여 주고 있다. 개개의 측면들에 대해 다음 단락에서 살펴보기로 한다.

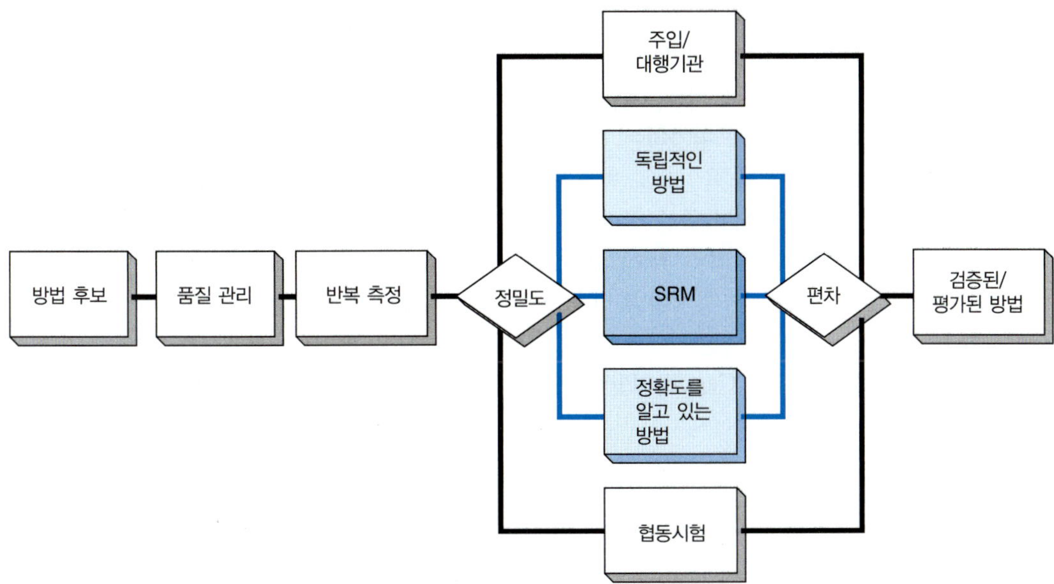

그림 4.1 방법론의 평가/검증을 위한 일반적인 과정. SRM은 표준 기준 물질을 의미한다. [J. K. Taylor, *Anal. Chem.*, 55 (1983) 600A. American Chemical Society 출간]

선택성

선택성이라는 것은 시험 방법이(다른 분석물을 포함하여) 매트릭스로부터 간섭을 받지 않고, 분석하고자 하는 시료의 성분들로부터 관심 대상인 분석물을 측정할 수 있는 정도를 나타낸다. 매트릭스 효과가 있거나 또는 없을 수도 있다. 시료 구성 성분들의 존재 하에서의 분석물의 응답과 분석물을 포함하는 용액의 응답을 비교한다. 적합한 측정 방법론의 선택이 중요한 고려사항이다. 이전에 일반적인 조건에서 검증된 방법이 다른 특정 시료 매트릭스에 대해서도 타당하다고 확신할 수는 없는 것이다.

매트릭스는 관심 있는 실제 분석 물질을 제외한 시료 내의 모든 것을 의미한다. 매트릭스의 성분들은 분석물의 정량을 방해한다(즉, **매트릭스** 효과를 유발한다).

직선성

직선성 연구는 시료 용액의 농도 범위에서 응답이 분석물의 농도와 직선적으로 비례하는가를 증명하는 것이다. 이 연구는 목표 분석물 농도의 50%에서 150%까지의 범위에서 다섯 단계 농도의 표준 용액들을 사용하여 수행해야 한다. 다섯 개의 농도 단계는 교정 곡선 상에서 구부러지는 부분이 나타나는 범위까지 포함해야 한다. 각각의 표준 용액은 적어도 3회씩은 측정해야 한다.

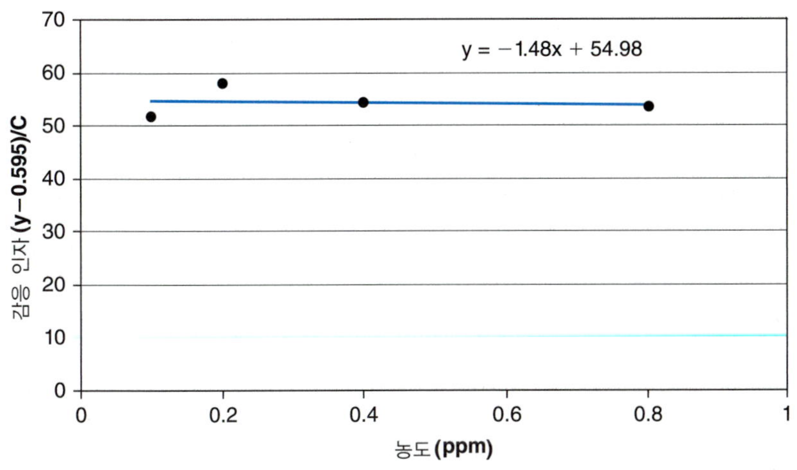

그림 4.2 그림 3.5에 대한 감응 인자 도시. *y* 절편값은 각각의 농도(0.1, 0.2, 0.4, 0.8 ppm)에 대응하는 형광 세기로부터 빼준 후에 각각의 농도로 나누었다.

직선성 데이터는 결정 계수(r^2)와 선형 회귀 직선의 y 절편으로부터 종종 판단되어진다. r^2 값이 0.998보다 크면 데이터가 회귀 직선과 잘 들어맞는다는 증거로 간주될 수 있다. y 절편은 분석 물질의 목표 농도에 비해, 예를 들어, 2% 이하와 같이 작은 비율이어야 한다. 이러한 통계적인 평가는 직선성을 평가하는 실제적인 방법이긴 하지만, 그것만으로 보증되는 것은 아니다. 항상 교정 곡선을 육안으로 반드시 확인해야 한다. 직선성은 높은 값과 낮은 값에서 어느 정도 편차를 보일 때가 종종 있다(이것이 **가중** 최소 제곱 그래프가 선호되는 이유인데, 가중 최소 제곱법의 한 방법인 최소 상대 편차의 점들이 회귀선에서 가중치로 주어지게 된다). 직선성 범위를 평가하는 하나의 방법은 농도에 대한 **감응 인자**(*response factor*, RF)를 그려 보는 것이다.

이와 같은 그래프는 Cassidy Plot이라고도 한다(R.M. Cassidy and M Janoski, *LC.GC Mag*. **10**(1992)692).

$$\text{감응 인자} = (\text{신호} - y\ \text{절편}) / \text{농도} \tag{4.1}$$

좋은 직선성을 갖기 위해서는 단위 농도당 감응 인자가 거의 일정해야 한다.

만약 0의 기울기를 가진 그래프가 얻어진다면, 이것은 그 농도 범위에서는 선형의 응답이 얻어진다는 것을 나타낸다. 감응 인자는 교정 농도의 범위에 걸쳐서 변하는데, 예를 들어, 목표-수준 감응 인자의 2~3% 이내이거나 평균 감응 인자는 받아들일 만한 직선성으로 간주할 수도 있다. 그림 3.5에서 회귀 직선은 $y = mx + b$이다. y 절편은 0.595이다. 농도에 대한 감응 인자 그래프는 그림 4.2에 나타내었다. 직선의 기울기는 −1.48 RF/1 ppm이다. 이는 농도 범위 0.1~0.8 ppm에서 −1.0에 해당하고, 평균 RF값 54.4의 1.8%이므로 받아들일 만한 직선성을 나타내고 있다.

만약 교정 곡선이 목표 수준의 50~150% 범위에서 직선성을 벗어난다면 좀 더 좁은 범위, 예를 들면 80~120% 정도의 범위를 선택하여 기대하는 직선성을 얻을 수도 있다.

기기에 내장된 부품으로서 내장형 컴퓨터/마이크로프로세서의 사용은 전력 변형에 의한 선형 범위를 증가시키기 위한 원신호 처리를 포함한다. 이것은 비정상적 효과를 보인다. *Anal. Chem*. **82**(2010)10143 참조.

정확도

방법의 정확도는 시료가 가진 참값과 얻어진 측정값의 근접성이다. 이는 아마도 가장 검증하기 어려운 매개 변수일 것이다. 측정 방법의 정확도뿐만 아니라 시료 채취와 시료 처리 등을 고려해야 한다. 분석 방법의 정확도는 세 가지 방법 중 하나를 이용하여 결정할 수 있다. 선호하는 순서로 나열하면 다음과 같다.

(a) 기준 물질의 분석
(b) 정확하다고 알려진 다른 방법을 사용한 결과와 비교
(c) 회수율 연구

(a)가 선호되며, 만약 (a)를 할 수 없다면 두 번째 선택으로 (b), 그리고 세 번째 선택으로(c).

회수율의 연구는 알고 있는 양의 분석 물질을 바탕 매트릭스(분석물을 거의 측정할 수 없는 시료)에 소량 첨가하여 연구하거나, 같은 과정으로 분석물을 측정하려는 시료에 소량 첨가하여 얻은 총량(시료 + 주입량)으로부터 빼 주어서 회수율을 얻음으로써 수행한다. 회수율은 적어도 세 번 이상 측정하여 결정해야 한다.

소량 첨가 회수율은 그 방법에 존재하는 시료에 소량 첨가한 양의 백분율로 구할 수 있다(즉 회수되어질 백분율).

그러나 좋은 소량 첨가 회수율은 양(+)의 간섭의 부족을 확신할 수 없다. 보다 좋은 검증 방법은 **두 가지의 독립적인 분석 방법**으로 분석을 수행하는 것이며, 이때 두 번째 방법은 관심 있는 시료 매트릭스에 대하여 정확하다고 받아들여지는 절차이어야 한다. 이상적으로는 시료의 처리 방법도 달라야 한다. 여러분은 과학적인 문헌(저널, 참고 문헌, 표준방법문헌)에서

여러분의 시료에 적용 가능한 방법(그러나 그 방법은 경험상 또는 장비가 없는 등의 이유로 사용하기에 적합하지 않은)을 찾을 수 있는 경우가 종종 있다. 만약 일반적으로 적용 가능하고 정확한 것으로 알려진 한 가지 이외에 여러분의 시료 매질에 적용할 수 있는 다른 방법을 찾을 수 없으면 그 방법을 사용하라. 여러분의 방법과 두 번째 방법의 결과가 일치하면, 두 방법 모두 여러분의 시료에 적용 가능하다는 좋은 증거가 된다. 만약 일치하지 않으면, 둘 중 하나는 여러분의 시료에 잘못된 결과를 준 것이므로 비록 여러분의 결과가 문제가 될 소지가 있다고 하여도, 어떠한 결론도 내릴 수 없다.

방법을 검증하는 이상적인 방법은 여러분의 시료와 같은 조성을 가지는 **기준 물질**(*reference material*)을 분석하는 것이다. 미국 국립표준기술원(NIST)은 정확도와 측정의 호환성을 확인할 목적으로 **표준 기준 물질**(*standard reference material*, SRM)을 제조하고, 보증하고, 보급한다. 이 SRM 프로그램은 (1) 과학과 계측 분야에서의 기본적인 측정(측정의 과학), (2) 환경 분석, (3) 보건 측정, 그리고 (4) 산업적 물질과 생산 분야에서 사용할 수 있는 1000개 이상의 SRM을 다루고 있다. NIST는 화학 조성, 물리적 특성, 공학 재료 같은 것들을 위한 표준 물질을 가지고 있다(http://www.nist.gov/srm/). 이것은 사적인 영역과 다른 정부 기관 및 국제기관을 연결하는 중요한 접촉 지점이다. NIST SRM 프로그램과 유사한 캐나다의 웹 사이트는 www.nrc-cnrc.gc.ca/eng/solutions/advisory/crm_index.html이다. 미국 재료시험협회(ASTM), 미국 임상화학회(AACC), 국제순수응용화학연맹(IUPAC), 국제 표준화기구(ISO), 유럽연합(EU) 등을 포함하는 다른 프로그램도 있다. 여러분은 이 기관들의 웹 사이트에서 이들 각각에 대한 정보를 얻을 수 있다.

정확도는 표준 기준 물질을 분석함으로써 가장 잘 측정할 수 있다.

화학적 조성의 표준 물질은 주어진 농도와 통계적인(표준 편차) 범위에 대한 보증을 해준다. 여러분의 방법이 보증값으로부터 표준 편차 두 배 이내에 들지 못하면, 두 결과 사이에 중요한 차이가 있을 확률은 95%이다. 측정하는 농도의 수준에 따라 보증값의 ±2% 이내, 또는 미량 분석인 경우에는 보증값의 ±10% 이내 등에 들어가도록 분석 방법을 확립할 수도 있다.

방해를 검출하는 한 가지 방법은 SRM을 측정하고, 잠재적인 방해물을 포함한 미량의 SRM을 측정한다. 만약 결과가 변하지 않는다면, 방해물이 문제를 일으키지 않을 것이라 확신할 수 있다.

여러분의 시료와 같은 조성을 가지는 기준 물질을 구할 수 없고, 비슷한 조성만 있는 경우도 있다. 이 경우에도 이들은 검증을 하는 데는 높은 신뢰 수준을 제공한다.

통계적인 측면에서 보면 기준 물질을 측정하거나 별도의 방법과 비교할 때 적어도 자유도 6(7회 측정)이 검증에 적절하다는 것이 제시되고 있다.

통계적인 검증을 위해서는 적어도 7회의 측정을 수행해야 한다.

정밀도

분석 방법의 정밀도는 균일한 시료를 반복 분석하여 구한다. 여러분은 시료 전처리를 포함한 전 분석 과정에 대한 정밀도를 결정할 수 있다. 이런 정밀도 자료는 하루에 같은 실험실 내에서 각각 독립적으로 준비한 균일한 시료로부터 분취하여 얻는다. 그와 같은 실험실 내 정밀도를 **반복성**(*repeatability*)이라고 한다. 실험실간 정밀도도 분석법의 **재현성**(*reproducibility*) 또는 **안정성**(*robustness*) 척도의 한 부분으로서 결정할 수 있다.

재현성이 실험실 간의 정밀도인 반면에, 반복성은 실험실 내 정밀도이다.

여러분은 또한 분석의 서로 다른 단계마다 정밀도를 측정할 수 있다. 예를 들어, 기체 크로마토그래프에서 같은 시료 용액을 여러 번 주입하여 시료 주입의 정밀도를 결정하는 것이 여기에 해당한다. 다시 한 번 언급하면, 통계적 측면에서 각 단계를 평가하기 위해서는 적어도 7회의 반복 측정이 요구된다.

감도

감도는 교정 곡선의 기울기로부터 결정되며, 서로 다른 두 개의 농도를 구별하는 능력을 나타낸다. 여러분은 기울기를 측정하거나 또는 고농도, 중간 농도, 저농도에서 매우 가까운 농도

감도는 자주 검출 한계와 혼동된다.

의 시료를 측정할 수 있다. 감도와 정밀도는 측정값을 보고할 때 얼마나 많은 유효 숫자로 나타낼 수 있는지를 결정한다. 분석 방법이 최선으로 0.1% 차이를 구별할 수 있을 때(즉, 1% 상대적 차이) 11.25%라고 보고하지 마라.

측정 범위

분석 방법의 측정 범위는 승인된 정확도와 정밀도를 얻을 수 있는 농도 범위를 말한다. 여기에는 직선성도 항상 포함된다. 인정된 정확도와 정밀도는 그 방법에 대한 조건에 명시된다. 정밀도는 물론 농도에 따라 변하며, 낮은 농도에서는 나빠지고(그림 4.3), 분광 광도법 측정에서처럼 고농도에서도 이따금 나빠진다.

검출 한계(LOD)

누군가 "당신의 방법이 얼마나 예민한가?"라고 묻는다면, 대부분은 여러분의 방법의 검출 한계를 알고 싶어하는 것이다.

검출 한계는 3장에서 정의한 대로 측정한다. 일반적으로 시료 매트릭스의 바탕값을 반복하여 측정함으로써 바탕값의 평균과 그 표준 편차를 결정한다. 그런 다음 매트릭스에 정량 한계(즉 바탕 신호 평균값보다 표준 편차의 10배를 더한 신호를 줄 수 있는) 정도로 분석물을 소량 주입한다. 검출 한계는 바탕 신호에 표준 편차의 세 배에 해당하는 값을 더한 것과 같은 응답을 나타내는 농도로 계산한다.

정량 한계(LOQ)

이것은 인정된 수준의 정밀도와 정확도로 분석 가능한 매트릭스 중 분석물의 최저 농도이다. 승인된 정밀도는 일반적으로 10~20% 상대 표준 편차이고, 측정하는 농도 수준에 따라 다르다. 특별한 정밀도가 없는 경우에는 바탕값보다 표준 편차의 10배가 높은 신호를 나타내는 농도를 사용한다.

견고성/안정성

견고성과 안정성은 종종 혼돈된다. 견고성은 중간의 정밀도(실험실 내의 매일 매일의)를 나타내는 반면에, 안정성은 성능에 영향을 미치는 의도된 작은 변화의 효과를 나타낸다.

우리는 분석법의 정밀도를 정의하였다. **반복성**은 같은 실험실에서 수 주 동안 분석을 실행한 장기적인 정밀도이다. **견고성**(*ruggedness*)은 한 실험실에서 여러 분석자가, 여러 가지 기기를 사용하고, 다양한 시약 공급원과 다양한 크로마토그래피 칼럼을 사용하는 등을 포함한 수일 동안의 정밀도를 의미한다. 견고성 연구는 결과의 변화성에 기여하는, 따라서 변화하지 않아야 하는 여러 가지 요인들을 규명한다. 이는 분석 방법의 **안정성**(*robustness*) 및 **신뢰성**(*reliability*)과 관련이 있고, 시료의 양, 온도, 용액의 pH, 시약의 농도, 반응 시간과 같은 인자들의 조절되지 않은 사소한 변화에 얼마나 민감한가 하는 것을 의미한다. 그것은 시약, 표준 물질, 그리고 시간의 변화에 대한 시료의 안정성에 대한 평가를 포함한다. 한 번에 여러 인자를 변화시키기 위해 고안된 보다 정교한 실험을 수행하지 않을 경우에는, 각 인자들은 독립적으로 검토해야 한다. 전자의 경우는 여기에서 다루지 않는다.

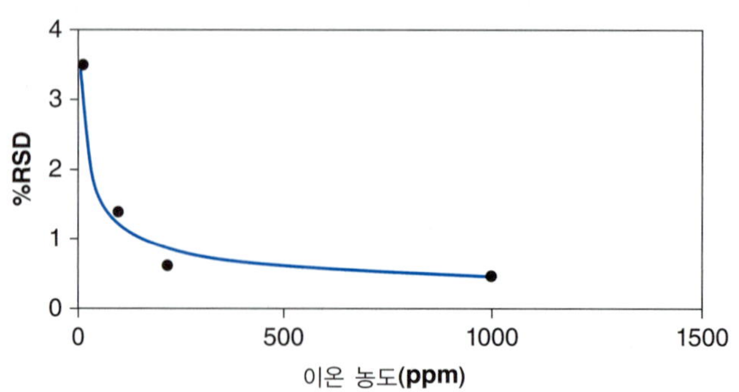

그림 4.3 상대 표준 편차의 농도 의존성

실험실 간 변화성의 실제 검사

실험실 간 변화성이 중요한가? 그것은 실험실 내 변화성과 다른가? 두 질문에 모두의 답은 '그렇다'이다. William Horwtiz와 동료들은 10,000개의 실험실 내 자료 세트를 검토하여 20여 년에 걸친 실험실 간 변화성에 대해 문서를 남겼다(R.H. Albert, *Chemical & Engineering News*, September 13, 1999, p.2 참조). 그들은 자료의 실험실 내 표준 편차 s_R와 농도 C(1 mg/kg = 10^{-6}과 같이 소수로 표현된)와의 관계식을 세웠다. 그들은 $s_R = 0.02C^{0.85}$, 또는 실험실 간 상대 표준 편차인 rsd(%) = $2C^{-0.15}$임을 발견하였다. 이 수식은 이 2%의 s_R을 가지는 순수한 물질($C = 1$)에서 시작하여, 농도가 20배 줄어들 때마다 실험실 간 정밀도가 2배 증가됨을 나타낸다. 이것은 분석물, 분석법, 매질, 그리고 실험일자에 상관없이 성립한다. 농업, 지구과학, 의약 등 어떤 분야이든지 다른 종류의 분석에 대한 정밀도는 현대적 기기의 발명에도 불구하고, 지난 50여 년 동안 변화하지 않았다. 따라서 1 ppm(1 mg/kg; 10^{-6}) 수준의 잔류 농약에 대한 상대 표준 편차는 여전히 16% 정도이다(수식을 사용하여 계산하라. 엑셀에 방정식을 입력하면 쉽게 계산할 수 있다).

이 실험적 기능이 협동연구 통계를 따른다는 사실은 독립적인 연구에 의해 입증되었고[M. Thomson and P. J. Lowthian, J. *AOAC Int.*, **80**(1997)6786], 그 연구에서 실험실 간 가변성은 실험실 내 가변성의 두 배 정도라는 것을 밝혔다. 높은 수준의 정도 보증 프로그램으로 확립한 분석 과정에 의한 EPA 교정 분석물의 변화성은 위에서 예측한 것보다는 약간 더 훌륭하지만 [*J. AOC Int.*, **79**(1996)589 참조], 시간이 걸리는 것은 물론 분석 비용이 개당 $1000이다. 정도 보증 노력과 시간과 비용은 분명한 교환 조건이다.

실험실 간 변화성은 실험실 내 변화성의 대략 두 배이다.

Wes Steiner 교수(Eastern Washington University)는 GLP를 적용하는 실험실에서는 다음의 성능 지수를 만족해야 한다고 제안한다: 정밀도: ±15% 상대 표준 편차(RSD); 정확도: ±20% 상대 오차; IUPAC에서 정의한 LOD, 바탕 용액의 표준 편차의 세 배, LOQ는 바탕 용액의 표준 편차의 10배(LOD와 LOQ는 3.17절 참조), 선형 범위: 결정 계수(r^2) ≥ 0.995를 갖는 목표 분석물 값의 50에서 150%의 범위, 특이성: LOQ 감응의 25%에서 분석물 이외의 방해 신호가 없을 때.

그림 4.1에서 우리가 논의하였던 방법 후보에 대한 대부분의 검증 개념과 단계에 대한 것을 복습하라. 우리는 다음에서 품질 보증 중에서 품질 관리에 대해 논의할 것이다.

교수 선호 예제

Eastern Washington 대학의 West Steiner 교수 제공

예제 4.1

GLP 실험실의 분석 방법 정밀도의 정의는 시료 평균 농도의 ±15%의 상대 표준 편차, %RSD이다. s는 시료 표준 편차, $\bar{x}$는 시료 평균이다.

$$\%\text{RSD} = \frac{s}{\bar{x}} \times 100$$

하나의 품질 관리 시료로 8번 반복 실험해서 다음의 농도 값을 얻었다: 12.1, 11.9, 11.6, 13.3, 12.8, 12.4, 13.1, 12.6 μg/L. 이 분석 방법의 정밀도의 수준이 QC 반복 실험의 그룹으로 받아들여질 수 있는가?

풀이

$$\%\text{RSD} = \frac{0.5_8}{12.4_7} \times 100 = 4.7_2$$

예, 평균 시료 농도의 한계 ±15% 내에 존재하는 4.7_2%의 %RSD 값을 가지므로, 분석 방법의 정밀도의 수준이 QC 반복 실험의 그룹으로 받아들여질 수 있다. ■

예제 4.2

GLP 실험실의 분석 방법 정확도의 정의는 시료 평균 농도의 ±20%의 상대 오차(RE)이다. 시료의 참농도는 다음과 같다.

$$\%\text{RE} = \frac{\text{측정된 평균 농도} - \text{참농도}}{\text{참농도}} \times 100$$

하나의 품질관리 시료로 8번 반복 실험해서 다음의 농도 값을 얻었다: 13.5, 11.6, 11.2, 12.4, 14.2, 12.2, 13.7, 14.1 μg/L. 이 분석 방법의 정확도의 수준이 QC 반복 실험의 그룹으로 받아들여질 수 있는가?

풀이

$$\%\text{RE} = \frac{12.8_6 - 11.6}{11.6} \times 100 = 10.8_6$$

예, 평균 시료 농도의 한계 ±20 %RE 내에 존재하는 10.8_6%의 %RE 값을 가지므로, 분석 방법의 정확도의 수준이 QC 반복 실험의 그룹으로 받아들여질 수 있다. ■

예제 4.3

GLP 실험실의 분석 방법 검출 한계, LOD의 정의는 신호가 바탕 용액이나 낮은 수준의 시료의 표준 편차보다 3배 이상 큰 것이다. m이 교정 곡선의 기울기라면

$$\text{LOD} = \frac{3s}{m}$$

하나의 품질 관리 시료로 8번 반복 실험해서 다음의 질량 분석 피크 면적을 얻었다: 2.2, 1.7, 1.9, 2.3, 2.1, 1.8, 2.7, 2.3. 교정 곡선의 기울기 m=0.456 피크 면적/μM 이다. 최소 검출 농도를 구하시오.

풀이

위의 결과의 표준 편차, $s=0.3_2$

$$\text{LOD} = \frac{3(0.3_2)}{0.456} = 2._1\ \mu\text{M}$$

■

예제 4.4

GLP 실험실의 분석 방법 정량 한계, LOQ의 정의는 신호가 바탕 용액이나 낮은 수준의 시료의 표준 편차보다 10배 이상 큰 것이다. m이 교정 곡선의 기울기라면

$$\mathrm{LOQ} = \frac{10s}{m}$$

위의 예제에서의 결과를 이용하여 LOQ를 구하시오.

풀이

$$\mathrm{LOQ} = \frac{10(0.3_2)}{0.456} = 7._0\ \mu\mathrm{M}$$

■

예제 4.5 선형 범위

분석물의 목표 농도가 0.1이고, 6점의 교정 곡선의 값이 0.5:1.0:1.5로 퍼져 있을 때, 분석 방법의 선형 한계는 선형 R^2 값이 ≥ 0.995이어야 한다. 목표 분석물 농도가 10.20 μg/L이고, R^2 값이 0.996이었다. 6점 교정 곡선의 표준값이 5.10, 6.12, 8.16, 12.24, 14.28, 15.30 μg/L이었다. **(a)** 교정 곡선의 직선성이 수용할 만한가? **(b)** 교정 곡선이 목표 농도에 적절히 퍼져 있는가?

풀이

(a) 예, 상관 계수 또는 직선성의 측정치, $R^2 \geq 0.995$이었다.

(b) 예, 목표 농도가 표준값 5.10, 6.12, 8.16 μg/L의 0.5에서 1.0의 농도에서 퍼져 있고, 12.24, 14.28, 15.30 μg/L 표준값이 1.0에서 1.5의 농도 범위에 적절히 퍼져 있다. ■

4.3 품질 보증 — 방법이 제대로 사용되는가?

일단 방법이 검증되었다면, 적용 단계에서의 중요한 측면은 그 시험 방법이 제대로 진행되고 있는가를 보증하는 것이다. **품질 보증(Quality assurance, QA)**은 적용한 시험 방법이 요구된 조건대로 지속적으로 진행되고 있다는 것을 확인하고, 문서화하는 절차를 수행하는 것이고, 품질 보증 부서가 가진 책임의 한 부분이다. 거기에는 방법 검증, 진행된 절차, 시료 연계 관리(sample chain custody) 방법 등의 문서화를 포함한다. 정량적 측정에 근거하여 많은 여러 가지 **품질 관리(quality control, QC)** 절차들이 수행된다. 전형적인 품질 관리 활동들은 다음과 같다.

QA는 분석 방법이 적절한 성능을 가지는지 확인하기 위해 진행하는 점검 과정이다.

관리도

실험실에서는 각각의 방법에 대하여 품질 관리도(그림 3.3)를 지속적으로 작성해야 한다. 알려진 분석 성분을 포함한 기준 물질을 어림잡아 무작위로 매일, 또는 바람직하게는 시료의 묶음 단위로 분석한다. 만약 측정값이 정해진 표준 편차 한계를 벗어나게 되면 여러분은 시약의 변질, 기기의 변동(재교정 필요)등과 같은 일종의 계통 오차를 점검해야 한다.

기록 및 보관

이 부분은 귀찮고 시간을 소모하지만 매우 중요한 품질 보증 활동의 영역이다. 품질 보증과 관련된 실험실에서는 수행되는 모든 활동들을 서면 형식으로 문서화해야 한다. 여기에는 시료의 연계 관리, 기기의 교정 및 운영, 표준 운용 절차, 측정 데이터 원본, 결과, 그리고 보고서 등의 제반 기록을 포함한다. 문서는 개별적으로 추적이 가능해야 하는데, 이는 문서를 작성한 사람이나 책임자의 서명과 일자가 기록되어야 한다는 것을 의미한다.

능력 시험

실험실의 문서화를 수행하는 한 방법은 실험실 간 공동 연구에 참여하는 것이다. 공식적인 기관에서 분석을 담당할 여러 실험실에 균일한 동일한 물질을 똑같이 나누어준다. 이 연구의 목표는 실험실 간의 결과와 그 결과의 불확정성을 비교하는 것이다. 만약 실제 농도값을 모른다면, 연구에 참여한 실험실에서 얻은 결과들의 평균값을 기준값으로 사용할 수 있다. 또는 농도와 확실성이 알려진(물론 연구에 참여하는 실험실에서는 알지 못하는) 보증된 기준 물질을 사용하는 것이 더 좋을 수도 있다. 만약 참여한 실험실들이 서로 다른 방법을 사용한다면 후자의 경우가 훨씬 더 유용한 정보를 제공해 주게 된다.

공동 시험 실습의 결과를 표현하는 한 방법으로 실험실의 z 값이 있으며, 알려진 농도의 표준 편차와의 차이에 대한 측정은 다음과 같다.

$$z = \frac{\overline{X}_i - \widehat{X}}{s} \tag{4.2}$$

여기에서 $\overline{X}_i$는 실험실에 의해 i번 반복 측정한 농도의 평균값이고, $\widehat{X}$는 공인된 농도, 그리고 s는 공인된 농도의 표준 편차이다.

예제 4.6

여러분은 혈청 중의 칼슘 농도 분석에 대한 협동 연구에 참여하겠다고 동의하였다. Ca 5.2 meq/dL를 포함한, 표준 편차 ±0.2 meq/dL인 시료가 원자 흡수 분광법을 이용하여 분석하도록 10개 실험실에 보내졌다. 여러분이 세 번 반복 측정하여 5.0, 4.7, 4.8 meq/dL의 결과를 얻었다. 여러분 실험실의 z 값은 얼마인가? 이 결과는 무엇을 나타내는가?

풀이

평균은 4.8 meq/dL, 표준 편차는 ±0.15 meq/dL이다. z 값은

$$z = \frac{4.8 - 5.2}{0.2} = -2.0$$

z 값이 2.0보다 크거나 −2.0보다 작다는 것은 비우연 오차로 기인하는 차이를 표시할 수 있다. Z-시험법은 엑셀에서 쓸 수 있는 통계함수 중 하나이다.

이것은 여러분이 보고한 평균이 공인된 값으로부터 표준 편차의 2배가 낮다는 것을 의미한다. 이 차이가 우연이 아닌 계통 오차일 확률은 95%이다. 또한 여러분 측정의 표준 편차의 범위는 4.6~5.0 meq/L이다. 표준 편차의 공인된 범위는 5.0~5.4이다. 여러분의 값이 공인된 값과 겹칠 확률은 단지 68%이다.

여러분은 자신의 방법을 살펴볼 필요가 있다. 표준 편차가 충분이 낮은 값인지 아마 여러분의 기기를 새로운 표준 물질을 써서 재보정할 필요가 있을 것이다. ■

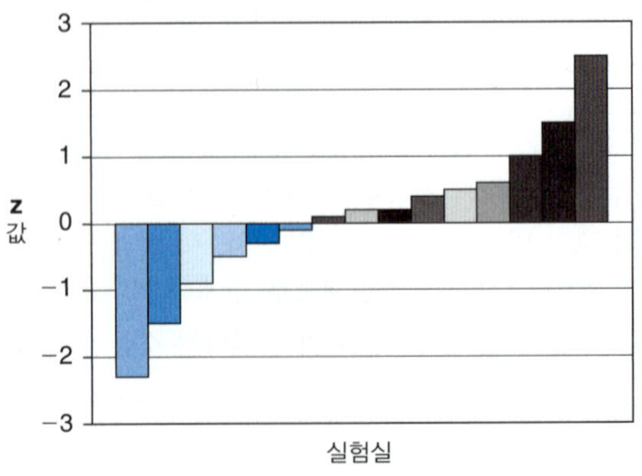

그림 4.4 일련의 실험실에 대한 능력 시험 결과를 나타내는 z 값의 일반적인 분포도

그림 4.4는 협동 능력 시험의 전형적인 결과를 나타낸다. 몇몇 실험실이 승인된 범위 바깥에 존재하는 것은 흔한 일이다.

4.4 시험기관 인증

외부 평가의 다른 형식은 공식 기구나 정부기관에 의한 시험기관 인증이다. 이 제도는 일반적으로 자발적으로 시행되지만, 법 규제와 관련된 측정을 수행하는 실험실에서는 의무적으로 요구되기도 한다. 인증은 권한을 가진 기관에 의해 해당 시험기관이 특정한 업무를 수행할 수 있다는 자격을 부여하는 공식적인 절차이다. 인증 절차는 해당 실험기관이 우수 실험실 운용기준(GLP)을 준수하고 있는지를 검증하는, 즉 적합한 문서화와 기록 관리, 검증, 능력 시험 등 실험실 운용에 대한 정성적인 조사의 형식을 취한다. 또는 제시된 기준 물질에 대한 측정을 포함하기도 한다. 일단 인정을 받게 되면 자격을 유지하기 위해서 정기적인 감사를 받도록 되어 있으며, 예고 없이 이루어지기도 한다.

4.5 전자 기록 및 전자 서명: 21 CFR, Part 11

대부분의 실험실 업무는 시료의 등재(log-in)에서부터 보고서 작성에 이르기까지 컴퓨터에 의존하게 된다. 감사에 대한 기록, 법규제와 관련한 조치사항 등에 대한 전통적인 관리 방식은 서명, 제출, 보관 등을 위해 인쇄물로 출력하는 방식이었다. 이러한 과정은 많은 시간이 소요되고 보관 시설을 필요로 하며, 기록이 유실되거나 찾기 어려울 수도 있고, 컴퓨터의 용도를 다소 무색하게 하기도 한다. 만약 인정할 수 있는 기록이나 서명이 전자적으로 가능하다면, 이로써 효율성을 향상시킬 수 있을 것이다. 문서에 대한 접근이 훨씬 빨라지고, 여러 각도에서 데이터베이스를 검색하고 정보를 조사하여 경향과 양식을 결정할 수 있는 능력을 갖게 되었다. 미국식품의약국(FDA)은 현행 우수 제조 관리(good manufacturing practices, GMP)기준하에 종이 없는 기록 시스템을 적용하기 위한 절차를 개발하기 위하여 제약업계와 6년간에 걸쳐 작업을 하였다. 1997년에 FDA는 연방법(CFR) 21조, Part 11 ["전자 기록; 전자 서명," *Fed. Reg.*, **62** (1997) 1000, 13,230; **64** (1999) 41442]으로 알려진 전자 기록, 서명, 제출 등에 관한 최종 법률을 발표하였다. 이 문건은 http://www.fda.gov/RegulatoryInformation/Guidances/ucm125067.htm에서 찾아 볼 수 있다. 주요 쟁점과 과제는 우발적으로든 의도적으로든 간에 전자 기록은 너무 쉽게 변경하거나 위변조가 가능하다는 것이다. 최종 법률은 시스템에 저장된 정보의 무결성, 정확성, 신빙성 등을 보증함으로써 FDA가 전자 기록을 종이 기록과 동등하게 간주하고, 전자 서명을 수기 서명과 동등하게 인정할 수 있는 기준을 정하고 있다.

전자 기록

전자 기록에 대한 검증 작업은 데이터 무결점, 백업 및 복구, 보관 및 복원, 전자 서명 사용 방법 등에 대한 문서화를 통해 수행되도록 요구된다. 검증된 시스템은 반드시 소프트웨어 수명주기에 근거해야 한다. 시스템에 변경이나 갱신이 일어나더라도 데이터는 반드시 그대로 이전이 되어야 한다.

전자 기록이 새로운 정보가 추가됨으로써 그 내용이 변경되는, 역동적인 데이터베이스로 이루어져 있다는 것은 문제의 소지가 있다. 더구나 아무런 증거도 없이 원래의 데이터를 파괴하는 정도의 변경이나 삭제가 일어나는 심각한 문제도 야기될 수 있다. 시스템에 대한 접근은 권한이 부여된 사람들에게만 제한적으로 허용되어야 한다. 정기적인 시스템 점검과 시간과 일자가 기록되는 감사 추적이 이루어져야 한다. 만약 데이터베이스 내에 변경이 일어나면, 감사 추적을 통해 누가, 언제, 변경 전과 변경 후에 어떤 값을, 왜 변경하였는지를 반드시 확인할 수 있어야 한다.

전자 서명

시스템에 대한 접근은 권한이 부여된 사람들에게 제한되어야 한다. 보안의 형태는 그 시스템이 폐쇄형인가 개방형인가에 따라 다르다. 전자 서명 기술은 식별 부호 방식(사용자명, 비밀번호)이나 좀 더 세련된 생체 인식 시스템(장문, 지문, 홍채, 망막 패턴 스캐너 등과 같은 신체적 특징의 측정에 근거하는)을 포함한다. 후자는 다수가 사용하기에는 비용도 많이 들고 적용하기가 쉽지 않다. 사용자명은 고유해야 하며 재부여되어서는 안 된다. 비밀번호는 고유해야 하며 주기적으로 변경하도록 한다.

21 CFR, Part 11에서는 전자 기록과 전자 서명에 대해 허용은 하지만 그 사용에 대해 강제적으로 요구하지는 않는다. 좀 더 많은 시스템이 검증과 인정을 받게 되고, 장비 제조업체들이 검증된 시스템을 통합해 나간다면 점점 더 보편화될 것이다. 다른 기관들로 유사한 표준을 채택할 것 같다.

미국 환경보호국: CROMERR

미국 환경보호국(EPA)의 환경정보사무소(OEI)는 EPA 프로그램의 폭넓은 범위에 걸쳐 전자 보고와 전자 기록 관리와 관련한 현실적인 규제 방벽을 제거하기 위하여 다매체 전자 보고 및 전자 기록 관리 규칙(Cross Media Electronic Reporting and Record-Keeping Rule, CROMERR)을 정하였다. 정보는 http://www.epa.gov/cromerr/index.html URL에서 찾을 수 있다.

CROMERR은 21 CFR, Part 11 규정과 일치하는 전자 기록에 대한 기준을 요구하고 있다.

QA 비용은 실험실 비용의 대략 1/4 수준이다. 이것을 잘해야 한다.

비용 문제에 관하여?

품질 보증과 관련하여, 정확성이란 무엇인가에 대한 합리적인 문서화가 필요하고, 부정확성에 영향을 미치는 주요 인자들이 발생할 수 있는 영역과 이를 최소화할 수 있는 대응책을 규정해야 한다. 물론 이에는 비용이 소요된다. 품질 보증 프로그램을 시행하기 위해서는 비용과 시간 양쪽 측면에서 상당한 양의 초기 투자를 수반한다. 품질 보증 활동 시행에 소요되는 제비용은 전체 실험실 예산의 20~30%를 차지한다고 추산되고 있다. 그렇기 때문에 이 제도가 가능한 한 보다 효율적으로 적합하게 정립되어야 하고(무엇이 필요한가에 대한 경영진의 이해가 요구된다. 여러분 자신일 수도 있지 않은가?) 또한 실험실의 모든 사람들이 이를 진지하게 받아들이는 것이 중요하다.

4.6 공인기관

많은 정부 기관, 국가 및 국제 조직과 기관들이 시험법 검증과 우수 실험실 운영 기준과 관련하여 나름대로의 기준과 지침을 정립하였다. 대개는 다국적 조직에 의해 채택된 원칙들을 기본으로 하고 있다. 몇몇 주요 조직들을 아래에 열거하였다. 각각에 대한 자세한 정보들은 본문에 소개한 **웹 사이트**를 참조하기 바란다. 웹 사이트 접속을 통해 많은(생각보다 훨씬 많은!) 정보를 얻을 수 있을 것이다. 실제적인 표준화와 법적 규정의 세계를 맛볼 수 있을 것이다.

International Organization for Standardization (ISO): www.iso.ch
International Conference on Harmonization (ICH): www.ich.org
Organization for Economic Cooperation and Development (OECD): www.oecd.org
Food and Drug Administration (FDA): www.fda.gov/cder/guidance
Environmental Protection Agency (EPA): www.epa.gov
Quality systems: http://www.epa.gov/quality/bestlabs.html
Office of Solid Waste: www.epa.gov/osw
US-EPA, Region 4, Science and Ecosystem Support Division: www.epa.gov/region4/sesd
American Association for Clinical Chemistry (AACC): www.aacc.org
American Association of Cereal Chemistry (AACC): www.aaccnet.org
American Oil Chemists Society (AOCS): www.aocs.org
The Society of Quality Assurance (SQA): www.sqa.org
American Society for Testing and Materials (ASTM): www.astm.org
Association of Official Analytical Chemists International (AOAC International): www.aoac.org
National Institute of Standards and Technology (NIST): www.nist.gov

GLP 절차 실습

책에 제공한 **웹 사이트**에 유용한 실험들이 있다. 실험 45는 방법 검증 및 품질 관리에 대한 실습이고, 실험 46은 능력 시험에 대한 연습이다. 학급 팀 단위의 실험 과제이며, 여러분에게 지정된 연습이 아니라 하더라도 숙독하기 바란다.

질문

우수 실험실 운영 기준(GLP)

1. 우수 실험실 운영 기준(GLP)이란 무엇인가?
2. GLP 시행에 필요한 공통 요소들은 무엇인가?
3. 표준 운용 절차(SOP)란 무엇인가?
4. 품질 보증 부서(QAU)의 특성은 무엇인가?

방법 검증

5. 검증 과정의 두 가지 측면은 무엇인가?
6. 방법 개발의 첫 번째 단계는 무언인가?
7. 기술, 방법, 절차, 규약을 구분하여 설명하시오.
8. 대부분의 시험법 검증 과정에서 기본적인 특징들은 무엇인가?
9. 감응 인자란 무엇인가?
10. 교정선의 직선성을 평가하는 방법은 무엇인가?
11. 방법의 정확성을 평가하는 주요 방법들은 무엇인가?
12. 합리적인 통계적 검증 결과를 얻기 위해서는 몇 차례의 측정이 필요한가?
13. 방법의 반복성, 견고성, 안정성, 재현성에 대해 구별하여 설명하시오.
14. 전자 기록 및 서명의 검증에 대한 주요 요구사항들은 무엇인가?

품질 보증

15. 품질 보증이란 무엇인가? 품질 관리란?
16. 전형적인 품질 관리 절차에는 어떤 방법들이 있는가?
17. z 값이란 무엇인가?
18. 시험기관 인증이란 무엇인가?

문제

검증

19. 기체 크로마토그래피를 이용한 혈중 에탄올 측정을 위한 교정 곡선을 준비한다. 농도 함수에 대해 기록된 피크 면적은:

농도, %(wt/vol)	피크 면적(임의의 단위)
0	0.0
0.020	43
0.040	80
0.080	155
0.120	253
0.160	302
0.200	425

엑셀을 사용하여 교정 곡선을 그리고, y축 절편과 기울기를 나타내는 최소 제곱 직선을 구하시오. 농도에 대한 감응 인자와 그래프의 기울기를 구하시오. 교정 범위에서의 RF 변화를 평균 응답 계수의 퍼센트로 나타내시오. 이 책의 **웹 사이트**에 있는 스프레드시트를 참조하라.

20. 실험실 간 변화성에 대한 현실 점검에서 1 ppm 수준의 잔류 농약에 대해 게재된 16% 상대 표준 편차의 실험실 간 변화를 계산하시오. 주어진 양쪽의 공식을 사용하여 계산을 수행하시오. 각각의 공식을 계산을 수행하는 엑셀 시트 상의 셀에 나타내시오.

품질 보증

21. 여러분이 나뭇잎으로부터 납 성분을 측정하기 위한 공동 연구에 참여하였다고 하자. 10.3 ± 0.5 ppm의 납을 함유하고 있다고 입증된, 낙엽에서 추출한 균일한 표준 기준 물질이 참여한 실험실에 주어졌다. 산 분해와 원자 흡수 분광법을 이용하여 시료를 분석하였다. 7개의 분취량 분석으로 9.8 ± 0.3 ppm의 결과를 보고하였다. 여러분 실험실의 z 값은 얼마인가?

웹 사이트 연습

22. 4.6절에 게재된 정부 기관이나 전문 사회 단체 중 적어도 세 곳의 웹 사이트를 방문하여 시험법 검증을 다루는 페이지를 링크하시오. 그들 간의 유사점과 다른 점을 기술하시오.

추천 참고 문헌

웹 사이트

1. http://21cfrpart11.com. This commercial site dealing with compliancerelated issues includes useful links.
2. www.PDA.org. Features an online conference on computer validation issues and 21CFR, Part 11.

우수 실험실 운영 기준

3. J. M. Miller and J. B. Crowther, eds., *Analytical Chemistry in a GMP Environment: A Practical Guide*. New York: Wiley, 2000.
4. M. P. Balogh, "How to Build a GLP Bionanlytical Lab," *LCGC North America*, **24** (10) October (2006) 1088. www.chromatographyonline.com.
5. M. Swartz and I. Krull, "Glossary of Terms Related to Chromatographic Method Validation," *LCGC North America*, 25 (8) August (2007) 718. www.chromatographyonline.com.
6. P. Konieczka and J. Namiesnik, *Quality Assurance and Wuality Control in the Analytical Chemical Laboratory, Boca Raton*, FL: CRC Press, 2009.

품질 보증/품질 관리

7. H. Y. Aboul-Enein, R-I. Stefan, and G-E. Baiulescu, *Quality and Reliability in Analytical Chemistry*. Boca Raton, FL: CRC Press, 2000.
8. E. Prichard and V. Barwick, *Quality Assurance in Analytical Chemcistry*, New York: Wiley, 2007.
9. C. C. Chan, H. Lam, and X-M Zhang, Eds., *Practical Approaches to Method Validation and Essential Instrument Qualification*. Hoboken, NJ: Wiley, 2010.
10. M. Swartz and I. Krull, "21 CFR Part 11 and Risk Assessment: Adapting Fundamental Methodologies to a Current Rule," *LCGC North America*, **25** (1) , January (2007) 48.
11. M. Swartz and I. S. Krull, *Analytical Method Development and Validation*. New York: Marcel Dekker, 1997.
12. H. Marchandise, "Quality and Accuracy in Analytical Chemistry," *Fresenius'J. Anal. Chem.*, **345** (1993) 82.
13. J. M. Green, "A Practical Guide to Analytical Method Validation," *Anal. Chem.*, **68** (1996) 305A.
14. M. Stoeppler, W. R. Wolf, and P. S. Jenks, eds., *Reference Materials for Chemical Analysis: Certification, Availability and Proper Usage*. New York: Wiley, 2001.
15. D. G. Rhoads, *Lab Statistics Fun and Easy: A Practical Approach to Method Validation*. Washington, DC: AACC (American Association for Clinical Chemistry) , 1999.
16. M. E. Schwartz and I. S. Krull, *Handbook of Analytical Validation*. Boca Raton, FL: CRC Press, 2012.

5장
화학량론적 계산: 분석자의 업무

학습 목표

이 장에서 배울 중요한 내용은 무엇인가?

- 몰수와 몰농도를 계산하는 방법(주요 식: 5.4, 5.5)
- 분석 결과를 표시하는 방법
- 몰농도, 부피 및 반응비로부터 무게와 분석 백분율을 계산하는 방법(주요 식: 5.5, 5.17~5.20, 5.25)
- 무게 분석법을 위한 질량 관계(주요 식 5.28)

분석 화학은 질량을 계산함으로써 고체 중에 존재하는 분석물과 용액의 농도의 측정을 다룬다. 우리는 농도를 아는 용액을 만들어 기기를 검정하기도 하며, 시료 용액을 적정하기도 한다. 또한 우리는 용액의 농도와 부피로부터 분석하려는 물질의 질량을 계산할 수도 있으며, 반응물의 질량으로부터 예상되는 생성물의 질량을 계산할 수 있다. 이 모든 것은 **화학량론(stoichiometry)**적인 지식을 필요로 한다. 예를 들면, 화합물의 반응 비를 나타내는 적당한 환산 인자로부터 필요한 결과를 얻는 데 응용할 수 있다.

화학량론은 화학 물질이 반응하는 비율을 다룬다.

이 장에서는 고체나 액체의 분석 결과를 표시하는 기본적인 개념인 질량, 몰과 당량 등을 재검토하고, 부피 분석의 원리와 화학량론적인 관계로부터 적정에서 분석물의 질량을 계산하는 방법을 배울 것이다.

5.1 기본 개념의 복습

정량 분석은 원자나 분자의 개념에 근거하고 있으므로 아래에서 간략히 검토하기로 한다. 이들에 대하여는 일반 화학에서 이미 배웠으나, 정량적 계산에 기초가 되므로 여기서 간단하게 설명하기로 한다.

기초: 원자량, 분자량, 화학식량

원소의 원자량이란 어떤 원소의 특정 수의 원자의 무게이며, 이 수는 어떤 원자이든지 같다. 어느 원소도 그램 원자량 중에 같은 수의 원자가 포함되며, ^{12}C의 12 g에 포함된 원자수와 같다. 이 수는 Avogadro 수, 6.022×10^{23}로, 이 숫자의 원자는 모든 원소들의 1g 원자량을 나

타낸다.[1]

자연계에 존재하는 원소는 동위 원소의 혼합물로 이루어져 있으므로, 화학에서 원자량은 동위 원소의 천연 존재비를 고려한 동위 원소 무게의 평균값이다. 예를 들어 브로민은 두 개의 동위 원소를 가지고 있다. 원자량이 78.981338인 ^{79}Br은 50.69의 상대 존재비를, 원자량이 80.9162921인 ^{81}Br는 49.31%의 상대 존재비를 가지고 있다. 따라서 화학적 계산에 사용하는 자연에서의 원자량은 이들의 평균인 79.904이다. 화학자들이 사용하는 또 하나의 개념인 **분자량(molecular weight**, mw)은 화합물을 구성하는 원자의 원자량을 합한 것이다. **화학식량(formular weight**, fw)은 분자로서는 존재하지 않으나 이온성 화합물(센 전해질–산, 염기, 염)로 존재하는 물질을 더 정확하게 나타내기 위한 용어이다. **몰질량(molar mass)**이라는 용어는 화학식량을 대신하여 사용하기도 한다.

우리는 화학식량(fw)을 사용하여 몰당 그램으로 나타낸다.

달톤이란 무엇인가?

Theodore W. Richards는 첫 번째 미국인 노벨 화학상 수상자로, 정확한 측정을 실행한 공로로 수상하게 되었다. 특히, AgCl의 형성을 통하여 염소의 정확한 원자량을 측정하였다.

생물학자나 생화학자는 크기가 큰 생화학 물질이나 크로모솜, 리보솜, 바이러스, 미토콘드리아 같은 작은 생물 단위들의 질량을 나타내는 데 **달톤(dalton**: Da)이란 단위를 사용하는 경우가 있다. 이때는 **분자량**이란 용어가 그렇게 적당한 말은 아니다. ^{12}C 원자 1개의 질량은 12 달톤과 같으며, 따라서 1달톤은 1.661×10^{-24} g으로, Avogadro 수의 역수가 된다. 분자 1개 속에 있는 달톤의 수는 분자량(g/mol)과 숫자상으로는 같다. 엄밀하게 말하면, 분자량의 단위로 달톤을 사용하는 것은 올바르지 못하므로, 위에서 언급한 바와 같은 물질의 경우에만 한정되어야 한다. 예를 들어 대장균 세포의 1개 질량은 대략 1×10^{-12} g 또는 6×10^{11} 달톤과 같다.

몰: 물질을 동등하게 하는 기본 단위

화학자는 원자나 분자가 한정된 비율로 반응하는 것을 알고 있으나, 반응에 참여하는 원자나 분자의 수를 쉽게 헤아릴 수는 없다. 화학자는 이들의 상대적인 질량을 정하고 있으므로, 반응하는 원자나 분자의 수 대신에 이들의 상대적인 질량에 바탕을 두고 반응을 기술할 수 있다. 예를 들어 다음과 같은 반응에서 은 이온 1개가 염화 이온 1개와 결합할 것임을 알고 있다.

$$Ag^+ + Cl^- \rightarrow \underline{AgCl}$$

원자 1몰에는 6.022×10^{23}개의 원자가 있다.

또한 염소의 원자량이 35.453인 데 비하여, 은의 원자량은 107.870이므로, 은의 107.870 질량 단위는 염소의 35.453 질량 단위와 결합할 것임을 안다. 계산을 간단하게 하기 위해서 화학자들은 **몰(mole)**의 개념을 발전시켰는데, 몰은 원자, 분자, 이온, 또는 다른 화학종들의 Avogadro 수(6.022×10^{23})를 가리킨다. 숫자상으로 물질의 원자량, 분자량, 화학식량을 **그램(gram)**으로 나타낸 것이다.[2]

---

[1]변하지 않는 단위인 킬로그램(kg)으로 재정의한 Avogadro 숫자의 정의를 제안한다. 킬로그램은 국제 단위계(International System of Units, SI)에서 미터(길이), 초(시간), 암페어(전기량), 켈빈(온도), 몰(물질의 양), 칸델라(빛의 세기)와 같이 불변하는 물리적 성질이 아닌 인공물로 정의되는 기본 단위이다. 이 값은 1989년 세계 기준 킬로그램으로 비준된 백금–이리듐 원통의 질량과 같으며, 국제 기준으로 파리 근교에 있는 세계 도량형 위원회에 보존되어 있다. 그러나 이유를 알 수 없이 복사본에 비하여 50 μg을 잃은 것으로 알려졌다. 이에 따라 킬로그램의 정의는 Plank 상수나 Avogadro 상수로 불변의 정의가 각각 제안되었다. 이 두 가지 경우 모두 Avogadro 수가 약간 변하게 되고 따라서 몰의 개념도 변하게 되었다. 그러나 우리가 사용하기에는 이 변화는 거의 의미가 없는 작은 값이다. 정확한 제안은 다음 논문에서 찾을 수 있다. "Avogadro's Number Is Up ...," P. J. Karol, *Chem. & Eng. News*, March 17 (2008) 48, "Redefining the Kilogram," S. K. Ritter, *Chem. & Eng. News*, May 26 (2008) 43, and "Redefining the Kilogram and Mole," P. F. Rusch, *Chem. & Eng. News*, May 30 (2011) 58: http://pubs.acs.org/isubscribe/journals/cen/89/i22/html/8922acscomment.html.

[2]실제로 **그램 원자량**이란 용어는 원자에 사용하는 편이 정확하며, **그램 화학식량**은 이온 결합 물질에, **그램 분자량**은 분자에 사용하는 것이 정확하다. 그러나 **몰**은 모든 물질에 대하여 넓은 뜻으로 사용할 것이다. 그램 화학식량 대신에 간단하게 **화학식량**을 사용할 것이다.

어떤 물질의 1몰도 같은 수의 원자나 분자를 포함하게 되므로, 화학 반응에서 원자는 원자의 비율과 같은 몰비로 반응할 것이다. 위의 예에서는 은 이온 1개는 염화 이온 1개와 반응하며, 은 이온(107.87 g) 1몰은 염화 이온(35.453 g) 1몰과 반응할 것이다.

예제 5.1

1 mol의 $CaSO_4 \cdot 7H_2O$는 몇 그램인지 계산하시오.

풀이

1 mol은 그램으로 표시된 화학식량이다. 따라서 화학식량은 다음과 같이 계산한다.

Ca	40.08
S	32.06
11 O	176.00
14 H	14.11
	262.25 g/mol

■

물질의 몰수는 다음과 같이 계산한다.

$$\text{몰수} = \frac{\text{그램수}}{\text{화학식량 (g/mol)}} \tag{5.1}$$

여기서 화학식량은 물질의 원자량이나 분자량을 나타낸다. 따라서

$$Na_2SO_4\text{의 몰수} = \frac{g}{\text{화학식량}} = \frac{g}{142.04\ g/mol}$$

$$Ag^+\text{의 몰수} = \frac{g}{\text{화학식량}} = \frac{g}{107.870\ g/mol}$$

많은 실험이 매우 작은 양을 취급하므로, 측정에서 더 편리한 형태는 **밀리몰**(**milimole**)이다. 밀리몰을 계산하는 식은 다음과 같이 나타낼 수 있다.

g/mol = mg/mmol = 화학식량;
g/L = mg/mL;
mol/L = mmol/mL = 몰농도

$$\text{밀리몰수} = \frac{\text{밀리그램}}{\text{화학식량 (mg/mmol)}} \tag{5.2}$$

우리는 물질의 그램으로부터 몰수를 계산할 수 있으며, 또한 몰수로부터 물질의 그램을 구할 수도 있다.

$$Na_2SO_4\text{의 g수} = \text{몰수} \times \text{화학식량} = \text{몰수} \times 142.04\ g/mol$$

$$Ag\text{의 g수} = \text{몰수} \times \text{화학식량} = \text{몰수} \times 107.870\ g/mol$$

밀리몰량을 취급하는 경우에는 다음 식으로 계산한다.

$$\text{밀리그램수} = \text{밀리몰수} \times \text{화학식량(mg/mmol)} \tag{5.3}$$

g/mol은 mg/mmol과 같고, g/L는 mg/mL와, mol/L는 mmol/mL와 같다는 점에 유의하라.

예제 5.2

500 mg의 Na_2WO_4(텅스텐산 소듐)의 몰수를 계산하시오.

풀이

$$\frac{500 \text{ mg}}{293.8 \text{ mg/mmol}} \times 0.001 \text{ mol/mmol} = 0.00170 \text{ mol}$$

예제 5.3

0.250 mmol의 Fe_2O_3(산화 철)은 몇 밀리그램인가?

풀이

$$0.250 \text{ mmol} \times 159.7 \text{ mg/mmol} = 39.9 \text{ mg}$$

5.2 용액의 농도를 어떻게 나타낼 것인가?

화학자들은 용액의 농도를 여러 가지 방법으로 나타내는데, 그중에서 일부는 다른 것들보다 정량 계산에 더 유용하다. 여기서는 화학자들이 일반적으로 사용하고 있는 단위를 복습해 보자. 부피의 정량적인 계산에서 농도를 이용하는 것에 대해서는 아래에서 좀 더 자세하게 설명하기로 한다.

몰농도—가장 폭넓게 사용한다

몰의 개념은 용액의 농도를 나타내는 데 유용하며, 다른 용액이 반응하는 부피의 비율을 알려는 분석 화학에서는 특히 유용하다. 1**몰**(**molar**) 용액이란 1리터 중에 1몰의 물질을 포함하는 용액이라고 정의된다. 1몰의 용액은 용매 중에 1몰의 물질을 녹여서 부피 플라스크 속에서 최종적으로 1리터로 될 때까지 묽혀서 만든다. 또는 1몰의 분수 또는 배수를 그에 대응하는 분수나 배수의 리터(예: 10 mL 중에는 0.01몰) 속에 녹여서 만든다. 보다 일반적으로는, 용액의 **몰농도**(**molarity**)는 mol/L 또는 mmol/mL로 나타낸다. 몰농도는 M으로 줄여서 쓰고, 용액의 농도를 나타낼 때 사용된다. 질산 은 1몰 용액과 염화 소듐 1몰 용액은 1:1의 비율로 반응하므로 같은 부피로 반응할 것이다. 즉 $Ag^+ + Cl^- \rightarrow \underline{AgCl}$. 일반적으로 용액의 어떤 부피에서도 물질의 몰수를 계산할 수 있다.

$$\begin{aligned}\text{몰수} &= (\text{몰수}/\text{리터수}) \times \text{리터수} \\ &= \text{몰농도} \times \text{리터수}\end{aligned} \tag{5.4}$$

분석 화학에서 종종 mmol 단위를 사용하므로, 이 식을 꼭 기억하라.

리터는 적정할 때와 같이 소량의 용액을 취급할 때는 불편하므로, 보통 밀리리터 단위를 사용한다. 뷰렛을 읽을 때에도 이 단위를 사용한다.

$$\begin{aligned}&\text{밀리몰수} = \text{몰농도} \times \text{밀리리터수} \\ &(\text{또는 mmol} = M \times \text{mL})\end{aligned} \tag{5.5}$$

예제 5.4

1.26 g의 $AgNO_3$를 250 mL의 부피 플라스크에 넣고 눈금까지 묽혔다. 질산 은 용액의 몰농도를 계산하고, 몇 밀리몰의 $AgNO_3$가 녹았는지 계산하시오.

풀이

$$M = \frac{1.26 \text{ g}/169.9 \text{ g/mol}}{0.250 \text{ L}} = 0.0297 \text{ mol/L (또는 0.0297 mmol/mL)}$$

그러므로

$$\text{밀리몰수} = (0.0297\ \text{mmol/mL})(250\ \text{mL}) = 7.42\ \text{mmol}$$

계산에 사용된 단위들이 해답의 단위를 얻기 위해서 서로 결합되어야 함을 항상 기억하라. 따라서 위 예제에서 그램은 없어지고 mol/L 또는 몰농도란 적절한 단위가 남는다. 계산에서 최종적인 단위가 적당한지를 조사하기 위한 단위의 이용법을 **차원 해석(dimensional analysis)**이라고 하며, 적절한 계산을 하는 데 매우 유용하다.

적절한 계산법을 수립하고자 할 때에는 차원 해석을 항상 이용하라. 수식을 꼭 기억하지는 않아도 된다.

예제 5.5

0.250 *M* 용액 1 mL 중에는 몇 g의 NaCl이 포함되어 있는가?

풀이

$$0.250\ \text{mol/L} = 0.250\ \text{mmol/mL}$$

$$0.250\ \text{mmol/mL} \times 58.4\ \text{mg/mmol} \times 0.001\ \text{g/mg} = 0.0146\ \text{g/mL}$$

예제 5.6

0.100 *M* 용액 500 mL를 조제하는 데에는 몇 g의 Na_2SO_4가 필요한가?

풀이

$$500\ \text{mL} \times 0.100\ \text{mmol/mL} = 50.0\ \text{mmol}$$

$$50.0\ \text{mmol} \times 142\ \text{mg/mmol} \times 0.001\ \text{g/mg} = 7.10\ \text{g}$$

예제 5.7

0.250 *M* KCl 용액 100 mL와 0.100 *M* K_2SO_4 용액 200 mL를 혼합한 후에 포타슘 이온의 농도(g/L)는 얼마인가?

풀이

$$\begin{aligned}\text{mmol } K^+ &= \text{KCl의 mmol수} + 2 \times K_2SO_4\text{의 mmol수}\\ &= 100\ \text{mL} \times 0.250\ \text{mmol/mL}\\ &\quad +2 \times 200\ \text{mL} \times 0.100\ \text{mmol/mL}\\ &= 65.0\ \text{mmol}(300\ \text{mL 중에})\end{aligned}$$

$$\frac{65.0\ \text{mmol} \times 39.1\ \text{mg/mmol} \times 0.001\ \text{g/mg} \times 1000\ \text{mL/L}}{300\ \text{mL}} = 8.47\ \text{g/L}$$

노말 농도

몰농도가 가장 널리 사용되지만, 일부의 화학자들은 정량 분석에서의 **노말 농도(normality,** *N*) 라는 농도 단위를 사용하기도 한다. 1**노말(normal)** 용액은 L당 1당량을 포함한다. 1**당량(equivalent)**은 **Avogadro 수의 반응 단위**에 해당되는 물질의 질량을 나타낸다. 반응 단위는 하나의 양성자 또는 하나의 전자이다. 따라서 당량수는 몰수와 분자 또는 원자당 반응 단위수와의 곱으로 주어진다. **당량 무게(equivalent weight)**는 화학식량을 반응 단위수로 나눔으로써 얻어진다. 표 5.1은 다른 형태의 반응에 대한 반응 단위의 예를 나타낸 것이다. 산이나 염기에서, 반응 단위수는 산이 제공하거나 또는 염기와 반응하는 양성자(즉 수소 이온)수에 따라 결정된다. 한편, 산화-환원 반응에서는 산화제에 의하여 받거나 또는 환원제에 의하여 공

당량 무게(또는 반응 단위수)는 화학 반응에 따라 다르다. 다른 생성물이 생기는 산화-환원 반응에서는 다양하게 변할 수 있다.

급되는 전자의 수에 의존한다. 예를 들어 황산(H_2SO_4)은 2개 반응 단위의 양성자를 가지며, 1몰마다 2당량의 양성자가 있다. 따라서

$$\text{당량 무게} = \frac{98.08\ \text{g/mol}}{2\ \text{eq/mol}} = 49.04\ \text{g/eq}$$

당량 무게 g/eq = mg/meq; eq/L = meq/mL = 노말 농도

황산 용액의 노말 농도는 그 몰농도의 2배이다. 즉 N = (g/당량 무게)/L이다.

당량수는 다음 식과 같다.

$$\text{당량(eq)} = \frac{\text{무게 (g)}}{\text{당량 무게 (g/eq)}} = \text{노말 농도 (eq/L)} \times \text{부피 (L)} \tag{5.6}$$

몰 대신에 밀리몰을 보통 사용하는 것처럼 당량 대신에 밀리당량이 일반적으로 사용된다.

$$\text{밀리당량(meq)} = \frac{\text{무게 (mg)}}{\text{당량 무게 (mg/meq)}} = \text{노말 농도(meq/mL)} \times \text{부피(mL)} \tag{5.7}$$

임상 화학에서 당량은 반응 단위수보다 이온의 전하수에 의하여 정의되는 수가 많다. 예를 들어 Ca^{2+}의 당량 무게는 원자량의 1/2이고 당량수는 몰수의 2배이다. 이 정의는 전기적으로 중성인 경우의 계산에 편리하다. 더 자세한 것은 5.3절에서 설명한다.

몰농도는 모호하지 않다. 노말 농도 대신에 현재 eq/L가 주로 사용된다.

과거에는 노말 농도가 광범위하게 사용되었고 과학 문헌에서도 발견되었지만, 최근에는 몰농도만큼 널리 사용되지 않는다. 노말 농도를 왜 사용하지 않는지는 이 교과서의 **웹 사이트**에서 논하겠다. 우리는 이 책의 대부분에서 몰과 몰농도를 사용할 것이므로 농도 표현에 대해서 모호한 표현은 없을 것이다. 몰농도 계산은 반응의 화학량론적 지식이 요구되고, 이것은 물질들이 반응하는 비이다. *Analytical Chemistry* 학술지는 논문의 발행에서 노말 농도의 사용을 허용하지 않지만, 다른 학술지에서는 그것을 허용하기도 한다. eq/L 단위는 노말 농도와 같은 것으로 거의 모든 학술지에서 통용된다.

포말 농도—몰농도를 대신

포말 농도는 몰농도와 수치상으로 같다.

포말 농도(**formality**)라는 용어는 고체나 액체 중에 분자로서 존재하지 않는 이온성 염의 용액의 경우에 사용된다. 농도는 **포말**(**formal**, ***F***)로서 나타내고, 포말 농도는 몰농도와 같이 취급한다. 전자는 경우에 따라서 용액의 구성을 나타낼 때(즉 전체 분석 농도), 후자는 평형 농도를 나타낼 때 사용된다. 보통 대부분은 몰농도가 사용된다.

몰랄 농도—온도에 따라 변하지 않는 농도

몰랄 농도는 온도에 따라 변하지 않는다.

몰농도와 노말 농도에 추가적으로, 유용한 농도 단위로는 **몰랄 농도**(**molality**, m)가 있다. 1**몰랄**(**molal**) 용액은 **용매** 1000 g당 1몰을 포함한다. 몰랄 농도는 어는점 내림, 증기 압력 내림, 삼투압과 같이 용액 중의 용매 1몰당 존재하는 용질 입자의 수만으로 결정되는 물질의 총괄성을 물리화학적으로 측정할 때 편리하다. 몰랄 농도는 온도에 의존하지 않으나 몰농도나 노말 농도는 온도에 의존한다(왜냐하면 몰농도와 노말 농도에서는 용매의 부피가 온도에 따라 변하기 때문이다).

표 5.1 다른 형태의 반응에 대한 반응 단위

반응 종류	반응 단위
산–염기	H^+
산화–환원	전자

밀도의 계산—몰농도로 변환시키는 방법

시판되는 진한 산이나 염기의 농도는 흔히 무게 %로 나타낸다. 흔히 무게 % 농도로부터 주어진 대략적인 몰농도의 용액을 조제할 필요가 있다. 그럴 때는 밀도를 알아야 한다. **밀도(density)**는 특정한 온도에서의 단위 부피당의 무게이며, 보통 20℃에서의 g/mL나 g/cm^3로 나타낸다(1 mL는 1 cm^3를 차지하는 부피이다).

때때로 **비중(specific gravity)**이 밀도 대신에 사용된다. 비중이란 보통 4℃(때로는 20℃)의 같은 부피의 물의 질량에 대한 20℃에서의 물체(예: 용액) 질량의 비로 정의된다. 즉, 비중은 두 물질의 밀도의 비이며, 단위가 없는 양이다. 4℃ 물의 밀도는 1.00000 g/mL이므로 4℃의 물을 기준으로 하면 밀도와 비중은 같다. 그러나 비중은 20℃의 물을 기준으로 하므로 밀도는 비중 × 0.99821이 된다(20℃에서 물의 밀도는 0.99821 g/mL이다).

20℃에서 용액의 밀도 = 용액의 비중 × 0.99821 g/mL

20℃ 이외의 온도에서 물과는 다른 용액의 부피 팽창 거동을 알지 못하는 한, 20℃의 비중으로부터 용액의 밀도를 정확하게 계산할 수 없다.

예제 5.8

0.100 *M* 용액 1 L를 조제하는 데 94.0%(g/100 g 용액), 밀도 1.831 g/cm^3인 진한 황산 몇 mL가 필요한가?

풀이

1 cm^3 = 1 mL라고 생각하면 진한 황산 용액 1 g 중에는 0.940 g의 H_2SO_4가 들어 있으며, 용액 무게는 1.831 g/mL가 된다. 두 수의 곱은 용액 1 mL 중의 H_2SO_4의 g수가 된다.

$$M = \frac{(0.940\ \text{g } H_2SO_4/\text{g 용액})(1.831\ \text{g/mL})}{98.1\ \text{g/mol}} \times 1000\ \text{mL/L}$$
$$= 17.5\ \text{mol } H_2SO_4/\text{L 용액}$$

0.100 *M* 용액 1 L를 조제하기 위해서는 희석을 해야 한다. 즉 최종 용액에 포함된 황산과 같은 밀리몰수의 황산을 취하여야 한다. mmol = *M* × mL이고, 또한 묽힌 다음과 묽히기 전의 진한 황산의 밀리몰수와 같으므로

$$0.100M \times 1000\ \text{mL} = 17.5\ M \times x\ \text{mL}$$

x = 5.71 mL의 진한 황산을 1000 mL로 묽히면 된다. ■

질량은 보존된다.

$$M_1V_1 = M_2V_2$$

만약에 용액의 몰농도가 M_1, 부피가 V_1이고 희석된 용액의 몰농도가 M_2, 부피가 V_2이라면 위의 관계가 성립한다. 일반식 $C_1V_1 = C_2V_2$은 농도의 단위가 무엇이든 C_1과 C_2의 단위가 같다면 성립한다. 이 식을 기억하라.

몰농도와 노말 농도가 정량 분석에 가장 유용한 농도이며, 이들을 사용하는 계산은 부피 분석법에서 자세하게 설명한다.

분석 농도 및 평형 농도—두 농도는 다르다

분석 화학자는 알고 있는 분석 농도의 용액을 만들 때, 녹아 있는 물질의 일부 또는 전부가 해리되어 여러 가지 화학종이 평형 농도에 이르게 된다. 예를 들면 아세트산은 약산이기 때문에 농도에 따라서 겨우 몇 퍼센트만 해리하여 양성자와 아세트산 이온의 평형 농도에 이르게 된다.

분석 농도는 전체 용해된 물질의 농도로 나타낼 수 있다. 즉, 용액 중 물질의 모든 화학종의 합 = C_X이다.

$$HOAc \rightleftharpoons H^+ + OAc^-$$

용액이 묽을수록 해리는 더 크게 나타난다. 우리는 흔히 몰농도를 이용하여 평형 상수가 포

평형 농도는 물질의 농도 = [X]로 녹아 있는 상태이다.

함되어 있는 계산에서 이들 평형 농도를 사용한다(6장 참조). 이 **분석 몰농도(analytical molarity)**는 C_X의 기호로 나타내고, **평형 몰농도(equilibrium molarity)**는 [X]로 표시한다. 1 M $CaCl_2$(분석 농도) 용액 평형에서 0 M $CaCl_2$, 1 M의 Ca^{2+}, 2 M의 Cl^-(평형 몰농도)를 나타낸다. 그러므로 우리는 이 용액을 1 M의 Ca^{2+} 용액과 2 M의 Cl^- 용액이라 말한다.

묽힘—정확한 농도의 준비

묽히기 위해서 취한 mmol수는 묽은 용액에서의 mmol수와 같을 것이다.

$M_{저장\ 용액} \times mL_{저장\ 용액} = M_{묽은\ 용액} \times mL_{묽은\ 용액}$

우리는 흔히 저장용 높은 농도의 용액으로부터 낮은 농도의 용액을 만들어야 한다. 예를 들어 적정에 사용하기 위해서 진한 HCl로부터 묽은 HCl 용액을 만들기도 한다(표준화 이후). 또는 연속적인 더 묽은 용액을 원한다면, 저장 표준 용액을 준비할 수도 있다. 묽히기 위해서 취한 저장 용액의 mmol 수는 최종 묽은 용액 중에 들어 있는 mmol 수와 똑같을 것이다. $C_1V_1 = C_2V_2$

예제 5.9

분광학적인 방법에 의해 과망가니즈산 이온을 정량하기 위하여 검정 곡선을 준비하려 한다. 여기에 0.100 M의 $KMnO_4$ 저장 용액과 여러 개의 100 mL 부피 플라스크가 있다. 1.00, 2.00, 5.00, 10.0×10^{-3} M의 표준 $KMnO_4$ 용액을 준비하기 위하여, 취해야 할 $KMnO_4$ 저장 용액의 부피는 얼마인가?

풀이

0.100 M의 준비된 용액 x mL를 100 mL로 희석하여 특별한 농도 C_2로 만든다면 식 $C_1V_1 = C_2V_2$를 기억하라.
여기서 만들려는 농도 $C_2 = 1.00 \times 10^{-3}$이면 V_1은 x이고 C_1은 0.100 M 그리고 $V_2 = 100$ mL.

$$0.100\ M \times x\ \text{mL} = 1.00 \times 10^{-3}\ M \times 100\ \text{mL}$$
$$x = 1.00\ \text{mL}$$

이와 비슷한 방법으로 다른 용액도 준비된 0.100 M의 $KMnO_4$ 용액을 2.00, 5.00, 10.0 mL 취하여 100 mL로 묽히면 된다. ■

예제 5.10

광물 시료 중의 망가니즈의 함량을 분석하기 위하여 이 광물을 용해시키고 산화시켜서 분광화학적인 방법으로 분석하려 한다. 이 광물은 약 5%의 Mn을 함유하고 있다. 5 g 시료를 용해시키고 산화 과정을 거친 후 100 mL로 희석하였다. 예제 5.9에서 준비한 약 3×10^{-3} M의 과망가니즈산 이온 검정 범위에 들게 하려면 그 용액을 얼마나 취하여 묽혀야 하는가?

풀이

이 용액은 0.05×5 g 시료 = 0.25 g Mn을 함유한다. 이것은 [0.25 g/(55 g Mn/mol)]/100 mL = 4.5×10^{-3} mol MnO_4^-/100 mL = 4.5×10^{-2} M에 해당한다. 3×10^{-3} M에 대하여는 $4.5 \times 10^{-2}/3 \times 10^{-3} = 15$배 묽혀야 한다. 만일 100 mL 부피 플라스크를 가지고 있다면, $C_1V_1 = C_2V_2$를 이용하라.

$$4.5 \times 10^{-2}\ M \times x\ \text{mL} = 3 \times 10^{-3}\ M \times 100\ \text{mL}$$
$x = 6.7$ mL가 100 mL로 묽히는 데 필요하다.

정확히 피펫 조작을 하는 것이 필요하므로 정확히 10 mL를 취하면 이것은 4.5×10^{-3} M 과망가니즈산 이온이 된다. ■

진한 용액의 묽힘 계산

진한 농도의 용액으로부터 특정한 농도의 묽은 용액을 조제하기 위해 우리는 $C_1V_1 = C_2V_2$라는 관계식을 사용할 수 있다. 예를 들면 진한 용액으로부터 0.100 M 용액 500 mL를 조제한다고 하면, 취할 mmol 수를 계산해야 한다. 이 관계식을 통해서 우리는 500 mL까지 묽힐 때 필요한 진한 농도 용액의 부피를 계산할 수 있다.

묽히기 이전과 이후의 밀리몰수는 같아야 함을 기억하라. 몰농도(그리고 노말 농도)를 이용한 부피 분석법은 5.5절(그리고 이 교재의 웹 사이트)을 참고하라.

예제 5.11

0.250 M의 $K_2Cr_2O_7$ 용액으로부터 0.100 M의 용액 500 mL를 조제하려고 한다. 500 mL로 묽히기 위해 사용된 0.250 M 용액의 부피는 얼마인가?

풀이

$$M_{\text{나중}} \times \text{mL}_{\text{나중}} = M_{\text{처음}} \times \text{mL}_{\text{처음}}$$
$$0.100 \text{ mmol/mL} \times 500 \text{ mL} = 0.250 \text{ mmol/mL} \times \text{mL}_{\text{처음}}$$
$$\text{mL}_{\text{처음}} = 200 \text{ mL}$$

■

예제 5.12

0.50 M의 OH^- 용액을 조제하기 위해서는 0.30 M의 NaOH 50 mL 용액에 0.40 M의 $Ba(OH)_2$ 용액이 얼마나 첨가되어야 하는가?

풀이

희석된 수용액의 부피는 첨가된 것으로 가정할 수 있다. 즉 x mL의 $Ba(OH)_2$ 용액이 50 mL의 NaOH에 첨가되었다면 전체 용액의 부피는 $50+x$ mL가 된다. 여기서 $C_1V_1 = C_2V_2$ 식을 초기 용액들이 서로 첨가된다는 것을 사용하여 다음과 같이 변형할 수 있다.

$$\sum C_{\text{처음}}V_{\text{처음}} = C_{\text{최종}}V_{\text{최종}}$$

이 경우 $M_{\text{NaOH}}V_{\text{NaOH}} + M_{\text{Ba(OH)}_2}V_{\text{Ba(OH)}_2} = M_{\text{OH}^-} \times V_{\text{최종}}$이다. 여기서 1 M $Ba(OH)_2$는 2 M OH^-인 것에 주의하라. 그러므로 $0.30\ M \times 50\ \text{mL} + 2 \times 0.40\ M \times x\ \text{mL} = 0.50\ M \times (50+x)\ \text{mL}$. 문제를 풀면, $x = 33$ mL이다.

다른 방법으로

$x = Ba(OH)_2$의 부피(mL)로 두면 최종 부피는 $(50+x)$ mL이다.

$$\text{mmol OH}^- = \text{mmol NaOH} + 2 \times \text{mmol Ba(OH)}_2$$
$$0.50\ M \times (50+x)\ \text{mL} = 0.30\ M\ \text{NaOH} \times 50\ \text{mL} + 2 \times 0.40\ M\ \text{Ba(OH)}_2 \times x\ \text{mL}$$
$$x = 33\ \text{mL Ba(OH)}_2$$

■

가끔 분석자들은 시료나 표준 용액의 연속적인 묽힘의 어려움에 직면한다. 마지막 농도를 간단히 얻을 수 있도록 다량의 밀리몰수나 부피를 추적할 필요가 있다.

예제 5.13

분광 광도계를 이용해서 Fe^{2+}와 1,10-페난트롤린의 반응으로 오렌지색을 나타내도록 하여 정량하고자 한다. 이것은 흡광도나 색의 세기를 비교하는 것에 의지하여 연속적인 표준물들의 제조를 필요로 한다(예: 교정 곡선을 준비). 황산암모늄 철(II)로부터 1.000×10^{-3} M 철의 저장 표준 용액을 준비한다. 이 용액에 피펫으로 2.000 mL와 1.000 mL를 각각 100 mL 부피 플라스크에 첨가하고 플라스크의 부피까지 묽혀서 작업 표준 용액 A와 B를 준비한다.

100 mL 부피 플라스크에 작업 표준 용액 A를 각각 20.00, 10.00, 5.000 mL 첨가하고 표선까지 묽혀서 작업 표준 용액 C, D, E를 준비하였다. 준비한 작업 용액의 농도는 얼마인가?

풀이

용액 A: $M_{저장} \times mL_{저장} = M_A \times mL_A$

$(1.000 \times 10^{-3}\ M)(2.000\ mL) = M_A \times 100.0\ mL$

$M_A = 2.000 \times 10^{-5}\ M$

용액 B: $(1.000 \times 10^{-3}\ M)(1.000\ mL) = M_B \times 100.0\ mL$

$M_B = 1.000 \times 10^{-5}\ M$

용액 C: $M_A \times mL_A = M_C \times mLc$

$(2.000 \times 10^{-5}\ M)(20.00\ mL) = M_C \times 100.0\ mL$

$M_C = 4.000 \times 10^{-6}\ M$

용액 D: $(2.000 \times 10^{-5}\ M)(10.00\ mL) = M_D \times 100.0\ mL$

$M_D = 2.000 \times 10^{-6}\ M$

용액 E: $(2.000 \times 10^{-5}\ M)(5.000\ mL) = M_E \times 100.0\ mL$

$M_E = 1.000 \times 10^{-6}\ M$ ■

희석에서 용질 + 용매 방법은 정량적인 희석에서는 사용해서는 안 된다.

특별히 혼합 용액에서 첨가된 부피는 완벽하게 첨가되는 것은 아니다. 물이나 에탄올은 혼합할 때 언제나 음의 값으로 줄어든다. 각각의 몰부피는 순수한 용액일 때보다 혼합하면 각각 줄어들게 된다. 즉 순수한 알코올의 부피와 물의 부피의 합은 보드카의 부피와 같지 않다.

위의 계산은 산-염기, 산화-환원, 침전, 그리고 착물 반응을 포함한 모든 반응에 적용 가능하다. 계산을 하기 전에 주된 요구사항은 물질의 반응 비율을 아는 것이다. 즉 균형을 맞춘 반응에서 시작해야 한다.

화학 문헌에서 용액 준비 과정은 종종 진한 저장 용액을 묽히도록 하는데, 어떤 저자들은 다른 용어를 사용하기도 한다. 예를 들면, 실험 과정에서 황산의 1 + 9 묽힘(용질 + 용매)이라고 부르기도 한다. 또는 1:10 묽힘(초기 부피 : 최종 부피)을 가리킬 수도 있다. 첫 번째 과정은 처음 용액 1에 용매 9를 첨가함으로써 진한 용액을 처음 용액의 1/10로 묽히는 것을 말한다. 반면에 두 번째 과정에서는 처음 용액을 10배 묽히는 것이다. 첫 번째 과정은 부피가 완전한 가감성이 아니므로 정확하게 10배 묽힘이 아니지만, 두 번째 과정에서는 10배로 묽히는 것이다(예: 피펫으로 10 mL를 100 mL 부피 플라스크에 첨가하고 그 부피까지 묽힌다. - 황산을 첨가하기 전에 플라스크에 물을 미리 조금 채운다!). 용질 + 용매 방식은 농도를 정확하게 알 필요가 없는 시약의 경우에만 괜찮다.

Y = 요타 = 10^{24}
Z = 제타 = 10^{21}
E = 엑사 = 10^{18}
P = 페타 = 10^{15}
T = 테라 = 10^{12}
G = 기가 = 10^{9}
M = 메가 = 10^{6}
K = 킬로 = 10^{3}
d = 데시 = 10^{-1}
c = 센티 = 10^{-2}
m = 밀리 = 10^{-3}
μ = 마이크로 = 10^{-6}
n = 나노 = 10^{-9}
p = 피코 = 10^{-12}
f = 펨토 = 10^{-15}
a = 아토 = 10^{-18}
z = 젭토 = 10^{-21}
y = 욕토 = 10^{-24}

5.3. 분석 결과의 표시법—매우 많은 방법이 있다

분석 결과를 여러 가지 방법으로 보고할 수 있다. 초보자는 몇 가지의 일반 공식이나 측정에 사용되는 단위에 숙달되어야 한다. 결과는 대개 무게나 부피를 기준으로 하는 **농도**, 즉 시료의 단위 무게 또는 단위 부피당의 분석물의 양으로 나타낸다. 분석 물질에 사용되는 단위는 다양하다.

먼저 미터법에서, 무게와 부피에 일반적으로 사용되는 단위를 복습한 다음 결과의 표시법을 말하고자 한다. 그램(g)은 질량의 기본 단위이며, 보통량 분석에서 가장 많이 사용된다. 소량이나 미량 성분에서는 보다 작은 단위가 사용된다. 밀리그램(mg)은 10^{-3} g, 마이크로그램(μg)은 10^{-6} g, 나노그램(ng)은 10^{-9} g이다. 부피의 기본 단위는 리터(L)이다. 밀리리터(mL)는 10^{-3} L이며, 부피 분석에서 흔히 사용된다. 마이크로리터(μL)는 10^{-6} L(10^{-3} mL)이고, 나노리터(nL)는 10^{-9} L(10^{-6} mL)이다(훨씬 더 미량인 경우에는 피코(pico, 10^{-12})와 펨토(femto, 10^{-15})의 접두어를 가진 단위가 사용된다).

고체 시료

고체 시료의 계산에는 무게가 기준이 된다.[3] 보통량 측정 결과를 나타내는 가장 일반적인 표시법은 시료의 무게 **퍼센트**(%)로서 분석물의 무게를 나타내는 것이다(무게/무게). 시료와 분석물의 무게 단위는 같다. 예를 들어 석회석 시료 1.267 g이 0.3684 g의 철을 포함할 때, 다음과 같이 표시할 수 있다.

정확하게는 질량이지만 무게라는 용어가 흔히 사용되고 있다. 질량과 무게의 기술과 측정에 대해서는 2장을 보라.

$$\frac{0.3684\ \text{g}}{1.267\ \text{g}} \times 100\% = 29.08\%\ \text{Fe}$$

무게/무게 단위로 퍼센트를 계산하는 일반식은 퍼센트와 같다.

$$\%\ (\text{wt/wt}) = \left[\frac{\text{용질의 무게 (g)}}{\text{시료의 무게 (g)}}\right] \times 10^2\ (\%/\text{용질 g/시료 g}) \tag{5.8}$$

이 계산에서 용질의 g은 용액의 g으로 소거되지 않은 것에 주목하라. 이 분율은 시료의 g당 용질의 g수를 뜻한다. 10^2을 곱함으로써 시료 100 g당 용질의 g수가 얻어진다. 용질이나 시료의 무게(무게의 어떤 단위든지 상관없다)를 g 단위로 바꿀 때의 환산 인자는 언제나 같으므로 환산 인자는 언제나 소거된다. 따라서 어떤 무게의 단위로 사용하여도 좋다. 미량 농도는 흔히 **천분율**(**parts per thousand**, **ppt**, ‰), **백만 분율**(**parts per million**, **ppm**), **10억 분율**(**parts per billion**, **ppb**)과 같은 작은 단위로 나타내며 퍼센트(%)와 같은 방법으로 계산한다.

1 ppt (thousand) = 1000 ppm = 1,000,000 ppb
1 ppm = 1000 ppb = 1,000,000 ppt (trillion)
보통 ppt라고 하면 parts per trillion인 경우가 대부분이다. 다만 경우에 따라서는 parts per thousand를 쓰는 경우도 있으니 단위에 주의해야 한다.

$$\text{ppt(wt/wt)} = \left[\frac{\text{용질의 무게 (g)}}{\text{시료의 무게 (g)}}\right] \times 10^3\ (\text{ppt/용질 g/시료 g}) \tag{5.9}$$

$$\text{ppm(wt/wt)} = \left[\frac{\text{용질의 무게 (g)}}{\text{시료의 무게 (g)}}\right] \times 10^6\ (\text{ppm/용질 g/시료 g}) \tag{5.10}$$

$$\text{ppb(wt/wt)} = \left[\frac{\text{용질의 무게 (g)}}{\text{시료의 무게 (g)}}\right] \times 10^9\ (\text{ppb/용질 g/시료 g}) \tag{5.11}$$

분석물과 시료의 무게 단위를 같게 하면 다른 어떤 무게의 단위를 사용하여도 된다. **1조분율**(**parts per trillion**, **ppt**)도 ppt로 간략하게 표시하므로, 천분율의 경우와 어느 쪽인지 주의할 필요가 있다. 앞의 보기에서는 시료 중에 철이 29.08 퍼센트, 290.8 천분율, 290,800 백만 분율(1백만 g의 시료 중 290,800 g의 철, 1백만 파운드의 시료 중 290,800 파운드의 철 등)이다. 1 ppm은 0.0001 퍼센트 또는 10^{-4}%이기도 하다. 표 5.2에 ppm과 ppb의 농도와의 관계를 요약하였다. ppm은 mg/kg 또는 μg/g이고, ppb는 μg/kg 또는 ng/g인 것을 기억하라.

ppt = mg/g = g/kg
ppm = μg/g = mg/kg
ppb = ng/g = μg/kg

미량의 기체 농도를 표기할 때도 ppb, ppm 등을 사용한다. 이 경우는 질량비가 아니라 부피비를 사용한다(기체는 이 값이 몰비와 같다). 그러므로 대기 중 390 ppm의 이산화 탄소의 존재는 공기 1L(백만 mL) 중에 390 mL의 이산화 탄소가 포함되어 있다는 말이다. 경우에 따라서는 이를 구분하기 위해서 "부피비"란 뜻으로 ppmv 또는 ppbv로 표기하기도 한다.

[3]무게와 질량은 확실히 다르다. **무게**만을 취급하고자 할 때에는 2장을 보라. 무게와 질량은 상호 전환하여 사용할 수 있을 것이다.

표 5.2 미량 농도를 나타내는 일반적인 단위

단위	기호	무게/무게	무게/부피	부피/부피
백만분율 (1 ppm = 10^{-4}%)	ppm	mg/kg	mg/L	μg/L
		μg/g	μg/mL	nL/mL
10억분율	ppb	μg/kg	μg/L	nL/L
(1 ppb = 10^{-7}% = 10^{-3} ppm)		ng/g	ng/mL	pL/mL[a]
밀리그램 퍼센트	mg%	mg/100 g	mg/100 mL	

[a]pL = 피코리터 = 10^{-12} L

예제 5.14

식물 세포의 시료 2.6 g을 분석하여 3.6 μg의 아연이 포함된 것을 알았다. 식물 중의 아연 농도는 몇 ppm인가? 또한 몇 ppb인가?

풀이

$$\frac{3.6\ \mu g}{2.6\ g} = 1.4\ \mu g/g \equiv 1.4\ ppm$$

$$\frac{3.6 \times 10^3\ ng}{2.6\ g} = 1.4 \times 10^3\ ng/g \equiv 1400\ ppb$$

1 ppm은 1000 ppb와 같다. 1 ppb는 10^{-7}%와 같다. ■

임상 화학자는 때때로 미량 농도를 ppm보다 **밀리그램 퍼센트**(milligram percent, mg%)를 사용한다. 이것은 100 g 시료 중의 mg 분석물을 나타낸다. 예제 5.14에서 시료는 $(3.6 \times 10^{-3}$ mg/2.6 g$) \times 100$ mg% = 0.14 mg%의 아연을 포함한다.

예제 5.15 대기 중 기체나 입자의 농도

현재 7가지 오염물질 군에 대한 미국 공기질 표준은 미국 환경청에 의해서 웹 사이트 http://www.epa.gov/air/criteria.html에 나열되어 있다. 납과 입자 물질을 제외하면 모두 기체이다. 입자 물질의 경우 wt/vol (μg/m^3)이 사용된다. μg/L보다는 m^3 (1000 L와 같은 부피)가 사용된다. 기체 농도는 ppm(v)나 ppb(v)로 표기된다. 자동차 배기가스에서 다량 배출되는 일산화 탄소의 농도도 mg/m^3로 나타내어진다. 특히 자동차 주행거리당 일산화 탄소의 배출 질량은 주요 관심 사항이다.

(a) 어떻게 35 ppm CO가 40 mg/m^3인지 보이시오.

(b) 75 ppb는 25℃에서 μg/m^3로 얼마인가?

풀이

기체의 부피는 온도와 압력에 따라 변하므로 반드시 압력과 온도가 주어져야 한다. 그러나 특별히 값이 주어지지 않았다면 1기압과 25℃로 간주한다. 이상 기체 법칙에 따라(PV = RT, 여기서 R은 기체 상수로 0.0821 L-atm/mol K로 1기압, 25℃(298.15 K)에서 모든 기체 1몰의 부피는 24.5 L(0℃, 1기압에서는 22.4 L)이다.

국가 대기 질 표준

오염 물질	1차 표준		2차 표준	
	수준	평균 시간	수준	평균 시간
일산화 탄소	9 ppm (10 mg/m^3)	8시간[1]	없음	
	35 ppm (40 mg/m^3)	1시간[1]	없음	
납	0.15 $\mu g/m^3$ [2]	3개월 반복평균	1차 표준과 같음	
	0.15 $\mu g/m^3$ [2]	분기별 평균	1차 표준과 같음	
이산화 질소	53 ppb [3]	연간(산술평균)	1차 표준과 같음	
	100 ppb	1시간[4]	없음	
입자 물질 (PM_{10})	150 $\mu g/m^3$	24시간[5]	1차 표준과 같음	
입자 물질 ($PM_{2.5}$)	15.0 $\mu g/m^3$	연간[6] (산술평균)	1차 표준과 같음	
	35 $\mu g/m^3$	24시간[7]	1차 표준과 같음	
오존	0.075 ppm (2008 std)	8시간[8]	1차 표준과 같음	
	0.08 ppm (1997 std)	8시간[9]	1차 표준과 같음	
	0.12 ppm	1시간[10]	1차 표준과 같음	
이산화 황	0.03 ppm	연간(산술평균)	0.5 ppm	3시간[1]
	0.14 ppm	24시간[1]	없음	
	75 ppb [11]	1시간	없음	

(a) 35 ppm이란 1몰의 대기 중에 35 μmol의 CO가 포함되어 있다는 것이다. CO의 FW는 28이다. 즉 24.5 L의 대기에 CO가 35 μmol × 28 μg = 980 μg이 있다고 쓸 수 있다.

$$\frac{980\ \mu g}{24.5\ L} \times \frac{1\ mg}{1000\ \mu g} \times \frac{1000\ L}{1\ m^3} = 40\ mg/m^3$$

(b) 75 ppb SO_2는 24.5 L의 대기에 75 nmol의 SO_2가 있는 것이다. SO_2의 FW는 64, 따라서

$$\frac{75\ nmol}{24.5\ L} \times \frac{1\ \mu mol}{1000\ nmol} \times \frac{64\ \mu g}{\mu mol} \times \frac{1000\ L}{1\ m^3} = 19_6\ \mu g/m^3;\ \text{반올림하면 } 0.20\ mg/m^3$$

액체 시료

액체 시료의 경우 결과는 위에서와 같이 무게/무게로 보고하거나, **무게/부피(weight/volume)**를 기준으로 하여 보고할 수도 있다. 적어도 임상 실험실에서는 후자가 보다 일반적이다. 계산법도 앞서 설명한 것과 같으며, 무게/부피를 사용할 때 %는 시료 100 mL 중의 분석물 g수와 같고, 한편 mg%는 시료 100 mL 중의 분석물이 mg수이다. 후자는 임상 분석 화학자가 생물학적 유체의 경우에 잘 사용한다. 무게/무게를 기준으로 한 mg%와 구분하기 위하여 **밀리그램/데시리터**(mg/dL)라는 단위도 사용한다. 농도가 %로 표시될 때는 언제나 무게/부피인지, 무게/무게인지를 확실하게 표시해야 한다. 희석 수용액을 제외한 모든 용액에서 이 구별은 매우 중요하다. 희석 수용액에서는, 실제 사용하는 무게/부피의 경우나 무게/무게 경우 모두 물의 밀도가 1 (1 mL = 1 g) 이므로 수치적으로는 동일하다.

데시리터는 0.1 L 또는 100 mL이다.

ppm이나 ppb도 무게/부피를 기준으로 해서 나타낼 수도 있고, ppm은 mg/L 또는 μg/mL로, ppb는 μg/L 또는 ng/mL로, ppt는 pg/mL 또는 ng/L로 계산된다. 또한 다음과 같은 기본적인 계산법도 있다.

희석 수용액에서

ppm = μg/mL = mg/L

ppb = ng/mL = μg/L

ppt = pg/mL = ng/L

$$\%(\text{wt/vol}) = \left[\frac{\text{용질의 무게 (g)}}{\text{시료의 부피 (mL)}}\right] \times 10^2 \text{ (\%/g 용질/mL 시료)} \quad (5.12)$$

$$\text{ppm (wt/vol)} = \left[\frac{\text{용질의 무게 (g)}}{\text{시료의 부피 (mL)}}\right] \times 10^6 \text{ (ppm/g 용질/mL 시료)} \quad (5.13)$$

$$\text{ppb (wt/vol)} = \left[\frac{\text{용질의 무게 (g)}}{\text{시료의 부피 (mL)}}\right] \times 10^9 \text{ (ppb/g 용질/mL 시료)} \quad (5.14)$$

$$\text{ppt (wt/vol)} = \left[\frac{\text{용질의 무게 (g)}}{\text{시료의 부피 (mL)}}\right] \times 10^{12} \text{ (ppt/g 용질/mL 시료)} \quad (5.15)$$

%(wt/vol)은 파운드/용액 100갤런이 아니며, 용질은 g으로, 용액은 mL로 표시해야 한다. 모호한 표현을 피하기 위해서, 용액 상태의 농도를 표현하는 데 ppm, ppb, ppt 등은 잘 추천하지 않는다. 대신에 대부분의 학술 논문집들은 μg/mL나 ng/mL를 사용한다.

예제 5.16

25.0 μL의 혈청 시료 중의 글루코스를 분석하여 26.7 μg이 포함된 것을 알았다. 글루코스의 농도를 μg/mL와 mg/dL의 단위로 계산하시오.

풀이

$$25.0\ \mu\text{L} \times \frac{1\ \text{mL}}{1000\ \mu\text{L}} = 2.50 \times 10^{-2}\ \text{mL}$$

$$26.7\ \mu\text{g} \times \frac{1\ \text{g}}{10^5\ \mu\text{g}} = 2.67 \times 10^{-5}\ \text{g}$$

$$\text{글루코스 농도} = \frac{2.67 \times 10^{-5}\ \text{g 글루코스}}{2.50 \times 10^{-2}\ \text{mL 혈청}} \times 106\ \mu\text{g/g} = 1.07 \times 10^3\ \mu\text{g/mL}$$

이것은 숫자적으로는 ppm 단위와 같다. 또한

$$\text{글루코스 농도} = 1.07 \times 10^3\ \frac{\mu\text{g}}{\text{mL}} \times \frac{0.001\ \text{mg}}{1\ \mu\text{g}} \times \frac{100\ \text{mL}}{1\ \text{dL}} = 107\ \text{mg/dL}$$

[10 ppm (wt/vol) = 1 mg/dL 관계에 주의하라.] ■

μg/mL와 몰농도 간의 관계는 화학식량에 의존한다.

1 μg/mL, 즉 1 ppm을 mol/L로 나타내면 어떤 값이 되는가? 그것은 화학식량에 의존한다. 실제 화학식량을 사용해서 몇 가지 변환을 해 보자. 우리는 2.5 μg/mL의 벤젠을 함유하고 있는 용액으로 시작한다. 화학식량(C_6H_6)은 78.1이다. 리터당 몰의 농도는 $(2.5 \times 10^{-3}$ g/L$)/(78$ g/mol$) = 3.8 \times 10^{-5}$ M이다. 다른 용액은 5.8×10^{-8} M의 납을 함유하고 있다. ppb 농도는 $(5.8 \times 10^{-8}$ mol/L$)(207$ g/mol$) = 1.2_0 \times 10^{-5}$ g/L이다. ppb (μg/L)로 변화하면 $(1.2_0 \times 10^{-5}$ g/L$)/(10^6$ μg/g$) = 1.2_0 \times 10^1$ μg/L = 12 ppb이다. 350 pg/L의 사염화 탄소를 함유하는 음료수 시료의 일조분율(ng/L)의 농도는 $(350 \times 10^{-12}$ g/L$)/(10^9$ ng/g$) = 350 \times 10^{-3}$ ng/L = 0.35 ng/L = 0.35 ppt이다. 몰농도는 $(350 \times 10^{-12}$ g/L$)/(154$ g/mol$) = 2.3 \times 10^{-12}$ M이다(염소 처리된 물은 미량의 염화 탄화수소를 함유하고 있다—다만 매우 적은 양이다).

기억해야 할 중요한 사항은 두 용액에 하나는 wt/wt 비로 하나는 wt/vol 비로 같은 값을 가졌을 때 그 용액에 포함하고 있는 분자의 숫자는 서로 다르다.[4] 그러나 몰랄 농도는 같다.

예제 5.17

(a) Li^+과 Pb^{2+} 각 1 mg/L (1.00 ppm) 용액의 몰농도를 계산하시오.
(b) 100 mg/L (100 ppm) Pb^{2+} 수용액 1 L를 만들 때 소요되는 $Pb(NO_3)_2$의 무게는 얼마인가?

풀이

(a) Li 농도 = 1.00 mg/L, Pb 농도 = 1.00 mg/L

$$M_{\text{Li}} = \frac{1.00 \text{ mg Li/L} \times 10^{-3} \text{ g/mg}}{6.94 \text{ g Li/mol}} = 1.44 \times 10^{-4} \text{ mol/L Li}$$

$$M_{\text{Pb}} = \frac{1.00 \text{ mg Pb/L} \times 10^{-3} \text{ g/mg}}{207 \text{ g Pb/mol}} = 4.83 \times 10^{-6} \text{ mol/L Pb}$$

납(Pb)은 리튬(Li)보다 매우 무겁기 때문에, 일정한 무게에 보다 작은 몰수를 함유하며, 따라서 몰농도도 작다.

(b) 1 ppm Pb = 4.83×10^{-6} mol/L Pb 라면
100 ppm Pb = 4.83×10^{-4} mol/L Pb
따라서 4.83×10^{-4} mol의 $Pb(NO_3)_2$가 필요하다.

$$4.83 \times 10^{-4} \text{ mol} \times 283.2 \text{ g Pb(NO}_3)_2/\text{mol} = 0.137 \text{ g Pb(NO}_3)_2$$ ■

농도의 단위인 wt/wt와 wt/vol은 밀도와 관련이 있으며, 이들은 밀도가 1 g/mL인 묽은 수용액에서는 같은 값이다.

희석 수용액에서 물의 밀도는 거의 1.000 mg/mL이므로 wt/wt ≈ wt/vol이다.

분석 물질이 다른 액체에 녹는 액체일 때, 농도를 **부피/부피**(**volume/volume**)를 기준으로 하여 나타낼 수가 있으나, 실제로 그와 같이 사용되는 경우는 별로 없다. 단 한 가지의 특별한 예외로 액체 크로마토그래피의 용매가 있다. 이 경우 40:60 메탄올:물이라고 표기한 것은 메탄올 부피 40에 물 부피 60을 혼합하였다는 의미이다. 이때 특별히 최종 부피는 언급되지 않는다. 한편, vol/vol으로 나타내는 경우 첫 번째 부피는 용질을 뜻하고 두 번째 부피는 용액을 의미한다. 이 단위는 주로 알코올을 포함하는 음료를 제조하는 산업에서 알코올의 함량을 표기할 때 보통 사용된다. 계산 방법은 위의 보기와 같으며, 용질과 용액 모두 같은 부피 단위를 사용한다. 예제 15.15에서 설명되었던 기체 농도의 경우에는 wt/vol, vol/vol 그리고 예외적으로 wt/wt 비를 사용한다.

농도의 형태를 명시하는 것이 가장 바람직하나, 정확한 표시가 없으면 고체인 경우는 일반적으로 wt/wt로, 기체는 vol/vol로, 액체는 wt/wt (진한 산과 염기 시약), wt/vol (보통 묽은 수용액), 또는 vol/vol (미국의 알코올성 음료 산업)으로 가정하는 것이 최선의 방법이다.

와인에 포함되어 있는 알코올이나 술은 vol/vol (200 알코올 도수 = 100% vol/vol)으로 표기한다. 알코올의 비중이 0.8이므로, wt/vol 농도 = 0.8 × (vol/vol) = 0.4 × 알코올 도수.

임상화학자는 생체액 중 주요 전해질(Na^+, K^+, Ca^{2+}, Mg^{2+}, Cl^-, $H_2PO_4^-$ 등)의 양을 나타내는 데 종종 무게 이외의 단위를 사용한다. 이 단위는 **밀리당량**(**milliequivalent**, meq)이다. 이 양은 분석 물질의 밀리몰수에 그 분석 이온의 전하를 곱한 값으로 정의한다. 결과는 일반적으로 meq/L로 나타낸다. 이 개념은 전해질 전체의 균형을 생각하기 위해서 사용한다. 의사는 전체 전해질 농도가 현저하게 증가하는지 감소하는지를 한눈으로 보아서 알 수 있다. 명백하게, 양이온의 밀리당량과 음이온의 밀리당량과 같다. 1몰의 1가 양이온(1 eq)과 1/2몰의 2가 음이온(1 eq)은 같은 수의 양 또는 음전하(각 1몰)를 갖고 있다. 전해질의 전하 균형의 예로서 표 5.3에 사람의 혈장과 소변 중의 주요 전해질 조성의 평균값을 나타내었다. 25장에서는 인체 중의 몇 가지 화학 성분의 범위와 생물학적 중요성을 설명하기로 한다.

어떤 용액이라도 용액 내 양이온과 음이온의 당량은 같아야 한다.

[4]그들이 같은 분자량을 갖는 경우가 아니라면

표 5.3 건강한 사람의 혈장 중의 주요 전해질 조성[a]

양이온	meq/L	음이온	meq/L
Na^+	143	Cl^-	104
K^+	4.5	HCO_3^-	29
Ca^{2+}	5	단백질	16
Mg^{2+}	2.5	HPO_4^-	2
		SO_4^{2-}	1
		유기산	3
합계	155	합계	155

[a]Josephs S. Annino, *Clinical Chemistry*, 3rd ed. Brown and Company (Boston, 1964)로부터

혈액의 pH 7.4에서는 인산 이온이 주로 일수소인산 이온과 이수소인산 이온으로 존재한다.

시료의 밀리당량은 다음과 같이(밀리몰수를 계산할 때와 똑같이) 간단하게 그 밀리그램 단위의 무게로부터 계산된다.

$$\text{meq} = \frac{\text{mg}}{\text{당량 무게 (mg/meq)}} = \frac{\text{mg}}{\text{화학식량 (mg/mmol)}/n\ \text{(meq/mmol)}} \tag{5.16}$$

$n =$ 이온의 전하

Na^+의 당량 무게는 23.0 (mg/mmol) /1 (meq/mmol) = 23.0 mg/meq이고, Ca^{2+}의 당량 무게는 40.1 (mg/mmol)/2(meq/mmol) = 20.0 mg/meq이다.

예제 5.18

혈청 중의 아연 이온 농도는 약 1 mg/L이다. 이것을 meq/L로 나타내시오.

풀이

Zn^{2+}의 당량 무게는 65.4 (mg/mmol) /2 (meq/mmol) = 32.7 mg/meq이다. 따라서

$$\frac{1\ \text{mg Zn/L}}{32.7\ \text{mg/meq}} = 3.06 \times 10^{-2}\ \text{meq/L Zn}$$

이 단위는 위의 보기와 같은 미량 성분인 경우보다는 표 5.3에 나타낸 주요 전해질 성분과 같은 경우에 많이 사용된다. ■

다른 화학종으로 농도 표기

결과를 어떠한 형태의 분석물로도 나타낼 수 있다.

일반적으로 분석 물질은 그것이 존재하고 있는 형태로 정량해서 그 결과를 보고한다고 생각하고 있다. 그러나 이는 종종 실제와는 다르다. 광석 중의 철 함유량을 분석할 때는 철을 Fe_2O_3의 형태로 정량하여 % Fe로 보고한다. 또는 철을 Fe^{2+} (예: 적정으로)의 형태로 정량하여 % Fe_2O_3로 보고한다. 이것은 측정되는 것과 알고 싶은 것의 관계에 대하여 우리들이 알고 있을 때는 타당한 것이다. 물속의 Ca^{2+} 함유량을 분석할 때 $CaCO_3$를 ppm (mg/L) 단위로 보고하고 싶을 수도 있다(이는 물의 **경도**(세기)를 나타내는 일반적인 방법이다). 1 g Ca^{2+}는($CaCO_3$의 화학식량/Ca^{2+}의 화학식량) g $CaCO_3$에 상당한다(또는 변환될 수 있다)는 것을 안다. 즉, Ca^{2+}의 밀리그램수에 100.09/40.08을 곱하면 $CaCO_3$의 밀리그램수를 얻을 것이다. Ca는 이와 같은 형태로 존재하고 있지 않아도 되며, 실제로 그것이 어떤 형태로 존재하고 있는지 몰라도 된다. 단순하게 그것이 존재한다고 생각하여 무게를 계산하여 보고 할 뿐이다. 원하는 구성 성분의 무게를 계산하는 데 필요한 특별한 조작은 아래에서 설명할 것이다.

이 시점에서 생물 조직이나 고형물에 관한 결과의 표시에 사용되는 단위의 몇 가지를 언급하자. 시료는 젖은 상태, 마른 상태, 또는 재로 된 세 가지의 물리적인 형태 중의 하나로 무게가 측정된다. 유체는 보통은 부피의 단위가 사용되나, 무게를 측정할 수도 있다. 젖은 무게는 처리하지 않은 신선한 시료에 적용된다. 마른 무게는 가열, 건조 보관, 동결건조 등으로 시료를 말린 다음에 측정된다. 시료가 열에 불안정하면 시료를 가열하여 말려서는 안 된다. 유기물을 태워서 건조시킨 재의 무게를 가끔 시료의 무게로 사용한다. 이것은 광물(무기)성분을 분석할 때만 사용된다.

Ca^{2+} 이온에 의한 물의 경도는 $CaCO_3$의 ppm 농도로 나타낸다. 편리하게도 $CaCO_3$의 화학식량은 100이다. $CaCO_3$의 ppm 농도를 몰농도로 바꾸는 것은 아주 간단하다.

5.4 부피 분석: 어떻게 화학량론적인 계산을 할까?

부피 분석이나 적정 분석은 특히 밀리몰 정도의 작은 양의 분석 물질을 정량하는 가장 유용하고 정확한 분석 기술 중의 하나이다. 이 분석법은 상당히 빠르고, 자동화할 수 있으며, 적정 반응의 완결을 검출하기 위해 pH 측정과 같은 예민한 기기적 방법과 결합하면 더욱 작은 양의 분석물에도 사용할 수 있다. 교육적인 목적을 제외하고는, 손으로 하는 적정은 비교적 작은 수의 시료를 아주 정확하게 분석해야 할 필요가 있는 경우 사용된다. 예를 들어 일상적인 기기적 방법을 교정하거나 검증할 때 사용된다. 자동화 적정은 많은 수의 시료를 처리해야 할 때 유용하다. 예를 들어 색깔 변화 또는 pH 변화가 전동기로 작동하는 뷰렛의 유출을 정지시키게 한다든가, 또는 옮긴 용액의 부피를 디지털 계수기로 기록한다든가 하는 등의 방법으로 적정을 자동화할 수 있다. 한 가지 예가 14장 끝부분에 나와 있다. 이 절에서는 적정의 종류를 설명하고, 적정과 표준 용액의 원리 및 요건 등의 적정에 관계되는 이론을 논의한다. 이 장의 앞부분에서 설명한 부피 관계는 적정한 분석물에 관한 정량적인 정보를 계산하는 데 사용할 수도 있다. 부피 분석에서의 계산은 5.5절에 나타내었다.

적정—무엇이 필요한가?

적정(**titration**)에서는 시험 물질(분석물)이 농도를 알고 있는 첨가물과 순식간에 반응한다. 농도를 알고 있는 용액을 **표준 용액**(**standard solution**)이라고 하고 일반적으로 뷰렛으로 첨가한다. 이때 뷰렛으로부터 가해지는 용액을 **적정 시약**(**titrant**)이라고 한다. (반대의 예로, 표준 용액을 일정 부피로 취한 다음, 적정 시약으로서 농도를 모르는 시료 용액을 적정하기도 한다). 분석물과의 반응이 완결되는 데 필요한 부피의 적정 용액이 필요하다.

첨가된 적정 시약의 몰수와 반응 비율로부터 적정된 분석물의 몰수를 계산할 수 있다.

분석물과 시약 사이의 반응뿐만 아니라 농도를 알고 있으므로, 분석물의 양을 계산할 수 있다. 적정의 조건은 다음과 같다.

1. 반응은 **화학량론적**(**stoichiometric**)이어야 한다. 즉 분석물과 적정 시약 사이에는 잘 정의되고 알려진 반응이 일어나야 한다. 예를 들어 식초 내 아세트산을 수산화 소듐으로 적정할 때 다음과 같은 잘 정의된 반응이 일어난다.

$$CH_3COOH + NaOH \rightarrow CH_3COONa + H_2O$$

2. 반응이 빨라야 한다. 위의 예와 같이 대부분의 이온 반응은 매우 빠르다.
3. 부반응이 없어야 하며, 반응이 선택적이어야 한다. 방해 물질이 있으면 제거하거나, 그 값을 독립적으로 측정하여 측정값에서 빼 주어야 한다.
   ($C_{분석물} = C_{전체} - C_{방해\ 물질}$) 위의 예에서는 다른 산이 존재하지 않아야 한다.
4. **반응이 완결되었을 때 용액의 어떤 성질에 현저한 변화가 일어나야** 한다. 이 변화는 용액의 색깔, 전기적 또는 다른 물리적 성질의 변화일 수 있다. 아세트산을 수산화 소듐으로 적정하면, 반응이 완결되었을 때 용액의 pH가 현저하게 증가한다. 보통 색

적정에서 이론적인 **당량점**은 시료의 몰수와 적정액의 몰수가 정확하게 일치하는 점이다. **종말점**은 적정의 마지막에서 관찰되는 점이다. 당량점과 종말점의 차이가 적정 오차이다.

이 pH 같은 용액의 성질에 따르는 **지시약**(**indicator**)을 첨가하면 색변화가 나타난다.

5. 적정 시약이 당량 또는 화학량론적 양만큼 가해진 지점을 **당량점**(**equivalence point**)이라고 한다. 반응이 완결된 것으로 관찰되는 지점, 즉 용액의 어떤 성질의 변화가 검출되는 지점을 **종말점**(**end point**)이라고 한다. 종말점은 당량점과 일치하거나, 당량점으로부터 재현성 있는 값만큼 차이가 나야 한다.
6. 반응은 **정량적**(**quantitative**)이어야 한다. 즉, 반응의 평형이 오른쪽으로 크게 치우쳐져서 원하는 정확성을 얻을 수 있도록 종말점에서 충분히 예리한 변화가 일어나야 한다. 평형이 오른쪽으로 크게 치우치지 않으면, 종말점을 나타내는 성질의 변화가 서서히 일어나게 되어 정확한 검출이 어렵게 된다.

표준 용액—서로 다른 종류가 있다

일차 표준 물질을 적정하여 표준화한 용액은 그 자체가 이차 표준 물질이 된다. 이것들은 적정 오차 때문에 일차 표준 물질보다 덜 정확할 것이다.

표준 용액은 일차 **표준 물질**(**primary standard**)이라고 하는 고순도의 물질을 정확히 무게를 달아, 부피 플라스크에서 정확히 아는 부피로 묽혀 만든다. 다른 방법으로, 물질의 순도가 충분히 높지 않을 경우에는, 원하는 농도에 가까운 용액을 만든 다음, 무게를 정확히 잰 일차 표준 물질을 적정하여 **표준화**(**standardize**)하면 된다. 예를 들어 수산화 소듐은 직접 표준 용액을 조제할 만큼 충분히 순수하지 않기 때문에, 프탈산수소 포타슘(KHP)과 같은 일차 표준산을 적정하여 표준화한다. 프탈산수소 포타슘은 정확하게 무게를 잴 수 있는 고체이다. 표준화 계산은 아래에 설명한다.

일차 표준 물질(**primary standard**)은 다음의 조건을 만족시켜야 한다.

1. 순도가 정확히 알려져 있으면 0.01~0.02% 정도의 불순물이 포함되는 것까지는 괜찮으나, 일차 표준 물질은 **100.00% 순수**해야 한다.
2. **건조시키는 온도에서 안정**해야 하며, 실온에서는 무한히 안정해야 한다. 일차 표준 물질은 무게를 달기 전에 항상 건조시켜야 한다.[5]
3. **쉽게** 그리고 비교적 가격이 저렴하게 **구할 수** 있어야 한다.
4. 가능한 한 **큰 화학식량**을 가져야 한다. 이는 비교적 많은 양을 재어야 적정하기에 충분한 양이 되기 때문이다. 더 큰 양을 무게 달 때의 상대 오차는 작은 양을 무게 달 때의 상대 오차보다 작기 때문이다.
5. 적정에 사용될 수 있으려면 위에서 열거한 **적정에 요구되는 성질**을 가져야 한다. 특히, 반응의 평형이 크게 오른쪽으로 치우쳐서 아주 예리한 종말점이 얻어질 수 있어야 한다.

큰 화학식량은 주어진 몰수를 얻기 위해서 많은 양을 칭량해야 함을 의미한다. 이것은 칭량 시 오차를 감소시킨다.

부피 분석법의 분류—어떤 종류가 있나?

부피법 또는 적정법에는 네 가지 일반적인 형태가 있다.

1. 산–염기 많은 무기 및 유기 화합물들은 산 또는 염기이며, 센염기 또는 센산 표준 용액으로 적정할 수 있다. 이 적정의 종말점은 지시약을 사용하거나 pH 미터로 pH 변화를 측정하여 쉽게 검출할 수 있다. **비수용성 용매**에서 적정하면 많은 유기 산과 유기 염기의 산도 및 염기도는 더 세어질 수 있다. 그 결과 더 예리한 종말점이 얻어지므로, 더 약산이나 더 약한 염기를 이런 방식으로 적정할 수 있게 된다.

[5]일차 표준 물질이 수화물인 경우에는 일부 예외가 있다.

2. **침전** 침전 적정에서는 적정 시약이 분석물과 반응하여 불용성 생성물을 만든다. 그 한 예가 염화 이온을 질산 은 용액으로 적정하여 염화 은 침전을 형성하는 것이다. 산-염기적정에서와 마찬가지로 지시약을 사용하여 종말점을 검출하거나 용액의 전위를 전기적으로 추적할 수도 있다.
3. **착물화법** 착물화법 적정에서 적정 시약은 분석물인 금속 이온과 결합하여 물에 녹는 착물을 형성하는 시약이다. 적정 시약은 흔히 **킬레이트제(chelating agent)**이다.[6] 이것은 역적정도 수행할 수 있다. 에틸렌다이아민테트라아세트산(EDTA)은 적정에 사용되는 가장 유용한 킬레이트제로서, 많은 수의 금속 이온과 반응하며, pH를 조절하여 반응을 조절할 수 있다. 금속 이온과 반응하여 짙은 색깔의 착물을 형성하는 지시약을 사용한다.
4. **산화-환원** "산화-환원" 적정은 환원제로 산화제를 적정하거나 산화제로 환원제를 적정하는 것이다. 이들 사이의 반응에서 산화제는 전자를 얻고 환원제는 전자를 잃는다. 이때 산화력과 환원력 사이에 큰 차이가 있어야 반응이 완결되어 예리한 종말점이 나타날 수 있다. 즉, 하나는 상당히 센 산화제(전자를 얻으려는 경향이 강한 물질)이고, 다른 하나는 상당히 센 환원제(전자를 잃는 경향이 강한 물질)이어야 한다. 적당한 지시약을 사용하거나 다양한 전기적 방법을 사용하여 종말점을 검출할 수 있다.

위의 네 가지 적정과 종말점 검출법은 이어지는 각 장에서 자세히 논의할 것이다.

5.5 부피 계산 — 몰농도를 사용하자

부피법 계산에서 주로 몰농도를 사용하여 계산할 것이다. 일부 강사는 노말 농도의 개념을 도입하는 것을 선호하며, 학생들은 참고서에서 접할 수 있다. 노말 농도를 이용한 계산법은 이 책의 웹 사이트에서 찾을 수 있다.

앞의 식 5.1~5.5에서 몰과 밀리몰을 사용하는 방법을 언급하였다.

이 식들을 재배열하면 다른 양을 계산하는 식을 얻는다.

$$M(\text{mol/L}) \times \text{L} = \text{mol} \qquad M(\text{mmol/mL}) \times \text{mL} = \text{mmol} \tag{5.17}$$

$$\text{g} = \text{mol} \times \text{화학식량}(\text{g/mol}) \qquad \text{mg} = \text{mmol} \times \text{화학식량}(\text{mg/mmol}) \tag{5.18}$$

$$\text{g} = M(\text{mol/L}) \times \text{L} \times \text{화학식량}(\text{g/mol}) \tag{5.19}$$

$$\text{mg} = M(\text{mmol/mL}) \times \text{mL} \times \text{화학식량}(\text{mg/mmol})$$

이 같은 관계들을 잘 알고 있어야 한다. 이것들은 부피 분석 계산, 용액 준비, 묽힘에서 기본이 된다. 단위를 생각하라.

적정에서는 보통 밀리몰(mmol) 및 밀리리터(mL) 양을 취급하므로, 오른쪽 식들이 더 유용하다. 화학식량을 나타내는 식은 단위(g/mol 또는 mg/mmol)에 관계없이 같은 수치를 가짐에 유의하라. "밀리" 양(밀리몰, 밀리그램, 밀리리터 등)을 사용할 때는 단위를 잘못 사용하여 1000배의 오차가 생기지 않도록 주의하라.

염화 소듐을 포함하고 있는 시료를 적정하는 데 0.100 M $AgNO_3$ 25.0 mL가 필요하다고 가정해 보자. 반응은 다음과 같다.

$$Cl^-(aq) + Ag^+(aq) \rightarrow \underline{AgCl}(s)$$

Ag^+와 Cl^-은 1:1 몰비로 반응하므로 Cl^-의 밀리몰수는 적정에 필요한 Ag^+의 밀리몰수와 같다. NaCl의 밀리그램수는 다음과 같이 계산할 수 있다.

1:1 반응에서 $\text{mmol}_{\text{분석물}} = \text{mmol}_{\text{적정 시약}}$이다.

[6]킬레이트제(뜻이 집게발인 그리스어로부터 나온 용어)는 금속 이온과 착물화할 수 있는 2개 이상의 작용기를 가지고 있는 일종의 착화제이다. EDTA는 6개의 작용기를 가지고 있다.

$$\begin{aligned}\text{mmol}_{\text{NaCl}} &= \text{mL}_{\text{AgNO}_3} \times M_{\text{AgNO}_3}\\ &= 25.0\ \text{mL} \times 0.100\,(\text{mmol/mL}) = 2.50\ \text{mmol}\\ \text{mg}_{\text{NaCl}} &= \text{mmol} \times \text{화학식량}_{\text{NaCl}}\\ &= 2.50\ \text{mmol} \times 58.44\ \text{mg/mmol} = 146\ \text{mg}\end{aligned}$$

적정 시약과 **1:1 몰비**로 반응하는 분석물 A의 퍼센트는 다음의 일반식으로부터 계산할 수 있다.

$$\begin{aligned}\%\,\text{A} &= \text{분율}_{\text{분석물}} \times 100\% = \frac{\text{mg}_{\text{분석물}}}{\text{mg}_{\text{시료}}} \times 100\%\\ &= \frac{\text{mmol} \times \text{화학식량}_{\text{분석물}}\,(\text{mg/mmol})}{\text{mg}_{\text{시료}}} \times 100\%\\ &= \frac{M_{\text{적정 시약}}\,(\text{mmol/mL}) \times \text{mL}_{\text{적정 시약}} \times \text{화학식량}_{\text{분석물}}\,(\text{mg/mmol})}{\text{mg}_{\text{시료}}} \times 100\%\end{aligned} \tag{5.20}$$

이 계산 방법은 적당한 차원 해석을 이용하여 시료 중의 분석물의 분율에 이르는 개별적 계산 과정을 요약한 것이다. 이 식을 단순히 암기하기보다는 적절히 이용하도록 하라.

예제 5.19

탄산수소 소듐을 함유하는 시료 0.4671 g을 녹여서 0.1067 *M* 염산 표준 용액으로 적정하는데 40.72 mL가 소요되었다. 이 반응은 다음과 같다.

$$HCO_3^- + H^+ \rightarrow H_2O + CO_2$$

이 시료 중의 탄산수소 소듐의 퍼센트를 계산하시오.

풀이

탄산수소 소듐의 mmol수는 적정에 사용된 산의 mmol수와 1:1로 반응하기 때문에 서로 같다.

$$\text{mmol}_{\text{HCl}} = 0.1067\ \text{mmol/mL} \times 40.72\ \text{mL} = 4.344_8\ \text{mmol}_{\text{HCl}} \equiv \text{mmol NaHCO}_3$$

(다른 방법으로 모든 단계를 아래와 같이 해도 같은 답을 얻을 수 있다.)

$$\text{mg}_{\text{NaHCO}_3} = 4.3448\ \text{mmol} \times 84.01\ \text{mg/mmol} = 365.0_1\ \text{mg NaHCO}_3$$

$$\%\text{NaHCO}_3 = \frac{365.0_1\ \text{mg NaHCO}_3}{467.1\ \text{mg}_{\text{시료}}} \times 100\% = 78.14\%\ \text{NaHCO}_3$$

또는 모든 과정을 합하여,

$$\begin{aligned}\%\,\text{NaHCO}_3 &= \frac{M_{\text{HCl}} \times \text{mL}_{\text{HCl}} \times \text{화학식량}_{\text{NaHCO}_3}}{\text{mg}_{\text{시료}}} \times 100\%\\ &= \frac{0.1067\ \text{mmol HCl/mL} \times 40.72\ \text{mL HCl} \times 84.01\ \text{mg NaHCO}_3/\text{mmol}}{467.1\ \text{mg}} \times 100\%\\ &= 78.14\%\ \text{NaHCO}_3\end{aligned}$$

1:1로 반응하지 않을 때 화학량론적 환산 인자는 분석물과 적정 시약의 몰수를 동등하게 하기 위해서 사용된다.

몰농도 계산을 위해서 알아야 할 몇 가지 유용한 것들

많은 물질은 1:1 몰비로 반응하지 않으므로 위의 예에서와 같은 간단한 계산이 모든 반응에 적용되지는 않는다. 그러나 반응의 **균형 반응식(balanced equation)**에 기초하여 모든 반응에 적용될 수 있는 일반적인 계산식을 쓰는 것이 가능하다.

다음의 일반적인 반응을 생각하자.

$$aA \times tT \rightarrow P \tag{5.21}$$

여기서 A는 분석물이고 T는 적정 시약이며, a/t 비로 반응하여 생성물 P를 만든다. 단위는 없고, 차원 해석을 사용한다.

단위를 생각하라. $mmol_{분석물}/mmol_{적정\ 시약}$을 첨가하였다.

$$mmol_A = mmol_T \times \frac{a}{t}\ (mmol\ A/mmol\ T) \tag{5.22}$$

$$mmol_A = M_T\ (mmol/mL) \times mL_T \times \frac{a}{t}\ (mmol\ A/mmol\ T) \tag{5.23}$$

$$mg_A = mmol_A \times 화학식량_A\ (mg/mmol) \tag{5.24}$$

$$mg_A = M_T\ (mmol/mL) \times mL_T \times \frac{a}{t}(mmol\ A/mmol\ T) \times 화학식량_A\ (mg/mmol) \tag{5.25}$$

a/t 인자가 분석물과 적정 시약을 통일하게 취급한다는 점에서 주목하라. 인자를 구성할 때 실수를 하지 않으려면 분석물의 양을 계산할 때 적정 시약의 양에 a/t 비를 곱한다는 것을 명심해야 한다. 역으로, 적정된 분석물의 양을 알고 이로부터 적정 시약의 양(예: 몰농도)을 계산할 때는 분석물의 양에 t/a 비를 곱해야 한다. 올바른 비를 사용했는지 확인하는 가장 좋은 방법은 옳은 단위를 얻도록 차원 해석을 해보는 것이다.

식 5.22를 유도할 때와 비슷한 방법으로 알려진 무게의 시료를 표준 용액 T로 적정하여 정량하는데 시료 내 분석 물질 A의 퍼센트를 계산하는 데 있어 일반식에 이르는 단계를 열거할 수 있다.

$$\% A = 분율_{분석물} \times 100\% = \frac{mg_{분석물}}{mg_{시료}} \times 100\%$$
$$= \frac{mmol_{적정\ 시약} \times (a/t)\,(mmol_{분석물}/mmol_{적정\ 시약}) \times 화학식량_{분석물}\,(mg/mmol)}{mg_{시료}} = \times\ 100\%$$
$$= \frac{M_{적정\ 시약}(mmol/mL) \times mL_{적정\ 시약} \times (a/t)(mmol_{분석물}/mmol_{적정\ 시약}) \times 화학식량_{분석물}(mg/mmol)}{mg_{시료}} \times 100\% \tag{5.26}$$

또 차원 해석을 간단히 사용할 수 있음에 주목하라. 즉 단위를 소거하여 원하는 단위를 얻는 단계적 계산을 수행할 수 있다. 일반적인 과정에서 차원 해석은 적정 시약의 mmol을 적정된 분석 물질의 mmol로 바꾸는 화학량론적인 인자 a/t를 포함한다.

예제 5.20

0.2638 g의 소다회 시료 중 탄산 소듐을 0.1288 M HCl 표준 용액으로 적정하여 분석하였을 때 적정에서 소비량이 38.27 mL였다. 반응식은 다음과 같다.

$$CO_3^{2-} + 2H^+ \rightarrow H_2O + CO_2$$

시료 중의 탄산 소듐 퍼센트를 계산하시오.

풀이

탄산 소듐의 mmol은 그 적정에 사용된 산의 1/2 mmol과 같다. 그러므로 탄산 소듐과 산은 1:2로 반응한다($a/t = \frac{1}{2}$).

$$\text{mmol}_{HCl} = 0.1288\ \text{mmol/mL} \times 38.27\ \text{mL} = 4.929\ \text{mmol HCl}$$

$$\text{mmol}_{Na_2CO_3} = 4.929\ \text{mmol HCl} \times \frac{1}{2}(\text{mmol } Na_2CO_3/\text{mmol HCl}) = 2.464_5\ \text{mmol } Na_2CO_3$$

$$\text{mg}_{Na_2CO_3} = 2.464_5\ \text{mmol} \times 105.99\ \text{mg } Na_2CO_3/\text{mmol} = 261.2_1\ \text{mg } Na_2CO_3$$

$$\%Na_2CO_3 = \frac{261.2_1\ \text{mg } Na_2CO_3}{263.8\ \text{mg}_{\text{시료}}} \times 100\% = 99.02\%\ Na_2CO_3$$

모든 과정을 합하면 다음과 같다.

$$\%Na_2CO_3 = \frac{M_{HCl} \times \text{mL}_{HCl} \times \frac{1}{2}(\text{mmol } Na_2CO_3/\text{mmol HCl}) \times \text{화학식량}_{Na_2CO_3}}{\text{mg}_{\text{시료}}} \times 100\%$$

$$= \frac{0.1288\ \text{mmol HCl} \times 38.27\ \text{mL HCl} \times \frac{1}{2}\ (\text{mmol } Na_2CO_3/\text{mmol HCl}) \times 105.99\ (\text{mg } Na_2CO_3/\text{mmol})}{263.8\ \text{mg}_{\text{시료}}} \times 100\%$$

$$= 99.02\%\ Na_2CO_3$$

■

예제 5.21

0.25 M NaOH 용액 10 mL와 반응하는 데 0.25 M H_2SO_4 용액 몇 밀리리터가 필요한가?

풀이

반응은 다음과 같다.

$$H_2SO_4 + 2NaOH \rightarrow Na_2SO_4 + 2H_2O$$

NaOH 밀리몰수의 $\frac{1}{2}$에 해당하는 밀리몰수의 H_2SO_4가 반응할 것이므로

$$M_{H_2SO_4} \times \text{mL}_{H_2SO_4} = M_{NaOH} \times \text{mL}_{NaOH} \times \frac{1}{2}\ (\text{mmol } H_2SO_4/\text{mmol NaOH})$$

그러므로,

$$\text{mL}_{H_2SO_4} = \frac{0.25\ \text{mmol NaOH/mL} \times 10\ \text{mL NaOH} \times \frac{1}{2}(\text{mmol } H_2SO_4/\text{mmol NaOH})}{0.25\ \text{mmol } H_2SO_4/\text{mL}}$$

$$= 5.0\ \text{mL } H_2SO_4$$

위에서 적정 시약의 양에 a/t 비(분석물의 밀리/적정 시약의 밀리몰)를 곱한 것에 주목하라.

■

예제 5.22

불순물이 포함된 살리실산, $C_6H_4(OH)COOH$를 적정하여 분석하려고 한다. 퍼센트 순도가 적정에 사용되는 0.0500 M NaOH 밀리리터수의 5배가 되려면 시료를 얼마나 취해야 하는가?

풀이

x = mL NaOH로 놓으면 %살리실산(HA) = $5x$이다.

$$\% \text{ HA} = \frac{M_{\text{NaOH}} \times \text{mL}_{\text{NaOH}} \times 1 \text{ (mmol HA/mmol NaOH)} \times \text{화학식량}_{\text{HA}} \text{ (mg/mmol)}}{\text{mg}_{\text{시료}}} \times 100\%$$

$$5x\% = \frac{0.0500\ M \times x \text{ mL NaOH} \times 1 \times 138 \text{ mg HA/mmol}}{\text{mg}_{\text{시료}}} \times 100\%$$

$$\text{mg}_{\text{시료}} = 138 \text{ mg}$$

■

위의 산-염기 계산의 예는 8장에서 논의하는 적정에 사용할 수 있다.

표준화와 적정 계산—서로 반대이다

아주 고순도이거나 또는 순도를 아는 적정 시약을 얻기가 불가능할 때에는, 대략적으로 준비한 적정 시약의 농도는 **표준화(standardization)**에 의해서 정확하게 결정되어야 한다. 즉, 정확하게 무게를 잰 일차 표준 물질의 양을 적정하여 결정한다. 일차 표준 물질을 적정하는 데 사용된 적정 시약의 부피로부터, 적정 시약의 몰농도를 계산할 수 있다.

표준화 과정에서 적정 시약의 농도는 알려져 있지 않고, 분석(일차 표준 물질) 물질의 몰수는 알려져 있다.

식 5.21에서 분석 물질 A가 일차 표준 물질이 되도록 취하면,

$$\text{mmol}_{\text{표준 물질}} = \frac{\text{mg}_{\text{표준 물질}}}{\text{화학식량}_{\text{표준 물질}} \text{ (mg/mmol)}}$$

$$\text{mmol}_{\text{적정 시약}} = M_{\text{적정 시약}}\text{(mmol/mL)} \times \text{mL}_{\text{적정 시약}}$$

$$= \text{mmol}_{\text{표준 물질}} \times t/a \text{ (mmol}_{\text{적정 시약}}/\text{mmol}_{\text{표준 물질}})$$

$$M_{\text{적정 시약}}\text{(mmol/mL)} = \frac{\text{mmol}_{\text{표준 물질}} \times t/a \text{ (mmol}_{\text{적정 시약}}/\text{mmol}_{\text{표준 물질}})}{\text{mL}_{\text{적정 시약}}}$$

모든 과정을 합하면

$$\text{M}_{\text{적정 시약}}\text{(mmol/mL)} = \frac{\text{mg}_{\text{표준 물질}}/\text{화학식량}_{\text{표준 물질}}\text{(mg/mmol)} \times t/a \text{ (mmol}_{\text{적정 시약}}/\text{mmol}_{\text{표준 물질}})}{\text{mL}_{\text{적정 시약}}} \quad (5.27)$$

단위를 생각하라.

차원 해석(단위를 소거한) 결과, 우리가 원하는 mmol/mL 단위가 되었음을 주목하라.

예제 5.23

진한 염산을 120배 묽혀서 대략적으로 0.1 M HCl 용액을 제조한 다음, 일차 표준 물질인 건조된 Na_2CO_3 0.1876 g을 적정하여 표준화하였다.

$$CO_3^{2-} + 2H^+ \rightarrow H_2O + CO_2$$

적정에 35.86 mL의 염산이 소모되었을 때 염산의 몰농도를 계산하시오.

풀이

염산의 mmol 수는 적정된 탄산 소듐의 mmol 수의 2배와 같다.

$$\text{mmol}_{\text{Na}_2\text{CO}_3} = 187.6 \text{ mg Na}_2\text{CO}_3/105.99 \text{ (mg Na}_2\text{CO}_3\text{/mmol)} = 1.770_0 \text{ mmol Na}_2\text{CO}_3$$

$$\text{mmol}_{\text{HCl}} = M_{\text{HCl}} \text{ (mmol/mL)} \times 35.86 \text{ mL HCl} = 1.770_0 \text{ mmol Na}_2\text{CO}_3 \times 2 \text{ (mmol HCl/mmol Na}_2\text{CO}_3)$$

$$M_{\text{HCl}} = \frac{1.770_0 \text{ mmol Na}_2\text{CO}_3 \times 2 \text{ (mmol HCl/mmol Na}_2\text{CO}_3)}{35.86 \text{ mL HCl}} = 0.09872 \text{ M}$$

모든 과정을 합하여

$$M_{\text{HCl}} = \frac{(\text{mg}_{\text{Na}_2\text{CO}_3}/\text{화학식량}_{\text{Na}_2\text{CO}_3}) \times (2/1)(\text{mmol HCl/mmol Na}_2\text{CO}_3)}{\text{mL}_{\text{HCl}}}$$
$$= \frac{[187.6 \text{ mg}/105.99 \text{ (mg/mmol)}] \times 2(\text{mmol HCl/mmol Na}_2\text{CO}_3)}{35.86 \text{ mL}}$$
$$= 0.09872 \text{ mmol/mL}$$

■

분석물인 Na_2CO_3의 양에 t/a 비(적정 시약의 mmol/분석물의 mmol)를 곱하여 주었음에 주목하라. 또한 모든 측정이 유효 숫자 4자리까지 쓰였으나, Na_2CO_3의 화학식량은 유효 숫자 5자리까지 측정되었다는 것에도 주목하라. 이것은 4자리 유효 숫자를 사용하는 경우 이 숫자는 187.6의 1000분의 1 정도의 불확정성을 가지기 때문이다. 화학식 계산에 있어서 한 자리를 더 계산하는 것은 나쁘지 않은 습관이다. 특히 계산기 사용이 가능하다면 더욱 그렇다.

다음의 예제는 다른 형태의 반응과 화학량론에 대한 적정 계산법을 보여 준다.

예제 5.24

이 반응은 산화-환원 반응이다(14장 참조).

산성 용액 내의 철(II)를 0.0206 M 과망가니즈산 포타슘으로 적정하려고 한다.

$$5Fe^{2+} + MnO_4^- + 8H^+ \rightarrow 5Fe^{3+} + Mn^{2+} + 4H_2O$$

적정에 40.2 mL가 소요되었다면, 용액 속에 있는 철의 밀리그램수는 얼마인가?

풀이

철과 반응하는 과망가니즈산 이온의 밀리몰수는 철의 밀리몰수의 5배이므로

$$\text{mmol}_{\text{Fe}} = \frac{\text{mg}_{\text{Fe}}}{\text{화학식량}_{\text{Fe}}} = M_{\text{KMnO}_4} \times \text{mL}_{\text{KMnO}_4} \times \frac{5}{1} \text{ (mmol Fe/mmol KMnO}_4)$$

$$\text{mg}_{\text{Fe}} = 0.0206 \text{ mmol KMnO}_4\text{/mL} \times 40.2 \text{ mL KMnO}_4 \times 5 \text{ (mmol Fe/mmol MnO}_4^-) \times 55.8 \text{ mg Fe/mmol}$$
$$= 231 \text{ mg Fe}$$

■

이런 형태의 계산은 14장에서 논의하는 적정에 이용된다.

다음은 전형적인 침전 및 착물화법 적정들과 적정 시약의 밀리몰수로부터 분석 물질의 밀리그램수를 계산하는 데 필요한 인자들이다.[7]

$Cl^- + Ag^+ \rightarrow \underline{AgCl}$ $\quad \text{mg}_{\text{Cl}^-} = M_{\text{Ag}^+} \times \text{mL}_{\text{Ag}^+} \times 1 \text{ (mmol Cl}^-\text{/mmol Ag}^+) \times \text{화학식량}_{\text{Cl}^-}$

$2Cl^- + Pb^{2+} \rightarrow \underline{PbCl_2}$ $\quad \text{mg}_{\text{Cl}^-} = M_{\text{Pb}^{2+}} \times \text{mL}_{\text{Pb}^{2+}} \times 2 \text{ (mmol Cl}^-\text{/mmol Pb}^{2+}) \times \text{화학식량}_{\text{Cl}^-}$

[7]마지막 식에서 H_4Y=EDTA

$$PO_4^{3-} + 3Ag^+ \rightarrow \underline{Ag_3PO_4} \quad mg_{PO_4^{3-}} = M_{Ag^+} \times mL_{Ag^+} \times \frac{1}{3}\ (\text{mmol } PO_4^{3-}/\text{mmol } Ag^+) \times \text{화학식량}_{PO_4^{3-}}$$

$$2CN^- + Ag^+ \rightarrow \underline{Ag(CN)_2^-} \quad mg_{CN^-} = M_{Ag^+} \times mL_{Ag^+} \times 2\ (\text{mmol } CN^-/\text{mmol } Ag^+) \times \text{화학식량}_{CN^-}$$

$$2CN^- + 2Ag^+ \rightarrow \underline{Ag[Ag(CN)_2]} \quad mg_{CN^-} = M_{Ag^+} \times mL_{Ag^+} \times 1\ (\text{mmol } CN^-/\text{mmol } Ag^+) \times \text{화학식량}_{CN^-}$$

$$Ba^{2+} + SO_4^{2-} \rightarrow \underline{BaSO_4} \quad mg_{Ba^{2+}} = M_{SO_4^{2-}} \times 1\ (\text{mmol } Ba^{2+}/\text{mmol } SO_4^{2-}) \times \text{화학식량}_{Ba^{2+}}$$

$$Ca^{2+} + H_2Y^{2-} \rightarrow CaY^{2-} + 2H^+ \quad mg_{Ca^{2+}} = M_{EDTA} \times 1\ (\text{mmol } Ca^{2+}/\text{mmol EDTA}) \times \text{화학식량}_{Ca^{2+}}$$

이와 같은 식은 8장과 11장에서 논의하는 침전 및 착물화법 적정의 계산에서 매우 유용하게 사용된다.

예제 5.25

EDTA로 적정하여 알루미늄을 정량하려고 한다.

$$Al^{3+} + H_2Y^{2-} \longrightarrow AlY^- + 2H^+$$

1.00 g의 시료를 적정하는 데 EDTA 용액 20.5 mL가 소요되었다. EDTA 용액으로 0.100 *M* $CaCl_2$ 용액 25.0 mL를 적정하여 표준화하는 데 EDTA 용액 30.0 mL가 소요되었다. 시료 내 Al_2O_3의 퍼센트를 계산하시오.

이것은 "착물화법"이다(9장을 참조). EDTA는 4개의 양성자를 가지고 있다. 그리고 이 적정의 pH에서 2개는 해리된다.

풀이

Ca^{2+}와 EDTA는 1:1 몰비로 반응하므로

$$M_{EDTA} = \frac{0.100 \text{ mmol } CaCl_2/\text{mL} \times 25.0 \text{ mL } CaCl_2}{30.0 \text{ mL EDTA}} = 0.0833 \text{ mmol/mL}$$

Al^{3+}의 밀리몰수는 적정에 사용된 EDTA의 밀리몰수와 같다. 그러나 Al_2O_3의 밀리몰수는 EDTA 밀리몰수의 $\frac{1}{2}$이다($1Al^{3+} \rightarrow \frac{1}{2}Al_2O_3$이므로). 그러므로

$$\% \ Al_2O_3 = \frac{M_{EDTA} \times mL_{EDTA} \times \frac{1}{2}\ (\text{mmol } Al_2O_3/\text{mmol EDTA}) \times \text{화학식량}_{Al_2O_3}}{mg_{\text{시료}}} \times 100\%$$

$$\% \ Al_2O_3 = \frac{0.0833 \text{ mmol EDTA/mL} \times 20.5 \text{ mL EDTA} \times \frac{1}{2} \times 101.96 \text{ mg } Al_2O_3/\text{mmol}}{1000 \text{ mg 시료}}$$

$$\times 100\% = 8.71\% \ Al_2O_3$$

■

만약 분석 물질과 적정 시약이 다른 비율로 반응한다면 어떻게 하나?

화학의 기초 과정에서 배운 것처럼, 어떤 물질이 반응하여 다른 생성물이 될 수 있다. 반응한 적정 시약의 밀리몰수로부터 물질의 밀리몰수를 계산하는 데 사용되는 인자는 반응에 따라 달라질 것이다. 예를 들어 탄산 소듐은 이양성자 염기 또는 일양성자 염기로서 반응할 수 있다.

$$CO_3^{2-} + 2H^+ \longrightarrow H_2O + CO_2$$

또는

$$CO_3^{2-} + H^+ \longrightarrow HCO_3^-$$

첫 번째 경우는, mmol Na_2CO_3 = mmol 산 × $\frac{1}{2}$(mmol CO_3^{2-}/mmol H^+)이다. 두 번째 경우는, mmol Na_2CO_3 = mmol 산이다. 이와 비슷하게 인산은 일양성자산 또는 이양성자산으로서 적정될 수 있다.

$$H_3PO_4 + OH^- \rightarrow H_2PO_4^- + H_2O$$

또는

$$H_3PO_4 + 2OH^- \rightarrow HPO_4^{2-} + 2H_2O$$

예제 5.26

산성 용액에서 과망가니즈산 포타슘은 H_2O_2와 반응하여 Mn^{2+}를 생성한다.

$$5H_2O_2 + 2MnO_4^- + 6H^+ \rightarrow 5O_2 + 2Mn^{2+} + 8H_2O$$

중성 용액에서는 $MnSO_4$와 반응하여 MnO_2를 생성한다.

$$3Mn^{2+} + 2MnO_4^- + 4OH^- \rightarrow \underline{5MnO_2} + 2H_2O$$

0.200 M H_2O_2 50.0 mL 및 0.200 M $MnSO_4$ 50.0 mL와 반응하는 0.100 M $KMnO_4$의 밀리리터수를 각각 계산하시오.

풀이

MnO_4^-의 밀리몰수는 반응하는 H_2O_2의 밀리몰수의 2/5와 같다.

$$M_{MnO_4^-} \times mL_{MnO_4^-} = M_{H_2O_2} \times mL_{H_2O_2} \times \frac{2}{5}\ (\text{mmol } MnO_4^-/\text{mmol } H_2O_2)$$

$$mL_{MnO_4^-} = \frac{0.200\ \text{mmol } H_2O_2/\text{mL} \times 50.0\ \text{mL } H_2O_2 \times \frac{2}{5}}{0.100\ \text{mmol } MnO_4^-/\text{mL}} = 40.0\ \text{mL } KMnO_4$$

Mn^{2+}와 반응하는 MnO_4^-의 밀리몰수는 Mn^{2+} 밀리몰수의 2/3와 같다.

$$M_{MnO_4^-} \times mL_{MnO_4^-} = M_{Mn^{2+}} \times \frac{2}{3}\ (\text{mmol } MnO_4^-/\text{mmol } Mn^{2+})$$

$$mL_{MnO_4^-} = \frac{0.200\ \text{mmol } Mn^{2+}/\text{mL} \times 50.0\ \text{mL } Mn^{2+} \times \frac{2}{3}}{0.100\ \text{mmol } MnO_4^-/\text{mL}} = 66.7\ \text{mL } KMnO_4$$

■

예제 5.27

옥살산 $H_2C_2O_4$는 환원제로서 $KMnO_4$와 다음과 같이 반응한다.

$$5H_2C_2O_4 + 2MnO_4^- + 6H^+ \rightarrow 10CO_2 + 2Mn^{2+} + 8H_2O$$

옥살산의 두 양성자는 염기를 사용하여 적정할 수도 있다. 500 mg의 $H_2C_2O_4$와 반응하는 0.100 M NaOH와 0.100 M $KMnO_4$의 부피는 각각 몇 mL인가?

풀이

$$\text{mmol NaOH} = 2 \times \text{mmol } H_2C_2O_4$$

$$0.100\ \text{mmol/mL} \times x\ \text{mL NaOH} = \frac{500\ \text{mg } H_2C_2O_4}{90.0\ \text{mg/mmol}} \times 2\ (\text{mmol } OH^-/\text{mmol } H_2C_2O_4)$$

$$x = 111\ \text{mL NaOH}$$

$$\text{mmol } KMnO_4 = \frac{2}{5} \times \text{mmol } H_2C_2O_4$$

$$0.100\ \text{mmol/mL} \times x\ \text{mL } KMnO_4 = \frac{500\ \text{mg } H_2C_2O_4}{90.0\ \text{mg/mmol}} \times \frac{2}{5}\ (\text{mmol } KMnO_4/\text{mmol } H_2C_2O_4)$$

$$x = 22.2\ \text{mL } KMnO_4$$

■

예제 5.28

순수한 $Na_2C_2O_4$와 $KHC_2O_4 \cdot H_2C_2O_4$(3개의 치환가능한 양성자, KH_3A_2)를 섞어 만든 혼합물 1 g이 동일한 부피의 0.100 *M* $KMnO_4$ 및 0.100 *M* NaOH와 반응하였다. 혼합 비율은 얼마인가?

풀이

적정 시약의 부피를 10.0 mL라고 가정하면, 여기에는 1.00 mmol의 NaOH 또는 $KMnO_4$가 있다. 산도는 $KHC_2O_4 \cdot H_2C_2O_4$ (KH_3A_2)에 의한 것이다.

$$\text{mmol } KH_3A_2 = \text{mmol NaOH} \times \frac{1}{3}(\text{mmol } KH_3A_2/\text{mmol } OH^-)$$

$$1.00 \text{ mmol NaOH} \times \frac{1}{3} = 0.333 \text{ mmol } KH_3A_2$$

예제 5.27로부터 1 mmol $Na_2C_2O_4$ (Na_2A)와 $\frac{2}{5}$mmol $KMnO_4$가 반응한다.

$$\text{mmol } KMnO_4 = \text{mmol } Na_2A \times \frac{2}{5}(\text{mmol } MnO_4^-/\text{mmol } Na_2A) + \text{mmol } KH_3A_2 \times \frac{4}{5}(\text{mmol } MnO_4^-/\text{mmol } KH_3A_2)$$

$$1.00 \text{ mmol } KMnO_4 = \text{mmol } Na_2A \times \frac{2}{5} + 0.333 \text{ mmol } KH_3A_2 \times \frac{4}{5}$$

$$\text{mmol } Na_2A = 1.8_3 \text{ mmol}$$

비율은 1.8_3 mmol Na_2A/0.333 mmol KH_3A_2 = 5.5_0 mmol Na_2A/mmol KH_3A_2이다.
무게비는

$$\frac{5.5_0 \text{ mmol } Na_2A \times 134 \text{ mg/mmol}}{218 \text{ mg } KH_3A_2/\text{mmol}} = 3.38 \text{ g } Na_2A/\text{g } KH_3A_2$$

반응이 느리면 역적정을 하라

때로 반응이 완결될 때까지 너무 느리게 진행되어 예리한 종말점을 얻을 수 없을 때가 있다. 하나의 예로서, 제산제 알약(antacid tablet)을 염산과 같은 센산으로 적정하는 경우이다. 이와 같은 경우에는 **역적정(back-titration)**이 종종 좋은 결과를 나타낼 것이다. 이 방법에는 일반적으로 적정 시약으로 사용하는 것을 약간 과량으로 정확하게 측정하여 시료에 가한다. 분석물과의 반응이 완결된 다음, 과량(미반응)의 시약을 별도의 표준 용액으로 적정하여 정량한다. 과량의 시약이 있을 때는 분석물의 반응도 충분히 빠르게 된다. 결국 사용한 시약의 밀리몰수와 시료와 반응하지 않고 남은 시약의 밀리몰수를 알면, 시약과 반응한 시료의 밀리몰수를 계산할 수 있다.

역적정에서 시료에 대해 과량이 되도록 밀리몰수를 조절하여 참가한다. 그리고 반응하고 남은 반응물을 적정한다.

> 반응 시약의 mmol = 첨가한 mmol − 역적정에 소요된 mmol
> 분석물 mg = 반응 시약의 mmol × 인자(분석물 mmol/반응 시약 mmol) × 분석물 화학식량(mg/mmol)

예제 5.29

크로뮴(III)은 EDTA와 느리게 반응하므로 역적정에 의하여 정량한다. 크로뮴(III) 피콜리산[chromium picolinate: $Cr(C_6H_4NO_2)_3$]은 근육을 키워주는 물질로 운동선수들에게 영양 보조 물질로 판매되고 있다. 크로뮴(III)을 함유하는 영양 시료 2.63 g에 0.0103 *M* EDTA 5.00 mL를 처리한 후 분석하였다. 반응하지 않은 EDTA는 0.0112 *M* 아연 용액 1.32 mL를 가지고 역적정하였다. 조제된 약제에서 크로뮴(III) 피콜리산의 퍼센트는 얼마인가?

풀이

Cr^{3+}와 Zn^{2+}는 EDTA와 1:1로 반응한다.

$$Cr^{3+} + H_4Y \rightarrow CrY^- + 4H^+$$
$$Zn^{2+} + H_4Y \rightarrow ZnY^{2-} + 4H^+$$

취한 EDTA의 mmol은

$$0.0103 \text{ mmol EDTA/mL} \times 5.00 \text{ mL EDTA} = 0.0515 \text{ mmol EDTA}$$

반응하지 않은 EDTA의 mmol은

$$0.0112 \text{ mmol } Zn^{2+}/\text{mL} \times 1.32 \text{ mL } Zn^{2+} = 0.0148 \text{ mmol 반응하지 않은 EDTA}$$

반응한 EDTA의 mmol은 다음과 같다.

$$0.0515 \text{ mmol} - 0.0148 \text{ mmol} = 0.0367 \text{ mmol EDTA} \equiv \text{mmol } Cr^{3+}$$

적정된 $Cr(C_6H_4NO_2)_3$의 mg은 다음과 같다.

$$0.0367 \text{ mmol } Cr(C_6H_4NO_2)_3 \times 418.3 \text{ mg/mmol} = 15.35 \text{ mg } Cr(C_6H_4NO_2)_3$$

$$\%Cr(C_6H_4NO_2)_3 = \frac{15.35 \text{ mg } Cr(C_6H_4NO_2)_3}{2630 \text{ mg 시료}} \times 100\% = 0.584\% \ Cr(C_6H_4NO_2)_3$$

모든 과정을 합하여,

$$\%Cr(C_6H_4NO_2)_3 = \frac{(M_{EDTA} \times mL_{EDTA} - M_{Zn} \times mL_{Zn^{2+}}) \times 1(\text{mmol } Cr(C_6H_4NO_2)_3/\text{mmol EDTA}) \times \text{화학식량}_{Cr(C_6H_4NO_2)_3}}{mg_{\text{시료}}} \times 100\%$$

$$= \frac{(0.0103 \text{ mmol EDTA/mL} \times 5.00 \text{ mL EDTA} - 0.0112 \text{ mmol } Zn^{2+}/\text{mL} \times 1.32 \text{ mL } Zn^{2+}) \times 1 \times 418.3 \text{ mg } Cr(C_6H_4NO_2)_3/\text{mmol}}{2630 \text{ mg 시료}} \times 100\%$$

$$= 0.584\% \ Cr(C_6H_4NO_2)_3$$

■

예제 5.30

망가니즈가 포함된 광석 시료(Pyrolucite) 0.200 g을 다음과 같이 분석하였다. MnO_2를 Mn^{2+}로 환원시키기 위하여 0.100 *M* 황산암모늄 철(II) 용액 50.0 mL를 가하였다. 환원이 완결된 후, 여분의 철(II) 이온을 산성 용액에서 0.0200 *M* $KMnO_4$로 적정하였더니 15.0 mL가 소요되었다. 시료 속에 Mn_3O_4로 존재하는 망가니즈의 퍼센트를 계산하시오(Mn은 일부만 들어 있을 수도 있고 전혀 들어 있지 않을 수도 있지만, 들어 있다는 가정 하에 계산을 할 수 있다).

풀이

Fe^{2+}와 MnO_4^- 사이의 반응은 다음과 같다.

$$5Fe^{2+} + MnO_4^- + 8H^+ \rightarrow 5Fe^{3+} + Mn^{2+} + 4H_2O$$

반응물들은 분석물과 적정 시약과는 다른 비율로 반응할 수도 있다.

따라서 여분의 Fe^{2+}의 밀리몰수는 반응한 MnO_4^-의 밀리몰수의 5배이다.

Fe^{2+}와 MnO_2 사이의 반응은

$$MnO_2 + 2Fe^{2+} + 4H^+ \rightarrow Mn^{2+} + 2Fe^{3+} + 2H_2O$$

MnO_2의 밀리몰수는 반응한 Fe^{2+}의 밀리몰수의 $\frac{1}{2}$이다. Mn_3O_4의 밀리몰수는 MnO_2의 밀리몰수의 $\frac{1}{3}$이므로 ($1MnO_2 \rightarrow \frac{1}{3}Mn_3O_4$),

$$\begin{aligned}\text{반응한 } Fe^{2+} \text{ mmol} &= 0.100 \text{ mmol } Fe^{2+}/\text{mL} \times 50.0 \text{ mL } Fe^{2+} - 0.0200 \text{ mmol } MnO_4^-/\text{mL}\\ &\quad \times 15.0 \text{ mL } MnO_4^- \times 5 \text{ mmol } Fe^{2+}/\text{mmol } MnO_4^-\\ &= 3.5 \text{ mmol 반응한 } Fe^{2+}\end{aligned}$$

$$\text{mmol } MnO_2 = 3.5 \text{ mmol } Fe^{2+} \times \frac{1}{2}\,(\text{mmol } MnO_2/\text{mmol } Fe^{2+}) = 1.75 \text{ mmol } MnO_2$$

$$\begin{aligned}\text{mmol } Mn_3O_4 &= 1.7_5 \text{ mmol } MnO_2 \times \frac{1}{3}\,(\text{mmol } Mn_3O_4/\text{mmol } MnO_2)\\ &= 0.58_3 \text{ mmol } Mn_3O_4\end{aligned}$$

$$\begin{aligned}\%\ Mn_3O_4 &= \frac{0.58_3 \text{ mmol } Mn_3O_4 \times 228.8\ (\text{mg } Mn_3O_4/\text{mmol})}{200 \text{ mg 시료}} \times 100\%\\ &= 66.7\%\ Mn_3O_4\end{aligned}$$

또는 모든 과정을 합하여

$$\begin{aligned}\%\ Mn_3O_4 &= \{[M_{Fe^{2+}} \times \text{mL}_{Fe^{2+}} - M_{MnO_4^-} \times \text{mL}_{MnO_4^-} \times 5(\text{mmol } Fe^{2+}/\text{mmol } MnO_4^-)\\ &\quad \times \frac{1}{2}\,(\text{mmol } MnO_2/\text{mmol } Fe^{2+}) \times \frac{1}{3}\,(\text{mmol } Mn_3O_4/\text{mmol } MnO_2)\\ &\quad \times \text{화학식량}_{Mn_3O_4}]/\text{mg}_{\text{시료}}\} \times 100\%\\ &= \frac{(0.100 \times 50.0 - 0.0200 \times 15.0 \times 5) \times \frac{1}{2} \times \frac{1}{3} \times 228.8 \text{ mg/mmol}}{200 \text{ mg 시료}} \times 100\%\\ &= 66.7\%\ Mn_3O_4\end{aligned}$$

■

5.6 적정값 — 빠른 계산을 하는 방법

일상적인 적정에서는 적정 시약의 **적정값(titer)**을 계산하는 것이 편리할 때가 있다. 적정값은 적정 시약 1 mL와 화학적으로 동등한 분석 물질의 무게이며, 보통 밀리그램 단위로 표시된다. 예를 들어, 다이크로뮴산 포타슘 용액이 1.267 mg Fe의 적정값을 갖는다면, 다이크로뮴산 포타슘 1 mL는 1.267 mg Fe과 반응할 것이며, 적정되는 철의 무게는 적정 시약의 부피에 적정값을 곱하면 간단히 구할 수 있다. 적정값은 분석물의 형태에 따라, 예를 들어 mg FeO 또는 mg Fe_2O_3와 같이 어떤 형태이든지 원하는 대로 표시할 수 있다.

적정값 = 적정 시약 1 mL와 반응하는 분석물의 mg

예제 5.31

어떤 다이크로뮴산 포타슘 표준 용액의 농도는 5.442 g/L이다. 밀리그램 Fe_3O_4로 나타낸 이 용액의 적정값은 얼마인가?

풀이

철은 Fe^{2+}로서 적정되며, 1개의 $Cr_2O_7^{2-}$은 $6Fe^{2+}$ (또는 $2Fe_3O_4$로부터 나오는 철)과 반응할 것이다.

$$6Fe^{2+} + Cr_2O_7^{2-} + 14H^+ \rightarrow 6Fe^{3+} + 2Cr^{3+} + 7H_2O$$

$K_2Cr_2O_7$ 용액의 몰농도는 다음과 같다.

$$M_{Cr_2O_7^{2-}} = \frac{g/L}{\text{화학식량 } K_2Cr_2O_7} = \frac{5.442\ g/L}{294.19\ g/mol} = 0.01850\ mol/L$$

그러므로 적정값은 다음과 같다.

$$0.01850\left(\frac{mmol\ K_2Cr_2O_7}{mL}\right) \times \frac{2}{1}\left(\frac{mmol\ Fe_3O_4}{mmol\ K_2Cr_2O_7}\right) \times 231.54\left(\frac{mg\ Fe_3O_4}{mmol\ Fe_3O_4}\right)$$
$$= 8.567\ mg\ Fe_3O_4/mL\ K_2Cr_2O_7$$

■

5.7 무게 관계 — 무게 계산에 필요하다

무게 분석의 방법에서(10장), 분석물은 불용성의 형태로 전환하여 무게를 측정한다. 생성된 침전의 무게와, 분석물과 침전 사이의 무게 관계로부터 분석물의 무게를 계산할 수 있다. 여기서 계산 방법의 개념들을 복습하기로 한다.

분석물은 보고하기 원하는 형태와는 다른 형태로 무게를 측정한다. 따라서 무게 분석으로 얻어진 침전의 무게로부터 원하는 물질의 무게를 계산해 내야 한다. 이것은 직접적인 비율을 계산하여 알 수 있다. 예를 들면, AgCl의 무게를 칭량함으로써 시료 내의 Cl의 퍼센트를 분석하고자 한다면 다음과 같이 나타낼 수 있다.

$$Cl^- \xrightarrow{\text{침전 시약}} AgCl(s)$$

1몰의 Cl^-로부터 1몰의 AgCl이 생기므로

$$\frac{g\ Cl^-}{g\ AgCl} = \frac{\text{원자량 Cl}}{\text{화학식량 AgCl}}$$

또는

$$g\ Cl^- = g\ AgCl \times \frac{\text{원자량 Cl}}{\text{화학식량 AgCl}}$$

무게 분석에서, 분석물의 몰수는 형성된 침전의 몰수의 배수이다(침전물이 각각의 몰에 함유하고 있는 분석물의 몰수).

물질 x의 원자량이나 화학식량을 특정하였을 때는 그 단위를 g x/mol x로 사용한다는 것을 주의해야 한다. 바꾸어 말하면 들어 있는 Cl의 무게 또는 AgCl을 생성하는 데 사용된 Cl의 무게는 AgCl의 무게에 Cl의 **분율(fraction)**을 곱한 것과 같다.

시료 속에 들어 있는 Cl_2의 무게를 계산할 경우는 다음과 같이 나타낼 수 있다.

$$Cl_2 \xrightarrow{\text{침전 시약}} 2AgCl(s)$$

Cl_2 1몰로부터 2몰의 AgCl이 생기므로

$$\frac{g\ Cl_2}{g\ AgCl} = \frac{\text{화학식량 } Cl_2}{2 \times \text{화학식량 AgCl}}$$

그리고

$$g\ Cl_2 = g\ AgCl \times \frac{\text{화학식량 } Cl_2}{2\ (\text{화학식량 AgCl})}$$

또는

$$g\ Cl_2 = g\ AgCl \times \frac{70.906}{2 \times 143.32}$$

단위들을 계속 추적해야 함을 기억하라.

또한 다음과 같이 적을 수 있다.

$$\text{g AgCl} \times \frac{1\text{ mol AgCl}}{143.32\text{ g AgCl}} \times \frac{1\text{ mol Cl}_2}{2\text{ mol AgCl}} \times \frac{70.906\text{ g Cl}_2}{1\text{ mol Cl}_2} = \text{g Cl}_2$$

무게 인자(**gravimetric factor**, GF)는 **목적** 물질의 화학식량과 **칭량** 물질의 화학식량의 비에 적절한 계수를 곱한 것이다.

무게 인자는 침전 물질의 단위 무게당 목적 물질의 무게와 같다.

$$\text{GF} = \text{무게 인자} = \frac{\text{목적 물질의 화학식량}}{\text{칭량 물질의 화학식량}} \times \frac{a}{b}(\text{mol 목적 물질/mol 칭량 물질}) \tag{5.28}$$

여기서 a와 b는 분자와 분모에 있는 화학식을 화학적으로 동등하게 만드는 정수이다. 위의 예에서 무게 인자들은 (Cl/AgCl) × 1/1, (Cl_2/AgCl) × 1/2이다. 분자와 분모에 있는 목적 원소의 원자수가 같아지도록 한 화학식량 또는 두 화학식량 모두에 정수를 곱할 수도 있음을 주목하라.

목적 물질의 무게는 침전의 무게에 무게 인자를 곱하여 얻는다.

$$\text{칭량 물질의 무게(g)} = \frac{\text{목적 물질의 화학식량}}{\text{칭량 물질의 화학식량}} \times \frac{a}{b} = \text{목적 물질(g)} \tag{5.29}$$

차원 해석(화학종의 단위를 소거)을 하여 **화학종**과 식의 **단위**를 조사해 볼 수 있다.

시료 내에 실제로 존재하고, 무게를 측정하는 형태로 실제 존재하는 형태인 Cl^- 이온의 양 대신에, 시료로부터 **나올 수 있는** Cl_2 기체의 양을 계산하였음을 주목하라. $PbCl_2$로 염화 이온을 침전시킨다면,

$$\text{Cl}^- \xrightarrow{\text{침전 시약}} \text{AgCl(s)}$$

그리고

$$\text{Cl}_2 \rightarrow \text{PbCl}_2$$

따라서

$$\text{g Cl}^- = \text{g PbCl}_2 \times \frac{2(\text{화학식량 Cl})}{\text{화학식량 PbCl}_2} = \text{g PbCl}_2 \times \text{GF}$$

또는

$$\text{g Cl}_2 = \text{g PbCl}_2 \times \frac{\text{화학식량 Cl}_2}{\text{화학식량 PbCl}_2} = \text{g PbCl}_2 \times \text{GF}$$

한 물질의 무게로부터 또 다른 물질에 해당하는 무게로의 전환은 차원 해석을 사용함으로써 가능하다. 무게 인자는 반복적인 계산에서 유용하게 사용되고 그러한 계산법의 한 단계이다. 다시 말해서, 무게 인자를 안다면, 단순히 침전물의 무게에 무게 인자를 곱함으로써 분석 물질의 무게를 계산할 수 있게 된다.

분석물의 무게 = 침전의 무게× GF

예제 5.32

25.0 g의 $BaCl_2$에 함유되어 있는 Cl의 무게와 Ba의 무게를 계산하시오.

풀이

$$25.0\text{ g BaCl}_2 \times \frac{\text{화학식량 Ba}}{\text{화학식량 BaCl}_2} = 25.0\text{ g} \times \frac{137.3}{208.2} = 16.5\text{ g Ba}$$

$$25.0\text{ g BaCl}_2 \times \frac{2 \times \text{화학식량 Cl}}{\text{화학식량 BaCl}_2} = 25.0\text{ g} \times \frac{2 \times 35.45}{208.2} = 8.51\text{ g Cl}$$

■

예제 5.33

광석 중의 알루미늄의 양은 그것을 용해시키고, 염기를 사용하여 $Al(OH)_3$ 형태로 침전시킨 후 이것을 Al_2O_3로 연소시켜 무게를 재어 결정할 수 있다. 연소된 침전물의 무게가 0.2385 g 이었다면, 시료 중 알루미늄의 무게는 얼마인가?

풀이

$$\text{g Al} = \text{g Al}_2\text{O}_3 \times \frac{2 \times \text{화학식량 Al}}{\text{화학식량 Al}_2\text{O}_3}$$

$$= 0.2385 \text{ g} \times \frac{2 \times 26.982}{101.96} = 0.1262_3 \text{ g Al}$$

무게 인자는

$$\frac{2 \times \text{화학식량 Al}}{\text{화학식량 Al}_2\text{O}_3} = \frac{2 \times 26.982}{101.96} = 0.52927 \text{ (g Al/g Al}_2\text{O}_3)$$

또는

$$0.2385 \text{ g Al}_2\text{O}_3 \times 0.52927 \text{ (g Al/g Al}_2\text{O}_3) = 0.1262_3 \text{ g Al}$$

■

다음은 몇 가지 다른 무게 분석 인자의 예이다.

목적형	칭량형	무게 인자
SO_3	$BaSO_4$	$\frac{\text{화학식량 SO}_3}{\text{화학식량 BaSO}_4}$
Fe_3O_4	Fe_2O_3	$\frac{2 \times \text{화학식량 Fe}_3\text{O}_4}{3 \times \text{화학식량 Fe}_2\text{O}_3}$
Fe	Fe_2O_3	$\frac{2 \times \text{화학식량 Fe}}{\text{화학식량 Fe}_2\text{O}_3}$
MgO	$Mg_2P_2O_7$	$\frac{2 \times \text{화학식량 MgO}}{\text{화학식량Mg}_2\text{P}_2\text{O}_7}$
P_2O_5	$Mg_2P_2O_7$	$\frac{\text{화학식량 P}_2\text{O}_5}{\text{화학식량 Mg}_2\text{P}_2\text{O}_7}$

무게 분석의 실험 방법은 10장에서 상세하게 다루었다.

보다 많은 무게 분석 계산은 10장에 주어져 있다.

질문

1. wt/wt, wt/vol, vol/vol 기준으로 표시한 농도의 차이를 설명하시오.
2. ppm과 ppb를 wt/wt, wt/vol, vol/vol 기준으로 나타내시오.
3. 임상 화학에서 전해질에 사용되는 "당량 무게"라는 용어를 정의하시오. 이 용어가 사용되는 이유는 무엇인가?
4. 적정의 조건을 열거하시오. 네 가지 형태의 적정을 기술하시오.
5. 적정의 당량점은 무엇인가? 종말점은 무엇인가?
6. 표준 용액은 무엇이며, 어떻게 준비하는가?
7. 일차 표준 물질의 조건은 무엇인가?
8. 일차 표준 물질이 큰 화학식량을 가져야 하는 이유는 무엇인가?

문제

무게/몰 계산

9. 다음 용액을 만들기 위해서 필요한 물질의 그램수를 계산하시오.
   (a) 5.00% (wt/vol) $NaNO_3$ 250 mL
   (b) 1.00% (wt/vol) NH_4NO_3 500 mL
   (c) 10.0% (wt/vol) $AgNO_3$ 1000 mL
10. 다음 용액 중 용질의 wt/vol %는 얼마인가?
   (a) 52.3 g Na_2SO_4/L
   (b) 500 mL 중의 275 g KBr
   (c) 200 mL 중의 3.65 g SO_2
11. 다음 물질의 화학식량을 계산하시오.
   (a) $BaCl_2 \cdot 2H_2O$ (b) $KHC_2O_4 \cdot H_2C_2O_4$
   (c) $Ag_2Cr_2O_7$ (d) $Ca_3(PO_4)_2$
12. 다음 물질의 각 500 mg에 포함된 밀리몰수를 계산하시오.
   (a) $BaCrO_4$ (b) $CHCl_3$
   (c) $KIO_3 \cdot HIO_3$ (d) $MgNH_4PO_4$
   (e) $Mg_2P_2O_7$ (f) $FeSO_4 \cdot C_2H_4(NH_3)_2SO_4 \cdot 4H_2O$
13. 문제 12의 물질을 각각 녹여서 0.200 *M* 용액 100 mL를 만들려면 각각 몇 그램이 필요한가?
14. 다음 용액을 만들기 위하여 필요한 각 물질의 밀리그램수를 계산하시오.
   (a) 1.00 *M* NaCl 1.00 L
   (b) 0.200 *M* 슈크로스 ($C_{12}H_{22}O_{11}$) 0.500 L
   (c) 0.500 *M* 슈크로스 10.0 mL
   (d) 0.200 *M* Na_2SO_4 0.0100 L
   (e) 0.500 *M* KOH 250 mL
   (f) 0.900% NaCl (g/100 mL 용액) 250 mL
15. 시약장에 다음과 같은 저장 용액이 있다. 0.100 *M* HCl, 0.0200 *M* NaOH, 0.0500 *M* KOH, 10.0% HBr (wt/vol), 5.00% Na_2CO_3 (wt/vol). 다음에 나타내는 양을 얻기 위하여 필요한 각 저장 용액의 부피는 얼마인가?
   (a) 0.0500 mol HCl (b) 0.0100 mol NaOH
   (c) 0.100 mol KOH (d) 5.00 g HBr
   (e) 4.00 g Na_2CO_3 (f) 1.00 mol HBr
   (g) 0.500 mol Na_2CO_3

몰농도 계산

16. 다음 용액 10.0 mL씩을 섞어 만든 용액 중 모든 양이온과 음이온의 농도를 계산하시오.
   0.100 *M* $Mn(NO_3)_2$, 0.100 *M* KNO_3, 0.100 *M* K_2SO_4
17. 10.0 mmol의 $CaCl_2$를 포함한 용액을 1 L로 묽혔다. 최종 용액 1 mL당 $CaCl_2 \cdot 2H_2O$의 그램수를 계산하시오.
18. 다음 용액의 몰농도를 계산하시오.
   (a) 250 mL 중에 10.0 g H_2SO_4를 포함한 용액
   (b) 500 mL 중에 6.00 g NaOH를 포함한 용액
   (c) 1.00 L 중에 25.0 g $AgNO_3$를 포함한 용액
19. 다음 용액 500 mL 중의 용질의 그램수를 계산하시오.
   (a) 0.100 *M* Na_2SO_4
   (b) 0.250 *M* $Fe(NH_4)_2(SO_4)_2 \cdot 6H_2O$
   (c) 0.667 *M* $Ca(C_9H_6ON)_2$
20. 다음 용액을 만드는 데 필요한 각 물질의 그램수를 계산하시오.
   (a) 0.100 *M* KOH 250 mL
   (b) 0.0275 *M* $K_2Cr_2O_7$ 1.00 L
   (c) 0.0500 *M* $CuSO_4$ 500 mL

21. 0.100 M 용액 1 L를 만드는 데 진한 염산[38.0%(wt/wt), 비중 1.19] 몇 밀리리터가 필요한가?(단, 밀도와 비중은 같다고 가정한다.)
22. 다음의 시판되는 산 또는 염기 용액의 몰농도를 계산하시오.(단, 밀도와 비중은 같다고 가정한다.)
(a) 70.0% $HClO_4$, 비중 1.668
(b) 69.0% HNO_3, 비중 1.409
(c) 85.0% H_3PO_4, 비중 1.689
(d) 99.5% CH_3COOH(아세트산), 비중 1.051
(e) 28.0% NH_3, 비중 0.898

mg/L(ppm) 계산

23. 250 mL 중에 6.0 μmol의 Na_2SO_4를 포함한 용액이 있다. 몇 ppm의 Na가 포함되어 있는가? 황산염은 몇 mg/L인가?
24. 325 mg/L의 K^+을 포함한 용액 100 mL가 다음과 같이 분석되었다. 테트라페닐 붕산염, $K(C_6H_5)_4B$으로 침전시킨 다음 아세톤 용액 속에 침전을 녹여서 테트라페닐 붕산 이온($(C_6H_5)_4B^-$)의 농도를 측정하였다. 아세톤 용액의 부피가 250 mL일 때 테트라페닐 붕산 이온의 농도는 몇 mg/L인가?
25. 다음의 각 1.00 mg/L 용액의 몰농도를 계산하시오.
(a) $AgNO_3$ (b) $Al_2(SO_4)_3$ (c) CO_2 (d) $(NH_4)_4Ce(SO_4)_4 \cdot 2H_2O$ (e) HCl (f) $HClO_4$
26. 다음의 각 2.50×10^{-4} M 용액의 mg/L 농도를 계산하시오.
(a) Ca^{2+} (b) $CaCl_2$ (c) HNO_3 (d) KCN (e) Mn^{2+} (f) MnO_4^-
27. 1.00 mg/L의 Fe^{2+}을 포함한 용액 1 L를 만들려고 한다. 몇 그램의 황산철 암모늄, $FeSO_4 \cdot (NH_4)_2SO_4 \cdot 6H_2O$를 녹여서 1 L로 하면 되는가? 이 용액의 몰농도는 얼마인가?
28. 광석 시료 0.456 g 중 Cr을 분석하여 0.560 mg의 Cr_2O_3가 포함된 것을 알았다. 시료 중의 Cr_2O_3의 농도를 다음 단위로 나타내시오.
(a) % (b) ppt(천분율) (c) ppm
29. 다음의 각 100 ppm 용액 1 L를 만들려면 NaCl이 각각 몇 그램 필요한가?
(a) Na^+ (b) Cl^-
30. 250 mg/L의 K^+을 포함하는 KCl 용액이 있다. 이 용액으로 0.00100 M의 Cl^- 용액을 만들려면 몇 밀리리터를 1 L로 묽히면 되는가?
31. 500 mg/L $KClO_3$ 용액 1 L는 몇 그램의 K^+를 포함하는가?

묽힘 계산

32. 어떤 용액 12.5 mL를 500 mL로 묽혀 농도를 재었더니 0.125 M이었다. 원래 용액의 몰농도는 얼마인가?
33. 최종 농도가 0.35 M이 되려면, 0.20 M H_2SO_4 65 mL에 0.50 M H_2SO_4 몇 mL를 첨가해야 하는가? 단, 부피는 가감성이라고 가정하라.
34. 0.050 M H_2SO_4 용액을 얻으려면 0.10 M NaOH 용액 50 mL에 0.10 M H_2SO_4 용액 몇 mL를 가해야 하는가?
35. 0.100 M 글루코스 저장 용액으로부터 1.00×10^{-5}, 2.00×10^{-5}, 5.00×10^{-5} 및 1.00×10^{-4} M 용액을 만들려고 한다. 100 mL 부피 플라스크와 1.00, 2.00, 5.00, 10.00 mL 부피의 피펫을 가지고 이들 용액을 만들려는 과정을 설명하시오.
36. 어떤 시료 0.500 g을 산에 녹여 250 mL 부피 플라스크로 묽혀 분광 광도법으로 망가니즈를 분석하려고 한다. 시료를 50 mL씩 세 번 분취하여 500 mL 삼각 플라스크로 옮기고, 산화제 과산화이황산 포타슘과 반응시켜 망가니즈를 과망가니즈산 이온으로 만든다. 반응이 끝난 후 이를 250 mL 부피 플라스크로 정량적으로 옮겨 250 mL 부피 플라스크로 묽힌 다음, 분광 광도법 측정을 한다. 표준 용액과 비교하여 최종 용액의 평균 농도를 결정하니 1.25×10^{-5} M이었다. 시료 내 망가니즈의 퍼센트는 얼마인가?
37. 물 25.00 mL에 아세트산 구리(II) 육수화물(화학식량=289.73g/mol) 34.83 g을 녹여 분석 물질의 모액을 제조하였다. 두 번째 내부 표준물 모액은 25.00 mL의 물에 아세트산 저마늄(I)(화학식량=190.74g/mol) 28.43 g을 녹여 만들었다. 이 용액을 불꽃 원자 분광법의 검량선을 만들기 위한 검량 표준물로 사용하였다. 구리의 표준 용액(각 표준 용액의 부피는 10 mL)은 다음의 농도로 제작하였다. 10.00, 25.00, 50.00, 100.0, 200.0 μM. 각 검량 표준 용액은 50.00 μM의 저마늄이 들어 있다. 분석 물질 모액의 농도는? 내부 표준물 모액의 농도는?

다음 표를 완성하시오.

구리의 농도 (μM)	분석물 모액의 부피 (mL)	내부 표준 물질 모액의 부피 (mL)	희석 부피 (mL)	전체 부피 (mL)
10.00				10.00
25.00				10.00
50.00				10.00
100.00				10.00
200.00				10.00

교수 선호 문제

(Texas 주립대 엘파소 캠퍼스의 Wen–Yee Lee 교수의 제안)

38. 분석 화학자 Tom은 식료품 가게에서 카페인이 없는, 디카페인 커피를 한 봉지 샀다. 그런데 Tom은 디카페인 커피 대신에 일반 커피를 가져온 것 같아 커피에 포함된 카페인 양에 대한 분석을 실시하기로 결정하였다. 그는 실험실에서, 구입한 커피의 추출 커피 0.5 mL를 취해서 물로 희석하여 100.0 mL 용액을 만들었다. 그는 네 번의 실험을 반복 실시하였는데 분석 결과는 각각 4.69, 3.99, 4.12, 4.50 mg/mL이었다(모든 용액의 밀도는 1.000 g/mL로 가정하고, 1 oz = 28.35 mL이다).

(a) 평균 ± 표준 편차의 양식으로 추출 커피 내의 카페인 농도(mg/L)를 보고하시오(희석 용액에 대한 것이 아님에 유의하라).

(b) 일반 커피와 디카페인 커피의 카페인 함량을 조사하시오. Tom이 잘못된 커피를 가져왔다고 생각하는가?

(c) 대부분의 성인들은 하루에 300 mg 정도의 카페인을 섭취해도 특별한 이상 현상은 없는 것으로 알려져 있다. 만약에 Tom이 하루에 커피를 3컵 (8 oz/컵) 마신다면 안전 범위에 들어가는가?

표준화 계산

39. 어떤 소다회 시료가 98.6%의 Na_2CO_3를 포함하고 있다. 0.678 g의 시료를 완전히 중화시키는 데 36.8 mL의 황산 용액이 소요되었다면, 이 황산 용액의 몰농도는 얼마인가?

40. 0.1 M NaOH 용액을 일차 표준 물질인 설팜산(NH_2SO_3H)으로 적정하여 표준화하려고 한다. 소요되는 NaOH 용액의 부피가 약 40 mL 되게 하려면, 몇 그램의 설팜산을 취해야 하겠는가?

분석 계산

41. 제약용 시트르산($H_3C_6H_5O_7$, 적정 가능한 양성자가 3개) 시료를 0.1087 M NaOH로 적정하여 분석하려고 한다. 시료 0.2678 g을 적정하는 데 38.31 mL가 소요되었다면, 이 시료의 순도는 얼마인가? (미국 제약용은 순도가 99.5% 이상이어야 한다.)

42. 200 μL 혈청 시료 속의 칼슘을 1.87×10^{-4} M EDTA 용액으로 적정하였더니 2.47 mL가 소요되었다. 혈액 내 칼슘 농도 (mg/dL)는 얼마인가?

43. 불순한 $BaCl_2 \cdot 2H_2O$ 시료 0.372 g을 0.100 M $AgNO_3$ 용액으로 적정하였더니 27.2 mL가 소요되었다. 다음을 계산하시오.

(a) 시료 내 Cl 퍼센트　(b) 화합물의 순도 퍼센트

44. 철광석을 산에 녹여 철을 Fe^{2+} 이온으로 전환시킨 다음, 0.0150 M $K_2Cr_2O_7$ 표준 용액으로 적정하여 철 함량을 분석하려고 한다. 1.68 g의 광석 시료 내 철을 적정하는 데 35.6 mL가 소요되었다면, Fe_2O_3로 표시되는 철 함량은 얼마인가? (적정 반응은 예제 5.31을 참조하라.)

45. 2.00 g의 시료 속에 든 칼슘을 CaC_2O_4로 침전시키고, 이를 산에 녹인 다음, 옥살산 이온을 0.0200 M $KMnO_4$로 적정하여 정량하려고 한다. 적정에 35.6 mL의 $KMnO_4$ 용액이 소요되었다면, 시료 내 CaO 퍼센트는 얼마인가? (반응은 $5H_2C_2O_4 + 2MnO_4^- + 6H^+ \rightarrow 10CO_2 + 2Mn^{2+} + 8H_2O$이다.)

46. $KMnO_4$ 4.68 g을 물에 녹이고 500 mL로 묽혀 과망가니즈산 포타슘 용액을 준비하였다. Fe_2O_3를 35.6% 포함하는 광석 0.500 g 속에 든 철은 몇 mL의 $KMnO_4$ 용액과 반응하는가? (적정 반응은 예제 5.30을 참조하라.)

47. 어떤 시료가 $BaCl_2$와 비활성 물질을 포함하고 있다. 이 시료를 0.100 M $AgNO_3$ 용액으로 적정할 때, 적정 시약의 mL와 시료 내 $BaCl_2$의 퍼센트가 같은 값이 되려면 몇 그램의 시료를 취해야 하는가?

48. 불순한 $AlCl_3$ 시료 0.250 g을 0.100 M $AgNO_3$로 적정하는 데 48.6 mL가 소요되었다. 이 시료 0.350 g

과 반응하는 0.100 *M* EDTA 용액의 부피는 얼마인가?(단, EDTA는 Al^{3+}와 1:1의 비로 반응한다.)

49. 정제한 일양성자 유기산 시료 425.2 mg을 0.1027 *M* NaOH로 적정하였더니 28.78 mL가 소요되었다. 이 산의 화학식량은 얼마인가?

50. $Zn(OH)_2$ 시료 0.287 g의 순도를 결정하기 위하여 HCl 표준 용액으로 적정하였더니 37.8 mL가 소요되었다. HCl 용액 25.0 mL를 AgCl 침전으로 만들고 무게를 달아 표준화하였을 때 AgCl의 무게는 0.462 g이었다. $Zn(OH)_2$의 순도는 얼마인가?

51. 순수한 $KHC_2O_4 \cdot H_2C_2O_4 \cdot 2H_2O$ 시료(3개의 치환 가능한 수소)는 0.100 *M* NaOH 46.2 mL로 적정되었다. 0.100 *M* $KMnO_4$ 용액과 반응시킨다면, $KMnO_4$ 용액 몇 mL가 필요한가?($KMnO_4$와 반응은 문제 45를 참조하라.)

역적정

52. Na_2CO_3와 비활성 물질을 포함하는 시료 0.500 g에 0.100 *M* HCl을 약간 과량이 되도록 50.0 mL를 가하고, 가열하여 CO_2를 날려보낸 다음, 여분의 산을 0.100 *M* NaOH로 역적정하였다. 역적정에 NaOH 용액 5.6 mL가 소요되었다면 시료 내 Na_2CO_3 퍼센트는 얼마인가?

53. 과산화 수소 용액에 약간 과량의 $KMnO_4$ 표준 용액을 가한 뒤 반응하지 않고 남아 있는 $KMnO_4$를 Fe^{2+} 표준 용액으로 역적정하였다. H_2O_2 용액 0.587 g을 취하여 0.0215 *M* $KMnO_4$ 용액 25.0 mL를 가한 다음, 역적정하는 데 0.112 M Fe^{2+} 용액 5.10 mL가 소요되었다. 시료 내 H_2O_2 퍼센트는 얼마인가?(반응은 예제 5.26과 5.30을 참조하라.)

54. 강철 시료 속의 황을 H_2S 기체로 만들어 0.00500 *M* I_2 용액 10.0 mL에 흡수시키고, 반응하지 않고 남아 있는 I_2를 0.00200 *M* $Na_2S_2O_3$로 역적정하여 정량하려고 한다. 역적정에 $Na_2S_2O_3$ 용액이 2.6 mL 소요되었다면, 강철 시료에는 몇 밀리그램의 황이 포함되어 있겠는가?

$$H_2S + I_2 \rightarrow S + 2I^- + 2H^+$$
$$I_2 + 2S_2O_3^{2-} \rightarrow 2I^- + S_4O_6^{2-}$$

적정값

55. 0.100 *M* EDTA 용액의 적정값을 mg BaO/mL 단위로 표시하시오.

56. 0.0500 *M* $KMnO_4$ 용액의 적정값을 mg Fe_2O_3/mL 단위로 표시하시오.

57. 질산 은 용액의 적정값은 22.7 mg Cl/mL이다. mg Br/mL로 표시한 적정값은 얼마인지 구하시오.

당량 무게 계산

58. 산 또는 염기로서 다음 물질의 당량 무게를 계산하시오.
(a) HCl (b) $Ba(OH)_2$ (c) $KH(IO_3)_2$
(d) H_2SO_3 (e) CH_3COOH

59. 문제 58에서 산과 염기의 각 0.250 eq/L 용액의 몰농도를 계산하시오.

당량 무게

60. 다음의 반응에서 KHC_2O_4의 당량 무게는 얼마인가?
(a) 산으로 작용할 때
(b) MnO_4^-와의 반응에서 환원제로 작용할 때
($5HC_2O_4^- + 2MnO_4^- + 11H^+ \rightarrow 10CO_2 + 2Mn^{2+} + 8H_2O$)

61. 산화 수은 HgO는 아이오딘화 이온과 반응시킨 다음, 산으로 적정하여 분석할 수 있다.
($HgO + 4I^- \rightarrow HgI_4^{2-} + 2OH^-$) 산화 수은의 당량 무게는 얼마인가?

62. 다음 반응에서 각 물질 1 당량의 g수를 계산하시오.
(a) $FeSO_4$ ($Fe^{2+} \rightarrow Fe^{3+}$) (b) H_2S ($\rightarrow S^0$)
(c) H_2O_2 ($\rightarrow O_2$) (d) H_2O_2 ($\rightarrow H_2O$)

63. $BaCl_2 \cdot 2H_2O$는 Ag^+를 AgCl로 침전시켜 적정하는 데 사용된다. 0.5000 g $BaCl_2 \cdot 2H_2O$ 속에는 몇 밀리당량이 들어 있는가?

당량/L(eq/L)

64. 7.82 g NaOH과 9.26 g $Ba(OH)_2$을 물에 녹여 500 mL로 묽혀 용액을 만들었다. 이 염기 용액의 eq/L는 얼마인가?

65. 0.1000 eq/L 비소(III) 용액 1 L를 준비하는 데 필요한 삼산화 비소 As_2O_3의 무게는 얼마인가(산화–

환원 반응에서 As^{3+}는 As^{5+}로 산화된다.)

66. 비활성 불순물을 2.0% 가진 $KHC_2O_4 \cdot H_2C_2O_4$ (3개의 이온화되는 수소를 가진다) 2.73 g과 $KHC_8H_4O_4$ (1개의 이온화되는 수소를 가진다) 1.68 g을 물에 녹여 250 mL로 묽히면, 완전히 이온화한다고 가정할 때, 산으로서 이 용액의 eq/L는 얼마인가?

67. $KHC_2O_4 \cdot H_2C_2O_4 \cdot 2H_2O$ 용액(이온화되는 수소 3개)이 산으로서의 농도는 0.200 eq/L이다. 환원제로서의 eq/L는 얼마인가? (환원제로서 작용할 때의 반응은 문제 45를 참조하라.)

68. $Na_2C_2O_4$와 $KHC_2O_4 \cdot H_2C_2O_4$를 어떤 무게비로 혼합한 시료를 녹여 용액을 만들 때, 환원제로서 용액의 eq/L가 산으로 작용할 때 eq/L의 3.62배가 되게 하려면 혼합 비율은 얼마이어야 하겠는가? (환원제로서의 반응은 문제 45를 참조하라.)

69. 0.1000 eq/L 용액 1.000 L를 만드는 데 필요한 $K_2Cr_2O_7$의 무게는 얼마인가?
(반응은 $Cr_2O_7^{2-} + 14H^+ + 6e^- \rightleftharpoons 2Cr^{3+} + 7H_2O$이다.)

전하 당량의 계산

70. 염화 이온의 농도가 300 mg/dL로 보고되었다. meq/L 단위로 농도는 얼마인가?

71. Ca의 농도가 5.00 meq/L일 때, mg/dL 단위의 농도는 얼마인가?

72. 소변 시료 중의 염화 이온의 농도가 150 meq/L였다. 염화 이온이 염화 소듐으로 소변 중에 존재한다면 g/L 단위로 NaCl 농도는 얼마인가?

무게 계산

73. 2.58 g의 Mn_3O_4에 존재하는 Mn의 무게는 얼마인가?

74. Zn의 양은 $Zn_2Fe(CN)_6$ 형태로 침전시켜 무게를 재어 결정한다.
(a) 침전물의 무게가 0.348 g인 시료에 함유되어 있는 Zn의 무게는 얼마인가?
(b) 0.500 g의 Zn으로부터 형성될 수 있는 침전물의 무게는 얼마인가?

75. 다음과 같을 때 무게 인자를 계산하시오.

목적 물질	칭량 물질
Mn	Mn_3O_4
Mn_2O_3	Mn_3O_4
Ag_2S	$BaSO_4$
$CuCl_2$	AgCl
MgI_2	PbI_2

교수 선호 문제

Old Dominion 대학의 Tomas L. Isenhaour 교수 제공

76. NaCl과 KCl만을 포함하는 시료 10.00 g이 있다. 이 시료에 $AgNO_3$를 가하여 AgCl로 침전을 시켰다. 침전을 여과하고 세척 건조한 후 무게를 측량하였더니 21.62 g이었다. 시료 중에 NaCl의 무게 백분율은 얼마인가?

추천 참고 문헌

1. T. P. Hadjiioannou, G. D. Christian, C. E. Efstathiou, and D. Nikolelis, *Problem Solving in Analytical Chemistry*. Oxford: Pergamon, 1988.

2. Q. Fernando and M. D. Ryan, *Calculations in Analytical Chemistry*. New York: Harcourt Brace Jovanovich, 1982.

6장
화학 평형의 개념

"최악의 불평등은 불평등한 것을 평등하게 만들려고 애를 쓰는 것이다."
—Aristotle

학습 목표

이 장에서 배울 중요한 내용은 무엇인가?

- 평형 상수(주요 식: 6.12, 6.15)
- 평형 농도의 계산
- 단일 변수 방정식을 엑셀 Goal Seek 프로그램을 이용하여 풀기
- 계통적인 접근에 따른 평형 상수 계산: 질량 균형식 및 전하 균형식
- 활동도와 활동 계수(주요 식: 6.19)
- 열역학적 평형 상수(주요 식: 6.23)

화학 반응에 있어서는 반응물들이 거의 정량적으로 반응하여 생성물을 얻는데, 이때 반응의 진행 방향이 정반응 쪽으로만 일어나는 것은 아니다. 사실 정반응과 역반응 양쪽으로의 반응 속도가 같아질 때, 그 화학 반응은 평형에 도달하게 된다. 이 장에서는 화학 평형과 평형 상수에 관한 개념을 다시 한 번 살펴보고 평형 상수를 이용한 계산들을 통해 알 수 있는 정보들에 대해서 알아보기로 한다. 용액 속의 이온들이 갖는 활동도와 활동 계수에 관해서도 살펴본다. 이러한 항목들은 이 장의 끝부분에서 언급될 다른 종 이온 효과 등의 크기를 계산하는 과정에서, 즉 열역학적 평형 상수를 사용하여 계산하는 과정에서 필요하기 때문이다. 또한 이것은 전위차 계산(13장)에도 사용될 것이다.

6.1 화학 반응: 반응 속도 개념

1863년 Guldberg와 Waage는 오늘날 우리가 질량 작용 법칙이라고 부르는 법칙을 설명하면서, 화학 반응의 속도는 어떤 시점에서 존재하는 반응 물질의 "활성 질량"에 비례한다고 하였다. 활성 질량은 농도 또는 압력을 가리킨다. 그들은 정방향과 역방향의 속도가 같은 상태를 평형이라고 정의함으로써 평형 상수를 이끌어냈다. 다음 화학 반응을 생각해 보자.

$$aA + bB \rightleftharpoons cC + dD \tag{6.1}$$

Guldberg와 Waage에 의하면, 정방향의 속도는 반응에 참여하는 각 분자의 수에 따라 증가되는데, 일반적으로 화학종 농도의 정수배이다.[1]

[1] [ ]는 moles/liter를 나타내며 여기서는 유효 농도를 나타낸다. 유효 농도는 활동도를 설명할 때 다른 이온 효과의 영향을 설명할 것이다.

$$속도_{fwd} = k_{fwd}\,[A]^a[B]^b \tag{6.2}$$

여기서 $속도_{fwd}$는 정반응의 속도이고, k_{fwd}는 **속도 상수**(**rate constant**)로서 온도나 촉매의 존재와 같은 요인에 의해 변한다. [A]와 [B]는 A와 B의 몰농도를 나타낸다. 이와 비슷하게 Gulberg와 Waage는 역반응을 다음과 같이 표시하였으며

$$속도_{rev} = k_{rev}[C]^c[D]^d \tag{6.3}$$

평형 상태에서는 정반응의 속도와 역반응의 속도가 같다.

평형에서는 정반응과 역반응의 속도가 같다.

$$k_{fwd}\,[A]^a[B]^b = k_{rev}[C]^c[D]^d \tag{6.4}$$

다시 정리하면 이 반응의 **몰평형 상수**(**molar equilibrium constant**)는 묽은 용액의 경우에 다음과 같이 주어진다.

$$\frac{[C]^c[D]^d}{[A]^a[B]^b} = \frac{k_{fwd}}{k_{rev}} = K \tag{6.5}$$

여기서 얻어지는 식이 평형 상수에 대한 올바른 표현이나, **유도한 방법이 정당하지 않다.** 왜냐하면 속도 상수는 실제로는 화학종의 충돌수로 측정되는 반응 **메커니즘**에 의존하는 데 반하여, 평형 상수의 식은 화학 반응의 **화학량론**에만 의존하기 때문이다. 속도 상수의 지수의 합은 반응의 **차수**를 나타내며, 반응의 화학량론(22장 참조)과는 전혀 다르다. 예를 들면 $S_2O_8^{2-}$를 I^-으로 환원시킬 때 다음 반응에서

$$S_2O_8^{2-} + 3I^- \rightarrow 2SO_4^{2-} + I_3^-$$

속도는 $k_{fwd}\,[S_2O_8^{2-}][I^-]$으로 주어지는 2차 반응이며, 완결된 화학 반응으로부터 예측할 수 있는 4차 반응의 속도인 $k_{fwd}\,[S_2O_8^{2-}][I^-]^3$가 아니다. 합리적인 평형 상수의 이론적인 배경은 열역학적인 논쟁으로부터 유래되었다. 평형 상수 값의 열역학적 계산은 Gibbs 자유 에너지(6.3절)에서 다루게 된다.

평형 상수가 클수록 평형에서 반응이 오른쪽으로 더 진행된다.

K는 평형 상태에서 A, B, C, D의 농도를 측정함으로써 실험적으로 구할 수 있다. 역반응보다 정반응의 속도 상수가 유리할수록, 평형 상수 값이 더 커지고 반응이 오른쪽으로 더욱 진행되어 평형에 이르게 될 것이다.

A와 B 사이의 반응이 처음 시작되면 A와 B의 양이 많으므로 정반응의 속도가 아주 빠른 반면에, 역반응의 속도는 이제 생기기 시작한 C와 D의 양이 적으므로 아주 느리게 일어난다(초기 역반응의 속도는 0). 반응이 진행됨에 따라 A와 B는 감소하며, C와 D는 증가하게 되어 정반응의 속도는 느려지는 데 반하여 역반응의 속도는 빨라진다(그림 6.1 참조). 따라서 최종적으로 두 반응 속도가 같게 되고, 계는 평형 상태에 이르게 된다. 이 상태에서 A, B, C, D의 각 농도는 일정하게 유지된다(이 농도는 화학량론적인 반응과 평형이 얼마나 정방향으로 진행되었는가에 따라 결정된다). 그러나 계는 정반응과 역반응 속도가 같은 동적 평형 상태에 있다.

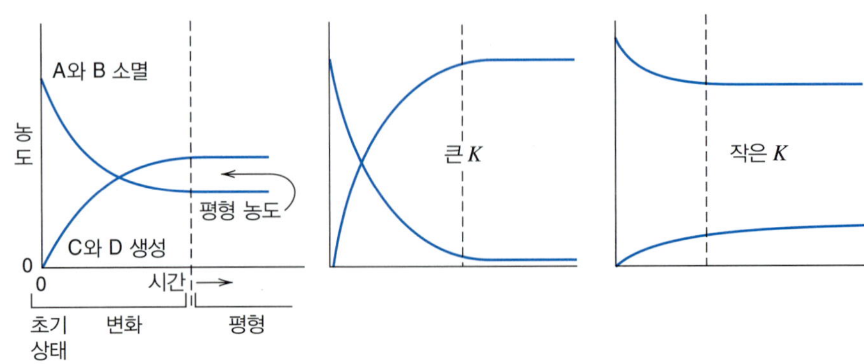

그림 6.1 화학 반응의 진행

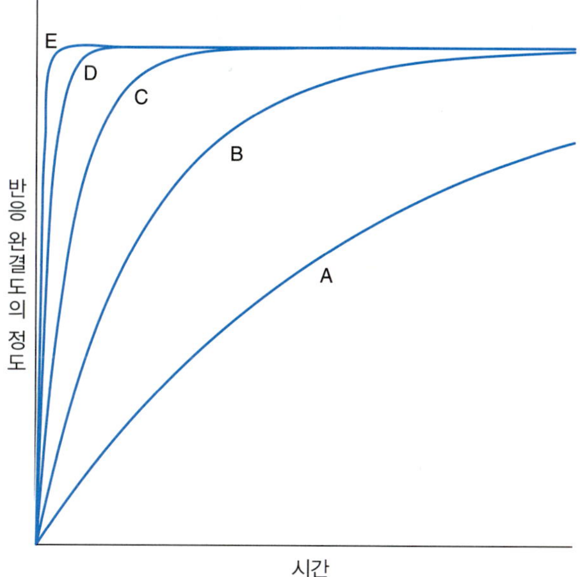

그림 6.2 같은 평형 상수를 가진 경우, 평형으로의 접근은 반응 속도에 의하여 조정된다. 이것은 연역적으로 예측할 수는 없다. 이온 반응의 경우 순식간에 일어나는 경우가 종종 있다. 이 반응과 연소 반응을 제외하고는, 대부분의 다른 반응들은 측정 가능한 시간 내에 일어난다. A에서 E까지 각 단계는 반응 속도가 3배씩 증가한다. 그러나 평형의 위치는 변화되지 않는다. 반응 속도의 향상은 적절한 촉매로 얻을 수 있다. 가열하면 반응 속도가 증가하지만 평형의 위치 또한 변화될 수 있다.

평형 상수 식에서 보는 바와 같이, 평형 상수는 생성물의 농도를 분자에 나타내고, 반응물의 농도를 분모에 나타낸 비율로 표현된다. 이것은 임의적이지만 인정되는 관례이다. 따라서 평형 상수가 크다는 것은 그 평형이 오른쪽으로 훨씬 치우쳐 있음을 나타낸다.

여기서 아주 큰 평형 상수를 가진 반응이라고 하더라도 정반응의 결과로 생기는 **생성물**의 양이 충분히 많을 경우, 그들 사이의 반응에 의해 **역반응**이 진행되기 시작할 수 있다는 사실을 알 수 있다. 또한 평형 상수는 반응이 얼마나 **빨리** 진행될 것인가 하는 점에 대한 정보는 알려주지 않는다. 실제로 어떤 반응들은 너무나 느리게 진행되어 그 속도를 측정할 수 없는 경우도 있다. 평형 상수는 단지 반응이 일어나려는 경향성과 어떤 방향으로 진행될 것인가를 우리에게 알려주고, 실제로 충분히 빠른지는 알려주지 않는다(반응 속도의 측정과 그 응용에 관해서는 속도론적 분석법에 관한 22장을 참고하면 된다).

큰 평형 상수는 그 반응이 상당히 빠른 속도로 진행되리라고 보장하는 것은 아니다.

식 6.1의 반응의 경우 평형에 도달하는 정반응의 속도와 역반응의 속도는 서로 다르다. 즉 이 반응이 C와 D로부터 역으로 시작된다면 평형에 도달하는 시간이 A와 B가 반응을 시작한 경우보다 더 빨라질 수도 느려질 수도 있다는 뜻이다.

그림 6.2는 서로 다른 반응 속도에서 평형에 접근하는 것을 나타내었다.

6.2 평형의 유형

평형 상수는 화학 반응의 유형에 따라 여러 가지로 표시할 수 있다. 이들 가운데 몇 가지를 표 6.1에 나타내었다. 평형은 해리(산/염기, 용해도), 물질의 생성(착물), 반응(산화–환원), 두 상 사이에서의 분배(물과 비수용성 용매–용매 추출, 크로마토그래피에서와 같이 물로부터 표면에 흡착 등)등으로 표시할 수 있다. 우리는 이들 평형에 관해서는 뒷장에서 상세히 다루게 될 것이다.

평형 상수는 해리, 회합, 반응, 분배에 대하여 나타낼 수 있다.

표 6.1 평형의 종류

평형	반응	평형 상수
산–염기 해리	$HA + H_2O \rightleftharpoons H_3O^+ + A^-$	K_a 산 해리 상수
용해도	$MA \rightleftharpoons M^{n+} + A^{n-}$	K_{sp} 용해도곱
착물 형성	$M^{n+} + aL^{b-} \rightleftharpoons ML_a^{(n-ab)+}$	k_f 형성 상수
산화–환원 반응	$A_{red} + Box \rightleftharpoons A_{ox} + B_{red}$	K_{eq} 반응 평형 상수
상 분배	$A_{H_2O} \rightleftharpoons A_{organic}$	K_D 분배 계수

J. Willard Gibbs (1839~1903)는 화학 열역학의 창시자이다. 그는 현재 일반적으로 그를 기리기 위해 Gibbs 자유 에너지라고 불리는 자유 에너지의 개념을 소개하였다. Gibbs의 자유 에너지는 자발적인 자연 현상에서 동시에 에너지를 낮추고 무질서도 혹은 엔트로피를 증가시키는 물리적인 경향이나 화학계와 연관되어 있다. Gibbs는 1983년 미국 Yale 대학에서 공학으로 첫 번째 박사학위를 받았다(그의 박사학위 논문은 연동기의 설계에 대한 것이었음). Gibbs의 열역학 연구에 의존하여 그의 통계 역학을 발전시킨 Albert Einstein은 Gibbs를 "미국 역사상 가장 위대한 지성"이라고 칭하였다.

6.3 Gibbs의 자유 에너지와 평형 상수

주어진 반응이 일어날 것인지의 경향성은 그 반응에 있어서의 **엔탈피** 변화(**enthalpy**: ΔH)와 **엔트로피** 변화(**entropy**: ΔS)를 사용하여 열역학적으로 정의된다. 엔탈피란 주어진 반응이 흡열 반응인 경우 일정한 압력하에서 반응이 진행될 때 외부로부터 흡수하는 열을 말한다. 발열 반응의 경우 ΔH는 음의 값을 갖는다. 그리고 엔트로피는 주어진 물질이나 계가 나타내는 무질서도의 척도이다.

주어진 계는 언제나 보다 낮은 에너지와 보다 큰 무질서도를 향하며, 더 낮은 엔탈피와 더 높은 엔트로피를 가지려 할 것이다. 예를 들면 언덕 위의 바위덩어리는 언덕 아래(보다 낮은 에너지 상태)로 자발적으로 굴러내려 가려 할 것이며, 같은 색깔끼리 모아 규칙적으로 배열되어 있는 구슬들이 들어 있는 상자를 흔들면 그 구슬들이 서로 무질서하게 섞임을 볼 수 있는 것이다. 이러한 엔탈피와 엔트로피를 결합한 것이 **Gibbs 자유 에너지**(**Gibbs free energy**) G이다.

$$G = H - TS \tag{6.6}$$

여기서 T는 켈빈(K)으로 나타낸 절대 온도이고, G는 주어진 계가 가지는 에너지의 척도이며, 계는 자발적으로 낮은 에너지 상태로 향하는 경향이 있다. 일정한 온도 하에서 주어진 계의 에너지의 변화는 다음과 같다.

$$\Delta G = \Delta H - T\Delta S \tag{6.7}$$

ΔG가 0보다 작으면 그 변화 과정은 **자발적**이며, 반대의 경우에는 역방향의 과정이 자발적으로 진행되고, 0이면 그 과정이 평형에 도달하였음을 의미한다. 따라서 음의 ΔH를 가지는 발열 반응과 엔트로피가 증가하는($\Delta S>0$) 경우, 그 과정은 자발적으로 진행된다. ΔH와 ΔS의 값은 음의 값을 가질 수도, 양의 값을 가질 수도 있으며, 이 값들의 상대적인 크기와 온도에 따라 ΔG의 값이 결정된다. 만약에 반응이 자발적이라면 엔탈피와 엔트로피는 독자적으로 변화되지 않는다. 예를 들어 NH_4Cl과 같은 많은 염들은 흡열 반응을 통해 자발적으로 물에 용해된다(열은 흡수되고, 용액은 차가워진다). 이 경우, 용해에 의한 매우 큰 양의 엔트로피 변화가 양의 엔탈피 변화를 초과한다.

표준 엔탈피 $H°$, 표준 엔트로피 $S°$, 그리고 표준 자유 에너지 $G°$는 표준 상태(1 atm, 298 K, 단위 농도)에서 1몰의 물질에 대한 열역학적인 양을 나타낸다. 따라서

$$\Delta G° = \Delta H° - T\Delta S° \tag{6.8}$$

$\Delta G°$는 주어진 반응의 평형 상수와 다음과 같은 관계를 가진다.

$$K = e^{-\Delta G°/RT} \tag{6.9}$$

또는

$$\Delta G° = -RT \ln K = -2.303RT \log K \tag{6.10}$$

여기서 R은 기체 상수(8.314 J K^{-1} mol^{-1})이다. 따라서 어떤 반응의 표준 자유 에너지를 알면 그 반응의 평형 상수를 계산할 수가 있다. $\Delta G°$의 값이 음수로 크면, 그 반응의 평형 상수가 큰 것이다. 그런데 여기서 주목해야 할 것은, ΔG와 $\Delta G°$가 주어진 반응의 자발성에 관한 정보는 주고 있지만, 그 반응이 **얼마나 빨리** 진행될 것인가에 대해서는 알려주지 않는다는 것이다. 수소와 산소가 반응하여 물이 생성되는 반응은 이 반응으로 기인한 매우 큰 음의 자유 에너지 변화가 있다. 그러나 상온에서, 촉매(혹

우주에 있는 모든 물질은 무질서도가 증가(엔트로피가 증가)하는 방향으로, 낮은 에너지(낮은 엔탈피) 방향으로 반응이 진행된다.

자발적 반응은 에너지를 방출하고, 보다 낮은 자유 에너지 상태로 된다. 평형 상태에서 자유 에너지는 변하지 않는다.

큰 평형 상수는 문제의 반응을 변화시키는 큰 음수의 자유 에너지로부터 유래된다.

은 불꽃!)가 없는 상태에서는 관측될 만한 반응이 진행되지 않은 채 오랫동안 공존한다.

6.4 Le Châtelier 원리

반응물과 생성물들의 평형 농도는 그 계에 영향을 미치는 요인들이 생기면 변하게 된다. 변화 요인으로는 온도나 압력 또는 반응물의 농도를 들 수가 있다. 이러한 인자들에 의한 효과는 **Le Châtelier 원리**(**Le Châtelier's principle**)에 의해 예측될 수가 있는데, 이 원리는 화학적으로 평형에 있는 계에 자극을 가하면, 그 계의 평형 상태는 그 자극을 극소화(제거)하는 방향으로 이동한다는 것이다. 온도, 압력, 농도가 평형에 미치는 효과에 대해서 알아보기로 하자.

반응물의 농도를 증가시킴으로써 유리하지 않은 화학 평형을 이동시킬 수 있다.

모든 평형 상수는 반응의 속도 상수와 같이 온도에 의존한다.

프랑스의 화학자 Henry-Louise Le Châtelier(1850~1936)는 열역학을 연구하던 중, 1884년에 Le Châtelier 원리를 고안하였다. 이 이론은 평형 상태에서 온도나 압력 같은 하나의 조건이 바뀌면 평형은 원래의 평형 조건을 찾으려는 방향으로 이동한다고 설명한다.

6.5 평형 상수에 대한 온도의 영향

앞에서 언급한 바와 같이, 온도는 반응에 있어서 정반응의 속도와 역반응의 속도에 각각 영향을 미쳐서, 평형 상수에도 영향을 미친다(더 정확히 말하면, 온도가 자유 에너지에 영향을 미친다. 식 6.10 참조). 온도가 증가하면 평형은 열을 흡수하는 방향으로 이동하여 온도 증가의 효과를 감소시킨다. 즉, 흡열 반응에서는 온도가 증가하면 평형 상수를 증가시켜 정반응이 더욱 진행되는 방향으로 평형이 이동하고, 발열 반응의 경우에는 역반응의 방향으로 평형이 이동하게 된다. 평형의 이동 정도는 계의 반응열의 크기에 따른다.

엄밀히 말하자면, 엔탈피와 엔트로피 변화는 온도와 무관하지 않다. 그러나 대부분의 경우 약간의 온도 변화에도 상수라고 가정하는 것이 합리적이고, 온도에 따른 평형 상수의 변화는 Clausius−Clapeyron 식으로 예측할 수 있다(온도 T_1에서의 평형 상수는 K_1이고 T_2에서는 K_2라고 하자).

$$\ln \frac{K_1}{K_2} = \frac{\Delta H}{R}\left(\frac{1}{T_2} - \frac{1}{T_1}\right)$$

온도는 평형의 위치에 미치는 영향 이외에도, 평형 반응의 경우 정반응의 속도와 역반응의 속도에 큰 영향을 미치게 되어 평형에 도달하는 **속도**에도 영향을 미친다. 이는 온도가 올라가면 물질들 사이의 충돌 횟수와 충돌 에너지가 증가되기 때문이다. 많은 흡열 반응들의 경우 온도가 10°C 증가하면 보통 반응 속도가 2~3배씩 증가한다. 그림 6.2를 참고하라.

독일의 물리학자이자 수학자인 Rudolf Julius Emanuel Clausius(1822~1888)는 열역학 분야의 선구자 중의 한사람이다. 그는 **엔트로피**라는 용어를 만들었다.

6.6 평형에 대한 압력의 영향

압력은 기체상 화학 반응들의 평형 상태에 큰 영향을 준다. 예를 들어 한 부피의 질소가 3배 부피의 수소와 반응하여 2배 부피의 암모니아를 생성할 때, 압력이 증가하면 그 계의 부피가 감소하는 방향으로 평형이 이동하려는 경향을 가진다. 그러나 용액 반응의 경우 액체의 압축성이 거의 없기 때문에, 외부 압력의 변화는 반응에 거의 영향을 미치지 못한다.

그러나 앞에서 언급한 몇 기압 정도의 압력에도 "압축이 되지 않는" 용액조차 약간 압축이 됨에 주의하라. 그리고 예를 들어 고압 다이몬드 셀을 이용하여 분광 결과들을 연구하면 여러 조건에서 분자들의 전자적 그리고 기계적인 변화들에 대해서 배울 수 있다.

용액의 경우 압력의 효과는 흔히 무시된다.

6.7 평형에 대한 농도의 영향

평형 상수값은 반응물이나 생성물의 농도에는 상관없이 일정하다. 그러나 평형의 **위치** 농도에 의해 영향을 받는다. Le Châtelier 원리에 의하면 농도 변화에 따른 평형의 이동 방향은 예

농도의 변화는 평형 상수에 영향을 주지 않고, 화학 평형의 위치에 영향을 준다.

측이 가능하다. 다음 철(III) 이온과 I^- 이온의 반응을 예로 들어 보자.

$$3I^- + 2Fe^{3+} \rightleftharpoons I_3^- + 2Fe^{2+}$$

네 가지의 화학종들이 모두 다 평형 상수에 의해 결정되는 평형 상태에 있고, 한 가지 성분을 첨가하거나 제거하면 평형이 다시 이루어질 것이다. 예를 들어 용액에 Fe^{2+}를 첨가한다고 생각하자. Le Châtelier 원리에 따라 Fe^{2+}를 소비하는 방향, 즉 평형은 왼쪽으로 이동하게 될 것이다. 결국 새로운 평형이 다시 성립되고, 그 평형의 위치는 이전과 같은 값의 평형 상수 값을 갖도록 이동한다.

6.8 촉매

촉매는 평형 상수나 화학 평형의 위치에 영향을 주지 않는다.

22장 효소 촉매의 분석 화학적 이용을 참조하라.

촉매는 정반응과 역반응 모두의 속도에 영향을 미쳐 평형에 도달하는 속도를 보다 빠르게 또는 느리게[2] 만들 수 있다. 그러나 촉매는 양쪽 속도에 똑같이 영향을 미치므로 평형 상수 값에는 영향이 없다. 그림 6.2를 보라.

촉매는 반응이 너무 느리게 진행되어 분석 화학에 이용되기 어려운 반응들을 다룰 때 분석 화학자들에게는 아주 중요한 도움을 줄 수도 있다. 예를 들어 비소(III)와 세륨(IV)사이의 적정 반응을 촉진시키는 사산화 오스뮴(OsO_4)이 있는데, 보통은 두 물질 사이의 반응의 경향성은 아주 높으나 실제 반응 속도가 너무 느려 적정에 이용되기 힘들다. 촉매가 매우 느린 반응의 속도에 미치는 정도를 측정하여 촉매 농도 정량을 할 수 있다. 비소(III)와 세륨(IV) 사이의 같은 반응은 아이오딘(iodide)에 의해서도 촉매가 된다. 그리고 반응 속도의 측정(노란 세륨(IV)색이 사라짐을 통해)은 Sandell–Kolthoff 법이라고 하는, 오랫동안 가장 널리 사용된(현재도 자주 사용되는) 아이오딘을 측정하는 방법을 기초로 구성한다. 최근 아이오딘은 이온 크로마토그래피, ICP-MS 그리고 이온 선택성 전극 등으로 측정된다.–후반부 장들을 참고하라.

6.9 반응의 완결

정량 분석 시, 정확한 측정을 위해서는 화학 평형은 최소한 99.9%가 정반응으로 가야 한다. 그러나 정반응으로 75%가 진행된 반응도 "완결된" 반응이라고 할 수 있다.

반응이 아주 오른쪽으로 이동하여 평형이 성립된 후에 남은 반응물의 농도가 너무 낮아 측정하기 어려울 정도인 경우 그 반응은 완결되었다고 말한다. 반응이 원하는 방향으로 잘 진행되지 않는다면, Le Châtelier 원리를 응용하여 원활하게 이루어지게 할 수 있다. 즉, 임의의 반응물의 농도를 높이거나 생성물의 농도를 낮추면 되는 것이다. 더 많은 생성물을 위해서는 (1)기체 상태의 생성물은 제거해 버리거나, (2)생성물을 고체로 침전시키거나, (3)용액 속에서 아주 안정한 이온 형태의 착물을 형성시키거나, (4)분별 추출 등의 방법으로 높일 수 있다.

실제 대부분의 화학 반응에서 Le Châtelier의 원리를 뒷받침하고 있다. 생화학 반응에서도 중요한데, 특히 온도와 같은 외부 요인에 의해 생물학적 평형에 큰 영향을 미친다. 촉매(효소)는 여러 가지 생물학적, 생리학적 반응에서 핵심적인 역할을 한다(22장 참조).

6.10 해리 또는 결합하는 화학종의 평형 상수—약한 전해질과 침전

평형 상수는 해리가 100%보다 적을 때로 제한한다.

어떤 물질이 물에 녹을 때 물질들은 부분적으로 또는 완전히 해리하거나 이온화한다. 부분적으로만 해리하는 전해질을 **약한 전해질**이라고 하고, 완전히 해리하는 전해질을 **센 전해질**이

[2] 이와 같은 "부촉매(negative catalyst)"를 억제제(inhibitor)라고 한다.

라고 한다. 예를 들어, 아세트산은 물속에서 단지 일부만 해리하는 약한 전해질이고, 염산은 완전히 해리하여 모두 다 이온으로 변하는 센 전해질이다(물속에서의 산의 해리는 실제로 양성자를 옮기는 반응이다. $HOAc + H_2O \rightleftharpoons H_3O^+ + OAc^-$). 어떤 물질은 물속에서 완전히 이온화하지만 조금밖에 녹지 않는다. 우리는 이들을 **난용성 물질**이라고 부른다. 어떤 물질은 용액 중에서 결합하여 해리가 가능한 생성물, 예를 들면 착물을 생성하기도 한다. 하나의 예로서, 구리 이온(II)은 암모니아와 반응하여 $Cu(NH_3)_4{}^{2+}$를 생성한다.

약한 전해질의 해리나 난용성 물질들의 용해도는 평형 상수에 의해 정량적으로 취급될 수 있다. 센 전해질이나 물에 완전히 녹는 물질의 경우 그들의 평형 상수는 거의 무한대의 값을 가진다고 할 수 있다. 이제 다음과 같이 해리하는 화학종 AB에 대해 살펴보자.

약한 전해질은 아주 일부만 해리된다. 난용성 물질도 물에 녹아 전부 이온화되므로 센 전해질이다.

$$AB \rightleftharpoons A + B \tag{6.11}$$

이러한 해리 반응에 대한 평형 상수는 일반적으로 다음과 같이 쓸 수 있다.

$$\frac{[A][B]}{[AB]} = K_{eq} \tag{6.12}$$

K_{eq}의 값이 클수록 해리가 많이 일어날 것이다. 즉 K_{eq}의 값이 큰 산은 센 산일 것이다.

어떤 화학종은 단계적으로 해리하는데, 각 해리 단계에 대한 평형 상수를 쓸 수 있다. 예를 들어, A_2B 화합물의 경우 다음과 같이 해리한다.

$$A_2B \rightleftharpoons A + AB \quad K_1 = \frac{[A][AB]}{[A_2B]} \tag{6.13}$$

$$AB \rightleftharpoons A + B \quad K_2 = \frac{[A][B]}{[AB]} \tag{6.14}$$

화합물의 총 해리는 두 가지 평형을 더한 것이다.

$$A_2B \rightleftharpoons 2A + B \qquad K_{eq} = \frac{[A]^2[B]}{[A_2B]} \tag{6.15}$$

식 6.13과 6.14를 곱해 주면 총 평형 상수를 얻는다.

$$K_{eq} = K_1K_2 = \frac{[A][AB]}{[A_2B]} \cdot \frac{[A][B]}{[AB]} = \frac{[A]^2[B]}{[A_2B]} \tag{6.16}$$

어떤 물질이 이와 같이 단계적으로 해리하는 경우, 각 연속적 평형 상수의 값들은 점차적으로 줄어드는 것이 보통이다. 이염기산(즉, HOOCCOOH)에서, 두 번째 수소의 해리는 첫 번째와 비교하여 제한된다($K_2 > K_1$). 왜냐하면 일가 음이온의 음전하는 두 번째 수소가 이온화하는 것을 좀 더 어렵게 한다. 이 효과는 수소들이 더 가깝게 위치할 때 더 커진다. 평형에 관계되는 계산을 할 때 용액의 농도는 항상 mol/L를 사용한다는 것을 기억하라.

연속적인 단계별 해리 상수는 점차 작아진다.

화학 반응이 역반응으로 나타내어져 있을 때, 같은 평형을 적용하면 평형 상수는 그의 역수이다. 위의 예를 들면, $A + B \rightleftharpoons AB$에서 $K_{eq(역반응)} = [AB]/([A][B]) = 1/K_{eq(정반응)}$이다. 만일 정반응에 대한 K_{eq}가 10^5이면, $K_{(정반응)} = 1/K_{(역반응)}$이므로, 역반응에 대한 K_{eq}는 10^{-5}이다.

$K_{정반응} = 1/K_{역반응}$

이와 비슷한 개념은 결합하는 화학종의 평형 상수가 일정한 값보다 매우 클 때, 즉 반응이 매우 쉽게 일어나는 생성 반응(예를 들면, 착물)을 제외하고는 모든 반응에 응용할 수 있다. 산, 착물, 침전의 평형 상수는 다음 장에서 더 설명할 것이다.

6.11 평형 상수를 이용한 계산—평형에서의 조성

평형 상수를 사용하면 약한 산의 해리로 생성된 수소 이온의 농도와 같이, 평형에 있는 화학종들의 농도를 계산할 수 있다. 이 절에서는 평형 상수를 사용하는 일반적인 계산 방법들만 다루고, 특정 화학 평형에 대한 응용은 각 평형을 다루는 뒷장에서 공부하기로 한다.

화학 반응

주어진 화학 반응이 평형에 도달하였을 때 각 반응물이나 생성물의 농도를 알아야 하는 경우가 있다. 예를 들어, 적정 곡선을 얻기 위해서나 전극 전위를 구하기 위해서는 용액 속의 특정 물질의 농도를 알아야 하는 경우가 있다. 사실 이러한 것들은 나중에 다시 응용편에서 언급될 사항들이기는 하지만, 여기서 평형에 관한 문제들에 대한 일반적인 접근 방식을 다음 예제로 알아보자.

예제 6.1

A와 B가 반응하여 C와 D를 생성할 때,

$$A + B \rightleftharpoons C + D \qquad K = \frac{[C][D]}{[A][B]}$$

평형 상수 K의 값은 0.30이다. A 0.20 mol과 B 0.50 mol이 1.00 L에 녹아 있고, 반응이 일어난다고 할 때, 평형에서의 반응물과 생성물의 농도를 계산하시오.

풀이

평형 농도는 초기(분석) 농도에서 반응 농도를 뺀 것이다.

이와 같은 문제를 해결할 때는 주로 "ICE" 표를 작성하게 된다. ICE는 초기(initial), 변화(change) 그리고 평형(equilibrium)을 뜻한다. 각각 초기, 변화, 평형 상태를 표기함으로써 평형 상태를 잘 표현할 수 있게 된다. http://www.youtube.com/user/genchemconcepts#p/a/u/5/LZtVQnILdrE.

예제 6.1의 ICE 표

농도 M	[A]	[B]	[C]	[D]
초기	0.20	0.50	0.00	0.00
변화	$-x$	$-x$	$+x$	$+x$
평형	$0.20-x$	$0.50-x$	x	x

A와 B의 초기 농도는 각각 0.20 M과 0.50 M이고, C와 D는 초기에 0 M이다. 반응이 평형에 이른 후 A와 B의 농도는 감소할 것이고 C와 D의 농도는 증가할 것이다. 반응한 A와 B의 몰 농도나 C의 평형 농도를 x라 하자. 1몰의 C와 1몰의 D가 얻어지므로 D의 농도도 x가 될 것이다. A와 B의 **초기 농도**를 **분석 농도**(**analytical concentration**) C_A, C_B로 나타낼 수 있다. **평형 농도**(**equilibrium concentration**)를 [A], [B]로 표시하자. 평형에서의 A와 B의 농도는 x만큼 줄어서 $[A] = C_A - x$, $[B] = C_B - x$로 되고, 평형에서의 농도는

	[A]	[B]	[C]	[D]
초기 농도	0.20	0.50	0	0
변화(x = 반응한 mmol/mL)	$-x$	$-x$	$+x$	$+x$
평형	$0.20 - x$	$0.50 - x$	x	x

이제 평형에서 평형 상수식에 주어진 값을 대입하고, x에 대해서 풀면

$$\frac{(x)(x)}{(0.20 - x)(0.50 - x)} = 0.30$$

$$x^2 = (0.10 - 0.70x + x^2)0.30$$

$$0.70x^2 + 0.21x - 0.030 = 0$$

이것은 이차 방정식으로 부록 B에 주어진 이차식을 풀기 위한 근의 공식을 이용하여 대수

적으로 풀 수 있다(이차 방정식 답 계산을 위한 추가적인 **웹 사이트** 예제 6.1 이차 방정식 solution.xlsx를 참고하라. 또한 이차 방정식 풀이를 위한 3장 풀이 **비디오**를 보라).

$$x = \frac{-b \pm \sqrt{b^2 - 4ac}}{2a}$$

$$= \frac{-0.21 \pm \sqrt{(0.21)^2 - 4(0.70)(-0.030)}}{2(0.70)}$$

$$= \frac{-0.21 \pm \sqrt{0.044 + 0.084}}{1.40} = 0.11\,M$$

$$[\mathrm{A}] = 0.20 - x = 0.09\,M$$

$$[\mathrm{B}] = 0.50 - x = 0.39\,M$$

$$[\mathrm{C}] = [\mathrm{D}] = x = 0.11\,M$$

이차 방정식 대신에 **연속 근사법**(**method of successive approximation**)을 사용하여 값을 구할 수 있다. 즉 이 과정에서 계산을 단순화하기 위하여 x가 초기 농도에 비해 매우 작을 것이므로 무시하고, x의 초기 농도를 구할 것이다. 그 후 평형 농도에서 A와 B의 초기 수정값을 얻기 위하여 C_A와 C_B에서 x 값을 빼어 처음 x 값을 얻고, 또 새로운 x 값을 계산하고, 이 과정을 x 값이 일정하게 될 때까지 반복한다.

연속 근사법에서는, 반응한 양을 계산할 때 평형 농도로서 분석 농도를 생각하며 시작한다. 그 후에는 처음 농도에서 계산에 의한 반응량을 빼서 그 값이 일정할 때까지 계속 반복한다.

첫 번째 계산 $$\frac{(x)(x)}{(0.20)(0.50)} = 0.30$$

$$x = 0.173$$

계산은 계속해서 수행함으로써 빨리 한 개의 값에 수렴시킬 수 있다.

두 번째 계산 $$\frac{(x)(x)}{(0.20 - 0.173)(0.50 - 0.173)} = 0.30$$

$$x = 0.051$$

세 번째 계산 $$\frac{(x)(x)}{(0.20 - 0.051)(0.50 - 0.051)} = 0.30$$

$$x = 0.14_2$$

네 번째 계산 $$\frac{(x)(x)}{(0.20 - 0.142)(0.50 - 0.142)} = 0.30$$

$$x = 0.079$$

다섯 번째 계산 $$\frac{(x)(x)}{(0.20 - 0.79)(0.50 - 0.079)} = 0.30$$

$$x = 0.12_4$$

여섯 번째 계산 $$\frac{(x)(x)}{(0.20 - 0.124)(0.50 - 0.124)} = 0.30$$

$$x = 0.093$$

일곱 번째 계산 $$\frac{(x)(x)}{(0.20 - 0.093)(0.50 - 0.093)} = 0.30$$

$$x = 0.11_4$$

$$\text{여덟 번째 계산} \quad \frac{(x)(x)}{(0.20-0.114)(0.50-0.114)} = 0.30$$

$$x = 0.10_4$$

$$\text{아홉 번째 계산} \quad \frac{(x)(x)}{(0.20-0.104)(0.50-0.104)} = 0.30$$

$$x = 0.10_7$$

처음 두 값을 평균하여 세 번째를 계산함으로써 반복되는 계산 단계를 줄일 수 있다.

일곱 번째 계산값까지 반복하여 x의 평형값으로 0.11을 얻었다. 반복하는 과정에서 x는 평형값의 위아래로 진동함에 주목하라. 특정 문제의 풀이에서 x 값이 C에 비해 크면 진동폭이 더 커지고, 반복이 평형값(이 예제에서는 이런 방법이 좋지 않음)에 도달하는 데 더 많은 계산을 필요로 한다. 반복을 줄이는 데 효과적인 방법이 있는데, 즉 세 번째 반복을 위해서 첫 번째와 두 번째의 평균을 취하여 계산하면 최종값(0.11_2)에 가까워진다. 한 번이나 두 번의 반복으로 평형값에 도달할 수 있으니 시험해 보기 바란다. ■

위의 예제 6.1에서 보면, 비록 B를 과량으로 넣어 주었지만 평형 상수의 값이 그리 크지 않기 때문에, 어느 정도의 A가 남아 있음을 알 수 있다. 실제로 C와 D가 A와 거의 비슷한 농도이므로 정반응으로 절반 정도가 일어나서 평형이 성립된 것이다. 분석적으로 연구 대상이 되는 대부분의 반응들은 평형 상수가 큰 값을 가지므로, 반응이 정반응으로 많이 진행된다. 이들의 경우에는, 과량이 아닌 반응물의 평형 농도는 일반적으로 다른 농도들에 비해 매우 작으므로, 계산이 간단해진다.

반복적인 문제 해결을 위한 엑셀 Goal Seek

마이크로소프트사의 Excel™ 프로그램은 반복적이거나 시행착오적인 해답을 해결하는 데 필요한 강력한 몇 가지 도구를 가지고 있다. 대부분 한 문제를 해결하는 데 하나의 매개 변수가 필요하다. 대부분의 평형 계산이 그렇다. 한 개 이상의 반응물과 생성물이 있어도, 하나의 매개 변수를 화학량론적 계수로 곱하여 모든 반응물과 생성물의 농도 변화를 계산하게 된다. 이 경우, 엑셀의 "Goal Seek" 기능은 매우 이상적인 프로그램이다. 이 프로그램은 이미 각자의 엑셀에 내장되어 있어 따로 설치해야 할 필요는 없다. 다음의 반응 화학량론을 가지고 있는 예제 6.1로부터 약간 더 어려운 문제를 생각해 보자.

$$\begin{array}{ccccc} \text{A} & + & 3\text{B} & = & \text{C} + 2\text{D} \\ 0.2-x & & 0.5-x & & x \quad\ 2x \end{array}$$

여기에서 평형 상수 $\frac{[C][D]^2}{[A][B]^3}=3.00$이고 A와 B의 초기 농도는 각각 0.20과 0.50 M이며, 초기 상태에서 C와 D는 존재하지 않는다. Excel 시트에 ICE 도표를 만들자. 아래의 스크린 샷은 값 대신에 셀의 수식을 도시하여 보여 준다(여기서 열 B에서 E는 2의 소수 체계로 되어 있다). 예제 6.1에 대한 이전의 ICE 도표에서의 x에 해당되는 "반응 매개 변수"는 셀 G2에 초기 농도 0으로 설정되어 있다(방식에서 [A]와 B열을 혼동하지 말라). G2의 관점에서 셀 B4에서 E4 값의 변화와 셀 B5에서 E5에서의 평형 값은 초깃값과 G2의 관점에서 보면 비슷하다. 셀 C7의 평형 상수 값은 평형 값에 따라 표시된다.

	A	B	C	D	E	F	G
1	Concentration, M	[A]	[B]	[C]	[D]		Change
2							0
3	Initial	0.20	0.50	0.00	0.00		
4	Change	=-G2	=-3*G2	=G2	=2*G2		
5	Equilibrium	=B3+B4	=C3+C4	=D3+D4	=E3+E4		
6							
7	Equilibrium Constant		=D5*E5^2/(B5*C5^3)				

실제의 스프레드시트에서는 공식이 직접 나타나지는 않아 다음과 같이 보인다.

	A	B	C	D	E	F	G
1	Concentration, M	[A]	[B]	[C]	[D]		Change
2							0
3	Initial	0.20	0.50	0.00	0.00		
4	Change	0.00	0.00	0.00	0.00		
5	Equilibrium	0.20	0.50	0.00	0.00		
6							
7	Equilibrium Constant		0.00				

지금 커서를 셀 C7 (평형 상수 표기)에 놓는다. 이 값은 3.00이지만 0으로 보인다. 데이터 탭에서 마우스의 버튼을 누른다. [이것은 엑셀 2010 판과 관련된 설명이다. 다른 판들은 사용 방법이 약간 다를 수 있다. 그러나 다른 판에도 Goal Seek 기능이 있으며, 엑셀 도움말(Help) (F1 키)로 가서 Goal Seek을 타이프한다. 이 방법으로 여러분의 엑셀 판에서 Goal Seek으로 들어갈 수 있으며, 오래된 판에서는 도구에 있다.] 데이터 메뉴가 열리면 "What-If Analysis"라는 아래 메뉴를 찾아 마우스의 버튼을 누르면 "drop down" 메뉴가 열린다. Goal Seek을 누른다. Goal Seek을 운영하는 데 세 개의 데이터를 입력할 수 있는 곳이 있다. "수식 셀(Set Cell)", "찾는 값(To Value)" 그리고 "값을 바꿀 셀(By Changing Cell)"이 그것이다. 일단 커서가 C7 위에 있으므로 Goal Seek은 이미 "수식 셀"을 열고 시작한 것이다. 만약에 그렇지 않은 경우 C7을 타이프하거나, 다른 셀에 타이프하기를 원하면 평형 상수 표시 위치를 지정한다. "찾는 값"에 평형 상수 값 3을 타이프하고 "값을 바꿀 셀"에 G2를 타이프한다(이곳에서 마우스의 버튼을 누를 때, 커서를 셀 G2에 놓고 클릭한다). Goal Seek 상자에서 OK를 클릭한다. 이제 모든 평형 값 계산을 위한 해답을 얻을 수 있다.

	A	B	C	D	E	F	G
1	Concentration, M	[A]	[B]	[C]	[D]		Change
2							0.0939
3	Initial	0.20	0.50	0.00	0.00		
4	Change	-0.09	-0.28	0.09	0.19		
5	Equilibrium	0.11	0.22	0.09	0.19		
6							
7	Equilibrium Constant		3.00				

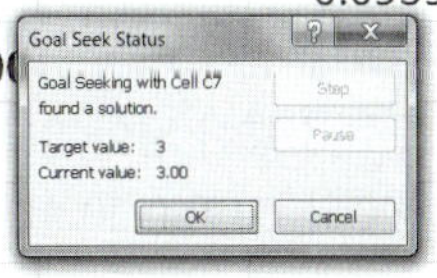

Goal Seek Status
Goal Seeking with Cell C7
found a solution.
Target value: 3
Current value: 3.00
Step
Pause
OK
Cancel

이 책의 웹 사이트(Goal Seek 문제)의 6장에서 스프레드시트 "Practice Goal Seek spreadsheet, Section 6.11, setup.xlsx"와 "Practice Goal Seek spreadsheet, Section 6.11, answer.xlsx"를 찾아 볼 수 있다.

방정식을 풀기 위한 Goal Seek 이용하기

Goal Seek은 단일 답을 가지고 있는 단일 변수 다차 방정식을 풀 수 있다. 이차 방정식의 풀이가 그 중 하나이다. 예제 6.1을 생각해 보자. 방정식을 풀기 위해 다음과 같이 적는다.

$$0.70x^2 + 0.21x = 0.03$$

Excel 스프레드시트의 셀 A2를 보자. 여기에 변환이 되는 x 값을 넣게 된다(현재 여기에 0이 넣어져 있다). 셀 B2에 계산을 원하는 다차 방정식을 A2의 관점에서 입력한다. 먼저 공식 판으로 표현한다. 그러면 다음과 같이 보인다.

	A	B	C
1	x	poly	
2	0	=.70*A2^2+0.21*A2	

	A	B
1	x	Poly
2	0	0

다음에 B2를 클릭하고 Goal Seek으로 들어간다. 셀 B2를 0.03 값으로 설정하고 이 문제를 해결하기 위하여 셀 A2를 변화시킨다. 그러면 즉시 아래와 같이 $x = 0.10_5$라는 해답이 나오게 된다.

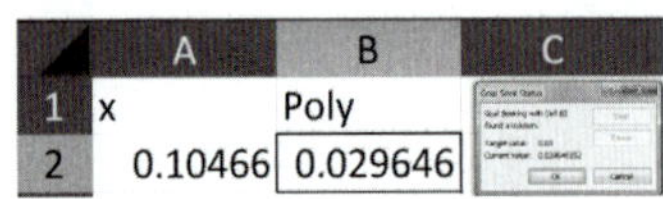

	A	B	C
1	x	Poly	
2	0.10466	0.029646	

n차 방정식에서는 논리적으로 오직 하나의 답만이 가능한 문제를 제외하고는 n개의 답을 주게 된다. 만약에 해답의 선택을 논리적으로 방어할 수 있다면 그렇게 결정할 수도 있다. 예를 들어 음수의 x 값이나 0.2보다 큰 값은 실제로는 논리적으로 가능한 값이 아니다.

여기서 주어진 답은 참값에 근접하다고 생각된다. 그러나 목표치는 0.03으로 수렴되지 않음에 주의하라. 이것이 Goal Seek의 한계이다. 그리고 다음에 표시하고 설명한 것처럼 해결하는 방법이 있다(엑셀 기반 접근법의 단점을 어떻게 해결하는가). 매우 큰 숫자를 목표 방정식에 곱하고(즉 10,000), 목표치를 10,000 이상이 되도록 설정한다. 해 보아라. 그렇게 하면 이 책의 **웹 사이트**에 주어진 예제 6.1 이차 방정식과 3장 비디오에서 주어진 해법 계산값과 같은 목표치 0.0300과 x 값 0.01565를 얻게 된다.

예제 6.2

위의 예제 6.1에서 평형 상수가 2.0×10^{16}이라면, A, B, C, D 각 화학종의 평형 농도는 얼마인가? (1.00 L에 A는 0.20 mol, B는 0.50 mol로 시작)

풀이

화학 반응에서 평형 상수가 매우 클 경우, x는 분석 농도에 비하여 매우 작으므로 계산을 간단히 할 수 있다.

평형 상수의 값 K가 매우 크므로 A와 B 사이의 반응은 정반응으로 거의 완결되어, A의 양은 평형 후에는 아주 소량이 남아 있을 것이다. A의 평형 농도를 x라 하자. A와 같은 양의 B가 반응하여 같은 양의 C와 D (약 0.20 M)를 생성할 것이며, 평형 농도는 다음과 같다.

$$[A] = x$$
$$[B] = (0.50 - 0.20) + x = 0.30 + x$$
$$[C] = 0.20 - x$$
$$[D] = 0.20 - x$$

또는 평형 상태에서 보면,

$$\begin{array}{ccccccc} A & + & B & \rightleftharpoons & C & + & D \\ x & & 0.30 + x & & 0.20 - x & & 0.20 - x \end{array}$$

여기에서 모든 A는 아주 미량인 x를 제외하고 전부 C와 D로 변하게 되고, x는 0.20이나 0.30에 비해 매우 작으므로 이것을 무시하면 다음과 같이 쓸 수 있다.

$$[A] = x \qquad [C] \approx 0.20$$
$$[B] \approx 0.30 \qquad [D] \approx 0.20$$

[A]만이 미지 농도이므로 평형 상수식에 대입하면

$$\frac{(0.20)(0.20)}{(x)(0.30)} = 2.0 \times 10^{16}$$

$$x = [A] = 6.7 \times 10^{-18}\ M\text{(분석법으로 검출 불가능)}$$ ■

이 계산은 x를 다른 물질의 농도와 비교하여 무시함으로 간단하게 할 수 있다. 그러나 만일 x가 다른 물질의 농도에 비하여 무시할 수 없게 크다면 이차 방정식이나, 첫 번째 근삿값 x로부터 시작하여 연속 근사법으로 다시 풀어야 한다. **일반적으로 x가 추정 농도의 5% 미만이면 무시할 수 있으며,** 이 경우 x 자체의 오차는 보통 5%이거나 그 이하이다. **일반적으로 이와 같은 간편한 방법은 그 반응에서 생성물의 농도가 평형 상수(K_{eq})의 1%보다 작을 때, 즉 $\leq 0.01K_{eq}$일 때 사용된다.**

생성물의 농도 C가 $C \leq 0.01 K_{eq}$일 때는 x를 무시하라.

그러나 엑셀 프로그램 특별히 Goal Seek과 이 책의 뒷부분에 언급될 해 찾기 기능(solver function)(8장에서 해 찾기를 이용한 평형 계산을 논의할 예정) 등을 잘 익히면 엑셀을 이용한 어떤 가정 없이도 매우 쉽게 문제를 해결할 수 있다. 이는 값을 무시할 수 있는지 또는 무시할 수 없는지를 판단할 필요가 없기 때문이다. 평형 문제 해결을 위한 해 찾기의 사용 설명 비디오는 이 책의 웹 사이트에 있다.

비디오: Goal Seek 평형

예제 6.3

A와 B가 다음과 같이 반응한다.

$$A + 2B \rightleftharpoons 2C \qquad K = \frac{[C]^2}{[A][B]^2}$$

그리고 1000 mL의 용액 속에서 0.10 mol의 A와 0.20 mol의 B가 반응하고, 이 반응에 대한 K 값이 1.0×10^{10}일 때 A, B, C의 평형 농도를 구하시오.

풀이

이 경우 A와 B의 양은 화학량론적으로 거의 같으므로, 이것들은 거의 대부분 서로 반응하여 아주 적은 양이 남아 있을 것이다. A의 평형 농도를 x라 하면, 평형에서는

$$\begin{array}{ccccc} A & + & 2B & \rightleftharpoons & 2C \\ x & & 2x & & 0.20 - 2x \approx 0.20 \end{array}$$

1 mol의 A가 반응 또는 생성될 때, 2 mol의 C가 생성되거나 제거되고, 또한 2 mol의 B는 소비되거나 생성된다. 평형 상수식에 각각 대입하면,

$$\frac{(0.20)^2}{(x)(2x)^2} = 1.0 \times 10^{10}$$

$$\frac{0.040}{4x^3} = 1.0 \times 10^{10}$$

$$x = [A] = \sqrt[3]{\frac{4.0 \times 10^{-2}}{4.0 \times 10^{10}}} = \sqrt[3]{1.0 \times 10^{-12}} = 1.0 \times 10^{-4} M$$

$$B = 2x = 2.0 \times 10^{-4} M$$

(분석법으로 검출이 가능하지만, 처음 농도와 비교하였을 때 매우 작다.) ■

해리 평형

해리하는 화학종이 관련된 경우의 평형 계산은 앞에서 다룬 화학 반응의 경우와 별로 다를 것이 없다.

예제 6.4

0.10 M 약한 전해질 AB 용액이 있다. 평형 상수가 3.0×10^{-6}이라 할 때, 평형에서 이 용액 속의 A와 B의 농도를 구하시오.

풀이

$$\mathrm{AB} \rightleftharpoons \mathrm{A} + \mathrm{B} \qquad K_{\mathrm{eq}} = \frac{[\mathrm{A}][\mathrm{B}]}{[\mathrm{AB}]}$$

[A]와 [B]의 농도는 미지수이며 양이 같다. 이들의 평형에서의 농도를 x라 하면, 평형에서 AB의 농도는 초기 농도에서 x를 뺀 것과 같다.

$$\begin{array}{cccc} \mathrm{AB} & \rightleftharpoons \mathrm{A} & + & \mathrm{B} \\ 0.10 - x & x & & x \end{array}$$

만일 해리 평형에서 평형 상수가 분석 초기 농도 C와 비교해서 $C \geq 0.01\ K_{\mathrm{eq}}$일 때는 x를 무시하라.

K_{eq}는 매우 작으므로 x는 농도 0.10에 비해 아마 무시할 수 있을 것이다. 그렇지 않으면 이차 방정식으로 풀어야 한다. 그 값을 대입하면,

$$\frac{(x)(x)}{0.10} = 3.0 \times 10^{-6}$$

$$x = [\mathrm{A}] = [\mathrm{B}] = \sqrt{3.0 \times 10^{-7}} = 5.5 \times 10^{-4} M$$

계산을 마친 후에, 계산을 위한 가정이 맞았는지 확인해 보아야 한다. 여기서 계산 값 x는 0.10에 비해 무시할 정도로 작은 값이다. ■

엑셀을 이용한 계산의 단점과 이를 극복하는 법

엑셀의 Goal Seek이나 해 찾기(Solver) 기능은 여러 가지의 매개 변수의 값을 변경시키면서 특정 값으로 수렴 값을 얻는 시도를 한다. 소프트웨어의 단점들 때문에 특정 값의 수렴은 상대 차이 값보다는 절대 차이 값에 따라 판단되게 된다. 예를 들어 Goal Seek을 사용하여 3×10^{-6}에 수렴하게 된다면, 0에 다다르면 소프트웨어는 충분히 값에 도달하였다고 간주할 것이다(여러분이 회계사라면 1원이 되면 충분히 다 계산이 된 것으로 보지만 대부분의 과학 계산에서는 충분하지 않다). 지금부터 예제 6.4를 생각해 보자. 어떤 가정도 없이, 다음 식을 풀어보자.

$$\frac{x^2}{0.10 - x} = 3.0 \times 10^{-6}$$

엑셀을 사용하는 프로그램의 장점은 한 줄로 방정식을 멋있게 쓰지 않아도 된다는 것이다. 셀 A2에 x를 적어 넣고 셀 B2에 위의 식을 적어 넣는다.

	A	B	C
1	x	Poly	
2	0.00E+00	=A2^2/(0.10-A2)	

셀 B2에 3E-6(엑셀의 속기표기법으로 3×10^{-6}를 나타내는 표현)라고 쓰고 Goal Seek 프로그램을 셀 A2를 추적하는 방식으로 진행하여 답을 구하면 아무것도 변하지 않는다. 즉 셀 A2의 0.00E+00가 계속 0으로 표시된다. 이는 소프트웨어가 3×10^{-6}를 0과 같은 값으로 인식할 정도로 작다고 생각하는 까닭이다. 위의 식에서 각각의 셀들에 10^{10}을 곱하여 주자. 그러면 식은 다음과 같이 된다.

$$10^{10} \times \frac{x^2}{0.10 - x} = 3.0 \times 10^4$$

Excel 스프레드시트의 셀 B2에 나머지 식 전에다 1E10 값을 곱해 준다. 물론 수학적으로는 두 식에 차이가 없어 얻어지는 x 값도 같은 값이 얻어진다. 그러나 지금 소프트웨어의 관점에서 수렴 값이 3×10^4이 되기를 원한다. 다시(A2의 변화로 3E4 값을 달성하도록 셀 B2에 새로운 설정을 하고)Goal Seek을 다시 진행하면, 이번에는 x 값이 5.5E-4로 얻어지는 것을 볼 수가 있다.

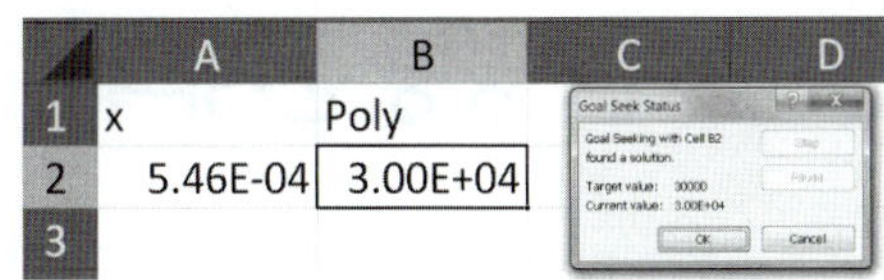

	A	B	C	D
1	x	Poly		
2	5.46E-04	3.00E+04		
3				

이 책 **웹 사이트**에서 스프레드시트 설정과 답을 찾아볼 수가 있다(Goal Seek 문제).

6.12 공통 이온 효과—평형의 이동

주어진 평형에 참여하고 있는 화학종을 가해주면 Le Châtelier의 원리에 따라 예측할 수 있는 바와 같이, 그 평형은 현저하게 영향을 받는다. 예제 6.5에서 이 원리를 살펴보자.

예제 6.5

A와 B가 이온쌍이라고 할 때, 이 화합물은 A(양이온)와 B(음이온)로 해리한다. 예제 6.4에서 AB가 해리하게 되는 용액 속에는 0.20 *M*의 B가 들어 있는 경우 A의 농도를 다시 구하시오.

풀이

평형에서의 농도는 다음과 같이 나타낼 수 있다.

	[AB]	[A]	[B]
초기 농도	0.10	0	0.20
변화(해리한 AB의 농도 x = mmol/mL)	$-x$	$+x$	$+x$
평형	$0.10-x$	x	$0.20+x$
	≈ 0.10		≈ 0.20

x의 값은 B의 공통 이온 효과 때문에 더 작아져서, 초기 농도에 비해 무시할 수 있다. 평형 상수식에 대입하여 구하면,

$$\frac{(x)(0.20)}{(0.10)} = 3.0 \times 10^{-6}$$

$$x = 1.5 \times 10^{-6}\ M$$

A의 농도는 거의 400배 감소한 것을 알 수 있다. ■

공통 이온 효과는 화학 반응을 매우 순조롭게 시킬 때나, 정량 분석할 때 이용할 수 있다. 예를 들면, 산도의 조정은 화학 평형을 변화시킬 때 자주 쓰인다. 즉, 다이크로뮴산 포타슘으로 적정할 때 산성 용액 내에서는 쉽게 반응하는데, 이는 반응에서 양성자가 소비되기 때문이다. As(III)를 약한 산화제인 아이오딘으로 적정할 때, 대부분 약염기성 용액에서 적정하여 반응이 완결되도록 평형을 이동시킨다.

pH의 조정은 화학 평형을 이동시키는 일반적인 방법이다.

$$H_3AsO_3 + I_2 + H_2O \rightleftharpoons H_3AsO_4 + 2I^- + 2H^+$$

6.13 평형 계산의 체계적 접근법—모든 평형 문제의 해결법

우리는 위의 몇 가지 화학 평형 문제를 통하여 계산에 친숙해졌으나, 여러 가지 평형 농도를 계산하는 문제, 즉 아주 복잡한 문제를 체계적으로 접근하는 방법을 생각하기로 한다. 그것은 화학 반응에 관여하는 미지 농도의 확인과 **미지수와 같은 개수의 연립방정식을 찾아서 나타내는 것으로 이루어진다.** 방정식을 간단히 풀기 위하여 각 화학종(우리가 이미 취했던 접근 방법과 같이)의 상대적 농도에 관계하는 간단한 가정을 세운다. 이러한 접근 방법은 화학 반응식을 화학종의 **질량 균형**(**mass balance**)과 **전하 균형**(**change balance**)으로 식을 세워 이루어진다. 먼저 이런 식에 도달하는 방법을 소개한다.

질량 균형식

질량 균형의 원리는 질량 보존 법칙에 기초를 두고 있는데, 화학 반응에서 어떤 원소의 원자의 수는 변하지 않으며, 원자가 생성되거나 소멸되지 않는다. 이 원리는 몰농도의 농도를 수학식으로 표시한다. 모든 화학 평형에 관계되는 반응식은 화학종의 농도 사이의 적당한 관계로 나타낼 수 있다.

예제 6.6

0.100 M 아세트산 용액에 대한 질량 균형식을 쓰시오.

풀이

평형에서는

$$HOAc \rightleftharpoons H^+ + OAc^-$$

$$H_2O \rightleftharpoons H^+ + OH^-$$

질량 균형식에 있어서, 분석 농도는 평형에서 모체 화합물(또는 특정 배수)로부터 유래된 화학종 농도의 합과 같다.

아세트산의 분석 농도는 평형에서 모든 화학종의 농도의 합과 같다.

$$C_{HOAc} = [HOAc] + [OAc^-] = 0.100\ M$$

두 번째 질량 균형식은 평형 상태에서의 H^+의 농도로 표시할 수 있는데, 이것은 HOAc와 H_2O로부터 유도되었다. 즉, 하나의 H^+는 OAc^-로부터, 또 하나는 OH^-로부터 얻었다.

$$[H^+] = [OAc^-] + [OH^-]$$ ■

예제 6.7

$1.00 \times 10^{-5}\ M\ [Ag(NH_3)_2]Cl$ 용액의 질량 균형식을 쓰시오.

풀이

평형에서는

$$[Ag(NH_3)_2]Cl \rightarrow Ag(NH_3)_2{}^+ + Cl^-$$

$$Ag(NH_3)_2{}^+ \rightleftharpoons Ag(NH_3)^+ + NH_3$$

$$Ag(NH_3)^+ \rightleftharpoons Ag^+ + NH_3$$

$$NH_3 + H_2O \rightleftharpoons NH_4{}^+ + OH^-$$

$$H_2O \rightleftharpoons H^+ + OH^-$$

Cl^-의 농도는 해리한 염의 농도와 같은 1.00×10^{-5} M이다. 또한 모든 은 화학종 농도의 합은 원래 은염으로부터 해리된 은의 농도와 같다.

$$C_{Ag} = [Ag^+] + [Ag(NH_3)^+] + [Ag(NH_3)_2{}^+] = [Cl^-] = 1.00 \times 10^{-5}M$$

질소를 함유한 화학종은 다음과 같다.

$$NH_4{}^+ \quad NH_3 \quad Ag(NH_3)^+ \quad Ag(NH_3)_2{}^+$$

마지막 화학종으로부터 N의 농도는 $Ag(NH_3)_2^+$ 농도의 2배이다. 총 질소 농도는 최초 염 농도의 2배인데, 이는 몰당 2개의 NH_3가 있기 때문이다. 따라서 이것을 다시 정리하면

$$C_{NH_3} = [NH_4{}^+] + [NH_3] + [Ag(NH_3)^+] + 2[Ag(NH_3)_2{}^+] = 2.00 \times 10^{-5}M$$

최종적으로 다음과 같이 쓸 수 있다.

$$[OH^-] = [NH_4{}^+] + [H^+]$$

어떤 평형이나 그것으로부터 유도된 농도는 다른 것에 비해 중요하지 않을 수가 있으며, 위의 마지막 질량 균형식처럼 계산할 필요가 없을 수도 있다. ■

우리는 몇 가지 질량 균형식을 보았다. 어떤 식은 계산하는 데 불필요하고(미지수보다 더 많은 방정식이 있을 때), 어떤 것은 단순화시킬 수 있고, 화학 반응 중 다른 화학종에 비해 그 양이 매우 적을 때 무시할 수도 있다. 이런 경우는 다음의 화학 평형에서 분명해질 것이다.

전하 균형식

전기 중성의 원리(principle of electroneutrality)에 의하면, 모든 용액은 전기적으로 중성이며, 과량의 양 또는 음전하를 가지고 있지 않다. 왜냐하면 양전하와 음전하의 합은 같기 때문이다. 주어진 세트의 평형에서 **단일** 전하 균형식을 써보자.

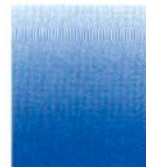

예제 6.8

H_2CO_3 용액의 전하 균형식을 쓰시오.

풀이

평형에서는 다음과 같다.

$$H_2CO_3 \rightleftharpoons H^+ + HCO_3{}^-$$
$$HCO_3{}^- \rightleftharpoons H^+ + CO_3{}^{2-}$$
$$H_2O \rightleftharpoons H^+ + OH^-$$

전하 균형식에서, 평형에서의 양이온 화학종의 전하 농도의 합은 음이온 화학종의 전하 농도의 합과 같다.

H_2CO_3가 해리되면 H^+과 2개의 음이온 화학종인 $HCO_3{}^-$와 $CO_3{}^{2-}$을 내놓는다. 그리고 물이 해리되면 H^+와 OH^-을 내놓는다. **완전히** 해리된 H_2CO_3로부터 생성된 H^+의 양은 생성된 $CO_3{}^{2-}$ 양의 2배이며, 그리고 **부분적으로** 해리된(첫 번째 단계) $HCO_3{}^-$ 양과 같다. 다시 말하면, $CO_3{}^{2-}$가 형성되기 위해서는 $2H^+$가 필요하고, $HCO_3{}^-$가 형성되기 위해서는 $1H^+$가, OH^-가 형성되기 위해서는 $1H^+$가 있어야 한다. 단일 전하 화학종에서는, **전하** 농도가 그 **화학종** 농도와 같다. 그러나 $CO_3{}^{2-}$에서 전하 농도는 그 화학종 농도의 2배이다. 따라서 전하 농도에 도달하기 위해서는 $CO_3{}^{2-}$ 농도에 2를 곱해야 한다. 전기 중성의 원리에 따르면, 양전하 농도는 음전하 농도와 같아야 한다. 그러므로

전하 농도는 화학종의 몰농도와 전하의 곱과 같다.

$$[H^+] = 2[CO_3{}^{2-}] + [HCO_3{}^-] + [OH^-]$$

주어진 하나의 화학종에 대하여 하나 이상의 공급원이 있어도(이 경우에는 H^+), 모든 공급원

으로부터 나오는 전체 전하 농도는 언제나 자체 전하를 곱한 화학종의 알짜 평형 농도와 같다는 것을 주목하자. ■

예제 6.9

여기서 물의 해리는 무시한다. 그러나 포괄적으로 수용액상의 전하 균형식에서는 물로부터의 H^+와 OH^-를 포함하여 작성한다. 물에서 유도된 통합 이온이, 감소하는 다른 용액 속의 이온들보다 더 중요해진다. 즉, 이것은 매우 희석된 용액에서 더 중요하다. 예를 들어 10^{-3} *M* HCl의 pH는 물의 해리를 고려하지 않고도 정확하게 계산할 수 있으나 10^{-6} *M* HCl에서는 그렇지 않다.

KCl, $Al_2(SO_4)_3$, KNO_3을 포함하는 전하 균형식을 쓰시오. 단, 물의 해리는 무시한다.

풀이

$$[K^+] + 3[Al^{3+}] = [Cl^-] + 2[SO_4{}^{2-}] + [NO_3{}^-]$$

■

예제 6.10

$CdCO_3$ 포화 용액에 대한 전하 균형식을 쓰시오.

풀이

평형은 다음과 같다.

$$CdCO_3 \rightleftharpoons Cd^{2+} + CO_3{}^{2-}$$

$$CO_3{}^{2-} + H_2O \rightleftharpoons HCO_3{}^- + OH^-$$

$$HCO_3{}^- + H_2O \rightleftharpoons H_2CO_3 + OH^-$$

$$H_2O \rightleftharpoons H^+ + OH^-$$

단일 전하 화학종(H^+, OH^-, $HCO_3{}^-$)에 대한 전하 농도는 그 화학종의 농도와 같을 것이다. 그러나 Cd^{2+}와 $CO_3{}^{2-}$에 대한 전하 농도는 그들의 농도의 2배일 것이다. 양전하 농도와 음전하 농도가 같다는 것을 다시 식으로 나타낼 수 있다.

$$2[Cd^{2+}] + [H^+] = 2[CO_3{}^{2-}] + [HCO_3{}^-] + [OH^-]$$

■

예제 6.11

예제 6.7에 대한 전하 균형식을 쓰시오.

풀이

$$[Ag^+] + [Ag(NH_3)^+] + [Ag(NH_3)_2{}^+] + [NH_4{}^+] + [H^+] = [Cl^-] + [OH^-]$$

모두 단일 전하 화학종이므로, 그 전하 농도는 몰농도와 같다. ■

체계적 접근법을 이용한 평형 계산—단계별

체계적 접근법에서, 일련의 방정식의 개수는 미지 화학종의 수와 같아야 한다. 이 방법은 계산을 단순화하기 위하여 근사법을 사용하여 동시에 계산할 수 있다.

여러 가지 평형에 관련된 문제에서 평형 농도를 계산하기 위한 체계적인 접근법을 기술할 것이다. 기본적인 단계를 다음과 같이 요약할 수 있다.

1. 계에 적당한 화학 반응식을 쓴다.
2. 이들 반응에 대한 평형 상수식을 쓴다.
3. 모든 질량 균형식을 쓴다.
4. 전하 균형식을 쓴다.

5. 관련된 화학종과 **독립적인** 반응식의 수를 세라(단계 2, 3, 4로부터). 반응식이 화학종의 수보다 같거나 크면, 그 용액은 계산이 가능하다. 즉, 이와 같은 경우에는 직감적인 능력(수학적)에 의해 간단한 답을 얻을 수 있다.
6. 화학종의 상대적인 농도에 관련된 간단한 가정을 만들라. 즉, 이와 같이 하면 계산이 간단해지도록 화학자다운 생각이 필요하다.
7. 답을 계산한다.
8. 이러한 가정들의 타당성을 검토한다.

앞에서 풀었던 예제의 하나를 검토하자. 단, 이 규칙을 사용한다.

예제 6.12

위에 요약된 체계적 접근법을 사용하여 예제 6.4에 있는 문제를 반복해 보자.

화학 반응식

$$AB = A + B$$

평형 상수식

$$K_{eq} = \frac{[A][B]}{[AB]} = 3.0 \times 10^{-6} \quad (1)$$

방정식을 쓰기 위하여 질량 균형식과 전하 균형식과 평형 상수식을 이용하라.

질량 균형식

$$C_{AB} = [AB] + [A] = 0.10\ M \quad (2)$$

$$[A] = [B] \quad (3)$$

C는 AB의 전체 분석 농도를 나타냄을 기억하라.

전하 균형식

전하를 가지는 화학종이 없으므로 존재하지 않는다.

식의 수 대 미지수의 수

3개의 미지수([AB], [A], [B])와 3개의 식(하나의 평형식과 2개의 질량 균형식)이 있다.

단순한 가정을 하자.

우리는 평형 농도 A, B, AB를 원한다. K가 작기 때문에 식(2)로부터 매우 작은 양의 AB가 해리될 것이다.

$$[AB] = C_{AB} - [A] = 0.10 - [A] \approx 0.10\ M$$

가정(해리 시에는 $C_A \geq 100\ K_{eq}$, 반응 시에는 $C \leq 0.01\ K_{eq}$)을 간단히 하기 위하여 이전과 같은 규칙을 적용하라.

계산

[AB]는 위에서 구했다.

[A]는 식(1)과(3)으로부터 구할 수 있다.

$$\frac{[A][B]}{0.10} = 3.0 \times 10^{-6}$$

$$[A] = \sqrt{3.0 \times 10^{-7}} = 5.5 \times 10^{-4} M$$

[B]는 식(3)으로부터 구할 수 있다.

$$[B] = [A] = 5.5 \times 10^{-4} M$$

검토

$$[AB] = 0.10 - 5.5 \times 10^{-4} = 0.10\ M\ (\text{유효 숫자 범위 내})$$ ■

체계적인 접근법은 복잡한 평형에서 응용할 수 있다.

예제 6.4에서처럼 그 문제를 직관적으로 풀었던 것과 같은 답이 얻어짐을 알 수 있다. 체계적인 접근법이 지극히 복잡하고 형식적이라고 생각할 수 있다. 이처럼 매우 간단한 문제에서는 그것이 타당하게 생각될지도 모른다. 그러나 체계적인 접근법은 문제의 어려움에 관계없이 **모든** 평형 계산들에 적용될 수 있다는 것을 알게 될 것이다. 단지 직관적인 접근법을 사용한다면, 복잡한 평형에 관련된 문제들과(또는) 의외로 복잡한 많은 화학종에 관련된 문제들을 발견하게 될 것이다. 한편으로, 평형 문제에 대한 뛰어난 직감적인 "감각"은 매우 가치있는 것임을 알게 될 것이다. 평형 문제에 관한 이러한 직감을 높이기 위해 노력해야 한다. 이러한 직감은 많은 다양한 문제들을 풀어봄으로써 얻어진 경험으로부터 나온다. 경험을 얻음으로써 체계적인 접근법의 몇 가지 방법을 간단히 할 수 있다. 즉, 적당히 간편한 가정들을 만들면 문제 풀기가 쉽다는 것을 알게 될 것이다. 가정의 필요성이 더 이상 없더라도, 전하 균형식과 질량 균형식을 만드는 능력은 엑셀 프로그램을 이용하여 문제를 풀 때에도 역시 필요하다.

6.14 평형 계산의 체계적 접근법을 위한 몇 가지 힌트

질량 균형식

1. 하나는 주 물질의 전체 분석 농도여야 한다.
2. 다른 물질들은 우리가 관심을 갖고 있는 물질들이다. 즉, H^+나 평형에서 다른(해리된) 물질

전하 균형식

1. 전하 균형식은 간단히 말하자면 한 곳에 모든 양이온을, 다른 곳에 모든 음이온을 배치하고 각각의 전하를 곱해주면 된다.
2. 전하 균형식과 질량 균형식은 모두 평형 계산의 풀이에는 잘 사용되지 않는다. 이온성 평형에서는 전하 균형식이 쉽게 작성된다.

평형 농도의 문제 해결

1. 식을 간단하게 하는 가정을 이용하여, 적어도 한 가지의 평형 농도를 예측한다.
2. 위의 값으로부터(치환), 다른 물질들의 농도를 계산한다.

예제 6.11에서 주어진 법칙을 따른다.

예제 6.13

체계적인 접근법을 이용하여 예제 6.5에 요약된 문제를 반복해 보자. A의 전하를 +1, B의 전하를 −1이라고 가정하고, 여분의 B(0.20 *M*)는 MB로부터 온 것이고 MB는 완전히 해리된다고 가정한다.

풀이

화학 반응식

$$AB = A^+ + B^-$$

$$MB \rightarrow M^+ + B^-$$

평형식

$$K_{eq} = \frac{[A^+][B^-]}{[AB]} = 3.0 \times 10^{-6} \tag{1}$$

질량 균형식

$$C_{AB} = [AB] + [A^+] = 0.10\ M \tag{2}$$

$$[B^-] = [A^+] + [M^+] = [A^+] + 0.20\ M \tag{3}$$

전하 균형식

$$[A^+] + [M^+] = [B^-] \tag{4}$$

식의 수 대 미지수의 수

3개의 미지수([AB], $[A^+]$, $[B^-]$이고 M^+의 농도는 0.20 M으로 알려져 있다)가 있고, 3개의 독립된 식(하나의 평형식과 2개의 질량 균형식이 있고, 전하 균형식은 두 번째 질량 균형식과 같다)이 있다.

전하 균형식과 질량 균형식은 모두 평형 계산에 잘 사용되지는 않는다. 그러나 적정 곡선의 형태를 유도할 때는 두 식이 모두 필요하다.

단순한 가정을 하자

(i) K_{eq}가 작기 때문에 매우 적은 양의 AB가 해리될 것이다. 따라서 식(2)로부터

$$[AB] = 0.10 - [A^+] \approx 0.10\ M$$

(ii) $[A] \ll [M]$이므로 식(3) 또는(4)로부터

$$[B^-] = 0.20 + [A^+] \approx 0.20\ M$$

계산

[A]는 식(1)로부터 구한다.

$$\frac{[A^+](0.20)}{0.10} = 3.0 \times 10^{-6}$$

$$[A^+] = 1.5 \times 10^{-6}\ M$$

검토

(i) $[AB] = 0.10 - 1.5 \times 10^{-6} = 0.10\ M$

(ii) $[B] = 0.20 + 1.5 \times 10^{-6} = 0.20\ M$

■

Goal Seek을 사용하여 예제 6.13 풀기

엑셀 스프레드시트에 다음과 같이 보이도록 $[A^+]$, $[B^-]$, $[M^+]$, [AB]와 K_{eq}를 적어 놓고 준비한다.

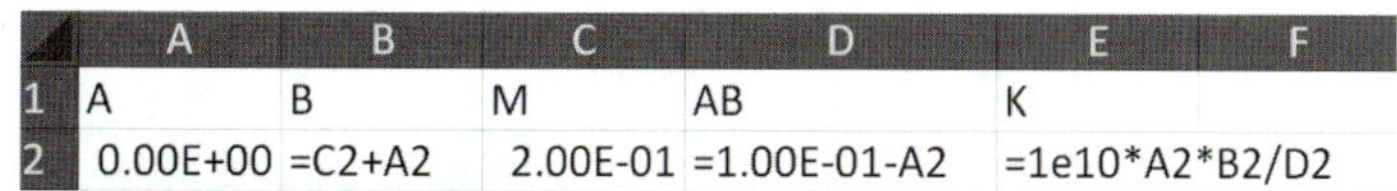

	A	B	C	D	E	F
1	A	B	M	AB	K	
2	0.00E+00	=C2+A2	2.00E-01	=1.00E-01-A2	=1e10*A2*B2/D2	

엑셀에서 앞에서 언급한 함정을 피하도록 1E10을 사용함을 주목하라. 이제 Goal Seek에서, A2(x와 같은)를 바꾸어 주어 E2에서 3E4를 확정하면 이 책 **웹 사이트**에서 보는 바와 같이 A2가 1.50E-6으로 쉽게 수렴된다.

6.10절과 6.11절에 주어진 근사 방법을 일반적으로 사용할 것이다. 그것은 실질적으로 체계적인 접근법에서 사용된 많은 평형과 가정들을 혼합한 것이다. 복잡한 평형에 관련된 문제에 대한 체계적인 접근법의 사용은 8장에서 논의하였다.

이제 화학 평형에 관한 문제를 해결할 때 필요한 몇 가지 일반적인 규칙을 생각해 볼 수 있게 되었다. 이 규칙은 산–염기 해리, 착물 형성, 산화–환원 반응 등에 적용된다. 이 규칙은 모든 평형을 간단하게 다룰 수 있게 한다.

1. 관련된 평형식을 쓴다.
2. 평형 상수식을 쓰고 그 수치를 쓴다.

3. 화학 반응에 대한 지식을 바탕으로, 평형에서 그 양이 적고 미지의 값이 될 수 있는 화학종의 농도를 x로 놓는다. 다른 농도를 모르는 화학종의 농도는 이 값의 정수배가 될 것이다.
4. 필요한 경우에는 분석 농도로부터 x의 값에 적당한 정수배를 곱한 값을 더하거나 빼주어 모든 화학종들의 평형 농도를 적는다.
5. 정해진 평형 농도와 비교하여 x를 무시함으로써 적당한 근사식을 만든다. 농도가 약 $100 \times K_{eq}$ 이상이면 일반적으로 타당하다. 또한 계산한 x가 주어진 농도의 약 5%보다 작으면 그 가정도 타당한 것이다.
6. 평형 상수식에 모든 화학종의 근삿값을 대입하여 x를 구한다.
7. 5단계의 가정이 틀릴 때는, 이차 방정식을 이용하여 x를 구하거나 Excel을 사용하여 문제를 해결한다.

이러한 규칙은 다음 장들에서 다루게 될 특정한 평형들에 관해 공부할 때에 더욱더 명료해질 것이다.

6.15 불균형 평형—고체는 포함시키지 않는다

불균일 평형은 용액 평형보다 느리다.

용액(균일 매질) 내에 있는 모든 성분의 평형은 일반적으로 매우 빠르게 일어난다. 만일 평형이 두 상("불균일한")과 관련되어 있다면, 평형에 도달할 속도는 일반적으로 용액의 경우에서보다 매우 느릴 것이다. 그 한 예가 잘 용해되지 않는 고체의 해리 또는 침전물 형성은 즉각적으로 일어나지 않을 것이다.

고체나 순수한 액체의 "농도"는 1이다.

녹지 않은 설탕이 바닥에 가라앉아 있는 설탕 포화 용액을 생각해 보자. 관련 평형 상수는 설탕$_{용액}$/설탕$_{고체}$이다. 우리는 포화 설탕 용액에 고체 설탕을 더 가한다고 해도 용액의 설탕 농도가 증가하지 않는다는 사실을 안다. 만약 평형 상수가 항상 일정하다면, 고체 설탕을 첨가하더라도 고체 설탕의 '농도'는 변하지 않아야 한다. 포화 용액에서 녹지 않은 고체의 양은 항상 같은 '농도' 이어야 한다.

불균일 평형을 균일 평형과 다르게 하는 방법은 평형에서 다른 성분들을 분리시키는 방법이다. Guldberg와 Waage는 고체가 가역적인 화학 과정의 한 요소일 때, 고체가 얼마나 많이 존재하는가에 관계없이 그것의 활성 질량이 상수로 간주될 수 있다는 것을 보였다. 즉 이미 용액 속에 고체가 존재한다면, 고체를 추가로 더 첨가해도 평형에서는 이동이 일어나지 않는다. 따라서 평형 상수 식은 고체로 존재하는 물질의 어떤 농도값을 포함할 필요가 없다. 다시 말하면, 고체의 표준 상태는 고체 그 자체 또는 1로 주어진다. 그러므로 다음 평형에 대하여,

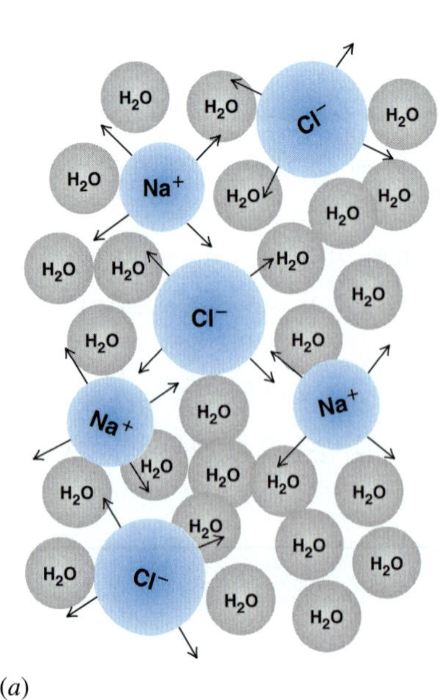

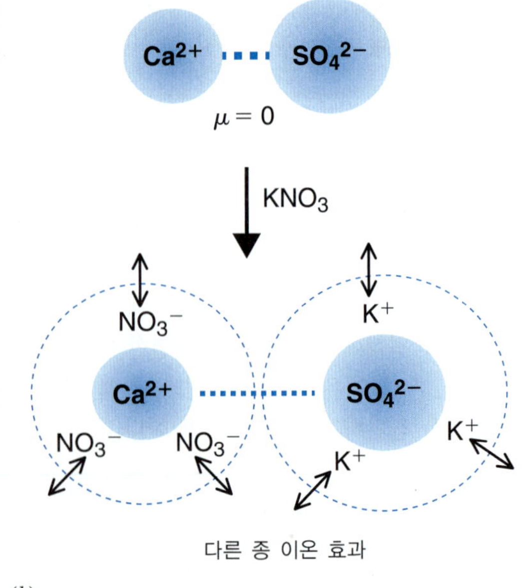

그림 6.3 (*a*) 용액에서, 염으로부터의 Na^+와 Cl^-는 가장 가까운 이웃 위치에 반대 전하를 가진 이온이 존재하는 이온 환경을 형성한다. 이 경우 자연적으로 매우 활성화되는 구조이다(모든 물질이 빠르게 이온으로 전환한다). (*b*) KNO_3와 같은 비활성 염을 첨가하면, 가림 효과에 의한 이온쌍 간의 인력이 감소하고 유효 전하도 같이 감소하여 $CaSO_4$와 같은 잘 녹지 않는 염들의 용해도가 증가한다(6.16장 참조).

$$CaF_2 \rightleftharpoons Ca^{2+} + 2F^-$$

다음과 같이 쓴다.

$$K_{eq} = [Ca^{2+}][F^-]^2$$

평형에서 수은과 같은 순수한 액체(불용성의) 또한 마찬가지이다. 묽은 **수용액**에서 물의 표준 상태는 1로 주어지고, 물은 평형 상수식에 나타나지 않는다.

6.16 활동도와 활동도 계수—농도가 전부는 아니다

일반적으로 다른 종류의 염(포함된 평형과 공통의 이온이 아닌)을 첨가하면, 약전해질의 해리를 증가시키고 침전의 용해도를 증가시킨다. 양이온은 음이온을 잡아당기고 음이온은 양이온을 잡아당기므로, 분석 대상 양이온은 다른 종류의 전해질 음이온들을 잡아당기고, 분석 대상 음이온은 다른 종류의 양이온들에 둘러싸인다. 평형 반응에 참여하는 용해 전해질에 의해서 이온들의 인력은 효과적으로 그들을 가리며, **유효 농도를 감소시키고**, 평형을 이동시킨다. 우리는 이를 관심 양이온과 음이온으로 이루어진 "이온 분위기(ion atmosphere)" 라고 일컫는다. 평형 반응에서 다른 종류의 염이나 이온의 전하가 증가함에 따라 다른 종류의 염 효과는 일반적으로 증가한다. 평형에 미치는 이런 효과는 Le Châtelier 원리로 예측하지는 못하지만, 변화된 유효 농도의 측면에서 생각하면 쉽게 이해할 수 있다.

한 이온의"유효 농도"는 다른 "비활성"이온으로 둘러싸이면 감소하며, 그것을 활동도로 나타낸다.

전해질의 존재 하에서 어떤 이온의 이러한 "유효 농도"를 **활동도**(**activity**)라고 한다. 활동도는 평형 상수에 미치는 염 효과를 정량적으로 기술하는 데 사용할 수가 있다(다음의 다른 종류의 염 효과를 참조). 활동도는 또한 전위차법 측정에서 중요하다(13장 참조). 이 절에서는 활동도의 추정법을 기술하기로 한다.

활동도는 전위차법 측정에서 매우 중요하다. 13장을 참조하라.

활동도 계수

어떤 이온의 **활동도** a_i는 다음과 같이 정의한다.

$$\boxed{a_i = C_i f_i} \qquad (6.17)$$

G.N. Lewis는 1908년 "The osmotic Pressure of Concentrated Solutions and the Laws of Perfect Solutions"라는 논문에서 활동도의 열역학적인 개념을 소개하였다.

여기서 C_i는 이온 i의 농도이고, f_i는 i의 **활동도 계수**(**activity coefficient**)이다. 농도는 보통 몰농도로 나타내고, 활동도는 농도와 같은 단위를 가지게 된다. 활동도 계수는 단위가 없지만, 그 값은 표준 상태에 의존한다. 활동도 계수는 용액 속에 녹아 있는 전체 이온들의 수와 전하의 크기에 의해 달라지는데, 활동도 계수는 이온 간의 인력에 의한 영향을 보정해 주는 것이라고 할 수 있다. **10^{-4} *M*보다 묽은 농도의 용액에서는 전해질의 활동도 계수가 1에 가까운 값을 가지게 되며**, 따라서 활동도는 농도와 거의 같다. 전해질의 농도를 증가시키거나 외부의 다른 염을 첨가함에 따라 이온들의 활동도 계수는 일반적으로 감소하여, 활동도는 농도보다 작아지게 된다. 그러나 매우 진한 농도의 용액에서는 다른 효과가 영향을 미침에 주의하라. 이온들, 특히 양이온들은 수용액에서 수화되면 이와 같이 용매화에 의해서 결합된 물은 용매로서의 기능을 하지 못하게 된다. 이 현상으로 활동도 계수는 농도 함수로서 받는 영향이 최소화된다. 매우 진한 농도의 용액에서 활동도 계수는 1보다 커지게 된다.

이온 세기

지금까지 용액 속에서 주어진 이온의 활동도 계수는 그 이온이 들어 있는 용액 속의 전체 전해질의 농도에 따라 변한다는 사실을 살펴보았다. **이온 세기**(**ionic strength**)는 전체 전해질의 농도를 나타내는 척도라고 할 수 있고, 다음과 같이 정의된다.

$$\boxed{\mu = \frac{1}{2}\sum C_i Z_i^2} \qquad (6.18)$$

이온 세기가 10^{-4}보다 작을 때, 활동도 계수는 1에 가깝다. 1921년에 Lewis와 Randall은 이온 세기의 경험적인 개념을 소개하였으며, 희석 용액에서 활동도 계수의 로그 값은 $\sqrt{\text{이온 세기}}$에 비례하는 것을 보여 주었다.

여기서 μ는 이온 세기이고, Z_i는 각 이온의 전하를 나타낸다. 용액 속에 존재하는 모든 양이온과 음이온들을 이 계산에 포함한다. 명백하게 각각의 양전하에 대하여 하나의 음전하가 있을 것이다.

예제 6.14

0.2 M KNO_3 용액과 0.2 M K_2SO_4 용액의 이온 세기를 각각 계산하시오.

풀이

0.2 M KNO_3 용액의 경우,

$$\mu = \frac{C_{K^+}Z_{K^+}^2 + C_{NO_3^-}Z_{NO_3^-}^2}{2}$$

$$[K^+] = 0.2\ M \qquad [NO_3^-] = 0.2\ M$$

$$\mu = \frac{0.2 \times (1)^2 + 0.2 \times (1)^2}{2} = 0.2$$

전하가 큰 이온은 이온 세기에 더 크게 기여한다.

1923년에 네덜란드 물리학자 Petrus (peter) Debye (1884~1966)는 그의 조수였던 Erich Hückel (1896~1980)과 함께 Svante Arrhenius의 전해질 용액에서의 전기 전도도 이론을 향상시킨 Debye-Hückel 이론을 발전시켰다.

0.2 M K_2SO_4 용액의 경우,

$$\mu = \frac{C_{K^+}Z_{K^+}^2 + C_{SO_4^{2-}}Z_{SO_4^{2-}}^2}{2}$$

$$[K^+] = 0.4\ M \qquad [SO_4^{2-}] = 0.2\ M$$

$$\mu = \frac{0.4 \times (1)^2 + 0.2 \times (2)^2}{2} = 0.6$$

−2가인 SO_4^{2-}로 인해 K_2SO_4의 이온 세기가 KNO_3의 이온 세기의 3배임을 주목하라. ■

Peter J.W. Debye

Erich A.A.J. Hückel

용액 속에 한 가지 이상의 염이 녹아 있을 때는, 용액 속의 모든 종류 이온들의 농도와 전하를 사용하여 이온 세기를 계산한다. 어떤 전해질에 대한 이온 세기는 그 농도에 비례하게 된다. 수용액에서 완전히 해리하는 강산의 경우에는 염과 똑같이 취급한다. 약산의 경우처럼 부분적으로 이온화되면, 이온 세기를 계산하기 전에 이온으로 되는 화학종의 농도를 이온화 상수로부터 계산해야 한다. 아주 약한 산의 경우에는 보통 이온화하지 않는다고 생각할 수 있으며, 이온 세기에 기여하지 않는다.

예제 6.15

0.30 M NaCl과 0.20 M Na_2SO_4가 녹아 있는 용액의 이온 세기를 계산하시오.

풀이

$$\mu = \frac{C_{Na^+}Z_{Na^+}^2 + C_{Cl^-}Z_{Cl^-}^2 + C_{SO_4^{2-}}Z_{SO_4^{2-}}^2}{2}$$

$$= \frac{0.70 \times (1)^2 + 0.30 \times (1)^2 + 0.20 \times (2)^2}{2}$$

$$= 0.90$$

■

활동도 계수의 계산

1923년에 Debye와 Hückel은 활동도 계수의 계산을 위한 이론적인 식을 유도하였다. 6.19에 주어진 원래의 **Debye-Hückel** 식은 매우 묽은 용액에만 적용이 가능하였다.

$$-\log f_i = AZ_i^2\sqrt{\mu} \tag{6.19a}$$

이 식은 **확장**된 **Debye-Hückel 식**으로 알려진 더 유용한 다음의 식으로 발전하였다.

$$-\log f_i = \frac{AZ_i^2\sqrt{\mu}}{1+Ba_i\sqrt{\mu}} \tag{6.19b}$$

A와 B는 상수로, 그 값은 각각 25°C 수용액의 경우에 0.51과 0.33이고, 다른 온도에서는 $A = 1.82 \times 10^6\,(DT)^{-3/2}$, $B = 50.3\,(DT)^{-1/2}$이다. 이때 D와 T는 각각 유전 상수와 절대 온도이다. a_i는 **이온 크기 파라미터**(**ion size parameter**)인데, 수화된 이온의 유효 지름을 옹스트롬 단위로 나타내고 있다. 1 Å은 100 pm(pm = 10^{-12} m)이다. 이러한 Debye–Hückel 식이 가지는 한계점들 중 하나는 a_i 값을 얼마나 정확하게 산출할 수 있는가에 달려 있다. 단일 전하를 가진 대부분의 이온들의 경우, a_i의 값이 3 Å 정도이고, 따라서 위의 6.19b 식을 보다 실용적인 목적으로 다음과 같이 간단히 하여 사용한다.

이 식은 이온 세기 0.2까지 응용한다.

이온 크기 파라미터의 추정은 계산된 활동도 계수의 정확성에 한계를 가져온다.

$$-\log f_i = \frac{0.51Z_i^2\sqrt{\mu}}{1+\sqrt{\mu}} \tag{6.20}$$

이 식은 이온 세기가 0.01보다 작을 때 이용한다.

보통 단일 전하보다 큰 전하를 가진 이온들의 경우, a_i의 값은 11 Å 정도이다. 이온 세기가 0.01보다 작은 용액의 경우에는, 분모에서 두 번째 항이 1보다 작아서 무시될 수 있으므로, a_i 값의 불확정성은 중요하지 않게 되고, 이온 세기가 0.01 이하인 경우에는 식 6.20이 적용 가능하다. 식 6.19b는 이온 세기가 0.2 정도까지인 용액에 대해서 적용이 가능하다. 이 장의 끝 참고 문헌 10에 수록된 여러 가지 이온들에 대한 a_i 값들이 있으며, 식 6.19b를 사용하여 이온 세기가 0.0005부터 0.1인 용액들의 경우에 계산된 활동도 계수의 값들도 있다. 이온 크기 파라미터의 완전한 목록은 이 책 웹 사이트에서 찾아볼 수 있다. 다음 두 문제에 대한 식 6.19b와 6.20을 이용한 Excel 해답도 **웹 사이트**에 있다. 표 6.2는 이 참고 문헌으로부터 발췌한 일반적인 이온들의 이온 크기 파라미터들이다.

표 6.2 일반적인 이온들을 위한 이온 크기 파라미터

이온	이온 크기 파라미터 (Å)
H^+	9
$(C_3H_7)_4N^+$	8
$(C_3H_7)_3NH^+$, $\{OC_6H_2(NO_3)_3\}^-$	7
Li^+, $C_6H_5COO^-$, $(C_2H_5)_4N^+$	6
$CHCl_2COO^-$, $(C_2H_5)_3NH^+$	5
Na^+, $IO_3{}^-$, $HSO_3{}^-$, $(CH_3)_3NH^+$, $C_2H_5NH_3{}^+$	4~4.5
K^+, Cl^-, Br^-, I^-, CN^-, $NO_2{}^-$, $NO_3{}^-$	3
Rb^+, Cs^+, $NH_4{}^+$, Tl^+, Ag^+	2.5
Mg^{2+}, Be^{2+}	8
Ca^{2+}, Cu^{2+}, Zn^{2+}, Mn^{2+}, Ni^{2+}, Co^{2+}	6
Sr^{2+}, Ba^{2+}, Cd^{2+}, $H_2C(COO)_2{}^{2-}$	5
$Hg_2{}^{2+}$, $SO_4{}^{2-}$, $CrO_4{}^{2-}$	4
Al^{3+}, Fe^{3+}, Cr^{3+}, La^{3+}	9
$Citrate^{3-}$	5
$PO_4{}^{3-}$, $Fe(CN)_6{}^{3-}$, $\{CO(NH_3)_6\}^{3+}$	4
Th^{4+}, Zr^{4+}, Ce^{4+}	11
$Fe(CN)_6{}^{4-}$	**5**

참고 문헌 10번, Kielland로부터 발췌(무기 및 유기 이온의 배열은 이 책 웹 사이트를 보라.)

예제 6.16

0.0020 M K_2SO_4 용액에 있는 K^+와 SO_4^{2-}의 활동도 계수를 계산하시오.

풀이

이온 세기가 0.0060이므로, 식 6.20에 대입하면

$$-\log f_{K^+} = \frac{0.51(1)^2\sqrt{0.0060}}{1+\sqrt{0.0060}} = 0.037$$

$$f_{K^+} = 10^{-0.037} = 10^{-1} \times 10^{0.963} = 0.918$$

$$-\log f_{SO_4{}^{2-}} = \frac{0.51(2)^2\sqrt{0.0060}}{1+\sqrt{0.0060}} = 0.14_7$$

$$f_{SO_4{}^{2-}} = 10^{-0.14_7} = 10^{-1} \times 10^{0.85_3} = 0.71_3$$

■

예제 6.17

0.020 M K_2SO_4 용액 속의 K^+와 SO_4^{2-}의 활동도 계수를 계산하시오.

풀이

이온 세기가 0.060이므로 식 6.19b를 사용할 것이다. 표 6.2에서 $a_{K^+} = 3$ Å, $a_{SO_4{}^{2-}} = 4.0$ Å임을 확인할 수 있다. K^+의 경우, 식 6.20을 이용한다.

$$-\log f_{K^+} = \frac{0.51(1)^2\sqrt{0.060}}{1+\sqrt{0.060}} = 0.10_1$$

$$f_{K^+} = 10^{-0.101} = 10^{-1} \times 10^{0.899} = 0.79_4$$

SO_4^{2-}의 경우, 식 6.19b에 의하여

$$-\log f_{SO_4{}^{2-}} = \frac{0.51(2)^2\sqrt{0.060}}{1+0.33\times 4.0\sqrt{0.060}} = 0.37_8$$

$$f_{SO_4{}^{2-}} = 10^{-1} \times 10^{0.62_2} = 0.41_9$$

$f_{SO_4{}^{2-}}$의 값을 식 6.20에 의해 구하면 0.39_6과 비교한다. 0.002 M K_2SO_4 용액과 비교하여 활동도 계수가 감소하였고, SO_4^{2-} 이온처럼 전하수가 큰 이온의 경우에는 활동도 계수의 감소 정도가 더 크다. ■

식 6.19b와 식 6.20을 이용하여 활동도 계수를 계산하는 스프레드시트는 이 책 6장의 **웹 사이트**에 있다.

이 식은 이온 세기 0.2~0.5 범위일 때에 사용하라. 이것은 확장된 Debye–Hückel 식에 비해 큰 활동도 계수를 얻을 것이다.

높은 이온 세기에 대해서는 여러 가지의 실험식들이 유도되었는데, 그들 중 다음의 **Davies 수정식**(**Davies modification**)이 많이 쓰인다(참고 문헌 9 참조).

$$-\log f_i = 0.51Z_i^2\left(\frac{\sqrt{\mu}}{1+\sqrt{\mu}} - 0.3\,\mu\right) \tag{6.21}$$

이 식은 이온 세기가 0.5까지의 용액에 적용될 수 있다.

8 M NaCl 용액으로 만든 0.01 M HCl은 물로 만든 것보다 약 100배의 활동도를 가진다. 이 용액의 pH는 실제로 0.0이다. F. E. Critchfield and J. B. Johnson, *Anal. Chem.*, **30**, (1958) 1247 and G. D. Christian, *CRC Crit. Rev. in Anal. Chem.*, 5(2) (1975) 119–153 참조.

전해질 농도가 매우 높아지면 활동도 계수의 값이 증가하게 되어 1보다 더 커질 수 있다. 식 6.21로 이를 예측할 수 있다. 마지막 항은 μ가 증가함에 따라 활동도 계수도 증가한다. 이것은 이온의 1차 용매화 껍질 안에 묶여 있는(특별히 양이온은 수화되어 있는) 물이 용매로서 기능을 하지 못하므로 용매, 물의 활동도가 감소하기 때문이다. 만약에 Na^+의 용매화 수가 4라

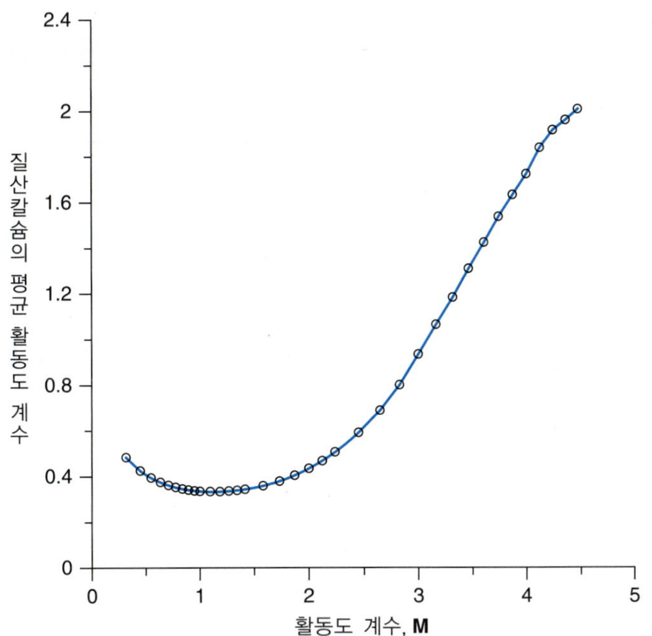

그림 6.4 농도의 함수로서 질산칼슘의 평균 이온 활동도 계수. 자료는 R.H. Stokes and R.A. Robinson, *J. Am. Chem. Soc.*, **70** (1948) 1870으로부터 제공받음.

면(물 분자 4개가 각 소듐 이온에 결합하고 있다.) 8 mol의 NaCl 용액에서 55.5 mol의 물 분자 중 이미 32 mol의 물이 소듐과 결합하고 있다. 즉 용매로서 기능을 하고 있는 물의 유효량은 매우 묽은 용액의 43%에 불과하다. 그러므로 유효 농도는 2.4배 더 높다. 이런 농도의 변화는 활동도 계수의 증가를 의미한다. 불행하게도, 실제 사태는 이것보다 훨씬 복잡하다. 왜냐하면 매우 진한 농도에서는 물이 매우 부족해져서 용매화 수가 일정하지 않으며 더 묽은 용매에서의 수보다 더 감소하게 된다. 진한 용액에서의 활동도 계수에 대해서 더 자세히 알고 싶으면 그림 6.4에 인용된 Stokes와 Robinson의 논문을 참조하라.

Stoke-Robinson 식은 수 mol의 농도를 가진 용액에서 AB와 AB_2 형태의 전해질에 적용할 수 있으며, 다음과 같다.

$$-\log f_{\pm} = \frac{0.51 Z_A Z_B \sqrt{\mu}}{1 + 0.33 a_t \sqrt{\mu}} + \frac{n}{\nu} \log a_w + \log(1 - 0.018)(n - \nu)m \qquad (6.22)$$

여기서 $f_{\pm}$는 양이온과 음이온의 평균(기하학 평균)활동도 계수이다. Z_A와 Z_B는 이온 A와 B의 전하 값이다. a_w는 물의 활동도이다(순수한 물에 대한 용액의 증기압의 비). m은 용액의 몰농도이고 n은 용질 분자당 수화 수이다. 그리고 ν는 각 용질 분자로부터 형성된 물질의 수이다. 예로 $Ca(NO_3)_2$에서는 3이다.

활동도 계수의 산출에 있어서 몇 가지 일반적인 결론을 내면 다음과 같다.

1. 주어진 이온 세기의 용액에서 전하수가 같은 이온들의 경우 활동도 계수의 값은 농도에 관계없이 서로 같다.
2. 전하수가 커질수록 그 이온은 이상적인 행동에서 벗어나고, 활동도 계수의 계산값의 신뢰도도 떨어진다.
3. 여러 가지 전해질이 녹아 있는 경우, 어떤 이온에 대해 계산된 활동도 계수의 값은 한 종류의 전해질이 녹아 있는 용액의 경우에 얻을 수 있는 값들보다 부정확하다.
4. 비전해질(전하를 가지지 않는 분자 형태의 화학종)의 활동도 계수는, 이온 세기가 0.1 정도까지는 일반적으로 1로 생각할 수 있고, 이온 세기가 1 정도까지 큰 용액의 경우에도 이러한 가정은 크게 틀리지 않는다. 해리되지 않는, 약한 산 HA는 활동도 계수를 1로 취급할 수 있는 비전해질이다. 그러나 매우 진한 용액에서 비전해질의 활

다른 종류 이온들의 전하가 클수록, 활동도에도 큰 영향을 미친다.

비전해질의 활동도는 이온 세기 1까지는 농도와 같다.

> 농도 계수는 1을 넘을 수가 있는데, 역시 이것은 용매의 감소에 기인한다. 이것은 용액으로부터 비전해질의 '염석'에 기초하고 있으며, 유기합성에 주로 사용한다.

염석은 분석 화학에서도 매우 유용하다. 코발트 유기 킬레이트를 포함하고 있는 물과 아세톤의 혼합 용액에 충분한 양의 $CaCl_2$를 첨가할 수 있다. 이때 고농도의 $CaCl_2$를 포함하는 물층을 Co 킬레이트를 가지고 있는 아세톤 층으로부터 구별하여 선택 분리할 수 있다. C.E. Matkovich and G.D. Christian, *Anal. Chem.* **45** (1973) 1915.

활동도 계수에 관한 마지막 댓글: Kenneth S. Pitzer는 양자역학을 이용하여 활동도 계수를 다시 설명하였다. 이를 이용하여 진한 농도의 용액에 대한 좀더 엄격한 취급이 가능해졌다. 참고 문헌 11을 보라.

6.17 다른 종류 이온 효과: 열역학적 평형 상수와 활동도 계수

앞에서 활동도에 관해 언급하면서 약한 전해질의 해리 평형에서 일반적으로 다른 염이 존재하면, 해리되어 생기는 이온들의 가림(활동도의 감소)에 의해 약한 전해질의 해리가 더 증가함을 지적한 바 있다. 우리는 평형에 관련되는 화학종들에 대한 활동도를 고려함으로써, 그러한 다른 종류 이온에 의한 평형에 미치는 영향을 정량적으로 예측할 수 있다.

열역학적 평형 상수는 모든 이온 세기에서 성립한다.

정성적인 그림을 위해서는 그림 6.3의 패널 B를 보라.

지금까지 평형 상수에 관하여 논의하는 동안 다른 종류 이온에 의한 영향은 무시하고 있었다. 이것은 그 평형이 존재하는 용액의 이온 세기가 0이고 각 이온의 활동도 계수를 "1"이라고 가정하여 왔기 때문이다. 이제는 평형 상수를 표현함에 있어서 각 화학종의 농도를 사용하지 않고, 대신 활동도를 사용하여야 한다. AB의 해리 반응에 관련된 평형을 예로 들면, **열역학적 평형 상수(thermodynamic equilibrium constant)** K°_{eq}는 다음과 같이 표현된다(다시 말하면 평형 상수를 매우 묽은 용액의 경우로 외삽하였다).

$$K^\circ_{eq} = \frac{a_A \cdot a_B}{a_{AB}} = \frac{[A]f_A \cdot [B]f_B}{[AB]f_{AB}} \tag{6.23}$$

농도 평형 상수는 이온 세기로 보정되어야 한다.

그런데 **농도 평형 상수(concentration equilibrium constant, K_{eq})**의 표현식인 $K_{eq} = [A][B]/[AB]$를 사용하여 다시 쓰면

$$K^\circ_{eq} = K_{eq}\frac{f_A \cdot f_B}{f_{AB}} \tag{6.24}$$

또는

$$K_{eq} = K^\circ_{eq}\frac{f_{AB}}{f_A \cdot f_B} \tag{6.25}$$

이다. K°_{eq}의 수치는 모든 활동도에서 성립한다. 이온 세기가 0인 용액에서는 K_{eq}와 K°_{eq}은 서로 같지만, 무시할 수 없는 이온 세기를 가지는 용액의 경우에는 식 6.25를 사용하여 주어진 이온 세기에서의 K_{eq} 값을 계산하여야 한다. 이 책의 부록 C에 열거된 평형 상수의 값들은 이온 세기가 0인 경우에서 구한 값이며, 즉 이 값들이 열역학적 평형 상수이다(다른 이온 세기에서 실험적으로 K°_{eq}의 값들을 얻을 수 있으며, 주어진 이온 세기에서 활동도 계수를 계산할 필요없이 몰농도만을 가지고 평형에 관한 계산을 하는 데에 쓰일 수도 있다).

예제 6.18

약한 전해질 AB가 A^+와 B^-로 해리되고, 이온 세기가 0.1로 다른 염이 존재하는 수용액에서 열역학적 평형 상수(K°_{eq})의 값은 2×10^{-8}이다. μ=0.1에서 A^+와 B^-의 활동도 계수가 각각

0.6과 0.7이라면: (a) 농도로서의 몰 평형 상수 K_{eq}의 값을 계산하시오. (b) 1.0×10^{-4} M 농도의 AB가 해리될 때 각각의 해리 백분율을 계산하시오.

풀이

(a)

$$\mathrm{AB} \rightleftharpoons \mathrm{A}^+ + \mathrm{B}^-$$

$$K_{eq} = \frac{[\mathrm{A}^+][\mathrm{B}^-]}{[\mathrm{AB}]}$$

$$K_{eq}^\circ = \frac{a_{\mathrm{A}^+} \cdot a_{\mathrm{B}^-}}{a_{\mathrm{AB}}} = \frac{[\mathrm{A}^+]f_{\mathrm{A}^+} \cdot [\mathrm{B}^-]f_{\mathrm{B}^-}}{[\mathrm{AB}]f_{\mathrm{AB}}}$$

중성 화학종의 활동도 계수는 1이므로

$$K_{eq}^\circ = \frac{[\mathrm{A}^+][\mathrm{B}^-]}{[\mathrm{AB}]} \cdot f_{\mathrm{A}^+} \cdot f_{\mathrm{B}^-} = K_{eq} f_{\mathrm{A}^+} \cdot f_{\mathrm{B}^-}$$

$$K_{eq} = \frac{K_{eq}^\circ}{f_{\mathrm{A}^+} \cdot f_{\mathrm{B}^-}} = \frac{2 \times 10^{-8}}{(0.6)(0.7)} = 5 \times 10^{-8}$$

(b)

$$\begin{array}{ccccc} \mathrm{AB} & \rightleftharpoons & \mathrm{A}^+ & + & \mathrm{B}^- \\ 1 \times 10^{-4} - x & & x & & x \end{array}$$

수용액에서는 $f_{\mathrm{A}^+} = f_{\mathrm{B}^-} \approx 1$($\mu < 10^{-4}$이므로), $x \leqq 10^{-4}$

$$\frac{[\mathrm{A}^+][\mathrm{B}^-]}{[\mathrm{AB}]} = 2 \times 10^{-8}$$

$$\frac{(x)(x)}{1.0 \times 10^{-4}} = 2 \times 10^{-8}$$

$$x = 1_{.4} \times 10^{-6}\ M$$

$$\text{해리된 \%} = \frac{1_{.4} \times 10^{-6}\ M}{1.0 \times 10^{-4}\ M} \times 100\% = 1_{.4}\%$$

0.1 M의 염에서는

$$\frac{[\mathrm{A}^+][\mathrm{B}^-]}{[\mathrm{AB}]} = 5 \times 10^{-8}$$

$$\frac{(x)(x)}{1.0 \times 10^{-4}} = 5 \times 10^{-8}$$

$$x = 2_{.2} \times 10^{-6}$$

$$\text{해리된 \%} = \frac{2_{.2} \times 10^{-6}}{1.0 \times 10^{-4}} \times 100\% = 2_{.2}\%$$

해리도가 57% 증가하였음을 나타낸다. ■

다른 종류 이온 효과를 이용한 계산은 7장 산 해리, 그리고 10장의 침전물 용해도에 설명되어 있다. 이 책의 대부분에서는 평형에서 다른 종류 이온에 의한 효과를 고려하지 않고 있다. 대부분의 경우, 평형 농도의 **상대적인** 변화에 관심이 있으므로, 활동도를 무시함으로써 생기는 차이는 그리 중요하지 않기 때문이다.

우리는 일반적으로 다른 종류의 염효과를 무시할 것이다.

정전기 효과는 단백질, DNA, 또는 다른 전기를 띤 생체 고분자들과 같은 전하 분자의 거동, 어떻게 이온들이 전기 이동에 의하여 이동하는지, 유리와 이온 선택성 전극의 활성 등 많은 분야에 매우 중요하다. 교수의 가장 선호 궁금점을 읽어라: Michigan 대학의 Michael D. Morris 교수의 생각, 이 내용은 이 책 웹 사이트에서 찾을 수 있다.

문제

비디오: 문제 6.2의 Goal Seek

평형 계산

1. A와 B가 다음과 같이 반응한다. $A + B \rightleftharpoons C + D$. 이 반응의 평형 상수는 2.0×10^3이다. 0.30 mol의 A와 0.80 mol의 B를 녹여 만든 1 L 용액에서 A, B, C, D의 평형 농도를 계산하시오.
2. A와 B가 다음과 같이 반응한다. $A + B \rightleftharpoons 2C$. 이 반응의 평형 상수는 5.0×10^6이다. 0.40 mol의 A와 0.70 mol의 B를 녹여 만든 1 L 용액에서 반응 후의 A, B, C의 평형 농도를 계산하시오(이 문제를 풀기 위해서는 이 책 웹 사이트에서 Goal Seek을 사용하는 방법 비디오를 활용하라).
3. 살리실산 $[C_6H_4(OH)COOH]$의 해리 상수는 1.0×10^{-3}이다. 1.0×10^{-3} M 용액의 경우 해리 %를 계산하시오. 단, 살리실산은 1개의 양성자만이 해리되어 나온다(아래의 엑셀 문제 26도 보라).
4. 사이안산(HCN)의 해리 상수는 7.2×10^{-10}이다. 1.0×10^{-3} M 용액의 경우 해리 %를 계산하시오.
5. 문제 3에서 1.0×10^{-2} M의 살리실산 소듐이 녹아 있는 경우에 살리실산의 해리 %를 계산하시오.
6. 황화 수소(H_2S)는 단계적으로 해리하여 2개의 양성자를 내어놓는데, 각 단계의 해리 상수는 9.1×10^{-8}과 1.2×10^{-15}이다. 총해리 반응을 쓰고, 그 총해리 반응에 대한 평형 상수를 계산하시오.
7. Fe^{2+}와 $Cr_2O_7^{2-}$은 $6Fe^{2+} + Cr_2O_7^{2-} + 14H^+ \rightleftharpoons 6Fe^{3+} + 2Cr^{3+} + 7H_2O$의 반응을 하며, 이 반응의 평형 상수는 1×10^{57}이다. 1.14 M의 염산 용액에 녹여 만든 0.02 M $K_2Cr_2O_7$ 용액 10 mL와 역시 같은 농도의 염산 용액에 녹여 만든 0.12 M $FeSO_4$ 용액 10 mL를 서로 섞어 주면 Fe^{2+}, CrO_7^{2-}, Cr^{3+}, Fe^{3+}의 평형 농도는 각각 얼마인가?

평형 상수의 체계적 접근

8. 다음 용액의 전하 균형식을 쓰시오. (a) Bi_2S_3 포화 용액, (b) Na_2S 용액
9. 0.100 M $[Cd(NH_3)_4]Cl_2$ 용액의 질량 균형식과 전기 중성식을 쓰시오.
10. 전기 중성과 질량 균형식의 원리를 이용하여 아래 관계식을 증명하시오.
    (a) 0.2 M HNO_2 용액 중에서 $[NO_2^-] = [H^+] - [OH^-]$
    (b) 0.2 M CH_3COOH 용액에서 $[CH_3COOH] = 0.2 - [H^+] + [OH^-]$
    (c) 0.1 M $H_2C_2O_4$ 용액에서 $[H_2C_2O_4] = 0.1 - [H^+] + [OH^-] - [C_2O_4^{2-}]$
    (d) 0.1 M KCN 용액에서 $[HCN] = [OH^-] - [H^+]$
    (e) 0.1 M Na_3PO_4 용액에서
    $$[H_2PO_4^-] = \frac{[OH^-] - [H^+] - [HPO_4^{2-}] - 3[H_3PO_4]}{2}$$
    (f) 0.1 M H_2SO_4 용액에서 $[HSO_4^-] = 0.2 - [H^+] - [OH^-]$
    (H_2SO_4가 H^+와 HSO_4^-로 해리되는 것은 정량적이라고 가정한다.)
11. F^-, HF, HF_2^-, Ba^{2+}의 화학종을 함유한 BaF_2 포화 수용액의 질량 균형식을 쓰시오.
12. $Ba_3(PO_4)_2$ 수용액에서 질량 균형식을 쓰시오.
13. 전하/질량 균형 접근법을 이용한 0.100 M 아세트산 용액의 pH를 계산하시오.

이온 세기

14. 다음 각 용액의 이온 세기를 구하시오.
    (a) 0.30 M NaCl (b) 0.30 M Na_2SO_4
    (c) 0.30 M NaCl과 0.20 M K_2SO_4
    (d) 0.20 M $Al_2(SO_4)_3$과 0.10 M Na_2SO_4
15. 다음 각 용액의 이온 세기를 구하시오.
    (a) 0.20 M $ZnSO_4$ (b) 0.40 M $MgCl_2$ (c) 0.50 M $LaCl_3$
    (d) 1.0 M $K_2Cr_2O_7$ (e) 1.0 M $Tl(NO_3)_3$ + 1.0 M $Pb(NO_3)_2$

활동도

문제 16~19에 대한 엑셀 답을 얻기 위해서 이 책 웹 사이트의 스프레드시트 문제를 보라.

16. 0.00100 M NaCl 용액 속의 Na^+ 이온과 Cl^- 이온의 활동도 계수를 계산하시오.
17. 0.0020 M의 Na_2SO_4과 0.0010 M의 $Al_2(SO_4)_3$가 섞여 있는 용액 속의 모든 이온들의 활동도 계수를 계산하시오.
18. 0.0020 M의 KNO_3 용액 속의 NO_3^- 이온의 활동도를 계산하시오.
19. 0.020 M의 Na_2CrO_4 용액 속의 CrO_4^{2-} 이온의 활동도를 계산하시오.
20. 2.5 M 황산(H_2SO_4)의 밀도는 1.15이다. 이 용액의 상대 습도는 88.8% 이상이다. 각각의 양성자를 4개의 물 분자가 둘러싸고 있다고 가정하면, 식 6.22에 의해 평균 활동도 계수는 얼마인가?

열역학적 평형 상수

21. 다음 각 반응에 대한 열역학적 평형 상수식을 쓰시오.

(a) $HCN \rightleftharpoons H^+ + CN^-$

(b) $NH_3 + H_2O \rightleftharpoons NH_4^+ + OH^-$

22. 다음 각 용액의 pH를 계산하시오.

(a) 5.0×10^{-3} *M* 벤조산 수용액 (b) 0.05 *M*의 K_2SO_4가 녹아 있는 5.0×10^{-3} *M* 벤조산 수용액

엑셀 연습문제

다음 문제에 대한 엑셀 답을 얻기 위해서 이 책 **웹 사이트**의 스프레드시트 문제를 보라.

23. 식 6.20을 이용하여 스프레드시트를 사용해서 활동도 계수를 계산하시오. 그리고 계산한 값을 이 책 웹 사이트의 값과 비교하여 정확도를 확인하시오.

24. 식 6.20에 대하여 웹 사이트에 수록된 스프레드시트를 사용하여 예제 6.16의 K^+와 SO_4^{2-} 이온의 활동도 계수를 계산하시오. 그리고 직접 계산한 결과와 비교하시오.

25. 식 6.19b와 식 6.20에 대하여 웹 사이트에 수록된 스프레드시트를 사용하여 예제 6.17의 활동도 계수를 계산하시오. 그리고 직접 계산한 결과와 비교하시오.

26. 문제 3에서의 농도 x를 엑셀 Goal Seek을 사용하여 계산하시오(이 문제는 이차 방정식을 이용한다).

27. 문제 16~19까지 엑셀을 이용하여 계산하시오.

추천 참고 문헌

평형

1. A. J. Bard, *Chemical Equilibrium*. New York: Harper & Row, 1966.
2. T. R. Blackburn, *Equilibrium: A Chemistry of Solutions*. New York:Holt, Rinehart andWinston, 1969.
3. J. N. Butler. *Ionic Equilibrium. A Mathematical Approach*. Reading, MA: Addison-Wesley, 1964.
4. G. M. Fleck, *Ionic Equilibria in Solution*. New York: Holt, Rinehart and Winston, 1966.
5. H. Freiser and Q. Fernando, *Ionic Equilibria in Analytical Chemistry*. New York: Wiley, 1963.
6. A. E. Martell and R. J. Motekaitis, *The Determination and Use of Stability Constants*. New York: VCII, 1989.

연속 근사법

7. S. Brewer, *Solving Problems in Analytical Chemistry*. New York: Wiley, 1980.
8. J. J. Baeza-Baeza and M. C. Garcia-Alvarez-Coque, "Systematic Approach to Calculate the Concentration of Chemical Species in Multi-Equilibrium Problems," *J. Chem. Educ.* **88** (2011) 169. This article demonstrates the solution of multiple simultaneous equlibria using Excel Solver.

활동도

9. C. W. Davies, *Ion Association*. London: Butterworth, 1962.
10. J. Kielland, "Individual Activity Coefficients of Ions in Aqueous Solutions," *J. Am. Chem. Soc.*, 59 (1937) 1675.
11. K. S. Pitzer. *Activity Coefficients in Electrolyte Solutions*, 2nd ed. Boca Raton, FL: CRC Press, 1991.
12. P. C. Meier, "Two-Parameter Debye-HuckelApproximation for the Evaluation ofMean Activity Coefficients of 109 Electrolytes," *Anal. Chim. Acta*, **136** (1982) 363.

7장 산 – 염기 평형

"경찰이 어제 두 아이를 검거하였다. 한 아이는 배터리 산을 마시고 있었고, 다른 아이는 불꽃을 먹고 있었다. 그들은 한 아이를 구금하였고 다른 아이는 풀어주었다."

—Tommy Cooper

"황산염이 산성비의 원인이 되지 않는다고 말하는 것은, 흡연하는 것이 폐암을 일으키지 않는다고 말하는 것과 같다."

—Drew Lewis

7장 URLs

학습 목표

이 장에서 배울 중요한 내용은 무엇인가?

- 산–염기 이론
- 물에서 산–염기 평형(주요 식: 7.11, 7.13, 7.19)
- 약산과 약염기
- 약산과 약염기의 염(주요 식: 7.27, 7.29, 7.32, 7.36, 7.39)
- 완충 용액(주요 식: 7.45, 7.58)
- 다양성자산– α 값(주요 식: 7.74–7.77)
- α 대 pH 그래프를 만들기 위한 스프레드시트 사용하기
- 다양성자산의 염(주요 식: 7.96, 7.97, 7.99, 7.100)
- 로그 농도 도표
- pH 계산기 프로그램

Humphry Davy 경(1803~1873) 여러 알칼리와 알칼리 토금속의 발견과 원소로서 염소와 아이오딘을 입증한 사람으로 잘 알려져 있다. Berzelius는 화학 이론의 가치를 높인 것 중의 하나로 Davy의 1806년 Bakerian lectrure인 "On Some Chemical Agencies of Electricity"를 꼽았다.

주어진 용액의 산도나 염기도는 화학 반응에서 매우 중요한 인자이다. 적정 수준의 pH를 유지하기 위해 완충 용액을 사용하는 것은 화학 반응에 있어서 매우 중요하기 때문이다. 또한 산–염기 적정과 화학종 및 화학 반응에 미치는 산의 영향, 예를 들어 착물화 반응이나 침전 반응에 미치는 산의 영향을 이해하기 위해서 기본적인 산–염기 평형이 중요하다. 6장에서는 평형 상수에 관한 기본적인 개념들을 다루었다. 이 장에서는 **약산과 약염기**, **약산과 약염기의 염**의 가수 분해, 완충 용액, 다양성자산과 그들의 염, **생리학적인 완충 용액** 등을 포함하는 여러 가지 산–염기 평형 계산에 대하여 좀 더 자세히 다루게 될 것이다. 우선 산–염기 이론과 pH 개념에 대하여 복습하기로 한다.

7.1 산–염기 개념의 초기 역사

산(*acid*)이라는 단어는 신맛을 의미하는 라틴어 *acere*에서 유래하였다. 초기에 염기는 **알칼리**(*alkali*)라고 불리었으며, 이 단어는 탄산 소듐이 풍부한 식물인 수송나물의 재를 의미하는 아라비아어 *al-qili*로부터 유래하였다. 17세기 중반에 산과 염기(초기에는 알칼리(*alkali*)라고 부름)는 서로 중화하는 경향(Silvio-Techenio 이론으로 알려짐)이 있다는 것이 알려졌지만 개념은 분명하지 않았다. 예를 들면 산은 석회석을 거품이 일어나게 하는 물질이고, 알칼리

Justus Von Liebig(1803~1873) 독일 화학자로 농업과 생화학의 가치를 크게 높였다. Liebig는 최초로 필수 식물 영양소로 질소라는 것을 알아내어 종종 비료 산업의 아버지로 불린다. Liebig는 화학의 실험 중심 교육의 주창자이다. 그는 또한 합성 유기 화학을 최초로 시도하였다.

Svante Arrhenius(1859~1927) 1884년에 Uppsala에 박사 학위를 위한 전해질 전도도에 대한 150쪽 논문을 제출하였다. 그의 논문은 교수들에게 감명을 주지 못해서 4등급을 받았으나 그의 항변으로 3등급으로 재분류되었다. 19세기 후반에, 그의 매우 많은 업적으로 1903년 노벨 화학상을 수상하게 되었다.

Arrhenius 이론은 수용액에 한정한다. Arrhenius 이론을 받아들이는 데 어려움이 있다면 *J. Am. Chem. Soc.*, **34** (1912) 353을 참조하라.

는 산으로 거품을 일어나게 하는 물질이라고 생각하였다. 1664년에 Robert Boyle은 붉은 장미와 브라질 나무와 같은 어떤 식물의 추출물이 산성 또는 염기성 용액에서 가역적으로 색깔이 바뀐다는 **색의 실험사**(*The Experimental History of Colors*)를 출간하였다. 많은 다른 식물과 꽃의 추출물은 자주 유사한 방식으로 행동하는 것을 보였다. 1675년에 Boyle은 Silvio-Tachenio 이론의 애매모호함에 대하여 이의를 제기했으며, 산은 신맛을 내고, 석회석을 거품나게 하며, 파란색의 식물을 붉게 변화시키고, 알칼리 용액으로 황을 침전시키는 등의 알려진 성질들을 반영시키려는 그의 노력으로 산에 대한 정의를 분명하게 하였다. 알칼리는 만질 때 미끈미끈하며 산의 효과를 되돌릴 수 있는 물질이다.

Alessandro Volta는 1800년에 초기 배터리 형태인 전기 더미를 발표하였다. Humphry Davy는 그 후 전기를 가지고 놀기 시작하였다. 전기 분해를 통해 그는 여러 새로운 원소들을 발견하였다. 1807년에 그는 원소일 것으로 생각한 물질들인 용융된 잿물과 소다를 전기 분해하여 포타슘과 소듐을 분리하였다. 또한 그는 유사한 방법으로 마그네슘, 칼슘, 스트론튬, 바륨을 분리하였다. Davy는 이들 알칼리와 알칼리 토금속들은 산소와 결합하여 약한 염기성을 띠는 이미 잘 알려진 산화물을 생성한다는 것을 알았으며, 그는 산소는 산성을 띠는 원소라는 Lavoisier 이론을 반박하였다. 그는 계속 Lavoisier가 명명한 “산소를 포함한 염산(oxymuriatic acid)”이 아닌 염산이 산성을 나타낸다는 것을 확립하였다. 그리고 그는 전기 분해를 통해 수소와 다른 한 개의 원소인 염소(그가 1810년에 명명하였다)를 분리하였다. 그 전에는 산소를 포함하는 화합물이라고 믿었다. Davy는 1815년에 산소보다 오히려 수소가 산성을 나타내는 원소일 것이라고 제안하였다. 그러나 수소를 포함하는 모든 물질이 산은 아니다. Justus Von Liebig는 1838년에 수소가 금속에 의해 치환될 수 있는 수소 화합물이 산이라는 것을 확인하였다.

7.2 산－염기 이론— 모든 것이 동등하게 창조된 것은 아니다

물질에 대한 산성과 염기성을 분류하고 설명하기 위하여 몇 가지 산－염기 이론이 제안되어 왔다. 일반적으로 **Arrhenius 이론**(**Arrhenius theory**)이 우리에게 가장 잘 알려져 있으나, 그것은 오직 수용액에서만 적용될 수 있다. 다른 이론들은 보다 일반적이어서 다른 용매에도 적용될 수 있으며, 심지어 기체상에도 적용된다. 이 장에서는 공통적인 산－염기 이론에 대하여 설명하고자 한다.

Arrhenius 이론—H^+와 OH^-

대학원생이던 Arrhenius는 **산**(**acid**)은 물에서(부분적으로 또는 완전히) 이온화되어 **수소 이온**〔*hydrogen ion*, 용매와 회합하여 하이드로늄 이온(H_3O^+)을 만든다〕을 만드는 물질이라는 혁신적인 이론을 소개하였다.

$$HA + H_2O \rightleftharpoons H_3O^+ + A^-$$

염기(**base**)는 물에서 이온화하여 **수산화 이온**(*hydroxide ion*)을 만든다. 일반적으로 약한(부분적으로 이온화하는) 염기는 다음과 같이 이온화한다.

$$B + H_2O \rightleftharpoons BH^+ + OH^-$$

반면에 금속의 수산화물(즉 NaOH)과 같은 센염기는 다음과 같이 해리한다.

$$M(OH)_n \rightarrow M^{n+} + nOH^-$$

이 이론에서 용매는 엄격히 물로만 제한된다.

용매계 이론—용매의 양이온과 음이온

1905년에 Franklin은 용매로서 액체 NH_3에서 연구하였고 물에서 산–염기 행동과의 유사성을 인지하였다. 1925년에 용매로서 액체 $COCl_2$로 연구한 Germann 또한 유사성을 관찰하였고 일반적인 용매계에 산–염기 개념을 체계화하였다. 이 이론으로 용매가 양이온과 음이온으로 이온화된다는 것을 알게 되었다. 예를 들어 $2H_2O \rightleftharpoons H_3O^+ + OH^-$ 또는 $2NH_3 \rightleftharpoons NH_4^+ + NH_2^-$. **산(acid)**은 **용매의 양이온**을 생성하는 용질이며, **염기(base)**는 **용매의 음이온**을 생성하는 용질로 정의된다. 따라서 NH_4Cl(암모니아화된 NH_4^+인 $NH_4(NH_3)^+$와 Cl^-를 생성하는)은 암모니아 용액에서 센산이며(물에서 HCl과 같이 $HCl + H_2O \rightarrow H_3O^+ + Cl^-$), 반면에 $NaNH_2$는 암모니아 용액에서 센염기이다(물에서 NaOH와 같이). 이 두 화합물은 모두 이온화되어 각각 용매의 양이온과 음이온을 생성한다. 에탄올은 다음과 같이 이온화된다. $2C_2H_5OH \rightleftharpoons C_2H_5OH_2^+ + C_2H_5O^-$. 한편 소듐 에톡사이드($NaOC_2H_5$)는 에탄올 용매에서 센염기이다.

Franklin과 Germann 이론은 Arrhenius 이론과 비슷하지만, 다른 이온화가 가능한 용매에도 적용된다.

Brønsted–Lowry 이론—양성자 주고받기

용매계 이론은 이온성 용매에서는 적합하지만 벤젠, 다이옥세인과 같은 비이온성 용매에서는 산–염기 반응에 적용할 수 없다. 1923년에 Brønsted와 Lowry는 독자적으로 현재 **Brønsted–Lowry** 이론으로 알려져 있는 이론을 발표하였다. 이 이론에서 **산**은 **양성자를 줄 수 있는** 물질이고, **염기**는 **양성자를 받을 수 있는** 물질이라고 언급되었다. 따라서 다음과 같이 "반쪽 반응"을 쓸 수 있다.

Brønsted–Lowry 이론은 산으로부터 염기로의 양성자의 전이를 가정한다. 즉 짝쌍(conjugate pair).

$$\text{산} = H^+ + \text{염기} \tag{7.1}$$

반쪽 반응에서의 산과 염기를 **짝쌍(conjugate pair)**이라고 한다. 용액에는 자유 양성자가 존재하지 않으며, 양성자 주개(산)가 양성자를 방출하려면 먼저 양성자 받개(염기)가 존재해야만 한다. 즉 두 반쪽 반응의 결합이어야 한다. 그것을 알 수 있는 또 다른 방법으로 산은 양성자를 잃을 수 있기 때문에 산이 된다는 것이다. 그러나 양성자를 받을 염기가 존재하지 않는다면, 산은 산성의 행동을 나타낼 수 없다. 당신의 돈을 받을 사람이 없는 황폐한 섬에서는 부유한 것과 같다. 다른 용매에서 몇 가지 산–염기 반응을 표 7.1에 나타내었다. 첫 번째 예에서, 아세트산 이온은 아세트산의 짝염기이고, 암모늄 이온은 암모니아의 짝산이다. 처음 네 가지 예는 한 용매에서 산 또는 염기의 이온화 반응을 나타내는 반면, 다른 것들은 용매에서 산과 염기 사이의 중화 반응을 나타낸 것이다.

앞에서의 정의에 따르면 양성자를 받을 염기가 존재하지 않으면, 어떤 물질이 산으로 작용할 수 없다는 것이 명백하다. 즉 산은 용매의 염기성과 산의 세기에 따라 물, 액체 암모니아, 에탄올과 같은 염기성 용매에서 완전히 또는 부분적으로 이온화될 것이다. 그러나 중성 또는 "비활성" 용매에서의 이온화는 거의 일어나지 않는다. 그러나 표의 마지막 예에서 피크린산이 아닐린과 반응하는 경우와 같이, 용매 내에서의 이온화 과정이 산–염기 반응의 전제 조건이

Thomas M. Lowry(1874~1936) 1923년에 Brønsted와 Lowry는 독자적으로 이론을 발표하였으며 후에 Brønsted–Lowry 이론으로 불리게 되었다.

표 7.1 Brønsted 산–염기 반응. 짝산 염기쌍은 같은 색으로 표시되어 있다.

용매	산$_1$	+	염기$_2$	→	산$_2$	+	염기$_1$
NH_3 (액체)	HOAc		NH_3		NH_4^+		OAc^-
H_2O	HCl		H_2O		H_3O^+		Cl^-
H_2O	NH_4^+		H_2O		H_3O^+		NH_3
H_2O	H_2O		OAc^-		HOAc		OH^-
H_2O	HCO_3^-		OH^-		H_2O		CO_3^{2-}
C_2H_5OH	NH_4^+		$C_2H_5O^-$		C_2H_5OH		NH_3
C_6H_6	H 피크르산		$C_6H_5NH_2$		$C_6H_5NH_3^+$		피크르산 이온$^-$

되는 것은 아니다.

Lewis 이론—전자 주고받기

Lewis 이론은 염기가 산에 전자쌍을 주는 것(공유)으로 가정한다.

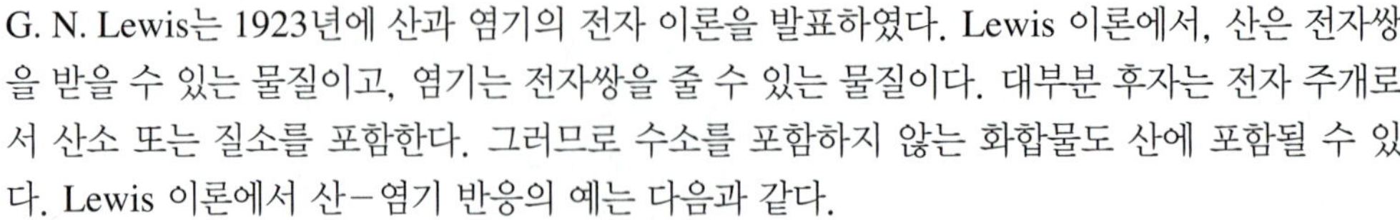

G. N. Lewis는 1923년에 산과 염기의 전자 이론을 발표하였다. Lewis 이론에서, 산은 전자쌍을 받을 수 있는 물질이고, 염기는 전자쌍을 줄 수 있는 물질이다. 대부분 후자는 전자 주개로서 산소 또는 질소를 포함한다. 그러므로 수소를 포함하지 않는 화합물도 산에 포함될 수 있다. Lewis 이론에서 산-염기 반응의 예는 다음과 같다.

$$H^+ \text{ (용매화된)} + :NH_3 \rightarrow H:NH_3^+$$

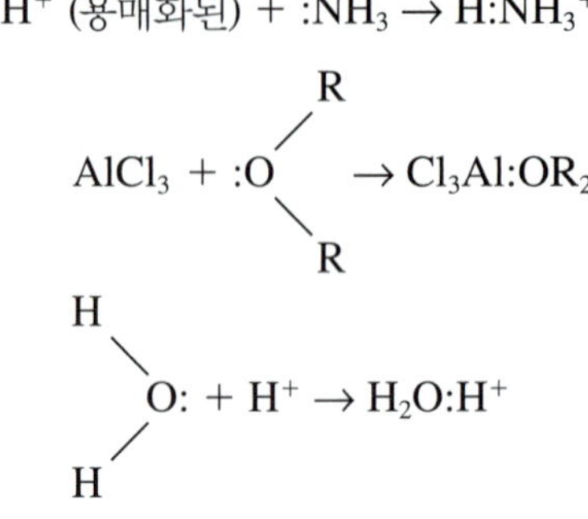

$$AlCl_3 + :OR_2 \rightarrow Cl_3Al:OR_2$$

$$H_2O: + H^+ \rightarrow H_2O:H^+$$

$$H^+ + :OH^- \rightarrow H:OH$$

두 번째 예에서 염화 알루미늄은 산이고, 에터는 염기이다.

Gilbert N. Lewis (1875~1946)는 산과 염기의 Lewis 전자 이론으로 이끄는 공유 결합의 이론을 발전시켰다.

7.3 물에서의 산-염기 평형

앞에서 배운 바와 같이, 산이나 염기는 물에 녹을 때 해리 또는 **이온화(ionize)**할 것이다. 이온화 정도는 산이나 염기의 세기에 의존한다. 즉 "센" 전해질은 완전히 해리하고, "약한" 전해질은 부분적으로 해리한다. 표 7.2에 몇 가지 중요한 센 전해질과 약한 전해질이 수록되어 있다. 그 외의 약산과 약염기는 부록 C에 수록되어 있다. 염산은 센산이므로 물에서 완전히 이온화한다.

$$HCl + H_2O \rightarrow H_3O^+ + Cl^- \tag{7.2}$$

식 7.2의 평형 상수는 무한대의 값을 가질 것이다. 물속에서 양성자 H^+는 수화되어 **하이드로늄 이온(hydronium ion**, H_3O^+)으로 존재한다. $H_9O_4^+$와 같이 더 많은 수의 물 분자들에 의해 수화된 형태로 존재할 수도 있다. 하이드로늄 이온은 편의상 또는 Brønsted의 개념을 강조하기 위해 H_3O^+로 쓴다.

아세트산[1]은 약산이며, 물에서 단지 부분적(아주 적은 %)으로 해리한다.

$$HOAc + H_2O \rightleftharpoons H_3O^+ + OAc^- \tag{7.3}$$

이 반응의 **평형 상수(equilibrium constant)**는 다음과 같이 쓸 수 있다.

$$K_a^\circ = \frac{a_{H_3O^+} \cdot a_{OAc^-}}{a_{HOAc} \cdot a_{H_2O}} \tag{7.4}$$

여기서 K_a°는 **열역학적 산도 상수(thermodynamic acidity constant**, 6.16절 참조)를 나타내며, a는 각 화학종의 **활동도(activity)**를 나타낸다. 염의 양이온이나 음이온들도 해리하여 일부는 물과 반응할 수 있다. 예를 들어 해리된 아세트산염으로부터 생성된 아세트산 이온은 물과 반응하여 아세트산을 만든다.

---

[1]기호 OAc^-는 아세트산 이온 $\left(CH_3-\overset{\overset{\displaystyle O}{\|}}{C}-O^-\right)$을 의미한다.

표 7.2 몇 가지 센 전해질과 약한 전해질

센 전해질	약한 전해질
HCl	CH_3COOH (아세트산)
$HClO_4$	NH_3
H_2SO_4[a]	C_6H_5OH (페놀)
HNO_3	$HCHO_2$ (폼산)
NaOH	$C_6H_5NH_2$ (아닐린)
	CH_3COONa

[a]첫 번째 H^+는 묽은 용액에서 완전히 이온화하지만, 두 번째 H^+는 부분적으로만 이온화된다($K_2 = 10^{-2}$).

활동도는 용액 속에 있는 이온들의 **유효**(*effective*) 농도라고 할 수 있음을 이미 배웠다(6장에서 언급). 여러 반응들에 있어서 양성자의 역할은 양성자가 가지게 되는 활동도에 따라 달라지며, 그 활동도를 측정하는 데 pH 미터가 사용된다(13장). 활동도 계수의 값을 구하는 방법은 6장에서 설명하였다.

묽은 용액에서 물의 활동도는 거의 일정한 값을 가지며, 표준 상태에서 1로 취급한다. 따라서 식 7.4는 다음과 같이 새로운 식으로 쓸 수 있다.

$$K_a^\circ = \frac{a_{H_3O^+} \cdot a_{OAc^-}}{a_{HOAc}} \tag{7.5}$$

순수한 물은 매우 적은 정도의 이온화를 하거나 **자체 양성자 이전 반응**(**autoprotolysis**)을 한다.

자체 양성자 이전 반응은 용매 자체가 이온화되어 양이온과 음이온이 되는 과정이다. $2CH_3OH \rightleftharpoons CH_3OH_2^+ + CH_3O^-$

$$2H_2O \rightleftharpoons H_3O^+ + OH^- \tag{7.6}$$

이 반응에 대한 평형 상수는 다음과 같다.

$$K_w^\circ = \frac{a_{H_3O^+} \cdot a_{OH^-}}{a_{H_2O}^2} \tag{7.7}$$

그런데 물의 활동도는 묽은 용액에서는 일정하다(그 농도는 약 55.3 *M*로 일정하다). 따라서 평형 상수를 다시 쓰면 다음과 같다.

$$K_w^\circ = a_{H_3O^+} \cdot a_{OH^-} \tag{7.8}$$

여기서 K_w°는 **열역학 자체 양성자 이전 반응 상수**(**thermodynamic autoprotolysis constant**) 또는 **자체 이온화 상수**(**self-ionization constant**)라고 한다.

활동도 계수를 무시하면 평형 계산을 하는 것은 간단하다. 묽은 용액의 경우, 활동도 계수를 무시할 때 발생하는 오차는 그리 크지 않기 때문에 앞으로의 계산에서 몰농도를 사용하기로 한다. 이제 다루게 될 대부분의 용액이 묽은 용액이며, 작은 오차에는 의미를 두지 않고 pH 값의 상대적으로 큰 변화에만 흥미를 가질 것이다. 앞으로 H_3O^+ 대신에 간단하게 H^+로 표시하여 사용할 것이다. 금속 이온과 같이 다른 이온이나 분자의 경우도 수화된 형태로 쓰지 않으며, 더욱이 H_3O^+가 전적으로 옳은 표현이라고 말할 수는 없기 때문에 타당하다고 할 수 있다. 묽은 수용액에서 양성자는 용매화 껍질에 적어도 네 개의 물 분자를 갖는다.

간단히 표시하기 위하여 H_3O^+ 대신 H^+를 사용한다. 또한 일반적으로 활동도 대신 몰농도를 사용할 것이다.

몰농도(**molar concentration**)는 주어진 화학종에 [ ] 표시를 하여 나타내는데, 앞에서의 반응들을 몰농도를 사용하여 간단하게 다시 쓰면 다음과 같다.

$$HCl \rightarrow H^+ + Cl^- \tag{7.9}$$

$$HOAc \rightleftharpoons H^+ + OAc^- \tag{7.10}$$

$$K_a = \frac{[H^+][OAc^-]}{[HOAc]} \quad (7.11)$$

$$H_2O \rightleftharpoons H^+ + OH^- \quad (7.12)$$

$$K_w = [H^+][OH^-] \quad (7.13)$$

K_a와 K_w는 **몰 평형 상수(molar equilibrium constant)**이다.

화학자들(특히 학생들!)에게 실온에서 K_w가 짝수라는 것은 다행스러운 일이다. 2.39×10^{-13}과 같이 복잡한 K_w 값을 가지고 pH 계산하는 것을 상상해 보라. 더 자세한 설명은 7.4절을 참조하라(다른 온도의 경우).

24°C에서는 K_w의 값은 정확히 1.0×10^{-14}이고 심지어 25°C에서도 마찬가지다. 실온에서 $[H^+]$와 $[OH^-]$의 곱은 **항상** 1.0×10^{-14}이 되어야 한다.

$$[H^+][OH^-] = 1.0 \times 10^{-14} \quad (7.14)$$

순수한 물에서 H^+나 OH^-를 공급하는 다른 화학종이 존재하지 않으므로, 두 화학종의 농도는 다음과 같이 1.0×10^{-7} M로 서로 똑같은 값을 가진다.

$$[H^+] = [OH^-]$$

그러므로

$$[H^+][H^+] = 1.0 \times 10^{-14}$$
$$[H^+] = 1.0 \times 10^{-7}\ M \equiv [OH^-]$$

순수한 물에 산이 가해지면 가해진 산의 $[H^+]$의 값으로부터 $[OH^-]$의 값을 계산할 수 있게 된다. 그리고 **산에서 공급되는 $[H^+]$의 농도가 10^{-6} M보다 묽은 경우를 제외하고는, 물의 이온화에서 기여하는 $[H^+]$는 무시할 수 있다.**

예제 7.1

1.0×10^{-3} M의 염산 용액을 제조하였다. 수산화 이온의 농도는 얼마인가?

풀이

염산은 센 전해질이고 완전히 이온화하기 때문에, H^+의 농도는 1.0×10^{-3} M이다. 즉

$$(1.0 \times 10^{-3})[OH^-] = 1.0 \times 10^{-14}$$
$$[OH^-] = 1.0 \times 10^{-11}\ M$$

■

7.4 pH 척도

p 척도는 몇십 제곱에 해당하는 크기를 간결하게 나타내는 데 쓰인다.

수용액에서 H^+나 OH^-의 농도는 1 M보다 큰 값에서부터 10^{-14} M, 또는 그 이하까지의 폭넓은 영역에 걸쳐 다양한 값을 가질 수가 있다. H^+의 농도가 10^{-1} M에서 10^{-13} M까지 변할 때 여러 변수에 대한 H^+의 농도를 그래프로 나타낸다는 것은 매우 어렵다. 이러한 범위는 주로 적정할 때 나타난다. H^+의 농도를 로그 값으로 나타내는 것이 매우 편리하다. Sørenson에 의하여 정의된 용액의 **pH**는 다음과 같다.

$$pH = -\log[H^+] \quad (7.15)$$

로그 앞에 음의 부호를 붙이는 것은 대부분의 농도가 1 *M*보다 작기 때문에 양의 값을 갖도록 하기 위함이다(보다 정확한 표현은 pH = $-\log a_{H^+}$이지만, 보통은 식 7.15를 사용한다). 일반적으로 pX = −log[X]로 정의되는데, 이런 표기 방법은 나중에 매우 큰 값에서 매우 작은 수로 변할 수 있는 수(예, 평형 상수)를 표시할 때도 사용될 것이다.

pH는 실제로 $-\log a_{H^+}$로 정의된다. 이것이 pH 미터(유리 전극)에 의해 실제로 측정되는 값이다. — 13장 참조

Carlsberg Laboratory 기록 보관소 1909년에 Carlsberg Laboratory (Carlsberg Brewery)의 화학과장이었던 Søren Sørenson은 이러한 효과를 설명하기 위하여 pH 용어를 고안하였고, $-\log[H^+]$로 정의하였다. 용어 pH는 간단하게 "수소의 거듭제곱"으로 나타낸다. 1924년에 그는 용액의 **pH**는 H^+ 이온의 "활동도"의 함수임을 알았으며, pH = $-\log a_{H^+}$로 정의한 두 번째 논문을 발표하였다.

예제 7.2

2.0×10^{-3} *M* HCl 수용액의 pH를 계산하시오.

풀이

HCl은 완전히 이온화하므로

$$[H^+] = 2.0 \times 10^{-3}\ M$$

$$pH = -\log(2.0 \times 10^{-3}) = 3 - \log 2.0 = 3 - 0.30 = 2.70$$

■

수산화 이온의 농도도 유사한 정의를 사용한다.

$$\boxed{pOH = -\log[OH^-]} \qquad (7.16)$$

수소 이온의 농도를 안다면, 식 7.13을 이용하여 수산화 이온의 농도를 계산할 수 있으며, 그 반대의 경우도 마찬가지다. pH 또는 pOH를 직접적으로 계산할 수 있는 로그 식은 다음과 같다.

$$-\log K_w = -\log[H^+][OH^-] = -\log[H^+] - \log[OH^-] \qquad (7.17)$$

$$\boxed{pK_w = pH + pOH} \qquad (7.18)$$

25°C에서는 다음과 같다.

$$\boxed{14.00 = pH + pOH} \qquad (7.19)$$

1 *M* HCl 용액의 pH는 0이고, pOH는 14이다. 1 *M* NaOH 용액의 pH는 14이고, pOH는 0이다.

예제 7.3

25°C에서 5.0×10^{-2} *M* NaOH 용액의 pOH와 pH를 계산하시오.

풀이

$$[OH^-] = 5.0 \times 10^{-2}\ M$$

$$pOH = -\log(5.0 \times 10^{-2}) = 2 - \log 5.0 = 2 - 0.70 = 1.30$$

$$pH + 1.30 = 14.00$$

$$pH = 12.70$$

또는

$$[H^+] = \frac{1.0 \times 10^{-14}}{5.0 \times 10^{-2}} = 2.0 \times 10^{-13}\ M$$

$$pH = -\log(2.0 \times 10^{-13}) = 13 - \log 2.0 = 13 - 0.30 = 12.70$$

■

예제 7.4

밀리몰 단위로 계산하였음에 유의하라.

pH가 3.00인 센산 용액 2.0 mL와 pH가 10.00인 센염기 용액 3.0 mL를 섞은 용액의 pH를 계산하시오.

풀이

$$\text{산 용액의 } [H^+] = 1.0 \times 10^{-3}\ M$$

$$\text{mmol } H^+ = 1.0 \times 10^{-3}\ M \times 2.0\ \text{mL} = 2.0 \times 10^{-3}\ \text{mmol}$$

$$\text{염기 용액의 pOH} = 14.00 - 10.00 = 4.00$$

$$[OH^-] = 1.0 \times 10^{-4}\ M$$

$$\text{mmol } OH^- = 1.0 \times 10^{-4}\ M \times 3.0\ \text{mL} = 3.0 \times 10^{-4}\ \text{mmol}$$

여기에서는 과량의 산이 존재하므로

$$\text{mmol } H^+ = 0.0020 - 0.0003 = 0.0017\ \text{mmol}$$

$$\text{총 부피} = (2.0 + 3.0)\ \text{mL} = 5.0\ \text{mL}$$

$$[H^+] = 0.0017\ \text{mmol}/5.0\ \text{mL} = 3.4 \times 10^{-4}\ M$$

$$\text{pH} = -\log(3.4 \times 10^{-4}) = 4 - 0.53 = 3.47$$

■

예제 7.5

pH 값(9.67)의 가수는 두 개의 유효 숫자를 갖기 때문에, 이 답 또한 두 개의 유효 숫자(2.1×10^{-10})로 보고되어야 한다.

어떤 용액의 pH가 9.67일 때 그 용액 중의 수소 이온 농도를 계산하시오.

풀이

$$-\log[H^+] = 9.67$$

$$[H^+] = 10^{-9.67} = 10^{-10} \times 10^{0.33}$$

$$[H^+] = 2.1 \times 10^{-10}\ M$$

■

$[H^+] = 10^{-pH}$

$[H^+] = [OH^-]$일 때 그 용액은 **중성**이고, $[H^+] > [OH^-]$이면 그 용액은 **산성**, $[H^+] < [OH^-]$이면 그 용액은 **염기성(basic)**이다. 25°C 순수한 물에서 수소 이온 농도와 수산화 이온 농도는 각각 $10^{-7}\ M$이고, 물의 pH는 7이다. 그러므로 pH 7은 중성이다. 따라서 7보다 큰 용액은 염기성 용액이며, pH가 7보다 작은 용액은 산성 용액이다. 역으로 pOH 값도 성립한다. pOH = 7도 중성이다. 25°C에서 $[H^+]$와 $[OH^-]$의 곱이 항상 10^{-14}이 되고, pH와 pOH의 합은 항상 14이다. 온도가 25°C가 아니면 K_w 값이 1.00×10^{-14}가 아니고, 중성 용액은 $[H^+]$와 $[OH^-]$가 $10^{-7}\ M$이 아닌 값을 가질 것이다(아래를 보라).

10 M HCl 용액의 pH는 −1이고, pOH는 15이어야 한다.

오해로 몇몇 사람은 pH의 값이 음의 값을 가질 수 없다고 믿고 있으나, pH에 대한 이론적 근거가 없는 것이다. 음의 pH는 단순히 수소 이온 농도가 1 M보다 크다는 것을 의미한다. 그러나 pH가 음의 값을 갖는 것은 다음의 두 가지 이유 때문에 실제로는 잘 발생하지 않는다. 첫째는, 센산이라 해도 그 농도가 아주 진하면 일부가 이온화하지 않은 상태로 있을 수 있다. 예를 들어 100% 황산은 이온화가 너무 작아서 철 용기에도 보관이 가능하지만, 묽은 황산은 해리에 의해 충분한 양성자를 포함하기 때문에 철을 부식시키거나 녹일 수 있다. 둘째는, 묽은 용액에서 무시하기로 한 **활동도**와 관계가 있다. 실제로 $\text{pH} = -\log a_{H^+}$이므로(pH 미터가 실제로 측정하는 값), 예를 들어 1.1 M 농도의 센산이라도 그 용액 속에서 H^+의 활동도가 1.0 M보다 작기 때문에 양의 pH 값이 얻어질 수 있다.[2] 이것은 이렇게 높은 농도의 용액에서 활동도 계수가 1보다 작기 때문이다(더 높은 농도에서 활동도 계수가 1보다 커질 수도 있다. 6장 참조). 그럼에도 불구하고 음의 pH나 pOH의 값이 얻어질 수 없다는 사실에 대한 수학적 근거는 없으며, 다만 일반적인 분석 용액의 경우 극히 드물다고 결론지을 수 있다.

산이나 염기의 농도가 10^{-7} M보다 매우 작으면, 전체 산도 또는 염기도에 대한 기여는 물에 의한 기여에 비하여 무시할 수 있다. NaOH 10^{-8} M 용액의 pH는 7과 크게 다르지 않다. 그러나 산이나 또는 염기의 농도가 10^{-7} M 근처의 수준이라면, 물의 기여나 산 또는 염기의 기여 모두 무시할 수 없으므로, 두 가지의 기여의 합을 고려해야 한다.

10^{-9} M HCl의 pH는 9가 아니다.

예제 7.6

1.0×10^{-7} M HCl 용액의 pH와 pOH를 계산하시오.

풀이

평형에서

$$HCl \rightarrow H^+ + Cl^-$$

$$H_2O \rightleftharpoons H^+ + OH^-$$

$$[H^+][OH^-] = 1.0 \times 10^{-14}$$

$$[H^+]_{H_2O\ 해리} = [OH^-]_{H_2O\ 해리} = x$$

물로부터 해리되는 수소 이온의 농도가 첨가된 염산에 비교하여 무시할 수 없으므로

$$[H^+] = C_{HCl} + [H^+]_{H_2O\ 해리}$$

그리고

$$([H^+]_{HCl} + x)(x) = 1.0 \times 10^{-14}$$

$$(1.00 \times 10^{-7} + x)(x) = 1.0 \times 10^{-14}$$

$$x^2 + 1.00 \times 10^{-7}x - 1.0 \times 10^{-14} = 0$$

이차 방정식을 풀면(부록 B 참조)

$$x = \frac{-1.00 \times 10^{-7} \pm \sqrt{1.0 \times 10^{-14} + 4(1.0 \times 10^{-14})}}{2} = 6.2 \times 10^{-8} M$$

그러므로 H^+의 총 농도 $= (1.00 \times 10^{-7} + 6.2 \times 10^{-8}) = 1.62 \times 10^{-7}$ M

$$pH = -(\log 1.62 \times 10^{-7}) = 7 - 0.21 = 6.79$$

$$pOH = 14.00 - 6.79 = 7.21$$

또는 $[OH^-] = x$이므로

$$pOH = -\log(6.2 \times 10^{-8}) = 8 - 0.79 = 7.21$$

첨가한 H^+로 인한 공통 이온 효과에 의해 H_2O의 이온화가 38% 정도 감소했음을 알 수 있다(Le Chatelier 원리). 산(또는 염기)의 농도가 더 진해지면 이 효과는 더 커지게 되어, H_2O에서 나오는 H+의 양은 무시할 수 있을 만큼 작아지게 된다. 일반적으로 산이나 염기에 의한 H^+나 OH^-의 농도가 10^{-6} M **이상이 되면** 물에서 나오는 H^+나 OH^-의 농도는 무시할 수 있다.

산의 존재 하에서 물은 이온화가 억제되므로, 물이 산도에 기여하는 정도는 일반적으로 무시한다.

[2]13장에서 다시 논의하겠지만 음의 값을 갖는 용액의 pH는 측정하기가 어렵다. 왜냐하면 높은 농도의 산과 염기 용액에는 그 값이 크고, 잘 알려져 있지 않는 액간 접촉 전위로 인하여 오차가 발생하기 때문이다.

이 예제에서의 계산은 실제적이라기보다는 학문적이라고 할 수 있다. **공기로부터 물에 녹은 이산화 탄소는 사실상 약 1.2×10^{-5} *M* 탄산의 농도를 초과한다.** 이산화 탄소는 물에 녹아 산을 만들기 때문에 10^{-7} *M* 수준의 산 용액을 만들 때는 특히 조심해야 한다. ■

7.5 높은 온도에서의 pH: 혈액의 pH

상온에서 K_w가 정수인 것은 수용액에서의 pH나 산도를 계산하는 데 매우 편리한 성질이다. 예를 들면 100°C의 경우에는 K_w가 5.5×10^{-13}이 되어 중성 용액의 경우 다음의 관계식이 얻어진다.

$$[H^+] = [OH^-] = \sqrt{5.5 \times 10^{-13}} = 7.4 \times 10^{-7}\ M$$

$$pH = pOH = 6.13$$

$$pK_w = 12.26 = pH + pOH$$

실온보다 높은 온도에서의 중성 용액은 pH<7이다.

그러나 모든 측정이 실온에서만 행하여지는 것은 아니며, 그런 경우에는 K_w의 온도에 따른 변화를 고려해야 한다(6장에서 평형 상수가 온도에 의존한다고 배웠다). 한 가지 중요한 예로는 사람의 몸을 구성하는 체액의 pH를 측정하는 경우이다. 체온인 37°C에서 혈액의 pH는 7.35~7.45 범위 내의 값을 나타낸다. 이 pH의 값은 실온에서 중성인 물에 비하여 약한 염기성을 나타낸다. 37°C에서는 $K_w = 2.5 \times 10^{-14}$이며, 따라서 $pK_w = 13.60$이다. 중성 용액의 pH(그리고 pOH)는 13.60/2 = 6.80이고, 수소 이온(그리고 수산화 이온)의 농도는 $\sqrt{2.5 \times 10^{-14}} = 1.6 \times 10^{-7}$ *M*이다. 37°C에서 중성 용액은 pH 6.8이기 때문에, 혈액의 pH 7.4는 25°C보다 37°C에서 pH 척도로 0.2만큼 더 알칼리이다. 이러한 점은 인간의 체내에서는 0.3 정도의 pH 변화라도 심각하게 여겨질 수 있으므로, 굉장히 중요하게 고려되어야 한다.

위 속의 염산의 농도는 대개 0.1~0.02 *M* 사이를 나타낸다. $pH = -\log [H^+]$이므로 0.02 *M*의 pH는 1.7이 된다. 염산의 수소 이온 농도는 같으므로(용매 부피 변화를 무시) pH 값은 **온도의 변화에 상관없이** 같을 것이다. 따라서 어느 온도에서나 같은 pH가 측정될 것이다. 그러나 pOH는 25°C에서 14.0 − 1.7 = 12.3이고, 37°C에서는 13.6 − 1.7 = 11.9이다.

혈액의 완충 상태를 정확히 반영시키려면 혈액의 pH는 체온 조건하에서 측정되어야 한다.

체내에서 온도는 물의 이온화에 영향을 미쳐 중성 용액의 pH를 변화시킬 뿐만 아니라, 체내의 완충 용액을 구성하는 산−염기의 이온화 상수에도 영향을 미친다. 이러한 완충 용액의 pH 영향에 대해서는 이 장의 뒷부분에서 다시 다루겠지만, 강산의 농도에 의해 결정된 위액의 pH와는 대조적으로 37°C에서 측정된 혈액의 pH 7.4는 실온에서 측정한 것과 다르게 될 것이다. 이런 이유로 진단 목적을 위한 혈액의 pH는 일반적으로 37°C에서 측정된다(13장을 참조하라).

7.6 약산과 약염기—용액의 pH는?

지금까지의 계산에서는 수용액에서 완전히 이온화되는 센산이나 센염기로 제한하였다. H^+나 OH^- 이온의 농도는 산이나 염기의 농도로부터 직접 계산할 수 있으므로 계산 과정이 단순하다. 식 7.3에서와 같이 약산(또는 약염기)은 단지 일부분만이 해리한다. HCl, $HClO_4$, HNO_3, NaOH와 같은 무기산이나 염기들은 물에서 모두 이온화하는 센 전해질인 반면에, 치료용으로 사용되는 대부분의 유기산이나 염기들은 약산성이나 약염기성이다.

이온화 상수의 값을 이용하여 이온화된 양을 계산할 수 있으며, 이 값을 이용하여 pH를 계산할 수 있다. 25°C에서 아세트산의 산도 상수는 1.75×10^{-5}이다.

$$\frac{[H^+][OAc^-]}{[HOAc]} = 1.75 \times 10^{-5} \tag{7.20}$$

아세트산이 이온화할 때, 식 7.20의 왼쪽을 계산한 값이 항상 1.75×10^{-5}이 되도록 언제나 같은 양의 H^+ 이온과 OAc^- 이온으로 해리한다.

$$HOAc \rightleftharpoons H^+ + OAc^- \tag{7.21}$$

아세트산의 초기 농도가 C이고, 아세트산이 이온화하여 생긴 화학종들(H^+와 OAc^-)의 농도를 x라고 하면, 평형에서 모든 화학종의 최종 농도는 다음과 같이 나타낼 수 있다.

$$\begin{matrix} HOAc & \rightleftharpoons & H^+ & + & OAc^- \\ (C-x) & & x & & x \end{matrix} \tag{7.22}$$

예제 7.7

1.00×10^{-3} M 아세트산 용액의 pH와 pOH를 계산하시오.

풀이

$$HOAc \rightleftharpoons H^+ + OAc^-$$

아래 표에 있는 화학종들의 농도는 다음과 같다.

	[HOAc]	[H⁺]	[OAc⁻]
초기	1.00×10^{-3}	0	0
변화 (x = 이온화된 mmol/mL HOAc)	$-x$	$+x$	$+x$
평형	$1.00 \times 10^{-3} - x$	x	x

식 7.20으로부터

$$\frac{(x)(x)}{1.00 \times 10^{-3} - x} = 1.75 \times 10^{-5}$$

답은 이차 방정식의 해이다. 산의 10~15% 이하로 이온화된다면, C(이 경우에 10^{-3} M)에 비하여 x가 무시할 정도로 작을 때 식을 간단하게 정리할 수 있다. 그러나 그것은 임의적이며 꼭 그렇게 해야 하는 것은 아니다. 이 방법을 적용할 수 있는 경우는 K_a가 $0.01C$보다 작은 경우, 즉 $C=0.01$ M일 때 10^{-4}보다 작은 경우, $C=0.1$ M일 때 10^{-3}보다 작은 경우 등이다. 이들 조건에서 계산상의 오차는 5% 이하로(결과 값은 실제보다 높아진다). 평형 상수에 포함된 오차 범위 내에 들어간다. 간단하게 정리한 계산은 다음과 같다.

$C_{HA} > 100K_a$이라면, x는 C_{HA}와 비교하여 무시할 수 있다.

$$\frac{x^2}{1.00 \times 10^{-3}} = 1.75 \times 10^{-5}$$

$$x = 1.32 \times 10^{-4}\ M \equiv [H^+]$$

그러므로

$$pH = -\log(1.32 \times 10^{-4}) = 4 - \log 1.32 = 4 - 0.12 = 3.88$$

$$pOH = 14.00 - 3.88 = 10.12$$

■

위에서와 같은 근사법에 의한 계산은 특히 평형 상수가 높은 정확도를 갖지 않기 때문에(±10% 이내) 그리 심각한 오차를 수반하지 않는다. 위의 예제에서 이차 방정식을 풀어서 얻은 결과는 $[H^+]=1.26\times10^{-4}$ M(근사법으로 얻은 값과 비교하면 5% 정도 작다)이고, pH는 3.91이다. 이 pH 값은 근사법으로 계산된 pH 값의 0.03 이내에 있다. 이것은 pH 측정 시의 정확도의 한계 수준이며, 특히 K_a 또는 K_b의 값도 실험 오차를 포함하고 있고, 계산에서 활동도

pH 측정의 절대 정확도는 0.02 pH 단위 정도이다(13장 참조).

대신 농도를 사용하는 것을 고려하면 그 차이는 무시해도 좋은 수준이다. 또한 이 계산에서 물의 이온화에 의해 생성된 H^+의 기여는 무시하였다. 이런 가정은 매우 묽은($<10^{-6}$ M) 또는 매우 약산($K_a<10^{-12}$)이 아니라면 일반적으로 허용된다.

약한 염기의 경우도 약산의 경우와 유사한 계산 과정에 의해 pH나 pOH를 구할 수 있다. 그러나 타당성을 고려해야 하는 근사법을 사용하지 않고 이차 방정식 또는 그 이상의 차수를 갖는 방정식을 Goal Seek 또는 엑셀 해 찾기와 같은 계산 도구를 사용하여 해를 쉽게 구할 수 있다. 예제 7.7의 Goal Seek 해는 이 장의 **웹 사이트** 부분에서 찾아볼 수 있다.

예제 7.8

25°C에서 NH_3의 염기 해리 상수 K_b는 1.75×10^{-5}이다. 1.00×10^{-3} M NH_3 용액의 pH와 pOH를 계산하시오.

풀이

$$\underset{(1.00\times10^{-3}-x)}{NH_3} + H_2O \rightleftharpoons \underset{x}{NH_4^+} + \underset{x}{OH^-}$$

$$\frac{[NH_4^+][OH^-]}{[NH_3]} = 1.75\times10^{-5}$$

약산의 근사법을 여기에서도 똑같이 적용한다. 그러면

$$\frac{(x)(x)}{1.00\times10^{-3}} = 1.75\times10^{-5}$$

$$x = 1.32\times10^{-4}\ M = [OH^-]$$

$$pOH = -\log(1.32\times10^{-4}) = 3.88$$

$$pH = 14.00 - 3.88 = 10.12$$

근사법을 사용하지 않고 예제 7.8의 엑셀 해 찾기 해는 이 장의 **웹 사이트**를 보시오. ■

교수 선호 방법

New Hampshire 대학의 W. Rudolph Seitz 교수 제공

짝산을 이용한 염기의 취급

산과 염기의 이온화 상수에 대한 대부분의 표에서는 산도 상수만이 수록되어 있다. 즉 염기는 그 짝산의 산 해리 상수로 수록되어 있다(식 7.1을 보라). 부록 C에 있는 표 C.2b는 표 C.2a에 수록된 염기에 대한 그 짝산의 화학식과 산도 상수가 수록되어 있다. 양성자 1개를 받은 아민 화합물의 아미노 작용기들은(+1 전하) 그 짝염기가 되기 위한 약산으로 취급될 수 있다.

그래서 두 형태의 일양성자산으로 생각할 수 있다. 하나는 전하를 띠지 않는 것(HA), 즉 HOAc, 다른 하나는 +전하를 갖는 것(HA^+), 즉 NH_4^+. 유사한 방법으로 이양성자산은 옥살산($H_2C_2O_4$)과 같은 전하가 0(H_2A)인 형태, 글리신 이온($^+NH_3CH_2COOH$)과 같은 전하가 1+(H_2A^+)인 형태, 에틸렌다이암모늄 이온($^+NH_3C_2H_4NH_3^+$)과 같은 전하가 2+(H_2A^{2+})인 형태로 세 가지가 있다. 한편 암모니아의 짝산은 NH_4^+이고 산도 상수는 5.71×10^{-10}이다. 예제 7.8에서와 같이 암모니아 용액의 pH를 계산하기 위해서, NH_4^+의 짝염기에 대한 K_b는 $K_b=K_w/K_a$($K_b=1.00\times10^{-14}/5.71\times10^{-10}=1.75\times10^{-5}$)으로부터 계산된다.

에틸렌다이아민($NH_2C_2H_4NH_2$)과 같은 이양성자 산–염기쌍의 경우, 양성자를 내어놓을 수 있는 산은 $^+NH_3C_2H_4NH_3^+$와 $NH_2C_2H_4NH_3^+$이다(각각 양성자를 내어놓는 아민 작용기는 +1의 전하를 갖는다). 양성자를 내어놓는 아민 작용기는 단계적으로 해리하여 $NH_2C_2H_4NH_3^+$와 $NH_2C_2H_4NH_2$가 되며 산해리 상수는 각각 $K_{a1} = 1.41 \times 10^{-7}$이고, $K_{a2} = 1.18 \times 10^{-10}$이다. 그 짝염기의 경우 $K_{b1} = K_w/K_{a2}$이고 $K_{b2} = K_w/K_{a1}$이다. K_{a1}이 K_{a2}보다 더 크기 때문에K_{b2}는 K_{b1}보다 작다.

이 교재에서 α 값을 취급하는 동안 그리고 모든 엑셀 연습 문제에서 이러한 접근 방법을 사용해 왔다. 모든 문제에 산 해리 상수를 고려할 것을 권고한다. ■

7.7 약산과 약염기의 염— 그들은 중성이 아니다

아세트산 소듐(NaOAc)과 같은 약산의 염은 다른 모든 염들처럼 센 전해질이므로 완전히 이온화한다. 약산의 염이 이온화되어 생기는 음이온은 **Brønsted 염기(Brønsted base)**이며 양성자를 받아들인다. 이 음이온은 다음과 같이 물(Brønsted의 산)에서 부분적으로 가수 분해하여 OH^- 이온과 그에 대응하는 해리되지 않은 산인 HOAc를 만든다. 예를 들면

OAc^-의 가수 분해는 예제 7.8에서의 NH_3의 "이온화"와 차이가 없다.

$$OAc^- + H_2O \rightleftharpoons HOAc + OH^- \tag{7.23}$$

여기서 생긴 HOAc는 해리되지 않은 분자이므로 용액의 pH에는 영향을 미치지 않는다. 위와 같은 이온화 반응을 염의 **가수 분해(hydrolysis)**라고 한다. 아세트산 소듐은 가수 분해하기 때문에 약한 염기(아세트산의 짝염기)이다. 식 7.23의 이온화 상수는 그 염인 음이온의 염기도 상수와 같다. 주어진 짝산의 산도가 약할수록 그 짝염기의 염기도는 강해진다. 즉 그 염은 물과 같은 물질로부터 나오는 양성자와 더 강하게 결합하여 식 7.23의 이온화를 더 오른쪽 방향으로 이동하게 된다. **이런 Brønsted의 염기에 관한 평형들은 지금까지의 약한 염기와 동일한 방법으로 취급하면 된다.** 즉 평형 상수를 다음과 같이 쓸 수 있다.

$$K_H = K_b = \frac{[HOAc][OH^-]}{[OAc^-]} \tag{7.24}$$

K_H는 염의 **가수 분해 상수(hydrolysis constant)**이고, 염기도 상수와 같다. 이러한 염들이 다른 약한 염기와 동일하게 취급될 수 있음을 강조하기 위해서 K_b를 사용할 것이다.

K_b의 값은 아세트산의 K_a와 K_w로부터 구할 수 있다. K_b를 나타내는 식의 분자와 분모에 각각 $[H^+]$를 곱하면 다음의 식을 얻을 수 있다.

$$K_b = \frac{[HOAc]\boxed{[OH^-]\;\;[H^+]}}{[OAc^-]\qquad [H^+]} \tag{7.25}$$

점선 안의 식은 K_w이고, 나머지는 $1/K_a$이므로 K_b의 값은 다음과 같이 주어진다.

$$K_b = \frac{K_w}{K_a} = \frac{1.0 \times 10^{-14}}{1.75 \times 10^{-5}} = 5.7 \times 10^{-10} \tag{7.26}$$

K_b가 매우 작은 값을 가지는 것으로 보아 아세트산 이온은 매우 적은 이온화 분율을 갖는 매우 약한 염기이라는 것을 알 수 있다. **어떤 약산의 K_a와 그 짝염기의 K_b의 곱은 항상 K_w와 같다.**

$$\boxed{K_a K_b = K_w} \tag{7.27}$$

이것은 앞의 절에서 염기를 그것의 짝산으로 취급하였던 것을 단순히 다시 언급하고 있다는

것을 알 것이다. 어떤 산의 산 해리 상수와 그 짝염기의 염기 해리 상수를 곱한 것은 K_w이다.

모든 약산 HA의 염은 물에서 다음과 같이 가수 분해한다.

$$A^- + H_2O \rightleftharpoons HA + OH^- \tag{7.28}$$

$$\frac{[HA][OH^-]}{[A^-]} = \frac{K_w}{K_a} = K_b \tag{7.29}$$

이러한 염(Brønsted의 염기)의 pH는 다른 약한 염기를 계산하는 것과 동일한 방법으로 계산한다. 염이 가수 분해할 때 동일한 양의 HA와 OH^-를 생성한다. A^-의 초기 농도가 C_{A^-}라고 하면,

$$\begin{matrix} A^- & + H_2O \rightleftharpoons & HA & + & OH^- \\ (C_{A^-} - x) & & x & & x \end{matrix} \tag{7.30}$$

와 같이 된다. 여기서 $C_{A^-} > 100K_b$이면 x의 양을 무시할 수 있으며, 일반적으로 약하게 이온화된 염기의 경우에 적용된다.

식 7.30을 이용하여 OH^-의 농도를 구할 수 있다.

$$\frac{[OH^-][OH^-]}{C_{A^-}} = \frac{K_w}{K_a} = K_b \tag{7.31}$$

이 식을 예제 7.8에서의 수식과 비교하면 동일한 것을 알 수 있다.

$$[OH^-] = \sqrt{\frac{K_w}{K_a} \cdot C_{A^-}} = \sqrt{K_b \cdot C_{A^-}} \tag{7.32}$$

이 식은 $C_{A^-} > 100K_b$인 경우에만 성립하며, x는 C_{A^-}와 비교하여 무시할 수 있다. 이런 조건이 성립되지 않는다면 이런 상황에서의 다른 염기처럼 이차 방정식을 풀어야 한다.

예제 7.9

0.10 M 아세트산 소듐 용액의 pH를 계산하시오.

풀이

이 염기의 "이온화"와 예제 7.8에서 NH_3의 이온화를 비교하라.

반응식을 쓰면

$$NaOAc \rightarrow Na^+ + OAc^- \text{(이온화)}$$

$$OAc^- + H_2O \rightleftharpoons HOAc + OH^- \text{(가수 분해)}$$

평형 상수는 다음과 같다.

$$\frac{[HOAc][OH^-]}{[OAc^-]} = K_b = \frac{K_w}{K_a} = \frac{1.0 \times 10^{-14}}{1.75 \times 10^{-5}} = 5.7 \times 10^{-10}$$

여기서 x는 평형에서 HOAc와 OH^-의 농도를 나타내며, 평형에서의 화학종들의 농도는 다음과 같이 나타내어진다.

$$[HOAc] = [OH^-] = x$$

$$[OAc^-] = C_{OAc^-} - x = 0.10 - x$$

$C_{OAc^-} \gg K_b$이므로, C_{OAc^-}와 비교해 x를 무시할 수 있다. 따라서

$$\frac{(x)(x)}{0.10} = 5.7 \times 10^{-10}$$

$$x = \sqrt{5.7 \times 10^{-10} \times 0.10} = 7.6 \times 10^{-6}\ M$$

마지막 단계를 식 7.32와 비교하라. 또한 풀이 과정과 답을 예제 7.8과 비교하라. 생성된 HOAc는 해리하지 않으며 따라서 pH에 영향을 미치지 않는다.

$$[OH^-] = 7.6 \times 10^{-6}\ M$$

$$[H^+] = \frac{1.0 \times 10^{-14}}{7.6 \times 10^{-6}} = 1.3 \times 10^{-9}\ M$$

$$pH = -\log(1.3 \times 10^{-9}) = 9 - 0.11 = 8.89$$

근사법을 사용하지 않고 예제 7.9를 엑셀 해 찾기로 풀기 위해서는 이 책의 **웹 사이트**를 보시오. ■

약염기의 염(이 염은 완전히 해리한다)의 양이온에 대해서도 비슷한 식을 유도할 수 있다. 이들은 **Brønsted 산**으로 물에서 다음과 같이 이온화(가수 분해)한다.

$$BH^+ + H_2O \rightleftharpoons B + H_3O^+ \qquad (7.33)$$

여기서 B는 해리되어 있지 않으며 용액의 pH에는 영향을 미치지 않는다. BH^+의 산도 상수는 다음과 같다.

$$K_H = K_a = \frac{[B][H_3O^+]}{[BH^+]} \qquad (7.34)$$

이 산도 상수(가수 분해 상수)의 값은 분자와 분모에 $[OH^-]$를 곱해 줌으로써 유도할 수 있다.

$$K_a = \frac{[B]\,[H_3O^+]}{[BH^+]} \cdot \frac{[OH^-]}{[OH^-]} \qquad (7.35)$$

앞에서와 마찬가지로 점선 안의 양은 K_w이고, 반면에 나머지는 $1/K_b$이다.

$$\boxed{\frac{[B][H_3O^+]}{[BH^+]} = \frac{K_w}{K_b} = K_a} \qquad (7.36)$$

NH_4^+의 경우 K_a의 값은 다음과 같다.

$$K_a = \frac{K_w}{K_b} = \frac{1.0 \times 10^{-14}}{1.75 \times 10^{-5}} = 5.7 \times 10^{-10} \qquad (7.37)$$

물론 식 7.27로부터 K_a를 유도할 수도 있다. 여기서도 NH_4^+의 K_a가 OAc^-의 K_b와 일치하는 것은 우연이다.

약염기의 염은 물에 녹으면 같은 양의 염기 B와 H_3O^+(앞에서의 경우와 같이 하이드로늄 이온의 생성을 무시하면 H^+)를 만든다. 따라서 C_{BH^+}가 $100K_a$보다 크다는 가정함으로써 수소 이온의 농도는 다음과 같이 구할 수 있다.

$$\frac{[H^+][H^+]}{C_{BH^+}} = \frac{K_w}{K_b} = K_a \qquad (7.38)$$

$$[\mathrm{H}^+] = \sqrt{\frac{K_w}{K_b} \cdot C_{\mathrm{BH}^+}} = \sqrt{K_a \cdot C_{\mathrm{BH}^+}} \tag{7.39}$$

다시 강조하지만 이 식은 $C_{\mathrm{BH}^+} > 100\,K_a$의 경우에만 적용할 수 있다. 그렇지 않으면 이차 방정식을 풀어야 한다.

유의 사항: 식 7.33에서 주어진 산 평형에 대한 산도 상수는 부록 C의 표 C2.b에서 직접 얻을 수 있다. 식 7.34에 대입하고 수소 이온 농도에 대하여 풀면 식 7.39가 얻어진다.

예제 7.10

0.25 M NH_4Cl 수용액의 pH를 계산하시오.

풀이

반응식을 쓰면

$$NH_4Cl \rightarrow NH_4^+ + Cl^- \quad \text{(이온화)}$$

$$NH_4^+ + H_2O \rightleftharpoons NH_4OH + H^+ \quad \text{(가수 분해)}$$

$$(NH_4^+ + H_2O \rightleftharpoons NH_3 + H_3O^+)$$

평형 상수를 쓰면

$$\frac{[NH_4OH][H^+]}{[NH_4^+]} = K_a = \frac{K_w}{K_b} = \frac{1.0 \times 10^{-14}}{1.75 \times 10^{-5}} = 5.7 \times 10^{-10}$$

평형에서의 $[NH_4OH]$와 $[H^+]$의 농도를 x로 나타내면, 평형에서

$$[NH_4OH] = [H^+] = x$$

$$[NH_4^+] = C_{NH_4^+} - x = 0.25 - x$$

$C_{NH_4^+} \gg K_a$이면, $C_{NH_4^+}$와 비교해 x를 무시할 수 있으므로

$$\frac{(x)(x)}{0.25} = 5.7 \times 10^{-10}$$

$$x = \sqrt{5.7 \times 10^{-10} \times 0.25} = 1.2 \times 10^{-5}\ M$$

마지막 단계를 식 7.39와 비교하라. 또한 풀이 과정과 답을 예제 7.7과 비교하라. 생성된 NH_4OH는 해리하지 않고, pH에 영향을 미치지 않는다.

$$[H^+] = 1.2 \times 10^{-5}\ M$$

$$\mathrm{pH} = -\log(1.2 \times 10^{-5}) = 5 - 0.08 = 4.92$$

비디오: pH NH_4F의 해 찾기

근사법을 사용하지 않고 예제 7.8을 엑셀 Goal Seek으로 풀기 위해서는 이 장의 웹 사이트를 보라. 또한 NH_4F 용액의 pH를 계산하는 Goal Seek의 사용 방법을 설명하는 비디오를 보라.[3]

[3] 이것은 편집되지 않은 학생용 비디오이고 얼마간의 문장에 오차를 포함하고 있다. 즉 NH_4^+의 K_a로 언급되어야 하는 반면에 NH_3의 K_a에 대하여 언급하고 있다. 실수로 염기가 수소 이온을 잡아당기기를 좋아하는 반면에 염기가 전자들을 잡아당기기를 좋아하는 것으로 언급되어 있다. 그러나 이러한 문장의 오차가 있음에도 불구하고 엑셀 해 찾기를 이용하여 정확하게 문제를 풀이하는 예를 세심하게 제안하고 있다.

7.8 완충 용액—pH를 일정하게 유지하기

완충 용액(**buffer**)이란 어떤 용액이 외부로부터 소량의 산이나 염기가 첨가되거나 그 용액이 희석되었을 때, pH의 변화에 저항하는 용액으로 정의할 수 있다. 이것은 어떤 반응을 수행하는 동안에 최적 범위 내에서 pH를 유지해야 할 때 매우 유용하다. 완충 용액은 약산과 그 짝염기의 혼합물 또는 약한 염기와 그 짝산의 혼합물을 미리 일정한 농도 또는 비율로 혼합한 것이다. 우리는 약산과 그의 염 혹은 약한 염기와 그의 염을 혼합하여 얻을 수 있다. 아세트산과 아세트산 소듐의 혼합 용액을 살펴보자. 이 용액에서의 주된 산의 평형은 다음과 같다.

$$\mathrm{HOAc} \rightleftharpoons \mathrm{H^+} + \mathrm{OAc^-}$$

그러나 지금 계에 아세트산 이온을 첨가하였으므로(예, 아세트산 소듐), 수소 이온 농도는 더 이상 아세트산 이온의 농도와 같지 않게 된다. 수소 이온 농도는

$$[\mathrm{H^+}] = K_a \frac{[\mathrm{HOAc}]}{[\mathrm{OAc^-}]} \tag{7.40}$$

양변에 $-\log$를 취하면

$$-\log[\mathrm{H^+}] = -\log K_a - \log \frac{[\mathrm{HOAc}]}{[\mathrm{OAc^-}]} \tag{7.41}$$

$$\mathrm{pH} = \mathrm{p}K_a - \log \frac{[\mathrm{HOAc}]}{[\mathrm{OAc^-}]} \tag{7.42}$$

마지막 로그항을 역수로 취하면 다음과 같다.

$$\mathrm{pH} = \mathrm{p}K_a + \log \frac{[\mathrm{OAc^-}]}{[\mathrm{HOAc}]} \tag{7.43}$$

이러한 이온화 상수 식을 **Henderson–Hasselbalch 식**이라고 한다. 이 식은 약산과 그 염을 포함하는 용액의 pH를 계산할 때 매우 유용하게 사용될 수 있다. 약산 HA와 그것이 이온화하여 생기는 A^-와 H^+에 관하여 다음과 같은 일반적인 식을 쓸 수 있다.

완충 용액의 pH는 짝산–짝염기 쌍의 농도비에 의해 결정된다.

$$\mathrm{HA} \rightleftharpoons \mathrm{H^+} + \mathrm{A^-} \tag{7.44}$$

$$\mathrm{pH} = \mathrm{p}K_a + \log \frac{[\mathrm{A^-}]}{[\mathrm{HA}]} \tag{7.45}$$

$$\mathrm{pH} = \mathrm{p}K_a + \log \frac{[\text{짝염기}]}{[\text{산}]} \tag{7.46}$$

$$\mathrm{pH} = \mathrm{p}K_a + \log \frac{[\text{양성자 받개}]}{[\text{양성자 주개}]} \tag{7.47}$$

예제 7.11

0.10 *M* 아세트산 용액 10 mL와 0.10 *M* 아세트산 소듐 용액 20 mL를 섞어서 만든 용액의 pH를 계산하시오.

풀이

용액 속의 산과 염의 농도를 계산할 필요가 있으며, 최종 부피는 30 mL이다.

$$M_1 \times \mathrm{mL}_1 = M_2 \times \mathrm{mL}_2$$

HOAc에 대하여

$$0.10 \text{ mmol/mL} \times 10 \text{ mL} = M_{\text{HOAc}} \times 30 \text{ mL}$$
$$M_{\text{HOAc}} = 0.033 \text{ mmol/mL}$$

OAc^-에 대하여

$$0.10 \text{ mmol/mL} \times 20 \text{ mL} = M_{\text{OAc}^-} \times 30 \text{ mL}$$
$$M_{\text{OAc}^-} = 0.067 \text{ mmol/mL}$$

산의 이온화는 염에 의해 억제되므로 무시될 수 있다.

일부 HOAc는 $H^+ + OAc^-$로 해리하며, HOAc의 평형 농도는 첨가한 농도(0.033 *M*)에서 해리된 양을 빼준 것이며, OAc^-의 평형 농도는 첨가한 농도(0.067 *M*)에 HOAc가 해리된 양을 더한 것이다. 그러나 **해리된 산의 양은 매우 적고**, 특히 염을 더해 주었을 때는 더욱 억제되므로(공통 이온 효과에 의해 이온화가 억제된다), 해리되는 양은 무시할 수 있다. 그러므로 가해 준 농도가 평형 농도라고 가정할 수 있다.

$$\text{pH} = -\log K_a + \log \frac{[\text{양성자 받개}]}{[\text{양성자 주개}]}$$
$$\text{pH} = -\log(1.75 \times 10^{-5}) + \log \frac{0.067 \text{ mmol/mL}}{0.033 \text{ mmol/mL}}$$
$$= 4.76 + \log 2.0$$
$$= 5.06$$

산과 염의 몰농도 대신에 밀리몰수를 사용할 수 있다. 이 항은 비로 나타내어지기 때문에 단위가 같다면 단위는 상쇄될 것이다. 그러나 이것은 몰수 또는 몰농도의 경우에 해당하며 질량의 경우는 아니다.

로그 항에서 부피 단위가 상쇄되는 것에 주목하면 계산을 간략하게 할 수 있다. 따라서 밀리몰의 비를 사용하여 다음과 같이 정리할 수 있다.

$$\text{mmol}_{\text{HOAc}} = 0.10 \text{ mmol/mL} \times 10 \text{ mL} = 1.0 \text{ mmol}$$
$$\text{mmol}_{\text{OAc}^-} = 0.10 \text{ mmol/mL} \times 20 \text{ mL} = 2.0 \text{ mmol}$$
$$\text{H} = 4.76 + \log \frac{2.0 \text{ mmol}}{1.0 \text{ mmol}} = 5.06$$

■

약산과 그 염의 혼합물은 약산에 센염기를 적당량 가하여 중화 반응을 이용해서 제조할 수 있으며, 또는 과량의 염에 센산을 적당량 가하여 약산성을 띠는 완충 용액을 제조할 수 있다.

예제 7.12

0.20 *M* 아세트산 용액 30 mL에 0.10 *M* 수산화 소듐 용액 25 mL를 가하여 만든 완충 용액의 pH를 계산하시오(이것은 실제로 전형적인 적정의 한 단계이다).

풀이

$$\text{mmol HOAc} = 0.20\ M \times 30 \text{ mL} = 6.0 \text{ mmol}$$
$$\text{mmol NaOH} = 0.10\ M \times 25 \text{ mL} = 2.5 \text{ mmol}$$

반응물의 밀리몰수를 추적하라.

이 반응은 다음과 같다.

$$\text{HOAc} + \text{NaOH} \rightleftharpoons \text{NaOAc} + H_2O$$

반응 후,

$$\text{mmol NaOAc} = 2.5 \text{ mmol}$$
$$\text{mmol HOAc} = 6.0 - 2.5 = 3.5 \text{ mmol}$$
$$\text{pH} = 4.76 + \log \frac{2.5}{3.5} = 4.61$$

■

약산과 그 염의 혼합물의 **완충 메커니즘**(**buffering mechanism**)은 다음과 같이 설명될 수 있다. pH는 산과 그 염의 비의 로그 함수에 의해 지배된다.

$$pH = 상수 + \log \frac{[A^-]}{[HA]} \tag{7.48}$$

용액이 묽어진다 해도 그 산과 염의 비율은 일정하게 유지되며, 용액의 pH는 변하지 않는다.[4] 적은 양의 센산이 첨가되면 같은 양의 A^-와 결합하여 HA로 변한다. 즉 평형 $HA \rightleftharpoons H^+ + A^-$에서 Le Châtelier 원리에 의하면 첨가된 H^+는 A^-와 결합해서 HA가 되나, A^-의 양이 과량으로 있는 한, 평형은 왼쪽으로 치우치지는 않을 것이다. 따라서 $[A^-]/[HA]$의 비의 변화가 작으며 pH의 변화도 작다. 그러나 완충 용액이 아닌 용액(예를 들어 NaCl 용액)에 산을 가하면 pH는 현저하게 낮아질 것이다. 소량의 센염기가 가해지면 HA의 일부와 반응하여 같은 양의 A^-를 생성할 것이다. 앞에서와 마찬가지로 비의 변화는 작을 것이다.

묽힘은 완충 용액 내의 화학종의 비율을 변화시키지 않는다.

pH의 큰 변화 없이 첨가될 수 있는 산과 염기의 양은 그 용액의 **완충 용량**(**buffering capacity**)에 의해 지배된다. 즉 이것은 HA와 A^-의 농도에 의해 결정된다. 약산과 그 염의 농도가 높으면 높을수록 용액은 더 많은 산과 염기에도 견딜 수 있다. 용액의 완충 세기 또는 완충 지수는 다음과 같이 정의한다.

완충 용량은 완충 용액 내의 화학종의 농도에 따라 증가한다.

$$\beta = dC_B/dpH = -dC_A/dpH \tag{7.49}$$

dC_B와 dC_A는 d_{pH} 만큼의 pH 변화에 필요한 센염기 또는 센산의 리터당 몰수를 각각 나타낸다. **완충 세기**(*buffer intensity*)와 **완충 용량** 용어는 자주 혼용하여 사용되지만, 완충 용량은 완충 세기의 적분된 형태(즉 pH를 변화시키기 위해 요구되는 센산과 센염기의 일정한 양)이며 언제나 양수이다. 그것이 크면 클수록 pH 변화에 대한 용액의 저항은 더 커진다. 단순한 일양성자 약산/짝염기의 농도가 0.001 *M*보다 큰 완충 용액에서, 대략적인 완충 세기는 다음과 같은 식에 의해 계산할 수 있다.

$$\beta = 2.303 \frac{C_{HA}C_{A^-}}{C_{HA} + C_{A^-}} \tag{7.50}$$

여기서 C_{HA}와 C_{A^-}는 각각 산과 그 염의 분석 농도를 나타낸다. 그러므로 0.10 mol/L의 아세트산과 0.10 mol/L 아세트산 소듐의 혼합물이 있다면, 그 혼합물의 완충 세기는 다음과 같다.

완충 세기의 미분에 대해서는 8장의 8.11절을 보라.

$$\beta = 2.303 \frac{0.10 \times 0.10}{0.10 + 0.10} = 0.050 \text{ mol/L per pH}$$

만약 고체 수산화 소듐을 0.0050 mol/L이 될 때까지 첨가했을 때의 pH 변화는 다음과 같다.

$$dpH = dC_B/\beta = 0.0050/0.050 = 0.10 = \Delta pH$$

또한 농도에 더하여 완충 세기는 HA와 A^-의 농도비에 의해 지배된다. 완충 세기는 산과 그 짝염기의 비가 1일 때, 즉 $pH = pK_a$일 때, **최대**가 된다.

완충 세기는 $pH = pK_a$일 때 최대를 나타낸다.

$$pH = pK_a + \log \frac{1}{1} = pK_a \tag{7.51}$$

이것은 약산을 적정할 때 중간 지점에 해당된다. 일반적으로 지나치게 묽지 않다면, 완충 용량은 $pK_a \pm 1$의 pH 범위에 걸쳐 충족된다. 8장에서 약산의 적정 곡선을 논의할 때 보다 더 상세히 완충 용량에 대하여 논의할 것이다.

[4]실제로 pH는 약간 **증가할** 것이다. 왜냐하면 염의 활동도 계수는 이온 세기가 감소함에 따라 증가하기 때문이다. 전하를 띠지 않는 분자(해리되지 않는 산)의 활동도는 그 분자의 몰농도와 같으며(6장 참조), 따라서 이 비율이 증가하면 pH가 약간 증가할 것이다. 이 장의 뒷부분을 참조하라.

예제 7.13 교수가 선호하는 예제

South Carolina의 Florence에 있는 Francis Marion 대학의 Kris Varazo 교수 제공

센산 또는 센염기가 가해졌을 때 완충 용액의 pH 계산하기

0.100 *M* 아세트산과 0.0500 *M* 아세트산 소듐을 포함하고 있는 완충 용액 100 mL가 있다고 가정하자. 이 완충 용액에 1.00 *M* HCl 3.00 mL가 가해졌을 때 완충 용액의 pH를 계산하시오.

첫 번째 단계로 Henderson–Hasselbalch 식을 이용하여 센산을 가하기 전 완충 용액의 pH를 계산한다.

$$\mathrm{pH} = \mathrm{p}K_a + \log\frac{[\mathrm{A}^-]}{[\mathrm{HA}]}$$

아세트산 완충 용액의 pH를 계산하기 위해 필요한 것으로는 아세트산의 $\mathrm{p}K_a$이며 그 값은 4.76이다.

$$\mathrm{pH} = 4.76 + \log\frac{0.0500}{0.100} = 4.46$$

이 완충 용액에 산을 가하면 pH는 더 낮아질 것이며, 완충 용액의 pH가 4.46보다 더 낮아질 것이라고 예측하게될 것이다. 이러한 문제를 풀기 위한 가장 좋은 방법은 아세트산의 몰수, 아세트산 소듐의 몰수, 가해진 HCl의 몰수를 계산하는 것이다.

$$\text{아세트산의 몰수} = 100\ \mathrm{mL} \times \frac{0.100\ \mathrm{mol}}{1000\ \mathrm{mL}} = 0.0100\ \mathrm{mol}$$

$$\text{아세트산 소듐의 몰수} = 100\ \mathrm{mL} \times \frac{0.0500\ \mathrm{mol}}{1000\ \mathrm{mL}} = 0.00500\ \mathrm{mol}$$

$$\text{첨가된 HCl의 몰수} = 3.00\ \mathrm{mL} \times \frac{1.00\ \mathrm{mol}}{1000\ \mathrm{mL}} = 0.00300\ \mathrm{mol}$$

여기서 몰농도는 mol/L 대신에 mol/1000 mL로 나타내었다. Henderson–Hasselbalch 식이 몰농도를 사용할지라도, 완충 용액의 부피는 동일하기 때문에 간단하게 몰수를 사용할 수 있다. 또한 센산이 가해질 때 일어나는 화학 반응을 아는 것이 필요하다.

$$\mathrm{A}^- + \mathrm{H}^+ \rightarrow \mathrm{HA}$$

위의 반응은 완충 용액 중에 존재하는 아세트산 이온이 가해진 센산과 반응함을 나타내고 있다. 그러므로 아세트산 이온의 몰수는 감소하고 아세트산의 몰수는 증가한다. 얼마만큼 감소하고 증가할까? 그 양은 가해진 센산의 양과 같다. 그러므로 Henderson–Hasselbalch 식을 쓸 수 있으며, 아세트산 이온의 몰수의 감소와 아세트산의 몰수의 증가에 대하여 설명할 수 있다.

$$\mathrm{pH} = pK_a + \log\frac{(\mathrm{A}^-\text{의 몰수} - \text{가해진 } \mathrm{H}^+\text{의 몰수})}{(\mathrm{HA}\text{의 몰수} + \text{가해진 } \mathrm{H}^+\text{의 몰수})} \tag{7.52}$$

$$\mathrm{pH} = 4.76 + \log\frac{(0.00500 - 0.00300)}{(0.0100 + 0.00300)}$$

$$\mathrm{pH} = 4.22$$

완충 용액의 새로운 pH는 원래의 pH보다 낮아지고, 용액에 센산을 가하기 때문에 완충 용액이라 할지라도 pH가 감소하게 될 것이다. 이러한 접근 방법은 또한 역으로도 작동한다. 완충 용액에 센염기를 가할 때, 완충 용액의 pH는 증가되며 화학 반응은 다음과 같다.

$$\mathrm{HA} + \mathrm{OH}^- \rightarrow \mathrm{H_2O} + \mathrm{A}^-$$

이때 아세트산의 몰수는 감소하고 아세트산 이온의 몰수는 증가할 것이다. pH를 구하기 위

해서 Henderson–Hasselbalch 식을 다음과 같이 쓸 수 있다.

$$\mathrm{pH} = \mathrm{p}K_a + \log \frac{(\mathrm{A}^-\text{의 몰수} - \text{가해진 } \mathrm{OH}^-\text{의 몰수})}{(\mathrm{HA}\text{의 몰수} + \text{가해진 } \mathrm{OH}^-\text{의 몰수})} \tag{7.53}$$

■

완충 용액에 H^+나 OH^-의 평형 양(몰수로)보다 더 많은 양의 센산이나 센염기를 가한다고 해도, 완충 용액은 pH 변화를 억제할 수 있다는 것에 유념하시오. 예를 들면 예제 7.13에서 완충 용액의 pH는 4.46이고 $[H^+] = 3.5 \times 10^{-5}$ M이며, H^+의 밀리몰수는 $(3.5 \times 10^{-5}$ mmol/mL) (100 mL) $= 3.5 \times 10^{-3}$ mmol(완충 용액의 조성을 가진 용액에서)이다. 이 양을 훨씬 초과한 3.00 mmol H^+가 가해진 것이 된다. 그러나 완충 용액의 조성이 보존되기 때문에(이 경우에 OAc^-는 H^+와 반응한다), **완충 용액의 보존 용량을 초과하지 않는 한** 가해진 H^+를 소모하여 상대적으로 pH를 일정하게 유지시킨다.

약한 염기와 그 염의 혼합물에 대해서도 유사한 계산 방식이 적용된다. 염기 B와 그 짝산 BH^+ 사이의 평형을 생각해 보면 짝산(Brønsted acid)의 K_a를 다음과 같이 쓸 수 있다.

$$\mathrm{BH^+} \rightleftharpoons \mathrm{B} + \mathrm{H^+} \tag{7.54}$$

$$K_a = \frac{[\mathrm{B}][\mathrm{H^+}]}{[\mathrm{BH^+}]} = \frac{K_w}{K_b} \tag{7.55}$$

위에서와 같이 로그 형태의 Henderson–Hasselbalch 식을 정확하게 유도할 수 있다.

$$[\mathrm{H^+}] = K_a \cdot \frac{[\mathrm{BH^+}]}{[\mathrm{B}]} = \frac{K_w}{K_b} \cdot \frac{[\mathrm{BH^+}]}{[\mathrm{B}]} \tag{7.56}$$

$$-\log[\mathrm{H^+}] = -\log\ K_a - \log \frac{[\mathrm{BH^+}]}{[\mathrm{B}]} = -\log \frac{K_w}{K_b} - \log \frac{[\mathrm{BH^+}]}{[\mathrm{B}]} \tag{7.57}$$

$$\mathrm{pH} = \mathrm{p}K_a + \log \frac{[\mathrm{B}]}{[\mathrm{BH^+}]} = (\mathrm{p}K_w - \mathrm{p}K_b) + \log \frac{[\mathrm{B}]}{[\mathrm{BH^+}]} \tag{7.58}$$

$$\mathrm{pH} = \mathrm{p}K_a + \log \frac{[\text{양성자 받개}]}{[\text{양성자 주개}]} = (\mathrm{p}K_w - \mathrm{p}K_b) + \log \frac{[\text{양성자 받개}]}{[\text{양성자 주개}]} \tag{7.59}$$

$\mathrm{pOH} = \mathrm{p}K_w - \mathrm{pH}$이므로, 식 7.58이나 식 7.59에서 $\mathrm{p}K_w$를 빼면 pOH에 관한 다음 식이 구해진다.

$$\mathrm{pOH} = \mathrm{p}K_b + \log \frac{[\mathrm{BH^+}]}{[\mathrm{B}]} = \mathrm{p}K_b + \log \frac{[\text{양성자 주개}]}{[\text{양성자 받개}]} \tag{7.60}$$

약한 염기와 그 염의 혼합물로 이루어진 완충 용액의 경우에도 약산과 그 염의 혼합물인 경우와 마찬가지로 완충 용액으로 행동한다. 즉, 센산이 가해지면, 염기 B와 반응하여 가해진 센산과 같은 양의 BH^+가 생성된다. 센염기가 가해지면, BH^+와 반응하여 센염기와 같은 양의 B가 생성된다. 농도 비의 변화가 매우 작으므로 pH 변화 또한 매우 작을 것이다. 그리고 완충 용량은 $\mathrm{p}K_a (= 14 - \mathrm{p}K_b)$와 같은 pH에서(또는 $\mathrm{pOH} = \mathrm{p}K_b$) 최대가 되며, 유용한 범위는 $\mathrm{p}K_a \pm 1$이다. 위의 식은 $\mathrm{p}K_b$로 계산하는 것으로 나타내었지만, 짝산의 $\mathrm{p}K_a$를 사용하여 계산할 것을 추천한다.

약한 염기의 경우에 $\mathrm{p}K_a = 14 - \mathrm{p}K_b$이다.

알칼리 완충 용량은 $\mathrm{pOH} = \mathrm{p}K_b (\mathrm{pH} = \mathrm{p}K_a)$에서 최대가 된다.

완충 용액이 묽혀질 때, [양성자 주개]/[양성자 받개]의 비가 같기 때문에 pH는 변하지 않을 것이다.[5]

[5]완충 용액 한 병을 구입하고 계속 묽히고 그것을 재사용하는 것은 매우 경제적이다. 그러나 묽힘으로써 완충 용량은 잃게 된다. 실제로 묽히게 되면, 대기 중의 CO_2의 해리와 물의 자체 이온화가 완충 용액의 pH에 영향을 줄 것이다.

예제 7.14

pH가 10.00이고, NH_4^+의 농도가 0.200 M인 완충 용액 100 mL를 만들려면 진한 암모니아수 몇 mL와 염화 암모늄 몇 g을 사용하여야 하는가?

풀이

0.200 M NH_4Cl 100 mL가 필요하므로 mmol NH_4Cl = 0.200 mmol/mL × 100 mL = 20.0 mmol

$$\text{mg NH}_4\text{Cl} = 20.0\ \text{mmol} \times 53.5\ \text{mg/mmol} = 1.07 \times 10^3\ \text{mg}$$

pK_a는 부록 C의 표 C.2b에서 주어진 K_a로부터 직접 얻을 수 있다.

그러므로 NH_4Cl 1.07 g이 필요하다. NH_3의 농도는 다음 식으로 계산한다.

$$\text{pH} = \text{p}K_a + \log \frac{[\text{양성자 받개}]}{[\text{양성자 주개}]}$$

$$= (14.00 - \text{p}K_b) + \log \frac{[\text{NH}_3]}{[\text{NH}_4^+]}$$

$$10.0 = (14.00 - 4.76) + \log \frac{[\text{NH}_3]}{0.200\ \text{mmol/mL}}$$

$$\log \frac{[\text{NH}_3]}{0.200\ \text{mmol/mL}} = 0.76$$

$$\frac{[\text{NH}_3]}{0.200\ \text{mmol/mL}} = 10^{0.76} = 5.8$$

$$[\text{NH}_3] = (0.200)(5.8) = 1.1_6\ \text{mmol/mL}$$

진한 암모니아의 몰농도는 14.8 M이다. 그러므로 $C_1V_1 = C_2V_2$에 의해

$$1.1_6\ \text{mmol/mL} \times 100\ \text{mL} = 14.8\ \text{mmol/mL} \times \text{mL NH}_3$$

$$\text{mL NH}_3 = 7.8\ \text{mL}$$

예제 7.15

pH가 9.50이고, NH_4^+의 농도가 0.10 M인 완충 용액 500 mL를 만들고자 한다. 물 200 mL에 염화 암모늄 몇 g과 3.0 M NaOH 용액 몇 mL를 첨가하여 만드는가?

풀이

$[NH_3]/[NH_4^+]$의 비를 구해야 하므로, 예제 7.14에 따라

$$\text{pH} = \text{p}K_a + \log \frac{[\text{NH}_3]}{[\text{NH}_4^+]} = 9.24 + \log \frac{[\text{NH}_3]}{[\text{NH}_4^+]}$$

$$9.50 = 9.24 + \log \frac{[\text{NH}_3]}{[\text{NH}_4^+]}$$

$$\log \frac{[\text{NH}_3]}{[\text{NH}_4^+]} = 0.26$$

$$\frac{[\text{NH}_3]}{[\text{NH}_4^+]} = 10^{0.26} = 1.8$$

NH_4^+의 최종 농도는 0.10 M이므로

$$[\text{NH}_3] = (1.8)(0.10) = 0.18\ M$$

$$\text{최종 용액의 mmol } NH_4^+ = 0.10\,M \times 500\text{ mL} = 50\text{ mmol}$$

$$\text{최종 용액의 mmol } NH_3 = 0.18\,M \times 500\text{ mL} = 90\text{ mmol}$$

NH_3는 NH_4Cl의 밀리몰수만큼 생성된다. 그러므로 총 50 + 90 = 140 mmol NH_4Cl을 취하여야 한다.

$$\text{mg } NH_4Cl = 140\text{ mmol} \times 53.5\text{ mg/mmol} = 7.49 \times 10^3\text{ mg} = 7.49\text{ g}$$

90 mmol NH_3를 얻기 위해서 NH_4^+와 반응하는 데 필요한 NaOH의 부피는 다음과 같다.

$$3.0\,M \times x\text{ mL} = 90\text{ mmol}$$

$$x = 30\text{ mL NaOH}$$

비디오: pH 혼합물 해 찾기

이제 원하는 pH와 비슷한 pK_a 값을 갖는 약산(또는 약한 염기)과 그 짝염기(또는 짝산)를 선택하여 주어진 pH의 완충 용액을 만들 수 있다는 것을 알았다. 이런 산이나 염기의 종류는 매우 많고, 이 산이나 염기들을 적절히 선택하면 어떤 pH 영역의 완충 용액이라도 만들 수 있다. 약산과 그 염으로 이루어지는 완충 용액의 경우, 산성 용액에서 최대의 완충 작용을 나타내며, 약한 염기와 그 염으로 이루어진 완충 용액의 경우에는 염기성 용액에서 최고의 완충 작용을 나타낸다. 생리학적 용액의 측정에 유용한 몇 가지 완충 용액들은 다음에 설명하겠다. pH 전극의 검정에 이용되는 미국립표준국(NIST)의 완충 용액들은 13장에서 설명한다.

원하는 pH 근처의 pK_a 값을 가지는 완충 용액을 선택하라.

완충 용액에 사용되는 염은 감지할 수 있을 정도로 가수 분해되지 않는다.

NIST 표준 완충 용액의 목록은 13장을 참조하라.

완충 용액에서 염은 산이나 염기로서 가수 분해하기 위하여 물과 반응하지 않는다는 것에 대한 의문이 생길 수도 있다. 그 이유는 용액에 존재하는 산이나 염기로 인하여 주어진 반응이 억제되기 때문이다. 식 7.28에서 용액에 존재하는 상당량의 HA나 OH^-에 의하여 이온화가 거의 일어나지 않는다는 것을 알 수 있다. 이와 비슷하게, 식 7.33에서 용액에 존재하는 B 또는 H_3O^+에 의하여 이온화가 억제되는 것을 알 수 있다.

위에서 설명되어진 완충 용액을 제조하는 데 있어 산과 염기 혼합물의 pH를 계산하는 데 해 찾기를 사용할 수 있다. 탄산과 수산화 소듐 혼합물의 pH를 계산하는 비디오 예에 대한 교재 웹 사이트를 보시오: pH 혼합물 해 찾기

7.9 다양성자산과 그 염

많은 산과 염기는 이온화할 수 있는 H^+ 또는 OH^-를 하나 이상 가지고 있는 다가 물질이다. 이러한 물질들은 단계적으로 이온화하며 각 단계별 평형 상수들이 존재한다. 예를 들어 다음과 같은 인산의 이온화 반응을 살펴보자.

$$H_3PO_4 \rightleftharpoons H^+ + H_2PO_4^- \qquad K_{a1} = 1.1 \times 10^{-2} = \frac{[H^+][H_2PO_4^-]}{[H_3PO_4]} \tag{7.61}$$

$$H_2PO_4^- \rightleftharpoons H^+ + HPO_4^{2-} \qquad K_{a2} = 7.5 \times 10^{-8} = \frac{[H^+][HPO_4^{2-}]}{[H_2PO_4^-]} \tag{7.62}$$

$$HPO_4^{2-} \rightleftharpoons H^+ + PO_4^{3-} \qquad K_{a3} = 4.8 \times 10^{-13} = \frac{[H^+][PO_4^{3-}]}{[HPO_4^{2-}]} \tag{7.63}$$

다양성자산의 단계적 K_a 값은 증가된 음전하가 다음 양성자의 해리를 더 어렵게 하기 때문에 점차적으로 작아지게 된다.

6장에서와 같이 이 반응의 총이온화 반응은 각 단계별 이온화 반응을 합하여 얻어질 수 있으며, 총이온화 상수는 각 단계별 이온화 상수의 곱이 된다.

$$H_3PO_4 \rightleftharpoons 3H^+ + PO_4^{3-}$$

$$K_a = K_{a1}K_{a2}K_{a3} = 4.0 \times 10^{-22} = \frac{[H^+]^3[PO_4^{3-}]}{[H_3PO_4]} \tag{7.64}$$

pK_{a1}, pK_{a2}, pK_{a3}는 각각 1.96, 7.12, 12.32이다. 이 물질로 이루어진 용액의 pH를 정확히 계산하기 위하여 각 단계별 이온화 반응에서 나오는 H^+의 양을 알아야 한다. 여러 인산 화학종들과 더불어 $[H^+]$를 알지 못하기 때문에 정확한 계산은 어렵고 지루한 반복 작업을 요구한다. 예를 들면 계산를 위해 참고문헌 8과 11에서 확인할 수 있다. 엑셀 또는 다른 스프레드시트를 이용한 계산은 간단하며 이것은 뒤에서 설명할 것이다.

인산의 첫 번째와 두 번째 양성자는 분리하여 적정할 수 있으나, 세 번째 것은 너무 약해서 적정할 수 없다.

대부분의 경우, 가정을 통하여 각 단계별 이온화 반응이 독립적으로 취급한다. 단계별 해리 상수의 값의 차이가 10^3보다 크면, 적정에서 각 단계별 양성자는 서로 구별될 수 있다. 즉 적정 곡선에서 단계적인 pH 영역이 분리되어 적정된다(만일 이온화 상수가 10^{-9}보다 작으면 이온화가 너무 적어서 적정 곡선에서 독립적인 pH 변화를 나타내지 않는다. 예를 들면 H_3PO_4에서 세 번째 양성자). 단계적인 pK_a 값들이 3 단위 이상으로 분리될 때, 계가 서로 크게 상호작용하지 않는 농도가 같은 세 가지 약산의 혼합물로 간주될 수 있기 때문에 계산은 간단하다.

다양성자산의 완충 용액에 관련된 계산

1.96(pK_{a1}), 7.12(pK_{a2}), 12.32(pK_{a3})를 중심으로 하는 세 pH 영역의 인산 완충 용액을 제조할 수 있다.

위의 각 이온화 단계에서 오른쪽의 각 음이온은 왼쪽의 각 산의 염(짝염기)으로 생각할 수 있다. 즉 식 7.61에서 $H_2PO_4^-$는 산 H_3PO_4의 염이다. 식 7.62에서 HPO_4^{2-}은 산 $H_2PO_4^-$의 염이며, 식 7.63에서 PO_4^{3-}는 산 HPO_4^{2-}의 염이다. 그래서 각 쌍들은 완충 용액계를 구성하며, 인산계 완충 용액은 비교적 넓은 pH 영역의 완충 용액을 제조할 수 있다. 각 쌍의 최적의 완충 용량은 pH가 pK_a 값과 같은 경우이다. 다음 예제에서 알 수 있는 바와 같이 HPO_4^{2-}/$H_2PO_4^-$ 쌍은 혈액에서 가장 효과적인 완충계이다.

예제 7.16

혈액의 pH는 7.40이다. 혈액(25°C로 가정)에서 $[HPO_4^{2-}]/[H_2PO_4^-]$의 비는 얼마인가?

풀이

$$pH = pK_a + \log \frac{[\text{양성자 받개}]}{[\text{양성자 주개}]}$$

$$pK_{a2} = 7.12$$

그러므로

$$pH = 7.12 + \log \frac{[HPO_4^{2-}]}{[H_2PO_4^-]}$$

$$7.40 = 7.12 + \log \frac{[HPO_4^{2-}]}{[H_2PO_4^-]}$$

$$\frac{[HPO_4^{2-}]}{[H_2PO_4^-]} = 10^{(7.40-7.12)} = 10^{0.28} = 1.9$$

■

다양성자산의 해리 평형에 관한 계산

각 단계별 이온화 상수가 서로 충분히 다르므로, **H_3PO_4 용액의 pH는 일반적인 약산으로 취급하여 계산할 수 있다.** 첫 번째 이온화 단계에서 나오는 H^+가, 두 번째와 세 번째 이온화 단계들을 억제하는 역할을 하게 되므로 실제로 두 번째와 세 번째 이온화 단계에서 나오는 H^+의 양은 무시할 만큼 적게 되기 때문이다. 그러나 K_{a1}이 상대적으로 크기 때문에 이차 방정식으로 풀어야 한다.

예제 7.17

0.100 M H_3PO_4 용액의 pH를 계산하시오.

풀이

$$\begin{array}{cccc} H_3PO_4 & \approx & H^+ & + & H_2PO_4^- \\ 0.100 - x & & x & & x \end{array}$$

식 7.61로부터

$$\frac{(x)(x)}{0.100 - x} = 1.1 \times 10^{-2}$$

x를 무시하려면 $C \geq 100\ K_a$이어야 하는데, 여기서는 10배 수준이므로 이차 방정식을 풀어야 한다.

H_3PO_4는 일양성자산과 같이 취급한다. 그러나 x는 C와 비교하였을 때 무시할 수 없다.

$$x^2 + 0.011x - 1.1 \times 10^{-3} = 0$$

$$x = \frac{-0.011 \pm \sqrt{(0.011)^2 - 4(-1.1 \times 10^{-3})}}{2}$$

$$x = [H^+] = 0.028\ M$$

산은 28% 이온화되었다.

$$pH = -\log(2.8 \times 10^{-2}) = 2 - 0.45 = 1.55$$

양성자의 유일한 공급원이 H_3PO_4라는 가정이 타당한지 확인해 보자. 다음으로 중요한 양성자 공급원으로 $H_2PO_4^-$를 생각할 수 있다. 식 7.62로부터 $[HPO_4^{2-}] = K_{a2}[H_2PO_4^-]/[H^+]$이다. 첫 번째 근사법으로 계산하여 얻어진 $H_2PO_4^-$와 H^+의 농도가 0.028 M이라고 가정하면, $[HPO_4^{2-}] \approx K_{a2} = 7.5 \times 10^{-8}\ M$이다. 이 값은 $H_2PO_4^-$의 농도 0.028 M에 비하여 매우 작으므로 그다음의 해리는 무시할 수 있다. 따라서 인산을 일양성자산으로 가정하는 것이 타당하다는 것을 알 수 있다.

7.10 Ladder 도표

교수 선호 예제

Howard University 대학의 Galena Talanova 교수 제공

주어진 pH에서 지배적인 화학종들은 무엇인가?

Depauw 대학의 David Harvey는 주어진 pH에서 지배적인 화학종들이 무엇인지를 가시화하기 쉬운 방법으로 **Ladder 도표(Ladder diagram)**를 고안하였다(http://acad.depauw.edu/havey/ASDL2008/introduction.html). 그림 7.1에서 보여 준 것과 같이, 세로축에는 pH를 그리고, 계에 존재하는 pK_a들을 가로 막대로 가로축에 그린다.

그림 7.1(a)에서 pH 4.76(HOAc의 pK_a 값) 아래는 해리되지 않은 산 HOAc가 지배적이고, 위는 OAc^-가 지배적이다. 그림 7.1(b)에서는 세 가지 산–염기 계 모두를 동시에 개별적으로 존재한 것을 나타내었다. $HF-F^-$계는 푸른색으로 나타내었고, HF의 pK_a 값인 3.17 아래에서는 HF가 지배적이고, 위는 F^-가 지배적이다. 같은 방법으로 H_2S와 NH_4^+의 각각의 pK_a 값 6.88과 9.25인 pH 값 아래에서는 H_2S와 NH_4^+가 지배적이고, 위는 HS^-와 NH_3가 지배적이다. 또한 이러한 도표는 주어진 pH에서 혼합물로 이루어진 계의 지배적인 화학종들이 무엇인지를 나타내어 준다. 예를 들면 pH 6에서 그들의 각각의 짝산/짝염기와 관련된 지배적

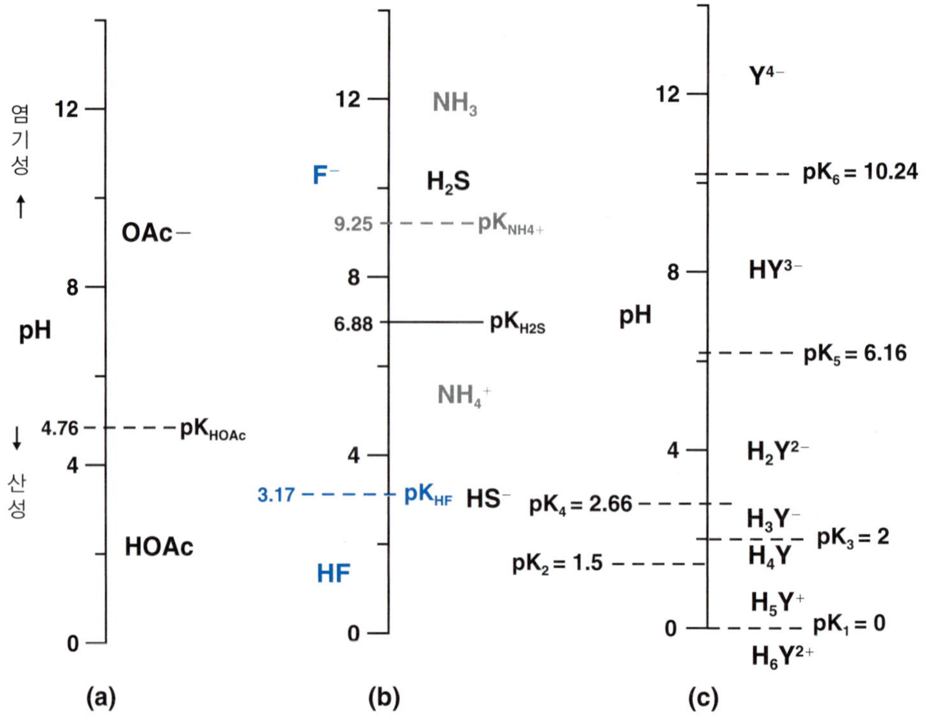

그림 7.1 다음을 포함하는 계의 Ladder 도표. (a) 아세트산과 아세트산 이온, (b) 암모늄 이온과 암모니아, 플루오린화수소산과 플루오린화 이온, 황화이수소와 황화수소 이온, (c) 2개의 양성자가 결합된 EDTA($H_6Y_2^+$)와 연속적으로 6개의 양성자가 해리된 다른 6개의 화학종들

인 화학종들은 F^-, NH_4^+, H_2S일 것으로 예측될 것이다. 끝으로 그림 7.1(c)는 EDTA의 경우를 보여 주고 있다. 이것은 육양성자산 계를 나타낸다. 이것은 2개의 양성자와 결합된 형태인 $H_6Y_2^+$이며, 매우 센산(pH<0)에서만 존재한다. 다른 각각의 화학종들이 지배적인 각각의 영역이 있다(즉 pH>10에서 지배적인 화학종은 Y_4^-이다). 보다 상세한 예제 문제는 교재의 웹사이트에 있는 PowerPoint file(ch7 7.10 ladder diagrams.ppt)을 이용할 수 있다.

7.11 주어진 pH에서의 해리 화학종들의 분율: α 값—각 성분의 농도는 얼마일까?

완충 용액에서와 같이 알려진 수소 이온의 농도에서의 pH 함수로서 다양성자산의 서로 다른 화학종들의 분포를 안다는 것은 매우 흥미로운 일이다.

예를 들어 인산의 해리를 생각해 보자. 식 7.61~7.63에 평형들이 주어져 있다. 어떤 pH에서도 인산의 네 가지 화학종은 모두 평형을 이루며 서로 공존하고 있다. 주어진 pH에서 화학종 중 어떤 화학종들의 농도는 다른 것에 비해 굉장히 작을 수도 있다. pH를 변화시킴으로써 평형의 위치가 이동하여 각 화학종의 농도도 변한다. 주어진 수소 이온의 농도로부터 주어진 화학종들로 존재하는 산의 분율을 계산하는 일반적인 식을 유도하는 것이 가능하다.

즉 인산의 전체 **분석 농도(analytical concentration)**를 $C_{H_3PO_4}$라고 하면, 다음과 같이 쓸 수 있다.

$$C_{H_3PO_4} = [PO_4^{3-}] + [HPO_4^{2-}] + [H_2PO_4^-] + [H_3PO_4] \tag{7.65}$$

평형 상태에서 H_3PO_4, $H_2PO_4^-$, HPO_4^{2-}, PO_4^{3-}가 모두 함께 존재한다. pH가 각각의 분율을 결정한다.

여기서 식의 오른쪽에 있는 항들은 각 화학종의 **평형 농도(equilibrium concentration)**를 나타내고 있다. 초기의 전체 농도인 $C_{H_3PO_4}$의 값을 알고 있다면, 평형에서 각 화학종의 분율이나 농도를 계산할 수 있다.

분율은 다음과 같이 정의한다.

$$\alpha_0 = \frac{[H_3PO_4]}{C_{H_3PO_4}} \qquad \alpha_1 = \frac{[H_2PO_4^-]}{C_{H_3PO_4}} \qquad \alpha_2 = \frac{[HPO_4^{2-}]}{C_{H_3PO_4}}$$

$$\alpha_3 = \frac{[PO_4^{3-}]}{C_{H_3PO_4}} \qquad \alpha_0 + \alpha_1 + \alpha_2 + \alpha_3 = 1$$

여기서 α는 평형에서의 각 화학종의 **분율**(**fraction**)이고, 아래 첨자들은 그 화학종이 가지는 전하 또는 해리된 양성자의 수를 의미한다. 원하는 화학종들의 항들로 $C_{H_3PO_4}$의 식을 구하기 위하여 식 7.65과 평형 상수들에 대한 식 7.61~7.63을 사용할 수 있다. 이 식을 $[H^+]$와 평형 상수로 표현된 α를 구하는 식에 대입한다. 예를 들어 α_0를 계산하기 위하여 식 7.61~7.63을 $[H_3PO_4]$를 제외한 다른 화학종에 관한 식으로 정리한 후 식 7.65에 대입한다.

$$[PO_4^{3-}] = \frac{K_{a3}[HPO_4^{2-}]}{[H^+]} \tag{7.66}$$

$$[HPO_4^{2-}] = \frac{K_{a2}[H_2PO_4^-]}{[H^+]} \tag{7.67}$$

$$[H_2PO_4^-] = \frac{K_{a1}[H_3PO_4]}{[H^+]} \tag{7.68}$$

이 식들을 $[H_3PO_4]$와 변수인 $[H^+]$만을 포함하는 식으로 바꾸어 보자. $[H_2PO_4^-]$에 관한 식 7.68을 식 7.67에 대입하면 다음과 같은 식을 얻을 수 있다.

$$[HPO_4^{2-}] = \frac{K_{a1}K_{a2}[H_3PO_4]}{[H^+]^2} \tag{7.69}$$

식 7.69를 식 7.66의 $[HPO_4^{2-}]$에 대입하여 정리하면 다음과 같다.

$$[PO_4^{3-}] = \frac{K_{a1}K_{a2}K_{a3}[H_3PO_4]}{[H^+]^3} \tag{7.70}$$

끝으로, 식 7.68~7.70을 식 7.65에 대입하여 다음의 식을 얻는다.

$$C_{H_3PO_4} = \frac{K_{a1}K_{a2}K_{a3}[H_3PO_4]}{[H^+]^3} + \frac{K_{a1}K_{a2}[H_3PO_4]}{[H^+]^2} + \frac{K_{a1}[H_3PO_4]}{[H^+]} + [H_3PO_4] \tag{7.71}$$

$1/\alpha_0$를 얻기 위해서 이 식의 양변을 $[H_3PO_4]$로 나눌 수 있다.

$$\frac{C_{H_3PO_4}}{[H_3PO_4]} = \frac{1}{\alpha_0} = \frac{K_{a1}K_{a2}K_{a3}}{[H^+]^3} + \frac{K_{a1}K_{a2}}{[H^+]^2} + \frac{K_{a1}}{[H^+]} + 1 \tag{7.72}$$

역수를 취하면

$$\alpha_0 = \frac{1}{(K_{a1}K_{a2}K_{a3}/[H^+]^3) + (K_{a1}K_{a2}/[H^+]^2) + (K_{a1}/[H^+]) + 1} \tag{7.73}$$

오른쪽 항의 분모와 분자에 $[H^+]^3$을 곱해 주면

$$\alpha_0 = \frac{[H^+]^3}{[H^+]^3 + K_{a1}[H^+]^2 + K_{a1}K_{a2}[H^+] + K_{a1}K_{a2}K_{a3}} \tag{7.74}$$

용액에서 H_3PO_4의 분율을 계산하기 위해 이 식을 사용하라.

다른 α들에 대한 식들을 얻기 위하여 비슷한 방법을 사용할 수 있다. 예를 들면 α_1에 대하여 모든 평형 상수 식을 $[H_2PO_4^-]$에 대하여 풀고, 식 7.65에 대입하여 $[H_2PO_4^-]$와 $[H^+]$만을 포함하는 $C_{H_3PO_4}$를 구한 후, α_1에 관한 식을 구한다. 결과적으로 α_1, α_2, α_3에 대해서 다음과

문제 62에서 이 식을 유도하라.

같은 식들을 구할 수 있다.

$$\alpha_1 = \frac{K_{a1}[H^+]^2}{[H^+]^3 + K_{a1}[H^+]^2 + K_{a1}K_{a2}[H^+] + K_{a1}K_{a2}K_{a3}} \tag{7.75}$$

$$\alpha_2 = \frac{K_{a1}K_{a2}[H^+]}{[H^+]^3 + K_{a1}[H^+]^2 + K_{a1}K_{a2}[H^+] + K_{a1}K_{a2}K_{a3}} \tag{7.76}$$

$$\alpha_3 = \frac{K_{a1}K_{a2}K_{a3}}{[H^+]^3 + K_{a1}[H^+]^2 + K_{a1}K_{a2}[H^+] + K_{a1}K_{a2}K_{a3}} \tag{7.77}$$

모든 식의 분모가 동일하고, 분자를 모두 더하면 분모가 되는 것을 주목하라. α_0에 대해서는 분모의 첫 번째 항이 분자가 되고, α_1에 대해서는 분모의 두 번째 항이 분자가 되며, α_2에 대해서는 분모의 세 번째 항이 분자가 된다. 다른 α 값에 대한 유도는 문제 63을 참조하라.

일반적으로 n 양성자산(HOAc, $H_2C_2O_4$, H_3PO_4 등에 대하여 각각 $n = 1, 2, 3$)은 산으로부터 나온 H^+와는 다른 $n+1$개의 화학종을 가지며(즉 $H_2C_2O_4$, $HC_2O_4^-$, $C_2O_4^{2-}$) 또한 $n+1$개의 α 값을 갖는다. α 값을 구하는 식의 분모 항(Q_n)은 $n+1$개의 항이 될 것이다.

$$Q_n = \sum_{i=0}^{i=n} [H^+]^{n-i} K_{a0} \ldots K_{ai} \tag{7.78}$$

여기서 K_{a0}는 1이다. 그러므로

$$Q_1 = [H^+] + K_a \tag{7.79}$$

$$Q_2 = [H^+]^2 + K_{a1}[H^+] + K_{a1}K_{a2} \tag{7.80}$$

$$Q_3 = [H^+]^3 + K_{a1}[H^+]^2 + K_{a1}K_{a2}[H^+] + K_{a1}K_{a2}K_{a3} \tag{7.81}$$

$$Q_4 = [H^+]^4 + K_{a1}[H^+]^3 + K_{a1}K_{a2}[H^+]^2 + K_{a1}K_{a2}K_{a3}[H^+] + K_{a1}K_{a2}K_{a3}K_{a4} \tag{7.82}$$

식 7.78은 복잡한 것으로 보이지만, 식 7.79~7.82에서 나타내어진 경향성을 생각해 보면 쉽게 알 수 있다. 우선 $[H^+]^n$으로 시작해 보자. 여기서 n은 해리할 수 있는 양성자의 수이고, $[H^+]$가 없어질 때까지 $[H^+]$를 K_a 항으로 대치한다. α_0에 대한 분자는 Q 식의 첫 번째 항이 되고, α_1에 대한 분자는 Q 식의 두 번째 항이 된다. 즉 일양성자(monoprotic)산 $\alpha_{1,m}$에 대한 α_1은 다음과 같다.

$$\alpha_{1,m} = K_a/Q_1 = \frac{K_a}{[H^+] + K_a} \tag{7.83}$$

사양성자(tetraprotic)산 $\alpha_{3,\text{te}}$에 대한 α_3는

$$\begin{aligned}\alpha_{3,\text{te}} &= K_{a1}K_{a2}K_{a3}[H^+]/Q_4 \\ &= K_{a1}K_{a2}K_{a3}[H^+]/([H^+]^4 + K_{a1}[H^+]^3 + K_{a1}K_{a2}[H^+]^2 \\ &\quad + K_{a1}K_{a2}K_{a3}[H^+] + K_{a1}K_{a2}K_{a3}K_{a4})\end{aligned} \tag{7.84}$$

예제 7.18

pH = 3.00, 즉 $[H^+] = 1.0 \times 10^{-3}$ M인 0.10 M 인산 용액 속에 있는 여러 가지 화학종들의 평형 농도를 계산하시오.

풀이

식 7.79에 대입하면

$$\alpha_0 = \frac{(1.0\times10^{-3})^3}{(1.0\times10^{-3})^3 + (1.1\times10^{-2})(1.0\times10^{-3})^2 + (1.1\times10^{-2}) (7.5\times10^{-8})(1.0\times10^{-3}) + (1.1\times10^{-2})(7.5\times10^{-8})(4.8\times10^{-13})}$$

$$= \frac{1.0\times10^{-9}}{1.2\times10^{-8}} = 8.3\times10^{-2}$$

$$[H_3PO_4] = C_{H_3PO_4}\,\alpha_0 = 0.10\times8.3\times10^{-2} = 8.3\times10^{-3}\ M$$

비슷한 방법으로

$$\alpha_1 = 0.92$$

$$[H_2PO_4^-] = C_{H_3PO_4}\,\alpha_1 = 0.10\times0.92 = 9.2\times10^{-2}\ M$$

$$\alpha_2 = 6.9\times10^{-5}$$

$$[HPO_4^{2-}] = C_{H_3PO_4}\,\alpha_2 = 0.10\times6.9\times10^{-5} = 6.9\times10^{-6}\ M$$

$$\alpha_3 = 3.3\times10^{-14}$$

$$[PO_4^{3-}] = C_{H_3PO_4}\,\alpha_3 = 0.10\times3.3\times10^{-14} = 3.3\times10^{-15}\ M$$

pH 3에서 보면, 인산의 주성분(92%)은 $H_2PO_4^-$로 존재하고, 8.3%는 H_3PO_4로 존재하며, 3.3×10^{-12}%만이 PO_4^{3-}로 존재한다. ■

곡선이 교차하는 부분은 완충 영역을 나타낸다. α_1과 α_2가 1인 곳의 pH는 H_3PO_4를 적정할 때 종말점을 나타낸다.

이 그림을 직선으로 표시하는 방법(로그-로그 그래프)은 7.16절을 참조하라.

엑셀과 관련된 교재를 이해하는 데 가장 좋은 방법은 교재를 읽는 동안 항상 관련이 있는 엑셀 파일을 열어 놓는 것이다.

pH의 변화에 따른 각 화학종들의 분율을 계산하기 위해서 스프레드시트를 만들 수 있다. 방정식과 계산을 스프레드시트에서 보이며[6], 그림 7.2에서는 pH에 대한 α의 변화를 그래프로 보여 주고 있다. K_a 값들은 각각 B4, D4, F4 셀에 입력하였다. pH 값들은 A열에 입력하였다. 각 셀에 필요한 식은 스프레드시트의 아래 부분에 표기하였고, 굵은 글씨로 표기된 셀에 입력하였다. α 값의 계산에 필요한 수소 이온의 농도를 계산하는 데 필요한 식은 B6 셀에, 분모를 계산하는 식은 C6 셀에 입력하였다. A열에 입력된 수소 이온의 농도가 특정 pH 값으로부터

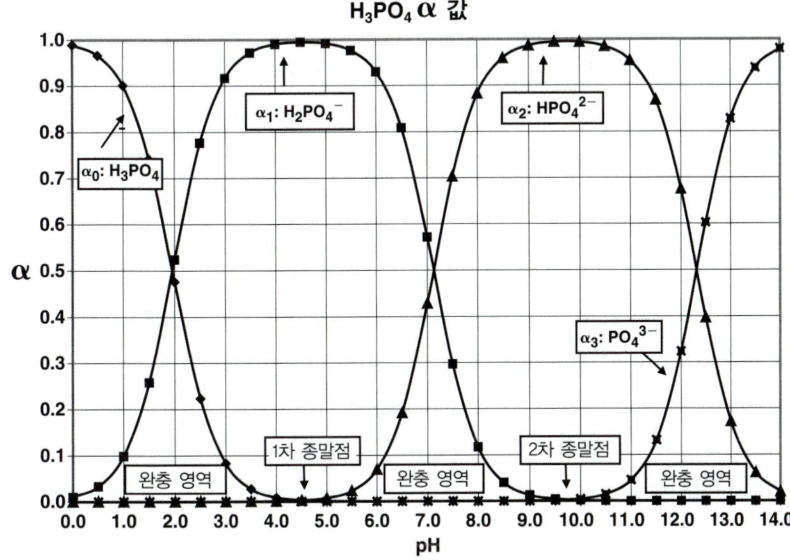

그림 7.2 pH의 함수로서 H_3PO_4 화학종의 분율.(Howard 대학의 Galina Talanova 교수가 허가한 완충 영역)

[6]엑셀 스프레드시트는 셀에 입력하는 수와 셀에 입력된 식의 결과로 구성된다. 일반적으로 커서를 셀에 가져다 놓아서 식 바에 식이 보이기 전까지는 셀 속에 포함된 식은 보이지 않는다. 언제든지 Ctrl과 '(accent key)를 동시에 눌러 "standard view"를 "formula view"로 바꿀 수 있다.

	A	B	C	D	E	F	G
1	**Calculation of alpha values for H_3PO_4 vs. pH.**						
2	Alpha (α_i) denominator = $[H^+]^3 + K_{a1}[H^+]^2 + K_{a1}K_{a2}[H^+] + K_{a1}K_{a2}K_{a3}$						
3	Numerators: $\alpha_0 = [H^+]^3$; $\alpha_1 = K_{a1}[H^+]^2$; $\alpha_2 = K_{a1}K_{a2}[H^+]$; $\alpha_3 = K_{a1}K_{a2}K_{a3}$						
4	K_{a1}=	1.10E-02	K_{a2}=	7.50E-08	K_{a3}=	4.80E-13	
5	**pH**	**[H$^+$]**	**Denominator**	α_0	α_1	α_2	α_3
6	0.0	**1**	**1.01E+00**	**9.89E−01**	**1.09E−02**	**8.16E−10**	**3.92E−22**
7	0.5	0.316228	3.27E-02	9.66E-01	3.36E-02	7.97E-09	1.21E-20
8	1.0	0.1	1.11E-03	9.01E-01	9.91E-02	7.43E-08	3.57E-19
9	1.5	0.031623	4.26E-05	7.42E-01	2.58E-01	6.12E-07	9.29E-18
10	2.0	0.01	2.10E-06	4.76E-01	5.24E-01	3.93E-06	1.89E-16
11	2.5	0.003162	1.42E-07	2.23E-01	7.77E-01	1.84E-05	2.80E-15
12	3.0	0.001	1.20E-08	8.33E-02	9.17E-01	6.87E-05	3.30E-14
13	3.5	0.000316	1.13E-09	2.79E-02	9.72E-01	2.30E-04	3.50E-13
14	4.0	0.0001	1.11E-10	9.00E-03	9.90E-01	7.43E-04	3.56E-12
15	4.5	3.16E-05	1.11E-11	2.86E-03	9.95E-01	2.36E-03	3.58E-11
16	5.0	0.00001	1.11E-12	9.02E-04	9.92E-01	7.44E-03	3.57E-10
17	5.5	3.16E-06	1.13E-13	2.81E-04	9.77E-01	2.32E-02	3.52E-09
18	6.0	0.000001	1.18E-14	8.46E-05	9.30E-01	6.98E-02	3.35E-08
19	6.5	3.16E-07	1.36E-15	2.32E-05	8.08E-01	1.92E-01	2.91E-07
20	7.0	1E-07	1.93E-16	5.19E-06	5.71E-01	4.29E-01	2.06E-06
21	7.5	3.16E-08	3.71E-17	8.53E-07	2.97E-01	7.03E-01	1.07E-05
22	8.0	1E-08	9.35E-18	1.07E-07	1.18E-01	8.82E-01	4.24E-05
23	8.5	3.16E-09	2.72E-18	1.16E-08	4.05E-02	9.59E-01	1.46E-04
24	9.0	1E-09	8.36E-19	1.20E-09	1.32E-02	9.86E-01	4.73E-04
25	9.5	3.16E-10	2.62E-19	1.21E-10	4.19E-03	9.94E-01	1.51E-03
26	10.0	1E-10	8.30E-20	1.20E-11	1.33E-03	9.94E-01	4.77E-03
27	10.5	3.16E-11	2.65E-20	1.19E-12	4.15E-04	9.85E-01	1.49E-02
28	11.0	1E-11	8.65E-21	1.16E-13	1.27E-04	9.54E-01	4.58E-02
29	11.5	3.16E-12	3.00E-21	1.05E-14	3.66E-05	8.68E-01	1.32E-01
30	12.0	1E-12	1.22E-21	8.19E-16	9.01E-06	6.76E-01	3.24E-01
31	12.5	3.16E-13	6.57E-22	4.81E-17	1.67E-06	3.97E-01	6.03E-01
32	13.0	1E-13	4.79E-22	2.09E-18	2.30E-07	1.72E-01	8.28E-01
33	13.5	3.16E-14	4.22E-22	7.49E-20	2.61E-08	6.18E-02	9.38E-01
34	14.0	1E-14	4.04E-22	2.47E-21	2.72E-09	2.04E-02	9.80E-01
35	Formulas for cells in **boldface**:						
36	**Cell B6** = [H$^+$] =	10^-A6					
37	**Cell C6**=denom.=	B6^3+$B$4*B6^2+$B$4*$D$4*B6+$B$4*$D$4*$F$4					
38	**Cell D6** = α_0 =	B6^3/C6					
39	**Cell E6** = α_1 =	($B$4*B6^2)/C6					
40	**Cell F6** = α_2 =	($B$4*$D$4*B6)/C6					
41	**Cell G6** = α_3 =	($B$4*$D$4*$F$4)/C6					
42	Copy each formula down through Cell 34						
43	Plot A6:A34 vs. D6:D34, E6:E34, F6:F34, and G6:G34 (series 1, 2, 3, and 4)						

그림 7.3 그림 7.2.xlsx 파일에 대한 스크린 샷 (스프레드시트 그 자체는 이 책의 웹 사이트에서 이용할 수 있다.)

계산되는 반면에, 상수 값은 절댓값으로 입력된다는 것에 주목하라. 세 가지 α 값을 계산하는 식을 각각 D6, E6, F6, G6 셀에 입력하였고, 이 식을 34행까지 복사하였다.

웹 사이트로부터 이용할 수 있는 그림 7.2.xlsx를 참고하면(스크린 샷을 이용하면 그림 7.3을 생성할 수 있다), pH 함수(A열)로서 및(D:G열에 α_0, α_1, α_2, α_3로 표기된다)을 도시할 수 있다. 이것을 완성하기 위한 가장 적절한 방법은 A열에 있는 x 데이터(pH)를 남기고, 도시하려는 세 세트의 y 데이터를 인접해 있는 열로 이동하는 것이다. [H$^+$]와 도시하지 않을 분무(Q)데이터(B5:C34)를 선택하여 오려 두고(Ctrl-X) H5 셀에 붙여넣기(Ctrl V)를 한다. 다시(B5:C34)를 선택하고 빈 공간을 삭제한다(Alt-E D, 셀을 왼쪽으로 이동). 그리고 도시하려는 모든 데이터 열(A5:E34)에 하이라이트를 주고 **삽입(Insert)**에서 **차트(Chart)**에 있는 **분산형(Scatter)**을 클릭한다. 만일 꺾은 선 그래프(line plot)를 보기 위해서는 드롭다운 메뉴(drop-down menu)에서 1열, 2행에 있는 분산형 그래프를 선택할 수 있다. 그렇지 않으면 그림 7.2에서와 같이 점–선으로 보고 싶다면 2열, 1행에서 보여 주고 있는 분산형 그래프를 선택한다. 그러면 그래프가 표시될 것이다. 분리 시트로 이동할 수 있다[차트의 틀에서 오른쪽 클릭하고, **차트 이동**(**Move Chart**)을 선택하고, **새 시트**(**New Sheet**)를 선택한 다음, 확인(**OK**)을 선택한다). 메뉴 바에서 차트 레이아웃을 이용하여 작업을 할 수 있다. **레이아웃 3**(격자선과 추세선 레이아웃)을 클릭할 수 있고 여기서 추세선이 필요하지 않다면 추세선을 클릭하고 그것을 삭제함으로써 추세선은 삭제되고 격자선은 남아 있게 된다. 축과 차트 제목을 클릭하여 원하는 대로 바꿀 수 있다.

위 과정에 의해 만들어진 그래프는 그림 7.2에 주어져 있다. 이 그림은 H_3PO_4를 NaOH로 적정할 때와 같이, pH에 따라 네 종류의 인산 화학종들의 비가 어떻게 조절되는지를 설명하고 있다. 일부는 한 pH 값 위 또는 아래에서 농도가 0으로 수렴하는 것처럼 보이지만, 실제로는 0이 아니라 감소하여 매우 적어진다. 예를 들면 pH 3.00에서 0.1 M H_3PO_4 용액에서 PO_4^{3-}의 농도는 단지 3.3×10^{-15} M이다. 두 곡선이 겹치는 pH 영역은 감지할 수 있을 정도의 농도를 갖는 이들 두 화학종을 이용하여 제조될 수 있는 완충 용액의 영역을 나타낸다. 예를 들면 H_3PO_4와 $H_2PO_4^-$의 혼합물은 pH 2.0±1 정도, $H_2PO_4^-$와 HPO_4^{2-}의 혼합물은 pH 7.1±1 정도, HPO_4^{2-}와 PO_4^{3-}의 혼합물은 pH 12.3±1 정도의 완충 용액을 제조하는 데 사용될 수 있다. 한 화학종의 분율이 반드시 1.0이 되는 pH 값은 인산을 센염기로 적정할 때의 종말점에 해당한다. 즉 1차 종말점(pH 4.5)에서 $H_2PO_4^-$의 분율은 1.0이 되고 2차 종말점(pH 9.7)에서 HPO_4^{2-}의 분율은 1.0이 된다.

주어진 H_3PO_4 농도(다른 H^+가 첨가되지 않은)에서 인산 용액의 해리로부터 생성된 수소 이온 농도를 정밀하게 계산하기 위해 식 7.71을 이용할 수 있지만 지루하게 반복하여야 한다. 첫 번째 근사법으로 인산의 첫 번째 해리 단계만이 의미가 있다고 가정하고 예제 7.17에서와 같이 K_{a1}를 이용하여 $[H^+]$를 계산할 수 있다(실제로 이것은 그 예제에서 이 방법을 사용하였다). 그런 다음 처음 계산된 $[H^+]$의 농도를 식 7.71에 대입하여 대략적인 $[H_3PO_4]$ 농도를 구하고, 이 농도와 K_{a1}을 이용하여 다시 $[H^+]$의 농도를 구하는 과정을 일정한 $[H^+]$ 농도가 얻어질 때까지 반복한다. 더 간단한 방법은 아래 예제 7.19에서 설명된 것과 같이 엑셀과 해 찾기를 이용하는 것이다.

Athens 대학의 Constantinos Efstathiou 교수가 개발한 유용한 애플릿은 일양성자산에서 사양성자성 산의 분포 도표를 쉽게 그래프로 나타낼 수 있다: http://www.chem.uoa.gr/applets/AppletAcid/Appl_Distr2.html. 인산에 대하여 확인하고 그림 7.1과 9장의 그림 9.1에 있는 EDTA(H4A)와 비교하시오. 그래프가 어떻게 변하는지를 보기 위해서 pK_a 값을 변화시킬 수 있다. 애플릿은 산들에 대한 log 분포 도표를 그래프로 나타낼 수 있다(다음의 7.16절 참조). 분포가 어떻게 변하는지를 보기 위하여 스프레드시트 그림 7.2.xlsx에서 K_a 값들을 변화시킬 수 있다.

예제 7.19 전하 균형법. 인산계에서의 pH 계산

엑셀과 해 찾기를 사용하여 0.050 M H_3PO_4의 pH를 계산하시오. 이 용액 1 L에 0.11몰의 NaOAc와 0.02몰의 K_2HPO_4를 첨가하면 pH는 얼마인가?

전하 균형법은 어떤 용액에서 양전하의 합은 음전하의 합이 같다는 것이다. 그래서 단지 인산만을 포함하는 용액에 대해서 전하 균형식은

$$[H^+] = [OH^-] + [H_2PO_4^-] + 2[HPO_4^{2-}] + 3[PO_4^{3-}] \tag{7.85}$$

HPO_4^{2-}와 PO_4^{3-} 이온들은 각각 전하 2와 3 단위를 가지고 있기 때문에 HPO_4^{2-}와 PO_4^{3-}의 농도에 적용시키기 위해서는 각각의 농도에 2와 3을 곱해 주어야 한다. 오른쪽의 모든 항들에서 $[OH^-]$는 $K_w/[H^+]$로 나타내고 여러 인산 화학종의 농도는 그들의 각각의 α 값들로 나타낸 다음, 모두 왼쪽 항으로 이동시키면

$$[H^+] - K_w/[H^+] - C_p(\alpha_1 + 2\alpha_2 + 3\alpha_3) = 0 \tag{7.86}$$

여기서 C_p는 인산 화학종들의 총 농도이다. 예제 7.19.xlsx 스프레드시트는 이 책의 **웹 사이트**를 이용할 수 있다. B1:B5 셀에, K_{a1}, K_{a2}, K_{a3}, C_p, K_w 값들을 각각 적는다. 전통적으로 화학 문제들에서 사용되는 여러 기호들은 엑셀에서는 KA1 등과 같이 적도록 허락하지 않는다는 것은 불행한 일이다. 실제로 KA1은 KA열이고 1행인 셀을 의미한다. 유사하게 C와 R은 각각 열 (column)과 행(row)을 의미하며 다른 의미로 사용되지 않는다. 즉 이들 목적을 위해서 K_{a1}, K_{a2}, K_{a3}, C_p는 KAA, KAB, KAC, CP로 명명하고, 이들 이름을 A열에 쓰고 그 옆의 열 바에는 숫자를 쓴다. 그다음부터 이들 이름을 지정된 수로 나타내기를 원하기 때문에, KAA를 쓸 때는 언제나 엑셀은 KAA의 값이 1.1×10^{-2}로 인식하게 하기 위해서, A2 셀에 "KAA="를 입력하고 그 옆의 B2 셀에는 "1.0E−02"를 입력한 다음, 다시 B2 셀을 클릭하고 수식에서 이름 정의를 클릭하면 새 이름 창이 열리는데 이름에 "KAA"를 입력하고 확인을 클릭하면 언제나 엑셀은 KAA 값을 1.1×10^{-2}로 인식하게 된다. 이와 같은 방법으로, 셀 A3:A6 셀에 각각 "KAB=", "KAC=", "CP=", "KW="을 입력하고 B3:B6 셀에 각각의 값들을 입력한 다음 각각의 이름을 정의한다.

이 아래에 있는 두 행에, 열 항목으로 pH, H^+, OH^-, Q3, Alpha1, Alpha2, Alpha3, Equation을 넣는다. pH 아래 A8 셀에 있는 값은 계산하려는 값이다. 합리적이라고 생각할 수 있는 0에서 14 사이의 추측 가능한 pH 값을 입력한다. 그러나 그것은 중요한 것은 아니다. 지금 0을 입력해 보자. pH 셀로 가서 이름을 붙인다(실제로 이것을 수행하는 것은 필요하지 않다. 그것을 A8 셀로 부를 수 있다. 그러나 그들이 무엇인지를 나타내기 위해서 이름을 붙이는 것은 재미있는 일이다). 엑셀은 pH와 $[H^+]$ 사이의 관계를 아는 것이 **우선**은 아니다. $[H^+]$가 10^{-pH}로 나타낼 수 있다는 것을 알기 때문에, B8 셀에 $=10^{-pH}$를 입력한다(A8 셀을 pH로 이름을 붙이지 않았다면, B8 셀에 $=10^{-A8}$을 적어야 한다). 다시 편의상 이것이 필수가 아니면, B8 셀을 H로 이름을 붙인다. $[OH^-]$를 계산하기 위해서 C8 셀에는 =KW/H를 입력한다. 다음 항목 Q3 아래에 식 7.81을 입력하여야 한다. 그러므로 D8 셀에 다음과 같이 입력한다.

= H^3 + KAA*H^2 + KAA*KAB*H + KAA*KAB*KAC

그리고 셀을 Q로 이름 붙인다(Q 또는 Q three로 이름 붙일 수 있다. 그러나 Q3로 이름 붙여서는 안 된다는 것을 명심해야 한다). E8:G8 셀에 식 7.75~7.77에 있는 α 식을 입력하고, 또한 그들 각각을 ALFA1, ALFA2, ALFA3로 이름 붙인다. 예를 들어 F8 셀에는 다음과 같이 입력한다.

= KAA*KAB*H/Q

끝으로, 식 7.86을 H8 셀에 다음과 같이 입력한다.

= (1E10) * (H-OH-CP * (ALFA1 + 2*ALFA2 + 3*ALFA3))

1E10 승수 다음의 식은 식 7.86에서의 식(이것이 해를 찾아 준다는 서투른 믿음으로 엑셀을 정지시킬 것이라는 것을 기억하라)이라는 것에 주목하시오. 이제 수행하여야 하는 모든 것을 Goal Seek(Data/What−If Analysis/Goal Seek)을 예로 인용할 것이다. 수식 셀(Set Cell) 상자에 H8을 타이프하여 넣고 "지정값(To Value)"에 0을 타이프하여 넣는다(식 7.86). 그리고 "변수 셀 변경(By Changing cell)" 상자에 pH(또는 A8)를 입력한다. "식(Equation)" 셀에는 단지 양의 값만을 가져야 하기 때문에 삽입구 전체를 제곱하는 것이 좋다. 이것은 하나의 문제를 풀고 있을 때에는 중요하지 않지만, 복합적인 문제를 풀 때에는 중요하다. 이것에 대해서는 뒤에 나오는 절에서 더 깊게 다루기로 한다.

지금 0.11 M NaOAc와 0.02 M K_2HPO_4가 첨가된 용액에 대한 두 번째 문제를 풀어 보자. 소개하고 있는 또 다른 산−염기 계는 어려운 문제인 것처럼 보이지만 실제로는 그렇지 않다. 이러한 문제를 풀기 위하여 존재하는 스프레드시트에 적절한 부가적인 작업만을 수행하여야 한다. 계산된 풀이는 이 책의 웹 사이트에 있는 스프레드시트 예제 7.19b.xlsx에서 보여 주고 있지만, 작업을 수행하고 있는 예제 7.19.xlsx 스프레드시트를 수정해 보자.

우선 무엇이 변화되었는지를 이해하여야 한다. 소듐(0.11 *M*, CNA로 명명할 것이다), 포타슘($2\times0.02=0.04$ *M*, CK로 명명할 것이다), 아세트산염 화학종들(전체 농도는 0.11 *M*, COAC로 명명할 것이다)를 첨가하였다. 인산염 화학종들의 전체 농도는 0.050 *M*에서 0.070 *M*로 증가되고 아세트산의 해리 상수(1.75E−5, KOAC로 명명할 것이다)를 정의하는 것이 필요하다. 새로운 화학종들을 첨가함으로써 식 7.85는 다음과 같이 수정되어야 한다.

$$[H^+]+[Na^+]+[K^+]=[OH^-]+[OAc^-]+[H_2PO_4{}^-]+2[HPO_4{}^{2-}]+3[PO_4{}^{3-}] \tag{7.87}$$

아세트산염 계에 대한 분모를 Q_1으로 정의하면(식 7.79를 보라), 아세트산염 계의 α_1 (ALFA1OAC, ALFA1은 이미 인산염 계에 의해서 명명되었다 – 이들 아세트산염과 인산염 계에 대한 두 α_1 값은 똑같지 않다 – 그들이 같은 용액에 존재하고 같은 pH를 갖는다고 해도 두 계에 대한 K_a 값들은 다르다)은 식 7.83에 의해서 주어지므로 식 7.87을 다음과 같이 쓸 수 있다.

$$[H^+]+[Na^+]+[K^+]-K_w/[H^+]-C_{OAc}\alpha_{1OAC}-C_p(\alpha_1+2\alpha_2+3\alpha_3)=0 \tag{7.88}$$

이제 스프레드시트로 돌아가면, D1:D4 셀에 KOAC, CNA, CK, COAC에 대한 값을 넣고 이들 셀에 해당하는 이름을 붙인다. H열에 커서를 놓고 두 개 이상의 열을 삽입(Alt-I와 C, 연속 두 번)한 다음, Q1과 Alpha1OAc를 새롭게 만들 수 있다. 이들 두 셀에 각각 Q1에 대해서는 H8 셀에 = H + KOAC을 입력하고 이름을 Qone으로 붙이고, Alpha1OAc(I8 셀)에 대해서는 = KOAC/Qone을 입력하고 이름을 ALFA1OAC로 붙인다. 이제는 J8 셀에 있는 식을 다음과 같이 수정하면 된다.

= (10000000000) * (H + CK + CNA − OH − COAC * ALFA1OAC − CP
* (ALFA1 + 2*ALFA2 + 3*ALFA3))

다시 한 번, Goal Seek를 인용하여 수식 J8 셀에서 찾는 값 0을 입력하고 값을 바꿀 셀에 pH를 입력한다. 그러면 즉시 pH는 5.17이라는 답을 준다. ■

7.12 다양성자산의 염 – 산 또는 염기?

H_3PO_4와 같은 다양성자산의 염은 산성을 나타낼 수도 염기성을 나타낼 수도 있다. 양성자가 붙어 있는 $H_2PO_4{}^-$나 $HPO_4{}^{2-}$와 같은 염은 산성과 염기성 성질을 모두 가지고 있으며, 양성자를 갖지 않은 $PO_4{}^{3-}$는 가수 분해하는 Brønsted 염기로 작용한다.

1. 양쪽성 염(**amphoteric salt**) $H_2PO_4{}^-$는 산성과 염기성 성질 모두를 가지고 있는 **양쪽성**(**amphoteric**)이다. 그것은 약산으로 작용하여 이온화하거나 약한 염기로 작용하여 가수분해 반응을 한다.

$H_2PO_4{}^-$는 산으로도 염기로도 작용한다. 로그–로그 도표를 이용하여 각 반응의 정도를 평가하는 방법에 대해서는 7.16절을 참조하라.

$$H_2PO_4{}^- \rightleftharpoons H^+ + HPO_4{}^{2-} \qquad K_{a2}=\frac{[H^+][HPO_4{}^{2-}]}{[H_2PO_4{}^-]}=7.5\times10^{-8} \tag{7.89}$$

$$H_2PO_4{}^- + H_2O \rightleftharpoons H_3PO_4 + OH^- \qquad K_b=\frac{K_w}{K_{a1}}=\frac{[H_3PO_4][OH^-]}{[H_2PO_4{}^-]}$$

$$=\frac{1.00\times10^{-14}}{1.1\times10^{-2}}=9.1\times10^{-13} \tag{7.90}$$

한편, 이 용액은 어떤 이온화가 더 잘 일어나는가에 따라서 산성도 염기성도 될 수 있다. 위의

K_{a2}가 K_b보다 약 10^5 정도 더 크기 때문에, 이 용액은 확실하게 산성이 될 것이다.

$H_2PO_4^-$와 같은 이온을 포함하는 용액의 수소 이온 농도의 식은 다음과 같이 유도될 수 있다. 총 수소 이온 농도는 물의 이온화와 식 7.89의 이온화 평형으로부터 생성된 양에서 식 7.90의 가수 분해로부터 생성되는 $[OH^-]$의 값을 빼준 것이 된다. 즉 다음과 같다.

$$C_{H^+} = [H^+]_{total} = [H^+]_{H_2O} + [H^+]_{H_2PO_4^-} - [OH^-]_{H_2PO_4^-} \tag{7.91}$$

또는

$$[H^+] = [OH^-] + [HPO_4^{2-}] - [H_3PO_4] \tag{7.92}$$

염 용액의 pH가 7에 가까운 경우에는 물에서 나온 $[H^+]$의 양이 무시될 수 없으므로 물로부터의 기여를 포함시켰다. 그러나 위와 같은 염의 용액의 경우에는 그 용액의 액성이 산성이므로 물 자체의 이온화는 억제될 것이고, 결과적으로 물의 이온화는 무시할 수 있을 것이다.

위의 식 7.92의 오른쪽 항에 평형 상수식 7.61와 7.62 및 K_w를 대입하여, 실험에서의 변수인 $[H_2PO_4^-]$와 $[H^+]$만의 식으로 다음과 같이 적을 수 있다.

$$[H^+] = \frac{K_w}{[H^+]} + \frac{K_{a2}[H_2PO_4^-]}{[H^+]} - \frac{[H_2PO_4^-][H^+]}{K_{a1}} \tag{7.93}$$

이제 식 7.93의 양변에 $[H^+]$를 곱하고, $[H^+]^2$을 포함하는 항들을 모아 정리하면 다음과 같은 식을 얻을 수 있다.

$$[H^+]^2 = \frac{K_w + K_{a2}[H_2PO_4^-]}{1 + \frac{[H_2PO_4^-]}{K_{a1}}} \tag{7.94}$$

$$[H^+] = \sqrt{\frac{K_{a1}K_w + K_{a1}K_{a2}[H_2PO_4^-]}{K_{a1} + [H_2PO_4^-]}} \tag{7.95}$$

HA_2^-의 경우, $[HA^-]$ 대신 $[HA_2^-]$를, K_{a1} 대신 K_{a2}를, K_{a2} 대신 K_{a3}을 대입하라.

이 식을 더 일반적인 HA^-에 관한 식으로 바꾸면 다음과 같다.

$$[H^+] = \sqrt{\frac{K_{a1}K_w + K_{a1}K_{a2}[HA^-]}{K_{a1} + [HA^-]}} \tag{7.96}$$

이 식은 어떤 산 H_2A로부터 유래된 모든 염 HA^-의 용액에 대해서 성립한다(또한 HA_2^-에서 얻어진 염인 HA_2^-의 용액에 대해서도 적용될 수 있다). 즉 $[H_2PO_4^-]$를 $[HA^-]$로 대치하면 된다.

HA^-의 이온화와 가수 분해의 정도가 극히 미약하여 평형 농도 $[HA^-]$가 첨가된 염의 농도와 같다고 가정할 수 있다면, 그 농도와 상수 값들을 사용하여 그 용액의 $[H^+]$ 값을 계산할 수가 있다. 염 HA^-를 포함하는 평형 상수 K_{a1}과 K_b의 값이 작고 용액이 너무 묽은 경우만 아니면, 이러한 가정은 그리 틀린 것이 아니다. 대부분의 경우에는 $K_{a1}K_w \ll K_{a1}K_{a2}[HA^-]$이기 때문에 $K_{a1}K_w$항은 무시할 수 있다. 그 결과 얻어지는 식은, 물의 해리에 의한 효과를 무시한 경우 얻는 식과 동일하다. 또한 $K_{a1} \ll [HA^-]$의 조건에서는 식 7.96은 다음과 같이 간단히 표현될 수 있다.

HA_2^-의 경우에는 $[H^+] = \sqrt{K_{a2}K_{a3}}$이다.

$$[H^+] = \sqrt{K_{a1}K_{a2}} \tag{7.97}$$

따라서 위와 같은 가정들이 성립하면, $H_2PO_4^-$ 용액의 pH는 그 농도와 무관하다. 일반적으로 이러한 근사법을 사용할 수 있다. 일반적으로 K_{a1}과 K_{a2}의 값의 차이가 클 경우에 이 식을 적용할 수 있다. $H_2PO_4^-$의 경우 다음과 같이 $[H^+]$의 값을 구할 수 있다.

$$[H^+] \approx \sqrt{K_{a1}K_{a2}} = \sqrt{1.1 \times 10^{-2} \times 7.5 \times 10^{-8}} = 2.9 \times 10^{-5}\ M \qquad (7.98)$$

그리고 pH는 염의 농도와 무관하다(pH≈4.54). 이 값은 NaH_2PO_4 용액의 대략적인 pH 값이 된다.

유사한 방법으로 HPO_4^{2-}도 산과 염기로 모두 작용할 수 있다. 이 경우 사용되는 K 값들은 H_3PO_4의 K_{a2}와 K_{a3}이다($H_2PO_4^- \equiv H_2A$이고 $HPO_4^{2-} \equiv HA^-$). $K_{a2} \gg K_{a3}$이기 때문에 Na_2HPO_4 용액의 pH는 다음과 같이 계산할 수 있으며, pH 값은 9.72이다.

$$[H^+] \approx \sqrt{K_{a2}K_{a3}} = \sqrt{7.5 \times 10^{-8} \times 4.8 \times 10^{-13}} = 1.9 \times 10^{-10} \qquad (7.99)$$

이와 같이 양쪽성 염 용액의 pH는 거의 염의 농도에 무관하므로, pH 미터를 표준화하기 위해 쓰이는 pH 용액을 만드는 데에 자주 사용되고 있다. 예를 들어 프탈산수소 포타슘($KHC_8H_4O_2$) 용액의 pH는 25°C에서 4.0이다. 그러나 이들 염은 산이나 염기에 대한 완충 능력이 거의 없다. 이러한 염에 의한 용액의 pH는 완충 영역에 포함되지 않아서 묽힘으로써 pH가 변하지는 않지만 산이나 염가가 첨가되어 현저하게 pH가 변하는 적정 곡선의 종말점에서 발생하게 된다.

KHP는 NIST "표준 완충 용액"이다(13장). 이 용액의 pH는 고정되어 있으나 완충되어 있지는 않다.

2. 양성자를 포함하지 않은 염(unprotonated salt) 양성자를 포함하지 않은 인산염(PO_4^{3-})은 비교적 센 Brønsted 염기이고, 다음과 같이 이온화한다.

$$PO_4^{3-} + H_2O \rightleftharpoons HPO_4^{2-} + OH^- \qquad K_b = \frac{K_w}{K_{a3}} \qquad (7.100)$$

평형 상수 K_{a3}의 값이 매우 작으므로 위 평형은 상당히 오른쪽으로 치우치게 된다. $K_{a3} \ll K_{a2}$이므로 HPO_4^{2-}가 다시 가수 분해하려는 경향은 이 첫째 반응에서 나오는 OH^-에 의해 억제된다. 따라서 PO_4^{3-} 용액의 pH는 일양성자산의 염으로 취급하여 얻어질 수가 있다. 그러나 K_{a3}가 매우 작기 때문에 K_b는 상대적으로 크게 되어, 이 반응에서 나오는 OH^-의 양은 PO_4^{3-}의 초기 농도(C_{B^-})에 비하여 무시할 수 없으므로 이차 방정식을 풀어야 한다. 즉 PO_4^{3-}는 비교적 센염기이다.

예제 7.20

0.100 M Na_3PO_4 용액의 pH를 계산하시오.

풀이

$$\begin{array}{cccc} PO_4^{3-} + H_2O & \rightleftharpoons & HPO_4^{2-} & + OH^- \\ 0.100 - x & & x & x \end{array}$$

$$\frac{[HPO_4^{2-}][OH^-]}{[PO_4^{3-}]} = K_b = \frac{K_w}{K_{a3}} = \frac{1.0 \times 10^{-14}}{4.8 \times 10^{-13}} = 0.020$$

$$\frac{(x)(x)}{0.100 - x} = \frac{1.0 \times 10^{-14}}{4.8 \times 10^{-13}} = 0.020$$

농도가 K_b의 5배에 불과하므로 이차 방정식을 풀어야 한다.

$$x^2 + 0.020x - 2.0 \times 10^{-3} = 0$$

$$x = \frac{-0.020 \pm \sqrt{(0.020)^2 - 4(-2.0 \times 10^{-3})}}{2}$$

$$x = [OH^-] = 0.036\ M$$

$$pH = 12.56$$

해리(가수 분해)는 36%가 진행되었으며, 인산 이온은 매우 센염기이다. 이차 방정식을 풀기 위한 프로그램은 교재의 **웹 사이트**를 참고하시오. ■

예제 7.21

H_3PO_4, NaH_2PO_4, Na_2HPO_4, Na_3PO_4 각각의 농도가 0.001, 0.002, 0.005, 0.01, 0.02, 0.05, 0.1, 0.2, 0.5, 1.0 *M* 용액에 대한 pH를 계산하시오. 활동도 보정은 하지 마시오.

풀이

강력한 프로그램 해 찾기를 이용하여 동시에 10개의 분리된 용액에서 행해지는 네 가지 화합물 각각에 대한 10개의 분리된 pH 값을 계산하여야 한다. 이러한 문제는 동시에 한 개 이상의 매개 변수(한 개 이상의 방정식)를 풀 수 있는 Microsoft Excel Solver™의 능력을 탐구하도록 한다. 엑셀 2010은 현재의 엑셀 버전이고, 해 찾기는 이전 버전에 비하여 이번 버전이 동시에 32개를 조절할 수 있는 매개 변수까지 저장하고 200개의 매개 변수를 풀 수 있는 능력을 포함하는 더 많은 능력을 가지고 있다(후자를 추천하지 않을 지라도). 실제로 동시에 50개의 매개 변수(즉 H^+항으로) 방정식을 푸는 것보다 200개의 매개 변수 방정식을 푸는 것이 4배 더 많은 시간이 걸린다. 비교해 보면, 해 찾기는 단지 하나의 방정식에 한 개의 매개 변수만을 풀 수 있다. 풀려고 하는 매개 변수에 포함된 제약들을 허락하지 않는다. 즉 pH에 대하여 풀고 있다면 해답이 0과 14 사이에 놓인다는 계산 알고리즘을 알도록 도와줄 수 있다.

처음 Office 2010을 설치할 때 Solver는 자동적으로 설치되지 않는다. 엑셀을 연 다음, **파일/옵션/추가 기능(File/Options/Add-Ins)**으로 가서 **이동(Go)**를 클릭하고 **해 찾기 추가 기능(Solver Add-In)**을 선택한 다음 확인(OK)을 클릭하면 설치된다. 엑셀을 연 다음 데이터 탭(Data tab)으로 가려면 메뉴 바의 오른쪽 모서리에 있는 해 찾기에 대한 쪽 그림(icon)을 보아야 한다.

이 책의 **웹 사이트**에서 다운로드를 할 수 있는 예제 7.21.xlsx 파일을 참고하시오. 빈 스프레드시트로 시작한다. 예제 7.19에서 수행한 것과 매우 유사하게 B1:B4 셀에 K_{a1}, K_{a2}, K_{a3}, K_w의 값을 넣고 각각 KAA, KAB, KAC, K_W라고 이름을 붙인다. 첫 번째로 인산(H_3PO_4)에 대하여 수행하려고 한다. 5행에 항목으로 인산(H_3PO_4)을 쓴다. 6행에서 시작한다면, A6 셀에서 시작하여 10개의 열을 만들고 CP, pH, H^+, CNA, OH, Q3, Alpha1, Alpha2, Alpha3, Equation이라고 이름을 붙인다. A7:A16에 문제의 농도들, 즉 문제에서 열거된 것과 같이 0.001로부터 1.0까지 연속적으로 타이프하여 넣는다. pH열(B7 셀)에 1을 입력한다. H^+열(C7 셀)에 pH($=10^{-B7}$)와 관련이 있다. CNA열 D7 셀에 0을 타이프하여 넣는다(순수한 용액에서 소듐의 농도는 0이다). OH^-열(E7 셀)에 OH^-와 H^+(C7 셀에서 주어진)의 관계 = KW/C7을 입력한다. Q3열(F7 셀)에 예제 7.19에서와 거의 같은 다음을 입력한다.

$$= C7\text{^}3 + KAA{*}C7\text{^}2 + KAA{*}KAB{*}C7 + KAA{*}KAB{*}KAC$$

분리된 행에 있는 각각의 수소 이온 농도에 대한 많은 방정식을 풀어야 하기 때문에 H를 정의하고 이용할 바에는 오히려 셀 참조(cell reference)C7을 이용하고 있다는 것에 주목하시오. 각각의 행에 있는 수소 이온 농도는 단일 값이 아닌 서로 다른 값이 될 것이다(C7:C17). 그리고 예제 7.19에서 했던 것과 같이 H로 불리는 단일 값을 이름 붙임으로써 이것을 나타낼 수 없다. 또한 예제 7.19에서와 같이 G7:I16 셀에 Alpha1:Alpha3를 정확하게 넣는다. 그러나 H보다 C7을 이용한다. 전하 균형식은 소듐을 포함하는 용액에 대하여 $[Na^+]$가 왼쪽에 부가되는 것을 제외하고 식 7.85와 같으며, 평형 상수 항으로 나타낼 때는 $[Na^+]$가 왼쪽에 부가된 식 7.86과 같다. 끝으로, J7 셀에 방정식을 넣는다. 전하 균형식을 제곱한다(그 이유는 아래를 보시오). H_3PO_4에 대한 CNA는 0이 된다. 다른 네 가지 경우 모두에 대하여 같은 식을 이용하기 위하여 전하 균형식에 있는 이 항을 계속 이용하고 전체에 10^{10}을 곱한다.

$$= (1E10)^*(C7 + D7\text{-}E7\text{-}A7^*(G7 + 2^*H7 + 3^*I7))^\wedge 2$$

이제 B7:J7 셀을 하이라이트한 다음 복사(Ctrl-C)하고 B8 셀에서 시작하여 붙이기(Ctrl-V)를 하여 B8:J8을 채운다. 연속적으로 같은 방법으로 B16:J16까지 복사할 수 있지만, 두 행(B7:J8)을 하이라이트하는 것이 편리하고 J8 바닥 모서리에서 커서를 J16까지 끌기(drag)하여 남아 있는 행들을 채운다(단지 채워진 7행과 함께 끌기–와–채우기 조작을 실행한다면, 식이 없는 셀 모두에 초기 설정(default)함으로써 엑셀은 개개의 연속되는 행에 각 단계별로 1씩 증가한다. 즉 초기에 할당된 pH 셀 값은 B8에는 2, B9에는 3 등등, B16에 10이 될 때까지 이루어진다. 반드시 그렇게 해야 되는 것은 아니다. B7에서와 같이 B8에 같은 값을 가짐으로써 끌기–와–채우기 하는 동안에 엑셀은 그 열에 있는 행들 사이에서 증가량이 0이라는 것을 말해 주고 있는 것이고 그 명령을 따른다).

다음은 동시에 B7:B16에 정확한 pH 값을 구함으로써 J7:J16에 10개의 식을 풀려고 한다. 우선 J18 셀에 다음과 같이 타이프하여 모든 식으로 구한 값들의 합을 구한다.

$$= \text{SUM(J7:J16)}$$

이제 해 찾기를 인용한다. 데이터 탭으로 가서 메뉴 바의 꼭대기 오른쪽 모서리에 있는 해 찾기 아이콘 **?→해 찾기**을 클릭한다. 해 찾기는 드롭다운 메뉴 상자로 열린다. 이 셀에 커서를 놓고 해 찾기를 열었기 때문에 "목표 설정" 상자 제일 위쪽에 이미 하이라이트되어 나타내어진 J18이 존재해야 한다. 존재하지 않는다면, 여기에 J18을 타이프한다. 식을 풀기 위하여 J18(전하 균형식)은 0이 되어야 한다. 각각의 식이 0이 되면, 그들의 합 또한 0이 되어야 한다. 숫자 영역에서 얻을 수 있는 수를 나타내는 한계 내에서 설사 최선의 해가 정확하게 0이 되지는 않을지라도 매우 작은 수를 얻을 수 있을 것이다(특히 식에 10^{10}을 곱한 것을 기억하고 있다면). 식의 합을 취해서 동시에 많은 식을 풀어야 하기 때문에, 식보다 식의 제곱을 이용해야 하는 이유를 이해하게 될 것이다. 한쪽은 0인 한 개의 식을 푸는 관점에서 생각해 보면, $x=0$ 또는 $x^2=0$을 풀어도 아무런 문제가 되지 않는다. 그러나 $x=0$이고 $y=0$인 두 식을 가지고 $x+y=0$을 얻기 위해서 개별적으로 그들을 풀려고 한다면, x와 y가 0이 아닌 경우 $x=-y$인 조건이 되기 때문에 정확한 해를 구할 수 없을 것이다. 그러나 x와 y가 어떤 실수 값이라면 $x^2+y^2=0$의 해는 반드시 $x=0$과 $y=0$이 얻어져야 한다.

다음 해 찾기에서, 대상에서 최댓값(max), 최솟값(min) 또는 지정값(to value)을 선택한다. "min" 버튼(선택된)이나 "지정값 0"을 선택할 수 있으며 둘 다 같은 효과을 갖는다. 식을 제곱하기 때문에 J18에 있는 값은 0보다 작을 수 없으므로 최소화한다는 것은 0과 같은 효과를 가진다.

다음 "변수 셀 변경" 상자를 클릭한다. 풀려고 하는 셀(B7:B16)을 타이프하거나 이들 셀들을 선택하기 위하여 커서를 이용할 수 있다. 지금 이 상자는 $B$7:$B16을 읽고 있어야 한다. "제한되지 않는 변수를 음이 아닌 수로 설정" 상자는 이미 꺾자(√)가 표시되어 있어야 한다. 변수는 pH이고 대부분의 실제 문제에서는 음의 값을 가져서는 안된다. "해법 선택" 상자에 초기에 이미 "GRG 비선영"이 선택되어져 있으며 다른 항목으로 "단순 LP"와 "Evolutionary"가 있다. 그리고 모든 작업에 이것을 이용할 것이다. GRG는 Generalized Reduced Gradient의 약자이다. 해를 구하는 근사법의 차이점에 대하여 엑셀에서 읽을 수 있다.

"제한 조건에 종속" 상자에 pH 값들이 14 이하가 될 것을 추가하려면, "추가" 버튼을 눌러 새 상자가 열고 "셀 참조" 상자에 B7:B16을 타이프하여 넣거나 선택한다. 조건 상자에서 <=, =, >=, int, bin 및 tif 중에서 선택할 수 있으나 이미 <= 연산자가 초기 설정되어 있으며 이것을 이용할 것이다. 다음 "제한 조건" 상자로 가서 14를 타이프한다. ENTER를 치거나 확인을 클릭한다. 그러면 해 찾기 주 메뉴로 되돌아온다. 여러 가지 조절할 수 있는 옵션을 탐구하기 위해 "옵션" 버튼을 열 수 있다. 그러나 건너뛰고 진행하겠다. 해 찾기 대화 상자를 스크린의 한쪽 모서리로 이동한다. 그러면 최소화하려는 J18의 내용을 볼 수 있을 것이다.

현재 그것은 아마 매우 큰 수일 것이다. 이제 "해 찾기" 버튼을 클릭하자. 그러면 "해 찾기 결과"라는 새 창이 나타난다. 그러면 J18의 내용을 볼 수 있도록 이동한다. 전보다는 작지만 여전히 매우 크다는 것을 볼 수 있을 것이다. 여러 번 "해 찾기"를 인용해야 하기 때문에 "해 찾기 매개 변수 대화상자로 되돌아가기" 상자를 꺾자(√)표시하고 "확인"을 클릭한다. 해 찾기 주 메뉴가 나타나면 "해 찾기"를 다시 클릭한다. 해 찾기 결과는 J18에 있는 값에서 큰 차이가 날 것이다. 그러나 이것을 변화가 없을 때까지 계속한다. 사실상 한 바퀴 이상 돌리면 10^{-15} 차수의 값으로 수렴하게 될 것이다. 더 이상 해 찾기에서 변화가 없을 것이다. 해 찾기 대화상자가 나타나면 "해 찾기"보다는 "닫기"를 클릭한다. 구해진 pH 값들은 행 B7:B16에 나타날 것이고 3.03~1.00 범위에 있을 것이다.

이제 NaH_2PO_4에 대해서도 똑같은 일을 하려고 한다. 21행에 **MONOSODIUM PHOSPHATE**라는 제목을 쓴다. A6:J18을 포함하고 있는 전체 계산식을 복사하여 A22 셀에서 시작하여 붙이기를 한다. 변경해야 할 유일한 것은 CNA행인데, 인산 일소듐에 대한 CNA 값은 언제나 CP와 같다는 것에 주목한다. D23 셀에 "=A23"이라고 쓰고 D32까지의 셀 값을 끌기와 채우기 한다. 물론 식의 값들은 즉시 매우 높은 값들로 변한다. J34 셀에 새로운 합을 클릭하고 해 찾기를 인용한다. 이전 조건으로 연다(즉 목표 셀로 J18 등등). 이것을 현재의 요구에 맞도록 변경해야 한다. 목표 셀을 J34까지 설치하고 B23:B32는 변할 수 있는 셀이라는 것을 명시하고 제한 조건 상자에 있는 입력을 선택하여 "변화"를 선택한다. 제한 조건 변경 상자가 나타나면 B7:B16을 B23:B32로 변경하고 확인을 클릭한 다음, 해 찾기를 클릭한다(목표 셀로 셀 J34를 하이라이트한다). 다시 약 네 바퀴를 돌리면 결과가 매우 작고 더 이상 변하지 않음을 보게 될 것이다. pH 값은 CP=0.001 *M*에서 5.08로부터 CP=1.0 *M*에서 4.54까지 변할 것이다. 또한 0.1 *M* 농도에 대하여 pH가 어떻게 더 이상 변하지 않는가를 알게 될 것이다.

Na_2HPO_4와 Na_3PO_4에 대하여 유사한 방법으로 이것을 수행한다. Na_2HPO_4에 대하여 유일하게 변경해야 하는 것은 CNA 셀에 Na_2HPO_4에 대한 CNA 셀 값은 CP 셀 값에 2를 곱한 것과 같다는 것에 주목해야 한다. 유사한 방법으로 Na_3PO_4의 경우, CNA 셀 값은 CP 셀 값에 3를 곱한 것과 같다. 이들의 해를 구한 다음에는 경향성을 알아야 한다. Na_2HPO_4에 대한 pH가 연속적으로 농도와 함께 증가하지만 높은 CP 농도에서 Na_2HPO_4의 경우에 대한 pH 값은 9.72 값으로 수렴할 것이다. ■

예제 7.22

EDTA는 4개의 양성자를 가지는 다양성자산(H_4Y)이다. 육양성자산(H_6Y^{2+})을 생성하기 위해서는 2개의 양성자를 받아들일 수 있다. 0.0100 *M* Na_2EDTA(Na_2H_2Y) 용액의 수소 이온 농도를 계산하시오.

풀이

H_2Y^{2-}를 포함하는 두 개의 평형은 다음과 같다.

$$H_2Y^{2-} \rightleftharpoons H^+ + HY^{3-} \qquad K_{a3} = 6.9 \times 10^{-7}$$

$$H_2Y^{2-} + H_2O \rightleftharpoons H_3Y^- + OH^- \qquad K_b = \frac{K_w}{K_{a2}} = \frac{1.0 \times 10^{-14}}{2.2 \times 10^{-3}}$$

부분적으로 중화된 이전의 경우와 비교해 보면, H_2Y^{2-}는 HA^-와 등가이고, H_3Y^-는 H_2A와 등가이다. 평형 상수들은 K_{a2}와 K_{a3}(가수 분해된 염의 짝산 H_3Y^-에 대한 짝염기)이다. 즉

$$[H^+] = \sqrt{K_{a2}K_{a3}} = \sqrt{(2.2 \times 10^{-3})(6.9 \times 10^{-7})}$$

$$= 3.9 \times 10^{-5}\ M$$

■

7.13 생리학적인 완충 용액–우리 생명을 유지한다

건강한 인간의 혈액의 pH는 7.35~7.45 범위에서 매우 일정하게 유지되고 있다. 그 이유는 혈액 속에 존재하는 여러 종류의 완충계들이 인체 내의 신진대사의 결과 생기는 산성 또는 염기성 물질에 의한 혈액의 pH 변화를 억제하는 역할을 잘 수행하고 있기 때문이다. 임상학적으로 볼 때, 혈액의 경우 ±0.3 정도의 pH 변화는 꽤 심각하다고 할 수 있다. 산성 대사물질은 염기성 대사 물질들보다 많이 생겨나는데, 이산화 탄소가 그 대표적인 예이다. 혈액 내에서 CO_2에 대처하는 완충 작용은 헤모글로빈과 옥시헤모글로빈(62%), $H_2PO_4^-/HPO_4^{2-}$ (22%), 플라스마 단백질(11%), HCO_3^-(5%) 등으로 잘 분배되어 있다. 단백질은 약산성의 카복실기와 약한 염기성의 아미노기를 함께 가지고 있어서 아주 효과적인 완충제라고 할 수 있다. 산을 중화시키기 위한 혈액의 결합된 완충 용량을 임상의들은 "알칼리 저장량"으로 부르며, 이 용량은 임상 실험에서 자주 측정한다. 어떤 질병에 의해서는 인체 내 산의 균형을 깨뜨리게 되는데, 예를 들면 당뇨병은 치명적인 증상의 하나인 "산 중독"을 유발시킬 수 있는 것이다.

진단을 위한 중요한 분석 중의 하나는 혈액 속의 CO_2와 HCO_3^-의 상대적인 존재비다. 이 비는 다음의 Henderson–Hasselbalch 식(7.45)에 의한 혈액의 pH와 관계가 있다.

$$\text{pH} = 6.10 + \log \frac{[HCO_3^-]}{[H_2CO_3]} \tag{7.101}$$

여기서 H_2CO_3의 농도는 혈액에 용해된 CO_2의 농도와 같고, 체온인 37°C에서 H_2CO_3의 pK_{a1}은 6.10이다. 보통 혈액 내 탄산수소 이온의 농도는 26.0 mmol/L이고, 이산화 탄소의 농도는 1.3 mmol/L이므로, 위 식에 의하면 혈액의 pH는 다음과 같다.

$$\text{pH} = 6.10 + \log \frac{26.0 \text{ mmol/L}}{1.3 \text{ mmol/L}} = 7.40$$

HCO_3^-의 농도는 실험 10에서와 같이 적정법에 의해 구할 수 있고, 총 이산화 탄소량(HCO_3^- + 용해된 CO_2)은 용액을 산성화한 후 발생하는 기체의 양을 측정하면 얻을 수 있다.[7] 이 두 실험을 이용하여 HCO_3^-/CO_2의 비를 계산할 수 있고, 환자에게 산중독이 발생하였는지, 염기 중독이 발생하였는지를 알아낼 수 있게 된다. 다른 방법으로는, 37°C에서 혈액의 pH를 측정하면 식 7.101에 의해 $[HCO_3^-]/[H_2CO_3]$의 비를 알 수 있으므로, HCO_3^-나 총 이산화 탄소 중 한 가지 양만 측정하면 탄산 균형에 대한 완전한 정보를 얻을 수 있다.

CO_2/HCO_3^-의 비는 식(7.101) 중 2개의 매개 변수를 측정하여 얻을 수 있다.

CO_2 전극을 사용하여 CO_2의 부분 압력(pCO_2)을 측정하기도 하는데, 이때는 $[H_2CO_3]$가 약 0.30 pCO_2가 되며, 단지 pH나 또는 $[HCO_3^-]$만 측정하면 된다.

이런 탄산수소 이온/탄산의 완충계에 대한 평형과 식 7.101은 혈액 속에 다른 완충 계가 존재에는 관계없이 적용된다. pH는 모든 완충계들에 의해 나타나지만, 그 pH 값에 의해 $[HCO_3^-]/[H_2CO_3]$ 비도 결정되기 때문이다.

HCO_3^-/H_2CO_3 완충계는 특히 폐 속의 혈액에 있어서 아주 중요한 역할을 하고 있다. 폐로 흡입된 산소가 헤모글로빈과 결합하고, 그 결과 생긴 옥시헤모글로빈이 이온화하면 H^+가 생기기 때문이다. 이 과량의 산은 HCO_3^-와 반응하여 제거된다.

$$H^+ + HCO_3^- \rightarrow H_2CO_3$$

그러나 pH 7.4에서 $[HCO_3^-]/[H_2CO_3]$의 비는 26/1.3 = 20 : 1이다. 이것은 효과적인 완충 비율이 아니며, 위의 반응에 의해 많은 양의 HCO_3^-가 H_2CO_3로 바뀌면 새로운 비에 해당하는 만큼 pH는 상당히 감소해야 할 것이다. 그러나 다행스럽게 생성되는 H_2CO_3가 탈카복실화 효

[7]이산화 탄소의 부피를 측정하고, 이때의 온도와 압력을 이용하여 CO_2의 mmol 수를 계산할 수 있고, 따라서 원래 용액 중의 농도를 mmol/L의 단위로 계산할 수 있다. 표준 온도 압력 하에서 기체 22.4 L에는 1 mol의 기체가 포함되어 있다.

소의 작용에 의해 곧 CO_2와 H_2O로 분해되고, CO_2는 호흡을 통해 다시 몸 밖으로 배출되기 때문에 HCO_3^-/H_2CO_3 비가 20 : 1로 일정하게 유지된다.

예제 7.23

혈액 속의 총 이산화 탄소의 양($HCO_3^- + CO_2$)을 알기 위해 시료에 산을 가하여 발생하는 이산화 탄소 기체의 양을 Van Slyke 장치에 의해 측정하였더니 28.5 mmol/L였다. 이 혈액의 pH는 37°C에서 7.48로 측정되었다. 혈액 속의 HCO_3^-와 CO_2의 농도를 구하시오.

풀이

$$\mathrm{pH} = 6.10 + \log\frac{[\mathrm{HCO_3}^-]}{[\mathrm{CO_2}]}$$

$$7.48 = 6.10 + \log\frac{[\mathrm{HCO_3}^-]}{[\mathrm{CO_2}]}$$

$$\log\frac{[\mathrm{HCO_3}^-]}{[\mathrm{CO_2}]} = 1.38$$

$$\frac{[\mathrm{HCO_3}^-]}{[\mathrm{CO_2}]} = 10^{1.38} = 24$$

$$[\mathrm{HCO_3}^-] = 24[\mathrm{CO_2}]$$

그러나

$$[\mathrm{HCO_3}^-] + [\mathrm{CO_2}] = 28.5\ \mathrm{mmol/L}$$

$$24[\mathrm{CO_2}] + [\mathrm{CO_2}] = 28.5$$

$$[\mathrm{CO_2}] = 1.1_4\ \mathrm{mmol/L}$$

$$[\mathrm{HCO_3}^-] = 28.5 - 1.1 = 27.4\ \mathrm{mmol/L}$$

■

7.14 생물학적 또는 임상 측정을 위한 완충 용액

pH 6~8 범위에서 많은 흥미로운 생물학적인 반응들이 일어난다. 23장에서 볼 수 있듯이 분석에 사용되는 특정 효소 반응은 pH가 4~10 또는 더 넓은 pH 범위에서 일어나기도 한다. 따라서 생물학적 반응에 관한 연구나 임상 목적의 분석을 위한 합당한 완충 용액을 선택하는 일은 그러한 연구들에 영향을 미칠 수 있다는 관점에서 매우 중요하다. 사용하는 완충 용액은 Henderson–Hasselbalch 식에서의 $[A^-]/[HA]$의 비가 1에서 크게 벗어나지 않도록 임상학적인 pH와 유사한 pK_a 값을 가져야 하며, 임상학적으로 호환성이 있어야 한다.

인산을 이용한 완충 용액

유용하게 사용되는 것 중 하나가 바로 인산계 완충 용액이다. 생물학적인 조직에는 이미 인산이 어느 정도 포함되어 있기 때문에 인산계 완충 용액은 일반적으로 아무런 영향을 미치지 않는다. $H_3PO_4/H_2PO_4^-$, $H_2PO_4^-/HPO_4^{2-}$, HPO_4^{2-}/PO_4^{3-} 중 적당한 완충계를 선택하여 넓은 pH 영역에 걸친 완충 용액을 만들 수 있다. 이온 세기가 0.2로 일정하며 일련의 인산계 완충 용액에 관한 여러 가지 성분에 대하여는 G. D. Christian and W. C. Purdy, J. *Electroanal. Chem.*, 3(1962)363을 참조하라. 이온 세기는 6장에서 언급한 바와 같이 용액 속에 존재하는 전체 염의 함량에 관한 척도인데, 이온 세기는 여러 가지 반응에 영향을 미치며 특히 반응 속도에 관한 연구에서 그 영향이 크다. 그러므로 완충 용액들은 일정한 이온 세기가 요구되는 연구에 쓰일 수 있다. 한 가지 주의할 것은 이들 완충 용액의 완충 용량은 그 용액의 pH가 열거된 한 가지 염이 만들어 내는 pH에 근접할수록 약해진다는 사실이다. 한 가지 염으로 이루어진 용액은 완충 용액이라고 할 수 없으며, 가장 좋은 완충 용량은 주어진 인산의 pK_a 값에서 ±1 이내의 pH를 가진 완충 용액들이라 할 수 있다. 예를 들어 pH가 1.96±1, 7.12±1, 12.32±1인 때이다.

예제 7.24

이온 세기가 0.100인 인산계 완충 용액을 만들고자 한다. pH가 7.45인 완충 용액 1 L를 만들기 위해서는 NaH_2PO_4와 Na_2HPO_4를 각각 몇 g씩 취하여야 하는가?

풀이

$[Na_2HPO_4] = x$, $[NaH_2PO_4] = y$라고 하자. 이 두 가지의 미지수를 구하기 위하여 2개의 방정식이 필요하다. 첫 번째 식은 이온 세기를 구하는 식이다.

$$\mu = \frac{1}{2}\sum C_i Z_i^2$$

$$0.100 = \frac{1}{2}[Na^+](1)^2 + [HPO_4{}^{2-}](2)^2 + [H_2PO_4{}^-](1)^2$$

$$0.100 = \frac{1}{2}[(2x + y)(1)^2 + x(2)^2 + y(1)^2)]$$

$$0.100 = 3x + y \tag{1}$$

두 번째 식은 Henderson−Hasselbalch 식이다.

$$pH = pK_{a2} + \log\frac{[HPO_4{}^{2-}]}{[H_2PO_4{}^-]}$$

$$7.45 = 7.12 + \log\frac{x}{y} \tag{2}$$

$$\frac{x}{y} = 10^{0.33} = 2.1_4$$

$$x = 2.1_4 y \tag{3}$$

식 (1)에 대입하면

$$0.100 = 3(2.1_4)y + y$$

$$y = 0.013_5\ M = [NaH_2PO_4]$$

식 (3)에 대입하면

$$x = (2.1_4)(0.013_5) = 0.028_9\ M = [Na_2HPO_4]$$

$$g\ NaH_2PO_4 = 0.013_5\ \text{mol/L} \times 120\ \text{g/mol} = 1.6_2\ \text{g/L}$$

$$g\ Na_2HPO_4 = 0.028_9\ \text{mol/L} \times 142\ \text{g/mol} = 4.1_0\ \text{g/L}$$

■

엑셀 해 찾기를 이용하여 예제 7.24 풀이하기

템플릿으로 예제 7.21.xlsx를 이용할 수 있고 숫자만으로 된 단 한 개의 행만을 이용할 수 있다. 이온 세기가 0.1이 될 것이라는 것을 알기 때문에, CP는 0.1보다 현저하게 작아야 한다. 초기 기준 값으로 CP와 CNA 둘 다 0.1을 입력한다. pH(B7 셀)를 7.45로 입력한다. 이것은 변수가 아니라 주어진 값이다. 식, 이온 세기 앞에 나른 열을 삽입하고 J7 셀에는 다음과 같이 나타낸다.

$$= 0.5*(C7 + D7 + E7 + A7*(G7 + 4*H7 + 9*I7))$$

전하가 0이 되도록 전하 균형식을 세우고 이온 세기 I가 0.1이 되도록 하기 위하여 CP와 CNA를 변경할 필요가 있다. 후자는 식 I−0.1 = 0을 푸는 것과 같다. L7 셀에는 =J7-0.1을 적어 넣는다. 이제 M7 셀에는 해를 구하려는 두 식에 10^{10}을 곱해준 식의 제곱의 합을 갖는다. 제한 조건은 CP가 0.1보다 적어야 한다는 것이다. 해 찾기를 인용해 보면, CP(A7)과 CNA(D7)을 변경시킴으로써 M7 셀이 최소화되기를 바란다.

해 찾기는 CP = 0.0424 *M*과 CNA = 0.0712 *M*인 해를 찾아낸다. 0.0424 *M* NaH_2PO_4로 제조하는 것으로 시작하면, 0.0712−0.0424 = 0.0288 *M* Na가 남아 있게 된다. 그러므로 0.0288 *M* Na_2HPO_4를 제조하게 될 것이고, 0.0424−0.0288 = 0.0136 *M* NaH_2PO_4가 남아 있게 된다.

풀이된 문제는 7.24.xlsx로 **웹 사이트**에 있다.

인산계 완충 용액을 이용하여 적용하는 데는 한계가 있다. 어떤 pH 값에서 한정된 완충 용량을 가지는 것 외에, 인산염은 많은 다원자가 양이온과 침전물을 만들거나 착물을 생성한다. 그리고 빈번하게 침전물을 생성하거나 반응을 억제한다. 예를 들면 칼슘 침전이 관심을 갖는 반응에 영향을 미친다면 칼슘이 존재할 때는 이용해서는 안 된다.

트리스(TRIS) 완충 용액

이 완충 용액은 일반적으로 임상 화학적 측정에 사용된다.

임상 실험실이나 생화학적인 연구에서 널리 쓰이고 있는 생리학적인 pH 영역에 속하는 완충 용액 중의 하나는 **트리스**(하이드록시메틸)아미노메테인[$(HOCH_2)_3CNH_2$: **Tris** 또는 **THAM**]과 그 짝산(아미노기에 양성자가 붙은 형태)으로 제조된다. 트리스는 일차 표준 물질로 매우 안정하고, 생리학적 분비액에 대한 용해도가 높고, 수분이나 CO_2를 거의 흡수하지 않으며, 칼슘염을 침전시키지 않고, 많은 효소 작용을 억제하지 않으며, 생물학적 분비액과 함께 사용할 수 있다. 짝산의 pK_a는 8.08로 생리학적인 pH에 가깝지만, pH가 7.5 이하의 용액에서는 완충 능력이 낮아지기 시작한다는 점이 단점이라고 할 수 있다. 다른 단점들로는 1차 아민이 가지는 높은 반응성을 들 수 있는데, 13장에서의 포화 칼로멜 기준 전극의 경우에서 보는 바처럼 린넨 섬유질과의 반응성(그러므로 세라믹, 석영, 슬리브로 이루어진 경계를 가진 전극을 사용하여야 한다)을 예로 들 수 있다. 트리스계 완충 용액은 트리스에 적당량의 염산을 가하여 원하는 pH의 용액을 만들어 사용한다.

Good의 완충 용액

Norman E. Good와 그의 공동 연구자들은 생물학적으로 중요한 pH 6~8 범위에서 완충 작용을 하도록 하기 위해서 이상적이고 값이 싸며 안정하고 광학적 투과($\lambda \geq 230$ nm)가 좋은 완충 성분들을 찾았다. 그들은 물에는 잘 녹으나 지질에는 잘 녹지 않고(한편, 세포막을 투과하지 않는다), 염 효과(7.12절을 보라)와 온도 효과를 최소화하며, 생물학적 계에 존재하는 전형적인 양이온과 상호작용하지 않는(적어도 침전시키지 않는) 완충 용액을 원했다. 실험적인 연구를 기초하여 트리스를 포함한 완충 용액에 이용되는 화합물들을 표 7.3에 수록하였다.

Good의 완충 용액에 대하여 더 자세히 알기를 원한다면, Q. Yu, A. Kardegendara, Y. Xu, and D. B. Rorabacher, "Avoiding Interferences from Good's Buffers: A Contiguous Series of Noncomplexing Tertiary Amine Buffers Covering the Entire pH Range of pH 3−11", *Anal Biochem.*, 253(1) (1997) 50−56을 보시오.

표7.3 Good의 완충 용액[1]

화합물	20°C에서의 pK_a
Morpholinoethane sulfonic acid (MES)	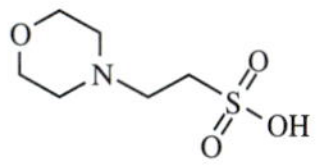 **6.15**
N-(2-acetamido)iminodiacetic acid (ADA)	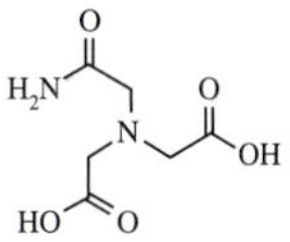 **6.6**
Piperazine-N,N′-bis(ethanesulfonic acid)	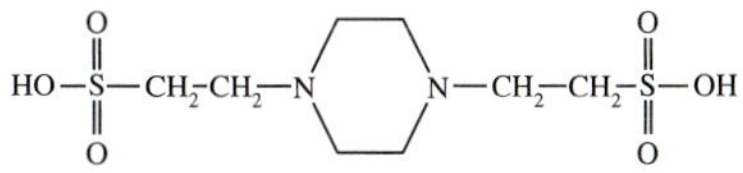 **6.8**
N-(2-Acetamido)-2-aminoethanesulfonic acid	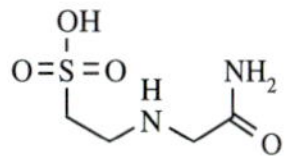 **6.9**
N,N-bis(2-hydroxyethyl)-2-aminoethanesulfonic acid (BES)	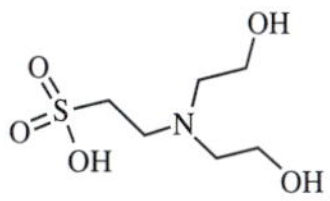 **7.15**
N-[Tris(hydroxymethyl)methyl] 2-aminoethanesulfonic acid (TES)	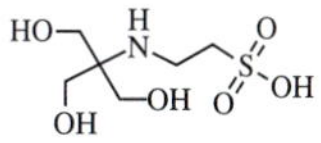 **7.5**
4-(2-hydroxyethyl)-1-piperazineethanesulfonic acid (HEPES)	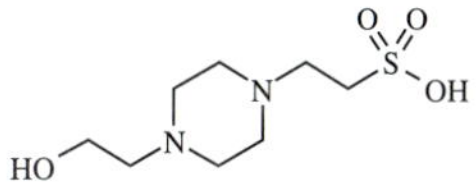 **7.55**
N-[Tris(hydroxymethyl)methyl]glycine (Tricine)	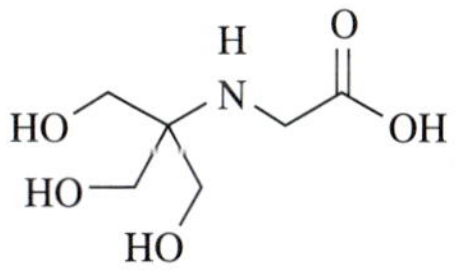 **8.15**
Glycinamide	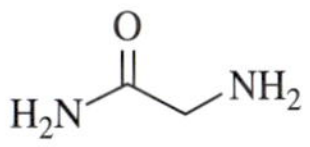 **8.2**
N-[Bis(hydroxymethyl)methyl]glycine (Bicine)	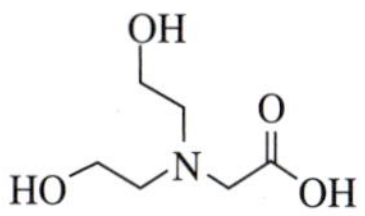 **8.35**

[1]N. E. Good, G. D. Winget, W. Winter, T. N. Connolly, S. Izawa, and R. M. M. Singh, Biochemistry 5(1966)467.

7.15 산과 염기에 대한 다양한 이온 효과: $^{C}K_a$ 와 $^{C}K_b$ —염에 의한 pH 변화

6장에서 농도 대신에 활동도를 사용하여 정의한 열역학적 평형 상수에 대해 공부하였다. 다른 염들이 활동도에 영향을 미칠 수 있기 때문에 약산이나 약한 염기와 같은 약한 전해질의 해리도를 변화시킬 수 있다. 해리되지 않는 형태의 산이나 염기는 전하를 가지고 있지 않으면 활동도 계수가 대략 1이다. 그러므로 HA에 대하여 다음과 같이 정의할 수 있다.

$$K_a = \frac{a_{H^+} \cdot a_{A^-}}{a_{HA}} \approx \frac{a_{H^+} \cdot a_{A^-}}{[HA]} \quad (7.102)$$

$$K_a = \frac{[H^+]f_{H^+} \cdot [A^-]f_{A^-}}{[HA]} = {}^cK_a f_{H^+} f_{A^-} \quad (7.103)$$

$${}^cK_a = \frac{K_a}{f_{H^+} f_{A^-}} \quad (7.104)$$

여기서 K_a는 이온 세기가 0일 때 참 평형 상수이고 ${}^cK_a$는 무한대의 이온 세기에서 사실상의 "농도 상수"이다.

그러므로 활동도 계수가 감소함에 따라 이온 세기와 ${}^cK_a$이 증가함을 예측할 수 있다. 6장의 예제 6.18과 문제 22를 참조하시오. 약한 염기의 경우에도 같은 영향을 나타낸다(이 장의 끝에 있는 문제 65 참조).

이온 세기가 약산과 약한 염기의 해리에 영향을 미치기 때문에 전극으로 측정된 pH는 $-\log a_{H^+}$를 의미하며, 완충 용액의 pH에 영향을 미치게 된다. Henderson-Hasselbalch 식을 쓰면 다음과 같다.

$$pH = pK_a + \log \frac{a_{A^-}}{[HA]} = pK_a + \log \frac{[A^-]}{[HA]} + \log f_{A^-} \quad (7.105)$$

$HPO_4^{2-}/H_2PO_4^-$ 완충 용액 에서, $a_{HPO_4^{2-}}/a_{H_2PO_4^-}$의 비는 이온 세기가 증가함에 따라 감소할 것이고, 이 영향은 이온의 전하가 증가함에 따라 더 커지게 된다.

완충 용액에 아무런 영향을 주지 않는 몇몇 염들을 첨가한다고 해도 $[A^-]/[HA]$ 농도 비는 변하지 않는다. 식 7.105에서 염을 첨가하거나 묽힘으로써 영향을 받는 항은 $\log f_A$ 항뿐이다. 완충 용액이 묽혀진다면, 이온의 세기는 감소하고, f_{A^-}와 $\log f_{A^-}$가 증가할 것이므로 pH가 증가하게 될 것이다. 이 장의 앞쪽에 있는 각주 4를 참조하시오.

7.16 log C-pH 도표

pH에 대한 여러 산-염기 화학종들의 농도를 그래프로 나타낼 때는 언제나 log-log 그래프를 사용하는데, 넓은 범위의 농도를 갖는 시스템과 pH의 상태를 가시화하는 데 도움이 된다. 특히 $[H^+]$와 $[OH^-]$에 대응하는 선을 결합시킬 때, 심지어 복잡한 시스템의 성질을 이해하며 포괄적으로 고찰하는 데 유용하다. 그것은 간단한 시스템과 심지어 상당히 복잡한 시스템에 대하여 근사적으로 pH 값을 예측하도록 한다. 그러나 그러한 시스템의 정확한 pH 계산은 log C-pH 도표를 만드는 데 요구되는 노력에 비하여 전하 균형법(이 책의 **웹 사이트**에 있는 예제 7.19와 예제 7.19b 참조)으로 더 정확하게 계산하는 것이 설득력이 있을 수 있다. 그러므로 이것에 대한 보다 더 상세한 설명은 이 책의 웹 사이트에서 할 것이고, 여기서는 그러한 그래프를 어떻게 작성하고 어떻게 이용할 것인가에 대하여 설명하고자 한다. 전하 균형법으로 계산된 정확한 풀이가 더 우수할 것인지에 관계없이, log C-pH 도표는 다른 방법에 비하여 가시화할 수 있다.

그러한 그래프를 그리는 첫 번째 단계는 필요한 자료를 가지고 스프레드시트를 작성하는 것이다. 앞에서 작성된 α 값 스프레드시트를 이용할 수 있다. 이러한 목적과 log C-pH 도표 또는 보다 더 많은 산-염기 계를 그림으로 나타내는 데 일반적으로 이용할 수 있는 스프레드시트를 만들어 보자. master spreadsheet는 log C-pH Master.xlsx와 같이 교재 웹 사이트에 있는 유용한 도구로 여기서 논의할 것이다. 이러한 목적을 위해서, 염기가 포함되어 있어도 그것을 짝산으로 취급하면 더 쉽게 해결할 수 있다. 스프레드시트 log C-pH Master.xlsx를 참고하면, 부분적인 스크린 샷은 그림 7.4에서와 같이 나타난다. 첫 번째 세 열 A:C(**웹 사이트**

log C-pH diagrams Master Spreadsheet

System A				System B	
KAAA1	1.75E-05			KAAB1	5.71E-10
KAAA2	0.00E+00			KAAB2	0.00E+00
KAAA3	0.00E+00			KAAB3	0.00E+00
KAAA4	0.00E+00			KAAB4	0.00E+00
CONCA	0.1			CONCB	0.1

pH	[H+]	[OH-]	A Free aci	A Monoanion	A Dianion	A Trianion	A Tetraanior	B Free aci	B Monoanion	B Dianior	B Trianio	B Tetraanio	QA	QB
0	1	1E-14	0.09999325	1.74997E-06	0	0	0	0.1	5.71E-11	0	0	0	1.0000175	1.000000001
0.1	0.7943282	1.25893E-14	0.0999978	2.20307E-06	0	0	0	0.1	7.18846E-11	0	0	0	0.39811594	0.398107171
0.2	0.6309573	1.58489E-14	0.09999723	2.77349E-06	0	0	0	0.1	9.04974E-11	0	0	0	0.15849371	0.158489319
0.3	0.5011872	1.99526E-14	0.09999651	3.49159E-06	0	0	0	0.1	1.13929E-10	0	0	0	0.06309793	0.063095735
0.4	0.3981072	2.51189E-14	0.0999956	4.39561E-06	0	0	0	0.1	1.43429E-10	0	0	0	0.02511996	0.025118864
0.5	0.3162278	3.16228E-14	0.09999447	5.53368E-06	0	0	0	0.1	1.80566E-10	0	0	0	0.01000055	0.01
0.6	0.2511886	3.98107E-14	0.09999303	6.96639E-06	0	0	0	0.1	2.27319E-10	0	0	0	0.00398134	0.003981072
0.7	0.1995262	5.01187E-14	0.09999123	8.77001E-06	0	0	0	0.1	2.86178E-10	0	0	0	0.00158503	0.001584893
0.8	0.1584893	6.30957E-14	0.09998896	1.10405E-05	0	0	0	0.1	3.60277E-10	0	0	0	0.000631027	0.000630957
0.9	0.1258925	7.94328E-14	0.0999861	1.38988E-05	0	0	0	0.1	4.53561E-10	0	0	0	0.000251224	0.000251189
1	0.1	1E-13	0.0999825	1.74969E-05	0	0	0	0.1	5.71E-10	0	0	0	0.00010001	0.0001
1.1	0.0794328	1.25893E-13	0.09997797	2.20263E-05	0	0	0	0.1	7.18846E-10	0	0	0	3.98195E-05	3.98107E-05
1.2	0.0630957	1.58489E-13	0.09997227	2.77279E-05	0	0	0	0.1	9.04974E-10	0	0	0	1.58533E-05	1.58489E-05
1.3	0.0501187	1.99526E-13	0.0999651	3.49049E-05	0	0	0	0.1	1.13929E-09	0	0	0	6.31178E-06	6.30957E-06
1.4	0.0398107	2.51189E-13	0.09995606	4.39387E-05	0	0	0	0.1	1.43429E-09	0	0	0	2.51299E-06	2.51189E-06
1.5	0.0316228	3.16228E-13	0.09994469	5.53093E-05	0	0	0	0.1	1.80566E-09	0	0	0	1.00055E-06	1E-06
1.6	0.0251189	3.98107E-13	0.09993338	6.96203E-05	0	0	0	0.1	2.27319E-09	0	0	0	3.98385E-07	3.98107E-07
1.7	0.0199526	5.01187E-13	0.09991237	8.76309E-05	0	0	0	0.1	2.86178E-09	0	0	0	1.58628E-07	1.58489E-07
1.8	0.0158489	6.30957E-13	0.0998897	0.000110296	0	0	0	0.1	3.60277E-09	0	0	0	6.31654E-08	6.30957E-08
1.9	0.0125893	7.94328E-13	0.09986119	0.000138814	0	0	0	0.1	4.53561E-09	0	0	0	2.51538E-08	2.51189E-08
2	0.01	1E-12	0.09982531	0.000174694	0	0	0	0.1	5.71E-09	0	0	0	1.00175E-08	1E-08
2.1	0.0079433	1.25893E-12	0.09978017	0.000219828	0	0	0	0.1	7.18846E-09	0	0	0	3.98984E-09	3.98107E-09
2.2	0.0063096	1.58489E-12	0.09972341	0.000276589	0	0	0	0.1	9.04974E-09	0	0	0	1.58929E-09	1.58489E-09
2.3	0.0050119	1.99526E-12	0.09965204	0.000347956	0	0	0	0.1	1.13929E-08	0	0	0	6.3316E-10	6.30957E-10
2.4	0.0039811	2.51189E-12	0.09956234	0.000437656	0	0	0	0.1	1.43429E-08	0	0	0	2.52293E-10	2.51189E-10
2.5	0.0031623	3.16228E-12	0.09944365	0.000550353	0	0	0	0.1	1.80566E-08	0	0	0	1.00553E-10	1E-10
2.6	0.0025119	3.98107E-12	0.09930813	0.000691867	0	0	0	0.1	2.27319E-08	0	0	0	4.00881E-11	3.98107E-11
2.7	0.0019953	5.01187E-12	0.09913055	0.000869452	0	0	0	0.1	2.86178E-08	0	0	0	1.59879E-11	1.58489E-11
2.8	0.0015849	6.30957E-12	0.09890788	0.001092116	0	0	0	0.1	3.60277E-08	0	0	0	6.37924E-12	6.30958E-12

그림 7.4 그림 7.5.xlsx 윗부분에 대한 스크린 샷

로부터 스프레드시트를 다운로드받아 연다.)는 pH 값(0~14, 0.1 pH 단위씩, A9:A149)을 갖는다. 그리고 B와 C열은 $[H^+]$와 $[OH^-]$에 해당하는 값을 갖는다(10^{-pH}와 $10^{-(14-pH)}$로 각각 계산된다). 스프레드시트 위쪽에는 두 종류의 산–염기 계 A와 B에 대한 상수들과 농도에 대하여 상세히 기록한다. 이들은 두 사양성자산 계에 대한 각각의 해리 상수 KAAA1, KAAA2, KAAA3, KAAA4와 KAAB1, KAAB2, KAAB3, KAAB4 그리고 산과 그 짝염기에 대한 전체 농도 CONCA와 CONCB를 입력한다. *n* 양성자계에 대하여 수리학적으로 생각하여 만일 K_n을 0으로 입력하면 **자동적으로**$(n-1)$양성자계가 된다. 즉 KAAA4가 0으로 입력되면 계 A는 삼양성자계로 취급될 것이고, KAAA4와 KAAA3가 0으로 입력된다면 계 A는 이양성자산으로 취급될 것이다. 다른 모든 것들이 0으로 입력되면 스프레드시트는 사실상 KAAA1과 KAAB1만이 0이 아닌 값으로 열리게 될 것이다. 즉 두 개의 일양성자 산–염기계에 대한 초기 설정값으로 열릴 것이다(HOAc에 대한 값과 같은 KAAA1 = 1.75×10^{-5}, NH_4^+에 대한 값과 같은 KAAB1 = 5.71×10^{-10}). 두 농도에 대한 초기 설정값은 0.1 *M*이다. 그리하여 열기를 함으로써 스프레드시트는 0.1 *M* NH_4OAc에 대한 상황과 일치하게 된다.

A 화학종들과 B 화학종들을 위한 각 5개의 방으로 10열(D:M)을 남겨두고, 9행에 있는 N과 O열(QA와 QB 이름 붙여진)에 알파 값들의 수식을 입력한다. 여러 A 화학종들에 대한 농도 $C\alpha_0$에서 $C\alpha_4$까지 D:H열에 식으로 나타내어지고, B 화학종들의 농도들도 똑같이 I:M열에 식으로 나타내어진다. D9:O9를 선택하고 O9의 오른쪽 바닥 모서리를 두 번 클릭하면 전체적인 스프레드시트가 채워질 것이다.

0.1 *M* NH_4OAc 계에 대한 그래프를 그리기 전에, 이 계(F8:H149)에 존재하지 않는 A 음이온들을 삭제(Alt-E D, 셀을 왼쪽으로 이동)하고 빈 공간을 제거한다. “HOAc”는 “A Free Acid”, “OAc”는 “A Monoanion”, “NH_4^+”는 “B Free Acid”, “NH_3”는 “B Monoanion”로 새 이름으로 붙인다. A에서 G열까지를 선택하고 **삽입–챠트–분산형**을 선택하여 그래프를 그린다. 그래프로 보기 위해서는 너무나 많은 데이터가 필요하기 때문에 점을 사용하지 않고 부드러운 선으로 그래프를 그린다. 그리드(grid)와 선형 추세선을 얻기 위해서는 레이아웃 3을 클릭한 다음 추세선을 삭제한다(틀의 모서리 끌기를 하고 복잡하지 않은 선을 클릭함으로써 그래프를 확장한다면 정밀하게 선을 클릭하는 것이 편하다는 것을 알게 될 것이다). 이제 축에 레이블을 붙이자. X축에 대한 **축 제목**(**Axis Title**)을 클릭하여 “축 제목”을 강조하고 pH로 타이프한다. 유사한 방법으로 “농도”로 읽기 위해 Y축 제목을 변경한다. pH 축은 16까지

읽을 필요가 없다. **"수평(값)축(Horizontal (Value) Axis)"** 레이블이 보일 때까지 X축에 있는 "16" 주변에 커서를 가져다 놓는다. 이제 오른쪽을 클릭한다. 그러면 팝업 메뉴 바닥에 **"축 서식(Format Axis)"**이 있다. "축 서식"을 클릭하면 새로운 "축 서식" 메뉴가 보인다. X축의 최댓값에 대한 두 번째 행에 있는 고정 버튼에 클릭하고 최댓값으로 14를 입력한다. 다색 그래프를 그릴 수 있지만, 책의 목적상 회색 그림자로 만들어 보려면 **차트 스타일(Chart Style)**에 있는 메뉴 바에서 **스타일 1(Style 1)**을 클릭한다.

보이는 그래프는 C 대 pH 그래프이다. 더 넓은 범위의 농도 변화를 더 잘 보기 위해서, log C 대 pH 그래프를 작성하는 것이 필요하다. 농도를 로그로 계산하는 것보다 오히려 세로 좌표를 로그로 하는 것이 더 쉽다. 다시 커서를 서서히 숫자 레이블 가까이로 움직여 가져가면 **"세로(값)축(Vertical (Value) Axis)"**을 나타내는 레이블 팝업이 나타나고, 오른쪽을 클릭하고 **축 서식**을 클릭한다. 새로운 "축 서식" 메뉴가 보인다. 로그 눈금 간격을 나타내는 상자에 꺾자(√)를 표시한다. Y축 레이블이 축 제목 속으로 들어가는 것을 피하기 위하여 모든 레이블은 과학적 표기법으로 나타내어야 한다. 다시 Y축을 서식에 맞게 배열한다. **축 서식** 메뉴에 있는 **숫자(Number)**(왼쪽 창에 있는 두 번째 항목)를 클릭하고 **과학적 표기 방법(Scientific)**을 선택한다. 이제 선을 보다 더 선명한 차이를 나타내기 위해서 일부 선에 대해서는 대시 선을 이용할 수 있다. HOAc와 NH_3에 대한 선에는 이 선을 이용하자. 그래프 오른쪽 모서리의 바닥에서 두 번째 선이 HOAc에 대한 선이다. 이 선을 클릭하고 오른쪽 클릭하면 팝업 메뉴가 뜨고 팝업 메뉴에서 데이터 계열 서식을 선택한다. **데이터 계열 서식(Format Data Series)**이 나타나면 **선 스타일(Line Style)**을 클릭하고 서브 메뉴에 있는 **대시 종류(Dash type)**에서 끌어-내리는 화살표(▼)를 클릭한 다음 짧은 대시(위에서 네 번째 항목)을 선택한다. NH_3 선에 대해서도 이러한 과정을 되풀이 한다. 이것은 그래프의 왼쪽 모서리 바닥으로부터 두 번째 선이다.

이제 계에 대한 log C-pH 도형인 그림 7.5로 표현되는 그림을 얻게 될 것이다. 임의의 pH에서 계에 존재하는 모든 화학종들의 분포를 보여줄 것이다. −1의 기울기를 갖는 대각선은 $[H^+]$에 대한 선이고, +1의 기울기를 갖는 대각선은 $[OH^-]$에 대한 선이다. pH 양쪽 끝 부분을 제외하고, 이들 농도들은 $HOAc/OAc^-$ 또는 NH_4^+/NH_3 화학종들의 농도보다 훨씬 더 작다.

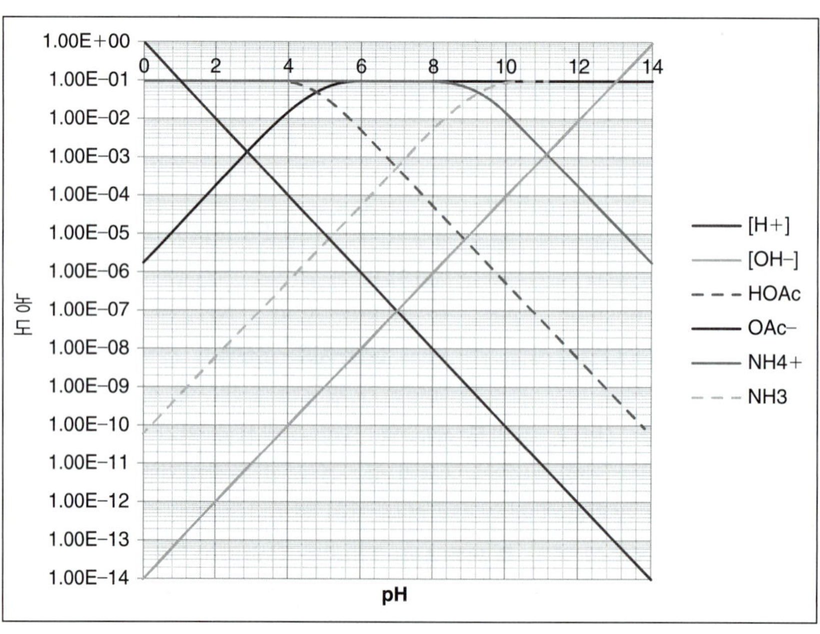

그림 7.5 0.1 *M* NH_4OA에 대한 log C-pH 그래프

0.1 *M* NH_4OAc 용액의 pH가 얼마인지 그림 7.5로부터 구할 수 있는가? 처음 시작하는 사람을 위해서 우세한 화학종들을 넣어 주고 있다고 가정하는 것이 좋다. NH_4OAc를 넣어 준다면, NH_4^+와 OAc^-가 우세한 화학종들이고 그들은 같아야 한다고 가정하자. 실제로 pH 5.5~8.5 전체 범위에 걸쳐 이들 모두 약 0.1 *M*로 거의 같다. NH_4OAc가 이러한 전체 범위에 걸쳐 훌륭한 완충 세기를 가질 거라고 말할 수 있다고 해도, 용액의 pH가 정확하게 얼마인지는 말해 주지 않는다. $[NH_4^+] = [OAc^-]$일 때 두 선들이 서로 교차한다. 축을 최솟값과 최댓값을 0.09와 0.1을 갖도록 포맷함으로써 이 영역에서 Y축 척도를 크게 확대하면, pH 7에서 교차하는 것을 볼 수 있을 것이다. 6과 8 사이의 범위를 한정지어 X축을 확대하면, pH 7에서 교차가 일어난다는 것을 알 수 있을 것이다.

0.1 *M* $(NH_4)_2HPO_4$에 대한 log C-pH 도표를 만들어 보자. B2:B4 셀에 H_3PO_4의 세 가지 해리 상수를 입력한다. NH_4^+/NH_3계의 농도가 0.2 *M*이라는 것에 유념하고 F6 셀에 있는 값을 0.2로 읽어 들이도록(CONCB)를 변경시킨다. 초기 화학종들인 NH_4^+와 HPO_4^{2-}이 주된 화학종이라고 가정하면 전하 균형식은 다음과 같을 것이다.

$$[NH_4^+] = 2\,[HPO_4^{2-}]$$

정확하게 log C-pH 도표를 얻으려면, pH가 대략 8.4에서 $[NH_4^+]$는 $[HPO_4^{2-}]$의 2배가 될 것이고, 또한 이 pH에서 모든 다른 전하를 띤 화학종들의 농도는 훨씬 더 낮기 때문에 무시할 수 있으나, 같거나 그 이상의 농도에 대해서는 무시할 수 없다. 교재 웹 사이트는 계에 대한 log C-pH 도표와 그와 관련된 스프레드시트를 가지고 있다. 일양성자산에서 사양성자산에 대한 분포와 log 그래프 모두를 제공하는 7.11절에 있는 애플릿을 참고하시오(log 그래프는 $[H^+]$와 $[OH^-]$가 아닌 다른 산 화학종들에 대하여 보여 주고 있다).

7.17 정확한 pH 계산기

센산 및 약산과 염기들의 복잡한 혼합물을 간단하게 pH 값을 계산하는 상력한 프로그램은 www.phcalculation.se.에 설명되어 있다. 프로그램은 교재 웹 사이트로부터 접근할 수 있으며 상세한 사용설명서를 보기 위해서는 QR 코드 접근에 대한 참고문헌 15를 보시오. Newton–Raphson 방법이 사용된다. 농도(ConcpH)와 활동도(ActpH)를 사용하여 계산할 수 있다. 활동도 계수는 Debye–Hückel 식에 대한 입력 농도와 이온 크기 파라미터로부터 자동적으로 계산된다(6장 참조). 이 책의 저자는 활동도를 계산하기 위한 이러한 다기능성의 프로그램을 상세히 설명하기 위하여 스웨덴의 Sig Johansson과 함께 작업하였다. 모든 화학종들의 평형 농도가 계산된다. 또한 ActpH는 화학종들의 활동도 계수와 이온의 세기를 계산한다. 두 실행 가능한 프로그램을 이 책의 웹 사이트에서 수행할 수 있다.

프로그램은 ConcpH를 위한 pK 값과 반응 화학종들, 산과 염기의 농도의 입력을 요구한다. ActpH를 위해서는 부가적으로 6장의 참고문헌 9에 있는 Kielland 표로부터 얻어진 이온 크기 매개 변수가 요구된다(그리고 pHcalculation 웹 사이트에 주어져 있다). ActpH는 pH 미터가 측정한 것, 즉 $-\log a_{H^+}$이다(13장 참조).

pH 계산기 웹 사이트는 다음과 같은 복잡한 혼합물의 예가 주어진다.

0.012 *M* $(NH_4)_2LiPO_4$, 0.02 *M* NaH_2PO_4, 0.013 *M* K_2HAsO_4, 0.0021 *M* NaOH 혼합물의 pH를 계산하시오.

$H_3PO_4 : pK_1 = 2.15 \quad pK_2 = 7.21 \quad pK_3 = 12.36 \quad H_3A = 0 \quad H_2A^- = 0.020 \quad HA^{2-} = 0 \quad A^{3-} = 0.012$ $H_3AsO_4 : pK_1 = 2.25 \quad pK_2 = 7.00 \quad pK_3 = 11.52 \quad H_3A = 0 \quad H_2A^- = 0 \quad HA^{2-} = 0.013 \quad A^{3-} = 0$ $MeOH = 0.0021$

$NH_4^+ : K_b = 4.76 \quad B = 0 \quad BH^+ = 0.024$

데이터를 입력하면 다음과 같이 주어진다. 교재의 웹 사이트, Stig Johnnson holder, 4, Products로 가면 쉽게 더 많은 것을 볼 수 있고 이것과 다음 예를 비교할 수 있다. 여기에 있는 삽화는 개략적인 것을 보여 주며 계산기의 능력을 보여 준다.

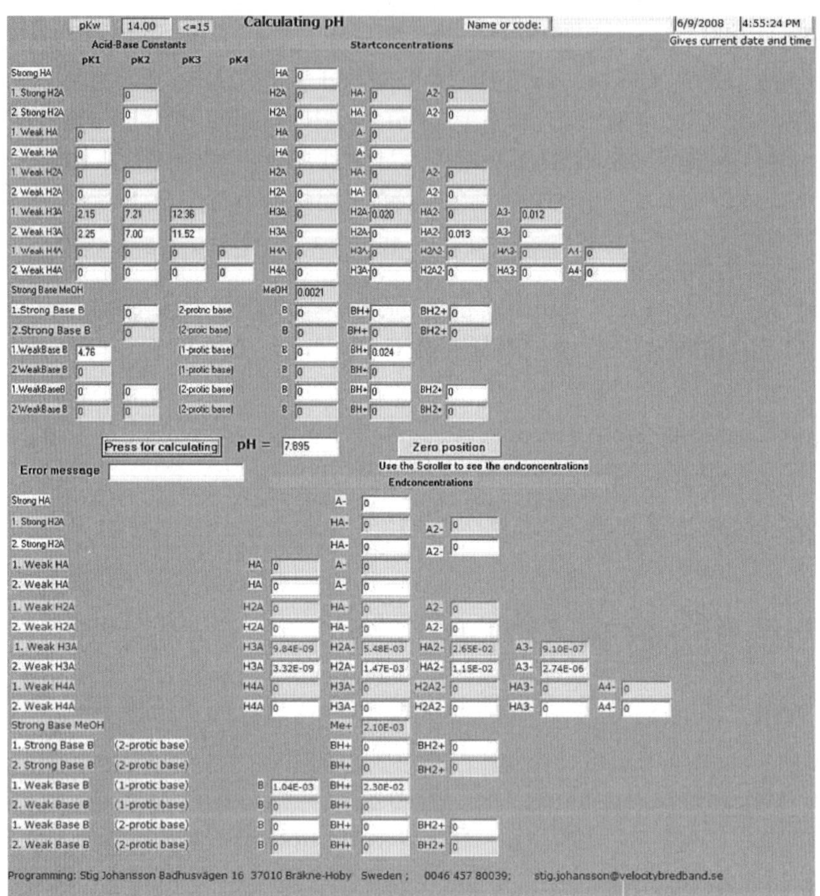

계산된 pH는 7.985이다. 모든 화학종들의 평형 농도는 다음과 같이 주어진다.

같은 혼합물에 대한 ActpH를 계산하기 위해서는 다음과 같은 부가적인 일을 수행하여야 한다.

이온의 반지름 값들은 다음과 같다.

모든 산 이온들의 $d = 4$, $NH_4^+ d = 3$, $Li^+ d = 6$, $Na^+ d = 4$, $K^+ d = 3$

가수 분해되지 않은 이온들의 농도: $Li^+ = 0.026$, $Na^+ = 0.0221$, $K^+ = 0.026$

매개 변수들을 입력하면 다음과 같이 주어진다.

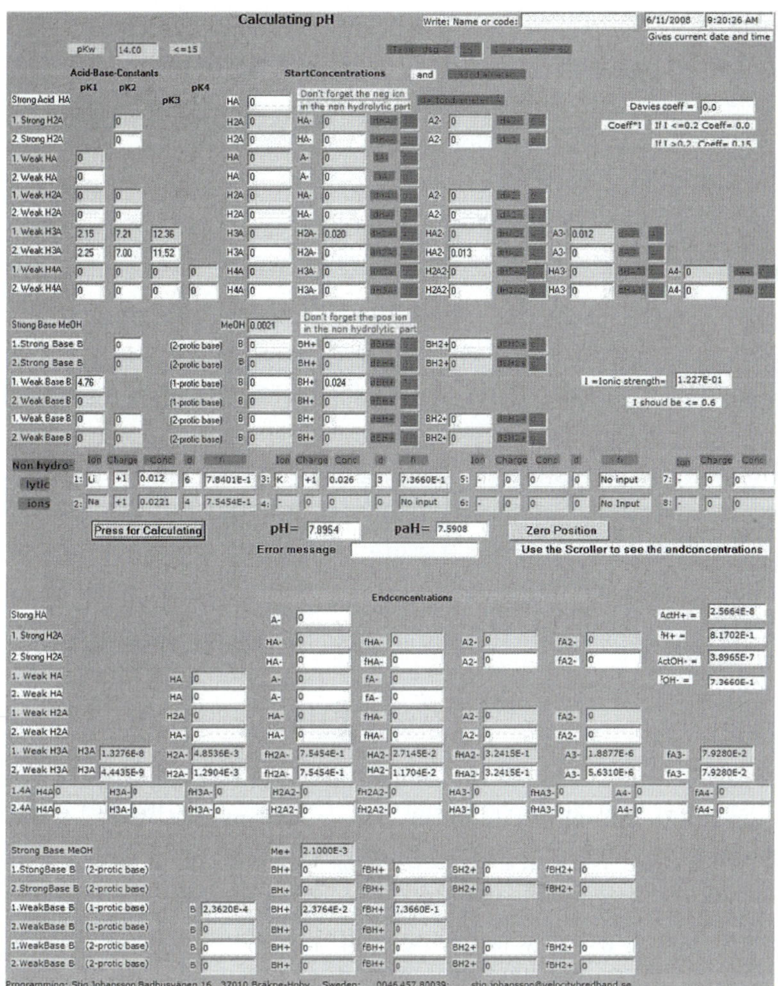

이 프로그램은 ConcpH와 ActpH 모두를 계산한다. ConcpH가 7.8354인 데 비하여 후자는 7.5908이다. 0.001 pH 수준에서의 식별 또는 변화가 중요할지라도, 보다 더 정확도를 갖는 pH가 측정될 수 없기 때문에 계산은 0.01 pH 단위로 반올림되어야 한다. 농도와 함께 모든 평형 화학종들의 활동도 계수가 주어지면 활동도를 알 수 있다.

이 프로그램은 pK 값들(그리고 ActpH를 위해서는 이온의 크기 매개 변수)이 알려진다면 사실상 어떠한 산과 염기의 혼합물에 대한 pH를 계산하는 데 사용될 수 있다. 연습으로 이러한 예를 사용하시오. 어떤 혼합물을 제조하고 pH를 계산하시오.

두 번째 유용한 프로그램은 CurTiPlot이며 브라질에 있는 São Paulo 대학의 Ivano Gutz에 의해 개발되었다. http://www2.iq.usp.br/docente/gutz/Curtipot_.html. (QR 코드 접근을 위해서 참고문헌 16을 참고하시오.)

pH와 paH 계산뿐만 아니라 적정 곡선, α 도시 등을 수행하는 데 강력하고 매우 다양한 기능을 가지고 있는 프로그램이다.

- 단일 성분에서부터 복잡한 혼합물까지 산, 염기 및 염, 완충 용액의 포함, 쯔비터 이온을 가진 아미노산 수용액에 대한 pH 계산(30개 이상의 평형 화학종들)
- 완충 용량, 이온 세기, 분율 분포, 평형 상태의 모든 화학종에 대한 활동도와 겉보기 해리 상수

연습을 통해 더 높은 지식 곡선을 갖게 되며 많은 정보를 제공한다. 두 프로그램을 사용하여 똑같은 계산을 수행할 수 있으며 같은 결과를 얻어야 한다.

또한 해 찾기를 사용하여 산과 염기의 혼합물에 대한 pH를 계산할 수 있다. NaOH와 H_2CO_3 혼합물에 대한 pH를 계산하는 방법을 설명하는 비디오를 보시오.

예제 7.25 교수 선호 문제

Montana 대학의 Michael De Grandpre 제공

바닷물의 pH

바닷물의 pH가 감소한다는 것을 알고 있는가?(다음 페이지에 있는 그림을 보라.) 화석 연료의 연소로부터 방출된 CO_2의 일부가 바다에 의해 흡수되어 탄산을 생성한다. "해양 산성화"라고 불리는 이러한 과정은 지난 100년 동안에 해양 표면의 평균 pH가 0.1 단위만큼 감소해 왔다. 해양 화학자들은 해양에서 CO_2를 연구하고 추적하는 것에 대한 중요성을 일찍이 깨달았고, 1980년대에 pH를 측정하기 위한 새로운 방법을 포함하여 이것을 수행하기 위한 분석 도구를 개발하기 시작하였다. pH를 측정하는 데 가장 많이 사용되는 유리 pH 전극은 시간에 따른 작은 pH 변화를 기록할 만큼 정확하지 않다. 해양학자들은 오래되고 거의 사용되지 않는 방법인 지시약을 사용하는 분광학적 pH 측정법을 다시 사용하게 되었다. 추측할 수 있듯이, pH를 이끌어 내기 위한 함수는 Henderson–Hasselbalch 식이며 다음과 같다.

$$pH = pK_a' + \log \frac{[A^-]}{[HA]}$$

여기서 pH는 총 수소 이온의 척도로 정의된다(정의와 설명에 대해서는 참고문헌 17과 19를 보라). pK_a'는 겉보기 해리 상수이고, $[A^-]$와 [HA]는 각각 pH 지시약의 양성자화되지 않은 형태와 양성자화된 형태이다. 바닷물에서 CO_2 평형과 일치하는 pH 척도에 대한 pK_a'를 결정하는 방법이 개발되었다(참고문헌 19와 20을 보라). 일정한 온도에서 순수한 바닷물(바탕 시료)을 사용하여 100% 투광도로 맞추고 바닷물 시료에 소량의 지시약을 첨가함으로써 분광기로 지시약 농도 $[A^-]$와 [HA]를 정량화할 수 있다. Beer 법칙을 이용하면 $[A^-]/[HA]$ 비를 다음 식으로 알 수 있다.

$$\frac{[A^-]}{[HA]} = \frac{A_2\varepsilon_{1HA}}{A_1\varepsilon_{2A}} \tag{7.106}$$

여기서 A_i와 ε는 각각 양성자화된 화학종(1)과 양성자화되지 않은 화학종(2)의 최대 흡광도에서의 지시약 흡광도와 몰흡광 계수이다(다음 페이지에서 두 번째 그림을 보라). 그러나 설포네프탈레인 지시약을 사용할 때 두 화학종에 대한 스펙트럼이 겹치게 되므로 다음 식을 사용하여야 한다(참고문헌 20과 21).

$$pH = pK_a' + \log\left[\frac{(A_2/A_1) - e_1}{e_2 - e_3(A_2/A_1)}\right] \tag{7.107}$$

여기서 $e_1 = \varepsilon_{2HA}/\varepsilon_{1HA}$, $e_2 = \varepsilon_{2A}/\varepsilon_{1HA}$, $e_3 = \varepsilon_{1A}/\varepsilon_{1HA}$이다. 식 7.107은 주어진 온도와 염도에서 바닷물의 pH의 매우 재현성 있는 측정값을 보여 준다.[8]

[8]최근 연구에서, 지시약의 첨가가 바닷물의 pH에 미치는 영향을 피하기 위하여, 지시약의 다른 양을 첨가하고 측정된 pH를 첨가된 지시약의 양이 0인 점까지 외삽하여 측정한다. 흐름–주입법을 사용하여 흐르는 바닷물에 지시약의 한 번 주입으로 필요한 데이터를 얻을 수 있다.

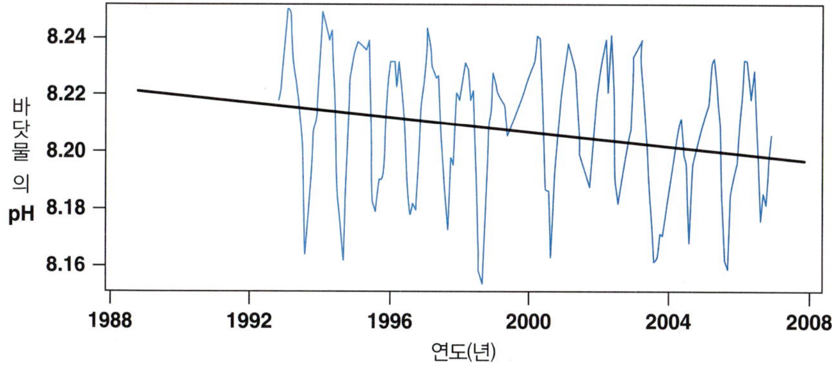

(출처: N. R. Bates/From M. D. Degrandpre. 그래프에 대한 데이터, Nicholas B. Bates의 허가로 재게재)

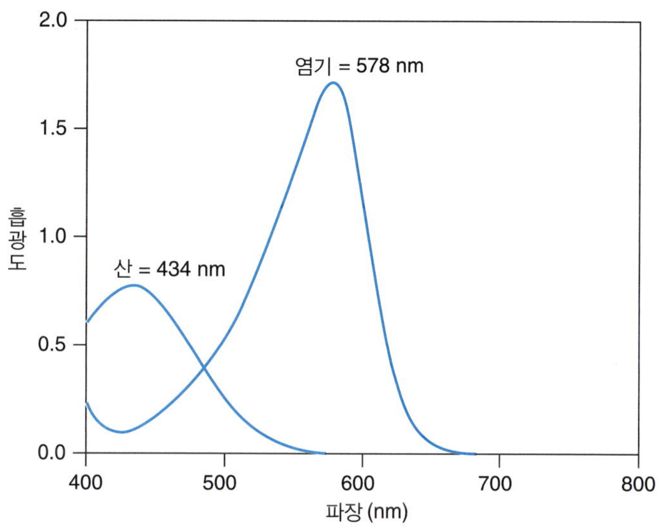

(출처: M. D. Degrandpre/From M. D. Degrandpre. 허가로 재게재)

예제 7.26

버뮤다 대서양 시계열 위치(BATS)에서 바닷물 표면 시료를 채취하여 메타-크레졸 퍼플(mCP) 지시약을 사용하여 분석하였다. 양성자화된 화학종과 양성자화되지 않은 화학종에 대한 최대 흡수 파장은 각각 434 nm와 578 nm이다. 이들 파장에서 e_1, e_2, e_3는 각각 0.00691, 2.222, 0.1331이다. mCP에 대한 $pK_a' = 1245.69/T + 3.8275 + (2.11 \times 10^{-3})(35 - S)$이고, T는 켈빈 온도이며 S는 염도(ppt 단위)이다(참고문헌 20). 바닷물 시료에 소량의 mCP를 첨가하고 UV-VIS 분광계를 사용하여 측정된 흡광도는 $A_1 = 0.3892$이고 $A_2 = 0.8528$이었다. 바닷물 시료의 pH는 얼마인가? 측정된 온도는 22.3°C이고 염도는 35.16 ppt이었다. 바닷물 pH의 작은 변화는 약산 지시약 때문이고 e_i 온도 의존은 무시된다.

풀이

흡광도는 두 화학종의 스펙트럼이 겹치는 결과를 갖는다. 두 화학종의 최대 흡광도를 갖는 파장에서 측정된다면, 흡광도는 개개의 화학종들의 흡광도의 합이 된다.

$$A_2 = \varepsilon_{2\mathrm{HA}} b[\mathrm{HA}] + \varepsilon_{2\mathrm{A}} b[\mathrm{A}^-] \quad (1)$$

$$A_1 = \varepsilon_{1\mathrm{HA}} b[\mathrm{HA}] + \varepsilon_{1\mathrm{A}} b[\mathrm{A}^-] \quad (2)$$

[HA]에 대한 (1)식을 풀고 (2)에 대입하면

$$[\mathrm{A}^-] = \frac{A_2\varepsilon_{1\mathrm{HA}} - A_1\varepsilon_{2\mathrm{HA}}}{\varepsilon_{1\mathrm{HA}}\varepsilon_{2\mathrm{A}}\mathrm{b} - \varepsilon_{2\mathrm{HA}}\varepsilon_{1\mathrm{A}}\mathrm{b}}$$

유사한 방법으로, $[\mathrm{A}^-]$에 대한 (2)식을 풀고 (1)에 대입하면

$$[\mathrm{HA}] = \frac{A_1\varepsilon_{2A} - A_2\varepsilon_{1A}}{\varepsilon_{1HA}\varepsilon_{2A}b - \varepsilon_{2HA}\varepsilon_{1A}b}$$

$[\mathrm{A}^-]$와 [HA]를 Henderson–Hasselbalch 식에 대입하면 식 7.107이 된다.

$$\mathrm{pH} = \mathrm{p}K_a' + \log\left[\frac{(A_2/A_1) - \mathrm{e}_1}{\mathrm{e}_2 - \mathrm{e}_3(A_2/A_1)}\right]$$

여기서 $\mathrm{e}_1 = \varepsilon_{2\mathrm{HA}}/\varepsilon_{1\mathrm{HA}}$, $\mathrm{e}_2 = \varepsilon_{2\mathrm{A}}/\varepsilon_{1\mathrm{HA}}$, $\mathrm{e}_3 = \varepsilon_{1\mathrm{A}}/\varepsilon_{1\mathrm{HA}}$이다. 서로 겹치지 않는다면 $\mathrm{e}_1 = \mathrm{e}_3 = 0$이 되고 식 7.106과 같이 간단해진다.(식 7.106과 식 7.107을 이용하여 직접 유도할 수 있으며, 여기서 $\varepsilon_{2\mathrm{HA}} = \varepsilon_{1\mathrm{A}} = 0$이다.)

$$\mathrm{pH} = \mathrm{p}K_a' + \log\left[\frac{A_2\varepsilon_{1\mathrm{HA}}}{A_1\varepsilon_{2\mathrm{A}}}\right]$$

$\mathrm{p}K_a'$ 식에 T(Kelvin)와 S 값을 대입하고 pH 식에 e_1, e_2, e_3, $A1$, $A2$를 대입하면, 이 온도와 염도에서 $\mathrm{p}K_a'$는 8.0430이 된다. BATS 사이트의 바닷물 pH는 8.0967로 계산된다.

질문

1. 센전해질과 약전해질 사이의 차이점을 설명하시오. "불용성" 염은 약전해질인가, 센전해질인가?
2. Brønsted의 산-염기 이론은 무엇인가? Lewis 산-염기 이론은 무엇인가?
3. 짝산, 짝염기란 무엇인가?
4. 빙초산에서 아닐린($C_6H_5NH_2$)의 이온화 반응을 쓰고, 아닐린의 짝산을 확인하시오. 에틸렌다이아민($NH_2CH_2CH_2NH_2$)에서 페놀(C_6H_5OH)의 이온화 반응을 쓰고, 페놀의 짝염기를 확인하시오.
5. Good의 완충 용액은 무엇인가?

문제

센산과 센염기

6. 다음 센산 용액의 pH와 pOH를 계산하시오.
   (a) 0.020 M $HClO_4$, (b) 1.3×10^{-4} M HNO_3, (c) 1.2 M HCl
   (d) 1.2×10^{-9} M HCl, (e) 2.4×10^{-7} M HNO_3
7. 다음 센염기 용액의 pH와 pOH를 계산하시오.
   (a) 0.050 M NaOH, (b) 0.14 M $Ba(OH)_2$, (c) 2.4 M NaOH
   (d) 3.0×10^{-7} M KOH, (e) 3.7×10^{-3} KOH
8. 다음 용액의 수산화 이온 농도를 계산하시오.
   (a) 2.6×10^{-5} M HCl, (b) 0.20 M HNO_3
   (c) 2.7×10^{-9} M $HClO_4$, (d) 1.9 M $HClO_4$
9. 다음 pH 값으로 용액의 수소 이온 농도를 계산하시오.
   (a) 3.47, (b) 0.20, (c) 8.60, (d) −0.60, (e) 14.35, (f) −1.25
10. 0.10 M H_2SO_4와 0.30 M NaOH를 같은 부피로 혼합하였을 때 용액의 pH와 pOH를 계산하시오.
11. pH 3.00의 센산 용액과 pH 12.00의 센염기 용액을 같은 부피로 혼합하였을 때 얻어지는 용액의 pH를 계산하시오.

교수 선호 문제

Rio Piedras에 있는 Puerto Rico 대학의 Noel Motta 교수 제공

12. pH 2.00인 센산 용액 V_a mL에 pH 11.00인 센염기 용액 V_b mL를 혼합하였다. 만일 혼합물이 중성이

라면 V_a를 V_b로 나타내시오(단, 용액의 온도는 24°C이다).

온도 효과

13. 50°C에서 중성 용액의 수소 이온 농도와 pH를 계산하시오(단, 50°C에서 $K_w = 5.5 \times 10^{-14}$이다).
14. 37°C에서 혈액 시료의 pH가 7.40일 때 pOH를 계산하시오.

약산과 약염기

15. 아세트산 용액의 pH가 3.26이라면, 아세트산의 농도와 이온화된 산의 퍼센트는 얼마인가?

교수 선호 문제

El Paso에 있는 Texas 대학의 Wen Yen Lee 교수 제공

16. 아세트산(CH_3COOH)의 K_a는 1.75×10^{-5}이고 K_w는 1.00×10^{-14}이다. (a) 아세트산 이온(CH_3COO^-)에 대한 K_b를 구하시오. (b) 0.1 M 아세트산 소듐(CH_3COONa)을 24°C에서 물에 녹였다. 이 용액의 pH는 얼마인가? (단, 이온들은 이상적으로 행동한다고 가정하시오.)
17. 0.20 M 일차 아민(RNH_2) 용액의 pH가 8.42이다. 이 아민의 pK_b는 얼마인가?
18. K_a가 6.7×10^{-4}인 일양성자성 유기산 100 g이 1 L 용액에서 3.5% 이온화된다면, 산의 화학식량은 얼마인가?
19. 0.25 M 프로페인산의 pH는 얼마인가?
20. 약한 염기인 0.10 M 아닐린 용액의 pH는 얼마인가?
21. 0.1 M 아이오딘산(HIO_3) 용액의 pH는 얼마인가?
22. 황산의 첫 번째 양성자는 완전히 이온화되지만, 두 번째 양성자는 부분적으로만 이온화되며, 그 산도 상수 $K_{a2} = 1.2 \times 10^{-2}$이다. 0.0100 M H_2SO_4 용액에서 수소 이온의 농도를 계산하시오.
23. 0.100 M 트라이클로로아세트산 용액의 수소 이온 농도를 계산하시오.
24. pK_b가 4.20인 0.20 M 아민(RNH_2) 염기 용액의 pH는 얼마인가?
25. 만약 아세트산이 3.0%가 이온화되었다면 아세트산 용액의 농도는 얼마인가?
26. 0.100 M 약산 HA 용액에서 이온화 퍼센트가 2배가 되려면 얼마만큼 묽혀야 하는가?(단, $C > 100\ K_a$라고 가정한다.)

약산과 약염기의 염

27. 0.20 M NaOH 25 mL와 0.25 M H_3BO_4 20 mL를 혼합하였을 때 용액의 pH는 얼마인가?
28. 0.010 M NaCN 용액의 pH를 계산하시오.
29. 0.050 M C_6H_5ONa 벤조산 소듐 용액의 pH를 계산하시오.
30. 0.25 M 피리디늄 염화수소($C_5H_5NH^+Cl$) 용액의 pH는 얼마인가?(피리딘·HCl, $C_5H_5NH^+Cl$)
31. 1.0 M NH_3 6.0 mL에 0.25 M H_2SO_4 12.0 mL를 첨가하였을 때 얻어지는 용액의 pH를 계산하시오.
32. 0.10 M NaOH 20 mL에 0.10 M HOAc 20 mL를 첨가하였을 때 얻어지는 용액의 pH를 계산하시오.
33. 0.10 mol 하이드록실아민과 0.10 mol HCl을 500 mL의 물에 첨가하였을 때 얻어지는 용액의 pH를 계산하시오.
34. 0.0010 M 살리실산 소듐($C_6H_4(OH)COONa$) 용액의 pH를 계산하시오.
35. 1.0×10^{-4} M NaCN 용액의 pH를 계산하시오.

다양성자산과 그들의 염

36. 0.0100 M 프탈산의 pH는 얼마인가?
37. 0.0100 M 프탈산 포타슘 용액의 pH는 얼마인가?
38. 0.0100 M 프탈산수소 포타슘(KHP) 용액의 pH는 얼마인가?
39. 0.600 M Na_2S 용액의 pH를 계산하시오.
40. 0.500 M Na_3PO_4 용액의 pH를 계산하시오.
41. 0.250 M $NaHCO_3$ 용액의 pH를 계산하시오.
42. 0.600 M NaHS 용액의 pH를 계산하시오.
43. 0.050 M Na_3HY(EDTA의 삼소듐염) 용액의 pH를 계산하시오.

교수 선호 문제

Marshall 대학의 Bin Wang 교수 제공

44. 용액에 존재하는 주요 화학종들은 무엇인가?
(a) 이양성자산(H_2A)계에서 (i) pH > pK_{a2}; (ii) pK_{a1} < pH < pK_{a2}; (iii) pH < pK_{a1}이라면?
(b) 삼양성자산(H_3A)계에서 (i) pH = 1/2(pK_2 + pK_3), (ii) pH > pK_a라면?

완충 용액

45. 0.050 *M* HCOOH와 0.10 *M* HCOONa로 된 용액의 pH를 계산하시오.
46. 0.10 *M* NH_3 5.0 mL와 0.020 *M* HCl 10.0 mL를 혼합한 용액의 pH를 계산하시오.
47. pH 5.00인 아세트산-아세트산 소듐 완충 용액에서 NaOAc의 농도가 0.100 *M*이다. 그 완충 용액 100 mL에 0.1 *M* NaOH 10 mL를 첨가한 후의 pH를 계산하시오.
48. 0.10 *M* NaOH 용액 20 mL를 0.10 *M* 아세트산 용액 50 mL에 가하여 완충 용액을 만들었다. 그 완충 용액의 pH는 얼마인가?
49. 0.050 *M* 황산 용액 25 mL를 0.10 *M* 암모니아 용액 50 mL에 가하여 완충 용액을 만들었다. 그 완충 용액의 pH는 얼마인가?
50. 아스피린(아세틸살리실산)은 이온화되지 않은 산 형태로 위에서 흡수된다. 만일 환자가 위 속의 pH를 2.95로 유지해 주는 제산제를 복용하고 아스피린 알약 2개(총 0.65 g)를 먹었다면, 위 속에서 즉시 흡수되는 아스피린은 몇 g이 될 것인가? (단, 아스피린은 즉시 녹고 또한 위 속의 pH를 변화시키지 않는다고 가정하자. 아스피린의 pK_a = 3.50이며, 화학식량은 180.2이다.)
51. 트리스(하이드록시메틸)아미노에테인[$(HOCH_2)_3CNH_2$ - Tris 또는 THAM]은 생화학에서 완충 용액을 제조하는 데 자주 사용되는 약염기로, K_b는 1.2×10^{-6}이고 pK_b는 5.92이다. pK_a는 8.08이며, 임상학적 완충 용액에 근접하는 값이 되어 임상학적인 pH에서 좋은 완충 능력을 나타낸다. pH가 7.40인 완충 용액 1 L를 만들기 위해서는, 0.50 *M* HCl 용액 100 mL와 몇 g의 THAM을 취해야 하는가?
52. 문제 23에서 용액이 0.100 *M* 트라이클로로아세트산 소듐을 함유하고 있다고 할 때, 수소 이온 농도를 계산하시오.

교수 선호 문제

Marshall 대학의 Bin Wang 교수 제공

53. Henderson-Hasselbalch 식을 이용하여 다음 용액에서 $[C_6H_5COOH]/[C_6H_5COO^-]$ 값을 구하시오. (단, C_6H_5COOH에 대한 pK_a는 4.20이다.)
(a) pH 3.00, (b) pH 5.00

다양성자산의 완충 용액

54. 0.20 *M*의 프탈산(H_2P)과 0.10 *M*의 프탈산수소 포타슘(KHP) 용액에서의 pH를 구하시오.
55. 0.25 *M*의 프탈산수소 포타슘(KHP)과 프탈산 포타슘(K_2P) 용액의 pH를 구하시오.
56. 혈액을 시료로 총 인산 함량을 분광 광도계로 측정한 결과 3.0×10^{-3} *M*이었다. 혈액의 pH가 7.45이면, 혈액 내의 $H_2PO_4^-$와 HPO_4^{2-}의 농도는 각각 얼마인가?

교수 선호 문제

Marshall 대학의 Bin Wang 교수 제공

57. 무수 인산일수소 소듐(Na_2HPO_4) 0.6529 g의 질량과 인산이수소 소듐(NaH_2PO_4) 0.2477 g의 질량을 달아 증류수 100 mL에 녹였다. pH는 얼마인가?

완충 세기

58. 0.10 *M* NaH_2PO_4와 0.070 *M* Na_2HPO_4를 함유한 완충 용액이 있다. 이 용액의 단위 pH에 대한 완충 세기(moles/liter)를 구하시오. 1.0 *M* HCl 또는 1.0 *M* NaOH 용액 10 μL(0.010 mL)를 완충 용액 10 mL에 첨가한다면 pH는 얼마나 변화하겠는가?
59. 단위 pH당 1.0 *M*의 완충 세기를 갖는 pH 4.76인 아세트산-아세트산 소듐 완충 용액을 제조하려고 한다. 필요한 아세트산과 아세트산 소듐의 농도는 얼마인가?

일정한 이온 세기를 갖는 완충 용액

60. 이온 세기가 0.20인 pH 7.40의 완충 용액 200 mL를 만들 때 필요한 Na_2HPO_4와 KH_2PO_4는 몇 g이

필요한가?(6장의 이온 세기의 정의 참조)

61. 0.20의 이온 세기를 갖는 pH 3.00의 완충 용액 200 mL를 만드는 데 필요한 KH_2PO_4의 질량과 85%(wt/wt) H_3PO_4(비중 1.69)의 부피는 각각 얼마인가?

α 계산

62. pH 4.00($[H^+] = 1.0 \times 10^{-4}$ M)에서 0.0100 M의 아황산(H_2SO_3) 용액에서 각각 다른 화학종의 평형 농도를 계산하시오.

63. 인산의 α_1, α_2, α_3에 대한 식 7.75, 7.76, 7.77을 유도하시오.

다른 염의 효과

64. 0.100 M NaCl(다른 이온 효과)을 포함하는 0.0200 M HCN 용액의 수소 이온 농도를 계산하시오.

65. 전하를 띠지 않는 약한 염기 B에 미치는 다른 염의 영향에 대한 식 7.104와 동등한 식을 유도하시오.

로그 농도 도표

여러분은 문제 66(스프레드시트 문제)에 대한 안내로서 이 책의 **웹 사이트**에 있는 HOAc 스프레드시트를 사용할 수 있다. α 값을 이용하여 문제 69를 위한 스프레드시트를 작성하시오(α 값을 이용하여 HOAc log 그래프에 대한 이 책의 **웹 사이트**를 참고하시오).

66. 10^{-3} M 아세트산 용액에 대한 log−log 도표를 작성하시오.

67. 문제 66의 도표로부터 10^{-3} M의 아세트산 용액의 pH를 예측하시오. 그리고 이 용액의 아세트산 이온 농도는 얼마인가?

68. 문제 66에서, 산성 용액에서의 log $[OAc^-]$에 관한 식을 유도하고, pH 2.00에서 10^{-3} M 아세트산 용액에 대한 아세트산 이온의 농도를 계산하시오. 이 농도와 log−log 도표로부터 측정된 값을 비교하시오.

69. α 값을 이용한 스프레드시트를 작성하여 10^{-3} M 말산(malic acid)에 대한 log−log 도표를 작성하시오.

70. 문제 69의 도표로부터 (a) 10^{-3} M 말산, (b) 10^{-3} M 말산 소듐 용액의 pH와 그 용액에 존재하는 각 화학종의 농도를 예측해 보시오.

71. 문제 69를 풀기 위한 산과 염기 영역에서 HA^-에 관한 식을 유도하시오.

72. 다음 식들을 유도하시오.
(a) pH = pK_{a1}과 pK_{a2} 사이의 log$[H_3PO_4]$ (b) pH = pK_{a2}와 pK_{a3} 사이의 log$[H_2PO_4^-]$ (c) pH = pK_{a2}와 pK_{a1} 사이의 log$[HPO_4^{2-}]$ (d) pH = pK_{a3}과 pK_{a2} 사이의 log$[PO_4^{3-}]$. 그 곡선 위에 대표적인 점들을 표시하시오.

73. α 값을 이용하여 0.001 M H_3PO_4에 대한 로그−로그 도표를 작성하시오. 교재 **웹 사이트**에서 주어진 그림 7.2에 대한 스프레드시트로 시작하시오. 완성된 차트를 교재 웹 사이트에 있는 그림 7.3와 비교하시오. H_3PO_4의 농도를 변화시켜 곡선이 변하는 모양을 관찰하시오.

74. Stig Johansson pH 계산기는 NIST 값들에 대한 pH 단위의 수천분의 1 내에 드는 NIST 표준 완충 용액에 대한 pH 계산을 보여 준다. NIST 완충 용액들은 13장의 표 13.2에 주어져 있다. 참고 문헌 15에 있는 계산기를 이용하여 50°C에서 0.025 M KH_2PO_4와 0.025 M Na_2HPO_4로 구성된 NIST 인산 완충 용액의 ActpH를 계산하시오. 그리고 NIST 값인 6.833과 비교해 보시오(단, 50°C에서 $pK_w = 13.26$, $pK_1 = 2.25$, $pK_2 = 7.18$, $pK_3 = 12.36$이다. 온도를 입력하는 것을 잊지 마시오).

75. Stig Johansson pH 계산기를 사용하여 문제 41의 pH를 계산하시오.

76. Stig Johansson pH 계산기를 사용하여 문제 43의 pH를 계산하시오.

교수 선호 문제

Kansas 대학의 George S. Wilson 교수 제공

77. 많은 지구 화학적 과정들이 단순한 화학 평형에 따른다. 한 가지 예로 석회암 동굴에 있는 종유석과 석순의 생성이고, Henry 법칙을 설명하는 좋은 예이다. 이것을 다음 그림에서 설명하고 있다.

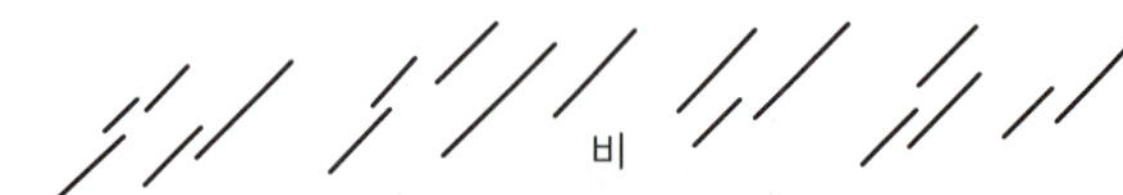

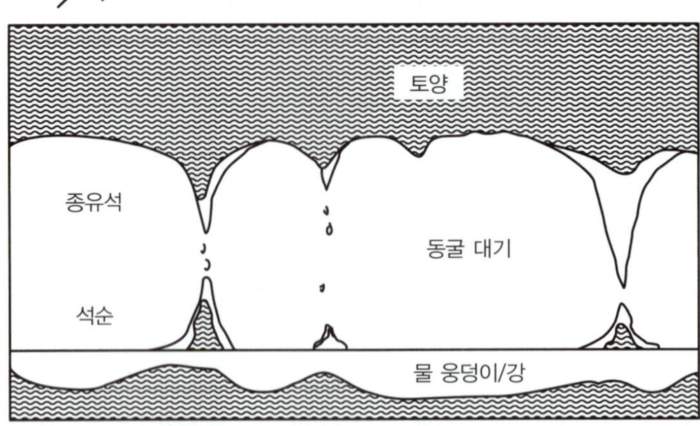

빗물이 흙 속으로 스며든다. 흙에서 미생물의 활동으로 인해 흙의 틈새 공간에서 기체 CO_2 농도(대기압에서 CO_2의 부분압, pCO_2로 표현함)는 3.2×10^{-2} atm이며, 주변 대기 압력(1.9×10^{-4} atm, 주변 대기압에서의 CO_2 농도는 매년 2×10^{-6} atm씩 증가하고 있다. 현재 대기 중의 CO_2 농도에 대해서는 http://CO2now.org를 참고하시오)보다 현저히 높다. 다음과 같이 흙 속으로 스며든 물은 흙의 틈새 pCO_2와 평형을 이룬다(Henry 평형 법칙이라고 함).

$$[H_2CO_3] = K_H pCO_2$$

여기서 $[H_2CO_3]$는 탄산 농도이며, K_H는 흙의 온도 15°C에서 CO_2에 대한 Henry 상수로 4.6×10^{-2} M/atm이다. CO_2로 포화된 물은 흙 층으로부터 배수되고 석회석의 균열과 틈을 통해 삼투한다. 거기서 $CaCO_3$로 포화된다. 이렇게 $CaCO_3$로 포화된 물은 동굴의 천장에서 똑똑 떨어진다.
동굴 밖의 일간 온도 변화 때문에 동굴은 "숨을 쉰다". 동굴 대기에서 CO_2의 농도는 주변 공기에서와 같다(3.9×10^{-4} atm). 천장에서 떨어지는 물이 동굴 대기 중에 존재하는 pCO_2 농도와 다시 평형을 이룬다. 떨어지는 물속에 존재하는 얼마간의 칼슘은 $CaCO_3$로 다시 침전되어 종유석과 석순을 형성한다. 동굴의 온도를 15°C라고 가정할 때, 이 온도에서 H_2CO_3의 연속적인 해리 상수는 $K_{a1} = 3.8 \times 10^{-7}$, $K_{a2} = 3.7 \times 10^{-11}$이며, K_w는 4.6×10^{-15}이고 H_2CO_3의 K_{sp}는 4.7×10^{-9}이다.
이러한 복잡한 문제의 상세한 풀이에 대해서는 이 책의 웹 사이트(풀이 매뉴얼과 같이)를 참고하시오. Goal Seek 또한 웹 사이트에 주어져 있다.

교수 선호 문제

Rio Piedras에 있는 Puerto Rico 대학의 Noel Motta 교수 제공

78. 다음 5개의 수학적 식은 근사적인 H^+의 농도를 계산하는 데 이용된다.
(a) $\sqrt{K_a C_a}$ (b) $\frac{10^{-14}}{\sqrt{K_b C_b}}$ (c) $\sqrt{\frac{K_w K_a}{K_b}}$ (d) $\sqrt{\frac{C_a K_1 K_2}{K_1 + C_a}}$ (e) $\sqrt{\frac{C_a K_2 K_3}{K_2 + C_a}}$
0.10 M 수용액에서 다음 각각의 염들에 대하여 $[H^+]$를 계산하는 데 가장 적합한 식을 선택하시오.
(i) K_2HPO_4, (ii) NH_4CN, (iii) CH_3NH_3Cl, (iv) Na_2CO_3, (v) $NaHSO_3$, (vi) $CH_3COONH(CH_3)_3$, (vii) Na_2H_2Y(여기서 H_4Y = EDTA, $H_4C_{10}H_{12}N_2O_8$)

교수 선호 문제

Rio Piedras에 있는 Puerto Rico 대학의 Noel Motta 교수 제공

79. 주어진 다양성자산 H_nX는 다음과 같은 pH 대 부분 조성(알파-값)을 갖는다.

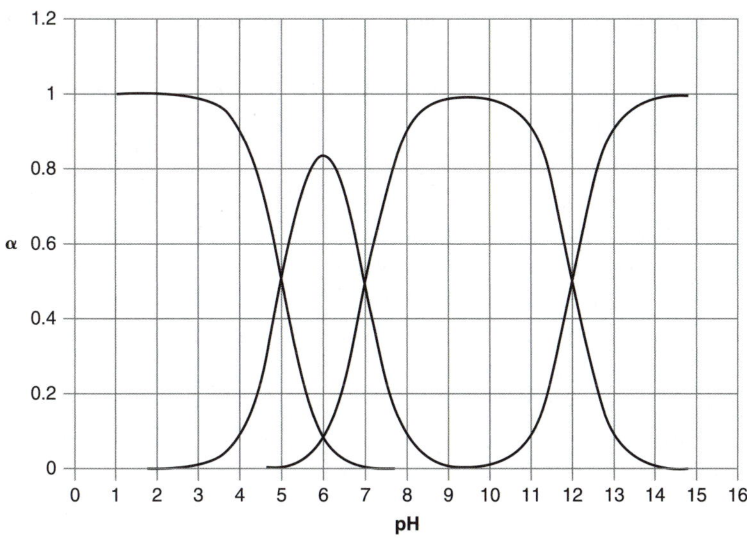

n은 무엇인가?

0.10 M H_nX 15.0 mL를 0.10 M NaOH로 적정하였다면, 적정 곡선은 분명히 다음의 부피에서 당량점을 보여 주어야 한다. (a) V=15.0 mL에서 한 개의 당량점, (b) V=15.0 mL에서 한 당량점과 V=30.0 mL에서 또 다른 당량점, (c) V=30.0 mL에서 한 개의 당량점, (d) V=15.0 mL에서 한 당량점과 V=45.0 mL에서 또 다른 당량점, (e) V=15.0 mL에서 한 당량점, V=30.0 mL에서 또 다른 당량점, V=45.0 mL에서 또 다른 당량점

추천 참고 문헌

산–염기 이론, 완충 용액

1. R. P. Buck, S. Rondini, A. K. Covington, F. G. K Baucke, C. M. A. Brett, M. F. Camoes, M. J. T. Milton, T. Mussini, R. Naumann, K. W. Pratt, and others, "Measurement of pH. Definition, Standards, and Procedures," *Pure and Applied Chemistry*, **74** (2002) 2169. From oceanography paper as the authoritative reference on the modern definition and measurement of pH.
2. H. Kristensen, A. Salomen, and G. Kokholm, "International pH Scales and Certification of pH," *Anal. Chem.*, **63** (1991) 885A.
3. R. G. Bates, "Concept and Determination of pH," in I.M.Kolthoff and P. J. Elving, eds., *Treatise on Analytical Chemistry*, Part I, Vol. **1**. New York: Wiley-Interscience, 1959, pp. 361–401.
4. N. W. Good, G. D. Winget, W. Winter, T. N. Connally, S. Izawa, and R. M. M. Singh, "Hydrogen Ion Buffers for Biological Research," *Biochemistry*, **5** (1966) 467.
5. D. E. Gueffroy, ed., *A Guide for the Preparation and Use of Buffers in Biological Systems*. La Jolla, CA: Calbiochem, 1975.
6. D. D. Perrin and B. Dempsey, *Buffers for pH and Metal Ion Control*. New York: Chapman and Hall, 1974.

평형 계산

7. S. Brewer, *Solving Problems in Analytical Chemistry*. New York: Wiley, 1980. Describes iterative approach for solving equilibrium calculations.
8. J. N. Butler, *Ionic Equilibria. AMathematical Approach*. Reading, MA: Addison-Wesley, 1964.
9. W. B. Guenther, *Unified Equilibrium Calculations*. New York: Wiley, 1991.
10. D. D. DeFord, "The Reliability of Calculations Based on the Law of Chemical Equilibrium," *J. Chem. Ed.*, **31** (1954) 460.
11. E. R. Nightingale, "The Use of Exact Expressions in Calculating H^+ Concentrations," *J. Chem. Ed.*, **34** (1957) 277.
12. R. J. Vong and R. J. Charlson, "The Equilibrium pH of a Cloud or Raindrop: A Computer-Based Solution for a Six-Component System," *J. Chem. Ed.*, **62** (1985) 141.

13. R. deLevie, *A Spreadsheet Workbook for Quantitative Chemical Analysis*. New York: McGraw- Hill, 1992.

14. H. Freiser, *Concepts and Calculations in Analytical Chemistry. A Spreadsheet Approach*. Boca Raton, FL: CRC Press, 1992.

웹 pH 계산기

(출처: Stig Johansson/ www.phcalculation.se/Courtesy of Late Stig Johannson.)

15. www.phcalculation.se.Aprogram that calculates the pHof complex mixtures of strong and weak acids and bases using concentrations (ConcpH) or activities (ActpH) is described. Equilibrium concentrations of all species are calculated. The latter also calculates activity coefficients of the species and the ionic strength. The website for this programs is reproduced on the text's **website** and the program can be downloaded from there.

16. www2.iq.usp.br/docente/gutz/Curtipot.html. A free program that calculates the pH and paH of mixtures of acids and bases, and also titration curves and distribution curves, alpha plots, and more. The Curtipot program is available on the text's **website**.

바닷물 pH 척도

17. I. Hansson, "A New Set of pH-Scales and Standard Buffers for Seawater". *Deep-Sea Research* **20** (1973) 479.

18. A. G. Dickon. "pH Scales and Proton-Transfer Reactions in Saline Media Such as Sea Water". *Geochim. Cosmochim. Acta* **48** (1984) 2299.

19. R. E. Zeebe and D. Wolf-Gladrow, CO_2 in Seawater: Equilibrium, Kinetics, Isotopes, Elsevier Science B.V., Amsterdam, Netherlands, 2001.

20. T. D. Clayton and R. H. Byrne, "Spectrophotometric Seawater pH Measurements: Total Hydrogen Ion Concentration Scale Calibration of m-Cresol Purple and At-Sea Results," *Deep-Sea Research*, **40** (1993) 2115 – 2129.

21. M. P. Seidel, M. D. DeGrandpre, and A. G. Dickson, "A Sensor for in situ Indicator-Based Measurements of Seawater pH," *Mar. Chem.*, **109** (2008) 18 – 28.

8장
산-염기 적정

8장 URLs

학습 목표

이 장에서 배울 중요한 내용은 무엇인가?

- 산-염기 적정 곡선의 계산
  - 센산, 센염기(표 8.1)
  - 센산-센염기의 전하 균형법, Goal Seek, 해 찾기
  - 스프레드시트 계산
  - 약산, 약염기(표 8.2)
  - 약산-센염기의 전하 균형법, Goal Seek, 해 찾기
  - 스프레드시트 계산, 약산-센염기
- 지시약(주요 식: 8.12, 8.13)
- 미분 적정, Goal Seek, 해 찾기 웹 사이트(8.11)
- 완충 세기, 완충 용량
- Na_2CO_3의 적정
- 다양성자산의 적정(표 8.3)
  - 적정 곡선을 미분하는 것에 대한 스프레드시트(웹 사이트, 해 찾기를 이용하여 다양성자산의 적정을 숙달하기), 문제 52 (웹 사이트 Universal Acid Titrator)
- 아미노산의 적정
- 질소를 포함하는 화합물인 단백질의 Kjeldahl 분석

7장에서 산-염기 평형의 원리를 소개하였다. 이것은 산-염기 적정에서 적정 곡선을 작성하고 해석하는 데 중요하다. 이 장에서는 센산이나 센염기 또는 약산이나 약염기의 적정을 포함한 여러 가지 형태의 산-염기 적정을 다룬다. 작성된 적정 곡선의 모양에 대하여 설명되어 있다. 지시약의 원리를 서술하여 어떤 특정한 적정 반응이 완결되었는지를 검출하기 위한 적절한 지시약의 선택에 대해서도 논의한다. 적정할 수 있는 작용기를 2개 이상 가지고 있는 약산이나 약염기의 적정, 산들의 혼합물이나 염기들의 혼합물의 적정도 기술하였다. 유기물이나 생체 시료에 들어 있는 질소를 정량하는 데 중요한 방법인 Kjeldahl 분석법을 설명하였다.

Metrohm AG의 허가

산-염기 적정의 용도는 무엇인가? 그들은 많은 산업에서 중요하다. 손으로 하는 적정은 지루한 반면에 자동 적정 장치는 자주 사용되고 힘들이지 않고 정확하게 적정을 수행할 수 있다. 식품 산업에서 산-염기 적정은 지방산 함량, 과일 음료의 산도, 과실주의 총 산도, 식용유의 산가, 빙초산 중의 아세트산 함량을 결정하는 데 이용된다. 바이오디젤을 생산하는 데 중요한 성분 중의 하나인 폐식물성 기름의 산도를 결정하는 데 이용된다. 바이오디젤 대신에 비누를 만들기 위해서 유리 지방산을 제거하는 공정 이전에 폐식물성 기름을 중화시켜야 한다. 암모니아는 수중 생물에 매우 유독하다. 암모니아 함량 분석을 위한 aquaria 시험, 도금 산업에서 니켈 도금 용액 중에 존재하는 붕산 농도를 측정한다. 금속 산업에서는 부식 용액 중의 산을 정량한다. 환경 계에서는 도시 하수와 오수의 알칼리도 또는 산도를 결정한다. 또한 석유 산업에서는 엔진 오일의 산가를 결정하고 바이닐아세테이트 중에 존재하는 아세트산을 정량한다. 제약 산업에서는 위의 제산제에 존재하는 탄산수소 소듐을 정량한다. 화학 약품의 순도를 결정하기 위해서는 산-염기 적정을 이용한다. 카복실산의 비누화값은 지방 중의

지방산의 평균 사슬 길이를 결정하는 데 이용되는데, 지방 1 g에 존재하는 카복실산을 비누화시키는 데 필요한 KOH의 질량을 밀리그램으로 측정한다.

8.1 센산 대 센염기 — 쉬운 적정

산-염기 적정은 산이 같은 당량의 염기와 반응하는 **중화**(**neutralization**) 반응을 포함하고 있다. **적정 곡선**(**titration curve**)을 작성하면 적정의 **종말점**(**end point**)을 어떻게 검출할 수 있는지를 쉽게 설명할 수 있다. 종말점은 반응의 완결을 알려 준다. 첨가한 적정 시약의 부피의 함수로서 용액의 pH를 도시하여 적정 곡선을 작성한다. **적정 시약은 항상 센산이거나 센염기이다.** 분석물은 센염기나 센산 또는 약염기나 약산일 수 있다.

적정제로는 센산이나 센염기만을 쓴다.

센산 대 센염기의 경우, 적정 시약과 분석물 모두가 완전히 이온화한다. 한 예로, 염산을 수산화 소듐으로 적정하는 것을 들 수 있다.

$$H^+ + Cl^- + Na^+ + OH^- \rightarrow H_2O + Na^+ + Cl^- \tag{8.1}$$

H^+와 OH^-는 결합하여 H_2O를 만들고, 다른 이온(Na^+와 Cl^-)은 그대로 남게 된다. 따라서 중화 반응의 알짜 결과는 HCl이 NaCl 중성 용액으로 전환되는 것이다. 0.1 *M* HCl 100 mL를 0.1 *M* NaOH로 적정할 때 얻어지는 적정 곡선을 아래 스프레드시트를 이용하여 도시한 그림 8.1에서 보여 주고 있다.

적정 곡선을 그리는 데 필요한 계산이란 단순히 7장에서 기술한 절차에 따라 적정의 여러 단계에서 존재하는 특정 화학종의 농도로부터 pH를 계산하는 것인데, 적정 과정에서의 부피 변화는 화학종의 농도 계산에서 고려되어야 한다.

표 8.1에 적정 곡선의 각 부분에 적용되는 수식을 요약하였다. 적정 시약에 의해 적정된 분석물의 분율을 나타내기 위하여 f를 이용한다. 그림 8.1에 보여지듯이 적정의 시작($f=0$)에서는 0.1 *M* HCl이므로 초기 pH는 1.0이다. 적정이 진행됨에 따라($0<f<1$) H^+ 일부가 용액으로부터 H_2O로 제거된다. 따라서 H^+ 농도는 점점 감소한다. 90% 중화가 진행되면($f = 0.9$) (90 mL NaOH), H^+는 10%만 남게 된다. 부피 변화를 무시하면, 이 점에서의 H^+ 농도는 10^{-2} *M*이 되고, pH는 1 단위밖에 증가하지 않는다(부피 변화를 보정하면 pH는 약간 더 높아질 것이다. 스프레드시트 참조). 그러나 **당량점**(**equivalence point**, 염기의 화학량론적 양이 첨가된 점, $f=1$)에 가까워짐에 따라 H^+ 농도는 급속도로 감소하여 완전히 중화될 때 NaCl 중성 용액이 남게 되고, pH는 7.0이 된다. NaOH를 계속 첨가함에 따라($f>1$) 당량점에서 10^{-7} *M*인 OH^- 농도는 급속도로 증가하여 10^{-2} *M*과 10^{-1} *M* 사이 값을 유지하게 된다. 이때 NaOH와 NaCl 혼합 용액으로 된다. 따라서 pH는 당량점의 양쪽에서는 거의 일정하지만 당량점 가까이에서는 급격히 변한다. 이러한 큰 변화 때문에 pH 또는 pH에 따라 변하는 어떤 성질(즉 지시약의 색 또는 전극의 전위)의 측정을 통해 반응이 완결되었다는 것을 찾아낼 수 있다.

당량점은 이론적으로 반응이 완결된 점이다.

표 8.1 센산(HX) 또는 센염기(BOH) 적정에 관련된 수식

	센산		센염기	
적정 분율 *F*	존재 형태	식	존재 형태	식
$f=0$	HX	$[H^+] = [HX]$	BOH	$[OH^-] = [BOH]$
$0<f<1$	HX/X^-	$[H^+]$ = [남은 HX]	BOH/B^+	$[OH^-]$ = [남은 BOH]
$f=1$	X^-	$[H^+] = \sqrt{K_w}$ (식 7.13)	B^+	$[H^+] = \sqrt{K_w}$ (식 7.13)
$f>1$	OH^-/X^-	$[OH^-]$ = [과량의 적정 시약]	H^+/B^+	$[H^+]$ = [과량의 적정 시약]

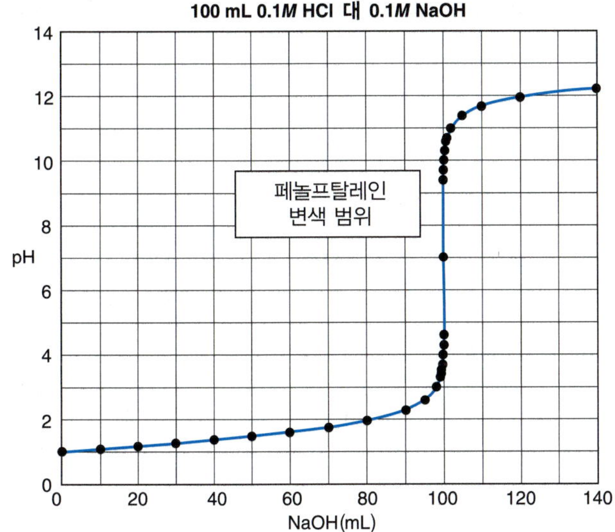

	A	B	C	D	E	F	G
1	**100.00 mL of 0.1000 M HCl vs. 0.1000 M NaOH**						
2	mL_{HCl}=	100.00	M_{HCl}=	0.1000			
3	M_{NaOH}=	0.1000	K_w=	1.00E−14			
4	**mL_{NaOH}**	**[H^+]**	**[OH^-]**	**pOH**	**pH**		
5	0.00	**0.1**			**1.00**		
6	10.00	0.0818182			1.09		
7	20.00	0.0666667			1.18		
8	30.00	0.0538462			1.27		
9	40.00	0.0428571			1.37		
10	50.00	0.0333333			1.48		
11	60.00	0.025			1.60		
12	70.00	0.0176471			1.75		
13	80.00	0.0111111			1.95		
14	90.00	0.0052632			2.28		
15	95.00	0.0025641			2.59		
16	98.00	0.0010101			3.00		
17	99.00	0.0005025			3.30		
18	99.20	0.0004016			3.40		
19	99.40	0.0003009			3.52		
20	99.60	0.0002004			3.70		
21	99.80	0.0001001			4.00		
22	99.90	5.003E−05			4.30		
23	99.95	2.501E−05			4.60		
24	100.00	**0.0000001**			7.00		
25	100.05		**2.5E−05**	**4.60**	**9.40**		
26	100.10		5E−05	4.30	9.70		
27	100.20		1E−04	4.00	10.00		
28	100.40		0.0002	3.70	10.30		
29	100.80		0.0004	3.40	10.60		
30	101.00		0.0005	3.30	10.70		
31	102.00		0.00099	3.00	11.00		
32	105.00		0.00244	2.61	11.39		
33	110.00		0.00476	2.32	11.68		
34	120.00		0.00909	2.04	11.96		
35	140.00		0.01667	1.78	12.22		
36	Formulas for cells in **boldface**:						
37	**Cell B5**: [H^+] = (mL_{HCl} x M_{HCl} − mL_{NaOH} x M_{NaOH})/(mL_{HCl} + mL_{NaOH})						
38	=	`($B$2*$D$2−A5*$B$3)/($B$2+A5)`			Copy through Cell B23		
39	**Cell E5** = pH =		(−LOG10(B5))		Copy through Cell E24		
40	**Cell B24** = [H^+] = $K_w^{1/2}$=			SQRT(D3)			
41	**Cell C25** = [OH^-] = (mL_{NaOH} x M_{NaOH} − mL_{HCl} x M_{HCl})/(mL_{HCl} + mL_{NaOH})						
42	=	`(A25*$B$3−$B$2*$D$2)/($B$2+A25)`				Copy to end	
43	**Cell D25** = pOH = −log[OH^-] =			(−LOG10(C25))		Copy to end	
44	**Cell E25** = pH = 14 − pH =			14−D25		Copy to end	

그림 8.1 0.1 M HCl 100 mL를 0.1 M NaOH로 적정할 때의 적정 곡선

예제 8.1

0.100 M HCl 50.0 mL를 0.100 M NaOH로 0, 10, 90, 100, 110%(당량점 부피의 %) 적정하였을 때의 pH를 계산하시오.

풀이

반응한 것과 남아 있는 밀리몰수를 잘 추적하시오.

0%에서 pH = −log 0.100 = 1.00

10%에서 5.0 mL NaOH가 첨가된다. 시작점에서 밀리몰수는

0.100 M × 50.0 mL = 5.00 mmol H^+. NaOH를 가한 후 H^+ 농도를 계산해 보자.

초기 mmol H^+	= 5.00 mmol H^+
첨가된 mmol OH^- = 0.100 M × 5.0 mL	= 0.500 mmol OH^-
남아 있는 mmol H^+	= 4.50 mmol H^+ (55.0 mL속에)

$$[H^+] = 4.50 \text{ mmol}/55.0 \text{ mL} = 0.0818\ M$$

$$pH = -\log\ 0.0818 = 1.09$$

90%에서

초기 mmol H^+ = 5.00 mmol H^+

첨가된 mmol OH^- = 0.100 M × 45.0 mL = 4.50 mmol OH^-

남아 있는 mmol H^+ = 0.50 mmol H^+(95.0 mL 속에)

$$[H^+] = 0.00526\ M$$

$$pH = -\log\ 0.00526 = 2.28$$

100%에서 모든 H^+는 OH^-와 반응하여 0.0500 M NaCl 용액으로 된다. 따라서 pH는 7.00이 된다.

110%에서 NaCl과 과량으로 첨가된 NaOH 혼합 용액이 된다.

$$\text{mmol } OH^- = 0.100\ M \times 5.00 \text{ mL} = 0.50 \text{ mmol } OH^- \text{ 105 mL 속에)}$$

$$[OH^-] = 0.00476\ M$$

$$pOH = -\log\ 0.00476 = 2.32;\ pH = 11.68$$

산이 과량으로 들어 있는 당량점 이전에서는 $[H^+] = (M_{산} \times V_{산} - M_{염기} \times V_{염기})/V_{전체}$의 관계가 성립하며, 여기서 V는 부피이다. 예제 8.1의 풀이 과정을 이해하였다면 위의 식을 이용하여 간단하게 $[H^+]$를 계산할 수 있다. 같은 방법으로 염기가 과량 들어 있는 당량점 이후에는 $[OH^-] = (M_{염기} \times V_{염기} - M_{산} \times V_{산})/V_{전체}$의 관계식이 성립한다. $V_{전체}$는 언제나 $V_{산} + V_{염기}$이다.

묽은 용액일수록 지시약 선택이 매우 중요해진다.

pH가 급격히 변하는 영역의 크기는 산의 농도와 염기의 농도 모두에 의존한다. 서로 다른 농도에서 얻은 적정 곡선은 그림 8.2에서 보여 주고 있다. 반대로 적정을 할 경우, 주어진 적

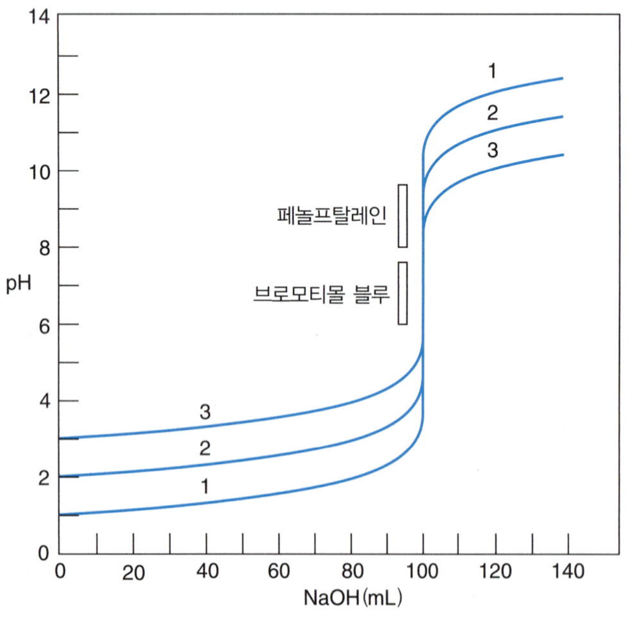

그림 8.2 농도에 따른 종말점 변곡의 크기 변화. 곡선 1; 0.1 M HCl 100 mL를 0.1 M NaOH로 적정, 곡선 2; 0.01 M HCl 100 mL를 0.01 M NaOH로 적정, 곡선 3; 0.001 M HCl 100 mL를 0.001 M NaOH로 적정. 모든 경우에서 당량점의 pH는 7.00이다.

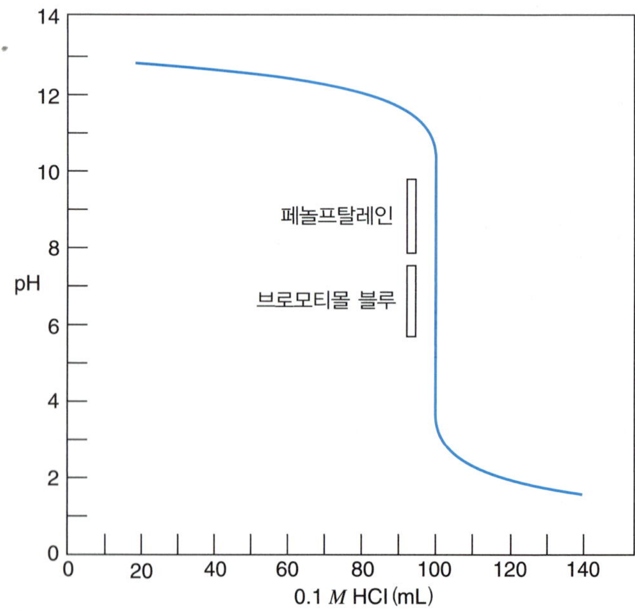

그림 8.3 0.1 M NaOH 100 mL를 0.1 M HCl로 적정할 때의 적정 곡선. 당량점에서의 pH는 7.00이다.

정 곡선과 거울상인 적정 곡선을 얻는다. 0.1 *M* NaOH를 0.1 *M* HCl로 적정할 때의 적정 곡선은 그림 8.3에서 보여 주고 있다. 이들 그림에서 나타난 것과 같이 지시약의 선택은 아래에서 논의하겠다.

스프레드시트 연습 – 센산을 센염기로 적정

그림 8.1을 그리는 데 필요한 스프레드시트를 작성해 보자. HCl의 농도와 부피, NaOH의 농도 K_w를 특정 셀(B2, D2, B3 및 D3 셀)에 입력한다. 이들은 식에서 일정한 값으로 사용될 것이다. 스프레드시트에서 수소 이온 농도는 남아 있는 HCl의 mmol수를 전체 부피로 나누어 계산한다(B5 셀 공식). 당량점에서 이 값은 K_w의 제곱근이다(B24 셀 공식). 당량점 이후에서 수산화 이온 농도는 과량으로 넣어준 NaOH의 mmol수를 전체 부피로 나눈 값이다(C25 셀 공식). 취한 HCl과 NaOH의 농도, HCl의 부피, K_w는 공식에서 모두 일정한 값이다. $[H^+]$로부터 pH를 계산하기 위한 공식을 E5 셀에, $[OH^-]$로부터 pOH를 계산하기 위한 공식을 D25 셀에, pOH로부터 pH를 계산하기 위한 공식을 E25 셀에 입력한다.

적정 곡선은 삽입/차트/분산형을 이용하여 A5:A35(X축) 대 E5:E35(Y축)을 도시한다. α 대 pH 도시를 위해서는 7장에서의 스프레드시트 연습을 참고하고, 차트를 준비하는 데 있어 상세하게 알기를 원한다면 그림 7.2를 참고하라. 도시(차트 1)는 이 책의 **웹 사이트** 8장에 주어져 있다.

8.2 전하 균형법 — 센산과 센염기의 적정에 대한 엑셀 연습

전하 균형법은 Goal Seek를 이용하여 적정 과정의 어떤 점에서 용액의 pH를 쉽게 계산하거나 또는 엑셀 해 찾기를 이용하여 동시에 여러 점의 적정에 대한 pH를 계산하도록 한다. 앞에서 말한 스프레드시트 연습과 전하 균형법 사이의 중요한 차이는 pH를 구하기 위해 적정이 어느 정도 이루어졌는지($f<1$, $f=1$ 또는 $f>1$, 여기서 f는 적정된 분율)에 의존하는 다른 식을 적용할 필요가 없다는 것이다. 오히려 똑같은 전하 균형식을(반복하여) 푼다.

0.1 *M* HCl 100 mL를 0.1 *M* NaOH로 적정하는 문제를 다시 풀어 보자. 전하 균형법에 의해 풀려고 하는 어떤 문제의 일반적인 접근 방법은 다음과 같은 단계를 포함한다.

1. 언제나 용액 중에 존재하는 모든 화학종들을 적는다.

현재의 경우, NaOH가 첨가되지 않은 초기를 제외하고, 모든 다른 점에서 용액 속에는 H_2O, H^+, OH^-, Na^+, Cl^- 화학종들이 존재한다.

2. 모든 평형 상수식을 적는다.

센산과 센염기는 완전히 해리하기 때문에, 관련된 유일한 평형은 물의 이온화이다.

$$[H^+][OH^-] = K_w$$

전체 부피를 계산한 후, 임의의 점에서 $[Cl^-]$는 HCl의 초기 양으로 나타내어진다. 유사하게 임의의 점에서 $[Na^+]$는 첨가된 NaOH의 전체 양으로 나타내어진다.

3. 전하 균형식을 적는다. 전하를 띤 모든 화학종들의 농도를 식의 왼쪽에 놓는다. 각 농도에 그 이온의 전하의 크기를 곱하고(현재의 경우에서는 이들은 모두 1이 된다) 양전하들의 합과 음전하들의 합의 차는 0이 되어야 한다. 현재의 경우, 이들의 양은 다음과 같다.

$$([Na^+] + [H^+]) - ([OH^-] + [Cl^-]) = 0 \qquad (8.2)$$

4. 모든 매개 변수를 농도, 부피(또는 적정된 분율), 평형 상수들 등등 그리고/또는 한 개의

변수, 대부분의 경우 H^+를 포함하는 알려진 값으로 변환한다. 취한 산의 초기 부피를 V_A라고 하고 취한 산의 농도를 C_A eq/L(NaOH과 HCl의 경우, 몰 단위 M과 당량/L 사이에 차이는 없다)이라고 하자. 농도 C_B eq/L인 염기의 첨가된 부피가 V_B라면, 정의에 의하여 적정된 분율은 다음과 같다.

$$V_B C_B = f V_A C_A \tag{8.3}$$

선택적으로, V_B는 다음과 같이 나타낼 수 있다.

$$V_B = f V_A C_A / C_B \tag{8.4}$$

현재의 경우, $C_A = C_B$ 0.1 eq/L이기 때문에 V_B는 fV_A로 쓸 수가 있다. 그러므로 임의의 점에서 전체 부피 $(V_A + V_B)$는 다음과 같이 쓸 수 있다.

$$V_A + V_B = V_A + fV_A = V_A(1+f) \tag{8.5}$$

이제 염화 이온의 농도에 대한 묽힌 보정을 할 수 있다. 적정하는 동안에 적정 시약이 첨가되기 때문에 C_A는 묽혀진다. 즉 임의의 점에서는 다음과 같이 된다.

$$[Cl^-] = (V_A C_A)/(V_A + V_B) = (V_A C_A)/V_A(1+f) = C_A/(1+f) \tag{8.6}$$

또한 반응 화학량론 때문에 첨가된 NaOH의 양이 직접 반영된 $[Na^+]$가 다음과 같이 되어야 한다는 것을 알아야 한다.

$$[Na^+] = f[Cl^-] = fC_A/(1+f) \tag{8.7}$$

$[OH^-] = K_w/[H^+]$를 안다면, 식 8.6과 식 8.7을 식 8.2에 대입하면 다음과 같이 원하는 식을 쓸 수 있다.

$$fC_A/(1+f) + [H^+] - K_w/[H^+] - C_A/(1+f) = 0 \tag{8.8}$$

다음과 같이 처음 항과 마지막 항을 함께 묶을 수 있다.

$$[H^+] - K_w/[H^+] + (fC_A - C_A)/(1+f)$$

이 식을 보다 만족스러운 형태로 간단히 하면 다음과 같다.

$$[H^+] - \left(\frac{K_w}{[H^+]} + \frac{1-f}{1+f}C_A\right) = 0 \tag{8.9}$$

K_w와 C_A가 알려진다면, Goal Seek을 이용하여 특정 f 값에 대한 $[H^+]$ 또는 pH를 계산할 수 있다. 해 찾기를 이용하면, 임의의 여러 점들에 대한 해를 동시에 계산할 수 있다.

엑셀 시트를 작성하자(또는 이 책의 **웹 사이트**에 있는 스프레드시트 8.2.xlsx로 시작할 수 있다 – 8.2절 전하 균형과 HCl 대 NaCl에 대한 해 찾기). A1 셀에 CA를 타이프하고 B1 셀에 0.1을 타이프하고 이것을 CA로 이름 붙인다. 유사한 방법으로, A2 셀에 K_W를, B2 셀에 1E-14를 타이프하고 K_W로 정의한다. 5행에서 시작하여, 열 항목으로 ***f*****, pH, H⁺,** K_W**/H⁺, Equation**을 타이프한다. f 아래에 있는 A6 셀에 0을, A7 셀에 0.05를 입력한다. 이들 두 셀을 하이라이트한 다음, 오른쪽 바닥 모서리로부터 A30 셀까지 끌어내려 채운다. A열에 있는 이들 셀에 0부터 1.2까지 0.05씩 f값을 채운다. B6 셀에 임의의 값 0을 입력한다. C6에 = 10^–B6로 $[H^+]$ 값을 타이프한다(B6 셀에 0을 입력하면 이것은 1이라고 읽을 것이다). D6 셀에 $= K_W$/B6를 타이프한다. 이제 식 8.9를 적을 준비가 되어 있으며 = C6 – (D6 + CA ∗ (1 – A6)/(1 + A6)과 같이 입력한다. 엑셀에 있는 수의 해를 구한 이전 경험을 기억하자. 여러 행에 있는 중복 문제를 동시에 구하기 위하여 전체를 제곱한다(예제 7.21을 참고한다). 서투른 해를 막기 위하여 1E10을 곱해 준다. 이제 궁극적으로 E6 셀에 있는 식은 다음과 같이 읽어 들인다.

= 10000000000*(C6 – (D6 + CA*(1 – A6)/(1 + A6)))^2

이제 E6 셀을 하이라이트하고 Data/What–if Analysis/Goal Seek을 예로서 인용한다. B6

셀을 변경함으로써 E6 셀에 값 0을 설정하고 값을 구하기 위해 Goal Seek을 실행한다. 정확하게 타이프하였다면, Goal Seek은 B6 셀에 대한 최상의 값이 1.00이라는 것을 알려 줄 것이고 E6 셀은 0.0005의 차수를 갖는 낮은 나머지 값을 갖는다. 특정 값에 대한 pH 값을 구하는 매 시간 B7 셀에서 B30 셀까지 각각의 행을 이러한 방식으로 구할 수 있다. 또한 기본적으로 해 찾기를 이용하여 한꺼번에 모든 행을 구할 수 있다. 이것을 풀기 위하여 B6:E6 셀을 선택하고 복사(Ctrl+C)한다. B7에서 시작하여 B7:E7 셀 속에 똑같이 붙이기(Ctrl+V)한다. 두 행 B7:E7을 선택하고(A열을 피한다) 오른쪽 모서리로부터 E30까지 끌어 내리고 나머지 행을 채운다. E32 셀에서 입력된 식 =SUM(E6:E30)은 E6:E30 셀의 값들을 합해 준다.

해 찾기(데이터/분석/해 찾기)를 예로 인용한다. 목표 셀을 E32로 설정한다. 변경될 변수 셀은 B6:B30이다. B6:B30의 허용할 수 있는 값으로 제한 조건을 추가할 필요가 있다. 이들 제한 조건은 0−14이다. 추가 버튼을 이용하여, 셀 참조 상자에 B6:B30을 타이프하고 연산자 상자의 초깃값에 있는 "<="을 그대로 남겨 두고 "제한 조건"에 14를 입력한 다음, 추가를 클릭한다. 새로운 제한 조건 창에서 다시 B6:B30을 입력하고 연산자 ">="을 선택하기 위하여 연산자 상자에 있는 화살표를 클릭하고 제한 조건 상자에 0을 입력한다. 확인을 클릭하고 주 해 찾기 메뉴로 돌아간다. 해 찾기 옵션을 클릭하고 정밀도 상자에 1E−10, 최대 시간 상자에 500초, 최대 반복에 100,000을 입력한다. 확인을 클릭하고 메인 창으로 되돌아가고 "해 찾기"를 클릭한다.

해 찾기는 결과 창이 열릴 것이고 임시(그리고 불확실한)해를 제공한다. E32 셀에 있는 값이 더 이상 감소하지 않을 때까지 여러 번 해 찾기를 실행해야 한다. 이것을 쉽게 하기 위해서, "해 찾기 매개 변수 다이얼로그로 되돌아가기"라고 하는 결과 창에 있는 상자를 클릭하고 확인을 클릭한다. E32 셀에 있는 값이 더 이상 감소하지 않을 때까지(약 0.00578) 해 찾기 창과 결과 창 사이를 4~5번 번갈아 왔다 갔다 한다. 해 찾기는 이 덧셈 모드에서 가장 잘할 수 있고 실제로 $f = 1.00$을 제외한 모든 값들을 정확하게 구한다. $f = 1.00$ 값이 유일한데, 그 이유는 이 점에서 $[Na^+]$와 $[Cl^-]$이 정확하게 같고 전하 균형은 $[H^+]$와 $[OH^-]$에 의해서 결정되기 때문이다. 명확하게 식 8.2를 만족하는데 이 점에서 $[H^+] = [OH^-]$이고 pH = 7이다. 그러나 해 찾기가 pH 값 6($[H^+] = 10^{-6}$)을 구하더라도, 다른 행과 함께 정확한 해가 얻어질 때 $[H^+]$와 $[OH^-]$ 사이의 차이는 오차에 비교될 정도로 매우 작다. 결과적으로 해 찾기는 $f = 1$에 대해 pH = 6.38이 얻어진다. 이 행은 스스로 검사한다. 예를 들면 서투른 해를 구하지 않을 만큼 충분히 오차를 크게 하기 위해서 1E10 대신에 1E20을 곱해 주고 B26 셀을 변경하여 0으로 설정하는 Goal Seek을 인용한다면, 즉시 pH의 정확한 해를 7.00이 되도록 할 것이다. 일반적으로 마지막에는 스스로 정확한 중화점 pH를 구하는 것이 좋다.

A6:B30 셀을 하이라이트하고 삽입/차트/분산형을 클릭하고 "부드러운 선과 점"(오른쪽 꼭대기)을 갖는 그래프를 선택하여 적정 곡선을 작성할 수 있다. 적정된 분율의 함수에 대한 pH 항으로 적정 곡선을 작성한다. 차트의 틀에서 오른쪽을 클릭한 다음 차트/새 시트/확인을 하면 차트를 분리된 시트로 이동할 수 있다.

8.3 종말점의 검출: 지시약

목표는 종말점을 당량점과 일치시키는 데 있다.

산이 염기를 완전히 중화시킬 때, 즉 당량점에 도달하였을 때를 정확하게 아는 것을 제외하고 적정 과정을 수행하는 것은 그리 중요하지 않다. 그러므로 당량점에 도달할 때를 정확하게 결정하여야 한다. 반응이 완결된 것을 관찰한 점을 **종말점(end point)**이라고 한다. 종말점과 당량점이 정확히 일치하거나 매우 가깝게 일치하는 측정법을 선택한다. 당량점과 종말점 사이의 차이를 **적정 오차(titration error)**라고 한다. 어떤 측정이든지 오차를 최소화하여야 한다. 종말점을 결정하는 가장 분명한 방법은 여러 적정 단계에서 pH를 측정하고, 이것을 적정 시약의 부피에 대한 pH를 도시하는 것이다. 이것은 pH 미터로 할 수 있는데, 13장에서 다룰 것이다.

보통은 **지시약(indicator)**을 첨가하고 색 변화를 눈으로 관찰하는 방법이 더욱 편리하다. 산–염기 적정에서의 지시약은 진한 색을 띠는 약산이나 약염기이다. 이온화된 지시약의 색은 이온화되지 않은 것과 현저하게 다르다. 한 형태는 무색일 수도 있지만, 적어도 어느 한 형태는 반드시 색을 가져야 된다. 이들 물질은 보통 색을 유발하는 높은 공명 구조를 갖는 유기물로 구성되어 있다(16장을 참조하라).

지시약이 HIn으로 표시되는 약산이고, 이온화된 형은 파란색으로, 이온화되지 않은 형은 붉은색으로 가정하자.

$$\underset{(\text{붉은색})}{\mathrm{HIn}} \rightleftharpoons \mathrm{H^+} + \underset{(\text{파란색})}{\mathrm{In^-}} \tag{8.10}$$

다른 약산과 마찬가지로 지시약에 대해 Henderson–Hasselbalch 식을 쓸 수 있다.

$$\mathrm{pH} = \mathrm{p}K_{\mathrm{In}} + \log \frac{[\mathrm{In^-}]}{[\mathrm{HIn}]} \tag{8.11}$$

일반적으로 한 색이 다른 것보다 10배 강하면 우리의 눈은 한 가지 색으로 인식한다.

지시약은 일정한 **pH 범위(pH range)**에 걸쳐 색을 변하게 한다. 변색 범위는 작은 색 변화를 감지하는 관찰자의 능력에 의존한다. 지시약의 두 형태 모두가 색을 가질 때, 두 형태의 농도비가 10 : 1이면 보통 더 진한 농도의 색으로 보인다. 각각의 몰흡광도(16장), 즉 색의 세기가 지나치게 다르지 않다면 한 색에서 다른 색으로 변하는 pH 변색 범위를 계산할 수 있다. 이온화되지 않은 형태의 색이 나타날 때는 $[\mathrm{In^-}]/[\mathrm{HIn}] = \frac{1}{10}$이 된다. 따라서

$$\mathrm{pH} = \mathrm{p}K_a + \log \tfrac{1}{10} = \mathrm{p}K_a - 1 \tag{8.12}$$

이온화된 형의 색이 나타나기 위해서는 $[\mathrm{In^-}]/[\mathrm{HIn}] = \frac{10}{1}$이 되므로

$$\mathrm{pH} = \mathrm{p}K_a + \log \tfrac{10}{1} = \mathrm{p}K_a + 1 \tag{8.13}$$

따라서 한 색에서 다른 색으로 변할 때 pH는 $\mathrm{p}K_a - 1$에서 $\mathrm{p}K_a + 1$로 변한다. 즉 pH가 2만큼 변한다. 대부분의 지시약들은 두 단위 정도의 pH 범위의 변색 범위가 된다. 색 변화 과정에는 두 가지 색의 혼합색이 나타난다.

$\mathrm{p}K_a$가 당량점의 pH에 가까운 지시약을 선택하라.

더 포괄적인 지시약 목록은 뒤표지의 안쪽을 참조하라.

변색의 중간 지점에서는 두 형태의 농도가 같고 $\mathrm{pH} = \mathrm{p}K_a$가 된다. 따라서 **지시약의 $\mathrm{p}K_a$는 당량점에서의 pH와 매우 비슷해야 한다.**

약염기형 지시약에 대해서도 위와 같은 계산할 수 있으며, 같은 변색 범위를 보일 것이다. 변색 중간 지점의 pOH는 $\mathrm{p}K_b$가 되며, pH는 $14 - \mathrm{p}K_b$와 같다. 한편 $\mathrm{pH} = 14 - \mathrm{p}K_b$가 되도록 약염기형 지시약을 선택하여야 한다. 약염기 지시약들을 그 짝산으로 취급하는 것이 편리하고 오로지 $\mathrm{p}K_a$ 값들을 이용한다.

그림 8.4에는 흔히 사용되는 지시약에 대한 색과 변색 범위가 주어져 있다. 변색 범위는 색의 종류에 따라 다소 좁은 것도 있다. 어떤 색은 구별하기가 쉽다. 그리고 한 형이 무색이면 색 변화를 관찰하는 것이 더 쉽다. 이와 같은 이유 때문에, 센산–센염기의 적정에 보통 페놀프탈레인을 지시약으로 사용한다(그림 8.1의 0.1 *M* HCl의 적정 참조). 그러나 묽은 용액에서는 변색 범위가 적정 곡선의 경사가 가파른 부분에서 벗어나 있으므로(그림 8.2) 브로모티몰 블루와 같은 지시약을 사용하여야 한다. NaOH를 HCl로 적정하는 경우(그림 8.3)에도 같은 원리를 적용할 수 있다. 더욱 포괄적인 지시약 목록은 책 뒤표지 안쪽에 수록하였다. 지시약의 색 변화에 대한 pH 범위를, 그리고 산과 염기의 형태에 대한 색을 보여 주는 http://

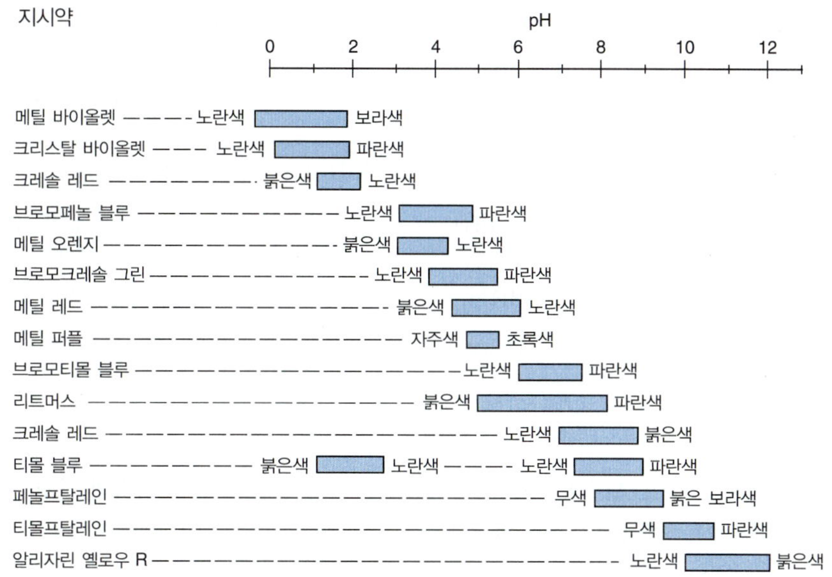

그림 8.4 일부 일반적인 지시약의 pH 변색 범위와 색

en.wikipedia.org/wiki/PH_indicator를 참조하시오.

지시약이 약산 또는 약염기이기 때문에, pH에 영향을 주지 않고 적은 양의 적정 시약으로 색이 변하도록 하기 위해서는 지시약의 첨가된 양을 최소로 줄여야 한다. 즉 지시약의 농도가 낮을수록, 적은 양의 산이나 염기로도 한 형태에서 다른 형태로 바뀌므로 색 변화가 민감해질 것이다. 물론 용액의 색이 쉽게 구별될 수 있을 만큼 충분한 양의 지시약을 가해야 한다. 일반적으로 0.1~0.3%(무게/부피) 지시약 용액을 만들어 용액에 2~3방울을 가한다.

0.004 *M* 지시약(fw = 250인 경우 0.1% 용액) 두 방울(0.1 mL)은 0.04 *M* 적정 시약 0.01 mL와 같다.

8.4 산 표준 용액과 염기 표준 용액

염기를 적정할 때는 주로 센산인 염산을 적정 시약으로 사용하며, 산을 적정할 때는 주로 수산화 소듐을 적정 시약으로 사용한다. 대부분의 염화물은 물에 잘 녹으며, HCl의 경우 부반응도 거의 일어나지 않는다. 무엇보다도 다루기 쉽다.

산 및 염기 용액의 조제와 표준화에 요구되는 특별한 절차는 2장을 참조하라.

이들 용액은 둘 다 일차 표준 물질이 아니므로 대략적인 농도의 용액을 만들고, 산 또는 염기 일차 표준 물질로 표준화하여야 한다. 용액을 준비할 때는 특별한 주의를 기울여야 한다. 특히 NaOH의 경우가 그러하다. 염산과 수산화 소듐 용액의 조제나 표준화에 대하여는 2장에서 설명하였다.

8.5 약산 대 센염기 — 약간 복잡하다

0.1 *M* 아세트산 100 mL를 0.1 *M* 수산화 소듐으로 적정할 때의 적정 곡선을 그림 8.5에 나타내었다. 중화 반응은 다음과 같다.

$$HOAc + Na^+ + OH^- \rightarrow H_2O + Na^+ + OAc^- \tag{8.14}$$

농도에 따라 수% 내외로 이온화되는 아세트산은 물과 염인 아세트산 소듐으로 중화된다. 적정을 시작하기 전에는 0.1 *M* HAOc 용액이므로, pH는 7장에서 약산에 대하여 설명되었던 것과 같이 계산한다. 적정 곡선의 여러 지점에서의 pH를 계산하는 식을 표 8.2에 요약하였다. 적정을 시작하는 순간부터 HOAc 일부가 NaOAc로 변하고 완충계가 된다. 적정이 진

약산 또는 약염기가 절반이 중화될 때, 약산–센염기 또는 약염기–센산 적정에 대한 중간점에서 적정 곡선은 가장 완만하고 완충 용량은 가장 크다.

표 8.2 약산(HA)및 약염기(B)의 적정에 관련된 수식

	약산		약염기	
적정 분율 F	존재 형태	식	존재 형태	식
$f = 0$	HA	$[H^+] = \sqrt{K_a \cdot C_{HA}}$ (식 7.20)	B	$[OH^-] = \sqrt{K_b \cdot C_B}$ (예제 7.8)
$0 < f < 1$	HA/A^-	$pH = pK_a + \log \frac{C_{A^-}}{C_{HA}}$ (식 7.45)	B/BH^+	$pH = (pK_w - pK_b) + \log \frac{C_B}{C_{BH^+}}$ (식 7.58)
$f = 1$	A^-	$[OH^-] = \sqrt{\frac{K_w}{K_a} \cdot C_{A^-}}$ (식 7.32)	BH^+	$[H^+] = \sqrt{\frac{K_w}{K_b} \cdot C_{BH^+}}$ (식 7.39)
$f > 1$	OH^-/A^-	$[OH^-]$ = [과량의 적정 시약]	H^+/BH^+	$[H^+]$ = [과량의 적정 시약]

행됨으로써, $[OAc^-]/[HOAc]$의 비가 변하여 pH가 천천히 증가한다. **적정의 중간 지점**에서 $[OAc^-] = [HOAc]$이므로 **pH는 pK_a와 같다.** 당량점에서는 NaOAc 용액이 되는데, 이것은 Brønsted 염기(가수 분해한다)이기 때문에, **당량점에서의 pH는 알칼리가 될 것이다.** pH는 NaOAc의 농도에 의존할 것이다(식 7.32와 그림 8.6 참조). 농도가 진할수록 pH는 높아진다. 당량점을 지나 과량의 NaOH가 첨가되면, 염기 OAc^-의 이온화는 거의 무시될 정도로 억제되고(식 7.23 참조), pH는 과량의 OH^-에 의해서만 결정된다. 따라서 **당량점을 지난 다음의 적정 곡선은 센산에 대한 적정 곡선을 따른다.**

예제 8.2

0.100 M 아세트산 50.0 mL를 0.100 M NaOH로 적정하려고 한다. NaOH를 0, 10.0, 25.0, 50.0, 60.0 mL 가하였을 때의 pH를 계산하시오.

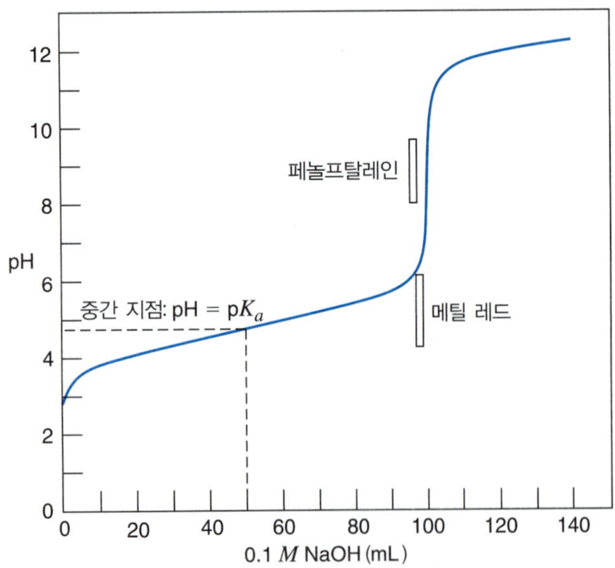

그림 8.5 0.1 M HOAc 100 mL를 0.1 M NaOH로 적정할 때의 적정 곡선. 당량점에서의 pH는 7이 아니고, 식 73.2에서 정의된 바에 의하면 0.05 M NaOAc에서 pH=8.73임을 주목하라.

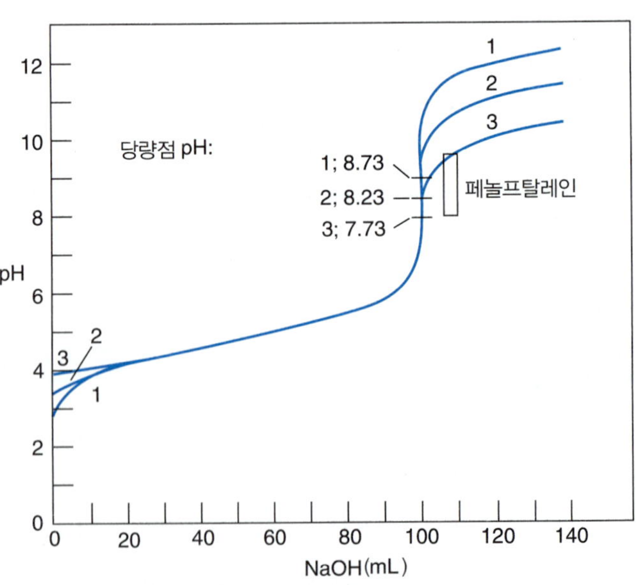

그림 8.6 농도에 따른 약산의 적정 곡선의 변화 모양. 곡선 1; 0.1 M HOAc 100 mL 대 0.1 M NaOH, 곡선 2; 0.01 M HOAc 100 mL 대 0.01 M NaOH, 곡선 3; 0.001 M HOAc 100 mL 대 0.001 M NaOH

풀이

0 mL에서는 0.100 M HOAc 용액뿐이므로

$$\frac{(x)(x)}{0.100 - x} = 1.75 \times 10^{-5}$$

$$[H^+] = x = 1.32 \times 10^{-3}\ M$$

$$pH = 2.88$$

10.0 mL에서는 시작점에서 0.100 $M \times 50.0$ mL = 5.00 mmol HOAc이다. 일부가 OH^-와 반응하여 OAc^-로 바뀐다.

반응한 것과 남아 있는 밀리몰수를 잘 추적하라.

$$\text{초기 HOAc mmol} = 5.00 \text{ mmol HOAc}$$

$$\text{첨가된 } OH^- \text{ mmol} = 0.100\ M \times 10.0 \text{ mL} = 1.00 \text{ mmol } OH^-$$

$$= \underline{\text{mmol } OAc^- \text{ (60.0 mL 속에)}}$$

$$\text{남은 HOAc mmol} = 4.00 \text{ mmol HOAc (60.0 mL 속에)}$$

즉 완충 용액으로 된다. 부피는 서로 상쇄되므로 밀리몰로 표시할 수 있다.

$$pH = pK_a + \log \frac{[OAc^-]}{[HOAc]}$$

$$pH = 4.76 + \log \frac{1.00}{4.00} = 4.16$$

25.0 mL에서는 HOAc 절반이 OAc^-로 바뀌므로 pH = pK_a가 된다.

$$\text{초기 HOAc mmol} = 5.00 \text{ mmol HOAc}$$

$$OH^- \text{ mmol} = 0.100\ M \times 25.0 \text{ mL} = \underline{2.50 \text{ mmol } OAc^- \text{ 생성}}$$

$$\text{남은 HOAc mmol} = 2.50 \text{ mmol HOAc}$$

$$pH = 4.76 + \log \frac{2.50}{2.50} = 4.76$$

50.0 mL에서는 HOAc가 전부 OAc^-로 된다(100 mL 속에 5.00 mmol 또는 0.0500 M).

$$[OH^-] = \sqrt{\frac{K_w}{K_a}[OAc^-]}$$

$$= \sqrt{\frac{1.0 \times 10^{-14}}{1.75 \times 10^{-5}} \times 0.0500} = 5.35 \times 10^{-6}\ M$$

$$pOH = 5.27 \quad pH = 8.73$$

60.0 mL에서는 NaOAc와 NaOH 혼합 용액이 된다. OH^-가 과량 존재하여 OAc^-은 거의 가수 분해되지 않는다. 따라서 pH는 과량으로 들어간 OH^- 농도에 의해 결정된다.

$$\text{mmol } OH^- = 0.100\ M \times 10.0 \text{ mL} = 1.00 \text{ mmol(110 mL 속에)}$$

$$[OH^-] = 0.00909\ M$$

$$pOH = -2.04 \qquad pH = 11.96$$

■

당량점 이전에 pH가 서서히 증가하는 범위를 **완충 영역(buffer region)**이라고 한다. $[OAc^-]/[HOAc]$의 비가 1인 중간 지점에서 곡선이 가장 완만하다(완충과 완충 용량에 대해서는 7.8절을 참조하라). 그래서 **완충 용량은 pH가 pK_a와 같아질 때 가장 크다**. 또한 완충 용량

완충 용량에 대한 정량적인 설명에 대해서는 7.8절을 참조하시오.

묽힘에 따라 pH가 변하는 것을 제외하면, 센산도 실제로는 좋은 완충 용액이다.

약산의 적정에서는 지시약을 조심스럽게 선택해야 한다.

은 HOAc와 OAc^-의 농도에 의존하고, **전체 완충 용량(total buffering capacity)**은 농도가 증가할수록 증가한다. 다시 말하면 pK_a 양쪽에 있는 완만한 부분의 길이는 [HOAc]와 $[OAc^-]$가 증가할수록 증가한다. pH가 pK_a에서 산성 쪽으로 벗어난 곳에서는 완충 능력이 염기에 대해서는 크고, 산에 대해서는 작다. 이곳에서의 첨가한 적은 양의 염기에 의한 pH 변화폭은 곡선이 덜 완만하기 때문에 $pH = pK_a$에서의 변화 폭보다 더 크다. 역으로 pK_a에서 염기 쪽으로 벗어난 곳에서 완충 능력은 산에 대해서 크고, 염기에 대해서는 작다. 완충 세기와 완충 용량에 대해서는 7장을 참조하시오.

완충 영역이 센산–센염기 적정의 경우(그림 8.1과 8.2)가 약산의 경우보다 더욱 완만하다는 것을 주목한다. 이런 측면에서 볼 때, 센산이나 센염기 용액에 H^+나 OH^-를 첨가할 때 pH 변화는 위에서 논의한 완충계의 경우보다 더욱 억제된다. 실제로 센산과 센염기의 농도가 크면 매우 좋은 완의 용액이 된다. 문제는 그것들이 매우 센산이든 센 알칼리든 간에 매우 좁은 pH 영역에만 한정된다는 것이며, 특히 pH 변화에 대응하는 큰 능력을 가지도록 산 또는 염기의 농도가 충분히 강하면, 더욱 좁은 pH 영역에 한정된다는 것이다. 따라서 이들은 완충 능력이 거의 없는 영역이 된다. 또한 센산과 센염기의 용액은 완충 용액과 달리 묽힐 때 pH 변화가 일어나게 된다. 그러므로 보통 약산 또는 약염기와 그들의 염으로 된 혼합물을 사용한다. 이것은 원하는 pH 영역이 선택되도록 한다. 종종 완충 용액은 특정한 pH의 용액을 만드는 데만 사용되고, 그 외의 산이나 염기는 첨가되지 않는다. 센산이나 센염기보다는 일반적인 완충 용액이 원하는 pH를 쉽게 얻을 수 있으며 pH도 거의 변하지 않는다.

약산의 적정에 사용되는 지시약의 변색 범위는 약 pH 7~10 사이(그림 8.5)에 있어야 한다. 페놀프탈레인이 여기에 아주 적합하다. 메틸 레드와 같은 지시약을 사용하면, 적정을 시작하자마자 곧 색이 변하기 시작해서 당량점에 도달하기도 전에 pH 6에서 알칼리 색으로 점진적으로 변한다.

HOAc와 NaOH의 다른 농도에 대한 적정 곡선의 모양과 농도에 따른 당량점에서의 pH의 변화 모양을 그림 8.6에 나타내었다. 분명히 용액의 농도가 10^{-3} M 이하일 때는 페놀프탈레인을 사용할 수 없다(곡선 3). 약산의 농도가 묽어질수록 당량점에서의 pH가 낮아지는 것에 주목하시오(센산의 경우에는 그렇지 않다).

스프레드시트 연습—약산–센염기 적정

센산–센염기 적정에 이용한 스프레드시트 8.2xlsx은 센염기로 약산을 적정에 쉽게 수정할 수 있다. 즉 0.05 M HOAc 50 mL를 0.05 M NaOH로 적정하는 경우, 아세트산에 대한 해리 상수 K_a를 정의하여야 한다. 이 문제에서 HOAc는 HCl과는 달리 충분히 이온화하지 않는다. 그러므로 C_A는 HOAc와 OAc^- 농도의 합으로 나타내어진다.

이전과 같이 하면

1. 용액 속에 존재하는 화학종들은 H_2O, HOAc, H^+, OH^-, Na^+, OAc^-이다.
2. 평형 상수식들은 다음과 같다.

$$[H^+][OH^-] = K_w$$

$$\frac{[H^+][OAc^-]}{[HOAc]} = K_a$$

7장(7.11절)에서 설명한 것과 같이, 해리한 화학종들의 분율에 대한 식은 α 값을 얻는 데 이용될 수 있다. 특히 아세트산 염의 농도 $[OAc^-]$에 관심이 있으므로 다음과 같이 쓸 수 있다.

$$[OAc^-] = \alpha_1 C_A$$

여기서

$$\alpha_1 = \frac{K_a}{K_a + [\mathrm{H}^+]}$$

전체 부피를 계산한 후, 임의의 점에서 $[\mathrm{Cl}^-]$는 HCl의 초기 양으로 나타내고, 유사한 방법으로 전체 부피를 계산한 후, 임의의 점에서 $[\mathrm{Na}^+]$은 그 점까지 첨가된 NaOH의 양이다.

3. 전하 균형식은 다음과 같다.

$$([\mathrm{Na}^+] + [\mathrm{H}^+]) - ([\mathrm{OH}^-] + [\mathrm{OAc}^-]) = 0 \tag{8.15}$$

4. 묽힘에 대하여 계산하면 다음과 같다.

$$[\mathrm{OAc}^-] = \alpha_1 C_\mathrm{A} V_\mathrm{A}/(V_\mathrm{A} + V_\mathrm{B}) \tag{8.16}$$

식 8.4에 대입하면, 식 8.16은 다음과 같다.

$$[\mathrm{OAc}^-] = \alpha_1 C_\mathrm{A}/(1 + fC_\mathrm{A}/C_\mathrm{B}) \tag{8.17}$$

$C_\mathrm{A} = C_\mathrm{B}$이므로, 더 간단하게 하면

$$[\mathrm{OAc}^-] = \alpha_1 C_\mathrm{A}/(1 + f) \tag{8.18}$$

예제 8.2 스프레드시트, 식 8.7에서와 같이

$$[\mathrm{Na}^+] = fC_\mathrm{A}/(1 + f)$$

$[\mathrm{OH}^-] = K_w/[\mathrm{H}^+]$을 알고 있다면, 식 8.7과 식 8.18을 식 8.15에 대입하면 원하는 식을 얻을 수 있다.

$$fC_\mathrm{A}/(1 + f) + [\mathrm{H}^+] - K_w/[\mathrm{H}^+] - C_A\frac{K_a}{(K_a + [\mathrm{H}^+])(1 + f)} = 0 \tag{8.19}$$

엑셀 시트(또는 책의 웹 사이트에 있는 스프레트시트 8.2.xlsx를 수정한다)를 작성한다(웹 사이트 8.5절에 있는 HOAc 대 NaOH에 대한 스프레드시트를 참고하시오). 이미 CA와 KW를 조건으로 제시하였고 이름을 정의하였다. A3 셀에 KA를, B3 셀에는 1.75E−5를 타이프하고 이것을 KA로 정의한다. CA의 값을 0.05로 읽도록 변경한다. 5행에서 시작하여 열 항목으로 **F**, **pH**, **H⁺**, **Na⁺**, **KW/H⁺**, **OAc⁻**, **Equation**을 타이프한다. 이미 존재하고 있는 스프레드시트를 이용할 수 있다. D열에 커서를 놓고 Alt-I를 누른 후 C를 누르면 새 열이 만들어진다. 열 항목으로 $[\mathrm{Na}^+]$를 이용하고 위에 식 8.7에서 주어진 것과 같이 Na^+에 대한 식인 =A6*CA/(1+A6)를 셀 D6에 타이프한다. G열에 커서를 놓고 새 열을 만들고 항목으로 $[\mathrm{OAc}^-]$를 타이프하고 식 8.19에서 주어진 것과 같이 식 8.18인 =KA*CA/((KA+C6)*(1+A6))를 G6 셀에 입력한다. 끝으로 I6 셀에 전하 균형식인 제곱한 식 앞에 1E10을 곱하여 =1E10*(C6+D6−F6−G6)^2으로 입력한다.

f에 있어서 더 좋은 분해능으로 이 적정을 수행해 보자. 6열 이하의 모든 데이터를 삭제한다. 우선 식들이 정확하게 입력되었는지 확인한다. 그리고 pH를 구하기 위해 Goal Seek을 이용하고 모든 것이 잘 될 경우 pH는 0.001보다 적은 나머지를 갖는 3.03이 될 것이다. 그러나 이것은 나머지가 너무 적고 해 찾기는 너무 서투른 해를 구할 위험성을 갖고 있다. I6 셀로 돌아가서 1E10 대신에 1E15를 변경한다. 필요하지는 않지만 다시 Goal Seek을 할 수 있다.

이 문제를 풀기 위해서 f가 0.01인 분해능을 이용할 것이다. 그래서 A7 셀에 0.01을 입력하고, A6와 A7 셀을 선택하여 오른쪽 모서리를 126까지 끌어내린다(f값은 1.2까지 된다). 이제 B6:I6을 복사하여 B7:I7에 붙이기를 한다. B6:I7을 선택하고 오른쪽 바닥 모서리를 끌어내려 시트의 끝까지 채운다. I6:I126의 합을 계산하여 I128에 넣는다.

해 찾기를 예로 인용해 보자. 해 찾기 매개 변수 메뉴에서 추가 버튼을 클릭하면 제한 조건 추가 창이 나타난다. 여기서 셀 참조에 B6:B126을 추가하고 ">="를 선택한 다음 제한 조건에 0을 입력하고 확인 클릭하면 제한 조건에 종속 창에 B6:B126>=0이 표시된다. 다시 추

가 버튼을 클릭하고 같은 방법으로 제한 조건에 종속 창에 B6:B126<=14를 표시한다. 그리고 B6:B126을 변경하여 I128의 값을 최소화한다. 120개의 식을 동시에 풀려고 한다. 4 또는 5회 반복함으로써 해 찾기는 더 이상 변하지 않는 I128에 대한 값에 이르게 된다(~49553). I 행에 있는 값들을 주의 깊게 보면, $f=1$인 값이 매우 크게 기여한다는 것을 알 수 있다. 정확한 해를 얻기 위해서 이 특별한 행을 한 번 더 풀 필요가 있다(8.22인 원래의 값을 8.58로 변경시킨다). $f=1$인 정확한 해를 구하려고 할 때 식의 변화는 없다는 것에 주목하자. 이 모든 식의 합을 이용하는 것보다 오히려 해 찾기에서 B106을 변경시켜 I106을 최소화하도록 한다. B6:B126에 적용한 제한 조건을 제거하고 단지 제한 조건을 B106까지만 적용할 수 있다. 일반적으로 제한 조건을 지정하지 않고 할 수 있을 것이다. 한 개의 매개 변수에 대하여 해를 구하기 때문에 Goal Seek을 이용하여 간단하게 해를 구할 수 있다.

A6:B126을 선택하여 그래프를 작성할 수 있다. 삽입/차트/분산형을 클릭하고 오른쪽 제일 위에 있는 "곡선 및 표식이 있는 분산형"의 그래프를 선택한다. 적정되어진 분율의 함수에 대한 pH 항으로 적정 곡선을 작성한다.

서로 다른 K_a 값들에 대한 0.1 *M* 약산 100 mL를 0.1 *M* NaOH로 적정한 적정 곡선을 그림 8.7에서 보여 주고 있다. K_a가 감소할수록 종말점의 뚜렷함이 감소한다. 그림 8.6에서와 같이, 또한 농도가 감소함에 따라 뚜렷함이 감소할 것이다. 일반적으로, 약 0.1 *M*의 적정에 대하여 10^{-6} 정도의 K_a 값을 갖는 산들은 지시약으로 정확하게 적정할 수 있다. 10^{-8} 정도의 K_a 값들을 갖는 적정 곡선일지라도 적당한 색을 비교할 수 있는 지시약을 사용하면 매우 정확하게 적정할 수 있다. 매우 약산의 경우, 더 좋은 정밀도를 얻기 위해 pH 미터를 사용하여 적정 곡선을 작성할 수 있다.

교수 선호 도전 문제: 그림 8.7에 있는 다른 K_a 값을 갖는 다른 곡선을 작성하기 위해서 이 책의 웹 사이트에 있는 8.5xlsx를 수정할 수 있는가?

8.6 약염기 대 센산

센산으로 약염기를 적정하는 것은 앞의 경우와 매우 유사하고, 다만 적정 곡선이 센염기로 약

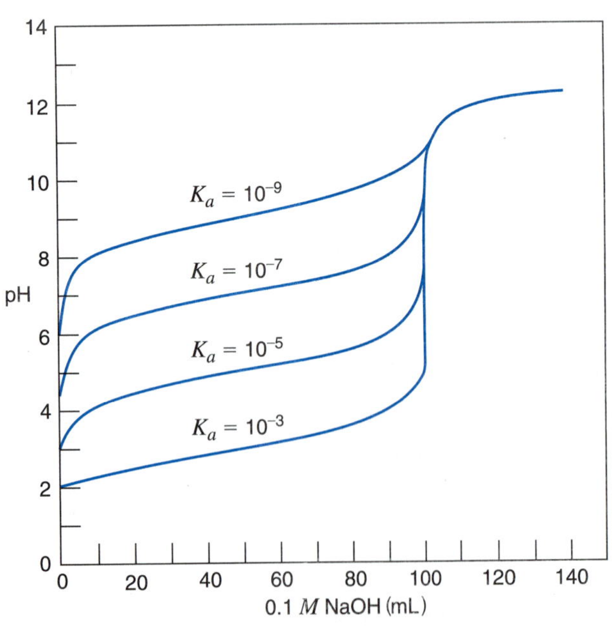

그림 8.7 K_a 값이 다른 0.1 *M* 약산 100 mL를 0.1 *M* HCl로 적정할 때의 적정 곡선

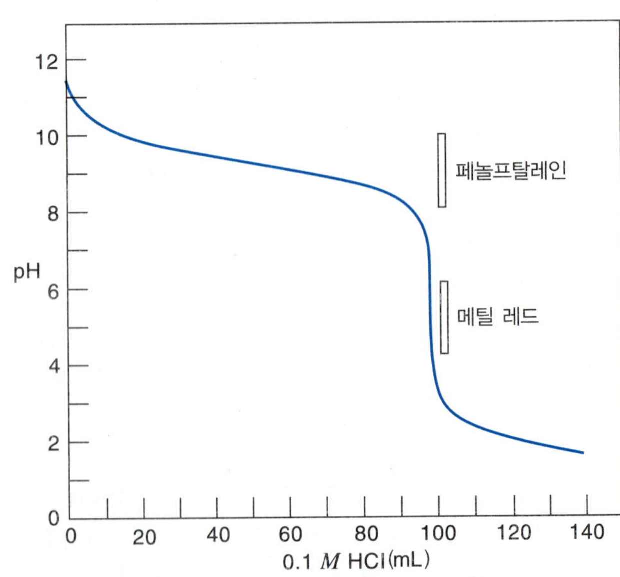

그림 8.8 0.1 *M* NH_3 100 mL를 0.1 *M* HCl로 적정할 때의 적정 곡선

산을 적정하는 것과 정반대가 된다. 0.1 *M* 암모니아 100 mL 용액을 0.1 *M* 염산으로 적정할 때 얻어지는 적정 곡선은 그림 8.8과 같다. 또한 중화 반응은 다음과 같다.

$$NH_3 + H^+ + Cl^- \rightarrow NH_4^+ + Cl^- \tag{8.20}$$

적정 시작 전에는 0.1 *M* NH_3 용액이므로 7장에서 약염기에 대하여 설명하였던 것과 같이 pH를 계산한다. 표 8.2를 참조하라. 산을 가하기 시작하면 NH_3 일부가 NH_4^+로 변하여 완충 영역에 있게 된다. **적정의 중간 지점**에서 $[NH_4^+]$는 $[NH_3]$와 같게 되고, **pH는 $(14 - pK_b)$가** 되거나 NH_4^+에 대한 pK_a가 된다. **당량점에서는** 약한 Brønsted 산인 NH_4Cl 용액으로 되는데, 이것은 가수 분해하여 **산성 용액(acid solution)**으로 된다. 용액의 pH는 역시 농도에 의존한다. 높은 농도일수록 pH는 낮아진다(식 7.39 참조). 당량점을 지나면 H^+가 이온화를 억제시켜(식 7.33 참조) pH는 과량의 H^+ 농도에 의해 결정된다. 따라서 당량점 이후의 적정 곡선은 센염기의 것과 같아진다(그림 8.3). 암모니아의 K_b 값이 아세트산의 K_a 값과 우연히 같기 때문에, 센산에 의한 암모니아의 적정 곡선은 센염기에 의한 아세트산의 적정 곡선의 거울상이 된다.

그림 8.8의 적정에 사용할 지시약은 pH 4~7 사이의 변색 범위를 가져야 한다. 그림에서 보여 주는 바와 같이 메틸 레드가 여기에 적합하다. 페놀프탈레인을 지시약으로 사용하면 당량점에 도달하기도 전인 pH 8~10 사이에서 색이 서서히 없어진다.

서로 다른 농도의 HCl로 서로 다른 농도의 NH_3를 적정할 때 얻어지는 적정 곡선은 그림 8.6 곡선의 거울상과 같다. 묽은 용액의 경우에는 메틸 레드를 지시약으로 쓸 수 없다. K_b 값이 다른 약염기(0.1 *M*, 100 mL)를 0.1 *M* HCl로 적정한 적정 곡선은 그림 8.9에 나타나 있다. 진한 농도(약 0.1 *M*)의 적정에서 10^{-6} 정도의 K_b 값을 갖는 염기를 지시약을 사용해서 정확히 적정할 수 있다.

교수 선호 도전 문제: 8.5.xlsx의 스프레드시트 방법을 이용하여 그림 8.9를 작성할 수 있는가? 해에 대한 **웹 사이트** 그림 8.9 스프레드시트 그래프를 참조하시오.

8.7 탄산 소듐의 적정 — 이양성자 염기

센산의 표준화에 일차 표준 물질로 사용되는 Brønsted 염기는 탄산 소듐이다. 이 염기는 두 단계로 가수 분해한다.

$$CO_3^{2-} + H_2O \rightleftharpoons HCO_3^- + OH^- \quad K_{H1} = K_{b1} = \frac{K_w}{K_{a2}} = 2.1 \times 10^{-4} \tag{8.21}$$

$$HCO_3^- + H_2O \rightleftharpoons CO_2 + H_2O + OH^- \quad K_{H2} = K_{b2} = \frac{K_w}{K_{a1}} = 2.3 \times 10^{-8} \tag{8.22}$$

여기서 K_{a1}과 K_{a2}는 H_2CO_3의 K_a 값이다. HCO_3^-는 CO_3^{2-}의 짝산이고, H_2CO_3는 HCO_3^-의 짝산이며, K_b 값은 7장에서 약산, 약염기에 대해 설명한 방법으로 계산될 수 있다(즉 $K_aK_b = K_w$로부터).

H^+가 단계적으로 첨가되어 HCO_3^-와 CO_2(탄산 H_2CO_3은 산성 용액에서 산의 무수물인 CO_2와 H_2O로 해리한다)가 생성되는 반응에 해당하는 종말점을 나타내도록 탄산 소듐을 적정할 수 있다. 이와 같은 경우에 **K_b 값들 사이에 적어도 10^4 정도의 차이**가 있어야만 당량점이 뚜렷이 구별된다.

HCl에 의한 Na_2CO_3의 적정 곡선은 그림 8.10과 같다(실선). K_{b1} 값이 종말점에서 선명하게 나타나는 데 필요한 값인 10^{-6}보다 훨씬 크지만, 1차 당량점이 나타난 뒤에는 CO_2가 생성되어 pH 곡선이 꺾이는 정도가 감소한다. 그리고 2차 종말점도 K_{b2} 값이 10^{-6}보다 작기 때

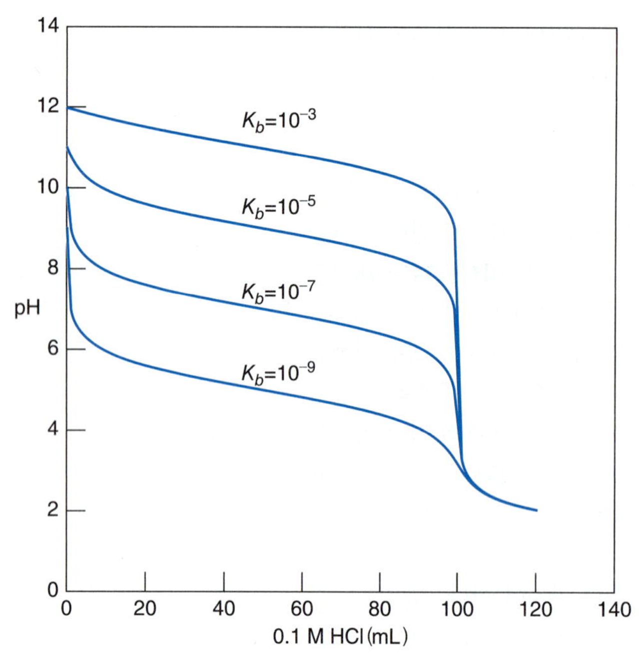

그림 8.9 K_b 값이 다른 0.1 M 약염기 100 mL를 0.1 M HCl로 적정할 때의 적정 곡선

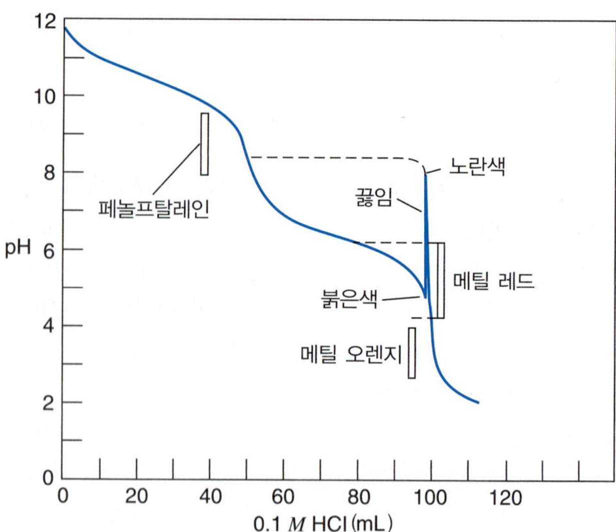

그림 8.10 0.1 M Na_2CO_3 50 mL를 0.1 M HCl로 적정할 때의 적정 곡선. 점선은 용액을 끓여서 CO_2를 날려 보낼 때의 적정 곡선

문에 뚜렷하게 꺾이지 않는다. 그러나 다행히도 HCO_3^-의 중화에 의해 생긴 CO_2는 휘발성이 있어서 끓여서 날려 보낼 수 있기 때문에 이 종말점을 선명하게 할 수 있다. 이 방법은 다음에 설명하겠다.

점선은 HCO_3^-만 있는 용액의 경우로 수평한 부분은 $[H^+] = \sqrt{K_{a1}K_{a2}}$이다.

적정을 시작하기 전의 pH는 Brønsted 염기인 CO_3^{2-}의 가수 분해 반응에 의해 결정된다. 적정이 시작되면 CO_3^{2-} 일부가 HCO_3^-로 변해서 CO_3^{2-}/HCO_3^- 완충 영역이 형성된다. 1차 당량점에서는 HCO_3^- 용액이 되고, $[H^+] \approx \sqrt{K_{a1}K_{a2}}$가 된다. 1차 당량점을 지나서는 HCO_3^-가 일부 $H_2CO_3(CO_2)$로 바뀌고, $[HCO_3^-]/[CO_2]$에 의해 pH가 결정되는 2차 완충 영역이 형성된다. 2차 당량점의 pH는 약산인 CO_2의 농도에 의해 결정된다.

용액을 끓이면 CO_2가 제거되어 HCO_3^- 용액의 pH를 높인다(8.73). 끓이지 않으면 0.033 M 이산화 탄소로부터 2차 당량점에서의 pH는 3.92이고 끓이면 7.00이 된다(NaCl).

1차 당량점을 검출하는 데는 페놀프탈레인이 사용되고, 2차 당량점에는 메틸 오렌지가 사용된다. 그러나 두 당량점 모두 변색이 선명하지는 않다. 실제의 경우 페놀프탈레인 종말점은 2차 종말점이 대략 어디에서 일어날 것인가를 예측하는 데 사용된다. 페놀프탈레인은 1차 종말점을 지나서는 무색이 되므로 방해를 하지 않는다. 정확한 적정을 위해서는 2차 당량점을 확인할 때 메틸 오렌지 지시약을 사용하는 것은 바람직하지 않은데, 그 이유는 메틸 오렌지의 색이 천천히 변하기 때문이다. 이것은 1차 당량점을 지나서는 HCO_3^-/CO_2 완충계가 형성되어 pH가 천천히 감소하기 때문이다.

1차 당량점을 지나서 HCl을 가할 때마다 용액을 끓여서 CO_2를 제거하면 HCO_3^-/CO_2 완충계가 사라지고 HCO_3^-만 용액 속에 남게 된다. HCO_3^-는 약한 산이면서 동시에 약염기이며 pH는 농도에 무관하다(pH≈8.3) ($[H^+] = \sqrt{K_{a1}K_{a2}}$ 또는 $[OH^-] = \sqrt{K_{b1}K_{b2}}$; 7장 참조). 사실상 용액의 pH는 물과 NaCl이 남는 중성 용액(pH = 7)이 되는 당량점에 도달할 때까지 일정하게 유지될 것이다. 적정 곡선은 그림 8.10의 점선과 같게 될 것이다.

그러므로 그림 8.10에서 설명한 것과 같이 선명한 종말점을 얻기 위해서 다음의 절차를 사용할 수 있다. 메틸 레드 지시약을 사용하여 용액의 색이 노란색에서 오렌지색을 거쳐 완전히 붉은색이 될 때까지 적정을 계속한다. 당량점 바로 직전에 이런 상태가 일어난다. 색의 변화는 당량점보다 훨씬 이전인 pH 6.3에서부터 일어나므로 색은 매우 천천히 변할 것이다. 이 점에서 적정을 중지하고, 용액을 가볍게 끓여 CO_2를 제거한다. HCO_3^-의 묽은 용액이 되므로 용액의 색은 노란색으로 되돌아온다. 용액을 식힌 후 붉은색이나 분홍색까지 적정을 계속한다. 끓인 후에 다시 적정되어야 할 소량의 HCO_3^-가 남아 있기 때문에 pH 7에서 당량점이 나타나지 않는다. 즉 남은 적정 동안에 완충 효과가 약간 남아 있고, 당량점에서 묽은 CO_2도 약간 남아 있기 때문이다.

메틸 레드와 유사한 방법으로 브로모크레졸 그린이 사용될 수 있다. 변색 범위는 pH 3.8~5.4이고, 파란색에서 연녹색을 거쳐 노란색으로 변한다(실험 8 참조). 마찬가지로 메틸 퍼플도 사용될 수 있다(실험 21 참조).

청색 염료인 자일렌 사이아놀 FF를 지시약으로 첨가하여 메틸 오렌지 종말점(끓이지 않고)을 찾아낼 수도 있다. 이 혼합물을 **변형 메틸 오렌지**(**modified methyl orange**)라고 한다. 대략 pH 2.8에서의 파란색은 메틸 오렌지의 오렌지색의 보색이다. 따라서 당량점에서 회색이 되므로 메틸 오렌지보다 변색 범위가 좁아지고 종말점이 더욱 선명하게 나타난다. 역시 메틸 레드 종말점보다 뚜렷하지는 않다. 또한 메틸 오렌지를 pH 4.0에 가까운 프탈산 포타슘 용액 중의 메틸 오렌지색과 비교하는 방법도 사용할 수 있다.

8.8 탄산 소듐 — HCl 적정을 위한 스프레드시트 이용하기

그림 8.10에 있는 적정 곡선을 작성하는 데 해 찾기를 이용할 수 있다. 적정을 시작하기 전에, 약염기는 수리적으로 그 짝산에 대한 K_a 값으로 취급될 수 있다. 탄산 소듐은 탄산 염이고, 7.11절에서 α_1과 α_2의 값을 계산하는 것을 이미 배웠다. 0.1 M Na_2CO_3 100 mL를 HCl로 적정하는 경우 Na_2CO_3 1몰에 HCl 1몰이 적정된 점으로 $f=1$(용액의 조성은 $NaHCO_3$와 NaCl이다), 그리고 완전히 중화된 점으로 $f=2$를 생각할 수 있다.

임의의 점에서 전하 균형식은 다음과 같다.

$$[Na^+] + [H^+] - [OH^-] - [HCO_3^-] - 2\,[CO_3^{2-}] - [Cl^-] = 0 \qquad (8.23)$$

모든 탄산염 화학종들의 초기 농도(Na_2CO_3, HCO_3^-, CO_3^{2-}를 포함하고 있고 전형적으로 C_T로 표시한다)는 0.1 M이지만 임의의 점에서 C_T는 $C_T = 0.1/(1+f)$로 표현될 수 있다. HCO_3^-와 CO_3^{2-}의 농도는 각각 $\alpha_1 C_T$와 $\alpha_2 C_T$로 주어진다. 여기서 α_1은 $K_{a1}[H^+]/Q$이고, α_2는 $K_{a1}K_{a2}[H^+]/Q$이다. Q는 다음과 같다(7.11절 참조).

$$Q = [H^+]^2 + K_{a1}[H^+] + K_{a1}K_{a2}$$

임의의 점에서 염화 이온의 농도 $[Cl^-]$는 fC_T이고 소듐 이온의 농도 $[Na^+]$는 $2C_T$로 나타낼 수 있다.

스프레드시트 8.9xlsx를 작성한다(스스로 이것을 작성한다. 도움이 필요하면, 이 책의 웹사이트에 있는 그림 8.10을 이용할 수 있다). CTIN(CT의 초깃값, 0.1), KAA(K_{a1}, 4.3×10^{-7}), KAB(K_{a2}, 4.8×10^{-11}) 및 KW에 대한 이름을 붙이고 정의한다. 셀로 시작하는 행으로 다음의 열 항목을 만든다. ***F***, **pH**, **[H⁺]**, **Q**, **CT**, **[HCO₃⁻]**, **[CO₃²⁻]**, **[Na⁺]**, **[Cl⁻]**, **[OH⁻]**, **Equation**

A7 셀과 A8 셀에 0과 0.02를 타이프한 후 선택하고 A117 셀까지 f값이 2.2가 될 때까지 끌어 내린다. 이웃하는 f값들 사이의 차이는 0.02를 가질 것이다. B7 셀에 초기 pH에 대한 시험 값(즉 12, 탄산 소듐은 알칼리가 될 것이므로)을 삽입한다. 그리고 C7 셀에 $[H^+]$로 어떻게 pH를 계산되는지에 관한 관계식: =10^−B7을 입력한다. C7 셀에는 Q에 대한 식: C7^2+KAA*C7+KAA*KAB를 입력한다. C7 셀에는 CT에 대한 묽힘 보정식: CTIN/(1+A7)을 입력한다. C7 셀에는 $[HCO_3^-]$에 대한 "=E7*KAA*C7/D7으로서 $C_T\alpha_1$

을 입력한다. G7 셀에는 [CO_3^{2-}]에 대한 =E7*KAA*KAB/D7으로써 $C_T\alpha_2$를 입력한다. H7 셀에는 [Na^+]가 단순하게 $2C_T$이므로 =2*E7을 입력한다. I7 셀에는 [Cl^-]가 fC_T이므로 =A7*E7을 입력한다. J7 셀에는 [OH^-]가 K_w/[H^+]이므로 =KW/C7을 입력한다. 식(K7 셀)에는 전하 균형식(식 8.23)을 제곱하고 10^{10}을 곱한 것을 설정한다. 해 찾기를 예로 인용하여 모든 것이 타당한지를 점검한다. B7 셀을 변경하여 K7 셀을 최소화한다. B7 셀은 pH가 11.65로 수렴하여야 할 것이다. 이제 전에서 한 것과 같이, B7:K7 셀을 선택하여 복사하고 B8:K8 셀에 붙여넣기를 한다. B7:K8 셀을 선택하고 K8 셀의 바닥 오른쪽 모서리로부터 끌어내려 117행까지 채운다. 모든 식에 대한 합을 구하기 전에 스스로 개별적으로 f=2인 경우(107행)를 푼다. 이제 전과 같이 K119 셀에 B7:B119 셀의 합을 구해 넣고 B7:B117 셀을 변경하여 K119 셀을 최소화한다.

이제 계산에 의해, 끓여 생성된 CO_2를 제거하였을 때 무엇이 일어나고 언제 1차 종말점이 지났는지를 모의 실험할 수 있는가? f=1까지를 생각해 보면 다음과 같은 과정이 일어난다.

$$Na_2CO_3 + HCl \rightarrow NaHCO_3 + NaCl \tag{8.24}$$

HCl를 더 첨가시키면 H_2CO_3가 생성되고, 열을 가하였을 때 H_2O와 CO_2로 분해된다. 후에 용액으로부터 쫓아버린다.

$$NaHCO_3 + HCl \rightarrow H_2CO_3\uparrow + NaCl \tag{8.25}$$

엄밀하게 CO_2의 손실은 동일한 양만큼 C_T에서 감소한다. 이것을 반영해 보면, 생성된 H_2CO_3(식 8.25에 의해 C_T에서의 손실)은 염화 이온의 농도에서 소듐 이온 농도의 절반을 빼준 것임을 알 것이다. f=1에 도달할 때까지([Cl^-] = ½ [Na^+]), H_2CO_3의 알짜 양이 식 8.25에 의해 생성되지 않는다.

계산을 위해서 A57:K117 셀을 복사하고 M57:W117 셀에 붙여넣기를 한다. A6:K6 셀과 M6:W6에 있는 항목들을 복사한다. T와 U열(CT의 항으로 정의된, Q열)에 [Na^+]와 [Cl^-] 식을 갖는다는 것을 기억하시오. C_T의 계산 방법을 변경시키면, [Na^+]와 [Cl^-] 값 또한 변할 것이다. 이러한 일이 일어나지 않기를 원한다. 그래서 이전에 E열에서 계산하였고, 그리고 Q열에 있는 현재의 C_T 값의 어떤 조작을 통해 변하지 않을 C_T 값의 항으로 T와 U열에 있는 [Na^+]와 [Cl^-]의 정의를 변경한다. 이제 T57은 =2*Q57을 읽어 들이고, 그것을 =2*E57로 읽도록 변경한다. 같은 방법으로 U57은 M57*Q57을 읽어 들이고 그것을 =M57*E57로 읽도록 변경한다. 이들 두 셀을 선택하고 U57의 오른쪽 바닥 모서리를 두 번 클릭하여 이어져 있는 행을 채운다. 이제 Q57에 있는 C_T에 대한 식을 수정할 수 있다. 그것은 =CTIN/(1+M57)을 읽어 들이고, 그것을 =CTIN/(1+M57)–(U57–T57/2)으로 읽도록 한다. 이것이 원래의 C_T 값에서 염화 이온을 소듐의 절반의 차이를 빼준 것이 된다. Q57의 오른쪽 바닥 모서리를 두 번 클릭하여 Q열의 나머지를 변경시킨다. W119에 식들의 값을 합하고 W119를 최소화하여 N57:N117 셀을 푼다. 다시 한 번 스스로 f=2에 대하여 풀어보라.

A7:B117을 선택하여 그래프를 작성하기 위해서 삽입/차트/분산형을 클릭하고, "곡선이 있는 분산형"(왼쪽 중앙)을 선택한다. 적정된 분율의 함수에 대한 pH의 적정 곡선을 작성한다. 그래프에서 오른쪽을 클릭한 다음 데이터 선택을 클릭하고, 계열 1(그것이 하이라이트될 것이다)을 선택, 편집을 클릭한다. "계열 이름" 상자에 "Original"을 입력하고 확인을 클릭한다. "추가"를 클릭한 다음 계열 편집 상자가 열리면 계열 이름에 "Boil Off CO_2"를 입력한다. 계열 X값에 대해서는 M57:M117 셀을 선택하고 계열 Y값에 대해서는 셀 N57:N117을 선택한다. 확인을 두 번 클릭하면 그래프가 작성된다. 정확하게 그림 8.10과 같아진다. 커서를 "boil off" 선에 대고 오른쪽을 클릭하고 "도형 윤곽선"(드롭–다운 메뉴 바의 왼쪽에서 두 번째)을 선택하고 대시에 커서를 대고 파선으로 변경한다. 적정이 절반 이루어진 후의 임의의 점에서 pH는 실선(파란색)에 의해 나타내고 그것을 끓여 CO_2를 제거하면 X 위치의 변화 없이 대시선이 있는 pH까지 이동할 것이다.

8.9 다양성자산의 적정

탄산 소듐과 같이 이양성자산은 단계적으로 적정할 수 있다. 첫 번째 양성자의 적정에 대한 첫 번째 종말점이 선명하게 나타나기 위해서는 K_{a1}이 적어도 $10^4 \times K_{a2}$ 정도가 되어야 한다. K_{a2} 값이 10^{-8}~10^{-7} 사이에 있으면, 두 번째 양성자의 적정 종말점도 얻어진다. 삼양성자산(예: H_3PO_4)도 같은 방법으로 적정은 되나, K_{a3} 값은 보통 너무 작아서 세 번째 양성자의 적정 종말점이 뚜렷하지 못하다. 이양성자산 H_2A에 대한 적정 곡선은 그림 8.11에 있고, 표 8.3에 적정 곡선의 여러 부분에 관련된 수식이 요약되어 있다. 적정 초기의 pH는 용액이 너무 묽지 않는 한, 첫 번째 양성자의 이온화 정도에 의해 결정된다(7장의 다양성자산에 대한 논의 참조). K_{a1} 값이 너무 크지 않고 해리된 양이 산의 분석 농도에 비해 무시될 수 있다면, 주어진 근사식을 사용하여 $[H^+]$를 계산할 수 있다. 그렇지 않을 경우에는 이차 방정식을 이용하여 식 7.20을 풀어야 한다(예제 7.17 참조).

1차 당량점에 도달할 때까지는 HA^-/H_2A의 완충 영역이 형성된다. 1차 당량점에서는 HA^- 용액으로 되고, $[H^+] \approx \sqrt{K_{a1}K_{a2}}$가 된다. 이 점을 지나면 A^{2-}/HA^- 완충 영역이 형성되며, 2차 당량점에서의 pH는 A^{2-}의 가수 분해에 의해 결정된다. 염, A^{2-}가 너무 강한 염기가 아니면 주어진 근사식을 이용하여 $[OH^-]$를 계산할 수 있다. 그렇지 않으면 이차 방정식을 이용하여 식 7.29를 풀어야 한다(예제 7.19 참조).

적정할 때 각각의 지점에서 용액에 존재하는 화학종들에 대하여 그림 8.12와 표 8.3에 나타내었다. 이미 언급한 바와 같이, K_{a1}과 $K_{b1}(=K_w/K_{a1})$가 상당히 크면 근사식은 사용할 수 없고, **적정 초기와 2차 당량점**에 대한 이차 방정식을 사용해야 한다. 실제로 많은 이양성자산이 이 두 가지 조건 중의 적어도 하나에 해당한다. 특히 K_{a1}이 상당히 크면(예: 크로뮴산, $K_{a1}=0.18$, $K_{a2}=3.2\times10^{-7}$), Henderson−Hasselbalch 식을 이용하여 **첫 번째 완충 영역**의 pH를 계산할 수 없다. 왜냐하면 그 K_{a1} 식을 유도할 때 하였던 H_2A나 HA^-의 해리나 수화에 의해 생긴 H^+나 OH^-의 양이 H_2A나 HA^-의 농도에 비하여 매우 낮다는 가정이 더 이상 성립하지 않기 때문이다. 어느 정도 센산의 경우에 대하여 생각해 보자.

$$H_2A \rightleftharpoons H^+ + HA^-$$

그리고

$$HA^- + H_2O \rightleftharpoons H_2A + OH^-$$

H_2A의 평형 농도는 분석 농도보다 $[H^+]$ 만큼 감소하고, $[OH^-]$ 만큼 증가할 것이다.

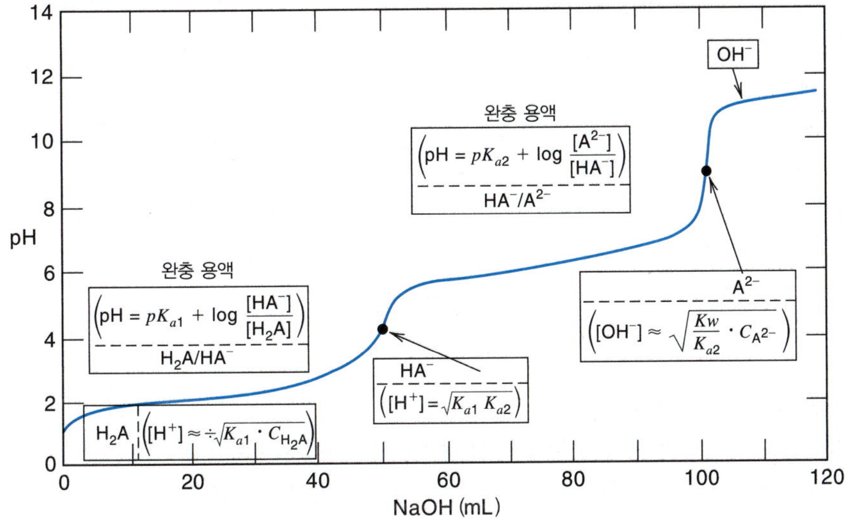

그림 8.11 수산화 소듐으로 이양성자산 H_2A의 적정

표8.3 이양성자산(H_2A) 적정에 관련된 수식

적정 분율 f	존재 형태	수식
$f = 0$ (0%)	H_2A	$[H^+] \approx \sqrt{K_{a1}C_{H_2A}}$ (예제 7.7) (식 7.20; 예제 7.17, 센산이면 이차 방정식)
$0 < f < 1$ (> 0에서 < 100%)	H_2A/HA^-	$pH = pK_{a1} + \log \frac{C_{HA^-}}{C_{H_2A}}$ (식 7.45) (센산이면 $C_{HA^-} + [H^+]$ 그리고 $C_{H_2A^-}[H^+]$)
$f = 1$ (100%) (1차 당량점)	HA^-	$[H^+] \approx \sqrt{K_{a1}K_{a2}}$ (식 7.84) (H_2A가 센산이면 식 7.83)
$1 < f < 2$ (> 100에서 < 200%)	HA^-/A^{2-}	$pH = pK_{a2} + \log \frac{C_{A^{2-}}}{C_{HA^-}}$ (식 7.45, 예제 7.16, 7.24)
$f = 2$ (200%) (2차 당량점)	A^{2-}	$[OH^-] \approx \sqrt{\frac{K_w}{K_{A2}} \cdot C_{A^{2-}}}$ (식 7.32) (A^{2-}가 센염기이면 식 7.29, 예제 7.20, 이차 방정식)
$f > 2$ (> 200%)	OH^-/A^{2-}	$[OH^-]$ = [과량의 적정 시약]

$$[H_2A] = C_{H_2A} - [H^+] + [OH^-]$$

HA^-의 평형 농도는 $[OH^-]$ 만큼 감소하고 $[H^+]$ 만큼 증가한다.

$$[HA^-] = C_{HA^-} + [H^+] - [OH^-]$$

용액이 산성이므로, $[OH^-]$를 무시하면 다음과 같이 쓸 수 있다.

$$[H_2A] = C_{H_2A} - [H^+]$$

$$[HA^-] = C_{HA^-} + [H^+]$$

(간단하게 하기 위해서 H_2A의 해리로부터 같은 식을 쓸 수 있다.) 따라서 센산의 경우에는 $K_{a1} = [H^+][HA^-]/[H_2A]$의 식에 $[H_2A] = C_{H_2A} - [H^+]$와 $[HA^-] = C_{HA^-} + [H^+]$를 대입한 다음 이차 방정식을 풀어야 한다. 여기서 C_{H_2A}와 C_{HA^-}는 적정의 각 단계에서 산–염기 반응의 결과에 의하여 계산된 농도이다.

$$[H^+]^2 + (K_{a1} + C_{HA^-})[H^+] - K_{a1}C_{H_2A} = 0$$

또한 A^{2-}의 K_{b1}이 큰 경우에는 2차 당량점 직후에 과량으로 첨가된 OH^-의 농도에 비하여 A^{2-}의 가수 분해로 생긴 OH^-를 무시할 수 없다. 따라서 $K_{b1} = K_w/K_{a2} = [HA^-][OH^-]/[A^{2-}]$의 식에 $[A^{2-}] = C_{A^{2-}} - [OH^-]$와 $[HA^-] = [OH^-]$를 대입한 후 이차 방정식을 푼다. 2차 당량점 후에, 예를 들어 0.5 mL NaOH를 첨가하면, 과량의 OH^-의 양은 A^{2-}의 가수 분해를 억제하기에 충분하므로 이 과량의 OH^-만을 이용하여 용액의 pH를 계산할 수 있다. 끝으로, **1차 당량점**에서의 HA^- 용액의 pH를 계산하기 위하여 식 7.97 대신 다음과 같이 보다 정확한 식 7.96을 이용하여야 한다. 왜냐하면 $[HA^-]$에 비하여 K_{a1}을 무시할 수 없기 때문이다(아마도 분자의 $K_{a1}K_w$는 이 경우에도 무시할 수 있을 정도로 작을 것이다).

$$[H^+] = \sqrt{\frac{K_{a1}K_{a2}[HA^-]}{K_{a1} + [HA^-]}}$$

그리고 당량점에 매우 근접한 곳에서는 더 복잡한 식이 요구될 것이다. 적정의 각 영역에 대한 양쪽에서 서로 다르다는 생각이 부담이 될 수 있다는 것을 알 수 있다.

대조적으로, 전하 균형식을 이용하는 체계적인 접근 방법이 계산을 위해 사용된다면, 식을 간단하게 하는 가정 또는 근사법이 필요하지 않고 적정 중에 임의의 점에서 전하 균형식만을 적용한다.

이양성자산의 적정 곡선을 작성하지는 않을 것이다. 그러나 전하 균형식을 이용하여 다양성자산의 적정 곡선을 작성하는 것이 간단하다는 것을 알게 될 것이다. 8장의 **웹 사이트**는 사양성자산까지 적정 곡선을 작성할 수 있는 만능 스프레드시트이며, 제목은 Master polyprotic acid titration spreadsheet.xlsx이다. 이러한 스프레드시트에서의 접근 방법은 적정 시약을 일정한 증가량 첨가하여 pH를 계산한다(또는 f는 일정 증가량 변화이다). 부록 C에 있는 표 C.1에서 주어진 몇몇 다양성자산의 해리 상수를 이용하여 시도해 보자. 만능 적정 스프레드시트 접근 방법이 실험적으로 하는 방법을 모방하는, 즉 소량의 적정 시약을 첨가하고 pH를 측정하는 반면에, 어떤 pH를 구하기 위하여 얼마나 많은 적정 시약을 첨가하여야 하는가 하는 선택적인 접근 방법이 더 쉽다. 이러한 접근 방법은 8.11절에서 논의할 것이고 또한 교수 선호 스프레드시트 연습문제 8.52에서 구체화할 것이다. 약한 다양성자 염기의 적정에 대해서는 이 책의 **웹 사이트**에 있는 8.11b절 보충을 참조하시오. 쉬운 계산에 대한 만능 스프레드시트가 주어져 있다.

인산 적정 곡선의 작성에 대해서는 **웹 사이트 비디오**, 엑셀 H_3PO_4 적정을 참조하라. Athens 대학의 Constantinos Efstathiou 교수에 의해 작성된 애플릿은 26개의 다른 산과 22개의 다른 염기에 대한 적정을 설명하고 있다(http://www.chem.uoa.gr/applets/AppletTitration/Appl_Titration2.html).

비디오: 엑셀 H_3PO_4 적정 곡선

8.10 산 또는 염기 혼합물

두 개의 산에서 분리 적정이 가능하려면 한 산의 세기가 다른 것보다 적어도 10^4 정도 약해야 한다.

세기가 크게 다른 여러 산(또는 여러 염기)의 혼합물은 단계적인 적정이 가능하다. 일반적으로 한 K_a 값이 다른 산의 K_a 값보다 적어도 10^4배이어야 개개의 종말점들이 뚜렷하게 분리되는 것을 볼 수 있다. 산들 중 하나가 센산이면, 약산의 **K_a가 10^{-5} 이하일 때에만** 분리된 종말점이 관찰될 것이다. 한 예로, 그림 8.12에 HCl에 대한 작은 급변화만 나타나 있다. 먼저, 센산이 적정되어 당량점에서 pH의 급격한 변화를 나타나고 이어서 약산이 적정되고, 또 하나의 당량점에서 pH의 급격한 변화가 나타날 것이다. 염산과 아세트산의 혼합물을 수산화 소듐으로 적정한 적정 곡선을 그림 8.12에서 보여 주고 있다. HCl 당량점에서는 HOAc와 NaCl 혼합 용액으로 되므로 당량점에서 산성이 된다. 당량점을 지나면 OAc^-/HOAc 완충 영역이 형성되어, 그로 인하여 HCl에 대한 pH의 급격히 변화는 크게 억제된다. HOAc가 없는 HCl을 적정할 때와 비교하여 HCl 당량점에서 단지 작은 pH 변화가 일어난다. 적정 곡선의 나머지 부분은 HOAc 적정에 대한 그림 8.5와 동일하다.

두 가지 센산을 동시에 적정할 때는, 그들 사이에 구별이 되지 않아 두 산의 적정에 해당하는 하나의 당량점만이 나타날 것이다. 두 약산의 경우도 K_a 값이 크게 다르지 않는 한 마찬가지가 된다. 예를 들어 $K_a = 1.75 \times 10^{-5}$인 아세트산과 $K_a = 1.3 \times 10^{-5}$인 프로피온산의 혼합물을 적정하면 함께 적정되어 단일 당량점이 나타난다. **웹 사이트**에 있는 만능 적정 스프레드시트에 삼양성자산인 시트르산에 대한 해리 상수를 넣고 얼마나 많은 당량점이 관찰되는지를 알기 위해 적정 곡선 그래프를 작성해 보자.

황산의 경우, 첫 번째 양성자는 완전히 이온화되고, 두 번째 양성자의 K_a 값은 10^{-2}이므로 두 번째 양성자는 충분히 이온화되어 센산처럼 적정되며 황산의 적정 곡선에는 하나의 당량점만이 나타난다. 센산과 K_a 값이 10^{-2} 근처인 약산의 혼합물의 경우도 이와 비슷하다.

아황산 H_2SO_3의 경우, 첫 번째 이온화 상수는 1.3×10^{-2}이고, 두 번째 이온화 상수는 5×10^{-6}이다. 따라서 염산과의 혼합 용액을 적정하면 H_2SO_3의 첫 번째 양성자는 HCl로 적정되고 남아 있는 HSO_3^-에 의해 당량점의 pH가 결정된다. 즉 HSO_3^-는 산과 염기로 동시에 작

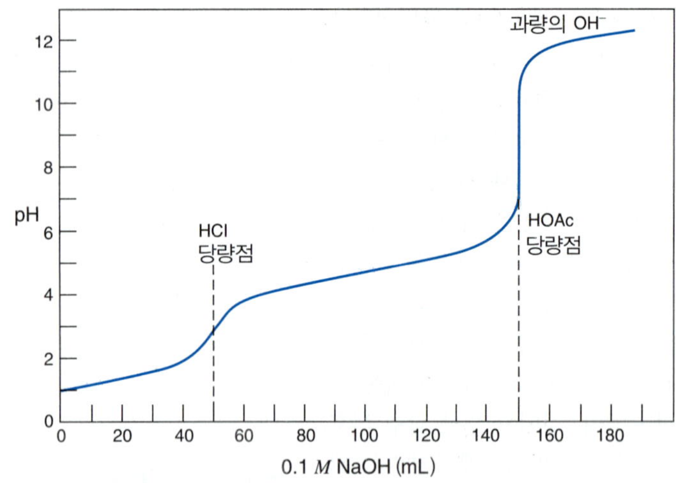

그림 8.12 0.1 M HCl과 0.2 M HOAc 혼합 용액 50 mL를 0.1 M NaOH로 적정할 때의 적정 곡선

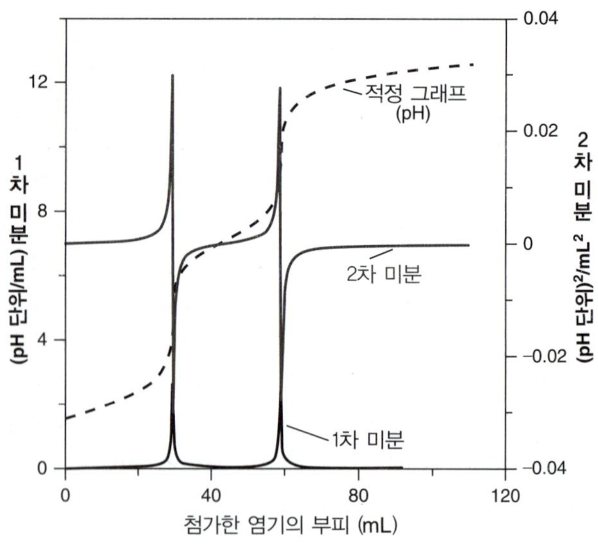

그림 8.13 스프레드시트 8.11.xlsx로부터 얻어진 H_3PO_4-NaOH 적정에 대한 적정 그래프와 두 미분 그래프 (이 책의 웹사이트 8.11절 미분 적정 – 쉬운 방법)

용하므로 $[H^+] = \sqrt{K_{a1}K_{a2}}$이다. 적정을 계속하면 두 번째 당량점에 도달한다. 1차 종말점에 도달하는 데 필요한 적정 시약의 부피는 2차보다 더 많다. 왜냐하면 1차 당량점에서는 두 산이 동시에 적정되기 때문이다. H_2SO_3의 양은 2차 당량점에 도달하는 데 필요한 염기의 양으로부터 구할 수 있다. 그리고 HCl의 양은 1차 종말점으로부터 H_2SO_3의 두 번째 양성자를 적정하는 데 필요한 염기의 부피를 빼줌으로써 구할 수 있다. 그러나 실제로는 센산성 용액에서 H_2SO_3는 SO_2로 날아가기 때문에 이 적정을 응용할 수는 없다.

센산과 혼합된 인산의 경우 위의 예와 비슷하게 취급할 수 있다. 첫 번째 양성자는 센산과 동시에 적정되고, 두 번째 양성자는 적정되어 2차 당량점을 형성하나, 세 번째 양성자는 너무 약하게 이온화되기 때문에 적정하기 힘들다. 다양성자산의 적정은 동일한 K_a 값을 갖는 일양성자산들의 혼합물을 적정하는 것과 같다. 여기서 분리된 일양성자산들은 모두 같은 농도를 갖는다. 그림 8.13은 인산의 적정 곡선을 보여 주고 있다. 적정 곡선의 미분에 대해서는 8.11절에서 다루게 된다.

예제 8.3

0.100 M NaOH로 HCl과 H_3PO_4 혼합산을 적정하려고 한다. 35.00 mL를 첨가하였더니 1차 종말점(메틸 레드)에 도달하였고, 50.00 mL를(1차 종말점 후 15.00 mL) 첨가하였더니 2차 종말점(브로모티몰 블루)에 도달하였다. HCl과 H_3PO_4의 밀리 몰수를 계산하시오.

풀이

1차 종말점을 지난 후부터 2차 종말점($H_2PO_4^- \rightarrow HPO_4^-$)까지는 H_3PO_4의 첫 번째 양성자가 적정된 것과 같은 양이 된다. 그러므로 H_3PO_4의 밀리몰수는 NaOH 15.00 mL에 대한 밀리몰수와 같다.

$$\begin{aligned} \text{mmol}_{H_3PO_4} &= M_{NaOH} \times \text{mL}_{NaOH} = 0.1000\ \text{mmol/mL} \times 15.00\ \text{mL} \\ &= 1.500\ \text{mmol} \end{aligned}$$

HCl과 H_3PO_4의 첫 번째 양성자가 동시에 적정되므로, 15.00 mL 염기는 H_3PO_4의 첫 번째 양성자 적정에 소요되고(두 번째 양성자에 대한 것과 같다), 나머지 20.00 mL는 HCl 적정에 소요된 것이다. 따라서

$$\text{mmol}_{\text{HCl}} = 0.1000 \text{ mmol/mL} \times (35.00 - 15.00) \text{ mL} = 2.000 \text{ mmol}$$ ■

염기의 혼합 용액도 두 염기의 염기 세기의 차이가 충분히 나면 같은 방법으로 적정할 수 있다. 이때도 역시 K_b의 값 차이가 적어도 10^4은 되어야 한다. 그리고 한 염기가 센염기이면, 완전히 분리된 종말점을 얻기 위해서는 약염기의 K_b가 10^{-5}보다 커서는 안 된다. 예를 들어 수산화 소듐을 Na_2CO_3 ($K_{b1} = 2.1 \times 10^{-4}$) 존재 하에서 적정하면 NaOH의 종말점은 CO_3^{2-}가 HCO_3^-로 변하는 적정의 종말점에서 완전히 분리되지 않는다.

8.11 적정 곡선의 미분으로부터의 당량점

pH 전극(또는 몇몇 전위차 전극, 13장을 참고)으로 적정할 때, 종종 적정 곡선을 미분하여 종말점을 결정한다. 앞에서의 모든 적정 그래프에서 적정 시약을 첨가할 때 **pH 변화 속도**는 당량점에서 가장 크다. 산을 염기로 적정하는 예를 들면, 이러한 변화 속도는 pH 대 V_B의 일차 미분 또는 dpH/dV_B이다. 적정하는 동안에 pH는 증가하고 dpH/dV_B는 항상 양의 값을 갖는다. 종말점에서 최댓값을 갖는다. 역으로 염기를 산으로 적정할 때, 산(부피 V_A)을 첨가하여 적정하는 동안에 단조롭게 pH는 감소하고 dpH/dV_A는 언제나 음의 값을 가지며 종말점에서 최솟값(최대 음의 값)에 이르게 된다. 어떤 함수의 최댓값 또는 최솟값을 가질 조건은 그 함수의 미분이 0이 되는 것이다. 다음의 논의는 산을 염기로 적정하는 것에 중점을 둘 것이지만, 염기를 산으로 적정할 때도 역시 같은 생각이 적용된다.

반복하기 위해서, 첨가된 염기의 부피의 함수로 산의 적정에 대한 pH 데이터가 있다면(pH 대 V_B), V_B에 대한 일차 미분 dpH/dV_B 그래프는 당량점에서 최대가 되고, V_B에 대한 d^2pH/dV_B^2(V_B에 대한 dpH/dV_B의 변화 속도를 나타낸다)로 표시되는 이차 미분 그래프에서는 종말점(또는 계산된 곡선에 대한 당량점)에서 0이 될 것이다. 일반적으로, 실제 데이터로부터 얻어진 미분은 더 많은 잡음이 있지만, 미분은 원래의 그래프에서 항상 관찰할 수 없는 난해한 모양을 드러나 보이게 한다. 계산법의 엄밀한 정의에 의하면, 미분은 극히 작은 증가량(예를 들어 첨가된 염기의 부피의 증가)에 관계가 있다. 그러나 부피의 증가량 또는 결과적으로 얻어진 pH의 증가량이 지나치게 크지 않는 한, 이론적으로 요구되는 dpH/dV_B 대신에 $\Delta pH/\Delta V_B$(이것은 첨가된 염기의 일정한 증가량, ΔV_B에 대한 이웃하는 pH 값의 차이 ΔpH를 의미함)은 같은 좋은 결과를 준다.

이 적정에서 염기의 일정한 증가량을 사용하고 당량점 근처에서 좋은 미분 그래프를 그리기에는 pH 변화가 너무 크다는 것을 제외하고 지금까지 만들어진 그 어떤 적정 데이터도 사용할 수 있다. 당량점 부근 양쪽에서 더 높은 분해능(더 작은 부피 증가량)을 갖는 데이터를 만들거나 또는 적정 전체를 통해 높은 분해능(말하자면 적정당 천 개의 점)을 갖는 적정 데이터를 만들 수 있다. 후자의 접근 방법은 높은 분해능을 생성하기 위하여 당량점 가까이에 있는 영역을 선택할 것을 요구하지 않는다(이미 당량점이 어디에 있는지 알 것을 요구한다!). 이제까지 이용한 접근 방법으로 Goal Seek을 이용하거나 엑셀의 해 찾기로 이것을 해야 한다면, 1000개의 점으로 높은 분해능을 가진 적정 그래프를 작성하는 것은 매우 높은 차수가 된다. 한편 단지 적정 그래프를 작성하는 것이라면 적정의 일정항 부피 증가량에 의해서 실행할 필요가 없다. 산의 농도를 안다면, 어떤 한 pH를 얻는 데 필요한 염기의 양을 계산하기 위한 전하 균형 원리에 의해 시험해 보는 것이다.

몰농도 C_A인 삼양성자산 V_A mL를 임의의 점에 첨가된 몰농도 C_B인 NaOH의 부피 V_B mL로 적정하는 경우를 생각해 보자. 전하 균형은 다음과 같다.

$$[Na^+] = [OH^-] + C_A(\alpha_1 + 2\alpha_2 + 3\alpha_3) - [H^+]$$

NaOH가 V_B mL 첨가되었다면 전체 부피는 $V_A + V_B$가 되고 위 식은 다음과 같다.

$$V_BC_B/(V_A + V_B) = [OH^-] - [H^+] + V_AC_A(\alpha_1 + 2\alpha_2 + 3\alpha_3)/(V_A + V_B)$$

양변에 $(V_A + V_B)$를 곱하면

$$V_BC_B = (V_A + V_B)([OH^-] - [H^+]) + V_AC_A(\alpha_1 + 2\alpha_2 + 3\alpha_3)$$

V_B를 포함하는 항을 왼쪽으로, V_A를 포함하는 항을 오른쪽으로 정리하면

$$V_B(C_B - ([OH^-] - [H^+])) = V_A([OH^-] - [H^+]) + V_AC_A(\alpha_1 + 2\alpha_2 + 3\alpha_3)$$

또는

$$V_B = V_A\{([OH^-] - [H^+]) + C_A(\alpha_1 + 2\alpha_2 + 3\alpha_3)\}/(C_B + [H^+] - [OH^-]) \quad (8.26)$$

해리 상수를 알고 pH(그리고 $[H^+]$)를 명시하면, α 값들을 쉽게 계산할 수 있고, 식 8.26의 오른쪽에 있는 모든 항들을 쉽게 계산할 수 있다.

0.10 $M\,H_3PO_4$ 용액($K_{a1} = 1.1 \times 10^{-2}, K_{a2} = 7.5 \times 10^{-8}$, $K_{a3} = 4.8 \times 10^{-13}$)을 0.17 M NaOH로 적정하는 것을 설명해 보자. 다음 논의를 위해 이 책의 **웹 사이트**에 있는 "Sec.8.11 derivative titrations easy method.xlsx"를 참고하시오. A1:B7 셀에 C_A, C_B, V_A, K_{a1}, K_{a2}, K_{a3}, K_w(이들 이름은 엑셀에서는 CA, CB, VA, KAA, KAB, KAC, KW로 받아들인다)의 값들을 넣고 이들 이름을 정의한다. D8:K8 셀에 V_B, pH, $[H^+]$, Q, α_1, α_2, α_3, $[OH^-]$에 대한 제목을 넣는다. 9행에서 E9 셀에는 pH에 대한 임의의 시험 값을, F9 셀에는 10^−E9를, G9:J9 셀에는 Q, α_1, α_2, α_3에 대한 각각의 식을 입력한다. 끝으로 K9 셀에는 $[OH^-]$를 $K_w/[H^+]$로 입력한다. 단지 염기를 첨가하지 않은 계산에 대한 첫 번째 9행은 시작 pH가 얼마인지를 알기 위해 다음 열과 다르게 구한다. 단지 이 행에 대한 A9 셀에는 전하 균형식을 $[OH^-] - [H^+] + C_A(\alpha_1 + 2\alpha_2 + 3\alpha_3)$에 1E10을 곱하여 입력하고 E9 셀을 변경하여 A9 셀을 0으로 하기 위해 Goal Seek을 이용한다. E10 셀에 더 높은 pH로 0.01를 입력한다. E9와 E10 셀을 선택하고 E10 셀의 바닥 오른쪽 모서리로부터 원하는 pH 값(pH 12.55에서 정지하는 경우)까지 끌어 내린다. 이제 F9:K9 셀을 선택하여 K9 셀의 바닥 오른쪽 모서리를 두 번 클릭하면 F에서 K열까지 나머지 데이터를 채운다. D9 셀에 있는 V_B는 0을 입력한다. D10 셀에는 식 8.26의 수식을 입력하면 직접 V_B에 대하여 풀 것이다. 이제 D10 셀의 바닥 오른쪽 모서리를 두 번 클릭하면 D열이 채워진다. D와 E열(V_B와 pH)를 이용하면 적정 그래프가 작성된다.

이제 일차 미분을 계산하려고 한다. M10 셀에 V_B 값들 사이의 차이 (D10−D9)로 ΔV_B를 계산한다. 같은 방법으로 N10 셀에 (E1−E9)로 ΔpH를 계산하고 O10 셀에는 N10/M10으로 $\Delta pH/\Delta V_B$를 계산한다. 그리고 V_B에 대한 $\Delta pH/\Delta V_B$ 값을 가지고 그래프를 작성한다. 그러나 여기서 두 개의 V_B가 있다. 하나는 D9 셀에 있고 다른 하나는 D10에 있다. $\Delta pH/\Delta V_B$ 데이터는 두 V_B 값으로부터 유도되기 때문에 실제로 두 값의 평균을 사용한다. L열에는 "평균 V_B"로 표시하며, 그것은 D9과 D10 셀의 평균 $V_{B,av}$을 계산한다. 이제 L10 셀의 바닥 오른쪽 모서리를 두 번 클릭하여 열을 채운다. 이제 표준 적정 그래프(pH 대 V_B)를 작성하고 그래프에서 오른쪽을 클릭한 다음 데이터와 추가를 선택하여 V_B와 $\Delta pH/\Delta V_B$에 해당하는 새 X와 Y의 데이터를 추가한다. 원한다면, 선에 오른쪽을 클릭하고 "데이터 계열 서식"을 선택한 다음, 보조 축을 이용하여 그래프의 오른쪽 Y축에 두 번째 그래프를 넣을 수 있다. "Tit & 1st Deriv"라는 명칭이 붙여진 차트는 겹쳐진 그래프를 보여 준다. 이 적정에서 날카로운 두 변곡점이 어떻게 두 개의 당량점을 가리키는지를 쉽게 알 수 있을 것이다. 다음의 교수 선호 예제 문제에서와 같이 그림 8.14에서 주어진 붉은 과실주에 대한 실제 예에서 2차 당량점의 정확한 위치

를 미분 그래프를 사용하지 않고 식별하는 것은 훨씬 더 어렵다.

다양한 적정이 제품 연구실에서 폭넓게 이용되고 있다. 그러나 손으로 적정하는 경우는 거의 없다. 시료 취급은 로봇이 하고 적정은 자동 적정기가 한다. 적정 시약은 모터를 가진 뷰렛으로 나누어진다(14장 참조). 전위차 센서(13장 참조)는 특히 감응 시간이 빠르지 않다. pH 전극은 검증된 예이다. 적정 시약을 연속적으로 빠른 속도로 첨가한다면, 너무 빨라서 당량점을 지나치게 될 것이고 정확한 당량점을 얻지 못할 것이다. 한편 적정 시약을 연속적으로 매우 느린 속도로 첨가한다면, 적정을 끝내는 데 너무 많은 시간이 걸릴 것이다. 그런 기기가 연속적으로 1차 미분값들을 계산하고 그 계산된 값이 증가함에 따라 적정 시약의 첨가 속도를 더 느리게 하고 당량점에 접근함에 따라 적정 시약을 더 느리게 첨가한다. 이러한 방법이 정확도와 분석 처리량 모두를 유지시킨다.

완충 세기

일차 미분 $\Delta pH/\Delta V_B$은 **완충 세기** β와 직접적인 관계가 있다. 이것은 7장 7.8절에서 이미 논의되었고 식 7.49에서 dC_B/dpH로 정의되었다. 여기서 dC_B는 dpH 만큼의 pH 변화를 주기 위해 첨가된 염기 농도의 매우 적은 증가이다. dV_B는 C_B를 곱해줌으로써 염기의 동일한 몰수로 쉽게 바꿀 수 있다. 이것을 전체 부피로 나눔으로써 동일한 농도 증가량으로 쉽게 바꿀 수 있다.

$$dC_B = (C_B dV_B)/(V_A + V_B)$$

제한된 증가량을 가진 실제 데이터를 이용할 때, V_B 대신 $V_{B,av}$를 이용하여야 한다. 근삿값 β(참미분한 것이라면 정확하게 일치할 것이다)는 다음과 같다.

$$\beta \approx \Delta C_B/\Delta pH = \{(C_B V_B)/(V_A + V_{B,av})\}\Delta pH \tag{8.27}$$

β는 P열에 식 8.27에 의해 계산된다. 일양성자산-염기 계에 대하여 β에 대한 정확한 식은 다음과 같다(이 책의 웹 사이트 8.11절 보충 참조 - 상세한 유도와 논의에 대한 완충 세기 유도를 위해서는 기본적인 미분학을 알아야 한다).

$$\beta = 2.303\ (C\alpha_0\alpha_1 + [H^+] + [OH^-]) \tag{8.28}$$

여기서 C는 용액 중에 존재하는 완충 화학종들의 전체 농도이다. $C\alpha_0\alpha_1$에 비하여 $[H^+]$와 $[OH^-]$를 무시할 수 있는 조건 하에서, 식 8.28을 간소화하고 묽혀지기 때문에 $C = C_A V_A/(V_A + V_B)$이 된다. 그러므로 식 8.28은 다음과 같이 된다.

$$\beta = 2.303\ C_A\alpha_0\alpha_1/(V_A + V_B) \tag{8.29}$$

이것이 한계 최댓값이고 증가량이 극히 작을 때에만 도달할 수 있다는 것에 유의하라. 이 책의 웹 사이트에 있는 스프레드시트 "Sec. 8.11 derivative titn master spreadsheet-Goal Seek. xlsx"을 다시 주목해 보자. 차트 "Tit plot & Beta vs VB"에서 적정 그래프(pH 대 V_B)와 식 8.27(P열)와 식 8.29(Q열)에 의해 계산된 β를 보게 될 것이다. 식 8.29를 이용하는 데 있어 일양성자산보다 오히려 이양성자산의 두 번째 양성자가 중화되고 있어서 Q열에 있는 데이터를 계산할 때는 $\alpha_0\alpha_1$보다 $\alpha_1\alpha_2$를 이용한다. 또한 계산은 이들 화학종들이 중요하게 취급할 수 있는 범위까지 한정한다. 여기서 α_1과 α_2는 적어도 0.1이어야 한다(전체 농도의 10%). 식 8.27과 8.29로 얻어진 결과들 사이에서 훌륭한 일치가 있는지를 알아본다. P와 Q열에 있는 실제적인 수 값들을 비교해 보면, 두 계산에서 pH 7.06에서 β가 최대가 됨을 알 수 있다. P열에 계산된 값은 Q열에서 계산된 최댓값의 99.9%인 유한한 차이를 갖는다. β가 최댓값에 도달하는 정확한 pH는 다음의 두 가지 이유로 K_{a2} 약간 앞에 있게 된다. (a) 이것은 농도가 일정하게 유지하지 않는 적정계이다. 산이 적정되므로 연속적으로 농도가 감소하여 pH가 감소한다. (b) 다른 해리가 가까이 있지 않을지라도 그들은 약간의 영향을 미칠 수 있고, 이 경우에 K_{a1}은 K_{a3} 보다 K_{a2}에 더 가까이에 있다.

완충 세기 계산은 pH 분해능에 의존: 완충 용량

같은 스프레드시트에 있는 "Beta 대 pH" 그래프를 조사해 보면, 그것의 최댓값에서조차 β는 상대적으로 변하지 않는 아주 적은 범위에서만 상수라는 것이 분명하다. 최댓값에서 pH 단위당 약 31 meq/L의 값이 관찰될지라도, 이것은 0.01 pH 단위로 계산된 현재 계산의 pH 분해능에 의존한다. 실제 목적을 위해서는 더 큰 pH 변화를 일으키는 데 얼마나 많은 산이나 염기가 필요한가에 흥미가 있다. β는 중요한 범위를 지나서는 일정하게 유지되지 않기 때문에, 많은 양의 산이나 염기가 첨가된다면 계산된 β 값이 pH에 얼마나 큰 변화가 생길 것인가에 대한 질문에 역점을 두어 다루지는 않을 것이다. 예를 들면 이 최댓값에서 1 pH 단위를 지나서 β는 유지되지 않을 것이라는 것을 그래프에서 보여 주기 때문에, pH는 1 pH 단위 이상 증가할 것이다.

pH 분해능의 함수로서 β가 얼마나 변하는지 조사할 수 있다. T:AF, AH:AT, AV:BH열에서 이전 계산을 복사하여 붙이기를 한 다음 0.1, 0.5, 1 단위의 pH 분해능으로 그들을 되풀이한다. "완충 세기와 완충 용량"으로 결과 그래프를 작성한다. pH 분해능 0.01에서 0.1까지 가면서 β에 큰 변화가 없는 한, pH 분해능이 0.5와 1로 감소할 때 즉시 감소한다는 것을 알 수 있다. 너무나 적은 데이터 점으로 매끄러운 곡선이 최대인 위치에서 분명히 이동한 것을 엑셀에서 보여 줄 것이다(가장 낮은 분해능을 가진 두 점들이 있는 선에 대해서 보여 준다). pH 위치의 인위적인 이동 없이 넓은 범위에 걸쳐 β의 감소를 엑셀에서 데이터/데이터 분석 안에 있는 이동 평균법을 이용함으로써 관찰할 수 있다(해 찾기와 같이 "데이터 분석" 도구팩은 자동적으로 설치되지 않는다. 엑셀 옵션으로부터 설치하여야 한다). 0.01 pH 분해능 데이터로부터 pH와 β의 200개의 평균을 차트로 볼 수 있다. 최대의 위치는 실제로 이동하지 않는다. 그러나 β는 감소한다는 것에 유의하라.

중요한 pH 간격에서 변화할 때는 완충 세기보다 오히려 **완충 용량**이 사용되어야 한다. pH 7.1 ~8.1로 가면서 예제에 대한 해의 완충 용량은 약 21 meq/L가 될 것이다(BH17 셀 참조).

이차 미분

이차 미분 $\Delta^2\text{pH}/\Delta V_B{}^2$은 종말점에서 0을 통해 지나가고, 그것이 전자적으로 이러한 모양의 당량점을 나타내는 것은 더욱 간단하다. 또한 원리적으로 데이터 점들의 분해능보다 더 좋은 정밀도를 갖는 종말점을 허락한다. 일차 미분(Q열)의 두 연속적인 행 사이의 차이를 구해서 간단하게 이차 미분(R열)을 계산한다. 이차 미분을 계산하기 위해서, 궁극적으로 이용하는 원래의 pH와 V_B는 9, 10, 11행에 있으며, 이러한 이유로 값은 10행으로 중앙에 위치하고, V_B에 대하여 그래프를 작성할 때, 또한 10행(그리고 L열에 있는 $V_{B,av}$ 데이터가 아니다)에 있는 V_B 데이터에 대하여 그래프를 작성한다. 원래의 적정 그래프와 일차와 이차 미분 그래프는 작업 시트 "1st and 2nd deriv"에서 함께 보여 주고 있다. 적정 그래프와 두 미분 그래프는 그림 8.13에서 보여 주고 있다.

교수 선호 예제

멕시코, Autónoma Metropolitana-Iztapalapa 대학의 Alberto Rojas-Hernández 교수 제공

붉은 과실주의 산–염기 적정: 적정 가능 산도(TA), 타타르산 함량(g/L)과 최대 완충 용량.

붉은 과실주들은 세 가지 주요한 작용기인 카복실산, 카복실–폴리페놀산, 폴리페놀산으로 생각되는 여러 물질들로 구성되어 있다. 보통 카복실산들은 타타르산($K_{a1} = 3.2$, $K_{a2} = 4.3$), 말산($K_{a1} = 3.4$, $K_{a2} = 5.1$), 시트르산($K_{a1} = 3.1$, $K_{a2} = 4.7$, $K_{a3} = 6.4$). 보통 카복실–폴리페놀산들은 갈산($K_{a1} = 4.4$, $K_{a2} = 8.6$, $K_{a3} = 11.2$, $K_{a4} = 12.0$), 카페인산($K_{a1} = 4.4$, $K_{a2} = 8.6$, $K_{a3} = 11.5$)이다. 끝으로, 보통 폴리페놀산들은 타닌산(6과 10개 사이의 여러 개의 pK_a 값을 갖는다.), 안토시아닌산과 같은 플라보놀과 플라보노이드(이들 과실주의 색을 나타나게 한

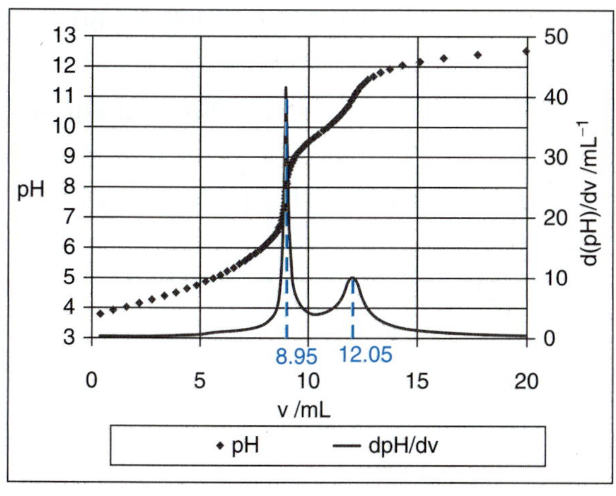

그림 8.14 붉은 과실주 25mL를 0.1926 *M* NaOH로 적정한 적정 곡선(표지)과 곡선의 1차 미분(실선)

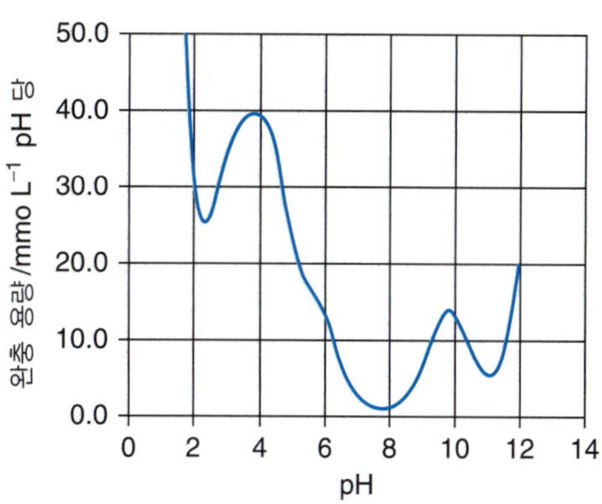

그림 8.15 붉은 과실주 시료에 대한 pH 함수로서의 완충 용량 곡선. 적정은 그림 8.14에 보여 주고 있다.

다.)와 같은 타닌이 있다.

그림 8.14는 자동 적정기를 사용하여 붉은 과실주 25 mL를 0.1926 *M* NaOH로 적정한 것을 보여 주고 있다. 적정은 두 개의 당량점을 보여 준다. 1차 당량점은 카복실산의 적정에 해당하는데, 적정 가능 산도(TA)라고 한다. 2차 당량점은 참 전체 산도 [TAc, *Journal of Food Composition and Analysis*, Composition study of methods for determination of titrable acidity in wine, **16**(2003) 555−562를 참조]와 일치하고 두 번째 단계는 페놀 작용기에 대한 적정 때문이다.

과실주에 존재하는 카복실산에 타타르산(HOOC-CHOH-CHOH-COOH = H_2tar)만이 존재한다면, 붉은 과실주 25 mL에 타타르산의 질량(m_{H_2tar})은 다음과 같다.

$$m_{H_2tar} \approx (8.95\ \text{mL})(0.1926\ M)(1\text{mmol}\ H_2\text{tar}/2\text{mmol NaOH})(150.1\ \text{mg/mmol})$$

$$= 129_{.4}\ \text{mg},\ \text{타타르산}\ 5.18\ \text{g/L에 해당한다.}$$

같은 붉은 과실주 시료의 완충 용량은 그림 8.15에서 보여 주고 있다. 완충 용량은 초기 시료의 pH에 가까운 pH≈3.85에서 최댓값을 갖는다. 완충 용량은 pH당 40 mmol/L이다. 이것은 과실주의 초기 pH를 1 단위 변화시키기 위해서 첨가되어야 하는 NaOH 또는 HCl의 양이 대략(40 mmol/1000 mL) (25 mL) = 1 mmol임을 의미한다(식 7.50 참조). ■

8.12 아미노산의 적정 — 산이면서 동시에 염기이다

아미노산은 제약 화학이나 생화학 분야에서 매우 중요하다. 아미노산은 산성기와 염기성기를 동시에 갖는 양쪽성 물질이다(즉 산으로도 염기로도 작용한다). 산성기로는 카복실기(— CO_2H)이고, 염기성기로는 아민 작용기(— NH_2)이다. 아미노산은 수용액에서 RNH_2가 RCO_2^-보다 더 센염기이므로 카복실기로부터 아민기로 분자 내 양성자 이동을 일으켜 **쯔비터 이온**(**zwitter ion**)을 형성한다.

$$\begin{array}{c} R—CH—CO_2^- \\ | \\ NH_3^+ \end{array}$$

아미노산은 양쪽성이므로 센산으로도 센염기로도 적정될 수 있다. 많은 아미노산들은 수용액 중에서는 적정을 할 수 없을 정도로 약하지만, 특히 적정 곡선을 작성하기 위해서 pH 미터를 사용한다면 몇몇 아미노산들은 적절한 종말점을 나타난다.

아미노산 쯔비터 이온의 짝산은 아래와 같이 단계적으로 이온화하는 **이양성자산**(**diprotic acid**)으로 취급될 수 있다.

$$\underset{\text{쯔비터 이온의 짝산}}{\mathrm{R{-}\underset{\underset{NH_3^+}{|}}{CH}{-}CO_2H}} \rightleftharpoons H^+ + \underset{\text{쯔비터 이온}}{\mathrm{R{-}\underset{\underset{NH_3^+}{|}}{CH}{-}CO_2^-}} \rightleftharpoons H^+ + \underset{\text{쯔비터 이온의 짝염기}}{\mathrm{R{-}\underset{\underset{NH_2}{|}}{CH}{-}CO_2^-}} \tag{8.30}$$

쯔비터 이온의 경우, $[H^+] \approx \sqrt{K_{a1}K_{a2}}$이다.

아미노산의 K_{a1}과 K_{a2} 값은 표에 주어져 있다(부록 C의 표 C.1 참조). 이 값들은 양성자가 붙은 아미노산(즉 쯔비터 이온의 짝산)의 단계적 이온화에 대한 값이다. 첫 번째 양성자가 떨어져서 양쪽성 쯔비터 이온을 만들고, 두 번째 양성자가 떨어져서 가수 분해되는 약산의 염과 같은 짝염기를 만든다. 따라서 아미노산의 산－염기 평형은 다른 이양성자산에 대한 것과 마찬가지로 취급할 수 있다. 쯔비터 이온의 수소 이온 농도는 7장에서 다룬, HCO_3^-와 같은 다른 양쪽성 염과 마찬가지 방법으로 계산될 수 있다. 즉

$$[H^+] = \sqrt{K_{a1}K_{a2}} \tag{8.31}$$

아미노산의 적정은 HCO_3^-와 같은 다른 양쪽성 물질의 적정과 다를 바 없다. 후자의 경우 염기로 적정하면 CO_3^{2-}를 만들고, 산으로 적정하면 H_2CO_3를 만든다. 각 적정 단계에서 CO_3^{2-}/HCO_3^- 완충 영역과 HCO_3^-/H_2CO_3 완충 영역이 나타난다.

아미노산 쯔비터 이온을 센산으로 적정할 때, 쯔비터 이온(염)과 그 짝산으로 구성된 완충 영역이 나타난다. 당량점의 중간 지점에서는 $pH = pK_{a1}$ (HCO_3^-/H_2CO_3의 경우처럼)이 되고, 또 당량점에서의 pH는 짝산(H_2CO_3와 같이 K_{a1})에 의해 결정된다. 쯔비터 이온을 센염기로 적정할 때는 짝염기(염)와 쯔비터 이온(산)의 완충 영역이 생긴다. 당량점의 중간 지점에서의 $pH = pK_{a2}$ (CO_3^{2-}/HCO_3^-와 같이)가 되고, 당량점에서의 pH는 짝염기(CO_3^{2-}에서의 경우와 같이 $K_b = K_{a2}/K_w$)에 의해 결정된다.

어떤 아미노산은 아민기나 카복실기를 하나 이상 가지고 있다. 이 경우 다른 다양성자산(또는 염기)과 마찬가지로 단계적인 종말점이 나타날 수 있는데, 그렇게 하기 위해서는 서로 다른 작용기에 대한 K 값이 10^4 만큼 차이가 있어야 하고, 또 산(또는 염기)의 세기도 적정이 가능할 정도로 충분히 커야 한다.

덴마크 화학자 Johan Kjeldahl (1849~1900)은 Carlsberg 양조장의 Carlsberg 실험실 화학 과장으로, 단백질 표준 분석 방법을 개발하였다. 질소와 단백질 분석에 대한 그의 실험실 방법은 세계적으로 받아들여졌다.

8.13 Kjeldahl 분석 — 단백질 정량

Kjeldahl 분석(**Kjeldahl analysis**)은 단백질이나 질소 함유 물질 중의 정확한 질소 정량법 중의 하나이다. 단백질에 들어 있는 질소의 비율로부터 단백질의 양도 계산할 수 있다. 보다 신속한 단백질 정량법도 있으나, Kjeldahl 법은 다른 방법의 표준으로 이용된다.

시료를 황산으로 분해시켜 질소를 황산수소 암모늄으로 전환시킨다.

$$C_aH_bN_c \xrightarrow[\text{촉매}]{H_2SO_4} aCO_2 \uparrow + \tfrac{1}{2}bH_2O + cNH_4HSO_4$$

용액을 식힌 후 진한 알칼리를 가하여 용액을 알칼리성으로 만들고, 이때 발생하는 휘발성 암모니아를 과량의 산 표준 용액이 들어 있는 용기에 포집한다. 증류가 끝나면 반응하지 않고 남은 과량의 산을 염기 표준 용액으로 역적정한다.

$$cNH_4HSO_4 \xrightarrow{OH^-} cNH_3 \uparrow + cSO_4{}^{2-}$$
$$cNH_3 + (c+d)HCl \rightarrow cNH_4Cl + dHCl$$
$$dHCl + dNaOH \rightarrow \tfrac{1}{2}dH_2O + dNaCl$$

$$\text{mmol N}(c) = \text{반응한 mmol HCl} = \text{취한 mmol HCl} \times (c+d) - \text{mmol NaOH}(d)$$
$$\text{mmol } C_aH_bN_c = \text{mmol N} \times 1/c$$

분해 속도를 빠르게 하기 위하여 황산 포타슘을 넣어서 끓는점을 높이거나 셀레늄이나 구리의 염을 촉매로 가할 수 있다. 질소를 포함한 화합물의 양은 분석된 질소의 무게에 중량 인자를 곱하여 계산한다.

예제 8.4

요소를 함유하고 있는 시료 0.2000 g을 Kjeldahl 법으로 분석하였다.

$$NH_2-\overset{\overset{\displaystyle O}{\|}}{C}-NH_2$$

생성되는 암모니아를 0.05000 *M* H_2SO_4 50.00 mL에 모은 후 과량의 산을 0.05000 *M* NaOH로 역적정하였더니 3.40 mL가 소요되었다. 시료 중 요소의 퍼센트를 구하시오.

풀이

적정 반응식은 다음과 같다.

$$H_2SO_4 + 2NaOH \rightarrow Na_2SO_4 + 2H_2O$$
$$\text{소모된 mmol NaOH} = 3.40\text{ mL} \times 0.05\text{ mmol/mL} = 0.17\text{ mmol}$$
$$\text{중화된 mmol } H_2SO_4 = 0.17/2\text{ mmol} = 0.085\text{ mmol}$$
$$\text{처음에 취한 mmol } H_2SO_4 = 0.05000\text{ mmol/mL} \times 50.00\text{ mL} = 2.500\text{ mmol}$$
$$NH_3\text{에 의해 중화된 mmol } H_2SO_4 = 2.500 - 0.085\text{ mmol} = 2.415\text{ mmol}$$

NH_3와의 반응은

$$2NH_3 + H_2SO_4 \rightarrow (NH_4)_2SO_4$$

이므로, 2밀리몰의 NH_3는 황산 1밀리몰과 반응하고, 요소 1밀리몰은 2밀리몰의 암모니아를 생성한다. 따라서 암모니아에 의해서 중화된 H_2SO_4는 2.415 mmol로 요소의 양과 같다. 60.05 mg/mmol 요소를 곱하면 2.415 mmol×60.05 mg/mmol = 145.02 mg 요소가 된다.

$$\%(w/w)\text{ 요소}: 145.02/200.0 \times 100\% = 72.51\%$$

■

전통적인 Kjeldahl 법에는 두 종류의 표준 용액이 필요하다. 즉 암모니아를 모으기 위한 산 표준 용액과 역적정을 위한 염기 표준 용액이다. 직접 적정을 위해 단지 하나의 산 표준 용액만 사용할 수 있도록 수정될 수 있다. 이 방법에서는 암모니아가 붕산 용액에 포집되는데, 증류되어 나오는 암모니아는 아래와 같이 같은 당량의 붕산 암모늄으로 변한다.

많은 단백질이 거의 같은 양의 질소를 포함하고 있다.

단백질(**protein**)의 종류는 매우 많으나 질소의 퍼센트는 거의 동일하다. 혈청 단백질(글로불린과 알부민) 혼합물이나 음식물 단백질에 대한 질소 무게를 단백질 무게로 바꾸는 중량 인자는 6.25이다(즉 단백질에는 질소가 16% 들어 있다). 시료가 거의 감마 글로불린으로 되어 있을 때는 6.24가 더 정확하고, 거의 알부민으로 된 시료는 6.27이 더 정확하다.

$$NH_3 + H_3BO_3 \rightleftharpoons NH_4^+ + H_2BO_3^- \tag{8.32}$$

붕산은 너무 약산이어서 적정이 불가능하다. 그러나 암모니아와 당량 관계에 있는 붕산염은 비교적 센 Brønsted 염기이므로 메틸 레드 지시약을 사용하여 표준 산으로 적정이 가능하다. 붕산은 너무 약산이어서 방해를 하지 않으며, 붕산의 농도도 정확히 알 필요가 없다. 또한 붕산은 충분히 이온화되지 못할 만큼 약산이어서 전도성이 없다. 대조적으로 붕산 암모늄은 이온화되고 전도성을 갖는다. 현재는 흡수된 암모니아의 척도로 적정 대신에 생성된 붕산 암모늄의 전도도를 측정할 수 있다.

예제 8.5

사료 0.300 g을 취하여 변형 Kjeldahl 법으로 단백질 함량을 분석하고자 한다. 0.100 *M* Cl 25.0 mL가 적정에 소요되었다면, 시료에 단백질이 몇 % 들어 있는가?

풀이

여기서 HCl은 NH_3와 1:1로 반응하므로 NH_3의 밀리몰수(그리고 N의 밀리몰수)는 HCl의 밀리몰수와 같다. 따라서 밀리몰수에 6.25를 곱하면 단백질의 밀리그램수를 얻게 된다.

$$\%\text{단백질} = \frac{0.10\ \text{mmol/mL HCl} \times 25.0\ \text{mL HCl} \times 14.01\ \text{mg N/mmol HCl} \times 6.25\ \text{mg 단백질/mg N}}{300\ \text{mg}}$$

$$\times 100\% = 73.0\%$$

■

붕산을 이용하는 방법(직접법)은 한 가지 표준 용액만을 사용하기 때문에 더 간단하고, 보통은 더 정확하다. 그러나 종말점이 뚜렷하지 않으므로 **미량 Kjeldahl 분석**(**micro-Kjeldahl analysis**)에서는 역적정을 이용하는 간접법이 더 많이 이용된다. 미량 Kjeldahl 분석과 보통의 Kjeldahl 분석에 필요한 혈액의 양은 각각 0.1 mL와 5 mL 정도이다.

지금까지 논의한 방법은 암모니아, 아민, 아마이드와 같은 −3 원자가 상태로 존재하는 질소를 함유한 물질에만 적용된다. 나이트로나 아조 화합물과 같이 산화된 질소를 포함하는 화합물들은 분해하기 전에 환원제로 처리되어야만 암모늄 이온으로 정량적으로 변환된다. 이때 사용되는 환원제로는 Fe(II)나 싸이오황산 이온이 있다.

8.14 부피를 측정하지 않는 적정

부피를 측정하지 않고 적정할 수 있는가? 답은 "예"이다. Montana 대학의 Michael DeGrandpre 교수는 부피 증가보다 오히려 적정 시약 묽힘에 대한 분광학적 감시가 분광 광도계에게 분석 성능에 대한 무거운 짐을 지우는 "tracer monitored" titration(TMT)를 개발하였다. 현대의 대부분 적정 계는 정밀한 펌프로 전체적으로 자동화되고 있다. TMT 방법은 자동 적정기의 펌프에 대한 정밀도와 재현성이 좋지 않으며, 정밀도가 좋지 않고 값이 싼 펌프를 이용할 수도 있다.

비활성 지시약 추적자(즉 염료)는 적정 시약에 첨가된다. 적정 용기에 적정 시약을 펄스로 주입함으로써 묽혀짐을 분광학적으로 측정된 전체 추적자 농도를 이용하여 추적한다(Beer 법칙에 의해 정의된 직선성에 근거한 흡수된 빛의 양으로부터 채색된 물질의 농도를 측정하는 기기적인 방법, 16장을 참조). Beer 법칙으로부터 검출된 종말점(즉 pH를 측정함으로써)에서 추적자의 농도는 적정 시약과 시료의 상대적인 비율을 계산하기 위해 이용된다.

전통적인 적정에서 시료 중에 존재하는 분석물의 농도 [**적정 시약**]은 다음과 같이 주어진다.

$$[\text{분석물}] = \frac{Q[\textbf{적정 시약}]V_{tit.ep}}{V_{\text{시료}}} \tag{8.33}$$

여기서 Q는 반응 화학량론이다(분석물의 몰수: 적정 시약 몰수). [**적정 시약**]은 적정 시약의 농도, $V_{tit.ep}$는 종말점에서 적정 시약의 부피, $V_{\text{시료}}$는 취한 시료의 원래 부피이다.

TMT 방법은 불활성 추적자를 이용하여 결정된 종말점에서의 적정 시약의 묽힘 인자 D_{ep}를 결정하는 데 근거하고 있다.

$$D_{ep} = \frac{V_{tit.ep}}{(V_{tit.ep} + V_{\text{시료}})} = \frac{[\text{추적자}]_{ep}}{[\text{추적자}]_{tit}} \tag{8.34}$$

여기서 $[\text{추적자}]_{ep}$는 종말점에서 혼합물 중에 존재하는 추적자의 농도이고, $[\text{추적자}]_{tit}$는 적정 시약 중에 존재하는 추적자의 농도이다. 시료 중 분석물의 농도는 다음과 같이 주어진다.

$$[\text{분석물}] = \frac{Q[\text{추적자}]}{\left(\frac{1}{D_{ep}} - 1\right)} \tag{8.35}$$

단지 D_{ep}를 결정할 필요가 있다. 어떤 불활성 추적자를 이용할 수 있다. 예를 들면 적정 시약에 낮은 농도의 형광성 염료를 이용할 수 있다. 다른 형태의 적정, 즉 착염 적정 또는 산화-환원 적정에 이 방법을 적용할 수 있다. 또한 적정 시작 전에 시료에 지시약 염료를 첨가하고 단순히 적정 시약은 적정이 진행됨에 따라 단순히 적정 시약의 염료 수준을 묽힌다면, 똑같은 원리를 적용할 수 있다는 것을 알게 될 것이다. 두 가지 방법 중 이 방법은 부피 측정을 필요로 하지 않는다. 그러나 관심을 갖는 염료 농도 범위는 Beer 법칙(16장 참조)을 따라야 한다.

이 방법을 상세히 알기 위해서는 참고 문헌 10과 11을 참조하시오.

1. 종말점에서 지시약의 색이 뚜렷이 변하는 데 필요한 최소의 pH 변화는 얼마가 되는가? 그 이유는 무엇인가?
2. 특정한 산-염기 적정 반응에서 어떤 기준에 따라 지시약을 선별하는가?
3. 완충 용액에서 완충 용량이 최대가 되는 pH는 얼마인가?
4. 약산을 적정할 때 당량점에서의 pH는 중성, 산성, 염기성 중 어느 것이 되는가?
5. 염산으로 암모니아를 적정하는 데 적당한 지시약으로는 어떤 것이 있는가? 수산화 소듐으로 아세트산을 적정하는 데 적당한 지시약으로는 어떤 것이 있는가?
6. 탄산 소듐의 적정에서 종말점 근처에서 용액을 끓이면 종말점이 더욱 선명하게 나타나는데, 그 이유는 무엇인가?
7. 수용액에서 적정할 수 있는 가장 약한 산과 염기의 세기는 pK 값으로 얼마가 되는가?
8. 적정법으로 구별이 가능하려면, 두 산의 세기가 어느 정도 차이를 가져야 하는가?
9. 일차 표준 물질과 이차 표준 물질을 구분하시오.
10. 쯔비터 이온이란 무엇인가?
11. 일반적인 단백질에 함유된 질소의 퍼센트는 얼마인가?
12. 염기를 적정하는 데 좋은 산은 무엇이고, 그 이유는 무엇인가?

문제

표준화 계산

13. 트리스(하이드록시메틸)아미노메테인(화학식량 = 121.14) 일차 표준 물질 0.4541 g을 취하여 염산 용액으로 적정하였더니 35.37 mL가 소요되었다. 염산의 몰농도는 얼마인가?

14. 염산 용액을 표준화하기 위하여 탄산 소듐 일차 표준 물질을 0.2329 g 취한 후 메틸 레드를 지시약으로 사용하여 염산 용액으로 적정하였더니 42.87 mL가 소요되었다. 종말점 근처에서는 탄산 용액을 가열하여 이산화 탄소를 제거하였다. 산의 몰농도는 얼마인가?

15. 수산화 소듐 용액을 표준화하기 위하여 프탈산수소 포타슘(화학식량 = 204.23) 일차 표준 물질 0.8592 g을 취한 후 페놀프탈레인 종말점까지 적정하였더니 32.67 mL가 소요되었다. 염기 용액의 몰농도는 얼마인가?

16. 염산 용액 10.00 mL에 과량의 질산 은을 가하여 침전된 염화 은을 무게 분석법으로 정량하였다. 침전 무게가 0.1682 g이라면, 산의 몰농도는 얼마인가?

지시약

17. 약염기 지시약 B에 대한 Henderson–Hasselbalch 식을 쓰고 지시약의 색 변화에 필요한 pH의 변화를 계산하시오. 변화가 일어나는 pH는 대략 얼마인가?

적정 곡선

계산을 위하여 스프레드시트를 사용하여도 좋다.

18. 0.100 M의 NaOH 용액 50.0 mL를 0.200 M HCl로 적정하는 데 적정 시약이 0, 10.0, 25.0, 30.0 mL가 소요되었을 때의 pH를 계산하시오.

19. 0.200 M HA 25.0 mL를 0.100 M NaOH로 적정하는 데 적정 시약이 0,10.0, 25.0, 50.0, 60.0 mL가 소요되었을 때의 pH를 계산하시오(단, $K_a = 2.0 \times 10^{-5}$이다).

20. 0.100 M의 NH_3 50.0 mL를 0.100 M HCl로 적정하는 데 적정 시약이 0,10.0, 25.0, 50.0, 60.0 mL가 소요되었을 때의 pH를 계산하시오.

21. 0.100 M의 H_2A(이양성자산) 100 mL를 0.100 M NaOH로 적정하는 데 적정 시약이 0, 25.0, 50.0, 75.0, 100, 125% 진행된 지점에서의 pH를 계산하시오(단, $K_{a1} = 1.0 \times 10^{-3}$, $K_{a2} = 1.0 \times 10^{-7}$이다).

22. 0.100 M의 Na_2HPO_4 100 mL를 0.100 M HCl로 $H_2PO_4^-$까지 적정하는 데 0, 25.0, 50.0, 75.0, 100, 150% 진행된 지점에서의 pH를 계산하시오.

정량 분석

23. 0.492 g KH_2PO_4를 0.112 M NaOH로 적정하였더니 25.6 mL가 소요되었다. KH_2PO_4의 순도는 몇 %인가?

$$H_2PO_4^- + OH^- \rightarrow HPO_4^{2-} + H_2O$$

24. 순도가 90.0%인 LiOH 0.293 g을 적정하는 데 소요되는 0.155 M H_2SO_4의 부피를 구하시오.

25. 지방의 평균 화학식량은 지방 1 g을 가수 분해(비누화)하는 데 필요한 KOH의 밀리그램 수로 표현되는 비누화값을 나타낸다.

$$\begin{array}{lcl} CH_2CO_2R & & CH_2OH \\ | & & | \\ CHCO_2R + 3KOH & \rightarrow & CHOH + 3RCO_2K \\ | & & | \\ CH_2CO_2R & & CH_2OH \end{array}$$

여기서 R은 변할 수 있다. 버터 1.10 g을 0.250 M KOH 용액 25.0 mL로 처리하여 비누화 반응이 끝난 후 반응하지 않고 남은 KOH를 0.250 M HCl로 역적정하였더니 9.26 mL가 소요되었다. 지방의 비누화값은 얼마인가? 그리고 평균 화학식량은 얼마인가? (단, 버터는 100% 지방인 것으로 가정한다.)

26. Kjeldahl 분석법으로 알라닌 아미노산($CH_3CH(NH_2)COOH$)과 비활성 물질을 포함한 시료를 분석하고자 한다. 시료 2.00 g을 분해시킨 후 암모니아를 증류하여 0.150 M H_2SO_4 50.00 mL에 포집하고, 0.100 M NaOH로 역적정하였더니 9.0 mL가 소요되었다. 시료 중 알라닌의 퍼센트를 계산하시오.

27. 변형 Kjeldahl 법으로 혈청 2.00 mL에 들어 있는 단백질을 분석하고자 한다. 시료를 분해시킨 후 암

모니아를 붕산 용액으로 증류한 후, 붕산 암모늄 적정에 표준 염산 용액 15.0 mL가 소요되었다. 같은 방법으로 염산을 순수한 $(NH_4)_2SO_4$ 0.330 g으로 표준화하였다. 표준화 적정에 33.3 mL의 산이 소요되었다면, 혈청 중 단백질의 g% 농도(wt/vol)는 얼마인가?

혼합물의 정량 분석

28. HCl과 H_3PO_4 혼합물을 100 mL 취하여 0.200 *M* NaOH로 적정하고자 한다. 메틸레드 종말점은 25.0 mL에서 나타났으며, 브로모티몰 블루 종말점은 10.0 mL 더 가할 때 나타났다(총 35.0 mL). 용액 중의 HCl과 H_3PO_4의 농도는 얼마인가?
29. 비활성 불순물이 포함된 Na_2CO_3와 $NaHCO_3$의 혼합 시료 0.527 g을 0.109 *M* HCl로 적정하였더니 페놀프탈레인 종말점에 도달하는 데 15.7 mL가 소요되었으며, 변형 메틸 오렌지 종말점에 도달하는 데는 총 43.8 mL 소요되었다. 혼합물에 들어 있는 Na_2CO_3와 $NaHCO_3$의 퍼센트는 얼마인가?
30. 수산화 소듐과 Na_2CO_3를 동시에 페놀프탈레인 종말점까지 적정하였다($OH^- \rightarrow H_2O$, $CO_3^{2-} \rightarrow HCO_3^-$). NaOH와 Na_2CO_3 혼합물을 0.250 *M* HCl로 적정하였더니 페놀프탈레인 종말점에 도달하는 데 26.2 mL가 소요되었으며, 변형 메틸오렌지 종말점까지는 15.2 mL가 더 소요되었다고 한다. NaOH와 Na_2CO_3는 혼합물 속에 몇 mg 들어 있는가?
31. 탄산 소듐은 NaOH 또는 $NaHCO_3$와 공존할 수 있으나, 둘을 동시에 함유하지는 못한다. 왜냐하면 서로 반응하여 Na_2CO_3를 만들기 때문이다. NaOH와 Na_2CO_3는 동시에 페놀프탈레인 종말점까지 적정될 수 있다($OH^- \rightarrow H_2O$, $CO_3^{2-} \rightarrow HCO_3^-$). NaOH와 Na_2CO_3의 혼합물이거나, Na_2CO_3와 $NaHCO_3$의 혼합물인 시료를 HCl로 적정하였다. 15.0 mL에서 페놀프탈레인 종말점이 나타났고, 50 mL(1차 종말점을 지나 35.0 mL)에서 변형 메틸오렌지 종말점이 나타났다. HCl 용액을 Na_2CO_3 0.477 g으로 표준화하였더니 변형된 메틸 오렌지 종말점에 도달하는 데 30.0 mL가 필요하였다. 혼합물의 종류는 무엇인가? 그리고 각각 몇 밀리몰씩 포함되어 있는가?
32. 문제 31에서 2차 종말점이 25.0 mL(1차 종말점을 지나 10.0 mL)에서 나타났다면 답은 무엇이 되겠는가?
33. $BaCO_3$와 Li_2CO_3로만 된 혼합물의 무게는 0.150 g이다. 시료를 완전히 중화시키는 데($CO_3^{2-} \rightarrow H_2CO_3$) 0.120 *M* HCl이 25.0 mL 소요되었다. 시료 중 $BaCO_3$의 퍼센트는 얼마인가?
34. P_2O_5 시료에 H_3PO_4 불순물이 들어 있다 시료 0.405 g을 물과 반응시킨 후($P_2O_5 + 3H_2O \rightarrow 2H_3PO_4$), 반응 용액을 0.250 *M* NaOH로 적정하였다($H_3PO_4 \rightarrow Na_2HPO_4$). 적정에 42.5 mL가 소요되었다면 H_3PO_4 불순물은 몇 % 들어 있는가?

교수 선호 문제

Memphis 대학의 Tarek Farhat 교수 제공

35. 수산화 소듐 용액을 포함하는 기포 제거 장치는 공기 흐름으로부터 CO_2 기체를 제거하는 여과 장치로 이용된다. 다음과 같은 반응이 일어난다.

$$2NaOH + CO_2(g) \rightarrow Na_2CO_3 + H_2O$$

기포 제거 장치가 NaOH 용액 100 mL를 포함하고 NaOH 용액의 초기의 pH가 12라면, 25°C, 1기압의 0.5% CO_2를 포함하는 공기의 흐름 속도는 5.0 mL/min이다. (a) 1시간, (b) 5시간 동안 공기가 흐른 후 얼마만큼의 pH가 떨어지는가?

Idaho 대학의 Peter R. Griffiths 교수 제공

36. 황산수소 소듐($NaHSO_4$) 용액을 NaOH로 완전한 적정을 위해 기대되는 가장 근사한 곡선은 어느 것인가?(단, HSO_4^-에 대한 해리 상수는 1.2×10^{-2}이다.)

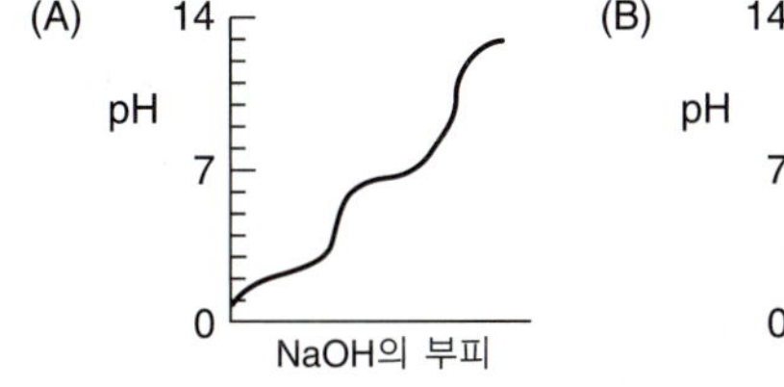

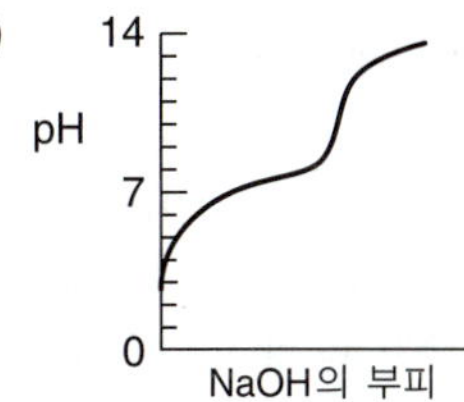

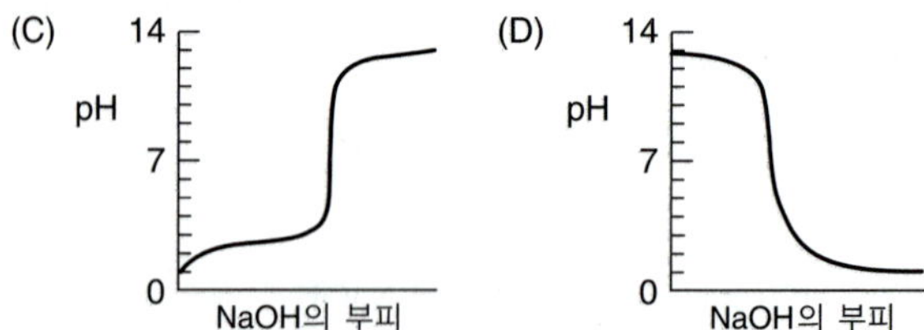

Puerto Rico-Rio Piedras 대학의 Noel Motta 교수 제공

37. 다음 곡선은 다음 어느 적정에 해당하는가?

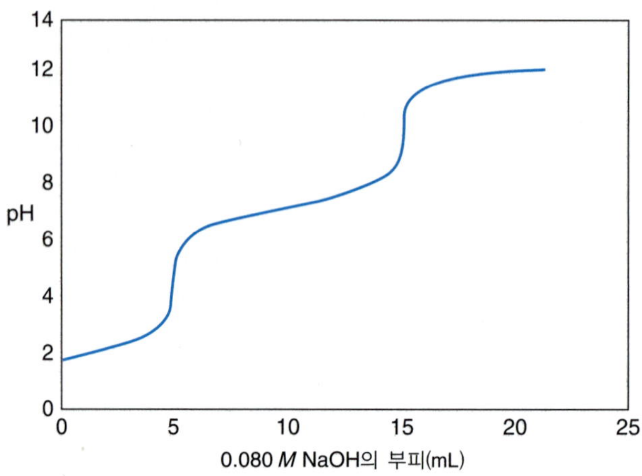

(a) 0.080 M 이양성자산 H_2A 5.00 mL
(b) 0.080 M H_2A와 0.080 M HA^-로 이루어진 혼합물 5.00 mL
(c) 같은 K_a를 갖는 두 산 0.080 M HA와 0.16 M HB의 혼합물 5.00 mL
(d) 같은 농도(0.080 M)이지만 다른 K_a를 가지는 두 산으로 이루어진 혼합물 5.00 mL

38. 다음 각 문항의 설명대로 적정 조건을 변화시키면 그것의 실행 가능성에 영향을 미칠 수 있다. 0.010 M NH_4^+를 0.010 M NaOH로 적정하는 것을 왼쪽에서 보여 주고 있다. NH_4^+를 NaOH로 적정할 때 오른쪽에 있는 곡선이 관찰될 조건을 선택하시오.

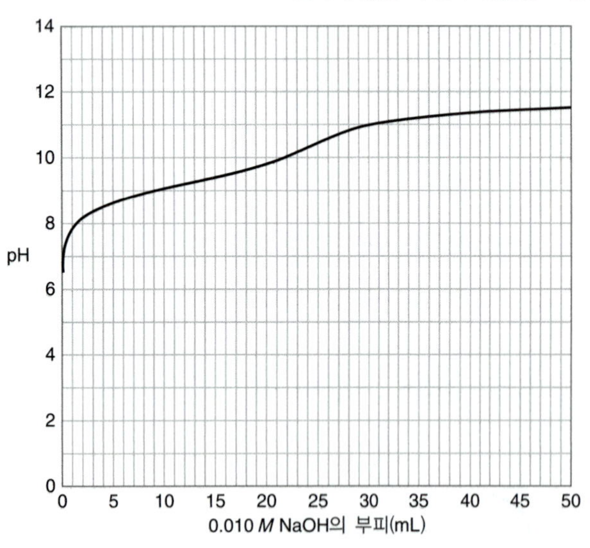

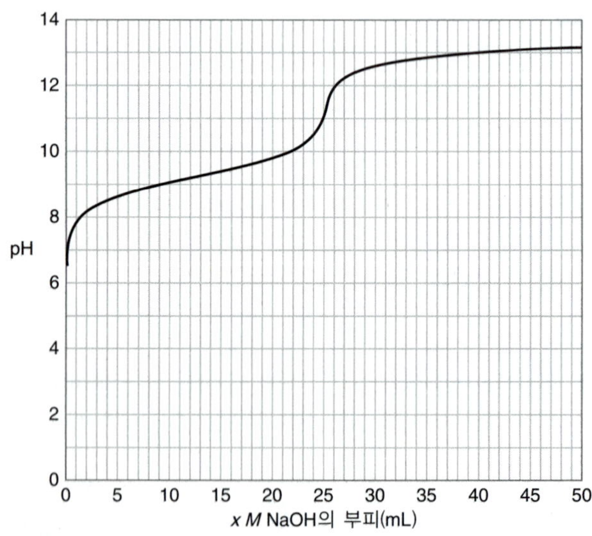

(a) 0.0050 M NH_4^+ 50.0 mL를 0.010 M NaOH로 적정
(b) 0.50 M NH_4^+ 25.0 mL를 0.50 M NaOH로 적정
(c) 0.010 M NH_4^+ 25.0 mL를 1.0 M NaOH로 적정
(d) 0.020 M NH_4^+ 12.5 mL를 0.010 M NaOH로 적정
(e) 0.0050 M NH_4^+ 12.5 mL를 0.010 M NaOH로 적정

39. 다음의 예에서 센산에 비하여 약산에 대한 적정 조건을 변경하면 당량점 이후에서는 차이가 관찰되지

않지만, 당량점 이전에서 두 경우에 대한 차이는 분명하다.

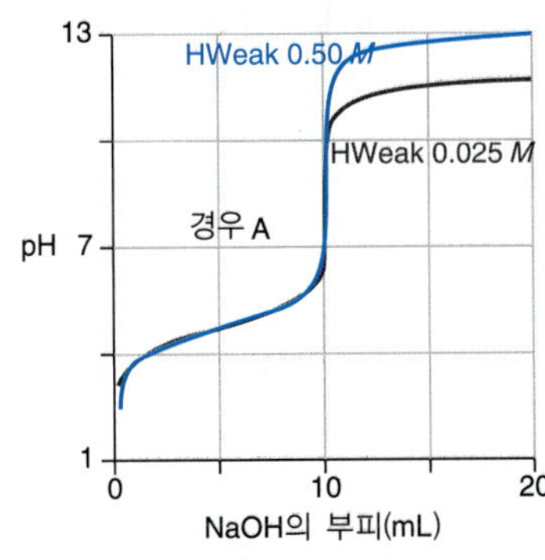

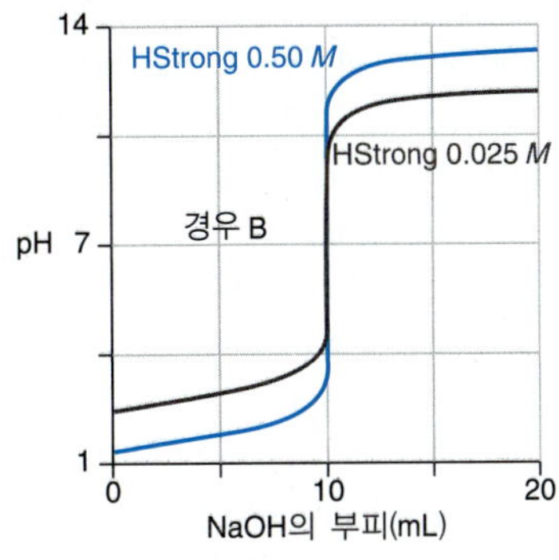

경우 A와 B 모두에서, 0.50 *M*과 0.025 *M*인 두 산을 0.50 *M* NaOH와 0.025 *M* NaOH로 각각 적정하였다. 경우 A는 약산 적정과 같고(HWeak로 나타냄), 경우 B는 센산 적정에 해당한다(HStrong으로 나타냄).

조건을 변경할 때, 당량점 이후에서는 같은 반면에, 당량점 이전에서 경우 A에서의 pH 행동이 경우 B와 다른 이유를 설명하시오.

40. 분석자가 두 용액을 0.010 *M* HCl로 적정하였다. 그들 중 하나는 CO_3^{2-}와 OH^-의 혼합물을 포함하고, 다른 하나는 CO_3^{2-}와 HCO_3^-의 혼합물을 포함하지만, 용액이 이들 두 조성 각각에 해당한다는 것을 알지 못한다. 이것을 찾기 위해서 각각의 두 용액 10.00 mL를 전위차 적정을 수행하여 다음과 같은 적정 곡선을 얻었다 A와 B의 조성을 결정하시오.

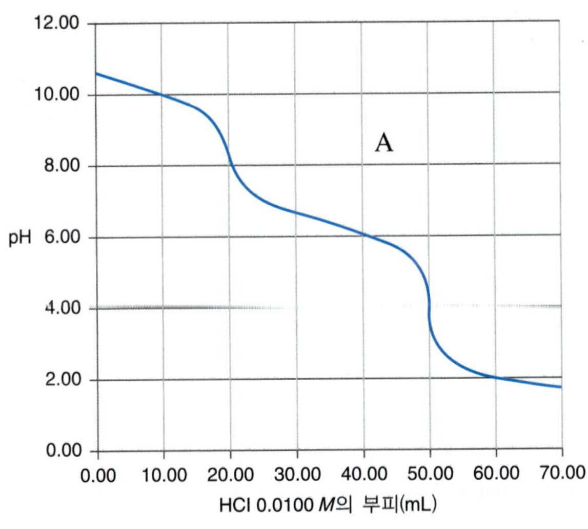

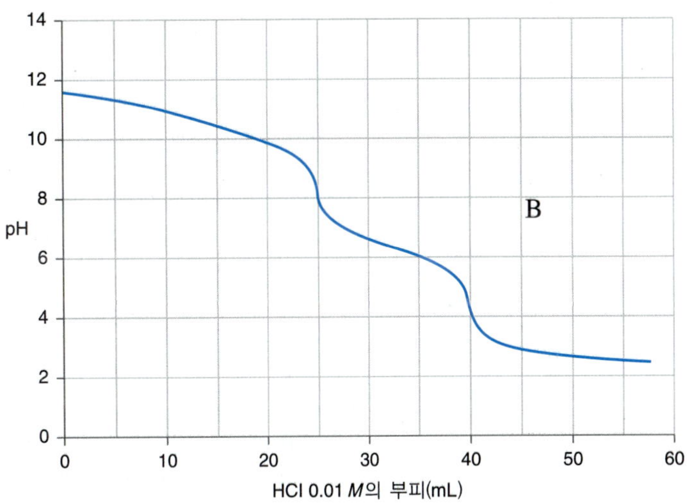

41. 새롭게 합성된 삼양성자산이 다음의 일반적인 적정 곡선을 나타내었다.

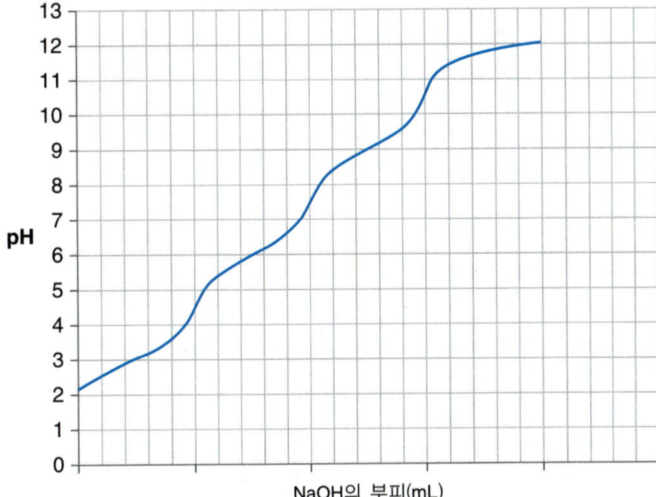

산의 분자량을 결정하기 위해서 적은 부피의 물에 순수한 시료(400.0 mg)를 녹여 100.0 mL 부피 플라스크에 옮기고 증류수로 표선까지 채워 만들었다. 이 용액 25.0 mL를 취해서 0.0750 *M* NaOH 15.90 mL를 적정한 후 페놀 레드 당량점에 도달하였다. 산의 분자량은 얼마인가? (a) 111.8, (b) 167.7, (c) 218.5, (d) 286.2, (e) 335.4

42. 다음 중 0.100 *M* NaOH로 적정한 적정 곡선이 2:1 화학량론을 갖는 한 개의 당량점을 보여 주는 이양성자산은 어느 것인가?

(a) 레조르시놀: pK_1: 9.30, pK_2: 11.06
(b) 루신: pK_1: 2.33, pK_2: 9.74
(c) 말레산: pK_1: 1.82, pK_2: 6.59
(d) 살리실산: pK_1: 2.97, pK_2: 13.74
(e) 타타르산: pK_1: 3.036, pK_2: 4.366

43. 다음 중 어떤 아미노산을 0.10 *M* NaOH로 적정할 때, 세 개의 잘 정의된 종말점을 나타내는가?

	pK_1	pK_2	pK_3
I. 아스파트산	1.99	3.90	10.00
II. 아지닌	1.82	8.99	12.48
III. 히스티딘	1.70	6.02	9.08

(a) I, (b) II, (c) III, (d) II와 III, (e) I, II, III

Marshall 대학의 Bin Wang 교수 제공

44. 프탈산 수소 포타슘(KHP) 미지 시료 0.9872 g을 중화시키기 위해 0.1037 *M* NaOH 28.23 mL가 소모되었다. 시료 중에 몇 %의 KHP가 있는가?

45. 곱게 간 석회석(주로 $CaCO_3$) 시료 0.2027 g을 0.1035 *M* HCl 50.0 mL에 녹였다. 용액은 반응에 의해 생성된 CO_2를 방출하기 위하여 가열하였다. 반응하고 남은 HCl을 0.1018 *M* NaOH로 적정하여 16.62 mL가 소모되었다. 석회석 시료 중에 존재하는 $CaCO_3$의 퍼센트 농도를 계산하시오.

El Paso에 있는 Texas 대학의 Wen-Yee Lee 교수 제공

46. 50.0 mg 단백질/mL 용액을 포함하고 있는 용액 500 μL를 분석하기 위하여 Kjeldahl 법이 이용된다. 유리된 NH_3를 0.0300 *M* HCl 5.00 mL에 모았다. 남아 있는 산을 중화시키는 데 0.010 *M* NaOH 10.00 mL가 소모되었다. 단백질 중에 존재하는 질소의 중량 %는 얼마인가?

San Diego 주립대학의 Christopher Harrison 교수 제공

47. (a) 순수한 물 1 L에 H_3PO_4 12.00 mg을 포함하는 용액의 pH는 얼마인가?
(b) H_3PO_4의 몰농도의 정확히 2배인 용액 1 L를 제조하기 위해 구연산 몇 mg이 필요한가? (c) 인산 용액과 같은 pH를 얻기 위한 구연산 용액에 NaOH 몇 mg이 필요한가? 이것을 수행하기 위해 얼마나 쉬운가?(엑셀 계산을 위한 이 책의 **웹 사이트** 참조)

48. 완충 용액은 전형적으로 증류수 1 L에 아황산수소 소듐($NaHSO_3$) 30밀리몰과 아황산 소듐(Na_2SO_3) 90밀리몰로 만들어진다. 고체 탄산 소듐, 고체 인산 수소 이소듐, 1 *M* 다이메틸아민, 고체 수산화 소듐, 1 *M* 질산을 원하는 만큼 사용할 수 있다. 이들 시약을 몇 종류 또는 모두 이용하여, 아황산–아황산 수소 완충 용액과 pH와 포르말 농도가 같은 완충 용액을 만든다. 시약의 가장 간단한 조합은 무엇이며, 각각 몇 g 또는 몇 mL가 필요한가? (단, 필요한 물의 양은 무시한다.) 부록 C에 해리 상수 자료가 있다.

49. pH 2.45인 질산 용액 500 mL를 제조하기 위해 필요한 25%(w/w) 질산(밀도 1.18g/mL)을 포함하는 용액 몇 mL가 필요한가?

Michigan 대학의 Michael D. Morris 교수 제공

50. finalic acid의 pK_a는 6.50이다.

(a) 0.1 *M* finalic acid와 0.1 *M* sodium finalate을 포함하는 용액의 pH는 얼마인가?
(b) 각각의 농도를 0.01 *M*로 감소시킬 때 완충 용량은 더 높아지는가, 더 낮아지는가?
(c) 이들 용액의 pH에 미치는 물의 해리 효과는?
(d) 용액의 pH만을 생각한다면, 0.1 *M* finalic acid 용액을 마시면 안전한가? 0.01 *M* 용액은 어떠한가?

교수 선호 퍼즐

Virginia Commonwealth 대학의 Fred Hawkrige 교수 제공

51. 정확히 0.100 *M* 인산이 되도록 pH 7.0인 인산 완충 용액을 제조하려고 한다. H_3PO_4에 대한 K_a 값을 찾고 pH가 정확할 때까지 매우 적은 양의 산을 첨가하여 제조할 때 필요한 Na_2HPO_4의 양을 계산하시오. 그러나 정확히 0.100 *M* Na_2HPO_4을 취한다면, 산을 첨가할 때 인산의 농도가 변할 것이다. 완충 용액을 어떻게 만들어야 하는가?

교수 선호 스프레드시트 연습

52. Illinois 대학의 Alexander Scheeline 교수는 스프레드시트 보편적인 산 적정기(이 책의 **웹 사이트**에 있는 "8.52 Universal Acid Titrator.xlsx"를 참조)를 개발하였다. 11행에 어떤 산(12 양성자산까지)에 대한 pK_a 값, 또는 9행에 pK_a 값을 타이프한다. 그리고 NaOH와 같은 센 일양성자 염기로 적정하는 적정 그래프(pH 대 염기의 부피)를 작성한다. 스프레드시트를 사용하여 다른 적정 곡선을 작성하여도 좋다(사용하지 않는 11행에 있는 *K* 값들에 대해서는 0을 입력한다). 첨가된 주어진 염기의 양에 대하여 pH를 계산하는 것보다 오히려 전하 균형을 근거로 한 이 방법은 주어진 pH를 얻기 위해 첨가해야 하는 염기의 양을 계산한다. 여기에 다음의 도전 질문들이 있다.

(a) 첨가된 주어진 염기의 양에 대한 pH를 계산하는 것보다 오히려 해 찾기나 Goal Seek을 이용하지 않고 필요한 염기의 양을 직접 계산하는 것이 왜 훨씬 더 쉬운가?

(b) 특히 낮은 pH 값에서 계산된 부피의 일부가 음(−)의 값을 갖는 이유가 무엇인가?(그들은 그래프로 그리지 않는다)

(c) 선택한 어떤 산에 대해 상세히 계산하거나, 또는 Goal Seek나 해 찾기를 이용하여 염기가 첨가되지 않았을 때($V=0$)의 pH를 계산한다. pH를 얻는 데 필요한 염기의 양을 계산하기 위하여 스프레드시트를 이용하시오.

(d) 더 많은 모험을 위해서는, 이 스프레드시트로 적정 곡선을 계산한 후에(활동도 보정은 무시한다), 이온 세기와 활동도 보정이 이루어진 각각의 pH 값에서 연속 근사법으로 계산한다. 그리고 보정된 적정 곡선을 계산한다. 활동도가 보정된 곡선과 활동도가 보정되지 않은 곡선을 비교하시오. 활동도 보정에 문제가 있는가?

Briham Young 대학의 Steven Goates 교수 제공. 엑셀의 답은 이 책의 웹 사이트에 있다.

53. 산을 센염기로 이론적으로 적정하기 위해 첨가되는 염기의 부피로 pH의 변화를 계산하기 위한 스프레드시트 프로그램을 만들어 보자. 아래에 설명한 대로 KHP를 NaOH로 적정하는 적정 곡선을 계산한 다음 그래프를 작성하자(위의 문제 52에서와 같이 *y* 축에 pH 그리고, *x* 축에 적정 시약의 부피로 그래프를 작성한다고 하더라도 **독립 변수**로 pH를 이용하고 **종속 변수**로 첨가된 염기의 부피를 구하는 것이 훨씬 더 편리하다는 것을 알게 될 것이다). 0.100 pH 단위의 간격으로 최종 pH 12.500까지 염기의 부피를 계산하여야 한다. 이 문제에 대해서 모든 활동도 계수는 1로 가정한다. $pH=-\log a_{H^+}$, KHP는 100.00% 순도를 갖는다. NaOH 용액은 탄산염이 없다. 해리 상수 데이터는 부록 C에서 찾을 수 있다. 특히 다음 적정에 대해 계산하자(이들 모든 값들은 쉽게 변경될 수 있도록 스프레드시트를 작성한다). 0.4103 *M* KHP 용액 0.994 mL를 적정 용기에 넣고 증류수 5.00 mL를 첨가한 다음 0.2102 *M* NaOH로 적정한다. 5 mL 대신에 6 mL가 첨가된다면 적정 곡선에 어떤 효과가 생길까?

54. 활동도 계수를 포함하도록 문제 53의 계산식을 수정하시오. 문제 53에서와 같이 이온 세기 μ(식 6.18)를 계산하고, 이온 세기로부터 이 책에서 주어진 확장된 Debye−Huckel 식(식 6.19)에 의해 활동도 계수를 계산한다. H^+, OH^-, HP^-, P^{2-}에 대한 이온 크기는 각각 9, 3.5, 6, 6으로 가정한다. 알려진 활동도 상수 K_w, K_{a1}, K_{a2}를 주어진 농도에 해당하는 값으로 바꿔야 한다. 왜냐하면 질량 균형식은 궁극적으로 활동도가 아니라 농도 항이어야 되기 때문이다. 농도 항으로 이들 상수를 이용하여 다시 $[H^+]$, $[OH^-]$, α_1, α_2, 이온 세기의 새로운 값을 계산한다. 그리고 계산을 반복하고 끝으로 문제 53과 54에 대하여 같은 그래프에 계산된 V_b 대 pH 그래프를 작성하고 어떤 차이가 있는지를 논의하시오.

추천 참고 문헌

지시약

1. R. W. Sabnis, *Handbook of Acid-Base Indicators*. Boca Raton, FL: CRC Press, 2008.
2. G. Gorin, "Indicators and the Basis for their Use," *J. Chem. Ed.*, **33** (1956) 318.
3. E. Bishop, *Indicators*. Oxford: Pergamon, 1972.

적정 곡선

4. R. K. McAlpine, "Changes in pH at the Equivalence Point," *J. Chem. Ed.*, **25** (1948) 694.
5. A. K. Covington, R. N. Goldberg, and M. Sarbar, "Computer Simulation of Titration Curves with Application to Aqueous Carbonate Solutions." *Anal. Chim. Acta*, **130** (1981) 103.

적정

6. Y. S. Chen, S. V. Brayton, and C. C. Hach, "Accuracy in Kjeldahl Protein Analysis," *Am. Lab.* June 1988, 62.
7. R. M. Archibald, "Nitrogen by the Kjeldahl Method," in D. Seligson, ed. *Standard Methods of Clinical Chemistry*, Vol. 2. New York: Academic Press, 1958, pp. 91-99.

웹 pH 적정 계산기

(출처: Stig Johansson/www.phcalculation.se/고 Stig Johansson의 허가)

8. www2.iq.usp.br/docente/guts/Curtipot.html. A free program that calculates the pH and paH of mixtures of acids and bases, and also titration curves and distribution curves, alpha plots, and more.
9. www.phcalculation.se. A free program that calculates pH of complex mixtures of strong and weak acids and bases using concentrations (ConcpH) or activities (ActpH). Equilibrium concentrations of all species are calculated. the latter also calculates activity coefficients of the species and the ionic strength. A variation of the program allows calculation of points in a titration curve by adding different volumes of titrant to the analyte solution.

부피를 측정하지 않는 적정

10. T. R. Martz, A. G. Dickson, andM.D.DeGrandpre, "TracerMonitoring Titrations: Measurement of Total Alkalinity," *Anal. Chem.*, **78** (2006) 1817.
11. M. D. DeGrandpre, T. R. Martz, R. D. Hart, D. M. Elison, A. Zhang, and A. G. Bahnson, "Universal Tracer Monitored Titrations," *Anal. Chem.*, **83** (2011) 9217.

9장 착물화 반응 및 착물화 적정

"간단한 것은 단순해야 한다. 복잡한 것은 가능성이 있어야 한다"
—Alan Kay

학습 목표

이 장에서 배울 중요한 내용은 무엇인가?

- 형성 상수
- EDTA 평형(주요 식: 9.5~9.8)
- EDTA 적정 지시약
- α_M 및 β 값(주요 식: 9.17~9.21)

많은 금속 이온들이 여러 가지 리간드(착화제)와 난용성 착물을 형성한다. 분석화학자들은 원하지 않는 반응을 가리기 위해서 착물을 적절하게 사용한다. 착물 형성 또한 적정 시약으로 착화제를 사용하여 금속 이온에 대한 정확하고 편리한 적정을 하는 기초가 된다. 착물화 적정은 여러 가지 금속의 정량에 유용하다. 착화제의 대부분은 평형이 pH에 영향을 받는 약산이나 약염기이므로, pH 조절이나 적절한 **마스킹제**(masking agent, 방해 금속 이온과는 반응하지만 관심 대상의 금속과는 반응하지 않는 다른 착화제의 첨가)를 사용하여 선택성을 높일 수 있다. 이 장에서는 금속 이온, 이들의 평형, 그리고 평형에 미치는 pH의 영향 등을 논의한다. 매우 유용한 착화제인 EDTA와 금속의 적정, 적정에 영향을 주는 인자들, 그리고 적정에 사용되는 지시약을 설명하였다. 칼슘과 마그네슘 전체를 EDTA로 적정하는 것은 물의 경도를 측정하는 데 자주 사용한다. 식품 산업에서는 콘플레이크 속의 칼슘을 측정한다. 도금 공장에서는 도금 용액 중에 있는 니켈을 착물화(킬레이트) 적정으로 측정하고, 금속 산업에서는 부식 용액 중에 금속들을 측정한다. 제약 산업에서는 액체 제산제 중의 수산화 알루미늄을 유사한 적정 방법으로 측정한다. 거의 모든 금속들은 착물화 적정으로 정확하게 검출된다. 착물화 반응은 무게법, 분광 광도법, 형광법에 유용하며, 방해 이온을 가리는 곳에도 사용된다.

9.1 착물과 형성 상수 — 착물이 얼마나 안정한가?

착물은 많은 화학 공정과 생화학 공정에서 매우 중요한 역할을 한다. 예를 들어, 혈액 속의 헴(heme)의 질소 원자들은 강한 리간드로 작용하거나 착물화 결합을 형성하므로, 헴 분자가 철 이온을 강하게 붙들고 있다. 일반적으로 아미노기에 있는 질소 원자는 훌륭한 전자 주개 원자이거나 착화제이다. 철[Fe(II)로서]이 그 다음에는 산소와 쉽게 결합하여 산소 기체를 폐로부터 신체의 모든 지점으로 운반한 후, 산소는 약한 주개 원자이거나 약한 착화제이므로 쉽게 분리된다. 일산화 탄소는 강한 착화제이므로 산소를 치환하여 죽음에 이르게 한다. 즉, 일

산화 탄소는 산소보다 200배 강하게 헴에 결합하여 카복시헤모글로빈을 형성한다.

많은 양이온이 용액에서 금속의 배위수를 충족하는 비공유 전자쌍(예, 분자 내 N, O, S 원자에 있는)을 가진 여러 물질과 착물을 형성한다[금속 이온은 Lewis 산(전자쌍 받개)이고 착화제는 Lewis 염기(전자쌍 주개)이다]. **리간드(ligand)**라고 하는 착화제의 분자 수는 금속 이온의 배위수와 리간드 분자에 들어 있는 착물을 이룰 수 있는 작용기의 개수에 따라 달라진다.

대부분의 리간드는 착화제 원자로서 O, S, 또는 N를 포함한다.

암모니아는 1개의 비공유 전자쌍을 가진 간단한 착화제로, 구리 이온과 다음과 같은 착물을 형성한다.

$$Cu^{2+} + 4{:}NH_3 \rightleftharpoons \left[\begin{array}{c} NH_3 \\ \ddot{} \\ H_3N{:}Cu{:}NH_3 \\ \ddot{} \\ NH_3 \end{array} \right]^{2+}$$

여기서, 구리 이온은 Lewis 산으로서 작용하고, 암모니아는 Lewis 염기이다. Cu^{2+}(수화된) 이온은 용액에서 연한 파란색이지만, 암모니아(암민) 착물은 진한 파란색이다. 녹색의 수화된 니켈 이온도 이와 유사한 반응을 하여 진한 파란색의 암민 착물을 만든다.

암모니아는 은 이온과도 반응하여 무색의 착물을 형성한다. 암모니아 두 분자는 은 이온 하나와 단계적으로 착물을 형성하는데, **형성 상수(formation constant)** K_f라고 하는 각 단계의 평형 상수는 다음과 같이 쓸 수 있다.

$$Ag^+ + NH_3 \rightleftharpoons Ag(NH_3)^+ \quad K_{f1} = \frac{[Ag(NH_3)^+]}{[Ag^+][NH_3]} = 2.5 \times 10^3 \tag{9.1}$$

$$Ag(NH_3)^+ + NH_3 \rightleftharpoons Ag(NH_3)_2{}^+ \quad K_{f2} = \frac{[Ag(NH_3)_2{}^+]}{[Ag(NH_3)^+][NH_3]} = 1.0 \times 10^4 \tag{9.2}$$

전체 반응은 두 단계 반응의 합이 되며, 총괄 형성 상수는 단계적 형성 상수의 곱이 된다.

$$Ag^+ + 2NH_3 \rightleftharpoons Ag(NH_3)_2{}^+ \quad K_f = K_{f1} \cdot K_{f2} = \frac{[Ag(NH_3)_2{}^+]}{[Ag^+][NH_3]^2} = 2.5 \times 10^7 \tag{9.3}$$

간단한 1:1 착물의 형성의 경우, 예를 들어 M + L = ML, 형성 상수는 간단하게 $K_f = [ML]/[M][L]$이다. 형성 상수를 **안정도 상수(stability constant)** K_s 또는 K_{stab}라고도 한다.

평형을 반대 방향인 해리로서 쓸 수도 있다. 만약 그렇게 한다면, 농도 항은 평형 상수식에서 분모와 분자가 바뀐다. 그러면 평형 상수는 단순히 형성 상수의 역수이며, 이것을 **불안정도 상수(unstability constant)** K_i 또는 K_d라고 한다.

$K_f = K_s = 1/K_i$ 또는 $1/K_d$

$$Ag(NH_3)_2{}^+ \rightleftharpoons Ag^+ + 2NH_3 \quad K_d = \frac{1}{K_f} = \frac{[Ag^+][NH_3]^2}{[Ag(NH_3)_2{}^+]} = 4.0 \times 10^{-8} \tag{9.4}$$

계산할 때는 적절한 반응과 올바른 식을 사용하는 한, 어느 식을 사용해도 무관하다. 사실상 산의 해리 $HA \rightleftharpoons H^+ + A^-$는 금속 리간드 착물의 해리 $ML \rightleftharpoons M + L$과 매우 유사함을 알게 될 것이다. 그러나 관례적으로 산은 해리 반응으로 나타내고, 착물은 회합 반응으로 나타낸다.

예제 9.1

2가 금속 M^{2+}가 리간드 L과 반응하여 다음과 같이 1:1 착물을 형성한다.

$$M^{2+} + L \rightleftharpoons ML^{2+} \quad K_f = \frac{[ML^{2+}]}{[M^{2+}][L]}$$

0.20 *M* M^{2+}와 0.20 *M* L의 두 용액을 같은 부피로 혼합하여 만든 용액 중의 M^{2+}농도를 계산하시오. $K_f = 1.0 \times 10^8$

풀이

M^{2+}와 L을 화학량론적으로 같은 양을 첨가하였다. 형성되는 착물은 세기가 강해서 반응이 거의 완전히 진행될 것이다. 같은 부피를 가했으므로, 초기 농도는 묽혀져서 절반이 된다. $[M^{2+}]$를 x라 놓는다. 평형에서 다음이 성립한다.

$$\begin{array}{ccccc} M^{2+} & + & L & \rightleftharpoons & ML^{2+} \\ x & & x & & 0.10 - x \approx 0.10 \end{array}$$

거의 모든 M^{2+}(초기 농도 0.20 *M*)가 ML^{2+}로 바뀌었고, 착물화되지 않고 남은 금속은 극히 적은 양이므로, 이를 K_f 식에 대입하여 농도를 구한다.

$$\frac{0.10}{(x)(x)} = 1.0 \times 10^8$$

$$x = [M^{2+}] = 3.2 \times 10^{-5} M$$

엑셀에서 Goal Seek 방법으로 식 $(0.10-x)/x^2 = K_f$를 풀 수도 있다. 이 방법은 K_f가 크지 않고, x가 아주 작지 않아서 0.10으로 가정할 수 없는 경우에 사용할 것이다. ■

예제 9.2

은 이온은 "트라이엔(trien)"이라고 하는 트라이에틸렌테트라아민$[NH_2(CH_2)_2NH(CH_2)_2NH(CH_2)_2NH_2]$과 안정한 1:1 착물을 형성한다. 0.010 *M* 질산 은 25 mL를 0.015 *M* 트라이엔 50 mL에 첨가했을 때, 평형에서 은 이온의 농도를 계산하시오. $K_f = 5.0 \times 10^7$.

풀이

$$Ag^+ + \text{trien} \rightleftharpoons Ag(\text{trien})^+ \quad K_f = \frac{[Ag(\text{trien})^+]}{[Ag^+][\text{trien}]}$$

먼저 Ag^+와 첨가된 트라이엔의 밀리몰수를 계산한다.

$$\text{mmol } Ag^+ = 25 \text{ mL} \times 0.010 \text{ mmol/mL} = 0.25 \text{ mmol}$$

$$\text{mmol trien} = 50 \text{ mL} \times 0.015 \text{ mmol/mL} = 0.75 \text{ mmol}$$

평형이 오른쪽으로 크게 기울어져 있으므로, 거의 모든 Ag^+가 0.25 mmol 트라이엔과 반응하여(과량으로 0.50 mmol 트라이엔을 남김) 0.25 mmol의 착물을 형성한다. 몰농도를 계산하면 다음과 같다.

$$[Ag^+] = x = \text{반응하지 않은 mol/L}$$

$$[\text{trien}] = (0.50 \text{ mmol}/75 \text{ mL}) + x = 6.7 \times 10^{-3} + x$$

$$\approx 6.7 \times 10^{-3}$$

$$[Ag(\text{trien})^+] = 0.25 \text{ mmol}/75 \text{ mL} - x$$

$$= 3.3 \times 10^{-3} - x \approx 3.3 \times 10^{-3}$$

x를 다른 농도와 비교하여 무시하고 계산하면,

$$\frac{3.3 \times 10^{-3}}{(x)(6.7 \times 10^{-3})} = 5.0 \times 10^{7}$$

$$x = [Ag^{+}] = 9.8 \times 10^{-9}\ M$$

x를 무시해도 상관없음을 알 수 있다.

> 엑셀에서 Goal Seek 연습:
> trien 대신 다른 리간드 L과 같은 방식으로 반응하고 회합 상수는 5라고 가정하자. AgL^{+}, Ag^{+}, L의 농도는 얼마인가?

9.2 킬레이트: EDTA—금속에 대한 최고의 적정 시약

킬레이트(*chelate*)란 용어는 "게와 같은(clawlike)"이란 뜻을 갖는 그리스어에서 유래하였다. 킬레이트제를 말 그대로 풀이하면 스스로 금속 이온을 둘러싼다는 것을 의미한다.

암모니아 같은 간단한 착화제는 적정 시약으로 거의 사용되지 않는다. 왜냐하면, 일반적으로 화학량론적인 착물에 대응하는 예리한 종말점을 얻기가 어렵기 때문이다. 단계적 형성 상수가 서로 가깝고 매우 크지 않아서, 한 가지의 화학량론적 착물로는 관찰할 수 없다. 그러나 한 분자에 둘 이상의 착화기를 가진 어떤 착화제는 뚜렷한 조성을 가진 착물을 형성하는데, 이것은 적정 시약으로 이용할 수가 있다. Schwarzenbach는 두자리 리간드(두 개의 착화기를 갖는 것)가 사용되면 안정도가 현저하게 증가한다는 것을 증명하였다(참고 문헌 4에 많이 수록). 예를 들어, 그는 암모니아를 두자리 리간드인 에틸렌다이아민, $H_2NCH_2CH_2NH_2$(약자로 en)로 치환하면, 매우 안정한 $Cu(en)_2^{2+}$ 착물이 얻어짐을 보여 주었다.

가장 일반적으로 유용한 적정 시약은 아미노카복실산으로, 아미노 질소와 카복실산기가 리간드로서 작용한다. 아미노 질소가 카복실산 음이온보다 더 염기성이어서 아미노 질소에 더 강하게 양성자가 첨가되어 있다($-NH_3^{+}$). 이들은 금속과 결합할 때 양성자를 잃는다. 여러자리 착화제와 형성된 금속 착물은 금속과 전하에 관계없이 1:1인 경우가 흔하다. 왜냐하면 금속의 모든 배위 자리를 충족시키기 위해 한 분자 안에 많은 착화기를 가지고 있기 때문이다.

EDTA에 들어 있는 양성자는 착물을 형성할 때 금속 이온으로 치환된다. 그 결과 음전하를 띤 킬레이트를 만든다.

금속 이온과 착물을 형성할 수 있는 작용기를 2개 이상 가지고 있는 유기 시약을 **킬레이트제**(**chelating agent**)라고 한다. 그리고 생성된 착물을 **킬레이트**(**chelate**)라고 하며, 킬레이트제는 **리간드**(***ligand***)라고 한다. 킬레이트제를 이용한 적정을 **킬레이트 적정**(**chelometric titration**)이라고 하는데, 이것은 착물화 적정에서 매우 중요하고 실용적이다.

그림으로 나타낸 구조는 이중의 쯔비터 이온(8.12절 참조)으로서 전하를 띠지 않은 EDTA 분자로 그렸음을 주목하라. 이것은 실제로 존재하는 형태이다. 이것이 EDTA가 두 개의 이온화된 카복실기가 염을 형성하여 이소듐을 가진 염으로서 가장 널리 이용되는 이유이다.

적정에서 가장 널리 쓰이고 있는 킬레이트제는 **에틸렌다이아민테트라아세트산**(**ethylenediamine-tetraacetic acid**, EDTA)이다. EDTA의 화학식은 다음과 같다.

```
HO2CCH2                    CH2CO2H
       \ H           H  /
        NCH2CH2N
        +          +
       /                 \
-O2CCH2                    CH2CO2-
```

각 2개의 질소와 각 4개의 카복실기는 1개의 비공유 전자쌍을 포함하여 금속 이온과 착물을 이룰 수 있다. 따라서 EDTA는 6개의 착화기를 갖고 있다. EDTA를 기호 H_4Y로 나타낼 것이다. EDTA는 사양성자산으로 H_4Y의 수소는 4개의 카복실기에 붙어 있는 이온화될 수 있는 수소에 해당한다. 충분히 낮은 pH에서는 질소도 양성자와 결합할 수 있으며, 따라서 이렇게 양성자 2개가 붙어 있는 EDTA는 육양성자산으로 생각할 수 있다. 그러나 이런 일은 매우 낮은 pH에서 일어나며, 그런 조건에서 EDTA를 사용하는 일은 거의 없다. 금속 이온과 착물을 형성하는 것은 양성자가 결합되지 않은 리간드 Y^{4-}로서, 착물화 반응 시 양성자가 금속 이온으로 치환된다.

킬론 효과—착화기가 많을수록 더 좋다

여러 자리 킬레이트제는 두자리나 한자리 리간드보다 금속 이온과 더 강한 착물을 형성한다. 이것은 착물 형성에서의 열역학적 효과 때문이다. 화학 반응은 엔탈피의 감소(열 방출, 음의 ΔH)와 엔트로피의 증가(무질서도의 증가, 양의 ΔS)에 의해 추진된다. 6장의 식 6.7에서 자유 에너지 변화 ΔG가 음의 값이고 $\Delta G = \Delta H - T\Delta S$일 때 화학 반응이 자발적이라는 것을 상기하라. 유사한 작용기를 갖는 리간드에 대한 엔탈피 변화는 대개 비슷하다. 예를 들면, 4개의 암모니아 분자가 Cu^{2+}와 착물을 형성할 때와 2개의 에틸렌다이아민으로부터 4개의 아미노기가 Cu^{2+}와 착물을 형성할 때 방출하는 열의 양은 거의 같을 것이다. 그러나 $Cu(NH_3)_4{}^{2+}$의 착물이 해리하여 5개의 화학종이 생성될 때 무질서도가 더 커서 엔트로피도 $Cu(H_2NCH_2CH_2NH_2)_2{}^{2+}$의 착물이 해리하여 3개의 화학종이 생성될 때보다도 더 크다. 따라서 앞에 것이 **해리**할 때 ΔS가 더 커져서, 더 큰 음의 값의 ΔG를 만들고, 분해 경향도 더 크게 된다. 따라서 여러 자리 착물이 더 안정한데(더 큰 K_f 값을 가짐), 이것은 주로 엔트로피 효과 때문이다. 이것은 **킬론 효과**(**chelon effect**) 또는 **킬레이트 효과**(**chelate effect**)로 알려져 있다. 이 효과는 충분한 리간드 원자들을 가져서 금속 이온의 6개의 배위 자리까지 점유할 수 있는, EDTA와 같은 킬레이트제에서 현저하게 나타난다.

킬레이트제의 설계에 관한 더 자세한 논의는 C. N. Reilley, R. W. Schmid, and F. S. Sadek, "Chelon Approach to Analysis (I). Survey of Theory and Application" *J. Chem. Ed.*, **36** (1959) 555를 보라. 관련 실험은 *J. Chem. Ed.*, **36** (1959) 61의 두 번째 논문에 있다.

킬론 효과는 일종의 엔트로피 효과이다.

EDTA 평형

EDTA를 4개의 양성자가 단계적 해리를 하여 4개의 K_a 값을 갖는 것으로 나타낼 수 있다[1].

$$H_4Y \rightleftharpoons H^+ + H_3Y^- \quad K_{a1} = 1.0 \times 10^{-2} = \frac{[H^+][H_3Y^-]}{[H_4Y]} \tag{9.5}$$

$$H_3Y^- \rightleftharpoons H^+ + H_2Y^{2-} \quad K_{a2} = 2.2 \times 10^{-3} = \frac{[H^+][H_2Y^{2-}]}{[H_3Y^-]} \tag{9.6}$$

$$H_2Y^{2-} \rightleftharpoons H^+ + HY^{3-} \quad K_{a3} = 6.9 \times 10^{-7} = \frac{[H^+][HY^{3-}]}{[H_2Y^{2-}]} \tag{9.7}$$

$$HY^{3-} \rightleftharpoons H^+ + Y^{4-} \quad K_{a4} = 5.5 \times 10^{-11} = \frac{[H^+][Y^{4-}]}{[HY^{3-}]} \tag{9.8}$$

다양성자산 평형은 7.9절에서 다루었으며, 다음 논의로 나가기 전에 이 절을 복습해야 한다.

그림 9.1은 pH의 함수로서 각 형태의 EDTA의 분율을 나타내었다. 음이온 Y^{4-}가 착물을 형성하는 리간드형 화학종이므로, 착물화 평형은 pH의 영향을 크게 받는다. H_4Y는 물에 잘 녹지 않기 때문에, 일반적으로는 2개의 산성기가 중화된 이소듐염인 $Na_2H_2Y \cdot 2H_2O$를 사용한다. 이 염은 물에 녹아 주로 H_2Y^{2-}를 형성하고, 용액의 pH는 약 4~5가 된다(이론적으로는 $[H^+] = \sqrt{K_{a2}K_{a3}}$로부터 4.4이다).

다음의 사다리 도표는 pH 변화에 따른 EDTA 화학종들의 분포를 나타내고 있다. 이 사다리 도표는 미국 Howard 대학의 Galina Talanova 교수가 제공한 것이다. 위에서 주목한 것과 같이, EDTA의 질소는 강산성 용액에서 양성자와 결합할 수 있으므로 이들을 고려하여 우리는 6개의 K_a 값으로 나타낼 수 있는데, 사다리 도표에서 $pK_3 \sim pK_6$는 식 9.5부터 9.8까지에 해당

[1]이전에 설명한 것처럼, EDTA 분자에 있는 질소에도 양성자 첨가가 일어날 수 있어서, 실제로는 6개의 해리 단계와 6개의 K_a를 갖고 있으며, 처음 두 개의 값은 ~1.5과 0.032이다. 2개의 질소는 카복실기 산소보다 더 염기성이므로, 더 쉽게 양성자가 첨가될 수 있다. 질소의 양성자 첨가는 산에서 EDTA의 용해도에 영향을 미친다.

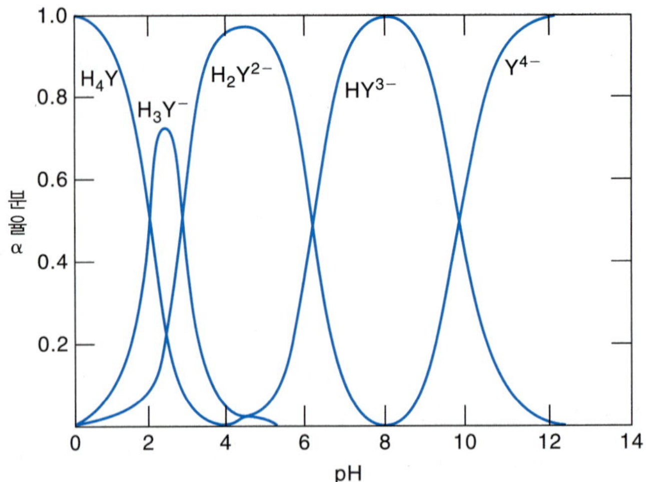

그림 9.1 pH의 함수로서 EDTA 화학종의 분율. 이 곳에서는 H_4Y를 넘어서는 질소의 양성자화는 무시하였다.

한다(질소에 양성자가 결합되는 것은 약 pH 0과 1.5 근처에서 나타난다).

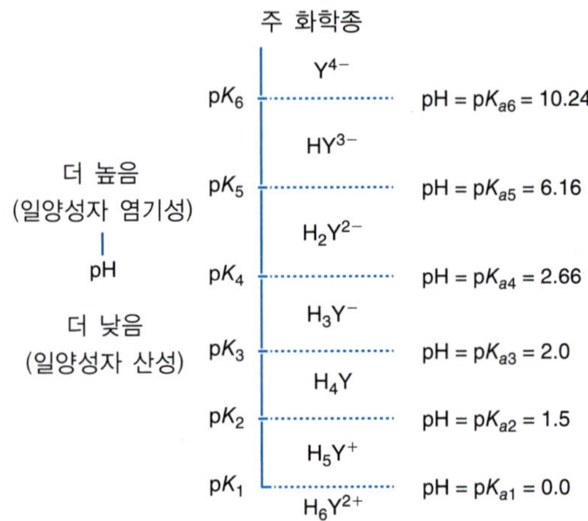

형성 상수

Ca^{2+}가 EDTA와 반응해서 킬레이트를 형성하는 반응을 생각하자. 이것은 다음 식으로 표시할 수 있다.

$$Ca^{2+} + Y^{4-} \rightleftharpoons CaY^{2-} \tag{9.9}$$

이 반응의 형성 상수는 다음과 같다.

$$K_f = \frac{[CaY^{2-}]}{[Ca^{2+}][Y^{4-}]} \tag{9.10}$$

몇 가지 대표적인 EDTA 형성 상수 값은 부록 C에 나타내었다.

EDTA 평형에 미치는 pH 영향—Y^{4-}로서 얼마나 많이 존재하나?

H_4Y alpha plot Excel 1로 표시된 웹 사이트와 H_4Y alpha plot Excel 2로 표시된 웹 사이트에 있는 두 가지 비디오는 엑셀을 사용하여 이런 도시를 하는 두 가지 방법을 보여 준다.

식 9.9의 평형은 수소 이온 농도가 증가하면 수소 이온이 킬레이트 음이온과 경쟁하므로 왼쪽으로 이동한다.

해리는 다음과 같은 반응식으로 나타낼 수도 있다.

$$CaY^{2-} \rightleftharpoons Ca^{2+} + \underbrace{Y^{4-} \overset{H^+}{\rightleftharpoons} HY^{3-} \overset{H^+}{\rightleftharpoons} H_2Y^{2-} \overset{H^+}{\rightleftharpoons} H_3Y^- \overset{H^+}{\rightleftharpoons} H_4Y}_{C_{H_4Y}}$$

$C_{H_4Y} = [Ca^{2+}]$임을 주목하라. 또는 전체 평형으로부터

$$Ca^{2+} + H_4Y \rightleftharpoons CaY^{2-} + 4H^+$$

Le Châtelier 원리에 따르면, 산도가 증가하면 경쟁 평형, 즉 Y^{4-}의 양성자 첨가 반응이 유리해진다(평형에서 EDTA의 모든 형태가 존재하나, 어떤 것은 매우 작다. 그림 9.1을 보라). 산도가 감소하면 CaY^{2-} 킬레이트의 형성이 유리할 것이다.

pH와 반응에 관여된 평형 반응을 알면, 식 9.10을 사용하여 여러 조건의 용액에서 반응하지 않은 자유 Ca^{2+}의 농도(예: 적정 곡선에서 계산에 필요)를 계산할 수 있다. 서로 다른 pH 값에서의 Y^{4-}의 농도는 다음과 같이 계산된다(7장의 다양성자산을 참고). 만일 착물화되지 않는 EDTA의 모든 형태의 총 농도를 C_{H_4Y}라고 하면, 다음이 성립한다.

$$C_{H_4Y} = [Y^{4-}] + [HY^{3-}] + [H_2Y^{2-}] + [H_3Y^-] + [H_4Y] \tag{9.11}$$

또한 다음 식도 쓸 수 있다.

$$[Y^{4-}] = \alpha_4 C_{H_4Y} \tag{9.12a}$$

여기서 α_4는 C_{H_4Y} 중의 Y^{4-}로 존재하는 분율로서 다음과 같이 주어진다(7장 복습; 식 7.78부터 식 7.84까지 어떻게 구할 수 있는지 논의).

$$\alpha_4 = K_{a1}K_{a2}K_{a3}K_{a4}/Q_4 = K_{a1}K_{a2}K_{a3}K_{a4}/([H^+]^4 + K_{a1}[H^+]^3 + K_{a1}K_{a2}[H^+]^2 + K_{a1}K_{a2}K_{a3}[H^+] + K_{a1}K_{a2}K_{a3}K_{a4}) \tag{9.12b}$$

다른 EDTA 화학종에 대한 분율, α_0, α_1, α_2, α_3도 7장에 있는 것과 같이 유사한 식을 사용하여 유도할 수 있다(그림 9.1을 그리는 데 이 계산을 이용한다).

그런 후에 식 9.12b를 사용하여 주어진 pH에서 Y^{4-}로 존재하는 EDTA 분율을 계산할 수 있다. 그리고 착물화되지 않은 EDTA 농도(C_{H_4Y})를 알면, 식 9.10을 사용하여 자유 Ca^{2+} 농도를 계산할 수 있다.

비디오: H_4Y alpha plot Excel 1

비디오: H_4Y alpha plot Excel 2

양성자는 EDTA 이온에 대하여 금속 이온과 경쟁한다. 식 9.10을 적용하기 위해서는, Y^{4-}의 평형 농도로 $[Y^{4-}]$를 $\alpha_4 C_{H_4Y}$로 치환해야 한다.

예제 9.3

pH 10에서 Y^{4-}로 존재하는 EDTA 분율을 계산하고, 이 값을 이용하여 pH 10에서 0.100 *M* Ca^{2+} 용액 100 mL에 0.100 *M* EDTA 100 mL를 첨가한 후의 pCa를 계산하시오.

풀이

식 7.82로부터,

$$Q_4 = [H^+]^4 + K_{a1}[H^+]^3 + K_{a1}K_{a2}[H^+]^2 + K_{a1}K_{a2}K_{a3}[H^+] + K_{a1}K_{a2}K_{a3}K_{a4}$$

$[H^+] = 10^{-10}$과 식 9.5부터 식 9.8까지에 있는 K_a 값들을 대입하면, 다음을 얻는다.

$$Q_4 = 2.3_5 \times 10^{-21}$$

식 9.12b에서 분자는 다음과 같다.

$$K_{a1}K_{a2}K_{a3}K_{a4} = 8.3_5 \times 10^{-22}$$

따라서 식 9.12b로부터 다음과 같다.

$$\alpha_4 = 8.3_5 \times 10^{-22}/2.3_5 \times 10^{-21} = 0.36$$

Ca^{2+}와 EDTA의 화학량론적인 양이 첨가되었으므로, 해당하는 화학량론적인 양의 CaY^{2-}가 생성되며, 해리되는 양은 훨씬 더 적을 것이다.

$$Ca^{2+}\text{의 mmol} = 0.100\ M \times 100\ \text{mL} = 10.0\ \text{mmol}$$

$$\text{EDTA의 mmol} = 0.100\ M \times 100\ \text{mL} = 10.0\ \text{mmol}$$

10.0 mmol CaY^{2-}가 200 mL에 들어 있으므로 0.0500 M이 된다.

$$\begin{array}{lll} Ca^{2+} & + \text{EDTA} \rightleftharpoons & CaY^{2-} \\ x & x & 0.0500\,M - x \\ & & \approx 0.0500\,M\ (K_f \text{가 크므로}) \end{array}$$

여기서 x는 모든 형태의 총 평형 EDTA 농도, 즉 C_{H_4Y}를 나타낸다. $[Y^{4-}]$는 $\alpha_4 C_{H_4Y}$와 같으므로, 식 9.10은 다음과 같이 쓸 수 있다.

$$K_f = \frac{[CaY^{2-}]}{[Ca^{2+}]\alpha_4[C_{H_4Y}]}$$

부록 C에서 $K_f = 5.0 \times 10^{10}$을 적용하면, 다음과 같이 된다.

$$5.0 \times 10^{10} = \frac{0.0500}{(x)(0.36)(x)}$$

$$x = 1.7 \times 10^{-6}\,M$$

$$\text{pCa} = 5.77$$

■

조건부 형성 상수—고정된 pH에서 사용

조건부 형성 상수는 특정한 조건(예: 어떤 pH)에서 사용되며, 계산을 편리하게 해준다. 이것은 전체 EDTA 화학종들 중에서 Y^{4-}로 존재하는 분율만을 생각하는 것이다. 식 9.10에서 $[Y^{4-}]$를 $\alpha_4 C_{H_4Y}$로 치환할 수 있다.

$$K_f = \frac{[CaY^{2-}]}{[Ca^{2+}]\alpha_4 C_{H_4Y}} \tag{9.13}$$

그런 후 다시 정리하면 다음과 같이 된다.

$$K_f\alpha_4 = K_f' = \frac{[CaY^{2-}]}{[Ca^{2+}]C_{H_4Y}} \tag{9.14}$$

조건 형성 상수는 주어진 pH에서만 적용된다.

여기서 K_f'는 **조건부 형성 상수(conditional formation constant)**이며, α_4와 pH에 의존한다. 식 9.10을 대신하여, 이 식을 주어진 pH에서 다른 화학종들의 평형 농도를 계산하는 데 사용할 수 있다.

예제 9.4

CaY^{2-}의 형성 상수는 5.0×10^{10}이다. 예제 9.3에서 계산한 α_4가 pH 10에서 0.36이므로, 조건 형성 상수는 (식 9.14로부터) 1.8×10^{10}이 된다. pH 10인 0.100 M Ca^{2+} 용액 100 mL에 다음의 부피만큼 0.100 M EDTA를 첨가하였을 때, pCa를 각각 계산하시오.
(a) 0 mL, (b) 50 mL, (c) 100 mL, (d) 150 mL

풀이

(a) $\text{pCa} = -\log[Ca^{2+}] = -\log \times 1.00 \times 10^{-1} = 1.00$

(b) 0.100 $M \times$ 100 mL = 10.0 mmol Ca^{2+}로 시작한다. 첨가된 EDTA의 mmol수는 0.100 $M \times$ 50 mL = 5.0 mmol이다. 일반적으로 두 가지의 회합 반응(A + B $\rightleftharpoons$ C)은 유효 평형 상수가 $\sim 10^6$보다 클 경우, 제한 시약은 정량적(>99.9%)으로 반응한다고 가정할 수 있다. 이 경우에는 조건 형성 상수가 매우 크므로, 식 9.9는 오른쪽으로 크게 치우칠 것

이다. 따라서 CaY^{2-}의 해리에서 오는 Ca^{2+}의 양을 무시할 수 있으므로, 결합되지 않은 Ca^{2+} mmol은 반응하지 않은 mmol수와 거의 같게 된다.

$$Ca^{2+}\text{의 mmol} = 10.0 - 5.0 = 5.0 \text{ mmol}$$

$$[Ca^{2+}] = 5.0 \text{ mmol}/150 \text{ mL} = 0.033\ M$$

$$pCa = -\log 3.3 \times 10^{-2} = 1.48$$

(c) 당량점에서는, Ca^{2+}가 모두 CaY^{2-}로 변한다. 따라서 Ca^{2+} 평형 농도를 계산하는 데 식 9.14를 사용해야 한다. 생성된 CaY^{2-}의 mmol수는 초기 Ca^{2+} mmol수와 같으므로, $[CaY^{2-}] = 10.0$ mmol/200 mL $= 0.0500\ M$이 된다. CaY^{2-}의 해리로부터, $[Ca^{2+}] = C_{H_4Y} = x$, 그리고 평형 $[CaY^{2-}] = 0.0500\ M - x$이다. 해리는 작으므로, x를 0.05 M에 비해 무시할 수 있다. 그러므로 식 9.14로부터 다음과 같이 계산할 수 있다.

$$\frac{0.050}{(x)(x)} = 1.8 \times 10^{10}$$

$$x = 1.7 \times 10^{-6} M = [Ca^{2+}]$$

$$pCa = -\log 1.7 \times 10^{-6} = 5.77$$

이 값을 예제 9.3에서 K_f' 대신 K_f를 사용하여 계산된 값과 비교해 보라.

(d) C_{H_4Y} 농도는 과량으로 첨가된 EDTA 농도와 같다(과량의 EDTA가 존재하면 CaY^{2-}의 해리는 더 작아져서 무시한다). CaY^{2-}의 mmol수는 (c)에서와 같을 것이다. 그러므로

$$[CaY^{2-}] = 10.0 \text{ mmol}/250 \text{ mL} = 0.0400\ M$$

$$\text{과량의 } C_{H_4Y} \text{ mmol} = 0.100\ M \times 150 \text{ mL} - 0.100\ M \times 100 \text{ mL} = 5.0 \text{ mmol}$$

$$C_{H_4Y} = 5.0 \text{ mmol}/250 \text{ mL} = 0.020\ M$$

$$\frac{0.040}{[Ca^{2+}](0.020)} = 1.8 \times 10^{10}$$

$$[Ca^{2+}] = 1.1 \times 10^{-10}\ M$$

$$pCa = -\log 1.1 \times 10^{-10} = 9.95$$

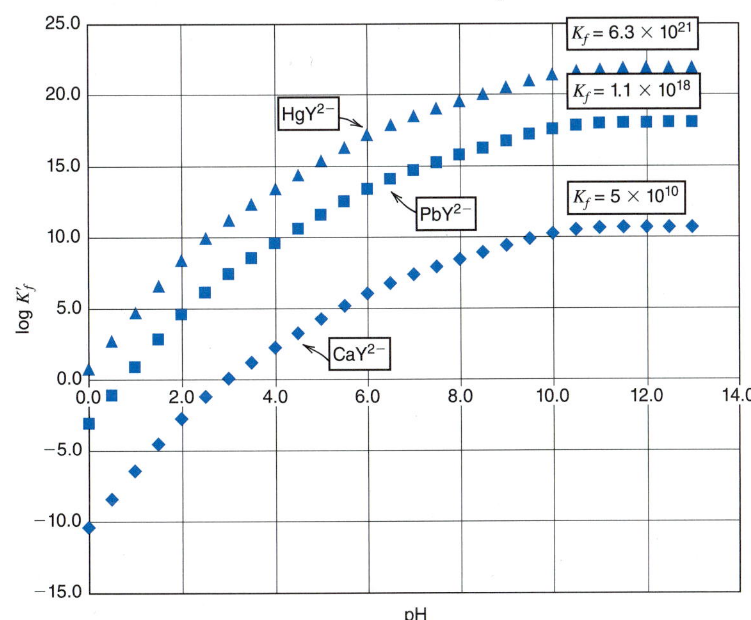

그림 9.2 EDTA 킬레이트에 대한 K_f' 값에 미치는 pH의 영향

pH는 착물의 안정도(즉 K_f')에 영향을 주는데, EDTA 형태뿐만 아니라 금속 이온의 형태도 영향을 받는다. 예를 들어 수산화물 화학종이 생성될 수도 있다($M^{2+} + OH^- \rightarrow MOH^+$). 즉 H^+가 Y^{4-}에 대하여 경쟁하는 것처럼, OH^-는 금속 이온에 대하여 경쟁한다. 그림 9.2(스프레드시트로부터 계산함–문제 23 참고)는 중간 정도(Ca)에서부터 큰(Hg) 형성 상수를 갖는 세 가지 금속–EDTA 킬레이트에 대하여 K_f'가 pH에 따라 어떻게 변하는가를 보여 준다. 칼슘 킬레이트는 명백하게 너무 약해서 산성 용액에서 적정할 수가 없으나($K_f' < 1$), 수은 킬레이트는 충분히 강해서 산성 용액에서도 충분히 적정할 수 있다. pH 13에서는 α_4가 거의 1이 되므로, 즉 EDTA는 Y^{4-}로 완전히 해리하여 K_f'의 모든 값들은 K_f 값과 같게 된다. 각 pH에서의 K_f에 같은 α_4 값을 곱해서 K_f'의 값들을 얻기 때문에, 두 곡선은 서로 평행하다.

9.3 금속—EDTA 적정 곡선

적정은 시료에 착화제를 첨가하여 이루어지며, 반응은 식 9.9처럼 일어난다. 그림 9.3은 pH 10에서 Ca^{2+}를 EDTA로 적정할 때의 적정 곡선을 보여 준다. 당량점 이전에서는, 킬레이트의 해리는 매우 적으므로, Ca^{2+} 농도는 착물화되지 않은(반응하지 않은) 칼슘의 양과 거의 같다. 당량점과 당량점 이후에서는, pCa는 예제 9.3과 9.4에서 다룬 것과 같이 K_f나 K_f'을 사용하여 주어진 pH에서의 킬레이트 해리 정도에 따라 결정된다. 적정에 미치는 pH의 영향은 그림 9.3에 있는 pH 7의 적정 곡선으로부터 뚜렷이 알 수 있다.

pH 적정에서 어떤 양의 적정 시약이 첨가되었을 때 pH를 계산하는 것보다 특정 pH에 도달하는 데 필요한 적정 시약이 얼마인지를 계산하는 것이 더 간단하다는 것을 확인할 것이다. 8.11절과 문제 8.52를 복습하여 이들의 계산법을 확인하라. 금속 이온(M)–EDTA(L) 적정에서도 같은 원리가 적용된다. 일반적인 경우로서, 조건부 형성 상수가 K_f'이고 일정한 pH를 갖는 완충 매질에서 적정이 이루어진다고 가정할 수 있다. 적정하려는 분석 농도가 C_M인 금속 V_M mL를 취하였다. 농도 C_L인 적정 시약 L을 V_L mL 첨가함에 따라 모든 부피에서 주어진 양의 자유 금속 이온 농도를 계산하고자 한다(수소 이온 농도를 pH로 나타낸 것처럼 pM으로 나타내자). pM = $-\log[M]$의 관점에서 V_L은 얼마인가?

질량 균형식에 기초하면, 다음과 같이 쉽게 나타낼 수 있다(9.3절의 **웹 사이트** 참조).

$$V_L = \frac{V_M C_M - [M])(1 + K_f'[M])}{C_L(K_f' + [M]) + [M]\,(1 + K_f'[M])} \tag{9.15}$$

$[M]$을 10^{-pM}으로 계산하고 나서 V_L을 계산한다. 그림 9.3에 대한 자료를 얻기 위해서, K_f를 5.01×10^{10}로 사용하고(부록 C, 표 C4), pH 10과 7에서 α_4가 0.35_5와 4.80×10^{-4} 임을 계산

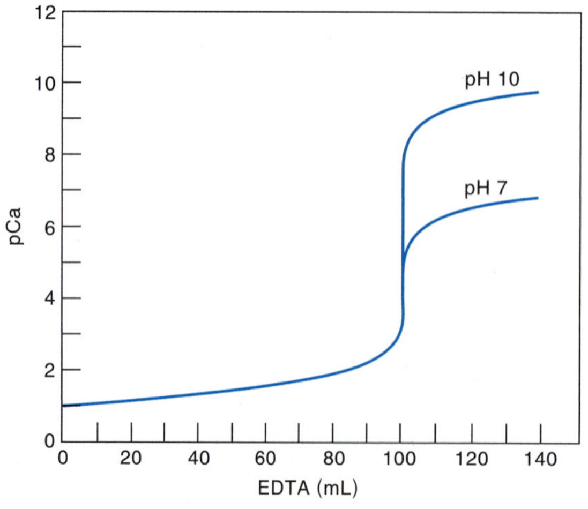

그림 9.3 pH 7과 pH 10에서 0.10 *M* Ca^{2+} 100 mL를 0.10 *M* Na_2EDTA로 적정할 때의 적정 곡선

하여 K_f'는 각각 1.8×10^{10}과 2.4×10^{7}을 얻었다. 이 책의 **웹 사이트**에는 그림 9.3a 엑셀 스프레드시트에 pH 7과 10에서의 계산을 나타내었다.

그러나 산-염기 적정과는 다르게 물의 이온화가 일을 복잡하게 만들 수도 있다는 점을 주목하면 흥미롭다. 현재의 상황에서는 M-포함 화학종과 L-포함 화학종 두 가지 모두의 질량 균형식이 존재한다. 식 9.14를 생각해 보자. 일반적 금속 이온 M과 일반적 리간드 L에 대하여 다음과 같이 나타낼 수 있다.

$$K_f' = \frac{[ML]}{[M][L_T]}$$

여기서 L_T는 ML 이외에 모든 L-포함 화학종을 가리킨다. 모든 지점에서 전체 부피인 V_M+V_T를 V_T(단위는 mL)로 나타내자. 모든 지점에서 C_MV_M은 처음에 취한 mmol수이며 C_LV_L은 취한 리간드의 전체 mmol수이다. M에 대한 질량 균형식은 취했던 금속의 처음 양에서 ML로 존재하는 양을 빼고 이를 V_T로 나눈 것이 $[M]$과 같아야 한다는 것을 필요로 한다.

$$[M] = (C_MV_M - [ML]V_T)/V_T$$

L에 대해서도 다음과 같이 비슷한 질량 균형식이 성립한다.

$$[L_T] = (C_LV_L - [ML]V_T)/V_T$$

위의 세 가지 식을 결합하면 다음이 된다.

$$K_f'(C_MV_M - [ML]V_T)(C_LV_L - [ML]V_T) = [ML]{V_T}^2$$

이것은 $[ML]$에 대한 이차 방정식으로 다음의 계수를 갖는다.

$$a = K_f'{V_T}^2,\ b = -V_T(K_f'(C_MV_M + C_LV_L) + V_T),\ c = K_f'C_MV_MC_LV_L$$

위 방정식을 사용하여 그림 9.3을 생성한 것이 교재 **웹 사이트** 그림 9.3b 엑셀에 나와 있다. 이차 방정식의 2개의 해 중에서 음의 값은 이 문제에서 의미가 없음을 주목하라. 즉, 다른 하나의 해는 음의 농도를 갖는다.

킬레이트가 안정할수록(K_f가 클수록), 반응의 평형(식 9.9)은 더 오른쪽으로 이동하고 종말점에서 급격한 변화는 더 커질 것이다. 그리고 킬레이트가 더 안정할수록, 더 낮은 pH에서 적정이 가능해진다(그림 9.2). 이로 인해 낮은 pH에서 적정할 수 없을 정도로 약한 EDTA 킬레이트를 형성하는 금속의 존재 하에서도 특정 금속의 정량이 가능하므로 이것은 매우 중요하다.

산성 용액에서 적정할 수 있는 안정한 금속 킬레이트는 몇 개뿐이다. 대부분의 다른 것들은 알칼리성 용액을 필요로 한다.

그림 9.4는 EDTA로 적정이 가능한 여러 가지 금속에 대한 pH 최솟값을 보여 준다. 곡선 위의 점들은 각 금속에 대한 **조건부 형성 상수**, K_f'가 10^6 ($\log K_f' = 6$)이 되는 pH를 나타내는데, 10^6은 예리한 종말점을 나타내는 데 필요한 최소의 K_f'로서 임의로 정하였다. K_f가 작을수록 K_f'이 10^6이 되기 위해서는 용액이 더욱 알칼리성(α_4가 더 큰 값)이 되어야 함을 주목하라. 따라서 K_f가 약 10^{10}인 Ca^{2+}는 pH ≥ 8을 필요로 한다. 그림에서 점선은 형성 상수에 따라 금속들을 그룹으로 나누었다. 첫 번째 그룹은 매우 센 산성(pH<~3) 용액에서 적정되고, 두 번째 그룹은 pH가 대략 3에서 7까지이고, 세 번째 그룹은 pH>7인 경우이다. 가장 높은 pH 영역에서는 모든 금속이 반응하나, 수산화물의 침전 때문에 모든 금속을 바로 적정할 수 있는 것은 아니다. 예를 들면, Fe^{3+} 또는 Th^{4+} 적정은 가수 분해를 방지하기 위해서 역적정을 사용하거나 보조 착화제를 사용하지 않고는 불가능하다. 중간 pH 범위에서는, 세 번째 그룹 원소는 적정할 수 없고, 또 두 번째 그룹 원소는 세 번째 그룹의 존재 하에서 적정이 가능하다. 그리고 마지막으로, 가장 강한 산성 pH 범위에서는, 첫 번째 그룹만 적정되는데, 다른 그룹에 속한 금속의 존재 하에서 적정될 수 있다.

가리움제는 침전, 착물 형성, 산화-환원, 그리고 반응 속도론적으로 이루어질 수가 있다. 흔히 이러한 방법들을 조합하여 사용한다. 예를 들어, Cu^{2+}는 아스코브산을 Cu(I)으로 환원시켜 막거나, I^-로 착물화시켜서 막는다. 비스무트를 적정할 때, 납은 황산 이온과 침전

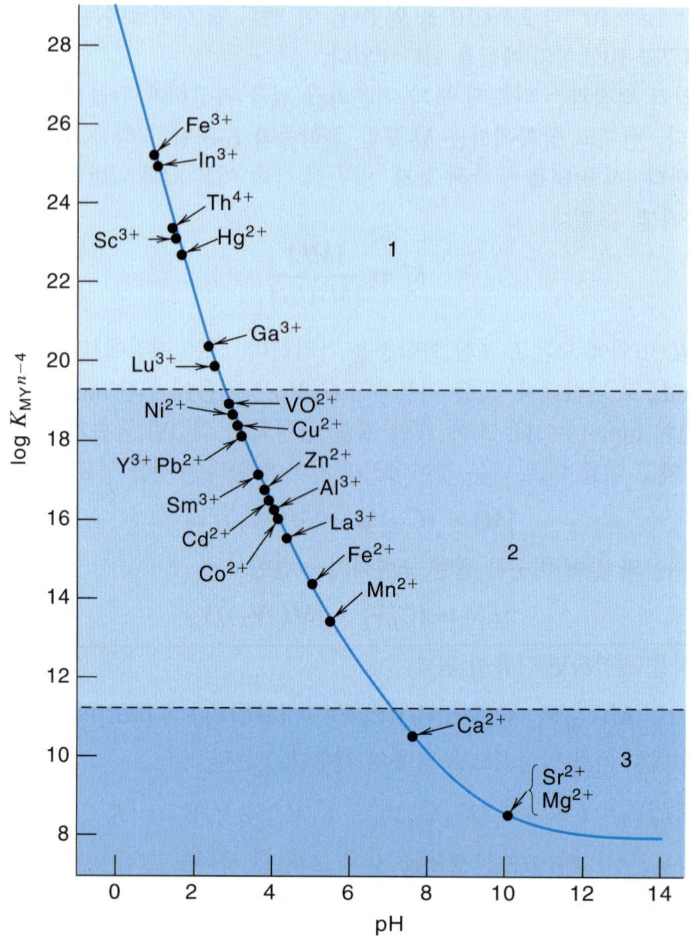

그림 9.4 여러 가지 금속 이온의 효과적인 EDTA 적정을 위한 최소 pH. (C. N. Reilley and R. W. Schmid, *Anal. Chem.*, **30** (1958) 947.)

을 형성할 수 있다. 대부분의 마스킹제는 선택적으로 안정한 용해성 착물을 형성시켜 이루어진다. 수산화 이온은 알루미늄 이온과 착물$[Al(OH)_4^-$ 또는 $AlO_2^-]$을 형성하므로 칼슘을 적정할 수 있다. 플루오린화 이온은 Sn(II)를 적정할 때 Sn(IV)를 가린다. 암모니아는 구리와 착물을 형성하므로 암모니아 완충 용액에서 EDTA로 Cu(II)를 적정하는 것은 어렵다. Cr(III)−EDTA 킬레이트는 매우 안정하지만 느리게 형성되므로, Cr(III) 존재 하에서 다른 금속들을 적정할 수 있다.

9.4 종말점의 검출: 지시약—이것도 킬레이트제이다

이온 선택성 전극과 같은 적당한 전극만 있으면 전위차법으로 pM을 측정할 수 있지만(13장 참조), 지시약을 사용하면 훨씬 간단하다. 착물화법 적정에 사용되는 지시약은 그 자체가 킬레이트제이다. 이 지시약들은 보통 *o*, *o*′-다이하이드록시 아조 염료이다.

에리오크롬블랙 T (Eriochrome Black T)가 대표적인 지시약인데, 이것은 이온화될 수 있는 양성자 3개를 가지고 있으므로 H_3In으로 표시하기로 한다. 이 지시약은 EDTA로 Mg^{2+}를 적정하는 데 사용할 수 있다. 소량의 지시약을 시료 용액에 가하면, Mg^{2+}의 일부가 붉은색 착물을 생성한다(이 지시약이 착물을 형성하지 않을 때는 푸른색이다). 결합되지 않은 자유 Mg^{2+}가 모두 적정되자마자, 마그네슘에 결합된 지시약은 EDTA로 치환되어 붉은색에서 푸른색으로 변한다.

에리오크롬블랙 T

$$\underset{(붉은색)}{MgIn^-} + \underset{(무색)}{H_2Y^{2-}} \rightarrow \underset{(무색)}{MgY^{2-}} + \underset{(푸른색)}{HIn^{2-}} + H^+ \quad (9.16)$$

색의 변화는 pMg 범위에 걸쳐 일어나는데, 지시약의 농도를 가능한 묽게 유지하되 뚜렷한 색 변화를 나타내기에는 충분해야 한다.

물론, 금속–지시약 착물은 금속–EDTA 착물보다 덜 안정해야 한다. 그렇지 않으면 EDTA가 지시약에 결합된 금속을 치환시키지 못할 것이다. 반면, 금속–지시약 착물의 안정도가 너무 약해서는 안 된다. 그럴 경우에는 적정 초기부터 EDTA가 치환되기 때문에 종말점이 불분명하게 된다. 일반적으로 **금속–지시약 착물에 대한 K_f는 금속–적정 시약 착물의 K_f보다 10~100배 정도 덜 안정해야 한다.**

칼슘과 마그네슘의 EDTA 착물의 형성 상수는 너무 비슷해서 pH를 조절하여도 EDTA 적정법으로 이들을 구별할 수 없다(그림 9.4 참조). 따라서 둘은 함께 적정되며, 에리오크롬블랙 T 종말점을 이용한다. 이 적정은 **물의 총 경도(total hardness of water)**를 측정하는 데 사용한다(Ca^{2+}와 Mg^{2+}의 전체 농도–이 책의 웹 사이트 실험 11 참조). 그러나 에리오크롬블랙 T를 지시약으로 사용해서는 마그네슘이 없는 경우에는 EDTA로 칼슘만을 직접 적정할 수 없다. 이는 지시약이 칼슘과 너무 약한 착물을 형성하여 예리한 종말점을 나타낼 수 없기 때문이다. 그러므로 양을 알고 있는 소량의 Mg^{2+}를 Ca^{2+} 용액에 가한다. 그러면 Ca^{2+}와 소량의 결합되지 않은 자유 Mg^{2+}가 적정되자마자, 위와 같은 종말점의 색변화가 일어난다(Ca^{2+}의 EDTA 킬레이트가 더 안정하므로 Ca^{2+}가 먼저 적정된다). 완충 용액에 같은 양의 Mg^{2+}를 가한 후 "바탕" 적정을 수행하여, Mg^{2+} 적정 때문에 추가로 사용된 EDTA 양을 보정해야 한다.

물의 경도는 ppm $CaCO_3$으로 나타내며, 칼슘과 마그네슘을 합한 농도이다.

$MgCl_2$ 대신에 0.005 *M* Mg–EDTA 약 2 mL를 첨가하는 것이 더 편리하다. 그것은 0.01 *M* $MgCl_2$와 0.01 *M* EDTA 용액을 같은 부피만큼 섞어서 제조하는데, pH 10인 완충 용액과 에리오크롬블랙 T로 처리할 때 흐린 보라색이 될 때까지 부족한 용액을 한 방울씩 첨가하여 두 용액의 비를 조절한다. 이렇게 조제한 용액은 0.01 *M* EDTA 한 방울을 가하면 푸른색으로 변하고, 0.01 *M* $MgCl_2$ 한 방울을 가하면 붉은색으로 변할 것이다.

Mg–EDTA를 시료에 가하면, 시료 중의 Ca^{2+}가 Mg^{2+} 대신 EDTA와 결합하고(Ca–EDTA가 더 안정하므로), Mg^{2+}는 유리되어 지시약과 반응한다. 그리고 종말점에서 정량적인 EDTA가 Mg^{2+}로부터 지시약을 치환하여 색변화를 일으키므로, 첨가한 Mg–EDTA에 대한 보정은 필요하지 않게 된다. 이 실험 과정은 교재의 웹 사이트 실험 11에 나와 있다.

다른 방법으로, Mg^{2+} 소량을 EDTA 용액에 가하는 방법도 있다. Mg^{2+}는 즉시 EDTA와 반응하여 MgY^{2-}를 형성하고, 평형에 있는 자유 Mg^{2+} 농도는 극히 적게 된다. 이것은 사실상 EDTA의 몰수를 감소시킨다. 따라서 EDTA에 Mg^{2+}를 가한 **후에** 탄산 칼슘 일차 표준 물질(HCl에 녹인 후 pH를 조절)로 표준화해야 한다. 칼슘 용액에 지시약을 가하면 연한 붉은색이 된다. 그러나 적정을 시작하자마자, 지시약은 Mg^{2+}와 결합하여 포도주의 붉은색으로 변한다. 종말점에서는 지시약이 마그네슘으로부터 유리되어 나와 푸른색으로 다시 변한다. 표준화 과정에서 이미 고려되었기 때문에 첨가한 Mg^{2+}에 대한 보정을 할 필요는 없다. **이 용액은 칼슘 이외의 다른 금속의 적정에는 사용할 수 없다.**

고순도 EDTA(high-purity EDTA)는 $Na_2H_2Y \cdot 2H_2O$를 80°C에서 2시간 동안 건조하여 제조할 수 있다. 이 조건에서 결정수는 그대로 붙어 있으며, 이 물질을 EDTA 표준 용액을 준비하는 데 일차 표준 물질로 사용할 수 있다.

칼슘과 마그네슘의 EDTA 적정은 암모니아–염화 암모늄 완충 용액을 사용하여 pH 10에서 이루어진다. pH는 너무 높게 하지 말아야 한다. pH가 너무 높으면 금속 수산화물이 침전하여 EDTA와의 반응이 매우 느려질 수 있기 때문이다. 실제로 강한 알칼리로 pH를 12까지 올리면 마그네슘 존재 하에서 칼슘 적정도 가능하다. 즉, $Mg(OH)_2$ 침전이 형성되어 Mg^{2+}는 적정되지 않는다.

에리오크롬블랙 T나 다른 지시약들은 모두 약산이므로, pH에 따라 색이 변한다. 왜냐하면 지시약의 이온화된 화학종 형태에 따라 색이 다르기 때문이다. 예를 들어, 에리오크롬블랙 T

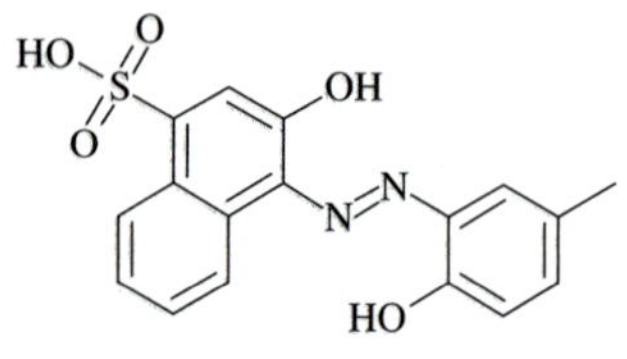

칼마자이트

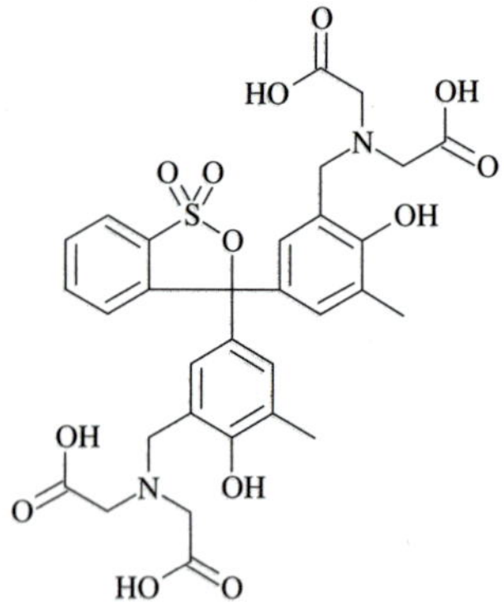

자이레놀 오렌지

EGTA는 마그네슘의 존재 하에서 칼슘의 적정이 가능하다.

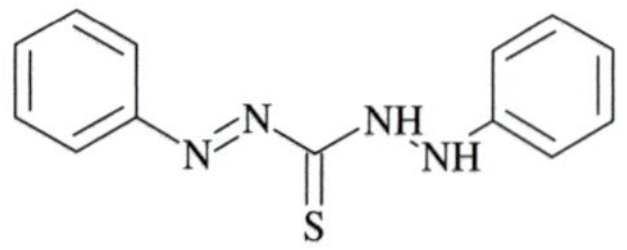

다이싸이존

의 경우, HIn^-는 붉은색이고(pH<6), HIn^{2-}는 푸른색이며(pH 6~12), In^{3-}는 노란 오렌지색이다(pH>12). 따라서 지시약은 주어진 pH 범위에서 사용할 수 있다. 비록 착물 지시약이 pH에 감응하기는 하지만, 용액이 완충되었을 때는 그들의 작용 메커니즘에 pH 변화가 관여해서는 안 된다는 점을 강조하고자 한다. 그러나 pH는 지시약과 금속 이온 사이에 형성된 착물뿐만 아니라, EDTA와 금속 이온 사이에 형성된 착물의 안정도에도 영향을 미친다.

지시약은 주어진 pH에서 금속이 지시약보다 적정 시약과 더 안정한 착물을 만드는 적정에만 유용하다. 지시약 선택이 어렵다고 생각될 수도 있지만, 몇 가지의 다른 킬레이트 시약들을 사용하는 많은 적정에 적합한 지시약들이 알려져 있다.

칼슘과 마그네슘의 EDTA 적정에서는 칼마자이트 지시약이 에리오크롬블랙 T보다 더 뚜렷한 종말점을 보인다. 그리고 더 오랫동안 보관할 수도 있다. 자이레놀 오렌지는 EDTA와 매우 강한 착물을 만드는 금속 이온의 적정에 유용한 지시약인데, pH 1.5~3.0에서 적정을 한다. 예로서, 토륨(IV)과 비스무트(III)의 직접 적정이나, 토륨(IV)이나 비스무트(III)로 역적정법에 의한 지르코늄(IV)이나 철(III)의 간접 정량이 있다. EDTA 적정을 위한 많은 다른 지시약이 있다. Flaschka와 Barnard(참고 문헌 6)의 논문에 많은 EDTA 적정의 예들이 있는데, 다른 금속들에 대한 자세한 과정의 설명이 필요하면 그 책을 참고하기 바란다.

착물화법 적정 시약으로 많은 다른 유용한 시약들이 있다. 한 가지 주목할 만한 시약의 예는 EGTA [ethyleneglycol bis (β−aminoethyl ether)−N, N, N′, N′−tetraacetic acid]이다. 이것은 에터형 **EDTA** 유사체로, 마그네슘 존재 하에서도 칼슘을 선택적으로 적정할 수 있다.

$$\begin{matrix} HOOCCH_2 & & & & CH_2COOH \\ & \diagdown\, H & & H\, \diagup & \\ & & \overset{}{\underset{+}{N}}CH_2CH_2OCH_2CH_2OCH_2CH_2\underset{+}{N} & & \\ & \diagup & & \diagdown & \\ {}^-OOCCH_2 & & & & CH_2COO^- \end{matrix}$$

에터 결합을 가진 착화제는 마그네슘보다 무거운 알칼리 토금속과 강한 결합을 형성하는 경향이 있다. 칼슘−EGTA의 log K_f는 11.0인 데 비해, 마그네슘−EGTA는 5.2밖에 안 된다. 다른 킬레이트제와 응용은 이 장 마지막에 있는 참고 문헌 4와 6을 참조하기 바란다.

알칼리 금속을 제외한, **거의 모든 금속은 킬레이트 적정법으로 높은 정밀도와 정확성으로 정량할 수 있다.** 이들 방법은 무게 분석보다 더 빠르고 편리하기 때문에, 보다 높은 정확성을 필요로 하는 몇몇 경우를 제외하고는 더 선호하고 있다. 그러나 요즈음 모든 이들 금속 측정법은 원자 분광법과 질량 분석법에게 그 자리를 내주고 있다(17장 참조).

부피 분석법은 감도가 별로 좋지 못하기 때문에, 임상실험실에서 착물화법 적정은 농도가 어느 정도는 높은 물질에 제한되어 있다. 가장 중요한 착물화 적정은 혈액 내의 칼슘의 정량이다. EDTA와 같은 킬레이트 시약은, 납이 함유된 페인트 조각을 먹은 어린이와 같이 중금속 중독 환자를 치료하는 데에도 사용된다. EDTA는 Na_2EDTA보다는 칼슘 킬레이트(Na_2CaY) 형태로 투약되는데, 뼈로부터 칼슘이 착물을 형성하여 제거되는 것을 막기 위함이다. 납과 같은 중금속은 칼슘보다 더 강한 EDTA 킬레이트를 형성하므로, EDTA에 결합된 칼슘과 치환 반응을 일으킨다. 킬레이트를 형성한 납은 콩팥을 통해 배출된다. 몇 가지 EDTA 킬레이트 형성 상수는 부록 C의 표 C4에 수록되어 있다.

9.5 착물의 다른 용도

분석학자들은 착물 형성 반응을 적정 이외의 다른 용도로도 이용한다. 예를 들어, 금속 이온의 킬레이트를 생성시켜 **용매 추출(solvent extraction)**로 분리하고자 비수용성 용매로 추출할 수 있다. 예를 들어 금속 이온과 킬레이트제인 다이싸이존과의 착물은 용매 추출에 유용하다.

킬레이트는 보통 매우 진한 색을 띤다. 그런 후에, 이 착물 형성은 금속 이온의 **분광 광도법 측정**(**spectrophotometric determination**)이나 원자 분광법 측정의 기초가 된다. 형광을 내는 착물의 형성도 가능하다. 금속 킬레이트들은 가끔 침전될 수도 있다. 니켈-다이메틸글리옥심은 무게 분석에서 이용하는 한 예이다. 다른 여러 가지 금속 킬레이트 침전이 표 10.2에 수록되어 있다. 착물 평형은 크로마토그래피 분리에 영향을 줄 수 있고, 또 방해 반응을 방지하기 위한 마스킹제로서 착화제의 용도를 이미 언급한 바 있다. 예를 들어, 킬레이트제 옥신(8-퀴놀린, 10장 참조)에 의한 바나듐의 용매 추출에서 EDTA는 구리를 킬레이트 착물로 만들어 구리와 옥신 킬레이트가 형성되어 추출되는 것을 막을 수 있다. 많은 금속 킬레이트들이 진한 색을 띠고 있다. 오늘날에는 크로마토그래피로 금속 이온들을 분리한 후, 비선택적으로 다른 금속들과 반응하여 색을 띠게 하는 킬레이트 리간드를 도입한다. 그런 후 생성물을 분광학적으로 검출한다. 이미 분리된 다양한 금속을 검출하는 데 같은 킬레이트제를 사용할 수 있으므로, 이 경우에는 선택성이 없는 것이 오히려 장점이다.

킬레이트는 무게법, 분광 광도법, 형광법, 용매 추출, 크로마토그래피에서 이용한다.

HO N N OH

다이메틸글리옥심

이 모든 착물화 반응은 pH에 의존하므로, 원하는 반응을 최적화하고 원치 않는 반응은 최소화하기 위하여 pH 조절(완충 용액 사용)이 항상 필요하다.

9.6 누적 형성 상수 β와 단계 형성 착물에서 특정 화학종의 농도

EDTA는 금속과 1:1로 반응하지만, 제한된 수의 결합 자리를 갖는 많은 리간드들은 단계적 방식으로 금속 이온과 반응할 것이다. 예를 들어, 니켈 이온 Ni^{2+}과 암모니아 착물들은 6단계를 거쳐 최종 $Ni(NH_3)_6{}^{2+}$를 생성한다. 리간드 L과 반응하는 금속에 대한 단계적 형성 상수는 다음과 같이 나타낼 수 있다.

$$M + L \leftrightharpoons ML, \quad [ML]/[M][L] = K_{f1}$$

$$ML + L \leftrightharpoons ML_2, \quad [ML_2]/[ML][L] = K_{f2}$$

등등

$$ML_{n-1} + L \leftrightharpoons ML_n, \quad [ML_n]/[ML_{n-1}][L] = K_{fn}$$

만약 다양성자산 H_nA와 비교한다면, H는 L과 같고 M은 A와 같음을 주목할 수 있을 것이다. 그러나 우리는 이 평형들을 해리보다 회합으로만 나타낼 뿐만 아니라, 반대로 단계별 평형으로도 사용할 것이다. 산의 해리에 관해서는, H_nA를 $H_{n-1}A^-$와 H^+로 나타내고, 해리 상수를 K_{a1}로 표시한다. 따라서 $1/K_{fn}$는 K_{a1}에 해당되고, $1/K_{fn-1}$는 K_{a2}에 해당되며 K_{an}에 해당되는 $1/K_f$까지 계속된다.

회합 평형을 취급할 때, β로 표시하는 누적 상수 또한 자주 사용된다. ML_n의 형성에 대한 누적 상수는 β_n으로 표시하는데, 이것은 그 지점까지의 K_f 값들을 곱한 것이다.

$$\beta_n = K_{f1}K_{f2}K_{f3} \ldots K_{fn} \tag{9.17}$$

예를 들어, ML_3의 누적 형성에 대하여 평형과 대응되는 상수는 다음과 같이 나타낼 수 있다.

$$M + 3L \leftrightharpoons ML_3 \quad [ML_3]/[M][L]^3 = K_{f1}K_{f2}K_{f3} = \beta_3$$

β_1은 K_{f1}과 같음을 주목하라. 비록 β_0가 물리적 의미가 없을지라도 수학적인 편리(다음 절에서 이유를 설명)를 위해서 β_0를 1로 놓는다.

M, L, 그리고 다양한 ML_n 화학종을 포함하는 금속-리간드 계에서 자유 금속을 포함하여 모든 금속 화학종 농도의 합은 흔히 금속의 분석 농도라고 하며, C_M으로 표시하고 다음과 같이 나타낼 수 있다.

$$C_M = [M] + [ML] + [ML_2] + [ML_3] + \cdots + [ML_n]$$

이것은 다음과 같이 쉽게 확장시킬 수 있다.

$$C_M = [M] + \beta_1[M][L] + \beta_2[M][L]^2 + \beta_3[M][L]^3 + \cdots + \beta_n[M][L]^n$$

$$C_M = [M](1 + \beta_1[L] + \beta_2[L]^2 + \beta_3[L]^3 + \cdots + \beta_n[L]^n) \tag{9.18}$$

β_0를 1로 생각하면, 식 9.18은 다음과 같이 더 간단하게 나타낼 수 있다.

$$C_M = [M]\sum_{i=0}^{i=n} \beta_i L^i \tag{9.19}$$

α_M으로 표시한 자유 금속 이온의 분율에 관심이 있으면, 식 9.18로부터 다음과 같이 나타낼 수도 있음을 쉽게 알 수 있다.

$$\alpha_M = [M]/C_M = \left(\sum_{i=0}^{i=n} \beta_i L^i\right)^{-1} \tag{9.20}$$

따라서 $[M]$은 다음과 같이 나타낼 수 있다.

$$[M] = C_M / \left(\sum_{i=0}^{i=n} \beta_i L^i\right) \tag{9.21}$$

ML_i 같은 다른 화학종의 농도들도 $\beta_i[M]L^i$처럼 쉽게 계산할 수 있다. 예들이 다음에 나와 있다.

예제 9.5

Cu^{2+}는 $\log \beta_i (i = 1\sim4)$가 각각 3.99, 7.33, 10.06, 12.03인 4개의 아민 착물을 형성한다. 표 C4로부터 주어진 Cu^{2+}–EDTA 착물의 형성 상수는 6.30×10^{18}이었다. pH 10이고, $[NH_3] = 1.0\ M$인 NH_3–NH_4Cl 완충 용액 내에서 Cu^{2+}–EDTA 착물의 조건부 형성 상수를 계산하시오. 또한 이들 조건에서 Cu^{2+}를 EDTA 적정할 수 있는지를 설명하시오.

풀이

조건부 형성 상수는 전체 EDTA 중 Y^{4-}(pH 10에서 $\alpha_{Y^{4-}} = 0.35$는 이전에 계산)로 존재하는 분율에 의존할 뿐만 아니라, 암모니아와 착물을 이루지 않고 자유 Cu^{2+}로 존재하는 금속(EDTA 착물화는 생각하지 말 것)의 분율 α_{Cu}에도 의존할 것이다. 즉 조건부 형성 상수는 다음과 같이 나타낼 수 있다.

$$K_f = \frac{[CuY^{2-}]}{[Cu^{2+}][Y^{4-}]} = \frac{1}{\alpha_{Cu}\alpha_{Y^{4-}}} \frac{[CuY^{2-}]}{C_{Cu}C_{H_4Y}} = \frac{K_f'}{\alpha_{Cu}\alpha_{Y^{4-}}}$$

그러므로

$$K_f' = \alpha_{Cu}\alpha_{Y^{4-}}K_f$$

식 9.20으로부터 α_{Cu}를 계산한다.

$$\alpha_{Cu} = (1 + 10^{3.99} \times 1.0 + 10^{7.33} \times 1.0^2 + 10^{10.06} \times 1.0^3 + 10^{12.03} \times 1.0^4)^{-1}$$

$$= (1 + 9770 + 2.14 \times 10^7 + 1.15 \times 10^{10} + 1.07 \times 10^{12})^{-1} = 9.26 \times 10^{-13}$$

그러므로 $K_f' = 9.26 \times 10^{-13} \times 0.35 \times 6.3 \times 10^{18} = 1.2 \times 10^6$

적정이 가능한 최소 조건부 형성 상수는 10^6이다. 따라서 이들 조건에서 적정을 한다면 간신히 가능한 위치에 있을 것이다. ■

예제 9.6

0.010 M NH_3 용액 100 mL에 11.9 mg $NiCl_2 \cdot 6H_2O$를 녹였다. Ni^{2+}의 NH_3 착물화에 대한 $\log \beta_i$ ($i=1\sim6$)의 값은 각각 2.67, 4.79, 6.40, 7.47, 8.10, 8.01이다. 다양한 $Ni(NH_3)_i^{2+}$ 화학종들의 농도를 계산하시오.

풀이

$NiCl_2 \cdot 6H_2O$의 FW는 237.7 g/mol이므로, 11.9 mg은 11.9/238 = 0.0500 mmol이고, 이것이 0.1 L에 녹아 있으므로 $C_{Ni} = 5.00 \times 10^{-4}$ M이다. 간단하게 용액에서 자유 NH_3 평형 농도(L)는 1.0×10^{-2} M이라고 가정한다. 따라서 식 9.19로부터 계산할 수 있다(단축한 수식 기호를 주목하라. 예 $\beta_1 L_1$의 경우 $\beta_1 L_1 = 10^{2.67} \times 10^{-2} = 10^{(2.67-2)}$이다).

$$\alpha_{Ni} = (1 + 10^{(2.67-2)} + 10^{(4.79-4)} + 10^{(6.40-6)} + 10^{(7.47-8)} + 10^{(8.10-10)} + 10^{(8.01-12)})^{-1}$$

$$= (1 + 4.68 + 6.17 + 2.51 + 0.30 + 0.01 + 1.00 \times 10^{-4})^{-1} = 6.8 \times 10^{-2}$$

$$[Ni^{2+}] = C_{Ni}\alpha_{Ni} = 5.00 \times 10^{-4} \times 6.8 \times 10^{-2} = 3.4 \times 10^{-5}\ M$$

$$[Ni(NH_3)^{2+}] = [Ni^{2+}]\beta_1 L = 3.4 \times 10^{-5} \times 4.68 = 1.6 \times 10^{-4}\ M$$

$$[Ni(NH_3)_2{}^{2+}] = [Ni^{2+}]\beta_2 L^2 = 3.4 \times 10^{-5} \times 6.17 = 2.1 \times 10^{-4}\ M$$

$$[Ni(NH_3)_3{}^{2+}] = [Ni^{2+}]\beta_3 L^3 = 3.4 \times 10^{-5} \times 2.51 = 8.5 \times 10^{-5}\ M$$

$$[Ni(NH_3)_4{}^{2+}] = [Ni^{2+}]\beta_4 L^4 = 3.4 \times 10^{-5} \times 0.30 = 1.0 \times 10^{-5}\ M$$

$$[Ni(NH_3)_5{}^{2+}] = [Ni^{2+}]\beta_5 L^5 = 3.4 \times 10^{-5} \times 0.01 = 3.4 \times 10^{-7}\ M$$

$$[Ni(NH_3)_6{}^{2+}] = [Ni^{2+}]\beta_6 L^6 = 3.4 \times 10^{-5} \times 1.0 \times 10^{-4} = 3.4 \times 10^{-9}\ M$$

이 풀이는 불행하게도 근사적으로만 가능하다. 왜냐하면 $Ni(NH_3)_n$ 착물을 형성하는 NH_3의 소모를 무시하였기 때문이다. 처음에 존재하는 전체 NH_3가 10 mM일 때, 0.16 mM $Ni(NH_3)^{2+}$, 0.21 mM $Ni(NH_3)_2{}^{2+}$, 0.085 mM $Ni(NH_3)_3{}^{2+}$, 0.01 mM $Ni(NH_3)_4{}^{2+}$ 각각은 0.16, 0.42, 0.26, 0.04 mM NH_3로 묶여 있고, 전체로는 0.88 mM NH_3이다. 이런 가정은 하찮은 것이 아니다. Goal Seek 방법으로 풀어 보면 그런 오차 없이 이 문제를 풀 수도 있다.

우선 보편적인 방법으로 α_M과 $[M]$을 나타내고 모든 리간드를 포함하는 합을 전체 리간드 농도($L_T = 0.010$)로 다음과 같이 구성한다.

$$L_T - ([L] + [ML] + 2^*[ML_2] + 3^*[ML_3] + 4^*[ML_4] + 5^*[ML_5] + 6^*[ML_6]) = 0$$

결과는 10^{10}을 곱한 것이며, Goal Seek을 이용하여 L의 값을 변화시켜 이 결과를 0의 목표로 설정한다. 엑셀 스프레드시트 예제가 예제 9.6 엑셀로 웹 사이트에 주어졌다. $[Ni^{2+}]$의 결과는 3.97×10^{-5} M이다.

금속에 대하여 부가적으로 다음 식으로 이 결과들이 만족스러움을 증명하게 할 수 있다.

$$C_M - ([L] + [ML] + [ML_2] + [ML_3] + [ML_4] + [ML_5] + [ML_6]) = 0$$

비디오: 예제 9.6

이 책의 웹 사이트에 Goal Seek을 이용하여 이 문제를 푸는 비디오를 보라. $[Ni^{2+}]$에 대하여 같은 결과인 3.97×10^{-5} M이 얻어진다. ■

질문

1. 착화제와 킬레이트제를 구분하시오.
2. 킬레이트 적정에서 사용되는 지시약의 원리를 설명하시오.
3. 에리오크롬블랙 T 지시약을 이용한 칼슘의 적정에서, 사용하는 EDTA 용액에 작은 양의 마그네슘 염

을 첨가하는 이유는 무엇인가?

4. 진한 암모니아 매질에서 Cu^{2+}를 EDTA로 적정하기 어려운 이유는 무엇인가?

문제

착물 평형 계산(K_f)

5. 칼슘 이온은 질산 이온과 형성 상수가 2.0인 약한 1:1 착물을 만든다. 0.010 *M* $CaCl_2$와 2.0 *M* $NaNO_3$ 용액을 각각 10 mL 가해서 만든 용액 중의 Ca^{2+}와 $Ca(NO_3)^+$의 평형 농도는 얼마인가? 다른 이온 효과는 무시한다.
6. 은–에틸렌다이아민 착물, $Ag(NH_2CH_2CH_2NH_2)^+$의 형성 상수는 5.0×10^4이다. 0.10 *M* 착물 용액과 평형을 이루고 있는 Ag^+ 이온 농도를 계산하시오(더 높은 차수의 착물은 없다고 가정하라).
7. 용액에 0.10 *M* 에틸렌다이아민, $NH_2CH_2CH_2NH_2$가 포함되어 있을 때 문제 6에서 Ag^+ 농도는 얼마인가?
8. 은 이온은 싸이오황산 이온, $S_2O_3{}^{2-}$과 $K_{f1} = 6.6 \times 10^8$, $K_{f2} = 4.4 \times 10^4$인 단계적 착물을 형성한다. 1.00 *M* $Na_2S_2O_3$ 속에 있는 0.0100 *M* $AgNO_3$에 대한 은의 모든 화학종의 평형 농도를 계산하시오. 다른 이온 효과는 무시한다.

조건부 형성 상수

9. 납–EDTA 킬레이트(PbY^{2-})의 형성 상수는 1.10×10^{18}이다. 다음 pH에서 조건부 형성 상수를 계산하시오. (a) pH 3, (b) pH 10
10. 문제 9에서 계산한 조건부 형성 상수를 사용하여, 0.0250 *M* Pb^{2+} 50.0 mL에 0.0100 *M* EDTA 용액 (1) 0 mL (2) 50 mL (3) 125 mL (4) 200 mL를 가한 후, (a) pH 3과 (b) pH 10에서 pPb ($-\log[Pb^{2+}]$)를 계산하시오.
11. 예제 9.4에서 계산한, pH 10에서 칼슘–EDTA 킬레이트의 조건부 형성 상수 값이 1.8×10^{10}이었다. pH 3에서의 조건부 형성 상수를 계산하시오. 이 값을 문제 9에서 pH 3에서의 Pb에 대해 계산값과 비교하시오. 칼슘이 존재할 때, pH 3에서 Pb를 EDTA로 적정할 수 있는가?
12. pH 10이고, $[NH_3] = 1.0$ *M*인 암모니아 완충 용액에서 니켈–EDTA 착물의 조건부 형성 상수를 계산하시오. 또한 암모니아와 적절한 착물화 상수인가에 대하여 예제 9.6에서 확인하시오.

표준 용액

13. 농도가 0.05000 *M*인 EDTA 용액 500.0 mL를 만드는 데 필요한 $Na_2H_2Y \cdot 2H_2O$의 무게는 얼마인가?
14. 고순도 0.3982 g $CaCO_3$을 염산에 녹여 암모니아 완충 용액을 사용하여 pH를 10으로 조절한 후, 적정하여 EDTA 용액을 표준화하고자 한다. 적정에서 38.26 mL가 소요되었다면, EDTA의 몰농도는 얼마인가?
15. 0.1000 *M* EDTA의 적정값(titer)을 mg $CaCO_3$/mL로 계산하시오.
16. 0.0100 *M* EDTA로 물 시료 100.0 mL를 적정한다면, 물의 경도/mL로 표시되는 EDTA의 적정값은 얼마인가?

착물화법에 의한 정량

17. 분유 중 칼슘을 정량하기 위하여 시료 1.50 g을 태워서 재로 만든 후, EDTA로 칼슘을 적정하였더니 12.1 mL가 소요되었다. 0.632 g 아연 금속을 산에 녹인 후 1 L로 묽혀서 만든 아연 용액 10.0 mL로 EDTA를 표준화하였다(EDTA 10.8 mL가 소요되었다). 분유 중 칼슘의 농도는 몇 ppm인가?
18. 미량 EDTA 적정법으로 혈청 중 칼슘을 정량하고자 한다. 시료 100 μL를 취하여 2 *M* KOH로 2방울로 처리한 후 Cal–Red 지시약을 가하고 미량 뷰렛을 사용하여 0.00122 *M* EDTA로 적정하였더니, 0.203 mL가 소요되었다. 혈청 중 칼슘 농도는 몇 mg/dL이며 몇 meq/L인가?
19. 사이안화 이온에 대한 Liebig 적정법에서 용해성 착물이 형성된다. 당량점에서는 고체 사이안화 은이 생성되어 종말점을 나타낸다.

$$2CN^- + Ag^+ \rightarrow Ag(CN)_2{}^- \quad \text{(적정)}$$

$$Ag(CN)_2{}^- + Ag^+ \rightarrow Ag[Ag(CN)_2] \quad \text{(종말점)}$$

0.4723 g KCN 시료를 0.1025 *M* $AgNO_3$로 적정하였더니 34.95 mL가 소요되었다. KCN의 순도는 몇 %인가?

20. 도시 하수 배출구 주변의 해수 중 구리를 정량하기 위하여 pH 3에서 구리–다이싸이존 킬레이트를 염화 메틸렌으로 용매 추출법에 의해서 분리하고 농축한 후, 용매를 증발시키고 킬레이트를 태워서 유기물을 분해시킨 다음, 구리를 EDTA로 적정하였다. 1 L 시료 3개를 각각 염화 에틸렌 25 mL로 추출한 후, 추출액 모두를 100 mL 부피 플라스크에 넣고 눈금까지 묽혔다. 이 중 50 mL를 취하여 증발, 분해, 적정하였다. $CaCO_3$ 적정값(titer)이 2.69 mg/mL인 EDTA 용액 2.67 mL가 구리 적정에 소요되었다면, 바닷물 중 구리의 농도는 몇 ppm인가?
21. 혈청 중 염화 이온을 $Hg(NO_3)_2$로 적정하였다. $2Cl^- + Hg^{2+} \rightleftharpoons HgCl_2$. $Hg(NO_3)_2$는 0.0108 *M* NaCl 용액 2.00 mL로 표준화하였더니 종말점까지 다이페닐카바존 1.12 mL가 소요되었다. 혈청 시료 0.500 mL를 물 3.50 mL, 10% 텅스텐산 소듐 용액 0.50 mL, 그리고 0.33 *M* H_2SO_4로 처리하여 단백질을 침전시켰다. 단백질을 침전시킨 후, 시료를 건조한 거름종이로 통과시켜 건조 플라스크에서 받았다. 이 거른 액 2.00 mL를 취해서 $Hg(NO_3)_2$ 용액으로 적정하였더니 1.23 mL가 소요되었다. 혈청 중 염화 이온의 농도를 mg/L로 계산하시오. (주의: 수은은 독성 때문에 오늘날 거의 사용하지 않는다. 이 문제는 예시이다.)

교수 선호 문제

Marshall 대학의 Bin Wang 교수 제공

22. ZnO를 포함하고 있는 0.1021 g 시료를 지시약으로 에리오크롬블랙 T를 사용하여 표준 EDTA 용액으로 적정하였다. 종말점에 도달하는 데 0.0100 *M* EDTA 25.52 mL가 소비되었다. 시료 중의 ZnO의 %는 얼마인가?

스프레드시트 문제

제시된 과정에 대하여 이 책의 웹 사이트 9장을 참조하라.

23. 칼슘, 납, 수은의 EDTA 킬레이트에서 log K_f' 대 pH의 그림 9.2에 대한 스프레드시트를 작성하시오. 이것은 EDTA에 대한 α_4와 칼슘, 납, 수은의 킬레이트에 대한 K_f 값의 계산을 필요로 할 것이다. 0.5 pH 간격으로 계산하시오. 그림 9.2와 결과를 비교하여 보시오.
24. pH 10에서 0.1000 *M* Hg^{2+} 100.00 mL를 0.1000 *M* Na_2EDTA로 적정할 때의 스프레드시트를 작성하시오(그림 9.3의 pCa 대 mL EDTA와 유사). pHg = 1에서 출발하여 pHg = 17까지 0.1의 간격으로 증가시켜 보시오. 그림 9.3 엑셀을 살펴보시오(풀이에 대한 것은 이 책의 웹 사이트를 참고하시오).
25. $[NH_3]$의 함수로서 Ni^{2+}–NH_3 계에 존재하는 7가지 분율 값(α_M부터 α_{ML_6})을 작성하기 위한 스프레드시트를 작성하시오. *X* 축에는 로그 암모니아 농도를 사용하고, 0.001 *M* NH_3에서 1.0 *M* NH_3까지 0.001 *M* 간격으로 작성하시오.

추천 참고 문헌

1. *Stability Constants of Metal-Ion Complexes. Part A: Inorganic Ligands*, E. Hogfeldt, ed., *Part B: Organic Ligands*, D. D. Perrin, ed. Oxford: Pergamon, 1979, 1981.
2. A. Martell and R. J. Motekaitis, *The Determination and Use of Stability Constants*. New York: VCH, 1989.
3. J. Kragten, *Atlas of Metal-Ligand Equilibria in Aqueous Solution*. London: Ellis Horwood, 1978.
4. G. Schwarzenbach, *Complexometric Titrations*. New York: Interscience, 1957.
5. H. Flaschka, *EDTA Titrations*. New York: Pergamon, 1959.
6. H. A. Flaschka and A. J. Barnard, Jr., “Titrations with EDTA and Related Compounds,” in C. L. Wilson and D. W. Wilson, eds. *Comprehensive Analytical Chemistry*, Vol. 1B. New York: Elsevier, 1960.
7. F. J. Welcher, *The Analytical Uses of Ethylenediaminetetraacetic Acid*. Princeton: Van Nostrand, 1958.
8. J. Stary, ed., *Critical Evaluation of Equilibrium Constants Involving 8-Hydroxyquinoline and Its Metal Chelates*. Oxford: Pergamon, 1979.
9. H. A. Flaschka, *Chelates in Analytical Chemistry*, Vols. 1–5. New York: Dekker, 1967–1976.

10장
무게 분석 및 침전 평형

"어떤 짐은 가볍고, 어떤 것은 무겁다. 일부의 사람들은 무거운 것보다 가벼운 것을 좋아한다"
– 마오 쩌둥

학습 목표

이 장에서 배울 중요한 내용은 무엇인가?

- 무게 분석 과정: 침전, 삭임, 거르기, 씻기, 건조, 무게 달기, 계산
- 무게법 계산(주요 식: 10.1, 10.3, 10.5)
- 용해도곱, 공통 이온 효과
- 다른 종류의 이온 효과(주요 식: 10.10)

무게 분석은 가장 정확하고 정밀한 보통량 정량 분석법 중의 하나이다. 이 과정에서는 분석물을 선택적으로 불용성인 형태로 변환시킨다. 분리한 침전을 건조 또는 강열하여 다른 형태로 바꾼 다음, 정확하게 무게를 잰다. 침전의 무게와 알고 있는 화학 조성으로부터, 원하는 형태의 분석물의 무게를 계산할 수 있다.

무게 분석은 매우 정밀한 분석을 할 수 있다. 실제로, 무게 분석은 많은 원소의 원자 질량을 여섯 자리 유효 숫자의 정확도로 측정하기 위해서 사용되었다. Harvard 대학교 Theodore W. Richards 교수는 은과 염소에 대한 매우 정밀하고 정확한 무게 분석법을 개발하였다. 그는 이 방법으로 순수한 염화물 시료를 준비하여 알려진 화합물의 무게를 분해하고, 무게 분석법으로 염소의 양을 측정하여 25개 원소들의 원자 질량을 측정하였다. 이 공로로 노벨상을 수상한 최초의 미국인이 되었다. 그는 최고의 분석 화학자였다.

무게 분석법은 가장 정확한 분석 방법 중의 하나이다(그러나 매우 지루하다!). T. W. Richards는 이 방법을 이용하여 원자량을 측정하였으며 1914년에 노벨상을 받았다. 오염에 관한 그의 면밀한 연구 몇 가지가 *Z. Anorg. Chem.*, **8**(1895), 413, 419, 421에 나와 있다. 또한 http://nobelprizes.com을 보라.

미지 물질을 계산할 경우에는 원자량이나 분자량에 기초하고 있기 때문에, 무게 분석법은 일련의 표준 물질을 필요로 하지 않는다. 측정에서는 오직 정밀한 분석 저울만이 필요할 뿐이다. 무게 분석은 높은 정확도로 인하여 기준 표준 물질 대신에 다른 기기의 검정에도 사용할 수도 있다. 귀찮고 시간이 걸리기는 하지만, 매우 정확한 결과가 필요한 곳에 사용되는 것을 알 수가 있다. 예를 들어 광석 중에 들어 있는 철의 함량을 측정하여 철의 함량에 의해서 가격을 산정하는 경우이다. 시멘트 중에 염소의 양을 측정하는 곳에도 사용된다. 환경 화학에서는 황산 이온을 바륨 이온으로 침전시키고, 유전 개발 분야에서는 탈황 과정 폐수 중 황화 수소를 은 이온으로 침전시킨다.

이 장에서는 침전에 적합한 형태의 용액 준비, 침전 과정 및 순수하고 거르기 쉬운 형태의 침전을 얻는 법, 불순물의 오염 및 손실을 방지하기 위한 침전의 거르기와 씻기, 무게 다는 형태로 변환시키기 위한 침전의 가열을 포함하는 무게 분석의 각 단계를 설명한다. 5장에서 설명한 원리를 사용하여 침전의 무게로부터 분석물의 양을 계산하는 과정을 설명하고, 몇 가지 무게 분석의 예를 살펴보기로 한다. 마지막으로, 용해도곱과 연관된 침전 평형에 대하여 논의한다.

Theodore W. Rischards

10.1 성공적인 무게 분석 방법

정확한 무게 분석은 침전 생성 및 처리 과정에서 주의 깊은 조작이 요구된다.

성공적인 무게 분석은 무게 달기에 적합하면서 순수하고 거르기 쉬운 침전을 얻기 위한 여러 가지 중요한 조작들로 이루어져 있다. 염화 이온 용액에 질산 은을 첨가하여 염화 은 침전을 얻고자 할 때, 단순히 질산 은 용액을 붓고 거르는 과정 외에도 많은 과정이 있다.

어떤 과정이 필요한가?

무게 분석에서 시료를 녹인 다음의 단계들을 요약하면 아래와 같다.

1. 용액의 준비	**5.** 씻기
2. 침전	**6.** 건조 또는 강열
3. 삭임	**7.** 무게 달기
4. 거르기	**8.** 계산

이런 조작과 이런 조작을 하는 이유를 자세히 살펴보자.

우선, 용액을 준비한다

무게 분석에서 첫 번째 과정은 용액을 준비하는 것이다. 방해 물질을 제거하기 위하여 어떤 형태의 사전 분리를 해야 할 때도 있다. 또한 침전의 용해도를 작게 유지하고, 거르기에 적합한 형태의 침전을 얻기 위하여 용액의 조건을 조절해야 한다. 침전시키기 전에 용액 조건을 적절히 조절하면 방해를 일으킬 가능성을 방지할 수 있다. 고려해야 할 인자들은 침전시키는 동안의 용액 부피, 시험 물질의 농도 범위, 다른 성분의 존재와 농도, 온도, pH이다.

일반적으로 침전 반응은 분석물에 대하여 선택적이다.

사전 분리가 필요할 때도 있기는 하지만, 무게 분석에서 침전 단계는 충분히 선택적이어서 다른 분리가 필요하지 않을 때가 있다. pH는 분석물 침전의 용해도와 다른 물질로부터의 방해의 가능성에 영향을 미치므로 중요하다. 예를 들어 옥살산 칼슘은 염기성 매질에서는 불용성이지만, 낮은 pH에서는 옥살산 이온이 수소 이온과 결합하여 약산이 되어 녹기 시작한다. 8-하이드록시퀴놀린(옥신, 8-퀴놀린으로도 알려짐)은 많은 원소를 침전시키는 데 사용할 수 있다. 그러나 pH를 조절하면 원소들을 선택적으로 침전시킬 수 있다. 알루미늄 이온은 pH 4에서 침전되지만, 이 pH에서는 음이온 형태의 옥신의 농도가 너무 낮아 마그네슘 이온은 침전되지 않는다. 마그네슘 옥시네이트(magnesium oxinate)는 더 큰 용해도곱을 가지며, 용해도곱 개념은 이 장의 후반부에서 설명한다.

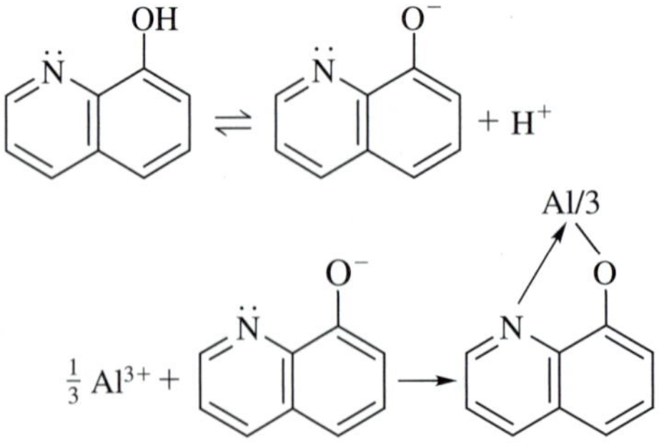

(8-하이드록시퀴놀린) OH ⇌ O⁻ + H^+

$\frac{1}{3}Al^{3+}$ + (옥신 음이온, O⁻) → (Al/3 착물: N→Al/3←O)

8-하이드록시퀴놀린은 다른 금속들을 선택적으로 침전시킬 때 pH 조절과 짝을 이루어 사용될 수 있다. pH 4에서 Al^{3+}을 Mg^{2+}보다 선택적으로 침전시킬 수 있다.

마그네슘을 침전시키려면 pH를 더 높여서 이온화 과정을 오른쪽으로 이동시켜야 한다. 그러나 pH가 너무 높으면 수산화 마그네슘 침전이 생겨 방해를 일으킨다.

위에서 언급한 다른 인자의 영향은 침전 단계에 대하여 살펴보면 더 분명하게 알 수 있다.

그 다음, 침전시킨다 — 그러나 유리한 조건에서 한다

용액을 준비한 후, 다음 단계는 침전시키는 것이다. 그러나 어떤 조건이냐가 중요하다. 우선 침전은 **충분히 불용성이어서** 용해에 의한 손실을 무시할 수 있어야 한다. 침전은 **큰 결정**들로 이루어져야 쉽게 거를 수 있다. 모든 침전은 용액 내 다른 성분으로 오염되어 있을 수 있으며, 이 오염은 무시할 수 있을 정도로 적어야 한다. 결정의 크기를 크게 하면 이러한 오염을 최소화할 수 있다.

적합한 침전 조건을 알려면 먼저 **침전 과정**(**precipitation process**)을 살펴보아야 한다. AgCl을 침전시키기 위해 염화 이온 용액에 $AgNO_3$를 가하는 것과 같이, 침전을 얻기 위해 시험 용액에 침전제 용액을 가할 때, 실제 침전은 일련의 단계를 거쳐서 일어난다. 침전 과정은 불균일 평형을 포함하며 그 자체가 순간적으로 일어나는 것이 아니다(6장 참조). 평형 조건은 이 장의 뒷부분에서 논의한 용해도곱으로 기술한다. 우선, **과포화**(**supersaturation**)가 일어난다. 즉 용액상은 평형에서 존재할 수 있는 것보다 더 많은 용해된 염을 포함한다. 이것은 준안정 상태이므로 계가 평형(포화)에 접근하도록 해주는 추진력이 된다. 이 과정을 **결정핵 생성**(**nucleation**)이라고 한다. 결정핵 생성이 일어나기 위해서는 최소 수의 입자가 한 데 모여 고체상의 미세한 핵들이 만들어져야 한다. 과포화도가 높으면 높을수록, 결정핵 생성 속도도 커진다. 단위 시간당 핵 생성의 수가 많아지면, 결국 더 작은 크기를 가지는 결정의 총 개수가 더 많아질 것이다. 전체적인 결정 표면적이 더욱 커지고, 따라서 불순물의 흡착 위험이 증가하게 된다(다음 내용 참조).

침전 과정에서 과포화가 먼저 일어나고(과포화는 최소화시켜야 한다!), 이어서 결정핵 생성과 침전이 일어난다.

이론적으로 결정핵 생성은 자발적으로 일어나지만, 보통은 먼지 입자 위, 용기 표면의 긁힌 자리 또는 침전물의 결정 씨앗을 첨가(정량 분석에서는 사용 안 함)하여 유발시킨다.

결정핵 생성 다음에는, 다른 침전물 입자들이 초기의 핵에 쌓여서 어떤 기하학적 형태를 생성하게 된다. 다시 말하면, 과포화도가 클수록 결정 성장 속도가 더 빠르게 된다. 결정의 성장 속도가 커지면 결정의 결함과 불순물이 들어갈 기회가 늘어난다.

von Weimarn은 침전물의 입자 크기가 침전 과정에서 용액의 상대 과포화도에 반비례한다는 것을 발견하였다.

$$\text{상대 과포화도} = \frac{Q-S}{S}$$

여기서 Q는 침전이 일어나기 **이전**의 혼합한 시약의 농도이고, S는 평형에서 침전물의 **용해도**(**solubility**)이며, $Q-S$는 **과포화도**(**degree of supersaturation**)이다. 비 $(Q-S)/S$는 상대 과포화도로서, **von Weimarn 비**(**Von Weimarn ratio**)라고도 한다.

위에서 살펴본 바와 같이, 용액이 과포화되면 준안정 평형 상태가 되어 급속한 결정핵 생성이 일어나 많은 수의 작은 입자를 생성하게 된다. 즉

높은 상대 과포화도 → 많은 수의 작은 결정
(큰 표면적)
낮은 상대 과포화도 → 적은 수의 큰 결정
(작은 표면적)

따라서 침전이 일어나는 동안 Q는 작게, S는 크게 유지해야 한다. **침전에 유리한 조건**을 유지하기 위한 일반적인 몇 가지 과정들을 정리하면 다음과 같다.

과포화를 최소화하고 큰 결정을 얻는 방법이 제시되어 있다.

1. **묽은 용액**으로 침전시켜라. 이렇게 하면 Q를 낮출 수 있다.
2. 묽은 침전 시약을 **천천히**, 잘 **저어 주면서** 첨가하라. 이것 역시 Q를 작게 만든다. 저어줌으로써 시약의 국소 과잉을 막을 수 있다.

3. **뜨거운 용액**으로 침전시켜라. 이렇게 하면 *S*가 증가한다. 그러나 용해도가 너무 커서는 안 된다. 용해도가 너무 크면 정량적 침전이 되지 않는다(1 ppt 미만의 이온만이 용액에 남아 있어야 한다). 초기 침전을 뜨거운 용액에서 만든 다음, 용액을 냉각시키면 정량적인 침전이 될 수 있다.
4. 정량적 침전이 되도록, 가능한 한 **낮은 pH**에서 침전시켜라. 위에서 살펴본 바와 같이, 많은 침전들은 산성 용액에서 잘 녹고 침전 형성을 느리게 한다. 산성 용액 내에서 양성자와 침전의 음이온(약산에서 생성되는)이 결합하므로 더 잘 녹는다.

매우 난용성인 침전물은 무게 분석법에 가장 적합한 침전이 아니다. 이런 침전은 너무 쉽게 과포화된다.

또한 대부분 위의 조작들은 오염 정도를 줄이는 역할도 한다. 즉 불순물의 농도를 낮추고 불순물의 용해도를 증가시키며, 침전 속도를 늦추어 오염물이 갇히게 될 확률을 감소시킨다. 큰 결정은 작은 표면적(즉 질량에 비해 작은 표면적)을 가지므로 불순물을 흡착할 가능성이 줄어드는 것이다. 대부분의 불용성 침전물이 순수하고 거르기 쉬운 침전물이 되지 못한다는 것을 유의해야 한다. 그 한 예가 수화된 수산화 철(또는 수산화 철)인데, 이것은 큰 표면적을 갖는 젤라틴성 침전물을 형성한다.

침전 시약을 너무 많이 가하지는 마라. 이것은 흡착을 증가시킨다.

침전시킬 때, 질량 작용(공통 이온 효과)에 의해 용해도를 감소시키고 침전이 완결되도록 하기 위해, 약간 과량의 침진 시약을 가한다. 지나치게 과량의 침전 시약을 가하면 시약의 낭비 외에 침전물 표면에 흡착되는 정도가 증가하므로 피해야 한다. 분석물의 양을 대략 알고 있으면, 일반적으로 그 양보다 10% 과량의 시약을 가한다. 침전이 완결되었는가는 침전물이 가라앉을 때까지 기다렸다가, 맑은 용액 위에 2~3방울의 침전제를 가하여 조사한다. 침전이 더 생기지 않으면 침전은 완결된 것이다.

침전이 완결되었는가를 확인하라.

더 크고 더 순수한 결정을 만들기 위해서 침전물을 삭힌다.

표면적이 크고 아주 작은 결정은 큰 결정보다 표면 에너지가 높고 겉보기 용해도가 높다는 것을 알고 있다. 이것은 초기 속도 현상일 뿐 평형 조건을 나타내는 것은 아니며, 불균일 평형의 결과이다. 침전물을 **모액(mother liquor**, 침전이 만들어진 용액)과 접촉시킨 채 방치하면, 작은 결정이 녹아 더 큰 결정으로 성장한다. 이 과정을 **삭임(digestion)** 또는 **Ostwald 숙성(Ostwald ripening)**이라고 하며, 이 과정을 그림 10.1에 나타내었다. 작은 입자들은 큰 입자들보다 표면적이 더 크므로 더 큰 표면 에너지를 가져서, 약간 더 큰 용해도를 나타낸다. 작은 입자들은 녹아서 더 큰 결정의 표면에 재침전하는 경향이 있다. 더욱이 각각의 입자들은 공통 반대 이온층(다음 내용 참조)을 효과적으로 공유하기 위하여 **응집하고(agglomerate)**,

Ostwald 숙성은 침전물의 순도와 결정성을 향상시킨다.

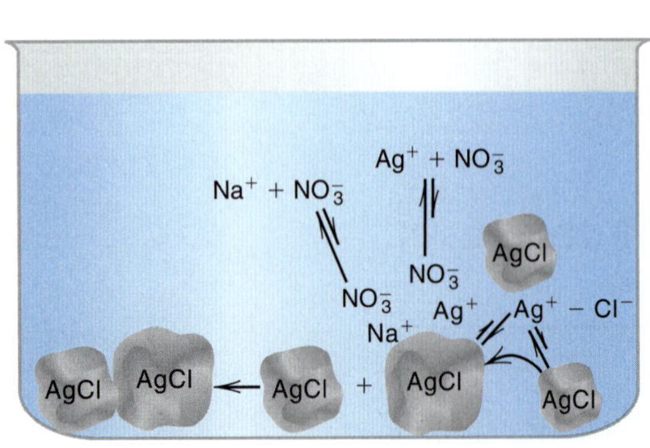

그림 10.1 Ostwald 숙성

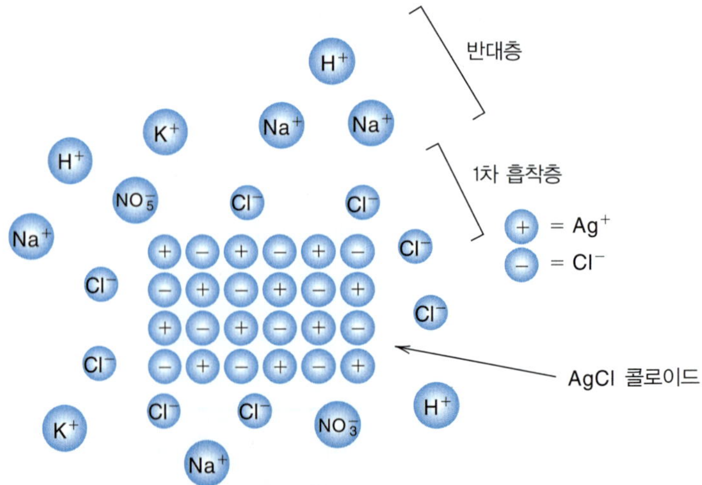

그림 10.2 Cl^-가 과량일 때의 염화 은 콜로이드 입자와 흡착층을 나타낸 그림

결국 응집한 입자들은 연결 다리를 형성하여 서로 **접합하게** 된다. 이 결과 표면적이 상당히 감소하게 된다.

또한 결정의 불완전성이 사라지고 흡착 또는 함입된 불순물도 녹아 나오는 경향이 있다. 삭임은 실온에서 행하는 경우도 있으나, 그 과정이 빨리 일어나도록 하기 위하여 높은 온도에서 하는 것이 보통이다. 삭임은 침전물의 여과성과 순도를 모두 향상시킨다.

많은 침전, 특히 매우 불용성인 침전들은 유리한 von Weimarn 비를 가지고 있지 않다. 따라서 결정성 침전(작은 수의 큰 입자)을 얻기가 어렵고, 침전은 **콜로이드 형태**(**colloidal**, 큰 수의 작은 입자)가 우세하다.

콜로이드 입자는 매우 작으며(1~100 nm), 매우 큰 면적 대 질량비를 가지므로 표면 흡착이 증가한다. 콜로이드 입자들은 침전 메커니즘에 의해 생성된다. 하나의 침전이 생기면 이온들은 정해진 방식으로 배열된다. 예를 들어 AgCl에서는 표면에 Ag^+와 Cl^- 이온이 교대로 놓이게 된다(그림 10.2 참조). 표면에 편재화된 + 및 − 전하가 있으나, 알짜 표면 전하는 0이다. 그러나 표면은 용액 속에 과량으로 존재하는 침전 입자의 이온, 예를 들어 Cl^-를 과량의 Ag^+로 침전시킬 경우 Ag^+를 흡착하는 경향이 있다. 이 결과 침전은 전하를 띠게 된다(결정성 침전은 콜로이드를 형성하는 입자들에 비해 이와 같은 흡착의 정도가 일반적으로 작다). 흡착의 결과 생기는 강하게 흡착된 **1차 층**(**primary layer**)은 결정의 중요한 부분이다. 1차 층은 **반대층**(**counterlayer**) 또는 2차 층의 반대 전하의 이온을 잡아당겨 전체적으로 중성인 입자가 된다. 각 층 사이에는 용매 분자들이 산재해 있을 것이다. 정상적으로는, 반대층이 1차 층을 완전히 중화시키며 서로 가까이 있기 때문에 입자들이 모여 더 큰 크기의 입자가 된다. 즉 그들은 **엉길 것이다**(**coagulate**). 그러나 2차 층이 느슨하게 붙어 있으면, 일차 표면 전하는 같은 표면 전하를 띤 입자들을 밀어내는 경향이 있으므로 콜로이드 상태를 유지한다.

엉긴 입자들을 거를 때 입자들은 용매와 함께 1차 및 2차 이온층을 유지한다. 물로 입자를 씻으면 층 사이의 용매(물) 분자의 양이 증가하여 2차 층이 1차 층에 붙는 정도가 더 느슨해져 입자들이 다시 콜로이드 상태로 되돌아간다. 이 과정을 **풀림**(**peptization**)이라고 하는데, 풀림에 대해서는 다음의 침전 씻기에서 더 자세히 논의하기로 한다. 씻기 용액에 전해질을 첨가하면 2차 층이 더욱 가까이 붙어서 엉김이 증가한다. 가열하면 흡착과 흡착층 내 유효 전하를 감소시켜 엉김이 증가한다. 저어 주는 것 역시 엉김을 도와 준다.

풀림은 엉김의 반대 과정이다(침전이 다시 콜로이드 상태로 되어 침전의 손실이 생긴다). 가열하면 휘발하는 전해질로 씻음으로써 풀림을 피할 수 있다.

모든 콜로이드 계가 분석적인 측정을 어렵게 만들지만, 그중 몇 가지는 더 어렵다. 콜로이드 계는 물에 분산된 물질의 친화성에 의존하므로 **친수성**(**hydrophilic**, 물을 좋아하는)과 **소수성**(**hydrophobic**, 물을 싫어하는)의 두 가지로 분류할 수 있다. 전자는 물에서 안정하게 분산되지만, 후자는 물에서 응집하려는 경향이 있다.

소수성 콜로이드의 엉김은 상당히 쉽게 일어나며, 응결성 침전이 된다. 한 예로 염화 은이 있다. 수화된 Fe_2O_3 같은 친수성 콜로이드는 엉김이 잘 되지 않아서 젤라틴형 침전물이 되기 때문에, 거르개의 구멍을 막는 경향이 있어 거르기가 어렵다. 더욱이 젤라틴형 침전물은 표면적이 매우 크기 때문에 쉽게 불순물을 흡착한다. 거른 침전을 **재침전**(*reprecipitation*)시켜야 할 때가 가끔 있다. 재침전시키는 동안에 용액 내 불순물(원래의 시료 매트릭스로부터)의 농도가 낮은 수준으로 감소되므로 흡착이 아주 줄어들 것이다.

AgCl은 쉽게 엉기는 소수성 콜로이드(졸)를 형성한다. $Fe_2O_3 \cdot xH_2O$는 표면적이 큰 친수성 콜로이드(젤)를 형성한다.

염화 은이 콜로이드 성질을 가지고 있음에도 불구하고, 염화 이온을 무게법으로 분석하는 것은, 무게법이 적정법과 같은 다른 기술보다도 가장 정확한 정량 방법 중의 하나이기 때문이다. 실제로 T. W. Richards는 원자량 측정에 무게법을 이용하였고, 또한 네펠로법(빛의 산란)을 이용하여 콜로이드성 염화 은을 보정하였다.

침전물 속의 불순물

침전물은 보통 용액에 녹아 있는 다른 성분을 끌어들이는 경향이 있어서 침전을 오염시킨다. 이 과정을 **공동 침전**(**coprecipitation**)이라고 한다. 그 과정은 평형에 기초할 수도 있고, 속도론적으로 조절될 수도 있다. 불순물이 공동 침전되는 여러 가지 방법이 있다.

흡장은 불순물이 침전 내부에 갇히는 것이다.

1. 흡장과 내포 **흡장**(occlusion) 과정에서는 결정이 생성될 때 결정 구조와 무관한 물질이 결정 속에 갇히게 된다. 예를 들어 $AgNO_3$ 결정이 생성될 때 결정 사이의 공간에 물이 갇힐 수 있는데, 이것은 녹여서 재결정하면 어느 정도까지는 제거할 수 있다. 이와 같은 기계적인 포착이 침전 과정 동안에 일어나면, 물은 용해된 불순물을 포함할 것이다. **내포**(inclusion)는 크기와 전하가 유사한 이온이 결정 격자 내에 갇힐 때 생긴다(NH_4MgPO_4 침전 속의 K^+와 같은 동형 내포). 이들은 평형 과정이 아니다.

흡장 또는 내포된 불순물은 제거하기 힘들다. 삭임이 도움을 주기는 하나 완전히 효과적인 방법은 되지 못한다. 내포된 불순물은 씻어도 제거할 수 없다. 용해와 재침전에 의한 정제가 도움이 될 수 있다.

불순물의 표면 흡착은 무게 분석에서 가장 흔한 오차의 원인이다. 적절한 침전 방법, 삭임 그리고 씻기를 함으로써 이를 줄일 수 있다.

2. 표면 흡착 위에서 언급한 바와 같이, 침전물의 표면은 과량인 격자 이온의 1차 흡착층을 가지고 있다. 이것 때문에 오염의 가장 흔한 형태인 **표면 흡착**(surface adsorption)이 생긴다. 예를 들어 황산 바륨이 완전히 침전된 뒤 과량인 격자 이온은 바륨 이온이며, 이 이온이 1차 층을 형성한다. 반대 이온은 격자 이온이 아닌 다른 음이온이다. 한 예로, 바륨 이온 한 개당 두 개의 질산 음이온을 들 수 있다. 그러면 알짜 효과는 질산 바륨의 흡착층이다. 이들 흡착층은 씻어서 제거할 수 있으며, 쉽게 휘발하는 다른 이온으로 치환시킬 수도 있다. 그러나 젤라틴형 침전물의 경우는 특히 표면 흡착층 제거가 어렵다. 그러므로 삭임을 하면 표면적이 줄어 흡착량을 감소시킨다.

3. 동형 치환 만일 두 화합물들이 같은 형태의 화학식을 갖고 비슷한 기하적인 형태의 결정화가 이루어졌다면 두 화합물을 **동형**(isomorphous)이라고 말한다. 격자 크기가 거의 같을 때, 격자 내 한 이온이 다른 것으로 치환되어 **혼합 결정**(mixed crystal)이 된다. 이 과정을 **동형 치환**(isomorphous replacement)이라고 한다. 예를 들어 인산 마그네슘 암모늄 같은 Mg^{2+}의 침전에서 K^+는 NH_4^+와 거의 같은 이온 크기를 가지므로 치환되어 인산 마그네슘 포타슘을 형성하기도 한다. 동형 치환이 일어날 때는 매우 심각하여서 어떻게 할 방법이 없다. 그것이 일어나는 침전은 분석적으로 거의 사용하지 않는다. 예를 들어 다른 할로젠화 이온의 존재 하에서 염화 이온을 AgCl 침전으로 선택적으로 분석할 수가 없으며, 그 반대의 경우도 마찬가지이다. 혼합 결정의 형성은 침전 속도에 의해서 영향을 받기도 하지만, 평형 침전물 형성의 한 가지 형태이다. 그런 혼합 침전물은 고체 용액과 비슷하다. 혼합 결정은 결정이 최종 용액의 조성과 평형을 이룰 경우에는 공간적으로 균일할 수 있고(균일 공동 침전), 침전이 형성될 때 용액의 조성이 변하면서 그 용액과 순간적으로 평형을 이루었다면 불균일할 수도 있다(불균일 공동 침전).

4. 후침전 침전물을 모액과 접촉시킨 채 방치할 때, 가끔 제2의 물질이 침전제와 서서히 반응하여 침전물을 만든다. 이것을 **후침전**(postprecipitation)이라고 한다. 예를 들어 마그네슘 이온 존재 하에서 옥살산 칼슘을 침전시킬 경우, 옥살산 마그네슘은 과포화 용액을 형성하는 경향이 있기 때문에 즉시 침전되지 않는다. 그러나 침전을 거르기 전에 너무 오래 방치하면 침전으로 가라앉게 된다. 마찬가지로, 아연 이온 존재 하에 산성 용액에서는 황화 아연은 침전되지 않고 황화 구리는 침전이 이루어지나, 오래되면 결국 황화 아연도 침전한다. 후침전은 느린 평형 과정이다.

침전 씻기와 거르기 — 조심하지 않으면 일부 손실이 발생할 수도 있다

공동 침전된 불순물, 특히 표면에 흡착된 불순물은 거른 후 침전물을 씻으면 제거할 수 있다.

침전물에 묻어 있는 모액 역시 씻으면 제거된다. 많은 침전물은 **풀림**(**peptization**)이 일어날 수 있으므로 순수한 물로 씻어서는 안 된다. 이전에 논의한 바와 같이 풀림은 엉김의 반대이다.

엉김 과정은 적어도 부분적으로 가역적이다. 우리가 살펴본 것처럼, 엉긴 입자는 흡착된 일차 이온과 반대 이온으로 이루어진 중성층을 가지고 있다. 우리는 또한 다른 전해질이 존재하면 1차 층에 반대 이온이 더 가까이 달라붙게 되어 엉김이 촉진된다는 것을 살펴보았다. 이들 외부 이온들도 엉김 과정에서 침전물과 함께 가라앉는다. 물로 씻으면 외부 이온은 묽혀져 제거될 것이며, 반대 이온과 1차 층 사이에 더 많은 용매가 들어가서 반대 이온이 더 큰 부피를 차지하게 될 것이다. 그 결과 입자들 사이의 반발력이 다시 증가하여, 일부 입자들은 콜로이드 상태로 되돌아가고 거르개를 통과한다. 이를 방지하려면 씻는 액체에 전해질을 첨가한다. 예를 들어 AgCl 침전물의 경우 HNO_3 또는 NH_4NO_3을 첨가한다(그러나 KNO_3는 비휘발성이므로 안 된다).

전해질은 건조 또는 강열하는 온도에서 휘발성이어야 하며, 침전물을 녹이지 않아야 한다. 예를 들어 염화 은을 씻는 용액으로 묽은 질산을 사용한다. 흡착된 Ag^+|음이온 층을 질산이 치환하여 110°C에서 건조시킬 때 휘발해 버린다. 질산 암모늄은 수화된 Fe_2O_3를 씻는 용액으로 사용된다. 질산 암모늄은 침전을 고온에서 건조시킬 때 분해되어 NH_3, HNO_3, N_2, 그리고 질소 산화물로 분해된다.

침전물을 씻을 때는 씻기가 완결되었는지 알아보기 위하여 시험을 해야 한다. 이 시험은 보통 거른 액에 침전 시약의 이온이 있는가를 알아보는 것이다. 소량의 씻는 용액으로 몇 번 씻은 다음, 일부의 거른 액을 시험관에 모아 시험한다. 예를 들어 질산 은 시약으로 염화 이온을 침전시켜 정량할 때, 거른 액에 염화 소듐이나 묽은 HCl을 가하여 은 이온이 있는지 시험한다. 거르는 방법은 2장에 설명하였다.

씻기가 완결되었는가를 확인하라.

침전의 건조와 강열

얻은 침전이 무게 달기에 적합한 형태이면, 물을 제거하고 씻는 용액으로부터 흡착된 전해질을 제거하기 위해 가열해야 한다. 이 건조 과정은 보통 110~120°C에서 1~2시간 가열한다. 침전을 무게 달기에 더 적합한 형태로 바꾸려면 보통 훨씬 더 높은 온도에서 **강열**(**ignition**)해야 한다. 예를 들어 인산 마그네슘 암모늄, $MgNH_4PO_4$는 900°C에서 가열하면 분해되어 $Mg_2P_2O_7$이 된다. 수화된 산화 철, $Fe_2O_3 \cdot xH_2O$은 강열하면 무수 산화 철이 된다. 유기 시약(예, 8-하이드록시퀴놀린) 또는 황화물에 의해 침전되는 많은 금속은 강열하면 산화물로 된다. 침전을 강열하는 방법은 2장에 설명하였다.

건조시키면 용매와 씻기 전해질이 제거된다.

10.2 무게 분석 계산 — 얼마나 많은 분석물이 들어 있나?

우리가 무게를 측정한 침전물은 보통 보고하고자 하는 분석물과는 다른 형태이다. 화학량론적 몰수 관계를 이용하여, 한 물질의 무게를 다른 물질의 무게로 전환하는 방법을 5장(5.8절)에서 설명하였다. 우리는 **무게 분석 인자**(**gravimetric factor**, **GF**)를 도입하고자 하는데, 이것은 침전물의 단위 무게당 분석물의 무게를 나타낸다. 무게 분석 인자는 침전물의 화학식량에 대한 분석물의 화학식량의 비에, 분석물로부터 얻은 침전물 1몰당 분석물의 몰수를 곱하여 얻는다.

$$\begin{aligned} \mathrm{GF} &= \frac{\text{분석물의 화학식량(g/mol)}}{\text{침전물의 화학식량(g/mol)}} \times \frac{a}{b}(\text{분석물 mol/침전물 mol}) \\ &= \text{분석물 g/침전물 g} \end{aligned} \quad (10.1)$$

시료 속에 있는 Cl_2를 염화 이온으로 전환시켜 AgCl로 침전시킨 경우, 1 g의 AgCl을 얻기 위

침전물 g × GF = 분석물 g

한 Cl_2의 무게는 다음과 같다.

$$\text{g } Cl_2 = \text{g AgCl} \times \frac{Cl_2 \text{ 화학식량 (g } Cl_2/\text{mol } Cl_2)}{\text{AgCl 화학식량 (g AgCl/mol AgCl)}} \times \frac{1}{2} \text{ (mol } Cl_2/\text{mol AgCl)}$$

$$= \text{g AgCl} \times \text{GF (g } Cl_2/\text{g AgCl)}$$

$$= \text{g AgCl} \times 0.2473_7 \text{ (g } Cl_2/\text{g AgCl)}$$

예제 10.1

분석물을 다음과 같이 침전시킬 때 침전물 1 g당 분석물의 g수를 계산하시오.

분석물	침전물
P	Ag_3PO_4
K_2HPO_4	Ag_3PO_4
Bi_2S_3	$BaSO_4$

풀이

$$\text{g P/g } Ag_3PO_4 = \frac{\text{P 원자량 (g/mol)}}{Ag_3PO_4 \text{ 화학식량 (g/mol)}} \times \frac{1}{1} \text{ (mol P/mol } Ag_3PO_4)$$

$$\text{GF} = \frac{30.97 \text{ (g P/mol)}}{418.58 \text{ (g } Ag_3PO_4/\text{mol)}} \times \frac{1}{1} = 0.07399 \text{ g P/g } Ag_3PO_4$$

$$\text{g } K_2HPO_4/\text{g } Ag_3PO_4 = \frac{K_2HPO_4 \text{ 화학식량 (g/mol)}}{Ag_3PO_4 \text{ 화학식량 (g/mol)}} \times \frac{1}{1} \text{ (mol } K_2HPO_4/\text{mol } Ag_3PO_4)$$

$$\text{GF} = \frac{174.18 \text{ (g } K_2HPO_4/\text{mol)}}{418.58 \text{ (g } Ag_3PO_4/\text{mol)}} \times \frac{1}{1} = 0.41612 \text{ g } K_2HPO_4/\text{g } Ag_3PO_4$$

$$\text{g } Bi_2S_3/\text{g } BaSO_4 = \frac{Bi_2S_3 \text{ 화학식량 (g/mol)}}{BaSO_4 \text{ 화학식량 (g/mol)}} \times \frac{1}{3} \text{ (mol } Bi_2S_3/\text{mol } BaSO_4)$$

$$\text{GF} = \frac{514.15 \text{ (g } Bi_2S_3/\text{mol)}}{233.40 \text{ (g } BaSO_4/\text{mol)}} \times \frac{1}{3} = 0.73429 \text{ g } Bi_2S_3/\text{g } BaSO_4$$

■

무게 분석에서는 일반적으로 시료 속의 분석물의 무게를 퍼센트 조성으로 구한다. 즉

$$\text{분석물 \%} = \frac{\text{분석물 무게 (g)}}{\text{시료 무게 (g)}} \times 100\% \quad (10.2)$$

침전물의 무게와 해당 무게/몰 관계 (식 10.1)로부터 분석물의 무게를 구한다.

$$\begin{aligned}\text{분석물 무게 (g)} &= \text{침전물 무게(g)} \\ &\times \frac{\text{분석물의 화학식량 (g/mol)}}{\text{침전물의 화학식량 (g/mol)}} \\ &\times \frac{a}{b} \text{ (분석물 mol/ 침전물 mol)} \\ &= \text{침전물 무게(g)} \\ &\times \text{GF (분석물 g/ 침전물 g)}\end{aligned} \quad (10.3)$$

계산은 보통 %로 한다.

$$\% \text{ A} = \frac{g_A}{g_{\text{시료}}} \times 100\% \tag{10.4}$$

여기서 g_A는 분석물(원하는 시험 물질)의 g수를 나타내며, $g_{\text{시료}}$는 분석하기 위하여 취한 시료의 g수이다.

원하는 분석물의 % 조성을 계산하는 일반식은 다음과 같이 쓸 수 있다.

단위를 확인하라!

$$\% \text{ 분석물} = \frac{\text{침전물 무게 (g)} \times \text{GF (분석물 g/침전물 g)}}{\text{시료 무게 (g)}} \times 100\% \tag{10.5}$$

예제 10.2

오쏘인산 이온(PO_4^{3-})은 인산몰리브데넘산 암모늄, $(NH_4)_3PO_4 \cdot 12MoO_3$의 형태로 무게를 달아 정량한다. 0.2711 g의 시료로부터 1.1682 g의 침전물을 얻었다고 할 때, 시료 중의 % P와 % P_2O_5를 각각 구하시오.

풀이

$$\% \text{ P} = \frac{1.1682 \text{ g ppt} \times \dfrac{\text{P}}{(NH_4)_3PO_4 \cdot 12MoO_3} \text{(g P/g ppt)}}{0.2711 \text{ g 시료}} \times 100\%$$

$$= \frac{1.1682 \text{ g} \times (30.97/1876.5)}{0.2711 \text{ g}} \times 100\% = 7.111\%$$

$$\% \text{ } P_2O_5 = \frac{1.1682 \text{ g ppt} \times \dfrac{P_2O_5}{2(NH_4)_3PO_4 \cdot 12MoO_3} \text{(g } P_2O_5\text{/g ppt)}}{0.2711 \text{ g 시료}} \times 100\%$$

$$= \frac{1.1682 \text{ g} \times [141.95/(2 \times 1876.5)]}{0.2711 \text{ g}} \times 100\%$$

$$= 16.30\%$$

% P에 대한 차원 해석을 사용하여 같은 계산을 해보자.

$$\% \text{ P} = \frac{1.982 \text{ g } \cancel{(NH_4)_2PO_4 \cdot 12MoO_3} \times (30.97/1867.5) \text{g P/g } \cancel{(NH_4)_2PO_4 \cdot 12MoO_3}}{0.2771 \text{ g 시료}}$$

$$\times 100\%$$

$$= (7.111 \text{ g P/g 시료}) \times 100\% = 7.111\% \text{ P}$$

$(NH_4)_2PO_4 \cdot 12MoO_3$ 화학종은 서로 소거되어(차원 해석), 분자에 g P만 남아 있음을 주목하라.

무게 분석 인자 계산법과 이 방법을 비교할 때, 과정은 거의 같음을 알 수 있다. 그러나 이 방법은 어느 단위가 소거되고 어느 것이 남는가를 보여 준다. ■

예제 10.3

광석 중의 Mn을 Mn_3O_4로 변화시키고 무게를 달아 정량하였다. 1.52 g의 시료로부터 0.126 g의 Mn_3O_4을 얻었다면, 시료 내 % Mn_2O_3는 얼마인가? 또 % Mn는 얼마인가?

풀이

$$\% \, Mn_2O_3 = \frac{0.126 \text{ g } Mn_3O_4 \times \dfrac{3Mn_2O_3}{2Mn_3O_4}(\text{g } Mn_2O_3/\text{g } Mn_3O_4)}{1.52 \text{ g 시료}} \times 100\%$$

$$= \frac{0.126 \text{ g} \times [3(157.9)/2(228.8)]}{1.52 \text{ g}} \times 100\% = 8.58\%$$

$$\% \, Mn = \frac{0.126 \text{ g } Mn_3O_4 \times \dfrac{3Mn}{Mn_3O_4}(\text{g Mn/g } Mn_3O_4)}{1.52 \text{ g 시료}} \times 100\%$$

$$= \frac{0.126 \text{ g} \times [3(54.94)/228.8]}{1.52 \text{ g}} \times 100\% = 5.97\%$$

다음의 두 예제는 무게 분석 계산에서 특별한 몇 가지 경우를 추가로 설명한 것이다.

예제 10.4

얻어진 $BaSO_4$ 침전물 무게가 시료 내 % S의 절반과 같으려면, 몇 g의 황철광(불순물이 포함된 FeS)을 취하여 분석해야 하는가?

풀이

S가 시료에 A% 들어 있다면, $\frac{1}{2}$A g의 $BaSO_4$가 얻어질 것이다. 그러므로 다음과 같이 계산할 수 있다.

$$A\% \, S = \frac{\frac{1}{2}A(\text{g } BaSO_4) \times \dfrac{S}{BaSO_4}(\text{g S/g } BaSO_4)}{\text{g 시료}} \times 100\%$$

또는

$$1\% \, S = \frac{\frac{1}{2} \times \dfrac{32.064}{233.40}}{\text{g 시료}} \times 100\%$$

$$\text{g 시료} = 6.869 \text{ g}$$

침전 혼합물—두 가지의 무게가 필요하다

예제 10.5

$FeCl_3$와 $AlCl_3$만을 포함하는 혼합물의 무게가 5.95 g이다. 염화물을 수화된 산화물로 바꾼 다음, 강열하여 Fe_2O_3와 Al_2O_3로 만들었다. 두 산화물의 혼합물 무게가 2.62 g이라면, 원래 혼합물 속의 % Fe와 % Al은 각각 얼마인가?

풀이

웹 사이트 보충에서 예제 10.5를 찾아보면 두 개-변수 연립 방정식 풀이가 있다.

$$\text{g } FeCl_3 + \text{g } AlCl_3 = 5.95 \text{ g} \quad (1)$$

$$x\left(\frac{FeCl_3}{Fe}\right) + y\left(\frac{AlCl_3}{Al}\right) = 5.95 \text{ g} \quad (2)$$

$$x\left(\frac{162.21}{55.85}\right) + y\left(\frac{133.34}{26.98}\right) = 5.95 \text{ g} \quad (3)$$

$$2.90x + 4.94y = 5.95 \text{ g} \quad (4)$$

$$g\ Fe_2O_3 + g\ Al_2O_3 = 2.62\ g \quad (5)$$

$$x\left(\frac{Fe_2O_3}{2Fe}\right) + y\left(\frac{Al_2O_3}{2Al}\right) = 2.62\ g \quad (6)$$

$$x\left(\frac{159.69}{2 \times 55.85}\right) + y\left(\frac{101.96}{2 \times 26.98}\right) = 2.62\ g \quad (7)$$

$$1.43x + 1.89y = 2.62\ g \quad (8)$$

(4)와 (8)을 연립하여 풀면 다음과 같다.

$$x = 1.07\ g$$

$$y = 0.58\ g$$

$$\%\ Fe = \frac{1.07\ g}{5.95\ g} \times 100\% = 18.0\%$$

$$\%\ Al = \frac{0.58\ g}{5.95\ g} \times 100\% = 9.8\%$$

■

10.3 무게 분석의 예

가장 정밀하면서 정확한 분석 중의 하나가 무게 분석이다. 많은 예가 있지만, 일반적인 몇 가지를 잘 알아두면 좋을 것이다. 흔히 사용되는 몇 가지를 표 10.1에 요약하였다. 분석하고자 하는 물질, 침전물형, 무게-달기형, 그리고 방해하므로 제거해야 하는 일반적인 원소가 수록되어 있다. 요즈음은 무게 분석법은 많이 사용되지 않으므로(더 많은 시간이 소모되고 더 힘이 들기 때문에, 높은 정밀도와 정확도가 필요하지 않다면) 더 상세하게 나타내지는 않는다. 이들 분석에 대한 더 자세한 내용이나 다른 정량법은 더 최신의 교과서와 분석 분야 전문서적을 참조하기 바란다.

10.4 유기 침전

옥신, 쿠페론산 이온, 다이메틸글리옥심(표 10.1)을 제외하고 지금까지 논의한 침전제는 모

표 10.1 흔히 사용하는 몇 가지 무게 분석

분석물	생성된 침전물	무게를 다는 침전물	방해 물질
Fe	$Fe(OH)_3$	Fe_2O_3	많음. Al, Ti, Cr 등
	Fe 쿠페론산	Fe_2O_3	4가 금속
Al	$Al(OH)_3$	Al_2O_3	많음. Fe, Ti, Cr 등
	$Al(ox)_3$[a]	$Al(ox)_3$	많음. Mg는 산성 용액에서 방해하지 않음.
Ca	CaC_2O_4	$CaCO_3$ 또는 CaO	알칼리와 Mg를 제외한 모든 금속
Mg	$MgNH_4PO_4$	$Mg_2P_2O_7$	알칼리를 제외한 모든 금속
Zn	$ZnNH_4PO_4$	$Zn_2P_2O_7$	Mg를 제외한 모든 금속
Ba	$BaCrO_4$	$BaCrO_4$	Pb
SO_4^{2-}	$BaSO_4$	$BaSO_4$	NO_3^-, PO_4^{3-}, ClO_3^-
Cl^-	AgCl	AgCl	Br^-, I^-, SCN^-, CN^-, S^{2-}, $S_2O_3^{2-}$
Ag	AgCl	AgCl	Hg(I)
PO_4^{3-}	$MgNH_4PO_4$	$Mg_2P_2O_7$	MoO_4^{2-}, $C_2O_4^{2-}$, K^+
Ni	$Ni(dmg)_2$[b]	$Ni(dmg)_2$	Pd

[a] ox = H^+ 1개가 제거된 옥신(8-하이드록시퀴놀린)

[b] dmg = H^+ 1개가 제거된 다이메틸글리옥심

두 무기물이었으나, 금속의 매우 유용한 침전제로 많은 수의 유기 화합물이 있다. 이 중 몇 가지는 아주 선택적이며, 다른 몇 가지는 침전시키는 원소의 수가 아주 많은 것도 있다.

킬레이트는 9장에서 설명하였다.

유기 침전제는 물에 대한 용해도가 아주 작고 좋은 무게 분석 인자를 가지는 침전을 만드는 장점이 있다. 대부분의 유기 침전제는 금속 이온과 난용성의 전하를 띠지 않는 **킬레이트**(**chelate**)를 형성하는 **킬레이트제**(**chelating agent**)이다. 킬레이트제는 금속 이온과 착물화를 이룰 수 있는 작용기를 2개 이상 가지고 있는 일종의 착화제이다. 이때 형성되는 착물을 킬레이트라고 한다. 킬레이트에 대한 더 자세한 논의는 9장을 참조하라.

킬레이트제는 약산이므로 침전되는 원소의 수와 이에 따르는 선택성은 보통 pH를 조절하여 조절할 수 있다. 반응식은 다음과 같이 일반적으로 나타낼 수 있다(밑줄친 것은 침전된 화학종을 표시).

$$M^{n+} + nHX \rightleftharpoons \underline{MX_n} + nH^+$$

화학량론을 향상시키기 위해서 가끔 금속 킬레이트 침전(선택성이 있음)을 강열하여 금속 산화물로 만든다.

유기 시약은 1개 이상의 이온화할 수 있는 양성자를 가질 수 있다. 금속 킬레이트가 약할수록 침전시키기 위하여 더 높은 pH가 필요하다. 흔히 사용되는 유기 침전제를 표 10.2에 수록하였다. 이들 침전물 중 몇 가지는 화학량론적이 아니므로, 강열하여 금속 산화물로 만들어야 더 정확한 결과를 얻을 수 있다. 다이에틸다이싸이오카밤산 소듐 같은 몇 가지 시약은 황화수소처럼 족 분리를 하는 데 사용될 수 있다. 이들과 다른 유기 침전제의 응용은 이 장의 끝부분에 있는 참고 문헌을 참조하기 바란다. Hollingshead가 편찬한 옥신과 그 유도체들의 사용에 관한 논문집들은 이런 유용한 시약을 응용하는 데 있어서 큰 도움이 된다(이 장의 끝에 수록한 참고 문헌 4를 보라).

표 10.2 몇 가지 유기 침전제

시약	구조	침전되는 금속
다이메틸글리옥심	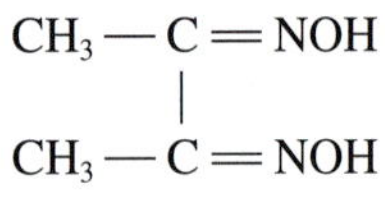 $CH_3-C=NOH$ $\vert$ $CH_3-C=NOH$	NH_3 또는 HOAc 완충 용액 중의 Ni(II) HCl 중의 Pd(II) ($M^{2+} + 2HR \rightarrow \underline{MR_2} + 2H^+$)
α-벤조인옥심(쿠프론)	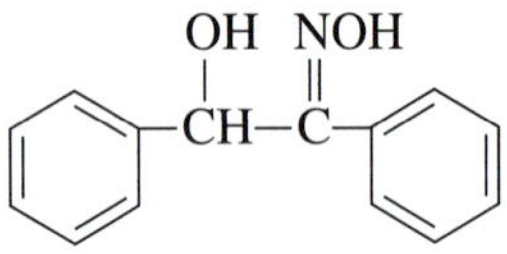 OH NOH C_6H_5–CH–C–C_6H_5	NH_3 및 타타르산염 용액 중의 Cu(II); H^+ 중의 Mo(VI) 및 W(VI) ($M^{2+} + H_2R \rightarrow \underline{MR} + 2H^+$, $M^{2+} = Cu^{2+}$, MoO_2^{+}, WO_2^{2+}) 금속 산화물의 무게 측정
나이트로소페닐하이드록실아민 암모늄(쿠페론)	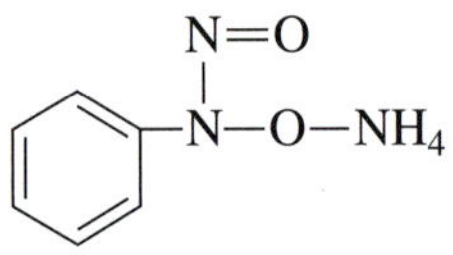 N=O $\vert$ C_6H_5–N–O–NH_4	Fe(III), V(V), Ti(IV), Zr(IV), Sn(IV), U(IV) ($M^{n+} + nNH_4R \rightarrow \underline{MR_n} + nNH_4^+$) 금속 산화물의 무게 측정
8-하이드록시퀴놀린(옥신)	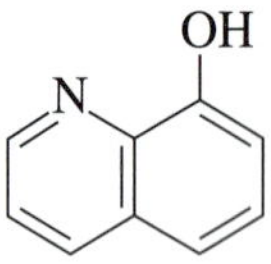 OH N	많은 금속. Al(III) 및 Mg(II)에 유용함. ($M^{n+} + nHR \rightarrow \underline{MR_n} + nH^+$)
다이에틸다이싸이오카밤산 소듐	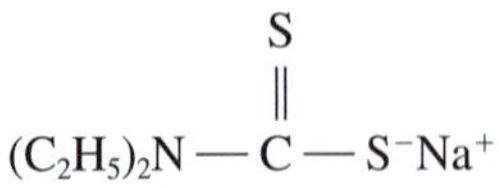 S $\Vert$ $(C_2H_5)_2N-C-S^-Na^+$	산성 용액에서 대부분의 금속 ($M^{n+} + nNaR \rightarrow \underline{MR_n} + nNa^+$)
테트라페닐붕소산 소듐	$NaB(C_6H_5)_4$	K^+, Rb^+, Cs^+, Tl^+, Ag^+, Hg(I), Cu(I), NH_4^+, RNH_3^+, $R_2NH_2^+$, R_3NH^+, R_4N^+. 산성 용액 ($M^+ + NaR \rightarrow \underline{MR} + Na^+$)
염화 테트라페닐비소	$(C_6H_5)_4AsCl$	$Cr_2O_7^{2-}$, MnO_4^-, ReO_4^-, MoO_4^{2-}, WO_4^{2-}, ClO_4^-, I_3^-. 산성 용액 ($A^{n-} + nRCl \rightarrow R_nA + nCl^-$)

10.5 침전 평형: 용해도곱

제한된 용해도를 가진 물질이 그 용해도보다 더 많이 녹아 있을 때, 녹은 이온은 그 고체 물질과 평형을 이루게 된다. 소위 "불용성" 화합물은 일반적으로 이런 성질을 나타낸다.

어떤 화합물을 불용성이라고 할 때는, 그것이 실제로는 완전히 불용성이 아니고 **약간 녹는다**(**slightly soluble**). 예를 들어 고체 AgCl을 물에 가했을 때, 소량이 녹아서 다음과 같은 평형을 이룬다.

"불용성" 물질도 아주 작지만 용해도를 가진다.

$$\underline{AgCl} \rightleftharpoons (AgCl)_{aq} \rightleftharpoons Ag^+ + Cl^- \quad (10.6)$$

침전은 주어진 온도에서 한정된 용해도(즉 한정된 양이 녹는다, g/L 또는 mol/L)를 가질 것이다(포화 용액). 보통 소량의 해리하지 않는 화합물이 수용액 상에서 평형을 이루고 있으며(예를 들면 분석에 사용되는 침전이 이루어졌는지에 대한 경우보다는 훨씬 적으나 약 0.1% 정도로서 K_{sp}에 의존), 그 농도는 일정하다. 해리하지 않는 화학종을 측정하기는 어렵기 때문에 그 화합물의 용해도와 화학적 응용의 척도로서 보통 이온화된 형태에 관심을 갖는다. 따라서 해리하지 않는 화학종의 존재는 일반적으로 무시할 수 있다.

위의 단계적 평형에 대해 **용해도곱**(**solubility product**) K_{sp}라고 하는 총괄 평형 상수를 쓸 수 있다. 두 단계 평형 상수를 서로 곱할 때 $(AgCl)_{aq}$는 상쇄되므로 다음과 같이 된다.

고체는 K_{sp}에 나타내지 않는다.

$$K_{sp} = [Ag^+][Cl^-] \quad (10.7)$$

AgCl 같은 모든 고체의 "농도"는 상수이며, 평형 상수에 결합되어 K_{sp}가 된다. 위의 관계식은 비해리성 중간체의 존재에 관계없이 성립된다. 즉 자유 이온의 농도는 식 10.7에 의해 엄밀히 정의되며, 이 자유 이온의 농도가 화합물의 용해도 척도로 사용된다. 주어진 온도에서 용해도곱의 값을 알면, 화합물의 평형 용해도를 계산할 수 있다(용해도를 측정하면, 역으로 용해도곱을 결정할 수 있다).

난용성 염이 녹는 정도는 일부 고체가 존재하는 한, 용액과 평형 상태에 있는 고체의 양에 의존하지 **않는다**. 대신 용해되는 양은 용매의 **부피**에 의존한다. Ag_2CrO_4와 같은 비대칭 염(양이온과 음이온이 같은 비로 존재하지 않는 염)은 다음과 같이 K_{sp}를 나타낸다.

용액과 평형을 이루고 있는 용질이 남아 있는 한, 용액이 비커에 있는 수영장에 있는 관계없이 포화 용액 속의 용질의 농도는 같다. 다만, 수영장에 훨씬 많은 고체가 녹을 것이다. 포화 용액에서 농도는, 녹지 않은 고체가 얼마나 많이 존재하는 것과는 무관하다.

$$Ag_2CrO_4 \rightleftharpoons 2\,Ag^+ + CrO_4^{2-} \quad (10.8)$$

$$K_{sp} = [Ag^+]^2[CrO_4^{2-}] \quad (10.9)$$

이와 같은 전해질은 매우 센 전해질이기 때문에 단계적으로 녹거나 해리하는 것이 아니라, 녹은 분량은 완전히 이온화한다. **그러므로 이 경우에는 단계적 K_{sp} 값이 없다.** 다른 평형 상수와 마찬가지로, K_{sp} 곱은 특정 온도의 모든 평형 조건에서 성립한다. 이 장에서 다루는 불균일 평형은 균일 용액 평형보다는 더 느리게 평형 상태에 도달한다.

포화 용액

예제 10.6

25℃에서 AgCl의 $K_{sp} = 1.0 \times 10^{-10}$이다. AgCl 포화 용액 내 Ag^+와 Cl^-의 농도를 계산하고, AgCl의 몰용해도를 계산하시오.

풀이

AgCl이 이온화하면 같은 양의 Ag^+와 Cl^-이 생성된다.

$$AgCl \rightleftharpoons Ag^+ + Cl^- \qquad K_{sp} = [Ag^+][Cl^-]$$

AgCl의 몰용해도를 s라고 하자. 녹은 AgCl 1몰은 각각 1몰의 Ag^+와 Cl^-를 내놓으므로 다음과 같이 생각할 수 있다.

$$[Ag^+] = [Cl^-] = s$$
$$s^2 = 1.0 \times 10^{-10}$$
$$s = 1.0 \times 10^{-5}\ M$$

AgCl의 용해도는 1.0×10^{-5} M이다. ■

용해도 감소—공통 이온 효과

한 이온이 다른 이온보다 과량으로 존재하면, 다른 이온의 농도는 억제되며(**공통 이온 효과, common ion effect**), 침전물의 용해도는 감소한다. 이때에도 침전의 용해도곱으로부터 농도를 계산할 수 있다.

예제 10.7

공통 이온을 첨가하면 용해도가 감소한다.

0.10 M NaCl 용액 10 mL에 0.20 M $AgNO_3$ 용액 10 mL를 첨가하였다. 평형에서 용액에 남아 있는 Cl^-의 농도와 AgCl의 용해도를 계산하시오.

풀이

최종 부피는 20 mL이다. 첨가된 Ag^+의 밀리몰수는 $0.20 \times 10 = 2.0$ mmol이다. 취한 Cl^-의 밀리몰수는 $0.10 \times 10 = 1.0$ mmol이다. 그러므로 과량인 Ag^+의 밀리몰수는 $(2.0 - 1.0) = 1.0$ mmol이다. 예제 10.6에서 침전으로부터 나온 Ag^+의 농도는 작은데 공통 이온이 없을 때 10^{-5} mmol/L 정도이다. 이 농도는 과량의 Ag^+가 존재하면 용해도가 억제되어 더 작아질 것이다. 그러므로 과량으로 존재하는 Ag^+와 비교할 때 침전으로부터 나오는 Ag^+의 양은 무시할 수 있다. 따라서 Ag^+의 최종 농도는 1.0 mmol/20 mL = 0.050 M이고,

$$(0.050)[Cl^-] = 1.0 \times 10^{-10}$$
$$[Cl^-] = 2.0 \times 10^{-9}\ M$$

또한 Cl^-의 농도는 AgCl의 용해도와 같으므로, 용해도는 2.0×10^{-9} M이다. ■

침전이 일어나려면 용해도곱을 초과해야 한다.

K_{sp} 곱은 항상 성립하므로, **$[Ag^+]$와 $[Cl^-]$의 곱이 K_{sp}를 초과하지 않으면 침전은 일어나지 않을 것이다.** 농도곱이 K_{sp}와 꼭 같으면, 모든 Ag^+와 Cl^- 이온은 용액 속에 있게 된다.

용해도는 화학량론에 의존한다

표 10.3에 몇 가지 계산된 불용성 염의 용해도곱과 계산한 몰용해도를 나타내었다. 몰용해도는 염의 화학량론에 의존하므로 꼭 K_{sp} 값에 직접 비례할 필요는 없다. AgI의 K_{sp}는 $Al(OH)_3$의 K_{sp}보다 5×10^{15}배 더 크지만, 몰용해도는 2배일 뿐이다. 즉 1:1 염은 주어진 K_{sp}에 대하여 비대칭 염보다 낮은 용해도를 갖는다. HgS는 4×10^{-53}의 용해도곱을 가지나 몰용해도는 6×10^{-27} M이다. 이것은 침전과 평형에 있는 1 L당 각각의 Hg^{2+}와 S^{2-}의 이온 1개씩보다도 훨씬 적은 값이고, 두 이온이 함께 존재하려면 280 L를 차지할 것이다(Avogadro 수를 사용해서 계산할 수 있을까?). 그래서 그것은 마치 상당한 크기의 욕조에서 두 이온이 서로를 찾고 있는 것과 같다(실제로, 그들은 침전에서 발견된다). 더 많은 용해도곱들을 부록 C에 나타내었다.

예제 10.8

1.0×10^{-3} M NaCl 용액 속에서 AgCl 침전이 생기게 하려면, 첨가해야 할 Ag^+의 농도는 얼마인가?

표 10.3 몇 가지 불용성 염의 용해도곱 상수

염	K_{sp}	용해도, s (mol/L)
$PbSO_4$	1.6×10^{-8}	1.3×10^{-4}
AgCl	1.0×10^{-6}	1.0×10^{-5}
AgBr	4×10^{-13}	6×10^{-7}
AgI	1×10^{-16}	1×10^{-8}
$Al(OH)_3$	2×10^{-32}	5×10^{-9}
$Fe(OH)_3$	4×10^{-38}	2×10^{-10}
Ag_2S	2×10^{-49}	4×10^{-17}
HgS	4×10^{-53}	6×10^{-27}

풀이

$$[Ag^+](1.0 \times 10^{-3}) = 1.0 \times 10^{-10}$$

$$[Ag^+] = 1.0 \times 10^{-7}\ M$$

그러므로 Ag^+의 농도가 $10^{-7}\ M$을 넘어서면 침전이 시작된다.

주의: 이전에 관찰한 것처럼, 실제로는 침전이 시작되기 전에 과포화가 필요하다. 실제로 Ag^+가 $10^{-7}\ M$을 막 초과하는 시점에서는, 침전이 시작될 것 같지는 않다. ■

예제 10.9

용해도곱이 7.1×10^{-9}이라면, PbI_2의 용해도는 g/L 단위로 얼마인가?

풀이

평형은 $PbI_2 \rightleftharpoons Pb^{2+} + 2I^-$ 및 $K_{sp} = [Pb^{2+}][I^-]^2 = 7.1 \times 10^{-9}$이다. PbI_2의 몰용해도를 s로 놓으면 다음과 같다.

$$[Pb^{2+}] = s,\ [I^-] = 2s$$

$$(s)(2s)^2 = 7.1 \times 10^{-9}$$

$$s = \sqrt[3]{\frac{7.1 \times 10^{-9}}{4}} = 1.2 \times 10^{-3}\ M$$

그러므로 g/L 단위로 용해도는 다음과 같다.

$$1.2 \times 10^{-3}\ \text{mol/L} \times 461.0\ \text{g/mol} = 0.55\ \text{g/L}$$

I^-의 농도를 제곱하기 전에 2배로 하지 **않은** 것을 주목하라. $2s$는 I^- 농도의 2배를 나타내는 것이 아니라, 실제 평형 농도를 나타내는 것이다. PbI_2의 몰용해도 대신 I^-의 농도를 s로 나타낼 수도 있다. 이때 $[Pb^{2+}]$와 PbI_2의 용해도는 $\frac{1}{2}s$이다. 계산된 s는 2배 더 크게 나타나지만, 각 화학종의 농도는 같을 것이다. 이 방법으로도 한번 계산해 보라! ■

예제 10.10

$PbSO_4$의 몰용해도를 계산하고, 이를 PbI_2의 몰용해도와 비교하시오.

비대칭 침전의 K_{sp}가 작다는 것이 대칭 침전과 비교하여 용해도가 반드시 작다는 것을 뜻하지는 않는다.

풀이

$$PbSO_4 \rightleftharpoons Pb^{2+} + SO_4^{2-}$$

$$[Pb^{2+}][SO_4^{2-}] = 1.6 \times 10^{-8}$$
$$(s)(s) = 1.6 \times 10^{-8}$$
$$s = 1.3 \times 10^{-4}\ M$$

PbI_2의 $K_{sp}(7.1 \times 10^{-9})$는 $PbSO_4$의 $K_{sp}(1.6 \times 10^{-8})$보다 작지만, PbI_2의 용해도는 침전물의 비대칭 특성으로 인하여 더 크다(예제 10.9 참조). ■

동일한 원자가의 형태를 갖는 전해질의 경우, 용해도 순서는 대응하는 용해도곱의 순서와 같다. 그러나 원자가의 형태가 다른 염을 비교할 때는 그 순서가 달라질 수 있다. 같은 K_{sp} 값을 갖는 화합물 AB는 화합물 AC_2에 비해 몰용해도가 작을 것이다.

무게 분석에서는 침전물의 용해도를 감소시키기 위하여 공통 이온 효과의 장점을 이용한다. 예를 들어 황산 이온은 염화 바륨 용액을 가하여 $BaSO_4$로 침전시켜 정량한다. 그림 10.3은 $BaSO_4$의 용해도에 대한 과량의 바륨 이온 효과를 보여 주고 있다.

예제 10.11

Fe(OH)$_3$는 K_{sp}가 작아서 실제로 산성 용액에서도 침전한다.

0.10 M $FeCl_3$ 용액으로부터 수산화 철(III)을 침전시키는 데 필요한 pH는 얼마인가?

풀이

$$Fe(OH)_3 \rightleftharpoons Fe^{3+} + 3OH^-$$

$$[Fe^{3+}][OH^-]^3 = 4 \times 10^{-38}$$

$$(0.1)[OH^-]^3 = 4 \times 10^{-38}$$

$$[OH^-] = \sqrt[3]{\frac{4 \times 10^{-38}}{0.1}} = 7 \times 10^{-13}\ M$$

$$pOH = -\log(7 \times 10^{-13}) = 12.2$$

$$pH = 14.0 - 12.2 = 1.8$$

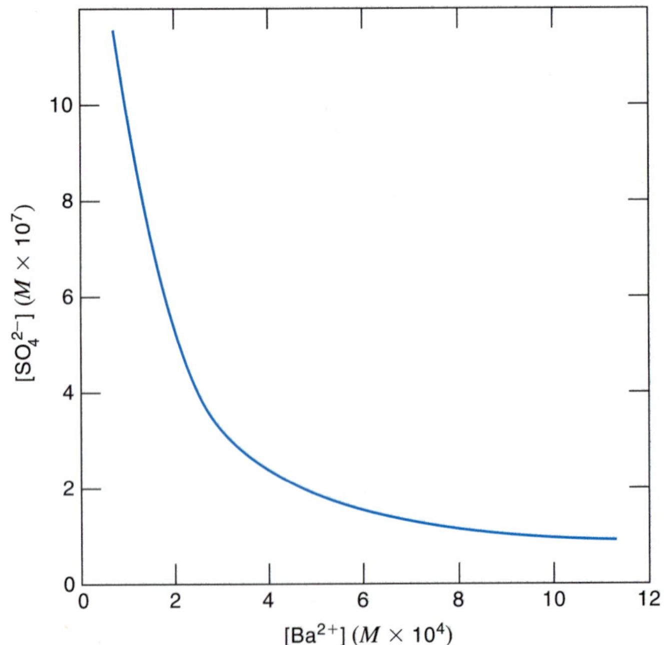

그림 10.3 $BaSO_4$의 용해도에 미치는 과량의 바륨 이온의 효과. 황산 이온의 농도는 평형에서의 값이며 $BaSO_4$의 용해도와 같다. 과량의 바륨 이온이 없을 경우에 용해도는 10^{-5} M이다.

여기서 pH가 1.8보다 크면, 산성 용액에서 수산화 철(III) 침전이 생긴다는 것을 알 수 있다. $FeCl_3$의 수용액을 만들면 천천히 가수 분해하여, 녹의 색깔을 가진 젤라틴형 침전물인 수산화 철(수화 삼산화 철)이 생긴다. 철(III) 용액을 안정화시키려면, 예로서 염산 같은 것으로 용액을 산성화시켜야 한다.

침전은 일반적으로 과포화가 필요하지만, 계산된 pH에서 정확히 침전이 시작되지는 않음을 다시 강조해둔다. ■

예제 10.12

0.100 M $AgNO_3$ 25.0 mL를 0.0500 M K_2CrO_4 용액 35.0 mL와 혼합하였다. (a) 평형에서 각 이온종의 농도를 계산하시오. (b) 은의 침전은 정량적인가(>99.9%)?

풀이

(a) 반응은 다음과 같다.

$$2Ag^+ + CrO_4^{2-} \rightleftharpoons \underline{Ag_2CrO_4}$$

이제 용액을 혼합하자.

$$25.0\text{ mL} \times 0.100\text{ mmol/mL} = 2.50\text{ mmol AgNO}_3$$

그리고

$$35.0\text{ mL} \times 0.0500\text{ mmol/mL} = 1.75\text{ mmol K}_2\text{CrO}_4$$

그러므로 1.25 mmol CrO_4^{2-}가 2.50 mmol Ag^+와 반응하고, 0.50 mmol CrO_4^{2-}가 과량으로 남는다. 최종 부피는 60.0 mL이다. Ag_2CrO_4의 용해도를 s로 놓으면, 평형에서 다음과 같이 된다.

$$[CrO_4^{2-}] = 0.50\text{ mmol}/60.0\text{ mL} + s = 0.0083 + s \approx 0.0083\ M$$

s는 과량의 CrO_4^{2-} 때문에 매우 작고, 0.0083과 비교하여 무시할 수 있다.

$$[Ag^+] = 2s$$

$$[K^+] = 3.50\text{ mmol}/60.0\text{ mL} = 0.0583\ M$$

$$[NO_3^-] = 2.50\text{ mmol}/60.0\text{ mL} = 0.0417\ M$$

$$[Ag^+]^2\,[CrO_4^{2-}] = 1.1 \times 10^{-12}$$

$$(2s)^2\,(8.3 \times 10^{-3}) = 1.1 \times 10^{-12}$$

$$s = \sqrt{\frac{1.1 \times 10^{-12}}{4 \times 8.3 \times 10^{-3}}} = 5.8 \times 10^{-6}\ M$$

$$[Ag^+] = 2(5.8 \times 10^{-6}) = 1.1_6 \times 10^{-5}\ M$$

(b) 침전된 은의 %는 다음과 같이 계산된다.

$$\frac{2.50\text{ mmol} - 60.0\text{ mL} \times 1.1_6 \times 10^{-5}\text{ mmol/mL}}{2.50\text{ mmol}} \times 100\% = 99.97\%$$

또는 용액에 남아 있는 은의 %는 다음과 같다.

$$\frac{60.0\text{ mL} \times 1.1_6 \times 10^{-5}\text{ mmol/L}}{2.50\text{ mmol}} \times 100\% = 0.028\%$$

따라서 침전은 정량적이다. ■

10.6 용해도에 대한 다른 종류의 이온 효과: K_{sp} 및 활동도 계수

6장에서 평형에 미치는 비활성 전해질의 영향을 고려하기 위하여, 활동도로 나타낸 열역학적 평형 상수를 정의하였다. 다른 종류의 염이 존재하면 해리된 이온종들을 가리기 때문에 일반적으로 침전물의 용해도가 증가한다(활동도는 감소한다). AgCl의 용해도를 살펴보자. 열역학적 용해도곱 K_{sp}는 다음과 같다.

$$K_{sp} = a_{Ag^+} \cdot a_{Cl^-} = [Ag^+]f_{Ag^+}[Cl^-]f_{Cl^-} \tag{10.10}$$

K_{sp}는 모든 이온 세기에서 성립한다. ${}^cK_{sp}$는 이온 세기에 대하여 보정해야 한다.

농도 용해도곱 ${}^cK_{sp} = [Ag^+][Cl^-]$이므로 다음과 같이 쓸 수가 있다.

$$K_{sp} = {}^cK_{sp}f_{Ag^+}f_{Cl^-} \tag{10.11}$$

또는

$${}^cK_{sp} = \frac{K_{sp}}{f_{Ag^+}f_{Cl^-}} \tag{10.12}$$

K_{sp}의 값은 모든 활동도에서 성립한다. 이온 세기가 0일 때 ${}^cK_{sp}$는 K_{sp}와 같다. 그러나 이온 세기가 0이 아니면, 각 이온 세기에 대하여 식 10.12를 이용하여 그 값을 계산해야 한다. 우리가 정성적으로 예측한 바와 같이, 이 식은 이온들의 활동도가 감소하면 ${}^cK_{sp}$가 증가하고, 따라서 몰용해도가 증가한다는 것을 보여 준다.

예제 10.13

0.10 M $NaNO_3$ 용액 속에서 염화 은의 용해도를 계산하시오.

풀이

다른 종류의 염은 침전물의 용해도를 증가시키며, 다중 전하 이온이 침전물에 더 많은 영향을 미친다.

부록 C에 수록한 평형 상수는 이온 세기가 0일 때의 값이다. 즉 열역학적 평형 상수이다.[1] 부록 C의 표 C.3으로부터 $K_{sp} = 1.0 \times 10^{-10}$이다.

Ag^+와 Cl^-의 활동도 계수가 필요하다. 이온 세기는 0.10이다. 6장의 참고 문헌 10으로부터 $f_{Ag^+} = 0.75$이고, $f_{Cl^-} = 0.76$이다(문헌의 α_{Ag^+}와 α_{Cl^-} 값으로부터 식 6.19를 사용하여 활동도 계수를 계산할 수도 있다). 식 10.12로부터

$$K_{sp} = \frac{1.0 \times 10^{-10}}{(0.75)(0.76)} = 1.8 \times 10^{-10} = [Ag^+][Cl^-] = s^2$$

$$s = \sqrt{1.8 \times 10^{-10}} = 1.3 \times 10^{-5}\ M$$

이 값은 이온 세기 0에서의 값($s = 1.0 \times 10^{-5}$ M)보다 30% 더 크다. ■

그림 10.4는 $NaNO_3$가 있을 때 다른 종류의 이온 효과에 의해 $BaSO_4$의 용해도가 증가하는 것을 보여 준다.

용해도의 증가는 다중 전하를 가진 이온을 포함하고 있는 침전에서 더 크다. 이온 세기가 매우 높으면 활동도 계수가 1보다 더 커질 수 있으며, 이때 용해도는 감소한다. 무게 분석에서

[1] 실험의 K_{sp} 값들은 서로 다른 이온 세기에서 얻어질 수 있으며, 활동도 계수를 계산하지 않고도 주어진 이온 세기에서 몰용해도를 계산하는 데 사용될 수도 있다.

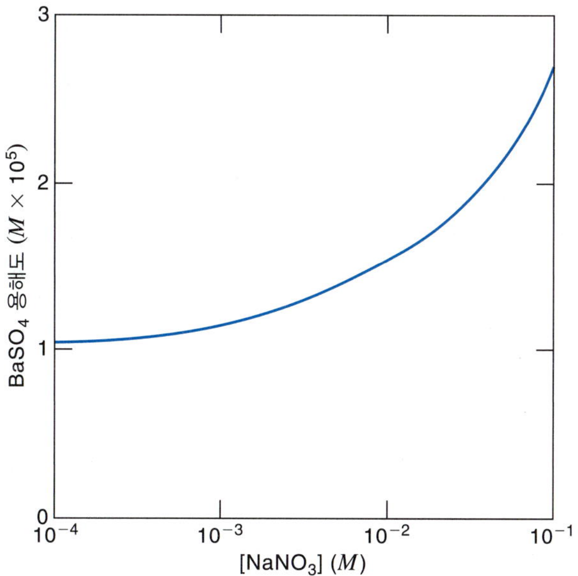

그림 10.4 $BaSO_4$의 용해도에 대한 이온 세기 증가의 효과. 이온 세기 0에서의 용해도는 1.0×10^{-5} M이다.

는 충분히 과량의 침전제를 가하여 용해도가 아주 작아지도록 만들므로 이 효과를 염려할 필요는 없다.

산은 흔히 침전물의 용해도에 영향을 미친다. H^+ 농도가 증가하면 침전제(약산의 음이온일 수도 있음)에 대하여 금속 이온과 더욱 경쟁하게 된다. 따라서 K_{sp}는 상수이므로, 유용한 자유 시약의 농도가 줄어들어 염의 용해도는 증가하게 된다.

$$M^{n+} + nR^- \rightleftharpoons \underline{MR_n} \qquad \text{(원하는 반응)}$$

$$R^- + H^+ \rightleftharpoons HR \qquad \text{(경쟁 반응)}$$

$$\underline{MR_n} + nH^+ \rightleftharpoons M^{n+} + nHR \qquad \text{(전체 반응)}$$

이와 유사하게, 침전될 금속 이온과 반응하는 착화제가 존재하면 용해도가 증가한다. 예를 들어 암모니아는 염화 은과 다음과 같이 반응한다.

$$AgCl + 2NH_3 \rightleftharpoons Ag(NH_3)_2{}^+ + Cl^-$$

용해도 계산에서 이들 효과의 정량적 취급은 11장에서 다루기로 한다.

스프레드시트 예제

2.287 g 철광석 시료 중의 철 함량을 알고자 $Fe(OH)_3$로 침전시키고, 강열하여 Fe_2O_3로 만든 후 무게를 달아서 정량하였다. 그 결과는 0.8792 g의 무게가 되었다. 광석 중의 % Fe를 계산하기 위한 스프레드시트를 작성하시오.

	A	B	C	D	E	F	G	H
1	Calculation of % Fe.							
2	g. sample:	2.287	g. Fe_2O_3:	0.8792				
3	% Fe:	**26.88797**						
4								
5	%Fe = {[g Fe_2O_3 × 2Fe/Fe_2O_3 (g Fe/g Fe_2O_3)]/g sample} × 100%							
6	=	{[0.8792 g Fe_2O_3 × 2(55.845/159.69)g Fe/g Fe_2O_3]/2.287 g sample} × 100%						
7	**B3 =**	(D2*2*(55.845/159.69)/B2)*100						
8								
9	The answer is 26.89% Fe.							

질문

1. 무게 분석에서 흔히 사용되는 단위 조작을 설명하고, 각 단위 조작의 목적을 간단하게 설명하시오.
2. von Weimarn 비는 무엇인가? 이 속에 포함된 항들을 정의하시오.
3. von Weimarn 비는 침전의 최적 조건에 관하여 어떤 정보를 주는가?
4. 침전물의 삭임은 무엇이며, 왜 필요한가?
5. 순수하고 거르기 쉬운 침전물을 얻을 수 있는 침전의 최적 조건을 간단히 설명하시오.
6. 공동 침전이란 무엇인가? 공동 침전의 다른 유형을 설명하고, 이것을 최소화하거나 처리할 수 있는 방법을 제시하시오.
7. 거른 침전을 반드시 씻어야 하는 이유는 무엇인가?
8. 씻는 용액은 일반적으로 왜 반드시 전해질을 포함하고 있는가? 이런 전해질의 요구 조건은 무엇인가?
9. 유기 침전제가 갖는 장점은 무엇인가?

문제

무게 분석 인자

10. 50.0 g Na_2SO_4에 존재하는 소듐의 무게를 계산하시오.
11. 문제 10의 염을 $BaSO_4$로 침전시켜 무게를 달아 분석하면, 몇 그램의 침전이 얻어지는가?
12. 다음의 무게 분석 인자를 계산하시오.

목적 물질	무게 물질
As_2O_3	Ag_3AsO_4
$FeSO_4$	Fe_2O_3
K_2O	$KB(C_6H_5)_4$
SiO_2	$KAlSi_3O_8$

13. 1.00 g의 패리스 그린(Paris green), $Cu_3(AsO_3)_2 \cdot 2As_2O_3 \cdot Cu(C_2H_3O_2)_2$로부터 몇 그램의 CuO를 얻을 수 있는가? 몇 그램의 As_2O_3를 얻을 수 있겠는가?

정량 계산

14. 불순한 KBr 시료 523.1 mg을 과량의 $AgNO_3$로 처리하여 814.5 mg의 AgBr을 얻었다. KBr의 순도는 얼마인가?
15. 순도가 99.89%인 철사 0.4823 g으로부터 얻을 수 있는 Fe_2O_3 침전의 무게는 얼마이겠는가?
16. 8-하이드록시퀴놀린(옥신)으로 처리해서 얻어지는 $Al(C_9H_6ON)_3$ 침전을 이용하여 무게 분석법으로 합금 내 알루미늄 함량을 정량하려고 한다. 1.021 g 합금 시료로부터 0.1862 g의 침전물을 얻었다면 합금 내 % Al은 얼마인가?
17. Fe_2O_3의 무게를 달아 무게 분석법으로 광석 중의 철을 분석하려고 한다. 결과를 유효 숫자 네 자리까지 얻기를 원한다. 철 함량이 11~15% 범위이면, 100.0 mg의 침전물을 얻는 데 필요한 시료의 최소량은 얼마인가?
18. 순도가 95%인 $MgCl_2$ 시료 0.12 g 속의 염화 이온을 AgCl로 침전시키려고 한다. 염화 이온을 모두 침전시키고 Ag^+가 10% 과량으로 남도록 하는 데 필요한 0.100 *M* $AgNO_3$ 용액의 부피를 계산하시오.
19. 암모늄 이온은 H_2PtCl_6를 사용하여 $(NH_4)_2PtCl_6$로 침전시킨 다음, 침전물을 강열하여 백금 금속으로 만들어 무게를 달아 정량할 수 있다. [$(NH_4)_2PtCl_6 \xrightarrow{\text{가열}} Pt + 2NH_4Cl(g) + 2Cl_2(g)$]. 이 방법으로 1.00 g의 시료로부터 0.100 g의 Pt를 얻었다면, 시료 내 % 암모니아는 얼마인가?
20. 염화 은으로 침전시켜 무게를 달아 시료 내 염화 이온 함량을 분석하려고 한다. 침전물의 무게가 시료 내 % Cl과 같으려면 몇 그램의 시료를 취하여 분석해야 하는가?
21. 황철광(불순물을 포함한 FeS_2) 내의 황을 황산 이온으로 바꾼 후, $BaSO_4$로 침전시켜 분석하려고 한다. 침전물의 무게가 % FeS_2의 0.1000배와 같으려면, 몇 그램의 황철광을 취하여 분석해야 하는가?
22. BaO와 CaO만을 포함하는 혼합물 2.00 g을 각각의 황산염 혼합물로 만든 후, 무게를 재었더니 4.00 g이었다. 원래 혼합물에 있던 % Ba와 % Ca를 계산하시오.
23. $BaSO_4$와 $CaSO_4$만을 포함하는 시료 속에 들어 있는 Ba^{2+}의 무게는 Ca^{2+} 무게의 절반이다. 혼합물 내 % $CaSO_4$는 얼마인가?

24. AgCl과 AgBr만을 포함하는 혼합물 2.000 g을 정량적으로 은 금속으로 환원시켜 무게를 측정하였더니 1.300 g이었다. 원래 혼합물 내 AgCl과 AgBr의 무게를 계산하시오.

용해도곱 계산

25. 다음 각 물질의 용해도곱 식을 쓰시오.
(a) AgSCN, (b) $La(IO_3)_3$, (c) Hg_2Br_2, (d) $Ag[Ag(CN)_2]$, (e) $Zn_2Fe(CN)_2$, (f) Bi_2S_3
26. 아이오딘화 비스무트, BiI_3의 용해도는 7.76 mg/L이다. K_{sp}는 얼마인가?
27. Ag_2CrO_4 포화 용액 속의 Ag^+와 $CrO_4{}^{2-}$의 농도는 각각 얼마인가?
28. 0.100 *M* $BaCl_2$ 25.0 mL에 0.200 *M* K_2CrO_4 15.0 mL를 가하여 평형에 도달하였을 때, 용액 속에 있는 바륨의 농도를 계산하시오.
29. 0.10 *M* $AgNO_3$ 용액에서 Ag_3PO_4 침전이 생기기 시작하려면, $PO_4{}^{3-}$ 농도는 얼마이어야 하는가?
30. 0.10 *M* $PO_4{}^{3-}$에서 침전이 생기기 시작하려면 Ag^+의 농도는 얼마이어야 하는가? 0.10 *M* Cl^-에서는 얼마인가?
31. 0.1 *M* $AlCl_3$ 용액으로부터 $Al(OH)_3$가 침전하기 시작하는 pH는 얼마인가?
32. 250 mL의 물에 몇 g의 Ag_3AsO_4가 녹을 수 있는가?
33. 0.10 *M* K_2CrO_4 용액 속에서 Ag_2CrO_4의 용해도는 얼마인가?
34. 화합물 AB와 AC_2는 둘 다 용해도곱 상수가 4×10^{-18}이다. mol/L로 나타낼 때 어느 것의 용해도가 큰가?
35. Bi_2S_3의 용해도곱은 1×10^{-97}이고, HgS의 용해도곱은 4×10^{-53}이다. 어느 것의 용해도가 더 작은가?
36. 어떤 학생이 NaF로 BaF_2 침전을 만들어 바륨을 무게 분석하려고 한다. 200 mg의 Ba^{2+}를 녹인 시료 100 mL를 침전시켜 정량적인 결과를 얻기 위해서는 침전이 99.9% 완결되어야 한다고 가정할 때, 이 분석의 수행 가능성에 대하여 설명하시오.

용해도에 대한 다른 종류의 이온 효과

37. 다음 과정에 대한 열역학적 용해도곱 식을 쓰시오.
(a) $\underline{BaSO_4} \rightleftharpoons Ba^{2+} + SO_4{}^{2-}$
(b) $\underline{Ag_2CrO_4} \rightleftharpoons 2Ag^+ + CrO_4{}^{2-}$
38. 0.0125 *M* $BaCl_2$ 용액에서 $BaSO_4$의 용해도를 계산하시오. 다른 종류의 이온 효과를 고려하시오.
39. CaF_2 침전을 만들어 F^- 이온을 무게 분석법으로 정량하려고 한다. 침전이 생긴 후 칼슘 이온이 0.015 *M* 남도록 $Ca(NO_3)_2$를 첨가하였다. 용액 속에 0.25 *M* $NaNO_3$도 들어 있다면, 부피가 250 mL일 때 평형에서 용액 속에 존재하는 F^- 이온의 g 수는 얼마인가?

엑셀 문제

답을 이 책의 **웹 사이트**의 답과 비교하시오.

40. 예제 10.2에서 % P_2O_5를 계산하기 위한 스프레드시트를 작성하시오. 그것을 사용하여 예제에 주어진 시료에 대하여 % P_2O_5를 계산하시오. 두 번째로, 0.5267 g으로 침전 2.0267 g을 얻었을 경우 % P_2O_5를 구하시오.
41. 그림 10.3에서처럼, 과량의 Ba^{2+} 농도의 함수로서 $BaSO_4$의 용해도를 계산하기 위한 스프레드시트를 작성하시오. 엑셀의 차트 기능을 사용하여 Ba^{2+} 농도의 함수로서 용해도를 나타내는 그래프를 그리고, 그것을 그림 10.3과 비교하시오.
42. 그림 10.4에서처럼, 이온 세기의 함수로서 $BaSO_4$의 용해도를 계산하기 위한 스프레드시트를 작성하시오. 엑셀의 차트 기능을 사용하여 이온 세기의 함수로서 용해도를 나타내는 그래프를 그리고, 그것을 그림 10.4와 비교하시오.
43. PbI_2의 용해도, *s*를 계산하기 위해서 엑셀의 해찾기를 사용하여 예제 10.9를 다시 계산하시오.

추천 참고 문헌

일반 및 무기

1. F. E. Beamish and W. A. E. McBryde, "Inorganic Gravimetric Analysis," in C. L. Wilson and D. W. Wilson, eds., *Comprehensive Analytical Chemistry*, Vol. **1A**. New York: Elsevier, 1959, Chapter VI.
2. C. L. Wilson and D. W. Wilson, eds., *Comprehensive Analytical Chemistry*, Vol. 1C, *Classical Analysis*: *Gravimetric and Titrimetric Determination of the Elements*, New York: Elsevier, 1962.

유기 시약

3. K. L. Cheng, K. Ueno, and T. Imamura, eds., *Handbook of Organic Analytical Reagents*. Boca Raton, FL: CRC Press, 1982.
4. R. G. W. Hollingshead, *Oxine and Its Derivatives*. London: Butterworth Scientific, 1954–56.
5. F. Holmes, "Organic Reagents in Inorganic Analysis," in C. L. Wilson and D. W. Wilson, eds., *Comprehensive Analytical Chemistry*, Vol. **1A**. New York: Elsevier, 1959, Chapter II.8.

균일 용액으로부터의 침전

6. L. Gordon, M. L. Salulsky, and H. H. Willard, *Precipitation from Homogeneous Solution*. New York: Wiley, 1959.

11장 침전 반응 및 침전 적정

"만약 당신이 용액의 일부분이 아니라면, 침전의 일부분이다"

–작자 미상

학습 목표

이 장에서 배울 중요한 내용은 무엇인가?

- 산이 용해도에 미치는 영향(주요 식: 11.4, 11.6)
- 질량 균형 계산
- 착물화가 용해도에 미치는 영향(주요 식: 11.10, 11.11)
- 침전 적정 곡선의 계산
- 침전 적정 지시약

많은 음이온은 어떤 금속 이온과 난용성 침전을 형성하므로 금속 용액으로 적정이 가능하다. 예를 들어 염화 이온을 은 이온으로, 황산 이온을 바륨 이온으로 적정할 수 있다. 침전 평형은 pH나 착화제의 영향을 받을 수 있다. 침전물의 음이온이 약산에서 온 경우에, 이들은 산성 용액에서 수소 이온과 반응하여 침전을 녹게 한다. 또 한편으로 금속 이온이 리간드(착화제)와 착물을 형성하여 녹는 쪽으로 평형을 이동시킬 수 있다. 은 이온은 암모니아와 착물을 형성하여 염화 은을 녹게 할 것이다.

이 장에서는 침전 평형에서 산과 착물화의 정량적인 영향을 설명하고, 여러 종류의 지시약으로 질산 은과 질산 바륨 적정 시약을 사용한 침전 적정을 논하고, 지시약의 이론에 대하여도 논의한다. 10장에서 설명한 기본적인 침전 평형을 복습해야 한다. 특히 무기 음이온을 비롯한 대부분의 이온성 분석물들은 이온 크로마토그래피를 사용하여 편리하게 정량하지만(21장), 높은 농도에서 더 정밀한 정량은 응용성에 따라서는 침전 적정으로 할 수가 있다. 그리고 10장에서 설명한 것처럼 무게 분석으로 얻은 많은 분석물들은 매우 정밀하지는 않지만, 침전법 적정으로 더 쉽게 이루어질 수 있다.

11.1 산도가 침전의 용해도에 미치는 영향: 조건부 용해도곱

침전 적정을 기술하기 전에, 경쟁하고 있는 평형들이 침전물 용해도에 미치는 영향을 생각해 보자. 7장에 있는 다양성자산의 평형과 α 값의 계산, 그리고 주어진 pH에서 평형 상태에 있는 각 산들의 분율 등을 복습하는 것이 도움이 될 것이다.

약산의 음이온의 침전물에 산을 가할 때, 산이 음이온과 결합하여 음이온이 용액으로부터 없어지므로 용해도는 증가할 것이다. 예를 들어 M^+와 A^- 이온으로 일부가 용해하는 침전 MA에 대해서 다음 평형이 성립한다.

$$\left.\begin{matrix} MA \rightleftharpoons M^+ + A^- \\ + \\ H^+ \\ \upharpoonleft\downharpoonright \\ HA \end{matrix}\right\} A_T$$

음이온 A^-는 양성자와 결합하여 침전물의 용해도를 증가시킨다. A^-와 HA의 평형 농도의 합은 전체 분석 농도 A_T(포말 농도, 5장 참조)가 되고, 이것은 침전 용해 과정에서 나온 $[M^+]$와 같을 것이다(M^+나 A^- 어느 것도 과량이 아닌 경우). 관련 평형에 대한 평형 상수를 적절히 응용하여 주어진 산도에서의 침전물의 용해도를 계산할 수 있다.

예를 들어 센 산성에서의 CaC_2O_4의 용해도를 생각해 보자. 관련된 평형들은 다음과 같다.

양성자는 옥살산 이온을 두고 칼슘과 경쟁한다.

$$\underline{CaC_2O_4} \rightleftharpoons Ca^{2+} + C_2O_4{}^{2-} \qquad K_{sp} = [Ca^{2+}][C_2O_4{}^{2-}] = 2.6 \times 10^{-9} \tag{11.1}$$

$$C_2O_4{}^{2-} + H^+ \rightleftharpoons HC_2O_4{}^- \qquad K_{a2} = \frac{[H^+][C_2O_4{}^{2-}]}{[HC_2O_4{}^-]} = 6.1 \times 10^{-5} \tag{11.2}$$

$$HC_2O_4{}^- + H^+ \rightleftharpoons H_2C_2O_4 \qquad K_{a1} = \frac{[H^+][HC_2O_4{}^-]}{[H_2C_2O_4]} = 6.5 \times 10^{-2} \tag{11.3}$$

CaC_2O_4의 용해도 s는 $[Ca^{2+}] = Ox_T$와 같다. 여기서 Ox_T는 평형 상태에서의 모든 옥살산 화학종의 농도$(= [H_2C_2O_4] + [HC_2O_4{}^-] + [C_2O_4{}^{2-}])$를 나타낸다. K_{sp} 식의 $[C_2O_4{}^{2-}]$ 대신에 $Ox_T\alpha_2$로 다음과 같이 치환할 수 있다.

$$\boxed{K_{sp} = [Ca^{2+}]Ox_T\alpha_2} \tag{11.4}$$

여기서 α_2는 옥산살 중 $C_2O_4{}^{2-}$의 분율$(\alpha_2 = [C_2O_4{}^{2-}]/Ox_T)$이다. 7장에서 H_3PO_4에 대해 설명한 방법을 사용하여 α 값을 계산하면 다음과 같다.

$$\alpha_2 = \frac{K_{a1}K_{a2}}{[H^+]^2 + K_{a1}[H^+] + K_{a1}K_{a2}} \tag{11.5}$$

그러면 다음과 같이 쓸 수 있다.

조건부 용해도곱의 값은 주어진 pH에서만 유용하다.

$$\boxed{\frac{K_{sp}}{\alpha_2} = K'_{sp} = [Ca^{2+}]Ox_T = s^2} \tag{11.6}$$

여기서 K'_{sp}는 9장에서 설명한 조건 형성 상수와 비슷한 **조건부 용해도곱(conditional solubility product)**이다.

이 예제는 0.0010 *M* HCl 용액에 CaC_2O_4가 얼마나 용해될 것인가를 질문하는 것보다 더 간단한 것이다. 계산해 보면, 평형 H^+ 농도는 0.0010 *M*이라고 추측된다. 0.0010 *M* HCl 용액에 CaC_2O_4를 녹이면 일부 양성자를 소모할 것이므로 반복 계산이 필요할 것이다. 웹 사이트 예제 11.1 엑셀 Goal Seek에서 HCl과 관련된 문제의 해를 참조하라.

예제 11.1

0.0010 *M* $[H^+]$를 포함하고 있는 용액에서 CaC_2O_4의 용해도를 계산하시오.

풀이

$$\alpha_2 = \frac{(6.5 \times 10^{-2})(6.1 \times 10^{-5})}{(1.0 \times 10^{-3})^2 + (6.5 \times 10^{-2})(1.0 \times 10^{-3}) + (6.5 \times 10^{-2})(6.1 \times 10^{-5})}$$
$$= 5.7 \times 10^{-2}$$

$$s = \sqrt{K_{sp}/\alpha_2} = \sqrt{2.6 \times 10^{-9}/5.7 \times 10^{-2}} = 2.1 \times 10^{-4}\ M$$

이것을 식 11.1을 사용하여 계산한 물에서의 용해도 5.1×10^{-5} *M*과 비교하자(용해도가 400% 증가하였다). $[Ca^{2+}]$와 Ox_T가 다 같이 2.1×10^{-4} *M*인 점을 주목하라. 평형 상태에서의 다른 옥살산 화학종의 농도는 이 값에 0.0010 *M* H^+에 있는 옥살산에 대한 α_0, α_1, α_2를 곱하여 $[H_2C_2O_4]$, $[HC_2O_4^-]$, $[C_2O_4^{2-}]$를 얻을 수 있다. 여기서는 α_0와 α_1은 유도하지 않을 것이지만, 그 결과는 $[C_2O_4^{2-}] = 1.2 \times 10^{-5}$ *M*, $[HC_2O_4^-] = 2.0 \times 10^{-4}$ *M*, $[H_2C_2O_4] = 3.1 \times 10^{-6}$ *M*이 될 것이다(각자 계산해 보라. 이들은 7장에서 논의하였다). ■

위의 계산에서는 용액 내 $[H^+] = 0.0010$ *M*을 가정하였다. 그러나 더 일반적인 상황으로서 $[H^+] = 0.0010$ *M*로 시작하여 CaC_2O_4가 얼마나 많이 녹을 것인가를 살펴볼 것이다. 그러나 이 과정은 H^+를 소모한다. 위 계산에서 산의 1/5이 반응하여 $HC_2O_4^-$를 형성하였음을 알 수 있다. $H_2C_2O_4$를 형성하는 데는 무시할 정도로 적은 양이 소요되었다. 보다 정확한 답이 필요하면, 앞에서의 계산에서와 같이 초기 산 농도에서 반응에 소요된 산의 양을 빼준 후 새로운 산의 농도를 사용하여 계산을 반복한다. 최종 답의 차이가 원하는 정확도에 들어올 때까지 이 과정을 되풀이한다. 산의 농도로 0.8×10^{-3} *M*을 사용하여 다시 계산하면 10% 더 적은 1.9×10^{-4} *M* 칼슘 농도를 얻는다. Goal Seek을 이용하여 정확한 계산을 하려면 교재 **웹 사이트**를 참조하라.

여러 개의 다중 평형을 다룰 때, 다른 경쟁이 추가되어도 주어진 평형식은 변하지 않는다는 사실을 강조해 둔다. 예를 들어 위의 예제에서 CaC_2O_4의 용해도곱 식은 산을 가하든 가하지 않든 상관없이 Ca^{2+}와 $C_2O_4^{2-}$ 사이의 관계를 나타낸다. 다시 말하면 $[Ca^{2+}][C_2O_4^{2-}]$ 곱은 CaC_2O_4 고체가 존재하는 한 항상 일정하다. 그러나 용액 중의 $C_2O_4^{2-}$ 일부가 $HC_2O_4^-$와 $H_2C_2O_4$로 변하기 때문에 녹는 CaC_2O_4의 양은 증가한다.

11.2 다중 평형에 대한 질량 균형 접근법

6장에 기술한 평형 상수식, 질량 균형식, 그리고 전하 균형식을 이용하는 체계적인 방법을 써서 다중 평형 문제를 풀 수 있다.

경쟁적인 평형의 계산에는 체계적인 방법이 가장 적합하다.

예제 11.2

MA의 K_{sp}가 1.0×10^{-8}이고 HA의 K_a가 1.0×10^{-6}이면, 0.10 HCl 1 L에 MA가 몇 몰이나 녹을 것인가?

풀이

평형은 다음과 같다.

$$MA \rightleftharpoons M^+ + A^-$$

$$A^- + H^+ \rightleftharpoons HA$$

$$H_2O \rightleftharpoons H^+ + OH^-$$

$$HCl \rightarrow H^+ + Cl^-$$

평형식은 다음과 같다.

$$K_{sp} = [M^+][A^-] = 1.0 \times 10^{-8} \quad (1)$$

$$K_a = \frac{[H^+][A^-]}{[HA]} = 1.0 \times 10^{-6} \quad (2)$$

$$K_w = [H^+][OH^-] = 1.0 \times 10^{-14} \quad (3)$$

질량 균형식은 다음과 같고,

$$[M^+] = [A^-] + [HA] = A_T \tag{4}$$

$$[H^+] = [Cl^-] + [OH^-] - [HA] \tag{5}$$

$$[Cl^-] = 0.10\ M \tag{6}$$

전하 균형식은 다음과 같다.

$$[H^+] + [M^+] = [A^-] + [Cl^-] + [OH^-] \tag{7}$$

수식의 수는 미지수의 수와 같거나 많아야 한다. 계산을 간단히 하기 위하여 가정을 하라.

식의 수와 미지수를 살펴보자.

6개의 미지수($[H^+]$, $[OH^-]$, $[Cl^-]$, [HA], $[M^+]$, $[A^-]$)가 있고, 6개의 독립된 식이 있다(전하 균형식은 다른 식들을 결합시켜 만들 수 있으나, 여기서는 독립된 식으로 생각하지는 않겠다).

가정을 다음과 같이 단순화하자.

(1) 산 용액에서 HA의 해리는 억제되므로 $[A^-] \ll [HA]$가 되어, 식 (4)로부터 다음과 같이 된다.

$$[M^+] = [A^-] + [HA] \approx [HA]$$

(2) 산 용액에서 $[OH^-]$는 매우 작으므로, 식 (5)와 (6)으로부터 다음과 같이 된다.

$$[H^+] = 0.10 + [OH^-] - [HA] \approx 0.10 - [HA]$$

계산:

1 L에 녹아 있는 MA의 몰수를 얻으려면 $[M^+]$를 계산할 필요가 있다.

식 (1)로부터

$$[M^+] = \frac{K_{sp}}{[A^-]} \tag{8}$$

식 (2)로부터

$$[A^-] = \frac{K_a[HA]}{[H^+]} \tag{9}$$

따라서 식 (8)을 (9)로 나누면

$$[M^+] = \frac{K_{sp}[H^+]}{K_a[HA]} = 1.0 \times 10^{-2}\frac{[H^+]}{[HA]} \tag{10}$$

식 (1)로부터

$$[M^+] \approx [HA]$$

식 (2)로부터

$$[H^+] \approx 0.10 - [HA] \approx 0.10 - [M^+]$$

$$[M^+] = \frac{(1.0 \times 10^{-2})(0.10 - [M^+])}{[M^+]}$$

$$\frac{[M^+]^2}{0.10 - [M^+]} = 1.0 \times 10^{-2}$$

이차 방정식을 풀면 $[M^+] = 0.027\ M$을 얻는다.

가정의 타당성을 확인할 수 있다.

따라서 0.027 mol MA가 1 L에 녹아 있을 것이다. 이것은 물에서의 0.00010 mol과 비교된다. 이제 검산을 하자.

(1)

$$[HA] \approx [M^+] = 0.027\ M$$

$$[A^-] = \frac{K_{sp}}{[M^+]} = \frac{1.0 \times 10^{-8}}{0.027} = 3.7 \times 10^{-7}\ M$$

가정 (1)은 $[A^-] \ll [HA]$이므로 타당하다.

(2)
$$[H^+] \approx 0.10 - [M^+] = 0.073\ M$$

$$[OH^-] = \frac{K_w}{[H^+]} = \frac{1.0 \times 10^{-14}}{0.073} = 1.4 \times 10^{-13}$$

가정 (2)는 $[OH^-] \ll [Cl^-]$, $[HA]$이므로 타당하다. ■

다른 방법으로 Goal Seek을 이용한 풀이

엑셀에 흥미를 가진 사람은 이런 가정이 없는 더 빠르고 간단한 방법을 찾을 수 있다. 전하 균형식은 다음과 같다.

$$[M^+] + [H^+] - [Cl^-] - [A^-] - [OH^-] = 0$$

이것은 다음과 같이 다시 정리할 수 있다.

$$s + [H^+] - 0.10 - s\alpha_1 - K_w/[H^+] = 0$$

s에 대하여 $\sqrt{(K_{sp}/\alpha_1)}$을 대입하고 Goal Seek을 하면 $s = 0.027\ M$의 해를 구할 수 있다. 교재 **웹 사이트** 예제 11.2 Goal Seek을 참조하라.

예제 11.3

체계적인 방법을 사용하여, 0.0010 M 염산 용액에서 CaC_2O_4의 용해도를 계산하시오.

풀이

평형과 해리는 다음과 같다.

$$\underline{CaC_2O_4} \rightleftharpoons Ca^{2+} + C_2O_4{}^{2-}$$
$$C_2O_4{}^{2-} + H^+ \rightleftharpoons HC_2O_4{}^-$$
$$HC_2O_4{}^- + H^+ \rightleftharpoons H_2C_2O_4$$
$$H_2O \rightleftharpoons H^+ + OH^-$$
$$HCl \rightarrow H^+ + Cl^-$$

평형 상수식은 다음과 같다.

$$K_{sp} = [Ca^{2+}][C_2O_4{}^{2-}] = 2.6 \times 10^{-9} \quad (1)$$

$$K_{a1} = \frac{[H^+][HC_2O_4{}^-]}{[H_2C_2O_4]} = 6.5 \times 10^{-2} \quad (2)$$

$$K_{a2} = \frac{[H^+][C_2O_4{}^{2-}]}{[HC_2O_4{}^-]} = 6.1 \times 10^{-5} \quad (3)$$

$$K_w = [H^+][OH^-] = 1.00 \times 10^{-14} \quad (4)$$

질량 균형식은 다음과 같고,

$$[Ca^{2+}] = [C_2O_4{}^{2-}] + [HC_2O_4{}^-] + [H_2C_2O_4] = Ox_T \quad (5)$$

$$[H^+] = [Cl^-] + [OH^-] - [HC_2O_4{}^-] - 2[H_2C_2O_4] \quad (6)$$

$$[Cl^-] = 0.0010\ M \quad (7)$$

전하 균형식은 다음과 같다.

$$[H^+] + 2[Ca^{2+}] = 2[C_2O_4{}^{2-}] + [HC_2O_4{}^-] + [Cl^-] + [OH^-] \quad (8)$$

7개의 미지수($[H^+]$, $[OH^-]$, $[Cl^-]$, $[Ca^{2+}]$, $[C_2O_4^{2-}]$, $[HC_2O_4^-]$, $[H_2C_2O_4]$)가 있고, 7개의 독립된 식이 있다.

가정을 단순화하자.

(1) K_{a1}은 약간 크고 K_{a2}는 약간 작으므로 $[HC_2O_4^-] \gg [H_2C_2O_4]$, $[C_2O_4^{2-}]$로 가정한다.

(2) 산 용액에서 $[OH^-]$는 매우 작으므로, 식 (6)과 (7)로부터 다음과 같이 된다.

$$[H^+] = 0.0010 + [OH^-] - [H_2C_2O_4^-] - 2[H_2C_2O_4] \approx 0.0010 - [HC_2O_4^-] \quad (9)$$

계산:

1 L에 녹아 있는 CaC_2O_4의 몰수를 얻으려면 $[Ca^{2+}]$를 계산할 필요가 있다.

식 (1)로부터

$$[Ca^{2+}] = \frac{K_{sp}}{[C_2O_4^{2-}]} \quad (10)$$

식 (3)으로부터

$$[C_2O_4^{2-}] = \frac{K_{a2}[HC_2O_4^-]}{[H^+]} \quad (11)$$

따라서

$$[Ca^{2+}] = \frac{K_{sp}[H^+]}{K_{a2}[HC_2O_4^-]} \quad (12)$$

가정 (1)로부터

$$[Ca^{2+}] = [HC_2O_4^-] \quad (13)$$

가정 (2)로부터

$$[H^+] \approx 0.0010 - [HC_2O_4^-] \approx 0.0010 - [Ca^{2+}] \quad (14)$$

식 (12)에 식 (13)과 (14)를 대입한다.

$$[Ca^{2+}] = \frac{K_{sp}(0.0010 - [Ca^{2+}])}{K_{a2}[Ca^{2+}]} = \frac{(2.6 \times 10^{-9})(0.0010 - [Ca^{2+}])}{(6.1 \times 10^{-5})[Ca^{2+}]}$$

$$[Ca^{2+}] = \frac{(4.3 \times 10^{-5})(0.0010 - [Ca^{2+}])}{[Ca^{2+}]}$$

답은 K'_{sp}를 사용할 때와 같다 (예제 11.1).

이차 방정식을 풀면, $[Ca^{2+}] = 1.9 \times 10^{-4}$ M을 얻는다. 이것은 예제 11.1에서 **소모된 H^+ 이온을 보정한 후**, 조건부 용해도곱을 사용한 계산과 같다. 지금의 예제에서는 계산 과정에서 소모된 H^+ 이온을 보정하였다. 예제 11.1에서 $HC_2O_4^-$가 $[Ca^{2+}]$ 값의 95%로 계산되었으므로 가정 (1)이 타당했음을 주목하라.

이 문제에 대한 Goal Seek 풀이는 이 책의 **웹 사이트** 예제 11.1에 나와 있다. ■

11.3 착물화가 용해도에 미치는 영향: 조건부 용해도곱

산이 음이온에 대하여 경쟁하는 것처럼, 착화제도 침전물의 금속 이온과 경쟁할 수 있다. 녹아서 M^+와 A^-를 형성하고, 리간드 L과 결합하여 ML^+를 형성하는 침전물 MA에 대해서 다음 평형이 성립한다.

$$\left.\begin{array}{c} MA \rightleftharpoons M^+ \\ + \\ L \\ \upharpoonleft\downharpoonright \\ ML^+ \end{array}\right\} \begin{array}{l} +A^- \\ \\ M_T \\ \\ \\ \end{array}$$

$[M^+]$와 $[ML^+]$의 합은 평형 상태의 분석 농도 M_T가 되고, 이것은 $[A^-]$와 같다. 여기서 관련된 계산들은 산이 용해도에 미치는 영향에 대한 계산과 거의 동일하다.

NH_3 존재하의 AgBr의 용해도를 생각해 보자. 관련된 평형은 다음과 같다.

$$\underline{AgBr} \rightleftharpoons Ag^+ + Br^- \quad (11.7)$$

$$Ag^+ + NH_3 \rightleftharpoons Ag(NH_3)^+ \quad (11.8)$$

$$Ag(NH_3)^+ + NH_3 \rightleftharpoons Ag(NH_3)_2{}^+ \quad (11.9)$$

AgBr의 용해도 s는 $[Br^-] = Ag_T$와 같은데, 여기서 Ag_T는 평형 상태에서의 모든 은 화합물의 농도$(=[Ag^+]+[Ag(NH_3)^+]+[Ag(NH_3)_2{}^+])$를 나타낸다. 앞에서와 같이 K_{sp} 식의 $[Ag^+]$ 대신에 $Ag_T\alpha_M$를 대입할 수 있는데, 여기서 α_M는 화합물 중 Ag^+로 존재하는 은 화학종의 분율이다.

$$K_{sp} = [Ag^+][Br^-] = Ag_T\alpha_M[Br^-] = 4 \times 10^{-13} \quad (11.10)$$

그러면

$$\boxed{\frac{K_{sp}}{\alpha_M} = K'_{sp} = Ag_T[Br^-] = s^2} \quad (11.11)$$

여기서 K'_{sp}는 **조건부 용해도곱**이고, 이것은 암모니아 농도에 의존하는 값이다.

K'_{sp} 값은 주어진 NH_3의 농도에서만 적용된다.

예제 11.4

0.10 M 암모니아 용액 중 브로민화 은의 몰용해도를 계산하시오.

풀이

예제 9.20과 K_f 값(예제 9.1과 9.2)으로부터, 0.10 M 암모니아에 대하여 계산한다.

$$\alpha_{Ag} = 1/(1 + K_{f1}[NH_3] + K_{f1}K_{f2}[NH_3]^2)$$

$$= 1/[1 + (2.5 \times 10^3)(0.10) + (2.5 \times 10^3)(1.0 \times 10^4)(0.10)^2] = 4.0 \times 10^{-6}$$

$$s = \sqrt{\frac{K_{sp}}{\alpha_M}} = \sqrt{4 \times 10^{-13}/4.0 \times 10^{-6}} = 3._2 \times 10^{-4}\ M$$

물에서의 용해도 6×10^{-7} M과 비교하자(530배 더 잘 녹는다). 또 $[Br^-]$와 Ag_T가 모두 $3._2\times 10^{-4}$ M이 됨을 주목하라. 평형 상태에서의 다른 은 화학종의 농도는 다음과 같이 얻을 수 있다. $[Ag^+] = Ag_T\alpha_M$, $[Ag(NH_3)^+]=[Ag^+]\beta_1[NH_3]$, $[Ag(NH_3)_2{}^+]=[Ag^+]\beta_2[NH_3]^2$이다. 예제 9.5로부터 β 값들을 사용하면 $[Ag^+]=1._3\times10^{-9}$ M, $[Ag(NH_3)^+]=3._2\times10^{-7}$ M, $[Ag(NH_3)_2{}^+]=3._2\times10^{-4}$ M의 결과를 얻을 수 있다. 용해된 은의 대부분은 $Ag(NH_3)_2{}^+$ 형태로 존재하는 것을 주목하라. ■

가정한 암모니아 평형 농도가 맞는지를 확인하라.

우리는 은과 반응하는 데 소요된 암모니아의 양을 무시하였다. 실제로 암모니아는 0.10 M에 비해 무시될 수 있을 정도로 작은 값임을 보았다[$Ag(NH_3)_2^+$ 형성에 6×10^{-4} M이, $Ag(NH_3)^+$ 형성에 더욱 적은 양이 사용되었다]. 사용된 암모니아가 상당량이 될 경우, 반복 계산법을 이용하여 더 정확한 답을 얻을 수도 있다. 즉 소요된 암모니아의 양을 초기 농도에서 빼고, 새로운 농도를 사용하여 새로운 β 값과 새로운 용해도를 계산할 수 있다. 이것을 풀이가 일정한 값에 도달할 때까지 계속한다. 이들 문제들은 Goal Seek으로도 풀이가 가능하다.

예제 11.5

0.0010 M 리간드 용액 중에 있는, $K_{sp} = 1 \times 10^{-8}$인 염 MX의 몰용해도를 계산하시오. 여기서 L은 염기이고 $K_b = 1.0 \times 10^{-3}$이며, M에 결합할 때 β_1과 β_2 값은 각각 1.0×10^5, 1.0×10^8이다. (β 값들을 복습하려면 9.6절을 참조하라.)

Goal Seek 풀이

예제 11.4에서는 암모니아의 염기성 행동을 무시하였다(일부 암모니아는 이온화하여 NH_4^+를 생성하며, NH_4^+는 은 이온과의 착물 형성에는 관여하지 않는다). 즉 만일 약염기가 아닌 리간드로 취급한다면, 이를 무시해서는 안 된다. 마찬가지로, 착물 형성에 관여하는 자유 리간드의 농도에서도 무시할 만한 감소가 있다고 가정하였는데, 이는 염이 더 용해성이거나(K_{sp}가 더 큼) 착물화 상수가 더 큰 경우에는 그렇지 않을 것이다. 현재의 문제는 모두 의도적으로 근사가 허용하지 않을 수 있는 이들 조건으로 하였다. 그럼에도 불구하고, Goal Seek은 반복 계산을 하도록 해준다.

L이 가수 분해하여 OH^-를 생성하는 염기성 행동을 생각하자.

$$L + H_2O \rightleftharpoons LH^+ + OH^-$$

그리고 평형 상수식은 다음과 같다.

$$K_b = \frac{[LH^+][OH^-]}{[L]}$$

이것이 확실한 염기성 용액이 되어 물의 이온화를 무시한다면, 분자에서 두 이온의 근원은 위 평형뿐이며 그들의 농도는 같아질 것이다. 즉 $[LH^+]=[OH^-]$. 따라서 다음과 같이 된다.

$$K_b = [LH^+]^2/[L]$$

$$[LH^+] = \sqrt{K_b[L]}$$

L에 대한 질량 균형식은 다음과 같다.

$$[L]_T = 0.001 = [L] + [LH^+] + [ML^+] + 2[ML_2^+]$$

만일 s가 용해도라면, 예제 11.4에서처럼 $s = \sqrt{\left(\frac{K_{sp}}{\alpha_M}\right)}$이고 $[M^+] = s\alpha_M$이며, 이들을 사용하여 남아 있는 두 항을 나타낼 수 있다.

$$[ML^+] = \beta_1[M^+][L]$$

$$[ML_2^+] = \beta_2[M^+][L]^2$$

관계식들이 모두 잘 정의되어 있는 한, 이미 정의한 이들을 질량 균형식(MBE)에 대입할 수 있다. 웹 사이트에 예제 11.5 Goal Seek 엑셀을 수행하면 $s = 4.5 \times 10^{-4}$ M이 된다. ■

11.4 침전 적정

평형이 빠르고 적절한 종말점의 검출 방법만 가능하다면, 침전 적정도 어떤 분석물을 정량하는 데 유용하다. 먼저 적정 곡선을 고려해 보면 지시약 선택, 정밀도, 혼합물 적정 등을 이해하는 데 도움이 될 것이다.

적정 곡선 — pX 계산

$AgNO_3$ 표준 용액으로 Cl^-를 적정하는 것을 생각해 보자. 산-염기 적정에 사용한 것과 유사한 방법으로 $AgNO_3$ 부피에 대한 pCl($-\log[Cl^-]$) 변화를 그려 적정 곡선을 얻을 수 있다. 그림 11.1에 대표적인 적정 곡선을 나타내었다. pX는 할로젠 음이온 농도의 음의 대수값을 나타낸다. 적정을 시작하는 시점에서 Cl^-는 0.1 *M*이므로 pCl은 1이 된다. 적정을 진행하면 용액에서 Cl^- 일부가 AgCl 침전으로 제거되며, pCl은 용액에 남아 있는 Cl^- 농도에 의해 결정된다. 침전의 해리에 의한 Cl^-는 당량점에 가까운 곳을 제외하고는 거의 무시할 수 있다. 당량점에서는 AgCl 포화 용액이 되므로 pCl = 5, 즉 $[Cl^-] = \sqrt{K_{sp}} = 10^{-5}$ *M*이 된다(10장 참조). 당량점을 지나면, Ag^+는 과량으로 존재하고, 10장의 예제 10.7처럼 Cl^-의 농도는 Ag^+ 농도와 K_{sp} 값에 의해 결정된다($[Cl^-] = K_{sp}/[Ag^+]$). 이런 곡선의 엑셀 계산에 대해서는 교재 웹 사이트를 참조하라.

AgI는 용해도가 가장 작으므로, 당량점을 지나서는 $[I^-]$가 작아지고 pI는 커진다.

예제 11.6

0.1000 *M* Cl^- 100.0 mL를 0.1000 *M* $AgNO_3$로 적정할 경우, 0.00, 20.00, 99.00, 99.50, 100.00, 100.50, 110.0 mL의 $AgNO_3$가 첨가되었을 때 pCl을 계산하시오.

풀이

0.00 mL에서:

$$pCl = -\log 0.1000 = 1.000$$

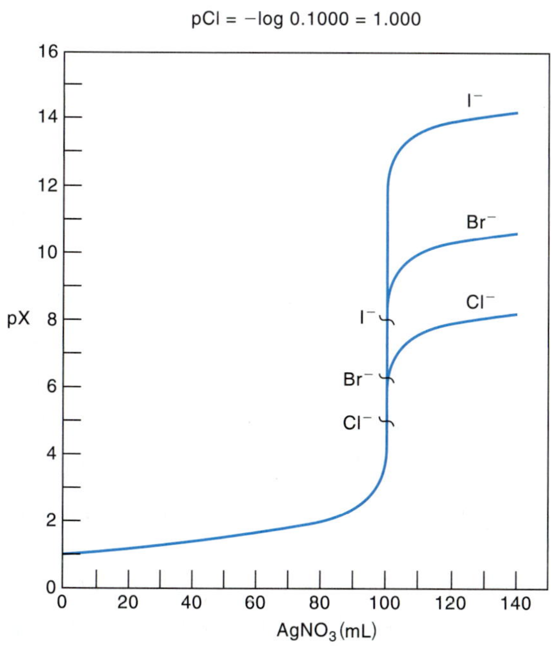

그림 11.1 0.10 *M* $AgNO_3$로 0.10 *M* Cl^-, Br^-, I^- 각각 100 mL를 적정할 때의 적정 곡선

20.00 mL에서;

$$\text{mmol Cl}^- = 100.0 \text{ mL} \times 0.1000 \text{ mmol/mL} = 10.00 \text{ mmol}$$

$$\text{mmol Ag}^+ = 20.00 \text{ mL} \times 0.1000 \text{ mmol/mL} = 2.000 \text{ mmol}$$

$$\text{남은 Cl}^- = 10.00 - 2.00 = 8.00 \text{ mmol/120.0 mL} = 0.0667\ M$$

$$\text{pCl} = -\log 0.0667 = 1.18$$

99.00 mL에서;

$$\text{mmol Ag}^+ = 99.00 \text{ mL} \times 0.1000 \text{ mmol/mL} = 9.900 \text{ mmol}$$

$$\text{남은 Cl}^- = 10.00 - 9.90 = 0.10 \text{ mmol/199.0 mL} = 5.0 \times 10^{-4}\ M$$

$$\text{pCl} = -\log 5.0 \times 10^{-4} = 3.30$$

99.50 mL에서;

$$\text{mmol Ag}^+ = 99.50 \text{ mL} \times 0.1000 \text{ mmol/mL} = 9.950 \text{ mmol}$$

$$\text{남은 Cl}^- = 10.00 - 9.95 = 0.05 \text{ mmol/199.5 mL} = 2._5 \times 10^{-4} M$$

$$\text{pCl} = -\log 2._5 \times 10^{-4} = 3.60$$

100.00 mL에서, Cl^- 모두가 Ag^+와 반응한다.

$$[\text{Cl}^-] = \sqrt{K_{sp}} = \sqrt{1.0 \times 10^{-10}} = 1.0 \times 10^{-5}\ M$$

$$\text{pCl} = -\log 1.0 \times 10^{-5} = 5.00$$

100.50 mL에서;

$$\text{mmol Ag}^+ = 100.50 \text{ mL} \times 0.1000 \text{ mmol/mL} = 10.05 \text{ mmol}$$

$$\text{남은 Ag}^+ = 10.05 - 10.00 = 0.05 \text{ mmol/200.5 mL} = 2._5 \times 10^{-4}\ M$$

$$[\text{Cl}^-] = K_{sp}/[\text{Ag}^+] = 1.0 \times 10^{-10}/2._5 \times 10^{-4} = 4._0 \times 10^{-7}\ M$$

$$\text{pCl} = -\log 4._0 \times 10^{-7} = 6.40$$

110.00 mL에서;

$$\text{mmol Ag}^+ = 110.00 \text{ mL} \times 0.1000 \text{ mmol/mL} = 11.00 \text{ mmol}$$

$$\text{남은 Ag}^+ = 11.00 - 10.00 = 1.00 \text{ mmol/210 mL} = 4.76 \times 10^{-3}\ M$$

$$[\text{Cl}^-] = 1.0 \times 10^{-10}/4.76 \times 10^{-3} = 2.1 \times 10^{-8}\ M$$

$$\text{pCl} = -\log 2.1 \times 10^{-8} = 7.67$$

■

K_{sp} 값이 작을수록 종말점이 뚜렷해진다.

K_{sp} 값이 작을수록 당량점에서의 곡선의 급격한 변화는 더욱 커진다. 이것은 그림 11.1에 Cl^-, Br^-, I^-에 대한 Ag^+의 적정 곡선을 비교하여 예시되어 있다. AgCl, AgBr, AgI의 K_{sp} 값은 각각 1×10^{-10}, 4×10^{-13}, 1×10^{-16}이다. 적정 시작 전에는 각 음이온의 농도가 같으므로, 당량점 근처까지는 각 음이온의 농도는 용액에서 같은 분율로 제거되므로 같다. 당량점에서는 K_{sp} 값이 작을수록 $[X^-]$는 작아지기 때문에, 염이 포화된 용액의 pX는 커진다. 당량점을 지나서는 K_{sp}가 작을수록 $[X^-]$가 작아지므로 결과적으로 pX가 더 크게 변한다. 따라서 더 불용성인 침전을 만들수록, 당량점에서의 pX의 급격한 변화는 더욱 크다.

만약 이전과는 반대로 Ag^+를 Cl^-로 적정하면, Cl^- 부피 변화에 따른 pCl 변화를 보이는 적정 곡선은 그림 11.1 적정 곡선의 반대가 될 것이다. 당량점에 도달하기 전까지는 Cl^-의 농도는 과량의 Ag^+와 K_{sp} 값에 의해 결정된다. 당량점을 지나면 단순히 과량의 Cl^-에 의해서 지배될 것이다. 적정 곡선을 염화 이온 용액의 부피에 대한 pAg의 변화로 그리면, 곡선은 그림 11.1과 같게 될 것이다.

금속–리간드 적정(9.3절에서 논의한 것처럼)과 매우 유사한 점을 주목하라. 현재의 침전 적정은 모든 지점에서 간단한 이차 방정식으로 쉽게 풀 수가 있다. 사실상 금속–리간드 착물 ML의 형성 상수와는 다르게, 대응되는 평형 상수식인 용해도곱 K_{sp}에는 분모 항이 없으므로 금속–리간드 적정보다 더 간단하다. 두 가지 상황은 동일하다(금속–리간드 경우에서 규약에 의해서 평형 상수를 회합 상수로 나타낸 반면, 용해도곱 상수는 해리 상수로 나타낸 것을 제외하고는). 불용성염 XY에 대해서 C_x 몰농도의 용액 V_x mL를 취하여, 어떤 지점에서 C_Y 몰농도를 갖는 Y 용액 V_Y mL로 적정하여 전체 부피는 $V_T(=V_X+V_Y)$가 되었다고 가정하자. 용해도곱 식에 포함된 농도 단위는 몰농도이다. 모든 양을 몰수와 몰농도로 유지하기 위해서, 부피를 리터로 하여 다음과 같이 나타낼 수 있다.

$$K_{sp} = [X][Y] = \frac{(C_X V_X - p)}{V_T}\frac{(C_Y V_Y - p)}{V_T} \tag{11.12}$$

여기서 p는 침전된 XY 몰수를 나타낸다. 이것은 p에 대한 이차 방정식이 된다.

$$p^2 - (C_X V_X + C_Y V_Y)p + (C_X V_X C_Y V_Y - {V_T}^2 K_{sp}) = 0 \tag{11.13}$$

금속–리간드 착물화의 경우처럼, 일반적으로 이 방정식의 음의 값을 갖는 해는 p에 대하여 의미가 없다. 그런 후 [X]와 [Y](여기에서는 pX와 pY)는 $(C_X V_X - p)/V_T$와 $(C_Y V_Y - p)/V_T$로 쉽게 계산된다. **웹 사이트** 그림 11.1 엑셀에서 이 방법으로 그림 11.1의 생성을 보여 주고 있다. Y를 첨가하기 전에는 XY의 침전도 없고 용해도곱 평형은 적용할 수 없다는 것을 주의하라. $V_Y=0$에서 $p=0$를 직접 대입해야 한다.

단계적 침전 적정

만일 K_{sp} 값들이 많이 다르면, 같은 시약으로 침전될 수 있는 두 가지 분석물을 단계적으로 침전시킬 수가 있다. 은 이온으로 적정하는 아이오딘화 이온과 염화 이온의 혼합물을 생각해 보자. AgI의 K_{sp}는 AgCl의 K_{sp}보다 10^6배 작으므로 AgI가 먼저 침전된다. 적정 시약을 한 방울 첨가하자마자 AgI가 침전되고, AgI의 용해도 평형과 관련 있는 적정만이 명확히 진행된다. 이것은 아이오딘화 이온이 거의 모두 적정되어 $[Ag^+]$가 AgCl의 K_{sp}에 도달할 때까지 계속된다. 그 이후로는 AgCl의 침전이 시작될 것이며, AgI와 AgCl 침전 모두가 존재할 것이다. 은이 침전하는 것을 생각하여 이전처럼 살펴볼 수 있으나, 이번에는 용액에 남아 있는 은 이온을 변수로서 이것을 다루어 보자. 다음의 조건을 생각해 보자.

다음과 같이 놓자.

V_X는 적정할 용액의 처음 부피, 0.1 L
I_0는 취한 I^-의 처음 농도, 0.1 *M*
Cl_0는 취한 Cl^-의 처음 농도, 0.1 *M*
C_{Ag}는 $AgNO_3$ 적정 시약의 농도
V_{Ag}는 어떤 지점에서 첨가된 적정 시약 부피이며 리터로 나타냄
V_T는 어떤 지점에서 전체 부피(V_X+V_{Ag})이며 리터로 나타냄

AgCl 침전이 시작된 후:
첨가한 Ag^+ 몰수 = 침전된 AgI 몰수 + 침전된 AgCl 몰수 + 용액 내 Ag 몰수
$V_{Ag}C_{Ag}$= (취한 I^- 몰수 − 용액 내 I^- 몰수)
+ (취한 Cl^- 몰수 − 용액 내 Cl^- 몰수) + $[Ag^+]V_T$

$$V_{Ag}C_{Ag} = (V_X I_0 - [I^-]V_T) + (V_X Cl_0 - [Cl^-]V_T) + [Ag^+]V_T \tag{11.14}$$

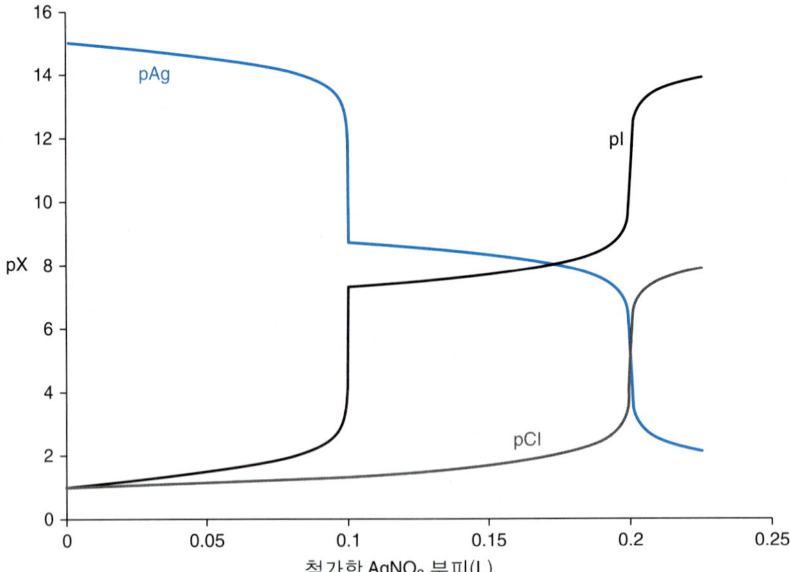

그림 11.2 0.10 M $AgNO_3$로 0.10 M I^-와 Cl^-를 포함한 혼합 용액 100 mL를 적정할 때의 적정 곡선

$[I^-]$와 $[Cl^-]$는 각각 $K_{sp,AgI}/[Ag^+]$와 $K_{sp,AgCl}/[Ag^+]$로 나타낼 수 있으므로, 식 11.14는 다음과 같이 된다.

$$(V_{Ag}C_{Ag} - V_X(I_0 + Cl_0))/V_T = [Ag^+] - (K_{sp,AgI} + K_{sp,AgCl})/[Ag^+] \qquad (11.15)$$

식 11.15는 $[Ag^+]$에 대한 이차 방정식으로, 일반적인 식에서 계수는 $a=1$, $b=-(V_{Ag}C_{Ag} - V_X(I_0 + Cl_0))/V_T$, $c = -(K_{sp,AgI} + K_{sp,AgCl})$이다. 현재 양의 해는 합리적인 결과를 나타낸다. 웹 사이트 그림 11.2 엑셀에 주어진 적절한 스프레드시트가 주어졌고, 도시는 그림 11.2에 나타내었다. 아이오딘화 이온의 당량점에 도달하였을 때, AgCl 침전이 시작된다고 가정할 수 있다. 그러나 이 지점에서 첨가된 은의 정확한 부피를 구할 수 있으며, 이것을 어떻게 하는지는 스프레드시트에 논의하였다. 실제로는 아이오딘화 이온의 종말점에 너무 가까워서 차이를 구분하기가 어려울 것이다.

예제 11.7

미국 식염 속의 아이오딘에는 NaI나 KI가 첨가되는데, 농도는 45 mg I/kg 식염이다. 다른 성분들이 존재하는 것을 무시하고, 질산 은의 적정에 의해서 아이오딘의 양을 정량하려 한다면, AgCl이 침전되기 시작할 때 용액 중에 남아 있는 아이오딘의 분율은 얼마인가? (단, 물에 충분한 양의 염을 녹여 0.1 M NaCl 용액을 만들었다고 가정한다.)

풀이

NaCl의 화학식량은 58.5이다. 그러므로 아이오딘화 이온에 대한 염화 이온의 몰비는 다음과 같다.

$$\frac{\dfrac{1000\text{ g}}{58.5\text{ g NaCl/mol}}}{\dfrac{0.045\text{ g}}{127\text{ g I}^-\text{/mol}}} = 4.82 \times 10^4$$

0.1 M Cl^- 용액이 있다면, I^- 농도는 $0.1/(4.82 \times 10^4) = 2.07 \times 10^{-6}$ M이다.

0.1 M $[Cl^-]$ 용액의 경우, AgCl은 $[Ag^+]=K_{sp,AgCl}/[Cl^-]=10^{-10}/0.1=10^{-9}$ M에서 침전될 것이다.

이 $[Ag^+]$에서 아이오딘화 이온의 농도는 $K_{sp,AgI}/[Ag^+]=10^{-16}/10^{-9}=10^{-7}$ M이다. 그러므로 아이오딘 분율은 $10^{-7}/2.07 \times 10^{-6} \times 100\% = 4.83\%$이다. ■

종말점의 검출: 지시약

종말점의 검출은 적당한 전극과 전위차계를 사용하여 pCl이나 pAg를 측정함으로써 가능할 수 있다. 이것은 13장에서 다룬다. 그러나 지시약을 사용하면 더욱 편리하다. 침전 적정에 사용되는 지시약 이론은 산-염기 지시약의 경우와 다르다. 지시약의 성질이 pCl이나 pAg, 즉 용액에 있는 어떤 이온의 농도에 따라 변해야 할 이유는 없다.

화학자들은 보통 두 가지 형태의 지시약을 사용한다. 첫 번째 형태의 지시약은 적정 시약이 과량 있으면 적정 시약과 색을 띠는 화합물을 형성한다. 두 번째 형태의 지시약은 **흡착 지시약**(**adsorption indicator**)이라고 하며, 당량점에서 침전물의 성질이 바뀜에 따라 침전물에 흡착이 되어 색이 변한다. 이들의 메커니즘은 뒤에 설명할 것이다.

Joseph L. Gay-Lussac(1788~1850)은 1892년에 <0.05% 상대 정밀도와 정확도로 탁도법 적정에 의해서 은의 분석을 수행하였다. Karl F. Mohr(1808~1879)는 K_2CrO_4 지시약을 사용하여 종말점 방법을 개선하였다.

1. 적정 시약과 반응하는 지시약 적정 시약과 색을 띠는 화합물을 형성하는 지시약은 여러 가지 있다. 하나의 예로 염화 이온 정량법인 **Mohr 법**(**Mohr method**)을 들 수 있다. 질산 은 표준 용액으로 염화 이온을 적정한다. 지시약으로는 가용성 크로뮴산염을 사용한다. 크로뮴산 용액은 노란색을 띤다. 염화 이온이 완전히 침전하면, 과량으로 들어간 Ag^+가 지시약과 반응하여 붉은색 크로뮴산 은 침전을 만든다.

$$\underset{(\text{노란색})}{CrO_4^{2-}} + 2Ag^+ \rightarrow \underset{(\text{붉은색})}{\underline{Ag_2CrO_4}} \tag{11.16}$$

이때 지시약의 농도는 매우 중요하다. Ag_2CrO_4 침전은 AgCl 포화 용액이 되는 당량점에서 시작해야 한다. K_{sp}로부터 당량점에서의 Ag^+ 농도는 10^{-5} M이다(당량점에 도달하기 전에는 이보다 농도가 낮다). 그러므로 $[Ag^+]=10^{-5}$ M일 때 Ag_2CrO_4의 침전은 막 시작되어야 한다. Ag_2CrO_4의 용해도곱은 1.1×10^{-12}이다. Ag_2CrO_4의 K_{sp} 식에 Ag^+ 농도를 대입하여, 이 조건을 만족하기 위한 $[CrO_4^{2-}]$는 0.011 M임을 계산해 낼 수 있다.

$$(10^{-5})^2[CrO_4^{2-}] = 1.1 \times 10^{-12}$$

$$[CrO_4^{2-}] = 1.1 \times 10^{-2}\ M$$

$[CrO_4^{2-}]$의 농도가 0.011 M보다 크면 $[Ag^+]$가 10^{-5} M보다 작을 때(당량점에 도달하기 전에) Ag_2CrO_4 침전이 시작될 것이고, 0.011 M보다 더 작으면 $[Ag^+]$가 10^{-5} M보다 커야(당량점을 지나서) 침전이 시작될 것이다.

실제 실험에서는 지시약 농도를 0.002~0.005 M로 유지한다. 농도가 이보다 훨씬 더 클 경우에는 크로뮴산 이온의 노란색이 너무 진해서 Ag_2CrO_4 붉은색 침전색을 가리게 되어 Ag^+를 과량 가해야만 보일 수 있을 정도로 침전이 형성된다. 반드시 지시약 바탕 실험을 하여 이 값을 적정값으로부터 빼주어, 이 때문에 발생하는 지시약 오차를 보정해 주어야 한다. 같은 적정을 사용한 적정 시약의 표준화도 지시약 오차를 고려해야 한다.

너무 빠르거나 너무 늦게 당량점을 나타내는 지시약으로부터 발생되는 적정 오차는 바탕 적정이나 NaCl 일차 표준 물질로 동일한 적정을 하여 적정 시약의 표준화를 통하여 보정할 수 있다.

Mohr 적정은 pH 8 근처에서 수행되어야 한다. 용액이 너무 산성(pH<6)이면, 지시약의 일부가 $HCrO_4^-$로 존재하게 되어 Ag_2CrO_4의 침전을 형성하는 데 더 많은 Ag^+를 필요로 한다. pH 8 이상에서는 수산화 은 침전이 생길 수 있다(pH>10에서). 용액에 고체 탄산 칼슘을 넣으면 pH가 적절히 유지된다(탄산 이온은 비교적 강한 Brønsted 염기이나 포화 탄산 칼슘 용액은 pH 8 정도로 된다). Mohr 적정은 음료수와 같은 중성이나 비완충 용액 중의 염화 이온 정량에 매우 유용하다.

Mohr 적정은 약알칼리성 용액에서 수행한다.

이런 종류의 지시약을 사용하는 두 번째 예로 **Volhard 적정**(**Volhard titration**)을 들 수 있다. 이것은 은 이온과 침전을 형성하는 음이온(Br^-, I^-, SCN^-)의 간접 적정법으로, 산성(HNO_3) 용액에서 이루어진다. 이 과정에서는 $AgNO_3$를 과량 가해서 음이온과 침전을 형성시키고, 남은 과량의 Ag^+를 싸이오사이안산 포타슘 표준 용액으로 역적정하여 정량한다.

Volhard 적정은 산성 용액에서 수행한다.

$$X^- + Ag^+ \rightarrow \underline{AgX} + \text{과량의 } Ag^+$$
$$\text{과량의 } Ag^+ + SCN^- \rightarrow \underline{AgSCN} \qquad (11.17)$$

과량의 적정 시약과 가용성의 붉은색 착물을 형성하는 철(III)을 철 백반(황산철(III) 암모늄) 형태로 가하여 종말점을 검출한다.

$$Fe^{3+} + SCN^- \rightarrow Fe(SCN)^{2+} \qquad (11.18)$$

AgX 침전물의 용해도가 AgSCN보다 작으면, 적정하기 전에 침전을 제거할 필요가 없다. I^-, Br^-, SCN^-가 이 경우에 속한다. I^-의 경우에는 I^-가 침전될 때까지 지시약을 가하지 않는다. 왜냐하면 I^-는 철(III)에 의해 산화될 수도 있기 때문이다. 침전물의 용해도가 AgSCN보다 더 크면, 적정 시약과 반응하여 불분명한 종말점을 나타낼 것이다. AgCl이 이 경우에 해당한다.

$$\underline{AgCl} + SCN^- \rightarrow \underline{AgSCN} + Cl^- \qquad (11.19)$$

따라서 적정하기 전에 침전물을 걸러서 제거해야 한다.

이 지시약들은 적정제와 반응하여 침전물보다 더 안정된 화합물을 만들지 않아야 한다. 그렇지 않으면 적정 시약을 한 방울만 가해도 변색이 일어난다.

2. 흡착 지시약 흡착 지시약의 변색 반응은 침전 표면에서 일어난다. 이 형태의 지시약은 염료인데, 용액에서는 이온화된 형태로, 보통 음이온인 In^-로 존재한다. 지시약 반응의 메커니즘을 설명하기 위해서 침전 과정에서 일어나는 메커니즘을 알 필요가 있다(자세한 것은 10장 참조).

Cl^-를 Ag^+로 적정할 경우를 생각해 보자. 당량점 이전에는 Cl^-가 과량으로 존재하고, **1차 흡착층**(*primary adsorbed layer*)은 Cl^-로 되어 있다. 이 층은 음이온인 지시약을 반발하고, 더 약하게 붙어 있는 **2차 (반대) 흡착층**〔*secodary (counter) layer*〕은 Na^+와 같은 양이온이다.

$$AgCl : Cl^- :: Na^+$$

당량점을 지나서는 Ag^+가 과량이 되고, 침전 표면은 양전하를 띠고 Ag^+가 1차 층을 이룬다. 이제 이것은 음이온인 지시약을 잡아당겨 2차(반대) 층으로 흡수할 것이다.

$$AgCl : Ag^+ :: In^-$$

흡착된 지시약의 색은 흡착이 안 된 것과 다르기 때문에, 색의 차이로 적정이 완결되었음을 알 수 있다. 이런 색 변화에 대하여 하나의 가능한 설명으로, 지시약이 Ag^+와 색을 띤 착물을 형성하는 것으로 생각할 수 있다. 이 착물의 결합은 너무 약해서 용액 내에서는 형성되지 않지만, 침전 표면에 흡착된 상태에서는 형성이 용이한 것으로 본다("불용성"이 된다).

불용성 침전일수록 더 강하게 흡착되는 지시약으로 더 산성 용액 내에서 적정할 수 있다.

이 반응에 pH 조절이 중요하다. 지시약은 보통 약산이므로 pH가 너무 낮으면 너무 적게 해리되어 흡착이 일어나지 않는다. 또한 지시약이 주어진 pH 조건에서 너무 세게 흡착되어서도 안 된다. 그럴 경우 당량점에 도달하기도 전에 1차 층에 있는 침전물의 음이온(예: Cl^-)과 치환하게 된다. 이것은 물론 침전물 음이온의 흡착된 세기에 따라 달라진다. 예를 들어 Br^-는 Ag^+와 더 난용성 침전을 형성하고, 또한 더 세게 흡착한다. 따라서 흡착력이 강한 지시약을 쓰는 것도 가능하다.

지시약이 흡착되는 정도는 용액의 산도가 증가할수록 감소할 수 있다. 지시약이 더 센 산성일수록, 지시약이 흡착될 수 있는 pH 범위는 더 넓어진다. Br^-의 경우 더 산성인(더 강하게 흡착되는) 지시약을 사용할 수 있으므로, 적정의 pH는 Cl^-보다 더 강한 산성에서 이루어질

표 11.1 흡착 지시약

지시약	적정	용액
플루오레세인	Cl^-와 Ag^+	pH 7~8
다이클로로플루오레세인	Cl^-와 Ag^+	pH 4
브로모크레졸 그린	SCN^-와 Ag^+	pH 4~5
에오신	Br^-, I^-, SCN^-와 Ag^+	pH 2
메틸 바이올렛	Ag^+와 Cl^-	산성 용액
로다민 6 G	Ag^+와 Br^-	HNO_3(≤ 0.3 *M*)
토린	SO_4^{2-}와 Ba^{2+}	pH 1.5~3.5
브로모페놀 블루	Hg^{2+}와 Cl^-	0.1 *M* 용액
오쏘크로뮴 T	Pb^{2+}와 CrO_4^{2-}	중성, 0.02 *M* 용액

수가 있다.

몇 가지 흡착 지시약이 표 11.1에 있다. 플루오레세인은 pH 7에서 모든 할로젠 음이온의 적정 지시약으로 쓸 수 있다. 왜냐하면 이들 중 어떤 음이온이라도 지시약에 의해 치환되지 않기 때문이다. 다이클로로플루오레세인은 pH 7에서는 Cl^-을 치환하지만 pH 4에서는 못한다. 따라서 pH 7에서 적정을 하면 더 낮은 결과를 얻는다. 이들 지시약을 사용한 염화 이온 적정을 **Fajans 방법(Fajans method)**이라고 한다. Fajans는 원래 플루오레세인을 사용했지만, 지금은 다이클로로플루오레세인을 더 많이 사용한다. 에오신은 너무 강하게 흡착되어 어떤 pH에서도 염화 이온의 적정에 사용할 수 없다.

종말점의 대부분이 당량점과 일치하지 않기 때문에, **적정 시약을 시료의 적정과 같은 방법으로 표준화를 해야 한다.** 이렇게 함으로써, 표준화와 분석에 사용한 적정 시약의 양이 거의 같다면 근본적으로 오차는 보정될 것이다.

은이 관여된 적정에서 쉽게 발생되는 오차의 주 원인으로 흡착 지시약에 의해 촉진되는 AgX의 광분해 반응이 있다. 그러나 표준화만 제대로 하면 1000분의 1의 정확도를 얻을 수 있다.

당량점(어느 이온도 과량으로 존재하지 않음)에서는 침전물이 전하를 띠지 않는다. 따라서 이 시점에서 특히 용액을 흔들어 줄 경우, 염화 은과 같은 콜로이드형 침전이 응집되는 경향이 있다. 무게법에서는 이렇게 되길 바라지만, 여기서는 이렇게 되는 것을 원하지 않는다. 이렇게 되면 지시약이 흡착될 수 있는 면적이 줄어들어 종말점의 선명도가 떨어진다. 염화 은의 응집은 용액에 약간의 덱스트린을 가해서 방지할 수 있다.

흡착 지시약을 사용할 경우에는 무게 분석과는 달리, 흡착을 위하여 표면적이 최대여야 한다.

지시약은 은 이온을 사용하는 빠른 침전법 적정에 편리하다. 전위차법 종말점 검출법 또한 특히 밀리몰 농도 범위의 묽은 용액에 널리 사용된다(14장 참조).

황산 이온의 바륨 적정

황산 이온을 $BaSO_4$로 침전시키기 위해 바륨 이온으로 적정하여 정량할 수 있다. 황산 바륨 침전을 이용한 황산 이온의 무게 분석의 경우와 마찬가지로, 공동 침전에 의한 오차가 발생한다. K^+, Na^+, NH_4^+(특히 K^+)와 같은 양이온이 황산염 형태로 공동 침전한다.

$$BaSO_4 : SO_4^{2-} : 2M^+$$

이로 인해 더 적은 양의 바륨으로 황산 이온의 침전이 완료되고, 따라서 계산 결과도 적게 나타난다. 어떤 금속 이온은 지시약과 착물을 형성하여 방해한다. 또 다른 음이온이 바륨염으로 공동 침전되어 높은 결과를 나타낼 수도 있다. Cl^-, Br^-, ClO_4^- 때문에 나타나는 오차는 작으나, NO_3^-는 큰 오차를 가져오므로 제거해 주어야 한다.

양이온의 방해는 수소 이온 형태의 센산성 양이온 교환 수지로 제거할 수 있다.

$$2Rz^-H^+ + (M)_2SO_4 \rightarrow 2Rz^-M^+ + H_2SO_4$$

강한 양이온 수지는 수지 내에 꼭 필요한 $-SO_3H$기를 포함하고 있어서, 식에서와 같이 금속 양이온을 양성자와 교환하여 금속 이온을 제거할 수 있다. 이온 교환의 원리는 21장에서 논의한다.

수용매-유기 용매 혼합물에서도 적정을 할 수 있다. 유기 용매는 지시약의 해리를 억제시키기 때문에 바륨-지시약 착물의 형성을 방해한다. 또한 지시약의 흡착성이 큰 부유성 침전(콜로이드가 솜 모양이나 얇은 조각 모양으로 서스펜션에서 형성될 때 나타남)이 형성된다.

질문

1. 염화 이온의 Volhard 적정을 설명하시오. 그리고 Fajans 적정도 설명하시오. 산성 용액에서 어느 것이 사용되는가? 그 이유는 무엇인가?
2. 흡착 지시약의 원리를 설명하시오.

문제

산도가 용해도에 미치는 영향

3. 0.100 *M* HNO_3에 들어 있는 $AgIO_3$의 용해도를 계산하시오. 또한 IO_3^-와 HIO_3의 평형 농도도 계산하시오.
4. 0.100 *M* HCl에 들어 있는 CaF_2의 용해도를 계산하시오. 또한 F^-와 HF의 평형 농도도 계산하시오.
5. 0.0100 *M* HCl에 들어 있는 PbS의 용해도를 계산하시오. 또한 S^{2-}, HS^-, H_2S의 평형 농도도 계산하시오.

착물화가 용해도에 미치는 영향

6. 은 이온은 에틸렌다이아민(en)과 반응하여 형성 상수 $K_{f1}=5.0\times10^4$과 $K_{f2}=1.4\times10^3$인 1 : 2 착물을 단계적으로 형성한다. 0.100 *M* 에틸렌다이아민 용액에 들어 있는 염화 은의 용해도를 계산하시오. 또한 $Ag(en)^+$와 $Ag(en)_2^+$의 평형 농도를 계산하시오.

질량 균형 계산

7. 질량 균형법으로 0.100 *M* HNO_3 용액 중의 $AgIO_3$의 용해도를 계산하시오. 그리고 문제 3과 비교하시오.
8. 질량 균형법으로 0.0100 *M* HCl 용액 중에 PbS의 용해도를 계산하시오. 그리고 문제 5와 비교하시오.
9. 0.100 *M* 에틸렌다이아민 중의 AgCl의 용해도를 계산하시오. 그리고 문제 6과 비교하시오. 형성 상수는 문제 6에 주어져 있다.

정량적 침전 분석

10. Volhard 법으로 염수 중 염화 이온을 정량하려고 한다. 용액 10.00 mL에 0.1182 *M* $AgNO_3$ 표준 용액 15.00 mL를 첨가하였다. 과량으로 남은 Ag^+를 0.101 *M* KSCN 표준 용액으로 적정하였더니, 붉은색 $Fe(SCN)^{2+}$이 종말점에 도달하는 데 2.38 mL가 소요되었다. 염수 중 염화 이온의 g/L 농도를 계산하시오.
11. 염화 이온을 질산 은으로 적정하는 Mohr 적정에서, 지시약 제조 과정에서 오차가 발생하였다. 종말점에서 적정 플라스크 안에는 0.011 *M* 크로뮴산 지시약 대신에, 단지 0.0011 *M*이 들어 있다. 종말점에서 플라스크 속에 100 mL가 들어 있다면, 적정 오차를 0.100 *M* 적정 시약의 mL로 나타내면 얼마인가? (단, 용액의 색 때문에 발생하는 오차는 무시한다.)

스프레드시트 문제

12. 0.1 *M* 싸이오사이안산 이온(SCN^-) 50 mL를 0.1 *M* 염화 이온 100 mL와 혼합하여 0.1 *M* $AgNO_3$로 적정하였다. 식 11.15의 방법을 사용하고 두 적정 단계에 걸쳐 적정 곡선을 작성하시오. 풀이는 이 책의 웹 사이트를 참고하라.

교수 선호 문제

El Paso에 있는 Taxas 대학의 Wen-Yee Lee 교수 제공

13. K_{sp}: $Mn(OH)_2 = 1.6 \times 10^{-13}$, $Ca(OH)_2 = 6.5 \times 10^{-6}$이 주어졌다. 0.10 M Mn^{2+}와 0.10 M Ca^{2+}를 포함하는 혼합 용액에 NaOH를 첨가하였다면, $Ca(OH)_2$ 침전은 생성되고 않고 Ca^{2+}로부터 Mn^{2+}를 99.0% 제거하는 것이 가능한가? 계산을 사용하여 설명하시오.

12장 전기 화학 전지 및 전극 전위

"나는 힘의 일부를 변형시키지 않은 고귀한 것은 아무것도 없다는 것을 안다."
—Edmund Burke

학습 목표

이 장에서 배울 중요한 내용은 무엇인가?

- 볼타 전지
- 반응을 예측하기 위해 표준 전위 이용하기
- 산화 전극, 환원 전극, 전지 전위(주요 식: 12.19)
- Nernst 식(주요 식: 12.22)
- 반응 전과 후의 전극 전위 계산하기
- 형식 전위

적정의 중요한 한 가지 종류는 산화제와 환원제가 반응하는 산화환원("redox") 적정이다(식 12.1 참조). **산화(oxidation)**는 산화제(자신은 환원됨)에게 전자를 잃어서 더 높거나 더 양의 산화 상태로 되는 것으로 정의하고, **환원(reduction)**은 환원제(자신은 산화됨)로부터 전자를 얻어서 더 낮거나 더 음의 산화 상태로 되는 것으로 정의한다. 이 반응을 이해하기 위해서는 전기 화학 전지와 전극 전위에 대한 개념을 이해하여야 한다. 이 장에서는 전기 화학 전지, 표준 전극 전위, 전극 전위를 나타내는 Nernst 식, 그리고 전극 전위의 한계를 설명한다. 13장에서는 유리 pH 전극과 이온 선택성 전극을 포함하여, 농도 측정에 전위를 이용하는 전위차법을 설명한다. 14장에서는 산화−환원 적정과 전위차를 종말점 측정에 응용하는 전위차 적정에 대하여 설명한다. 부피법 계산에 필요한 산화−환원 반응의 균형 맞추기를 14장에서 복습하게 되지만, 지금 복습하기를 원할 수도 있다.

산화(oxidation)는 전자를 잃는(loss) 것이고, 환원(reduction)은 전자를 얻는(gain) 것이다. OIL RIG는 이것을 기억하는 데 도움이 될 수 있는 기억법이다.

전기 화학적 방법은, 일반적으로 사용되고 있는 pH 미터를 제외하고는 분광 화학적 방법이나 크로마토그래피 방법만큼 널리 이용되지 않는다. 분광 광도법은 널리 응용이 가능하고 전기 화학적 분석법보다 더욱 쉽게 자동화할 수 있으며, 특히 시료의 처리량이 많은 임상 화학 실험실에서 사용된다. 하지만 pH와 전해질 이온 또는 CO_2와 O_2 기체를 측정하기 위해 전위차법이나 전류법을 사용하는 자동화된 임상 화학 장비들도 있다. 일반적으로 전기 화학적 방법은 다른 방법들에 비해 검정이 더 많이 요구된다.

전기 화학적 방법은 특정 응용에 대해서는 확실히 장점을 가지고 있다. 기기는 비교적 비싸지 않다. 전기 화학적 방법은 한 원소의 특정한 화학종에 대해 선택적이다. 예를 들면 Fe^{2+}와 Fe^{3+}가 섞여 있는 용액은 전기 화학적으로 분석할 수 있다. 전위차법은 화학종의 농도가 아닌 활동도를 측정한다는 점에서, 그리고 착물을 형성하고 있는 금속 이온이 아닌 유리된 금속 이온을 검출한다는 점에서 독특한 분석법이다. 다음에 나올 4개의 장에서는 이들의 다양한 방법과 응용에 대해 설명한다.

먼저, 몇 가지 기본적인 전기 화학 용어를 알아둘 필요가 있는데, 일부는 뒤에서 설명할 것이다.

전위(V)는 전하의 분리에 기인한다.
Ohm 법칙: $E=iR$, E는 전위(볼트)이고 i는 전류(암페어)이며, R은 저항(옴)이다.
$P=Ei$, P는 일률($V\times A$)이다.

열역학 제1법칙에 의하면 화학 반응에서 에너지는 보존된다. 에너지가 방출되거나 흡수되는 경우, 계가 일을 하거나 계에 일이 행해지는데, 이때 일의 양은 qE와 같고, q는 전위차 E를 가로질러 이동하는 전하(쿨롱)이다. 전기 화학 전지에서 자유 에너지 변화, ΔG는 전지에 가해진 전기적 일과 관련이 있다. 만일 $E_{전지}$가 전지의 기전력(emf)이고, 반응에 n몰의 전자가 관련한다면 행해진 일은 $\Delta G=-nFE_{전지}$이고, 이 식에서 F는 Faraday 상수(96,487 C/당량)이다. 반응물과 생성물이 표준 상태에 있는 경우 $\Delta G°=-nFE°$이고, 이 식에서 $E°$는 표준 전지 전위이다.

이어질 몇 개의 장에서, 산화–환원 반응과 전기 화학이 주로 강조될텐데, 이러한 반응은 생화학, 에너지 변환, 배터리, 환경 화학 및 다른 여러 분야에서도 중요하며, 기본적인 산화–환원과 전기 화학에 관한 지식은 이러한 과정들을 이해하는 데 도움이 될 것이다.

12.1 산화–환원 반응이란?

Brønsted-Lowry 산–염기 개념과 유사하다는 점에 유의하라. 산–염기 거동은 양성자의 이동이 중심인 반면, 산화–환원은 전자의 이동이 중심이다. 짝산–짝염기 쌍과 같이 산화–환원 쌍이 있다. 하지만 단순히 전자를 얻거나 잃는 것 이상으로 서로 다르다.

산화제는 환원되고, 환원제는 산화된다.

산화–환원 반응(줄여서 **redox** 반응이라 함)은 산화제와 환원제 사이에서 일어난다.

$$\boxed{Ox_1 + Red_2 \rightleftharpoons Red_1 + Ox_2} \tag{12.1}$$

Ox_1은 Red_1로 환원되고, Red_2는 Ox_2로 산화된다. Ox_1은 산화제이고, Red_2는 환원제이다. 물질이 환원되거나 산화되는 경향은 다음에 설명하는 각 원소의 환원 전위에 의존한다. 산화제는 1개 이상의 전자를 받아들이는 경향이 있어서 낮은 산화 상태로 환원된다.

$$M^{a+} + ne^- \rightarrow M^{(a-n)+} \tag{12.2}$$

예를 들면 $Fe^{3+} + e^- \rightarrow Fe^{2+}$와 같은 반응이다. 반대로, 환원제는 1개 이상의 전자를 주는 경향이 있어서 산화된다.

$$M^{a+} \rightarrow M^{(a+n)+} + ne^- \tag{12.3}$$

볼타 전지에서는 자발적인 화학 반응으로 전기가 생산된다. 이것은 전등을 켜는 것과 같이 전지 회로가 닫혔을 경우에만 일어난다. 전지 전압(예, 배터리에서)은 두 반쪽 반응의 전위차로 결정된다. 반응이 완결될 때, 전지의 수명은 끝나고 전압은 0이 된다(배터리는 "수명이 끝났다"). 전해 전지에서는 자발적인 전압보다 더 크고 부호가 반대인 외부 전압을 가해 비자발적인 방향으로 반응이 일어나게 한다. 배터리는 전지를 직렬로 연결한 것이다. C형 전지는 한 개의 전지이지만, 9 V 전지를 열어보면 6개의 전지를 발견할 수 있다.

예를 들면 $2I^- \rightarrow I_2 + 2e^-$와 같은 반응이다. 만약 금속 이온의 산화형이 착물을 이루면, 더 안정화되어서 환원되기 어려울 것이다. 마찬가지로, 환원형이 착물을 형성하지 않아, 환원형이 더 안정해지지 않거나 더 쉽게 생성되지 않는 경우에도 전자를 받아들이는 경향이 감소한다.

전기 화학 전지와 전극 전위를 공부하면 물질의 산화와 환원 경향을 더 잘 이해할 수 있다.

12.2 전기 화학 전지 — 전기 화학자가 사용하는 것

전기 화학 전지에는 **볼타**〔**voltaic**, 갈바니(galvanic)〕 전지와 **전해**(**electrolytic**) 전지 두 가지가 있다. 볼타 전지에서는 화학 반응이 자발적으로 일어나 **전기 에너지를 생산한다**. 납축전지와 보통의 손전등용 전지는 볼타 전지의 일반적인 예이다. 한편 전해 전지에서는 **전기 에너지를 사용하여** 비자발적인 반응이 일어나게 한다. 즉 볼타 전지의 역반응이 진행된다. 예를 들면 물의 전기 분해가 있다. 두 전지에 있어서 산화가 일어나는 곳이 **산화 전극**(**anode**)이고, 환원이 일어나는 곳이 **환원 전극**(**cathode**)이다. 볼타 전지는 전위차법을 다루는 다음 두 장에서 설명하게 될 중요한 내용이다. 전해 전지는 전압-전류법 같은 전기 화학적 방법에서 중요하다. 전압-전류법에서는 비자발적인 반응이 일어나도록 하기 위해 적절한 전위를 가함으로써 금속 이온과 같은 전기 활성 물질이 전극에서 환원되고 측정 가능한 전류가 생성된다(15장). 전기 분해에서 생성된 전류는 전기 활성 물질의 농도에 비례한다.

볼타 전지와 자발 반응 — 전지 전위란 무엇인가?

볼타 전지에서 일어나는 다음의 산화-환원 반응에 대하여 생각해 보자.

$$Fe^{2+} + Ce^{4+} \rightleftharpoons Fe^{3+} + Ce^{3+} \tag{12.4}$$

Fe^{2+}를 포함하는 용액과 Ce^{4+}를 포함한 용액을 혼합하면, 이온들 사이에 서로 전자를 옮기려고 하는 경향이 생긴다. 그림 12.1과 같이 **염다리**(**salt bridge**)로 연결되어 있는 서로 다른 비커에 Fe^{2+}와 Ce^{4+}가 담겨 있는 상황을 생각해 보자(염다리는 용액들 사이에서 이온은 전달되지만, 용액들이 서로 섞이는 것은 막아 준다). 용액이 서로 접촉하지 않기 때문에 반응은 일어나지 않는다. 염다리가 항상 필요한 것은 아니다 — 산화 전극 또는 환원 전극에서의 반응물이나 생성물이 서로 반응을 일으키는 경우에 서로 자유롭게 섞이는 것을 방지할 필요가 있을 때만 사용한다. 이제, 각각의 용액에 비활성의 백금선을 넣고 서로 연결하여 보자. 이 장치가 볼타 전지이다. 미세 전류계를 직렬로 연결하면, 이 장치는 전류가 흐르고 있는 것을 보여준다. Fe^{2+}는 백금선에서 산화된다(산화 전극).

염다리에는 보통 KCl이 포함된 젤이 들어 있다. KCl이 선호되는 이유는 K^+와 Cl^-의 이동 속도가 비슷하기 때문이다. 전류가 흐름에 따라 Cl^-는 산화 전극 쪽으로 이동하고, K^+는 환원 전극 쪽으로 이동하여 전하 균형을 유지한다.

$$Fe^{2+} \rightarrow Fe^{3+} + e^- \tag{12.5}$$

여기서 나온 전자는 백금선을 따라 다른 비커로 이동하고 Ce^{4+}가 환원된다(환원 전극에서).

$$Ce^{4+} + e^- \rightarrow Ce^{3+} \tag{12.6}$$

이런 과정이 일어나는 이유는 이온들이 전자를 옮기고자 하는 경향 때문이다. 알짜 반응은 식 12.4와 같은데, 이 반응은 Fe^{2+}와 Ce^{4+}가 비커 하나에 혼합될 때 일어나기도 한다(이 경우, 볼타 전지에서 생성된 전기 에너지는 단순히 열로 방출된다). 여기서 백금선들을 **전극**(**electrode**)으로 생각할 수 있다. 각 전극은 이온들이 전자를 받아들이거나 방출하는 경향에 의해서 결정되는 전기적 **전위**(**potential**)를 갖게 되며, 이것을 **전극 전위**(**electrode potential**)라고 한다. 전극 사이에 전압계를 설치하면 두 전극 사이의 전위**차**를 나타낼 것이다. 전위차가 크면 클수록, Fe^{2+}와 Ce^{4+}의 반응이 일어나려는 경향성도 더 커진다. 반응을 일으키는 힘(전위차)은 전지처럼 전구를 밝히거나, 모터를 움직이는 데 사용할 수 있다.

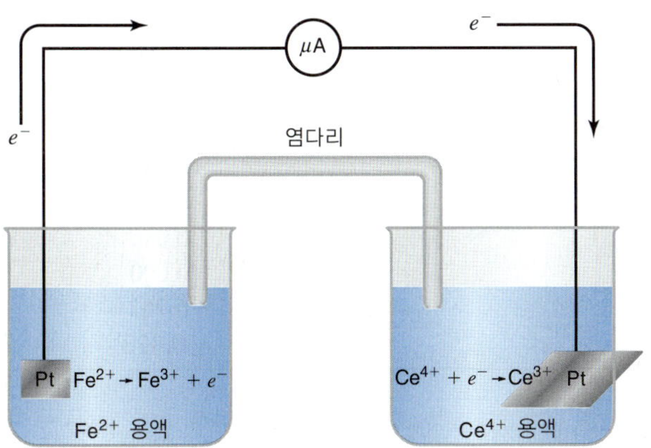

그림 12.1 볼타 전지

반쪽 반응 — 전자 주고받기

식 12.5와 12.6은 **반쪽 반응**(**half reaction**)이다. 반쪽 반응은 금융과 유사해서 단독으로 일어나는 경우는 없다. 돈을 빌리는 사람이 있으면 빌려 주는 사람이 있어야 하고, 양쪽이 모두 있어야만 거래가 이루어진다. 반응에는 반드시 **전자 주개**(**electron donor**, 환원제)와 **전자 받개**(**electron acceptor**, 산화제)가 있어야 한다. 이 경우 Fe^{2+}는 환원제이고, Ce^{4+}는 산화제이다. 각각의 반쪽 반응은 비활성 전극이 용액에 담겨졌을 때 얻게 되는 일정한 전위를 나타내게 된다.

반쪽 반응 전위 — 상대적으로 측정

만일 모든 반쪽 반응의 전위를 측정할 수 있다면, 어떤 산화제와 환원제 사이에 반응이 일어날 것인가를 예측할 수 있을 것이다. 불행하게도 각 전극 전위의 절댓값을 측정하는 방법은 없다. 그러나 위에서 언급한 바와 같이 두 전극 전위 사이의 **차**는 측정할 수 있다. 다음 반쪽 반응[1]의 전극 전위를 임의로 0.000 V로 정하였다.

$$2H^+ + 2e^- \rightleftharpoons H_2 \tag{12.7}$$

이 반쪽 반응의 전위를 임의로 0으로 정하였다(표준 상태에서). 다른 반응의 전위들은 이에 대한 상대값으로 측정한다.

이것을 **노말 수소 전극**(**normal hydrogen electrode**, NHE) 또는 **표준 수소 전극**(**standard hydrogen electrode**, SHE)이라고 한다. 이것은 백금을 입힌 백금 전극(전극 위에 백금을 도금하여 미세한 "백금 검정"을 입힌)으로 이루어져 있는데, 유리관 안에 들어 있고 $a_{H^+}=1$이고 전극/전해질 계면에서 수소 기체($P_{H_2}=1$)가 기포로 주입된 산 용액에 담겨 있다. 초미세 백금은 반응 12.7에 촉매로 작용한다. 볼타 전지를 사용하여 위의 반쪽 반응과 다른 반쪽 반응 간의 전위차를 측정하여 전위가 줄어드는 순서로 정리하였고, 그중의 일부가 표 12.1에 있다. 전위는 농도에 의존하고, 모든 표준 전위는 모든 화학종의 활동도가 1인 경우의 값이다(또는 NHE의 수소와 같이, 기체인 경우에는 부분압이 1기압). 전위에 미치는 농도의 영향은 다음에 설명하였다. 전위값에 대한 좀 더 자세한 내용은 부록 C에 있다.

표 12.1 몇 가지 표준 환원 전위

반쪽 반응	E^0 (V)
$H_2O_2 + 2H^+ + 2e^- \rightleftharpoons 2H_2O$	1.77
$MnO_4^- + 4H^+ + 3e^- \rightleftharpoons MnO_2 + 2H_2O$	1.695
$Ce^{4+} + e^- \rightleftharpoons Ce^{3+}$	1.61
$MnO_4^- + 8H^+ + 5e^- \rightleftharpoons Mn^{2+} + 4H_2O$	1.51
$Cr_2O_7^{2-} + 14H^+ + 6e^- \rightleftharpoons 2Cr^{3+} + 7H_2O$	1.33
$MnO_2 + 4H^+ + 2e^- \rightleftharpoons Mn^{2+} + 2H_2O$	1.23
$2IO_3^- + 12H^+ + 10e^- \rightleftharpoons I_2 + 6H_2O$	1.20
$H_2O_2 + 2e^- \rightleftharpoons 2OH^-$	0.88
$Cu^2 + I^- + e^- \rightleftharpoons CuI$	0.86
$Fe^{3+} + e^- \rightleftharpoons Fe^{2+}$	0.771
$O_2 + 2H^+ + 2e^- \rightleftharpoons H_2O_2$	0.682
$I_2(aq) + 2e^- \rightleftharpoons 2I^-$	0.6197
$H_3AsO_4 + 2H^+ + 2e^- \rightleftharpoons H_3AsO_3 + H_2O$	0.559
$I_3^- + 2e^- \rightleftharpoons 3I^-$	0.5355
$Sn^{4+} + 2e^- \rightleftharpoons Sn^{2+}$	0.154
$S_4O_6^{2-} + 2e^- \rightleftharpoons 2S_2O_3^{2-}$	0.08
$2H^+ + 2e^- \rightleftharpoons H_2$	0.000
$Zn^{2+} + 2e^- \rightleftharpoons Zn$	−0.763
$2H_2O + 2e^- \rightleftharpoons H_2 + 2OH^-$	−0.828

[1]반응은 $H^+ + e^- \rightleftharpoons \frac{1}{2}H_2$로 나타낼 수도 있다. 그것을 나타내는 방식은 전위에 영향을 주지 않는다.

반쪽 반응에 대한 전위들은 **환원 반응**으로 나타낸다. 따라서 이 값들은 **환원 전위(reduction potential)**를 나타낸다. 이 책에서는 1953년에 Stockholm에서 개최된 국제 순수응용 화학연맹 제 17차 총회에서 채택된 Gibbs−Stockholm 전극 전위 규정을 따를 것이다. 이 규정에서는 반쪽 반응(산화형이 환원되는)을 환원으로 적는데, 환원의 경향이 증가할수록 전위값이 증가한다.

Gibbs−Stockholm 규약에서, 반쪽 반응은 항상 환원 반응으로 쓰도록 하고 있다.

반응 $Sn^{4+} + 2e^- \rightleftharpoons Sn^{2+}$의 전극 전위는 +0.15 V이다. 다시 말해서, 그림 12.1과 같은 전지에서 NHE에 대한 이 반쪽 반응의 상대적 전위가 0.15 V임을 의미한다. 위의 산화−환원쌍의 환원 전위는 NHE보다 더 큰 값(더 양의 값)을 가지고 있으므로, Sn^{4+}는 H^+보다 환원되려는 경향이 더 크다. 전극 전위에 대한 몇 가지 일반적 결론을 다음과 같이 정리할 수 있다.

1. 전극 전위가 더 **양의 값**(*positive*)을 가지고 있다면, 산화형이 더 잘 환원되는 경향을 가지고 있다. 다시 말해서 **전극 전위가 더 양의 값을 가질수록, 산화형은 더 센 산화제이고 환원형은 더 약한 환원제이다.**
2. 전위가 더 **음의 값**을 가질수록 환원형이 산화되는 경향은 더 커진다. 다시 말하면 **환원 전위가 더 음의 값이면, 산화형은 더 약한 산화제이고 환원형은 더 센 환원제이다.**

$Ce^{4+} + e^- \rightleftharpoons Ce^{3+}$의 환원 전위는 매우 양의 값이므로 Ce^{4+}는 매우 강한 산화제이고, Ce^{3+}는 매우 약한 환원제이다. 한편, $Zn^{2+} + 2e^- \rightleftharpoons Zn$의 값은 0보다 매우 음의 값이므로 Zn^{2+}는 매우 약한 산화제이고, 금속 아연은 매우 센 환원제이다.

Ce^{4+}는 높은 환원 전위 때문에 좋은 산화제이다(그러나 Ce^{3+}는 약한 환원제이다). Zn은 낮은 환원 전위 때문에 좋은 환원제이다(그러나 Zn^{2+}는 약한 산화제이다). 짝산−짝염기와의 유사성에 다시 한 번 유의하라. 산이 더 강할수록 짝염기는 더 약하다. 반대의 경우도 **마찬가지이다**(vice-versa).

어떤 물질이 반응하나?

> 하나의 반쪽 반응에서 화학종의 산화형은, 환원 전위가 자신보다 더 **음**의 값을 갖는 다른 반쪽 반응의 환원형 화학종을 산화시킬 수 있다. 또한 그 역도 성립한다. 즉 하나의 반쪽 반응에서 화학종의 환원형은 환원 전위가 자신보다 더 **양**의 값을 갖는 다른 반쪽 반응의 산화형 화학종을 환원시킬 수 있다.

예를 들어 다음 두 개의 반쪽 반응을 생각해 보자.

$$Fe^{3+} + e^- \rightleftharpoons Fe^{2+} \qquad E^0 = 0.771\ V \tag{12.8}$$

$$Sn^{4+} + 2e^- \rightleftharpoons Sn^{2+} \qquad E^0 = 0.154\ V \tag{12.9}$$

위의 반쪽 반응에서 산화제와 환원제 사이에는 두 개의 가능한 반응을 조합할 수 있는데, 이것은 한 식에서 다른 식을 **빼줌으로써** 가능하다(전자가 남지 않게 하기 위하여 첫 번째 반쪽 반응식에 2를 곱한다).

E^0 값은 반응의 경향성을 나타내는 척도라는 것을 다시 한 번 기억하라. 식 12.8과 같은 반쪽 반응에 2를 곱해도 반응의 경향성은 변하지 않는다. E^0는 변하지 않는다.

$$2Fe^{3+} + Sn^{2+} \rightleftharpoons 2Fe^{2+} + Sn^{4+} \tag{12.10}$$

그리고

$$Sn^{4+} + 2Fe^{2+} \rightleftharpoons Sn^{2+} + 2Fe^{3+} \tag{12.11}$$

[Fe^{3+}와 Sn^{4+}(모두 산화제) 사이의 반응 또는 Fe^{2+}와 Sn^{2+}(모두 환원제) 간의 반응은 불가능하다.] 환원 전위를 잘 살펴보면, 반응 12.10이 일어날 것임을 짐작할 수 있다. 즉 반응 12.9의 환원형인 Sn^{2+}(반쪽 반응의 전위가 더 음의 값)가 반응 12.8의 산화형(반쪽 반응의 전위가 더 양의 값)과 반응할 것이다. 주고받는 전자의 수가 일치해야 함에 유의하라(14장의 산화−환원 반응 균형 맞추기 참조).

두 개의 반쪽 반응을 결합하는 또 다른 방법은 한 반쪽 반응을 산화 반응으로 나타내는 것이다. E^0 값의 부호가 바뀔 것이다. 만일 두 반쪽 반응에 참여하는 전자의 수가 서로 다르면 적절한 수를 하나 또는 두 반쪽 반응에 곱하여 반쪽 반응에 관여하는 전자의 수가 같아지도록 해야 한다. 그런 다음 두 반응을 더하는데(E^0 값도 산술적으로 더한다), 이때 **E^0가 양의 값일 경우 반응은 왼쪽에서 오른쪽으로 진행한다.** 예를 들어 식 12.8에 2를 곱한 뒤 식 12.9의 역반응을 더해 주면,

$$2Fe^{3+} + 2e^- \rightleftharpoons 2Fe^{2+} \qquad E^0 = 0.771\ V \tag{12.12}$$

$$Sn^{2+} \rightleftharpoons Sn^{4+} + 2e^- \qquad E^0 = -0.154\ V \tag{12.13}$$

$$2Fe^{3+} + Sn^{2+} \rightleftharpoons 2Fe^{2+} + Sn^{4+} \qquad E^0 = 0.617\ V \tag{12.14}$$

식 12.14의 반응은 전위가 양의 값이므로 오른쪽으로 진행한다. 두 반쪽 반응을 더하면 양쪽에 전자가 나타나므로 서로 상쇄된다. 만일 식 12.8을 (2를 곱한 후) 역반응으로 나타내고 식 12.9와 더하면 전위는 음의 값이고 반응은 쓰인 대로 일어나지 않는다.

예제 12.1

다음 물질들에 대해 산화제는 산화력이 감소하는 순서로, 환원제는 환원력이 감소하는 순서로 나열하시오. MnO_4^-, Ce^{3+}, Cr^{3+}, IO_3^-, Fe^{3+}, I^-, H^+, Zn^{2+}

풀이

표 12.1을 보면 다음 것들은 반드시 산화제인데(산화형), 가장 큰 양의 E^0를 갖는 것으로부터 가장 작은 양의 값을 갖는 것의 순으로 나열하여 보면 다음과 같다.

$$MnO_4^-,\ IO_3^-,\ Fe^{3+},\ H^+,\ Zn^{2+}$$

여기서 MnO_4^-는 매우 좋은 산화제이고, Zn^{2+}는 매우 약한 산화제이다. 나머지는 환원형으로 환원력은 I^-, Cr^{3+}, Ce^{3+}의 순서이다. I^-는 상당히 좋은 환원제이며, Ce^{3+}는 약한 환원제이다. ■

한쪽의 반쪽 반응에서 다른 반쪽 반응을 빼었을 때 전지 전압이 양의 값이면 전지 반응은 자발적으로 일어난다.

식 12.14에 나타낸 알짜 전위를 전지 전압이라고 한다.[2] **계산된 전지 전압이 양의 값이면, 반응은 쓰인 것과 같이 일어난다.** 그러나 이것이 음의 값이면, 반응은 반대 방향으로 진행된다. 이것은 자발적인 반응의 자유 에너지는 음이라는 규약의 결과이다. 표준 조건에서 자유 에너지는 다음과 같이 주어진다.

1쿨롱(C) = 1A·s, 1암페어의 전류가 1초 동안 운반한 전기량이다.

$$\Delta G° = -nFE^0 \tag{12.15}$$

이 식에서 n은 균형 반응식에 관련된 전자의 몰수이며, F는 Faraday 상수(96,487 C mol^{-1})이다. 따라서 양의 전위차는 필요한 음의 자유 에너지를 제공한다. 그러므로 두 반응의 상대적 표준 전위와 부호로부터, 이 반응들의 어떤 조합이 음의 자유 에너지 변화를 갖게 되고 이에 따라 자발적 반응이 될 것인지를 예측할 수 있다. 예를 들어 Ce^{4+}/Ce^{3+} 반쪽 반응의 E^0는 +1.61 V이고(표 12.1), Fe^{3+}/Fe^{2+} 반쪽 반응의 E^0는 +0.771 V이다. 전자의 $\Delta G°$는 후자의 것보다 더 음의 값을 가지며, 따라서 세륨의 반쪽 반응으로부터 철의 반쪽 반응을 빼주면 음의 값의 자유 에너지를 갖는 자발적인 반응을 나타낼 것이다. 즉 Ce^{4+}는 자발적으로 Fe^{2+}를 산화시킬 것이다.

어느 쪽이 산화 전극이고 어느 쪽이 환원 전극인가?

규약에 의해, 전지는 산화 전극을 왼쪽에 적는다.

[2]반쪽 반응과 전체 반응을 구별하기 위해서 전극 **전위(potential)**와 전지 **전압(voltage)**으로 나타낸다.

$$\boxed{\text{산화 전극 / 용액 / 환원 전극}} \tag{12.16}$$

단일선은 전극과 용액, 또는 용액과 또 다른 용액 사이의 상경계를 나타낸다. 그림 12.1의 전지는 다음과 같이 적는다.

$$Pt/Fe^{2+}(C_1),\ Fe^{3+}(C_2)//Ce^{4+}(C_3),\ Ce^{3+}(C_4)/Pt \tag{12.17}$$

여기서 C_1, C_2, C_3, C_4는 각각 다른 화학종의 농도를 나타낸다. 이중선은 염다리를 나타낸다. 앞에서 언급한 철과 주석의 반쪽 반응으로 볼타 전지를 구성한다면 다음과 같이 쓸 수 있다.

$$Pt/Sn^{2+}(C_1),\ Sn^{4+}(C_2)//Fe^{3+}(C_3),\ Fe^{2+}(C_4)/Pt \tag{12.18}$$

산화는 산화 전극에서 일어나고, 환원은 환원 전극에서 일어나기 때문에 **더 센 환원제는 왼쪽에 위치하게 되고, 더 센 산화제는 오른쪽에 놓이게 된다.** 볼타 전지의 전위는 다음과 같이 주어진다.

산화 전극은 산화가 일어나는 전극이다. 즉 더 음의 값을 갖거나 덜 양의 값을 갖는 반쪽 반응이 일어난다.

$$\boxed{E_{\text{전지}} = E_{\text{오른쪽}} - E_{\text{왼쪽}} = E_{\text{환원 전극}} - E_{\text{산화 전극}} = E_+ - E_-} \tag{12.19}$$

여기서 E_+는 더 양의 값을 갖는 전극의 전위이며, E_-는 더 음의 값을 갖는 전극의 전위이다.

전지를 적절하게 구성하면 **계산된 전압은 항상 양의 값을 가지게 되고**, 전지의 반응도 바르게 나타난다. 즉 환원 전극의 반쪽 반응은 환원으로 나타내어지고, 산화 전극의 반쪽 반응은 산화로 나타난다. 표준 조건에서 식(12.18)의 전지 전위는 다음과 같다.

$$E^0_{\text{전지}} = E^0_{Fe^{3+},Fe^{2+}} - E^0_{Sn^{4+},Sn^{2+}} = 0.771 - 0.154 = 0.617\ \text{V}$$

가능한 산화-환원 반응의 예를 몇 가지 더 들면 Fe^{3+}는 Mn^{2+}를 산화시키지 못한다. 이와는 정반대로 MnO_4^-는 Fe^{2+}를 산화시킨다. I_2는 중간 정도의 산화제이고, Sn^{2+}를 산화시킨다. 한편 I^-는 꽤 좋은 환원제로 Fe^{3+}, $Cr_2O_7^{2-}$ 등을 환원시킬 것이다. **산화-환원 적정에서 예민한 종말점을 얻기 위해서는 반응이 거의 정량적으로 일어나야 하고, 두 전극 전위차는 적어도 0.2~0.3 V이어야 한다.**

산화-환원 적정에서(14장), 예리한 종말점을 위해서는 적정액과 분석물 반쪽 반응 사이의 전위차는 0.2~0.3 V가 되어야 한다.

식 12.15와 식 6.10을 결합하면 표준 환원 전위의 차이를 평형 상수와 관련지어 주는 식을 얻을 수 있게 된다.

$$\Delta G° = -2.303RT\log K = -nFE^0$$

$$\log K = \frac{nE^0}{2.300\,RT/F} \tag{12.20}$$

298 K에서 $2.303RT/F$는 0.05915 V(12.3절 참조)이다. $n=1$이고 $E^0 = 0.2$ V인 경우 식 12.20으로부터 $K \approx 2400$이다.

예제 12.2

표 12.1에 있는 전위를 참조하여 다음 두 반쪽 반응 사이의 반응을 결정하고, 해당하는 전지 전압을 계산하시오.

$$Fe^{3+} + e^- \rightleftharpoons Fe^{2+} \qquad E^0 = 0.771\ \text{V}$$
$$I_3^- + 2e^- \rightleftharpoons 3I^- \qquad E^0 = 0.5355\ \text{V}$$

풀이

Fe^{3+}/Fe^{2+}의 전위가 더 양의 값을 갖고 있으므로 Fe^{3+}가 I_3^-보다 더 좋은 산화제이다. 따라

서 Fe^{3+}가 I^-를 산화시킨다. 그리고 $E^0_{전지} = E^0_{환원\ 전극} - E^0_{산화\ 전극} = E^0_{Fe^{3+},Fe^{2+}} - E^0_{I_3^-,I^-}$이다. 같은 방법으로 첫 번째 반쪽 반응(2를 곱하여)에서 두 번째 반쪽 반응을 빼면 전체의 전지 반응을 얻을 수 있다.

$$2Fe^{3+} + 3I^- \rightleftharpoons 2Fe^{2+} + I_3^- \qquad E^0_{전지} = 0.771\ V - 0.536\ V = +0.235\ V$$

반쪽 반응에 어떤 수를 곱하여도 전위에는 영향을 주지 않는다는 것에 다시 한 번 주목하라. ■

12.3 Nernst 식 — 전극에 미치는 농도의 영향

Nernst 식에서는 활동도를 사용하여야 한다. 하지만 여기에서는 농도를 사용할 것인데, 그 이유는 주로 적정을 다루기 때문이다. 적정의 종말점에서는 전위가 급격히 변하고, 농도를 사용하더라도 오차가 적다.

표 12.1에 나열되어 있는 전위는, 산화형과 환원형(그리고 다른 모든 화학종들)들의 농도가 **단위 활동도(unit activity)**일 때의 값으로, **표준 전위(standard potential)**라고 하며 E^0로 표기한다. Volta는 원래 잘 조절되고 규정된 조건에서 경험적인 E^0의 표를 구성하였다. Nernst는 전위와 농도 사이의 정량적 관계를 확립함으로써 E^0의 표가 실용적인 값이 되게끔 하였다. 이 전위는 화학종의 농도에 의존하며 표준 전위와 달라진다. 이런 전위 의존성을 **Nernst 식(Nernst equation)**으로 나타낸다.[3]

$$a\text{Ox} + ne^- \rightleftharpoons b\text{Red} \tag{12.21}$$

$$E = E^0 - \frac{2.3026RT}{nF}\log\frac{[\text{Red}]^b}{[\text{Ox}]^a} \tag{12.22}$$

여기서 a와 b는 반쪽 반응에 참여하는 Ox 화학종과 Red 화학종의 수이고, E는 특정 농도에서의 환원 전위이며, n은 반쪽 반응에 포함된 전자의 수(몰당 당량수), R은 기체 상수(8.3143 V C $K^{-1}mol^{-1}$), T는 절대 온도, F는 Faraday 상수(96,487 C eq^{-1})이다. 25°C(298.16 K)에서 2.3026 RT/F의 값은 0.05916 V 또는 1.9842×10^{-4}(°C + 273.16 V)이다. **침전물이나 액체(H_2O)와 같은 순물질의 농도는 1로 한다. 환원 반쪽 반응의 로그 항은 왼쪽 항 반응물들에 대한 오른쪽 항 생성물들의 비임을 주목하라.**

예제 12.3

10^{-3} M의 $Cr_2O_7^{2-}$와 10^{-2} M의 Cr^{3+} 용액이 있다. pH가 2.0이라면, 298 K에서 이 반쪽 반응의 전위는 얼마인가?

풀이

$$Cr_2O_7^{2-} + 14H^+ + 6e^- \rightleftharpoons 2Cr^{3+} + 7H_2O$$

$$\begin{aligned} E &= E^0_{Cr_2O_7^{2-},Cr^{3+}} - \frac{0.05916}{6}\log\frac{[Cr^{3+}]^2}{[Cr_2O_7^{2-}][H^+]^{14}} \\ &= 1.33 - \frac{0.05916}{6}\log\frac{(10^{-2})^2}{(10^{-3})(10^{-2})^{14}} \\ &= 1.33 - \frac{0.05916}{6}\log 10^{27} = 1.33 - 27\left(\frac{0.05916}{6}\right) \\ &= 1.06\ V \end{aligned}$$

계산된 전위는 전극이 용액에 담겼을 때 NHE에 대한 상대 전위이며, 용액의 산화력 또는 환원력의 척도이다. 이론적으로는 Cr^{3+}가 용액 속에 존재하지 않는 경우, 전위는 무한대가 된

[3]더 정확히, 농도 대신 활동도를 사용해야 한다. 하지만 여기에서는 농도를 사용할 것이다. 다음 장에서 농도를 직접 계산하기 위한 전위차 측정을 논할 때에는 활동도를 사용할 것이다.

다. 실제로, 전위는 항상 일정한 값을 갖는다(간단한 Nernst 식으로는 계산하기가 불가능하지만). 소량의 산화형 또는 환원형의 불순물이 있거나, 또는 더욱 가능성이 있는 것은 물의 산화-환원 반응과 같은 다른 반쪽 반응에 의해 전위가 제한되어, 전위가 무한 값을 갖는 것을 막아 준다. ■

평형 전위 — 반응이 일어난 후

소량의 Fe^{3+}가 포함된 Fe^{2+} 용액을 상상해 보자. 이 용액의 전위는 식 12.8과 식 12.22를 이용하여 쉽게 계산할 수 있다. 이제, 이 용액에 소량의 Ce^{4+}를 가해 보자. 그 결과 새로운 평형에 도달하게 되는데, Fe^{2+}는 Fe^{3+}로 산화되고, 동시에 같은 양만큼의 Ce^{3+}가 생성된다. 용액의 조성이 바뀌었으므로 이에 따라 새로운 전위를 계산할 수 있는데, 앞에서와 같은 두 식을 이용하거나 Ce^{3+}-Ce^{4+} 반쪽 반응의 전위와 식 12.22를 이용하여 계산할 수도 있다. 평형(즉 적정 시 서로 다른 적정 지점)에서 두 반쪽 반응의 이온들을 포함하고 있는 용액에 담겨 있는 비활성 전극의 전위는, 두 반쪽 반응 중 어떤 Nernst 식을 이용하여도 NHE에 대하여 상대적으로 계산할 수 있다. 왜냐하면, 적정액을 가한 후 반응이 평형에 도달하면 두 반쪽 반응의 전위는 같아지기 때문이다. 그렇지 않다면, 반응이 아직 진행 중임을 뜻한다. 용액 속에 담겨진 전극은 **평형 전위**(**equilibrium potential**)를 가지게 된다. 평형 전위는 반쪽 반응의 평형 농도와 Nernst 식에 의하여 결정된다.

적정 곡선에서는 평형에서의 **전극** 전위에 관심을 갖게 된다(즉 적정 용액과 분석물이 반응한 후, **전지** 전압이 0이 될 때). 이때 각 반쪽 반응을 이용하여 Nernst 식을 계산한 두 전극의 전위는 같아진다.

예제 12.4

0.10 *M* Ce^{4+} 용액 5.0 mL를 0.30 *M* Fe^{2+} 용액 5.0 mL에 첨가하였다. 298 K에서 용액 속에 있는 백금 전극의 전위(NHE에 대한)를 계산하시오.

풀이

먼저 $0.30\ \text{mmol mL}^{-1} \times 5.0\ \text{mL} = 1.5\ \text{mmol } Fe^{2+}$이고, $0.10\ \text{mmol mL}^{-1} \times 5.0\ \text{mL} = 0.50\ \text{mmol } Ce^{4+}$를 첨가한다. 따라서 Fe^{3+}와 Ce^{3+}가 각각 0.50 mmol 생성되고, 1.0 mmol의 Fe^{2+}가 남는다. 두 반쪽 반응의 표준 전극 전위 간의 차가 적어도 0.2 V라면, 반응은 오른쪽으로 많이 치우치게 된다. 그러나 적은 양의 Ce^{4+} $(=x)$도 평형에서 존재하고 같은 양의 Fe^{2+}도 생성된다.

$$\begin{array}{ccccccc} Fe^{2+} & + & Ce^{4+} & \rightleftharpoons & Fe^{3+} & + & Ce^{3+} \\ 1.0 + x & & x & & 0.50 - x & & 0.50 - x \end{array}$$

여기서 숫자와 x는 mmol 단위이다. 각 화학종의 농도를 계산하기 위해서 mmol 단위의 양을 전체 부피 10 mL로 나누어주면 된다. 하지만 분자와 분모에 같은 수가 들어 있으므로 농도비를 계산할 때는 서로 상쇄된다. 평형에서, Fe^{3+}/Fe^{2+} 반쪽 반응의 전위는 Ce^{4+}/Ce^{3+} 반쪽 반응의 전위와 같아야 한다.

$$0.771 - 0.059 \log\frac{(1.0 + x)}{(0.50 - x)} = 1.61 - 0.059 \log\frac{(0.50 - x)}{x}$$

$$1.61 - 0.771 = 0.839 = 0.059 \log\frac{(0.50 - x)^2}{x(0.10 + x)}$$

$$\frac{0.839}{0.059} = 14.22 = \log\frac{(0.50 - x)^2}{x(0.10 + x)}$$

이차 방정식을 풀면 $x = 1.51 \times 10^{-15}$ *M*을 얻게 된다. 이 값을 어느 한 반쪽 반응에 대입하면 $E = 0.753$ V를 얻게 된다.

하지만 위의 계산을 훨씬 단순하게 할 수도 있다. 위의 반응을 침전 반응이나 산-염기 반응에서 생성물의 "이온화"와 유사한 것으로 간주하면, 평형이 왼쪽으로 약간 이동하는 것은 "이온화"처럼 생각할 수가 있다. x의 양은 0.50이나 1.0에 비하여 매우 작기 때문에 무시할 수 있다. 어느 반쪽 반응도 전위 계산에 사용될 수 있다. 그러나 Fe^{3+}/Fe^{2+}의 경우에 두 물질의 농도가 모두 알려져 있기 때문에 이 식을 사용한다.

$$\begin{array}{ccc} Fe^{3+} + e^- & \rightleftharpoons & Fe^{2+} \\ 0.50 & & 1.0 \end{array}$$

$$E = 0.771 - 0.05916 \log \frac{[Fe^{2+}]}{[Fe^{3+}]}$$

$$\begin{aligned} E &= 0.771 - 0.05916 \log \frac{1.0 \text{ mmol/10 mL}}{0.50 \text{ mmol/10 mL}} = 0.771 - 0.0059016 \log 2.0 \\ &= 0.771 - 0.05916(0.30) \\ &= 0.753 \text{ V} \end{aligned}$$

이러한 방법은 두 반쪽 반응의 표준 환원 전위가 서로 충분히 떨어져 있는, 예를 들어 Ce^{4+}를 가하면(충분한 양의 Fe^{2+}가 존재한다는 전제하에) Fe^{2+}가 Fe^{3+}로 정량적으로 전환되는 경우에만 적용이 가능하다는 것에 유의해야 한다. ■

전지 전압 — 반응 전

전지의 전압은 두 반쪽 반응의 전위차를 이용하여 계산할 수 있는데, Nernst 식을 사용하여 계산한 결과가 양의 값이 되도록 한다. 즉 식 12.19에서 주어진 것과 같다.

$$E_{\text{전지}} = E_+ - E_- \tag{12.23}$$

예제 12.2의 $2Fe^{3+} + 3I^- \rightleftharpoons 2Fe^{2+} + I_3^-$ 반응에 대한 298 K에서의 전지 전압은 다음과 같다.

$$\begin{aligned} E_{\text{전지}} &= E_{Fe^{3+}, Fe^{2+}} - E_{I_3^-, I^-} \\ &= \left(E^0_{Fe^{3+}, Fe^{2+}} - \frac{0.05916}{2} \log \frac{[Fe^{2+}]^2}{[Fe^{3+}]^2}\right) - \left(E^0_{I_3^-, I^-} - \frac{0.05916}{2} \log \frac{[I^-]^3}{[I_3^-]}\right) \\ &= E^0_{Fe^{3+}, Fe^{2+}} - E^0_{I_3^-, I^-} - \frac{0.05916}{2} \log \frac{[Fe^{2+}]^2[I_3^-]}{[Fe^{3+}]^2[I^-]^3} \end{aligned} \tag{12.24}$$

자발적인 반응의 전지 전위에 대한 로그 항은 **항상 반응물의 농도에 대한 생성물의 농도의 비, 즉 왼쪽에 대한 오른쪽의 비**(환원 반쪽 반응처럼)가 됨을 주목하라. 두 개의 로그 항을 결합시키려면($n = 2$), Fe^{3+}/Fe^{2+} 반쪽 반응에 2를 곱하여 주는 것이 필요하며(두 반쪽 반응을 빼줄 때와 같이), 최종 식은 전지 반응으로부터 쓰인 것과 같다는 것에 주의하라.

또한 $E^0_{Fe^{3+}, Fe^{2+}} - E^0_{I_3^-, I^-}$는 전지의 표준 전위인 $E^0_{\text{전지}}$임에 주목하라.

로그 기호의 오른쪽에 있는 항은 반응의 **평형 상수식**(**equilibrium constant expression**)이다.

$$2Fe^{3+} + 3I^- \rightleftharpoons 2Fe^{2+} + I_3^- \tag{12.25}$$

> 전지 전압은 반응물을 섞었을 때 반응이 일어나는 경향을 나타낸다(배터리에서 일어나는 것과 같다. 즉 일할 수 있는 능력을 나타낸다). 반응이 평형에 도달한 후에는 전지 전압은 반드시 0이 되고 반응은 완결된다(즉 전지가 더 이상의 일을 할 수 없다). 즉 평형에서 두 반쪽 반응의 전위는 같다. 이것은 배터리가 약해질 때 나타나는 것이다.

예제 12.5

한 비커에는 0.0200 M $KMnO_4$, 0.00500 M $MnSO_4$, 0.500 M H_2SO_4가 들어 있고, 다른 비커에는 0.150 M $FeSO_4$와 0.00150 M $Fe_2(SO_4)_3$가 들어 있다. 이 두 비커는 염다리로 연결되어 있으며, 각각 백금 전극을 설치하였다. 전극들은 전선으로 연결하였고 중간에 전압계를 설치하였다. 각 반쪽 전지의 (a) 반응 전과 (b) 반응 후의 전위는 얼마인가? 그리고 (c) 반응이 시작될 때와 (d) 반응이 평형에 도달하였을 때, 전지 전압은 각각 얼마가 될 것인가? (단, H_2SO_4는 완전히 이온화하고, 두 비커에 들어 있는 용액의 부피는 같다고 가정한다.)

풀이

전지의 반응은 다음과 같다.

$$5Fe^{2+} + MnO_4^- + 8H^+ \rightleftharpoons 5Fe^{3+} + Mn^{2+} + 4H_2O$$

그리고 전지는 다음과 같다.

$$Pt / Fe^{2+}\ (0.150\ M),\ Fe^{3+}(0.00300\ M) // MnO_4^-(0.0200\ M),\ Mn^{2+}(0.00500\ M),\ H^+(1.00\ M)/Pt$$

(a)

$$E_{Fe} = E^0_{Fe^{3+},Fe^{2+}} - 0.05916 \log \frac{[Fe^{2+}]}{[Fe^{3+}]}$$

$$= 0.771 - 0.05916 \log \frac{0.150}{0.00300} = 0.671\ V$$

$$E_{Mn} = E^0_{MnO_4^-,Mn^{2+}} - \frac{0.05916}{5} \log \frac{[Mn^{2+}]}{[MnO_4^-][H^+]^8}$$

$$= 1.51 - \frac{0.05916}{5} \log \frac{0.00500}{(0.0200)(1.00)^8} = 1.52\ V$$

(b) 평형에서 $E_{Fe} = E_{Mn}$이다. 어느 반쪽 반응으로부터도 E를 계산할 수 있다. 우선, 평형 농도를 계산한다. 5몰의 Fe^{2+}는 1몰의 MnO_4^-와 반응할 것이다. Fe^{2+}가 과량으로 있다. $5 \times 0.0200 = 0.100\ M$ 만큼 줄어들 것이므로 0.050 M의 Fe^{2+}가 남고, 0.100 M의 Fe^{3+}가 생성된다(전체는 0.100 + 0.003 = 0.103 M). 실제로 거의 모든 MnO_4^-가 Mn^{2+} (0.0200 M)로 전환되어 전체 농도는 0.0250 M이다. 평형에서 소량의 미지의 MnO_4^-가 남아 있으므로, 계산을 위해서는 평형 상수가 필요하다. 이것은 식 12.24에서와 같이, 그리고 예제 12.4에서와 같이 평형에서 $E_{전지}$=0으로부터 구할 수 있는데, 14장에서 더 자세히 다룰 것이다. $[Fe^{2+}]$와 $[Fe^{3+}]$의 농도를 알고 있으므로 어려움 없이 쉽게 계산할 수 있다.

$$E_{Mn} = E_{Fe} = 0.771 - 0.05916 \log \frac{0.050}{0.103} = 0.790\ V$$

평형에서 반쪽 전지 전위는 반응 전 두 반쪽 전지의 값 사이에 있음을 주목하라.

(c) $E_{전지} = E_{Mn} - E_{Fe} = 1.52 - 0.671 = 0.85\ V$

(d) 평형에서 $E_{Mn} = E_{Fe}$, 그러므로 $E_{전지} = 0\ V$이다.

만약 화학종 중 하나가 초기에 반쪽 반응에 존재하지 않는다면, 반쪽 반응의 초기 전위를 계산할 수 없음에 주목하라. ■

12.4 형식 전위 — 정의된 비표준 용액 조건에서 사용

표 12.1에 열거되어 있는 E^0 값은 첨자 0으로 나타낸 것과 같이 표준 상태에서의 값이다. 즉

모든 화학종이 알려지지 않았을 때, 형식 전위가 사용된다. 어떤 의미에서 형식 전위는 조건 착물화 상수나 용해도곱 상수를 이용할 때와 같은 편리함을 제공한다.

모든 화학종의 활동도가 1 *M*인 경우이다. 하지만 반쪽 반응의 전위는 용액의 조건에 따라 달라진다. 예를 들어 $Ce^{4+} + e^- \rightleftharpoons Ce^{3+}$ 반응에 대한 E^0 값은 1.61 V이다. 그러나 용액을 산성화하기 위해서 사용하는 산을 바꾸면 전위가 변화된다(부록의 표 C.5 참조). 그 이유는 다른 산의 음이온이 세륨의 한 화학종과 착물을 형성하는 능력은 세륨의 다른 형태의 화학종에 비해 다르고, 이에 따라 두 가지 형태로 존재하는 세륨 자유 이온의 농도비가 영향을 받기 때문이다.

만약 착물의 형태를 안다면, 산의 음이온을 포함하는 새로운 반쪽 반응을 쓸 수 있으며, 산을 비롯한 모든 화학종의 활동도를 1로 유지하면 이 반응의 E^0 값을 얻을 수 있다. 그러나 착물은 종종 조성이 알려져 있지 않다. 따라서 **형식 전위(formal potential)**를 정의하고, 이것을 $E^{0\prime}$로 표기한다. 이것은 산화형과 환원형의 농도가 1 *M*이고 **용액의 조성이 특정되었을 때** 산화–환원 쌍의 표준 전위이다. 예를 들어 1 *M* HCl에서 Ce^{4+}/Ce^{3+} 쌍의 형식 전위는 1.28 V이다. Nernst 식은 똑같이 사용하고, 표준 전위 대신에 형식 전위를 사용한다. 몇 가지 형식 전위가 표 C.5에 실려 있다.

pH에 의한 전위의 변화

많은 산화–환원 반응은 양성자와 관련이 있고, 그들의 전위는 pH의 영향을 크게 받는다.

수소나 수산화 이온은 많은 산화–환원 반응에 포함되어 있다. 용액의 pH를 변화시킴으로써 이들 산화–환원 쌍의 전위를 변화시킬 수 있다. As(V)/As(III) 쌍의 경우를 생각해 보자.

$$H_3AsO_4 + 2H^+ + 2e^- \rightleftharpoons H_3AsO_3 + H_2O \tag{12.26}$$

$$E = E^0 - \frac{0.05916}{2}\log\frac{[H_3AsO_3]}{[H_3AsO_4][H^+]^2} \tag{12.27}$$

이것은 다음과 같이 다시 정리할 수 있다.[4]

$$E = E^0 + 0.05916\log[H^+] - \frac{0.05916}{2}\log\frac{[H_3AsO_3]}{[H_3AsO_4]} \tag{12.28}$$

또는

$$E = E^0 - 0.05916\,\text{pH} - \frac{0.05916}{2}\log\frac{[H_3AsO_3]}{[H_3AsO_4]} \tag{12.29}$$

$E^0 - 0.05916\,\text{pH}$ 항은 형식 전위인 $E^{0\prime}$와 같은 것으로 생각할 수가 있고(이 식에서 E^0는 반쪽 반응에 대한 표준 전위이다), $E^{0\prime}$는 용액의 pH로부터 계산할 수 있다.[5] 0.1 *M* HCl(pH 1)에서, $E^{0\prime} = E^0 - 0.05916$이다. 중성 조건에서는 $E^0 - 0.059(7) = E^0 - 0.41$이다.

센 산성 용액에서, H_3AsO_4는 I^-를 I_2로 산화시킨다. 그러나 중성 용액에서 As(V)/As(III) 쌍의 전위($E^{0\prime}$ = 0.146 V)는 I_2/I^-에 대한 값보다 작아서 반응은 역방향으로 진행된다. 즉 I_2가 H_3AsO_3를 산화시킬 것이다.

착물화에 의한 전위의 변화

한 이온이 착물을 형성하면 그 이온의 유효 농도는 감소하며 그 결과 전위도 변한다.

산화–환원 쌍의 어느 한 이온이 착이온을 형성하면, 결합하지 않은 자유 이온의 농도는 감소한다. 그 결과 산화–환원 쌍의 전위는 변한다. 예를 들어 Fe^{3+}/Fe^{2+}의 E^0 값은 0.771 V이다. HCl 용액에서, Fe^{3+}는 염화 이온과 착이온을 형성한다. 이것은 Fe^{3+}의 농도를 감소시키고 전위도 감소시킨다. 1 *M* 염산 용액에서, 형식 전위는 0.70 V이다. 여기서 착물이 $FeCl_4^-$라고 가정하면, 반쪽 반응은 다음과 같다.

$$FeCl_4^- + e^- \rightleftharpoons Fe^{2+} + 4Cl^- \tag{12.30}$$

[4]로그 항 속의 H^+ 항은 $(-0.05916/2)\log(1/[H^+]^2) = (+0.05916/2)\log[H^+]^2$ 처럼 쓸 수 있다. 제곱을 로그 항 앞으로 보내면 $0.05916\log[H^+]$가 된다.

[5]실제로, 이 경우는 pH 효과를 너무 단순화한 것이다. 왜냐하면 H_3AsO_4와 H_3AsO_3가 약한 산이고, 이온화의 영향, 즉 K_a 값을 계산에서 고려해 주어야 하기 때문이다.

그리고 [HCl]이 1 *M*로 일정하다고 가정하면,

$$E = 0.70 - 0.05916 \log \frac{[Fe^{2+}]}{[FeCl_4^-]} \quad (12.31)$$

실제로, Fe^{3+}는 착물화로 인해 안정화되어서 환원되기가 더욱 어려워진다. 따라서 환원 전위가 감소한다. 만약에 Fe^{2+}가 착화되면 그 반대의 현상이 일어날 것이다. 따라서 산화-환원 쌍의 한 형태에 대해 다른 형태보다 더 친화력이 큰 착화제가 존재하는 경우 전위는 영향을 받게 된다.

12.5 전극 전위의 한계

전극 전위(E^0 또는 $E^{0'}$)는 주어진 반응이 진행될 것인가를 예측하게 해 주지만, 반응의 **속도(rate)**에 관해서는 아무런 정보를 주지 못한다. 만약 반응이 가역적이면, 그 반응은 적정에 충분할 만큼 빠르게 일어난다. 그러나 전자 전달 단계의 속도가 느리면, 이 반응은 매우 느려서 평형은 오랜 시간이 지난 후에야 도달하게 된다. 이런 반응을 **비가역적(irreversible)**이라고 한다.

전극 전위는 반응이 **일어날 수 있을 것인가**에 대해서는 예측할 수 있다. 그러나 반응 속도나 속도론에 관한 정보는 주지 못한다.

한 반쪽 반응이 비가역적인 어떤 반응은 빠르게 일어나기도 한다. 산소를 포함하고 있는 몇몇 산화제나 환원제는 비가역적으로 환원되거나 산화되지만, 적당한 촉매를 가하면 반응이 가속되기도 한다. 세륨(IV)에 의한 비소(III)의 산화는 느리지만 소량의 사산화 오스뮴(OsO_4)으로 반응이 촉진된다.

따라서 전극 전위는 많은 반응을 예측하는 데 유용하게 사용되지만, 주어진 반응이 실제로 일어날 것인지에 대해서는 확언하지 않는다. 전위의 차이가 충분히 크지 않을 경우 반응이 일어나지 **않을** 것이라는 것을 예측할 수 있다는 점에서 전극 전위는 유용하다.

질문

1. 산화제는 무엇이며, 환원제는 무엇인가?
2. Nernst 식은 무엇인가?
3. 표준 전위와 형식 전위는 무엇인가?
4. 전기 화학 전지에서 염다리의 기능은 무엇인가?
5. NHE는 무엇이고, SHE는 무엇인가?
6. 다음 반쪽 반응 $M^{4+} + 2e^- \rightleftharpoons M^{2+}$의 표준 전위는 +0.98 V이다. M^{2+}는 좋은 환원제인가, 아닌가?
7. 두 개의 반쪽 반응이 참여하는 적정에서 예민한 종말점을 얻기 위한 두 반쪽 반응 사이의 최소한의 표준 전위 차이는 얼마인가?
8. 표준 전위와 형식 전위로 주어진 적정 반응이 일어날지를 예측할 수 없는 이유는 무엇인가?

문제

산화-환원 세기

9. 다음 물질들을 산화력의 세기가 감소하는 순서로 나열하시오.
   H_2SeO_3, H_3AsO_4, Hg^{2+}, Cu^{2+}, Zn^{2+}, O_3, HClO, K^+, Co^{2+}
10. 다음 물질들을 환원력의 세기가 감소하는 순서로 나열하시오.
    I^-, V^{3+}, Sn^{2+}, Co^{2+}, Cl^-, Ag, H_2S, Ni, HF
11. 다음 중 어느 쌍이 그 쌍의 한 성분을 다른 성분으로 적정할 때 더 큰 종말점의 변화를 보이겠는가?
    (a) $Fe^{2+}-MnO_4^-$ 또는 $Fe^{2+}-Cr_2O_7^{2-}$
    (b) $Fe^{2+}-Ce^{4+}$ (H_2SO_4) 또는 $Fe^{2+}-Ce^{4+}$ ($HClO_4$)
    (c) $H_3AsO_3-MnO_4^-$ 또는 $Fe^{2+}-MnO_4^-$
    (d) $Fe^{3+}-Ti^{2+}$ 또는 $Sn^{2+}-I_3^-$

교수 선호 문제

Marshall 대학의 Bin Wang 교수 제공

12. 다음 반응의 반응물에서 산화제와 환원제를 구분하시오.
   (a) $2VO^{2+} + Sn^{2+} + 4H^+ \rightleftharpoons 2V^{3+} + Sn^{4+} + 2H_2O$
   (b) $Fe^{2+} + Fe(CN)_6{}^{3-} \rightleftharpoons Fe^{3+} + Fe(CN)_6{}^{4-}$
   (c) $Cu + 2Ag^+ \rightleftharpoons 2Ag + Cu^{2+}$
   (d) $I_2 + OH^- \rightleftharpoons HOI + I^-$
   (e) $2Fe^{2+} + H_2O_2 + 2H^+ \rightleftharpoons 2Fe^{3+} + 2H_2O$
13. 1.0512 g의 철 미지 시료를 적정하는 데 0.1023 N $KMnO_4$가 28.75 mL 소비되었다. 시료 중의 철은 +2의 산화 상태이다. 용액은 강한 산성이다. 적정하는 동안 일어나는 균형 반응식을 쓰시오. 미지 시료에 들어 있는 철의 농도는 몇 %인가?

볼타 전지

14. 다음 반응을 볼타 전지로 표기하시오(단, 모든 농도는 1 M이라고 가정한다).
   (a) $6Fe^{2+} + Cr_2O_7{}^{2-} + 14H^+ \rightleftharpoons 6Fe^{3+} + 2Cr^{3+} + 7H_2O$
   (b) $IO_3{}^- + 5I^- + 6H^+ \rightleftharpoons 3I_2 + 3H_2O$
   (c) $Zn + Cu^{2+} \rightleftharpoons Zn^{2+} + Cu$
   (d) $Cl_2 + H_2SeO_3 + H_2O \rightleftharpoons 2Cl^- + SeO_4{}^{2-} + 4H^+$
15. 다음 각 전지에 대하여 전지 반응을 쓰시오.
   (a) $Pt/V^{2+}, V^{3+}//PtCl_4{}^{2-}, PtCl_6{}^{2+}, Cl^-/Pt$
   (b) $Ag/AgCl(s)/Cl^-//Fe^{3+}, Fe^{2+}/Pt$
   (c) $Cd/Cd^{2+}//ClO_3{}^-, Cl^-, H^+/Pt$
   (d) $Pt/I^-, I_2//H_2O_2, H^+/Pt$

전위 계산

16. pH 2.5에서 0.50 M $KBrO_3$와 0.20 M Br_2가 포함된 용액의 전극 전위(NHE에 대한)는 얼마인가?
17. pH 2.0으로 완충된 0.10 M H_2O_2 10 mL에 5.0 M KI 90 mL를 첨가한 용액의 전극 전위(NHE에 대한)는 얼마인가?
18. Pt 이온의 염화 착물을 형성시키기 위해서, 3.0 M HCl 용액 중에 Pt^{4+}와 Pt^{2+}를 혼합하였다(문제 20 참조). 용액이 0.015 M Pt^{4+}와 0.025 M Pt^{2+}라면, 반쪽 반응의 전위는 얼마인가?
19. 0.10 M H_2SO_4 용액에 들어 있는 0.100 M $UO_2{}^{2+}$와 0.100 M V^{2+}를 같은 부피씩 혼합하였다. 평형에서 용액에 담겨 있는 백금 전극의 전위(NHE에 대한)는 얼마인가? (단, H_2SO_4는 완전하게 이온화된다고 가정한다.)

전지 전압

20. 다음 반쪽 반응의 표준 전위로부터 반응이 일어날지를 결정하고, 반응의 전지 전압을 계산하시오.

$$PtCl_6{}^{2-} + 2e^- \rightleftharpoons PtCl_4{}^{2-} + 2Cl^- \qquad E^0 = 0.68\ V$$

$$V^{3+} + e^- \rightleftharpoons V^{2+} \qquad E^0 = -0.255\ V$$

21. 다음 전지의 전압을 계산하시오.
   (a) Pt/I^- (0.100 M), $I_3{}^-$(0.0100 M)//$IO_3{}^-$(0.100 M), I_2 (0.0100 M), H^+(0.100 M)/Pt
   (b) $Ag/AgCl(s)/Cl^-$(0.100 M)//$UO_2{}^{2+}$(0.200 M), U^{4+}(0.050 M), H^+(1.00 M)/Pt
   (c) Pt/Tl^+ (0.100 M), Tl^{3+} (0.0100 M)//$MnO_4{}^-$ (0.0100 M), Mn^{2+} (0.100 M), H^+ (pH 2.00)/Pt
22. 표준 전위로부터 다음 반쪽 반응들 사이의 반응을 결정하고, 해당하는 표준 전지 전압을 계산하시오.

$$VO_2{}^+ + 2H^+ + e^- \rightleftharpoons VO^{2+} + H_2O$$

$$UO_2{}^{2+} + 4H^+ + 2e^- \rightleftharpoons U^{4+} + 2H_2O$$

교수 선호 문제

Marshall 대학의 Bin Wang 교수 제공

23. Nernst 식을 이용하여 다음 전지의 전압을 구하시오.
Ni(s) | $NiSO_4$(0.0020 *M*) ‖ $CuCl_2$(0.0030 *M*) | Cu(*s*)

교수 선호 문제

Oshkosh에 있는 Wisconsin 대학의 Yijun Tang 교수 제공

24. 다음 갈바니 전지의 경우, 고체를 첨가하는 것은 용액의 부피에 영향을 미치지 않는다고 가정한다.
Cu(*s*) | 50.0 mL 0.0167 *M* $Cu(NO_3)_2(aq)$ ‖ 50.0 mL 0.100 *M* $AgNO_3$ | Ag(*s*)
(a) Cu 전극과 Ag 전극의 전위를 계산하시오. Ag 전극은 산화 전극인가, 환원 전극인가?
(b) 0.271 g의 KCl을 원래의 $AgNO_3$ 용액에 가했을 때 Ag 전극의 전위를 계산하시오. Ag 전극은 산화 전극인가, 환원 전극인가?
(c) 0.812 g의 KCl을 원래의 $AgNO_3$ 용액에 가했을 때 Ag 전극의 전위를 계산하시오. Ag 전극은 산화 전극인가, 환원 전극인가?

추천 참고 문헌

Nernst 식

1. L. Meites, "A 'Derivation' of the Nernst Equation for Elementary Quantitative Analysis," *J. Chem. Ed.*, **29** (1952) 142.

전극 표시법

2. F. C. Anson, "Electrode Sign Convention," *J. Chem. Ed.*, **36** (1959) 394.
3. T. S. Light and A. J. de Bethune, "Recent Developments Concerning the Signs of Electrode Conventions," *J. Chem. Ed.*, **34** (1957) 433.

표준 전위

4. A. J. Bard, R. Parsons, and J. Jordan, eds., *Standard Potentials in Aqueous Solution*. New York: Marcel Dekker, 1985.
5. W. M. Latimer, *The Oxidation States of the Elements and Their Potentials in Aqueous Solutions*, 2nd ed. New York: Prentice Hall, 1952.

13장
전위차 전극과 전위차법

13장 URLs

학습 목표

이 장에서 배울 중요한 내용은 무엇인가?

- 전극의 종류와 Nernst 식으로부터 전극 전위 계산 (주요 식: 13.3, 13.10, 13.16)
- 액간 접촉과 접촉 전위
- 기준 전극
- 전위차 측정의 정확도(주요 식: 13.36)
- pH 유리 전극(주요 식: 13.42)
- 표준 완충 용액과 pH 측정의 정확도
- pH 미터
- 이온 선택성 전극
- 선택 계수(주요 식: 13.46)

12장에서는 용액의 전위 측정에 대해 언급하였고, 백금 전극의 전위는 관련된 반쪽 반응에 의해 결정된다는 것을 설명하였다. 이것은 특별한 경우이고, 이외에도 용액의 전위를 측정할 수 있는 전극들은 무수히 많다. 이 장에서는 용액의 전위를 측정하기 위해 사용할 수 있는 다양한 형태의 전극들을 소개하고, 주어진 시료를 측정하는 데 적합한 전극을 선택하는 방법에 대해 설명한다. 전위차법에 사용되는 기구 및 전위차법의 한계와 정확성도 소개한다. 중요한 항목인 유리 pH 전극과 이 전극의 검량에 필요한 완충 용액에 대해서도 설명한다. 다양한 종류의 이온 선택성 전극들에 관해 설명하고, 전위차 적정에서 이러한 전극들이 어떻게 사용되는지는 14장에서 설명할 것이다.

전위차 전극은 농도보다는 활동도를 측정하는 독특한 특성을 가지고 있는데, 이 장에서는 전극 전위를 나타내는 데 활동도를 사용할 것이다. pH 측정이나 이온 선택성 전극을 이용한 측정과 같은 직접 전위차 측정에 있어서 활동도와 활동도에 영향을 미치는 요소들을 이해하는 것이 중요하다. 따라서 6장에 소개된 활동도와 활동도 계수에 관한 부분을 먼저 복습해야 한다.

전위차 측정을 이해하기 위해 6장에 소개된 활동도를 복습하라.

전위차법은 가장 오래된 분석법 중의 하나이고, J. Willard Gibbs(1839~1903)와 Walther Nernst(1864~1941)에 의해 확립된 전극 전위와 전기 화학 평형에 바탕을 두고 있다. 비활성 전극들은 산화–환원 적정에서 지시 전극으로 사용되며, 자동 적정기에도 사용된다. pH 전극은 가장 널리 사용되는 전위차 전극이다. 특정 이온을 선택적으로 측정하는 데 있어서 산화–환원 전극보다 이온 선택성 전극이 더 널리 이용된다. 예를 들어 치약에 들어 있는 플루오린화 이온의 측정은 가장 중요한 응용의 한 예인데, 이 이온은 다른 방법으로는 쉽게 측정할 수 없기 때문이다. 임상 분석기들은 소듐, 포타슘, 리튬(조울증 치료에 사용되는), 칼슘과 같은 혈액 내 전해질을 이온 선택성 전극을 이용하여 측정한다.

13.1 금속 양이온 측정을 위한 금속 전극

이러한 종류의 전극은 같은 금속의 양이온이 들어 있는 용액과 접촉하고 있는 금속이다. 질산은($AgNO_3$) 용액에 담겨 있는 은 전극이 한 예이다.

모든 전극계에 대해, 전극의 반쪽 반응을 이용하여 전극 전위를 기술할 수 있다. 전극계는 $M|M^{n+}$로 표시할 수 있는데, 여기에서 선(|)은 전극과 용액의 계면을 나타낸다. 은 전극의 경우는 다음과 같이 나타내고,

$$Ag|Ag^+ \tag{13.1}$$

반쪽 반응은 다음과 같다.

$$Ag^+ + e^- \rightleftharpoons Ag \tag{13.2}$$

전극의 전위는 Nernst 식에 의해 다음과 같이 계산되는데, a_{Ag^+}는 은 이온의 **활동도(activity**, 6장 참조)를 나타낸다. 여기에서 n의 값은 1이다.

$$E = E^0_{Ag^+, Ag} - \frac{2.303RT}{nF} \log \frac{1}{a_{Ag^+}} \tag{13.3}$$

직접 전위차 측정에서 얻은 결과를 해석하는 경우, 농도를 사용하여 계산하면 심각한 오차가 발생할 수 있기 때문에 13장에서는 더 올바른 단위인 활동도를 사용할 것이다.

양이온의 활동도를 증가시키면 전극 전위는 언제나 더 큰 양의 값을 가지게 된다(Nernst 식을 적절하게 써보면 알 수 있다).

식 13.3으로부터 얻은 전위는 **노말 수소 전극**(NHE−13.3절 참조)**에 대한 상대적**인 전위이다. Ag^+의 양이 증가함에 따라 전위는 점점 더 양의 값을 가지게 된다(양이온을 측정하는 모든 전극의 경우). 즉 NHE를 다른 반쪽 전지로 사용하여 전지의 전위를 측정하는 경우, 전위는 다음과 같이 표시되며, 이 식에서 $E_{지시}$는 **지시 전극(indicator electrode**, 이 경우 시험 용액 Ag^+에 감응하는 전극)의 전위이다.

$$E_{측정} = E_{전지} = E_{지시\ 대\ NHE} = E_{지시} - E_{NHE} \tag{13.4}$$

지시 전극은 시료에 감응하는 전극이다.

E_{NHE}은 0이므로,

$$E_{전지} = E_{지시} \tag{13.5}$$

이고, 전지는 다음과 같이 표시된다.

$$E_{기준}|용액|E_{지시} \tag{13.6}$$

그리고

$$E_{전지} = E_{오른쪽} - E_{왼쪽} = E_{지시} - E_{기준} = E_{지시} - 상수 \tag{13.7}$$

기준 전극은 전지를 완성하지만, 시료에 감응하지는 않는다. 기준 전극은 대개 염다리에 의해 시료 용액과 분리되어 있다.

위 식에서 $E_{기준}$은 일정한 전위를 가지고 있는 **기준 전극(reference electrode)**의 전위이다. $E_{전지}$(또는 $E_{지시}$)는 은 이온의 활동도 또는 두 전극의 상대적인 전위에 따라 음의 값 또는 양의 값을 가지게 된다는 것에 유념해야 한다. 이것은 12장의 볼타 전지에서 사용된 규칙과는 다른 것으로, 볼타 전지의 경우에는 전지가 항상 양의 전위를 갖도록 조절되고 그에 따라 자발적인 전지 반응이 어떤 것인지를 나타낸다. 전위차 측정에서는 기본적으로, 평형을 깨뜨리지 않기 위해 전류가 흐르지 않는 상태에서 전위를 측정한다. 즉 지시 전극의 표면에서−전위를 형성하는(다음에 설명할 전위 측정 참조)−측정되는 화학종들의 상대적인 농도를 변화시키지 않는다. 전위가 일정한 기준 전극에 대해 측정한 지시 전극의 전위가 시료의 농도에 따라 어떻게 변화하는지에 관심을 가져야 한다. 식 13.7은 $E_{전지}$의 변화가 **부호를 포함**하여 $E_{지시}$와 같은 크기로 변화하는 것을 반영하고 있다. 이러한 내용은 전지와 전극 전위의 측정에 대해 논의할 때 다시 언급할 것이다.

다른 순수한 상태의 물질들과 마찬가지로, 위에서 언급한 은의 활동도는 1로 간주한다. 따라서 이런 종류의 금속은 용액 속에 들어 있는 금속 이온의 활동도를 측정하는 데 이용될 수 있다. 이와 같은 전극은 많지 않은데, 그 이유는 많은 금속들이 전위를 변화시키는 산화막을 형성하려는 경향이 있기 때문이다.

순수한 물질은 Nernst 식에 나타나지 않는다(예, Cu, H_2O). 그것들의 활동도는 1로 간주한다.

13.2 금속염의 음이온을 측정하기 위한 금속 — 금속염 전극

이러한 종류의 전극들은 일반적으로 $M|MX|X^{n-}$의 형태로 표시되는데, 여기에서 MX는 잘 녹지 않는 염이다. 한 예로 은-염화 은 전극은 다음과 같이 표시된다.

$$Ag|AgCl_{(s)}|Cl^- \tag{13.8}$$

(*s*)는 고체를, (*g*)는 기체를, (*l*)은 순수한 액체를 의미한다. 수직선(|)은 두 개의 다른 고체 또는 고체와 용액 간의 상 경계를 나타낸다. 반쪽 반응은

$$\underline{AgCl} + e^- \rightleftharpoons \underline{Ag} + Cl^- \tag{13.9}$$

이고, 밑줄은 고체상을 나타내며 전위는 다음과 같이 계산된다.

$$E = E^0_{AgCl,Ag} - \frac{2.303RT}{F} \log a_{Cl^-} \tag{13.10}$$

여기에서 전자수 n은 나타나지 않는데 그 이유는 $n=1$이기 때문이다.

이 전극은 용액 내의 Cl^-의 활동도를 측정하는 데 사용될 수 있다. Cl^-의 활동도가 증가함에 따라 전위가 **감소하는** 것에 주목해야 한다. 이러한 경향은 음이온을 측정하는 모든 전극에서 나타나는데, 양이온 전극의 경우와 반대이다. 은 선의 표면에는 AgCl 피막이 입혀져 있다(즉 식 13.9의 역반응을 이용하여 Cl^- 이온이 들어 있는 용액에서 선기적으로 은 선을 산화시킴으로써). 실제로, 은 선을 Cl^- 용액에 담그자마자 AgCl의 얇은 막이 생성되고, 대부분의 경우 전처리 과정은 요구되지 않는다.

음이온의 활동도를 증가시키면 전극 전위는 언제나 감소한다.

이 전극이 a_{Cl^-} 또는 a_{Ag^+}를 측정하는 데 사용될 수 있다는 것에 유의할 필요가 있다. 실제 이 전극은 Ag^+에만 감응하고, Ag^+의 활동도는 잘 녹지 않는 AgCl의 용해도에 의해 결정된다. $a_{Cl^-}=K_{sp}/a_{Ag^+}$이므로 식 13.10을 다음과 같이 다시 쓸 수 있다.

Ag 금속은 실제 Ag^+에 감응하고, Ag^+의 활동도는 K°_{sp}와 a_{Cl^-}에 의해 결정된다.

$$E = E^0_{AgCl,Ag} - \frac{2.303RT}{F} \log \frac{K_{sp}}{a_{Ag^+}} \tag{13.11}$$

$$E = E^0_{AgCl,Ag} - \frac{2.303RT}{F} \log K_{sp} - \frac{2.303RT}{F} \log \frac{1}{a_{Ag^+}} \tag{13.12}$$

이 식을 식 13.3과 비교하면,

$$E^0_{Ag^+,Ag} = E^0_{AgCl,Ag} - \frac{2.303RT}{F} \log K_{sp} \tag{13.13}$$

이 얻어진다. 위의 식을 얻는 과정에서 농도가 아닌 활동도가 사용되었기 때문에, K_{sp}는 열역학적 용해도곱 상수 K°_{sp}(6장 참조)를 나타낸다. 식 13.3의 a_{Ag^+}를 K_{sp}/a_{Cl^-}로 대체하면 또 다른 형태의 식 13.10을 얻을 수 있게 된다(예제 13.1).

Ag^+과 Cl^-이 섞여 있는 용액의 경우(즉 Cl^-를 Ag^+로 적정하는 경우), **평형에서** 각각의 농도는 용액에 담겨 있는 은 선의 전위를 식 13.3이나 식 13.10을 이용하여 계산함으로써 구할

수 있다. 이것은 평형에 도달한 화학 반응에 있어서 한 반쪽 반응의 전위는 다른 반쪽 반응의 전위와 일치해야 한다는 12장의 설명과 완전히 유사하다. 이 경우 식 13.2와 식 13.9가 두 개의 반쪽 반응이고, 한 개의 반쪽 반응을 다른 반쪽 반응에서 빼주면 결과는 **전체 화학 반응**이 된다.

$$Ag^+ + Cl^- \rightleftharpoons AgCl \tag{13.14}$$

Cl^-를 Ag^+로 적정함에 따라 Cl^-는 감소하고 Ag^+는 증가한다. 식 13.10은 Cl^-이 감소함에 따라 전위가 증가한다는 것을 보여 준다. 마찬가지로 식 13.12는 Ag^+가 증가함에 따라 전위가 증가한다는 것을 나타낸다.

은 전극은 I^-, Br^- 및 S^{2-}와 같이 은과 난용성 염을 생성하는 음이온들을 측정하는 데에도 사용될 수 있다. 이 경우 E^0는 특정한 반쪽 반응 $\underline{AgX} + e^- \rightleftharpoons Ag + X^-$에 대한 값이 될 것이다.

널리 이용되고 있는 또 다른 형태의 전극은 **칼로멜 전극(calomel electrode)**, Hg, $Hg_2Cl_{2(s)}|Cl^-$이다. 이 전극에 대해서는 기준 전극에 대해 설명할 때 더 자세히 설명할 것이다.

예제 13.1

칼로멜 전극의 표준 전위가 0.268 V이고, $Hg|Hg_2^{2+}$ 전극의 전위가 0.789 V로 주어졌을 때, 298 K에서 칼로멜(Hg_2Cl_2)의 K_{sp}를 계산하시오.

풀이

$Hg_2^{2+} + 2e^- \rightleftharpoons Hg$에 대해

$$E = 0.789 - \frac{0.05916}{2}\log\frac{1}{a_{Hg_2^{2+}}} \tag{1}$$

$Hg_2Cl_2 + 2e^- \rightleftharpoons 2Hg + 2Cl^-$에 대해,

$$E = 0.268 - \frac{0.05916}{2}\log(a_{Cl^-})^2 \tag{2}$$

$K_{sp} = a_{Hg_2^{2+}} \cdot (a_{Cl^-})^2$이므로,

$$E = 0.268 - \frac{0.05916}{2}\log\frac{K_{sp}}{a_{Hg_2^{2+}}} \tag{3}$$

$$E = 0.268 - \frac{0.05916}{2}\log K_{sp} - \frac{0.05916}{2}\log\frac{1}{a_{Hg_2^{2+}}} \tag{4}$$

(1)과 (4)로부터,

$$0.789 = 0.268 - \frac{0.05916}{2}\log K_{sp}$$

$$K_{sp} = 2.4_4 \times 10^{-18}$$

■

13.3 산화-환원 전극 — 비활성 금속들

산화-환원 전극에서, 비활성 금속은 산화-환원 반쪽 반응에 참여하는 산화형 및 환원형 물질이 녹아 있는 용액과 접촉하고 있다. 이러한 종류의 전극은 12장에서 설명하였다.

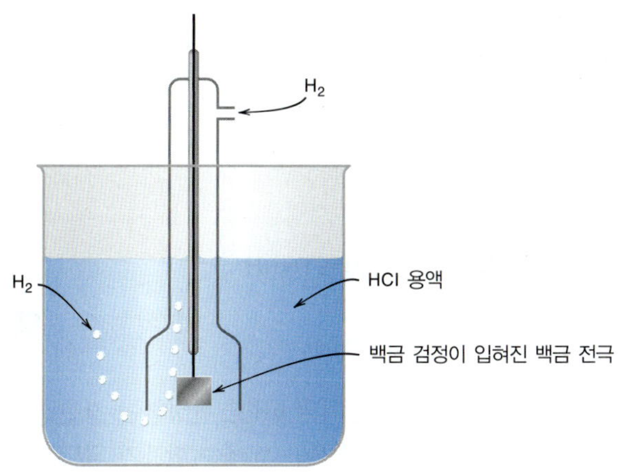

그림 13.1 수소 전극

비활성 금속은 주로 백금이다. 이러한 비활성 전극의 전위는 전극 표면에 존재하는 산화형 화학종과 환원형 화학종의 비로 결정된다.

$$M^{a+} + ne^- \rightleftharpoons M^{(a-n)+} \quad (13.15)$$

$$E = E^0_{M^{a+},M^{(a-n)+}} - \frac{2.303RT}{nF}\log\frac{a_{M^{(a-n)+}}}{a_{M^{a+}}} \quad (13.16)$$

예로 MnO_4^-/Mn^{2+}의 비를 측정하는 경우이다.

$$MnO_4^- + 8H^+ + 5e^- \rightleftharpoons Mn^{2+} + 4H_2O \quad (13.17)$$

$$E = E^0_{MnO_4^-,Mn^{2+}} - \frac{2.303RT}{5F}\log\frac{a_{Mn^{2+}}}{a_{MnO_4^-}\cdot(a_{H^+})^8} \quad (13.18)$$

대개 pH는 일정하게 유지되고 따라서 산화–환원 적정에서와 같이 $a_{Mn^{2+}}/a_{MnO_4^-}$가 측정된다.

이러한 종류의 전극에 대한 매우 중요한 예는 **수소 전극**(**hydrogen electrode**)으로 $Pt|H_2, H^+$로 표시한다.

$$H^+ + e^- \rightleftharpoons \tfrac{1}{2}H_2 \quad (13.19)$$

$$E = E^0_{H^+,H_2} - \frac{2.303RT}{F}\log\frac{(p_{H_2})^{1/2}}{a_{H^+}} \quad (13.20)$$

수소 전극의 구조는 그림 13.1과 같다. 백금 전극을 H_2PtCl_6 용액에 담그고 환원 반응을 이용하여 백금 전극의 표면에 백금 검정층을 입힌다. 백금 검정은 수소 분자의 흡착에 필요한 표면적을 증가시키고 수소 분자의 산화 반응을 촉진시킨다. 하지만 백금 검정의 양이 너무 많으면 유기물이나 H_2S와 같은 미량의 유기물들이 흡착될 수 있고, 이로 인해 전극이 제대로 작동하지 않을 수 있다.

기체의 경우, 활동도(또는 기체의 경우 열역학적 동의어인 퓨가시티) 대신 압력 P(atm)가 사용된다.

기체의 경우, 기압의 단위로 표시된 압력이 활동도 대신 사용된다. 만약 수소 기체의 압력이 1 atm으로 유지되면, 식 13.19에서 E_0가 0으로 정의되어 있기 때문에

$$E = \frac{2.303RT}{F}\log\frac{1}{a_{H^+}} = -\frac{2.303RT}{F}\text{pH} \quad (13.21)$$

예제 13.2

측정한 기체의 압력에서 용액 위 물의 증기압을 빼주어야 한다.

25°C, 1.012 atm(25°C에서 물의 증기압에 대해 보정한)에서, 수소 전극으로 측정한 전위가

-0.324 V (NHE에 대해) 일 때, 용액의 pH를 계산하시오.

풀이

식 13.20으로부터,

$$-0.324 = -0.05916 \log \frac{(1.012)^{1/2}}{a_{H^+}}$$
$$= -0.05916 \log(1.012)^{1/2} - 0.05916 \text{ pH}$$
$$\text{pH} = 5.48$$

수소 전극은 특별한 응용 분야(예: 표준 전위나 표준 완충 용액의 pH를 결정하는 경우–아래 참조)에 있어서 매우 중요하긴 하지만, 일상적으로 pH를 측정하는 데에는 한계가 있다. 우선, 만들기도 불편하고 사용하기도 불편하다. 측정 온도에서 수소의 부분 압력을 알아야만 한다. 다른 종류의 산화제나 환원제는 전극의 전위를 변화시킬 수 있기 때문에 용액에 이러한 것들이 포함되어서는 안 된다.

13.4 액간 접촉이 없는 볼타 전지 — 최대의 정확도

전위를 측정하기 위해서는, 12장에서 설명한 바와 같이 두 개의 반쪽 전지로 이루어진 완전한 전지가 필요하다. 하나의 반쪽 전지는 시료 용액과, 측정하고자 하는 분석물에 의해 전위가 결정되는 전극으로 이루어져 있다. 이 전극을 **지시 전극**이라고 한다. 또 다른 반쪽 전지는 임의의 전지로, 이 전지의 전위는 분석물에 의존하지 않는다. 이러한 반쪽 전지의 전극을 **기준 전극**이라고 한다. 기준 전극의 전위는 일정하고, 측정한 전지 전압은 기준 전극에 대해 상대적인 지시 전극의 전위를 나타낸다. 기준 전극의 전위는 일정하기 때문에, 지시 전극의 전위 **변화**는 전지 전압에 똑같은 크기로 나타난다.

염다리가 없는 전지를 만드는 것은 가능하다. 하지만 기준 전극의 전위가 시료 용액에 의해 영향을 받는 경향 때문에, 이러한 경우는 실제로 흔치 않다.

전지를 구성하는 방법에는 기본적으로 두 가지가 있는데, 하나는 염다리가 있는 전지이고 다른 하나는 염다리가 없는 전지이다. 염다리가 없는 전지는 **액간 접촉이 없는 전지**로 불린다. 그와 같은 전지의 예는 다음과 같다.

$$\text{Pt}\,|\,\text{H}_2(g),\ \text{HCl}(\text{용액})\,|\,\text{AgCl}(s)\,|\,\text{Ag} \tag{13.22}$$

이 전지는 "표준 완충 용액"의 pH를 정확하게 측정하기 위해 사용된다(13.12절 참조).

실선은 전극–용액 계면을 나타낸다. 이와 같은 전지를 볼타 전지라고 하는데, 관례상 전지는 **자발적 반응**으로 나타낸다(양의 $E_{전지}$ – 만일 지시 전극의 전위가 더 음의 값인 경우에는 실제 측정한 전지 전압이 음의 값을 가질 수도 있다. 하지만 아직 어떤 반쪽 반응이 지시 전극에 대한 것인지 지정하지 않았다). 더 음의 전위를 가지고 있는 수소 전극이 산화 전극이다(볼타 전지의 전지 전압에 대한 협약은 12장 참조). 왼쪽 전극의 전위는 식 13.20으로 표시되고, 오른쪽 전극의 전위는 식 13.10으로 나타내어지며, 전지 전압은 두 전위의 차이와 같다.

$$E_{전지} = \left(E^0_{\text{AgCl,Ag}} - \frac{2.303RT}{F}\log a_{\text{Cl}^-}\right) - \left(E^0_{\text{H}^+,\text{H}_2} - \frac{2.303RT}{F}\log\frac{(p_{\text{H}_2})^{\frac{1}{2}}}{a_{\text{H}^+}}\right) \tag{13.23}$$

$$E_{전지} = E^0_{\text{AgCl,Ag}} - E^0_{\text{H}^+,\text{H}_2} - \frac{2.303RT}{F}\log\frac{a_{\text{H}^+}a_{\text{Cl}^-}}{(p_{\text{H}_2})^{\frac{1}{2}}} \tag{13.24}$$

전지 반응(cell reaction)은 (반쪽 반응)$_{오른쪽}$ − (반쪽 반응)$_{왼쪽}$(양의 $E_{전지}$ 값과 자발적 반응)이다. 또는,

$$\underline{AgCl} + e^- \rightleftharpoons \underline{Ag} + Cl^- \tag{13.25}$$

$$-(H^+ + e^- \rightleftharpoons \tfrac{1}{2}H_2) \tag{13.26}$$

$$\underline{AgCl} + \tfrac{1}{2}H_2 \rightleftharpoons \underline{Ag} + Cl^- + H^+ \tag{13.27}$$

또한 오른쪽 반쪽 전지가 Cl^-의 전위차 측정에서 지시 전극으로 쓰이고, 왼쪽 전지가 기준 전극이면, 식 13.23은 전지 전압을 나타낸다(식 13.6과 13.7 참조). 즉 Cl^-이 증가하면 전압(따라서 지시 전극의 전위)은 감소한다. 수소 이온의 활동도 또는 pH를 측정하기 위해 수소 전극을 지시 전극으로 쓰는 경우에는, 무엇이 측정되고 있는지를 나타내기 위해 식 13.22의 왼쪽과 오른쪽을 바꾸어 나타내야 한다. 식 13.23도 바꾸어 나타내야 하고, 산도가 증가하거나 pH가 감소함에 따라 전압(그리고 지시 전극의 전위)은 증가한다($E_{전지} = E_{지시} - E_{기준}$, 식 13.7).

액간 접촉이 없는 전지는 불확실한 전위를 포함하고 있지 않기 때문에 가장 정확한 측정이 요구되는 경우 및 NIST의 표준 완충 용액의 pH를 측정하는 데 이용된다(아래 참조). 하지만 액간 접촉이 없는 전지(**이동이 없는 전지**, **cells without transference**라고도 한다)는 그렇게 많지 않고 사용하기에도 불편하다. 따라서 더 편리한(하지만 덜 정확한) 액간 접촉이 있는 전지가 종종 사용된다.

13.5 액간 접촉이 있는 볼타 전지 — 실제적인 종류

이러한 종류의 전지 중 한 예는

$$Hg\,|\,Hg_2Cl_2(s)\,|\,KCl\,(포화)\,||\,HCl\,(용액),\ H_2(g)\,|\,Pt \tag{13.28}$$

이중선(||)은 두 다른 용액들 간의 **액간 접촉(liquid junction)**을 나타내고 대개는 **염다리(salt bridge)**의 형태이다. 염다리의 목적은 두 용액이 섞이지 않도록 하는 것이다. 이와 같은 방식으로, 한 전극의 전위는 시료 용액의 조성과 상관없이 일정하게 유시되고, 진극이 담겨 있는 용액에 의해서 결정된다. 전지 13.28에서 왼쪽 전극은 **포화 칼로멜 전극(saturated calomel electrode)**이고, 기준 전극으로 자주 사용된다(아래 참조). 위의 전지는 pH를 측정하기 위해 지시 전극으로 수소 전극을 사용하고 있다.

액간 접촉 전위 — 결코 무시할 수 없다

이러한 종류의 전지가 갖고 있는 단점은 **액간 접촉 전위(liquid-junction potential)**라고 하는, 액간 접촉과 관련된 전위가 있다는 것이다. 위에서 언급한 전지의 전위는 다음과 같이 표시되는데, E_j는 액간 접촉 전위이다. E_j는 양의 값 또는 음의 값을 가질 수 있다.

액간 접촉 전위는 전위차 측정의 정확도를 제한한다.

$$E_{전지} = (E_{오른쪽} - E_{왼쪽}) + E_j \tag{13.29}$$

액간 접촉 전위는 경계면의 양쪽에서 이온들이 확산되는 정도가 다르기 때문에 발생한다. 염다리(또는 적절한 전해질을 포함하고 있는 기준 전극)를 잘 선택하면 액간 접촉 전위를 최소화할 수 있고 비교적 일정한 값을 갖도록 만들 수 있어서 교정을 통해 해결할 수 있다. 선택의 기준은 다음의 설명과 같다.

전형적인 경계면은 양쪽에 다른 종류의 용액을 가지고 있는 세밀한 다공성 소결 유리막이다. 이 유리막은 두 용액이 섞이는 것을 막아 준다. 가장 단순한 형태의 액간 접촉은, 종류는 같지만 농도가 다른 전해질을 포함하고 있는 두 용액 사이에서 일어난다. 예를 들면 그림 13.2와 같은 HCl (0.1 *M*) || HCl (0.01 *M*) 경우이다. H^+와 Cl^-는 경계면을 통해 양쪽 방향으로 이동하지만, 알짜 이동은 보다 진한 쪽에서 보다 연한 쪽으로 이동하는 것이고 이러한 이동의 추진력은 농도의 차에 비례한다. H^+는 Cl^-보다 5배 정도 더 빨리 이동한다. 따라서 경계면의

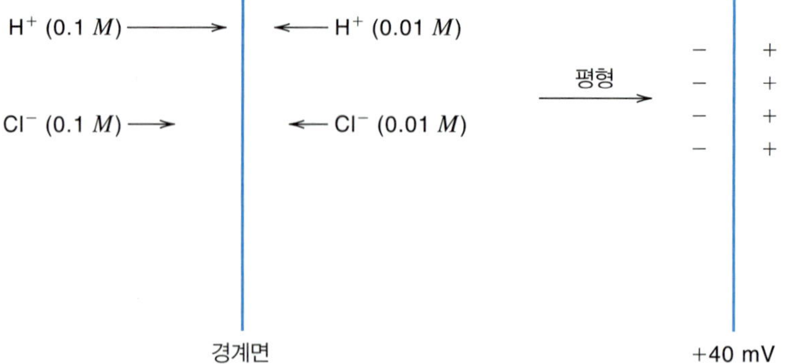

그림 13.2 액간 접촉 전위의 표시

오른쪽에는 알짜의 양전하가 쌓이고, 왼쪽에는 알짜의 음전하가 남게 된다. 즉 전하의 분리가 일어나고 이로 인해 전위가 발생한다. 축적된 양전하가 H^+의 이동을 막기 때문에 평형 상태에 빨리 도달한다. 경계면의 왼쪽에 있는 음전하도 같은 작용을 한다. 결과적으로, 일정한 전위차가 두 용액 사이에서 신속하게 얻어지게 된다.

위의 액간 접촉에 대한 전위 E_j는 +40 mV이고, 따라서 $E_{전지} = (E_{오른쪽} - E_{왼쪽}) + 40$ mV이다. H^+의 이동도가 크기 때문에 E_j은 매우 크다. 경계면의 왼쪽에 있는 HCl의 농도가 감소함에 따라 축적된 알짜 전하는 감소하고, 같은 양의 HCl이 양쪽 방향으로 확산되기 때문에 농도가 같아져서 0이 될 때까지 접촉 전위는 감소한다.

KCl과 같이 이동도가 거의 비슷한 이온들로 이루어진 높은 농도의 염용액을 사용함으로써, 액간 접촉 전위를 최소화할 수 있다.

액간 접촉의 또 다른 예는 0.1 *M* KCl | 0.01 *M* KCl이다. 이 경우는 K^+와 Cl^-가 거의 같은 속도로 움직인다는 점을 제외하면(Cl^-이 4% 정도 빠르다), 앞의 예와 완전히 유사하다. 따라서 알짜 **음전하**가 경계면의 오른쪽에 발생하지만 그 크기는 상대적으로 작다. E_j는 −1.0 mV이다.

어떻게 액간 접촉 전위를 최소화할 수 있을까?

K^+와 Cl^-의 이동 속도가 거의 비슷하기 때문에, 이를 이용하면 액간 접촉 전위를 상당히 줄일 수 있다. 만일, 경계면의 한쪽에 있는 전해질의 농도가 다른 쪽에 있는 것보다 더 진하면, 진한 전해질에 있는 이온들의 이동량이 묽은 전해질에 있는 이온들의 이동량보다 크게 되고, 액간 접촉 전위는 보다 진한 전해질의 이동에 의해 주로 결정되므로 액간 접촉 전위를 상당히 줄이는 것이 가능해진다. KCl (3.5 *M*) || H_2SO_4 (0.05 *M*)의 경우 H^+가 SO_4^{2-}보다 훨씬 더 빨리 확산되지만, E_j는 −4 mV에 불과하다.

다른 종류의 액간 접촉 전위들을 표 13.1에 나타내었다(부호는 쓰인 반응에 대한 것이고, 왼쪽에 있는 용액이 염다리로 쓰이고, 오른쪽에 있는 용액이 시료 용액일 경우에 전위차 측정에서 얻어지는 부호 그대로이다. 경계면의 양쪽에 있는 용액이 서로 바뀌면, 접촉 전위의 부호도 반대로 된다). 경계면의 한쪽에 있는 전해질을, 농도가 진하면서 KCl과 같이 이온의 이동도가 거의 같은 비슷한 것을 사용하게 되면, 액간 접촉 전위가 최소화된다는 것이 명백하다. 이상적으로는, 같은 종류의 고농도 전해질을 경계면의 양쪽에 두어야 한다. 일반적으로 염다리의 시료 용액 쪽에 대해서는 그렇게 하는 것이 불가능하다. 하지만 염다리의 다른 쪽 끝과 접촉면을 형성하고 있는 다른 반쪽 전지의 경우에는 KCl의 농도를 진하게 만들어서 접촉 전위를 최소화하는 것이 가능하다. 앞에서 언급한 바와 같이, 염다리를 통해 연결되어 완전한 전지를 구성하는 이러한 반쪽 전지가 바로 기준 전극이다. 아래에 설명된 포화 칼로멜 전극을 참조하라.

경계면의 다른 쪽(시료 용액)에 있는(다른) 전해질의 농도가 증가함에 따라, 또는 다른 종류의 이온들이 사용됨에 따라 액간 접촉 전위는 더 증가하게 된다. 액간 접촉 전위를 무시할 수 있는 경우는 매우 드물다. 중성염을 사용하면 강한 산이나 염기를 사용할 때보다 액간 접촉 전위가 감소한다. 이러한 차이는 H^+ 및 OH^-의 이동도가 비정상적으로 높기 때문에 발생

표 13.1 25°C에서의 액간 접촉 전위[a]

경계면	E_j(mV)
0.1 *M* KCl‖0.1 *M* NaCl	+6.4
3.5 *M* KCl‖0.1 *M* NaCl	+0.2
3.5 *M* KCl‖1 *M* NaCl	+1.9
0.01 *M* KCl‖0.01 *M* HCl	−26
0.1 *M* KCl‖0.1 *M* HCl	−27
3.5 *M* KCl‖0.1 *M* HCl	+3.1
0.1 *M* KCl‖0.1 *M* NaOH	+18.9
3.5 *M* KCl‖0.1 *M* NaOH	+2.1
3.5 *M* KCl‖1 *M* NaOH	+10.5

[a]G. Milazzo, *Electrochemie*. Vienna: Springer, 1952; D. A. MacInnes, Y. L. Yeh, *J. Am. Chem. Soc.*, **43** (1921) 2563.

한다. 따라서 **액간 접촉 전위가 용액의 pH에 따라 변한다**는 사실은 pH의 전위차법 측정에서 기억해야 할 중요한 사항이다. 측정에 방해를 주는 경우를 제외하고는, 포화되거나 거의 포화된 KCl 염다리가 주로 사용된다. K^+나 Cl^-가 방해를 하는 경우에는 NH_4Cl이나 KNO_3가 사용된다.

H^+과 OH^-의 높은 이동도 때문에 액간 접촉 전위는 pH에 매우 의존적이다.

연마한 유리 연결관, 다공성 유리나 세라믹 마개, 또는 가는 모세관 끝 등과 같은 다양한 종류의 전해질 접촉이나 염다리가 알려져 있다. 기준 전극은 포화 KCl 용액을 포함하고 있는데, 이 용액은 염다리를 통해 천천히 빠져나와 시료 용액과 액간 접촉을 형성한다.

13.6 기준 전극: 포화 칼로멜 전극

기준 전극의 필요 조건은 전위가 일정하고 안정해야 하며, 전위차 측정 시 요구되는 작은 양의 전류 흐름에 영향을 받지 않아야 한다는 것 등이다(이상적으로는, 측정 시 전류는 0이지만 실제로는 작은 양의 전류가 흘러야 한다–아래 참조). 금속–금속염 전극들은 일반적으로 이러한 성질들을 가지고 있다.

기준 전극들은 대개 금속–금속염 형태이다. 가장 널리 사용되는 두 종류의 기준 전극은 Hg/Hg_2Cl_2(칼로멜)과 Ag/AgCl 전극이다.

흔히 사용되는 기준 전극은 **포화 칼로멜 전극**(SCE)이다. "포화"라는 용어는 KCl의 농도를 의미하고, 25°C에서 SCE의 전위는 NHE에 대해 0.242 V이다. SCE는 약간의 고체

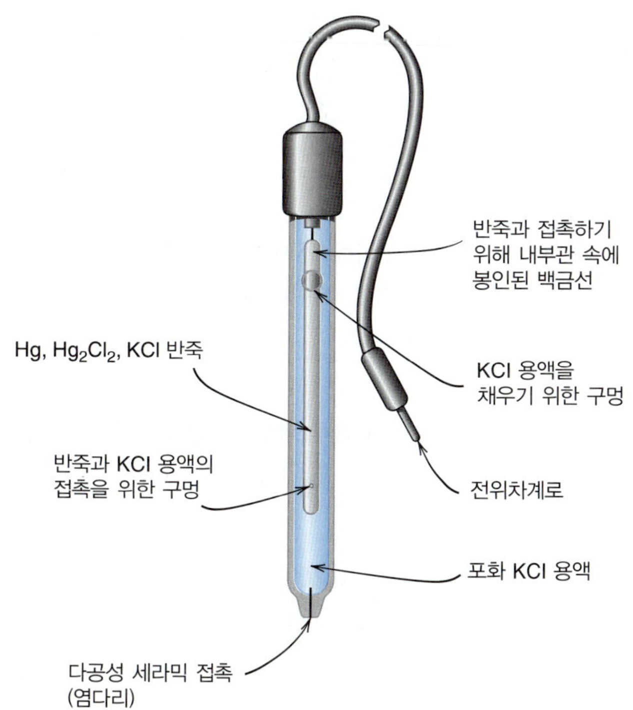

그림 13.3 시판 중인 포화 칼로멜 전극(출처: Arthur H. Thomas 사 허가)

Hg_2Cl_2(칼로멜)에 혼합되어 있는 소량의 수은 및 고체 KCl과, 이 혼합물을 축축하게 만들기에 충분한 양의 포화 KCl 용액으로 이루어져 있다. 이것은 포화 상태를 유지하기 위해 약간의 고체 KCl을 포함하고 있는 포화 KCl 용액과 접촉하고 있다. 백금 전극은 소량의 수은 풀과 접촉하기 위해 반죽에 담겨 있고, 전극과 연결된 전선은 전위를 측정하는 단자에 연결된다. 염다리는 KCl 용액과 시료 용액을 연결해 주는 역할을 하는데, 대개는 포화 KCl 용액이 적셔진 섬유나 다공성 소결 유리가 이용된다. 시료 용액의 오염을 방지하기 위해 다른 종류의 염다리가 필요한 경우에는(Cl^-을 측정하는 경우에는 SCE를 쓸 수 없다!), 이중 접촉 기준 전극이 사용된다. 이중 접촉 기준 전극은 KCl이 다른 종류의 염 용액과 접촉하고 있고, 이것이 다시 시료 용액과 접촉하고 있는 것이다. 당연히 이 경우에는 또 다른 액간 접촉 전위가 발생하지만 그 값은 일정하다.

그림 13.3은 시판되고 있는 탐침형 SCE의 모습을 보여 주고 있다. 이 전극의 끝에는 다공성 섬유나 소결 유리로 된 염다리가 있고, 염다리를 통해 포화 KCl 용액이 매우 천천히 새어 나오게 된다. 이 전극에는 소량의 수은 풀이 포함되어 있고, 전극의 전위에 영향을 미치지 않고 흐를 수 있는 전류는 제한적이다(다음에 설명하겠지만, 전위를 측정하는 동안 소량의 전류가 흐른다). 섬유로 된 염다리는 pH를 포함한 근대적 고입력 임피던스 전압계를 사용하기에 만족할 만한 정도인 ~2500 Ω의 저항을 가지고 있다.

예제 13.3

$a_{Ag^+} = 0.0100\ M$인 $AgNO_3$ 용액에 담겨 있는 Ag 전극과 SCE 기준 전극으로 이루어진 전지의 전위를 계산하시오.

풀이

액간 접촉 전위를 무시하면,

$$E_{\text{전지}} = E_{\text{지시}} - E_{\text{기준}}$$

$$E_{\text{전지}} = \left(E^0_{Ag^+,Ag} - 0.05916\ \log \frac{1}{a_{Ag^+}}\right) - E_{SCE}$$

$$= 0.799 - 0.05916\ \log \frac{1}{0.0100} - 0.242$$

$$= 0.439\ \text{V}$$

예제 13.4

SCE 기준 전극을 이용하여 측정한 전지 전압이 −0.774 V이다(지시 전극은 더 음의 값을 갖는 반쪽 전지이다). Ag/AgCl 기준 전극(1 M KCl; E = 0.228 V)이나 NHE를 사용했을 때 전지 전압은 얼마인가?

풀이

Ag/AgCl 전극의 전위는 SCE보다 0.242−0.228 = 0.014 V만큼 더 음의 값을 가지고 있다. 따라서 Ag/AgCl을 이용하여 측정한 전지 전압은 그 만큼 작은 음의 값을 갖는다.

$$E_{\text{vs. Ag/AgCl}} = E_{\text{vs. SCE}} + 0.014$$

$$= -0.774 + 0.014 = -0.760\ \text{V}$$

기준 전극의 전위는 모두 상대적이다. 측정한 전지 전압은 어떤 기준 전극을 사용했는가에 따라 달라진다.

마찬가지로, NHE를 이용하여 측정한 전지 전압은 0.242 V만큼 작은 음의 값을 가지게 되므로

$$E_{vs.\ NHE} = E_{vs.\ SCE} + 0.242\ V$$
$$= -0.774 + 0.242 = -0.532\ V$$

다른 기준 전극에 대한 상대적인 전위는 다른 전극들의 전위를 표시한 눈금에 도식적으로 나타낼 수 있다(참고 문헌 2 참조). 그림 13.4는 예제 13.4를 이와 같이 그림으로 나타낸 것이다.

칼로멜 전극은 한때 대표적인 기준 전극이었지만, 많은 실험실에서 독성 수은의 사용 제한을 원하기 때문에 Ag/AgCl을 사용한다는 것에 유의하라.

Arnold Beckman(1900~2004)은 최초로 상업용 pH 미터를 개발하여 감귤의 산도를 측정하였다. 이것은 전자공학과 화학을 결합한 최초의 일체형 분석 기기였고, 이를 생산하기 위해 1935년에 Beckman Instruments 회사가 설립되었다. (Beckman Coulter Inc. pH 미터의 개발과 회사의 설립에 관한 매력적인 이야기는 http://eands.caltech.edu/articles/LX-VII2/beckman.html 참고)

13.7 전위의 측정

볼타 전지는 지시 전극과 기준 전극으로 이루어져 있다. 전지의 전위를 측정하는 것은 기준 전극에 대해 상대적인 지시 전극의 전위를 측정하는 것이다. 이러한 전위는 Nernst 식을 통해 시료의 농도나 활동도와 연관되어 있다.

pH 미터

유리(또는 다른) 전극을 이용하여 pH를 측정하는 것은 전압을 측정하는 것과 관련이 있다(자세한 pH 측정 과정에 대해서는 13.11~13.16절 참조). **pH 미터(pH meter)**는 근본적으로 전압계이다.

pH 미터는 저항이 큰 유리 전극을 사용하도록 고안된 전압 측정 장치이고, 저항이 낮은 회로와 높은 회로에 모두 사용될 수 있다. 전형적인 pH 미터는 **전위계(electrometer)**라고 하는 고입력 임피던스 연산 증폭기로 만들어진다.

pH 미터는 전지 전압을 감지하고, 디지털 판독(전압 또는 pH의 형태로)을 제공하며, 외부에 연결된 데이터 시스템 장치에 의해 수집될 증폭된 신호를 제공해 주는 높은 입력 임피던스 전압계이다. 매우 소량의 전류가 흐르기 때문에 화학 평형은 크게 교란되지 않는다. 이것은 상당량의 전류가 흘러도 원래의 상태로 되돌아가지 않는 비가역 반응을 관찰하는 데에는 필수적이다. 전형적인 유리 pH 전극의 저항은 $10^8\ \Omega$ 정도이다.

충분히 민감한 pH 미터를 구할 수 있고 0.1 mV의 분리도로 전압을 측정할 수 있다. 이것들은 pH 전극이나 이온 선택성 전극을 이용한 직접 전위차 측정에 매우 적합하다.

pH 미터나 전위계에는 매우 적은 양의 전류가 흐르며, 평형에 다시 도달하는 것이 느린 비가역적 반응에 매우 적합하다. 이것들은 pH 측정용 유리 전극이나 이온 선택성 전극과 같은 높은 저항의 전극을 사용할 때 요구된다.

진동수에 의존하는 성분을 가지고 있다는 점을 제외하면, 교류 회로에서의 **임피던스**는 직류 회로에서의 저항과 유사하다. 비록, pH 미터가 교류 측정을 하지는 않지만 연산 증폭기에 붙어 있는 고입력 임피던스라는 수식어는 단순히 교류 측정에도 사용이 가능하다는 것을 말하는 것이다. 이론적으로는 이상적인 전압계에는 전류가 흐르지 않지만(흘러서는 안 되지만), 실제로는 높은 임피던스 전압계에도 매우 적은 1~100 fA의 전류가 흐른다.

전위 측정을 위한 전지

전위차 측정에서는 그림 13.5에 나타낸 형태의 전지가 사용된다. 지시 전극의 전위로부터 한 이온의 활동도가 계산되는 직접 전위차 측정의 경우, 기준 전극의 전위는 반드시 알려져 있거나 측정하여야 한다. 전지 전압은 식 13.7에 의해 계산되고 염다리가 있는 경우에는 액간 접촉 전위가 포함되어야 한다. 즉

$$E_{전지} = (E_{지시} - E_{기준}) + E_j \tag{13.30}$$

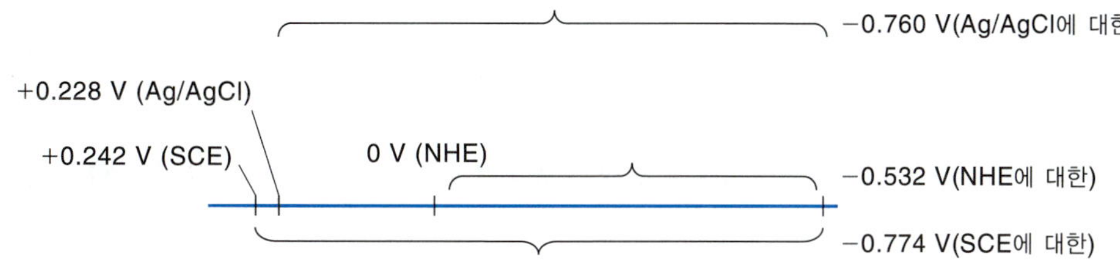

그림 13.4 다른 종류의 기준 전극에 대해 상대적인 전극 전위를 나타내는 도식적 표현

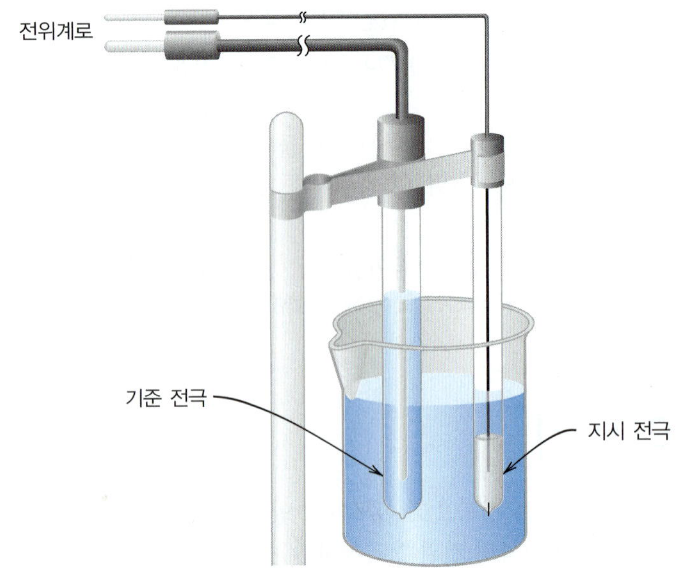

그림 13.5 전위차 측정을 위한 전지

액간 접촉 전위가 용액에 따라 크게 달라지지 않는다는 전제하에, E_j를 식 13.30의 다른 상수들과 결합하여 한 개의 상수로 만들 수 있다. 대부분의 경우, E_j를 알아낼 수 없기 때문에 위와 같은 전제를 받아들일 수밖에 없다. $E_{기준}$과 E_j 및 $E^0_{지시}$는 상수 k로 묶여진다.

$$k = E^0_{지시} - E_{기준} + E_j \tag{13.31}$$

그러면(1:1 반응의 경우)

$$E_{전지} = k - \frac{2.303RT}{nF} \log \frac{a_{환원형}}{a_{산화형}} \tag{13.32}$$

상수 k는 활동도가 알려진 표준 용액의 전위를 측정하여 알아낼 수 있다.

13.8 전위 측정으로부터 농도 측정

대개, 시료의 활동도보다는 농도를 측정하는 것에 더 많은 관심을 가지고 있다. 활동도 계수는 일반적으로 알려져 있지 않고, 전극을 표준화하는 데 사용되는 용액의 활동도를 계산하는 것도 불편하다.

모든 용액의 이온 세기가 같은 값으로 일정하게 유지된다면 시료 물질의 활동도 계수도 모든 농도 범위에서 거의 일정하게 유지된다. 그렇다면 Nernst 식의 로그 항을 다음과 같이 쓸 수 있다.

$$-\frac{2.303RT}{nF} \log f_i C_i = -\frac{2.303RT}{nF} \log f_i - \frac{2.303RT}{nF} \log C_i \tag{13.33}$$

이온 세기가 일정하게 유지되면, 활동도 계수는 일정하고 상수, k(새로운 상수, k'이라고 한다)에 포함될 수 있게 된다. 따라서 **농도**는 측정한 전지의 전위로부터 얻어질 수 있다.

앞에서 규정한 조건하에서, 식 우변의 첫 번째 항은 일정하고 k(이 값을 k'이라고 한다)에 포함될 수 있으므로, 이온의 세기가 일정하면,

$$E_{전지} = k' - \frac{2.303RT}{nF} \log \frac{C_{환원형}}{C_{산화형}} \tag{13.34}$$

다시 말해, 전극의 전위는 산화형이나 환원형의 **농도**가 10배 변할 때마다 $\pm 2.303RT/nF$ 만큼 변한다.

전위 대 로그 농도의 **교정 곡선**(**calibration curve**)을 얻는 것이 최선이다. 교정 곡선은 반드시 $\pm 2.303 RT/nF$의 기울기를 가져야 한다. 이러한 방법으로, 이론값에서 벗어나는 정도는 교정 곡선으로부터 설명될 수 있다. 교정 곡선의 절편은 상수 k'을 나타내는데, 이 값에는 표준 전위, 기준 전극의 전위, 액간 접촉 전위, 그리고 활동도 계수 등이 포함되어 있다.

미지 용액의 이온 세기는 보통 알려져 있지 않으므로, 거의 비슷한 이온 세기를 갖도록 하기 위해 고농도의 전해질을 표준 용액과 시료에 가한다. 특히, 착화제와 같이 분석물의 활동도를 변화시키는 화학종이 시료 용액에 들어 있는 경우, 표준 용액은 시료 용액과 똑같은 매트릭스를 가지고 있어야 한다. 하지만 시료의 조성을 완벽하게 알지 못하는 경우도 많기 때문에, 표준 용액의 매트릭스를 시료 용액과 동일하게 만드는 것이 불가능한 경우가 많다.

13.9 잔류 액간 접촉 전위 — 최소화되어야 한다

식 13.32와 13.34에서는 표준 용액과 시료 용액의 측정 시 k 또는 k'은 같다고 가정하였다. 이러한 가정은 기준 전극의 액간 접촉 전위가 두 용액에서 같을 때에만 성립한다. 하지만 시료 용액의 조성은 표준 용액의 조성과 다소 다르고, 액간 접촉 전위의 크기도 다르다. 두 액간 접촉 전위의 차이를 **잔류 액간 접촉 전위**(**residual liquid junction potential**)라고 하는데, 그 값은 알 수 없다. 하지만 그 차이는 두 용액의 이온 세기를 가능한 한 비슷하게 유지함으로써, 그리고 특히 표준 용액의 pH와 시료 용액의 pH를 가능한 한 비슷하게 유지함으로써 최소화할 수 있다.

표준 용액과 시료 용액의 액간 접촉 전위가 같다면, 오차는 발생하지 않는다(잔류 $E_j = 0$). 목표는 잔류 E_j를 가능한 한 최소화하는 것이다.

13.10 직접 전위차법에서의 정확도 — 전압 오차 대 활동도 오차

전위차 측정에서 요구되는 정확도는 25°C에서 1 mV의 오차가 야기하는 % 오차로부터 알아볼 수 있다. 은과 같이 1가 이온에 감응하는 전극의 경우,

$$E_{\text{전지}} = k - 0.05916 \log \frac{1}{a_{Ag^+}} \tag{13.35}$$

그리고

$$a_{Ag^+} = \text{antilog} \frac{E_{\text{전지}} - k}{0.05916} \tag{13.36}$$

± 1 mV의 오차는 $\pm$**4**의 a_{Ag^+} 오차, 또는 pAg 단위로 ~0.017의 오차를 발생시킨다. 전극에 기반을 둔 대부분의 측정에 있어서 절대 정확도는 0.2 mV보다 더 우수하지는 않다. 이러한 결과는 직접 전위차법에서 얻을 수 있는 최대의 정확도를 제한한다. 같은 크기의 % 활동도 오차는, Ag^+의 모든 활동도 범위에서 1 mA의 측정 오차를 가져온다. ***n*이 두 배가 되면 오차도 두 배가 된다.** 즉 Cu/Cu(II) 전극의 경우, 1 mV의 오차는 Cu(II)의 활동도에 8% 오차를 가져온다. 이럴 경우, 잔류 액간 접촉 전위가 정확도에 심각한 영향을 미칠 수 있다는 것은 명백하다.

전위차 측정의 정확도와 정밀도는 측정하고자 하는 산화−환원쌍의 **균형 용량**(**poising capacity**)에 의해서도 제한을 받는다. 균형 용량은 pH 측정에서 완충 용량과 유사하다. 용액이 매우 묽은 경우, 균형 용량이 작아서 전위 측정이 느려진다. 즉 이온 농도가 낮은 용액의 경우, 측정 과정에서 평형이 교란되었을 때 전극 주변의 용액이 이온을 재배열하는 데, 그리고 평형 상태에 도달하는 데 시간이 많이 필요하게 된다. 이러한 이유로, 이온 농도가 낮은 용액의 전위차 측정에서는 매우 적은 양의 전류가 흐르는 높은 입력 임피던스 전압계가 선호된다. 일정한 이온 세기를 유지하기 위해서, 비교적 고농도의 비활성 염(이온 세기 "완충 용액")을 첨가할 수 있다. 이렇게 하는 것은 용액의 저항을 낮추는 데 도움이 되고, 물리적으로

묽은 용액이나 균형이 잡혀 있지 않는 용액의 경우, 용액을 저어주는 것은 평형에 도달하는 데 도움이 된다. 균형 용량에 대한 정량적 설명은 다음의 자료를 참고하라. E. R. Nightengale, "Poised Oxidation-Reduction Systems. A Quantitative Evaluation of Redox Poising Capacity and Its Relation to the feasibility of Redox Titrations," *Anal. Chem.*, **30**(2) (1958) 267−272.

떨어져 있는 기준 전극과 지시 전극이 사용될 때에도 도움이 된다. 용액을 저어 주는 것은 평형에 빨리 도달하게 만든다.

매우 묽은 용액의 경우, 전극의 전위는 다른 전극 반응들에 의해 영향을 받을 수도 있다. 예를 들어 매우 묽은 은 용액의 경우, $-\log(1/a_{Ag^+})$ 값은 더욱 음으로 되어 전극의 전위는 매우 환원성이 된다. 이러한 조건하에서는, 용액 내의 산화제(용해된 산소와 같은)가 **전극의 표면에서** 환원될 수도 있고, 또 다른 산화–환원쌍(O_2/OH^-)이 만들어진다. 이 전위를 **혼합 전위(mixed potential)**라고 한다.

보통의 경우, 실제적인 농도 범위는 실험적으로 결정되지만, 어느 정도의 확실성을 가지고 측정할 수 있는 최저 농도 한계는 10^{-5}~10^{-6} *M*이다. 용액이 묽어짐에 따라 평형에 도달하는 속도가 느려지기 때문에 평형 전위에 도달하는 시간도 점점 길어진다. 완충 용액이나 과량의 산 또는 염기에 의해 H^+ 농도의 균형이 잘 유지되어 있는 용액의 pH를 측정하는 경우는 예외이다. pH가 10이면 수소 이온의 농도는 10^{-10} *M*이고, pH 측정용 유리 전극으로 측정이 가능하다(13.11절 참조). 중성의, 완충되어 있지 않은 용액은 균형이 유지되어 있지 않아서 pH 측정도 느리다. 순수한 물은 특히 pH 측정이 까다로운 시료인데, 그 이유는 낮은 완충과 높은 저항 때문이다. pH 측정 전에 *K*Cl을 의도적으로 첨가한다. 가장 좋은 선택은 믿을 수 있는, 용액으로 채워진, 이상적으로는 저항이 낮은 유리로 만들어진 전극이다. 기준 전극의 접촉에서 흐름 속도를 가지면 접촉 전위가 최소화될 수 있다. 순수한 물의 경우 빠른 유출 속도가 바람직한데, 그럴 경우 평형 전위가 더 빨리 얻어지기 때문이다.

13.11 유리 pH 전극 — 화학자들의 기본 도구

유리 전극은 그 편리함 덕분에 pH 측정에 매우 광범위하게 사용되고 있다. 이 전극의 전위는 산화제나 환원제의 존재에 의해 영향을 받지도 않고 넓은 pH 범위에서 사용할 수 있다. 감응도 빠르고 생리학적 시료들도 측정할 수 있다. 다른 pH 측정용 전극들 가운데 이러한 특징을 모두 가지고 있는 전극은 없다.

유리 전극의 원리

pH 유리 전극의 전형적인 구조는 그림 13.6과 같다. 측정 시에는 둥근 부분(bulb)만 잠기면 된다. 유리막과 전기적으로 접촉하기 위해 내부 기준 전극과 전해질($Ag|AgCl|Cl^-$)이 있고, 전위는 반드시 일정해야 하며 HCl의 농도에 의해 결정된다. 완전한 전지는 다음과 같이 표시된다.

기준 전극(외부)||H^+(미지)|유리막|H^+(내부)|기준 전극(내부)

이중선은 기준 전극의 염다리를 나타낸다. 유리 전극은 pH 미터의 지시 전극 단자에 연결하고, 외부 기준 전극(예, SCE)은 기준 전극 단자에 연결한다.

유리막의 전위는 다음의 식으로 계산되고

$$E_{\text{유리}} = \text{상수} - \frac{2.303RT}{F}\log\frac{a_{H^+\ \text{내부}}}{a_{H^+\ \text{미지}}} \tag{13.37}$$

전지의 전압은 다음의 식으로 나타낼 수 있다.

$$E_{\text{전지}} = k + \frac{2.303RT}{F}\log a_{H^+\ \text{미지}} \tag{13.38}$$

유리 pH 전극은 "표준 완충 용액"을 이용하여 교정해야 한다. 13.12절을 참고하라.

여기에서 상수 *k*는 두 기준 전극의 전위, 액간 접촉 전위, H^+(내부)에 의한 유리막에서의 전위, 그리고 **비대칭 전위(asymmetry potential)**를 포함한 값이다.

비대칭 전위는 막의 양쪽에 동일한 용액들이 존재할 때에도 막에서 발생하는 소량의 전위를

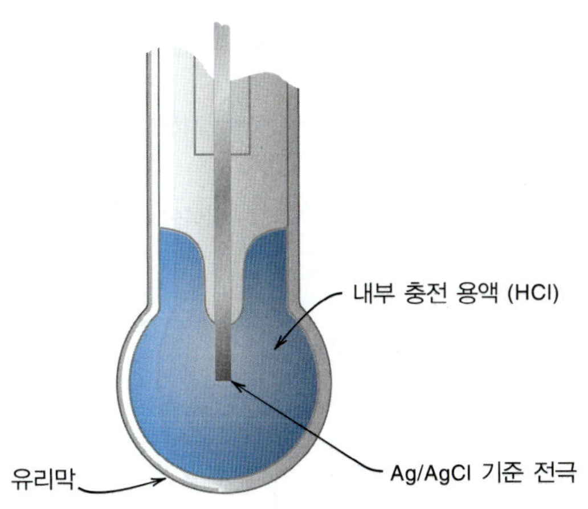

그림 13.6 유리 pH 전극

말한다. 이 전위는 막의 불균일한 조성, 막의 변형, 외부 표면의 기계적/화학적 손상 및 막의 수화 정도와 관련이 있다. 비대칭 전위는 시간에 따라 천천히 변하는데, 특히 막이 건조해지도록 방치해두는 경우에 그러하며, 그 값을 알 수도 없다. 이러한 이유 때문에 **유리 pH 전극은 매일 교정해야 한다.** 비대칭 전위는 막 구조의 차이로 인해 전극마다 다르다.

$\text{pH} = -\log a_{\text{H}^+}$이므로, 식 13.38은 다음과 같이 쓸 수 있다.[1]

$$E_{\text{전지}} = k - \frac{2.303RT}{F}\text{pH}_{\text{미지}} \tag{13.39}$$

또는

$$\text{pH}_{\text{미지}} = \frac{k - E_{\text{전지}}}{2.303RT/F} \tag{13.40}$$

유리 전극은 명확하게, pH가 1 변할 때(a_{H^+}가 10배 변할 때)마다 $2.303RT/F$ 볼트의 감응을 보인다. 상수 k는 pH를 알고 있는 **표준 완충 용액**(**standard buffer**, 아래 참조)을 이용한 교정을 통해 결정되어야 한다.

$$k = E_{\text{전지}} + \frac{2.303RT}{F}\text{pH}_{\text{표준}} \tag{13.41}$$

식 13.41을 식 13.39에 대입하면 다음의 식이 얻어진다.

$$\text{pH}_{\text{미지}} = \text{pH}_{\text{표준}} + \frac{E_{\text{전지, 표준}} - E_{\text{전지, 미지}}}{2.303RT/F} \tag{13.42}$$

저항이 매우 큰 막 전극(50~500 MΩ)을 사용하여 전위를 측정하기 때문에 고입력 임피던스 전압계를 사용하는 것이 필수적이다.

pH를 측정할 경우, 보통 이러한 계산을 하지는 않는다. 오히려, pH 미터의 전위값은 pH 단위로 교정한다(13.14절 참조).

예제 13.5

유리 전극–SCE 쌍을 25°C에서 pH가 4.01인 표준 완충 용액으로 교정하였더니 전위가 0.814 V였다. 1.00×10^{-3} M 아세트산 용액의 전위를 계산하시오. (단, $a_{\text{H}^+} = [\text{H}^+]$이다.)

풀이

6장의 예제 6.7로부터, 1.00×10^{-3} M 아세트산 용액의 pH는 3.88이다.

[1] 13장에서는, pH의 적절한 정의를 $-\log a_{\text{H}^+}$로 간주한다. 왜냐하면, 이것이 유리 전극이 측정하는 값이기 때문이다.

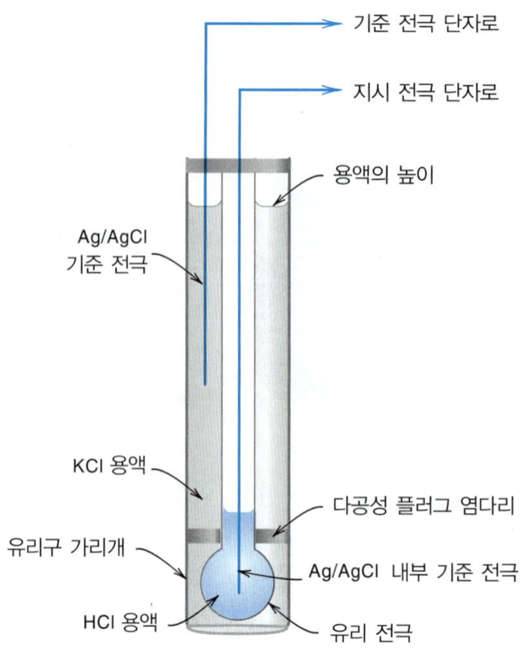

그림 13.7 복합 pH–기준 전극

$$\therefore\ 3.88 = 4.01 + \frac{0.814 - E_{\text{전지, 미지}}}{0.0592}$$

$$E_{\text{전지, 미지}} = 0.822\ \text{V}$$

예상했던 대로, H^+ (양이온)가 증가함에 따라 전위도 증가한다는 것에 유의하라. ■

복합 pH 전극—완전한 전지

시료 용액에 담겨져 있을 때 복합 전극은 완전한 전지이다.

전위차 측정에 필요한 완전한 전지를 구성하기 위해서는, 지시 전극과 기준 전극(염다리와 함께)이 함께 필요하다. 두 전극을 한 개의 탐침에 결합시키면 편리할 뿐 아니라, 측정에 요구되는 시료의 양도 줄어든다. 전형적인 복합 pH–기준 전극의 구조는 그림 13.7과 같다. 이 전극에는 관 내부에 또 다른 관이 있는데, 내부에 있는 관에는 pH 지시 전극이 들어 있고, 외부의 관에는 기준 전극(예로, Ag/AgCl 전극)과 염다리가 들어 있다. 복합 전극에서는 한 개의 선이 나오지만, 끝에서는 두 개로 갈라져 한 개(더 큰 것)는 pH 전극 단자에 연결되고, 다른 한 개는 기준 전극 단자에 연결된다. 완전한 전지의 구성을 위해서, 염다리는 반드시 시료 용액에 잠겨 있어야 한다는 것이 중요하다. 염다리는 그림에 나타낸 것과 같이 완전한 고리가 아닌, 종종 조그만 플러그의 형태일 수도 있다. 복합 전극은 편리해서 가장 널리 사용되고 있다.

유리막의 전위를 결정하는 것은 무엇인가?

pH 유리 전극은 수화된 층의 표면에서 이온 교환의 결과로 작동한다. pH 유리 전극의 막은 화학적으로 결합하고 있는 Na_2O와 SiO_2로 이루어져 있다. 새 전극의 표면은 Na^+와 결합하고 있는 고정된 규산염, $-SiO^-Na^+$를 포함하고 있다. 전극이 제대로 작동하기 위해서, 전극은 먼저 물에 담겨 있어야 한다. 이 과정을 통해 막의 바깥면이 **수화**된다. 내부의 막은 이미 수화되어 있는 상태이다. 유리막의 두께는 보통 30~100 μm 정도이고, 수화된 층의 두께는 10~100 nm 정도이다.

바깥 표면이 수화될 때, Na^+는 용액에 들어 있는 H^+와 교환된다.

$$\underset{\text{고체}}{-SiO^-Na^+} + \underset{\text{용액}}{H^+} \rightleftharpoons \underset{\text{고체}}{-SiO^-H^+} + \underset{\text{용액}}{Na^+} \tag{13.43}$$

용액에 있는 다른 이온들도 Na^+ (또는 H^+)와 교환될 수 있지만, H^+에 대한 유리의 친화도가 매우 크기 때문에, 위의 교환 반응에 대한 평형 상수는 매우 크다. 따라서 H^+의 농도가 낮은 염기성 용액에서가 아니면, 유리의 표면은 거의 완전히 규산으로 이루어져 있다. $-SiO^-$ 자리는 고정되어 있지만, H^+는 자유롭게 움직일 수 있어서 다른 이온들과 교환이 가능하다(유리의 조성을 변화시킴으로써 다른 이온들과의 교환이 더욱 용이하게 만들 수 있으며, 이러한 현상은 다른 이온에 선택적인 전극의 바탕이 된다—아래 참조).

시료 용액의 pH가 외부 경계 전위를 결정한다.

막전위는 두 가지 성분으로 구성되어 있는데, 경계 전위와 확산 전위이다. 경계 전위는 거의 H^+의 활동도에 의해 결정되는 전위이다. **경계 전위**(**boundary potential**)는 유리막의 표면, 즉 수화된 젤 층과 외부 용액의 계면에서 발생한다. 전극을 수용액에 담그면 경계 전위가 발생하는데, 이 전위는 외부 용액에 있는 H^+의 활동도와 젤 표면의 H^+의 활동도에 의해 결정된다. 전위에 관한 한 가지 설명은, 액간 접촉에서와 같이 이온들이 활동도가 낮은 방향으로 이동하려는 경향 때문이라는 것이다. 그 결과, 미세한 전하층이 막의 표면에 생기고 이로 인해 전위가 생긴다. 따라서 용액의 산성이 더욱 증가하면(pH가 감소하면), H^+는 젤 표면으로 이동하여 양전하를 축적시키고 식 13.37과 13.38에 의해 전극의 전위는 증가한다. 용액의 염기성이 더 커지면 반대 현상이 나타난다.

확산 전위(**diffusion potential**)는 젤 층의 내부에 있는 H^+가 $-SiO^-Na^+$를 포함하고 있는 건조한 막으로 이동하려는 경향과, 건조한 막 안에 있는 Na^+가 수화된 층으로 이동하려는 경향 때문에 발생한다. 이온들의 이동 속도가 다르기 때문에 일종의 액간 접촉 전위가 발생한다. 하지만 비슷한 현상이 막의 반대쪽에서도 발생하는데, 단지 방향만 반대이다. 실제로, 이러한 경향들은 서로 상쇄되기 때문에 막의 전위는 거의 경계 전위에 의해 결정된다.(경계 전위의 약간의 차이는 막을 이루고 있는 유리의 차이 때문에 생길 수 있고, 이것들은 비대칭 전위에 포함되어 있다).

Cremer는 현대의 유리 전극보다 앞선 모델을 최초로 기술하였다 [Z. *Biol.* **47** (1906) 56]. 백 년이 더 지난 뒤에도, 유리 전극이 정확하게 어떻게 작동하는지는 여전히 명확하지 않다. Pungor는, 주된 이온(H^+)이 용액에서 전극의 표면에 화학적으로 흡착되는 표면 화학 반응에 의해 생성된 전하 분리로 인해, 전극의 전위가 발생한다는 증거를 제시하였다. 반대 전하를 가지고 있는 상대 이온들은 용액에 축적되고, 이러한 전하 분리가 전위를 발생시킨다. 비슷한 메커니즘이 다른 이온 선택성 전극에도 적용된다(아래 참조) [E. Pungor, "The New Theory of Ion-Selective Electrodes," *Sensors*, **1** (2001) 1–12 참조(이것은 공개 전자 저널이다: http://www.mdpi.com—저자는 Pungor.)].

염기성 용액에서 유리 전극은 H^+에 감응할까, OH^-에 감응할까?

K. L. Cheng은 염기성 용액(a_{H^+}가 매우 작은)에서 전극은 H^+보다는 OH^-에 감응한다는, 축전기 이론에 바탕을 둔 유리 전극에 대한 이론을 제안하였다[K. L. Cheng, "Capacitor Theory for Nonfaradaic Potentiometry," *Microchem. J.*, **42** (1990) 5]. 여기에서 nonfaradaic(비패러데이)이라는 것은 산화–환원 반응과 관련이 없는 반응을 의미한다. Cheng은 동위 원소를 이용한 실험을 통해, 일반적으로 받아들여지고 있는 H^+와 Na^+ 간의 이온 교환 반응이 일어나지 않는다는 것을 제안하였다. 그는 염기성 용액에서는 전극이 실제로 OH^-에 감응한다고 주장하였다(pH 14에서 $[H^+]$는 겨우 10^{-14} *M*이라는 것을 기억하라!) [C.-M. Huang 등, "Isotope Evidence Disproving Ion Exchange Reaction Between H^+ and Na^+ in pH Glass Electrode," *J. Electrochem. Soc.*, **142** (1995) L175]. 이 이론은 일반적으로 받아들여지지 않고 있지만, Cheng 등은 이 이론이 흥미로운 가설임을 보여 주는 강력한 주장과 실험 결과를 보여 주고 있다. 이 이론은 Pungor의 이중층 가설과 어느 정도 공통점을 가지고 있다.

알칼리 오차

두 종류의 오차로 인해, 전극은 Nernst 식에 따라 감응하지 않게 된다(이론값에서 벗어난다).

첫 번째 종류는 **알칼리 오차**(**alkaline error**)이다. 알칼리 오차는 막이 H^+ 이외의 다른 양이온들에도 감응하기 때문에 발생한다. H^+의 활동도가 감소하면, 다른 양이온들이 전위-결정 메커니즘에 참여하게 된다. 비록 수화된 젤 층이 H^+를 더 선호하긴 하지만, 외부 용액에 있는 H^+의 활동도가 매우 낮을 때는 Na^+도 젤 층의 H^+와 교환된다(식 13.43의 역반응). 이 경우 전위는 부분적으로 $a_{Na^+ 외부}/a_{Na^+ 젤}$에 의존한다. 즉 이 전극은 Na^+ 전극이 된다.

유리 전극은 H^+ 외에도 다양한 양이온들에 감응한다. 특히, 염기성 용액에서와 같이 a_{H^+}가 매우 낮을 때 더욱 심각해진다. 하지만 다른 양이온에 의한 감응의 정도와 H^+에 의한 감응의 정도를 구별할 수 없기 때문에, 용액은 실제보다 더욱 산성으로 나타난다.

pH가 9보다 작은 경우 이 오차는 무시될 수 있지만, pH가 9보다 큰 경우에는 H^+의 농도가 다른 이온들에 비해 매우 작기 때문에 Na^+나 K^+ 등과 같은 다른 이온에 대한 전극의 감응은 감지할 수 있을 만큼 증가한다. 실제로 전극은, 존재하는 것보다 더 많은 H^+를 "보는" 것이 되어, 측정한 pH 값은 매우 낮다. 이러한 음의 오차의 정도를 그림 13.8에 나타내었다. Na^+가 가장 큰 오차를 발생시키는데, 이러한 현상은 염기성 용액을 포함하여 대부분의 시료 용액이 상당량의 Na^+를 포함하고 있다는 점에서 바람직하지 못하다. 시판 중인 일반 용도의 유리 전극에는 알칼리 오차 보정값을 보여 주는 도표가 함께 제공되고 있고, Na^+의 농도를 알고 있는 경우 이러한 전극들은 약 pH 11까지 사용할 수 있다.

유리의 조성을 변화시킴으로써, Na^+에 대한 유리의 친화도를 감소시킬 수 있다. 유리막의 Na_2O를 상당 부분 Li_2O로 바꾸면, Na^+에 의한 오차가 현저하게 감소한다. 이러한 전극을 소위, 리튬 유리 전극, 높은 pH 전극, 또는 전 범위 전극(pH 0~14 범위)이라고 한다. 요즘 사용되고 있는 전극들은 소듐 오차만 보정되면 적절한 정확도로 pH 13.5까지 측정할 수 있는 조성을 가지고 있다. 하지만 매우 염기성인 용액을 측정할 필요가 있는 경우에는 특별한 조성을 갖고 있는 전극이 추천된다. 앞에서 언급한 바와 같이, 유리의 조성을 변화시킴으로써 다른 이온에 대한 친화도를 변화시킬 수 있다는 발견으로 인해 H^+가 아닌 다른 이온에 선택적인 유리, 즉 이온 선택성 전극이 개발되었고, 더 나아가 전극은 유리와는 전혀 다른 물질로까지 확대되었다.

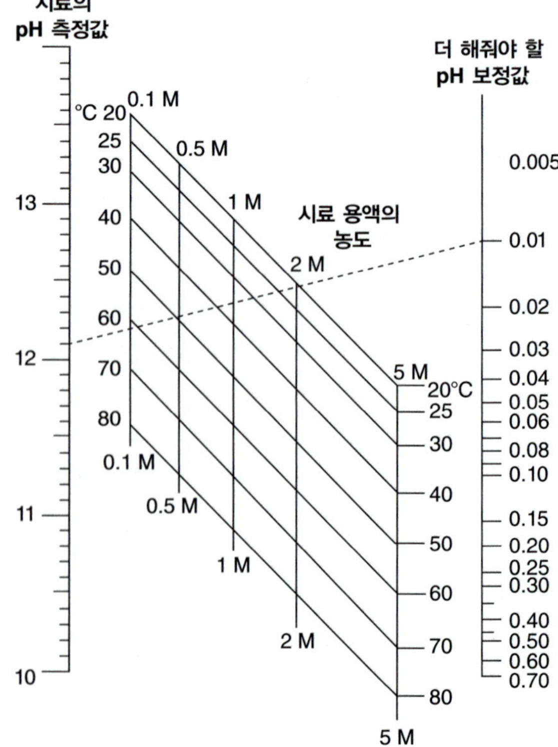

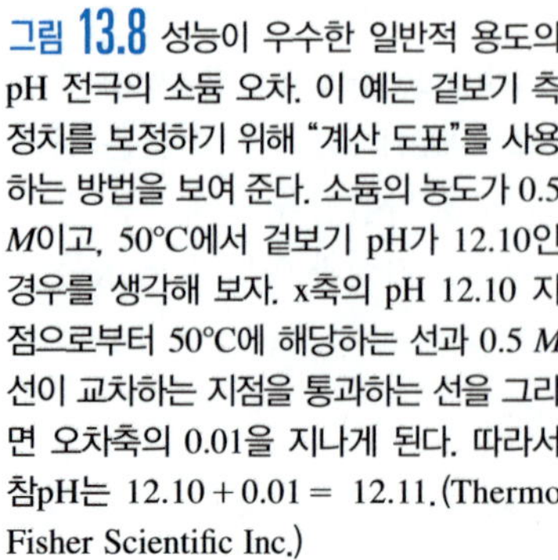

그림 13.8 성능이 우수한 일반적 용도의 pH 전극의 소듐 오차. 이 예는 겉보기 측정치를 보정하기 위해 "계산 도표"를 사용하는 방법을 보여 준다. 소듐의 농도가 0.5 *M*이고, 50°C에서 겉보기 pH가 12.10인 경우를 생각해 보자. x축의 pH 12.10 지점으로부터 50°C에 해당하는 선과 0.5 *M* 선이 교차하는 지점을 통과하는 선을 그리면 오차축의 0.01을 지나게 된다. 따라서 참pH는 12.10 + 0.01 = 12.11.(Thermo Fisher Scientific Inc.)

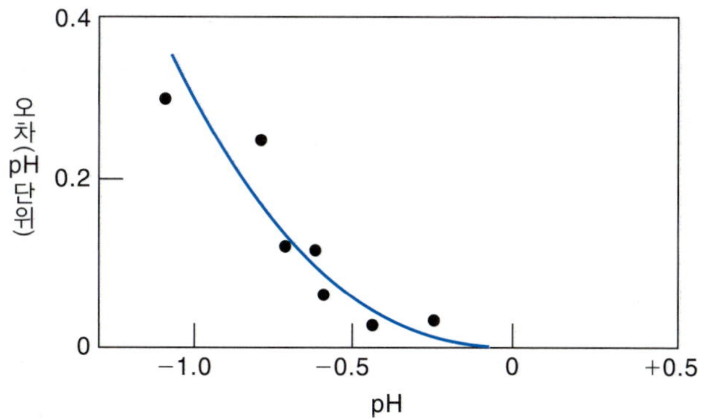

그림 13.9 염산 용액에서 유리 전극의 오차(L. Meites, L. C. Thomas, *Advanced Analytical Chemistry*. ©1958, McGraw-Hill, New York.)

산 오차

pH가 매우 낮은 경우(pH<1), pH에 민감한 유리막의 젤 층은 산 분자를 흡수한다. 이러한 흡수로 인해 수소 이온의 활동도가 감소하고 외부 막의 상 경계에서 전위가 감소하게 된다. 그 결과 측정한 pH 값은 같은 용액의 실제 pH 값보다 더 커지게 된다. 두 번째의 이유이자 아마도 **산 오차**(**acid error**)에 더 크게 기여하는 것은 **물의 활동도 오차**(**water activity error**)라고 불리는 것으로, Nernst 식에 벗어나는 행동을 보이게 하는 또 다른 형태의 오차이다. 이러한 오차는 막전위가 막과 접촉하고 있는 물의 활동도에 의존하기 때문에 발생한다. 만약 활동도가 1이라면, Nernst 식을 따르게 된다. 매우 강한 산성 용액에서는 물의 활동도가 1보다 작기 때문에(상당량이 H^+와 수화하는 데 사용된다), pH 측정 시 양(+)의 오차가 발생한다(그림 13.9). 녹아 있는 염 용액의 농도가 클 때나 에탄올과 같은 비수용성 용매를 첨가했을 경우에는 물의 활동도가 감소하기 때문에 비슷한 형태의 오차가 발생한다. 이러한 경우에는 큰 액간 접촉 전위가 발생하고 그로 인해 또 다른 오차가 발생한다. 소량의 에탄올을 사용하는 경우 이 양은 그리 크지 않다.

강한 염기성 pH에서 사용하기 위해 특별히 제작된 전극들과 같이, 강한 산 용액에서 사용할 수 있는 특수 제작된 전극들이 있는데, 이 전극들은 상당히 낮은 산 오차를 나타낸다. 일반적으로 산 오차는 알칼리 오차보다 작다.

13.12 표준 완충 용액 — pH 측정을 위한 기준

독립된 한 이온의 활동도는 측정할 수 없기 때문에(Debye–Hückel 식을 이용한 계산을 통해 추정할 수만 있다), pH의 작동 정의가 제안되었다. 그중 하나는 Roger Bates의 지휘 아래, 지금은 National Institute of Standards and Technology(NIST)라고 불리는 National Bureau of Standards(NBS)에서 개발된 것이다. 그는 pH 측정의 교정에 사용할 수 있는 일련의 공인 표준 완충 용액을 개발하였다. 완충 용액의 pH는 액간 접촉이 없는 전지의 수소 이온 지시 전극을 사용하여 측정하였다(식 13.22와 유사한 전지). Ag/AgCl 기준 전극이 사용되었다. 식 13.24로부터, Debye–Hückel 이론을 이용하여(기준 전극의 전위를 계산하기 위해) Cl^-의 활동도를 계산해야 한다는 것을 알 수 있다. **이로 인해 완충 용액의 pH 정확도는 궁극적으로 약 ±0.01 pH 단위로 제한된다.** pH 값의 할당을 위해 독립된 한 이온(Cl^-)의 이온 활동도 계수가 사용되기 위해서는 협약을 선택해야 하는 문제에 봉착하게 되는데, Bates는 HCl과 NaCl 혼합 용액에 들어 있는 평균 활동도 계수(측정할 수 있다)와 비슷한 값을 가지고 있는 Cl^-를 선택하였다. 따라서 이것이 pH의 작동 정의의 기본이다. 이 협약은 Bates–Guggenheim 협약(영국 Reeding 대학의 Edward A. Guggenheim과 Bates는 IUPAC로부터 협약을 제안하는 임무를 부여받았고 Guggenheim은 Bates의 제안에 찬성하였다)으로 알려져 있다. 수소의 부분압은 측정 시 대기압으로부터 구한다(용액 온도에서 물의 증기압을 뺀다).

인산 혼합물과 붕사만이 진정한 완충 용액이다. 사붕산 다이소듐(disodium tetraborate)은 붕산과 완전히 중화된 염이 같은 양으로 들어 있어서 완충 용액이다. K_a 값은 온도에 의존하기 때문에 pH 값은 온도에 따라 변한다.

표 13.2 NIST 표준 완충 용액의 pH 값[a]

	완충 용액						
t(°C)	테트라옥살산[b]	타타르산[c]	프탈산[d]	인산[e]	인산[f]	붕사[g]	수산화 칼슘[h]
0	1.666	—	4.003	6.984	7.534	9.464	13.423
5	1.668	—	3.999	6.951	7.500	9.395	13.207
10	1.670	—	3.998	6.923	7.472	9.332	13.003
15	1.672	—	3.999	6.900	7.448	9.276	12.810
20	1.675	—	4.002	6.881	7.429	9.225	12.627
25	1.679	3.557	4.008	6.865	7.413	9.180	12.454
30	1.683	3.552	4.015	6.853	7.400	9.139	12.289
35	1.688	3.549	4.024	6.844	7.389	9.102	12.133
38	1.691	3.549	4.030	6.840	7.384	9.081	12.043
40	1.694	3.547	4.035	6.838	7.380	9.068	11.984
45	1.700	3.547	4.047	6.834	7.373	9.038	11.841
50	1.707	3.549	4.060	6.833	7.367	9.011	11.705
55	1.715	3.554	4.075	6.834	—	8.985	11.574
60	1.723	3.560	4.091	6.836	—	8.962	11.449
70	1.743	3.580	4.126	6.845	—	8.921	—
80	1.766	3.609	4.164	6.859	—	8.885	—
90	1.792	3.650	4.205	6.877	—	8.850	—
95	1.806	3.674	4.227	6.886	—	8.833	—

[a] R. G. Bates, *J. Res. Natl. Bur. Std.*, **A66** (1962) 179.
[b] 0.05 *m* 테트라옥살산 포타슘(*m*은 몰랄 농도이지만, 몰농도를 사용해도 오차의 정도는 매우 작다).
[c] 포화된(25°C) 타타르산수소 포타슘.
[d] 0.05 *m* 프탈산수소 포타슘.
[e] 0.025 *m* 인산이수소 포타슘, 0.025 *m* 인산 수소 다이소듐.
[f] 0.008695 *m* 인산이수소 포타슘, 0.03043 *m* 인산 수소 다이소듐.
[g] 0.01 *m* 붕사.
[h] 포화된(25°C) 수산화 칼슘.

Roger Bates(1912~2007)[출처: SEAC Communications]

Roger Bates는 지금은 NIST라고 불리는 NBS에 재직할 당시에 NIST 인증 표준 완충 용액을 개발하였다. NIST pH 척도 개발에 대해 Bates 자신이 90세의 나이에 직접 쓴 매력적이고 역사적인 설명은 "Why Students (and Others) Don't know pH," *SEAC Communications* **18** (3), December 2002에 나와 있다. http://electroanalytical.org/SEACcom/SEACcom-dec02.pdf.

NIST 표준 완충 용액의 조성과 pH는 표 13.2와 같다. NIST pH 눈금은 고정 점이 여러 개인 "다중-표준" 눈금이다. 하지만 British Standards Institute는 한 개의 일차 표준 완충 용액에 바탕을 둔 작동 pH 단위를 개발하였고, 다른 "표준" 완충 용액들의 pH는 이것에 대한 상대적인 값이고, 따라서 일련의 표준 기준 용액이라기보다는 2차 표준 물질이 되는 것이다. 실제, 정확한 pH 측정이 요구될 경우에는, 시료의 pH를 가능한 한 가장 근접하게 포함하는 두 개의 표준 완충 용액을 이용하여 pH 미터를 검량한다. 비록 pH 정확도의 절댓값이 0.01 단위보다 좋지는 않지만, 다른 완충 용액과의 **상대적인 비교**를 통해 완충 용액의 pH는 0.001 단위까지 측정된다. pH를 계산하는 데 사용되는 전위는 이 정도로 엄밀하게 재현성 있게 측정되고, 경우에 따라서는 1000분의 1 pH 단위의 차이를 구별하는 것이 중요하다(즉 전극은 1000분의 1 pH 단위까지 교정되어야 한다). 완충 용액에 사용된 산이나 염기의 이온화 상수가 온도에 의존하기 때문에, 완충 용액의 pH도 온도에 따라 달라진다.

이러한 용액들 가운데 몇 개는 진짜 완충 용액이 아니고, 실제로는 산이나 염기를 첨가하지 않기 때문에 pH가 안정한 표준 pH 용액이다. 이 용액은 조금 묽게 했을 경우 pH 변화에 영향을 받지 않는다(예, $H^+ \approx \sqrt{K_{a1}K_{a2}}$).

만일, 유리 전극-SCE 전지를 한 개의 표준 완충 용액으로 교정하여 다른 완충 용액의 pH를 측정하는 데 사용하면, 잔류 액간 접촉 전위 때문에 다른 완충 용액의 pH는 표준값과 정확히 일치하지 않는다.

KH_2PO_4-Na_2HPO_4 완충 용액(38°C에서의 pH는 7.384)은 특히 혈액의 pH를 측정하기 위한 교정에 적합하다. 많은 경우, 혈액의 pH는 체온과 비슷한 38°C에서 측정된다. 이렇게 사람 혈액의 pH가 측정된다.

위에서 언급한 NIST pH 표준 용액과 pH의 정의에 대한 다른 제안들에 대해서는 W. F.

Koch의 글들을 참고하라(*Anal. Chem.*, December 1, 1997, 700A; *Chem. & Eng. News*, October 20, 1997, 6).

13.13 pH 측정의 정확도

pH 측정의 정확도는 표준 완충 용액의 수소 이온의 활동도가 얼마나 정확하게 알려져 있는가에 의해 좌우된다. 앞에서 설명한 바와 같이, 정확도는 여러 가지 제약으로 인해 ±0.01 pH 단위보다 좋지 않다. 첫 번째 제약은 단일 이온의 활동도 계수를 계산하는 데 있다.

잔류 액간 접촉 전위는 pH 측정의 정확도를 제한한다. 항상, 시료 용액의 pH와 비슷한 pH에서 검량하라.

정확도의 두 번째 한계는 잔류 액간 접촉 전위이다. 전지를 표준화하는 데 사용되는 용액과 pH를 측정하고자 하는 시료 용액의 조성은 다르다. 이러한 잔류 액간 접촉 전위는 용액들의 pH와 조성을 가능한 한 비슷하게 유지함으로써 최소화할 수 있다는 것을 설명한 바 있다. 이러한 이유로, **전지를 시료의 pH와 비슷한 pH에서 표준화해야 한다.** 시료 용액의 pH와 아주 다른 pH에서 표준화했을 경우의 오차는 일반적으로 0.01~0.02 pH 단위 정도이지만, 매우 강한 염기성 용액의 경우에는 0.05 pH 단위까지 증가할 수 있다.

표준 완충 용액의 부정확도와 결합하면, 잔류 액간 접촉 전위는 **미지 시료의 pH 측정에 있어서 절대 정확도를 약 ±0.02 pH 단위까지 제한한다.** 비록, 정확도가 ±0.02 pH 단위보다 더 좋지는 않지만, ±0.004 또는 심지어 ±0.002 pH 단위 정도의 차이를 갖는 두 비슷한 용액의 pH를 **구별하는** 것도 가능할 수 있다. 그러한 구별이 가능한 이유는, 참 a_{H^+}값으로 고려한 두 용액의 액간 접촉 전위가 사실상 거의 같기 때문이다. 예를 들어 두 혈액 용액의 pH가 비슷하면, 두 용액 간의 차이를 ±0.004 pH 단위까지 정확하게 측정할 수 있다. 하지만 pH 차이가 상당히 큰 경우에는 잔류 액간 접촉 전위가 증가해서 차이는 그 만큼 정확하게 측정할 수 없다. 0.02 pH 단위를 구별하는 경우에는, 이온 세기의 변화가 심각한 오차를 야기하지는 않지만, 이보다 더 작은 단위를 구별해야 하는 경우에는 이온 세기의 변화가 오차를 야기한다.

±0.02 pH 단위의 오차는 a_{H^+}로는 ±4.8%(±1.2 mV)의 오차에 해당하고,[2] ±0.004 pH 단위를 구별하는 것은 a_{H^+}로는 ±1.0%(±0.2 mV)를 구별하는 것에 해당한다.

a_{H^+}의 전위차 측정은 겨우 5% 정확하다.

만약, 표준화한 온도와 다른 온도에서 pH를 측정하는 경우, 다른 요소들이 동일하다면 액간 접촉 전위는 온도에 따라 변한다. 예를 들어 25°C에서 38°C로 온도가 증가하면 혈액의 경우 +0.76 mV의 변화가 생긴다고 보고되었다. 따라서 매우 정확한 실험의 경우에는 시료 용액과 같은 온도에서 전지를 표준화해야 한다.

13.14 pH 미터 사용하기 — 작동 원리

유리 전극의 높은 저항 때문에, 전위를 측정하기 위해서는 고입력 임피던스 전압계(모든 pH 미터는 이 조건을 충족한다)를 사용해야 한다는 것을 이미 앞에서 설명하였다. 전위를 직접 측정하는 경우에는 식 13.40이나 13.42를 이용하여 pH를 계산한다. 298.16 K(25°C)에서 $2.303RT/F$ 값은 0.05916이다. 다른 온도가 사용되면 이 값은 절대 온도에 비례하여 보정되어야 한다.

그림 13.10은 디지털 pH 미터이다. 전위 척도는 pH 단위로 교정되고, 각 pH 단위는 25°C에서 59.16 mV와 같다(식 13.39). pH 미터는 표준 완충 용액의 pH를 나타내도록 조절되거나 교정 기능이 교정 완충 용액의 알려진 pH를 이용하여 스스로 교정하게 한다. 그런 다음, 표준 완충 용액은 미지 시료로 교체되고 pH가 읽혀진다. 실제 이 과정을 통해 식 13.40의 상

[2] 25°C에서 전극의 감응은 59 mV/pH이다.

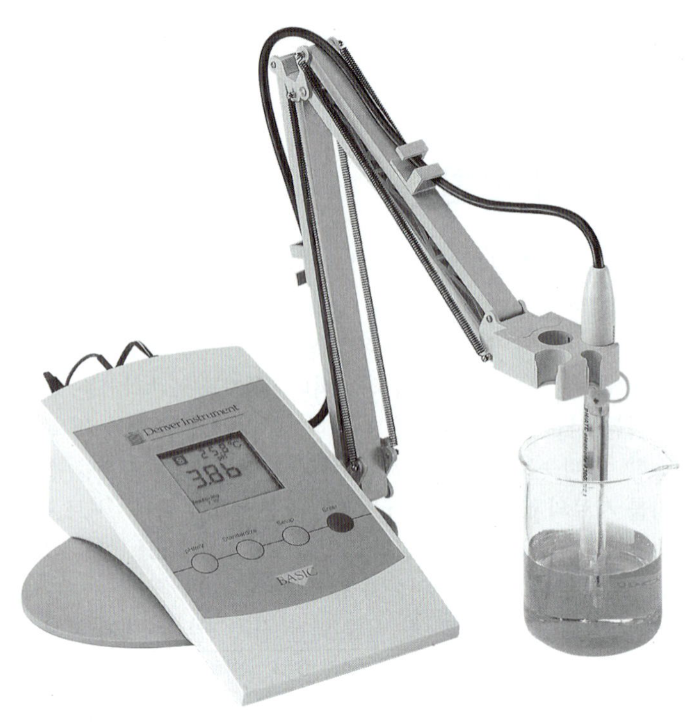

그림 13.10 전형적인 pH 미터
(Denver Instrument 사 허가)

수 k가 결정되고 상수 k에 포함되어 있는 다른 상수들 및 비대칭 전위의 상수도 조정된다.

pH 미터의 온도 조정은 RT/nF 값의 T를 조절하는데, 이 값은 전위 대 pH 완충 용액의 기울기를 결정한다.

대부분의 pH 미터에는 온도 조정 다이얼이 있어서, 감도(mV/pH)를 $2.303RT/F$와 일치하도록 조정한다. 예를 들면 0°C에서는 54.1 mV이고, 60°C에서는 66.0 mV이다.

전극과 미터에는 온도가 변해도 전위가 결코 변하지 않는 한 점이 교정 곡선에 존재한다. pH 유리 전극의 경우 이 지점은 pH 7에 맞춰져 있다(그림 13.11). 이 점을 **등전위점(isopotential point)**이라고 하며, 전위는 0이다(pH 미터는 실제로는 전위를 측정하고 측정된 전위는 pH로 환산되는데, 전위를 직접 기록할 수 있다). pH 7 표준 완충 용액의 전위가 0 mV로부터 차이가 나는 값을 그 전극의 **오프셋(offset)**이라고 한다. 온도가 변하면 교정 곡선의 기울기도 변하고 교정 곡선들의 교차점으로부터 실제 등전위점을 찾을 수 있다. 전극의 등전위점이 7이 아닌 경우, 정확도를 최대로 높이기 위해서 교정용 완충 용액과 시료 용액의 온도가 같아야 한다. 왜냐하면, 다른 온도에서의 기울기 조정에 작은 오차가 발생하기 때문이다. 등전위점과

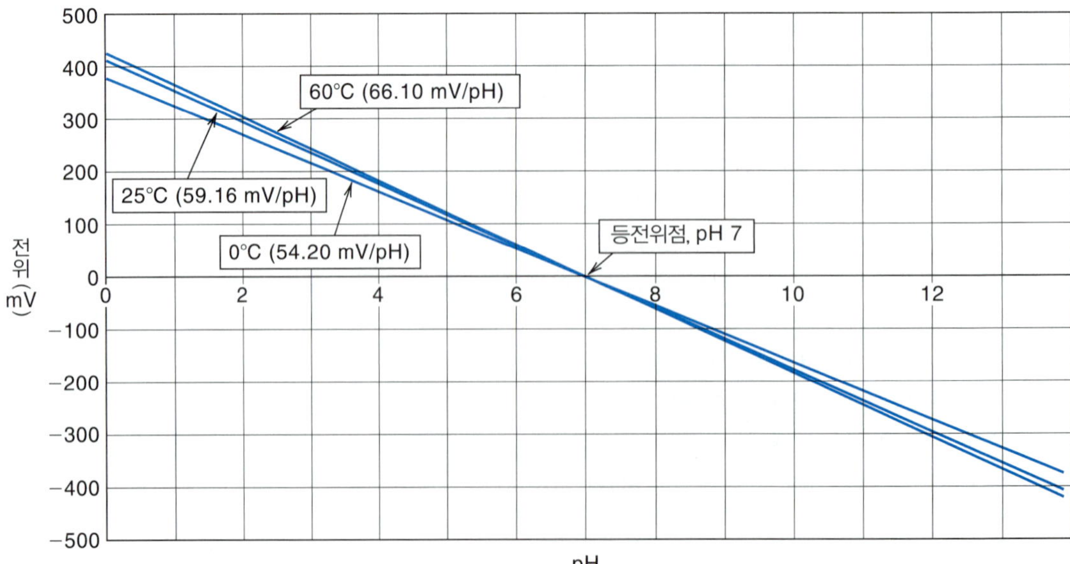

그림 13.11 등전위점

이의 정량적 해석에 관한 자세한 논의는 A. A. S. C. Machado, *Analyst*, **19** (1994) 2263을 참조하라.

pH 미터를 교정할 때, 전극은 pH 7.0인 완충 용액에 담근다. 완충 용액의 온도를 확인하여 온도 조절 나사를 이용하여 그 온도로 맞춘다. 표준화 또는 교정 나사로 미터가 pH 7을 표시하도록 조절한다. 많은 pH 미터들은, 예를 들어 4, 7, 10과 같은 특정 pH를 인지할 수 있는 마이크로프로세서가 있다. 예를 들어 전극을 pH 7 교정용 표준 완충 용액에 담그고 교정(또는 이에 해당하는) 버튼을 누르면 자동적으로 기기가 NIST 표준 NaH_2PO_4-$Na_2HP_2O_4$ 완충 용액의 pH 7.02를 읽어내도록 조절한다. 그다음 측정하고자 하는 시료의 pH에 따라 pH 4 (프탈산수소 포타슘, pH 4.01) 또는 10 (Na_2CO_3-$NaHCO_3$, pH 10.00) 교정 완충 용액으로 교정을 반복하여 기울기를 결정한다. 요즘에는 대부분의 pH 미터가 온도 측정 능력을 가지고 있고 독립적인 온도 탐침이 있어서 자동적으로 온도가 보정된다. 온도 탐침은 전극에 하나로 통합되기도 한다.

보통의 pH 미터는 전체 범위가 14 pH 단위(약 840 mV)의 경우, ±0.01 pH 단위(±0.6 mV)까지 정확하다. 이러한 미터들은 mV를 직접 읽도록 조절할 수도 있다(대개 전체 범위가 1400 mV의 감도를 가진다). 고성능의 pH 미터는 ±0.001 pH 단위까지 읽을 수 있는데, 이를 위해 전위는 0.1 mV보다 더 가까운 전위를 읽어야 한다.

중성에 가까운 완충되지 않은 용액의 pH를 측정하는 경우에는 용액의 균형이 약하고 안정한 측정까지 시간이 많이 걸리기 때문에 측정이 느리다. 이러한 용액은 저어 주어야 하는데, 그 이유는 소량의 유리가 녹아서 전극 표면의 용액을 염기성으로 만들기 때문이다(식 13.43에서 H^+의 공급원인 H_2O가 NaOH 용액으로 대체된다). 13.10절 마지막 부분의 순수한 물의 pH 측정에 관한 논의를 보라.

13.15 혈액의 pH 측정 — 온도가 중요하다

7장에서, 혈액 완충계의 평형 상수는 온도에 따라 변하기 때문에 37°C 체온에서 혈액의 pH는 상온에서의 pH와 다르다는 것을 설명하였다. 따라서 생리학적 조건들과 관련시킬 수 있는 혈액의 pH를 의미 있게 측정하기 위해서는 측정이 37°C에서 이루어져야 하고 시료는 공기에 노출되지 않아야 한다. (37°C에서 중성 수용액의 pH는 6.80이고, 산도는 0.20 pH 단위만큼 변한다는 것을 기억하라).

혈액 시료의 pH 측정은 체온과 같은 온도에서 이루어져야 의미가 있다.

혈액의 pH를 측정할 때 지켜야 할 몇 가지 유용한 규칙들은 다음과 같다.

1. 표준 완충 용액을 이용하여 37°C에서 전극을 검량한다. 37°C에서 완충 용액의 적절한 pH를 선택해야 하고 pH 미터의 온도 다이얼을 37°C로 맞춘다(기울기=61.5 mV/pH). 시료의 pH보다 약간 큰 것과 약간 작은 것 등 두 개의 표준 용액을 이용하는 것이 좋다. 이러한 과정은 전극이 정상적으로 작동하고 있음을 확인시켜 준다. 또한 전극은 검량과 측정 전에 37°C에서 유지시킨다. 유리막 계면에서의 전위−결정 메커니즘이 그렇듯이, 유리 전극 내부에 있는 내부 기준 전극의 전위도 온도에 따라 변한다. SCE 기준 전극의 전위와 액간 접촉 전위도 온도에 의존한다(pH나 전위를 상온보다 낮은 온도에서 측정하는 경우에는, 염다리나 기준 전극에 포화 KCl 대신 농도가 더 낮은 KCl 용액을 사용해야 한다. 왜냐하면, 고체 KCl 결정이 염다리에 침전되어 저항을 증가시킬 수 있기 때문이다).
2. 혈액 시료는 CO_2의 흡수나 손실을 막기 위해 혐기성 조건에서 보관해야 한다. 가능하면 시료 채취 후 15분 이내에 pH를 측정해야 하고, 아니면 시료를 얼음에 보관하고 2시간 이내에 측정해야 한다. 측정 전에 시료는 37°C를 유지하도록 해준다(pCO_2 측정 실험도 할 예정이라면, 30분 이내에 실시해야 한다).

> 3. 전극에 피막이 형성되는 것을 막기 위해, 측정 후에는 매번 전극을 소금물로 씻어낸다. 전극 표면에 남아 있는 혈액 피막은 0.1 *M* NaOH에 몇 분 정도**만** 담근 뒤 0.1 *M* HCl과 증류수 또는 소금물에 차례로 담그면 제거된다.

일반적으로 pH 측정을 위해서는 동맥의 혈액이 사용되지만, 특별한 경우에는 정맥의 혈액이 요구되기도 한다. 동맥 혈액의 pH에 대한 95% 신뢰 한계 범위(3장 참조)는 연령과 성별의 구별 없이 7.31~7.45(평균 7.40)이다. 멈춰 있는 시료의 경우, pH는 7.37~7.42의 범위일 것이라고 알려져 있다. 정맥 혈액의 pH는 동맥 혈액의 pH와 0.03 pH 단위까지 차이가 날 수 있고, 정맥에 따라 달라질 수 있다. 세포내 적혈구의 pH는 혈장의 pH보다 약 0.15~0.23 단위 정도 낮다.

13.16 비수용성 용매에서의 pH 측정

수용액을 이용하여 표준화된 전극으로 비수용성 용매에서 pH를 측정하는 것은 H^+의 활동도 측면에서는 별 의미가 없는데, 그 이유는 상당히 큰 값일 수도 있는, 용매에 의존하는 미지의 액간 접촉 전위 때문이다. 이러한 방법으로 측정한 경우에는 "겉보기 pH"라고 한다. 비수용성 용매를 위한 pH 척도와 표준 용액들은 수용액에 대한 것과 유사한 방법으로 제안되고 있다. 하지만 이러한 척도는 수용액의 pH 척도와는 무관하다. 이 항목에 대한 내용은 Bates의 책(참고 문헌 3)을 참고하라. 여러 온도에서 혼합된 수용액에서의 기준 전극의 전위를 확립하기 위한 노력들이 행해지고 있다[Bates et al., *J. Solut. Chem.*, **8** (1979) 887−895를 보라. 그리고 M. S. Frant, "How to Measure pH in Mixed & Nonaqueous Solutioms." *Today's Chemist at Work*, American Chemical Society, June, 1995, p. 39]. 50% 메탄올:물 용액에 사용되는 기준 완충 용액이 기술되어 있다〔*J. Am. Chem. Soc.*, **87** (1965) 415〕. Bates 등은 10~40% 에탄올:물에서의 pH 표준 용액을 기술하였다〔*Anal. Chem.*, **52** (1980) 1598〕.

13.17 이온 선택성 전극

pH 전극과 이온 선택성 전극의 원리, 검량 및 측정 과정에 관한 훌륭한 설명은 www.nico2000.net에 있는 초보자를 위한 지침서(130쪽 분량의 초보자용 가이드)를 참조하라.

보통의 유리 전극의 막전위가 H^+에 대해 선택적인 것처럼, 막전위가 특정 이온이나 이온들에 선택적인 다양한 종류의 막전극들이 개발되어 왔다. 이러한 전극들은 특히 낮은 농도의 이온들을 측정하는 데 있어서 중요하다. 일반적으로, 이러한 전극들은 다른 전극들과 달리 단백질에 의해 "중독되지" 않기 때문에 생물학적 시료의 측정에 적합하다. 이러한 성질은 유리막 이온 선택성 전극의 경우에 더욱 잘 나타난다.

다른 분석물들도 ISE에 감응한다는 것을, 그리고 분석하고자 하는 시료에 대한 상대적인 감응 정도를 아는 것은 중요하다. 13장의 끝에 수록된 교수 선호 예제를 참고하라. 그 특별한 ISE가 물리적으로 불가능한 결과를 나타내는 것은 다행스러운 일이다. 만약 그것이 납득할 만한 결과를 보였다면 화성 토양에 들어 있는 과염소산 이온의 존재는 명확하지 않았을 것이다.

이러한 전극들 가운데 한 특정 이온에만 **고유**하게 감응하는 전극은 없지만, 모든 전극들은 특정 이온이나 이온들에 대해 어느 정도의 **선택성**을 가지고 있다. 따라서 **이온 선택성 전극**(**ion-selective electrode, ISE**)으로 불린다.

유리막 전극

이 전극들의 구조는 pH 유리 전극과 비슷하다. 유리막의 조성을 변화시키면 다양한 1가 양이온들에 대한 수화된 유리막의 친화도는 증가하고, H^+에 대한 친화도는 pH 유리 전극에 비해 현저히 감소한다. 막전위는 아마도 pH 유리 전극과 유사한 이온 교환 메커니즘을 통해 이러한 양이온들의 농도에 의존하게 된다. 즉 경계 전위가 생성되는데, 이것은 젤의 표면과 외부 용액에 있는 양이온의 상대적인 활동도에 의해 결정된다. 양이온의 활동도가 증가하면 막의

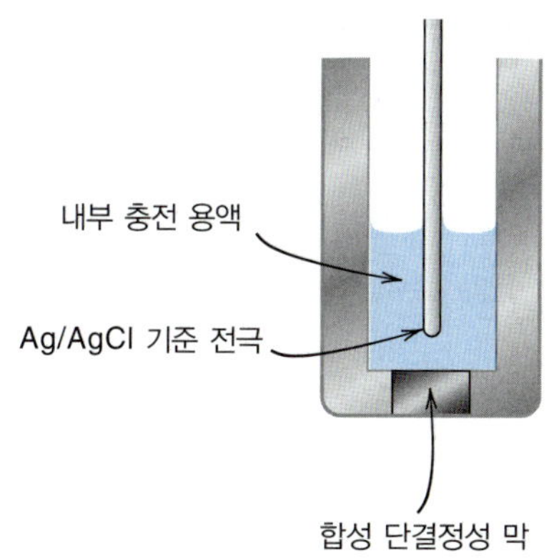

그림 13.12 결정성 막전극
(Orion Research 사 허가)

양전하가 증가해서 전극의 전위는 더욱 양의 값을 갖게 된다.

구조는 그림 13.6과 유사하다. 내부 충전 용액은 전극의 감응이 가장 큰 양이온의 염화물이다.

Na^+-민감형 전극은 상당량의 K^+가 존재하는 경우에도 Na^+의 활동도를 측정하는 데 사용될 수 있다. K^+에 대한 Na^+의 선택성은 3000 이상이다.

유리막 pH 전극은 궁극적으로 이온 선택성 전극이다

H^+는 다른 ISE에 있어서 공통된 방해물이다. 따라서 측정하려고 하는 주된 이온의 농도에 따라 pH는 어떤 한계치 이상이어야 한다.

고체상 전극

이러한 전극들의 구조는 그림 13.12와 같다. 가장 성공적인 예는 플루오린화 이온 전극이다. 이 전극의 막은 전도도를 증가시키기 위해 소량의 EuF_2가 도핑되어 있는 LaF_3 단결정이다. LaF_3는 용해도가 매우 작아서, 이 전극은 F^-의 농도가 10^{-5} M까지는 Nernst 식을 잘 따르며 10^{-6} M 정도(19 ppb!)까지는 Nernst 식을 따르지 않는다. 이 전극은 Cl^-, Br^-, I^-, NO_3^-, SO_4^{2-}, HPO_4^{2-}, HCO_3^-보다 F^-에 대해 최소 1000배 이상의 선택성을 가지고 있으며, OH^-보다는 10배 정도의 선택성을 가지고 있다. OH^-만이 심각한 방해물이다. pH 범위는 산성 쪽에서는 HF의 생성에 의해 제한되고, 염기성 쪽에서는 OH^-에 대한 감응에 의해 제한된다. 유용한 pH 범위는 4~9이다.

F^- 이온 선택성 전극은 가장 성공적이고 유용한 전극 중 하나이다. 왜냐하면, 다른 방법을 이용한 F^- 측정은 비교적 까다롭기 때문이다.

F^- 이온 선택성 전극을 사용할 때 방해 효과를 최소화하는 데 유용한 용액은 pH 5.0~5.5의 아세트산 완충 용액과 1 M NaCl, 그리고 사이클로헥실렌다이나이트릴로 사아세트산(CDTA)의 혼합물이다. 이 용액은 TISAB (total ionic-strength adjustment buffer)로서 상업적으로 시판되고 있다. 시료나 표준 용액을 이 용액과 1:1로 희석하면 이온 세기가 높은 바탕 용액을 만들 수 있어서, 용액에 따라 차이가 나는 어느 정도의 이온 세기 변화를 무시할 수 있게 해준다. 이러한 경우, 접촉 전위와 F^-의 활동도 계수를 용액에 상관없이 일정하게 유지할 수 있게 된다. 완충 용액은 플루오린화 이온이 온전히 F^-의 형태로 존재하는, 그리고 OH^- 농도가 매우 낮아지는 pH를 제공한다. CDTA는 EDTA와 같은 킬레이트제로 Al^{3+}, Fe^{3+}나 Si^{4+}와 같은 다가 양이온과 착물을 형성함으로써 이러한 다가 양이온들이 F^-와 착물을 형성하여 F^-의 활동도를 변화시키는 것을 방지한다.

TISAB는 이온 세기와 pH를 조절하고, Al^{3+}, Fe^{3+}나 Si^{4+} 등이 F^-와 착물을 형성하는 것을 방지하는 역할을 한다.

액체—액체 전극

이러한 전극들의 기본적인 구조는 그림 13.13과 같다. 이 전극의 경우, 전위를 결정하는 "막"은 물과 섞이지 않는 액체 이온 교환체 층으로, 비활성이고 다공성인 막에 의해 지탱되고 있다. 다공성 막은 시료 용액과 이온 교환체가 접촉하도록 해주지만 서로 섞이는 것은 최소화한다. 이 막은 제조사에 따라 합성된 유연한 막이거나 다공성 소결 유리이다. 내부 충전 용액은 이온 교환체가 감응하는 이온과 내부 기준 전극용 할로젠화물을 포함하고 있다.

ISE에 사용되는 충전 용액은 대개 주된 이온의 염화물 염이다. 예를 들면, Ca^{2+} 전극의 경우 $CaCl_2$이고, K^+ 전극의 경우에는 KCl이다. Cl^-는 내부 Ag/AgCl 전극의 전위를 확립한다.

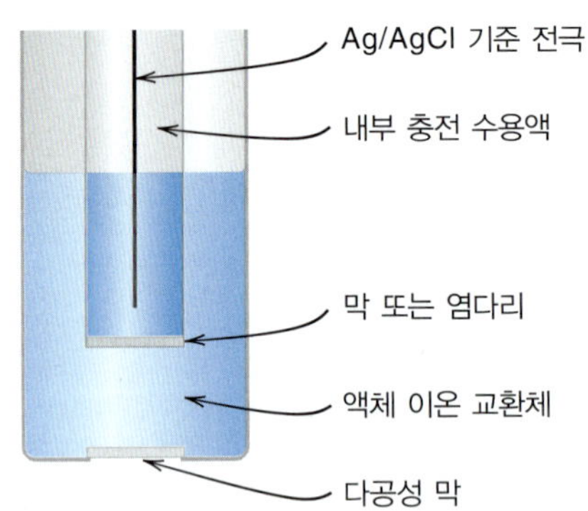

그림 13.13 액체 막전극

이 전극의 예로, 칼슘 이온 선택성 전극이 있다. 전형적인 전극에서, 이온 교환체는 칼슘 유기인 화합물이다. 전극의 감도는 시료 용액에서 이온 교환체의 용해도에 의해 결정된다. 약 5×10^{-5} *M*까지는 Nernst 식을 따른다. 이 전극은 소듐이나 포타슘보다 칼슘에 약 3000배 정도 선택적이고, 마그네슘보다는 200배, 스트론튬보다는 70배 정도 선택적이다. 사용 가능한 pH 범위는 5.5~11이다. pH 11 이상에서는 $Ca(OH)_2$가 침전된다. 인산 완충 용액은 사용할 수 없는데, 그 이유는 착물 또는 침전의 형성으로 인해 칼슘의 활동도가 감소하기 때문이다. 이런 액체 막전극들은 종종 생물학 시료에 들어 있는 단백질의 흡착에 의해 오염된다.

표 13.3에 시판 중인 몇 가지 이온 선택성 전극들의 특성을 나타내었다.

플라스틱 막—이온 운반체 전극

매우 용도가 넓고 제작하기도 쉬운 전극의 종류는, 어떤 이온과 선택적으로 착물을 이루는 중성의 친유성(유기물을 좋아하는) **이온 운반체(ionophore)**가 부드러운 플라스틱 막에 녹아 있는 것들이다. 이온 운반체가 친유성(친수성의 반대)이어야 수용액에 노출되었을 때 막에서 녹아나오지 않는다. 플라스틱 막은 대개 폴리염화바이닐(PVC)이 주성분으로, 약 33%의 PVC, 약 65%의 *o*-나이트로페닐 에터(*o*-NPOE)와 같은 가소제와 약 1.5%의 이온 운반체로 이루어져 있다. 그리고 전도도를 증가시키기 위해 개질제가 더해진다. 예를 들어 양이온 선택성 이온 운반체를 바탕으로 하는 막의 경우, 전도도를 증가시키고 SCN과 같은 친유성 음이온에 의한 방해 효과를 최소화하기 위한 약 0.5%의 테트라키스(*p*-chlorophenyl)붕소산 포타

표 13.3 시판 중인 몇 가지 이온 선택성 전극들의 전형적인 특성

전극	농도 범위(*M*)	주된 방해 이온[a]
액체–액체 이온 교환 전극		
Ca^{2+}	10^{0}~10^{-5}	Zn^{2+}(3); Fe^{2+}(0.8); Pb^{2+}(0.6); Mg^{2+}(0.1); Na^{+}(0.003)
Cl^{-}	10^{-1}~10^{-5}	I^{-}(17); NO_3^{-}(4); Br^{-}(2); HCO_3^{-}(0.2); SO_4^{2-}, F^{-}(0.1)
2가 양이온	10^{0}~10^{-8}	Fe^{2+}, Zn^{2+}(3.5); Cu^{2+}(3.1); Ni^{2+}(1.3); Ca^{2+}, Mg^{2+}(1); Ba^{2+}(0.94); Sr^{2+}(0.54); Na^{+}(0.015)
BF_4^{-}	10^{-1}~10^{-5}	NO_3^{-}(0.1); Br^{-}(0.04); OAc^{-}, HCO_3^{-}(0.004); Cl^{-}(0.001)
NO_3^{-}	10^{-1}~10^{-5}	ClO_4^{-}(1000); I^{-}(20); Br^{-}(0.1); NO_2^{-}(0.04); Cl^{-}(0.004); CO_3^{2-}(0.0002); F^{-}(0.00006); SO_4^{2-}(0.00003)
ClO_4^{-}	10^{-1}~10^{-5}	I^{-}(0.01); NO_3^{-}, OH^{-}(0.0015); Br^{-}(0.0006); F^{-}, Cl^{-}(0.0002)
K^{+}	10^{0}~10^{-5}	Cs^{+}(1); NH_4^{+}(0.03); H^{+}(0.01); Na^{+}(0.002); Ag^{+}, Li^{+}(0.001)
고체상 전극[b]		
F^{-}	10^{0}~10^{-6}	최대 범위: $OH^{-} < 0.1\ F^{-}$
Ag^{+} 또는 S^{2-}	10^{0}~10^{-7}	$Hg^{2+} < 10^{-7}M$

[a]괄호 안의 숫자는 시료 이온에 대한 방해 이온의 상대적인 선택성을 의미한다(아래의 선택 계수 참조).

[b]주어진 방해 이온의 농도는 최대 한계 농도를 나타낸다.

슘(K(ϕCl)$_4$B) 등으로 구성되어 있다. (ϕCl)$_4$B$^-$는 그 자체로 친유성이어서 막을 통과해서 금속 이온의 감응을 방해할 수도 있는 친유성 음이온들을 쫓아낸다. 이러한 성분들로 이루어진 용액은 테트라하이드로퓨란(THF)과 같은 용매를 이용하여 만들고 유리판에 부은 뒤 THF가 증발하도록 방치해 둔다. 이렇게 만들어진 막은 유연성이 있으며 전극 몸체의 끝에 설치할 수 있다.

이러한 전극들 가운데 가장 성공적인 예는 아마도 이온 운반체로 발리노마이신을 사용한 K^+ 이온 선택성 전극일 것이다. 발리노마이신은 천연 항생 물질로, K^+와 선택적으로 결합하기에 꼭 맞는 크기의 고리 안에 산소로 이루어진 바구니를 가지고 있는 고리형 폴리에터 구조를 가지고 있다. K^+에 대한 선택성은 Na^+에 비해 약 10^4배 정도이다.

많은 금속 이온들, 특히 알칼리 및 알칼리 토금속 이온들에 유용한 이온 운반체는 **왕관형 에터(crown ether)**들이다. 이들은 합성된 중성의 고리형 에터 화합물로, 특정 이온과 선택적으로 결합하기에 꼭 맞는 크기의 바구니를 갖도록 만들어질 수 있다. 긴 탄화수소 사슬이나 페닐기 등은 화합물을 친유성으로 만들기 위해 붙어 있다. 한 예로, 그림 13.14에 있는 것은 Na^+의 존재 하에 Li^+에 선택적인 14-crown-4 유도체이다. 숫자 4는 고리 안에 있는 산소의 개수이며, 14는 고리의 크기를 의미한다. 14-crown-4 화합물은 리튬 착물에 적합한 바구니 크기를 가지고 있다. 부피가 큰 페닐기를 화합물에 배치하면, 2:1 왕관형 에터:Na^+ 착물을 형성하는 데에 입체적인 장해를 유도하고 Li^+에 대한 선택성을 증가시킨다(Li^+: crown 착물은 1:1이다). 그 결과 Li^+에 대한 선택성은 약 800배 증가한다. 왕관형 에터에 바탕을 둔, Na^+, K^+, Ca^{2+} 및 다른 이온들에 대한 전극들이 알려져 있다. 특정 이온들과 선택적으로 착물을 형성하는 아마이드를 바탕을 하는 이온 운반체도 개발되었다. 그림 13.15는 PVC를 바탕으로 하는 전극에 사용되는 몇 가지 이온 운반체들을 보여 주고 있다.

Pederson은 왕관형 에터에 대한 선구적 연구로 1987년에 노벨상을 받았다. http://almaz.com/nobel/chemistry/1987c.html 참조.

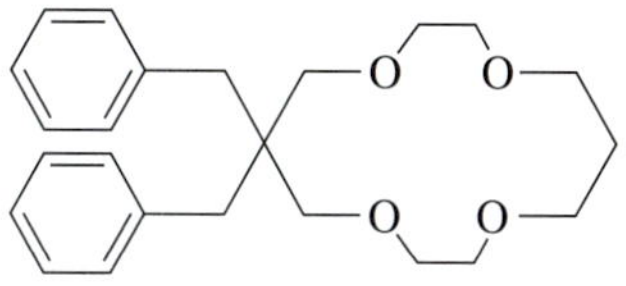

그림 13.14 Li^+와 선택적으로 결합하는 14-Crown-4 유도체

막의 감응 메커니즘

이온 선택성 전극막의 감응 메커니즘에 대해서는 유리 pH 전극만큼 자세히 연구되어 있지 않고, 특히 전위가 결정되는 메커니즘에 대해서는 더욱 연구가 되어 있지 않은 상태이다. 의심할 여지없이, 메커니즘의 유사점은 있다. 활성막은 막 속에 있는 시약과 선택적으로 결합되어 있는 분석 대상 이온을 가지고 있는데, 그 형태는 침전물 또는 착물이다. 그렇지 않은 경우에, 전극을 시료 이온이 들어 있는 용액에 담가서 평형을 이루도록 하고, 이온이 막에 있는 시약과 선택적으로 결합하게 된다. 이것은 유리 pH 전극의 $-SiO^-H^+$ 자리에 비유될 수 있다. 이온 선택성 전극을 시료 이온이 들어 있는 용액에 담그면, 막과 외부 용액의 계면에서 경계 전위가 형성된다. 다시 말해, 가능한 메커니즘은 이온들이 활동도가 더 낮은 쪽으로 이동해서 액간 접촉과 유사한 종류의 전위를 만들려고 하는 경향 때문이다. 양이온은 양전하를 만들고

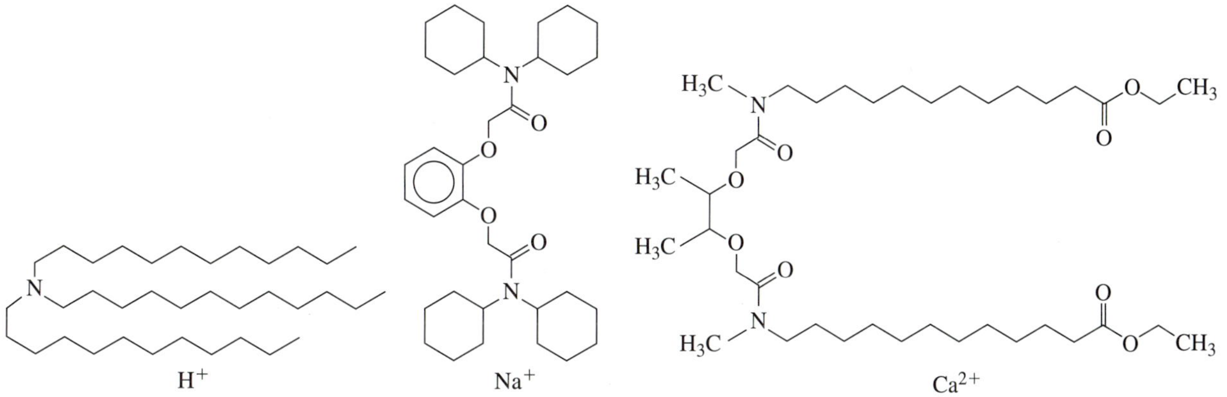

H^+ Na^+ Ca^{2+}

그림 13.15 H^+, Na^+ 및 Ca^{2+}에 사용되는 이온 운반체들

양의 방향으로 전위의 변화가 발생하며, 음이온은 음전하를 만들고 음의 방향으로 전위의 변화가 발생한다.

결국, 이온 선택성 전극의 제작에서의 핵심은 분석하고자 하는 이온과 강한 친화성을 나타내는 자리를 갖고 있는 물질을 찾는 것이다. 즉 Ca^{2+} 액체 이온 교환 전극이 Mg^{2+}나 Na^{+}보다 Ca^{2+}에 더욱 선택적인 이유는 유기 인산 양이온 교환체(칼슘의 형태로)가 Ca^{2+}에 대해 매우 높은 화학적 친화도를 가지고 있기 때문이다. 막–용액 계면에서의 이온 교환 평형은 Ca^{2+}와 관련이 있고, 전위는 외부 용액에 있는 Ca^{2+}의 활동도와 막에 있는 Ca^{2+}의 활동도 비에 의해 결정된다.

선택 계수

한 가지 이온만 있는 경우, 이온 선택성 전극의 전위는 pH 유리 전극에 사용된 식 13.38과 유사한 식을 적용할 수 있다.

z의 부호를 잊지 말라.

$$E_{\text{ISE}} = k + \frac{S}{z}\log\, a_{\text{이온}} \qquad (13.44)$$

여기에서 S는 기울기(이론적으로 $2.303RT/F$)이고, z는 **부호를 포함한** 이온의 전하이다. 종종, 기울기는 Nernst 식에 의한 값보다 작지만, 1가 이온 선택성 전극의 경우 기울기는 대개 Nernst 식에 의한 값과 비슷하다. 상수 k는 내부 기준 전극, 충전 용액 및 막의 구조에 따라 달라진다. 이 값은 이온의 활동도가 알려진 용액의 전위를 측정하여 결정할 수 있다.

예제 13.6

F^- 이온 선택성 전극은 물에 있는 F^-의 농도를 측정하는 데 사용된다. 표준 용액과 시료는 TISAB 용액을 이용하여 1∶10으로 희석하였다. 1.00×10^{-3} M(희석하기 전) 표준 용액의 전위는 기준 전극에 대해 −211.3 mV였고, 4.00×10^{-3} M 표준 용액의 전위는 −238.6 mV였다. 미지 시료의 전위가 −226.5 mV일 때 시료 중 F^-의 농도는 얼마인가?

풀이

이온 세기 조절 용액으로 희석하였기 때문에, 이온의 세기는 일정하므로 전위는 $\log[F^-]$에 비례한다.

$$E = k + \frac{S}{z}\log[F^-] = k - S\log[F^-]$$

위의 식에서 z는 −1이다. 먼저 S를 계산하기 위해,

$$-211.3 = k - S\log(1.00\times10^{-3}) \qquad (1)$$

$$-238.6 = k - S\log(4.00\times10^{-3}) \qquad (2)$$

(1)에서 (2)를 빼면,

$$27.3 = S\log(4.00\times10^{-3}) - S\log(1.00\times10^{-3}) = S\log\frac{4.00\times10^{-3}}{1.00\times10^{-3}}$$

$$27.3 = S\log 4.00$$

$$S = 45.3\ \text{mV}$$ (Nernst 식에 의한 값보다 약간 낮다.)

k를 계산하면,

$$-211.3 = k - 45.3\log(1.00\times10^{-3})$$

$$k = -347.2\ \text{mV}$$

미지 시료는

$$-226.5 = -347.2 - 45.3 \log[F^-]$$
$$[F^-] = 2.16 \times 10^{-3}\ M$$

양이온들이 섞여 있는 용액에(또는 음이온에 감응하는 전극의 경우 음이온 혼합 용액) 전극이 담겨 있는 경우, 전극은 다른 양이온(또는 음이온)에도 감응할 수 있다. 예를 들어 Na^+와 K^+가 섞여 있는 용액이 있고 어떤 전극이 두 이온에 감응하는 경우를 고려해 보자. Nernst 식은 K^+의 활동도를 나타내는 항을 추가로 포함하고 있어야 한다.

어떠한 전극도 한 이온에만 특정하게 감응하지는 않는다. 이상적으로는, a_{Na^+}에 비해 $K_{NaK}a_{Na^+}$ 값을 무시할 수 있을 정도로 만들 수 있다.

$$E_{NaK} = k_{Na} + S\ \log(a_{Na^+} + K_{NaK}a_{K^+}) \tag{13.45}$$

상수 k_{Na}는 주된 이온인 Na^+에만 해당되는 **Nernst** 식의 상수이다. E_{NaK}는 Na^+와 K^+가 섞여 있는 용액의 전극 전위이다. K_{NaK}는 전극이 Na^+**에 비해** K^+**에** 얼마나 더 선택적인지를 나타내는 **선택 계수**(**selectivity coefficient**)이다. 이 값은 K^+**에 비해** Na^+**에** 얼마나 더 선택적인지를 나타내는 선택 계수 K_{KNa}의 역수와 같다. 당연히 $a_{K^+}K_{NaK}$ 값은 작을수록 좋고, a_{K^+}나 K_{NaK}, 또는 두 항목 모두를 작게 만들면 가능하다.

$K_{NaK} = 1/K_{KNa}$

K_{NaK}와 k_{Na}는 Na^+와 K^+가 들어 있는 두 개의 다른 표준 용액의 전위를 측정한 다음, 두 상수에 대한 연립 방정식을 풀어서 구한다. 또는 용액 중 한 개는 Na^+만 들어 있게 하고, 식 13.44로부터 k_{Na}를 결정할 수도 있다.

전하가 다른 두 이온이 섞여 있는 용액의 경우, **Nicolsky** 식이라고 하는 일반적인 식을 쓸 수 있다.

$$E_{AB} = k_A + \frac{S}{z_A} \log\,(a_A + K_{AB}a_B^{z_A/z_B}) \tag{13.46}$$

위 식에서 z_A는 이온 A(주된 이온)의 전하이고, z_B는 이온 B의 전하이다. 따라서 Ca^{2+}의 존재 하에 Na^+ 이온 선택성 전극으로 Na^+를 측정하는 경우는 다음의 식과 같이 표현된다.

$$E_{NaCa} = k_{Na} + S\ \log(a_{Na^+} + K_{NaCa}a_{Ca^{2+}}^{1/2}) \tag{13.47}$$

모든 전극들은 어느 정도 수소 이온에 감응하기 때문에, 실제 실험에서는 수소 이온의 활동도를 낮게 해서 Nicolsky 식의 $K_{AH}a_{H^+}^{z_A}$ 값이 무시될 수 있도록 한다.

a_{Na^+} 값과 비교한 $K_{NaH}a_{H^+}$ 값이 전극의 산성 쪽 pH 한계를 결정한다.

선택 계수와 관련된 문제점이 하나 있는데, 종종 이온들의 상대적인 농도에 따라 변하고 일정하지 않다는 점이다. 이러한 이유 때문에, 이온들이 섞여 있는 혼합물과 관련된 계산에서 선택 계수를 사용하는 것은 까다롭다. 선택 계수는 방해 이온들의 효과가 무시될 수 있는 조건을 예측하는 데 유용하게 사용될 수 있다. 즉 실제로는 $K_{AB}a_B^{z_A/z_B}$ 값이 무시될 수 있도록 실험 조건을 조절하여 간단한 Nernst 식이 시료 이온에 적용될 수 있도록 한다. 대개는 교정 곡선을 작성하고 만일 방해 이온이 존재하면, 미지 시료에 있는 양만큼 표준 용액에 넣어줄 수 있다. 그 결과, 직선은 아니지만 보정된 교정 곡선을 얻을 수 있다. 이러한 방법은 방해 이온의 농도가 모든 시료에서 거의 일정하게 유지될 때에만 사용될 수 있다.

선택 계수는 일반적으로 정량적인 계산에 사용될 만큼 충분히 일정한 값은 아니다.

계산 과정에서 선택 계수가 어떻게 쓰이는지를 다음의 예제를 통해 알아볼 수 있다.

예제 13.7

양이온 선택성 전극을 이용하여 Na^+가 함께 들어 있는 용액에서 Ca^{2+}의 활동도를 측정하고자 한다. SCE를 기준 전극으로 했을 때, 0.0100 M $CaCl_2$의 전위는 +195.5 mV이었다. 0.0100 M $CaCl_2$와 0.0100 M NaCl이 함께 들어 있는 용액의 전위는 201.8 mV이었다. 미지 시료 용액의 전위가 SCE에 대해 215.6 mV이고, Na^+ 이온 선택성 전극으로 측정한 Na^+의 활동도가 0.0120 *M*일 때, 미지 시료 용액에 들어 있는 Ca^{2+}의 활동도는 얼마인가? (단, Nernst 식을 따른다고 가정한다.)

풀이

0.0100 *M* $CaCl_2$의 이온 세기는 0.0300이고, 혼합물의 이온 세기는 0.0400이다. 따라서 식 6.20으로부터 순수한 $CaCl_2$ 용액에서 Ca^{2+}의 활동도 계수는 0.55이고, 혼합물 용액에서 Ca^{2+}과 Na^+의 활동도 계수는 각각 0.51과 0.83이다. 따라서

$$k_{Ca} = E_{Ca} - 29.58 \log a_{Ca^{2+}}$$
$$= 195.5 - 29.58 \log(0.55 \times 0.0100)$$
$$= 262.3 \text{ mV}$$
$$E_{CaNa} = k_{Ca} + 29.58 \log(a_{Ca^{2+}} + K_{CaNa} a^2_{Na^+})$$
$$201.8 = 262.3 + 29.58 \log[0.51 \times 0.0100 + K_{CaNa}(0.83 \times 0.0100)^2]$$
$$K_{CaNa} = 47$$
$$215.6 = 262.3 + 29.58 \log(a_{Ca^{2+}} + 47 \times 0.0120^2)$$
$$a_{Ca^{2+}} = 0.0196\,M$$

비록, Ca^{2+}에 대한 선택 계수가 매우 좋은 것은 아니지만(전극은 Na^+에 더 좋은 센서이다!), Na^+의 경우 제곱항이 있기 때문에, 혼합물에서 Na^+에 의한 기여(0.0068)는 Ca^{2+}에 대한 기여(0.0196)의 0.3 정도이다. ■

선택 계수를 구하기 위한 실험적 방법들

선택 계수를 구할 수 있는 방법에는 여러 가지가 있다. 분리 용액법, 고정 간섭법 및 짝지은 전위법들이 알려져 있다. 이러한 방법을 적용하는 자세한 내용과 Nikolsky 식의 한계에 대한 자세한 논의는 이 책의 **웹 사이트**를 참고하라. 그리고 이온 선택성 전극의 감도를 높이는 연구에 대해서도 이 책의 **웹 사이트**를 참고하라.

이온 선택성 전극을 이용한 측정

이온 선택성 전극은 pH 전극과 똑같은 정확도 한계를 가지고 있다. z_A=2인 경우 mV당 오차는 두 배로 된다.

pH 유리 전극과 마찬가지로, 대부분의 이온 선택성 전극은 저항이 크기 때문에 측정 장비들은 고입력 임피던스를 가지고 있어야 한다. 일반적으로 분해능이 높은 pH 미터가 사용된다. 종종, 측정하고자 하는 이온이 들어 있는 용액 속에 이온 선택성 전극을 담가두는 전처리가 필요하다.

pH와 다른 전위차 측정법에서 논의했던 문제들과 정확도 한계는 이온 선택성 전극에도 적용된다.

이온 선택성 전극은 오직 **자유** 이온만 측정한다.

대개 전위 대 log 활동도의 교정 곡선이 만들어진다. 농도를 측정하고자 할 때에는 앞에서 언급한 바와 같이 이온 세기를 일정하게 유지하는 방법이 사용된다(식 13.34). 예를 들면 혈청 내 자유 Ca^{2+}의 농도는 시료와 표준 용액을 0.15 *M* NaCl로 희석하여 측정한다. 오직 **자유** Ca^{2+}만 측정되고 결합한 Ca^{2+}는 측정되지 않는다.

이온 선택성 전극을 이용하여 측정한 결과, 정상적인 사람의 혈청에 들어 있는 Na^+의 활동도 계수는 0.780±0.001이고, 혈청액에서는 0.747이다(혈청은 부피비로 96%의 물을 포함하고 있다). NaCl과 KCl 표준 용액은 혈청 내의 Na^+와 K^+의 농도를 측정하기 위한 전극의 교정에 사용된다. 1.0, 10.0, 100.0 mmol/L 농도의 용액을 만들면, 순수한 NaCl 용액에 들어 있는 Na^+의 활동도는 각각 0.965, 9.03, 77.8 mmol/L이고, 순수한 KCl 용액 내 K^+의 활동

도는 각각 0.965, 9.02, 77.0 mmol/L이다.

많은 이온 선택성 전극의 감응이 느리고, 평형에서의 값을 읽기까지 상당한 시간이 소요된다. 농도가 낮아질수록 감응은 더욱 느려진다. 한편, 어떤 전극들은 매우 빠르게 감응해서 반응 속도를 관찰하는 데 사용될 수도 있다.

이온 선택성 전극의 장점 및 단점, 사용 시 유의 사항 및 한계를 정리하면 다음과 같다.

1. 전극에 의해 측정되는 것은 농도가 아니라 활동도이다. 이 사실은 독특한 장점이기도 하지만, 측정을 통해 농도를 얻으려 할 경우에는 고려해야 할 요인이다. 이온 세기 효과로 인해 농도 계산에 오차가 생길 수 있다.
2. 전극은 "자유" 이온들(즉 다른 화학종과 결합되어 있지 않은 부분)을 측정한다. 착물 형성, 양성자 첨가 반응 등에 의해 화학적 간섭 현상이 일어날 수도 있다.
3. 전극은 특정 이온에만 감응하는 것이 아니고, 단지 특정 이온에 보다 높은 선택성을 가지는 것이다. 따라서 다른 이온들에 의해 간섭을 받을 수 있다. 이런 전극들은 모두 H^+에도 감응하므로 이 전극들은 pH-제한적이다.
4. 전극은 분광학적인 방법으로는 분석이 힘든 혼탁한 용액에서나 색이 있는 용액에서도 작동할 수 있다.
5. 전극은 상용로그의 감응 관계를 가진다. 이 결과 작동 범위가 크게 넓어질 수가 있는데, 보통 10^4~10^6배 정도의 범위가 된다. 이런 상용로그의 관계에 의해 Nernst 식에 따르는 측정 농도 범위에 걸쳐 본질적으로 일정하지만, 상대적으로 큰 오차가 발생한다.
6. 좋은 경우에는, 전극의 감응 속도는 대체로 빠르며(묽은 용액에서의 경우를 제외하고), 보통 한 번의 측정에 1분 이내의 시간이 소요된다. 전극 감응의 속도는 충분히 빨라서 연속 공정 분석에 이용되기도 한다.
7. 전극의 감응은 RT/nF에 의해, 온도에 의존한다.
8. 측정에서 필요한 장비는 휴대용으로 만들어질 수가 있어서 현장 측정에 용이하고, 적은 양(예, 1 mL)도 측정이 가능하다.
9. 측정하는 동안 시료가 파손되지 않는다.
10. 어떤 전극들은 10^{-6} M 정도까지의 농도에 사용되기도 하지만, 대부분의 전극들은 그렇지 못하다. 시판 전극들은 다른 분석법들이 도달할 수 있는 낮은 적용 한계까지 도달할 수 있는 경우가 거의 없다.
11. 전극은 자주 교정을 해주어야 한다.
12. pH 측정용 표준 용액은 존재하지만 주요한 활동도 표준 용액은 거의 없고,[3] 사용되는 표준 용액들의 경우, 분석 대상 이온에 의한 "완충 용액"이 아니다. 묽은 표준 용액의 경우 그 속의 불순물이 잘못된 측정값을 초래할 수 있다.

전위차 전극이 log로 감응하는 것은 작동 범위를 넓게 만들기는 하지만 정밀도는 어느 정도 희생해야 한다.

약간의 한계에도 불구하고 이온 선택성 전극은 점점 중요해지고 있는데, 그 이유는 그것들이 분석 화학자들이 꿈꾸는 분석 기기, 즉 액체 시료의 경우 시료의 전처리 과정이 거의 필요 없고 시료 물질에 특정적으로 감응하는 값싸고 휴대가 용이한 분석 기기의 한 가지 접근법을 보여 주기 때문이다.

[3] pH 표준 용액과 유사한 활동도 표준 용액은 NaCl과 같이 몇 가지 염에 대해 존재하고 NIST에서 구할 수 있다.

13.18 이온 선택성 전극을 이용한 화성에서의 화학 분석

 교수 선호 예제

Tufts 대학의 Samuel P. Kounaves 교수 제공

2008년 여름, NASA의 착륙선 Phoenix호가 화성의 북극 지역에 착륙하였다. 착륙선의 갑판에 같이 실려 있던 분석 장비에는, 머그컵 크기인 4개의 wet chemistry laboratories(WCL)가 있었고, 이 장비는 배열된 ISE와 여러 개의 다른 전기 화학 센서들을 포함하고 있었다(그림 13.16). 각각의 WCL은 Phoenix 호의 로봇 팔(그림 13.17)에서 1 cm^3(~1 g)의 토양을 수용할 수 있도록 설계되었고, 여기에 25 mL의 전해질 용액을 가한 다음, 조그만 도가니들에 보관되어 있는 5개의 고체 시약을 가한다. 한 도가니에는 ISE 검량에 사용될 소량의 건조된 염이 들어 있고, 다른 도가니에는 토양/용액 혼합물의 완충 능력을 시험하기 위한 소량의 고체 나이트로 벤조산이 들어 있다. 다른 3개의 도가니에는 토양 속에 있는 가용성 SO_4^{2-} 용액을 적정하기 위한 100 mg의 $BaCl_2$가 들어 있다.

토양 시료를 더한 다음, $LiNO_3$ 전해질의 바탕 수준을 감시할 질산 이온 선택성 전극이, 물리적으로 불가능한, 2 g의 NO_3^-가 포함된 토양 시료 1cm^3에 해당하는 신호를 보였다. 분석을 더 해본 결과, ISE가 NO_3^-에 감응하는 것이 아니라 1000배 더 민감하게 감응하는 ClO_4^-의 존재에 감응한다는 것이 밝혀졌다. 이러한 결과는 Ca^{2+} ISE가 Ca^{2+}에 음(−)의 감응을 한다는 것에 의해 더욱 확실해졌는데, 이러한 현상은 용액에 ClO_4^-가 함께 있는 경우에만 관찰되는 현상이다.

토양에 존재하는 가용성 SO_4^{2-}의 분석을 위해 ISE를 사용하는 것은 불가능했는데, 그 이유는 알려진 모든 SO_4^{2-} ISE가 토양에 존재할 것으로 예상되는 다른 음이온 화학종에 의해 심각한 방해를 받기 때문이다. 따라서 SO_4^{2-}를 측정하기 위해 SO_4^{2-}를 $BaCl_2$로 적정하여 Ba^{2+}의 농도를 Ba^{2+} ISE로 관찰할 필요가 있었다. SO_4^{2-}가 모두 침전되면 Ba^{2+} ISE의 신호가 빠

그림 13.16 화성 착륙선에 사용된 wet chemistry laboratories (WCL)에 기반을 둔 이온 선택성 전극. 크기는 6×6 cm이고 WCL의 질량은 610 g이다. (출처: NASA Jet Propulsion Laboratory, Pasadena, CA.)

그림 13.17 모자이크: 착륙선 Phoenix호의 갑판에 장착된 4개의 wet chemistry laboratory(WCL)과 토양을 운반하는 로봇 팔(robot arm, RA)에 달린 삽. (출처: Samuel P. Kounaves, Tufts University와 NASA/JPL)

르게 증가하는데, 이는 종말점에 도달했음을 의미하며 SO_4^{2-}의 농도를 분석할 수 있게 해준다.

더 자세한 내용은 S. P. Kounaves et al., *J. Geophys. Res.*, 114 (2009) E00A19; M. H. Hecht et al., *Science*, 325 (2009) 64; S. P. Kounaves et al., *J. Geophys. Res.*, 114 (**2010**) E00E10; S. P. Kounaves et al., *Geophys. Res. Lett.* 37 (**2010**), L09201 등의 문헌을 참고하라.

질문

1. 액간 접촉 전위란 무엇인가? 잔류 액간 접촉 전위란 무엇인가? 또 이런 것들을 어떻게 최소화할 수 있을까?
2. pH 측정에서 유리막 전극의 감응 메커니즘을 설명하시오.
3. 유리막 pH 전극에서 알칼리 오차와 산 오차가 무엇인지 설명하시오.
4. 전극들의 제조법, 막의 차이점, 그리고 용도에 대한 설명을 포함하여, 다양한 종류의 이온 선택성 전극들에 대해 설명하시오.
5. 선택 계수란 무엇인가? 선택 계수의 중요성과 그 값을 결정하는 방법에 대해 설명하시오(선택 계수를 측정하는 실험법에 대해서는 이 책의 **웹 사이트**를 참고하시오).
6. 왕관형 에터(crown ether)란 무엇인가? 16-크라운-6 에터의 구조를 그릴 수 있는가?
7. Nicolsky 식이란 무엇인가?

문제

표준 전위

8. Ag/AgBr 전극의 표준 전위는 0.073 V이다. AgBr의 용해도곱을 계산하시오.
9. SCN^-를 포함하는 시료를 Ag^+ 용액으로 적정하고자 한다. 종말점에서의 전위는 SCE에 대해 0.202 V이다. $Ag^+ + e^- \rightarrow Ag$ 반응의 표준 전위를 계산하시오(단, AgSCN의 $K_{sp} = 1.00 \times 10^{-12}$이다).

볼타 전지

10. 다음의 각 반응들에 대해, (1) 반쪽 반응으로 나누고, (2) 쓰인 대로 반응이 일어나도록 전지를 표시하고, (3) 전지의 표준 전위를 계산하고, (4) 쓰인 대로 반응이 일어나는 조건 하에서 각 전극의 극성을 구분하시오.
    (a) $Ag + Fe^{3+} \rightleftharpoons Ag^+ + Fe^{2+}$
    (b) $VO_2^+ + V^{3+} \rightleftharpoons 2VO^{2+}$
    (C) $Ce^{4+} + Fe^{2+} \rightleftharpoons Ce^{3+} + Fe^{3+}$
11. 다음의 전지에 대해 각 전극에서 일어나는 반쪽 반응을 쓰고, 전체 전지 반응을 완성한 다음, 전지 전위를 계산하시오.
    (a) Pt, H_2(0.2 atm) |HCl(0.5 *M*) | Cl_2(0.2 atm), Pt
    (b) Pt|Fe^{2+}(0.005 *M*), Fe^{3+}(0.05 *M*), $HClO_4$(0.1 *M*) ||$HClO_4$(0.1 *M*), VO_2^+(0.001 *M*), VO^{2+}(0.002 *M*) |Pt

교수 선호 문제

Oshkosh에 있는 Wisconsin 대학의 Yijun Tang 교수 제공

12. 금 전극 표면에 폴리 바이닐 페로센(poly vinyl ferrocene, PVF)을 입혔다. PVF 필름은 PVF^+로 산화될 수 있다. PVF/PVF^+ 산화–환원쌍의 표준 환원 전위는 25°C에서 SCE에 대해 0.296 V이다. 만일 이 PVF 필름이 입혀진 금 전극을 2.0 m*M* $KAuCl_4$ 용액에 담그면 $KAuCl_4$는 Au로 환원될까? Au 쌍의 표준 전위는 NHE에 대해 1.002 V이다. 위의 반응에 대한 식을 쓰시오. 위 식에 대한 평형 상수를 계산하시오(Tang Y. and Zeng, X. *J. Electrochem.* Soc. **155** (2008) F82를 참고하라).

산화–환원 전위차 측정

13. 표준 상태에서 SCE 전극을 기준 전극으로 하였을 때 다음 반쪽 전지들의 전위를 계산하시오.
    (a) Pt/Br_2(*aq*), Br^- (b) Ag/AgCl/Cl^- (c) Pt/V^{3+}, V^{2+}

14. 다음의 반쪽 전지를 포화 칼로멜 전극과 연결하였을 때 전위는 얼마인가?
Fe^{3+} (0.00200 *M*), Fe^{2+} (0.0500 *M*) | Pt (수치는 활동도이다)

15. Cl^-와 I^-의 농도가 각각 0.10 *M*인 용액 50 mL를 0.1 *M* $AgNO_3$ 용액으로 적정한다. (a) AgCl이 침전되기 시작하는 순간에, 침전되지 않고 남아 있는 I^-의 퍼센트를 구하시오. (b) AgCl이 침전되기 시작할 때 SCE에 대한 은 전극의 전위를 구하고, 이 값을 I^-의 적정 시 종말점에서의 이론적인 전위와 비교하시오. (c) Cl^-에 대해 종말점에서의 전위를 구하시오. 간단히 하기 위해, 계산 과정에는 활동도 대신 농도를 사용하시오.

16. Hg | Hg–EDTA, M–EDTA, M^{n+} 전극의 전위는 M^{n+}에 있는 금속에 따라 변하며, 다음과 같이 나타낸다.

$$E = E^0_{Hg^{2+},Hg} - \frac{2.303RT}{2F}\log\frac{K_{f(HgEDTA)}}{K_{f(MEDTA)}} - \frac{2.303RT}{2F}\log\frac{a_{MEDTA}}{a_{HgEDTA}} - \frac{2.303RT}{2F}\log\frac{1}{a_{M^{n+}}}$$

M–EDTA 착물의 안정도는 Hg–EDTA 착물(아주 안정한 착물이다. $K_{f(Hg-EDTA)} = 10^{22}$)의 경우보다 낮아야 한다. EDTA 용액으로 적정하는 동안 Hg | Hg–EDTA 전극을 사용하여 M^{n+}를 관찰할 수 있다. Hg | Hg^{2+} 전극에서 시작하여 위의 식을 유도하시오. 이 식은 금속–금속 착물–금속 이온 전극을 나타낸다.

17. 산성 용액에서 수소 전극의 전위를 SCE 기준 전극에 대해 측정했을 때 −0.465 V이다. 정상 칼로멜 전극(1 *M* KCl)에 대해 측정했을 때의 전위는 얼마인가?

pH 측정

18. (a) 일반적으로 미지 용액의 pH는 얼마나 정확하게 측정될 수 있는가? 이런 한계는 왜 생기는가? mV 단위로는 얼마인가? H^+ 활동도의 오차 백분율은 얼마인가? (b) 용액의 pH는 얼마나 정밀하게 측정될 수 있는가? mV 단위로는 어떤 값이 되는가? H^+의 활동도로 나타나는 편차 백분율은 얼마나 되는가?

19. pH가 7.00인 표준 완충 용액에 들어 있는 SCE에 대해 유리 전극이 나타내는 전위는 0.395 V이다. 다음의 전위값이 측정되는 미지 용액의 pH를 계산하시오(단, pH가 증가하면 전위는 감소한다).
(a) 0.467 V **(b)** 0.209 V **(c)** 0.080 V **(d)** −0.013 V

20. 수소 전극(P_{H_2} = 1 atm)과 포화 칼로멜 기준 전극(SCE)으로 이루어진 전지가 다음의 용액에 담겨 있을 때의 전위를 계산하시오. (a) 0.00100 *M* HCl, (b) 0.00100 *M* CH_3COOH, (c) 같은 부피의 0.100 *M* CH_3COOH와 0.100 *M* CH_3COONa의 혼합 용액(단, 농도와 활동도는 같다고 가정하시오.)

21. 퀸하이드론(quinhydrone) 전극은 pH 측정에 사용될 수 있다. pH가 측정될 용액은 퀸하이드론, 같은 양의 퀴논(quinone: Q)과 하이드로퀴논(hydroquinone: HQ) 혼합물로 포화되어 있고, 용액의 전위는 백금 전극을 사용하여 측정한다. 반쪽 반응과 그 표준 전위는 다음과 같다.

$$Q + 2H^+ + 2e^- = HQ \qquad E^0 = 0.699\ V$$

퀴논(Q) 하이드로퀴논(HQ)

SCE 기준 전극에 대한 백금 전극의 전위가 −0.205 V일 때, 퀸하이드론에 의해 포화된 용액의 pH는 얼마인가? (단, 액간 접촉 전위는 0이라고 가정한다.)

이온 선택성 전극을 사용한 측정

22. 식 13.44와 13.45로부터 1가 양이온의 경우 $\log K_{AB} = (k_B - k_A)/S$임을 알 수 있다. 이 식을 유도하시오.

23. 6.0×10^{-3} *M*의 활동도를 가지는 세슘을 포함하는 용액 속에 존재하는 K^+의 농도를 측정하기 위해 K^+ 이온 선택성 전극을 사용한다. 표 13.3으로부터 이 전극은 두 이온에 대해 똑같은 정도로 감응한다는 것을 알 수 있다($K_{KCs} = 1$). 기준 전극에 대해 5.0×10^{-3} *M* KCl 용액의 전위가 −18.3 mV이고 시료 용액에 대한 전위는 +20.9 mV라면, 시료 중 K^+의 활동도는 얼마인가? (단, 전위는 Nernst 식을 따른다고 가정한다.

24. 공장 지역에서 배출되는 폐수 속의 NO_3^-의 농도를 NO_3^- 이온 선택성 전극을 사용하여 측정한다. 이온 세기를 일정하게 유지하기 위해 표준 용액과 시료 용액 모두 0.1 *M* K_2SO_4 용액을 사용하여 20배씩 묽혔다. 0.0050 *M*과 0.0100 *M* NO_3^- 표준 용액의 전위는 각각 −108.6 mV와 −125.2 mV로 측정되었다. 시료 용액의 전위가 −119.6 mV일 때, 시료 용액 중 NO_3^-의 농도는 얼마인가?
25. 0.015 *M* I^-이 포함되어 있는 용액 속에 존재하는 ClO_4^-의 농도는 ClO_4^- 이온 선택성 전극을 사용하여 측정한다. 이온 세기를 일정하게 유지하기 위해 모든 시료와 표준 용액들을 0.2 *M* KCl 용액으로 1∶10으로 묽혔다. 0.00100 *M* $KClO_4$ 표준 용액의 전위는 −27.2 mV이고, 0.0100 *M* KI 표준 용액의 전위는 +32.8 mV이었다. 시료 용액의 전위가 −15.5 mV이다. Nernst 식을 따른다고 가정했을 때, 시료 중 ClO_4^-의 농도는 얼마인가?
26. 양이온 선택성 유리 전극의 전위는 SCE를 기준 전극으로 하여 측정한다. 0.100 *M*의 활동도를 가지는 NaCl 용액의 전위는 113.0 mV이고, 같은 활동도를 갖는 KCl 용액의 경우는 67.0 mV이다. (a) 문제 22에서 유도된 관계식을 사용하여 이 전극이 Na^+에 비해 K^+에 대해 가지는 선택 계수를 계산하시오. (b) NaCl ($a = 1.00 \times 10^{-3}$ *M*)과 KCl ($a = 1.00 \times 10^{-2}$ *M*) 혼합 용액의 전위는 얼마가 되겠는가? (단, Nernst 식에 의한 감응(즉 59.2 mV/10배)을 나타내는 전극으로 가정한다.)
27. 어떤 양이온 선택성 전극이 A^+에 비해 B^+에 대해 가지는 선택 계수는 두 가지 이온들의 활동도가 서로 다른 두 가지 용액을 사용하여 측정한다. 다음과 같은 결과가 얻어졌을 때 K_{AB}값을 계산하시오. (단, 전극의 감응은 56.7 mV/10배이다.) (1) 2.00×10^{-4} *M* A^+ + 1.00×10^{-3} *M* B^+, +237.8 mV (2) 4.00×10^{-4} *M* A^+ + 1.00×10^{-3} *M* B^+, +248.2 mV
28. Na^+ 이온 선택성 유리 전극의 Na^+와 K^+에 대한 교정 곡선을 분리 용액법을 이용하여 얻었다. 두 교정 곡선의 기울기는 58.1 mV/10배이고, Na^+의 교정 곡선이 K^+의 교정 곡선보다 175.5 mV 더 양의 값을 가진다. 이 전극의 K_{NaK}는 얼마인가? 분리 용액법에 대해서는 이 책의 **웹 사이트**를 참고하시오.
29. 발리노마이신을 기초로 한 K^+ 이온 선택성 전극의 Na^+에 대한 간섭 효과를 고정 간섭법을 이용하여 측정하였다. K^+의 교정 곡선은 140 m*M*의 Na^+이 포함된 용액을 이용하여 얻었다. 교정 곡선의 직선 부분을 연장하여 얻은 직선은 K^+의 농도가 1.5×10^{-5} *M*일 때, 실험치와 17.4 mV 차이가 난다. 만일 직선의 기울기가 57.8 mV/10배라면, 이 전극의 K_{NaK}는 얼마인가? 고정 간섭법에 대해서는 이 책의 **웹 사이트**를 참고하시오.

추천 참고 문헌

활동도 계수

1. J. Kielland, "Individual Activity Coefficients of Ions in Aqueous Solutions," *J. Am. Chem. Soc.*, **59** (1937) 1675.

상내 전위

2. W.-Y. Ng, "Conversion of Potentials in Voltammetry and Potentiometry," *J. Chem. Ed.*, **65** (1988) 727.

pH 전극과 측정

3. R. G. Bates, *Determination of pH*. New York: Wiley & Sons, 1964.
4. H. B. Kristensen, A. Salomon, and G. Kokholm, "International pH Scales and Certification of pH," *Anal. Chem.*, **63** (1991) 885A.
5. J. V. Straumford, Jr., "Determination of Blood pH," in D. Seligson, ed., *Standard Methods of Clinical Chemistry*, Vol. **2**, New York: Academic, 1958, pp. 107−121.
6. C. C. Westcott, *pH Measurements*. New York: Academic, 1978.
7. H. Galster, *pH Measurements. Fundamentals, Methods, Applications, Instrumentation*. New York: VCH, 1991.

이온 선택성 전극과 측정

8. R. G. Bates, "Approach to Conventional Scales of Ionic Activity for the Standardization of Ion-Selective Electrodes," *Pure Appl. Chem.*, **37** (1974) 573.
9. E. Bakker, P. Buhlmann, and E. Pretsch, "Carrier-Based Ion-Selective Electrodes and Bulk Optodes. 1. General Characteristics," *Chem. Rev.*, **97** (1997) 3083.

선택 계수

10. Y. Umezawa, *CRC Handbook of Ion Selective Electrodes: Selectivity Coefficients*. Boca Raton, FL: CRC Press, 1990.
11. V. P. Y. Gadzekpo and G. D. Christian, "Determination of Selectivity Coefficients of Ion-Selective Electrodes by a Matched-Potential Method." *Anal. Chim. Acta*, **166** (1984) 279.
12. Y. Umezawa, K. Umezawa, and H. Ito, "Selectivity Coefficients for Ion-Selective Electrodes: Recommended Methods for Reporting k_{ij}^{pot} Values," *Pure Appl. Chem.*, **67** (1995) 507.
13. G. Horvai, "The Matched Potential Method, a Generic Approach to Characterize the Differential Selectivity of Chemical Sensors," *Sensors and Actuators B*, **43** (1997) 94. 또한 다음의 자료도 참고하라. G. Horvai, *Trends in Anal. Chem.*, **16** (1997) 260.
14. E. Bakker, R. K. Meruwa, E. Pretsch, and M. E. Meyerhoff "Selectivity of Polymer Membrane-Based Ion-Selective Electrodes: Self-Consistent Model Describing the Potentiometric Response in Mixed Ion Solutions of Different Charge," *Anal. Chem.*, **66** (1994) 3021.
15. E. Bakker, "Determination of Improved Selectivity Coefficients of Polymer Membrane Ion-Electrodes by Conditioning with a Discriminating Ion," *J. Electrochem. Soc.*, **143** (4) (1996) L83.
16. E. Bakker, "Determination of Unbiased Selectivity Coefficients of Neutral Carrier- Based Cation-Selective Electrodes," *Anal. Chem.*, **69** (1997) 1061.
17. E. Bakker, "Review: Selectivity of Liquid Membrane Ion-Selective Electrodes," *Electroanalysis*, **9** (1997) 7.

고감도 이온 선택성 전극

18. S. Mathison and E. Bakker, "Effect of Transmembrane Electrolyte Diffusion on the Detection Limit of Carrier-Based Potentiometric Sensors," *Anal. Chem.*, **70** (1998) 303.
19. Y. Mi, S. Mathison, R. Goines, A. Logue, and E. Bakker, "Detection Limit of Polymeric Membrane Potentiometric Ion Sensors: How Low Can We Go Down to Trace Levels?" *Anal. Chim. Acta*, **397** (1999) 103.
20. T. Sokalski, A. Ceresa, T. Zwickl, and E. Pretsch, "Large Improvement of the Lower Detection Limit of Ion-Selective Polymer Membrane Electrodes," *J. Am. Chem. Soc.*, **119** (1997) 11,347.
21. T. Sokalski, T. Zwickl, E. Bakker, and E. Pretsch, "Lowering the Detection Limit of Solvent Polymeric Ion-Selective Electrodes. 1. Modeling the Influence of Steady-State Ion Fluxes," *Anal. Chem.*, **71** (1999) 1204.
22. T. Sokalski, A. Cera, M. Fibbioli, T. Zwickl, E. Bakker, and E. Pretsch, "Lowering the Detection Limit of Solvent Polymeric Ion-Selective Electrodes. 2. Influence of Composition of Sample and Internal Electrolyte Solution," *Anal. Chem.* **71** (1999) 1210.

14장 산화-환원 및 전위차 적정법

학습 목표

이 장에서 배울 중요한 내용은 무엇인가?

- 산화-환원 반응식 균형 맞추기
- 표준 전위로부터 반응의 평형 상수 계산하기 (주요 식: 14.1; 예제 14.3)
- 산화-환원 적정 곡선 계산
- 산화-환원 지시약
- 직접아이오딘 적정법과 간접아이오딘 적정법
- 적정을 위한 분석물 준비
- 전위차 적정
- 미분 적정-도시를 위해 스프레드시트 이용
- Gran 도시

환원제나 산화제를 이용하는 적정에 바탕을 둔 부피 분석은 여러 가지 정량에 매우 유용하다. 이 방법은 눈으로 볼 수 있는 지시약을 이용하거나, 적절한 지시 전극으로 전위를 측정한 후 전위차 적정 곡선을 작성하여 분석하는 것이다. 14장에서는 반쪽 반응의 전위에 바탕을 둔 산화-환원 적정에 대해 논의하고, 대표적인 산화-환원 적정, 시료를 적정에 필요한 산화 상태가 되도록 만드는 과정 등에 대해 논의할 것이다. 또한 미분 적정 곡선과 Gran 도시를 포함하여 전위차 적정 곡선을 만드는 방법에 대해서도 설명할 것이다. 부피법 계산을 위해서는 균형 반응식이 요구되므로, 먼저 산화-환원 반응의 균형을 맞추는 과정에 대해 복습을 해야 한다.

14장에서 논의되는 모든 산화-환원 반응의 공통점은 분석물을 적정에 필요한 적절한 산화 상태로 만들고, 이와 함께 그 자체가 산화제 또는 환원제로 사용될 수 있는 조절제의 제거가 반드시 이루어져야 한다. 이를 위한 전형적인 방법들은 14.8절을 참조하라.

산화-환원 적정의 대표적인 예로는 아이오딘을 이용한 적정법을 활용하여 바이타민 C 정제 안에 아스코브산과 와인에 존재하는 이산화 황의 농도를 측정하는 것이다. Karl Fisher 적정법을 이용하여 시료 안의 물을 적정할 경우에도 아이오딘을 사용한다. 시료 100 g당 흡수된 아이오딘이나 브로민의 양을 측정함으로써 아이오딘이나 브로민의 개수를 결정하고, 이를 이용하여 지방산의 포화도를 측정할 수 있다. 어떤 광석의 철 함량은 과망가니즈산 포타슘을 이용하여 철(II)을 적정함으로써 알 수 있다.

14.1 산화-환원 반응식의 균형 맞추기

부피 분석에서의 계산을 위해서는 균형을 맞춘 반응을 알아야 한다. 산화-환원 반응의 균형을 맞추는 방법은 이 책의 웹 사이트를 이용하여 복습할 수 있다.

산화–환원 반응의 균형을 맞추는 방법은 여러 가지가 있다. 자신에게 가장 편안한 방법을 이용하면 된다. 좀 더 상세한 리뷰는 이 책의 **웹 사이트**를 참고하라.

산화–환원 반응식의 균형을 맞추는 방법에는 여러 가지가 있지만, 여기에서는 **반쪽 반응법** (**half-reaction method**)을 사용할 것이다. 이 방법에서는 전체 반응을 두 부분, 즉 산화 부분과 환원 부분으로 나눈다. 모든 산화–환원 반응에서 산화제는 환원제와 반응한다. 반응에서 산화제는 환원되는 반면, 환원제는 산화된다. 각각의 반응을 **반쪽 반응**(*half reaction*)이라고 하고, 전체 반응은 두 개의 반쪽 반응으로 나누어진다. 따라서 다음의 반응에서 Fe^{2+}는 환원제이고, Ce^{4+}는 산화제이다.

$$Fe^{2+} + Ce^{4+} \rightarrow Fe^{3+} + Ce^{3+}$$

이에 해당하는 반쪽 반응은 다음과 같다.

$$Fe^{2+} \rightarrow Fe^{3+} + e^-$$

$$Ce^{4+} + e^- \rightarrow Ce^{3+}$$

산화–환원 반응의 균형을 맞추기 위해서는 먼저 각각의 반쪽 반응의 균형을 맞추어야 한다. 전체 반응에서 전자의 알짜 변화는 없으므로, 두 번째 단계는 하나 또는 두 반쪽 반응 모두에 적절한 수를 곱해서 두 반응을 더할 때 전자가 상쇄되도록 하는 것이다. 마지막 단계는 반쪽 반응들을 더하는 것이다. 위의 간단한 1:1 반응은 반쪽 반응식의 개념을 나타내기 위해 활용되었다. 이 책에 있는 **웹 사이트**를 이용하여 산과 염기 용액 조건에서 좀 더 복잡한 반응의 균형을 맞추는 과정을 복습해야 한다.

14.2 반응의 평형 상수 계산 – 당량점 전위의 계산에 필요하다

당량점에서, 미지 농도는 K_{eq}를 이용하여 계산해야 한다. 이것은 두 Nernst 식을 같다고 놓은 다음, 농도항을 결합하여 K_{eq}에 관한 항을 얻고, ΔE^0로부터 K_{eq}를 계산하면 된다.

산화–환원 전위에 바탕을 둔 산화–환원 적정 곡선을 설명하기 전에, 반쪽 반응의 전위로부터 산화–환원 반응의 평형 상수를 계산하는 방법에 대해 알아둘 필요가 있다. 반응의 평형 상수는 당량점 전위를 계산하기 위해 당량점에서의 평형 농도를 계산하는 데 이용된다. 반응의 평형에서 전지의 전위가 0이므로 두 반쪽 반응의 전위차는 0이고(또는 두 전위는 같고), 반쪽 반응에 대한 Nernst 식들도 같다는 것을 12장에서 언급한 바 있다. 두 식을 결합하였을 때, 로그 항은 반응의 평형 상수식으로 나타나고(식 12.20 참조), 평형 상수 값을 계산할 수 있다. 이것은 반응의 자유 에너지와 평형 상수와의 관계로부터 얻어진 결과이다. 식 6.10에서 $\Delta G° = -RT \ln K$임을 기억하라. $\Delta G° = -nFE^0$이므로,

$$-RT \ln K = -nFE^0 \tag{14.1}$$

또는

$$E^0 = \frac{RT}{nF} \ln K$$

자발적 반응의 경우, $\Delta G°$는 음의 값을 갖고 E^0는 양의 값을 갖는다.

예제 14.1

298 K에서 세륨의 반쪽 반응을 이용하여 0.10 *M* Ce^{4+} 용액 5.0 mL를 0.30 *M* Fe^{2+} 용액 5.0 mL에 가하였을 때 용액의 전위(vs. NHE)를 계산하시오. 결과를 예제 12.4와 비교하시오.

풀이

이 문제는 $[Fe^{2+}]$와 $[Fe^{3+}]$가 알려져 있었기 때문에, 전위를 계산하기 위해 철의 반쪽 반응을

이용하였던 예제 12.4와 유사하다. $0.30 \times 5.0 = 1.5$ mmol Fe^{2+}와 $0.10 \times 5.0 = 0.50$ mmol Ce^{4+}를 더한다. 따라서 0.50 mmol의 Fe^{3+}와 Ce^{3+}가 얻어지고, 1.0 mmol의 Fe^{2+}가 남는다.

$$\begin{array}{ccccccc} Fe^{2+} & + & Ce^{4+} & \rightleftharpoons & Fe^{3+} & + & Ce^{3+} \\ 1.0 + x & & x & & 0.50 - x & & 0.50 - x \end{array}$$

위의 식에서 숫자와 x는 mmol을 나타낸다. 세륨의 반쪽 반응을 이용하기 위해서는 x 값을 계산해야 한다. 이를 위해 두 반쪽 반응의 전위가 같다는 점을 이용하여 계산한 평형 상수를 이용한다. Ce^{4+}/Ce^{3+} 반쪽 반응은

$$Ce^{4+} + e^- \rightleftharpoons Ce^{3+}$$

$$E = 1.61 - 0.05916 \log \frac{[Ce^{3+}]}{[Ce^{4+}]}$$

따라서

평형에서는 두 반쪽 반응의 전위가 같다.

$$1.61 - 0.05916 \log \frac{[Ce^{3+}]}{[Ce^{4+}]} = 0.771 - 0.05916 \log \frac{[Fe^{2+}]}{[Fe^{3+}]}$$

$$0.84 = 0.05916 \log \frac{[Ce^{3+}][Fe^{3+}]}{[Ce^{4+}][Fe^{2+}]} = 0.05916 \log K_{eq}$$

$$\frac{[Ce^{3+}][Fe^{3+}]}{[Ce^{4+}][Fe^{2+}]} = 10^{0.84/0.05916} = 10^{14.2} = 1.6 \times 10^{14} = K_{eq}$$

K_{eq} 값이 매우 크다는 것은 평형의 위치가 오른쪽으로 많이 치우쳐 있음을 의미한다. 이제 부피는 상쇄되므로 mmol/mL(몰농도) 대신 mmol을 쓸 수 있고,

$$[Ce^{3+}] = 0.50 - x \approx 0.50 \text{ mmol}$$

$$[Ce^{4+}] = x \text{ mmol}$$

$$[Fe^{3+}] = 0.50 - x \approx 0.50 \text{ mmol}$$

$$[Fe^{2+}] = 1.0 + x \cong 1.0 \text{ mmol}$$

따라서

$$\frac{(0.50 \text{ mmol})(0.50 \text{ mmol})}{(x \text{ mmol})(1.0 \text{ mmol})} = 1.6 \times 10^{14}$$

$$x = 1.6 \times 10^{-15} \text{ mmol}$$

전체 부피 10 mL를 기준으로 농도는 1.6×10^{-16} M이다.

이제 $[Ce^{4+}]$가 얼마나 작은 값인지를 알 수 있다. 그럼에도 불구하고, 그 값은 유한하고 농도를 알고 있으므로 mmol을 이용하여 Nernst 식으로부터 전위를 계산할 수 있다.

$$E = 1.61 - 0.05916 \log \frac{[Ce^{3+}]}{[Ce^{4+}]} = 1.61 - 0.05916 \log \frac{0.50 \text{ mmol}}{1.6 \times 10^{-15} \text{ mmol}}$$

$$= 0.75 \text{ V}$$

예제 12.4에서 계산한 값은 0.753 V이었다. 예제 12.4에서 Goal Seek 기반의 해답을 볼 수 있다. ■

명백히, 더 많은 정보를 가지고 있는 반쪽 반응을 이용하여 계산하는 것이 더욱 쉽다. 본질적으로, 반쪽 반응의 전위는 다른 반쪽 반응을 이용하여 계산하는 과정에서 얻어져야 한다.

전위는 반응물이 과량으로 존재하는 반쪽 반응의 E^0 값과 비슷해질 것이다.

이는 이미 예제 12.4에서 논의하였다. 위 계산은 **평형에서** 혼합물에 들어 있는 모든 화학종들의 반쪽 반응의 전위가 모두 같다는 것을 설명하고 있다. 전위는 반응물이 과량으로 존재하는 반쪽 반응의 표준 전위(E^0)에 가까운 값을 가지게 됨을 주목하라. 즉 위 예제의 경우 Fe^{2+}가 과량으로 존재한다.

Nernst 식을 같게 하기 위해 두 반쪽 반응의 n 값이 같을 필요는 없다. 편의상 두 Nernst 식을 서로 같다고 놓기 전에, 두 반쪽 반응이 같은 n 값을 가지도록 조정한다.

예를 들어 적정의 당량점에서 반응물들이 화학량론적으로 존재할 때, 어느 쪽도 반쪽 반응에 참여하는 화학종들의 평형 농도를 알 수 없으므로 예제 14.1이나 14.2의 계산과 유사한 방법을 사용할 필요가 있다.

예제 14.2

298 K에서 0.20 M Fe^{2+}와 0.20 M Ce^{4+}를 각각 10 mL씩 반응시켜 얻은 용액의 전위를 계산하시오.

풀이

반응물들은 정량적으로 반응하여 같은 양의 Fe^{3+}와 Ce^{3+}로 바뀌고, 두 생성물의 농도는 0.10 M(역반응에 소비된 양은 무시)이다.

$$\begin{array}{ccccc} Fe^{2+} + & Ce^{4+} \rightleftharpoons & Fe^{3+} & + & Ce^{3+} \\ x & x & 0.10 - x & & 0.10 - x \end{array}$$

위의 식에서 x는 반응이 평형에 도달한 후의 Fe^{2+}와 Ce^{4+}의 몰농도를 나타낸다. 예제 14.1에서와 같이 x를 계산하고, 이를 한 반쪽 반응의 Nernst 식에 대입하여 전위를 계산한다. 또는 다음과 같은 방법을 이용할 수도 있다.

전위는 두 Nernst 식 중 하나를 이용하여 계산할 수 있다.

$$E = E^0_{Fe^{3+},Fe^{2+}} - \frac{0.05916}{n_{Fe}} \log \frac{[Fe^{2+}]}{[Fe^{3+}]}; \quad n_{Fe}E = n_{Fe}E^0_{Fe^{3+},Fe^{2+}} - 0.05916 \log \frac{x \text{ mmol/mL}}{0.10 \text{ mmol/mL}}$$

$$E = E^0_{Ce^{4+},Ce^{3+}} - \frac{0.05916}{n_{Ce}} \log \frac{[Ce^{3+}]}{[Ce^{4+}]}; \quad n_{Ce}E = n_{Ce}E^0_{Ce^{4+},Ce^{3+}} - 0.05916 \log \frac{0.10 \text{ mmol/mL}}{x \text{ mmol/mL}}$$

반응에서 Fe^{2+}는 실제로 산화되었지만, 두 화학종에 대한 Nernst 식은 환원의 형태로 표현된다는 것에 유의해야 한다. 두 식을 더하여 각각의 반쪽 반응에 대한 전위 E를 계산하면 평형에서 용액의 전위가 된다.

$$n_{Fe}E + n_{Ce}E = n_{Fe}E^0_{Fe^{3+},Fe^{2+}} + n_{Ce}E^0_{Ce^{4+},Ce^{3+}} - 0.05916 \log \frac{x \text{ mmol/mL}}{0.10 \text{ mmol/mL}} \cdot \frac{0.10 \text{ mmol/mL}}{x \text{ mmol/mL}}$$

$$E = \frac{n_{Fe}E^0_{Fe^{3+},Fe^{2+}} + n_{Ce}E^0_{Ce^{4+},Ce^{3+}}}{n_{Fe} + n_{Ce}} = \frac{(1)0.77 + (1)1.61}{1 + 1} = 1.19 \text{ V}$$

■

이 식은 다원자 화학종이 없거나 수소 의존성이 없는 경우에 당량점 전위를 계산하기 위해 사용된다. 그러한 경우는 문제 13번을 보라.

위의 방법은 일반적인 것으로, 반응물들의 화학량론으로부터 E(적정의 당량점에서의 E)는 다음과 같이 주어진다.

$$E = \frac{n_1E_1^0 + n_2E_2^0}{n_1 + n_2} \tag{14.2}$$

위의 식에서 n_1과 E_1^0는 각각 한 반쪽 반응의 n값과 표준 전위이고, n_2와 E_2^0는 다른 반쪽 반응에 대한 값들이다. 다시 말해서, E는 E^0 값들의 가중 평균이다. 위의 예제에서 n 값들이 모두 1이므로 E 값은 단순히 평균값이다. **위의 식은 다원자 화학종(예: $Cr_2O_7^{2-}$)이 없고 수소 이온 의존성이 없는(또는 수소 이온 활동도가 1이거나 pH가 0일 때) 반응의 경우에만 유용하다.** pH나 농도 항을 고려해야 하는 경우에는 위의 식에 추가 항들이 포함된다(문제 13번 참조). 만일 특정 조건의 산도에 대해 **형식 전위(formal potential)** 가 사용되는 경우에는 식 14.2가 사용될 수 있다(12장 참조).

14.3 산화-환원 적정 곡선의 계산

산화-환원 평형에 대한 지식을 산화-환원 적정의 적정 곡선을 기술하는 데 사용할 수 있다. 분석물과 적정 시약의 반쪽 반응에 대한 E^0 값으로부터 적정 곡선의 모양을 예측할 수 있다. 대략, 당량점 전과 후의 전위 차이는 두 E^0 값의 차이와 비슷하다. 즉 당량점 전에는 전위가 분석물 반쪽 반응에 대한 E^0 값에 가깝고, 당량점 이후에는 적정 시약의 반쪽 반응에 대한 E^0 값에 가깝다.

종말점에서의 전위 변화는 반응물과 적정 시약의 반쪽 반응에 대한 ΔE^0와 대략 비슷하다.

0.1 *M* Fe^{2+} 100 mL를 1 *M* HNO_3에 들어 있는 0.1 *M* Ce^{4+}로 적정하는 경우를 생각해 보자. 1 mmol의 Ce^{4+}는 1 mmol의 Fe^{2+}를 산화시키므로 종말점은 100 mL에서 나타날 것이다. 적정 곡선을 그림 14.1에 나타내었다. 이 적정 곡선은 정의에 의해 전위가 0인 NHE에 대하여 적정 용액의 전위를 도시한 것이다.

그림 12.1과 유사한 전지에 담겨 있는 백금과 같은 비활성 전극을 이용하여 산화-환원 반쪽 전지 간의 전위 차이를 측정할 수 있다는 것을 13장에서 설명하였다. 적정 용액이나 시료 용액에 담겨 있는 전극을 **지시 전극(indicator electrode)** 이라고 하고, 전위가 일정하게 유지되는 다른 전극은 **기준 전극(reference electrode)** 이라고 한다. 따라서 그림 14.1과 같은 지시 전극의 전위는 사용하고 있는 기준 전극의 전위에 따라 상대적으로 변할 것이다. NHE에 대한 상대적인 전위를 적정 시약의 부피에 대해 나타낸다. 이러한 방법은 산-염기 적정에서 용액의 pH를 적정 시약의 부피에 대해 도시하는 것이나, 침전 적정이나 착물 적정에서 pM을 적정 시약의 부피에 대해 도시하는 것과 유사하다. 산화-환원 적정에서 농도에 따라 변화하는 것은 pH가 아니라 전위이다. 적정의 시작점에서는 Fe^{2+} 용액만 존재하므로 전위를 계산할 수 없다. 적정 시약의 첫 번째 방울이 더해지자마자 일정량의 Fe^{2+}가 Fe^{3+}로 변하게 되므로 $[Fe^{2+}]/[Fe^{3+}]$의 비를 알 수 있게 된다. 따라서 이 쌍의 Nernst 식으로부터 전위를 구할 수 있다. 종말점 **직전의** 전위는 이들 쌍(시료)의 E^0에 가까운 값을 가지게 된다.

지시 전극은 적정하는 동안 전위의 변화를 나타낸다.

적정의 중간 지점에서 $[Fe^{2+}]/[Fe^{3+}]$의 비는 1이고 log 1은 0이므로, 이 지점에서의 전위는 E^0와 같다. 이것은 반쪽 반응이 대칭일 경우에만 해당된다. 예를 들어 $I_2 + 2e^- \rightleftharpoons 2I^-$와 같은 반쪽 반응의 경우, 적정의 중간 지점에서 $[I^-]$는 $[I_2]$의 두 배이므로 $[I^-]^2/[I_2] = (2)^2/(1) = 4$

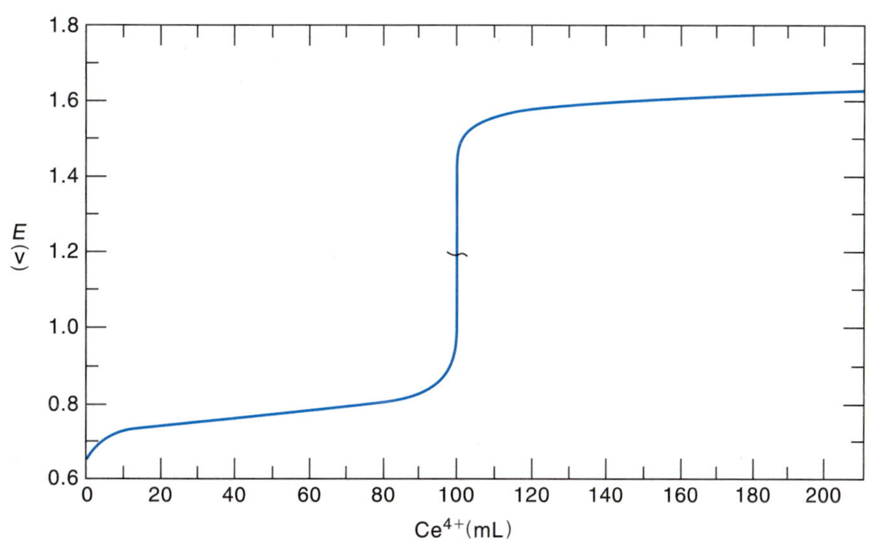

그림 14.1 0.1 *M* Fe^{2+} 100 mL를 0.1 *M* Ce^{4+}로 적정할 때의 적정 곡선

가 된다. 따라서 전위는 E^0보다(−0.059/2) log 4, 즉 −0.018 V 만큼 작다.

당량점에서는 다음과 같은 조건을 갖게 된다.

$$\begin{array}{ccccccc} Fe^{2+} & + & Ce^{4+} & \rightleftharpoons & Fe^{3+} & + & Ce^{3+} \\ x & & x & & C-x & & C-x \end{array}$$

여기서 C는 Fe^{3+}의 농도인데, 모든 Fe^{2+}가 Fe^{3+}로 변환되었기 때문에 이 농도를 알 수 있다(x는 C에 비해 무시할 수 있다). 이제 각각의 반쪽 반응에 미지 농도가 있고, 예제 14.1에서와 같이 두 Nernst 식을 같다고 놓음으로써 x를 계산할 수 있다. 그런 다음, 어느 한 반쪽 반응을 이용하여 전위를 계산할 수 있다. 또한 이 반응은 대칭이므로(다원자 화학종이 없음) 식 14.2를 이용하여 계산할 수도 있다.

당량점을 지난 후에는 과량의 Ce^{4+}와 미지 농도의 Fe^{2+}가 존재한다. 이제 Ce^{4+}/Ce^{3+} 반쪽 반응에서 Ce^{4+}와 Ce^{3+}의 농도를 알고 있으므로, 이 쌍의 Nernst 식을 이용하여 전위를 계산하는 것이 더 편리하다. 적정 시약이 과량인 경우에는 전위가 **적정 시약**의 E^0에 가깝다는 것에 주목하라. 적정이 200% 진행된 경우 $[Ce^{4+}]/[Ce^{3+}] = 1$이고, E는 세륨 쌍의 E^0이다.

예리한 종말점을 얻기 위해서는 0.2 V의 전위 변화가 요구된다.

예제 14.3은 종말점 부근에서 급변의 크기가 시료와 적정 시약의 반쪽 반응에 대한 E^0 값의 차이와 직접적으로 관련이 있다는 것을 보여 준다. 예리한 종말점을 얻기 위해서는 최소한 0.2 V의 차이가 요구된다.

이 적정에 대한 당량점을 그림 14.1에 나타내었다. 반응은 대칭이므로 당량점(곡선의 **변곡점**–가장 경사가 급한 지점)은 곡선이 올라가는 부분의 중간 지점에 위치한다. 비대칭적인 적정의 경우, 변곡점은 중간 지점에 위치하지 않는다. 예를 들어 Fe^{2+}를 MnO_4^-로 적정하는 경우, 가장 경사가 급한 지점은 곡선이 올라가는 부분의 윗부분에 나타나는데, 그 이유는 아래 예제 14.4에서 보듯이, 반응에서 양성자의 소비가 반응을 비대칭으로 만들기 때문이며, 이 책의 **웹 사이트**에 있는 적정 곡선을 참고하라.

예제 14.3

초기 pH를 쉽게 계산할 수 있는 산–염기 적정과 달리, 산화–환원 적정에서는 초기의 전위값을 종종 계산할 수 없는데, 그 이유는 산화–환원쌍의 한 형태만의 농도를 알기 때문이다.

298 K에서 0.100 M Fe^{2+} 100 mL 용액을 0.100 M Ce^{4+} 용액 10.0, 50.0, 100, 200 mL로 적정하였을 때의 전위를 계산하시오.

풀이

반응은 다음과 같다.

$$Fe^{2+} + Ce^{4+} \rightleftharpoons Fe^{3+} + Ce^{3+}$$

10.0 mL: 첨가된 Ce^{4+}의 mmol = 0.100 M × 10.0 mL = 1.00 mmol

반응한 Fe^{2+}의 mmol = 1.00 mmol = 생성된 Fe^{3+}의 mmol

남은 Fe^{2+}의 mmol = 0.100 M × 100 mL − 1.00 mmol = 9.0 mmol Fe^{2+}

$$E = 0.771 - 0.05916 \log \frac{9.0}{1.00} = 0.715 \text{ V}$$

50.0 mL: Fe^{2+}의 반이 Fe^{3+}로 바뀌었다(각각 5.00 mmol).

$$E = 0.771 - 0.05916 \log \frac{5.00}{5.00} = 0.771 \text{ V}$$

100 mL: mmol $Fe^{3+} = 10.0 - x \approx 10.0$

mmol $Fe^{2+} = x$

mmol $Ce^{3+} = 10.0 - x \approx 10.0$

mmol $Ce^{4+} = x$

이제 x에 대해 풀어야 한다. 두 반쪽 반응 간의 평형이 이루어진 상태이므로 두 Nernst 식은 같다.

$$0.771 - \frac{0.05916}{1}\log\frac{[Fe^{2+}]}{[Fe^{3+}]} = 1.61 - \frac{0.05916}{1}\log\frac{[Ce^{3+}]}{[Ce^{4+}]}$$

$$-0.84 = -0.05916\log\frac{[Fe^{3+}][Ce^{3+}]}{[Fe^{2+}][Ce^{4+}]} = -0.05916\log K_{eq}$$

$$K_{eq} = 1.7 \times 10^{14}$$

K_{eq}를 대입하고 x에 대해 풀면(부피는 상쇄되므로 mmol을 사용하라),

$$\frac{(10.0)(10.00)}{(x)(x)} = 1.7 \times 10^{14}$$

$$x = 7.7 \times 10^{-7}\ \text{mmol } Fe^{2+} = \text{mmol } Ce^{4+}$$

어느 한 반쪽 반응을 이용하여 전위를 계산하면,

$$E = 0.771 - 0.05916\log\frac{7.7 \times 10^{-7}}{10.0} = 1.19\ \text{V}$$

이 값을 예제 14.2에서 계산한 전위와 비교해 보라. Ce^{4+}/Ce^{3+}의 Nernst 식을 이용하여 전위를 계산해 보라. 이 전위가 두 E^0 값의 중간이라는 것에 주목하라.

200 mL: 적정 시약(Ce^{4+})이 100 mL 과량이다. 이제는 Ce^{4+}/Ce^{3+} 반쪽 반응을 이용하는 것이 더욱 쉽다.

$$\text{mmol } Ce^{3+} = 10.0 - x \approx 10.0$$

$$\text{mmol } Ce^{4+} = 0.100\ M \times 100\ \text{mL} + x \approx 10.0\ \text{mmol}$$

$$E = 1.61 - 0.05916\log\frac{10.0}{10.0} = 1.61\ \text{V}$$

[위에서와 같이 K_{eq}로부터 x($[Fe^{2+}]$)를 계산하면 Fe^{3+}/Fe^{2+} 반쪽 반응을 이용하여 이 전위를 계산할 수도 있다.] ■

그림 14.1은 명확한 식을 기초로 하여 만든 것이다. $C_{Ce(IV)}$ M 농도를 갖는 Ce^{4+} 용액으로 $C_{Fe(II)}$ M 농도를 갖는 Fe^{2+} 용액 $V_{Fe,in}$ L를 적정한다고 생각하자. 이때 V_{Ce} L는 어떤 적정 시점에서 첨가된 Ce^{4+} 용액의 부피이다. 편의상 어떤 적정 지점에서 총 부피는 V_T L($= V_{Fe,in} + V_{Ce}$)라고 정한다. 용액 안에 Fe과 Ce의 총 몰수(산화 상태와는 상관 없음)는 각각 $V_{Fe,in} \times C_{Fe(II)}$와 $V_{Ce} \times C_{Ce(IV)}$이다. 어떤 시간에도 Ce^{3+}와 Fe^{3+} 생성량은 같으며 이를 $x$mole이라고 하자.

예제 14.1~14.3에서 정의한 평형 상수는 다음과 같다.

$$\frac{[Fe^{3+}][Ce^{3+}]}{[Fe^{2+}][Ce^{4+}]} = K_{eq} = 1.6 \times 10^{14} = \frac{x^2}{(V_{Fe,in}C_{Fe(II)} - x)(V_{Ce}C_{Ce(IV)} - x)}$$

몰농도를 같은 부피인 V_T로 나누어주기 때문에 이는 상쇄된다. 위 식은 $a = (K_{eq} - 1)$, $b = -K_{eq}(V_{Fe,in}C_{Fe(II)} + V_{Ce}C_{Ce(IV)})$, $c = K_{eq}V_{Fe,in}C_{Fe(II)}V_{Ce}C_{Ce(IV)}$로 나타낸 x에 대한 이차 방정식이다. 웹 사이트에 제공된 부록의 예제 14.3.xlsx는 위의 식만을 이용하여 x(Ce^{3+} 또는 Fe^{3+})를 계산한 것이다. 다른 경우와 마찬가지로, 이차 방정식의 음의 근은 정확한 답을 제공할 수 있다. 전위값은 아래 식 중 하나를 이용하여 계산할 수 있다.

$$E_{Ce} = 1.61 - 0.05916\log\frac{x}{(V_{Ce}C_{Ce(IV)} - x)}$$

또는

$$E_{Fe} = 0.771 - 0.05916 \log \frac{(V_{Fe,in}C_{Fe(II)} - x)}{x}$$

두 식 모두 같은 전위값을 도출한다. 산–염기, EDTA 또는 침전 적정과 달리, 측정한 초기 값(예를 들어 pH, pM, 또는 위 경우 전지 전위값)은 정의할 수 없으며 적정 시약을 첨가하지 않았을 때는 측정할 수 없다. 평형 상수가 위의 예처럼 큰 경우의 계산에서도 상당량(이 경우 15 mL)의 Ce^{4+}를 첨가할 때까지 여분의 Ce^{4+}에 대해서 정확한 값을 계산할 수 없다. 이 책의 **웹 사이트**에 나타낸 엑셀 스프레드시트의 적정 곡선을 보면 위의 두 식은 같은 전위 값을 나타낸다.

비대칭인 반응의 경우, 반응하는 화학종의 비를 추적해야 한다. 또한 반응에서 양성자가 소비되거나 생성되는 경우에는 $[H^+]$의 변화를 계산해야 한다. 반응에 필요한 양성자 수를 결정하려면 이 책의 **웹 사이트**에서 산화–환원 반응의 균형 맞추는 방법을 검토하라.

예제 14.4

반응하는 화학종의 비와 mmol을 추적하시오. 1 mmol의 Fe^{2+}는 1/5 mmol의 MnO_4^-와 반응한다.

0.500 M H_2SO_4에 들어 있는 0.100 M Fe^{2+} 100 mL를 0.0200 M MnO_4^- 100 mL로 적정할 때 당량점에서의 전위를 계산하시오.

풀이

반응은 다음과 같다.

$$\begin{array}{lllll} 5Fe^{2+} + & MnO_4^- & + 8H^+ \rightleftharpoons 5Fe^{3+} + & Mn^{2+} & + 4H_2O \\ x & \frac{1}{5}x & \quad C - x & \frac{1}{5}C - \frac{1}{5}x & \end{array}$$

$$\text{mmol } Fe^{3+} = 0.100\ M \times 100\ \text{mL} - x \approx 10.0$$

$$\text{mmol } Fe^{2+} = x$$

$$\text{mmol } Mn^{2+} = \tfrac{1}{5}(10.0) - \tfrac{1}{5}x \approx 2.00$$

$$\text{mmol } MnO_4^- = \tfrac{1}{5}x$$

두 Nernst 식을 같다고 놓음으로써 x를 계산한다(평형 상태이므로 두 식은 같다). 전자의 수를 같게 만들기 위해 Fe^{2+}/Fe^{3+} 반쪽 반응에 5를 곱한다.

$$0.771 - \frac{0.05916}{5} \log \frac{[Fe^{2+}]^5}{[Fe^{3+}]^5} = 1.51 - \frac{0.05916}{5} \log \frac{[Mn^{2+}]}{[MnO_4^-][H^+]^8}$$

$$-0.74 = \frac{0.05916}{5} \log \frac{[Mn^{2+}][Fe^{3+}]^5}{[MnO_4^-][Fe^{2+}]^5[H^+]^8} = -\frac{0.05916}{5} \log K_{eq}$$

$$K_{eq} = 5_{.0} \times 10^{62}$$

반응 후의 H^+ 농도를 계산해야 한다.

0.50 M × 0.10 L = 0.05 mol H_2SO_4에서 시작하였다. 반응한 Fe^{2+} 5 mol당 H^+ 8 mol 또는 H_2SO_4 4 mol을 소비하였다. 0.01 mol의 Fe^{2+}를 만들기 위해서는 (8 mol H^+/5 mol Fe^{2+}) × 0.01 mol Fe^{2+} = 0.016 mol H^+ 또는 0.008 mol H_2SO_4가 소비되었으며, 0.042 mol의 H^+가 남게 된다. 총 부피가 0.2 L이므로 H_2SO_4의 농도는 0.21 M이 된다. 황산은 이양성자산이지만, 두 번째 해리 상수는 충분히 약해서 두 번째 해리 과정은 위 농도에 영향을 주지 않는다. 따라서 $[H^+]$ = 0.21 M이다. 다른 화학종들의 경우, 부피는 상쇄되므로 mmol을 이용할 수 있다.

$$\frac{(0.002)(0.01)^5}{(1/5x)(x)^5(0.21)^8} = 5_{.0} \times 10^{62}$$

$$x = 2.8 \times 10^{-12} \text{ mol Fe}^{2+}; \qquad \text{mol MnO}_4{}^- = \tfrac{1}{5}(2.8 \times 10^{-12})$$
$$= 5.6 \times 10^{-13}$$

어느 한 반쪽 반응을 이용하여 전위를 계산하면,

$$E = 0.771 - 0.05916 \log \frac{2.8 \times 10^{-12}}{0.01} = 1.34 \text{ V}$$

$Mn^{2+}/MnO_4{}^-$ 쌍의 E^0는 1.51 V이다. 두 E^0 값의 중간 값은 1.14 V임에 주목하라. 그러므로 비대칭인 적정 반응의 당량점(변곡점)은 적정 시약 쌍의 값에 더 가깝고 적정 곡선은 비대칭이다. ■

Fe^{2+}를 Ce^{4+}로 적정하는 경우와 달리, 적어도 한 개 이상의 전자가 전이하는 반응의 수식은 전체 적정 동안 한 개의 식으로 해결하기에는 상당히 복잡하다. 서로 다른 몰 조성을 갖는 Fe^{2+}, $MnO_4{}^-$ 및 H^+를 모두 소비하면서 Fe^{2+}를 산성인 $MnO_4{}^-$로 적정하는 위 반응 역시 예외는 아니다. 그렇지만 세 부분으로 나누어 적정을 수학적으로 시뮬레이션(계산)하는 것은 가능하다. 평형 상수 값이 상당히 크다는 것을 고려할 때 당량점 이전에 $MnO_4{}^-$가 화학량론적으로 Fe^{2+}를 산화하였다고 가정할 수 있으며, 전지 전위값은 Fe^{2+}/Fe^{3+} 쌍을 이용하여 계산할 수 있다. 당량점에서 전위값은 위 방식으로 계산할 수 있으며, 당량점 이후에는 $Mn^{2+}/MnO_4{}^-{-}H^+$쌍을 이용하여 계산할 수 있다. 이 책의 **웹 사이트**에 수록된 예제 14.4.xlsx는 위 계산과 이에 따른 적정 곡선을 나타내었다.

14.4 종말점의 시각적 검출

분명히 종말점은 지시 전극(13장)을 이용하여 기준 전극에 대한 상대적인 전위를 측정하여 전위 대 적정 시약의 부피를 도시함으로써 구할 수 있다. 하지만 다른 적정에서와 마찬가지로 시각적으로 관찰할 수 있는 지시약을 사용하는 것이 더욱 편리하다. 시각적인 지시약을 이용하는 방법에는 세 가지가 있다.

자체 지시약

만일 적정 시약의 색이 뚜렷하다면, 이 색을 이용하여 종말점을 검출할 수 있다. 예를 들어 0.02 *M*의 과망가니즈산 포타슘 용액은 진한 자주색이고, 이것의 묽은 용액은 분홍색이다. 이것의 환원 생성물인 Mn^{2+}는 거의 무색으로, 매우 희미한 분홍색을 나타낸다. 과망가니즈산 포타슘을 이용한 적정의 경우 $MnO_4{}^-$는 Mn^{2+}로 환원되기 때문에 $MnO_4{}^-$의 자주색은 $MnO_4{}^-$를 시료에 가하자마자 사라진다. 적정이 완결되면 과량의 $MnO_4{}^-$에 의해 용액은 뚜렷한 분홍색이 되어 반응이 완결되었음을 나타낸다. 명백히 종말점은 당량점과 일치하지 않고 당량점에서 한 방울 뒤에 나타난다. 이러한 오차는 작으며 바탕 적정을 통해 보정하거나 표준화에 의해 보정된다.

녹말 지시약

이 지시약은 아이오딘이 관련된 적정에 사용된다. 녹말은 I_2와 착물을 형성하고, 이 착물은 매우 진한 파란색이다. 색의 변화는 매우 적은 양의 아이오딘에도 민감하며, 상당히 비가역적이다. 환원제를 아이오딘으로 적정하는 경우, 용액은 당량점까지 무색이다. 과량의 적정 시약으로 용액은 뚜렷한 파란색이 된다.

산화-환원 지시약

산화-환원 지시약을 산-염기 지시약과 비교해 보라. 여기서는 pH가 아닌 전위가 두 색깔의 비를 결정한다.

적정 반응의 완결도와 종말점의 예리함은 반쪽 반응의 전위에 의존하지만, 위에서 언급한 두 방법들은 반쪽 반응의 전위에 의존하지 않는다. 앞의 두 가지 시각적인 방법들의 예는 드물고, 대부분의 산화-환원 반응은 **산화-환원 지시약(redox indicator)**을 이용하여 감지한다. 이것들은 아주 진한 색을 띠고 있는 염료로 약한 산화제이거나 환원제이며, 산화되거나 환원될 수 있다. 또한 산화형과 환원형의 색이 다르다. 지시약의 산화 상태와 그에 따른 색은 적정하는 동안 어떤 순간에서의 전위에 의존한다. 지시약에 대한 반쪽 반응과 Nernst 식은 다음과 같다.

$$\mathrm{Ox_{ind}} + ne^- \rightleftharpoons \mathrm{Red_{ind}} \tag{14.3}$$

$$E_{\mathrm{ind}} = E^0_{\mathrm{ind}} - \frac{0.05916}{n} \log \frac{[\mathrm{Red_{ind}}]}{[\mathrm{Ox_{ind}}]} \tag{14.4}$$

E^0_{In}는 당량점 전위의 값에 가까운 값이어야 한다. (지시약의 반쪽 반응에서) n값이 1일 때, 색의 변화에는 120 mV의 전위 변화가 요구되고, $n = 2$일 때는 60 mV가 요구된다.

적정을 하는 동안, 반쪽 반응의 전위는 E_{In}을 결정하고, 따라서 $[\mathrm{Red_{ind}}]/[\mathrm{Ox_{ind}}]$의 비를 결정한다. 이것은 pH 지시약에서 화학종들의 비율이 용액의 pH에 의해 결정되는 것과 유사하다. 따라서 적정 중에 전위가 변함에 따라 비율과 색이 변한다. 산-염기 지시약에서와 같이, 색의 변화가 뚜렷하게 관찰되기 위해서는 그 비율이 10/1에서 1/10로 변해야 한다고 가정하면, **2 × (0.05916/n) V에 해당하는 전위가 요구된다.** 지시약의 n 값이 1이라면, 0.12 V의 변화가 필요하다. **E^0_{In}가 적정의 당량점 전위에 가까운 값**이고 그 부근에서 0.12 V보다 더 큰 전위의 변화가 급격히 발생하면, 색깔의 변화는 당량점에서 일어난다. 다시 말해, 이것은 산-염기 지시약의 $\mathrm{p}K_a$가 당량점의 pH에 가까워야 한다는 것과 유사하다.

식 14.3의 지시약 반응에 수소 이온이 관련되어 있는 경우에는, 적절한 수소 이온 항이 Nernst 식에 나타나게 되고, 지시약의 색깔이 변하는 전위는 수소 이온 농도에 따라 변할 것이다.

산화-환원 지시약은 일정 전위에 걸친 전이 범위를 가질 것이며, 이 전이 범위는 적정 곡선이 급격하게 변화하는 당량점 부근에 포함되어야 한다. 산화-환원 지시약의 반응은 **빨라야** 하며, **가역적**이어야 한다. 반응이 느리거나 비가역적이면(전자 전달 속도가 느리면), 색깔의 변화가 점진적이고 당량점 부근에서의 예리한 변화는 나타나지 않는다.

유용한 산-염기 지시약은 많은 반면, 좋은 산화-환원 지시약은 별로 많지 않다. 표 14.1에는 몇 가지 일반적인 지시약들이 표준 전위가 감소하는 순서대로 나열되어 있다. 페로인[황산 트리스(1,10-페난트롤린) 철(II)]은 가장 좋은 지시약 중의 하나이다. 이 지시약은 세륨(IV)을 이용한 많은 적정에 유용하다. 페로인은 붉은색에서 산화되어 당량점에서는 연한 파란색으로 변한다. 페난트롤린 종류의 다른 지시약들도 표 14.1에 나열되어 있다. 다이페닐아민설폰산은 산성 용액에 있는 다이크로뮴산 이온을 적정하는 데 지시약으로 사용된다.

표 14.1 산화-환원 지시약

지시약	색		용액	E^0(V)
	환원형	산화형		
나이트로페로인	붉은색	연한 파란색	1 M H_2SO_4	1.25
페로인	붉은색	연한 파란색	1 M H_2SO_4	1.06
다이페닐아민설폰산	무색	보라색	묽은 산	0.84
다이페닐아민	무색	보라색	1 M H_2SO_4	0.76
메틸렌 블루	파란색	무색	1 M 산	0.53
인디고 테트라설폰산	무색	파란색	1 M 산	0.36

$Cr_2O_7^{2-}/Cr^{3+}$ 쌍의 전위는 세륨 쌍의 전위보다 낮으므로 더 낮은 E^0 값을 가지고 있는 이 지시약이 요구되며, 종말점에서 자주색을 띤다. 그러나 다이크로뮴산 적정법은 현재 자주 사용되지 않고 있는데, 그 이유는 Cr(VI)이 발암성의 환경 오염물질이고 버릴 때는 특별한 주의가 필요하기 때문이다. 종말점 변화의 크기는 분석 시료의 반쪽 반응에 의존하므로, 지시약은 적정하려는 분석 시료에 따라 선택하는 것이 좋다.

14.5 아이오딘이 관련된 적정: 직접아이오딘 적정법과 간접아이오딘 적정법

산화-환원 적정은 식품이나 의약 및 일반 산업 등 여러 분야에서 적용되고 있는 중요한 분석법 중의 하나이다. 아이오딘을 이용하여 포도주에 들어 있는 아황산 이온을 적정하는 것은 흔한 예이다. 알코올은 다이크로뮴산 포타슘에 의한 산화 반응을 통해 정량한다. 대부분이 미량 분석이기 때문에 임상 분석의 예는 드물지만, 이러한 적정은 시약을 표준화하는 데에 있어서 여전히 매우 중요하다. 흔하게 사용되는 적정 시약 몇 가지에 대해서는 잘 알고 있어야 한다.

아이오딘은 상당히 센 환원제를 적정하는 데 사용되는 산화제이다. 반면에 아이오딘화 이온은 약한 환원제로, 센 산화제를 정량하는 데 사용된다.

직접아이오딘 적정법

아이오딘은 적당하게 센 산화제로, 환원제를 적정하는 데 사용될 수 있다. I_2로 적정하는 방법을 **직접아이오딘 적정법(iodimetric method)**이라고 한다. 적정은 대개 중성이나 약알칼리성(pH 8)에서부터 약산성까지의 용액에서 이루어진다. pH가 너무 알칼리성이면, I_2은 하이포아이오딘산 이온과 아이오딘화 이온으로 불균등화 반응이 일어난다.

직접아이오딘 적정법에서 적정 시약은 I_2이고, 분석물은 환원제이다. 종말점은 녹말-아이오딘의 파란색에 의해 검출한다.

$$I_2 + 2OH^- \rightleftharpoons IO^- + I^- + H_2O \tag{14.5}$$

용액이 센 산성이 되지 않도록 하는 데에는 세 가지 이유가 있다. 첫째는, 종말점의 검출에 사용되는 녹말은 센 산성 용액에서 가수 분해되거나 분해되려는 경향이 있어서 종말점에 영향을 미칠 수 있기 때문이다. 둘째는, 몇 가지 환원제의 환원력이 중성에서 증가하기 때문이다. 예를 들어 I_2와 As(III)의 다음 반응을 살펴보자.

$$H_3AsO_3 + I_2 + H_2O \rightleftharpoons H_3AsO_4 + 2I^- + 2H^+ \tag{14.6}$$

이 반응의 평형은 수소 이온의 농도에 영향을 받는다. 수소 이온의 농도가 낮을 때는 평형은 오른쪽으로 이동한다. 중성 용액에서 As(V)/As(III) 쌍의 전위는 비소(III)가 I_2를 환원시키기에 충분할 정도로 감소한다는 것을 식 12.25에서 이미 살펴보았다. 그러나 산성 용액에서 평형은 다른 방향으로 이동하고, 역반응이 일어난다. 산성 용액을 피해야 하는 세 번째 이유는 반응에서 생성된 I^-가 산성 용액에 용해된 산소에 의해 산화되기 때문이다. 즉

$$4I^- + O_2 + 4H^+ \rightarrow 2I_2 + 2H_2O \tag{14.7}$$

비소(III)를 I_2로 적정하는 경우, pH는 $NaHCO_3$를 가하여 중성을 유지할 수 있다. 생성된 CO_2의 기포가 용존 산소를 제거하고 용액의 표면에 CO_2 막을 형성하여 I^-가 공기에 의해 산화되는 것을 막아 준다.

I_2는 센 산화제가 아니기 때문에, 적정에 사용될 수 있는 환원제의 수는 제한되어 있다. 그럼에도 불구하고 몇 가지 중요한 예가 존재하는데, I_2의 적당한 산화력으로 인해 센 산화제보다 더욱 선택적인 적정 시약으로 작용한다. 적정으로 분석할 수 있는 몇 가지 물질이 표 14.2에 나열되어 있다. 안티모니는 비소와 비슷하게 거동하므로, 같은 이유로 pH는 매우 중요하다. 타타르산염이 가해지면 안티모니와 착물을 형성하고 가수 분해가 일어나는 것을 막아 준다.

아이오딘은 세륨(IV), 과망가니즈산, 다이크로뮴산과 같은 센 산화제보다 더욱 선택적인 산화제 적정 시약이다.

표 14.2 직접아이오딘 적정법으로 분석할 수 있는 몇 가지 물질

정량 물질	아이오딘과의 반응	용액 조건
H_2S	$H_2S + I_2 \rightarrow S + 2I^- + 2H^+$	산성
SO_3^{2-}	$SO_3^{2-} + I_2 + H_2O \rightarrow SO_4^{2-} + 2I^- + 2H^+$	
Sn^{2+}	$Sn^{2+} + I_2 \rightarrow Sn^{4+} + 2I^-$	산성
As(III)	$H_2AsO_3^- + I_2 + H_2O \rightarrow HAsO_4^{2-} + 2I^- + 3H^+$	pH 8
N_2H_4	$N_2H_4 + 2I_2 \rightarrow N_2 + 4H^+ + 4I^-$	

고순도의 I_2는 승화에 의해 얻어질 수 있지만, 아이오딘 용액은 보통 As_2O_3 (As_4O_6)와 같은 일차 표준 환원제를 이용하여 표준화한다. 산화 비소는 희석한 HCl 또는 NaOH에 녹인다. 완전히 녹인 후에 용액을 중화시킨다. 비소(III)는 알칼리성 용액에서 서서히 산화되기 때문에 비소(III) 용액을 일정 기간 동안 보관해야 하는 경우에는 용액을 중화하거나 산성으로 만들어야 한다.

아이오딘은 물에 잘 녹지 않지만 착물인 I_3^-은 매우 잘 녹는다. 따라서 아이오딘 용액은 I^-가 충분한 조건에서 I_2를 진한 KI 용액에 녹여서 만든다.

$$I_2 + I^- \rightarrow I_3^- \tag{14.8}$$

따라서 실제적으로 적정에 사용되는 화학종은 I_3^-이다.

예제 14.5

하이드라진(N_2H_4) 시료의 순도는 아이오딘으로 적정하여 결정한다. 기름과 같은 액체 시료 1.4286 g을 물에 녹이고 부피 플라스크에서 1 L로 묽혔다. 50.00 mL를 피펫으로 취해 아이오딘 표준 용액으로 적정하였더니 42.41 mL가 소비되었다. 한편 0.4123 g의 As_2O_3 일차 표준 물질을 소량의 NaOH에 녹인 후 pH를 8로 조절하여 적정하였더니 40.28 mL의 아이오딘 용액이 소비되었다. 하이드라진 시료의(무게)% 순도는 얼마인가?

풀이

표준화 :

$$H_2AsO_3^- + I_2 + H_2O \rightarrow HAsO_4^{2-} + 2I^- + 3H^+$$

몰농도로 계산할 때는 mmol 수와 반응의 비를 추적하라.

각 As_2O_3는 $2H_2AsO_3^-$를 생성하므로 mmol I_2 = 2 × mmol As_2O_3이다.

$$M_{I_2} \times 40.28 \text{ mL } I_2 = \frac{412.3 \text{ mg } As_2O_3}{197.85 \text{ mg } As_2O_3/\text{mmol}} \times 2 \text{ mmol } I_2/\text{mmol } As_2O_3$$

$$M_{I_2} = 0.1034_7 \text{ mmol/mL}$$

분석 :

$$N_2H_4 + 2I_2 \rightarrow N_2 + 4H^+ + 4I^-$$

$$\text{mmol } N_2H_4 = \tfrac{1}{2} \times \text{mmol } I_2$$

$$\text{적정한 } N_2H_4\text{의 무게} = 1.4286 \text{ g} \times \frac{50.00 \text{ mL}}{1000.0 \text{ mL/L}} = 0.07143 \text{ g/L}$$

$$= 71.43 \text{ mg 시료}$$

$$\text{남은 } N_2H_4\text{의 무게} = [0.1034_7\ M\ I_2 \times 42.41 \text{ mL } I_2 \times \tfrac{1}{2}\ (\text{mmol } N_2H_4/\text{mmol } I_2) \times 32.045 \text{ mg } N_2H_4/\text{mmol}] = 70.31\text{mg}$$

$$\%\ \text{순도} = 70.31\text{mg}/71.43 \text{ mg} \times 100\% = 98.43\%$$

하이드라진의 분자량이 작기 때문에 시료의 무게를 유효 숫자 4개까지 측정하기는 어렵고, 부피를 정확하게 측정한 시료를 적정함으로써 더 큰 시료의 무게를 측정할 수 있다. ■

간접아이오딘 적정법

아이오딘화 이온은 약한 환원제이고 센 산화제를 환원시킨다. 하지만 이것은 적정 시약으로 사용되지 않는데, 주된 이유는 편리하게 사용할 수 있는 시각적인 지시약이 없다는 것과 반응 속도와 같은 다른 요인들 때문이다.

과량의 아이오딘화 이온이 산화제 용액에 가해지면, **존재하는 산화제와 같은 당량의 I_2가 생성된다.** 생성된 I_2는 환원제로 적정할 수 있고, 결과적으로는 산화제를 직접 적정하는 것과 같다. 적정 시약으로는 싸이오황산 소듐이 사용된다.

이러한 방법으로 산화제를 분석하는 것을 **간접아이오딘 적정법(iodometric method)**이라고 한다. 예를 들어 다이크로뮴산의 정량을 생각해 보자.

$$Cr_2O_7^{2-} + 6I^- (\text{과량}) + 14H^+ \rightarrow 2Cr^{3+} + 3I_2 + 7H_2O \tag{14.9}$$

$$\boxed{I_2 + 2S_2O_3^{2-} \rightarrow 2I^- + S_4O_6^{2-}} \tag{14.10}$$

간접아이오딘 적정법에서는 I^-와 반응하여 I_2를 생성하는 산화제가 분석 물질이다. I_2는 싸이오황산 이온으로 적정하는데, 녹말-아이오딘 색이 없어지는 지점을 종말점으로 이용한다. **간접아이오딘 적정법**에서는 생성된 아이오딘을 적정하고, **직접아이오딘 적정법**에서는 아이오딘으로 적정한다.

각각의 $Cr_2O_7^{2-}$는 $3I_2$를 생성하고, 이것은 다시 $6S_2O_3^{2-}$와 반응한다. $Cr_2O_7^{2-}$ 1 mmol은 적정에 사용된 $S_2O_3^{2-}$의 1/6 mmol과 같다.

아이오딘산은 간접아이오딘 적정법으로 분석할 수 있다.

$$IO_3^- + 5I^- + 6H^+ \rightarrow 3I_2 + 3H_2O \tag{14.11}$$

각각의 IO_3^-는 $3I_2$를 생성하고, 이것은 다시 $6S_2O_3^{2-}$와 반응하므로, IO_3^-의 1 mmol은 소비된 $S_2O_3^{2-}$의 mmol에 6을 곱한 것과 같다.

계산을 하기 위해서는 시료 1 mmol 당 몇 mmol의 싸이오황산염이 반응하는지를 알아야 한다. 생성된 I_2 1 mmol당 2 mmol의 싸이오황산염이 반응한다.

예제 14.6

구리가 들어 있는 시료 0.200 g을 간접아이오딘 적정법으로 분석하였다. 구리(II)는 아이오딘화 이온에 의해 구리(I)로 환원된다. 즉 CuI로 침전된다.

$$2Cu^{2+} + 4I^- \rightarrow \underline{2CuI} + I_2$$

생성된 I_2를 적정하는 데 20.0 mL의 0.100 *M* $Na_2S_2O_3$가 소비되었다면, 시료에 들어 있는 구리의 퍼센트는 얼마인가?

풀이

Cu^{2+} 1 mol당 I_2 $\frac{1}{2}$ mol이 생성되고, 각 I_2는 $2S_2O_3^{2-}$와 반응하므로 각각의 Cu^{2+}는 1개의 $S_2O_3^{2-}$와 당량이고, mmol Cu^{2+} = mmol $S_2O_3^{2-}$이다.

$$\% \text{ Cu} = \frac{0.100 \text{ mmol } S_2O_3^{2-}/\text{mL} \times 20.0 \text{ mL } S_2O_3^{2-} \times \text{Cu}}{200 \text{ mg 시료}} \times 100\%$$

$$= \frac{0.100 \text{ mmol/mL} \times 20.0 \text{ mL} \times 63.54 \text{ mg Cu/mmol}}{200 \text{ mg 시료}} \times 100\% = 63.5\%$$ ■

산화제를 싸이오황산 이온으로 직접 적정하지 않는 이유는 무엇인가? 그 이유는 센 산화제는 싸이오황산 이온을 테트라싸이오네이트 이온($S_4O_6^{2-}$)보다 더 높은 산화 상태(예, SO_4^{2-})로 산화시키지만, 반응이 일반적으로 화학량론적으로 일어나지 않기 때문이다. 아울러 몇몇 산화제는 싸이오황산 이온과 여러 가지 착물을 형성하기도 한다(예를 들어 Fe^{3+}). 아이오딘화 이온과의 반응으로 센 산화제는 분해되어 같은 당량의 I_2를 생성한다. 생성된 I_2는 싸이오

잘 알고 있는 과량의 시약을 첨가하여 역적정을 하는 것이 아님에 주의하라. 그보다는 싸이오황산 이온으로 직접 적정할 수 없는 강산화제를, 시각적인 변화로 관찰할 수 있는 지시약과 싸이오황산으로 적정할 수 있는 당량의 아이오딘으로 변환한다. 따라서 이는 직접 적정법에 속한다.

황산 이온과 화학량론적으로 반응하고 이 반응에는 만족할 만한 지시약이 존재한다. 이 적정은 직접 적정법으로 생각할 수 있다.

간접아이오딘 적정법의 종말점은 녹말 지시약으로 검출한다. 녹말–I_2의 파란색이 사라지는 지점이 적정의 종말점이다. 아이오딘의 농도가 높은, 즉 적정의 시작점에서 녹말을 가해서는 안 된다. 대신, 연한 아이오딘의 색이 연한 노란색으로 변하는 종말점 직전에 가한다. 이렇게 하는 데에는 두 가지 이유가 있다. 하나는, 아이오딘–녹말 착물은 천천히 분해되어 많은 양의 아이오딘이 녹말에 흡착되어 있는 경우에는 종말점의 확산이 일어나기 때문이다. 또 다른 이유는 대부분의 간접아이오딘 적정법이 센 산성 매질에서 수행되고, 녹말은 산성 용액에서 가수 분해하는 경향이 있기 때문이다. 산성 용액을 사용하는 이유는 많은 산화제와 아이오딘화 이온과의 반응이 높은 산도에 의해 촉진되기 때문이다. 다음과 같은 반응을 예로 들 수 있다.

녹말은 종말점 부근에서 가한다.

$$2MnO_4^- + 10I^- + 16H^+ \rightarrow 5I_2 + 2Mn^{2+} + 8H_2O \qquad (14.12)$$

$$H_2O_2 + 2I^- + 2H^+ \rightarrow I_2 + 2H_2O \qquad (14.13)$$

적정은 아이오딘화 이온이 공기 중에서 산화되는 것을 최소화하기 위해 신속하게 진행되어야 한다. 용액을 효과적으로 저어 주어 부분적으로 과량의 싸이오황산 이온이 존재하는 것을 방지해야 하는데, 그 이유는 싸이오황산 이온이 산성 용액에서 분해되기 때문이다.

$$S_2O_3^{2-} + 2H^+ \rightarrow H_2SO_3 + S \qquad (14.14)$$

과량의 싸이오황산 이온이 존재하고 있음을 알 수 있는 것은 콜로이드 형태의 황인데, 이것은 용액을 탁하게 만든다. 간접아이오딘 적정법에서는 과량의 아이오딘화 이온을 가해서 반응을 촉진시킨다(공통 이온 효과). 반응하지 않은 아이오딘화 이온이 방해를 하지는 않지만, 적정이 곧바로 수행되지 않거나 적정 시간이 너무 오래 걸리면 공기에 의해 산화될 수도 있다.

싸이오황산 소듐 용액은 $K_2Cr_2O_7$, KIO_3, $KBrO_3$, 금속 구리(녹아서 Cu^{2+}를 생성) 등과 같은 순수한 산화제를 이용하여 간접아이오딘 적정법으로 표준화한다. 다이크로뮴산 포타슘을 사용하는 경우, 생성된 크로뮴 이온의 진한 초록색으로 인해 아이오딘–녹말 지시약의 종

표 14.3 간접아이오딘 적정법에 의한 분석

정량 물질	아이오딘화 이온과의 반응
MnO_4^-	$2MnO_4^- + 10I^- + 16H^+ \rightleftharpoons 2Mn^{2+} + 5I_2 + 8H_2O$
$Cr_2O_7^{2-}$	$Cr_2O_7^{2-} + 6I^- + 14H^+ \rightleftharpoons 2Cr^{3+} + 3I_2 + 7H_2O$
IO_3^-	$IO_3^- + 5I^- + 6H^+ \rightleftharpoons 3I_2 + 3H_2O$
BrO_3^-	$BrO_3^- + 6I^- + 6H^+ \rightleftharpoons Br^- + 3I_2 + 3H_2O$
Ce^{4+}	$2Ce^{4+} + 2I^- \rightleftharpoons 2Ce^{3+} + I_2$
Fe^{3+}	$2Fe^{3+} + 2I^- \rightleftharpoons 2Fe^{2+} + I_2$
H_2O_2	$H_2O_2 + 2I^- + 2H^+ \xrightarrow{[Mo(VI)\ 촉매]} 2H_2O + I_2$
As(V)	$H_3AsO_4 + 2I^- + 2H^+ \rightleftharpoons H_3AsO_3 + I_2 + H_2O$
Cu^{2+}	$2Cu^{2+} + 4I^- \rightleftharpoons \underline{2CuI} + I_2$
HNO_2	$2HNO_2 + 2I^- \rightleftharpoons I_2 + 2NO + H_2O$
SeO_3^{2-}	$SeO_3^{2-} + 4I^- + 6H^+ \rightleftharpoons \underline{Se} + 2I_2 + 3H_2O$
O_3	$O_3 + 2I^- + 2H^+ \rightleftharpoons O_2 + I_2 + H_2O$
	(pH 7~8.5 이상에서 O_2의 존재하에 분석이 가능)
Cl_2	$Cl_2 + 2I^- \rightleftharpoons 2Cl^- + I_2$
Br_2	$Br_2 + 2I^- \rightleftharpoons 2Br^- + I_2$
HClO	$HClO + 2I^- + H^+ \rightleftharpoons Cl^- + I_2 + H_2O$

말점을 확인하는 것은 조금 더 어렵다. 구리(II) 이온을 간접아이오딘 적정법으로 적정할 때 싸이오사이안산 이온이 더해지지 않으면 종말점은 확산된다. 주요한 반응은 예제 14.6에 주어져 있다. 하지만 아이오딘은 CuI 침전의 표면에 흡착되고, 싸이오황산 적정 시약과 느리게 반응한다. 싸이오사이안산 이온은 침전에 CuSCN 막을 형성하고 표면에서 아이오딘과 치환한다. 싸이오사이안산 포타슘은 아이오딘에 의해 황산 이온으로 서서히 산화되므로 종말점 부근에서 가해야 한다. pH는 3 근처로 유지되어야 한다. pH가 너무 높으면 구리(II)는 가수 분해되어 수산화 구리로 침전한다. pH가 너무 낮으면 구리의 촉매 작용으로 인해 아이오딘화 이온의 공기 산화가 감지할 수 있을 정도로 일어난다. 금속 구리는 질산에 녹아서 질소 산화물을 생성한다. 이러한 산화물들은 아이오딘화 이온을 산화시키고, 요소를 첨가하면 제거된다. 간접아이오딘 적정법을 이용한 몇 가지 예를 표 14.3에 나열하였다.

예제 14.7

간접아이오딘 적정법을 이용하여 고순도의 $KBrO_3$ 0.1262 g을 $Na_2S_2O_3$ 용액으로 표준화하였더니 $Na_2S_2O_3$ 44.97 mL가 소비되었다. $Na_2S_2O_3$의 몰농도를 구하시오.

풀이

반응은 다음과 같다.

$$BrO_3^- + 6I^- + 6H^+ \rightarrow Br^- + 3I_2 + 3H_2O$$

$$3I_2 + 6S_2O_3^{2-} \rightarrow 6I^- + 3S_4O_6^{2-}$$

따라서 mmol $S_2O_3^{2-}$ = 6 × mmol BrO_3^-이다.

$$M_{S_2O_3^{2-}} \times 44.97\ \text{mL} = \frac{126.2\ \text{mg KBrO}_3}{167.01\ (\text{mg/mmol KBrO}_3)} \times 6\,(\text{mmol S}_2\text{O}_3^{2-}/\text{mmol BrO}_3^-)$$

$$M_{S_2O_3^{2-}} = 0.1008_2\ \text{mmol/mL}$$

■

14.6 다른 산화제를 이용한 적정

앞에서 이미 적정 시약으로 사용할 수 있는 몇 가지 산화제들을 살펴보았다. 적정 시약은 충분히 안정해야 하고 준비하기도 쉽고 다루기도 편리해야 한다. 산화제가 너무 세면, 반응성이 너무 커서 안정성이 좋지 않다. 플루오린은 알려져 있는 가장 센 산화제 중의 하나이지만 분석 실험실에서 사용하기에는 편리하지 않다($E^0 = 3.06$ V). 염소는 수용액에서 휘발하는 성질이 있기 때문에 표준 용액을 만들고 보관하기가 어렵다는 점을 제외하고는 좋은 적정 시약이 될 수 있다.

과망가니즈산 포타슘(**potassium permanganate**)은 널리 사용되는 산화 적정 시약이다. 이것은 종말점 검출에 자체 지시약으로 행동하며 매우 강한 산화제이다($E^0 = 1.51$ V). 용액을 만드는 과정에서 주의 사항들이 지켜진다면 용액은 안정하다. 용액이 처음 만들어질 때, 용액 속에 존재하는 소량의 환원성 불순물들이 소량의 MnO_4^-를 환원시킨다. 중성 용액에서 과망가니즈산의 환원 생성물은 MnO_2이다(산성 용액에서는 Mn^{2+}이다). MnO_2는 과망가니즈산을 더욱 분해시키는 촉매 역할을 하고, 이로 인해 더 많은 MnO_2가 생성된다. 이러한 과정을 **자체 촉매 분해**(**autocatalytic decomposition**)라고 한다. MnO_2를 제거하면 용액은 안정해질 수 있다. 따라서 표준화하기 전에 모든 불순물들의 산화를 촉진시키기 위해 용액을 가열하고 밤새 방치한다. 그런 다음, 소결 유리 거르개로 MnO_2를 여과하여 제거한다. 과망가니즈산 포타슘은 산에 녹아서 옥살산을 생성하는 일차 표준 물질인 옥살산 소듐($Na_2C_2O_4$)을 적정하여 표준화할 수 있다.

$$5H_2C_2O_4 + 2MnO_4^- + 6H^+ \rightleftharpoons 10CO_2 + 2Mn^{2+} + 8H_2O \quad (14.15)$$

반응을 빠르게 하기 위해 용액을 가열해야 한다. 반응은 생성된 Mn^{2+}에 의해 촉진되는데, 초기에 Mn^{2+}가 생성될 때까지는 매우 느리게 진행된다. 순수한 전해철 금속도 일차 표준 물질로 사용될 수 있다. 이것은 산에 녹아서 적정에 사용하도록 Fe^{2+}로 환원된다(14.8절 참조).

Z−R 시약은 MnO_4^-에 의한 Cl^-의 산화를 방지하고 종말점에서의 변화를 예리하게 만든다.

염화 이온이 존재하는 상황에서 철(II)을 과망가니즈산으로 적정하면 문제가 발생한다. 보통 상온에서 과망가니즈산에 의해 염화 이온이 염소로 산화되는 반응은 느리다. 그러나 산화 반응은 철에 의해 촉진된다. 철 시료가 염산에 녹아 있거나 철(II)로 환원시키기 위해 염화 주석이 사용되면(아래 참조), 적정은 **Zimmermann-Reinhardt 시약**을 가해서 수행할 수 있다. 이 시약에는 망가니즈(II)와 인산이 들어 있다. 망가니즈(II)는 과망가니즈산이 염화 이온을 산화시키지 못할 정도로 MnO_4^-/Mn^{2+} 쌍의 전위를 충분히 감소시킨다. Mn^{2+}의 농도가 크기 때문에 형식 전위는 E^0보다 작다. 이러한 전위의 감소는 종말점의 급변의 크기를 감소시킨다. 따라서 인산을 첨가하면 철(III)과 착물을 형성하여 Fe^{3+}/Fe^{2+} 쌍의 전위도 감소시킨다. 철(II)은 착물을 형성하지 않는다. 다시 말해, 철(III)이 생성되자마자 용액에서 제거되어 적정 반응의 평형을 오른쪽으로 이동시켜서 종말점에서의 변화를 예민하게 만든다. 전체적인 효과는 적정 곡선에서 종말점의 급변이 매우 크지만, 전체 곡선은 더 낮은 전위로 이동한다는 것이다.

철(III)과 착물을 형성함으로써 얻어지는 또 다른 효과는 클로로 착물(대개 염화 이온 매질에서 존재한다)은 진한 노란색인 반면, 인산 착물은 거의 무색이라는 점이다. 그 결과 종말점에서의 색 변화는 더욱 예민해진다.

다이크로뮴산 포타슘(potassium dichromate, $K_2Cr_2O_7$)은 과망가니즈산 포타슘보다 약간 더 약한 산화제이다. 이 시약의 가장 큰 장점은 일차 표준 시약으로 사용할 수 있다는 점과 대부분의 경우에서 표준화가 필요하지 않다는 점이다. 하지만 철(II)의 적정에서, 전해철을 이용하여 다이크로뮴산 포타슘을 표준화하는 것이 더욱 바람직한 이유는 크로뮴 이온의 초록색이 종말점 결정(다이페닐아민 설폰산 지시약)에 소량의 오차를 가져올 수 있기 때문이며, 더욱 정확한 실험의 경우에만 표준화가 요구된다.

염화 이온의 산화는 다이크로뮴산에서는 문제가 되지 않는다. 하지만 1 *M* 염산 용액에서 $Cr_2O_7^{2-}/Cr^{3+}$ 쌍의 형식 전위는 1.33 V에서 1.00 V로 감소하고, Fe^{3+}/Fe^{2+} 쌍의 전위를 감소시키기 위해 인산을 첨가해야 한다. 이러한 첨가는 당량점의 전위를 다이페닐아민 설폰산 지시약의 표준 전위(0.84 V)에 가깝게 만들어 준다. 인산을 첨가하지 않으면 종말점이 많이 빨라진다.

세륨(Cerium)(IV)는 강력한 산화제이다. 세륨의 형식 전위는 이것을 용액에 유지하는 데 사용되는 산에 의존한다(만일 산성 용액이 아니면, 가수 분해하여 수산화 세륨을 형성한다). 일반적으로 적정은 황산이나 과염소산 용액에서 실시된다. H_2SO_4에서의 형식 전위는 1.44 V이고, $HClO_4$에서의 형식 전위는 1.70 V이다. 따라서 세륨(IV)는 $HClO_4$에서 더욱 강한 산화제이다. 세륨(IV)는 과망가니즈산이 사용되는 대부분의 적정이 사용될 수 있고 많은 장점을 가지고 있다. 세륨(IV)는 매우 센 산화제이고 사용하는 산에 따라 전위를 조절할 수 있다. 철이 존재하는 경우에도 염화 이온의 산화 속도는 느리고, 상당량의 염화 이온이 존재하는 경우에도 Zimmermann−Reinhardt와 같은 보호 용액 없이 적정을 수행할 수 있다. 용액을 가열할 수는 있지만 끓여서는 안 된다. 그렇지 않으면 염화 이온이 산화된다. 세륨(IV)의 황산 용액은 무한정 안정하다. 하지만 질산과 과염소산 용액은 느리게 분해한다. 세륨의 또 다른 장점은 세륨(IV)의 염인 헥사나이트로세륨산 암모늄[ammonium hexanitratocerate, $(NH_4)_2Ce(NO_3)_6$]을 일차 표준 물질의 형태로 얻을 수 있고, 용액은 표준화가 필요하지 않다는 것이다. 세륨(IV)의 주된 단점은 과망가니즈산 포타슘에 비해 비용이 더 많이 든다는 것이지만, 시간이 절약된다는 점을 고려하면 중요한 요인이 아니다. 세륨 적정에서 페로인은 적합한 지시약이다.

세륨(IV) 용액은 일차 표준 물질인 As_2O_3, $Na_2C_2O_4$ 또는 전해철을 이용하여 표준화할 수 있다. 비소(III)와의 반응은 느리고, 사산화 오스뮴 (OsO_4)이나 염화 아이오딘(ICl)을 촉매로 가해야 한다. 이때 페로인이 지시약으로 사용된다. 상온에서 옥살산과의 반응은 느려서 같은 촉매가 사용된다. 그러나 2 *M* 과염소산이 있으면 상온에서의 반응이 빠르다. 나이트로페로인이 지시약으로 사용된다.

표준화에 사용되는 세륨(IV) 용액은 보통 $(NH_4)_4Ce(SO_4)_4 \cdot 2H_2O$, $(NH_4)_2Ce(NO_3)_6$ (그다지 고순도의 일차 표준 물질은 아니지만), $CeO_2 \cdot 4H_2O$을 이용하여 만든다. 일차 표준 물질인 $(NH_4)_2Ce(NO_3)_6$은 비용이 많이 들지만, 시간을 절약할 수 있다는 장점이 있다.

14.7 다른 환원제를 이용한 적정

환원제 표준 용액은 산화제만큼 널리 사용되지 않는데, 그 이유는 대부분의 환원제가 용존 산소에 의해 산화되기 때문이다. 따라서 제조하기도 사용하기도 불편하다. **싸이오황산(thiosulfate)**은 가장 흔히 사용되는 환원제이고, 공기 산화에 안정하며, 장기 보관이 가능하다. 산화제를 적정하는 데 간접아이오딘 적정법이 널리 사용되는 것도 바로 이 때문이다. 하지만 가끔은 아이오딘화 이온보다 더 센 환원제가 요구된다.

철(II)는 황산 용액에서 공기에 의해 천천히 산화되는 일반적인 적정 시약이다. 이것은 센 환원제($E^0 = 0.771$ V)는 아니고, 세륨(IV)이나 크로뮴(VI)(다이크로뮴산), 바나듐(V)(바나듐산)과 같은 센 산화제를 적정하는 데 사용될 수 있다. 첫 두 적정에는 페로인이 좋은 지시약이고, 산화된 다이페닐아민 설폰산은 마지막 적정에 사용된다. 철(II)은 천천히 산화되기 때문에 철(II)의 표준화는 매일 확인해야 한다.

크로뮴(chromium)(II)와 **타이타늄(titanium)(III)**은 매우 센 환원제이지만, 공기에 의해 쉽게 산화하기 때문에 취급하기가 어렵다. 크로뮴(II)의 표준 전위는 -0.41 V(Cr^{3+}/Cr^{2+})이고, 타이타늄(III)의 전위는 0.04 V(TiO^{2+}/Ti^{3+})이다. 산화된 형태의 구리, 철, 은, 금, 비스무트, 우라늄, 텅스텐 및 다른 금속들은 크로뮴(II)로 적정한다. Ti^{3+}의 주된 용도는 구리(II), 주석(IV), 크로뮴산, 바나듐산 및 염소산뿐만 아니라 철(III)의 적정이다.

14.8 용액 제조–적정 전 시료 분석에 필요한 산화 상태 만들기

시료가 용해되어 있는 경우, 분석할 원소는 대개 여러 가지의 산화 상태로 존재하거나 적정에 필요한 산화 상태가 아닌 다른 산화 상태로 존재한다. 적정 전에 여러 가지 금속들을 특정 산화 상태로 바꿔 주는 다양한 산화제와 환원제가 있다. 과량의 예비 산화제나 환원제는 금속 이온을 적정하기 전에 제거해야 한다.

적정 전 시료의 환원

쉽게 제거할 수 있는 환원제는 산화제로 적정하기 전에 시료를 환원시키는 데 사용된다.

환원제는 적정 과정에서 방해를 하지 않아야 하고, 만약 방해를 하는 경우에는 반응하지 않고 남은 시약들은 쉽게 제거할 수 있어야 한다. 물론 대부분의 환원제들은 산화 적정 시약과 반응하고, 제거할 수 있어야 한다. **아황산 소듐(sodium sulfite**, Na_2SO_3)과 **이산화 황(sulfur dioxide)**은 산성 용액에서 좋은 환원제이고($E^0 = 0.17$ V), 과량의 시약은 CO_2로 거품을 일으키거나 끓여서 제거할 수 있다. 만일 SO_2가 없으면 아황산 소듐이나 아황산 수소를 산성화된 용액에 가할 수 있다. 탈륨(III)은 +1로 환원되고, 비소(V)와 안티모니(V)는 +3으로, 바나듐(V)는 +4로, 셀레늄과 텔루륨은 원소로 환원된다. 반응을 촉진하기 위해 싸이오시안산을 가하면, 철(III)과 구리(II)는 각각 +2와 +1 상태로 환원된다.

염화 주석(**stannous chloride**, $SnCl_2$)은 세륨(IV)이나 다이크로뮴산을 이용하여 적정하기 위해 철(III)을 철(II)로 환원시키는 데 보통 사용된다. 염화 이온(뜨거운 HCl)이 있으면 이 반응은 빠르다. 철 시료(예, 광석)가 용해되면(대개 염산에), 철의 일부 또는 전부는 +3의 산화 상태로 존재하고, 환원되어야 한다. 염화 주석과의 반응은 다음과 같다.

$$2Fe^{3+} + SnCl_2(aq) + 2Cl^- \rightarrow 2Fe^{2+} + SnCl_4\,(aq) \tag{14.16}$$

철(III) – 클로로 착물의 노란색이 사라질 때 이 반응은 완결된 것이다. 과량의 주석(II)은 염화 수은을 가해서 제거한다.

$$SnCl_2 + 2HgCl_2\,(\text{과량}) \rightarrow SnCl_4 + \underline{Hg_2Cl_2}\,(\text{칼로멜}) \tag{14.17}$$

과량의 찬 $HgCl_2$는 저어 주며 빠르게 가해야 한다. 너무 적은 양이 가해지거나 천천히 가하면, 일부 지점에서 과량으로 존재하는 염화 주석에 의해 수은의 일부가 회색 침전인 수은 원소로 환원된다. 우유빛의 흰색 침전인 칼로멜(Hg_2Cl_2)은 다이크로뮴산이나 세륨산과 상당한 속도로 반응하지는 않지만, 수은은 반응한다. 과량의 주석(II)이 존재하고, 이에 따라 수은이 생성되는 위험을 방지하기 위해, 염화 주석은 철(III)의 노란색이 사라질 때까지 한 방울씩 가한다. $HgCl_2$를 가한 다음에 회색 침전이 나타나면 이 시료는 버려야 한다. 염화 주석은 비소(V)를 비소(III)로, 몰리브데넘(VI)을 몰리브 데넘(V)로, $FeCl_3$ 촉매가 있는 경우 우라늄(VI)을 우라늄(IV)로 환원시킨다. 하지만 수은은 독성이 강하여 현재 수은을 함유하는 시약은 실험실에서 거의 사용되고 있지 않다. 따라서 $SnCl_2$를 환원제로 사용하는 적정법 역시 제한적으로 사용되고 있다.

금속 환원기(**metallic reductor**)는 시료를 준비하는 데 널리 사용된다. 이것들은 대개 관 속에 담겨 있는 알갱이의 형태로 사용되는데, 시료 용액이 이 관을 통과한다. 묽은 산을 천천히 관에 흘려주면 관에서 시료가 빠져나온다. 산화된 금속 이온 생성물은 적정에 방해가 되지 않고, 금속은 녹지 않기 때문에 과량의 환원제는 존재하지 않는다. 예를 들어 납은 주석 (IV)를 환원시키는 데 사용된다.

$$\underline{Pb} + Sn^{4+} \rightarrow Pb^{2+} + Sn^{2+} \tag{14.18}$$

관을 빠져나온 용액에는 Pb^{2+}와 Sn^{2+}가 들어 있지만 Pb는 들어 있지 않다. 표 14.4에는 흔히 사용되는 금속 환원기와 이들이 환원시키는 몇몇 원소들이 나열되어 있다. 환원은 산성 용액에서 수행된다. 아연의 경우, 금속 아연은 수은과 아말감을 형성함으로써 산과 반응하여 수소가 발생하는 것을 방지한다.

표 14.4 금속 환원기

환원기	환원되는 화학종
Zn (Hg) (Jones 환원기)	Fe(III) → Fe(II), Cr(VI) → Cr(II), Cr(III) → Cr(II), Ti(IV) → Ti(III), V(V) → V(II), Mo(VI) → Mo(III), Ce(IV) → Ce(III), Cu(II) → Cu
Ag (1 *M* HCl) (Walden 환원기)	Fe(III) → Fe(II), U(VI) → U(IV), Mo(VI) → Mo(V) (2 *M* HCl), Mo(VI) → Mo(III) (4 *M* HCl), V(V) → V(IV), Cu(II) → Cu(I)
Al	Ti(IV) → Ti(III)
Pb	Sn(IV) → Sn(II), U(VI) → U(IV)
Cd	ClO_3^- → Cl^-

$$Zn + 2H^+ \rightarrow Zn^{2+} + H_2 \tag{14.19}$$

때때로, 환원된 시료는 공기에 의해 빠르게 산화되므로 산성 용액에 탄산 수소 소듐을 가해서 CO_2 분위기에서 적정해야 한다. 주석(II)과 타이타늄(III) 용액의 공기는 반드시 제거해야 한다. 가끔 공기에 의해 빠르게 산화된 원소들이 관에서 빠져나와 관의 끝이 담겨 있는 철(III) 용액으로 들어간다. 철(III)은 시료에 의해 환원되어 같은 당량의 철(II)를 생성하고, 이것은 과망가니즈산 또는 다이크로뮴산으로 적정할 수 있다. 철에 의해 몰리브데넘(VI)으로 산화되는 몰리브데넘(III)과 구리(I)은 이와 같은 방법으로 정량한다.

적정 전 시료의 산화

대부분의 원소를 산화시키기 위해서는 매우 센 산화제가 필요하다. 뜨거운 무수 **과염소산**(**perchloric acid**)은 센 산화제이다. 이것은 크로뮴(III)을 다이크로뮴산 이온으로 산화시키는 데 사용될 수 있다. 환원을 방지하기 위해 혼합물은 매우 빨리 희석하고 식혀야 한다. 묽은 과염소산은 센 산화제가 아니므로 용액은 산화가 이루어진 후에 희석해야 한다. 염소는 과염소산 환원 반응의 생성물이고, 희석된 용액을 끓여서 제거해야 한다. 과염소산의 사용 시 주의해야 할 사항은 2장을 참고하라.

쉽게 제거할 수 있는 산화제는 환원제로 적정하기 전에 시료를 산화시키는 데 사용된다.

과황산 포타슘(**potassium persulfate**, $K_2S_2O_8$)은 강력한 산화제로, 크로뮴(III)을 다이크로뮴산으로, 바나듐(IV)를 바나듐(V)로, 세륨(III)을 세륨(IV)로, 망가니즈(II)를 과망가니즈산으로 산화시키는 데 사용할 수 있다. 산화는 뜨거운 산성 용액에서 수행되고, 소량의 은(I) 촉매를 가해야 한다. 과량의 과황산은 끓이면 파괴된다. 끓이는 과정은 언제나 소량의 과망가니즈산을 환원시킬 것이다.

브로민(**bromine**)은 탈륨(I)을 탈륨(III)으로, 아이오딘화 이온을 아이오딘산으로 산화시키는 등 몇몇 원소들을 산화하는 데 사용될 수 있다. 과량의 브로민은 페놀을 가해 브로민화시켜서 제거한다. **염소**(**chlorine**)는 더욱 센 산화제이다. **과망가니즈산 이온**(**permanganate**)은 V(IV)를 V(V)로, Cr(III)을 Cr(VI)으로 산화시킨다. 후자의 반응은 염기성 용액에서만 빠르게 일어난다. 하지만 뜨거운 산 용액에서 미량의 크로뮴(III)를 산화시키는 데에 사용된다. 과량의 과망가니즈산은 하이드라진을 가해서 제거하고, 과량의 하이드라진은 끓이면 제거된다. **과산화 수소**(**hydrogen peroxide**)는 약한 염기성 용액에서 철(II)을 철(III)로, 코발트(II)를 코발트(III)으로, 센 염기성 용액에서 크로뮴(II)을 크로뮴(VI)으로 산화시킨다. 마지막 산화 반응은 과립형의 수산화 소듐을 직접 첨가함으로써 완성할 수 있다. 이때 여분의 H_2O_2는 많은 촉매에 의해 제거될 수 있다.

대부분의 산화−환원 정량에서 다양한 형태의 시료에 있는 여러 원소들을 준비하는 데 필요한 구체적인 과정이 알려져 있다. 이 장에 설명되어 있는 논의를 통해 이러한 과정들이 필요한 이유를 반드시 알고 있어야 한다.

임상 실험실에서 흔히 적용하고 있는 유일한 산화−환원 적정은 생물학적인 유체에 들어 있는 칼슘의 분석이다. 옥살산 칼슘은 침전시키고 거른 다음, 침전물을 산에 녹이고, 칼슘의 양에 해당하는 옥살산은 표준 과망가니즈산 포타슘 용액으로 적정한다. 이 방법은 현재 EDTA를 이용한 착물 적정법(9장)이나 원자 흡수 분광 광도법(17장)과 같이 더욱 편리한 방법들로 대체되고 있다.

14.9 전위차법 적정 (간접 전위차법)

부피법 적정은 일반적으로 시각적인 지시약을 사용하여 가장 편리하게 수행된다. 시각적인 지시약이 없는 경우에는 전위차법을 이용한 종말점 검출이 이용될 수 있다. 전위차법 적정은 가장 정확한 방법이라고 알려진 것들 중의 하나인데, 그 까닭은 전위는 활동도의 실제적인 변

전위차법 적정은 시각적인 지시약을 이용하는 것보다 더 민감하고 정확하다.

화를 반영하고, 따라서 종말점은 종종 당량점과 직접 일치하기 때문이다. 그리고 부피법 적정에서 언급한 바와 같이, 시각적인 지시약보다 종말점에서 더욱 민감하게 측정할 수 있다. 따라서 묽은 용액의 경우 전위차법이 보통 사용된다.

전위차법 적정은 간단하다. 이 방법은 기준 전극에 대한 지시 전극의 전위를 측정하고, 적정 시약의 부피에 대해 전위차의 변화를 도시한다. 전위차법 적정에 사용되는 기기 장치는 그림 13.5를 참고하라. 매우 큰 전위차의 변화가 당량점에서 일어난다. 여기에서 주된 관심사는 전위의 **변화**이기 때문에 지시 전극의 **정확한** 전위를 알 필요는 없다. 예를 들어 pH 적정의 경우 전위의 값이 증가 또는 감소하더라도 전위의 축에서 위나 아래로 이동할 수 있어서 적정 곡선의 **모습**은 마찬가지로 나타나므로 유리 전극을 표준 완충 용액으로 교정할 필요는 없다. 그러나 정확한 값을 알아두면 종말점을 예측하거나 어떤 비정상적인 문제점을 검출할 수 있다.

여기에서 "절대" 전위는 관심이 없으므로 액간 접촉 전위는 더 이상 중요하지 않다. 이 값은 적정을 하는 동안 어느 정도 일정하게 유지되고, 약간의 변화는 종말점에서의 전위 변화에 비하면 무시할 수 있다. 또한 전위를 매우 세밀하게 측정할 필요는 없으므로 일반적인 pH 미터를 대부분의 적정에 사용할 수 있다.

pH 전극을 이용한 pH 적정

pH 측정용 유리 전극은 산－염기 적정을 측정하는 데 사용된다.

산－염기 적정의 경우 용액의 pH는 당량점에서 급격히 변한다는 것을 8장에서 살펴보았다. 이러한 pH 변화는 시각적 지시약 대신에 pH 측정용 유리 전극을 이용하여 쉽게 관찰할 수 있다. 측정한 pH를 적정 시약의 부피에 대해 도시하면 8장에 나타낸 것과 비슷한 적정 곡선을 얻을 수 있다. 종말점은 당량점에서 나타나는 급격한 pH 변화의 **변곡점(inflection point)**으로 정한다. 이 지점은 곡선에서 가장 경사가 급한 부분이다.

은 전극을 이용한 침전 적정

은 전극은 은 이온을 이용한 적정에 사용된다.

침전 적정에서 지시 전극은 pM이나 pA의 변화를 측정하는 데 사용되는데, 여기에서 M은 침전물의 양이온이고, A는 음이온이다. 예를 들어 은 이온으로 염화 이온을 적정하는 경우, 식 13.3이나 13.10이 적용된다. 전자의 경우 $\log(1/a_{Ag^+})$ 항은 pAg와 같고, 후자의 경우 $\log a_{Cl^-}$ 항은 $-$pCl과 같다. 따라서 은 전극의 전위는 pAg나 pCl에 정비례하여 변하고, a_{Ag^+}나 a_{Cl^-}이 10배 변할 때마다 전위는 2.30 RT/F V(약 59 mV)씩 변한다. 전위 대 적정 시약의 부피를 도시하면 그림 11.1에 나타낸 것과 같은 모습의 곡선을 얻게 된다($a_{Ag^+}\, a_{Cl^-}$ = 상수이므로, a_{Cl^-}는 $1/a_{Ag^+}$에 비례하고 pCl은 $-$pAg에 비례한다. 따라서 pCl이나 pAg를 측정하거나 도시하여도 같은 모습의 곡선을 얻게 된다는 것에 유의하라).

백금 전극을 이용한 산화－환원 적정

비활성 전극(백금과 같은)은 산화－환원 적정에 사용된다.

일반적으로 산화－환원 적정은 적절한 지시 전극을 찾는 데 별 어려움이 없기 때문에 널리 이용된다. 백금과 같은 비활성 금속은 보통 만족할 만한 전극이다. 산화형과 환원형 모두 가용성이고, 그 비율은 적정을 하는 동안 변화한다.

Ce^{4+}로 Fe^{2+}를 적정한 그림 14.1의 적정 곡선에 대해 계산한 전위와 같이, 지시 전극의 전위는 $\log\,(a_{환원형}/a_{산화형})$에 정비례한다. 이미 지적한 바와 같이, 전위는 두 반쪽 반응 중 하나에 의해 결정된다. 일반적으로, 적정에서 pH는 거의 일정하게 유지되어서 Nernst 식에서 H^+ 항은 log 항에서 제외할 것이다.

전위차법 적정 곡선은 적절한 산화－환원 지시약($E_{당량점}$에 가까운 E^0를 갖는 지시약)을 선택하는 데 이용된다.

그림 14.1과 같은 전위차 곡선은 어떤 적정, 특히 새로운 적정에 적합한 시각적인 지시약을 평가하거나 선택하는 데 유용하다. 전이 전위에 대한 지식을 이용하면 이 전위 내에서 색이 변하는 지시약을 선택하는 것이 가능하다. 또는 시각적인 지시약을 사용하여 적정하는 동안 실제로 전위를 측정하고, 전위차법 곡선에서 변색 범위가 당량점과 일치하는지도 알 수 있다.

적정에서의 이온 선택성 전극 — pM 측정하기

식 13.44의 log $a_{이온}$ 항은 $-$pIon과 같으므로, 적정에서 pM을 관찰하기 위해 이온 선택성 전극(ISE)이 이용될 수 있다. 예를 들어 은 이온에 감응하는 양이온 선택성 유리 전극은 질산 은을 이용하는 적정에서 pAg의 변화를 측정하는 데 이용될 수 있다. 칼슘 선택성 전극은 EDTA를 이용한 칼슘의 적정에 이용될 수 있다. EDTA는 대개 다이소듐 염의 형태로 존재하므로, 이 전극은 Na^+ 이온에 감응하면 안 된다. 만일 전극이 용액에 있는 두 번째 이온에 감응하고 그 이온의 활동도가 적정을 하는 동안 거의 일정하게 유지되면, 식 13.46을 적용할 수 있고, 적정 곡선은 변형된다. 그 이유는 전극의 전위가 log $a_{이온}$이 아니라 log($a_{이온}$ + 상수)에 의해 결정되기 때문이다. 두 번째 이온에 의한 기여가 매우 크지 않다면, 적정 곡선의 변형은 그다지 크지 않고 종말점에서의 급격한 변화도 여전히 일어난다. 음이온이 관련된 적정은 음이온 선택성 전극을 이용하여 관찰할 수 있다. 예를 들어 플루오린화 이온은 란타넘(III) 이온으로 침전시킬 수 있고, 플루오린화 전극은 적정의 종말점을 찾아내는 데 사용될 수 있다.

전위의 측정과 관련된 불확정성 때문에, 전위차법 적정은 항상 직접 전위차법보다 더 정확하다. 직접 전위차법에서는 2~3%보다 더 좋은 정확도를 갖기가 거의 불가능하지만, 전위차법 적정에서는 보통 정확도가 0.2~0.3%이다. 전위차법 적정에 대해 일반적으로 다음과 같이 설명할 수 있다.

전위차법 적정은 액간 접촉 전위가 중요하지 않기 때문에, ISE를 이용한 직접 전위차법보다 정확하다.

1. 묽은 용액과 종말점 부근에서는 전위의 측정이 느린데, 그 이유는 용액의 균형이 불안정하기 때문이다.
2. 종말점 부근에서만 전위를 도시하는 것이 필요하다. 예를 들어 종말점 부근에서는 0.1 또는 0.05 mL와 같이 소량의 적정 시약이 가해진다. 종말점에 해당하는 정확한 양을 가할 필요는 없지만, 종말점은 전위 대 부피의 곡선을 연장하여 얻는다.
3. 기준 전극에 대한 지시 전극의 극성은 적정 동안에 변할 수도 있다. 즉 전위차는 어떤 극성에서 0을 거쳐 반대 극성으로 변할 수 있다. 대다수의 전위차계/pH 측정기는 극성을 측정할 수 있지만, 그렇지 않은 경우에는 전위 측정 장치의 극성이 변화될 수도 있어야 한다.

미분 적정

적정 곡선의 1차 또는 2차 미분을 도시하면 종말점을 더욱 정확하게 찾을 수 있다. 종말점을 결정하기 위한 미분 사용은 8장과 8장 **웹 사이트** 부록에서 상세하게 다루었다(8.11 미분 적정 방법 참조). ΔpH/ΔV와 Δ^2pH/ΔV^2 대신에 $\Delta E/\Delta V$와 $\Delta^2 E/\Delta V^2$을 도시화하면 된다.

종말점 부근에서 부피에 따른 신호 변화 데이터를 프로그램에 입력하고 미분 적정을 통해 종말점을 찾는 다른 방법들은 14장 본문 웹 사이트를 참고하라. 사용법은 간단하나 좀 더 정확하게 도시화하기 위해서 8.11 미분 적정 프로그램을 사용하는 것이 좋다. 2차 미분 곡선에 대한 논의는 Carter와 Huff의 논문인 참고 문헌 4를 참조하라.

위의 방법에서, 적가액의 부피가 너무 커서는 안 된다. 그렇지 않으면 종말점 근처에서 측정값이 충분하지 않게 된다. 적가액의 부피가 충분히 작으면 2차 미분 곡선을 외삽하는 것이 전혀 불필요할 수도 있다. 왜냐하면 0을 지나는 직선 위에 두 개 이상의 점들이 있기 때문이다. 반면에 적가액의 부피는 측정이 너무 지루하거나 부피 측정의 실험 오차에 해당할 만큼 작아서는 안 된다. 물론 이렇게 작은 부피의 적가액은 종말점 근처에서만 이용된다. 어떤 적정의 경우, 전위의 급변이 충분히 커서 같은 부피의 시약을 가하고 전위의 변화량을 기록하여 변화가 가장 큰 지점을 종말점으로 간주할 수도 있다. 또한 종말점 전위까지만 적정하는 것이 편리할 때도 있는데, 이 경우 종말점은 측정한 적정 곡선으로부터 계산이나 경험에 의해 얻어진다.

도함수를 취할 때마다 잡음도 증폭된다.

미분 방법을 사용하는 데 있어서 주의할 점이 있다. 미분은 잡음이나 분산된 측정값을 더욱 증폭시키려는 경향이 있고, 이것은 2차 미분의 경우 더욱 심하다. 따라서 어떤 적정이 잡음이나 전위가 흔들리는 위험에 노출되어 있는 경우에는 미분을 이용하지 않는 것이 더 바람직하다.

종말점 검출을 위한 Gran 도시

Gunnar Gran(참고 문헌 5, 6)은 종말점에 도달하기 전에 종말점의 위치를 예측하는 독창적인 방법을 제안하였다. 적정 시약의 부피 대 전극의 전위(농도의 log 함수인)를 도시하는 것 대신, 적정의 각 지점에서 남아 있는 분석물의 농도를 도시하는 경우를 생각해 보자. 원리적으로 직선이 그려질 것이고(부피의 변화는 무시), 농도는 당량점에서 0으로 감소할 것이다(적정 반응의 평형이 오른쪽으로 치우쳐 있다고 가정할 경우). 이것은 20%가 적정되면 80%가 남게 되고, 50%가 적정되면 50%가 남고, 80%가 적정되면 20%가 남게 되기 때문이다(실제로는 종말점 부근에서 도시한다). 마찬가지로 당량점을 지나서 적정 시약의 농도에 대해 도시하면 농도가 증가하는 직선이 얻어지고, 이 직선은 종말점에서 0을 통과한다.

질산 은 용액을 이용하여 염화 이온을 적정하는 경우를 생각해 보자. 반응하지 않은 염화 이온에 비해 용해도가 큰 당량점 근처를 제외하고, 적정의 모든 순간에서 용액에 존재하는 염화 이온의 농도는 처음의 몰수에서 $AgNO_3$와 반응한 몰수를 빼주면 된다.

$$[\mathrm{Cl^-}] = \frac{C_{\mathrm{Cl}}V_{\mathrm{Cl}} - C_{\mathrm{Ag}}V_{\mathrm{Ag}}}{V_{\mathrm{T}}} \tag{14.20}$$

여기서 C_{Cl}과 V_{Cl}은 각각 염화 이온의 몰농도와 부피를 나타내고, C_{Ag}와 V_{Ag}는 각각 은 시약의 몰농도와 부피 및 적가된 부피를 나타내며, V_{T}는 각 적정점에서 총부피($V_{\mathrm{Cl}} + V_{\mathrm{Ag}}$)를 나타낸다.

염화 이온 선택성 전극의 전위(활동도 계수는 무시)는 다음과 같다.

$$E_{\text{전지}} = k - S\log[\mathrm{Cl^-}] \tag{14.21}$$

또는

$$\log[\mathrm{Cl^-}] = \frac{k - E_{\text{전지}}}{S} \tag{14.22}$$

여기서 S는 Nernst 식의 실험적 전위차 기울기(이론적인 값은 0.059)이고, k는 실험적 전위차 전지 상수(이론적으로 지시 전극과 기준 전극의 E^0값 차이)이다. 식 14.20을 식 14.22에 대입하면,

$$\log\left(\frac{C_{\mathrm{Cl}}V_{\mathrm{Cl}} - C_{\mathrm{Ag}}V_{\mathrm{Ag}}}{V_{\mathrm{T}}}\right) = \frac{k - E_{\text{전지}}}{S} \tag{14.23}$$

$$V_{\mathrm{T}}\ \text{antilog}\left(\frac{k - E_{\text{전지}}}{S}\right) = C_{\mathrm{Cl}}V_{\mathrm{Cl}} - C_{\mathrm{Ag}}V_{\mathrm{Ag}} \tag{14.24}$$

Gran 도시는 로그 도시를 직선 도시로 바꾸어 준다.

V_{Ag}(독립 변수) 대 위 식의 좌변을 도시하면 직선이 얻어진다(위의 계산에서는 부피의 변화에 대한 농도 보정이 고려되어야 한다). 이것을 **Gran 도시(Gran plot)**라고 한다(참고 문헌 5~7 참조). 당량점은 mmol Cl = mmol Ag인 지점이다. 즉 왼쪽 항(y축)이 0일 때이다. 이 도시는 그림 14.2에 나타나 있다. 염화 은의 한정된 용해도로 인해 종말점 부근에서 곡선이 나타난다. 즉 antilog 항이 0으로 되지 않고(전위가 무한대로 가야 한다), 종말점 직전의 몇 개의 값을 이용하여 외삽한다.

y축의 값이 0이 되는 지점을 찾기 위해 식 14.24를 Gran 도시에 적용하기 위해서는 Nernst 식의 k값을 알고 있어야 한다. 이 값(그리고 기울기는)은 표준 용액을 이용하여 구할 수 있다.

Gran 도시는 여러 가지 방법으로 사용될 수 있다. 전위 대 분석물 농도의 교정 곡선을 그린

다음, 측정한 전위를 직접 분석물의 농도로 환산하는 데 사용할 수 있다. 그러면 종말점은 *y*축에서 농도가 0인 지점이다. 전위의 antilog 값이나 pH 값을 적정 시약의 부피에 대해 계산하거나 도시할 수 있다($E \propto \log C$, antilog $E \propto C$). 그러면 절편은 분석물의 농도가 0일 때의 전위에 해당한다. 신호 변환을 위해 전기적 antilog 증폭기를 이용할 수도 있다.

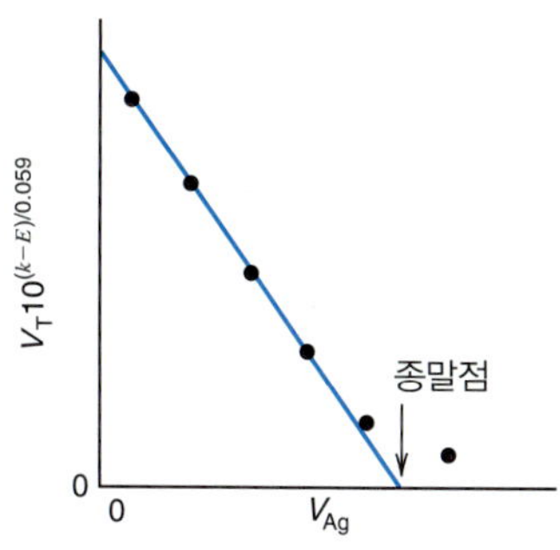

그림 14.2 식 14.24에 주어진 Gran 도시

Gran 도시는 종말점 이후 적정 시약에 대해서도 얻어질 수 있다(antilog 항은 종말점 0부터 시작하여 직선적으로 증가한다). 이 경우 절편의 전위는 바탕 적정과 *y*축의 직선 영역을 0 mL까지 외삽함으로써 얻어진다.

농도에 정비례하는 antilog 값은 부피 변화에 대하여 보정해야 한다. 보정된 값은 측정한 값에 $(V_T)/V^0$를 곱해서 얻어지는데, 여기에서 V^0는 초기 부피이고, V_T는 각 적정점에서 총부피이다. pH 측정용 전극을 이용한 약산–강염기 적정과 강산–약염기 적정에서의 Gran 도시는 이 책의 **웹 사이트**에 설명되어 있다.

직선으로 나타난다는 장점 외에, Gran 도시는 종말점 부근에서의 측정이 필요하지 않다는 장점이 있다. 종말점 부근에서는 감지되는 이온의 양이 적기 때문에 전위가 편차를 나타내는 경향이 있고, 적정 시약을 매우 소량씩 가해야 한다. 종말점에서 상당히 떨어진 곳에 있는 직선 위의 몇 개의 점만이 필요하다.

Gran 도시를 이용하면, 종말점까지 적정할 필요가 없다.

소량의 Cl^- 이온을 Ag^+ 이온으로 적정할 때 얻어지는 전형적인 Gran 도시를 그림 14.3에 나타내었다. 과량의 적정 시약은 Ag/Ag_2S 전극으로 관측한다. 적정 시약의 농도에 비례하는 직선이(오른쪽) 일반적인 S자 모양의 전위차 곡선(왼쪽)과 함께 나타나 있다. 전위차법 곡선에 나타나는 작은 변곡점은 작은 농도를 사용하였기 때문에 발생한 것이다. 반대로 직선의 Gran 도시를 *x*축까지 연장해서 종말점을 얻는다(바탕 적정에서 얻은 직선을 0 mL까지 연장하여 *x* 축의 값을 정확하게 구한다). 종말점 근처에서 직선이 휘어지는 것은 일반적으로 침전물의 용해도나 착물의 해리 등이 어느 정도 존재함을 의미한다.

직선의 도시로부터 몇 가지 장점들이 얻어진다. 직선을 얻기 위해서는 몇 개의 점만 필요하고, 종말점은 직선을 수평축까지 연장하면 쉽게 구해진다. 당량점에서 어느 정도 떨어진 지점의 점들은 정확하게 측정되어야 한다. 이 지점에서는 적정 반응이 생성물이 해리하는 것을 방지하기에 충분한 양의 적정 시약이 존재하고, 이온들 중 한 이온의 농도가 당량점에서의 농도에 비해 비교적 높기 때문에 전극의 반응이 빠르다. 변곡점이 작은 경우(그림 14.3), 종말점은 Gran 도시에서 더욱 쉽게 얻어진다.

Gran형 도시는 또한 1차 미분 곡선의 역수, 즉 $\Delta E/\Delta V$ 대 *V*를 도시하여 얻을 수도 있다. 미분 적정에서 $\Delta E/\Delta V$ 값은 당량점에서 부한대로 가므로 그 역수는 두 직선이 교차하고 *V*자 모

1차 미분 적정은 Gran 도시를 얻는 데 사용될 수 있다.

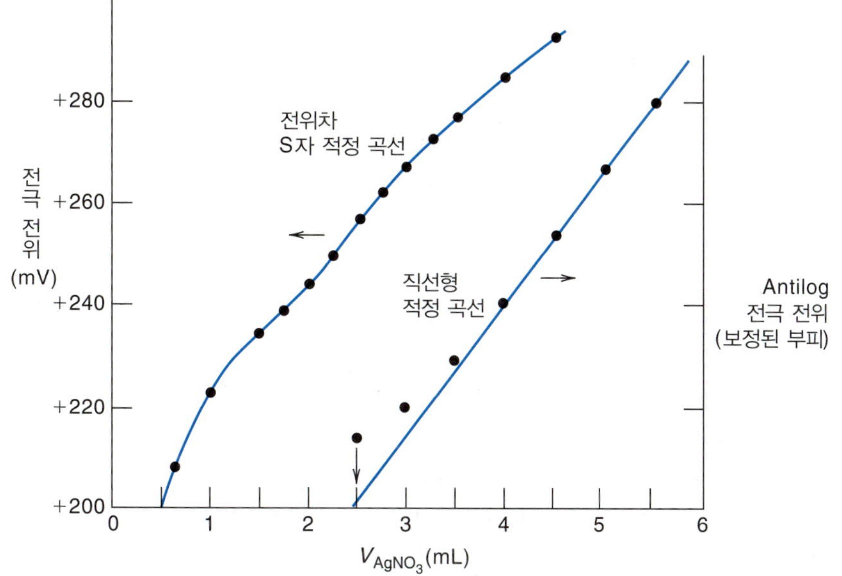

그림 14.3 Ag_2S 전극을 사용하여 $5 \times 10^{-5} M$ Cl^- 100 mL를 $2 \times 10^{-3} M$ $AgNO_3$로 적정할 때의 Gran 도시(Orion Reserach사 제공)

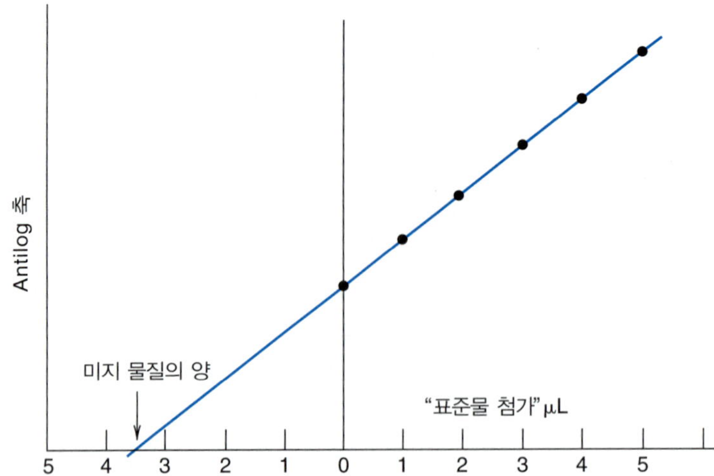

그림 14.4 전위차법 센서에 대한 표준물 첨가법 안티로그 도시

양 또는 역 V자 모양의 그림이 얻어지는 부분에서 0으로 간다. 이 경우, 1차 미분 도시에서와 같이 두 측정값의 평균 부피를 도시한다. 직선을 얻기 위해 $\Delta E/\Delta V$ 값은 부피 변화에 대해 보정해 주어야 한다($\Delta E/\Delta V$는 부피 변화에 직선적으로 의존한다). 8.11절, 그림 8.13과 8.14를 참고하라.

표준물 첨가법을 이용한 교정은 시료의 매트릭스 효과를 교정해 준다. 표준물은 시료에 첨가한다.

Gran 형 도시는 **표준물 첨가(standard addition)** 나 **기지물 첨가(known addition)** 과정에서 편리하게 사용된다. 표준물 첨가법은 시료의 매트릭스가 분석 신호에 영향을 미칠 때에 사용하는 유용한 교정 방법이다. 이러한 방법들에 있어서 시료에 대한 신호를 기록한 다음, 알고 있는 양의 표준 물질을 시료에 첨가하고 신호의 변화를 측정한다. 후자의 측정은 미지 분석물과 같은 매트릭스에서의 교정 곡선을 제공하고, 매트릭스는 미지 시료와 표준 물질에 같은 정도의 영향을 나타낸다. 이 경우 교정되는 것은 전극의 감응이다. 대부분의 분석 방법은 분석물질에 직선적으로 감응하지만, 전위차법에서는 상용로그의 형태로 감응한다. Gran형 도시를 이용하면 직선 그래프를 얻을 수 있고 계산이 간단해진다. 먼저 시료의 전위를 측정한 후 알고 있는 양의 표준물을 시료에 가한다. Antilog 값을 가해준 표준물 양의 함수로 도시하면, 그 점들을 지나는 최적의 직선이 그려진다(즉 최소 제곱법). 수평축까지 연장하면 ("바탕 용액"을 이용하여 농도가 0인 지점까지 연장하여 얻어지는) 시료에 들어 있는 분석물의 양을 얻을 수 있다(그림 14.4).

표준물 첨가법을 이용하는 경우, 부피의 변화를 최소화하여 부피 보정이 필요 없도록 하기 위해서 소량의 진한 표준 용액을 시료에 가하는 것이 가장 편리하다. 예를 들어 100 μL의 1000 ppm 표준 용액을 10 mL의 시료에 가하면 농도가 10 ppm 증가된다. 부피의 변화는 단지 1%이어서 무시될 수 있다. 농도의 증가량은 미지 시료의 농도와 근접한 값이어야 한다.

소량을 첨가함으로써 얻을 수 있는 또 하나의 장점은 매트릭스가 너무 묽혀지는 것을 방지할 수 있으며 매트릭스 효과를 일정하게 유지할 수 있다는 것이다.

예제 14.8은 표준물 첨가법의 예를 보여 준다.

표준물 첨가법은 분석 시료가 직선적으로 또는 상용로그로 감응하든지 간에 시료 감응에 대한 매트릭스 의존도를 보정할 수 있는 매우 효과적인 방법이다.

예제 14.8

혈청 속에 들어 있는 칼슘 이온의 농도를 이온 선택성 전극을 이용하여 표준물 첨가법에 의해 측정하고자 한다. 전극으로 측정한 시료의 전위는 +217.6 mV이다. 2000 ppm 표준 용액 100 μL를 2.00 mL의 시료에 가한 다음 측정한 전위는 +226.8 mV이다. Nernst 식을 따르는

다고 가정하고(10배의 활동도 변화당 59.2/2 mV), 시료에 들어 있는 칼슘 이온의 농도를 계산하시오.

풀이

시료와 표준물은 같은 매트릭스와 이온 세기를 가지므로, 전극은 농도에 대해 Nernst 식을 따른다(13.8절 참조). 따라서 다음과 같이 쓸 수 있다.

$$E = k + 29.6\ \log[\mathrm{Ca^{2+}}]$$

표준 용액(0.100 mL)은 시료(2.00 mL)에 의해 약 1 : 20으로 묽혀져서 100 ppm의 농도가 증가되었고, 보다 정확하게는 5%의 부피 변화를 보정하면

$$C = 2000\ \text{ppm} \times \frac{0.100\ \text{mL}}{2.10\ \text{mL}} = 95.2\ \text{ppm}$$

x를 미지 시료의 ppm 농도라고 하면

$$217.6\ \text{mV} = k + 29.6\ \log x \qquad (1)$$

$$226.8\ \text{mV} = k + 29.6\ \log(x + 95.2) \qquad (2)$$

(1)에서 (2)를 빼면

$$-9.2\ \text{mV} = 29.6\ \log x - 29.6\ \log(x + 95.2)$$

$$-9.2\ \text{mV} = 29.6\ \log \frac{x}{x + 95.2}$$

$$\log \frac{x}{x + 95.2} = -0.31_1$$

$$\frac{x}{x + 95.2} = 0.467$$

$$x = 83.5\ \text{ppm}$$

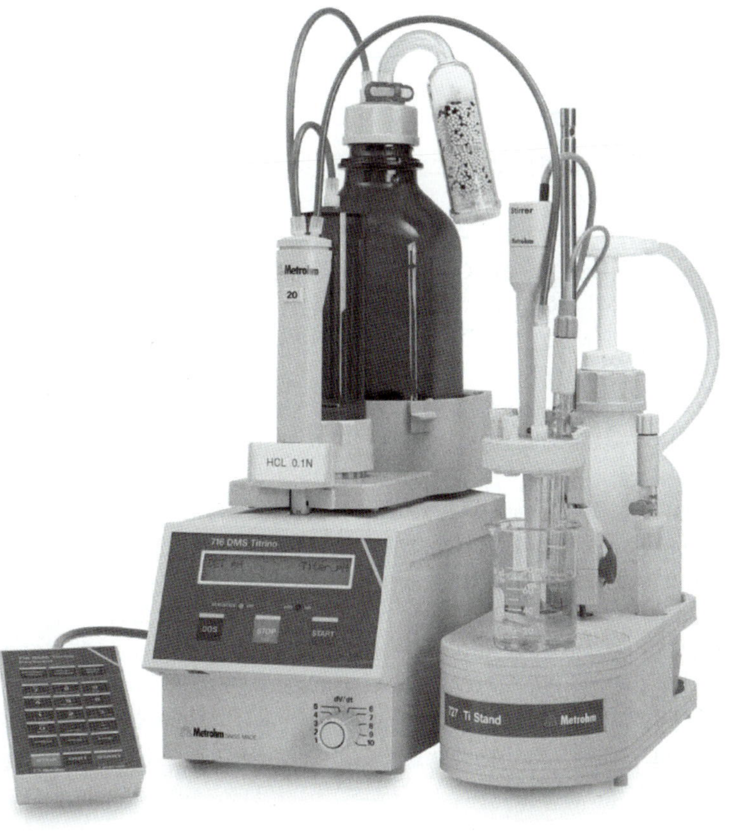

그림 14.5 전위차법을 이용하는 자동 적정기(Brinkmann Instrument 사 제공)

전극의 실제 기울기가 알려져 있지 않다면, 표준 용액을 여러 번 더해서 실제 기울기를 구하여야 한다. ■

자동 적정기

전위차법 종말점 검출을 이용하는 자동 적정기가 많이 나와 있다. 이 기기들은 자동으로 1차 또는 2차 미분 적정 곡선을 기록하여 종말점의 부피를 읽어낸다. 시료를 적정 용기에 담고, 저장 용기에서 흘러나온 적정 시약은 주사기로 작동하는 뷰렛에 채운다. 전기적 드라이버로 주사기 위치를 변화시켜 변화된 부피를 디지털 방식으로 측정한다. 특히 pH 측정기 또는 전위차 측정용 센서를 이용하여 얻은 미분 값은 종종 뷰렛 전달 속도를 조절하는 데 사용된다. 예를 들어 pH 변화 속도가 증가할 경우, 종말점을 정확하게 검출하기 위해 전달 속도를 늦춘다. 지시약의 색 변화를 광학적인 검출 방법으로 사용하는 적정기도 있다. 그림 14.5는 자동 적정기의 모습을 보여 주고 있다. 자동 적정기를 이용하면 부피 분석을 빠르고 재현성 있고 편리하게 수행할 수 있다. 기기를 이용한 분석법들이 다양한 장점을 가지고 있지만, 고전적인 부피 분석법도 제약, 화학 및 석유화학 산업과 같이 중요한 영역에서 여전히 널리 유용하게 사용되고 있다.

질문

1. 산화–환원 적정에서 시각적으로 종말점을 검출할 수 있는 방법에 대하여 설명하시오.
2. 직접아이오딘 적정법과 간접아이오딘 적정법을 구별하시오.
3. 직접아이오딘 적정법은 중성 용액에서 수행하고, 간접아이오딘 적정법은 산성 용액에서 수행하는 이유는 무엇인가?
4. 과망가니즈산 적정에서 종말점은 당량점과 일치하는가? 불일치하는 것을 어떻게 보정할 수 있는지 방법을 제안하고 설명하시오.
5. 철(II)을 과망가니즈산으로 적정할 때, Zimmermann–Reinhardt 시약의 작용을 설명하시오.

문제

산화 – 환원 반응의 균형 맞추기

6. 다음 수용액에서의 반응의 균형을 맞추시오.
   (a) $IO_3^- + I^- \rightarrow I_2$ (산 용액)
   (b) $Se_2Cl_2 \rightarrow H_2SeO_3 + Se + HCl$
   (c) $H_3PO_3 + HgCl_2 \rightarrow \underline{Hg_2Cl_2} + H_3PO_4 + HCl$
7. 다음 수용액에서의 반응의 균형을 맞추시오.
   (a) $MnO_4^{2-} \rightarrow MnO_2 + MnO_4^-$ (알칼리 용액)
   (b) $MnO_4^- + H_2S \rightarrow Mn^{2+} + S$
   (c) $SbH_3 + Cl_2O \rightarrow H_4Sb_2O_7 + HCl$
   (d) $FeS + NO_3^- \rightarrow Fe^{3+} + NO_2 + S$ (산 용액)
   (e) $Al + NO_3^- \rightarrow AlO_2^- + NH_3$
   (f) $FeAsS + ClO_2 \rightarrow Fe^{3+} + AsO_4^{3-} + SO_4^{2-} + Cl^-$ (산 용액)
   (g) $K_2NaCo(NO_2)_6 + MnO_4^- \rightarrow K^+ + Na^+ + Co^{3+} + NO_3^- + Mn^{2+}$ (산 용액)
8. 같은 부피의 0.10 M $TlNO_3$와 0.20 M $Co(NO_3)_3$를 혼합하였다. 이 용액의 전위 대 노말 수소 전극(NHE)은 얼마인가?
9. 1.00 M $HClO_4$에서 0.100 M Fe^{2+} 50.0 mL를 0.0167 M $Cr_2O_7^{2-}$로 적정할 때, 적정 용액 10, 25, 50, 60 mL를 각각 가하였을 경우 용액의 전위(vs. NHE)를 계산하시오.
10. 0.500 M 황산 용액에서 0.100 M Fe^{2+} 100 mL를 0.0200 M $KMnO_4$로 적정할 때 적정액 10.0, 50.0, 100, 200 mL를 각각 가하였을 경우 용액의 전위(vs. NHE)를 계산하시오(단, H_2SO_4는 완전 이온화되었다고 가정하시오).

당량점 전위

11. Fe^{3+}를 Sn^{2+}로 적정하였을 때 당량점에서의 전위는 얼마인가?

12. 식 14.2는 같은 n 값을 갖는 두 반쪽 반응에서 유도된 것이다. 다음 반응(문제 11에서 사용한)에 대해서도 n 값을 이용하여 이와 같은 식을 유도하시오.

$$2Fe^{3+} + Sn^{2+} \rightleftharpoons 2Fe^{2+} + Sn^{4+}$$

13. 수소 이온 항이 들어 있음을 유념하고, 다음 반응식에 대해 식 14.2와 같은 식을 유도하시오.

$$5Fe^{2+} + MnO_4^- + 8H^+ \rightleftharpoons 5Fe^{3+} + Mn^{2+} + 4H_2O$$

유도된 식을 이용하여 예제 14.4의 적정에 대한 종말점 전위를 구하고, 평형 농도를 계산하여 예제에서 얻은 값과 비교하시오.

14. 다음 전지에서 반응 전의 전위를 계산하고, 반응 후의 각 반쪽 전지의 전위를 계산하시오. 각 반응의 평형 상수도 계산하시오.

(a) $Zn|Zn^{2+}$ (0.250 M) || Cd^{2+} (0.0100 M) | Cd

(b) $Pb|Pb^{2+}$ (0.0100 M) || I_3^- (0.100 M), I^- (1.00 M) | Pt

정량 계산

15. 10.0 g의 흙 시료 안에 있는 셀레늄을 테트라브로민화 이온으로 증류한 후 수용액에 포집하면 SeO_3^{2-}로 가수 분해된다. SeO_3^{2-}를 간접아이오딘 적정법으로 정량하였더니 싸이오황산 표준 용액 4.5 mL가 소비되었다. 싸이오황산의 적정값이 0.049 mg $K_2Cr_2O_7$/mL에 해당한다면, 흙 속의 셀레늄의 농도는 ppm 단위로 얼마인가?

16. 5.00 mL의 혈청 시료 안에 있는 칼슘을 옥살산 암모늄을 사용하여 CaC_2O_4로 침전시켰다. 여과한 침전은 산에 녹이고, 용액은 가열하여 옥살산을 0.00100 M $KMnO_4$로 적정하였더니 4.94 mL가 소비되었다. 혈청 안에 있는 Ca의 농도를 meq/L(전하를 바탕으로 한 당량)로 계산하시오.

17. As_2O_5, Na_2HAsO_3, 그리고 비활성 물질을 포함하는 2.50 g의 시료를 녹이고 용액의 pH는 과량의 $NaHCO_3$를 가하여 중성으로 조절하였다. As(III)을 0.150 M I_2로 적정하였더니 당량점까지 11.3 mL가 소비되었다. 그러고 나서 용액(모든 비소는 +5의 상태이다)을 HCl로 산성화하고, 과량의 KI를 가하였다. 이때 유리된 I_2를 0.120 M $Na_2S_2O_3$로 적정하였더니 41.2 mL가 소비되었다. 시료 안의 As_2O_5와 Na_2HAsO_3의 퍼센트를 구하시오.

18. $KMnO_4$ 용액 1.00 mL가 0.125 g의 Fe^{2+}와 반응하고, $KHC_2O_4 \cdot H_2C_2O_4$ 용액 1.00 mL가 $KMnO_4$ 0.175 mL와 반응한다면, 몇 mL의 0.200 M NaOH 용액이 사옥살산(tetroxalate) 용액 1.00 mL와 반응하겠는가? (사옥살산에 있는 모두 3개의 H^+는 적정이 가능하다.)

19. 펄프 공장의 폐수 중 황화 이온의 양은 교정 곡선을 작성하는 데 표준물 첨가법을 이용하여 황화 이온 선택성 전극으로 측정하였다. 10.0 mL의 시료를 25.0 mL의 물로 묽힌 후 측정한 전위는 −216.4 mV이었다. 같은 시료 10.0 mL에 0.030 M 황화 이온 표준 용액 1.00 mL를 가하여 25.0 mL로 묽혔더니 전위는 −224.0 mV이었다. 시료 중 황화 이온의 농도를 계산하시오.

Gran 도시

20. 약산 HA의 K_a 식으로부터 [HA]와 $[A^-]$를 적정 시약의 부피로 바꾸어 주면, HA를 센 염기 B로 적정할 때 당량점까지 다음 반응식이 적용됨을 보이시오.

$$V_B[H^+] = K_a(V_{당량점} - V_B) = V_B 10^{-pH}$$

여기에서 V_B는 가해준 염기의 부피이고, $V_{당량점}$은 당량점까지 첨가한 부피이다. V_B 대 $V_B 10^{-pH}$의 도시는 $-K_a$를 기울기로 하는 직선을 나타내고, 절편은 당량점에 해당된다.

추천 참고 문헌

산화–환원 반응식

1. C. A. Vanderhoff, "A Consistent Treatment of Oxidation–Reduction," *J. Chem. Ed.*, **25** (1948) 547.

2. R. G. Yolman, "Writing Oxidation–Reduction Equations," *J. Chem. Ed.*, **36** (1959) 215.

당량점 전위

3. A. J. Bard and S. H. Simpsonsen, "The General Equation for the Equivalence Point Potential in Oxidation−Reduction Titrations," *J. Chem. Educ.*, **37** (1960) 364.

미분 적정

4. K. N. Carter and R. B. Huff, "Second Derivative Curves and End-Point Determination," *J. Chem. Ed.*, **56** (1979) 26.

Gran 도시

5. G. Gran, "Determination of Equivalent Point in Potentiometric Titrations," *Acta Chem. Scand.*, **4** (1950) 559.
6. G. Gran, "Determination of the Equivalence Point in Potentiometric Titrations. Part II," *Analyst*, **77** (1952) 661.
7. C. C. Westcott, "Ion−Selective Measurements by Gran Plots With a Gran Ruler," *Anal. Chim. Acta*, **86** (1976) 269.
8. H. Li, "Improvement of Gran's Plot Method in Standard Addition and Subtraction Methods by a New Plot Method," *Anal. Lett.*, **24** (1991) 473.

15장
전압-전류법 및 전기 화학 센서

15장 URLs

학습 목표

이 장에서 배울 중요한 내용은 무엇인가?

- 전해 전지
- 전류-전압 곡선
- 지지 전해질
- 전류법 전극
- 화학적 변성 전극
- 초미소 전극

전기 분해법은 가장 정확하고 감도 높은 기기적인 방법을 포함하고 있다. 이 방법에서는 전해 전지에 전압을 걸어 주면 분석물이 전극에서 산화되거나 환원되며(12장), 전기 분해에 관련된 전기의 양(전기량 또는 전류)은 분석물의 양과 관련되어 있다. 전류-전압 기술인 전압-전류법에서 전기 분해되는 분석물의 양은 매우 적어서 사실상 무시될 수 있을 정도이며, 마이크로 몰농도 또는 더 작은 농도까지도 측정할 수 있다. 어느 분석물이 산화되거나 환원되는 전위는 물질마다 다르므로 전기 분해법에 의하여 적절한 전기 분해 전위가 선택될 수 있다. 또 방법상의 특수성 때문에 시료를 분리할 필요가 없는 경우가 종종 있으므로 아주 신속한 방법이라고 할 수 있다.

12장에서 언급하였듯이, 전기 화학적 방법은 일반적으로 분광학적 방법이나 크로마토그래피법만큼 광범위하게 사용되지는 않는다. 하지만 전압-전류법의 경우, ppb 수준의 극미량 분석에 사용될 수 있으며, 혼합물 속에 다른 산화 상태를 갖는 같은 원소(예: As(III) 대 As(V))에 대해 다르게 감응하기도 한다. 전기 화학적으로 활성을 갖는 유기 화합물 측정도 가능하다. 초극미량 분석에서는 분석물 소모를 최소화할 수 있어 비파괴적이라고 할 수 있다. 전류법 산소 전극은 물속에 있는 산소의 양을 측정하거나 산소를 생산 또는 소모하는 화학적 반응을 연구할 때 자주 사용된다.

이 장에서는 전압-전류법 및 이와 관련된 화학적 변성 전극들을 포함하여 여러 가지 전기 화학 센서들에 대하여 논의한다. 전압-전류법의 기술은 미량 전기 분해를 위하여 미소 전극을 사용한다. 여기서는 전위가 주사된다. 그리고 특정 전위에서 묽은 분석물 용액은 한계 전류(마이크로암페어 또는 그 이하)를 나타내는데, 이 한계 전류는 분석물의 농도에 비례한다. 전류법은 일정한 전위에서 측정한 전류값이 특정 화학종의 농도에 비례하는 전압 전류법의 한 종류이고, 직접 측정 또는 적정 과정을 추적하는 데 사용될 수도 있다. 전류법 측정은 또한 전기 화학 센서의 기초가 되기도 한다.

이 장에서는 이와 같은 각각의 방법들을 상세히 논의할 것이다. 이들을 공부하기 전에 전위차법에 대한 13장을 학습하면 도움이 될 것이다.

15.1 전압 – 전류법

전압–전류법에서 전위는 미소 전극에 주사되며, 전기 활성인 분석물은 특정 전위에서 환원되거나 산화된다. 전류는 분석물의 농도에 비례하여 증가한다.

전압–전류법은 기본적으로 미량 전기 분해 방법 중의 하나로, 미세 작업 전극(예: 백금선)을 사용한다. 그 이름에서 알 수 있듯이 전류–전압 방법이다. 미세 작업 전극의 전위가 변하며(느리게 주사된다), 그 결과 전류가 걸어 준 전압의 함수로 기록된다. 그 기록을 **전압–전류 그림**(**voltammogram**)이라고 한다. 전기 활성(산화 또는 환원할 수 있는)인 화학종이 존재할 경우, 이들이 전기 분해되기에 충분한 음 또는 양의 전압을 걸어 주면 전류가 기록될 것이다. [관습적으로, 환원 전류를 +로, 산화 전류를 −로 나타낸다]. 전기 분해가 일어나기 위해서 용액 안에 분석물이 전극 쪽으로 이동해야 하며, 용액이 묽을 경우 분석물의 이동은 확산에 의존하게 된다. 이때 전류는 화학종의 농도에 직접 비례하는 한계 전류에 도달하게 된다. 한계 전류가 화학종의 농도에 비례하는 것은 아래에서 살펴볼 것이다. 미소 전극의 전류는 수 마이크로암페어 또는 그 이하이므로, 대부분의 경우 용액 중에 존재하는 시료 물질의 농도는 전압–전류 그림이 기록되기 시작한 후에도 거의 일정 상태를 유지하게 된다.

전압 – 전류 전지—전해 전지

전압–전류 전지는 미소 **작업 전극**(**working electrode**), **보조 전극**(**auxiliary electrode**), **기준 전극**(**reference electrode**)으로 구성되어 있다. 일반적으로 기준 전극으로는 Ag/AgCl 전극 또는 포화 칼로멜 전극(SCE)이 사용된다. 특정한 전위를 갖는 기준 전극 대비 작업 전극에 걸어 주는 전위 조절을 위하여 **일정 전위기**(**potentiostat**)가 이용된다. 작업 전극의 전류를 기준 전극에 대하여 측정되는 전위의 함수로 기록하지만, 전압은 그림 15.1과 같이 작업 전극과 보조 전극 사이에 전류가 흐르고, 그 사이에 걸려 있는 전압이다. 이 방법에서 전류–전압 곡선은 비수용성 용매에서 볼 수 있는 작업 전극과 보조 전극 사이의 iR 강하(전압 강하), 즉 용액 저항에 의하여 크게 영향을 받지 않는다. Ohm 법칙은 전압이 전류와 저항의 곱과 같다는 것을 말한다. 즉 $E = iR$. 여기서 i는 암페어 단위의 전류, R은 옴 단위의 저항이다. 전류가 흐

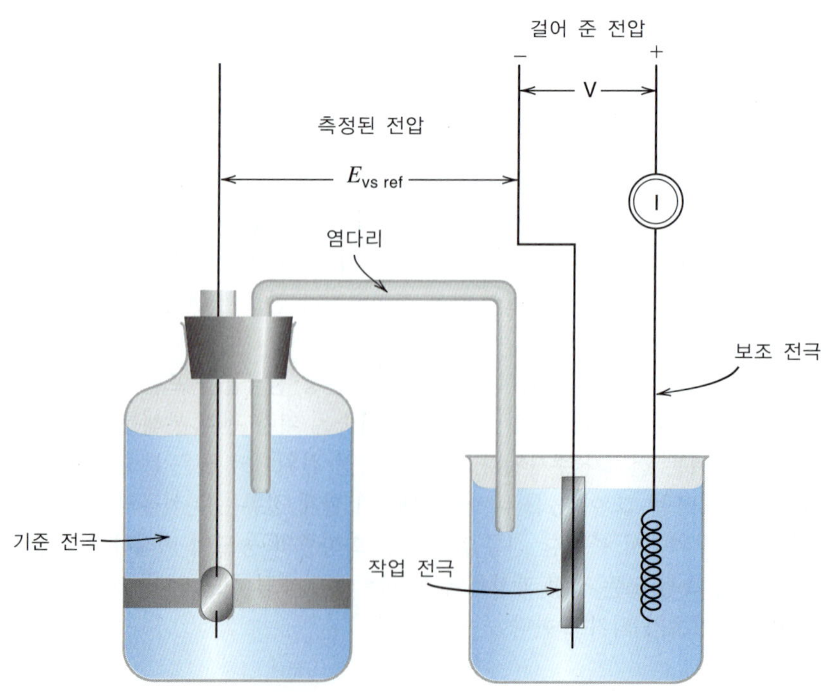

그림 15.1 전압–전류 측정을 위한 3전극 장치

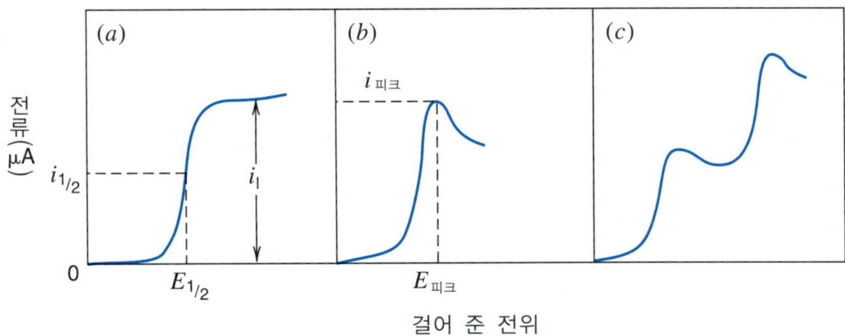

그림 15.2 여러 가지 형태의 전압–전류 곡선. (*a*) 저어 준 용액 또는 회전 전극, (*b*) 저어 주지 않은 용액, (*c*) 분석물의 단계적 산화(또는 환원) 또는 두 전기적 활성 혼합물의 산화 또는 환원(젓지 않은 용액). (*a*)에서는 분석물의 농도에 비례하여 변하는 한계 전류 i_l를 측정한다. $E_{1/2}$(전류 값이 한계 전류 값의 절반이 되는 전위)는 산화–환원 화학종의 E^0와 관련된 분석물의 고유의 특징이다. (*b*)에서는 피크 전류 값이 분석물의 농도에 비례한다. $E_{피크}$ 역시 분석물의 특성이지만 E^0와 직접적으로 관련이 있지는 않다.

를 때 기록되는 전위는 $i \times R$ 만큼 변형되고 이동하는데, 이때 R은 용액의 저항이다. 이것이 클 경우, 전류–전압 곡선(그림 15.2 참조)이 변형되며, 비교적 넓은 전압 범위에서 나타나게 된다. 3전극계의 경우, 기록된 전위는 작업 전극과 기준 전극 사이의 전위이며, 전류의 흐름과 iR 강하가 거의 없는 상태에서의 전위이다.

전류–전압 곡선—전압–전류법의 기초

전압–전류법에서 전위는 관습적으로 SCE에 기준을 둔다. SCE에 대한 전위를 노말 수소 전극(NHE)에 대한 해당 전위로 환산하기 위하여 다음 관계식이 이용되며, 그 반대의 경우도 마찬가지이다.

어떤 기준 전극의 전위를 다른 기준 전극의 전위로 환산하려면 예제 13.4와 그림 13.4를 참조하라.

$$E_{\text{vs. SCE}} = E_{\text{vs. NHE}} - 0.242 \tag{15.1}$$

이 식은 미소 전극으로 분석 이온을 전기 분해하는 데 필요한 전압의 계산에 활용될 수 있다. 그 예로 탄소 미소 전극이 설치된 전지에 10^{-3} M의 질산 카드뮴 용액이 들어 있고, SCE 기준 전극 대비 탄소 미소 전극의 전위 값이 좀 더 음이 되도록 작업 전극과 보조 전극 사이에 전압을 걸어 준다고 가정하자. 다음과 같이 전극 반응이 일어날 것이다.

$$Cd^{2+} + 2e^- \rightarrow \underline{Cd} \qquad E^0 = -0.403\ \text{V} \tag{15.2}$$

전압–전류 전지는 전해 전지로서, 걸어 준 전압의 결과로서 나타나는 전기 화학적 반응은 자발적인 반응(볼타 전지)의 역반응이다. 12.2절을 참조하라.

카드뮴의 환원이 시작되는 최소 작업 전극 전위[필요한 반응 추진 기전력, back–emf]는 Nernst 식(13장)을 이용하여 계산할 수 있다.

$$E_{\text{vs. SCE}} = -0.403 - \frac{0.05916}{2}\log\frac{1}{10^{-3}} - 0.242 = -0.556\ \text{V} \tag{15.3}$$

이 값을 **분해 전위**(**decomposition potential**)라고 한다. 전위가 분해 전위를 넘어서면 전류는 Ohm 법칙에 따라 직선적으로 증가할 것이다.

식 15.3에서 고체 Cd의 활동도는 1이다.

$$i = \frac{E}{R_{\text{circuit}}} = kE \tag{15.4}$$

분석물이 전극에 확산되는 만큼 빠르게 전기 분해되므로, 한계 전류에 도달한다.

전기 분해가 진행됨에 따라 전극 부근에 있는 이온들은 환원되어 없어지고, 전극 표면과 벌크 용액 사이에 농도 기울기가 형성된다. 걸어 준 전압이 작으면, 용액 중의 이온들이 전극 표면으로 빠르게 확산하여 전기 분해 전류를 일정하게 유지시켜 준다. 그러나 전위가 증가함에 따라 전류는 증가하게 되고, 더 큰 농도 기울기를 형성한다. 따라서 이온은 전류를 유지하기 위해서 더 빠른 속도로 확산하여야 한다. 여기서 농도 기울기, 즉 확산 속도는 벌크 농도에 비례한다. 용액이 묽은 경우, 전위는 확산 속도가 최대인 전위에 도달하게 되면 모든 이온은 가장 빠른 속도로 전극 표면에 도달하여 환원된다. 이때 전류는 **한계 전류**(**limiting current**), i_l

에 이르며, 더 이상 전위를 증가시켜도 전류는 증가하지 않는다.

용액은 작은 전류가 지나므로 다음의 전압–전류법 측정을 변함없이 회복할 수 있다.

그림 15.2에 전형적인 전류–전압 곡선이 주어져 있다. 용액을 저어 주거나 전극을 회전시키면 S자 모양의 도시[곡선(*a*)]가 얻어지며, 일단 한계 전류에 도달하면 일정한 상태의 전류를 유지한다. 그 이유는 분석물이 확산하는 **확산층(diffusion layer)** 또는 농도 기울기 층이 얇고, 질량 이동(젓기)에 의한 분석물의 전극 표면 이동이 계속적으로 이루어지기 때문이다. 그러나 전극을 저어 주지 않거나 정지된 용액 중에 있다면, 확산층은 시간이 경과함에 따라 용액 쪽으로 확장된다. 그 결과 한계 전류는 시간 경과에 따라 지수 함수적으로 감소하고 "봉우리" [(곡선(*b*)]파를 얻게 된다. 이런 이유들 때문에 고정된 미소 전극을 사용할 경우, 일반적으로 전압은 초당 50 mV(50 mV/s) 정도로 상당히 빠르게 주사한다(실제로 용액을 저어 줄 경우에도 어느 정도 "봉우리"가 형성되는 경향이 있다).

분석물이 전기 분해되는 전위는 정성적으로 분석물을 측정하는 것이다.

전기 분해를 개시하는 데 필요한 분해 전위는 농도에 따라 다소 변하지만, 전류가 한계 전류의 절반이 되는 전위는 농도와 무관하다. 이것을 **반파 전위(half-wave potential, $E_{1/2}$)** 라고 한다. 이것은 산화–환원 쌍의 표준 전위 또는 형식 전위와 관련 있는 상수이므로, 전압–전류법에서 산화되거나 환원되는 화학종의 정성 분석의 도구로 사용된다.

IUPAC 정의에 의하면, "감극제"는 단순히 전기 활성인 물질, 즉 전극에서 산화되거나 환원되는 물질의 동의어이다.

전위가 전류의 흐름에 의존하는 전극을 **편극 전극(polarizable electrode)** 이라고 한다. 전극의 면적이 작고 한계 전류에 도달하면 그 전극은 **감극되었다(depolarized)** 라고 한다. 그러므로 이 미소 전극에서 환원되거나 산화되는 물질을 **감극제(depolarizer)** 라고 하며, 산화–환원 반응은 감극 상태에서 일어난다고 알려져 있다.

감극제가 작업 전극에서 환원되면 **환원 전류(cathodic current)** 는 분해 전위보다 더 음의 전위에서 기록된다. 감극제가 산화될 경우에 **산화 전류(anodic current)** 는 분해 전위보다 양의 전위에서 기록된다.

단계적 환원 또는 산화

전기적으로 활성인 물질은 어떤 전위에서 더 낮은 상태로 환원될 수 있으며, 전위가 더욱 음의 값에 도달할 때는 더 낮은 산화 상태로 환원될 수 있다. 예를 들면 암모니아 용액 중에 있는 흑연 전극에서 구리(II)는 SCE에 대하여 −0.2 V에서 안정한 Cu(I)–암민 착물로 환원되고, 다시 일전자 환원 단계인 −0.5 V에서는 금속으로 환원된다. 이런 경우에는 두 개의 연속적인 전압–전류파가 그림 15.2의 곡선(*c*)처럼 기록된다. 전압–전류파의 상대적 높이는 산화나 환원에 관여하는 전자 수에 비례한다. 이 경우 두 파의 높이는 동일하다.

전압–전류파의 높이는 전해 반응의 전자 수와 전기적 활성을 갖는 화학종의 농도에 비례한다.

한 용액이 다른 전위에서 환원되는 둘 이상의 전기 활성인 물질을 포함하고 있으면, 유사한 단계적 환원이 일어날 것이다. 그 예로, 납은 SCE에 대하여 −0.4 V보다 더 음의 전위에서 환원되고($Pb^{2+} + 2e^- \rightarrow Pb$), 카드뮴은 −0.6 V보다 더 음의 전위에서 환원된다($Cd^{2+} + 2e^- \rightarrow Cd$). 이 둘의 혼합물을 포함하고 있는 용액은 흑연 전극을 사용할 때, −0.4 V에서 납에 해당하는 전압–전류파를 나타내고, −0.6 V에서 다른 단계의 카드뮴에 해당하는 파를 나타내어 두 개의 연속적인 전압–전류파를 보여 줄 것이다. 상대적 높이는 산화 또는 환원에 관련된 전자수와 두 물질의 상대적 농도에 비례할 것이다.

전기적 활성을 갖는 물질들의 혼합물은 그들의 단계적 전압–전류파로 측정될 수 있다. 연속적인 산화 또는 환원 반응 단계 사이에 좋은 분해능을 위하여 $E_{1/2}$ 사이에 최소한 0.2 V의 차가 있어야 한다. 만일 $E_{1/2}$ 값이 동일하면, 단일 성분으로 나타날 것이며, 높이는 각 파의 합과 같을 것이다. 높은 농도의 주성분이 관심 대상 시료 물질보다 먼저 환원(또는 애노드 방향 주사 시 산화)되면, 주성분의 파는 뒤따라 나오는 파를 가릴 것이며, 한계 전류에 도달하지 않을 수도 있다. 이런 경우, 방해하는 대부분의 물질은 분석을 행하기 전에 제거되어야 한다. 그림 15.1과 유사한 장치를 이용하여, 큰 전극으로 시료 물질이 전기 분해하지 않는 한계 전류 영역 전위에서 그것을 미리 전기 분해하는 것이 일반적인 과정이다.

단계적 환원과 유사하게 단계적 산화는 단계적 산화 전압–전류파를 생성할 수도 있다.

지지 전해질 — 전압-전류법 측정에 필요하다

정지된 용액 중에서 농도 기울기가 존재할 경우, 환원될 이온이 전극 표면에 도달하는 유일한 방법은 확산이라는 것을 앞서 가정한 바 있다. 또한 그것은 전기적(쿨롱) 인력이나 반발에 의하여 전극 표면에 도달할 수도 있다.

전극 표면은 걸어 주는 전압에 의하여 양이나 음으로 하전될 것이며, 이 표면 전하는 전극 표면으로 확산하는 이온을 밀어내거나 끌어당길 수 있다. 이것은 한계 전류를 증가 또는 감소시킬 수 있는데, 이를 **이동 전류**(**migration current**)라고 한다. 이 이동 전류는 시료 물질보다 최소 100배 큰 농도의 질산 포타슘과 같은 비활성 **지지 전해질**(**supporting electrolyte**)을 가하여 제거할 수 있다. 포타슘 이온은 아주 큰 음의 전위에서 환원되며(수소 이온이 먼저 환원되므로 수용액에서는 일어나지 않는다) 방해하지 않을 것이다. 높은 농도의 비활성 이온이 전극과 분석물 사이의 인력이나 반발력을 근본적으로 제거해 주고, 대신 비활성 이온이 인력이나 반발력을 갖게 된다. 그러나 비활성 이온은 전기 분해되지 않는다.

지지 전해질은 하전된 전극에 대하여 분석 이온의 인력이나 반발력을 "제거"해 주는 높은 농도의 "비활성" 전해질이다.

둘째로 지지 전해질을 넣는 이유는 전지의 iR 강하를 감소시키기 위한 것이다. 이런 이유로 일반적으로 최소 0.1 M의 지지 전해질을 첨가한다. 전위차법의 경우를 제외하면, 이것은 거의 모든 전기 화학적 방법에 적용된다. 어떤 경우 최적 pH에서 완충하거나 어떤 화학종의 선택적 착물화에 의한 방해 물질을 제거해야 할 필요가 있는 특별한 경우의 분석에서, 최적의 조건을 얻기 위하여 지지 전해질이 자주 선택된다. 이전에 언급한 Cu(II)-테트라아민을 포함한 특정한 경우를 제외하고, 한 금속 이온이 착물을 형성하면 전기 분해에 대하여 더 안정화되며, 반파 전위는 보다 음의 환원 전위로 이동하거나 전기 화학적으로 비활성이 될 수 있다. 흔히 사용되는 착화제로는 타타르산 이온, 시트르산 이온, 사이안화 이온, 암모니아, EDTA 등이 있다.

비가역 환원 또는 산화

한 물질이 가역적으로 환원되거나 산화될 경우, 반파 전위는 산화-환원 반응의 표준 전위에 가깝다. 그러나 비가역적으로 환원되거나 산화될 경우, 전극 표면에서 전자 전이 메커니즘은 높은 활성화 에너지를 갖는 느린 단계를 포함하고 있다. 따라서 전기 분해가 상당한 속도로 일어나게 하기 위하여 여분의 에너지가 전극에 공급되어야 한다. 이것은 걸어 주는 전위를 증가시키는 것이며, **활성화 과전위**(**activation overpotential**)라고 한다. 여기서 $E_{1/2}$는 환원의 경우 표준 전위보다 더 음이 되며, 산화의 경우 더 양이 될 것이다. 비가역파는 가역파보다 더 일그러진다. 그럼에도 불구하고 S자형은 유지되며, 확산 전류 i_l은 전극 표면으로 들어오는 물질의 확산 속도에 의해서만 제한을 받기 때문에 가역파의 것과 비슷할 것이다.

작업 전위의 범위 — 이것은 전극에 따라 변한다

전압-전류법 기술이 이용될 수 있는 전위의 범위는 전극 물질, 용매, 지지 전해질, 용액의 pH에 따라 달라진다. 수용액 중에서 백금 전극이 사용될 경우, 지지 전해질에 물보다 쉽게 산화될 수 있는 이온(예: Cl^-)이 포함되어 있지 않다면, 양전위의 한계는 물의 산화일 것이다($H_2O \rightarrow \frac{1}{2}O_2 + 2H^+ + 2e^-$). 물의 반쪽 반응에서 E^0는 SCE에 대하여 +1.0 V이므로, 양전위 한계는 pH에 따라 변하지만 대략 SCE에 대하여 +1 V가 된다. 음전위 한계는 수소 이온의 환원에서 비롯된다. 백금 전극은 낮은 전류 밀도에서 작은 수소 과전압을 가지므로, 음전위 한계는 SCE에 대하여 약 −0.1 V에서 나타날 것이다. 산소는 이 전위에서 환원되지 않으므로 산소가 화학적으로 방해하지 않는다면 제거할 필요는 없다.

물이나 양성자는 백금 전극에서 쉽게 환원되며, SCE에 대한 음전위 이용 범위를 약 −0.1 V로 제한시킨다.

전압-전류법에 탄소 전극이 자주 사용된다. 이것의 양전위 한계는 거의 백금 전극과 같다. 그러나 수소가 탄소 전극에서 다소 높은 과전압을 가지므로 보다 더 음전위에서 도달할 수 있다. SCE에 대하여 −1 V 또는 pH에 따라 그 이상의 전위가 이용될 수 있다. SCE에 대하여 −0.1 V 이상의 음전위일 경우, 산소는 전기 화학적으로 환원되므로 용액에서 제거되어야 한

SCE에 대하여 −1 V의 전위는 탄소 전극으로, −2 V의 전위는 수은 전극으로 도달할 수 있다. −0.1 V보다 더 음의 전위에서 측정할 때는 산소가 제거되어야 한다. 이것은 질소 방울을 통과하여 이루어진다.

다. 이와 같은 현상은 일반적으로 작은 튜브를 이용하여 10~15분 동안 질소 방울을 통과시켜 방지할 수 있다. 질소가 시료 용액을 증발시키지 않도록 하려면, 질소를 우선 물로 포화시키기 위하여 물에 통과시켜야 한다. 산소 제거 후 공기가 흡착되는 것을 방지하기 위하여 용액 위로 질소를 통과시킨다.

Charles 대학(프라하 소재)의 Jaroslav Heyrovský는 1922년에 개발한 폴라로그래피 업적으로 1959년에 노벨 화학상을 수상하였다.

탄소 전극의 장점은 백금 전극과 달리, 전극 표면이 산화물 형성에 의하여 방해받지 않는다는 것이다. 탄소 전극은 비교적 음의 전위에서도 이용될 수 있지만, 적하 수은 전극(dropping mercury electrode, DME)이 더 좋은 재현성을 갖기 때문에 자주 선호된다. 이것은 전극 표면이 끊임없이 새로워지기 때문이다(수은 방울은 수은 저장 용기에 연결된 모세관으로부터 떨어진다). 적하 수은 전극을 이용하는 전압–전류법을 **폴라로그래피**(**polarography**)라고 한다. 이는 1922년에 전압–전류법의 선구자인 Jaroslave Heyrovský에 의해 개발되었다.

고체 전극 전압–전류법은 쉽게 환원할 수 있는 물질에 자주 유용하게 사용되지만, 비교적 양전위에서 물질의 산화를 위하여 주로 사용한다. 그러나 전극의 표면 특성에 재현성이 없고, 표면이 오염되므로 재현성 측면에서 불리하다. 이런 이유 때문에 가능하다면 응용에서는 폴라로그래피에 관련된 기술이 선호된다. 그러나 수은의 독성 때문에 신형 요소를 포함한 전극 대체 소재가 계속 연구되고 있다. 많은 전극 소재들은 독특한 성질을 갖는다. 산화 인듐 주석(Indium tin oxide, ITO) 전극은 광학적으로 투명하여 분광 전기 화학적 연구에 유용하게 사용되고 있다. 다양한 특이적 전기 산화 반응 연구에는 주로 붕소로 도핑된 다이아몬드 (boron dopped diamond, BDD)산화 전극을 이용한다. 단일벽 탄소 나노튜브(single-walled carbon nanotube, SWCNT)와 다중벽 탄소 나노튜브(multi-walled carbon nanotube, MWCNT)는 다른 전극으로 가능하지 않은 다양한 전기적 산화 및 환원 반응을 가능하게 할 수 있는 독특한 능력이 있으며, 표면적 증가로 인한 전극의 민감도를 증대할 수 있어서 많은 종류의 전극 제작에 활용되고 있다. 스크린프린팅 전극은 주로 사용 후 버리는 일회용 전극으로 활용되고 있다. 다른 전극에 코팅된 재생 가능한 비스무트 필름은 수은 전극의 장점과 유사한 장점을 갖고 있다. 측정 전에 매번 전극의 표면을 다단계 펄스 전류법을 이용하여 전기화학적으로 깨끗하게 하여 분석 성능에 영향을 미치는 전극 표면 성질을 향상시킬 수 있다. HPLC를 위한 전류법 검출기를 논한 21장을 참고하라.

15.2 전류법 전극 — 산소의 측정

전류법은 일정 전위에서 전기적 활성인 화학종의 농도 함수로 전류의 변화를 감지하는 전압–전류 측정법의 응용이다. 다양한 전류법 센서들이 있는데 그중 중요한 예가 산소 센서(전극)이다.

산소 전극은 용액 중에서 기체의 확산은 허용하나 용액 중의 이온은 침투할 수 없도록 백금이나 금 환원 전극 위에 도포된 테플론과 같은 얇은 고분자 필름으로 구성되어 있다(그림 15.3). 산소는 막을 통하여 확산되고, 환원 전극에서 환원되어 전류법 전류를 생성한다. 산소를 환원시킬 수 있는 적당한 전위가 탐침 안의 산소 지시 전극과 기준 전극인 은–염화 은 전극 사이에 걸린다. 용액이나 젤 속의 전해질은 보통 막과 유리 절연체 사이에 놓여 기준 전극과 지시 전극의 전기적 접촉을 제공한다.

전극이 노출된 시료 중에서 환원 전극 쪽으로 향하는 산소의 확산 속도는 시료 안에 있는 산소의 부분 압력[물의 경우, 용존 산소량(DO)]에 비례하며, 측정된 전류도 이것에 비례한다. 측정값은 대기압 중에서 읽혀진다. 고정된 편극 전위에서 환원되는 기체(예: Cl_2)들이 방해 작용을 한다. 황화 수소는 전극에 치명적이다.

측정기는 예를 들어, 20.9%의 기지 산소 함량을 갖는 공기나, 산소 또는 공기로 포화된 물과 같이 산소 함량이 알려진 시료에 노출시켜 미리 교정되어야 한다. 37°C의 해수면(159 torr

PO_2)에서 공기로 포화된 물은 밀리리터당 5.6 μL의 O_2를, 산소로 포화된 물은 밀리리터당 28 μL의 O_2를 함유하고 있다. 전극의 교정과 P_{O_2} 및 산소 농도 계산에 대해서는 참고 문헌 7을 보시오.

전류법 산소 센서는 생화학적인 효소 반응에서 산소의 소모나 방출을 추적하기 위하여 생화학에서 자주 이용된다. 임상 실험실에서 산소의 소모와 관련된 효소나 기질의 정량적 분석은 산소 소모 반응 속도를 측정하여 알 수 있다.

산소 전극은 자연수 안에 용존 산소량을 측정하는 데 주로 사용되며, DO 측정기와 프로브가 사용된다. DO는 mg O_2/L H_2O 단위로 나타낸다. 해수면에서 공기로 포화된 물의 경우, DO는 8.56 mg/L(0°C 기준)에서 5.95 mg/L(22°C 기준) 범위에 존재한다. DO 수준은 수중 생물에 중요한 영향을 미친다. 예를 들어 http://www.dnr.mo.gov/env/esp/wqm/DOSaturationTable.htm 에서 온도에 따른 포화 용존 산소량을 표로 나타낸 것을 볼 수 있다.

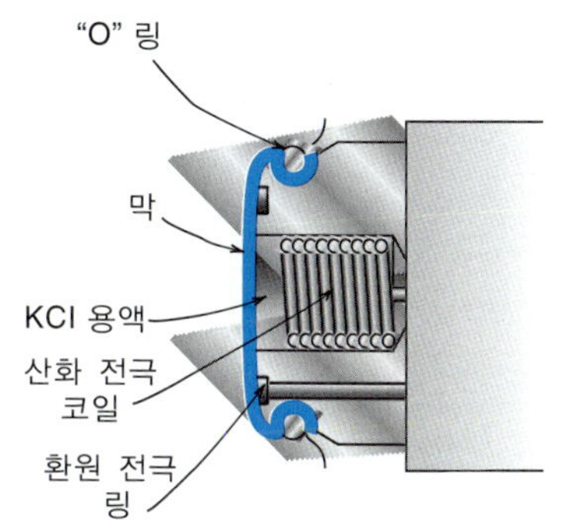

그림 15.3 산소 전극의 구조
(Arther H. Thomas 사 제공)

15.3 전기 화학 센서: 화학적 변성 전극

전류법 전극은 13장에서 언급된 전위차 전극과 마찬가지로, 자주 사용되는 전기 화학 센서 중의 한 형태이다. 최근에 향상된 선택성과 감도를 갖는 여러 가지 전기 화학 센서에 대하여 많은 관심을 갖게 되었다. 이와 같은 전류 측정 센서의 측정 능력 향상은 전극 표면의 화학적 변형에 의하여 이루어졌으며, **화학적 변성 전극(chemically modified electrode, CME)**을 제작하기에 이르렀다.

모든 화학 센서는 감응을 탐지될 수 있는 신호(전류 측정 센서의 경우 전류)로 변환시키는 **변환기(transducer)**로 구성되어 있다. 감응 신호는 화학적으로 선택적인데, 이는 **화학적 선택층(chemically selective layer)**의 구성에 의해 결정될 수 있다. 변환기는 광학적(예: 광섬유 센서), 전기적(전압 측정, 전류 측정), 열적인 것 등이 될 수 있다. 여기서는 전류 측정 변환기에 대하여 관심을 갖게 된다.

효소층은 전극에 화학적인 선택성을 나타내도록 한다.

기질 측정을 위한 효소 전극

필요한 선택성을 부여하기 위하여 화학적 변성 전극층에 종종 효소가 사용된다. 전위차법 효소 전극을 논한 13장에서 이와 같은 것들의 예를 보았다. 전류법 효소 전극의 한 예가 그림 15.4에 예시된 글루코스 전극이다. 효소인 글루코스 산화 효소가 젤(예: 아크릴아마이드)에 고정되어 백금선 환원 전극 표면을 둘러싸고 있다. 젤은 또한 염화 이온의 염을 포함하고 있으며, 은-염화 은 고리와 접촉하여 전기 화학 전지를 형성한다. **글루코스 산화 효소**(*glucose oxidase*)는 다음과 같이 글루코스의 호기성 산화에 촉매 작용을 한다(23장 참조).

$$\text{글루코스} + O_2 + H_2O \xrightarrow{\text{글루코스 산화 효소}} \text{글루콘산} + H_2O_2 \tag{15.5}$$

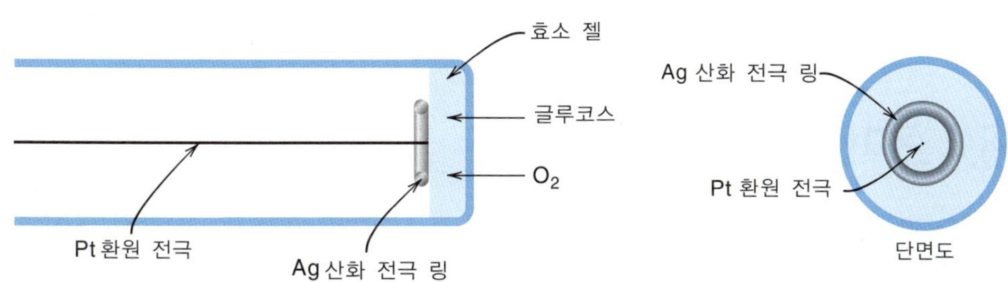

그림 15.4 전류법 글루코스 전극

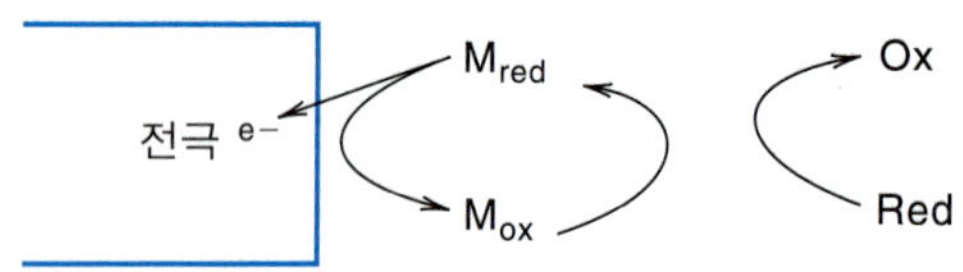

그림 15.5 산화 – 환원 매개체 화학적 변성 전극. Red는 환원형으로 측정되는 분석물이다.

전위(대략 +0.6 V vs. Ag/AgCl)는 H_2O_2가 전기 화학적으로 산화되는 백금 전극에 걸어 준다.

$$H_2O_2 \rightarrow O_2 + 2H^+ + 2e^- \tag{15.6}$$

글루코스와 산소는 시료 용액으로부터 반응이 촉매화되어 H_2O_2를 생성하는 젤 속으로 확산된다. 즉 일부가 산화되어 글루코스의 농도에 비례하는 전류를 생성하는 백금 환원 전극 쪽으로 확산한다. 나머지는 막을 통하여 역으로 확산된다. 아스코브산(바이타민 C)과 같은 환원제는 산화 반응을 방해할 수도 있다. 전형적으로 글루코스 센서는 중성의 글루코스는 쉽게 통과하지만, 아스코브산염과 같은 음이온이 통과할 수 없는 얇은 양이온 교환막으로 덮여 있다. 글루코스 전극의 또 다른 디자인으로는 글루코스 산화 효소 젤을 사용하여 산소 전극에 막을 입히는 것이다. 여기서는 반응에 따른 산소의 결핍 정도를 측정하게 된다.

산소나 과산화 수소 측정에 근거한 전류법 효소 센서의 또 다른 예로는 혈액 속의 갈락토스(갈락토스 산화 효소), 소변 중의 옥살산(옥살산 산화 효소) 및 혈청 중의 콜레스테롤(콜레스테롤 산화 효소)을 측정하는 전극들이 있다. 에탄올은 알코올 탈수소 효소 존재 하에서 조효소인 니코틴아마이드 아데닌 다이뉴클레오타이드(NAD^+)와 반응하여 NAD^+의 환원형인 NADH를 생성하는 반응으로 정량하는데, 이때 반응은 전기 화학적으로 산화된다. 혈액 중의 락트산도 유사한 방법(락트산 탈수소 효소)으로 정량한다.

산화 – 환원 매개체 층은 전기 화학 반응에 촉매 작용을 하므로 보다 작은 전위가 필요하다.

촉매 전극 — 산화 – 환원 매개체

분석물들은 흔히 전극에서 비가역적으로(느리게) 산화하거나 환원되므로, 전기 분해가 일어나기 위하여 실제적으로 열역학적 산화 – 환원 전위(E^0) 이상의 과전압을 걸어 줄 필요가 있다. 이와 같이 느린 전자 이동 운동론의 문제점은 공유 결합이나 화학 흡착으로 전극에 부착시키거나, 아니면 고분자층에 고정시킬 수 있는 **전극 촉매**(*electrocatalyst*)의 개발에 많은 연구를 낳았다. 전극 촉매의 화학적 변성 전극(CME)의 원리를 그림 15.5에 설명하였다.

산화 – 환원 전기 촉매제의 표준 화학적 당량이 있다. Ce(IV)에 의한 As(III)의 산화는 상당히 느린데, 아이오딘화물이 첨가되면 Ce(IV)가 빠르게 아이오딘화물을 산화시켜 아이오딘을 만들고, 아이오딘은 신속하게 As(III)에 의해 환원되어 아이오딘화물로 돌아오면서 상당히 빠르게 진행될 수 있다.

Red는 분석물의 환원형으로, 비가역적으로 산화되며, O_x는 Red의 산화형이다. 산화 – 환원 매개체는 전기 화학적으로 가역적이며, 낮은 전위에서 산화된다. 분석물은 매개체의 산화형인 M_{ox}와 빠르게 반응하여 M_{red}를 생성하는데, 이것은 전극 표면에서 즉시 산화된다. 전기 화학적 반응은 매개체의 열역학적 E^0 값 부근에서 일어난다. 더 낮은 전위를 걸어 주면, 기타 전기 화학적 활성인 화학종의 방해 효과를 줄일 수 있다. 전기 화학 매개체에는 루테늄 착물, 페로신(ferrocene) 유도체, *o*-하이드록시벤젠 유도체 등이 있다. 메틸렌 블루와 같은 매개체는 Ag/AgCl에 대하여 보통의 +0.6 V 대신 +0.2 V에서 H_2O_2가 산화되도록 촉매 작용을 한다.

보호층은 전극의 선택성을 높여 주고, 전극의 화학적 파손을 감소시킨다.

전극은 때때로 보호막을 입혀서 큰 분자(예: 단백질)로 인한 오염을 방지한다. 예를 들면 삼아세트산 셀룰로스는 생체액 중에서 H_2O_2 분자가 통과하는 것은 허용하나, 동일 전위에서 산화되는 큰 아스코브산 분자가 통과하는 것은 허용하지 않을 것이다. 음이온성 나피온 막은 음이온이 통과하는 것을 막아 주고 양이온이 통과하는 것은 허용한다.

초미소 전극의 감응은 확산층의 두께나 흐름과 무관하다. 이들은 신호 – 대 – 잡음비를 증가시킨다.

15.4 초미소 전극

지름 5~30 μm의 미세한 크기로 만들어진 전류법 전극은 여러 가지 장점을 갖는다. 이 전극은 확산층의 두께보다 작다. 이것은 흐름에 무관한 증가된 질량 이동 및 향상된 신호 대 잡음

비를 가지며, 비수용성 용매와 같은 높은 저항의 매질 속에서도 전기 화학 측정이 이루어질 수 있다. 확산층에 무관하므로, 정지 용액 중에서 봉우리형 곡선 대신 S자형 전류-전압 곡선이 기록된다. 이 미소 전극의 한계 전류, i_l는 다음과 같이 주어진다.

$$i_l = 2nFDCd \tag{15.7}$$

여기서 n은 전자수 변화, F는 패러데이 상수, D는 확산 계수, C는 농도, d는 전극 지름이다.

초미소 전극 제작에는 여러 가지 방법이 있다. 그림 15.6은 전형적인 전극 구조를 보여 주고 있다. 미소 디스크가 전극이다. 전극은 전적으로 탄소 섬유로 만들어지며, 여러 미소 환경 중의 양전위에서 전기적 산화 측정을 위해 활용된다. Wang과 Angnes는 소형 글루코스 센서를 제작하기 위해 탄소 섬유로 구성된 초미소 전극 위에 로듐과 글루코스 산화 효소를 함께 전착(co-deposition)하는 방법을 보고하였다(*Anal. Chem.* **64**(1992) 456). 초미소 전극은 수나노암페어의 전류를 생성하며, 측정을 위하여 민감하고 잘 차폐된 장비가 필요하다. 그림 15.7은 시판되는 탄소 섬유 초미소 전극을 보여 준다.

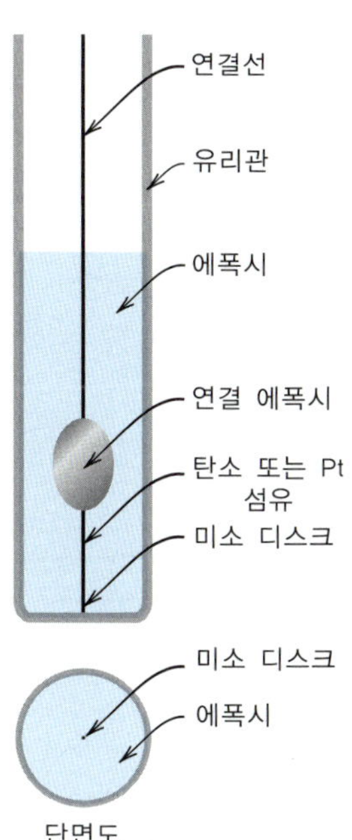

그림 15.6 초미소 전극의 구조

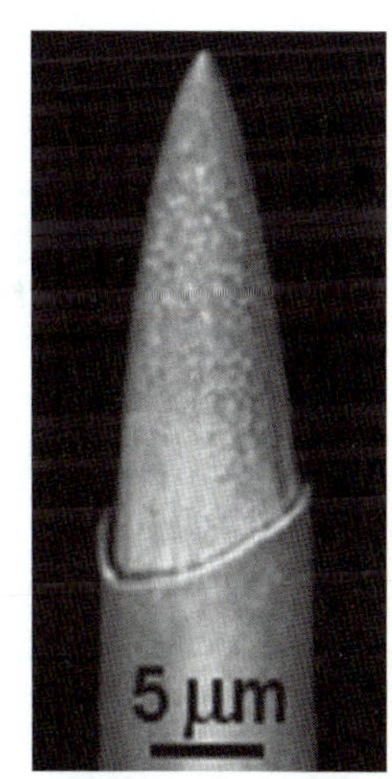

그림 15.7 Carbostar 1, 전압 전류법용 탄소 섬유 미소 전극. Kation Scientific USA 제공(www.Kationscientific.com).

15.5 미세 가공된 전기 화학 센서

미세 가공 기술은 우리 삶의 많은 부분에 급진적인 영향을 미치고 있다. 전기 화학 센서의 미세 가공은 센서의 대량 생산을 가능하게 하였으며, 현재 혈액 내 화학적 구성 성분을 측정하기 위한 보건 분야에 매우 유용하게 활용되고 있다. 전위차 pH 센서는 혈액의 pH, pCO_2와 요소[요소로부터 암모니아를 방출하는 요소 분해 효소를 이용한 요소 질소(BUN)]를 측정하는 데 기반 기술을 제공한다. 이온 선택성 전극 센서는 소듐, 포타슘, 염화 이온과 이온성 칼슘을 측정하는 데 유용하게 활용된다. 전류법 센서는 글루코스, 젖산염, 콜레스테롤과 크레아티닌(원하는 반응 사슬에 따라 한 개 이상의 효소가 종종 사용되는데, 적절한 산화 효소와 반응하여 H_2O_2 생성)을 측정하는 데 이용되며, O_2를 OH^-로 환원시킨다. 21장에서 논의될 용액의 전기적 전도도의 측정은 벌크 용액 성질을 측정할 수 있는 상대적으로 간단한 전기적 방법이지만 이는 **전기 화학적**(*electrochemical*) 측정이 아니다 – 왜냐하면 전극 표면에서 화학 반응 일어나지 않기 때문이다. 그러나 전도도 센서는 종종 전류법 센서와 함께 논의된다. 여기서 전도도 측정법은 혈액의 적혈구 용적률을 측정하는 데 이용된다. 이러한 센서의 구조는 본문 웹 사이트에 나와 있으며, 15장 부록인 혈액 화학 분야 연구에서 사용되는 미세 가공된 센서 pdf 파일을 참조하시오.

15.6 미소 및 초미소 전극 어래이

신경(신경 신호) 간에 교통은 신경 전달 물질이라고 알려진 분자를 분비하고 수용하는 과정을 통해 일어난다. 전형적인 예로는 생체 아민인 도파민을 들 수 있다. 상당수의 신경 전달 물질 분자는 전기적으로 활성을 가지며 전기 화학적으로 검출될 수 있다. 서로 근접하여 성장하는 신경 세포의 상태를 맵핑하기 위해서(즉 어떤 신경 세포가 신호 물질을 분비하는지 등), 인접하지만 분리되어 있는 각각의 전극이 필요하다. 어래이 형태의 전극은 처음에 연구에 사용되는 미세하고 촘촘한 형태의 철사꾸러미를 이용하여 제작되었다. 포토리소그래피(photolithography) 기술을 이용하여 상상에 가까울 만큼 정교한 패턴, 즉 매우 가깝게 접해 있으면서 서로 분리되어 각각 작동할 수 있는 전극을 제작할 수 있는 것은 혁명적이라고 할 수 있다. 전극 패턴은 종종 유리 또는 ITO(indium tin oxide) 기판에 제작되어 도립 현미경으로 동시에 관찰할 수 있다. 전극 어래이 패턴의 다양한 예는 http://www.

multichannelsystems.com/products-mea/microelectrode-arrays를 참고하라.

다양한 소재(사실상 모든 귀금속 원소들을 여러 가지로 조합하여 사용하기도 함)로 구성된 전극을 서로 매우 가깝게 배열함으로써 전극 어래이의 활용 범위는 더욱 넓어졌다. 이러한 전극 어래이를 사용할 때 가역적인 산화–환원 반응의 경우 분석물이 한 전극에서 산화되고 산화된 물질은 그다음 전극에서 환원되어 결과적으로는 신호가 상당히 증폭될 수 있다. 시판되고 있는 다양한 종류의 깍지형 미소 전극 [interdigitated microelectrodes (IMEs)]과 각 전극이 서로 다른 각자의 신호를 낼 수 있는 어래이 형태로 구성된 미소 전극은 http://adtechsci.com/labproducts.html을 참고하라. 상기의 전극 어래이에서 순차적으로 신호가 증폭되는 과정을 보여 주는 애니메이션은 http://adtechsci.com/ime-animated.html URL을 참고하라. 전극들이 서로 가깝게 배열된 미소 전극 어래이는 벗김 전압–전류법 기술의 활용도를 더욱 확장시켰다. 산화 전극 벗김 전압–전류법의 경우, 예를 들어 시료를 교반한 상태에서 작업 전극을 먼저 상당히 큰 환원 전위에서 홀딩하면 시료 안에 존재하는 금속 이온이 홀딩한 전위에서 환원되어 작업 전극 표면에 농축될 수 있다. 농축 단계 후에 전극의 전위를 천천히 좀 더 양의 전위로 주사하면, 가장 쉽게 산화되는 금속이 가장 먼저 전극 표면에서 탈착하고, 그다음으로 산화되기 쉬운 금속이 순차적으로 표면에서 떨어져 나오게 된다. 이러한 산화 전극 벗김 전압–전류법(ASV)에서는 피크 전류에 해당하는 전위가 그 금속의 특징을 나타내며, 피크 전류 값의 크기는 상기 금속의 농도에 의존하여 변한다. 초미소 전극 어래이는 매우 민감하며, 또한 휴대용으로 사용할 수 있다. 현장에서 사용 가능한 장비에 대한 설명은 www.travedetect.com과 데모 비디오 클립은 http://www.travedetect.com/video/tracedetect_yt.mp4를 참고하라.

질문

1. 역기전력, 과전압, iR 강하를 정의하시오.
2. 반파 전위, 감극제, DME, 잔류 전류, 전압–전류법을 정의하시오.
3. 전압–전류법에서 지지 전해질을 사용하는 두 가지 이유를 설명하시오.
4. 한 용액이 약 10^{-2} M Fe^{3+}와 10^{-5} M Pb^{2+}를 포함하고 있다. 납의 함량을 폴라로그래피로 분석하고자 한다. Fe^{3+}는 SCE에 대하여 −1.5 V까지 DME로 접근할 수 있는 거의 모든 전위에서 Fe^{2+}로 환원되며, −1.5 V보다 더 음인 전위에서는 Fe^{2+}가 금속으로 환원된다. Pb^{2+}는 −0.4 V에서 환원된다. 폴라로그래피를 이용하여 납을 정량하는 방법을 제시하시오.
5. 전압–전류법에서 착물 형성은 금속 이온의 환원에 어떤 영향을 미치는가?
6. 화학적 변성 전극이란 무엇인가?
7. 화학적 변성 전극의 경우 전극 촉매의 작용은 무엇인가?
8. 초미소 전극의 장점은 무엇인가?

문제

전압–전류법/전류법

9. 미지 용액 중에서 납의 한계 전류가 5.60 μA이었다. 이 용액 10.0 mL에 1.00×10^{-3} M 납 용액 1 mL를 가하자 한계 전류가 12.2 μA로 증가하였다. 미지 용액 중에 들어 있는 납의 농도는 얼마인가?
10. 폴라로그래피에서 철(III)은 SCE에 대하여 대략 +0.4 V 이상의 음전위에서 철(II)로 환원되며, SCE에 대하여 −1.5 V에서 철(0)로 환원된다. 또한 철(II)도 −1.5 V에서 금속으로 환원된다. 어떤 폴라로그램이 Fe^{3+}와/ 또는 Fe^{2+}가 포함된 용액 중에서 얻어지고 있다(DME 사용). 걸어 준 전압이 0 V일 때 전류가 기록되었으며, 이때 전류의 크기는 12.5 μA이었다. 한편 SCE에 대하여 $E_{1/2} = -1.5$ V일 때, 파의 높이는 30.0 μA이었다. 용액 중의 화학종인 철(3+와/또는 2+)을 확인하고 각각의 상대 농도를 계산하시오.

교수 선호 예제

Colorado 주립대학의 Charles S. Henry 교수 제공

11. 물질 A는 일정한 전류에서 전기 분해된다. 상기 실험 동안 작업 전극에서는 어떤 일이 일어날까? 초기 용액은 A 물질로만 구성되어 있으며, A가 환원되어 B로 되는 반응이라고 가정하자.
    (a) 실험 전 과정 동안 전위는 항상 일정하다.
    (b) A 물질이 B로 환원될수록 전위는 더욱 양의 값을 나타낸다.
    (c) A 물질이 B로 환원될수록 전위는 더욱 음의 값을 나타낸다.
    (d) 일정 전류 실험에서는 전위 값은 변하지 않는다.

추천 참고 문헌

총론

1. J. J. Lingane, *Electroanalytical Chemistry*, 2nd ed. New York: Interscience, 1958. A classic. Excellent general text.
2. J. Wang, *Analytical Electrochemistry*, 2nd ed. New York: John Wiley, 2000. Good introduction to modern electroanalytical techniques.
3. A. J. Bard and L. R. Faulkner, *Electrochemical Methods: Fundamentals and Applications*, 2nd ed. New York: Wiley, 2001
4. A. J. Bard and M. Stratmann, editors-in-chief, *Encyclopedia of Electrochemistry*, 10 volumes + index volume, New York: Wiley. Vol. 3, *Instrumentation and Electroanalytical Chemistry*, P. Unwin, ed., 2003; Vol. 9, *Bioelectrochemistry*, G. S. Wilson, ed., 2002; Vol. 10, *Modified Electrodes*, I. Rubinstein and M. Fujihira, eds., 2003.

전압-전류법/전류법

5. M. R. Smyth and J. G. Vos, *Analytical Voltammetry*. Amsterdam: Elsevier Science, 1992.
6. R. N. Adams, *Electrochemistry at Solid Electrodes*, New York: Marcel Dekker, 1969. A classic, in its 5th printing.
7. M. A. Lessler and G. P. Brierley, in D. Glick, ed., *Methods of Biochemical Analysis*, Vol. 17. New York: Interscience, 1969, p. 1. Describes the oxygen electrode.
8. Web: www.pineinst.com, link: Manuals and Documents, Educational Materials for Educator's Reference Guide for Electrochemistry. 전압-전류법과 기기 장치에 대하여 우수한 66쪽의 참고서. 여러분은 Pine 기기회사 웹 사이트로부터 전압-전류법 실험의 견본을 다운받을 수 있다.

16장
분광 화학법

"나는 색에 대하여는 공평한 체 할 수가 없다.
나는 화려한 색을 좋아하며 연한 갈색은 정말 싫어한다."
– Sir Winston Churchill

16장 URLs

학습 목표

이 장에서 배울 중요한 내용은 무엇인가?

- 파장, 주파수, 광자 에너지(주요 식: 16.1~16.3)
- 분자의 전자기 복사 흡수 방법
- 자외선–가시광선 흡수와 분자 구조
- 근적외선 분광법
- 분광 데이터베이스
- Beer 법칙 계산(주요 식: 16.10, 16.13)
- 혼합물 계산(주요 식: 16.16, 16.17) – 계산에 스프레드시트 사용하기
- 교정 곡선으로부터 표준 편차와 미지 농도 계산에 스프레드시트 사용하기
- 자외선, 가시광선, 적외선 영역의 분광계
- FTIR 분광계
- 분광 오차
- 형광법
- 화학 발광
- 광섬유 센서

가시광선 분광법은 가장 폭넓게 사용되는 분석법이다.

전자기 스펙트럼에서 특히 가시광선 영역을 이용한 분광법은 분석에서 가장 널리 사용되는 방법 중의 하나이다. 많은 물질들을 선택적으로 색을 띠는 유도체로 바꿀 수 있기 때문에, 분광법은 임상 화학과 환경 실험실에서 매우 널리 이용된다. 기기 장치는 쉽게 이용할 수 있다. 소형 자외선–가시광선(UV-visible) 분광계는 가격이 비교적 저렴하고 작동하기도 쉽다. 이 장에서는 (1) 분자에 의한 복사선의 흡수와 분자 구조와의 관계에 대하여 설명하고, (2) 흡수하는 분석물의 농도와 흡수된 복사선의 양과의 관계를 정량적으로 계산하고, (3) 측정하는 데 필요한 기기 장치에 대하여 설명한다. 스펙트럼의 측정은 적외선, 가시광선과 자외선 영역에서 할 수 있다. 선택하는 파장의 영역은 (1) 기기 장치의 가용성, (2) 분석물이 색을 띠고 있는지 또는 색을 띠는 유도체로 바뀔 수 있는지, (3) 자외선 또는 적외선 영역에서 흡수하는 작용기를 포함하고 있는지, (4) 흡수하는 다른 화학종이 용액에 있는지 등의 요소에 따라 달라진다. 적외선 분광법은 일반적으로 정량적인 측정에는 적절하지 않지만, 자외선(UV)이나 가시광선 분광법보다 정성 혹은 지문 정보를 얻는 데 더 적합하다. 하지만 근적외선 분광법은 특히 공정 관리 응용에서 정량 분석용으로 사용이 증가하고 있다. 관련된 기술로서, 들뜬 상태에서 방출되는 빛의 양이 농도에 비례하는 형광 분광법에 대하여도 설명하고자 한다. 이것은 매우 감도가 높은 분석 방법이다.

분광 광도법은 복수의 파장에서 측정을 함으로써 각각의 스펙트럼이 중첩되더라도 분석물의 혼합물을 결정하는 데 사용할 수 있다. 현대 기기 장치들은 복수의 파장에서 동시 측정을

할 수 있고 계산을 수행하기 위한 소프트웨어를 포함하고 있다. 근적외선 분광법은 시료 준비 없이 곡물에서 단백질 함량을 결정하는 데 사용할 수 있다. 형광법은 환경 시료에서 다방향족 탄화수소를 민감하게 결정하는 데 사용할 수 있다.

Isaac Newton은 태양에서 오는 백색 광선을 연속된 색들로 분산시킬 수 있다는 것을 보여 주었다. 그는 스펙트럼(spectrum)이라는 단어를 만들었다.

최초의 분광학자는 누구인가?

동부 보헤미아 Kronland의 J. M. Marci(1595~1667)가 아마도 최초의 분광학자이다. 그는 무지개 현상에 대하여 관심을 가지고 이를 설명하기 위한 실험을 하였다. 1648년경에 **"하늘의 무지개와 나타내는 색깔의 양상 그리고 그것의 근원과 이유에 관한 Thaumas의 책"**이라는 제목으로 대략 번역되는 한 권의 책을 발간하였다. 그는 무지개가 생성되는 조건을 설명하고, 프리즘을 통과한 빛살에 의한 스펙트럼 생성에 관하여 설명하였다. 무지개가 빛의 회절 때문에 나타나는 것이라고 올바르게 설명하였다. 약 20년이 지난 후 Newton은 Marci와 비슷한 실험을 하여, 무지개 색에 관한 명확한 설명을 하였다. 비록 Newton이 더 유명하지만, Marci가 최초의 분광학자이다!

16.1 물질과 전자기 복사선의 상호작용

분광법은 분석물에 의한 광자의 흡수에 기초한다.

분광법에서 시료 용액은 적절한 광원으로부터 전자기 복사선(EMR)을, 다시 말하여 빛(이 장의 나머지 부분에서 일반적으로 빛이란 용어를 사용하지만 이는 반드시 가시광선을 의미하는 것은 아니다)을 흡수한다. 이 흡수된 양은 용액 내 분석물의 농도와 관련되어 있다. 구리 이온을 포함하는 용액은 백색광으로부터 **보색**인 노란색을 흡수하고 남아 있는 파란색을 투과함으로써 파란색을 나타낸다(표 16.1 참조). 구리 이온 용액이 진하면 진할수록 더 많은 노란색의 빛을 흡수하고, 결과적으로 용액의 파란색은 더 진해진다. 분광법에서 흡수된 노란색 빛의 양을 측정한다면 농도와 관련지을 수 있다. 전자기 스펙트럼을 고려하고 분자들이 어떻게 복사선을 흡수하는지를 알면 흡수 분광 분석법에 대해 더 잘 이해할 수 있다. 빛과 색의 기초에 관한 훌륭한 교재로 http://science.csustan.edu/tutorial/color/index.htm 사이트를 보라. 여기서는 주요한 색의 가감도 설명하고 있다. 빛의 흡수는 빛의 방출의 결과이고, 빛은 또한 분자의 특성에 따라 산란되기도 한다. 이 모든 현상들은 분석적 유용성을 지닌다.

전자기 스펙트럼

파장, 진동수, 파수는 서로 상관관계가 있다.

우리의 목적을 위하여, 전자기 복사선을 횡파로서 전달되는 복사 에너지의 한 형태로 간주할 수 있다. 그림 16.1에 나타낸 바와 같이 복사선은 전파 방향에 수직으로 진동하는 파동 운동을 가지게 한다. 파는 하나의 완전한 진동 거리인 **파장(wavelength)**이나 단위 시간당 고정된 점을 지나가는 진동의 개수인 **진동수(frequency)**의 단위로 표현된다. 파장의 역수를 **파수(wavenumber)**라고 하는데, 단위 길이 또는 주기당 거리에 있는 파의 수를 말한다.

표 16.1 서로 다른 파장 영역의 색

흡수된 파장(nm)	흡수된 색	투과된 색(보색)
380~450	보라색	노란색–초록색
450~495	파란색	노란색
495~570	초록색	보라색
570~590	노란색	파란색
590~620	오렌지색	초록색–파란색
620~750	붉은색	파란색–초록색

표 16.1의 정보를 이해할 때, 1열에 표시된 파장에 해당하는 빛의 색은 2열에 나타나 있으며 용액에서 이 색을 흡수하면 3열의 색으로 보인다는 것을 알아야 한다. 따라서 660 nm의 빛을 내놓는 발광 다이오드는 빨간 빛을 내는 LED이며, 메틸렌 블루와 같이 이 빛을 흡수하는 염료는 파란색을 띠게 된다.

빛과 색에 관한 해설

파장과 진동수 사이의 관계는 다음과 같다.

$$\lambda = \frac{c}{\nu} \tag{16.1}$$

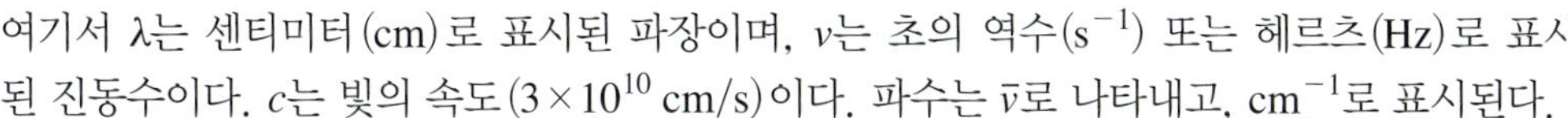

여기서 λ는 센티미터(cm)로 표시된 파장이며, ν는 초의 역수(s^{-1}) 또는 헤르츠(Hz)로 표시된 진동수이다. c는 빛의 속도(3×10^{10} cm/s)이다. 파수는 $\bar{\nu}$로 나타내고, cm^{-1}로 표시된다.

$$\bar{\nu} = \frac{1}{\lambda} = \frac{\nu}{c} \tag{16.2}$$

전자기 복사선의 파장은 수 옹스트롬에서부터 수 미터까지 다양하다. 파장을 나타내기 위해 사용되는 단위로는 다음과 같은 것들이 있다.

내가 좋아하는 AM 라디오 방송국은 870 kHz에서, FM 라디오 방송국은 90.1 MHz에서 방송된다. 이에 해당하는 파장은 각각 345 m와 3.33 m이다. 내가 좋아하는 TV 방송국은 584~590 MHz 영역에서 방송된다. 이에 해당하는 파장은 얼마인가?

Å = 옹스트롬 = 10^{-10} 미터 = 10^{-8} 센티미터 = 10^{-4} 마이크로미터
nm = 나노미터 = 10^{-9} 미터 = 10 옹스트롬 = 10^{-3} 마이크로미터
μm = 마이크로미터 = 10^{-6} 미터 = 10^4 옹스트롬

스펙트럼의 **자외선**이나 **가시광선** 영역을 나타내는 데 잘 사용하는 파장의 단위는 나노미터이며, 반면에 마이크로미터는 **적외선** 영역에서 잘 사용된다. 적외선의 경우 파수가 파장 대신에 종종 사용되며, 단위는 cm^{-1}이다. 스펙트럼의 자외선, 가시광선, 적외선 영역의 정의에 대하여는 다음을 참조하라.

자외선과 가시광선 영역에서 파장의 단위로는 나노미터를 사용한다. 적외선 영역에서는 마이크로미터를 쓸 수 있으나, 일반적으로 파장의 역수를 사용한다(파수, cm^{-1}).

전자기 복사선은 어떤 일정량의 에너지를 갖고 있다. **광자(photon)**라고 하는 단위 복사선의 에너지는 다음 식에 의하여 진동수 또는 파장과 관련되어 있다.

$$E = h\nu = \frac{hc}{\lambda} \tag{16.3}$$

여기서 E는 erg로 표시된 광자의 에너지이고, h는 Planck 상수인 6.62×10^{-34} J-s이다. 따라서 **파장이 짧아질수록 또는 진동수가 커질수록 에너지는 더 커진다는 것은 명백하다.**

짧은 파장일수록 더 큰 에너지를 갖는다. 이것은 태양에서 오는 자외선이 피부를 태우는 이유이다. 자외선 차단제는 자외선이 피부에 도달하지 못하도록 흡수하는 물질을 포함하고 있다.

양자 이론의 기원은 원자의 전자 구조와 빛의 성질을 설명하려는 시도에서 나왔다. 물리학의 고전 법칙(17세기 Isaac Newton이 제안한 고전 역학)은 전자 구조를 설명하는 데 사용될 수 없다는 것이 19세기 말이 되면서 명백해졌다. 20세기 초에 시작된 양자 역학의 새로운 이론은, 원자에 대한 우리의 시각을 바꾼 과학적 돌파구였다.

앞에서 지적한 바와 같이 전자기 스펙트럼은 파장에 따라서 임의로 서로 다른 영역으로 분류된다. 스펙트럼의 여러 영역을 그림 16.2에 나타내었다. 비록 감마선과 X선과 같은 높은 에

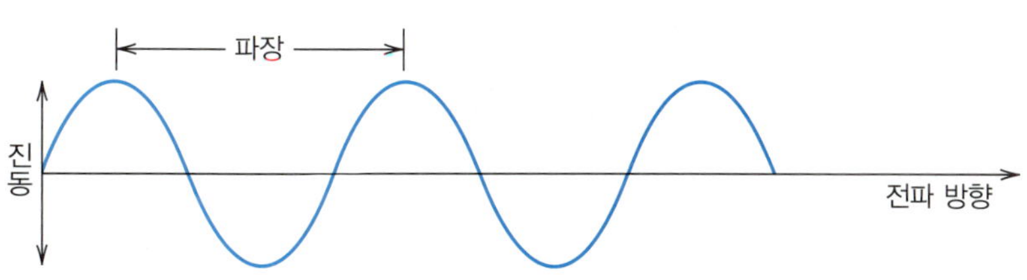

그림 16.1 전자기 복사선의 파동 운동

UV/Vis 및 IR 스펙트럼의 사용 범위

자외선	190~380 nm
가시광선	380~780 nm
근적외선	0.78~2.5 μm
중간 적외선	2.5~15 μm

너지의 복사선이 원칙적으로 낮은 에너지의 복사선과 같은 방법으로 사용될 수 있지만, 이 장에서는 감마선과 X선 영역에 대해서는 다루지 않을 것이다. **자외선** 영역은 약 10~380 nm까지이나, 분석에 가장 유용하게 사용되는 영역은 **근자외선 영역(near-ultraviolet region)** 또는 **석영 UV 영역(quartz UV region)**이라고 하는 190~380 nm까지이다. 190 nm 이하에서는 공기(특히 산소)가 흡수를 나타내므로 기기는 진공 상태에서 작동된다. 따라서 이 파장의 영역을 **진공 자외선 영역(vacuum-ultraviolet region)**이라고 한다. **가시광선(visible region, Vis) 영역**은 실제로 전자기 스펙트럼의 매우 작은 부분이며, 사람의 눈으로 볼 수 있는 파장의 영역으로 파장에 따라 다른 색으로 나타난다. 가시광선 영역은 근자외선 영역(380 nm, 진한 보라색)으로부터 약 780 nm까지이다. **적외선(infrared, IR) 영역**은 약 0.78 μm(780 nm)~300 μm까지이나 4000~667 cm^{-1}의 파수 영역인 2.5~15 μm까지의 범위가 분석에서 가장 많이 사용된다. 0.8~2.5μm까지의 범위는 **근적외선 영역(near-infrared region)**으로 알려져 있으며, 2.5~16 μm까지의 영역은 **중간 적외선 영역(mid-infrared region)** 또는 **NaCl 적외선 영역(NaCl-infrared region)**으로 알려져 있고, 더 긴 파장은 **원적외선 영역(far-infrared region)**으로 알려져 있다. 이 장에서는 에너지가 더 낮은 복사선(라디오 또는 마이크로파)에 대하여는 다루지 않지만 중요하게 활용되기는 한다. 예를 들면 핵자기 공명 분광학은 원자의 핵과 낮은 에너지의 마이크로파 복사선과의 상호작용을 연구한다.

물질은 어떻게 복사선을 흡수하는가?

우리가 보는 물체의 색은 투과하거나 반사하는 파장 때문이다. 그 밖의 파장은 흡수된다.

우리는 전자기 복사선 중에 아주 일부분만 볼 수 있다.

복사선의 흡수에 관한 정성적인 설명은 가시광선 영역에서 빛의 흡수를 생각하면 알 수 있다. 백색광을 조사하였을 때, 우리는 물체가 백색광 스펙트럼 중 일부분만을 반사하거나 투과하기 때문에 물체가 색을 띤 것으로 "보게 된다". 가시광선 영역에서 파장의 전 스펙트럼을 포함하는 다색의 빛(흰색의 빛)이 물체를 통해 지나갈 때 물체는 어떤 파장을 흡수할 것이고, 흡수되지 않은 파장은 투과한다. 이 투과된 잔여 파장이 색으로 보인다. 이 색은 흡수된 색에 대한 **보색(complementary)**이 된다. 같은 방법으로 불투명한 물체들은 어떤 파장을 흡수하고 남아 있는 색은 반사되어 "보이게 된다".

표 16.1에 가시광선 스펙트럼에서 서로 다른 파장과 연관된 대략적인 색들을 정리하였다. 예를 들어 과망가니즈산 포타슘 용액은 525 nm에서 최대 흡수값을 가지고 스펙트럼의 초록색 영역의 빛을 흡수하여 자주색으로 보인다.

분자가 복사선을 흡수할 수 있는 기본적인 세 가지 과정이 있으며, 모든 과정은 흡수된 복사선의 에너지($h\nu$)와 같은 에너지만큼 증가한 더 높은 내부 에너지 준위로 분자를 올려놓는다. 세 형태의 내부 에너지는 **양자화(quantize)**되어 있으며, 이것은 분자들이 불연속 에너지 준위로 존재한다는 것을 뜻한다. 첫 번째, 분자는 여러 축에 대해 회전하고, 회전 에너지는 한정된 에너지 준위에 있게 된다. 그러므로 분자는 복사선을 흡수하여 **회전 전이(rotational transition)**로서 더 높은 회전 에너지 준위로 올라가게 된다. 두 번째, 분자 내의 원자들 또는

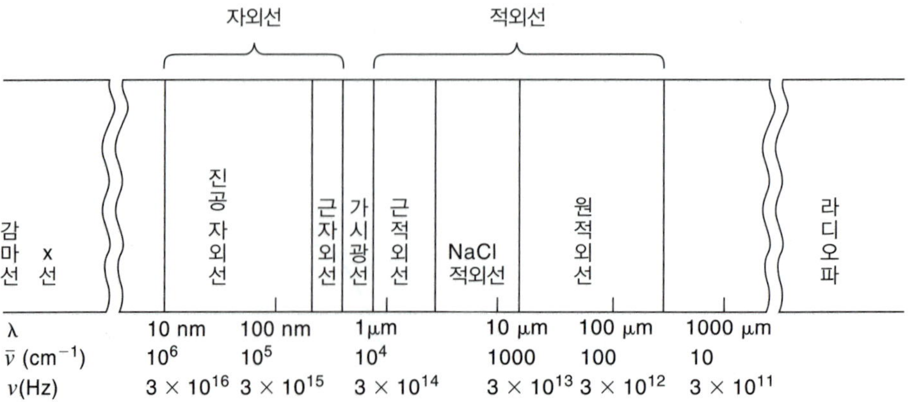

그림 16.2 전자기 스펙트럼

원자단은 서로 진동하고, 이 진동의 에너지는 일정한 양자화된 준위에서 일어난다. 그러면 분자는 불연속 에너지의 양을 흡수하여 **진동 전이**(**vibrational transition**)를 일으키며 더 높은 진동 에너지 준위로 올라가게 된다. 세 번째, 분자 내의 최외각에 있는 원자가 전자들은 더 높은 전자 에너지 준위로 올라가는 **전자 전이**(**electronic transition**)를 할 수 있다. X선과 같이 훨씬 더 에너지가 큰 복사선을 흡수하면 내부 껍질에 있는 전자들이 방출된다. X선을 포함하는 다양한 분광학적 기법들에 대한 훌륭한 교재로 http://www.p-ng.si/~acron/xas/xas.htm 사이트가 있다.

이러한 각각의 내부 에너지 전이는 양자화되어 있으므로, 내부 에너지의 양자화된 증가와 같은 에너지 $h\nu$에 해당하는 **일정한 파장**에서만 일어난다. 그러나 각각의 전이 형태에 대해 다양한 **다른** 에너지 준위가 있을 수 있으므로 여러 파장이 흡수될 수도 있다. 전이는 그림 16.3에서와 같은 에너지 준위 도표로 설명될 수 있다. 세 전이 과정의 상대적인 에너지 준위는 전자>진동>회전의 순이며, 각각은 에너지의 준위에서 대략 한 차수의 차이가 있다. 따라서 회전 전이는 매우 낮은 에너지(긴 파장, 즉 마이크로파 또는 원적외선 영역)에서 일어날 수 있으나, 진동 전이는 근적외선 영역의 더 높은 에너지를 필요로 하는 반면에, 전자 전이는 그보다 더 높은 에너지(가시광선 또는 자외선 영역)를 필요로 한다.

광자를 흡수한 분자는 광자의 에너지와 정확하게 일치하는 에너지 전이를 하게 된다. 이때 광자는 이 양자화된 전이에 부합하는 에너지를 가져야 한다.

회전 전이

순수한 회전 전이는 에너지가 진동 전이나 전자 전이를 일으키기에 충분하지 않은 **원적외선**(**far-infrared**)과 **마이크로파**(**microwave**) 영역(약 100 μm~10 cm까지)에서 일어날 수 있다. 실온이나 그보다 낮은 온도에서 분자는 보통 **바닥 상태**(**ground state**, E_0)라고 하는 가장 낮은 전자 에너지 상태에 있다. 그래서 분자의 순수한 회전 전이는 **들뜬 상태**(**excited state**)에서도 약간의 분포를 나타내지만 바닥 상태 에너지 준위(그림 16.3의 *A*)에서 주로 일어날 것이다. 단지 회전 전이만이 일어날 때 불연속의 흡수선들이 스펙트럼 내에 나타날 것이며, 각 흡수선의 파장은 각각의 전이에 해당한다. 여기에서 분자들의 회전 에너지 준위에 대한 기본적인 정보를 얻을 수 있다. 그러나 이 파장 영역은 분석에 거의 이용되지 않는다.

회전 전이는 매우 장파장에서 일어난다(낮은 에너지, 원적외선). 예리한 선 스펙트럼이 얻어진다.

진동 전이

에너지가 증가(파장 감소)함에 따라, 진동 전이는 회전 전이가 **추가되어** 다양한 조합의 진동-회전 전이로 나타난다. 가장 낮은 진동 준위에서 **각각의** 회전 준위는 들뜬 진동 준위(그림

진동 전이도 역시 불연속적이다. 그러나 여기에 더해진 회전 전이로 인하여 분리되지 않는 선들의 "무뎌진(smeared)" 스펙트럼이 나타난다.

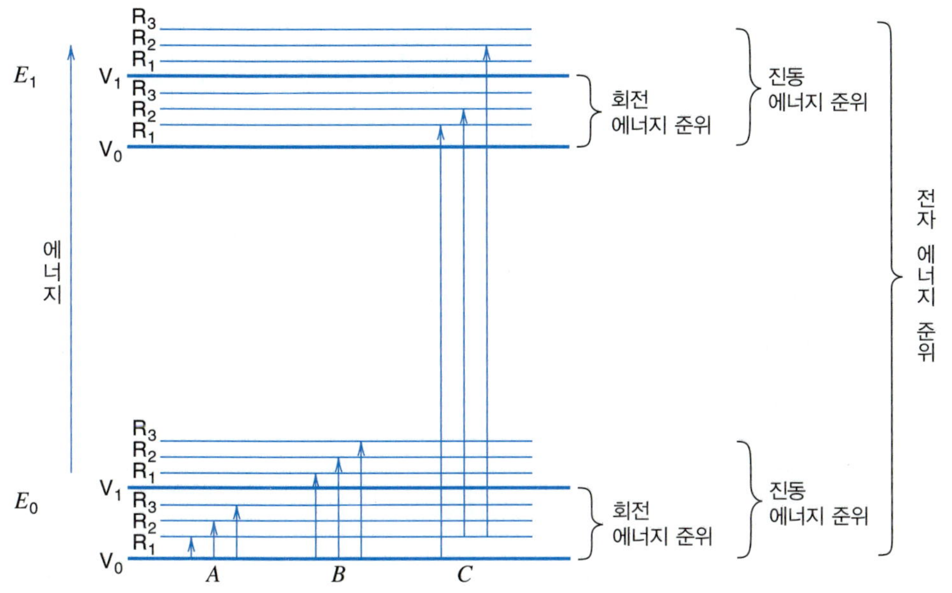

그림 16.3 전자기 복사선의 흡수와 연관된 에너지 변화를 나타내는 에너지 준위 도표: *A*, 순수한 회전 변화(원적외선); *B*, 회전-진동 변화(근적외선); *C*, 회전-진동-전자 전이(가시광선과 자외선). E_0는 전자의 바닥 상태이고, E_1은 첫 번째 전자의 들뜬 상태이다.

16.3의 B)의 서로 다른 회전 준위로 들뜰 수가 있다. 그 외에 각각이 많은 회전 준위를 가진 여러 개의 서로 다른 들뜬 진동 준위가 있다. 이것은 많은 불연속 전이를 만든다. 이 결과 분해되지 않은 미세 구조의 **피크** 또는 "싸개모양(envelope)"의 스펙트럼이 만들어진다. 이러한 피크들이 나타나는 파장은 분자 내의 진동 방식과 관련지어질 수 있다. 이것은 중간 적외선과 원적외선 영역에서 일어난다. 몇 개의 대표적인 적외선 스펙트럼을 그림 16.4에 나타내었다.

불연속적인 전자 전이(가시광선 및 자외선 영역)역시 회전과 진동 전이와 포개져서 더 "무뎌진" 스펙트럼으로 나타난다.

전자 전이

더 높은 에너지(가시광선과 자외선 파장)에서는 서로 다른 전자 전이의 준위가 생기고, 회전

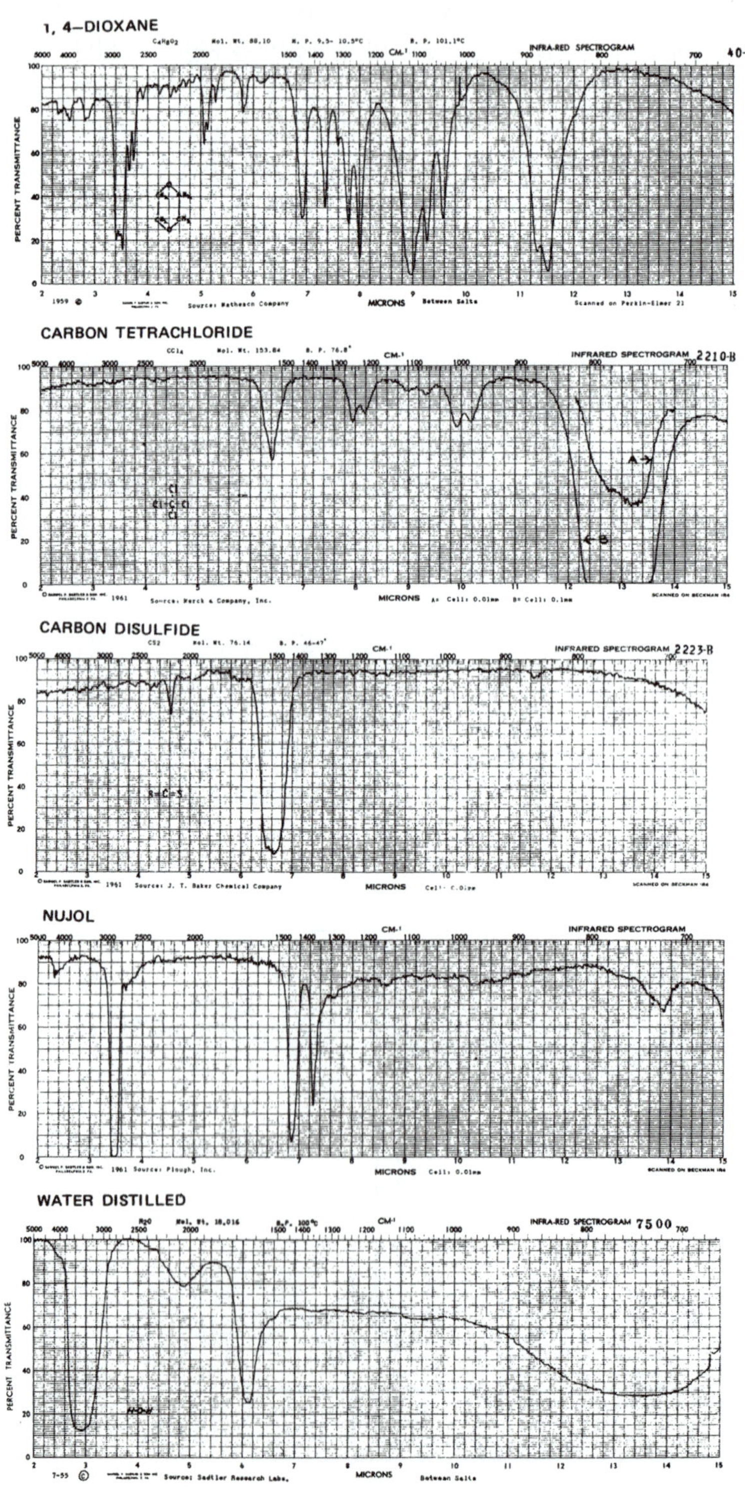

그림 16.4 전형적인 적외선 스펙트럼(적외선 분광학자들이 자주 사용하는 26가지 스펙트럼, Standard Spectra-Midget Edition. 저작권 © Sadtler Research Laboratories, Inc. Sadtler Standard Spectra의 허가하에 게재.)

과 진동 전이는 이것들 위에 포개진다(그림 16.3의 *C*). 결과적으로 가능한 전이가 더 많이 생긴다. 모든 전이가 불연속의 파장에 해당하는 양자화된 단계에서 일어나지만, 이들 개개의 파장들은 너무 많고 가까워서 개개의 흡수선이나 진동 피크로 분해될 수 없으며, 따라서 흡수된 파장들의 넓은 **띠** 스펙트럼이 생긴다. 대표적인 가시광선과 자외선 스펙트럼을 그림 16.5와 16.6에 나타내었다. 자외선–가시광선 스펙트럼은 미세 구조가 없어서 분자 구조 결정에는 특별히 유용하지 않다. 그러나 추정 분자의 스펙트럼과 비교하여 확인하는 데 사용할 수 있다.

흡수된 복사선은 어떻게 되는가?

분자의 들뜬 상태의 수명은 마이크로초에서 펨토초 단위로 상당히 짧아서 들뜬 에너지를 바로 잃고 바닥 상태로 떨어진다. 그러나 흡수된 것과 같은 파장의 광자로서 해당 에너지를 방출하기보다는, 대부분 에너지를 열로 잃어버리는 충돌 과정에 의해 안정화된다. 대부분의 경우 이 열은 너무 적어서 측정할 수 없다. 이것이 용액 또는 물질이 색을 띠게 되는 이유이다. 만일 빛이 다 방출된다면 색은 없어질 것이다. 어떤 경우에는, 보통 형광이라고 하는 더 긴 파장의 빛으로 방출되는 경우도 있는데, 이에 대해 16.15절에서 더 논의할 것이다.

흡수된 에너지의 대부분은 충돌한 분자의 운동 에너지를 증가시키는 충돌 과정에 의해 열로 잃게 된다.

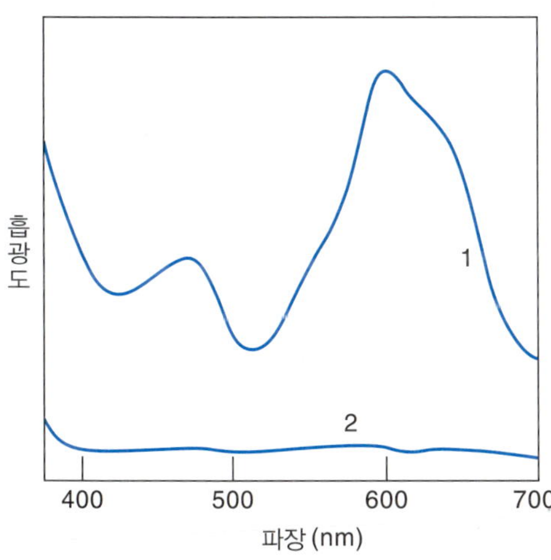

그림 16.5 전형적인 가시광선 흡수 스펙트럼. 황산 중에서 β-나프톨과 반응된 타타르산. 1, 시료, 2, 바탕 용액. [G. D. Christian, *Talanta*, **16**(1969) 255.]

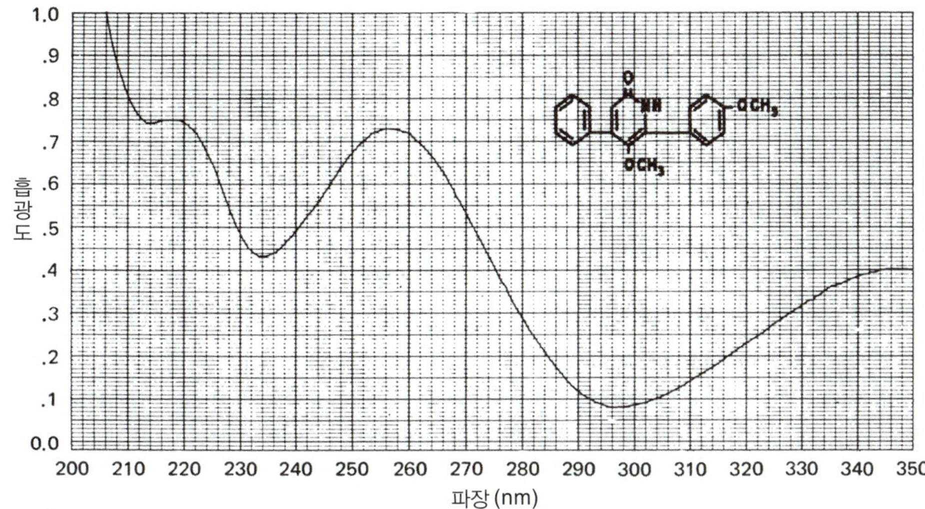

그림 16.6 전형적인 자외선 스펙트럼. 메탄올 중의 5-메톡시-6-(*p*-메톡시페닐)-4-페닐-2(1*H*)-피리돈.(*Sadtler Standard Spectra-u.v.* Copyright c Sadtler Research Laboratories, Inc., 1963. Sadtler Standard Spectra의 허가하에 게재.)

16.2 전자 스펙트럼과 분자 구조

복사선	전이 형태
마이크로파	회전
적외선	회전/진동
근적외선	진동
가시광선	바깥 전자
자외선	전이

스펙트럼의 가시광선과 자외선 영역에서 일어나는 전자 전이는 분자 내의 특정한 형태의 결합, 작용기에 의한 복사선의 흡수에 의하여 일어난다. 흡수 파장과 세기는 정밀한 분자 구조에 따라 달라진다. 흡수 파장은 전이하는 데 필요한 에너지의 척도이다. 흡수 세기는 전자계와 복사선이 상호작용할 때 일어나는 전이의 확률과, 바닥 상태와는 다른 발색단의 들뜬 상태의 극성(쌍극자 모멘트)에 달려 있다. 용매의 극성은 단파장쪽 이동(hypsochromic 또는 blue shift)이나 장파장쪽 이동(bathochromic 또는 red shift)을 유발하여 발색단의 색에 영향을 준다. 이 효과를 용매 의존 발색 현상(solvatochromism)이라고 한다. 바닥 상태와 들뜬 상태는 쌍극자 모멘트가 다르기 때문에 용매의 극성 변화는 바닥과 들뜬 상태의 다른 안정화를 유도한다. 따라서 상태들 사이의 에너지 차이에 변화를 유도할 수 있다.

전이의 종류

π(이중 또는 삼중 결합)와 n(바깥 껍질)전자는 대부분의 자외선과 가시광선 전이를 일으킨다.

분자 내 전자들은 네 가지의 서로 다른 형태로 분류될 수 있다. (1) 결합에 관여하지 않는 닫힌 껍질 전자. 이것들은 매우 높은 들뜸 에너지를 가지며, 가시광선이나 자외선 영역에서의 흡수에 기여하지 않는다. (2) 단일 공유 결합 전자〔σ(시그마), 전자〕. 이것들도 너무 높은 들뜸 에너지를 가져서 자외선이나 가시광선의 흡수에 기여하지 못한다(예를 들어 포화 탄화수소에서 단일 원자가 결합, $-CH_2-CH_2-$). (3) N, O, S, 할로젠에서와 같이 짝진 비결합 바깥 껍질 전자(n 전자). 이것들은 σ 전자보다 느슨하게 붙들려 있으며 가시광선이나 자외선에 의하여 들뜰 수 있다. (4) π(파이)오비탈에 있는 전자, 예를 들어 이중 또는 삼중 결합에 있는 전자. 이것들은 가장 쉽게 들뜨게 되며 가시광선과 자외선 흡수의 대부분이 이것들에 의하여 일어난다.

들뜬 상태의 전자는 반결합성 오비탈(π^* 또는 σ^*)로 전이한다. 대부분의 200 nm 이상의 전이는 $\pi \rightarrow \pi^*$와 $n \rightarrow \pi^*$이다.

전자들은 오비탈에 존재한다. 분자는 또한 **반결합성 오비탈(antibonding orbital)**이라고 하는 **비점유 오비탈**(*unoccupied orbital*)을 갖고 있다. 이것들은 들뜬 상태 에너지 준위에 해당하며 σ^* 또는 π^* 오비탈이다. 따라서 복사선의 흡수는 반결합성 오비탈로 전자 전이를 일으킨다. 대부분의 일반적인 전이는 π 또는 n 오비탈로부터 반결합성 π^* 오비탈로의 전이이며, $\pi \rightarrow \pi^*$와 $n \rightarrow \pi^*$ 전이로 나타내고, 들뜬 π^* 상태로의 전이를 가리킨다. 비결합성 n 전자도 매우 짧은 파장에서 반결합성 σ^* 상태로 전이될 수 있다. 즉 $n \rightarrow \sigma^*$. 이것은 200 nm 이하의 파장에서 일어난다.

$\pi \rightarrow \pi^*$와 $n \rightarrow \pi^*$ 전이의 예는 케톤($R-\overset{\overset{\displaystyle O}{\|}}{C}-R'$)에서 볼 수 있다. 원자가 결합 구조에 의한 전자 전이를 다음과 같이 나타낼 수 있다.

$$>C{=}O \longrightarrow >\overset{+}{C}-\overset{-}{O}$$

$\pi \rightarrow \pi^*$ 전이

$$>C{=}O \longrightarrow >\overset{-}{C}{\equiv}\overset{+}{O}$$

$n \rightarrow \pi^*$ 전이

예를 들어 아세톤은 흡수 스펙트럼에서 높은 세기의 $\pi \rightarrow \pi^*$ 전이를, 그리고 낮은 세기의 $n \rightarrow \pi^*$ 전이를 나타낸다. $n \rightarrow \pi^*$ 전이의 예는 에터($R-O-R'$)에서 볼 수 있다. 이것은 200 nm 이하에서 일어나므로 싸이오에터($R-S-R'$), 이황화물($R-S-S-R$), 알킬 아민($R-NH_2$)과 알킬할로젠화물($R-X$)뿐만 아니라 에터류는 가시광선과 자외선 영역에서 투명하다. 즉 이것들은 이 영역에서 흡수띠를 가지고 있지 않다.

$\pi \to \pi^*$ 전이의 확률은 $n \to \pi^*$ 전이보다 더 크고, 따라서 흡수띠의 세기도 더 크게 된다. 최대 흡수띠에서 $\pi \to \pi^*$ 전이의 몰흡광 계수(ε)는 대략 1000~100,000 정도이고, $n \to \pi^*$ 전이의 경우에는 1000보다 작다. ε는 흡수띠의 세기의 직접적인 척도이다.

격리된 발색단에 의한 흡수

분자 내의 흡수기를 **발색단**(chromophore)이라고 한다. 발색단을 갖고 있는 분자는 **색원체**(chromogen)라고 한다. **조색단**(auxochrome)은 그 자신이 복사선을 흡수하지 않으나 분자 내에 존재하게 되면 발색단에 의한 흡수를 높이거나, 발색단에 붙어 있을 때 흡수 파장의 위치를 이동시킬 수 있다. 예를 들어 하이드록시기, 아미노기, 할로젠 등이 있다. 이것들은 발색단에 있는 π 전자들과 상호작용할 수 있는 비공유(n) 전자들을 갖고 있다($n-\pi$ 콘쥬게이션).

스펙트럼의 변화는 다음과 같이 분류될 수 있다. (1) **장파장쪽 이동**(bathochromic shift) – 흡수 최대 파장이 장파장 쪽으로 이동, (2) **단파장쪽 이동**(hypsochromic shift) – 흡수 최대 파장이 단파장 쪽으로 이동, (3) **흡광 증가 현상**(hyperchromism) – 몰흡광 계수의 증가, (4) **흡광 감소 현상**(hypochromism) – 몰흡광 계수의 감소

원칙적으로 발색단에 의한 스펙트럼은 분자 내 다른 곳에서 일어나는 약간의 구조 변화에 의하여서는 크게 영향을 받지 않는다. 예를 들어 아세톤과

$$CH_3-\overset{\overset{\displaystyle O}{\|}}{C}-CH_3$$

2-뷰탄온은,

$$CH_3-\overset{\overset{\displaystyle O}{\|}}{C}-CH_2CH_3$$

모양과 세기에서 비슷한 스펙트럼을 보인다. 구조 변화가 크게 되거나 변화된 곳이 발색단에 매우 가까우면 스펙트럼의 변화가 일어날 것을 예측할 수 있다.

표 16.2 대표적인 발색단에 대한 전자 흡수띠[a]

발색단	계	λ_{max}	ϵ_{max}
아민	—NH_2	195	2,800
에틸렌	—C=C—	190	8,000
케톤	>C=O	195	1,000
		270~285	18~30
알데하이드	—CHO	210	강함
		280~300	11~18
나이트로	—NO_2	210	강함
나이트리트	—ONO	220~230	1,000~2,000
		300~400	10
아조	—N=N—	285~400	3~25
벤젠		184	46,700
		202	6,900
		255	170
나프탈렌		220	112,000
		275	5,600
		312	175
안트라센		252	199,000
		375	7,900

[a]From M. M. Willard, L. L. Merritt, and J. A. Dean, *Instrumental Methods of Analysis*, 4th ed. Copyright © 1948, 1951, 1958, 1965, by Litton Educational Publishing, Inc., by permission of Van Nostrand Reinhold Company.

마찬가지로 분자 내 2개의 격리된 발색단(적어도 2개의 단일 결합에 의하여 분리된)의 스펙트럼에 대한 영향은 원칙적으로 서로 무관하여 가감성이 있다. 따라서 CH_3CH_2CNS 분자에서 CNS기에 의한 흡수 최댓값은 800의 ε의 값을 가지고 245 nm에서 나타난다. $SNCCH_2CH_2CH_2CNS$ 분자에서는 세기가 대략 2배(ε = 2000)가 되며, 흡수 최대는 247 nm에서 일어난다. 발색단들 간의 상호작용은 전자 에너지 준위를 혼란시켜 스펙트럼을 변화시킬 수가 있다.

표 16.2에 몇 개의 일반적인 발색단과 최대 흡수가 일어나는 대략적인 파장을 나열하였다. ε_{max}에 대한 설명은 16.7절을 보라. 이것은 $cm^{-1}mol^{-1}$ L(흔히 M^{-1} cm^{-1}로 적는)의 단위로 표시되며, 빛이 얼마나 강하게 흡수되는지에 대한 척도이고 파장과 흡수하는 물질의 특성에 의존한다.

흡수띠의 정확한 파장과 흡수 확률(세기)은 계산될 수 없음을 유의하라. 그리고 분석자는 항상 특정한 조건(온도, 용매, 농도, 기기 종류 등)에서 표준물을 측정해야 한다. 표준물 스펙트럼의 데이터베이스와 스펙트럼의 표준 목록들을 참고 자료로 사용할 수 있다.

콘쥬게이션 발색단에 의한 흡수

다중(예: 이중, 삼중) 결합이 하나의 단일 결합에 의해 분리되어 있을 때 콘쥬게이션되어 있다고 말한다. π 오비탈이 중첩되어 인접한 오비탈 사이의 에너지 차이를 감소시킨다. 결과적으로 흡수 스펙트럼에서 장파장쪽 이동이 일어나고 일반적으로 세기는 증가한다. 콘쥬게이션의 정도(즉 여러 개의 교대하는 이중 또는 삼중 결합과 단일 결합)가 크면 클수록 이동도 커진다. 또한 $\backslash\!\!/C{=}CH{-}NO_2$에서와 같이 비결합성 전자들과 다중 결합의 콘쥬게이션($n-\pi$ 콘쥬게이션)도 스펙트럼의 변화를 가져온다. 이것을 하이퍼콘쥬게이션(hyperconjugation)이라고 하며, 편극된 시그마 결합의 전자들이 인접한 π 오비탈과 상호작용하여 확장된 분자 오비탈을 만들고 계의 안정성을 증가시킨다.

방향족 화합물에 의한 흡수

방향족 화합물은 자외선을 잘 흡수하는 물질이다.

방향족 화합물(페닐 또는 벤젠기를 포함하는)은 콘쥬게이션을 나타낸다. 그러나 그 스펙트럼은 다른 콘쥬게이션된 화합물에 비해 약간 다르며 더 복잡하다. 벤젠 ⬡은 200 nm에서

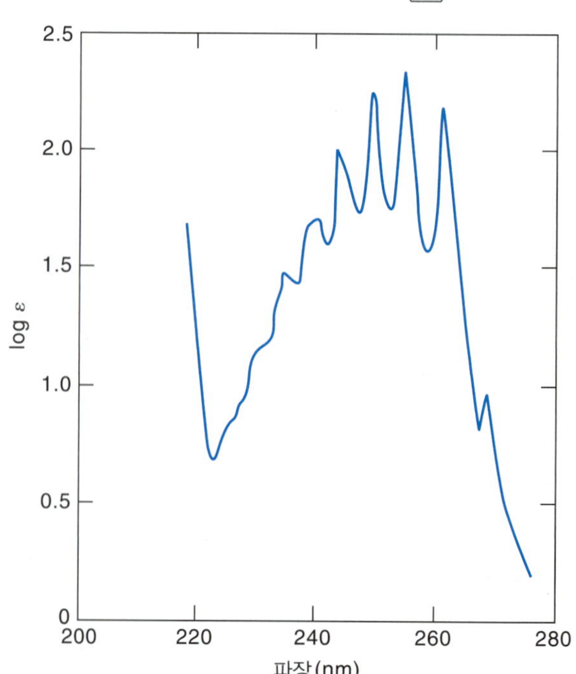

그림 16.7 벤젠의 자외선 스펙트럼

강하게 흡수하고($\varepsilon_{max} = 6900$), 230~270 nm에서 약한 흡수띠($\epsilon_{max} = 170$)를 보인다. 그림 16.7을 참조하라. 약한 띠는 상당히 미세한 구조를 나타내며, 각 피크는 전자 전이에 진동 부준위(vibrational sublevel)가 영향을 주어 나타난다.

치환기가 벤젠 고리에 붙으면 일반적으로 미세 구조가 부드러워지고 장파장쪽 이동과 세기의 증가를 가져온다. 예를 들어 하이드록시기(—OH), 메톡시기(—OCH_3), 아미노기(—NH_2), 나이트로기(—NO_2), 알데하이드기(—CHO)의 경우, 흡수가 약 10배 정도 증가하는 큰 효과가 나타나는데, 이는 $n-\pi$ 콘쥬게이션 때문이다. 할로젠이나 메틸기(—CH_3)는 조색단으로 작용한다.

여러 고리 방향족 화합물(융합 벤젠 고리)은, 예를 들어 나프탈렌 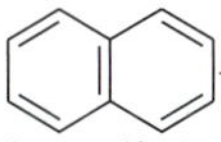 은 더 많은 콘쥬게이션을 가지고 있어서 더 긴 파장에서 흡수한다. 나프타센(4개의 고리)은 470 nm(가시광선)에서 흡수 최대를 가지고 노란색을 띠며, 펜타센(5개의 고리)은 575 nm에서 흡수 최대를 가지고 파란색을 띤다(표 16.1 참조).

폴리페닐 화합물 $(\ )_n$ 에서는 파라-연결(para-linked) 분자들은(1,6 위치) 전체 계를 통해 공명 상호작용(콘쥬게이션)을 할 수 있고, 파라-연결 고리들이 증가하면 장파장쪽 이동을 나타낸다(예를 들어 $n = 0$에서 $n = 4$로 되면 250에서 320 nm로 이동). 그렇지만 메타(1,3 위치)-연결 분자들에서는 그러한 콘쥬게이션은 가능하지 않으므로 어떤 감지될 정도의 이동이 $n = 16$까지 일어나지 않는다. 그렇지만 동일한 발색단이 추가되므로 흡수의 세기는 증가한다.

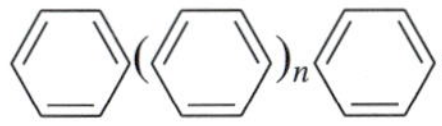

피리딘 N과 같은 많은 헤테로 고리 방향족 화합물은 UV 영역을 흡수하고, 부가된 치환체는 페닐 화합물에서와 같은 스펙트럼 변화를 일으킬 것이다.

산-염기 적정과 산화-환원 적정에 사용되는 지시약(8장과 14장)은 크게 콘쥬게이션된 계이며, 따라서 가시광선 영역에서 흡수한다. 양성자 또는 전자를 잃거나 얻게 되면 전자 분포를 크게 변화시키게 되며 따라서 색도 변화될 것이다.

같은 물질의 흡수 스펙트럼이라도 기체상과 용액에서 서로 상당히 다를 수 있다. 분자간 상호작용이 최소화되는 기체상에서 가장 정교한 흡수 스펙트럼을 얻을 수 있다. 용액 상태에서는 흡수 스펙트럼의 미세 구조에 있어서 분해능에 손실이 발생하는데, 용매 자체는 흡수하지 않더라도 용매가 분석물과 강하게 상호작용하는 경우보다는 상호작용이 없는 용매에서 그 손실은 줄어든다.

분자가 복사선을 흡수하지 않는다면 어떻게 될까?

어떤 화합물이 자외선 또는 가시광선 영역에서 흡수하지 않는 경우에는 흡수하는 유도체를 만들 수 있다. 예를 들어 단백질은 알칼리성 용액 중에서 구리(II)와 색을 띠는(뷰렛 반응이라 불리는) 착물을 형성한다. 금속은 다른 유기 침전 시약은 물론 10장의 표 10.2에 기록된 많은 시약들과 매우 강한 색을 띠는 킬레이트를 형성한다. 이것들은 유기 용매에 녹이거나 추출할 수 있으며(18장), 용액의 색은 분광법으로 측정될 수 있다. 무기물에 의한 복사선의 흡수 메커니즘은 다음에 설명되어 있다.

빛을 흡수하지 않은 물질들은 빛을 흡수하는 유도체로 만들 수 있다.

가시광선 또는 자외선 영역(특히 가시광선 영역)에서의 분광법 측정은 흔히 유도체 또는 측정 물질에 관련된 색을 띤 반응 생성물을 형성하므로 임상 화학에 널리 응용되는데, 흔히 색을 내는 유도체나 반응물을 형성하는 것으로, 이는 진단 물질과 관계가 있을 수 있다. 예를 들어 혈액 중의 크레아티닌은 알칼리성 용액에서 피크르산 이온과 반응하여 490 nm에서 흡수하는 색을 갖는 물질을 형성한다. 철은 바쏘페난트롤린과 반응하여 535 nm에서 측정된다. 무기 인산염을 몰리브데넘(VI)과 반응시켜서 형성된 착물은 환원되어 660 nm에서 흡수하는 "몰리브데넘 블루"[Mo(V) 화학종]를 형성한다. 요산(uric acid)은 알칼리성의 포스포텅스텐 산화물에 의해 산화되고, 파란색의 포스포텅스텐 산화물의 환원 생성물은 680 nm에서 측정된다. 자외선 측정은 252 nm에서 알칼리 용액 중의 바비투르산의 측정과 효소 반응의 일반적인 반응 물질이거나 생성 물질인 환원형 니코틴아마이드 아데닌 다이뉴클레오타이드(NADH)의 340 nm에서의 흡광도 변화를 관찰함으로써 많은 효소 반응을 추적할 수 있다. 임상 측정은 이 책의 웹 사이트의 24장에서 더 자세히 설명된다.

무기 킬레이트: 어떻게 강한 흡수를 하는가?

금속 착물에 의한 자외선 또는 가시광선의 흡수는 다음 전이들 중 하나 또는 그 이상에 기인한다고 할 수 있다. (1) **금속 이온의 들뜸**, (2) **리간드의 들뜸**, (3) **전하 이동 전이**. 보통 착물에서 금속 이온의 들뜸은 1~100 cm^{-1} mol^{-1} L 정도의 매우 작은 몰흡광 계수(ε)를 가지며, 미량의 정량 분석에 사용되지 않는다. 사용되는 대부분의 리간드들은 위에 설명한 흡수 성질을 나타내는 유기 킬레이트제로서, $\pi \rightarrow \pi^*$와 $n \rightarrow \pi^*$ 전이를 일으킬 수 있다. 금속 이온과의 착물화는 분자의 양성자 첨가와 유사하며 파장과 흡수 세기에서의 변화를 초래한다. 대부분의 경우에 이러한 변화는 경미하다.

금속 킬레이트의 강한 색은 흔히 전하 이동 전이 때문이다. 이것은 간단히 금속 이온으로부터 리간드로, 또는 리간드로부터 금속 이온으로의 전하의 이동이다. 그러한 전이는 리간드에 있는 π 준위나 σ 결합 오비탈로부터 금속 이온의 비점유 오비탈로 전자의 들뜸이나 리간드의 비점유 π 오비탈로 σ 결합 전자들의 들뜸을 포함한다.

그런 전이가 일어날 때 실제로 산화-환원 반응이 금속 이온과 리간드 사이에 일어난다. 보통 금속 이온은 환원되고 리간드는 산화되며, 최대 흡수 파장(에너지)은 교환이 얼마나 쉽게 일어나는가와 관련된다. 낮은 산화 상태에 있는 금속 이온은, 높은 전자 친화도를 가진 리간드와 결합할 때 착물을 파괴하지 않고 산화될 수도 있다. 중요한 예로는 철(II)의 1,10-페난트롤린 킬레이트가 있다.

금속 이온과 리간드 간의 전하 이동 전이는 강하게 흡수하는 착물을 만든다.

전하 이동 착물의 몰흡광 계수는 매우 커서 일반적으로 10,000~100,000 $cm^{-1}mol^{-1}$ L까지의 ε 값을 가지며, 가시광선 또는 자외선 영역에서 나타난다. 그 세기(전하 이동의 정도)는 리간드에 콘쥬게이션이 많게 됨에 따라 증가한다. 이러한 형태의 금속 착물은 높은 흡수 때문에 강한 색을 띠게 되고, 미량의 금속 농도를 검출하고 측정하는 데 매우 적합하다.

16.3 적외선 흡수와 분자 구조

적외선 분광학은 분자의 정성적인 정보를 얻는 데 매우 유용하다. 하지만 분자는 흡수를 하려면 어떤 성질을 가지고 있어야 한다.

적외선 복사의 흡수

분자가 적외선 복사선을 흡수하기 위해서는 쌍극자 모멘트의 변화가 일어나야 한다.

모든 분자가 적외선을 흡수할 수는 없다. 흡수가 일어나려면, **분자의 쌍극자 모멘트(극성)에 변화**가 있어야 한다. 복사선의 교차하는 전기장(전자기 복사선은 진동하는 전기장과 진동하는 자기장으로 구성되어 있으며 이들은 서로 수직 방향에 있다)이 분자 쌍극자 모멘트의 요동과 상호작용을 한다. 복사선의 주파수와 분자의 진동 주파수가 일치하면 분자 쌍극자 모멘트의 크기에 변화를 일으키며 빛이 흡수될 것이다. 이원자 분자가 흡수를 하려면 영구 쌍극자(전자쌍이 균등하지 않게 공유된 극성 공유 결합)를 가져야 하지만, 더 큰 분자는 그렇지 않다. 예를 들면 질소(N≡N)는 쌍극자를 나타낼 수 없고 적외선을 흡수하지 않는다. 일산화 탄소와 같은 비대칭 이원자 분자는 영구 쌍극자를 가지고 있고, 따라서 적외선을 흡수한다. 이산화 탄소(O=C=O)는 영구 쌍극자를 가지고 있지 않지만 진동에 의해서 쌍극자 모멘트를 가질 수 있다. O ⇒ C ⇐ O의 진동 방식은 대칭이며, 쌍극자 모멘트가 없다. 그러나 O ⇐ C ⇐ O 방식에서는 쌍극자 모멘트가 있고, 분자는 유도된 쌍극자를 통해 적외선을 흡수할 수 있다. 적외선과 다른 파장 영역대의 흡수기와 분자 형태는 다음에서 논의될 것이다.

용액에 있는 거의 모든 흡수 화학종은 분자이기 때문에 지금까지의 논의는 분자에 한정하였다. 진동하거나 회전하지 않는 단일 원자(불꽃이나 전기 아크에서 발생되는)의 경우에는 오직 전자 전이만 일어난다. 단일 원자인 경우에는 제한된 전이에 해당하는 좁은 띠의 선이 발생된다. 이에 관한 자세한 논의는 다음 장에서 이루어질 것이다.

단일 원자들은 오로지 전자 전이만 일으킨다. 따라서 스펙트럼이 예리한 선으로 나타난다.

적외선 스펙트럼

적외선 영역에서 흡수하는(진동하는) 원자단들은 일정한 파장 영역 내에서 흡수하며, 정확한 파장은 이웃해 있는 기에 의해 영향을 받게 될 것이다. 그렇지만 흡수 피크에는 자외선 또는 가시광선 영역에서보다 훨씬 더 예리하여 확인하기가 더 쉽다. 뿐만 아니라 각 분자는 그 분자에 독특하고 완전한 흡수 스펙트럼을 가지며, 따라서 그 분자의 "지문(fingerprint)"이 얻어진다. 예를 들어 그림 16.4에서 제일 위에 있는 스펙트럼을 참조하라. 적외선 스펙트럼의 목록은 많은 화합물을 비교하기 위해서 사용된다. 이 장의 끝에 있는 참고 문헌과 웹 사이트 주소를 참조하라. 물론 흡수 화합물의 혼합물은 화합물들의 혼합된 스펙트럼을 나타낸다. 그렇더라도 분자에 있는 특수한 기들의 흡수 피크로부터 개개의 화합물을 확인하는 것이 종종 가능하다. 알코올, 하이드록실, 카보닐 에스터, 올레핀, 방향성의 불포화 방향족 탄화수소를 포함하는 전형적인 작용기들은 확인될 수 있다. 그림 16.8은 특정 형태의 기들이 흡수하는 영역을 요약해 놓은 것이다. 6~15 μm 영역에서의 흡수는 분자의 주위 환경에 따라 매우 다르며, 이것은 **지문 영역(fingerprint region)**이라고 한다. 어떤 분자는 목록에 있는 알려진 스펙트럼과 이 영역에서의 독특한 흡수를 비교함으로써 확인될 수 있다.

적외선 영역은 "지문" 영역이다.

적외선 분광학의 가장 중요한 용도는 확인과 구조 분석에 있으나, 각 화합물에 있어서 몇몇 흡수 피크들은 흡수하는 화학종의 농도에 비례하는 세기를 가진 한정적이고 선택적인 파장에서 생기므로, 유사한 화합물들로 된 복잡한 혼합물의 정량적인 분석에도 사용할 수 있다. 일반적인 흡수띠를 간단하게 요약한 http://science.csustaniedu/tutorial/ir/index.htm을 참조하고 그림 16.8과 비교하라. 여기에서는 하나 또는 여러 개의 흡수띠의 존재를 통하여 다른 종류의 화합물들을 어떻게 확인하는가 하는 간편한 설명을 하고 있다. 특정한 흡수띠가 없는 것으로 어떤 종류의 화합물을 배제할 수도 있다는 것도 중요하다.

일상생활에서의 적외선 분광법

적외선 분광법은 산업 보건위생이나 대기의 품질 평가와 같은 많은 분야에서 정량 분석법으로 사용되고 있다. 자동차 배기가스 점검 시에 배기가스 내에 있는 CO, CO_2, 탄화수소를 측정(탄화수소의 평균 몰흡광도에 기초한)하기 위해 적외선 탐침을 배기통 속에 집어넣는다.

알코올 섭취로 음주 단속에 걸렸을 때, "음주 측정기"인 적외선 기기를 사용해 호흡 기체 속에 있는 알코올의 양을 측정하여 혈중 알코올의 양을 측정한다. 시료 수집기에 호흡 기체를

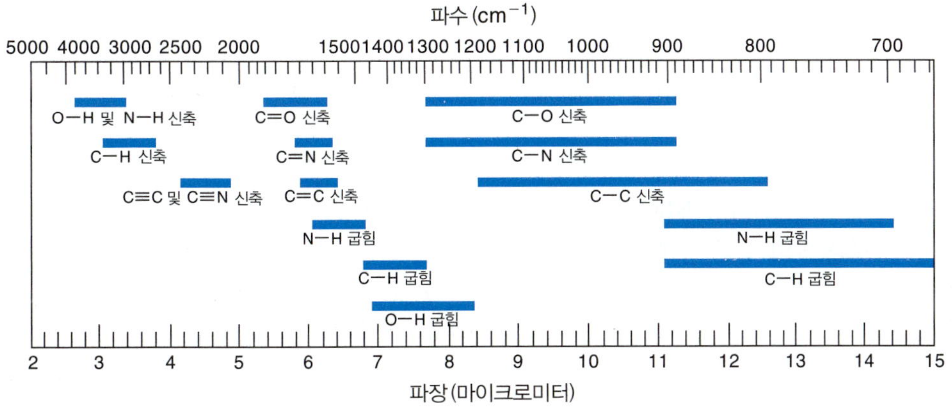

그림 16.8 적외선 흡수 영역에 대한 작용기 진동의 간단한 상관관계(R. T. Conley, *Infrared Spectroscopy*, 2nd ed. Boston: Allyn and Bacon, Inc., 1972).

모으기 위해 튜브 속에 호흡 공기를 분다(호흡 공기는 폐 속 모세 혈관과 평형 상태이다). 알코올은 3.44 μm의 흡수띠로 측정된다. 이 흡수는 알코올에 대해서만 특정적이지 않고, 호흡 기체 중 아세톤이 가장 많이 방해를 하는 물질이다. 이것은 만약 사람이 당뇨병이거나 긴 시간 식사를 하지 않는다면 산성증(acidosis, ketosis)에 의하여 상당한 농도의 아세톤이 호흡 시 발생할 수 있다. 아세톤이 알코올보다 더 강하게 흡수되는 바, 이것을 교정하기 위해 흡수는 더 약한 3.37 μm에서도 측정한다. 호흡 기체 내의 알코올 양을 정확히 계산하기 위해 두 흡수가 사용된다. 일정한 온도에서 공기를 시료 용기 안에 있는 표준 알코올 수용액으로 불어서 보정을 한다. 호흡 기체 알코올 양은 2100:1의 평균 환산 인자를 이용해서 혈중 알코올 퍼센트로 바꿀 수 있다(체온 37°C에서 호흡 중 알코올 농도는, g/cc, 대략 혈액의 농도에 1/2100 정도이다). 이러한 환산 인자는 실제로는 약간 차이가 있는데, 미국에서는 이 값이 사용된다. 하나의 측정기가 50°C에서(수분의 응결을 막기 위해) 55.2 cc의 호흡을 모았다면, 이는 입 안 온도 34°C에서 52.5 cc에 해당하고 2,100의 1/40이다. 따라서 40을 곱한 결과가 혈중 알코올 함량에 해당한다. 많은 나라에서 법적 제한값으로 혈중 알코올의 양은 0.08%(0.08 g/100 cc) 이하로 규정하고 있는데, 이것은 혈중 알코올이 이 수준이나 그 이상이라면 알코올이 영향을 준다고 할 수 있다. 많은 유럽 국가는 심지어 이것보다 더 낮다. 미성년자라면, 약간의 혈중 알코올 양이라도 법적 성인이 될 때까지 면허증을 잃게 된다. 혈중 알코올 양 0.08 g/100 cc는 호흡에서는 0.0000381 g/100 cc에 해당한다.

16.4 비파괴 시험용 근적외선 분광법

중간 적외선 영역(mid-IR, 1.5~25 μm)은 스펙트럼이 다양하고 특이한 미세 구조를 가지고 있기 때문에 확인하는 목적으로 널리 사용되고 있다. 정량 분석은 측정을 위한 시료를 묽혀야 할 필요성과 측정 영역에서 빛을 흡수하지 않는 용매 선택의 어려움 때문에 사용이 제한적이다. 전자기 스펙트럼에서 가시광선 끝부분을 바로 넘어서는 0.75~2.5 μm(750~2500 nm)에서 얻은 스펙트럼 영역은 **근적외선(near infrared**, NIR)영역이라고 한다. 이 영역에서의 흡수띠들은 매우 약하거나 특색이 없지만 비파괴 정량 분석, 예를 들면 고체 시료의 분석에는 유용하다.

배진동과 띠—NIR 흡수의 기본

NIR 흡수는 낮은 확률을 갖는 **금지 전이**(*forbidden transition*)인 진동 **배음(overtone)**이나 **복합띠(combination band)**들에 의한 것이며, 따라서 신호가 약하다. 이는 중간 적외선 영역의 기본 진동과 관련이 있다. 분자가 바닥 진동 상태에서 진동 양자수 v가 2 이상인 높은 에너지의 진동 상태로 들뜨는 경우에 배진동 흡수가 된다. 따라서 첫 번째 배진동띠는 $v=0$에서 $v=2$로 전이되는 것이고, 두 번째와 세 번째의 배진동은 $v=0$에서 $v=3$ 또는 $v=4$로 각각 전이되는 것이다. 복합 흡수띠는 서로 다른 두 개의 분자 진동이 동시에 들뜨게 되는 현상이다. 배진동띠의 세기는 연속적인 배진동에 대해서 수가 증가됨에 따라 대략 한 차수씩 감소한다. NIR의 흡수는 주로 C—H, O—H, N—H의 신축 또는 굽힘 운동에 기인한다.

장-단파장 NIR

NIR 영역은 다시 단파장 NIR(750~1100 nm)과 장파장 NIR(1100~2500 nm)로 나눌 수 있다. 이 구분은 이 두 영역에서 사용되는 검출기에 의한 것이다(실리콘 검출기는 단파장에, PbS, InGaAs, 저마늄 검출기가 장파장 검출용이다). 흡광도는 일반적으로 단파장 NIR 영역에서 더 약하다. 따라서 단파장 NIR에서는 1~10 cm 흡수 두께를 갖는 흡수 용기를 주로 사용하지만 장파장 NIR 영역에서는 1~10 mm 더 짧은 흡수 용기를 필요로 한다. 일반적으로

NIR 흡수는 중간-IR 영역보다 10~1000배 더 약한 흡수 세기를 보이므로 시료는 가루, 반죽, 용액을 묽히지 않고 보통은 그 "자체로(neat)" 측정한다. 중간-IR 영역에서 시료는 일반적으로 KBr 펠릿, 박막, 엷은 반죽, 용액 등의 형태로 묽히고, 셀의 경로 길이는 15 μm에서 1 mm 정도로 제한된다.

비파괴 시험용 NIR — 교정은 어떻게 하나?

근적외선 스펙트럼은 특색이 없고 흡수 세기가 낮으나 강력한 광원과 통과되는 빛의 양, 감도가 좋은 검출기로 인하여 신호 대 잡음비는 오히려 높다. 중간-IR 영역에서 측정 잡음의 크기는 1000분의 1 수준이며, NIR 검출기에서는 100만분의 1 수준으로 1000배 정도 작다(다음에 따라 나오는 흡광도의 정의 참조). 따라서 적절한 교정을 한다면 우수한 정량적 결과를 얻을 수 있다.

NIR 흡수는 비파괴 정량 분석에 유용하다. 예를 들어 곡물 중의 단백질 함량을 빠르게 측정할 수 있다.

묽히지 않은 시료에 투과되는 성질과 상대적으로 긴 경로 길이를 가지고 있기 때문에, NIR은 보다 많은 시료의 측정에 비파괴적이고 신속한 분석에 유용하다. 그러나 이 방법의 낮은 분해능 때문에 복잡한 시료 매트릭스 내에서 분석물의 스펙트럼을 분해하고 인식할 수 있는 "훈련(train)" 소프트웨어를 위한 주성분 회귀 분석 같은 통계(화학 정보 통계)기술의 개발과 비싸지 않은 컴퓨팅 파워의 발전이 있기까지는 사용이 제한되었었다. 화학 정보 통계 기술은 다성분 측정을 위해서 다변량 수학 기술을 이용한다. 즉 한 번에 하나의 변수나 성분이 아니라 모든 것을 동시에 측정하는 기술이다. 고급의 소프트웨어 패키지가 자동 교정과 결정을 위해서 유용하다. 본질적으로, 다른 농도의 분석물을 포함하는 교정용 표준 물질을 시료 매트릭스에서 준비한다. 이것들은 분석물의 스펙트럼을 추출하고 교정 곡선을 만들 수 있는 소프트웨어를 통하여 훈련하는 스펙트럼으로 사용된다. 일반적으로 전체의 스펙트럼은 동시에 측정되며(16.8절 참조), 스펙트럼을 인식하는 데 수백 또는 수천 개의 파장이 사용된다. 정량 분석(NIR 분광법의 주용도)을 위해서는 표준물의 조성을 반드시 알고 있거나 표준 방법으로 결정해야 한다.

근적외선 분광법의 용도

NIR은 주로 밀, 옥수수, 쌀, 귀리와 같은 정제된 곡식에 있는 영양가의 전체적인 양을 측정하는 데 이용된다. 이러한 시료를 분석하는 고전적인 방법에는 단백질은 Kjeldahl 분석, 지방은 속실렛(Soxhlet) 추출법, 수분은 공기 증발, 설탕은 굴절률 측정이 있다. 이러한 구성 성분의 혼합물을 이용한 적정한 교정을 통하여, 가루곡식 시료를 컵에 넣고 몇 분만에 완벽하게 분석하는 것이 가능하다. 그러나 각 시료 매트릭스(밀, 옥수수 등)는 정확한 분석을 위해 매트릭스의 일치가 필요하기 때문에 각각의 교정 물질을 요구한다. 심지어 서로 다른 곡식의 지리적인 근원은 각각의 다른 교정 모형을 필요로 한다. 또 보통 수백 개의 표준 혼합물들이 필요하다. 그래서 기술의 속도와 유동성이 표준물을 제조하고 기기를 교정하는 데 필요한 많은 시간이나 노력과 균형을 맞추고 있으며, 그 기술은 실제로 수천 개의 시료를 분석하는 일상적인 측정으로 제한된다. NIR의 또 다른 이용 예는 옥테인값, 증기압, 방향성 물질 함량, 정유 공장 같은 석유 화학 산업이다. 이러한 성질은 측정된 스펙트럼이 탄화수소 조성과 관련되어 있다. 석유를 기반으로 하는 연료의 에탄올 함량을 측정하는 소형 휴대용 분석기는 NIR 측정에 의존한다. 공정 산업에 있어서 NIR 분광법의 중요한 용도 중의 하나는 수분 분석이다. 이런 분석기는 컨베이어 벨트 위와 같이, 빠르게 지나가는 시료의 수분 함량을 계속적으로 측정하는 것이 가능하다. 예로서 http://www.processsensors.com/products/ProductsCat.asp를 참조하라.

16.5 스펙트럼 데이터베이스 — 미지 물질의 확인

이 장의 마지막 부분에 있는 참고 문헌들은 화합물을 확인하기 위해서 UV–Vis 및 IR 영역의 많은 유용한 스펙트럼의 출처를 나열하였다. Bourassa 등은 스펙트럼 해석을 위한 뛰어난 참고 문헌 목록들을 모아놓았다 [*Spectroscopy*, **12** (1) (January) (1997) 10].

효과적이고 다양한 스펙트럼 데이터베이스를 이용할 수 있다. 또한 무료로 제공되는 몇 가지 기본적인 데이터베이스도 있다. 여기에 일부를 모아보았다. 각각에 대한 상세한 것은 이 책의 웹 사이트에 있다.

1. http://webbook.nist.gov. UV–Vis과 IR 스펙트럼의 NIST 데이터 모음으로 들어가는 관문
2. www2.chemie.uni-erlangen.de/services/telespec/. 적외선 스펙트럼의 시뮬레이션
3. www.ftirsearch.com. 소규모 실험실용 87,000개의 스펙트럼을 가진, 사용 비용을 지불하는 스펙트럼 도서관.
4. http://www.bio-rad.com/evportal/evolutionPortal.portal?_nfpb=true&_pageLabel=verticalLandingPage&catID=1300 구독자 접속하는 큰 모음

16.6 분광법에 사용되는 용매

분명하게, 시료를 준비하는 데 사용되는 용매는 측정이 이루어지는 파장 영역에서 감지할 만큼 흡수해서는 안 된다. 가시광선 영역에서 이것은 일반적으로 문제가 되지 않는다. 색이 없는 용매가 많이 있으며, 물론 물이 무기 물질에 사용된다. 물은 자외선 영역에서도 사용될 수 있다. 자외선 영역에서 측정되는 많은 물질들은 물에 녹지 않는 유기 물질들로서 유기 용매가 사용되어야만 한다. 표 16.3에 자외선 영역에서 사용되는 용매들을 열거해 놓았다. 파장 한계는 기준 물질로 물을 사용하고 1 cm 셀을 사용하였을 때, 흡광도가 1에 접근하는 가장 낮은

표 16.3 자외선 영역에서 용매의 낮은 파장 활용 한계

용매	한계점(nm)	용매	한계점(nm)[a]
물[b]	200	다이클로로메테인	233
에탄올(95%)	205	뷰틸 에터	235
아세토나이트릴	210	클로로폼	245
사이클로헥세인	210	프로프리온산 에틸	255
사이클로펜테인	210	폼산 메틸	260
헵테인	210	사염화 탄소	265
헥세인	210	*N*, *N*-다이메틸폼아마이드	265
메탄올	210	벤젠	280
펜테인	210	톨루엔	285
아이소프로필 알코올	210	*m*-자일렌	290
아이소옥테인	215	피리딘	305
다이옥세인	220	아세톤	330
다이에틸에터	220	브로모폼	360
글리세롤	220	이황화 탄소	380
1,2-다이클로로에테인	230	나이트로메테인	380

[a]물을 기준 물질로, 1 cm 셀로 측정할 때 흡광도가 1 (10%의 빛이 투과하는)인 파장

[b]공기에 대해

파장이다. 이러한 용매들은 적어도 가시광선 영역까지 모두 사용될 수 있다.

용매의 선택은 때때로 용매–용질 상호작용으로 인해서 자외선 영역에서의 스펙트럼에 영향을 줄 수 있다. 무극성 용매에서부터 극성 용매로 감에 따라, 미세 구조가 없어지는 현상이 일어나거나, 최대 흡수 파장이 이동할 수도 있다(장파장쪽 이동이나 단파장쪽 이동은 전이의 성질과 용질–용매 상호작용의 형태에 따른다).

적당한 용매를 찾는 문제가 적외선 영역에서는 더 심각하다. 적외선 영역에서는 완전히 투명한 용매를 찾는다는 것은 어렵다. 사염화 탄소나 이황화 탄소(인체에 미치는 영향은 제외하고)는 2.5~15 μm까지의 매우 널리 사용되는 영역(그림 16.4 참조)에서 사용할 수 있다. 물은 적외선 영역에서 강한 흡수띠를 나타내므로, 스펙트럼 영역의 일부분에서만 사용할 수 있다. 또한 물을 사용하는 데 적합한 특수한 물질의 용기가 사용되어야 한다. 유리는 복사선을 흡수하기 때문에 보통 NaCl로 만들어진 적외선 측정용 용기가 사용된다. 그러나 NaCl은 물에 녹게 될 것이다. 만일 NaCl로 된 용기를 사용한다면 반드시 용매에 물이 없어야 한다.

적외선 영역에서 투명한 용매는 제한적이다. 따라서 높은 농도의 용액이 종종 사용되어야 한다.

16.7 정량적 계산

흡수 분석물의 용액에 의하여 흡수되는 복사선의 분율은 물질의 농도와 정량적으로 관련지을 수 있다. 여기에서는 순수한 화합물과 혼합물 모두를 고려하고자 한다.

Beer 법칙 — 흡수된 복사선의 양과 농도 사이의 관계

이 법칙은 맥주에 의한 빛의 흡수에 적용할 수는 있지만(그리고 색의 세기를 측정할 수 있지만) 맥주의 법칙은 아니다.

어떤 시료에 의해 흡수된 단색 파장의 복사선의 양은 보통 **Beer 법칙**(**Beer's law**)이라 하는 Beer-Bouguer–Lambert 법칙에 의하여 설명된다. 그림 16.9[1]와 같이 단색 파장의 복사선의 흡수를 생각해 보자. 복사력이 P_0인 입사선이, 농도가 c이고 통로 길이가 b인 흡수종의 용액을 통해 지나면, 투과된 복사선은 P의 복사력을 갖는다. 이 복사력은 분광 검출기에 의해 측정된 양이다. 1729년에 Bouguer와 1760년에 Lambert는 전자기 에너지가 흡수될 때, 투과된 에너지의 힘이 기하학적으로(지수적으로) 감소한다는 것을 알았다. 예를 들어, 그림 16.9에서 복사 에너지의 25%가 b의 통로 길이에서 흡수되었다고 가정하자. 남아 있는 에너지의 25%(0.75 P_0의 25%)는 다음 통로 길이 b에서 흡수될 것이고, 56.25%는 투과된 복사선으로 남을 것이다. 이 중 25%는 또 다른 통로 길이 b에서 흡수될 것이고, 이와 같이 결국에는 무한한 통로 길이가 모든 복사 에너지를 흡수하기 위하여 필요하게 될 것이다. 투과된 복사 에너지의 분율이 통로 길이에 따라서 지수적으로 감소하므로 다음과 같이 지수 형태로 표시할 수 있다.

$$T = \frac{P}{P_0} = 10^{-kb} \tag{16.4}$$

여기서 k는 상수이고, T는 **투광도**(**transmittance**)라고 하는 투과된 복사 에너지의 분율이다. 이것을 로그형으로 표시하면,

$$\log T = \log \frac{P}{P_0} = -kb \tag{16.5}$$

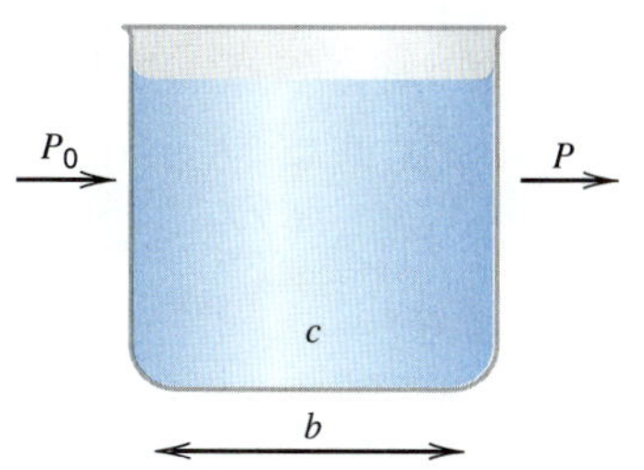

그림 16.9 복사선의 흡수

P_0 = 입사광의 세기,
P = 투과광의 세기,
c = 농도, b = 통로 길이

돌이켜 생각해 보면, 무엇보다도 빛이 통과하는 통로의 길이가 빛의 감소를 지배하는 유일한 요소가 될 수 없다는 것은 분명해 보인다. 빛의 흡수에 분자가 관여할 것이다. 단위 통로 길이당 빛을 흡수하는 분자들의 밀도(농도에 해당하는)가 반드시 역할을 해야 한다. 그러나 이러한 추가적인 중요한 관계가 탐구되기까지 거의 백 년이 흘렀다. 1852년에 Beer와 1853년에

[1] P와 P_0 대신에 I와 I_0 기호도 일반적으로 사용된다.

Pierre Bouguer (1698~1758) 프랑스 수학자, 지구물리학자, 측지학자, 천체학자이다. 그는 조선공학의 아버지로 크게 인정받고 있다. 브르타뉴 수로학 흠정강좌 담당교수인 Jean Bouguer의 아들로 1713년에 아버지의 자리를 이어 받았다. 1727년에 그는, 18세기 가장 유명한 수학자 중 한 명인 Leonhard Euler를 제치고 "On the Masting of Ships"라는 논문으로 프랑스 과학 아카데미상을 수상하였다. 1729년에 대기 통과에 의한 빛의 손실에 관한 논문을 냈다. 비록 Lambert에 의해 확실한 수식으로 나타났지만, Bouguer는 빛이 거리에 따라 지수적으로 감소한다는 것을 분명히 기술하였다. Bouguer는 처음으로 정량적 광도 측정을 시도하였다. 그는 처음으로 태양과 보름달에서 오는 빛을 정량적으로 비교하였다. Bouguer는 그 당시 영국왕립학회의 회원(1750)이 되는 영예를 가진 소수의 프랑스인이었다.

Johann Heinrich Lambert (1728~1777)는 스위스의 수학자이다. 재단사의 아들인 그는 36세의 나이에 Euler에 의해 베를린의 Prussian Academy of Sciences에 교수로 초대되었고, 그곳에서 크게 성공하였

Bernard는 각각 흡광도 T가 통로 길이와 같이 농도 c에 의존한다는 것을 발표하였다. 비록 그들은 이런 수식으로 발표하지는 않았지만, 수학적으로 식 16.4와 비슷할 것이다.

$$T = \frac{P}{P_0} = 10^{-k'c} \tag{16.6}$$

여기서 k'는 새로운 상수이고,

$$\log T = \log \frac{P}{P_0} = -k'c \tag{16.7}$$

식 16.4와 16.6에 나타난 두 관계의 결합은 통로 길이와 농도에 대한 T의 의존성을 나타낸다.

$$T = \frac{P}{P_0} = 10^{-abc} \tag{16.8}$$

여기서 a는 k와 k'를 합한 상수이고,

$$\log T = \log \frac{P}{P_0} = -abc \tag{16.9}$$

식의 오른쪽에 있는 음의 표시를 없애고 새로운 개념인 **흡광도(absorbance)**를 정의하는 것이 더 편리하다.

$$A = -\log T = \log \frac{1}{T} = \log \frac{P_0}{P} = abc \tag{16.10}$$

여기서 A는 흡광도이다. 식 16.8에서부터 16.10의 관계를 총괄하여 Beer 법칙이라고 한다. 식 16.10은 Beer 법칙의 가장 일반적인 형태이다. 농도에 직접 비례하는 것이 흡광도라는 것을 주목하라.

퍼센트 투광도(percent transmittance)는 다음과 같이 주어진다.

$$\%T = \frac{P}{P_0} \times 100 \tag{16.11}$$

식 16.10은 다음과 같이 바꿀 수 있다. $T = \%T/100$이므로,

$$A = \log \frac{100}{\%T} = \log 100 - \log \%T$$

또는

$$A = 2.00 - \log \%T$$
$$\%T = 10^{(2.00-A)}$$

그리고

$$T = 10^{-A} \tag{16.12}$$

다음의 흡광도와 투광도의 스프레드시트 계산과 도시는 투광도에서 직선적 변화의 함수로서의 흡광도의 지수 함수적인 변화를 설명하고 있다.

	A	B	C	D	E	F	G	H	I
1	흡광도와 투광도 비교								
2		**T**	**A**						
3		0.001	**3.0000**						
4		0.010	2.0000						
5		0.050	1.3010						
6		0.100	1.0000						
7		0.200	0.6990						
8		0.300	0.5229						
9		0.400	0.3979						
10		0.500	0.3010						
11		0.600	0.2218						
12		0.700	0.1549						
13		0.800	0.0969						
14		0.900	0.0458						
15		1.000	0.0000						
16									
17									
18									
19									
20	**Cell C3**: A = −logT = −LOG10(B3)								
21	Copy formula down.								
22	Plot C3:C15 vs. B3:B15								

흡광도와 투광도
3.0
2.5
2.0
1.5
1.0
0.5
0.0
흡광도
0.0 0.2 0.4 0.6 0.8 1.0
투광도

다. Lambert는 49년이라는 짧은 생애 동안에 수학, 지도 투영법, 물리학, 철학, 천문학에 기여하고 다수의 이론과 실무에 공헌한 그 시대의 가장 다재다능한 과학자 중 한 명이다. 그는 최초의 실용적인 습도계를 발명했다. 1760년 그의 논문 Photometria에서, 그는 Bouguer의 선행 연구를 인정하면서 빛 흡수에 관한 법칙을 정량적으로 공식화하였다.

식 16.10에서 통로 길이 b는 cm로, 농도는 g/L로 표시되어 있다. 상수 a는 **흡광 계수(absorptivity)**라고 하는데, 파장과 흡수하는 물질의 성질에 달려 있다. 흡수 스펙트럼에서 흡광도는 a에 비례하면서 파장에 따라 변한다(b와 c는 일정). 흡광 계수와 흡수종의 분자량의 곱을 **몰흡광 계수(molar absorptivity**, ε)라고 한다. 따라서 다음과 같이 쓸 수 있다.

흡광 계수는 파장에 따라 변하고 흡수 스펙트럼을 나타낸다.

$$A = \varepsilon bc \tag{16.13}$$

여기서 c는 **리터당 몰수**이다. 자외선과 가시광선 분광법에서 용기의 통로 길이는 흔히 1 cm이고, ε은 $cm^{-1}\ mol^{-1}\ L$의 단위를 갖는 반면에, a는 $cm^{-1}\ g^{-1}\ L$의 단위를 갖는다. 흡광 계수가 파장에 따라 변하므로 엄밀히 말하면 Beer 법칙은 단색 파장의 복사선의 경우에만 성립된다. 표 16.4에 Beer 법칙의 추천된 기호와 문헌에서 찾을 수 있는 옛날 기호들을 정리하였다.

$a = cm^{-1}\ g^{-1}\ L$
$\varepsilon = a \times 화학식량 = cm^{-1}\ mol^{-1}\ L$

예제 16.1

1.0 cm 셀 안에 있는 시료가 어떤 파장에서 80%의 빛을 투과하였다. 이 파장에서 이 물질의 흡광 계수가 2.0이었다면 물질의 농도는 얼마인가?

T는 단위가 없다. 단위를 확인하라.

풀이

투광도가 80%이므로 $T = 0.80$이다.

표 16.4 분광법 용어들[2]

권장 용어	옛날 용어 또는 기호
흡광도(A)	광학 밀도(OD), 소멸, 흡수도
흡광 계수(a)	소멸 계수, 흡수 지수, 흡광 지수
경로 길이(b)	l 또는 d
투광도(T)	투과도, 투광, 투과
파장(nm)	mμ(밀리크론)

문헌에 Beer 법칙에 대한 많은 용어가 있다. 여기에는 그중의 일부를 실었다.

[2]"Sandell's Sensitivity"는 오래된 문헌에서 자주 사용된 용어인데 현재에 이에 해당하는 것은 없다. 이것은 $\mu g/cm^3$로 표시되는 농도인데 1 cm 경로 길이 용기에서 0.001의 흡광도를 제공하는 것으로 $\mu g/cm^2$ 단위로 표현된다.

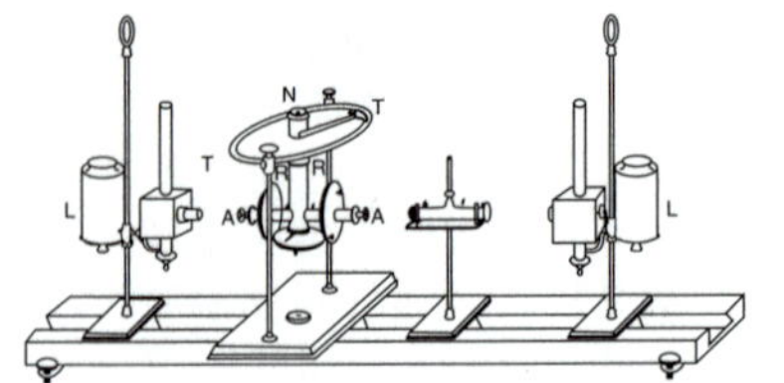

Lambert 이후 거의 1세기가 지나서 만들어진 August Beer (1825~1863)의 광도계. *Annalen der Physik und Chemie* **86** (1852) 78. Beer는 흡수 물질을 포함한 용액을 지나면서 빛의 세기 감소가 빛이 지나는 용액의 길이와 흡수 물질의 농도에 관련되어 있다는 것을 실험적으로 확실히 보여 주었다. 세 사람의 이름이 빛의 흡수에 관한 법칙과 관련이 있다는 것은 틀림없다. Beer의 기여가 가장 작다. 그러나 우리는 이것을 Beer 법칙이라고 부른다. 좀 더 자세한 논의는 Fred H. Perrin의 "Whose Absorption Law?" *Journal of the Optical Society of America*, 38 (1948) 72를 보라.[a] Beer는 독일의 Trier에서 태어났다. 그는 수학과 자연과학을 공부하였고, 1848년에 Bonn에서 Julius Plucker의 지도로 박사 학위를 받았다. 그는 1850년에 강사가 되었다. 1854년에 "Introduction to the Higher Optics"라는 책을 발표하였다. 1855년에 Bonn의 수학 교수가 되었고, 1863년에 Bonn에서 사망하였다.

$$\log \frac{1}{0.80} = 2.0 \text{ cm}^{-1} \text{ g}^{-1} \text{ L} \times 1.0 \text{ cm} \times c$$

$$\log 1.2_5 = 2.0 \text{ g}^{-1} \text{ L} \times c$$

$$c = \frac{0.10}{2.0} = 0.050 \text{ g/L}$$

예제 16.2

100 mL에 철(싸이오사이안산 착물로서) 1.00 mg을 포함하는 용액이 적절한 바탕 용액에 비해 입사선의 70%를 투과하는 것으로 관찰되었다. (a) 이 파장에서 용액의 흡광도는 얼마인가? (b) 이보다 4배 진한 농도의 철 용액이라면 투과되는 빛의 분율은 얼마인가?

풀이

(a)

$$T = 0.700$$

$$A = \log \frac{1}{0.700} = \log 1.43 = 0.155$$

(b) Beer 법칙에 의하여 흡광도는 농도와 직선 관계가 있다. 원래 용액의 흡광도가 0.155이면, 4배 진한 용액의 흡광도는 4배 큰 값인 $4 \times 0.155 = 0.620$이 된다. 따라서 투광도 T는 다음과 같다. $T = 10^{-0.620} = 0.240$

예제 16.3

아민(RNH_2)은 피크르산과 반응하여 359 nm에서 강하게 흡수하는 피크르산 아민을 형성한다($\varepsilon = 1.25 \times 10^4$). 미지의 아민(0.1155 g)을 물에 녹여 100 mL로 묽혔다. 이 용액 1 mL의 분취량을 측정을 위해서 250 mL로 묽혔다. 이 최종 용액이 1.00 cm 용기를 사용했을 때 359 nm에서 0.454의 흡광도를 보인다면, 아민의 화학식량은 얼마인가?

풀이

$$A = \varepsilon bc$$

$$0.454 = 1.25 \times 10^4 \text{ cm}^{-1} \text{ mol}^{-1} \text{ L} \times 1.00 \text{ cm} \times c$$

$$c = 3.63 \times 10^{-5} \text{ mol/L}$$

$$\frac{(3.63 \times 10^{-5} \text{mol/L})(0.250 \text{ L})}{1.00 \text{ mL}} \times 100 \text{ mL} = 9.08 \times 10^{-4} \text{ mol} (\text{초기 플라스크에서})$$

$$\frac{0.1155 \text{ g}}{9.08 \times 10^{-4} \text{ mol}} = 127._2 \text{ g/mol}$$

예제 16.4

어떤 시료 중에 있는 클로로아닐린이 예제 16.3에 설명된 바와 같이 피크르산아민으로 분석되었다. 0.0265 g 시료를 피크르산과 반응시켜 1 L로 묽혔다. 이 용액은 1 cm 용기에서 0.368의 흡광도를 나타내었다. 시료 중의 클로로아닐린은 몇 퍼센트인가?

[a] http://www.atmosp.physics.utoronto.ca/people/strong/phy392/Perrin_WhoseLaw_JOSA_38_72_1948.pdf

풀이

$$A = \varepsilon bc$$

$$0.368 = 1.25 \times 10^4\ \text{cm}^{-1}\ \text{mol}^{-1}\ \text{L} \times 1.00\ \text{cm} \times c$$

$$c = 2.94 \times 10^{-5}\ \text{mol/L}$$

$$(2.94 \times 10^{-5}\ \text{mol/L})(127.6\ \text{g/mol}) = 3.75 \times 10^{-3}\ \text{g 클로로아닐린}$$

$$\frac{3.75 \times 10^{-3}\ \text{g 클로로아닐린}}{2.65 \times 10^{-2}\ \text{g 시료}} \times 100\% = 14.2\%$$

흡수 화학종의 혼합물

용액 중에 두 종류의 흡수종이 겹치는 스펙트럼을 가지고 있을 때 정량적인 계산을 하는 것이 가능하다. Beer 법칙으로부터 주어진 파장에서 전체 흡광도 A가 모든 흡수종들의 흡광도의 합과 같은 것이라는 것은 명백하다. 두 흡수종의 경우에, c가 리터당 그램수이면,

$$A = a_x bc_x + a_y bc_y \tag{16.14}$$

또는 c가 몰농도이면

각 흡수 화학종의 흡광도는 서로 더해진다.

$$A = \varepsilon_x bc_x + \varepsilon_y bc_y \tag{16.15}$$

여기서 아래 첨자는 각각 물질 x와 y를 나타낸다.

예를 들어 그림 16.10에서 주어진 농도에서 각각의 흡수 스펙트럼은 실선으로 나타나 있고 혼합물의 합하여진 스펙트럼은 점선으로 나타나 있는 물질 x와 y의 정량에 대하여 생각해 보자. 두 개의 미지수가 있으므로 두 번의 측정이 이루어져야만 한다. 측정 파장은 두 개, 즉 x의 흡수 최대 파장(그림에서 λ_1)과 y의 흡수 최대 파장(그림에서 λ_2)을 선택하여야 한다. 그러면 다음과 같이 쓸 수 있다.

$$A_1 = A_{x1} + A_{y1} = \varepsilon_{x1} bc_x + \varepsilon_{y1} bc_y \tag{16.16}$$

$$A_2 = A_{x2} + A_{y2} = \varepsilon_{x2} bc_x + \varepsilon_{y2} bc_y \tag{16.17}$$

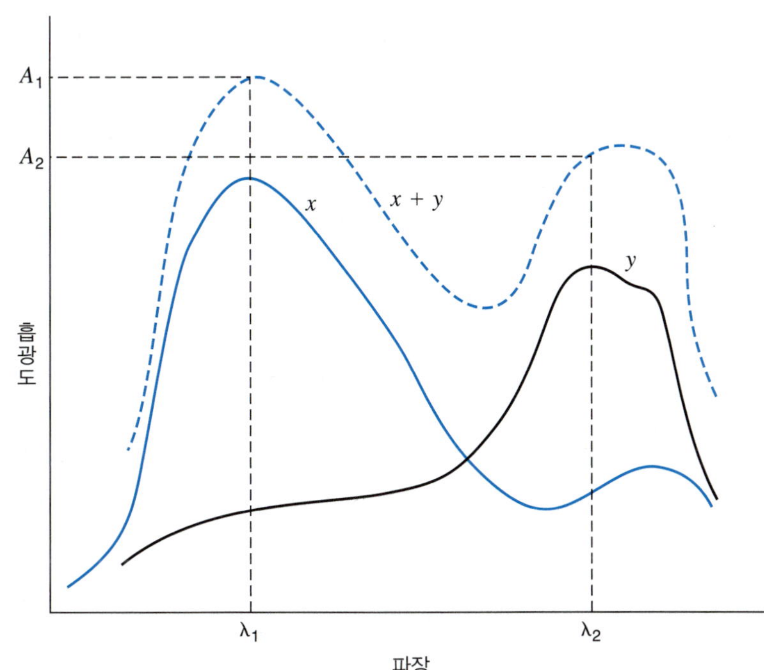

그림 16.10 순수한 물질 x와 y, 그리고 같은 농도의 x와 y의 혼합물의 흡수 스펙트럼

미지 농도가 2개 있다(c_x와 c_y). 2개의 농도를 동시에 계산해 내기 위해서는 두 개의 식이 필요하다.

여기서 A_1과 A_2는 파장 1과 2에서의(혼합물의) 흡광도이고, A_{x1}과 A_{y1}은 각각 파장 1에서 x와 y에 의한 흡광도이며, A_{x2}와 A_{y2}는 각각 파장 2에서 x와 y에 의한 흡광도이다. 마찬가지로, ε_{x1}과 ε_{y1}은 각각 파장 1에서 x와 y의 몰흡광 계수인 반면에, ε_{x2}와 ε_{y2}는 각각 파장 2에서 x와 y의 몰흡광 계수이다. 이 몰흡광 계수들은 x와 y의 순수한 용액(몰농도를 아는)의 파장 1과 2에서 흡광도를 측정함으로써 얻게 된다. 따라서 c_x와 c_y는 식 16.16과 16.17에서 단지 2개의 미지수가 되며 2개의 연립 방정식의 해로부터 계산할 수 있다

예제 16.5

다이크로뮴산 포타슘과 과망가니즈산 포타슘이 1 M H_2SO_4에서 겹치는 흡수 스펙트럼을 가지고 있다. $K_2Cr_2O_7$은 440 nm에서 흡수 최대를 가지며, $KMnO_4$는 545 nm에서 흡수띠를 가지고 있다(최댓값은 실제로 525 nm에 있으나 $K_2Cr_2O_7$으로부터의 방해가 적은 긴 파장이 일반적으로 사용된다). 한 혼합물이 두 파장에서 측정되어 다음과 같은 결과를 나타내었다. 1 cm 용기(이 문제에서와 같이 모든 측정이 같은 용기에서 이루어진다면 정확한 경로 길이는 계산에서 제거된다)에서 $A_{440} = 0.405$, $A_{545} = 0.712$이었다. 같은 용기를 사용하여 1 M H_2SO_4에서 $K_2Cr_2O_7$(1.00×10^{-3} M)과 $KMnO_4$(2.00×10^{-4} M)의 순수한 용액의 흡광도를 측정하였더니 다음과 같은 결과를 나타내었다. $A_{Cr,440} = 0.374$, $A_{Cr,545} = 0.009$, $A_{Mn,440} = 0.019$, $A_{Mn,545} = 0.475$. 시료 용액에 있는 다이크로뮴산 음이온과 과망가니즈산 음이온의 농도를 계산하시오.

풀이

Beer 법칙과 b=1을 이용하면,

$$0.374 = \varepsilon_{Cr,440} \times 1.00 \times 10^{-3} \qquad \varepsilon_{Cr,440} = 374$$

$$0.009 = \varepsilon_{Cr,545} \times 1.00 \times 10^{-3} \qquad \varepsilon_{Cr,545} = 9$$

$$0.019 = \varepsilon_{Mn,440} \times 2.00 \times 10^{-4} \qquad \varepsilon_{Mn,440} = 95$$

$$0.475 = \varepsilon_{Mn,545} \times 2.00 \times 10^{-4} \qquad \varepsilon_{Mn,545} = 2.38 \times 10^3$$

$$A_{440} = \varepsilon_{Cr,440}[Cr_2O_7^{2-}] + \varepsilon_{Mn,440}[MnO_4^-]$$

$$A_{545} = \varepsilon_{Cr,545}[Cr_2O_7^{2-}] + \varepsilon_{Mn,545}[MnO_4^-]$$

$$0.405 = 374[Cr_2O_7^{2-}] + 95[MnO_4^-]$$

$$0.712 = 9[Cr_2O_7^{2-}] + 2.38 \times 10^3[MnO_4^-]$$

연립하여 풀면,

$$[Cr_2O_7^{2-}] = 1.01 \times 10^{-3}\ M \qquad [MnO_4^-] = 2.95 \times 10^{-4}\ M$$

Mn 주피크와 겹쳐지는 545 nm에서 Cr의 경우 흡광도가 너무 작아서 단지 하나의 유효 숫자로만 측정되었다는 것을 주목하라. 필요한 보정이 작으면 작을수록 더 좋다. 이상적으로는 0이어야 한다. ■

혼합물의 두 성분을 결정하는 일반해

파장 λ_1과 λ_2에서 분석물 A의 몰흡광 계수를 각각 $\varepsilon_{A,1}$과 $\varepsilon_{A,2}$라고 하자. 동일하게 분석물 B의 몰흡광 계수를 각각 $\varepsilon_{B,1}$과 $\varepsilon_{B,2}$라고 하자. 용기의 경로 길이가 b이고, A와 B의 몰농도가 각각 [A]와 [B]로 표시되는 혼합물의 파장 λ_1과 λ_2에서 흡광도 A_1과 A_2는 각각 다음과 같이 주어진다.

$$A_1 = \varepsilon_{A,1}b[A] + \varepsilon_{B,1}b[B] \tag{1}$$

그리고

$$A_2 = \varepsilon_{A,2}b[A] + \varepsilon_{B,2}b[B] \quad (2)$$

식 1에 $\varepsilon_{A,2}$를 곱하고 식 2에 $\varepsilon_{A,1}$을 곱하면 각각 다음과 같다.

$$\varepsilon_{A,2}A_1 = \varepsilon_{A,1}\,\varepsilon_{A,2}\,b[A] + \varepsilon_{A,2}\,\varepsilon_{B,1}b[B] \quad (3)$$

$$\varepsilon_{A,1}A_2 = \varepsilon_{A,1}\,\varepsilon_{A,2}\,b[A] + \varepsilon_{A,1}\,\varepsilon_{B,2}b[B] \quad (4)$$

(4)에서 (3)을 빼면 다음과 같다.

$$\varepsilon_{A,1}A_2 - \varepsilon_{A,2}A_1 = b[B](\varepsilon_{A,1}\,\varepsilon_{B,2} - \varepsilon_{A,2}\,\varepsilon_{B,1}) \quad (5)$$

따라서 [B]는

$$[B] = (\varepsilon_{A,1}A_2 - \varepsilon_{A,2}A_1)/(b(\varepsilon_{A,1}\,\varepsilon_{B,2} - \varepsilon_{A,2}\,\varepsilon_{B,1})) \quad (6)$$

같은 방법으로 식(1)에 $\varepsilon_{B,2}$를 곱하고 식 2에 $\varepsilon_{B,1}$을 곱하여 빼고 정리하면

$$[A] = (\varepsilon_{B,1}A_2 - \varepsilon_{B,2}A_1)/(b(\varepsilon_{A,2}\,\varepsilon_{B,1} - \varepsilon_{A,1}\,\varepsilon_{B,2})) \quad (7)$$

이와 같은 연립 방정식의 엑셀 기반 계산기는 식 10.5에 앞서 제시되었다. 두 성분의 Beer 법칙에 기반한 문제를 풀기 위해 특별히 만들어진 비슷한 계산기가 이 단원의 웹 기반 추가 자료에 'Two-component Beer's Law Solution'으로 주어져 있고 예제 16.5를 푸는 데 사용되었다.

두 성분의 조성은 이런 방식으로 정확히 결정할 수 있지만, 이러한 접근은 성분의 수가 2개를 넘는 경우에 농도를 결정하는 것에는 유용하지 않다. 하지만 n개의 성분은 n개의 다른 주파수에서의 측정에서 얻어진 n개의 수식으로부터 쉽게 결정할 수 있는데, 엑셀에서 쉽게 수행할 수 있는 수열 반전 접근법을 이용한다. 이 단원의 **웹 사이트** 추가 자료에 있는 'Matrix Approach to Solving Simultaneous Equations'을 보라. 분광기 제작사로부터 제공되는 소프트웨어에서도 원칙적으로 많은 수의 성분들을 한 번에 결정할 수 있다. 하지만 어떤 방법이든지, 그 성공은 다른 성분들에 있어서 스펙트럼 정보의 직교성에 의존한다는 것을 고려해야 한다. 즉 이런 식으로 정확한 정량을 수행하기 위해서는 다른 성분들의 스펙트럼에 충분한 차이가 있어야 한다. 이성분 혼합물에 있어서도 두 성분의 스펙트럼이 동일하거나 어느 하나가 다른 것의 정확한 배수가 된다면($\varepsilon_{A,\lambda}/\varepsilon_{B,\lambda}$ 값이 모든 λ값에서 같은)정확한 농도를 결정하는 것은 가능하지 않다. 따라서 n개 이상 주파수에서의 측정으로 n개 성분을 결정하는 것이 수학적으로는 문제가 없지만, 실질적으로 3개 혹은 4개 이상의 성분에서는 드물게 수행된다.

앞서 본 것과 같이 완벽한 측정이란 없다. 그러나 n개의 수식에서 n개의 성분을 푼다면 정확한 답을 얻는 데 충분한 것처럼(그러나 잘못된) 보일 것이다. 따라서 일반적인 방법 중 하나는 최적(best-fit)의 미지 값을 제공할 수 있도록 필요한 것보다 더 많은(n개의 미지수를 구하기 위한 N 수식, $N>n$) 측정을 하는 것이다. 이것은 N개의 수식에서 n을 구해내는 많은 조합($\frac{N!}{(N-n)!n!}$)을 가질 수 있고 최적 매개 변수의 평균값과 표준 편차를 계산할 수 있다. '엑셀-해 찾기'는 최적의 해를 쉽게 제공할 수 있다. 예제 16.5에 기반한 다음의 확장된 예는 이를 보여준다.

예제 16.6

예제 16.5에서 제공한 데이터에 추가하여 다음의 활용 가능한 데이터가 만들어졌다.

$$\varepsilon_{Mn,350} = 1850,\ \varepsilon_{Mn,400} = 215,\ \varepsilon_{Cr,350} = 2620,\ \varepsilon_{Cr,400} = 1860$$

예제 16.5와 같은 혼합물을 1 M H_2SO_4에서 10배 묽혀서 350nm와 400 nm에서 측정한 흡광도는 각각 0.320과 0.194였다. $Cr_2O_7^{2-}$와 MnO_4^-의 농도와 관련된 불확정도의 계산에 두 문

제에 제시된 데이터들을 함께 사용하라.

풀이

4개의 수식이 있고 2개는 이미 예제 16.5에 적었다.

$$440\text{ nm에서} \quad 374[Cr_2O_7^{2-}] + 95[MnO_4^-] = 0.405 \quad (8)$$

$$545\text{ nm에서} \quad 9[Cr_2O_7^{2-}] + 2.38 \times 10^3[MnO_4^-] = 0.712 \quad (9)$$

그리고 이 문제에서 2개의 새로운 수식이 주어졌다.

$$2620 \times 0.1 \times [Cr_2O_7^{2-}] + 1850 \times 0.1 \times [MnO_4^-] = 0.320$$

간단히 하면,

$$350\text{ nm에서} \quad 262[Cr_2O_7^{2-}] + 185[MnO_4^-] = 0.320 \quad (10)$$

같은 방법으로

$$400\text{ nm에서} \quad 186[Cr_2O_7^{2-}] + 21.5[MnO_4^-] = 0.197 \quad (11)$$

이 문제에 접근하는 데에는 두 가지 다른 가능성이 있다. 많은 계산이 필요한 접근은 다음과 같다. 해를 구하기 위해서는 2개의 수식만 있으면 된다. 4개의 수식에서 2개를 짝짓는 방법은 (8)–(9), (8)–(10), (8)–(11), (9)–(10), (9)–(11), (10)–(11)의 6가지 방법이 있다. 각각의 짝을 차례로 풀 수 있고 그 결과의 평균값과 표준 편차를 구할 수 있다. 이렇게 하면 각각 다음의 결과를 얻을 수 있다(마지막 단계까지는 충분한 유효 숫자를 유지한다).

$$[Cr_2O_7^{2-}], \text{m}M = 1.008, 1.005, 1.039, 1.013, 1.025, 1.027$$

$$\text{평균}(\pm\text{ 표준 편차}) = 1.02 \pm 0.01\text{ m}M$$

$$[MnO_4^-], \text{m}M = 0.295, 0.306, 0.172, 0.295, 0.295, 0.275$$

$$\text{평균}(\pm\text{ 표준 편차}) = 0.273 \pm 0.051\text{ m}M$$

분명히 이 접근법은 단지 네 번의 측정임에도 이미 지루하고 더 많은 측정이 이루어진다면 유지하기가 어려울 것이다. **웹 사이트** 추가 자료에 있는 예제 16.6xlsx에 보여 주는 것과 같이 '해 찾기'는 최적의 해를 쉽게 제공한다. '해 찾기'에 의한 값은 $[Cr_2O_7^{2-}]=1.01$ mM이고 $[MnO_4^-]=0.295$ mM로 앞의 접근법과 비슷하지만 일치하는 값은 아니다. 처음 접근법에서 모든 해들은 개별적으로 고려되고 동일한 가중치를 갖지만(이것은 하나의 잘못된 측정이 전체적인 최종값에 크게 영향을 준다는 것을 의미한다), '해 찾기'는 전체 데이터 세트를 전체론적으로 고려하는 최소 제곱 최소화 접근법을 적용한다.

다수의 파장에서 측정을 하면 다수의 성분을 한 번에 분석할 수 있다. 16.10절과 그림 16.26를 보라.

하지만 '해 찾기'에서 최적값의 불확정도를 결정하는 것은 그리 단순하지만은 않다. Robert De Levie는 내려 받을 수 있는 엑셀 프로그램 "Macrobundle"을 제공하는데(http://www.bowdoin.edu/~rdelevie/excellaneous/#downloads), 최적 변수의 불확정도를 제공할 수 있는 'Solveraid' 매크로를 포함하고 있다. E. J. Billo의 책(*Excel for Chemists*, 2nd ed., Wiley: New York, 2001)에도 불확정도를 비슷하게 결정할 수 있는 "solverstat" 매크로가 있다. 엑셀 매크로를 사용할 준비되지 않은 사람들을 위하여 "Jackknife" 접근법은 적절한 불확정도 측정을 제공하는데, 이는 적은 데이터 세트의 경우에 간편하다(예를 들면 M. S. Caceci, Anal. *Chem.* **61**(1989) 2324 논문을 보라). 이 접근법에서, 최적 변수값은 각각의 n 방정식을 한 번에 생략하면서 n번 계산된다. 이렇게 하면 n개의 변수 세트의 표준 편차는 적절한 결과를 갖는다. 예제 16.6.xlsx에 나타난 것과 같이 $[Cr_2O_7^{2-}]=1.01\pm0.01$ mM, $[MnO_4^-]=0.295\pm0.010$ mM이 된다. ■

이런 다른 측정을 하는 데 있어서, Beer 법칙이 측정한 농도 범위에서 유지된다는 것을 가정하였다. 그러나 이것이 항상 옳은 것은 아니고, 만일 두 개의 파장 모두에서 한 물질에 의한 흡광도가 다른 물질에 의한 것보다 훨씬 크다면 다른 물질의 양을 결정하는 것은 매우 정확하지 못할 것이다.

엑셀 연습: 교정 곡선으로부터 미지 시료의 농도 및 불확정도 계산 — 데이터 분석 회귀 함수의 응용

엑셀의 데이터 분석에 있는 교정 곡선과 불확정도를 계산할 수 있는 회귀 함수를 사용할 수 있다. 이것을 적용하면 흡광도로부터 미지 시료의 농도와 불확정도를 계산할 수 있다. 3장 3.23절 끝에 있는 정보에 대한 설명과 그것의 활용을 보여 주는 비디오를 보라. 표준 농도와 흡광도 값을 스프레드시트에 넣기만 하고 함수를 적용하면 된다.

1,10-페난트롤린과 반응하여 510 nm에서 빛을 흡수하는 착물을 만드는 것으로 철의 농도를 분광학적으로 결정할 수 있다. 일련의 표준 용액은 다음의 흡광도를 갖는다. 0.100 ppm: 0.018; 0.200 ppm: 0.171; 0.500 ppm: 0.432; 1.0 ppm: 0.857. 시료 용액의 흡광도는 0.463이다. 교정 수식을 계산하고 시료 용액의 농도와 불확정도를 계산하기 위한 스프레드시트를 준비하라.

교정 농도 값을 A1:A4 셀에 입력하고 해당하는 흡광도를 B1:B4 셀에 입력하라(이 책의 **웹 사이트** 스프레드시트의 내용을 참조하라. 'regression.xlsx'에서 미지 농도 계산에서의 불확정도). 3장에서 논의했던 엑셀에 있는 'Data/Data Analysis/Regression' 방법을 사용하라. 'Data/Data Analysis/Regression'을 사용하는 것은 알려진 흡광도 값에 해당하는 농도를 계산하는 것이 목적이므로 B1:B4의 흡광도 값을 x 배열로 사용하고, y 배열로는 A1:A4의 농도 값을 사용한다. 95%의 불확정도를 가지는(예를 들면 99%와 같이 다른 값을 선택할 수 있는데 이 경우는 불확정도가 더 커진다는 것에 주목하라) 결과적인 회귀 함수는(X 변수 1, 절편 계수와 절편으로부터) 다음과 같다.

$$\text{농도(ppm)} = 1.161_5 \pm 0.0070 \times \text{흡광도} + 0.0025 \pm 0.0034$$

계산된 수식이 일반적인 최소 제곱법의 표현인 $y = mx + b$와는 반대로 $x = my + b$의 형태라는 것에 주의하라.

이 수식의 r^2 값은 >0.9999로 계산된다. 따라서 직선에 매우 잘 맞을 것이다(데이터에 맞는 도형을 만들고 확인하라). 흡광도 0.463에서 주어진 수식에 오차 계산의 전파를 적용하면 다음과 같다(**웹 사이트**의 스프레드시트를 보라).

$$(1.1615 \pm 0.0070 \times 0.463 + 0.0025 \pm 0.0034)\ \text{ppm} = 0.540 \pm 0.005\ \text{ppm}$$

만일 시료의 반복 측정을 통하여 0.463 ± 0.003의 흡광도를 얻었다면, 위의 수식 표현에 이 값을 넣을 수 있고 최종 결과는 0.540 ± 0.006 ppm을 얻게 될 것이다.

이 회기 프로그램의 활용의 예로서 20장의 20.5절과 23장의 예제 23.1과 23.2를 참고하라.

시료 농도의 표준 편차를 계산하는 또 다른 엄격한 접근법으로 이 문제를 도식화한 **웹 사이트** 추가 자료(시료 농도의 표준 편차와 'Std Devn of Sample Concn.xlsx' 스프레드시트)의 적절한 부분을 보라. 결과가 같다는 것을 확인하라.

적외선 흡수 스펙트럼에 의한 정량

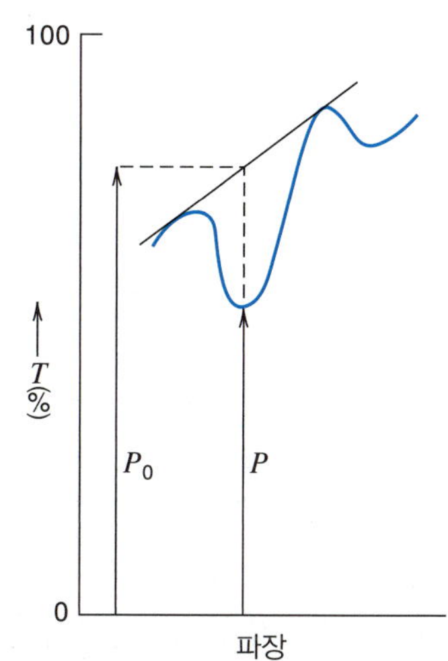

그림 16.11 적외선 영역 스펙트럼에서 정량적 측정을 하기 위한 바탕선법

보통 적외선 분광계는 퍼센트 투광도를 파장의 함수로 기록한다. 특히 높은 농도에서는 산란된 복사선이 존재하게 되면 Beer 법칙을 직접 적용하기가 어려워진다. 또한 비교적 약한 광원 때문에 약간 넓은 슬릿을 사용할 필요가 있다(이것은 Beer 법칙으로부터 분명히 벗어나게 한다−다음을 참조하라). 그러므로 정량적인 적외선 분석에서는 실험 조건을 일정하게 유지하면서 경험적인 방법을 보통 사용한다. **바탕선법(baseline method)** 또는 **비례법(ratio method)**이 종종 사용되며, 이 방법을 그림 16.11에 도시하였다. 시험 물질의 다른 피크 또는 다른 물질의 피크들에 가까이 있지 않는 하나의 피크를 선택한다. 띠의 바탕에 직선을 긋고,

흡수 피크에서 P와 P_0값을 측정한다(투광도가 파장에 대해 기록되기 때문에, 곡선은 보통의 흡수 스펙트럼과 반대이다). 보통의 방법으로 log P_0/P를 농도에 대해 도시한다. 미지의 물질을 같은 기기 조건 아래에서 표준 물질과 비교한다. 이 방법은 시료 크기에 비례하는 상대 오차를 가장 적게 하나, 바탕선을 상쇄하는 것과 같은 간단한 가감성의 오차를 제거하지는 못한다.

16.8 분광학적 기기

기기의 구성 성분의 종류는 파장 영역에 따라 달라진다.

분광계(spectrometer) 또는 **분광 광도계**(spectrophotometer)는 다색 복사선을 여러 파장으로 분리하는 기기이다. 분광계의 구성도를 그림 16.12에 나타내었다. 모든 분광계는 (1) 관심을 두고 있는 파장 영역에 걸쳐 연속적인 복사선을 내는 **광원**(source), (2) 광원 스펙트럼으로부터 좁은 띠의 파장을 선택하기 위한 **단색화 장치**(monochromator), (3) 시료 용기, (4) 복사 에너지를 전기 에너지로 바꾸는 **검출기**(detector) 또는 변환기(transducer), (5) 검출기의 감응을 판독하기 위한 장치 등을 필요로 한다. 시료는 단색화 장치 앞에 놓일 수도 있고 뒤에 놓일 수도 있다. 판독 장치를 제외한 각각의 장치는 파장 영역에 따라 달라진다.

광원

광원
가시광선–백열등, 백색 LED
자외선–수소 또는 중수소 방전관
적외선–희토류 산화물 또는 탄화 규소 광원

광원은 기기가 작동하게 되어 있는 파장 영역에 걸쳐 쉽게 검출할 수 있는 복사선의 출력을 가져야만 한다. 그러나 어떤 광원도 일정한 스펙트럼의 출력을 가지고 있지 않다. 가시광선(visible) 영역에 가장 일반적으로 적용되는 광원은 석영 텅스텐–할로젠(QTH) 램프이다. 전형적인 QTH 램프의 스펙트럼 출력을 그림 16.13에 나타내었다. QTH 램프의 유용한 파장 범위는 약 325 또는 350 nm로부터 25 μm까지여서 근자외선과 근적외선 영역에서도 사용될 수 있다. 분광계 광원의 전원을 제공하기 위하여 안정하고 조절된 전원 장치가 필요하다.

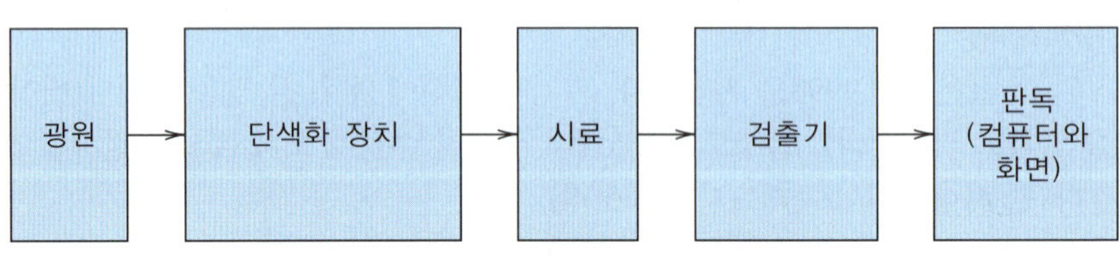

그림 16.12 분광계의 구성도

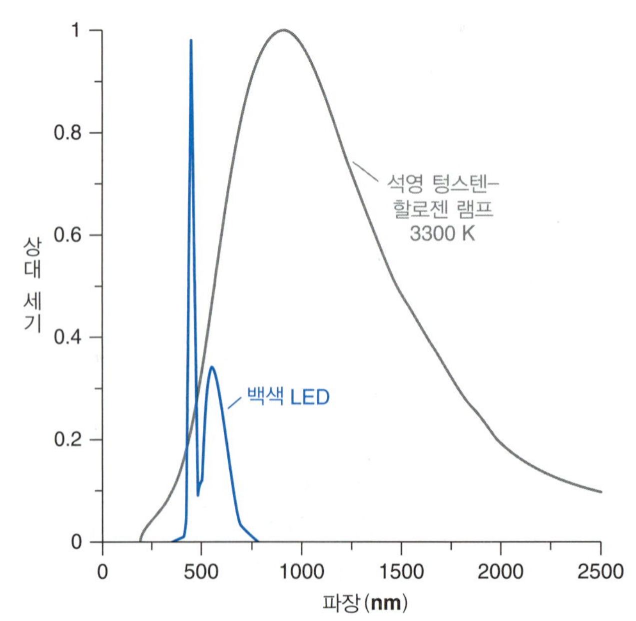

그림 16.13 두 가지 전형적인 광원에 대한 파장 함수로서의 복사선 세기: 3300 K에서 작동하는 석영 텅스텐–할로젠 램프는 350~2500 nm에서 유용한 빛의 세기를 나타낸다. 백색 LED는 사실은 450 nm의 빛을 내는 청색 InGaN LED를 포함하고 있는데, 이것은 550 nm에서 초록색을 내는 광대역 인광 물질이 코팅되어 있다. 이 광원은 425~700 nm에서 유용하다.

LED는 전력면에서 매우 효율적인 광원이다. LED는 대체적으로 단파장의 빛을 제공한다. 백색 LED는 청색 LED와 붉은색까지 가능하지만 주로 초록색을 내는 인광 물질로 구성되어 있다. 백색 LED의 사용 가능한 파장은 425~700 nm이다(그림 16.13). 이러한 저전원 소비 광원은 배터리로 작동되는 분광계에 매우 적합하다. 때때로 6V 축전지가 전원으로 사용된다.

자외선(ultraviolet) 영역에 대해서는 낮은 압력의 **중수소 방전등**(*deuterium discharge lamp*)이 일반적으로 광원으로 사용된다. 중수소 연속 방출은 185~375 nm까지 확장되지만, 램프는 600 nm까지 유용한 스펙트럼 출력을 가진다. 자외선 광원은 유리가 자외선에 투명하지 않으므로 석영창으로 만들어야 한다.

일반적인 UV/Vis 광원의 작동 범위:
펄스 제논 아크: 180~2500 nm
dc 중수소: 185~2500 nm
dc 아크: 200~2500 nm
석영 텅스텐-할로젠 필라멘트: 320~2200 nm
LED는 240~4450 nm의 불연속적인 파장이 가능하다.

적외선(infrared) 복사는 본질적으로 열이다. 따라서 뜨거운 열선, 전구, 뜨겁게 달구어진 세라믹을 광원으로 사용한다. 흑체에서 나오는 에너지 분포는 약 100~2000 nm(근적외선 영역)에서 피크를 이루며 중간 적외선 영역에서 점점 줄어든다. 적외선 기기에서는 주로 2~15 μm 영역에서 작동된다. 이 영역에서는 상대적으로 빛의 세기가 약하기 때문에 빛의 출력을 늘리기 위해 상대적으로 넓은 슬릿을 사용한다. 그러나 이것은 파장 분리를 감소시킨다. 이와 같은 이유로 빛의 출력을 증가시킬 수 있는 간섭계가 더 선호된다(Fourier 변환 적외선 분광기의 논의는 16.11절 참조). 대표적인 적외선의 광원은 **Nernst 광원**이다. 이것은 희토류 금속 산화물들의 혼합물로 되어 있는 막대이다. 그것은 음의 온도 저항 계수를 가지며 실온에서도 전기를 통하지 않는다. 그러므로 복사선을 방출하도록 원소를 들뜨게 하기 위해서는 가열하여야 한다. 그러나 한 번 작동하게 되면 전기를 통하게 되며, 약 1.4 μm 또는 7100 cm^{-1}(1500~2000°C까지)에서 최대의 복사선을 내놓는다. 또 다른 적외선 광원은 **글로바**(*Globar*)이다. 이것은 약 1300~1700°C까지 가열되어 소결된 탄화 규소 막대이다. 최대 복사선은 약 1.9 μm(5200 cm^{-1})에서 일어나며, 물로 식혀져야 한다. 글로바는 Nernst 광원보다 약한 광원이지만, 빛의 세기는 빠르게 감소하지 않으므로 15 μm보다 긴 파장의 경우에 더 만족할 만하다. IR 광원은 주위를 덮을 만한 적당한 물질이 없으므로 대기로부터 어떤 보호를 받지 못한다.

레이저는 강력한 단색 광원으로, 좋은 형광 광원이기도 하다.

형광 분광법(fluorescence spectrometry)에서 형광의 세기는 광원의 세기에 비례한다(16.15설 참조). 여러 가지의 고출력 자외선-가시광선의 연속 광원들이 형광을 일으키는 데 사용된다(다음 참조). 그러나 레이저의 사용은 상대적으로 세기가 강한 단색 복사선을 줄 수 있으므로 그 중요성이 커지고 있다. 상업적으로 가용한 레이저의 파장과 출력 특성은 많은 웹에 나열되어 있다. http://upload.wikimedia.org/wikipedia/commons/4/48/Commercial_laser_lines.svg에는 방대한 그래픽 설명이 있다. 157 nm의 플루오린 엑시머 레이저에서부터 0.7 mm의 메탄올 화학 레이저까지, 밀리와트보다 작은 전원을 사용하는 레이저 포인터에서부터 1 kW보다 큰 전원이 필요한 가공용 CO_2 레이저까지, 레이저는 다양한 범위를 가지고 있다. 일반적으로 자외선-가시광선 영역의 레이저만 형광을 들뜨게 하는 데 사용된다. 진홍색 영역인 근적외선에서 형광을 내는 염료에 대한 관심이 증가하고 있다. 근적외선 레이저는 고체 상태 다이오드 레이저로 저렴하게 구할 수 있다. 요즘 고체 상태 다이오드 레이저는 대부분의 경우에 근자외선에서부터 근적외선까지 가용하며, 이런 레이저는 필요할 때 언제나 사용이 가능하다. 대량 생산되는 이러한 장치는 매우 저렴하다. 예를 들면 최신의 소니 플레이스테이션은 하나의 패키지에 각각 블루레이, DVD, CD에 해당하는 405, 640, 780 nm의 세 개 레이저가 있다. 파장 가변 레이저는 주파수의 변화가 가능하다. 원래 이것들은 형광 유기 염료를 기반으로 하고 있다. 각 염료 발광은 일반적으로 수십 nm 이상 조정이 가능하다. 다른 파장의 형광을 내는 염료의 선택을 통하여 레이저 발광 파장을 자외선에서 근적외선까지 변화를 주는 것을 선택할 수 있다. 현재 사용되는 파장 가변 레이저는 티타늄-사파이어 레이저(650~1100 nm), 파장 가변 섬유 레이저(고출력의 섬유 레이저는 자외선에서 적외선까지 펼쳐지는 초연속(supercontinuum) 광원이 된다), 반도체 기반의 파장 가변 다이오드 레이저가 대다수이다. 가변 파장 레이저는 좋은 분해능과 잘 흡수하는 시료에 대한 정보를 줄 수 있는 큰 신호를 주기 때문에 흡광 분광법의 광원으로도 유용하다.

다음에서 분광법 기기들이 광원의 세기가 파장에 따라 다른 것을 어떻게 조절할 것이며, 또한 파장에 따라 검출기의 감도가 다른 것을 어떻게 조정할 것인지를 보여 줄 것이다.

단색화 장치

프리즘에 의한 분산은 단파장에는 좋으나, 장파장(IR)에서는 약하다.

단색화 장치는 복사선을 초점에 맞추기 위한 렌즈 또는 거울, 원하지 않는 복사선을 제한하고 단색화 장치로부터 방출된 복사선의 스펙트럼의 순도를 조절하는 것을 돕기 위한 입구와 출구 슬릿 광원으로부터 다색 광복사선의 파장들을 "분리"하기 위한 분산 매질로 구성되어 있다. 분산 요소에는 프리즘과 회절발의 두 종류의 기본형이 있다. 다양한 형태의 광학 필터도 특정한 파장의 빛을 선택하는 데 사용할 수가 있다.

1. 프리즘(Prism) 전자기 복사선이 프리즘을 통해 지나갈 때, 프리즘 재질의 굴절률이 공기에서의 굴절률과 다르기 때문에 굴절된다. 굴절률은 파장에 따라 다르며, 따라서 굴절의 정도도 다르다. 짧은 파장은 긴 파장보다 더 굴절된다. 굴절의 효과는 파장들을 여러 가지 다른 파장으로 "퍼지게" 하는 것이 있다(그림 16.14). 프리즘을 회전시켜 스펙트럼의 여러 다른 파장들이 출구 슬릿과 시료를 통과할 수 있다. 프리즘은 자외선과 가시광선 영역에서 만족스럽게 작동하며 적외선 영역에서도 쓸 수 있다. 그러나 **비선형 분산(nonlinear dispersion)** 때문에 프리즘은 보다 짧은 파장의 경우에 더 효과적으로 작용한다. 유리 프리즘과 렌즈는 가시광선 영역에서 사용될 수 있으나, 석영 또는 용융 실리카는 자외선 영역에서는 사용되어야 한다. 석영 또는 용융 실리카는 가시광선 영역에서도 사용된다.

적외선 영역에서, 유리와 용융 실리카는 거의 빛을 투과시키지 않으므로 프리즘과 다른 광학 장치들은 적외선을 통과시키는 알칼리 금속 또는 알칼리 토금속의 할로젠화물의 큰 결정으로부터 만들어져야 한다. 염화 소듐(암염)이 대부분의 기기에 사용되며 2.5~15.4 μm (4000~650 cm^{-1})까지의 전 영역에 걸쳐 사용된다. 더 긴 파장의 경우에는 KBr(10~25 μm) 또는 CsI(10~38 μm)가 사용될 수 있다. 이것들은(그리고 단색화 장치 구역) 건조해야 한다.

회절발에 의한 분산은 파장에 무관하나, 반사 효율을 파장에 따라 변화한다.

2. 회절발(Diffraction Grating) 이것은 알루미늄과 같은 잘 연마된 표면에 자외선과 가시광선 영역에 대해서는 밀리미터당 약 6000~12000개, 적외선 영역에 대해서는 1800~2400개의 평행선(홈)이 그어진 것이다. 이들의 홈은 회절발에 부딪히는 빛의 산란 중심으로서 작용한다. 그 결과 일정한 차수에서는 모든 파장에 대해서 똑같은 분산을 나타낸다. 즉 **선형 분산(linear dispersion**, 그림 16.15)이다. 분해능은 그어진 홈의 수에 달려 있으나, 일반적으로 회절발의 분해능은 프리즘보다 더 좋으며, 스펙트럼의 모든 영역에서 회절발이 사용될 수 있다. 회절발은 긴 파장을 똑같이 분산하기 때문에 특히 적외선 영역에 적합하다. 현재 거의 모든 기기들은 프리즘보다는 회절발을 사용한다.

원래 회절발은 복잡한 장비인 "선 긋는 엔진(ruling engine)"에 의해 만들어진다. 사진 석판술(photolithographic technique)은 홀로그램의 간섭 무늬로부터 회절발이 만들어지게 한다. 이것은 사인곡선적(sinusoidal) 홈을 가지고 있고 적은 떠돌이빛 특성 때문에 줄이 그러진 회절발보다 선호된다. 고품질의 복제품을 원형 회절발로부터 낮은 제조 비용으로 만들 수 있다. 홀로그래픽 회절발은 부피 위상 홀로그래피(volume phase holography, VPH)라 불리는 기

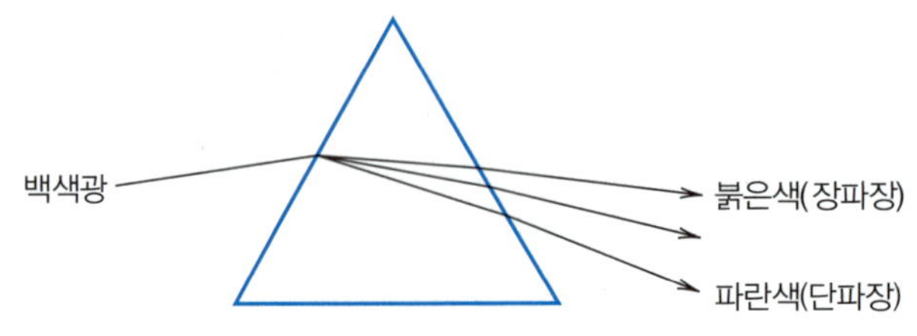

그림 16.14 프리즘에 의한 다색광의 분산

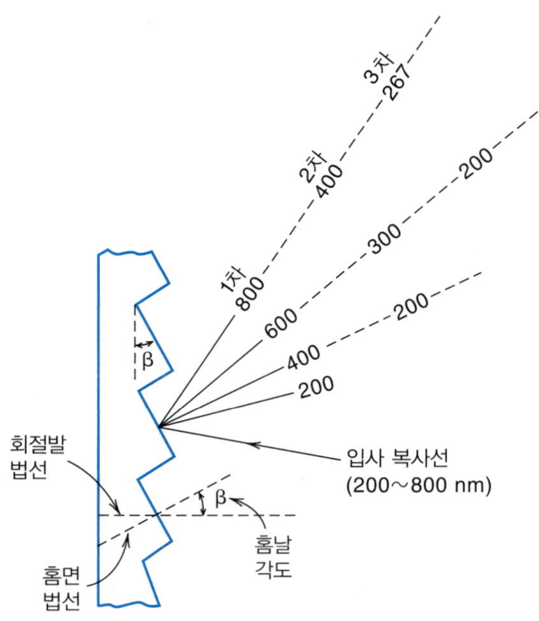

그림 16.15 회절발에 의한 복사선의 회절

술에 의해 두개의 판 사이에 끼워진 감광성 젤로부터도 만들 수 있다. 여기에는 홈은 없고 젤 안에서 주기적인 방식으로 굴절률이 변한다. 이 회절발은 매우 효과적이며 하나의 회절발에 복잡한 형태를 포함할 수 있다. 표면 산란과 표면 결함에 의한 손실과 수차(aberration)는 이런 회절발로 많이 제거할 수 있다.

반도체/미세 가공 기술은 실리콘과 용융 실리카 모두의 깊은 반응성 이온 에칭에 의해 만들어지는 홀로그래픽 패턴의 회절발을 가져왔다. 이 고성능 디바이스는 저비용으로 대량 생산할 수 있으며, 낮은 떠돌이빛을 가지는 고효율의 에칭 전달 회절발과 결합할 수 있다. 통합된 소형 기기에서 디지털 평면 홀로그래피(DPH, digital planar holography)라 불리는 기술의 사용이 증가되고 있다. 이러한 컴퓨터 생성 패턴은 대량 생산에 도움이 되는 표준 미소 전사법 또는 나노 각인 방법으로 만들어진다. 빛은 광섬유처럼 행동하는(빛이 굴절률 기울기에 의해 제한되는) DPH 회절발 안쪽으로 전파되며 이는 칩-스케일 또는 집적된 분광 장비에 특히 유용하다.

회절발은 종종 평면 형태보다 오목한 모양으로 만들어지는데, 이것은 회절된 빛이 모이는 것을 가능하게 한다.

여기서는 반사 회절발에 대하여 알아본다. 복사선의 입사광은 회절발 법선에 대하여 각도 i에서 회절발면에 부딪친다(그림 16.15). 회절발 법선의 다른 쪽에 있는 각도 θ에서 반사된다. 홈 사이의 거리는 d이다. 각 i에서 두 입사선 사이의 경로 차이는 $d \sin i$이고, 나가는 선의 경로 차이는 $d \sin \theta$이다. 입사선과 반사선의 경로 차이는 $d \sin i - d \sin \theta$이다. 이 차이가 하나 이상의 파장과 일치할 때 보강 간섭이 나타나고 상쇄 간섭은 없으며 밝은 상이 나온다. 대응되는 회절 방정식은 다음과 같다.

$$n\lambda = d(\sin i - \sin\theta) \tag{16.18}$$

여기서 n은 **회절 차수**(*diffraction order*)로 정수이다. n이 증가하면 같은 배수로 파장은 감소하고 더 짧은(더 높은 차수) 파장이 같은 각도 θ에서 반사될 것이다. 이들은 검출기에 도달하기 전에 걸러져야 한다(아래 참조). 많은 파장의 빛을 분산하기 위하여 회절발은 각도 i를 바꾸기 위해 회전시켜야 한다.

주어진 입사각 i에서 회절발의 **분산**은 다음과 같이 주어진다.

$$\frac{d\theta}{d\lambda} = \frac{n}{d\cos\theta} \tag{16.19}$$

즉 분산은 차수를 회절발의 간격과 반사각의 코사인 값의 곱으로 나눈 것과 같다. 회절발의 **분해능**은 줄의 수와 차수의 곱이다. 따라서 큰 회절발은 작은 것보다 분해능이 더 크다.

회절발에 의하여 반사된 복사선의 세기는 파장에 따라 변하며, 최대 세기를 나타내는 파장은 복사선이 회절발에서 홈의 표면으로부터 반사되는 각도에 달려 있다. 이 각을 홈날 각도라고 한다(그림 16.15 참조). 따라서 회절발은 특정한 파장 영역에 대해 특정한 각도에서 빛을 내게 되며, 파란색 영역에서 빛을 내는 회절발은 적외선 분광계에는 부적당하다. 회절발은 또한 입사선의 **배수**로 복사선을 내보낸다(그림 16.15 참조). 이 배수를 복사선의 **높은 차수(higher order)**라고 한다. 첫 번째 차수는 1차이고, 2배의 파장은 2차, 3배의 파장은 3차이다. 따라서 회절발은 1차 스펙트럼, 2차 스펙트럼 등등을 내놓는다. 높은 차수의 스펙트럼은 더 크게 분산되며 분해능이 증가된다. 높은 차수의 빛이 생기므로 필요한 스펙트럼 영역보다 작은 파장의 복사선은 걸러서 제거해야 한다. 그렇지 않은 경우 높은 차수의 복사선들이 필요한 복사선과 겹쳐서 나타날 것이다. 이것은 어떤 파장보다 큰 파장의 복사선만을 통과시키는 여러 형태의 광학 필터를 사용하여 방지할 수 있다. 예를 들어 300~700 nm 사이의 넓은 영역에서 빛을 내는 광원과 회절 후 650 nm에서 세기를 측정하는 것을 생각해 보자. 제거하지 않는 한 325 nm의 빛은 650 nm의 1차 복사와 겹치게 될 것이다. 325 nm의 빛은 회절발에 도달하지 않도록 광원과 회절발 사이에 400 nm 이하의 복사선을 차단하는 필터를 설치하여 제거할 수 있다.

높은 차수에서 분산이 더 잘 된다.

형광에서, 짧게 발광하는(1차) 파장의 높은 차수 빛은 측정되는 긴 1차 파장의 빛과 겹칠 수도 있다. 짧은 1차 빛은 회절발에 도달하기 전에 필터로 제거시켜야 한다. 16.9절의 훑살형 분광계를 참조하라.

3. 광학 필터(Optical Filter) 전형적인 광학 필터는 기본적으로 두 가지 종류가 있다. 다양한 무기 및 유기 유색 화합물을 포함하는 유리나 플라스틱 필터는 특정 파장을 흡수하고 그밖의 것은 투과하는 방식이다. 이것이 흡수 필터이다. 이색(dichroic) 필터는('간섭', '박막', '반사' 필터라고도 부르는) 유리 기판에 일련의 서로 다른 광학 코팅을 해서 만들어진다. 이러한 필터는 간섭의 원리에 의존한다. 다른 층들은 원하는 파장에서 공명하는 일련의 반사 공간 역할을 한다. 다른 파장은 반사되거나 파의 최고점과 최저점이 중첩되는 상쇄 간섭에 의해 제거된다.

기능적으로 광학 필터는 일반적으로 단파 통과, 장파 통과, 대역 통과의 세 가지 유형으로 분류된다. 첫 번째 유형은 정해진 파장 이하의 빛을 투과하고, 두 번째 유형은 정해진 파장 이상의 빛을 투과한다. 정해진 파장에서 투광도는 최대 투광도의 50%이다. 전형적으로 차단된 영역에서는 <1%의 빛이 투과하고 허용된 파장에서는 >80%의 (종종 100%에 육박하는) 빛이 투과한다. 세 번째 유형인 대역 통과 필터는 λ_s에서 50%의 차단점을 갖는 단파 통과 필터와, λ_L ($\lambda_s > \lambda_L$)에서 최대 투광도의 50%를 갖는 장파 통과 필터의 조합이다. 따라서 이 파장 사이의 빛만 통과한다. 대역 통과 필터는 일반적으로 세 가지 변수에 의해 특징지어진다. (a) 투과되는 영역의 중간 파장 [일반적으로 $\frac{1}{2}(\lambda_s + \lambda_L)$] (b) 통과 영역의 폭, $\lambda_s - \lambda_L$, 종종 반높이 너비(half width 또는 full-width half maximum, FWHM)라고 한다. 이것은 nm보다 작은 값에서 100 nm 이상의 값을 가질 수 있다. 그리고 (c) 최대 투광 파장에서 최대 투광도; 이것은 일반적으로 FWHM이 감소하면 줄어들며 10~90%의 범위이다. "노치 필터(notch filter)"는 특정한 파장의 좁은 대역을 제외한 모든 파장을 통과하는 특별한 필터인데, 해당 파장의 빛은 백만분의 1 이상으로 약해진다. 이런 필터는 레이저 파장 중심의, 레이저 유도 형광 또는 라만 분광학에서 방출되는 빛으로부터 어떤 잔류 여기 레이저 광을 걸러내는 데 사용된다. 노치 필터는 λ_L이 λ_s보다 아주 조금 큰 특별한 대역 통과 필터이다.

시료 용기

시료(일반적으로 용액)를 넣은 용기는 물론 측정되는 파장 영역에서 투명해야 한다. 광학 기재로서 위에서 설명한 물질들은 스펙트럼의 여러 영역용으로 설계된 기기에서 용기의 재질로 사용된다.

용기:
UV－석영
VIS－유리, 석영
IR－염 결정

다른 경로 길이와 부피를 가진 용기가 사용되지만, **가시광선(visible)**, **자외선(ultraviolet)** 분

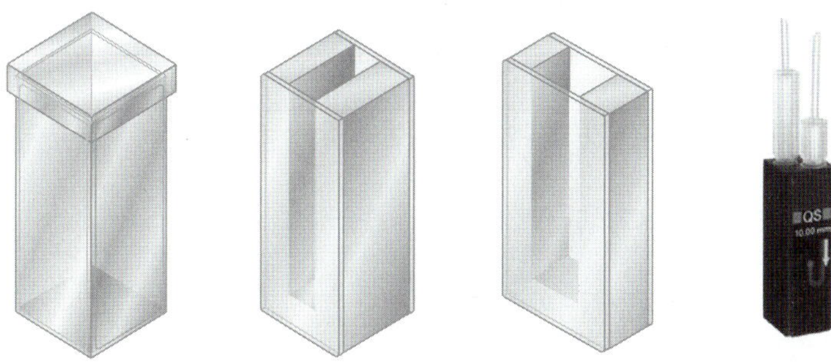

그림 16.16 몇 개의 전형적인 자외선과 가시광선 흡수 용기; 오른쪽에 있는 용기는 유통(flow-through) 용기로 전형적인 분광계에서 유체 응용을 위하여 사용될 수 있다.

광계에서 사용하는 용기는 보통 1 cm 두께(평행한 벽 사이의 **내부** 길이)의 사각형으로 된 큐벳(cuvet)이다. 이들을 그림 16.16에 나타내었다. 유통 용기가 통합된 유통 분광기는 일반적으로 액체 크로마토그래피, 유량 주입 분석이나 다른 흐름 응용에서 사용된다. 일반적인 분광광도계는 그림 16.16의 오른쪽에 그려진 작은 부피의 유통 용기를 사용할 수 있도록 변형할 수 있다. 그러한 응용에서, 분광 광도계의 "z 치수"를 아는 것은 중요한데, 이는 용기 구역의 바닥에서 용기를 통과해 지나가는 평행한 광선의 중심까지의 거리이다. 만일 용기의 z 치수가 분광 광도계와 일치하지 않으면 빛살은 용기의 불투명한 부분에 부딪칠 것이다.

적외선(infrared) 기기의 경우에는 여러 종류의 관련된 용기가 사용된다. 가장 대표적인 것은 염화 소듐 창으로 된 용기이다. 두께가 고정된 용기가 이러한 목적에 적합하며 가장 널리 사용된다. 물론, 용매가 용기의 창을 못쓰게 해서는 안 된다. 염화 소듐 용기는 공기 중의 수분과 수분을 포함하고 있는 용매로부터 보호되어야 하며(건조 용기에 보관), 그것들은 수분 오염에 의하여 "뿌옇게" 되지 않도록 주기적으로 연마해 주어야 한다. 염화 은의 용기는 종종 물을 포함한 시료나 수용액에 사용된다. 이 용기는 무르며 가시광선에 노출되면 서서히 거무스름하게 된다.

표 16.5는 적외선을 투과하는 재료들의 성질을 나열하였다. 적외선의 분광법에서 요구되는 짧은 경로 길이는 특히 창을 다시 닦아야 하는 경우 재현성 있게 하기 어렵다. 따라서 이 영역에서의 정량 분석은 그렇게 정확하지 않다. 내부 표준 물질을 사용하면 도움이 된다. 빈 용기의 경로 길이는 간섭 무늬로부터 측정할 수 있다. 약 0.002~3 mm까지의 두께를 가진 다양한 통로 길이의 용기들도 이용할 수 있다.

시료가 순수한 액체로 존재할 때 적외선 영역에서 보통 묽히지 않고(순수한 시료만으로)측정하며, 이러한 경우는 유기 화학자가 모르거나 또는 새로운 화합물의 구조를 확인할 때 잘 이용된다. 이러한 목적으로 흡광도를 최적의 영역 내에 유지하도록 하기 위해서는 용기의 길이가 짧아야 하며, 일반적으로 통로의 길이는 0.01~0.05 mm까지이다. 시료 용액을 만들어야 한다면 보통 꽤 높은 농도로 측정한다. 그 이유는 어떤 용매도 적외선 영역에서 완전히 투명하지 않기 때문에 이렇게 함으로써 용매에 의한 흡광도를 최소로 할 수 있기 때문이다. 다시 말해서 일반적으로 0.1 mm나 그 이하의 짧은 통로 길이가 필요하게 된다.

하지만 시료들이 적외선 영역에서 측정하기에 충분할 만큼 고농도로 용매에 녹지 않을 수도 있다. 분말은 빛의 산란을 감소시키기 위하여 거의 같은 굴절률을 갖는 점성 있는 액체에서 현탁시키거나 또는 두꺼운 슬러리(반죽)로 만들어서 측정할 수도 있다. 시료는 종종 뉴졸(Nujol)이라는 광유 속에 넣어 연마한다(그림 16.4 참조). 클로로플루오로탄소 그리스는 뉴졸의 흡수가 C—H 띠와 겹쳐질 때 사용된다. 멀(mull) 방법은 정성 분석에는 유용하나 정량 분석에는 재현성이 없다. 시료에 KBr(적외선 영역에서 투명한)을 넣고 갈아서 펠릿 상태로 압력을 가한 다음 측정하기도 한다.

기체는 적외선 분광법으로 분석할 수 있으며, 이 목적으로 보통 길이가 10 cm인 용기가 사용되고, 때로는 20 m 이상의 용기가 특수한 응용에서 사용된다. 몇 개의 전형적인 적외선 용

표 16.5 적외선 재료의 성질

재료	유용한 범위(cm^{-1})	일반적 성질
NaCl	40,000~625	흡습성, 수용성, 저렴, 가장 많이 사용되는 물질
KCl	40,000~500	흡습성, 수용성
KBr	40,000~400	흡습성, 수용성, NaCl보다 약간 고가, 더 흡습성
CsBr	40,000~250	흡습성, 수용성
CsI	40,000~200	매우 흡습성, 수용성, 낮은 파수 연구에 적합
LiF	83,333~1425	물에 약간 녹음, UV 물질에 적합
CaF_2	77,000~1110	물에 불용성, 모든 산과 염기에 사용 가능
BaF_2	67,000~870	물에 불용성, 깨어지기 쉬움, 산과 NH_4Cl에 용해
AgCl	10,000~400	물에 불용성, 금속에 부식성, 단파장 가시광선을 쪼이면 검게 된다. 어두운 곳에 보관
AgBr	22,000~333	물에 불용성, 금속에 부식성, 단파장 가시광선을 쪼이면 검게 된다. 어두운 곳에 보관
40% TlBr, 60% TlI(KRS-5)	16,600~285	물에 불용성, 매우 독성이 큼, 염기에 용해, 부드러움, ATR 작업에 유용
ZnS	50,000~760	물, 보통의 산과 염기에 불용성, 깨어지기 쉬움.
ZnSe	20,000~500	물, 보통의 산과 염기에 불용성, 깨어지기 쉬움.
Ge	5000~560	깨어지기 쉬움 높은 굴절률
Si	83,333~1430 400~30	대부분의 산과 염기에 불용성
UV 석영	56,800~3700	물과 대부분의 용매에 영향을 받지 않음.
IR 석영	40,000~3000	물과 대부분의 용매에 영향을 받지 않음.
폴리에틸렌	83,625~10	원적외선 작업을 위한 저렴한 물질

허가를 받고 McCarthy Scientific Co. 카탈로그 489를 조정함.

기를 그림 16.17에 나타내었다. 현장에서 낮은 농도의 유독 가스를 측정하기 위해서는 훨씬 긴 경로 길이가 필요하다. 발명자의 이름을 딴 "White" 용기는 양측에(오목) 거울을 사용한다. 빛살은 입사 거울의 조리개를 통해 들어오고, 출구 거울의 구멍을 통해 나가기 전에 여러 번 반사된다. 0.5 또는 1 m의 거울 사이의 거리(기본 경로)로 수십 미터의 경로 길이를 쉽게 얻을 수 있다. 일부 "white" 용기는 빛살이 나가기 전에 반사되는 횟수를 변화시켜 경로 길이를 바꿀 수 있도록 거울의 각도를 조절할 수 있다. 대기 중에서의 측정을 위해서는 더 긴 경로 길이가 필요하다. 초점이 맞추어진 광원과 검출기를 열려진 대기를 용기로 하여 수백 미터나

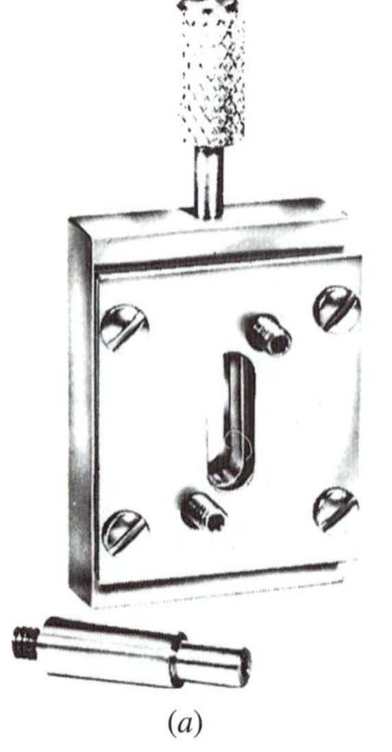

(*a*)

(*b*)

그림 16.17 전형적인 적외선 용기. (*a*) 고정된 경로 용기, (*b*) 가변형 경로 길이 용기

수 킬로미터 떨어지게 설치할 수 있다. 차등 광학 흡수 분광계(differential optical absorption spectrometer, DOAS)는 전형적으로 동일한 위치에 광원과 검출기를 가지고 있으며, 먼 곳에서 광원을 다시 검출기로 반사하는 거울을 사용한다. 이것의 파장 범위는 UV에서 IR 영역에 걸쳐 있다.

광섬유와 액상 코어 도파선 용기

대부분의 검출 시스템은 측정 가능한 최소 흡광도에 의해 제한된다. Beer 법칙에 의하면 흡광도는 흡광 계수, 경로 길이, 농도의 곱이다. 전형적으로 이미 흡광 계수가 가장 높은 파장을 선택하며(분석 물질을 좀 더 강하게 흡수하는 물질로 변환시키거나 그대로 사용하거나)측정하고자 하는 농도를 마음대로 조정할 수 없기 때문에, 흡광도를 높이기 위해 조절할 수 있는 변수는 경로 길이뿐이다. 앞서 언급한 것과 같이 기체상의 측정에서 이것은 오래 전부터 인식되어 왔고 사용되어 왔다. 하지만 평행한 빛살이 작은 분산(빛의 퍼짐)만으로 먼 거리를 여행할 수 있는 기체상과 달리, 액체상에는 레이저와 같이 결맞는(coherenct) 빛살도 곧 분산되고 빛은 상대적으로 짧은 거리에서도 벽으로 사라져서 10cm 이상의 경로 길이를 만드는 것도 실현 불가능하다. 만일 빛이 광섬유(도파관 또는 섬유광이라고 하는)에 의해 손실이 적게 진행되는, 즉 용기가 **액체 코어 도파선**(LCW, *liquid core waveguide*)처럼 역할을 하는 액체가 채워진 용기에서 전달된다면 용기를 통과하면서 충분한 투과 빛을 갖는 긴 경로 길이 용기가 가능할 것이다.

입사각인 θ_a는 주어진 중심과 껍질관의 굴절률 차이에서 완전히 반사될 수 있는 최대각이다. 만약 빛이 θ_a보다 큰 각으로 입사하면 통과되지 않을 것이다. 광섬유의 개구수(numerical aperture, NA)는 섬유가 빛을 모으는 능력을 측정한 것으로 다음과 같이 정의된다.

$$\mathrm{NA} = n_{\mathrm{ext}} \sin \theta_a = \sqrt{(n_1^2 - n_2^2)} \tag{16.20}$$

여기서 n_{ext}는 바깥 매질의 굴절률이며, 전형적으로 공기의 경우에 $n \simeq 1$이다. 중심축에 대하여 측정한 입사각은 다음과 같다.

$$\theta_a = \cos^{-1}\left(\frac{n_2}{n_1}\right) \tag{16.21}$$

생산자는 각각의 광섬유에 NA값을 알려주는 것이 일반적이다. 보통 제공되는 다른 성질은 각각의 서로 다른 파장의 빛이 단위 길이당 손실하는 빛의 양이다. 분광 곡선은 파장 대 감쇠를 보여 주는 것으로 나타낸다. 감쇠는 주로 km당 데시벨(db/km)로 표현되며, 다음 식으로 나타낸다.

$$\mathrm{dB} = 10 \log \frac{P_0}{P} \tag{16.22}$$

여기서 P_0는 주어진 빛의 세기이고, P는 출력 세기이다. 실리카로 제조된 섬유의 감쇠는 850 nm에서 10 dB/km의 크기이다. dB = 10×흡광도임을 주목하라. 따라서 10 m(0.01 km)에서

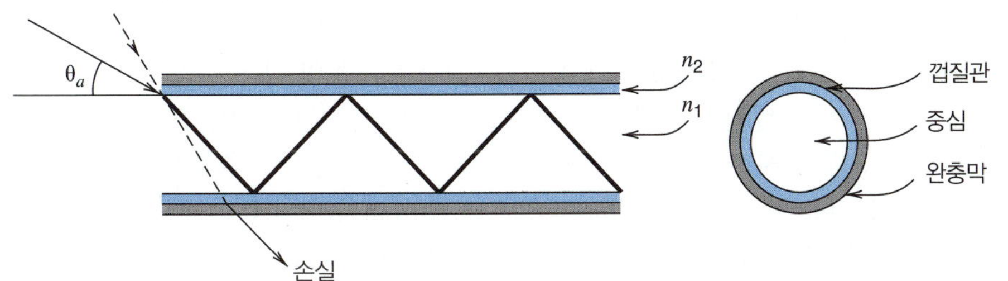

그림 16.18 광섬유 혹은 "도파관"은 적은 손실로 빛을 통과시킨다. 이것은 중심부와 껍질관, 그리고 외부를 보호하는 완충막(buffer)의 두 부분으로 구성되어 있다. 중심부는 껍질관의 굴절률 (n_2)보다 더 높은 굴절률 (n_1)을 가진다. 입사각보다 작은 각도로 광섬유에 들어간 빛은 중심부와 껍질관 접촉면에서 전반사를 하면서 적은 손실로 투과하게 된다.

0.01 흡광도(0.1 dB 감소)를 나타내며, 이는 97.7% 투광도에 해당된다.

광섬유는 자외선(190 nm)부터 적외선(≥5 μm)까지 투과시키는 것을 구입할 수 있지만, 각 섬유는 통과되는 빛의 영역이 제한된다. 플라스틱이나 화합물 유리 재료는 짧은 거리에서 가시광선 투과에 응용되며, 실리카 섬유는 자외선에서 근적외선 영역(2.3 μm)까지 사용되나 값이 비싸다. 플루오린화물이나 칼코젠 유리는 적외선 영역까지 사용 가능하다.

광섬유를 분광기에 적용하면, 더 많은 빛을 통과시키기 위하여 NA 값을 증가시키는 것과 보통 제한이 많이 되는 분광기 자체의 빛의 모으는 각도 사이에 타협을 이루게 된다. 즉, 빛은 분광기에서는 볼 수 없는 분광기 제한 상태 이상의 NA값에서 빛을 모을 수 있다. 참고 문헌 21에, 위에서 언급한 광섬유/분광기 조합에 대하여 설명되어 있으니 참조하라.

두 갈래 뻗음 케이블에서, 하나는 광원의 빛을 통과시키고, 다른 하나는 흡수된 빛이나 형광 빛을 받는 데 사용한다.

광섬유는 고전적인 분광 광도계나 형광 측정용 탐침으로 사용할 수 있다. 빛은 광원으로부터 시료로 전달되고 분광기로 돌아가야 한다. 하나의 광섬유로 빛을 보내고 받을 수 있도록 구조를 설계하는데, 주로 **두 갈래 뻗음 섬유(bifurcated fiber)**를 사용한다. 끝이 둘로 갈라져서 각각 광원과 분광계로 가는 2개의 섬유를 하나로 묶어 놓은 구조로 되어 있다. 흔히 케이블은 수십 개씩 작은 섬유들을 한꺼번에 묶어 다발을 만들고 그중의 반은 다른 쪽과 둘로 나누어져 있다. 흡광도 측정을 위해서는, 섬유의 끝으로부터 수밀리미터 정도의 작은 거울을 케이블에 직접 설치한다(케이블에 부착). 광원에서부터의 빛은 시료 용액을 통과하고, 다시 섬유를 통해 반사되어 모아지고 분광기로 돌아간다. 빛의 통과 길이는 섬유와 거울까지 거리의 2배가 된다.

형광도 비슷한 방법으로 측정하나 거울이 필요 없다. 원뿔 모양을 한 섬유의 끝에서 방출되는 빛은 용액에서 형광을 일으키고 이 형광빛은 돌아오는 케이블(케이블의 양은 NA값에 의존한다)을 통하여 분광기로 돌아온다. 가끔 형광의 세기를 좋게 하기 위하여 레이저가 광원으로 사용된다.

광섬유와 같이 행동하는 액체가 채워진 관의 경우에, 껍질관은 투명해야 하며 액체보다 작은 굴절률을 가져야 한다. 예를 들면 CS_2(굴절률 1.63)가 채워진 유리관(굴절률~1.45)은 LCW처럼 행동하고 가시광선을 적은 손실로 이동시킨다. 하지만 이런 예는 묽은 수용액(물의 굴절률 1.33)에서 수행되는 대부분의 액체상 측정에서는 거의 활용 가능하지 않다. 수용액으로 관형의 LCW 용기를 만들려면 RI<1.33이면서 사용하고자 하는 파장에서 투명한 물질로 만든 관이 필요하다. 굴절률이 1.29까지 낮게 만들 수 있는 새로운 불소 중합체인 테프론 AF가 상업적으로 가용해진 1990년대까지는 이것을 해결하기 어려웠다. $n_2 = 1.29$이고 $n_1 = 1.33$이면 θ_a는 14.1°이다. 이것은 상대적으로 약한 광섬유이지만, 최근 LCW 용기는 5 m 정도의 경로 길이로 미량 성분 측정에 광범위하게 사용되고 있다. LCW에 대한 리뷰로 'T. Dallas, and P. K. Dagupta, *Trend Anal. Chem.* **23**(2004) 385)'를 보라.

검출기

검출기의 선택은 관심 있는 파장에 따라 변한다.

검출기:
UV – 광전관, 광전자 증배관, 실리콘 다이오드 배열, CCD 배열
VIS – 광전관, 광전자 증배관, 실리콘 다이오드 배열, CCD 배열
IR – 열전기쌍, 볼로미터, 더미스터, InGaAs 다이오드 배열

UV–Vis 검출기. 광전관(phototube)은 **자외선**과 **가시광선 영역**에서 일반적으로 사용되었으며 광방출 (−)극과 (+)극으로 구성되어 있다. 높은 전압이 (+)극과 (−)극 사이에 걸린다. 광자가 (−)극을 때릴 때 전자가 방출하여 (+)극으로 끌려가 측정되는 전류를 흐르게 한다(Albert Einstein은 1905년에 이것을 발견하여 1921년에 노벨 물리학상을 받았다. 그가 특수 상대성 원리가 아닌 이 발견으로 상을 받은 것은 아직도 논란거리이다. http://en.wikipedia.org/wiki/Albert_Einstein을 보라. 광방출 재료의 감응은 파장에 달려 있으며, 스펙트럼의 서로 다른 영역에 대해 서로 다른 광전관이 사용된다. 예를 들어 한 광전관은 파란색과 자외선 부분에 사용되고, 다른 하나는 스펙트럼의 붉은색 부분에 사용되는 것도 있다. "햇빛 차단(solar blind)" 광전관은 일반적으로 <320 nm 영역인 UV 복사선에만 반응한다. 대부분의 다른 응용에서 광전관은 광다이오드를 대부분 대체하였다.

다른 종류의 광전(−)극 물질은 다음과 같다.

Ag-O-Cs: 이것은 가장 오래 된 광전(−)극 물질(흔히 S-1이라고 하는)로 300~1200 nm 영역에서 감응한다. 이것은 상대적으로 높은 열전자 암방출을 보여 준다(암전류와 관련된). 현재는 암전류를 줄이기 위한 냉각 광전 (−)극으로 NIR 영역에서 제한적으로 사용된다.

GaAs (Cs): 세슘 활성 GaAs은 300~930 nm의 넓은 영역에서 감응하며, 300~850 nm에서는 상대적으로 일정한 감응을 보인다.

InGaAs (Cs): 이것은 GaAs (Cs)에 비하여 적외선 영역에서 매우 확장된 감도를 갖는다. 900~1000 nm에서 이 광전(−)극은 S-1보다 훨씬 더 큰 S/N을 보인다.

Sb−Cs: 광범위하게 사용되는 광전(−)극으로 자외선에서 가시광선 영역에서 스펙트럼 감응을 갖는다.

이알칼리(Sb-Rb-Cs, Sb-K-Cs): Sb-Cs 광전(−)극과 비슷한 영역에서 스펙트럼 감응을 보이지만 더 큰 감도와 낮은 잡음을 갖는다.

고온 이알칼리 또는 저잡음(low noise) 이알칼리(Na-K-Sb): 이것은 높은 작동 온도에서 특별히 유용하다(175°C 한계). 유정 발굴 산업에서 주로 사용한다. 상온에서 암전이 매우 낮고, 광자 집계에 이상적이다.

다알칼리(Na-K-Sb-Cs): 이것은 UV에서 NIR까지 넓은 영역에서 고감도의 스펙트럼 감도를 갖는다. 광대역 분광 광도계에 널리 사용된다. 광전 (−)극의 특별한 가공으로 930 nm까지 장파장 감도를 확장할 수 있다. 아마도 가장 광범위하게 사용되는 광전(−)극이다.

Cs-Te, Cs-I: 가시광선에 감응하지 않는 햇빛 차단 광전 (−)극이다. Cs-Te은 $\lambda < 320$ nm, Cs-I는 $\lambda < 200$ nm에서만 감응한다.

Albert Einstein은 1905년에 광전 효과를 보여 준 것으로 1921년 노벨 물리학상을 받았다. 대중의 오해와 달리, 그는 1905년의 특수 상대성 원리 발견으로 상을 받은 것이 아니다. 그의 상대성 이론은 1920년대까지 여전히 논란이 있었다.

광전자 증배관(**photomultiplier tube**, PMT)은 **가시광선**과 **자외선 영역**에 대해서는 광전관보다 더 민감하다. 그것은 광자가 들어와 두드리는 광방출 음극과 일련의 전극(다이노드)으로 구성되었으며, 각 다이노드는 하나 앞의 다이노드보다 50~90 V 더 양의 전위이다. 광자가 광방출 표면을 부딪치면 1차 전자가 방출된다(이것이 광전 효과이다). 광방출 표면으로부터 나온 1차 전자는 제 1 다이노드를 향하여 가속된다. 다이노드 표면에서 전자의 충격으로 더 많은 2차 전자의 방출을 일으키며, 이것은 다시 각각의 2차 전자가 더 많은 전자를 내놓은 다음 전극으로 가속되어 결국 약 10단계의 증폭을 거치게 된다. 전자는 결국 (+)극에 의해서 포집된다. 광전자 증배관의 최종 출력은 단계에 따라 전기적으로 증폭된 값이다.

다시 말해서, 광전 증배관들은 파장에 따라서 서로 다른 감응 특성을 가지고 있다. 그림 16.19는 서로 다른 광방출 (−)극 표면에 따라 서로 다른 광전자 증배관의 감응 특성을 나타내는 것을 보여 준다. PMT의 높은 감도 때문에, 파장의 높은 분해능을 위해서 세기가 낮은 광원과 좁은 슬릿 너비를 사용할 수 있다.

일반적인 빛 측정 응용에 있어서 가장 광범위하게 사용되는 검출기는 광다이오드(photodiode)라고 하는 빛 노출에 쉬운 접합부를 가진 반도체 다이오드이다. p형 반도체는 규소(4개의 원자가 전자를 갖는)에 Al, Ga, In(3개의 원자가 전자를 갖는)의 도핑에 의해 얻어지는 격자 전자의 결핍이 있고, n형 반도체에는 Si에 N, P, As(5개의 원자가 전자를 갖는)의 도핑에 의해 얻어지는 격자 전자의 과잉이 있다. 가장 간단한 다이오드는 p 도핑과 n 도핑 반도체의 접합으로 이루어져 있다. 합선(short−circuit) 전류는 광다이오드에 떨어지는 빛의 세기에 선형의 관계가 있다. 태양 전지(광전지)는 본질적으로 넓은 면적의 광다이오드이다. 다이오드에 반대 전압(n면(+)극)을 가해주면 잡음이 증가하는 반면에 감응 속도가 크게 증가한다. PIN 다이오드는 p형과 n형 반도체 사이에 절연층을 가지고 있으며, 특히 빠른 레이저 펄스를 관측하는 데 필요한 정도의 매우 높은 감응 속도로 역방향 바이어스 관측과 같은데 잘 맞는다. 애벌란시(Avalanche) 광다이오드(APD)는 매우 높은 역바이어스(보통 수백 볼트)를 사용한다. PMT와 같이 처음 만들어진 광전자는 매우 높은 감도를 이끄는 2차 전자의 사태(avalanche)를 만든다. 전형적인 응용에서 광다이오드의 출력은 외부 전류−전압 변환기에

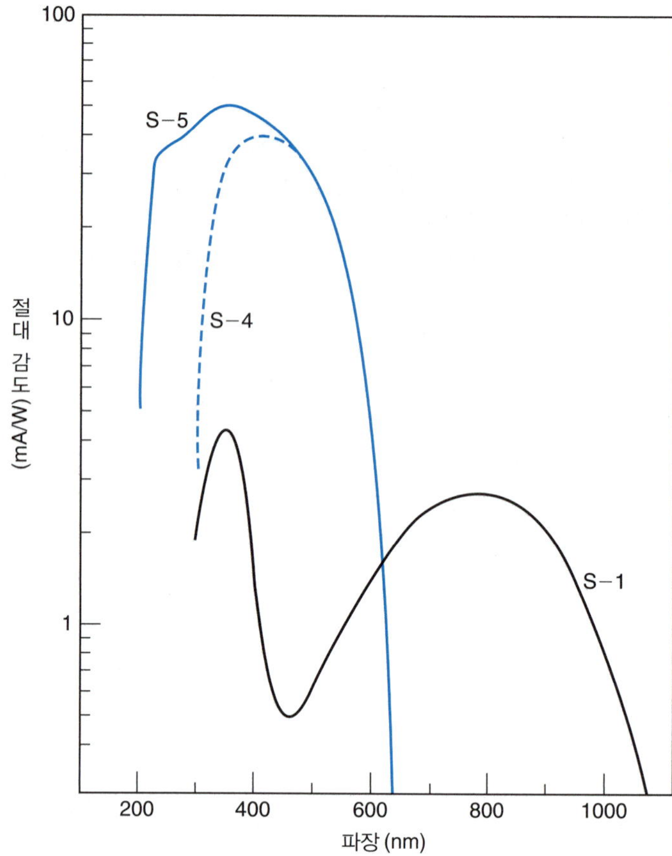

그림 16.19 몇 가지 광전(–)극 물질의 스펙트럼 감응. S-1: Ag-O-Cs, S-4와 S-5: 두 가지 다른 이알칼리 광전 (–)극 (G. D. Christian and J. E. O'Reilly, *Instrumental Analysis*, 2nd ed. Boston: Allyn and Bacon, Inc., 1986. Allyn and Bacon, Inc.의 승인에 받아 복제함.)

의해 처리된다. 집적된 광다이오드–연산 증폭기 조합은 전류–전압 변환과 상당한(고정 혹은 가변) 증폭을 제공한다. 이것은 광범위하게 가용하고 일반적인 광검출기로 사용된다.

광다이오드의 적용 가능한 파장은 사용되는 특별한 반도체에 의존한다. 전형적인 실리콘 광다이오드는 400~900 nm 영역에서 일반적으로 감응하지만, 특별하게 제작을 하면 170~1100 nm 영역에서 감응하게 할 수 있다. 단일 광전관/PMT으로는 이렇게 넓은 영역으로 확장할 수 없다. SiC 검출기는 200~400 nm 범위에서 고유의 감응을 갖는다. GaP 광다이오드는 190~550 nm의 감응 영역을 가지며 440 nm 근처에서 최고 감응을 갖는다. 가시광선 영역에서 이러한 감응은 인간 눈의 반응과 닮았다. GaAsP 광다이오드의 감응은 도핑의 양과 특성에 따라 크게 변한다. 이 감응 영역은 190~760 nm로 확장할 수 있다. GaN과 AlGaN 광다이오드는 각각 200~370 nm와 200~320 nm에서 감응한다. 도핑에 따라, InGaN 광다이오드는 UV용(200~400 nm) 또는 근자외선에서 가시광선용(300~510 nm)이 가용하다. NIR을 "볼" 수 있는 야간 식별 장비에 의하여 최근 InGaAs 광다이오드에 있어서 큰 진전이 있었다. 도핑에 따라 감응 범위가 850~2500 nm로 확장된다. 열잡음(thermal noise)을 줄이기 위해 검출기를 냉각시키는 열전기 냉각기가 흔히 사용된다. 여러 가지 광검출기의 감응 영역 파장에 대한 보기 좋은(클릭 가능한) 그림 요약을 'http://jp.hamamatsu.com/en/product) info/wave/index.html' 에서 찾아볼 수 있다. 원하는 파장에만 감응하게 하는 색상 필터나 간섭 필터가 내장된 광다이오드도 가용하다. 그림 16.20은 몇 가지 광다이오드 배열을, 그림 16.21은 UV 민감형 실리콘 광다이오드의 스펙트럼 감응을 보여 준다.

전하 결합 장치(charge coupled device, CCD) 광센서는 1969년에 At&T Bell 연구소의 Willar Boyle과 George Smith에 의해 만들어졌다. 그들은 40년이 지난 후에 광섬유 통신에 기여한 공적을 인정받아 Charles Kao와 함께 노벨 물리학상을 공동 수상하였다. 개별의 CCD 요소들은 거의 사용되지 않고 거의 항상 배열로 사용된다. 선형 배열은 팩시밀리 기기나 디지

그림 16.20 1024개 구성 요소의 다이오드 배열 검출기 사진 (Hamatsu Photonics, K. K.의 허가)

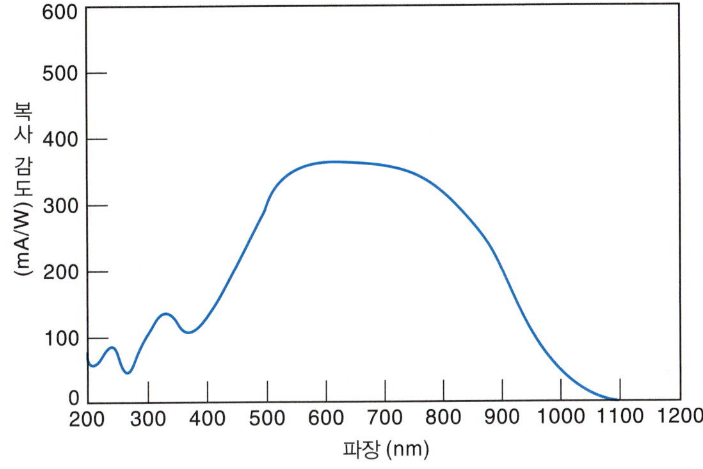

그림 16.21 UV 민감형 실리콘 광다이오드의 전형적인 스펙트럼 감응

털 스캐너에 사용되고, 이차원 배열은 디지털 카메라의 영상 센서로 사용된다. 개별 센서는 요소 혹은 픽셀(pixel)를 나타내며, 예를 들면 5메가픽셀 센서를 가진 카메라라고 한다. CCD에서는 센서로 들어오는 빛의 세기는 양자화된(디지털) 크기의 전하로 변환된다. 이 전하는 센서 픽셀 열을 따라 시간 간격을 두고 읽혀진다. 따라서 CCD는 불연속 시간(discrete-time) 장비이다. 즉 빛 신호가 불연속 시간 간격에 측정된다. 하지만 이 시간 간격은 매우 짧을 수 있다. 분광학적 검출기로서 선형 CCD 배열은 저렴한 소형의 UV−Vis 분광계에서부터 PMT의 비견되는 감도를 가진 열전 냉각 후면−가는(back-thinned)후면−발광 CCD 기반의 적당한 가격의 소형 분광계까지 사용된다.

실리콘과 InGaAs 다이오드는 다중 픽셀(2~2048 픽셀) 배열의 형태로도 만들어진다. 실리콘 광다이오드 배열 (PDA)를 기반으로 하는 중간 가격의 분광계가 일반적인데 이것은 190~900 nm까지의(종종 1100까지)전체 UV−Vis 영역을 대상으로 한다. 섬유광 InGaAs 다이오 배열을 기반으로 하는 탁상용 또는 소형 NIR 분광계는 가용하지만 가격이 매우 비싸다. 배열 검출기를 기반으로 하는 분광계(CCD나 PDA)의 장점은 기계적으로 스캔하는 단색화 장치가 필요하지 않다는 것이다. 전형적인 배치를 뒤에 나오는 그림 16.23에서 보여 준다. 배열 검출기의 요소들을 순차적으로 읽는다. 전자 공학적인 픽셀의 수와 전체적인 배치에 따라 읽는 시간은 1ms보다 작다. 그러나 저가의 분광계에서는 이 시간이 수십 밀리 정도 걸리는 것이 일반적이다.

배열 검출기에서 개별 검출기 요소를 픽셀이라고 한다.

일반적인 검출기:
- 광전자 증배관: 160~1100 nm
- 실리콘 광다이오드 배열: 170~1100 nm
- 전하 결합 장치(CCD): 180~1100 nm
- 인듐 갈륨 비소(InGaAs) 광다이오드: 850~2550 nm
- 황화 납(PbS): 1000~3300 nm

Analytical Chemistry 학술 잡지는 분광 광도계를 두 빛살의 복사력의 비, 즉 P/P_0를 측정하여 흡광도를 기록할 수 있는 분광계로서 정의하고 있다. 두 빛살은 겹살 분광계 또는 홑살 분광계에서와 같이 동시에 또는 따로따로 측정될 수 있다(다음을 참조). 형광 분광법에서와 같이 스펙트럼과 세기를 측정해야 하는 복사하는 시료에 의해 복사선 광원이 대치될 경우는 예외이다(다음을 참조). 하지만 고가의 형광 분광 광도계에서는, 측정된 형광 세기는 들뜸 빛의 세기에 대한 비율로 나타내곤 한다. 분광 광도계에서 프리즘 또는 회절발 단색화 장치가 파장의 좁은 띠를 통과시키는 광학 필터에 의해 대치된다면, 그 기기를 광도계(photometer) 혹은 색체계(colorimeter)라고 한다.

IR 검출기 적외선 검출기는 두 가지 범주로 나뉘는데, 하나는 EMR의 양자 성질에 의존하는 것이고, 다른 것은 적외선 방사가 본질적으로 열이고 그 검출기는 열센서라는 사실에 기반하고 있다. 첫 번째 유형 중에 UV−Vis 영역에서 사용되는 Si 광다이오드와 완벽히 대응되는 **광전지(photovoltaic)** 검출기가 있다. 여기에는 Ge(0.8~1.8 μm), InGaAs(0.8~2.5 μm), InSb(1~5.5 μm), InAsSb(1~5.8 μm), HgCdTe(2~16 μm, MCT라고 하는) 등을 포함한다. 두 번째 유형은 양자 효과 **광전도도(photoconductive)** 검출기로 구성된다. 이 기기의 저항은 그곳에 도달하는 빛의 세기에 대하여 지수적으로 감소한다. 이러한 검출기는 근자외선(ZnS) 또는 가시광선(CdS)에서 최대 감응을 갖는 것이 가용하다. 하지만 광기전 실리콘 검출기의 우월성 때문에 거의 분석 장비에서 거의 사용되지 않는다. 광전도도 IR 검출기는 PbS(1~3.6 μm), PbSe(1.5~5.8 μm), PbSnTe(3~14 μm) 등을 포함한다. InGaAs, InSb, HgCdTe도 광전도도 형식으로 사용이 가능하고, 일반적으로 광전지 형식과 비교하여 높은 파장으로 확장된 감응 결과를 준다. InSb와 HgCdTe 검출기는 각각 1~6.7 μm와 2~25 μm 영역에서 사용이 가능하다. 긴 파장의 IR 검출을 위하여 검출기는 반드시 액체 질소 온도로 냉각시켜야 한다. 전통적인 열검출기는 두 개의 서로 다른 금속선으로 구성된 **열전기쌍(thermocouple)**이다. **열전 소자(thermopile)**는 연속적으로 연결된, 또는 드물지만 평행하게 열전기쌍으로 구성된다. 전형적인 열전기쌍은 두 점에서 연결된 안티모니와 비스무트 선으로 구성된다. 두 점에서 온도 차이가 있다면, 전위차가 형성되고 이것을 관측할 수 있다. 그때 접점 중 하나를 단색화 장치로부터 나오는 빛의 통로에 놓는다. 열전 소자는 6개까지의 연속된 열전기쌍으로 구성되며, 전도에 의한 열손실을 최소화하기 위해서 진공 속에 놓는다. 반은 감지하고 반은 기질에 결합되어 있다. 열전 소자는 약 30 ms의 감응 시간을 갖는다. **볼로미터(bolometer)**와 **더미스터(thermistor)**는 전기 **저항**의 온도 의존성(일반적으로 반비례)에 의존한다. 더미스터는 소결 코발트 산화물, 망가니즈 산화물, 니켈 산화물로 만든다. 저항의 변화는 Wheatstone 브리지 회로로 측정된다. 열전기쌍보다 이들이 좋은 점은 더 빠른 응답 시간(열전기쌍의 60 ms에 비해 4 ms)을 갖는다는 것이며, 따라서 감도는 떨어지지만 더 좋은 분리와 더 빠른 주사 속도가 이루어질 수 있다. 열검출기의 감응은 본질적으로 측정된 파장에는 무관하다. 볼로미터는 흡수체의 얇은 막으로 구성되는데, 이것은 일정한 온도에서(대부분 액체 질소 온도나 그보다 낮은 온도로 냉각된) 대용량의 열원과 연결되어 있는 저항 온도계 역할을 한다. 감응 시간은 흡수 성분의 열용량과 흡수 성분과 열원 사이의 열전도율의 비에 비례한다. 일반적으로 반도체 혹은 초전도체 흡수 물질이 사용된다.

FTIR 기기에서 필요한 빠른 측정과 높은 감도 측정을 위해서는 광자 검출기가 사용된다. 예로는 고체 상태 PbS, PbSe, 인듐 갈륨 비소 InGaAs, InSb 광전도도 검출기가 있다. 광전지 검출기는 더 빠르고(광통신에 사용되기도 하는 InGaAs 검출기는 ps 이하의 시간 단위로 감응할 수 있다) 더 민감하지만 일반적으로 냉각이 필요하다. InGaAS는 근적외선에서 가장 높은 감도를 제공하므로 근적외선 검출기로 이용되어 왔다.

소위 2색(two-color) 광검출기는 PbS, PbSe, InGaAs 검출기 꼭대기에 같은 축방향으로 IR-투명 실리콘 검출기를 사용한다. 이 결과로 각각 0.2~3, 0.2~4.85, 0.32~2.55 μm의 유효한 감응 범위를 갖는다.

현재 최고 사양의 분광 광도계는 UV−NIR 전 영역에 측정이 가능하고 복수의 단색화 장치와 복수의 검출기를 사용한다. 예를 들면 Perkin−Elmer Lamda 1050은 175~3300 nm 범위가 가능한데, PMT를 사용하여 175~860 nm가 가능하고, InGaAs 검출기의 선택에 따라 냉각된 InGsAs/PbS 검출기는 860~1800/1800~330, 또는 860~2500/2500~3300 nm가 가능하다. 파장 분해능은 0.05 nm 정도로 좋으며, 흡수 잡음은 2×10^{-5} 정도로 낮으며, 동적 범위(dynamic range)는 8 흡광도 단위만큼 높다(10^8 입사 광자 중 1개가 시료를 통과한다).

슬릿 너비—물리적 대 스펙트럼

슬릿을 통과한 복사선은 단색화된 것이 아니다.

앞에서 단색화 장치로부터 스펙트럼상 순수한 파장을 얻는다는 것이 불가능하다는 것을 지적했다. 대신에 파장의 **띠(band)**가 단색화 장치로부터 나오며, 이 띠의 너비는 회절발 또는 프리즘의 분산과 출구 슬릿 너비에 따라 다를 것이다. 프리즘의 분산능은 기하학적 구성뿐만 아니라 파장이나 프리즘의 재질에 달려 있는 반면에, 회절발의 분산능은 인치당 홈의 수에 달려 있다. 또한 분산은 슬릿까지의 거리가 증가함에 따라 증가한다.

복사선이 분산된 후 그 일부가 출구 슬릿에 도달하고, 이 슬릿의 너비에 따라서 검출기에 의해서 관찰되는 빛의 파장 너비가 얼마나 넓은지를 결정한다. 그림 16.22는 슬릿을 통과하는 파장의 분포를 그린 것이다. **명목 파장(nominal wavelength)**은 기기에 맞추어진 파장이며, 슬릿을 통과한 최대 세기의 파장이다. 이것의 양쪽에서 파장의 복사선의 세기는 감소하며, 명목 파장의 세기의 반이 되는 곳에서 통과되는 파장의 띠의 폭을 **스펙트럼 띠너비(spectral band width)** 또는 **띠통과(bandpass)**라고 한다. **스펙트럼 슬릿 너비(spectral slit width)**는 스펙트럼 띠너비의 2배이며(그림 16.22의 대략 이등변삼각형 같은 가우스 띠 모양), 이것은 슬릿을 통과하는 전체 파장 퍼짐의 크기이다. 스펙트럼 슬릿 너비는 수 마이크로미터에서 1 mm 이상까지 변하는 기계적인 슬릿 너비와 같지 않음을 유의하라(스펙트럼 슬릿 너비는 기계적인 슬릿을 통과하는 복사선의 띠이며, 파장의 단위로 측정된다). 가우스 띠 모양에서 복사선 강도의 75%는 이론적으로 스펙트럼 띠너비의 파장 내에 포함된다.

광원의 세기와 검출기의 감도가 충분하다면 스펙트럼의 순도는 슬릿 너비를 감소시킴으로써 개선될 수 있다(띠통과의 감소). 그렇지만 그 감소는 직선형이 아니고 매우 좁은 너비의 슬릿에 의해 생기는 회절 효과와 광학에서 빛의 벗어남 때문에 한계에 도달한다. 회절은 효과적으로 스펙트럼 슬릿 너비를 증가시킨다. 실제로, 보통 회절 효과가 너무 심각해지기 전에 기기의 감도는 한계에 도달된다.

프리즘에서 띠너비는 파장에 따라 변하나, 회절발에서는 일정하다.

슬릿 너비가 일정할 때 주어진 스펙트럼 차수의 모든 파장에 대하여, 회절발로부터의 분산은 띠너비나 스펙트럼 슬릿 너비가 거의 일정하다. 프리즘의 경우에는 파장이 변하는 데 따라 분산이 변하기 때문에 그렇지가 않다. 띠너비는 짧은 파장에서 작아지게 되고, 긴 파장에서는 더 커지게 된다.

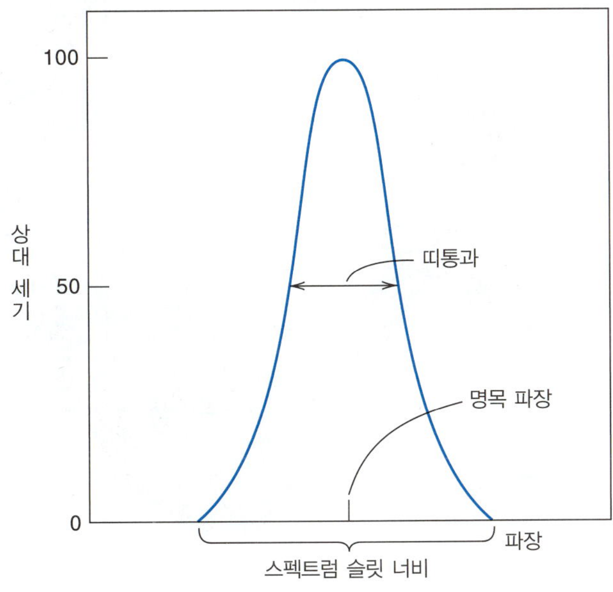

그림 16.22 단색화 장치의 슬릿을 통과하는 파장의 분포

기기의 파장과 흡광도 교정

분광 광도계의 파장을 읽는 것은 최대의 흡광도와 최소의 흡광도를 알고 있는 용액을 사용하여 확인할 수 있다. pH 2.9에서 다이크로뮴산 포타슘은 257 nm와 350 nm에서 최대의 흡광도를 나타내며, 235 nm와 313 nm에서 최소 흡광도를 나타낸다. 산화 홀뮴 유리 필터는 279.2, 222.8, 385.8, 446.0, 536.4, 637.5 nm에서 예리한 흡수를 나타낸다.

미국 국립표준기술원(NIST)에서는 흡광도(투광도)를 읽는 데 파장의 정확도와 정밀도를 검증하기 위한 표준 기준 물질(SRM)을 제공하고 있다. UV−Vis 분석용 SRM 930E는 3개의 중성 밀도를 가지며, 공칭 투과도가 10%, 20%, 30%인 표준 두께의 유리 필터로 구성되어 있다. 다른 SRM은 과염소산 중의 다이크로뮴산 포타슘 또는 프탈산 포타슘 같은 표준 용액으로 구성되어 있다. 흡광도 표준은 NIST 웹페이지를 보라(http://srdata.nist.gov/gateway/gatway?keyword=absorbance). SRM 1921A는 적외선 교정용 폴리스타이렌 필름이다. 일상적으로 사용하는 보정에 응용하려면 R. A. Spragg and M. Billingham, *Spectroscopy* **10**(1)(1945)41을 참조하라(분리 효과, 피크를 찾는 알고리즘, 띠의 위치에 관한 온도의 영향에 대한 보정).

스펙트럼 교정을 위한 기준 물질의 상업적인 자료들이 있는데, NIST 표준에서 유래된 것들이다. 예로서 Stana Cell, Inc.를 보라(http://www.starnacells.com/d_ref/stds.html).

16.9 기기의 종류

모든 분광학적 기기는 그림 16.12(시료가 일반적으로 단색화 장치 앞에 위치한 배열 검출기는 예외)에 나타낸 것과 같은 기본적인 구성을 가지고 있어도 제조회사, 기기가 설계된 파장 영역, 요구되는 분해능 등에 따라 다양한 차이가 있다. 그 구성에 관한 몇 가지 중요한 일반적인 형태와 분광기의 일반적인 작동에 관하여 설명하고자 한다.

홑살(single−beam) 분광계

오늘날 가장 보편적인 학생용 분광계는 소형 섬유광 홑살 분광계이다. 그림 16.13에 보여 주

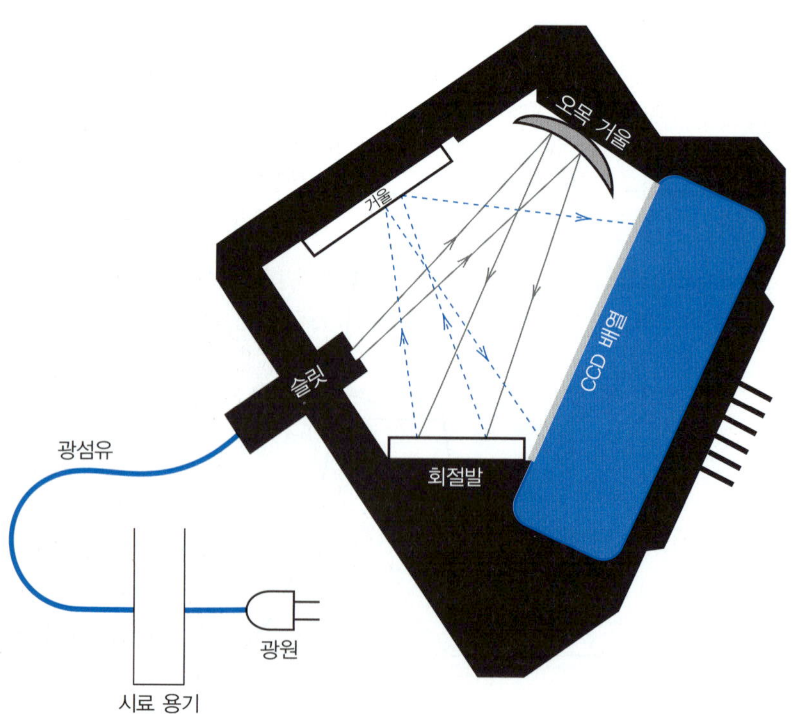

그림 16.23 소형 광섬유 분광계 기반의 측정 시스템 계략도. 비슷한 시스템의 사진은 그림 16.24를 보라.

는 것과 같은 광원으로부터 광대역의 빛이 광섬유 또는 결상 광학계(focusing optics)를 이용하여 시료 용기에 입사된다. 투과된 빛은 광섬유에 의해 분광계로 간다. 소형 분광계에는 매우 다양한 광학적 배치가 있다. 그림 16.23은 비대칭 교차 Czerny–Turner 설계를 보여 준다. 빛은 슬릿을 통하여 분광계로 들어온다. 그리고 회절발로 빛을 반사하는(회색 실선) 조준 오목 거울에 입사된다. 파장 영역과 분해능에 따라 회절발은 특별한 블레이즈 각(blaze angle)과 홈(groove) 밀도를 가지게 된다. 그리고 회절발은 빛살을 두 번째 거울로(파란색 점선) 회절시킨다. 이 빛살이 주로 CCD 배열인 검출기 배열 위로 투영된다. 어떤 제조사는(예를 들면 Stellanet Inc.) 오목 거울과 평면 회절발의 기능을 결합하여 더 큰 빛을 처리할 수 있는 오목 회절발을 사용한다. 교정 시스템에서 검출기의 각 픽셀은 빛의 특정 파장에 해당한다.

광원에 따라서 명령 정렬(order sorting) 필터가 필요할 것이다. 백색 LED 광원은 제한된 파장 영역 이상에서 빛을 낸다. 그리고 가용한 파장의 최대/최소 비가 <2이기 때문에 명령 정렬 필터가 필요하지 않다. 하지만 석영 텅스텐–할로젠 램프의 경우에는 명령 정렬 필터가 필요할 것이다.

필터의 선택은 어떤 복사선이 반드시 제한되어야 하는가에 달려 있다. 대부분의 응용에서 단파 통과(short-pass) 필터 또는 장파 통과(long-pass) 필터가 사용된다.

시료에 의해 흡수되지 않는 모든 복사선은 검출기로 간다. 그 크기는 전기적 신호로 바뀌고 컴퓨터로 가서 나타나게 된다.

앞에서 광원의 스펙트럼 세기와 검출기의 스펙트럼 감응은 파장에 의존한다는 것을 보였다. 따라서 충분하면서도 넘치지 않는 빛이 검출기에 가게 되는 어떤 방법이 반드시 사용되어야 한다. 이것은 두 가지 방법 중 하나로 이루어진다. 대략의 빛이 검출기에 가도록 슬릿 너비를 조절하는 것이 있는데, 일반적으로 저가의 섬유광 분광계에서는 사용자가 직접 조절하지 못한다. 일반적으로 카메라에서와 같이 신호를 읽기 전에 검출기 노출 시간을 조정하는 방법으로 적정한 양의 빛을 조절한다.

모든 검출기는 열적 효과에 의해 빛이 없더라도 약간의 **암감응(dark response)**을 보인다. 이것은 일반적으로 작지만 통일된 방법으로 바탕 시료와 시료에서 얻은 스펙트럼으로 보정해 줄 수 있다. 각 파장에서 해당하는 암감응을 빼준 P_0 값을 얻는다. 이렇게 하여 기기의 눈금은

검출기는 복사선이 들어가지 않더라도 일정한 감응을 갖는다. 이것이 암감응이다.

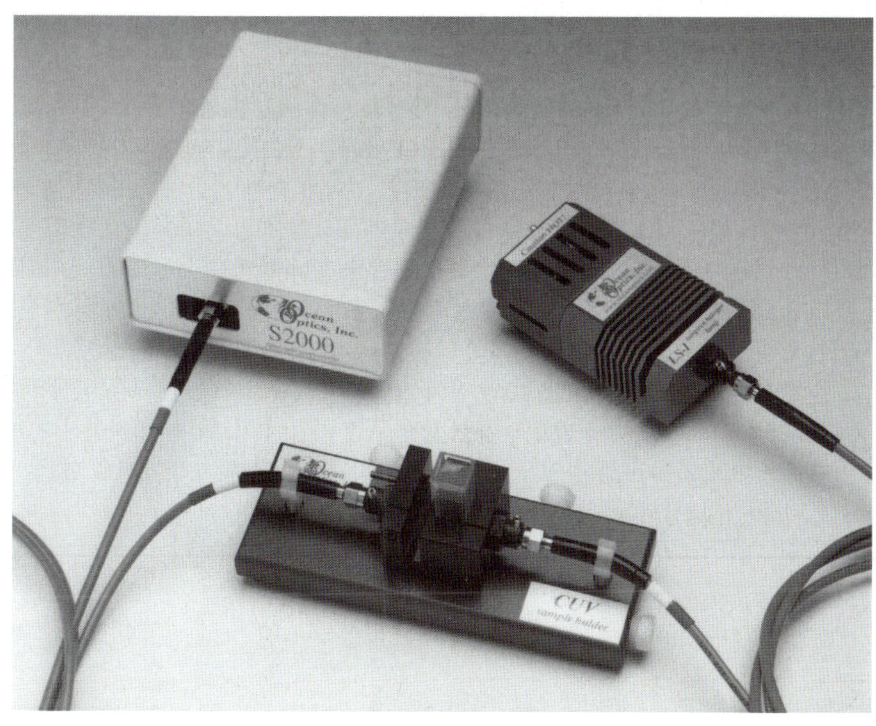

그림 16.24 소형 광섬유 분광계. 상자는 분광계이다. 광원은 오른쪽에 있으며, 광섬유 케이블로 빛을 큐벳(cuvet)으로 이끈다. 두 번째 케이블은 투과선을 분광계로 가게 한다.

시료 스펙트럼을 읽을 준비가 되는 것이다. 시료를 용기에 넣고 값을 읽는다. 각 파장에서의 암감응을 뺀 후에 P 값을 얻는다. 투광도(P/P_0) 또는 ($-\log T$)는 쉽게 계산되고 도시된다.

분석적 측정에서는 용매 대신에 100% 투광도 보정에 바탕 용액(blank solution)[3]이 많이 사용된다. 바탕 흡광도는 자동적으로(빼져서) 보정이 된다. 이 방법은 바탕 측정이 항상 일정해야 사용할 수 있다. 큰 바탕 측정값은 변화될 수도 있다. 바탕 용액으로 기기의 영점을 맞추는 것의 장점은 항상 어느 정도의 시험 오차를 가지는 한 번의 읽기를 생략할 수 있다는 것이다. 이 기법을 이용한다면 바탕값이 일정한가를 확인하기 위하여 바탕 용액을 반복적으로 확인하는 것은 좋은 연습이 될 것이다.

겹살(double-beam) 분광계

겹살 분광계는 홑살 기기보다 좀 더 복잡한 구조를 사용하고 있지만, 광원 세기의 변화를 쉽게 보정할 수 있다는 장점을 가지고 있다. 기기는 두 개의 빛 통로를 가지고 있는데, 하나는 시료용이고, 다른 하나는 바탕 용액 또는 기준 물질용이다. 전형적인 배열에서, 광원으로부터의 빛살이 진동하거나 회전하는 거울에 부딪쳐서 기준 물질 용기와 시료 용기를 교대로 통과하여 검출기에 들어간다. 사실상, 검출기는 교대로 기준 물질 빛살과 시료 빛살을 측정하며, 검출기의 출력은 두 빛살 세기의 비(P/P_0)에 비례한다. 또 다른 배치에서는 고정된 빛살 분할기가 빛을 두 개의 부분으로 나누어 해당하는 각각의 검출기로 보내는데, 시료 빛살은 시료를 통과한다.

첫 번째 배치에서, 출력은 그 진동수가 진동하거나 회전하는 거울의 진동수와 같은 교류 신호가 된다. 교류 증폭기가 이 신호를 증폭하기 위하여 사용되며, 벗어난 직류 신호는 기록되지 않는다. 파장은 일정한 속도로 분산 요소를 작동시키는 모터에 의해 변하며, 슬릿은 기준 물질 빛살로부터의 에너지를 일정한 값으로 유지하기 위하여 서보모터(servomotor)에 의해 계속적으로 조절된다. 즉, 그것은 기준 물질 용기(보통 바탕 용액 또는 용매를 담고 있다)를 100% 투광도로 자동적으로 조절한다.

이상은 겹살 분광계에 대한 간단한 설명이다. 설계와 작동에는 변형이 많으나 이 기기의 유용성을 설명하였다. 이 기기는 전체 스펙트럼이 요구되는 정성 분석에 매우 유용하며, 광원 세기의 표류는 물론 바탕 용액에 의한 흡광도를 자동적으로 보정한다.

홑살형인가, 겹살형인가?

1950년대로 거슬러 올라가서 초기의 자외선-가시광선 및 적외선 분광 광도계는 광학적인 표류와 전자적인 잡음을 보상하기 위해서 겹살 단색화 장치를 가진 큰 덩치의 기계였다. 그것들은 느리고 보통의 민감성을 나타내었다. 광학과 전자 기술의 진보로 인하여, 투과되는 에너지 빛을 감소시키는 겹살 광학 장치의 필요성을 감소시켰다. 현대적인 홑살 기기는 오래된 것들보다도 더 작고 빠르며, 민감하고 더 경제적이다. 그러나 아직도 겹살 기기가 최적의 안정도를 제공하므로 선택은 사용자 요구에 달려 있다. 모든 분산형 IR 기기는 홑살형이다.

기기 분해능의 선택은 Spectronic 20과 같이 20 nm의 낮은 분해능을 갖는 학생용 기기로부터 0.05 nm의 이중-회절발로 이루어진 연구용 기기에 이르기까지 다양하다. 일반적인 기기는 여러 가지 표준 물질에 의한 교정, 다차원 곡선, 통계적 계산을 할 수 있도록 소프트웨어가 내장되어 있다.

[3]이것은 시료에 사용되는 모든 시약을 포함하나 분석물은 포함하지 않는다.

16.10 배열 분광계 — 한번에 전체 스펙트럼 얻기

그림 16.23에 보여 준 것과 같이, 홑살 분광계는 요즘 전형적으로 배열 검출기를 사용한다. CCD 배열을 대신하여 광다이오드 배열(photodiode array, PDA)도 일반적으로 사용된다. 두 가지 모두 수 밀리초 안에 전체 스펙트럼을 기록할 수 있다. 다이오드 배열을 갖는 분광계의 기본적 구조를 그림 16.25에 나타내었다(그림 16.23을 간단히 한 것이다). 광대역(다색) 빛은 시료를 통과하고, 분산 요소는 시료 다음에 놓이게 된다. 단일 파장의 빛을 분리한 것이 아니기 때문에 분산 요소(일반적으로 회절발)는 주로 다색화 장치가 된다. 특정한 파장을 분리시키기 위해 사용한 출구 슬릿은 제거되고, 분산된 빛은 다이오드 배열 검출기 표면에 직접 조사된다. 분해능은 다이오드 배열의 각 픽셀 수에 의하여 제한된다. 각 픽셀 사이에 분리 사각 공간이 있다는 것을 인식하라.

배열 분광계에는 빛이 나가는 슬릿이 없다. 배열 위에 도달된 모든 분산된 파장의 빛이 동시에 측정되고, 기록된다.

배열 분광계는 스펙트럼이 겹치는 화학종들의 혼합물 분석에 유용하다. 배열 분광계로 흡수띠의 최대 흡수 파장뿐 아니라 흡수띠의 양쪽의 자료를 사용하여, 많은 점에서 흡광도를 동시에 측정할 수 있다. 분석 물질이 얻어지는 것보다 더 많은 측정 점이 있는 "과다 결정(overdetermination)" 방법은 정량적 측정의 신뢰도를 개선시켜서, 비슷하지만 같지는 않은 스펙트럼을 갖는 물질들의 단순한 혼합물에서 여섯 이상의 구성 성분을 결정하는 것을 가능하게 한다. 여러 성분의 동시 분석 예는 5가지의 헤모글로빈을 동시 측정하는 그림 16.26에 나와 있다. 5개의 스펙트럼은 컴퓨터 속에 저장되어 있는 각 성분의 표준 스펙트럼과 비교되어 정량적으로 분해되었다. 완전한 스펙트럼 분석이 다양한 소프트웨어로 가능하다. 표준물의 혼합물은 교정에 사용되고 이것은 구성 성분 사이의 가능한 상호작용을 보상할 수 있다.

신속하게 데이터를 얻을 수 있는 다이오드 배열 분광계의 능력은 통계 처리를 이용하여 정량 데이터 값을 향상시킨다. 예를 들어 1초에 각 점에 대해서 10번의 측정이 가능하다면, 각 점에 대하여 표준 편차가 구해진다. 기기의 컴퓨터는 정밀도에 근거하여 최소 제곱법에 의거하여 점들의 값을 맞춘다. 이 "최대 가능(maximum-likelihood)" 방법은 정량 분석에서 잘못된 측정값의 영향을 최소화시켜 준다. 빠르게 자동으로 컴퓨터로 조절되는 측정과 컴퓨터화된 자료들을 해석하는 것을 만들어주는 능력은, 이 장비로 일정한 시간 간격으로 반복하여 스펙트럼을 얻는 반응 속도 측정이 가능하게 한다.

측정의 정밀도는 많은 측정을 평균함으로써 향상된다.

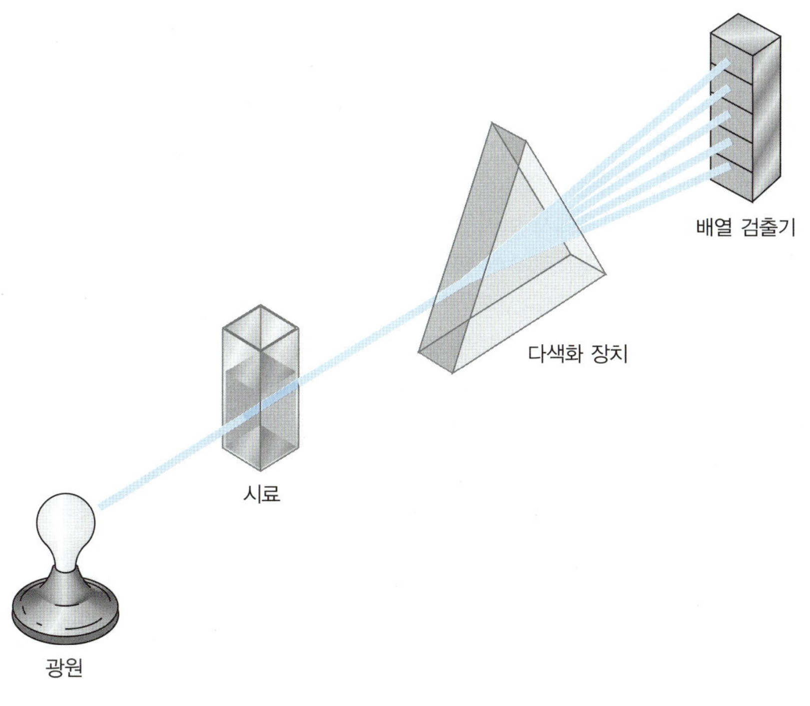

그림 16.25 배열 분광계의 개략도

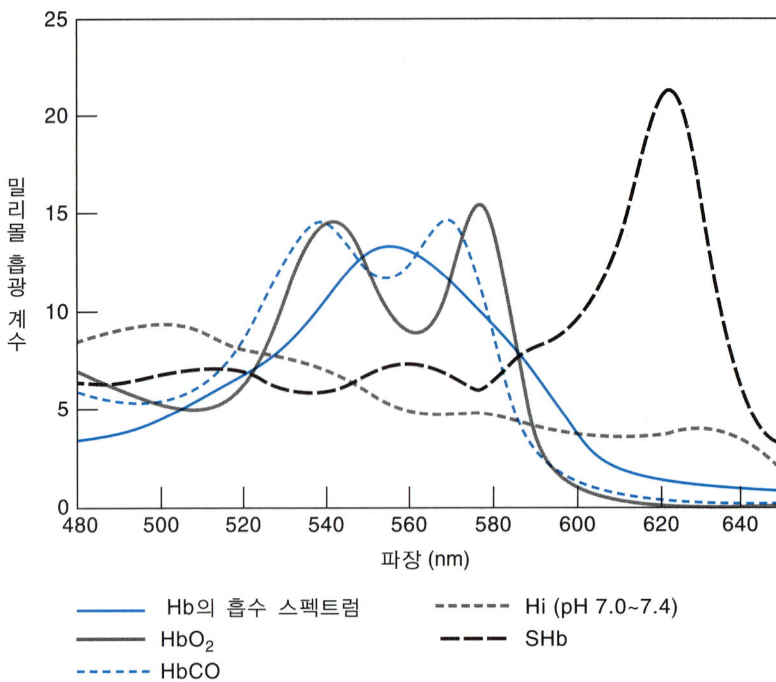

Hb = 헤모글로빈, HbO_2 = 옥시헤모글로빈, HbCO = 카복시 헤모글로빈,
Hi = 메트헤모글로빈, SHb = 황결합헤모글로빈

그림 16.26 흡광 계수(단위 : $mmol^{-1}$ L cm^{-1}). [A. Zwart, A. Buursma, E. J. van Kampen, and W. G. Zijlstra, *Clin. Chem.*, **30**(1984) 373.]

CCD 배열은 (특히 후면이 얇은 CCD 배열은) PDA보다 더 민감하다. 이것은 발광 분광계의 다양한 형태에서처럼 작은 빛 측정에 있어서 뛰어난 감도를 준다. 달리 말하면, 빛이 충분하다면 PDA의 감응이 더 재현성이 있어서 흡광도 측정의 검출기로 선호된다.

16.11 Fourier 변환 적외선 분광계

FTIR 분광계가 분산형 IR 분광계를 거의 대체하였다.

통념상 적외선 분광기는 **분산형 기기**(**dispersive instrument**)로 알려져 있다. 컴퓨터와 소형 연산 장치의 발전으로, 이들 기기는 많은 장점을 가지고 있는 Fourier 변환 적외선(Fourier transform infrared, FTIR) 분광계로 점차 교체되고 있다. 회절발 단색화 장치를 사용하는 대신에, FTIR 기기는 스펙트럼을 얻는 데 간섭계를 사용한다.

간섭계 기기의 기본은 그림 16.27에 설명하였다. 전통적인 IR 광원으로부터의 복사선이 빛살 분할 장치에 의하여 두 부분으로 나누어지고, 한 부분은 고정 거울로, 다른 한 빛은 이동 거울로 간다. 빛이 각각의 거울에서 반사될 때, 이동 거울에 의해서 한 빛은 더 작은(더 큰) 거리를 움직이기 때문에 다른 빛으로부터 약간 어긋나게 되고(상이 어긋남), 시료를 통과하기 전에 그들을 재조합하여 간섭 무늬(모든 파장의 빛살)를 만들어낸다. 시료에는 모든 파장의 빛이 동시에 조사되고, 거울을 선형 속도를 주사하면서 시간에 따라서 간섭 무늬가 변하게 된다. 시료에 의한 복사선 흡수의 결과는 **시간 영역**(**time domain**)의 스펙트럼으로 나타나는데, 이를 **간섭그림**(**interferogram**)이라고 하며, 이것은 두 빛 사이의 광학적 경로차에 의한 함수로서의 흡수 세기이다.

간섭그림은 시간 영역의 스펙트럼이다. Fourier 변환은 시간 영역을 진동수 영역으로 전환시킨다.

전형적인 간섭그림을 그림 16.28에서 나타내었다. 신호의 큰 부분은 빛살 분할기로부터 두 거울이 같은 거리에 있을 때, 중심점이라고 하며 두 빛살간 파괴적인 간섭이 0일 때이다. 그 세기는 파괴적인 간섭에 의해서 급격히 감소된다. 이것은 컴퓨터를 이용하여 **Fourier 변환**(**Fourier transformation**)이라고 하는 수학적 조작을 통하여 진동수 영역으로 전환된다(따라서 이 기기를 **Fourier 변환 적외선 분광기**(**Fourier transform infrared**

spectrometer)라고 한다). 변환을 통하여 고전적인 적외선 스펙트럼이 나타난다.

간섭계 기기의 장점은 모든 복사선이 모두 동시에 통과하므로 통과된 빛의 양이 많다(Jacquinot 장점). 이는 시간에 따라 일부 파장의 빛만 시료를 쪼이는 것이 아니라 한꺼번에 모든 파장의 빛이 조사되기 때문이다. 이 결과로 신호 대 잡음비가 향상된다. 또한 **다중 측정의 장점**(Fellget 장점)은 모든 IR 진동수를 간섭계로 동시에 측정함으로써 얻어지는 것으로, 회절발 스펙트럼에 비하여 분해능이 증가된 스펙트럼을 몇 초 만에 얻는다.

신호-대-잡음 수준을 증가시키기 위해서 많은 간섭그림을 취하여 평균을 내려면, 컴퓨터가 매번 거울의 경로 길이를 따라서 정확히 같은 위치에서 중심점을 평균하여야 한다. 이를 위해서 간섭계는 단색 빛살이 적외선 광원과 같이 간섭계를 통과하는 작은 붉은색의 헬륨-네온(He−Ne) 레이저를 포함하여야 한다. 재결합하면, 레이저의 정확한 파장인 623.8 nm만큼 분리된 간섭 무늬를 나타낸다. 이 무늬가 움직이는 거울의 위치를 교정하도록 하여 컴퓨터가 모든 스펙트럼이 동시에 나타나도록 한다.

간섭계와 Fourier 변환의 이론은 100년 이상 알려져 왔으나, 실제로 사용까지는 빠른 속도의 디지털 컴퓨터 기술이 개발될 때까지 기다려야 했다. FTIR 기기는 현장 휴대용 단위체나 더 정교한 실험실 기기로서도 이용이 가능하다. 그들은 모두 브로민화 저마늄이나 포타슘 염으로 된(CaF_2와 ZnSe는 특별한 용도로 사용된다) 빛살 분할기, 정교하게 기계나 공기 베어링으로 움직이는 이동 거울, 고체상 또는 극저온 검출기, 시간-지배 간섭그림을 진동수-지배 스펙트럼으로 처리하는 컴퓨터 등을 포함하고 있다. 또한 파장의 교정을 위해서 다이오드 검출기를 가진 단색화 레이저를 장착하였다.

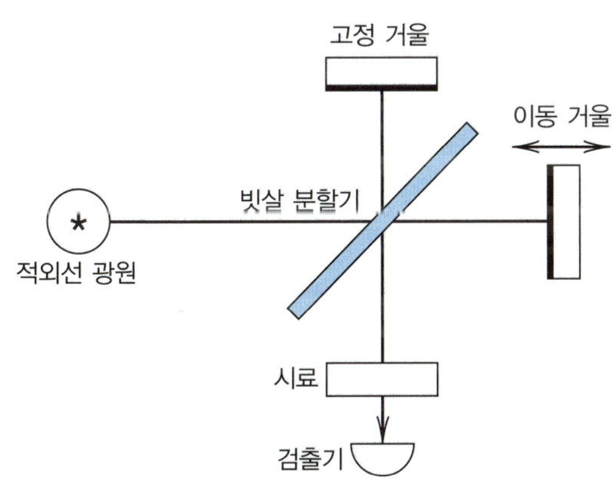

그림 16.27 FTIR 분광 분석을 위한 간섭계의 개략도

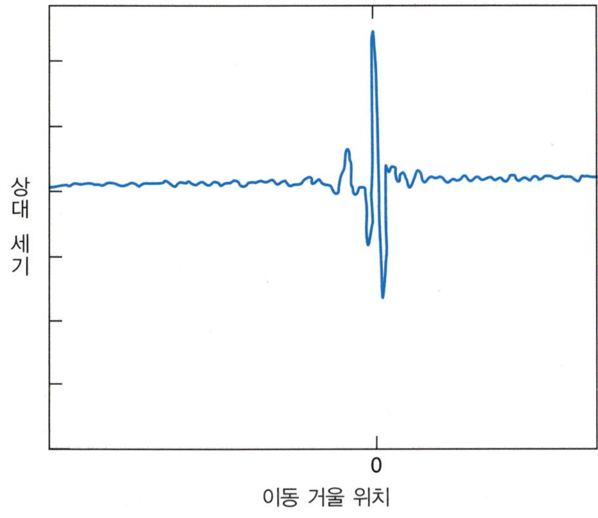

그림 16.28 전형적인 간섭그림. “0”으로 표시한 지점은 간섭계의 두 거울이 빛살 분할기로부터 같은 거리인 곳이다.[D. W. Ball, *Spectroscopy*, **9**(8)(1994)24.]

NIR 영역에서 빠르게 주사하는 홑살 분산형 기기도 이용이 가능하다. FT-분광학 기법은 주로 기준 레이저의 파장에서 기인하는 낮은 파장 한계를 가지고 있다. 이에 대한 토론은 http://www.newport.com/Introduction-to-FT-IR-Spectroscopy/405840/1033/content.aspx를 보라.

현대적인 IR 기기는 흔히 IR 스펙트럼을 얻기 위해서 반사나 다른 시료 채취 방법을 갖고 있어서, 염판으로 된 용기의 필요성을 경감시키고 시료의 취급을 단순화시키고 있다. 가장 유용한 것은 감쇠 전반사(attenuated total reflectance, ATR)라고 하는 내부 반사법이 있다. 이것은 시료를 다이아몬드 재질 위에서 압력을 가하여 적외선이 시료를 침투하여 내부적으로 반사를 일으키고, 검출을 위해서 빠져 나간다.

16.12 근적외선 기기

NIR 광선은 빛의 세기가 중간 IR 영역의 광원보다 더 강하고, 검출기도 감도가 우수하므로 잡음의 크기가 1000배 낮다.

근적외선 기기의 광원은 주로 2500~3000 K에서 작동되는데, 이는 중간 적외선 기기의 1700 K와 비교된다. 이에 따라 10배 이상 강한 복사선을 내며 신호-대-잡음비도 향상된다. 전형적인 광원의 IR 복사선은 중간 적외선 영역에서 빛의 세기가 감소되며, 온도가 증가될수록 최대 세기의 파장이 근적외선으로 이동하기 때문이다. 높은 온도는 중간 적외선 영역의 복사선의 세기를 감소시키나 근적외선 영역의 복사선에는 도움이 된다. 석영 텅스텐-할로젠 램프는 750~1750 nm 영역에서 강력한 빛을 내놓는다.

InGaAs 검출기는 근적외선 영역에서 일반적으로 사용되는데, 중간 IR 검출기보다 약 100배 더 감도가 우수하다. 강력한 광원과 감도가 우수한 검출기의 조합은 잡음의 크기를 마이크로 흡광도 단위까지 낮출 수 있다. 유리와 석영은 근적외선 빛을 투과하므로, 그 광학 기기와 시료 용기는 중간 적외선 영역의 것보다 만들고 사용하기가 쉽다. 근적외선 복사선은 광섬유를 통해 장거리로 보낼 수 있다. 고속 광통신은 일반적으로 1270~1625 nm 영역에서 수행되는데 1310과 1550 nm가 가장 일반적인 두 파장이다. 공장의 공정 과정이나 현장 실험(이동용)을 위해 사용되는 상업용 기기들은 비파괴 시료 검사를 위해서 광섬유 탐침(fiber-optic probe)을 사용한다(다음을 보라).

불법 복제약 찾기를 위한 분광학

제약 산업체와 소비자가 당면한 심각한 문제 중에 하나는 효과가 없거나, 활성 제약 성분(API)이 없고, 좀 위험하고, 해로운 성분이 포함되고, 효과가 미흡하고, API 성분이 표기된 것보다 적은 불법 복제약 시장이다. 복잡한 포장 등과 같이 좀 더 쉽게 가짜를 탐지하고자 하는 노력을 하지만, 불법 복제약의 이러한 탐지를 교묘하게 피하고 있다. 분석 화학이 이를 해결하고자 한다. 약품은 실험실로 보내져서 정교한 기법으로 API의 배합과 함량을 측정한다. 그러나 이는 시간이 걸려서 금지될 때까지 복제가 계속된다. 따라서 복제약이 사용자에게 가기 전에 재빨리 탐지할 수 있도록 비전문가가 사용가능한 현장형 기기가 개발되어 왔다. 이런 장비는 시료 준비와 시약 없이 빠르게 비파괴 검사가 가능한 적외선 측정을 기반으로 하고 있다. 빠른 검사를 위한 다른 접근법은 빠른 전개가 가능한 휴대용 실험실이 포함되어 있다. 자세한 문제점과 분석 방법을 소개한 C&ENews의 다음 기사를 보라: http://cen.acs.org/articles/90/i33/Instrumentation-Firms-Develop-Portable-Technology.html, http://cen.ac.org/articles/90/i33/REMOTE-TESTING.html.

16.13 분광법 측정 오차

흡광도나 투광도 눈금을 읽는 데는 항상 일정량의 오차 또는 비재현성이 있다. 읽는 데서 오는 불확실성은 여러 기기적인 요소와 읽는 눈금의 영역, 농도에 달려 있다.

투광도와 농도의 로그 관계 때문에, 투광도 측정에 있어서 작은 오차는 높고 낮은 투광도에서 계산된 농도에 큰 상대 오차를 줄 수 있다. 만약 시료가 매우 적은 분량의 빛을 흡수하면 읽을 때 감지할 만한 상대적인 오차가 투광도에서 작은 감소로 나타날 수 있다. 또 다른 극단적인 경우에, 시료가 거의 모든 빛을 흡수한다면 투광도에서의 큰 감소를 정확히 읽기 위해 매우 안정한 기기가 필요하다. 그러므로 눈금을 읽는 데 상대 오차가 최소화되는 어떤 최적의 투광도 또는 흡광도의 범위가 있다.

너무 작거나 큰 흡광도를 정밀하게 측정하기는 매우 어렵다.

오차가 본질적으로 기기 눈금을 읽는 데서 오는 불확실성에서 생기며, 또한 투광도를 읽는 데서 오는 절대 오차가 투광도의 값에 무관하게 일정하다는 것을 가정하면, 최소 상대 오차에 대한 투광도는 계산에 의하여 Beer 법칙으로부터 유도될 수 있다. 그 결과 농도의 상대 오차가 최소가 되려면 이론적으로 $T = 0.368$ 또는 $A = 0.434$일 때라고 예측된다. 웹보충 자료의 'Consideration on Optimum Absorbance for Minimum Error'를 보라.

그림 16.29는 눈금을 읽는 데 T에 0.01의 일정한 오차가 있다고 보고 계산된 투광도의 상대 오차를 나타내고 있다. 그림에서 확실한 것은 36.8% T일 때 최소 오차가 생기며, 거의 일정한 최소 오차는 20~65% T(0.7~0.2 A)의 범위라는 것이다. 분광 광도계의 판독에서 큰 오차가 생기지 않으려면 % 투광도가 10~80% T($A = 1$~0.1) 내에 들어야 한다. 따라서 흡광도를 최적의 범위에 들게 하려면 시료를 희석시키고(농축시키거나) 표준 용액을 제조해야 한다.

하지만 많은 현대 기기들에 있어서는 이러한 기준은 상당히 과도한 제한인 것 같다. 그림 16.29는 실제로 광전도도 검출기 또는 열전기쌍, 볼로미터, 적외선 영역에서 Golay 검출기와 같은 **Johnson 잡음** 또는 **열적 잡음 제한 검출기(thermal noise-limited detector)**를 사용한 기기들의 경우만을 나타낸다. Johnson 잡음은 저항 회로 소자에서 무질서한 열적 운동에 의해 생긴다. 산탄 잡음(shot noise)과 같은, 검출기에 도달하는 빛의 세기의 제곱근에 반비례하는 다른 잡음원은 UV–Vis 영역에서 제한 요소가 되기도 한다.

오차를 최소화하기 위하여 흡광도는 0.1~1이 되도록 조절해야 한다.

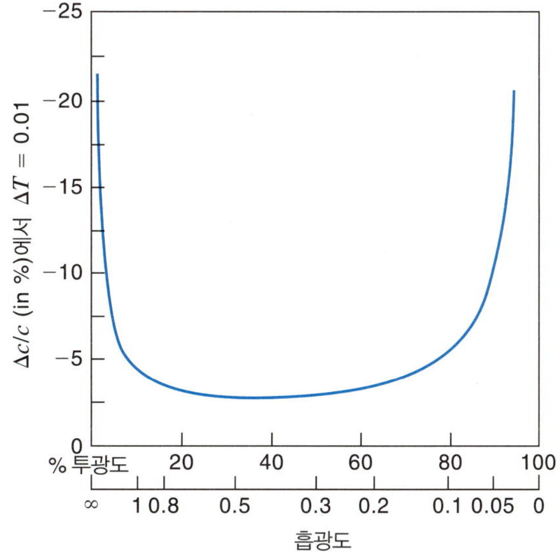

그림 16.29 % T에서 1% 불확정도에 대한 투광도의 함수로 나타낸 상대적 농도 오차

16.14 Beer 법칙으로부터의 편차

Beer 법칙으로부터의 편차는 특히 높은 농도에서 비직선의 교정 곡선으로 나타난다.

항상 농도에 대한 흡광도가 직선적 관계인 Beer 법칙이 적용될 것이라고 가정할 수는 없다. Beer 법칙으로부터 벗어나는 것은 화학적 원인과 기기적인 원인의 결과이다. Beer 법칙으로부터 "편차"의 대부분은 단지 "외견상"의 편차이다. 왜냐하면 비선형을 일으키는 원인이 밝혀진다면 참 또는 보정된 농도에 대한 흡광도 곡선은 직선이 된다. Beer 법칙으로부터의 참 편차는 농도가 매우 높아서 용액의 굴절률이 바탕 용액의 굴절률과 다를 때 일어난다. 빛이 다른 굴절률을 가진 매질에서부터 들어온다면 굴절률 불일치에 따른 반사 손실이 있다. Fresnel 손실이라고 하는 이 손실의 크기는 다음에 비례한다.

$$\frac{(n_1 - n_2)^2}{(n_1 + n_2)^2}$$

여기서 n_1과 n_2는 두 가지 다른 매질의 굴절률이다. 이러한 이유로 매질의 굴절률이 변하면 빛의 투과도 변한다. 공기가 채워진 큐벳($n_{air} \simeq 1$, $n_{glass} \sim 1.45$)은 물($n_{water} = 1.33$)이 채워진 큐벳보다 Fresnel 손실이 더 크고, 물이 채워진 큐벳의 흡광도는 음수값을 갖는다(일반적으로 $-0.003 \sim -0.004$).

유사한 경우가 물과 유기 용매의 혼합물에 적용되며, 따라서 바탕 용매 조성이 시료의 조성과 비슷하게 되도록 일치시켜야 한다. 용매는 또한 분석물의 흡광 계수에 영향을 미칠 수도 있다.

화학적 편차

화학적 원인에 의하여 비직선성이 생기는 것은 비대칭 화학 평형이 존재할 때이다. 예를 들어 약산이 특정한 파장에서 흡수를 하지만 음이온의 흡수는 없는 경우이다.

$$\underset{(\text{흡수})}{\mathrm{HA}} \rightleftharpoons \mathrm{H^+} + \underset{(\text{투명})}{\mathrm{A^-}}$$

물론 염에 대한 산의 비율은 pH에 달려 있다(7장). 용액이 완충되거나 센 산성이면, 이 비율은 산의 모든 농도에서 일정하다. 그렇지만 완충되지 않은 용액에서 이온화 정도는 산이 묽혀짐에 따라 증가한다. 즉 위의 평형이 오른쪽으로 이동한다. 그래서 묽은 산 용액 중에서 화학종의 작은 분율이 흡수 가능한 형태로 존재하므로 Beer 법칙의 외견상 편차를 가져온다. 그 결과 높은 농도(해리된 부분이 적음)에서는 직선성이 양의 편차를 가져온다. 만일 음이온형이 흡수하는 화학종이라면 편차는 음이 될 것이다.

유사한 논의가 과량의 착화제 없이 색을 띠는(흡수하는) 금속 이온 착물이나 킬레이트에 적용된다. 즉 과량의 착화제가 없을 때 착물의 해리도는 착물이 묽혀짐에 따라 증가한다. 착물은 측정하는 파장에서 흡수할지, 흡수하지 않을지 모르는 연속적인 착물로 한 단계씩 해리할지 모르기 때문에 매우 복잡한 경우가 될 수도 있다. 또한 pH도 이 평형에서 고려할 사항이 된다.

외견상의 편차는 물질이 단위체는 물론 이합체로서 존재할 때도 일어날 수 있다. 또한 평형은 농도에 의존한다. 예로는 메틸렌 블루와의 회합에 의하여 높은 농도에서 음의 편차를 보이는 메틸렌블루의 흡광도의 경우이다. 어떤 경우에서는 pH와 농도가 모두 역할을 한다. $2CrO_4^{2-} + 2H^+ \rightleftharpoons Cr_2O_7^{2-} + H_2O$ 평형이 하나의 예이다.

Beer 법칙으로부터 화학적 편차를 최소화하는 가장 좋은 방법은 pH의 적절한 조절, 과량의 착화제 첨가, 이온 세기 조절 등이 있다. 측정 영역 전체에서 교정 곡선을 작성하는 것이 대부분의 편차를 보정하는 좋은 방법이다.

등흡광점에서는 모든 화학종의 흡수 계수가 같다.

화학 평형에 있는 두 화학종이 빛을 흡수하고 흡수 곡선이 약간 겹친다면 **등흡광점(isosbestic point)**이라고 하는 파장이 나타나며, 이 점에서 두 화학종의 몰흡광도는 같다. 그

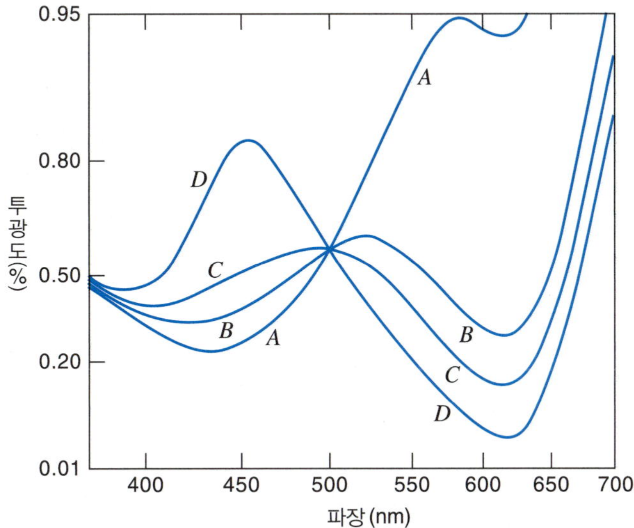

그림 16.30 브로모티몰 블루의 등흡광점을 나타낸 예시(501 nm): (*A*) pH 5.45, (*B*) pH 6.95, (*C*) pH 7.50, (*D*) pH 11.60. 스펙트럼에서 *A*는 브로모티몰 블루의 산 형태이고, *D*는 염기 형태이다. *B*와 *C*는 pH 변화에 따른 평형 상태에 있는 두 종에 대한 스펙트럼의 합을 나타낸다. 이들은 모두 500 nm에서 같은 흡광도를 갖는다.

러한 점을 그림 16.30에 설명하고 있다. pH는 일반적으로 평형을 이동시키므로 여러 다른 pH 값에서의 스펙트럼이 도시되어 있다. 분명히, pH의 효과는 등흡광점에서 측정함으로써 제거될 수도 있으나 감도가 감소하게 된다. 용액을 센 산성으로 하거나 센 알칼리성으로 함으로써 한 화학종이 우세하게 되고, 이러한 조건에서 측정함으로써 감도는 증가된다.

두 성분계에 대하여 두 개의 흡수종이 평형에 있다면, 모든 곡선은 같은 ε 값을 갖는 등흡광점에서 교차한다. 평형에서 흡수띠가 겹치는 화학종은 두 가지뿐이라는 것을 증명하기 위해서는 등흡광점의 존재가 필요한(충분하지는 않으나) 조건이다. 만일 두 흡수하는 화학종이 Beer 법칙을 따른다면, 모든 평형 혼합물의 흡수 스펙트럼은 고정된 파장에서 교차할 것이다. 예를 들어 평형에서 서로 다른 색을 띠는 형태의 지시약(즉 메틸오렌지의 빨간색과 노란색의 형태)은 종종 등흡광점을 나타내며, 이것은 단지 2개의 색을 띠는 화학종만이 평형에 참여하고 있다는 증명을 뒷받침한다.

등흡광점이 있다는 것은 단지 두 성분만 존재한다는 것은 아니다. 특정 파장에서 $\varepsilon = 0$일 때 세 번째의 성분이 존재할 수도 있다. 그러나 등흡광점이 없다는 것은 두 개의 성분계에서 Beer 법칙이 벗어날 수 있다는 가능성을 놓칠 수는 있지만, 세 개의 성분이 존재한다는 명백한 증거이다. 두 성분계에서, 등흡광점은 상호 평형에서의 두 흡수 화학종의 전체 양을 정량하는 데 유일한 파장이다.

기기적 편차

Beer 법칙이 적용되는 것은 기본적으로 단색광을 사용한다고 가정했을 때이다. 위 논의에서 연속 광원으로부터 단색광을 추출한다는 것이 불가능하다는 것을 알았다. 대신, 복사선의 띠가 통과하며 띠너비는 분산 요소와 슬릿 너비에 의존한다. 흡수 스펙트럼에서는 서로 다른 파장에서 서로 다른 정도로 흡수된다. 즉 흡광 계수가 파장에 따라 변한다. 스펙트럼이 비교적 넓은 최대 흡수에 해당하는 파장에서 파장들의 띠는 모두 거의 같은 정도로 흡수될 것이다. 그렇지만 스펙트럼의 급경사 부분에서는 서로 다른 정도로 흡수된다. 스펙트럼의 기울기는 농도가 증가함에 따라 증가하며, 특히 기기의 설정 조건이 측정하는 동안 표류한다면, 각각의 파장에서 흡수의 크기가 변한다. 그래서 흡광도 대 농도의 도시에서 음의 편차가 관찰될 것이다. 스펙트럼의 기울기가 커질수록 편차도 커진다.

명백히, 최대의 감도를 얻는 것은 물론 이러한 곡률을 최소화하기 위하여 가능한 한 언제든지 흡수 피크에서 측정하는 것이 유리하다. 파장의 띠가 통과되기 때문에 주어진 파장에서의 흡광 계수는 분해능, 슬릿 너비, 최대 흡수의 예리함에 따라 기기마다 약간씩 변한다. 그러므로 보고된 흡광 계수를 믿기 전에, 오히려 가지고 있는 기기의 흡광 계수와 직선성을 확인해

주어진 파장에서의 흡광 계수는 기기에 따라서 달라진다. 따라서 항상 표준 물질을 측정해야 된다.

야 한다. Beer 법칙으로부터 농도를 직접 계산하는 것보다는 농도에 대한 흡광도의 교정 곡선을 만드는 것이 보편적이다.

실험하는 물질의 스펙트럼과 겹치는 제2의(방해하는) 흡수하는 화학종이 있다면, 결과적으로 실험하는 물질의 농도 함수로서 전체 흡광도는 비직선이 될 것이다. 방해하는 화합물을 시료와 같은 농도로 표준 물질에 첨가했을 때의 교정 곡선을 미리 만들어 두면 이것을 해석할 수 있다. 이것은 명백히 방해하는 화합물의 농도가 본질적으로 일정하고 농도가 비교적 작을 때만 효력이 있다. 그렇지 않으면 먼저 설명한 바와 같은 두 성분 동시 분석이 필요하게 될 것이다.

떠돌이 빛은 Beer 법칙에 가장 큰 음의 편차 요인이 된다. Beer 법칙에서, 무한대의 농도에서 빛은 검출기에 하나도 도달하지 않는다(모든 빛은 흡수된다). 그러나 떠돌이빛이 검출기에 도달한다면 이는 불가능해진다. 급격하게 상승하는 흡수 양상을 측정하거나 좁은 흡수띠를 측정하는 데 사용된 넓은 띠너비 효과는 떠돌이빛의 효과와 흡사하다. 흥미 있는 애플릿으로 http://www.chem.uoa.gr/applets/AppleBeerLaw/Appl_Beer2.html을 보라.

Beer 법칙으로부터의 편차에 기여하는 다른 기기적 요소는 단색화 장치에 들어가 검출되는 떠돌이 복사선[**떠돌이빛**(**stray light**)이라고도 하는, 선택한 파장의 영역에 해당되지 않은 검출기에 도달한 모든 빛], 단색화 장치 내에서 복사선의 내부 반사, 서로 다른 분석물 용액에 사용되거나 겹살 기기에서 사용된(기준 물질 용기에서 바탕 용액 또는 용매에 의하여 상당한 흡광도가 있을 때) 잘 맞지 않는 용기(경로 길이에서) 등을 포함한다. 떠돌이빛은 특별히 높은 흡광도에서는 문제가 되며, 직선성에 편차를 주는 요인이 된다. 예를 들어 0.1%의 떠돌이빛을 갖는 장치를 생각해 보자. 만일 100.0 단위의 빛이 시료를 통과해 간다면, 0.1 단위의 빛이 시료를 지나지 않고 검출기로 직접 간다. 만일 시료의 진짜 투광도가 1%라면, 1 단위의 빛이 검출기에 도착하는 대신에 1.1 단위로 기록되고 투광도는 0.010 대신에 1.1/100~0.011이 될 것이다. 기록되는 흡광도는 2.000 대신에 1.959이다. 이것은 대부분의 저사양 분광계가 2보다 큰 흡광도에서 신뢰할 만한 데이터를 만들지 못하는 이유이다(하지만 현재 최고 사양의 극히 적은 떠돌이빛을 갖는 분광계는 6~8 흡광도 단위에서 운영할 수 있다). 많은 양의 떠돌이빛이 투광도와 흡광도에 미치는 영향은 이 책의 웹 사이트에 나타나 있다(그림 16.a 떠돌이빛). 떠돌이빛에 기인하는 잡음도 특히 높은 흡광도를 보이는 경우 분광학적 오차나 비정밀성에 큰 기여를 한다. 시료와 상호작용하지 않는 복사선은 기기에서의 빛의 누출, 광학 부품에서부터 빛의 산란, 시료 자체로부터 나오는 산란된 빛에서 발생할 수 있다. 0.1% 투광도와 동등한 떠돌이빛은 흡광도 단위 1을 가진 시료에 대해 0.4%의 오차를 가져온다.

흡광도 측정에 있어서 비선형의 또 다른 화학적 기계적 원인은 수소 결합, 용매와의 상호작용, 비선형 검출기 감응, 비선형 전자 기기의 증폭, 비평행 복사선, 높은 신호 수준(포화)등이 있다.

일정하지 않은 용기의 두께는 정량 분석에 영향을 미칠 수가 있다. 이것은 용기 간격판이 사용되는 적외선 분광법에서 특히 문제가 된다. 공기 방울도 경로 길이와 떠돌이빛에 영향을 미치므로, 이 방울을 제거하는 것이 특히 적외선 용기에서 중요하다.

16.15 형광법

형광법 분석은 극히 민감하며 일반적으로 생화학자, 임상 화학자, 분석 화학자들에 의해 널리 사용된다.

형광의 원리

일부 분자들은 자외선을 흡수하고 그중 일부만을 충돌에 의하여 잃는다. 나머지는 더 긴 파장의 복사선으로 재방출된다.

분자가 전자기 에너지를 흡수하면, 이 에너지는 보통 분자가 충돌 과정에 의해 비활성화될 때 열로서 소멸된다. 그렇지만 어떤 분자에 있어서(약 5~10%), 특히 UV 복사선과 같이 높은 에너지의 복사선을 흡수할 때는 에너지의 일부만이 충돌에 의해 잃어버리고, 흡수될 때보다 더 낮은 에너지(긴 파장)의 광자를 방출함으로써 전자는 바닥 상태로 돌아간다. 그림 16.31 참조하라.

실온에서 분자는 정상적으로 바닥 상태에 있다. 바닥 상태는 보통 모든 전자들이 짝지어져

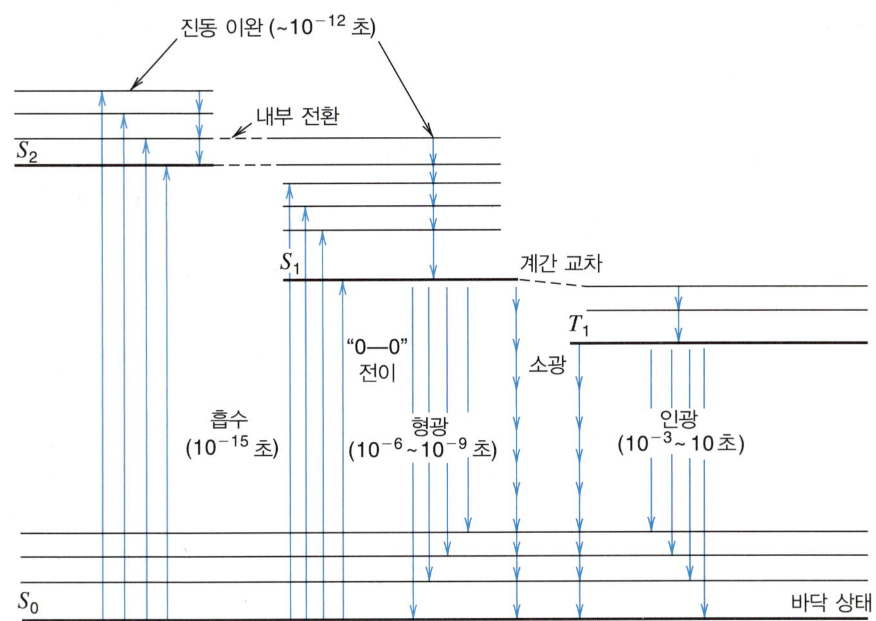

그림 16.31 흡수 과정, 이완 과정, 그 속도를 나타내는 에너지 준위 도표 (가끔 Jablonski 도표라 불린다.)

있는 **단일항 상태**(**singlet state**, S_0)이다. 같은 분자 오비탈을 차지하고 있는 전자들은 "짝지어져" 있고, 반대의 스핀을 가져야 한다. 단일항 상태에서 전자들은 짝지어져 있다. 만일 전자들이 같은 스핀을 가져야 한다면 그것들은 "짝지어져 있지 않은" 것이며, 분자는 **삼중항 상태**(**triplet state**)에 있다. 단일항 상태와 삼중항 상태는 분자의 **다중도**(**multiplicity**)와 관련된다. 형광 광자의 방출을 유도하는 과정은 형광단(fluorophore)에 의한 광자의 흡수(10^{-15}초가 걸리는 과정)로 시작하며, 높은 에너지(들뜬) 상태로 전자 전이가 일어난다. 실온에 있는 대부분의 유기 분자들에서, 이 흡수는 바닥 상태의 가장 낮은 진동 준위로부터 같은 다중도의 첫 번째 또는 두 번째 전자 들뜬 상태(S_1, S_2)의 진동 준위 중 하나로의 전이에 해당한다. 이러한 높은 전자 상태에서 진동 준위들과 회전 준위들의 간격은 분자 흡수 스펙트럼 중에 나타난다.

전이가 S_1보다 더 높은 전자 상태로 일어난다면, **내부 전환**(**internal conversion**)의 과정이 빠르게 일어난다. 들뜬 분자는 이런 높은 전자 상태의 진동 준위에서 원래의 들뜬 상태와 에너지가 같은 S_1의 높은 진동 전위로 넘어간다고 생각된다. 이 지점에서 용매 분자가 충돌함으로써 S_1의 높은 진동 준위로부터 과량의 에너지가 급속하게 제거되는데, 이 과정을 **진동 이완**(**vibrational relaxation**)이라고 한다. 이러한 에너지 감쇠 과정(내부 전환과 진동 이완)은 빠르게 일어난다($\sim10^{-12}$초). 이러한 급격한 에너지 손실 때문에 첫 번째 들뜬 상태보다 높은 상태로부터의 방출 형광은 드물다.

방출되는 복사선의 파장은 들뜨게 한 파장과는 무관하다. 그러나 방출되는 복사선의 세기는 들뜨게 한 복사선의 파장과 세기 모두와 관련이 있다.

일단 분자가 첫 번째 들뜬 단일항 상태에 도달하면 바닥 상태로의 내부 전환은 비교적 느린 과정이다. 그래서 광자의 방출에 의한 첫 번째 들뜬 상태의 이완은 다른 이완 과정과 사실상 경쟁할 수 있다. 이런 방출 과정이 **형광**(**fluorescence**)이다. 일반적으로, 형광 방출은 들뜬 후 빠르게 일어난다(10^{-6}~10^{-9}초). 결과적으로 들뜬 광원이 제거된 후, 형광 방출을 눈이 감지하는 것은 불가능하다. 형광은 가장 낮은 들뜬 상태로부터 일어나기 때문에 형광 스펙트럼, 즉 방출된 복사선의 파장은 들뜬 파장과는 무관하다. 그렇지만 방출된 복사선의 세기는 입사선의 세기(즉 흡수된 광자의 수)에 비례한다.

들뜸과 방출 전이의 또 다른 특색은 들뜬 가장 긴 파장은 가장 짧은 방출 파장에 대응한다는 것이다. 이것은 S_0의 0 진동 준위와 S_1의 0 진동 준위 사이의 전이에 해당하는 "0–0" 띠이다(그림 16.31).

분자가 들뜬 상태에 있는 동안은, 한 전자가 스핀을 바꾸는 것이 가능하며, 분자는 **계간**

인광은 형광에 비하여 긴 수명을 가지고 있다. 따라서 들뜸 광원을 꺼도 인광은 계속된다.

교차(intersystem crossing)라고 하는 과정에 의하여 낮은 에너지의 삼중항 상태로 전이한다. 그러면 내부 전환과 진동 이완의 과정을 통해서, 분자는 빠르게 첫 번째 들뜬 삼중항 상태(T_1)의 가장 낮은 진동 준위에 도달한다. 여기서부터, 분자는 광자의 방출에 의하여 바닥 상태 S_0로 돌아갈 수 있다. 이 방출을 **인광**(phosphorescence)이라고 한다. 서로 다른 다중도의 상태 사이의 전이는 "금지되어" 있으므로 T_1은 S_1보다 훨씬 더 긴 수명을 가지며 인광은 형광보다 수명이 길다($>10^{-4}$초). 결과적으로, 들뜬 광원이 제거될 때 인광에서는 "잔광(afterglow)"을 매우 자주 감지할 수 있다. 그리고 비교적 긴 수명 때문에 비복사 과정은 형광보다는 인광과 더 효과적으로 경쟁할 수 있다. 이러한 이유로, 인광은 용매 또는 산소와의 충돌 때문에 용액으로부터 보통 관측되지 않는다. 인광 측정은 시료를 얼리고 다른 분자들과의 충돌을 최소화하기 위하여 액체 질소 온도(-196°C)까지 시료를 냉각시킨다. 고체 시료도 인광을 내며, 많은 무기 광물질들은 수명이 긴 인광을 나타낸다. 최근에 용액 내 분자들이 고체 지지체에 흡착되어 인광을 발할 수 있는가의 연구가 이루어지고 있다. 인광은 광물에서 관찰할 수 있다. "형광" 램프는 수은과 인광 물질이 코팅된 유리 외피를 가지고 있다. 수은이 전기 방전에 의해 들뜨게 되면 UV를 방출하는데, 이것이 인광 물질을 들뜨게 하고 가시광선을 방출한다. 이런 등은 불을 끈 후에 잠시 동안 불빛이 유지된다는 것을 주목하라. 이 빛은 유리관 벽의 코팅에서부터 온다. 이것은 수은 램프의 UV 방출을 흡수하고 더 긴 파장의(결과적으로 장파장 이동) 형광을 낸다. 현대의 형광등은 인광 물질의 혼합물(예를 들면, 청색을 내는 바륨 알루미민산염에서부터 녹색을 내는 란타늄 인산염, 오렌지-적색빛을 내는 산화 이트륨)을 사용한다. 인광 물질 혼합물의 정밀한 조성은 백색광의 "차가움(cool)"에서부터 "따뜻함(warm)"까지를 만들 수 있다. 형광등 인광 물질에 관한 유용한 논문은 http://www.lamptech.co.uk/Documents/FL%2520Phosphors.htm을 보라.

형광을 발하는 분자의 전형적인 들뜸과 방출 스펙트럼을 그림 16.32에 나타내었다. 들뜬 스펙트럼은 보통 분자의 흡수 스펙트럼과 모양이 거의 일치한다. 들뜬 스펙트럼의 구조와 방출 스펙트럼의 구조 사이에는 밀접한 관계가 있다(반드시는 아님). 비교적 대부분은 분자에 있어서 들뜬 상태, 특히 S_1의 진동 간격은 S_0의 진동 간격과 매우 유사하다. 그러므로 여러 S_0의 진동 준위로 이완하는 결과 생기는 방출 스펙트럼의 형태는 S_1과 같은 들뜬 상태 의 여러 진동 준위의 들뜸으로 생긴 들뜬 스펙트럼의 "거울상(mirror image)"이 되는 경향이 있다. 물론 스펙트럼의 미세 구조는 각 진동 준위에 있는 회전 준위의 결과로도 생긴다.

흡수의 가장 긴 파장과 형광의 가장 짧은 파장은 같아지는 경향이 있다(그림 16.31에서 0–0 전이). 그러나 실제는 들뜬 분자와 바닥 상태의 분자 사이의 용매화의 차이 때문에 다르

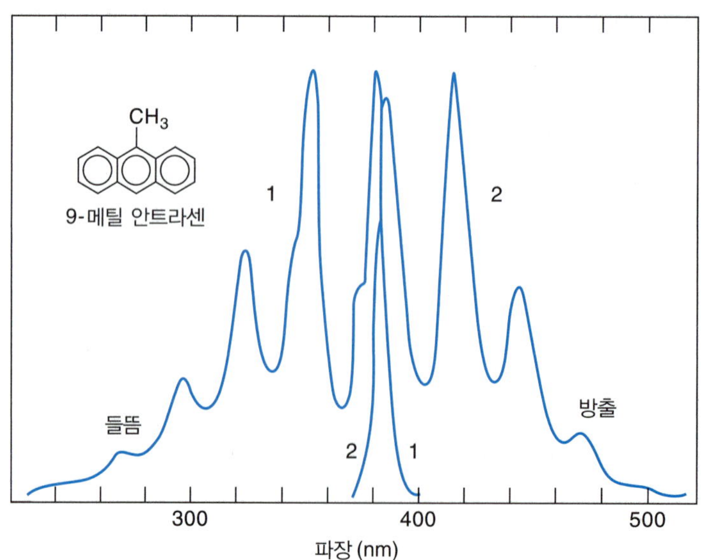

그림 16.32 형광을 발하는 분자의 들뜸과 방출 스펙트럼

다. 각각의 용매화 열은 다르며, 이것은 이들 두 용매화 열과 같은 양만큼 광자 방출 에너지가 감소되고 있다.

소수의 분자들만 형광을 방출할 수 있으며, 그보다 더 적게 형광을 방출한다. 이것은 선택적 탐지와 측정이라는 측면에서 장점이다. 화합물은 특히 300 nm보다 짧은 파장을 흡수할 때 자외선 영역에서 방출 복사선이 나타날 수 있으나, 보통 가시광선이나 NIR 영역에서 나타난다. 측정되어 농도에 관련 있는 것은 방출 복사선이다.

화학적 구조와 형광

이론적으로 복사선을 흡수하여 전자적으로 들뜬 상태로 올라가는 어떤 분자도 형광을 낼 수 있다. 그것들이 형광을 방출하지 않는 많은 이유가 있으나 이것에 대하여는 다루지 않고, 일반적으로 어떤 형태의 물질이 형광을 방출할 것인가를 예측하고자 한다.

먼저, 분자에 대한 흡수가 크면 클수록 그 형광의 세기는 더 커진다. 많은 방향족과 헤테로고리 화합물은 특히 어떤 치환기를 갖는다면 형광을 방출한다. 여러 개의 콘쥬게이션 이중 결합을 갖고 있는 화합물은 쉽게 형광을 방출한다. $-OH$기, $-NH_2$기, $-OCH_3$기와 같은, 하나 이상의 전자 주개들은 형광을 증가시킨다. 바이타민 K, 퓨린, 뉴클레오사이드와 같은 다중 고리 화합물, 바이타민 A와 같은 콘쥬게이트되어 있는 폴리엔은 형광체이다. $-NO_2$, $-COOH$, $-CH_2COOH$, $-Br$, $-I$, 아조기와 같은 기들은 형광을 **억제하는** 경향이 있다. 다른 치환기의 성질에 따라서 형광의 정도가 변한다. 많은 분자들의 형광은 이온화되거나 또는 이온화되지 않은 형태만이 형광을 방출하기 때문에 pH에 크게 의존한다. 예를 들어 페놀(C_6H_5OH)은 형광성이지만, 그것의 음이온인 $C_6H_5O^-$는 비형광성이다. 트립토판 아미노산은 280 nm와 최적 들뜸의 360 nm에서 최대 방출하는 형광을 낸다. 모든 단백질은 트립토판 부분으로부터 형광을 내지만 이는 강하지 못하다. 하지만 이 형광의 수명이 아미노산의 특별한 환경에 매우 민감하며 이는 단백질의 구조와 형태의 변화를 탐지하는 데 종종 이용된다.

어떤 화합물이 비형광성이라면, 그것을 형광성 유도체로 바꿀 수도 있다. 예를 들어 비형광성인 스테로이드는 진한 황산으로 탈수함으로써 형광성 화합물로 바뀔 수 있다. 이러한 고리 알고올은 페놀로 진환된다. 마친가지로, 말신과 같은 이염기산은 진한 황산 용액에서 β-나프톨과 반응하여 형광성 유도체를 형성할 수 있다. White와 Argauer는 유기 화합물과 킬레이트를 형성시킴으로써 많은 금속의 형광 분석법을 개발하였다(참고 문헌 21 참조). 다양한 금속들이 8-하이드록시퀴놀린-5-설폰산(설폭신)과 킬레이트 형성하여 큰 형광을 내거나, 다른 금속-설폭신 킬레이트의 형광을 소광시킨다. 항체는 단백질의 유리 아미노기와 반응하는 싸이오사이안산 플루오레세인과 축합시킴으로써 형광성 물질이 만들어진다. 니코틴아마이드 아데닌 다이뉴클레오타이드의 환원형인 NADH는 형광을 방출한다. 그것은 많은 효소 반응에서 생성 물질 또는 반응 물질(보조 인자)이 되며(교재 웹 사이트 25장 참조), 그것의 형광은 효소와 그 기질의 민감한 분석법의 기초로 사용된다. 대부분의 아미노산은 형광을 방출하지 않으나 형광성 유도체들이 염화 단실(dansyl chloride)과의 반응에 의해서 형성된다.

형광 소광

형광에서 자주 부딪치게 되는 한 가지 어려운 점은 많은 물질들에 의한 **형광 소광(fluorescence quenching)**이다. 이것들은 실제로 전자 들뜸 에너지와 경쟁하여 양자 수득률(흡수 복사선이 형광 복사선으로 전환된 효율-다음을 참조)을 감소시키는 물질이다. 아이오딘화 이온은 매우 효과적인 소광제이다. 아이오딘화와 브로민화 치환기들은 양자 수득률을 감소시킨다. 이와 같은 물질들은 형광 소광의 정도를 측정함으로써 간접적으로 정량할 수 있다. 몇 가지 분자들은 해리 에너지가 복사선의 에너지보다 적은 결합을 가지므로 형광을 방출하지 않는다. 다시 말해서, 분자 결합이 끊어져 형광을 막는다.

형광의 소광은 정량 분석에서 가끔 문제가 된다.

착색 물질이 형광 물질과 용액 속에 있으면 형광을 흡수하여 간섭할 수도 있다. 이것을 **내**

부-필터 효과(**inner-filter effect**)라고 한다. 예를 들어 탄산 소듐 용액에서 다이크로뮴산 포타슘은 245 nm와 348 nm에서 흡수 피크를 나타낸다. 이것은 트립토판의 들뜸 피크 및 방출 피크와 겹치며 방해가 된다. 내부-필터 효과는 또한 형광체 자체의 농도가 매우 높기 때문에 나타날 수도 있다. 어떤 분석물의 분자들은 다른 것들로부터 방출된 복사선을 다시 흡수하는 것도 있다(다음의 형광 세기와 농도에 대한 것을 참조하라).

농도와 형광 세기와의 관계

형광의 세기는 광원의 세기에 비례한다. 반면 흡광도는 이와 무관하다. 매우 효과적인 형광체의 양자 수득률은 1에 가깝다. 에탄올산 로다민의 경우 이 값이 1.0이다. 알칼리 플루오레세인 수용액에서는 양자 수득률이 0.79이다. pH 7.2 완충 수용액에서 트립토판은 0.14이다.

Beer 법칙(문제 48)으로부터 형광 세기 F가 다음과 같이 주어진다는 것을 쉽게 유도할 수 있다.

$$F = \phi P_0(1 - 10^{-abc}) \tag{16.23}$$

여기서 ϕ는 **양자 수득률**(**quantum yield**)로서 비례 상수이며, 형광 광자로 바뀌는, 흡수된 광자의 분율 척도이다. 그러므로 양자 수득률은 1과 같거나 1보다 작다. 식에 있는 다른 항들은 Beer 법칙의 경우에서와 같다. 식으로부터 만일 곱 abc가 크다면, 아주 작은 투광도 T와 같은 10^{-abc} 항은 1에 비해 무시되고 F는 일정하게 된다는 것은 분명하다.

$$F = \phi P_0 \tag{16.24}$$

한편 abc가 작다면(≤ 0.01, $T \geq 98\%$), 식 16.23을 전개함으로써 근삿값으로 다음과 같이 되는 것을 알 수 있다.[4]

$$F = 2.303\phi P_0 abc \tag{16.25}$$

낮은 농도에서, 형광의 세기는 농도에 정비례한다.

따라서 낮은 농도의 경우, 형광 세기는 농도에 직접 비례하고, 입사광의 세기에도 비례한다.

이 식은 일반적으로 물질에 따라 수 ppm 농도까지 적용된다. 보다 높은 농도에서는 농도가 증가함에 따라 형광 세기는 감소한다. 그 이유는 다음과 같이 설명될 수 있다. 묽은 용액에서, 흡수된 복사선은 용액의 전체 깊이까지 똑같이 분배된다. 그러나 높은 농도에서는, 통로에 있는 첫 번째 용액의 부분이 더 많은 복사선을 흡수할 것이다. 따라서 식은 대부분의 복사선이 용액을 통해 지나갈 때, 즉 약 92% 이상이 투과될 때에만 적용된다[이것은 낮은 흡광도($A \leq 0.04$)에서 흡광도와 투광도가 선형의 관계가 있다는 것을 말한다. 식 16.12 다음에 나오는 스프레드시트를 보라].

형광 기기 장치

형광 측정을 하기 위해서는 입사광으로부터 방출된 복사선을 분리할 필요가 있다. 이것은 입사광에 직각 방향에서 형광을 측정함으로써 쉽게 할 수 있다. 형광은 모든 방향으로 방출되나, 입사광은 용액을 직선으로 통과한다.

간단한 형광 분석계의 설계를 그림 16.31에 나타내었다. 자외선 광원이 필요하다. 대부분의 형광 분자들은 파장의 띠 이상의 자외선을 흡수하므로 간단한 선광원이면 많은 용도에 충분하다. 그러한 광원은 중간 압력의 수은 증기 램프이다. 스파크가 낮은 압력의 수은 증기를 통해 지나가면, 기본선들이 253.7, 365.0, 520.0(초록색), 580.0(노란색), 780.0(빨간색)nm에서 방출된다. **300 nm보다 짧은 파장들은 눈에 해로우므로,** 짧은 파장의 UV 광원을 직접 보아서는 안된다. 수은 증기 자체는 대부분의 253.7 nm 복사선을 흡수하며(자체 흡수), 램프 싸개 안에 파란색의 필터가 대부분의 가시광선을 제거하기 위해 첨가되어 있다.[5] 그래서 365

[4] $e^{-x} = 1 - x + x^2/2! \cdots$ 이라는 것과 $10^{-x} = e^{-2.303x}$라는 것이 알려져 있다. 그러므로 $1 - e^{-2.303abc} = 1 - [1 - 2.303abc + (2.303abc)^2/2! \cdots]$이다. $abc \leq 0.01$이라면, 제곱한 것과 그 이상의 항들은 무시될 수 있으며, 따라서 전개된 항은 $2.303abc$로 축소된다. 이것이 Taylor 전개 급수이다.

[5] 253.7 nm 선의 세기는 램프의 Hg 압력에 의존한다. 낮은 램프 압력에서 그것은 가장 진한 선이다.

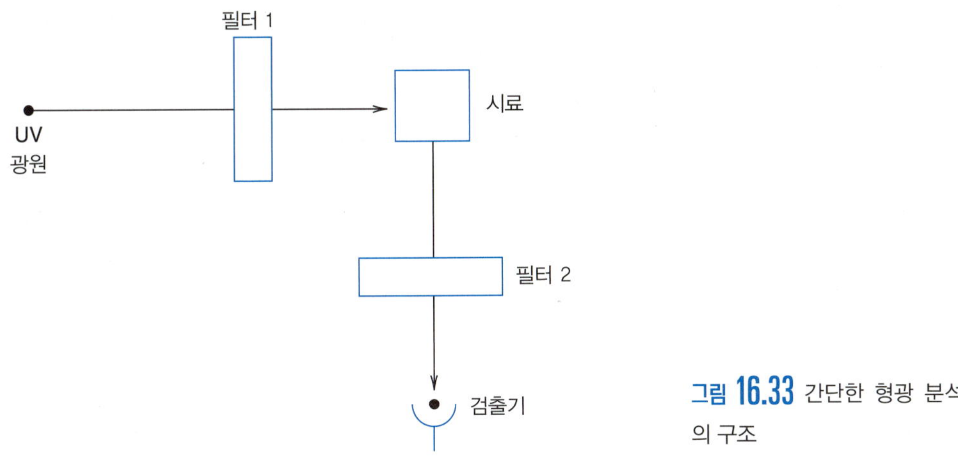

그림 16.33 간단한 형광 분석계의 구조

nm 선이 주로 활성화를 위해 사용된다. 높은 압력의 제논 아크(연속 광원)가 보통 스펙트럼을 주사할 더 정교한 기기(분광 형광계)에 광원으로 사용된다. 램프의 압력은 25°C에서 7기압이고 작동 온도에서는 35기압이고 일반적으로 보호되면서도 환기가 잘 되는 틀에 보관한다.

그림 16.33에 나타낸 간단한 필터 형광계 기기에서 들뜸 필터(필터 1)는 분석 물질의 형광을 효과적으로 들뜨게 하기 위해 사용된다. 이 필터는 일반적으로 방출 필터(필터 2)의 통과 파장보다는 짧은, 긴 차단 파장을 갖는 단파 통과 혹은 띠 통과 필터이다. 1차 필터는 들뜸 파장만을 통과시킨다. 2차 필터(필터 2)는 방출 파장은 통과시키나 들뜸 파장(산란될지 모르는)은 통과시키지 않는다. 응용 분야에 따라 유리나 비형광 등급의 석영 용기가 적당하다.

필터 1은 필터 2를 통과하거나 형광에 해당되는 빛을 제거한다. 필터 2는 산란된 들뜸 파장의 빛을 제거하고 형광을 통과시킨다.

LCW 기반의 형광 검출기는 유통 형광 관측에 매우 간단한 방법을 제공한다. 원리는 그림 16.34(*a*)에 도시하였다. 빛은 분석물을 포함하는 용액이 흘러가는 LCW 관을 가로질러 입사

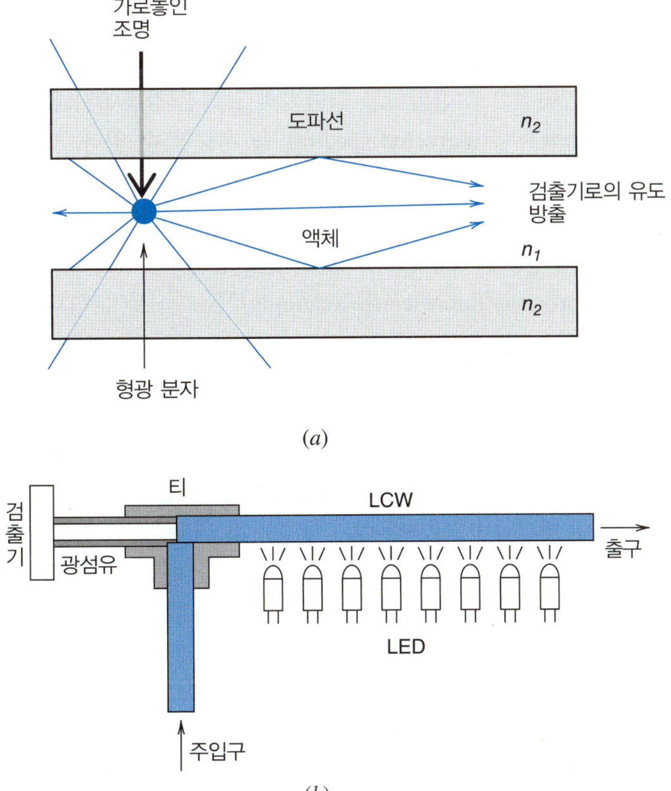

그림 16.34 (*a*) 액체 코어 도파선(LCW) 기반의 형광 검출기의 작동 원리, (*b*) 일반적으로 사용되는 배열

된다. 흡수되지 않은 빛은 방사 방향으로 통과한다. 형광 분자가 빛의 경로에 오면, 빛을 흡수하고 모든 방향으로 형광을 낸다. 섬유의 수광각 이내의 형광 부분은 양축 방향으로 진행되고 LCW 한 끝에서 측정된다. 이러한 배열에서 측정된 형광 방출은 들뜸 복사선과 크게 무관하다. 실제 적용은 그림 16.34(*b*)의 배치로 진행된다. LCW의 한쪽 끝에 T자관이 연결되어 있고 형광 방출은 광섬유를 통하여 검출기로 간다. 측정 감도를 높이기 위하여 하나 혹은 그 이상의 LED나 소형 형광 흑광(black light, 365 nm)이 단색 광원으로 필수적으로 사용된다. 들뜸 빛을 제거하는 방출 필터는 검출기 앞에 설치하여 떠돌이 들뜸 빛을 제거할 수 있다. 많은 분석물에서 이러한 접근법을 통하여 매우 좋은 측정 한계를 얻을 수 있다(참고 문헌 23을 보라). 이런 시스템에서 가장 비싼 부분은 검출기로 사용되는 광전자 증배관이다. 광원으로 LED를 사용하는 것은 빛 세기의 재현성을 유지하면서 빠르게 켜고 끌 수 있게 하며, 방출된 빛을 이동시키는 광섬유의 사용은 다중 측정 용기에서 같은 검출기(들뜸 빛은 그 시간에 예정된 오직 하나의 관측 용기로 가는)로 연결된 다중 섬유를 가능하게 한다. 이러한 복잡한 측정기를 사용한 대기 중 과산화 수소와 유기 과산화물의 형광 측정에 관한 Z. Genfa, P. K. Dasgupta, G. A. Tarver의 설명(Anal. *Chem.* 75(2003)1203)을 보라.

형광 분광계에서는 필터 대신에 단색화 장치를 사용한다. 들뜸 스펙트럼(흡광 스펙트럼과 유사하다)과 발광 스펙트럼을 모두 기록할 수 있다.

형광 분광계(spectrofluorometer)에서는 입사광의 방향에 직각인 방향에서 측정된다. 그러나 필터를 사용하는 대신에 기기는 2개의 단색화 장치를 갖추고 있는데, 하나는 들뜸 파장을 선택하는 것이고, 또 하나는 형광 파장을 선택하는 것이다. 연속 광원으로부터 들뜸 파장을 주사하여, 형광은 들뜬 파장의 스펙트럼을 나타내기 위해서 정해진 파장에서 측정된다. 이것은 최대 들뜬 파장을 결정할 수 있도록 한다. 그런 후에는 최대 들뜬 파장을 고정시킴으로써 최대 방출 파장을 정하기 위하여 방출 파장이 주사될 수 있다. 방출 스펙트럼이 주사될 때 보통 들뜬 파장에 해당하는 "산란 피크(scatter peak)"가 있다.

전형적인 형광 분광계에서 광원의 세기 또는 서로 다른 파장에서 검출기의 응답의 변화를 보정하기는 어려우므로, 일반적으로 주어진 조건하에서 교정 곡선을 만든다. 광원의 세기 또는 검출기의 응답은 날마다 변할지 모르므로, 기기를 같은 값으로 읽게 하도록 보통 표준 용액의 형광을 측정하고 증폭기의 이득(gain)을 조절함으로써 교정한다. 묽은 황산 용액에서 묽은 퀴닌 용액이 보통 교정 표준 물질로 사용된다.

Horiba Jobin-Yvon Fluorolog와 같이 정교한 기기는 교정된 광다이오드 배열로 모든 주파수의 광원 세기를 연속적으로 관찰하고 검출기의 알려진 감응 양상을 파장의 함수로서 보정함으로써 "보정된 스펙트럼(corrected spectra)"을 제공할 수 있다. 방출 스펙트럼은 단위 띠 너비당 방출되는 광자의 양으로 직접 표현할 수 있다. Hamamatsu Quantaurus-QY와 같은 장비는 들뜸 파장의 함수로서 양자 효율을 측정할 수 있도록 고안되었다.

들뜸과 방출 단색화 장치를 동시에 주사하는 장비는 많다. 여기서의 논의를 벗어나지만 "동기 형광 주사(Synchronous fluorescence scanning)"는 다성분 분석과 같이 여러 가지 장점을 제공한다.

형광 수명과 개폐 형광/인광 측정

가장 일반적인 형광 화합물에서, UV에서부터 근적외선 영역의 에너지를 가지는 광자 방출의 전형적인 들뜬 상태 수명은 0.5~20 ns 범위에 있다. 이러한 "형광 수명(fluorescence lifetime)"은 대부분 형광체의 환경에 매우 민감하다. 따라서 구조나 배향에 대한 정보를 줄 수 있다. 빠른 속도의 펄스를 줄 수 있는 LED의 출현으로, 수명 측정은 거의 대부분 위상 분해(phase-resolved) 형광계로 이루어졌다. 형광 수명보다 훨씬 짧은 길이의 섬광으로 시료를 한 번 들뜨게 한 것을 생각해 보자. 당연히 즉각적으로 빛이 흡수되고 들뜸 상태의 평균 수명과 같은 시간 간격 후에 형광 세기의 최고점이 나타날 것이다. 이제 한 번의 섬광 대신에 짧은 기간에 LED를 켰다 껐다(10 MHz의 주파수로)하는 것을 생각해 보자. 따라서 360° 한 주기는 100 ns가 된다. 형광 방출의 파형이 들뜸 정점 후 10 ns에 최고가 된다면, 들뜸 파형과 비교하여 방출은 10/100*360° = 36°의 위상차를 갖게 된다. 두 신호의 위상 차이는 고도의 분해능과 정밀도를 가지고 측정할 수 있다. 그리고 이것은 위상 분해 형광계로 수명을 측정하는 기반이 된다. 예를 들면 Hamamatsu Quantaurus Tau 기기는 280, 340, 365, 405, 590, 630 nm에서 발광하는 사용자 선택 가능 LED를 사용하는데, 시료를 액체 질소 온도로 냉각하면 형광 수명을 1분 내에 측정할 수 있다. 수명은 0.1 ns보다 더 좋게 분해할 수 있다.

앞서 언급한 것과 같이, 형광 수명은 계간 교차가 이루어지거나 "인광"이 발생할 때 길어진다. 주요 분석 응용은 특히 유로퓸 이온(Eu^{3+})과 터븀 이온(Tb^{3+})과 같은 란타넘 계열 금속 이온의 독특한 성질과 관련되어 있다. 수용액에서 이 이온들은 약하게 흡수하고 짧은 수명의 형광을 낸다. 적절한 유기 착화제와 킬레이트를 만들면 흡수 최댓값은 크게 증가하고 UV 쪽으로 이동한다. 리간드는 UV 복사선을 흡수하고 들뜬 상태로 옮겨간다. 그러나 에너지는 계간 교차에 의해 금속 중심으로 옮겨간다. 금속 착물은 순수 금속 이온보다 10,000배 더 큰 세기로 가시광선에서 형광을 내며, 수백 밀리초의 형광 수명을 가진다. 이런 형태의 계는 검출기가 들뜸 섬광/펄스가 시료에 비춰진 후 일정한 시간에 형광을 관측하는 개폐 형광 측정이라 불리는 것을 수행하기에 이상적이다. 이런 기술 형식의 큰 장점은 관측이 그렇지 않으면 완전히 어두운 환경에서 이루어진다는 것이다. 측정이 이루어지는 시간에는 들뜸 광원이 꺼지기 때문에 산란된 들뜸 빛이 없다. 광전자 증배관은 시간 개폐(time-gated) 작동을 위해 특별히 만들어졌다. 전원이 민감한 광검출기에 가해지지 않을 때도 밝은 조명은 기억 효과를 초래한다는 것을 주목하라. 따라서 검출기의 시야는 들뜸 펄스 동안에 날개를 돌린 토막틀(chopper)이나 다른 기기적인 방법에 의해 물리적으로 가려진다.

형광 기반의 지문 관측/영상은 매우 감도가 높으나 종종 지문을 함유한 기질의 고유 형광에 의해 가려지기도 한다. 유로퓸 킬레이트 기반 지문을 만드는 시약과 시간-분해 영상을 이용하면 지문을 가시화하는 것이 가능하다는 것이다(참고 문헌 24을 보라). 탄저균을 포함한 세균 포자(bacterial spore) 무게의 많은 부분은 다이피콜린 칼슘염으로 구성되어 있는데, 발아하는 동안에 에너지원으로 사용된다. 다이피콜린 산과 터븀의 착물은 긴 형광 수명을 가지며 비산 포자(airborne spore)의 존재를 매우 민감하게 측정하는 데 사용될 수 있다. 개폐 형광 측정을 이용하여 이러한 포자를 측정하는 것에 대한 설명으로 참고 문헌 25를 보라.

형광 대 흡수

형광 방법이 흡수 분광법보다 감도가 좋은 이유는 다음과 같다. 매우 작은 흡광도를 측정하고자 하는 데 있어서 매우 큰 양의 투과 빛의 작은 차이를 측정해야 한다. 오늘날 가장 좋은 유통 흡광도 검출기는 10^{-6} 흡광도의 잡음 수준을 갖는데, 이는 백만분의 2 수준의 빛 세기 안정도에 해당한다. 원론적으로 형광에서는 빛이 없는 것과 작은 양의 빛의 차이를 측정하므로, 검출 한계는 광원의 세기와 검출기의 감도, 안정도(산탄 잡음)에 의해 결정된다. 흡광도와 형광 모두에서, 신호는 농도에 선형으로 의존하고 넓은 감응 동적 범위가 관측된다. 10^3~10^4의 동적 범위가 드물지 않다. 실제로 형광 측정에서 측정 한계는 산란광, 광원 안정성, 검출기의 암잡음에 의해 조절된다. 좋은 조건, 즉 레이저 유도 형광(laser-induced fluorescence, LIF)와 같이 노치(notch) 필터나 암잡음을 줄이기 위해 냉각된 PMT를 이용한 높은 양자 효율로 형광 물질을 측정하는 좋은 조건에서는 단분자 측정이 가능하다. 다른 어떤 기술보다 뛰어나다.

형광 측정은 흡광도 측정에 비해 1000배 더 감도가 좋다. 하지만 매우 긴 경로의 흡광도 측정과 안정한 고체 상태 광원은 흡광도 측정을 점차로 경쟁력 있게 만들고 있다.

16.16 화학 발광

형광과 인광은 모두 발광이라는 일반적인 현상의 하위 분류이다. 특별히 양자의 들뜸에 이은 빛의 방출은 **광발광**(*photoluminescence*)으로 분류된다. **방사선 발광**(**radioluminescence**)은 큰 에너지의 복사선(감마선 등)에 의한 들뜸과 관련이 있고, **전기 발광**(**electroluminescence**)은 직접적인 전기적 들뜸과 관련이 있으며, **압전 발광**(**piezoluminescence**)은 압력에 의해 만들어지는 발광과 관련이 있다. **열발광**(**thermoluminescence**)은 약간 잘못된 명칭이다. 이것은 진짜 열에 의한 들뜸과 관련되어 있지 않다. 어디에나 존재하는 강력한 에너지의 복사선(우주 방사선)의 노출은 물질에 열을 가하면 발광 형태로 내보내는 고체의 결자 결함(lattice defect)을 만든다. 고온으로 고체를 가열하는 것은 모든 잠재 발광을 내보낸다. 이전에 고온에서 구운 적이 있는 고체는(예를 들면, 도자기) 그때 0으로 다시 맞추어진 열발광 시계를 가지고 있다. 우주 방사선 조사량은 본질적으로 오랜 시간 일정하다. 따라서 고대 도자기는 열발광 측정으로 연대를 측정할 수 있다. **마찰 발광**(**triboluminescence**)은 물질을 찢거나, 긁거나, 으깨거나, 비빌 때 화학 결합이 깨져서 나오는 에너지에 의해 만들어진다. 설탕 결정을 입 안에서 으깨면 발광이 실제로 만들어진다. 하지만 대부분 근자외선이라서 보기는 어렵다. 반면에 노루발풀(wintergreen, 실리살산 메틸)향의 사탕은 어두운 곳에서 으깨면 약한 불빛을 볼 수 있다. 이 경우에는 설탕의 근자외선 마찰 발광이 실리살산 메틸을 들뜨게 한다. 이것이 가시광선을 내고 눈으로 관측하는 것을 가능하게 한다. **화학 발광**(**chemiluminescence**)은 화학 반응에서 유도된 에너지에 의한 전자의 들뜸을 제공한다. 이러한 반응은 자연 생물학적 시스템에서(**생체 발광**−**bioluminescence**, 반딧불에서와 같이) 야기될 것이다. **전기 발생 화학 발광**(**electrogenerated chemiluminescence**, ECL)은 전형적으로 특별한 소분류로 간주된다. 발광과 화학 발광에 관한 일반적이며 간결한 리뷰는 참고 문헌 27과 28을 보라.

화학 발광(CL) 반응은 강한 산화제와 같이 강한 에너지인 것을 수반한다. 오존은 많은 물질과 빛을 만들면서 반응한다. 특히, 에틸렌과 NO의 각각의 기체 상태 반응은 오존과 질소 산화물을 측정하는 기준 방법의 기초가 된다. 많은 다른 물질들은 NO−O_3 반응에 의해 간접적으로 측정된다. 황 선택적 CL 검출기는 SO를 만드는 수소가 풍부한 불꽃을 필요로 한다. 이것은 O_3에 의해 산화되어 SO_2*로 표기되는 들뜬 SO_2가 된다. 이것은 청색에서 근자외선까지 방출한다. 거의 모든 알켄은 오존과 CL 반응을 한다. 많은 금속 수소화물은 오존과 반응하여 빛을 방출하고, AsH_3와 반응하면 민감한 비소 분석의 기초가 된다.

오존이 관련되지 않은 중요한 기체 상태 CL 반응의 하나는 수소 불꽃에서 단원자 황이 생성되는 것이다. 두 가지가 결합하여 들뜬 이원자 S_2*를 만든다. 이것은 진보라색(394 nm)을 방출한다. 인 화합물은 마찬가지로 H_2 불꽃에서 들뜬 HPO*를 만들고, 526 nm에서 빛을 낸다. 이것들은 기체 크로마토그래피에서 사용되는 황과 인 불꽃 광도 검출기의 근거가 된다.

액체상에는, 가장 잘 알려진 CL 반응은 루미놀과 관련되는데, 산화제가 필요하고 반응은 다양한 종에 의해 촉진된다. 촉매(많은 금속 이온과, 과산화 효소와 같은 효소를 포함한 다른 많은 종들)나 산화제(H_2O_2, 하이포염소산염 등)는 이 반응에 의해 결정될 수 있다. 다른 중요한 액체상 CL 반응은 산성의 과망가니즈산 포타슘(CL은 그것이 산화시키는 다양한 물질들에 의해 만들어진다), 하이포할로젠산염(하이포염소산염(OCl^-), 하이포브로민산염(OBr^-), 둘 다 강력한 산화제이다), 다이아릴옥살레이트(diaryloxalate), 루미놀, $Ru(bipy)^{3+}$가 관련되어 있다. $Ru(bipy)^{3+}$가 분석물을 산화시키고 들뜬 $Ru(bipy)^{2+}$로 환원되는데, 이것은 오렌지 빛을 방출하면서 바닥 상태로 돌아온다. 드물게 예외는 있으나, 이러한 시약들은 매우 많은 물질들과 같은 방법으로 반응하고 비슷한 CL을 만드는데, 직접적인 CL 반응은 선택적이나 특별한 분석으로서 드물게 가치가 있다. 만일 원하는 분석물을 분리할 수 있다면, 예를 들면 선택적 선농축이나 크로마토그래피로, CL 반응은 매우 큰 감도를 가지고 유용하게 사용될 수 있다. 예를 들면 대기 중 수소 과산화물은 루미놀 반응을 이용하면 조분의 1(part per trillion) 수준에서 측정이 가능하다(참고 문헌 29를 보라).

많은 CL 측정은, CL 스펙트럼의 특징화가 중요하지 않다면 분광계가 필수적이진 않고 민감한 검출기만 필요하다. 광전자 증배관이 일반적으로 사용된다. 많은 형광계는 CL(들뜸 광원을 끄고)을 측정할 수 있거나 그렇게 하도록 바꿀 수 있다. "광도계(luminometer)"는 생물학적 검정(bioassay)에 사용되곤 하며, 단일관/용기 또는 미소판(microplate) 형태로 모두 가능하다. 하지만 앞서 언급한 대부분은 전형적인 CL 반응들은 시약을 손으로 섞어서 검출기 앞에 두면 매우 빠르게 일어난다. 시약을 섞는 것과 빛을 읽는 것 사이 시간의 재현성이 중요하다. 이러한 이유로, 대부분의 앞의 반응을 이용한 실용적인 CL 분석은 검출기와 적어도 하나의 투명창이 검출기와 맞댄(두 개의 합류하는 입구가 있는)용기에서 연속 흐름 방식으로 수행된다(시약들은 검출기 바로 앞의 이 용기에서 직접 섞인다). 섞인 액체는 배출되기 전에 일반적으로 나선형 경로를 통하여(검출기 앞에서의 머무름 시간을 최대화하기 위하여) 흘러나간다. Global FIA Firefly CL 검출기는 액체가 섞이는 LCW 용기를 사용한다. 방출된 빛은 관의 양끝에서 모이고 검출기로 보내진다.

16.17 광섬유 센서

최근에는 전기 화학적 센서(15장)가 하는 기능을 수행할 수 있는 광학 센서의 개발에 많은 관심이 집중되어 있다. 광섬유는 흡광도와 형광 기반의 센서의 귀중한 플랫폼이 된다는 것이 입증되었다. 이것은 하나는 광원을 받아들이고 다른 것은 검출기/분광계에 연결될 수 있고 또 다른 것은 분석 물질에 연결된 분리된 다중선이나 중심에 모여진 형태로 만들 수 있다.

광학 센서는 기준 전극의 필요성이나 이와 연관된 어려움이 없다.

가장 간단한 광섬유 센서는 탐침을 용액에 담가 스펙트럼을 측정하는 분광 분석용 딥-탐침(dip-probe)이다. 작은 개별 섬유의 무리인 두갈래 뻗음(bifurcated) 광섬유가 사용된다(그림 16.35). 각각의 묶음은 공통의 다리를 만들게 결합되어 있다. 이 공통의 말단은 (일반적인 경우에(가장 일반적인 배열에서) 각각 분리된 묶음으로부터 섬유의 위치는 무작위로 나타나거나 또는 신중한 기하 구조를 갖는다(예를 들면 하나의 다리에 나온 섬유는 공통상의 중핵을 형성하고, 다른 다리에서 나온 섬유는 이 원 주위로 배치된다). 섬유는 용도에 따라 유리나 실리카로 만들 수 있다. UV 들뜸에 의해 가시 형광을 들뜨게 하는 전통 섬유 묶음은 유리와 실리카 섬유 다리를 결합함으로써 이득을 얻는다. 실리카는 들뜸 빛을 가져오고 형광의 유리 섬유를 통하여 검출기로 다시 보내진다. 유리는 본질적으로 들뜸 UV 복사선의 투과를 막아 준다.

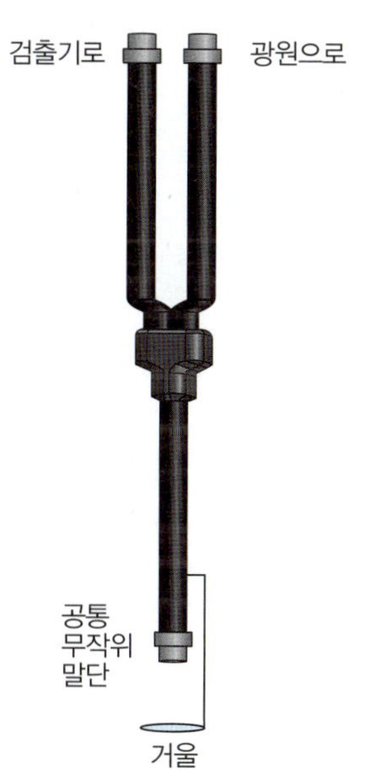

그림 16.35 두갈래 뻗음 광섬유 기반의 분광 광도 분석 탐침

그림 16.35에 보여 준 딥-탐침에서는, 광원은 하나의 다리를 통하여 가져오고 용액을 통하여 부착된 거울로 투과된다. 반사된 빛은 다른 다리를 통하여 검출기로 진행한다. 효과적인 경로 길이는 공통 다리 면에서 거울까지 물리적 거리의 두 배이다. 하나의 LED와 광다이오드는 특별한 용도를 위하여 주어진 파장에서 투광도 측정을 제공하는 데 충분하지만, 광대역 광원과 배열 검출기를 함께 하면 완벽한 스펙트럼을 얻을 수 있다.

거울 대신에 기질의 원하는 분석물과 선택적으로 반응하는 고정된 시약을 사용할 수 있다. 이런 시약은 공통 다리의 면에 화학적 결합도 할 수 있다. 광섬유 센서의 주된 장점은 기준 전극(그리고 염다리)이 필요하지 않다는 것과 전자기장은 감응에 영향을 주지 않는다는 것이다. 예를 들어 형광 pH 센서는 지시약인 아이소싸이오사이안산 플루오레세인(FITC)을 다공성의 유리 구슬에 입히고 이를 에폭시로 섬유의 끝에 달아서 제작할 수 있다. FITC 형광 스펙트럼은 pH의 변화에 따라 지시약의 pK를 중심으로 pH 3~7 영역에서 변화된다. 형광의 최대 세기에서 측정된 값은 교정 곡선을 통하여 pH와 연관되어진다. 참고 문헌 32과 33를 보면 광섬유 센서로 pH나 이온 강도를 측정할 때의 한계가 설명되어 있다.

페니실리네이스(penicillinase)와 같은 효소를 적절한 지시약과 같이 고정시켜 놓으면, 페니실린을 측정할 수 있는 생물학적 센서가 된다. 이 효소는 페니실린의 가수 분해를 도와 페니실로산을 만들고 pH를 감소하게 만든다. 광섬유 센서는 알칼리 금속, O_2, CO_2, 수분, 그리고 다른 많은 분석물들을 측정할 수 있도록 개발되어 있다. 이와 같은 기능을 수행하기 위해서는 지시약의 화학 반응은 반드시 가역적이어야 하며 센서 표면에 단단히 고정되어야 한다.

pH, O_2, CO_2, 상대 습도를 측정하는 광섬유 센서는 상업적으로 가용해졌다.

다른 종류의 광섬유 센서는 소멸파(evanescent wave)를 감지에 사용한다. 이 센서에는 섬유의 피복된 부분이 없거나 제거한다. 감지 지시약은 섬유 표면에 직접 화학 결합을 한다. 유리나 실리카 섬유가 수성 매질에 담겨져 있을 때는, 유리와 실리카의 굴절률이 주위 매질보다 상당히 커서 빛을 유도하는 역할을 한다. 빛이 단일 매질(섬유 중심과 같은)을 통과하는 것을 생각해 보면, 빛은 반드시 다른 매질 일부를 투과하게 된다. 그렇지 않으면 광자가 다른 면의 굴절률이 더 낮다는 것을 어떻게 감지할 것인가? 중심을 통하여 날아가는 빛은 실제로 작은 깊이로(파장의 1/4 정도) 계면을 침투한다. 이것이 소멸하는 상호작용이다. 결과적으로, 중심 표면의 광학적 특성의 어떤 변화가 다른 쪽 끝을 투과하는 빛에 반영된다. 그러나 소멸파가 그렇게 작은 깊이를 투과하기 때문에, 중심-계면 벽에서 많은 반사가 필수적이다. 소멸 탐침에 사용되는 광섬유의 길이는 항상 중요하다. 폴리아닐린은 다양성자 염기(polyprotic base)인데, pH 3~14 범위에서 1428 nm 흡수가 지속적으로 변한다. 실리카 중심에 얇은 폴리아닐린을 도포한 초기의 소멸파 섬유광 pH 센서는 NIR 분광계과 석영 텅스텐-할로젠 램프 광원으로 증명되었다(참고 문헌 34를 보라). 많은 형광 분자에 의한 형광은 산소에 의해 소광되며, 그런 분자들은 표준과 소멸파 배치 모두에서 광섬유 산소 센서의 기반으로 사용되었다(참고 문헌 35를 보라).

질문

복사선의 흡수

1. 원적외선, 중간 적외선, 가시광선-자외선 영역의 스펙트럼에서 일어나는 흡수 현상을 설명하시오.
2. 분자 내의 어떤 형태의 전자들이 UV 또는 가시광선의 흡수에 일반적으로 포함되는가?
3. 전자기 복사선을 흡수하는 동안 가장 자주 일어나는 전자 전이는 무엇인가? 무엇이 더 강한 흡수를 가져오는가? 각각을 나타내는 데 화합물의 예를 드시오.
4. 적외선 영역에서 흡수가 일어나는 필요한 기준은 무엇인가?
5. 어떤 형태의 분자 진동이 적외선 흡수와 관련 있는가?
6. 중간 적외선 흡수와 근적외선 흡수는 무엇으로 구별하는가? 무엇이 가장 큰 장점인가?
7. 다음의 용어를 정의하시오.
   발색단, 조색단, 장파장쪽 이동, 단파장쪽 이동, 흡광 증가 현상, 흡광 감소 현상
8. 다음 화합물 쌍 중 어느 것이 긴 파장에서, 그리고 더 큰 강도를 가지고 복사선을 흡수할 수 있는가?
   (a) $CH_3CH_2CO_2H$ 또는 $CH_2{=}CHCO_2H$
   (b) $CH_3CH{=}CHCH{=}CHCH_3$ 또는 $CH_3C{\equiv}C{-}C{\equiv}CCH_3$
   (c) 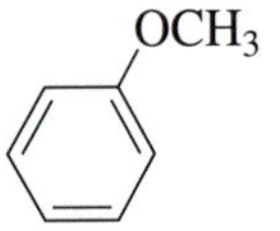 OCH_3 (벤젠 고리) 또는 CH_3 (벤젠 고리)
9. 다음 화합물 쌍 중에서, 첫 번째 화합물이 두 번째 화합물로 바뀌면 최대 흡수 파장이 증가하는지, 그리고 흡수 세기가 증가하는지를 설명하시오.
   (a) 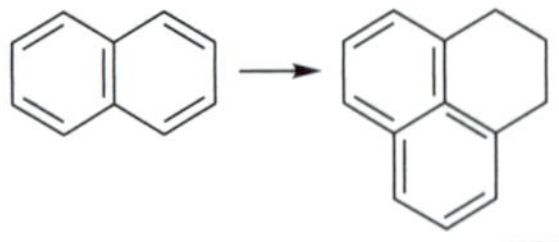 →
   (b) 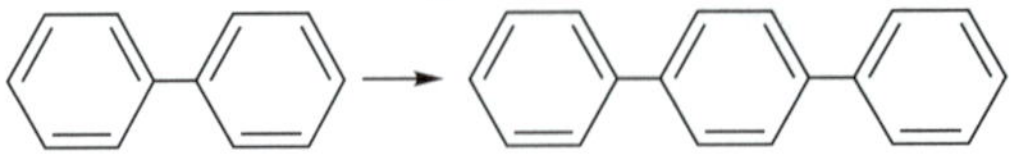 →
   (c) 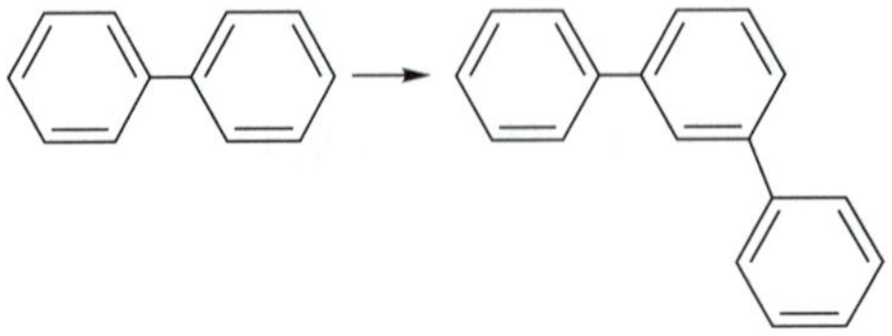 →

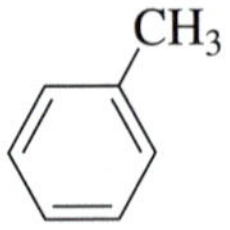

10. 산 용액에서 알칼리 용액으로 변할 때 산-염기 지시약의 색이 변하는 이유는 무엇인가?
11. 금속 착물이 복사선을 흡수할 수 있는 메커니즘은 무엇인가?

정량적인 관계

12. 흡수, 흡광도, 퍼센트 투광도와 투광도를 정의하시오.
13. 흡광 계수와 몰흡광 계수를 정의하시오.
14. 흡수선의 어깨 부분의 파장 위치에 비해 최대 흡수의 파장에서 왜 교정 곡선은 더 넓은 범위에 걸쳐 직선을 이루는가?
15. 자외선, 가시광선, 적외선 영역에서 각각 사용될 수 있는 용매들의 예를 드시오. 제한되는 파장 범위를 나타내시오.
16. 등흡광점이란 무엇인가?
17. Beer 법칙으로부터 편차를 일으키는 서로 다른 이유를 설명하고 비교하시오. 진짜 편차와 외견상의 편차 사이의 차이를 구분하시오.

기기 장치

18. 자외선, 가시광선, 적외선 영역의 스펙트럼에 위한 광원과 검출기를 설명하시오.
19. 분광 광도계의 분해능에 미치는 슬릿 너비의 효과와 Beer 법칙을 고수하는 것에 대하여 설명하시오. 스펙트럼 슬릿 너비와 비교하시오.
20. 홑살 분광 광도계와 겹살 분광 광도계의 작동을 비교하시오.
21. 근적외선 영역에서 약한 흡수가 일어나는데, 근적외선 기기는 왜 적절한 감도로 작동하는가?
22. 다이오드 배열 분광계의 작동을 설명하시오.
23. 간섭계의 작동을 설명하시오. 그것의 장점은 무엇인가?
24. 그림 16.30을 참조하여 최대 흡수에서 산 용액과 알칼리 용액의 색을 예측하시오. 필터 비색계(필터가 프리즘과 슬릿의 배치를 대신한다)에서 산, 알칼리 용액을 각각 분석할 때 무슨 색의 필터가 가장 잘 맞겠는가?

형광

25. 형광의 원리를 설명하시오. 형광이 일반적으로 흡수 측정보다 더 민감한 이유는 무엇인가?
26. 어떤 조건에서 형광 세기가 농도에 비례하는가?
27. 형광 분석에 필요한 기기 장치에 대하여 설명하시오. 1차 필터는 무엇인가? 2차 필터는 무엇인가?
28. 형광에 의해 아이오딘화 이온을 측정할 수 있는 실험을 제안하시오.

문제

파장/진동수/에너지

29. 파장 2500 Å을 마이크로미터와 나노미터로 나타내시오.
30. 파장 4000 nm를 진동수(Hz)와 파수(cm^{-1})로 바꾸시오.
31. 적외선 분석에 가장 널리 사용되는 파장 영역은 약 2~15 μm까지이다. 이 범위를 Å과 파수로 나타내시오.
32. 광자 1 mol(Avogadro 수의 광자)을 1Einstein 복사선이라고 한다. 3000 nm에서 1Einstein 복사선의 에너지를 칼로리로 계산하시오.

Beer 법칙

33. 분광 광도계는 흡광도나 또는 퍼센트 투광도의 눈금으로 읽게 되는 몇 가지 종류가 있다. 20% *T*로 읽는 흡광도는 얼마인가? 80% *T*는 얼마인가? 0.25 흡광도는 투광도가 얼마인가? 1.00 흡광도는 투광도가 얼마인가?
34. **대장균**으로부터 분리된 DNA 분자(미지의 분자량)의 20 ppm 용액이 2 cm 용기에서 0.80의 흡광도를 나타내었다. 분자의 흡광 계수를 계산하시오.
35. 화학식량이 280인 어떤 화합물을 15.0 μg/mL의 농도로 2 cm 용기를 사용하였을 때, 어떤 파장에서 복사선의 65.0%를 흡수하였다. 그 파장에서 몰흡광 계수를 계산하시오.
36. 타이타늄은 1 *M* 황산 용액에서 과산화 수소와 반응하여 색을 띠는 착물을 형성한다. 2.00×10^{-5} *M*

용액이 415 nm에서 복사선의 31.5%를 흡수한다면, 6.00×10^{-5} *M* 용액의 경우 (a) 흡광도, (b) 투광도와 흡수율(퍼센트)은 얼마가 되겠는가?

37. 화학식량이 180인 화합물이 286 cm^{-1} g^{-1} L의 흡광 계수를 갖는다. 몰흡광 계수는 얼마인가?

38. 아닐린($C_6H_5NH_2$)은 피크르산과 반응할 때 359 nm에서 134 cm^{-1} g^{-1} L의 몰흡광 계수를 가지는 유도체를 생성한다. 1.00 cm 용기에서 반응된 아닐린 1.00×10^{-4} *M* 용액의 흡광도는 얼마인가?

정량적 측정

39. 톨부타민(화학식량 = 270) 약은 262 nm에서 703의 몰흡광 계수를 갖는다. 한 개의 알약을 물에 녹여 2 L의 부피로 묽혔다. 용액이 1 cm 용기를 사용했을 때 262 nm의 자외선 영역에서 0.687의 흡광도를 나타냈다면, 한 개의 알약에 몇 g의 톨부타민이 포함되어 있겠는가?

40. 아민(약염기)은 피크르산(트라이나이트로페놀)과 염을 형성하고, 모든 피크르산 아민은 1.25×10^4의 몰흡광 계수를 가지고 359 nm에서 흡수 최댓값을 나타낸다. 0.200 g의 아닐린 시료를 500 mL의 물에 녹였다. 25.0 mL의 분취액을 250 mL 부피 플라스크에서 피크르산과 반응시키고 눈금까지 묽혔다. 이 용액의 10.0 mL 분취액을 100 mL로 묽히고 1 cm 용기를 사용하여 359 nm에서 흡광도를 읽었다. 만일 흡광도가 0.425였다면 아닐린의 순도는 몇 퍼센트인가?

41. 소변 중에 있는 인은 몰리브데넘(VI)으로 처리하고 아미노나프톨황산으로 인몰리브 착물을 환원시켜 특징적인 몰리브데넘 블루를 생성시켜 정량 분석할 수 있다. 이것은 690 nm에서 흡수한다. 어떤 환자가 24시간 동안 1270 mL의 소변을 배설하였고 소변의 pH는 6.5였다. 소변 중 1.00 mL 분취액을 몰리브데넘산 시약과 아미노나프톨황산으로 처리하여 50.0 mL의 부피로 묽혔다. 일련의 인산 표준 물질도 같은 방법으로 처리하였다. 690 nm에서 바탕 용액에 대해 측정된 용액의 흡광도는 다음과 같다.

용액	흡광도
1.00 ppm P	0.205
2.00 ppm P	0.410
3.00 ppm P	0.615
4.00 ppm P	0.820
소변 시료	0.625

(a) 하루에 배설된 인의 g 수를 계산하시오.
(b) 소변에 있는 인산의 농도를 리터당 밀리몰수로 계산하시오.
(c) 시료 중에서 HPO_4^{2-}에 대한 $H_2PO_4^-$의 비를 계산하시오.

$$K_1 = 1.1 \times 10^{-2} \qquad K_2 = 7.5 \times 10^{-8} \qquad K_3 = 4.8 \times 10^{-13}$$

42. 철(II)은 1,10-페난트롤린과 반응하여 510 nm에서 강하게 흡수하는 착물을 생성하므로 분광 광도법으로 분석된다. 표준 철(II) 저장 용액은 1 L 부피 플라스크 속에서 0.0702 g의 황산 암모늄 철(II), $Fe(NH_4)_2(SO_4)_2 \cdot 6H_2O$를 물에 녹이고, 2.5 mL의 H_2SO_4를 첨가한 후 눈금까지 묽혀서 만들었다. 일련의 실험 표준 물질은 저장 용액의 1.00, 2.00, 5.00, 10.00 mL 분취액을 각각 100 mL 부피 플라스크에 옮기고 철(III)을 철(II)로 환원시키기 위하여 염화 하이드록시암모늄 용액을 가한 후 페난트롤린 용액을 첨가한 다음, 물로 눈금까지 묽혀 만든다. 어떤 시료를 100 mL 부피 플라스크에 넣고 같은 방법으로 처리하였다. 바탕 용액은 100 mL 부피 플라스크에 같은 양의 시약을 넣고 눈금까지 묽혀 만들었다. 바탕 용액에 대해 측정된 흡광도가 510 nm에서 다음과 같이 얻어졌다면, 시료에는 몇 mg의 철이 있겠는가?

용액	*A*
표준 용액 1	0.081
표준 용액 2	0.171
표준 용액 3	0.432
표준 용액 4	0.857
시료	0.463

43. 물에 있는 질산성 질소는 페놀다이설폰산과 반응시켜 410 nm에서 흡수 최댓값을 갖는 노란색 착물을 얻어 분석된다. 0.8 mL H_2SO_4/L를 첨가함으로써 안정화된 어떤 100 mL 시료를 황산 은으로 처리하여 방해하는 염화 이온을 침전시켰다. 침전물을 거르고 세척하였다(세척액은 걸러진 시료에 첨가됨). 시료 용액의 묽은 NaOH로 pH를 7로 조절하고 증발시켰다. 잔류물을 2.0 mL의 페놀 다이설폰산 용액으로 처리하고 용해를 잘 시키기 위하여 뜨거운 물중탕에서 가열하였다. 20 mL의 증류수와 6 mL의 암모니아를 첨가하여 최상의 색을 띠도록 하였고, 맑은 용액을 50 mL 부피 플라스크로 옮긴 후 증류수로 눈금까지 묽혔다. 다이설폰산을 가하는 단계로부터 시작하여 같은 부피의 시약을 사용하여 바

탕 용액을 만들었다. 표준 질산 이온 용액은 0.722 g의 무수 KNO_3를 녹이고 1 L로 묽혀 만들었다. 표준물 첨가법으로 시료 100 mL에 1.00 mL의 표준 용액을 가하고 전체 과정을 같은 방법으로 처리하여 흡광도를 측정하였더니 바탕 용액은 0.032이고, 시료는 0.270이었다. 시료에 표준 물질을 첨가한 것은 0.854이었다. 시료 중에 있는 질산성 질소의 농도는 몇 ppm인가?

44. 색을 띠지 않는 두 화학종, A와 B는 반응하여 450의 몰흡광 계수를 가지고 550 nm에서 흡수하는 색을 띠는 착물 AB를 형성한다. 착물의 해리 상수는 6.00×10^{-4}이다. 0.0100 *M* 용액 A와 B를 같은 부피만큼 섞어 만든 용액의 흡광도는 1.00 cm 용기를 사용했을 때 550 nm에서 얼마인가?

혼합물

연립 방정식 계산을 하기 위해 엑셀을 사용할 수 있다.

45. 화합물 A와 B는 자외선 영역에서 흡수한다. A는 267 nm에서 흡수 최댓값을 보이고($a = 157$), 312 nm에서 작은 피크를 보인다($a = 12.6$). B는 312 nm에서 흡수 최댓값을 가지며($a = 186$), 267 nm에서는 흡수하지 않는다. 두 화합물을 포함하고 있는 한 용액은 267 nm와 312 nm에서 각각 0.726과 0.544의 흡광도(1 cm 용기 사용)를 나타낸다. A와 B의 농도를 mg/L로 나타내시오.

46. 타이타늄(IV)과 바나듐(V)은 1 *M* 황산 용액에서 과산화 수소로 처리할 때 색을 띠는 착물을 형성한다. 타이타늄 착물은 415 nm에서 흡수 최댓값을 가지며, 바나듐 착물은 455 nm에서 흡수 최댓값을 갖는다. 1.00×10^{-3} *M* 타이타늄 착물 용액은 415 nm에서 0.805의 흡광도를, 455 nm에서 0.465의 흡광도를 나타내는 반면에, 1.00×10^{-2} *M* 바나듐 착물 용액은 415 nm와 455 nm에서 각각 0.400과 0.600의 흡광도를 나타낸다. 타이타늄과 바나듐을 포함하는 합금 시료 1.000 g을 녹여서 과량의 과산화 수소로 처리한 후 100 mL의 부피로 묽혔다. 이 용액의 흡광도는 415 nm에서 0.685이고, 455 nm에서 0.513이다. 합금 중에 있는 타이타늄과 바나듐은 몇 퍼센트인가?

형광

47. 농도에 대한 형광 세기의 관계를 나타내는 식 16.24를 유도하시오.

교수 선호 문제

Seattle Washington 대학의 Robert E. Synovec 교수 제공

(이 문제는 18장의 반복으로 해답집의 해를 구하기 위해 다른 접근법을 사용한다.)

48. 오염된 물에서 납의 농도는 선농축을 위하여 고체 상태 추출(SPE−어떻게 작동하는지는 19장을 보라)을 사용하고 선농축과 표준 첨가법(standard addition method, SAM)을 조합하여 적당한 Pb 착물의 흡광도를 측정하여 결정한다. Pb 착물만 사용한 파장의 빛을 흡수한다고 가정한다. SPE의 첫 단계로 1000 mL 부피의 **원래** 시료나 **용해된** 시료를 선농축(추출)하였다. 두 번째 단계로, 5 mL 부피의 용리 용매를 각 시료의 SPE 카트리지로부터 선농축된 Pb 착물을 제거하는 데 사용하였다. **선농축된 원래** 오염된 시료의 흡광도 $A = 0.32$였다. 한편 **용해된** 물 시료는 **원래** 시료 1000 mL당 추가적으로 5.0×10^{-8} 몰의 Pb 착물을 포함한다. **선농축되고 용해된** 용액의 흡광도는 0.44였다. 경로 길이는 1cm이다. Pb 착물의 몰흡광 계수는 2.0×10^4 L mol^{-1} cm^{-1}이다.

(a) **원래** 오염된 물 시료의(선농축 전의) Pb 착물의 농도는 얼마인가?

(b) P_{ideal}을 모든 분석물이 SPE 카트리지에 포획되고, 포획된 모든 물질이 용리 용매에 의해 용리되었을 때 얻어지는 이론적 또는 이상적 선농축 인자라고 정의할 때, 이 경우에 P_{ideal}은 얼마인가?

(c) 이 실험의 선농축 인자 P_{expt}는 얼마인가?

캐나다 에드먼턴 Alberta 대학의 James Harynuk 교수 제공

49. 단순한 단일 공동 대역통과 형식 간섭 필터의 중심은 각 면 위에 얇은 반사 금속층이 있는 유전체 물질의 얇은 막으로 구성되어 있다. 다음의 보강 간섭 조건을 충족하는 파장 λ만 투과한다.

$$n\lambda = 2tn$$

여기서 n은 간섭 차수이고, t와 n은 각각 유전체 막의 두께와 굴절률이며, 빛은 필터에 수직으로 입사한다. 200 nm의 두께와 굴절률 1.377의 중심 유전체에서, 백색 LED(그림 16.13)로부터 방출이 집중될 경우에 이 필터를 투과하는 파장은 얼마인가?

블루밍턴 Indiana 대학의 Gary M. Hieftje 교수 제공

50. 아래 그림과 같은 L 구조의 흡수 용기를 생각해 보자.

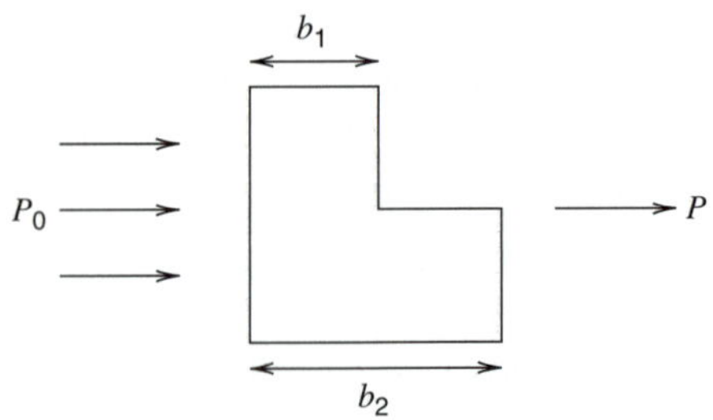

(a) 동일한 양의 방사속이 용기의 상반부와 하반부에 입사된다면 b_1과 b_2, 흡수 물질의 몰흡광 계수 ε, 흡수 물질의 몰농도 c의 함수로서 관측되는 흡광도 A에 관한 다음의 일반적 관계가 성립함을 보이시오.

$$A = \log\ 2 - \log\ (10^{-\varepsilon b_1 c} + 10^{-\varepsilon b_2 c})$$

(b) A 대 c의 도시에서, 낮고 높은 c 값에서 한계 기울기(limiting slope)는 각각 얼마인가?

Memphis 대학의 Paul S. Simone, Jr. 교수 제공

51. 어떤 분석자가 에탄올에 있는 벤젠의 농도를 분광 광도계에서 1 cm 경로 길이 용기를 사용하여 측정하고자 한다. 벤젠은 204 nm와 256 nm에서 특징적인 흡수 파장을 갖는다. 에탄올은 220 nm에서 최소 차단 주파수를 갖는다.

(a) 이 분석에서 벤젠의 어느 흡수 파장을 이용해야 하는가?

(b) 이 측정을 위한 이상적인 광원은 어떤 종류인가?

(c) 이 분석을 위해 분광 광도계에 사용된 용기 재료는 무엇인가?

교수 선호 스프레드시트 연습

Brigham Young 대학의 Steven R. Goates 교수 제공

52. 이 연습의 목적은 적외선 분광학에서 많이 사용되는 Fourier 변환에 익숙해지는 것이다. 단순한 시간 신호(구형파)의 Fourier 주파수 요소를 어떻게 결정하는가를 알게 될 것이고, 이 요소들을 함께 모아서 신호를 재현하는 것을 보일 것이다. Fourier 이론은 어떤 연속적인 주기 함수, $S(t)$는 사인과 코사인 함수들의 합으로 나타낼 수 있다고 말한다.

$$S(t) = \Sigma\,(a_n\ \sin\,(2\pi\ \nu_n t) + (b_n\ \cos\,(2\pi\ \nu_n t)$$

여기서, 이 경우에 S는 시간의 함수로 잡았고 사인과 코사인 항은 특정한 주파수의 파이다(Fourier 원리는 시간/주파수 영역에만 제한되지 않는다는 것을 주목하라).

다양한 파의 계수 또는 진폭 인자는 다음의 식으로부터 알 수 있다.

$$a_n = 2/T \int S(t)\ (2\pi\ \nu_n t)\ dt$$

$$b_0 = 1/T \int S(t)\ dt$$

$$b_{n>0} = 2/T \int S(t)\ \cos\,(2\pi\ \nu_n t)\ dt$$

여기서 적분은 함수의 전체 주기 T에 대한 것이고 주파수들은 주기 $\nu_n = n/T$에 맞을 수 있는 것들이다.

주기 함수가 Fourier series로 표현될 수 있는가에 대한 훌륭하고 이해할 만한 서술은 "*The Feynman Lectures in Physics* (Volume 1, chapter 50)"에 나온다.

단순한 구형파(Feynman, Figure 50−3)의 Fourier 변환을 어떻게 접근하는지와 시범적 수치 스프레드시트 해답은 웹 보충자료를 보라.

53. 미지 농도의 Ni, Co, Cr, Cu 네 가지 성분을 포함한 용액의 흡광도를 배열 분광계를 사용하여 8개의 파장에서 측정하였다. 각각의 흡광 계수, a ($cm^{-1}\ g^{-1}$ 단위로) 역시 아는 농도에서 결정하였다. 다음은 결과 데이터이다.

파장	Ni의 a	Co의 a	Cr의 a	Cu의 a	흡광도
1	17.13	0.1002	0.4661	3.902	**0.4321**
2	0.1001	12.79	0.1221	0.6101	**0.1624**
3	5.792	0.1501	5.062	0.0000	**0.2905**
4	0.4489	8.832	0.0802	2.131	**0.1975**
5	16.21	0.1997	0.3402	5.102	**0.4067**
6	4.853	0.1398	4.783	0.0102	**0.2550**
7	12.37	0.9305	0.3898	0.5602	**0.2612**
8	0.1202	12.53	0.0901	0.8905	**0.1815**

한 번에 한 행의 데이터를 제거하면서, 잭나이프 접근법을 이용한, 네 가지 분석물의 농도(mg/L 단위로)와 불확정도를 계산하시오.

추천 참고 문헌

일반

1. D. F. Swinehart, "The Beer-Lambert Law," *J. Chem. Ed.*, **39** (1962) 333.
2. D. W. Ball, "The Electromagnetic Spectrum: A History," *Spectroscopy*, **21**(3), March 2007, 14. www.spectroscopyonline.com.
3. D. W. Ball, "Light: Particle or Wave?" *Spectroscopy*, **21**(6), June 2008, 30. www.spectroscopyonline.com.
4. D. W. Ball, "Prisms," *Spectroscopy*, **23**(9), September 2008, 30. www.spectroscopyonline.com.
5. D. W. Ball, "Lenses," *Spectroscopy*, **23**(12), December 2008, 74.
6. R. M. Silverstein and F. X. Webster, *Spectrometric Identification of Organic Compounds*, 6th ed. New York: Wiley, 1997.
7. G. D. Christian and J. B. Callis, eds., *Trace Analysis: Spectroscopic Methods for Molecules*. New York: Wiley, 1986.
8. G. H. Morrison and H. Freiser, *Solvent Extraction in Analytical Chemistry*. New York: Wiley, 1975, pp. 189 – 247. Colorimetric determination of metals.

카탈로그에 있는 스펙트럼

9. *Catalogue of Infrared Spectral Data*.Washington, DC: American Petroleum Institute, Research Project 44. Multivolume series started in 1943.
10. *Catalogue of Ultraviolet Spectral Data*. Washington, DC: American Petroleum Institute, Research Project 44. Multivolume series started in 1945.
11. "Infrared Prism Spectra," in *The Sadtler Standard Spectra*, Vols. 1 – 36; "Standard Infrared Grating Spectra," in *The Sadtler Standard Spectra*, Vols. 1 – 16. Philadelphia: Sadtler Research Laboratories.
12. L. Lang, ed., *Absorption Spectra in the Ultraviolet and Visible Regions*, Vols. 1 – 23. New York: Academic, 1961 – 1979.
13. *U.V. Atlas of Organic Compounds*, Vols. I – V. London: Butterworths, 1966 – 1971.
14. "Ultraviolet Spectra," in *The Sadtler Standard Spectra*, Vol. 1 – 62. Philadelphia: Sadtler Research Laboratories. A comprehensive catalog of ultraviolet spectra of organic compounds.
15. D. L. Hansen, *The Spouse Collection of Spectra. I. Polymers, II. Solvents by Cylindrical Internal Reflectance, III. Surface Active Agents, IV. Common Solvents—Condensed Phase, Vapor Phase and Mass Spectra*. Amsterdam: Elsevier Science, 1987 – 1988. Peak table search software available for each.

적외선

16. P. R. Griffiths, *Fourier Transform Infrared Spectrometry*, 2nd ed. New York: Wiley, 1986.
17. J. Workman and L. Weyer, *Practical Guide to Interpretive Near-Infrared Spectroscopy*. Boca Raton, FL: CRC Press, 2008
18. D. A. Burns and E. W. Ciurczak, eds. *Handbook of Near-Infrared Analysis*, 3rd ed. Atlanta: CRC Press, 2007.

19. R. Raghavachari, ed., *Near-Infrared Applications in Biotechnology*. New York: Marcel Dekker, 2000.

형광법

20. A. Sharma and S. G. Schulman, *An Introduction to Fluorescence Spectroscopy*. New York: Wiley, 1999.
21. C. E. White and R. J. Argauer, *Fluorescence Analysis*: A Practical Approach. New York: Marcel Dekker, 1970.
22. K. Soroka, R. S. Vithanage, D. A. Phillips, B. Walker, and P. K. Dasgupta, "Fluorescence Properties of Metal Complexes of 8-Hydroxyquinoline-5-Sulfonic Acid and Chromatographic Application." *Anal. Chem.*, **59** (1987) 629.
23. P. K. Dasgupta, Z. Genfa, J. Z. Li, C. B. Boring, S. Jambunathan, and R. S. Al-Horr, "Luminescence Detection with a Liquid Core Waveguide." *Anal. Chem.* **71** (1999) 1400.
24. E. R. Menzel, "Recent Advances in Photoluminescence Detection of Fingerprints." *The Scientific World* **1** (2001) 498.
25. Q. Y. Li, P. K. Dasgupta, and H. Temkin, "Airborne Bacterial Spore Counts. Terbium Enhanced Luminescence Detection: Pitfalls and Real Values." *Environ. Sci. Technol.* **42** (2008) 2799.
26. R. J. Hurtubise, *Phosphorimetry. Theory, Instrumentation and Applications*. New York: VCH, 1990.

화학 발광

27. N. W. Barnett and P. S. Francis. *Encyclopedia of Analytical Sciences*. 2nd ed. Elsevier, 2005. Luminescence Overview. p. 305; Chemiluminescence Overview p. 506, Chemiluminescence-Liquid Phase, p. 511.
28. N. W. Barnett, P. S. Francis, and J. S. Lancaster. *Encyclopedia of Analytical Sciences*. 2nd ed. Elsevier, 2005. Luminescence-Gas Phase, p. 521.
29. G. Zhang, P. K. Dasgupta, and A. Sigg, "Determination of Gaseous Hydrogen Peroxide at Parts per Trillion Levels with a Nafion Membrane Diffusion Scrubber and a Single-Line Flow-Injection System." *Anal. Chim. Acta* **260** (1992) 57.
30. O. S. Wolfbeis, ed., *Fiber Optic Chemical Sensors and Biosensors*, Vols. 1 and 2. Boca Raton, FL: CRC Press, 1991.
31. L. W. Burgess, M.-R. S. Fuh, and G. D. Christian, "Use of Analytical Fluorescence with Fiber Optics," in P. Eastwood and L. J. Cline-Love, eds. *Progress in Analytical Luminescence*, *ASTM STP 1009*. Philadelphia: American Society for Testing and Materials, 1988.
32. J. Janata, "Do Optical Fibers Really Measure pH?" *Anal. Chem.*, **59** (1987) 1351.
33. J. Janata, "Ion Optrodes," *Anal. Chem.*, **64** (1992) 921A.
34. Z. Ge, C. W. Brown, L. Sun, and S. C. Yang, "Fiber-optic pH Sensor Based on Evanescent Wave Absorption Spectroscopy." *Anal. Chem.* **65** (1993) 2335.
35. J. N. Demas, B. A. DeGraff, and P. B. Coleman, "Peer Reviewed: Oxygen Sensors Based on Luminescence Quenching." *Anal. Chem.* **71** (1999) 793A

17장 원자 분광법

17장 URLs

학습 목표

이 장에서 배울 중요한 내용은 무엇인가?

- 온도의 함수로서 원자들의 분포 (주요 식: 17.1)
- 불꽃 방출 분광법
- 원자 흡수 분광법 (AAS)
- 불꽃 AAS
- 전열 AAS
- 찬 증기 및 수소화물 발생
- AAS에서의 방해
- 시료 준비
- 내부 표준물 및 표준물 첨가법 교정
- 유도 결합 플라스마 (ICP) – 원자 방출 분광법
- 레이저 절삭 ICP – 광학 방출 분광법/질량 분석법
- 원자 형광 분광법

16장에서는 용액에 녹아 있는 물질의 광도법 분석, 즉 유기 분자나 무기 분자에 의한 (빛) 에너지의 흡수를 논의하였다. 이 장에서는 원자 분광법을 다룬다. 분광법(spectrometry)과 분광학(spectroscopy)은 종종 혼용하여 사용한다. 엄격하게 말하면, 분광학은 물질과 복사선 사이의 상호작용을 연구하는 것이고, 분광법은 파장의 함수로서 빛의 세기를 정량적으로 측정하는 것을 의미한다. 따라서 **분광기**(*spectroscope*)는 가시광선의 구성요소들을 볼 수 있도록 빛을 분산시키는 반면, **분광계**(*spectrometer*)는 그 분산된 빛의 정량적인 측정의 이용을 의미한다. 여기서는 **분광법**(*spectrometry*)을 주로 사용할 것이다. 이 용어들의 사용은 체계적이지 못하고 직관적이다. 이 분야 전문가들 대부분은 **분광법(측정) 전문가**(*spectrometrist*)가 아닌 **분광학자**(*spectroscopist*)로 불리운다. 이는 "그들이 오직 정성적인 것만을 연구해온 것이 아니다"는 것을 의미한다.

원자는 물질의 가장 간단하고 순수한 형태로, 분자처럼 다양한 회전 및 진동 에너지 상태들을 가지지 못하므로 원자의 흡수 및 방출 스펙트럼은 흡수 및 방출되는 빛의 몇몇 파장에 상응하는 날카로운 선 스펙트럼으로 나타난다. 고분해성 태양 스펙트럼의 영상은 태양 연속체에서 폭이 좁은 암흑선의 존재를 쉽게 밝혔다. Wiliam Hyde Wollaston은 (1803년에 팔라듐과 로듐을 발견한 것 이외에) 1802년에 이 암흑선을 최초로 관찰하였지만, 1813~1814년에 Fraunhofer가 암흑선을 독자적으로 발견하고 분석하여 보다 상세히 목록화한 것으로 알려져 있다. 지금까지도 이 흡수선들을 Fraunhofer 선으로 부르고, Fraunhofer가 최초로 명명한 것으로 여전히 알려져 있다. 수준이 떨어지는 단색화 장치가 소듐 D선을 통틀어 589.3 nm로 인지하는 반면, 우수한 단색화 장치는 기준점인 588.995 nm의 소듐 D_2선으로부터 589.592 nm의 소듐 D_1선을 분리해낸다. 대부분의 물질들의 굴절률이 빛의 파장에 따라 변하는데(16장에서 지적한 대로, 이것이 프리즘이 빛을 분산시키는 이유임), 우리는 종종 물질의 굴절률이 하

Josef von Fraunhofer. 1787년에 가난한 가정에서 10남매 중 하나로 태어났고, 11살 때에 고아가 되었다. 1801년 그가 견습생으로 일하던 빌딩이 무너져서 수 시간 동안 거의 죽을 뻔하다가 살아났다. 이것은 축복이었고, 그의 드라마틱한 구출은 왕자와 정치인들의 관심을 끌었다. 그들의 경제적인 도움과 우정으로 Fraunhofer는 교육을 받을 수 있었고, 그 자신의 유리 가게를 가질 수 있었으며, 독일 광학 산업의 개척자로 널리 인정받았다. 1826년에 결핵으로 젊은 나이에 숨졌다.

Gustav Robert Kirchoff (1824~1887)와 Robert Wilhelm Bunsen (1811~1899)은 많은 기초적인 기여를 하였다. Bunsen의 낮은 발광 버너는 1860~1861년에 로듐과 세슘 두 새로운 원소를 발견하는 데 이용된 Kirchoff-Bunsen 분광기를 만드는 데에 기여하였다. Kirchoff는 독자적으로 전기 회로, 열화학, 분광학과 관련된 그의 법칙으로 알려져 있다.

Robert Bunsen, 평생 독신으로 살았으며, 유독성 폭발성이 있는 비소 화합물에 대한 연구로 일찍부터 널리 알려졌다. 그는 비소의 폭발성으로 오른쪽 눈을 잃었고, 비소의 독성으로 거의 죽음에 이르렀다. Bunsen 전지는 백금 대신 탄소 전극을 사용한 최초의 전지이다. 그는 최초로 순수한 Li, Na, Mg, Ba, Ca, Mn, Cr을 전기 분해 방법으로 제조하였다. 그는 Lothor Meyer와 Mendeleev의 멘토였으며, 그의 발명품을 절대 특허로 하지 않았다. 그는 78세에 Heidelberg 대학에서 은퇴하고, 지질학 연구를 새로 시작하였다.

나의 값을 가지는 것으로 얘기한다. 변함없이, 이것은 소듐 D선을 589.3 nm로 측정한 것과 같은 의미이다. 태양 광구에 다양한 원자들이 존재한다. 즉 연속 스펙트럼에서 Fraunhofer 선은 태양 광구에 있는 원자들에 의한 예리하고 분명한 흡수선이다(헬륨으로부터의 흡수선은 헬륨이 있기 이전부터 발견되었는데, 헬륨의 이름은 실제 태양(Helios)의 이름을 본 딴 것이다). 1820년에 Brewster가 Fraunhofer 선이 태양 광구에서의 흡수에 의해 비롯된다는 것을 언급했지만, 그것이 원자 흡수선이라는 사실은 최초 발견으로부터 거의 50년이 지나 Kirchoff와 Bunsen이 몇몇 원소의 (가열에 의해 생성된) 방출 스펙트럼이 동일한 선을 포함함을 언급하고 Fraunhofer 선의 근원을 정확하게 유추한 후에야 인정되었다.

분자 분광법에서처럼 원자 분광법도 크게 흡수와 방출 분광으로 나뉜다. 큰 차이점은 원자 분광법이 항상 기체상에서만 수행한다는 점이다. 상온에서 단분자 기체로 존재할 수 없는 Hg, Cd, 비활성 기체를 제외하고는 모두 측정을 한다. 또한 이름에서 알 수 있듯이 원자를 측정하는 것이므로 원자 분광법은 원소 분석의 한 형태이다.

원자 흡수 분광법(AAS; atomic absorption spectrometry)에서는 흡수선의 반폭(FWHM)이 0.01 nm 미만인데, 이것이 분자 분광법에는 없던 몇몇 제약을 가져온다. 분자 분광법에서 단색화 장치의 전형적인 FWHM은 2 nm이다. 운 좋게 오직 하나의(원하는 분석물에서 기인된) 흡수선이 선택한 파장창 범위 내에 위치할 때에는 그 선에서(매우 높은 분석물 농도의) **완전한** 흡수가 전달된 빛의 0.5% 미만 차이의 결과를 보여 줄 것이다. 이는 99.95% 이상의 떠돌이빛(stray light)으로 분자 분광법을 수행하는 것과 유사하고, 정량은 햇빛이 비치는 창을 통해 전달된 전체 빛의 차이를 측정하여 그 창을 가로질러 매달려 있는 실의 색이 흰색, 회색인지 검은색인지를 판단하려고 시도하는 것에 견줄 수 있다. 아래에서는 날카로운 선원(line source) 또는 매우 높은 분별능의 분광 장치를 이용하여 이 문제들을 어떻게 해결할지를 언급하였다.

두 번째 주제는 원하는 분석물을 원자 상태로 전환하는 것인데, 시료를 불꽃이나 플라스마 또는 소형 로에 도입하는 과정이 요구된다. 시료는 원자 상태로 완전히 전환되지 않을 수 있다. 하지만 낮은 에너지원인 불꽃의 경우 시료 속의 물질들(또는 불꽃 그 자체의 성분)이 관심 파장에서 흡수될 수 있다. 이러한 **분자 흡수 바탕(molecular absorption background)**이 AAS에서 문제를 보다 복잡하게 만든다. AAS는 원자를 만들기 위해 뜨거운 불꽃(**불꽃 AAS**)이나 보통 흑연으로 만들어진 전기적으로 가열된 소형 로(**전열 AA**, **흑연로 AA-GFAA**), 그리고 Hg(와 보통 Cd)에 특별하게 이용되는 가열 과정이 없이 원자화를 수행하는 **찬 증기 AA(CVAA)**를 이용한다.

분자 발광과 유사하게, 원자 발광도 광자에 의한 원자의 들뜸으로 가능하다. 이것이 **원자 형광 분광법(AFS; atomic fluorescence spectrometry)** 기술이다. 빛을 방출하기 충분하게 열적으로 들뜨기 이전에 열분해가 되는 분자와는 달리, 원자는 그들의 특징적인 복사선을 방출하기에 충분한 온도로 가열될 수 있다. 원자가 진짜 열발광을 하는 동안 원자 발광은 적절한 측정 기술을 표현하는 것으로는 사용하지 않고 원자들을 들뜨게 하는 특별한 수단으로 항상 묘사되었다. **불꽃 방출 분광법**[**flame emission spectrometry**, 오늘날 실용적으로 사용되기로는, 원하는 파장을 방해 필터를 이용하여 선택할 수 있으며, 보다 정확히 **불꽃 광도법(flame photometry)**로 불린다.], 아크/스파크를 이용한 방출 분광법, 직류 플라스마(DCP) 방출 분광법, **유도 결합 플라스마(inductively coupled plasma) 원자**[또는 **광학(optical)**] **방출 분광법(emission spectrometry)** [**ICP-AES** 또는 **ICP-OES**]이 원자 발광 기술의 예이다. ICP는 분석물 원자의 바깥 껍질에 있는 하나의(또는 더 많은) 전자를 벗겨서 질량/전하 값에 의해 정렬되어 질량 분석기(22장에서 보다 상세히 소개함)에 의해 분석되는 양이온을 만드는 데 충분한 에너지를 가지고 있다. 이 기술을 **유도 결합 플라스마 질량 분석법(ICP-MS)**이라고 한다. 원자/이온원으로서 ICP는 이 장에서 설명하고, ICP-MS는 다른 질량 분석 기술들과 함께 22장에서 소개될 것이다.

원자 분광법은 많은 실험실에서 미량 원소 분석을 위해 널리 이용되고 있다. 환경 시료 중 중금속 오염을 분석하고, 의약품 시료의 금속 불순물을 분석하는 데 이용된다. 반도체 산업에서는 어떤 원소를 다른 것에 정확하게 도핑하는 것이 필요한데, 이들의 조성을 정확하게 알 수 있어야 한다. 철강 산업에서는 주요 성분뿐 아니라 미량 성분의 정량도 필요하다. 한 무리의 철의 조성은 그 금속의 녹은 질량이 나오기 전에 반드시 확정(필요에 따라 수정)되어야 한다. 요구되는 감도, 분석하고자 하는 시료수, 단일 원소 측정인지, 다원소 측정인지에 따라 사용되는 기술들이 각기 다를 것이다. 아래에 개개의 기술들에 대하여 보다 상세하게 논의하였다.

원자 흡수/방출선은 매우 좁다(반폭이 0.01 nm 미만임.) 분자 종으로부터 비롯된 넓은 흡수는 분자 분광법용으로 고안된 장비를 원자 흡수 분광법에서도 단순하게 사용하지 못하게끔 한다.

17.1 이론: 바닥 상태와 들뜬 상태의 분포 — 대부분의 원자는 바닥 상태에 있다

주어진 불꽃 온도에서 바닥 상태(N_0)와 들뜬 상태(N_e)의 상대 분포비는 **Maxwell–Boltzmann 식(Maxwell–Boltzmann expression)**으로 예측할 수 있다.

기체 원자의 대부분은 바닥 상태에 있다. 형광 분광법이 그렇듯이 같은 이유로 원자 방출법도 감도가 우수하다. 흡수에서와 같이, (약간의 잡음을 갖는) 조그만 신호의 감소를 측정할 필요는 없다.

$$\frac{N_e}{N_0} = \frac{g_e}{g_0} e^{-(E_e-E_0)/kT} \tag{17.1}$$

여기서 g_e와 g_0는 각각 들뜬 상태와 바닥 상태의 **비분화도**(*degeneracy*)이고, E_e와 E_0는 두 상태의 에너지이며,($E_e = h\nu$, ν는 바닥 상태와 들뜬 상태 사이의 전이에서 방출되는 광자의 진동수이고, E^0는 보통 0이다), k는 Boltzmann 상수(1.3805×10^{-16} erg K^{-1})이고, T는 절대 온도이다. **비분화**는 전자가 특정 에너지 준위에 머무르는 동등한 에너지 상태의 수를 나타내는 데 사용되는 용어이며, 이 값은 특정 에너지 상태에 대한 양자 역학적 계산으로 얻을 수 있다. 많은 물리 화학책(예를 들어 T. Reid, P. Paid가 쓴 **물리 화학**, 22장 참조)에서 이것을 보다 상세히 설명하고 있다. 본질적으로 어떤 주어진 에너지 상태에 대하여 스핀–궤도 상호 작용 결과로부터 얻은 전체 각운동 연산자(angular momentum operator) 값이 J라면 비분화도 g는$(2J+1)$이다. 실례가 되는 계산 예는 예제 17.1을 참조하라. 두 에너지 상태 간의 전이에서 흡수되거나 방출되는 광자의 파장을 λ라 할 때, 식 17.1은 보다 실질적으로 다음과 같이 표현할 수 있다.

$$\frac{N_e}{N_0} = \frac{g_e}{g_0} e^{-(hc)/\lambda kT} \tag{17.2}$$

여기서 h는 Planck 상수이고, c는 빛의 속도(식 16.3 참고)이다. 그림 17.1에서 이 식이 함축하는 의미를 그래프로 나타내었다.

표 17.1에 2000 K, 3000 K, 10000 K에서의 몇 가지 원소의 상대적 분포비를 나타내었다.

소듐처럼 비교적 쉽게 들뜨는 원소도 들뜬 상태의 분포가 ICP에서처럼 10,000 K를 제외하고는 매우 작은 것을 볼 수 있다. 방출 분광법은 불꽃처럼 낮은 온도(보통 3000 K 미만)의 들뜸원에서 단파장 전이선을 가진 원소(예를 들어 193.7 nm에서 가장 중요한 전이선을 가지는 비소)에는 유용하지 못하다. 방출 파장이 긴 원소는 불꽃에서도 괜찮은 감도를 보인다. 아크와 스파크원도 시판되는 방출 분광계에 한때 이용되었지만, 얼마 못가서 ICP에 밀렸다. 3000 K 미만 온도에서 모든 원소들은 거의 대부분 바닥 상태에 존재하고, 온도가 변해도 바닥 상태의 분포가 거의 변하지 않는다. AAS에서 바닥 상태 원자의 측정은 전이선 파장에 거의 의존하지 않는다. 반면에 원자 분광법을 수행하기 위해서는 첫 단계에 원소를 반드시 원자 형태로 만들어야 한다. 분자로부터 그러한 원자로 만들기 위해서는 결합을 끊는 과정이 필요한데, 이는 보통 열적으로 수행하며, 오직 Hg와 Cd만이 "찬 증기"처럼 상온에서 원자 형태가 생성된다. 다른 원소들의 경우 원자 흡수는 거의 모두 오직 불꽃이나 전기로 같은 열들뜸원에 의해 수행된다.

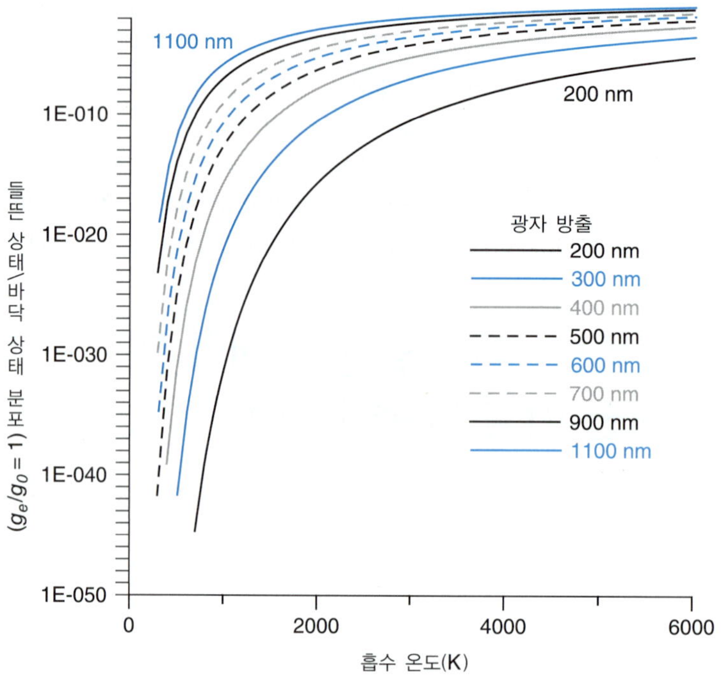

그림 17.1 300~6000 K 온도에서 200~1100 nm 에너지를 가진 광자에 대한 들뜬 상태 대 바닥 상태의 분포비. 일반적으로 들뜬 상태의 비분화(도)가 바닥 상태 것보다 크므로, $\frac{N_e}{N_0}$의 절댓값은 클 것이다. 긴 파장의 광자가 의미하는 것은 들뜬 상태와 바닥 상태 간의 에너지 차이가 작다는 것을 의미하며, 상대적으로 들뜬 상태에서 머무를 가능성이 높아진다는 점을 유념할 것.

표 17.1 몇몇 전이선에 대한 Ne/N_0 값 (들뜬 상태와 바닥 상태의 분포비)

	N_e/N_0		
선(nm)	2000 K	3000 K	10,000 K
Na 589.0	9.9×10^{-6}	5.9×10^{-4}	2.6×10^{-1}
Ca 422.7	1.2×10^{-7}	3.7×10^{-5}	1.0×10^{-1}
Zn 213.8	7.3×10^{-15}	5.4×10^{-10}	3.6×10^{-3}

예제 17.1

NIST 참고 자료표(http://physics.nist.gov/PhysRefData/Handbook/element_name.htm)에는 각 원소별 에너지 상태와 그들의(파수 단위의 당량 광자 에너지란 용어로 주어진) 상대적인 에너지 준위 및 J 값이 있다. 중성 아이오딘 원자에 대하여 바닥 상태와 가장 낮은 들뜬 상태의 비분화도(degeneracy)는 얼마인가? 3000 K에서 이들 두 상태 사이의 전이선 파장과 분포비는 얼마인가? 이 선은 실제 사용하기 곤란하다. 그 이유는? 가장 낮은 들뜸 상태와 65669.99 cm^{-1} 에너지 상태 사이에서의 전이는 분석적으로 유용한 전이선이다. 그에 상응하는 파장은 무엇이며, 10,000 K에서 가장 낮은 들뜬 상태의 상대 분포는 얼마인가?

풀이

웹 사이트에는 원소명의 목록들이 있다. 여기서 "중성 원자" 아래에 있는 아이오딘을 클릭하고, "에너지 준위" 버튼을 누른다. 바닥 상태(에너지 준위가 0인 첫 번째 목록)는 J 값이 $^3/_2$이므로 $g_0 = 2 * {^3/_2} + 1 = 4$. 가장 낮은 들뜬 상태의 파수는 54633.46 cm^{-1}이고, $^5/_2$의 J 값을 가지므로 $g_e = 6$이다. 상응하는 광자 파장은

$$\lambda = (10^7 \text{ nm/cm})/(54633.46 \text{ cm}^{-1}) = 183 \text{ nm}$$

이것은 진공 UV 영역이어서 사용하기 어렵다. 3000 K에서 식 17.2와 뒤 표지 안쪽에 주어진

h, *c*, *k* 값을 이용하면,

$$\frac{N_e}{N_0}=\frac{6}{4}\ \exp\left(\frac{-4.1357\times10^{-15}\ \text{eV}\times\text{s}\times2.99792\times10^{8}\ \text{m/s}}{183\times10^{-9}\ \text{m}\times8.6173\times10^{-5}\ eV/\text{K}\times3000\ \text{K}}\right)=6.23\times10^{-12}$$

(이 결과와 그림 17.1에서의 3000 K에서 200 nm의 결과를 비교하라.)

그리고 10,000 K에서 앞서와 유사한 방법으로 계산하면 분포비는 5.78×10^{-5}이다.

에너지 상태값을 cm^{-1}로 표현할 때, 두 상태 간의 에너지 차이는 뺄셈으로 간단히 구할 수 있다. 65669.99와 54633.46 cm^{-1} 두 에너지 상태 간의 전이 에너지는 11036.53 cm^{-1}이다. 그리고 그에 상응하는 광자 파장은 다음과 같다.

$$\lambda=(10^7\ \text{nm/cm})/(11036.53\ \text{cm}^{-1})=906\ \text{nm}$$

이 NIR 파장은 쉽게 측정된다. NIST 표에는 이 높은 들뜬 상태의 *J* 값이 $^7\!/_2$이고, 따라서 이 상태의 비분화도 $g'_e=8$이다. 가장 낮은 들뜬 상태에 대한 분포비는 $\lambda=906$ nm이고, g_e/g_0 대신에 g'_e/g_e를 사용하여 식 17.2로부터 10,000 K에서 0.272로 계산할 수 있다. 183 nm 선은 강하지만 이러한 NIR 파장에서 상당한 방출이 일어난다. NIST 표에 이러한 방출선의 상대적인 세기(지속선(persistent line) 버튼을 클릭−이 표에는 파장이 옹스트롬, 1 nm = 10 Å으로 주어짐)와 관련된 자료들도 포함하고 있고, 조건들은 명시되어 있지 않지만 906 nm 선은 183 nm 선의 세기의 약 20% 정도 되는 것으로 나타나 있다. ■

측정 통로에 있는 모든 원소들은 원자 형태로 존재하지 않을 수 있다. 특히 불꽃에서 몇몇 원소들은 이미 원자화가 된 원자들조차 안정한 산화물과 수산화물을 만들어서 원자 상태로 존재하지 않는다. 이러한 문제는 고온 플라스마에서는 나타나지 않지만 쉽게 이온화되는 원소의 이온화도 고온의 원자화원에서 그 문제점의 중요성이 점차 커지고 있다.

원자 방출 분광법에서는 들뜬 상태의 분포를 측정하고, 원자 흡수나 원자 형광법에서는 바닥 상태의 분포를 측정한다.(장파장의 광자 방출이 일어나는) 쉽게 들뜨는 원소들을 제외하고는, 방출 분광법은 플라스마와 같은 고온원으로부터 혜택을 받는다. 감도와 검출 한계는 바닥 상태와 들뜬 상태의 분포비로부터 단순하게 예상할 수는 없다. AES에서는 낮은 바탕에 반하여 좁은 선 신호를 측정하여 본질적으로 감도를 좋게 한다. 대조적으로 흡수법에서의 검출 한계(limit of detection, LOD)는 큰 신호에서의 작은 차이를 감지하는 정도에 의존한다. 이를 AFS에 적용하는 경우에는 낮은 바탕에 반한 방출 신호의 측정과 큰 원자 분포로 비롯된 점등 방출과 흡수 양쪽에 최상을 제공할 수 있다. 분자 분광법과는 달리 AFS에서는 들뜸과 방출 파장이 같고, 이것이 산란 방사선을 없애거나 최소화하는 데 필수적인 역할을 한다.

17.2 불꽃 방출 분광법[1]

이 기술에서 들뜸 에너지원은 불꽃이다. 시료가 용액 상태로 불꽃으로 도입된다. 불꽃은 낮은 에너지원이므로 방출 스펙트럼이 단순하고 방출선이 별로 없다. 실용적인 측면에서 이 기술은 비용이 적게 들고 약간의 원소들에게만 적용할 수 있다. 1860년대 초 Kirchoff와 Bunsen 연구의 직접적인 결과로서, 불꽃에서 들뜨는 몇몇 원소에 의해 방출되는 특별한 복사선의 측정에 대한 분석학적 유용성을 알게 되었다. 이 기기 초창기에는 분젠 불꽃을 이용하여 식물의 재에서 소듐을 측정하였다. 이 기기의 어려운 점은 시료를 불꽃 속으로 어떻게 최상의 방법으로 도입하는가였다. 이는 1929년에 Lundegardh가 분무기를 사용하여 불꽃 속으로 시료를 재현성 있게 의미 있는 양만큼을 도입하는 획기적인 방법을 활용하면서 해결하였다. 특징적인

[1] 분광법과 분광 광도법의 차이에 대해 16장 및 17장 서론을 참조하라.

원자 방출선이 석영 프리즘 분광기에 의해 분산되고 사진처럼 기록되었다. 수년 후, 광학 필터와 전자 광검출기의 사용으로 사용의 편리함과 정밀도가 개선되었고, 이러한 기기들이 Na, K, Li, Ca 측정에 광범위하고 유용하게 이용되었다. 보다 민감한 광전자 증배관 검출기를 갖춘 회절발 분광계의 사용으로 보다 많은 다른 원소들의 분석도 가능하게 되었다. 1960년대에 들어서 보다 광범위하게 적용될 수 있는 AAS 기술들의 상업적인 발전은 그것의 개선 여지와 더 나은 발전을 제한하였다.

오늘날 사용되는 대부분의 상업적 기기는 Li, Na, K, Ca, Ba의 각각 670, 589, 766, 622, 515 nm에 해당하는 간섭 필터의 사용으로 Li, Na, K, Ca, Ba의 측정에 집중되었고, 이를 일반적으로 **불꽃 광도계(flame photometer)**라고 한다. 칼슘은 실제로 분자 CaOH의 방출에 의해 측정되고, 이 방출이 일어나는 622 nm에서의 방출이 423nm에서 원자 Ca의 방출보다 더 큰 세기로 일어난다. 프로페인–공기 불꽃(온도 1900~2000°C)이 보통 사용되고, 뷰테인–공기 또는 천연가스–공기 불꽃을 이용하기도 하지만 덜 뜨겁고 감도가 떨어진다. 프로페인–공기 불꽃을 사용한 현재 사용하는 기기의 가장 좋은 검출 한계는 Na와 K의 경우 0.02 mg/L, Ba의 경우 10 mg/L이다. 대부분은 목표 원소를 바꾸기 위해 필터를 수동으로 교체하면서 한 번에 하나의 원소를 분석하지만, 때로는 BWB Tech XP 불꽃 광도계처럼 다중 검출 채널을 이용하여 동시에 다중 분석도 가능한 것이 몇몇 개발되었다. CaOH의 형성이 Ba가 존재할 때에는 많은 영향을 받지만 보통은 그 둘이 동시에 측정되지는 않는다. 423 nm에서 Ca의 원자 방출선은 Ba에 의한 방해에 덜 민감하지만 감도가 낮아서 잘 사용하지 않는다. 불꽃 방출 측정에서의 이러한 많은 단점들은 공기–아세틸렌 같은 고온이며, 보다 환원성 있는 불꽃을 사용하고, 고분별능 분광 검출법을 사용함으로써 해결할 수 있다. 불꽃 광도법(flame photometry; FP)에서 오늘날 사용되는 불꽃 방출은 과거의 최고 수준보다 한발 후퇴한 상태인데, 이것은 고온 불꽃과 고분별능 분광기의 합병이 보다 광범위하게 적용 가능한 불꽃 AAS 기술들에 비해 가격 경쟁력 측면에서 절대 불리하기 때문이다.

불꽃 광도법에서 사용되는 버너와 원하는 불꽃 특성

초창기에는 두 종류 버너의 상호 우월성에 대한 토론이 많이 있었다. 하나는 연료(프로페인/아세틸렌)와 산화제(공기/산소/산화 질소)가 미리 섞이고 용액이 불꽃에 도달하기 이전에 그 혼합 기체의 흐름에 의해 분무화되는 것이다. 이는 Lundegardh에 의한 배열 방식이다. 분무장치에 의해 흡입된 액체 대부분이 실제로는 큰 방울을 만들고 버너로부터 쉽게 빠져나간다. 두 번째 형태의 버너는 종종 **전체 소모 버너(total consumption burner)**로 불리우며, 연료와 산화 기체가 미리 섞이는 것이 아니다. 노즐(분사구)에서 끝나는 동심 삼중관으로 구성되어 있는데, 가장 바깥쪽은 연료를 운반하고, 다음은 산화제를 운반하며, 중심관인 모세관은 시료 도입구이다. 연료–산화제 흐름에 의해 형성된 Venturi 흡입이 시료를 불꽃 속으로 흡입되게 한다. 여기서 흡입된 모든 시료가 불꽃 속으로 도입되는 데서 그 이름이 지어졌다.

"전체 소모" 이름이 의미하는 우월성에도 불구하고, 전체 소모 버너보다 종종 **층흐름 버너(laminar flow burner)** 라고도 하였던 **사전 혼합 버너(premix burner)**가 궁극적으로 보다 나은 결과를 내었다. 이것이 오늘날 유일하게 사용되는 오직 한 형태의 버너이다. 이러한 차이의 가장 주된 이유는 만들어진 시료 방울의 크기이다. 전체 소모 버너에서의 직접 시료 도입 과정에 만들어진 시료 방울이 약 7 nL 정도의 큰 크기인 반면, 사전 혼합 버너 분무기가 만든 방울의 크기는 0.05 nL 정도의 작은 방울이다. 보다 작은 방울이 증발되어 원자화되기가 훨씬 쉽다. 그림 17.2에 전형적인 설계를 보여 주고 있다. 그림에서 보이는 것처럼, 애초의 Boling 버너의 영향으로, 세 개의 기다란 구멍이 나 있는 버너 머리가 가장 일반적이다. 이 머리 부분이 가장 넓은 빛 탐침 단면도 수용하기 충분한 광폭 불꽃을 만든다. 대기 산소가 불꽃의 중심부에 최적의 환원 조건을 허용하며 불꽃의 가장자리로 들어간다. 불꽃의 조정도 간단하고, 중요 부분 이상 높이에서 원자 분포는 균일하다. 세 개의 기다란 구멍이 나 있는 버너는 대부분

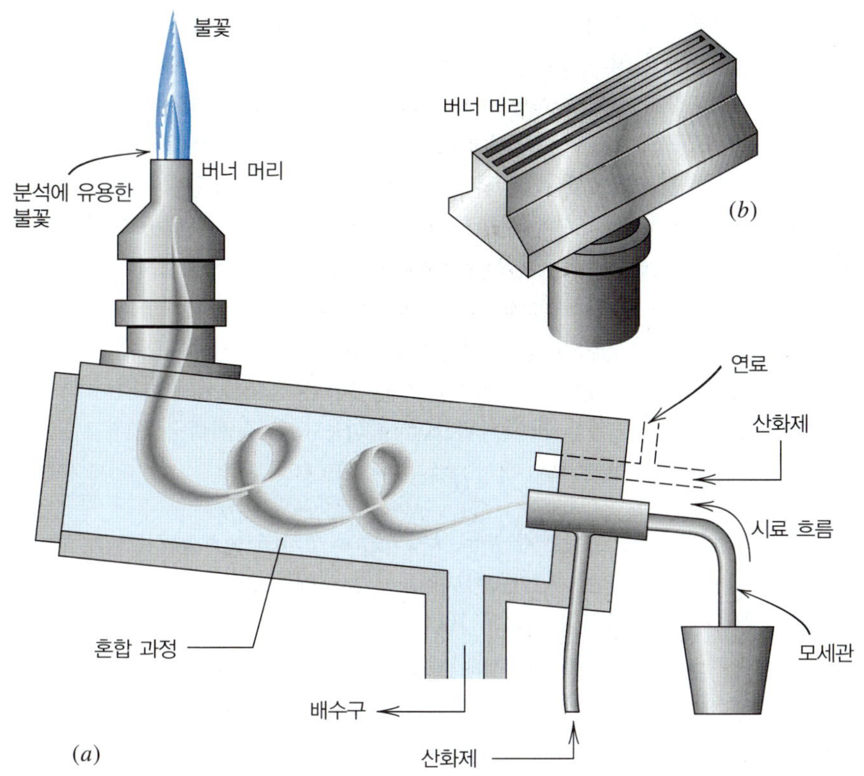

그림 17.2 사전 혼합 버너
(a) 분무기, 통, 버너, (b) 버너 머리 (G. D. Christian and F. J. Feldman, *Atomic Absorption Spe-ctroscopy. Applications in Agriculture, Biology, and Medicine*. New York: Interscience, 1970. John Wiley & Sons, Inc.의 허가로 게재)

의 다른 설계보다 덜 복잡하고 시료에 녹은 용질에 의해 덜 막힌다. 분무되는 지점을 지나 대부분의 버너/분무기 조립체들은 그것의 진행 통로에(효과적으로 원자화되지 않으면서 불꽃을 국소적으로 식히는) 큰 방울을 효과적으로 제거하기 위한 칸막이가 있다.

불꽃 방출 분광법에서 사용되기 위해 불꽃은 몇몇 필요한 특성들을 가져야 한다. (a) 시료가 원자화될 수 있는 충분한 에너지를 제공해야 한다. 불꽃 광도법에 의해 금속을 측정 시 프로페인–공기 불꽃이면 충분함. (b) 불꽃은 요동치지 않아서 원자 분포가 공간과 시간적으로 최소의 변화를 보여야 한다. (c) 불꽃은 관심 파장에서 자체적인 방출이나 흡수를 최소화해야 한다. (d) 불꽃은 낮은 기체 압력에서도 작동하여 방출 원자들이 가능한 한 오랫동안 보이는 부피 내에 남아 있어야 한다. 덧붙여, 불꽃 조작이 안전하고 값이 싸야 한다.

전형적인 불꽃 광도법에서 일어나는 불꽃 과정

그림 17.3에 KCl 용액이 불꽃 속으로 흡입될 때 진행되는 과정을 도식적으로 묘사하였다. 미세한 용액 방울로부터 용매가 증발하여 탈수된 염만 남는다. 이 염은 바닥 상태의 자유로운 기체 원자로 분해되고, 이들 원자들의 일정 비율은 불꽃에서 에너지를 흡수하여 들뜬 전자 상태로 올라갈 것이다. 들뜬 준위는 수명이 짧아서(1~10 ns), $h\nu$에 해당하는 에너지를 가진 특

불꽃 방출에서는 $K^{\circ *}$를 측정하고, 불꽃 흡수에서는 K°를 측정한다.

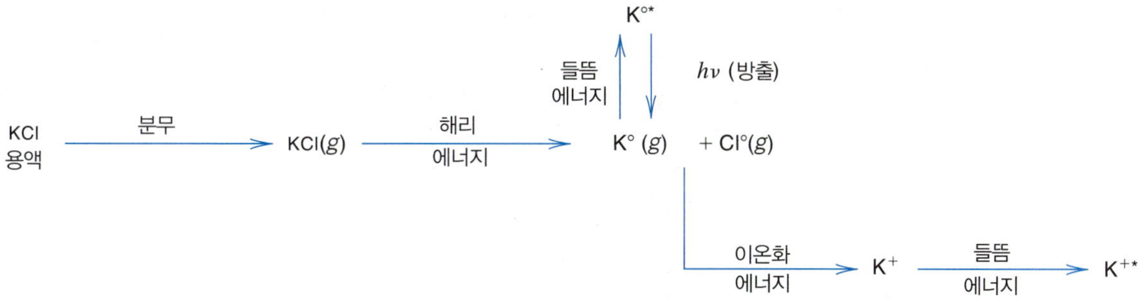

그림 17.3 불꽃에서 일어나는 과정

Alan A. Walsh, 호주 분광학자. 1952년 4월 어느 일요일 아침에 Walsh는 Brighton 외곽, Melbourne에 있는 자기 집 야채 정원에서 일하고 있던 중에, 그의 초창기 일에서 파생된 관련 분야에 대한 어떤 흥미로운 생각을 갑작스레 갖게 되었다. 즉시 더러운 신발을 신은 채로 집안으로 들어가서 그의 동료 John Shelton에게 전화를 걸었다. "이보게, John!" 그는 흥분되었다. "우리가 그동안 잘못 측정했네! 우리는 방출이 아닌 흡수를 측정했어야 했네." John이 그에게 상기시켰다. "우리는 지금까지-동일한 파장에서 방출되는 빛이므로 흡수로부터 시료의 농도를 계산할 수 없다고-생각해왔네." Walsh가 대답했다. "나도 그렇게 생각했지. 그러나 광원에 토막틀을 사용하고, 동조 증폭기를 사용해서 시료로부터 방출된 빛이 문제가 되지 않도록 할 수 있네." Peter Hannaford, *Biographical Memoirs of Fellows of the Royal Society* Vol. 46 (Nov., 2000), pp. 534–564.(Source: Historical Records of Australian Science/CSIRO Publishing/2000/From HRAS13(2): 179 (P. Hannaford) www.publish.csiro.au/nid/109/issue/3264.htm. Courtesy of CSIRO Division of Chemical Physics.)

별한 파장의 광자[2]를 방출하며 바닥 상태로 다시 떨어진다. 오직 전자 전이만 수반되어 매우 좁은 방출선이 관찰된다. 몇몇 원자들은 열들뜸에 의해 이온화된다. 그들 중 일부는 열에너지에 의해 들떠서 들뜬 이온이 된다. 불꽃 광도법으로 칼슘을 측정하는 경우에는 상대적으로 낮은 온도의 프로페인-공기 불꽃에서 부반응의 결과로 불꽃 속에 들뜨게 되는 CaOH가 많이 생성되고, 전형적인 필터 불꽃 광도법으로 측정되는 이 들뜬 분자로부터의 (원자 방출선보다 훨씬 폭이 넓은)방출이 측정된다. 다른 금속에 대해서도 들뜬 원자로부터의 방출이 측정된다.

그림에서 지적하였듯이, 불꽃에서의 부반응은 원하는 방출 종의 수를 감소시켜서 방출 신호를 감소시킨다. 방출의 세기는 오직 교정 곡선의 아래 끝에서만 흡입된 용액에 있는 분석물의 농도에 선형 비례한다(방출선을 재흡수할 수 있는 바닥 상태의 원자수 분포가 훨씬 커진 점을 포함한). 몇몇 이유로, 높은 농도의 분석물에서의 신호는 낮은 농도에서 관찰되는 선형 관계에 못미치는 값이 예상된다. 전형적인 큰 영역의 교정 곡선은 다음 관계를 가진다.

$$I = kC^n \tag{17.3}$$

여기서 I는 방출 신호 세기, C는 분석물의 농도, k와 n은 교정 상수($n<1$)이다. 오늘날의 몇몇 불꽃 광도계는 식 17.3(또는 보다 복잡한 식)과 유사한 식에 적합하도록 자동으로 다량 시료 다점 교정을 진행하고, 희석시키지 않고도 1000 mg/L까지의 측정을 수행할 수 있다. FP에 의해 측정되는 금속은 거의 없지만 FP는 틈새 영역에서 널리 사용된다. 소듐, 포타슘, 리튬은 임상 실험실에서 일상적으로 FP에 의해 측정된다. 바이오디젤의 잔류 알칼리 금속과 시멘트 내의 Na, K, Ca의 측정은 중요한 응용이다. 불꽃 방출 분광법의 전성기 때에는 최대 60개 원소가 뜨거운 $N_2O-C_2H_2$ 불꽃에서 측정되었다. 그러나 현재에는 언급한 금속을 제외하고는 모두 AAS에 의해 조사된다.

17.3 원자 흡수 분광법

바닥 상태의 원자수가 들뜬 상태의 원자수보다 훨씬 많으므로 불꽃에서 원자에 의한 흡수에 대한 연구가 불꽃 방출 분광법 연구보다 앞서거나 비슷한 정도로 생각하는 것이 보통이다. 그런데 사실 불꽃 AAS에서는 분자 흡수 광도법과 유사한 점이 없으므로 비교할 경우가 없다. 불꽃 자체가 빛의 흡수를 측정하려는 파장에서 약간의(종종 많은) 빛을 방출한다. 게다가 이러한 불꽃에서의 바탕 방출은 시간이 흐르면서 특별히 일정해지지도 않는다. 그것의 기여만큼 단순히 빼는 것도 불가능하다. 어두운 방에서 검출기를 향한 손전등을 생각해 보자. 이들 빛의 일부가 빛의 통로에 있는 종에 의해 흡수된다면 이것을 말하는 것은 어렵지 않다. 이는 분자 분광학의 상황이다.

반면, 동일한 실험을 햇살이 밝게 비치는 방에서 수행하면(게다가 구름이 가끔씩 지나쳐서 바탕 빛의 세기를 변화시킬 때) 검출기가 손전등으로부터 흡수종의 존재 때문에 생긴 빛의 작은 변화를 인지하는 것은 쉽지 않을 것이다. 이것이 그의 동료 John Schelton이 상기시켜 호주 분광학자 Alan Walsh가 마주친 문제였다. Walsh의 해법은 손전등을 일정하고 상대적으로 높은 주파수에서 켜고 끄는 것을 돌아가며 한 후, 검출기 신호를 필터하여 이 주파수에서만 볼 수 있도록 한 것과 같다. 이 과정은 다른 모든 신호들을 제거하고 손전등 신호만 보는 것이다. 이것은 다른 모든 주파수의 라디오파에 몰두하는 것보다는 복잡하지 않고, 여전히 원하는 주파수로 돌려서 좋아하는 TV나 라디오 방송을 듣거나 볼 수 있다. 재현성 있게 고속에서 광

[2]이것은 용액 중에서 들뜬 분자와는 반대이다. 용액에서는 용매 분자나 다른 분자들과 충돌 확률이 훨씬 증가한다. 불꽃에서는 불꽃에 더 적은 수의 분자들이 있으므로 충돌의 가능성이 훨씬 줄어든다. 따라서 원자들의 대부분은 들뜸 에너지를 열보다는 전자기 복사선으로 잃는다.

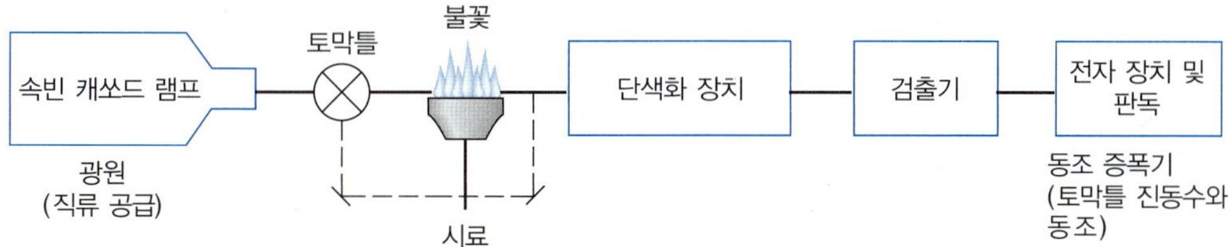

그림 17.4 원자 흡수 기기의 개략도 [G. D. Christian and F. J. Feldman, *Atomic Absorption Spectroscopy. Applications in Agriculture, Biology, and Medicine*. New York: Interscience, 1970. John Wiley & Sons, Inc. 허가로 게재

원을 켜고 끄는 것을 규칙적으로 하는 것은 최근까지도 존재하지 않는 고체 상태의 광원에만 오로지 실용적이다. Walsh는 모터가 달린 기계적 초퍼(토막틀)를 광원 앞에 위치시켜 이것을 성공적으로 수행하였다. 초퍼가 회전하면 빛이 교대로 막히고 교대로 통과하였다.

회전 속도는 기본적으로 빛의 온/오프로 주파수를 조절한다(Walsh는 50 Hz의 소듐 램프를 사용하여 이 개념을 증명하였다. 이것은 초퍼가 필요 없음). 검출기는 이 주파수에 의존하게 된다. Walsh는 원자 흡수선(그는 선폭을 2 pm까지 추산했다)의 분해능과 견줄 수 있는 분해능을 제공할 단색화 장치가 없음을 인식하였다. 이러한 분해능은 떠돌이빛을 근본적으로 없애야 가능할 것이다. 그래서 그는 관심을 가지는 분석물 원소를 가진 광원을 사용하기로 하였다. 방전이 만들어지고, 그 결과 원자의 독특한 방출선이 생겼다(만일 둘 이상의 선이 방출된다면 그들은 간단한 단색화 장치와 충분히 멀리 떨어져 있고, 보통 시료 뒤에 위치시켜서 관심을 가지는 주된 방출선을 분리시킨다). 이 선을 광원으로 사용한다. 사실 광원 자체가 매우 좁은 선원을 제공하는 매우 고분별능 단색화 장치 기능을 한다. 광원의 온도는 매우 높을 필요가 없으며 온도가 방출선폭을 넓힐 수 있음에 유의하라. 흡수선폭보다 훨씬 넓은 선은 떠돌이빛의 영향을 받은 것이다.

불꽃 AAS의 원리

최초로 시판된 불꽃 AAS 기기(Perkin Elmer Model 303)의 간단한 구조도를 그림 17.4에 나타내었다. 광원은 관심을 가지는 원자 흡수선에서 방출하는 속빈 캐쏘드 램프(hollow cathode lamp; HCL)이다. 겹살 배열을 효과적으로 제공하고 광원의 조그만 표류(drift)도 벌충하는, 거울을 갖춘 토막틀(chopper)이 빛을 불꽃과 불꽃 우회로를 교대로 향하게 한다. 요즘 AAS 기기 대부분은 그러한 겹살 배열을 사용하지 않는다. 요즘 사용하는 광원의 표류는 기기의 워밍업 시간에 따른 것이며, 원자화 장치에서의 표류에 비해 훨씬 작다. 참고물의 데이터 수집이 시료가 측정되는 바로 앞이나 바로 뒤에서 종종 이루어지고, 따라서 시간 배열에서 효과적으로 겹살을 제공한다. 불꽃 방출 분광법에서처럼 시료 용액이 불꽃으로 흡입되면 분석물 원소가 원자 증기로 전환된다. 그러면 그 불꽃은 그 원소의 원자들을 포함하게 된다. 일부는 그 불꽃에 의해 들뜨지만, 대부분은 그림 17.1에서 보았던 것처럼 바닥 상태에 그대로 남는다. 이들 바닥 상태의 원자들은 그 원소로 구성되어 특정 파장을 방출하는, 광원에서 방출하는 복사선을 흡수할 수 있다.

원자 흡광 분광 광도법의 원리는 앞장에서 다룬 흡수 분광 광도법과 동일하다. Beer 법칙에 따라 빛이 흡수된다. 즉 **흡광도**(*absorbance*)는 불꽃에서의 경로 길이와 불꽃 속에 있는 원자 증기의 농도에 정비례한다. 이 두 변수를 측정하는 것은 어려운 일이나 주어진 버너와 불꽃 조건을 통해 불꽃에서의 경로 길이를 고정시키면 원자 증기의 농도는 흡입되는 용액 중의 분석물의 농도에 정비례한다. 실제 사용할 때에는 각기 다른 농도의 시료를 흡입하여 기기의 응답 신호를 보정한다.

AAS 기기의 형태

오늘날 사용되는 AAS 기기에는 크게 두 종류가 있다.

(a) 선 광원(line source) AAS(LS-AAS) 기기와

(b) 연속 광원(continuum source) AAS(CS-AAS) 기기

두 종류 모두 불꽃이나 흑연로(전열이라고도 부름) 원자원을 사용할 수 있다.

Walsh는 애초 CS-AAS 기기는 사용하지 못할 것으로 믿었다. 한 자릿수 pm 수준의 분별능이 요구될 뿐만 아니라, 그러한 분별능이 얻어지더라도 그렇게 좁은 띠너비를 통한 연속 광원으로부터의 빛이 분석에 충분하지 못할 것으로 생각하였기 때문이다. 하지만 이런 부분의 기술은 진보하였고, 2004년부터 "hot-spot" 방식으로 작동되는 고에너지의 수냉식 제논 램프, 고분해능 이중 단색화 장치, CCD-배열 검출기를 장착한 기기가 시판되었다. 이들은 다른 많은 원소들을 분석하는 데에 매우 많은 다른 램프원이 필요로 하지 않는다는 장점이 있다. Bernhard Welz는 AAS의 가장 열렬한 챔피언(참고 문헌 8 참조)으로, 간단하게 CS-AAS를 "보다 우수한 AAS 방법"(참고 문헌 9)으로 불렀다.

분자 흡수 분광법에서와 같이 AAS도 광원, 분석물을 통한 살(beam) 통로(불꽃 또는 전기로), 단색화 장치, 검출기가 필요하다. 분자 흡수 분광법에서의 배열 검출기처럼 단색화 장치가 시료를 뒤따른다.

원자 흡수 분광 광도계의 다양한 부품들을 아래에 설명하였다.

AAS의 광원

LS-AAS에는 예리한 선광원이 사용된다. 그 광원은 측정하는 원소의 선을 방출한다. 이 빛의 에너지는 분석물 원자에 의한 흡수에 필요한 에너지와 똑같다.

LS-AAS에서 현재 사용되는 광원은 두 가지이다. 보다 일반적으로 사용되는 광원은 **속빈 캐쏘드 램프(hollow cathode lamp, HCL)**이다. 이것의 기본 구조는 그림 17.5에 나타나 있다.

HCL은 정량하고자 하는 원소나 합금으로 된 원통형의 속빈 캐쏘드로 되어 있고, 애노드는 보통 W나 Zr이다. 합금은 그 원소(예를 들어 Na, As 등) 자체로 쉽게 전극을 만들 수 없는 경우에 이용한다. 값비싼 원소의 경우 추가 작업 없이 상당한 비용 절감을 할 수 있고 순수한 원소(예를 들어 Cr, Cd 등)보다 합금에서 우수한 장기간 작동이 관찰된다. 합금 금속으로 사용되는 원소는 관심 원소와 스펙트럼 방해를 일으키지 않도록 잘 선택해야 한다. 작동 캐쏘드 원소를 보통 철이나 때로는 다른 금속들에 눌러서 캐소드 컵으로 만든다. 전극은 400 nm 이상 파장용인 규산붕소 창을 가지는 규산붕소 유리관에 둘러싸여 있고, 240 nm에서 400 nm 사이 파장(정확한 cut-off(차단) 파장은 제조업체에 따라 변함)에 대해 특별한 UV 투과 유리를, 짧은 파장은 석영을 사용한다. 관에는 일반적으로 네온 같은 비활성 기체가 낮은 압력으로 들어 있다. 아르곤은 네온 방출선에 의해 방해되는 원소를 분석할 때에 사용한다. 전극 간에 높은 전압이 걸리면 기체 원자는 애노드에서 이온화된다. 이 양이온들은 캐쏘드를 향하여 가속되는데, 캐쏘드에 부딪힐 때 일부 금속이 "튀어나와" 기화된다. 기화된 금속은 에너지가 높은 기체 이온과 계속 충돌하여 높은 에너지 준위로 들뜬다. 전자가 바닥 상태로 돌아갈 때, 그 원소의 특정 파장의 빛이 나온다. 충전 기체의 방출된 빛도 함께 나온다.

"추진(Boosted)" HCL은 몇몇 제조회사에 의해 공급된다. 스퍼터링(sputtering) 전류로부터

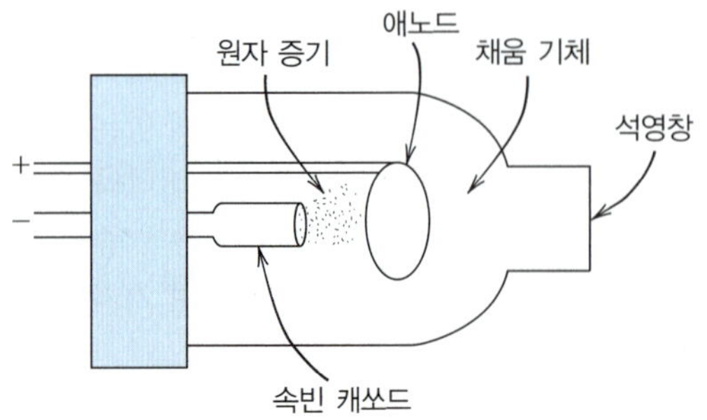

그림 17.5 속빈 캐쏘드 램프의 구조

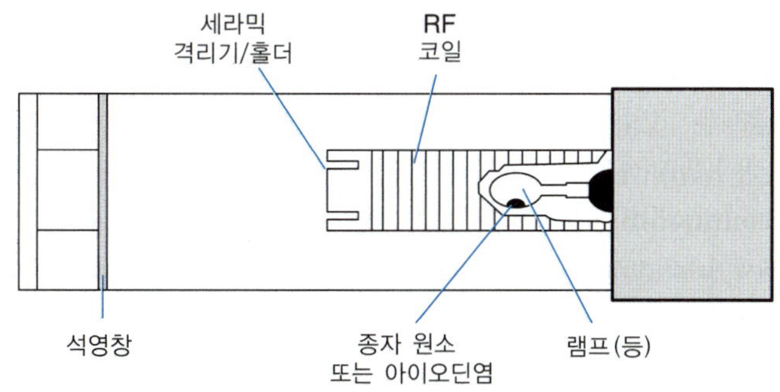

그림 17.6 무전극 방전등의 구조

전기적으로 분리된 2차 방전이 이미 증기화된 원자를 들뜨게 한다. 이것이 날카롭고 더욱 강한 방출선을 내도록 하는데, 이에 대해서는 17.7절에서 원자 형광 분광법 에너지원에서 보다 상세히 소개할 것이다. 단원소 HCL은 70개 정도의 원소에 대해 적용 가능하다. 서로 방출선이 방해를 하지 않는 원소들끼리는 묶어서 다중 원소등을 만들 수 있다. 2개에서 최대 7개의 선택된 원소까지 분석 가능한 등(램프)을 구할 수 있다. 몇몇 기기에서 단원소 HCL과 비슷한 세기를 갖지만, 많은 경우는 다원소 광원의 장점에 따른 보상으로 세기 감소가 있다. 그들은 단원소 HCL에 비해 벽에서 응축된 (−)극으로부터 원소들의 하나만을 선택적인 증기화("증류")해야 하므로 수명도 짧다. 대부분의 LS-AAS 기기는 다중램프 탑을 가져서 수동이나 자동으로 다른 램프를 온라인에서 가져올 수 있다.

선광원의 두 번째 형태는 **무전극 방전등(electrodeless discharge lamp, EDL)**이다. EDL은 석영 전구에 아이오딘염이나 그 원소 자체로 분석물의 소량을 포함한다(그림 17.6). 그 전구는 저압에서 비활성 기체, 일반적으로 아르곤이 채워져 있고 라디오파 코일로 둘러싸여 있다.

전원이 들어가서 코일이 강한 전자기장을 만들면 저압등에서 그 원소의 특정한 방출선을 내는 유도 결합 방전이 일어난다. EDL은 HCL보다 훨씬 강하고 종종 보다 좁은 선폭을 가진다. EDL은 다른 종류의 전력 공급 장치를 필요로 한다. 이것은 특별히 휘발성이 강한 원소에 유용하며 As, Bi, Cd, Ge, Hg, P, Pb, Rb, Sb, Se, Sn, Te, Tl, Zn 램프에 적용된다.

고체상 다이오드 레이저는 (제한된) 파장 범위로 전환 가능하며, LS-AAS에서 사용되어 왔다. 많은 이점들을 볼 수 있다. 광원은 어떤 원하는 파장으로 쉽게 변조 가능하다. 적절히 원하는 굴절된 기하 구조를 가지면서 레이저살의 본질적인 특성이 원자 광원의 다중 통과를 가능하게 하여 감도를 크게 증대시킨다. 한 원소에서의 동위 원소 차이는 전이선의 정확한 위치에서의 조그만 차이를 만든다. 예를 들면 ^{6}Li에서부터 ^{7}Li로 670.8 nm 선이 0.015 nm 이동한다. 높은 정밀도로 그런 영역을 스캔할 수 있는 다이오드 레이저의 능력은 동위 원소 분석을 수행할 수 있게끔 한다. 이들 장점들에도 불구하고, 그러한 레이저가 깊은 UV 영역에도 쉽게 사용되기까지는 AAS나 AFS의 실행에 중요한 역할을 하지 못할 것으로 보여진다. 특히 많은 레이저원이 여전히 관심 파장 영역 전체를 커버할 필요가 여전히 있는 까닭에, 아래서 언급할 단수 고에너지 연속 광원으로 사용할 수 있는 능력에 대한 매력은 증대되고 있다.

CS-AAS에 대해 아주 높은 분별능이 요구되고, 그 연속 광원에 의해 방출되는 전체 방출력의 매우 작은 일부만이 검출기에 도달할 것이다. 이 문제는 고에너지(300 W), 고압(상온에서 17 bar), 짧은 아크(전극간 거리 1 mm 미만)의 **"뜨거운 점(hot-spot)" 모드**에서 가동될 수 있는 특별한 전극 물질로 만들어진 Xe 램프를 사용하여 해결할 수 있다. 뜨거운 점 모드에서는 전형적인 Xe 아크 램프로부터의 분산된 방출이 일어나지 않고, 빛이 (−)극에 가까운 작은 (지름 0.2 mm) 밀집된 점으로부터 반사되어 나온다. 장치는 물로 냉각된다. 램프의 출력은 원자원에 의해 생성된 분석물 원자를 통하여 집속 거울에 의해 수행된다.

뜨거운 점의 위치는 시간에 따라 변한다. 이 뜨거운 점의 조그만 움직임은 네 개의 사중 위치 검출기로 그 점의 위치를 모니터링하고, 이러한 정보를 이용하여 미세 작동기가 장착된 거울을 적절하게 움직여 보상받는다. 배열 검출기가 이용되므로 시공간적인 변화로부터 기인하는 램프 세기의 어떤 변동도 흡수선에 해당하는 화소 주변의 점들을 모니터링하여 보상할 수 있다. 램프의 수명은 S/N의 두 배로 떨어지며, 출력이 4배 만큼 떨어지는 시간인 1000시간보다 길다. 이러한 램프는 고압하에 있으므로 램프를 제거/설치하거나 취급하기에 적절한 보호 장치를 사용하는 것이 필수적이다.

초연속체(Supercontinuum) 백색광 간섭 광원은 현재 400 nm에서 NIR 바깥 영역까지 구할 수 있다(http://www.rp-photonics.com/supercontinuum_generation.html 참조). 강한 광대역 백색광은 높은 성능의 매우 빠른(펨토초의 수십 배) 레이저를 광섬유와 같은 비선형 매체에 펄스시킬 때에 생성된다. 이러한 매우 강한 간섭성 광대역 광원은 낮은 파장 제한을 UV 영역으로 확장할 경우, CA-AAS에 이상적일 것으로 예상된다.

분석물 원자 광원

다양한 불꽃들, 전열 원자화 장치, 원자화를 위한 찬 증기 및 수소 음이온 형성을 포함하여 AAS 기기에 적합한 원자 증기를 만드는 여러 방법들이 있다.

1. 불꽃 원자화 불꽃 AAS에서 사용되는 버너와 분무기는 공기$-C_2H_2$(2250°C)와 $N_2O-C_2H_2$(2960°C)가 필수적이며 절대적으로 사용된다는 점 이외에 FP에서 사용했던 것과 같다. 불꽃 AAS에서는 불꽃이 이들 FP에서 요구되었던 것 이상에 처해야 하는 추가적인 영역이 있다. 불꽃 조건/연료-산화제 비율은 불꽃에서 산화나 환원되는 조건을 만들기 위한 조절된 변화폭을 허용해야 한다. 다른 원소들은 다른 불꽃 조건 하에서 적절한 감도를 보여야 한다. 위의 두 불꽃 형태 모두 불꽃에서 원자가 머무르는 시간이 길어지도록 변화폭을 허용하고, 낮은 기체 속도(최대 약 160 cm/s)를 허용해야 한다. 주어진 불꽃 조건에서 주어진 원소의 가장 좋은 감도는 불꽃 속에서 관측 높이에 따라 다를 것이다.

공기-아세틸렌 불꽃이 AAS에서 가장 널리 사용된다(내화성). 산화물을 형성하는 원소에는 $N_2O-C_2H_2$ 불꽃이 가장 좋다.

공기-프로페인 불꽃은 AAS에서 일반적으로 사용되는 불꽃 온도보다 낮아서 대부분의 원소들을 원자화시키지 못한다. $N_2O-C_2H_2$ 불꽃이 공기$-C_2H_2$ 불꽃보다 훨씬 뜨겁지만 온도가 너무 높으면 몇몇 원소는 상당히 이온화를 시작하므로 높은 온도가 모든 원소들에 대해 좋은 것은 아니라는 점을 유념하라. 실제 이것이 FP에서 측정될 원소가 프로페인-공기보다 뜨겁지 않은 불꽃에서 측정되는 이유이다. 공기$-C_2H_2$는 AAS에서 열에 안정한(내화성) 산화물을 형성하는 약 30개의 원소를 제외하고는 대부분의 원소에 대해 선호하는 불꽃이다. 이러한 이유로 $N_2O-C_2H_2$ 불꽃이 선호된다. 버너는 반드시 매우 높은 온도의 $N_2O-C_2H_2$ 불꽃을 견디기에 적합해야 한다. 특별하고 두꺼운 스테인리스강 버너 헤드가 사용된다. 불꽃의 길이는 분자 분광학에서의 셀 길이와 동등하다. Boiling 디자인이 이러한 긴 경로를 가진다.

탄화수소-연료 불꽃은 200 nm까지 파장을 내려가면서 복사선의 50% 이상을 흡수한다. 따라서 이들 불꽃은 이들 파장 이하의 흡수를 관찰하는 데 적합하지 못하다. 아르곤-수소-혼입 공기 불꽃(아르곤-수소 분산 불꽃이라고도 함)에서 수소는 연료로 사용되고, 아르곤은 분무제 또는 보조 기체이다. 불꽃이 불붙음에 따라 수소는 주변 공기를 태운다. 불꽃 높이에 따

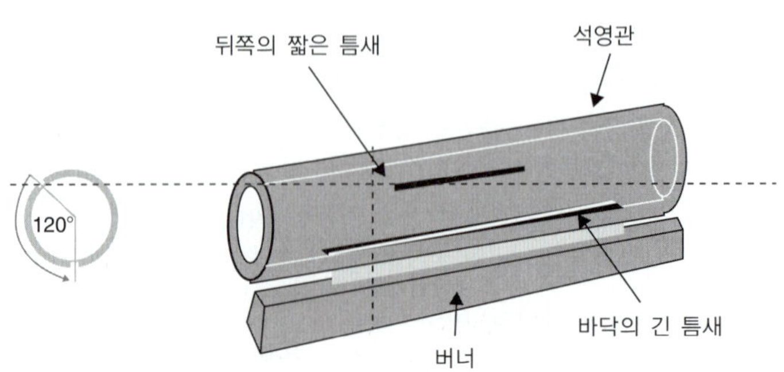

그림 17.7 불꽃 위에 놓여진 기다란 구멍이 난 석영관은 어떤 각에서 짧은 출구 틈새를 가지고, 원자의 잔류 시간을 늘려 준다.

라 다르지만, 불꽃의 중간 부분은 온도가 매우 낮은 300~500°C인 반면, 바깥 부분은 850°C에 도달한다. 190 nm에서조차 전형적인 버너에서 불꽃의 투과도는 80%이다. 비소(193.5 nm)와 셀레늄(197.0 nm)과 같은 원소들은 쉽게 수소 음이온(AsH_3, H_2Se, 뒤에서 상세히 소개함)을 형성하여 이들 기체들은 직접 불꽃에 도입된다.

2. 원자로부터 조금 더 얻는 것 우리가 낮은 불꽃 속도에 관심을 갖는 이유는 일단 원자가 만들어지면 높은 불꽃 속도에서보다 관찰 영역에서 더 오랫동안 머무를 수 있기 때문이다. 신호를 관찰하는 시간이 길어질수록 신호 대 잡음 비가 좋아진다. 산소–아세틸렌 불꽃으로 원자의 잔류 시간을 길게 하는 한 방법은 불꽃의 꼭대기에 기다란 구멍이 난 석영관을 사용하는 것이다(그림 17.7). 그러한 관은 쉽게 넣을 수 있지만 S/N 비는 겨우 2~3배 정도 개선될 뿐이다.

GFAA가 널리 이용되기 이전에 탄탈륨/니켈 재질의 손잡이가 있는 배/컵의 사용이 보편적이었다. 이것이 위 그림에서 보이는 석영관과 연결하여 종종 사용되었다. 원하는 부피의 시료(예를 들어 혈액, 혈액 속의 납 측정)를 배에 넣고, 시료를 증발시키고 건조시킨다. 시료 잔류물을 포함한 배는 불꽃 속으로 들어가고, 생성된 원자는 위에 위치한 석영관으로 들어가서 측정이 된다. 명확하게 그 배/컵은 불꽃 온도보다 높은 온도에 이르지 못하고, 이 기술은 상대적으로 쉽게 원자화되는 원소들에만 유용하다. 그러나 많은 이와 같은 원소들이 생체 시료에서 특별히 관심을 갖는 Cd, Pb, Hg, Zn, Se 등과 같은 원소들이다.

3. 전열 원자화 불꽃 속으로 용액을 흡인하여 원자화시키는 방법은 가장 편리하고 재현성도 높지만 시료에 있는 원소 모두를 원자 증기로 바꾸는 특별히 효과적인 방법도 아니고, 흡수를 측정하기에 충분히 긴 시간 동안 광학 통로에 있도록 하는 것도 아니다. 용액에 녹아 있는 분자/이온 종으로부터 흡입된 분석물의 0.1% 미만이 원자화되고 측정된다. 불꽃 원자화에 필요한 용액의 부피는 최소 밀리리터나 그 이상 스케일이다.

전열 원자화는 몇몇 형태의 작은 로(보통 부피 1 cm^3 이하)에 시료의 소량을 넣고 건조한다. 전기로는 전기 전도성 물질로 만든다. 탄탈륨과 다른 물질들이 내화성 카바이드를 만드는 원소같은 특별한 응용에 유용한 반면, 현재의 흑연로는 거의 절대적으로 사용된다.

로는 원자 증기 구름을 생성시킬 수 매우 높은 온도로 빠르게 전기적으로 가열된다(100암페어 이상의 전류와 1000°C/s 이상의 가열 속도가 일반적임).

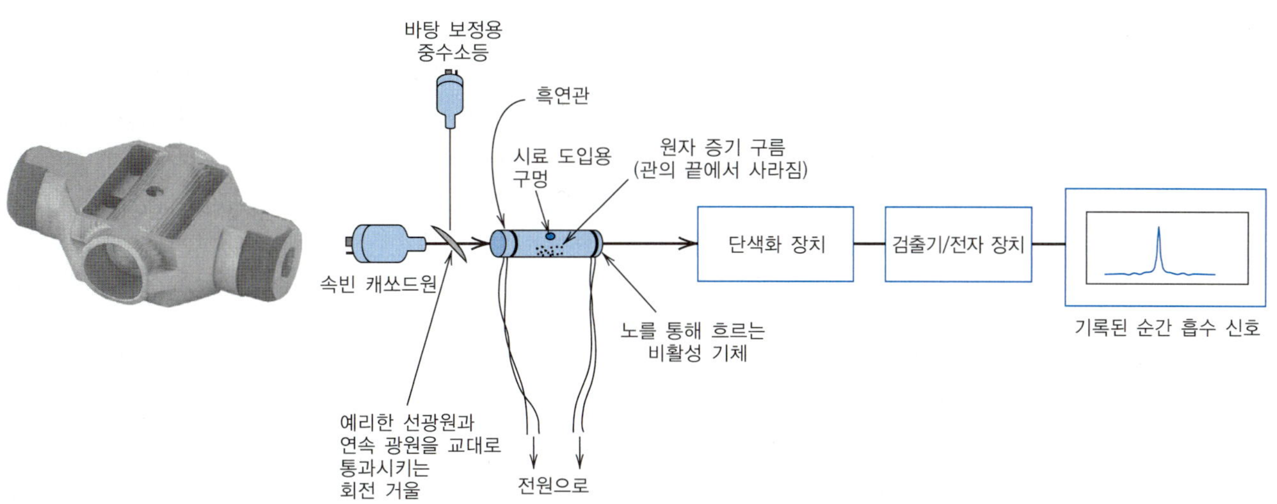

그림 17.8 왼쪽: 통합 플랫폼을 갖춘 가로 방향으로 가열되는 흑연관의 사진
빛살이 왼쪽에서부터 오른쪽으로 지나간다. 앞쪽과 뒤쪽 사이에서 전기적 접촉이 있다. 시료는 위에 있는 구멍을 통해 직접 플랫폼으로 들어간다(PerkinElmer Inc. 사의 허가로 게재).
오른쪽: 모식적으로 나타낸 축 방향으로 가열된 흑연관을 사용하는 전형적인 전열 AAS 기기

흑연로는 **Boris L'vov**에 의해 원자 흡수 분광의 목적으로 최초 연구되었다. 이 기술을 발전시키고 완전하게 하려는 그의 지치지 않는 노력이 없었으면, GFAA는 오늘날의 성공을 맛볼 수 없었을 것이다. Walsh가 쓴 잎신 논문이 L'vov의 상사인 Kibisov에게 심사 논문으로 보내졌다. L'vov는 그 논문에 감명을 받았지만 건전한 비판적인 관점에서, 방출 분광법에 앞서 내화성 물질로부터의 휘발성 불순물을 모으는 데에 사용해 온 흑연로를 사용하여 저자의 생각의 타당성을 체크하길 원했다. 약간의 NaCl을 로에 넣어서 그는 Na D선을 살폈다.
"속빈 캐쏘드관으로부터의 밝은 소듐선이 약해지고 완전히 사라지기 시작할 때, 나의 놀라움을 상상하시오"라고 그는 기록했다.(*Spectrochim. Acta B.* **39** (1984) 149). 흑연 큐벳(그가 부른 대로)에서 시료의 전체 증기화에 관한 L'vov의 첫 번째 논문은 1959년에 러시아에서 나왔고, 그로부터 25년 후에 영어로 번역되었다.

전열 원자화 장치는 100%에 도달할 정도의 전환 효율을 가지며, 따라서 절대 검출 한계가 불꽃 흡인 방법에서보다 종종 100~1000배 이상 개선된다. 우리는 열저항성을 가지는 원자화 장치(흑연로)에 중점을 둘 것이다. 이들이 방출 측정법에는 일반적으로 사용되지 않지만 원자 흡수 분광법에는 잘 맞다. 전형적인 전열 원자화 장치의 모식도를 그림 17.8에 나타내었다.

전형적인 전열 원자화에서는 수 마이크로리터의 시료를 흑연관 내부에 놓는다. 보통의 흑연은 다공성이고 몇 가지 문제를 야기한다. 이를 해결하기 위해 그 로를 비다공성 열분해성 흑연으로 만들거나 코팅하여 만든다. 원래의 로는 단순히 원통형 관(Hans Massman을 따라 Massman 로라고 종종 불림)이었지만, 시료를 L'vov platform이라 종종 불리우는 관 안에 있는 플랫폼에 넣었을 때 훨씬 향상된 결과를 얻었다. 로는 전류를 통과시켜서 저항적으로 가열된다. 로는 긴축을 따라 수직적으로 가열되거나(접촉 전극이 빛살이 통과하는 관의 긴 축의 양쪽에 위치함) 가로축으로 빛의 통로에 직각에서 가열된다. 후자의 배열이 보다 균일한 수직축 온도 분포를 가져오고, 이것이 고급 기기에 이용된다. 시료는 먼저 낮은 온도(100~200°C)에서 몇 초 동안 건조된 후 500~1400°C에서 열분해에 의해 유기물이 분해되는데, 이때 연기가 발생하여 측정하는 동안 광원 빛의 산란이 일어난다. 열분해 때 발생하는 연기는 아르곤 기체의 흐름에 의해 씻겨나간다. 최종적으로 시료는 3000°C까지의 고온에서 열적으로 빠른 속도로 원자화된다. 광원에서 나오는 빛은 원자화 장치(또는 관)를 지나간다. 원자 구름이 빛이 지나는 길을 통과할 때 예리한 흡광도 피크 대 시간을 기록한다(그림 17.8). 일반적으로 관찰된 피크의 높이보다는 면적을 정량에 이용한다. 물론 가열은 흑연의 연소를 막기 위해 비활성(예를 들어 아르곤)하에서 진행되고, 또한 산소가 있으면 내화성 금속 산화물이 만들어진다. 전열 원자화는 거의 100% 효율로 수 마이크로리터의 시료만이 요구된다.

원자간 효과는 일반적으로 불꽃 AAS에서보다 전열 AAS에서 더 크게 영향을 받는다. 그 원자간 효과는 일반적으로 알려진 양의 표준물을 시료에 첨가한 후 시료를 재측정하는 표준물 첨가법을 사용하여 알 수 있다. 표준물 첨가법에 대해서는 17.5절에서 보다 상세히 설명할 것이다. 시료 매트릭스가 변할 때 분석물의 피크 넓이보다 피크 높이와 모양이 많이 변한다. 이 때문에 정량 분석 시 피크 면적을 선호한다.

원자화시키기 전에 건조와 열분해를 시키지만, 전열법에서 일어나는 바탕 흡수는 불꽃 방법에서보다 현저해지는 경향이 있다. 특히 생체 시료나 환경 시료가 더욱 그렇다. 이것은 잔류 유기물과 기화되는 매트릭스 염 때문에 발생한다. 따라서 이에 대한 바탕 보정이 의무적이다.

흑연로 AAS의 검출 한계는 피코그램(pg, 10^{-12} g)이나 그 이하 수준이다. 농도 검출 한계는 보통 10~50 μL 범위에서 시료의 부피에 따라 다르다. LOD가 1 pg인 원소를 10 μL 시료로 측정할 때, 농도 LOD는 10^{-12} g/0.01 mL 또는 10^{-10} g/mL, 또는 100 ng/L(100 ppt; part prt trillion)가 된다. 다양한 원소들에 대한 전형적인 농도 LOD의 웹 사이트에 접근 가능한 비교표(http://www.thermo.com/eThermo/CMA/PDFs/Articles/articlesFile_18407.pdf)에는 아연 7.5 ng/L에서 P 100 ug/L까지 검출 한계가 나열되어 있다. 매우 작은 시료 부피를 취함에도 불구하고 이 방법의 감도가 극히 우수함을 알 수 있다.

전열법은 불꽃 방법과 상호보완적이다. 측정 원소의 농도가 충분히 높고 용액의 부피가 충분할 때는 후자가 더욱 적당하다. 불꽃 방법은 재현성이 훨씬 우수하고 방해도 보통은 쉽게 처리할 수 있다. 반면에, 농도가 매우 낮거나 시료의 양이 매우 작을 때는 전열 원자화법을 써야 한다. 전열 AAS에서는 고체를 직접 분석할 수도 있다. 전열법의 사용과 교정은 보통 좀 더 많은 주의가 필요하다.

4. 원자화를 위한 찬 증기와 수소화물 생성 이 종류의 가장 알려진 예는 수은의 분석이다. 수은은 $SnCl_2$ 같은 환원제에 의해 쉽게 원자로 된다. 수은을 함유하는 시료 용액에 적당한 환원제를 넣으면 수은은 Hg(0)로 환원된다. 용액을(보통 아르곤으로) 퍼징시켜 자유 수은이 AAS 기

기셀로 들어가게 한다. 수소화붕산 소듐($NaBH_4$)은 훨씬 강력한 환원제이고, 이것은 Hg를 Hg(0)로 근원적으로 환원시킬 수 있다. 환원제로 $SnCl_2$와 $NaBH_4$는 무기물과 전체 수은의 측정에 각각 이용된다. 상온에서 카드뮴의 증기압이 매우 낮지만 Cd도 $NaBH_4$에 의해 용액에서 Cd(0)로 성공적으로 될 수 있다. $NaBH_4$는 마찬가지로 기체 상태의 As, Bi, Ge, Pb, Sb, S, Se, Sn, Te, In, Tl의 수소화물을 만들 수 있고, 만들어진 기체를 불꽃, 뜨거운 석영 측정 용기, 흑연로에까지 도입하여 원소로 쉽게 분해된다. 찬 증기와 수소화물 생성의 가장 큰 장점은 관심 분석물이 원래 시료의 매트릭스로부터 증기로 완전히 분리되는 것을 의미하는 **매트릭스 분리(matrix isolation)**이다. Au, Ag, Co, Cr, Cu, Fe, Ir, Mn, Ni, Os, Pd, Pt, Rh, Ru, Zn과 같은 많은 다른 금속들은 수소화물을 만들지 못하는 반면, 쉽게 원자화가 가능한 나노미터 크기의 원소 에어로솔을 형성한다.

AAS 기기에서의 연속 광원

좁은 파장 간격을 분리하기 적합한 고분별능 분광계를 사용하려면 AAS 기기에 연속 광원을 사용할 수 있다. 이런 기기의 구성도를 그림 17.9에 나타내었다. 불꽃이든 흑연로이든 원자원으로 사용할 수 있다. *Echelle*(프랑스어로 계단을 의미함) 회절발에 의해 이루어지는데, 이것은 보통 거친 방식으로 용인되고, 거의 항상 5보다 더 높은 차수의 회절을 만들기 위해 높은 입사각에서 운용된다. 매우 높은 파장 분해는 가능해진다(회절발과 회절 차수에 대해서는 16장 참고). 이러한 회절발은 매우 높은 분산을 가능하게 하여 파장 분해를 잘 하는 반면, 다중 차수의 분산이 보통 겹쳐지므로 보통의 분해능을 가진 이차 회절발이나 보다 일반적으로 프리즘 같은 2차 분산 장치로 반드시 정리해야 한다.

AAS에서의 방해

방해에는 스펙트럼 방해, 화학적 방해, 물리적 방해 등 세 종류가 있다. 이들을 간단히 논의하고, 방출 및 흡수 측정법에 미치는 상대적인 영향을 알아본다.

1. 스펙트럼 방해

원자 흡수선은 매우 좁아서 다른 원소에서 오는 흡수선과 거의 겹쳐지지 않는다. 훨씬 일반적인 문제는 분자 흡수에 있다. 이러한 흡수는 불꽃 기체/연소 생성물, 분해되지 않은 시료 중의 분자, 그리고 시료로부터 발생될 수 있는 산란에 의해서 생길 수 있다. 특히 전열 원자화 또는 불꽃/AAS에서 분무된 시료에 용해성 고체를 포함하고 있을 때 모든 시료를 원자화하기 어렵게 만든다. 잘못 측정된 높은 흡광도를 잘 보정하지 않으면 분석물 농도의 전반적인 과잉 평가를 일으킬 수 있다.

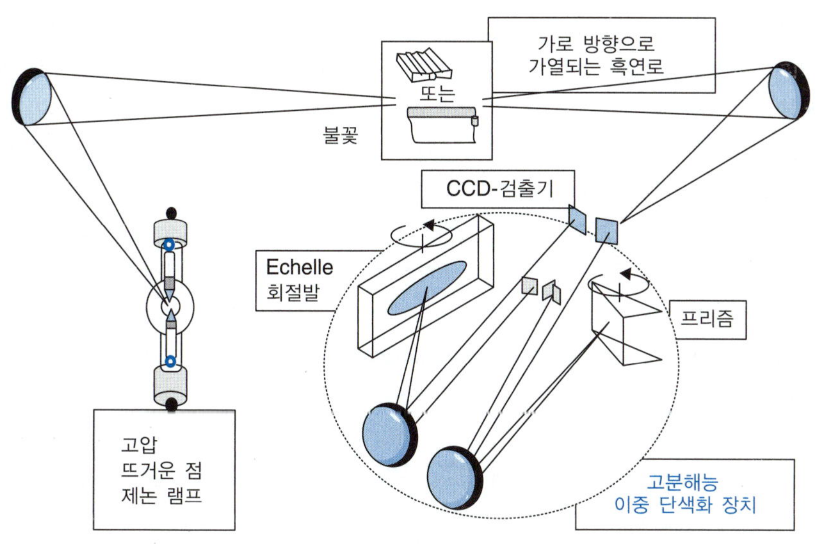

그림 17.9 AAS용 연속 광원-고분별능 분광기의 구성. 기기는 뜨거운 점 모드로 작동되는 강한 고압 제논 램프와 차수 정리용 프리즘을 가진 Echelle 나색 상지를 사용한다. 빛살은 원자원(불꽃 또는 흑연로)을 통과하여 CCD 배열 검출기에 도달한다.

이러한 **바탕 흡수(background absorption)** 효과는 바탕에 기인하는 흡광도와 분석물+바탕에서 기인하는 흡광도를 순차적으로 측정하여, 그 차이를 통해 분석물로에 기인하는 흡광도를 구하여 보정할 수 있다. 이를 수행하는 가장 보편적인 방법은 그림 17.8에서 볼 수 있는 D_2 램프(중수소등)와 같은 연속 광원을 추가적인 광원으로 사용하는 것이다. 이러한 **연속 광원 바탕 보정법(continuum source background correction method)**은 그 바탕 흡수가 틈새-단색화 장치를 통과하는 전체 파장 구간(통과 대역)을 가로질러 넓게 퍼져서 일어나도록 하는 이점을 갖는다. 거울이 광원을 HCL로부터 중수소등으로 전환시킬 때, 평균 흡광도는 모든 파장 영역에 걸쳐 측정된다. 원자 흡수선은 이러한 통과 대역과 비교하여 매우 좁으므로 분석물 원자에 기인한 흡수는 본질적으로 무시할 정도로 생각된다. 반면, 흡광도가 HCL에 의해 측정될 때 그 파장에서 바탕 흡수뿐 아니라 분석물 원자로 인해 생기는 흡광도가 측정된다. 전형적으로 회전 거울이 자동적으로 그 두 광원들을 교대로 전환시키고, 그 차이 신호가 전기적으로 생성된다. 독립된 수동 측정이나 보정은 필요하지 않다. 중수소등은 330 nm 이상의 파장에서는 에너지가 충분하지 못하므로 석영-할로젠 램프가 사용된다. 저가의 기기는 바꿀 수 있는 다른 램프를 종종 사용할 수 없다. 연속 광원 보정법은 완벽과는 한참 멀다. 보정 빛살과 HCL의 기하 구조의 불일치 및 공간적인 불균일성, 바탕 측정 과정에서 원자 흡수 정도나 스펙트럼 에너지 분포의 균일성 부족 등 모든 것들이 높은 정확도의 측정을 어렵게 한다. 그러나 상대적으로 운용 비용이 적게 들고, 사용이 쉬운 점도 있다.

AAS에서 일어나는 가장 흔한 문제는 입자들에 의한 빛의 산란이다. 이것은 넓은 폭을 가지므로 바탕 흡수 측정으로 보정할 수 있다.

Smith-Hieftje 바탕 보정법은 발명자의 이름에 따라 붙여진 방법으로 명쾌한 이론을 가진다. 고전압에서 HCL이 펄스될 때 방출선은 상당히 넓어지고 많은 원소들, 특히 휘발성 원소들은 바탕에 의해 흡수되는 분석선 파장의 양옆 파장에서 강한 방출이 일어나면서 원래 방출선이 대부분 사라지는 **자체 역전(self-reversal)**이 일어난다. 따라서 정상 상태에서와 고전압을 펄스한 상태에서의 흡수를 제각기 측정하면 분석물+바탕과 바탕만의 신호를 각각 측정할 수 있다. 이러한 보정법은 단일 광원을 사용한다는 장점이 있다. 그러나 이 방법은 그 방출선이 현저한 자체 역전을 하지 않을 때에 감도가 줄어들고, 펄스 조건으로부터 회복되는 시간이 전열 원자화의 신속한 변화 조건에서도 수행될 만큼 충분히 빠르지 않다.

Zeeman 바탕 보정은 선광원 AAS에서 사용되는 가장 정교하고 가장 정확한 바탕 보정 방법이다. 이것의 원리는 광원이나 원자화 장치(원자화 장치에만 적용하는 것이 보편적임, 특히 가열 흑연로 원자화 장치의 경우 더욱 그러함) 모두에 적용되는 자기장 하에서 선광원이 세 개의 주된 편광된 요소로 쪼개짐에 달려 있다. π 요소가 원자 흡수선에 해당하는 원래의 파장이나 그것에 매우 인접하여 남아 있고, 하나는 원래 파장보다 약간 크게, 또 하나는 원래 파장보다 약간 작게 이동한 두 개의 σ 요소가 생긴다. 정확한 움직임 정도는 자기장의 세기에 의존한다. 유용한 쪼개짐이 있으려면 적당히 강한 자기장이 필요하다. 몇몇 고가의 기기는 자기장 세기를 조절하도록 되어 있다(예를 들어 0.1 테슬라 간격으로 0.1~1.1 Tesla까지). 원자화 장치의 크기와 상관되는 이유들에 대해서는(특히 선호하는 자기장의 배열에 수직으로 배열된 경우), 불꽃이나 찬 증기원보다는 크기가 훨씬 작은 흑연로 원자화 장치가 높은 자기장을 얻기에 훨씬 실용적이다. 가로로 고안되어 가열되는 관도 사용할 수 있지만, 세로로 고안되어 가열되는 흑연관이 자기장을 적용하기에 특히 잘 맞다. Zeeman 보정기를 갖춘 보편적인 기기들은 켰다가 끌 수 있는 교류 자기장을 도입한다. 회전 편광기를 통해 π 요소를 없애는 동안 두 개의 비공명 σ 선들의 흡수가 측정되어, 자기장이 꺼졌을 때 분석질과 바탕의 흡수가 측정되고, 자기장이 켜지면 바탕만 측정된다.

바탕 보정은 전열 원자화기에서 더욱 중요하다.

고분해 연속 광원(high-resolution continuum source) AAS의 매우 큰 장점은 분석물 및 분석질+바탕의 연속적인 측정이 필요 없이 한번 측정으로 바탕 보정이 가능하다는 점이다. 이는 전열 원자화에서 직면하는 것처럼 가장 빠른 바탕 변화가 있는 것에 대해서도 정확하게 보정 가능하게끔 한다. 배열 검출기와 함께 아주 분해능이 높은 Echelle 단색화 장치를 사용하므로, 각 픽셀의 빛의 세기를 구하듯이 공명선의 양편에서뿐만 아니라 공명선에서 흡광도를 동시에 측정하는 것이 가능하다. 바탕이 미세 구조를 가진다면, 측정 조건 하에서 존재할 수 있는 알려진 이원자 분자의 저장된 스펙트럼으로 바탕 스펙트럼과 최소 제곱 알고리즘으로 적절히 어울리는 보다 복잡한 보정 방법이 사용되어야 한다.

2. AAS 이온화 방해(ionization interference) 알칼리 및 알칼리 토금속, 그리고 몇몇 다른 금속은 매우 뜨거운 불꽃에서 상당량이 이온화된다. 우리는 이온화되지 않은 원자를 측정하므로, 방출 신호와 흡수 신호가 모두 줄어들 수가 있다. 현재 실행되는 불꽃 광도법에서는 별로 높지 않은 온도의 불꽃을 사용하므로 이온화 방해는 문제가 되지 않는다. 불꽃 AAS에서는 훨씬 뜨거운 불꽃이 사용되므로 쉽게 이온화되는 원소의 이온화가 일어난다. 만일 관심 원소의 고정된 비율이 이온화가 된다면, 감도와 선형 동적 범위(linear dynamic range)가 약간 줄어드는 것을 제외하면 교정 작업에서 이들 대부분을 포함시킬 수 있다. 주된 문제는 이온화가 가능한 원소가 다른 원소에 영향을 미친다는 점이다. 불꽃 AAS 방법으로 칼슘을 측정하려고 할 때, 순수한 칼슘 표준물로 교정 곡선을 만든다. 칼슘의 이온화가 있더라도 이것도 교정 과정에서 처리된다. 반면에 상당량의 소듐을 포함하는 시료의 경우에는, 소듐이 쉽게 이온화가 되어서 불꽃에서 자유 전자의 밀도를 증가시키고 결국 칼슘의 이온화를 억제하여 칼슘 원자/이온의 비율을 증가시켜 양의 측정 오차를 유발한다. 이온화 방해는 시료와 표준 용액 모두에 쉽게 이온화되는 방해물을 과량 첨가하여 측정값을 크게 하고, 이온화를 최소화하여 일반적으로 극복한다. 높은 분석물 농도일 때, 불꽃에서 자유 전자 밀도가 충분히 증가하여 낮은 농도에서와 비교하여 이온화된 원자의 분율이 감소하기 때문에, 이온화가 일어나는지를 교정 곡선이 높은 농도에서 위쪽으로 휘어지는 것이나 양의 편차를 가지는 것으로부터 알 수 있다.

포타슘이나 세슘 같이 보다 쉽게 이온화되는 원소를 용액에 넣어 이온화를 억제할 수 있다.

3. 내화성 화합물 형성(refractory compound formation) 시료는 관심을 갖는 분석물 원소를 포함한 내화성(열에 안정한) 화합물을 만드는 구성 요소를 포함할 수도 있다. 예를 들어 칼슘 분석 시 시료 속에 인산 음이온이 있으면(칼슘 이온과 반응하여) 불꽃 온도에서 원자로 쉽게 깨지지 않는 피로인산 칼슘($Ca_2P_2O_7$)을 생성할 수 있다. 칼슘의 완전한 원자화가 부족함으로 인하여 칼슘 측정에서 음(−)의 오차를 유발할 수 있다. 이와 같은 방해를 처리하는 가장 좋은 방법은 화학적 개입이다. 위의 경우 높은 농도(약 1%)의 염화 스트론튬이나 질산 란타넘을 용액에 넣어주면 된다. 해방제라고 하는 스트론튬이나 란타넘은 인산과 우선적으로 결합하여 칼슘과의 반응을 막는다. 또 다른 방법으로 높은 농도의 EDTA를 용액에 첨가하여 칼슘과 킬레이트를 형성시키기도 한다. 이것은 칼슘과 인산 이온과의 반응을 방지한다. 칼슘−EDTA 킬레이트가 불꽃 속에서 분해하여 자유 칼슘 원자를 생성한다. $N_2O-C_2H_2$와 같은 높은 온도의 불꽃을 사용하면 낮은 온도에서는 쉽게 분해되지 않는 많은 화합물도 성공적으로 원자화시킬 수 있다. 불꽃 AAS에서 Al, Ti, V , Mo 등과 같은 몇몇(내화성) 원소는 불꽃 속의 O나 OH 같은 불꽃 화학종들과 반응하여 $N_2O-C_2H_2$ 불꽃처럼 높은 온도 불꽃을 사용해야만 분해될 수 있는 내화성(열에 안정한) 금속 산화물이나 수산화물을 만든다. 불꽃은 통상 큰 붉은색 깃털 모양의 2차 반응 영역이 관찰되는 환원 상태(연료가 풍부한)에서 가동된다. 이 영역은 CN, NH 및 다른 환원성 라디칼이 존재하여 나타난다. 이들(또는 산소를 포함하는 화학종이 부족한 경우)은 높은 불꽃 온도와 합쳐져서 내열성 산화물의 형성을 분해하거나 방지한다.

내화성 화합물의 생성은 화학적 경쟁물을 첨가하거나 매우 높은 온도를 사용하여 방지할 수 있다.

몇몇 원소의 전열 원자화 역시 방해를 겪을 수 있다. 특정 원소나 특별한 형태의 시료들을 위한 화학적 변형제(chemical modifier)가 개발되어 왔다. 바닷물 같은 높은 소금 농도의 시료로부터 NaCl의 휘발이 문제인데, NH_4NO_3를 첨가하여 열에 쉽게 분해되는 휘발성 NH_4Cl과 $NaNO_3$를 형성함으로써 이를 해결한다. 다른 원소들의 분석에 필요한 특별히 추천할 만한 첨가제들이 폭넓게 표로 만들어져 왔다. http://www.chem.agilent.com/library/usermanuals/public/gta_analytical_methods_0848.pdf.를 참조할 것. 내화성 카바이드의 생성은 GFAA에 심각한 문제를 야기할 수 있다. Ba, Mo, Ti, V 같은 원소들은 쉽게 카바이드를 만들지만 열분해적으로 코팅된 흑연과는 쉽게 반응하지 않는다. 그러나 Ta, W, Zr은 그래도 카바이드를 만들므로 GFAA로 세심하게 측정하기는 어렵다.

4. 물리적 방해(physical interference) 버너 속으로 시료가 들어가는 속도나 원자화 효율에 영향을 주는 대부분의 인자들은 물리적 방해를 일으키는 것으로 간주할 수 있다. 이에 속하는 인자들로는 기체의 유속 변화, 온도나 용매의 변화로 인한 시료의 점도 변화, 높은 고체의 양, 불꽃 온도 변화 등이 있다. 시료의 표면 장력 변화도 분무 방울의 크기에 영향을 줄 수 있다. 이 문제들은 자주 교정하거나 내부 표준물을 사용하여 해결할 수 있다.

17.4 시료 준비 — 때로는 최소화

불꽃 AAS에서는 시료 준비를 종종 최소화할 수 있다. 화학적 방해나 스펙트럼 방해가 없을 경우, 시료를 묽히거나 입자가 없는 거른 용액으로 만드는 것이 필요한 것의 전부이다. 원자 분광법은 원소들을 측정하는데, 원소의 특별한 화학적 형태는 중요하지 않다. 이는 측정 과정에서 자유 원소의 원자 증기로 분해된다. 따라서 묽은 시료의 직접 흡입에 의한 혈액, 소변, 수액, 다양한 체액 속의 여러 원소들을 측정할 수 있다. GFAA는 묽은 용액 뿐만 아니라 부유 고형물이나 고체 시료의 분석도 가능하다. 특별한 원자화 장치도 개발되어 고체를 정확하게 분석하는 것이 용이하고, 고체를 빈번하게 분석해야 할 때에 이들을 분석할 수 있게 되었다.

표준 용액을 제조할 때 시료와 표준 용액의 매트릭스가 최대한 비슷하도록 해야 한다. Methylcyclopentadienyl manganese tricarbonyl(MMT)는 고옥테인값 휘발유 제조를 위해 첨가된다. 휘발유에 들어 있는 Mn을 정량하는 경우에는 표준 용액용으로 물 대신 적절한 탄화수소 용매 매트릭스를 사용해야 한다. 참고 문헌 7에 AAS의 생물학적 시료에의 적용 예를 들었다. AAS는 체액이나 생체 조직, 공기나 물과 같은 환경 시료, 노동 위생이나 안전 영역에서의 다양한 금속 분석에 광범위하게 이용된다. 임상 검사실에서 알칼리와 알칼리 토금속은 불꽃 광도법으로 측정하는데, 최근 이들을 대신하여 이온 선택성 전극 측정법(13장)으로 대치되었다. 후자로 인하여 ISE-바탕 현장 진단이 가능해진 장점이 생겼다.

불꽃 AAS와 GFAAS를 선택하는 많은 인자들이 있다. 불꽃 AAS는 사용이 용이하고, 분석 시간이 짧지만 감도가 떨어진다. Perkin-Elmer에서 다양한 측정 기술(불꽃 AAS, GFAAS, ICP-AES, ICP-MS)의 상대적인 비용, 측정 범위, 검출 한계를 비교할 수 있는 매우 유용한 안내를 제공하고 있다(http://www.perkinelmer.com/PDFs/Downloads/BRO_WorldLeaderAAICPMSICPMS.pdf).

17.5 내부 표준법과 표준물 첨가법

내부 표준 물질은 분석물과 똑같은 방해를 받는다. 분석물과 내부 표준 물질의 신호비를 측정하면 방해를 없앨 수 있다.

원자 분광법에서는 기체의 흐름 속도, 흡인 속도의 변동 같은 인자 때문에 신호가 시간에 따라 자주 변동한다. 이런 경우 **내부 표준(internal standard)**법을 사용하여 정밀도를 향상시킬 수 있다. 예를 들어 17.2절에서 설명한 다채널 불꽃 광도계는 혈장 중의 소듐과 포타슘의 측정에 사용된다. 모든 표준 용액과 시료에 고정된 농도의 리튬을 첨가하고, 그 자료를 K/Li과 Na/Li 신호의 비로 해석하여 정확도를 대폭 개선할 수 있다. 예를 들어 흡입 속도는 변해도 각 신호가 같은 크기와 비율로 영향을 받기 때문에 주어진 K와 Na의 농도는 일정할 것이다. 분석물의 신호와 내부 표준물 신호로부터 내부 표준법 교정을 하는 예로, 20.5절의 스프레드시트 연습을 참조하라. 이상적으로, 내부 표준 물질로 사용하는 원소는 화학적 성질이 분석 대상 원소와 비슷해야 하고, 측정 파장도 너무 크게 차이가 나지 않아야 한다.

원자 분광법(그리고 사실 많은 다른 분석법)에서 종종 직면하는 다른 어려움은 시료 매트릭스에 의한 신호 크기의 감소 또는 증가이다. 이것은 교정에 사용된 표준물과 시료의 매트릭스가 다르기 때문에 기인하는 물리적, 화학적 이유로 생길 수 있다. 예를 들어 시료가 표준물보다 높은 점도를 가진다면, 흡입 속도는 같지 않을 것이다. 시료에 연소성 유기 용매가 함유되어 있다면, 순수한 물에서 제조한 표준물과 비교하여 불꽃에서 효율적인 온도가 다를 것이다. 화학적 방해의 많은 원인들을 이미 언급한 바 있다. 표준물 첨가법 기술이 매트릭스로 인한 오차를 최소화하는 데 유용할 것이다. 이 기술은 앞서 14.9절에서 전위차 적정에서 언급되었는데, 원자 분광법(그리고 대부분의 다른 분석 기술들)과 전위차법의 하나의 주된 차이는 전위차법에서는 농도의 로그에 비례하였지만 여기서는 분석물 농도에 분석 신호가 선형 비례한다는 점이다. 선형 의존이 일반적으로 데이터의 해석을 단순하게 한다.

미지 시료 농도($C_{미지}$)로부터의 바탕 보정된 흡광도를 A_s라고 하자. 시료 V_s mL를 취한 후, 농도($C_{표준}$)를 알고 있는 표준물을 매트릭스 효과를 최소화하기 위해 부피 $V_{표준}$ 만큼 소량 첨가하였다. 이때 $C_{표준}$은 예상되는 시료 농도와 같은 차수가 되게 유사한 농도를 선택한다. 소량 첨가 시료의 바탕 보정된 흡광도를 $A_{첨가}$, 시료에 소량 첨가물을 더한 전체 농도를 $C_{첨가}$라고 할 때 선형 응답이라면

표준물 첨가 교정에서는 표준물이 시료에 첨가되어서 분석물과 동일한 매트릭스 효과를 받게 된다.

$$A_s = kC_{미지} \tag{17.4}$$

$$A_{첨가} = kC_{첨가} \tag{17.5}$$

$$C_{첨가} = \frac{(V_s C_{미지} + V_{표준}C_{표준})}{V_s + V_{표준}} \tag{17.6}$$

이들을 더하면

$$C_{미지} = \frac{A_s V_{표준}C_{표준}}{A_{첨가}(V_s + V_{표준}) - A_s V_s} \tag{17.7}$$

실제로는 선형 범위 내에서 여전히 활용할 수 있는 것을 확인하기 위해 두 개의 다른 최종 농도에서 얻은 최소한 두 개의 표준물 첨가 기록이 원래의 시료에 추가로 취해져야 한다. 더 나아가, 바탕도 종종 의미가 있으므로 바탕 보정을 수행하는 것도 중요하다. 다수의 표준물 첨가가 높은 정확도를 위해 종종 수행된다. 동일한 표준물의 다수의 분액을 첨가하는 것이 편리하다. 일정한 매트릭스를 가지기 위해, n개의 표준물 첨가가 이루어진다면, 순수한 시료를 분석하는 것보다는 V_s mL 시료+$nV_{표준}$ mL 물(또는 표준물이 있는 매트릭스)을 분석한다. 최초의 소량 첨가 시료는 V_s mL 시료+$(n-1)$ $V_{표준}$ mL 물+$V_{표준}$ mL 표준으로 구성되고, 두 번째 소량 첨가 시료는 V_s mL 시료+$(n-2)$ $V_{표준}$ mL 물+2 $V_{표준}$ mL 표준으로 구성되며, n 번째 소량 첨가 시료는 V_s mL 시료+$nV_{표준}$ mL 표준으로 구성된다. 모든 경우에서 전체 부피 V_t는 $V_s+nV_{표준}$으로 상수로 남아 있다.(만일, 그 부피가 일정하지 않으면 각 경우에 있어서 그 신호는 희석을 반영해서 V_t/V_s를 곱해야 하고, 각 경우에서 계산된 V_t를 전체 부피로 한다. 즉 전체 부피에 대해 무시할 만한 작은 부피가 첨가되더라도 어떤 양의 표준물이 첨가된다면, 그것은 시료를 희석시키고 매트릭스를 변화시킨다. 가장 정확한 결과를 얻으려면 모든 측정되는 시료에 대해 동일하게 희석해야 한다. 따라서 시료에 첨가한 총 부피는 첨가된 가장 큰 표준물 부피와 동일하게 일정하게 유지된다. 작은 부피의 표준물이 첨가될 때, 그 차이는 용매(종종 물)에 의해 발생한다). 보통 그림 14.6과 유사한 교정 곡선이 만들어지며, 이 경우 Y축은 원자 방출이나 흡수 신호이고, 각 경우에 추가된 표준물의 부피 $V_{표준}$이 X축 값이 될 것이다. 어떤 측정에 대해서도 관측된 흡광도, $A_{관측}$은 다음과 같이 주어질 것이 분명하다.

$$A_{관측} = \frac{kC_{미지}V_s}{V_t} + \frac{kC_{표준}nV_{표준}}{V_t} \tag{17.8}$$

$nV_{표준}$의 함수로 $A_{관측}$을 그래프로 그리면 $kC_{표준}/V_t$의 기울기와 $\frac{kC_{미지}V_s}{V_t}$의 절편을 갖는 직선이 얻어진다. 기울기에 대한 절편의 비는 $\frac{C_{미지}V_s}{C_{표준}}$이고, 이로부터 $C_{미지}$가 쉽게 계산된다.

표준물 첨가 실험에 대한 계산의 불정확도와 스프레드시트 계산의 이용은 이장의 **웹 사이트** 보충에서 소개될 것이다. 여기서는 간단한 표준물 첨가 문제에 대한 예를 살펴보자.

예제 17.2

혈청에 들어 있는 포타슘을 표준 물질 첨가법을 사용하여 불꽃 방출 분광법으로 정량하였다. 0.500 mL씩 분취량 두 개를 취하고 5.00 mL 증류수에 가한 후, 이 중 하나에는 0.0500 *M* KCl 용액 10.0 μL를 가했다. 알짜 방출 신호의 크기는 임의의 단위로 32.1과 58.6이었다. 혈청 내 포타슘의 농도는 얼마인가?

풀이

첨가한 표준 물질의 양은 다음과 같다.

$$0.0100\text{ mL} \times 0.0500\ M = 5.00 \times 10^{-4}\text{ mmol}$$

이 표준 물질 첨가로 인해 증가된 신호의 크기는 다음과 같다.

$$58.6 - 32.1 = 26.5\text{ 단위}$$

시료에 들어 있는 포타슘의 밀리몰수는

$$5.00 \times 10^{-4}\text{ mmol} \times \frac{32.1\text{ 단위}}{26.5\text{ 단위}} = 6.06 \times 10^{-4}\text{ mmol}$$

이것이 0.500 mL 혈청 중에 들어 있으므로 농도는 다음과 같다.

$$\frac{6.06 \times 10^{-4}\text{ mmol}}{0.500\text{ mL}} = 1.21 \times 10^{-3}\text{ mmol/mL 혈장}$$

17.6 원자 방출 분광법: 유도 결합 플라스마 [ICP]

들뜬 상태의 원자들로부터의 특징적인 방출을 관찰하려면 들뜬 상태의 원자들이 꼭 있어야 한다. 방출 세기는 들뜬 상태로 존재하는 원자의 수에 직접 비례한다. 표 17.1에서 보았듯이, 들뜬 상태에 있는 원자들의 상대적인 비율은 매우 높은 온도에 도달할 때까지 매우 작다. 알칼리나 알칼리 토금속(17.2절 참조, 불꽃 광도법이 여전히 유용한)처럼 매우 쉽게 들뜨는 원자들을 제외하고는, 지난 20여 년 이상 모든 다른 들뜸원(아크, 스파크, 고온 불꽃 등)은 온도가 10,000 K까지 도달하는 유도 결합 플라스마원을 못이겨왔다. 현재의 원자 방출 분광법(AES)에서 유도 결합 플라스마(ICP)를 유일한 들뜸원으로 사용하고, 따라서 ICP를 사용한 분광 분석법을 ICP-AES 또는 ICP-OES(optical emission spectrometry; 광학 방출 분광법)라고 한다. ICP는 1960년대에 미국 Iowa 주립대학의 Velmer Fassel과 영국의 Stanley Greenfield에 의해 원자 분광학에 최초로 도입되었고, 1974년에 시판되는 기기가 선보였다. ICP 개발의 연대 순 역사는 Greenfield의 논문: S. Greenfield, “분광원으로서의 고리형 유도 결합 플라스마의 발명”, *J. Chem. Ed.*, **27** (2000) 584–591에서 알 수 있다.

그림 17.10에 ICP를 도식적으로 보여 주고 있다. 석영관 주위의 라디오파 코일이 아르곤 기체를 들뜨게 하고, 이것이 흘러들어간다. 라디오파 주파수 범위는 보통의 소비 전력인 1~2 kW에서 전형적으로 5~75 MHz이다. 플라스마는 테슬라 코일이나 그 비슷한 것의 점화용 방전에서 시작되어 이온화된 아르곤이 활동한다. 교류 자기장이 전도성 기체 내에서 소용돌이 전류를 일으키고, 방출 에너지가 이들을 가열하여 플라스마 온도에 이르게 한다.

플라스마는 그림 17.10에서 보여 주는 방사 방향으로부터 볼 수 있다. 초창기 기기의 대부분은 지금 보는 그림 배열을 활용하였다. 축 방향 view은 훨씬 뒤에 소개되었다(이 경우 그림

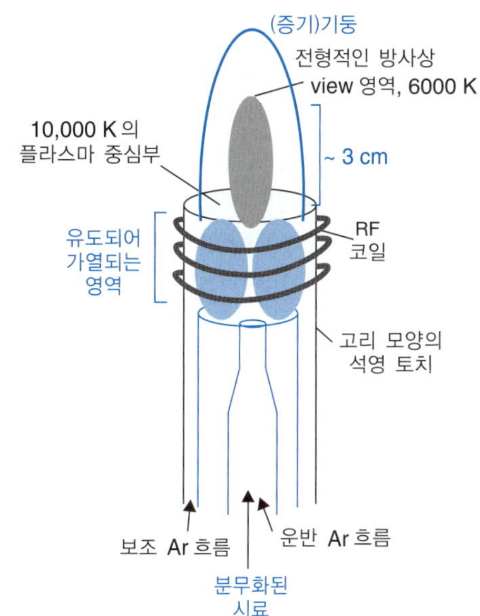

그림 17.10 유도 결합 플라스마. 시료는 불꽃에서의 시료 도입과 아주 유사하게, 토치의 중심관을 통해 분무된 에어로솔로 도입된다. 시료 용액을 분무하는 데에 아르곤 운반 기체의 흐름이 이용된다. 고가의 기기는 플라스마를 식히는 수증기의 도입을 최소화하기 위해 열전기적으로 냉각되는 분무 장치를 종종 사용한다. 훨씬 많은 아르곤의 흐름이 플라스마를 가두는 토치의 고리 모양 부분으로 흘러간다. 전형적인 ICP 토치의 전체 아르곤 소모량은 10~20 L/min 정도로 중요하다. 이 기기의 전체 전력 소모는 종종 3~4 kW 범위이다. 몇몇 기기는 최적의 측정을 위해 카메라를 적절한 위치에 배치시켜 플라스마의 영상을 볼 수 있도록 되어 있다.

17.10을 위에서 아래로 보면 됨). 축 방향 흐름 배열에서는 수직 view용 광학 장치들을 보호하기 위해 열 관리가 필수적이므로 기체 흐름을 더 멀리한다. 공기가 "전단 흐름(shear flow)"용으로 사용될 수 있는데, 일부 제조업자들은 아르곤이나 질소를 사용하여 이 지역을 퍼징시켜 공기나 산소가 존재하면 완전히 흡수될 수 있는 166 nm 이하 같은 짧은 UV 영역 파장 아래까지 볼 수 있는 영역을 확장시킨다. 장파장 한계는 800 nm 이상이다. 방사상 view나 수직 view 둘 다 모든 점에 있어서 다른 것보다 낫지 않다. 방사상 view가 튼튼하지만 수직 view보다 플라스마 영역이 더 제한적이다. 그래서 LOD(검출 한계)는 수직 view가 훨씬 좋지만 방해가 훨씬 큰 경향이 있다. 수직 view에서는, 큰 농도로 존재하는 원소의 방출선 이웃에 있는 극미량 원소의 약한 방출선을 정확하게 측정하는 데 어려움이 있다. 여러 최고의 기기들은 ICP-OES를 작동시킬 때에 두 배열을 모두 할 수 있다. Thermo Fisher Scientific의 iCAP 6000 기기의 광학 배열을 그림 17.11에 나타내었다.

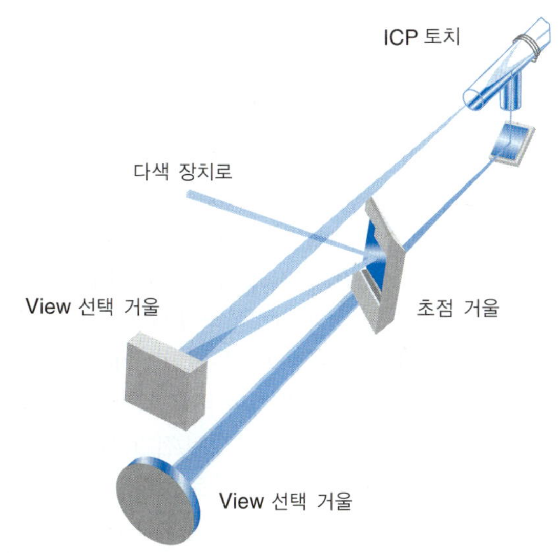

그림 17.11 2중 view ICP-OES 기기인 Thermo iCAP 6000의 광학 배열. 쉽게 전환할 수 있는 두 개의 view 선택 거울의 위치가 기술됨. (Thermo Fisher Scientific 허가)

ICP-OES에서의 다색화 장치와 검출기

ICP는 충분히 뜨거워서 기본적으로 화학적 방해가 제거된 것이다. 하지만 스펙트럼의 겹침으로 인한 방해는 관심을 가져야 한다. 플라스마와 플라스마 기체로부터의 바탕 방출을 제외하고도, 각 원소별로 방해의 가능성을 증가시킬 만한 다수의 방출선이 있다. Echelle 회절발 같은, 파장 분해능이 매우 큰 분산 장치를 이용하면 좋은 실험을 수행할 수 있다. 200 nm에서 7 pm의 파장 분해능을 자랑하는, 예를 들어 탈륨의 190.856과 190.870 nm의 이중 방출선에 대한 바탕선 분리가 가능한 ICP-OES 기기가 상업적으로 이용될 수 있다.

초창기 ICP-OES 기기에서는 하나 또는 여러 개의 광전자 증배관을 검출기로 사용하였는데, 최근에는 배열 검출기 또는 더 보편적으로 2차원(2D) 영상 검출기가 현재 절대적으로 많이 사용되고 있다. 2D 영상 검출기의 사용은 플라스마 전체 영상을 가능하게 하고, 다른 원소들이 플라스마의 다른 위치에서 측정되어 각자 최상의 온도에서 측정이 이루어지는 것도 가능하게 한다. 일반 CCD나 뒤가 얇고 환한 CCD(매우 우수한 감도를 보이는) 영상 검출기를 사용하는 동안 적어도 한 제조업자가 2D 전하 주입 검출기(CID)를 개발하였다.

CID는 General Electric에서 1972년에 최초의 CID 영상 카메라를 개발하여 출시하였다. CID는 모든 화소가 독자적으로 분리되어 각기 개별적으로 다룰 수 있도록 되는 점에서 CCD와 다르다. CCD 화소의 포화 상태에서는 전하가 옆 화소에까지 넘치는 "블루밍(blooming)"이 일어난다. CID는 이러한 블루밍이 최대한 억제된다. 게다가 요즘의 CID는 다른 화소에 다른 노출 시간을 주어 주성분의 강한 방출선을 그것에 해당되는 화소에서 신속하게 읽어내고, 반면 흔적량만 있는 다른 원소의 약한 방출선을 다른 화소에서 노출 시간을 많이 주어 읽어낸다. 최근의 ICP-OES 기기의 감도는 전체 66개 원소들(https://static.thermoscientific.com/images/D01567~.pdf 참고)에 대해 최소 10개 이상의 원소들에서 0.01 μg/L 이하이고, 다른 17개에 대해 0.1 μg/L 이하이며, 다른 것들에 대해서도 1 μg/L 이하이다. 아래서 설명될 ICP-MS가 일반적으로 훨씬 우수한 LOD 값을 제공하지만, 원자량이 작은 원소들에 대해서는 종종 좋지 못한 LOD 값을 보여 준다. 특히 반도체 산업에서 중요한 측정 대상인 흔적량의 규소 분석은 ICP-MS보다 ICP-OES가 더 좋다. 규소를 포함하는 시료는 보통 금속류와 유리/석영에 부식성이 매우 큰 HF에 녹인다. 이러한 분석을 위해 시료 취급 라인이 모두 HF에 영향을 받지 않는 재료로 만들어진 특별한 기기가 상용화되어 있다.

이온화와 ICP-MS

플라스마는 물질의 이온화된 상태이다. 온도가 충분히 높으면 하나 또는 몇 개의 최외각 전자가 떨어져 나가서 플라스마는 그 결과물인 양이온과 자유 전자로 구성된다. 첫 번째 전자가 떨어져 나오는 용이함을 첫 번째 이온화 퍼텐셜(IP)로 일컫고, 보통 전자 볼트($1\ \text{eV} = 1.60 \times 10^{-19}$ J)로 나타낸다. 이온화 퍼텐셜 표는 웹, 예를 들어 http://images.tutorvista.com/content/periodic-classification-elements/periodic-table.jpeg.에서 폭넓게 구할 수 있다. 알칼리 금속은 쉽게 이온화되며, Li~Cs 중 가장 큰 원자인 Cs는 3.9 eV의 IP 값을 가지며, 가장 쉽게 이온화가 된다. 비활성 기체와 전기 음성도가 큰 원소들은 이온화되기 어려우며 He, Ne, F의 IP 값은 각각 24.6, 21.6, 17.4 eV이다. 식 17.1에서 소개한 Maxwell-Boltzmann 분포식을 여기에 적용시키면 아르곤의 바닥 상태와 첫 번째 이온화 상태의 분포비를 알 수 있다. 10,000 K에서 Boltzmann 상수값 k는 1.38×10^{-23} J/K이고, kT는 1.38×10^{-19} J이다. 아르곤의 IP가 15.8 eV이고, 비분화도비를 1로 가정하면 식 17.1로부터 10,000 K에서 Ar에 대한 Ar^+의 비는 10^{-8}이다. 다른 많은 원소들은 훨씬 쉽게 이온화되는데, Cs, Ru, I의 IP는 각각 3.9, 7.5, 10.4 eV이고, 비분화도비를 1로 할 때에 이온/원자의 비는 각각 1.1×10^{-2}, 1.7×10^{-4}, 5.8×10^{-6}이다. 그 비율이 작아 보이지만, 전하를 띤 입자는 전기장에서 가속되어 전자 증배관이나 채널 증배기 또는 PMT(섬광체에 의해 이온이 광자로 전환된 후 측정) 등의 검출기를 사용하여 매우 정교하게 검출할 수 있다. 이러한 검출기는 질량 분석법에도 사용되며, 22장에서 ICP-MS의 MS 부분에서 보다 상세히 언급될 것이다.

여러 방법으로 이온화한 후에 유기 분자를 분석하는 데에 질량 분석기가 가장 보편적으로 사용되는 동안, ICP는 질량 분석기의 독특한 이온원 역할을 해 왔다. 플라스마 온도에서는 어떠한 유기 분자도 남아 있을 수 없지만, 그 시료에 존재하는 원소는 그들의 IP에 따라서 다양한 정도로 이온화되고 그들의 질량 대 전하비로 분류되어 큰 감도로 검출되는 질량 분석기로 도입될 수 있다. 그 자체가 원소 간 방해를 하는 경우는 거의 없지만, 17.3에서 언급한 것과 매우 유사한 이온화 억제를 통한 방해는 일반적이다. 더 정확히 말해서, 기기가 관심을 갖는 원소의 표준 용액으로 보정이 되어 있더라도 시료가 Na처럼 쉽게 이온화되는 원소를 다량 함유한다면 Na의 이온화는 결과적으로 분석물 원소의 이온화 효율을 감소시키는 플라스마의 자유 전자 밀도를 증가시키게 될 것이다. 좋은 정량을 위해서는 내부 표준물의 사용이 필수적이다. 가능한 가장 좋은 표준물은 시료에는 자연적으로 존재하지 않는 동일한 원소의 동위 원소 추적자이다. 예를 들어 아이오딘 분석에 ^{129}I가 동위 원소 추적자로 흔히 사용된다. 하지만 이것이 불가능한 경우가 많다. 시료에 존재하지 않는 다른 원소를 동위 원소 추적자로 사용하는데, 이때 관심을 갖는 원소와 유사한 IP 값을 갖는 동위 원소 추적자를 사용한다. 이상적으로는 관심 원소와 비슷한 IP 값을 갖는 두 개의 추적자를 사용하는 것이 좋다.

ICP-MS와 ICP-OES 모두 매우 높은 감도로 많은 수의 원소를 동시에 측정할 수 있다. Evans 분석 그룹에서는 용액과 고체 시료의 전형적인 용해 이후의 두 기술의 검출 한계를 유용하게 비교할 수 있는 자료를 제공하였다. http://www.eaglabs.com/documents/icp-oes-ms-detection-limit-guidance-BR023.pdf.를 참조하라.

레이저 절삭 ICP-OES/MS

레이저 절삭(laser ablation, LA) 도구는 원자 분광학자에게는 미세 탐침과 동일하다. 기본 원리에는 고에너지 UV 레이저 펄스를(고체)시료 위에 향하도록 하는 것이 포함되어 있다. 방출된 에어로솔/증기는 비활성 운반 기체에 의해 ICP로 직접 운반되고, OES나 MS에 의해 원소 분석이 수행된다. 일반적으로 네오니뮴이 도핑된 이트륨 알루미늄 가넷(Nd-YAG) 레이저가 섬광등의 광학적 펌핑에 의해 펄스형 레이저에서 사용되고, 이 레이저의 기본적인 NIR 방출은 비선형 광학 결정에 의해 전형적으로 266 또는 213 nm로 주파수 증폭이 된다. 193 nm에서 작동하는 ArX 엑시머 레이저도 흔히 사용된다.

대부분의 경우, 짧은 파장이 보다 좋은 결과를 제공하지만, 같은 성능의 단파장 LA(레이저) 시스템은 훨씬 비싸다. 펨토초 펄스 시간을 가진 레이저 삭마 시스템도 시판되고 있지만, 전형적인 펄스 시간은 수 나노초 정도이다.(삭마된) 점의 지름은 2 μm~1mm 이상 정도로 될 수 있고, 최대 에너지 침착은 5~15 J/cm^{2}이다. 결과의 질은 침착된 에너지 그 자체에 의존하지는 않지만(시료를 녹일 수 있는 매우 높은 성능의 적외선 레이저가 매우 보잘 것 없는 결과를 낳는다) 펄스에서 펄스까지 레이저 점의 재현성과 공간적 균일성에 의존한다. 영상 모드는 절삭을 반복적으로 한 점에 실시하여 원소 지도 깊이 측면도를 만들 수 있다(절삭의 깊이는 레이저 반복 비율, 스캔 속도, 시료 자체 성질의 함수이고, 보통 100~500 nm 두께의 층이 한 펄스에 의해 제거된다). 전체 면적은 점방식(raster)으로 지도화될 수 있다. 가시광선 영상(시료에 따라서 투과 또는 반사 모드에서 얻은)은 시험 영역을 묘사하기 위해 광학 현미경에 의해 동시에 얻어진다.

50 μm의 분별능을 가진 25 mm 길이는 20~30분 정도 시간에 지도로 그릴 수 있는 반면, 적당한 깊이까지의 단일점 깊이 측면 지도는 2~3분 내에 만들 수 있다. 레이저 절삭 분화구의 예를 그림 17.12에 나타내었다. LA-ICP 실험에서 가장 좋은 재현성은 2%이고, 훨씬 자주 8%까지 올라간다. LA-ICP 원소 측정의 가장 큰 장점은 시료 준비 과정이 없다는 것이다. 전자 미세 탐침이나 이차 이온 질량 분석법과 같은 다른 원소 지도화 기술과 비교하여, LA-ICP 기술은 보다 감도가 좋고 정량적으로 정확하며, 재현성이 있다. 이 기술의 가장 어려운

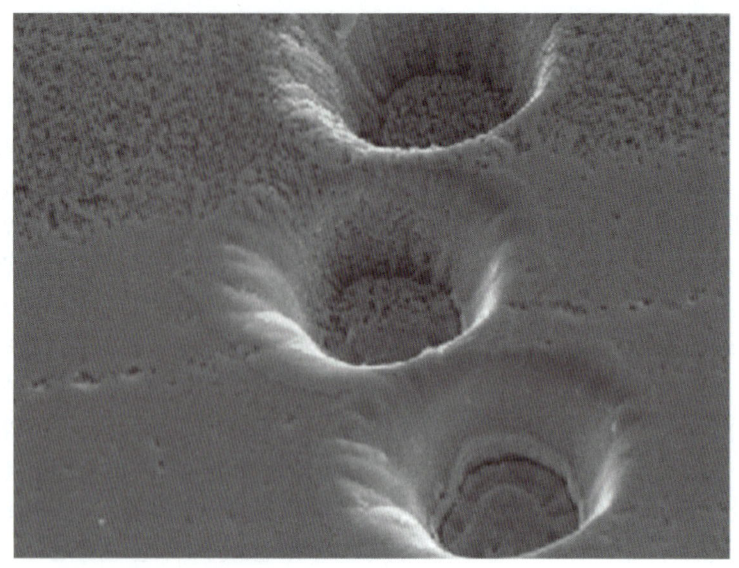

그림 17.12 ZnS 시료(무기 섬아연광)에서 만들어진 레이저 절삭 분화구. 각 레이저 절삭 분화구의 크기는 대략 지름 30 μm, 깊이 20 μm이다. (Alan E. Konig, US Geological Survey, Denver, CO 허가)

점은 적절하게 균일한 고체 표준물을 얻는 것과 정량적인 정확도를 위한 적절한 교정이다. 이 기술은 고고학이나 법의학, 지질학 시료 분석에 매우 유용하고, 고분자에서 금속의 분포를 조사(종종 제조 과정에서 사용된 촉매를 유추하여)하는 데에도 매우 유용하다. 보다 상세한 설명은 참고 문헌 13을 보라. 결과적으로는 많은 경우 LA-ICP-MS가 LA-ICP-OES보다 감도가 좋다. 하지만 몇몇 원소들에 있어서는 LA-ICP-OES의 LOD가 1 μg/g 이하에 도달하고, 측정에 충분한 감도를 가지며, LA-ICP-MS보다 정량적인 정확도도 우수하다(예로서 A. Stankova, N. Gilon, L. Dutruch and V. Kanicky, *J. Anal. At. Spectrom.*, **26** (2011) 443를 참조하라).

17.7 원자 형광 분광법

원사 형광 분광법(atomic fluorescence spectrometry, AFS)은 원자 방출 분광법과 오직 원자가 열적으로 들뜨지 않고 광자에 의해 들뜬다는 점만 다르다. 하지만 원자는 오직 그들이 방출하는 것과 동일한 공명선에서 가장 효과적으로 들뜬다. 들뜸과 방출의 최댓값이 다른, 분자 형광과는 달리, 방출된 형광과 분산된 들뜸 빛을 구분할 방법은 없다. 그들은 같은 파장을 가진다. 원자 형광 분광법에서는 분산된 빛이 없도록 해야 한다. 들뜸원을 작동시키고 형광 신호를 검출하면 분산된 복사에 반한 것이 아닌 원자원으로부터 바탕 복사에 반하는 약간의 면역력(방출선)이 생겨난다는 점을 주목하라. 이것이 원자원의 상당한 제한 사항들이다.

보통의 불꽃은 아주 형편 없는 검출 한계를 가진다. AFS에서 흑연로를 사용하여 왔고 회전 가능한 레이저원에서 얻은 기록된 검출 한계가 아토그램(attogram, 10^{-18} g) 수준이지만, 이것은 연구 실험실에 제한된 것이고, 시판되는 AFS는 전열 원자화나 레이저 들뜸원을 사용하지 않는다. 공기가 혼입된 아르곤–수소 불꽃(17.3 원자화원 분석 참조)은 UV 영역에서 높은 투명도를 가지고 거의 비발광이다. 이것이 원자(들뜸)원으로 자주 사용되어 왔다. 이 불꽃은 상대적으로 차갑고(1000°C에도 미치지 못함), 수소 음이온(hydride)으로 불꽃에 도입될 때 수소 음이온을 형성하는 원소만 효과적으로 원자화시킬 수 있다. 이 수소 음이온도 가열된 석영관에 의해 원자로 효과적으로 분해된다. 사실 공기–Ar–H_2 불꽃과 가열된 석영관은 시판되는 기기에서 사용하는 유일한 원자화 장치이다. 따라서 AFS의 사용이 수소 음이온을 형성하는 원소와 Hg(상온에서 원자 증기를 쉽게 생성하고, 별도의 원자화 장치가 필요 없는)에 제한된다. 그러나 이들 원소에 대해서는 AFS는 매우 정교한 감도를 보여 준다.

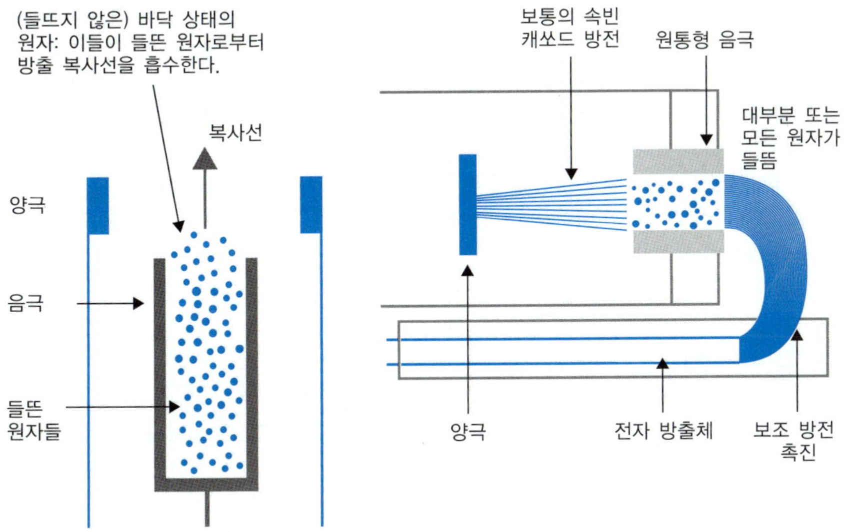

그림 17.13 속빈 캐쏘드 램프 대 Boosted discharge(방전 촉진) 속빈 캐쏘드 램프. 방전 촉진 HCL(오른쪽), 표준 속빈 캐쏘드 램프(막힌 바닥에 유념할 것)은 왼쪽에 있음. 추가적인 촉진 전류가 램프 내에서 2차 방전을 유발한다. 음극 위에 형성된 원자 기둥이 2차 방전에 의해 다시 들뜨게 되고, 원자를 다시 힘내게 하여 방출 출력을 표준 HCL과 비교하여 3~5배 증가시킨다. 자체 흡수와 선폭 확장이 감소되고, 좁은 방출선을 낸다(Photron Pty Ltd. 허가).

수은은 찬 원자 증기를 쉽게 만들고 253.7 nm에서 강한 들뜸원을 제공하는 저가의 수은등을 제공하기 때문에, 수은은 AFS에 의해 측정되는 가장 흔한 원소이다. 농축 과정 없이 시판 기기는 0.2~1 ng/L의 LOD를 얻을 수 있고, 금 트랩에서의 사전 농축과 열탈착을 거치면 검출 한계를 한자리 수 이상 더 크게 할 수 있다. 별도의 불꽃이나 뜨거운 관 원자화 장치가 없으므로 수은 분석기(금 위에서 사전 농축을 할 수 있는 옵션을 가진)에 전적으로 기반하는 AFS가 여러 제조업자에 의해 상품화되었다. 수은의 높은 독성으로 인하여 많은 나라들이 식수에서 산업 폐기물에 이르기까지 다양한 매트릭스에서 수은의 최대 허용 기준 관련 규정을 마련하여 낮은 농도의 Hg 농도를 측정할 필요성이 커졌다. 몇몇 기기들은 실제 AAS 또는 AFS 배열을 모두 하고 있다.

일반적인 AFS 기기는 분석할 원소에 특별한 교체 가능한 광원을 사용한다. 형광 신호가 방출되는 빛의 세기에 직접 비례함을 기억하면, 표준 속빈 캐쏘드 램프는 AFS에는 적합하지 않다. 방전 촉진 속빈 캐쏘드 램프(그림 17.13)는 훨씬 큰 세기를 제공하여 EDL보다 안정하여 우선되는 에너지원이다(AAS에서는 이러한 램프를 사용해도 좋은 결과가 나오는데, 특히 투과 효율과 검출기 감도가 좋지 못한 단파장 UV 영역, 예를 들어 AAS와 AFS 모두에서 As와 Se가 각각 193.7과 196.0 nm 파장 영역에서 측정될 때에 그러하다).

방출된 형광 복사선은 90°C에서 들뜸살로 모아져서 검출기에 집중된다. 선광원을 사용하고 바탕 복사선이 최소화되므로 PMT 검출기 앞에 단색화 장치를 둘 필요는 없다. 그래서 방출된 형광 복사선은 광원(특별히 Hg 램프)에 의해 방출될 수 있는 다른 선들을 끄집어내는 일을 돕는다. 낮은 분해능과 높은 처리량의 단색화 장치 또는 교체 가능한 간섭 필터가 이 장치에 보통 사용된다.

질문

원리

1. 보통 불꽃에서 들뜬 상태에 있는 원자의 분율은 얼마인가? 유도 결합 플라스마에서는 얼마인가?
2. 불꽃 방출 분광법과 원자 흡수 분광 광도법 및 원자 형광 분광법의 원리를 설명하시오.
3. 불꽃 광도법과 불꽃 원자 흡수 분광법을 기기 장치의 응용성, 감도, 방해의 관점에서 비교하시오.
4. 원자 흡수 분광법에서 광원이 예리한 선을 가질수록 더 좋은 이유는 무엇인가?
5. 분자 화학종은 넓은 띠들로 나타나는 반면, 원자 화학종의 흡수 스펙트럼은 특정 파장을 가진 불연속 선들로 구성된 이유는 무엇인가?
6. 환원성 산화 이질소-아세틸렌 불꽃에서 붉은색 부분은 무엇 때문에 나타나는가?

7. 원자 흡수 분광법에서 전열 원자화기를 사용할 경우 불꽃 원자화 장치와 비교하여 감도가 좋아지는 이유를 설명하시오.
8. 원자 분광법 측정에서 내부 표준물 원소를 사용하면 정밀도가 향상되는 이유를 설명하시오.
9. 원자 분광학의 선구자 중 한명인 Gary M. Hieftje가 1974년에 공저자로 쓴 화학분석 학부교재에서 다음과 같은 질문을 하였다. 읽고 풀이하시오.
   원자 흡수 분광법으로 여러 원소를 동시에 분석하는 것이 원자 형광법이나 불꽃 방출 분광법보다 어려운 이유는? 어떠한 발전이 있어서 AAS에 의해 여러 원소를(거의) 동시에 분석 가능하게 되었는가? 여러 원소를 동시에 분석하려면 AFS 기기 구성을 어떻게 해야 하는가? 이렇게 하는 것이 한 번에 한 원소를 분석하는 것에 비해 감도가 좋지 못한 이유는 무엇인가?

교수 선호 문제

Indiana 대학의 Gary M. Hieftje 교수 제공

10. (a) 만일 속빈 캐쏘드 램프가 주로 AAS에서 검출된 복사선의 스펙트럼 띠너비를 측정한다면, 왜 단색화 장치가 필요한가?
    (b) Na, K, Li 등과 같은 알칼리 금속에 대해, 불꽃 속에 존재하는 많은 원자종들이 이온화한다. 원자 방출을 측정하지 않고 이들 이온 방출을 측정하는 것을 선택하지 않는 이유는 무엇인가?

기기 장치

11. 속빈 캐쏘드 램프의 작동 원리를 설명하시오.
12. 사전 혼합식 버너에 대해 설명하고, 사용하는 불꽃을 설명하시오.
13. 원자 흡수 장치에서 흔히 변조된 복사선 광원을 사용하는 이유를 설명하시오.

방해

14. 원자 흡수 분광법으로 해수 중의 납을 정량하였다. 메틸아이소뷰틸 케톤으로 반응시켜 APDC(암모늄 피롤리딘다이싸이올 카바네이트) 킬레이트를 추출하고, 측정을 위해서 이 유기 용매를 흡인하였다. 표준 물질과 시약 바탕 용액을 같은 방법으로 처리하였다. 바탕 용액의 값은 거의 0이었다. 283.3 nm 선이 측정되었다. 독립적으로 산화 전극 벗김 전압 전류법을 이용하여 측정한 결과에 의하면, 원자 흡광법에 의한 결과가 거의 100% 정도 높은 것으로 나타났다. 산화 전극 벗김 전압 전류법이 옳다고 가정하고, 이렇게 잘못된 결과가 나타난 이유를 설명하고 그 해결 방법을 제시하시오.
15. 원자 흡수 분광법에서 종종 고온인 산화 이질소-아세틸렌 불꽃이 필요한 이유를 설명하시오.
16. 불꽃 흡수법 또는 불꽃 방출 분광법에서 표준물이나 시료에 고농도의 포타슘염을 가하는 이유는 무엇인가?
17. 화학적 방해는 공기-프로페인과 같이 "차가운" 불꽃에서 더 크게 일어남에도 불구하고, 알칼리 금속의 정량에는 이 불꽃을 사용한다. 그 이유를 설명하시오.
18. 어떤 분석자는 불꽃 방출 분광법에 의한 1 ppm 소듐 용액의 신호는 110이며, 1 ppm 소듐과 20 ppm 포타슘을 동시에 포함하는 용액의 신호는 125라고 보고하였다. 이로부터 20 ppm 포타슘에 의한 바탕값은 나타나지 않는다고 측정되었다. 이 결과를 설명하시오.
19. 수은은 찬 증기 AAS에 의해 측정될 수 있다. 무기 수은과 유기 수은을 어떻게 구별하겠는가?
20. 어떤 원소의 수소 음이온은 $NaBH_4$와 반응하여 얻을 수 있고, 이를 불꽃이나 다른 원자화 장치에 넣을 수 있다. 이 방법의 장점은 무엇인가?
21. 유도 결합 플라스마(ICP) 방출 분광법은 좋은 감도로 다수의 원소를 측정하는 데에 널리 이용된다. ICP 작업을 어떻게 수행하는가?
22. 레이저 절삭은 고체 시료의 미세 영역을 조사하는 효과적인 방법이다. 이를 어떻게 수행하는가?
23. 어떤 원소들에 대하여 원자 형광 분광법은 원자 흡수 분광법의 매력적인 대체 수단이다. 어떤 원소들에게 가장 잘 적용되는가? 그 이유도 설명하시오.

문제

감도

24. AAS에서 감도는 입사된 빛의 1%가 흡수되는 분석물의 농도로 종종 정의된다. 12 ppm의 납 용액에 의한 원자 흡수 신호는 8.0% 흡수를 나타내었다. 원자 흡수에서 감도는 얼마인가?
25. 정해진 조건에서 은의 원자 흡수 감도는 0.050 ppm을 나타내었다. 0.70 ppm 용액에서의 예상 퍼센

트 흡수는 얼마인가?

Boltzmann 분포

26. 카드뮴 228.8 nm 선은 $1S_0-1S_1$ 전이에 의한 것이다. 공기−아세틸렌 불꽃에서의 N_e/N_0 비를 구하시오. 원자의 몇 퍼센트가 들뜬 상태에 있는가? (단, 빛의 속도는 3.00×10^{10} cm/s이고, Planck 상수는 6.62×10^{-27} erg-s, Boltzmann 상수는 1.380×10^{-16} erg K^{-1}이다.)

정량 계산

27. 원자 흡수 분광법으로 시료 용액 중의 칼슘을 정량하고자 한다. 1.834 g $CaCl_2 \cdot 2H_2O$을 물에 녹여 1 L로 묽혀서 칼슘 모액을 만들었다. 이것을 10배 묽힌 용액을 또 다시 1∶20, 1∶10, 1∶5로 묽혀서 표준 용액을 제조하였다. 시료는 1∶25로 묽혔다. 인산염에 의한 방해를 피하기 위하여 모든 용액에는 묽히기 전에 염화 스트론튬을 1% (wt/vol)가 되도록 가하였다. 바탕 용액은 1%의 $SrCl_2$ 용액으로 만들었다. 용액을 공기−아세틸렌 불꽃에 흡인하였을 때 기록기의 신호는 다음과 같이 나타났다. 바탕 용액: 1.5 cm, 표준 물질: 10.6, 20.1, 38.5 cm, 시료: 29.6 cm. 시료 중의 칼슘 농도를 ppm으로 환산하면 어떻게 되겠는가?
28. 조울증 환자의 혈청 중의 리튬을 탄산 리튬으로 처리하고 불꽃 방출 분광법을 사용하고, 표준물 첨가법으로 정량하였다. 100 μL의 혈청을 1 mL로 묽혔을 때 6.7 cm의 방출 신호가 기록되었다. 0.010 M $LiNO_3$ 용액 10 μL를 가한 비슷한 용액에는 14.6 cm의 신호가 나타났다. 리튬 농도와 방출 신호는 직선의 관계를 갖는다고 가정하면, 혈청 중의 리튬 농도는 ppm 단위로 얼마인가?
29. 원자 흡수 분광법에 의해 해수 중의 염화 이온을 과량의 $AgNO_3$를 사용하여, AgCl로 침전시킨 후 여과하고, 남은 은 이온의 농도를 측정하는 간접적인 방법으로 정량하였다. 건조된 두 개의 100 mL 삼각 플라스크에 시료와 100 ppm 염화 이온 표준 용액을 각각 10 mL 분취하였다. 피펫을 사용하여 질산은 용액 25 mL를 가하였다. 침전이 형성되기를 기다린 후, 혼합 용액의 일부를 건조된 원심분리기용 시험관에 옮기고 원심분리시켰다. 여과한 용액을 원자 흡수 분석기에 흡입하여, 은 이온의 농도를 측정하였다. 10 mL의 탈염수를 넣은 용액을 비슷한 방법으로 처리하여 바탕 용액으로 측정하였다. 각 용액에 대하여 다음과 같은 흡광도 신호가 나타났다면, 해수 중의 염화 이온의 농도는 어떻게 되겠는가? 바탕 용액: 12.8 cm, 표준 용액: 15.7 cm, 표준 시료: 16.8 cm

표준물 첨가

교수 선호 문제

El Paso 대학의 Wen-Yee Lee 교수 제공

30. 이것은 원자 분광학에 표준물 첨가 개념을 곁들인 포괄적인 표준물 첨가 문제이다. 여러분은 약간의 M&Ms가 들어 있는 종이 가방을 가지고 있다. 빈 가방은 질량이 10.0 g이며, 내부를 볼 수 없다. 여러분의 일은 원래 가방 속에 들어 있던 M&Ms의 개수를 찾는 것이다. 그 답을 알아내는 것을 돕기 위해 알고 있는 수의 M&Ms를 넣고, 전체 가방의 질량을 측정한다. M&Ms의 수와 각각의 첨가가 끝난 가방의 전체 질량은 아래 표에 있다. 가방 속에 원래부터 들어 있었던 M&Ms의 수를 알아내시오.

가방에 넣은 전체 M&Ms의 수	0	10	20	30	40
전체 질량(g)	52.7	58.1	63.6	68.5	74.4

추천 참고 문헌

일반

1. V. Thomsen, “A Timeline of Atomic Spectroscopy,” *Spectroscopy*, **21**(10), October 2006, p. 32. A short history of the experimental and theoretical development of atomic spectroscopy for elemental spectrochemical analysis. www.spectroscopyonline.com.
Contains pictures of pioneers: Isaac Newton, Gustav Kirchoff, Robert Bunsen, Anders Ångström, Henry Rowland, Johann Balmer, Wilhelm Röntgen, Hans Geiger, Niels Bohr, Henry Moseley, Louis de Broglie, Werner Heisenberg, Lise Meitner, Alan Walsh, and others.
2. L. Ebdon and E. H. Evans, eds., *An Introduction to Analytical Spectrometry*, 2nd. ed. Chichester: Wiley, 1998.
3. J. W. Robinson, *Atomic Spectroscopy*, 2nd. ed. New York: Marcel Dekker, 1996.

4. G. M. Hieftje, "Atomic Spectroscopy—A Primer," http://www.spectroscopynow.com/coi/cda/detail.cda?id=1905&type=EducationFeature&chId=1&page=1 (search G. M. Hieftje).

불꽃 방출 분광법 및 원자 흡수 분광법

5. J. A. Dean, *Flame Photometry*. New York: McGraw-Hill, 1960. A classic on the fundamentals.
6. G. D. Christian and F. J. Feldman, *Atomic Absorption Spectroscopy. Applications in Agriculture, Biology, and Medicine*. New York: Wiley-Interscience, 1970. Describes sample preparation procedures.
7. G. D. Christian, "Medicine, Trace Elements, and Atomic Absorption Spectroscopy," *Anal. Chem.*, **41**(1) (1969) 24A. Lists levels of trace elements in biological samples.
8. B. Welz and M. Sperling, *Atomic Absorption Spectroscopy*, 3rd ed., Wiley, 1999.
9. B. Welz, H. Becker-Ross, S. Florek, and U. Heitmann. *High Resolution Continuum Source AAS: The Better Way to Do Atomic Absorption Spectrometry*. Wiley, 2005.
10. M. T. C. de Loos-Vollebregt. *Background Correction Methods in Atomic Absorption Spectroscopy. Wiley On-line Encyclopedia of Analytical Chemistry*.Wiley, 2006. http://onlinelibrary.wiley.com/doi/10.1002/9780470027318.a5104/abstract. Only the abstract is freely accessible; institutional access is required for the full article. Reference 8 also covers this topic.
11. X. Hou and B. T. Jones. *Inductively Coupled Plasma/Optical Emission Spectrometry*. 2000. http://www.wfu.edu/chemistry/courses/jonesbt/334/icpreprint.pdf.
12. Cai, Y. *Atomic Fluorescence in Environmental Analysis*. 2000. http://www2.fiu.edu/~cai/index_files/Cai_Encyclopedia%20Anal%20Chem.pdf.
13. A. E. Koenig. *Laser Ablation ICP-MS: Performance, Problems, Pitfalls and Potential*. http://www.armi.com/News/Presentations/2005/02%20-%20ICP-MS%20analysis%20and% 20where%20it%20fits%20in%20the%20Analytical%20Lab_files/frame.htm#slide0112.htm

18장
시료 준비: 용매 추출 및 고체상 추출

2장 URLs

학습 목표

이 장에서 배울 중요한 내용은 무엇인가?

- 분포 계수, 분포비(주요 식: 18.1, 18.3, 18.8)
- 추출 백분율(주요 식: 18.10)
- 금속 이온-착물, 킬레이트의 용매 추출
- 가속 및 마이크로파-보조 용매 추출
- 고체상 추출
- 고체상 마이크로 추출

다음 장에서는 복잡한 시료 분석을 위한 크로마토그래피 기술을 소개한다. 이 기술에서는 여러 종류의 분석물이 컬럼에서 분리되어 검출된다. 그러나 대개의 경우 시료를 컬럼에 주입하기 전에 "씻어내기" 하는 것이 필요하다. 크로마토그래피 분석을 하기 전에 복잡한 시료 매트릭스에서 분석물을 분리하는 데에는 용매 추출이나 고체상 추출 또는 관련 기술이 유용하다. 용매 추출은 분광 광도법 정량에서도 유용하다.

용매 추출은 서로 섞이지 않는 두 액상 간에 일어나는 용질의 분포를 이용한다. 이 기술은 유기 물질이나 무기 물질의 신속하고 "깨끗한" 분리에 매우 유용하다. 이 장에서는 두 상 간의 물질의 분포를 논의하고, 또 이것이 어떻게 분리 분석에 응용되는지를 설명한다. 유기 용매로 금속 이온을 추출하는 방법도 설명하였다.

고체상 추출은 고체 표면에 결합되어 있는 소수성 작용기가 추출하는 상의 역할을 하는 기술이다. 따라서 다량의 유기 용매를 필요로 하지 않는다.

18.1 분포 계수

용질 S는 자체적으로 두 상 사이에 분포될 것이며(흔들어 준 후 상들이 분리되도록 함), 어떤 한계 내에서 두 상에 있는 용질 농도비는 일정하게 될 것이다.

$$K_D = \frac{[S]_1}{[S]_2} \qquad (18.1)$$

위의 식에서 K_D는 **분포 계수**(**distribution coefficient**)이고, 아래 첨자는 용매 1(예: 유기 용매)과 용매 2(예: 물)를 나타낸다. 분포 계수가 크면 용질은 용매 1로 정량적인 분포를 하려는 중성의 유기물들이 물로부터 유기 용매로 분배된다. "비슷한 것끼리 녹는다."

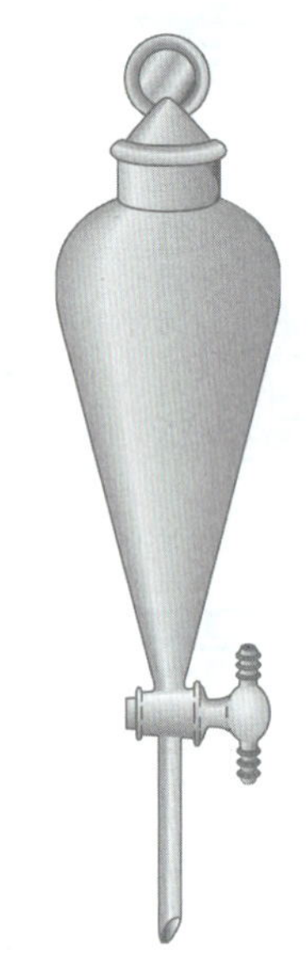

그림 18.1 분별 깔때기

경향이 있을 것이다.

용매 추출에 사용하는 장치를 **분별 깔때기**(**separatory funnel**)라고 하며, 그림 18.1에 나타내었다. 대개의 경우, 용질은 수용액에서 물과 섞이지 않는 유기 용매로 추출된다. 혼합물을 몇 분 동안 흔들어 준 후 층이 분리될 때까지 기다렸다가 아래층(밀도가 큰 용매)을 빼내면 분리가 완결된다.

많은 물질들은 약산과 같이 수용액상 내에서 부분적으로 이온화한다. 이것 때문에 추출은 용액의 pH에 영향을 받는다. 예를 들어 수용액에서 에터로의 벤조산의 추출을 생각해 보자. 벤조산(HBz)은 물에서 약한 산으로 특정의 이온화 상수 K_a(식 18.4)를 갖는다. 분포 계수는 다음 식과 같다.

$$K_D = \frac{[\mathrm{HBz}]_e}{[\mathrm{HBz}]_a} \tag{18.2}$$

여기서 e는 에터 용매를, a는 수용액을 나타낸다. 그러나 수용액 층에 있는 벤조산의 일부분은 수용액층의 pH와 K_a의 크기에 의존하여 에터층으로 이동하지 않고 수용액층에서 Bz^- 형태로 존재할 것이다. 따라서 Bz^- 형태로 존재할 때에는 정량적인 분리가 되지 않을 수도 있다.

18.2 분포비

여기에서 새로운 용어인 **분포비**(**distribution ratio**), 즉 각 상에 있는 모든 화학종의 농도비를 도입하는 것이 유용하다. 벤조산의 경우 분포비는 다음 식과 같다.

$$D = \frac{[\mathrm{HBz}]_e}{[\mathrm{HBz}]_a + [\mathrm{Bz}^-]_a} \tag{18.3}$$

D와 K_D의 관계식은 관련 평형으로부터 쉽게 유도할 수 있다. 수용액에서 산의 이온화 상수 K_a는 다음 식에 의해 주어진다.

$$K_a = \frac{[\mathrm{H}^+]_a[\mathrm{Bz}^-]_a}{[\mathrm{HBz}]_a} \tag{18.4}$$

따라서

$$[\mathrm{Bz}^-]_a = \frac{K_a[\mathrm{HBz}]_a}{[\mathrm{H}^+]_a} \tag{18.5}$$

식 18.2로부터

$$[\mathrm{HBz}]_e = K_D[\mathrm{HBz}]_a \tag{18.6}$$

식 18.5와 18.6을 식 18.3에 대입하면 다음 식이 유도된다.

$$D = \frac{K_D[\mathrm{HBz}]_a}{[\mathrm{HBz}]_a + K_a[\mathrm{HBz}]_a/[\mathrm{H}^+]_a} \tag{18.7}$$

$$D = \frac{K_D}{1 + K_a/[\mathrm{H}^+]_a} \tag{18.8}$$

이 식으로부터 $[\mathrm{H}^+]_a \gg K_a$이면 D는 K_D와 거의 같게 되고, K_D가 크면 벤조산이 에터층에 정량적으로 추출될 것이며, 이런 조건에서 D는 매우 클 것이다. 반면에 $[\mathrm{H}^+] \ll K_a$이면, D는 작은 값인 $K_D[\mathrm{H}^+]_a/K_a$가 되어 벤조산이 수용액상에 남게 된다. 즉 알칼리 용액에서는 벤조산이 이온화되어 추출할 수 없고, 이와 반대로 산성 용액에서는 대부분 이온화되지 않는 상태로 존재한다. 이와 같은 결론은 화학 평형으로부터 직감적으로 알 수 있다.

식 18.1과 마찬가지로 식 18.8로부터 **추출 효율**(*extraction efficiency*)**은 용질의 초기 농도와 무관할 것임**을 예측할 수 있다. 그것은 보통량과 마찬가지로 미량(예, 방사능) 수준에서도 적용할 수 있는데, 한쪽의 상에서 용질의 용해도를 초과하지 않고 추출된 용질의 이합체화 반응 같은 부반응이 없는 조건에만 적용된다.

용매 추출에서 분리 효율은 보통 농도와는 무관하다.

물론 수소 이온 농도가 변하면 추출 효율(D)도 변할 것이다. 앞의 벤조산의 예에서 산-염기 완충 용액을 첨가하여 수소 이온 농도를 일정하게 만들어 주지 않았다면, 벤조산의 농도가 증가하면 수소 이온 농도도 증가할 것이다(7장의 완충 용액 논의 참조).

식 18.8을 유도하는 데 있어서 유기층 속에서 벤조산의 일부가 이합체로 존재하는 것에 대한 항을 식 18.3의 분자에 실제로는 고려하지 않았다. 이합체화 반응의 정도는 농도에 비례하고, 이는 Le Châtelier 원리에 의해 농도가 증가함에 따라 평형을 유기상으로 유리하게 이동하게 할 것이다. 따라서 이와 같은 경우에는 높은 농도에서는 실제 추출 효율이 증가할 것이다. 하나의 예로, 더 완전한 수식을 유도하는 것이 문제 12에 나타나 있다.

18.3 추출 백분율

분포비 D는 부피비와 무관한 상수이다. 그러나 추출되는 용질의 분율은 두 용매의 부피비에 따라 변할 것이다. 유기 용매의 부피가 커지면, 농도비를 일정하게 유지하고 분포비를 만족시키기 위하여 이 층에 용질이 더 많이 녹아야 한다.

추출된 용질의 분율은 유기층에 있는 용질의 밀리몰수를 총 용질 밀리몰수로 나눈 값과 같다. 따라서 추출 백분율은 다음 식이 된다.

$$\%E = \frac{[\mathrm{S}]_o V_o}{[\mathrm{S}]_o V_o + [\mathrm{S}]_a V_a} \times 100\% \tag{18.9}$$

여기서 V_o와 V_a는 각각 유기층과 수용액층의 부피를 나타낸다. 이 수식으로 추출 백분율은 분포비와 연관이 있음을 알 수 있다.

$$\%E = \frac{100D}{D + (V_a/V_o)} \tag{18.10}$$

$V_a = V_o$이면, 다음과 같다.

D 값이 1000이면 추출은 정량적(99.9%)일 것이다.

$$\%E = \frac{100D}{D + 1} \tag{18.11}$$

부피가 같은 경우, D가 0.001보다 작으면 용질이 정량적으로 남아 있는 것으로 간주할 수 있다. 그리고 D가 1000 이상이면 거의 정량적으로 추출된 것을 의미한다. D가 200~1000이면, 추출 백분율은 99.5~99.9%가 된다.

예제 18.1

0.1 M 뷰티르산 수용액 20 mL를 10 mL 에터와 함께 흔들어 주었다. 층이 분리된 후 적정해 본 결과, 뷰티르산 0.5 mmol이 수용액에 남아 있었다. 분포비와 추출 백분율을 구하시오.

풀이

2.0 mmol 뷰티르산으로 시작하여 1.5 mmol이 추출되었다. 에터층의 농도는 1.5 mmol/10 mL = 0.15 M이다. 수용액층의 농도는 0.5 mmol/20 mL = 0.025 M이다. 따라서

$$D = \frac{0.15}{0.025} = 6.0$$

1.5 mmol이 추출되었으므로, 추출 퍼센트는 $(1.5/2.0) \times 100\% = 75\%$이다. 즉

$$\%E = \frac{100 \times 6.0}{6.0 + (20/10)} = 75\%$$

식 18.10에서 유기층의 부피를 증가시키는 것과 같이, V_a/V_o의 비를 감소시키면 추출 분율을 증가시킬 수 있음을 알 수 있다. 그러나 같은 부피의 용매를 나누어서 여러 번 연속적으로 추출하면 더 효과적이다. 예를 들어 D가 10이고 $V_a/V_o = 1$이면, 추출 백분율은 약 91%가 된다. V_a/V_o를 0.5로 줄이면(V_o가 2배) 추출 백분율은 95%가 된다. 그러나 $V_a/V_o = 1$로 2회 연속 추출하면 전체 추출은 99%가 된다.

교수 선호 예제

Howard 대학의 Galina Talanova 교수 제공

n회 연속 추출 시 유기상으로 추출되는 분석물의 분율 또는 n회 연속 추출 후에 수용액 층에 남아 있는 분석물의 분율을 구하는 식(최종 수식 표현이 간편하기 때문에 훨씬 좋은)으로부터 다중 추출값을 얻을 수 있다.

$$E(\text{추출물 분율}) = DV_o \left[\frac{1}{DV_o + V_a} + \frac{V_a}{(DV_o + V_a)^2} + \frac{{V_a}^2}{(DV_o + V_a)^3} + \cdots + \frac{{V_a}^{(n-1)}}{(DV_o + V_a)^n} \right] \tag{18.12}$$

또는

$$\text{남은 물질의 분율} = \left[\frac{V_a}{(DV_o + V_a)} \right]^n \tag{18.13}$$

n은 연속 추출 횟수이고, D는 분포비, V_a와 V_0는 각각 수용액상과 유기상의 부피이다.

예제 18.2

물에서 톨루엔으로 분석물 A를 추출할 때의 분포비 $D = 10$으로 가정한다. 20 mL의 A 수용액을 톨루엔으로 추출할 때, 아래 (a)~(c) 중에서 어떤 과정이 A를 수용액상에서 톨루엔으로 가장 많이 추출하는가?

(a) 40 mL 톨루엔으로 1회 추출

(b) 20 mL 톨루엔으로 2회 추출

(c) 10 mL 톨루엔으로 4회 추출

풀이

(a) 추출 후 남는 양 $= [V_a/(DV_o + V_a)]^n = [20/(10 \times 40 + 20)]^1 = 0.048 = 4.8\%$ (약 95% A 추출)

(b) 추출 후 남는 양 $= [20/(10 \times 20 + 20)]^2 = 0.0083 = 0.83\%$ (약 99% A 추출)

(c) 추출 후 남는 양 $= [20/(20/10 \times 20 + 20)]^4 = 7.7 \times 10^{-4} = 0.077\%$ (거의 100% A 추출)

결론: 작은 양의 유기 용매로 여러 번 추출하는 것이 한 번에 많은 양씩 추출하는 것보다 효과적이다.

18.4 금속의 용매 추출

유기 용매층으로 금속 이온을 추출하려면 전하를 중화시켜야 한다. 그리고 중화는 유기 시약과 연관되어야 한다.

용매 추출은 금속 양이온을 분리하는 가장 중요한 응용 중의 하나이다. 이 방법에서 금속 이온은 적절한 화학 과정을 통해 수용액상에서 물과 섞이지 않는 유기 용매로 분배된다. 금속의 용매 추출은 방해하는 매트릭스로부터 금속을 분리해내거나, 다른 금속으로부터 특정 금속이나 금속 그룹을 선택적으로(올바른 화학적 방법으로) 분리하는 데 유용한 방법이다. 용매 추출은 금속 이온의 분광 광도법에 널리 활용되고 있는데, 이는 금속을 추출하는 데 사용되는 시약이 금속과 결합하여 색을 띠는 착물을 형성하는 것이 많기 때문이다. 또 이 방법은 불꽃 원자 흡수 분광 광도법에도 이용되는데, 비수용성 용매에 들어 있는 시료를 불꽃에 주입함으로써 감도가 증가하고 매질 영향도 없앨 수 있는 장점이 있다.

분리는 여러 가지 방법으로 이루어질 수 있다. 전하를 띠지 않은 유기 분자는 유기층에 녹는 반면, 이온화된 분자의 음이온은 극성인 수용액층에 남아 있는 경향이 있음을 위에서 주목하였다. 이것은"비슷한 것끼리 녹는다"의 한 예이다. 금속 이온은 유기층에는 거의 녹지 않는다. 이들을 녹게 하려면 이들이 가진 전하를 중화시켜야 하고, 어떤 것을 첨가하여 유기상을 좋아하게 만들어야 한다. 그렇게 하는 데는 두 가지 중요한 방법이 있다.

이온 회합 착물의 추출

한 가지 방법으로, 금속 이온에 부피가 큰 분자를 첨가하여 반대 전하를 띤 다른 이온과 회합하여 **이온쌍(ion pair)**을 형성하게 하거나, 금속 이온을(유기물 같은) 매우 큰 다른 이온과 회합하게 한다. 예를 들면 철(III)은 염산 매질에서 다이에틸 에터로 정량적으로 추출할 수 있다는 것은 잘 알려져 있다. 추출 메커니즘이 완전히 밝혀진 것은 아니지만, 철의 염화 착물이 용매의 산소 원자와 배위 결합(용매 분자가 배위된 물 분자를 치환)을 하고, 이 이온이 양성자가 배위된 한 용매 분자와 회합하는 증거가 있다.

$$\{(C_2H_5)_2O : H^+, FeCl_4[(C_2H_5)_2O]_2^-\}$$

비슷한 예로, 우라닐 이온 UO_2^{2+}는 질산 수용액에서 아이소뷰탄올로 추출되는데, 여기서 우라닐 이온은 두 개의 질산 이온과 회합하고(UO_2^{2+}, $2NO_3^-$), 이것을 용매와 유사하게 만드는 용매로 용매화되어 있을 것으로 추측된다. 과망가니즈산 음이온은 테트라페닐비소 이온과 이온쌍을 형성하여[$(C_6H_5)_4As^+$, MnO_4^-], 유기 물질처럼 만들어 염화 메틸렌으로 추출할 수 있다. 이밖에도 이온 회합 추출의 예는 많이 있다. 자연수의 가장자리에서 보기 흉한 거품이 종종 발견되는데, 이는 천연 계면 활성제 때문이기도 하지만 인조 세제에 의한 오염이 원인이다. 이들은 대부분 양이온성 염료인 메틸렌블루와 이온쌍을 이루어 클로로폼 같은 유기 용매에 추출될 수 있는 음이온과 음이온 계면 활성제이다.

염화 유기 용매는 과거에 많이 이용되었던 추출 용매였다. 이들 염화 유기 용매는 독성이 상당히 우려가 되어 대부분의 실험실에서 사용이 단계적으로 중단되고 있다. 이들 용매는 탄화수소 용매에 비해 극성이며, 앞으로는 비수용성 이온성 액체로 대치될 것이다.

금속 킬레이트 추출

금속 이온의 추출에 가장 널리 활용되는 방법으로 유기 킬레이트 분자와 킬레이트 분자를 생성시키는 방법이 있다.

9장에 기술한 바와 같이 킬레이트제는 두 개 이상의 착화기를 가지고 있다. 이들 시약 중 많은 것이 금속과 반응하여 색을 띠는 킬레이트를 생성하는데, 이것이 금속의 분광 광도법 분석의 근간이 된다. 이 킬레이트는 가끔 불용성으로 물에서 침전된다. 반면, 이들 킬레이트는 보통 염화 메틸렌과 같은 유기 용매에 잘 녹는다. 10장에 열거된 많은 유기 침전 시약은 추출제로 사용된다.

금속 킬레이트 추출 과정

킬레이트제는 대부분 약산이어서 물속에서 이온화된다. 이온화되는 양성자가 금속으로 치환되면서 킬레이트가 형성되며, 유기 화합물이 가지고 있는 전하는 금속 이온 전하를 중화시킨다. 예를 들어 **다이페닐싸이오카바존**〔**diphenylthiocarbazone**, **디티존**(*dithizone*)〕은 다음과 같이 납과 반응하여 킬레이트를 형성한다.

(초록색) (붉은색)

(Howard 대학의 Galina Talanova 교수 허가)

통상적으로 킬레이트 시약 HR을 유기층에 넣는다. 시약은 두 상 사이에 분배되고, 수용액층에서는 약산과 같이 해리된다. 금속 이온 M^{n+}는 nR^-와 반응하여 MR_n 킬레이트를 생성하고, 이는 유기층으로 분포된다. 분포비는 유기층 금속-킬레이트 농도와 수용액층 금속 이온의 농도비로 주어진다. 따라서 다음 식을 유도할 수 있다.

$$D = \frac{[MR_n]_o}{[M^{n+}]_a} = K\frac{[HR]_o^n}{[H^+]_a^n} \qquad (18.12)$$

여기서 K는 HR의 K_a, MR_n의 K_f, 그리고 HR과 MR_n의 K_D를 포함하는 상수이다. 주목할 것은 유기층에 있는 금속 킬레이트의 농도가 용해도를 넘지 않는 한, 분포비는 금속 이온 농도와 무관하다는 사실이다. HR의 농도는 대개 과량으로 존재하므로 상수로 간주한다. 추출 효율은 pH와 시약 농도에만 영향을 받는다. 시약 농도 10배 증가의 효과는 pH 한 단위가 증가($[H^+]$ 10배 감소)하였을 때와 같은 추출 효율을 증가시킨다. 이 효과는 n이 클수록 커진다. 시약 농도를 높이면 더 산성인 용액에서도 추출이 가능해진다.

각 금속마다 추출 가능 pH는 다르다. 어떤 금속은 모두 pH 범위에서 추출이 가능한 반면, 어떤 것은 알칼리 용액에서만 가능하다. 금속이 유기 용매에 추출되어도 적절히 낮은 pH에서 다시 수용액층으로 추출되게 할 수 있다. 따라서 pH를 적절히 조절하면 추출 선택성을 높일 수 있다. 또 가림제를 사용하면 어떤 금속이 킬레이트제와의 반응을 막아 줌으로써 선택성을 높일 수도 있다.

금속에 대한 유기 용매 추출 방식은 폐기와 독성 때문에 킬레이트 작용기를 갖는 고체상 수지에 의한 추출 방식으로 바뀌고 있다. 또는 ICP를 기본으로 하는 방법이 사용되는데, 이 방법은 17장에서 소개되었듯이 추출 과정 없이 고감도로 거의 방해 없이 행해진다. 용매 추출, 특히 연속 추출의 원리는 계속적인 연차 분배 과정이 중요한 역할을 하는 크로마토그래피(다음 장에서 소개됨)를 이해하는 데 중요하다.

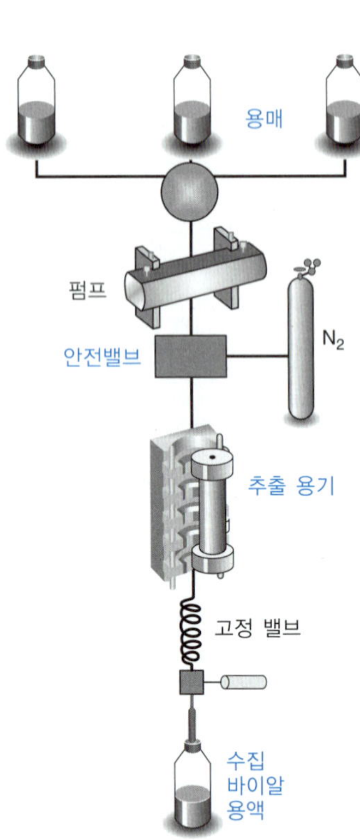

그림 18.2 가속 용매 추출 장치의 모식도(Thermo Fisher Inc. 허가) 전형적인 시간 순서: 시료 주입 및 용매 채움(0.5~1분), 가열 및 압축(5분), 추출(5분); 이 단계와 앞 단계를 반복할 수 있음. 순수한 용매로 세척(0.5분), 질소로 퍼징(1~2분) - 추출은 12~14분에 완료됨.(Thermo Fisher Scientific Inc. 허가)

18.5 가속 및 마이크로파 보조 추출

가속 용매 추출(**accelerated solvent extraction**)이란 분석물을 고체 시료 매질로부터 용매 속으로 효과적으로 추출하는 것을 말한다. 시료를 용매와 함께 밀폐 용기에 넣고 50~200°C로 가열해 준다. 높은 압력 때문에 용매의 끓는점보다 더 높은 온도로 가열할 수 있고, 높은 온도는 용매 속으로 분석 물질의 용해를 가속시킨다. 대기압에서보다 추출 시간과 용매의 부피를 크게 줄일 수 있다.

마이크로파 보조 추출(microwave-assisted extraction, MAE)에서는 마이크로파 에너지를 이용하여 용매를 가열한다. 여기서도 분석물은 시료 매트릭스로부터 용매로 분배된다. 이 방법은 2장에서 기술한 밀폐 용기 산을 이용한 삭임의 연장에 해당한다. 시료와 용매가 들어 있는 밀폐 용기를 그림 2.23과 유사한 마이크로파 오븐에 넣는다. 추출 반응 속도는 온도와 용매 또는 용매 혼합물의 영향을 받는다. 대기압에서 추출하기 위한 가열은 용매의 끓는점으로 제한된다. 보통 사용하는 용매의 끓는점이 50~80°C인 것과 비교할 때, 내부 기압이 175 psig인 밀폐 용기 속에서는 150°C에 도달한다. 마이크로파를 흡수하는 용매가 한 가지 이상 포함되어 있으면 혼합 용매를 사용할 수도 있다. 헥세인과 같은 마이크로파에 투명한 용매는 가열되지 않으나, 헥세인과 아세톤 혼합물은 빠르게 가열된다.

밀폐 용기는 사용하는 용매에 비활성이어야 하고 마이크로파를 흡수하지 않아야 한다. 용기 몸체는 폴리에터이미드(PEI)로 되어 있고, 내부는 퍼플루오로알콕시 플루오로카본(PFA)으로 되어 있다. 다중 추출용은 한 번에 여러 개의 용기를 넣을 수 있다.

또한 마이크로파 추출은 밀폐 용기를 사용하지 않고 대기압에서 가열할 수도 있다(참고 문헌 7 참조). 가열과 냉각을 반복함으로써 용매가 끓는 것을 방지할 수 있다. 이 방법을 사용하면 추출 시간을 크게 줄일 수 있다. 상업용 MAE에 대하여 더 자세한 정보가 필요하면 www.cem.com을 참조하라.

이 고체상 추출에서는 결합된 C_{18} 사슬이 유기 용매를 대신한다.

18.6 고체상 추출

액체–액체 추출법은 매우 유용한 방법이지만 몇 가지 제한점을 가지고 있다. 추출 용매는 물에 섞이지 않는 것으로 제한된다(수용액 시료의 경우). 용매를 흔들어 주면 에밀션이 생성되는 경향이 있고, 따라서 비교적 많은 양의 용매를 사용해야 하는데, 이는 폐기물 처리 문제를 야기한다. 대개의 경우 수동으로 이루어지며, 역추출을 필요로 하기도 한다.

이상과 같은 여러 가지 문제들은 **고체상 추출**(solid phase extraction, SPE)을 사용하면 피할 수 있다. 이것은 특히 크로마토그래피 분석 이전에 시료의 정제나 농축을 목적으로 널리 이용되고 있는 기술이다(19장 참조). 이 기술에서는 특별한 형태의 유기 작용기가 실리카 분말과 같은 고체 표면에 화학적으로 결합되어 있다. 가장 많이 알려진 것으로 40 μm의 입자 크기를 갖는 실리카에 결합된 C_{18} 사슬을 들 수 있다. 결합된 탄화수소(C_{18})가 가상의 액체상을 형성하여 수용액 시료로부터 소수성 유기 물질이 이것에 분배되고 추출되도록 한다. 다양한 극성을 가지는 여러 종류의 고체상이 시판되고 있다. 고성능 액체 크로마토그래피(HPLC)(21장)에 사용되는 동일한 고체상은 큰 입자를 제외하고는 고체상 추출에도 사용된다.

입자로 된 정지상은 플라스틱 주사기와 같은 작은 카트리지에 채운다. 시료를 카트리지에 채우고 주사기 밀대(양의 압력)나 진공(음의 압력) 또는 원심분리로 힘을 가한다(그림 18.3). 소량의 유기물은 컬럼에 추출되어 농축되고 시료 매트릭스로부터 분리된다. 그런 후 메탄올과 같은 용매로 용리하고, 마지막으로 크로마토그래피 같은 방법으로 분석한다(19~21장). 필요하면 분석 이전에 용매를 증발시키는 방법으로 더 농축할 수도 있다.

다양한 부류의 화합물을 추출하기 위해서 추출상의 성질, 특히 결합된 작용기의 종류를 변화시킬 수 있다. 그림 18.4는 van der Waals 힘, 수소 결합(쌍극자 인력), 정전기적 인력 등에 의해 결합된 정지상을 보여 준다.

실리카 입자에 소수성 상이 결합되면 "물을 싫어하기" 때문에 수용액 시료를 처리하기 위해서는 사전에 활성화를 필요로 한다. 이것은 메탄올이나 이와 유사한 용매로 흡착층을 통과

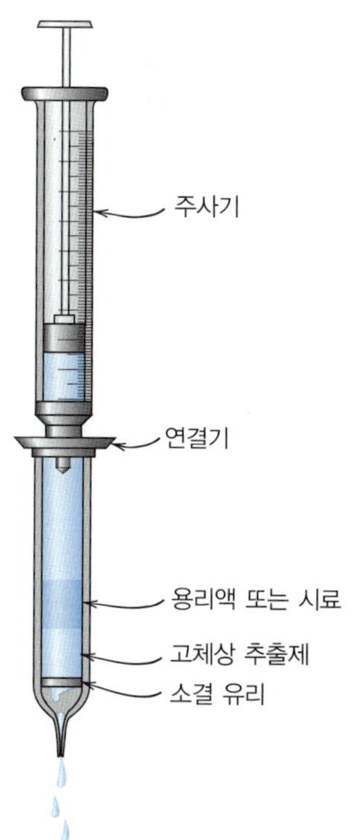

그림 18.3 압력을 가하여 용리에 사용하는 고체상 카트리지와 주사기

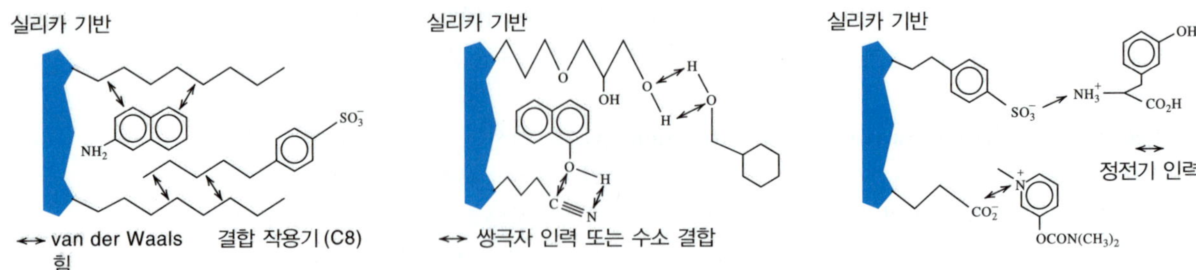

그림 18.4 무극성, 극성, 정전기 상호작용을 하는 고체상 추출제(N. Simpson, *Am. Lab.*, August, 1992, p. 37.)

시키면 된다. 이 용매들은 결합층에 침투하고 또 물 분자나 분석물을 결합층으로 확산되게 한다. 활성화시킨 후에는 시료를 주입하기 전에 물을 흘려주어 남아 있는 과량의 용매를 제거한다. 폴리스타이렌다이바이닐벤젠(polystyrenedivinylbenzene)이나 다른 고분자 지지체들도 많이 사용되는데, 특히 이온 교환용 SPE 상으로 이용된다. 킬레이트 작용기 〔이미노다이아세테이트, 8-하이드록시퀴놀린(iminodiacetate, 8-hydroxyquinoline)〕를 가지는 SPE가 극미량(예를 들어 바닷물에서)의 금속을 예비 농축하거나 온라인 또는 오프라인 추출에 광범위하게 이용된다.

그림 18.5는 고체상 추출 과정을 설명한 것이다. 활성화 이후에 분석물과 다른 시료 구성물질은 흡착 추출 중에 흡착된다. 씻어내기 단계에서 원치 않은 일부 구성 성분은 제거되고, 원하는 분석물만 흘러내리는데, 고체상과의 상호작용의 상대적 세기와 용리시키는 용매에서의 용해도에 따라 일부 구성 성분은 그대로 남아 있게 된다. 이와 같은 과정이 미국 환경보호국(EPA) 공인법에 음용수 중 유기 화합물에 대한 정량에 사용된다.

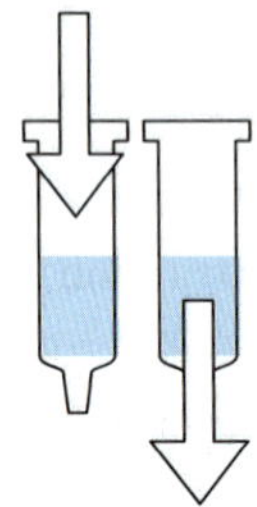

활성화
시료를 넣기 전에 흡착제를 활성화해야 관심 화합물의 재현성 있는 머무름을 보장한다.

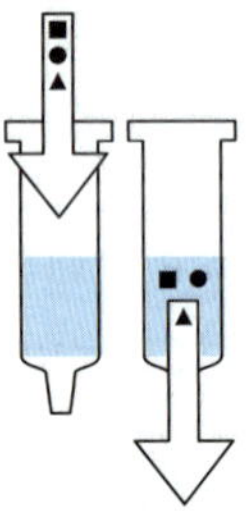

머무름
■ 흡착된 분리하고자 하는 물질
● 원하지 않는 매트릭스 성분
▲ 다른 원하지 않는 매트릭스 성분

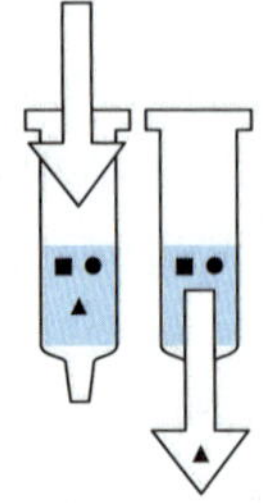

씻어내기
▲ 컬럼을 씻어내어 원하지 않는 매트릭스 성분 제거

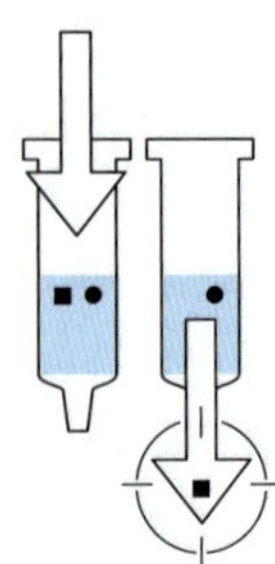

용리
■ 원하지 않는 성분은 남고
● 분석할 준비가 된 정제되고 농축된 분리 물질

그림 18.5 고체상 추출의 원리 (N. Simpson, *Am Lab.*, Qugust, 1992, p 37.)

SPE 카트리지

SPE 흡착제는 폴리프로필렌 재질의 주사기통 속에 채워져 있다. 보통 3 mL 또는 5 mL 주사기통에 500 mg이 들어 있다. 1 mL 주사기에 100 mg 들어 있는 더 작은 크기의 것은 적은 양의 시료와 용매를 사용할 수 있고, 또 씻어내기 시간이 빠른 이유 때문에 점점 더 인기를 끌고 있으며, 10 mg의 더 적은 충전층이 들어 있는 것도 이용 가능하다. 물론 크기가 작은 것은 용량도 작다. 폐수와 같이 제거해야 할 오염 물질을 많이 함유하고 있는 환경 시료를 처리하는 경우에는 용량이 큰 것을 사용해야 한다.

전형적인 SPE 포장은 획기적인 변화 없이 그것의 질량의 약 5%를 유지하는 것이 좋은 불문율이다(예를 들어 500 mg 포장의 경우 약 25 mg의 남은 물질 용량이 제공된다).

SPE 카트리지는 생체 시료로부터 약물의 분리와 농축에도 사용한다. 보통은 진공 장치를 사용하여 한 번에 12~24개씩 처리한다(그림 18.6). 효율을 향상시키기 위해서 자동화시킨 처리 장치도 있다. SPE 카트리지는 한번 쓰고 버리는 것으로 인식되고 있는데, 많은 시료를 처리할 때는 비용 문제도 중요한 문제이다.

SPE 피펫팁

SPE 피펫팁은 소량 시료를 처리하는 편리한 수단을 제공하고, 원하지 않는 물질이 남아 있거나, 보다 일반적으로 분석물을 선택적으로 남겨서 그것을 용매와 함께 용리되도록 하는 데에 이용할 수 있다. 이것은 원래 층 지지대에 고정된 충전 흡착제 층으로 소개되었다. 이들 도구의 재현성은 운용자의 기술에 크게 의존하였는데, 이것의 원래 디자인은 많이 사라졌다. 현재의 피펫팁에는 아래 (a), (b), (c) 셋이 포함되는데, (a) 다공성 일체형 흡착층(층 지지체가 필요 없음, 예를 들어 Agilent의 OMIX 시리즈의 경우, 500 nL 정도의 작은 양의 시료를 취급할 수 있고, 단백질이나 펩타이드의 정제에 주로 사용된다.)과 (b) 매우 느슨하게 충전된 시료(종종 용매 또는 다른 첨가된 시약이 함께 있는)가 그 느슨한 층을 통해 흡입되어 슬러리를 만들고, 공기가 슬러리를 통하여 흡입되어 그것을 완전히 섞이게 한 다음, 액체는 빠져나오고, 원하지 않는 구성 성분은 흡착제에 남는다[우유-아세토나이트릴: 물 혼합물로부터 물-맑은 용출액(단백질과 설탕이 낚음)을 만드는 과정을 www.dpxlabs.com에서 비디오로 볼 수 있다]. 또는 (c) 100 nL 시료를 처리할 수 있는 작은 양을 허용하는 팁의 바닥 부분 벽에 내장된 흡착제인 NuTip™(http://www.zirchrom.com/glygen1.asp), 그리고 같은 회사에서 나온 제품으로 2 μm의 가로 틈을 가져서 20~30 μm 입자가 머무르며 사용되게 되어 있어 100 nL 시료 부피 만큼 작은 것도 취급할 수 있는 TopTip™ 등이 상업화되어 있다.

SPE 원판

단면적이 작은 SPE 피펫팁은 단백질 시료를 처리할 때 막히기 쉽다. 따라서 고체 추출제

그림 18.6 고체 추출에 이용되는 16구 진공 장치(Alltech. 허가)

가 필터 형태(추출 원판형)로 들어 있는 제품도 있는데, 8 μm 실리카 입자가 PTFE(poly tetrafluoroethylene) 재질의 섬유 그물에 붙어 있다. 보다 단단한 재질인 유리 섬유 재질의 원판도 있다. 두께가 얇고 단면적이 큰 원판을 사용하면 보다 빠른 속도로 많은 양의 시료를 흘려줄 수 있다. 이것은 환경 분석에서와 같이 분석물 농도가 낮은 시료 처리에 유용하다. 원판은 충전 카트리지에서 잘 나타나는 채널링 현상도 별로 문제 되지 않는다. 시료가 입자성 물질을 포함하면 원판이 막히기 쉬우므로 이 경우 전처리 필터를 사용해야 한다. 보통 카트리지와 같이 사용할 수 있는 원판형 카트리지도 나와 있다.

96홈 SPE 판

질량 분석기(22장)가 결합된 액체 크로마토그래피(21장)는 신속하고 선택적인 약물 분석에 많이 활용되고 있는데, 보통 한 시료를 처리하는 데 1~3분 걸린다. 따라서 많은 시료를 분석하기 위해서 보다 빠르게 시료를 씻어 주는 방법이 필요하다. 많은 시료를 처리하는 자동화된 기기에서는 96홈으로 된 판(일명 마이크로적정용 판)이 널리 이용된다.

96홈 적정용 판에서 쓸 수 있는 고체상 추출 시스템이 고안되어 자동으로 처리할 수도 있다. 96홈으로 이루어진 한 개의 상자형 판에는 8열 × 12행의 직사각형 형태로 충전층이나 흡착 입자로 된 원판이 있다(그림 18.7). 이 판을 96홈의 판 수집 시스템의 위에 놓는다. 화학처리 과정은 위와 같다. 시료는 마이크로판 이동 장치를 사용하여 진공 장치나 원심분리기를 이용하여 처리한다. SPE 컬럼은 1 mL나 2 mL를 사용하는데, 10~100 mg의 흡착 입자가 충전되어 있다. 용매의 종류와 용리 부피, 그리고 시료에 대한 용량과 시료 매트릭스 성분에 따라 사용하는 충진제의 양이 결정된다. 적당한 용량을 갖는 가장 작은 층을 사용하여야 한다. 이것은 추출 시간을 최소화시키고 더 적은 용리 부피로 인하여 재구성과 분석 전에 증발시키는 시간을 줄일 수 있다.

SPE 사용을 최적화하기 위해서는 정지상의 종류와 질량, 활성화 부피, 시료 처리량, 세척, 용리 용매, 시료량 등을 검토해야 한다. 이 변수들은 컬럼을 사용하여 쉽게 연구할 수 있다. 그러나 96홈 중 일부만을 사용하는 것은 불편하고 또 비경제적이다. 따라서 96홈용 기판에 끼워서 쓸 수 있는 소형 플라스틱 SPE 카트리지가 있는 모듈판이 개발되어 있어서 이것을 사용하여 방법을 개발할 수 있다.

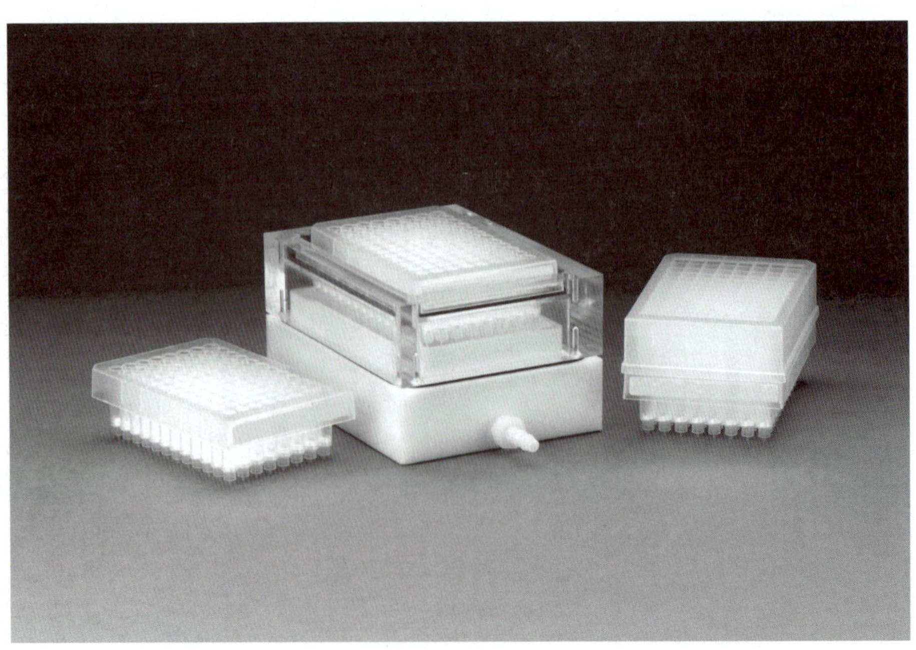

그림 18.7 96홈 추출판과 수집 판을 갖춘 진공 장치(Thermo Labsystems 허가)

기타 고체상 추출 흡착제

소수성 분자의 분리에 적절한 긴 사슬(C_{20}, C_{30}) 흡착제도 있다. 화학 구조가 비슷한 물질을 일괄적으로 흡착하는 "범용 흡착제"도 개발되어 있다. 그림 18.8*a*에 있는 예는 N-바이닐피롤리돈(vinylpyrrolidone)(분자 윗부분)과 다이바이닐벤젠(divinylbenzene)(아래 부분)의 합성 고분자이다. 이것은 수지가 잘 젖도록 해주는 친수성과 분석물의 머무름을 위한 소수성을 모두 가지고 있다. 설폰기가 붙어 있는 변형(그림 18.8*b*)은 혼합형 흡착제로, 이온 교환성과 용매 추출 특성을 모두 가지고 있어서 산성, 중성, 염기성 약물을 모두 흡착할 것이다. 이와 같이 물에 잘 젖는 흡착제는 활성화를 할 필요가 없다.

고분자 흡착체

일반적인 실리카−기반 SPE 입자 이외에 고분자를 기반 지지체로 하는 것도 있다. 이들은 넓은 pH 범위에서 안정하고, 금속 이온이나 다른 양이온과 작용할 수 있는 잔류 실리카기를 가지고 있지 않는 장점이 있다. 실리카−기반 SPE 입자는 불규칙한 모양인 데 반해 이들은 구형이며, 또 물에 잘 젖도록 고안되어 있다. 또 이들은 실리카−기반 입자들보다 더 용량이 크다.

이중 흡착제

두 가지 다른 상을 함께 사용하면 추출할 수 있는 물질의 폭이 넓어진다. 이 목적으로 혼합형, 층상형, 쌓임형의 세 가지 형태가 이용된다. 혼합형 방식에서는 두 가지 다른 형태의 화학적으로 결합시킨 상을 카트리지에 혼합해서 채운다. 예를 들어 C_8과 양이온 교환 입자를 혼합하여 채울 수 있다. 층상형 방식에서는 한 흡착제 위에 다른 흡착제를 채운 것이다. 쌓임형 상은 두 카트리지를 직렬로 연결하여 분리 효율을 높여 준다. 앞의 두 방식은 한 카트리지를 사용하기 때문에 자동화에 더 쉽게 응용할 수 있다.

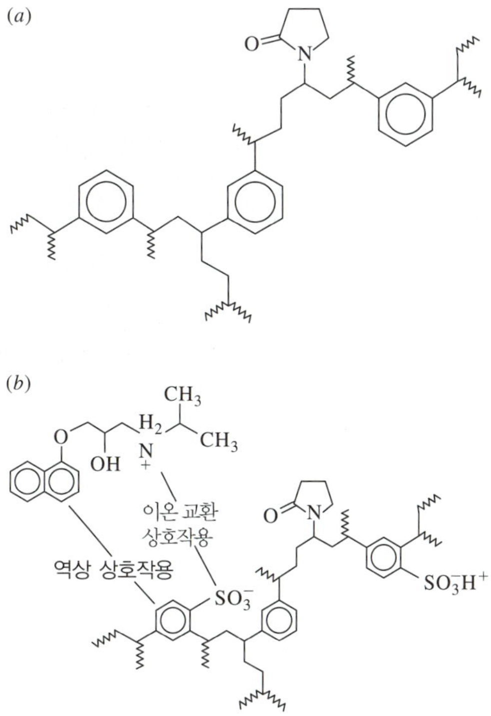

(*a*)

O N

(*b*)

CH_3 O H_2 CH_3 OH N +

이온 교환 상호작용

역상 상호작용

SO_3^-

O N

$SO_3^-H^+$

그림 18.8 "범용 흡착제" Waters사의 Oasis의 화학 구조 (*a*) HLB, (*b*) MXC 고분자 흡착제. (*b*)의 상부 구조는 약품−흡착제의 상호작용을 나타내는 기본적인 약품 프로판올이다. [D.A. Wells, *LC.GC*, **17**(7) (1999) 600.]

18.7 미량 추출

New York 대학의 Yi He 교수 제공

미량 추출은 용매 사용을 0 또는 최소화하기 위해 개발된 단순화, 최소화한 시료 처리 기술이다. 그 이름에서 알 수 있듯이, 미량 추출은 오직 마이크로리터나 그보다 적은 부피의 추출 용매를 사용한다. 미량 추출은 보통 시료 추출, 농축, 정제를 묶어서 한 단계로 진행하기도 하며, 연속적인 분석에 필요한 다양한 기기들과도 쉽게 연결할 수 있다. 미량 추출법은 전통적인 또는 훨씬 발전된 시료 처리 방법에 비해 시료 소모 효율 증진, 다단계 과정에서 오는 오차 감소, 전체 처리 비용 절약 등에 매우 효과적이다.

매우 다양한 미량 추출 방식들이 있지만, 미량 추출은 크게 고체상 미량 추출(SPME)과 액체상 미량 추출(LPME)로 분류한다.

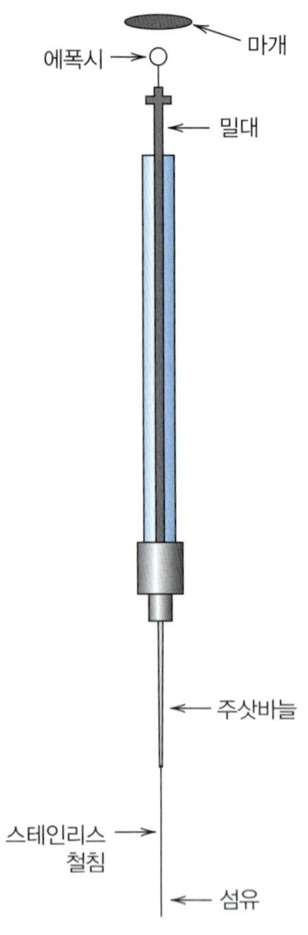

그림 18.9 고체상 미량 추출 장치의 개략도 [C. L. Arthur, D. W. Potter, K. D. Buchholz, S. Motlagh, and J. Pawliszn, *LC. GC*, **10**(9) (1992) 656.]

고체상 미량 추출(SPME)

고체상 미량 추출(solid phase microextraction)은 용매를 사용하지 않는 추출 기술로, 기체 크로마토그래피법(GC–20장) 또는 가끔씩 고성능 액체 크로마토그래피법(HPLC–21장)으로 정량하기 위해서 분석물을 모으는 용도로 주로 활용된다. 그림 18.9는 SPME 조립의 예를 나타낸 것이다. 이 기구의 주요 특성은 주사기 바늘 내부에 안전하게 들어 있는 추출 섬유이다. 전형적인 SPME 섬유는 용융 실리카 섬유 위에 얇은 막(7~100 μm 두께)의 부동화 고분자나 고체 흡착제, 또는 그 두 가지를 혼합한 것을 코팅하여 만든다. 용액이나 헤드스페이스(닫힌 계에서 용액과 증기가 평형을 이룸)에서 분석물이 그 섬유에 노출된 후, 추출되는 동안 시료 매트릭스와 그 코팅된 섬유 사이에 분배된다.

SPME에 의해 고체, 액체 또는 기체 매트릭스의 시료를 채취할 수 있다. 기체나 액체 시료, 또는 고체나 액체 시료 위에 있는 헤드스페이스 부분에서 섬유를 일정 온도로 일정 시간 노출한다. 흡착 효율을 높이기 위해 시료를 종종 흔들어 준다. 흡착 후, 그 섬유는 주삿바늘 속으로 후퇴시키고, 기체 크로마토그래프의 GC 컬럼으로 주입되는 시료 주입구에 직접 넣은 후 열적으로 탈착시킨다. LC 분석에서는 섬유가 용매 탈착용으로 특별히 고안된 통으로 도입되어 시료를 탈착시킬 수 있다. 주삿바늘–섬유 조립물은 현장 샘플링에 탁월한 수단을 제공한다. 즉 추출에 사용될 때에 그 기구는 현장에서 실험실로 계속적인 분석을 위해 쉽게 이동이 가능하다.

다양한 SPME 섬유와 코팅제들이 시판되며, 다양한 분석물들을 목표로 사용한다(표 18.1). 많은 코팅제들은 시판되는 GC용 정지상들과 유사하다. 추출의 원리는 "끼리끼리 녹인다"는 이론을 기본으로 한다(즉 좋은 추출 효율은 목표 분석물과 극성이 일치하는 섬유에 의해 얻어진다). 예를 들어 범용적으로 이용되는 섬유는 메틸기가 있어서 상대적으로 무극성인 폴리다

표 18.1 시판되는 SPME 섬유 코팅제의 종류와 응용

섬유 코팅제	분석물
Polydimethylsiloxane (PDMS)	무극성 분석물
Polydimethylsiloxane/ Divinylbenzene (PDMS/ DVB)	많은 극성 물질(특히 아민류)
Polyacrylate	극성이 큰 물질(페놀에 이상적임)
Carboxen/ Polydimethylsiloxane (CAR/PDMS)	기체/휘발성 분석물
Carbowax/ Divinylbenzene (CW/DVB)	극성 분석물(특히 알코올류)
DVB/CAR/PDMS	넓은 극성 영역(C3–C20 영역에 좋음)
Carbowax/ Templated resin (CW/TPR)	HPLC에 응용

[a] Supelco 응용집에서 얻은 정보임.

이네틸실로세인(poly dimethylsiloxane, PDMS)이 코팅된 것을 기본으로 해서 만들어진 것이 많다. 이 섬유는 무극성 휘발성 또는 반휘발성 화합물의 샘플링에 유용하고, 음료수나 음식, 기타 같은 종류에 있는 향기 성분을 알아내는 데 이용될 수 있다. 다른 예로 85 μm 폴리아크릴 코팅 섬유가 있다. 이것은 카복실기가 있어서 극성이 크므로 페놀과 같은 극성 화합물의 추출에 쓰인다.

액체상 미량 추출(LPME)

LPME(liquid phase microextraction)는 액체-액체 추출(liquid-liquid extraction, LLE)을 축소화한 형태이며, 보통 10 mL 이하의 용매를 사용한다. 모든 목표 분석물을 남김 없이 추출하는 것을 목표로 하는 LLE와는 달리, LPME는 시료 메트릭스로부터 분석물의 대표 분율만 소량 추출한다. LPME는 의료용 또는 크로마토그래피용 주사기나 모세관 컬럼, 또는 시료관 그대로를 사용하여 쉽게 수행할 수 있다. 전형적인 LPME 구성에는 마이크로주사기의 뾰족한 끝 부분에 유기 용매 방울이 위치해 있다(대표적인 구성을 그림 18.10에서 볼 수 있는데, 분리된 유기층 없이 그 방울은 유기 용매임). 추출 후, 보통 주사기를 뒤로 후퇴시켜 용매 방울을 모아서 크로마토그래피나 분광 기기로 분석한다. 용매 방울의 안전성을 높이기 위해 용매를 다공성 폴리프로필렌과 같은 속빈 섬유의 작은 단편에 채우고, 추출용 주사기에 연결시킬 수 있다. 톨루엔이나 옥탄올, 옥테인, 헵테인, *n*-도데케인과 같이 물에 섞이지 않는 용매가 자주 사용된다. 분석물의 극성과 더욱 잘 맞추기 위해 혼합 용매를 사용하여 추출 효율을 높이기도 한다.

분산 액체-액체 미량 추출(DLLME): 새로운 강력한 액체-액체 추출 기술. 상대적으로 새로운 이 기술에서 수용액 시료 중 하나는 물에 잘 섞이고, 다른 하나는 물에 섞이지 않으면서 서로 간에는 잘 섞이는 두 성분 혼합 용매 수마이크로리터에 신속히 주입하여 추출한다. 물에 잘 섞이지 않는 것은 가급적이면 물보다 무거운 클로로벤젠, 클로로폼, 이황화 탄소 등이며, 물에 섞이는 것은 메탄올, 아세토나이트릴, 아세톤 등이다. 시료를 신속히 주입함으로서 섞이지 않는 추출 용매의 매우 작은 방울들이 만들어 진다. 큰 계면 표면적이 매우 신속한 추출을 이끈다. 그 혼합물은 무거운 추출물(사용된 작은 부피가 매우 크게 농축됨)로 복원하기 위해 원심분리시키고, 적절한 기술에 의해 분석된다. M. Rezaee, Y, Yamını and M. Faraji, "Evolution of Liquid-Liquid Microextraction Method" *Journal of Chromatography A* **1217** (2010) 2342.을 보라.

LPME는 삼상 배열, 즉 시료 용액(주개상, donor phase), 유기 용매, 그리고 유기상에 빠져 있는 수용액상 방울(받개 상, acceptor phase)을 통해 이온성 화합물을 추출하는 데도 이용된다. 그 얇은 유기층은 수용액 시료와 받개 상을 분리한다(그림 18.10). 산성 작용기를 갖는 화합물에 대해서는 추출 전에 시료 용액의 pH를 분석물의 pK_a보다 3 단위가 작은 값으로 조절해야 한다. 이 조건에서는 산성 분석물이 수소화된 형태로 되어 유기 용매에 의해 쉽게 추출된다. 받개 상의 경우, pH는 반드시 염기성이어야 하며, 그래서 시료의 pK_a 값보다 3 단위 커서 분석물이 완전히 이온화되어 수용액 받개 상에서 높은 용해도를 보여야 한다. 마찬가지로, 염기성 작용기를 갖는 화합물은 주개 용액의 pH를 염기성으로, 받개 용액은 산성으로 조절한다. 이 과정은 추출(시료에서 유기 용매로)과 역추출(유기 용매에서 수용액 층 받개 상으로)을 한 단계로 통합시킨 것이다. 회수된 수용액층 방울은 HPLC나 모세관 전기 이동 장치를 이용하여 분석이 가능하다. 삼상 LPME는 소변에서 메스암페타민 같은 마약 성분이나 환경수 시료 중의 페놀, 방향족 아민류, 이온성 의약품 잔류물 등을 분석하는 데에 이용된다.

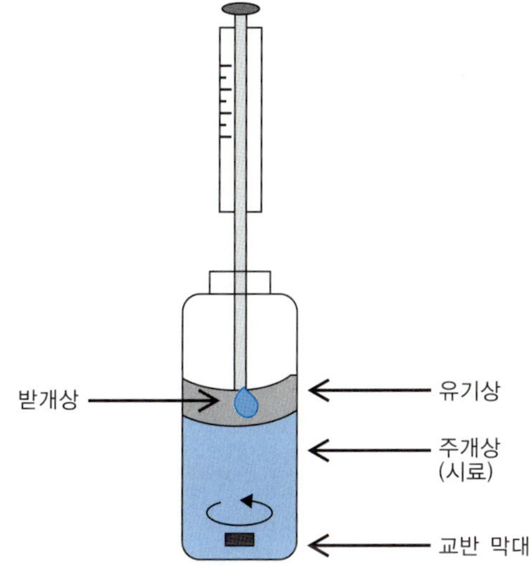

그림 18.10 액체상 미량 추출 구성

18.8 고체상 나노추출(SPNE)

교수 선호 문제

Central Florida 대학의 Andres Campiglia 교수 제공

SPNE는 여러 고리 방향족 탄화수소 화합물(polycyclic aromatic hydrocarbon, PAH)의 예비 농축과 수용액층 추출을 위해 최근 개발되어 부각되는 예비 농축 기술이다. PAH 추출은 금 나노 입자 표면에 PAH의 흡착을 이용한다. 추출 과정에는 20 nm의 평균 입자 크기를 갖는 금 나노 입자 수용액과 시료 수용액 각각 수마이크로리터를 혼합하는 과정이 있다.

SPNE는 처음에는 PAH를 대상으로 개발된 것이지만, 수용액층 시료 속에 포함된 유기 오염물의 전반적인 추출에 매력적인 대안으로서 적지 않은 특징들을 가지고 있다. 낮은 분석 비용과 환경친화적인 실험 과정을 통한 적은 양의 유기 용매 사용이 그 특징들이다. 오염물의 정량적인 추출에 요구되는 물의 부피가 작으므로 많은 시료의 일상적인 모니터링을 위한 동시 원심 분리가 가능하다.

이 기술은 이 책의 **웹 사이트**에 보다 상세히 설명되어 있다. ■

질문

1. 분포 계수란 무엇인가? 분포비란 무엇인가?
2. 맹독성의 나이트로벤젠($C_6H_5NO_2$)으로부터 유기 염기인 아닐린($C_6H_5NH_2$)을 분리하는 방법을 제시하시오.
3. 금속 이온 분리에 유용한 두 가지 주요 용매 추출계를 기술하시오. 그리고 각각의 예를 제시하시오.
4. 금속 킬레이트의 용매 추출과 관련된 평형 과정을 기술하시오.
5. 유기 용매층으로 추출될 수 있는 금속 킬레이트의 최대 농도는 얼마인가? 최소 농도는 얼마인가?
6. 금속 킬레이트의 용매 추출에 미치는 pH의 영향과 시약 농도의 영향을 논의하시오.
7. 가속 용매 추출의 근간은 무엇인가?
8. 마이크로파 추출의 근간은 무엇인가?
9. 고체상 추출은 용매 추출과 어떻게 다른가?
10. 고체상 미량 추출이란 무엇인가? 분산 액체–액체 미량 추출은 어떻게 하는 것인가?

문제

추출 효율

11. 식 18.9로부터 식 18.10을 유도하시오.
12. 식 18.8을 유도하는 데 있어서 벤조산이 유기상에서 부분적으로 이합체가 형성되는 것을 무시하였다($2HBz \rightleftharpoons (HBz)_2$; $K_p = [(HBz)_2]/[HBz]^2$, K_p는 이합체화 상수). 이합체를 고려한 분포비 식을 유도하시오.
13. 수용액 100 mL로부터 유기 용매 50 mL씩 2회 추출하여 용질 96%를 제거하였다. 용질의 분포비는?
14. 3 M HCl과 트라이-n-뷰틸인산 사이에 $PdCl_2$의 분포비는 2.3이다. $PdCl_2$ 몇 %가 7.0×10^{-4} M 용액 25.0 mL로부터 트라이-n-뷰틸인산 10.0 mL로 추출되는가?
15. 같은 부피의 수용액과 유기 용매상을 사용하여 어떤 금속 킬레이트를 90% 추출하였다. 유기상의 부피를 2배로 늘리면 몇 퍼센트가 추출되는가?

교수 선호 문제

Oklahoma 대학의 Shaorong Liu 교수 제공

16. 0.020 M RCOOH($pK_a = 6.00$)를 포함하는 어떤 수용액 10 mL를 CCl_4 10 mL와 혼합하였다. 분배 계수는 3.0이다. 수용액층의 pH를 6.00으로 하였을 때, CCl_4 층에서 RCOOH의 농도가 0.012 M로 측정되었다. 추출 전에 RCOOH의 pH를 7.00으로 조정하였을 때, 수용액에서 RCOOH의 포말 농도는 얼마가 되는가?

다중 추출

17. 분포비가 25.0인 용질에 대하여 수용액 10 mL를 유기 용매 10 mL로 추출하는 경우와 유기 용매 5.0 mL로 2회로 나누어 추출하는 경우에서 어느 것이 효과적인지를 계산하시오.
18. As(III)은 7 *M* HCl 용액으로부터 같은 부피 톨루엔에 70% 추출되었다. 톨루엔으로 3회 추출한다면, 추출 후 추출되지 않고 남아 있는 것은 몇 퍼센트인가?

고체상 추출/표준물 첨가법

교수 선호 문제

Washington 대학의 Robert Synovec 교수 제공

19. **착물 화학 및 예비 농축과 SPE를 이용한 흡수 분광법과 표준물 첨가법**

오염된 물에서의 납(Pb)농도는 예비 농축과 표준물 첨가법(SAM), 적당한 Pb 착물의 흡광도 측정을 결합한 고체상 추출(SPE)을 이용하여 측정된다. Pb 착물이 사용하는 파장의 빛만을 흡수한다고 가정한다. SPE의 첫 번째 단계에서, 원래의 시료나 소량 첨가 시료 1000 mL를 예비 농축(추출)하였다. 두 번째 단계에서 5 mL의 전개 용매를 사용하여 각 시료의 SPE 카트리지로부터 예비 농축된 Pb 착물을 제거하였다. 예비 농축된 원래 오염된 물 시료의 흡광도는 0.32였다. 소량 첨가 물 시료에는 **원래** 시료 1000 mL당 5×10^{-8} 몰의 Pb 착물이 함유되어 있다. **예비 농축된** 소량 첨가 용액의 흡광도는 0.44였다. 시료 용기의 길이는 1 cm이고, Pb 착물의 몰흡광 계수, $\varepsilon=2.0\times10^{4}$ $L/mol^{-1}cm^{-1}$이다.

20. (a) **원래** 오염된 물에서의 Pb 착물 농도(예비 농축 전의 농도)는 얼마인가? 식이나 그래프를 사용하시오.
21. (b) 이 분석에서 이론(이상적인) 예비 농축 인자, $P_{이상}$은 무엇인가?
22. (c) 실험 예비 농축 인자, $P_{실험}$은 무엇이고, 이것을 위의 (b)에서 언급된 $P_{이상}$과 어떻게 정량적으로 비교할 수 있는가?

추천 참고 문헌

용매 추출

1. G. H. Morrison and H. Freiser, *Solvent Extraction in Analytical Chemistry*. New York: Wiley, 1957. A classic. Detailed coverage of extraction of metals.
2. J. Stary, *The Solvent Extraction of Metal Chelates*. New York: Macmillan, 1964.
3. J. R. Dean, *Extraction Techniques in Analytical Sciences*. New York: Wiley, 2009.
4. J. M. Kokosa, A. Przyjazny, and M. Jeannot. *Solvent Extraction: Theory and Practice*. New York: Wiley, 2009.
5. R. E. Majors, "Practical Aspects of Solvent Extraction," *LCGC North America*, **26**(12), December 2008, p. 1158. www.chromatographyonline.com.

가속 용매 추출과 마이크로파 보조 용매 추출

6. B. E. Richter, B. A. Jones, J. L. Ezzell, N. L. Porter, N. Avdalovic, and C. Pohl, Jr., "Accelerated Solvent Extraction: A Technique for Sample Preparation," *Anal. Chem*., **68** (1996) 1033.
7. K. Ganzler, A. Salgo, and K. Valco, "Microwave Extraction. A Novel Sample Preparation Method for Chromatography," *J. Chromatogr*., **371** (1986) 371.

고체상 추출

8. N. J. K. Simpson, ed., *Solid-Phase Extraction, Principles, Techniques, and Applications*. New York: Marcel Dekker, 2000.
9. J. S. Fritz, *Analytical Solid-Phase Extraction*. New York: Wiley-VCH, 1999.
10. R. E. Majors, "Advanced Topics in Solid-Phase Extraction," *LCGC North America*, **25**(1), January, 2007, p. 1. www.chromatographyonline.com.
11. SPME Application Guide, Supelco (www.sigma-aldrich.com). References categorized according to application, analyte/matrix.

12. J. Pawiliszyn and R. M. Smith, eds., *Applications of Solid Phase Microextraction*. Berlin: Springer, 1999.

13. S. A. S. Wercinski, ed., *Solid Phase Microextraction. A Practical Guide*. New York: Marcel Dekker, 1999.

14. J. Pawliszyn and L. L. Lord, *Handbook of Sample Preparation. Hoboken*, NJ: Wiley, 2010.

15. Y. He and H. K. Lee, "Liquid Phase Microextraction in a Single Drop of Organic Solvent by Using a Conventional Microsyringe," *Anal. Chem.*, **69** (1997) 4634.

16. S. Pedersen-Bjergaard and K. E. Rasmussen, "Liquid Phase Microextraction with Porous Hollow Fibers, a Miniaturized and Highly Flexible Format for Liquid-Liquid Extraction," *J. Chromatogr. A*, **1184** (2008) 132.

17. G. Shen and H. K. Lee, "Hollow Fiber-Protected Liquid-Phase Microextraction of Triazine Herbicides," *Anal. Chem.*, **74** (2002) 648.

18. G. Shen and H. K. Lee, "Headspace Liquid-Phase Microextraction of Chlorobenzenes in Soil with Gas Chromatography-Electron Capture Detection," *Anal. Chem.*, **75** (2003) 98.

19. L. Hou and H. K. Lee, "Dynamic Three-Phase Microextraction as a Sample Preparation Technique Prior to Capillary Electrophoresis," *Anal. Chem.*, **75** (2003) 2784.

20. Y. He andY.-J. Kang, "Single Drop Liquid-Liquid-Liquid Microextraction of Methamphetamine and Amphetamine in Urine," *J. Chromatogr. A*, **1133** (2006) 35

19장 크로마토그래피: 원리 및 이론

19장 URLs

학습 목표

이 장에서 배울 중요한 내용은 무엇인가?

- 역류 추출법
- 컬럼에서 화학 물질들의 분리
- 크로마토그래피의 형태: 흡착, 분배, 이온 교환, 크기별 배제
- 크로마토그래피 명명법(용어 및 주요 식에 대한 표 참조)
- 컬럼 효율의 이론
  - 단수(주요 식: 19.7, 19.8)
  - GC 충전 컬럼을 위한 van Deemter 식(주요 식: 19.13)
  - GC 열린관 컬럼을 위한 Golay 식(주요 식: 19.24)
  - HPLC를 위한 Huber와 Knox 식(주요 식: 19.25)
- 머무름 인자(주요 식: 19.12)
- 크로마토그래피 분리능(주요 식: 19.31, 19.33)
- 분리 인자(주요 식: 19.32)
- 크로마토그래피 시뮬레이션 소프트웨어 및 데이터베이스

주요 식:

단높이	$H = \frac{L}{N}$	(19.5)
단수	$N = 5.545\left(\frac{t_R}{w_{1/2}}\right)^2$	(19.7)
조정 머무름 시간	$t'_R = t_R - t_M$	(19.10)
머무름 인자(또는 용량 인자)	$k = \frac{t'_R}{t_M}$	(19.12)
van Deemter 식 GC 충전 컬럼	$H = A + \frac{B}{\bar{u}} + C\bar{u}$	(19.13)
Golay 식 GC 모세관 컬럼	$H = \frac{B}{\bar{u}} + C\bar{u}$	(19.24)
Huber 식 액체 크로마토그래피	$H = A + \frac{B}{\bar{u}} + C_s\bar{u} + C_m\bar{u}$ 매우 늦은 속도를 제외하고는 작은 입자들에 대해서는 A와 B는 무시	(19.25)
Knox 식 액체 크로마토그래피	$h = A\nu^{1/3} + \frac{B}{\nu} + C\nu$	(19.27)

분리능 $$R_s = \frac{t_{R2} - t_{R1}}{(w_{b1} + w_{b2})^2} \tag{19.31}$$

분리 인자(또는 선택성) $$\alpha = \frac{t'_{R2}}{t'_{R1}} = \frac{k_2}{k_1} \tag{19.32}$$

분리능 $$R_s = \frac{1}{4}\sqrt{N}\left(\frac{\alpha - 1}{\alpha}\right)\left(\frac{k_2}{k_{\text{ave}} + 1}\right) \tag{19.33}$$

Michael Tswett (1872~1919), 크로마토그래피를 발명한 러시아 식물학자

1901년에 러시아 식물학자인 Mikhail Tswett는 식물의 색소에 대한 연구를 하면서 흡착 크로마토그래피를 발명하였다. 잎사귀 추출물들을 석유 에터와 에탄올 혼합물을 사용하여 탄산 칼슘, 알루미나, 설탕으로 채운 컬럼을 통과시킴으로써 잎사귀에 있는 색깔이 다른 클로로필과 카르티노이드 색소들을 분리하였다. 그는 1906년 논문에서 "색"이라는 뜻의 *chroma*와 "쓰기"라는 뜻의 *graphos*라는 그리스어 단어로부터 유래한 **크로마토그래피(chromatography)**라는 용어를 사용하였다. Tswett의 실험 결과물은 10여 년 동안 주목을 받지 못하였지만 이에 기반한 다른 방법들이 개발되었고, 오늘날에는 여러 가지 다른 형태의 크로마토그래피가 사용되고 있다. 현재, 크로마토그래피는 두 가지 상, 즉 정지상과 이동상 사이에 시료 성분이 분배되는 것에 기초한 성분의 분리를 가리키는 용어이다.

국제 순수 응용화학 연합(International Union of Pure and Applied Chemistry, IUPAC)은 "크로마토그래피는 분리될 성분들이 정지한 상(정지상)과 일정한 방향으로 움직이는 상(이동상) 사이에 분배되는 물리적 분리 방법"으로 크로마토그래피를 정의하고 있다[L.S. Ettre, "Nomenclature of Chromatography," *Pure & Appl. Chem.*, **65** (4) (1993) 819~872]. 정지상은 보통 컬럼 안에 들어 있지만, 평면(판)상과 같이 다른 형태를 취할 수도 있다. 크로마토그래피 기술은 복잡한 혼합물들의 분리 · 분석에 있어서 매우 중요하며 분석 화학의 역량에 있어서 대변혁을 가져왔다. 이 장에서는 여러 다른 형태의 크로마토그래피의 개념과 원리들을 소개하고, 크로마토그래피 과정의 이론을 설명하고자 한다.

GC와 HPLC는 가장 널리 쓰이는 크로마토그래피 방법이다.

크로마토그래피의 두 가지 주요한 형태는 기체 크로마토그래피(gas chromatography, GC)와 액체 크로마토그래피(liquid chromatography, LC)이다. 기체 크로마토그래피는 기체 성분들을 기체상으로부터 정지상에 분배시키는 것에 기반하여 분리하는 것이며 20장에서 설명될 것이다. 액체 크로마토그래피는 크기별 배제(분자 크기에 기초하여 분리), 이온 교환(전하에 기반하여 분리), 고성능 액체 크로마토그래피(high performance liquid chromatography, HPLC-액체상으로부터 분배에 기반하여 분리)와 같은 기술들을 포함하고 있다. 이 방법들은 LC의 평면 형태인 얇은 층 크로마토그래피 (thin-layer chromatography, TLC)와 전기장 기울기를 걸어주고 용질 전하의 부호와 크기에 따라 분리하는 전기 이동(electrophoresis), 이온성 분석물들만을 분리하고 검출하도록 설계된 이온 크로마토그래피(ion chromatography, IC)와 함께 21장에서 설명하기로 한다.

Archer J. P. Martin (1910~2002)

현대적 액체 크로마토그래피와 기체 크로마토그래피의 탄생

1941년 6월에 영국의 화학자인 A. J. P. Martin과 R. L. M. Synge는 런던에서 개최된 생화학회에서 분배 크로마토그래피라 불리는 새로운 액체-액체 크로마토그래피 기술을 사용하여 양털에서 일아미노 일카복실산을 분리하는 것에 관한 논문을 발표하였다. 상세한 내용은 *Biochem. J.*, **35** (1941) 91에 발표되었으며, 이 연구 결과로 1952년에 노벨 화학상을 수상하였다. 두 번째 논문에서 "이동상은 반드시 액체일 필요는 없으며 증기가 될 수도 있다…", "따라서 비휘발성 용매로 고정된 젤 위로 영구 기체를 흐르게 만들어진 컬럼 내에서 휘발성 물질들의 매우 정교한 분리가 가능하다"라고 기술하였다. 그

러나 이 내용은 많은 도서관들이 논문들을 받아보지 못했던 2차 세계대전 동안에는 잊혀져 있었다가, 1950년 10월에 Martin과 그의 젊은 동료인 A. T. James는 생화학회에서 "액체-기체 분배 크로마토그래피"를 성공적으로 시연하였다[A. T. James; A. J. P. Martin, *Biochem. J. Proc.*, **48**(1) (1950) vii]. 이렇게 하여 오늘날 가장 강력한 분석 기술 중에 두 가지인 GC와 LC가 탄생한 것이다. 이들의 개발에 대한 재미있는 역사적 설명은 L. S. Ettre가 발표한 "분배 크로마토그래피의 탄생(The Birth of Partition Chromatography)", *LC−GC*, **19**(5) (2001) 506에 기술되어 있다.

Richard L. M. Synge (1914~1994) Martin과 Synge는 1952년에 분배 크로마토그래피의 발명을 공로로 노벨 화학상을 수상하였다.

19.1 역류 추출법: 현대적인 액체 크로마토그래피의 선구자

용매 추출을 수행하고자 하는 개별 추출 시험관(0, 1, 2, 3, 4 ⋯ r)에 V mL의 물이 채워져 있다고 생각하자. 시험관 0에 용질 일정량을 첨가한 후 유기 용매 V mL를 가하고 흔들어 섞어 추출을 수행한다. 용질의 전체 질량 s 중에서 추출 후에 수용액 상에 남아 있는 분율이 a이고 유기상에 있는 분율을 b라고 하자($a+b=1$). 크로마토그래피적인 의미에서 분배 상수는 분포 상수(식 18.1에서 K_D)를 의미하며, 이를 K로 표시한다. 식 18.1로부터

$$K = \frac{c_o}{c_{aq}} = \frac{b/V}{a/V} = \frac{b}{a} \tag{19.1}$$

수용액상에 남아 있는 분율 a(라피네이트(*raffinate*)라고도 함)는 다음과 같다.

$$a = \frac{1}{K+1} \tag{19.2}$$

역으로, 추출된 분율 b는 다음과 같다.

$$b = \frac{K}{K+1} \tag{19.3}$$

유기상이 더 가볍다고 가정하고 위에 있는 유기층을 정량적으로 시험관 0에서 시험관 1로 옮긴 다음, 시험관 0에 새로운 유기 용매를 가하고 두 시험관을 흔들어 준다. 시험관 1에서 위에 있는 층을 취해서 시험관 2로 옮기고, 시험관 0의 위에 있는 층을 시험관 1로 옮기고, 시험관 0에는 새로운 유기 용매를 다시 채운다. 이러한 과정을 계속해서 반복하여 그 결과를 그림 19.1에 나타내었다.

비록 상상 속에서 그려보는 시나리오이기는 하지만, 수용액 상은 정지해 있고 유기상은 왼쪽으로부터 오른쪽으로 이동하고 있는 것과 마찬가지로, 물보다 무거운 유기상으로 채워진 모든 시험관으로 이런 과정을 시작해서, 수용액에 녹인 용질을 가해줌으로써 시작하여 오른쪽에서 왼쪽으로 추출 후에 수용액 상을 움직인다. 이는 한 상이 그대로 머물러 있는 것이 아니라 한 액체상이 다른 액체상에 대하여 움직이고 있다는 것이다. 실제로 산업적인 추출 과정에서는 가벼운 상은 바닥으로부터 펌프질하고, 무거운 추출상은 작은 분산된 방울처럼 위로부터 펌프질하여 추출을 하면 바닥에 추출물이 모이고, 추출이 안된 상인 라피네이트는 꼭대기로 올라간다. 따라서 이러한 과정을 역류 추출(countercurrent extraction, CCE)이라고 한다.

영국의 양털 연구소에서 Martin과 Synge는 양털로부터 유도된 다른 종류의 N-아세틸 아미노산을 분리하고 정제하는 데 CCE 방법을 이용하였다. 그들은 수작업을 통해서 한 분리 깔때기로부터 다른 분별 깔때기로 한 상을 옮겼다. 이런 지루한 작업은 Tswett 이후 40년 만에 분배 크로마토그래피의 현대적인 버전으로 재발명되었다. 미국 New York에 있는 Rockefelle의 약연구소(Rockefeller Institute of Medical Research)에서는 2차 세계대전경에 Lyman C.

각 추출 단계에서 각 시험관(이동 후 두 상)의 **전체** 함량에 유기상으로 넘어가는 분율인 b를 곱했고, 수용액에 남아 있는 분율 a를 곱했다. 따라서 추출 후에 유기상과 수용액 상의 비는 항상 $b/a = K$이다. 용질 일정량을 취했다. 그러므로 모든 시험관에 있는 전체 합은 1이 되어야 한다. n번째 추출 후에 모든 시험관에 있는 내용물의 합은 이항식으로 전개되는$(a+b)^n$이다. $a+b=1$이기 때문에 합은 1이 유지된다. 더욱이 각 시험관에 있는 두 상의 전체 함량은 이항식 전개의 연속적인 항에 해당되기 때문에, n번 추출 후에 시험관 r의 전체 함량은 다음과 같이 주어진다.

$$f_{n,r} = \frac{n!}{r!(n-r)!}a^{n-r}b^r$$

식 19.1~19.3에 기초하여, 위 식은 다음과 같이 전환된다.

$$f_{n,r} = \frac{n!}{r!(n-r)!}\frac{K^r}{(1+K)^n}$$

다른 분포 상수를 가진 용질들은 시험관을 통해서 다른 속도로 움직일 것이며, 크로마토그래피에서처럼 분리를 이룰 수 있다. 더 자세한 내용은 E. W. Berg, *Physical and Chemical Methods of Separation*, McGraw-Hill, 1963을 참조하라.

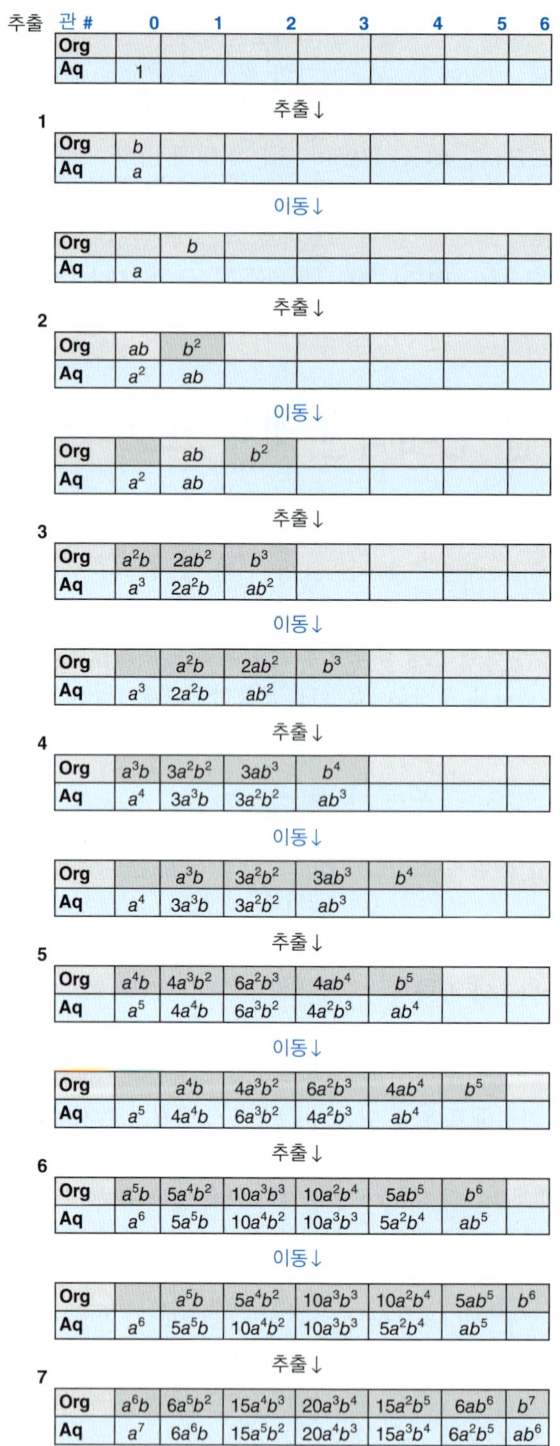

그림 19.1 연속 추출 단계 후 역류 추출에서 두 상 간의 분석물의 분포

Craig가 전쟁에 관련된 문제인 소변과 혈액 중에서 말라리아 치료제와 구충제인 Atabrine과 그 대사체들의 분리와 정제를 위해서 CCE를 사용하여 연구를 수행하고 있었다. 수작업으로 인한 지루함은 기기 제작자들을 통하여 반자동화된 방법으로 작동되는 다단계 역류 추출 장치를 고안하게 만들었다. Craig의 CCE 장치는 분별 깔때기와 같은 기능을 하는 일련의 유리 시험관으로 구성되어 있다. 모든 시험관들이 앞뒤로 흔들리면서 시험관 내에서 추출이 일어난다. 완전한 한 번의 추출 절차가 끝나면, 위에 있는 상은 한 시험관에서 다음 시험관으로 이동하는 방식으로 배열시켜 놓았다. Athens 대학의 Constantinos E. Efstathiou 교수는 Craig와 그의 실험 장치에 대한 웹을 운영하고 있는데, Craig 시험관이 어떻게 작동되는지를 동영

상으로 보여 주고 있다(http://www.chem.uoa.gr/applets/AppletCraig/Appl_Craig2.html). 이 사이트에는 두 용질의 분배 상수를 선택하여 그림 19.1의 방법으로 추출과 이동을 반복함으로써 각 용질이 Gaussian 방식으로 시험관을 통과하면서 어떻게 분포가 시작되는지도 관찰할 수 있으며, 또한 분포 계수가 크게 차이가 나면 과정이 반복됨에 따라 어떻게 분리가 일어나는지를 보여 준다. Craig의 장치에 대한 설명은 **Journal of Biological Chemistry** 1944년도 논문에 나타나 있다. 인용 문헌이 없는 단독 저자 논문이라는 점에서 이 논문의 참신성과 독창성을 엿볼 수 있다. Otto Post는 Craig를 도와 디자인하여 상업용 CCE 장치를 만들었으며 이후 20년 동안 이 기술을 사용하여 1,000편 이상의 논문이 발표되었다.

Lyman C. Craig (1906~1974). 국립의학도서관 허가. 이력에 대해서는 N. Kresge, R. D. Simoni, R. L. Hill, *J. Biol. Chem.* **280** (2005) e4를 참고하라.

Craig tube applet
http://www.chem.uoa.gr/applets/AppletCraig/Appl_Craig2.html

Craig의 자동화된 CCE 장치는 이동상의 방울들이 분리된 요소들을 통하여 중력에 의해서 움직이는 액체 정지상의 방울 역류 크로마토그래피(방울 CCC)로 발전되었다. 미국보건청(National Institute of Health, NIH)의 Yoichiro Ito에 의해 발명된 이 장치는 용도가 넓지만 매우 느리다. 다음 단계로 진화된 것은 원심분리 분배 크로마토그래피였는데 동일한 수의 시험관을 채널이 디스크 형태인 회전체에 장착하였는데, 디스크가 회전함에 따라서 원심력은 정지상을 붙들고 있다. 고속 회전 속도에서 원심력은 중력의 몇 배가 될 수 있어서 빠른 분리를 해내는 방울에서보다는 훨씬 더 빠르게 시스템을 통해서 이동상이 펌프될 수 있었다. 이러한 기기는 입구와 출구를 봉합시킨 상태에서 회전해야 했다. 초기 디자인은 문제가 있었지만, 현재의 기기는 고도의 봉합된 상태로 회전되므로 신뢰할 만하다. 근래에, Ito는 다시 고속으로 시험관(스테인리스강 또는 폴리테트라플루오르에틸렌(PTFE) 재질)의 스풀을 회전시키는 행성형 원심분리기를 발명하였다. 혼합과 상분리가 번갈아가면서 다른 지역에서 코일을 따라서 진행되고, 분리가 일어나는 동안에도 정지상에서는 힘이 유지된다. 1세대 장치에서는 80 g에서 작동되어 고속 CCC라고 하였는데, 이동상의 흐름 속도가 크고 몇 시간 이내에 분리가 가능하였다. 현재의 기기는 240 g에서 작동되어 1시간 이내에 완전한 분리가 가능하여 고성능 CCC라고 한다. CCC가 잘 이용되기는 하지만, 응용 분야에서는 천연물의 제조용 분리에 제한적으로 사용되고 있으며, 웹 사이트(http://theliquidphase.org)에 유용한 정보들이 나타나 있다. 상세한 설명은 Berthod의 논문(참고 문헌 1)에 있다.

크로마토그래피와 수식적 시뮬레이션

CCE에서는 두 상 간의 단계적인 평형과 이동이 수반되고 있으며, 각 단계는 불연속적이며 각 깔때기들도 불연속적이다. 비록 실제 크로마토그래피에서는 분리 단계들이 불연속적이지는 않지만, 개념적인 범위에서는 대부분이 이론적인 단계 또는 이론적인 단들에 기반을 두고 있으며, 이 장의 나중에는 이런 개념을 설명한다. 또한 이동상은 각 단에서 반드시 평형에 도달할 필요 없이 다음 단으로 이동함으로써 컬럼을 통해서 연속적으로 움직인다. 완전히 평형에 도달한 후에 단계별 이동이 이루어지는 것은 분명히 비현실적이지만, 전적으로 잘못된 개념적 평형 모형은 아니다. 예를 들어 모든 단계에서 이동상이 이동하기 전에 평형에 90%까지 도달한다면 K의 유효한 값은 낮아지게 됨을 의미한다. 크로마토그래피에서 식 19.1은 다음과 같이 표현될 수 있다.

$$K = \frac{c_s}{c_m} \tag{19.4}$$

여기서 C_s는 정지상에서 용질의 농도이며, C_m은 이동상에서 용질의 농도이다(CCC에서는 정반대이다). 흡착 등온 그래프가 선형이면, 즉 C_s가 C_m에 선형적으로 의존하면, CCC에 기반한 모형은 크로마토그래피 거동을 잘 예측할 수 있다. 따라서 그림 19.1에 주어진 $f_{n,r}$의 이항식 표현의 Gaussian 근사법을 사용하는 애플릿(http://www.chem.uoa.gr/applets/appletchrom/appl_chrom2.html)은 5가지 용질을 분리하는 것에 대한 시뮬레이션을 할 수 있다. 각 용질에 대해서 분배 상수를 선택할 수 있으며, 컬럼을 출발하여 분석물에 따라 다른 반응 인자를 선택할 수 있는 검출기에 도달하는 피크들을 시뮬레이션할 수 있다.

하지만 몇 개의 시뮬레이션은 이 책의 **웹 사이트**에 있는 그림 19.2.xlsx 파일에 나타낸 바와 같이, 학생들 스스로 엑셀에서 수치적인 시뮬레이션을 통해서 크로마토그래피 원리를 학습할 수 있다. 입력값인 *K*를 변화시킴으로써 간단하게 분리가 어떻게 다르게 일어나는지를 이 파일을 사용하여 알 수 있다. 이제는 이 파일을 사용하는 방법을 알아보도록 하자. 그림 19.2에서 보이는 바와 같이, 먼저 B2 셀에 *K* 값인 분배 상수를 입력한다. 엑셀 A열은 실제 크로마토그래피 컬럼의 정지상(S)이고, 각 셀은 평형 단이라고 생각한다. B열은 이동상(M)이고, 각 셀은 해당하는 정지상 셀과 평형을 이루게 된다. 첫 번째 과정으로서 이동상(B4)에 시료 100을 입력한다. 다음 단계에서는 A4와 B4의 합을 평형화하고 그 결과를 C4와 D4에 적는데, 이는 식 19.2와 19.3에 따라서 (A4+B4)*K/(K+1)과 (A4+B4)/(K+1)에 해당한다. 다음에 이 값을 복사하여 E4와 F4 셀에 붙여 넣는다. 다음으로 F4에 있는 내용을 한 줄 아래에 있는 F5에 복사함으로써 이동상의 움직임을 시뮬레이션한다. 다시 동일한 방법으로 E4 : F4와 E5 : F5의 내용을 평형화시켜서 그 결과를 각각 G4 : H4와 G5 : H5에 쓴다. 이처럼 복사/이동과 평형화의 단계들을 반복한다. AE와 AF열로부터 용질과 용질을 동반하고 있는 이동상이 컬럼을 따라서 어떻게 이동되는지에 대한 이해를 할 수 있다. 엑셀 2010은 열에 있는 특정 셀의 색깔을 조건 포맷을 함으로써 그 값의 크기에 따라 표현되는 것이 가능하다. 이는 용질이 컬럼 내의 이동상과 정지상에서 어떻게 분포되는지를 보여 준다. 실제 엑셀 파일인 그림 19.2.xlsx는 웹 사이트의 보충 자료실에서 제공되는데, 분배 상수를 변화시켜서 거동을 시뮬레이션할 수 있다.

10개 단에 대해서 시뮬레이션을 하고자 하면 곧바로 지루해지는데, 다행히도 엑셀 프로그램은 "Macro"라 하는 자동으로 반복 명령이 가능한 서브루틴을 쓸 수 있다. 웹 사이트에는 서브프로그램을 만들어 놓았으며 이 프로그램을 어떻게 사용하는지에 대한 설명도 되어 있고("Writing the chromatographic Excel simulation Figure 19.3_4.docx" 참고), 프로그램이 실행될 때마다 50번의 평형/이동상 이동 단계가 연속적으로 수행되며, 계산이 진행됨에 따라 자료가 도시된다. 그림 19.3과 19.4는 이 프로그램을 통해서 얻어진 크로마토그래피 피크의 분리를 나타내고 있으며, 동시에 결과에 대한 도시가 가능하다. 50번과 100번 평형 후 "파란색"(X)과 "회색(Y)" 용질의 거동이 각각 그림 19.3과 그림 19.4에 나타나 있다. 이 장을 위한 웹 사이트의 보충 자료실에는 두 버전의 프로그램(Figure 19.3-4 autoscale.xlsm과 Figure 19.4-4 fixed scale.xlsm)이 있는데, 앞에 것은 분리를 쉽게 볼 수 있도록 도시 공간을 사용하게 만들어져 있으며(단에서 *y*축 도시가 이동상과 정지상에 있는 분석물의 합, 즉 분석물의 총량에 대해서 계속적으로 자동으로 변하게 되어 있다), 두 번째 프로그램은 *y*축을 고정시킨 채 컬럼을 따라서 띠가 진행되어 나가면서 퍼짐에 따라 분석물의 양(농도 또는 피크 크기)이 어떻게 감소하는지를 보여 준다. **웹 사이트**에 나타난 프로그램에서 매개 변수들을 자유롭게 바꿔가면서 시뮬레이션을 시도해 보면 좋을 것이다. 엑셀 시뮬레이션에서는 간단한 CCE 기반 모형에서는 불가능했던, 쉬운 기울기 용리의 시뮬레이션, 비선형 등온 상태에서 나타내는 피크의 비대칭 실험, 정지상을 벗어나는 질량 이동의 동력학 또는 이동상의 불완전한 단-단 이동(예, 잘못된 충전) 등에 대한 실험이 가능하다. 자세한 내용은 A. Kadjo; P. K. Dasgupta,

	A	B	C	D	E	F	G	H	I	J	K	L	M	N	O	P
1	K=	2														
2	S	M	S	M	S	M	S	M	S	M	S	M	S	M	S	M
3		INPUT	Equilibrate		Move		Equilibrate		Move		Equilibrate		Move		Equilibrate	
4	0	100	67	33	66.7	0	44.4	22	44	0	29.6	14.8	29.6	0	19.8	9.9
5						33	22.2	11	22	22.2	29.6	14.8	29.6	14.8	29.6	15
6										11.1	7.41	3.7	7.41	14.8	14.8	7.4
7														3.7	2.47	1.2
8																
9																
10																
11																

	Q	R	S	T	U	V	W	X	Y	Z	AA	AB	AC	AD	AE	AF
1																
2	S	M	S	M	S	M	S	M	S	M	S	M	S	M	S	M
3	Move		Equilibrate		Move		Equilibrate		Move		Equilibrate		Move		Equilibrate	
4	19.8	0	13.2	6.58	13	0	8.8	4.39	8.8	0	5.9	2.93	5.9	0	3.9	2
5	29.6	9.9	26.3	13.2	26	6.6	22	11	22	4.39	18	8.78	18	2.9	13.7	6.8
6	14.8	15	19.8	9.88	20	13	22	11	22	11	22	11	22	8.8	20.5	10
7	2.47	7.4	6.58	3.29	6.6	9.9	11	5.49	11	11	15	7.32	15	11	17.1	8.5
8		1.2	0.82	0.41	0.8	3.3	2.7	1.37	2.7	5.49	5.5	2.74	5.5	7.3	8.54	4.3
9						0.4	0.3	0.14	0.3	1.37	1.1	0.55	1.1	2.7	2.56	1.3
10										0.14	0.1	0.05	0.1	0.5	0.43	0.2
11														0	0.03	0

그림 19.2 반복된 평형과 이동상 움직임 단계를 포함하고 있는 엑셀 시뮬레이션

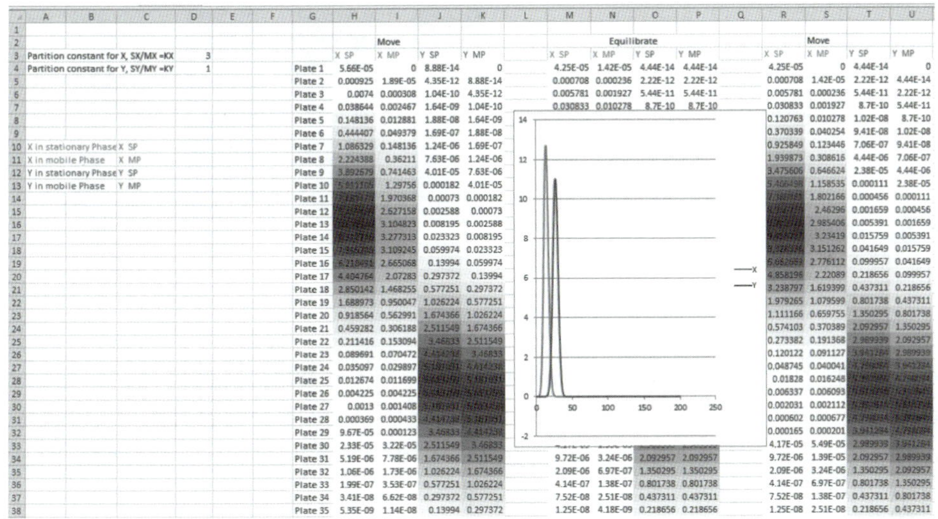

그림 19.3 50번 평형 후 엑셀 결과

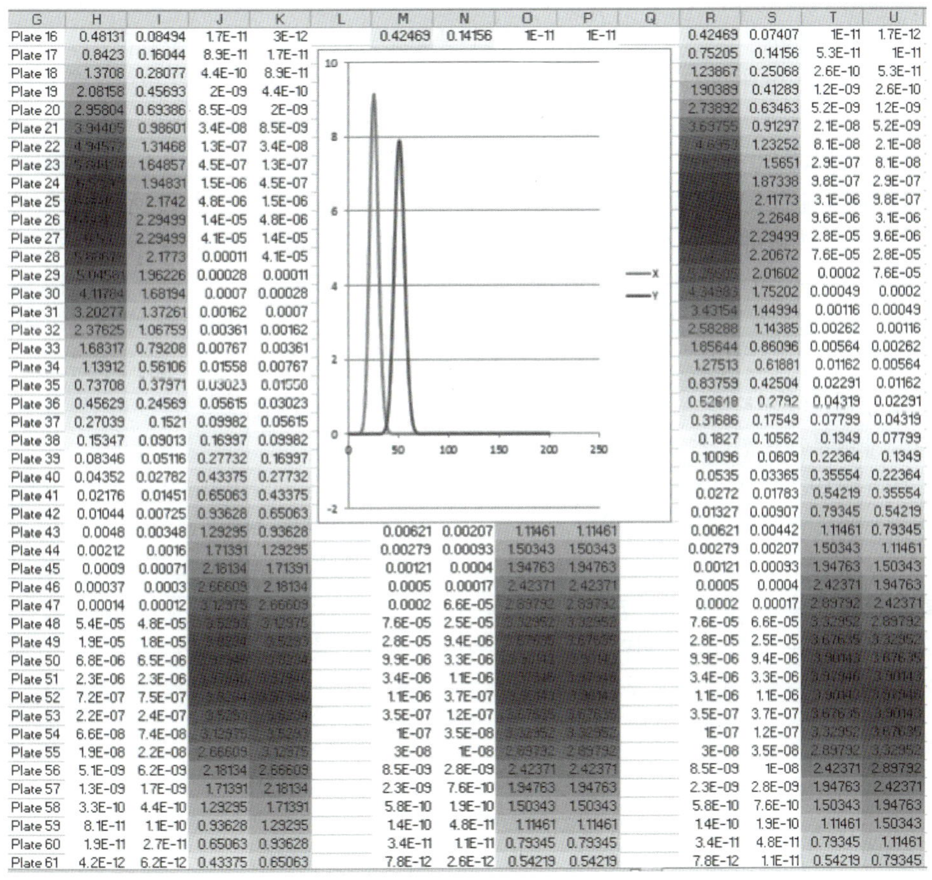

그림 19.4 100번 평형 후 엑셀 결과

"Tutorial: Simulating Chromatography with Microsoft Excel Macros", *Anal. Chim. Acta*, **778** (2013) 1을 참고하면 된다.

화합물의 크로마토그래피 머무름은 정지상과 이동상 간의 평형 도달과 관련이 있지만, 실제로 크로마토그래피는 동력학적인 과정이므로 완전한 평형에 도달하지는 않는다.

19.2 크로마토그래피 분리의 원리

여러 가지 방식의 크로마토그래피는 머무름 메커니즘은 다르지만, 모두 분석물이 고정된 정지상과 흐르고 있는 이동상 사이에서 동력학적인 분포가 이루어지는 것에 바탕을 두고 있다.

그림 19.5 크로마토그래피 분리의 원리

각 분석물은 각 상(정지상과 이동상)에 대해서 친화도를 가지고 있다.

그림 19.5는 크로마토그래피 컬럼상에서 혼합물에 대한 구성 성분들의 분리를 나타내고 있다. 소량의 시료를 크로마토그래피 입자(정지상)와 용매로 채워진 컬럼 상부에 적재한다. 크로마토그래피의 평형에 기반한 “단 이론의 관점”보다는 “속도 이론의 관점”이 더 잘 맞는다고 할 수 있다. 속도 이론의 관점에서, 분배비는 용질이 정지상에서 보내는 시간과 이동상에서 보내는 시간의 비에 해당된다.

이동상으로 작용하는 많은 양의 용매를 컬럼의 상부에 가하면 컬럼을 통해서 흘러나온다. 개별 성분들이 정지상과 상호 작용하는 정도는 다르며, 분포는 식 19.4와 같이 평형으로 나타난다.

두 상 간의 분석물의 분포는 온도, 화합물의 형태, 정지상, 이동상 등 많은 인자들의 지배를 받는다. 식 19.4에서와 같이 평형 상수 K가 큰 용질들은 작은 용질들보다 정지상에 더 강하게 붙들릴 것이다. 그 결과 평형 상수가 작은 용질들은 컬럼을 통해서 더 빨리 이동(용리)한다. 용질이 컬럼의 출구 쪽으로 이동함에 따라서 띠는 넓어지고 진폭은 감소한다. 주입된 시료인 직각 모양 파의 펄스가 Gaussian 피크 모양으로 넓어지는 현상은 크로마토그래피 과정의 본성이며, 평형에 미처 도달하지 못하거나 층류 흐름의 포물선 윤곽(21장 참조) 또는 다른 비이상적인 특성 때문이 아니다. 분석물의 양에 비례하는 각 피크의 면적은 동일하며, 띠-넓힘 효과는 다음에 다루기로 한다.

그림 19.6은 19.3과 19.4에 기술된, 시간 경과에 따라 두 화학종 A와 B가 컬럼 아래로 이동함에 따른 컬럼상에서의 분포를 나타낸 스냅사진이며, 웹 사이트의 보충자료에 주어진 고정된 스케일 프로그램을 실행시키면 동영상처럼 볼 수 있다. 컬럼에서 빠져나오는 분석물들의 농도를 시간의 함수(종종 컬럼을 통과한 이동상 부피의 함수로 나타내는 경우도 있음)로 도시한 것을 크로마토그램이라고 한다. 컬럼의 끝부분에 검출기를 설치해 놓아 용리된 화합물들을 자동적으로 측정하게 하고, 분리된 물질들의 피크가 나타난 크로마토그램을 기록한다.

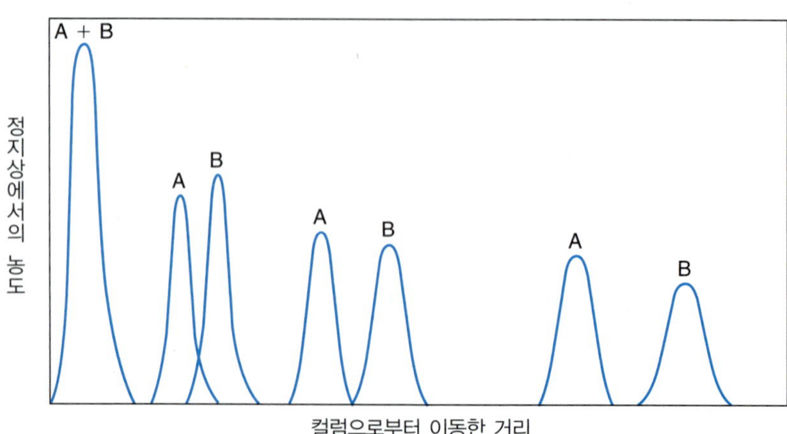

그림 19.6 전형적인 크로마토그래피 분리에서 크로마토그래피 컬럼을 따라서 나타낸 두 성분 A와 B의 분포

여러 가지 다른 형태의 크로마토그래피가 있지만, 다음의 간단한 모형이 각 크로마토그래피의 메커니즘을 잘 설명해 준다. 즉 **정지상과 이동상 두 상 사이에 겉보기 평형이 이루어진다는 것이다** (완전한 평형은 결코 이루어지지 않는다). 이동상이 계속 첨가됨에 따라 분석물은 두 상 사이에 분포되고 마침내 용리되는데, 물질들의 분포가 충분히 다르면 이 물질들은 분리될 것이다.

19.3 크로마토그래피 방법의 분류

크로마토그래피 과정은 정지상의 형태에 의해 지배되는 평형 과정의 형태에 따라 분류될 수 있다. 기본적인 평형 과정은 (1) 흡착, (2) 분배, (3) 이온 교환, (4) 크기에 따른 동공 침투 등이 있다. 흔하지는 않지만, 용질이 정지상과 이동상과 상호작용하는 과정이 결합된 형태에 의해 지배되기도 한다.

흡착 크로마토그래피

정지상은 시료 성분들이 흡착 가능한 고체이며, 이동상은 액체(**액체-고체 크로마토그래피**) 또는 기체(**기체-고체 크로마토그래피**)이며, 성분들은 흡착과 탈착 과정의 결합을 통해서 두 상 사이에 분포된다. 흡착 크로마토그래피의 좋은 예로는 얇은 층 크로마토그래피(thin layer chromatography, TLC)가 있는데, 정지상은 비활성 판에 고정된 고체 형태의 평면이고, 이동상은 액체이다.

분배 크로마토그래피

분배 크로마토그래피의 정지상은 고체 위에 지지된 액체이거나 고체 지지체 위에 그물망 형태로 결합되어 실제적으로는 액체의 기능을 하는 분자들이다. 이동상은 액체(**액체-액체 분배 크로마토그래피**) 또는 기체(**기체-액체 크로마토그래피**, GLC)이다.

정상적인 액체-액체 크로마토그래피의 작동에서는 극성 정지상(예, 실리카 젤 위에 결합된 사이아노기)과 무극성 이동상(예: 헥세인)이 사용된다. 분석물(이동상에 용해된)들이 크로마토그래피 시스템에 주입되면 이동상의 극성도가 증가함에 따라서 머무름이 증가하는데, 이를 **정상상 크로마토그래피(normal-phase chromatography)**라고 한다. 무극성 정지상이 극성 이동상과 함께 사용되면 이동상의 극성도가 증가함에 따라 용질들의 머무름은 감소하게 되는데, 이러한 작동 방식을 **역상 크로마토그래피(reverse-phase chromatography)**라 하며, 실제로 가장 널리 사용되는 방식이다. "정상상" 크로마토그래피는 역상 크로마토그래피보다 앞서서 개발된 방법이며, 원래는 이를 액체 크로마토그래피라고 하였다. "역상" 크로마토그래피가 등장한 후에는 두 가지 방식을 구분할 필요가 있어서 더 오래된 방식이지만 더 먼저 개발된 방법이므로 "정상상"이라는 용어를 사용하고 있다.

혼합물에서 성분들이 크로마토그래피에 의해 분리가 되려면 이동상에 용해되어야 한다. 정상상 크로마토그래피는 물에 용해되지 않는 성분들을 분리하는 데 사용된다. 역상 크로마토그래피는 물에 용해되는 화합물들을 소수성의 정도 차이에 기반하여 분리하는 데 사용되며 보다 일반적인 방법이다.

이온 교환 크로마토그래피와 크기별 배제 크로마토그래피

이온 교환 크로마토그래피는 이온 교환 기능기들을 가진 지지체를 정지상으로 사용하며, 분리 메커니즘은 이온 교환 평형에 기반을 두고 있다. 대부분의 이온 교환 분리, 특별히 음이온 교환 크로마토그래피에서는 소수성 상호 작용이 주요 역할을 하고 있다. 크기별 배제 크로마토그래피에서는 용해된 분자들이 다공성 구멍 속으로 침투하는 능력에 의해 정지상을 통과하는 속도가 결정되므로 그들의 크기에 따라서 분리가 이루어진다.

크로마토그래피의 형태는 분리 방식에 따라서도 구분될 수도 있는데, 예를 들어 기체-고체 크로마토그래피와 기체-액체 크로마토그래피는 **기체 크로마토그래피**로 부른다. 각 경우에 있어서 연속적인 평형은 분석물들이 정지상에서 뒤처져 있는 정도나 용리액(이동상)과 함께 움직이는 정도를 결정한다. 컬럼 크로마토그래피에서 컬럼은 정지상으로 작용하는 작은 입자들로 충전(흡착 크로마토그래피) 되어 있거나 액체상으로 얇게 코팅(분배 크로마토그래피) 되어 있다. 오늘날 기체 크로마토그래피의 가장 일반적인 형태는 액체상(보통은 중합체)이 모세관의 벽에 코팅되거나 결합되어 있는 모세관 컬럼이다. 모세관 컬럼을 사용하면 분리 효율이 크게 증가된다는 내용은 20장에서 소개될 것이다.

크로마토그래피 명명법

크로마토그래피 명명법과 용어

이후의 기본적인 설명에서는 1993년에 IUPAC가 추천한 기호와 용어를 사용하기로 한다(참고 문헌 6). 수록된 용어가 54 페이지 분량으로 아주 많기 때문에, IUPAC 위원회의 의장이었던 L.S. Ettre는 기호의 요약 목록과 종래 사용하던 것에서 크게 달라진 것만을 모아 발표하였다[L.S. Ettre, "The New IUPAC Nomenclature for Chromatography," *LCGC*, **11** (7) (July) (1993) 502]. Majors와 Carr는 아주 유용하게 갱신한 "액체상 분리 용어 모음집"을 발표하였다 [R.E. Majors and P.W. Carr, *LC-GC*, **19** (2) (February) (2001) 124, www.lcgcmag.com/lcgc/data/articlestandard/lcgc/482001/2936/article.pdf]. 이 용어집은 IUPAC 추천 용어를 수록하고 있는데, 몇 가지 옛 용어와 IUPAC 추천 용어를 다음 표에 나타내었다.

옛 용어		새 용어	
기호	용어	기호	용어
α	선택 인자	α	분리 인자
HETP	이론단 해당 높이	H	단높이
k'	용량 인자	k	머무름 인자
n	이론 단수	N	효율, 단수
n_{eff}	유효 이론 단수	N_{eff}	유효 이론단; 유효 단수
t_m	이동상 정체 시간	t_M	이동상 정체 시간
t_r	머무름 시간	t_R	머무름 시간
t'_r	조정 머무름 시간	t'_R	조정 머무름 시간
w	바탕 피크 너비	w_b	피크 띠너비

이 용어들에 이외에 추가적으로 기체 및 액체 크로마토그래피의 성질을 설명할 때에 다음 몇 가지 기호와 용어들을 사용할 것이며, 쉽게 참고할 수 있도록 요약하였다.

A = 소용돌이 확산 항 = $2\lambda d_p$
λ = 충전 인자
d_p = 평균 입자 지름
B = 세로 확산 항 = $2\gamma D_m$
γ = 방해 인자
D_m = 이동상에서 용질의 확산 계수
C = 상간 질량 이동 항 = $\dfrac{d_p^2}{6\,D_m}$
C_m = 이동상 질량 이동 항
C_s = 정지상 질량 이동 항
L = 컬럼 길이
u = 이동상 선형 속도, cm/s
$\bar{u}$ = 평균 이동상 선형 속도, cm/s

v = 환산 속도
h = 환산 단높이
R_s = 분리능

19.4 크로마토그래피의 컬럼 효율 이론

크로마토그래피에서 띠넓어짐 현상은 여러 가지 요인들로 인하여 분리 효율에 영향을 미친다. 컬럼 크로마토그래피는 수학적으로 쉽게 다룰 수 있는데, 컬럼의 효율을 정량적으로 설명하고 효율에 영향을 미치는 인자들을 다루어 보기로 한다.

이론단은 단일 평형 단계를 나타낸다. 이론단이 클수록 분해능은 커진다(평형 단계의 수가 더 크다).

이론 단수

컬럼의 분리 효율은 컬럼 내에서 이론 단수의 항으로 표현할 수 있다. 이론단은 증류 이론으로부터 유도된 개념으로서 크로마토그래피에서 각 이론은 앞서서 설명된 엑셀 시뮬레이션에서와 같이 단일 평형 단계를 나타낸다고 생각할 수 있다. 이론단은 컬럼의 분리능 또는 분리 효율의 척도이며, 단수가 클수록 컬럼의 효율은 더 좋다. **단높이(plate height)** H는 컬럼의 길이 L을 이론 단수 N으로 나눈 것이다.

$$H = \frac{L}{N} \tag{19.5}$$

컬럼 길이를 길게 하지 않으려면 단높이 H가 가능하면 작아야 하며, 이 개념들은 모든 형태의 컬럼 크로마토그래피에 적용된다.

실험적으로, 단높이는 크로마토그래피 띠의 분산 σ^2과 컬럼을 통해서 이동한 거리 x의 함수, 즉 σ^2/x로 주어지는데, σ는 Gaussian 형태의 크로마토그래피 피크의 표준 편차이다. 반높이 너비 $w_{1/2}$는 2.355 σ에 해당하고, 바탕 너비 w_b는 4 σ이다(그림 19.7). 컬럼으로부터 용리되어 나오는 용질의 **단수(number of plate)** N은 식 19.6과 같다.

$$N = \left(\frac{t_R}{\sigma}\right)^2 \tag{19.6}$$

$w_{1/2} = 2.355\ \sigma$를 대입하면 다음과 같다.

$$N = 5.545\left(\frac{t_R}{w_{1/2}}\right)^2 \tag{19.7}$$

여기서 N은 특정 분석물에 대한 컬럼의 단수이며, t_R은 머무름 시간, $w_{1/2}$은 반높이에서 피크의 너비이며 t_R과 단위가 같다. 이들을 그림 19.7에 나타내었는데, t_R 대신에 **머무름 부피**(*retention volume*) V_R이 사용될 수도 있다. w_b는 피크의 바탕 너비가 아니라 피크의 양쪽 변곡점을 지나도록 그은 접선과 바탕선이 만나는 점 사이의 너비이며, N은 w_b의 항으로도 표시할 수 있다.

피크가 좁을수록 단수는 커진다.

$$N = 16\left(\frac{t_R}{w_b}\right)^2 \tag{19.8}$$

예제 19.1

그림 19.7의 크로마토그래피 피크로부터 컬럼에서의 이론 단수를 계산하시오.

풀이

눈금자를 사용하여 측정하며 t_R = 52.3 mm, $w_{1/2}$ = 5.3 mm이므로,

$$N = 5.545\left(\frac{52.3}{5.3}\right)^2 = 5.4 \times 10^2$$

다음에 알게 되겠지만, 이 컬럼은 효율적인 컬럼이 아니다. ■

유효 단수(*effective plate number*)는 이론 단수를 무용(틈새) 부피에 대해서 보정한 것이며, 따라서 컬럼에서는 유용한 참 단수의 측정값이다.

$$N_{\text{eff}} = 5.545\left(\frac{t'_R}{w_{1/2}}\right)^2 \qquad (19.9)$$

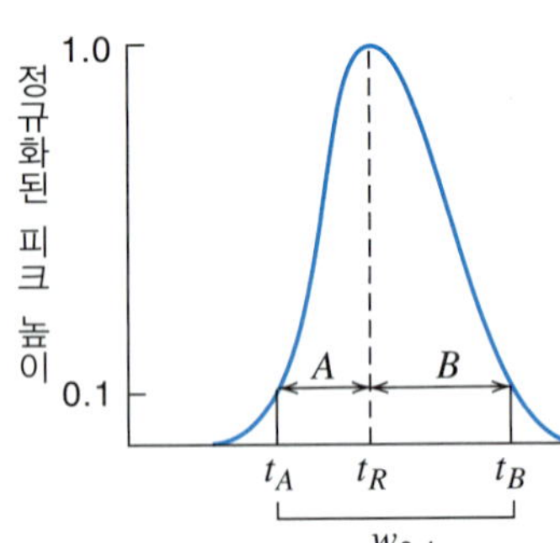

비대칭 피크와 Foley−Dorsey 식의 항

여기서 t'_R은 **조정 머무름 시간**(*adjusted retention time*)이다.

$$t'_R = t_R - t_M \qquad (19.10)$$

t_M은 이동상이 컬럼을 통과하는 데 걸리는 시간이며, 용질이 컬럼에서 머무름이 없이 컬럼을 빠져나오는 데 걸리는 시간에 해당한다. 기체 크로마토그래피에서는 시료와 함께 주입된 머무름이 없이 빠져나온 공기에 대한 피크이며, 이 시간을 t_M으로 나타낸다. 기체 크로마토그래피의 가장 일반적인 검출기는 탄소 화합물에 감응이 좋은 불꽃 이온화 검출기(flame ionization detector, FID)인데, GC-FID 시스템에서 t_M을 측정하기 위해서는 라이터로부터 뷰테인 가스를 취해서 주입하는 것이 일반적인 방법이다.

최상의 효율로 작동하기 위해서는 H가 최소이어야 한다. 하지만 가능한 짧은 시간 내에 원하는 분리를 달성하는 것이 중요하다. 최상의 분리 효율(최소 H)을 나타내는 최적의 속도 $\bar{u}_{\text{opt}}$보다 조금 더 빠른 속도를 사용하는 것이 일반적이다.

위의 식들은 그림 19.7에서처럼 Gaussian 형태의 피크를 가정하여 얻은 것이며, 피크 최댓점의 위치를 계산에 사용한다. 비대칭(꼬리 끌림) 피크일 경우에는 **Foley-Dorsey 식**[J.P. Foley and J.G. Dorsey, "Equations for Calculation of Figures of Merit for Ideal and Skewed Peaks," *Anal. Chem.*, **55** (1983) 730]으로 표현된 수학적 분석에 의해서 피크 무게 중심과 분산도를 사용하여 효율을 구하는 것이 더 바람직하다. 이들은 크로마토그램으로부터 측정한 머무름 시간 t_R, 10% 피크 높이에서의 피크 너비 $w_{0.1}$, 10% 피크 높이에서의 실험적 **비대칭 인자**(*asymmetry factor*)인 $A_{s,0.1}$, B/A에 바탕을 둔 실험식을 유도하였다. $A + B = w_{0.1}$이고, 이때 A와 B는 각각 비대칭 피크에서 t_R의 왼쪽과 오른쪽 너비이다(피크가 대칭이면 $A = B$ = 10% 높이에서의 피크 너비의 $^1/_2$이다).

Foley와 Dorsey는 다음의 이론 단수 식을 유도하였다.

$$N_{\text{sys}} = \frac{41.7(t_R/w_{0.1})^2}{B/A + 1.25} \qquad (19.11)$$

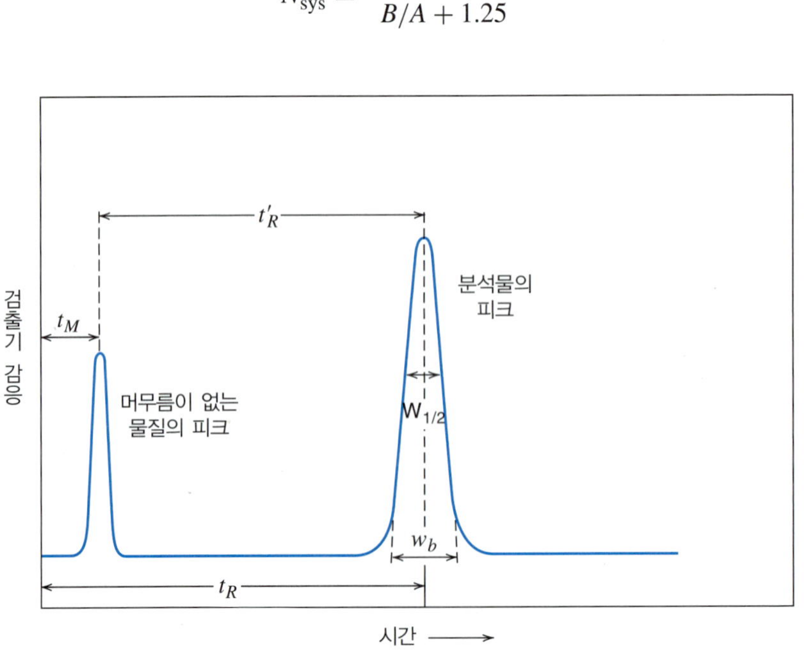

그림 19.7 크로마토그래피의 피크 $w_{1/2} = 2.355$, $w_b = 1.70$, $w_{1/2}$, $w_b = 4\sigma$

이 식은 피크의 꼬리 끌기 및 컬럼 이외의 다른 원인으로 인해 띠가 넓어짐으로써 변한 머무름 시간과 단수를 보정해 주고 있다.

대칭 피크($B/A=1$)의 경우에 $N_{sys}=18.53\,(t_R/w_{0.1})^2$이 되며, 이는 이론식에 의한 값인 $N_{0.1}=18.42\,(t_R/w_{0.1})^2$과 0.6% 정도 차이가 나며, 이 식은 비대칭 피크뿐만 아니라 대칭 피크에서도 성립된다.

단수를 알면 식 19.5로부터 H를 구할 수 있다. 피크의 너비는 H와 관련이 있어서 H가 작을수록 피크 너비는 좁아지며, H는 길이 단위로서 보통은 μm로 표현하며, **유효** 단높이 H_{eff}는 L/N_{eff}이다.

H 항은 보통 가장 늦게 용리되는 화합물에 대하여 측정한다. 5 μm 입자로 잘 충전된 고성능 액체 크로마토그래피(HPLC) 컬럼에서 H는 입자 지름의 약 2~3배이며, 10~30 μm가 일반적이다.

크로마토그래피의 속도 이론—van Deemter 식

용매 추출법에서 유도된 항인 분포 상수 또는 분배 상수는 평형을 의미하며 용질이 크로마토그래피에서 두 상 간에 분포되는 메커니즘을 함축하고 있다(흡착 크로마토그래피나 이온 교환 크로마토그래피에서는 용매 추출법 모형이 가장 잘 확장된 형태이다). 크로마토그래피는 평형 과정에 있고, **머무름 인자** k를 사용하며, 용질이 정지상에서 보내는 시간과 이동상에서 보내는 시간의 비에 해당한다.

$$k = \frac{t_R'}{t_M} \tag{19.12}$$

1993년으로 거슬러 올라가면 지금은 널리 사용되지 않지만 IUPAC는 용량 인자 k'를 사용할 것을 권고했었다(19.2절에 나타낸 크로마토그래피의 명명법과 용어 참조). 이 책에서는 IUPAC에서 권고하는 기호와 용어를 따를 것인데, 다른 문헌들에서는 종종 k'를 용량 인자라고 표현하고 있는 것을 볼 수도 있을 것이다.

크로마토그래피의 단이론과 평형 모형은 분리의 동력학을 정량적인 방법으로 설명할 수 없다. 예를 들면 이동상 흐름의 양이 2배가 되면 분리 효율이 어떻게 변하는지와 같은 것은 설명이 안 된다. van Deemter 식은 효율적인 분리를 위한 조건을 설명하고 결정하는 데 가장 잘 알려진 식이다.

J.J. van Deemter는 Royal Dutch Shell에서 그의 동료들과 함께 그의 이름을 딴 크로마토그래피 컬럼의 효율을 설명하는 유명한 식을 개발하였다. E. R. Adlard, *LCGC North America*, **24** (10), October 2006, p. 1102. 허가 받아 복사됨.

GC 충전 컬럼에서 van Deemter 식은 피크 넓어짐은 서로 독립적인 여러 요인들의 합이라는 것을 보여 주었다. **van Deemter 식(van Deemter equation)**은 단높이 H를 다음과 같이 나타낸다.

$$H = A + \frac{B}{\bar{u}} + C\bar{u} \tag{19.13}$$

위의 식에서 A, B, C는 주어진 계에 대한 상수로, H에 영향을 미치는 세 가지 주요 인자와 관련이 있으며, $\bar{u}$는 운반 기체의 평균 선형 속도(cm/s)이다. van Deemter 식은 GC를 위해서 개발되었지만, 평형 항이 더 중요해지고 확산 항은 덜 중요한 액체 크로마토그래피에서도 적용된다(아래 설명 참조).

$\bar{u}$는 컬럼 길이 L을 머무름이 없는 물질이 용리하는 데 걸리는 시간인 t_M으로 나눈 것과 같다 (그림 19.7).

소용돌이 확산, 분자 확산, 그리고 느린 질량 이동 속도 때문에 피크는 넓어진다. 작고 균일한 입자는 소용돌이 확산을 최소화한다. 흐름 속도가 빨라지면 분자 확산은 감소하지만 질량 이동 효과를 증가시키므로 최적의 흐름 속도를 설정할 필요가 있다.

$$\bar{u} = \frac{L}{t_M} \tag{19.14}$$

크로마토그래피에서 일반적인 흐름 항은 **이동상의 속도 u**이다. 그러나 GC에서는 기체의 압축성으로 인해 컬럼 내의 위치에 따라 다른 선형 속도를 나타내기 때문에 **평균 선형 속도 $\bar{u}$**를 사용한다. 액체 크로마토그래피에서는 압축성을 거의 무시할 수 있어 $\bar{u}=u$가 되므로 u를 사

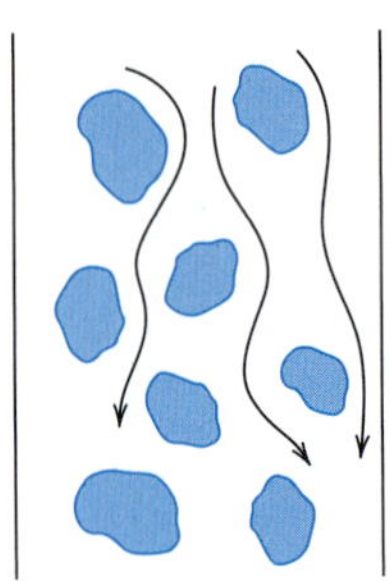
소용돌이 확산

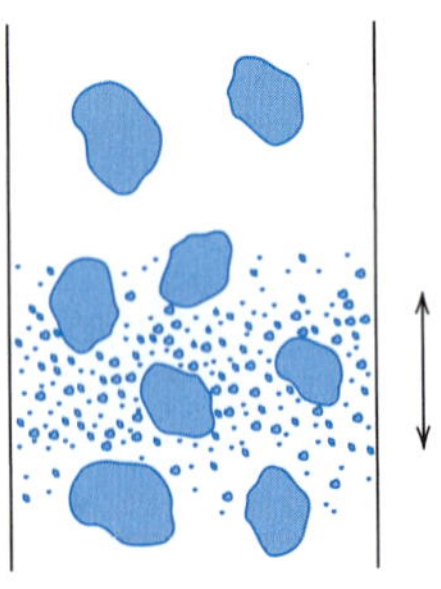
분자 확산

LC에서는 분자 확산의 영향을 무시할 수 있지만 GC에서는 중요하다.

용하는데, 기체 크로마토그래피에서는 $\bar{u}$에 해당한다.

그림 19.8에 충전 컬럼 기체 크로마토그래피에서 세 가지 항, 즉 A, B, C의 중요성을 설명하였는데, H를 운반 기체 속도의 함수로 도시하였다. 여기서 A는 **소용돌이 확산**(*eddy diffusion*) 을 나타내는데, 이는 분석물이 컬럼 내부 입자들 사이를 여러 구불구불한(다양한 길이의) 흐름 경로로 이동하기 때문에 생긴 것이며, 기체의 속도 또는 이동상 속도와는 무관하다. 축 방향 속도의 불균일성(즉 소용돌이 확산)은 충전 물질의 입자 크기 및 기하학적 구조와 연관되어 있다.

$$A = 2\lambda d_p \tag{19.15}$$

여기서 λ는 실험적 컬럼 상수(충전 인자)로서, 컬럼이 어떻게 충전되어 있느냐에 따라 달라진다. λ가 u에 의존한다고 가정할 경우, 잘 충전된 컬럼의 경우 λ는 0.8~1.0이며, d_p는 평균 입자 지름이다. 작고 균일한 입자를 사용하여 잘 충전하면 이 값을 최소화할 수 있지만, 기체 크로마토그래피는 최적의 압력에서 사용되어야 하기 때문에 극히 미세한 충전 지지체를 사용하지는 않는다.

B항은 이동상 또는 운반 기체에 있는 시료 성분들이 컬럼 내에서 농도 기울기에 의해서 생기는 **세로 확산(longitudinal diffusion)**(축방향) 또는 **분자 확산(molecular diffusion)**항이다. 즉 시료 영역과 이동상 사이의 계면에 농도 기울기가 있어서 분자들이 농도가 낮은 쪽으로 확산하는 경향이 생기게 되는데, 이 이동상에서 확산은 다음 식으로 나타낸다.

$$B = 2\gamma D_m \tag{19.16}$$

여기서 γ는 장애 인자로, 충전 GC 칼럼에서는 보통 0.6~0.8이며, D_m은 확산 계수이다. 분자 확산은 시료와 운반 기체(보통의 GC 온도에서 기체상에서의 D_m 값은 높기 때문에 중요하다)의 함수이다. 분석에서 시료 성분은 정해져 있으므로 B 또는 $B/\bar{u}$를 변화시키는 유일한 방법은 운반 기체의 종류, 압력 또는 흐름 속도를 변화시키는 것이다. 흐름 속도가 높으면 시간에 따라 달라지는 분자 확산은 감소되기 때문에, 높은 흐름 속도는 전체 분석 시간을 단축시킨다. 밀도가 높은 기체인 질소나 이산화 탄소는 헬륨이나 수소에 비해서 B를 더 감소시킨다. 액체 크로마토그래피에서는 기체 크로마토그래피에 비해서 분자 확산이 매우 작다. GC에서는 흐름 속도가 $\bar{u}_{opt}$보다 낮을 때에만 분자 확산이 중요하게 작용하지만, LC의 경우 정상적인 작동 조건에서는 일반적으로 무시할 수 있다. 보통은 항상 $\bar{u}_{opt}$보다 더 빠른 흐름 속도에서 작동하지만, 그림 19.8에 나타낸 바와 같이 $\bar{u}_{opt}$ 근처에서는 H-u 곡선이 가파르지 않으며, $\bar{u}_{opt}$보다 더 큰 흐름 속도에서 작동될 때에는 분리 속도가 빨라진다. 잘 알려진 크로마토그래피 교육자인 McNair는 A항과 B항에 의해 H가 어떤 영향을 받는지를 알 수 있는 동영상을 제작하였는데, http://chromedia.org/chromedia?waxtrap=xqegzCsHqnOxmO1IecCb&subNav=wnjedDsHqnOxmO1EcCzBkF에서 볼 수 있다.

비디오 van Deemter terms

질량 이동이 LC에서 두드러짐

상수 C는 **상간 질량 이동(interphase mass transfer)**항으로, 용질이 이동상과 정지상 사이

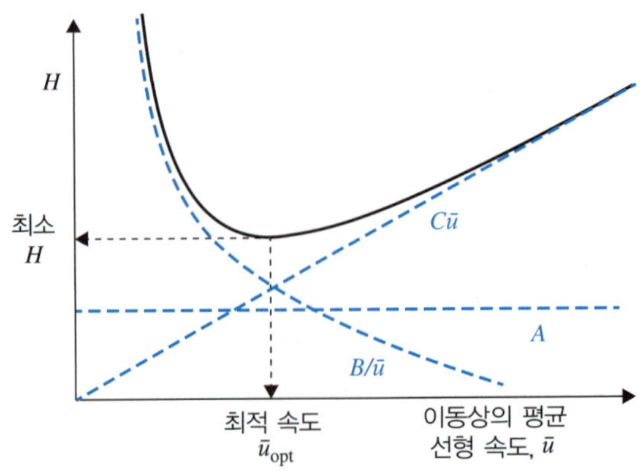

그림 19.8 van Deemter 식에서 각 항에 대한 기여도

를 이동할 때 두 상 사이에 이루어지는 용질이 평형에 도달하기 위해서는 어느 정도의 시간이 필요한데, 이 때문에 생긴 항이다. C 항은 두 개의 성분, 즉 이동상에서의 질량 이동 성분인 C_m과 정지상에서의 질량 이동 성분인 C_s로 분리될 수 있다. C_m 항은 컬럼의 횡단면을 가로지를 때의 속도가 일정하지 않기 때문인데, 이는 컬럼 벽면이나 충전 입자 가까운 곳에서의 흐름 속도가 벽면에서 떨어진 곳에서의 흐름 속도에 비해서 낮기 때문이다. 이러한 속도에서의 차이는 피크 넓어짐의 요인이 되며, 속도가 증가함에 따라서 그 차이는 더 커진다. 반면에, 이동상에서 분석물의 확산 계수에 비례하는 확산의 혼합이 이 차이를 완화한다. 구형 충전 물질로 균질하게 충전된 컬럼에서는 C_m이 다음 식으로 주어진다.

$$C_m = \frac{C_1 \omega d_p^2}{D_m} u \tag{19.17}$$

여기서 C_1은 상수이고, ω는 컬럼 내에서 이동상의 전체 부피에 해당한다.

정지상의 질량 이동항 C_s는 정지상의 양에 비례하고 분석물에 대한 머무름 인자에 따라서 증가하며, 정지상의 막두께 d_f에 비례한다($\frac{d_f^2}{D_s}$는 용질이 정지상의 안과 밖으로 확산되는 시간을 나타낸다). 확산 평형에 도달하는 데 필요한 시간이 부족하기 때문에 C_s는 u에 정비례하여 증가하며, 머무름이 없는 용질에 대해서는 0이며$(k=0)$, 다음 식으로 나타낸다.

$$C_s = C_2 \frac{k}{(1+k)^2} \frac{d_f^2}{D_s} u \tag{19.18}$$

여기서 C_2는 상수이다.

앞에서 설명한 많은 내용과 관련이 있는 GC 충전 컬럼은 현재에는 많이 사용되고 있지는 않으며, 아직까지 구형이 아닌 울퉁불퉁한 입자들을 충전 물질로 사용되고 있는 분석용 크로마토그래피의 유일한 형태이다. 낮은 머무름 인자의 분석물의 경우, C_s 항은 작으며 단높이는 다음의 근사식으로부터 계산된다.

$$H = 1.5d_p + \frac{D_m}{\bar{u}} + \frac{1}{6}\frac{{d_p}^2}{D_m}\bar{u} \tag{19.19}$$

식 19.19에 있는 세 개의 항 모두는 길이 단위이다. 속도 $\bar{u}$는 이동상의 흐름 속도 Q에 선형적으로 비례하기 때문에 H-Q 도시를 사용하기도 한다. 이들은 van Deemter 도시와 동일한 곡선을 나타내지만 상수 A, B, C의 값은 다르다.

특정한 예에 대한 van Deemter 식의 스프레드시트 계산 및 $\bar{u}$의 함수로서 A, $B/\bar{u}$, $C\bar{u}$의 변화에 따른 도시는 이 책의 웹 사이트와 문제 13을 참고하시오.

van Deemter 도시는 크로마토그래피의 조건을 최적화하는 데 도움을 줄 수 있다. A, B, C는 세 개 점과 세 개의 van Deemter 식의 풀이로부터 결정될 수 있다. 이론적으로는 식 19.13을 도시하면, 최소값 $H_{\min}$이 $\bar{u}_{\text{opt}} = \sqrt{B/C}$에서 $A + 2\sqrt{BC}$임을 알 수 있으며, $\bar{u}_{\text{opt}}$ 이후에는 기울기에 주목할 필요가 있다. 기울기가 작을수록 속도가 $\bar{u}_{\text{opt}}$보다 빨라져도 효율에는 거의 영향을 미치지 않으므로 더 좋다. 앞서서 설명한 바와 같이, 실제 크로마토그래피에서는 시간이 너무 오래 걸리기 때문에 $\bar{u}_{\text{opt}}$에서는 잘 사용하지 않는다. 따라서 더 많은 단을 가진 더 길거나 더 효율적인 컬럼을 사용하는 것이 낫다.

효율적인 기체 크로마토그래피 충전 컬럼은 수천의 이론단을 가지며, 모세관 컬럼은 컬럼의 내경에 따라 달라지는데, 예를 들면 $k=5$인 용질에 대해서 막두께가 0.32 μm이고 내경이 0.32 mm인 컬럼은 3,800단/m이며, 막두께가 0.18 μm이고, 내경이 0.18 mm인 컬럼에서는 6,700단/m이다. 보통 컬럼 길이는 20~30 m인데 이 경우 전체 이론 단수는 100,000을 초과한다. 고성능 액체 크로마토그래피에서는 센티미터당 200~5,000의 이론 단수를 가지며, 수 μm~2 μm의 구형 다공성 입자에 대해서는 가장 높은 이론단을 얻을 수 있다. 길이가 긴 컬럼은 실제적으로 매우 작은 입자를 사용하기에는 곤란하므로, 일반적인 액체 크로마토그래피 컬럼의 길이는 5~25 cm이다.

환산 단높이

컬럼들의 성능을 비교하기 위해서, Knox는 단높이를 입자의 지름으로 나눈 **환산 단높이** (*reduced plate height*) h라고 하는 단위가 없는 파라미터를 사용하였다.

$$h = \frac{H}{d_p} \tag{19.20}$$

잘 충전된 컬럼은 최적 흐름에서 2 이하의 h 값을 갖는다. 열린관 컬럼의 경우는 다음과 같이 나타낼 수 있다.

$$h = \frac{H}{d_c} \tag{19.21}$$

여기서 d_c는 컬럼의 내경이다.

환산 단높이는 **환산 속도** (*reduced velocity*) v와 함께 넓은 범위의 조건에서 다른 충전 컬럼을 비교하는 데 사용된다. v는 이동상 내에서의 확산 계수와 컬럼 충전물의 입자 크기와 관련이 있다.

$$v = \bar{u}\frac{d_p}{D_m} \tag{19.22}$$

(열린관 컬럼에서는 d_p 대신 d_c를 사용한다.). 환산 형태의 van Deemter 식은 다음과 같이 나타낼 수 있다.

$$h = A + \frac{B}{v} + Cv \tag{19.23}$$

열린관 컬럼

열린관 컬럼에서는 소용돌이 확산이 없다.

20장에서 살펴볼 것이지만, 내경이 180~560 μm 범위에 있는 모세관 컬럼은 GC에서 가장 널리 사용되고 있으며, 이들의 단수는 매우 크다. LC에서는 아직까지 열린관 컬럼이 널리 사용되고 있지 않은데, 열린 관의 중심에 있는 용질 분자가 컬럼의 내벽에 있는 활성 코팅제까지 확산되는 시간은 $0.25d_c^2/D_m$으로 주어진다. LC에서 동일한 확산 시간을 유지하기 위해서는 일반적인 D 값은 GC에서보다 1000~10,000배 작음을 고려할 때 d_c는 30~100배 더 작은 2~20 μm 범위가 되어야 한다. 또한 주입 부피와 검출 부피도 비례적으로 감소되어야 한다. 꾸준한 노력에도 불구하고, pL 부피 정도로 적은 양을 주입하여 이를 감도 있게 검출하는 기술은 아직까지 달성하지 못했다. 열린관 컬럼은 충전된 형태가 아니기 때문에 van Deemter 식에서 소용돌이 확산항은 없다. 열린관 컬럼의 적용을 위해서 van Deemter 식을 변형한 식을 **Golay 식** (*Golay equation*)이라 하며 다음과 같다.

$$H = \frac{B}{\bar{u}} + C\bar{u} \tag{19.24}$$

Marcel Golay는 GC용 모세관 컬럼 개발의 선구자였으며, 충전 컬럼보다 열린관 컬럼이 훨씬 더 효율적이라고 예측하였는데, 다행히도 그 후에 유리와 실리카 모세관의 길이를 늘이는 기술이 즉시 개발되었다.

고성능 액체 크로마토그래피: Huber 식과 Knox 식

LC는 이동상과 정지상에서의 질량 이동을 위한 보정이 포함되어야 한다.

LC에서는 van Deemter 식의 C 항이 이동상과 정지상의 기여(C_m과 C_s, 식 19.17과 19.18 참조)를 포함하고 있다는 사실은 F. K. Huber에 의해 처음 밝혀졌다. GC 충전 컬럼에서와는 다르게 C_s 항을 무시할 수는 없으며 van Deemter 식은 다음과 같이 나타낼 수 있다.

$$H = A + B/\bar{u} + C_m\bar{u} + C_s\bar{u} \tag{19.25}$$

이 식은 **Huber 식**(*Huber equation*)으로 알려져 있다. 매우 낮은 이동상 속도에서는 제외하고, D_m이 액체상에서는 매우 작기 때문에 세로 확산 항 B는 무시할 수 있다(식 19.16 참조). 입자 크기가 매우 작은 균질한 구형 입자들로 탄탄하고 균일하게 충전된 컬럼에서도 A 항의 기여는 매우 작으며 무시될 수 있다. 따라서 식 19.25는 다음과 같이 간소화된다.

$$H = C_m\bar{u} + C_s\bar{u} \tag{19.26}$$

C_s 항은 주어진 k 값에 대해서 상대적으로 일정하지만, 이 경우에 C_m은 입자의 세공 내에서 정체된 이동상의 흐름을 포함하고 있다. 입자 크기가 다른 HPLC의 대표적인 H 대 u 도시를 그림 19.9에 나타내었다.

작은 입자와 아주 낮은 속도에서는 분자 확산이 영향을 미치게 되어 H가 다시 증가한다. 높은 흐름 속도에서는 u에 따른 H의 증가는 기체 크로마토그래피에 비해 매우 작으며, 작은 입자에 대해서는 특별히 더 작다. 5 μm 입자로 잘 충전한 컬럼의 경우, H값은 보통 0.01~0.03 mm(10~30 μm)인데, 그림 19.9의 눈금이 이 범위 내에 있음을 주목해야 한다.

Knox는 속도의 세제곱근을 포함하는 항을 포함시킴으로써 관찰된 실험적인 거동에 더 잘 맞는 액체 크로마토그래피용 실험식을 개발하였다. **Konox 식**(*Konox equation*)은 환산 속도의 함수로, 일반적으로 단위가 없는 형태로 표현한다.

$$h = Av^{1/3} + \frac{B}{v} + Cv \tag{19.27}$$

A항은 보통 1~2이며, B는 약 1.5이며, C는 약 0.1이므로 전형적인 좋은 컬럼은 다음과 같다.

$$h = v^{1/3} + \frac{1.5}{v} + 0.1v \tag{19.28}$$

HPLC에서 입자 크기와 효율

컬럼의 효율은 입자 크기와 관계가 있으며, 잘 충전된 HPLC 컬럼에서는 H 값이 평균 입자 지름의 약 2~3배임이 밝혀졌다. 즉

$$H = (2 \sim 3) \times d_p \tag{19.29}$$

둥근 핵심부 껍질 입자들에서 보통 H는 식 19.29에 나타낸 값보다 낮다. 이 입자들은 단단하고 둥글고 얇은 다공성 껍질 입자이기 때문에 확산 거리가 제한되어 있다. 이들은 용융 핵심부 입자들이라고도 부르는데, 전자와 유사하지만 얇은 껍질 충전물인 크기가 더 큰 입자들을

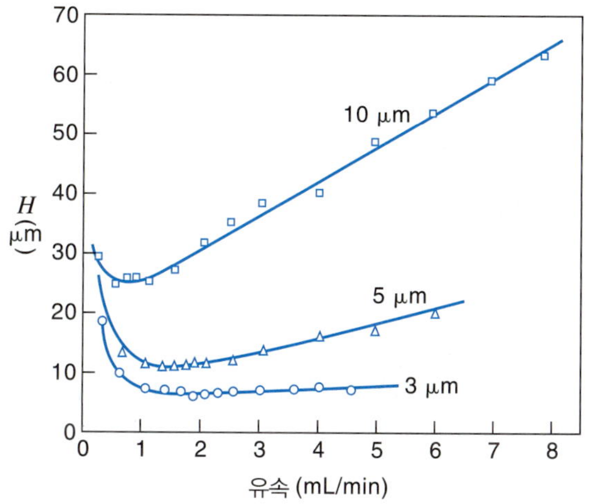

그림 19.9 HPLC에서 입자 크기에 따른 van Deemter 도시. 입자 크기가 작을수록 효율이 높으며, 특별히 흐름 속도가 높을수록 더 효율이 높다. 컬럼 내경: 4.6 mm; 이동상: 65% 아세토나이트릴/35% 물; 시료 : *t*-뷰틸벤젠[M. W. Dong and M.R. Gant, *LC-GC*, **2** (1984) 294.] 더 작은 입자들의 대한 거동은 그림 21.25를 참조하라.

사용하는 것이 액체 크로마토그래피의 초창기부터 주창되어 왔지만 특별한 이온 교환 충전물을 제외하고는 용량이 좋지 못했다. 단단한 핵심부는 1.25 μm이며, 다공성 껍질은 0.23 μm인 입자들은 최저 단높이를 1.5 μm 이하까지 얻을 수 있다.

머무름 인자 효율과 분리능

머무름 인자는 머무름 시간의 측정이다. 머무름 인자가 너무 작으면 분리가 잘 되지 않는다. 하지만 머무름 인자가 너무 크면 용리 시간이 너무 오래 걸린다.

머무름 인자 k(식 19.12)는 주어진 조건에서 분석물이 컬럼에 의해 얼마나 강하게 붙잡혀있는지를 직접 측정하는 것이다. 한 쌍의 분석물이 잘 분리가 되지 않으면, k를 증가시키기 위해 크로마토그래피 조건(GC에서는 컬럼의 온도, LC에서는 용리 세기)을 변경하면 분리능이 개선된다. 머무름 인자가 크면 분리가 잘 되지만, 큰 머무름 인자는 용리 시간이 증가됨을 의미하기 때문에 분리 효율과 분리 시간 사이를 잘 절충해야 한다. 정지상의 부피를 증가시킴으로써 머무름 인자는 증가될 수 있다. 점차적으로 머무름 인자가 감소하는 것은 정지상의 퇴화를 뜻한다.

유효 단수는 머무름 인자 및 단수와 관련이 있다.

$$N_{\text{eff}} = N\left(\frac{k}{k+1}\right)^2 \tag{19.30}$$

크로마토그래피 컬럼의 부피는 정지상의 부피와 이동상에 의해 차지되고 있는 **틈새 부피**(**void volume**)로 구성된다. 틈새 부피는 t_M과 흐름 속도로부터 측정될 수 있으며, 이동상의 1 틈새 부피는 컬럼을 한 번 씻어 내리는 데 필요한 부피이다. 하지만 앞선 용매를 씻어내고 새로운 용매로 재평형하는 데 최소한 5~10 컬럼 부피가 필요하다.

예제 19.2

그림 19.7의 크로마토그래피 피크의 머무름 인자를 계산하시오.

풀이

눈금자로 측정하면 $t_R = 52.3$ mm이고, $t_M = 8.0$ mm이다.

따라서 $k = \dfrac{52.3 - 8.0}{8.0} = 5.5_4$

바람직한 머무름 인자 값은 1~5인데, 너무 낮으면 화합물이 컬럼을 너무 빨리 통과하게 되어 분리도가 좋지 않게 된다. 더욱이, 머무름이 약한 분석물을 검출할 경우에는, 머무름이 없는 다른 화학종으로부터 방해를 받게 된다. k가 너무 크면 머무름 시간이 길고 분석 시간이 길어진다. ■

크로마토그래피에서의 분리능

최소한 1.0의 분리능을 얻도록 해야 한다.

두 크로마토그래피 피크의 분리능은 다음 식으로 정의된다.

$$R_s = \frac{t_{R2} - t_{R1}}{(w_{b1} + w_{b2})/2} \tag{19.31}$$

여기서 t_{R1}과 t_{R2}는 두 피크(피크 1이 먼저 용리)의 머무름 시간이고, w_b는 피크의 바탕선 너비이다. R_s 값은 두 인접한 피크를 얼마나 잘 분리하는가의 척도이며, 높이가 같은 두 피크의 골을 구분하려면 0.6의 분리능이 필요하다. 분리능 1.0은 너비가 같은 두 피크가 2.3% 겹치며, 좋은 정량 결과를 얻기 위해 필요한 최소한의 분리능이다. 분리능 1.5는 너비가 같은 두 피크가 0.1%만 겹치며 이 경우에 같은 높이의 피크를 바탕선에서 분리하는 데 충분하다.

분리능은 피크 너비와 상관없이 열역학적 항들로 설명할 수 있다. **분리 인자**(**separation factor**) α는 선택성으로 널리 사용되기도 하는데, 분석물의 상대 머무름을 나타내는 열역학적 양이며 다음과 같이 주어진다.

$$\alpha = \frac{t'_{R2}}{t'_{R1}} = \frac{k_2}{k_1} \tag{19.32}$$

여기서 t'_{R1}과 t'_{R2}는 조정 머무름 시간(식 19.10)이고, k_1과 k_2는 각각 t'_{R1}과 t'_{R2}에 대응하는 머무름 인자(식 19.12)이다. 이 식은 크로마토그래피 조건이 두 분석물을 얼마나 잘 분리하였는지를 말해 준다. 이는 또한 각 분석물이 정지상에서 보낸 시간의 비에 해당한다. 따라서 분리능은 다음과 같이 쓸 수 있다.

마스터 분리능 식은 세 가지 별개의 항을 가지고 있다. 1) 효율 항, 2) 선택성 항, 3) 머무름 인자 또는 용량 인자 항

$$R_s = \frac{1}{4}\sqrt{N}\left(\frac{\alpha - 1}{\alpha}\right)\left(\frac{k_2}{k_{\text{ave}} + 1}\right) \tag{19.33}$$

여기서 k_{ave}는 두 피크의 용량 인자의 평균값이다. 이 식은 효율, 즉 띠넓어짐 및 머무름 시간(식 19.7)과의 관계를 보여 주며, **마스터 분리능 식**(*master resolution equation*) 또는 **Purnell 식**(*Purnell equation*)으로 알려져 있다. N은 L에 비례하므로 분리능은 컬럼 길이의 제곱근 $\sqrt{L}$에 비례한다. 따라서 컬럼 길이를 두 배로 하면 분리능은 $\sqrt{2}$ 또는 1.4배 증가하고, 네 배로 늘리면 분리능은 2배 증가한다. 물론 머무름 시간은 컬럼 길이에 정비례하여 길어진다. 비대칭 피크의 경우, 피크의 무게 중심이 α 값을 계산하기 위한 머무름 시간 계산에 사용될 수 있다.

특정 분리능을 얻는 데 필요한 단수는 다음과 같이 주어진다.

$$N_{\text{req}} = 16R_s^2\left(\frac{\alpha}{\alpha - 1}\right)^2\left(\frac{k_{\text{ave}} + 1}{k_2}\right)^2 \tag{19.34}$$

식 19.30을 대입하면, 필요한 유효 단수는 다음과 같다.

$$N_{\text{eff(req)}} = 16R_s^2\left(\frac{\alpha}{\alpha - 1}\right)^2 \tag{19.35}$$

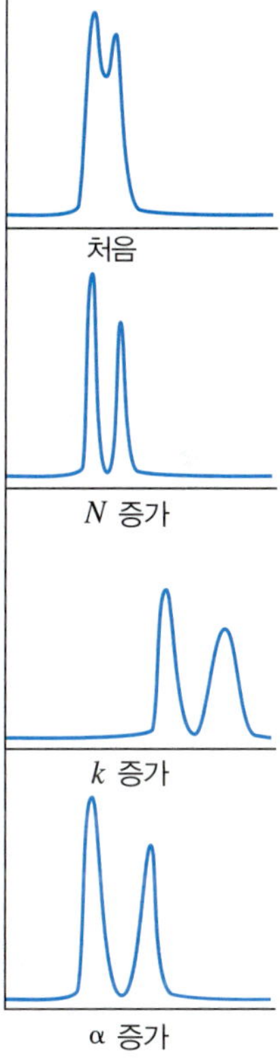

오른쪽의 그림은 N, k, α를 각각 증가시킬 때 분리능이 어떻게 증가하는지를 보여 준다. k를 증가시키면 두 피크의 머무름이 증가하고 띠가 넓어진다. 균일하게 충전된 컬럼에서 띠의 너비는 이동한 거리의 제곱근에 비례하여 증가하지만, 피크 중심 사이의 거리는 이동 거리에 정비례하여 증가한다. 띠 또는 피크 사이 간격이 띠넓어짐보다 더 크므로 분리가 향상된다.

단수를 증가(예: 컬럼 길이 L을 늘려서)시키는 것은 바람직하기는 하지만, 위에서 지적하였듯이 충전 컬럼의 분리능은 N의 제곱근에 비례하여 증가할 뿐이고 압력 강하도 선형적으로 증가한다. 정지상과 이동상을 변화시킴으로써 선택성(α)이나 머무름 인자(k)를 증가시키는 것이 더 효율적이다. 물론 머무름 시간을 증가시키면 분석 시간이 길어지므로, 일반적으로 속도와 분리능 사이에 절충점을 찾아야 한다.

예제 19.3

모세관 GC 컬럼에서 에탄올과 메탄올이 각각 370초와 385초의 머무름 시간으로 분리되며, 반높이 너비($w_{1/2}$)는 9.42초와 10.0초이다. 머무름이 없는 뷰테인 피크는 10.0초에서 나타난다. 분리 인자와 분리능을 계산하시오.

풀이

늦게 용리하는 피크를 사용하여 N을 계산한다(식 19.7).

$$N = 5.54\left(\frac{385}{10.0}\right)^2 = 8.21 \times 10^3 \text{ 단}$$

식 19.32로부터

$$\alpha = \frac{385 - 10}{370 - 10} = 1.04_2$$

식 19.12로부터

$$k_1 = \frac{370 - 10}{10.0} = 36.0$$

$$k_2 = \frac{385 - 10}{10.0} = 37.5$$

$$k_{ave} = (36.0 + 37.5)/2 = 36.8$$

식 19.33으로부터

$$R_s = \frac{1}{4}\sqrt{8.21 \times 10^3}\left(\frac{1.042 - 1}{1.04_2}\right)\left(\frac{37.5}{36.8 + 1}\right) = 0.91$$

$w_b = 1.70w_{1/2}$의 관계식으로부터 메탄올과 에탄올에 대한 w_b는 각각 16.0초와 17.0초로 계산될 수 있다.

그리고 식 19.31로부터 다음을 얻는다.

$$R_s = \frac{385 - 370}{(17.0 + 16.0)/2} = 0.91$$

이 분리능($R_s < 1.5$)은 화합물을 바탕선에서 분리하기에는 불충분하므로, 메탄올과 에탄올 피크는 크로마토그램에서 부분적으로 겹치게 보일 것이다. ■

19.5 크로마토그래피 시뮬레이션 소프트웨어

새로운 크로마토그래피 분리 방법을 개발하려면 적절한 컬럼(정지상)과 크기, 이동상을 선택하고, 유기 용매 퍼센트, 온도 기울기 및 용매 기울기 등과 같은 변수를 최적화해야 한다. 일반적으로 최적화 조건을 찾기 위해서는 여러 번의 크로마토그래피 분리를 반복적으로 수행해야만 하는데, 분석 방법 개발 및 최적화에 상업용 소프트웨어의 도움을 받을 수 있다. 이들 소프트웨어 회사의 웹 사이트 몇 군데를 소개하면 다음과 같다: *DryLab* (LC Resources): www.lcresources.com; *ACD/GC Simulator*, *ACD/LC Simulator*, *ACD/ ChromManager* (ACD/Labs): www.acdllabs.com; *ChromSword*® (Merck KGaA): www.chromsword.com; *Virtual Column*: 이온 크로마토그래피 시뮬레이션 소프트웨어; Tasmania 대학: www.virtualcolumn.com.

질문

1. 크로마토그래피란 무엇인가?
2. 모든 크로마토그래피 과정의 원리를 기술하시오.
3. 크로마토그래피 방법들을 분류하고 주요한 응용의 예를 드시오.
4. van Deemter 식이란 무엇인가? 각 항들을 정의하시오.
5. Golay 식은 van Deemter 식과 어떻게 다른가?
6. Huber 식과 Knox 식은 van Deemter 식과 어떻게 다른가?

교수 선호 문제

Michigan 대학의 Michael D. Morris 교수 제공

7. 크로마토그래피에서 주요 상평형 상수는 평형이 정지상에서 잘 일어날 때 더 크다. 액체 크로마토그래피에서 평형 상수 $K = C_s/C_m$ (C_s: 정지상에서의 농도, C_m: 이동상에서의 농도)이다. K의 증가는 분석물의 용리에 필요한 시간에 어떻게 영향을 미칠 것인지를 설명하시오.

문제

크로마토그래피 분리능

8. 기체 크로마토그래피 피크의 머무름 시간이 65초이고, 피크 양끝의 바탕선의 교차점으로부터 얻은 바탕 너비는 5.5초이다. 컬럼 길이가 3 ft(1 ft = 30.48 cm)이면, cm/단으로 나타낸 단높이 H는 얼마인가?
9. 어떤 작동 조건에서 H 값이 1.5 cm/단인 컬럼을 사용하여 머무름 시간이 각각 85초 및 100초인 기체 크로마토그래피의 피크를 분리하려고 한다. 두 피크의 바탕 너비가 같다면, 컬럼의 길이가 얼마이어야 하겠는가?
10. 다음 기체 크로마토그래피 자료는 길이 3 m인 컬럼에 n-헥세인을 각각 2 μL씩 주입하여 얻은 것이다. 각 흐름 속도에서 단수와 H를 계산하고, H를 흐름 속도에 대하여 도시하여 최적 흐름 속도를 정하시오. **조정** 머무름 시간 t'_R을 사용하시오.

흐름 속도(mL/분)	t_M(공기 피크)(분)	t'_R(분)	피크 너비(분)
120.2	1.18	5.49	0.35
90.3	1.49	6.37	0.39
71.8	1.74	7.17	0.43
62.7	1.89	7.62	0.47
50.2	2.24	8.62	0.54
39.9	2.58	9.83	0.68
31.7	3.10	11.31	0.81
26.4	3.54	12.69	0.95

11. 단수가 500인 컬럼에서 분리한 세 화합물 A, B, C의 머무름 인자가 $k_A = 1.40$, $k_B = 1.85$, $k_C = 2.65$이었다. 1.05의 최소 분리능으로 이 세 화합물을 분리할 수 있는가?
12. 다음 상황이 어떻게 일어날 수 있었는지를 설명하시오. 첫 번째, 두 화합물이 선택성이 1.02임에도 불구하고 잘 분리된다($R > 1.5$). 두 번째, 두 화합물이 선택성이 1.8임에도 불구하고 잘 분리되지 않는다($R < 1.5$).

스프레트시트 문제

13. van Deemter 식에서 $A = 0.5$ mm, $B = 30$ mm·mL/min, $C = 0.05$ mm·min/mL라고 가정하고 van Deemter 도시를 위한 스프레드시트를 준비하시오. 선속도 4, 8, 12, 20, 28, 40, 80, 120 mL/min에서 H 대 $\bar{u}$를 도시하시오. 같은 차트에 A 대 $\bar{u}$, $B/\bar{u}$ 대 $\bar{u}$, $C\bar{u}$ 대 $\bar{u}$를 도시하고, 선형 속도에 따라 이들이 어떻게 변하는지, 즉 H에 대한 이 항들의 기여가 어떻게 변하는지를 설명하시오. 가상적인 $H_{\min}$와 $\bar{u}_{\text{opt}}$를 계산하고, 차트상의 $H_{\min}$과 비교하시오. 또한 $B/\bar{u}_{\text{opt}}$와 $C\bar{u}_{\text{opt}}$를 계산하시오. 차트를 보면서 $B/\bar{u}$선과 $C\bar{u}$선이 어디서 교차하는지를 찾으시오. 계산한 결과를 이 책의 웹 사이트 19장에서 확인하시오.

추천 참고 문헌

일반

1. A. Berthod, Countercurrent Chromatography, *The Support-Free Liquid Stationary Phase. Comprehensive Analytical Chemistry* (D. Barceló, Ed.), Volume **XXXVIII**, Elsevier, 2002,
2. J. C. Giddings, *Unified Separation Science*. New York: Wiley-Interscience, 1991.
3. C. E. Meloan, *Chemical Separations: Principles, Techniques, and Experiments*. New York, Wiley, 1999.
4. J. Cazes, ed., *Encyclopedia of Chromatography*. New York: Marcel Dekker, 2001.
5. R. E. Majors and P. W. Carr, "Glossary of Liquid-Phase Separation Terms," *LC.GC*, **19**(2) (2001) 124.
6. L. S. Ettre, "Nomenclature for Chromatography," *Pure Appl. Chem.*, **65** (1993) 819.

역사 총설

이들 참고 문헌은 분리 기술이 어떻게 발전되었는지에 관한 좋은 총설을 하였으며, 특별히 사용되고 있는 정지상들과 현재 우리가 사용하고 있는 것들이 왜 사용되고 있는지에 대한 이유도 설명하고 있다.

7. H. J. Isaaq, ed., A *Century of Separation Science*, New York: Marcel Dekker, 2002.
8. L. S. Ettre, "The Rebirth of Chromatography 75 Years Ago," *LC.GC North America*, **25**(7), July 2007, p. 640. 크로마토그래피의 탄생과 발전에 대한 발자취를 훌륭하게 설명하고 있다. www.chromatographyonline.com.
9. W. Jennings, The History of Chromatography. "From Academician to Entrepreneur—A Convoluted Trek," *LC.GC North America*, **26**(7), July 2008, 626. 모세관 크로마토그래피의 개척자인 Walt Jennings의 생애와 그의 컬럼 제조 회사의 설립에 관한 흥미로운 설명들이 수록되어 있다. www.chromatographyonline.com.

컴퓨터 시뮬레이션

10. R. G. Wolcott, J.W. Dolan, and L. R. Snyder, "Computer Simulation for the Convenient Optimization of Isocratic Reversed-Phase Liquid Chromatography Separations by Varying Temperature and Mobile Phase Strength," *J. Chromatogr. A*, **869** (2000) 3.
11. J. W. Dolan, L. R. Snyder, R. G. Wolcott, P. Haber, T. Baczek, R. Kaliszan, and L. C. Sander, "Reversed-phase liquid chromatographic separation of complex samples by optimizing temperature and gradient time: III. Improving the accuracy of computer simulation," *J. Chromatogr. A*, **857** (1999) 41.

20장
기체 크로마토그래피

20장 URLs

학습 목표

이 장에서 배울 중요한 내용은 무엇인가?

- 기체 크로마토그래피
- GC 컬럼–충전 및 모세관
- 정지상–극성에서 무극성까지
- GC 검출기 (표 20.2 참조)
- 온도 프로그래밍
- 정량 측정–내부 표준물, 스프레드시트 계산
- 헤드스페이스 분석, 열탈착, 퍼지 및 트래핑
- 고속 분리용 작은 컬럼
- 2D 기체 크로마토그래피

기체 크로마토그래피 (GC)는 실험실에서 가장 다양하고 널리 쓰이는 분석 방법 중의 하나로 유기 화합물의 정량에 널리 사용된다. 벤젠과 사이클로헥세인 (b.p 80.1 및 80.8°C)은 GC로 아주 쉽게 분리할 수 있지만, 전통적인 증류 방법으로는 분리가 불가능하다. Martin과 Synge는 1941년에 액체–액체 크로마토그래피를 개발하였으나, 10년 뒤에 James와 Martin이 개발하여 소개한 기체–액체 크로마토그래피가 다음의 두 가지 이유로 더 직접적이면서 큰 영향을 미쳤다. 첫째, 수동이던 액체–액체 크로마토그래피와는 달리, GC는 화학자, 공학자, 물리학자가 협력하여 개발한 기기 장치로, 훨씬 더 빠르게 더 작은 시료로도 분석을 수행할 수 있었다. 둘째, GC가 개발될 당시 석유 산업은 향상된 분석 모니터링이 필요할 때여서 GC를 즉각 수용하였다. 따라서 GC는 개발된 지 수년 이내에 거의 모든 형태의 유기 화합물을 분석하는 데 사용되게 되었다.

기체 크로마토그래피는 매우 복잡한 혼합물을 분리할 수 있으며, 최근에 개발된 2차원 GC (보통은 GC-GC라고 함)는 이 능력을 더욱 향상시켰다. 질량 분석기를 검출기로 사용한 GC는 용리되는 화합물을 아주 높은 감도로 거의 확실하게 확인할 수 있는 아주 강력한 분석 장비이다.

GC에는 두 가지 형태, 즉 **기체–고체(흡착)크로마토그래피 (gas-solid chromatography, adsorption chromatography)** 와 **기체–액체(분배)크로마토그래피 (gas-liquid chromatography, partition chromatography)** 가 있으며, 둘 중에서도 기체–액체 크로마토그래피 (GLC)가 더 일반적이며, 모세관 컬럼의 형태로 사용되고 있다. 이 장에서는 기체 크로마토그래피의 작동 원리, GC 컬럼의 종류 및 GC 검출기에 대하여 설명한다. 질량 분석법 (mass spectrometry, MS)은 질량 분석기가 연결된 기체 크로마토그래피 (GC-MS)와 함께 22장에서 다룰 것이다.

Tswett에 의해 크로마토그래피가 발명된 지 75주년을 기념하여 발간된 "크로마토그래피의 75년, 역사적인 대화" (L.S. Ettre, A. Zlatkis, Journal of Chromatography Library Volume 17, Elsevier Science, 1979)는 초창기 크로마토그래피 개발에 참여한 과학자들을 개별적으로 짧게 설명한 내용이다. 많은 설명들이 매우 개인적인 것들이기 때문에 이 책은 그 당시의 열정과 흥분들이 담겨 있는 귀중한 자료이다.

20.1 기체 크로마토그래피 분리

증기 상태의 분석물은 정지상과 운반 기체 사이에 분포된다. 기체상의 평형이 빠르므로 분해능(및 단수)이 높다.

기체 크로마토그래피에서 시료는 가열된 주입구에 주입되어 증기 상태(원래 기체가 아닐 경우)로 바뀌며, 용리액은 기체(**운반 기체, carrier gas**)이다. 정지상은 보통 비휘발성 액체 또는 액체와 유사한 상인데, 모세관 벽에 결합시키거나 규조토(미세한 해양의 단세포 조류의 골격물로서 주로 실리카로 이루어짐)와 같은 비활성 고체 입자 위에 코팅시킨다. 규조토는 보통 회화하여 입자 크기를 증가시켜 Chromosorb P 또는 W라는 상표명으로 판매된다. 다수의 액체상이 나와 있으며, 이동상보다는 액체상을 바꿈으로써 다른 분리들을 수행한다. 기체 크로마토그래피에서 가장 중요한 요소는 분리에 적합한 컬럼(정지상)을 선택하는 것이다. 액체 또는 고체상의 성질이 시료 성분과의 교환 평형을 결정하는데, 분석물의 용해도 또는 흡착력, 정지상과 시료 분자의 극성도, 수소 결합의 세기, 그리고 특정 화학적 상호 작용에 따라 정해진다. 대부분의 유용한 분리 조건은 실험적으로 개발되어 있기는 하지만 적절한 소프트웨어는 물론이고 이론적인 접근법들도 이용 가능하다.

그림 20.1은 기체 크로마토그래프의 개략도이며, 현대적인 GC 장치의 사진을 그림 20.2에 나타내었다. 시료는 미량 주사기를 사용하여 실리콘 고무 격막(셉텀) 또는 기체 샘플링 밸브를 통해 컬럼 안으로 신속하게 주입된다. 일반적으로, 주입된 시료는 주입구에 있는 유리 라이너(glass liner)로 들어간 후 운반 기체에 의해 컬럼으로 운반된다(분할 주입일 경우에는 분할된 양 만큼만 들어가는데, 이는 모세관 컬럼에서 과주입을 막기 위함이다). 시료 주입구, 컬럼, 검출기는 시료의 증기압이 적어도 10 torr가 유지될 수 있도록 끓는점이 가장 높은 용질의 끓는점보다 보통 약 50°C 높은 온도로 가열시킨다. 주입된 시료를 신속하게 휘발시키고 검출기에서의 시료 응축을 방지하기 위해서 주입구와 검출기는 컬럼보다 약간 더 높은 온도를 유지한다. 충전 컬럼의 경우 액체 시료는 0.1~10 μL, 기체 시료는 1~10 mL를 주입하며, 기체 시료는 기체 밀폐 주사기나 일정한 부피의 기체 주입 챔버(기체 시료 밸브)를 사용하여 주입할 수도 있다. 모세관 컬럼의 경우, 컬럼의 용량이 작기 때문에(분리능은 높지만) 충전 컬럼 주입 부피의 약 1/100 정도를 주입한다. 모세관 컬럼용 기체 크로마토그래프에는 시료 분할기가 장착되어 있어서 미리 정한 시료의 적은 분율만 컬럼으로 운반되고 나머지는 폐기할 수 있도록 설계되어 있다. 충전 컬럼을 사용할 때에는 비분할 주입을 할 수 있다(분할/비분할 주입기).

증기 성분들이 운반 기체와 정지상 사이에 평형이 이루어지면서 분리가 일어난다. 운반 기체로는 아르곤, 헬륨, 질소 같은 순수하고 화학적으로 비활성인 기체를 사용하며, 기체의 밀도가 높을수록 확산도가 낮아서 더 좋은 분리 효율을 나타내지만, 밀도가 낮은 기체는 분리 속도가 빠르다. 보통 운반 기체는 검출기의 유형에 따라 선택한다. 기체 크로마토그래피는 분석물들이 컬럼으로부터 용리됨에 따라 그들을 자동적으로 검출하는 검출기를 사용하며, GC

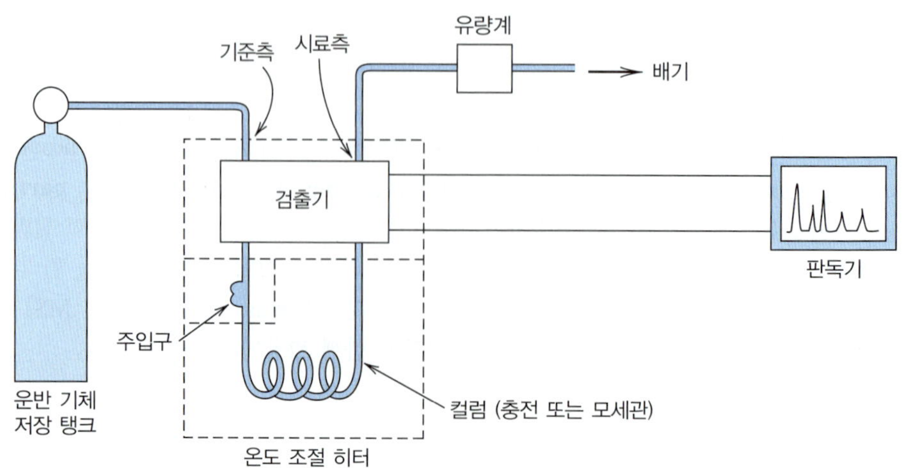

그림 20.1 기체 크로마토그래프의 개략도

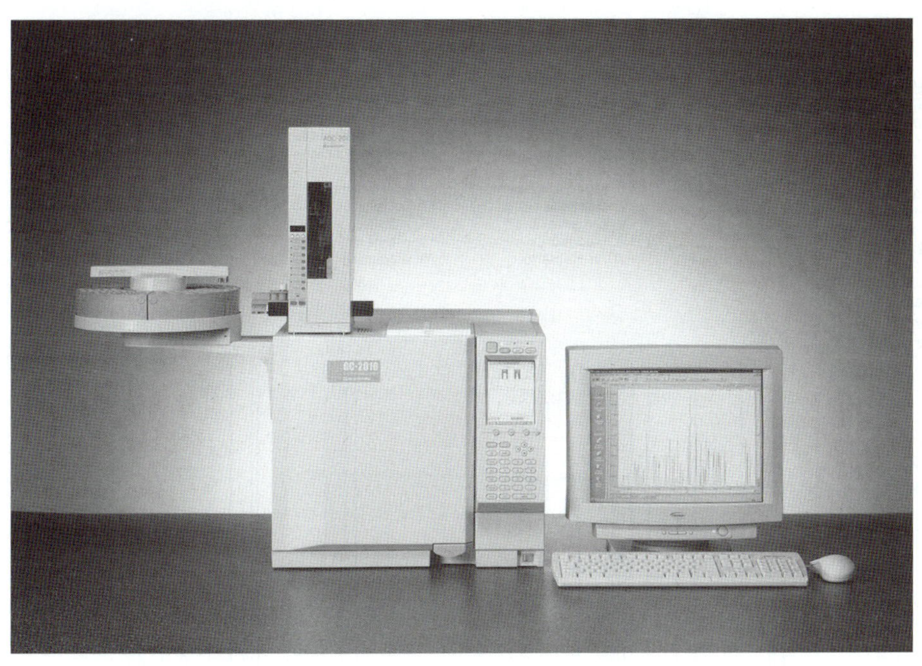

그림 20.2 자동화된 현대적인 기체 크로마토그래피 장치 (Shimadzu North America 허가)

검출기에서는 검출 과정에서 시료가 파괴되는 경우도 많이 있다.

시료는 일정한 유속에서 컬럼으로부터 빠져나온다. 여러 형태의 검출기가 사용되며, 검출기의 감응은 분석물에 따라 달라진다(아래 참조). 어떤 종류의 검출기에는 **기준측**(**reference side**)과 **시료측**(**sample side**)이 있다. 운반 기체가 컬럼으로 유입되기 전에 기준측을 통과하고, 컬럼에서 빠져나온 다음 시료측으로 통과한다. 기준측에 대한 시료측 감응의 차이가 분석 신호로 처리된다. 크로마토그래피 피크를 나타내는 신호가 얻어지며, 이는 데이터 시스템에 의해서 시간의 함수로 나타난다. 시료 주입 시점부터 크로마토그래피 피크가 나타나는 시점 사이의 시간인 **머무름 시간**(**retention time**)을 측정하고, 이 시간을 순수한 표준 물질의 머무름 시간과 비교하여 그 피크를 확인할 수 있다(두 화합물의 머무름 시간이 일치한다고 해서 반드시 두 화합물이 동일하다는 것을 보장하지는 않는다). 피크 면적은 농도에 비례하므로 물질의 양을 정량할 수 있다. 일반적으로는 피크가 뾰족한데, 이럴 경우에는 피크의 높이를 이용하여 동일한 방법으로 교정 곡선을 작성하여 정량할 수도 있다. 크로마토그래피 데이터 처리 장치는 머무름 시간뿐만 아니라 피크 면적(또는 높이)도 자동으로 판독한다.

컬럼으로부터 용출되는 분석물의 검출은 측정이 빠르고 간편하다. 머무름 시간은 정성 확인에 사용되며, 피크 면적은 정량 측정에 사용된다.

그림 20.3의 크로마토그램은 GC 방법의 분리 능력을 보여 주고 있다. 복잡한 시료이지만 전체 분리 시간은 매우 짧은데, 적은 양의 시료로도 분석이 가능하다는 점과 더불어 GC 분석 방법이 유기 물질 분석에 널리 사용되는 이유가 된다.

복잡한 혼합물의 경우, 많은 피크들을 규명하는 것은 쉬운 일이 아니다. 기체 용출물을 질량 분석기에 주입하여 이들을 이온화시켜서 질량 대 전하 비에 기초하여 정렬하고, 질량 대 전하 비의 질량(조각내기 방식)을 확인할 수 있는데, 이 중요한 분석 방법을 **기체 크로마토그래피−질량 분석법**(**gas chromatography−mass spectrometry**, GC−MS)이라고 한다(22장 참조). 질량 분석기는 감도 있고 선택적인 검출기이며, 모세관 GC 컬럼(아주 높은 분리능−20.2절 참조)을 사용하면(모세관 GC−MS), 미량의 복잡한 혼합물들의 정성 및 정량 분석이 가능하다. 예를 들어 산업 폐수 중에 있는 수백 종의 화합물들을 규명하고, 소변이나 혈액 중에 함유된 미량의 복잡한 약물들과 물에 있는 오염 물질들을 분석할 수 있다. GC-GC는 피크 수용 능력이 뛰어나서 담배 연기 중에 있는 4000여 종의 화합물을 규명하기도 하였다. 높은 감도의 원소−선택성 또는 화합물 종류−선택성 검출기를 사용하면 뛰어난 검출 한계를 얻을 수 있다.

GC−MS에 대하여 더 알고 싶으면 22장을 참조하라.

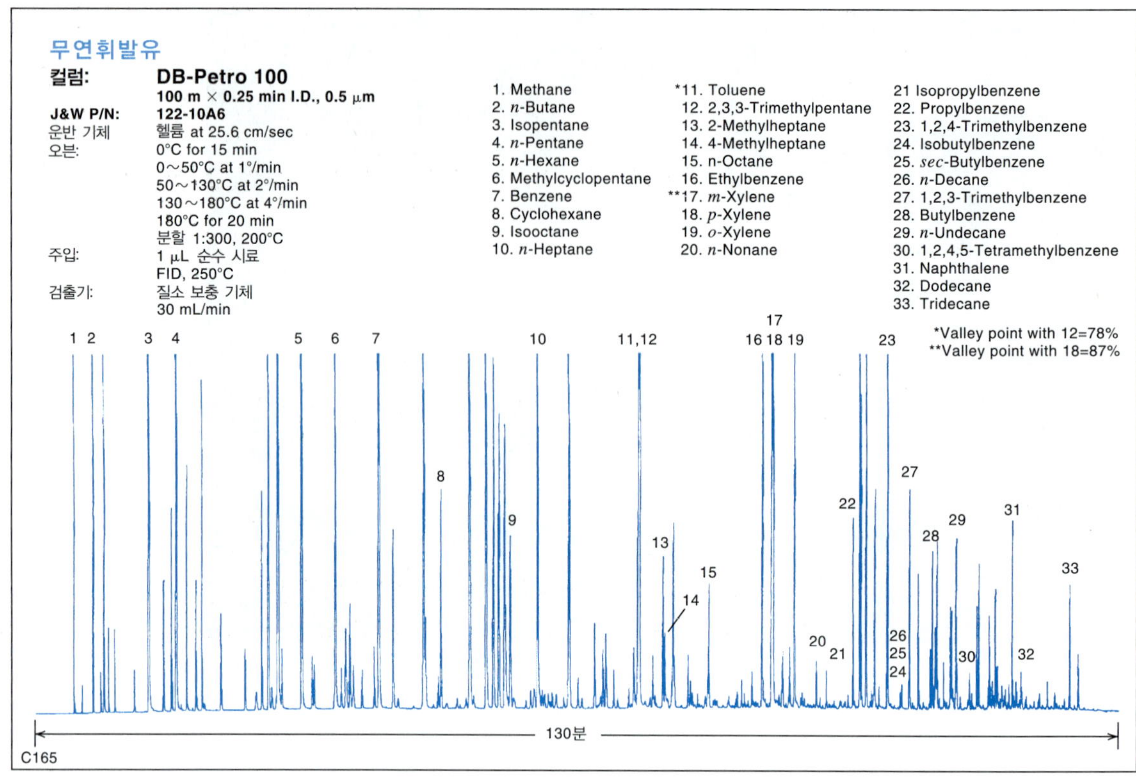

그림 20.3 모세관 컬럼을 사용하여 복잡한 혼합물인 무연 휘발유를 분석한 기체 크로마토그램(Agilent Technologies 허가)

기체 크로마토그래피를 사용하여 어떤 화합물을 분석할 수 있는가?

기체 크로마토그래피로 분석할 수 있는 화합물은 아주 많지만 제한이 있다. 화합물은 휘발성이어야 하며 보통 50~300°C의 온도에서 안정해야 한다. GC는 아래의 화합물에 사용할 수 있다.

- 거의 모든 종류의 기체
- 25개까지의 탄소를 함유하는 대부분의 비이온성 유기 분자, 고체 또는 액체
- 다수의 유기 금속 화합물(금속 이온의 휘발성 유도체)

화합물이 휘발성이 아니거나 안정하지 않으면, 유도체를 만들어 GC로 분석할 수 있다. GC로는 염이나 거대 분자들은 분석할 수 없으므로, 이들은 HPLC와 이온 크로마토그래피로 분석한다.

20.2 기체 크로마토그래피 컬럼

GC에 사용되는 컬럼에는 **충전 컬럼(packed column)**과 **모세관 컬럼(capillary column)**이 있다. 충전 컬럼이 먼저 개발되어 여러 해 동안 사용되었다. 현재는 모세관 컬럼이 더 일반적으로 사용되고 있으나, 높은 분리능이 필요하지 않거나 큰 용량이 필요한 경우에는 충전 컬럼이 여전히 사용되고 있다.

충전 컬럼

충전 컬럼은 시료 양이 클 경우 사용할 수 있으며, 사용하기 편리하다.

컬럼은 가열 오븐 안에 들어갈 수 있으면 어떤 형태이든지 사용할 수 있으며, 코일형관, U자관, W자관 모두 가능하지만, 코일형이 가장 널리 사용된다. 전형적인 충전 컬럼은 길이가 1~10 m이고 지름은 0.2~0.6 cm이다. 잘 충전된 컬럼은 1000단/m를 가지므로 길이가 3 m인 컬럼은 3000개의 단을 가진다. 짧은 컬럼은 유리나 유리/실리카로 처리된 스테인리스강으로 만들 수 있으나, 긴 컬럼은 스테인리스강이나 니켈로 만들어야만 충전할 때에 똑바로 펼 수 있다. 컬럼은 테플론으로 만들기도 하며, 긴 컬럼에서는 비활성이 좋은 유리를 사용하는 것이 바람직하다. 충전 컬럼의 분리능은 컬럼 길이의 제곱근에 비례하여 증가한다. 긴 컬럼은 더 높은 압력과 더 긴 분석 시간이 요구되므로 꼭 필요할 때(예: 머무름이 좋지 않은 분석물에 대해서 적절한 머무름을 얻기 위해서 더 많은 정지상이 필요한 경우)에만 사용된다. 일반적으로 분리용 컬럼의 길이는 1m 또는 3 m와 같이 3의 배수 길이의 컬럼을 선택하며, 짧은 컬럼에서 분리가 완전히 이루어지지 않으면 더 긴 컬럼을 사용해 본다.

컬럼은 입자 자체가 정지상으로 작용하는 작은 입자로 충전하거나(흡착 크로마토그래피), 다양한 극성의 비휘발성 액체상을 코팅한 입자를 충전하여 만든다(분배 크로마토그래피). 기체-고체 크로마토그래피(GSC)는 알루미나(Al_2O_3) 또는 다공성 중합체(예: Porapak Q-단단한 구조와 정해진 기공 크기를 가지는 다중방향족 가교 결합 수지)와 같은 표면적이 넓은 무기 충전 물질을 충전하여 사용하는 방법으로 H_2, N_2, CO_2, CO, O_2, NH_3, CH_4와 같은 작은 기체종과 휘발성 탄화수소를 분리하는 데 유용하게 사용된다. 기체들은 그 크기에 따라 입자상에 흡착되는 정도에 의존하여 머무름의 차이가 생겨서 분리된다. 기체-고체 크로마토그래피는 수용액 시료의 분석에도 유리하다.

액체상을 지지해 주는 고체 지지체는 화학적으로 비활성이고 표면적이 넓어야 한다. 그러나 액체상에 의해 적셔질 수 있어야 하고 열에 안정하며, 균일한 크기이어야 한다. 가장 흔히 사용되는 지지체들은 해면질의 규소형 물질인 규조토로부터 만들어지며 여러 가지 상품명으로 판매된다. Chromosorb P는 잘게 부순 내화 벽돌 입자로 만든 분홍색 규조토이며, Chromosorb W는 산성도를 줄이기 위하여 알칼리 용세와 함께 가열하여 만든 규소토로 색이 밝다. Chromosorb G는 좋은 효율과 취급하기 좋은 특성 때문에 GC를 위해 처음 개발된 지지체이었는데, Chromosorb W와 유사한 낮은 흡착 성질을 가지고 있다. 일반적으로, 위에 소개된 고체 지지체들은 산 또는 비산성 용제로 씻어서 사용하고, 극성도를 줄이기 위해 다이메틸클로로실레인(DMCS)으로 실란화시키거나 균질한 작은 입자로 조절하여 고성능용으로 사용하기도 한다. Chromosorb 750은 산으로 씻고 DMCS로 처리하면 매우 비활성이며 효율적인 지지체가 된다. Chromosorb T는 영구 기체와 작은 분자들을 분리하는 데 유용한데, 이는 탄화플루오린(테플론)에 기반한 것이다. Chromosorb P는 Chromosorb W보다 훨씬 더 산성이어서 염기성 작용기를 가진 극성 용질들과 반응하는 경향이 있다.

컬럼 충전 지지체 물질은 정확한 양의 액체상을 아세톤이나 펜테인과 같은 끓는점이 낮은 용매에 녹인 용액과 혼합하여 코팅하며, 약 5~10%(wt/wt) 코팅을 하면 얇은 층이 생긴다. 코팅 후에 용매를 저어 주면서 가열하여 증발시키고, 남은 미량의 용매는 진공을 걸어 제거하기도 한다. 새로 만든 컬럼은 검출기에 연결하거나 시료 성분들을 통과시키기 전에 높은 온도에서 운반 기체를 컬럼 속으로 2~3시간 통과시키면서 컨디션닝시켜야 한다.

기체 크로마토그래피 모세관 컬럼은 충전 컬럼에 비해 매우 높은 분리능을 나타낸다.

좋은 충전 컬럼을 만들려면 입자 크기가 균일해야 하고, 60~80메쉬(0.25~0.18 mm), 80~100메쉬(0.18~0.15 mm), 또는 100~120메쉬(0.15~0.12 mm) 범위의 지름을 가져야 하며, 이들보다 더 작은 입자는 압력 강하가 너무 커서 실용성이 없다.

모세관 컬럼—범용적인 컬럼

1957년에 Marcel Golay는 "증기상 크로마토그래피와 전신 기사(telegrapher)의 식"이라는 제목의 논문을 발표하였다 [*Anal. Chem.* **29**(1957)928]. Golay의 식은 내벽에 지지된 정지상

Marcel J. E. Golay는 모세관 GC 컬럼의 이론을 확립한 모세관 GC의 발명가로, 초창기 스테인리스강 컬럼을 선보이기도 했다(E.R. Adlard, *LCGC North America*, **24** (10), October 2006, p. 1102). Golay에 대한 얘기는 http://book.download4.org/The-(Mis)-Adventures-of-Dr.-Marcel-Golay-The-United-States-Army-download-w3412.pdf를 참조하시오.

을 가진 좁은 열린관 컬럼에서는 단수가 증가한다는 것을 예측하였다. 좁은 컬럼에서는 다중 경로(소용돌이 확산)에 기인한 띠넓어짐이 없어지고, 분자들이 확산해야 할 거리가 짧기 때문에 질량 이동 속도가 증가한다. 압력 강하가 작으므로 빠른 흐름 속도를 사용할 수 있으며, 따라서 분자 확산이 줄어든다. Golay의 연구가 기반이 되어, 오늘날 극히 높은 분리능을 제공하는 여러 가지 형태의 **열린관 컬럼(open-tubular column)**이 개발되었으며 기체 크로마토그래피 분석의 대들보가 되었다. 이 컬럼들은 얇은 용융 실리카(SiO_2)로 만들고 부러지기 쉬운 실리카 모세관을 지지하고 보호해 주는 폴리이미드 중합체가 코팅되어 있어서 코일 형태로 감을 수 있다. 폴리이미드 층이 있어서 컬럼의 색이 갈색을 나타내며, 사용함에 따라 그 색이 짙어진다. 모세관 컬럼의 내벽 표면은 표면의 실란올기(Si−OH)를 실레인 시약(예: 다이메틸다이클로로실레인, DMCS)과 반응시켜서 실란올기가 시료와 상호 작용하는 것을 최소화한다.

모세관은 스테인리스강 또는 니켈로도 만들 수 있는데, 스테인리스강은 많은 화합물들과 상호 작용하기 때문에 DMCS로 처리하여 비활성화시키며, 정지상이 화학 결합할 수 있는 얇은 실록세인 막을 만든다. 스테인리스강 컬럼은 용융 실리카 컬럼보다 더 튼튼하기 때문에 아주 높은 온도가 요구되는 분석에 사용된다.

모세관 컬럼은 내경이 0.10~0.53 mm, 길이가 15~100 m이고, 수십만에서 백만 개까지의 이론단을 가질 수 있으며, 약 0.2 m 지름의 코일 형태로 감아서 판매된다(그림 20.4). 모세관 컬럼은 좁은 피크, 높은 분리능, 짧은 분석 시간, 높은 감도(모세관 GC용 검출기를 사용하면) 등의 장점이 있지만, 시료의 양이 많을 때는 쉽게 과부하가 걸리게 된다. 이럴 경우 분할 주입기를 사용하면 그런 문제는 해결될 수 있다.

그림 20.5는 충전 컬럼(6.4 mm × 1.8 m) 대신에, 길이는 길지만 내경이 넓은 스테인리스강 모세관 컬럼(0.76 mm × 150 m)과 내경은 좁지만 길이가 짧은 유리 모세관 컬럼(0.25 mm × 50 m)으로 바꿀 때 분리능이 향상됨을 보여 준다. 모세관 컬럼의 경우에는 컬럼의 내경이 좁아지면 길이를 짧게 하여도 분리능이 증가한다는 점을 주목할 필요가 있다.

막두께를 증가시키면 용량은 증가하지만 단높이와 머무름 시간도 함께 증가한다.

열린관 컬럼에는 세 가지 형태가 있다. **내벽 코팅 열린관(wall-coated open-tubular, WCOT)** 컬럼은 모세관 내벽에 의해 지지되고 코팅된 얇은 액체막으로 되어 있다. 액체상의 묽은 용액을 컬럼 안으로 천천히 통과시켜서 코팅한 다음, 컬럼 안으로 운반 기체를 통과시켜 용매를 증발시킨다. 코팅이 끝나면 액체상을 벽에 가교 결합시키며, 이렇게 얻은 액체 정지상의 두께는 0.1~5 μm이다. 내벽 코팅 열린관 컬럼은 보통 5000단/m이며, 따라서 50 m 컬럼의 단수는 250,000이 된다.

지지체 코팅 열린관(support coated open-tubular, SCOT) 컬럼에서는 정지상으로 코팅된 고체 미세 입자(충전 컬럼에서와 아주 비슷하게)가 모세관의 내벽에 붙어 있다. 이 컬럼들은 WCOT 컬럼보다 표면적이 더 넓기 때문에 용량이 더 크고, 컬럼의 지름이 0.5~1.5 mm로 WCOT 컬럼보다 크다. 압력 강하가 낮고 긴 컬럼을 이용할 수 있다는 장점이 있으며, 컬럼의 용량은 충전 컬럼의 용량과 비슷하다. 흐름 속도 또한 더 빠르며 입구와 검출기의 불감 부피의 영향은 덜 받는다. 시료의 부피가 0.5 μL 이하이면 대부분의 경우에 시료의 분할이 필요하지 않다. 분리를 위해서 10,000단 이상의 더 많은 단수가 필요하면, 충전 컬럼 대신에 SCOT 컬럼의 사용을 고려해 보아야 한다.

열린관 컬럼의 분리능 순서는 WCOT > SCOT > PLOT이다. SCOT 컬럼은 충전 컬럼의 용량에 근접한 용량을 가지고 있다.

세 번째 유형인 **다공성층 열린관(porous layer open-tubular, PLOT)** 컬럼은 흡착 크로마토그래피를 위한 것으로, 고체상 입자가 컬럼 내벽에 부착되어 있는데 보통은 알루미나 또는 다공성 중합체(분자체) 입자가 사용된다. 이 컬럼들은 충전 GSC 컬럼과 비슷하게 휘발성 탄화수소뿐만 아니라 영구 기체를 분리하는 데 유용하다. 열린관 컬럼의 분리능 효율은 일반적으로 WCOT > SCOT > PLOT이다. 액체 정지상의 두께가 최대 0.5 μm인 넓은 구경(0.5 mm)의 열린관 컬럼이 개발되었으며, SCOT와 충전 컬럼의 용량에 가까우나 분리능은 낮다. 넓은 구경 컬럼에서는 두꺼운 막두께만이 가능하다.

그림 20.4 모세관 GC 컬럼(Quadrex Corp., Woodbridge, CT. 허가)

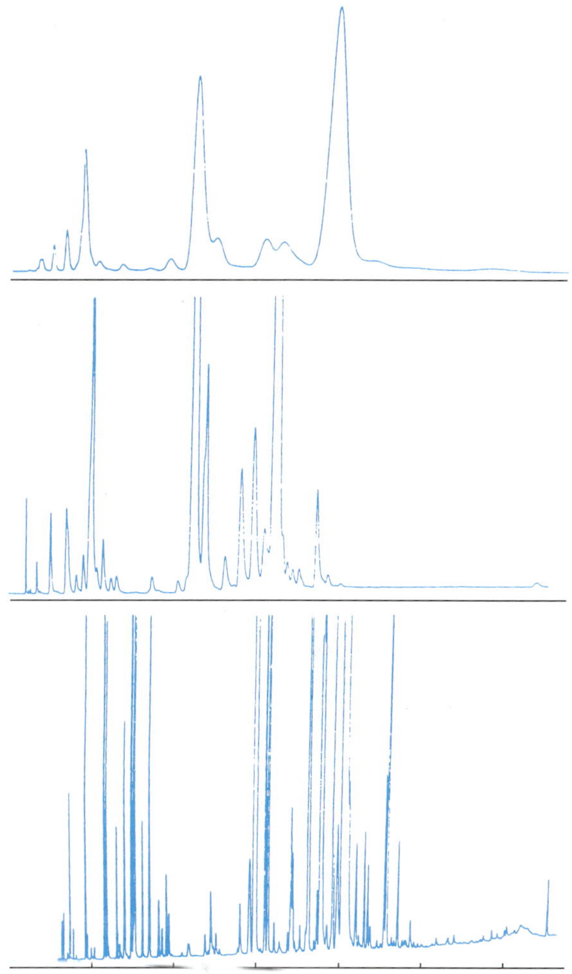

그림 20.5 기체 크로마토그래피의 3세대 비교. 페퍼민트 오일의 분리 (위) $\frac{1}{4}$ in. × 6 ft 충전 컬럼, (가운데) 0.03 in. × 500 ft 스테인리스강 모세관 컬럼, (아래) 0.25 mm × 50 m 유리 모세관 컬럼[W. Jennings, J. *Chromatogr. Sci.*, **17** (1979) 363]. Preston Publications사의 Division of Preston Industries의 허락으로 *Journal of Chromatographic Science*로부터 복사함.

컬럼은 제한된 양의 분석물만을 분리할 수 있으며, 과부하가 걸리면 피크 일그러짐과 띠 넓어짐, 머무름 시간의 이동이 일어난다. 컬럼의 내경이 0.25 mm이고 막두께가 0.25 μm인 컬럼의 경우 시료 용량은 대략 100 ng까지이고, 내경이 0.53 mm, 막두께가 5 μm인 컬럼의 경우 5 μg 정도이다.

기체 크로마토그래피의 분리에서 주로 사용되는 열린관 컬럼은 Agilent Technologies (www.chem.agilent.com/Scripts/PHome.asp), Perkin-Elmer Instruments (http://instruments.perkinelmer.com), Phenomenex (www.phenomenox.com), Quadrex Corp. (www.quadrexcorp.com), Restek Corp. (www.restekcorp.com), SGE, Inc. (www.sge.com), Sigma-Aldrich (Supelco) (www.sigmaaldrich.com) 등 여러 회사에서 제조한다.

정지상 — 분리의 열쇠

1000개가 넘는 정지상이 기체 크로마토그래피용으로 개발되었으며, 그중 다수의 정지상이 시판되고 있다. 수백 종의 정지상이 충전 컬럼용으로 사용되어 왔으나 전체적으로 효율이 낮다. 따라서 원하는 선택성을 얻는 데 있어서 정지상의 선택이 가장 중요하다. 시행착오를 거치지 않고 적합한 액체 정지상을 선택하는 여러 가지 방법이 시도되었다(다음 참조).

액체 정지상은 그 극성에 기초하여 선택하며, 용질의 상대적 극성에 의해 결정된다.

"서로 비슷한 것끼리 녹는다"라는 사실을 염두에 두고 그들의 극성에 기초하여 정지상들을 선택한다. 즉 극성 정지상은 극성 화합물과 더 잘 상호 작용하며, 무극성 정지상은 무극성 화합물과 더 잘 상호 작용한다. 용질이 녹을 수 있는 정지상을 선택해야 한다. 무극성 액체상은 용질과 용매 사이에 작용하는 힘의 종류가 적기 때문에 일반적으로 선택성이 없으며, 따라서 용질의 끓는점의 순서에 따라 끓는점이 낮은 성분부터 먼저 용리되는 경향이 있다. 극성 액체상은 용질과 쌍극자 상호 작용, 수소 결합 및 유도힘과 같은 여러 가지 상호 작용을 나타내므로 머무름 인자와 용질의 휘발성 간에는 상호 관련이 없는 경우가 종종 있다.

폴리실록세인은 모세관 GC에서 가장 흔히 쓰이는 정지상이다.

용융 실리카 컬럼의 경우, 다양한 극성을 가지는 10개 미만의 결합형 액체 정지상이 판매되고 있는데, 이들을 사용하여 대부분의 분리 분석을 수행할 수 있다. 이는 용융 실리카 컬럼의 분리능이 높아서 정지상의 선택성이 크게 중요하지 않기 때문이다. 정지상은 고분자량의 열 안정성이 좋은 중합체로 액체 또는 고무(gum) 형태이다. 가장 일반적인 정지상은 폴리실록세인과 폴리에틸렌글라이콜(카보왁스)이며, 폴리실록세인이 더 널리 사용된다. 폴리실록세인은 아래와 같은 골격 구조를 가지고 있다.

$$\left[-O-\overset{R_1}{\underset{R_2}{Si}}- \right]_n$$

R 작용기가 극성을 결정하며, 메틸(CH_3), 페닐(벤젠 고리), 사이아노프로필(CH_2CH_2CN), 트라이플루오로프로필($CH_2CH_2CF_3$) 등이 있다. 표 20.1에 몇 가지 흔히 쓰이는 정지상이 수록되어 있다. 사이아노 작용기를 가진 정지상은 물과 산소의 공격을 받을 가능성이 있다. 카보왁스는 작동 온도에서 액체 상태여야 한다. 실록세인 중합체 골격에 페닐 또는 카보레인 작용기를 결합시키면 중합체 골격이 강화되고 딱딱하게 되어, 높은 온도에서 일어나는 정지상의 분해를 막아주어 컬럼 누출(증발에 의한 정지상의 손실)이 적어진다. 정지상 누출을 최소화해야 하는 아주 민감한 질량 분석기를 검출기로 사용할 때는 주의해야 한다(22장 참조). 이온성 액체(ionic liquid, IL) 정지상은 최근에 소개된 정지상 작용기인데, 이는 다른 대부분의 정지상에 비해 선택성이 좋으며, 특별히 O_2와 H_2O에는 비활성이다. 그들은 중간 극성에서부터 매우 극성이 높은 것까지 있다. 표 20.1에 있는 마지막 정지상은 가장 극성이 큰 것이다. 카보레인까지는 이온성 정지상이 가장 높은 열적인 안정성을 가지며 낮은 컬럼 누출 때문에 GC의 대다수 사용자들에 의해서 사용되고 있는 질량(MS) 검출기에 적합하다.

여러 제조사들이 모세관 GC 컬럼의 선택을 위한 매우 유용한 안내를 사용자들에게 제공하고 있다(참고 문헌 9~11).

액체 정지상의 머무름 지수

수많은 정지상 중에서 적합한 충전 컬럼 정지상을 선택하는 것은 어려운 일이다. 정지상을 극성도와 같은 머무름 성질에 따라 분류하는 방법들이 개발되었다. 여러 정지상을 분류하는 데 사용하는 두 가지 방법이 있는데 **Kovats 지수**(**Kovats index**)와 **Rohrschneider 상수**(**Rohrschneider constant**)이다. Supina와 Rose(참고 문헌 8)는 충전 컬럼 GC에서 사용되는 80여 개의 일반적인 액체상에 대하여 Rohrschneider 상수의 일람표를 만들어 특정 액체상을 시험할 가치가 있는지를 사용자가 쉽게 판단할 수 있게 해주었다. 또한 매우 비슷한 성질이지만 상표명만 다른 정지상들을 쉽게 확인할 수 있게 해주었다. McReynolds도 이와 비슷한 방법으로 **McReynolds 상수**(**McReynolds constant**)(참고 문헌 7)를 사용하여 정지상들의 성질을 규정하는 방법을 설명하였다. McReynolds는 120°C에서 액체상을 20%로 충전한 컬럼에서 일련의 표준 시험 화합물의 머무름 시간을 측정함으로써 정지상을 분류하였다.

Kovats 머무름 인자(KRI)는 원래는 정지상을 분류하고 성질이 다른 분석물들의 머무름

표 20.1 모세관 용융 실리카 정지상

상	극성	용도	최대 온도(℃)
100% 다이메틸 폴리실록세인 $\left[O - Si(CH_3)_2 - \right]_n$	무극성	일상적 분석용 범용 기본 정지상. 탄화수소, 다핵 방향족, PCB	320
다이페닐, 다이메틸 폴리실록세인 $\left[O - Si(C_6H_5)_2 - \right]_{x\%} \left[O - Si(CH_3)_2 - \right]_{100 - x\%}$	5% 낮음 중간($x = 35\%$) 중간($x = 65\%$)	범용, 고온, 살충제	320 300 370
14% 사이아노프로필페닐 −86% 다이메틸실록세인 $\left[O - Si(CH_2CH_2CH_2CN)(C_6H_5) - \right]_{14\%} \left[O - Si(CH_3)_2 - \right]_{86\%}$	중간	EPA 608 및 8081 방법에 수록된 유기 염소계 살충제의 분리. 습기와 산소에 의한 손상 가능성	280
80% 비스사이아노프로필 −20% 사이아노프로필페닐 폴리실록세인 $\left[O - Si(CH_2CH_2CH_2CN)_2 - \right]_{80\%} \left[O - Si(CH_2CH_2CH_2CN)(C_6H_5) - \right]_{20\%}$	큰 극성	유리 산, 다중포화 지방산, 알코올. 물과 메탄올 같은 극성 용매를 피해야 함.	275
아릴렌 $\left[O - Si(R_1)(R_2) - C_6H_4 - Si(R_3)(R_4) - \right]_n$	R을 바꾸어 극성을 변화시킴.	고온, 누출이 적음.	300~350
카보레인 $\left[O - Si(CH_3)_2 - (\text{카보레인 케이지}) - Si(CH_3)_2 - O \right]_n$ 열린 원 = 붕소 채워진 원 = 탄소	R을 바꾸어 극성을 변화시킴.	고온, 누출이 적음.	430

표 20.1 (계속)

상	극성	용도	최대 온도(℃)
폴리(에틸렌글라이콜) (카보왁스) $\left[O-CH_2CH_2 \right]_n$	큰 극성	알코올, 알데하이드, 케톤, 자일렌 같은 방향족 이성질체의 분리	250
이온성 액체 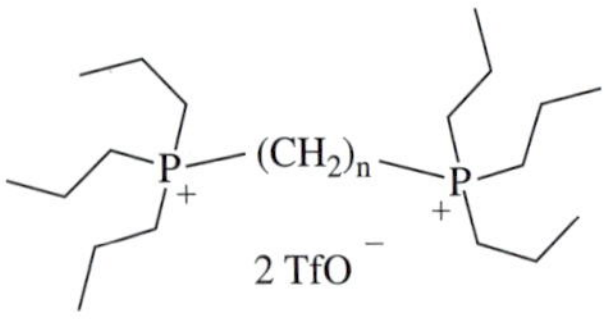 (P⁺—$(CH_2)_n$—P⁺, 2 TfO⁻)	극성	일반적인 목적의 정지상. 알코올, 지방산 메틸 에스터(FAMEs), 방향족, 살충제 등에 탁월함. 일반적으로 이들은 무극성 화합물에는 대부분의 다른 정지상에 비해서 머무름이 덜하며 극성 화합물에는 머무름이 더 크다.	360
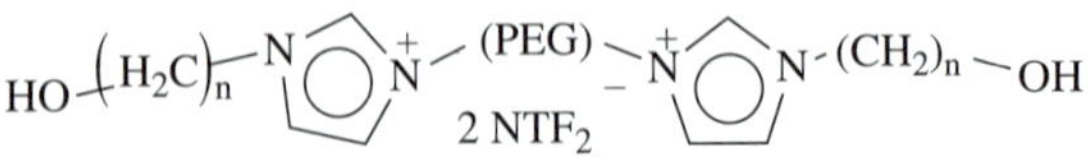 HO$(H_2C)_n$—N⁺(이미다졸륨)—(PEG)—N⁺(이미다졸륨)—$(CH_2)_n$—OH, 2 NTF_2⁻	매우 큰 극성	매우 큰 극성도는 대부분의 유기 용매로부터 물을 분리할 수 있게 해준다.	300
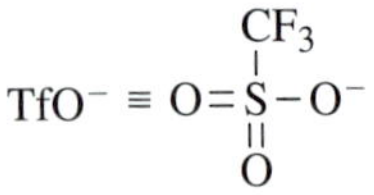 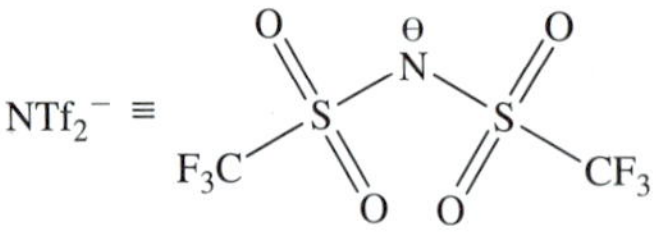 $TfO^- \equiv O{=}S(CF_3)({=}O){-}O^-$ $NTf_2^- \equiv F_3C{-}S(O_2){-}N^{\ominus}{-}S(O_2){-}CF_3$		알코올, 알데하이드, 케톤, 자일렌과 같은 방향족 이성질체의 분리	250

거동을 비교하기 위해서 개발되었는데, 일반적인 절차는 모세관 GC에 바로 적용될 수 있다. KRI 시스템은 동일한 컬럼에서 기지의 표준 물질들의 머무름 시간과 미지 시료의 머무름 시간을 비교함으로써 미지 물질을 규명하는 수단으로 개발되어 있다. n-알케인(파라핀)이 Kovats 척도의 표준으로 사용되며, 알케인(C_nH_{2n+2})에 대해서 KRI는 I로 나타내며, 탄소 원자 수에 100을 곱한 값으로 100 n이다. 등온 조건에서 파라핀(그리고 일반적으로 동족 계열의 화합물에 대해서)에 대한 조정 머무름 시간의 로그 값은 KRI와 선형 관계에 있다. 어떤 다른 화합물에 대한 KRI는 화합물의 log t'_R에 기초하여 간단하게 주어진다. 미지 물질의 KRI는 파라핀의 거동을 나타내는 동일한 직선 위에 log $t'_{R,\text{미지}}$ 값을 도시했을 때 해당하는 값이 된다. log $t'_{R,\text{미지}}$ 값이 n과 n+1 탄소 원자를 가진 파라핀에 대한 조정 머무름 시간 사이에 있게 되면 미지 물질의 KRI는 다음과 같이 계산된다.

$$I_{\text{미지}} = 100\,n + \frac{\log t'_{R,\text{미지}} - \log t'_{R,\,C_n}}{\log t'_{R,C_{n+1}} - \log t'_{R,C_n}} \times 100 \tag{20.1}$$

다른 컬럼에서도 그 물질의 KRI에 의해 분석물을 확인할 수 있는데, 이는 이 지표들이 많은 종류의 컬럼에서 많은 분석물에 대해서 표로 작성되어 있기 때문이다. 등온 작동에서는 분자량의 범위가 큰 화합물들에 대해서는 실용적이지 못하지만, 특정 온도 프로그램 조건에서 작성된 데이터를 이용할 수도 있다.

Rohrschneider는 특정한 화합물의 부류에 대해서 정지상의 극성과 선택성을 정성화하는 시스템을 구상하였다. McReynolds는 정지상의 특성을 기술하는 데 10개의 선택된 화합물(벤젠, n-뷰탄올, 2-펜탄온, 나이트로프로판온, 피리딘, 2-메틸-2-펜탄올, 1-아이오도뷰테인, 2-옥타인, 1,4-다이옥세인, *cis*-하이드린데인)을 사용함으로써 이를 더 발전시켰다. 주어진 컬럼에서 어떤 표지 물질의 McReynold 상수(McReynold's constant, MRC)는 표지 물질의 KRI와 표준 물질(보통은 6개의 이중 결합을 가진 C_{30} 탄화수소인 스쿠알렌)의 KRI 사이의 차이에 해당하며, 이는 컬럼의 상대적인 극성도를 나타낸다. 이 한 벌의 표준 물질들은 정지상과 표지 물질 분자간의 상호 작용의 정도를 측정하는 데 사용된다. McReynold 상수가 클수록 분석물은 더 극성이 크다. 동일한 분석물에 대해서 시험 정지상에서의 MRC가 20% 스쿠알렌 정지상과 비교하여 더 클수록, 시험 정지상이 더 극성이다. 20% 스쿠알렌 정지상에서 벤젠의 KRI는 649이지만, *n*-헥세인과 *n*-헵테인은 600과 700이다. 동일한 탄소 수인 벤젠은 *n*-헥세인보다 KRI 값이 더 크다. 동일한 조건에서 다이노닐프탈레이트와 SP-2340에서 벤젠의 KRI는 각각 733과 1169이다. 그러므로 다이노닐프탈레이트는 20% 스쿠알렌보다 더 극성이 큰 정지상이며, SP-2340은 더욱 더 극성이 크다.

KRI와 McReynold 상수는 분석물의 머무름 순서를 예측하고, 극성도에 따라 분석물들의 순위를 매기거나 정지상들의 유사성을 비교하는 데 응용된다. KRI와 Rohrschneider/McReynold 상수를 논의하고 그들을 어떻게 사용하는지에 대한 좋은 참고 문헌은 웹 사이트(참고 문헌 12)에서 접근이 가능하며 광범위한 데이터가 표로 작성되어 있다. 좀더 학문적인 설명은 공식적인 IUPAC(International Union of Pure and Applied Chemistry) 출판물에 나타나 있다(참고 문헌 13).

분석물의 휘발성

앞의 논의에서, 효율적인 분리를 위해서는 정지상(및 용질)의 극성의 역할을 강조한 바 있는데, 다른 중요한 인자는 분석물 화학종의 상대적 휘발성이다. 휘발성이 큰 화학종은 휘발성이 낮은 화학종에 비해서 더 빠르게 컬럼을 따라 이동하는데, CO와 같은 특히 작은 분자인 기체 화학종은 빠르게 이동한다. 머무름 인자 k(식 19.12 참조)는 다음과 같이 휘발성과 관계가 있다.

$$\ln k = \Delta H_v/RT - \ln \gamma + C$$

위의 식에서 ΔH_v는 분석물의 증발열이며, 이 값이 클수록(끓는점이 높음) 휘발성이 작고 k가 커진다. 온도 T를 높이면 머무름에 대한 이 기여가 감소한다. $\ln \gamma$ 항은 분석물과 정지상의 상호 작용(극성 등)의 함수이며, 활동도 항으로서 순수한 묽혀지지 않은 분석물이 1인데, 보통은 이보다 적은 값들이며, 묽은 분석물에 대해서는 상호 작용이 증가하여 k를 증가시킨다. 또 C는 상수이고 R은 기체 상수이다. 아주 작은 끓는점 선택성과 분리 조절 능력은 이 식의 T의 존 항에 의해 제공되므로 분리에 있어서 온도 프로그램(아래 참조)을 하는 이유가 된다. 분석물질의 휘발성은 유도체화에 의해 현저하게 변화될 수 있으며, 트라이메틸실릴기를 도입시키는 실릴화는 휘발성과 검출 능력을 증가시키는 데 널리 이용되고 있다. 동일한 수의 탄소 원자에 대해서 산화의 증가 정도에 따라 휘발성은 감소한다. 25°C에서 *n*-테트라데케인은 증기 압력이 20 mtorr이지만 동일한 탄소 원자수인데 말단이 알데하이드, 알코올, 질산염이면 증기 압력이 각각 3, 0.8, 0.2 mtorr로 감소되며, 카복실산의 경우는 7 μtorr까지 떨어진다. 참고로 *n*-펜타데케인은 증기 압력이 4 mtorr이다.

torr는 압력의 전통적인 단위인데, 표준 기압의 1/760로 정의되며, 1기압은 101,325 pascal이다. 따라서 1 torr는 약 133.3 pascal이며, 이는 약 1 mmHg이다.

따라서 컬럼, 온도, 운반 기체의 유속과 같은 크로마토그래피의 조건 선택은 화합물의 휘발성, 분자량, 극성도에 의존한다.

20.3 기체 크로마토그래피 검출기

기체 크로마토그래피로 처음 실험을 시작한 이후로 많은 수의 기체 크로마토그래피 검출기가 개발되었다. 검출기는 일반적으로 대부분의 화합물에 감응하지만, 특정한 형태의 화합물에만 선택적으로 감응하도록 만들어진 것들도 있다. 여기에서는 널리 사용되는 몇 가지 검출기를 설명하고자 한다. 표 20.2는 일반적으로 사용되는 검출기에 대해서 응용, 감도, 직선성의 관점에서 비교하였다.

표 20.2 기체 크로마토그래프 검출기 비교

검출기	응용	감도 범위	직선성	비고
열전도도	일반, 모든 물질에 응답	보통, 5~100 ng, 10 ppm~100%	좋음, 고온에서 서미스터를 제외하고는 매우 좋음.	온도 및 유속 변화에 민감, 농도에 민감
촉매 연소	FID와 매우 유사함.	보통, TCD와 매우 유사함.	좋음.	높은 시료 농도에서 끊어질 수 있음.
불꽃 이온화	모든 유기 화합물, 일부 O가 포함된 화합물은 나쁨, 탄화수소는 좋음.	민감, 10~100 pg, 10 ppb~99%	매우 우수, 10^6까지	매우 안정한 기체 유속이 필요, 물에 대한 응답은 탄화수소보다 10^4~10^6배 약함, 질량에 민감
불꽃 광도법	S 화합물 (393 nm), P 화합물 (526 nm)	민감, 10 pg S, 1 pg P	매우 우수	
불꽃 열이온화	N과 P를 포함한 모든 화합물	매우 민감, 0.1~10 pg, 100 ppt~0.1%	매우 우수	스크린에 소듐염의 재코팅 필요, 질량에 민감
규산 루비듐 구슬	N과 P를 포함한 물질에 특별	매우 민감		질량에 민감
아르곤 이온화 (β선)	모든 유기 화합물; 초순수 He 운반 기체, 무기 및 영구 기체	민감, 0.1~100 ng, 0.1~100 ppm	좋음.	불순물과 물에 매우 민감, 매우 순수한 운반 기체가 필요 농도에 민감
전자 포획	전자를 포획하는 모든 화합물, 지방족 탄화수소나 나프탈렌계 탄화수소에는 응답이 없음.	할로젠 화합물에 대해서 매우 민감, 0.05~1 pg, 50 ppt~1 ppm	나쁨.	불순물과 온도 변화에 민감, 정량 분석은 복잡, 농도에 민감
진공 UV 흡수	비활성 기체와 질소를 제외한 거의 모든 물질	pg 수준 아래까지 매우 민감	10^4까지 좋음.	아주 최근에 도입된 검출기, 응용 범위가 넓음, 스펙트럼의 일치에 따른 일부 구조의 확인
질량 분광법	모든 화합물, 이온화 방법에 의존	매우 민감	매우 우수	구조 및 분자량 정보 제공

열전도도 검출기는 비용이 저렴하고 범용적으로 감응하지만 감도가 높지는 않다.

최초의 GC 검출기는 **열전도도 검출기**(**thermal conductivity detector**, TCD) 또는 **고열선 검출기**(**hot wire detector**)이다. 시료 기체가 가열된 필라멘트 선을 지나가면 기체의 열전도도에 따라 온도가 변하고 따라서 선의 저항이 변한다. 순수한 운반 기체가 한 필라멘트를 지나고 시료 성분을 포함한 운반 기체는 다른 필라멘트를 지나간다. 이 두 필라멘트가 Wheatstone 브리지 회로(참고 문헌 14)의 반대쪽에 있어서, 감지하는 필라멘트의 저항이 변함에 따라서 전압이 달라진다. 용출 기체 내에 시료가 없으면 두 선의 저항은 동일하지만, 시료 성분이 용출 기체와 함께 용리되면 용출 운반 기체 쪽에는 작은 저항 변화가 일어난다. 운반 기체 내에 있는 시료 성분들의 농도에 비례해서 저항이 변화되며, 이 저항 변화가 기록기에 기록된다. TCD는 기체 혼합물과 CO_2와 같은 영구 기체의 혼합물의 분석에 특히 유용하다.

수소와 헬륨 운반 기체는 대부분의 다른 기체에 비해 아주 높은 열전도도를 나타내며, 시료 성분 기체가 존재할 때 큰 저항 변화가 일어나기 때문에 열전도 검출기에 운반 기체로 사용한다(안전상의 이유로 헬륨을 더 선호한다). 100°C에서 수소의 열전도도는 53.4×10^{-5}, 헬륨의 열전도도는 41.6×10^{-5} cal/°C-mol이며, 아르곤, 질소, 이산화 탄소, 그리고 대부분의 유기 화합물의 증기의 열전도도는 보통 이 값의 1/10 정도이다. 열전도도 검출기의 장점은 장치가 간단하고 대부분의 화합물에 거의 같은 감응을 나타낸다는 것이다. 이 검출기는 감응의 재현성은 높으나 감도는 그다지 높지 않다.

불꽃 이온화 검출기는 일반적이며 감도도 높으며, 가장 널리 사용되는 검출기이다.

대부분의 유기 화합물은 불꽃 속에서 CHO^+와 같은 양이온을 생성하는데, 이것이 아주 감도 높은 검출기인 **불꽃 이온화 검출기(flame ionization detector, FID)**의 기본이 된다. 이온들은 반대 전하의 두 전극에서 측정(수집)되며, 시료 내 탄소 원자의 수와 탄소의 산화 상태에 따라 감응(수집되는 이온의 수)이 정해진다. 완전히 산화된 탄소는 이온화하지 않으며, 따라서 낮은 산화 상태의 탄소 수가 가장 많은 화합물이 가장 큰 신호를 나타낸다. 이 검출기의 감도는 아주 높아서 ppb 농도 범위의 성분을 측정할 수 있다. FID의 감도는 TCD 감도의 약 1,000배이지만, 동적 범위는 훨씬 제한적이며, 순수 액체 시료의 양은 보통 0.1 μL 이하로 제한된다. 운반 기체의 종류는 비교적 덜 중요한데 헬륨, 질소, 아르곤이 가장 흔히 쓰인다. 불꽃 이온화 검출기는 물을 포함하여 대부분의 무기 화합물에 둔감하기 때문에 수용액을 주입할 수도 있다(번역자 주: 하지만 컬럼의 산화 때문에 이에 수분을 완전히 제거시켜서 주입해야 하며, 수용액을 주입시킬 수 있는 GC 컬럼은 아주 제한적이다). 공기 대신에 산소를 불꽃을 유지하기 위한 기체 연료로 사용하면 더 높은 온도의 불꽃이 얻어져 이온화가 더 잘 일어나게 되므로 많은 무기 화합물을 검출할 수도 있다.

황 및 인 화합물을 FID 형태의 불꽃 속에서 태우면 화학 발광 화학종이 생겨서 393 nm(황)와 526 nm(인)의 빛을 방출한다. 광학 간섭 필터를 사용하여 선택한 빛을 감도가 높은 광 검출기인 광전자 증배관으로 보내는데, 이 검출기가 불꽃 광도법 검출기(flame photometric detector, FPD)로 알려져 있다.

FPD에서 황 화합물의 경우는 들뜬 이원자 황(S_2*) 화학종으로부터 빛 방출이 일어난다. 따라서 방출 신호는 황의 농도의 제곱에 비례하는데, 이는 두 개의 S 원자가 S_2를 형성할 확률이 농도의 제곱에 비례하기 때문이다. 신호는 농도의 제곱에 의존하기 때문에 감도 증가가 크다. 운반 기체에 낮은 농도의 황 화합물[예를 들어 헥사플루오린화 황(SF_6) 1 ppb]을 첨가하면 황 화합물을 검출하는 데 있어서 감도가 **실제로 증가한다**. 황을 첨가하지 않으면 바탕이 0이 될 것이며, 1 ppb와 3 ppb의 황을 포함하고 있는 시료로부터의 감응은 임의 단위로 1과 9가 될 것이다. 만약에 운반 기체에 1 ppb의 황을 포함하고 있으면 바탕은 1 단위가 되며, 1 ppb와 3 ppb 시료가 용리될 때 2 ppb와 4 ppb 황의 전체 농도는 4와 16 단위의 신호를 생성할 것이며, 운반 기체에 황을 첨가하지 않았을 때 얻어진 신호에 비해서 순수하게 3과 15 단위의 신호 증가가 있게 된다. 한편, 이러한 유용한 효과는 바탕을 오염시킬 수도 있다는 것을 알아야 한다.

촉매 연소 검출기(catalytic combustion detector, CCD)는 FID에 감응하는 화합물과 유사한 화합물에 감응하며 TCD와 비슷한 감도를 가진다. 검출기는 매우 작아서 지름이 보통 1 cm 정도이다. 센서는 불활성 금속 촉매를 포함하고 있는 알루미나 세라믹 안에 백금(Pt) 선 코일을 끼워 넣어서 만들었다. 이는 공기를 운반 기체로 사용하는 GC에 적합하며 다른 운반 기체를 사용할 경우에는 공기를 검출기 앞에 첨가한다. 작동하는 동안에 분리 히터는 구슬을 500°C까지 가열하여, 공기와 촉매 존재 하에서 탄화수소 화합물이 빠르게 산화되도록 충분히 뜨겁다. 이 연소열이 Pt 필라멘트의 온도를 증가시키는데, 이 온도의 변화를 통해서 저항이 변함으로써 감응된다. 시료의 양이 너무 많이 주입되면 열이 너무 세게 되어 필라멘트를 손상시키기 때문에 이러한 검출기를 사용할 경우에는 시료의 양에 주의해야 한다.

불꽃 열이온화 검출기(flame thermoionic detector)는 질소와 인을 함유한 화합물에 특별히 높은 감응을 나타내도록 만들어진 두 단계 불꽃 이온화 검출기이다. 제 2 불꽃 이온화 검출기를 제1 불꽃 이온화 검출기 위에 장착하여, 첫 번째 불꽃의 기체가 두 번째 불꽃 속으로 들어간다. 두 단계는 알칼리염 또는 수산화 소듐과 같은 염기로 코팅한 그물망에 의해 나누어져 있다. 이 검출기는 질소–인 검출기(nitrogen–phosphorous detector, NPD)로 더 알려져 있다.

컬럼 유출물이 보통의 FID로 작동하는 아래 불꽃에 들어가고 이 감응이 기록된다. 보통 제 2 불꽃에서는 그물망으로부터 소듐의 이온화와 증발에 의해서 작은 양의 전류가 흐른다. 하지

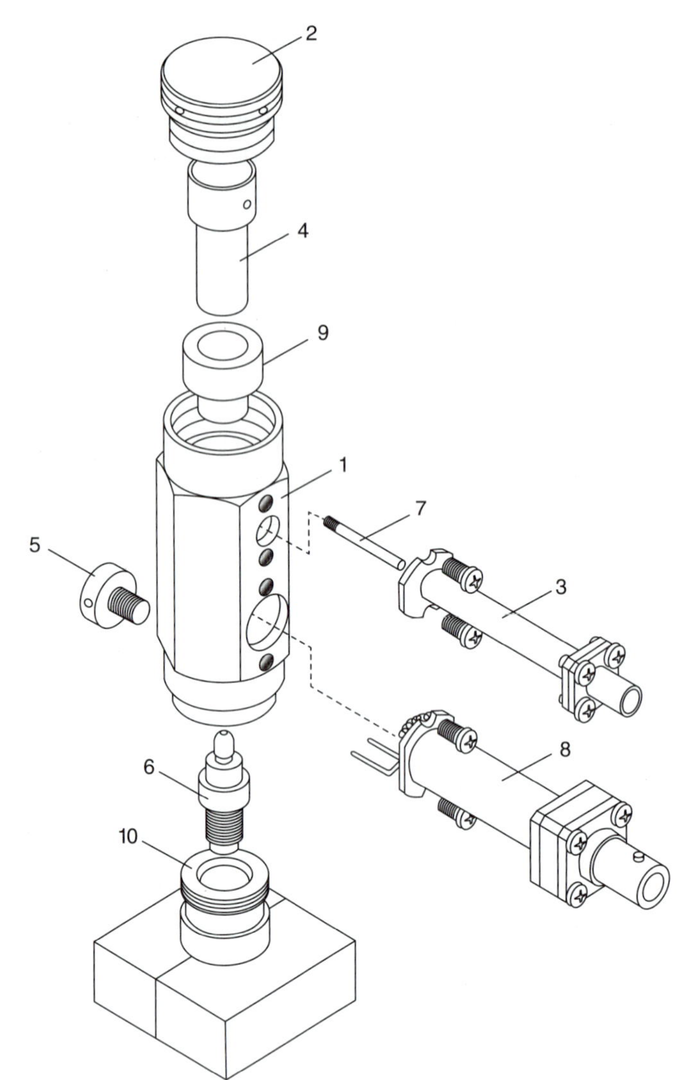

그림 20.6 불꽃 이온화 검출기. 1: 검출기 몸체, 2: 굴뚝, 3: 전기 수집 어셈블리, 4: 수집 전극, 5:지지 나사, 6: 제트(이곳으로부터 불꽃이 나옴), 7: 수집 전극, 8: 불꽃 점화기, 9: 세라믹 절연체, 10: 검출기 받침대 (ThermoFisher Scientific 허가)

만 질소나 인을 함유한 물질이 아래 불꽃 속에서 타면 이로 인한 이온들이 그물망으로부터 알칼리 금속의 휘발을 크게 증가시킨다. 그 결과 질소 또는 인에 대하여 아래 불꽃에서보다 훨씬 큰(최소한 100배) 감응이 나타난다. 두 불꽃에서 나오는 신호를 기록하면 보통의 FID 크로마토그램을 얻을 수 있다. 하지만 위쪽 채널(제2 불꽃 검출기)의 뛰어난 감응은 단지 질소와 인을 함유하고 있는 화합물들이 용리될 때에만 나타난다.

β선 검출기(β**-ray detector)** 또는 **아르곤 이온화 검출기(argon ionization detector)**에서는 방사성원(예: 스트론튬-90)에서 나오는 β선으로 시료에 충격을 가하여 이온화시킨다. 운반 기체는 아르곤이며, β 입자에 의해 준안정 상태로 들뜬다. 아르곤의 들뜸 에너지는 11.5 eV로 대부분의 유기 화합물의 이온화 전위보다 커서, 시료가 들뜬 아르곤 이온과 충돌하면 시료 분자는 이온화되며 이 이온들은 불꽃 이온화 검출기에서와 같은 방식으로 검출된다. 이 검출기는 TCD보다 약 300배 더 감도가 좋다. **헬륨 이온화 검출기(helium ionization detector, HID)**는 아르곤 대신에 헬륨이 사용되는 것을 제외하고는 동일한 원리로 작동된다. **방전 이온화 검출기(discharge ionization detector**, DID)에서는 전기적인 방전에 의해서 들뜬 헬륨 원자가 생성되고 이들이 분석물 분자들을 이온화시킨다.

ECD는 할로젠 함유 화합물, 예를 들어 살충제에 아주 민감하다.

전자 포획 검출기(electron capture detector, ECD)는 전기 음성적인 원자를 함유하는 화합물에 아주 민감하므로 이런 화합물에 선택적이다. 이 검출기는 소량의 아르곤을 함유한 질소 또는 메테인을 운반 기체로 사용한다는 것 이외에는 β선 검출기와 그 구조가 비슷하다. 질소나 메테인은 아르곤에 비해 낮은 들뜸 에너지를 가지고 있어서 전자 친화도가 높은 화합물만 전자를 포획하여 이온화한다. 대부분의 ECD들은 운반 기체로 헬륨을 사용하고, 검출기에서 보충 기체로 질소를 사용한다.

검출기 (−)극은 보통 삼중수소 또는 Ni-63과 같은 β 방출 원소가 포함된 금속박으로 이루어져 있다. 삼중수소는 Ni-63보다 감도는 더 높지만 고온에서 손실이 일어나기 때문에 상한 온도가 220°C이며, Ni-63은 최대 350°C까지 사용이 가능하다. 방사성원은 표면에 화합물 막이 쉽게 생겨 β 방출 세기가 감소하고 감도가 떨어지기 때문에 자주 청소해 주어야 하는데, 니켈은 삼중수소보다 청소하기도 더 편리하다. β 원은 안전상의 이유로 밀봉된 형태로 사용된다.

전압을 걸어준 측정 용기는 편극되어 있으며, 방사선원의 (−)극으로부터 방출되는 전자(β선)가 기체 분자에 충돌하여 전자를 떼어 낸다. 이렇게 생긴 열전자들이 (+)극으로 끌려가면서 정류 전류가 흐른다. 전자 친화도가 있는 화합물이 용기에 들어오면 전자를 포획하여 음이온이 생기는데, 이 음이온은 전자보다 훨씬 커서 이 음이온의 전기장 내에서의 이동도는 전자보다 100,000배 정도 작다. 이와 같이 ECD를 통과하는 분석물들은 정류 전류의 감소에 의해 검출된다.

뚜렷한 전기 음성도를 보이는 화합물은 비교적 적기 때문에, 전자 포획은 아주 선택적이어서 비포획 화합물들이 함께 존재할 때도 미량의 성분을 정량할 수 있다. 전자 친화도가 높은 원자 또는 작용기로는 할로젠, 카보닐, 나이트로기, 특정 축합 고리 화합물, 그리고 특정 금속이 있다. ECD는 살충제와 폴리염화바이페닐(PCBs) 검출에 널리 사용된다. 전자 포획 검출기는 방향족 이외의 탄화수소 화합물에는 감도가 아주 낮다.

분석하고자 하는 많은 분석물들 중에는 ECD에 의해 직접 검출이 되지 않는 것들이 있는데, 이들은 적당한 유도체로 만들어 분석할 수 있다. 예를 들어 대부분의 생물학적 화합물은 낮은 전자 친화도를 가진다. 콜레스테롤 같은 스테로이드는 클로로아세테이트 유도체로 만들어 정량할 수 있다. 미량의 원소(예를 들어 Al, Cr, Cu, Be 등)는 휘발성의 트라이플루오로아세틸아세톤 킬레이트로 만들어 pg에서 ng 수준의 양을 측정할 수 있다. 오염된 생선에 존재하는 염화메틸 수은은 나노그램 수준에서 정량할 수 있다.

기체 크로마토그래프에 원자 분광기기를 연결하여 특정 원소를 검출할 수도 있다. 크로마토그래피는 원소의 다른 형태들을 분리하는 데 사용되며, 원자 분광 검출기는 원소를 규명한다. 이런 기기들의 강력한 결합은 환경 시료 속에 존재하는 다른 유형의 독성 원소종을 확인하는 데 유용하다. 예를 들어 헬륨 마이크로파 유도 플라스마 **원자 방출 검출기**(**atomic emission detector**, **AED**)는 GC에 의해 분리된, 생선 중에 존재하는 휘발성 메틸 수은과 에틸 수은 유도체를 검출하는 데 사용될 수 있다. AED는 많은 원자 방출 원소들을 동시에 측정할 수 있으며, 방출된 빛은 단색화 장치를 통과하여 배열 검출기에 의해 검출된다. 또한 플라스마로부터 나온 원자종들을 질량 분석기(17장 및 22장 참조)로 들어가게 하는 유도 결합 플라스마-질량 분석기(ICP-MS)에 기체 크로마토그래프를 연결함으로써 여러 가지 원소종들을 동시에 검출하고 같은 원소들의 다른 동위 원소들도 구별하기도 한다.

특정 응용 분야에서 사용되는 다른 특정한 검출기들이 있다. **황 화학 발광 검출기**(**sulfur chemiluminescence detector**, **SCD**)는 여러 산업에서 황을 함유한 화합물의 분석에 이용될 수 있는 가장 감도 좋고 선택성 있는 크로마토그래피 검출기 중 하나이다. 황을 함유한 화합물들을 높은 온도에서 연소시켜서 일산화 황(SO)을 형성하고, 이는 오존과 반응하여 높은 에너지의 반응으로 인하여 빛을 방출하고 광전자 증배관에서 검출한다. 다른 화합물들에 존재하는 황이 시료 매트릭스의 방해 없이 선형적으로 동일 몰수로 감응하는 것이 관찰된다. **질소 화학 발광 검출기**(**nitrogen chemiluminescence detector**, **NCD**)도 유사하게 작동하는데, NO가 질소를 함유하고 있는 화합물로부터 생성되어 오존과 반응하여 화학 발광을 생성한다.

광이온화 검출기(**photoionization detector**, **PID**)는 다른 형태의 선택성을 가지고 있다. 에너지가 충분한 UV 복사선은 많은 화합물로부터 전자를 제거할 수 있어서 전자와 양이온을 생성하고 FID에서와 같은 방식으로 검출될 수 있다. 컬럼에서 나온 유출물은 강한 UV 복사선

Albert Zlatkis와 함께 한 James E. Lovelock(왼쪽). Lovelock은 전자 포획 검출기를 발명하였다. Zlatkis가 전자 포획 검출기를 들고 있다. E. R. Adlard, *LCGC North America*, **24**(10), October 2006, p. 1102.

클로로플루오로탄소(CFC)는 1928년에 제너럴 모터스에서 Thomas Midgley에 의해 처음 만들어졌다. CFC는 낮은 끓는점과 낮은 독성, 그리고 비반응성 때문에 냉매로 선택되었다. 1930년에 미국화학회의 시연에서 Midgley는 기체를 들이마신 후 촛불로 불어냄으로써 불꽃을 내는 이 물질의 성질을 시연해 보였다. 이 물질들은 에어로솔 분사제로 선택되었으며, 1970년대까지는 연간 백만 톤 이상이 사용되어 공기 중으로 방출되었다. 이들의 비반응성 때문에 CFC 물질은 진류성이 있으며 공기 중에서 측정될 수 있었으나, 1960년대까지는 이 화합물들의 대기 중의 미량 농도를 측정할 감도 좋은 검출기가 없었다.

Lovelock는 1970년대에 ECD를 개발하여 공기 중에 있는 CFC를 첫 번째로 검출하게 되었고, 쓰이고 있는 CFC 중에 최고는 약 60 ppt의 대기 농도를 나타낸다고 보고하였다. 메테인의 대기 농도는 약 1.5 ppm이며 1950년에는 메테인을 검출하는 것이 주요 업적으로 생각했었다. 오염이 되지 않은 공기에서도 CFC가 검출될 수 있다는 사실을 발견한 Lovelock는 영국에서 남극으로 그의 실험 장치를 옮겨줄 것을 영국 정부에 요구하였다. 그의 요구는 간단하게 거절되었으며, 그의 요구를 심의했던 한 사람은 측정이 불가하며 측정이 된다고 하더라도 그러한 지식은 쓸모가 없다고 논평하였다. 하지만

Lovelock는 주장을 굽히지 않았고 자비를 들여서 1971년에 그의 장비를 Shackleton으로 옮겼다. 2년 후에 그는 남대서양과 북대서양에서 수집한 공기 시료에서 CFC-11을 검출했다고 발표하였다. 그 후로 성층권에서 CFC는 광학적으로 분해되어 염소 원자를 형성시키고, 거기에서 그들은 연쇄 반응을 통해서 오존을 파괴시킨다는 것을 발견하였다. 자외선으로부터 우리를 보호하는 오존층을 파괴시키는 CFC의 위협 때문에 CFC의 생산은 단계적으로 중단되었다. Lovelock는 유기체가 지구에 있는 그들의 무기물 주변과 상호 작용하여 행성에서 생명을 위한 조건을 유지하는 데 기여하는 자기 조절하는 복잡한 계를 형성한다고 가정하는 "Gaia" 가설의 창시자이며, 이 이름의 그의 저서는 명작이 되었다.

에 노출된다. 사용된 램프에 따라서 검출되는 화학종들이 달라지는데, 현재 대부분의 기기에서는 비활성 기체가 채워진 무전극 방전등(electrodeless discharge lamp, EDL, 17장 참조)을 사용한다. 각 분석물은 자신만의 이온화 퍼텐셜(IP)을 가지고 있으며 분석물이 검출되기 위해서는 광자 에너지가 분석물의 IP를 초과해야 한다. 10.6 eV 램프(116.9 nm, 크립톤 기체, MgF_2 창)가 가장 널리 사용되는데, 이는 휘발성 있는 화합물의 검출이 가능하고 램프를 청소하기 쉽기 때문이다. Kr 램프는 10.0 eV(123.9 nm) 복사선도 생성한다. 아르곤 램프는 11.7 eV 복사선(105.9 nm)을 방출하므로 메탄올까지도 이온화시킬 수 있다. 하지만 비싸고 흡습성이 있는 LiF 창이 필요하므로 일반적으로 잘 사용되지 않는다. 모든 비불꽃 이온화 검출기는 시료의 매우 작은 양을 이온화시키므로 비파괴 검출기로 간주한다. GC에서 사용되는 다른 비파괴 검출기 중에는 흡수 분광 검출기가 있는데, IR과 UV 그리고 핵자기 공명(NMR) 분광법이 GC의 검출기로 사용되기도 하지만 일반적으로 사용되는 것들은 없다.

일부 기체 크로마토그래피 검출기가 액체 크로마토그래피에서 사용될 수는 있지만 그 반대는 드물다. 한 가지 예외는 1970년대에 Pur 대학의 곤충학자인 Randall C. Hall이 살충제를 검출하기 위해서 개발한 용액 상 검출기이다. **Hall 전해질 전도도 검출기(Hall electrolytic conductivity detector, HECD)**는 용액 상 전기 전도도 검출기(21장 참고)이며, 높은 감도로 특정 원소의 화합물을 검출할 수 있는데, 보통 세정 용매로 사용되는 1-프로판올(그림 20.7 참조)을 일반적으로 사용하는 노(furnace) (500~1000°C)와 전도도 용기의 확연히 다른 부품으로 구성되어 있다. 이 검출기는 할로젠, 질소, 황 화합물을 선택적으로 검출할 수 있다. 할로젠 모드에서는 비활성 운반 기체가 사용되며 이 기체가 뜨거운 니켈 반응 튜브를 통과하면서 할로젠화 탄화수소는 해당하는 산(HCl, HBr 등)으로 분해되고, 황 화합물 역시 이러한 조건하에서 H_2S를 생성한다. 이 기체들은 PTFE 도관을 통해 이동되어 T자형 부분에서 세정 용매로서 약간 산성인 1-프로판올을 만나고 전도도 용기로 진행한다. 용매는 일회용 이온 교환대를 통하여 재생되어 재사용된다. 약한 산성인 1-프로판올을 사용하면 용매에 H_2S가 녹는 것을 방지할 수 있어, 황을 포함한 화합물들에 대해서 선택성을 제공하게 된다. HCl, HBr 등이 알코올에 녹으면 이들은 완전히 이온화되어 전도도가 증가된다. 수 pg 농도의 할로젠화 유기물들이 탄화수소 화합물들에 대해서 10^9:1의 구별비로 검출될 수 있다. 질소 모드에서는 노가 훨씬 더 높은 온도(할로젠화 화합물들을 위해 사용되는 노의 온도에서 NH_3는 뚜렷하게 생성되지 않는다)에서 작동되며, 방출된 기체들은 $Sr(OH)_2$가 채워진 카트리지를 통과해서 산성 기체를 제거하며, 방출된 암모니아는 약 알칼리 수용액인 약 15% 1-프로판올 속으로 들어가 세정된다. 검출 한계는 pg 범위이며 탄화수소 화합물에 대해서 10^5:1의 구별을 나타낸다. 하지만 암모니아는 약산성(세정 용매는 대부분 물인데, 이는 순수한 프로판올에서는 이온화가 매우 미약하기 때문이다)이며, 선형 범위는 10^3 정도이며 할로젠 검출에서는 10^6 정도이다. 황 모드에서는 공기나 산소가 가해지고 황은 SO_2 또는 SO_3로 변화되는데, 낮은 온도에서는 SO_3가 더 많이 생성된다. 1-프로판올 또는 다른 알코올들이 세정 용매로 사용될 수 있으나 다른 모드에서 같은 성능과 선택성을 나타내지는 않는다.

GC의 또 다른 할로젠 선택성 검출기로는 약간은 잘못 붙여진 이름 같지만 **건조 전해질 전도도 검출기(dry electrolytic conductivity detector, DELCD)**라고 하는 검출기인데, 이는 산화 할로젠(예, ClO_2 또는 BrO_2)의 환원의 결과로 나타나는 전류를 측정하는 것으로서 전도도를 측정하지는 않는다. 공기가 컬럼 유출물에 가해진 후 1000°C까지 가열된 세라믹 관을 통과하고 여기에서 할로젠화된 화합물들은 대부분 이산화물로 전환된다. 이들은 관의 출구를 향해 자리잡고 있는 Pt 캐쏘드와 니크롬 애노드 사이를 지나갈 때 할로젠 원소로 환원되는데, 이 환원 전류(전도도로 잘못 알려짐)가 측정된다. 할로젠화 화합물들은 ppb 농도에서 검출될 수 있다. DELCD는 FID 다음에 사용될 수 있지만, 대부분의 할로젠은 이미 HCl 또는 HBr로 전환되어서 DELCD에는 감응하지 않는다. 할로젠의 약 0.1%만 산화물로 전환되고 할로젠화 유기물들은 ppm 농도 수준에서 검출된다.

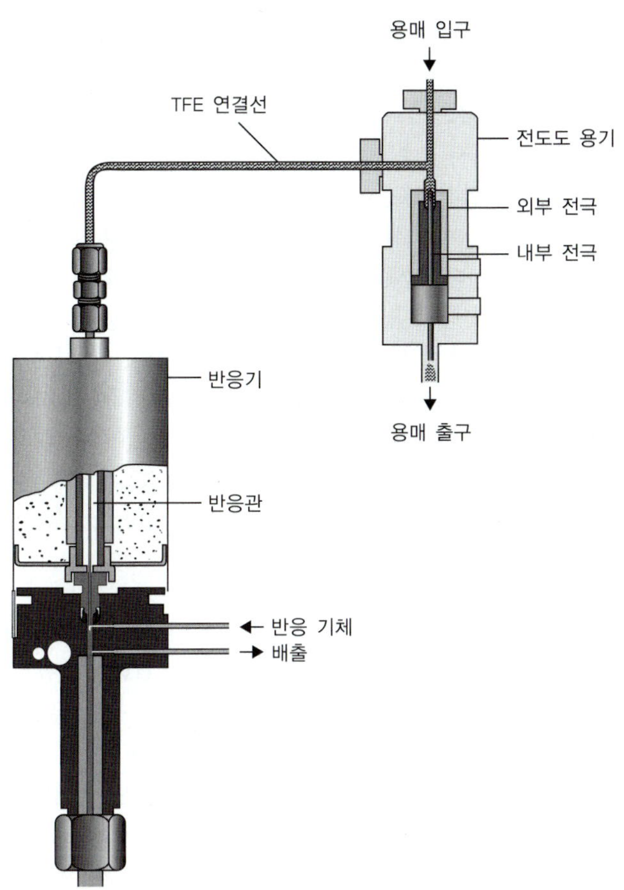

그림 20.7 Hall 전해질 전도도 검출기의 단면도(ThermoFisher Scientific 허가)

범용 모드와 선택 모드에서 함께 작동될 수 있고, 가장 다방면으로 사용되는 GC 검출기 중의 하나는 **펄스 방전(이온화) 검출기〔pulsed discharge (ionization) detector, PDD〕**이다(참고 문헌 15). 1992년에 Houston 대학의 William Wentworth에 의해 개발된 PDD(참고 문헌 16)는 백금 전극 사이에 걸어 주는 펄스 고전압 방전에 기초한 것으로, 헬륨을 운반 기체로 사용한다. 들뜬 이원자 He_2가 바닥 상태로 전이되면서, 네온을 제외한 모든 원소와 화합물들을 이온화시키기에 충분한 에너지인 UV 복사선(60~100 nm, ~13.5~17.5 eV)을 방출한다. PDD는 범용적, 선택적, 또는 단원자/다원자 방출 검출기 형태로 배열될 수 있다.

헬륨 펄스 방전 광이온화 검출기(helium-pulsed discharge photoionization detector, He-PDPID)라고 부르는 범용 모드에서는 용리되는 분석물들이 광이온화되고 그 결과 생성되는 전자들이 하류 전극을 가로질러 가면서 전류를 발생한다. 영구 기체에 대한 감응이 양성(정류 전류가 증가)이며 검출 한계(LOD)는 낮은 ppb 범위이다. He-PDPID는 불꽃과 수소 사용에 대한 위험성이 있는 FID를 대신할 수 있는 매력적인 검출기이다. PDPID는 Ar, Kr, Xe이 첨가된 He 방전 기체를 사용할 수 있는데, 이들 기체의 들뜬 원자들이 생성되어 특징적인 광 방출을 나타내며, 이온화되고 검출되는 화합물의 종류는 첨가한 기체에 따라 달라진다(위 PID 참조).

전자 포획 모드(PDECD)에서는 He과 CH_4가 검출기 바로 앞에서 들어간다. 메테인이 존재하면 감응 전극들 사이에 상당한 정류 전류가 흐르게 되며 프레온, 유기 염소계 살충제, 다른 할로젠 화합물들과 같은 전자 친화도가 큰 화합물들은 메테인의 이온화에 의해 생성된 전자들을 포획함으로써 매우 감도 있게 검출된다. 이 경우 검출 한계는 fg-pg 범위로 전통적인 ECD와 견줄 만하며, 검출기의 온도는 400°C까지 높여서 작동될 수 있다.

현재 펄스 방전 방출 검출 모드(PDED)는 극히 부분적으로만 사용되고 있는데, 이 경우에 PDD는 석영 창을 가지고 있으며, 높은 에너지의 광자들에 의해 들뜬 분석물들로 인하여 생긴 방출 선들은 단색화 장치와 검출기에 영상으로 나타난다. 원래는 단일 광전자 증배관 검출기로 되어졌지만, 현재에는 많은 검출기들이 배열 검출기 형태로 만들어져 있다.

검출기는 농도 감응식 또는 질량 흐름 감응식이 있다. 농도 감응식 검출기의 신호는 검출기 내 용질의 농도와 관련이 있어서 보충 기체에 의해 묽혀지면 농도가 감소하며 보통은 검출 시에 시료가 파괴되지 않는다. 열전도도, 아르곤 이온화, 전자 포획 검출기는 농도 감응식 검출기이다. 질량 흐름 감응식 검출기의 신호는 용질 분자가 검출기로 들어오는 속도에 관계되며, 보충 기체의 영향을 받지 않는다. 불꽃 이온화 및 불꽃 열이온화 검출기가 질량 흐름 감응식 검출기에 해당되며, 검출 시에 시료가 파괴된다. 초기에는 분리능을 증가시키기 위해서 두 컬럼 GC를 사용하기도 했는데, 앞 컬럼에서 나온 용리액의 분획을 취하여 두 번째 컬럼으로 보내서 두 번째 분리를 한다. 첫 번째 검출기는 반드시 비파괴적이어야 하며, 그렇지 않을 경우에는 검출하기 전에 용리액을 분할하여 두 번째 컬럼으로 보내야 한다. 현재의 GC-GC(아래 참조)에서는 검출기는 항상 질량 분석기이며 첫 번째 컬럼으로부터 나온 유출물은 검출기를 통과하지 않고 두 번째 GC로 곧바로 들어가는 것이 일반적이다.

GC-VUV

기체 크로마토그래피 검출 방법의 최근 기술은 진공 자외선(vacuum ultraviolet, VUV) 분광법이다. 약 120~200 nm 파장 범위에서 빛을 흡수하는 VUV 분광법은 싱크로트론 시설에서의 연구에 제한되었는데, 이들 단파장 광자들은 극단적으로 높은 운동 에너지로 가속된 전자들로부터 이용될 수 있었다. 극소수의 교재와 논문에서만 VUV 분광 광도법에 대한 설명을 발견할 수 있다. 단지 최근에 표준 중수소 광원을 이용한 일반 실험대 위에 설치 가능한 형태의 장비가 개발되었다(VUV Analytic, Inc., www.vuvanalytics.com 참조). 광원과 흐름 셀의 창은 MgF_2로 만들어져 있어서 낮은 파장의 VUV 복사선의 전달이 가능하게 한다(http://www.esourceoptics.com/vuv_material_properties.html). GC는 화합물의 분리 및 증기상 분석물을 분광 광도계로 도입시키기 위한 이상적인 수단이 되고, 검출기로서 VUV는 정량적이고 정성적인 면에서 특별한 능력을 가지고 있으며 현재 일반적으로 사용되고 있는 GC 검출기들의 성능과 동등하거나 그들을 능가할 수 있는 가능성이 있다.

증기상 VUV 분광법의 가장 큰 장점은 모든 분자들이 전자기 스펙트럼의 영역에서 빛을 흡수하며 기체 상태에서 측정이 이루어지므로 흡수 모양이 뾰족하고(용액에서는 용매와의 상호 작용에 의해 흡수 스펙트럼의 모양이 흐려진다), 각 분자는 이들을 명료하게 규명하는 데 사용할 수 있도록 고유한 스펙트럼을 가지고 있다. 아래 그림은 나프탈렌의 두 가지 주요 대사체인 1-나프톨과 2-나프톨의 흡수 스펙트럼을 정규화한 것이다. 아마도 전자 이온화 방법(EI)이 일반적인 GC-MS에서는 그들의 조각화 패턴에 기반하여 이 두 화합물을 구분할 수

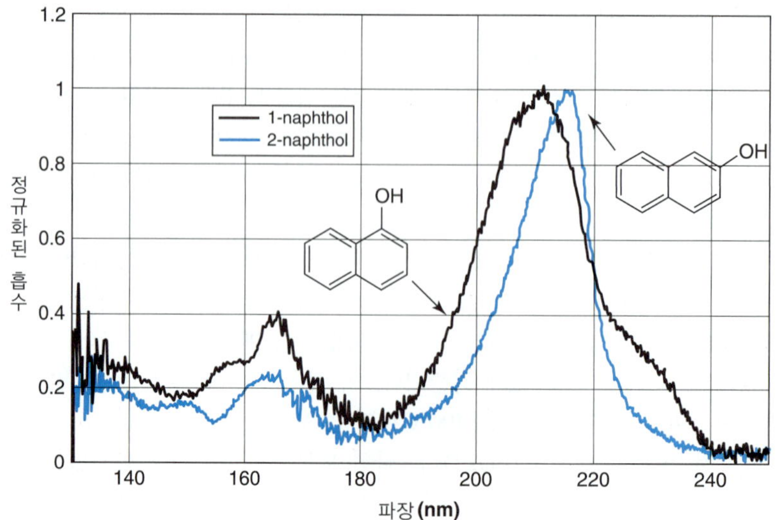

없을 것이다. 하지만 이들의 VUV 흡수 패턴은 매우 다르게 나타난다. 또한 VUV에서 흡수는 Beer 법칙을 따르게 되므로 정량 분석이 가능할 수 있다. GC-VUV에서는 대부분의 분자에 대한 검출 한계는 수 pg 농도이다. 이 검출기는 질량 분석법의 능력과 불꽃 이온화 검출기의 능력과 경쟁하고 있다.

20.4 온도 선택

GC에서 적절한 온도를 선택하기 위해서는 여러 가지 인자를 고려하여 절충점을 찾아야 한다. **주입구 온도**(**injector temperature** 또는 **injection port temperature**)는 시료의 안정성을 깨뜨리지 않는 범위에서 상대적으로 온도가 높아야, 시료를 빠른 속도로 증발시켜서 작은 부피로 컬럼 안으로 보내어 퍼짐을 감소시켜서 분리능을 증가시킬 수 있다. 주입구 온도가 너무 높으면 고무격막을 분해시켜 주입구가 오염된다. **컬럼 온도**(**column temperature**)는 **속도**, **감도**, **분리능** 사이에서 절충을 해야 한다. 높은 컬럼 온도에서는 시료 성분이 기체상(이동상)에서 대부분의 시간을 보내게 되므로 빨리 용리되지만 분리능은 좋지 않다. 낮은 컬럼 온도에서는 시료 성분이 정지상에서 시간을 더 보내게 되므로 늦게 용리되고, 분리능은 증가하지만 피크 퍼짐이 커지기 때문에 감도는 감소될 수 있다. **검출기 온도**(**detector temperature**)는 시료 성분의 응축을 방지할 수 있을 만큼 충분히 높아야 한다. 열전도도 검출기의 감도는 온도가 올라가면 감소하므로 온도를 최저로 유지할 필요가 있다.

크로마토그래피 조건은 속도, 분리능, 감도 사이에서 절충한 값들이다.

컬럼 온도를 **온도 프로그래밍**(**temperature programming**)하면 분리가 더 용이하기 때문에, 기체 크로마토그래프는 대부분 온도 프로그래밍 기능을 가지고 있다. 크로마토그램을 얻는 동안에 미리 설정한 속도로 자동으로 온도를 증가시키는데, 온도 증가 방식은 선형, 지수함수, 계단식 등과 같은 방식을 선택할 수 있다. 이렇게 하면 다른 화합물들을 너무 빨리 용리

낮은 온도에서 높은 온도로 온도 프로그래밍을 하면 분리가 빨라진다. 높은 온도에서는 용리가 어려운 용질을 빠르게 용리시킬 수 있다. 쉽게 용리되는 물질은 낮은 온도에서 분리가 잘 된다.

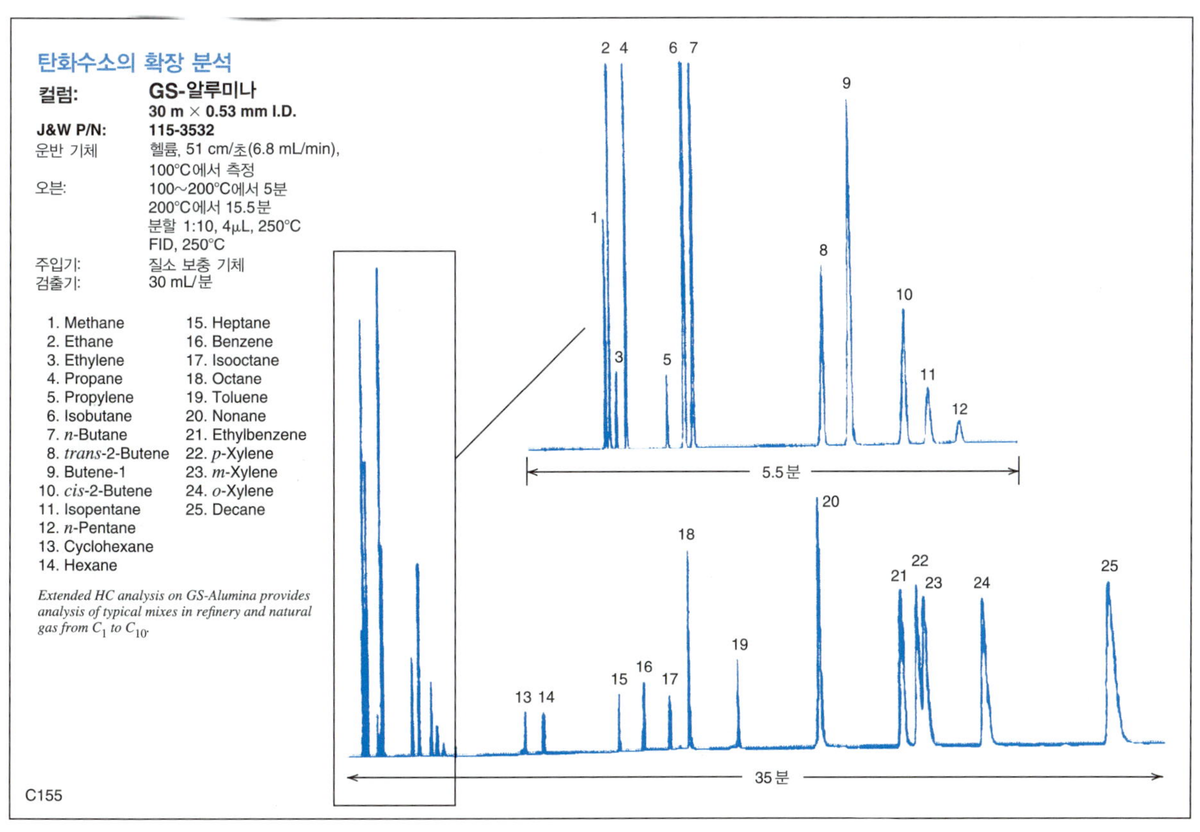

그림 20.8 온도 프로그래밍을 이용한 분석(Agilent Technologies 허가)

되지 않게 하면서 용리가 어려운 화합물을 적절한 시간 내에 용리시킬 수 있다.

그림 20.8은 계단식 선형 온도 프로그래밍을 통하여 복잡한 탄화수소 혼합물을 분리한 결과를 보여 준다. 먼저 나오는 12개의 기체 또는 가벼운 화합물은 낮은 고정 온도(100°C)에서 5.5분 동안에 쉽게 용리되고 분리되지만, 다른 화합물은 높은 온도가 필요하다. 5.5분 후 온도를 20분 동안에 5°C/분의 속도로 200°C까지 선형적으로 증가시킨 후 나머지 두 화합물이 용리될 때까지 그 온도를 유지한다.

앞에서 설명한 바와 같이, 작동 가능한 온도에서 정량할 성분이 휘발성이 없으면 **휘발성 유도체**(**volatile derivative**)로 변환시켜서 분석할 수도 있다. 예를 들어 비휘발성 지방산은 휘발성 메틸에스터 유도체로 변환시킨다. 일부 무기 할로젠화물은 충분히 휘발성이어서 높은 온도에서 기체 크로마토그래피로 분석할 수 있다. 예를 들어 금속은 트라이플루오로아세틸아세톤으로 착물을 만들면 휘발성을 가지게 할 수 있다.

20.5 정량 분석

용리된 용질의 농도는 기록된 피크 아래의 면적에 비례한다. GC 기기의 전자 적분기는 피크 면적과 피크의 머무름 시간을 알려주는데, 피크 높이를 측정하여 교정 곡선 작성에 사용하기도 하는데, 항상 교정 곡선의 직선성이 확보되어야 한다.

표준물 첨가(**standard addition**)법은 특별한 시료의 검정에 유용한 방법이다. 한 개 또는 그 이상의 분취한 시료에 알려진 농도의 표준 물질을 첨가시키면 피크의 면적이 증가하게 되는데, 피크 면적은 첨가된 표준 물질의 양에 비례한다. 이 방법은 미지 분석물의 머무름 시간이 표준물의 머무름 시간과 동일한지를 확인해 주는 장점이 있다.

내부 표준 물질이 표준 용액(검정 곡선용) 및 시료 용액에 첨가된다. 분석물 피크 면적 대 내부 표준 물질 피크 면적의 비를 측정한다. 이 비는 주입 부피와 크로마토그래피 조건의 작은 변화에 의한 영향을 받지 않을 것이다.

일반적으로 많이 사용되고 있는 중요한 정량 분석의 방법 한 가지는 **내부 표준 물질**(**internal standard**)법이다. 분석물의 머무름 시간과 비슷한 머무름 시간을 갖는 내부 표준 물질을 분석 시료와 표준 물질을 첨가하여 만든 교정 곡선용 시료에 동일한 양을 첨가한다. 표준 물질의 면적 대 내부 표준 물질의 면적비를 사용하여 교정 곡선을 작성한 후, 분석물의 면적 대 내부 표준 물질의 면적비를 검정 곡선에 대입하여 미지 농도를 결정한다. 이 방법은 물리적 요인의 변동, 특히 피펫을 사용한 시료 채취 및 마이크로리터 부피의 시료 주입에 포함되는 부정확성을 상쇄해 준다. 또한 흐름 속도가 다소 변하여도 분석물과 내부 표준 물질의 **상대** 머무름은 일정한 값을 유지한다.

스프레드시트 연습 : 내부 표준 물질 교정법

음주운전자로 추정되는 운전자를 체포하면 법적인 허용 한계를 초과하였는지를 알아보기 위해 혈중 알코올 농도를 정량한다. 음주운전 여부를 가리기 위해 보통 먼저 호흡 알코올 측정을 하는데, 이는 비침습성이며 인수를 곱하면 혈중 알코올 농도(blood alcohol concentration, BAC)로 전환이 가능하다. 그러나 생물학적 변동에 의해 개인차가 있다. 사고, 부상, 또는 사망이 발생한 경우 기체 크로마토그래피로 혈액 시료를 분석하여 혈중 알코올 농도를 직접 측정한다.

음주운전 혐의자로부터 채취한 5.00 mL의 혈액 시료에 내부 표준 물질로 사용한 1% 프로판올 수용액 0.500 mL를 첨가한 다음, 이 혼합물 10 μL를 GC에 주입하여 피크 면적을 얻는다. 표준 물질도 같은 방법으로 처리하여 다음 결과를 얻었다.

% EtOH (wt/vol)	EtOH 피크 면적	PrOH 피크 면적
0.020	114	457
0.050	278	449
0.100	561	471
0.150	845	453
0.200	1070	447
미지	782	455

EtOH /PrOH 면적비를 EtOH 농도에 대하여 엑셀 데이터 분석-기반 회귀 분석을 사용하여 특정 불확실도에서 미지 시료의 농도를 계산하여 BAC 농도가 0.08% 이상이면 법적으로 술 취한 것으로 판정한다. 하지만 95% 신뢰 수준에서 이 사람이 법적으로 술 취한 것인가라는 의문이 생길 수 있다.

16장의 16.7절에 설명된 회기 함수를 사용하고, 계산을 위해서 이 책의 **웹 사이트**에서 스프레트시트 20.5를 참고한다. 공식을 보기 위해서는 계산된 숫자를 클릭한다. 피크의 면적비(EtOH/PrOH)를 계산하여 이를 x축에 도시하고, % w/v EtOH를 y축에 도시하면 미지의 y 값에 대하여 계산이 가능하다. 회귀 분석의 결과는 5개 교정 곡선 점($n = 5$)에 기초하여 최적의 식을 알려준다.

$$\%\text{EtOH (w/v)} = (8.30 \pm 0.16) \times 10^{-2} * \text{EtOH/PrOH 면적비} - (9.40 \pm 24.3) \times 10^{-4}$$

프로그램 결과물에 주어진 불확실도는 표준 오차, 즉 $s/\sqrt{n}$과 같음을 알아야 한다. 위 식을 표준편차의 항에 사용하기 위해서는 불확실도에 $\sqrt{n}$ 또는 2.236을 곱하면 다음과 같다.

$$\%\text{EtOH (w/v)} = (8.30 \pm 0.364) \times 10^{-2} * \text{EtOH/PrOH 면적비} - (9.40 \pm 54.3) \times 10^{-4}$$

시료에 대해서 EtOH/PrOH 면적비는 1.719이므로,

$$\text{미지 시료 중에서 }\%\text{EtOH (w/v)} = (8.30 \pm 0.36_4) \times 10^{-2} * 1.719 - (9.40 \pm 54.3) \times 10^{-4}$$
$$= (14.3 \pm 0.63) \times 10^{-2} - (9.40 \pm 54.3) \times 10^{-4}$$

오차 계산을 표준 전파하면

미지 시료 중에서 %EtOH (w/v) = 0.142 ± 0.008이다.

여기서 불확실도는 표준 편차에 기반한 것이며 95% 신뢰 한계는 ±2 표준 편차의 불확실도를 요구하기 때문에 BAC는 95% 신뢰도에서 0.142 ± 0.016%(w/v) 또는 0.126 − 0.158%(w/v)이라고 말할 수 있다. 또한 기울기(7.78×10^{-2})와 절편(-8.68×10^{-3})의 95% 확실도 하한 경계에서는 혈중 알코올 농도가 0.125%(w/v)가 되고, 기울기(8.82×10^{-2})와 절편(6.80×10^{-3})의 95% 확실도 상한 경계에서는 혈중 알코올 농도가 0.158%(w/v)가 되어 이 값들은 법적으로 술 취한 것으로 생각될 수 있다.

운전 능력은 알코올 농도에 지수 함수적으로 감소하며 술 취함의 수준은 매 0.05% BAC에 대해서 대략 2배가 된다. 그래서 혈중 알코올이 0.20%인 사람은 0.05%인 사람보다 8배 더 취한 것이다.

20.6 헤드스페이스 분석

18장에서 용매 추출과 고체상 추출을 사용한 시료 준비 방법을 설명하였는데, 이 방법은 GC 분석에도 적용이 가능하다. GC 분석을 위해 휘발성 시료를 편리하게 채취하는 방법이 **헤드스페이스 분석**(**headspace analysis**)이다. 밀봉한 유리병에 든 시료를 정해진 온도에서, 예를 들어 10분 동안 평형시킨 다음, 시료 위 공간의 증기를 채취하여 기체 크로마토그래프에 주입한다. 보통 20 mL 유리병을 폴리테트라플루오로에틸렌(PTFE)층을 입힌 실리콘 고무격막으로 뚜껑을 씌운다. 주사기 바늘을 삽입하여 1 mL를 취하거나, 대기압하에서 1 mL 시료 루프 안으로 가압된 증기가 팽창하여 들어오게 한 다음, 보조 운반 기체를 사용하여 시료 루프 내용물을 GC 루프 주입기로 보낸다. 고체 또는 액체 시료 속에 있는 ppm 이하의 휘발성 화합물을 분석할 수 있다. 정제 의약품은 물-황산 소듐 용액에 녹인 다음 헤드스페이스 분석을 한다. 황산 소듐은 휘발성 분석물을 더 효과적으로 "염석(salt out)"하기 위해 첨가된다. 이 책 20장의 **웹 사이트** 그림 1은 혈액 시료 내 휘발성 화합물의 헤드스페이스 크로마토그램을 보여 준다. 이런 형태의 분석에서 현재 가장 널리 사용되는 헤드스페이스 시료 채취법은 SPME 섬유를 사용하는 것이다(18장 참조).

헤드스페이스 분석에서는 휘발성 분석물을 용매 추출할 필요가 없다.

20.7 열탈착

열탈착에서는 시료를 가열하여 휘발성 물질을 탈착하여, GC에 직접 주입한다.

열탈착(thermal desorption, TD)은 고체 또는 반고체 시료를 비활성 기체를 흘려주면서 가열하는 방법으로, 휘발성 및 반휘발성 유기 화합물이 시료 매질로부터 기체 흐름 속으로 추출되어 기체 크로마토그래프로 들어간다. 시료는 보통 교체할 수 있는 PTFE 라이너에 무게를 달아 넣고, 이 라이너를 가열용 스테인리스강 관에 끼워 넣는다.

열탈착은 시료 매질 내 다른 물질의 분해 온도보다 낮은 온도에서 일어나야 하며, 고체 물질은 높은 표면적(예: 분말, 입자, 섬유)을 가져야 한다. 덩어리 물질은 무게를 달기 전에 고체 이산화 탄소와 같은 냉각제와 함께 분쇄하는데, 이 방법은 시료 전처리를 간단하게 하고 시료의 용해나 용매 추출의 필요성을 없애 준다. 열탈착은 중합체, 왁스, 분말, 조제약, 고체 식품, 화장품, 연고 및 크림과 같은 건조된 시료나 균일 시료 분석에 적합하며 시료 전처리 필요성이 거의 없다.

열탈착에 사용하는 흡착제의 선택에 관한 문헌을 보려면 www.markes.com을 참조하라.

TD 사용의 예로는 수성 페인트 중에 존재하는 유기 휘발성 물질 분석이 있다. TD 관은 물을 제거하는 흡착제가 포함된 두 번째 관과 함께 사용되는데, 이것은 모세관 GC 컬럼에 넣을 수 없다. 작은 양(예: 5 μL)을 분취한 페인트를 TD 관 속의 유리 섬유 위에 올려놓으면 휘발성 물질은 휘발되고 페인트의 고체는 그대로 남아 있게 된다.

TD와 다소 연관이 있는 방법은 열분해-GC가 있는데 이 방법은 일반적으로 검출기가 질량 분석기(MS)이다. 페인트와 같은 중합체 또는 복합 시료를 분석하는 것이 일반적인데, 시료가 조절된 조건하에서 가열되어 분해되며, 이 열분해 과정에서 생긴 증기 시료가 GC-MS로 분석된다. 생성된 “지문”은 열분해 조건이 정확하게 재현이 된다면 뚜렷한 특징과 함께 놀라울 정도의 재현성을 가지게 된다. 참고 문헌 17은 열분해 분석에 대한 총설이며, 참고 문헌 18은 열분해 분석의 실제적인 양상에 대한 것이다. 많은 종류의 열분해-GC 기기가 있으며, 많은 형태의 물질들을 규명하는 데 유용하게 사용되고 있다. *Journal of Analytical and Applied Pyrolysis*는 학술 논문으로서 열분해 분석에 관련된 것들만 게재한다.

20.8 퍼지-트랩

퍼지-트랩은 시료액 상층부 분석의 일종으로 휘발성 분석물을 흡착제에 트랩한 다음, 가열하여 탈착하는 방법이다.

퍼지-트랩(purge-and-trap)은 열탈착 분석의 변형으로, 용기에 든 액체 시료 속으로 기체(예, 공기)를 불어 넣어 휘발성 물질을 방출(퍼지, purge)시킨 다음, 적절한 흡착제가 든 흡착관 안에서 휘발성 물질을 수집(트랩, trap)하는 방법이다. 트랩된 휘발성 물질들은 흡착제로부터 열적으로 탈착시켜서 분석한다. 이는 “헤드스페이스” 분석의 한 형태로, GC에 주입하기 전에 분석물을 농축하는 것이다. 일반적인 예로는 물속에 있는 클로로폼과 다른 할로젠 유기 화합물을 분석하는 것이다. 일반적으로, 헥세인과 같은 휘발성 유기 화합물을 수집할 수 있는 소수성 흡착제가 사용되는데, Tenax TA나 흑연 탄소 같은 것들이 그 예이다. 이러한 흡착제에서는 물이나 에탄올과 같은 극성 용매가 머무름 없이 통과할 수 있다. 위스키 숙성도의 지표로서 위스키 내에 있는 C4~C6 에틸 에스터를 분석하는데, 알코올은 흡착제에 의해서 수집되지 않기 때문에 크로마토그램에서 알코올의 방해는 없다.

퍼지/트랩은 상당히 많은 양의 시료를 취할 수 있기 때문에, 불균일 시료에 적합하며 피자나 과일 같은 식품을 비롯하여 수분 함량이 높은 시료에도 적합하다. 오래된 식품 시료 위의 헤드스페이스 증기에 있는 악취 나는 유기 휘발성 물질을 측정하여 이 식품이 “신선도” 요건을 충족하는지를 결정하는 데도 사용한다. 식품 시료를 큰 퍼지 용기에 넣고 공기를 흘려주면서 가열하여, 유출 공기를 흡착제에 수집한다.

Tenax형 흡착제보다 더 선택적인 흡착제를 사용하거나 두 개 이상의 흡착제를 직렬로 연결하여 사용하여 다른 종류의 화합물을 측정하기도 한다. 그 외의 흡착제로 알루미나, 실리카 젤, Florisil(PCB 용), 코코넛 목탄, Poropak, 그리고 Chromosorb 같은 크로마토그래피용 물질이 사용되기도 한다. 특정 목적의 분석을 위하여 이들 물질을 코팅하기도 하는데, 예를 들어 염기 또는 산을 수집하기 위하여 실리카 젤을 황산 또는 수산화 소듐으로 코팅한다.

트래핑(포착)의 또 다른 중요한 용도는 공기 같은 기체 시료를 직접 분석하는 것이다. 시료를 흡착제 관 안으로 직접 통과시킨 다음, 포착된 휘발성 물질을 추출에 의해서 탈착 또는 제거한다. 이 방법은 실내 및 실외 공기 모니터링에 널리 쓰인다.

흡착제와 열탈착에 관한 더 많은 정보를 얻으려면 SKC(www.skcinc.com)와 Markes International(www.markes.com)을 참조하라. SKC는 특정 분석물을 분석하기 위한 흡착제를 수록하고 있다.

대기 중에 있는 휘발성 유기 화합물(volatile organic compounds, VOCs)도 내부를 특별히 전해 연마시키거나 피막으로 보호한 진공 스테인리스강 금속 용기(canister)에 시료를 채취하여 분석한다. 진공 금속 용기의 부피는 0.4~6 L이며, 주입 밸브에는 2 μm 입자 필터와, 흐름을 조절하는 구멍이 있고 진공 계측기가 달려 있다. 구멍을 통해서 1분 미만으로 "grab sample"(번역자 주: 특정 시간과 장소에서 한번 시료 채취하는 방법)하거나 24~48시간 동안에 시료를 수집하기 위해서 선택될 수 있다. 금속 용기 시료 채취는 일반적으로 0.5 ppb 미만의 농도로 존재하는 VOCs에 적용된다. 금속 용기 시료 채취 방법의 가장 큰 장점은 시료를 현장에서 채취하고 분석을 위해서 실험실로 보내는 기간까지 고려하여 시료 채취 후 30일까지 채취된 시료가 안정하다는 것이다. 또한 손실이나 분해 없이는 흡착제로부터 열적으로 탈착할 수 없는 많은 VOCs를 분석할 수 있다. 미국 환경보호청(USEPA)은 금속 용기 시료 채취에 의존하여 실내외 공기를 분석하는 여러 가지 방법을 가지고 있다. 이 책의 **웹 사이트**의 표 S20.1은 금속 용기 시료 채취와 GC-MS를 사용하는 EPA 공인 방법에 의해 분석 가능한 공기 중에 존재하는 화합물의 목록이 수록되어 있다. 낮은 농도의 대기 시료 분석에서는 250~500 mL의 시료를 금속 용기로 채취한 다음, 저온 냉각 트랩을 사용하여 농축시킨다. 시료가 적절하게 농축된 후에 VOCs는 열적으로 탈착된 다음, 저온 집중기에 모아서 기체 크로마토그래피 컬럼으로 주입하여 분리한다.

20.9 소형 및 고속 크로마토그래피

매우 얇은 액체상 필름의 좁은 구경 크로마토그래피 컬럼과 빠르고 작은 부피의 검출기, kHz 데이터 처리 속도를 가진 데이터 시스템이 결합하여 고속(예를 들어 단 몇 초 이내)GC 분석이 가능하다. 작은 지름과 짧은 모세관 컬럼에서는 더 빠른 질량 이동이 가능하도록 운반 기체로 수소를 사용하고 빠른 온도 프로그램 속도를 사용한다. 분석물이 빨리 용리되면 빠른 검출기 감응 시간과 데이터 수집 속도를 필요로 하는데, 이는 피크 너비가 전통적인 모세관 GC에서 0.5~2초인 것에 비하여 단지 0.5초 정도이므로, 분석 시간이 5~10배 정도 빨라진다. 짧은 컬럼의 고속 크로마토그래피는 전통적인 모세관 GC에서보다도 컬럼 선택이 더 중요하다. 그림 20.9는, 전통적인 GC에서는 10분에 검출되는 탄화수소들이 지름 0.32 mm, 두께 0.25 μm인 정지상의 5 m 길이 컬럼을 사용한 고속 GC 크로마토그래피 분리에서는 10초 이내에 이루어짐을 보여 주고 있다.

얇은 막 정지상, 작은 지름의 짧은 컬럼과 가벼운 운반 기체를 사용하면 분리가 빨라진다.

컬럼 길이가 짧고 온도 프로그래밍이 빠를수록 분리능에서의 손실이 있을 수 있으나, 이는 더 작은 내경과 더 얇은 두께의 액체상 컬럼을 사용함으로써 부분적으로 상쇄될 수 있다. 2차원 GC 분리(20.10절 참조)에서 두 번째 GC는 항상 고속 GC 모드에서 작동된다.

많은 제조사에서는 작은 휴대용 GC들을 선보이고 있는 가운데 휴대용 GC와 GC-MS 장비는 많은 진보를 해 왔다(C. M. Harris의 "GC to Go", Today's Chemist at Work, March, 2003, pp. 33~38 참조). 최근에는 고속, 고분리능 기체 크로마토그래프가 소형 도넛 모양의 이온 트랩형 질량 분석기와 결합하여 현장에서 휘발성 및 반휘발성 유기 화합물들을 규명하

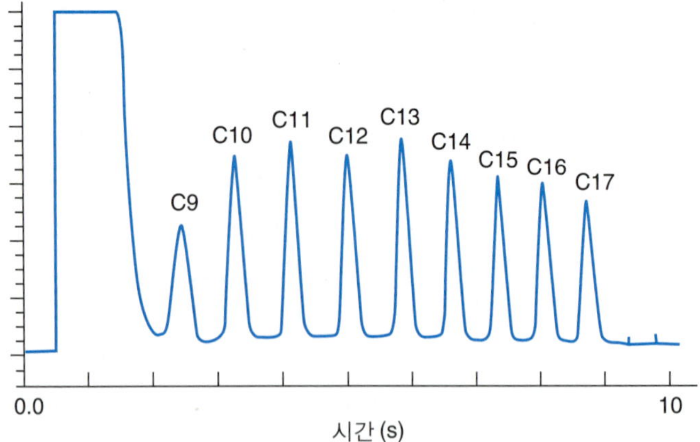

그림 20.9 빠른 온도 프로그래밍을 사용한 C9~C17 탄화수소의 고속 크로마토그래피 분리. 조건: 5 m × 0.32 mm, 0.25 μm d_f, 60°C, 19.2°C/s. [G.L. Reed, K. Clark-Baker, and H.M. McNair, *J. Chromatogr.* Sci., 37 (1999) 300] Preston Publications 사의 Division of Preston Industries의 허락으로 Journal of Chromatographic Science로부터 복사함.

는 방법이 소개되었다. 어떤 모형은 SPME 섬유를 사용하여 시료 채취를 하는 형태이다. 또 SPME를 발명한 Waterloo 대학의 Janusz Pawliszyn에 의해 소개된 작은 흡착제가 충전된 바늘인 "바늘-트랩(needle-trap)"을 통해서 시료 채취가 이루어짐으로써 더 큰 감도를 얻을 수 있다. 휴대용 GC-MS의 많은 응용들은 웹 사이트(www.torion.com)에 나타내었고, 휴대용 GC-MS와 초소형 MS 기기의 더 많은 목록을 www.gcms.de에서 볼 수 있다.

20.10 카이랄 화합물의 분리

자연적으로 생겨나는 많은 화합물들 중에는 카이랄 화합물(한 원자 주변에 반대칭이 있어서 겹쳐질 수 없는 구조적인 거울상이 된다)이 있다. 이러한 광학 이성질체의 성질은 현저하게 변할 수 있는데 특별히 생리학적 효과가 크게 다르다. 많은 의약 물질들은 카이랄이 있으며, 어떤 것들은 한 개의 이성질체는 치료 효과를 나타내지만 다른 것은 좋지 않은 부작용을 나타내기도 한다. 따라서 카이랄적으로 순수한 원료로부터 시작하여 입체 선택적인 합성 과정을 통하여 카이랄적으로 순수한 형태의 약물을 만드는 노력을 기울이고 있다. 이러한 과정의 모든 단계에서 각 광학 이성질체(거울상 이성질체)의 정확한 비가 확인되어야 한다. 카이랄 약물에 대한 세계 시장은 2012년에 3500억 달러를 넘어섰으며, 이는 매우 중요한 응용 영역이다.

비카이랄성 혹은 전통적인 정지상으로는 카이랄 거울상 이성질체를 분리할 수 없다. 카이랄 화합물의 분리가 이루어지기 위해서는 분석물이 정지상의 최소한 세 개의 독립적인 위치에서 결합 위치와 분자 규모의 상호 작용이 있어야 하는데, 그렇지 않으면 입체 선택적 인식이 이

α-사이클로덱스트린 β-사이클로덱스트린 γ-사이클로덱스트린

그림 20.10 α-, β-, γ-사이클로덱스트린 분자의 구조– 공동 크기는 순서에 따라 증가한다.

루어지지 않는다. Daniel Armstrong(Texas 대학)은 결합된 사이클로덱스트린 분자와 그들의 유도체들이 포함된 GC 정지상 개발의 선구자이다(그는 이온성 액체에 기반한 GC 정지상도 개발하였다). 사이클로덱스트린은 바구니 모양의 분자(그림 20.10)인데, 카이랄 분석물이 세 개 점에서 상호 작용 반응을 할 수 있는 바구니의 입구와 상호 작용할 수 있다. 현재 카이랄 GC 정지상은 주로 여러 가지 유도체화된 사이클로덱스트린으로 구성되어 있으며, 모든 보고된 GC 거울상 이성질체 분리의 95% 이상은 사이클로덱스트린에 기반한 카이랄 선택자의 형태를 이용한 것이다. 하지만 유도체들이 다르면 다른 선택성을 가질 수 있다. 다른 사이클로덱스트린 유도체들은 다른 부류의 분자들을 분리할 뿐만 아니라 때로는 거울상 이성질체 용리 순서를 역전시키기도 한다. 거울상 이성질체 분리에 대한 역사적인 발전에 대한 설명은 참고 문헌 19를 참조하시오.

20.11 이차원 GC

Washington 대학의 Rob Synove 교수 제공

1991년에 남부 Illinois 대학의 John Phillips 교수에 의해 개발된 이차원(2D) 기체 크로마토그래피(GC×GC)는 복잡한 화학 시료를 분석하기에 적합한 강력한 분리 기술로 발전되었다. GC×GC 기기는 시료 변조 연결 장치에 의해 연결된 두 개의 기체 크로마토그래피 모세관 컬럼을 이용한다. 시료 변조 연결 장치는 첫 번째 컬럼의 유출물의 일부분을 빠른 간격으로 두 번째 컬럼으로 주입한다. 첫 번째 컬럼은 두 번째 컬럼보다 길이가 길며, 무극성 정지상이며 약 30~60분의 분리 시간을 갖는다. 두 번째 컬럼의 분리는 유출물(운반 기체와 분리된 분석물)이 첫 번째 컬럼을 빠져나오면서 실시간에 수행되며, 두 번째 컬럼의 분리 작동 시간은 각 변조에 대해서 약 1~5초(변조 주기에 해당됨)이다. 첫 번째 컬럼을 빠져나온 분석물의 피크는 첫 번째 컬럼에서의 분리능을 충분하게 유지하기 위해서 약 3~4 변조 주기 동안 시료 채취가 되어야 한다. 예를 들어 8초 너비(바탕에서 4 표준 편차 피크 너비)인 첫 번째 컬럼으로부터 용리되는 분석물의 피크에 대해서 충분한 분리를 위해서는 2초 변조 주기(두 번째 컬럼의 작동 시간)를 사용하는 것을 제안하고 있다.

두 번째 컬럼은 일반적으로 극성 정지상 컬럼을 사용하여, 첫 번째 컬럼의 머무름 시간에서 분리되지 않은 화학종들을 분리하는 보충적인 분리를 수행한다. 두 개 컬럼을 이용하는 상호보완적 분리 방법은 피크의 용량도 증가하므로 GC×GC는 일차원 GC에 비해 더 강력하게 되었다. 최근의 응용에서는 첫 번째 컬럼은 극성 컬럼을 사용하고, 두 번째 컬럼은 무극성 컬럼을 사용함으로써 더 길이가 긴 극성 컬럼이 더 효과적으로 지렛대 역할을 할 수 있게 하는 연구들도 있다. 이온성 액체, 카이랄 등과 같은 다른 정지상들이 대중성을 얻고 있기도 한다.

이차원 분리에서 피크 너비는 100~200 ms 정도이므로, 검출기는 좁은 피크들의 적절한 수(10~20)의 지점에서 측정하고, 데이터 분석 절차를 이용하기 위해서는 충분히 빠른 순환 주기를 가져야 한다. GC×GC 분리로부터 좋은 데이터를 얻기 위해 필요한 컬럼의 길이와 내경, 운반 기체의 유속, 검출기의 요건 등은 아래에 주어져 있다.

기기들의 주요한 차이는 상호보완적인 정지상을 가진 컬럼을 선택함으로써 2D 분리를 위한 화학적인 선택성을 조절하는 능력과 함께, 첫 번째 컬럼 유출물을 조작하고 화합물들을 두 번째 컬럼으로 재주입하는 데 사용되는 시료 변조 연결 장치에서의 차이이다. 변조 연결 장치는 열적 변조, 밸브 변조, 차별 흐름 변조 등 여러 가지가 있는데, 열적 변조 장치가 가장 일반적으로 사용되고 있다. 열적 변조 장치는 변조 주기와 거의 동일한 시간 동안 첫 번째 컬럼으로부터 용리된 분석물들을 저온으로 포집한 후, 포집된 분석물들을 두 번째 컬럼으로 짧은 가열 주기(예, 약 30 ms)를 사용하여 열적으로 재주입시킨다. 예를 들어 변조 주기(두 번째 컬럼에서 분리 작동 시간)가 정확하게 2초이면, 분석물들은 1,970 ms 동안 포집된 후 30 ms의 펄스 너비로 두 번째 컬럼으로 열적으로 재주입된다. 다른 변조 장치들도 열적 변조장치처럼 동일한 기본 기능을 제공하고, 성능면에서도 균형을 이루고 있지만 하드웨어가 다르다.

기기의 디자인에서 고려해야 하는 다른 면은 검출과 관련된 것이다. GC×GC에 일반적으로 적용되는 검출기는 FID이다. FID는 C−H를 함유하고 있는 모든 화합물에 대해서 뛰어난 감도를 나타내기 때문에 GC의 견인차 역할을 하는 검출기이므로 GC×GC를 위한 검출기로 선택되는 것이 놀라운 일이 아니다. 비슷하게, 질량 분석기(MS)가 연결된 GC는 매우 대중적이므로 MS 또한 GC×GC에 연결한 대중적인 검출기가 되는 것도 당연하다(MS 검출기에 대해서는 22장 참조). GC×GC에서 검출되는 피크들은 두 번째 컬럼에서 나온 피크들이기 때문에 너비가 100~200 ms 정도이므로 MS도 빠른 주사 속도의 순환 주기가 필요하다. 이러한 목적을 위해서 일차원 GC에 일반적으로 사용되는 사중 극자(quadrupole) 질량 분석기(qMS)는 주사 속도가 충분히 빠르지 않기 때문에 비행 시간형(time-of-flight) 질량 분석기(TOFMS)가 사용된다. 보통 qMS와 TOFMS는 단위 질량 분리능을 가진 전자 이온화법(EI)을 사용한다. 전형적인 TOFMS는 S/N 최적화를 위해서 피크 너비당 약 10~20개의 스펙트럼을 평균하기에 앞서서 질량 범위 m/z 5~1000에 대해서 500 Hz(2 ms/spectrum)의 주사 속도로 질량 스펙트럼을 수집하거나 두 번째 컬럼에서의 피크 너비당 50~100개의 질량 스펙트럼을 수집한다. 반면에 qMS는 초당 약 3번 주사한다. 이러한 높은 MS 주사 속도 때문에 GC×GC−TOFMS는 주어진 시료를 분석하는 데 상당량의 데이터(보통은 시료 한 개를 분석할 때 약 300~500 MB)가 생성된다. 이러한 방대한 양의 데이터로부터 유용한 정보들을 수집하기 위해서는 강력한 데이터 분석 소프트웨어 방법이 사용되어야 한다.

예로서, 유도체화된 대사체 시료의 GC×GC-TOFMS 크로마토그램의 한 부분을 그림 20.11에 나타내었는데, 전체 이온 전류(total ion current, TIC)는 회색 스케일 이미지로 도시되어 있다 [질량 분석기의 TIC 모니터링에서는, GC 피크에 있는 분자(또는 분자들)가 검출기를 통과하면서 얻어지는 모든 조각 이온들의 전류를 합해서 전통적인 기체 크로마토그램에서 보여 주는 크로마토그램을 생성한다(22장 참조)]. 진한 반점으로 표시된 각 대사체 피크는 두 분리 축에서의 머무름 시간과 질량 스펙트럼 라이브러리 맞춤을 조합해서 규명한다. 전체 작동 시간은 38분(이 책에서는 절반만 보여짐)이며 2차 컬럼의 작동 시간은 1.5초(여기에서는 2/3만 보여짐)였다. 첫 번째 컬럼의 내경은 250 μm이고 막두께는 0.5 μm, 길이는 20 m인 Rtx-5MS 컬럼이었고, 두 번째 컬럼은 내경이 180 μm이고 막두께는 0.2 μm, 길이는 2 m인 Rtx-200 컬럼이었다. 운반 기체는 헬륨이었고 1 mL/min의 흐름 속도이었다. 2D 분리 크로마토그램은 대사체학, 법과학, 환경, 연료 특성 규명 등을 포함한 많은 중요한 응용 분야에서 이 방법이 강력한 분리 능력을 가진 기술이라는 증거가 된다.

일반적으로 GC×GC, 특별히 GC×GC-TOFMS는 매우 복잡한 시료들을 분리하는 능력 때문에 급속한 대중성을 얻고 있다. 일차원 GC에 의해 완전한 분리가 어려운 복잡한 시료에

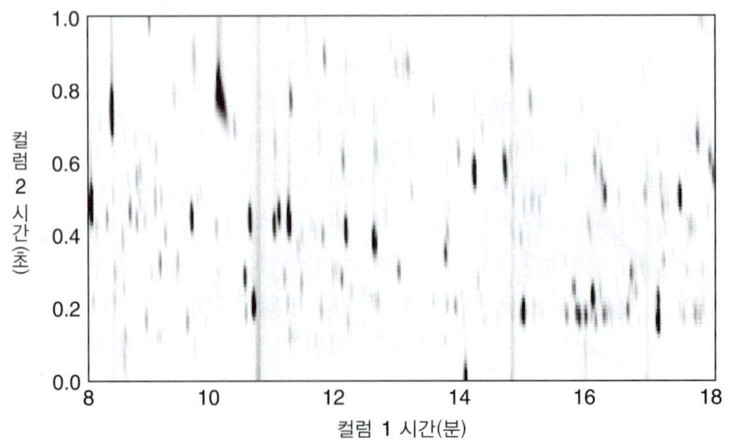

그림 20.11 유도체화된 대사체 시료의 GC×GC−TOFMS 전체 이온 전류 크로마토그램. 컬럼 1에서 나온 주어진 시간에서 겹쳐진 분석물의 피크는 컬럼 2에서 여러 피크들로 분리된다. 진한 점들은 농도가 진한 분석물 피크를 의미한다. 주어진 피크에 대한 질량 스펙트럼 조각 패턴을 살펴봄으로써 더 많은 구조 규명 정보를 얻을 수 있다.

대해서 GC×GC를 적용하는 방법을 생각해 볼 수 있다. 두 번째 컬럼에 의한 분리에서 추가된 화학적 선택성은 복잡한 시료들을 더 효과적으로 분리하기 위한 기본이 된다.

질문

1. 기체 크로마토그래피의 원리를 기술하시오.
2. 기체 크로마토그래피로 분석할 수 있는 화합물로는 어떤 것이 있는가?
3. 기체 크로마토그래피의 주요 형태는 어떤 것이 있는가?
4. 충전 컬럼과 모세관 컬럼의 단수를 비교하시오.
5. WCOT, SCOT, PLOT 컬럼을 비교하시오.
6. 다음 기체 크로마토그래피 검출기의 원리를 설명하시오.
   (a) 열전도도 검출기, (b) 불꽃 이온화 검출기, (c) 전자 포획 검출기
7. 검출 가능한 화합물의 형태와 감도의 관점에서 질문 6의 검출기들을 비교하시오.
8. 온도 프로그래밍은 어떻게 분리를 개선하는가?
9. 고속 GC 분석의 요건은 무엇인가?

문제

10. 기체 크로마토그래피의 기체 탱크에 쓰이는 기체의 감소 밸브는 압력이 psig(제곱인치당 파운드)로 표시된다. 대기압(760 torr)이 14.7 psi임을 알고, 주위 압력이 745 torr일 때, 40.0 psig인 기체 크로마토그래프 입구 압력을 torr로 계산하시오.

스프레드시트 문제

11. 헤드스페이스 분석법을 이용하여 물 시료 내에 존재하는 미량의 벤젠을 분석하려고 한다. 시료와 표준물에 일정량의 톨루엔을 내부 표준 물질로 첨가하여 얻은 데이터는 다음과 같다.

벤젠의 농도(ppb)	벤젠의 피크 면적	톨루엔의 피크 면적
10.0	252	376
15.0	373	370
25.0	636	371
시료	533	368

시료 내 벤젠의 농도는 얼마인가? 이 장에서 설명한 것과 유사한 스프레드시트를 만들고 교정 곡선을 도시하시오.

문헌 검색

12. Chemical Abstract나 SciFinder Scholar(Chemical Abstract의 온라인 검색–부록 A를 참고)를 사용하여 혈중 에탄올 농도를 GC로 정량한 논문 하나를 찾으시오. 학술지 논문을 읽고 사용된 방법의 원리를 요약하고, 시료 전처리를 포함하여 실험 과정의 개요를 쓰시오. 사용된 방법의 정확도와 정밀도에 대한 정보가 있으면 이를 확인하시오.

추천 참고 문헌

일반

1. L. S. Ettre, "The Beginnings of Gas Adsorption Chromatography 60 Years Ago," *LCGC North America*, **26** (1), January 2008, p. 48. www.chromatographyonline.com. Traces the start of GC in Austria.
2. P. J. T. Morris and L. S. Ettre, "The Saga of the Electron-Capture Detector," *LCGC North America*, **25** (2), February 2007, p. 164. www.chromatographyonline.com. Chronicles the work of James Lovelock which led to the invention of the EC detector.
3. P. J. Marriott and P. D. Morrison, "Nonclassical Methods and Opportunities in Comprehensive Two-Dimensional Gas Chromatography," *LCGC North America*, **24** (10), October 2006, p. 1067. www.chromatographyonline.com. Describes the GC × GC method and its advantages of increased

separation power.

4. H. M. McNair and J. M. Miller, *Basic Gas Chromatography*, 2nd ed. Hoboken, NJ: Wiley, 2009.
5. W. Jennings, E. Mittlefehldt, and P. Stremple, eds., *Analytical Gas Chromatography*, 2nd ed. San Diego: Academic, 1997.
6. R. Kolb and L. S. Ettre, *Static Headspace-Gas Chromatography*. New York: Wiley, 1997.
7. W. O. McReynolds, "Characterization of Some Liquid Phases," *J. Chromatogr. Sci.*, **8** (1970) 685.
8. W. R. Supina and L. P. Rose, "The Use of Rohrschneider Constants for Classification of GLC Columns," *J. Chromatogr. Sci.*, **8** (1970) 214.
9. Sigma-Aldrich, Supelco Analytical. GC column Selection guide. http://www.sigmaaldrich.com/content/dam/sigma-aldrich/docs/Supelco/General_Information/t407133.pdf.
10. Agilent J&WGC Column Selection Guide. http://www.crawfordscientific.com/downloads/pdf_new/GC/Agilent_J&W_GC_Column_Selection_Guide.pdf.
11. SGE Analytical Science. GC Capillary Column Selection Guide. http://www.sge.com/support/training/columns/capillary-column-selection-guide.
12. Sigma-Aldrich, Supelco Analytical. The Retention Index System in Gas Chromatography: McReynolds Constants. www.sigmaaldrich.com/Graphics/Supelco/objects/7800/7741.pdf.
13. D. T. Burns, "Characteristics of Liquid Stationary Phases and Column Evaluation for Gas Chromatography," *Pure & AppL Chem.* **58** (1986) 1291 – 1306.
14. Calculator Edge. Wheatstone's Bridge calculator. http://www.calculatoredge.com/new/Wheatstone%20Bridge%20Calculator.htm.
15. D. S. Forsyth, "Pulsed Discharge Detector: Theory and Applications," *J. Chromatography A* **1050** (2004) 63 – 68.
16. W.E. Wentworth, S.V. Vasnin, S.D. Stearns, and C.J. Meyer, "Pulsed Discharge Helium Ionization Detector," *Chromatographia* **34** (1992) 219 – 225.
17. K. L. Sobeih, M. Baron, and J. Gonzalez-Rodriguez. "Recent Trends and Developments in Pyrolysis–Gas Chromatography," *J. Chromatogr A* **1186** (2008) 51 – 66.
18. CDSAnalytical. Pyrolyzer Overview. http://www.cdsanalytical.com/instruments/pyrolysis/pyrolysis_overview.html.
19. D. W. Armstrong, "Direct Enantiomeric Separations in Liquid Chromatography and Gas Chromatography." In: *A Century of Separation Science*. Ed. H. J. Issaq, Marcel Dekker, Inc. New York, 2002, Ch. 33, pp. 555 – 578.
20. Z. Liu, and J. B. Phillips, "Comprehensive Two-Dimensional Gas Chromatography using an On-Column Thermal Modulator Interface," *J. Chromatogr. Sci.*, **29** (1991), 227 – 231.

21장
액체 크로마토그래피와 전기 이동

21장 URLs

학습 목표

이 장에서 배울 중요한 내용은 무엇인가?

LC 장치 및 컬럼

- HPLC
- **분리 모드(separation mode)**: NPC, RPC, IEC, IC, HILIC, SEC(GFC), ICE, 카이랄 LC, 친화 LC
- **정지상(stationary phase)**과 입자
- 가수 분해 및 pH 안정성 실리카 입자
- 거대/중간/미세 다공성(관류) 입자
- 표면 다공성 또는 표면 활성 입자
- 이온 교환 및 이온 교환 수지
- 현대적 이온 교환체 상
- 단결정 컬럼
- HILIC 정지상
- 카이랄 정지상: Pirkle형, 내강형, 나선형 고분자, 리간드 교환
- 기타 지지체: 알루미나, 지르코니아, 타이타니아, 탄소

장비

- HPLC 장비
- 용매의 운반
- 시료 주입
- 분리 컬럼

검출기

- 검출기의 요구 조건
- 만능 검출기, 굴절률
- 점도 및 광 산란 검출기
- 전기 전도도 검출기
- 주요 식: Stokes-Einstein 식, Einstein 관계식, 이온(전기 이동) 이동도, 한계 당량 전도도
- 전기 저항, 전도율, 비전도율, 셀 상수
- 주요 식: Nernst-Einstein 식, 한계 몰전도도
- 4전극 전도도 측정법, 쌍극 펄스, 비접촉식 전도율 측정법
- 에어로솔 검출기: ELSD, ACD 및 CNLSD
- 검출기 신호의 거듭제곱 함수 선형화
- 자외선-가시광선 검출기, PDA 검출기, 흡광도비를 이용한 공용리의 판별
- UV-Vis 셀 설계, 굴절률 효과, LCW 셀
- 형광 검출, (공초점) LIF
- 카이랄 검출기: 편광 검출식 ORD, CD 검출기
- 전기화학 검출: 전하량 및 전류 검출기
- 펄스식 전류법 검출기
- 화학 발광 검출기
- 방사능 검출기 및 동시 계수법
- 후컬럼 반응 검출기, 시약의 도입 및 반응기 구조, 광화학 반응기

이온 크로마토그래피

- 아미노산의 이온 교환 분리 및 PCR 검출
- 이온 크로마토그래피: 억제식 IC의 작동 원리
- 단일 컬럼 이온 크로마토그래피
- IC의 억제 컬럼
- IC의 막형 억제기
- 전기 투석식 용리액 생성 및 탄산 제거
- 이산화 탄소 제거 장치
- 이온쌍/이온 상호 작용 크로마토그래피
- **HPLC법 개발(HPLC method development)**, 기울기 용리
- **UHPLC 및 고속 LC**
- **열린관 액체 크로마토그래피(open tubular liquid chromtography, OTLC)**

얇은 층 크로마토그래피

- (HP)TLC, R_f 값
- (HP)TLC 정지상
- (HP)TLC 이동상
- (HP)TLC 시료 도입
- (HP)TLC 전개 및 전개실
- (HP)TLC 기울기 용리
- (HP)TLC 점적의 발색
- (HP)TLC 정량적인 측정

전기 이동

- 전기 이동, CZE
- 평판 젤 전기 이동 및 모세관 전기 이동
- SDS-PAGE
- 등전 집중법, CIEF
- DNA 형광 염색법
- 펄스장 젤 전기 이동법 및 관련 기술
- **모세관 전기 이동(capillary electrophoresis**, CZE, CE)
- CE의 작동
- 압력식 CE 주입법
- 동전기 주입법 및 대표성의 왜곡
- 전기적 쌓임
- CE의 간접 광도 검출법
- 기타 CE 검출법: 전도도, 전류법, MS
- CE의 고효율의 원리
- Helmholtz, 제타 전위, Stern 층, EOF: 층 흐름 대 마개 흐름
- 제타 전위의 조절
- Joule 발열 및 CE에서의 영향
- CE의 주요 식: 알짜 이동도 및 이동 시간
- CE의 주요 식: 단수 및 분해능
- 마이셀 동전기 크로마토그래피(micellar electrokinetic chromatography, MEKC)
- MEKC의 주요 식
- 모세관 전기 크로마토그래피
- (모세관) 등속전기 이동(CITP)
- ITP의 주요 식

HPLC는 GC와 유사한 액체 크로마토그래피이다. HPLC 성공의 비밀은 작은 소용돌이 확산과 빠른 질량 이동을 나타내는 작고 균일한 입자에 있다.

현대 크로마토그래피의 시발점은 Martin과 Synge가 제안한 액체–액체 분배 크로마토그래피이다. 그러나 실제로 오랫동안 훨씬 인기가 있던 기술은 Martin이 1950년에 제안한 고정된 액체 상태의 정지상을 이용한 기체 크로마토그래피(GC)이다. GC는 속도와 감도, 그리고 넓은 응용성, 특히 그 당시에 빠르게 성장하고 있던 석유화학 산업에 바로 적용할 수 있다는 점 때문에 빠르게 채택되고 개발되었다. 그러나 현재는 액체 크로마토그래피(LC), 특히 **고성능 액체 크로마토그래피(high-performance liquid chromatography**, HPLC) 기술이 우세하다. 알려진 화합물의 약 80%는 GC로 분리하기에 충분한 휘발성이 없거나 안정하지 않기 때문에 액체 크로마토그래피가 널리 가능하게 되었다. 비록 초기에는 LC의 성능이 GC에 크게 미치지 못하였으나, 기체 크로마토그래피에서 주로 축적된 이론 덕분에, 성능에서 GC와 겨룰 수 있고 수초 이내에 분리와 측정을 할 수 있게 해주는 HPLC 기술이 개발되었다. 1950년대에 GC를 빠르게 받아들이게 한 동력은 석유화학 산업에 바로 적용할 수 있다는 점 때문이었다. 역으로 HPLC 응용은 1970년대에 제약 산업에서 제약실험실의 주류 기기로 자리 잡아, 오늘날 HPLC 시장은 단순히 GC 시장보다 큰 정도를 넘어서 분석기기 산업에서 가장 큰 시장이 되었고, 그 규모는 2017년까지 40억 달러를 넘어설 것으로 예상된다.

각각의 특정 응용 분야에 대하여 선택 가능한 매우 다양한 장비와 기술이 존재하므로, 이 책에서는 현대적인 기기와 칼럼에 대하여 가능한 한 광범위하게 다루면서 사용자들의 장비와 기술에 대한 선택을 돕고 각 칼럼 및 검출기의 원리를 소개하고자 한다.

이 장에서는 HPLC의 원리와 발전을 기술한다. 평면 형태인 얇은 층 크로마토그래피(thin-layer chromatography, TLC)를 설명하고, 전하를 띤 분석물의 전기 이동도에 의거하여 분리가 이루어지는 전기 이동을 설명한다. 임계점 이상의 온도와 압력을 갖는 초임계 유체 조건에서는 액체상과 기체상이 명확하게 서로 구분되지 않고 액체와 기체의 중간적인 성질을 갖게 된다. **초임계 유체 크로마토그래피(supercritical fluid chromatography**, SFC)는 중요한 크로마토그래피 기술로서 GC와 HPLC의 중간적인 특징이 있으며, 이들 두 기술과 일부 공통점 및 차이점을 가지고 있으나, 이 책에서는 SFC는 논의하지 않는다.

21.1 고성능 액체 크로마토그래피

초기의 액체 크로마토그래피는 주로 비교적 큰 입자를 채운 큰 컬럼에 중력으로 이동상을 흘려주고 용리액의 분획을 수동으로 수집하여 별도의 기기로 측정하는 방식으로 진행되었다. 이 방법은 지금도 유기 합성 및 생화학 시료 조제 시 많은 실험실에서 사용되고 있다. 1964년에 Utah 대학의 J. Calvin Giddings는 논문[*Anal. Chem.* **36**(1964) 1890]에서, 작은

입자를 사용하고 흐름 압력을 증가시키면 액체 크로마토그래피의 성능을 향상시킬 수 있으며 이론적으로 아주 높은 단수를 얻을 수 있다는 것을 예측하였다. 그 후 얼마 지나지 않아 Yale 대학의 Horvath와 Lipsky는 처음으로 고압 액체 크로마토그래피(high-pressure liquid chromatography)를 만들었다. 그러나 고분해능을 얻는 데 필요한 작은 입자의 생산 기술은 1970년대가 되어서야 개발되었다. 오늘날 HPLC는 "고성능 액체 크로마토그래피"로 더 널리 알려져 있는데, 실제로 입자 크기가 점점 작아질수록 더 높은 압력이 필요하게 되므로, "고압"과 "고성능"이라는 용어가 흔히 혼용되고 있다. 최근에는 **초고압 액체 크로마토그래피(ultra-high-pressure-liquid chromatography, UHPLC)**라고 하는 15,000~19,000 psi 수준의 압력을 사용하는 상용 장비도 판매되고 있다.

Jorgenson과 그의 학생들은 1997년에 최초로 UHPLC를 논문으로 발표하였다. [J. E. McNair, K. C. Lewis and J. W. Jorgenson, *Anal. Chem.*, **69** (1997) 983]. 이 UHPLC 시스템에서는 컬럼은 60,000 psi (4100 bar)로 패킹되고 20,000 psi (~1400 bar)에서 작동한다. 2년 후 이들은 130,000 psi (9,000 bar)까지 작동 가능한 펌프를 이용하여 72,000 psi에서 작동하는 UHPLC 시스템을 발표하였고, [*Anal. Chem.*, **71** (1999) 700]. 이후에는 다시 작동 압력을 100,000 psi (6800 bar)까지 올렸다. 이는 1미터당 730,000 이상의 이론 단수에 해당한다. 물론 현재 상용 판매되는 UHPLC 시스템은 Jorgenson이 달성한 "초고압"의 기준보다는 다소 낮은 압력을 사용한다.

원리

그림 21.1은 HPLC 장치의 기본 구성품을 보여 주며, 그림 21.2는 현대의 HPLC 기기를 보여준다. 일반적으로 HPLC 기기는 대부분의 GC 기기들과 달리, 모듈 형태로 꾸며서 사용자가 다른 구성품을 바꿀 수 있도록 하는 경향이 있다.

HPLC에서 분석물은 고체 정지상과 액체 이동상 사이의 친화도의 차이에 의해서 분리된다. 용질이 정지상과 이동상 사이에 분포되는 속도는 주로 확산에 의해 정해진다. 액체 속에서의 확산은 기체 속에서의 확산과 비교하여 1,000배에서 10,000배 정도 느리다. 확산과 시료 성분이 컬럼 내 상호 작용 자리로 이동하는 시간을 최소화하려면 두 가지 조건이 만족되어야 한다. 첫째는, 충전물이 미세해야 하고 최적 균일성과 충전 밀도를 가질 수 있도록 해야 한다. 균일한 크기의 구형 입자를 충전물로 사용하면 첫째 조건이 만족되고 van Deemter 식에서 A 값이 작아지게(소용돌이 확산이 작아지게) 된다. 둘째로, 정지상은 얇고 균일한 막의 형태로 정체된 웅덩이가 없어야 한다. 둘째 조건이 만족되면 van Deemter 식에서 C 값이 작아진다(두 상 사이에 질량 이동이 더 빨리 일어남 – 빠른 흐름 속도 사용 시 필요). 액체 내에서 분자의 확산은 느리기 때문에 식 19.13의 B 항은 작다. 따라서 느린 흐름 속도에서 그림 19.8에서와 같이 H가 증가하는 바람직하지 않은 현상은 생기지 않는다. 이것은 그림 21.3에 설명되어 있으며, 19장의 Huber 식(식 19.26)과 Knox 식(식 19.27)으로 표현된다.

액체 속에서 분자 확산 또는 세로 확산은 느려서 무시할 수 있다.

질량 이동은 HPLC에서 H를 결정하는 주요 인자이다.

HPLC의 분류

정상상 크로마토그래피(normal phase chromatography, NPC)에서는 정지상이 극성이고, 이동상으로 헥세인, 테트라하이드로퓨란(THF) 등의 무극성/저극성 용매가 사용된다. 초창기의 HPLC는 단순 실리카 입자를 사용하고, 이 실리카 표면에 흡착된 물과 이동상 사이의 분배를 통하여 분석물을 분리하였다. 이후에 새로 개발된 옥타데실 실리카(ODS 또는 C18, 나중에

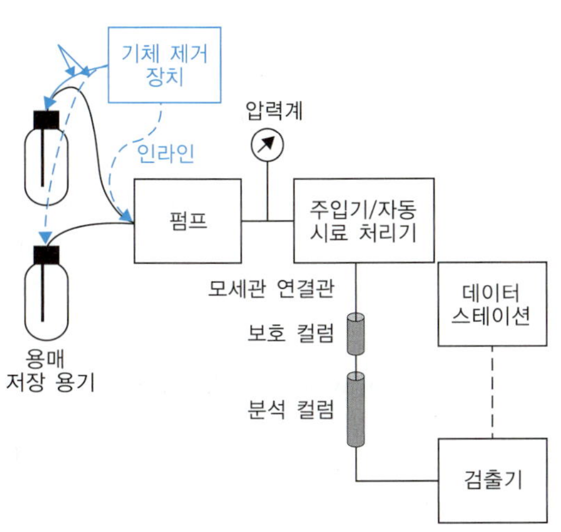

그림 21.1 고성능 액체 크로마토그래프의 기본 구성품

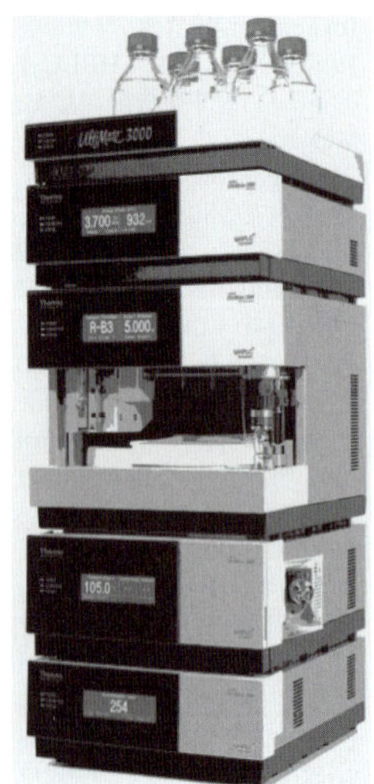

그림 21.2 모듈화된(초)고성능 액체 크로마토그래프((U)HPLC) 시스템. 위로부터 용매 선반 및 기체 제거 장치, 기울기 펌프(2원 또는 4원), 항온 기능을 갖춘 자동 시료 처리기, 항온 기능 및 자동 전환 밸브를 갖춘 컬럼실, 자외선–가시광선 흡수 검출기(Thermo Fisher Scientific사 제공)

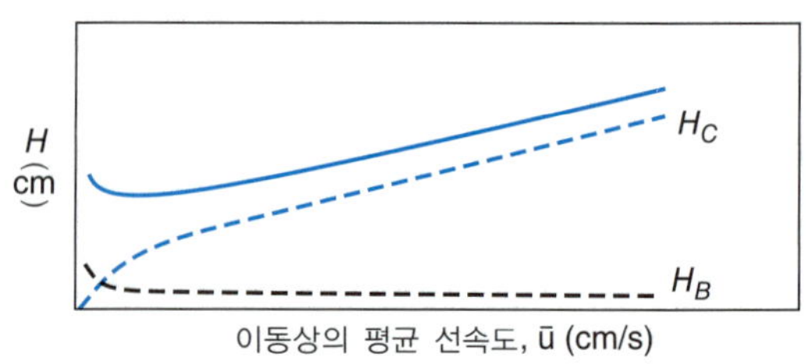

그림 21.3 HPLC의 van Deemter 도시. 이론단 높이를 평균 이동상 속도에 대하여 도시하였다. van Deemter 곡선에 대한 각 항의 기여도는 그림 19.4를 따랐다. 현재 실제로 사용되는 입자에 대한 데이터는 그림 21.25에 도시하였다.

추가 설명) 등의 무극성 결합상과 함께, 아세토나이트릴 : 물, 메탄올 : 물 등과 같은 물과 유기 용매와의 혼합물을 이용한 극성 이동상을 사용하는 방법이 사용되기 시작하였으며, 그 당시 주로 사용되던 크로마토그래피와는 정지상과 이동상의 극성이 반대였으므로 이 방법을 **역상 크로마토그래피**(**reversed phase chromatography**, **RPC**)라고 부르게 되었다. 현재 역상 크로마토그래피는 정상상 크로마토그래피의 10배 이상으로 사용될 정도로 주도적인 위치를 차지하고 있으나, 이 당시 기준으로 사용된 "정상상"과 "역상"의 용어는 현재까지도 계속해서 쓰이고 있다. 즉, 현재 일반적으로 사용되고 있는 방법이기 때문에 "정상상" 크로마토그래피라고 불리는 것은 아니다.

이온 교환 크로마토그래피(**ion exchange chromatography**, **IEC**)는 1930년대 이온 교환 수지의 발명 이후 지금까지 사용되고 있으며 수용액에서 진행된다. 이온 교환 입자는 일반적으로 양전하 또는 음전하를 띠고 있다. 예를 들면 설폰산형 수지의 경우 $SO_3^-H^+$기를 가지고 있고, 이 작용기의 H^+가 다른 양이온과 교환될 수 있으므로, 양이온 교환 수지라고 불리며, 금속 이온이나(유기 아민이 이온화된) 암모늄 이온 등의 양이온을 정지상과의 친화도 차이를 이용하여 분리할 수 있다. 이러한 이온 교환 기반 분리법은 맨하탄 계획(최초의 원자 폭탄 제작) 때의 우라늄 농축에도 중요한 역할을 한 바 있다.

정전기적 평형은 이온 교환 분리법에서 중요한 개념 중 하나이다. 위에서 예로 들은 양이온의 분리의 경우, 분석물의 양이온이 컬럼으로부터 이동상을 따라 빠져나가게 되면 다른 양이온이 그 자리를 대신 채워야 한다. 따라서 용리액은 반드시 이온성 용리액을 사용해야 한다. 단, 이온 교환에서 친화도가 단지 정전기적 상호 작용만으로 결정된다고 보는 것은 부적절하다. 이온의 전하 자체가 다른 경우에는 물론 정전기적 상호 작용이 가장 중요한 역할을 하게 되어, 3가 이온은 2가 이온보다 이온 교환 컬럼에 더 강하게 붙어 있게 된다. 그러나(특히 이온의 전하가 같은 경우) 소수성 상호 작용의 역할도 무시할 수 없다. 이를테면 Cl^-, Br^-, I^- 이온의 경우, 뒤쪽으로 갈수록 이온 반지름이 증가하고, 따라서 전하 밀도가 증가하게 되므로 정전기적 상호 작용 또한 뒤쪽으로 갈수록 감소하게 된다. 그러나 실제로는 거의 모든 음이온 교환 정지상에서 머무름 시간은 소수성 상호 작용에 의해 $I^- > Br^- > Cl^-$의 순으로 나타난다.

특정 정지상과 용리액 사이의 조합은 IEC 분리 작업의 성공 여부에 결정적인 요소로 작용해 왔다. 전통적인 IEC에서의 컬럼 효율은 고성능 분리 기술로 분류하기에는 미흡하다. 하지만 IEC는 최초의 상용 액체 크로마토그래프로서, 아미노산 분석 장비에 활용되는 등 분리 기술에서 한 획을 그은 기술인 것은 분명하다. 지금까지도 아미노산 분석 장비로는 "고성능" 판의 IEC가 동일하게 사용되고 있다.

이온 크로마토그래피(**ion chromatography**; **IC**)는 고분리능의 이온 교환 미립자를 이용하는 특수한 형태의 IEC이다. 이온 크로마토그래피는 본래 억제 컬럼과 전도도 검출기를 이용한 이온 분석만을 지칭하였으나, 오늘날에는 다양한 검출 방법을 이용한 고분해능 IEC를 가리키는 일반적인 용어로 사용되고 있다.

친수성 상호 작용 크로마토그래피(**hydrophilic interaction chromatography**, **HILIC**)는 최근에 사용되기 시작한 기술로서 친수성 표면에 흡착된 물과 이동상 사이의 분석물의 분배를 이용한다. 이 분리법은 특히 약물 등의 극성이 높은 수용성 분석물의 분리 분석에 유용하다. 기본적인 메커니즘은 NPC와 같으나, 일반적인 NPC와는 다른 컬럼–용리액 조합을 활용한다. 용리액으로는 주로 아세토나이트릴–물 조합을 사용하며, 물이 센 용리액의 역할을 한다. 기울기 용리는 RPC의 역순으로 아세토나이트릴의 함량이 높은 쪽에서 시작해서 시간에 따라 물의 함량을 높여 나가게 된다. 당연하게도, HILIC에서의 용리 순서는 대개 RPC와는 역순이 된다. HILIC는 개발 초기에는 기존 NPC와의 유사점 및 차이점을 강조하기 위해서 **물 정상상(aqueous normal phase, ANP)** 크로마토그래피라고도 불렸다. 현재 HILIC의 활용도와 중요성은 나날이 빠르게 늘어나고 있다.

크기 배제 크로마토그래피(size exclusion chromatography, SEC)는 분자 크기에 따라 분리가 이루어진다. 정지상은 다공성 물질로 구성되어 있으며, 정지상의 가장 큰 공극보다도 큰 분자는 정지상에 들어가지 못하고 완전히 "배제"되는 반면, 정지상의 가장 작은 공극보다도 작은 크기의 분자는 정지상의 공극 내부 전 공간에 머무를 수 있게 되므로 가장 나중에 빠져나오게 된다. 그 결과, SEC 용리에서는 일정 크기/분자량 이상(정확한 값은 정지상의 공극의 크기의 분포에 좌우됨)의 분자가 가장 먼저 나오고, 일정 크기 미만의 분자들이 맨 나중에 함께 나오게 되며, 그 중간 크기에 해당하는 분자들이 머무름 창(retention window) 범위 내에서 서로 분리되어 나오게 된다.

각각의 SEC 정지상에는 고유한 공극 크기 분포 특성이 있고 이 특성에 따라 효율적으로 분리 가능한 분자의 크기 범위가 정해지며, 이 범위보다 크거나 작은 분자들은 서로 분리되지 않고 한꺼번에 함께 나오게 된다. 이상적인 SEC에서는 분석물과 정지상 사이에 고유한 상호 작용이 없지만, 실제로는 때때로 분석물과 정지상 사이에 특이성이 있는 상호 작용이 생기고 이로 인해 머무름 특성이 변하기도 한다.

단백질 및 기타 생분자의 분리에 사용되는 SEC에서는 용리액으로 수용액을 사용하며, 흔히 **젤 거르기 크로마토그래피(gel filtration chromatography, GFC)**라고 불린다. 고분자의 분포 분석은 SEC에서 가장 먼저 발전하였고, 지금까지도 가장 중요한 응용 분야로 남아 있다. 또한 보통 다공성 고분자 물질을 정지상으로 사용하고 유기 용매를 용리액으로 사용하는데, 많은 경우 이동상을 가열해서 사용하기도 한다. 이 방법은 **젤 투과 크로마토그래피(gel permeation chromatography, GPC)**라고도 하며, 현재 배제 한계 최대 분자량(high-end MW exclusion limit)이 1500부터 2×10^8까지 이르는(기준: 폴리스타이렌 표준 물질) 다양한 GPC 컬럼이 시판되고 있다. 비록 HPLC의 범주는 아니지만, 생화학 분야에서도 저압/중력 전개 방식의 SEC가 생분자의 분리 분취에 널리 사용되고 있다. Pharmacia(이후 GE Healthcare에 편입) 사에서는 Sephadex(Separation pharmacia dextran로부터 따옴)라는 이름의 가교 결합 덱스트란 젤을 만들어 제품으로 내놓았는데, 구형 단백질 기준으로 700 이하(G-10형의 경우)에서 5,000~600,000(G-200형의 경우)까지의 분배 범위를 보인다. Bio-Rad 사의 Bio-Gel P도 유사한 폴리아크릴아미드 젤로서, 45~180 μm 범위의 입자 크기를 가지고, 100~1,800(Bio-Gel P-2)에서 5,000~100,000(Bio-Gel P100)에 이르는 분배 범위를 보인다. 이들 기술은 또한 고농도의 염 수용액에 의한 염석을 통해 정제된 단백질 시료의 제염 과정에서도 유용하게 사용할 수 있다. Sephadex 25와 같이 크기 배제 한도가 낮은 젤을 이용하면 단백질은 염에 비해 훨씬 빠르게 컬럼을 통과하게 된다.

SEC 분리 과정을 설명하는 만화 동영상은 http://www.separations.eu.tosohbioscience.com/Products/HPLCColumns/ByMode/SizeExclusion/에서 볼 수 있다.

이온 배제 크로마토그래피(ion exclusion chromatography) 또는 **이온 크로마토그래피 배제(ion chromatography exclusion, ICE)** 방법은 SEC와 마찬가지로 크기 배제를 이용한 분리법으로서 분석물을 제한된 머무름 창 범위 내에서 용리시켜 분리한다. 주로 약전해질을 이 방법으로 분리할 수 있으며, 그중에서도 특히 대표적인 용도로 유기산의 분리 분석에서 유기산의 강산으로부터의 분리 및 유기산 상호 간의 pK_a 차이를 이용한 분리 분석에 사용된다.

$-SO_3H$ 형태의 양이온 교환 수지로 이루어진 컬럼을 생각해 보자. 설폰산기는 완전히 이온화되므로 수지 매트릭스는 전체적으로 음전하를 띠게 된다. 따라서 음이온은 정전기력〔흔히 **Donnan 전위**(*Donnan Potential*)이라고 부르기도 함〕에 의해 수지 내부로 침투하지 못하게 된다. 그러나 중성 분자에 대해서는 이와 같은 침투 장벽이 없다. 따라서 약산 HA에 대해서,

Bio-Gel 각 제품의 분배 범위에 대해서는 http://www.bio-rad.com/webroot/web/pdf/lsr/literature/LIT-174B.pdf 등의 자료를 참조할 수 있다.

그 음이온 A^-는 수지 내부로 들어가지 못하고 배제되지만, 이온화되지 않은 중성 분자 HA는 배제되지 않는다. **이온 배제(ion exclusion)**라는 용어는 이 현상에서 유래된다. 결과적으로, 완전히 이온화된 산은 머무름이 없이 가장 먼저 용리되어 나오고, 다른 산들은 pK_a가 증가하는 순서로 용리되어 나오게 되며, 거의 이온화되지 않는 산이 가장 마지막으로 용리된다. 일반적으로는 pH 유지 및 이온화도의 조절을 위하여 산성의 용리액을 사용하게 되며, 실험 과정에서 용리액의 농도를 감소시켜 가는 방식의 기울기 실험도 가능하다. 마찬가지 방법으로 약염기를 젤 형태의 강한 음이온 교환 수지로서 분리하는 것도 가능하지만, 약산을 양이온 교환 수지로 분리하는 것만큼 널리 사용되지는 않고 있다.

이전 장에서, 특히 제약 관련 응용 분야 등에서 분석 및 시료 준비 목적으로서의 카이랄 분리의 중요성에 대하여 언급하였다. **카이랄 크로마토그래피(chiral chromatography)**에서 HPLC는 GC보다 훨씬 널리 사용되고 있는데, 대상 물질이 GC로는 잘 분리되지 않는 경우가 많기 때문이다. 광학 이성질체를 구분하기 위해서는 정지상이 광학 이성질체 쌍을 이루는 두 물질과 서로 다르게 상호 작용을 해야 하므로, 일반적으로는 정지상 자체도 카이랄 물질을 사용하게 된다. 경우에 따라서는 비카이랄 정지상을 이용해서도 카이랄 첨가제가 포함된 이동상을 사용하여 카이랄 분리를 수행할 수도 있다.

친화 크로마토그래피 분리 과정을 설명하는 만화 동영상은 http://www.separations.eu.tosohbioscience.com/ServiceSupport/TechSupport/ResourceCenter/PrinciplesofChromatography/Affinity/에서 볼 수 있다.

친화 크로마토그래피(affinity chromatography)는 특정 생분자의 분리 및 정제에 널리 사용되고 있다. 이 방법은 항원–항체 반응과 같이 분석물과 정지상에 고정된 분리제(친화 컬럼) 사이의 특징적으로 강한 결합력을 이용한 분리법이다. 분리하고자 하는 분석물이 다른 여러 종류의 물질과 혼합된 상태로 컬럼에 흘려주게 되면, 오직 분리하고자 하는 분석물만 컬럼에 머무르고 나머지 물질은 모두 컬럼을 통과하게 된다. 다음 단계에서 분석물을 컬럼에서 떼어낼 수 있는 다른 용리액으로 전개하면 분석물이 좁은 띠로서 용리된다. 친화 정제법은 이론적으로는 직관적이지만, 분석물에 특징적으로 강하게 결합할 수 있는 분리제의 선택과, 분석물을 변성시키지 않고 분리제로부터 분리시킬 수 있는 2차 용리액을 찾아내는 것이 언제나 쉬운 것만은 아니다.

21.2 HPLC의 정지상

초기의 HPLC 미세 입자는 10 μm 이하의 불규칙적인 모양의 다공성 실리카 젤 또는 알루미나 입자였으나, 이후 더 균일하게 충전할 수 있고 효율을 향상시키는 구형 입자가 개발되었다(그림 21.4). 현재 사용되고 있는 입자는 **고순도 실리카(high purity silica)** 재질로서, 미량 금속 함량이 낮고, 특정 작용기로 기능화되어 있으며, 크기는 보통 10 μm 미만으로 때로는 2 μm 미만의 지름을 갖는 입자를 사용하기도 한다. 지름이 작은 입자일수록 역압력은 높아지지만, 높은 유속에서도 효율이 저하하지 않으므로(그림 21.3 참조) 분리 속도가 빨라지게 된다.

그림 21.4 10 μm, 100 Å 기공의 구형 미세 다공성 실리카 입자의 800배 확대 사진. 흡착 크로마토그래피용 기본 입자 또는 결합상의 입자로 사용된다.(Stellar Phases, Inc. 사의 Atrosil®. Stellar Phases, Inc. 사 제공)

기공의 크기는 저분자 물질의 분석에서는 60~150 Å, 폴리펩타이드나 단백질 등의 분석에서는 200~300 Å, 분자량이 아주 큰 단백질의 분석에서는 1000~4000 Å 정도의 지름을 갖는 입자를 사용하여 분석물이 기공으로 충분히 침투할 수 있도록 한다. 대부분의 HPLC는 액체–액체(분배 크로마토그래피) 방식으로 시행되지만, 액체 정지상은 GC에서처럼 지지 입자에 흡착되거나 코팅되는 대신에 주로 화학적으로 결합되어 있다. 흡착 크로마토그래피도 때때로 응용되기도 한다.

HPLC 고정상 지지 입자의 각 종류별 선호도는 끊임없이 변하고 있으나, 가장 흔히 사용되는 입자는 분석물 및 용리 용매가 침투할 수 있는 **미세 다공성 입자(microporous particle)**이다(그림 21.5a). 표면적의 대부분은 기공 내에 있다.

이동상은 입자 주위를 흐르며, 용질은 기공 내 정체성 이동상 속으로 확산되어 들어가서 정지상과 상호 작용하고 나서, 흐르고 있는 이동상 속으로 다시 확산되어 나온다. 작은 입자를 사용하면 확산 경로 길이를 최소화하여 띠 넓어짐을 최소화시킨다. HPLC 입자의 정확한 제

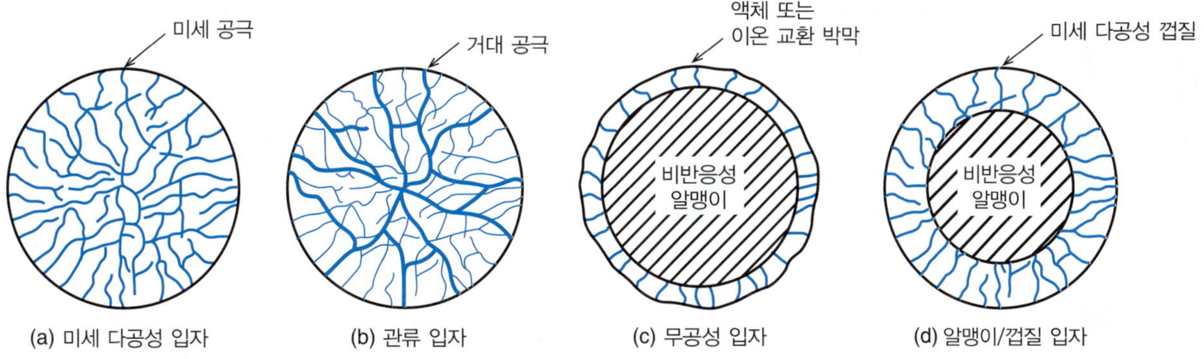

그림 21.5 고성능 액체 크로마토그래피에 사용되는 입자의 구조적 형태(D. C. Scott in *Modern Practice of Liquid Chromatography*. J. J. Kirkland ed. New York, Wiley-Interscience, 1971)

법은 각 업체별로 고유한 방법을 사용한다. 하지만 공극이 있는 단일 입자 대신에 고순도의 초미세 콜로이드 실리카를 응집시켜서 제조한 미세 다공성 구형 입자를 사용하는 경우가 많다(그림 21.6a). 유기 규산 알킬 등과 같은 가용성 규산염을 반응시켜서 비정질의 표면적이 큰 다공성의 견고한 입자를 얻을 수 있는데, 이를 흔히 건조젤(Xerogel)이라고도 한다(그림 21.6b).

실리카 입자는 표면 실란올기, SiOH를 가지고 있으며, 이를 통해 극성 상호 작용을 하게 된다. 이들 실란올기의 존재는 입자의 분리 특성에 부정적일 수도 있지만, 실리카 입자의 화학 결합에 의한 기능화를 통해 긍정적으로 이용될 수도 있다. 예를 들면 모노클로로실레인 $R(CH_3)_2SiCl$ ($R = (CH_3(CH_2)_{16}CH_2-$) 과의 실레인화 반응을 통해 정지상을 화학 결합시킬 수 있으며, 이것이 가장 널리 사용되는 "C18 실리카"(옥타데실 실리카에서 이름을 따서 ODS라고도 불림) 정지상이다.

$$-\mathrm{Si}-\mathrm{OH} + \mathrm{Cl}-\underset{\mathrm{CH_3}}{\overset{\mathrm{CH_3}}{\mathrm{Si}}}-\mathrm{R} \rightarrow -\mathrm{Si}-\mathrm{O}-\underset{\mathrm{CH_2}}{\overset{\mathrm{CH_3}}{\mathrm{Si}}}-\mathrm{R} + \mathrm{HCl}$$

실란올기의 기능화의 정도는 작용기로 작용하는 물질의 사슬 길이에 따라 달라진다. 위의 예에서처럼, R이 18개의 탄소로 이루어진 사슬일 경우에는 실란올 작용기의 30% 이상을 기능화하는 것은 어렵다. 이때 화학적으로 결합되지 않은 나머지 실란올기는 가장 작은 트라이알킬실레인인 트라이메틸실레인으로 "말단 폐쇄"를 하여 비활성화한다($R = CH_3-$, 여백 그림 참조). 말단 폐쇄 과정에서도, 남아 있는 실란올 작용기 중 일반적으로 약 50%만 반응한다고 알려져 있으나, 많은 업체들은 이 이상의 말단 폐쇄율을 달성할 수 있는 기술을 개발하여 적용하고 있다.

말단 폐쇄. 중앙의 자유 −SiOH 기를 말단 폐쇄하였다. 왼쪽의 실선은 실리카 표면을 나타낸다.

다른 종류의 작용기들도 마찬가지 방법으로 결합되어 사용된다. 역상에서는 C18 외에 페닐($R = -C_6H_5$, $\pi-\pi$ 상호 작용, 흔히 1개 이상의 메틸렌 가교로 분리되며, 바이페닐이나 다이페닐 등도 널리 사용됨)이나 C8 [$R = -(CH_2)_7CH_3$, C18보다 소수성이 약함] 등이 사용되며, 극성이 증가하는 순서로 나열한 정상상 크로마토그래피용 정지상으로는 사이아노프로필 [$R = -(CH_2)_3CN$], 다이올 [$R = -(CH_2)_2OCH_2CH(OH)CH_2OH$], 아미노 [$R = -(CH_2)_3NH_2$] 및 다이메틸아미노 [$R = -(CH_2)_3N(CH_3)_2$] 등이 있다.

C18 정지상 등의 정지상에서 기능화의 정도는 보통 원소 분석 결과 기준의 탄소의 무게 백분율(%)로 나타낸다. 모노클로로트라이알킬실레인을 결합상 입자 제조에 사용할 경우, 표면의 −OH기와 1개의 단일 결합만을 생성할 수 있다. 이렇게 만들어진 단위체성 결합

(*a*)

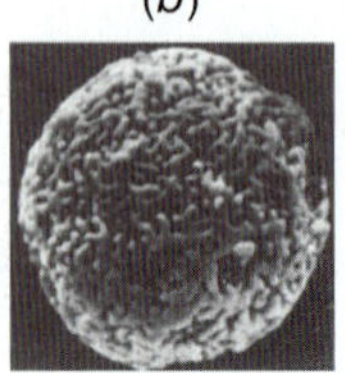

ZORBAX Rx-SIL (실리카 솔)

(*b*)

건조젤 실리카

그림 21.6 (*a*) Zorbax 다공성 실리카 미세 구형 입자, 다공성 50%, 기공 크기 100 Å. (*b*) 건조젤 실리카 입자, 다공성 70%, 기공 크기 100 Å. (Agilent Technologies 허가)

상(monomeric bonded phase)은 솔과 같은 구조로, 각각의 가닥은 동일한 화학적 성질을 갖는다. C18과 같은 긴 소수성 탄소 사슬의 경우 이와 같은 구조는 마치 기름 박막이 결합된 것처럼 작용한다고 볼 수 있다.

모노클로로트라이알킬실레인("단위체성 결합상"을 생성하는) 대신에 다이클로로다이알킬실레인 또는 트라이클로로알킬실레인을 약간의 물이 있는 상태에서 반응시키는 경우를 생각해 보자. 평균적으로 시약당 1~2개의 염소 원자가 실리카 입자와 반응하고, 나머지는 반응하지 않고 남아 있게 된다. 이들은 결국 가수 분해되어 −SiOH기를 생성하게 되고, 이들은 다시 다른 시약과 추가로 반응할 수 있게 되므로, 이를 "고분자성 정지상"(polymeric phase)이라고도 부른다. 생성된 결합상은 솔 모양이 아닌 3차원 그물 구조를 가지게 되고, 모양 및 크기에 대한 선택성이 높아진다. 이와 같은 성질은 특히 기하 이성질체의 분리나 다핵성 방향족 탄화수소의 분리에 유용하게 이용될 수 있다.

고분자성 정지상에서는 단위체성 결합상에서보다 탄소 백분율이 훨씬 높아질 수 있다. 흔히 C18 정지상의 탄소 함량이 높을수록 정지상의 무극성도가 높아진다고 잘못 해석되고 있으나, 실제로는 탄소 함량은 컬럼 용량을 나타내는 지표 중 하나로 보는 것이 타당하다. 말단 폐쇄는 탄소량에는 큰 변화를 주지 않으나 자유 −SiOH기를 환원시켜 정지상의 극성을 크게 변화시키게 된다. 단위체성 및 고분자성 정지상 모두 말단 폐쇄가 적용된 형태와 적용되지 않은 형태 양쪽 모두로 사용된다. 다만, 3차원 고분자성 그물 구조 내의 잔여 −SiOH기의 경우, 폐쇄 작업이 쉽지는 않다. 이 때문에 일부 고분자성 정지상의 경우는 탄소 함량은 높더라도 말단 폐쇄가 잘 된 단위체성 C18 정지상에 비해 극성이 반드시 낮지 않을 수도 있다.

극한 pH 및 온도 조건에서의 가수 분해에 대한 안정성 증대 표준 실리카 기반 컬럼은 pH가 2보다 낮거나 8보다 높으면 수명이 단축된다. 말단 폐쇄 및 기능화에 사용되는 실릴화 반응의 경우, 클로로다이메틸알킬 실레인의 두 CH_3−기를 보다 큰 [$CH(CH_3)_nCH_2$−]〔아이소프로필(n = 1) 또는 아이소뷰틸(n = 2)〕기로 대체하면, 소수성 환경에서의 입체 장애 때문에 Si−O−Si 결합에 대한 H^+의 접근이 차단되므로 산성 pH 조건에서의 안정성이 크게 향상된다.

폴리메타아크릴레이트나 특히 폴리스타이렌과 같은 물질로 만들어진 가교 결합된 고분자성 입자들은 매우 넓은 pH 범위를 견딜 수 있다. 흑연성 탄소나 알루미나, 타이타니아, 지르코니아 등을 기반으로 한 컬럼 또한 사용되고 있으며, 이들 모두 실리카에 비해 더욱 넓은 범위에서 사용 가능하다. 하지만 실리카 기반의 지지 입자는 동등한 입자 크기에서 다른 어떤 물질보다도 우수한 크로마토그래피의 분리 효율을 보일 뿐만 아니라, 실레인의 화학 반응을 이용한 다양한 기능화 방법론 또한 매우 잘 정립되어 있기 때문에 널리 사용되고 있다.

C18 실리카 충전물의 pH 안정성을 높이기 위한 다양한 방법들이 개발되어 왔다. Agilent의 과학자들은 두 개의 C18 실레인이 프로필렌 다리로 서로 연결되고(여백의 그림과 같이) 두 점에서 실리카를 고정시키는 구조를 개발하였다. 결합층의 위치가 공간적으로 고정되어 있으므로 OH^-가 그 아래의 실리카를 공격하기 어렵게 된다. 실온에서 유기 염기 완충 용액과 함께 사용할 경우 pH 11.5에 이르는 범위에서도 장기간 사용 가능하다. Waters에서 개발된 또 다른 방법은 염기성 pH에서 보다 안정한 유기−무기 혼성 실리카 입자를 만드는 것이다. 이 방법에서는 먼저 테트라에틸오쏘규산과 비스(트라이에톡시실릴)에테인의 두 가지 고순도 단위체로부터 입자를 합성하는데, 이 과정에서 단위체에 이미 존재하던 에틸렌 다리(여백 그림 참조)가 폴리에톡시실레인 구조의 일부로 들어가고, 가수 분해에 의해 우리가 원하는 화학적으로 안정한 $-Si-CH_2-CH_2-Si-$ 결합 구조를 생성하게 된다.

실리카 지지체

거대/중간/미세 다공성 구조. 관류 충전물 거대/중간/미세 다공성 구조를 구분하는 기준은 명확하게 정의된 것은 아니나, 일반적으로 HPLC 충전물을 이야기할 때는 보통 100 Å 이하를 미세 다공성, 1000 Å 이상을 거대 다공성, 그 중간 크기를 중간 다공성 구조로 구분한다. 쉽게 생각할 수 있듯이 거대 다공성 구조는 매우 큰 분자를 분석할 때 필요하다. 수많은 거대 공극 때문에 표면적이 크게 증가하므로 용량 또한 커지며, 이와 같은 성질 때문에 이온 교환 크로마토그래피에서도 유용하게 사용된다. 큰 크기와 작은 크기의 기공이 함께 사용되는 경우도 흔하다. Purdue 대학의 Regnier는 6000~8000 Å 크기의 거대 기공과 다수의 ~800 Å 수준의 중간 크기 기공 채널(그림 21.5b 참조. 표면적의 대부분은 이 중간 크기 기공이 차지함) 및 미세 기공이 연결된 고분자성 충전물을 개발하였다. 다음에 외부와 반응 가능한 위치에 작용기를 결합시킨다. 큰 단백질과 같이 매우 큰 분자들은 확산 계수가 매우 작기 때문에 이 방법으로 분리하기에 가장 적합하다. 비유하자면, 골목길에 있는 다수의 집으로부터 우편물을 모아서 배달해야 할 경우, 이들 골목길이 소수의 큰 길에서 갈라져 나오는 구조라면 우편물의 수집 및 배달이 훨씬 수월할 것이다. 최적 유속은 높아지고 실제 분리가 일어나는 중간 크기 기공 채널로의 용질의 접근은 수월해진다.

처음에는 지름 10~20 μm의 구형 입자로 만들어진 충전물을 사용하였으나, 현재는 10~50 μm 크기 범위의 입자를 사용하며, 생명-제약 산업에서의 대규모 분리 공정에서 주로 사용되고 있다. 재조합 A 단백질 또는 G 단백질 등의 친화 크로마토그래피용 리간드를 결합시킨 관류 충전물 또한 해당 항체를 실험실에서 신속하게 정제할 때 유용하다. 친화 컬럼 내의 반응하지 않고 남은 알데하이드 또는 에폭사이드기 또한 앞에서와 마찬가지 방법으로 단백질의 $-NH_2$기와의 반응에 사용된다.

무공성 충전물(nonporous packing) 지름 1.5 μm 정도의 매우 작은 크기의 실리카 입자(그림 21.5c)로, 한때 HPLC계에서 인기를 끌었던 적이 있다. 다공성 실리카에서의 질량 이동은 분자 내 확산 속도에 좌우되며, 기공 내의 폐쇄되지 않은 활성 부위 또한 원하지 않는 상호작용의 원인이 된다. 무공성 충전물에서는 기공이 없기 때문에 기공에서의 확산 및 종적 확산 제한이 사라진다. 입자의 크기가 매우 작으므로 이동상으로부터 정지상으로의 확산 거리는 매우 짧고, 컬럼의 효율은 사실상 유속에 무관하게 된다. 그러나 컬럼에서 일정 유속을 유지하기 위한 압력은 입자 지름의 제곱에 반비례하므로, 같은 종류의 입자라고 하더라도 1.5 μm 크기의 입자로 충전된 컬럼은 5 μm 크기의 입자로 충전된 컬럼에 비하여 같은 유속에서 1100%나 더 높은 압력이 필요하다. 현재의 펌프 기술로 다룰 수 있는 압력에는 한계가 있으므로, 결과적으로 실제 사용 가능한 입자의 지름 또는 사용 가능한 유속에 제한이 따르게 된다. 또한 19000 psi (1300 bar)의 압력을 견딜 수 있는 고강도 실리카 입자가 상용화되어 있기는 하지만, 대부분의 실용화된 입자들은 이보다 훨씬 낮은 압력에서 변형 또는 파손된다. 무공성 충전물은 표면적이 훨씬 작기 때문에 컬럼에 주입할 수 있는 시료의 양에 제한이 따른다. (즉 컬럼 용량이 낮아진다.) 따라서 같은 용리 조건에서 머무름 시간이 훨씬 짧게 된다. 매우 작은 입자에서 고압으로 작동해야 하므로, 컬럼의 길이가 짧아질 수밖에 없다. 무공성 입자는 컬럼을 조밀하고 균일하게 충전하기도 어렵다. 이 때문에 현재는 아래 설명할 표면 다공성 입자로 대체된 상태이다.

표면 다공성 입자(superficially porous particle) 알찬 알맹이(solid-core)를 얇은 표면 활성층으로 감싼 형태의 입자가 우수한 질량 이동 특성을 보일 것이라는 사실은 이미 액체 크로마토그래피의 초창기부터 인식되어 왔다. 이미 1967년에 Horvath 등은 이온 교환 수지 등으로 코팅된 유리 구슬을 이용한 뉴클레오사이드의 HPLC 분리 사례를 기술하였다[*Anal. Chem.* **39** (1967) 1422]. Dow Chemical의 Small, Stevens 및 Bauman 등은 1975년에 이온 크로마토그래피를 개발하여 소개하면서, 효율적인 이온 교환 정지상을 만들기 위하여 폴리(스타이렌다이바이닐벤젠) (PSDVB)의 알찬 알맹이 입자의 표면에 극소량의 설폰산기를 도입하여 표면에 음전하를 띤 $-SO_3^-$ 기를 갖도록 하였다. 콜로이드 크기의 양전하를 띤 음이온 교환 나노 입자의 현탁액(흔히 "고무"(latex)라고도 불림)을 PSDVB 입자로 이루어진 컬럼에 흘려주게 되면, 양전하를 띤 "고무"가 음전하를 띤 알맹이 입자의 표면에 매우 강하게 결합하여 결과적으로 효율적이고 안정한 이온 교환 수지가 만들어진다(여백 그림 참조).

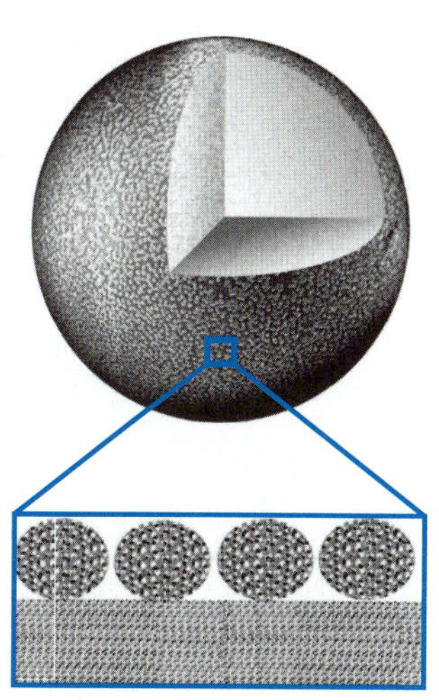
표면 응집 이온 교환체는 알맹이-껍질 입자의 초창기 형태의 예이다.

마찬가지 방법으로, 지름이 작은 표면 다공성 입자(**superficially porous** particles, SPP,

알맹이–껍질 입자 및 **용융 알맹이**(**fused core**) 입자 등으로도 불림)도 최근에 범용으로 사용되기 시작하였다(그림 21.5d). 충전물은 내부의 용융 입자 또는 무공성 입자로 이루어진 알맹이에 다공성 외부 입자 껍질로 구성된다. 따라서 정지상에서 분석물과 상호 작용을 하는 부분은 오직 바깥쪽 껍질 부분뿐이므로, 질량 이동에 대한 저항이 줄어들어 우수한 분리 효율을 보이게 된다. 입자 중심부의 정체 구역이 제거되므로 분석물과 이동상은 정지상으로부터 이동상으로 훨씬 효율적으로 되돌아올 수 있게 된다. 현재는 1.3 μm 수준의 작은 크기의 SPP로 충전된 컬럼도 실용화되어 있다.

고전적인 이온 교환 수지에서의 크로마토그래피(**Chromatography on classical ion exchange resins**) 고전적인 이온 교환 수지를 이용한 크로마토그래피 분리 작업은 주로 젤 형태의 이온 교환 수지를 이용해 왔다. 이때 사용되어 온 이온 교환 수지는 보통 지름이 최소 25~37 μm 정도 되는 고체 고분자 구체로서, 고분자 격자에서의 분자 수준의 공극 이외에 별도의 기공은 없는 물질이다. 이와 같은 종류의 이온 교환 수지는 분석적 분리 목적으로는 더 이상 사용되지 않으나, 물의 연화 및 정수 작업이나 초순수 제조, 일부 금속(방사성 핵종을 포함한)의 대규모 분리 정제 작업에 이용될 뿐만 아니라 촉매로서도 사용되고, 또한 제약, 당류 및 음료 제조(과즙 정제를 포함한)에 널리 이용된다. 이들은 또한 실험실에서 화합물 내의 이온종의 변환에도 사용된다. 따라서 현재 사용되는 이온 교환용 정지상을 살펴보기에 앞서 고전적인 이온 교환 수지에 대하여 이해하는 것은 중요하다.

상용되는 이온 교환 수지 가운데 일부는 아크릴산 골격을 기반으로 하고 있는 것도 있으나, 절대 다수의 수지는 다이바이닐벤젠과 가교 결합한 폴리스타이렌 고분자로 이루어져 있다. 가교 결합 고분자 수지는 방향족 골격에 강전해질 작용기($-SO_3^-$, $-NR_3^+$ 등) 및 약전해질 작용기($-COOH$, $-NH_2$ 등)를 쉽게 도입할 수 있다. 분석화학에 쓰이는 이온 교환 수지는 화학적인 성질에 따라 센산성, 센염기성, 약산성, 약염기성의 네 가지가 있으며, 표 21.1에 요약되어 있다.

최초로 개발된 고체 구체형 젤형 수지 이외에 현재도 제조되고 사용되는 수지로 "Porogen"이라는 것이 있다. 구형 수지 구조 형성 당시에는 내부에 용매가 함유되어 있으나, 이

표 21.1 이온 교환 수지의 종류

교환 수지의 형태	교환 작용기	상품명
양이온		
센산	설폰산	Dowex[a] 50; Amberlite[b] 200C; Ionac[c] C249; Rexyn[d] 101 (H)
약산	카복실산	Amberlite IRC 50; Rexyn 102; Amberlite CG-50
음이온		
센염기	4차 암모늄 이온	Dowex 1; Amberlite IRA 400; Ionac A544; Rexyn 201; Amberlite IRA−900*
약염기	아민기	Dowex M43; Dowex 22*; Amberlite IR-45; Ionac A365

[a]Dow Chemical Company.
[b]Rohm and Haas, 현재 Dow Chemical의 일부
[c]Sybron Chemical.
[d]Fisher Scientific.
*거대 다공성 구조, 나머지는 모두 젤 형태임

후 용매를 씻어내면서 빈 자리에 거대 및 중간 크기의 기공이 생기며, 이를 **거대 다공성**(**macroporous**) 또는 **거대 망사성**(**macroreticular**) 수지라고도 한다. 이들은 물론 젤 형태의 수지에 비하여 표면적이 훨씬 크다.

양이온 교환 수지(**cation exchange resin**)는 다른 종류의 양이온으로 대체 가능한 양이온이 함유된 작용기를 포함하며, 일반적으로 H^+ 또는 Na^+를 포함한 형태로 판매된다. 센산 양이온 교환 수지는 완전히 이온화하는 $-SO_3H$기를 가지고 있으며, 약산 양이온 교환체는 일부만 이온화하는 $-COOH$기(또는 특수한 수지의 경우 포스폰산기 $-PO_3H$기)를 포함한다.

양이온 교환 수지에서는 양이온을 다른 양이온으로 대체 가능하다. 이 반응은 평형 반응이다.

$$n\,\text{Resin-SO}_3^-\text{H}^+ + \text{M}^{n+} \rightleftharpoons (\text{Resin-SO}_3)_n\text{M} + n\,\text{H}^+ \quad (21.1)$$

$$n\,\text{Resin-COOH}^-\,\text{H}^+ + \text{M}^{n+} \rightleftharpoons (\text{Resin-COO})_n\text{M} + n\text{H}^+ \quad (21.2)$$

$[H^+]$ 또는 $[M^{n+}]$를 증가시키거나 이 중 한 가지에 대하여 수지의 양을 변화시키면 평형을 왼쪽 또는 오른쪽으로 이동시킬 수 있다.

EX 교환능(**exchange capacity**)은 수지의 단위 부피 또는 단위 무게당 교환 가능 수소의 총 당량수이며, 수지상의 이온 작용기의 수와 세기에 따라 정해진다. 일반적인 이온 교환능은 대개 그램당 1~4 밀리당량 수준이다. 컬럼의 이온 교환능이 증가할수록 용질의 머무름도 증가한다. 센산성 수지의 특성은 대개 pH와 무관한다. 반면에, 약산 양이온 교환체의 머무름 특성은 pH의 영향을 크게 받는다. pH 4 이하에서는 수지에 양성자가 너무 세게 "붙어 있어서" 교환이 일어날 수 없다. 하지만 이 성질을 통하여 비양성자 양이온의 수지에 대한 친화력을 pH에 따라 조절할 수 있고, 따라서 분리 특성을 조절할 수 있다. 이는 센산성 형태의 수지에서는 불가능하고 오직 약산성 형태의 수지에서만 가능하다. 현재 이온 크로마토그래피에서 양이온의 분리에 사용되는 정지상은 거의 모두 약산성 교환 수지를 기반으로 하고 있다. 단, 약산성 교환 수지는 약염기와의 상호 작용이 떨어지며, 따라서 약염기의 분리에는 센산 교환체가 보다 적합하다.

음이온 교환 수지(**anion exchange resin**)에서는 강선해실 $-NR_3^+$ 또는 약선해질($-NR_2 + H^+ \rightleftharpoons -NR_2H^+$)이 수지에 화학적으로 결합되어 있으며, 보통 Cl^- 또는 OH^-를 포함한 형태로 공급된다. 이들 음이온의 교환 반응은 아래와 같이 나타낼 수 있다.

$$n\,\text{Resin NR}_3^+\text{Cl}^- + \text{A}^{n-} \rightleftharpoons (\text{Resin} - \text{NR}_3)_n\text{A} + n\,\text{Cl}^- \quad (21.3)$$

여기서 R은 알킬기로서, 센염기성 수지에서는 주로 메틸이며, 벤질이나 하이드록시에틸벤질 등의 작용기를 사용하며, 약한 염기성 수지에는 1개 이상의 수소가 포함될 수 있다. 뒤에서 설명하게 될 현용 수산화 이온 용리 이온 크로마토그래피에서는 에탄올아민기($-CH(NH_2)CH_2OH$) 등의 알칸올아민기를 첨가하여 정지상의 OH^-에 대한 선택성을 높인 제품이 흔히 사용된다.

센염기 교환체는 pH 12 정도에 이르기까지 음이온 교환 능력을 유지하지만, 약염기성 수지의 경우는 염기성 pH에서 이온 교환이 잘 일어나지 않는다. 약염기 교환 수지는 매우 약산은 제거하지 못하지만, 설폰산과 같은 센염기 수지에 머무르는 센산에 적합하다.

스타이렌은 1개의 불포화기를 포함하므로, 중합 시 부드럽고 쉽게 변형되는 고분자 물질을 생성한다. 다이바이닐벤젠(DVB) 또는 그의 에틸 유도체와 같이 복수의 불포화기를 포함한 단위체와 함께 공중합시키게 되면 폴리스타이렌의 선형 사슬이 DVB 가교를 통해 서로 연결된 형태의 구조가 생성된다. 일반적으로 **가교 결합**(**cross-linking**)은 수지의 경도를 증가시키고, 용매에 의한 팽윤을 감소시키며, 따라서 내압성을 향상시킨다. **가교 결합의 증가도**(**degree of cross-linking**, 보통 DVB의 백분율로 나타냄)가 커질수록 수지 구조의 견고성이 증가하면서 서로 다른 교환 가능한 이온종에 대한 선택성 차이도 증가하게 된다. 젤형 수지는 DVB 함량 기준으로 2~16% 범위의 가교 결합도를 갖는 물질이 나와 있으나, 보통 4~8% 범위의 수지가 가장 널리 사용된다. 수지의 이름은 흔히 가교 결합의 정도를 말해 준다. 예를 들면

가교 결합 구조에 대한 도시는 http://courses.chem.psu.edu/chem112/materials/crosslink.jpg를 참조할 것.

Dowex 50WX4와 Dowex 50WX8은 모두 같은 종류의 강산성 수지로, 각각 4% 및 8%의 가교 결합을 포함한 제품이다.

언뜻 보기에 양이온은 음이온 교환 수지와 결합하지 않으므로 음이온 교환 수지로는 양이온를 분리할 수 없다고 생각할 수 있다. 하지만 실제로는 대부분의 전이 금속, 중금속 및 희토류 금속을 분리하는 데 오래전부터 음이온 교환 수지를 사용하고 있다. 왜냐하면 착화합물을 형성할 수 있는 음이온이 있을 경우, 금속은 실제로 음전하를 띤 착이온을 생성하게 되고, 따라서 음이온 교환 수지에 결합할 수 있게 된다. 진한 염산은 대부분의 금속과 반응하여 클로로 착물 음이온을 생성하므로 다양한 금속을 강염기성 음이온 교환 수지에서 HCl 기울기를 통해 분리할 수 있다. HCl은 부식성이 강하기 때문에 현대 이온 크로마토그래피에서는 하이드록시아이소뷰티르산(HIBA)이나 피리딘-2,6 다이카복실산(PDCA) 등의 약한 착화제를 음이온 교환 수지 또는 양이온-음이온 혼합 교환 수지에서의 용리액으로 사용하기도 한다. 실제로 일반적인 양이온 교환 수지에 대한 전이 금속 간 또는 희토류 금속 간의 선택성 차이는 워낙 작기 때문에 양이온 교환 수지를 이용한 직접 분리는 사실상 불가능하다. 하지만 착화제를 포함한 용리액을 이용하면 착물 형성 상수의 차이에 의해 분리가 가능해진다. 많은 착화제는 약산 또는 약염기이기 때문에 pH와 착물화의 상호의존성이 흔히 나타나며, 이런 성질을 pH 기울기를 통해 추가적인 분리에 응용할 수도 있다. 전하를 띠지 않는 착화제도 분배 평형에 영향을 미칠 수 있는데, 교환 가능한 형태의 금속 이온의 농도를 변화시켜 직접적으로 영향을 미치기도 하고, 중성의 금속-리간드 착물 형태에서 이온 교환 수지에 대한 친화도를 변화시켜(보통은 소수성 상호 작용 때문에 친화도가 증가함) 간접적으로 영향을 미치기도 한다.

현대적인 이온 교환 정지상(modern ion exchanger phase) 그림 21.7은 현재 사용되는 다양한 형태의 이온 교환 수지를 Thermo Fisher Dionex의 Christopher Pohl의 분류 기준에 따라 나타내고 있다. 이 중 몇 가지 충전물은 그에 의해 본격적으로 연구가 시작되었다. 알맹이-껍질 입자에 대한 내용에서 논의하였듯이(표면 다공성 입자 관련 내용 참조), 50~200 μm 크기

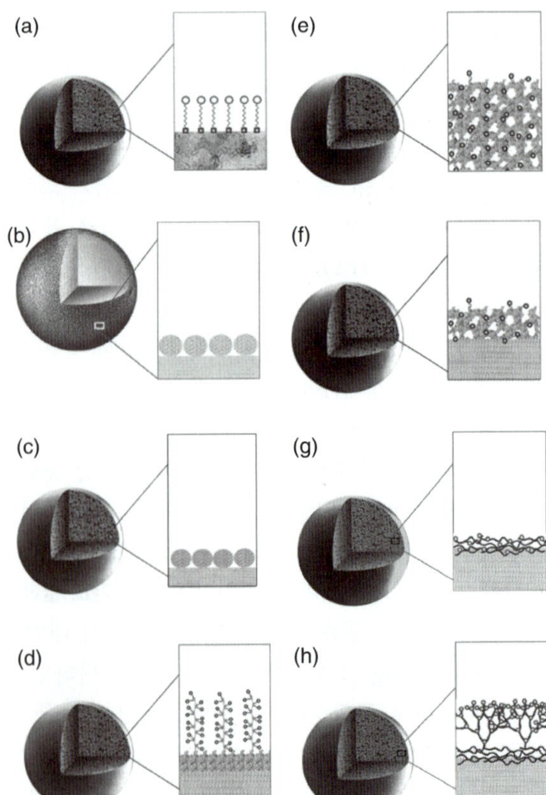

그림 21.7 이온 교환체 정지상의 종류. (a) 실레인-변형 다공성 실리카 기질, (b) 무공성 기질 위에 정전기적으로 응집된 고무, (c) 거대 기공 기질 위에 정전기적으로 응집된 고무, (d) 다공성 기질 위에 심은 고분자, (e) 화학적으로 변형된 기질(업체 고유 기술) (f) 고분자 밀봉 기질, (g) 고분자를 흡착 도포한 기질, (h) 다단계 정전기적 분기 방식으로 제작한 다공성 고분자 기질. Thermo Fisher Scientific 사의 Christopher A. Pohl 제공

의 이온 교환체 나노 입자〔보통 **에멀션 중합**(**emulsion polymerization**)으로 만들며 흔히 고무(latex)라고 불리는 콜로이드상 유기 이온 교환체 입자〕를 기질 입자 위에 응축시킨 형태의 정지상은 초창기에 개발된 IC에서부터 이용되어 왔다. 그림 21.7a의 이온 교환 작용기를 실레인 화학 반응을 이용하여 결합시킨 다공성 실리카 기반 이온 교환체는 그보다도 먼저 이용되기 시작하였으며, 지금까지도 HPLC 형태의 응용에 사용된다. 이와 같은 형태의 충전물은 이온 교환능을 크게 키울 수 있다. 그러나 극한 pH 조건에서 순수 수용액 용리액을 사용할 경우 지지체의 안정성이 낮으므로 IC에는 사용되지 않는다.

그림 21.7b는 위에서 언급한 최초의 알맹이–껍질형 IC 충전물로, 그 위에 표면 다공성 입자를 얹은 형태이다. 이 형태의 충전물은 용량이 상대적으로 낮다. 처음에 사용된 기질은 가교도가 낮은 물질이었으나, 이후에 점차적으로 가교도가 높은 물질로 대체되어 유기 용매에 대한 안정성 및 내압성이 향상되었다. 이론적으로는 pH 안정성이 높은 무기 기질이나 무기 나노 입자 이온 교환체를 응축시켜 사용할 수도 있으나, 아직 실용화되지는 않았다. 이와 같은 구조는 현재에는 전치 컬럼이나 보호 컬럼에만 사용되고 있다.

그림 21.7c의 구조는 거대 기공 기질을 기반으로 하여 그림 21.7b와 유사한 방법으로 만든 구조이나, 100~300 μm 크기의 기공과 이 기공 안에 들어갈 수 있을 정도로 작은 고무를 포함한 구조이다. 이 구조는 비슷한 크기의 무공성 기질 대비 10배 이상의 교환능을 보이며, 현재의 IC 컬럼에 널리 사용되고 있다.

그림 21.7d는 다공성 기질 위에 고분자 가지형 박막을 올린 구조이다. 이 구조는 고용량 충전물을 만들 수 있으나 가교 결합을 제어할 수 없다(따라서 가교 결합을 통한 선택성의 조절도 불가능하다). 기질 중합성 작용기는 표면에 위치하거나 또는 화학 반응에 의해 도입시킨다. 단위체와 개시제를 반응시키면 가지형 입자가 생성된다. 이론적으로는 고분자 또는 무기 기질을 사용할 수 있으나, 실제로는 고분자 기질만이 상용화되어 있다.

그림 21.7e는 일반적인 형태의 IC 충전물로, 다공성 고분자를 직접적으로 화학적 유도체화시켜 작용기를 도입하여 고용량 충전물을 만든 것이다. 다양한 종류의 화학 반응 중 가장 일반적으로 이용되는 방법은 가교 결합성 단위체와 염화 바이닐 벤질이나 메타크릴산 글라이시딜 등의 반응성 단위체의 공중합을 이용한 것이다. 이렇게 하면 다음 단계에서 3차 아민과 반응시켜 4차 암모늄 이온의 이온 교환기를 도입할 수 있다. 이와 같은 구조는 일본의 컬럼 제조사들이 즐겨 사용한다.

고분자 밀봉 기질(그림 21.7f)은 Max Planck 연구소 석탄연구부(Max Planck Institute für Kohlenforschung)의 Gerard Schomburg에 의해 발전되었다. 여분의 이중 결합을 포함하고 있는 기중합 고분자와 용매에 녹인 적절한 자유 라디칼 개시제를 기질 입자에 가하여 준다. 용매 제거 후 생성되는 고분자 박막을 고온으로 열처리하면 가교 결합된 박막이 기질을 완전히 밀봉하게 된다. 이 기술의 가장 성공적인 응용 사례로는 다공성 실리카 표면에 코팅한 폴리(뷰타다이엔–말레산) 공중합체를 들 수 있다. 이 물질은 우수한 성능의 약산성 이온 교환체로서 양이온 분리에 사용된다.

그림 21.7g는 기질과 분자량이 낮은 이온성 고분자 물질 또는 긴 사슬 구조의 이온성 계면활성제가 기질에 흡착된 정지상의 그림이다. 이와 같은 코팅은 순수한 수용액에서는 안정하나 유기 용매에서는 사용하기 어렵다. 그림 21.7h는 현재 Thermo Fisher Dionex에서 널리 사용되고 있는 정지상 구조의 그림이다. 이와 같은 화학 구조를 가진 컬럼은 현재 10종 이상이 제공되고 있다. 정지상은 음으로 하전된 표면을 가진 입자로부터 시작해서 일련의 반응 단계를 번갈아 반복하여 만들어진다. 먼저, 1차 아민과 다이에폭사이드의 1:1 혼합물로 "지하실 코팅"을 한다. 다음에 다이에폭사이드와 1차 아민의 반응 단계를 번갈아가며 적용한다. 이와 같은 방법을 사용하면 매 다이에폭사이드–1차 아민 사이클을 거칠 때마다 컬럼 용량이 두 배로 늘어난다. 드물게 이미 충전된 컬럼도 같은 방법으로 **현장에서**(*in situ*) 화학적으로 변형해서 사용할 수도 있다.

단결정 컬럼에 관한 원문은 다음을 참고할 것. S. Hjertén, J. L. Liao, and R. Zhang, *J. Chromatogr.* **473** (1989) 273; J. L. Liao, R. Zhang, and S. J. Hjertén, *J. Chromatogr.* **586** (1991) 21.

단결정 컬럼(**monolithic column**)은 이름 그대로 이중 기공 구조의 단일 고체 기둥으로 이루어져 있다. 1980년대 후반에 스웨덴의 Uppsala 대학의 Stellan Hjertén은 크로마토그래피 컬럼을 불연속적인 미세 입자로 만들어야 한다는 통념에 도전하였다. 그는 1989년에 "유체 역학적 흐름이 가능한 충분한 크기의 채널을 갖는 연속된 젤 플러그야말로 이상적인 크로마토그래피 컬럼"이라고 주장하고, 양이온 교환체의 "연속적인 고분자 받침"을 이용한 단백질 분리의 예시를 보였다. 2년 후 그와 그의 학생들은 이 형태의 컬럼의 상세한 제법과 응용을 소개하였다. 고분자 단결정은 이후 Tennikova(러시아 과학 한림원) 및 Svec(California 대학교 Berkeley 캠퍼스) 사이의 협업에 의해 개발되어 처음에는 원반 형태로 출시되었다. 큰 단결정(최대 수 리터까지의 컬럼 부피를 갖는)도 같은 기술을 통해 개발되어 대규모의 생분리 작업에 사용되고 있다. 매우 짧은(길이 및 지름 각 5 mm) 컬럼도 현재 상용화되어 있으며 항체(IgG, IgM), 플라스미드 DNA, 바이러스, 박테리오파지를 비롯한 거대 생분자의 고분리능/고속 분리에서 분석용 및 반 제조용으로 사용된다.

실리카 단결정의 상용화는 비록 고분자 단결정보다 나중에 이루어졌지만, 기본적인 합성 전략은 이미 그 이전부터 Kyoto 공과 대학의 Tanaka 등에 의하여 활발하게 연구되어 왔다. 관류 충전물과 마찬가지로 이중 기공 구조를 가지고 있다(그림 21.8). 거대 기공은 관통하여 흐르는 기공으로 작용하며 지름이 약 2 μm이다. 실리카 골격에는 지름이 약 13 nm(130 Å)인 중간 기공들이 있다. 이것은 C18 같은 정지상으로 표면을 변화시킬 수 있다. 단결정 막대를 폴리에터에터케톤(PEEK) 플라스틱 통 안에 수축 포장하여 단단히 넣어 벽을 따라 흐르는 용액의 "기벽 효과"를 방지한다. 중간 기공의 표면적은 약 300 m^2/g이고 총 다공성은 80%이다(충전 컬럼은 65%). 컬럼은 3.5 μm 충전 입자의 van Deemter 곡선과 비슷한 곡선을 보이나, 같은 유속의 충전 컬럼에 비해 40% 정도의 압력 강하를 보인다. 표준 지름(4.6 mm) 컬럼으로는 최대 10 cm 길이까지 만들 수 있다. 길이가 짧고 다공성이 높아 최대 9 mL/분의 흐름 속도를 사용할 수 있어서 고속 분리가 가능하다. 확산 이외에 대류에 의한 질량 이동이 일어나므로 작은 분자뿐만 아니라 큰 분자의 효율적 분리에도 적합하다. 단수를 높이기 위해서는 여러 개의 컬럼을 직렬로 연결하여 쓸 수도 있다.

최근에는 단결정 실리카 컬럼에서의 중간 기공/거대 기공 간의 비율을 더욱 최적화할 수 있게 되었다. 1세대 단결정에 비하여 현재의 제품은 50% 정도 더 높은 분리 효율을 보이며, 대신에 작동 압력은 약간 더 높아졌을 뿐이다. 이들 컬럼을 사용한 분리 성능은 같은 조건의 2.6 μm 표면 다공성 입자와 대등하나, 압력 강하는 더 낮다.

종래에는 실리카 기반 단결정은 저분자 물질에, 고분자 기반 단결정은 고분자 물질에 적합하다고 알려져 왔다. 그러나 최근에 나온 표면적이 큰 새로운 단결정 제품은 여러 가지 크기의 시료를 분리하는 데 유용하게 사용될 수 있다. 고분자 단결정 정지상은 가교도를 크게 높이면 기계적으로 견고하고 유기 용매에 대한 팽윤성이 낮아지게 된다. 이온 교환 고무 나노입자를 반대 전하로 하전된 단결정 막대에 응축시키는 방법도 사용할 수 있다. 지름 0.1~1

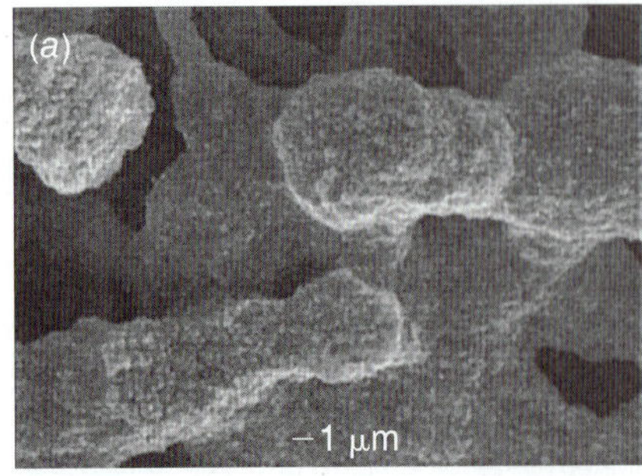

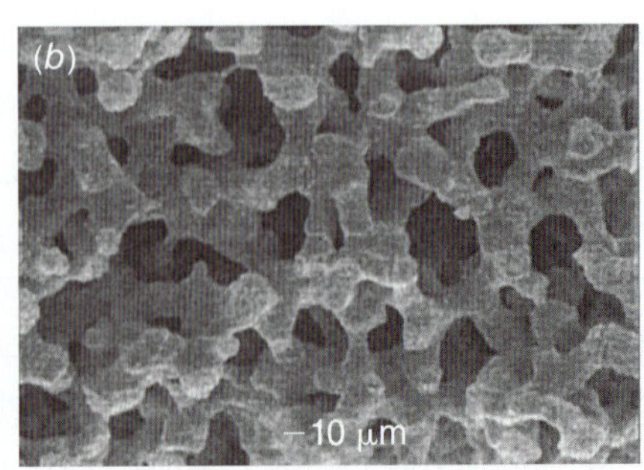

그림 21.8 Merck 사 Chromolith(R) 단결정 컬럼 속의 (*a*) 중간 다공성 구조와 (*b*) 큰 다공성 구조를 나타내는 전자 현미경 사진 [D. Lubda, K. Cabrera, W. Krass, C. Schaefer, and D. Cunningham, *LC•GC* **19** (12) (2001) 1186.]

mm 범위, 길이 최대 250 mm까지의 모세관형 고분자 단결정은 질량 분석기와 같이 매우 작은 흐름을 필요로 하는 검출기에 적합하여 널리 사용되고 있다. 이와 같은 정지상은 작은 이온뿐만 아니라 큰 생분자의 분리에도 사용된다. 4개의 25 cm 컬럼을 직렬로 연결하여 무려 20만의 단수를 얻은 사례도 보고되었다.

친수성 상호 작용용 크로마토그래피(stationary phases for hydrophilic interaction chromatography, HILIC)용 정지상 모든 친수성 표면이 HILIC에 적합한 것은 아니다. 물의 흡착이 pH에 크게 의존하는 정지상의 경우 pH 변화에 따라 머무름 특성이 변하게 된다. HILIC 정지상은 크게 중성(neutral)/이온성(charged)/쯔비터 이온성(zwitter ionic)의 세 종류로 분류된다. 전형적인 중성 HILIC 정지상은 아미드기 또는 다이올기가 다공성 실리카에 결합되어 있다. 이온성 정지상은 강한 정전기적 상호 작용을 제공하며, 그냥 실리카로 만들기도 하지만 대개는 아미노기, 아미노알킬기, 설폰산기가 다공성 실리카에 결합되어 있다. 분석물 간의 분리 선택성은 정전기적(이온성) 상호 작용에 의해 좌우되며, 상호 작용이 증가할수록 이온성 HILIC 정지상에의 머무름 또한 증가한다. 하지만 정전기적 상호 작용이 지나치게 클 경우 고염도의 용리액을 사용하여 분리 시간을 조절할 필요가 있다. 비휘발성 고염도 용리액은 검출기로 널리 사용되는 전기 분무 이온화 질량 분석기(22장 참조)에 사용할 수 없는 어려움이 따른다.

쯔비터 이온성 결합상을 이용하여 전하의 균형을 맞추는 방법은 본래 스웨덴의 Umeå 대학의 Knut Irgum에 의해 개발되었으며, HILIC에서 가장 성공적인 방법으로 평가되고 있다. 쯔비터 이온성 작용기인 $-O_3S(CH_2)_3-N^+(CH_3)_2CH_2-$ 작용기를 사용하여 다공성 실리카 지지체에 결합시켜 분리 효율을 높이거나, 고분자 지지체에 결합시켜 pH 범위를 확대할 수 있다. 흥미롭게도, 상당한 정전기적 상호 작용을 보이는 분석물의 분리에서는 쯔비터 이온의 어느 쪽 끝을 지지체에 붙이느냐가 분석 결과에 영향을 미친다. 반대 방향의 컬럼 또한 시판되고 있으며 대부분의 경우 선택성은 역전된다.

$-CH_2-N^{\oplus}(CH_3)_2-CH_2-CH_2-CH_2-SO_3^{\ominus}$

음전하를 띤 쪽이 바깥쪽으로 나와 있는 구조의 쯔비터 이온형 HILIC (ZIC-HILIC™) 컬럼. 또 다른 형태로는 바깥쪽에 노출된 작용기가 $-N(CH_3)_3^+$이고, 결합된 쪽이 $-CH(SO_3^-)-CH_2$-실리카인 구조도 있다.

카이랄 정지상(chiral stationary phase) HPLC에서는 크게 네 종류의 카이랄 정지상(CSP)이 사용된다.

1. Pirkle 정지상(Pirkle phases) William H. Pirkle은 Illinois 대학에서 π 받개 CSP를 처음으로 개발하였다. 이들 CSP는 광학 이성질체 내에 방향족 작용기가 있을 경우 해당 π 전자에 의한 π 주개 작용기를 포함하는 광학 이성질체를 분별할 수 있다. CSP의 활성 성분인 카이랄 π 전자 받개 분자는 다공성 실리카 입자에 공유 결합되어 있다. CSP 상의 카이랄 인식을 위한 상호 작용 위치는 π 염기성 또는 π 산성 방향족 고리, 산성 작용기, 염기성 작용기 및 입체 효과 작용기로 분류된다. π-π 상호 작용은 분석물과 CSP의 방향족 고리 사이에서 일어난다. 산성 작용기는 잠재적 수소 결합을 위한 양성자를 제공하며, 염기성 작용기는 π 전자를 제공한다. 또한 부피가 큰 작용기 사이에는 입체 효과도 일어난다.

결국 카이랄 GC 정지상과 마찬가지로, 광학 이성질체를 갖는 분석물과 CSP 사이에서 분리 작용이 일어나려면 최소 세 군데 위치에서 상호 작용이 있어야 한다. 흔히 사용되는 π 받개 CSP는 L- 또는 D- 페닐글라이신, L- 또는 D-루신, 아미노페닐알킬 에스터 및 포스폰산 아미노알킬 등의 물질의 다이나이트로벤조일 유도체를 기반으로 하고 있으며, 일부는 β-락탐 구조를 기반으로 하기도 한다. 이와 같은 정지상에서 CSP는 대개 양쪽 형태 모두를 각기 구분된 형태로 얻을 수 있다는 점을 유념할 필요가 있다. 따라서 광학 이성질체 쌍의 용리 순서는 적절한 구조의 컬럼을 선택하여 결정할 수 있다. 이와 같은 성질은 한쪽 광학 이성질체를 훨씬 많은 양의 다른 쪽 이성질체로부터 분리하고자 할 때 매우 유용하다. 거의 모든 경우에 있어서, 분리 및 정확한 정량을 위해서는 양이 적은 쪽의 이성질체가 먼저 용리되도록 하는 것이 효과적이다.

π 전자 주개 CSP는 아민, 아미노산, 알코올 및 싸이올 등의 분리에 사용된다. 카이랄 인식 메커니즘은 π 받개 CSP의 역으로 이루어진다. 나프틸루신은 이 형태의 CSP에 흔히 사용된

다. 세 번째 형태의 Pirkle CSP는 π 주개와 π 받개로서의 특성을 동시에 가지고 있으며, 아미노테트라하이드로페난트렌, 다이페닐에틸렌다이아민, 다이아미노사이클로헥세인 등의 다이나이트로벤조일 유도체 등을 예로 들 수 있다. 대부분의 Pirkle형 CSP는 역상 및 정상 중 어느 쪽으로도 사용할 수 있다.

2. 카이랄 내강 정지상(Chiral cavity phase) GC에서 사용되는 사이클로덱스트린(CD, 20.10절 및 그림 20.10 참조) 등의 내강(cavity)형 정지상에 대해서는 이미 논의하였다. α, β, 및 γ-사이클로덱스트린은 각각 6, 7, 8 α-D-글루코피라노스 단위체가 α-1,4 형태로 연결된 것이다. 바구니 모양의 분자에서 가운데의 내강은 다소 소수성이고 외면은 친수성이다. HPLC에서는 β- 및 γ-사이클로덱스트린을 다공성 실리카에 결합하여 사용하며, 이때 보통 가수분해에 대하여 안정한 에터 결합을 이용한다. 다양한 형태의 유도체화된 CD에 기반한 정지상도 사용된다. CD 기반 CSP는 1983년 상용화 이후 현재까지 카이랄 HPLC의 주력으로 자리매김하고 있다. 이들은 주로 역상으로 사용되며, 광학 이성질체가 내강 내부에서 상호 작용을 하는 동시에 다른 작용기가 내강의 입구에서 상호 작용을 하면서 카이랄 분리 작용이 일어난다.

사이클로퓨란(CF)은 β-2,1 형태로 연결된 D-프룩토푸라노스 단위체를 포함한다. CF6 및 CF7은 각각 6개 및 7개의 단위체를 포함한다. CD와는 달리 CF는 극성의 왕관형 에터 중심이 있다. CD와 마찬가지로 CF 또한 쉽게 유도체화가 가능하다. CF 기반 정지상은 2011년에 처음으로 소개되었으며 보통 정상 HPLC의 방법으로 사용된다. CF는 제약 산업에서 전구체로 중요시되는 다양한 카이랄 1차 아민 광학 이성질체를 분리할 수 있다는 장점이 있다. 설폰화된 CF 유도체는 HILIC 모드에서 사용할 수 있다.

CD 및 CF 정지상과 마찬가지로, 거대 사슬 글라이코펩타이드 항생제에 기반한 CSP가 Daniel Armstrong에 의해 개발되었다. 이들 CSP 중 하나는 18개의 카이랄 중심이 5개의 방향족 구조로 가교된 3개의 내강을 감싸고 있는 형태의 반코마이신 구조에 기반한다. 수소 주개 및 받개 위치는 고리 구조 가까이에 드러나 있다. 또 다른 CSP는 양쪽성 글라이코펩타이드인 테이코플라닌 구조에 기반한다. 이것은 23개의 카이랄 중심이 4개의 내강을 감싸고 있는 구조이다. 또 다른 CSP는 이들 리간드 가운데 가장 크고 복잡한 구조인 리스토세틴 A 구조에 기반을 두고 있다. 리스토세틴 A는 38개의 카이랄 중심이 4개의 내강을 감싸고 있으며, 6개의 당 작용기, 1개의 펩타이드 사슬 및 기타 이온화 가능한 기가 붙어 다양한 분석물을 분리할 수 있는 복잡성과 다양성을 갖출 수 있게 된다.

다공성 실리카에 결합된 18-왕관형-6 테트라카복실산 또한 (+) 및 (−)의 양쪽 구조로 구할 수 있으며, 아미노산의 광학 이성질체의 분리에 특히 유용하다.

3. 나선형 고분자 정지상(Helical polymer phase) 셀룰로스 에스터와 같은 고분자들은 나선형 구조를 하고 있다. 오른나사 모양과 왼나사 모양은 서로 중첩될 수 없으므로 이들은 카이랄성을 띠게 되며, 따라서 광학 이성질체 분리에 사용할 수 있다. 내강 내에서의 상호 작용, 수소 결합 및 친수성/소수성 상호 작용 등이 모두 분리에 관여한다. 널리 사용되는 정지상에는 카바모일 셀룰로스 또는 아밀로스의 트리스-(다이메틸페닐 또는 클로로메틸페닐) 유도체들이 있다.

4. 리간드 교환 컬럼(Ligand exchange column) 다공성 실리카 등의 기질에 프롤린 등의 아미노산 또는 그 유도체의 광학 이성질체(L형 또는 D형) 중 한 종류가 들어 있다(아미노산의 종류는 간격 띄우개(spacer)의 적정 길이에 따라 결정된다). 이와 같은 종류의 컬럼에 구리 염을 흘려주게 되면 Cu^{2+}가 정지상에 결합된 아미노산 작용기에 가역적으로 결합하여 다가 킬레이트를 형성한다. Cu^{2+}와 결합할 수 있는 카이랄 분자들은 이들 비대칭 아미노산을 대체하여 들어갈 수 있으나, 그 상호 작용의 세기는 분석물의 개별 카이랄 구조에 의해 좌우된다. 따

라서 분석물의 광학 이성질체를 분리할 수 있게 된다. Pirkle의 π 받개형 CSP와 마찬가지로, 컬럼은 L형 및 D형의 양쪽 형태 모두 구할 수 있으며, 컬럼 선택에 따라 분석물에서 어느 쪽 광학 이성질체가 먼저 용리되는지가 결정된다. 일반적으로 L형 컬럼에서는 분석물 중 D형 광학 이성질체가 먼저 용리되지만 예외가 있다. 예를 들면 Astec에서 출시되어 락트산, 말산, 타타르산 및 만델산의 분리에 널리 사용되는 리간드 교환 컬럼의 경우, 위 분석물 중 타타르산에서만 광학 이성질체의 용리 순서가 일반적인 순서와 역전되어 나온다.

기타 지지체. 알루미나(alumina)는 초창기 정상 HPLC 때부터 지지체로 중요한 역할을 해 왔다. 현재 5 μm 지름의 미세 다공성 입자에 폴리뷰타다이엔이나 알킬 작용기가 붙은 폴리실록세인 등을 코팅한 형태의 알루미나 컬럼이 사용되고 있으며, pH 1.3~12 범위에서 사용 가능하다.

지르코니아(zirconia, ZrO_2) 기반 컬럼 충전물은 Minnesota 대학의 Carr의 연구를 기반으로 하여 개발되었으며, 현재는 입자 크기 2 μm 미만의 제품이 널리 사용되고 있다(최근의 HPLC 문헌에서는 이를 흔히 STM(sub-two micron)이라고도 부른다). 코팅제로는 폴리뷰타다이엔, 폴리스타이렌, 각종 이온 교환 작용기, 흩원소 탄소, 탄소층에 결합된 C18, 카이랄 선택제 등이 사용된다. 놀랍게도 이들 정지상 가운데는 pH 범위 1~14에 걸쳐 화학적으로 안정하고 열적으로도 200°C까지 안정한 제품도 있다. 이런 정지상을 이용하게 되면, GC와 같은 형태의 검출기를 사용하여 GC와 유사한 방법으로 LC에서 분리하는 방법도 가능하다. 여백 그림에 순수한 물로 방향족 탄화수소를 용리 분리한 결과를 도시하였다. 압력 강하 및 증기압 계산을 통하여 컬럼 대부분의 구간에서 물은 액체 상태로 존재함을 확인할 수 있다. 사용된 유속은 통상적인 4.6 mm 지름 컬럼에서 5.6 mL/분의 흐름 속도에 해당한다. 상온에서는 3 μm 입자로 충전된 컬럼을 가지고 이 정도의 흐름 속도를 얻는 것은 사실상 불가능하다. 이는 물이 고온으로 과열되어 점성이 크게 낮아졌기 때문에 가능한 일이다.

타이타니아(titania, TiO_2) 또한 최소 3 μm의 입자 크기의 다양한 기공 크기를 갖는 입자로 얻을 수 있으며 넓은 pH 및 온도 범위를 견딜 수 있다. **다공성 흑연 탄소(porous graphitic carbon)**는 pH 0~14의 전 범위에서 안정하며 입자 크기 3, 5, 7 μm로 구할 수 있다. 이런 정지상은 결정성이 높은 균일한 표면 특성을 가지며 극성이 높은 화합물이나 기하 이성질체 및 부분 입체 이성질체의 분리에 특히 유용하다.

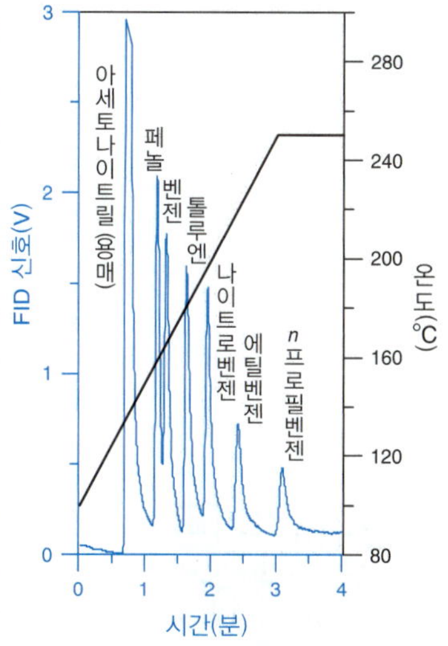

온도 기울기(100~250°C)를 이용한 방향족 화합물의 분리 예. 용리액으로 물을 사용하였으며 흐름 속도는 8.6 μL/분, 컬럼은 0.18 × 130 mm의 스테인리스강제 모세관에 3 μm의 Zirchrom-CARB 입자를 충전하여 사용하였으며, 검출기로는 불꽃 이온화 검출기를 사용하였다. 각 피크에서의 꼬리 끌림 현상은 주로 액체가 기화될 때의 팽창 현상 때문에 생긴다. 참고 문헌: T. S. Kephart and P. S. Dasgupta, *Talanta*, **56** (2002) 977.

21.3 HPLC 장비

HPLC 장치는 펌프, 시료 주입 장치, 분리 컬럼, 검출기의 네 가지 주요 부품으로 이루어져 있다. 보통 컴퓨터 시스템을 통하여 데이터 획득 및 다른 부품 제어 작업을 수행한다. 자동 시료 채취기 또한 시료 처리량이 많은 실험실을 중심으로 널리 사용되고 있는 부가 장비이다(그림 21.2 참조). HPLC의 처리 용량은 기기별로 천차만별로서, 비단 분석용 HPLC와 제조용 HPLC(이 책에서는 다루지 않음)의 차이뿐만 아니라, 같은 분석용 HPLC의 범주 내에서도 분석용으로 사용되는 최소 크기인 지름 0.1 mm 모세관 HPLC에서부터 기존의 지름 4.6 mm 시스템에 이르기까지 그 규모에서 엄청나게 다양한 범위를 보인다. 흐름의 규모는 컬럼 내 선속도에 의해 좌우되므로, 특정 컬럼에서의 최적 유속은 지름의 제곱에 비례하여 변한다. 지름 4.6 mm 컬럼에서 유속이 1~2 mL/분의 범위라면, 이는 0.1 mm 지름의 컬럼에서는 0.48~0.96 μm/분의 유속에 해당하므로, 부피 기준 흐름 속도의 차이는 약 2000배 수준이다. 최적 주입 부피 또한 그에 비례하여 변한다. 하나의 시스템으로 모든 구성 부품에 대하여 이 정도의 넓은 범위를 다루도록 하는 것은 불가능하다. 일부 시스템은 세 자리 수 이상의(예: 1~5000 μL/분) 넓은 범위를 다룰 수 있다고 광고하기도 하지만, 실제로는 두 자리 수 이상의 유속 범위에 대하여 일정 수준의 성능을 한결같이 내는 경우는 드물다. 벽면에서만 변형된 열린관 LC 컬럼의 경우 최적 지름 20 μm 미만에서 최적 유속은 1 nL/분 미만에서 수십 nL/분에 이르지만, 아직 연구 단계에 머물고 있으며 상용화되지는 않는 상태이다. 상용 장비 업체 입장에서는 자사 제품의 펌프가 이 정도의 유속을 다룰 수 있다고 광고하지 않아도 되므로 차라리 다행스러운 일인지도 모른다.

컬럼의 지름, 길이, 및 입자 크기가 워낙 다양하므로, 이에 따라 장비의 종류도 약간씩 달라지게 된다. 현재 시점에서 분리 작업의 대부분은 여전히 400 bar(~ 5800 psi) 이하의 압력을 사용하는 표준 HPLC에서 3~5 μm 크기의 실리카 기반 입자로 충전된 짧은 컬럼을 통해 이루어지고 있다. STM 입자로 충전된 컬럼에서는 특히 10 cm 이상의 긴 컬럼의 경우 5800 psi 이상의 압력을 사용하기도 하며, 1300 bar(~19000 psi) 수준까지 작동 가능한 UHPLC 펌프도 출시되어 있으나, 전체 사용자 중에서의 비중은 아직 그리 높지는 않다. 최근에는 보다 낮은 압력에서 STM 컬럼과 비슷한 분리 효율을 보이는 SPP 충전물이 개발되면서 UHPLC로의 이동이 오히려 정체되는 경향마저 있다. 비록 액체 크로마토그래피 시장의 대부분은 아직 비 UHPLC 시스템이 주류를 이루고 있지만, HPLC 컬럼 시장에서는 주로 UHPLC 시스템에서 사용되는 STM 및 STM-SPP 충전물의 비중이 약 25%를 차지하고 있다. 제약 및 바이오테크 산업의 품질 관리에서도 대개의 경우 기존에 확립된 분석 기준에 따라 기존에 지정된 5 μm 입자 충전 컬럼에서 6000 psi 이하의 압력으로 분석을 수행하게 되는 경우가 많다.

기체 제거 방법

Shimadzu 사 웹 사이트에는 기포의 생성 원인과 기포에 의해 발생하는 다양한 문제점 및 다양한 기체 제거 방법과 그 장단점 등에 관해 정리된 우수한 자료가 있다. http://www.shimadzu.com/an/hplc/support/lib/lctalk/s5/051.html

1. 용매 공급 장치(solvent delivery system) 용매 공급 장치는 펌프 및 그에 부속된 주입구 필터, 기체 제거 장치 및 펄스 감쇠기 등의 보조 장치로 구성된다.

펌프실로 입자가 유입될 경우, 피스톤이나 벽에 긁힘을 유발하거나 역류 방지판(체크 밸브)의 바른 작동을 방해할 수도 있고, 혹은 컬럼 프릿의 막힘을 유발할 수도 있다. 따라서 HPLC에 사용되는 용매는 반드시 필터를 사용하여 여과하여 사용해야 한다. 주입구 필터는 일반적으로 기공 크기 0.2 μm 기공 크기의 스테인리스강 또는 고분자 필터로 PTFE나 PEEK 관의 한쪽 끝에 고정되어 있으며, 이것을 저장병 안의 용매에 담가 놓는다. 관의 다른 쪽 끝은 펌프로 연결된다. 또한 HPLC에는 일반적으로 고순도의 "HPLC급" 용매를 사용한다. 자외선(UV) 검출기는 HPLC에서 가장 많이 사용되는 검출기 중 하나로, HPLC급 용매는 여과 작업뿐만 아니라 자외선을 흡수할 수 있는 불순물의 추가 제거 작업을 거치게 된다.

일반적으로 용매 저장병은 공기와 접촉하고 있으며, 따라서 용매 중으로 공기가 녹아 들어가게 된다. 일부 등용매 용리 실험의 경우에는 용매 저장병을 펌프보다 높게 설치하여 중력에 의해 용매를 펌프로 흡입할 때 공기 방울의 형성을 방지할 수도 있다. 이 경우 검출기 뒤쪽에서 적절한 역압력을 가하면 검출기에서의 공기 방울의 형성을 막을 수 있다. 하지만 HPLC 응용의 대부분을 차지하는 기울기 용리 실험에서 사용되는 유기 용매의 경우, 물 또는 물-유기 용매 혼합액에 비하여 공기(를 비롯한 대부분의 기체, 단 CO_2과 같이 용해되어 이온을 생성할 수 있는 기체 제외)의 용해도가 높아지게 되므로, 유기 용매를 물 용리액에 혼합할 때(즉 용리액의 용매 조성이 변할 때) 공기 방울이 생기게 된다. 펌프 작용 및 혼합 작용에 의한 발열은 공기 방울의 생성을 더욱 부추기게 된다. 이렇게 생성된 공기 방울은 역류 방지판(체크 밸브)의 바른 작동을 방해하거나 펌프 및 검출기의 작동을 방해할 수 있다. 많은 경우 검출기 셀은, 특히 굴절률(RI) 검출기, 점성 검출기 및 전도도 검출기와 같이 온도에 민감한 검출기의 경우, 검출기의 잡음 감소를 위해 항온 장치를 통해 약간 높은 온도로 유지된다. 용액의 기체 제거가 되지 않을 경우 검출기에서 기체 방울이 생기게 된다.

용해된 기체를 제거하기 위한 방법으로는 오프라인에서는 (a) 가열 및 교반, (b) 진공 기체 제거 등의 방법이 있으며, 온라인에서는 (c) 가열 및 교반, (d) 투기성 막(테플론 AF 등의 플루오르화탄소 재질 및 실리콘 수지 지지체 등)을 이용한 진공 기체 제거 장치, (e) 헬륨 분사 등의 방법이 있다. 이 가운데 (d)와 (e)가 널리 사용된다. 인라인 기체 제거 장치는 용매 저장병과 펌프 사이에 위치한다. 막형 진공 기체 제거 장치는 용해된 기체의 70~95%를 제거할 수 있으며, 유속이 증가할수록 기체 제거 성능은 감소한다. 산소가 짧은 파장의 빛을 흡수하므로, 유속 기울기를 사용하게 되면 190~220 nm에서 바탕선이 시간에 따라 증가하게 된다. 최고 성능의 진공 기체 제거 장치에서는 진공 펌프가 짧은 시간 주기 동안 켜짐과 꺼짐을 반복하며, 복수의 기체 제거관을 직렬로 연결하여 기체 제거 성능을 향상시킬 수 있다.

(e)의 헬륨 기체 제거 방법은 가장 널리 사용되며 진공 장치를 이용한 방법보다 우수한 성능을 제공하지만, 최적의 성능을 발휘하기 위해서는 보다 세심한 주의가 필요하다. 이동상에 헬륨을 방울 단위로 분사시켜 주게 되면, 이 헬륨이 용해된 기체를 밀어내면서 대체하게 된다. 이 방법을 통하여 UV 검출기나 형광 검출기(형광은 용존 산소의 영향을 강하게 받는 경우가 많음)뿐만 아니라 굴절률 검출기 등에 대해서도 안정된 바탕선을 통해 감도를 높일 수 있다. 공기에 대한 재노출을 막기 위해서 고급의 헬륨 분사 시스템은 밀봉 상태로 작동하며, 용매의 펌프 작용을 돕기 위해 저장병을 적절히 가압 처리하여 작동한다. 최고 수준의 기체 제거 작업이 필요할 경우, 헬륨 분사 후 다시 진공 기체 제거 장치를 연결하여 사용하기도 한다. 민감한 환원성 전기 화학적 검출법에서는 이것조차도 부족할 수 있는데, 검출기의 전압에 의해 용존 산소가 쉽게 환원될 수 있으므로 용존 산소를 최대한 제거해야 하기 때문이다. 이 경우 펌프 작용에 앞서 전기 화학적 환원 반응을 통하여 잔류 산소를 제거하며, 산소의 재용해를 방지하기 위해 배관은 가급적 고분자 재질 대신에 금속 재질을 사용한다.

용매 공급 펌프(pumps for solvent delivery) 모든 HPLC 펌프는 비압축성 액체에 대해 작동하는 용적형(positive displacement) 펌프로서, 압력 범위 한도 내에서는 용매의 점도나 컬럼의 역압력에 관계 없이 일정한 흐름 속도를 유지한다.

가장 흔히 사용되는 HPLC용 펌프는 왕복 펌프이다. 가장 간단한 펌프는 두 개의 역류 방지판이 연결된 작은 원통형 피스톤 방으로 구성되어 있다. 주입구 쪽의 역류 방지판은 저장병과 연결되고 흡입 행정에서 열리게 되어 펌프실에 용매를 채운다. 이 동안에 배출구 쪽의 역류 방지판은 닫혀 있게 된다. 펌프 작용 행정에는 배출구 쪽의 역류 방지판이 열리고 주입구 쪽의 역류 방지판이 닫히게 되어 저장병으로의 역류 없이 용매를 이후의 장치로 이동시킨다. 역류 방지판은 사파이어 기판 위에 장치된 루비 구체와 사파이어 피스톤으로 구성되어 있다(보석 상자 이야기가 아니다. 루비와 사파이어는 모두 고경도의 Al_2O_3 물질로서 산업적으로 양산되고 있다). 유속이 매우 낮거나 압력이 높을 경우 역류량은 낮기는 하나 무시할 수는 없으므로, 보통 2개 이상의 역류 방지판을 한데 묶어 직렬로 장착하여 사용한다. 용수철로 구를 고정시킨 형태 또한 흔히 사용되는데, 이 경우에는 유압이 역류 방지판의 용수철에 의한 압력보다 높은 경우에 한해 역류 방지판이 열리고 액체가 흐르게 된다.

단일 피스톤 펌프의 캠은 액체 흐름의 단속을 최소화하기 위해 흡입이 배출보다 훨씬 빠르게 일어나도록 설계되어 있지만, 그럼에도 불구하고 상당한 펄스가 있는 흐름이 생기게 되며 이를 감쇠시켜야 한다. 펄스 감쇠기의 작용은 펌프에서 나온 액체를 유연성이 있는 구성품(휠 수는 있지만 깨지지는 않을 정도의 적당한 두께의 스테인리스강 제품을 주로 사용)을 통과시키는 방식으로 이루어진다. 순수한 물 용리액을 이온 크로마토그래피에 사용하는 경우 등에서는 길이가 긴 Tefzel® 또한 효과적이다.

이와 같은 단일 펌프는 HPLC의 주력 펌프로는 잘 사용되지 않으며, 보통은 이중 피스톤 펌프를 주로 사용한다. 양쪽 피스톤 모두 역류 방지판을 통해 저장병과 연결되어 있고, 양쪽에서 유입되는 액체가 T자형 관을 통해 합쳐지면 나아가게 된다. 두 개의 피스톤 헤드는 서로 엇박자로 작동하므로 나아가는 유속은 일정하게 유지된다. 컴퓨터로 정밀하게 설계된 단일 캠이 양쪽 헤드를 모두 제어하며 펄스 작용은 단일 펌프 장치와 비교할 수 없을 정도로 줄어든다.

또 다른 설계에서는 한쪽 방에서 나오는 흐름(저압 헤드)을 직렬로 연결된 고압 헤드 쪽으로 흘려 넣고, 이를 다시 이후의 장치로 이동시킨다. 이 경우는 2개의 주입구 및 1개의 배출구

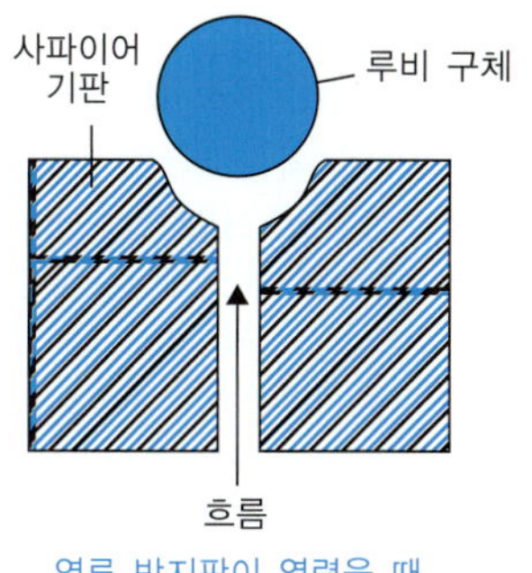

역류 방지판이 열렸을 때

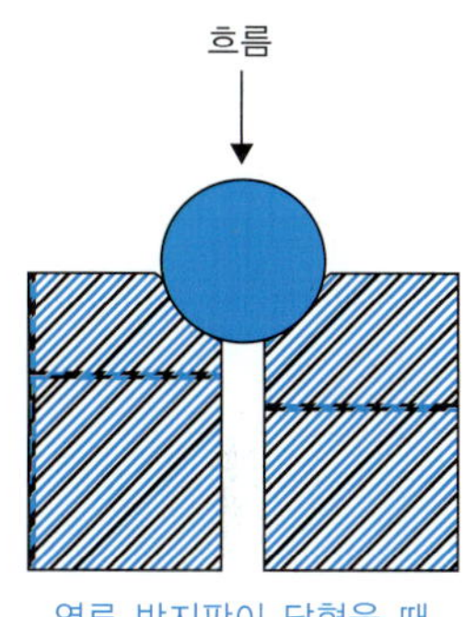

역류 방지판이 닫혔을 때

Tefzel®은 에틸렌과 테트라플루오로에틸렌의 공중합체인 에틸렌테트라플루오로에틸렌(ETFE)이다. Tefzel은 PTFE 만큼이나 반응성이 작으면서도 파열 강도가 PTFE보다 훨씬 높다.

HPLC 펌프의 디자인(웹 책)

Seton Hall 대학의 Yuri Kazakevich가 지은 무료로 이용 가능한 웹 기반 HPLC 책에서는 이 책에서 설명한 다양한 HPLC 펌프 설계도를 다루고 있다.(http://hplc.chem.shu.edu/HPLC/index.html) 본 자료는 HPLC의 다른 부분에 대해서도 훌륭한 자료가 될 것이다.

에 역류 방지판이 필요하다. 고압 방을 채우는 과정은 저압 피스톤을 이용하여 전체 펌프 주기의 1% 미만의 짧은 시간 동안에 빠르게 진행할 수 있으며 이를 통해 펄스 구간을 줄인다. 또 다른 직렬 이중 피스톤 설계에서는, 작은 피스톤으로는 용리액을 이후의 장치로 밀어내고 큰 피스톤으로는 용리액을 채운다. 큰 피스톤 방에는 주입구 및 배출구 쪽에 역류 방지판이 달려 있으며, 배출구 쪽의 역류 방지판은 작은 피스톤 방으로 연결된다. 필요한 역류 방지판은 이 두 개뿐이다. 피스톤의 방향이 바뀌면 큰 피스톤이 작은 피스톤 방을 용매로 채우면서 용매를 장비로 공급하게 된다.

피스톤 방은 보통 스테인리스강으로 되어 있으며, 따라서 pH가 낮은 할로젠화 용액이나 킬레이트제 등에 의해 부식될 수 있으므로(특히 용리액이 산소를 포함할 경우) 이들 용액과 함께 사용할 수 없다. 이온 크로마토그래피 및 금속에 민감한 생체 시료를 이용한 실험의 경우에는 PEEK 재질을 사용한다. PEEK은 수용액(진한 HNO_3 및 H_2SO_4 제외) 및 메탄올과 아세토나이트릴을 포함한 많은 유기 용매에 대하여 안정하나, 사용할 수 있는 최대 압력에 제한이 있으며, CH_2Cl_2, 테트라하이드로퓨란(THF) 및 다이메틸 설폭사이드(DMSO) 등의 용매에서는 팽윤이 일어난다. PEEK은 400 bar 이하의 압력으로 사용이 제한된다. 고급형 UHPLC 시스템에서는 의료 기기급의 타이타늄을 피스톤 방에 사용한다.

기울기 용리는 대부분의 HPLC 분리에 필수불가결하다. 최대 네 종류의 용매로부터 기울기를 만들어 낼 수 있는 펌프 장치가 상용화되어 있다. 기울기 펌프 장치는 용매 조성 변화가 일어나는 쪽이 유입구(펌프의 저압부) 쪽이냐 배출구(펌프의 고압부) 쪽이냐에 따라 작동 방식이 근본적으로 달라지게 된다. 예를 들어 메탄올과 인산 완충 용액으로부터 2종간 고압 기울기를 만들어 사용하고자 할 경우, 펌프 A를 메탄올에, 펌프 B를 인산 수용액 완충 용액에 사용하는 식으로 두 개의 별개의 펌프를 사용한다. 두 펌프에서 나오는 액체는 T자형 관을 통해 합류한다. 능동형 교반기가 장착된 혼합실을 이용할 수도 있으며, 현재는 고효율의 수동형 혼합기도 흔히 사용된다.(UHPLC 장비는 일반적으로 이와 같은 정적 혼합기를 사용한다.) 크로마토그래피 실험 과정에서는 기울기 프로그램이 양쪽 펌프를 모두 제어하면서 펌프 A는 유속을 천천히 올리고 동시에 펌프 B는 유속을 천천히 내린다. 이때 전체 유속은 일정하게 유지된다. 유속 자체를 변화시키는 기울기 실험도 가능하지만 흔히 사용되지는 않는다. 고압 기울기 펌프 장치는 두 개의 동일한 펌프가 필요하기 때문에 고가이며, 따라서 2종 이상의 기울기로는 잘 사용되지 않으나, 고압부에서의 혼합 전후 부피 변화가 매우 적고 아주 가파른 경사의 기울기를 얻을 수 있다는 장점이 있다.

저압 기울기 장치는 *n*종간 기울기를 얻기 위하여 *n*개의 독립적인 2포트 솔레노이드 밸브가 단일 구획에 연결되어 있다. 각각의 밸브의 주입구는 각각의 용매 저장병에 연결되어 있으며 이들은 모두 어느 정도 가압이 된 상태이다. 각 밸브의 배출구는 모두 한데 연결되어 전체 펌프에 연결되어 용매를 보낸다. 각각의 밸브는 매우 빠르게(작동 시간 10~15 ms) 켜짐과 꺼짐이 가능하며, 펌프의 흡입 행정에서 각각의 밸브가 빠르게 개폐된다. 만일 이 전체 흡입 행정에서 용매 A 및 용매 B에 연결된 밸브가 전체 시간 중 각 50% 동안만 열려 있게 되면(각각의 밸브는 여러 차례 개폐를 반복함), 결과적으로 펌프의 총 유량은 50%의 A와 50%의 B로 구성될 것이다. 일정 유속 용매 기울기에서는 펌프의 압력은 상당한 변화를 겪을 수 있는데, 혼합 용매의 점성이 각각의 순수한 용매에 비해 커질 수 있기 때문이다. 이런 현상은 특히 물: 메탄올 기울기 시스템에서 두드러진다.

주사기 펌프(**syringe pump**) 이름에서 알 수 있듯이, 모터-구동 주사기(보통 잘 다듬어진 내강의 스테인리스강으로 제작된)로 구성되어 있으며, 용매의 재보충 없이 원하는 크로마토그래피 실험을 진행할 수 있을 정도로 충분히 큰 부피의 주사기를 사용한다. 입구는 3구 밸브

[1]3구 밸브는 3개의 포트로 구성되며, 이 중 하나는 공통 포트로 나머지 2개와 Y형 구조로 연결되어 있다. 실제로는 액체가 공통 포트로부터 나머지 두 가지 중 한쪽으로만 흐를 수 있다. 따라서 영어에서 사용하는 "3-way valve"라는 용어는 엄밀하게는 잘못된 표현이기는 하지만, 이미 너무나 널리 사용되고 있다.

의 공통 포트와 연결된다.[1] 나머지 2개의 포트는 각각 시료 주입기 및 용매 저장병과 연결된다. 필요시 밸브는 저장병 쪽으로 연결되어 용매를 흡입하여 채우게 된다. 주요 제작사 중 한 곳에서는 65~1000 mL 용량의 펌프를 제공한다. 유속은 펌프 용량에 따라 달라지지만 각각 10 nL/분~25 mL/분 범위에서 0.1~410 mL/분 범위에 이르며, 최대 작동 압력은 용량에 반비례하여 20000 psi에서 2000 psi 범위에 이른다. 주사기 펌프는 넓은 범위의 유속을 얻을 수 있는 현실적인 대안일 뿐만 아니라, 펄스가 거의 없이 작동할 수 있다는 결정적인 장점이 있어, 펌프 펄스에 극도로 민감한 검출기를 사용하고자 할 때 특히 유용하다. 하지만 HPLC용의 주사기 펌프는 고가이며, 더욱이 기울기 실험에서는 복수의 펌프를 사용해야 한다는 점을 고려해야 한다.

일정 압력식 펌프(대개 기압식의 가압실로 구성)는 현재의 LC에서는 잘 사용되고 있지 않으나, 열린관 LC가 실용화될 경우에는 상황이 달라질 수 있다.

2. 시료 주입 장치(sample injection system) 대부분의 HPLC에서 사용하는 주입 장치는 6포트 루프형 주입식 밸브 및 그의 변종이다. 이 형태의 주입 장치는 외부 연결선이 연결되는 "스테이터(stator)"와 내부에 위치한 원반형의 "로터(rotor)"로 구성되어 있으며, 그림 21.9에 뒷면의 모식도와 함께 표시하였다. 앞면 기준으로 1번부터 6번까지 위쪽부터 시계 방향으로 번호를 표시하였다. 각 포트에는 나사홈이 패여 있으며 외부와의 모든 연결은 지정된 형태의 너트와 압축 페럴을 통하여 이루어진다. (도시하지 않음)

고정된 부피의 주입 루프는 1번과 4번 포트 사이에 연결되어 있다. 포트 2는 시료 주입기(수동 주사기, 자동 시료 처리 장치의 주사기, 또는 토봉 밸브 전면에 위치한 마찰 결합식 니들 포트 등)에 연결되어 있다. 과량의 시료는 3번 포트를 통해 배출된다. 5번과 6번 포트는 각각 컬럼과 펌프에 연결된다. 로터 원반에는 포트가 없으며, 그림에서 로터에 표시된 검은 원은 단지 스테이터와의 연결 부위를 나타낼 뿐이다. 대신에 로터에는 세 개의 분절이 교대로 패여 있으며, 각각의 분절은 이웃한 포트 위치를 연결하고 있다. 그림 21.9의 왼쪽 그림을 보자. 로터는 스테이터에 단단히 맞물려 있다. 시료가 2번 포트를 통해 주입되면 로터의 슬롯을 통해 1번 포트로 이동하게 되고, 시료가 계속 주입되면서 시료 주입 루프를 채우면서 4번 포트로 빠져나오게 되며, 다시 로터의 슬롯을 통해 3번 포트를 거쳐 폐수로 빠져나오게 된다. 한편 펌프에서 나온 이동상은 6번 포트에서 나와서 역시 로터의 슬롯을 통해서 5번 포트를 통해 바로 컬럼으로 흘러들어간다. 포트는 60도 간격으로 대칭으로 놓여 있다. 로터는 두 점 사이에서 왕복 운동을 하며 양 끝에서 더 이상 돌아가지 않도록 만들어져 있다. 로터가 수동, 유압 작용, 또는 가장 널리 사용되는 전기 모터에 의해서 60도 만큼 돌아가게 되면 밸브는 주입 위

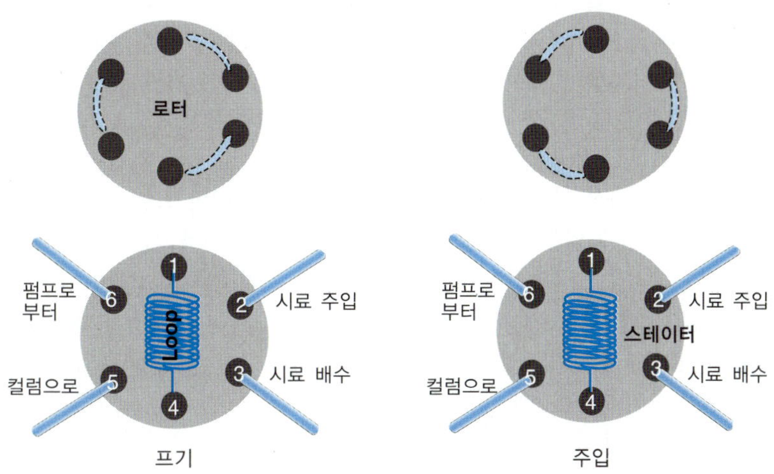

그림 21.9 6-포트 시료 주입기. 왼쪽은 "프기" 위치, 오른쪽은 "주입" 위치를 나타낸다.

치에 놓이게 된다(그림 21.9의 오른쪽). 이 위치에서는 펌프에서 나온 이동상이 로터 슬롯을 따라 루프 안의 내용물을 컬럼 안으로 밀어내게 되고, 이로써 시료의 주입이 이루어짐을 유념할 필요가 있다. 한편, 시료 주입 포트는 곧바로 폐수 쪽으로 연결되어 나가게 된다. 이와 같은 형태의 주입 장치를 외부 루프 주입 장치라고 하며, 루프의 부피를 변화시킴으로써 주입하는 시료의 부피를 조절할 수 있다. 그러나 루프 부피가 작을 경우, 포트 및 슬롯의 부피에 의한 영향 또한 무시할 수 없게 된다. 일반적으로 로터는 스테이터보다 무른 재질로 만들어진다. PEEK 및 강화 PTFE 복합 소재는 밀착성이 우수하고 마찰이 적어서 로터의 재질로 널리 사용된다. 일부 혁신적인 설계의 밸브 중에는 밸브를 통과하는 액체 자체의 압력으로써 로터와 스테이터가 밀착되도록 고안된 것도 있다.

1 μL 미만의 주입 루프는 루프 포트에 연결에 필요한 배관의 최소 길이의 한계 및 내부 밸브 포트 자체의 부피에 따른 문제 때문에 실용성이 떨어진다. 그러나 외부 루프를 사용하는 대신에(교체 가능한) 내부 원반에 슬롯을 홈으로 파서 주입 루프로 사용할 수는 있다. 최소 4 nL 부피로 100 μm 크기의 연결 배관으로 이루어진 내부 루프형 주입기가 “나노LC” 용으로 사용되고 있다. 최대 5 μL까지의 내부 루프형 주입기 또한 나와 있다. 물론 외부 루프에서는 주입 부피의 상한선은 따로 없다. 시료 주입 부피는(주입된 시료가 컬럼에서 차지하는 길이가 일정할 경우) 컬럼의 단면적에 비례하게 된다. 즉, 보통 4.6 × 250 mm 크기의 $d_p = 5$ μm의 컬럼에서 일반적인 실험 조건대로 10 μL의 시료를 주입하는 것은 0.1 mm 내강의 충전 모세관 컬럼에서 5 nL의 시료를 주입하는 것과 같다.

시료 주입 루프를 완전히 채우는 방식의 시료 주입은 장비 전체를 통해서 재현성이 매우 우수한 편으로, 전체 분석의 재현성에 큰 영향을 미치는 요소는 아니다. 시료 주입 루프를 다 채우지 않고 일부만 채우는 방식 또한 가능한데, 마이크로리터 크기의 주사기를 전면의 니들 포트 주입 밸브에 연결하거나, 자동 밸브를 루프 전체를 채울 수 있는 시간에 비해 극히 짧은 시간 동안만 주입 위치에 놓는 방법으로 진행하면 된다. 이런 방식은 시료 주입 루프를 완전히 채우는 방식에 비해서 재현성이 떨어진다.

다중 포트 밸브의 다양한 응용과 설정 방법은 http://www.vici.com/support/app/2p_japp.php를 참고할 것.

이웃한 포트끼리 연결된 로터를 사용하는 형식의 밸브는 6포트형뿐만 아니라 8포트형에서부터 14포트(짝수 개의 포트 수로만)형까지 나와 있다. 이들은 두 개의 서로 다른 컬럼에 동일한 시료를 주입한다든지, 시료를 시스템에 연결된 2개의 컬럼 중 한쪽에 주입한다든지 하는 등의 다양한 목적에 사용할 수 있다.

3. 컬럼(Column) 컬럼의 외피로 가장 많이 사용되는 것은 직선의 스테인리스강 관으로, 내벽은 매끄럽게 연마되어 있다(보통 RMS 기준 0.2 μm 이하의 거칠기로 전기 연마되어 있음)(그림 21.10 참조). “표준” 컬럼은 일반적으로 안지름 4.6 mm의 컬럼을 의미하나, 4 mm 및 2.1 mm 크기의 컬럼도 널리 사용된다. 내경 1 mm 이하의 컬럼은 보통 모세관 컬럼이라고 하며, “나노LC”는 내경 0.1 mm 이하의 컬럼을 말한다. PEEK 컬럼 외피는 이온 크로마토그래피 및 기타 금속에 민감한 응용 분야에 사용된다. 모세관 컬럼의 외피로는 보통 용융 실리카나, PEEK 또는 PEEK 포장 용융 실리카 관 등을 사용한다.

컬럼 양쪽의 프릿은 입자상 물질의 여과, 컬럼 단면 전체에 대한 흐름 분포의 균일성 확보 및 컬럼 받침에 대한 지지대 역할을 위해 사용된다. 가장 널리 사용되는 프릿은 소결 처리된 스테인리스강 원반(보통 기공 크기 0.5~2 μm)을 고분자 고리(PEEK, PTFE, ETFE 등의)로 감싸서 밀봉성을 높인 것이다. 때때로 흐름 분배용 원반을 컬럼의 주입구 쪽에 연결하여 사용하기도 하는데, 특히 제조용으로 사용하는 대구경 컬럼에서 흔히 이용된다. 일반적인 스테인리스강 프릿은 컬럼의 나머지 부분에 비해 표면적이 훨씬 크고, 따라서 대다수의 생분리 작업과 같이 철의 존재에 민감한 응용 분야에는 사용할 수 없다는 점을 유념할 필요가 있다. 이 경우에는 타이타늄이나 고분자로 만들어진 프릿을 사용할 수 있다.

컬럼의 길이는 관류 입자로 만들어진 친화 컬럼에서 쓰는 5 mm 길이에서부터 지름 5 μm

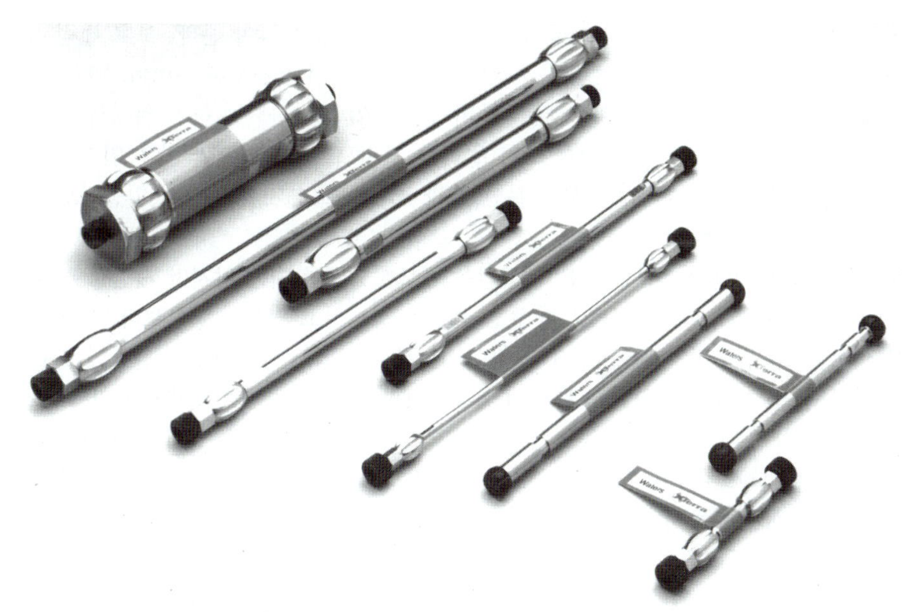

그림 **21.10** 전형적인 HPLC 컬럼(Waters Corporation 제공)

입자로 충전된 "표준" 4.6 mm 구경 컬럼의 250 mm 길이에 이르기까지 다양하다. SEC 분리에서 전체 머무름 창은 컬럼 내 전체 기공 부피에 의존한다는 사실을 기억하자. 전체 기공 부피는 또한 컬럼의 크기에 좌우된다. 따라서 배제 모드(SEC/ICE)에 사용하는 컬럼은 크기가 크게 마련이며, SEC 컬럼의 경우 7.8 × 300 mm 크기의 제품도 흔히 볼 수 있다.

같은 종류의 입자에 대해서 컬럼의 효율은 입자의 지름(d_p)에 반비례하는 것은 사실이다. 하지만 실제로는 제조사 간에 성능의 편차가 크다. 또한 모든 종류의 분석물에 대하여 동일한 효율을 보이는 컬럼은 없다. 여백에 언급된 연구에서는 $d_p = 10$ μm인 컬럼이 5개, $d_p = 4$ μm인 컬럼이 3개, 나머지 컬럼은 모두 $d_p = 5$ μm 였다. 중성 용질인 톨루엔에 대해서는 최고 효율 및 최저 효율(각각 약 115,000 및 32,000 단/m) 모두 $d_p = 5$ μm 컬럼 제품에서 나왔다. 또한 염기성 용질인 피리딘에 대해서는 방금 언급한(톨루엔에 대하여) 최고 효율의 컬럼은 최저의 성능을 보였으며, 피리딘에 대해 최고의 성능(약 65,000 단/m)을 보인 컬럼 역시 $d_p = 5$ μm 제품이었다.

http://www.mac-mod.com/pdf/technical-report/036-Column-Comparison Guide.pdf에 흔히 쓰이는 60가지 C18 상의 상세한 비교가 수록되어 있다. 상대 소수성과 극성에 따라 분류되어 있고, 중성 및 염기성 화합물에 대한 컬럼 효율도 나와 있다.

단수에 대한 d_p의 영향을 확인하는 데는 같은 제조사에서 나온 서로 다른 크기의 유사한 입자끼리 비교하는 것이 더 의미가 있다. 다공성 실리카 기반 C18 컬럼의 특정 제품군에 대하여, Agilent의 연구진은 $d_p = 5$, 3.5 및 1.8 μm 제품에 대하여 각각 85,000, 140,000, 240,000 단수/m의 성능을 보고한 바 있다. 한편, $d_p = 2$ μm의 X표 컬럼, $d_p = 2.5$ μm의 Y표 컬럼 및 단결정 컬럼은 모두 비슷한 조건에서 거의 동일한 효율을 보였으며, $d_p = 3.5$ μm 컬럼보다도 오히려 다소 낮은 성능을 보였다. 반면에, 현용 SPP-기반 Kinetex 컬럼은 제조사인 Phenomenex에 따르면 $d_p = 1.3$, 1.7, 2.6 및 5 μm 충전물에서 각각 400,000, 320,000, 280,000 및 180,000 단수/m 의 성능을 보인다고 한다.

$d_p \le 2$ μm 입자로 충전된 컬럼은 압력 강하가 크기 때문에 보통 3~5 cm 길이의 제품이 사용되며, 주로 UHPLC 장비용으로만 사용된다. $2.5 \le d_p < 5$ μm 입자를 사용한 제품의 경우 최대 길이 150 mm까지의 제품이 사용되며, $d_p = 5$ μm 입자의 경우 표준 25 cm 길이의 컬럼이 널리 사용된다.

$d_p = 5$ μm 컬럼의 경우 보통 1~5 cm 길이의 작은 **보호 컬럼**(**guard column**)을 주입기와 분석 컬럼 사이에 설치한다. 이 컬럼은 보통 분석 컬럼과 같은 충전물을 함유하고 있는데, 이 컬럼을 두는 이유는 두 가지이다. 첫째, 분석 컬럼에 들어가면 컬럼을 오염시켜 컬럼 효율과 선택성을 변화시키는 부스러기(예; 펌프 밀봉 조각)와 시료 내 입자성 물질을 붙잡아 준다(일부 연구진은 펌프와 주입기 사이에 인라인 필터를 추가로 설치하는 것을 선호하기도 한다).

보호 컬럼은 세게 흡착하는 화합물과 부스러기를 붙잡아 분석 컬럼의 수명을 연장시키고 분리를 향상시킨다. 하지만 STM 입자 충전 컬럼의 경우에는 띠 번짐 현상이 심해질 수 있으므로 잘 사용되지 않는다.

둘째, 분석 컬럼에 세게 흡착하여 용리되지 않는 화합물을 붙잡아 준다. 보호 컬럼은 분석 컬럼의 수명을 연장시킨다. 보호 컬럼은 주기적으로 교환하거나 재생해 주어야 한다. 어떤 분석 컬럼은 불감부피를 대부분 없애고 컬럼외 띠 넓어짐이 최소화되게 하기 위해서 보호 컬럼을 분석 컬럼에 접합한 형태의 통합형 보호 컬럼을 가지고 있다. 하지만 작은 입자로 충전된 고효율 컬럼의 경우에는 컬럼 밖에서의 분산 효과 또한 중요해지며 따라서 일반적으로 보호 컬럼을 사용하지 않는다.

컬럼 오븐(column oven) 컬럼의 온도 조절은 반드시 필요하지는 않지만 재현성 향상에 크게 기여한다. 대부분의 고급형 HPLC는 컬럼 오븐을 장비하고 있으며 상온보다 약간 높은 온도(예: 30°C)로 컬럼을 유지한다. 온도가 높아질수록 확산성도 증가하므로 컬럼의 효율 또한 증가한다. 온도를 높이게 되면 van Deemter 도시에서 단수높이 최솟값의 위치가 유속이 높은 쪽으로 이동하게 되며, 유속을 높이게 되면 분리를 더 빠르게 할 수 있어 유리하다. 고온에서는 용리액의 점도가 감소하므로 높은 유속을 유지하기에 보다 용이하다. 하지만 온도를 높이게 되면 그 반대 급부로서 컬럼의 손상이 가속되는데, 이 점은 특히 실리카 기반 컬럼 및 음이온 교환체에서 두드러진다. 또한 GC와는 달리 LC에서는 컬럼의 온도를 높인다고 해서 머무름율이 줄어드는 것은 아니다. 따라서 LC에서는 온도 프로그램은 가능하기는 하지만 잘 사용되지는 않는다. 어떤 검출기, 특히 굴절계 검출기(RI) 및 전도도 검출기는 온도 변화에 아주 민감하다. 이런 검출기의 경우 고급형 제품에서는 이미 항온 기능이 내장되어 있는 경우도 있으나, 가급적이면 컬럼과 검출기의 온도를 같게 맞춰줄 필요가 있다. 전도도 검출기의 경우 측정 셀은 보통 탈착 가능하며 컬럼 오븐 내에 쉽게 장착될 수 있다.

기본형 HPLC 장비에서도 컬럼 오븐이 없을 경우, 컬럼을 발포 바이닐 포장이나 스타이로폼 절연제 등으로 감싸서 급격한 온도 변화를 방지할 수 있다.

4. 검출기. HPLC 검출기 및 데이터 획득에서 일반적으로 고려할 점 모든 검출기는 당연히 잡음이 낮고 감도가 높아질수록 검출 한도가 향상된다. 복잡한 시료에 대한 1회의 크로마토그래피 실험의 경우 상당한 시간(1시간 이상)을 소요하게 되므로, 검출기의 바탕선의 변화가 일어나지 않을 것이 요구된다. 컬럼의 효율이 향상될수록 피크가 좁아지고 시간 범위가 줄어들게 된다. 따라서 검출기의 반응 시간도 충분히 빨라져야 하고, 데이터 획득도 충분한 시간당 해상도를 확보할 수 있어야 한다. 또한 검출기 셀의 부피도 일정 크기 이하로 유지하여 셀 내 편차에 의한 띠의 퍼짐 현상을 최소화해야 한다. 위 조건 중 하나라도 만족되지 않을 경우 실제 컬럼에서의 분리 결과보다 훨씬 못한 크로마토그램을 얻게 된다.

검출기의 아날로그 신호를 외부에서 디지털화하여 획득하는 경우 몇 가지 고려 사항이 추가된다. 일반적으로 n Hz의 빈도로 발생하는 현상을 제대로 기록하기 위해서는 최소 5배 속도인 $5n$ Hz 수준으로 데이터를 샘플링하여 획득해야 한다. 따라서 검출기의 e-접힘 시간이 10 ms라면(100 Hz에 해당), 데이터 획득은 최소 500 Hz 수준으로 이루어져야 한다. 하지만 검출기 자체의 반응 시간이 이보다 느리다면 고속 데이터 획득은 그 효용성이 떨어지게 된다.

일반적으로 크로마토그래피의 피크를 제대로 표현하기 위해서는 최소 20개의 디지털화된 측정점이 필요하다. 전체 피크가 1초 사이에 나타난다면, 검출기의 반응 시간은 50 ms(밀리초) 이하여야 한다. 많은 경우 검출기의 단일 신호 반응 시간을 보게 되며, 흔히 "e-접힘(e-folding)" 시간이라고 한다.[2] 검출기 신호가 올라갈 때와 내려갈 때의 시간도 반드시 같지는 않다. 일반적으로 검출기의 반응 시간은 e-접힘 시간의 최소 3배에서 좀 더 보수적으로 5배를 잡게 된다. 방금 들었던 예에서는 검출기의 e-접힘 반응 시간은 10 ms 수준이어야 한다. 검출기의 출력이 내부적으로 디지털화되는 경우 이 데이터는 데이터 획득 시스템으로 바로 전송할 수 있다. 오늘날 대부분의 검출기는 이 방식을 따른다. 이 경우 방금 들었던 예에서는 최소 100 Hz의 데이터 전송 속도가 필요하다. 현재 고속의 LC에 사용되는 검출기의 경우 보통 최대 200 Hz까지의 데이터 전송 속도를 보인다. (하지만 측면의 서술을 참조하라.)

HPLC 검출기가 갖추어야 할 또 다른 특징으로는 작은 유속 변화(및 역압력 변화) 및 온도 변화에 대한 안정성이다. (온도 변화에 대한 안정성은 모든 검출기에서 만족되는 특성은 아니

---

[2] 계단 함수를 적용할 경우, 검출기의 출력은 S자형 곡선의 모양으로 최종값에 도달하게 되며, 매 e-접힘 시간마다 그 전 단계에서 남아 있던 구간의 1/e = 0.37씩 남게 된다. 예를 들어 e-접힘 반응 시간이 10 ms이면, 10, 20, 30, 40, 50 ms에서는 신호의 최종값의 63, 85, 95, 98, 99.3%에 도달하게 된다. e-접힘 시간은 RC 필터 회로의 "시간 상수"와 같다.

다.) 또한 조작의 용이성이 요구되며, 다른 검출기와 직렬로 연결하여 사용하고자 할 경우 비파괴적이고, 피크의 번짐이 작은 것이 좋다. 넓은 범위에서의 농도 정량을 용이하게 하기 위한 광범위한 선형성도 요구되는 특성이다. 현재와 같이 데이터 저장 공간의 확보에 드는 비용이 저렴해지고(따라서 고해상도의 교정 곡선 이용이 가능해짐) 계산 성능이 향상된 시대에는 반응 기울기(단위 농도 변화에 따른 반응의 변화)가 충분히 높다면, 종래와 같이 선형성을 강조하는 것은 큰 의미가 없을 수도 있다. 실제로 일부 검출기의 반응은(에어로솔 입자 형성에 의해 작동하는 대부분의 증발식 검출기 등에서와 같이) 본질적으로 넓은 범위에서 비선형적이며, 제조업체 측은 대개 장비 펌웨어에 신호 처리 기능을 내장하여 출력을 자체적으로 "선형화"하여 표시하는데, 이 과정은 보통 사용자에게 공개되지 않는다. 보다 계몽된 미래에는 위의 과정이 사용자에게 투명하게 공개되고 사용자가 정량에 필요한 비선형 검량선을 다양하게 선택할 수 있도록 하는 방안도 생각해 볼 수 있다.

검출기의 반응이 특정 화학종에 대하여 선택적으로 작동하느냐 또는 모든 화학종에 대한 만능 검출기로 작동하느냐의 여부는 축복이 될 수도 잇고 저주가 될 수도 있다. 만능 검출기는 초기 탐색 과정에서 유용할 수 있다. 그러나 제약 시료에서의 특정 불순물과 같이 특정 화합물을 분석하고자 하는 경우, 해당 분석물에 선택적으로 반응하는 검출기가 훨씬 유용할 것이다. 특히 분석물과 다른 물질이 함께 용리되어 나오지만 선택한 검출기가 분석물에만 작용하는 상황에서 매우 유용하다. 질량 분광계를 이용하여 선택된 이온만을 조각내어 관찰하는 모드(22장 참조)를 이용하는 경우를 제외한다면, 특정 분석물에만 반응하는 검출기는 존재하지 않는다. 질량 분광계 및 LC-MS는 22장에서 논의하겠지만, 이때도 분석물을 매트릭스로부터 크로마토그래피적으로 분리하는 과정이 필요하며, 그렇지 않으면 매트릭스가 분석물의 이온화에 영향을 미치게 되어 정량 결과에 오류가 생기게 된다.

만능(universal) 및 준만능(quasi-universal) 검출기 질량 분광계 및 굴절률 검출기는 모두 진정한 의미의 만능 검출기이다. **굴절률(refractive index, RI) 검출기**는 물질의 거시적 성질을 측정하는 검출기로서, 어떠한 조성 변화가 있든지 간에 그 변화가 굴절률에 반영되게 된다. 굴절률 검출기의 주요 단점은 다음의 두 가지이다. (1) 굴절률은 온도에 따라 크게 변한다. 따라서 고급형 굴절률 검출기들은 광학부에 항온 처리를 하고, 주입되는 액체 또한 검출기 셀에 유입되기 전에 열평형 작업을 거친다. 보통 소구경의 상당한 길이의 열전도성 도입관을 광학부에 연결하여 사용하게 된다. 0.01°C 이내로 온도 안정성을 달성할 수 있으나, 대신에 도입관에 의해 상당한 피크 퍼짐 현상이 발생하게 된다. (2) 일반적으로 기울기 용리에서는 사용이 어렵다. 용매 기울기 사용 시 용리액의 조성 변화는 퍼센트 단위로 일어나고, 굴절률도 이에 비례하여 변화하게 된다. 용리되는 용질의 농도가 수 ppm 수준이라면, 이는 마치 가파른 언덕에서 자갈을 찾는 데 등고선 지도를 이용하려는 것과 마찬가지일 것이다. 또한 굴절률이 용매 조성에 따라 단일하게 결정되는 것만은 아니다. 흔히 사용되는 순수한 물에서 순수한 메탄올로의 용매 기울기 실험의 경우, 메탄올의 함량이 증가함에 따라 처음에는 굴절률(및 점도)이 증가하지만, 이후에는 최댓값을 지난 후 오히려 감소하게 된다.

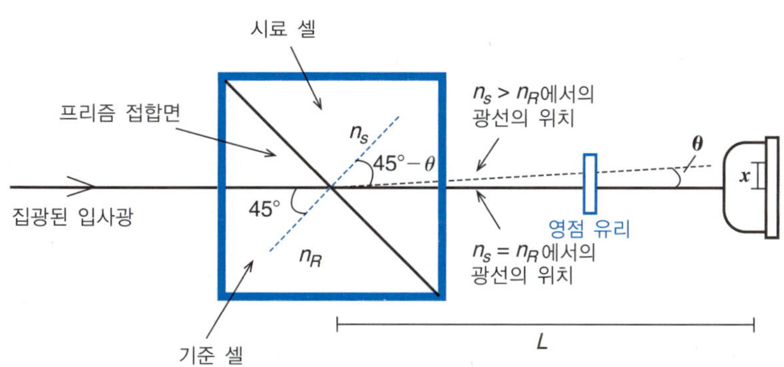

그림 21.11 단순화된 시차 굴절계 검출기의 모식도

다양한 형태의 설계가 연구되고 상용화되기는 하였지만, HPLC용 RI 검출기의 절대 다수는 그림 21.11과 같은 시차 굴절계 검출기(differential refractometer detector) 형태이다. 시차 굴절계 검출기의 심장에 해당하는 것은 둘로 구획된 수정 흐름 셀로서, 각각의 절반은 속이 빈 45° 프리즘 모양을 하고 있고, 여기에 입구와 출구가 연결되어 있다. 그림에서 계면은 검은 실선으로 나타내었고, 이 계면에 수직한 파란 점선이 함께 표시되었다. 기준 셀은 용리액으로 차 있고(기준, RI n_R) 보통 실험 과정을 통해 변하지 않는다. 컬럼 배출물(시료, RI n_s)은 다른 쪽 셀을 통해 흐른다. 집광된 단색광(RI는 파장에 따라 변하므로, LED와 같은 단색 광원을 사용함)을 기준 셀에 조사한다. 일반각의 입사각에 대해서도 같은 원리로 설명할 수 있으나 편의상 45° 입사각으로 가정하자. 광선은 기준 셀을 통과한 후 $n_S = n_R$일 때 굴절이 없으므로 경로가 바뀌지 않고 그대로 시료 셀을 따라 통과하여 광검출기에 도달하게 된다(실제로는 수정–액체 계면에서 굴절이 발생하지만 이는 양쪽에서 서로 상쇄된다).

광검출기는 2개의 동일한 광다이오드를 맞붙인 것으로, 보통 (−)극은 공통 단자로 연결되어 있고 (+)극은 서로 분리되어 있다(이와 같은 검출기를 흔히 1차원 위치 민감 검출기(position sensitive detector, PSD)라고 부른다). 신호 처리 회로를 통해 두 광다이오드에서 생성된 전류의 차이를 측정한다. $n_S = n_R$일 때 두 광다이오드에는 같은 양의 빛이 입사하게 되고, PSD는 0의 신호를 내게 된다. 미세한 영점 조절은 전자 회로를 통해 가능하며, 그 이상의 영점 조절은 "영점 유리(zero glass)" 판의 이동 및 회전을 통해 광선을 꺾음으로써 가능하다. $n_S \neq n_R$일 경우(일반적으로 용질이 있으면 그림에서와 마찬가지로 굴절률이 증가하게 된다) 굴절에 의해 광선이 꺾이게 되고 PSD가 신호를 생성한다.

Snell의 굴절률 법칙을 적용하면

$$n_R \sin(45) = n_S \sin(45 - \theta) \tag{21.4}$$

또는

$$\frac{n_R}{n_S} \sin(45) = \sin(45 - \theta) \tag{21.5}$$

가 되고, θ의 값이 충분히 작을 경우

$$\sin(45 - \theta) = \sin(45) * (1 - \tan(\theta)) \tag{21.6}$$

이 됨을 보일 수 있다. (유도는 이 책의 **웹 사이트** 참조)

식 21.5와 21.6을 조합하면

$$\frac{n_R}{n_S} = 1 - \tan(\theta) \tag{21.7}$$

을 얻게 된다.

액체–액체 계면으로부터 검출기까지의 거리가 L이고, 광선의 중심이 검출기로부터 x 만큼 틀어졌을 경우,

$$\tan(\theta) = \frac{x}{L} \tag{21.8}$$

이 된다.

기준물과 시료의 굴절률의 차이는 일반적으로 매우 작다($n_R \simeq n_S$). 굴절률의 차이 $n_S - n_R$을 Δn으로 나타내고, 1에서 식 21.7의 양변을 뺀 후 식 21.8에 대입하면 다음과 같이 된다.

$$\Delta n = n_R \frac{x}{L} \tag{21.9}$$

주어진 Δn에 대하여 광선을 더 많이 틀어 주기 위하여 흔히 셀 뒤에 거울을 놓고 검출기를 광선의 입구와 같은 쪽에 놓기도 한다. 이때 L은 거의 2배가 되고, 꺾임 거리 x도 2배가 된다.

어쨌든 L과 n_R은 실험 조건에서 상수이므로 x는 Δn에 정비례한다. PSD 출력 신호는 변위 x에 정비례하므로 검출기 출력 신호 또한 Δn에 정비례한다. 일반적인 크로마토그래피 조건에서처럼 용질의 농도 범위가 비교적 작을 경우, 용액과 순수 용매 사이의 굴절률의 차이는 용질의 농도에 정비례하므로, 검출기 출력 신호도 분석물의 농도에 정비례하게 된다.

일반적인 검출기에서 사용되는 측정 범위는 0.0005~0.0006 RI 단위(RIU) 수준이며, 잡음 수준은 $1.5\text{~}3 \times 10^{-9}$ RIU 수준이다. 참고로 슈크로스 수용액의 굴절률을 슈크로스의 농도에 대하여 검량선을 그릴 경우 그 기울기가 0.15 RIU g^{-1} mL가 된다. 5×10^{-9} RIU의 검출 한도는 농도 기준으로 3×10^{-8} g/mL의 검출 한도에 해당한다. 광다이오드 쌍을 사용하는 대신에 선형 광다이오드 배열(photodiode array) 검출기를 사용할 수도 있다. 512화소 광다이오드 배열을 검출기로 사용한 Wyatt T-rEX™ 제품의 경우, 측정 범위가 $\pm 4.7 \times 10^{-3}$ RIU로 크게 증가하였으며, 5×10^{-3} ℃ 이하 범위의 온도 안정성 덕분에 잡음 수준 또한 7.5×10^{-10} RIU 수준으로 줄었다. 검출기 배열의 길이가 충분할 경우 광선의 꺾임을 상당한 범위를 커버할 수 있다. 따라서 검출기 배열 상의 광선의 기준점을 중심으로 검출기에서 절대 RI를 1.2~1.8 RI 범위에서 2×10^{-3} RIU의 잡음 수준으로 측정할 수 있다. 고농도용의 검출기도 존재하며, 약 8배의 ΔRI 범위를 커버하고 잡음 수준은 불과 2배 늘어났을 뿐이다.

굴절률 검출기는 일반적으로 UV 흡수 검출기보다 감도가 낮지만 최근 그 성능이 비약적으로 향상되었다. 특히, 굴절률 검출기가 UV 검출기보다 감도가 1000배 낮다는 식의 이야기는 무의미하다. 탄수화물과 같은 다수의 용질은 UV 흡수가 거의 없거나 분석에 별 효용이 없기 때문이다.

몇몇 다른 종류의 검출기도 이론적으로는 만능 검출기로 작용하지만, 일반적인 용도에 사용하기에는 감도가 너무 낮아서 특수한 용도로만 사용되고 있는 실정이다. 현대 사회에서는 다양한 고분자 물질이 폭넓게 사용되고 있다. 대부분의 합성 고분자 물질은 특정 사슬 길이 또는 특정 분자량의 물질이 아니라 서로 다른 분자량을 가진 고분자 물질의 혼합물로 존재한다. 고분자의 특성 분석 및 분자량 분포의 결정은 고분자 분석에서 매우 중요한 요소 중 하나로서 주로 SEC를 이용하여 분석된다. 기용성 고분자 물질의 SEC 분석에서는(많은 고분자 물질은 고온에서 적절한 유기 용매에 녹일 수 있으며, 상당수의 SEC 장비는 150℃ 등 고온에서 조작 가능) **점도 검출기**(**viscosity detector**)도 흔히 사용된다.

크로마토그래피 배출물의 점도는 가장 간단하게는 모세관과 컬럼 출구를 T자형 관으로 연결해서 쉽게 측정할 수 있다. 모세관에 의한 역압력은 Hagen–Poiseuille 식에 의해 다음과 같이 주어진다.

$$\Delta P = \frac{8F\eta L}{\pi r^4} \tag{21.10}$$

여기서 ΔP는 압력 강하, L과 r은 각각 모세관의 길이와 내경, F는 유속, η는 액체의 점도를 나타낸다. 주어진 모세관과 일정한 유속에서, 압력 강하는 점도에 정비례하는 성질로서 쉽게 측정할 수 있다. RI와 마찬가지로, 점도도 온도에 크게 의존하는 함수이다. 이와 같은 단일 모세관 점도 검출기 및 변환계의 다른 쪽 끝에 걸리는 압력을 조절함으로써 압력 차를 상쇄시키는 방식의 시차 압력 변환계(differential pressure transducer)를 이용한 검출기는 매우 저렴하지만 감도가 비교적 낮다.

시차 점도계(**differential viscometer**)는 컬럼 배출물이 흐르는 4개의 흐름 저항계(fluidic resistor)를 Wheatstone 브리지와 같은 형태로 연결한 것이다. 열평형 코일을 이용하여 측정 부위를 0.01℃ 이내 범위에서 항온 처리할 경우 시차 점도계는 SEC에서 사용하는 굴절계와 동등한 수준의 감도를 보인다. SEC에서는 먼저 알려진 분자량(MW)의 표준 시료를 이용하여 주어진 크로마토그래피 조건에서 머무름 시간에 대한 분자량의 검량선을 작성한 후, 다시 농도 검출기(굴절률 검출기 등의)를 이용하여 고분자 시료의 분자량 분포를 알아낼 수 있다. 반면에, 점도계는 동일한 질량 농도에 대하여 분자량이 높은 고분자에 대해 더 잘 반응하게

시차 점도계에서 바탕선 액체와 시료의 구분은 지연 코일을 이용하여 수행한다. http://www.wyatt.com/files/events/news/LCGC3-61-05e.pdf 참조

되므로 굴절계에 비하여 고분자 영역의 차이가 확대되는 경향이 있다. 또한 RI 검출기와 점도 검출기를 동시에 사용할 경우, 분자량 분포와 고분자의 가지침의 정도를 동시에 알아낼 수 있다. 이와 같은 맥락에서 농도 검출기에 더하여 **저각도(레이저) 광 산란(low-angle(laser) light scattering, LALS, LALLS)** 검출기로 작은 각도에서의 빛의 산란을 측정하여 그 결과를 0도(고유) 산란과 함께 해석하게 되면 수-평균 분자량(M_n)과 무게-평균 분자량(M_w)을 동시에 알아낼 수 있다. **다각도 광 산란(multiangle light scattering, MALS)** 검출기는 이런 관점에서 가장 강력한 검출기로, 생성된 데이터로부터 보정 표준 물질 없이도 분자량 및 크기(좀더 정확하게는 회전 반지름 R_g, 흔히 근 평균 제곱 반지름이라고도 하며, 형태에 민감한 변수임)를 절대적인 방법으로 알아낼 수 있다. 가로축에 log MW, 세로축에 log R_g를 표시하면 분자의 입체 구조 및 모양의 분자량에 따른 변화 여부를 볼 수 있다.

전기 전도도 검출기(electrical conductivity detector)는 굴절계와 마찬가지로 거시적 성질을 측정하는 검출기이다. 하지만 전기 전도도 검출기는 **준만능 검출기(quasi-universal detector)**라고 볼 수 있는데, 모든 용질은 결국 전하를 띠거나 띠지 않거나 둘 중에 하나이기 때문이다. 전하를 띤 모든 물질은(전하를 띤 콜로이드 포함) 용액 내에서 유한한 전기 이동도를 갖게 되고, 따라서 전기장 내에서 이동한다. 전류란 단위 시간당 이동한 전하량이며, 주어진 전기장으로부터 생성된 전류를 측정하여 용액의 전기 전도도를 측정하게 된다.

이온의 전기 이동도 μ(이온 이동도 μ^0 및 전기 이동 이동도 μ_{ep}와 흔히 혼용되며, 특히 후자는 전기 이동의 맥락에서 널리 사용)는 이온의 전하 및 크기에 의존한다. 여기서 이온의 크기는 다음과 같이 Stokes 반지름 r(길이의 단위)로서 주어진다.

$$r = \frac{kT}{6\pi\eta D} \tag{21.11}$$

여기서 η는 용액의 점도, D는 전하를 띤 화학종(보통 이온이라는 용어는 전하를 띤 화학종 가운데 r이 작은 물질에 한하여 보다 좁은 의미로 사용될 수 있으며, 이때는 콜로이드나 전하를 띤 단백질 등은 좁은 의미의 이온에서 제외됨)의 확산 계수이다. 식 21.11은 보통 **Stokes-Einstein 식**이라고 한다. 이온 이동도는 단위 전기장 세기당 속도의 단위를 가지므로, 그 단위는 $\left[\frac{\text{m/s}}{\text{V/m}}\right] = \text{m}^2\ \text{V}^{-1}\ \text{s}^{-1}$($\text{cm}^2\ \text{V}^{-1}\ \text{s}^{-1}$의 단위도 흔히 사용됨)이 되며, 다음과 같이 나타낼 수 있다.

Brown 운동에 대하여 Albert Einstein(1905)과 Marian Smoluchowski(1906)는 서로 독립적으로 그때까지 아무도 예상하지 못한 연관성을 발견하여 논문으로 발표하였다.
일반적인 형태는 다음과 같다.

$$D = \mu k_B T$$

여기서 k_B는 Boltzmann 상수이다.

$$\mu = \frac{DzF}{RT} \tag{21.12}$$

여기서 z는 이온의 전하량(+1, −2 등)이고 F는 Faraday 상수이다. 식 21.12는 **Einstein 관계식** 또는 **Einstein–Smoluchowski 관계식**의 한 형태이다. 일정한 전기장에서 전류는 이온의 이동 속도뿐만 아니라 얼마나 많은 하전 입자가 존재하는지(즉 이온의 농도)에 의해서도 좌우된다는 점을 유념하자. 농도 의존성을 담은 양이 **한계 당량 전도율(limiting equivalent conductance, λ^0)**로서 다음과 같이 주어진다.

$$\lambda^0 = \mu F \tag{21.13}$$

액체에서의 일반적인 확산 현상 및 극한 당량 전도율, 확산 계수와 이온 이동도 사이의 관계에 관해서는 Daniel Autrey 교수의 노트를 참고할 것. http://faculty.uncsfu.edu/dautrey/CHEM%20324/CHEM%20324%20Notes%20-%20Chapter%2024f.pdf

당량 전도율 λ(단위 면적의 두 전극을 단위 길이만큼 떼어놓은 상태에서 측정한 농도 1당량/L 용액의 전도율)에 위첨자 0을 붙인 것은, 이 물리량이 매우 묽은 용액에서의 극한값이라는 것을 나타내기 위한 것이다. λ 및 λ^0는 모두 이온의 전하를 고려한 값이라는 점에 유의하자. 일부 문헌에서는 λ를 몰농도로 나타내기도 하는데, 이때에는 식 21.13의 우변에 전하의 크기 z가 포함된다. 또한 비록 λ에는 부호가 없지만, μ 및 이를 전기 이동의 맥락에서 사용될 경우의 μ_{ep}는 벡터량으로 본다. 따라서 양이온과 음이온의 μ_{ep} 값은 각각 양 및 음의 부호를 갖는다. 용액 내의 이온은 항상 반대 전하의 이온에 둘러싸이게 된다. 용액의 이온 농도가 증가하면 이와 같이 반대로 하전된 "이온 분위기"가 중심 이온이 느끼는 전기장의 일부를 가리게 된다. 따라서 z의 유효값은 감소하게 된다. 이온의 농도가 감소하면 z는 극한값으로 수렴하게 된다. 마찬가지로 λ도 극한값으로 수렴한다. 이때의 λ의 극한값 λ^0를 **무한 희석 시의 당량 전도율(equivalent conductance at infinite dilution)**이라고도 한다.

여러 가지 이온의 극한 당량 전도율을 표 21.2에 표시하였다. 농도 1밀리당량/L 정도까지는 이 무한 희석 시의 당량 전도율을 사용하더라도 오차는 2% 미만이다.

전기 전도율(electrical conductance)은 전기 저항[단위: 옴(Ω)]의 역수로서, 예전에는 Mho(Ohm의 철자를 거꾸로 쓴 것이다!)의 단위를 사용하였으나 지금은 지멘스(Siemens, S)의 단위를 사용한다. **전기 전도도(conductance)** G(S)는 이온 용액의 **비전도율(specific conductance)** σ_c (S/cm)와 다음과 같은 관계가 있다.

$$G = \frac{\sigma}{\kappa}\sigma_c \tag{21.14}$$

여기서 κ는 셀 상수(cell constant)이며, 두 평행판 전극의 면적 A 및 거리 L에 대하여 다음과 같이 주어진다.

$$\kappa = \frac{L}{A} \tag{21.15}$$

여기서 κ는 길이의 역수 단위를 갖는다. 용액의 비전도율은 용액의 전도율에 기여하는 모든 이온에 의한 양의 합으로 다음과 같이 주어진다.

$$\sigma_c = \Sigma\, \lambda_i C_i \tag{21.16}$$

여기서 λ_i는 각각의 이온의 당량 전도율을 나타내며, C_i는 각 이온의 농도를 eq/L 단위로 나타낸 것이다.

예제 21.1

표 21.2에 주어진 데이터를 이용하여 순수한 물의 비전도율 및 비저항을 계산하고, 거리 1 mm 만큼 떨어져 있는 지름 10 μm의 두 전극 말단 사이에 놓인 순수한 물의 전도율을 계산하시오.

풀이

순수한 물에는 오직 H^+와 OH^-만 존재하여, 각각의 농도는 10^{-7} eq/L이므로 10^{-10} eq/cm^{3}로도 쓸 수 있다. 식 21.16을 이용하면

$$\begin{aligned}\sigma_c &= \lambda_{H^+}[H^+] + \lambda_{OH^-}[OH^-] = 349.82\ \text{S cm}^2\ \text{eq}^{-1} \times 10^{-10}\ \text{eq cm}^{-3} \\ &\quad + 198.6\ \text{S cm}^2\ \text{eq}^{-1} \times 10^{-10}\text{eq cm}^{-3} \\ &= 548.4 \times 10^{-10}\ \text{S/cm} = 54.84\ \text{nS/cm}\end{aligned}$$

순수한 물의 **비저항(specific resistivity)** ρ는 비전도율의 역수이다(nS 단위의 역수는 $10^9\Omega$이다). 따라서 ρ는 다음과 같이 나타낼 수 있다.

$$\rho = \frac{1}{54.84} \times 10^9\ \Omega\ \text{cm} = 1.823 \times 10^7\ \Omega\ \text{cm} = 18.23\ \text{M}\Omega\ \text{cm}$$

초순수의 수질은 흔히 비저항값으로 표시한다. 위의 계산 결과는 물의 자체 이온화에 의한 H^+와 OH^- 외에 다른 이온이 전혀 없을 때의 순수한 물에 대한 값이다.

지름 10 μm의 원반형 전극의 넓이는

$$A = \pi(10^{-3}\ \text{cm})^2/4 = 7.85 \times 10^{-7}\ \text{cm}^2$$

표 21.2 다양한 이온의 한계 당량 이온 전도율(25°C)

이온	한계 당량 이온 전도율 S cm² eq⁻¹	이온	한계 당량 이온 전도율 S cm² eq⁻¹	이온	한계 당량 이온 전도율 S cm² eq⁻¹	이온	한계 당량 이온 전도율 S cm² eq⁻¹
무기 양이온		무기 음이온		유기 양이온		유기 음이온	
Ag^+	61.9	Br^-	78.1	*i* -Butylammonium	38	Acetate	40.9
Ba^{2+}	63.9	Cl^-	76.35	*n* -Decylpyridinium	29.5	*p*-Anisate	29
Be^{2+}	45	ClO_2^-	52	Diethylammonium	42	Azelate^{2-}	40.6
Ca^{2+}	59.5	ClO_3^-	64.6	Dimethylammonium	51.5	Benzoate	32.4
Cd^{2+}	54	ClO_4^-	67.9	Dipropylammonium	30.1	*n*-Butyrate	32.6
Ce^{3+}	70	CN^-	78	*n*-Dodecylammonium	23.8	Chloroacetate	39.7
Co^{2+}	53	CO_3^{2-}	72	Ethylammonium	47.2	Chlorobenzoate	33
Cs^+	77.3	CrO_4^{2-}	85	Ethyltrimethylammonium	40.5	Citrate^{3-}	70.2
Cu^{2+}	55	F^-	54.4	Methylammonium	58.3	α-Crotonate	33.2
D^+(중수소)	213.7(18⁰)	$Fe(CN)_6^{4-}$	111	Histidyl	23	Cyanoacetate	41.8
Eu^{3+}	67.9	$Fe(CN)_2^{3-}$	101	Piperidinium	37.2	Decyl sulfonate	26
Fe^{2+}	54	$H_2AsO_4^-$	34	Propylammonium	40.8	Dichloroacetate	38.3
Fe^{3+}	68	HCO_3^-	44.5	Pyridylammonium	24.3	Diethyl barbiturate^{2-}	26.3
Gd^{3+}	67. 4	HF_2^-	75	Tetra-*n*-butylammonium	19.1	Dihydrogen citrate	30
H^+	349.82	HPO_4^{2-}	57	Tetraethylammonium	33	Dimethyl malonate^{2-}	49.4
Hg^{2+}	53	$H_2PO_4^-$	33	Tetramethylammonium	45.3	3,5-Dinitrobenzoate	28.3
K^+	73.5	HS^-	65	Tetra-*n*-propylammonium	23.5	Dodecyl sulfonate	24
Li^+	38.69	HSO_3^-	50	Triethylammonium	34.3	Formate	54.6
Mg^{2+}	53.06	HSO_4^-	50	Triethylsulfonium	36.1	$HC_2O_4^-$	40.2
Mn^{2+}	53.5	I^-	76.8	Trimethylammonium	46.6	Lactate	38.8
NH_4^+	73.5	IO_3^-	40.5	Trimethylsulfonium	51.4	Malonate^{2-}	63.5
Na^+	50.11	NO_2^-	71.8	Tripropylammonium	26.1	Methyl sulfonate	48.8
Nd^{3+}	69.6	NO_3^-	71.4			$C_2O_4^{2-}$	74.2
Ni^{2+}	50	$NH_2SO_3^-$	48.6			Octyl sulfonate	29
Pb^{2+}	71	N_3^-	69			Phenyl acetate	30.6
Ra^{2+}	66.8	OCN^-	64.6			Picrate	30.2
Rb^+	77.8	OH^-	198.6			Propionate	35.8
Sr^{2+}	59.46	PO_4^{3-}	69			Propyl sulfonate	37.1
UO^2_{2+}	32	SCN^-	66			Salicylate	36
Zn^{2+}	52.8	SO_3^{2-}	79.9			Succinate^{2-}	58.8
		SO_4^{2-}	80			Tartrate^{2-}	64
		$S_2O_3^{2-}$	85			Trichloroacetate	36.6

$L = 0.1$ cm이면, 식 21.15에 따라서

$$\kappa = 0.1 \text{ cm}/7.85 \times 10^{-7} \text{ cm}^2 = 1.27 \times 10^5 \text{ cm}^{-1}$$

식 21.14로부터

$$G = 54.84 \text{ nS cm}^{-1}/1.27 \times 10^5 \text{ cm}^{-1} = 430 \text{ fS}$$

■

Nernst–Einstein 식은 극한 당량 전도율과 확산 계수 사이의 관계식이다.

$$\overset{\circ}{\lambda} = \frac{DzF^2}{RT} \tag{21.17}$$

적어도 묽은 용액에서 이온의 이동은 다른 이온의 영향을 받지 않는다고 가정한다. 때로는 **한계 몰 전도도(limiting molar conductivity)** Λ_m°를 사용하기도 한다.

$$\overset{\circ}{\Lambda}_m = \nu_+\lambda_+^\circ + \nu_-\lambda_-^\circ \tag{21.18}$$

여기서 λ_+ 및 λ_-는 각각 양이온과 음이온의 한계 몰전도도이며, ν_+ 및 ν_-는 각각 전해질의 화학식 단위당 양이온과 음이온의 개수이다. 위의 다양한 수식을 조합하면 다음의 Nernst–Einstein 식의 일반형을 얻을 수 있다.

$$\overset{\circ}{\Lambda}_m = (\nu_+D_+z_+ + \nu_-D_-z_-)\left(\frac{F^2}{RT}\right) \tag{21.19}$$

여기서 D_+, D_-는 각각 양이온과 음이온의 확산 계수이다. Nernst–Einstein 식은 전도도 측정으로부터 이온 확산 계수를 계산하고, 이온 확산 모형을 이용하여 전기 전도도를 예측하는 데 사용된다.

예제 21.2

298 K에서 수용액에서의 은 이온의 이동도는 6.40×10^{-8} m^2 V^{-1} s^{-1}, 298 K에서 물의 점도는 8.94×10^{-4} kg m^{-1} s^{-1}로 주어진다. 은 이온의 확산 계수 및 유효 반지름, $AgNO_3$의 한계 당량 전도율 및 한계 몰전도도를 표 21.2에 나와 있는 NO_3^-의 λ^0 값을 사용하여 계산하시오.

식 21.12를 이용하여 298 K에서 $\frac{RT}{F} = \frac{0.0592}{2.303}$ 및 $V = 0.0257$ V라는 성질을 이용하면, $z = 1$에서

$$D = \frac{\mu}{z}\frac{RT}{F} = \frac{6.4 \times 10^{-8}\text{m}^2 \times 0.0257 \text{ V}}{\text{Vs}} = 1.64 \times 10^{-9} \text{ m}^2 \text{ s}^{-1}$$

Stokes 반지름은 이제 식 21.11로부터 계산할 수 있다.

$$r = \frac{kT}{6\pi\eta D} = \frac{1.38\ x\ 10^{-23} \text{ J K}^{-1} \times 298 \text{ K}}{6\pi \times 0.894 \text{ g m}^{-1}\text{s}^{-1} \times 1.64 \times 10^{-9} \text{ m}^2 \text{ s}^{-1}} = 1.49 \times 10^{-13}\frac{\text{J s}^2}{\text{g m}}$$

$$= 1.49 \times 10^{-15}\,\frac{\text{J s}^2}{\text{g cm}} = 1.49 \times 10^{-15}\frac{\text{J cm}}{\text{erg}} \times \frac{10^7}{\text{J}}\text{ erg} = 0.149 \text{ nm}$$

식 21.13을 이용하면,

$$\lambda^0{}_{Ag+} = \mu F = 1 \times 6.40 \times 10^{-8} \text{ m}^2 \text{ V}^{-1} \text{ s}^{-1} \times 96485 \text{ Coulomb equiv}^{-1}$$

$$= 61.8 \text{ cm}^2 \text{ V}^{-1} \text{ s}^{-1} \times \text{V } \Omega^{-1} \text{ s equiv}^{-1} = 61.8 \text{ S cm}^2 \text{ equiv}^{-1}$$

(표 21.2에는 61.9 S cm^2 equiv^{-1}의 값이 표시되어 있다.)

$$\lambda^0_{NO_3^-} = 71.4 \text{ (표 21.2로부터)}$$

$AgNO_3$에 대한 한계 몰전도도는 이제 식 21.18로부터 구할 수 있다.

$$\overset{\circ}{\Lambda}_m = \nu_+\overset{\circ}{\lambda}_+ + \nu_-\overset{\circ}{\lambda}_- = (1 \times 61.8\ +\ 1 \times 71.4)\,\text{S cm}^{-2}\,\text{mol}^{-1}$$
$$= 133.2\ \text{S cm}^{-2}\,\text{mol}^{-1}$$

■

흔히 사용되는 관류형 전기 전도도 검출기(flow-through electrical conductivity detector)의 구조는 약 1 mm만큼 떨어져 있는 두 개의 원반형 스테인리스강 전극(지름 1~1.5 mm)으로 구성되어 있다. 이때 유효 셀 부피는 0.8~1.8 μL이며 셀 상수는 12.7~8.3 cm^{-1}이 된다. 온도 센서는 보통 작은 열저항기로, 보통 전극과 수직한 형태로 역시 유체와 접촉하고 있거나, 아예 셀 안에 내장된 형태로 되어 있어 측정된 전도율의 온도에 의한 영향을 보정한다. 일반적인 보정 계수 계산에서는 보통 전기 전도도가 온도에 따라서 1.7%/℃씩 증가한다고 가정하지만, 대부분의 검출기는 사용자가 온도 보정값을 선택하여 입력할 수 있도록 하고 있다. 또 다른 구조에서는 두 개의 고리형 전극이 고리형 절연 스페이서에 의해 분리되어 있다.

가장 간단한 방식에서는 1~15 kHz 진동수의 교류 전압이 전극에 걸렸을 때 생성된 전류를 측정, 정류하여 전압 신호로 변환한다. 전류와 전압의 비가 바로 전도율이 된다. 직류 전압을 가하는 것은 일반적으로 불가능한데, 이는 전극에서 원하지 않는 전기 화학적 반응이 일어날 수 있기 때문이다. 전도율 분석법은 본질적으로 전기 화학적인 기술이 아니어서, 전극에서 전기 화학 반응이 일어나지는 않는다. 하지만 억제형 이온 크로마토그래피에서와 같이 배경 저항이 높다면 직류 측정법은 매우 간단하고 저렴한 대안이 될 수 있다.

4전극 전도도 측정법(four electrode conductivity measurement)에서는 일정한 전류를 바깥쪽 1쌍의 전극에 흘려주고 안쪽 1쌍의 전극 사이의 전합 강하를 측정한다. 이 값은 전극 사이의 전도율의 역수에 정비례한다. 위에서 언급한 측정법은 모두 전극–용액 계면의 전기 용량(capacitance)에 의해 영향을 받는다. **애노드성 펄스 전도율 측정법(bipolar pulse conductance measurement)**은 전기 용량이 직렬 또는 병렬로 저항 성분에 연결되어 있다고 하더라도 영향을 받지 않는다. 이 기술에서는 두 연속된 전압 펄스를 크기는 같고 극성은 반대로 해서 측정 셀에 걸어 주고, 두 번째 펄스의 끝에서 셀을 통과하는 전류를 측정한다.

열린관 액체 크로마토그래피나 소구경 모세관을 사용하는 모세관 전기 이동법과 같은 마이크로 및 나노 스케일의 장비에서는 연결관에서의 지나친 퍼짐 현상 등으로 인해 분리 장비 외부에 별개의 셀을 만드는 방식으로 측정하는 것은 불가능하며, 반드시 모세관 자체에서 직접 수행되어야 한다. 용액과 접촉된 미세 도선 전극을 모세관 벽에 뚫은 구멍을 통해 고정시킨 형태도 나온 바 있으나, 보다 더 깔끔한 방법은 **전기 용량 결합 무접촉 전도도 측정법(capacitively coupled contactless conductivity detection, C^4D)**이다. 이 기술에서는 1쌍의 고리형 전극이 분리/측정 모세관에 1 mm 간격으로 부착된다. 보통 수백 kHz 정도의 진동수를 가진 들뜸 전압을 한쪽 전극에 가해 준다. 진동수가 충분히 크므로(전기 용량 결합에 의해) 모세관 벽을 통하여 내부 용액에까지 전기장이 전달된다. 전도율은 여러 가지 방법으로 측정할 수 있다. 가장 간단한 방법으로는 전류–전압 변환기를 두 번째 전극과 접지 사이에 연결하는 방법이 있다. 생성된 신호를 정류하면 이 신호는 용액의 전도율에 정비례하게 된다.

또 다른 종류의 준만능 검출기는 에어로솔 입자의 측정을 이용한다. 이 방식은 컬럼 배출물을 건조하고 입자가 없는 기체를 분무하여 기화시킬 때 에어로솔 입자를 생성할 수 있는 모든 비휘발성 용질에 적용 가능하다. 가장 오래되고 가장 널리 사용되는 방식은 **증발식 광 산란 검출기(evaporative light scattering detector, ELSD)**이며, 여러 제조사들에 의해 제공되고 있다. 모든 에어로솔 검출기에서 첫 번째 단계는 본질적으로 원자 분광법에서 사용하는 기화기와 같은 원리를 사용한다. 단, 관류 액체의 흐름을 최대한 난류가 없도록 조절하기 위한 노력과 퍼짐 현상 방지를 위한 부피의 최소화 작업이 요구된다. 분출물 내의 비휘발성 분석물 찌꺼기로부터 미립자가 생성될 수 있다. 에어로솔을 함유한 기체의 흐름은 집광된 광선을 통과하게 되는데, 광원으로는 보통 다이오드 레이저 등을 사용하며, 기체의 흐름 방향에 수직으로 통과한다. 입자에 의한 산란광을 광다이오드로 광선에는 직각 방향, 흐름의 방향에 대해서는 나란한 방향으로 받으면 된다.

에어로솔 전하 검출기(aerosol charge detector, ACD)는 California 주립 대학 Sacramento 캠퍼스의 Roy Dixon에 의해 개발되었으며, 이 계열의 검출기 가운데 감도가 높고 다양한 분석물에 대하여 ELSD 대비 반응이 균일하기 때문에 널리 이용된다. ACD에서는 에어로솔 흐름을 코로나 방전관으로 통과시킨다. 입자들은 그 크기에 비례하여 전하를 얻게 되는 반면, 기체 분자들은 하전되지 않는다. GC에서 사용되는 다양한 이온화 검출기와 비슷한 방법으로(20장 참조) 하전 입자와 전체 전하를 연속적으로 측정하면 된다.

응결핵 광 산란 검출기(condensation nucleation light scattering detector, CNLSD)는 이 종류의 검출기 중 가장 최근에 개발되었다. 과포화된 수증기를 에어로솔 입자 위에 응축시켜 입자의 크기를 키운 후에 광 산란을 측정한다. 이 방식을 통해 ELSD에 비해 감도 높은 측정이 가능하고 빠른 응답 속도 및 낮은 바탕선 잡음을 얻을 수 있다.

에어로솔 검출기는 제약업계에서 인기가 있는데, 미량 구성 성분과 주성분 양쪽 모두 관심 대상인 경우가 많고 분석물이 대개 비휘발성이기 때문이다. 넓은 농도 범위에 대해서 이들 검출기의 고유 반응은 선형이 아니다. 오히려 바탕선 보정 반응 신호 Y는 일반적으로 다음과 같이 농도의 n제곱으로 나타낼 수 있다.

$$Y = kC^n \tag{21.20}$$

여기서 k는 비례 상수이고, n은 대개 1보다 작다. 반응 신호는 제한된 농도 범위 내에서 선형으로 볼 수 있으나, 고농도에서의 반응 곡선의 기울기는 저농도일 때에 비하여 작다.

반응 특성의 선형성을 높이기 위하여 흔히 검출기 신호를 m제곱시켜 처리하게 된다. 이상적으로는 $m = 1/n$인 경우가 가장 좋으며 이때 외부로는 처리된 신호 Y^m이 출력될 것이다. 그러나 실제의 반응 특성은 반드시 식 21.20의 형태를 따르지는 않으며, 따라서 완벽한 선형화는 어렵다.

HPLC의 초창기 때부터 가장 널리 사용되어 온 검출 방식은 UV 흡광 측정법이다. 초기에는 수은등의 254 nm 방출 파장에 맞추어 띠통과 필터를 붙인 고정 파장 흡광도 검출기가 많이 사용되었다. 사실상 단색광이나 다름없는 LED를 통해 원자외선 영역에 이르는 빛을 얻을 수 있게 되면서, 고성능의 단일 파장 검출기를 제작하는 것은 훨씬 용이해졌고, 일부 응용 분야에 여전히 유용하게 사용된다. 하지만 실제로 현재 판매되는 HPLC 장비는 거의 모두 **가변 파장 UV-Vis 검출기(variable wavelength UV-visible absorbance detector)**이다. 이들 검출기 중 가장 간단한 형태에서는 수동으로 파장을 선택하여 단일 파장에서의 흡광도를 측정하게 된다. 또 다른 첨단에 위치한 것이 바로 **광다이오드 배열(photodiode array, PDA)** 검출기이다〔**다이오드 배열 검출기(diode array detector, DAD)**라고도 한다〕. 이 검출기는 넓은 범위의 파장을, 심지어 전체 스펙트럼까지도 거의 연속적으로 관찰할 수 있다. 광다이오드 배열 분광계는 16장에서 이미 자세히 설명한 바 있다. HPLC 검출기용 제품은 적절한 흐름 셀(이 가운데 일부는 LCW 기반임)을 장착하고 있으며 고속 데이터 입출력에 최적화되어 있다. PDA는 현재 그 범용성 때문에 HPLC 검출기로 가장 널리 사용되고 있다.

크로마토그래피 검출기에서 이와 같은 거듭제곱 함수를 사용하였을 때에 대한 흥미로운 결과로, $m > 1$인 경우 크로마토그래피의 겉보기 효율이 비정상적으로 상승하는 현상이 있다. 자세한 내용은 다음 문헌을 참고하라.
P. K. Dasgupta, C. A. Serrano, G. Guiochon, H. Liu, J. N. Fairchild, R. A. Shalliker, *Anal. Chem.* **82** (2010) 10143.

현용 HPLC 흡광 검출기는 단일 파장 관찰형의 경우 5×10^{-6} 흡광도 단위(absorbance unit, AU)의 잡음 수준을 보이며, 바탕선 이동은 시간당 10^{-4} AU 수준이다. PDA의 경우 잡음 수준($2 \sim 3 \times 10^{-5}$) 및 바탕선 이동(시간당 $5 \sim 10 \times 10^{-4}$ AU) 모두 다소 높은 편이다. 2~4개의 다른 파장을 연속적으로 관찰할 수 있는 절충형 검출기의 경우, 잡음 및 바탕선 이동에서 단일 파장 관찰형에 비해 크게 뒤지지 않는 성능을 보이므로 양쪽의 장점을 고루 따 왔다고 볼 수 있다. 다만, 이와 같은 제품은 분석물의 확인을 위해 전체 스펙트럼을 획득할 수 있는 기능은 없다. 질량 또는 몰농도 기준의 검출 한도는 물론 분석물의 흡광도 및 분자량에 의해 좌우된다. 몰흡광도 $\varepsilon = 10^4$ 수준의 흡광성이 높은 분석물의 경우, 10^{-5} AU의 잡음 수준은 검출기에서는 3×10^{-5} AU 또는 3×10^{-9} M의 검출 한도에 해당한다. 일반적으로 크로마토그래피에서의 희석률(검출기에서의 피크 농도 대비 주입된 농도의 비율)은 최소 10배 수준이며, 따라서 주입된 용질에 대한 검출 한도는 3×10^{-8} M이 된다. 분자량이 200이면, 농도 기준 검출 한도는 6 μg/L가 된다. 온도에 따른 굴절률 변화에 의한 투광도 변화 문제를 제외한다면, 흡광 검출기는 온도 민감도가 상대적으로 낮다. 그러나 가장 민감한 검출기의 경우, 측정 셀의 앞에 항온 장치를 포함하는 경우가 많다. RPC에서 사용되는 상용의 HPLC급 용매들은 190 nm에 이르기까지 흡광성이 최소로 유지되므로, 물 : 메탄올 및 물 : 아세토나이트릴 기울기 모두 UV 흡광 검출법에서의 바탕선 변화는 무시할 수 있을 수준이다. 분석물 간의 감도 차이가 크기는 하지만, 대부분의 물질은 원자외선(190~220 nm) 영역에서 측정 가능한 흡수선을 가지므로 이 파장대에서 UV 흡광법은 거의 만능 검출법으로 사용될 수 있다. 그러나 용매가 UV에 대해서 상당한 흡광도를 가지고 있거나 시료의 성분이 UV를 흡수하지 않는 경우는 사용할 수 없다.

흔히 사용되는 HPLC 용매에 대하여 UV 차단 파장(1 cm 셀에서 흡광도가 1.0이 되는 파장으로 정의됨)을 포함한 각종 물성을 정리한 표는 다음 문서를 참고할 것.
http://www51.honeywell.com/sm/rlss/bandj/common/documents/honeywell-burdick-jackson-product-guide.pdf

2개의 서로 다른 파장을 관찰할 수 있는 검출기의 경우, 두 파장에서의 흡광도 사이의 비율은 순도 및 크로마토그래피 피크의 정체에 대한 귀중한 정보를 제공한다. 분석물이 파장 λ_1, λ_2에서 몰흡광 계수가 각각 ε_1, ε_2인 경우를 생각해 보자. 피크의 어느 점에서든지, 분석물의 농도가 c이고 셀의 경로 길이가 b라고 하면, 두 흡광도 값 A_1 및 A_2는 각각 $\varepsilon_1 bc$ 및 $\varepsilon_2 bc$로 주어진다. A_1/A_2의 비가 흡광 계수의 비 $\varepsilon_1/\varepsilon_2$와 같다는 점에 주목하자. 이것은 분석물의 고유 특성일 뿐만 아니라 농도에 무관한 성질이다. 따라서 이 비의 값은 피크 전체를 통해서 일정하다.[3] 이전에 측정해 놓은 $\varepsilon_1/\varepsilon_2$ 비의 값과 비교함으로써 피크의 정체를 확인할 수 있다.

흡광도의 비를 비교하면 피크의 순도와 정체를 알 수 있다.

두 분석물이 부분적으로 또는 완전히 겹쳐서 같은 피크로 함께 용리되는 경우는 크로마토그래피에서 드물지 않게 나타나며, 흔히 크로마토그램만 보고는 이런 상황을 판별할 수 없는 경우가 많다. 두 분석물이 완전히 동일한 머무름 시간을 가지고 100% 겹치는 경우가 아니라면, 피크의 앞부분과 뒷부분의 조성은 달라진다. 두 분석물이 동일한 $\varepsilon_1/\varepsilon_2$ 비를 갖는 경우는 극히 드물며, 따라서 이 값은 피크의 진행에 따라 변하게 되는데, 보통 한결같이 증가하거나 감소하게 된다. 이 경우 우리는 2개의 피크가 함께 나오고 있다는 사실을 알아낼 수 있다.

분리 모세관의 외경과 같은 내경을 갖는 더 큰 모세관 안에 분리 모세관을 삽입하면 버블 셀과 유사한 말단을 얻을 수 있다. (S. Liu and P. K. Dasgupta, *Anal. Chim. Acta* **283** (1993) 747 등의 문헌 참조)

UV-가시광선 흡광 측정법에서 셀 설계는 중요한 요소이며 부분적으로는 분석 용량에 의해 좌우된다. 모세관 수준의 측정에서는 퍼짐 현상을 막기 위해 오직 모세관에서 직접 측정하는 방법만이 사용될 수 있다. 일반적인 모세관 측정 설비는 단순히 빛이 모세관 단면을 가로지르는 모양새이다. 집광된 광선을 모세관에 약 1 mm 길이의 작은 창을 낸 부분에 통과시켜 준다. 이 부분에서 모세관의 보호 피막은 제거된 상태이며 투과된 빛을 검출한다. 구형 렌즈 또는 광섬유를 모세관과 함께 이용하는 형태도 널리 사용된다. 횡단 경로의 길이는 모세관의 내경과 같고 매우 작다. 모세관의 외벽에 거울을 장착하고 입사광을 적당한 각도로 입사시킨 후 여러 차례 반사시킨 후에 검출하는 방식도 제안되었으나 아직 널리 쓰이지는 않고 있다. 모세관에서 광 측정부의 지름을 늘려 방울 형태로 만든 설계도 한 제조사에서 사용하고 있다. 일부의 경우 여백 그림에서 볼 수 있듯이 외부에 경로 길이 1 mm 이상의 "Z-경로" 모세관 셀을 연결하기도 한다.

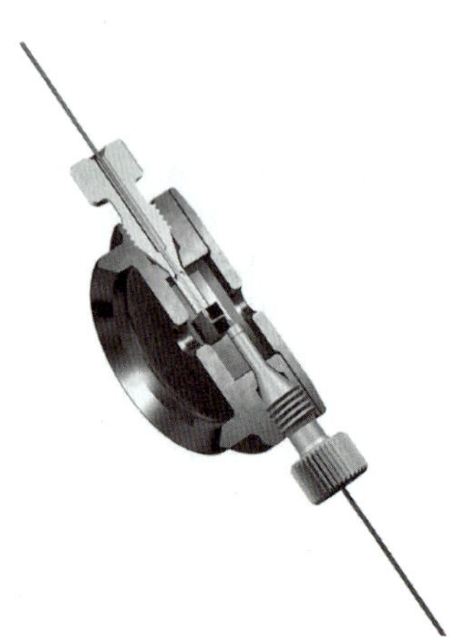

Z-경로형 모세관 흐름 셀. Agilent Technology 제공

Z-형태의 흐름 경로는 씻김성이 좋으며, 큰 스케일의 흐름 셀에서도 같은 설계가 널리 사

[3]한 가지 주의점이 있다. 피크의 모서리부에서 신호가 바탕선의 잡음 수준에 근접하게 되면 비율 또한 잡음이 커지게 되고 결국에는 0/0에 해당하는 부정(indeterminate) 값에 근접하게 된다. 실제로는 피크 사이의 비율은 S/N 값이 최소 10 이상일 때에만 의미가 있다. 일반적으로 피크 사이의 비율은 피크 높이의 10% 이상인 경우에 계산하게 된다.

용되고 있다. 일반적으로 흡광 경로 길이는 6~8 mm이며 지름은 1 mm 이하이다. 관류형 광학 흡광도 측정 장치는 항상 다소의 굴절률 효과가 생기게 된다. 분석물의 띠가 포물선 형태의 전면부 모양을 가지고 셀에 들어갈 경우, 분석물의 굴절률이 용리액과 다르다면 렌즈 효과가 일어나게 된다. 분석물의 굴절률이 용리액보다 높은지 낮은지에 따라서 빛은 출구 쪽으로 더 모아질 수도 있고 덜 모아질 수도 있고, 이에 따라 검출기에 들어가는 빛의 양이 증가 또는 감소하게 된다. 분석물의 피크가 검출기를 빠져나간 후 다시 용리액이 포물선 형태의 전면부 모양을 가지고 셀에 들어가게 되면, 이번에는 정확히 아까와 반대의 현상이 일어나게 된다. 따라서 빛의 흡수가 일어나지 않더라도 굴절률 효과에 의해서 바탕선의 왜곡이 일어날 수 있다(피크 뒤에 골짜기가 있거나 반대로 골짜기 뒤에 피크가 있거나 등등). 예를 들면 시료를 순수한 메탄올이나 아세토나이트릴에 녹이고 물+유기 용매의 용리액을 사용할 경우, 시료에 포함되어 있던 용매는 머무름 없이 빠져나가게 된다. 관찰 파장에서 용매의 흡광도는 무시할 수 있는 수준임에도 불구하고, 위에서 언급한 것과 같은 양방향성 반응 신호가 관찰된다(이는 실제로 틈새 부피를 표시하는 유용한 기능도 하고 있다). 물론 이렇게 RI에 의한 효과가 진짜 흡광도 신호와 중첩되는 현상은 바람직하지 않다. ε가 낮아 고농도를 주입해야 검출 가능한 용질의 경우, 피크의 모양이 틀어지고 정량 결과에 오류가 생길 수 있다. RI 효과의 정확한 크기는 셀 벽의 반사도 및 구체적인 광학 기구에 따라 달라진다. 한 제조사에서는 빛의 입사 창보다 출사 창이 더 크게 설계된 경사각이 진 셀을 제공하고 있다. 이와 같은 설계는 굴절률 효과를 최소화할 수 있다. 두 가닥으로 갈래가 진 광학 섬유를 같은 창에 연결하여(다른 쪽 창은 빛을 반사시키는 거울로서 작용) 한 쪽으로는 입사광을, 다른 한 쪽으로는 출사광을 통과시키는 형태의 셀 설계도 나와 있으며, 빛이 서로 반대 방향으로 같은 경로를 통과하게 되므로 RI 효과에 대하여 10배 이상 둔감하게 된다(P. K. Dasgupta, H. S. Bellamy, H. Liu, *Talanta* **40**(1993) 341 등의 참고 문헌 참조). 이와 같은 설계는 동일 셀 부피에 대하여 흡광 경로 길이가 2배가 된다는 장점도 있다.

액체 코어 웨이브가이드(liquid core waveguide, LCW) 기반 셀은 HPLC에서의 활용도가 점점 늘어나고 있다. 모든 셀에서 빛의 손실은 셀의 흡광 경로에 지수함수적으로 변화하며 셀의 내경을 줄이면 빛의 손실은 비약적으로 증가한다. 흡광 경로를 길게 하고 내강이 매우 좁은 기존의 셀에서는 극히 일부의 빛만 검출기에 도달하게 되므로 실용성이 떨어지며 검출기 잡음의 주요 원인이 된다. LCW 작동의 원리는 이미 16장에서 설명하였다. LCW(보통 Teflon AF를 바른 실리카 관을 사용)에서 단위 길이당 빛의 손실은 내경이 같은 표준 원통형 관에 비하여 훨씬 작다. 따라서 내강이 작은 긴 흡광 경로의 셀의 실용성이 향상된다. Teflon AF 자체로도 웨이브가이드로 사용할 수 있으나, 기체에 대한 투과성이 높기 때문에 일반적으로는 적합하지 않다. 한 혁신적인 설계에서는 Teflon AF의 높은 기체 투과성을 이용하여 Teflon AF 재질의 관을 흡광 셀과 후컬럼 반응기의 두 가지 역할을 동시에 할 수 있도록 한 것도 있으며, 그 개략도를 여백 그림에 도시하였다. 이 장치는 빗물 및 공기 중의 각종 나이트로페놀류 분석에 사용된다. 나이트로페놀류는 산-염기 지시약의 성질을 지니며 염기성 용액에서 400 nm 대의 빛을 흡수하여 노란색을 띤다. 분리 작업은 높은 pH에서 사용할 수 없는 C-18 실리카 컬럼을 사용하여 진행하고, 기체 상태의 암모니아를 Teflon AF 튜브의 벽을 통하여 주입하여 pH를 높이고 긴 흡광 경로 길이에서의 검출을 가능하게 한다.

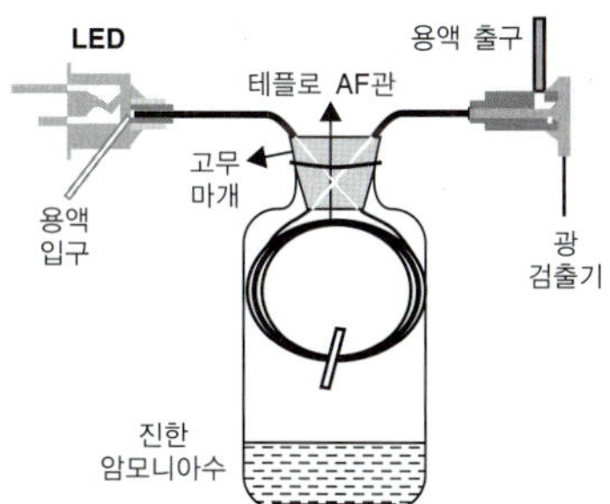

LCW 기반 후컬럼 반응기 및 흡광도 측정 용기. 0.15 × 1420 mm 테플로 AF 관이 진한 암모니아수가 담긴 용기 위에 매달려 있다. 빛 및 액체의 출입 단자가 양쪽 끝에 달려 있다. 광원으로는 400 nm의 LED를 사용하며 광다이오드-OpAmp 조합을 검출기로 사용한다.

형광 검출기(fluorescence detector)는 HPLC에 사용되는 검출기 가운데 가장 감도가 높은 검출기 중 하나이다. 형광을 내는 화합물의 수가 적기 때문에 형광 검출기는 선택성이 높은 검출 방법이다. 경우에 따라서는 특정한 종류의 화합물을 분리 전 또는 분리 후에 유도체화시키기도 한다. 아미노산, 아민류 및 알코올류의 형광 유도체화에 흔히 사용되는 화학 반응을 웹 사이트 보충 자료의 그림 21.S1에 나타내었다.

형광 분광 광도계는 여기광과 방출광 양쪽 모두에 단색화 장치를 가지고 있다. 광원으로는 광대역 Xe 램프 또는 Xe 플래시 램프가 사용된다. 후자는 빛의 조도가 더 높고 S/N 비가 다

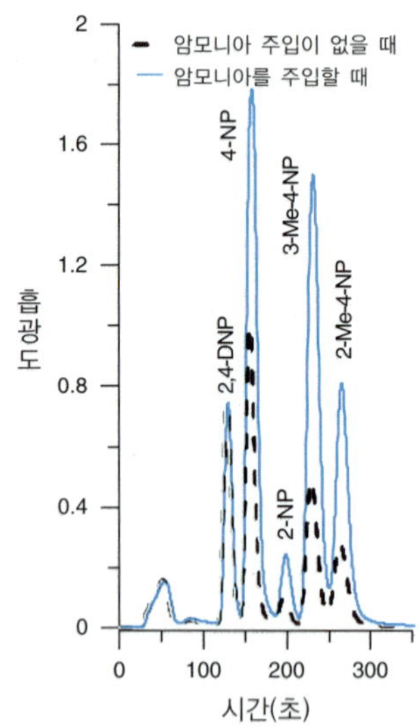

나이트로페놀류 혼합물 표준 물질(NP)의 크로마토그램. 대기 중의 시료로 암모니아와 반응시킨 시료와 그렇지 않은 시료의 크로마토그램이 함께 나와 있다. 표시된 나이트로페놀 시료(각 4, 8, 4, 8, 4 ng/mL)를 1 mL씩 전농축 처리한 후 2.2 μm 입자로 충전된 2 × 50 mm C-18 컬럼에서 분리하였다. 위 두 그림은 모두 Ganranoo et al., *Anal. Chem.* **82**(2010) 5838을 참조하였다.

소 높다는 장점이 있다. 특정 사용 목적을 위하여 특성화된 광원과 여기광 띠통과 필터 및 방출광의 긴쪽 통과(long pass) 필터를 조합한 제품은 저렴한 가격에 우수한 성능을 제공한다. 일부 검출기는 여기광에는 단색화 장치를 사용하지만 방출광에는 긴쪽 통과 필터를 붙여 사용하기도 한다.

형광 검출기의 신호–잡음 비는 일반적으로 350 nm 여기광에 대한 물의 Raman 방출광으로 표시된다. 에너지 손실은 3382 cm^{-1}이므로 방출광은 397 nm에서 나타나게 된다. 순수한 물은 쉽게 구할 수 있는 물질이고 약한 Raman 방출광 띠는 약한 형광과 유사한 형상을 보이므로 쉽게 측정할 수 있는 변수이다. 물의 Raman 띠의 S/N 비는 일반적으로 보통의 HPLC형 형광 검출기에서는 1~1.5초 적분 시간 기준으로 300~550 수준이다. 참고로 고성능 탁상형 분광 형광계의 경우 S/N 비는 10000 이상이다.

복수의 화합물을 검출하고자 할 경우에는 대개 분석 대상물 전체를 들뜨게 할 수 있는 원자외선 파장을 찾아낼 수 있다. 하지만 이들 분석물은 각각 다른 파장에서 형광을 방출한다. 일부 검출기는 최대 4개의 방출 파장을 동시에 관찰할 수도 있으므로 선택성 향상에 도움을 준다. 일부 검출기는 여기광과 방출광의 개별 스캔뿐만 아니라 여기광과 방출광의 파장을 동시에 변화시켜 가면서 새로운 차원의 선택성을 제공하기도 한다. 일부 프로그램 가능한 검출기는 시간 간격을 두고 여기광과 방출광의 파장을 다르게 조절할 수 있으며, 따라서 각각의 분석물을 최적 조건에서 검출할 수 있게 해 준다. 양자 효율이 높은($\Phi \geq 0.1$) 화합물의 경우 검출 한도는 펨토그램보다 훨씬 낮은 수준까지 내려갈 수 있다.

모세관 스케일의 형광 검출에서는 매우 작은 점에 빛을 모을 수 있고 조도가 높은 레이저광의 사용이 이상적이다. 여백 그림에 표시한 공초점 구조가 널리 사용된다. 집광된 레이저광을 이색성 거울(dichroic mirror)(레이저광의 파장은 효과적으로 반사시키지만 다른 파장은 투과시키는)에 조사하면 빛이 반사되어 현미경의 대물렌즈를 통해 검출 모세관 위의 창에 집광된다. 방출된 형광은 다시 이색성 거울로 들어온다. 띠통과 필터를 이용하여 산란된 레이저광이 다시 들어오는 것을 막고, 공간 필터를 통해 검출기로 보낸다. **레이저–유도 형광법**(**laser-induced fluorescence, LIF**)를 이용한 모세관 분리 검출 결과를 그림 21.12에 도시하였다.

LCW 기반 형광 검출기는 매우 간단하고 강력하다. 일반적인 설계는 그림 16.34에 도시되어 있으며 해당 장의 내용에 자세한 설명이 있다.

카이랄 검출기(**chiral detector**)는 카이랄 크로마토그래피 고유의 정보를 제공할 수 있다. 카이랄 화합물은 편광면을 회전시키며, 편광면의 회전 방향에 의해 광학 이성질체를 구분한다. 편광면의 회전각은 카이랄 화합물의 농도 및 **고유 광회전도**(**specific rotation**, 물질의 고유한 특성)에 비례하며, 다음과 같이 **Biot 법칙**으로 정의된다.

$$[\alpha]_\lambda^{\mathrm{T}} = \frac{a_\lambda^T}{cl} \tag{21.21}$$

광증배관
(PMT)
핀홀
형광 띠통과 필터
이색성
거울
레이저
대물렌즈
창이 달린 모세관

공초점 레이저–유도 형광 검출 장치 설계도

여기서 $[\alpha]_\lambda^{\mathrm{T}}$는 온도 T, 파장 λ에서의 고유 광회전도이며, l은 광학 경로의 길이(단위: dm), α는 측정된 광회전, c는 농도(단위: g/mL)이다. **편광 검출기**(**polarimetric detector**)에서 신호의 세기는 분자의 흡광 특성이 아닌 고유 광회전도에 좌우된다. 편광 검출기는 흔히 적색 다이오드 레이저(670 nm) 또는 400~450 nm의 LED를 광원으로 사용한다. **Drude 식**은 다음과 같이 주어진다.

$$[\alpha]_\lambda = \frac{\sum A_i}{(\lambda_i - \lambda_R)} \tag{21.22}$$

여기서 A_i는 파장 λ_i에서의 분자 상수이고, λ_R은 기준 파장으로 상수이다. 이 식은 **광 회전 분산**(**optical rotatory dispersion, ORD**)의 일반적인 특성을 나타낸 것으로서, 발색단이 없거나 또는 흡광 영역과 멀리 떨어진 파장대에서 광학 활성을 갖는 분자의 광회전율의 변화를 기술하고 있다. 이 식은 회전각이 파장의 함수로서 파장이 짧아질수록 증가한다는 것도 보여 준

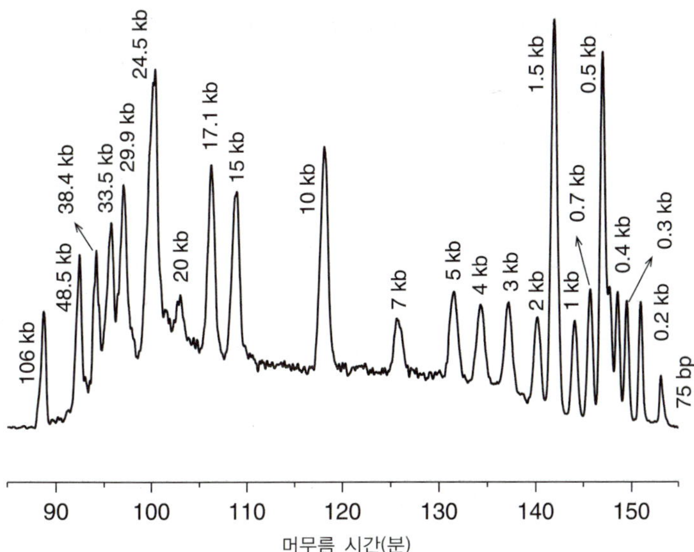

그림 21.12 75 염기쌍(bp) ~ 106 kbp 범위에 걸친 DNA 혼합물의 수력식 크로마토그램 분리 결과. 시료는 여러 종류의 DNA의 혼합물이다. 컬럼은 길이 4.4 m, 내경 5 μm로 기능화되지 않은 민 실리카 모세관이며, 반지름 2.5 μm이고 총 길이는 445 cm이다(유효 길이 440 cm). 시료는 100 psi에서 10초간 주입되었으며 분리는 360 psi에서 수행되었다. 형광 염료 YOYO를 DNA에 층간 삽입한 후 공초점 LIF로 검출하였다. 참고 문헌: X. Wang et al., *J. Am. Chem. Soc.* **132** (2010) 40.

다. 따라서 프로브 파장이 짧을수록 신호가 커진다. 하지만 파장이 짧아지게 되면 우선성 및 좌선성의 두 원편광 성분은 서로 다른 속도로 시료를 통과하게 되고, 따라서 이들에 대한 흡광도도 달라지게 된다. 이 현상을 **원형광 이색성(circular dichroism, CD**, 아래 참조)이라고 한다. CD 현상이 있을 경우 Drude 식으로부터 편차가 있게 되며, 이를 "**Cotton 효과(Cotton effect)**"라고 한다. 400~460 nm의 파장 범위에서 고유 광회전도 [α]는 최댓값을 갖게 되고 Cotton 효과는 최소화된다. 430 nm의 광원을 사용하는 것은 이와 같은 효과에 대하여 최적화된 파장이기 때문이다.

HPLC 편광기는 Faraday의 설계를 따라 시료에 의한 회전을 보정하고 이를 회전각의 크기 및 방향으로 변환하도록 설계되었다. Michael Faraday는 선편광면이 투명 매질을 통과할 때 전기장에 의해 회전할 수 있다는 사실을 보였다. 이때 회전각은 전기장의 세기에 비례한다. 따라서 빛이 흐름 셀 내의 카이랄 화합물에 의해 회전하고, 이를 다시 Faraday 장치(빛의 경로를 따라 감아 놓은 코일)를 통해 원상복귀시키는 방식의 비기계식 편광 검출기를 만들 수 있다. 광검출기의 출력을 관찰하면서 피드백 회로를 통해 Faraday 장치에 들어가야 할 알맞은 방향과 크기의 전류를 흘려주면서 편광면을 바탕선대로 일정하게 유지한다. (회전각의 크기를 나타내는) 신호로서 기록되는 것은 바로 이 피드백 전류이다. 우수한 편광 검출기는 20 $\mu°$의 잡음 수준을 보인다. 이해를 돕기 위해 설명하면, 이는 지구 크기의 원에서 7 ft (2.1 m) 길이의 원호에 해당하는 각도이다. Biot 법칙에서 볼 수 있듯이, 빛의 경로가 길어지게 되면 검출의 감도가 향상되므로, 경로 길이가 최대 25 mm에 이르는 셀도 편광 검출기 및 기타 카이랄 검출기에 널리 사용된다. 일부 제조사는 다중 반사판을 이용하여 유효 경로 길이를 연장시키기도 한다.

ORD 검출기는 편광 검출기와 매우 유사하나 단색화 장치가 장착된 광대역 Hg-Xe 램프를 사용하여 350~900 nm 사이의 어떤 파장이든지 사용할 수 있다는 차이가 있다. 편광기 측정과 비교하여 회전각의 파장 의존성은 분자의 특성을 추가로 확인할 수 있는 단서가 된다. 일반적인 잡은 수준은 편광기와 동등한 수준으로, 바탕선 이동은 시간당 50 $\mu°$ 수준이다.

CD 검출기의 신호는 우선 및 좌선 원편광에 대한 흡광도의 차이 [$A_r - A_l$]이며, 대개 아주 작은 값을 갖는다. UV 흡광도와 마찬가지로 CD 신호는 파장에 의존한다. 카이랄 분자가 강한 CD 신호를 주려면 200~420 nm 범위에서 흡광성이 있어야 한다. 일반적인 CD 검출기는 220~420 nm 범위에서 작동하며, 잡음 수준은 30 $\mu°$이고 바탕선 이동은 시간당 50 $\mu°$ 수준이다. CD 및 UV **흡광도** 출력 모두 CD 검출기로부터 얻을 수 있으나, 보통 UV 검출기로서의 성능은 표준 UV 검출기에 비해서는 현저히 떨어지게 마련이다.

전해 검출기(coulometric detector) 및 **전류법 검출기**(amperometric detector)는 선택성과 감도가 높은 전기 화학적 검출기로(15장 참조), 산화 환원 반응이 쉽게 일어나는 물질이나 전극의 산화 생성물과 반응하는 물질을 검출하는 데 유용하다(예: Ag 전극에 산화에 의해 생성된 Ag^{+}와 아미노산의 킬레이트 형성 반응을 이용한 아미노산 검출). 일반적인 셀의 구조는 얇은 층 셀(용액은 밀착된 한 쌍의 평판 전극 사이로 흐름) 또는 벽-제트 셀(용액이 전극에 바로 충돌함) 등의 구조를 띤다.

전해 검출법은 전류법과 달리, 분석물을 정량적으로 전해 검출기에서 변환하므로 자연히 더 큰 전극과 긴 작동 시간이 필요하다. 반응의 전자 화학량론을 알고 있는 상태라면, 전해 검출법을 통해 다른 보정 실험 없이 절대 정량이 가능하다. 전해 검출기 내의 산화–환원 반응에 의해 특이한 방법으로 검출할 수 있는 물질이 생성될 경우, 전해 검출기 뒤에 또 다른 검출기를 덧붙여 사용함으로써 새로운 정보를 얻을 수도 있다. 대기 중의 나이트로 다핵성 방향족 화합물(nitro polynuclear aromatics, NPAH)은 직접적인 돌연변이 유발 물질로서 관심 대상이 되고 있다. $-NO_2$기는 $-NHOH$ 및 $-NH_2$기로 쉽게 환원될 수 있으며, 이들 생성물은 모두 강한 형광을 방출할 수 있다. 대기 중 입자의 추출물은 나이트로 방향족 화합물 외에도 전기적으로 환원 가능한 각종 화합물을 포함할 수 있으며, 화합물을 동정하기 위한 크로마토그램의 해석은 어렵다. 만일 전해 검출기 뒤쪽에 형광 검출기가 추가로 연결되어 있을 경우, **첫 번째 검출기가 환원 작용을 할 때만** 두 번째 검출기에서 피크를 보이는 물질이 있다면 가능한 후보군의 범위를 크게 좁힐 수 있을 것이다. 그림 21.13은 이와 같은 장비 구성의 일반적인 형태를 도시한 것이며, 그림 21.14는 방금 예시한 분석 결과를 보이고 있다. 충전 컬럼을 펄스 감쇠기로 사용하고 전주입기 "보호 셀"(전해 검출기에서 중요한 부분임)을 사용하여 용리액 내의 잔류 O_2를 환원하여 제거한 점에 주목할 필요가 있다. 중첩 검출기 구조의 가장 큰 한계는 전해 셀에 의해 상당산 퍼짐 현상이 발생한다는 점이다.

전해 검출기는 전류법 검출기에 비하여 신호가 훨씬 크지만 잡음 또한 훨씬 크다. 따라서 검출 한도 등의 관점에서는 전해 검출기보다는 전류법 검출기가 훨씬 우수하여 분석에서 더욱 유용하다. 미세 섬유 전극을 사용한 모세관 형태의 전류법 검출법은 신경화학 연구에 매우 유용하며, 특히 뇌 속 미량의 카테콜아민을 크로마토그래피 및 전기 이동법으로 분리하고 검출하는 응용에 사용된다. 하지만 전류법 검출기는 전극 표면의 미세한 변화에도 반응 특성이 변화하며 재현성이 떨어지기 때문에 일상적인 분석에 사용하기는 어렵다.

펄스식 전류법 검출(pulsed amperometric detection, PAD)은 Iowa 주립 대학의 Dennis Johnson에 의해 개발되었으며, 전극 표면의 세척과 재생이 거의 연속적으로 일어나도록 하여 위에서 서술한 전류법 검출의 대부분의 문제점을 해결하였다. PAD에서는 전극에 일정 시간 동안(보통 1초 미만) 여러 가지 형태의 전압을 걸어 주는 과정을 반복한다. 예를 들면 탄수화

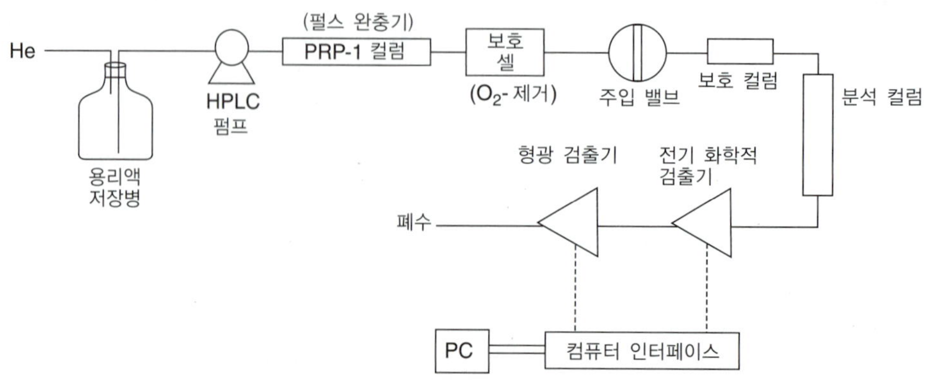

그림 21.13 전기 화학적 전해 검출기와 직렬로 연결된 형광 검출기

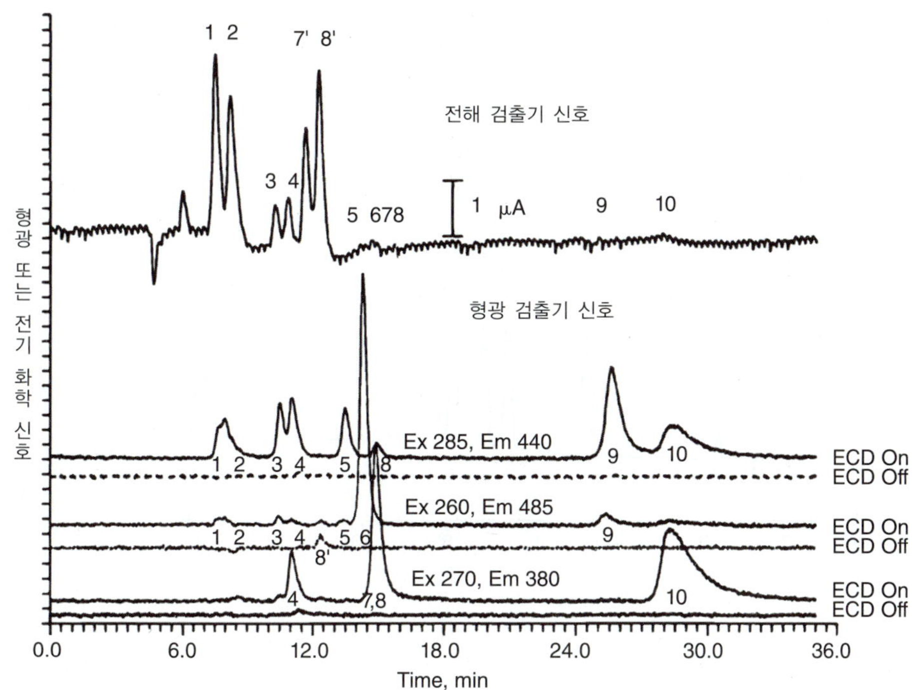

그림 21.14 NPAH 시험 혼합물의 크로마토그램. 피크에 나타난 화합물은 차례대로 다음과 같다.(괄호 안의 숫자는 nmol 단위의 시료 주입량) **1**: 1-아미노-4-나이트로나프탈렌(10), **2**: 9-하이드록시-3-나이트로플루오렌(10), **3**: 1-나이트로나프탈렌(1), **4**: 2-나이트로나프탈렌(2), **5**: 2-나이트로나프톨(0.05), **6**: 9-나이트로안트라센(0.05), **7**: 2-나이트로플루오렌(0.05), **8**: 2-나이트로-9-플루오렌(2), **9**: 1-나이트로파이렌(0.01), **10**: 1-아미노-7-나이트로플루오렌(0.2). 피크 7′과 8′은 각각 시료 7과 8에 혼입된 알 수 없는 불순물에 의한 것이다. 표시된 그래프는 전해 검출기의 신호 및 3가지 다른 입사/검출 파장 조건에서의 형광 검출기의 신호이다. 각각의 데이터에 전해 검출기를 끈 상태에서의 형광 검출기 신호를 함께 도시하였다. 전기 화학 검출기(ECD)의 펌프 맥동에 대한 민감성에 주목하라. 그림 21.13 및 그림 21.14는 모두 다음의 논문을 참조하였다. M. Murayama and P. K. Dasgupta, *Anal. Chem.* **68** (1996) 1226.

물(당류)은 −OH기를 포함하고 있어 금 전극을 통해 특정 전압에서 쉽게 산화되면서 전류를 생성한다. 이 전류를 측정하면 높은 선택성과 감도로써 검출이 가능하다.

산화가 일어난 후에 환원 및 재산화 과정(삼중 펄스 파형이나 사중 전압 파형도 흔히 이용됨)을 통하여 결합된 분석물을 제거하고 전극 표면을 재생시킨다. 파형은 보통 1 Hz 이상의 진동수로 반복하며, 각 단계는 수백 밀리초 정도가 소요된다. 이로써 크로마토그래피의 데이터 점의 개수를 최소 1초당 1개씩 얻는 것이 가능하다. PAD는 피코몰 및 펨토몰 수준의 감도를 얻을 수도 있어 가장 감도가 높은 검출 기술 중 하나이다. 시료의 극히 일부분만 산화되므로, 원한다면 나머지 시료를 다시 모아서 추가 분석을 수행할 수도 있다. 탄수화물의 경우 흡광성이 매우 낮기 때문에 선택성 및 감도 면에서 펄스식 전류법 검출법 외에 다른 대안을 찾기 쉽지 않다. 그림 21.15에서는 탄수화물 분리의 예를 나타내었다.

미세 섬유 전극 전류법과 모세관 스케일의 측정 결합은 전혀 새로운 것이 아니다. 신경 전달 물질은 이미 지난 20여 년 동안 단일 신경 세포 수준에서 열린 관 LC 및 CE를 통하여 측정되어 왔다. [R. T. Kennedy and J. W. Jorgenson, *Anal. Chem.* **61** (1989) 436; T. M. Olefirowicz, and A. G. Ewing, *J. Neurosci. Met.* **34** (1990) 11].

1회용 전극도 사용되고 있으며, 탄소, 금, 은, 백금, 붕소 도핑 다이아몬드 등 다양한 전극 물질이 사용되고 있다. 탄소 전극은 페놀류, 항산화제, 카테콜아민류 등의 산화적 검출에 유용하며, 금 전극은 탄수화물, 아미노 글루코사이드, 아미노산 등의 산화적 검출에 사용된다. 은 전극은 할로젠화물, 유사 할로젠화물, 사이안화물 및 황화물을 산화적으로 검출하는 데 유용하다.(각각 AgX 및 Ag_2X를 생성한다.) 또한 백금 전극은 알코올류, EDTA 및 유사 킬레이트제를 산화적으로 검출하는 데 적합하다.

모세관 크로마토그래피나 모세관 전기 이동법(CE)과 같이 매우 작은 모세관을 사용하는 경우 검출 옵션은 제한되어 있으며 컬럼 말단에서의 전류법 검출이 전기 활성 물질을 높은 감도로 검출하는 데 유용하다. 신경화학 연구의 경우 시료의 양이 제한적이므로 분리 기술에는 모세관 기반 기술을 이용할 수밖에 없게 되므로 특히 유용하다. 신호 전달 물질인 세로토닌,

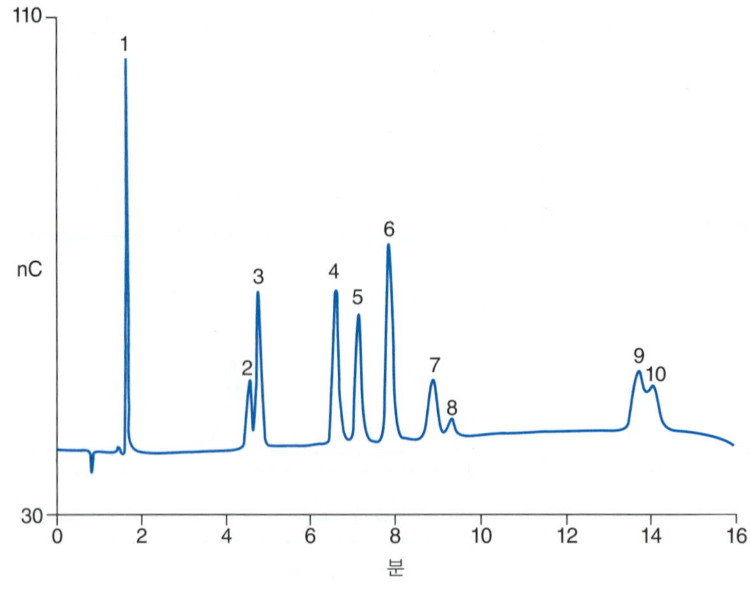

그림 21.15 탄수화물은 매우 약산으로 pK_a 값은 프룩토스의 12.31에서 소르비톨의 13.60의 범위에 걸쳐 있다. 3 × 150 mm 음이온 교환 컬럼에 KOH 용리액의 기울기 용리를 사용하여 2 Hz 주기로 반복되는 4중 펄스 파형을 이용한 펄스식 전류법 검출로 본 분리 분석을 수행하였다. 분석물은 다음과 같다. (1) 만니톨, (2) 3-*O*-메틸 글루코스, (3) 람노스, (4) 갈락토스, (5) 글루코스, (6) 자일로스, (7) 슈크로스, (8) 리보스, (9) 락토스, (10) 락툴로스. 시료 주입량은 10 μL이며 시료의 온도는 리보스의 0.32 μg/mL를 제외하고는 모두 1.67 μg/mL이다. Thermo Fisher Scientific 사 제공

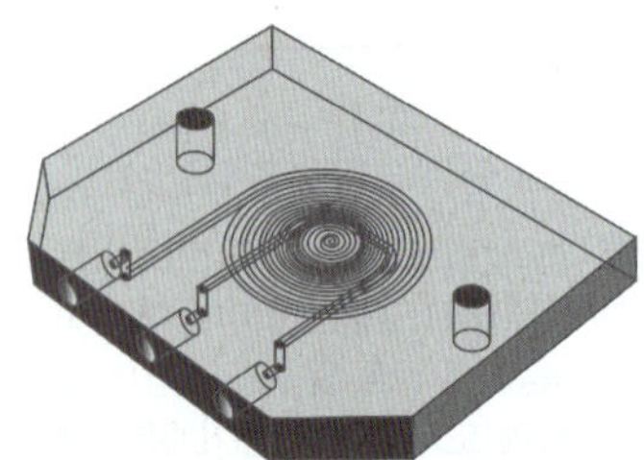

CL 셀은 투명 블록 안에 새겨진 나선형 흐름 채널로 이루어져 있다. 컬럼 배출물과 CL 시약은 왼쪽 2개의 포트를 통하여 흘러들어가며 나선형 채널을 통과하여 오른쪽 포트를 통하여 빠져나오게 된다. Mohr et al., Analyst 134 (2009) 2233 참조

에피네프린, 노르에피네프린 및 도파민은 모두 전기 활성 물질로 전류법에 의해 매우 높은 감도로 검출할 수 있다. 지름이 수 μm 정도의 탄소 섬유 전극을 모세관의 출구에 배치한 형태의 검출기도 있다.

화학 발광(**chemiluminescence, CL**) **검출기**는 검출 전에 한 종류 이상의 시약을 컬럼 배출물에 첨가하기 때문에 일종의 후컬럼 반응(postcolumn reaction, PCR)의 일종으로 볼 수도 있다. 관류형 화학 발광 검출기는 16.16절에서 논의하였다. 대부분의 CL 반응은 매우 빠르게 일어난다. 여백 그림에 도시한 것처럼, 컬럼 배출물과 함께 CL 시약을 암실에 고정된 PMT 창 위에 놓인 CL 셀에 바로 주입한다. 그림 21.16은 CL 크로마토그램의 예를 보여 준다. CL 검출법은 마이크로칩 스케일에도 적용 가능하며, 그림 21.33에 그중 한 가지 예를 도시하였다.

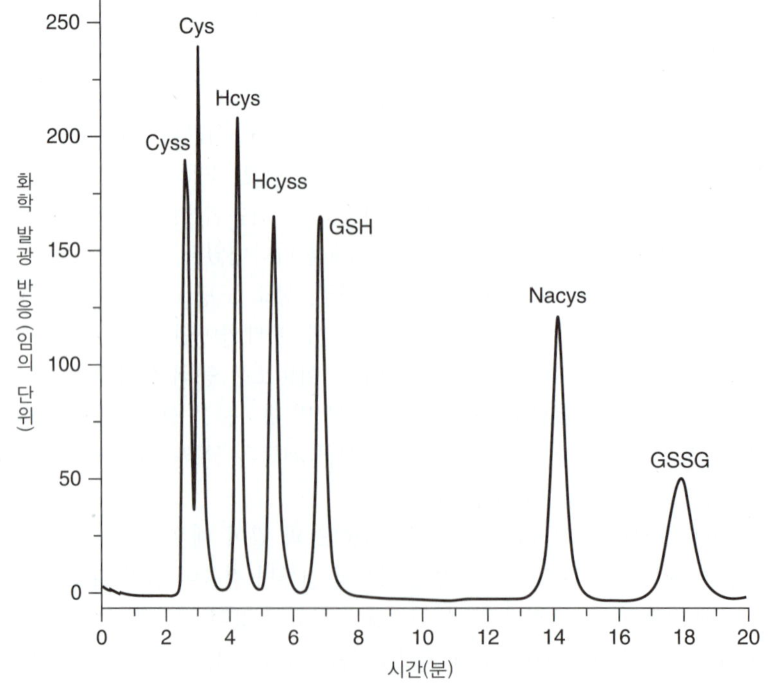

그림 21.16 생물학적으로 중요한 싸이올류에 대한 CL 크로마토그램. 각 싸이올의 농도는 모두 10 μM이다. 컬럼(5 μm 입자로 충전된 C18 컬럼) 배출물을 T 자형 관에서 폼알데하이드와 혼합한 후 이 혼합액을 강력한 산화제인 Mn(IV)가 들어 있는 CL 셀로 합류시켰다. McDermott et al., *Anal. Chem.* **83** (2011) 6034.

방사능 검출기(**radioactive detector**)는 또 다른 특화 검출기로, 방사성 표지된 분석물의 검출에 사용된다. 한 종류의 검출기에서는 흐름 셀이 두 개의 고감도 광전자 증배관의 광음극 사이에 놓여 있고 두 개의 광음극이 동시에 신호를 낼 때만 신호로 간주한다. 이와 같은 **동시 계수법**(**coincidence counting**)을 통하여 각각의 PMT에서 나오는 랜덤한 잡음(계수)과 두 개의 PMT가 동시에 계수하는 진짜 실호를 구별할 수 있게 된다(여기서 "동시"의 개념은 상대적으로, 실제의 회로에서는 수백 나노초 간격으로 떨어져서 신호가 발생하기도 한다). 흐름 셀과 PMT 사이에 추가 계수기가 사용될 경우는 각각의 신틸레이터에 대한 시간 창을 그에 맞게 보정할 필요가 있다. 어떤 경우에는 액체 신틸레이션 칵테일을 후컬럼 단계에서 검출기로 들어가기 전에 추가하기도 한다. 방사성 검출기는 방사성 표지 물질을 이용한 크로마토그래피 실험에서 독특한 쓰임새를 가지고 있다.

5. 후컬럼 반응(**postcolumn reaction, PCR**) **검출법** 후컬럼 반응 검출법에서는 검출 단계 전에 화학 반응을 일으킨다. 대체로 시약을 첨가하는 방식을 사용하지만, 시약을 물리적으로 첨가하는 대신에 UV 조사나 가열 등을 통해 분석물의 전환을 일으키는 방법도 사용할 수 있다. 전환 작업은 또한 고정된 효소나 이온 교환 컬럼 등의 고체 반응기를 통과시키는 방법으로 수행할 수도 있다. 실제로, 곧 보게 되겠지만, 전도도 검출기를 이용한 이온 크로마토그래피에서의 "억제"(suppression) 작업은 독특한 PCR 검출법의 한 예이다. 크로마토그래피를 이용한 미량 물질 분석, 그중에서도 특히 이온 분석에 많은 공헌을 한 호주 정부 Tasmania 분석 연구소의 John P. Ivey는 아세토아세트산을 용리액으로 사용하고 컬럼 분출물을 가열하여 열에 의한 탈카복시화 반응을 일으켜 부도체인 아세톤과 CO_2를 생성하는 방식으로 억제식 전도도 검출식 이온 크로마토그래피를 수행하는 방법을 보였다.

$$CH_3COCH_2COOH \xrightarrow{\text{열}} CH_3COCH_3 + CO_2$$

광화학 반응을 이용한 PCR은 더욱 널리 사용된다. Teflon 가운데 특히 FEP(플루오린화 에틸렌 프로필렌 공중합체, fluorinated ethylene propylene copolymer) Teflon은 자외선에 대하여 투명하며, 뜨개질하듯이 만든 Teflon 관을 UV 펜형 램프에 감은 장치를 "고성능 검출 광화학 반응기"(PHotochemical Reactors for Enhanced Detection, PHRED)로 기능하도록 한 장비가 상용화되어 있다. 많은 분석물이 빛을 조사하게 되면 보다 높은 감도로 검출할 수 있는 형태로 전환된다. 한 예로, 중요한 수면제인 바르비투르산염의 경우 광화학적 전환 과정에 의해 270 nm에서의 흡광도 측정에 대한 검출 감도를 10배에서(바르비탈) 30배까지(펜토바르비탈) 올릴 수 있다. 광조사에 의한 생성물은 산화적 전류법 분석을 통해서도 높은 감도로 분석할 수 있다.

가장 간단한 화학 반응으로는 pH 조절을 들 수 있다. 산 또는 염기 흐름을 가하여 주는 방식도 사용할 수 있으나(671쪽의 LCW에 대한 논의가 포함된 여백 그림 참조), 액체 시약의 첨가에 따른 부피 변화 및 희석 없이 기체 상태의 산이나 염기(예: HCl 또는 NH_3)를 Teflon AF나 실리콘 고무 등의 적절한 투기성 관을 통해 첨가하는 방법도 사용할 수 있다. 일반적으로 염기성 매질에서는 대부분의 화합물에서 최대 흡광 파장이 긴 쪽으로 이동하면서 동시에 ε_{max} 값이 증가하게 된다. 따라서 염기성 매질을 사용하는 것이 검출 한도의 관점에서는 유리하다. 하지만 대부분의 실리카 기반 컬럼에서는 염기성 용리액을 사용할 수 없다. 후컬럼 단계에서의 염기성화를 통하여 이 문제를 해결할 수 있다.

시약 첨가식 후컬럼 반응의 예는 너무 많아서 일일이 나열하기 힘들다. 고전적인 예 중 하나로 아미노산의 닌히드린 반응에 뒤이은 530 nm 가시광 흡광 분석법이 있다. 이 반응은 가열을 해 주어야 빨리 완결된다. 반응은 일련의 단계를 거쳐 진행되며 그림 21.S2의 **웹 사이트** 보충 자료에 도시되어 있다. 또 다른 예로는 여백 그림에 도시한 것처럼, 란타나이드 금속 이온을 발색성 리간드와 반응시키는 방식의 PCR 검출법이 있다.

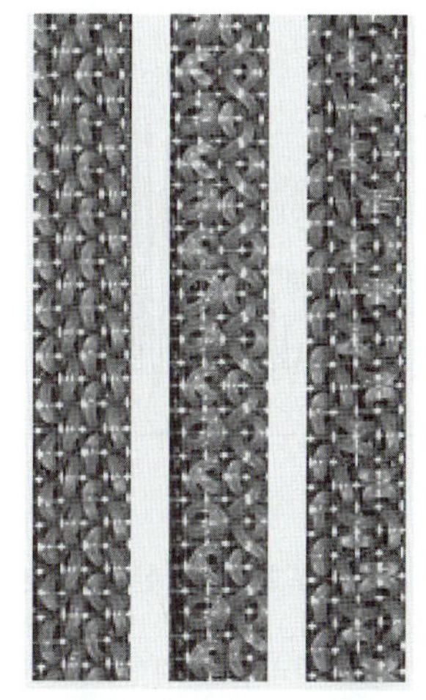

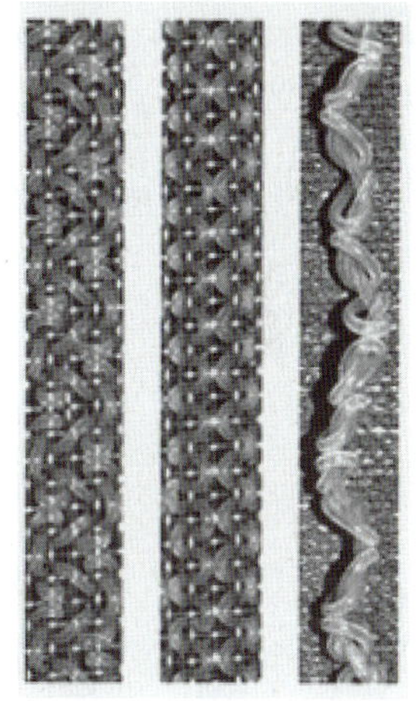

후컬럼 반응기. (위) 왼쪽부터 오른쪽으로: 3-D (Superserpentine) I, II, III, (아래) 왼쪽부터 오른쪽으로: Superserpentine IV, 2-D Serpentine II, 매듭형 반응기. Superserpentine I~IV의 분류는 제조사의 분류를 따랐다. www.globalfia.com

UV 흡광 및 형광을 이용한 광화학적 PCR 검출법 및 전기 화학적 검출법 등을 이용한 다양한 분석 사례는 다음 자료를 참고하시오. Liu et al., http://www.currentseparations.com/issues/16-2/cs16-2a.pdf

PCR 검출에 대한 일반적인 논의는 다음의 문서를 참고할 것. http://www.sigmaaldrich.com/etc/medialib/docs/Supelco/Bulletin/4500.Par.0001.File.tmp/4500.pdf

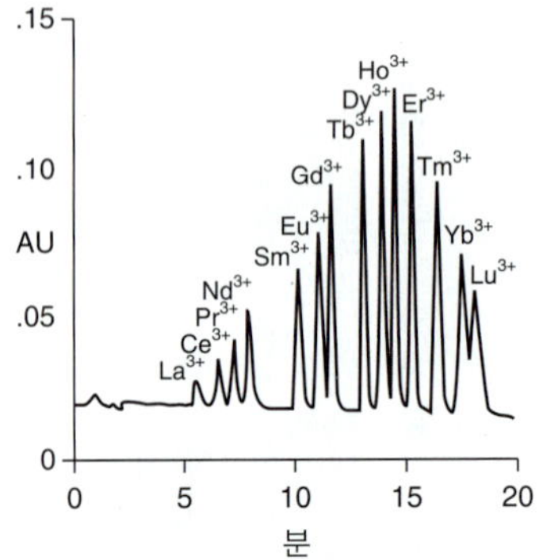

음이온 교환에 의한 란타넘족의 분리. 분리 후 암모니아성 4(2-피리딜아조) 리소르시놀(PAR)과 반응시킨 후 530 nm의 가시광선으로 검출하였다. Thermo Fisher Scientific 사 제공

PCR 검출법에는 두 가지 중요한 변수가 있다. 첫째 변수는 혼합 효율이다. 시약의 혼입에는 전통적인 T자형 관이 가장 널리 사용되지만, 화살형 혼합관(양쪽 팔을 통해 유입되어 중심 축을 통해 나가는 방식으로, 중심부에 구형 충전물을 사용하기도 함. 여백 그림 참조)이 더욱 우수한 성능을 보여 준다. 평면형 T자관(screen-tee) 반응기 또는 다공성 막을 통해 가압된 시약을 첨가하는 방식(수백만 개의 간극/T자관을 통해 액체를 넣는 방식에 비할 수 있음) 또한 우수한 혼합 성능을 보인다(R. M. Cassidy, S. Elchuk, P. K. Dasgupta, *Anal. Chem.* **59**(1987) 85). 소형 자석 교반기와 같은 능동식 혼합은 일반적으로 퍼짐 현상을 일으키므로 사용할 수 없다.

둘째 변수는 반응에 소요되는 시간이다. 즉각적으로 일어나는 반응은 많지 않다. 따라서 일정 반응 시간 동안 분석물을 시약과 반응시키면서 기다리게 되며, 이때 기다림 시간은 기다림 부피를 유속으로 나눈 값으로 주어진다. 또한 많은 경우에 반응을 빠르게 하기 위하여 가열이 필요한 경우도 있다. 흔히 PTFE로 만들어진 관형 반응기가 사용되기도 한다. 또 다른 중요한 요소는 반응기의 생김새로서, 퍼짐 현상을 최소화할 수 있는 모양새여야 한다는 점이다. 기다림 부피가 같을 경우 내강이 좁을수록 퍼짐 현상이 줄어들지만, 식 21.6에 따르면 압력 강하는 지름의 네제곱에 비례하므로 금세 통제 불가능할 정도로 커지게 된다. 퍼짐 현상은 직선형 관에서 가장 심하게 일어나며, 특정한 모양으로 매듭/뜨개질된 형태의 관에서는 퍼짐 현상이 훨씬 줄어든다. 2차원/3차원 구조로 복잡하게 뜨개질된 형태의 관도 상용화되어 있다. "진주 끈 반응기"(pearl string reactor)(관의 내경 대비 약 60%의 지름을 갖는 구체로 관을 채운 제품)도 일정 수준 이하의 퍼짐 현상과 낮은 압력 강하 특성을 보여 준다. 보통 2분 이상의 기다림 시간이 소요되는 반응/방법은 퍼짐 현상 때문에 HPLC에서는 효용성이 떨어진다. 이런 경우 기체 구획법(gas segmentation)을 통하여 퍼짐 현상을 최소화할 수 있다. 검출 전 단계에서 기체상과 액체상을 기체-액체 분리기로 분리할 수 있다. 경우에 따라서는 분석물을 기체 상태로 전환시켜 적절한 반응기에서 검출할 수 있는 경우도 있다. 고정 효소 반응기(immobilized enzyme reactor) 등의 고체상 반응기도 PCR 장치에 사용된다. 그림 21.17은 위에서 설명한 개념 중 여러 가지를 포함하고 있다.

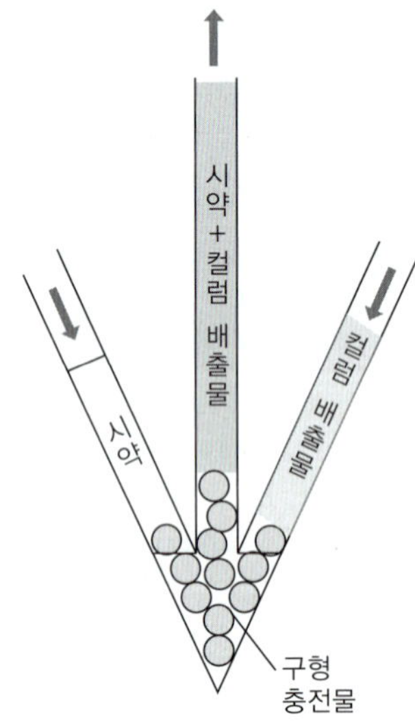

구형 충전물이 들어 있는 화살형 혼합관

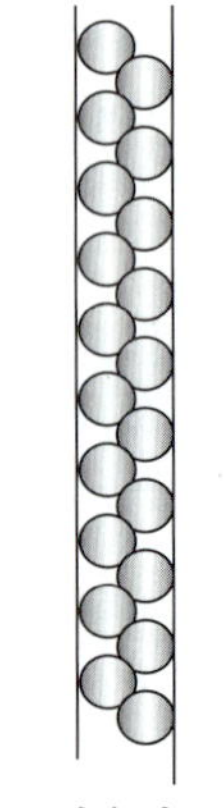

진주 끈 반응기; 최적 $d_{\text{구형}} = 0.60\ d_{\text{관}}$

중요한 PCR 검출법 응용: 아미노산의 이온 교환 분리

Moore와 Stein은 용리액의 pH 변화를 통해 효율이 낮은 정지상에서도 복잡한 분리 작업을 수행할 수 있음을 보인 바 있으며 [*J. Biol. Chem.* **192**(1951) 663.], 이 일을 바탕으로 결국 1972년에 노벨상을 수상하였다. 이들은 25~37 μm 크기의 Dowex 50WX8로 충전된 0.9 × 100 cm 컬럼을 사용하여, 67 μL/분의 유속으로 4.25부터 11.0까지의 pH 기울기를 가하며 온도를 25~75℃ 범위(이온 교환 평형의 조절을 위해)에서 변화시키는 방법으로 175시간(1주일이 약간 넘는 시간인)에 걸쳐 모두 50종의 아미노산을 분리해 내었다. 많은 물질의 이온 형태는 용리 용액의 pH의 영향을 받는다. 금속 이온의 가수 분해와, 약산과 약염기의 염의 이온화는 pH를 조절하여 제어할 수 있다. 약산은 낮은 pH에서는 해리하지 않으므로 교환되지 않으며, 같은 이유로 약염기는 높은 염기 농도에서는 해리하지 않으므로 이온 교환이 일어나지 않는다. 아미노산은 산으로도 행동하고 염기로도 행동할 수 있는 **양쪽성 물질**(**amphoteric**)이다.

세 가지 가능한 형태는 다음과 같다.

$$\underset{\text{A}}{\underset{\substack{|\\ NH_3^+}}{R-CH}-CO_2H} \overset{+H^+}{\rightleftharpoons} \underset{\text{B}}{\underset{\substack{|\\ NH_3^+}}{R-CH}-CO_2^-} \overset{-H^+}{\rightleftharpoons} \underset{\text{C}}{\underset{\substack{|\\ NH_2}}{R-CH}-CO_2^-}$$

쯔비터 이온(**zwitterion**)이라고 하는 B형은 아미노산의 **등전점**(**isoelectric point**, 보통 **pI**로 나타냄)에 해당하는 pH에서 우세한 형이다. 등전점은 분자의 알짜 전하가 0인 pH이다. 이보다 더 센산 용액에서는 $-COO^-$ 기에 양성자가 첨가되어서 $-COOH$ 형태를 생성하며(A형),

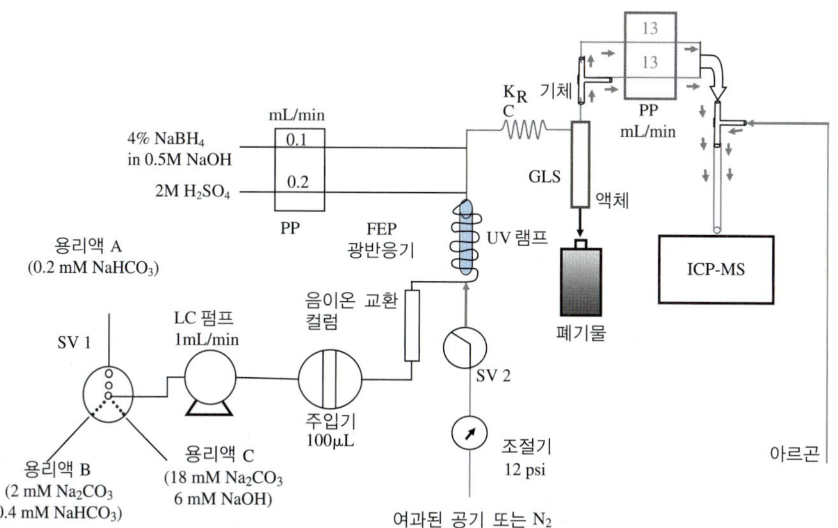

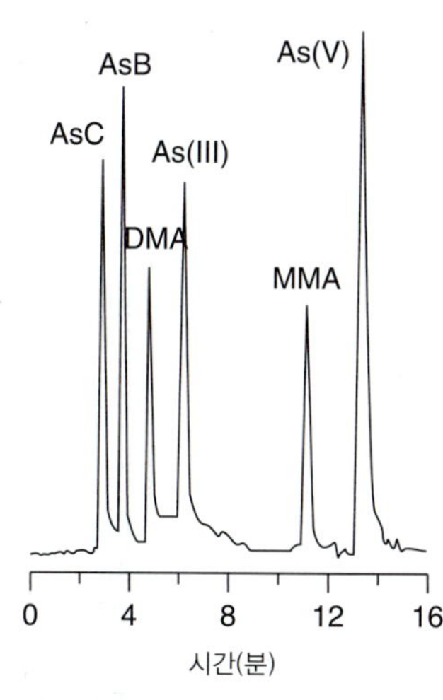

아세노콜린(AsC), 아세노베타인(AsB), 다이메틸아신산(DMA), 비소(III), 모노메틸아손산(MMA), 비소(V), 각각 25 μg As/L

그림 21.17 비소 화합물의 분리를 위한 장치. 등용매 펌프를 3종의 용매를 선택할 수 있는 솔레노이드 밸브 SV1과 함께 사용하여 음이온 교환 컬럼에서 3단계 기울기 용리를 진행한다. 비소는 $NaBH_4$ 및 산과의 반응을 통해 AsH_3로 전환되지만 유기 비소 화합물의 경우에는 이 반응이 거의 일어나지 않는다. 따라서 시약을 추가하기 전에 일단 모든 형태의 비소 화합물을 UV 광반응기 안에서 광산화 반응을 통해 As(V)로 전환시킨다. 정량적인 광산화 반응을 위해서는 약 4분의 시간이 필요하며, 따라서 공기 또는 질소를 솔레노이드 밸브 SV2를 통해 간헐적으로 주입하여 기체 구간을 도입한다. AsH_3 기체는 기체–액체 분리기로 분리하여 ICP-MS로 보내게 된다. 여백 그림에 크로마토그램을 나타내었다. [M. K. Sengupta and P. K. Dasgupta, *Anal. Chem.* **81** (2009) 9737.]

전체적으로 양전하를 띠게 된다. pH > pI인 경우에는 NH_2^+기가 양성자를 잃어서 $-NH_2$ 형태를 생성하며(C형), 따라서 음이온이 된다. 등전점은 아미노산의 카복실기와 아미노기의 상대적 산도 및 염기도에 따라 아미노산마다 다르다. 따라서 pH를 조절하여 등전점에 의거하여 아미노산들을 그룹별로 분리할 수 있다. 주어진 pH에서 음이온 및 양이온 교환 컬럼을 차례로 통과시키면, 아미노산들을 세 그룹으로 분리할 수 있다. 전하를 띠지 않은 쯔비터 이온(등전점)은 두 컬럼을 그대로 통과하지만 양으로 하전되고, 음으로 하전된 아미노산은 둘 중 한 컬럼에 머무른다(실제로는 아미노산과 함께 존재하는 완충 용액 이온도 교환 반응에 참여하므로 pH 변화가 일어날 수 있고 이와 같은 그룹별 분리가 깔끔하게 이루어지지 않을 수도 있다). 실제로, Moore와 Stein이 보였듯이 pH를 천천히 변화시키면서 한 가지 종류의 이온 교환 수지만으로 아미노산의 완전 분리도 가능하다.

LC-MS 및 단백질체학 기반의 방법론이 발달하면서 단백질 분석에서 아미노산 분석기의 역할은 다소 줄긴 하였지만, 현재의 고성능 아미노산 분석기는 여전히 아미노산 분리에 있어서 가장 인상적인 성능을 보여 준다(그림 21.18 참조).

21.4 이온 크로마토그래피

이온 크로마토그래피는 이온 분석에 사용되는 후컬럼 전환의 독특한 응용 예로서, 특히 작은 이온의 분석에 널리 사용된다. 이 방법은 이온 교환체의 분리 능력과, 전도도 검출기의 이온 검출에 대한(모든 종류의 이온에 적용 가능한) 보편성 및(오직 이온만 검출 가능한) 특이성, 높은 감도를 결합한 것이다. 이온 교환체의 높은 분해능은 앞 절에서 예시된 아미노산 분석 등의 예에서 볼 수 있듯이 오래전부터 널리 알려져 왔으나, 실제 분석에서의 보편적인 활용은 검출기에 의한 제약이 많이 따랐다. 아미노산의 경우와는 달리, 일반적인 이온 분석의 경우, 흡수 분광법과 결합하여 보편적으로 유용하게 사용할 수 있는 PCR(컬럼 후 반응)은 알려져 있지 않다. 분석 대상이 되는 대부분의 이온의 경우, 흡수 분광법으로 직접적으로 검출할 수

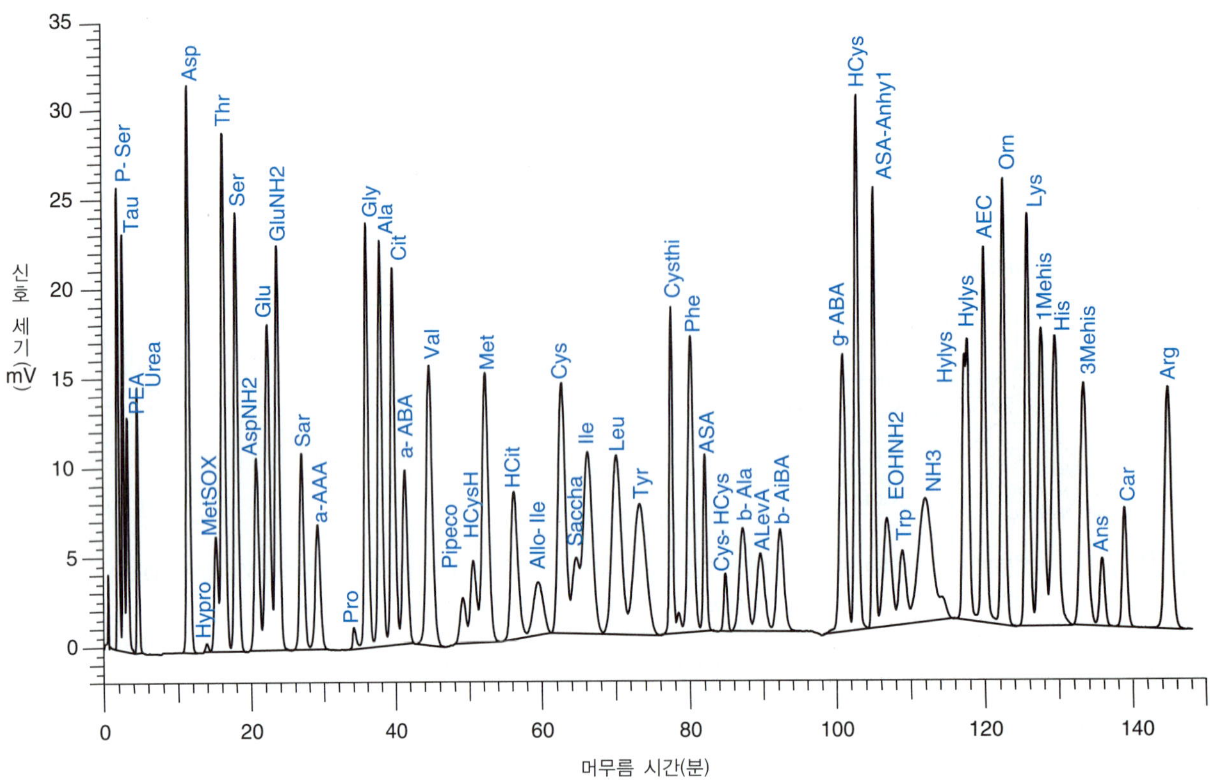

그림 21.18 53종의 아미노산 및 암모니아(각 2 nmol)에 대한 4.6×60 mm 양이온 교환 컬럼(3 μm 입자)에서의 기울기 크로마토그램. Hitachi–L8900 아미노산 분석기를 사용하였으며 닌하이드린으로 후컬럼 반응을 수행하였다. Hitachi High-Technologies 제공

있는 물질은 제한되어 있으며, 알칼리 금속의 이온이나 암모늄 이온 등의 경우 중금속 이온과 달리, 수용액에서 색깔을 띤 착물을 형성하지 않으므로 발색단을 띤 착물에 의한 간접적인 결정도 불가능하다. 단적인 예로, 가장 흔한 이온 중 하나인 황산 이온의 경우만 해도, 1 ppm 미만~수 ppm 수준의 농도에서 크로마토그래피 분리 후 검출하는 일은 결코 쉽지 않은 일이었다. 전도도 검출기의 경우 이온에 대한 검출 감도는 높지만, 앞에서 논의한 대로 이온 교환 컬럼의 정전기적 평형 때문에 이온성 용리액이 이온 교환 컬럼으로부터 분석물 이온을 밀어내게 된다. 따라서 미량의 이온성 분석물을 고전도도에서 용리시킬 경우 이온 농도가 높은 용리액의 바탕 전도도 때문에 전도도의 변화를 관찰하기 어렵게 된다.

1975년에 Dow 화학회사의 Hamish Small, Timothy Stevens 및 William Bauman 등은 이 문제에 대한 해답을 제시하였다. 이들은 제2의 이온 교환 컬럼을 이용한 후컬럼 전환을 통하여 바탕 용리액의 전도도는 억제하고(낮추고) 분석물의 전도도를 높여서 분석물을 높은 감도로 검출하는 방법을 제안하였다. 이 제2의 컬럼을 **억제 컬럼**(**supressor column**)이라고 한다. 음이온 분석에서, 이 컬럼은 H^+–형의 양이온 교환 컬럼이며, 양이온 분석에서는 분리 컬럼은 양이온 교환 컬럼이고 억제 컬럼은 OH^-–형의 음이온 교환 컬럼이다.

이온 크로마토그래피의 고전격인 다음 논문도 참고할 것. H. Small, T. S. Stevens, and W. C. Bauman, *Anal. Chem.* **47** (1975) 1801.

음이온 크로마토그래피의 원리를 그림 21.19에 도시하였다. 용리액 MX가 NaOH라고 하자. 이때 분리 컬럼인 첫 번째 컬럼은 OH^-–형으로 있다. 용리액 NaOH가 억제 컬럼으로 들어오게 되면 Na^+와 H^+의 교환이 일어나며 물이 생성된다.

용액이 이 상태로 검출기에 들어가게 되면, 순수한 물의 전도도가 낮으므로 검출기 바탕 신호가 매우 낮아지게 된다. 염 MA, M_2B 및 M_3C를 장치에 주입하게 되면(여기서 HA, H_2B 및 H_3C는 **아주** 약산은 아니다.) A^-, B^{2-} 및 C^{3-}는 분리 컬럼에 남아 있게 되며, 대신에 이온 교환체에 붙어 있던 OH^- 이온을 각각 1개, 2개, 3개씩 내놓게 된다. M^+ 이온은 분리 컬럼에

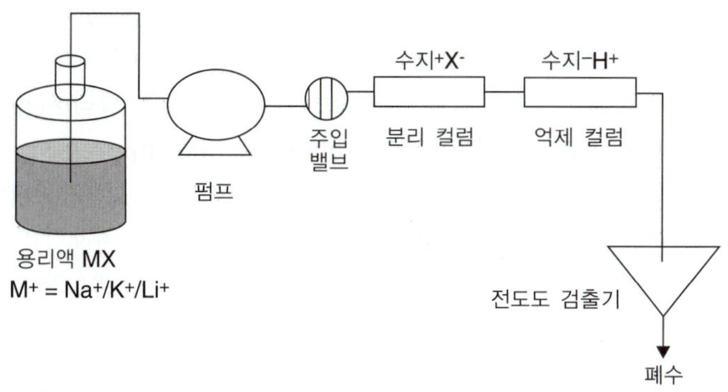

그림 21.19 이온 크로마토그래피를 이용한 음이온 분리의 모식도

는 머무르지 않고 틈새 부피를 통해 바로 빠져나오게 된다. 억제 컬럼으로 들어갈 때는 MOH의 형태로 들어가며, 여기서 다시 M^+와 H^+의 교환이 일어나고 다시 물이 생성된다. A^-, B^{2-} 및 C^{3-}가 이 순서대로 분리 컬럼을 빠져나와서 억제 컬럼으로 들어간다고 하자. 억제 컬럼에 들어갈 때는 NaA, Na_2B 및 Na_3C의 형태로 들어가며, Na^+와 H^+ 사이의 이온 교환 작용 후 억제 컬럼에서 나올 때는 HA, H_2B 및 H_3C의 형태로 빠져나오게 된다. 이들 산은 완전히 또는 적어도 일부분이 이온화하므로 순수 물 바탕에서 신호가 증가되어 나타난다.

위에서 설명한 대로 수산화 이온 용리액은 기질로 순수한 물을 생성하므로 가장 낮은 바탕 전도도 및 바탕선 잡음을 보이게 되고, 따라서 다른 용리액과 비교하여 최고의 검출 한도(LOD)를 자랑한다. 기울기 용리를 사용하여 수산화 이온 용리액의 농도를 점차로 증가시켜 주게 되면, 이론적으로는 생성되는 기질은 여전히 물로서 바탕선의 변화는 없을 것이다. 그러나 실제로는 뒤에서 설명할 다양한 원인에 의하여 초창기 개발 단계의 IC에서는 수산화 이온 용리액을 사용할 수 없다. 탄산 소듐이나 탄산수소 소듐과 같은 약산의 염이 용리액으로 주로 사용되어 왔다. 테트라붕산 소듐 및 *p*-사이아노페놀산 소듐도 용리액으로 사용되었다. 각각의 용리액에 대한 억제 작용의 반응식은 아래와 같다.

$$\mathrm{NaOH} \xrightarrow{\mathrm{H^+}\text{의 양이온 교환}} \mathrm{H_2O}$$

$$\mathrm{Na_2CO_3} \xrightarrow{\mathrm{H^+}\text{의 양이온 교환}} \mathrm{H_2CO_3}$$

$$\mathrm{Na_2B_4O_7} \xrightarrow{\mathrm{H^+}\text{의 양이온 교환}} 4\ \mathrm{B(OH)_3}$$

$$\mathrm{CNC_6H_4ONa} \xrightarrow{\mathrm{H^+}\text{의 양이온 교환}} \mathrm{CNC_6H_4OH}$$

모든 경우에 있어서, 억제 작용의 결과 생성되는 기질은 물 또는 매우 약산으로서 낮은 바탕 전도도를 갖게 되고, 따라서 보다 강한 산성의 분석물로부터의 전도도 신호를 보다 잘 관찰할 수 있게 된다.

마찬가지 방법으로, CH_3SO_3H와 같은 강산성 용리액도 억제식 양이온 크로마토그래피에 사용할 수 있다. 이때 분리 컬럼은 H^+–형이어야 한다. 억제식 양이온 크로마토그래피로는 알칼리 금속, 알칼리 토금속 및 암모늄 등의 양이온을 분석할 수 있다. 이 방식의 실험에서는 뒤이어 OH^-–형 음이온 교환체 억제기로 분석물을 흘려주어야 하므로 가용성 수산화물을 만드는 양이온만 분석 가능하다. 억제기에서 $CH_3SO_3^-$는 OH^-로 대체되면서 역시 기질로 물을 생성한다. 이 물은 CH_3SO_3H에서 유래한 것인데, CH_3SO_3H 대신에 다른 센산을 용리액으로 사용할 수도 있다. 반면에 Li^+, Na^+, Ca^{2+} 등은 LiOH, NaOH, $Ca(OH)_2$ 등의 형태로 억제기를 빠져나가게 되고 높은 감도로 검출할 수 있게 된다. 억제식 음이온 크로마토그래피에서 분석물이 산을 생성하며 대부분의 산에서 물에 대한 용해도는 거의 문제가 되지 않는 반면, 금속 및 기타 양이온 물질 중에서는 일부 물질만이 가용성 수산화물을 생성한다. 이뿐만 아니라 금속 분석에는 다양한 원자 분광 분석법을 대안으로서 이용할 수 있다. 따라서 억제식 이온 크로마토그래피는 양이온보다는 음이온의 분석에 훨씬 유용하며 더욱 널리 사용된다.

단일 컬럼(비억제식) 이온 크로마토그래피(single column(or nonsuppressed) ion chromatography, SCIC) 전도도 방식의 이온 크로마토그래피는 억제 장치 없이도 수행할 수 있다. 억제식 이온 크로마토그래피의 성공적인 활용 및 종래의 충전식 컬럼 억제기(이후에 다시 논의함)의 한계점 때문에 많은 연구자들은 특허로 보호되는 SCIC 기술 대신에 다른 대안을 찾는 경우가 많다. 언제나 유념해야 할 사실은 어떤 이온 교환에서든지 정전기적 평형은 반드시 유지되어야 한다는 점이다. 따라서 이온 교환체로부터 배출되는 이온의 농도는 이온 당량/L 기준으로 항상 일정하게 유지된다. 만일 음이온 크로마토그래피 장치에서 x meq/L의 NaOH 용리액을 사용할 경우, 컬럼 배출물 내의 $[Na^+]$의 농도는 x meq/L로 항상 일정하게 유지된다. 컬럼으로부터 SO_4^{2-}가 용리되는 경우, 피크에서의 SO_4^{2-}의 농도가 y meq/L라면, 정전기적 평형 때문에 전체 음이온의 당량 농도 또한 x meq/L가 되어야 하므로, 결국 이 피크에서의 $[OH^-]$의 농도는 $x-y$ meq/L로 결정된다.

용리액의 바탕 비전도율(background specific conductance) σ_{bgnd}가 $x(\lambda_{Na^+} + \lambda_{OH^-})$ / 1000이 된다는 점을 고려하자. 한편 이때 황산 이온 피크의 꼭대기에서의 비전도율 σ_{peak}은 $(x\lambda_{Na^+} + y\lambda_{SO_4^{2-}} + (x\text{-}y)\lambda_{OH^-})/\ 1000$이 될 것이다. 이들의 차이, 즉 비전도율 기준의 피크 높이는 다음과 같이 나타낼 수 있다.

$$\sigma_{response} = \sigma_{peak} - \sigma_{bgnd} = y(\lambda_{SO_4^{2-}} - \lambda_{OH^-})/1000.$$

OH^-의 한계 당량 전도율이 다른 어떤 이온보다도 높다는 점을 고려하면, 괄호 안의 두 번째 항은 음이 되고, 반응 신호는 실제로 음의 값을 갖게 된다. 이 방법에서 감도는 용리액 이온과 분석물 이온의 당량 전도율의 차이와 직결된다. 한편 달성 가능한 검출 한도도 바탕선 잡음의 함수가 된다. 일반적으로 검출 한도는 바탕 전도율과 역수 관계에 있다. 비슷한 조건의 억제식 이온 크로마토그래피의 경우, 반응 신호는 λ_{H^+}와 $\lambda_{SO_4^{2-}}$의 합에 비례할 것이다.

위에서는 수산화 이온 용리액(수산화 이온 용리액을 사용한 SCIC의 예도 문헌에 보고되어 있음)을 기준으로 설명하였으나, 용리액으로서 수산화 이온은 세기가 비교적 약한 편이다. 따라서 고농도의 용리액이 필요하게 되며, OH^-의 당량 전도율이 높다는 점을 생각한다면, 바탕 전도율 및 바탕선 잡음도 마찬가지로 매우 높아질 것이다. 이 때문에 실제 분석에서는 수산화 이온 용리액을 사용하는 경우는 없다. 프탈산이나 벤조산 등의 유기산 이온 용리액이 수산화 이온에 비하여 용리 세기가 훨씬 크고 당량 전도율이 낮기 때문에 저용량 컬럼과 결합하여 널리 사용되며, 이때는 저농도의 용리액을 사용하는 데 문제가 없다. 대부분의 저분자 무기 이온은 당량 전도율이 크므로 양의 신호를 생성한다. 이 방법은 억제기가 필요하지 않으므로 더 간단하기는 하지만, 종합적인 성능면에서는 억제식에 밀려 더 이상 사용되지 않는다.

H^+를 용리액 이온으로 사용하는 양이온 크로마토그래피에서는 상황이 다소 다르다. 어떤 분석물 양이온 M^+에 대해서든지, SCIC에서의 감도 지표$(\lambda_{H^+} - \lambda_{M^+})$는 억제식에서의 감도 지표$(\lambda_{M^+} + \lambda_{OH^-})$보다 항상 크다. 그러나 검량선의 기울기(감도)가 반드시 더 나은 검출 한도를 의미하는 것은 아니다. SCIC에서는 바탕 전도율(및 잡음)이 항상 더 높다. 하지만 타타르산과 같이 착물을 형성할 수 있는 산을 비교적 낮은 농도로 사용하면 착물 형성을 통하여 금속의 용리를 도울 수 있으므로, 약산성 양이온 교환체를 사용한 SCIC 모드에서 바탕 전도율을 충분히 낮추어 우수한 검출 한도를 얻을 수 있다. 수산화물의 침전이 문제가 되지 않으므로, 억제식에서 측정할 수 없는 많은 금속 이온을 측정할 수 있게 됨을 유념하자. 또한 많은 약염기도 검출할 수 있다.

억제기의 진화(evolution of suppressor) 억제식 음이온 크로마토그래피에서 처음에 H^+–형이었던 억제 컬럼이 NaOH를 흘려줌에 따라 점차적으로 Na^+–형으로 바뀌는 경우를 생각해 보자. 컬럼은 결국에는 완전히 Na^+–형으로 전환되고 더 이상 작동하지 않을 것이다. 최초로 구현된 억제식 IC는 두 개의 억제 컬럼을 사용하였는데, 컬럼 중 하나가 사용되는 동안 다른 한쪽에 별도의 펌프를 이용하여 산을 흘린 후 물로 세척하여 H^+–형으로 재생하는 방식이었다.

물로 세척된 억제 컬럼을 다시 용리액에 연결하면 바탕선이 안정화되는 데 상당한 시간이 소요된다. 둘째로, 충분히 긴 시간 동안 사용하기 위하여 억제 컬럼은 일정 용량 이상의 수지를 함유하게 된다. 따라서 당시에는 일반적으로 억제 컬럼이 분리 컬럼에 비해 상당히 컸으며, 억제기 내의 퍼짐 현상 때문에 종합적인 분석 효율에 한계가 있었다. 셋째로, 양이온 교환 수지에서 H^+–형과 Na^+–형의 수화도는 동일하지 않으며, H^+–형이 더 많은 물을 함유하게 된다. 센산의 음이온은 양이온 교환 수지의 내부로부터 배제되지만, 부분적으로 이온화되는 산의 경우에는 중성 분자 상태에서는 이런 제한을 받지 않는다. 예를 들면 CH_3COO^-는 양이온 교환 수지의 내부로부터 배제되지만 비이온화된 CH_3COOH는 내부에 남아 있을 수 있다("HPLC의 분류"에서 이온 배제 크로마토그래피 부분 참조). 따라서 억제 컬럼은 센산의 음이온의 머무름 시간은 증가시키지 않으나, 약산의 음이온의 머무름 시간은 증가시킨다. 머무름 시간의 증가는 내부에 더 물을 많이 함유한 H^+–형의 억제기보다는 Na^+–형의 억제기에서 더 적게 일어난다. 따라서 억제 컬럼을 사용할 경우 억제 컬럼이 H^+–형에서 Na^+–형으로 전환됨에 따라 약산의 음이온의 머무름 시간이 약간 감소하게 되고, 머무름 시간을 바탕으로 한 이온종 확인에 어려움이 생길 수 있다. 넷째로, 질산이나 싸이오황산과 같이 반응성이 높고 잘 해리되는 산은 억제기 컬럼의 용량이 크고 통과 시간이 길어지면 이 안에서 상당한 양이 분해될 수 있다.

Metrohm 사의 회전식 억제기의 작동에 관한 훌륭한 비디오 설명 자료는 http://www.youtube.com/watch?v=8KQktLNIHf8&noredirect=1에서 볼 수 있다.

대용량 억제 컬럼을 수시간 동안 반복해서 사용하는 대신에 1회용의 초소용량 억제 컬럼을 사용하는 것이 한 가지 해결책이 될 수 있다. 매 크로마토그램마다 동일한 종류의 새로운 억제 컬럼을 사용하면 된다. 이 개념을 구현한 현재의 상용 제품에서는 3개의 동일한 초소형 U자형 억제 컬럼이 프로그램 가능한 회전식 밸브에 달려 있다. 3개의 억제기 중 하나로 분리 컬럼을 통해 나온 시료를 처리하여 검출기로 보낸 동안, 나머지 2개의 억제기는 저압 펌프를 이용하여 각각 세척 및 재생된다. 첫 번째 크로마토그램이 끝나면 다음에는 #2가 시료에 연결되고, #3는 세척을 시작하며 #1은 재생되며, 이 과정을 반복하게 된다.

IC용 막형 억제기(membrane devices in ion chromatography) 앞에서 설명한 방식은 고압에서 견딜 수 있다는 장점이 있다. 하지만 이온 교환막을 사용하여 억제기를 앞의 설명처럼 단속적으로 조작하지 않고 연속적으로 사용하도록 고안된 제품도 그 나름의 장점을 가지고 있다. 막 기반 억제기는 실제로 앞에서 설명한 회전식 컬럼형 억제기보다 역사가 더 오래되었다. 음이온 크로마토그래피용 막형 억제기의 모식도를 그림 21.20에 도시하였다.

일반적인 장치에서는 염기성의 음이온 교환 컬럼 배출물이 하나의 관형 또는 2개의 평판형의 양이온 교환체를 통과하여 흐른다. 이 양이온 교환체의 바깥쪽은 산 수조에 담겨 있다. Na^+가 H^+를 대체하며 질량 이동의 한계가 없다면 거의 완전한 교환이 일어난다. 양이온 교환막은 음전하를 띠고 있어 분석물이나 재생제 음이온이 막을 투과하여 이동하는 것을 막는다. 여기서 교환 작용의 완결은 막의 양쪽 사이의 양성자 기울기에 의해 촉진된다는 사실에 유념하자. 만일 NaOH 대신에 NaCl을 연속적으로 흘려주게 되면, 교환 작용은 완전히 일어나지 않을 것이다. 내부와 외부의 $[H^+]$ 농도가 같은 경우 알짜 교환량은 0이 된다. 막형 억제기는 연속적으로 재생되므로 억제기의 상태는 항상 일정하게 유지되며, 반복 실험 시 결과의 재현성이 보장된다. 막형 억제기는 일반적으로 충전 컬럼 억제기에 비해 역압력에 약하다.

관 모양 또는 평면 모양의 막 억제기에서 모두 흐름의 모양은 막으로의 질량 이동은 최대화하고 번짐은 최소화하도록 설계된다. 관형 억제기에는 필라멘트가 삽입되어 있어 내부 부피를 줄이고 번짐을 줄인다. (http://www.sequant.com/default.asp?ML=11515) 평면형 막의 경우에는 한 쌍이 서로 매우 가깝게 붙어 있고 막으로의 운반을 증진하기 위한 장벽(screen)이 포함되어 있다. (http://www.dionex.com/en-us/webdocs/4366-Man-031727-05-MMS-300-Sep09.pdf) 재생제 음이온의 내부 흐름으로의 침투 및 전도도의 억제 효과는 재생제 음이온이 크기와 잔하량이 큰 이온(예: 폴리스타이렌설폰산 이온과 같은 고분자성 이온)일 때 최소가 된다. 액체 폐수의 발생을 줄이기 위해 사용한 재생제를 충분한 크기의 H^+–형 양이온 교환 수지 반응기를 통해 환류시켜 재사용할 수 있다. 이때 소모된 양이온 교환 수지는 오프라인에서 재생되거나 폐기하면 된다.

막형 억제기는 전기 투석식으로 재생할 수도 있다. 여기서 용리액 양이온은 전기장 기울기에 의해 제거되고 전기 분해 작용에 의해 생성된 H^+가 그 자리를 메운다. 그림 21.21에 그 모식도를 도시하였다.

전기 분해 작용이 일어나기 위해서는 일정 수준 이상의 전압을 걸어 주어야 하는데, 이때

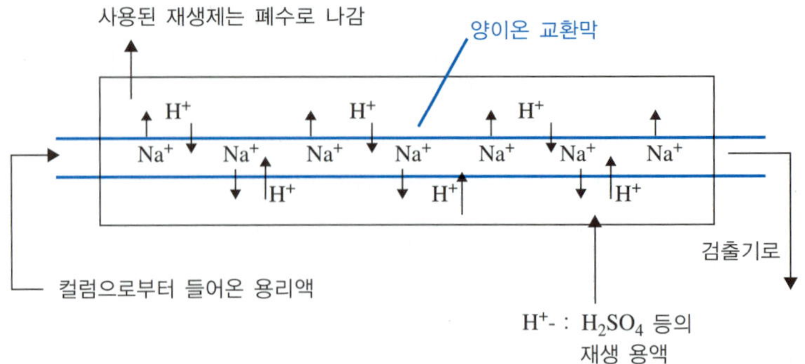

그림 21.20 음이온 크로마토그래피에 사용되는 막형 억제기의 모식도. 들어오는 모든 Na^+를 H^+로 전환시키고 있다.

중앙 채널에서 기체가 생성되지 않도록 하기 위해서 전극은 두 개의 막에 의해서 중앙 채널로부터 격리되어 있다. 이와 같은 전기 투석식 억제기는 상당히 대용량으로, 일례로 1 mL/분으로 흐르는 200 mM의 KOH 용액을 완전히 물로 전환할 수도 있다. 바깥쪽 채널의 검출기 폐수를 손쉽게 재사용할 수 있으므로, 이런 재사용식 전기 투석식 억제기는 현재 가장 널리 사용되고 있는 억제 방식이다. 하지만 최저 수준의 검출기 잡음을 달성할 수 있는 방식은 그림 21.20과 같은 화학적 재생 방식이다.

전기 투석식 장치를 통한 용리액 생성 및 탄산염 제거(Electrolytic membrane devices for eluent generation and carbonate removal) KOH나 NaOH와 같은 수산화물 용리액이 탄산염이나 붕산염 용리액이 비하여 많은 장점이 있다는 사실은 이미 오래전부터 알려져 있었으나, OH^-의 용리 세기가 워낙 약하기 때문에 고농도의 용리액이 필요하고, 따라서 억제 컬럼의 용량이 금방 고갈되기 때문에 자주 재생해 주어야 한다는 문제점이 있었다. 수산화 이온에 대하여 선택성이 보다 높은 음이온 교환 작용기의 개발 덕분에 보다 저농도의 수산화 이온 용액을 사용할 수 있게 되고, 전기 투석식 억제기 덕분에 수산화 이온 용리액의 억제 가능한 농도 수준이 비약적으로 상향되면서 수산화물 용리액의 매력이 크게 증가하였다.

Hawaii 오지의 Mauna Loa 관측소에서는 1958년부터 바탕 CO_2 농도를 측정해 오고 있다. 당시 CO_2의 농도는 3.15×10^{-4} atm이었으며 계절에 따른 편차는 $\pm 2 \times 10^{-6}$ atm이었다. 2013년에는 계절에 따른 편차로 역대 최대치인 4.00×10^{-4} atm(부피 기준 400 ppm)을 기록하였다. 최신 데이터는 다음 웹 사이트에서 확인 가능하다. http://co2now.org/Current-CO2/CO2-Now/noaa-mauna-loa-co2-data.html

수산화물 용리액 기울기에서의 바탕값은 이론적인 예상처럼 일정하게 유지되지 않는데, 수산화물 용리액의 제조시 불순물 음이온이 들어가게 마련이기 때문이다. 이들 불순물은 기울기의 초기 단계에서 컬럼에 들어가 쌓이고 용리액의 세기가 증가하면서 큰 혹과 같은 모양으로 용리되어 나오게 된다. 시판되는 최고 순도의 수산화 알칼리조차도 검출 가능한 수준의 불순물 이온을 함유하고 있다. 예를 들면 NaOH는 항상 제조 과정에서 생기는 NaCl 및 $NaClO_3$를 불순물로 함유하고 있다. 또한 초기 순도가 아무리 높다고 하더라도 공기 중에 어디에나 있는 CO_2에 의해 항상 탄산염이 생성되게 된다.

전기 투석적인 방법으로 수산화물 용리액을 생성함으로써 이와 같은 문제를 해결할 수 있다. 그림 21.22는 KOH 생성 장치를 도시한 것인데, 저압 저장병에 K^+ 공급원으로서의 KOH가 들어 있고 이 안으로 백금 애노드가 연결되어 있다. 저장병은 양이온 교환막을 통하여 고압의 캐쏘드부에 연결된다. 다층 구조의 양이온 교환막은 한 장의 두꺼운 양이온 교환막처럼

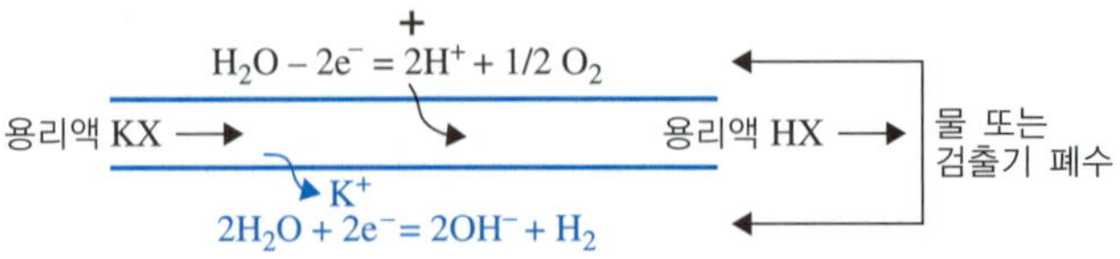

그림 21.21 음이온 크로마토그래피에 사용되는 전기 투석식 막형 억제기의 모식도. 수평선으로 표시된 막은 양이온 교환체이다. 용리액 KX(보통 KOH)는 막 사이로 흐르며 물은 외부(재생제) 채널을 통해 반대 방향으로 흐른다. 후자의 물에는 검출기 폐수를 사용할 수도 있는데, 물속에 있을 수 있는 음이온은 어차피 막을 통과하지 못하기 때문이다.

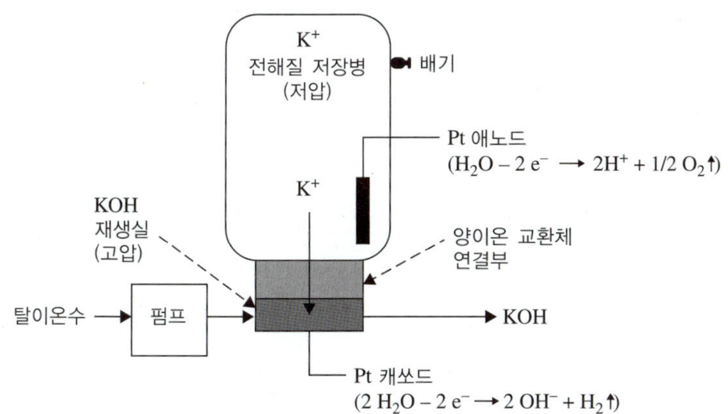

그림 21.22 KOH 생성을 위한 전기 투석식 용리액 생성기의 모식도. 양이온 크로마토그래피용의 메테인설폰산(MSA) 재생기는 MSA가 들어 있는 저장병(캐쏘드) 및 음이온 교환체 연결부와 고압 관류실에 노출된 애노드로 구성되어 있다. Thermo Fisher Scientific 제공

작용하며, 전체 두께가 증가할수록 내압성이 증가되고 불순물 음이온의 누출이 감소한다. 크로마토그래피 펌프는 물을 이 캐쏘드부를 통과하여 이동시킨다. 전류를 흘려주게 되면 K^+가 캐쏘드부로 운반되고 여기서 OH^-와 H_2가 생성된다. KOH와 H_2는 이후 투기성 Teflon AF 관을 통하여 장치의 나머지 부분(주입기/컬럼/억제기/검출기)으로 계속해서 흘러가게 된다. 억제기의 재생제의 폐수는 AF 관의 외부로 흐른다. 생성된 H_2는 압력 차이에 의하여 관을 통해 운반된다.

전기 투석식 용리액 생성기에서는 C^3를 기억하여라. Current Controls Concentrations!(전류로 농도를 조절한다.)

이와 같은 전기적 용리액 제조기는 몇 가지 매력적인 장점이 있다. 첫째로 가장 중요한 점은 양이온 교환막과 전기장의 방향의 복합 작용 때문에 저압 저장병 내의 음이온 불순물(염화이온 등)이 캐쏘드 방 내에서 생성된 용리액에 혼입되지 않는다는 점이다. 둘째로, 캐쏘드부에서 생성되는 KOH의 양은 Faraday 법칙에 따라 전류에 정비례한다. 캐쏘드 방을 흐르는 물의 유속이 일정하다면 용리액의 농도 또한 전류에 정비례한다. 용리액 기울기를 생성하려 할 경우, 복수의 펌프를 사용하거나 저압부에 솔레노이드형 선택 밸브를 장착하거나 할 필요 없이 전류 프로그램만을 조절하여 용리액의 농도를 조절할 수 있다. 셋째로, 용리액 생성기를 사용하게 되면 크로마토그래프 펌프는 오직 순수한 물만을 다루면 되므로 펌프의 유지 및 보수가 간편해지고 피스톤 마개의 수명이 연장된다.

LiOH, NaOH, KOH, K_2CO_3 및 MSA를 생성하는 전기 분해 생성기는 상용화되어 있다. 이 가운데서 KOH 생성기가 가장 널리 사용되는데, 예시한 모든 알칼리 금속 가운데 K^+의 이동도가 가장 크고, 따라서 전압 강하 및 생성기 막의 저항에 의한 줄 발열이 최소화되기 때문이다. 또한 K^+는 이동도가 크기 때문에 전기 투석식 억제기에서도 쉽게 제거되며, 따라서 최고 농도의 용리액을 억제기에서 소화할 수 있다. K_2CO_3 생성기는 탄산 이온은 순수한 탄산이온을 생성하나, 포타슘의 일부를 양이온 교환막 기반 전기 투석 장치를 통해 정해진 양만큼 뽑아냄으로써 탄산염–탄산수소염 용리액을 제조할 수 있다.

전기 투석식으로 생성된 수산화물 용리액의 순도는 일차적으로 캐쏘드 방에 공급되는 물의 순도에 의해 좌우된다. 물에 CO_2가 녹아 있게 되면(장치와 탈이온수 공급 장치가 일체형이 되지 않는 한 불가피하다) 수산화물 용리액이 만들어지면서 탄산 이온으로 전환된다. 수산화 이온 이외에 다른 음이온을 생성된 용리액으로부터 완전히 제거하고자 할 경우, 연속 재생 음이온 덫 컬럼(continuously regenerated anion trap column, CR-ATC)이라고 불리는 이차 정제 장치를 용리액 생성기 다음에 연결해서 사용하는 경우가 많다.

CR-ATC는 기본적으로 음이온 교환 수지판이다. 애노드는 물 흐름 받개(flowing water receptor) (억제기에서 배수된 물이 흔히 사용됨) 안에 들어 있으며 음이온 교환막에 의하여 캐쏘드가 들어 있는 CR-ATC와 격리되어 있다(그림 21.23). 불순물 음이온(및 수산화 이온의 일부)은 전기장에 의해 애노드부 쪽으로 제거되며, 캐쏘드에서 전기적으로 새로 생성된 수산화 이온이 그 자리를 대신한다.

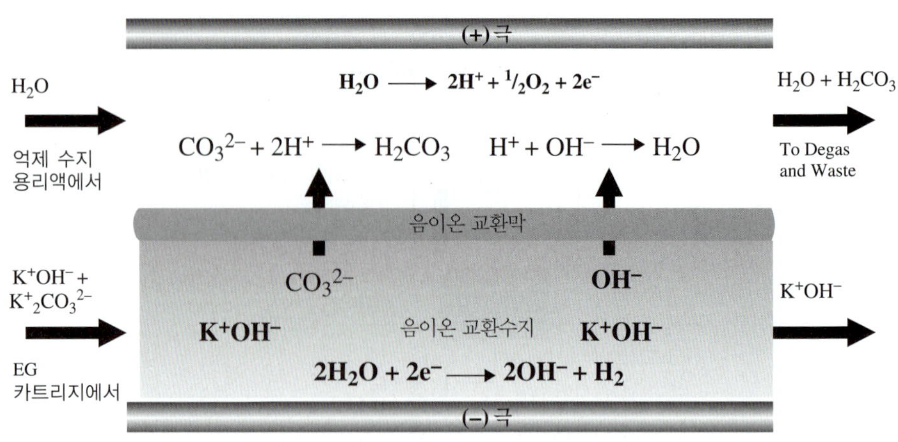

그림 21.23 연속 재생 음이온 덫 컬럼(continuously regenerated anion trap column, CR-ATC)은 탄산 이온을 비롯한 음이온 불순물을 생성된 용리액으로부터 제거한다. Thermo Fisher Scientific 제공

그림 21.24에 나타난 각 피크는 다음과 같다. (농도는 괄호 안에 mg/L 단위로 표시)
1: 아이소프로필 메틸포스폰산(5)
2: 카이닌산(5)
3: 플루오린화 이온(1)
4: 아세트산 이온(5)
5: 프로피온산 이온(5)
6: 폼산 이온(5)
7: 메테인설폰산 이온(5)
8: 파이루브산 이온(5)
9: 아염소산 이온(5)
10: 발레르산 이온(5)
11: 모노클로로아세트산 이온(5)
12: 브로민산 이온(5)
13: 염화 이온(2)
14: 아질산 이온(5)
15: 트라이플루오로아세트산 이온(5)
16: 브로민화 이온(3)
17: 질산 이온(3)
18: 염소산 이온(3)
19: 아셀레늄산 이온(5)
20: 탄산 이온(5)
21: 말론산 이온(5)
22: 말레산 이온(5)
23: 황산 이온(5)
24: 옥살산 이온(5) 이후의 분석물의 농도는 모두 10 mg/L이다.
25: 케토말론산 이온
26: 텅스텐산 이온
27: 프탈산 이온
28: 인산 이온
29: 크로뮴산 이온
30: 시트르산 이온
31: 트라이카발릴산 이온
32: 아이소시트르산 이온
33: cis-아코니트산 이온
34: trans-아코니트산 이온

막 장치를 통한 억제기 이후의 CO_2 제거(Post-suppressor removal of CO_2 through a membrane device) 최초로 성공적으로 사용된 음이온 크로마토그래피용 용리액은 탄산염-탄산수소염 용리액으로, 현재까지도 널리 사용되고 있다. 억제 컬럼을 통과한 이후에 생성되는 H_2CO_3는 바탕 전도도 및 바탕 잡음의 가장 큰 발생원이 된다. 억제 컬럼의 배출물을 염기성 흡수제(억제 컬럼 재생 배수 등)로 둘러싸인 CO_2 투과성 막으로 이루어진 관을 통해 통과시킴으로써 H_2CO_3 바탕을 제거할 수 있으며, 이를 통하여 바탕선 수준을 낮추고 검출 한도를 향상시킬 수 있다. 휘발성 산 기체를 생성할 수 있는 다른 음이온도 어느 정도의 손실이 있게 된다. 예를 들면 H_2S, HCN 등은 상당한 양의 손실이 있게 되지만, 이들 산들은 워낙 약산이라 억제 어서 전도도 검출식 IC로는 잘 검출되지 않는다. 아세트산이나 폼산과 같은 유기산은 미량의 손실만 있게 되므로 전체 검량 과정에서는 이러한 손실을 고려하게 된다. 이와 같은 이산화탄소 제거 장치(carbon dioxide removal device, CRD)는 탄산염 기반 용리액이 수산화물 기반 용리액과 대등한 수준의 성능을 보일 수 있도록 해 준다.

전기 투석식 용리액 생성, 전류 프로그래밍이 가능한 용리액 기울기, 후컬럼 전기 투석식 용리액 전환(억제 컬럼) 등은 각종 HPLC 가운데 이온 크로마토그래피에 고유한 기술로, 시료의 전농축 처리 없이도 월등히 향상된 검출 한도를 보인다. 압력 강하 폭이 작은 짧은 "농축"(concentrator) 컬럼을 시료 주입 루프 대신에 배치하고, 주입 위치로의 전환 전에 원하는 양의 시료를 이 농축 컬럼을 통해 통과시킨다. 물속에 있는 미량의 이온성 불순물은 핵발전 산업에서 매우 중요시되는데, 염화 이온과 같은 이온의 경우 낮은 농도에서도 부식 문제를 일으킬 수 있기 때문이다. 따라서 원자로용 냉각수의 경우 10 mL 이상의 시료를 전농축 처리한 후 십억 분의 일(ppt) 수준의 불순물을 상시적으로 측정하게 된다.

이온 교환 컬럼은 2차원 HPLC 실험에서도 흔히 사용되는데, 수용액 기반 이온 크로마토그래피 용리액(제1차원 분리용으로 사용)을 그대로 제2차원에서의 RPC 분리에 함께 사용할 수 있기 때문이다. 671쪽에서 이미 보인 바 있는 LCW 기반 후컬럼 반응기를 이용한 나이트로페놀의 분리 예 또한 이온 교환 컬럼에 시료를 전농축 처리한 후에 C-18 실리카 칼럼을 통하여 분리하였다.

그림 21.24는 고효율 컬럼에서 전기 투석식 용리액 생성 및 전기 투석식 억제 장치를 갖춘 신형 전도도 검출식 IC의 성능을 보여 주고 있다. 이와 같은 분석은 다른 방법으로는 어렵다.

마지막으로, **이온쌍 크로마토그래피(ion pair chromatography)**는 소수성 양이온 또는 음이온의 염을 용리액에 사용하고 역상 컬럼을 사용한다[이동상에서 이온쌍은 실제로는 거의 생성되지 않으므로 어쩌면 **이온 상호 작용 크로마토그래피(ion interaction chromatography)**라는 명칭이 더 적절할지도 모른다]. 예를 들면 용리액에 염화 테트라뷰틸암모늄(NBu_4Cl)과 같은 염을 넣고 C-18 컬럼을 사용할 경우, 상당한 양의 NBu_4^+ 양이온이 컬럼에 흡착되면서 실질적으로 음이온 교환체를 형성한다. 센산과 약산의 음이온을 모두 분리할 수 있다. 억제식

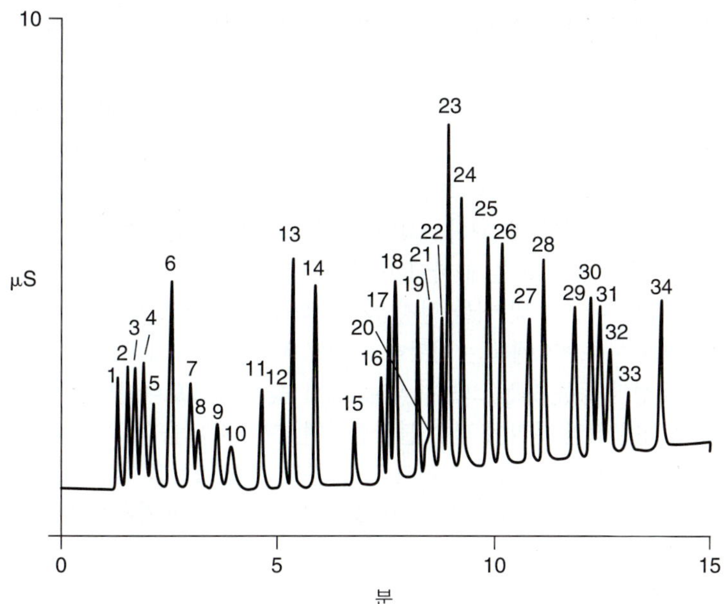

그림 21.24 여러 가지 유기/무기 이온에 대한 수산화 이온 용리액의 기울기 용리 분석 결과. 각 분석물의 농도는 1~10 mg/L 범위에 있으며 주입량은 10 μL이고 입자 크기 13 μm의 AS-11 컬럼을 사용하였다. Thermo Fisher Scientific 사 제공

전도도 검출식 이온 상호 작용 크로마토그래피도 문헌에 보고된 바 있으나(P. K. Dasgupta, *Anal. Chem.* **56**(1984) 769 등의 문헌 참조), 보통은 광학적 검출법을 사용한다.

종합(Putting it all together) HPLC 시스템의 모든 부분품을 조합하는 데에 있어서 중요한 것은 연결부의 부피를 최소화하는 것이다. 연결관은 가능한 한 최소 길이와 최소 구경의 제품을 사용해야 한다. 시스템 부분품 간의 연결에는 보통 스테인리스강 또는 PEEK 재질의 모세관을 사용한다. 최신의 고효율 HPLC/UHPLC 시스템에는 보통 내경이 0.005인치(125 μm)인 연결관을 권장한다.

폴리에테르에테르케톤(PEEK) 연결관은 HPLC 장치의 구성품 간의 연결배관으로 흔히 사용된다. PEEK은 반응성이 비교적 낮고 대부분의 물-유기물 혼합 용매에 대하여 화학적으로 안정하다. 다만 순수한 유기 용매를 사용하게 되는 징싱 크로마토그래피에는 적합하지 않다.

21.5 HPLC 방법 개발

분석법의 선택은 분석물의 크기와 극성에 크게 좌우된다. 앞서 설명하였듯이, 생분자나 고분자와 같은 거대 분자의 경우, 일반적으로 크기 배제 크로마토그래피 방식을 사용하여 분리한다. 친화 크로마토그래피 방식은 단백질 정제에 특이 유용하며, 광학 이성질체의 분리 시에는 카이랄 정지상을 사용하게 된다. 저분자 이온의 분리 및 검출에는 이온 크로마토그래피를 사용하게 된다. 약산이나 약염기의 경우 억제 컬럼과 전도도 검출법의 조합을 이용한 분석에서는 감도가 그리 좋지 않으나, 이온 교환 및 이온 상호 작용을 이용한 분리 후 다른 검출법을 적용하여 분리 및 분석이 가능하다. 다른 모든 종류의 저분자 물질 분석의 경우, 분석물의 극성이 분석법의 선택을 좌지우지하게 된다. 이는 극성이 주어진 컬럼에 대한 머무름 및 이동상에 대한 용해도 양쪽에 모두 영향을 미치기 때문이다. 화합물의 극성은 대략 다음의 순서로 증가한다. 탄화수소와 탄화수소 유도체 < 산소 함유 탄화수소 < 양성자 주개 < 이온 화합물의 순서이다. 즉 RH < RX < RNO_2 < ROR(에테르) < RCOOR(에스터) < RCOR(케톤) < RCHO(알데하이드) < RCONHR(아마이드) < RNH_2, R_2NH, R_3N(아민) < ROH(알코올) < H_2O < ArOH(페놀) < RCOOH(산) < 뉴클레오타이드 < $^+NH_3RCO_2^-$(아미노산)이다.

NPC와 HILIC에서는 정지상이 극성이다. NPC의 경우 *n*-헥세인, 다이클로로메테인 또는 클로로폼 같은 무극성 이동상이 사용된다. 분석물은 대개 무극성이거나 극성이 낮고 이들 이

HILIC 기반 분리 및 이용 가능한 컬럼에 대한 훌륭한 논의는 다음 자료를 참고하시오.
http://www.sequant.com/default.asp?ml=11625

동상에 녹으며, 극성의 정도에 따라 서로 분리된다. 화합물의 극성이 높을수록 더 오래 머무르게 된다.

그러나 친수성이 매우 높은 분석물은 NPC 이동상에 녹지 않으며, 역상에서도 분리가 되지 않는다. 다수의 약물과 생물학적 대사물질이 이 부류에 해당한다. HILIC은 이 경우에 훌륭한 분리 방법이 된다. 정지상과 이동상(보통 아세토나이트릴:물) 양쪽 모두 극성으로, 친수성이 높은 화합물이 더 오래 머무르게 된다. HILIC에서는 물이 센 용리액으로, 분리 과정은 보통 아세토나이트릴의 초기 농도를 높게 하여 머무름을 준 다음에 물의 함량을 늘려가는 식으로 이루어진다. 정지상의 다양성 및 이들 정지상과 분석물 간의 상호 작용 방식의 다양성 때문에 HILIC 방법의 개발은 초보자에게는 상당히 까다로운 작업이다. HILIC에서는 시료 주입 시에 초기 이동상 조성과 동등 또는 그보다 약한 세기(높은 아세토나이트릴 농도)의 용액 상태로 주입하는 것이 성공적인 분리에 필수 불가결하며, 그렇지 않을 경우는 피크의 모양이 흐트러지게 된다. 오늘날 HILIC 컬럼은 실리카 및 고분자 재질 바탕을 기반으로 쯔비터 이온, 강한 양이온 교환체, 강한 음이온 교환체, 다이올 등의 다양한 작용기가 붙은 형태의 다양한 제품이 나와 있다.

RPC에서는 분석물의 소수성에 따라 분리가 일어난다. 많은 종류의 유기 화합물이 물-유기 용매 혼합 이동상에 녹여서 분리가 가능하므로, RPC는 가장 흔히 쓰이는 HPLC 방식이다. 이동상은 보통 메탄올 또는 아세토나이트릴로서 물과 다양한 비율로 혼합하여 사용한다. 테트라하이드로푸란도 유기 용매로 사용하지만 흔하게 쓰이지는 않는다. 이들 용매는 모두 자외선에 대해 충분히 투명하므로 UV 검출기에 사용할 수 있다.

운반 기체가 분리에 그다지 영향을 주지 않는 GC와는 달리, HPLC에서는 용리액이 분리에 큰 영향을 미친다. 컬럼을 바꾸는 것보다는 이동상을 변화시키는 것이 훨씬 쉬우며, 이동상 조성의 최적화는 HPLC 분리 방법 개발의 한 부분이다. 대부분의 응용에서 한 가지 순수한 용매는 일단의 화합물을 효율적으로 분리해 주지 못하기 때문에 두 가지 이상의 용매 혼합물을 사용한다. 약한 용매를 A로 하고, 센 용매를 B로 지정한다. 시행착오를 거쳐(또는 주어진 컬럼과 용리액 조성에서 머무름을 예측할 수 있는 소프트웨어 프로그램을 이용하여) 등용매 용리를 위한 최적 용매 조성 또는 기울기 용리에서 각 시간에 대한 최적 %B 조성을 알아낼 수 있다.

바탕선 분리를 주는 효율적인 분리를 얻기 위하여 두 가지 요소, 즉 극성을 나타내는 항인 머무름 인자 k 및 **선택성**을 나타내는 항인 분리 인자 α를 고려해야 한다(식 19.32 참조). 일반적으로 용매 세기를 조절하여 모든 용질의 띠가 약 1~10의 k 범위에 들도록 노력한다. 적절한 머무름이 되도록 조절하면 많은 화합물을 적절한 분리능으로 분리할 수 있다. 양성자의 탈착이 가능한 분석물의 경우, 양성자화된 형태와 비양성자화된 형태는 크로마로그래프상에서 상당히 다른 행동을 보이게 된다. 만족할 만한 피크 모양과 원하는 분해능을 얻기 위해서는 이동상에 산, 염기 및 완충 용액을 가하여 pH를 조절하는 것을 고려해야 한다. 생물학적으로 관심 대상이 되는 많은 분자의 경우에는 해당 pH 범위의 완충 용액을 반드시 사용해야 하는 경우가 많다. 완충 용액의 조성이나 pH는 또한(3원/4원의) 기울기 용리 프로그램의 일부로서 기울기 실험 과정에서 변화시킬 수도 있다.

DryLab (http://www.molnar-institut.com/HP/Software/DryLab.php) 및 Virtual Column (http://www.virtualcolumn.com/)과 같은 소프트웨어를 이용하여 HPLC 및 이온 크로마토그래피에서의 시뮬레이션 및 머무름에 대한 예측을 할 수 있다.

기울기 용리 HPLC는 등용매 분리 시 머무름 시간이 매우 크게 차이 나는 여러 분석물을 분리하는 가장 효율적인 방법이다. 등용매 용리에서는 일반적으로 크로마토그램에서 일찍 용리하는 피크는 분리가 나쁘고, 긴 머무름 시간을 가지는 피크는 폭이 넓어진다. RPC에서는 센 용리액의 분율(%B)을 증가시키면 기울기 용리를 할 수 있다. 이렇게 하면 약하게 머무르는 용질은 등용매 용리 때보다 늦게 용리되어 더 잘 분리되고, 오래 머무르는 용질은 더 빨리 용리되어, 압축되고 잘 분리되고 피크 모양도 향상된 크로마토그램이 얻어지며, 띠넓어짐이 줄어들기 때문에 검출 한계도 낮아진다. GC 온도 프로그래밍과 마찬가지로 기울기도 계단식 또는 연속적으로 증가시킬 수 있다. 일반적으로 총 흐름 속도는 일정하게 유지한다. 시작 용매는 처음 용리되는 성분들을 빠르게 용리하고 분리해 주는 조성을 가져야 하며, 용매 세기(극성)를 증가시켜 적절한 시간 내에 마지막 용리되는 용질들이 분리되도록 한다.

기울기 용리에서 일어나는 한 가지 문제는 분리를 끝낸 후 다음 분리를 하기 전에 시작 용매로 컬럼을 재평형화해야 한다는 것이며, 15~20 컬럼 부피의 처음 이동상으로 컬럼을 씻어 주어야 한다. 실제 현장의 분석자들은 궁극적으로 원하는 분리를 충분한 분해능으로 최단 시간 동안에 수행하고자 한다. 이 관점에서 볼 때 기울기 용리는 최선의 선택이 될 수도 있고 그렇지 않을 수도 있다. 제약 및 바이오테크 산업은 HPLC 시장에서 가장 큰 부분을 차지하고 있는데(그 다음은 식품 및 화학/석유화학 산업 분야이다), 제약 품질 관리의 경우 분석자들은 일반적으로 정제 또는 처방전 내의 몇 가지 유효 성분만 보면 된다.

21.6 UHPLC 및 고속 LC

많은 분석에서는 그다지 복잡하지 않은 같은 시료 또는 비슷한 시료를 다루게 되므로, 등용매 분리도 성공적으로 사용할 수 있다. 작은 입자 크기의 고효율 STM 컬럼(흔히 매우 짧은 길이의 소구경 컬럼)을 높은 선유속으로 사용하여 고속으로 분리할 수 있는지의 여부는 어떤 장비를 사용할 수 있느냐에 따라 결정된다. 용매의 총 소모량도 고려해야 할 요소로, 특히 고가의 용리액을 사용할 경우에는 더욱 그렇다. 이와 같은 관점에서 본다면, 장비가 허용하는 한 가급적 좁은 구경의 컬럼을 사용하는 것이 좋다. 시간이 가장 중요하다면, UHPLC도 고려할 만하다. 작은 입자의 경우, 질량 이동에 대한 저항(van Deemter 식의 C항)이 작기 때문에, 높은 흐름 속도에서 H 대 u 도시는 상당히 편평하다(그림 21.25 참조).

d_p 2.7 μm 크기의 SPP 입자는 STM 입자에 비하여 절반의 압력으로 비슷한 효율을 보이는 큰 장점을 지니고 있다. 따라서 더 긴 컬럼을 사용할 수 있고, 유속을 빠르게 하여 분석 시간을 줄일 수도 있다. SPP 입자는 많은 경우, UHPLC 기기에 투자할 필요 없이(최대 6000 psi 수준의) 구세대 HPLC 장치로도 이용할 수 있다.

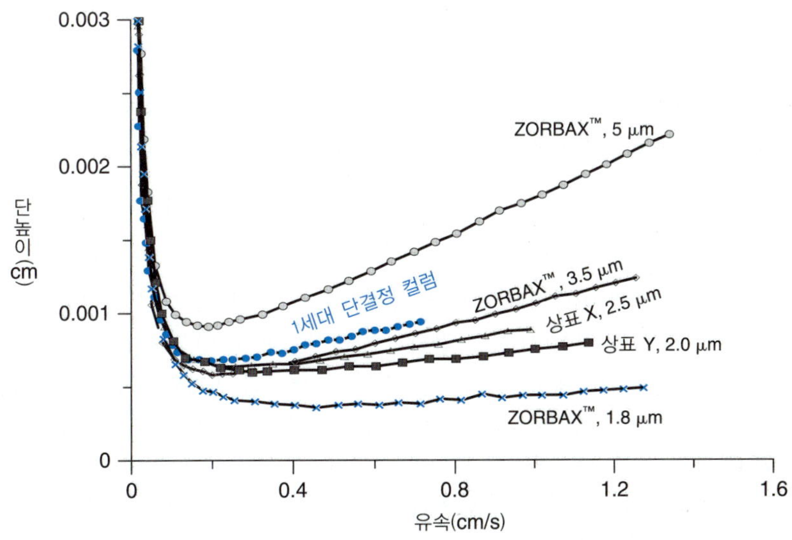

그림 21.25 단결정 컬럼을 포함한 여러 입자 크기의 다양한 컬럼에 대한 u 대 H 그래프. 컬럼의 크기: 4.6×50/30/20 mm, 용리액: 85:15 ACN: 물, 유속: 0.05~5.0 mL/분, 온도: 20°C, 시료: 1.0 μL 옥타노페논을 용리액에 녹임. 입자의 크기가 작아질수록 선속도가 증가해도 단높이가 거의 증가하지 않는 것을 확인할 수 있다. 따라서 장비와 컬럼이 고압에서 작동 가능하고 검출기와 데이터 시스템이 충분히 빠른 데이터 입출력을 지원하기만 한다면, 작은 입자를 사용한 컬럼에서 빠른 유속을 사용하는 것이 효율의 저하 없이 빠른 분리를 할 수 있다는 것을 알 수 있다. 데이터는 다음 문서로부터 가져와서 재구성하여 도시하였다. http://www.chem.agilent.com/Library/posters/Public/Performance%20Characterizations%20of%20HPLC%20for%20High%20Res%20RRLC%20separations.pdf

21.7 열린관 액체 크로마토그래피

현재 사용되는 GC는 주로 벽면에 코팅 및 기능화가 된 열린관 컬럼을 이용하지만, LC에서는 사정이 다르다. 액체상에서의 확산은 기체상에 비하여 10^3~10^4배 느리게 일어나며, 관의 지름 또한 이의 제곱근에 비례하여 작아지게 된다. 지난 30년간 많은 노력이 있어 왔으나, 활성을 갖춘 정지상의 제조 및 작은 모세관에서의 시료 주입과 검출의 문제점 때문에 진전에 많은 어려움이 있었다. 하지만 최소 800 nm 반지름의 모세관을 사용한 성공적인 열린관 액체 크로마토그래피(Open Tubular Liquid Chromatography, OTLC)가 나온 바 있다. 이 책의 웹 사이트 보충 자료에 민 실리카 모세관에서의 전하 기반 분리 예가 수록되어 있다(Oklahoma 대학의 Shaorong Liu 교수 제공).

21.8 얇은 층 크로마토그래피

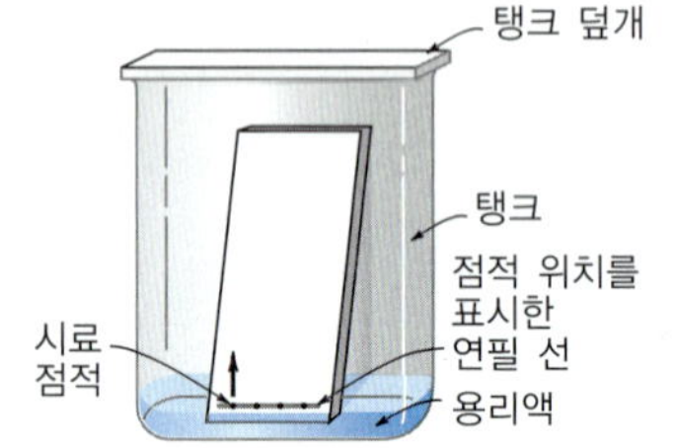

얇은 층 크로마토그래피 장치

TLC를 예로 이용한 크로마토그래피의 원리 설명 자료는 http://www.chemguide.co.uk/analysis/chromatography/thinlayer.html에 있다. 단순하고 짧으며 쉽게 읽을 수 있는 자료이다.

얇은 층 크로마토그래피(Thin layer chromatography, TLC)는 신속한 정성 분석에 광범위하게 사용되는 평면 크로마토그래피이며, 고성능 모드(HPTLC)로도 사용된다. 정량 분석에도 사용할 수 있지만 보통은 신속한 정성 분석 검색에 주로 사용되며, 특히 유기 합성 실험실에서 목적한 화합물 및 불순물의 확인에 널리 이용된다. 정지상은 유리, 알루미늄 판 등의 금속판, 또는 긴 플라스틱 판에 지지된 미세한 얇은 층의 흡착제이다. 판에 부착시키는 데 좋은 적당한 결합제만 있으면 HPLC에 쓰이는 어떠한 고체도 모두 사용할 수 있으며, HPLC와는 달리 여러 개의 시료를 동시에 분석할 수도 있다.

HPLC에서의 시료 주입, 분리 및 검출의 3단계는 TLC에서는 각각 시료 점적, 판 전개 및 검출(대개는 눈으로 직접 확인)에 해당한다. 가장 간단한 실험의 경우, 판의 아래쪽(바닥 끝에서 약 5~10 mm 지점)에 연필로 수평선을 그은 후, 이 위치에 1개 또는 그 이상의 시료를 점적한다. 시료를 마이크로피펫으로(보통 각 0.5~5 μL를 취해서) 수평선 위에 일정한 간격(약 20 mm의)으로 점적한 다음, 판 또는 조각의 아래 부분을 적합한 용매에 담가 크로마토그램을 "전개"한다(여백 그림 참조). 모세관 작용에 의해 용매는 판 위쪽으로 끌려 올라가며, 시료 성분은 이동상/정지상에 대한 상대적인 친화도의 차이에 따라 다른 속도로 판을 따라 올라간다. 전개가 끝나면 개별 용질의 점적을 기록한다. 각 분석물은 용매가 이동하는 속도의 일정 분율의 속도로 이동하며, 이를 R_f **값**(R_f **value**)으로 나타낸다.

$$R_f = \frac{\text{용질이 이동한 수직 거리}}{\text{용매 선단의 수직 거리}} \quad (21.23)$$

여기서 거리는 판 아래쪽에 시료를 점적한 곳의 중심에서부터 측정한다. 용매 선단은 판을 가로지르는 선이 될 것이다. 용질 점적이 꼬리끌림이 있거나 퍼짐이 있을 경우에는 용질이 이동한 거리는 최대 밀도에서 측정한다. HPLC의 머무름 인자와 마찬가지로, R_f 값은 주어진 정지상과 용매 조합의 특성이다. 요즘은 연구자들이 직접 TLC 판을 만들어 쓰지는 않으며, 상용 TLC 판의 균일성은 대체로 우수한 편이다. 그러나 특정 화합물에 대한 정성적인 탐색의 경우, 해당 화합물을 같은 판에 함께 점적하여 시료 내의 해당 성분과 R_f 값을 서로 비교할 수 있도록 하는 것이 좋다.

Merck-Millipore에서는 TLC 및 자사의 TLC/HPTLC 제품군에 대한 훌륭한 비디오 소개 자료를 제공하고 있다. http://www.merckmillipore.com/chemicals/tlc-video/c_DIab.s1O39YAAAEqF1ck445w

TLC/HPTLC의 정지상

TLC/HPTLC의 정지상 HPLC에서 사용되는 모든 정지상은 TLC에서도 사용 가능하지만, TLC/HPTLC 판의 선도 제조사인 Merck-Millipore에 따르면, TLC의 약 80%는 비변형된 60 Å 기공 크기의 실리카 정지상을 사용하고 있다. 이와 같은 비변형 정지상은 현대 HPLC

에서는 잘 쓰이지 않는다. 나머지 20%는 CN^-, 다이올, $-NH_2$- 또는 C18-변형 실리카 및 Al_2O_3와 셀룰로스 등이다. 전형적인 TLC 판은 20 × 20 cm이지만, 보통 더 좁은 폭으로 잘라서 사용한다. 보통은 시료를 어느 쪽이든 한쪽 모서리에 점적한 후 이 면을 아래쪽으로 해서 전개하게 되나, 일부 제조사는 판의 특정 면에 시료를 가하도록 만들기도 한다. GLP(good laboratory practice) 용으로 코드된 판도 전개 방향이 지정되어 있다. TLC 판의 입자 크기 범위는 5~20 μm이며, 평균적으로는 10~12 μm이다. HPTLC 판의 경우에는 입자 크기 범위가 4~8 μm이며 평균적으로는 5~6 μm이다. TLC 판의 흡착제 층의 두께는 유리판에서는 250 μm, 다른 재질의 판에서는 200 μm이며, HPTLC 판의 경우에는 100~200 μm이다. 제조용 판의 경우 층의 두께는 0.5~2 mm이고 그램 단위의 제조용 분리가 가능하다. TLC 판에서의 일반적인 이동 거리는 10~15 cm이며, HPTLC 판에서는 이보다 현저히 짧은 3~6 cm이다. 하지만 HPTLC에서의 단높이는 일반적으로 12 μm 수준(분리 시간 3~20분 수준)으로 표준 TLC 판의 30 μm 수준의 단높이(분리 시간 20~200분 수준)에 비해 분리가 더욱 효율적으로 일어난다. HPTLC는 판의 가격이 상당히 비싸지만 짧은 시간 동안에 다수의 분석을 수행해야 할 경우 시간 절약이 크기 때문에 주목받고 있다. 또한 HPTLC에서는 띠넓어짐 현상이 크게 감소하므로 TLC에 비하여 한 판당 거의 4배의 시료 수를 다룰 수 있으며 검출 한도도 내려간다.

TLC (비디오)와 HPTLC

TLC의 이동상

순수한 실리카 및 알루미나 정지상을 사용하는 흡착 크로마토그래피에서 용매의 용리력은 그 극성에 따라 증가한다(예: 헥세인–아세톤–알코올–물). 혼합 용매는 얇은 층을 따라 올라가면서 크로마토그래피에 의해 분리되어 판 위에서의 거리에 따라 용매 조성이 연속적으로 변하게 되므로 가능하면 단일 용매 또는 많아야 2~3가지 용매만을 사용해야 한다. 용매 조성이 연속적으로 변하면 점적이 판 위에서 얼마나 멀리 이동하느냐에 따라 R_f 값이 변하게 된다. 용매 조성의 미소한 변화 및 온도의 시간적/공간적 편차는 R_f의 재현성에 큰 영향을 미칠 수 있다. 하지만 뒤에 설명할 선개실(development chamber)을 적절히 조절하여 사용하게 되면, 용매 기울기를 재현성 있게 이용할 수도 있다. 전개 용매는 고순도여야 하며 소량의 물이나 다른 불순물이 있어도 재현성이 없는 크로마토그램이 얻어질 수 있다.

시료의 점적

간단한 분석에서는 모세관 마이크로피펫을 이용하여 수동으로 시료를 점적하는 방식이 사용된다. 보통의 TLC 판에는 0.5~5 μL의 시료를 점적하여 건조시키지 않고 전개한다. HPTLC 판에는 더 적은 양의 시료를 사용하며, 보통 점당 1 μL 이하를 점적해야 한다. 시료가 너무 묽거나 검출/발색에 더 많은 양이 필요할 경우, 같은 점에 여러 번 점적과 건조를 반복하는 방법을 사용한다.

보다 고난도의 정성적/정량적/제조용 분리/분석에서는 분무식 자동 도포기를 사용해야 한다. HPTLC의 분리 능력과 재현성을 최대로 발휘하기 위해서는 정확한 자동 위치 표지와 부피 조절은 필수이다.

고급 사용자의 경우 CAMAG 등에서 나온 자동 시료 주입기도 사용할 수 있다.

실험자가 대기하고 있을 필요가 없으며 접촉식으로 점을 찍거나 또는 분무식으로 띠를 뿌리는 식으로 시료를 가할 수 있는데, 이는 본질적으로 잉크젯 프린터에 사용하는 기술과 동일하다. 분무식에서는 시료를 최소 0.5 μL 수준 또는 50 μL 이상을 취하여 띠 또는 직사각형 모양으로 찍는 것이 가능하다. 시작점을 좁은 띠형으로 분무하게 되면 최선의 분리 결과를 얻을 수 있다. 사각형으로 분무하게 되면 정지상 층을 손상시키지 않고 다량의 시료를 정밀하게 점적할 수 있다. 크로마토그래피에 앞서서 이들 직사각형 점은 용리력이 강한 용매를 이용하여 좁은 띠로 모으게 된다.

크로마토그램의 전개

시계 접시로 뚜껑을 덮은 비커와 같은 간단한 형태도 TLC 전개실로 사용할 수 있지만, 많은 경우 여러 가지를 한꺼번에 고려한 좀 더 복잡한 장치가 사용된다. 실제로, TLC에서는 크로마토그래피 계에서는 유일하게 고체/액체/기체의 3가지 상 모두 크로마토그래피 분리 과정에서 그 나름의 역할을 하게 된다. 기체상의 역할은 흔히 무시되지만 실제로는 분리 결과에 큰 영향을 미칠 수 있다.

www.camag.com에는 TLC의 원리 및 다양한 기술적 수준에서 사용 가능한 장비에 대한 설명을 제공하고 있다.

일반적인 TLC 크로마토그램의 전개에서는 전개실 안에 충분한 양의 전개 용매를 넣고 판의 아래쪽 끝이 수 mm 정도 전개 용매에 잠기도록(하지만 시료를 점적한 부분은 잠기지 않도록) 전개실에 넣는다. 용매를 모세관 작용에 의해 원하는 거리만큼 올린다. 전개 용매의 각 성분과 증기상 사이에 평형이 이루어지면 이를 전개실이 포화되었다고 한다. 기체상의 조성은 전개 용매의 조성과 상당히 다르게 되며 각 용매 성분의 상대적인 증기압에 따라 결정된다. 닫힌 전개실에서의 흡착 크로마토그래피에서는 다음의 과정이 일어난다.

(a) 건조한 정지상에 기체상으로부터 분자들이 흡착된다. 이 흡착 포화 과정은 곧 평형에 접근하게 된다. 실리카 및 그와 유사한 정지상에서는 이 과정에서 보다 극성이 높은 기체상 성분이 선택적으로 고체 흡착제 상으로 이동한다.

(b) 동시에 이동상에 의해 적셔진 흡착제의 일부가 기체상과 상호 작용하며, 이동상의 보다 극성이 낮은 성분을 선택적으로 기체상으로 보낸다. (a)와는 달리, 이 과정은 증기-액체 평형보다는 흡착 평형에 주로 좌우된다.

(c) 이동상의 각 성분은 이동 과정 중에 정지상에 의해 분리될 수 있고, 이에 의해 이차 선단이 생기게 된다.

단일 전개 용매가 아닌 경우에 "전개 용매"와 "이동상"은 흔히 혼용되기는 하지만 엄밀하게는 서로 다른 용어이다. 이동상은 판을 따라 올라가게 되면서 조성이 변하게 된다. 전개 용매는 처음에 전개실에 넣어 준 액체이며 우리가 알고 있는 조성이다. 전개액을 흡수하는 물질(예: 종이 타월)을 전개실 안에 넣어 주거나, 크로마토그래피 시작 전에 전개액이 증기상과 포화되도록 충분히 오래 기다려 주거나, 시료를 점적한 판을 액체와의 접촉 없이 증기상과 접촉하도록 기다려 주는 등의 방법으로 (a)와 (b)의 과정 모두 실험적으로 조절할 수 있다(이를 "전조건화"(preconditioning)라고도 한다). 반면에, 제2의 TLC 판을 분석용 TLC 판의 사용면과 수 mm 간격으로 마주보게 놓으면(b)와 (c)의 과정을 일어나지 않게 할 수 있다. 이 방법을 "샌드위치" 모드라고도 한다. (a) 및 (b)에 의한 평형이 이루어지고 흡착층 내의 이동상의 조성이 일정해질수록(c)의 기여는 감소한다. 전개실을 충분히 포화시키고 전조건화를 해 주게 되면 이차 선단은 잘 발생하지 않는다. 하지만 샌드위치 모드에서는 이차 선단이 두드러지게 나타난다.

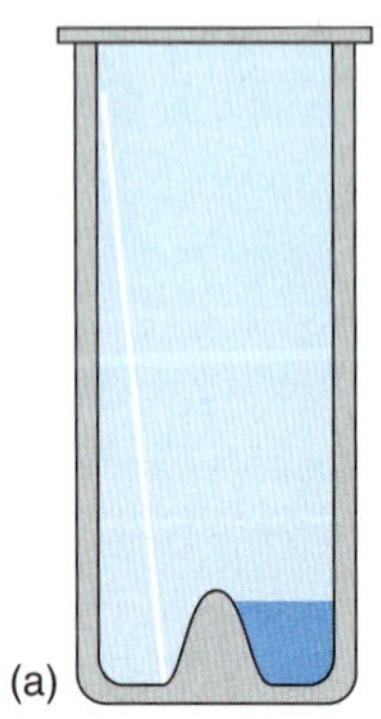

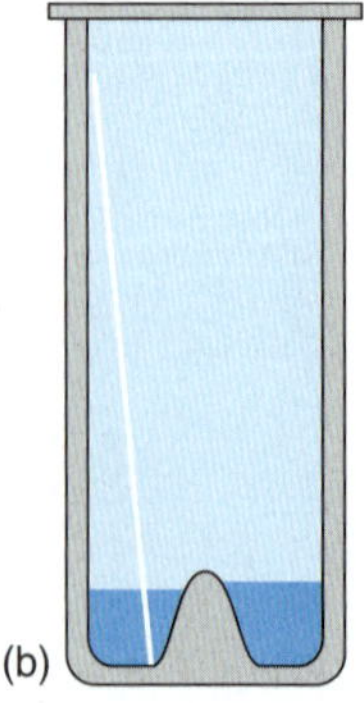

쌍골짜기 전개실 (a) 위: 전조건화 모드 (b) 아래: 전개 모드

물이나 메탄올과 같이 극성이 매우 큰 성분을 제외하면, 전개액 성분은 주로 기체상으로부터 흡착되어 실제 용매 선단에 앞서 밀려올라가게 될 것이다. 이 때문에 포화된 전개실, 특히 전조건화의 경우에는 전개실이 포화되지 않은 경우나 샌드위치 모드에 비하여 R_f 값이 낮아지게 된다. 이와 같이 과정(c)에 의해 크로마토그램의 전개가 복잡해질 수 있으므로, 샌드위치 모드의 전개 또는 포화되지 않은 상태에서의 수평 전개실(아래 참조) 등은 단일 전개 용매 또는 혼합물이라도 각 성분의 성질이 서로 비슷한 경우에 가장 잘 작동한다.

대부분의 경우 TLC 전개는 비평형 조건에서 진행된다는 점이 중요하다. 재현성 있는 결과를 얻기 위하여 모든 변수는 같게 유지해야 한다. 여러 가지 모양의 전개실이 나와 있다. 전개실의 종류 및 포화 여부는 큰 역할을 한다. 또한 이 때문에 정확한 R_f 값은 같은 용매라고 할지라도 각 전개실에 따라 달라질 수 있다. 만능 전개실은 없지만, 일부 전개실의 경우 해당 변수를 더 잘 조절할 수 있다.

앞서 여백 그림에 도시하였던, 바닥이 평평한 고전적인 TLC 전개실은 내부 대기를 용매 증기로 부분적으로 또는 완전히 포화시켜 사용한다. 흡착제의 포화도는 일반적으로 이러한 전개실에서는 조절하기 어렵다. 쌍골짜기(twin-trough) 전개실에서는 고전적 전개실의 바닥에 낮은 높이의 격벽이 있다. 용매의 소비를 줄이기 위해 두 골짜기 중 한쪽만을 용매로 채워서 사용할 수도 있고, 한쪽 골짜기에 용매를 채우고 판은 다른 쪽 골짜기 쪽에 세워서 전조건화를 시킬 수도 있다. 판이 들어 있는 쪽의 골짜기에 용매를 채우기 전에는 전개 과정은 시작되지 않는다.

용매 선단이 끝까지 올라오기 전에 전개를 중단시켜야 한다. 그렇지 않으면 분석물이 계속해서 이동하고 결과적으로 비정상적으로 높은 R_f 값을 얻게 될 것이다. 용매 선단이 일정 높이까지 올라왔을 때 실험자에게 알려주는 광학 모니터링 장치를 사용하면 이와 같은 과전개를 막을 수 있다.

HPTLC에서는 보다 복잡한 전개실을 흔히 사용한다. 그림 21.26의 수평 전개실은 다용도의 전개 용기로서 재현성이 높은 결과를 준다. 이 장치에서는 시료를 판의 양쪽 끝에 점적하는 것도 가능하며, 양쪽 끝에 용매를 담을 수 있는 골짜기가 있다. 전개 및 시료의 점적은 한쪽 또는 양쪽 끝으로 할 수 있으며, 후자의 경우 양쪽 끝에 시료를 점적한 후 판을 용매 골짜기 모서리에 엎어놓고 양쪽 끝으로부터 동시에 전개를 시작한다. 이렇게 하면(이동 거리가 분리에 충분할 경우) 시료 처리 용량이 2배로 늘어난다. 수평 전개실 방식은 불포화식, 포화식 및 샌드위치 모드 전개에 사용할 수 있으며 판의 전조건화에도 사용할 수 있다.

완전 자동식 전개실도 사용 가능하며 재현성이 월등히 우수하다. 전개실의 포화 또는 판의 전조건화 이후 크로마토그래피 시작 시에 실험자의 별도 조작이 필요 없을 뿐만 아니라, 크로마토그래피 시작 전의 흡착층에 대한 처리 방법도 미리 설정할 수 있다. 크로마토그래피 이후 판을 빨리 완전히 말린다. 쌍골짜기 전개실의 경우, 소금 용액을 두 번째 골짜기에 넣어주어 전개 과정에서 습도를 일정하게 유지할 수도 있다.

HPLC의 경우, 실리카 젤 정지상에서는 용매의 극성을 증가시키거나 감소시키는 기울기 용리는 잘 사용하지 않는다. 일단 극성 용매가 사용되는 경우에는 정시상을 다시 초기화하는 데 엄청나게 오랜 시간이 걸리게 된다. 일부 용리액의 경우, 정지상을 비가역적으로 손상시키기도 한다. TLC에서는 사정이 다른데, 정지상 자체가 다수의 시료에 대해서 반복 사용되지 않는다. 또한 HPLC에서는 컬럼의 끝단에 외부 검출기를 놓고 결과를 확인하며(전(全)컬럼 영상 기법도 때때로 보고되고 있음) 성분 A가 컬럼의 특정 부분에 도달하였을 때 전개를 중단하는 식의 실험은 일반적으로 불가능한 반면, TLC에서는 이것이 가능하다.

전(全)컬럼 영상 기법은 말 그대로 컬럼 전체를 한번에 관찰하여 각각의 분석물이 어느 위치에 얼마만큼의 농도로 있는지를 밝히는 것이다. Tswett가 식물의 색소를 흰 흡착제가 담긴 유리 컬럼에서 최초로 분리하였을 때는 분리 과정 자체를 직접 관찰할 수 있었다. 역설적으로 현대 HPLC에서는 분리 과정의 진행을 직접 관찰하는 것이 그리 간단하지 않다.

특히 시료에 포함된 성분의 극성도가 매우 다양할 경우, 자동식 다중 전개(automated multiple developent, AMD)는 매우 유용하게 사용될 수 있다. 판을 **같은 방향**으로 반복해서 전개하면서 용매 선단이 지정된 거리만큼 도달하였을 때 전개를 **중지한다**. 용매를 완전히 제

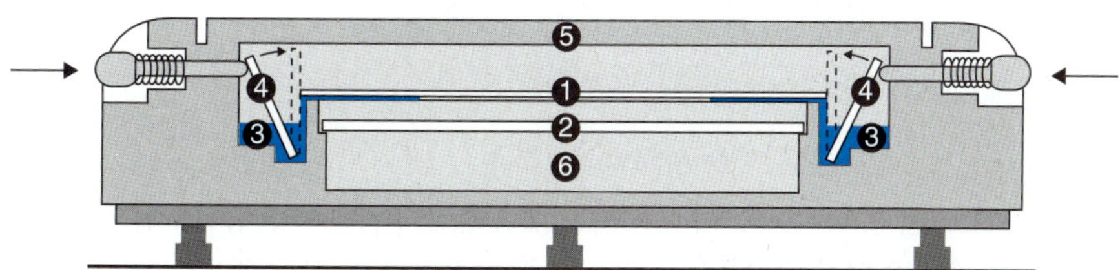

그림 21.26 수평 전개실. (1) HPTLC 판(엎어져 있음), (2) 유리판("샌드위치" 모드에서 두 번째 판이 놓이는 위치), (3) 용매 저장병, (4) 유리 막대(고정용), (5) 덮개판, (6) 조건화 받침(용매에 적신 패드를 놓을 수 있음). 이 그림 및 여백 그림은 CAMAG Scientific에서 제공

거한 후 판을 **곧바로** 진공에서 건조시킨다. 다음 번에는 **극성이 작은**(용리역이 약한) 용매를 사용하여 전개하는데, 연속된 전개를 통해 용매 선단이 전개가 중단되기 전까지 계속해서 이동하도록 한다. 이 방법으로 계단식 기울기 용리가 가능하다. 모으기 효과와 기울기 용리의 결합에 의해 HPTLC 판에서 폭 1 mm 정도의 매우 좁을 띠를 얻을 수 있다. 이는 80 mm의 분리 거리에서 무려 40가지의 성분을 분리해 낼 수 있다는 것을 의미한다.

2차원 종이 크로마토그래피의 고전 격인 다음 논문도 참고할 것. R. Consden, A. H. Gordon, and A. J. P. Martin, *Biochemical Journal*, **38** (1944) 224.

마지막으로, Consden, Gordon 및 Martin이 일찍이 1944년에 2차원 종이 크로마토그래피를 제안하였듯이, TLC 또한 수동식이지만 2차원으로 전개할 수 있다. 정사각형의 TLC 판의 한쪽 귀퉁이에 시료를 점적한다. 한 가지 용매로 전개를 한 다음, 판을 90° 돌려 제2의 용매로 추가 전개를 하면 판 전체에 걸쳐 분리가 일어나게 된다. 2차원 TLC법은 분리능이 우수하여 특히 생화학, 생물학, 천연물, 제약, 환경 분석 등에서 널리 사용되고 있다.

발색. 점적의 검출

색깔을 띤 물질은 그 자체로 흰 TLC 판에서 곧바로 관찰할 수 있다. 실제로 TLC 판 위에 검은 마커 펜으로 점을 찍고, 이 "검은" 잉크를 분리하여 여러 가지 색띠로 분리하는 것은 TLC 분리를 가장 상징적으로 설명해 주는 예시이다. 형광을 띤 분석물 또한 전개가 끝난 판을 긴 파장(365 nm) 및 짧은 파장(254 nm)의 자외선을 쪼여 발색시켜 관찰하면 된다. 이를 역이용한 기술도 때때로 사용되는데, 녹색 형광 표지체가 정지상에 고정되어 있는 TLC 판을 형광이 없는 시료에 사용하게 되면 시료 점적이 판의 형광을 소광시켜 검은 점이 나타난다.

발색기(instrumental "visualizer")는 짧은 파장, 긴 파장의 자외선 및 백색광을 낼 수 있고 내장된 디지털 카메라로 투과광 또는 반사광에 의한 영상을 찍을 수 있으며, 바탕 영상 보정 및 영상을 점적의 세기로 해석할 수 있는 소프트웨어와 함께 사용한다.

TLC에서는 분석물이 분리 후에 판에 남아 있어 발색/정량에 앞서 화학적 처리를 할 수도 있다. 이러한 처리의 목적은 일반적으로 보이지 않는 물질을 눈으로 볼 수 있도록 하거나, 검출성(형광 유도체 생성 등의 방법으로)을 향상시키거나, 선택적인 유도체화를 통하여 특정 종류의 물질만을 검출할 수 있도록 하는 것이다. 반면에 다른 경우에는 시료의 모든 성분을 대등한 세기로 검출하는 것이 더 적합한 경우도 있다.

판에 유도체화 시약을 노출시키는 방법에 따라 유도체화 과정의 균일성이 좌우되며 이에 따라 유도체화 후의 정량 분석의 정확성 또한 좌우된다. 기체상 유도체화(아이오딘 증기 노출 등)는 균일성이 보장된다. 아이오딘 증기는 시료 성분과 화학적으로 상호 작용하거나 용해되어 색깔을 띠게 한다. 보다 흔히 사용되는 것은 액체상 시약이다. 예를 들어 아미노산과 아민은 가열 시 파란색 또는 자주색을 띠게 하는 닌하이드린 용액을 판에 분무하여 검출한다. 유기 화합물에 흔히 쓰는(파괴적인) 방법은, 판에 황산 용액을 분무하고 가열하여 탄화시켜 검은 점이 생기게 하는 것이다. 판을 액체 시약에 노출시키는 두 가지 흔한 방법은 시약을 판에 분무하는 방법과, 판을 시약에 담그는 방법이다. 시약 분무기 및 독성 에어로솔의 흡입을 방지하기 위한 차폐 장치, 담금 장치 및 전용 평면 가열기가 상용화되어 있다. 균일성에서 보다 우수하므로 가급적 판을 시약에 담그는 방법이 선호되지만, 담그고 빼는 작업을 부드럽게 진행해야 하며, 전용 담금 장치를 사용하여 원하는 속도대로 재현성 있게 이 작업을 수행할 수 있다.

정량 분석

예전에는 흔히 TLC 상의 점적을 긁어내어 적절한 용매로 추출하여 분광광도법으로 측정하는 방식으로 정량하기도 하였으나, 지금은 이와 같은 정량적인 TLC 측정은 전적으로 HPTLC를 이용하여 자동화된 기기로 수행하고 있다. 사진 영상법 및 소프트웨어적 광학 밀도 측정법(densitometry)에 의한 정량은 직관적이고 판 전체를 한번에 관찰할 수 있다는 장점이 있으나, 현재의 카메라의 기술적 한계 때문에 가시광선 영역에서만 이용할 수 있다. 가변 파장에서의 반사율을 이용한 광학 밀도 측정식 스캐너는 상용화되어 있으며 190~900 nm의 전 범위를 다룰 수 있다. 광대역 광원을 단색화 장치와 함께 사용하며, 길이와 폭을 조절할 수 있는 슬릿을 이용하여 스캔의 공간 해상도를 조절한다. 각 크로마토그래피 실험 결과를 한번에 스캔하여 난반사된 빛을 측정한다. 원하는 점적에 대한 바탕값을 보정한 흡수 스펙트럼을 얻어 분석물의 확인뿐만 아니라 최적 파장의 결정에 사용할 수도 있다.

이론적으로는 형광 스캐너뿐만 아니라 다이오드 배열 기반 TLC 스캐너도 사용 가능하며, 투과식 TLC 광학 밀도 측정기와 더불어 수차례 연구 논문을 통하여 활용 가능성이 제시되었지만, 아직 성공적으로 상용화되지는 못하였다. 매트릭스 보조 레이저 탈착 이온화 질량 분석법(matrix-assisted laser desorption ionization mass spectrometry, MALDI-MS, 22장 참조)이 갈수록 주목받게 되면서 TLC−MS 인터페이스도 나오고 있다. 또한 생발광(bioluminescence) 현상도 물질의 독성 등의 연구에 유용한 분석 방법으로, TLC 판 전용 생발광 검출 장치도 시판되고 있다.

21.9 전기 이동

전기 이동(Electrophoresis)은 전하를 띠고 있는 입자가 이동하는 전체적인 방법을 의미한다[그리스어: **elektron + pherein**(운반하는)]. 따라서 전기 이동법의 분리 방법은 전하를 띤 서로 다른 물질의 전기장 안에서의 이동도의 차이를 이용한다. 전기 이동법은 사용하는 매질에 따라서 크게 두 범주로 나눌 수 있다. 첫 번째 범주는, 지름이 작은 모세관이나 마이크로 단위의 칩 등을 이용하여 자유 용액에서 분리하는 방법이다. 시료는 일정 구역이나 띠로서 주입된 뒤에 더욱 세분화되어 각 물질의 성분에 따라 분리된다. 이러한 방법을 **모세관 띠 전기 이동**(**capillary zone electrophoresis, CZE**) 또는 간단히 **모세관 전기 이동**(**capillary electrophoresis, CE**)이라고 한다. 마이크로칩에서의 전기 이동도 이와 매우 유사하다. 두 번째 범주는, 분리 매질이 아가로스와 같은 수용성 젤인 경우이다. DNA와 같은 커다란 생분자의 경우, 크기 대 전하 비는 분자량과 상관없이 거의 일정하며, 따라서 자유 용액 내에서의 전기 이동도의 차이는 미미하다. 그래서 DNA 조각의 경우 CZE를 이용하여 분리할 수 없다. 하지만 점도가 높은 젤 매질의 경우, 이들 거대 분자의 이동도는 3차 구조에 크게 좌우되며, 따라서 분리가 가능하다. 젤 기반 전기 이동은 모세관을 이용해서도 수행하여(**모세관 젤 전기 이동, capillary gel electrophoresis, CGE**) 거대 생분자를 고분해능으로 분리할 수 있다(그림 21.27).

제조용 젤 전기 이동은 유리관(컬럼)의 아래위 양 끝에 전극을 연결하여 수행하며, 이때 컬럼에서 시료의 띠가 컬럼의 위에서 아래로 내려오는 방향으로 극성을 조절한다. 전기 이동법은 얇은 젤 층(TLC와 상당히 비슷하다)에서 평면형으로 수행할 수도 있다. 이러한 전기 이동법을 **평판 젤 전기 이동**(**slab gel electrophoresis**)이라고 한다. 유리관 젤을 사용하는 경우에는 적절한 전원 공급 장치를 제외한 다른 특별한 장비가 거의 필요 없다. 이와 같은 관형 젤을 이용한 분리법은 분자들이 젤 안에서 측면 방향 이동이 별로 없다는 장점이 있다. 따라서 특히 단백질에 대해서는 평판 젤과 비교하여 관형 젤에서 분리 띠가 훨씬 분해능이 높게 나타난다. 하지만 평판 젤 기판은 TLC에서와 마찬가지로, 한쪽 방향으로의 분리 전개 후 판을 회전시켜 방금 전까지의 전기장 방향에 수직한 방향으로 새로 전기장을 걸어 줄 수 있으며, 이와 같은 2차원 전기 이동법은 막강한 분리 능력을 발휘하므로 생물학 연구실에서 일상적으로 사용된다.

젤 전기 이동법에서 일반적으로 사용하는 젤에는 아가로스, 폴리아크릴아마이드, 녹말 등이 있다. 단백질은 대개 세제인 도데실 설폰산 소듐(sodium dodecyl sulfate, SDS)으로 처리한다. SDS는 음이온성 세제로, 단백질 분자를 직선형으로 만들어 주며 음전하를 부여한다.

전기 이동은 그 단어로나 과학기술로나 상당히 최근에 생긴 개념이다. Merriam-Webster에 따르면, 최초의 용례는 1911년이라고 한다. 현재는 워낙 널리 사용되고 있어 제목 자체가 "Electrophoresis"인 학술지가 온전히 이 분야 하나를 전담하여 다루고 있으며, 또한 온전히 이 분야 하나를 다루는 과학 학회(http://www.aesociety.org/)도 등장하였다.

단백질 같은 큰 분자는 그 이동도에 따라 전기장 내에서 이동하지만, 분자의 3차원 구조와 젤 사이의 상호 작용에 의해서도 영향을 받는다.

평판 젤 전기 이동을 이용하여 젤을 만드는 법부터 시작해서 여러 가지 길이의 DNA 조각을 분리하는 작업을 안내해 주는 가상 실험실 교육 자료는 다음을 참고하시오. http://learn.genetics.utah.edu/content/labs/gel/

미국 국립 법의학 과학기술 센터(National Forensic Science Technology Center)에서는 폴리아크릴아마이드 젤 제작에서 가교 결합의 조절 및 그 효과를 동영상 슬라이드로 제공하고 있다. (http://www.nfstc.org/pdi/Subject05/images/pdi_s05_m01_01b.swf)

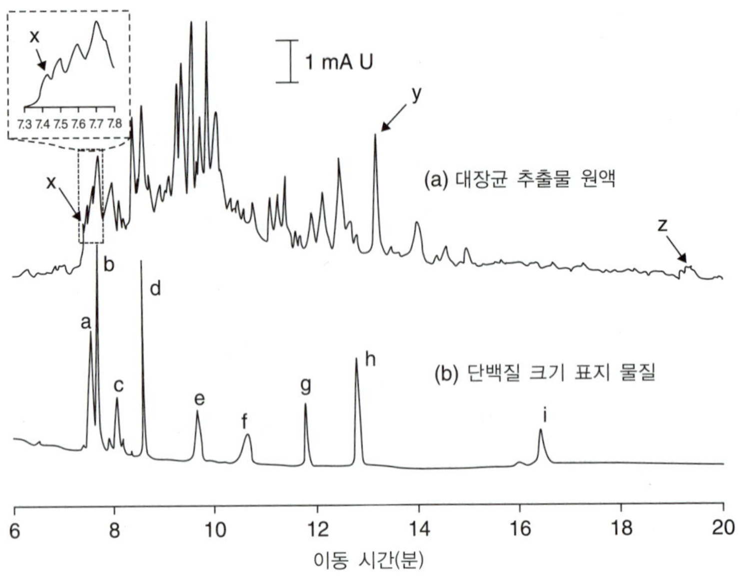

그림 21.27 (a) 대장균(E. coli) 추출물(6 μg/μL)을 내경 75 μm, 유효 길이 30 cm의 내벽에 폴리아크릴아마이드 젤을 코팅한 모세관을 이용하여 CGE 분리한 결과. 전기장은 290 V/cm이며 220 nm에서 흡광 분석을 하였다. (b) 같은 조건에서 검량 표준 물질에 대한 결과. a: 아프로티닌(6.5 kD), b: 라이소자임(14.4 kD), c: 트립신 저해제(21.5 kD), d: 탄산 탈수 효소(31 kD), e: 오발부민(45 kD), f: 혈청 알부민(66.2 kD), g: 포스포릴라제 b(97.4 kD), h: β-갈락토시다제(116.25 kD), i: 마이오신(200 kD). 참고 문헌: J. J. Lu, S. Liu, and Q. Pu, J. *Proteome Res.* **4** (2005) 1012.

Agar(한천, 우무)는 젤리를 의미하는 말레이어의 agar-agar에서 유래한 용어이다. 보통 Gelidium 속의 해초(우뭇가사리)에서 추출하며, 아가로스(agarose)와 아가로펙틴(agaropectin)으로 구성되어 있다. 아가로스는 이 혼합물로부터 쉽게 분리할 수 있다.

속도는 이동도와 전기장의 세기의 곱이며, 전기장의 세기는 걸어 준 전압에 정비례한다. 또한 이동도는 pH(분석물의 전하에 영향을 미침)의 영향을 받는다.

일반적으로 단위 질량당 전하는 일정하게 분포하게 되며, 따라서 폴리아크릴아마이드 젤 전기 이동법(polyacrylamide gel electrophoresis, PAGE)를 이용하면 단백질을 크기에 따라 거의 균일하게 분리할 수 있다. 이 방법를 SDS-PAGE라고 하며, 단백질 분리에 널리 쓰인다.

시료 내의 분석물은 시료의 제조 및 분리 조건에 따라 양전하와 음전하를 모두 띨 수 있으며, 흔히 SDS-PAGE에서와 같이 모든 분석물이 오직 음전하만을 띨 수도 있다. 전자의 경우에는 시료를 젤 판의 가운데에 가해 주면 서로 다른 전하를 띤 분석물은 서로 반대 방향으로 이동해 가게 된다. 음전하를 띤 분석물만 있는 경우에는 시료를 젤의 (−)극 쪽 말단부에 가해 주게 된다.

주어진 pH에서 분자의 이동 속도는 걸어 준 전기장의 세기(V/cm)에 의해 좌우된다. 전기장은 계를 통해 흐르는 전류를 좌우한다. 전류와 전기장의 세기의 곱은 단위 길이당 발열량과 같고, 따라서 온도 변화에 비례하게 된다. 전기장의 세기가 셀수록 이동 속도 및 분리 속도가 빨라지지만, 발열이 심해질 경우 온도 상승에 의해 국소적인 온도 기울기가 발생하고 확산에 의한 혼합에 의하여 분리 능력이 떨어지게 된다. 평면 젤 전기 이동법에서는 4~6 V/cm의 전기장이 주로 사용된다. 뒤에서 다루게 될 펄스장 젤 전기 이동법에서는 분리할 분자의 크기가 커질수록 전기장의 최적값은 낮아진다. Mb 크기의 DNA를 분리하고자 할 경우, 전기장의 최적값은 2 V/cm 정도가 된다. 평면 젤 전기 이동법에서 젤의 길이는 대개 20 cm를 넘지 않으므로, 전원 공급 장치로부터 공급되는 최대 전압은 125~300 V 범위에 있게 된다.

소구경 모세관이나 마이크로칩은 평면 젤이나 대구경 관형 젤에 비하여 열의 발산 측면에서 훨씬 유리하다. 또한 단면적이 매우 작으므로 전기 저항이 높아 전류의 세기가 제한되므로, 훨씬 센 전기장을 걸어 줄 수 있게 된다. 모세관 전기 이동 분리법에서의 전기장의 세기는 구경 50~75 μm, 길이 10~60 cm의 모세관을 기준으로 300 V/cm 정도가 일반적이다. 전원 공급 장치는 보통 최대 30 kV까지의 전압을 공급할 수 있으나, 최대 공급 전류는 보통 300 μA 수준이다. 하지만 분리 길이가 짧고 구경이 매우 작은 모세관이나 마이크로칩을 사용할 경우 최대 수 kV/cm에 이르는 훨씬 센 전기장을 사용할 수 있다.

단백질 분리를 위한 또 다른 중요한 기술인 **등전 집중법**(**isoelectric focusing, IEF**)에서는 각각의 단백질의 알짜 전하의 pH에 의한 변화를 이용한다. 등전점(isoelectric point)에서는 해당 단백질의 알짜 전하가 0이 되고, 따라서 이동도도 0이 된다. 등전 집중법의 분리 매질인 고정상 pH 기울기(immobilized pH gradient, IPG) 젤은 아크릴아마이드 젤 매트릭스로서 약산 및 염기와 그 염을 젤의 위치별로 다양한 농도로 배합하여 고정시켜 공중합 방식으로 pH 기울기를 만든 것이다. 전개 완충 용액으로는 양성 전해질 용액을 사용한다. (−)극은 젤의 pH가 높은 쪽에 연결한다. pI보다 낮은 pH에 놓이게 된 단백질은 양으로 하전되어 (−)극 쪽으로 이동하게 된다. 이때 이 단백질 주위 매질의 pH는 점점 높아져 결국 pH가 pI와 같아지는 점에 도달하게 되면, 단백질은 알짜 전하가 없게 되고 이동은 멈춘다. 따라서 각각의 단백질은 젤 안에서 pH와 단백질의 pI가 같아지는 위치에 선명한 띠 모양으로 집중된다. IEF는 양성자를 낼 수 있는 작용기가 단 하나 차이를 보이는 단백질도 매우 높은 분리능으로 분리할 수 있다. IEF는 모세관 형태의 실험이 가능하며, 이러한 **모세관 등전 집중법**(**capillary isoelectric focusing**)은 마이크로칩 식으로 실험할 수도 있다.

등전점 pH에서는 단백질은 평균 전하가 없으므로 이동하지 않는다.

두 분리 기술을 결합시켜 첫 번째 분리법을 사용한 뒤에 두 번째 분리법을 추가로 적용할 수도 있다. 예를 들면 아가로스 젤 전기 이동법에서 분리된 띠를 잘라서 이를 다시 SDS-PAGE로 분리할 수도 있다.

발색 및 정량

평면 젤 전기 이동법으로 분리된 띠의 발색 및 정량은 TLC 판에서의 작업과 거의 비슷하다. DNA의 경우 가장 많이 사용되는 발색제는 브로민화 에티듐으로, DNA 가닥 사이에 삽입되어 들어가서 가시광선 영역에서 주홍색/적갈색의 형광을 내며, 이를 디지털 영상 분석법으로 정량하면 된다.

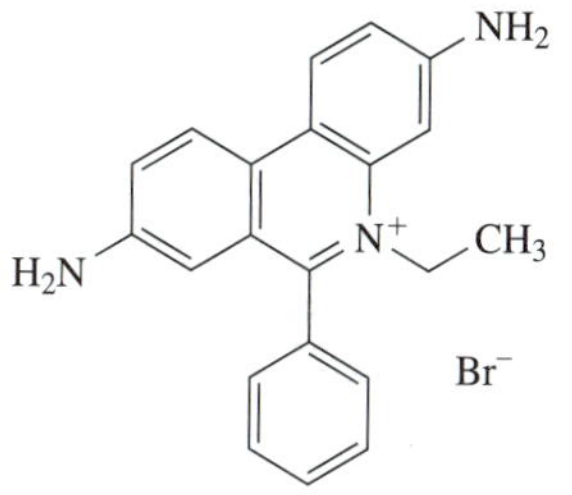

NH_2, H_2N, N^+, CH_3, Br^-

브로민화 에티듐의 구조

핵산은 자외선 조사에 의해 쉽게 파괴되므로 분리된 DNA를 이용하여 추가 작업을 하기 어렵다. 청색광과 함께 청색광에 반응하는 염색제(예: SYBR Green I, 청색광이 입사하여 녹색의 형광 방출)를 사용하는 것이 최선의 선택이다. 브로민화 에티듐은 돌연변이 유발성이 상당히 강하다. 또한 자외선은 적절한 보호 장비가 없으면 눈 손상을 일으킬 수 있다. 청색광 반응성 형광 태그를 사용할 경우, 이 두 가지 문제를 모두 피할 수 있다. 또한 청색광은 투명 유리나 플라스틱 등의 매질을 지날 때 세기가 크게 약해지지 않으므로 분석물의 조영 및 영상에서도 보다 효율적이다.

영상 분석 소프트웨어는 평면 젤에서의 정량 분석에 널리 이용되고 있다. 미국 국립 보건원(NIH)에서는 ImageJ라는 소프트웨어를 무료로 배포하고 있는데, 기능이 매우 강력하여 젤 전기 이동 사용자들 사이에서 주목받고 있다. (http://rsbweb.nih.gov/ij/)

분리된 DNA 띠를 회수하는 방법으로는 젤 자체를 절단한 후 녹이는 방법을 사용할 수 있다. 이 경우 용액 상태에서의 정량도 가능하다. 젤 전기 이동을 사용한 핵산의 분리와 DNA 서열 결정을 이 책의 **웹 사이트**의 G장에서 설명하기로 한다.

단백질의 정량에서는 모든 단백질과 강하게 결합하는 coomassie Brilliant blue가 염색제로 흔히 사용된다. 단백질과 결합하지 않은 염료를 씻어내어 제거하면 염색된 단백질 띠의 위치를 쉽게 확인하고 정량까지 할 수 있다. 염색된 젤은 건조하여 보관할 수도 있다. TLC에서와 같이 주사식 광학 밀도 측정계를 이용한 정량도 가능하다. 때로는 단백질에 방사성 동위 원소 표지를 가한 후에 방사선 사진법으로 검출할 수도 있으며, 사진 건판 또는 고가의 고체 영상 장치(solid-state imager)를 이용할 수 있다.

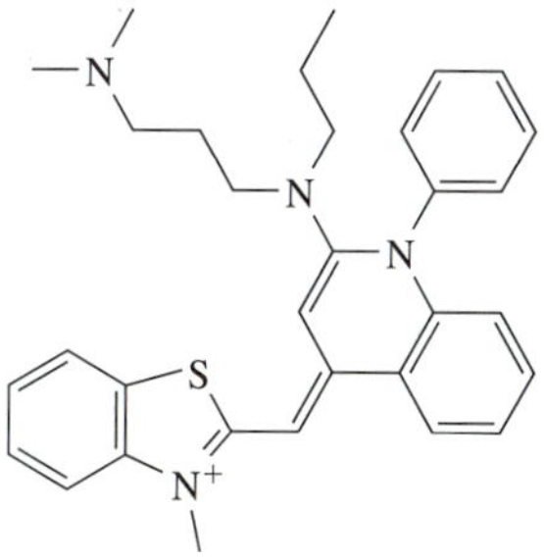

N, N, N, S, N^+

SYBR Green I의 구조

관련 기술

일반적인 단방향 아가로스 젤에서는 10~15 kb 이상의 DNA 조각은 크기와 무관하게 예측 불가한 방법으로 이동할 수 있다. **펄스장 젤 전기 이동법**(**pulsed field gel electrophoresis**, PFGE)에서는 전압을 순방향으로 수초 동안 가한 뒤에 다시 수초 동안 역방향으로 가한다. 순방향 전압은 역방향 전압보다 더 오랜 시간 동안 걸리게 되어 알짜 전기장 방향은 순방향이 된다. 전기장의 방향을 앞뒤로 바꾸어 주면 DNA를 젤의 앞뒤로 섞어 주게 되며, 큰 DNA 조

DNA 조각의 길이는 보통 포함된 염기쌍의 수로 표시한다. 20 kb DNA 조각은 20,000개의 염기쌍(base pair)이 포함되어 있음을 뜻한다.

각들은 작은 조각들에 비해 방향 전환 속도가 느리므로 더 느리게 이동하게 되어 분해능이 향상된다. 실제로, 정해진 크기 범위 내에서 DNA를 분리하는 데는 전용의 시간 프로그램이 유용하다. 보다 더 높은 분해능을 얻으려면 순방향 및 역방향(가급적 양쪽 모두) 전압이 걸리는 시간을 분리 과정에서(최대 24시간까지도) 증가시켜 줄 수 있다. 수 Mb에 달하는 DNA 조각도 PFGE로 분리할 수 있으며, 병원체의 특정 균주를 확인하는 표준 분석법으로 자리매김하고 있다.

PFGE의 사용 방식에는 여러 가지가 있는데, 방금 설명한 방식은 **전기장 역전식 젤 전기 이동법**(**field inversion gel electrophoresis, FIGE**)이라고 한다. 순방향과 역방향 전압 시간이 같더라도 분자들의 방향 전환 속도가 비대칭적이므로 분리는 가능한데, 이 방식을 **영장 전기 이동**(**zero integrated field electrophoresis, ZIFE**)이라고 한다. ZIFE는 FIGE보다는 훨씬 느리지만 매우 큰 DNA 조각을 분리할 수 있다는 장점이 있다. 또 다른 종류의 PFGE 실험에서는 DNA를 비스듬하게 재정렬시키면서 지그재그 형으로 젤 속을 이동해 가도록 한다. 최적화된 조건에서 이 방법은 비슷한 크기의 DNA에 대해서 보다 분리가 빠르고, 더 넓은 범위에 대한 분리가 가능하며 FIGE에 비하여 젤의 더 많은 부분을 이용할 수 있다는 장점이 있다. 크게 변형된 방법으로 **회전장 젤 전기 이동**(**rotating field gel electrophoresis**)도 있으며, 여기서는 전기장의 방향이 연속적으로 변하면서 더 넓은 공간을 이용하여 더욱 우수한 분리 성능을 달성할 수 있다(Analytic Jena 사의 Rotaphor 6.0 등 현재 실용화된 기기에서는 전극이 회전한다).

자유 용액 전기 이동 및 CZE의 고전적인 다음 논문도 참고할 것. S. Hjertén, *Chromatographic Reviews*, **9** (1967) 122; J. W. Jorgenson and K. D. Lukacs, *Anal. Chem.* **53** (1981) 1298.

21.10 모세관 전기 이동

Stellan Hjertén은 분리 과학에서 권위자로 기억되고 있다. 그는 전기 이동법(및 크로마토그래피)에서의 아가로스 젤의 사용법을 개척하였으며, 단결정 컬럼에도 핵심적인 기여를 하였다. 젤 매질 없이도 자유 용액의 전기 이동을 이용하여 단백질을 분리할 수 있다는 사실을 처음으로 보인 것은 Tiselius였지만, 이론적인 기초를 세우고 1~3 mm 구경의 작은 석영관에서 자유 용액의 구역 전기 이동 실험을 1967년에 최초로 보인 것은 Hjerstén이었다.

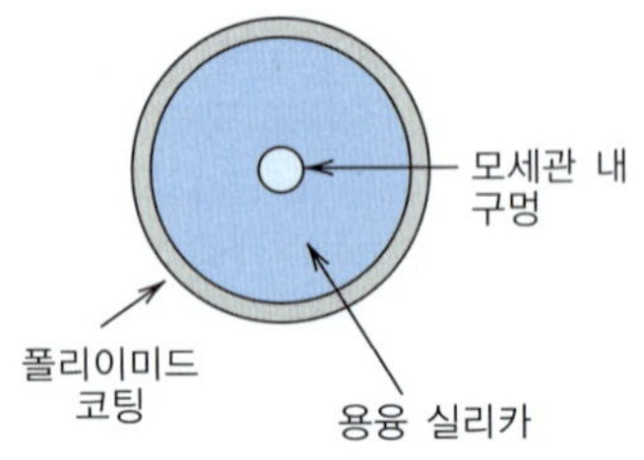

CE 용융 실리카 모세관

용융 실리카 모세관은 매우 부러지기 쉬우므로 보호 외피로 코팅해야 한다. 가장 널리 사용되는 코팅재는 폴리이미드인데, 광학적으로 투명하지 않다. Teflon AF로 코팅된 모세관을 쓸 수도 있으며 200 nm까지 투명한 특성을 보인다.

당시에는 이보다 더 작은 관에서 분리를 관찰할 수 있는 검출기는 없었으며, 열에 의한 대류를 최소화하기 위해 관을 장축 방향으로 천천히 회전시켜야 하였다. CE의 잠재력을 충분히 인식하고 그 위력을 보여 준 것은 분리 과학의 또 다른 권위자라고 할 수 있는 North Carolina 대학 Chapel Hill 캠퍼스의 James Jorgenson(그는 또한 UHPLC의 발명자이기도 하다)과 그의 학생인 Lukacs였다. 75 μm 구경의 실리카 모세관(용융 실리카는 열전도성이 매우 우수함)에 최대 30 kV의 전압을 가하여 불과 10~30분의 분리 시간으로 40만 이상의 단수를 얻었는데, 이는 그때까지의 분석 기술로는 불가능하였던 결과였다. 작은 모세관에서는 전기 이동에 의한 이동 외에 전기 삼투 현상에 의한 **전기 삼투 흐름**(**electroosmotic flow, EOF**)이 모세관 내의 액체에 생긴다. EOF는 전기 이동에 의한 이동에 비해 상당히 클 수 있으며, 따라서 양전하와 음전하를 띤 분석물 모두 동일한 고정식 검출기에 의해 검출할 수 있게 된다.

작동

모세관 전기 이동법의 기본 장치가 그림 21.28에 나와 있으며, 상용화된 기기는 그림 21.29에 나타내었다.

기기장치의 요건(검출기를 제외하고는)은 실제로 아주 간단하며 사용하기도 쉽다. 분리 매체는 적절한 전해질이 들어 있는 용융 실리카 모세관(내경 25~75 μm, 외경 375 μm 이하, 길이 25~75 cm) 이며 전해질 완충 용액으로 차 있다. 모세관의 양 끝을 전해질 완충 용액에 삽입한다. 각 용액에 담겨진 백금 전극은 최대 30 kV 의 전압과 300 μA의 전류를 운반할 수 있는 고전압원에 연결되어 있다. 모든 고전압원에서 한쪽 끝은 접지되어야 한다(예:

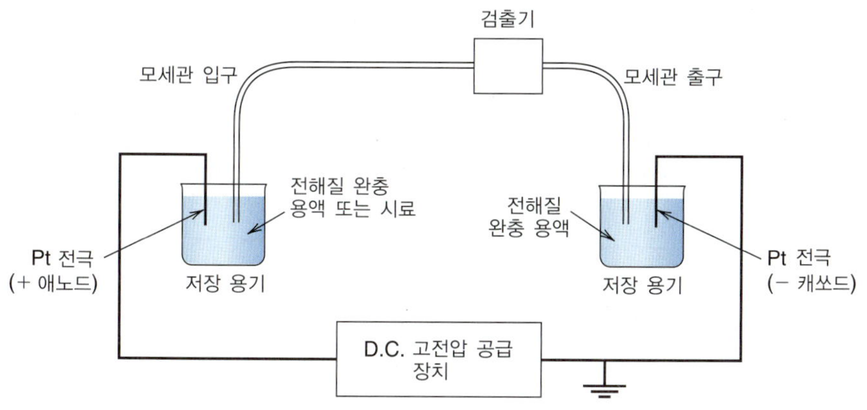

그림 21.28 모세관 전기 이동 장치

그림 21.28, 여기서는 접지부가 (−)극이 됨). 모세관은 컬럼상 검출기를 관통하여 이 접지된 저장병으로 연결된다. 고전압의 연결을 잠시 끊고, 모세관의 한쪽 끝(접지되지 않은 고전압부)을 들어 시료 바이알에 넣고, 작은 부피의 시료를 모세관에 도입한다. 여기서 (a) 시료 바이알을 일정 높이까지 들어올린 상태로 일정 시간 동안 받치고 있거나 (b) 밀봉 시료 바이알에 일정 시간 동안 유압을 가하는 방식으로(일부 기기에서는 반대쪽 저장병에 진공을 걸어 주기도 함) 압력식 시료 주입(pressure-based injection)이 가능하다. (a) 방식은 **수력식 주입**(**hydrodynamic injection**) 또는 **중력식 주입**(**gravity-based injection**)에도 사용할 수 있다. 어떤 경우에든 주입하는 시료의 부피는 압력 차이와 주입 시간의 곱에 비례한다. 일반적으로 시료의 부피는 모세관 전체 부피의 1~2% 미만으로, 길이 60 cm, 구경 75 μm의 모세관에서는 25~50 nL 미만이 되며, 보다 작은 구경의 모세관에서는 그 양은 훨씬 더 작다. 주입 유속은 식 21.10을 통해 바로 계산할 수 있고, 이를 주입 시간으로 곱하면 주입된 부피를 얻을 수 있다.

전기 삼투는 전기장에 의한 모세관 내 액체의 벌크 흐름이다. 캐나다의 British Columbia 대학교의 David Chen 교수는 CE에서의 시료의 주입을 일단의 수영객들이 강물에 뛰어드는 것에 비유하였다. 일부는 물의 흐름을 거슬러 헤엄치고 일부는 물의 흐름을 따라 헤엄친다. 강물의 흐름이 모든 물의 흐름을 거슬러 헤엄치는 수영객보다도 빠르다면 모든 수영객들은 결국 하류 쪽으로 밀려내려가게 될 것이다. 관찰자에 비유할 수 있는 검출기를 수영객들이 뛰어내린 지점보다 하류 쪽에 설치하면 결국 모든 분석물을 관찰할 수 있게 된다. 양전하를 띤 분석물은 가장 빠르게, 음전하를 띤 분석물은 가장 느리게 모든 분석물이 같은 방향으로 흐르기 때문이다.

예제 21.3

시료의 주입 시간이 10초, 수압 차이가 10 cm일 때, 온도 25°C로 항온 유지되는 길이 60 cm, 구경 75 μm의 모세관에 주입되는 시료의 부피를 계산하시오.

그림 21.29 Agilent 7100 모세관 전기 이동 기기. CE 기기 내부의 고전압은 위험하므로 모든 장비는 인터락을 제공하고 있어 기기의 뚜껑이 열리면 고전압원은 차단된다. Agilent Technology 제공

풀이

물의 깊이 h, 밀도 ρ 및 중력 가속도 g로부터

$$\Delta P = h\rho g = 10\ \text{cm} \times 1\ \text{g/cm}^3 \times 981\ \text{cm/s}^2$$
$$= 9.81 \times 10^3\ \text{g cm}^{-1}\text{s}^{-2} = 9.81 \times 10^3\ \text{dyne/cm}^2$$

식 21.10을 정리하면

$$F = \frac{\Delta P \pi r^4}{8\eta L}$$

(여기서 η는 물의 점도로, 25°C에서의 값은 8.90×10^{-3} dyne s/cm^2)

$$F = \frac{9.81 \times 10^3\ \text{dyne cm}^{-2} \times 3.14 \times (3.75 \times 10^{-3})^4\ \text{cm}^4}{8 \times 8.90 \times 10^{-3}\ \text{dynes s/cm}^2 \times 60\ \text{cm}}$$
$$= 1.43 \times 10^{-6}\ \text{cm}^3/\text{s} = 1.43\ \text{nL/s}$$

10초 동안에는 14.3 nL가 주입된다. ■

시료를 주입하는 또 다른 방법으로 CE에만 고유한 방법인 **동전기 주입**(**electrokinetic injection**)이 있다. 이 방법은 **전기 이동식 주입**(**electromigration injection**)이라고도 하며, 모세관 입구를 시료 바이알에 넣고, 적절한 극성의 주입 전압을 시료 바이알에 지정된 시간 동안(보통 수초) 걸어 준다. 이온의 종류에 관계 없이 모든 이온을 주입하는 용액 전체에 대한 EOF에 더하여, 시료의 이온은 전기 이동을 통하여 각 이온의 이동도 및 전압의 극성에 따라 모세관으로 들어가게 된다. 예를 들면 양(+)의 주입 전압을 걸어 주게 되면 시료 내의 양이온이 음이온에 비해 선택적으로 모세관으로 이동하게 되고, 모세관에 주입된 각 양이온의 상대적인 함량은 각 이온의 이동도에 좌우될 것이다. 이동도가 높은 양이온이 이동도가 낮은 양이온에 비하여 선택적으로 더 많이 주입될 것이다. 다시 말해 EOF가 없는 경우, 전기장에 의해 모세관으로 이동하는 시료 이온에 대하여 이온 i와 j의 농도를 각각 C_i와 C_j라고 하면, 이들 이온이 모세관으로 주입되는 양의 상대적인 비는$(\lambda_i C_i)/(\lambda_j C_j)$가 될 것이다. 여기서 λ_i는 이온 i의 당량 전도도이다. 반대로, 압력식 주입법에서는 어느 정도의 부피까지는 특정 이온에 대한 선택성 없이 시료의 모든 이온이 균일하게 주입될 것이다.

예제 21.4

사람의 혈장에서 단백질을 제거한 후 K^+ 이온과 Na^+ 이온의 농도는 각각 4.2 mM, 140 mM이다. 시료를 물로 50배 희석한 후 길이 50 cm, 구경 75 μm의 모세관에 5초 동안 3 kV의 전압을 가하여 동전기식으로 주입하였다. 주입된 시료에서 $[K^+]$와 $[Na^+]$의 비율은 어떻게 되는가?

풀이

문제에는 풀이에 필요하지 않은 부가적인 정보들이 많이 포함되어 있다. 표 21.2의 당량 전도도 데이터 및 K^+와 Na^+의 시료 중의 농도로부터 주입된 시료에서의 두 이온의 비는 다음과 같이 구할 수 있다.

$$\frac{[K^+]}{[Na^+]} = \frac{73.5 \times 4.2}{50.1 \times 140} = 4.4 \times 10^{-2}$$

이 값은 두 이온의 이동도 차이 때문에 원래 시료에서의 $[K^+]/[Na^+]$ 비 3.0×10^{-2}에 비해 현저히 높아진 것을 확인할 수 있다. 포타슘의 정량이 목적이라면 이 방식의 시료 주입법이 도움이 될 것이다. ■

동전기 주입법은 위에서 언급한 것과 같은 장점이 있다. 동전기 주입법을 응용하여 시료 이온을 원래 농도에 비하여 농축하는 방법도 사용할 수 있으나, 서로 다른 이온이 서로 다른 정도로 주입되므로 농도의 대표성에 문제가 발생할 수 있다. 실제로, 시료의 정확한 주입량은 시료의 전기 전도도에도 영향을 받는다. 시료 저장병에 담긴 전극과 모세관 끝과 전해질 완충 용액으로 차 있는 모세관이 전기적으로 직렬로 연결되어 있다고 가정하자. 시료 용액에서의 위 회로에 따른 전기장의 세기는 전도도가 작을수록 세진다. 단위 시간 동안에 주입되는 특정 이온의 개수는 이 경로를 따라 걸리는 전기장의 세기에 좌우된다. 주입되는 분석물 이온의 정확한 양은 분석물 이온의 이동도 및 농도뿐만 아니라 전체 용액의 전도도에도 비례한다. 이와 같은 모든 요소들 때문에 동전기 주입에서는 정량이 복잡해지게 된다. 같은 종류의 시료(예: 매트릭스가 일정하게 유지될 경우)를 반복해서 분석하고, 다양한 분석물 농도에 대한 검량선을 해당 매트릭스 상에서 얻는다면 동전기 주입으로도 정량이 가능하다. 시료 주입에서 표준물 첨가법을 사용하는 경우에도 역시 마찬가지로 정량이 가능하다. 정해진 작은 부피의 시료를 동전기식으로 주입하는 경우, 시료 이온 전체를 완전히 전기 이동시켜 이동도에 따른 대표성 하락을 줄일 수 있다고 알려져 있지만(P. K. Disgupta and K. Surowiec, *Anal. Chem.* **68**(1996) 4291.) 이 방식은 아직 널리 사용되지는 않고 있다.

IC에서는 상당한 부피의 시료를 전치 컬럼을 통해 분석에 앞서 사전 농축할 수 있다. 압력식 주입법을 이용하여 큰 부피의 시료를 모세관에 직접 주입하는 방식으로는 같은 결과를 달성할 수 없다. 시료의 전도도가 전해질 완충 용액의 전도도보다 현저히 낮지 않는 한 분리된 띠가 더 넓어질 뿐이다. 후자의 조건에서는 **전기적 쌓음/쌓임(electrostacking)** 현상이 일어나게 되는데, 전도도가 낮은 시료를 큰 부피를 주입하여 CE로 분석하는 것을 쉽게 해 준다.

길이 50 cm의 모세관에 매우 낮은 농도(전도도가 전해질 완충 용액보다 훨씬 낮은)의 시료를 1 cm 길이만큼 수력식으로 주입하는 경우를 생각해 보자. 분석 대상은 양이온이고 따라서 +HV(양의 고전압)이 걸린다고 가정한다(그림 21.28 참조). 압력식 또는 전기 이동식으로 시료를 주입한 후, 모세관을 시료 바이알에서 빼내어 다시 전해질 완충 용액 바이알에 넣은 후에 전기장을 걸어 주어 전기 이동을 시작한다. 이제 전기장은 모세관 전체 길이에 대해서 균일하지 않으며, 묽은 시료로 차 있는 구역은 BGE로 차 있는 나머지 구역보다 단위 길이당 저항은 훨씬 크고, 전기장의 세기 또한 그에 비례하여 크다(전체 계에 흐르는 전류가 i일 경우 저항 R에 의한 전압 강하는 iR이 된다). 이 구역의 이온은 BGE의 이온이 흘러들어오는 속도보다 훨씬 빠르게 앞으로 이동하게 된다. 시료 이온은 전해질 경계면에 도달하여 낮은 전기장과 만날 때까지 모세관 완충 용액을 향하여 빠르게 이동한다. 이 현상을 "쌓음"(stack)이라고 한다(정전기적 평형은 BGE의 음이온이 반대 방향으로 이동하여 유지된다). 이 현상은 시료가 "쌓인" 구역의 전도도가 BGE의 전도도와 비슷해질 때까지 계속된다. 이러한 전기적 쌓임 현상은 CE에서 높은 감도와 뾰족한 피크를 얻는 데 극히 중요하다.

전기적 쌓임 현상은 시료의 전도도가 BGE보다 현저히 낮을 때만 일어나므로, BGE는 가급적 높은 농도를 사용하는 것이 이상적이다. 그러나 BGE의 농도가 높아지고, 따라서 전도율이 증가할 경우 더 많은 전류가 흐르게 된다. 전압이 일정할 경우, 소비 전력 (및 온도 상승)은 전도율에 정비례한다. 온도 상승은 단면에 대하여 균일하지 않으며 중심부에서 최대가 된다. 이 때문에 분리 효율이 저하될 수 있다. 따라서 BGE 농도의 상한선은 Joule 열에 의해 좌우된다. 양쪽성 전해질이나 쯔비터 이온 및 이온화가 잘 일어나지 않는 화학종을 제외하면, BGE의 농도는 구경 50~75 μm의 모세관을 기준으로 10~20 mM를 거의 넘지 않는다. 다만, 더 작은 모세관에서는 더 높은 농도의 전해질 완충 용액을 사용하기도 한다. 최대 1.5 M 수준의 NaCl 전해액을 CE에 이용한 사례도 보고되어 있으나(J. S. Fritz, *J. Chromatogr. A* **884**(2000) 261 참조), 기술적으로 달성하기는 매우 어렵다. 보다 작은 모세관을 사용하면 더 높은 농도의 BGE를 사용할 수 있기는 하나, 전기적 쌓임에서 유리한 대신에 검출에서는 어려움이 있다는 일장일단이 있다.

CE의 검출기

간접 광도 검출법은 이온 크로마토그래피에 처음으로 제안되었다. 참고 문헌: H. Small and T. E. Miller, *Jr. Anal. Chem.* **54** (1982) 462.

모세관 크기의 LC와 CE에서 사용하는 검출기는 사실상 동일하며 이미 앞부분에서 다루었다. 역시 가장 흔히 쓰이는 검출기는 UV−Vis 흡광도 검출기이다. 이온 크로마토그래피와 비교하여 CE에서는 간접 광도 검출법을 더 흔하게 사용하는데, 이는 전도도 기반 비억제식 이온 크로마토그래피의 광학 흡광도 판이라고 볼 수 있다. BGE는(흔히 가시광선 영역에서) 흡광도가 높은 이온(분석물 이온과 같은 부호의 전하)을 포함하고 있다. 분석물의 용리에 따라 BGE 이온의 농도가 감소하고, 분석물 이온과 BGE 이온의 흡광도의 차이에 의한 신호를 얻게 된다. 이 신호는 본래 바탕선으로부터 음의 방향으로 나타나게 되나, 일반적으로는 신호를 반전시켜 직접 검출법에서의 **전기 이동 분리 결과**(**electropherogram**)와 같은 모양이 되도록 한다. 그림 21.30은 메틸벤질암모늄 이온을 BGE 양이온으로 사용한 간접 검출법으로 27종의 금속 이온을 약 6분만에 분리한 결과이다. 이 결과는 간접 광도 검출법의 유용성과 CE의 분리 능력을 동시에 보여 준다.

자체 형광이 있거나 형광 유도체를 만들 수 있는 화합물의 경우에는 형광 검출법이 매우 유용하다. 초점 레이저 빛살 광원을 이용한 LIF 검출법은 검출 한계를 젭토몰(10^{-21} mol) 수준까지도 낮출 수 있다. 액체 중심 웨이브가이드(liquid core waveguide) 모세관 또는 마이크로칩을 사용하여 LED 광을 모세관 중심에 조사하는 방식으로 컬럼 끝단에서 검출하는 방식은 매우 간단하고 값싸게 제작할 수 있으며(초점을 맞추기 위한 광학 기구 불필요) 수 펨토몰 혹은 그 이하 농도의 아미노산에 대한 검출도 가능하다[Dasgupta et al. *Anal. Chem.* **71** (1999) 1400; Wang et al., *Anal. Chem.* **73** (2001) 4545].

화학전지식 전도도 검출법(galvanic conductivity detection) 또한 CE에서 사용 가능하다. 억제식 전도도 검출법도 시연된 바 있다. 분리 모세관과 검출 모세관(액체와 접촉하고 있는 전극 포함)은 억제기로 작용하는 이온 교환막 컬럼으로 서로 연결되어 있다. 교환막은 재생 용액 안에 담겨 있고 접지되어 있어 검출기를 고전압원으로부터 분리한다(참고 문헌 24). 비슷한 장치가 모세관 내 전기 화학적 검출법에서 사용된다(아래 내용 참조). 하지만 비접촉식 전도도 검출법이 더 널리 사용되며, 그 검출 한계는 보통 0.3 μM 수준이다. 이는 10 nL의 시

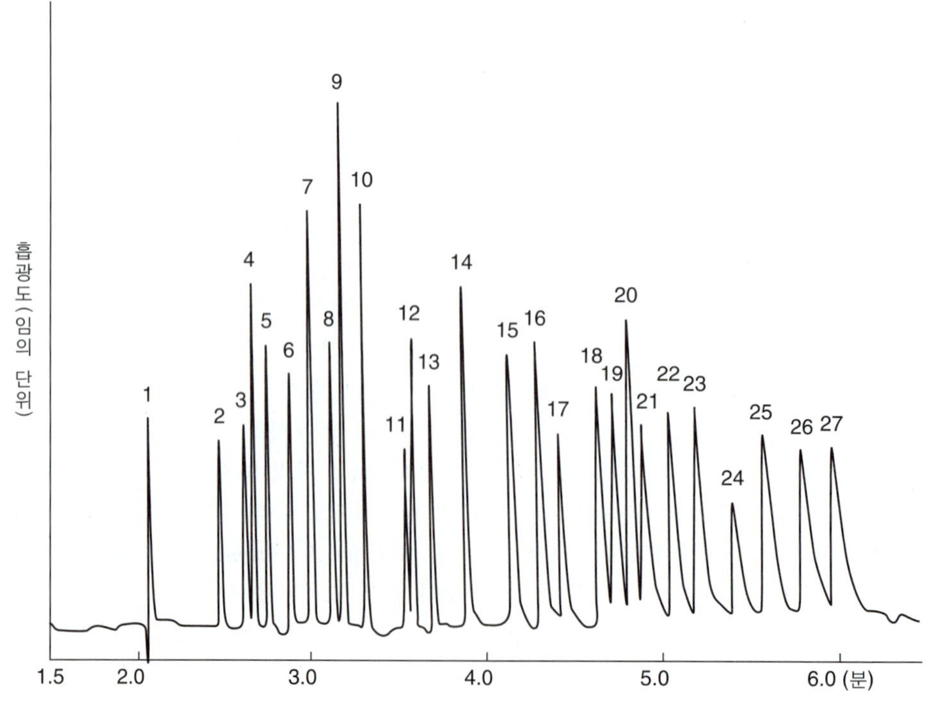

그림 21.30 모세관 전기 이동과 착물 형성 전해질을 이용한 금속 이온의 분리
1: K^+, 2: Ba^{2+}, 3: Sr^{2+}, 4: Na^+, 5: Ca^{2+}, 6: Mg^{2+}, 7: Mn^{2+}, 8: Cd^{2+}, 9: Li^+, 10: Co^{2+}, 11: Pb^{2+}, 12: Ni^{2+}, 13: Zn^{2+}, 14: La^{3+}, 15: Ho^{3+}, 16: Pr^{3+}, 17: Nd^{3+}, 18: Sm^{3+}, 19: Gd^{3+}, 20: Cu^{2+}, 21: Tb^{3+}, 22: Tb^{3+}, 23: Ho^{3+}, 24: Er^{3+}, 25: Tm^{3+}, 26: Yb^{3+}, 27: Lu^{3+}
전해질 완충 용액: 8 mM 4-메틸벤질아민, 15 mM 락트산, 5% 메탄올, pH 4.25. 사용 전압: 30 kV. *J. Chromatogr. A* **60**, Y. Shi and J. S. Fritz, p. 473–479.

료를 주입하는 경우, 수 fmol 수준에 해당한다.

앞서 이야기한 대로 전류법 검출기 또한 CE에서 활용 가능성이 높다. 앞서 초소형 탄소 섬유 작업 전극(working electrode, WE)을 사용한 컬럼 말단에서의 검출을 다루었으며, 광섬유를 모세관 안에 삽입하여 검출하는 것도 가능하다. 하지만 전극에 앞서 전기장을 접지하는 것이 필수적인데, 그렇지 않으면 센 전기장이 있는 가운데에서 매우 낮은 수준의 전류를 검출할 수 없게 될 것이다. 분리 모세관을 작은 검출 모세관의 전극부에 (a) 다공성 유리 접합자 또는 (b) 이온 전도성 이온 교환막 연결관 등으로 연결하고, 고전압원(HV)의 접지를 다공성 유리의 외벽 또는 이온 교환관에 연결한 상태로 액체가 분리 모세관에서 검출 모세관으로 계속해서 흐르도록 하면 접지 문제는 해결된다. 이 외에 다른 접지법도 사용되고 있다.

전기 분무 이온화 질량 분광법(22장 참조)은 CE와 상호 보완성이 매우 좋다. 고전압부는 보통 질량 분석기 입구에 접지된다. 일반적인 전기 분무 이온화 장치에서는 이중 고리식 구조가 주로 사용된다. 이 구조는 관 안에 관이 있고 이 안에 또 다시 관이 있는 구조로서, CE 모세관이 중심에 있고 추가 차폐액이 그 밖에 있으며, 분무 기체가 다시 그 밖에 있는 구조이다. 여기서 전하를 띤 방울을 생성하면 이를 질량 분석기(MS) 입구에서 취하여 분석한다. ICP-MS 및 ICP-OES 등과의 결합 또한 비슷한 배치를 사용한다.

1 μL/분 이하의 액체 흐름을 다룰 수 있는 "나노스프레이" 장치의 도래로, 보조 액체 및 기체의 필요성이 증대되었다. 일반적으로 제2의 전원을 함께 사용하게 되며, 이 전원은 CE HVPS와 동일한 점에 접지되어 있고, 이 접지점은 질량 분석기의 입구에 연결되어 있다. CE 모세관은 나노스프레이 바늘에서 끝나며, 전기 분무 전압을 제공하는 제2전원에 연결되어 있다. 이때 CE의 분리 전압은 CE HVPS와 제2전원의 전압 사이의 차이가 된다.

CE에서의 고효율 분리의 비결

그림 21.30은 CE의 고효율 분리를 보여 주고 있으며, 이 책에 수록된 예보다 훨씬 더 높은 효율의 CE 분리 예가 많이 나와 있다. 크로마토그래피의 경우에는 열린 관형 및 CE 모세관과 동등 수준 또는 그보다 더 작은 수준의 모세관을 사용한다고 해도 CE만큼의 높은 효율을 얻지는 못한다. CE의 분리 효율이 높은 이유는 무엇일까?

크로마토그래피의 효율은 과연 CE를 따라올 수 있을 것인가?

사실은 "왜 크로마토그래피에서는 CE와 같은 고효율을 얻을 수 없는가?"가 보다 적절한 질문이 될 것이다. 그에 대한 답은 압력 추진 흐름의 모양에 있다. 소구경의 열린 모세관에서의 흐름은 보통 층 흐름(laminar flow) 영역에 있게 된다. 층 흐름에서는 유체의 속도는 벽에서는 0이고 중심에서 최대(평균 속도의 2배)이며 흐름의 모양은 포물선이 된다. 결과적으로, 완전한 직사각형의 용질 마개를 관에 주입하여도, 용질의 머무름이 없다고 해도(벽과의 상호 작용이 없음), 이 마개가 관의 반대쪽 끝에 도달할 때까지 중심으로부터의 위치에 따라 서로 다른 이동 속도 때문에 마개의 각 위치별로 각각 다른 시간에 도달하게 된다. 결과적으로 마개의 번짐 및 띠넓어짐이 일어나고 Gaussian 형태의 띠로서 신호의 세기가 약해져서 나오게 된다. 이러한 띠넓어짐에 의한 평평하지 않은 흐름 모양은 모든 압력 추진 흐름에서 공통적으로 나타나는 현상으로, 열린 관 및 충전된 관 양쪽에서 모두 나타나며, 크로마토그래피에서 도달 가능한 궁극 분리 효율을 제한하게 된다.

CE에서는 분석물은 전기 이동 현상을 통해 EOF에 의해 이동하게 된다. 층 흐름에서의 단면 방향 흐름 모양과는 달리, CE의 경우 단면 방향 흐름 모양은 평평하다. 이온이 전기 이동에 의해 이동하게 되면 마치 마개처럼 함께 움직이게 된다.

EOF의 속도 모양을 논의하려면 먼저 그 유래를 이해해야 한다. 1800년대 Helmholtz는 소금물을 채운 유리관을 수평하게 놓고, 여기에 전류를 흘려가면서 유체가 (+)극에서 (−)극으로 이동한다는 사실을 처음으로 관찰하였다. 관찰된 전류 및 Faraday 법칙을 이용하면, 양이온의 이동과 연관된 물의 양은 쉽게 계산할 수 있다(양이온은 음이온보다 수화가 훨씬 많이 된다). 하지만 전체 물의 이동량은 이렇게 계산된 양보다 훨씬 많다. 이 흐름은 어디에서 나오는가? 유리관에서와 마찬가지로, 용융 실리카 모세관에서도 이온화 가능한 $-SiOH$기가 표면에 있다(대부분의 고분자 관에서도 조건은 비슷하여, 대개 표면 산화에 의해 항상 $-OH$ 또는 $-COOH$기가 있게 된다). 매우 센산성 pH 조건을 제외하면 $-SiOH$기는 SiO^-로 이온화된다. 모세관 표면은 음전하를 띠게 되어 **제타 전위(zeta potential)**를 생성한다. 그러면 전해질 완충 용액으로부터 양이온을 끌어당겨 이 음전하를 상쇄하게 된다. 예를 들어 BGE로 붕산 완충 용액(Na^+와 $B(OH)_4^-$로 구성)을 사용하는 경우, Na^+ 이온은 벽면에 붙어 층을 이루어 표면의 음전하를 상쇄하는데, 이를 **전기 이중층(double layer)** 또는 **Stern 층(Stern layer)**이라고 한다. 수화된 이온 중심은 **Helmholtz 외평면(outer Helmholtz plane)**을 이룬다. 나머지 Na^+는 확산층을 이루며, 모세관의 중심으로 갈수록 벌크 용액에서의 농도에 근접한다. 음이온은 확산층과 벌크 용액에 걸쳐 있고 전기적 중성을 유지한다. 이때 Stern 층에 가장 가까이에 있는 양이온은 음이온에 의한 가리움이 가장 약하고, 따라서 전기장을 걸었을 때 가장 큰 알짜 힘을 받게 된다. 따라서 전압을 걸어 주면 단단한 Stern 층에 있는 양이온은 움직이지 않으나, 확산층 및 벌크 용액의 양이온은 자유롭게 움직일 수 있으므로 (−)극 쪽으로 이동한다. 이온은 고도로 수화되어 있고 이온을 용매화하고 있는 물 또한 상호 간에 수소 결합하고 있다. 따라서 작은 모세관에서는 확산층에서 용매의 이동이 시작되면 용매의 선단 전체가 점성에 의하여 함께 움직이게 된다. 물과 양이온이 강하게 결합할수록 어느 정도까지는 EOF도 커지게 된다. EOF는 정량적으로 전기삼투 이동도(electroosmotic mobility) μ_{eo}로 측정하는데, 이는 단위 전기장(V/cm)당 전기삼투 속도(cm/s)이므로 그 단위는 $cm^2\ V^{-1}\ s^{-1}$이 된다. 참조 문헌 24에 따르면 민 실리카 모세관에서 2 mM 테트라붕산 K/Na/Li 전해질 용액의 μ_{eo}는 각각 9.0, 9.1, 9.5 × $(10^{-4})\ cm^2\ V^{-1}\ s^{-1}$로 알려졌다. 전기 삼투 흐름 현상의 모식도를 그림 21.31에 나타내었다. 그림 21.32는 압력 추진에 의한 층 흐름과 EOF에 의한 흐름의 모양을 나타낸 것으로, 왼쪽은 모식도이며 오른쪽은 실험적으로 관찰된 결과이다.

EOF의 방향과 크기는 제타 전위의 부호와 크기에 좌우된다. 실리카 및 고분자 모세관은 중성 및 염기성 pH에서는 표면에 음전하(음의 제타 전위)를 띠고 있고, 따라서 그림 21.31에서와 같이 EOF는 (+)극에서 (−)극으로 흘러가게 된다. 적당한 염기성 조건(pH 9 정도)에서 BGE의 이온 세기가 비교적 낮은 경우, 용융 실리카 모세관은 가장 큰 EOF를 생성한다. 주어진 BGE 및 모세관 표면 조건에서 EOF는 모세관의 내경($d \le 100\ \mu m$)과는 무관하나, BGE의 이온 세기와는 연관성이 있고, 이온 세기가 증가할수록 EOF는 감소한다. 10 mM $Na_2B_2O_7$(pH 9) BGE의 경우 용융 실리카 모세관에서는 μ_{eo}의 값은 보통 $6\sim7 \times 10^{-4}\ cm^2\ V^{-1}\ s^{-1}$이지만, 표면 처리에 따라 이보다 더 올라가는 경우도 많다. 양의 μ_{eo} 값은 (+)극에서 (−)극 방향의 흐름을 나타내며, 음의 μ_{eo} 값은 (−)극에서 (+)극 방향의 흐름을 나타내는 것으로 정한다.

예제 21.5

아세톤은 자외선을 흡수하는 비전해질 용질로 "중성 표지자"로서 EOF를 측정하기 위해 흔히 쓰인다. 75 μm 구경의 실리카 모세관에 10 mM $Na_2B_4O_7$(pH 9) BGE를 사용하여 아세톤의 10% BGE 용액을 수력식으로 주입하고 모세관 끝을 다시 BGE 바이알에 담근 후, +25 kV의 전압을 60 cm 길이의 모세관에 걸어 주었다. 모세관의 유효 길이(주입부에서 검출기까지의 거리)는 50 cm이다. 이동 시간(전압을 걸어 준 시간으로부터 검출기에서 피크가 나올 때까지의 시간)이 181.5초일 때 EOF, 전기 삼투 속도 및 전기 삼투 이동도를 계산하시오.

풀이

전기 삼투 속도는 다음과 같다.

매우 작은 크기의 모세관에서 유체와 내벽 사이에 인력이 전혀 없을 경우, 경계면에서의 유속은 압력 추진 흐름의 경우라고 하더라도 0이 되지 않는다. 최근에 Purdue 대학의 Mary Wirth 교수와 그녀의 학생들은 이와 같은 조건에서 **"미끄럼 흐름"(slip flow)** 이 일어날 수 있다는 것을 보인 바 있다(B. Wei, B. J. Rogers, M. J. Wirth, *J. Am. Chem. Soc.* **134**(2012) 10780; 다음 자료도 참조: http://www.chromatographyonline.com/lcgc/article/articleDetil.jsp?id=790681). 속도의 형상은 더 이상 포물선 모양이 아니다. 이들은 200 nm 미만의 결정성 콜로이드 실리카를 충전한 미세 채널을 분리 매질로 사용하여, 매우 짧은 컬럼에서 단높이를 무려 15 nm(!)까지 낮추며 백만 이상의 단수를 얻는 데 성공하였다. 실제로 단수는 컬럼의 길이와는 무관하다. CE와 비교하여 보라. 효율은 모세관의 길이에는 관계가 없으며 오직 전압에만 좌우된다.

Hremann Ludwig Ferdinand von Helmholtz(1821~1894)는 독일의 의사, 물리학자 및 철학자로 생리학, 심리학, 색깔의 3차원적 시각적 인식, 색의 인식, 화학적/기계적 열역학, 전기동력학 등 다채로운 분야에 기여한 권위자이다. 독일 최대의 연구소 연합체인 *Helmholtz-Gemeinschaft Deutscher Forschungszentren*은 그의 이름을 기리어 명명되었다.

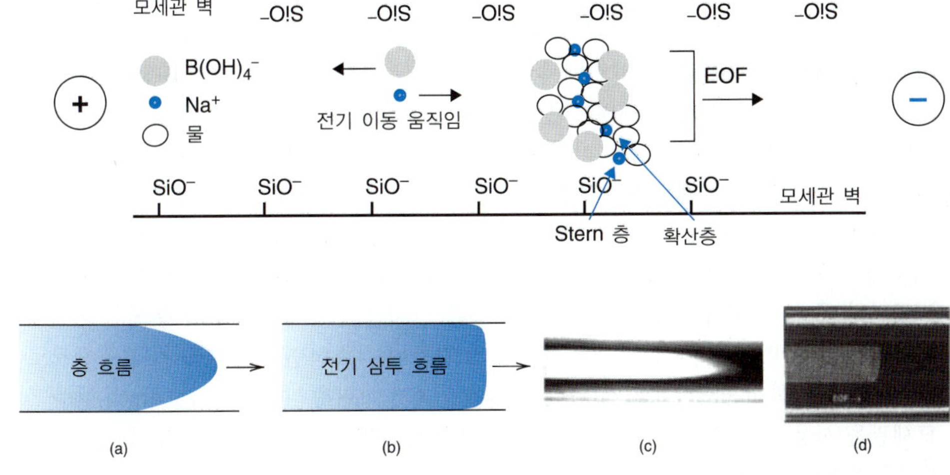

그림 21.31 전기 삼투 흐름의 발생 원인에 대한 모식도

층 흐름 → 전기 삼투 흐름 →

(a) (b) (c) (d)

그림 21.32 층 흐름(a, c) 대 전기 삼투 흐름(b,d). (a, b): 개념도, (c, d): 실험적 관찰, (c) 폭 500 μm, 높이 100 μm의 유리 마이크로채널에서의 압력 추진 흐름의 모양(P. K. Dasgupta 및 K. Surowiec, Texas 대학교 Arlington 캠퍼스 및 Texas Tech 대학교), (d) 지름 75 μm의 용융 실리카 모세관에서의 EOF 모양(Fujimoto et al., *Anal. Chem.* **68** (1996) 2753).

$$\frac{50 \text{ cm}}{181.5 \text{ s}} = 0.275 \text{ cm/s}$$

EOF는 부피 흐름 속도이므로, EO 속도와 모세관의 단면적을 곱하여 구하면 된다.

모세관의 단면적 $= \pi d^2/4 = 3.14 \times (7.5 \times 10^{-3})^2/4 \text{ cm}^2 = 4.42 \times 10^{-5} \text{ cm}^2$

$$\text{EOF} = 0.275 \text{ cm/s} * 4.42 \times 10^{-5} \text{ cm}^2 = 1.22 \times 10^{-5} \text{ cm}^3/\text{s} = 12.2 \text{ nL/s}$$

전기 삼투 이동도는 단위 전기장의 세기당의 EO 속도이다. 전기장의 세기는

$$\frac{25000 \text{ V}}{60 \text{ cm}} = 416.7 \text{ V/cm}$$

이고, 이때 EO 속도 μ_{eo}는 다음과 같다.

$$\mu_{eo} = 0.275 \tfrac{\text{cm}}{\text{s}}/416.7 \tfrac{\text{V}}{\text{cm}} = 6.6 \times 10^{-4} \text{ cm}^2 \text{ V}^{-1} \text{ s}^{-1}$$ ■

EOF가 매우 작거나 0에 가까운 경우에는 예제 21.5에서와 같은 접근법은 정확한 EOF의 값을 구하는 데 실용적이지 않다. CE 모세관에 사용되는 고분자 코팅의 종류 및 EOF를 결정하는 방법에 대한 다음 리뷰를 참고할 수 있다. [J. Horvath and V. Dolnik, *Electrophoresis* **22** (2001) 644] 또 다른 리뷰에서도 CE 코팅을 다루고 있으며 특히 CE-MS에 초점을 맞추고 있다. [Huhn et al., *Anal. Bioanal. Chem.* **396** (2010) 297]

EOF는 최적 분리 조건에 비해 너무 빠르거나, 너무 느리거나, 또는 pH에 너무 민감할 수 있다. 많은 경우 EOF가 전혀 없는 것이 차라리 낫다. 모세관을 설폰화된 고분자로 코팅하면 pH에 무관한 EOF(+극에서 −극으로)를 얻을 수 있으며, 이때 EOF의 크기는 고분자의 설폰화도로 조절할 수 있다. 모세관에 폴리바이닐 알코올이나 폴리아크릴아마이드 등의 중성 물질을 표면에 고정시키게 되면 제타 전위 및 EOF는 모두 거의 0이 된다. 모세관을 폴리에틸렌이민 또는 폴리브렌 등의 양이온성 고분자로 코팅하여 양의 제타 전위를 만들고 이로써 EOF의 방향을 바꿀 수도 있다(−극에서 +극으로). 모세관 벽면의 동적 코팅도 가능한데, 예를 들면 양이온성 계면 활성제를 BGE에 첨가하면 계면 활성제의 농도에 따라 EOF를 낮추거나 반전시키는 것도 가능하다.

CE의 높은 분리 효율은 마개 모양의 EOF 모양 때문이라고 잘못 기술되는 경우가 흔하다. 실제로는 최고 효율의 CE 분리는 EOF가 없도록 코팅된 모세관에서 수행되었다. CE의 분리 효율이 높은 진짜 이유는, 전기장이 단면 전체에 걸쳐 균일하기 때문이며, 이 때문에 전기 이동에 의한 이동도 마개 모양으로 되는 것이다. EOF 자체도 마개 모양이므로 분리에 악영향을 주지 않는 것이다.

외부에서 모세관 벽에 독립적인 전위를 걸어 주는 식으로 제타 전위를 동적으로 조절하는 방식도 있으나[K. Ghowsi and R. J. Gale, *J. Chromatogr.* **559** (1991) 95; Wu et al., *Anal. Chem.* **64** (1992) 2310], 널리 사용되지는 않고 있다.

EOF의 마개 모양의 형상은 지름 100 μm 이하의 모세관에만 해당된다. 모세관의 지름이 200 μm에 이르게 되면 평평한 모양이 더 이상 유지되지 않으며, 점성에 의한 결합만으로는 중심과 벽면에서의 흐름 속도를 같게 유지할 수 없게 된다. 압력 추진에 의한 층 흐름에서와

는 반대로, 중심에서의 속도는 벽면에서의 속도보다 느리다. 지름이 훨씬 더 커지면 벽면에서 생성된 흐름은 중심 쪽으로 재순환되고 결과적으로 전체적인 흐름은 거의 일어나지 않는다.

Joule 발열(Joule heating) 모세관에서 소모된 전력은 열을 발생시킨다. BGE의 농도가 높을수록 전기적 쌓음 현상에는 유리하지만, 발열의 증가 때문에 실제 사용 가능한 BGE의 농도에는 어느 정도의 상한선이 있다는 사실은 이미 앞서 설명한 바 있다. 같은 BGE에서 모세관의 지름이 증가하면 전기 전도율은 지름의 제곱에 비례하여 증가하고, 따라서 전기장이 같은 경우 소비 전력 및 그에 따른 발열량은 지름의 제곱에 비례하여 증가한다. 또한 모세관을 공기(외부 공기 또는 상온의 대기) 또는 냉각액으로 냉각시킬 경우, 바깥쪽 표면을 통한 열의 발산은 표면적 대 부피 비가 클수록 유리하므로 작은 안지름의 모세관은 발열 문제의 해결에 더욱 효율적이다. 반면에, 대부분의 경우 모세관의 지름이 감소하면 검출 한도가 감소하므로 모세관의 크기를 무한히 줄일 수 없게 된다. 대부분의 CE 실험은 내경 25~75 μm의 용융 실리카 모세관을 사용한다. 용융 실리카는 190 nm에 이르기까지 광학적으로 투명하며, 열전도성이 우수하여 열의 발산에도 유리하다.

Joule 발열의 진정한 문제는 온도 상승 그 자체가 아니라 온도 상승이 단면 방향(및 연직 방향)에서 불균일하게 일어난다는 점이다. 모세관은 바깥쪽 표면을 통해 열을 발산하므로 중심부의 액체가 가장 뜨겁고 전력 소비량에 비례하여 동심원상으로 온도 기울기가 발생하게 된다. 온도 기울기는 모세관의 내경의 제곱에 비례하며 유체의 열전도율에 반비례한다. 온도는 점도에도 영향을 미치며 전기 이동 이동도와 EOF를 모두 변화시키게 된다. 일반적인 이온의 전기 이동 이동도는 보통 1.7%/°C 수준으로 변한다. 이온이나 벌크 용액이 벽면보다 중심에서 더 빠르게 이동하는 경우 층 흐름에서와 같은 현상이 나타나게 된다. 또한 나가는 액체의 온도가 들어오는 액체의 온도보다 더 높게 되므로 축 방향의 온도 기울기가 발생한다. 전체 모세관에서 하나의 벌크 흐름만 있더라도, 모세관 입구의 저온부에서는 EOF가 상대적으로 낮고, 모세관 출구의 고온부에서는 EOF가 더 높게 되므로 모세관 전체에서의 EOF 모양은 균일하지 않게 된다.

전기 이동 이동도 및 분리

전하를 띠지 않은 분석물에서와는 달리, 전하를 띤 화학종은 벌크 EOF뿐만 아니라 자체의 전기 이동 현상에 의해서도 이동할 수 있다. 전기 이동 이동도 μ_{ep}는 식 21.13에서 당량 전도율 λ로부터 계산할 수 있다. 흔히 볼 수 있는 이온에 대한 λ의 값을 표 21.2에 나열하였다(실제로는 한계 당량 전도율 λ^0을 표시하였으나, 대부분의 CE 실험은 BGE 농도가 충분히 낮은 조건에서 수행하므로 $\lambda \simeq \lambda^0$으로 간주하여도 무방하다). 두 화학종의 분리 가능 여부는 오직 둘의 전기 이동 이동도에 달려 있으며, 전압 및 주입구부터 검출기까지의 이동 거리 등은 분리 시간과 분리 효율에만 관계될 뿐이다. EOF는 양방향성의 벡터량이며, 전하를 띤 화학종의 알짜 이동도 μ_{net}은 전기 삼투 이동도와 전기 이동 이동도의 벡터합이 된다.

$$\mu_{net} = \mu_{ep} + \mu_{eo} \tag{21.24}$$

이동 시간 t_m은 이동 거리를 유속으로 나누면 얻어진다.

$$t_m = L/(\mu_{net} \times E) = L^2/(\mu_{net} \times V) \tag{21.25}$$

식 21.25는 전압의 기준 위치와 이동 거리의 기준 위치가 같다고 가정하고 전개한 것이다. 만일, 둘의 기준 위치가 다른 경우, 우변에서 첫 번째 L은 이동 거리 L_m을 의미하며, 한편 두 전극 사이의 모세관의 길이가 L_E일 때 전기장 $E = V/L_E$가 되므로, $L_m \neq L_E$라면 식 21.25의 L^2 대신 L_mL_E를 사용해야 한다.

예제 21.6

pH 9의 2 mM $Na_2B_4O_7$ 전해질 용액을 이용한 억제식 전기 전도도식 CE 장치에서 평균 μ_{eo} 값은 9.1 $cm^2\ V^{-1}\ s^{-1}$로 보고되었다(참고 문헌 24). 60 cm 길이에 +20 kV의 전압을 걸어 줄 경우(이 장치에서는 또한 $L_m \simeq L_E$가 됨), 다음 음이온의 이동 시간을 예측하시오. (a) 벤조산 이온, (b) 아이오딘산 이온, (c) 설팜산 이온, (d) 플루오린화 이온, (e) 황산 이온, (f) 브로민화 이온. 이들 6개 이온은 위 순서대로 용리되어 나오는 것으로 관찰되었다. 또한 인산 이온의 이동 시간을 예측하여 보시오.

풀이

문제의 6종류의 음이온 및 HPO_4^{2-}, PO_4^{3-} 두 화학종에 대하여 표 21.2에 나열된 λ^0의 값은 각각 다음과 같다(단위: S cm^2 $equiv^{-1}$). 32.4, 40.5, 48.6, 54.4, 80, 78.1, 57, 69. 식 21.13을 이용하면 각 이온의 전기 이동 이동도를 계산할 수 있다(음이온의 경우 μ_{ep}의 부호는 음이 된다). 예를 들면 벤조산 이온의 경우,

$$\mu_{ep,\,Bz-} = \lambda_{Bz-}/(zF) = \frac{32.4\ \text{S cm}^2\text{equiv}^{-1}}{96485\ \text{쿨롱 equiv}^{-1}}$$

S/쿨롱 = (암페어/볼트)/(암페어*s)의 관계식을 이용하면

$$\mu_{ep,Bz-} = -3.36 \times 10^{-4}\ \text{cm}^2\ \text{V}^{-1}\ \text{s}^{-1}$$

이 된다. 아이오딘산, 설팜산, 플루오린화, 황산, 브로민화 이온에 대해서도 마찬가지 방법으로 계산하면 μ_{ep}은 다음과 같다.

$$-(4.20,\ 5.04,\ 5.64,\ 8.29,\ 8.9) \times 10^{-4}\ \text{cm}^2\ \text{V}^{-1}\ \text{s}^{-1}$$

pH 9에서 인산 이온은 주로 HPO_4^{2-}의 형태로 존재하며 약간의 PO_4^{3-}를 포함하고 있다. $K_3 = 4.8 \times 10^{-13}$이므로 $\alpha_{HPO_4^{2-}} = [H^+]/(K_3 + [H^+]) = 0.9995$가 된다. 따라서 pH 9에서 인산 음이온에 대한 λ의 누적 평균은 57∗0.9995 + 69∗0.0005 = 57.01이 되고, 이때 $\mu_{ep} = 5.91 \times 10^{-4}\ cm^2\ V^{-1}\ s^{-1}$이 된다.

식 21.24를 이용하면 벤조산 이온에 대하여 다음과 같이 계산할 수 있다.

$$\mu_{net,Bz-} = (9.1 - 3.4) \times 10^{-4}\ \text{cm}^2\ \text{V}^{-1}\ \text{s}^{-1} = 5.7 \times 10^{-4}\ \text{cm}^2\ \text{V}^{-1}\ \text{s}^{-1}$$

이동 시간은 식 21.25로부터 다음과 같이 계산된다.

$$t_{m,\text{Bz}-} = (60)^2/(5.7 \times 10^{-4} \times 2 \times 10^4)\,\text{s} = 316\ \text{s}$$

다른 음이온에 대한 이동 시간도 마찬가지 방법으로 계산할 수 있으며, 실제로(참고 문헌 24에서 보고된 대로) 예상한 순서에 따라 용리된다. 다만, 브로민화 이온과 황산 이온의 경우, 브로민화 이온이 먼저 용리되는 것으로 예측되었으나, 실제로는 황산 이온이 먼저 용리된다. 또한 처음에 용리되는 이온들에 대해서는 이동 시간의 예측값이 실험값에 가깝지만 나중에 용리되는 이온으로 갈수록 예측값보다 훨씬 빠르게 용리된다. μ_{net}의 불확실성이 μ_{ep}의 크기가 커질수록 증가한다는 사실을 고려하면, μ_{ep} 값이 한계 당량 전도도 값으로부터 계산한 값보다 작은 경우에는 관찰된 t_m은 계산값보다 작아질 것이다. 또한 SO_4^{2-}나 HPO_4^{2-}와 같이 전하량이 2배가 되는 경우 이와 같은 불확실성은 더욱 커질 것이다. ■

예제 21.7

참고 문헌 24에서는 모세관의 안쪽을 폴리바이닐 알코올, 인산 및 염화 폴리(다이알릴다이메

틸암모늄)의 복합 고분자 소재로 코팅하여 내벽이 양전하로 하전된 모세관을 제작하였다. 60 cm 길이에 −20 kV의 전기장을 걸어 줄 경우 NO_3^-의 이동 시간은 150초로 관찰되었다(표에서 λ^0의 값은 71.4 S cm^2 equiv^{-1}이다). μ_{ep}의 값을 계산하시오.

풀이

식 21.13으로부터 $\mu_{ep,\,NO_3^-} = -7.40 \times 10^{-4}\ \mathrm{cm^2\,V^{-1}\,s^{-1}}$이 된다.
식 21.25로부터,

$$\mu_{net,\,NO_3^-} = (60\ \mathrm{cm})^2/[150\ \mathrm{s} \times (-2 \times 10^4\ \mathrm{V})] = -1.2 \times 10^{-3}\ \mathrm{cm^2\ V^{-1}\ s^{-1}}$$

이 된다. 여기서 알짜 이동도 앞의 음의 부호는 전체 흐름이 (+)극 쪽으로 일어남을 의미한다.

$$\mu_{eo} = \mu_{net,\,NO_3^-} - \mu_{ep,\,NO_3^-} = (-1.2 \times 10^{-3} + 7.4 \times 10^{-4})\ \mathrm{cm^2\ V^{-1}\ s^{-1}}$$
$$= -4.6 \times 10^{-4}\ \mathrm{cm^2\ V^{-1}\ s^{-1}}$$

여기서 음의 부호는 흐름이 (+)극 쪽으로 일어남을 의미한다. 벽면이 양전하로 대전되어 있으므로 흐름은 애노드 쪽으로 일어나게 되는 것이다. ■

CE에서의 단수 및 분리능

식 19.6에서 보인 바와 같이 띠의 퍼짐 현상은 띠의 분산 σ로 표시할 수 있다. CE에서 크로마토그래피에서와 같은 원리로 일어나는 띠의 퍼짐 현상은 오직 확산 현상뿐이다. 식 19.6은 시간에 대한 띠의 분산을 나타내고 있지만, 분석물의 이동 거리에 대한 띠의 분산으로 쓸 수도 있다. 이 경우 식 19.6은 각 길이 항에 대하여 다음과 같이 정리된다.

$$N = \left(\frac{L}{\sigma_{\mathrm{length}}}\right)^2$$

분산 σ_{length}는 확산 계수 D의 화학종이 이동 시간 t_m 동안 이동한 거리로 생각할 수 있다.

$$\sigma_{\mathrm{length}} = \sqrt{(2Dt_m)} \tag{21.26}$$

또는 식 21.25의 tm에 대한 관계식을 대입하여 다음과 같이 쓸 수도 있다.

$$\sigma_{\mathrm{length}}{}^2 = 2Dt_m = 2DL^2/(\mu_{net} \times V) \tag{21.27}$$

식 21.26의 σ_{length}의 관계식을 대입하면 N에 대한 관계식을 얻는다.

$$N = (\mu_{net} \times V)/2D \tag{21.28}$$

CE의 분리 효율은 오직 전압과 분석물의 알짜 이동도에만 좌우된다는 점에 주목하자. 분석물의 알짜 이동도는 분석물의 이동 시간과 반비례 관계에 있고, 따라서 시간이 길어질수록 띠의 번짐이 심해지며 분리 효율이 떨어지게 된다. μ_{net}과 D는 모두 분석물에 의해 좌우되며, 따라서 CE에서 분리 효율 역시 분석물에 의해 좌우되게 된다.

예제 21.8

예제 21.6의 모세관에서 2 mM $Na_2B_4O_7$ BGE 용액에 대해 60 cm 길이에 +20 kV의 전압을 걸어 줄 경우 μ_{eo} 값은 9.1 cm^2 V^{-1} s^{-1}였다. 작은 이온인 Ag^+와 확산 계수 $D = 3 \times 10^{-7}$ cm^2 s^{-1}인 100 kD 단백질에 대하여 각각의 단수를 계산하시오. 단, BGE의 pH는 단백질의 등전점과 매우 가깝고, 따라서 단백질의 μ_{eo}는 거의 0이라고 가정한다.

풀이

예제 21.2에서 Ag^+에 대한 μ_{ep}는 6.4×10^{-4} cm^2 V^{-1} s^{-1}이다(표 21.2의 데이터를 이용하여

계산할 수도 있다). D를 계산하면 1.64×10^{-5} cm^2 s^{-1}이 된다.
따라서 $\mu_{net} = \mu_{eo} + \mu_{ep} = (9.1 + 6.4) \times 10^{-4}$ cm^2 V^{-1} s^{-1} $= 1.55 \times 10^{-3}$ cm^2 V^{-1} s^{-1}이 되고, Ag^+에 대해서

$$N = \frac{(1.55 \times 10^{-3}\ \mathrm{cm^2\,V^{-1}s^{-1}}) * 20000\ V}{2(1.64 \times 10^{-5}\ \mathrm{cm^2\,s^{-1}})} = 945,000\text{단}$$

가 된다.
단백질에 대해서는

$$N = \frac{(9.1 \times 10^{-4}\ \mathrm{cm^2\,V^{-1}\,s^{-1}}) * 20000\ \ V}{2(3.0 \times 10^{-7}\ \mathrm{cm^2\,s^{-1}})} = 30,000,000\text{단}$$

이 된다. ■

두 분석물 모두 단수가 매우 높으며, 특히 단백질의 단수가 30배 이상 더 크다. 다른 띠-넓어짐 원인 때문에 실제로 이와 같이 큰 단수를 얻기는 어렵다. μ_{net} 값이 매우 높으면 해당 피크에 대해서는 효율이 매우 높아지지만, 곧 보게 되는 것처럼 이것이 높은 분리 능력을 의미하는 것은 아니다. 또한 주입되는 시료는 유한한 띠폭을 가지고, 모세관 내에는 약간의 가열이 있으며, 검출기에 불감부피가 존재하는 것 등이다. 작은 이온에 대해서는 단수 100,000 정도면 매우 좋은 결과로 보며, 단백질의 경우 백만 단위의 단수도 종종 얻을 수 있다.

식 19.31 및 19.33에서의 크로마토그래피의 분리능과 마찬가지로, 두 분석물 1, 2 사이의 분리능 R_s는 다음과 같이 주어진다.

$$R_s = \tfrac{1}{4}(\Delta\mu_{net}/\mu_{net,Av})\sqrt{N} \tag{21.29}$$

$\Delta\mu_{net} = \Delta\mu_{ep}$를 이용하고 식 21.28의 N에 대한 식을 대입하면

$$R_s = 0.177\ \Delta\mu_{ep}\sqrt{\frac{V}{\mu_{net,Av}D_{Av}}} \tag{21.30}$$

가 된다.

식 21.30에서 볼 수 있듯이(pH, BGE 조성, 화학적 유도체화 등에 의해) 두 분석물의 전기 이동도 차이를 크게 하는 것이 전압을 올리는 것보다 분해능 향상에 훨씬 효율적이다. 분해능을 2배로 올리기 위해서는 4배의 전압을 가해 주어야 한다. μ_{net}을 증가시키면 분해능은 오히려 감소하게 된다. 또한 식 21.30으로부터 EOF를 정확하고 정밀하게 조절할 수 있다면, 매우 근접한 μ_{ep} 값을 갖는 두 분석물도 분리해 낼 수 있다는 것을 알 수 있다. 매우 근접한 μ_{ep} 값을 갖는 두 분석물이 전기 이동에 의하여 검출기 쪽으로 이동하고 있다고 하자. 반대 방향의 EOF로 보다 천천히 움직이는 분석물의 전기 이동에 의한 이동을 상쇄시킬 수 있다면, 이 분석물에 대한 μ_{net}은 0이 되어 전혀 움직이지 않을 것이다. 다른 분석물은 느리지만 천천히 이동하여 마침내 검출기에 도달하게 될 것이다.

식 21.28~21.30에서는 모세관의 길이 및 지름에 대한 의존성은 포함되어 있지 않다. 하지만 실제로는 Joule 발열 때문에 길이의 하한값 및 지름의 상한값이 생기게 된다. 모세관의 길이가 짧은 경우, 분석 시간이 단축되고 지름이 큰 모세관을 사용하면 검출 한계를 낮출 수 있다. 따라서 실제의 분석에서는 적절한 타협이 필요하다. 마이크로칩에서의 전기 이동 분석 또한 가능하며 시료 주입에 관한 다양한 기술이 개발되어 있다. 그림 21.33은 이러한 칩을 이용한 전기 이동 분석 결과를 도시한 것이다.

마이크로칩에서 전압을 조작하여 게이트식으로 시료를 주입하는 방법에 대해서는 다음 자료를 참고하시오. http://www.youtube.com/watch?v=PYbX-EoxKkV4

1980년대 후반부터 1990년대 초반까지는 CE는 작은 이온의 분석에 엄청난 잠재력을 가진 분석 기술로 인식되었으며, 곧 이온 크로마토그래피를 대체할 것으로 예상되었다. 실제로 주요 IC 업체를 비롯한 많은 기기 업체들이 이와 같은 목적으로 CE 기기를 출시하였으나, 현재까지 시장에 남아 있는 것은 없다. CE는 안정성, 재현성 및 실제 시료에서의 미량 분석 능력

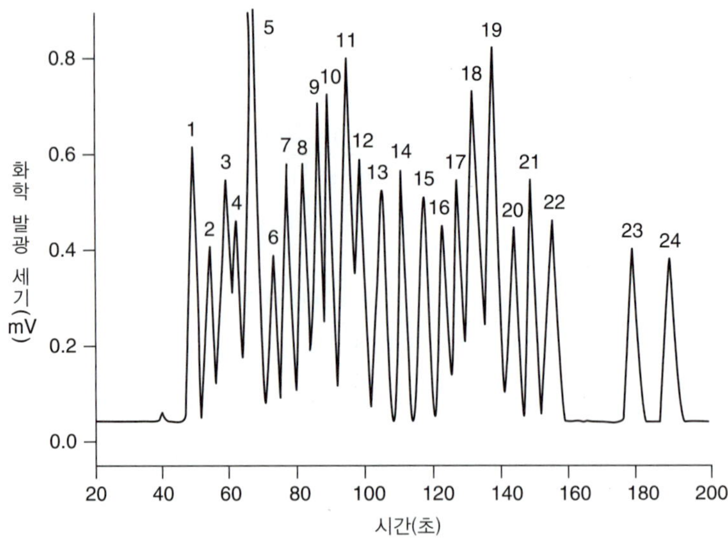

그림 21.33 N-(4-아미노뷰틸)-N-에틸아이소루미놀(ABEI) 표지 후 마이크로칩 분리 및 화학발광 검출을 수행하여 얻은 결과. BGE는 15 mM pH 9.8 붕산 완충 용액으로 1.0 mM Co^{2+}(촉매), 1.0 mM 아데닌(촉진제(enhancer)) 및 35 mM SDS로 함유하고 있다. 폭 65 μM, 깊이 25 μM, 길이 약 6 cm의 채널과 약 350 V/cm의 전기장 기울기를 사용하여 도파민(DA), 노르아드레날린(NE), γ-아미노-*n*-뷰티르산(GABA), 아그마틴(Agm), 옥토파민(Oct), 카노신(Car), 호모카노신(Hcar), 안세린(Ans) 및 20종의 흔한 아미노산으로 이루어진 혼합물을 분리한 결과이다. 각 분석물의 농도는 1 μM이다. 각각의 피크는 다음과 같다.
1: ABEI, 2: 아그마틴 + 옥토파민, 3: 아르지닌, 4: 라이신, 5: 과량의 ABEI, 6: 노르아드레날린, 7: 도파민 + 발린, 8: 프롤린, 9: 아스파라진, 10: 글루타민 + 메티오닌, 11: 루신 + 아이소루신, 12: 히스티딘, 13: 카노신, 14: 호모카노신, 15: 안세린, 16: 페닐알라닌, 17: γ-아미노-*n*-뷰티르산, 18: 알라닌 + 트립토판, 19: 트레오닌 + 타이로신, 20: 세린, 21: 시스틴, 22: 글라이신, 23: 글루탐산, 24: 아스파트산. *Journal of Chromatography A*, **1216**, 5155-5159, S. Zhao, Y. Huang, M. Shi, and Y.-M. Liu.

단면적이 작고 길이가 짧은 채널을 사용한 칩에서는 매우 빠른 분리가 가능하다. 다음의 비디오 시연에서는 이 문장을 읽는 시간보다 더 짧은 시간 동안에 두 화합물을 분리하는 장면을 시연하고 있다. http://www.youtube.com/watch?v=famss-0gHwM0

(특히 과량의 다른 성분 속에서 분석물을 분석할 수 있는 능력)에서 기대에 미치지 못하였다. CE의 분리에 큰 영향을 미치는 EOF는 모세관의 표면에서 생성되는데, 어떤 물질이든지 모세관 표면에 흡착되면 결국 EOF를 변화시키게 되며, 이는 대부분의 실제 시료에서 주요한 문제가 된다. 하지만 특히 마이크로칩 형태의 응용을 비롯한 틈새 영역에서 CE는 다양한 방법으로 성공적으로 활용될 수 있다. 특히 시료가 매우 묽은 경우(따라서 이온종이 쉽게 쌓일 수 있을 경우), BGE에 계면 활성제를 첨가하여 이 계면 활성제로 벽면을 사실상 코팅하다시피 하여 일정한 EOF를 유지하는 방법이 응용될 수 있다. 그림 21.34는 발전소의 수증기 응축물의 마이크로칩 기반 전기 이동 분석 결과이다.(발전소의 냉각수는 부식을 방지하기 위하여 고순도로 유지되어야 한다.)

MEKC의 고전적인 다음 논문도 참고할 것.
S. Terabe, K. Otsuka, K. Icikawa, A. Tsuchiya, and T. Ando, *Anal. Chem.* **56** (1984) 111.

21.11 전기 이동 관련 기술

중성 분자의 분리: MEKC

CE에서 분리는 오직 μ_{ep}의 차이에 의해서만 일어난다. 중성 분자의 경우 $\mu_{ep}=0$이다. 따라서 전하를 띤 물질은 중성 분자로부터 분리될 수 있지만 중성 분자들 사이의 분리는 불가능하다. 일본의 Himeji 공과대학의 Shigeu Terabe와 그의 학생들은 도데실황산 소듐과 같은 전하를 띤 계면 활성제를 임계 마이셀 농도(critical micelle concentration, CMC)보다 높은 농도로 BGE로 사용하는 것으로 문제를 해결하였다. 이때 계면 활성제 분자들은 스스로 모여 소수

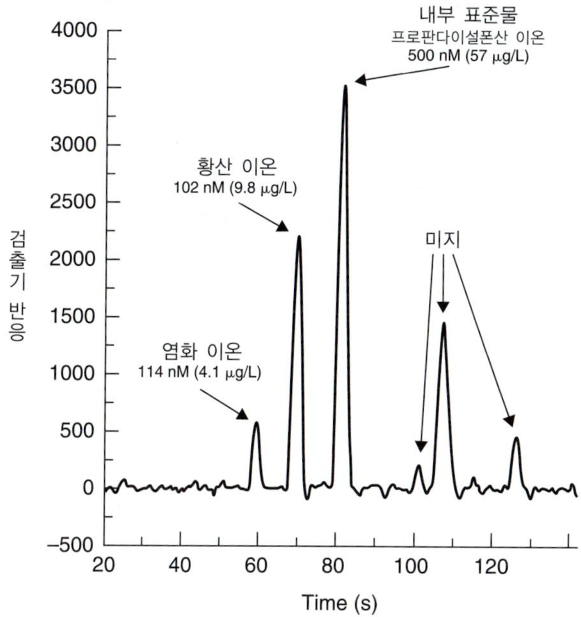

그림 21.34 발전소의 수증기 응축물의 마이크로칩 기반 전기 이동 분석 결과. 시료는 1.5초 동안 전기 이동식으로 주입하였다(− 125 V/cm). 분리 채널은 50 μm×50 μm로, 길이 7 cm이며 분리 전기장은 역시 − 125 V/cm이다(음의 고전압을 걸어 줌). 검출부(+)는 접지되어 있다. 모든 이온에 대해서 $\mu eo < \mu ep$로, 전체 용액의 이동은 EOF와 반대 방향이다. 화학 전지식 전도도법으로 검출하였다. www.advancedmicrolabs.com 제공

성 꼬리가 안쪽으로 향하여 중성 분자들이 분배할 수 있는 소수성 중심을 가지는 마이셀을 형성한다. 용질의 소수성이 높을수록 벌크 BGE에 비하여 마이셀의 내부에 더 많이 분배될 것이다. 예를 들어 미량의 아세톤과 톨루엔을 시료에 넣게 되면, 보다 소수성이 높은 톨루엔은 아세톤에 비하여 SDS 마이셀의 내부로 더욱 효과적으로 분배될 것이다. 이 마이셀은 여백 그림에 나타낸 것과 같이 전하를 띠고 있는 이온성 마이셀로서 벌크 EOF뿐만 아니라 전기 이동에 의해서도 움직이게 된다. 반면에 마이셀 중심에서 밖으로 벌크 BGE에 녹아 있는 중성 분자들은 벌크 전기삼투 흐름에 의해서만 이동한다. 앞서 예로 든 붕산 완충 용액에 SDS를 첨가하고 양의 고전압을 걸어 주게 되면 μeo는 양이 되고 음으로 하전된 마이셀의 μep보다 절댓값이 크게 되므로 BGE는 마이셀보다 빠른 속도로 검출기 쪽으로 이동하게 된다. 마이셀과 평형을 이루면 중성 분자의 이동은 느려진다. 마이셀에 머무르는 시간이 길면 길수록 검출기 도달 시간은 더 길어진다.

마이셀

분석물의 마이셀 상에 대한 분배 특성의 차이 때문에 분리가 일어나므로, 비록 분석물의 이동 자체는 전기적으로 일어나지만 분리 메커니즘 기준으로는 본질적으로 크로마토그래피라고 볼 수 있다. 이 방법을 **마이셀 동전기 크로마토그래피**(**micellar electrokinetic chromatography**, MEKC)라고 하며, 마이셀이 유사 정지상으로 작용하는 크로마토그래피의 한 형태이다. 양이온도 전하를 띤 마이셀과 상호 작용하므로 그 이동이 영향을 받는다. MEKC는 작은 분자뿐만 아니라 스테로이드 같은 물에 녹지 않는 중성 화합물의 분리에 유용하다. CE와 MEKC 사이에는 일반형이든 마이크로칩형이든 하드웨어적인 차이는 없다. 실제로 그림 21.33의 분리 결과는 MEKC로 얻은 것이다.

분석물의 머무름 시간은 머무름 인자 k의 함수이다. 머무름 인자는 마이셀 내의 용질의 총 몰수(n_{MC})와 벌크 BGE 내의 용질의 총 몰수(n_{BGE})에 대해 다음과 같이 주어진다.

$$k = \frac{n_{MC}}{n_{BGE}} \qquad (21.31)$$

계면 활성제(**surfactant**, surface active agent의 준말)는 표면 장력을 낮추는 물질로, 보통 탄소 수 12개 이상의 탄화수소 꼬리와 극성 작용기(이온성일 수도 있음)로 된 머리 부분으로 이루어져 있다. 세제는 전형적인 음이온 계면 활성제로, 도데실설폰산 소듐과 같이 설폰산 또는 황산 등의 작용기가 머리 부분에 위치한다. 모발용 린스(conditioner)는 보통 양이온 계면 활성제로서, 가장 널리 사용되는 것은 4차 암모늄 작용기이다. **임계 마이셀 농도**(**critical micelle concentration**, CMC) 이상의 농도에서 계면 활성제 분자들은 자체 응집되어 소수성 꼬리가 안쪽으로 들어가서 모인 마이셀 구조를 형성한다. 이 무극성 중심부에 중성 용질 분자들이 분배될 수 있다. 극성을 띤 머리부는 바깥쪽 외피를 형성한다. 위의 그림은 음이온 계면 활성제를 나타낸 것이다.

탄소 사슬의 길이가 길어질수록 CMC는 낮아진다. SDS의 경우 CMC는 8.2 mM이다. CMC 값을 수록한 표는 다음 자료를 참조하라. www.nist.gov/data/nsrds/NSRDS-NBS361.pdf

Unimicro Technologies(www.unimicrotech.com)는 CEC에 특화된 업체 중 하나이다. 위 웹사이트를 방문하면 CEC 관련 참고 문헌의 목록을 볼 수 있다.

그리스어 "**Tachos**"는 빠르기를 뜻한다. 따라서 Isotachophoresis(등속전기 이동)는 서로 다른 화학종이 모두 함께 동일한 속력으로 이동하는 상황을 말한다. 등속전기 이동의 원리는 1897년에 Kohlrausch에 의해 확립되었다. F. Kohlrausch, *Ann. Phys. Chem.* **62** (1897) 209.

여기서 머무름 시간 t_R은 $t_0 < t_R < t_{MC}$의 범위에서 나타난다. t_0은 마이셀에 분배되지 않는 중성 표지자의 이동 시간이며, t_{MC}는 마이셀의 이동 시간이다. 수용액 중의 용질의 분율 R은 다음과 같이 나타낼 수 있다.

$$R = \frac{\mu_i + \mu_{MC}}{\mu_{eo} + \mu_{MC}} \tag{21.32}$$

여기서 μ_i는 분석물 i의 이동 속도이다. μ_{MC}는 벡터량으로서 마이셀이 음으로 하전되어 있기 때문에 음의 부호를 갖는다. R은 다음과 같이 나타낼 수 있다.

$$R = \frac{1}{1+k} \tag{21.33}$$

주입부로부터 검출기까지의 이동 거리 L에 대하여 $\mu_{eo} = L/t_0$, $\mu_{MC} = L/t_{MC}$, $\mu_i = L/t_R$의 관계식을 식 21.32에 대입하고 식 21.33과 결합하면 다음의 식을 얻는다.

$$k = \frac{t_R - t_0}{t_0\left(1 - \frac{t_R}{t_{MC}}\right)} \tag{21.34}$$

$(1-t_R/t_{MC})$의 항은 동전기 분리에서 특징적인 머무름 현상에서 유래한다. t_{MC}가 무한대가 될 경우(즉 마이셀 유사 정지상이 완전한 정지상일 경우) 식 21.34는 통상적인 크로마토그래피에서의 식 19.12의 형태로 수렴한다.

MEKC는 아마도 전기 추진 모세관 분리 기법 중 가장 활용성이 높은 기술일 것이다. 카이랄 계면 활성제를 이용하면 카이랄 분리도 가능하다. 계면 활성제는 분석물의 성분이 모세관 벽에 비가역적으로 흡착되어 EOF 특성을 변성시키는 것을 방지해 주는 역할도 한다.

모세관 전기 크로마토그래피

모세관 전기 이동과 HPLC의 특성을 결합하여 각 방법의 장점을 약간씩 가지며 HPLC와 같이 중성 분자의 분리에 사용하는 **모세관 전기 크로마토그래피**(**capillary electrochromatography**, CEC)라고 하는 혼성 방법을 만들 수 있다. 모세관은 역상 액체 크로마토그래피 정지상 입자로 $d_p \le 3$ μm의 입자로 채우는 것이 보통이나, 다른 종류의 정지상을 사용할 수도 있다. 컬럼에 전압을 걸어 주면 전기 삼투 흐름이 생긴다. 즉 컬럼을 통과하는 흐름은 압력이 아니라 전기 삼투에 의한 것이다. 하지만 펌프를 추가하여 압력을 가해 주는 경우도 흔하다(이를 압력 보조 CEC 또는 p-CEC라고 한다). CEC의 일반적인 작동은 HPLC와 유사하지만 보통 2~3배 정도 더 높은 효율을 보인다.

CEC가 CE와 HPLC의 장점의 결합인지, 단점의 결합인지는 아직도 논란의 여지가 있다. 분리 효율에서는 분명히 장점이 있지만, 컬럼 내에서 흐름이 생기고, 따라서(시료 성분의 비가역적 흡착 등에 의해) 컬럼이 손상되면 흐름 속도가 완전히 변하게 된다. 전기 삼투만에 의한 흐름 속도도 이상적인 속도만큼 나오지는 않으며, 이 때문에 보조 펌프를 사용하게 된다. 더욱이 전기장 내에서 장치 전체에 걸쳐 EOF는 동일해야 한다. 표면적이 더 넓기 때문에 컬럼 출구의 프릿이 그 앞에 있는 컬럼보다 더 큰 EOF를 생성하게 되면 기포가 생기게 된다. 많은 경우 CEC는 한 가지 문제를 해결하면서 또 다른 문제를 만드는 경우가 많다.

등속전기 이동 및 모세관

Jorgenson과 Lukacs의 연구 이전까지는 관형 전기 이동 분석 기술 가운데 가장 많이 사용되던 기법은 내경 0.25~0.50 mm의 관을 이용한 등속전기 이동(isotachophoresis, ITP)이었으며 1970년대 이후에는 상용화된 ITP 기기도 있었다. 현재 ITP는 주로 모세관 형태로 수행된다. 모세관 등속전기 이동(CITP)은 EOF가 0인 모세관에서 양이온 또는 음이온 중 한 번에 한 가지 종류의 이온에 대하여 수행한다. 음이온의 ITP를 생각해 보자. 우선, 선도 전해질(leading electrolyte)이라고 하는 전해질 용액을 선택한다. 여기서 전해질의 음이온은 분석

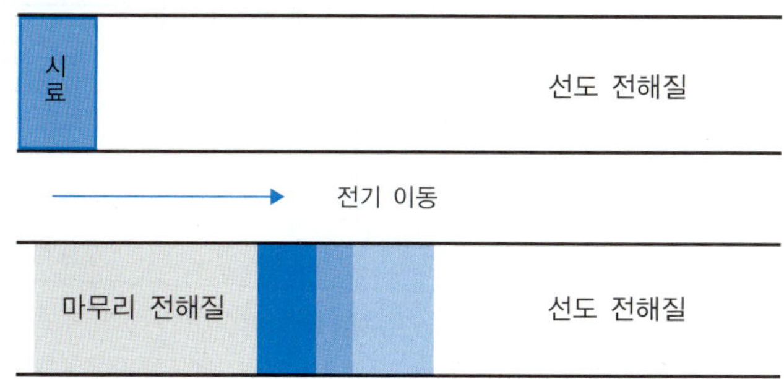

그림 21.35 등속전기 이동 분리. 이온들은 이동도에 따라 모이며 이동도가 높을수록 선도 전해질 쪽에 가깝게 따라간다. 위쪽은 시료 주입 직후의 모습을 나타낸 것이며, 아래쪽은 일정 상태에서의 모습을 나타낸 것이다. 띠의 너비는 분석물 이온의 농도와 연관된다.

물에 포함된 어떤 음이온보다도 이동도가 높아야 한다. 모세관을 선도 전해질로 채우고 나서 시료를 주입한다. 모세관의 (+)극을 선도 전해질 용액이 들어 있는 저장병에 담그고, (−)극은 마무리 전해질(terminating electrolyte) 용액이 들어 있는 저장병에 담근다. 여기서 마무리 전해질 용액의 음이온은 분석물에 포함된 어떤 음이온보다도 이동도가 낮아야 한다. 각 이온의 분리는 선도 전해질과 마무리 전해질 사이의 공간에서 일어나게 된다.

각 음이온 분석물은 이동도에 따라 쌓이게 되며, 그림 21.35와 같이 각 음이온 성분 사이에 안정한 띠 경계가 형성된다.

등속전기 이동에서는 일단 일정 상태에 도달하게 되면, 모든 띠가 동일한 속도로 이동한다는 특징이 있다. 이온의 이동 속도는 이온 이동도 μ와 전기장 E의 곱이므로, 일정 상태에서의 **등속전기 이동 조건(isotachophoretic condition)**에서는 다음과 같이 된다.

$$\mu_L E_L = \mu_A E_A = \mu_B E_B = \mu_C E_C = \mu_T E_T \tag{21.35}$$

여기서 L, A, B, C, T는 각각 선도 전해질 음이온, 분석물 A, B, C 및 마무리 전해질의 음이온을 나타내며, E_i는 이온 i를 포함한 띠 안에서의 전기장의 세기를 나타낸다. 직렬 회로의 경우, 각 부분을 흐르는 전류은 동일하며, 따라서 전기장의 세기는 띠의 단위 길이당 저항에 정비례하게 된다. 단위 길이당 전도율을 근사적으로 $\lambda_i C_i$로 나타낼 수 있을 경우 (여기서 C_i는 당량/L 단위의 이온 i의 농도), 동일한 짝이온 q가 모세관 전체에 걸쳐 존재한다고 가정하면, 각 띠에서의 저항값은 $1/C_i(\lambda_i+\lambda_q)$로 나타낼 수 있다. 식 21.35에서 처음 관계식만 취하면 다음과 같은 결과를 얻는다.

$$C_i = \frac{C_L \mu_i(\lambda_L + \lambda_q)}{\mu_L(\lambda_i + \lambda_q)} \tag{21.36}$$

C_i는 원래 시료에서가 아닌, 분리된 띠 안에서의 이온 i의 농도를 나타낸다. 원래 시료에서의 이온 i의 총 개수(시료의 농도에 좌우됨)는 C_i와 이온 i의 띠의 길이의 곱에 비례한다. 따라서 띠의 길이는 원래 시료에서의 이온 i의 농도 척도가 되지만, 또한 식 21.36에서 보듯이 이온의 이동도 및 짝이온의 이동도에도 좌우된다. 그림 21.36은 등속전기 이동 실험 결과로서, 아래쪽은 저항 검출기의 신호를, 위쪽은 시차 전도도계로 얻은 신호를 표시하고 있다.

ITP에서의 띠의 집중 현상은 자체 교정성이 있다. 특정 띠 안의 이온이 그 바로 앞의 좀 더 빠르게 이동하는 이온의 띠로 혼입하는 경우를 상상해 보자. 이 경우 이온이 본래 있던 띠에 비해 더 작은 전기장을 겪게 되므로, 속도가 느려지고 결국 원래의 띠에 다시 합류하게 된다. 느리게 이동하던 이온이 그 바로 뒤의 띠로 혼입하는 경우에도 마찬가지 현상이 일어난다. ITP는 CZE의 전농축 기술로서 점점 더 널리 사용되고 있다.

이 장에서 방대한 범위를 상당한 지면에 걸쳐 다루고 있는 관계로, 이 장의 질문과 문제를 위한 정보 검색의 길잡이를 이 책의 Solutions Manual에 함께 수록하였다. 질문 및 문제의 선택에 대하여 강의자에게 도움이 있을 수 있다. 보다 심화된 길잡이는 Learning Objective를 참조하면 된다.

Friedrich Wilhelm Georg Kohlrausch(1840~1910)는 용액의 전기 전도도 현상의 관찰 및 교류를 이용한 전기 전도도 측정법 발명 등의 업적으로 가장 널리 알려져 있으며, Walther Nernst 및 Svante Arrhenius 등의 훌륭한 학생을 키워내기도 하였다.

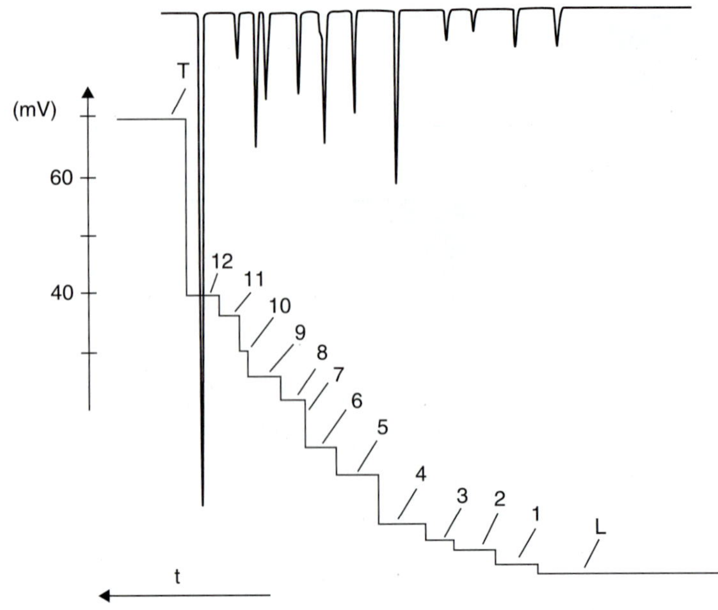

그림 21.36 내경 105 μm의 플루오로탄소 모세관을 이용한 음이온의 등속전기 이동 분리 결과. L: 10 mM HCl을 히스티딘으로 pH 6까지 적정한 용액, T: 2 mM 하이드록시에틸셀룰로스, 5 mM MES. 아래쪽 그래프 선은 저항이 증가하는 순서에 따라 다음과 같이 나온다. 1: 염화 이온, 2: 황산 이온, 3: 염소산 이온, 4: 크로뮴산 이온, 5: 말론산 이온, 6: 아디프산 이온, 7: 벤조산 이온, 8: 미지의 불순물, 9: 아세트산 이온, 10: β-브로모프로피온산 이온, 11: 나프탈렌-2-설폰산 이온, 12: 글루탐산 이온, 13: 헵테인산 이온[D. Kaniansky, M. Koval, S. Stankoviansly, *Journal of Chromatography A*, **267** (1983) 67–73]

질문

HPLC의 기초

1. HPLC와 GC의 차이는 무엇인가? 기기 관점 및 van Deemter 모형상의 특성 관점에서 기술하시오.
2. 기초적인 HPLC 시스템 및 여러분의 꿈의 시스템(무한대의 예산이 주어질 경우)에 대한 블록 다이어그램을 그려 보시오.
3. HPLC의 세부 분류를 (a) 분리 모드, (b) 컬럼의 물리적 특성에 따라 기술하시오.

이온 교환 크로마토그래피

4. 이온 교환 수지란 무엇인가? 이온 교환 수지에서 이온을 떼어내기 위해서 용리액이 반드시 갖추어야 할 성분은 무엇인가?
5. 젤형 및 거대망사형 이온 교환 수지를 구분하시오.
6. 약산, 센산, 약염기 및 센염기형 수지를 구분하시오.
7. H^+-형 센산 양이온 교환 수지와 OH^--형 센염기 음이온 교환 수지가 함께 혼합된 것을 혼합형 수지라고 한다. 수돗물을 이 수지에 천천히 채울 경우, 컬럼 배출물의 전기 전도도의 변화를 예측하시오.
8. 현대적 이온 교환상의 구조를 기술하시오.

HPLC의 상

9. 단결정 컬럼이란 무엇인가? 이것은 일반적인 충전식 컬럼과 비교하여 구조 및 성능상의 차이는 무엇인가? 단결정 컬럼은 누가 발명하였는가? 분석 과학의 다른 분야에 그가 기여한 업적에는 또 어떤 것이 있는가?
10. 쯔비터 이온형 HILIC 결합상에서는 쯔비터 이온이 결합되는 방향에 따라 정전기적 상호 작용에 의해 분석물의 용리 순서의 반전이 흔히 일어나게 된다. 그 이유를 설명하시오.
11. 카이랄 정지상의 주요 분류를 나열하시오. 이 중 적어도 한 가지에 대하여 카이랄 이성질체의 분별 메커니즘을 보다 자세히 기술하시오.
12. pH 및 온도의 극한 조건에서 견딜 수 있는 정지상에는 어떤 것이 있으며, 어떻게 가능한가?

HPLC 장비

13. HPLC의 용매 운반 시스템에서 펌프 이외에 다른 구성품에는 어떤 것이 있는가?
14. HPLC에서 사용되는 두 가지 기본적인 펌프의 종류에 대하여 기술하시오.
15. 저압형 및 고압형 기울기 장치의 의미는 무엇인가? 4원 펌프의 의미는 무엇인가?
16. "HPLC 펌프는 값비싼 보석 상자"라는 말이 있다. 그 유래를 설명하시오.
17. 6-포트 외부 루프형 주입기의 작동 원리를 설명하시오. 내부 루프형 주입기는 무엇이며, 총 몇 개의 외부 포트가 있는가?

기타 정지상 및 응용

18. C-18 역상 컬럼에서 아세토나이트릴:물 용매를 용리액으로 사용할 경우 벤젠, 아세톤, 벤조산의 용리 순서를 예측하시오.
19. 역상 HPLC에서 흔히 사용되는 무극성 결합상에는 어떤 것이 있는가? HILIC에서 사용되는 결합상에는 어떤 것이 있는가?
20. 결합형 역상 입자에서 실리카 입자를 말단 폐쇄를 하는 이유는?
21. 미세 다공성 입자, 관류 입자, 무공성 입자 및 표면 다공성 입자의 차이를 간단히 설명하시오. 각 입자의 고유 성질과 용도는 무엇인가?
22. 보호 컬럼은 무엇이며, 사용 이유는 무엇인가?
23. HPLC와 UHPLC는 어떻게 다른가?

교수 선호 문제

Michigan 대학의 Michael D. Morris 교수 제공

24. 액체 크로마토그래피에서 기울기 용리를 사용하면 분배 계수가 크게 차이 나는 화합물을 비교적 짧은 시간 동안에 비교적 균일한 효율로 분리할 수 있다. 작동 원리 및 이유를 설명하시오.
25. HPLC에서 좁은 구경 컬럼이 가지는 장점은 무엇인가?

크기 배제 크로마토그래피

26. 크기 배제 크로마토그래피의 원리를 기술하시오. 배제 한계는 무엇인가?
27. 크기 배제 크로마토그래피와 이온 배제 크로마토그래피를 비교하시오. 각각의 주요 응용 분야에는 어떤 것이 있는가?
28. 마이셀 동전기 크로마토그래피와 크기 배제 크로마토그래피를 비교하고 대조하여 보시오.

검출기

29. HPLC에서 사용되는 만능 검출기에는 어떤 것이 있는가? 각각의 한계는 무엇인가?
30. 굴절률/점도/광 산란 검출기의 각각의 주요 활용 분야는 무엇인가? 굴절률 검출기의 작동 원리를 기술하시오.
31. 에어로솔 검출기 또는 용액 전도도 검출기를 준만능 검출기라고 하는 이유는 무엇인가?
32. 교류에서의 전도도 측정법을 확립한 사람은 누구인가? 직류에서의 전도도 측정에서 발생할 수 있는 문제점에는 어떤 것이 있는가?
33. HPLC 검출기에서 일반적으로 요구되는 조건에는 어떤 것이 있는가?
34. 점도를 알고 있는 액체를 펌프로 지름과 길이를 알고 있는 관에 일정한 유속으로 주입하고 있다. 압력을 계산하기 위해 필요한 관계식을 기술하시오. 관의 지름을 절반으로 줄이게 되면 압력은 몇 배로 변화하는가?
35. 용액과 전극을 접촉하지 않고 용액의 전도도를 측정하는 것이 어떻게 가능한가? 이 기술의 이름은? 이 방법으로 전도도를 측정할 때의 장점에는 무엇이 있는가?
36. HPLC에서 사용하는 에어로솔 검출기의 작동 원리를 기술하시오.

이온 크로마토그래피

37. 억제식 전도도 검출식 이온 크로마토그래피의 원리를 기술하고 비억제식 이온 크로마토그래피와 비교 및 대조하여 보시오.
38. 비억제식 IC에서의 전도도 검출법과 간접 광도 검출법을 비교하여 보시오.
39. 충전 컬럼 억제기와 막형 억제기의 장단점을 비교하시오.
40. 화학적 재생식 억제기와 전기 투석 재생식 막형 억제기의 장단점을 비교하시오.

41. 수산화 이온 용리액이 기울기 음이온 IC에서 선호되는 이유는 무엇인가? 순수한 수산화 이온 용리액은 어떻게 생성하는가? 생성된 용리액에서 탄산 이온 불순물은 어떻게 제거하는가?
42. 전기 투석식으로 생성된 용리액에서 NaOH나 LiOH보다 KOH를 더 흔히 사용하는 이유는 무엇인가?

기타 검출 방법

43. 흡광도 검출법 및 형광 검출법에서 LCW 셀을 사용할 때의 장점은 무엇인가?
44. HPLC에서 가장 흔히 사용되는 검출기는 무엇인가? 블록 다이어그램을 그릴 수 있는가?
45. 두 분석물이 공용리되는 경우, 흡광도의 비율을 관찰하여 도시하면 어떤 이점이 있는가?
46. HPLC에서 사용하는 광다이오드 배열 검출기의 블록 다이어그램을 그려 보시오.
47. 전기 화학적 검출법(전해 검출법 및(펄스식) 전류법 검출법)을 적용 가능한 분석물을 나열하시오.
48. 후컬럼 반응 검출법이란 무엇인가? 후컬럼 반응 검출법에서의 두 가지 중요한 요구 조건에는 어떤 것이 있는가? 시약을 주입하지 않고도 PCR 검출법을 적용할 수 있는가?
49. 후컬럼 반응기의 다양한 구조에 대하여 논의하시오. 이 가운데 반응 시간이 가장 긴 것은 무엇인가?

응용

50. HPLC 기술 가운데 이온 크로마토그래피만이 전기 투석 기술을 사용하여 용리액을 생성하고 조절한다. 자세히 설명하시오.
51. 기체 제거 장치는 이온 크로마토그래피에서 두 가지 다른 위치에서 사용할 수 있다. 하나는 시료 주입기의 앞쪽이고, 또 하나는 검출기의 뒤쪽이다. 자세히 설명하시오.
52. 기울기 용리가 적합하지 않은 경우에 대하여 논의하시오.
53. 소구경 컬럼 사용 시의 장점은 무엇인가?
54. 크로마토그래피의 종류 중에서 컬럼의 **부피**가 클수록 분리 공간이 늘어나는 것은?

얇은 층 크로마토그래피

55. HPLC의 머무름 인자와 TLC의 R_f 값을 비교 설명하시오. 가능한 가장 큰 R_f 값과 가장 작은 R_f 값은?
56. TLC와 HPTLC의 차이점은 무엇이며, 후자의 장점은 무엇인가? 절대 다수의(HP)TLC에서 사용되는 정지상의 종류는 무엇인가?
57. 시료를 HPTLC에 점적하는 최선의 방법은 무엇인가? 발색에 용액상 반응이 필요하다면 최선의 방법은 무엇인가? 간접 광도 검출법과 유사한 TLC의 검출법에는 무엇인가?
58. 다음 기술에 대하여 설명하시오. "얇은 층 크로마토그래피는 일반적으로 비평형 조건에서 진행된다. 전개실 바닥의 전개 용매의 조성은 정해져 있으나, 실제의 용매 조성은 이와 다를 수 있고 예측이 쉽지 않으며, 판의 위치에 따라서도 변한다."
59. HPTLC에서 기울기 용리는 어떻게 수행할 수 있는가?
60. (HP)TLC에서의 발색 및 정량 방법에 대하여 설명하시오.

전기 이동

61. CZE의 분리 원리 및 크로마토그래피와의 차이점에 대하여 기술하시오.
62. 자유 용액 전기 이동에서 모든 분석물을 분리해 내지 못하는 이유는 무엇이며, 젤을 사용해야 하는 이유는 무엇인가?
63. 펄스식 젤 전기 이동법이 일반적인 평판 젤 전기 이동법과 다른 점은 무엇인가?
64. 평면형 젤 전기 이동 및 CE 또는 마이크로칩-CE에서 전형적인 전기장의 세기는 어떻게 되며, 그 이유는 무엇인가?
65. 등전 집중법은 무엇인가? 모세관 등전 집중법(CIEF)에서 달성할 수 있는 분리능은 어떻게 되는가?
66. SDS-PAGE란 무엇인가? 시료는 젤의 캐쏘드단, 애노드단, 혹은 중앙 중 어디에 주입하는가?
67. CE와 HPLC의 장단점을 비교하시오.
68. 브로민화 에티듐은 여전히 가장 널리 사용되는 DNA 형광 발색제이지만 최근에는 가급적 다른 표지자를 쓰려는 움직임이 늘어나고 있다. 그 이유는 무엇인가?
69. ZIFE란 무엇인가? 알짜 전기장이 0일 때도 분리가 가능한 원리는 무엇인가?
70. 모든 상용화된 CE 장비에서 안전상 유의점은 무엇인가?
71. CE에서 사용되는 두 가지 시료 주입 방법 및 각각의 장단점을 기술하시오.
72. 전기적 쌓임 현상은 어떤 조건에서 일어나는가? CE에서 이 현상은 유리한가, 불리한가?
73. EOF를 처음으로 관찰한 사람은 누구인가? 그가 과학계에 기여한 다른 업적을 나열하여 보시오. EOF

의 생성 원리는 무엇인가?

74. 친구의 책에는 EOF의 흐름 모양이 CE의 고효율의 가장 큰 이유라고 설명되어 있다. 동의하는가? 당신의 의견을 근거를 들어 기술하시오.

75. CE에서 전압이 증가할수록 이론 단수는 증가하지만, 전압이 너무 높으면 전력 손실이 증가하고 일정 수준을 넘게 되면 효율이 떨어진다. **정확하게** 왜 이런 현상이 생기는지 기술하시오. (단순히 가열 때문이라고 설명하는 것은 좋은 답안이 아니다.)

76. 제타 전위란 무엇인가? 제타 전위는 어떻게 변화시킬 수 있는가?

77. 전형적인 마이셀의 중심부는 탄화수소 사슬로 이루어져 있다. 응집하여 마이셀을 형성할 수 있는 분자의 수는 대략 2개에서 200개 사이이며, SDS의 경우에는 약 60개가 된다. MEKC와 HPLC를 비교할 경우, HPLC의 세부 분류 중 어디에 해당하는가? MEKC 분리에 가장 적합한 분자에는 어떤 것이 있으며 MEKC로 분리가 안 될 것으로 예상되는 분자에는 어떤 것이 있는가?

78. 등속전기 이동법에서 일어나는 현상에 대하여 설명하시오. 등속전기 이동 조건이란 무엇인가?

문제

HPLC의 기초에 대한 마지막 복습

교수 선호 문제

Wake Forest 대학의 Christa L. Colyer 교수 제공

79. 그림 21.16에서 GSH, GSSG, HCys에 대하여 분배 상수 C_s/C_m을 큰 것부터 작은 것의 순서대로 나열하여 보시오. 어떻게 이 순서를 결정했는지 친구에게 설명하여 보시오.

교수 선호 문제

Brigham Young 대학의 Milton L. Lee 교수 제공

80. 한 학생이 30.0 cm 컬럼을 이용하여 A와 B 두 물질을 분리하고자 한다. 크로마토그램에서 A와 B에 대한 머무름 시간은 각각 15.80분, 17.23분이었으며 머무름이 없는 물질에 대한 용리 시간은 1.60분이었다. 바탕 피크의 폭은 A와 B에 대하여 각각 1.25분, 1.38분이었다. 다음을 계산하시오. (a) 컬럼에 대한 평균 이론 단수, (b) 단높이, (c) A와 B에 대한 분해능, (d) 1.5의 분해능을 얻기 위한 컬럼의 길이, (e) 이 긴 길림에서 시료를 용리시키는 데 걸리는 시간

이온 교환 크로마토그래피

81. 알칼리 금속 이온의 용액으로 수소형의 양이온 교환 컬럼을 통과시키면 알칼리 금속 이온이 그 당량에 해당하는 수소 이온을 용출액 속으로 치환시키므로 수소 이온을 부피 적정하여 알칼리 금속 이온을 정량할 수 있다. 양이온 교환 컬럼을 통과한 5.00 mL의 용출액을 적정하는 데 0.0506 *M* NaOH 용액 26.7 mL가 소요된다면, 이 용액 1 L에는 몇 밀리몰의 포타슘 이온이 들어 있겠는가?

82. 10 g/L NaCl을 함유하는 용액 200 mL 속의 소듐 이온을 수소형의 양이온 교환 컬럼에 통과시켜 제거하려고 한다. 건조한 수지의 교환 용량이 5.1 meq/g이면, 필요한 건조한 수지의 최소 무게는 얼마인가?

83. 아래 각 물질의 묽은 용액이 수소형의 양이온 교환 컬럼을 통과할 때 용출액의 조성은 무엇인가?
(a) NaCl, (b) Na_2SO_4, (c) $HClO_4$, (d) $FeSO_4$, (e) $(NH_4)_2SO_4$

검출기, 데이터 전송 속도 및 검출 한계

교수 선호 문제

아일랜드 Dublin City 대학의 Apryll M. Stalcup 교수 제공

84. IR이 UV에 비하여 많은 정보를 담고 있음에도 불구하고 HPLC의 검출기로 잘 사용되지 않는 이유는 무엇인가?

교수 선호 문제

Michigan 대학의 Michael D. Morris 교수 제공

85. 흡광도가 매우 높은 형광 염료 두 종류의 혼합물을 CE 및 일반 스케일의 HPLC로 분리하고자 한다. 형광에 의한 검출 한계 농도는 두 분석법에서 거의 비슷하지만, 흡광 검출법의 경우 CE에서는 검출 한계가 훨씬 떨어진다. 이유는 무엇인가?

86. 디지털 출력 속도를 1/5/10/20/50/100/200 Hz의 다양한 설정값으로 사용한 가능한 검출기가 있다. 데이터 전송 속도가 높아지면 잡음 또한 증가하게 된다. 피크가 완전한 Gaussian 형태이고 가장 날카로운 피크가 반너비(half-width) 3초라고 한다면, 데이터 전송 속도는 얼마가 되어야 하는가?

87. 많은 생물학적 화학물은 카이랄성으로서 광학 회전 현상을 보인다. 주목에서 추출된 천연물인 탁솔은 Paclitaxel이라는 상품명으로 판매되고 있다. 탁솔의 589 nm에서의 고유 회전 상수는 −49°이다. 크로마토그래피 과정에서 탁솔과 다른 화합물의 공용리를 피하기는 어렵다. 질량 분석 검출기를 사용할 수도 있지만, 공용리되는 화합물은 카이랄성이 없으므로 편광 검출기를 사용하면 탁솔을 선택적으로 검출할 수 있을 것이다. 편광 검출기가 589 nm LED 광원을 사용하고 20 mm 경로의 셀을 사용한다고 하자. 검출기의 잡음 수준이 이 책에서 언급한 검출기와 동등 수준이라고 할 때, 크로마토그래피 희석비가 10이라면 시료 중 탁솔에 대한 검출 한계는 얼마인가?

88. 형광 검출기의 신호 대 잡음 비는 물의 Raman 방출광으로 측정한다. 저압 수은등을 사용하여 253.7 nm의 입사 파장을 이용할 경우, Raman 방출광의 파장은 얼마가 되는가? 에너지 손실은 3382 cm^{-1}이다.

89. CE의 간접 광도 검출법에서는 크로뮴산과 같은 가시광선을 흡수할 수 있는 첨가제가 BGE에 흔히 사용되며 가시광선에서의 흡광도를 측정한다. 분석물 중에서는 가시광선을 흡수하는 물질은 없다. 검출기를 알려진 농도의 크로뮴산 용액으로 검량하기만 하면 완전 해리되는 분석물에 대해서는 적어도 eq/L 단위의 정량의 경우에는 더 이상의 보정은 필요 없다고 한다. 정량적인 관점에서 이 주장을 옹호 또는 반박하시오.

HPLC 및 CE에서의 시료 주입; 펌프 압력

90. +25 kV로 작동하는 50 cm 모세관에서 압력식 주입법을 이용하여 묽은 수용액 시료를 주입하고자 한다. 5 psi에서 2초간 주입할 경우 주입되는 시료의 양은 얼마인가?
같은 모세관에서 염화 이온과 아이오딘산 이온을 포함한 시료를 동전기 주입법으로 +2 kV에서 5초간 주입한다고 하자. 두 이온의 주입된 양이 같다면, 원래 시료에서의 두 이온의 농도비는 어떻게 되는가?

91. 앞의 예에서, 실제로는 간접 광도 검출법으로 정량한 결과 아이오딘산 이온과 염화 이온에 대한 피크 면적이 같게 나왔다. 이 결과를 바탕으로 분석 담당자는 시료 중의 두 이온의 함량은 같다고 잘못된 결론을 내렸다. 하지만 당신은 그보다 더 잘 알고 있다. 평가 결과 중성 표지자의 $\mu_{eo} = 9 \times 10^{-4}$ cm^2 V^{-1} s^{-1}이 나왔다. 두 음이온의 시료 중의 실제 농도의 비는 어떻게 되겠는가?

92. 다수의 3구 솔레노이드 밸브를 이용하여 저압 시료 주입기를 제작할 수 있겠는가?

93. 하나의 10-포트 밸브를 이용하여 단일 시료를 별개의 펌프와 검출기가 연결된 2개의 다른 컬럼에 주입하기 위한 배관 연결법을 기술하시오.

94. 이 책의 웹 보충 자료에는 다양한 조성의 메탄올 : 물, 아세토나이트릴 : 물 혼합 용액 및 순수한 물의 점도가 온도의 함수로서 표로 수록되어 있다. 내경 100 μm, 길이 1 m의 실리카 모세관에 100 μL/분의 유속으로 30°C의 50% 메탄올 용액을 펌프로 주입할 경우의 압력을 계산하시오. 50% 아세토나이트릴 용액 및 순수한 물에 대해서도 같은 계산을 해 보시오.

전도도 및 비전도율

교수 선호 문제

이동수 교수(연세대학교) 제공

95. 순수한(유기 용매가 전혀 없는) 수용액 매질에서는 순수한 물보다 낮은 비전도율을 얻는 것은 불가능하다고 주장하는 친구가 있다. 반면, 당신은 매우 묽은 센산 또는 센염기의 용액에서 전도도는 물에서보다 더 내려갈 수 있다고 알고 있다. 0.05~5 μM의 LiOH 용액에 대하여 비전도율을 계산하고 그래프로 나타내어 보시오.

96. 전도도 셀의 보정에는 흔히 1 mM KCl 용액을 사용한다. 표 21.2의 데이터를 이용하여 비전도율을 예측하고, 이 예측값과 실험치 147.2 μS/cm를 비교하고, 그 차이가 생기는 이유를 설명하시오.

97. 25°C에서 K^+와 Cl^-의 확산 계수를 계산하시오. 각 이온의 Stokes 반지름은 얼마인가?

98. 열린 관 크로마토그래피 및 CE 장치의 작동을 위해서는 극소형의 검출기가 필요하다. 지름 10 μm의 백금 선을 내경 50 μm의 모세관에 뚫어 놓은 구멍에 꽂는다고 가정하자. 전극의 접촉면은 모세관의 내벽에 닿아 있다. 이 셀의 셀 상수는 얼마인가? 셀에 순수한 물을 채운 경우의 전기 저항은 어떻게 되는가? 모세관에 1 mM의 KCl 용액을 채울 경우, 전도율은 어떻게 되는가?

99. 기준 전극을 비롯한 상당수의 전기 화학 장치에서는 흔히 볼 수 있는 전해질 가운데서도 KCl을 가장

널리 사용하는데, 그 이유는 무엇인가?

전기 이동

교수 선호 문제

Marshall 대학의 Bin Wang 교수 제공, 101~103번

100. 그림 21.33에서 여러 아미노산 가운데 아르지닌이 가장 먼저 용리되는 이유는 무엇인가?
101. 크기가 비슷한 세 종류의 분자가 각각 −1, −2, −3의 전하를 띠고 있다. (a) 전기 이동 이동도가 가장 큰 분자는 어느 것인가? (b) 전기 이동 이동도의 부호는 양인가, 음인가?
102. 전기 이동 이동도가 0.8×10^{-8} m^2 V^{-1} s^{-1}인 분자가 표면 변형 실리카 모세관을 통해 이동하고 있다. pH 9.00에서 분자의 겉보기 이동도는 3.1×10^{-8} m^2 V^{-1} s^{-1}였으며, pH 3.00에서의 겉보기 이동도는 -1.2×10^{-8} m^2 V^{-1} s^{-1}였다. 이 분자의 전기 삼투 이동도를 계산하고 위의 두 pH 조건에서의 흐름의 방향을 말해 보시오.
103. 예제 21.6에서 벤조산 이온과 아이오딘산 이온 간의 분해능을 이론적으로 예측하여 보시오.
104. 당신은 CE를 사용하여 포타슘 이온과 암모늄 이온을 분리하고자 하나 뜻대로 되지 않고 있다. 실험 조건은 +HV가 걸린 상태에서 pH 7의 모종의 BGE를 사용하고 있다. 다음 6가지의 제안이 들어왔다. (a) 약간의 18-왕관형-6을 BGE에 첨가한다, (b) pH를 올린다, (c) 전압을 올린다, (d) 더 긴 모세관을 사용한다, (e) 전압의 극성을 반전시킨다, (f) 더 작은 모세관을 사용한다. 다른 변수를 전혀 바꾸지 않은 상태로 이 6가지의 제안을 순서대로 적용할 경우, 어떤 결과를 예상하는가?
105. SDS 마이셀을 사용한 MEKC 실험에서 50 cm 모세관에 +20 kV의 전압을 걸어준 후 중성 표지자, 마이셀 및 분석물이 각각 2.1분, 10.7분 및 6.4분에서 검출되었다. 분석물의 마이셀 유사 정지상에 대한 머무름 인자는 얼마인가?
106. 음이온의 등속전기 이동 실험에서 내경 0.1 mm의 PTFE 모세관에 500 V의 전압을 걸어주었다. 짝이온은 소듐이다. 설팜산 이온의 띠의 길이가 질산 이온의 띠의 길이의 2배이고 시료 중의 설팜산 이온의 농도가 0.2 mM이라고 할 때, 시료 속의 질산 이온의 농도를 계산하시오.

스프레드시트 문제

107. 거듭제곱 함수는 때로 에어로솔 검출기의 출력을 선형화하는 데 사용된다. 이 책의 **웹 사이트** 보충 자료에 제공되는 데이터 파일(DS_with Degas)에서, A열은 시간, B열은 검출기의 출력(단위: μS)을 나타낸다. 크로마토그램을 그려 보시오. 이제 B열의 데이터를 제곱한 값을 C에 나열하고 A와 C에 대한 그래프를 그려 보시오. 원래의 크로마토그램과 새로 만든(크로마토그램)^{2}으로부터 어떤 차이점을 볼 수 있는가?

교수 선호 문제

Wen-Yee Lee 교수(Texas 대학교 El Paso 캠퍼스) 제공

108. 커피 내의 카페인은 ^{13}C-표지 카페인을 내부 표준 물질로 표준물 첨가법을 사용하여 LC-MS로 정량한다. 문제의 상세 내용 및 스프레드시트는 **웹 사이트** 보충 자료를 참고하시오.

교수 선호 문제

(Professor's Favorite Question) 및 사례 연구(Case Studies)

109. **교수의 단골 문제(Professor's Favorite Question) 및 사례 연구(Case Studies)**: **웹 사이트** 참조
이 책의 웹 사이트 보충 자료에서 Michael D. Morris 교수의 단골 문제 중 van Deemter 모형 특성에 관한 문제 및 전기 삼투 흐름과 Boltzmann 분포에 대한 문제를 보시오. 또한 웹 사이트 보충 자료에서 Christa L. Colyer 교수 제공 사례 연구 2문제도 함께 보시오. 이 중 하나는 크로마토그래피의 분해능에 관한 문제이며, 또 하나는 van Deemter 식에 관한 문제이다.

추천 참고 문헌

고성능 액체 크로마토그래피

1. Snyder, Lloyd R., Joseph J. Kirkland, and John W. Dolan. *Introduction to Modern Liquid Chromatography*. New York: Wiley, 2011.
2. V. R. Meyer, *Practical High-Performance Chromatography*, 3rd ed. New York: Wiley, 1999.

3. L. R. Snyder, J. J. Kirkland, and J. L. Glajch, *Practical HPLC Method Development*, 2nd ed. New York: Wiley, 1997.
4. A. Weston and P. R. Brown, *HPLC and CE: Principles and Practice*. San Diego: Academic, 1997.
5. U. D. Neue and M. Zoubair, *HPLC Columns: Theory, Technology, and Practice*. New York: Wiley, 1997.
6. R. P. W. Scott, *Liquid Chromatography for the Analyst*. New York: Dekker, 1994.
7. P. C. Sadek, *The HPLC Solvent Guide*. New York: Wiley, 1996.
8. L. Huber and S. A. George, eds., *Diode-Array Detection in HPLC*. New York: Dekker, 1993.
9. R. L. Cunico, K. M. Gooding, and T. Wehr, *Basic HPLC and CE of Biomolecules*. Hercules, CA: Bay Analytical Laboratory, 1998.

크기 배제 크로마토그래피

10. Chi-San Wu, ed. *Handbook of Size Exclusion Chromatography and Related Techniques*: Vol. 91. Boca Raton, FL: CRC Press, 2003.
11. A. Striegel, W. W. Yau, J. J. Kirkland, D. D. Bly, *Modern Size-exclusion Liquid Chromatography: Practice of Gel Permeation and Gel Filtration Chromatography*. New York: Wiley, 2009.

이온 교환 및 이온 크로마토그래피

12. J. Inczedy, *Analytical Applications of Ion Exchangers*. Oxford: Pergamon, 1996.
13. O. Samuelson, *Ion Exchange Separations in Analytical Chemistry*. New York: Wiley, 1963.
14. J. S. Fritz and D. T. Gjerde, *Ion Chromatography*. Wiley-VCH, 2009.
15. H. Small, *Ion Chromatography*. New York: Plenum, 1989.
16. H. Small and B. Bowman, "Ion Chromatography: A Historical Perspective," *Am. Lab.*, October 1998, 56C. By a pioneer in ion chromatography.
17. Special Supplement to *LC.GC*, devoted entirely to ion chromatography, April, 2013 http://www.pixelmags.om/awrvl/#magazines/1361/issues/68479/pages/1

얇은 층 크로마토그래피

18. M. Srivastava, ed. "High-performance thin-layer chromatography (HPTLC)." *Anal. Bioanal. Chem.* **401**, no. 8 (2011): 2331–2332.
19. Spangenberg, Bernd, Colin F. Poole, and Christel Weins. *Quantitative Thin-Layer Chromatography: a Practical Survey*. Springer, 2011.
20. B. Fried and J. Sherma, *Thin-Layer Chromatography*, 4th ed. New York: Marcel Dekker, 1999.

모세관 전기 이동

21. P. G. Righetti and A. Guttman, *Capillary Electrophoresis*. New York: Wiley, 2012.
22. G. Lunn, Capillary Electrophoresis Methods for Pharmaceutical Analysis. New York: Wiley, 1999.
23. J. P. Laners, ed. *Handbook of Capillary and Microchip Electrophoresis and Associated Microtechniques*. CRC Press, Boca Raton, FL, 2007.
24. P. K. Dasgupta and L. Bao, "Suppressed Conductometric Capillary Electrophoresis Separation Systems," *Anal. Chem.* **65** (1993) 1003.

모세관 전기 크로마토그래피

25. I. S. Krull, R. L. Stevenson, K. Mistry, and M. E. Schwartz, *Capillary Electrochromatography and Pressurized Flow Capillary Electrochromatography: An Introduction*. New York: HNB, 2000.
26. Z. Deyl and F. Švec, eds. *Capillary Electrochromatography*. Vol. **62**. Chromatography Library, Elsevier Science, 2001.
27. D. B. Gordon, G. A. Lord, G. P. Rozing and M. G. Cikalo, *Capillary Electrochromatography*. Royal Society of Chemistry, London, 2001.
28. 웹 사이트: www.ceandcec.com. 모세관 전기 이동과 모세관 전기 크로마토그래피 모두의 매우 기초적인 범위의 내용이지만, 많은 다른 유용한 웹 사이트를 연결하고 있다.

22장 질량 분석법

22장 URLs

학습 목표

이 장에서 배울 중요한 내용은 무엇인가?

- 질량 분석기와 질량 분석기의 기본 구성
- 평균 질량 대신에 정확 질량이나 단일 동위 원소 질량을 사용
- 분해능과 질량 측정도가 질량 분석기의 주요한 성능 변수임.
- 시료 주입구와 이온화원은 분석하고자 하는 용도에 따라서 다르게 사용해야 함.
- 이온화 메커니즘은 이온화원의 종류에 따라서 다름.
- 원자 질량 분석
- 질량 분석계는 고진공에서 이온들을 분리
- 전기장과 자기장은 다른 방식으로 이온들을 분리
- 기본적인 질량 분석계가 결합되어 단점을 극복할 수 있음.
- 정성 및 정량 분석을 위하여 탄뎀 질량 분석기가 사용될 수 있음.

지난 몇십 년간 질량 분석법(mass spectrometry, MS)은 크게 발전을 하여 정성 및 정량 분석을 위하여 가장 중요한 분석 기술 중 하나가 되었다. 매우 넓은 범위의 과학과 공학 분야에서 연구 개발 및 일상적인 분석을 위하여 질량 분석기가 많이 사용되고 있다. 그 사용 범위는 매우 넓어서 여기서 일일이 나열하기 어렵다. 19세기 말에 Eugene Goldstein, J. J. Thomson과 Wilhem Wien은 전기장과 자기장을 이용하여 양성자와 전자를 발견하였다. 20세기 초기에 Francis Aston은 비슷한 방법을 이용하여 동위 원소들을 발견하였다(참고 문헌 4에는 질량 분석기의 발전 역사가 잘 설명되어 있다). 오늘날 연구자들은 복잡한 생체 시스템을 이해하기 위하여 질량 분석기를 응용한 연구를 일상적으로 진행하고 있다. 심지어 바이러스 입자들을 질량 분석기에서 전하를 띠게 만든 뒤 분석하기도 한다. 실험 물리학자들이 시작하고 발전시켰던 질량 분석 분야는 분석 화학자들의 영역으로 옮겨 왔다. 우리는 질량 분석기의 성능과 견고함, 감도, 분석 속도 등이 놀라운 속도로 진보하고 있는 시대에 살고 있다. 유명한 현대의 분석 과학자는 "만약에 질량 분석기로 분석할 수 없다면, 분석할 가치가 없다."라고 이야기하였다. 이러한 말은 질량 분석기가 제공하는 다양하고 강력한 분석 능력을 말해 주고 있다.

22.1 질량 분석법의 원리

질량 분석법은 기체 상태에서 이온들을 만들고, 분리하고, 측정하는 세련된 중요 기술이다. 질량 분석기의 기본적인 구성들이 그림 22.1에 제시되어 있다. 시료들이 도입 장치를 이용하여 이온화원으로 주입된다. 시료와 분석물의 상태와 성질에 따라서 다른 시료 주입 장치와 이

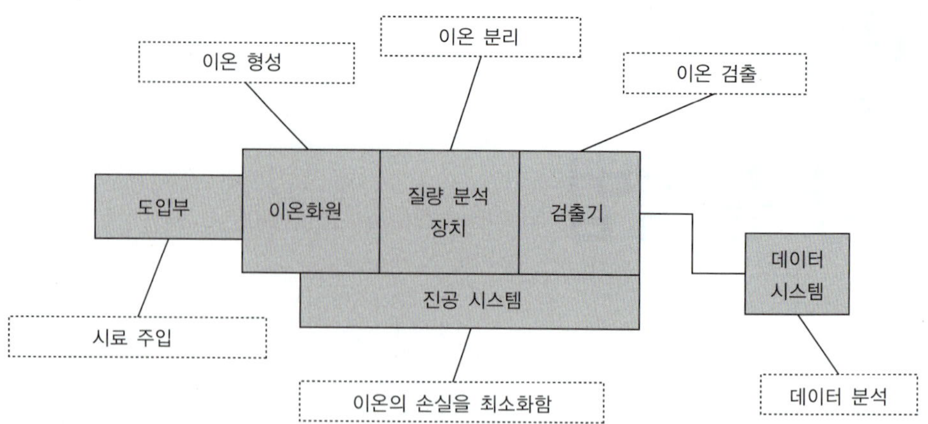

그림 22.1 전형적인 질량 분석기의 부품

온화원이 사용된다. 일반적으로 분석물 분자는 중성이어서 이온화되어야 한다. 이온화시키는 방법에는 다양한 방법들이 있다. 분석물들은 전자 충돌, 레이저, 전기 방전 등과 같이 높은 에너지를 이용하는 이온화원에 의하여 이온화될 수 있다. 대기압에서 이온화시키는 방법과 같이 적은 에너지 또는 "부드러운" 이온화 방법도 있다. 일반적으로 사용되는 이온화 방법이 다음에 설명될 것이다.

이온은 높은 진공(10^{-4}~10^{-7} Torr 의 낮은 압력)에서 생성되거나 대기압에서 생성된 뒤에 빠른 속도로 높은 진공으로 이동되고, 전기장 및 자기장에 의하여 질량 대 전하비에 의하여 분리된다. 질량 분석 장치는 그 구조에 따라서 장점, 단점, 비용 및 응용 범위가 달라진다. 분리된 이온은 검출 장치에 도달하게 되고, 검출 장치는 이온을 데이터 시스템에서 읽을 수 있는 전기적 신호로 바꾸게 된다. 다양한 검출 장치들이 존재하는데, 전자 증배관이 많이 사용된다.

지난 20년간 질량 분석 장치에서 가장 큰 발전을 한 분야 중 하나는 데이터를 얻고 처리하는 소프트웨어이다. 적용하는 분야에 따라서 정성 및 정량 분석을 할 수 있는 다양한 소프트웨어가 있다. 예를 들어 화학식을 계산, 비교 분석, 생물정보학 등을 전문적으로 하는 다양한 소프트웨어들이 있다. 소프트웨어의 기능은 많은 경우에 기기 제조 회사에 따라 다르며 이 책에서는 자세하게 언급되지 않을 것이다. 질량 분석기가 어떻게 작동하는지 이해하게 되면 그 다음에 가장 어려운 일은 소프트웨어를 효율적으로 사용하는 방법을 배우는 것이다.

질량 분석기의 종류

대부분의 분석 방법에서는 일반적인 주기율표에 제시되어 있는 원소들의 질량을 이용하여 화학식량을 계산할 수 있다. 그러나 질량 분석에서는 약간 다르다. 이는 질량 분석기가 동위 원소들에 의하여 결정되는 질량값들의 차이를 관측할 수 있기 때문이다. 주기율표에 나와 있는 질량값을 이용하여 계산되는 화학식량은 **평균 질량**(**average mass**)이다. 평균 질량은 동위 원소들이 존재하는 비율을 고려하여 계산된다. 질량 분석에서는 **정확한 질량**(**exact mass**)을 사용한다. 정확한 질량은 **단일 동위 원소 질량**(**monoisotopic mass**)이라고도 하는데, 동위 원소의 자체 질량을 이용하여 계산한다(일반적으로 가장 많이 존재하는 동위 원소의 질량을 이용한다). 원자 질량 단위를 사용한다. 즉 ^{12}C는 정확하게 12.0000달톤(Da)의 질량을 가진다. 가장 많이 존재하는 동위 원소($^{12}C^{1}H_4$)로 이루어진 메테인의 정확한 질량은 12.0000+(1.007825×4)=16.0313이다. 메테인 이온이 질량 분석기에 의하여 측정되면 이 정확한 질량에 대한 신호가 검출될 것이다. 자연에 존재하는 탄소에서 ^{13}C는 1% 존재하므로, 구별되는 다른 신호가 동위 원소로 구성된 메테인〔$^{13}C^{1}H_4$, 13.00335+(1.007825×4)=17.03465〕으로부터 낮은 존재비로 측정될 것이다. 표 22.1에는 일반적으로 관찰되는 원소들의 동위 원소의 질량과 상대적인 존재비가 수록되어 있다.

1Da = 1 atomic mass unit (amu)

질량 분석 실험으로부터 생성되는 데이터를 **질량 스펙트럼**(**mass spectrum**)(그림 22.4 참

표22.1 몇 가지 일반 원소의 상대 존재비와 정확한 질량[a]

원소	동위 원소	질량	상대 존재비(%)
수소	^{1}H	1.007825	100.0
	^{2}H	2.014102	0.0115
탄소	^{12}C	12.000000	100.0
	^{13}C	13.003355	1.07
질소	^{14}N	14.003074	100.0
	^{15}N	15.000109	0.369
산소	^{16}O	15.994915	100.0
	^{17}O	16.999132	0.038
	^{18}O	17.999160	0.205
황	^{32}S	31.972071	100.0
	^{33}S	32.971450	0.803
	^{34}S	33.967867	4.522
염소	^{35}Cl	34.968852	100.0
	^{37}Cl	36.965903	31.96
브로민	^{79}Br	78.918338	100.0
	^{81}Br	80.916291	97.28

[a]가장 많이 존재하는 이온의 양을 100%로 정하고 다른 피크들은 상대적인 크기로 표시함.

조)이라고 한다. 질량 스펙트럼은 이온 존재비 대 전하비(m/z)를 나타낸 그림이다. 이온 존재비는 검출기에 도달하는 특정한 이온의 양을 반영한다. 그리고 그 크기는 분석을 위한 분석물의 농도와 관련되어 있다. 질량 대 전하비(m/z)는 분석물의 종류 확인에 사용될 수 있는 정성적인 매개 변수이다. 위에서 제시된 예에서, 메테인을 CH_4^+로 이온화시키고 "단위 분해능(분해능은 밑에 설명되어 있다)"을 가진 기기를 이용하여 분석하면 두 개의 신호를 관찰할 것으로 예상된다. $m/z = 16$(일반적으로 분자 이온이라고 하며 M^+으로 표기한다)에 큰 신호가 나타나고 약 1%의 상대적인 크기를 가지는 작은 신호가 $m/z = 17$(일반적으로 분자 이온의 동위원소이며 M+1으로 표시한다)에 나타난다. 실량 스펙트럼에서 이온 존재비(y축 위에)는 일반적으로 상대적인 세기로 표시한다. 상대적인 크기는 **주피크(base peak)**라고 하는 스펙트럼에서 가장 큰 피크의 크기와 비교한 상대적인 값을 사용한다.

분해능

질량 분석법에서 분해능은 두 개의 질량을 구별할 수 있는 능력을 말한다. 분해능 R은 질량값을 구별될 수 있는 두 개의 질량값의 차이를 나누어서 계산된다.

$$R = \frac{m}{\Delta m} \tag{22.1}$$

Δm은 구별된 두 개의 피크 간의 질량 차이이고 m은 피크가 가지는 정수 질량값이다. 질량의 차이는 한 개의 피크에서 계산될 수도 있는데, 일반적으로 피크의 어떤 부분에서의 폭이 사용된다. 예를 들어 반높이의 폭(full-width half maximum: FWHM)을 Δm으로 사용하여 분해능을 계산하는 것을 제조사들이 많이 사용된다. 주어진 질량 스펙트럼에서 FWHM을 이용한 분해능은 측정된 질량값(m)을 피크 크기의 반이 되는 높이에서의 폭(Δm)으로 나누어서 계산된다. 식 22.1에 의하면 분해능 1000은 m/z 1000과 1001(또는 m/z 10.00과 10.01, 또는 500.0과 500.5)을 구별할 수 있다는 것을 의미한다. 단위 분해능은 정수 단위로 1 차이 나는 질량값들을 구별해 낼 수 있음을 의미한다. 단위 분해능을 가지는 질량 분석 기기는 m/z 50과 m/z 51, 또는 m/z 100과 m/z, m/z 500과 m/z 501을 가지는 질량값들을 구별할 수 있다. 분자량이 높을수록 단위 분해능을 가지기 위한 분해능은 더욱 크다. 분해능 1500이 일반적인 질량 분석을 위하여 적합하나 어떠한 경우에는 더 높은 분해능이 요구되기도 한다.

분해능은 가까이 위치하고 있는 두개의 피크를 얼마나 잘 구별할 수 있는가를 나타낸다. 단위 분해능은 1질량 단위의 차이를 구별할 수 있다는 의미이다.

예제 22.1

질량 스펙트럼에서 465.1 m/z에 피크의 정점이 위치하고 FWHM이 0.35 m/z인 이온 신호가 검출되었을 때 분해능을 계산하시오.

풀이

$$R_{\text{FWHM}} = m/\Delta m = 465.1/0.35 = \mathbf{1330}$$ ■

질량 분석에서 질량 정확도는 측정된 이온 질량 대 전하비가 "참값"과 얼마나 가까운가를 나타낸다.

분해능의 개념은 **질량 정확도**(**mass accuracy**)와 밀접하게 연관되어 있다. 질량 정확도는 상대적인 값인 백만분율(ppm)로 계산되며, 계산식은 다음과 같다.

$$\frac{m_{\text{measured}} - m_{\text{true}}}{m_{\text{true}}} \times 10^6 \tag{22.2}$$

m_{measured}는 측정된 이온의 질량값을, m_{true}는 이온에서 예상되는 단일 동위 원소 질량(monoisotopic mass)을 의미한다. 유기 합성에서 새로 합성된 화합물들을 학술지에 보고하기 위하여는 화합물의 정확한 질량을 결정하고 5 ppm 오차 이내의 정확도로 보고해야 한다. 이런 정확성을 얻기 위해서는 고분해능 측정을 할 수 있는 질량 분석 장치가 필요하다. 예를 들어 비행 시간형 또는 이온 사이클로트론 공명 질량 분석기와 같은 장치들이 필요하다. 만약 새롭게 합성된 화합물이 634.45792의 정확한 질량을 가질 때 5ppm 이내의 상대적인 오차 범위 내에 들기 위해서는 측정치가 ±0.0032 amu 내에서 결정되어야 한다. 3 mDa의 적은 차이를 구별하기 위하여 약 200,000의 분해능(634.45792/0.0032 amu ≈ 198,000)을 가진 기기 장치가 필요하다. 이러한 분해능은 현대 질량 분석 장치를 이용하여 얻어질 수 있다. 그러나 기기 장치의 값이 매우 비싸다. 실질적으로는 극단적인 분해능이 없어도(R~30,000 정도면 충분하다) 적절하게 교정을 하여 기기의 조건을 맞추고 계통 오차를 줄인다면, 필요한 질량 정확도를 얻을 수 있다. 내부 표준법(표준 물질이 시료와 같은 질량 스펙트럼에 있음)과 외적 표준법(표준 물질이 시료와 따로 측정됨)이 사용되어서 질량 분석기를 교정하면 측정치의 계통 오차를 줄일 수 있다. 이러한 방법을 이용하여 원하는 질량 정확도를 얻을 수 있다.

예제 22.2

트라이플루오로아세트산 소듐을 전기 분무 이온화원에서 분석하면 뭉치 이온(cluster ions)이 형성되고 이들을 이용하여 질량 분석계를 교정할 수 있다. $[Na_3(CF_3COO)_2]^+$ 이온이 m/z 값 294.9357에서 측정되었다. 이 질량 분석 측정의 질량 정확도의 오차를 ppm으로 표시하시오.

풀이

$[Na_3(CF_3COO)_2]^+$ 이온의 단일 동위 원소 질량이 294.938839이다.

원소	단일 동위 원소 질량	수량	총 단일 동위 원소 질량
^{23}Na	22.989221	3	68.967664
^{12}C	12.00000	4	48.00000
^{19}F	18.998403	6	113.990419
^{16}O	15.994915	4	63.980756

ppm 오차 = $(294.9357 - 294.938839)/294.938839 \times 10^6 = \mathbf{-10.6\ ppm}$

음수값을 가지는 질량 정확도의 오차는 질량 분석 장치가 "실제 질량"보다 작은 값으로 측정한다는 것을 의미한다. ■

그림 22.2는 서로 다른 분해능을 가지는 기기를 이용하여 물질을 분석하였을 때에 얻어지는 스펙트럼을 시뮬레이션한 것이다. 상용 프로그램들을 이용하여 이러한 시뮬레이션을 할 수 있다. 분자량이 작은 화합물인 발린은 분해능 $R = 1000$에서 가장 가까이에 있는 동위 원소 이온에서 분자 이온을 분리할 수 있다. 그러나 프림네신-2(단일 동위 원소 질량 = 1967.7958 Da)와 같이 큰 분자의 경우에는 분해능 1000에서 예상되는 동위 원소 질량값들을 가지는 피크들을 구별하여 볼 수 없다. 이 경우에는 분해능 5000 이상이 필요하다. 5000의 분해능을 가질 경우에 프림네신-2의 양성자화된 분자 이온의 스펙트럼을 시뮬레이션한 결과가 그림에 제시되어 있다. 이 결과는 Cl의 동위 원소들이 결과에 기여하는 것을 아울러 보여 주고 있다. 이 화합물은 3개의 염소 원자를 가지고 있으므로 ^{37}Cl이 25%, ^{35}Cl이 75%의 기여를 하게 된다. 이 경우에는 관찰된 동위 원소 양상이 매우 복잡하다. 동위 원소의 분포와 그 결과로 얻어지는 피크들에 대한 정보를 계산할 수 있는 계산기를 http://www.alchemistmatt.com/MwtHelp/IsotopicDistribution.htm에서 다운로드하여 사용할 수 있다.

화학식 결정

원자나 분자의 질량을 결정하거나 확인하는 것이 기본적으로 가장 유용한 질량 분석기의 응용 분야이다. 그러나 미지 시료를 확인하고 구조를 알아내고자 할 경우에 질량 분석기만을 이용해서는 충분한 정보를 얻을 수 없다. 어떠한 장치들은 적합한 소프트웨어와 같이 사용하여 미지 시료의 화학식을 결정할 수 있다. 이러한 측정은 고분해능과 높은 질량 정확도로 얻은 m/z 값과 동위 원소를 포함하는 분자 이온들의 상대적인 피크 크기를 이용하여 수행된다. 분자를 형성하는 원소들 간의 비율에 대하여 잘 알려진 규칙을 이용할 수 있다. 예를 들어 C_2H_{18}의 화학식은 가능하지 않다. 그리고 물질을 구성하는 원소들 구성에 대한 정보를 이용할 수 있다. 예를 들어 C, H, O, N은 일반적으로 사용되는 원소이나 S나 다른 원소들의 경우에는 사용자가 결정할 수 있다. 이러한 정보들을 종합하여 측정된 질량과 유사한 질량 값을 가지는 화학식들을 구별해낼 수 있다. 이온 질량이 더욱 정확하고 정밀하게 측정될수록 측정된 질량값과 일치하는 화학식들의 숫자를 줄일 수 있다. 예를 들어 C, H, O, N를 조합하여

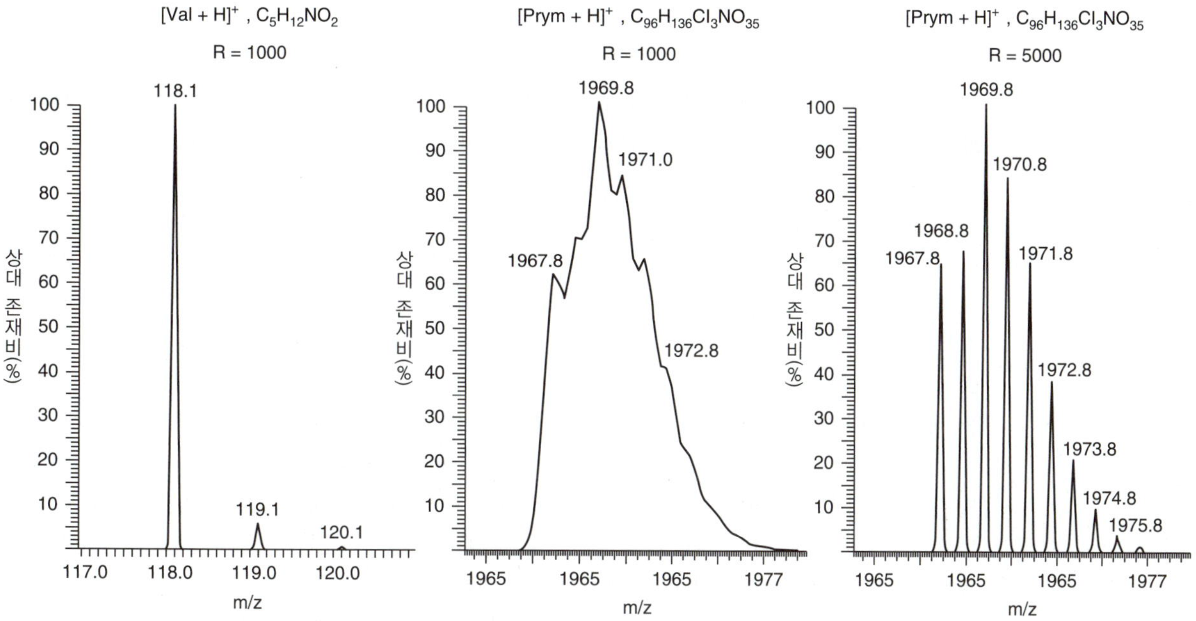

그림 22.2 아미노산 valine(Val)과 조류 독인 prymnesin-2(Prym)이 양성자를 받은 이온의 형태로 측정된 질량 분석 결과가 다른 분해능을 가지도록 시뮬레이션된 스펙트럼

m/z 823.1에 가까운 값을 가질 수 있는 이온을 만들 경우, 그 경우의 수는 매우 많다. 그러나 기기가 m/z 823.1342으로 질량값을 구체적으로 제시하면, 조합하여 만들 수 있는 이온의 경우의 수가 매우 줄어들게 된다. 특히 질량 정확도에서 측정 오차가 $< \pm 2$ ppm 이하로 한정되면 그 경우의 수는 더욱 줄어들게 된다.

질량 분석 데이터로부터 화학식을 구하기 위하여 다양한 규칙이 사용될 수 있다(참고 문헌 5를 참고하시오). 가장 일반적인 규칙이 **질소 규칙(nitrogen rule)**이다. 짝수(0, 2, 4 ...)의 질소 원자를 포함하고 있는 분자의 질량은 짝수값을 가지고, 반대로 홀수의 질소 원자를 포함하고 있는 분자는 홀수의 질량값을 가진다. 다른 규칙으로 "13의 규칙"이 있다. 이 방법은 측정된 질량값을 13으로 나누어 수소와 탄소만으로 구성된 기본 화학식을 만드는 것이다. 이러한 기본 화학식으로부터 수소 결핍 지수가 결정되고, 이 지수를 이용하여 수소와 탄소를 제외한 다른 원소들이 존재하는지 고려해 볼 수 있다. 이러한 접근법에 대한 좋은 학습 자료가 Central Connecticut 주립대학의 화학과에 근무하는 Dr.Neil Glagovich의 웹 사이트에 제시되어 있다: http://www.chemistry.ccsu.edu/glagovich/teahing/316/ms/formula.html. 알고자 하는 분자 질량이 커지고, 수소와 탄소를 제외한 다른 원소들을 많이 포함한다면 화학식을 손으로 계산하는 것이 실질적으로 불가능하다. 이러한 이유로 과학자들과 기기 제조회사들은 화학식을 계산하는 컴퓨터 프로그램을 개발하여 왔다. California 대학교 캠퍼스 Davis에 근무하는 Fiehn 교수의 그룹에서는 미지 시료의 화학식을 결정하는 총괄적인 접근법을 개발하였다. 특히 이 접근법은 대사체 연구에 사용되고 있다. "Seven Golden Rules" (http://fiehnlab.ucdavis.edu/projects/Seven_Golden_Rules/)은 다양한 질량 분석 데이터를 이용하여 화학식을 결정하고 이를 알려진 화합물들의 데이터베이스와 연결하여 찾는 연구 틀을 제시하고 있다. 이러한 경우에도 새로운 분자 또는 데이터베이스에 있지 않은 미지의 화합물의 경우에는 질량 분석 데이터만을 의존하여 결정할 수 없다. 좋은 분석 화학자는 다른 정량적인 도구들, 즉 NMR, IR, 원소 분석(예를 들어 CHN 분석) 등을 이용하여 새로운 분자를 결정 및 확인할 것이다.

22.2 시료 주입부와 이온화원

시료 주입부와 이온화원의 궁극적인 목적은 분자들을 고진의 기체 상태의 이온으로 만드는 것이다. 진공에서 이온들을 분석하는 것이 반드시 필요한데 이는 이온들의 **평균 자유 행로(mean free path)**, 즉 충돌을 하기 전에 이동하는 평균 거리를 늘리기 위해서 반드시 필요하다. 평균 자유 행로는 압력에 반비례한다.

시료와 분석물의 형태에 따라서 매우 다양한 시료 주입부가 사용될 수 있다. 분석물이 열적으로 안정하고 휘발성이 좋으면, 열을 가해서 시료를 기체 상태의 이온으로 만드는 것이 비교적 간단하다. 그러한 분석물들이 혼합물로 존재하면, 기체 크로마토그래피를 사용하여 분석물들을 다른 방해 물질로부터 분리해낼 수 있다. 기체 크로마토그래피의 관은 질량 분석기의 이온화원과 연결되어 시료 도입부로 사용될 수 있다. 기체 크로마토그래피–질량 분석기는 매우 일반적으로 실험실에서 사용되는 분석 기술이다. 이 기술에 대한 설명이 밑에 자세히 나와 있다. 분석물이 순수한 물질로 존재하면, 질량 분석기에 직접 기체상으로 주입하거나 직접 삽입 탐침을 사용할 수 있다. 두 방법 모두 열을 이용하여 분석물을 기화시키고 이온화원으로 이동시키게 된다. 분석물이 휘발성이 없거나 열분해가 쉽게 되면(불안정하면) 분자들을 기체 상태의 이온으로 만들기 위하여 다른 방법을 사용해야 한다. 극성이 있거나 이온 결합 화합물, 특히 생체 분자 물질들은 이러한 분류에 속한다. 용액 속에 존재하는 이러한 화합물들의 혼합물들은 보통 액체 크로마토그래피에 의하여 분리된다. 액체 크로마토그래피–질량 분석 기능, 특히 **전기 분무 이온화원**(*electrospray ionization*, ESI)과 같은 대기압 이온화원(atmospheric pressure ionization, API)의 등장과 함께 지난 20년간 점차적으로 많이 사용되고 있다. 전기 분무 이온화원에서는 다량의 용매를 제거하고 휘발성이 없는 분석물들을 기체 상태로 바꾸어 주는 역할을 한다. 전기 분무 이온화원과 같은 대기압 이온화원들은 직접 분무, 직접 주입, 흐름 주입법 등의 방법과도 같이 사용할 수 있다. 흐름 주입법은 24장에 설명되어 있다. 고체 시료도 역시 질량 분석기에 의하여 분석될 수 있다. 시료는 다양한 형태로 주입될 수 있고 레이저 조사, 원자 또는 이온 충돌, 전기 방전 등의 방법에 의하여 이온화될 수 있다. 레이저 조사(레이저 탈착 및 이온화)와 이온 충돌(이차 이온 질량 분석법)은 고체 시료를 질량 분석하기 위하여 가장 쉽게 적용될 수 있는 방법이다.

22.3 기체 크로마토그래피 — 질량 분석법

미지의 화합물의 머무름 시간이 순수한 표준 화합물의 머무름 시간과 같으면(같은 분리 방법이 사용되어야 한다) 이를 통하여 미지 시료를 어느 정도 확인할 수 있지만 확실히 보장할 수는 없다. 확실히 확인할 가능성은 시료의 종류와 복잡성, 시료의 준비 과정과 같은 요인에 따라 달라진다. 기체 크로마토그래피-질량 분석(GC–MS)은 다양한 화합물을 확인할 수 있는 강력한 기술이다. GC–MS는 법의학 및 환경 실험실에서 기화될 수 있는 유기 화합물들의 복잡한 혼합물을 분리 및 분석하기 위하여 많이 사용되고 있다. GC–MS는 질량 분석의 특이성이 높은 정성 분석을 바탕으로 매우 정밀한 정량 분석을 할 수 있다. GC–MS 장치는 부피가 크고 가격도 수십만 달러에 이르지만, 오늘날에는 비교적 덜 비싼 탁상용 장치가 판매되고 있으며 실험실에서 널리 사용된다. 현대적 GC–MS 기기를 그림 22.3에 나타내었다.

표 22.2는 LC–MS(21장)뿐만 아니라 GC–MS에도 사용되는 이온화원을 수록하고 있다. 가장 흔히 쓰이는 이온화원은 **전자 이온화**(**electron ionization, EI**)이다. 기체 분자를 텅스텐 필라멘트에서 생성된 70 eV의 고에너지 전자살로 충격한다. 중성 분자와 충돌하는 전자는 충분한 에너지를 전달하여 분자로부터 전자를 제거하여 단일 전하의 이온을 생성할 수 있다.

$$M + e^- \rightarrow M^+ + 2e^-$$

여기서 M은 분석물 분자이고 M^+는 분자 이온(molecular ion) 또는 어미 이온이다. M^+ 이온은 여러 가지 다른 에너지 상태로 생성되며, 내부 에너지(회전, 진동, 전자)는 조각내기 반응에 의해 소모되어 질량이 작은 조각이 생기는데, 이 조각들은 스스로 이온화하거나 추가적인 전자 충격에 의해 이온으로 전환되어, 분자 이온이 전혀 남지 않거나 단지 소량의 분자 이온만 남게 된다. 분자 이온이 나타나면 다중 동위 원소가 있지 않는 한, EI 스펙트럼에서 가장 높은 질량을 가질 것이다. 방향족 고리, 고리 구조, 또는 이중 결합을 가진 화합물은 조각내기를 감소시키는 효과가 있는 비편재화 효과 때문에 분자 이온 피크가 나타날 확률이 높다. 그림 22.4는 작은 분자인 메탄올의 간단한 EI 스펙트럼을 보여 준다. 가장 큰 피크를 주 피크(base peak)라고 한다. 분자 이온 피크는 CH_3OH의 화학식량인 $m/z = 32$에 있다. m/

전자 이온화는 조각 이온을 많이 생성하는 "센" 이온화원으로 간주된다.

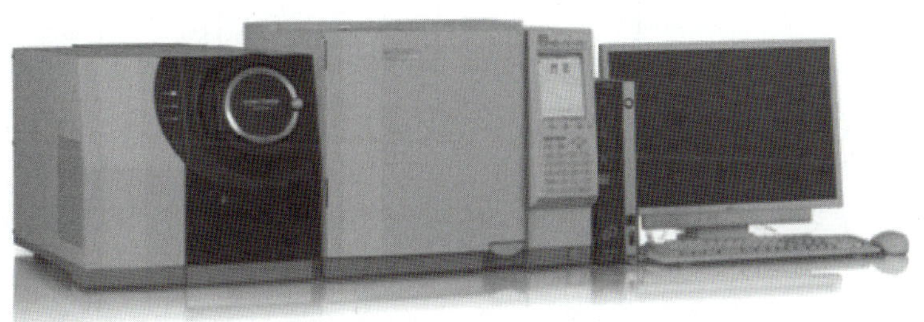

그림 22.3 현대의 기체 크로마토그래피–질량 분석 기기(Shimadzu Scientific Instruments, Inc.의 허락을 받고 게재)

표 22.2 이온화 방법들의 비교[a]

이온화 방법	일반적인 분석물	샘플 주입 방법	질량 범위	방법의 특징
전자 이온화 (EI)	상대적으로 작고, 휘발성 가짐	기체나 액체–고체 프로브	1000 달턴까지	센 방법, 구조 정보를 제공함
화학 이온화 (CI)	상대적으로 작고, 휘발성 가짐	기체나 액체–고체 프로브	1000 달턴까지	부드러운 방법, 분자 이온 피크 $[M+H]^+$
전자 분무 이온화 (ESI)	펩타이드, 단백질, 비휘발성	액체 크로마토그래피나 시린지	200,000 달턴까지	부드러운 방법,이온들이 자주 다중 전하를 가짐
매트릭스 보조 레이저 탈착 이온화 (MALDI)	펩타이드, 단백질, 비휘발성	고체 매트릭스와 샘플을 섞음	500,000 달턴까지	부드러운 방법, 큰 질량 측정 가능

[a]Ohio 주립대학교의 Vicki Wysocki 교수의 웹페이지에서 가져옴. 허락을 받음.

$z=33$의 작은 피크는 존재비가 100%인 ^{12}C와 비교하여 1.11%의 상대 존재비를 갖는 ^{13}C 동위 원소를 가지는 메탄올의 분자 이온이다. $m/z=31$에서 주피크는 CH_2OH^+ 조각에 해당된다.

정성 분석을 위한 GC–MS의 가장 큰 장점은 수십만 개의 다른 화합물들의 EI 질량 스펙트럼 라이브러리를 사용할 수 있다는 것이다. EI를 일반적으로 사용하는 기기는 70eV의 에너지로 작동한다. 이 에너지는 매우 높기 때문에 모든 분자들을 심하게 조각내게 된다. 분자들이 EI에 의하여 조각나는 패턴은 기기의 종류에 상관없이 반복성 있게 나타난다. 그러므로 서로 다른 기기에서도 일정한 스펙트럼이 얻어진다. 기기 소프트웨어를 이용하여 얻어진 스펙트럼을 라이브러리(예를 들어 NIST Mass Spectral Library, http://www.nist.gov/srd/nist1a.cfm)에 있는 스펙트럼과 비교하여 일치하는 것을 찾고, 이러한 과정을 통하여 미지 시료를 확인할 수 있게 된다. 알고자 하는 피크의 EI 스펙트럼과 일치하는 스펙트럼이 라이브러리에 없는 경우에는 조각난 패턴을 유사한 화학 작용기를 가지는 화합물들의 스펙트럼과 비교하여 확인될 수 있다. 예를 들어 화합물이 방향족 고리를 가지고 있으면, m/z 77을 가지는 신호가

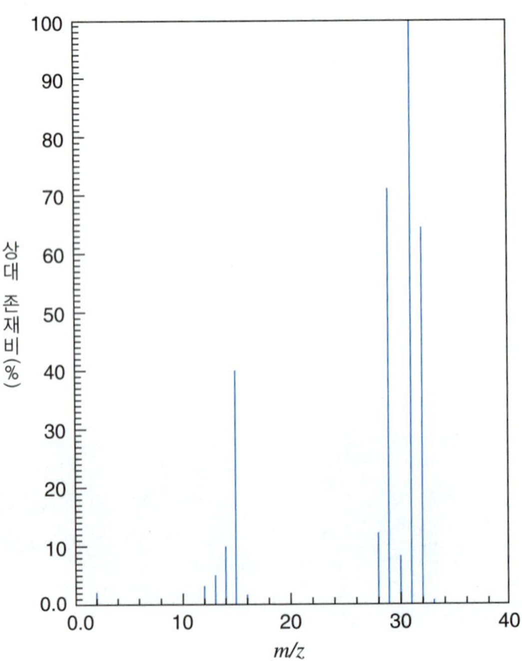

그림 22.4 메탄올의 전자 이론화 질량 스펙트럼. NIST MassSpec Data Center로부터 허가 받아 게재

표 22.3 EI 이온화원을 이용하여 형성되는 중성 잃음과 이온들. Chhabil Dass, Fundamentals of Contemporary Mass Spectrometry. John Wiley & Sons, Inc. Hoboken, NJ. 2007. ISBN: 978-0-471-68229-5로부터 정보를 가져옴.

Mass	Neutral losses	Possible Functionality	Mass	Neutral losses	Possible Functionality
14	Impurity, homologue		29	C_2H_5	Alkyl
15	CH_3	Methyl	30	CH_2O	Methoxy
16	CH_4	Methyl		NO	Aromatic nitro
	O (rarely)	Amine oxide		C_2H_6	Alkyl (Cl)
	NH_2	Amide	31	CH_3O	Methoxy
17	NH_3	Amine (Cl)	32	CH_3OH	Methyl ester
	OH	Acid, tertiary alcohol	33	$H_2O^+CH_3$	Alcohol
18	H_2O	Alcohol, aldehyde, acid (Cl)		HS	Mercaptan
19	F	Fluoride	35	Cl	Chloro compound
20	HF	Fluoride	36	HCl	Chloro compound
26	C_2H_2	Aromatic	42	CH_2CO	Acetate
27	HCN	Nitrile, hetero-aromatic	43	C_3H_7	Propyl
28	CO	Phenol	44	CO_2	Anhydride
	C_2H_4	Ether	46	NO_2	Aromatic nitro
	N_2	Azo	50	CF_2	Fluoride

Mass	Ion	Possible Functionality	Mass	Ion	Possible Functionality
15	CH_3^+	Methyl, alkane	50	$C_4H_2^+$	Aryl
29	$C_2H_5^+$, HCO^+	Alkane, aldehyde	51	$C_4H_3^+$	Aryl
30	$CH_2{=}NH_2^+$	Amine	77	$C_6H_5^+$	Phenyl
31	$CH_2{=}OH^+$	Ether or alcohol	83	$C_6H_{11}^+$	Cyclohexyl
39	$C_3H_3^+$	Aryl	91	$C_7H_7^+$	Benzyl
43	$C_3H_7^+$, CH_3CO^+	Alkane, ketone	105	$C_6H_5C_2H_4^+$	Substituted benzene
45	CO_2H^+, CHS^+	Carboxylic acid, thiophene		$CH_3C_6H_4CH_2^+$	Disubstituted benzene
47	CH_3S^+	Thioether		$C_6H_5CO^+$	Benzoyl

나타날 가능성이 높다. 이는 $C_6H_5^{\bullet+}$ 라디칼 이온의 질량이다. 표 22.3에는 화합물의 EI에서 일반적으로 관찰되는 이온과 중성 잃음(neutral loss)이 나열되어 있다. 이러한 정보와 규칙(예로 질소 규칙, 12의 규칙 등) 화학식을 사용하여 전자 충돌 스펙트럼에 관찰된 미지의 시료 일반적인 화합물의 구조를 밝혀낼 수 있다. 물론 라이브러리를 비교하여 구조를 밝히는 것이 훨씬 간단하다.

예제 22.3

Cornell 대학의 Fred McLafferty 교수 제공

Cornell 대학의 Fred McLafferty 교수는 산업체에서 경력을 시작하였고 그의 질량 분석에 대한 전문적인 지식을 사용하여 폴리스타이렌을 생산하는 데 발생하는 심각한 문제를 해결하였다. 1953년에 그는 질량 분석 실험실을 책임지고 있었다. 융합체에 검은색의 오염이 발견되어 하루에 100만 톤의 폴리스타이렌을 생산하는 공장이 문을 닫게 되었다. 그는 스타이렌 단위체를 질량 분석기를 이용하여 분석하여 원인이 되는 불순물 성분을 찾아내었다. 아래의 질량 분석 스펙트럼으로부터 불순물을 찾아낼 수 있는가? 적외선 분광 분석의 전문가도 이 문제를 해결하지 못하였다. 왜 그런지 설명하시오.

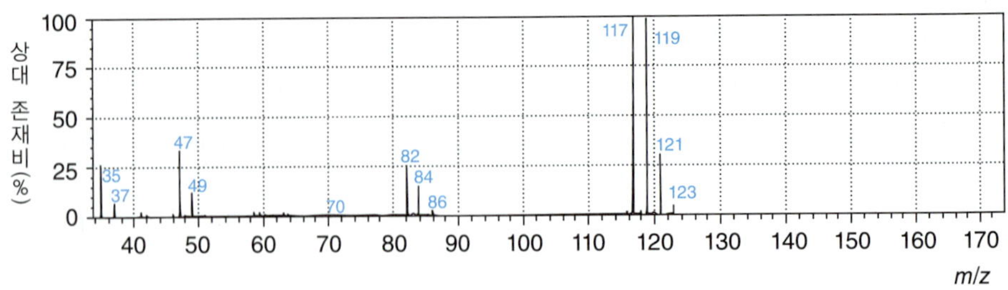

(Arlington에 있는 Texas 대학의 Shimadzu Center for Advanced Analytical Chemistry에서 제공한 질량 분석 스펙트럼)

풀이

스타이렌 단위체를 분석한 질량 스펙트럼은 약 300 ppm의 CCl_4를 보여 주고 있다. 스펙트럼에서는 117, 119, 121, 123에서 큰 피크들을 보여 주고 있으며, 이들은 CCl_3^+의 동위 원소에 의하여 발생하는 피크들이다. 공장 관리자는 CCl_4(CCl_4는 대칭적인 구조를 가지므로 IR에서 관찰되지 않는다)를 보고하지 않은 IR 전문가를 믿고 있었다. 스타이렌이 어떻게 배달되었는지, 운송을 한 탱크가 어떠한 화합물을 그 전에 배송하였는지 알아보았을 때 그것은 바로 CCl_4였다. McLafferty 박사의 새로운 질량 분석기 응용은 회사로부터 인정되었다. ■

EI는 "센 이온화원"이며 조각내기가 너무 많이 일어나 분자 이온이 아예 존재하지 않을 수도 있기 때문에 분석물의 확실한 확인이 어려울 수 있다. 이온의 연속적 조각내기는 전체 이온 세기의 큰 부분을 차지하는 질량이 작은 이온들을 생성하게 되어, 분석에 더 중요하게 활용될 주요 조각의 존재량이 줄거나 아예 없는 경우가 생긴다. **화학 이온화(chemical ionization, CI)**는 "부드러운"–이온화 방법으로 조각내기를 적게 일으키며, 따라서 CI 질량 스펙트럼에서는 분자 이온이 우세하게 나타난다. CI에서는 메테인, 아이소뷰테인, 암모니아와 같은 시약 기체를 고압(1~10 torr)의 EI 이온화실에 도입하여 분석물 분자와 반응시켜 양성자 또는 수소화 이온 전달에 의해 이온을 생성시킨다. 화학 이온화 과정은 시약 기체의 이온화에 의해 시작된다. 메테인의 경우, 전자와의 충돌에 의해 CH_4^+ 및 CH_3^+가 생기고, 이들은 CH_4와 반응하여 CH_5^+와 $C_2H_5^+$를 생성한다.

$$CH_4^+ + CH_4 \rightarrow CH_5^+ + CH_3$$

$$CH_3^+ + CH_4 \rightarrow C_2H_5^+ + H_2$$

이들 이온은 시료와 반응하여 양성자(H^+)를 전달하거나 수소화 이온(H^-) 또는 전자를 빼앗아 시료 분자에 +1가의 전하를 띠게 한다.

$$CH_5^+ + MH \rightarrow MH_2^+ + CH_4 \quad \text{(양성자 전달)}$$

$$C_2H_5^+ + MH \rightarrow M^+ + C_2H_6 \quad \text{(수소화 이온 추출)}$$

MH_2^+와 M^+가 조각내어져서 질량 스펙트럼이 나타날 수도 있다. M^+ 이온은 관측되지 않을 수도 있지만, 분자량은 생성된 M + H 또는 M − H 이온으로부터 쉽게 얻는다. 약한 산의 기체상 이온은 스펙트럼을 더 단순하게 만든다. 아이소뷰테인에서 생기는 $C_4H_9^+$와 암모니아에서 생기는 NH_4^+도 양성자 전달에 의해 이온화하지만, 에너지가 낮기 때문에 MH_2^+의 조각내기는 최소화된다. 표 22.4는 다른 시약 기체를 사용하는 CI의 특성을 보여 준다. '센' 이온화원을 쓸 때 조각내기가 지나치게 많아서 얻기 어려운 용리되는 화합물의 분자량을 결정할 수 있도록, CI는 현대의 GC−MS 기기에 거의 보편적으로 사용된다.

일반적으로 EI는 양전하 이온만을 만들어 낸다. 그리고 위에 있는 CI에 대한 논의는 양전하 이온들을 만드는 것에 집중되어 있다. EI에 의하여 생성된 라디칼 이온들을 "홀수–전자" 이온(짝지어지지 않은 전자가 한 개 있는)이라고 한다. CI의 양성자 전달이나 H^- 추출에 의

표 22.4 다른 CI 시약의 화학적 이온화 특징[a]

시약	첨가 생성물이 만들어짐	용도/제한
메테인	$M-H^+$, $M-CH_3{}^+$	대부분 유기 화합물. 첨가 생성물이 항상 풍부하지는 않음. 매우 조각화됨
아이소뷰테인	$M-H^+$, $M-C_4H_9{}^+$	이온화 가능한 물질이 제한적임. 첨가 생성물이 더 많음. 약간의 조각화.
암모니아	$M-H^+$ (염기성 화합물) $M-NH_4{}^+$ (극성 화합물)	극성 염기성 화합물. 다른 것들은 이온화되지 않음. 거의 조각화가 일어나지 않음.

하여 생성되는 이온들은 대부분 "짝수-전자" 이온(모든 전자들이 짝지어짐)이라고 한다. CI에 의하여 음전하를 가지는 이온들을 만드는 것 역시 가능하며, 이러한 과정을 **음성 화학 이온화**(**negative chemical ionization**, NCI)이라고 한다. 음전하 이온은 일반적으로 H^+를 잃거나 전자를 포획함으로써 생성되며, 음전하를 가지는 이온을 관찰하기 위하여 화합물은 음전하를 안정화시켜야 한다. 소수의 화합물들만이 음전하를 안정시킬 수 있기 때문에(예를 들어 산 작용기나 할로젠 원소를 포함하고 있는 화합물), NCI는 이온 형성에 선택성을 제공하며, 이는 복잡한 화합물들을 분석할 때 유용할 경우가 있다. 할로젠 원소를 포함하는 분자들, 예를 들어 방연제, 살충제, 폴리염화 바이페닐(PCB) 분자들은 강한 전기 음성도를 가지고 있으며 이는 안정한 음이온을 형성하는 데 도움을 준다. 이러한 화합물들은 환경 분석에서 일반적으로 관찰되는 분석물이며, 이러한 점은 NCI를 환경 연구에서 인기 있는 이온화 방법으로 만든다. 다른 화합물들도 유도화를 함으로써 NCI에서 측정되도록 만들 수 있다. 간단하게 과플루오로알킬 작용기를 화합물에 붙힘으로써 음이온을 안정화시킬 수 있다. NCI에 대한 정보를 위하여 참고 문헌 6을 참고하라.

GC-MS의 개발 초기에 가장 큰 문제점은 컬럼의 끝을 질량 분석기와 연결하는 것이었다. 초기에는 충전 컬럼이 주로 사용되었고, 부피가 큰 시료와 운반 기체를, 낮은 압력에서 작동하는 질량 분석기가 감당하지 못하므로 특수한 연결 부품들이 만들어져야 하였다. 용융 실리카 컬럼의 등장은 기존 GC-MS의 특수한 인터페이스를 사용하지 않고 컬럼이 직접적으로 이온화원에 연결될 수 있게 하였다. 컬럼 내부 정지상 물질들이 나와서 질량 분석기로 가는 것(column bleeding)을 최소화해야 한다. 질량 분석기는 정지상 물질들을 모두 측정하게 되기 때문이다. Bleeding은 알킬실록세인을 화학적으로 컬럼 내부벽에 붙이고 정지상을 화학적으로 교차 연결시킴으로써 방지될 수 있다.

Bleeding을 적게 하는 정지상은 20장에서 논의되었다. 수백 개의 화합물들을 수천 개의 이론적 판을 가진 미세관 GC를 이용하여 각각 분리하고 질량 분석기를 통하여 화합물들의 종을 알아낼 수 있다. 한 개의 피크가 2~3개의 화합물들을 포함하고 있더라도 수동적 확인 작업과 라이브러리 확인 등을 통하여 화합물들을 알아낼 수 있다. GC의 피크들을 1초에 몇 번씩 MS를 이용하여 확인하는 작업은 매우 사이즈가 큰 데이터를 생산하게 된다. 빠르고 용량이 큰 컴퓨터의 개발은 GC-MS의 개발에 큰 영향을 미쳐 왔다. 분리된 이온들은 전자 증배관에 의하여 검출된다. 전자 증배관은 16장에서 설명된 광전자 증폭관과 유사한 형태를 가지며 이 장의 뒷부분에 간략하게 설명되어 있다. 현대의 GC-MS를 사용하여 피코그램 수준의 측정 한계를 이루는 것은 일상적인 작업이 되었다.

22.4 액체 크로마토그래피 — 질량 분석법

MS와 액체 크로마트그래피의 결합은 마치 GC-MS처럼 복잡한 시료를 확인할 수 있도록 질량값을 정확하게 높은 감도로 측정할 수 있는 강력한 도구를 만들어 내었다. 액체 크로마토그래피를 질량 분석기와 연결하는 것이 더 어려운데, 이는 용매를 모두 증발시켜야 하기 때문이다. 그리고 기화되지 않는 성질을 가지고 열분해가 될 수 있는 분석물들을 기체 상태로 만들어야 한다. 그러므로 액체 크로마토그라피와 MS의 만남은 "어울리지 않는 결혼"으로 간주되었으며, 신뢰할 수 있고 쉬운 연결 방법을 찾는 데 많은 시간이 걸렸다. 오늘날에는 몇 가지 대기압 이온화 방법(atmospheric pressure ionization, API)이 개발되었고, 이들을 이용하여 LC-MS 분석을 일상적으로 할 수 있다. 작고 테이블에 올려놓을 수 있는 다양한 LC-MS 시스템들이 개발되어 상용화되고 있다(그림 22.5).

가장 많이 사용되는 API 방법은 전기 분무 방법(ESI)과 대기압 화학 이온화 방법(atmospheric pressure chemical ionization, APCI)이다. 이온화 방법의 선택은 화합물의 극성과 열안정성에 의하여 결정된다. 극성인 이온 화합물들을 분석하기 위하여 ESI 방법이 선호된다. ESI는 작은 분자부터 단백질이나 펩타이드와 같은 큰 생체 분자까지 다양한 크기의 화합물을 분석하기 위하여 사용된다. APCI는 분자량이 작고 극성이 상대적으로 작은 분석물의 분석에 더 적합하다. 대부분의 상용화된 기기들에서 두 가지 이온화원이 모두 사용될 수 있으며, 두 개의 이온화원들 간의 교체는 수분밖에 걸리지 않는다. 어떤 기기회사들은 대기압 광자 이온화원(atmospheric pressure photo ionization, APPI)을 제공하기도 한다. APPI는 특정한 화합물이 ESI나 APCI를 이용하여 효율적으로 이온화되지 않을 경우에 사용될 수 있다.

전자 분무 이온화는 부드러워서 비공유 결합으로 이루어진 결합체로 가 용액에서 기체 상태로 그대로 바뀌어질 수 있다.

전기 분무 이온화원(**electrospray ionization**, **ESI**)는 조각 이온을 많이 생성하지 않는 소프트한 이온화 방법이다. 바늘 끝과 인터페이스 기기 입구(orifice) 사이에 걸린 수천 볼트의 전압에 의하여 시료 용액이 분무된다(그림 22.6). 열과 기체의 흐름은 전하를 띠고 있는 물방울의 용매를 제거한다. 결과적으로 물방울은 크기가 줄고 나누어지다가 결국 전하를 가지고 있는 분석물을 방출한다. 전하를 띤 분석물(그리고 분석물 이온과 용매 뭉치)은 질량 분석기로 주입된다. 매우 작은 내부 에너지가 생성된 이온에게 가해지기 때문에 분석물들은 분해되지 않게 된다. ESI 스펙트럼에는 분자 이온과 준분자 이온(예를 들어 양이온 모드에서 $[M+H]^+$, $[M+Na]^+$, $[M+NH_4]^+$ 이온들과 음이온 모드에서 $[M-H]^-$, $[M+Cl]^-$ 이온들)들이 주로 관찰된다. 공유 결합이 아닌 힘에 의하여 묶여 있는 복합체의 경우에 기체 상태의 복합체 이온으로 바뀔 수 있다. 생성되는 이온의 극성이 양성에서 음성으로 바꿀 때는 분무관에 걸리는 전압의 극성을 바꾸어 주면 된다. 일반적으로 염기성 화합물은 양성자를 받음으로써 양성 이온으로 바뀌고, 산성 화합물은 양성자를 잃어버림으로써 음이온으로 바뀐다. 어떤 기기들은

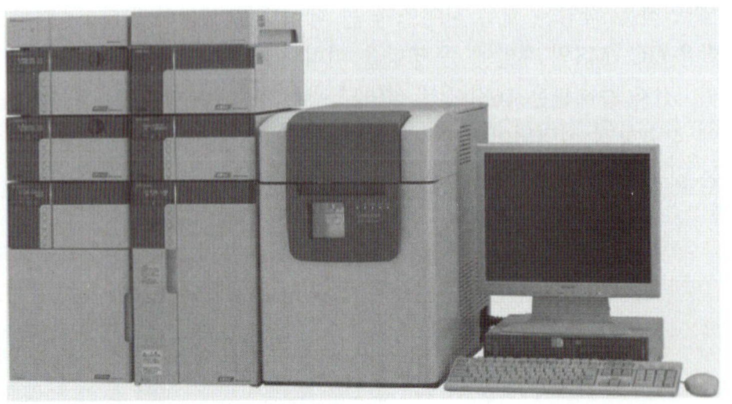

그림 22.5 현대 액체 크로마토그래피-질량 분석 기기(Shimadzu Scientific Instruments, Inc.의 허락을 받고 재구성함).

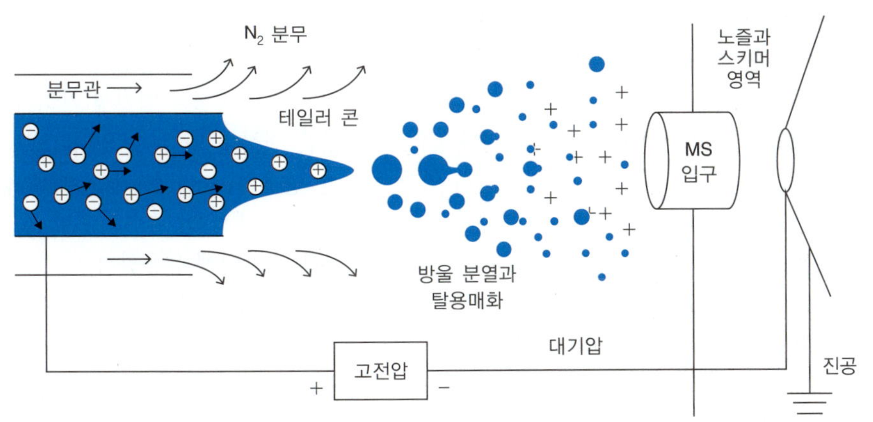

그림 22.6 전자 분무 이온화 연결 장치의 구조 그림

분석을 하는 동안에 빠르게 양성과 음성을 바꿈으로써 양성 이온과 음성 이온 모두를 거의 동시에 측정할 수 있도록 고안되어 있다.

ESI의 자세한 메커니즘은 여러 해 동안 연구되어 왔다. 화합물의 종류와 용매에 따라서 분석물은 다른 방법으로 방울로부터 나와서 이온화된다(참고 문헌 7과 8 참조). 근원적인 연구에서 메커니즘은 매우 중요한 연구 주제이다. 실질적 응용에서는 ESI가 경쟁적인 이온화 과정임을 아는 것이 매우 중요하다. 경쟁적이라고 하는 것은 각 물방울의 화학 조성에 따라 기체상 이온들이 생성되는 상대적 효율이 달라짐을 의미한다. 이온이 생성되기 위하여 물질들은 방울의 표면으로 이동하고 전하를 띠어야 한다. 표면 쪽으로 이동을 잘 하는 물질들은 가장 강한 이온 신호를 생성시킬 것이다. 물방울의 표면 쪽으로 이동을 잘 하는 지질이나 세제를 가지고 있는 샘플들을 분석하면 이 물질들에 의하여 분석물의 감도가 크게 낮아질 수 있다. 왜냐하면 지질이나 세제 분자들이 제한된 표면적을 차지하고 있게 되기 때문이다. 이러한 기질의 영향은 복잡한 혼합물을 전기 분무 이온화 분석을 할 때 일반적으로 나타난다. 그러므로 정량 분석을 하기 위하여 **안정한 동위 원소로 치환된 내부 표준시료(stable isotopically labeled internal standard**, SIL-IS)를 사용하여 기질의 영향을 고려해 주는 것이 중요하다. SIL-IS, 예를 들어 중수소나 ^{13}C로 치환된 분석물을 사용하는 것이 매우 중요하며, 이것이 액체 방울에 표준 물질과 분석물이 같이 있도록 해 줄 것이다. SIL-IS는 액체 크로마토그래피에서 분석물과 같은 시간에 컬럼에서 나오게 되며, 질량 스펙트럼에서 질량이 몇 높은 위치에서 나타나게 된다. 그러므로 내부 표준 물질은 분석물과 같은 경쟁적인 이온화 영향을 받을 것이다. 그렇지만 SIL-IS를 사용하는 것은 가격이 비싸고, 적당한 화합물을 구입을 할 수 없는 경우가 있기 때문에 문제가 될 수 있다. 이러한 제한 조건들이 조심스럽게 극복되면, HPLC-ESI-MS 분석은 시료에 있는 분석물들을 ppt(part per trillion, 또는 femtogram)의 낮은 범위에서 효율적으로 분석할 수 있다.

전기 분무 방법(ESI)의 큰 장점은 단백질과 같이 분자량이 큰 물질들을 분석하는 데 사용될 수 있다는 것이다. ESI를 이용하면 다중 하전된 이온, 즉 전하의 크기가 분자량이 클수록 커지는 이온을 생성한다. John B. Fenn 교수는 이러한 현상을 발견한 공헌을 인정받아 2002년에 노벨 화학상을 공동수상하였다. 단백질과 펩타이드는 구조에 양성자 첨가와 양성자 빼앗음이 일어날 수 있는 여러 개의 자리를 가지고 있다. 큰 단백질이 다중 하전된 이온의 분포가 관찰되고, 이러한 분포를 간단한 알고리즘으로 처리하여 분자량을 계산할 수 있다. 그러므로 측정 한계가 2000~3000 Da m/z인 질량 분석기를 이용하여 비교적 분자량이 큰 물질들도 m/z의 z 값이 커짐에 따라서 분석이 가능하다. 예를 들어 50,000 Da 단백질이 50개의 양성자를 얻으면 $m = 50{,}050$이고 $z = 50$이 되므로 $m/z = 1005$에서 신호가 측정이 된다. 같은 단백질이지만 다른 전하를 가지는 신호들과 같이 측정이 된다. 그림 22.7은 ESI를 이용하여 사이토크롬 c 단백질을 분석한 결과를 보여 주고 있다. 다중 하전된 두 이온의 분포가 나타나

John B. Fenn(1917~2010)은 ESI-MS가 큰 분자량을 가지는 생분자들을 분석하는 데 사용할 수 있다는 것을 발견한 공로로 2002년에 노벨 화학상을 공동수상하였다. 참고 문헌 9를 보면 개발 과정에 대한 본인의 설명이 나와 있다.

있다. 다중 하전된 이온(+8에서 +16)은 단백질의 변성된 형태를 나타내고, 적게 하전된 상태(+5에서 +7)는 접힌 형태를 나타낸다. 구조가 닫힘 및 풀림에 따라서 양성자가 붙을 수 있는 염기성 자리가 얼마나 노출되느냐가 결정된다. 풀린 구조의 단백질은 염기성 자리가 더 많이 노출되므로 닫힌 구조의 단백질보다 상대적으로 더 많은 전하를 가질 수 있다. 보다 크게 하전된 이온을 생성하는 것은 새로 단백질의 염기 서열을 연구하는 사람에게는 매우 중요하다. 왜냐하면 보다 크게 하전된 이온들일수록 탄뎀 질량 분석기에서 더 효율적으로 조각내어질 수 있기 때문이다. 특히 전자 포집 분해와 전자 전달 분해의 방법에 유용하다.

대기압 화학 이온화(APCI)는 액체 크로마토그래피와 질량 분석기를 연결할 수 있는 대기압 이온화 방법이다. 이 방법은 ESI와 유사한 점을 가진다. 그러나 대기압에서 기화된 분석물을 이온화시키기 위하여 코로나 방전을 사용한다는 점이 다르다. 그리고 APCI는 GC–MS에서 사용되는 화학 이온화법과 다르다. 화학 이온화법은 진공 상태에서 작동한다. 액체 크로마토그래피에서 흘러나오는 물질들은 높은 온도(약 400C)에서 분사되어 기화된다. 기화된 물질들은 5 KV의 전압이 가해져 있는 코로나 방전 침의 영역을 지나게 된다(그림 22.8). ESI는 액체 상태의 이온화(산–염기 화학)에 의존하지만, APCI는 기체상에서 이온과 분자들의 반응에 의하여 이온을 발생시킨다. 극성이 작은 분석물을 기체 상태에서 이온화시키는 경우에 APCI가 ESI보다 더 효율적이다. 그러나 APCI가 측정할 수 있는 질량 한계는 대략 2000달톤 정도이다. ESI와 APCI는 상보적으로 사용된다. 즉 한 가지 방법에 의하여 이온화되지 않을 때 다른 방법이 사용되기도 한다. APCI가 사용될 때, 메탄올을 크로마토그래피의 이동상으로 흔히 사용한다. 코로나 방전에 의하여 CH_3OH가 $CH_3OH_2^+$로 바뀌고 $CH_3OH_2^+$가 양성자를 제공하여 양성의 분석 이온 물질을 만든다. 전반적으로 용매 분자들이 코로나 방전 침에서 이온화가 되고, 이 이온 물질들이 분석물과 충돌하여 전하의 전달을 일으키게 된다.

대기압 광자 이온화(**atmospheric pressure photoionization**, APPI)에서는 APCI 코로나 방전 침 대신에 UV 램프를 사용한다. 이 램프는 약 10 eV의 광자를 제공하는데, 이는 어떤 물질들을 이온화시키는 데 충분한 에너지이다. APCI와 유사하게 램프의 에너지에 의하여 이온화될 수 있는 용매 분자들이 반응 이온을 만들고, 이 이온들이 분석물과 반응하여 이온화를 시킨다. 톨루엔은 APPI의 이온화 효율을 높여 주는 효과적인 혼입제이다. 전자가 부족한 방

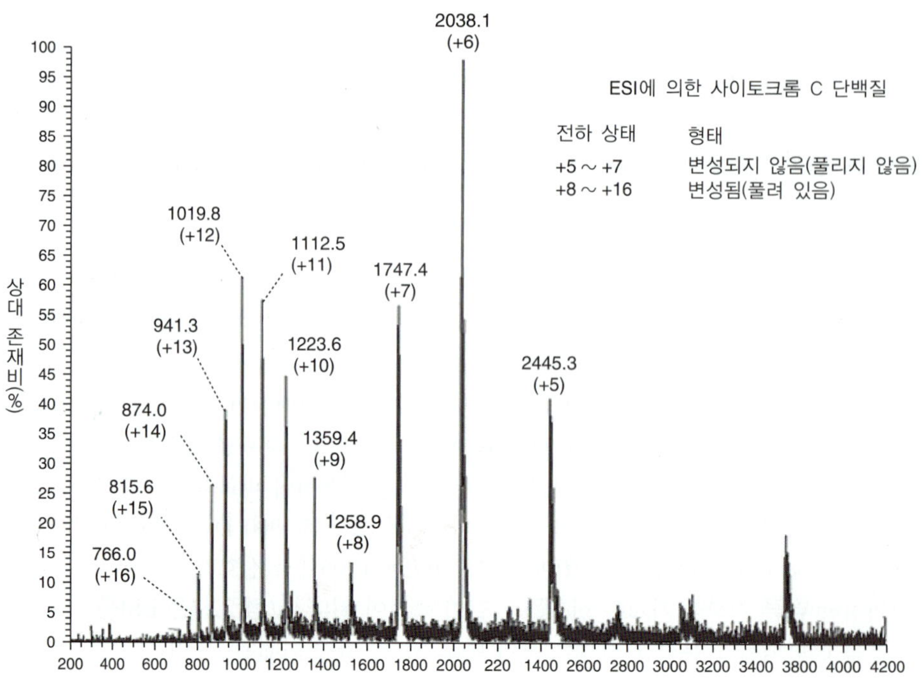

그림 22.7 소 심장에서 추출한 사이토크롬 c 단백질의 전자 분무 이온화 질량 분석 스펙트럼. 참고 문헌 10으로부터 가져옴.

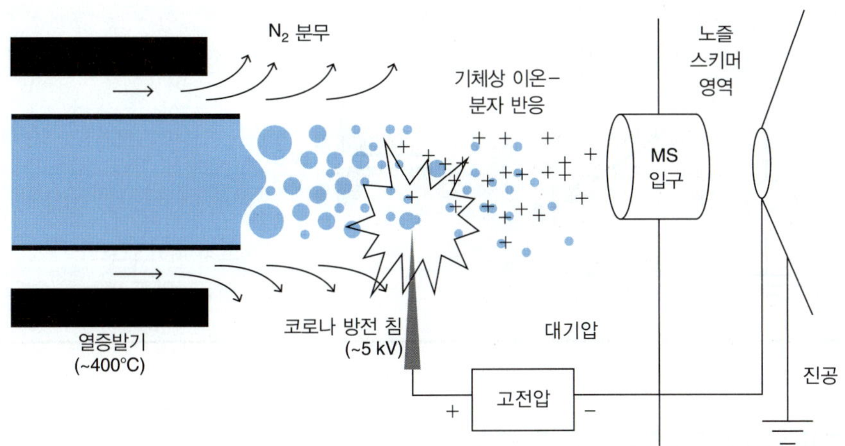

그림 22.8 대기압 화학 이온화 (APCI) 연결을 설명하기 위한 그림

향족 작용기를 가진 경우에(예를 들어 질소–방향족 화합물) APPI를 이용하여 ESI나 APCI보다 더 높은 효율로 이온을 얻을 수 있다. 그러나 아직까지 APPI는 ESI나 APCI와 비교하여 적게 사용된다.

주변 이온화(Ambient ionization)

지난 몇 년 동안 대기압 이온화 방법들이 진화되어 제자리에서 바로 이온화시킬 수 있는 새로운 방법들이 개발되었다. 주변 이온화(Ambient ionization)는 대기압에서 이온을 만들기 위한 시료 주입과 이온화 조사를 독립적으로 최적화시킬 수 있도록 하여 질량 분석기에서 물질들이 샘플링되고 분석될 수 있도록 하는 방법들을 지칭한다. 이 개념은 가장 처음 나왔고, 또한 많이 사용되는 AI 기술인 흡착 전기 분무 이온화(DESI) (참고 문헌 11을 보시오)을 통하여 잘 설명될 수 있다. DESI에서는 전기 분무 이온화원이 질량 분석기의 입구 부근에 위치한 시료의 표면에 위치하게 된다. 전기 분무 이온화원에서 생성되는 용매가 표면을 적시고 분석물들을 추출하는 용매층을 형성한다. 그리고 전기 분무된 방울이 분석물들을 표면으로부터 떼어내어 질량 분석기 쪽으로 향하도록 한다. 분석물 이온이 생성되는 과정은 전통적인 전기 분무 이온화 방법과 같다. DESI를 이용하여 알약과 같은 시료들이 지속적으로 움직이면서 샘플링되고 분석될 수 있도록 할 수 있다.

다른 방식인 이온화 조사가 사용될 수 있다. 실시간 탈착 이온화(DART) (참고 문헌 12를 보시오)에서는 글로우 방전관에서 생성된 준안정 이온들이 시료의 표면에 주사된다. 높은 에너지를 가지고 있는 준안정 이온들이 시료에 위치한 분석물 분자들을 탈착 및 이온화시킨다. 이 방법 역시 지속적으로 모니터링을 하는 데 적용될 수 있다.

DESI와 DART가 개발된 뒤에 다른 많은 AI 방법들이 개발되었다. 이 주제에 관한 다양한 리뷰논문들이 있다(참고 문헌 13을 보시오). DESI와 마찬가지로 어떤 기술에서는 전기적으로 분무된 용매를 사용하기도 하고, 또 다양한 종류의 시료들에서 샘플링을 하기 위하여 다른 에너지원을 사용하기도 한다. AI 방법의 기본적인 장점은 시료를 준비하기 위한 시간이 최소화된다는 것이다. 추출 전기 분무 이온화(EESI) (참고 문헌 14를 보시오)는 전기 분무 기둥이 에어로솔 상태로 분무된 시료와 질량 분석기 앞에서 섞여서 이온화가 진행되는데, 이 방법은 오줌과 같이 복잡한 시료를 직접 분석하는 데 적용될 수 있음을 보였다.

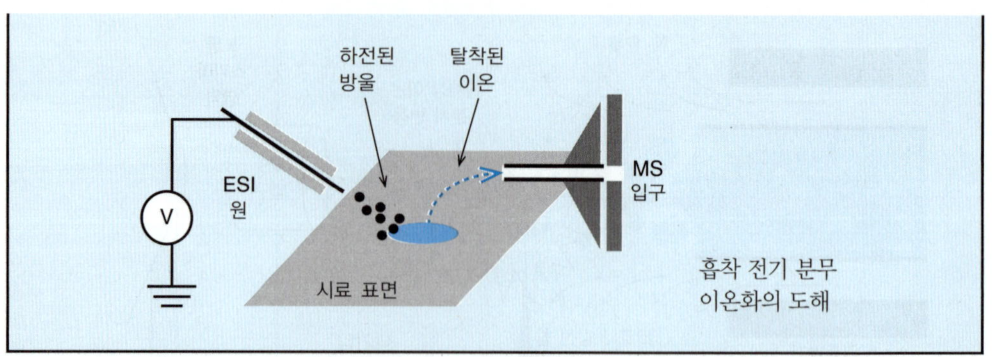

22.5 레이저 탈착/이온화

다양한 방법을 이용하여 분자로부터 이온을 만들 수 있다. 한 가지 매우 효율적인 방법은 레이저를 이용하는 것이다. 레이저는 한 가지 파장의 매우 강한 빛을 조사하게 된다. 레이저는 다양한 형태를 가지고 있어서 어떠한 물리 상태의 물질들이라도 이온화시키는 데 매우 유용하다. 현대의 질량 분석기에서 레이저는 (a)직접적으로 고체 물질들을 탈착시키고 이온화시키기 위하여 〔**레이저 탈착법**(**laser desorption ionization, LDI**)라고 함〕 사용하거나, (b) 시료와 매트릭스를 탈착시키고 매트릭스 물질들을 여기시켜서 간접적으로 분자들을 이온화시키는 방법(매트릭스 물질들은 분자들과 같이 결정화된다. 〔**매트릭스 보조 레이저 탈착/이온화법**(**matrix-assisted laser desorption/ionization, MALDI**)이라고 함〕으로 사용하거나, (c) 시료 물질들을 애블레이션시켜서 유도 결합 플라스마 질량 분석법(17장과 이 장의 뒷부분에서 설명됨) 등을 사용하여 분석할 수 있도록 하거나, (d)질량 분석기에 갇혀 있는 이온들을 알아내고 기체 상태 광화학 실험(이는 이 책에서는 다루어지지 않음)을 수행하는 데 사용된다.

LDI와 MALDI는 상용화된 시스템의 기기 구조가 매우 유사하다. 대부분의 경우 시료가 올려져 있는 스테인리스 재질의 판에 고체 상태 또는 질소 UV 레이저의 초점이 맞춰진다. 레이저가 조사되어 생성된 이온들은 질량 분석기로 가속된다(일반적으로 비행 시간형 질량 분석계가 사용된다(밑에 질량 분석 장치에 대한 설명을 참조하시오). LDI와 MALDI의 가장 큰 차이점은 MALDI에서는 매트릭스를 시료에 더한다는 것이다. 이는 조각화된 이온들을 생성하지 않는 부드러운 이온화 방법을 만들고 다양한 극성을 가진 크고 작은 분자들을 분석할 수 있도록 해준다. 이에 비하여 LDI에서는 분석물에 레이저의 최대 강도가 조사되므로 조각화된 이온들을 생성하는 이온화 방법으로 간주된다.

MALDI를 이용하여 큰 생체 분자를 분석할 수 있다는 것을 보여 준 Koichi Tanaka 박사는 2002년에 노벨 화학상을 공동수상하였다(앞에서 설명하였듯이 노벨상을 John Fenn 교수와 함께 공동수상하였다). 지난 15~20년 동안에 MALDI 기기의 사용이 크게 발전하였고 작은 분자, 지질, 분자량이 크고 작은 고분자, 펩타이드, 단백질 등의 다양한 물질들을 분석하기 위하여 사용된다. MALDI에서 이온을 성공적으로 만들기 위해서는 적합한 매트릭스를 선택해야 한다. 매트릭스는 일반적으로 분자량이 작은 유기 화합물이다. 매트릭스를 시료와 섞어서 작은 점(약 1μL의 액체)으로 잘 가공되어진 스테인리스 판 표면에 올려놓는다. 매트릭스는 분석물과 비교하여 훨씬 많은 양이 있게 된다. 매트릭스의 가장 중요한 목적은 (a) 시료와 건조되어 같이 결정을 형성하는 것, (b) 레이저의 에너지를 흡수하는 역할을 하는 것, (c) 광이 조사되었을 때 표면에서 탈착되어 기화되는 것, (d) 분석물들에게 양성자를 제공하거나 빼앗아 이온을 만듦으로써 질량 분석을 할 수 있도록 하는 것이다. 다른 분석을 위해서는 다른 매트릭스를 사용한다. 일반적으로 많이 사용되는 매트릭스의 예가 그림 22.9에 제시되어 있다.

많은 발전으로 인해 MALDI 질량 분석기의 응용도가 매우 높아졌다. 매트릭스가 과량으

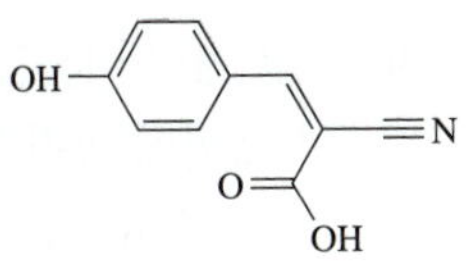

α-cyano-4-hydroxycinnamic acid
"α-cyano" or "CHCA"
펩타이드, 작은 분자 (< 10 kDa)

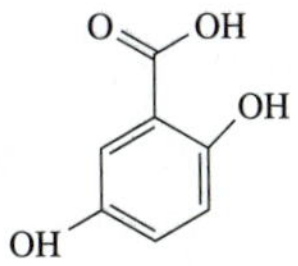

2,5-dihydroxybenzoic acid
"DHB"
펩타이드, 탄수화물, 중합체

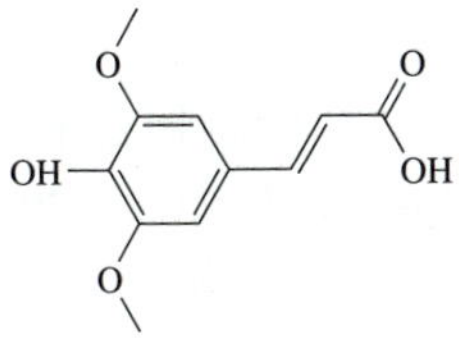

3,5-dimethoxy-4-hydroxycinnamic acid
"Sinapinic Acid"
펩타이드, 단백질(> 10kDa)

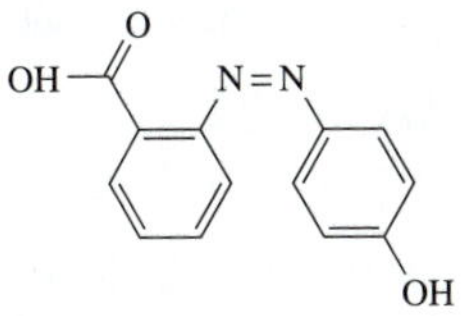

2-(4-hydroxy-phenylazo)benzoic acid
"HABA"
단백질, 올리고당류, 중합체

그림 22.9 일반적으로 많이 사용되는 MALDI 매트릭스와 사용 용도

로 존재하므로 질량 분석 스펙트럼의 낮은 m/z 영역에 큰 매트릭스 피크가 관찰된다. 그러므로 적은 양의 분석물들이 이 영역에 존재하면 피크들이 억제되어 관찰하기 어렵다. 연구자들은 매트릭스 피크들이 최소화되면서 분석물들을 효율적으로 이온화시킬 수 있는 나노구조(탄소 나노튜브와 실리카 기반의 표면)를 가지고 있는 플레이트를 만들어 사용하였다. 이 방법은 나노구조 보조 레이저 탈착/이온화(NALDI)로 분류된다. 이와 더불어 매트릭스와 분석물들로 형성된 결정체가 균질하지 않으므로 위치마다 다를 수 있다. 그러므로 정량적인 실험은 제한적이며 MALDI는 일반적으로 좋은 정량 분석 도구로 인식되어 있지 않다. 더욱 균질한 시료 결정체를 만들기 위하여, 연구자들은 이온 액체에 기반을 둔 MALDI 매트릭스를 개발하였다. 이 방법에서는 분석물들이 용융염에 녹는다. 용융염은 일반적으로 음성의 매트릭스 화합물이 크기가 큰 상대 양성 이온(결정체를 형성하는 것을 막기 위해)과 화학량적 비율로 섞여 있다. 이 균질한 혼합물은 레이저가 시료의 어느 위치에 가해지더라도 일정한 신호를 만들도록 한다. MALDI가 대사체학, 지질체학, 펩타이드 및 단백질 분석 등 다양한 화합물을 분석하는 데 사용될 수 있기 때문에 이 방법을 더욱 개발하는 것은 현대 분석 화학의 활발한 연구 분야 중 하나이다. 아직까지도 MALDI 분석을 위한 시료 준비와 플레이트에 시료를 가하는 작업은 최적의 결과를 얻기 위하여 조심스럽게 연습되고 실행되어야 하는 어려운 작업으로 간주된다.

질량 분석 이미징

사물의 이미지를 얻는 것은 추출 실험을 통하여 얻어지기 어려운 내용물에 대한 정보를 제공한다. 최근의 질량 분석 이미징(MSI) 기술의 발전은 물질들을 관찰할 수 있는 새로운 방법을 제공한다. 전통적인 MALDI에서는 분석물을 가지고 있는 시료 용액을 매트릭스와 섞고 스테인리스 판 위에 올려놓는다. 비슷한 방법으로 매우 얇은 조직 절편(대략 10 μm 두께)을 판 위에 올려놓고 얇은 매트릭스 막으로 코팅한다. 그리고 레이저를 코팅된 절편 위에 순차적으로 움직이면서 가해줌으로써 위치에 따른 질량 분석 스펙트럼을 얻을 수 있다. 만약에 질량 분석 스펙트럼이 일정한 간격으로 떨어진 위치들로부터 얻어지면 표면 전체에 위치에 따른 다른 이온들의 신호를 측정할 수 있고, 이를 통하여 이온 신호의 지도를 만들 수 있다. 이러한 실험은 엄청나게 많은 양의 데이터를 생산한다. 그러나 이온 신호의 지도에서 특정한 이온 하나 또는 몇 개의 이온들 신호의 크기를 추출해 낼 수 있으면, 단백질, 지질, 약 화합물이 조직의 절편에 공간적으로 분포하는 것에 대한 정보를 알 수 있다. 이러한 기술의 유용성을 보여 줄 수 있는 예로 조직 절편의 암에 걸린 부분 내외 또는 경계의 각각 위치에서 발현되는 단백질의 분포를 비교할 수 있다.

시료에서 공간적인 분해능을 높이는 것은 매우 활발하게 연구되고 있는 분야이다. 공간 분해능은 레이저살의 크기(대략 50~100 μm)나 시료의 준비 방법에 의하여 결정될 수 있다. 방해되는 물질들을 용매를 이용하여 추출하거나 매트릭스를 가하는 작업이 관심을 가지고 있는 물질들의 분포를 다르게 하여 분해능을 낮게 할 수 있다. 이러한 작업 중에 화학 물질들이 이동을 할 수 있고 이는 더욱 분해능을 낮게 한다. 기기회사들은 다양한 절편 내는 법, 고정법, MSI 전에 조직 표본에 매트릭스를 가하는 방법들을 개발해 왔다. MALDI 외에도 MSI는 이차 이온 질량 분석법과 같이 다양한 주변 이온화 방법을 이용하여 수행될 수 있다.

22.6 이차 이온 질량 분석법

이차 이온 질량 분석법(**secondary ion mass spectrometry**, **SIMS**)은 20세기 중반부터 고체 표면과 물질들의 화학 성분을 분석하는 주요한 도구로 개발되었다. 일차적으로 원소 분석이 수행되지만, SIMS는 분자 이온의 조작을 형성할 수도 있다. 일차 이온살이(예를 들어 이온총으로부터 생산된 Xe^+, Ar^+, O^-, O_2^+, SF_5^+, C_{60}^+) 고진공(10^{-4} Pa 이하)에서 시료의 표면이나 얇은 막에 가해져서 이차 이온이 생성되고, 이를 질량 분석기로 분석하게 된다. 이온 충돌은 중성, 양성 이온, 음성 이온을 동시에 생성시킨다. 그리고 적당한 이온광학 장치를 사용하여 생성된 이온들을 질량 분석기 장치에 주입한다. SIMS는 부채꼴, 사중 극자, 비행 시간형 질량 분석계를 사용한다. 낮은 측정 한계(평방 센티미터당 피코몰의 원자), 작은 크기의 입사 이온살(공간 분해능이 10 μm까지 가능함), 표면의 이미지를 얻을 수 있다는 점 등은 다양한 종류 표면의 원소 분석을 하는 데 매우 유용한 도구로 만든다. 다양한 표면에는 전기 회로판, 광물, 꽃가루 입자, 작은 화석 등이 포함된다. 깊이에 따른 성분 분석도 가능하다. 주요하게 고려해야 할 점으로는 분석하기 전에 시료의 표면이 매우 잘 닦여져야 한다는 것이다. 그리고 전하가 쌓이는 것을 막기 위하여 전기가 통하지 않는 물질들은 전기가 통할 수 있는 순도가 높은 금속으로 코팅되어야 한다. 이는 반복성 있는 결과를 얻기 위하여 매우 중요한다. SIMS의 이론과 작동에 대한 교육 자료가 Evans Analytical Group(http://www.eglabs.com/mc/sims-theory.html)에 있다. Benninghoven과 공저자가 쓴 책(참고 문헌 15)도 이 주제에 관한 가장 권위 있는 책 중의 하나이다.

22.7 유도 결합 플라스마 — 질량 분석법

1960년도 유도 결합 플라스마(inductively coupled plasma, ICP)의 발명과 이에 대한 1970년대의 상용화로 원소 분석을 할 수 있는 능력이 크게 향상되었다. ICP가 원자 발광 분광기에서의 원자화원과 질량 분석기(ICP−MS)에서 이온화원으로 사용되는 것은 17장에서 설명되었다. 원소 분석에서 ICP의 유용함은 약 10,000 K의 고온 아르곤 플라스마 토치 때문이다. 높은 온도는 유기 물질들이 모두 파괴시키고 Maxwell−Boltzmann 분포(17장의 식 17.1에 설명된)에서 보여지듯이 충분한 양의 원소들을 바닥 상태에서 들뜬 상태나 이온화된 상태로 만든다. ICP−MS는 ICP−AES와 유사한 장점들을 가지면서, 특히 전이 금속에 대해 더욱 좋은 감도를 제공한다. ICP−AES에서 서로 다른 원소들에 대한 분리된 발광선이 단색화 장치를 주사하면서 순차적으로 또는 다이오드 배열 측정기(diode array detector)를 이용하여 동시에 측정된다. 유사하게 ICP−MS에서도 질량 분석 장치로 효율적으로 전달된 원자 이온들이 *m*/*z* 비율에 따라서 분리되고 검출된다. ppt(parts-per-trillion)의 검출 한도, 그리고 7배에 달하는 선형 범위가 일반적으로 얻어진다.

이온들이 불꽃 부분에서 샘플링 콘과 스키머(skimmer)를 통하여 질량 분석기로 추출된다. 이 구조는 질량 분석기의 고진공 영역을 이온화 영역과 분리하면서 진공을 유지하는 데 도움을 준다. 원자들의 질량을 측정하는 능력이 분석에서 물질들을 확인하는 데 도움을 주지만 다음의 방해 요인이 있다는 것을 인지해야 한다. 예를 들어 *m*/*z* 40, 56, 80에 측정되는 신호는 플라스마에서 생성되어 높은 크기를 가지는 Ar^+, ArO^+, Ar_2^+의 신호에 의하여 방해를 받게 된다. 그러므로 각각 원소에서 가장 많이 존재하는 동위 원소인 ^{40}Ca, ^{56}Fe를 측정하는 것이 어렵게 되는데, 이러한 어려움을 동중질량 방해(isobaric interference)라고 한다. 동중질량 방해의 예를 나열한 표가 May와 Wiedmeyer에 의해 작성되었고 http://shop/perkinelmer.com.cn/content/RelatedMaterials/Articles/ATL_TableOfPolyatomicInterferences.pdf에서 볼 수 있다. 이러한 방해의 대부분은 다양한 원소의 산화물을 포함하는 다원자 이온이다. 그러므로 일반적으로 이온들이 질량 분석 장치에 도달하기 전에 충돌 또는 반응 셀을 지나가도록 되어 있다. 다른 기기회사들은 그들의 고유한 기기 장치 배열에 다른 이름을 붙였지만 충돌(주로 He)이나 반응 기체(H_2, CH_4, NH_3) 또는 다양한 기체의 혼합물을 이온의 경로에 위치하게 함으로써 다원자 이온의 크기를 줄이고 결국 다원자 이온의 방해를 줄이도록 고안되어 있다. 다양한 구조의 고주파 이온 가이드(사중 극자, 육중 극자, 팔중 극자)나 이온 렌즈가 질량 분석계에서 이온들의 경로를 안정화시키기 위하여 사용된다. 이들을 이용하여 진공에 의하여 빨려들어 오는 중성 물질이나 고체 입자들이 검출기에 도달하지 않도록 한다. 대부분 상용화된 ICP−MS 기기는 사중 극자 질량 분석계를 이용하여 분석하고자 하는 이온들을 분리 및 선택한다. 이것과 다른 질량 분석계들은 다음에 설명되어 있다.

22.8 질량 분석계와 검출기

질량 분석계는 질량 분석기의 가장 중요한 부분이다. 진공(예를 들어 전자 충돌 이온화)이나 대기압(예를 들어 전기 분무 이온화) 이온화원에서 생성된 이온들은 질량 분석계의 영역으로 전압에 의하여 이송된다. 양이온은 양의 전위를 가지는 영역에서 반발되고, 음의 전위를 가지는 영역에 의하여 끌리게 된다. 이온 렌즈와 이온 가이드는 이온화원에서 검출기까지 이온들이 안정적으로 도착하도록 도와준다. 중성의 물질들은 물리적 장벽(예를 들어 이온들은 전압에 의하여 모퉁이를 돌지만 중성 물질들은 그렇지 못함)과 매우 낮은 압력을 얻기 위하여 사용되는 터보분자 펌프에 의하여 제거된다. 이온들 모임이 질량 분석계에 도착하면 매우 정밀한 전기장/자기장을 이용하여 분리되게 된다. 관심이 있는 이온이 이온 검출기로 가도록 유도되고 이온의 존재비를 측정하게 된다.

질량 분석계에서 이온들이 긴 거리를 이동해야 하므로 기기의 구성에 적합한 평균 자유 행로 유지하도록 매우 낮은 진공을 유지해야 한다. 충돌 확률은 거리의 단위로 표현되는 평균 자유 행로에 의하여 나타내어진다. 이는 주어진 압력에서 다른 물질과 충돌하지 않고 이동할 수 있는 거리를 말한다. 표 22.5는 존재하는 분자의 수와 다양한 압력에서 평균 자유 행로 사이에 존재하는 일반적인 관계를 제공하고 있다. 질량 분석법에서는 이온이 측정되기 위하여 이동해야 하는 거리의 10~100배에 달하는 평균 자유 행로를 유지하는 것이 바람직하다. 주

표 22.5 질량 분석에 사용되는 압력값과 분자들의 평균 자유 행로

진공 범위	압력(mbar)	분자/cm^3	평균 자유 행로(m)	질량 분석계
주위 압력	$\sim 10^3$	$10^{20} \sim 10^{19}$	$10^{-8} \sim 10^{-7}$	나노크기
낮은 진공	$10^2 \sim 1$	$10^{19} \sim 10^{16}$	$10^{-7} \sim 10^{-4}$	마이크로 칩
중간 진공	$1 \sim 10^{-3}$	$10^{16} \sim 10^{13}$	$10^{-4} \sim 10^{-1}$	Miniature
고진공	$10^{-3} \sim 10^{-7}$	$10^{13} \sim 10^9$	$10^{-1} \sim 10^3$	사중 극자; 이온 트랩
매우 높은 진공	$10^{-7} \sim 10^{-12}$	$10^9 \sim 10^4$	$10^3 \sim 10^8$	비행 시간형; 사이클로트론

어진 질량 분석계의 분해능은 이온이 이동해야 하는 거리와 깊은 관련을 가지게 된다. 예를 들어 1 m의 비행관 길이를 가진 비행 시간형 질량 분석계보다는 2 m의 관을 가진 장치가 더 높은 분해능을 가지고 있다. 이온 사이클로트론 공명 질량 분석 장치는 전기장과 자기장에서 이온들이 오비탈을 지속적으로 돌게 함으로써 매우 높은 분해능을 얻는다. 그러나 표 22.4에서 볼 수 있듯이, 적당한 평균 자유 행로를 유지하기 위해서는 진공 펌프가 매우 높은 영역에서 작동해야 한다. 진공 기술과 관련된 가격과 전기 소모는 고성능 질량 분석 장치의 높은 가격에 기여하고 있다. 그리고 이러한 점은 휴대용 질량 분석기를 만들기 위한 가장 큰 기술적 장벽 중 하나이다. 최근에 연구자들은 질량 분석기를 소형화하기 위한 큰 진보를 이루었다. 마이크로칩이나 그보다도 작은 기기를 만들기 위해서는 평균 자유 행로의 길이가 거의 대기압과 유사하거나 약간 작기 때문에 진공 기술에 대한 요구는 낮아지게 된다.

19세기 말에 Eugene Goldstein과 Wilhelm Wien의 업적을 이어서 1905년에 Cambridge의 Cavendish Laboratory에서 Joseph John("J.J.")Thomson은 전기장과 자기장을 이용하여 기체 방전에서 생산되는 양극선의 "흐릿한" 영상을 분리하는 데 필요한 실험을 수행하였다. Thomson은 흔히 질량 분석의 아버지로 불린다. 방전관의 압력을 낮춤으로써 결과를 흐리게 하였던 충돌의 효과를 낮추었다. 그의 기기는 포물선 질량 분광그래프로, 그림 22.10에 구조가 제시되어 있다. 이 기기에서는 방전에서 생성된 양전하를 띤 이온들이 발달되어 감광판 방향으로 이동한다. 이온을 좁은 슬릿을 지나도록 하고 전기장과 자기장을 가해 주어 이온이 크기 대 전하비로 구별되도록 할 수 있다. 이것은 질량 분석에서 매우 중대한 공헌이므로 질량 대 전하비의 단위를 그의 이름을 붙여서 사용한다. Thomson(Th) 단위가 많은 연구 논문들에서 사용되었지만 Th는 SI 단위가 아니고 IUPAC에서 인정되지도 않았다.

그림 22.10에 제시된 그의 부채꼴 질량 분광 그래프에서, 기기의 오른쪽에서 생성된 이온들이 전달 관에서 반발되어서 왼쪽으로 이동한다. 이동된 이온들은 전기장, 자기장 또는 둘 다

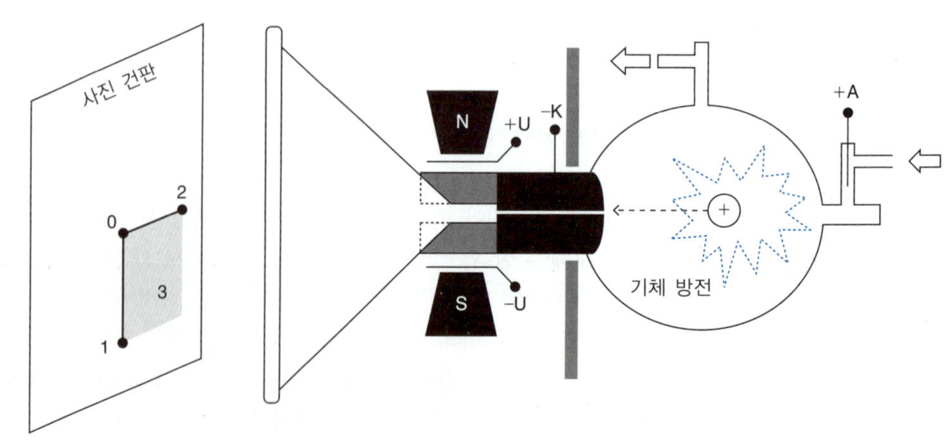

그림 22.10 J.J. Thomson의 포물선 질량 광그래프. 이온은 +A → −K 사이의 전압차에 의하여 가속되어 플레이트의 0 위치에 도달한다. +U → −U에 전기장을 가하면 양이온이 0과 1사이에 도착한다 (전하 q에 의존함). 자기장을 가하면 이온들의 경로가 변하여 0과 2사이의 위치에 도달한다(운동량 mv 에 의존함). 전기장과 자기장을 모두 가하면 입자는 3위치에 도달하게 되고 q와 mv에 의존하게 된다.

에 의해 조정된다. 아무런 장이 가해지지 않으면 이온은 감광판(맨 왼쪽)의 "0" 위치를 때리게 된다. 전기장이 이온이 움직이는 방향에 수직으로 가해지면(양전극은 위쪽, 음전극은 아래쪽), 양이온은 방향이 바뀌어서 0과 1 사이를 때리게 된다. q 전하를 가지는 이온이 전기장(V)에서 느끼는 힘(F)은 $q\mathbf{V}$가 된다($\mathbf{F}=q\mathbf{V}$, $q=ze$, z는 전하수이고 e는 전자의 전하량 1.602×10^{19}임). 그러므로 +2의 전하를 가지고 있는 이온은 +1 전하를 가지는 이온과 비교하여 2배의 힘을 느끼게 되고 2배 만큼 방향이 바뀌게 된다. 일정한 자기장이 가해지면 이온 운동에 대한 영향은 Lorentz 힘($\mathbf{F}=qv\mathbf{B}$, q는 이온의 전하, v는 이온의 속도, $\mathbf{B}$는 자기장의 세기임)로 나타낸다. 자기장만 가해지면 이온은 0과 2 사이에 있는 선을 때리게 된다. 그림 22.10에 나타낸 자기장의 방향은 양이온으로 하여금 오른쪽 방향으로 원운동을 하도록 한다. 그림 22.11에 나와 있는 원운동의 반지름 R은 이온의 운동량과 가해지는 자기장의 세기에 따라 변한다($R=mv/q\mathbf{B}$). 그러므로 자기장만 사용하는 질량 분석기를 "운동량 분리기" 라고 부르기도 한다. 전기장과 자기장이 모두 부채꼴 질량 분광그래프에 가해졌을 때 이온은 0 과 3 사이의 위치를 때리게 되는데, 정확한 위치는 이온의 전하, 질량, 운동량, 자기장의 세기에 따라 달라진다. 기체 방전 실험으로부터 생성된 다른 이온 물질들이 분명히 분리될 수 있다. 이러한 기술을 이용하여 Thomson과 그의 학생 Francis Aston은 동위 원소를 발견하였다.

Cavendish Laboratory에서의 발견은 20세기에 다양한 전기, 자기, 그리고 전기와 자기를 모두 갖춘 이중 초점(double-focusing) 부채꼴 기기를 탄생하도록 하였다. **이중 초점 부채꼴(double-focusing sector)** 기기는 다양한 구조로 사용되었다. C 형태로 생긴 구조(예를 들어 두 개의 부채꼴이 이온들을 같은 방향으로 밀어냄, Nier–Johnson 기하라고도 함)는 이온이 같은 반지름을 가지고 전기장을 지난 다음에 자기장을 지나도록(EB), 아니면 반대로 자기장을 지난 다음에 전기장을 지나도록(BE) 배열되어 이온들이 매우 높은 분해능을 가지고 분리될 수 있도록 한다. 다른 방법으로 Mattauch–Herzog S형태(예를 들어 부채꼴들이 이온을 반대 방향으로 밀어냄) EB 배열도 사용되었다. 매우 좋은 교육 자료가 Florida 주립대학교의 National High Magnetic Field Laboratory 웹 사이트(http://www.magnet.fsu.edu/education/tutorials/java/dualsector/index.html)에 있다. 오늘날 이중 초점 기기는 밟이 사용되지는 않고, 더 가격이 싸고 빠르며 작은 다른 형태 및 배열의 기기들이 사용되고 있다. 그러나 이중 초점 기기는 아직 시중에 유통되고 있고(예를 들어 www.jeol.com) 일부 특화된 실험실에서 다양한 이온화원과 결합된 고분해능 질량 분석 실험을 하기 위하여 사용되고 있다.

예제 22.4

+1전하를 가지는 이온이 $m/z=375.9$의 질량 대 전하비를 가진다. 이 이온이 5000 V의 전기장에 의하여 가속되고, 4 T의 일정한 자기장이 이온이 움직이는 방향과 수직하게 걸려 있는 공간에 주입되었다. 이 이온이 자기장에서 곡선 운동을 할 때 곡률 반지름은 얼마인가?

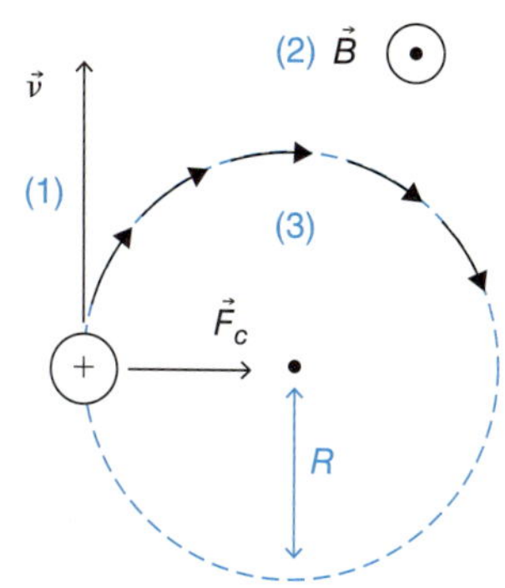

그림 22.11 전하를 가진 입자들의 자기장에서의 운동. 전하를 가진 입자가 처음에 v(1)의 속도로 가속되이 일정한 자기장 $\mathbf{B}$(2)(페이지의 뒷면에서부터 위로 나옴)를 가지는 영역에 주입됨. 자기장은 입자의 운동 방향을 바꾸어서 원형 경로(3)로 움직이게 하고, 원형 궤도는 반지름 R을 가짐.

풀이

먼저, 이온의 속도를 계산해야 한다. 퍼텐셜 에너지($q\mathbf{V}$)는 운동 에너지($0.5\ mv^2$)와 같으므로, 이 관계를 이용하여 속도를 구할 수 있다.

$$q\mathbf{V} = (+1)(1.602\times10^{-19}\ \text{C})(5000\ \text{V}) = 8.01\times10^{-16}\ \text{J}$$

$$8.01\times10^{-16}\ \text{J} = 0.5\ ((375.9\ \text{u})(1.6605\times10^{-27}\ \text{kg/u}))\ (v^2)$$

$$v = 50{,}661\ \text{m/s}$$

다음, 곡률 반지름을 구할 수 있다.

이 계산의 단위는 어렵다. 다음의 단위 변환을 사용하면 더 쉽게 계산할 수 있다.

1 V	$= 1\,\mathrm{J\,C^{-1}}$
1 J	$= 1\,\mathrm{kg\,m^2\,s^{-2}}$
1 C	$= 1\,\mathrm{A\,s}$
q	$= ze$
e	$= 1.602 \times 10^{-19}$ C
1 u	= 1 amu
	$= 1.6605 \times 10^{-27}$ kg
1 T	$= 1\,\mathrm{kg\,C^{-1}\,s^{-1}}$
	$= 1\,\mathrm{kg\,A^{-1}\,s^{-2}}$
v (속도)	$= \mathrm{m\,s^{-1}}$

$$R = mv/q\mathbf{B}$$

$$R = \frac{(375.9\text{ u})(1.6605\times10^{-27}\text{ kg/u})\ (50{,}661\text{ m/s})}{(+1)(1.602\times10^{-19}\text{ C})\ (4\text{ T})}$$

$$R = 0.0493\text{ m} = \mathbf{4.93\ cm}$$

사중 극자 질량 필터

1950~1960년대 사이에 독일 물리학자인 Wolfgang Paul은 사중 극자를 특정한 이온만 통과시켜서 기체 상태의 이온을 분리할 수 있는 간단하고 저렴한 **사중 극자 질량 분석계(quadrupole mass analyzer)**를 개발하였다. 그는 이 업적으로 1989년에 노벨 물리학상을 수상하였다. 그림 22.12는 사중 극자 분석계의 구성을 보여 준다. 직류 전압(U)과 진동하는 고주파 전압(V cos ωt, 여기서 ω는 진동수이고, t는 시간)을 걸어 주는 네 개의 평행한 금속 막대로 구성되어 있다. 두 개의 반대쪽 극은 양으로 하전되어 있고, 다른 두 개는 음으로 하전되어 있으며, 실험하는 동안 그 극성이 변한다. 걸리는 전압은 U+V cos ωt와 −(U +V cos ωt)이다. 걸리는 전압이 네 개의 극 사이의 비행 경로를 따라 이동하는 이온들의 궤적을 결정한다. 이온화원으로부터 나온 이온이 전극의 z축을 따라서 RF장에 들어가면 이온들이 z축을 따라 진동을 한다. 특정 질량대 전하 비를 가지는 이온만 장을 따라 공명하며 안정된 경로를 따라 이동하여 검출기에 도달한다. 다른(비공명) 이온은 굴절하여(불안정 경로)전극과 충돌하여 사라진다(걸러진다). 전압을 빠르게 변화시켜 한 질량에 이어 다른 질량이 안정한 경로를 취하게 함으로써 검출기에 수집된다. U와 V를 일정하게 유지하면서 w를 변화시키거나 U/V를 일정하게 하면서 U와 V를 변화시킨다.

사중 극자 질량 분석 장치는 GC-MS에서 가장 일반적으로 사용된다.

사중 극자 분석계는 질량 분석에 사용하기에 적합한 몇 가지 장점을 가지고 있다. 이온이 지나는 경로가 이온의 운동 에너지(예: 속도)나 이온의 휘어짐 각도에 의존하지 않기 때문에 투광도가 높다. 전압의 변화만 필요하므로 주사가 빠르다. 약 800 질량 단위 범위의 스펙트럼을 1초당 20번 기록할 수 있다. 1초 미만의 좁은 폭을 갖는 크로마토그래피 피크나 여러 개의 물질들이 충분히 분리되지 않고 함께 크로마토그래피 컬럼에서 나오는 것을 분석하기 위하여 빠른 주사가 필요하다. 약 1500의 분해능을 가지므로 작은 분자들에 대하여 1 단위 분해능의 분석이 가능하다. 그리고 사중 극자는 다른 질량 분석 장치와 비교하여 넓은 역동적 범위를 가지므로 정량 분석에 유리하다. 기기의 한 부분에서 다른 부분으로 이온들을 효율적으로 이동시키기 위하여 사중 극자(유사하게 육중 극자, 팔중 극자)에 고주파(radio frequency, RF)만 가해지고 직류 전압을 가하여 사용할 수 있다. 고주파만 가해 주는 경우에는 모든 이온들의 움직임이 사중 극자의 z축에 따라서 안정화된다.

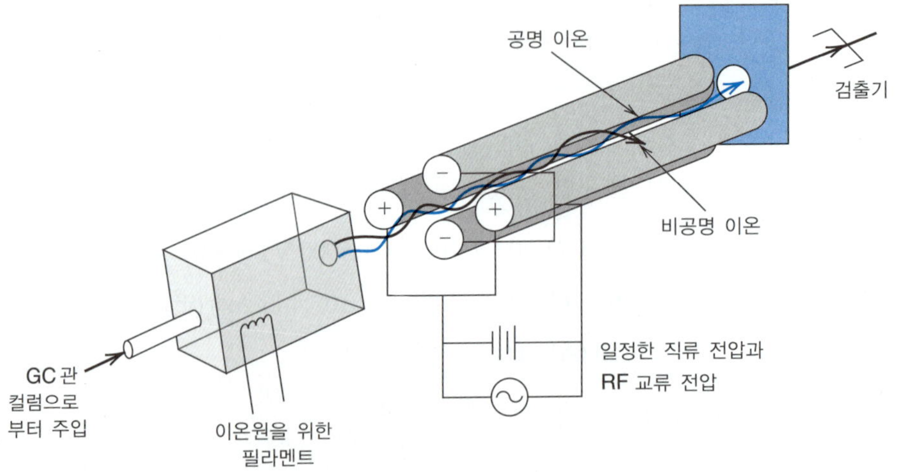

그림 22.12 사중 극자 질량 분석계

이온 트랩

Wolfgang Paul은 이온 트랩 질량 분석계도 개발하였다. 그림 22.12에 제시되어 있는 3차원의 이온 트랩을 일반적으로 사중 극자 이온 트랩 또는 Paul 트랩이라고 한다. Paul 트랩 이후에 다른 종류의 트랩 질량 분석계(예를 들어 직선형, 오비트랩 등)가 개발되었다. 사중 극자 질량 분석계처럼 이온 트랩도 진동하는 전기장에 따라 달라진다. 3개의 전극(입구, 링, 뚜껑)에 전압을 가하여 이온을 오랫동안 트랩에 머무르게 하면서 다양한 실험을 할 수 있다. 결과적으로 탄뎀 질량 분석법, 즉 들뜸, 조각냄, 이온의 측정으로 이루어진 일련의 작업을 수행할 수 있다.

정한 질량이 불안정하도록 하는 모드에서 U−V cos ωt의 전압이 링전극에 가해지고 뚜껑과 입구 전극이 0 V로 유지되면서 트랩은 전체 이온을 저장하는 장치의 역할을 한다. 이때 이온들은 질량 대 전하비에 따라 달라지는 주기를 가지고 트랩 안에서 운동을 하고 있다. 최소한의 헬륨(약 10^{-3} Torr)이 이온들의 운동 에너지를 낮춰 주기 위하여 필요하다. 그렇지만 충돌은 분자들의 조각을 유도하지 않도록 낮은 에너지에서 이루어져야 한다. 가해 주는 직류와 고주파 전압의 크기를 증가시키고 주파수를 늘리면 트랩 안의 이온들은 불안정해지고 트랩에서 빠져나오게 된다. 이렇게 트랩에서 나오는 이온들을 검출한다. 이러한 일련의 실험 과정 중에서 다른 이온들은 트랩에서 빠져나오게 하고 특정한 이온만 트랩 안에 남긴 뒤에, 이 이온들을 조각낼 수도 있다. 이온 트랩 안에 **충돌 활성 해리(collision activated dissociation, CAD)**는 특정한 이온만 선택적으로 남게 한 뒤에 약 10 msec 동안에 여러 번의 충돌을 유발시켜서 진행된다. 이온 트랩에 대한 자세한 정보와 이론은 Raymond March가 출간한 논문에서 찾아볼 수 있다(참고 문헌 17).

사중 극자와 마찬가지로, Paul 트랩(Paul trap)은 제한된 분해능을 가지나 부피가 작고 값이 상대적으로 저렴하다. 사중 극자와의 다른 점은 넓은 범위의 질량 대 전하비가 관찰될 경우에도 감도가 낮아지지 않는다는 것이다. 그러나 이온 트랩은 한번에 저장할 수 있는 이온들의 개수가 제한되게 된다. 너무 많은 수의 이온들이 트랩에 저장되면 공간 전하 효과(space-charge effect)가 생겨서 분해능, 질량 정확도, 측정 감도가 크게 감소하게 된다. Paul 트랩은 전체적인 질량 범위를 분석할 수 있는 속도(scan rate)는 빠르지만, 이온들을 다루어야 하는 복잡한 과정들 때문에 반복되는 측정 간의 시간이 길다. 그러므로 매우 빠른 분리와 연결하여 실험을 하거나 복잡한 혼합물 샘플을 분석하는 데 응용되는 것이 제한된다. 감도와 분해능에 대한 한계는 다른 형태의 기기 구성과 특별한 실험 조건에 의하여 어느 정도 극복될 수 있다. 예를 들어서 직선형 이온 트랩(참조 문헌 18)은 사중 극자 이온 트랩보다 일반적으로 감도가 더 높다. 그리고 오비트랩(Orbitrap, 참고 문헌 18)은 매우 세심하게 제작된 실타래 모양의 전극 주위로 돌면서 이온을 이동시킴으로써 매우 높은 분해능의 질량 분석 스펙트럼을 제공한다.

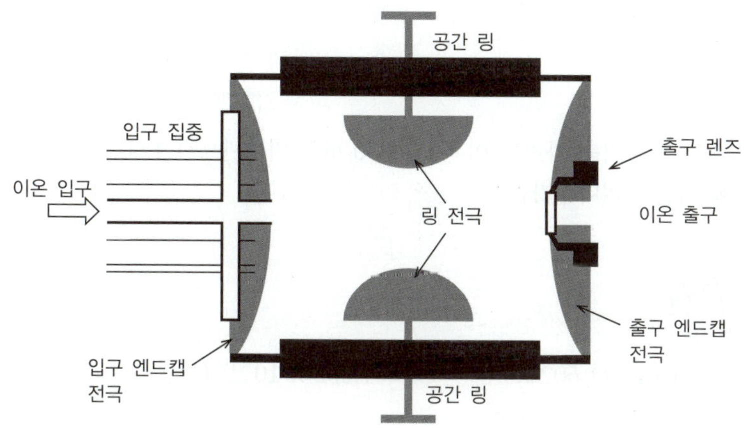

그림 22.13 사중 극자 이온 트랩 질량 분석 장치의 단면도. University of Bristol, School of Chemistry(http://www.chm.bris.ac.uk/ms/theory/qit-massspec.html)에서 자료를 가져옴.

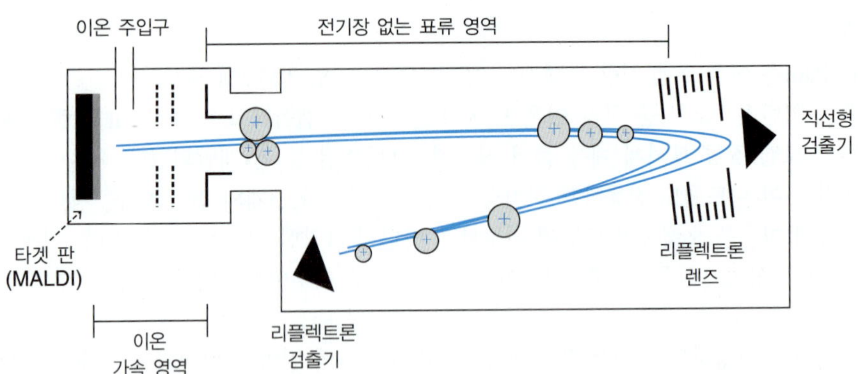

그림 22.14 비행 시간형 분석계

이온 트랩은 제한된 동적 범위를 가지는데 그 이유는 너무 많은 이온들을 트랩에 가두면, 공간-전하 효과가 정상적인 이온의 움직임을 왜곡시켜서 질량정확도와 분해능이 낮아지게 되기 때문이다.

비행 시간형

비행 시간형(**time-of-flight**, **TOF**) 분석계는 1970년도에 개발되었으나 1990년대에 와서야 주요한 질량 분석 장치로 사용되었다. 그림 22.14는 비행 시간형 분석계에서 이온들을 분리하는 기본적인 원리를 보여 주고 있다. 질량 분석 이온화원에서 생성된 이온들은 리펠러 또는 가속 전극이라는 전극들에 의하여 펄스 이온 뭉치의 형태로 가속된다. 이온뭉치는 수천에서 만 볼트의 전압에 의하여 비행관으로 1초에 약 20,000번의 속도로 펄스된다. 이때 일정한 크기의 운동 에너지가 이온들에게 가해져야 한다. 서로 다른 질량 대 전하비를 가지는 이온들은 다른 속도로 이동하게 되어서 다른 시간에 비행관의 다른 끝에 위치한 검출기에 도달하게 된다. 작은 이온들은 빨리 이동하고, 큰 이온은 천천히 이동한다. 이온화원에서 비행관으로 이동하는 이온들의 운동 에너지는 다음의 식으로 주어진다.

$$\frac{mv^2}{2} = \mathbf{V}q \tag{22.3}$$

이때 m은 이온의 질량(kg), v는 이온의 속도(ms^{-1}), $\mathbf{V}$는 가속 전압, q는 이온의 전하(ze)이다. 식 22.3을 다시 정리하면,

$$v = \sqrt{\frac{2\mathbf{V}q}{m}} \tag{22.4}$$

그러므로 이온의 속도는 질량 대 전하비의 제곱근에 반비례한다. 검출기에 도달하는 시간 t는 $t = L/v$, L은 비행관의 길이이다. 서로 다른 이온들 간의 시간의 차이 Δt는

$$\Delta t = L\frac{\sqrt{m_1} - \sqrt{m_2}}{\sqrt{2\mathbf{V}q}} \tag{22.5}$$

질량의 제곱근값들의 차이에 의하여 결정된다. 이온들 간의 시간 차이는 일반적으로 마이크로초나 나노초의 시간대에서 이루어진다.

예제 22.5

433.67의 질량 대 전하비를 가지는 이온이 1.850 m의 비행관으로 15.0 kV의 에너지로 가속되었을 때 비행 시간은 얼마인가?

풀이

$$v = \sqrt{\frac{2\mathbf{V}q}{m}}$$

$$q = \mathrm{ze} = (+1)\ (1.602 \times 10^{-19}\ \mathrm{C}) = 1.602 \times 10^{-19}\ \mathrm{C}$$

$$m = (435.67\text{ u})\,(1.6605 \times 10^{-27}\text{ kg/u}) = 7.2343 \times 10^{-25}\text{ kg}$$
$$v = ((2)\,(15000\text{ V})\,(1.602 \times 10^{-19}\text{ C})/7.2343 \times 10^{-25}\text{ kg})^{0.5} = 81507\text{ m/s}$$
$$t = L/v = 1.850\text{ m}/(81507\text{ m/s}) = 2.270 \times 10^{-5}\text{s} = \mathbf{22.70}\ \mu\text{sec}$$

예제 22.4로부터 $(\text{V C kg}^{-1})^{0.5} = (\text{J C}^{-1}\text{ C kg}^{-1})^{0.5} = (\text{kg m}^2\text{ s}^{-2}\text{ kg}^{-1})^{0.5} = \text{m s}^{-1}$

비행 시간 질량 분석기에서는 펄스화된 가속이 필요한데, 지속적인 이온화와 가속은 서로 겹치는 질량을 가지는 이온들이 계속 측정되기 때문이다. 펄스된 작동의 동작에서는 이온화원에서 10^{-9}초 동안 이온뭉치가 만들어지고, 10^{-4}초 동안 비행관으로 가속되게 된다. 그리고 이온뭉치들이 비행관을 통하여 검출기에 도착하는 펄스의 나머지 시간 동안에 가속해 주는 전압을 끄게 된다(이 과정은 약 마이크로초 단위이다). 비행 시간형 질량 분석계는 사중 극자 질량 분석계처럼 전체의 질량 범위를 빠르게 검출할 수 있다. 그리고 비행 시간형 질량 분석계는 큰 분자량에 대한 한계가 없기 때문에 질량 대 전하량이 큰 이온들을 측정할 수 있다. 비행 시간형 질량 분석계가 현재와 같이 많이 사용되기까지는 몇 가지 한계들이 극복되어 왔다.

TOF 기기의 분해능은 같은 질량을 가지는 이온이 검출기에 도착하는 시간 차이에 의하여 결정된다. 이온들이 초기에 생성되면, 같은 질량을 가지는 이온이라고 하더라도 시간, 공간, 속도의 차이를 가지게 된다. 이온이 생성되는 과정(예를 들어 레이저를 조사해 주는 이온화 방법)에서 한 가지 운동 에너지가 아닌 운동 에너지 분포를 가지는 이온들이 생성된다. 일정한 운동 에너지를 가지는 것은 높은 분해능의 질량 분석을 얻기 위하여 매우 중요하다. 몇 가지 중요한 기술들이 이러한 운동 에너지의 분포를 극복하게 해 주었다. 현재 사용되고 있는 TOF 기기는 20,000이 넘는 분해능을 가지고 있는데 이는 (a) 긴 비행관, (b) 리플렉트론(reflectron)렌즈, (c) 지연된 추출 기술 등을 사용한다. 긴 비행관은 진공 시스템 기술이 발전함에 따라서 가능하게 되었다. 그리고 리플렉트론 렌즈는 방향을 바꾸어서 이온뭉치가 모여서 검출기에 도달하도록 한다. 궁극적으로 리플렉트론 렌즈는 비행관의 길이를 늘리는 역할을 하기도 한다. 같은 질량을 가지지만 높은 운동 에너지를 가지는 이온들은 리플렉트론의 전기장에서 더욱 깊이 들어가게 된다. 반대로 낮은 운동 에너지를 가지는 이온들은 짧은 거리를 들어가게 된다. 이러한 과정을 통하여 같은 질량을 가지지만 에너지(또는 속도)가 다른 이온들이 모이게 된다. 리플렉트론 TOF 기기가 직선형의 TOF 기기보다 높은 분해능을 가지지만, 측정할 수 있는 이온의 크기는 리플렉트론 렌즈에 의해 방향을 바꿀 수 있는 20,000 m/z 이하로 제한된다. 지연된 추출 기술에서는 이온화 과정과 이온을 가속하는 과정 사이에 시간 간격을 두게 된다. 이 시간 동안에 높은 에너지를 가지는 이온들은 가속하는 영역에서 멀어지게 되며, 특히 매우 작은 이온이나 중성 물질들이 진공에 의하여 제거된다. 이러한 과정을 통하여 지연 후에 가속된 이온뭉치는 더욱 좁은 운동 에너지 분포를 가지게 된다. 그리고 이온들과 충돌하여 이온들의 이동 경로를 바꿀 수 있는 다른 물질들이 모여 있는 영역을 지나지 않아도 된다. 이러한 기술의 개발로, TOF 질량 분석기는 다양한 이온화원과 시료 도입 장치와 연결되어 널리 사용되고 있다.

선형 TOF 질량 분석기는 분자량이 큰 물질들을 분석하는 데 적합하다.

예제 22.6

Michigan 대학의 Michael Morris 교수 제공

MALDI가 이온화원으로 사용되었을 경우에 비행 시간형 질량 분석계는 단백질을 분석하기 위한 강력한 질량 분석계이다(그림 22.14). 그러나 GC-MS나 LC-MS에서 흔히 사용되는 질량 분석계는 사중 극자 질량 분석계이다(그림 22.12). 왜 다른 질량 분석계가 다른 연구 야에 사용되는지 설명하시오.

풀이

TOF 시스템은 펄스화된 시료 도입 시스템, 예를 들어 MALDI를 이용한다. TOF를 이용한 분석은 100마이크로초 이내에 이루어진다. 5~20나노초 동안 유지되는 레이저 펄스는 비행 시간과 비교하면 매우 짧다.

그러나 사중 극자 질량 분석계는 펄스화된 시료 도입과 연결하여 사용하기 어렵다. 사중 극자는 지속적으로 도입되는 시료에 적합한데, 이는 사중 극자를 지나가는 이온을 DC/AC의 비율을 바꾸어가며 선택하기 때문이다. 이러한 특징 때문에 사중 극자가 몇 초에서 몇 분의 차이로 물질들을 분리하는 GC−MS나 LC−MS에 매우 적합하다. 이는 최소한 0.1초의 사중 극자 스캔 시간과 비교하여 훨씬 크다. ■

이온 사이클로트론 공명

1941년에 California−Berkely 대학에 근무하는 Ernest Lawrence 교수가 사이클로트론 입자 가속기를 180° 자기 섹터의 역할을 하도록 변형하여 방사성 우라늄을 모으는 기기로 개발하였다. 이렇게 제작된 기기는 **칼루트론(Calutron)**이라고 명명되었고, 미국 정부에 의해 대량 생산되어 Manhattan Project에서 방사성 우라늄을 생산하는 주요한 장비가 되었다. **사이클로트론(cyclotron)**은 전기를 통하는 원통형의 방이 2개의 "D"로 나뉘어 있는 부품이 이온들이 매우 높은 속도로 가속될 수 있도록 고진공 상태에 있게 된다. 그림 22.15에 제시되어 있는 것처럼 방에 들어간 이온들은 수직 방향의 일정한 자기장을 겪게 되고 이 자기장을 이용하여 이온들을 가두어 둔다. 이온이 회전을 하여 D 사이의 공간으로 다시 돌아오면 전기장에 의하여 더욱 가속된다. 이온은 D 사이의 공간과 자기장의 영향에 의하여 지속적으로 가속되면서 원형 궤도에 가두어져 있게 된다. 이온이 궤도를 움직이는 시간을 t라고 하면 이 시간은 질량 대 전하비와 자기장의 세기에 비례한다.

$$t = \frac{2\pi m}{qB} \tag{22.6}$$

예를 들어 양성자가 50 MeV로 가속된 후에 1 T 자기장에서 한 개의 궤적을 도는 시간은 66 nsec로 매우 빠르다. 양성자가 1225번 궤적을 80 usec 동안 돌면서 매번 돌 때마다 40 keV의 에너지를 얻으면 이러한 높은 에너지의 가속이 가능하다. 이 경우에 30 MHz의 주기로 돌게 된다. 현실적으로는 매우 높은 에너지에 도달하여 빛의 속도에 가까워지면 궤적을 도는 시간이 일정하지 않게 된다. 그러므로 궤도를 움직이는 주기를 상대적 효과를 고려하여 보정해 주어야 한다. 이러한 작업을 할 수 있는 기기를 싱크로트론(synchrotron)이라고 한다.

사이클로트론의 개발은 **Fourier 변환 이온 사이클로트론 공명(Fourier transform−ion cyclotron resonance, FT−ICR)** 질량 분석 기기 개발의 터전을 마련하였다. FT−ICR에서는

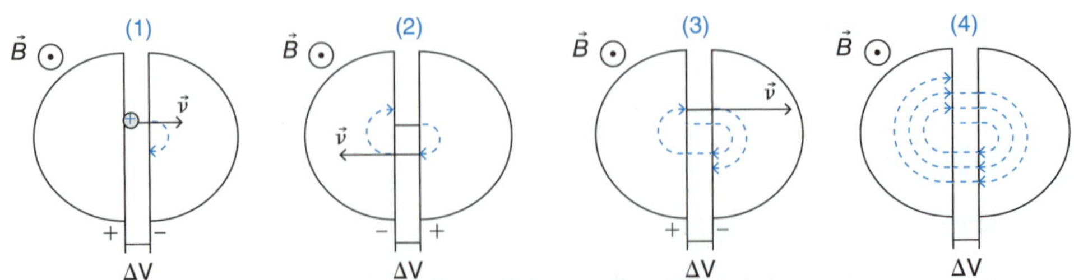

그림 22.15 사이클로트론에 전하를 가진 입자 의 운동. (1) 사이클로트론에 갇힌 이온이 V 전압에 의하여 가속됨. 이온이 자기장의 영향을 받으면서 사이클로트론 궤도에 진입함. (2) 이온이 가속되는 영역으로 다시 들어가서 속도가 증가됨; 결과적으로 궤도의 반지름이 증가됨. (3) 다시, 이온이 가속되어 높은 에너지와 큰 반지름을 가지게 됨. (4) 이온이 지속적으로 가속되고 반지름이 증가함.

흔히 Penning trap이라고 불리는 이온들이 변형된 사이클로트론 셀에 주입된다. 사이클로트론 셀이 그림 22.16에 제시되어 있다. 이온들이 주입되면 이온들은 주입되는 축 방향(z축)으로는 전기장에 의하여, 그리고 x, y 방향으로는 강력한 자기장에 의하여 갇혀 있게 된다. 그러므로 이는 앞에서 설명한 트랩들과는 다른 원리의 트랩이다. 트랩에서 이온들은 넓은 범위의 라디오 주파수 펄스에 의하여("chirp"라고 불림) 더 큰 반지름을 가지고 사이클로트론 운동을 하게 된다. 이온들이 측정판(또는 측정 전극)을 지나면 이미지 전류를 유도하게 된다. 이미지 전류를 기록하면 시간축의 신호가 얻어지게 된다. 시간축 신호를 질량 스펙트럼으로 바꾸기 위해서는 빠른 Fourier 트랜스폼이 사용된다. Fourier 변환에 의하여 시간축 신호는 주파수 축 신호로 바뀌게 되고, 주파수 축 스펙트럼은 다음의 식에 의하여 질량 스펙트럼으로 바뀌게 된다.

$$\nu_c = \frac{1.536 \times 10^7 B_0}{(m/z)} \tag{22.7}$$

식 22.5과 유사하게 주어진 이온의 사이클로트론 주파수는 질량 대 전하비와 가해 주는 자기장의 세기와 관련된다. 주파수는 이온이 움직이는 속도에 의존하여 변하지 않는다. 현재 가용할 수 있는 상용화된 기기는 4~12 T의 자기장을 가지고 있다. 그러나 미국 Florida의 National High Magnetic Field Laboratory와 같은 연구소에서는 25 T의 높은 자기장을 가진 기기가 개발되기도 하였다. 높은 자기장에서는 높은 운동 에너지를 가지는 분자량이 큰 이온들을 가두어 둘 수 있으므로, 향상된 높은 분해능(많은 경우에 100,000 이상)을 가지고 분자량이 매우 비슷한 이온들을 구별할 수 있다. 9.4 T 자기장을 가진 기기는 10,000 m/z까지 측정할 수 있다. 극단적으로 높은 고분해능은 매우 정확한 측정(1 ppm 이하의 질량 정확도)을 일상적으로 가능하게 한다.

그러나 이러한 높은 성능을 얻기 위해서는 대가를 치루어야 한다. 일반적인 크기의 이온들을 고분해능으로 분석하기 위해서는 이온들을 충분한 길이의 시간 동안 측정해야 한다. 분해능 1000 m/z 이온을 9.4 T 기기를 이용하여 100,000 이상의 분해능을 얻고자 하면, 1초 이상의 측정 시간이 필요하다. 이러한 시간의 한계 때문에 크로마토그래피 분리에서, 특히 세포 분쇄물과 같이 복잡한 혼합물을 분석해야 하는 경우, 모든 화합물들을 고분해능으로 분리하는 것은 어렵다. 그러므로 FT-ICR 기기는 빠른 속도를 가지는 다른 질량 분석계와 결합된 하이브리드 기기의 형태로 흔히 사용된다. 이러한 경우에 분리된 화합물들이 빠른 속도를 가지는 질량 분석 기기에 의하여 분리되다가 고분해능으로 분석할 특정한 화합물들을 FT-ICR로 보내어 측정을 한다. 그리고 FT-ICR 기기들은 가장 비싼 기기들 중의 하나이다. 기기의

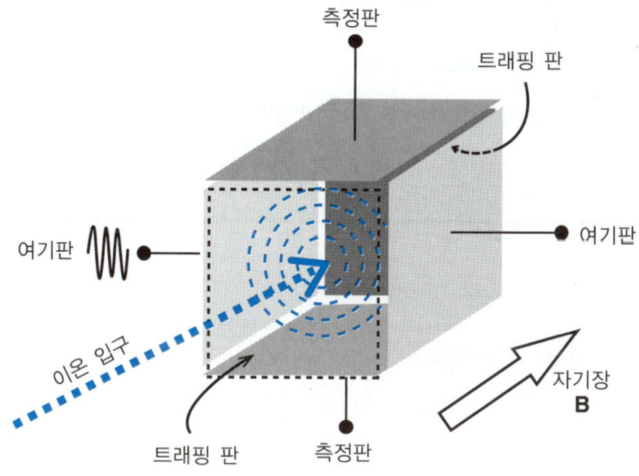

그림 22.16 이온 사이클로트론 공명 질량 분석 장치

구입 가격이 10억 원이 넘는데다가 초전도 자석을 초저온으로 유지해 주기 위한 액체 질소와 헬륨에 매년 2천만 원 이상 소요된다.

이온 이동도 분석법

이온 이동도 질량 분석법(Ion mobility spectrometry, IMS)은 1950~1960년대에 개발되었다. 그리고 현재까지 군용, 안전 점검을 위한 용도로 많이 사용되고 있다. IMS는 기체 상태의 이온들이 이동도의 차이에 의해 분리되는 원리를 이용한다. 이온들이 전기장에 의하여 IMS 관을 통과할 때 완충 기체와의 충돌에 의하여 저항을 받게 된다. 이온이 IMS 관을 통과하는 시간은 이온의 질량, 전하량, 모양, 크기에 영향을 받는다. 이온의 이동도 K는 다음 Mason 식에 의하여 나타낼 수 있다.

$$K = \frac{3}{16}\sqrt{\frac{2\pi}{\mu kT}}\,\frac{q}{n\sigma}$$

식에서 q는 이온의 전하량(ze), μ는 이온과 완충 기체의 환산 질량($\mu = m_{이온}m_{기체}/(m_{이온}+m_{기체})$), k는 Boltzmann 상수, T는 기체의 온도, n은 완충 기체의 수밀도(단위 부피당 기체 입자의 숫자)는 충돌 단면적을 나타낸다. 충돌 단면적 또는 이온의 크기와 모양에 따른 충돌 확률을 이용하여 서로 다른 형태의 이온을 구별해 낼 수 있다. 공항에서 폭발물을 검사하기 위하여 가방들을 면봉 등으로 닦아낸다. 닦아낸 물질들은 열에 의하여 기화되어 IMS에 주입된다. 특정한 마커(예를 들어 용매)나 폭발 물질들이 가지고 있는 특정한 이동 시간을 모니터한다.

최근에 분석 화학자가 IMS를 질량 분석기와 연결하여 다양한 용도에 적용될 수 있다는 것을 발견하였다. IMS 분리를 밀리초 단위에서 하고, MS 분석을 마이크로초 단위에서 하게 된다. 이러한 특징은 IMS와 MS 분석이 성공적으로 결합될 수 있도록 한다. 이러한 조합은 1960년대 초기에 Bell Laboratory에서 선구적으로 연구되었다. 그러나 최근에 와서야 기기 생산업체들이 IMS−MS가 결합된 기기를 생산하고 있다. IMS−질량 분석은 질량은 같으나 다른 형태를 가지는 생체 분자를 구별할 수 있는 매우 중요한 역할을 한다. MS만으로는 이러한 물질들을 구별해 낼 수 없다. 결국, IMS는 또 다른 영역의 분리를 제공하며 이는 복잡한 화합물들을 구별해내는 데 매우 유용하다.

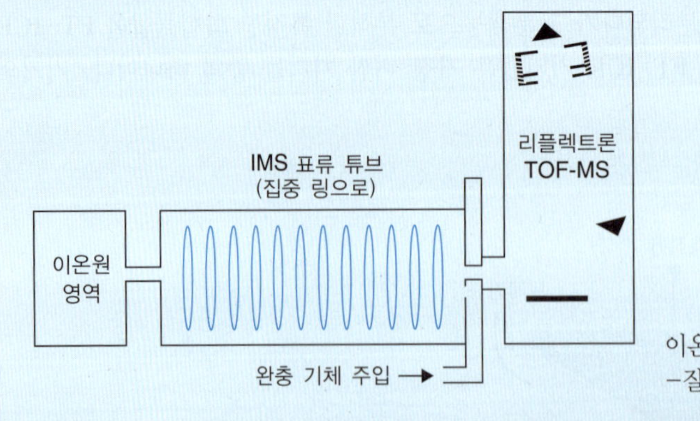

이온 이동도−비행 시간
−질량 분석법

이온 검출기

이온들이 질량 분석기에 의하여 분리, 분별, 조각화되면 이온들의 양을 데이터 시스템에서 읽을 수 있는 전기적인 신호로 바꿀 필요가 있다. 사실, 질량 분석기는 근본적으로 효율이 낮은 기술이다. 작은 부분의 분자만이 이온으로 바뀌고 검출기에 도달하게 된다. 그러므로 매우 작은 이온 전류를 측정하기 위하여 증폭을 할 수 있는 검출기기 필요하다. 10^{-15} 또는 10^{-18} 몰(분자 10,000개밖에 되지 않는!)에 달하는 적은 숫자의 분석물들을 측정할 수 있다는 것은 검출기 기술이 매우 뛰어나다는 것을 잘 보여 준다.

J. J. Thomson은 이온들을 측정하기 위하여 감광판을 이용하였다(그림 22.10). 그러나 곧 전자 측정기가 사용되었다. 오늘날에는 Faraday 컵과 전자 증배관이 많이 사용된다. Faraday 컵에서는 이온들이 오목하게 생긴 장치로 들어오게 되고, 들어오는 이온들의 전하를 중성으로 만들기 위하여 필요한 전하량이 전자 측정기에 의하여 측정된다. 그러나 이러한 장치는 신호를 증폭시키지 않으므로 높은 에너지를 가지거나 양이 많은 이온들의 측정에 적합하다. 대부분 현대의 기기들은 전자 증배관 검출기를 사용한다. 전자 증배관 검출기에는 구별된 또는 지속적인 다이노드의 구성을 가지고 있다. 이온이 전환 다이노드로 가속되는 것이 매우 중요한 개념이다. 이온이 와서 충돌하면 전환 다이노드는 전자 증배관으로 전자를 방출한다. 전자 증배관은 여러 개의 다이노드가 나열되어 생산되는 전자의 숫자를 증가시킨다. 최종적으로 10^6~10^8의 증폭이 전자 증배관에 의하여 얻어진다. 정확한 증폭의 숫자는 다이노드의 개수와 충돌하는 이온들의 개수와 관련되어 있다. 증폭 신호는 전환 다이노드에 도착하는 중성 분자에 의해서도 얻어지므로 검출기는 질량 분석기의 시료 도입부와 축이 어긋나게 배치된다.

다른 검출기도 현재 개발 중에 있다. 마이크로채널 판 전자 증배관은 전자가 이동해야 하는 거리를 줄이기 위하여 개발되고 있다. 이는 검출기의 검출 속도와 에너지 소모를 줄이기 위해서이다. 작은 질량 분석기를 개발하는 연구자에게 에너지 소모를 줄이는 것은 매우 중요하다. 어떤 비행 시간 시스템에서는 초저온 검출기가 개발되어 적용되기도 한다. 이러한 경우에 거의 100%의 효율을 제공하기 때문에 천천히 움직이는 큰 질량 이온들을 측정하는 것이 적합하다. 초저온 검출기는 거의 2 K에 가까운 온도에서 작동해야 하고, 현대 마이크로채널 판 검출기와 비교하여 반응 속도가 느리다.

22.9 혼합 기기와 탄뎀 질량 분석법

모든 질량 분석계는 각각 장점과 한계를 가지고 있다. 표 22.6은 질량 분석계 개개의 성능적 특징들을 비교하여 제시하고 있다. 각 기기들의 한계를 극복하고 장점을 최대화하기 위하여 서로 다른 종류의 질량 분석계가 직렬로 연결된 다양한 혼합된 기기들이 개발되었다. 예를 들어 사중 극자 질량 분석계만을 사용해서는 정성 및 정량 분석을 위한 이온들의 조각화를 수행할 수 없다. 사중 극자를 하나만 사용하기보다는 사중 극자 질량 필터를 다른 사중 극자질량계와 직렬로 연결하여 3개의 삼중 극자가 연결된 기기(QQQ) 또는 비행 시간형 장치와 연결한 사중 극자–비행 시간형(Q–TOF) 기기가 있다. QQQ는 높은 감도와 선택성을 가지는 정량 분석을 위하여 사용된다. Q–TOF는 필터되거나 조각난 이온들을 매우 정확한 질량 정확도로 측정할 수 있다.

다양한 혼합 기기들이 지속적으로 개발되고 있다. 이온 트랩–비행 시간형 질량 분석기(IT–TOF)는 이온 트랩 뒤에 질량 정확도가 높은 리플랙트론–비행 시간 질량형 분석 장치가 장착되어 있다. 이온 트랩–Fourier 변환–이온 사이클로트론 공명 질량 분석계는 단백질체학에서 연구되는 시료들처럼 매우 복잡한 시료를 분석하는 데 적합하다. FT–ICR 질량 분석계는 매우 높은 질량 정확도를 얻기 위한 분석 속도가 느리므로 직선형 이온 트랩을 더한 FI–ICR 질량 분석계를 이용하거나 이용하지 않고도 질량 분석 스펙트럼을 얻을 수 있도록 한다. 예를 들어 펩타이드 이온을 FI–ICR에 보내서 고분해능 질량 분석을 수행하는 동안에 이온 트랩을 이용하여 그 펩타이드의 구조를 알기 위한 조각내기 분석을 할 수 있다. 이러한 시스템들은 여러 개의 검출 장치를 가지고 있어서 각각의 질량 분석계를 이용하여 분석된 이온들의 질량 스펙트럼이 동시에 기록될 수 있다.

표22.6 일반적인 질량 분석 장치의 기본적인 특징들

질량 분석 장치	일반적인 m/z 범위	분해능	질량 정확도의 오차 (1000 m/z에서)	동적 범위	탄뎀 MS?	비용
사중 극자	10^3	10^3	0.1%	$10^5 \sim 10^6$	아니오	$
사중 극자 이온 트랩	10^3	$10^3 \sim 10^4$	0.1%	$10^3 \sim 10^4$	예, MS^n	$
삼중 사중 극자	10^3	10^3	0.1%	$10^5 \sim 10^6$	예, MS/MS	$$
비행 시간(선형)	10^6	$10^3 \sim 10^4$	0.1~0.01%	10^4	아니오	$$
비행 시간(리플렉트론)	10^4	10^4	5~10 ppm	10^4	예, PSD만	$$
이중 섹터	10^4	10^5	< 5 ppm	10^7	예, MS/MS	$$$$
Fourier 변환–이온 사이클로트론 공명	$10^4 \sim 10^5$	10^6	< 5 ppm	10^4	예,	$$$$

일반적인 하이브리드 질량 분석기의 다른 예는 TOF–TOF 질량 분석기이다. TOF 자체만으로는 충돌에 의한 조각 실험을 수행할 수 없다. 리플렉트론 모드에서 이온화원 뒤에 일어나는 조각남(post-source decay, PSD)에 의하여 조각나는 이온들의 분석을 수행할 수 있다. PSD에서는 과도한 내부 에너지를 가지고 있는 준안정성 이온들이 분해되어 조각난 이온들이 생성된다. TOF–TOF의 구성에서는 충돌 셀이 두 개의 TOF 사이에 배치된다. 이는 두 가지의 장점들을 제공한다. 질량 분석계의 넓은 질량 범위를 유지하면서 이온들이 매우 높은 운동 에너지를 가지게 하여 높은 에너지의 충돌 조각화 실험을 할 수 있다. 조각화 뒤에 높은 질량을 가지는 조각 이온들이 두 번째 TOF 질량 분석 장치에서 분석될 수 있다. 그러므로 TOF–TOF 기기는 단백질이나 폴리머들을 조각내어 연구하는 데 적합하다. 고에너지 충돌에 의한 분해는 이온 트랩이나 QQQ 기기에서 수행하는 낮은 에너지 충돌보다 더욱 많은 조각 정보를 제공한다. 고에너지 충돌을 하면 큰 분자들은 결합의 진동과 회전을 통하여 에너지가 없다. 그래서 결합들이 잘 끊어지고 조각에 대한 더욱 풍부한 정보를 제공하게 된다. 에너지가 나누어지면 낮은 에너지의 충돌처럼 조각화되는 효율이 낮아진다.

탄뎀 질량 분석법

혼합 기기를 만드는 이유는 **탄뎀 질량 분석법(tandem mass spectrometry**, MS/MS 또는 MS^n) 실험을 수행할 수 있기 때문이다. MS/MS에서는 선택된 이온들에 에너지를 더욱 가하여 이온들을 분해시킨다. 이러한 에너지는 충돌, 광자 또는 전자에 의하여 제공될 수 있다. 생성된 조각 이온들은 목표로 하는 선구 이온(precursor ion)에 대한 정보를 제공한다. MS/MS와 MS^n은 정량 분석을 위하여 매우 유용하다. 이온 트랩에서 수행되는 MS^n은 이온들을 선택하고 조각내는 과정을 $n-1$ 번 반복하는 것을 의미한다. 예를 들어서 MS^3에서는 이온을 선택하여 조각을 낸 뒤에 생성된 조각 이온 중 하나를 골라내어 다시 조각을 내고 조각 이온들의 스펙트럼을 얻는다. MS^4 실험에서는 MS^3에 의하여 생성된 조각을 다시 조각내게 된다. 관찰된 조각 이온들과 관찰되지 않는 중성 잃음을 통하여 퍼즐을 푸는 것과 같이 선구 이온을 결정하게 된다. 이와 더하여 탄뎀 질량 분석법은 감도와 선택성을 더욱 늘리기 위하여 유용한 방법이다.

탄뎀 질량 분석법의 유용함은 QQQ 질량 분석기를 이용하여 수행되는 다양한 실험들에 의하여 설명될 수 있다. 그림 22.17에는 첫 번째(Q1)와 세 번째(Q3)를 선택된 이온 관찰(selected ion monitoring, SIM) 모드와 스캔 모드로 작동하게 된다. SIM 모드에서는 사중 극자 이온 필터의 조건을 오직 한 개의 선택된 m/z 값을 가지는 이온만 통과하게 된다. 스캔 모드에서는 넓은 범위의 이온들이 차례로 사중 극자 이온 필터를 통과할 수 있도록 DC와 고주파 전압을 가해 준다. 중간에 위치한 사중 극자(Q2)는 충돌 셀로 사용한다. 충돌 셀에는 고주

파 전압만을 가해주고 충돌 기체(예를 들어 He이나 Ar)와 이 영역을 지나는 이온들이 충돌하여 조각 이온들이 생성되도록 한다.

생성 이온 스캔(**Product ion scanning**) 모드는 탄뎀 질량 분석기를 이용하여 정량 분석을 하는 것을 말한다. QQQ의 배열에서는, 특정한 선구 이온이 Q1에서 선택되고(SIM 모드), Q2에서 조각내어지며, Q3에서 조각내어진 모든 이온들을 관찰하기 위하여 스캔된다. QQQ를 이용한 다른 실험의 예는 **선택 반응 측정**(**selected reaction monitoring**, **SRM**)이다. SRM에서는 Q1과 Q3가 모두 SIM 모드에서 수행된다. Q1은 관찰하고자 하는 이온의 m/z 값에 맞게 설정되어 관찰하고자 하는 이온만 통과하도록 한다. 이 이온은 Q2에서 조각내어진다. Q3도 역시 SIM 모드로 설정되어 관찰하고자 하는 이온에서만 발생하는 조각 이온을 관찰한다. 이러한 작동은 감도를 증가시키는데, 그 이유는 SIM 모드에 의한 작동으로 배경 잡음이 크게 줄어들기 때문이다. 또한 사중 극자가 한 개의 선택된 질량 대 전하비만을 측정하도록 설정하였을 때에 가장 높은 감도를 가진다. SRM 모드는 특정한 Q1에서 선택된 선구 이온으로부터만 발생되는 이온 조각이 Q3에서 측정되므로 특이성이 매우 높다. 그러므로 방해하는 다른 화학종에서 신호를 얻을 가능성이 매우 낮다. QQQ 질량 분석기는 매우 빠른 스캐닝 속도를 가지므로 여러 개의 반응을 측정하도록 하여 한 번의 실험으로부터 여러 개의 화합물들을 정량할 수 있다. 이러한 작동을 다중 반응 검지법(**multiple reaction monitoring**, MRM)이라고 한다. MRM에서는 여러 개의 선구 이온과 생성되는 이온의 쌍이 정해진 시간에 거의 동시에 측정될 수 있도록 프로그램되어 있다. 어떤 기기회사들은 QQQ 기기를 MRM 모드에서 사용하여 1개의 실험에서 500개의 서로 다른 화합물을 효율적으로 모니터할 수 있도록 하였다.

QQQ는 **선구 이온 측정**(**precursur ion scanning**) 모드에서도 사용될 수 있다. 이 모드에서는 Q1이 넓은 범위의 m/z를 스캔하도록 설정되어 있고, Q3은 특정한 조각 이온을 모니터할 수 있도록 SIM 모드로 설정되어 있다. 그러므로 Q1을 지나는 모든 이온들이 Q2에서 조각 내어지다. 특정한 조각 이온을 생성하는 모든 이온들의 신호가 검출기에서 관찰된다. 예를 들어 인산화된 분자들은 충돌 유발된 조각화에서 인산염 이온(PO_3^-, $m/z = 79$)을 내어놓는다. 선구 이온 모드에서는 Q3가 오직 $m/z = 79$인 이온들만 지나가도록 설정된다. 그러면 Q1에

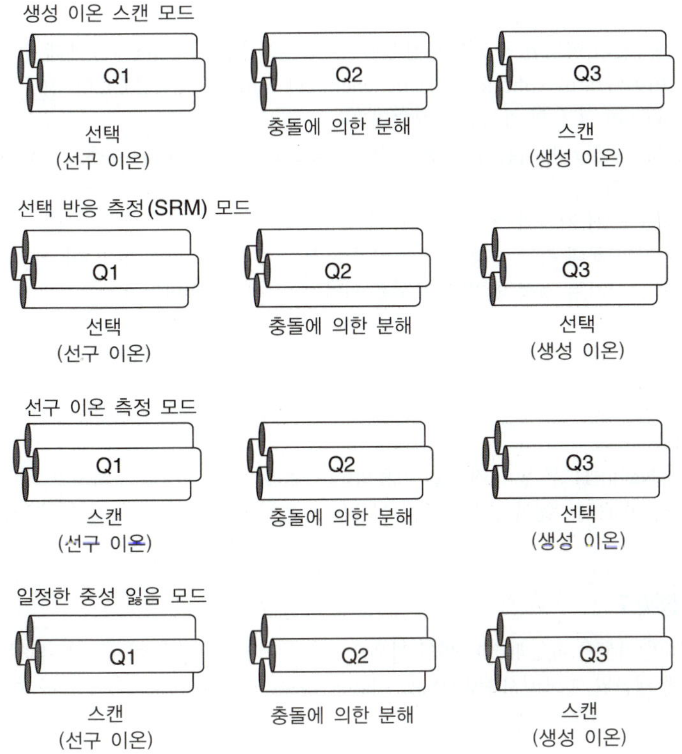

그림 22.17 삼중 극자 질량 분석기의 탄뎀 질량 분석 모드들

서 충돌에 의하여 $m/z = 79$ 이온을 생성하는 모든 선구 이온들이 측정된다. 유사한 방법으로 특정한 중성 화합물을 잃어버리는 이온을 측정하는 **일정한 중성 잃음**(**constant neutral loss**, CNL)이나 특정한 중성 잃음 관찰(neutral loss monitoring) 모드가 있다. 이 방법에서는 Q1과 Q3가 스캔 모드에서 작동하는데, 단 Q3가 Q1보다 일정한 m/z 값이 낮도록 설정된다. 이러한 기술의 유용성을 설명하기 위하여 다음의 예를 들 수 있다. 카복실기를 가지고 있는 모든 화합물들에 대하여 관찰을 하고 싶다고 하자. 이러한 화합물들은 충돌에 의하여 CO_2(44 amu)를 중성 화합물로 잃어버린다. 그러므로 만약에 Q1이 100−350 m/z 단위를 스캔하도록 설정이 되어 있고, Q3가 56~306 m/z 단위의 영역을 스캔하면 Q2에서 조각화에 의하여 특정한 44 amu를 잃어버리는 이온들이 관찰될 것이다.

예제 22.7

Toronto 대학의 Ulrich Krull 교수 제공

Toronto 대학의 Ulrich Krull 교수는 Halley 혜성에 있는 먼지의 화학 성분을 연구하는 데 있어서 재미있고 실전적인 측정과 관련된 문제를 제공하였다. 기기를 가지고 있는 우주선을 혜성을 통과하도록 하였다. 질량 분석기와 분광학적 방법을 이용하도록 하였다. 기기의 손상을 막기 위하여 특별한 주의가 기울여져야 하였다. 분석의 목표, 샘플링 방법, 그리고 측정에 대한 자세한 정보는 본문 웹 사이트에 제공되어 있다. ■

질문

1. 질량 분석 기기의 6가지 주요 부분은 무엇인가?
2. 단일 동위 원소 질량과 평균 질량의 차이는 무엇인가?
3. 분해능과 질량 정확도는 어떻게 연결되어 있는가?
4. 분자 이온은 무엇인가?
5. 질소 규칙은 무엇인가?
6. GC−MS에 주로 사용되는 이온화원은 무엇인가?
7. LC−MS에 주로 사용되는 이온화원은 무엇인가?
8. 전기 분무 이온화원에서 이온들이 어떻게 생성되는지 설명하시오.
9. 전기 분무 이온화원의 어떠한 특징 때문에 2002년 노벨상이 John Fenn 교수에게 수여되었는가?
10. 대기압 화학 이온화(atmospheric pressure chemical ionization, APCI)와 전통적인 화학 이온화(chemical ionization, CI)의 차이점은 무엇인가?
11. 평균 자유 행로는 무엇이며 다른 질량 분석 장치들을 고려할 때 평균 자유 행로가 왜 중요한가?
12. Lorentz 힘은 무엇인가?
13. 사중 극자와 이온 트랩 기기의 특징을 비교, 대조하시오.
14. 왜 FT−ICR 기기의 최대 측정 질량 대 전하비가 자석의 세기에 따라서 달라지는가?
15. 삼중 극자 질량 분석기는 정성 및 정량 분석을 위하여 어떻게 사용되는가?

문제

질량과 동위 원소

16. 카페인 분자가 Na^+나 H^+를 받아 생성된 이온의 단일 동위 원소 질량을 구하시오.
17. 2-클로로-벤조산이 H^+를 잃어서 생성되는 이온들 신호의 m/z 값과 상대적인 신호의 크기를 구하시오.

분해능과 질량 정확도

18. m/z 432.1124인 이온을 m/z 432.1186인 이온으로부터 구별하기 위하여 필요한 분해능은 얼마인가?
19. 아래의 그림에 제공된 피크에서 FWHM을 이용한 분해능을 구하시오. 어떠한 질량 분석기를 이용하여 이러한 분해능을 얻을 수 있는가?

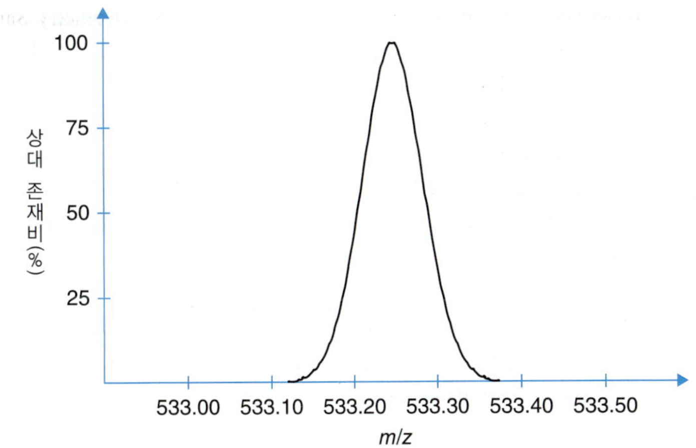

20. 34.525 Da을 가지는 단백질을 전기 분무 이온화하였다. +34와 +35 이온들을 구별하기 위하여 필요한 분해능은 얼마인가? (단, 모든 전하는 H^+로부터 얻어졌다고 가정한다). 각각 이온의 가장 큰 동위 원소 피크만을 고려하시오.
21. 양성자를 얻어서 이온화된 표준 화합물의 단일 동위 원소 질량이 1234.1223 Da이었다. 화합물이 비행 시간형 질량 분석계를 이용하여 측정되었을 때 측정된 질량이 1234.1198 Da였다. 이 측정의 질량 측정 오차는 얼마인가?

전기장 및 자기장 속의 이온

22. 1개의 양성자를 얻어 이온화된 이온이 324.9 m/z를 가지고 0.75 MeV로 가속되었을 때 가지는 속도는 얼마인가? 이 이온이 일정한 7 T 자기장에 의하여 경로가 휘었을 때, 이온의 곡률 반지름은 얼마인가?
23. 1252.054와 1253.138 m/z를 가지는 이온들이 1.750 m의 관에서 20 kV로 가속되었을 때 검출기에 도착한 두 이온들의 도착 시간 차이는 얼마인가?

추천 참고 문헌

일반

1. F. W. McLafferty and F. Turecek, *Interpretation of Mass Spectra*, 4th ed. Sausalito, CA: University Science Books, 1993.
2. C. Dass, *Fundamentals of Contemporary Mass Spectrometry*. Hoboken, NJ: John Wiley & Sons, Inc., 2007.
3. J. H. Gross, *Mass Spectrometry: A Textbook*, 2nd ed. Heidelberg, Germany: Springer-Verlag, 2011.
4. M. A. Grayson, (Ed.) *Measuring Mass: From Positive Rays to Proteins*. American Society for Mass Spectrometry. Santa Fe, NM. 2002.
5. T. Kind; O. Fiehn. “Seven Golden Rules for heuristic filtering of molecular formulas obtained by accurate mass spectrometry,” *BMC Bioinformatics*. **8**, (2007), 105.

특별한 기술

6. H. Budzikiewicz, “Negative Chemical Ionization (NCI) of Organic Compounds,” *Mass Spectrom.* Rev. **5**, (1986), 345–380.
7. R. B. Cole, “Some Tenets Pertaining to Electrospray Ionization Mass Spectrometry,” J. *Mass Spectrom* **35**, (2000), 763–772.
8. N. B. Cech and C. G. Enke, “Practical Implications of some Recent Studies in ESI Fundamentals,” *Mass Spectrom*. Rev. **20**, (2001) 362–387.
9. J. B. Fenn, “Electrospray Ionization Mass Spectrometry: How It All Began,” *Journal of Biomolecular Techniques*. **13**, (2002), 101–118.
10. A. Lo and K. A. Schug, “A Birds-Eye View of Modern Proteomics,” *Separation & Purification Reviews*. **38**, (2009), 148–172.

11. Z. Takats, J. M. Wiseman, B. Gologan, and R. G. Cooks "Mass Spectrometry Sampling Under Ambient Conditions with Desorption Electrospray Ionization," *Science*. **306**, (2001), 471–473.
12. R. B. Cody, J. A. Larance, and H. D. Durst, "Versatile New Ion Source for the Analysis of Materials in Open Air Under Ambient Conditions," *Anal. Chem.* **77**, (2005), 2297–2302.
13. H. Chen, G. Gamez, and R. Zenobi "What Can We Learn from Ambient Ionization Techniques?" *J. Am. Soc. Mass Spectrom.* **20**, (2009), 1947–1963.
14. H. Chen, A. Venter, and R. G. Cooks, "Extractive electrospray ionization for direct analysis of undiluted urine, milk and other complex mixtures without sample preparation," *Chem. Commun.* (2006) 2042–2044.
15. A. Benninghoven, F. G. R¨udenauer, and H.W.Werner, *Secondary Ion Mass Spectrometry: Basic Concepts, Instrumental Aspects, Applications, and Trends*. New York: Wiley, 1987.
16. Z. Ouyang and R. G. Cooks, "Miniature Mass Spectrometers," *Ann. Rev. Anal. Chem.*, **2**, (2009) 187–214.
17. R. E. March, "An Introduction to Quadrupole Ion Trap Mass Spectrometry," *J. Mass Spectrom.* **32**, (1997), 351–369.
18. D. J. Douglas, A. J. Frank, and D. Mao, "Linear Ion Traps in Mass Spectrometry," *Mass Spectrom.* **24**, (2005), 1–29.
19. M. Scigelova and A. Makarov "Orbitrap Mass Analyzer—Overview and Applications in Proteomics," *Proteomics*. **6**, (2006), 16–21.

23장 반응 속도법 분석

"변하지 않는 영원한 것은 없다"
—Heraclitus

23장 URLs

학습 목표

이 장에서 배울 중요한 내용은 무엇인가?

- 일차 반응, 반감기(주요 식: 23.3, 23.4)
- 이차 반응, 반감기(주요 식: 23.7, 23.8)
- 효소 촉매 작용—스프레드시트를 이용한 Michaelis 상수 계산하기 (주요 식: 23.14)
- 기질 정량 (표 23.1), 효소 정량 (표 23.2)

이미 6장과 14장에서는 특정 산화–환원 반응에서 촉매를 사용하여 반응 속도를 변화시킬 수 있음을 논의하였다. 예를 들어 As(III)와 Ce(IV)의 적정 반응이 OsO_4에 의한 촉매 작용이 있다. 반응이 즉시 일어나도록 하기 위해서는 충분한 농도의 촉매를 첨가한다. 촉매 농도가 낮아서 반응이 느리면, 반응 속도를 측정하여 반응 속도를 촉매 농도와 관련지을 수 있다. 이 장에서는 속도–제한 반응에 대한 기본적인 반응 속도를 논의한다. 그다음에는 효소라고 하는 특별한 촉매가 작용하는 반응을 논의하고, 용액에 고정된 양의 효소를 첨가하여 반응 속도를 측정함으로써 효소의 활성도(농도)를 결정하거나 촉매의 기질 농도를 결정한다.

반응 속도법은 임상 화학에서 매우 유용하다. 많은 분석들이 효소 반응에 기반을 두고 있다. 효소 반응의 속도가 측정되거나 측정이 이루어지기 전에 반응이 끝까지 진행되도록 놔두게 된다. 예를 들어 포도당은 글루코스 산화 효소라는 효소가 있을 때 산소와 반응하여 글루콘산과 과산화 수소를 생산한다. 과산화 수소는 분광 광도법이나 전기 화학을 이용하여 측정될 수 있고, 그 값은 포도당의 농도와 관련되게 된다. 아마 이 방법은 세계에서 가장 많이 사용하고 있는 화학 분석법이다. 분석하고자 하는 기질들과 니코틴아마이드 아데닌 다이뉴클레오타이드(NAD^+)가 반응하여 NADH를 만드는 데 많은 탈수소 효소 반응들이 사용된다. 이때 NADH를 측정하여 기질의 양을 측정되게 된다. 예를 들어 락트산 탈수소 효소를 이용하여 젖산을 측정한다. 효소들 자체를 측정하는 것은 중요하다. 많은 효소들이 기질과 반응하여 생산물을 만들고, 생산물들은 NADH와 반응한다. 글루타민옥살초산전이효소(GOT)를 측정하는 것이 이 반응의 예이다.

23.1 반응 속도론

반응 속도론(kinetics)은 **반응 속도**(reaction rate)를 설명해 준다. 반응의 **차수**(order)는 반응

반응 차수는 반응해야 하는 화학종의 수를 정의하는 것이지, 화학종이 반응하는 비(화학량론)를 정의하는 것이 아니다.

하는 화학종의 농도에 반응 속도가 어떻게 의존하는가를 정의해 준다. 차수는 실험적으로 결정되며, 반응의 화학량론과 반드시 관계가 있는 것은 아니다. 차수는 오히려 반응의 **메커니즘**(**mechanism**), 즉 충돌하여 반응이 일어나는 화학종의 수에 따라 정해진다.

일차 반응

반응 속도가 한 가지 물질의 농도에 정비례하는 반응을 일차 반응이라고 한다. 다음 반응을 살펴보자.

$$A \rightarrow P \tag{23.1}$$

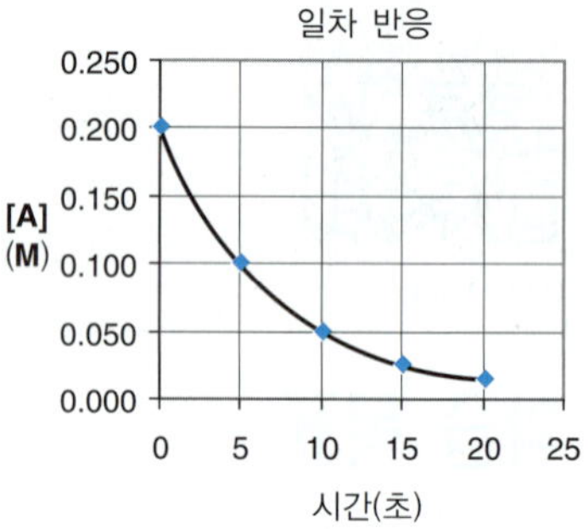

일차 반응

0.250 0.200 0.150 0.100 0.050 0.000 [A] (M)

0 5 10 15 20 25 시간(초)

삼중 극자 질량 분석기의 탄뎀 질량 분석 모드들

물질 A는 한 가지 이상의 생성 물질로 분해되는 화합물이다. 반응의 속도는 A가 없어지는 속도와 동일하므로 A의 농도에 비례한다.

$$-\frac{dA}{dt} = k[A] \tag{23.2}$$

이 식을 **속도식**(**rate expression**) 또는 **속도 법칙**(**rate law**)이라고 한다. 음의 부호를 식의 좌변항 앞에 붙여 A가 시간의 함수로서 소멸됨을 나타낸다. 상수 k는 주어진 온도에서의 **고유 속도 상수**(**specific rate constant**)이며, 단위는 시간의 역수이다(예, s^{-1}). **반응 차수**(**order of reaction**)는 속도식의 각 농도항의 지수의 합이다. 그러므로 이 반응은 일차 반응이며, 반응 속도는 A의 농도에만 의존한다.

식 23.2는 일차 반응 속도 법칙의 **미분형**(**differential form**)이다. 그 반응의 **적분형**(**integrated form**)은 다음 식과 같다.

$$\log[A] = \log[A]_0 - \frac{kt}{2.303} \tag{23.3}$$

여기서 $[A]_0$는 A의 초기 농도($t=0$)이고, [A]는 반응이 시작된 후 시간 t에서의 농도이다. 이 식은 주어진 시간 간격 후 반응한 A의 양을 알려 준다. 이 식은 직선식이므로, 만약 t를 log[A]에 대하여 도시하면(다른 시간에서 측정 가능), 기울기가 $-k/2.303$이고 절편이 $\log[A]_0$인 직선이 얻어진다. 따라서 기울기로부터 속도 상수를 결정할 수 있다.

반응 속도는 시간이 지남에 따라 느려진다.

식 23.2를 보면, 반응이 진행됨에 따라 A의 농도가 감소하므로 반응 속도가 감소한다는 것을 알 수 있다(속도 상수는 감소하지 않는다). [A]는 시간에 따라 대수적으로 감소하므로(식 23.3 참조), 반응 속도는 시간에 따라 지수 함수적으로 감소한다. 물질의 반이 반응하는 데 걸리는 시간을 그 반응의 **반감기**(**half life**, $t_{1/2}$)라고 한다. 이때 $[A]/[A]_0$는 $\frac{1}{2}$이다. 이것을 식 23.3에 대입하여 $t_{1/2}$에 대하여 풀면, 일차 반응의 경우에 다음 식을 얻는다.

$$t_{1/2} = \frac{0.693}{k} \tag{23.4}$$

반감기가 10번이 지나면 반응은 완결된다고 생각하라. 반응이 실제로 완결되려면 무한대의 시간이 걸린다.

반응이 절반 지난 다음, 남아 있는 절반의 반응 물질은 같은 시간 $t_{1/2}$ 동안에 반응할 것이고, 그 다음도 계속될 것이다. 이것이 위에서 말한 지수 함수적 감소이다. 이론적으로 반응이 완결되는 데는 무한대 시간이 걸리나, 반감기가 10번 지나면 반응은 실제적으로 완결된다(99.9%). 일차 반응에서 반감기와 반응이 완결되는 데 걸리는 시간은 농도와 무관함을 주목하라.

방사성 붕괴는 일차 반응의 중요한 예이다.

이차 반응

다음 반응을 생각해 보자.

$$A + B \rightarrow P \tag{23.5}$$

반응 속도는 A 또는 B가 없어지는 속도와 같다. 실험적으로 반응 속도가 다음과 같다면,

$$-\frac{dA}{dt} = -\frac{dB}{dt} = k[A][B] \tag{23.6}$$

반응은 [A]와 [B]에 대하여 일차이며 전체적으로는 이차이다(농도항의 지수의 합은 2이다). 고유 반응 속도 상수는 단위가 시간과 몰농도의 역수이다(예: $M^{-1}s^{-1}$).

식 23.6의 적분형은 A와 B의 초기 농도($[A]_0$와 $[B]_0$)가 동일한가의 여부에 따라 달라진다. $[A]_0$와 $[B]_0$가 같으면, 다음과 같이 나타낼 수 있다.

$$kt = \frac{[A]_0 - [A]}{[A]_0[A]} \tag{23.7}$$

$[A]_0$와 $[B]_0$가 같지 않으면, 다음과 같이 나타낼 수 있다.

$$kt = \frac{2.303}{[B]_0 - [A]_0} \log \frac{[A]_0[B]}{[B]_0[A]} \tag{23.8}$$

한 화학종, 예를 들어 B의 농도가 다른 종에 비해 아주 크면, 반응 과정 동안 B의 농도는 거의 일정하므로, 식 22.6은 일차 속도 법칙이 된다.

한 화학종의 농도가 다른 화학종의 농도에 비해 크면 이차 반응은(유사) 일차 반응이 된다.

$$-\frac{dA}{dt} = k'[A] \tag{23.9}$$

여기서 k'은 k[B]와 같다. 적분형은

$$kt = \frac{2.303}{[B]_0} \log \frac{[A]_0}{[A]} \tag{23.10}$$

$[B]_0$는 일정하므로 식 23.10은 식 23.3과 같은 형태이다. 이를 **유사 일차 반응(pseudo first-reaction)**이라고 한다.

$[A]_0 = [B]_0$인 이차 반응의 반감기는 다음과 같다.

이차 반응의 반감기는 농도에 따라 달라진다.

$$t_{1/2} = \frac{1}{k[A]_0} \tag{23.11}$$

일차 반응의 반감기와 달리, 이차 반응의 반감기는 초기 농도에 영향을 받는다.

A와 B 사이의 반응은 반드시 반응 차수가 이차일 필요는 없다. 반응 차수가 분수인 반응도 흔하다. 2A + B → P와 같은 반응은 삼차(속도 ∝ $[A]^2[B]$)일 수도 있고, 이차(속도 ∝ [A][B])일 수도 있으며, 더 복잡한 차수일 수도 있다(분수의 차수를 가질 수도 있다).

반응 시간

반응이 완결되는 데 걸리는 시간은 속도 상수 k에 따라 달라지며, 이차 반응일 경우에는 초기 농도에도 의존한다. 일차 반응은 k가 10 s^{-1}보다 크면 거의 순간적이다(1초 이내에 99.9%가 완결). k가 10^{-3} s^{-1} 미만일 때, 99.9% 반응에 걸리는 시간은 100분을 초과한다. 이차 반응에 걸리는 시간은 예측이 더욱 어려우나, k가 약 10^3~10^4 $M^{-1}s^{-1}$보다 크면 일반적으로 순간적이라고 생각할 수 있다. k가 10^{-1} $M^{-1}s^{-1}$ 미만이면 반응의 완결에는 많은 시간이 소요된다.

23.2 촉매

어떠한 반응들의 반응 속도는 **촉매(catalyst)**가 있을 때 더욱 빨라질 수 있다. 촉매는 자신은 변화하지 않고 평형에 영향을 미치지 않으면서 반응 속도를 바꾸는 물질로 정의될 수 있다. 우리는 반응 속도가 촉매의 농도에 비례하는 촉매에 관심이 있다. 이것이 촉매의 정량적인 측정의 기반이 된다. 반응물이 줄어드는 속도의 감소 또는 생성물이 늘어나는 속도의 증가가 측정되고 촉매의 농도와 관련되게 된다. 이러한 방법들은 다양한 촉매에 대하여 매우 감도가 높다.

많은 측정들이 촉매를 이용하는 산화–환원 방법에 의하여 수행되는데, 그 이유는 반응 속도가 느리기 때문이다. 이러한 반응들이 촉매의 농도를 결정하는 데 사용될 수 있다. 가장 흔하게 사용되는 촉매 방법은 미량의 아이오딘이 Ce(IV)-AS(III) 반응에 촉매로 작용하는 것을 측정하여 결정하는 것이다. 이 반응에서 AS(III)는 AS(V)로 산화되고 노란색의 Ce(IV)는 색이 없는 Ce(III)로 환원된다. 이 방법은 1937년도에 개발되었으며 "Sandell–Kolthoff 반응"이라고 한다: E.B. Sandell and I.M. Kolthoff, "Microdetermination of iodide by catalytic method," *Mikochim, Acta*, **1**(1937)9–25.

Sandell–Kolthoff 반응은 오줌에 있는 아이오딘(urinary iodine, UI)을 결정하는 데 널리 사용된다. UI는 아이오딘을 충분히 섭취하고 있는가를 결정하는 데 사용된다. UI 중앙값이 100 μg/L보다 적으면 아이오딘이 부족한 것으로 간주된다. 풍족한 나라에서는 UI를 측정하기 위하여 이미 알고 있는 농도의 ^{129}I(자연에 존재하는 아이오딘의 동위 원소가 아님)를 오줌 시료에 주입하고 희석시킨 뒤에 ICP–MS로 측정을 한다. 개발 도상국에서는 오줌 시료에서 유기 화합물을 산화시키고〔초기에는 과염소산이 사용되었는데 현재는 1 *M* 암모늄과 황산염을 가하고(200 μL/mL 오줌) 95°C에서 30분간 산화제 역할을 하는 유기 화합물을 놓아둔다〕 식힌 다음에 Ce(IV)와 AS(III) 용액을 가한다. 그리고 통상 10분에서 15분을 기다린 뒤에 Ce(IV)가 흡수하는 파장인 410 nm에서 흡광도를 측정한다. Ce(IV)가 많이 줄어드는 것은 아이오딘이 많다는 것을 의미한다. 이 방법을 사용하여 100 μg/L까지 UI를 측정할 수 있다. 이 방법은 연속적 흐름 방법이나 마이크로플레이트 리더(마이크로플레이트 리더는 시간에 따른 측정이 가능하므로 데이터의 신뢰도를 높일 수 있다)를 이용하여 자동화된 측정을 할 수 있다. 미국의 Food and Drug Administration은 과염소산에 의한 유기물 분해를 한 뒤에 Ce(IV)–AS(III) 방법을 이용한 측정을 식품에서 아이오딘을 측정하는 기본 방법으로 사용한다. 자동화되고 분절된 흐름 분석기를 이용하여 높은 처리량으로 시료를 분석할 수 있다.

23.3 효소 촉매 작용

효소는 단백질이며 인체 내에 있는 천연의 촉매이다.

효소(enzyme)는 아주 높은 효율로 **특정** 반응에서 촉매 작용을 하는 천연 단백질이다. 효소는 화학식량이 10,000~2,000,000의 범위를 가진다. 효소는 체내 생화학 작용, 즉 생명 과정 자체와 밀접하게 관계되어 있다. 그러므로 체내 특정 효소의 정량은 질병 진단에 중요한 역할을 한다. 이외에도 반응에서 효소의 촉매 작용의 대상 물질인 **기질(substrate)**의 정량에 극히 유용하다.

효소의 반응 속도론

간단한 반응 모형으로부터 효소 반응의 반응 속도식을 설명할 수 있다. 전형적인 효소 촉매 반응은 다음과 같이 나타낼 수 있다.

$$E + S \underset{k_2}{\overset{k_1}{\rightleftharpoons}} ES \xrightarrow{k_3} P + E \tag{23.12}$$

여기서 E는 효소, S는 기질, ES는 반응의 에너지 장벽이 낮은 **활성화 착물**(**activated complex**), P는 생성물, k는 각 단계의 속도 상수이다. 즉, 효소는 기질과 착물을 생성한 다음, 해리하여 생성물을 만든다(그림 23.1). 반응 속도 R은 착물의 농도에 비례하므로, 기질과 효소의 농도에 비례한다.

반응 속도는 기질과 효소에 대해 일차이다. [S]가 크면 반응은 S에 대해 영차가 된다.

$$R = k_3[\mathrm{ES}] = k[\mathrm{S}][\mathrm{E}] \tag{23.13}$$

k_1과 k_2가 k_3보다 훨씬 크다고 가정하면, 반응 속도는 활성화 착물의 해리 속도에 의해 제한된다는 것을 알 수 있다.

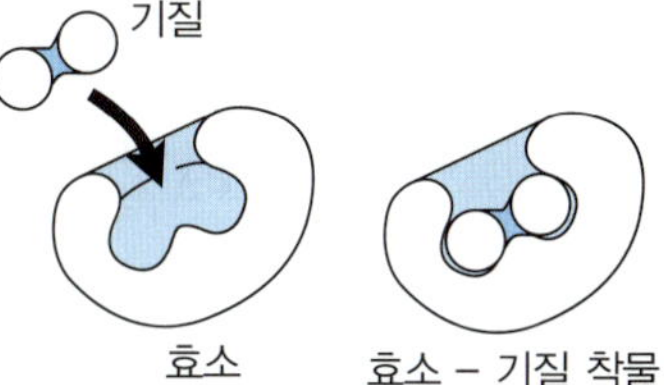

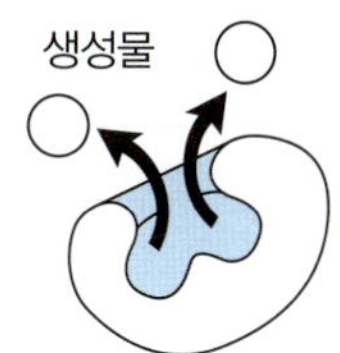

그림 23.1 효소 활성도의 메커니즘. [D. Leja, National Human Genome Research Institute (www.nhgri.nih.gov).]

효소 촉매 반응 속도의 기질 농도 의존성을 그림 23.2에 나타내었다. 효소는 단위 시간당 착물을 형성하여 생성물로 전환시키는 기질 분자의 수인 **전환수**(**turnover number**)에 의해 특징 지워진다. 효소 농도에 비해 기질의 농도가 낮아서 전환수가 초과되지 않는 한, 반응 속도는 기질 농도에 정비례한다. 즉, 기질에 대해 일차이다(식 23.13). 효소 농도를 일정하게 유지하면, 전체 반응은 일차이고 기질 농도에 정비례한다(식 23.13에서 k[E] = 상수). 이것이 기질 정량의 기초가 된다.[1] 그러나 존재하는 효소의 양에 대하여 기질의 양이 전환수를 초과할 경우에는, 착물을 형성할 수 있는 분자의 수에 대하여 효소가 포화(기질에 대하여 포화)되어, 반응 속도는 최댓값에 도달한다. 이때 반응은 기질 농도가 증가해도 변하지 않으며, 효소 농도가 일정할 경우(그림 23.2), 식 23.13의 [ES]가 상수가 되고, R은 상수이므로 반응은 **유사 영차**(**pseudo zero order**)가 된다.

효소가 기질에 대하여 포화되면 전체 반응은 효소 농도에 대하여 일차이다(식 23.13에서 k[S] = 상수). 이때 반응 속도와 효소 농도 사이에 선형 관계가 존재하므로, 이것이 곧 효소 정량의 기초가 된다. 그러나 기질은 반응 중에 소비되므로, 반응 시간 동안 기질에 대하여 반응이 영차가 유지되도록 (즉, 효소가 포화 상태를 유지하도록) 충분히 높은 농도를 유지해야 한다. 결국 높은 효소 농도에서, 포화를 위해서는 기질이 부족하여도 가능하므로 그림 23.2와 비슷한 결과가 얻어질 것이다.

효소가 기질로 포화되면, 반응 속도는 효소 농도에 비례한다.

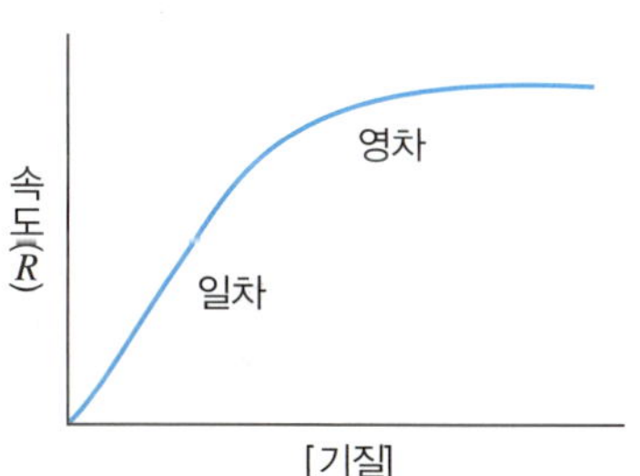

그림 23.2 효소촉매 반응 속도의 기질 농도 의존성. 높은 농도에서 효소는 기질에 대하여 포화되어 [ES]가 상수가 되므로, 반응 속도는 최대가 되고 일정해진다(식 22.13).

효소의 성질

효소 반응의 속도는 온도, pH, 이온 세기 등을 포함하는 다수의 인자에 의존 한다. 온도가 올라가면 어떤 특정 온도까지는 반응 속도는 증가한다. 이 온도보다 높은 온도에서는 단백질인 효소가 **변성되고**, 즉 수소 결합이 깨짐에 따라 효소의 삼차 구조가 파괴되어 효소의 활성도가 감소된다. 단백질의 삼차원 구조를 의미하는 3차 구조는 아미노산 간의 결합, 예를 들어 수소 결합, 염다리, 이황화물 다리, 비극성 소수성 결합에 의하여 결정된다. 촉매 작용 메커니즘에서 효소의 입체성은 아주 중요하다. 대부분의 동물 효소는 약 40°C보다 높은 온도에서 변성된다.

다른 촉매 반응과 마찬가지로, 온도가 1~2°C 정도로 조금 변하여도 분석 조건에서 반응 속도는 10~20% 정도 변한다. 따라서 효소 반응을 측정하는 동안에 온도를 조절하는 것이 아주 중요하다.

효소는 온화한 조건에서조차도 시간이 지남에 따라 결국 비활성화되므로, 5°C 이하의 온도에서 보관해야 한다. 어떤 효소는 얼리면 활성도를 잃는다.

최적 온도보다 더 높은 온도에서는 효소가 변성된다. 달걀을 조리할 때, 단백질이 변성된다. 효소 반응에는 최적의 pH 값이 있다.

기질, 활성화 착물, 생성물 사이의 산 해리와 같은 복잡한 산–염기 평형이 존재하기 때문에, 반응 속도는 특정 pH에서 최대가 된다. 또한 최대 속도는 이온 세기와 사용한 완충제의 종류에 의존한다. 예를 들어 글루코스 산화 효소 존재 하에 일어나는 글루코스의 공기 산화 속도는 pH 5.1의 아세트산 완충 용액에서는 최대이나, 같은 pH의 인산염 완충 용액에서는 줄어든다.

[1]반응 속도로부터 기질의 농도를 정량할 필요는 없으며, 대신 기질이 완전히 생성물로 전환될 때까지 반응이 진행되게 하고, 반응 전(바탕 용액)과 반응 후의 생성물의 농도를 측정한다. 이들 방법에 대해서 다음의 효소와 효소 기질의 정량 부분에서 더 상세히 논의한다.

효소 조제품의 **활성도**(activity)는 보통은 효소들이 100% 효소의 순도로 정제되지 않으므로 제품에 따라 변한다. 즉, 퍼센트 효소값이 제품에 따라 변한다는 것이다. 특정 제품의 활성도는 **국제 단위**(international unit, I.U.)로 표시한다. 국제 단위는 국제 생화학 연합에서 정의한 것으로, "정의된 조건에서 분당 1 마이크로몰의 기질을 촉매 변환시키는 양"이다. 정의된 조건은 온도와 pH를 포함한다. 예를 들어 어떤 글루코스 산화 효소 조제품은 밀리그램당 30 단위의 활성도를 가질 수 있다. 따라서 기질 정량을 할 때, 어떤 특정 단위수의 효소를 취하여 사용해야 한다. **고유 활성도**(specific activity)는 **단백질** 1 mg당 효소의 단위수이다. **분자 활성도**(molecular activity)는 효소 1분자당 단위수로서, 즉 효소 1분자가 1분당 변환시키는 기질 분자의 수이다. 용액 중 효소의 **농도**(concentration)는 반드시 밀리리터 또는 리터당 국제 단위의 수로 표시해야 한다.

효소 농도는 보통 몰농도가 아닌 활성도로 나타낸다.

효소 억제제와 활성제

효소는 특정 반응 또는 특정 형태의 반응에만 촉매 작용을 하지만, 효소 반응도 역시 방해를 받을 수 있다. 활성화 착물이 형성될 때, 기질은 효소의 **활성 자리**에 흡착된다. 이때 비슷한 크기와 모양을 가지는 다른 물질이 활성 자리에 흡착될 수도 있다. 그들은 흡착되어도 변환이 일어나지는 않으나, 활성 자리에 대하여 기질과 경쟁하므로 촉매 반응의 속도를 낮춘다. 이것을 **경쟁 억제**(competitive inhibition)라고 한다. 예를 들어 석신산 탈수소 효소는 석신산이 탈수소되어 퓨마르산이 되는 반응에서 촉매 작용을 한다. 이때 석신산과 비슷한 화합물(예: 말론산, 옥살산과 같은 이양성자산)은 경쟁적으로 반응을 방해할 것이다. 방해 물질에 비해 기질의 농도를 더 크게 증가시켜 대부분의 효소 분자가 기질과 결합하도록 하면 경쟁 억제를 줄일 수 있다.

비경쟁 억제(noncompetitive inhibition)는 억제제의 농도에만 의존하여 방해가 일어나는 것이다. 비경쟁 억제는 보통 억제제가 활성 자리는 아니지만 활성에 필요한 어떤 자리에 흡착될 때 일어난다. 바꾸어 말하면 효소의 비활성 유도제가 생긴다. 예를 들어 수은, 은, 납과 같은 중금속과 효소의 설프하이드릴기(SH)와의 반응이 있다. 설프하이드릴기가 중금속으로 막히게 되며($ESH + Ag^+ \rightarrow ESAg + H^+$), 이 반응은 비가역적이다. 이는 중금속이 해로운 이유이다. 즉, 중금속은 체내에서 효소를 비활성화시킬 수 있다.

어떤 효소는 활성화에 적합한 입체 화학 구조의 착물을 형성하기 위해서 특정 금속의 존재를 필요로 한다. 따라서 이들 금속 이온과 착물화하는 물질은 모두 억제제가 될 수도 있다. 예를 들어 마그네슘 이온은 많은 효소의 활성제로서 필요하다. 옥살산 이온과 플루오린화 이온은 마그네슘과 착물화하므로 억제제이다. 효소 활성제는 가끔 **보조 효소**(coenzyme)라고도 한다.

과량의 기질이 존재할 때는 가끔 **기질 억제**(substrate inhibition)가 일어난다. 이때 반응 속도는 실제로 최대 속도에 도달한 다음 감소한다. 이것은 효소 표면의 활성 자리에 경쟁하는 기질 분자가 너무 많아 활성 자리를 가려막음으로써, 다른 기질 분자들이 그 자리를 차지하지 못하게 막기 때문인 것으로 믿어진다.

Michaelis 상수

앞서 설명한 바와 같이, 주어진 농도에서 기질 농도가 증가함에 따라 효소는 기질에 대하여 포화되어 반응 속도는 최대 속도 R_{max}가 된다. **Lineweaver–Burk 식**(**Lineweaver Burk equation**)은 촉매로서 효소의 유효성과 최대 속도 사이의 관계를 나타낸다.

$$\frac{1}{R} = \frac{1}{R_{max}} + \frac{K_m}{R_{max}[S]} \tag{23.14}$$

여기서 K_m은 **Michaelis 상수**(Michaelis constant)이다. Michaelis 상수는 효소 활성도의 척도로서, 식 23.12의 $(k_2+k_3)/k_1$과 같으며, 식 23.14에서 $R=R_{max}/2$로 하여 얻는 절반 최대

속도 $R_{max}/2$에서의 기질 농도와 같다. 1/[S]를 $1/R$에 대하여 도시하면 **절편**이 $1/R_{max}$이고 **기울기**가 K_m/R_{max}인 직선이 얻어진다. 이들 절편과 기울기로부터 어떤 기질에 대한 효소의 특성인 Michaelis 상수를 결정할 수 있다.

예제 23.1

어떤 효소 반응이 기질 농도의 함수로서 다음의 반응 속도 흡광도 데이터를 나타내었다.

$[S]$(M)	$R(\Delta A/분)$
0.00400	0.093
0.0100	0.231
0.0400	0.569
0.0800	0.758
0.120	0.923
0.160	0.995
0.240	1.032

Lineweaver-Burk 도시를 하기 위한 스프레드시트를 작성하고 최대 속도와 Michaelis 상수를 계산하시오.

풀이

16장의 16.7 마지막 부분에 설명되어 있는 엑셀 회귀 프로그램을 데이터 분석을 위하여 사용할 것이고 엑셀 연습문제와 결과는 홈페이지에 게시되어 있다. 필요하면 이를 참조하라.

	A	B	C	D	E	F	G	H	I
1	**Lineweaver-Burk Plot**								
2	**[S], M**	**R, ΔA/min**	**1/[S], M^{-1}**	**1/R, ΔA^{-1}min**					
3	0.004	0.093	250	10.753					
4	0.01	0.231	100	4.329					
5	0.04	0.569	25	1.757					
6	0.08	0.758	12.5	1.319					
7	0.12	0.923	8.333	1.083					
8	0.16	0.995	6.25	1.005					
9	0.24	1.032	4.167	0.969					
10									
11	SUMMARY OUTPUT		Input Y range D3:D9		. Input X range C3:C9				
12	Regression Statistics and ANOVA included in the text website version								
13									
14		*Coefficients*	*andard Err*	*t Stat*	*P-value*	*Lower 95%*	*Upper 95%*	*ower 95.0%*	*Upper 95.0%*
15	Intercept	0.736935925	0.082605	8.921256	0.000295	0.524594	0.949278	0.524594	0.94927755
16	X Variable	0.039525692	0.000807	48.99997	6.69E-08	0.037452	0.041599	0.037452	0.04159924
17									
18	Intercept = $1/R_{max}$								
19	K_m (M) = slope x R_{max} =B16/B15=			**0.053635**					
20									
21	Uncertainty:								
22	K_m =	0.053635	±	0.006111					
23	**K_m = 0.054 ± 0.006M**			[±B22*SQRT((0.000807/0.03955)^2+(0.0826/0.7369)^2)]					

■

K_m의 의미는 그림 23.3에 설명되어 있다(그림 23.2와 비슷). 기질 농도에 따라 반응 속도가 급속히 증가할 때, K_m은 작다(곡선 1). 주어진 효소에 대하여 최소의 K_m을 주는 기질을 효소의 자연 기질이라고 하며, 기질의 농도가 증가하면 반응 속도가 급격히 증가한다. K_m이 작다는 것은 낮은 기질 농도에서 효소가 포화된다는 것을 가리킨다. 반대로 K_m이 크다는 것은 최대 반응 속도를 얻기 위해서는 높은 기질 농도가 필요하다는 것을 가리킨다. 이러한 경우, 기질에 대하여 영차 속도를 얻기 어려우며, 이 기질은 촉매 정량에 적당하지 않다.

작은 K_m은 반응 속도가 빠르고 기질 포화가 용이함을 의미한다.

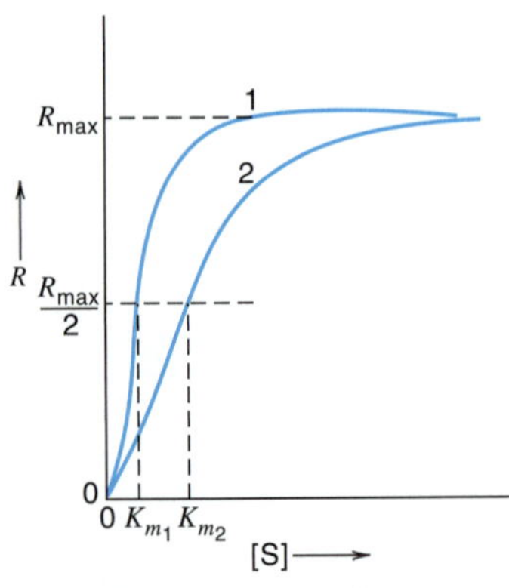

그림 23.3 Michaelis 상수, K_m($R_{max}/2$에서 [S]와 같다)과 반응 속도의 관계 설명. 곡선 1: 작은 K_m, 곡선 2: 큰 K_m

NAD$^+$는 임상 화학 측정에서 흔히 사용되는 보조 인자이다. NADH 농도를 측정하여 반응을 모니터한다.

효소 특이성

일반적으로 네 가지 형태의 효소 특이성이 있다. 즉, (1) 효소가 한 반응에만 촉매 작용을 하는 **절대 특이성**(absolute specificity), (2) 효소가 아미노, 인산, 메틸기와 같은 특정 작용기를 가진 분자에만 작용하는 **작용기 특이성**(group specificity), (3) 효소가 특정 형태의 화학 결합에만 작용하는 **결합 특이성**(linkage specificity), (4) 효소가 특정 입체 이성질체 또는 광학 이성질체에만 작용하는 **입체 화학적 특이성**(stereochemical specificity)이 있다.

많은 효소들이 작용할 기질 외에 제2의 보조 기질을 필요로 한다. 보조 기질은 많은 효소를 활성화시키므로, **보조 인자**(cofactor) 또는 **보조 효소**의 한 예라고 할 수 있다. 예를 들어 니코틴아마이드 아데닌 다이뉴클레오타이드(NAD$^+$)는 많은 탈수소 효소 반응에서 수소 받개로 작용하는 보조 인자이다.

$$SH_2 + NAD^+ \xrightleftharpoons{\text{효소}} S + NADH + H^+ \tag{23.15}$$

여기서 SH_2는 기질의 환원형이고, S는 그 산화형(탈수소된)이며, NADH는 NAD$^+$의 환원형이다.

효소 명명법

효소는 반응의 형태와 기질에 따라, 즉 반응 특이성과 기질 특이성에 따라 분류된다. 대부분의 효소 이름은 "ase"로 끝난다. 효소는 촉매 작용을 하는 효소 화학 반응의 종류에 따라 네 가지 그룹으로 나눌 수 있다. (1) 물의 첨가(**가수 분해 효소**) 또는 물의 제거(**탈수 효소**) 반응에 촉매 작용을 하는 효소, 가수 분해 효소로는 에스테르 가수 분해 효소, 탄수화물 가수 분해 효소, 핵산 분해 효소, 탈아미노화 효소가 있고, 탈수 효소로는 탄산 탈수 효소와 퓨마르산 수화 효소가 있다. (2) 전자 전달에서 촉매 작용을 하는 효소인 **산화 효소**와 **탈수소 효소**, (3) **아미노기 전달 효소**, **메틸기 전달 효소**, **인산기 전달 효소** 등과 같은 라디칼 전달에서 촉매 작용을 하는 효소, (4) C−C 결합의 분열 또는 형성에서 촉매 작용을 하는 **분해 효소**(desmolases)로서, 예를 들어 α-글루코사이드 분해 효소는 어떤 α-글루코사이드에도 작용하나, 반응 속도는 글루코사이드의 종류에 따라 다르다. 그러나 더 일반적으로 보면, 효소는 특정한 종류의 기질에 대하여 절대 선택성을 보인다. 따라서 글루코스 산화 효소는 글루코스가 글루콘산과 과산화 수소로 되는 호기적 산화 반응에서 촉매 작용을 한다.

β-글루코스

글루코스 산화 효소는 글루코스 정량에 사용된다.

$$C_6H_{12}O_6 + O_2 + H_2O \xrightarrow{\text{글루코스 산화 효소}} C_6H_{12}O_7 + H_2O_2 \tag{23.16}$$

실제로, 이 효소는 β-D-글루코스에만 거의 선택적으로 작용한다. β형이 100이라면 α-D-글루코스는 0.64의 비율로 반응한다. β형에서 모든 수소는 수직 방향이고, 하이드록시기는 수평 방향이어서 분자가 효소 활성 자리에 평평하게 놓일 수 있어서 효소−기질 착물이 형성되기 쉽다. a형의 수소와 하이드록시기는 β형과는 다른 배열을 하고 있어서 효소에 평평하게 놓일 수 없다. 따라서 글루코스의 호기적 전환(보통 36% a형, 64% β형)은 a형에서 β형으로의 변광 회전에 의존한다. 변광 회전(평형)은 β형이 제거됨에 따라 이동된다. 다른 변광 회전 효소(mutarotase)는 변광 회전에 영향을 미치나 보통 필요하지 않다. 또 다른 물질인 2−데옥시-D-글루코스(2-deoxy-D-glucose)는 글루코스 산화 효소의 영향을 받는다. 이 반응의 상대 속도는 β-D-글루코스에 비하면 약 10%인데, 글루코스를 분석하는 혈액 시료에는 보통 존재하지 않는다.

자연에는 수천 개의 효소가 있으며, 이들 대부분은 절대 선택성을 나타낸다.

효소의 정량

주어진 시간 동안에 전환된 기질의 양 또는 생성 물질의 양을 측정하여 효소 자체를 정량할 수 있다. 반응 속도가 효소 농도에만 의존해야 하므로 기질은 과량으로 존재해야 한다. 정량 결과는 효소의 국제 단위로 표시한다. 예를 들어 글루코스 산화 효소 조제품의 활성도는 분당 소비된 산소의 마이크로몰수를 압력계법 또는 전류법으로 측정하여 결정한다. 한편, 특히 임상 화학의 분야에서 기질의 특성적인 정량법을 개발하는 데 효소를 사용하는 것이 매우 유용하다는 것이 증명되었다. 이 경우에는 반응 속도가 기질 농도에 의존하도록 효소 농도가 과량이어야 한다.

효소 활성도는 유사 영차 기질 조건에서 기질 전환 속도를 결정하여 측정한다.

효소 기질의 정량

효소 기질을 정량하는 데는 두 가지 일반적인 방법이 사용된다. 첫 번째, 기질을 **완전 전환(complete conversion)**시키는 방법이다. 효소의 촉매 작용에 의한 반응이 완결되기 전후에 생성 물질을 분석하거나, 원래 과량이었던 반응 물질의 소비량을 측정하여 분석된 물질(알짜 변화)과 원래 기질 농도와의 관계를 구한다. 이들 반응은 부반응, 생성 물질 또는 반응 물질의 불안정성 등 때문에 기질 농도에 대하여 화학량론적이지 않을 때가 흔히 있다. 또 반응이 완결되는 데 비정상적으로 긴 시간이 걸리는 수도 있다. 이런 이유 때문에 분석 과정은 보통 측정된 양과 알려진 기질 농도(또는 양)와의 관계를 나타내는 어떤 형태의 교정 곡선을 작성하여 표준화한다.

기질 정량에 사용되는 두 번째 방법은 효소 활성도 정량에서와 마찬가지로 효소 촉매 반응의 **속도(rate)**를 측정하는 것이다. 이 방법은 다음의 세 가지 형태 중 한 가지를 취한다. 첫 번째, 미리 정한 양의 생성물이 생성되거나 미리 정한 양의 기질이 소비되는 데 걸리는 시간을 측정한다. 두 번째, 주어진 시간 동안에 생성된 생성물의 양 또는 소비된 기질의 양을 측정한다(글루코스 정량은 실험 41 참조). 이들 두 방법은 단일점 측정법(**종말점 측정법**이라고 한다)이며, 잘 정의된 반응 조건이 요구된다. 이 방법들은 자동화하기 쉬우며, 수동으로 수행할 수 있다. 세 번째 과정은 시간의 함수로서 생성물 또는 기질 농도를 연속적으로 측정하여 반응 속도 곡선의 기울기 $\Delta c/\Delta t$를 구하는 것이다. 이것은 이른바 진정한 속도 측정법이다. 일반적으로 속도가 유사 일차 반응 초기 동안에 측정을 해야 한다.

효소는 소모되지 않으므로, 속도 측정을 하기 위해서는 효소 농도를 일정하게 유지할 필요가 있다.

속도법은 일반적으로 종말점법 또는 완전 전환 반응법보다 빠르다. 반면, 완전 전환 반응법은 완전 전환이 이루어지도록 충분한 시간이 주어지면 효소 억제제나 활성제의 방해를 덜 받는다. 기질을 정량하는 다른 방법을 알고자 하면, 13장의 효소 전극에 관한 논의를 참조하라.

예제 23.2

개인의 혈중 알코올 함량은 NADH를 생성하는 효소인 알코올 탈수소 효소의 존재 하에서 에탄올을 NAD^+와 반응시켜 정량한다(표 23.1). NADH의 생성 속도를 340 nm에서 측정하였다(그림 23.4). 0.100%(wt/vol) 알코올 표준 용액과 미지 용액을 같은 방법으로 처리하여 다음의 흡광도를 얻었다. 이들로부터 미지 농도의 흡광도 변화 속도를 계산하기 위한 스프레드시트를 작성하시오.

$T(s)$	A_{std}	A_{unk}
0	0.004	0.003
20	0.052	0.036
40	0.099	0.070
60	0.147	0.098
80	0.201	0.132
100	0.245	0.165

16장 16.7의 마지막 부분에 있는 엑셀 연습(엑셀에 의한 결과는 이 책의 웹 사이트에 있다)에 설명되어 있는 엑셀 프로그램의 데이터 분석 회귀 프로그램을 사용한다. 표준 물질과 미지 시

료에 대한 SUMMARY OUTPUTS 를 준비한다.

풀이

	A	B	C	D	E	F	G	H	I
1	T (s)	A_{std}	A_{unk}						
2	0	0.004	0.003						
3	20	0.052	0.036						
4	40	0.099	0.07						
5	60	0.147	0.098						
6	80	0.201	0.132						
7	100	0.245	0.165						
8									
9	(Regression Statistics and ANOVA for each included in text website version)								
10	**Regression for standard:**								
11	SUMMARY OUTPUT (0.100 wt% standard); Input Y range B2:B7, Input X range A2:A7:								
12									
13		*Coefficients*	*Standard Err*	*t Stat*	*P-value*	*Lower 95%*	*Upper 95%*	*Lower 95.0%*	*Upper 95.0%*
14	Intercept	0.003238	0.001603	2.0202	0.11347	-0.00121	0.007688	-0.00121	0.0076883
15	X Variable 1	0.002429	2.65E-05	91.7468	8.5E-08	0.002355	0.002502	0.002355	0.0025021
16									
17	**Regression for unknown:**								
18	SUMMARY OUTPUT; Input Y range C2:C7, Input X range A2:A7:								
19									
20		*Coefficients*	*Standard Err*	*t Stat*	*P-value*	*Lower 95%*	*Upper 95%*	*Lower 95.0%*	*Upper 95.0%*
21	Intercept	0.003571	0.001115	3.20443	0.03276	0.000477	0.006666	0.000477	0.0066659
22	X Variable 1	0.001609	1.84E-05	87.3945	1E-07	0.001557	0.00166	0.001557	0.0016597
23									
24	C_{unk} = C_{std}*slope unk/slope std = 0.100*B22/B15 =					0.066235	wt%		
25									
26	For calculating uncertainies, let's multiply the variables by 1,000 to simplify equations:								
27	C_{unk} = 0.100*(1.609± 0.018)/(2.429 ± 0.026)								
28	=	0.100*	0.662353	±	0.01026				
29					[± C28*SQRT((0.026/2.429)^2 +(0.018/1.609)^2)]				
30	C_{unk} =	**0.0662 ± 0.0010 wt%**							

효소 분석의 예

효소 반응을 측정하는 데는 분광 광도법이 널리 사용된다. 반응 생성 물질의 흡수 스펙트럼이 기질의 흡수 스펙트럼과 아주 다르면, 생성 물질 또는 기질의 스펙트럼을 간단히 측정하기만 하면 된다. 다른 경우에는 생성 물질 또는 기질과 반응하는 색소–생성 시약을 사용하여 색깔의 증가 또는 감소를 측정한다. 흔히 제2의 효소를 사용하여 발색단을 생성물과 효소 반응으로 결합시킨다.

탈수소 효소 반응은 NADH의 UV 흡광도를 측정하여 모니터한다.

1. 탈수소 효소 반응 니코틴아마이드 아데닌 다이뉴클레오타이드의 환원형(NADH)과 산화형(NAD^+)은 자외선 흡수 스펙트럼이 현저하게 달라서, 탈수소 효소 반응을 추적하는 데 널리 사용된다. NAD^+와 NADH의 자외선 흡수 스펙트럼을 그림 23.4에 나타내었다. 340 nm

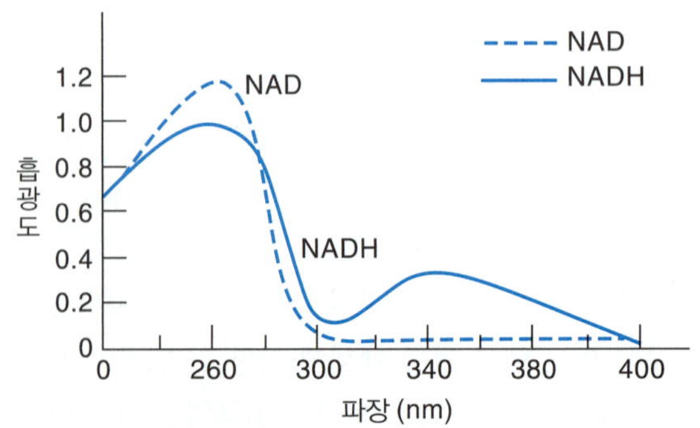

그림 23.4 NAD와 NADH의 자외선 흡수 스펙트럼

에서 NAD는 거의 흡수하지 않으나, NADH는 최대 흡수를 일으키므로, NADH의 농도 증가 또는 감소를 모니터하는 것은 간단한 일이다.

NADH를 측정에 사용한 한 가지 예는 **락트산 탈수소 효소**(lactic acid dehydrogenase, LDH)의 정량인데, LDH는 심근 경색증(심장 마비)을 확인하는 데 있어서 중요하다. 락트산이 LDH의 촉매 작용에 의해 피루브산으로 산화될 때 NAD^+이 필요하다.

$$\underset{\text{락트산}}{\begin{array}{c} CH_3 \\ | \\ CHOH \\ | \\ CO_2H \end{array}} + NAD^+ \underset{}{\overset{LDH}{\rightleftharpoons}} \underset{\text{피루브산}}{\begin{array}{c} CH_3 \\ | \\ C{=}O \\ | \\ CO_2H \end{array}} + NADH + H^+ \qquad (23.17)$$

이 반응은 가역적이며 어느 방향의 반응이든 측정에 사용할 수 있다. 정반응에서 미지량의 LDH가 들어 있는 혈청을, 효소를 포화시킬 수 있는 농도의 락트산과 NAD가 들어 있는 용액에 첨가한 다음, 시간의 함수로서 340 nm에서의 흡광도 증가를 측정한다.

NADH는 종종 효소 반응과 직접 관계시키지 않고 생성 물질과 이차 반응을 하는 짝지음 시약(coupling agent)으로 이용하여 효소 반응을 추적하는 데 사용할 수 있다. 예를 들어 혈청 속의 글루탐산–옥살로아세트산 아미노기 전이 효소(GOT)는 α-케토글루타르산염과 아스파트산염의 반응에서 촉매 작용을 하며, 생성 물질은 다른 효소인 말산 탈수소 효소(MDH) 존재 하에 NADH에 의해 환원된다.

$$\alpha\text{-케토글루타르산염} + \text{아스파트산염} \overset{GOT}{\rightleftharpoons} \text{글루탐산염} + \text{옥살로아세트산염} \qquad (23.18a)$$

$$\text{옥살로아세트산염} + NADH \overset{MDH}{\rightleftharpoons} \text{말산염} + NAD^+ \qquad (23.18b)$$

두 번째 반응은 과량의 MDH가 존재할 때 첫 번째 반응에 비해 빠르므로, NADH 농도의 감소 속도는 GOT 활성도에 정비례한다.

2. 흔히 정량되는 기질 흔히 정량되는 혈액 또는 소변 속의 기질 몇 가지가 표 23.1에 수록되어 있다.

요소 분해 효소는 처음으로 분리되어 결정화된 효소이다. 이 효소는 요소를 정량적으로 암모니아와 이산화 탄소로 전환시킨다. 요소의 양은 생성된 암모니아나 이산화 탄소의 양(보통 암모니아의 양)을 정량하여 계산한다. 암모니아를 색소 시약과 반응시켜 분광 광도법으로 정량한다.

글루코스는 보통 글루코스 산화 효소를 가할 때 생성되는 과산화 수소의 양을 측정하여 정

산화 효소 반응은 O_2 소모량이나 H_2O_2 생성량을 측정하여 모니터한다.

표 23.1 임상 화학에서 기질 정량에 흔히 사용되는 효소 반응의 예

기질	효소	반응
요소	요소 분해 효소	$NH_2{-}\overset{\overset{O}{\parallel}}{C}{-}NH_2 + H_2O \rightarrow 2NH_3 + CO_2$
글루코스	글루코스 산화 효소	$\underset{\text{(글루코스)}}{C_6H_{12}O_6} + H_2O + O_2 \rightarrow \underset{\text{(글루코산)}}{C_6H_{12}O_7} + H_2O_2$
요산	요산 분해 효소	$\underset{\text{(요산)}}{C_5H_4O_3} + 2H_2O + O_2 \rightarrow \underset{\text{(알란토인)}}{C_4H_6O_3N_4} + CO_2 + H_2O_2$
갈락토스	갈락토스 산화 효소	D-갈락토스 + O_2 → D-갈락토헥소다이알도스 + H_2O_2
혈중 알코올	알코올 탈수소 효소	에탄올 + NAD^+ → 아세트알데하이드 + NADH + H^+

량한다. 생성되는 과산화 수소를 *o*-톨루이딘 같은 시약과 결합시켜 분광 광도법으로 정량한다. 이 결합은 제2의 효소인 서양고추냉이 과산화 효소 존재 하에서 일어나며, 색깔을 띤 생성 물질이 얻어진다. 시판되는 글루코스 산화 효소는 보통 과산화 수소와 반응하여 이를 소비하는 불순물을 포함하고 있어서, 전환은 화학량론적이지 않다. 예를 들어 과산화 수소 분해 효소는 과산화 수소 분해 반응에 특별하게 작용하는 효소 불순물이다. 그럼에도 불구하고 염료 생성물로 전환되는 과산화 수소의 분율은 일정하며, 다른 농도의 글루코스를 사용하여 교정 곡선을 작성할 수 있다.

글루코스 정량에서 작용하는 억제제는 많이 있으나, 그중 대부분은 제2 효소 반응에서 나타난다. 그러므로 글루코스 산화 효소법은 제2의 효소 없이 과산화 수소를 직접 측정하면 더 특이적이다. 예를 들어 몰리브데넘(VI) 촉매 존재 하에 첨가된 아이오딘화 이온은 재빨리 아이오딘으로 산화된다. 아이오딘 농도를 전류법으로 측정하거나(15장), 산소의 소비를 전류법으로 측정하기도 한다.

요산은 보통 292 nm에서의 자외선 흡수를 측정하여 정량한다. 그러나 혈중 요산의 양이 적기 때문에 흡수가 선택적이지 못하다. 따라서 한 번 측정한 다음, 요산 분해 효소를 첨가하여 요산을 파괴한 후 흡광도를 다시 측정한다. 이때 흡광도의 **차이**는 존재하는 요산에 의한 것이다. 요산 분해 효소는 요산만 분해하므로 이 방법은 특이성이 있다. 이와 비슷하게 요산을 비색법으로 정량하는 방법에서는 요산을 몰리브데넘산 이온으로 산화시켜 몰리브데넘(V) 화합물인 몰리브데넘 블루를 만든다. 이론적으로는 요산도 글루코스처럼 정량할 수 있으나, 요산 분해 효소에 들어 있는 불순물이 생성되는 소량의 과산화 수소를 신속하게 파괴하는 문제점이 있다.

갈락토스는 글루코스와 마찬가지 방법으로, 과산화 효소 존재 하에 H_2O_2로 발색단을 산화시켜 정량한다. 혈중 알코올은 생성된 NADH를 자외선 흡수로 측정하여 정량할 수 있다.

결합 효소 반응은 검출 반응에 흔히 사용된다.

3. 흔히 정량되는 효소 표 23.2는 임상 실험실에서 흔히 정량되는 몇 가지 효소의 활성도를 결정하는 데 사용되는 방법을 요약한 것이다. GPT 반응에서 생성된 피루브산염은 측정하기 위

표23.2 임상 화학에서 흔히 정량되는 효소의 예

효소	약호	반응
글루탐산−피루브산 아민 전달 효소	GPT	α- 케토글루타르산염 + L- 알라닌 $\xrightleftharpoons{\text{GOT}}$ 글루탐산염 + 피루브산염
		피루브산염 + NADH + H^+ $\xrightleftharpoons{\text{LDH}}$ 락트산염 + NAD^+
글루탐산−옥살로아세트산 아민 전달 효소	GOT	α-케토글루타르산염 + 아스파르트산염 $\xrightleftharpoons{\text{GOT}}$ 글루탐산염 + 옥살로아세트산염
		옥살로아세트산염 + NADH + H^+ $\xrightleftharpoons{\text{MDH}}$ 말산염 + NAD^+
크레아티닌 포스포인산화 효소	CK	크레아티닌인산염 + ADP $\xrightleftharpoons{\text{CK}}$ 크레아틴 + ATP
		ATP + 글루코스 $\xrightleftharpoons{\text{헥소키나아제}}$ ADP + 글루코스-6 인산염
		글루코스-6 인산염 + NAD^+ $\xrightarrow{\text{G-6PDH}}$ 6-포스포글루콘산염 + NADH + H^+
락트산 탈수소 효소	LDH	L-락트산염 + NAD^+ $\xrightleftharpoons{\text{LDH}}$ 피루브산염 + NADH + H^+
α-하이드록시뷰티르산 탈수소 효소	HBD	α-케토뷰티르산염 + NADH + H^+ $\xrightleftharpoons{\text{HBD}}$ α-하이드록시뷰티르산염 + NAD^+
알칼리성 인산 가수 분해 효소		Na 티몰프탈렌인 일인산 $\xrightarrow{\text{pH 10.1}}$ Na 티몰프탈렌인 + 인산염
산성 인산 가수 분해 효소		pH 6.0를 제외하고는 알칼리성 인산 가수 분해 효소와 동일

해 첨가한 LDH의 존재 하에 NADH와 결합된다. CK는 크레아티닌 인산염에서 뉴클레오타이드 이인산 아데노신(ADP)으로 인산기가 전달되는 반응에서 촉매 작용을 하여 삼인산아데노신(ATP)를 생성한다. ATP는 효소 헥소키나아제의 존재 하에 글루코스와 반응하여 글루코스-6-인산염을 만들고, 글루코스-6-인산염은 다시 글루코스-6-인산 탈수소 효소 존재 하에 NAD와 반응한다. CK는 현재 고성능 액체 크로마토그래피, 크기 배제 크로마토그래피, 이온 교환 크로마토그래피, 전기 이동법으로 정량할 수 있다.

천연 LDH는 **동질 효소**(**isozyme, isoenzyme**)라고 하는 5가지 성분으로 구성되어 있으며, 이들 성분의 비는 조직의 원천에 따라 변한다. 전기 이동으로 가장 빨리 이동하는 두 가지 성분은 심장 근육의 LDH에 고농도로 존재하며, 이 두 성분의 양은 심근 장애가 있은 후에 혈중 농도가 우선적으로 증가한다. LDH법은 총 LDH 동질 효소량을 측정하는 것인데, 이 양은 보통 심장 질환을 진단하는 지표가 된다. 그러나 위에서 언급한 두 심장 근육 동질 효소는 간장으로부터 나온 느리게 이동하는 성분보다 빨리 α-뷰티르산케톤의 환원에서 촉매 작용을 더 잘하므로, α-하이드록시뷰티르산 탈수소 효소(HBD) 활성이라고 한다. HBD의 증가는 정해진 반응으로 정량할 수 있으며 LDH보다 심근 경색 시 더 선택적으로 나타나며, 경색 후 더 긴 시간 동안 증가된 상태가 유지된다.

인산 가수 분해 효소(**phosphatase**)는 일정 시간 후 강한 알칼리 용액 중의 티몰프탈레인의 파란색을 측정하여 정량한다. 높은 알칼리성은 효소 반응을 정지시킨다.

효소 반응은 분광 광도법 외의 다른 방법으로도 측정할 수 있으며 전류법, 전도도법, 전기량법, 이온 선택성 전극법 등이 사용된다. 어떤 효소 반응은 특정 반응에 특이적인 감응을 나타내는 효소 전극을 사용하여 측정할 수 있는데, 13장 및 15장에 이들 방법이 설명되어 있다.

효소 억제제(**enzyme inhibitor**)와 **효소 활성제**(**enzyme activator**)는 효소 반응을 사용하여 분석한다. 가장 쉬운 방법은 효소 반응 속도의 감소 또는 증가를 측정하는 것이다. 효소를 억제제로, 또는 억제제를 효소로 적정하여 반응을 완전히 억제시키는 데 필요한 억제제의 양을 측정한다. 예를 들어 원소에 의한 효소 반응의 억제 또는 활성화를 이용하여 미량의 원소를 정량할 수 있다.

이론적으로 많은 효소들은 분석 화학자의 꿈인 절대적 특이성을 가진 반응 물질이라고 볼 수 있으나, pH 및 이온 세기 조절과 관련된 문제와 억제제 효과 때문에 주의해서 사용해야만 한다.

질문

일반

1. 일차 반응과 이차 반응을 구별하여 설명하시오.
2. 반응의 반감기는 무엇인가? 반응이 완결되려면 몇 번의 반감기가 필요한가?
3. 유사 일차 반응은 무엇인가?
4. 두 물질 A와 B 사이의 반응이 일차인지, 이차인지를 결정하는 방법을 제시하시오.

효소

5. 국제 단위는 무엇인가?
6. 효소의 경쟁 억제와 비경쟁 억제 사이의 차이는 무엇인가?
7. 체내에 들어온 중금속이 흔히 독인 이유는 무엇인가?
8. 보조 효소는 무엇인가?
9. 효소 억제제가 경쟁성인지, 비경쟁성인지를 조사하는 방법을 제시하시오.
10. 억제제가 비경쟁성인지, 경쟁성인지를 결정하는 데 Lineweaver-Burk 식이 어떻게 사용되는지를 설명하시오.

문제

반응 속도론

11. 일차 반응에서 50%가 생성 물질로 전환되는 데 10.0분이 걸린다. 90% 및 99% 전환에는 각각 얼마의 시간이 필요한가?
12. 일차 반응에서 30%가 생성 물질로 전환되는 데 25.0초가 걸렸다. 이 반응의 반감기는 얼마인가?
13. 어떤 용액 속의 물질 A와 B의 농도는 각각 0.100 *M*이며, 두 물질 사이의 반응은 이차 반응이다. 반응이 15.0% 진행되는 데 6.75분이 걸리면 반감기는 얼마인가? A와 B의 농도가 각각 0.200 *M*이라면 반감기는 얼마이며, 15.0% 반응이 진행되는 데 얼마의 시간이 걸리는가?
14. 슈크로스는 가수 분해되어 글루코스와 프룩토스로 된다.

$$C_{12}H_{22}O_{11} + H_2O \rightarrow C_6H_{12}O_6 + C_6H_{12}O_6$$

묽은 수용액 속에서 물의 농도는 거의 일정하므로 반응은 유사 일차이고, 일차 반응 속도론을 따른다고 볼 수 있다. 0.500 *M* 슈크로스 용액 25.0%가 가수 분해되는 데 9.00시간이 걸린다면, 글루코스와 프룩토스 농도가 남아 있는 슈크로스 농도의 반이 되는 데 걸리는 시간은 얼마인가?

15. 과산화 수소의 분해는 이차 반응이다.

$$2H_2O_2 \xrightarrow{\text{촉매}} 2H_2O + O_2$$

0.1000 *M* 용액 35.0%가 분해하는 데 8.60분이 걸린다면, 표준 온도 압력(STP)에서 0.1000 *M* H_2O_2 용액 100.0 mL로부터 O_2 100 mL가 발생하는 데 걸리는 시간은 얼마인가?

효소

16. 글루코스 산화 효소 조제품의 활성도는 시간에 따라 소비된 산소의 부피를 측정하여 정량한다. 이 제품 10.0 mg을 취하여 0.01 *M* 글루코스가 포함된 용액에 첨가하고 산소를 포화시켰다. 20.0분 후에 측정하였더니 STP에서 10.5 mL의 산소가 소비되었다. 밀리그램당 효소 단위로 표시한 효소 조제품의 활성도는 얼마인가? 정제한 효소의 활성도가 61.3 단위/mg이라면, 이 효소 조제품의 퍼센트 순도는 얼마인가?
17. 사과를 자를 때, 공기에 노출되면 사과에 있는 페놀의 산화에 *o*-다이페닐 산화 효소가 촉매로 작용하여 갈색으로 변한다. 신선한 한 조각의 사과를 갈아서 원심 분리한 후에 상층부를 효소원으로 작용하도록 하여, *o*-다이페닐 산화 효소의 Michaelis 상수를 구하는 한 가지 실험을 하였다(http://users.rcn.com/jkimball.ma.ultranet/BiologyPages/E/EnzymeKinetics.html 참조). 카테콜을 기질로 사용하였다. 고정된 양의 효소를 0.300 m*M* 카테콜을 포함하고 있는 관에 넣고 흡광도 변화를 수분 동안 1분 간격으로 540 nm에서 측정하였다. 실험을 0.600 m*M*, 1.200 m*M*, 4.80 m*M* 카테콜을 포함하는 다른 관에서도 반복하였다. 다음의 결과(m*M* 카테콜/ΔA/분)를 얻었다. 즉 0.30/0.020, 0.60/0.035, 1.20/0.048, 4.80/0.081이다. K_m을 구하기 위한 스프레드시트를 작성하시오.

추천 참고 문헌

반응 속도론

1. H. H. Bauer, G. D. Christian, and J. E. O'Reilly, eds., *Instrumental Analysis*. Boston: Allyn and Bacon, 1978, Chapter 18, "Kinetic Methods," by H. B. Mark, Jr.
2. R. A. Greinke and H. B. Mark, Jr., "Kinetic Aspects of Analytical Chemistry," *Anal. Chem.*, **46**(1974)413R.
3. H, L. Pardue, "A Comprehensive Classification of Kinetic Methods of Analysis Used in Clinical Chemistry," *Clin. Chem.*, **23**(1977)2189.
4. D. Perez-Bendito and M. Silva, *Kinetic Methods in Analytical Chemistry*. New York: John Wiley, 1988.
5. H. A. Mottola, *kinetics Aspects of Analytical Chemistry*, New York: Wiley-Interscience, 1988.

효소

6. H. U. Bergmeyer, *Methods of Enzymatic Analysis*, 3rd ed. New York: Wiley. A series of 12 volumes plus index volume, 1983－1987.

웹 사이트

7. www.worthington-biochem.com 효소의 성질, 그들의 분석 참고 문헌이 있는 워싱턴 효소 매뉴얼
8. www.chem.qmul.ac.uk/iubmb/emzyme. 국제 생화학연맹(IUB)와 국제 순수 및 응용화학연맹(IUPAC)의 효소 명명법
9. www.chem.qmw.ac.uk/iubmb/kinetics. 반응 속도론에서의 기호 및 용어

24장 측정에서의 자동화

"어떤 것을 하는 방법을 모른다면, 컴퓨터가 있어도 그것을 하는 방법을 모른다."
—작자 미상(J. F. Ryan, Today' Chemist at Work)

24장 URLs

학습 목표

이 장에서 배울 중요한 내용은 무엇인가?

- 공정 제어–연속 및 불연속 분석기
- 자동 기기
- 흐름 주입 분석

환경 및 임상 실험실에서 더 좋은 분석 방법이 개발됨에 따라 분석 화학자의 역할은 계속 증가하고 있다. 분석 화학자는 많은 수의 시료와 방대한 양의 데이터를 처리해야 할 때가 흔히 있다. 현재 분석 과정의 여러 단계 또는 모든 단계를 자동으로 수행하는 기기가 나와 있어서 실험실의 시료 처리량이 크게 증가되었다. 측정된 데이터는 흔히 컴퓨터 기술로 가장 잘 처리되며, 또한 컴퓨터를 분석 기기에 연결하여 쓰기도 한다. 자동화의 중요한 형태는 공정의 진행을 실시간, 즉 온라인(online)으로 모니터링하며, 사전 설정된 조건으로 공정을 유지하는 제어 장치로 연속적인 분석 정보를 보낼 수 있는 공정 제어이다.

임상 화학 실험실에서 일 년에 수행하는 임상 시험 횟수는 수십억에 달한다. 그리고 이렇게 많은 수의 시료를 처리하기 위해서는 자동화가 매우 중요한 역할을 한다. 임상 화학 분석기는 주로 하루에 많은 시료의 신속한 분석이 가능한 자동 시스템이다. 어떤 것은 한 시료로 여러 분석 물질이 동시에 측정한다. 화학 산업에서는 온라인 측정을 통해 화합물 생산을 모니터하여 화학 반응이 설계한 대로 진행되는지를 판단하는데, 일례로 반응 진행 중의 pH 조절을 들 수 있다.

이 장에서는 흔히 사용되는 자동화 기기 및 장치의 종류와 이들의 작동에 관한 원리를 간단히 살펴보고자 한다. 또한 공정제어의 응용에 대해서도 논하고자 한다. 그리고 흐름 주입 분석과 연속 주입 분석에 관한 기술을 서술하였다. 이 두 방법은 수마이크로리터의 적은 양의 시료나 시약을 사용하여 자동 측정을 가능하게 한다.

24.1 자동화의 원리

두 가지 기본적인 형태의 자동화 장치가 있다. **자동 장치**(**automatic device**)는 분석의 한 단계, 흔히 **측정 단계**에서 특정 조작을 수행한다. 따라서 **자동 적정기**는 용액의 성질 변화를 감지하여 종말점에서 기계적 또는 전기적으로 적정을 멈출 것이다. 반면, **자동화 장**

치(**automated device**)는 인간의 개입없이 **공정을** 제어하고 조절한다. 자동화 장치는 센서로부터 오는 **되먹임 정보**를 이용하여 기계적 및 전자공학적인 장치를 통해 공정을 조절한다. 따라서 **자동화 적정기**는 사전 설정된 pH로부터 표류가 생기는 것을 pH 전극이 감지하는 순간, 산 또는 염기를 첨가하여 시료의 pH를 미리 정한 수준으로 유지한다. 이와 같은 기기를 **pH 자동 조절 장치**라고 하며, 양성자를 내놓거나 소비하는 효소 반응에서 pH를 일정하게 유지하는 데 사용된다. 이때 용액의 pH를 일정하게 유지하기 위해 사용되는 산이나 염기의 첨가 속도를 기록하면 반응 속도를 실제로 측정할 수 있다.

자동 기기는 수동으로 이루어지던 몇 가지 동작을 수행함으로써 분석자의 효율성을 향상시킨다. 자동화 기기는 분석 결과에 기초하여 장치를 제어한다.

자동화 장치는 공정 제어 장치에 널리 쓰이는 반면, 다양한 정교함을 갖는 자동 기기는 분석 실험실에서 다양한 분석들을 수행하는 데 사용된다. 자동기기는 시료 채취와 측정부터 데이터의 처리 및 표시까지 분석의 모든 단계를 수행할 수 있다.

24.2 자동화 기기: 공정 제어

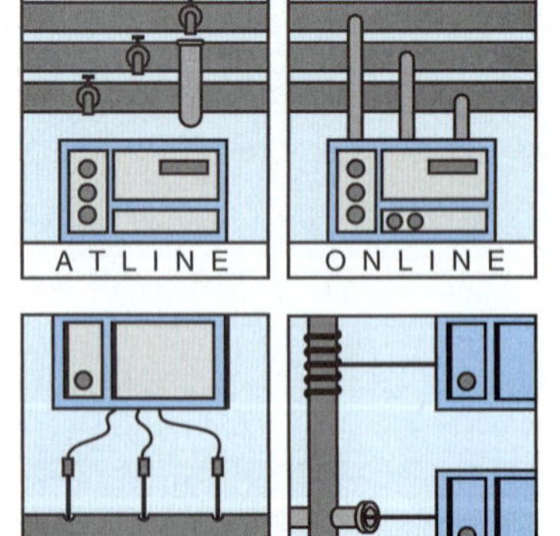

그림 24.1 공정 분석 방법.

[J. B. Callis, D. Illman, and B. R. Kowalski, *Anal. Chem*, **59** (1987) 624A.] Copyright 1987 by the American Chemical Society. Reprinted by permission of the copyright owner.]

공정 분석에서는 각 화학 공정의 진행 정도나 생성물의 품질에 대한 정보를 제공하기 위하여 화학 공정에서 분석 측정을 수행한다. 그림 24.1에 나타낸 것처럼 공정 분석에는 다양한 방법이 있다. 시료는 측정을 위해 간헐적으로 채취되어 실험실로 보내진다. 이 방법은 보통의 실험실 기기를 사용할 수 있고 다양한 측정을 수행할 수 있다. 그러나 분석 과정이 비교적 느리며 분석 정보가 얻어지기 전에 화학 공정이 보통 완결되어 버린다. 따라서 실험실 분석은 생성물의 품질을 확인하는 **품질 관리**에 더 적합하다. 만약 기기를 화학 공장으로 옮긴다면, 더 효율적인 측정이 가능하다. 그러나 실제로 실시간 분석을 하려면 자동 시료 채취 및 분석 기능과 함께 기기를 화학 공정에 직접 접속시켜야 한다. 더 이상적인 방법은 센서를 온라인으로 설치하여 연속 측정을 하여, 시료의 화학적 처리가 불필요하게 하는 것이다. 그러나 이러한 센서들은 주어진 시료와 선택적으로 감응해야 하고, 화학적 환경에 견딜 수 있어야 하며, 중독의 영향을 받지 않으며, 교정에서 벗어나지 않아야 하므로, 응용성과 응용 범위에 있어서 제한이 더 크다고 볼 수 있다. 더욱 이상적인 방법은 비침입성 측정이다. 예를 들면 화학계로 빛을 통과시킬 때 분석물이 선택적인 측정이 가능하도록 흡수 스펙트럼을 나타내는 경우가 있다. 그러나 이런 형태의 측정도 역시 제한적일 수 있다.

실시간 공정 분석의 한 가지 중요한 측면은, 예를 들어 중간체를 미리 정한 수준으로 유지할 수 있도록 화학 반응물의 첨가를 변화시키는 제어기에 정보의 되먹임을 통해, 분석 데이터를 사용하여 화학 공정을 제어하는 것이다. 화학 공정의 되먹임 제어를 가진 온라인 측정을 이용하면 화학 회사는 최대 반응 효율 달성, 제품 생산 향상, 불순물 검사 등에 사용되는 연간 수백만 달러의 비용을 절약할 수 있다. 분석 화학 분야의 이러한 응용은 공업 제품 생산에 있어서 매우 중요한 부분이 되었다. Washington 대학의 공정 분석 화학 센터(CPAC)는 최신 공정 측정 기술 연구를 수행하는 데 기업체로부터 지원을 받고 있다(http://cpac.apl.washington.edu/ 참조).

자동화 공정 제어에 분석 데이터를 사용함으로써, 생산 효율 및 품질 향상에 쓰이는 수백만 달러를 절약할 수 있다.

측정 장치는 연속 기기와 불연속(회분식) 기기 두 종류로 구분할 수 있다. **연속 기기(continuous instrument)**는 끊임없이 시료의 물리 또는 화학적 성질을 측정하여 시간의 연속 함수로서 결과를 얻는다. **불연속 기기(discrete instrument)** 또는 **회분식 기기(batch instrument)**는 불연속적인 또는 회분식으로 시료를 분석하여 불연속적인 정보를 제공한다. 어느 경우이든 측정되는 변수에 대한 정보는 모니터링 장치나 제어 장치에 되먹여진다. 이들 기법은 통상적인 분석 측정 방식을 이용하며, 연속적으로 무인작업을 수행할 수 있다.

연속 분석기

연속 공정 제어 기기는 연속 흐름이나 발효 반응기와 같은 회분식 공정 반응기에서 직접적으

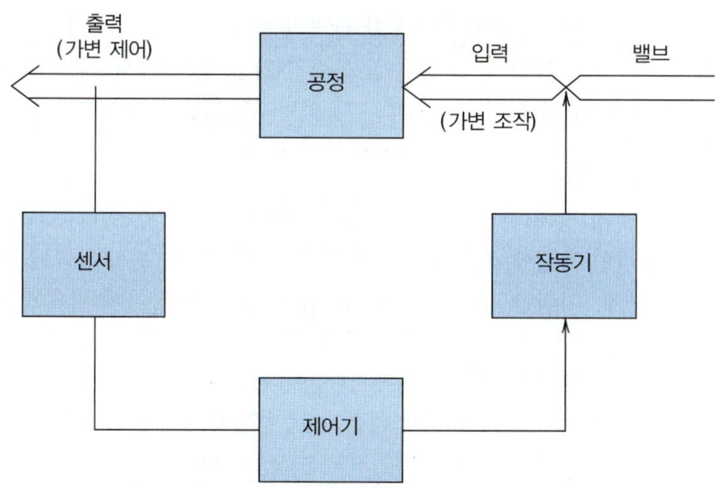

그림 24.2 되먹임 제어 고리

로 측정을 수행할 수 있다. 일반적으로 시료에 대해 사람이 하는 분석 조작은 없으며, 전극과 같은 직접 감지 장치를 써야 한다. 만약 시료의 묽힘이나, 온도 조절, 시약 첨가가 필요하거나, 비탐침형 기기로 측정하는 경우에는 흐름의 일부를 전환시켜 시료와 시약이 연속적으로 자동 혼합되게 하여 시험 측정을 한다. 측정 전에 시료는 필터를 통과시킬 수도 있다.

공정 제어 기기는 **제어 고리**(**control loop**)를 사용하여 작동하는데, 제어 고리는 세 개의 주요 부분으로 이루어져 있다.

1. 제어하려는 변수를 모니터하는 **센서**(**sensor**) 또는 측정 장치
2. 측정값을 기준(설정)값과 비교하여 정보를 작동기에 보내는 **제어기**(**controller**)
3. 설정값으로 되돌아오는 역할을 하는 밸브 같은 장치를 작동시키는 **작동기**(**operator**)

제어 고리는 그림 23.2에 나타낸 **되먹임 메커니즘**(**feedback mechanism**)에 의해 작동한다. 공정이란 원하는 제품을 생산하는 어떤 산업 공정이다. 공정은 원하는 제품(출력)을 내도록 제어할 수 있는 한 개 이상의 입력을 가지고 있다. 센서는 제어할 변수(pH, 온도, 반응물 등)를 측정하여 그 정보를 제어기에 보내고, 제어기는 측정값을 기준 설정값과 비교하여 그 차이를 밸브(이것을 개폐) 또는 다른 적합한 장치를 작동시키는 작동기에 보내, 변수가 설정값으로 되돌아오게 한다.

이런 장치들은 **무용 시간**(**dead time**)으로 특성화되어 있다. 이 시간은 입력에서 변수값이 변화된 후, 출력에 있는 검출기가 이 변화를 감지하지 못하는 동안의 시간 간격과 동일하다. 이 시간에는 분석 무용 시간이 포함되어 있다. 무용 시간은 검출기를 가능한 한 입력에 가까이 두고 흐름 속도를 빠르게 하면 최소화할 수 있다. 센서는 공정이 시작되기 전에 입력에 위치시킬 수도 있다. 이렇게 하면 공정이 일어나기 전에, 출력에 오차가 생기지 않게 할 수 있다. 그러나 그 결과는 출력에서 검출되지 않는다. 이와 같은 방식을 **앞먹임 방식**(**feedforward system**)이라고 하며, 되먹임 방식에 있어서 **닫힌-고리 제어**(**closed-loop control**)와 반대 방식으로 **열린-고리 제어**(**open-loop control**)이다. 컴퓨터를 이용하면, 화학 정보 통계 방법이나 다변수 분석에 기초한 정교한 계산법을 제어에 사용할 수 있으나, 이러한 방법들은 이 책의 범위를 넘어선다.

불연속 분석기

불연속 분석기에서는 회분식 시료를 정해진 시간 간격으로 채취한 후, 이를 분석하여 정보를 보통 방식으로 제어기와 작동기로 보낸다. 연속 분석기에 비해 시료 채취 및 분석 무용 시간이 뚜렷이 증가하며, 조절되는 변수는 각 측정 사이에 정해진 값으로 유지된다. 만약 측정 사이에 순간적 오차가 발생할 경우, 검출과 교정이 안될 수도 있다. 그러나 짧은 순간적 오차는

측정 간격 사이에 검출되어, 측정 사이의 시간 간격 동안에 보정될 수 있다.

불연속 측정은 크로마토그래프나 흐름 주입 분석기(다음 참조)에서처럼 감지기가 불연속적인 시료를 취급할 때에만 가능하다.

자동화 공정 제어에 사용되는 기기

이론적으로는 어떤 측정 장치나 방법이라도 공정 제어에 사용될 수 있다. 그러나 일반적으로 실험실 기기들은 온라인 측정에 적합하지 않다. 공장 근무자들은 분석 화학에 대한 교육이 안 된 경우가 많기 때문에, 이러한 기기들은 좀 더 견고해야 하며 작동에 필요한 기술이 최소가 되도록 무인화 설계가 되어야 한다(그러나 분석 화학의 숙련자라면 측정 방법과 기기를 선택하여 신뢰성 있는 데이터를 얻는 업무를 맡게 될 것이다).

분석 방법의 선택은 비용과 주어진 문제 해결에 그 방법이 사용될 수 있는지의 여부에 달려 있다. 가장 널리 사용되는 방법으로는 색깔, 자외선 또는 적외선 흡수, 혼탁도, 막의 두께 등을 측정하는 분광 광도법, pH와 양이온 또는 음이온의 활동도를 측정하는 전기 화학적 방법 중 주로 전위차법, 석유 화학 산업에서 증류탑에서 얻어지는 복잡한 혼합물의 모니터링에 사용되는 기체 및 액체 크로마토그래피 등이 있으며, 흐름 주입 분석을 사용하여 분광 광도법 측정 및 다른 측정을 신속하게 하는 경우도 흔히 있다.

24.3 자동 기기

자동 기기는 분석자가 해야 할 조작의 일부를 덜어 준다. 자동 조작의 정밀성은 정밀도를 향상시킨다.

자동 기기(automatic instrument)는 앞에서 논의한 바와 같이 되먹임 제어 장치가 아니라, 측정에서 한 개 이상의 단계를 자동화하도록 되어 있다. 이 기기는 일반적으로 시료 중의 단일 분석물 또는 다수 분석물을 분석하기 위하여 여러 개의 시료를 분석할 수 있도록 되어 있다.

자동 기기는 다음의 각 조작 중의 한 가지 이상을 수행한다.

1. 시료 채취(예: 회전테이블 또는 조립라인에 있는 작은 컵으로부터 시료 채취)
2. 시료 분배
3. 묽힘 및 시약 첨가
4. 배양
5. 반응한 시료를 검출기에 보내기
6. 데이터를 읽고 기록하기
7. 데이터의 처리(예: 바탕 보정, 비선형 교정 곡선에 대한 보정, 평균 또는 정밀도의 계산, 시료 번호와의 상관 등)

또한 시료로부터 단백질을 제거하는 기능을 가진 임상 기기도 있다. 위의 여러 단계 중

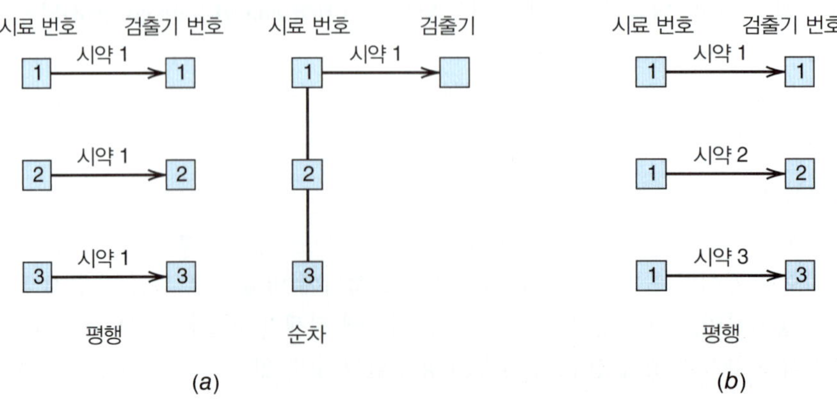

그림 24.3 불연속 분석기
(*a*) 단일 채널(회분), (*b*) 다중 채널

몇 가지, 즉 주로 전자공학적 데이터 처리만을 수행하는 기기를 **반자동 기기(semiautomatic instrument)**라고 한다.

모든 자동 기기는 자동화 공정 분석기의 관점에서 볼 때, 개별 불연속 시료를 분석한다는 점에서 불연속적이지만, 다음과 같이 분류할 수 있다.

1. **불연속 시료 채취 기기(discrete sampling instrument)** 불연속 시료 채취에서 각 시료들은 별도의 반응 용기에서 반응(및 측정)이 진행되며, 순차적 또는 평행으로 분석된다(다음 참조).
2. **연속 흐름–시료 채취 기기(continuous-flow sampling instrument)** 연속–흐름 시료 채취 기기에서 각 시료들은 보통 공기 방울에 의해 분리되어 순차적이며 연속적으로 관 속을 흐른다. 각 시료들은 흐르는 도중 같은 관 내의 같은 점에서 시약과 순차적으로 혼합되어 검출기 속으로 순차적으로 들어간다.

불연속 시료 채취기는 시료 간의 상호 오염을 최소화하거나 방지할 수 있는 장점이 있다. 반면 연속–흐름 기기는 기계적인 조작의 수가 적고 매우 정밀한 측정을 할 수 있다.

불연속 기기는 시료 내 분석 물질을 한 번에 한 개씩만 분석하도록 설계할 수도 있다. 이러한 기기를 소위 **회분식 기기(batch instrument)** 또는 **단일 채널 분석기(single-channel analyzer)**라고 하며, 그림 24.4을 참조하라. 그러나 한번에 하나를 순차적으로 하지 않고 동시에 평행하게 시료를 분석하는 기기는 동시에 다수의 시료를 아주 신속하게 분석할 수 있으며, 다른 분석을 수행하도록 쉽게 바꿀 수 있다. 또한 불연속 분석기는 같은 시료에서 여러 개를 분취하여 여러 개의 다른 분석 물질에 대하여 평행하게 분석을 수행할 수도 있다. 이런 기기를 **다중 채널 분석기(multichannel analyzer)**라고 한다.

연속–흐름 기기는 단일 분석물에 대해 연속된 일련의 시료를 순차적으로 분석하는 단일 채널(회분식)기기일 수도 있고(그림 24.4), 흐름의 한 점 또는 몇 개의 점에서 몇 개의 분리된 흐름으로 시료를 분할하여 다른 분석 물질에 대해 분석하거나, 평행인 몇 개의 분리된 흐름으로서 시료를 분취하는 다중 채널 기기일 수도 있다.

현대의 기기는 아주 정교하여 분석을 자동으로 수행할 것인가의 여부를 결정하는 **자동** 기능을 실제로 가지고 있다. 예를 들어 시료실 온도를 모니터하여 조절기로 되먹임함으로써 온도를 일정하게 유지시킬 수도 있다(효소 반응에서 중요함).

24.4 흐름 주입 분석

FIA는 컬럼 없는 HPLC와 같다. FIA는 저압에서 작동하며 분리가 없다. 주입된 시료는 흐름에 의해 혼합되고 반응하며, 순간 신호(피크)가 기록된다.

흐름 주입 분석(flow injection analysis, FIA)은 액체 시료를 적당한 액체로 구성된 분절되지 않은 연속적인 운반체 흐름 속으로 주입함으로써 이루어진다. 주입된 시료는 띠를 형성하여 검출기로 운반된다. 주로 확산–제어 과정에 의해 흐름 속에 있는 반응물과의 혼합이 일어나

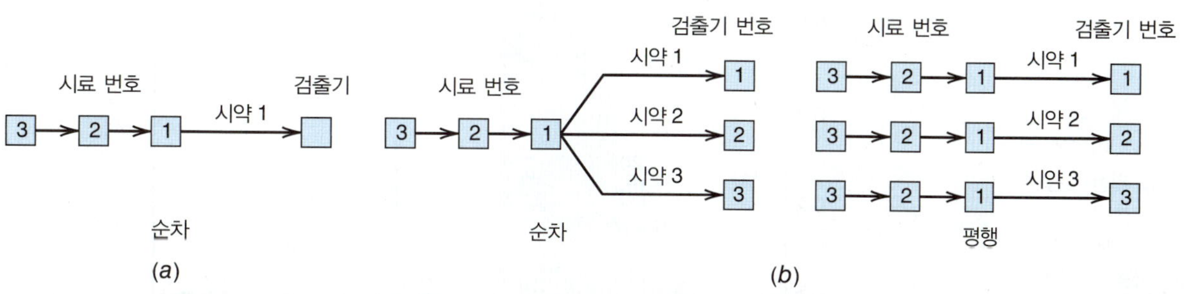

그림 24.4 연속 흐름 분석기 (*a*) 단일 채널(회분식), (*b*) 다중 채널

며, 화학 반응이 발생한다. 검출기는 시료 물질이 흐름 용기를 지남에 따라 변화하는 흡광도, 전극 전위, 다른 물리적 매개 변수를 연속적으로 기록한다.

FIA 측정은 매우 빠르다.

가장 간단한 FIA법의 한 가지 예로서, 단일 채널 장치에서 염화 이온의 분광 광도법적 정량을 그림 24.5에 나타내었다. 이것은 싸이오사이안산 수은(II)로부터 싸이오사이안산 이온이 방출되어 철(III)과 반응하여 생기는 붉은색을 측정하는 것에 바탕을 두고 있다(자세한 내용은 실험 43 참조). 염화 이온 함량이 5~75 ppm 범위의 시료를 30 μL 밸브를 통하여 0.8 mL/min의 흐름 속도로 펌프질하여, 혼합 시약이 들어 있는 운반체 용액에 주입한다(S). 주입된 시료띠가 시약의 운반체 흐름 속에서 분산되면서, 검출기(D)로 가는 도중 혼합 코일(길이 50 cm, 내부 지름 0.5 mm) 속에서 싸이오사이안산철(III)이 생성된다. 혼합 코일에서는 원심력에 의해 시료의 띠넓어짐이 최소화되어 더 날카로운 피크가 얻어진다. 운반체 흐름의 흡광도 A는 마이크로 흐름−통과 용기(부피 10 μL) 속에서 480 nm에서 연속적으로 측정되어 기록된다(그림 24.5*b*). 분석 결과의 재현성을 보여 주기 위하여 각 시료를 네 번씩 주입하였으며, 그 결과 7개의 서로 다른 염화 이온 농도에서 28개의 시료를 분석하였다. 총 분석 시간은 14분이 소요되었으므로, 평균 시료 분석 속도는 시간당 120개 시료였다. 75 ppm 및 30 ppm 시료 피크들을 빠르게 주사한 결과(그림 24.5*b*의 오른쪽에 나타냄), 다음 시료(S2에서 주입)가 흐름 통과 용기에 도달할 때 용기 속에는 1% 미만의 용액만이 남아 있으며, 시료를 30초 간격으로 주입할 때 시료 잔량이 없다는 것을 확인하였다.

FIA의 주요한 특징은 모든 조건이 재현되기 때문에, 분산이 매우 잘 제어되고 재현성이 있다는 것이다. 이것은 분석 채널을 통과하는 모든 시료는 정확히 같은 방식으로 순차적으로 처리된다는 것이며, 다른 말로 표현하면 한 시료에서 어떤 현상이 발생하든지 다른 시료에서도 정확히 같은 현상이 발생한다는 것이다.

FIA에서는 흐름을 추진시키기 위해 보통 연동식 펌프가 사용된다. 그러나 펌프 튜브를 자주 교체해야 하기 때문에 공정 분석에는 연동식 펌프가 적합하지 않고 주사기 펌프와 같은 더 견고한 펌프를 사용하거나 저장기 속에서 공기 치환 방식으로 펌프질을 한다. 주입기는 고성능 액체 크로마토그래피에서 사용되는 루프 주입기 밸브를 쓸 수 있다. 우회(bypass) 루프는 주입 밸브가 시료 채움(load) 위치에 있을 때 운반체가 흐를 수 있게 해 준다. 주입되는 시료

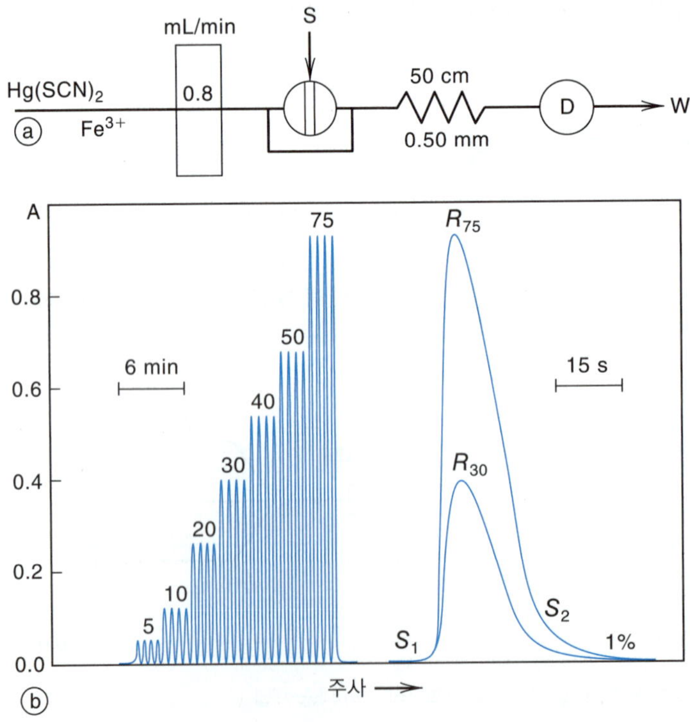

그림 24.5 (*a*) 염화 이온의 분광 광도법적 정량을 위한 흐름 주입 장치의 개략도: S는 시료 주입점, D는 검출기, W는 폐수구이다. (*b*) (*a*)의 장치를 사용하여 5~75 ppm 범위의 염화 이온을 분석할 때의 아날로그 출력

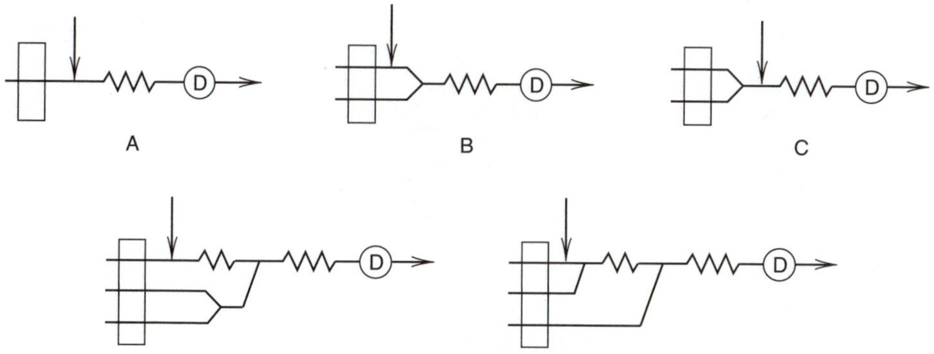

그림 24.6 FIA 다기관의 형태. A: 단일선, B: 단일 합류점을 가진 이중선, C: 단일선으로 시약을 예비 혼합, D: 단일 합류점과 시약 예비 혼합을 가진 이중선, E: 이중 합류점을 가진 삼중선

부피는 1~200 μL(보통 25 μL)이며, 한 번의 분석에 0.5 mL 정도의 시약이 소모된다. 이것이 FIA가 시료 분석 속도가 높으며, 시약 및 시료의 소비가 최소인 간단한 미량 화학 분석법이 될 수 있게 한 요인이다. 펌프, 밸브, 검출기는 자동화된 작동이 가능하도록 컴퓨터로 제어할 수 있다.

단지 수마이크로리터의 시료만이 필요하다.

FIA는 pH 또는 전도도 측정에서부터 비색법 및 효소 분석에 이르기까지 다양한 분석을 수행할 수 있는 일반적인 용액 분석 기법이다. 적절한 FIA 시스템을 설계하고자 한다면, 실험자는 수행하여야 할 기능을 먼저 고려해야 한다. 예를 들어 pH 측정이나 전도도법 또는 간단한 원자 흡수 측정을 통해 원래 시료 조성을 측정하려면, 시료를 묽히지 않은 채로 아주 재현성 있게 FIA 채널을 통해 흐름 용기 속으로 운반해야 한다. 분광 광도법과 같은 다른 형태의 정량에서는 분석물을 주어진 검출기로 측정할 수 있는 화합물로 전환시켜야 한다. 이와 같은 분석을 수행할 때의 전제 조건은 FIA 채널을 통해 시료 띠가 운반되는 동안 반응물과 혼합되고 원하는 화합물이 검출 가능한 양만큼 생길 수 있도록 충분한 시간이 있어야 한다는 것이다.

그림 24.5에 나타낸 단일 채널 장치 이외에도 거의 모든 화학계에도 적용할 수 있는 여러 가지 다기관(manifold) 장치를 사용할 수 있다. 그중 몇 가지를 그림 24.6에 나타내었다. 가장 흔히 사용되는 것은 이중선 장치(B)로, 시료가 비활성 운반제 속으로 주입되어 반응물과 합쳐지도록 되어 있다. 이 방식은 단일선 장치와는 달리 시료가 주입될 때라도 반응물은 항상 일정량으로 묽혀진다. 즉 단일선 장치에서도 반응물이 과량이고, 묽어짐에 따라 이동하는 바탕응답을 보이지 않으면 시료에 의한 반응물의 묽힘은 문제가 되지 않는다. 또한 두 반응 시약이 혼합될 때 불안정하면, 온라인으로 혼합하거나(C 또는 D), 주입 후 시료와 합쳐지게 할 수도 있다(E). 혼합 코일을 두 합류점 사이에 군데군데 넣어서 합쳐진 후 분산이 일어나도록 할 수도 있다.

이중선 장치가 가장 흔히 사용된다.

24.5 순차 주입 분석

순차 주입 분석(sequential injection analysis, SIA)은 다기관을 단순화하여 의도되지 않는 작동에 더욱 견고하도록 제작된 장치로 컴퓨터로 제어되는 단일선 주입 기술이다. SIA에서 흐름은 간헐적이며, 오직 수마이크로리터 정도의 반응 시약이 사용된다. SIA는 시료를 도입하는 주입 밸브 대신에 그림 24.7에 나타낸 다중 접속구 선택 밸브(multiport section valve)를 사용한다. 밸브의 공용 접속구(중심부)에서는 전기적 회전에 의해 다른 접속구로 연결이 가능하다. 그것은 2단 밸브를 통해 가역적인 피스톤 펌프로 연결된다. 운반체는 펌프의 한 지점으로 흘러 들어간 후 다른 지점의 밸브로 이송된다. 펌프 입구로부터 주입된 용액을 유지하기 위해 보유 코일(holding coil)이 밸브와 펌프 사이에 놓여진다. 밸브 내의 다른 접속구들은 시료, 반응물, 표준 물질, 폐기물 저장기, 검출기에 연결되어 있다. 기기 작동 시, 펌프는 먼저

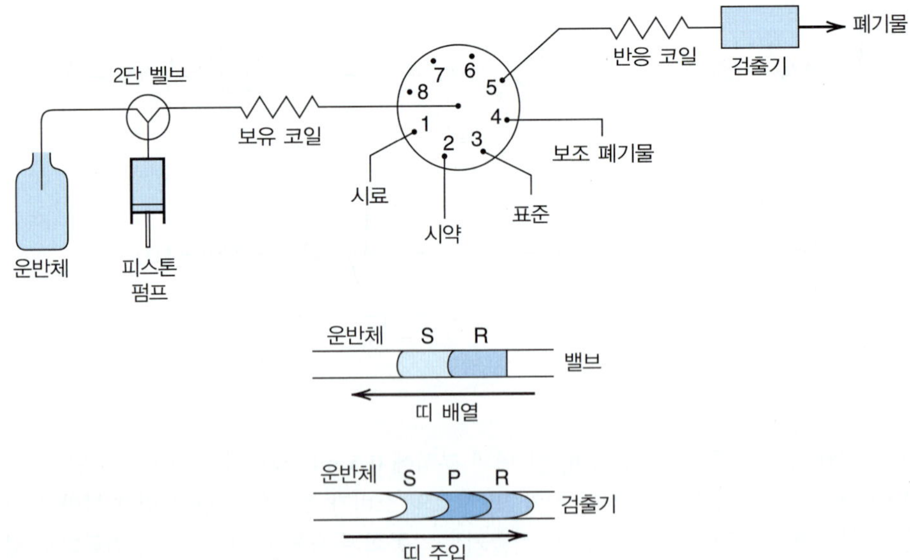

그림 24.7 SIA 다중관과 순차 주입. S는 시료, P는 생성물, R은 반응물을 각각 의미한다.

운반체로 채워진다. 밸브가 검출기 위치로 자리를 바꾸면, 피스톤 펌프는 운반체가 폐기물 배출구에서 흘러나올 때까지 운반체를 시스템 안으로 밀어 넣는다. 그런 후 밸브는 시료 위치로 자리를 이동시키고, 수마이크로리터의 시료를 정확한 시간 동안 펌프 흐름의 역방향으로 흘러 보낸다(분석 시작 전에 시료와 반응물 관은 보유 코일까지 채워진 과량의 물질들로 채워진다. 채워진 물질은 축방향에 있는 보조 폐기물 접속구를 통해 폐기물로 방출된다). 밸브가 회전하고 있는 동안, 압력 증가를 방지하기 위해 펌프는 정지되어 있다. 시료가 도입된 후 반응물이 주입되며 다시 시료가 주입된다. 결과적으로 시료와 반응물 용액이 순차적으로 보유 코일로 주입되며, 이런 이유로 순차 주입 분석이라고 명명되었다. 최종적으로 밸브가 검출기 위치로 자리 이동을 하면 펌프는 정방향으로 변환되어 주입된 용액을 반응 코일을 거쳐 검출기의 흐름 용기까지 흘려보낸다. 용액들은 확산과 이차원 힘을 통해 혼합되며, 기존의 FIA와 같이 순간적인 신호 검출이 가능한 생성물을 형성한다.

SIA는 오직 하나의 펌프와 밸브만 필요하다. 정확한 시간 조절이 필요하기 때문에 전체적인 작동은 컴퓨터에 의해 제어되며, 상업적 제품의 경우 순차 주입되는 시간을 입력할 수 있는 소프트웨어를 보유하고 있다. 또한 소프트웨어를 통해 피크 높이 데이터 수집, 교정 곡선 작성, 농도 계산이 가능하다. FIA에서 요구되는 관의 교체 없이, 단순히 키보드를 통해 서로 다른 구멍에 주입되는 주입량을 프로그래밍하면, 여러 가지 분석을 수행할 수 있는 서로 다른 반응물들의 주입이 가능하다. 두 개의 반응 화학종과 그 사이에 소량의 시료를 사용할 경우 검출기에 도달하기 전에 3개의 띠가 겹치게 된다.

SIA와 FIA 시스템 상품은 www.flowinjection.com에서 볼 수 있다. 이 제품에는 SIA와 FIA에 관한 자세한 사용법도 포함되어 있다. 그리고 Ruzicka 교수가 쓴 전자책 CD에는 광범위한 FIA 문헌 데이터베이스(참고 문헌 11)가 포함되어 있는데, 이 CD는 무료로 받아 볼 수 있다.

24.6 실험실 정보 관리 시스템

화학 분석실에서는 방대한 양의 정보가 생산되는데, 자동화된 시스템을 사용하는 분석실에서 특히 그러하다. 시료, 측정값, 데이터 등을 관리하고 또 좋은 실험실 요건을 만족하는 것은 매우 어려운 과제이다. 실험실 정보 관리 시스템(Laboratory informatin management systems,

LIMs)에서는 관리, 저장 및 데이터 처리에 전용 소프트웨어를 이용한다. 다양한 기능을 수행할 수 있는 상품화된 소프트웨어가 여러 가지 있다. 예로 시료를 이름 붙여 로그인하기, 바코드 넣기, 전자서명하기, 결과를 보고하고 전자메일이나 팩스 등을 통해 최종사용자에게 보내기 등을 하는 것을 들 수 있다. 정보 안에는 표준 운용 절차(SOPs), 관리 절차, 교정, 감사 기록 등도 포함되어 있을 수 있다. 통계 분석을 포함한 결과의 자동 계산도 할 수 있다. 이상과 같은 시스템은 큰 실험실을 운영하는 데 꼭 필요한 것들이다.

질문

1. 자동 기기와 자동화 기기를 구별하여 설명하시오.
2. 연속 기기와 불연속 기기를 구별하여 설명하시오.
3. 불연속 흐름 시료 채취 자동 기기와 연속 흐름 시료 채취 자동 기기를 구별하여 설명하시오.
4. 되먹임 고리란 무엇인가?
5. 흐름 주입 분석의 원리를 설명하시오.
6. 순차 주입 분석의 원리를 설명하고, 이것이 기존의 흐름 주입 분석과 어떤 차이가 있는지 설명하시오.

추천 참고 문헌

일반

1. G. D. Christian, and J. E. O eilly, eds., *Instrumental Analysis*, 2nd ed. Boston: Allyn and Bacon, 1986. Chapter 25, utomation in Analytical Chemistry, by K. S. Fletcher and N. C. Alpert. 자동 및 자동화 기기의 종류와 작동 원리에 대해 상세하면서도 간결한 설명을 제공한다.

흐름 주입 분석

2. J. Ruzicka and E. H. Hansen, *Flow Injection Analysis*, 2nd ed. New York: Wiley, 1988.
3. M. Valcarcel and M. D. Luque de Castro, *Flow Injection Analysis, Principles and Applications*. Chichester: Ellis Horwood, 1987.
4. Z. Fang, *Flow Injection Separation and Preconcentration*. Weinheim: VCH, 1993.
5. Z. Fang, *Flow Injection Atomic Absorption Spectrometry*. New York: Wiley, 1995.
6. J. L. Burguera, ed., *Flow Injection Atomic Spectroscopy*. New York: Marcel Dekker, 1989.
7. S. D. Kolev and I. D. McKelvies, eds., *Advances in Flow Injection Analysis and Related Techniques*. Amsterdam: Elsevier, 2008. (Vol. 54 of Wilson & Wilson's Comprehensive Analytical Chemistry series.)
8. M. Trajanowicz, ed., *Advances in Flow Injection Analysis*. Weinheim: Wiley-VCH, 2008.

순차 주입 분석

9. G. D. Christian, "Sequential Injection Analysis for Electrochemical Measurements and Process Analysis," *Analyst*, **119** (1994) 2309.
10. P. J. Baxter and G. D. Christian, "Sequential Injection Analysis: A Versatile Technique for Bioprocess Monitoring," Accounts Chem. Res., 29 (1996) 515.

웹 데이터베이스

11. Hansen's FI Bibliography, http://www.flowinjection.com/Elos_Database/FIAdatabase.aspx, or go to www.flowinjection.com and click on the DATABASE link. You can download the database. To search, hit Ctrl F. Search for analyte, matrix, author, etc. Almost 20,000 references on flow injection analysis.
12. Chalk's Flow Analysis Database, https://www.fia.unf.edu. Over 17,000 references on flow methods, covering 1954 to 2007. You can search by analyte, author, technique, etc.

FIA E-BOOK

13. JardaRuzicka, *Flow Injection Analysis*, 4th ed. FreeCDtutorialwith much historical information and

photos of pioneers. Available from www.fialab.com. Click on the TUTORIAL link.

공정 분석

14. G. D. Christian and E. D. Yalvac, "Process Analytical Chemistry," in R. Kellner, J.-M. Mermot, M. Otto, and H. M. Widner, eds. *Analytical Chemistry*, Weinheim: Wiley-VCH, 1998.

15. J. B. Callis, D. L. Illman, and B. R. Kowalski, "Process Analytical Chemistry," *Anal. Chem.*, **59** (1987) 624A.

16. M. T. Riebe and D. J. Eustace, "Process Analytical Chemistry. An Industrial Perspective," *Anal. Chem.*, **62** (1990) 65A.

부록 A
분석 화학 문헌

"바퀴를 재발견하는 것은 시간과 재능의 낭비이다"
– 미상

문제를 밝히려고 할 때 분석자가 하는 첫 번째 일 중의 하나는 과학문헌에 접근하여 특별한 문제점들이 사용할 수 있는 방법으로 해결되었는지를 살펴보는 것이다. 특별한 분야에서 보편적으로 사용되는 분석 방법, 그리고 보편적은 아니지만 몇몇 분석 방법을 설명하는 많은 참고서들이 분석 화학의 선택된 분야에 있다. 이들은 보통 원래의 화학 잡지들을 참고한다. 많은 일상적인 분석과 특수한 분석에 대하여 기술된 표준 방법들을 다양한 전문 학회에서 채택하고 있다.

참고 도서에서 해답을 찾지 못할 때에는 과학 잡지에서 찾아야 한다. **Chemical Abstacts**는 문헌 찾기를 시작할 때 필연적인 문헌이다. 이 잡지는 세계의 주요 화학 관련 간행물에 나오는 모든 논문들의 요약을 담고 있다. 문헌을 찾는 데 도움을 주기 위한 연도별 색인과 누적된 색인의 이용이 가능하다. 분석될 시료의 형태는 물론 측정될 원소 또는 화합물의 이용 가능한 방법의 조사에 이용되며, 저자 색인도 있다. 도서관과 계약한 **Chemical Abstacts**의 온라인 접근이 가능한 **SciFinder Scholar**를 이용할 수도 있다. 화합물, 제목, 저자, 회사명, 그리고 요약된 논문 잡지로도 찾을 수 있다. 일단 논문 온라인을 가지면 출간된 참고 논문에 링크시킬 수 있다.

또한 웹에서 검색 엔진을 사용하여 특별한 문제에 대한 적절한 여러 참고 문헌들을 찾을 수 있다. 다음은 분석 화학에 관한 몇몇 참고 문헌의 선택된 목록이다. 여러 가지 측정 방법에 관한 참고 문헌은 본문에서 이 방법들을 다루는 장의 끝에 주어져 있다.

A.1 잡지[1]

1. *Am*erican *Lab*oratory
2. *Anal*ytical *Biochem*istry
3. *Anal*ytical *Chim*ica *Acta* (P. K Dasgupta is an editor - take a look!)
4. *Anal*ytical *Abstracts*
5. *Anal*ytical *Chem*istry[2]
6. *Anal*ytical *Instrum*entation
7. *Anal*ytical *Lett*ers
8. *Analyst*, The
9. *Appl*ied *Spectrosc*opy

[1]각 제목의 **Chemical Abstracts** 약자는 이탤릭체로 나타내었다.
[2]이 잡지는 다양한 분석 기술과 분석의 여러 분야에서의 응용을 격년으로 재조사하여 매년 4월에 책을 발간한다.

10. *Clinica Chimica Acta*
11. *Clinical Chemistry*
12. *Electroanalysis*
13. Journal of *AOAC International*
14. Journal of *Chromatographic Science*
15. Journal of *Chromatography*
16. Journal of *Electroanalytical Chemistry* and *Interfacial Electrochemistry*
17. *Microchemical* Journal
18. *Spectrochimica Acta*
19. *Talanta* (G. D. Christian, Editor-in-Chief—take a look!)
20. Zeitschrift für *analytische* Chemie

A.2 일반적인 참고 문헌

전문 백과사전을 포함하여 몇몇 일반적인 참고 문헌이 1장에 주어졌고, 특별한 참고 문헌과 유용한 웹 사이트들이 이 책 전반에 걸쳐 각 장에 주어졌다. 다음은 몇 가지 일반 및 특별한 물질에 대한 고전적인 참고 문헌들이다. 그들은 많은 도서관에서 이용 가능하다.

1. *Annual Book of ASTM Book of Standards*, Multiple volumes for many different industrial materials. Philadelphia: American Society for Testing and Materials.
2. R. Belcher and L. Gordon, eds., *International Series of Monographs on Analytical Chemistry*. New York: Pergamon. A multivolume series.
3. N. H. Furman and F. J. Welcher, eds., *Scott's Standard Methods of Chemical Analysis*, 6th ed., 5 vols. New York: Van Nostrand, 1962–1966.
4. I. M. Kolthoff and P. J. Elving, eds., *Treatise on Analytical Chemistry*. New York: Interscience. A multivolume series.
5. I. M. Kolthoff, E. B. Sandell, E. J. Meehan, and S. Bruckenstein, *Quantitative Chemical Analysis*, 4th ed. London: Macmillan, 1969.
6. C. N. Reilly, ed., *Advances in Analytical Chemistry and Instrumentation*. New York: Interscience. A multivolume series.
7. C. L. Wilson and D. W. Wilson, *Comprehensive Analytical Chemistry*, G. Sveha, ed., New York: Elsevier. A multivolume series.
8. *Official Methods of Analysis of AOAC International*, 18th ed., Revision 3, G. W. Lewis and W. Horwitz, eds. Gaithersburg, MD: AOAC International, 2010. Available on CD-ROM.

A.3 무기 물질

1. *ASTM Methods for Chemical Analysis of Metals*. Philadelphia: American Society for Testing and Materials, 1956.
2. F. E. Beamish and J. C. Van Loon, *Analysis of Noble Metals*. New York: Academic, 1977.
3. T. R. Crompton, *Determination of Anions: A Guide for the Analytical Chemist*. Berlin: Springer, 1996.

A.4 유기 물질

1. J. S. Fritz and G. S. Hammond, *Quantitative Organic Analysis*. New York: Wiley, 1957.
2. T. S. Ma and R. C. Rittner, *Modern Organic Elemental Analysis*. New York: Marcel Dekker, 1979.
3. J. Mitchell, Jr.,, I. M. Kolthoff, E. S. Proskauer, and A. W. Weissberger, eds., *Organic Analysis*, 4 vols. New York: Interscience, 1953–1960.
4. S. Siggia, Jr.,, and J. G. Hanna, *Quantitative Organic Analysis via Functional Group Analysis*, 4th ed. New York: Wiley, 1979.
5. A. Steyermarch, *Quantitative Organic Microanalysis*, 2nd ed. New York: Academic, 1961.

A.5 생물학 및 임상학적 물질

1. M. L. Bishop, E. P. Fody, and L. E. Schoeff, eds, *Clinical Chemistry*: *Techniques, Principles, Correlations*, 6th ed. Baltimore: Lippincot Williams & Wilkins, 2010.
2. G. D. Christian and F. J. Feldman, *Atomic Absorption Spectroscopy. Applications in Agriculture, Biology, and Medicine*. New York: Wiley-Interscience, 1970.
3. D. Glick, ed., *Methods of Biochemical Analysis*. New York: Interscience, A multivolume series.
4. R. J. Henry, D. C. Cannon, and J. W. Winkelman, eds., *Clinical Chemistry. Principles and Techniques, 2nd ed.* Hagerstown, MD: Harper & Row, 1974.
5. M. Reiner and D. Seligson, eds., *Standard Methods of Clinical Chemistry*. New York: Academic. A multivolume series from 1953.
6. C. A. Burtis, E. R. Ashwood, and D. E. Bruns, eds., Tietz *Fundamentals of Clinical Chemistry*, 6th ed., St. Louis, MO: Saunders:Elsevier, 2008. 976 pages.

A.6 기체

1. C. J. Cooper and A. J. DeRose, *The Analysis of Gases by Gas Chromatography*. New York: Pergamon, 1983.

A.7 물과 공기 오염 물질

1. *Quality Assurance Handbook for Air Pollution Measurement Systems*, U.S.E.P.A., Office of Research and Development, Environmental Monitoring and Support Laboratory, Research Triangle, NC 27711. Vol. I, Principles. Vol. II, *Ambient Air Specific Methods*.
2. *Standard Methods for the Examination of Water and Wastewater*. New York: American Public Health Association.

A.8 작업 위생 및 안전

1. National Institute of Occupational Health and Safety (NIOSH), P. F. O'Connor, ed., *Manual of Analytical Methods*, 4th ed. Washington, DC: DHHS (NIOSH) Publication No. 94–113 (August 1994).

부록 B
수학적 연산의 복습: 지수, 로그 및 근의 공식

B.1 지수

로그를 다룰 때도 반지수적으로 수를 나타내는 것이 수학적인 연산에서 편리하다. 지수의 수학적 연산은 다음과 같이 요약할 수 있다.

$$N^a N^b = N^{a+b} \qquad \text{예,} \quad 10^2 \times 10^5 = 10^7$$

$$\frac{N^a}{N^b} = N^{a-b} \qquad \text{예,} \quad \frac{10^5}{10^2} = 10^3$$

$$(N^a)^b = N^{ab} \qquad \text{예,} \quad (10^2)^5 = 10^{10}$$

$$\sqrt[a]{N^b} = N^{b/a} \qquad \text{예,} \quad \sqrt{10^6} = 10^{6/2} = 10^3$$

$$\sqrt[3]{10^9} = 10^{9/3} = 10^3$$

수의 소수점은 **반지수적인 형태(semiexponential form)**를 사용하면 편리하다. 수는 단위 위치에 소수점을 붙이고, 10에서 소수점이 옮겨진 간격의 수와 같은 정수의 지수를 제곱한 후 곱하여 쓴다. 소수점이 오른쪽으로 옮겨지면(수가 1 미만) 지수는 음이 되고, 소수점이 왼쪽으로 옮겨지면(수가 10 또는 그 이상) 지수는 양이 된다. 몇 개의 예를 들면 다음과 같다.

수	반지수형
0.00267	2.67×10^{-3}
0.48	4.8×10^{-1}
52	5.2×10^{1}
6027	6.027×10^{3}

어떤 수의 0 제곱은 1이 된다. 즉 $10^0 = 1$이고, 2.3은 반지수적인 형태로 2.3×10^0으로 나타낸다. 1에서 10 사이의 수들은 반지수적인 형태로 나타낼 필요가 없다.

B.2 숫자의 로그 표현

로그를 취하거나 로그로부터 찾는 데는 반지수적인 형태가 편리하다. 다음과 같은 규칙이 적용된다.

$$N = b^a$$

$$\log_b N = a$$

또는

$$N = 10^a$$

$$\log_{10} N = a$$

예를 들어

$$\log 10^2 = 2$$
$$\log 10^{-3} = -3$$

또한

$$\log ab = \log a + \log b$$

예를 들어

$$\begin{aligned}\log (2.3 \times 10^{-3}) &= \log 2.3 + \log 10^{-3}\\ &= 0.36 - 3\\ &= -2.64\\ \log (5.67 \times 10^{7}) &= \log 5.67 + \log 10^{7}\\ &= 0.754 + 7\\ &= 7.754\end{aligned}$$

지수는 실제로 수의 **로그의 지표(characteristic)**이며, 1과 10 사이의 로그는 **가수(mantissa)**이다. 예를 들어 (2.3×10^{-3}) 에서 -3은 로그의 지표이며, 0.36은 가수이다.

B.3 로그로부터 숫자 계산

다음과 같은 관계가 성립한다.

$$\log_{10} N = a$$
$$N = 10^a = \text{antilog } a$$

예를 들어

$$\log N = 0.371$$
$$N = 10^{0.371} = \text{antilog } 0.371 = 2.35$$

일반적으로 로그로부터 수를 구하기 위하여 지수 형태로 수를 쓰고, 지수를 가수(m)와 지표(c)로 나눈다. 그러고 나서 가수의 역로그를 취하여 지표의 반지수적인 형태로 곱한다.

$$\log_{10} N = mc$$
$$N = 10^{mc} = 10^m \times 10^c$$
$$N = (\text{antilog } m) \times 10^c$$

예를 들어

$$\log N = 2.671$$
$$N = 10^{2.671} = 10^{.671} \times 10^2$$
$$= 4.69 \times 10^2 = 469$$
$$\log N = 0.326$$
$$N = 10^{0.326} = 2.12$$
$$\log N = -0.326$$
$$N = 10^{-0.326} = 10^{0.674} \times 10^{-1}$$
$$= 4.72 \times 10^{-1} = 0.472$$

마지막 예에서와 같이 로그가 음의 수일 때는, 지수는 음의 정수(지표)와 숫자보다 적은 양의 소수로 나타낸다. 위의 예에서 두 지수의 합은 원래의 지수(−0.326)와 같다는 것에 주의하라.

$$\log N = -4.723$$
$$N = 10^{-4.723} = 10^{0.277} \times 10^{-5}$$
$$= 1.89 \times 10^{-5} = 0.0000189$$

B.4 로그로부터 제곱근 계산

로그를 사용하여 주어진 수의 제곱근을 구하는 것은 간단한 일이다. 예를 들어 325의 세제곱근을 구하기를 원한다고 가정해 보자. N이 세제곱근을 나타낸다고 하자.

$$N = 325^{1/3}$$

양변의 로그를 취하면

$$\log N = \log 325^{1/3}$$

1/3을 앞으로 내보내면 다음과 같다.

$$\log N = \frac{1}{3}\log 325 = \frac{1}{3}(2.512) = 0.837$$
$$N = 10^{0.837} = \text{antilog } 0.837 = 6.87$$

B.5 근의 공식

일반적인 이차 방정식의 형태는

$$ax^2 + bx + c = 0$$

이다. 근의 공식을 이용하여 풀면 다음과 같다.

$$x = \frac{-b \pm \sqrt{b^2 - 4ac}}{2a}$$

이차 방정식은 평형 상수를 사용하여 이온화되어 있는 종의 평형 농도를 계산할 때 자주 다루게 된다. 그러므로 다음과 같은 형태의 방정식을 풀 필요가 있다.

$$\frac{x^2}{1.0 \times 10^{-3} - x} = 8.0 \times 10^{-4}$$

또는

$$x^2 = 8.0 \times 10^{-7} - 8.0 \times 10^{-4}x$$

다시 정리하면

$$x^2 + 8.0 \times 10^{-4}x - 8.0 \times 10^{-7} = 0$$

또는

$$a = 1 \qquad b = 8.0 \times 10^{-4} \qquad c = -8.0 \times 10^{-7}$$

이므로

$$x = \frac{-8.0 \times 10^{-4} \pm \sqrt{(8.0 \times 10^{-4})^2 - 4(1)(-8.0 \times 10^{-7})}}{2(1)}$$

$$= \frac{-8.0 \times 10^{-4} \pm \sqrt{0.64 \times 10^{-6} + 3.2_0 \times 10^{-6}}}{2}$$

$$= \frac{-8.0 \times 10^{-4} \pm \sqrt{3.8_4 \times 10^{-6}}}{2}$$

$$= \frac{-8.0 \times 10^{-4} \pm 1.9_6 \times 10^{-3}}{2} = \frac{1.1_6 \times 10^{-3}}{2}$$

$$x = 5.8_0 \times 10^{-4}$$

농도는 양의 값만 가질 수 있으므로 x의 음의 값은 해가 아니다.

이차 방정식 풀이에 대해 엑셀 해찾기를 사용할 수 있다. 6장을 참고하라.

부록 C

상수표

표 C.1

산의 해리 상수

이름	화학식	해리 상수(25°C)			
		K_{a1}	K_{a2}	K_{a3}	K_{a4}
Acetic	CH_3COOH	1.75×10^{-5}			
Alanine	$CH_3CH(NH_2)COOH$[a]	4.5×10^{-3}	1.3×10^{-10}		
Arsenic	H_3AsO_4	6.0×10^{-3}	1.0×10^{-7}	3.0×10^{-12}	
Arsenious	H_3AsO_3	6.0×10^{-10}	3.0×10^{-14}		
Benzoic	C_6H_5COOH	6.3×10^{-5}			
Boric	H_3BO_3	6.4×10^{-10}			
Carbonic	H_2CO_3	4.3×10^{-7}	4.8×10^{-11}		
Chloroacetic	$ClCH_2COOH$	1.51×10^{-3}			
Citric	$HOOC(OH)C(CH_2COOH)_2$	7.4×10^{-4}	1.7×10^{-5}	4.0×10^{-7}	
Ethylenediamine-tetraacetic	$(CO_2^-)_2NH^+CH_2CH_2NH^+(CO_2^-)_2$[a]	1.0×10^{-2}	2.2×10^{-3}	6.9×10^{-7}	5.5×10^{-11}
Formic	$HCOOH$	1.76×10^{-4}			
Glycine	H_2NCH_2COOH[b]	4.5×10^{-3}	1.7×10^{-10}		
Hydrocyanic	HCN	7.2×10^{-10}			
Hydrofluoric	HF	6.7×10^{-4}			
Hydrogen sulfide	H_2S	9.1×10^{-8}	1.2×10^{-15}		
Hypochlorous	$HOCl$	1.1×10^{-8}			
Iodic	HIO_3	2×10^{-1}			
Lactic	$CH_3CHOHCOOH$	1.4×10^{-4}			
Leucine	$(CH_3)_2CHCH_2CH(NH_2)COOH$[b]	4.7×10^{-3}	1.8×10^{-10}		
Maleic	*cis*-HOOCCH : CHCOOH	1.5×10^{-2}	2.6×10^{-7}		
Malic	$HOOCCHOHCH_2COOH$	4.0×10^{-4}	8.9×10^{-6}		

표 C.1 (계속)
산의 해리 상수

이름	화학식	해리 상수(25°C)			
		K_{a1}	K_{a2}	K_{a3}	K_{a4}
Nitrous	HNO_2	5.1×10^{-4}			
Oxalic	HOOCCOOH	6.5×10^{-2}	6.1×10^{-5}		
Phenol	C_6H_5OH	1.1×10^{-10}			
Phosphoric	H_3PO_4	1.1×10^{-2}	7.5×10^{-8}	4.8×10^{-13}	
Phosphorous	H_3PO_3	5×10^{-2}	2.6×10^{-7}		
o-Phthalic	$C_6H_4(COOH)_2$	1.12×10^{-3}	3.90×10^{-6}		
Picric	$(NO_2)_3C_6H_5OH$	4.2×10^{-1}			
Propanoic	CH_3CH_2COOH	1.3×10^{-5}			
Salicyclic	$C_6H_4(OH)COOH$	1.07×10^{-3}	1.82×10^{-14}		
Sulfamic	NH_2SO_3H	1.0×10^{-1}			
Sulfuric	H_2SO_4	$>> 1$	1.2×10^{-2}		
Sulfurous	H_2SO_3	1.3×10^{-2}	1.23×10^{-7}		
Trichloroacetic	Cl_3COOH	1.29×10^{-1}			

[a]The first two carbonyl protons are most readily dissociated, with K_a values of 1.0 and 0.032, respectively. The protons on the more basic nitrogens are most tightly held (K_{a3} and K_{a4}).

[b]K_{a1} and K_{a2} for stepwise dissociation of the protonated form R—CH(NH_3^+)—CO_2H.

표 C.2a
염기의 해리 상수

이름	화학식	해리 상수(25°C)	
		K_{b1}	K_{b2}
Ammonia	NH_3	1.75×10^{-5}	
Aniline	$C_6H_5NH_2$	4.0×10^{-10}	
1-Butylamine	$CH_3(CH_2)_2CH_2NH_2$	4.1×10^{-4}	
Diethylamine	$(CH_3CH_2)_2NH$	8.5×10^{-4}	
Dimethylamine	$(CH_3)_2NH$	5.9×10^{-4}	
Ethanolamine	$HOC_2H_4NH_2$	3.2×10^{-5}	
Ethylamine	$CH_3CH_2NH_2$	4.3×10^{-4}	
Ethylenediamine	$NH_2C_2H_4NH_2$	8.5×10^{-5}	7.1×10^{-8}
Glycine	$HOOCCH_2NH_2$	2.3×10^{-12}	
Hydrazine	H_2NNH_2	1.3×10^{-6}	1.0×10^{-15}
Hydroxylamine	$HONH_2$	9.1×10^{-9}	
Methylamine	CH_3NH_2	4.8×10^{-4}	
Piperidine	$C_5H_{11}N$	1.3×10^{-3}	
Pyridine	C_5H_5N	1.7×10^{-9}	
Triethylamine	$(CH_3CH_2)_3N$	5.3×10^{-4}	
Trimethylamine	$(CH_3)_3N$	6.3×10^{-5}	
Tris(hydroxymethyl)aminomethane	$(HOCH_2)_3CNH_2$	1.2×10^{-6}	
Zinc hydroxide	$Zn(OH)_2$		4.4×10^{-5}

표 C.2b
염기의 산해리 상수

이름	화학식	해리 상수(25°C)	
		K_{a1}	K_{a2}
Ammonia	NH_4^+	5.71×10^{-10}	
Aniline	$C_6H_5NH_3^+$	2.50×10^{-5}	
1-Butylamine	$CH_2(CH_2)_2CH_2NH_3^+$	2.44×10^{-11}	
Diethylamine	$(CH_3CH_2)_2NH_2^+$	1.18×10^{-11}	
Dimethylamine	$(CH_3)_2NH_2^+$	1.69×10^{-11}	
Ethanolamine	$HOC_2H_4NH_3^+$	3.1×10^{-10}	
Ethylamine	$CH_3CH_2NH_3^+$	2.33×10^{-11}	
Ethylenediamine	$NH_3C_2H_4NH_3^{2+}$	1.41×10^{-7}	1.18×10^{-10}
Glycine	$HOOCCH_2NH_3^+$	4.4×10^{-3}	
Hydrazine	$H_3NNH_3^{2+}$	10.0	1.0×10^{-15}
Methylamine	$CH_3NH_3^+$	2.08×10^{-11}	
Piperidine	$C_5H_{11}NH^+$	7.7×10^{-12}	
Pyridine	$C_5H_5HN^+$	5.9×10^{-6}	
Triethylamine	$(CH_3CH_2)_3NH^+$	1.89×10^{-11}	
Trimethylyamine	$(CH_3)_3NH^+$	1.59×10^{-10}	
Tris(hydroxmethyl) aminomethane	$(HOCH_2)_3CNH_3^+$	8.3×10^{-9}	
Zinc hydroxide	$Zn(OH)_2H^+$	2.27×10^{-10}	

[a]Some tabulations list only acid dissociation constants for all acidic and basic species. We may represent basic compounds as protonated acids (the conjugate acids) and tabulate K_a values. K_b for the conjugate base is K_w/K_a (for diprotic species such as ethylenediamine, $K_{b1} = K_w/K_{a2}$; $K_{b2} = K_w/K_{a1}$). In the case of $Zn(OH)_2$ base, the first OH^- is essentially all ionized, and so only K_{a1} (and hence conjugate base K_{b2}) is listed.

표 C.3
용해도곱 상수

물질	화학식	K_{sp}
Aluminum hydroxide	$Al(OH)_3$	2×10^{-32}
Barium carbonate	$BaCO_3$	8.1×10^{-9}
Barium chromate	$BaCrO_4$	2.4×10^{-10}
Barium fluoride	BaF_2	1.7×10^{-6}
Barium iodate	$Ba(IO_3)_2$	1.5×10^{-9}
Barium manganate	$BaMnO_4$	2.5×10^{-10}
Barium oxalate	BaC_2O_4	2.3×10^{-8}
Barium sulfate	$BaSO_4$	1.0×10^{-10}
Beryllium hydroxide	$Be(OH)_2$	7×10^{-22}
Bismuth oxide chloride	$BiOCl$	7×10^{-9}
Bismuth oxide hydroxide	$BiOOH$	4×10^{-10}
Bismuth sulfide	Bi_2S_3	1×10^{-97}
Cadmium carbonate	$CdCO_3$	2.5×10^{-14}

표 C.3 (계속)
용해도곱 상수

물질	화학식	K_{sp}
Cadmium oxalate	CdC_2O_4	1.5×10^{-8}
Cadmium sulfide	CdS	1×10^{-28}
Calcium carbonate	$CaCO_3$	8.7×10^{-9}
Calcium fluoride	CaF_2	4.0×10^{-11}
Calcium hydroxide	$Ca(OH)_2$	5.5×10^{-6}
Calcium oxalate	CaC_2O_4	2.6×10^{-9}
Calcium sulfate	$CaSO_4$	1.9×10^{-4}
Copper(I) bromide	$CuBr$	5.2×10^{-9}
Copper(I) chloride	$CuCl$	1.2×10^{-6}
Copper(I) iodide	CuI	5.1×10^{-12}
Copper(I) thiocyanate	$CuSCN$	4.8×10^{-15}
Copper(II) hydroxide	$Cu(OH)_2$	1.6×10^{-19}
Copper(II) sulfide	CuS	9×10^{-36}
Iron(II) hydroxide	$Fe(OH)_2$	8×10^{-16}
Iron(III) hydroxide	$Fe(OH)_3$	4×10^{-38}
Lanthanum iodate	$La(IO_3)_3$	6×10^{-10}
Lead chloride	$PbCl_2$	1.6×10^{-5}
Lead chromate	$PbCrO_4$	1.8×10^{-14}
Lead iodide	PbI_2	7.1×10^{-9}
Lead oxalate	PbC_2O_4	4.8×10^{-10}
Lead sulfate	$PbSO_4$	1.6×10^{-8}
Lead sulfide	PbS	8×10^{-28}
Magnesium ammonium phosphate	$MgNH_2PO_4$	2.5×10^{-13}
Magnesium carbonate	$MgCO_3$	1×10^{-5}
Magnesium hydroxide	$Mg(OH)_2$	1.2×10^{-11}
Magnesium oxalate	MgC_2O_4	9×10^{-5}
Manganese(II) hydroxide	$Mn(OH)_2$	4×10^{-14}
Manganese(II) sulfide	MnS	1.4×10^{-15}
Mercury(I) bromide	Hg_2Br_2	5.8×10^{-23}
Mercury(I) chloride	Hg_2Cl_2	1.3×10^{-18}
Mercury(I) iodide	Hg_2I_2	4.5×10^{-29}
Mercury(II) sulfide	HgS	4×10^{-53}
Silver arsenate	Ag_3AsO_4	1.0×10^{-22}
Silver bromide	$AgBr$	4×10^{-13}
Silver carbonate	Ag_2CO_3	8.2×10^{-12}
Silver chloride	$AgCl$	1.0×10^{-10}
Silver chromate	Ag_2CrO_4	1.1×10^{-12}
Silver cyanide	$Ag[Ag(CN)_2]$	5.0×10^{-12}
Silver iodate	$AgIO_3$	3.1×10^{-8}
Silver iodide	AgI	1×10^{-16}
Silver phosphate	Ag_3PO_4	1.3×10^{-20}
Silver sulfide	Ag_2S	2×10^{-49}
Silver thiocyanate	$AgSCN$	1.0×10^{-12}
Strontium oxalate	SrC_2O_4	1.6×10^{-7}

표 C.3 (계속)
용해도곱 상수

물질	화학식	K_{sp}
Strontium sulfate	$SrSO_4$	3.8×10^{-7}
Thallium(I) chloride	$TlCl$	2×10^{-4}
Thallium(I) sulfide	Tl_2S	5×10^{-22}
Zinc ferrocyanide	$Zn_2Fe(CN)_6$	4.1×10^{-16}
Zinc oxalate	ZnC_2O_4	2.8×10^{-8}
Zinc sulfide	ZnS	1×10^{-21}

표 C.4
몇 가지 EDTA 금속 킬레이트의 형성 상수 ($M^{n+} + Y^{4-} \rightleftharpoons MY^{n-4}$)

물질	화학식	K_f
Aluminum	AlY^-	1.35×10^{16}
Bismuth	BiY^-	1×10^{23}
Barium	BaY^{2-}	5.75×10^{7}
Cadmium	CdY^{2-}	2.88×10^{16}
Calcium	CaY^{2-}	5.01×10^{10}
Cobalt (Co^{2+})	CoY^{2-}	2.04×10^{16}
(Co^{3+})	CoY^-	1×10^{36}
Copper	CuY^{2-}	6.30×10^{18}
Gallium	GaY^-	1.86×10^{20}
Indium	InY^-	8.91×10^{24}
Iron (Fe^{2+})	FeY^{2-}	2.14×10^{14}
(Fe^{3+})	FeY^-	1.3×10^{25}
Lead	PbY^{2-}	1.10×10^{18}
Magnesium	MgY^{2-}	4.90×10^{8}
Manganese	MnY^{2-}	1.10×10^{14}
Mercury	HgY^{2-}	6.30×10^{21}
Nickel	NiY^{2-}	4.16×10^{18}
Scandium	ScY^-	1.3×10^{23}
Silver	AgY^{3-}	2.09×10^{7}
Strontium	SrY^{2-}	4.26×10^{8}
Thorium	ThY	1.6×10^{23}
Titanium (Ti^{3+})	TiY^-	2.0×10^{21}
(TiO^{2+})	$TiOY^{2-}$	2.0×10^{17}
Vanadium (V^{2+})	VY^{2-}	5.01×10^{12}
(V^{3+})	VY^-	8.0×10^{25}
(VO^{2+})	VOY^{2-}	1.23×10^{18}
Yttrium	YY^-	1.23×10^{18}
Zinc	ZnY^{2-}	3.16×10^{16}

표 C.5
몇 가지 표준 환원 전극 전위 및 형식 환원 전극 전위

반쪽 반응	E^0(V)	형식 전위(V)
$F_2 + 2H^+ + 2e^- \rightleftharpoons 2HF$	3.06	
$O_3 + 2H^+ + 2e^- \rightleftharpoons O_2 + H_2O$	2.07	
$S_2O_8^{2-} + 2e^- \rightleftharpoons 2SO_4^{2-}$	2.01	
$Co^{3+} + e^- \rightleftharpoons Co^{2+}$	1.842	
$H_2O_2 + 2H^+ + 2e^- \rightleftharpoons 2H_2O$	1.77	
$MnO_4^- + 4H^+ + 3e^- \rightleftharpoons MnO_2 + 2H_2O$	1.695	
$Ce^{4+} + e^- \rightleftharpoons Ce^{3+}$		1.70 (1 M $HClO_4$) 1.61 (1 M HNO_3) 1.44 (1 M H_2SO_4)
$HClO + H^+ + e^- \rightleftharpoons \frac{1}{2}Cl_2 + H_2O$	1.63	
$H_5IO_6 + H^+ + 2e^- \rightleftharpoons IO_3^- + 3H_2O$	1.6	
$BrO_3^- + 6H^+ + 5e^- \rightleftharpoons \frac{1}{2}Br_2 + 3H_2O$	1.52	
$MnO_4^- + 8H^+ + 5e^- \rightleftharpoons Mn^{2+} + 4H_2O$	1.51	
$Mn^{3+} + e^- \rightleftharpoons Mn^{2+}$		1.51 (8 M H_2SO_4)
$ClO_3^- + 6H^+ + 5e^- \rightleftharpoons \frac{1}{2}Cl_2 + 3H_2O$	1.47	
$PbO_2 + 4H^+ + 2e^- \rightleftharpoons Pb^{2+} \rightleftharpoons 2H_2O$	1.455	
$Cl_2 + 2e^- \rightleftharpoons 2Cl^-$	1.359	
$Cr_2O_7^{2-} + 14H^+ + 6e^- \rightleftharpoons 2Cr^{3+} + 7H_2O$	1.33	
$Tl^{3+} \rightleftharpoons 2e^- \rightleftharpoons Tl^+$	1.25	0.77 (1 M HCl)
$IO_3^- + 2Cl^- + 6H^+ + 4e^- \rightleftharpoons ICl_2^- + 3H_2O$	1.24	
$MnO_2 + 4H^+ + 2e^- \rightleftharpoons Mn^{2+} + 2H_2O$	1.23	
$O_2 + 4H^+ + 4e^- \rightleftharpoons 2H_2O$	1.229	
$2IO_3^- + 12H^+ + 10e^- \rightleftharpoons I_2 + 6H_2O$	1.20	
$SeO_4^{2-} + 4H^+ + 2e^- \rightleftharpoons H_2SeO_3 + H_2O$	1.15	
$Br_2(aq) + 2e^- \rightleftharpoons 2Br^-$	1.087[a]	
$Br_2(\ ) + 2e^- \rightleftharpoons 2Br^-$	1.065[a]	
$ICl_2^- + e^- \rightleftharpoons \frac{1}{2}I_2 + 2Cl^-$	1.06	
$VO_2^+ + 2H^+ + e^- \rightleftharpoons VO^{2+} + H_2O$	1.000	
$HNO_2 + H^+ + e^- \rightleftharpoons NO + H_2O$	1.00	
$Pd^{2+} + 2e^- \rightleftharpoons Pd$	0.987	
$NO_3^- + 3H^+ + 2e^- \rightleftharpoons HNO_2 + H_2O$	0.94	
$2Hg^{2+} + 2e^- \rightleftharpoons Hg_2^{2+}$	0.920	
$H_2O_2 + 2e^- \rightleftharpoons 2OH^-$	0.88	
$Cu^{2+} + I^- + e^- \rightleftharpoons CuI$	0.86	
$Hg^{2+} + 2e^- \rightleftharpoons Hg$	0.854	
$Ag^+ + e^- \rightleftharpoons Ag$	0.799	0.228 (1 M HCl); 0.792 (1 M $HClO_4$)
$Hg_2^{2+} + 2e^- \rightleftharpoons 2Hg$	0.789	0.274 (1 M HCl)
$Fe^{3+} + e^- \rightleftharpoons Fe^{2+}$	0.771	
$H_2SeO_3 + 4H^+ + 4e^- \rightleftharpoons Se + 3H_2O$	0.740	
$PtCl_4^{2-} + 2e^- \rightleftharpoons Pt + 4Cl^-$	0.73	
$C_6H_4O_2$ (quinone) $+ 2H^+ + 2e^- \rightleftharpoons C_6H_4(OH)_2$	0.699	0.696 (1 M HCl, H_2SO_4, $HClO_4$)
$O_2 + 2H^+ + 2e^- \rightleftharpoons H_2O_2$	0.682	
$PtCl_6^{2-} + 2e^- \rightleftharpoons PtCl_4^{2-} + 2Cl^-$	0.68	
$I_2(aq) + 2e^- \rightleftharpoons 2I^-$	0.6197[b]	
$Hg_2SO_4 + 2e^- \rightleftharpoons 2Hg + SO_4^{2-}$	0.615	
$Sb_2O_5 + 6H^+ + 4e^- \rightleftharpoons 2SbO^+ + 3H_2O$	0.581	
$MnO_4^- + e^- \rightleftharpoons MnO_4^{2-}$	0.564	
$H_3AsO_4 + 2H^+ + 2e^- \rightleftharpoons H_3AsO_3 + H_2O$	0.559	0.577 (1 M HCl, $HClO_4$)
$I_3^- + 2e^- \rightleftharpoons 3I^-$	0.5355	
$I_2(s) + 2e^- \rightleftharpoons 2I^-$	0.5345[b]	
$Mo^{6+} + e^- \rightleftharpoons Mo^{5+}$		0.53 (2 M HCl)
$Cu^+ + e^- \rightleftharpoons Cu$	0.521	
$H_2SO_3 + 4H^+ + 4e^- \rightleftharpoons S + 3H_2O$	0.45	
$Ag_2CrO_4 + 2e^- \rightleftharpoons 2Ag + CrO_4^{2-}$	0.446	
$VO^{2+} + 2H^+ + e^- \rightleftharpoons V^{3+} + H_2O$	0.361	

표 C.5 (계속)
몇 가지 표준 환원 전극전위 및 형식 환원 전극 전위

반쪽 반응	E^0(V)	형식 전위(V)
$Fe(CN)_6^{3-} + e^- \rightleftharpoons Fe(CN)_6^{4-}$	0.36	0.72 (1 M $HClO_4$, H_2SO_4)
$Cu^{2+} \rightleftharpoons 2e^- \rightleftharpoons Cu$	0.337	
$UO_2^{2+} + 4H^+ + 2e^- \rightleftharpoons U^{4+} + 2H_2O$	0.334	
$BiO^+ + 2H^+ + 3e^- \rightleftharpoons Bi + H_2O$	0.32	
$Hg_2Cl_2(s) + 2e^- \rightleftharpoons 2Hg + 2Cl^-$	0.268	0.242 (포화된 KCl—SCE); 0.282 (1 M KCl)
$AgCl + e^- \rightleftharpoons Ag + Cl^-$	0.222	0.228 (1 M KCl)
$SO_4^{2-} + 4H^+ + 2e^- \rightleftharpoons H_2SO_3 + H_2O$	0.17	
$BiCl_4^- + 3e^- \rightleftharpoons Bi + 4Cl^-$	0.16	
$Sn^{4+} + 2e^- \rightleftharpoons Sn^{2+}$	0.154	0.14 (1 M HCl)
$Cu^{2+} + e^- \rightleftharpoons Cu^+$	0.153	
$S + 2H^+ + 2e^- \rightleftharpoons H_2S$	0.141	
$TiO^{2+} + 2H^+ + e^- \rightleftharpoons Ti^{3+} + H_2O$	0.1	
$Mo^{4+} + e^- \rightleftharpoons Mo^{3+}$		0.1 (4 M H_2SO_4)
$S_4O_6^{2-} + 2e^- \rightleftharpoons 2S_2O_3^{2-}$	0.08	
$AgBr + e^- \rightleftharpoons Ag + Br^-$	0.071	
$Ag(S_2O_3)_2^{3-} + e^- \rightleftharpoons Ag + 2S_2O_3^{2-}$	0.01	
$2H^+ + 2e^- \rightleftharpoons H_2$	0.000	
$Pb^{2+} + 2e^- \rightleftharpoons Pb$	−0.126	
$CrO_4^{2-} + 4H_2O + 3e^- \rightleftharpoons Cr(OH)_3 + 5OH^-$	−0.13	
$Sn^{2+} + 2e^- \rightleftharpoons Sn$	−0.136	
$AgI + e^- \rightleftharpoons Ag + I^-$	−0.151	
$CuI + e^- \rightleftharpoons Cu + I^-$	−0.185	
$N_2 + 5H^+ + 4e^- \rightleftharpoons N_2H_5^+$	−0.23	
$Ni^{2+} + 2e^- \rightleftharpoons Ni$	−0.250	
$V^{3+} + e^- \rightleftharpoons V^{2+}$	−0.255	
$Co^{2+} + 2e^- \rightleftharpoons Co$	−0.277	
$Ag(CN)_2^- + e^- \rightleftharpoons Ag + 2CN^-$	−0.31	
$Tl^+ + e^- \rightleftharpoons Tl$	−0.336	−0.551 (1 M HCl)
$PbSO_4 + 2e^- \rightleftharpoons Pb + SO_4^{2-}$	−0.356	
$Ti^{3+} + e^- \rightleftharpoons Ti^{2+}$	−0.37	
$Cd^{2+} + 2e^- \rightleftharpoons Cd$	−0.403	
$Cr^{3+} + e^- \rightleftharpoons Cr^{2+}$	−0.41	
$Fe^{2+} + 2e^- \rightleftharpoons Fe$	−0.440	
$2CO_2(g) + 2H^+ + 2e^- \rightleftharpoons H_2C_2O_4$	−0.49	
$Cr^{3+} + 3e^- \rightleftharpoons Cr$	−0.74	
$Zn^{2+} + 2e^- \rightleftharpoons Zn$	−0.763	
$2H_2O + 2e^- \rightleftharpoons H_2 + 2OH^-$	−0.828	
$Mn^{2+} + 2e^- \rightleftharpoons Mn$	−1.18	
$Al^{3+} + 3e^- \rightleftharpoons Al$	−1.66	
$Mg^{2+} + 2e^- \rightleftharpoons Mg$	−2.37	
$Na^+ + e^- \rightleftharpoons Na$	−2.714	
$Ca^{2+} + 2e^- \rightleftharpoons Ca$	−2.87	
$Ba^- + 2e^- \rightleftharpoons Ba$	−2.90	
$K^+ + e^- \rightleftharpoons K$	−2.925	
$Li^+ + e^- \rightleftharpoons Li$	−3.045	

[a] E^0 for Br_2(l) is used for saturated solutions of Br_2 while E^0 for Br_2(aq) is used for unsaturated solutions.
[b] E^0 for I_2(s) is used for saturated solutions of I_2, while E^0 for I_2(aq) is used for unsaturated solutions.

부록 D

실험실에서의 안전

이 책의 웹 사이트를 참고하라.

부록 E

웹에서 주기율표

이 책의 웹 사이트를 참고하라.

부록 F

해답

CHAPTER 2

14. 24.920 mL

15. $V_{25}{}^{0} = 25.071$ mL; $V_{20}{}^{0} = 24.041$ mL

16. 10 ml : +0.05; 20 mL : +0.08; 30 mL : +0.08; 40 mL : +0.06; 50 mL : +0.11

17. 0.05140 M

18. (b)

19. 15.920 g

CHAPTER 3

4. (a) 5 (b) 4 (c) 3

5. (a) 4 (b) 4 (c) 5 (d) 3

6. 68.9466

7. 177.3

8. $162_{.2}$

9. 0.008_2

10. To the nearest 0.01 g for three significant figures

11. (a) 100 meq/L, (b) −2 meq/L, (c) −2%

12. (a) 128.0 g (b) 128.1 g (c) 1.9 g

13. (a) 0.05 g, $0.2_2\% = 2_{.2}$ ppt, (b) −0.29 mL, −0.64% = −6.4 ppt (c) −0.03%, $-1_{.1}\% = -1_1$ ppt, (d) 0.6 cm, 0.7% = 7 ppt

14. (a) 0.052% S.D., 0.16% c.v. (b) 0.0021% S.S., 8.8% c.v.

15. (a) 0.42 ppm (b) 0.41% (c) 0.21 ppm (d) 0.20%

16. (a) 0.052% (b) 0.026% (c) 0.027%

17. (a) 1.07%. (b) 10,700

18. (a) $s_a = \pm 9.1$; 517 ± 9 (b) $s_a = \pm 0.067$; 6.82 ± 0.07 (c) $s_a = \pm 1.1$; 981 ± 1

19. (a) ±0.0003 (b) ±0.032 (c) ±42

20. $s_a = \pm 0.023$; 1.22 ± 0.03

21. (a) 0.88 W/m^2, The terms for the aerosols seem to contribute most to the uncertainty (b) 1.13K, ±0.89 K (c) Yes

22. 0.5024 − 0.5030 M

23. Brand B

24. (a) 139.6 ± 0.47 meq/L, or 139.1 − 140.1 meq/L
(b) 139.6 ± 0.64 meq/L, or 139.0 − 140.2 meq/L
(c) 139.6 ± 1.17 meq/L, or 138.4 − 140.8 meq/L

25. ±3.9 ppm

26. $\mu = 4.7_4 \pm 0.768$; A cell count of 4.5 (million) falls in the range of 95% confidence interval, and therefore it is not too low.

27. $\pm 1_{.2}$ meq/L

28. Ave. = 95.4, S.D. = 3.0_3. Analysis is within 95% C.L.

29. 0.1064 − 0.1072 M

30. (a) Q for 3.16 = 0.5; < 0.64, so can't reject.
(b) Mean = 3.04_4; S.D. = 0.07_4; C.L. = $\pm 0.09_2$. t is 2.776 at 95% C.L. So results agree.

31. $t_{calc} = 1.8_6$. This is smaller than the tabulated t value for 16 degrees of freedom at the 95% confidence level, but not at the 90% confidence level. It appears there is a fair probability the differences between the two populations is real. More studies are indicated.

32. $t_{calc} = 4.9258$; $t_{table} = 3.355$. So differences are significant.

33. $t_{calc} = 0.8_7$; $t_{table} = 2.365$. So no significant difference.

34. $s_p = 0.0258$ absorbance units.

35. $F_{calc} = 2.79$; $F_{table} = 4.88$. So no significant difference.

36. $t_{calc} = 0.713$, $t_{table} = 2.31$, so no difference.

37. $t_{calc} = 5_{.9}$. Exceeds t_{calc}, even at 99% C.L. So is significant difference.

38. $t_{calc} = 3.6$ (> t_{table}), 95% probability significant difference.

39. (a) $t_{calc} = 0.2857$, $t_{table} = 3.182$. (b) $t_{calc} = 0.1624$, $t_{table} = 2.228$. No significant differences.

40. Q for 0.1050 is 0.76. Q_{table} is 0.829. So 95% certain suspected value not due to accidental error.

41. Q for 33.27 is 0.70. Q_{table} is 0.970. So 95% certain suspected value not due to accidental error.

42. $Q = 0.50$; $Q_{table} = 0.710$. So 22.09 is valid.

43. (a) $Q_{calc} = 0.31$ (for 41.99) and 0.51 (for 45.71). $Q_{table} = 0.56$. So both valid numbers. (b) (43.58 ± 1.22) %
(c) $t_{calc} = 1.82$, $t_{table} = 2.365$. So, yes.

44. 0.44 ppm

45. Value is 0.5027 ± 0.00026 for both.

46. 139.0 – 140.2; 138.4 – 140.8

47. $m = 53.7_5$ for both.

48. 3.05 ppm

49. $m = 0.205 \pm 0.004$; $b = 0.00_0 \pm 0.01_2$; 3.05 ± 0.08 ppm

50. The equations will fail if the errors are not randomly distributed, if there are more outliers, for example. They will also fail if the functional form that the data should exhibit is not a straight line.

51. $r^2 = 0.84$

52. $r^2 = 0.978$

53. $t_{calc} = 1.8_6$, $t_{table} = 2.262$, no significant diffenrence. $r^2 = 0.998$

54. D.L. = 0.17 ppm; total reading 0.36

55. (a) 0.0022_5 (b) $m = 0.7493$ (c) 0.0023 ppb

56. 1.6 g

57. (a) 800 (b) $s = 13$

58. $n = 3.84$

CHAPTER 4

20. 16%

21. $z = -1.0$

CHAPTER 5

10. (a) 5.23% (b) 55.0% (c) 1.82%

11. (a) 244.27 (b) 218.16 (c) 431.73 (d) 310.18

12. (a) 1.98 (b) 4.20 (c) 1.28 (d) 3.65 (e) 2.24 (f) 1.31

13. (a) 5.06 g (b) 2.38 g (c) 7.80 g (d) 2.74 g (e) 4.46 g (f) 1.31 g

14. (a) 5.84×10^4 mg (b) 3.42×10^4 mg (c) 1.71×10^3 mg (d) 284 mg (e) 7.01×10^3 mg (f) 2.25×10^3 mg

15. (a) 500 mL (b) 500 mL (c) 2.00×10^3 mL (d) 50.0 mL (e) 80.0 mL (f) 809 mL (g) 1.06×10^3 mL

16. 0.0333, 0.100, 0.001, 0.0333 mmol/mL of Mn^{2+}, NO_3^-, K^+, SO_4^{2-}

17. 0.00147 g/mL

18. (a) 0.408 *M* (b) 0.300 *M* (c) 0.147 *M*

19. (a) 7.10 g (b) 49.0 g (c) 109 g

20. (a) 1.40 g (b) 8.08 g (c) 4.00 g

21. 8.06 mL

22. (a) 11.6 *M* (b) 15.4 *M* (c) 14.6 *M* (d) 17.4 *M* (e) 14.8 *M*

23. 1.1 mg/L Na^+; 2.3 mg/L SO_4^{2-}

24. 1.06×10^3 mg/L

25. (a) 5.88×10^{-6} mol/L (b) 2.92×10^{-6} mol/L (c) 2.27×10^{-5} mol/L (d) 1.58×10^{-6} mol/L (e) 2.73×10^{-5} mol/L (f) 1.00×10^{-5} mol/L

26. (a) 10.0 mg/L (b) 27.8 mg/L (c) 15.8 mg/L (d) 16.3 mg/L (e) 13.7 mg/L (f) 29.8 mg/L

27. 0.00702 g; 1.79×10^{-5} mol/L

28. (a) 0.123% (b) 1.23% (c) 1.23×10^3 ppm

29. (a) 0.254 g/L (b) 0.165 g/L

30. 156 mL

31. 0.160 g

32. 5.00 *M*

33. 65 mL

34. 100 mL

36. 0.172%

37. Stock solution 4.809×10^{-3} *M*; internal standard 5.962×10^{-3} *M*

38. (a) 865 ± 65 mg/mL (b) Regular coffee 0.264 – 0.529 mg/mL brewed (c) 588.5 mg intake.

39. 0.171 *M*

40. 390 mg

41. 99.57%

42. 9.25 mg

43. (a) 26.0% (b) 89.2%

44. 15.3%

45. 4.99%

46. 7.53 mL

47. 1.04×10^3 mg

48. 22.7 mL

49. 143.9

50. 84.4%

51. 12.3 mL

52. 47.1%

53. 6.13%

54. 1.52 mg

55. 15.3 mg BaO per mL EDTA

56. 20.0 mg Fe_2O_3/mL $KMnO_4$

57. 51.2 mg Br/mL

58. (a) 36.46 g/eq (b) 85.57 g/eq (c) 389.91 g/eq (d) 41.04 g/eq (e) 60.05 g/eq

59. (a) 0.250 mol/L (b) 0.125 mol/L (c) 0.250 mol/L (d) 0.125 mol/L (e) 0.250 mol/L

60. (a) 128.1 g/eq (b) 64.05 g/eq

61. 108.3 g/eq

62. (a) 151.91 g/eq (b) 17.04 g/eq (c) 17.00 g/eq (d) 17.00 g/eq

63. 4.093 meq

64. 0.608 eq/L

65. 4.945 g/L

66. 0.189 eq/L

67. 0.267 N

68. 0.474 g $KHC_2O_4 \cdot H_2C_2O_4$/g Na_2CO_4

69. 4.903 g

70. 84.5 meq/L

71. 10.0 mg/dL

72. 8.76 g/L

73. 1.85_7 g Mn

74. (a) 0.132_8 g (b) 1.31_0 g

75. 0.7203_1 g Mn/g Mn_3O_4; 2.0700 g Mn_2O_3/g Mn_3O_4; 1.0617_0 g Ag_2S/g $BaSO_4$; 0.46906 g $CuCl_2$/g AgCl; 1.0656 g MgI_2/g PbI_2

76. 45.20%

CHAPTER 6

1. $[A] = 9.0 \times 10^{-5}$ M , $[B] = 0.50\ M$, $[C] = [D] = 0.30 - x \approx 0.30\ M$

2. $[A] = 4.3 \times 10^{-7}\ M$, $[B] = 0.30\ M$, $[C] = 0.80\ M$

3. 60%

4. 0.085%

5. 10%

6. 1.1×10^{-22}

7. $[Cr_2O_7^{2-}] = 5 \times 10^{-11}\ M$, $[Fe^{2+}] = 3 \times 10^{-10}\ M$

8. (a) $3[Bi^{3+}] + [H^+] = 2[S^{2-}] + [HS^-] + [OH^-]$
(b) $[Na^+] + [H^+] = 2[S^{2-}] + [HS^-] + [OH^-]$

9. Mass balance:

$$0.100 = [Cd^{2+}] + [Cd(NH_3)^{2+}] + [Cd(NH_3)_2^{2+}] + [Cd(NH_3)_3^{2+}] + [Cd(NH_3)_4^{2+}]$$

$$0.400 = [NH_4^+] + [NH_3] + [Cd(NH_3)^{2+}] + [Cd(NH_3)_2^{2+}] + [Cd(NH_3)_3^{2+}] + [Cd(NH_3)_4^{2+}]$$

$$0.200 = [Cl^-]$$

Charge balance:

$$2[Cd^{2+}] + [H^+] = 2[Cd(NH_3)^{2+}] + 2[Cd(NH_3)_2^{2+}] + 2[Cd(NH_3)_3^{2+}] + 2[Cd(NH_3)_4^{2+}] = [Cl^-] + [OH^-]$$

11. $[F^-] + [HF] + 2[HF_2^-] = 2[Ba^{2+}]$

12. $2[Ba^{2+}] = 3([PO_4^{3-}] + [HPO_4^{2-}] + [H_2PO_4^-] + H_3PO_4])$

13. 2.88

14. (a) 0.30 (b) 0.90 (c) 0.90 (d) 3.3

15. (a) 0.30 (b) 0.90 (c) 0.90 (d) 3.3

16. 0.96_5

17. $f_{Na^+} = 0.867$, $f_{SO_4^{2-}} = 0.56$, $f_{Al^{3+}} = 0.35$

18. 0.0019 M

19. 0.0084 M

20. $f_\pm = 0.925$

21. (a) $K_a^{\ 0} = K_a f_{H^+} f_{CN^-}$ (b) $K_b^{\ 0} = K_b f_{NH^{4+}} f_{OH^-}$

22. (a) 3.25 (b) pH = 3.18; paH = 3.28

CHAPTER 7

6. (a) pH = 1.70, pOH = 12.30 (b) pH = 3.89, pOH = 10.11
(c) pH = −0.08, pOH = 14.08 (d) pH = pOH = 7.00
(e) pH = 6.55, pOH = 7.45

7. pOH, pH: (a) 1.30, 12.709 (b) 0.55, 13.45
(c) −0.38, 14.38 (d) 6.49, 7.51 (e) 2.47, 11.57

8. (a) $3.8 \times 10^{-10}\ M$ (b) $5.0 \times 10^{-14}\ M$
(c) $1.0 \times 10^{-7}\ M$ (d) $5.3 \times 10^{-15}\ M$

9. (a) $3.4 \times 10^{-4}\ M$ (b) 0.63 M (c) $2.5 \times 10^{-9}\ M$
(d) 4.0 M (e) $4.5 \times 10^{-15}\ M$ (f) 18 M

10. pH = 12.70, pOH = 1.30

11. 11.65

12. $V_a = 0.10\ V_b$

13. $2.3 \times 10^{-7}\ M$; 6.64 pH

14. 6.20

15. 3.2%

16. (a) 5.71×10^{-10} (b) 8.88

17. 10.47

18. 18_2 g/mol

19. 2.74

20. 8.80

21. 1.2

22. $0.014_5\ M$

23. 0.0661 M

24. 11.54

25. . 0.019 M

26. Fourfold

27. 11.12

28. 10.57

29. 8.45

30. 2.92

31. 4.85

32. 8.72

33. 3.33

34. 7.00

35. 9.49

36. 2.54

37. 8.71

38. 4.16

39. 13.74

40. 12.96

41. 8.34
42. 10.98
43. 8.21
44. (a)(i) A^{2-}; (ii) HA^-; (iii) H_2A (b) (i) HA^{2-} (ii) A^{3-} (iii) H_2A^-
45. 4.05
46. 9.42
47. 5.12
48. 4.58
49. 9.24
50. 0.50_8 g
51. 7.3 g
52. 0.46_7 *M*
53. (a) 16 (b) 0.16
54. 2.62
55. 5.41
56. 2.0×10^{-3} *M* $HPO_4{}^{2-}$, 9.6×10^{-4} *M* $H_2PO_4{}^-$
57. 7.53
58. $\beta = 0.095$ mol/L per pH (or 10.5 pH per mol/L acid or base); ΔpH HCl $= -0.011$ pH; ΔpH NaOH $= +0.011$ pH
59. $0.868\ M = [HOAc] = [OAc^-]$
60. 1.62 g Na_2HPO_4; 0.82 g KH_2PO_4
61. 0.24 mL, 5.4 g
62. $[H_2SO_3] = 7.63 \times 10^{-5}\ M$; $[HSO_3{}^-] = 9.90 \times 10^{-3}\ M$; $[SO_3{}^{2-}] = 1.22 \times 10^{-4}\ M$
64. $4.8 \times 10^{-6}\ M$
67. pH = 3.88, $[OAc^-] = 10^{-3.88}\ M$
68. $[OAc^-] = 1.7 \times 10^{-6}\ M$
70. (a) $[H_2A] = 5.6 \times 10^{-4}\ M$; $[HA^-] = 4.5 \times 10^{-4}\ M$; $[A^{2-}] = 1.0 \times 10^{-5}\ M$ (b) $[H_2A] = 2.0 \times 10^{-8}\ M$; $[HA^-] = 1.1 \times 10^{-6}\ M$; $[A^{2-}] = 1.0 \times 10^{-3}\ M$
74. 6.8246 vs. 6.833 NIST
75. 8.345
76. 8.209
78. (i) E; (ii) C; (iii) A; (iv) B; (v) D; (vi) C; (vii) E
79. $n = 3$, (c) only an equivalence point at $V = 30.0$ mL

CHAPTER 8

13. 0.1060 *M*
14. 0.1025 *M*
15. 0.1288 *M*
16. 0.1174 *M*
17. ΔpH = 2, transition around pH $= 14 - pK_b$
18. pH 13.00, 12.70, 7.00, 1.90
19. pH 2.70, 4.10, 4.70, 8.76, 12.07
20. pH 11.12, 9.84, 9.24, 5.27, 2.04
21. pH 2.00, 3.00, 5.00, 7.00, 9.76, 12.16
22. pH 9.72, 7.60, 7.12, 6.64, 4.54, 1.96
23. 79.2%
24. 35.5 mL
25. 201 mg/g, 838 g/mol
26. 62.8%
27. 9.85 g %
28. 0.0200 *M* H_3PO_4, 0.0300 *M* HCl
29. 34.4 % Na_2CO_3, 21.5 % $NaHCO_3$
30. 403 mg Na_2CO_3, 110 mg NaOH
31. 4.50 mmol Na_2CO_3, 6.00 mmol $NaHCO_3$
32. 3.00 mmol Na_2CO_3, 1.5_0 mmol NaOH
33. 41.7%
34. $25._2$%
35. 1hr, pH = 11.94, 5 hr, pH = 11.59
36. (C)
37. (b)
38. (b)
40. A. 0.02 *M* $HCO_3{}^-$ and 0.02 *M* $CO_3{}^{2-}$ B. 0.015 *M* $CO_3{}^{2-}$ and 0.01 *M* OH^-
41. (b) 167.7
42. (e). Tartaric acid
43. (c) Histidine
44. 60.56%
45. 86.00%
46. 2.80%
47. (a) pH 3.917 (b) 47.04 mg (c) 4.80 mg
48. 120 mmol Na_2HPO_4 (0.12 *M*) and 72.9 mmol NaOH (2.915 g)
49. 0.379 mL
50. (a) pH = 6.50 (b) Lower

CHAPTER 9

5. $[Ca^{2+}] = 0.0017\ M$, $[Ca(NO_3)^+] = 0.0033\ M$
6. $1.4 \times 10^{-3}\ M$
7. $2.0 \times 10^{-5}\ M$
8. $[Ag^+] = 3.4 \times 10^{-16}\ M$; $[Ag(S_2O_3)^-] = 2.2 \times 10^{-7}\ M$; $[Ag(S_2O_3)_2{}^{3-}] = 9.9 \times 10^{-3}\ M$
9. (a) $2.7_8 \times 10^7$ (b) $3.9_0 \times 10^{17}$
10. (a) (1) 1.60 (2) 2.12 (3) 4.80 (4) 7.22 (b) (1) 1.60 (2) 2.12 (3) 9.87 (4) 17.37
11. 1.2_6
12. 2.10×10^{14}
13. 9.306 g
14. 0.1039_8 *M*

15. 10.01 mg $CaCO_3$/mL EDTA
16. 10.01 (mg $CaCO_3$/L · H_2O)/mL EDTA
17. 2.89×10^3 ppm
18. 9.93 mg/dL; 4.95 meq/L
19. 98.79%
20. 3.04 ppm
21. 119 mg/L
22. 20.4 %

CHAPTER 10

10. 16.2 g
11. 82.2 g
12. 0.2138, 1.902, 0.1314, 0.6474
13. 0.586 g
14. 98.68%
15. 0.6888 g
16. 1.071%
17. 636 mg
18. 26 mL
19. 1.75%
20. 24.74 g
21. 2.571 g
22. 42.5% Ba, 37.5% Ca
23. 79.98%
24. 0.846 g AgCl, 1.154 g AgBr
25. (a) $K_{sp} = [Ag^+][SCN^-]$ (b) $K_{sp} = [La^{3+}][IO_3^-]^3$ (c) $K_{sp} = [[Hg_2^{2+}][Br^-]^2$ (d) $K_{sp} = [Ag^+][[Ag(CN)_2^-]$ (e) $K_{sp} = [Zn^{2+}]^2[Fe(CN)_6^{4-}]$ (f) $K_{sp} = [Bi^{3+}]^2[S^{2-}]^3$
26. 8.20×10^{-19}
27. 1.3×10^{-4} *M* Ag^+, 6.5×10^{-5} *M* CrO_4^{2-}
28. 1.9×10^{-8} *M*
29. 1.3×10^{-17} *M*
30. 5.1×10^{-7} *M*, 1.0×10^{-9} *M*
31. 3.8
32. 1.4×10^{-6} *M*
33. 1.7×10^{-6} *M*
34. AB : $s = 2 \times 10^{-9}$ *M*, AC_2 : $s = 1 \times 10^{-6}$ *M*
35. Bi_2S_3 is 4×10^7 times more soluble than HgS!
36. 0.33 *M* excess F^- needed. Is feasible.
37. (a) $K_{sp} f_{Ba^{2+}} f_{SO_4{}^{2-}}$ (b) $K_{sp} f_{Ag^+}{}^2 f_{CrO_4{}^{2-}}$
38. 2.0×10^{-5} *M*
39. 4.1×10^{-4} g

CHAPTER 11

3. $s = 2.1 \times 10^{-4}$ *M*; $[IO_3^-] = 1.5 \times 10^{-4}$ *M*; $[HIO_3] = 6.9 \times 10^{-5}$ *M*
4. $s = 6.1 \times 10^{-3}$ *M*; $[HF] = 1.2_0 \times 10^{-2}$ *M*; $[F^-] = 8.0_1 \times 10^{-5}$ *M*
5. $s = 2._7 \times 10^{-15}$ *M*; $[H_2S] = 2._7 \times 10^{-5}$ *M*; $[HS^-] = 2._7 \times 10^{-10}$ *M*; $[S^{2-}] = 2._9 \times 10^{-18}$ *M*
6. $s = 8.4 \times 10^{-3}$ *M*; $[Ag(en)^+] = 5.9_6 \times 10^{-5}$ *M*; $[Ag(en)_2{}^+] = 8.4 \times 10^{-3}$ *M*
7. $[Ag^+] = 1.8 \times 10^{-4}$ *M* (2.1×10^{-4} *M* if include HIO_3 formation)
8. $[Pb^{2+}] = 2._7 \times 10^{-5}$ *M*
9. 8.4×10^{-3} *M* = s (7.0×10^{-3} *M* if correct for en consumed by reiteration)
10. 5.434 g/L
11. 0.029 mL excess titrant
12. Yes

CHAPTER 12

9. O_3, HClO, Hg^{2+}, H_2SeO_3, H_3AsO_4, Cu^{2+}, Co^{2+}, Zn^{2+}, K^+
10. Ni, H_2S, Sn^{2+}, V^{3+}, I^-, Ag, Cl^-, Co^{2+}, HF
11. (a) $Fe^{2+} - MnO_4^-$ (b) $Fe^{2+} - Ce^{4+}$ ($HClO_4$) (c) $H_3AsO_3 - MnO_4^-$ (d) $Fe^{3+} - Ti^{2+}$
12. (a) VO^{2+}/Sn^{2+} (b) $Fe(CN)_6^{3-}/Fe^{2+}$ (c) Ag^+/Cu (d) I_2/I_2 (e) H_2O_2/Fe^{2+}
13. 15.62%
14. (a) $Pt/Fe^{2+}, Fe^{3+}//Cr_2O_7^{2-}, Cr^{3+}, H^+/Pt$ (b) $Pt/I^-, I_2//IO_3^-, I_2, H^+/Pt$ (c) $Zn/Zn^{2+}//Cu^{2+}/Cu$ (d) $Pt/H_2SeO_3, SeO_4^{2-}, H^+//Cl_2, Cl^-/Pt$
15. (a) $2V^{2+} + PtCl_6^{2-} = 2V^{3+} + PtCl_4^{2-} + 2Cl^-$ (b) $Ag + Fe^{3+} + Cl^- = AgCl + Fe^{2+}$ (c) $3Cd + ClO_3^- + 6H^+ = 3Cd^{2+} + Cl^- + 3H_2O$ (d) $2I^- + H_2O_2 + 2H^+ = I_2 + H_2O$
16. 1.24V
17. 0.419 V
18. 0.65 V
19. 0.216 V
20. $PtCl_6^{2-} + 2V^{2+} = PtCl_4^{2-} + 2V^{3+} + 2Cl^-$, 0.94 V
21. (a) 0.57 V (b) 0.071 V (c) 0.09 V
22. $2VO_2^+ + U^{4+} = 2VO^{2+} + UO_2^{2+}$, 0.67 V
23. 0.592 V
24. (1) Cu: 0.286 V; Ag: 0.740 V; cathode (2) 0.706 V; cathode (3) 0.277 V; anode

CHAPTER 13

8. 5.4×10^{-13}
9. 0.799 V
10. (a) −0.028 V (b) 0.639 V (c) 0.84 V
11. (a) 1.353 V (b) 0.034
12. $3PVF + AuCl_4^- = 3PVF^+ + Au + Cl^-$, $K = 6.9 \times 10^{70}$
13. (a) 0.845 V (b) −0.020 V (c) −0.497 V
14. 0.446 V
15. (a) 1×10^{-4} % (b) 0.08_4 V (c) 0.261 V
16. −0.505 V
17. (a) 0.02 pH unit, 1.2 mV, 4.8% (b) 0.002 pH unit, 0.12 mV, 0.48%
18. (a) 5.78 (b) 10.14 (c) 12.32 (d) 13.89
19. (a) −0.419 V (b) −0.472 V (d) −0.524 V
20. 11.2
21. 0.015 *M*
22. 0.0079 *M*
23. 4.8×10^{-4} *M*
24. (a) 0.16) (b) 18.9 mV
25. 0.020
26. 9.5×10^{-4}
27. $1.0_7 \times 10^4$

CHAPTER 14

6. (a) $IO_3^- + 5I^- + 6H^+ = 3I_2 + 3H_2O$
(b) $4Se_2Cl_2 + 6H_2O = 2H_2SeO_3 + 6Se + 8Cl^- + 8H^+$
(c) $H_3PO_3 + 2HgCl_2 + H_2O = H_3PO_4 + Hg_2Cl_2 + 2H^+ + 2Cl^-$
7. (a) $3MnO_4^{2-} + 2H_2O = MnO_2 + 2MnO_4^- + 4OH^-$
(b) $2MnO_4^- + 5H_2S + 6H^+ = 2Mn^{2+} + 5S + 8H_2O$
(c) $2SbH_3 + 4Cl_2O + 3H_2O = H_4Sb_2O_7 + 8Cl^- + 8H^+$
(d) $FeS + 3NO_3^- + 6H^+ = Fe^{3+} + S + 3NO_2 + 3H_2O$
(e) $8Al + 3NO_3^- + 5OH^- + 2H_2O = 8AlO_2^- + 3NH_3$
(f) $5FeAsS + 14ClO_2 + 12H_2O = 5Fe^{3+} + 5AsO_4^{3-} + 5SO_4^{2-} + 14Cl^- + 24H^+$
(g) $5K_2NaCo(NO_2)_6 + 12MnO_4^- + 36H^+ = 10K^+ + 5Na^+ + 5Co^{3+} + 30NO_3^- + 12Mn^{2+} + 18H_2O$
8. 1.12_7 V
9. 0.735 V, 0.771 V, 1.218 V, 1.28 V
10. 0.715 V, 0.771 V, 1.35 V, 1.46 V
11. 0.360 V
12. $E = [(1)E^0_{Fe^{3+}, Fe^{2+}} + (2)E^0_{Sn^{4+}, Sn^{2+}}]/[(1) + (2)]$
13. $E = (n_{Fe}E^0_{Fe^{3+}, Fe^{2+}} + n_{Mn}E^0_{MeO^{4-}, Mn^{2+}})/(n_{Fe} + n_{Mn}) - [(8)(0.059)/(n_{Fe} + n_{Mn})]$pH, 1.33 V (for pH 0.68)
14. (a) 0.319 V, −0.780 V, 1.6×10^{12} (b) 0.691 V, −0.154 V, 2.6×10^{22}
15. 8.9 ppm
16. 4.96 meq/L
17. 11.5% Na_2HAsO_3, 3.5_4 % As_2O_5
18. 1.47 mL
19. 3.8×10^{-3} *M*

CHAPTER 15

9. 7.7×10^{-5} *M*
10. $[Fe^{3+}]/[Fe^{2+}] = 5 : 1$
11. c

CHAPTER 16

29. 0.25 μ m, 250 nm
30. 7.5×10^{14} Hz, 25, 000 cm^{-1}
31. 20, 000 – 150, 000 Å; 5, 000 – 670 cm^{-1}
32. 9.5×10^4 cal $einstein^{-1}$
33. 0.70 A, 0.10 A, 0.56 T, 0.10 T
34. 20
35. 4.25×10^3 cm^{-1} mol^{-1} L
36. (a) 0.492 (b) 67.8%
37. 5.15×10^4 cm^{-1} mol^{-1} L
38. 1.25
39. 0.528 g
40. 79.0%
41. (a) 0.152 g/L (b) 0.193 g/day (c) 0.25
42. 0.054 mg
43. 0.405 ppm N
44. 1.59_3
45. 4.62 mg/L, 2.61 mg/L
46. 0.332% Ti, 1.62% V
48. (a) 1.3×10^{-7} *M* (b) 200 (c) 120
49. 551 nm
50. (b) slope $= \varepsilon b_2$ as $c \to 0$ and εb_1 as $c \to \infty$
51. (a) 256 nm (b) Deuterium or xenon-arc. LEDs also available. (c) Quartz or fused silica cells

CHAPTER 17

24. 1.5 ppm per 0.0044 A
25. 13%
26. 4.5×10^{-9}%
27. 190 ppm
28. 5.9 ppm
29. 84 ppm
30. 79 M&Ms in the bag

CHAPTER 18

12. $D = K_D(1 + 2K_pK_D[HBz]_a)/(1 + K_a/[H^+]_a)$

13. 8.0

14. 48%

15. 95%

16. 0.016 *M*

17. 96.2% extracted with 10 mL; 99.45% extracted with 2×5 mL

18. 2.7%

19. (a) 1.3×10^{-7} (b) 200 (c) 12_3

CHAPTER 19

8. 0.041 cm/plate

9. $1.0_6 \times 10^3$ cm

10. mL/min, N, H: 120.2, 2420, 0.123; 90.3, 2500, 0.120; 71.8, 2550, 0.118; 62.7, 2380, 0.126, 50.2, 2230, 0.135; 39.9, 1830, 0.164; 31.7, 1640, 0.183. Optimum near 75 mL/min.

11. $R_s = 0.96$. Not quite resolved.

CHAPTER 20

10. 2810 torr inlet pressure

11. 20.9 ppm

CHAPTER 21

80. (a) 2058 plates (b) 0.014 cm (c) 1.09 (d) 57 cm (e) $t_{R_A} = 29.86$ min; $t_{R_B} = 32.56$ min

81. 270 mmol/L

82. 6.7 g resin

83. (a) HCl (b) H_2SO_4 (c) $HClO_4$ (d) H_2SO_4

86. 5 Hz

87. 61 µg/mL

88. 277.5 nm

90. 120 nL; $C_{Cl}/C_{IO_3} = 0.53$

91. $C_{Cl}/C_{IO_3} = 0.25$

94. MeOH : H_2O: 141 psi; acetronitrile : H_2O: 73.5 psi

95. For 0.02 μM LiOH, 54.4 S/cm; For H_2O, 54,8 nS/cm

96. 149.85 μS/cm

97. (a) $D_{K+} = 1.95 \times 10^{-9}\ m^2s^{-1}$; $D_{Cl-} = 2.03 \times 10^{-9}\ m^2s^{-1}$ (b) $r_{K+} = 0.125$ nm; $r_{Cl-} = 0.120$ nm

98. $\kappa = 6.37 \times 10^3\ cm^{-1}$

99. G = 23.5 nS

103. pH 9.00: $\mu_{eo} = 2.3 \times 10^{-8}\ m^2/V\,s$ Net flow is towards the negative electrode.
pH 3.00, $\mu_{eo} = -2.0 \times 10^{-8}\ m^2/V\,s$ Net flow is towards the positive electrode.

104. Rs = 28

106. 5.1

107. 0.119 mM

109. 35.22, 34.92, 32.41 ng/mL

CHAPTER 22

16. 217.07017 Da

17. $[M-H]^-$, m/z 155 = 100%; M + 1, m/z 156 = 7.7%; M + 2, m/z 157 = 33%

18. R = 69,692

19. $R_{FWHM} = 10,665$

20. R = 34

21. −2.03 ppm

22. $v = 6.67 \times 10^5\ m\,s^{-1}$

23. 14 ns

CHAPTER 23

11. 33.2 min, 66.5 min

12. 48.5 s

13. 38 min; 19 min, 3.4 min

14. 12.7 h

15. 132 h

16. 3.82%

17. $K_m = 1.20 \pm 0.05$ m*M*

CHAPTER 26

6. $3.3 \times 10^{-6}\ g/L_{air}$

7. 380 ppt

CHAPTER G

16. **ATTGCATTCCGTA**

찾아보기

[숫자, 영문]

■ ■ ■ ㄱ

■■■ ㄴ

ㅂ

■■■ ㅅ

■ ■ ■ ○

■ ■ ■ ㅊ

■ ■ ■ ㅋ

■ ■ ■ ㅌ

ㅍ

ㅎ

역자진 (가나다 순)

건국대학교: 명노승	원광대학교: 조원련
경기대학교: 명승운	전남대학교: 전승원 · 최용국 · 최현철
경북대학교: 김성환 · 류재정 · 이혜진	전주대학교: 최용욱
공주대학교: 최석남	조선대학교: 이범규
부경대학교: 강용철 · 김영일	중앙대학교: 안상두
연세대학교: 이동수 · 팽기정	한서대학교: 홍태기

편수자: 한서대학교 홍태기

분석화학 제7판

저　　자　Gary D. Christian 외
역　　자　분석화학교재연구회
발 행 인　김지영
발 행 처　자유아카데미
주　　소　경기도 파주시 회동길 37-42 파주출판도시
전　　화　031-955-1321
팩　　스　031-955-1322
홈페이지　www.freeaca.com
전자우편　main@freeaca.com(대표)
editor@freeaca.com(편집)
crm@freeaca.com(영업)
등　　록　제406-2003-017호, 1980. 7. 12
제7판1쇄　2015년 2월 10일 발행
제7판2쇄　2020년 2월 10일 발행
정　　가　45,000원

역자와의 협의하에 인지생략

Printed in Korea
ISBN 979-11-5808-009-9　93430

■ 잘못 만들어진 책은 바꾸어 드립니다.

International Atomic Weights Based on $^{12}C = 12$

Element	Symbol	Atomic Number	Atomic Weight[a]	Element	Symbol	Atomic Number	Atomic Weight[a]
Actinium	Ac	89	(227)	Mendelevium	Md	101	(258)
Aluminum	Al	13	26.9815	Mercury	Hg	80	200.59
Americium	Am	95	(243)	Molybdenum	Mo	42	95.94
Antimony	Sb	51	121.76	Neodymium	Nd	60	144.24
Argon	Ar	18	39.948	Neon	Ne	10	20.180
Arsenic	As	33	74.9216	Neptunium	Np	93	(237)
Astatine	At	85	(210)	Nickel	Ni	28	58.69
Barium	Ba	56	137.33	Niobium	Nb	41	92.906
Berkelium	Bk	97	(247)	Nitrogen	N	7	14.0067
Beryllium	Be	4	9.0122	Nobelium	No	102	(259)
Bismuth	Bi	83	208.980	Osmium	Os	76	190.2
Bohrium	Bh	107	(264)	Oxygen	O	8	15.9994
Boron	B	5	10.811	Palladium	Pd	46	106.4
Bromine	Br	35	79.904	Phosphorus	P	15	30.9738
Cadmium	Cd	48	112.41	Platinum	Pt	78	195.08
Calcium	Ca	20	40.08	Plutonium	Pu	94	(244)
Californium	Cf	98	(251)	Polonium	Po	84	(209)
Carbon	C	6	12.011	Potassium	K	19	39.098
Cerium	Ce	58	140.12	Praseodymium	Pr	59	140.907
Cesium	Cs	55	132.905	Promethium	Pm	61	(145)
Chlorine	Cl	17	35.453	Protactinium	Pa	91	(231)
Chromium	Cr	24	51.996	Radium	Ra	88	(266)
Cobalt	Co	27	58.9332	Radon	Rn	86	(222)
Copper	Cu	29	63.546	Rhenium	Re	75	186.2
Curium	Cm	96	(247)	Rhodium	Rh	45	102.905
Dubrium	Db	105	(262)	Rubidium	Rb	37	85.47
Dysprosium	Dy	66	162.50	Ruthenium	Ru	44	101.07
Einsteinium	Es	99	(252)	Rutherfordium	Rf	104	(261)
Erbium	Er	68	167.26	Samarium	Sm	62	150.35
Europium	Eu	63	151.96	Scandium	Sc	21	44.956
Fermium	Fm	100	(257)	Seaborgium	Sg	106	(266)
Fluorine	F	9	18.9984	Selenium	Se	34	78.96
Francium	Fr	87	(223)	Silicon	Si	14	28.086
Gadolinium	Gd	64	157.25	Silver	Ag	47	107.870
Gallium	Ga	31	69.72	Sodium	Na	11	22.9898
Germanium	Ge	32	72.61	Strontium	Sr	38	87.62
Gold	Au	79	196.967	Sulfur	S	16	32.066
Hafnium	Hf	72	178.49	Tantalum	Ta	73	180.948
Hassium	Hs	108	(265)	Technetium	Tc	43	(98)
Helium	He	2	4.0026	Tellurium	Te	52	127.60
Holmium	Ho	67	164.930	Terbium	Tb	65	158.925
Hydrogen	H	1	1.00794	Thallium	Tl	81	204.38
Indium	In	49	114.82	Thorium	Th	90	232.038
Iodine	I	53	126.9045	Thulium	Tm	69	163.934
Iridium	Ir	77	192.2	Tin	Sn	50	118.71
Iron	Fe	26	55.845	Titanium	Ti	22	47.87
Krypton	Kr	36	83.80	Tungsten	W	74	183.85
Lanthanum	La	57	138.91	Uranium	U	92	238.03
Lawrencium	Lw	103	(262)	Vanadium	V	23	50.9415
Lead	Pb	82	207.2	Xenon	Xe	54	131.30
Lithium	Li	3	6.9417	Ytterbium	Yb	70	173.04
Lutetium	Lu	71	174.967	Yttrium	Y	39	88.905
Magnesium	Mg	12	24.312	Zinc	Zn	30	65.37
Manganese	Mn	25	54.9380	Zirconium	Zr	40	91.22
Meitnerium	Mt	109	(268)				

[a]Numbers in parentheses indicate mass of most stable known isotope. For elements 110 to 118, see the periodic tables listed in Appendix E. Elements 110, 111, 112, 114, and 116 have been given the names Darmstadium (110), Roentgenium (111), Copernicum (112), Flerovium (114), and Livermorium (116). Others are awaiting official names by IUPAC. Element 118 is temporarily named Unuoctium. Element 113 has recently been claimed to have been created.

Formula Weights

$AgBr$	187.78	K_2CrO_7	294.19
$AgCl$	143.32	KHC_2O_4	128.13
Ag_2CrO_4	331.73	$KHC_2O_4 \cdot H_2C_2O_4$	218.16
AgI	234.77	$KHC_8H_4O_4$ (KHP)	204.23
$AgNO_3$	169.87	$KH(IO_3)_2$	389.92
$AgSCN$	165.95	K_2HPO_4	174.18
Ag_2SO_4	311.80	KH_2PO_4	136.09
$Al(C_9H_6ON)_3$ ($AlOx_3$)	459.46	$KHSO_4$	136.17
Al_2O_3	101.96	KI	166.01
$Al_2(SO_4)_3$	342.14	KIO_3	214.00
As_2O_3	197.85	KIO_4	230.00
$BaCO_3$	197.35	$KMnO_4$	158.04
$BaCl_2$	208.25	KNO_3	101.11
$BaCl_2 \cdot 2H_2O$	244.27	KOH	56.11
$BaCrO_4$	253.33	$KSCN$	97.18
BaO	153.34	K_2SO_4	174.27
$BaSO_4$	233.40	$MgCl_2$	95.22
Bi_2O_3	466.0	$Mg(C_9H_6ON)_2$ ($MgOx_2$)	312.60
$C_6H_{12}O_6$ (glucose)	180.16	$MgNH_4PO_4$	137.35
CO_2	44.01	MgO	40.31
$CaCl_2$	110.99	$Mg_2P_2O_7$	222.57
$CaCO_3$	100.09	$MgSO_4$	120.37
CaC_2O_4	128.10	MnO_2	86.94
CaF_2	78.08	Mn_2O_3	157.88
CaO	56.08	Mn_3O_4	228.81
$CaSO_4$	136.14	$MnSO_4$	151.00
CeO_2	172.12	$Na_2B_4O_7 \cdot 10H_2O$	381.37
$Ce(SO_4)_2$	332.25	$NaBr$	102.90
$(NH_4)_2Ce(NO_3)_6$	548.23	$Na(C_6H_5)_4B$	342.20
$(NH_4)_4Ce(SO_4)_4 \cdot 2H_2O$	632.6	$NaC_2H_3O_2$	82.03
Cr_2O_3	151.99	$Na_2C_2O_4$	134.00
CuO	79.54	$NaCl$	58.44
Cu_2O	143.08	$NaClO$	74.44
$CuSO_4$	159.60	$NaCN$	49.01
$Fe(NH_4)_2(SO_4)_2 \cdot 6H_2O$	392.14	Na_2CO_3	105.99
FeO	71.85	$NaHCO_3$	84.01
Fe_2O_3	159.69	$Na_2H_2EDTA \cdot 2H_2O$	372.23
Fe_3O_4	231.54	$NaOH$	40.00
HBr	80.92	$NaSCN$	81.07
$HC_2H_3O_2$ (acetic acid)	60.05	Na_2SO_4	142.04
HCl	36.46	$Na_2S_2O_3 \cdot 5H_2O$	248.18
$HClO_4$	100.46	$Ni(C_4H_7O_2N_2)_2$ (Ni-DMG$_2$)	288.94
$H_2C_2O_4$	90.04	NH_3	17.03
$H_2C_2O_4 \cdot 2H_2O$	126.07	NH_4Cl	53.49
H_5IO_6	227.94	$(HOCH_2)_3CNH_2$ (THAM; Tris)	121.14
HNO_3	63.01	NH_2CONH_2 (Urea)	60.06
H_2O	18.015	$(NH_4)_2C_2O_4 \cdot H_2O$	142.11
H_2O_2	34.01	NH_4NO_3	80.04
H_3PO_4	98.00	$(NH_4)_2SO_4$	132.14
H_2S	34.08	$(NH_4)_2S_2O_8$	228.18
H_2SO_3	82.08	NH_2SO_3H	97.09
H_2SO_4	98.08	$PbCrO_4$	323.18
HSO_3NH_2 (sulfamic acid)	97.09	$PbSO_4$	303.25
HgO	216.59	P_2O_5	141.94
Hg_2Cl_2	472.09	Sb_2O_3	291.50
$HgCl_2$	271.50	SiO_2	60.08
$Hg(NO_3)_2$	324.61	$SnCl_2$	189.60
KBr	119.01	SnO_2	150.69
$KBrO_3$	167.01	$SrSO_4$	183.68
$K(C_6H_5)_4B$	358.31	SO_2	64.06
KCl	74.56	SO_3	80.06
$KClO_3$	122.55	TiO_2	79.90
KCN	65.12	V_2O_5	181.88
K_2CrO_4	194.20	$Zn_2P_2O_7$	304.68